Nicholas Crane
Der Weltbeschreiber

Nicholas Crane

Der Weltbeschreiber

Gelehrter, Ketzer, Kosmograph –
Wie die Karten des Gerhard Mercator
die Welt veränderten

Aus dem Englischen
von Harald Stadler

Droemer

Originaltitel: The Man Who Mapped the Planet
Originalverlag: Weidenfeld & Nicolson

Die Folie des Schutzumschlags sowie die Einschweißfolie
sind PE-Folien und biologisch abbaubar.
Dieses Buch wurde auf chlor- und säurefreiem Papier gedruckt.

Besuchen Sie uns im Internet:
www.droemer.de

Copyright © 2002 by Nicholas Crane
Copyright © 2005 der deutschsprachigen Ausgabe by Droemer Verlag.
Ein Unternehmen der Droemerschen Verlagsanstalt
Th. Knaur Nachf. GmbH & Co. KG, München
Alle Rechte vorbehalten. Das Werk darf – auch teilweise –
nur mit Genehmigung des Verlags wiedergegeben werden.
Redaktion: Thomas Menzel
Umschlaggestaltung: ZERO Werbeagentur, München
Umschlagabbildung: AKG Images
Gestaltung und Herstellung: Josef Gall, Geretsried
Satz und Reproduktion: Setzerei Vornehm GmbH, München
Druck und Bindung: Ebner & Spiegel, Ulm
Printed in Germany
ISBN 3-426-27224-5

2 4 5 3

Für Annabel, und für Imogen,
Kit und Connie, in Liebe

Inhalt

Persönliche Bemerkung an den Leser . . 9
1 Ein Städtchen namens Gangelt 12
2 Im Land der Verheißung 23
3 An den Grenzfluss 36
4 *Het Castrum* 48
5 Triangulation 60
6 Globen und andere praktische Geräte 75
7 Weder bekannt noch erforscht 85
8 Himmlische Jungfern 95
9 *Terrae Sanctae* 103
10 Die Taufe Nordamerikas 117
11 Das Gericht über Gent 126
12 Das Handbuch der Kursivschrift . . 135
13 Ein Globus, so groß wie keiner zuvor 141
14 Der Feind vor der Feste 151
15 Die ungerechteste Verfolgung 162
16 Ein großer, ranker Jüngling aus dem Norden 170
17 Ein Ort, der Musen würdig 183
18 Die Frankfurter Messe 191
19 Ein einzigartiger Freund 196
20 Die Schätze Renés II. 212
21 Jäger im Schnee 220

22	Kosmographie – die Beschreibung des gesamten Universums	225
23	Die *Chronologia*	232
24	Die Mercator-Projektion	238
25	Der Freund und Konkurrent	248
26	Der korrigierte Ptolemäus	265
27	Ein direkter Weg nach China	275
28	Die Neue Geographie	285
29	Apokalypse	302
30	Atlas	308
31	Die Schöpfung	317

Epilog 322

Anmerkungen 329

Abbildungsverzeichnis 357

Ausgewählte Bibliographie 359

Chronologie der wichtigsten Werke Mercators 369

Register 370

Persönliche Bemerkung an den Leser

Landkarten kodieren gleichsam das Wunder unseres Daseins. Der Mann, der die Codes – und den Kodex – für die Karten verfasste, die wir auch heute noch verwenden, war Gerhard Mercator, ein Schustersohn, der vor fünfhundert Jahren in einer trüben Schwemmlandebene in Nordeuropa geboren wurde. Seinen Zeitgenossen galt Mercator als »Fürst der modernen Geographen«; seine Darstellungen unseres Planeten und seiner Regionen waren in ihrer Präzision, Klarheit und Stimmigkeit unübertroffen. Noch in jüngster Zeit wurde er von dem amerikanischen Gelehrten Robert W. Karrow als »der erste moderne, wissenschaftliche Kartograph« gewürdigt. Während seine Zeitgenossen die Kartographie gleichsam als Stückwerk betrieben, war Mercator bestrebt, die gesamte Welt auf einheitlichen und sich überlappenden Karten darzustellen. Er war maßgeblich an der kartographischen Erfassung und an der Namengebung des neu entdeckten Kontinents Amerika beteiligt und entwickelte eine neue Methode, eine so genannte »Projektion«, um die dreidimensionale Kugelform der Erde auf die zweidimensionale Kartenebene zu übertragen. Er konstruierte die beiden wichtigsten Globen des 16. Jahrhunderts, und der Titel seines bahnbrechenden Werkes zur »modernen Geographie«, *Atlas*, wurde zum Standardbegriff für ein Buch mit Landkarten.

Es gibt kaum ein besseres Beispiel für ein Genie, das dem Umbruch entwuchs. Mercator wurde 1512 geboren und starb 1594. Seine Welt war geprägt von gewalttätigen Konflikten, gesellschaftlichen Umwälzungen und religiösen Umbrüchen – und geographischen Entdeckungen. Er war fünf Jahre alt, als Martin

Luther die Reformation einläutete, und zehn, als die Überlebenden der ersten Weltumsegelung in ihrer leckgeschlagenen Karavelle nach Sevilla zurückkehrten. Er kannte Armut, Seuchen, Krieg und Verfolgung. Er wurde von den Inquisitoren eingesperrt, aber von einem Kaiser protegiert. Sein Leben war bestimmt von brillanten Durchbrüchen und abrupten Umbrüchen.

Dies ist die Lebensgeschichte eines armen Jungen, der zu Ruhm gelangte und die ganze Welt erfasste, der um sein Leben fürchten musste, aber durch Mut und Kraft obsiegte. Mercator wurde von seinen Zeitgenossen als ehrlich, redlich, friedfertig und gelassen beschrieben. Seine Einstellung gegenüber seiner Berufung zum Kartographen bezeichnete sein Freund und Nachbar Walter Ghim als »unermüdlich«. Aufgrund seines außergewöhnlich langen Lebens – er wurde 82 Jahre alt – begegnen wir in Mercator einem ungewöhnlichen biographischen Subjekt. Er lebte doppelt so lange wie viele seiner Zeitgenossen und konnte gleichsam zwei Lebensspannen nacheinander durchlaufen. In seinem »ersten Leben« stolperte er durch Ausbildung, Experiment, Aufstieg und Unheil; in seinem »zweiten Leben« zog er sich in sein rheinisches Refugium zurück und konzentrierte sich mit zielbewusstem Eifer auf die Werke, die ihm zeitlosen Ruhm einbringen sollten.

Mein Motiv, eine Mercator-Biographie zu schreiben, entsprang auch einem Gefühl des Mangels. Denn die beste vollständige Lebensbeschreibung von Mercator ist nach wie vor die von H. Averdunk und Dr. J. Müller-Reinhard, die bereits 1914 auf Deutsch erschien. Mercator verdient also eine neue umfassende Würdigung.

Bei den Recherchen zu diesem Buch unterstützten mich viele Einrichtungen, denen ich zu tiefem Dank verpflichtet bin. Ohne die British Library wäre dieses Buch niemals zustande gekommen. Auch die Sammlungen der Royal Geographical Society und des National Maritime Museum in Greenwich waren von unschätzbarem Wert, ebenso wie die der London Library, der National Library of Scotland und des Plantin-Moretus-Museums in Antwerpen.

Auch zahlreiche Personen standen mir mit Rat und Tat zur Seite. Mein Dank gilt Peter Barber, Tony Campbell, Dr. Catherine Delano-Smith, Francis Herbert und Dr. David Munro, die mich großzügig an ihrem kartographischen Wissen teilhaben ließen. Für die Übersetzung wichtiger Primärquellen bin ich Richard Bryant, Glyn Davies und William Sutton äußerst dankbar. Durch ihre Sachkenntnis und Sorgfalt sind auch ältere Dokumente für den heutigen Leser lebendig geworden. Unermesslichen Dank schulde ich David Watson, der mir mit ungeheurem Sprachgeschick verschiedenste scheinbar unverständliche Werke über Mercator und die historische Kartographie übersetzte; sein Interesse an der Sache brachte David die zusätzliche Aufgabe ein, sich als Korrektor zu betätigen. Mein Dank gilt ferner Tom Graves für seine unentbehrliche Hilfe bei der Zusammenstellung der Illustrationen.

Auch andere leisteten wertvolle Beiträge. Dazu zählen David Bannister, Hol Crane, Inge Daniels, Matt Dickinson, Luke Hughes, Colonel Colin Huxley, Simon Jenkins, Peter van der Krogt, Roland Meyer, Hallam Murray, Stuart Proffitt, Rodney Shirley, Humphrey Stone und Louisa Young. Chris Crane war der Erste, der einen Abschnitt aus dem Buch las; er erlag jedoch einem Krebsleiden, bevor ich die Arbeit abschließen konnte.

Derek Johns bewies ein weiteres Mal, dass die Prüfungen eines literarischen Agenten mit dem Verkaufen einer viel versprechenden Idee erst beginnen. Mein herzlicher Dank gilt auch Rebecca Wilson in London und David Sobel in New York, die das Buch in Auftrag gaben, und Richard Milner, der es bis zur Drucklegung begleitete. Meinem Übersetzer, Harald Stadler, danke ich für seine sorgfältige und gewissenhafte Übertragung ins Deutsche. Schließlich – und vor allem – gibt es, wie immer, eine Person, deren Geduld weit über die Grenzen des Normalen auf die Probe gestellt wurde. Die Widmung eines Buches kann natürlich nicht für die verlorenen Jahre entschädigen, doch sie markiert die Heimkehr eines Ehemanns und Vaters.

Nicholas Crane   London, März 2002

I

Ein Städtchen namens Gangelt

Im Sommer des Jahres 1511 war Emerentia Kremer guter Hoffnung, aber die Ernteaussichten waren schlecht. Der Roggen war so teuer wie seit zehn Jahren nicht mehr, und die Pest griff erneut auf die Landstriche am Niederrhein über. Emerentia und Hubert Kremer machten sich auf den Weg an die Küste. In den Niederlanden fanden sie sicher Nahrung, Unterkunft und einen Ort, um ihr Kind zur Welt zu bringen. Sie reisten mehrere Tage, über die Maas und durch das Kempenland, wo an brackigen Sümpfen Räuber lauerten.

Als der sandige Boden in Lehm überging, ragten ringsum Turmspitzen auf. In dieser wasserreichen Ebene lagen einige der reichsten Städte Europas – Antwerpen und Mecheln, Löwen und Brüssel –, die alle durch dasselbe Flussdelta gleichsam wie durch Pulsadern mit den großen Schifffahrtswegen der Welt verbunden waren. Diesen Fluss, die Schelde, steuerten die Kremers an. Am westlichen Ufer duckten sich im Schatten eines Schlosses die strohgedeckten Dächer des kleinen Städtchens Rupelmonde; dort suchten sie Huberts Bruder Gisbert auf, einen Priester im Hospiz des heiligen Johannes.

Der folgende Winter war bitterkalt. Bis in den Februar plagten Frost und Schnee das Land. Doch in den frühen Morgenstunden des 5. März 1512 brachte Emerentia einen Jungen zur Welt.[1] Das siebte und letzte Kind der Kremers wurde auf den Namen Gerhard getauft.

*

Das Städtchen Gangelt lag am Rand des Herzogtums Jülich. Ausschnitt aus Mercators unbetitelter Karte von 1585.

Kaum neigte sich der Winter dem Ende entgegen, verheerten Niederschläge und Schmelzwasserfluten aus den Hochländern die Becken von Flandern und Brabant. Als für die Kremers die Zeit gekommen war, Rupelmonde wieder zu verlassen, folgten sie dem vertrauten Weg zurück nach Osten, von der Schelde an die Maas und weiter in das höher gelegene Gebiet des Herzogtums Jülich. Jenseits der Maas stieg die Straße zwischen Feldern zu einer kleinen, von Mauern umgebenen Stadt am Rande einer baumlosen Hochebene an.

Von weitem wirkte Gangelt ungeheuer trutzig – wie ein abgeschlossener Ring aus Stein und Ziegel mit dreizehn Bastionen, deren Schießscharten in die Ferne blinzelten. Über dem Bollwerk ragten steile Schieferdächer auf, die das Licht der abendlichen Sonne spiegelten.

Wenn der Reisende die kahle Hochebene hinter sich ließ und durch einen runden Torbogen die Stadt betrat, fand er sich in einem Mikrokosmos, in dem es von Mensch und Tier nur so wimmelte. Die Stadt war so klein, dass man im Nu von einem

Ende zum anderen gelangte. In jeden stinkenden Winkel hatte man Hütten und Ställe gezwängt. Der einzige freie Platz lag in der Mitte der Stadt, wo die Straßen nach Sittard und Jülich aufeinander stießen. Hier, am Marktplatz, stand auch die Kirche, in deren verrußtem Gewölbe Generationen einheimischer Bauern ihren Blick zur Hostie erhoben hatten.

Die Stadt Gangelt war von Bauern gegründet worden. Die Gemeinde lag am südlichen Rand einer weiten Tiefebene, die zum ertragreichsten Agrargürtel des Kontinents gehörte, einem langen Streifen fruchtbaren Lössbodens, der als Gletschersand am Ende der letzten Eiszeit von Schmelzwassern in ein flaches Riff am nördlichen Saum der kontinentalen Landmasse geschwemmt worden war. Unterhalb von Gangelt erstreckte sich ein Meer von Wäldern und Auen bis zu der dunklen Hügelkette hinter Aachen, eine Tagesreise weiter südlich.

Gangelt lag zwar angeblich im christlichen Protektorat Kaiser Maximilians I., wurde jedoch vom Herzog von Kleve und Mark regiert, der ein Jahr vor Gerhards Geburt durch Heirat das Herzogtum Jülich erworben hatte. Der Rodebach bildete die Grenze zwischen dem Herzogtum Jülich und dem Herzogtum Limburg. Und einen Zweitagesmarsch weiter südwestlich lag das Fürstbistum Lüttich.

Gangelt lag indes nicht nur an einer politischen und einer geologischen Grenze, sondern auch an einer weiteren Scheidelinie, nämlich der zwischen dem deutschsprachigen Raum im Osten und dem Gebiet des brabantischen Holländischen im Westen. Das Leben an diesen Grenzen vermittelte den Bewohnern von Gangelt ein ungewöhnliches Bewusstsein geographischer, kultureller und sprachlicher Verschiedenartigkeit – und eine tief sitzende Unsicherheit.

Die Stadt besaß jedoch einen Vorzug, den nur wenige Orte auf der Hochebene genossen: Direkt durch ihre Gassen führte die Hauptverbindung zwischen Köln und Antwerpen. Beide Städte gehörten damals zu den führenden Wirtschaftszentren Nordeuropas und lagen unmittelbar an den großen Handelsstraßen zwischen Norditalien und den Niederlanden. Händler aus dem fernen Genua oder Venedig waren in Gangelt keine Seltenheit.

In den trockenen Monaten zwischen Saat und Ernte zogen die Reisenden durch die Stadt. Hier sah man Maler und Puppenspieler, Kesselflicker und Zigeuner, Bettelmönche und Wanderprediger, Bettler und Bader, Gaukler und Akrobaten sowie Scharlatane und Quacksalber, die Wundermittel und Heilsalben anpriesen – Gerhard wuchs gleichsam unter den Klängen von Sackpfeifen, Flöten und Fiedeln auf. Diese ewigen Nomaden wurden mit Faszination und Argwohn zugleich beäugt. Wie den Totengräbern und Henkern (und bisweilen auch den Schäfern) wurde den Söhnen deutscher Spielleute die Aufnahme in die Zünfte verwehrt; einige wurden sogar der Hexerei bezichtigt; sie galten als unehrlich und zwielichtig. Im gleichen Ruf standen – zumindest bei einigen – die Ablasshändler, die damals im Auftrag Papst Leos X. über Land reisten und die Errettung vor dem Fegefeuer verkauften.

Das »heilige« Köln, ein paar Tagesreisen weiter östlich, strahlte weit in die gesamte Region aus. Mit seinen 40 000 Einwohnern war es die größte Stadt Deutschlands, eine Universitätsstadt, ein theologisches Bollwerk und ein Zentrum des Leder-, Textil- und Metallgewerbes. Köln war auch einer der wichtigen Standorte für die Wiederentdeckung der klassischen antiken Literatur und die Verbreitung des Humanismus, einer Bewegung, die über ein Jahrhundert zuvor mit Francesco Petrarca begonnen hatte, der mit den verschollenen Manuskripten Ciceros und Quintilians triumphierend nach Avignon zurückgekehrt war. Der anschließende Aufstieg des italienischen *umanista*, des humanistischen Lehrers, dessen alte griechische und römische Texte mehr die irdische als die geistige Verfassung des Menschen beschrieben, entfachte großes Interesse für Werke der Moralphilosophie, der Geschichte und Poesie, der Grammatik und Rhetorik sowie der Mathematik und Astronomie – Werke, die mit der Erfindung des Buchdrucks plötzlich großen Leserkreisen zugänglich geworden waren. In Köln hatte man rasch auf die wachsende Nachfrage für wieder entdeckte antike Texte reagiert. Kaum zehn Jahre, nachdem ein Mainzer Goldschmied namens Gutenberg den Buchdruck entwickelt hatte, richtete Ulrich Zell auch in Köln eine Presse ein und druckte 1466 Ciceros *De officiis*. Um das Jahr 1500 nahm Köln eine führende Stellung unter den 250 Druckzentren Europas ein.[2] So dürfte der *mercator*, der Händler oder Lieferant von Büchern, ebenfalls häufig durch Gangelt gekommen sein.[3]

In dem Städtchen kannte man aber vor allem die Pamphlete, in denen die marode Kirche und das Kaiserreich angeprangert wurden; daneben kursierten auch Flugschriften zu aktuellen Tagesthemen. Die gedruckten Flugblätter wurden von fahrenden Händlern verkauft, die breitkrempige Federhüte trugen, an die sie die Zeitungsmeldungen hefteten. Die in Latein und Deutsch verfassten Flugschriften trugen ein dreizeiliges Motto und für jene, die nicht lesen konnten, eine Holzschnittillustration. Auf diese Weise kamen auch die Holzschnitte des bekanntesten deutschen Malers und Graphikers Albrecht Dürer in Umlauf. Dürer, der mit führenden Humanisten verkehrte, würdigte die Macht des Wortes in einem Druck, der den »Menschensohn« mit glühenden Augen und einem Schwertgriff an den Lippen darstellte.[4]

Auf den jungen Gerhard Kremer musste das Leben in einem geschäftigen Marktflecken wie Gangelt wie ein anregendes Schauspiel wirken. Zwar war er noch zu klein, um zur Schule zu gehen, doch er besuchte sicher regelmäßig die Kirche. Und es gab allen Grund zu beten. Denn das Überleben der Familie Kremer hing ganz von der Vorsehung Gottes ab. Der Weizen gedieh oder missriet je nach Wetter. Ein trockener Frühling, ein nasser Sommer, ein feuchter Herbst und ein regenreicher Winter oder langer Frost verringerten die Erträge. Ein Bauer konnte in einem Jahr vielleicht das Vierfache, im nächsten hingegen nur die Hälfte ernten. Folgten mehrere magere Jahre aufeinander, drohten Hungersnöte.

Zum Glück waren die Kremers nicht gänzlich auf die Scholle angewiesen. Hubert hatte ein zweites Standbein als Schuster. Mobilität war für manchen in seiner Existenz bedrohten Bauern zeitweise die einzige Rettung, und Mobilität erforderte Stiefel, mit denen man auf die Felder, die Märkte und in Zeiten größter Not auch in ferne Länder ziehen konnte. Stiefel brauchte deshalb jeder. Der Bundschuh, ein Stiefel aus Rohleder, der mit Lederbändern um die Wade zugeschnürt wurde, war das typische Kennzeichen des Bauern. Das Schusterhandwerk erforderte nur wenig an Grundkenntnissen und Werkzeugen, bewahrte jedoch manche Familie vor dem Verhungern. Der Schuster konnte mit seinem Gewerbe von Stadt zu Stadt ziehen, und ein Auftrag für ein Paar Reitstiefel brachte ihm bis zu einem Gulden ein, wofür er sich zehn Gänse oder 35 Gallonen Wein leisten konnte.

Wenn der Vater dem Jungen einen Hang zum Nachdenklichen vererbte, so war es sicherlich die Mutter, die Gerhard ein ungewöhnliches Maß an Verbissenheit mitgab. Vielleicht war dies gar nicht so ungewöhnlich, schließlich war eine Mutter aus Gangelt anno 828 mit ihrer kranken Tochter bis nach Aachen gepilgert, um dort in der Kathedrale zu beten. Die Tochter wurde wie durch ein Wunder gesund, woraufhin Gangelt – in einer Handschrift des Vatikans – erstmals urkundlich erwähnt wurde.

Im Leben des jungen Gerhard spielte jedoch noch eine dritte, abwesende Gestalt eine prägende Rolle – der Onkel, der es geschafft hatte, Gangelt zu verlassen, zu studieren und sich einen Pfarrposten in Rupelmonde zu sichern. Für die Familie Kremer war Onkel Gisbert der Beweis, dass es einen Ausweg aus der ländlichen Armut gab. Vermutlich bestärkte auch Gisbert den Familienvater in dem Entschluss, sich für den Fall abzusichern, dass in Gangelt kein Überleben möglich war; bevor Hubert und Emerentia mit dem neugeborenen Gerhard aus Rupelmonde aufbrachen, pachtete Hubert dort einen Hof.

Für eine bescheiden bemittelte Familie wie die Kremers war die Zeugung eines siebten Kindes beinahe schon leichtsinnig. Sie hatten sieben kleine Mäuler zu stopfen, und Hubert und Emerentia wussten, dass Gangelt ihnen wenig Hoffnung für die Zukunft bot. Sie besaßen weder das Land noch den beruflichen Stand, so viele Köpfe zu versorgen. Mehr als drei Viertel ihres unregelmäßigen Einkommens wurde für Nahrung verbraucht, wovon fast die Hälfte aus Brot bestand.⁵ Selten bekamen sie Fleisch zu schmecken. In Gangelt teilten sie das Los aller Bauern, die damals den Übergang vom alten Feudalsystem zur Geldwirtschaft zu spüren bekamen; die Möglichkeit, für einen festen Lohn zu arbeiten, forderte einen Preis – den der Enteignung, denn die Grundbesitzer schlossen ihre Liegenschaften für die kommerzielle Produktion zusammen. Die steigenden Preise für landwirtschaftliche Erzeugnisse kamen den Großbauern und Grundeigentümern zugute, knebelten jedoch die Kleinbauern, die für viel weniger Geld viel mehr arbeiten mussten. Größere Höfe waren weit ertragreicher, und so wurden die uralten Privilegien der Kleinbauern, die ihnen das Nötigste zum Überleben auf dem Lande sicherten, nach und nach unterhöhlt. Ein neuer Begriff kam auf, *roboten*, der so viel bedeutete wie »sich abplacken«, »sich schinden«. Der Kleinbauer wurde zum Lohnsklaven, zum »Roboter«. Zu der täglichen Schufterei kamen noch empfindliche Steuern und die regelmäßige Aufforderung, mit Mann und Ross in die Feldzüge des Kaisers zu ziehen.⁶

Von den zahlreichen prekären Umständen, die den Kremers das Leben in Gangelt erschwerten, war jedoch keiner so gravierend wie der beengte Lebensraum. Seit der großen Pest von 1347 bis 1351 hatte sich die Bevölkerung wieder massiv vermehrt. Erstaunt und bald auch bestürzt berichteten deutsche Chronisten, dass Ehepaare selten weniger als »acht, neun oder zehn Kinder« hatten und dass »Grundbesitz und Pachtzins für Wohnungen so teuer geworden sind, dass sie wohl kaum noch weiter steigen können… vielmehr sind alle Dörfer so voll von Menschen, dass keiner mehr hineingelassen wird. Ganz Deutschland wimmelt nur so von Kindern«. Felder, die seit der Pest verwildert waren, wurden wieder kultiviert, und aus den Ruinen verfallener Dörfer erstanden neue Häuser.⁷

Während die geplagten Bauern von Gangelt um ihren Lebensraum kämpften, kursierten entlang der Straße zwischen Köln und Antwerpen Geschichten von ungewöhnlichen neuen Ländern. Aus Flugschriften und vom Hörensagen erfuhr man von Reisen, die Spanier und Portugiesen unternommen hatten, und von einem neuen, vierten Kontinent, der angeblich mit den unglaublichsten Reichtümern gesegnet war. Die erste deutschsprachige Beschreibung dieses Schlaraffenlandes erreichte Gangelt zehn Jahre, bevor Gerhard geboren wurde. Als Gerhard das Licht der Welt erblickte, war der Abdruck des vierseitigen Briefes, den Christoph Kolumbus auf seiner Karavelle vor den Kanarischen Inseln verfasst hatte, bis in die meisten Städte Europas vorgedrungen. In seinem Brief vom Februar 1493 teilte der »Admiral« mit, dass er zwanzig Tage lang nach Westen gesegelt sei und »Indien erreicht« habe, wo er auf »sehr viele Eilande mit unzähligen Menschen« gestoßen sei. Kolumbus erhob Anspruch auf eine Reihe von Inseln, denen er Namen gab, und beschrieb die »zahlreichen riesigen Flüsse« sowie die »vielen Sierras und herrlichen Gebirge mit tausenderlei Formen«. Er schrieb von Bäumen, die »den Himmel zu berühren scheinen«, von Nachtigallen und »tausenderlei kleinen Vögeln«. Es gab Land, das sich bestens für Ackerbau, Viehzucht und die Bebauung eignete, sowie unglaubliche natürliche Häfen. Eine der Inseln war »größer als England und Schottland zusammen«. Seinen Monarchen verhieß Kolumbus Gold und Gewürze, Baumwolle und Kautschuk, Aloe und Sklaven. Die staunenden Bauern von Gangelt erfuhren auch, dass »alle Inseln Indiens« von Kreaturen, »die Menschenfleisch essen«, in Kanus kontrolliert wurden. Entgegen allen Erwartungen hatte Kolumbus »bisher noch keine menschlichen Monstrositäten entdeckt«; allerdings hatte er von Menschen gehört, die mit einem Schwanz geboren wurden. »Auf all diesen Inseln«, resümierte er, »scheinen die Frauen mehr zu arbeiten als die Männer.«[8]

Im Jahre 1505 erschien ein noch erstaunlicherer Reisebericht in deutscher Sprache. Ein Seefahrer aus Florenz berichtete von »einer neuen Welt, ... einem Kontinent, der dichter besiedelt und reicher an Tieren ist als unser Europa oder Asien oder Afrika«. Amerigo Vespucci war 1499 in Lissabon in See gestochen, »um neue Regionen im Süden zu erforschen«; seine Reise führte ihn über den Äquator in die nordöstlichen Küstengebiete Südamerikas, in der »beide Geschlechter nackt umhergehen« und die Frauen, »die sehr wollüstig sind, die Schamteile ihrer Männer auf eine solch riesige Größe anschwellen lassen, dass sie schrecklich entstellt und widerlich erscheinen«. Dieses bemerkenswerte Kunststück wurde laut Vespucci »durch die Bisse bestimmter giftiger Tiere« vollbracht. Anscheinend widerstanden die Frauen auch nicht »der Gelegenheit, mit Christen zu kopulieren«. Alles, was Kolumbus vollbracht hatte, wurde von Vespucci noch überboten. Hatte Kolumbus von Kannibalen lediglich *gehört*, so war Vespucci tatsächlich einem Mann *begegnet*, der angeblich dreihundert Menschenleiber verzehrt hatte. Vespuccis »unbekannte Welt« war nicht nur üppig, sondern »reich an Perlen« und mit Gold in »großer Fülle« und einem »sehr gemäßigten und günstigen Klima« gesegnet. Sein Kontinent war so phantastisch, dass Vespucci zu behaupten wagte, »wenn das irdische Paradies in irgendeinem Teil dieser Erde liegt, dann ist es nicht weit von hier«.[9]

Neben den unglaublichen Briefen von Seeleuten verbreiteten die Hausierer in Gerhards ersten Lebensjahren auch *Das Narrenschiff*, das erste Buch eines deutschen Autors, das in ganz Europa gelesen wurde. *Das Narrenschiff* war 1494, zwei Jahre nach Kolumbus' Seereise gen Westen, erschienen; es war eine allegorische Fabel über ein Schiff, das zum Narrenparadies »Narragonia« segelte. Verfasst worden war es vom Herausgeber des Kolumbus-Briefes, dem satirischen Dichter Sebastian Brant, und es enthielt den ersten literarischen Verweis auf die Entdeckungen jenseits des »Westlichen Ozeans«.

Brant verstand sein Schiff als ein moralisches Vehikel, um anhand von einhundert Musternarren die Übel der Zeit zu veranschaulichen. Neben unsittlichen Mönchen und Trunkenbolden begegnete man in den holprigen, leicht verständlichen Versen Verbrechern und korrupten Richtern, räuberischen Rittern und rüden Köchen. Jedem Kapitel war ein dreizeiliges Motto und ein Holzschnitt vorangestellt; einige dieser Darstellungen stammten von Brants Freund Albrecht Dürer.

Von Jahr zu Jahr wurde das Leben auf der fruchtbaren Hochebene um Gangelt schwieriger. Im Frühjahr 1515 stand das Wasser so hoch, dass alle Verbindungen im Rheinland abgeschnitten waren. Zum Jahresende setzte in Nordeuropa ein so strenger Winter ein, dass in England sogar die Themse zufror. Der nächste Winter war beinahe genauso hart, und der darauf folgende Sommer war heiß und nass und verdarb die Ernte. Die Gesetzlosigkeit folgte auf dem Fuß.

Im Herbst 1517 wurde der Roggen unbezahlbar, und auch die Preise für Gerste, Weizen und Hafer stiegen. Die Ernten fielen schlecht aus, und die Lebensmittel wurden noch teurer als im Jahre 1511, als die Kremers aus Gangelt weggegangen waren.

Am Tag vor Allerheiligen im Jahre 1517 geschah dann das Unvorstellbare – die Christenwelt erhob sich gegen den Papst. Die Bewegung ging von Wittenberg aus, wo ein Mönch namens Martin Luther eine in Latein und Deutsch verfasste Liste mit 95 Thesen gegen die Ablasspraxis verbreitete. Satirische Holzschnitte erschienen, in denen die Kirche verhöhnt wurde, weil sie marktschreierisch Ablass verkaufte, um Gelder für den Bau des Petersdoms in Rom zu beschaffen. Bald hörte man von ersten Aufständen im Süden. Die Ausschreitungen wurden häufig von Handwerkern – Schmieden, Schustern und Schneidern – angeführt, die das Landvolk mobilisierten. Der Geist der Revolution lag in der Luft. Unter den Zug von Reisenden, die täglich durch Gangelt kamen, mischten sich nun auch laisierte Geistliche, besitzlose Bauern auf der Suche nach Arbeit, dürftig gebildete Handwerker, Studenten und Landsknechte.

Das Jahr 1517 war schon arg genug gewesen, doch es sollte noch schlimmer kommen. Wie schlimm, das geht aus einem Brief hervor, den Erasmus von Rotterdam im März 1518 aus Löwen schrieb: »Ich gehe nach Venedig oder Basel, beide Reisen sind lang und gefährlich, zumal die Reise durch Deutschland, das abgesehen von der alten Räubergefahr auch noch pestverseucht ist...« Eine Woche später klagte Erasmus, Deutschland befinde sich in einem schlimmeren Zustand als die Hölle selbst, denn man gelange weder hinein noch hinaus.[10] Die Lage in Deutschland spitzte sich mit jeder Woche weiter zu.

In dieser Situation gab es für die Kremers nur eine Richtung. Nach Osten erstreckten sich die verfinsterten Gegenden Deutschlands. Im Westen dagegen lagen die Gebiete der Burgunder: Flandern, Rupelmonde und ein auf Huberts Namen gepachteter Hof. Der flämische Diplomat Philippe de Commynes, der weit in Europa herumgekommen war und die Stadtrepubliken in Norditalien kennen gelernt hatte, urteilte über das Hoheitsgebiet der Burgunder, »dass man diesen Landstrich mehr als jedes andere Fürstentum der Welt als Land der Verheißung bezeichnen könnte«.[11]

In dieses Land der Verheißung brachen die Kremers auf.

2

Im Land der Verheißung

Mit ihren vielen Kindern und ihren wenigen Habseligkeiten brachen die Kremers aus dem unsicher gewordenen Heimatstädtchen in die weite Ebene auf.[1] Die Straße war um einiges belebter als sechs Jahre zuvor, als Hubert und Emerentia denselben Weg genommen hatten. Nun schien jeder einen Grund zu haben, unterwegs zu sein. Es gab mehr besitzlose Bauern, die vor der Armut in die Städte flüchteten, mehr Pilger, mehr entrechtete Ritter, mehr Kaufleute und mehr Wagenkolonnen auf dem Weg in die florierenden Metropolen an den nördlichen Gestaden. Einige dürften nach Mecheln unterwegs gewesen sein, einige nach Brüssel oder Hondschoote, das führend in der Massenfertigung von Serge war.[2] Die meisten aber zog es nach Antwerpen.

Nachdem die Kremers bei Stocken die Maas überquert hatten, stiegen sie wieder zu der öden Heide des Kempenlands hinauf. Die Nächte verbrachten sie in Herbergen am Wegesrand, wo sie mit anderen, nur allzu oft rüpelhaften und betrunkenen Reisenden in stickige Räume gepfercht wurden. Sie ernährten sich wohl von getrocknetem Stockfisch, Brot und warmem Bier – so jedenfalls verköstigte sich der bereits erwähnte Erasmus auf seiner zeitgleich unternommenen Reise.[3] In Uilenberg musste die Familie einige kaum entbehrliche Pfennige lockermachen, um den brabantischen Wegezoll zu bezahlen, und folgte dann den ausgefahrenen Straßen Richtung Schelde.

Ringsumher war Wasser – in Flüssen und Bächen, in Torfstichen und Mühlteichen, auf Poldern und in Pfützen. Das Land wirkte wie ein riesiger zersprungener Spiegel, in dem sich das Licht der Sonne in unzähligen Winkeln brach. Der Mensch schrumpfte unter dem Gewicht des Himmels. Am schmalen Horizont drehten ungehinderte Brisen emsige Windmühlen und blähten die Segel träger Schiffe, die durch das Grasland auf kleinere Häfen im Binnenland zusteuerten. Einer dieser Häfen war Rupelmonde.

*

Hier herrschten der Friede und der Wohlstand, den de Commynes verheißen hatte. Über der weiten Flussebene erhob sich das riesige Schloss von Rupelmonde mit seinen gewaltigen Mauern und siebzehn spitzen Türmen. Neben seinen militärischen Zwecken hatte das Schloss Generationen von flämischen Grafen auch als Gefängnis gedient, in das sie jene einsperrten, die dem Wohle Flanderns schadeten. Rupelmonde lag an der Stelle, an der die Rupel in die Schelde mündete (der Ortsname hieß so viel wie »Rupelmündung«), und galt bereits zur Zeit der Römer als strategischer Stützpunkt. Schon vor hundert Jahren war es ein blühender Ort mit neunhundert Wohnungen, eigenen Märkten und Stadtmauern gewesen. Aber in einer der Schlachten, die um das Jahr 1450 einem Aufstand Gents folgten, war die Stadt verwüstet worden. Neben der riesigen ramponierten Festung wirkte das wieder aufgebaute Städtchen unverhältnismäßig klein.

Unweit des Schlosses stand eine neue Mühle von einer Größe und Bauart, wie man sie im ländlichen Jülich nicht gekannt hatte. Die Mühle war im Auftrag des Grafen von Flandern erbaut und ungefähr ein Jahr vor der Ankunft der Kremers fertig gestellt worden; sie bestand aus Ziegeln und Doorniker Stein und wurde von den Gezeiten angetrieben. Die basaltenen Mühlsteine stammten von weit her, aus den Höhen der Eifel.[4]

Hinter dem Schloss führte ein breiter, ausgefahrener Weg an riedgedeckten Häuschen vorbei zum Marktplatz und zur Kirche,

Rupelmonde, Ansicht nach Südosten; aus Sanderus, *Flandria illustrata*, 1641–44.

in der sich die Tausendseelengemeinde zum Gebet versammelte.[5] Ein kurzes Stück weiter lag der Hof, den Hubert seit Weihnachten 1511 gepachtet hatte.

Doch auch Rupelmonde und die Grafschaft Flandern hatten eine Reihe magerer Jahre hinter sich, die von Unwettern, Deichbrüchen und Überschwemmungen gezeichnet waren. Die Sterblichkeitsrate war jäh angestiegen.[6] Erst 1518 war das Schlimmste überstanden.

Hubert tilgte die Schulden, die auf seinem Pachtland lasteten; die Raten für drei Jahre zahlte er sofort ab, den Rest beabsichtigte er im darauf folgenden Jahr zu begleichen. Der Optimismus war nicht ganz unberechtigt, denn Hubert hatte seine Scholle und seine Schuhe.

Das Leben der flämischen Flussanrainer war etwas ganz anderes als das bäuerliche Dasein im küstenfernen Jülich. Am Fluss hörte man die Rufe der Bootsleute und das Knarren der Spanten, das Klopfen der Spieren, das Klappern der Mühlen und das Kreischen der Wasservögel. Die Männer von Rupelmonde waren Bauern oder gingen auf Fischfang, holten Aale aus dem Morast, arbeiteten in den Verladehäfen entlang der Schelde, standen in den Diensten des Schultheiß oder hielten die Deiche instand. Einige waren auch in den örtlichen Ziegeleien tätig, andere reparierten die großen flachen Kähne, die in Rupelmonde auf Holzplanken an das schlammige Ufer gezogen wurden.

Über die Schelde glitt eine endlose Flotte von Schiffen – kleine Boote, die gerudert oder gestakt wurden, größere Barkassen, die sich mit der Strömung fortbewegten, sowie Schiffe mit Masten, Segeln und Kanonen. Hier, wo sich die Rupel mit der Schelde vereinigte, stieß der Schiffsverkehr von Leie und Dender, von Zenne und Dijle, von Demer und Nete aufeinander. Die Schelde war die Hauptverkehrsader, die Antwerpen mit den Binnenhäfen Gent und Aalst, Brüssel und Mecheln verband. Der kleine Gerhard muss staunend zugesehen haben, wie die Schiffe, beladen mit Weizen aus der Picardie, Torf, der in Antwerpen verheizt wurde, und Baustein aus Brabant vorbeizogen. Über Demer und Rupel kam Brennholz aus den Wäldern der Ardennen; von Mons und Quesnay kamen Seide und Satin. Von Antwerpen stromaufwärts beförderte man Salz und Hering, Seife, Kreide und Schmalz. Luxusgüter aus ferneren Ländern, wie Wein, Feigen und Korinthen, waren unterwegs nach Dendermonde, von wo aus sie per Wagen in den Hennegau weitertransportiert wurden. Stromaufwärts, weit hinter Rupelmonde, drangen flache Boote tief ins Landesinnere vor und schafften Butter und Käse an Orte wie Béthune und Cambrai, wo die Flüsse kaum breiter waren als der Bootsrumpf. Von Béthune brachte man Pflastersteine zurück. In Rupelmonde machten viele Boote fest, darunter auch Bierkähne, Fähren und so genannte *Marktschepen*. Zwischen den Barken lagen auch größere Gefährte, seetüchtige Koggen mit Mannschaften, die aus aller Herren Ländern stammten und die sich in fremden Sprachen verständigten. Sie brachten immer wieder neue Geschichten von den unglaublichen Entdeckungsreisen nach Übersee in die kleine Hafenstadt.

So erzählte man sich an der Schelde nicht nur die Abenteuer von Kolumbus und Vespucci, sondern auch von Giovanni Caboto und seinen Söhnen, die im Auftrag des englischen Königs Henry VII. zweimal, 1497 und 1498, gen Westen aufgebrochen waren. Während Vespucci die Küsten der »Neuen Welt« – den Begriff hatte der italienische Chronist Peter Martyr d'Anghiera geprägt[7] – nach Süden hin erschlossen hatte, waren die Cabotos nach Norden gesegelt und hatten die nordamerikanische Ostküste erkundet. Ihre Entdeckungen waren so bedeutsam, dass Cabotos zweiter Sohn, Sebastiano, von Ferdinand V. von Spanien zum Kartographen bestellt worden war. Von Vasco da Gama ging gar das Gerücht, er habe auf seiner Entdeckungsreise von 1497 bis 1499 die Südspitze Afrikas umsegelt und sei in das geheimnisvolle Indien gelangt – eine Entdeckung mit weit reichenden Folgen, denn Gama eröffnete eine Seeroute zwischen Portugal und den Handelsmetropolen Indiens, mit deren Hilfe die Handelsimperien der Genueser und Venezianer sowie die Monopole der Levante umgangen werden konnten. Noch abenteuerlicher mutete an, was man von Nuñez de Balboa hörte, der den Isthmus von Panama überquert haben sollte und zur »Südlichen See« (dem Pazifischen Ozean) vorgedrungen sei. Dabei habe er gegen Schlangen, Giftpfeile und einen Stamm von Amazonen kämpfen müssen, von denen vierzig von spanischen Kampfhunden »in Stücke gerissen« worden seien; bei einer anderen Begegnung mit Eingeborenen hätten Balboas Leute sechshundert Menschen abgeschlachtet, »wie Metzger, die Rind- und Hammelfleisch zerlegen«.[8] 1519 kam schließlich die brandneue Nachricht, dass Hernán Cortés in das aztekische Mexiko eingedrungen war und seine Konquistadoren wie römische Legionäre wüten ließ. Es war eine bewegte Zeit, die die Phantasie des jungen Gerhard beflügeln musste und ihn schon früh mit der Geographie in Verbindung brachte.

*

Unterdessen erfuhr der Junge durch seinen Onkel Gisbert die entsprechende geistige Unterweisung. Dieser hatte seinen Geburtsort Gangelt lange vor seinem Bruder Hubert verlassen, hatte an der Universität von Löwen studiert und sich den Priesterposten am Hospiz von Rupelmonde gesichert.[9] Solche Hospize hatten einst Unterkünfte für bedürftige Reisende bereitgestellt, doch im Laufe der Jahre hatten sie sich immer mehr den Kranken, Alten und Armen ihrer eigenen Gemeinden gewidmet. Die meisten verfügten über eine Kapelle oder einen Altar, wo der Priester die Messe zelebrierte. Gisbert besaß großen Einfluss im Ort, weil er über die karitativen Mittel zu bestimmen hatte. Zu den milden Gaben zählten neben Grundnahrungsmitteln auch Schuhe, was für Gerhards Vater nicht unerheblich war. Als Geistlicher genoss Gisbert ferner eine Steuerermäßigung von fünfzig Prozent – eine Ersparnis, die bald von großer Bedeutung sein sollte.

Der Oheim Gerhards war sehr wahrscheinlich ein Anhänger Gerhard Grootes, eines charismatischen Mystikers des 14. Jahrhunderts, aus dessen Lehren ein religiöser Orden namens »Bruderschaft vom gemeinsamen Leben« hervorgegangen war. Groote und seine zwölf Schüler hatten sich ganz dazu verschrieben, das Leben Christi nachzuahmen, zu predigen, zu lehren und die Gemeinden wie die Geistlichkeit zum wahren Glauben zurückzuführen. Ihre Bewegung, *Devotio moderna*, verbreitete sich rasch über weite Landstriche. Weil die Bruderschaften dem Ritus wenig Bedeutung beimaßen und keine Gelübde ablegten, konnte die Kirche sie in Fragen der klerikalen Organisation und Glaubenslehre nicht angreifen. Für Kleriker, die es gewohnt waren, Ämter zu kaufen und mit kirchlichen Privilegien zu schachern, bildeten die Ideale der *Devotio moderna* indes eine ernste Bedrohung. Die besinnliche Spiritualität der Bruderschaft hatte Thomas a Kempis in der Schrift *De imitatione Christi* (Nachfolge Christi) zusammengefasst. Entlang der Schelde war das Buch des im Kempenland nördlich von Gangelt geborenen Schriftstellers das verbreitetste nach der Bibel.

Es kann kein Zweifel bestehen, dass Onkel Gisbert seinen Neffen nach den Lehren der *Devotio moderna* unterrichtete. Schon der Name Gerhard, nach Thomas a Kempis »Gerardus«, was für *gerens ardorem* (Inbrunst der Liebe zu Gott und seinen Mitmenschen) stehe, weist auf die Bewegung hin, denn der Name nahm für die Anhänger der *Devotio moderna* eine besondere Bedeutung an.

*

Wahrscheinlich kam Huberts jüngster Sohn schon kurz nach der Übersiedelung an die Schelde in die Schule.[10] Anders als im ländlichen Gangelt, wo die Grundschullehrer ihre Lehrtätigkeit vielleicht noch mit den Rhythmen der Ernte abstimmen mussten, unterrichteten hier Beamte oder der Priester der Gemeinde.

In einem großen Raum mit einer Empore, möbliert mit Tischen und Bänken, saß Gerhard nun in einem Kreis von Schülern, deren Muttersprache Flämisch war und die allen gesellschaftlichen Schichten entstammten.[11] Der Junge nahm zwar relativ schnell die neue Sprache an, doch seine deutsche Herkunft dürfte anfangs eine gewisse Isolation bedingt haben.[12] Als Neuankömmling aus einem fremden Sprachraum verstärkte sich in der Schule sein Hang, sich nach innen zu kehren.

Am Beginn des Lernens stand die gemeinsame europäische Sprache, Latein, die *lingua franca* von Kirche, Wissenschaft, Justiz und Diplomatie. Als Erstes musste Gerhard Sammlungen von Sprichwörtern lernen, die dem doppelten Zweck dienten, Latein zu lehren und eine gesunde Moral zu vermitteln. Vielleicht war man an der Schule in Rupelmonde so fortschrittlich, dass man die Sprichwörtersammlung *Adagia* des Erasmus von Rotterdam verwendete; höchstwahrscheinlich musste sich Gerhard jedoch mit den *Dicta Catonis* auseinander setzen, einer Sammlung christlicher Moralsätze, die ganzen Generationen von Schuljungen eingebläut wurden. In über einhundert zweizeiligen *disticha* formulierte Cato Weisheiten zu allen möglichen Themen. Unter ihnen fanden sich viele *sententiae*, Einzeiler, deren unerbittliche Wiederholung Anregung und Unterweisung vermitteln und den

Wankelmütigen an den rechten Weg gemahnen sollte: »Große Krisen befördern große Taten.« »Wenn es zum Besten nicht reicht, eifere nach dem Guten.« »Bildung ist eine süße Frucht von bitt'rer Wurzel.«[13]

Gerhard lernte auch die holländischen und lateinischen Fassungen des Vaterunser, des Glaubensbekenntnisses, der Zehn Gebote, der Psalmen und des Katechismus. Die Bibel selbst dürfte hoch oben im Bücherbord verwahrt worden sein; zu sehr war sie der falschen Auslegung durch jene preisgegeben, die nicht zwischen dem Wörtlichen und dem Allegorischen zu unterscheiden wussten. Katechismen in Form von Fragen und Antworten waren unverfänglicher.

Neben der lateinischen Sprache wurde Gerhard natürlich auch in den Rechenkünsten, wie sie vom Kaufmann verlangt wurden, und im Schreiben und Lesen unterwiesen. Bereits mit sieben Jahren konnte er Lateinisch sprechen und lesen.

In den folgenden Jahren widmete er sich dem Trivium – der lateinischen Grammatik, Logik und Rhetorik – als Grundgerüst für den gesprochenen und geschriebenen Diskurs. Nur wer das Trivium beherrschte, konnte an der Universität studieren. Die beiden ältesten Brüder Gerhards sollten dem geistlichen Weg Onkel Gisberts folgen, und auch für Gerhard schien man diesen Werdegang vorbestimmt zu haben. Zunächst aber musste er einige harte Jahre überstehen.

*

Gerhard war noch in der Grundschule, als das Volk von Flandern erfuhr, dass sein Land in ein Reich von unvorstellbarer Größe eingegangen war. Im Jahre 1519 wurde nämlich ein Neunzehnjähriger aus Gent zum deutschen Kaiser gekrönt. Der breitkinnige Karl V. war der älteste Sohn Philipps des Schönen, des Herzogs von Burgund, und Johannas der Wahnsinnigen, der Königin von Kastilien. Karl regierte ein unvorstellbar großes Reich, wie seine Titel beweisen:

König der Römer; Kaiser von Gottes Gnaden; semper Augustus; König von Spanien, Sizilien, Jerusalem, der Balearen, der Kanaren, von Westindien und dem Festland jenseits des Atlantiks; Erzherzog von Österreich; Herzog von Burgund, Brabant, Steiermark, Kärnten, Luxemburg, Limburg, Athen und Patras; Herzog von Habsburg, Flandern und Tirol; Pfalzgraf von Burgund, Hennegau, Pfirt und Roussillon; Landgraf von Elsass; Graf von Schwaben; Herrscher über Asien und Afrika.[14]

Der junge Monarch übte die Direktherrschaft über die Stammgebiete seiner Dynastie aus – die Niederlande, Burgund, Neapel, Spanien und die spanischen Entdeckungen in der Neuen Welt. In Deutschland hing sein Einfluss als Kaiser davon ab, wie weit er die Fürsten und Städte davon überzeugen konnte, dass sie dieselben Interessen verfolgten. Karl war der mächtigste Mann in Europa. »Gott«, prahlte sein Großkanzler Gattinara, »führt Euch auf den Weg zur Weltmonarchie.«[15]

In jenem Jahr brach in Sevilla im Auftrag Karls V. eine Expedition auf, die das Ziel verfolgte, eine westliche Route zu den Gewürzinseln zu finden. Sollte es Ferdinand Magellan gelingen, die Molukken zu erreichen, so wäre er – der Theorie nach – in der Lage, auf der Handelsroute der Portugiesen um das Kap der Guten Hoffnung nach Spanien zurückzukehren. Er hätte den Globus umrundet – für den Beherrscher eines Weltreiches ein Triumph von unermesslicher Symbolik.

Doch während der Aufstieg Karls V. und der Habsburger scheinbar unaufhaltsam war, brachen für die kleinen Leute schlechte Zeiten an. War die allseits befürchtete große Flut – ein Mathematiker in Tübingen hatte mit dem Februar 1524 sogar ein genaues Datum genannt[16] – noch eine Ausgeburt des Aberglaubens, so war die auf einen regenreichen Sommer folgende Hungersnot von 1520 bittere Realität. Ende 1520 protestierten Hausfrauen in Mecheln und Löwen öffentlich gegen die Getreidepreise. Kaiserliche Truppen wurden auf den Straßen postiert, um die Ordnung wiederherzustellen.

An Gerhards neuntem Geburtstag herrschte große Not. Im Januar und Februar 1521 hatten heftige Schneefälle Flandern unter sich begraben. Der Preis für Brennholz erreichte den höchsten Stand seit Beginn der Aufzeichnungen über ein Jahrhundert zuvor. Den Schneefällen zu Beginn des Jahres 1521 folgten ein trockener Sommer und eine schlechte Ernte, was den Getreidepreis in neue Höhen trieb. Die Lebensmittel wurden immer knapper. In Mecheln, Löwen und Vilvoorde plünderten Not leidende Frauen die Kornkammern von Klöstern, Großbürgern und Kaufleuten. In Antwerpen kam es zu Unruhen, als den Bauern das Getreide geraubt wurde, das sie auf den Markt gebracht hatten. Im folgenden Winter fiel wieder viel Schnee, und so grassierte auch 1522 der Hunger.

Noch verstärkt wurde die Not durch eine ungeheure Steuerlast, die die Habsburger dem Volk aufzwangen, um den Krieg zu finanzieren, der 1521 zwischen ihnen und der französischen Krone ausgebrochen war. 1522 waren die Steuern fast dreimal so hoch wie um das Jahr 1470. Der Krieg lähmte den Handel. Zwei Jahre lang, bis Ende 1523, lief in Antwerpen kein einziges Schiff aus Portugal, Spanien oder Italien ein. Die Schifffahrt auf der Schelde ging rapide zurück. Dasselbe galt für die Einnahmen durch den Hafenzoll in Rupelmonde.

Die Krise traf die flandrischen Handwerker schwer. Sie spürten einen deutlichen Rückgang der Nachfrage nach Gobelins, Leinen, Möbeln und – wie Hubert Kremer – nach Schuhen. In Mecheln am Oberlauf der Rupel traten die Weber und Walker in den Streik. Es folgten Proteste in Antwerpen, Löwen und Brüssel. Im Juni 1525 wandten sich die Weber und Schnürsenkelmacher von 's-Hertogenbosch an den Magistrat der Stadt. Die hoffnungslos verarmten Handwerker, die meist nicht lesen und schreiben konnten und nur wenig oder gar kein Land besaßen, standen kurz vor der Revolte.

In Antwerpen trugen die Handelsverbindungen mit Deutschland und die Wellen von Einwanderern aus dem Osten dazu bei, dass die Lehren Luthers verbreitet wurden, der im Herbst 1520 die päpstliche Bulle seiner Exkommunikation verbrannte und eine Reformation der Kirche forderte. Augustiner, die sich ein paar Jahre zuvor in Antwerpen niedergelassen hatten, fingen an, lutherische Schriften zu verbreiten. In dem vergeblichen Bemühen, die Flammen zu löschen, wurden mit dem Wormser Edikt vom Mai 1521 alle »*famosos et pestilentes libros*« [17] verboten; in der Folgezeit wurden alle Bücher sowie Bilder und Zeichnungen, die sich gegen den orthodoxen Glauben richteten, verboten und öffentlich verbrannt. In Antwerpen warf man nicht weniger als vierhundert lutherische Bücher und in Brügge ein Bild Luthers in die Flammen. Bis 1522 brachten Drucker aus Antwerpen indes dreiundzwanzig anonyme Ausgaben von Luthers Werken in lateinischer und deutscher Sprache heraus. Die Bücherverbote nützten nicht viel. Doch es kam noch schlimmer: Das Kloster der Augustiner in Antwerpen wurde zerstört, zwei Mönche hingerichtet, und der Prior Jacob Proost konnte nur mit knapper Not entkommen. Erasmus von Rotterdam stellte nüchtern fest: »Überall in Flandern herrschen Krieg und Aufruhr.« [18]

Mit seiner Prophezeiung einer Sintflut lag der erwähnte Tübinger Mathematiker daneben, auch mit dem angegebenen Datum, doch mit der Ankündigung großen Unheils sollte er Recht behalten, denn 1525 brach in Deutschland der Bauernkrieg aus. Auch an der Schelde hörte man bald von den Plünderungen und Brandschatzungen in Schlössern und Klöstern. Gangelt blieb verschont, doch im April wütete in Köln zwei Wochen lang das Feuer. Im Sommer 1525 waren in Antwerpen Abdrucke der »Zwölf Artikel« in Umlauf, in denen die Forderungen der oberschwäbischen Bauern aufgezählt waren. Von den Artikeln waren bereits fünfundzwanzig Auflagen gedruckt und 25 000 Exemplare im Heiligen Römischen Reich verbreitet worden. Bis zum Ende des Jahres waren 300 000 Bauern niedergemetzelt worden.

Es muss Zeiten gegeben haben, in denen sich die Kremers fragten, ob ihre Gebete überhaupt gehört wurden, denn die Misere, die sie aus Jülich vertrieben hatte, hatte sie in Flandern wieder eingeholt. Jahre der Armut, der Wanderschaft und der Schinderei forderten ihren Preis. 1526 oder 1527, nach zehnjährigem Bemühen, sich in Rupelmonde durchzuschlagen, starb Gerhards Vater Hubert Kremer. Er kann nicht älter als fünfundvierzig gewesen sein.

Der gerade erst halbwüchsige Junge wurde über Nacht aus seiner Kindheit gerissen. Er stand vor dem größten Unglück, das einem Kind jener Zeit widerfahren konnte, denn einen Jungen von Gerhards Alter und Herkunft führte der Verlust des Vaters damals fast zwangsläufig ins Armenhaus. Doch Gerhard hatte Glück, denn er kannte den Mann an der Pforte des Armenhauses. Gisbert, der freundliche Oheim, wurde Gerhards Vormund.

*

Zur selben Zeit, als Hubert Kremer starb, erschien in Antwerpen die erste gedruckte Bibel mit einer Landkarte. Auf den ersten Seiten, vor dem Buch Genesis, blickte man gleichsam wie vom Himmel auf das Heilige Land. Solch einen Holzschnitt hatte an der Schelde noch kaum jemand gesehen. Das Alte Testament war wie durch ein Wunder in ein einziges Bild übersetzt worden, in dem die verschiedenen Orte so eingezeichnet waren, dass der Betrachter erkennen konnte, wie sie sich aufeinander bezogen. Der Leser sah, dass Sidon weit von Gasa und dass Tiberias nahe bei Jericho lag. Berge erhoben sich wie gewaltige Wellen, die über Damaskus hereinbrachen und sich jenseits des Landes Juda in einen wilden Strudel stürzten. Der Nil schoss wie ein Sturzbach in »Das gros Meer«.

Je näher man hinsah, desto mehr konnte man erkennen: Durch das Land zogen sich Linien; einige waren Flüsse, andere die Grenzen zwischen den zwölf Stämmen. Kanaan war voller Städte, doch Teile der Landkarte waren so leer, dass es sich nur um Wildnis und Wüste handeln konnte. Vor allem eine Besonderheit fiel ins Auge: Wie eine Straße schlängelte sich eine Linie über beide Seiten der Karte, von den geteilten Wogen des Roten Meers bis an den Jordan. Dies war der Weg, auf dem Moses das Volk der Juden aus Ägypten geführt hatte. Auch der Text der neuen Bibel war eine Novität, denn er stammte zum großen Teil aus der Feder Martin Luthers.

Der Verfasser dieses Wunderwerks einer Karte war der sächsische Künstler Lucas Cranach, der Pate von Luthers ältestem Sohn. Seine Karte ließ der Zürcher Verleger Christoph Froschauer verkleinern, neu zeichnen und in das lutherische Werk einbinden, das 1525 nach Antwerpen kam. Binnen weniger Monate brachte der Buchdrucker Jacob van Liesvelt eine holländische Ausgabe heraus, der ebenfalls die verkleinerte Karte Cranachs vorangestellt war; hier hieß »Das Gros Meer« nun »Die Groote Zee«.

Für Menschen wie Gisbert Kremer bestätigte das Bild in der lutherischen Bibel nicht nur, dass das Heilige Land tatsächlich existierte, sondern stellte auch einen Bezug zu den Feldern und Poldern außerhalb des eigenen Dorfes her. Ähnelten nicht die Strömungen, welche die Schelde kräuselten, denen des Nils? Glichen nicht die Schiffe auf Liesvelts »Grooter Zee« denen vor Rupelmonde? Galiläa lag so friedlich da wie die Binnengewässer in den Niederlanden. Für eine ausländische Familie, die an die Schelde gezogen war, hatte indes nichts auf der gesamten Abbildung eine so allumfassende Bedeutung wie die lange, gewundene Straße, die durch die Wildnis von Ägypten nach Kanaan führte.

3

An den Grenzfluss

Gisbert war redlich bemüht, dem Sohn seines Bruders die bestmögliche Ausbildung zu geben, und so beschloss er, Gerhard zu den Brüdern des Ordens vom gemeinsamen Leben nach 's-Hertogenbosch zu schicken. Erasmus von Rotterdam war dort unterrichtet worden, und zu den Brüdern gehörte auch ein aufstrebender humanistischer Dramatiker (und Freund des Erasmus), Georgius Macropedius. Mit den Söhnen anderer Bedürftiger, die im *domus pauperum* der Bruderschaft Aufnahme fanden, sollte Gerhard die moralischen Prinzipien der *Devotio moderna* in sich aufnehmen. Für die lateinische Sprache hätte er keinen besseren Lehrer finden können als einen Humanisten wie Macropedius.[1] In 's-Hertogenbosch gab es auch eine hervorragende städtische Schule, deren Lehrer zusammen mit den Brüdern den Jungen auf das Universitätsstudium vorbereiten konnten. Dass der Sohn eines zugewanderten Schusters, der von einem nicht besonders wohlhabenden Onkel gefördert wurde, solch eine Gelegenheit nutzen konnte, zeugte von dem egalitären Geist des wohl fortschrittlichsten Bildungssystems Europas. 's-Hertogenbosch, eine der vier größten Städte in Brabant, lag mindestens vier Tagesmärsche nordöstlich von Rupelmonde.[2]

Als Emerentia ihren Jüngsten gehen sah, fragte sie sich wohl, ob sie ihn je wieder sehen würde. Gerhard, nun ungefähr fünfzehn, trat seine dritte große Reise an – diesmal ohne die Familie. Die Straße nach Nordosten führte den Jungen zunächst wieder durch das Heidegebiet des Kempenlands. Noch nie in seinem Leben hatte er solch elende Gestalten gesehen wie auf dieser Reise.[3] In ganz Brabant waren Bauern unterwegs; sie zogen vom Land in die Stadt und von einer Stadt in die andere. In Turnhout und Tilburg, den beiden größeren Städten auf seiner Route, herrschten schreckliche Verhältnisse.[4] Turnhout hatte hauptsächlich vom Viehhandel gelebt, doch der war durch die Kriege nördlich der Maas und die blockierten Handelsverbindungen zusammengebrochen. Viele der verarmten Einwohner brachen zu den Armenhäusern von 's-Hertogenbosch auf.

Hinter Tilburg führte die Straße durch sandiges Hügelland, das einst von einem herrlichen Wald beschattet wurde, in dem die Herzöge von Brabant jagten. Dort wo der Sand endete, lief die Hälfte aller Flüsse des nördlichen Brabant zusammen und verlor sich in einem Sumpf.

Jenseits des Sumpflandes schlängelten sich die verzweigten Unterläufe von Rhein und Maas dahin. Diese beiden Flüsse bildeten noch immer die gefährlichste Binnengrenze in den Niederlanden. Denn jenseits der Maas lag Geldern, der Unterschlupf Herzog Karels. Dieser war ein erbitterter Gegner der habsburgischen Hegemonie Kaiser Karls und beschloss 1527, just in dem Jahr, in dem Gerhard von zu Hause wegging, in Utrecht einzufallen. Die unberechenbaren und gewalttätigen Gelderländer bildeten eine ständige Gefahr für die Region; sie behinderten den Handel und überschritten immer wieder die Maas, um Brabant zu verwüsten.

Gerhard Kremer kam also an eine brisante Grenze. Rhein und Maas teilten die Niederlande so spürbar, wie die Alpen die deutschen Lande von Italien trennten. Als kulturelle Grenze war die Maas seit mindestens eineinhalb Jahrhunderten gleichsam ein feststehender kartographischer Ausdruck – seit nämlich auf den Immatrikulationsscheinen der Pariser Universität La Sorbonne bei den Herkunftsorten der Studenten zwischen »Anglicana« (nördlich der Maas) und »Picardia« (südlich der Maas) unterschieden wurde.[5]

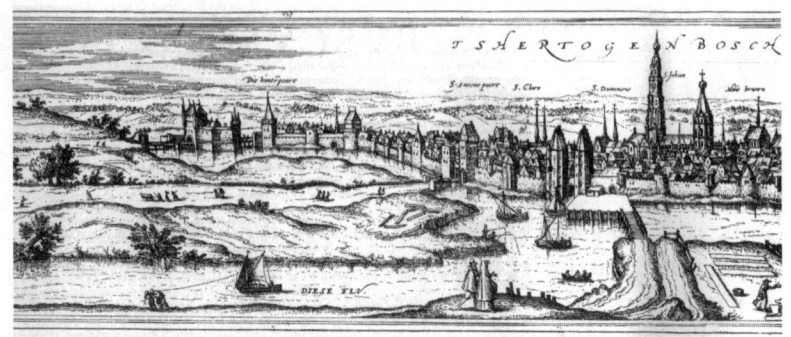

Das wasserumströmte 's-Hertogenbosch an der nördlichen Grenze von Brabant; aus *Civitates orbis terrarum*, 1572.

Zu Beginn des 16. Jahrhunderts waren die Uferregionen der beiden Flüsse noch so gut wie völlig unbesiedelt. Bei 's-Hertogenbosch konnte das Sumpfgebiet überquert werden. Der Name 's-Hertogenbosch verwies auf »des Herzogs Wald«. Von Süden her wirkte der Ort wie eine Insel im weiten Marschland; die Mauern, Dächer und Türme ragten wie Stacheln über den Horizont, der sich glatt und eben zu den Flüssen hinzog. Wasser umfasste die Mauern und zog sich durch Wiesen, auf denen Hornvieh graste und Frauen Leinen ausbreiteten.[6] Segelboote schmiegten sich an den Kai der Dieze, und Männer beförderten auf dem Treidelpfad schwimmende Fracht in Richtung Maas.

Stromaufwärts befanden sich im Damm am Südufer der Maas zwei *overlaten*, Überläufe, durch die Hochwasser in die Marschen abfließen konnte. Wenn Frühjahrsregen und Schmelzwasser Rhein und Maas anschwellen ließen, strömten die Fluten durch die *overlaten* und vermengten sich mit den Wassern von Aa und Dommel, die das nördliche Brabant entwässerten. Im Winter wirkte 's-Hertogenbosch aus der Ferne wie eine Arche auf einem eigenen Ozean aus fein schimmerndem Glas.

Innerhalb der Stadtmauern lebte die Bevölkerung auf engstem Raum zusammen. Die Einwohnerzahl von 's-Hertogenbosch hatte sich seit dem Jahre 1400 von 9000 auf 17 000 praktisch verdoppelt. Inzwischen war 's-Hertogenbosch die größte Stadt im Norden der Niederlande; es war zweimal so groß wie Deventer, größer als Utrecht und Amsterdam, und ließ selbst Rotterdam klein erscheinen. Wenn man durch die Viertel streifte, sah man, wie sich die Besitzer hochwertigen Wohnraums von den Insassen ärmlichster Quartiere unterschieden. Die Grundeigentümer hatten ihre Mieteinnahmen vervielfacht, indem sie ihre Liegenschaften in winzige Parzellen aufgeteilt und selbst in den kleinsten Hof oder Garten noch eine Hütte gezwängt hatten. Die wohlhabenden Bürger hatten sich dagegen auf neue Grundstücke auf der »sauberen« Seite der Stadt zurückgezogen. In 's-Hertogenbosch blieb das Geld im Westteil der Stadt, in der Gegend der Orthenstraat und des Vismarkt sowie in den südlichen Winkeln um Vughterstraat und Vughterdijk, Weverplaats und Kerkstraat. Vom Armenviertel um die Hinthamerstraat aus gesehen, waren die prächtigen Bauten im windwärts gelegenen (und daher von üblen Gerüchen verschonten) Teil der Stadt eine ganz andere Welt.

Dies war die Szenerie, die Hieronymus Bosch mit seinen grotesken Figuren bevölkert hatte. Der berühmte Maler starb zehn Jahre, bevor Gerhard Kremer nach 's-Hertogenbosch gekommen war. Unter den zahlreichen ungewöhnlichen Werken, die er hinterließ, befand sich ein Triptychon, das die Geschichte der irdischen Torheit darstellte.[7] Auf die beiden Außentafeln des Triptychons malte Bosch ein düsteres Urgestirn, den Augenblick der Erschaffung der Erde. Auf den drei Innentafeln tummeln sich allerlei Gestalten aus dem Garten Eden, dem irdischen Paradies und der Hölle. Im mittleren Bild schwelgt die Menschheit im Banne einer verzauberten Landschaft mit Seen, Wiesen und Bergen. Dieses falsche Paradies wird von vier Flüssen durchquert, die in der Mitte zu einem zentralen See zusammenfließen; dessen Zentrum bildet ein bizarres Gebäude auf einer bläulich schimmernden Kugel mit einem Loch auf Höhe des Wasserspiegels, das wie ein Abflussloch in die Unterwelt aussieht. Dieses symmetrische Quartett diagonal verlaufender Flüsse und deren »Abfluss« sollten Gerhard, der das Werk zweifellos kannte, in späteren Jahren wieder zu Bewusstsein kommen.

*

Als Gerhard Kremer 's-Hertogenbosch erreichte, ging er in die Hinthamerstraat, die lange Straße, die sich vom Marktplatz durch das ärmste Viertel zog. Etwa auf halbem Wege zwischen Markt und Stadtmauer bog er in die Schilderstraat. Fast am Ende dieser Straße fand er das *domus pauperum scolarium*, das Armenhaus der Bruderschaft. Hier sollte er für die nächsten dreieinhalb Jahre Herberge finden.

In seinem neuen Heim angekommen, wurde Gerhard von Joris van Langhveldt, besser bekannt unter seinem latinisierten Namen Macropedius, persönlich begrüßt. Macropedius hatte als Spross einer adeligen Familie auf Schloss Langhveldt, einen Tagesmarsch südöstlich von 's-Hertogenbosch, das Licht der Welt erblickt, war in Löwen von den Brüdern unterrichtet worden, wurde später Priester und Lehrer (vor allem ein bekannter Grammatiker) und stieg zum führenden neulateinischen Dramatiker der Niederlande auf. Inzwischen Anfang vierzig, gehörte er der Bruderschaft vom gemeinsamen Leben seit fünfundzwanzig Jahren an und war der einzige wirkliche Humanist in dieser Vereinigung. Macropedius hatte bereits etwa sechs Dramen verfasst, die auf den lateinischen Komödien von Terenz und Plautus basierten.[8] Diese vulgären und zugleich moralisierenden »neulateinischen Schuldramen« wurden von seinen Schülern aufgeführt, die auch die weiblichen Rollen übernahmen.[9] In einem der derberen Stücke, *Aluta*, wurde das Publikum vor Mundgeruch und Flatulenz gewarnt und musste sich dann heftige Zechereien, Entblößungen und einen komischen Exorzismus ansehen. Macropedius entschuldigte sich für die deftigen Szenen, indem er erklärte, *Aluta* sei ausschließlich für Jungen bestimmt. Bilder von Ausschweifungen seien ein gesundes Erziehungsmittel, solange am Ende Tugend und Wahrheit

Der Dramatiker Georgius Macropedius, Mercators Lehrer in 's-Hertogenbosch (1486–1558); aus Joannes Franciscus Foppens, *Bibliotheca Belgica*, 1739.

obsiegten. Macropedius vertrat den ciceronischen Standpunkt, dass sich Laster und Tugend im Leben selbst spiegelten. Was eignete sich also besser dazu, die Moral zu festigen, als die Bestrafung des Bösen und die Belohnung des Guten zu dramatisieren? Auf diese Weise boten ihm die humanistischen Texte die Möglichkeit, den Jungen die nötigen Instrumente zur Erforschung der Wahrheit zu vermitteln.

Es ist sehr gut möglich, dass Gerhard während seiner Schulzeit in 's-Hertogenbosch sich aktiv an den Aufführungen beteiligte, und vielleicht hat er mit dem Schultheater sogar Geld verdient. Denn nach öffentlichen Aufführungen (beispielsweise in Shrovetide) verteilte Macropedius die Eintrittsgelder an seine ärmeren Schüler. Den Zuschauern versprach der Dramatiker künftig einen höheren, besseren Platz, wenn sie ihrem »Rang und Stand« entsprechend doppelt soviel für die Darbietung zahlten.[10] So wurden die bescheidenen Mittel, die Gisbert für die Ausbildung seines Neffen bereitstellte, möglicherweise durch Gerhards Bühnentalent aufgestockt.

*

Die Knaben im Armenhaus pendelten zwischen dem Konvent der Bruderschaft in der Schilderstraat und der Lateinschule in der Stadtmitte hin und her. Im Haus der Fraterherren war ein Bruder für die Wahrung der Disziplin zuständig, ein anderer für den Unterricht. Es wurde ausschließlich Latein gesprochen; persönliches Eigentum, der Genuss von Alkohol und der Kontakt zu Frauen waren untersagt.

Jeden Morgen marschierten die Jungen vor sechs Uhr in ihren grauen Kutten vom Armenhaus zur Schule. An klaren Tagen wärmte die Sonne ihnen den Rücken, bis sie an der Torenstraat in den kühlen Schatten der Sint Janskerk eintauchten. Hoch oben auf den Strebepfeilern hockten allerlei Figuren – winzige Sackpfeifer, Handwerker und zahlreiche Dämonen aus der Werkstatt des Steinmetzen Allart du Hameel, eines Freundes von Hieronymus Bosch.[11] Die Kirche war bereits zwei Jahrhunderte alt. Die Kapellen und Altäre in ihrem Inneren waren den Schutzheiligen der Zünfte geweiht; der Deckel des Taufbeckens von du Hameel war so mit Figuren überladen und so schwer, dass er nur mit einem gusseisernen Hebel anzuheben war. Außer den Schuljungen und den Leuten aus der Stadt, die jeden Tag auf den Bänken niederknieten, kamen auch Wundersuchende mit Opfergaben in die prachtvolle Liebfrauenkapelle, die bunte Glasfenster und ein Kruzifix von Bosch zierten. Die Schule lag gegenüber der Kirche, im Winkel zwischen Kerkstraat und Peperstraat.

Die »groote school« in 's-Hertogenbosch war die größte Schule in der Stadt; sie war berühmt für ihr Latein und galt als eine der besten Oberschulen in Europa.[12] Es war weitgehend dem Einfluss von Erasmus' Schulleiter in Deventer, Alexander Hegius zu verdanken, dass alte Erziehungsrichtlinien mit der »neuen Gelehrsamkeit« des Humanismus verschmolzen. Hegius, der wohl einflussreichste Pädagoge seiner Zeit, hatte es verstanden, die asketischen Ideale der Bruderschaft mit dem humanistischen Streben nach Erkenntnis und Beredsamkeit in Einklang zu bringen. Für Erasmus hatte Hegius die geistige Größe der antiken Klassiker erreicht.

In der Lateinschule befasste sich Gerhard mit dem kompletten Trivium, den drei Disziplinen Grammatik, Rhetorik und Logik, die das Fundament für sein Universitätsstudium bilden sollten.[13] Die Grundlagen für Gerhards humanistische Erziehung waren in Erasmus' pädagogischer Abhandlung *De ratione studii* umrissen; darin waren einige der wichtigsten Autoren aufgeführt, die ein Junge in der Oberschule studieren sollte. »Zuallererst«, schrieb Erasmus, kamen »die Griechen und die Klassiker der Antike«, Platon, Aristoteles und Theophrast, die »besten Lehrer der Philosophie«. Neben der Bibel sollten die theologischen Schriften der Kirchenlehrer Origenes, Chrysostomus, Basilius, Ambrosius und Hieronymus gelesen werden. Das Lehrreiche an den Dichtern war ihre Fähigkeit, »ihre Werke mit Wissen aus allen Bereichen zu würzen«, insbesondere der Mythologie; Homer galt als »Vater aller Mythen«, und auch Ovids *Metamorphosen* und *Fasti* waren »von nicht geringer Bedeutung«.[14]

Am Ende seiner Lektüreliste lenkte Erasmus die Aufmerksamkeit ganz besonders auf ein Gebiet, das Gerhards leidenschaftliches Interesse weit über den Lehrplan hinaus entfachen sollte. »Geographie«, erklärte Erasmus, »muss ebenfalls gemeistert werden.« Die Erdkunde sei »nützlich für die Geschichte und nicht zuletzt auch für die Poesie«. Die Quellen der Geographie seien »am prägnantesten von Pomponius Mela, am kompetentesten von Ptolemäus und am umfassendsten von Plinius behandelt worden«. Die Geographie solle vor allem vermitteln, so Erasmus weiter, »welche einheimischen Begriffe für Berge, Flüsse, Regionen und Städte mit denen der Klassiker korrespondieren«. Erasmus betrachtete die Geographie als ein etymologisches und lokatives Vorspiel; nur durch den Entwurf einer geistigen Landkarte werde ein Schuljunge überhaupt erst befähigt, die moralischen, politischen und philosophischen Koordinaten des Humanismus zu bestimmen.

Die geographischen Kenntnisse, die Gerhard in 's-Hertogenbosch mitnahm, dürften sich auf einige Ortsnamen beschränkt haben, die von einem Griechen, zwei Römern und einem Ägypter überliefert worden waren, welche alle kurz nach der Zeitenwende gelebt hatten. Der Junge lernte nicht nur, dass die Händler die Ostküste Äquatorialafrikas »Barbaria« nannten und dass die venezianischen Galeeren durch die Säulen des Herkules in den Westlichen Ozean gelangten; die antiken Autoren verliehen auch der imaginären Welt, die Gerhard damals mit seinen eigenen Sinnen zu entwickeln begann, Form und Detail. Bis zu dieser Zeit hatte er die Geographie bestenfalls unbewusst aufgenommen. Aufgrund der geographischen Texte, denen er in 's-Hertogenbosch vereinzelt begegnete, wurde aus der anfänglichen Neugier gezielte Wissbegier.

Der Unterricht an der Lateinschule dauerte von sechs bis acht Uhr früh und wurde nach einer Morgenandacht im Haus der Bruderschaft fortgesetzt. Jeden Tag sangen die Knaben im Kapitelchor und besuchten nach der Schule, um sechs Uhr abends, das Hochamt, das ein Bruder nach römischem Ritus zelebrierte. Am Sonntagnachmittag hörten sie im Haus der Fraterherren eine Predigt.

In der Stille des Armenhauses vervollkommnete Gerhard auch seine Handschrift. Bevor der Buchdruck aufkam, gehörte zu den Tätigkeiten der Ordensbrüder auch das Kopieren von Manuskripten. Sie vervielfältigten liturgische Texte und theologische Schriften nicht nur für den eigenen Gebrauch, sondern verdienten sich auch Geld damit, dass sie auf Bestellung Bibeln, Messbücher, Gebetbücher und illustrierte Heiligenbiographien abschrieben. Die Brüder saßen an zwei Abenden in der Woche jeweils eine Stunde lang an ihren Schreibpulten, und die Hausbibliothek war voll von Büchern, die von den Früchten ihrer Arbeit zeugten – Hieronymus, Chrysostomus und Boethius standen dicht neben Thomas von Aquin, Duns Scotus und Lorenzo Valla.[15]

Die Seiten waren übersät mit spitzen Reihen schwarzer gotischer Lettern. Vielleicht gewöhnte sich Gerhard hier seine »bastardisierte« Fraktur an, eine kursive Version der gotischen Schrift, die sich in Kanzleien entwickelt hatte, in denen eine flüssigere Handschrift erforderlich war. Bereits als Halbwüchsiger beherrschte Gerhard eine Reihe von Handschriften, von der römischen über die gotische bis zur alltäglichen »Sekretärsschrift«.

*

Außerhalb des Armenhauses und des Lehrplans lag die wahrnehmbare Welt. Die Schilderstraat führte über den letzten unbebauten Anger in 's-Hertogenbosch weiter bis zur Stadtmauer. Folgte man der Stadtmauer linker Hand ein Stück, so gelangte man an einen Aussichtspunkt mit Blick auf die glitzernde Dieze und die ausgefahrene Straße zu den Städten an Maas, Rhein und Ijssel. Unterhalb der Mauer hatte man für den Handel auf den Wasserwegen einen hölzernen Kai gezimmert, von dem jede Woche Schiffe nach Amsterdam und Delft, Den Haag, Schiedam und Rotterdam ablegten. Dieser Blick nach Norden bot mitunter eine so trübe und ungemütliche Aussicht, wie man sie nirgendwo sonst in den Niederlanden vorfand. Das Feuchtland zwischen den Flüssen ging in düstere Sümpfe über, in denen nur Gestrüpp wucherte.

Während Gerhards Schulzeit in diesem brabantischen Vorposten gab es Zeiten, in denen die Bürger von 's-Hertogenbosch fürchteten, die Unruhen im Norden könnten sich über die Maas hinweg ausbreiten und auf ihre Stadt übergreifen. Nach Herzog Karels Einfall in Utrecht war sein ausgewiesen brutaler Kommandant, der »Schwarze Marschall« Maarten van Rossum, mordend durch Holland gezogen und hatte Den Haag geplündert. Ein gewaltiger Gegenangriff hatte Karel gezwungen, Utrecht und Overijssel Kaiser Karl zu überlassen, doch er hielt Drenthe, Groningen und das von 's-Hertogenbosch aus sichtbare Geldern. Das Sumpfland war eine Grenze, die möglicherweise durchbrochen werden konnte, wie man in 's-Hertogenbosch immer mehr fürchtete. Wenige Monate, nachdem Gerhard in der Stadt eintraf, war dort eine Seuche und später auch die Pest ausgebrochen. Das Wasser selbst brachte den Tod: Es war noch nicht lange her, dass Albrecht Dürer an den Folgen eines Fiebers, das er sich auf den brackigen Wasserstraßen der Niederlande zugezogen hatte, im Alter von 54 Jahren dahingeschieden war.

*

Während Gerhard in 's-Hertogenbosch weilte, starb seine Mutter. Der Achtzehnjährige war nun Vollwaise, heimatlos und mittellos. Zu dieser Zeit nahm Gerhard Kremer eine neue Identität an. Wie Erasmus, Macropedius und zahlreiche andere Zeitgenossen tauschte er seinen ererbten Familiennamen gegen einen lateinischen, humanistischen Nachnamen ein.

Welchen Namen sollte er wählen? Erasmus nannte sich zunächst »Herasmus Rotterdammensis« und änderte den Namen dann in »Desiderius Erasmus Roterodamus«, wobei er aus dem letzten Wort dem griechischen Proparoxytonon entsprechend ein »Roteródamus« machte. Macropedius mag vielleicht mit »Paedagogus« gespielt haben – nach den römischen Dramen von Terenz und Plautus, in denen so ein Sklave bezeichnet wurde, der ein Kind in die Schule begleitete, zu Hause beaufsichtigte und unterrichtete. Johann Reuchlin hatte das griechische Wort für »Rauch«, *kapnion*, gewählt. Sein Neffe, Philipp Schwarzerd, übersetzte die Wurzel seines deutschen Namens und nannte sich Melanchthon, nach der griechischen Bezeichnung für »schwarze Erde«. Die meisten Namensänderungen verrieten einen – bisweilen prätentiösen – Hang zur Gelehrsamkeit. Eine Ausnahme bildete der polnische Humanist Nicolas Vodka, der sich sinnigerweise »Abstemius« nannte. Es gab keine Einrichtung, welche die Modalitäten der Namensänderung regelte, und auch kein zentrales Register vergebener Namen, sodass mitunter auch Duplikate auftraten. Mehrere prominente Deutsche mit den bürgerlichen Namen Ackermann, Bauer und Schnitter hatten sich in »Agricola« – lateinisch für »Bauer« – umbenannt, vielleicht auch dem römischen Feldherrn Gnäus Julius Agricola zu Ehren, der die Biographie seines Schwiegersohnes Tacitus verfasst hatte, die Lebensbeschreibung jenes römischen Autors, der mit *Germania* die germanischen Stämme in Europa bekannt gemacht hatte. Es gab auch einen finnischen Agricola, der Bischof von Turku war, das Neue Testament ins Finnische übersetzte und Gebetbücher mit Anmerkungen zur Astronomie und Hygiene veröffentlichte.

Es dürfte nahe liegend gewesen sein, dass Gerhard für das deutsche »Kremer« (oder »Krämer«) das lateinische Wort für »Kaufmann« wählte – *Mercator*. Damit identifizierte er sich auch mit dem *mercator*, dem fahrenden Buchhändler, der von Stadt zu Stadt zog, und dem Kaufmann, der über die Grenzen von Kirche und Reich hinaus tätig war, spekulierte, handelte, auf Messen und in Häfen Geschäfte tätigte, Flotten unterhielt und die Künste förderte. Dank Macropedius dürfte Gerhard auch Plautus' populäre Komödie *Mercator* kennen gelernt haben. Macropedius, der in seinen Stücken gerne Plinius zitierte, machte seinen Schüler wahrscheinlich auch mit dem dritten Kapitel aus dessen *Naturgeschichte* vertraut; darin wird das Wort *mercator* in einer Weise verwendet, die dem jungen Mann zugesagt haben dürfte. Der römische Schriftsteller hatte nämlich den größten Fluss Italiens, den Tiber, als *mercator placidissimus* bezeichnet – den »gefälligsten Händler« von Erzeugnissen aus aller Welt.[16] Vielleicht war es Plinius' Metapher für den belebten Tiber als einem wohlwollenden Mittler und Förderer des weltweiten Austauschs, welche die Phantasie des Jungen von der Schelde am stärksten beflügelte.

Aus Gerhard Kremer wurde also Gerhard Mercator. Die Ausprägung einer neuen Identität ging jedoch noch weiter. Mercator folgte dem Beispiel Erasmus' und bekundete sein Bewusstsein von der Bedeutung geographischer Wurzeln, indem er seinem Namen einen Beinamen hinzufügte. Sein vollständiger Name lautete fortan »Gerardus Mercator de Rupelmonde«. Damit zollte Gerhard auch jenem Onkel an der Schelde Respekt und Dank, der seine Ausbildung finanziert hatte.

4

Het Castrum

Nach dreieinhalb Jahren in 's-Hertogenbosch wurde Mercator von seinem Vormund, Onkel Gisbert, an die berühmte Universität von Löwen geschickt. Es war der Sommer 1530. Mercator machte sich auf den Weg Richtung Antwerpen; er marschierte bei Tag und schloss sich anderen Reisenden an, um das Kempenland zu durchqueren. Auf seiner nunmehr vierten großen Reise hatte er bereits weit mehr gesehen als so mancher junger Mann, der wohlbehalten hinter den schützenden Mauern einer Stadt oder eines Landsitzes aufgewachsen war. Die weiten Ebenen prägten Mercators Wahrnehmung. Die Ansichten und Perspektiven, die er kannte, waren fast ausnahmslos horizontal; selten traf das Auge eine Vertikale. Es gab keine Klippen oder Schluchten, die den Himmel ausblendeten und das Land verdunkelten, oder Bergspitzen, die eine andere Perspektive geboten hätten. Die Niederlande existierten ausschließlich in zwei Dimensionen. Die Welt, die Mercator kannte, war flach. Seine Welt war so plan wie eine Karte.

Die Stadt Löwen ragte hoch über die Ufer der Dyle auf. Hier hatte der Fluss den brabantischen Sand ausgespült, und über einer kleinen Insel hatte sich ein Abhang gebildet. Dieser Ort musste den Menschen anziehen. Das flache Tal war geschützt und gut entwässert und lag an einer der Straßen vom Rheinland nach Flandern. Schiffer von der Schelde kamen mühelos hierher. Nachdem Arnulf von Kärnten im Jahre 891 hier die Normannen geschlagen

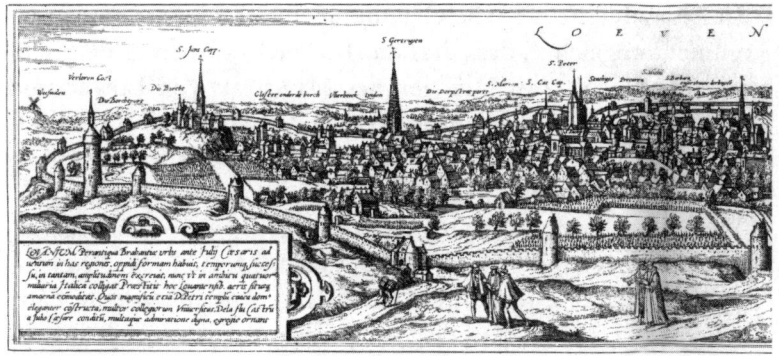

Löwen; aus *Civitates orbis terrarum*, 1572. Das Kolleg »Het Castrum« befand sich unweit des Fischmarktes auf tief liegendem Grund zwischen Gertrudiskirche und Peterskirche.

hatte, erbaute der erste Herzog von Löwen auf der Insel ein befestigtes Schloss, um das eine Siedlung entstand, die sich bald ausdehnte, später von Mauern umringt wurde und sich schließlich über ihre Wälle hinaus ausweitete. Ein zweiter Ring von Mauern wurde errichtet, der ein Gebiet einschloss, das siebenmal so groß war wie das Areal innerhalb der ersten Festungsmauer. Zu Beginn des 14. Jahrhunderts wurden in der Stadt 20 000 Einwohner gezählt und 756 000 Ellen Tuch im Jahr erzeugt.[1] Doch dann wurde Löwen in einer blutigen Fehde zwischen Bürgern und Patriziern aufgerieben. Die Weber flohen und mit ihnen ein Viertel der Einwohnerschaft.

Wenig später kehrte jedoch die Vernunft – in Form einer Universität – in die gelähmte Stadt zurück. In ganz Europa, von Salamanca bis Krakau, von St. Andrews bis Salerno, blühten die Universitäten. In Frankreich gab es siebzehn, in England zwei, in Schottland drei und in Deutschland etwa zehn Hochschulen. In den Niederlanden gab es keine einzige. Junge Männer, die eine höhere Bildung anstrebten, fanden die nächsten Professoren in Paris, Köln oder Trier. Nur in Skandinavien und Irland waren die Ausbildungsmöglichkeiten ebenso dürftig.

In Brüssel hatte man die Gründung einer Universität mit dem Argument abgelehnt, dass dies die Tugend der Töchter der Stadt gefährden würde. Auf Drängen des Magistrats von Löwen und des Kapitels der Peterskirche richtete Herzog Johann IV. von Brabant jedoch eine Bittschrift an den Papst, der 1425 in einer Bulle die Gründung genehmigte.

Vier Jahre bevor Mercator aus dem Kempenland auftauchte, hatte die Universität von Löwen mit einer Messe in St. Peter ihr hundertjähriges Bestehen gefeiert. Das »belgische Athen« hatte einen solch rasanten Aufstieg genommen, dass es sich bereits mehr hoch dotierte Professoren leisten konnte als die übrigen Hochschulen des Kontinents. Nur die Pariser Universität konnte in Bezug auf Größe und Ruhm mithalten. Im vorausgegangenen Jahrzehnt waren drei neue Kollegs gegründet worden: Das innovative Collegium Trilingue am Fischmarkt hatte mit seinen Vorlesungen in Latein, Griechisch und Hebräisch – laut Erasmus – in einem Jahr dreitausend Studenten angelockt; am Päpstlichen Kolleg in der Meiersstraat wurde eine neue Generation von Theologen ausgebildet, während das Kolleg des heiligen Hieronymus ganz auf die Philosophie ausgerichtet war. Die Studenten pilgerten über den ganzen Kontinent, um sich hier zu immatrikulieren. Sie kamen aus Portugal und Spanien, Italien und Ungarn, Norwegen, Schweden und Dänemark, aus Schottland und Irland und selbst aus Frankreich. Die meisten Studierenden aber kamen aus England.[2] Für weit herumgekommene Humanisten wie Erasmus und den spanischen Philosophen Juan Luis Vives (der, angewidert von der pedantischen Gelehrsamkeit an der Seine, Paris den Rücken gekehrt hatte) war Löwen das Zentrum des Humanismus im Norden. Selbst die Italiener mussten anerkennen, dass es auch nördlich der Alpen kluge Köpfe gab. Niemand, hatte Erasmus geschrieben, »konnte in Löwen einen Abschluss machen ohne Wissen, Benehmen und Reife«.[3]

*

Mercator wird die äußere Stadtmauer durch das Aarschoter Tor passiert haben und kam dann zunächst an Feldern, Obstgärten und strohgedeckten Hütten aus Flechtwerk vorbei. Danach wandte sich die Straße vom Fluss ab, wurde immer dichter von Häusern bedrängt und zog sich hinter einem Tor in der inneren Mauer gerade wie ein Lineal durch ein Labyrinth aus engen Gassen mit Geschäften, Kollegien, Bürgerhäusern, Kirchen und Märkten. Im Zentrum dieses Labyrinths gelangte Mercator auf einen freien, lichten Platz. Hoch über den Dächern der umliegenden Häuser ragte die Peterskirche auf, deren Westfassade dreißig Jahre zuvor abgerissen und durch drei Türme ersetzt worden war, die – so ihr Erbauer (Joos Metsys, der Bruder des Antwerpener Malers Quentin Metsys) – näher an den Himmel heranreichen sollte als jedes andere Bauwerk. Neben der Kirche erhob sich das Rathaus wie ein riesiger, kunstvoll gemeißelter Reliquienschrein aus Stein mit zahllosen Nischen und Zinnen.

Mercators Reise endete vor einem bescheidenen Gebäude in der Nähe des Fischmarkts. Das als »*Castrum*« oder »Schloss« bezeichnete Studienkolleg lag an der Straße, die nach Norden zum Mechelner Tor verlief. Hinter dem Gebäude erstreckte sich ein Garten bis zur Dyle, die sich in einer Schleife um das »Schloss« und seine unmittelbare Nachbarschaft wand.

Das »Schloss« war – neben der »Lilie«, dem »Schwein« und dem »Falken« – eines von vier Kollegs beziehungsweise Pädagogien in Löwen, die den zweijährigen Studiengang der Geisteswissenschaften anboten. »*Het Castrum*«, das einer der Kommilitonen Mercators als »führende und renommierteste Fakultät«[4] der Universität bezeichnete, hatte eine ganze Reihe gescheiter Studenten aus vornehmem Hause angezogen, die damit rechnen konnten, von diesem ersten geisteswissenschaftlichen Studiengang in eine der höheren Fakultäten der Universität – Medizin, Kirchenrecht, Zivilrecht oder Theologie – aufzusteigen.

Zu Mercators Mitstudenten im *Castrum* zählten auch Andreas Vesalius[5] und dessen Freund Antoine Perronet de Granvelle. Letzterer hatte sich zwei Jahre zuvor eingeschrieben. Als »reiche«

Studenten hatten diese beiden eigene Zimmer und mussten sich nicht, wie Mercator und andere Habenichtse, im großen Schlafsaal einquartieren. Trotzdem schlossen Mercator und Perronet während ihrer gemeinsamen Studienzeit eine enge Freundschaft. Beide stammten aus bescheidenen Verhältnissen; Perronets Stand und Name ließen zwar auf eine adelige Herkunft schließen, doch sein Vater, Nicolas Perronet de Granvelle, war der Sohn eines Schmieds, der es bis zum Großsiegelbewahrer des Kaisers gebracht hatte. Ein weiterer reicher Sprössling, der zwischen 1530 und 1532 im *Castrum* studierte, war Georg Cassander. Cassander war ein Jahr jünger als Mercator und war wie jener in Flandern zur Welt gekommen. Mit Vesalius, Perronet, Cassander und Mercator brachte das »Schloss« vier Männer hervor, die berühmt werden sollten – einen Anatom, einen Politiker, einen Theologen und einen Kosmographen. Darüber hinaus begannen auch der spätere Botaniker Rembert Dodoens von Mecheln und ein gewisser Andreas Masius, der in Mercators späterem Leben noch einmal eine Rolle spielen sollte, zeitgleich mit Mercator ihr Studium.

Das Amt des Rektors bekleidete stets ein zölibatärer Geistlicher, der mit seinen beiden Pedellen über Fehltritte von Studenten urteilte, die nur mit seiner Befugnis in Haft genommen werden konnten. Am 29. August 1530 stand Mercator vor Pieter de Corte und seinem Pedell. Seit der gemeinsamen Studienzeit am Kolleg der Lilie war de Corte mit Erasmus befreundet und hatte es stets verstanden, gleichzeitig dem christlichen Humanismus treu zu bleiben und für die katholische Orthodoxie einzutreten, vor allem in seinen Predigten gegen Luther in der Peterskirche.

Vor diesem Rektor bestätigte Mercator also, dass er mit dem Lateinischen vertraut war, er gelobte, die Statuten der Universität zu befolgen, und entrichtete seine Einschreibegebühr. Damit war er unter die *pauperes ex castro*, die »Armen aus dem Schloss« aufgenommen. In weit ausladender Sekretärshandschrift wurden Name, Herkunft und Stellung des neuen Studenten in das *Liber intitulatorium* eingetragen. Gerhard Kremer wurde als »Gerardus Mercator de Rupelmunda« geführt.

*

Das akademische Jahr begann am 1. Oktober mit einer Messe. Die Universitätsstatuten wurden verlesen, und je ein Professor der vier Fakultäten hielt eine feierliche Ansprache. Mercators Tage in den Mauern des *Castrum* wurden von einem strengen Stundenplan bestimmt. Aufstehen vor Tagesanbruch, Frühstück nach der Morgenandacht, Unterricht bis zum Mittagessen, gefolgt von einer Ruhezeit im Garten. Anschließend weiterer Unterricht und private Studien in einer Zelle bis zur Dämmerung; nach dem Abendessen Bettruhe.

Obwohl Mercator wie alle anderen eine knöchellange Kutte und eine schlichte Kappe trug, wurde er täglich an seine gesellschaftliche Stellung erinnert. Gemeinsam mit den anderen armen Studenten des Kollegs speiste er am niedrigsten Tisch, am hintersten Ende des Saals, weit weg von den Söhnen aus vornehmem Hause. Viele der älteren Studenten dürften dem Neuen mit größter Verachtung begegnet sein.

Seit Generationen scharten sich die Studenten in einer so genannten *schola* oder *familia* um ihren Lehrer. Die Bedingungen für eine Aufnahme in eine *familia* konnten weitaus strenger sein als die offiziellen Voraussetzungen für die Zulassung zur Universität. Meist wurden Studenten mit ähnlicher gesellschaftlicher oder geographischer Herkunft in einer *familia* zusammengebracht. Empfehlungen und die Unterstützung durch Gönner waren dabei hilfreich.

Das »Schloss« genoss zwar den Ruf des führenden Kollegs der Universität, doch seine Lehrer hingen noch immer den verzopften Traditionen der scholastischen Theologie an.[6] In den sieben geisteswissenschaftlichen Fächern kam Mercator nicht weit über die Grammatik, Rhetorik und Logik des Triviums hinaus. Man unterwies ihn in Arithmetik und vielleicht auch in den Grundlagen der Musik, doch mit Astronomie und Geometrie musste er sich nach dem Ende des Studiengangs selbst vertraut machen. Und auch die Lehrmethode war nicht eben fortschrittlich. Mercator und seine Mitstudenten ließen sich vorgeschriebene Texte vorlesen und lernten mechanisch auswendig. Nur vereinzelt bekamen sie, wenn es nötig war, Interpretationen und Kommentare an die Hand und konnten in den täglichen Disputationen Fragen stellen und über die Antworten diskutieren.

Die ersten neun Monate verbrachten Mercator und seine Kommilitonen mit Vorträgen über Logik, die ganz von Aristoteles ausgingen. Gelesen und erörtert wurde auch die kommentierte Einführung zu Aristoteles' Abhandlungen über die *Kategorien*, die Porphyrius im 4. Jahrhundert verfasst hatte. Für das Fach Physik, das später auf den Lehrplan kam, war der griechische Philosoph ebenfalls maßgeblich, und in der Mathematik galt Boetius' *Arithmetica* als Standardwerk.

Der »Meister der Wissenden«[7] galt noch immer als unbestrittene Autorität. Die Vorschriften der Universität von Löwen waren klar formuliert: Zu jeder Zeit »hat man sich an die Lehre des Aristoteles zu halten«, hieß es, »außer in Fällen, die dem Glauben widersprechen«.[8] Kritische Fragen waren nicht vorgesehen: »Niemand darf eine Ansicht des Aristoteles als ketzerisch verwerfen, welche die Katholiken gründlich für rechtens erklärt haben, es sei denn, die Ansicht ist bereits von der Theologischen Fakultät für ketzerisch erklärt worden.«[9] Wer an Aristoteles zweifelte, musste damit rechnen, von der Fakultät verwiesen und nur nach einem höchst demütigenden Widerruf wieder zugelassen zu werden.

Die Enttäuschung, die viele junge Akademiker in jener Zeit spürten, richtete sich vor allem gegen die Theologen, die »*den* Philosophen« falsch darstellten oder verzerrten. Der bereits erwähnte Philosoph Vives hatte sich im Sinne vieler junger Köpfe geäußert, als er mit seinem *In pseudodialecticos* die akademische Philosophie attackierte. »Sie wissen nicht einmal, wer Aristoteles ist«, wetterte der spanische Humanist. »Sie kennen weder seine

Naturphilosophie noch seine Moralphilosophie aus erster Hand, geschweige denn seine Logik, die sie schamlos zu lehren vorgeben, ohne je einen Blick in eines seiner Logikwerke geworfen zu haben.« Der Lehrplan ziele viel zu sehr darauf ab, Logik »um ihrer selbst willen« zu vermitteln, anstatt »zu den anderen Wissenschaften hinzuführen«.[10]

In den Mauern des *Castrum* musste Mercator wohl dasselbe »leere und sinnlose Geschwätz« ertragen, das Vives von der Pariser Universität vertrieben hatte. Einer der Lehrer des Kollegs schien direkt den Seiten des *Pseudodialecticos* entstiegen zu sein. Vesalius erinnerte sich an einen Theologen, der in seine Kommentare zu Aristoteles' *De anima* »seine eigenen frommen Ansichten« einfließen ließ und etwa behauptete, das Gehirn »bestehe aus drei Kammern«.[11]

Dem Wissensstand der Antike entsprachen auch Aristoteles' geographische Vorstellungen, die immerhin bald zweitausend Jahre alt waren. Danach gab es fünf parallele Zonen der Erde, deren gleichmäßige Anordnung jene Symmetrie spiegele, die sich auch in anderen Bereichen der Natur offenbare. Nach dieser Auffassung musste *Antarktikos* existieren, weil die Arktis ein ausgleichendes Gegenstück erforderte. Aristoteles' »bewohnbare Welt« beschränkte sich auf den Bereich zwischen der »kalten Zone« im Norden und der unbewohnbaren »heißen Zone«. Unterhalb der heißen Zone lag nach seiner Auffassung zwar eine weitere »gemäßigte Zone«, die er jedoch ebenfalls für unbewohnt hielt, und die kalte Zone der Antarktis. Auch der »schielende« Strabon war um Christi Geburt in seiner *Geographica* noch von denselben fünf Zonen ausgegangen, doch bereits Pomponius Mela hatte um die Mitte des 1. Jahrhunderts Zweifel an Aristoteles' Darstellung geäußert. Mela hatte nämlich erklärt, dass *beide* gemäßigten Zonen bewohnt seien; die südliche gemäßigte Zone sei die Heimat der Antichthonen beziehungsweise Antipoden. Allein die schreckliche Hitze der dazwischen liegenden heißen Zone trenne die Antichthonen von den Bewohnern der nördlichen gemäßigten Zone.

Mela war zur Zeit Mercators in Löwen durchaus bekannt, denn elf Jahre bevor Mercator sich einschrieb, hatte ein junger deutscher Humanist namens Wilhelm Nesen eine Vorlesungsreihe über Melas geographisches Kompendium *De situ orbis* angekündigt. Nesen hatte jedoch nicht die Genehmigung der Universitätsverwaltung eingeholt, privat dozieren zu dürfen. Er hatte sich nicht einmal an der Universität eingeschrieben, sondern einfach eine Notiz an der Tür der Peterskirche angeschlagen und den Studenten auf diese Weise mitgeteilt, dass seine Geographievorlesungen im Konvent der Augustiner stattfinden sollten. Die Geisteswissenschaftliche Fakultät war empört über Nesens unverschämte Anmaßung, und der Senat berief einen Untersuchungsausschuss ein. Nach einigem Hin und Her wurde Nesen aus Löwen vertrieben, worauf er seinen Rachefeldzug gegen die Löwener Theologen von Frankfurt aus fortführte, bis er in den Bann Luthers geriet und nach Wittenberg zog, wo er schließlich Geographie lehren durfte.

Vier Jahre nach seinem berühmten Streich in Löwen, anno 1522, ertrank Nesen in der Elbe. Inzwischen war Mela der Gegenstand ganz offizieller Vorlesungen, die Vives in der Stadt abhielt, und Aristoteles' Zonen waren von einfachen Seefahrern eindeutig widerlegt worden. »Mir scheint«, schrieb etwa Amerigo Vespucci, »dass durch diese meine Reise die Auffassung der meisten Philosophen widerlegt worden ist...« Die Luft der heißen Zone sei »frischer und gemäßigter« und keineswegs zu heiß für eine menschliche Besiedelung. »Vernunftgemäß darf man getrost flüstern«, bekannte Vespucci gleichsam mit einem Augenzwinkern, »dass Erfahrung gewiss mehr zählt als Theorie.«[12] Solche Enthüllungen strahlten wie ein Leuchtfeuer in den dunklen Hallen der Geisteswissenschaftlichen Fakultät.

*

Mercator war sicherlich einer von vielen, die auch die kostenlosen Vorlesungen im neuen Collegium Trilingue am nahe gelegenen

Fischmarkt nutzten. Hier konnten die Studenten die alten kanonisierten Texte überprüfen, hinterfragen und zerpflücken; die Quellen wurden nicht einfach übernommen, sondern kritisch beleuchtet – eine damals höchst abenteuerliche Lehrmethode. Dennoch demonstrierten die konservativen Studenten von Löwen mit Parolen wie »Schluss mit dem Fischmarktlatein!« vergeblich gegen die neue Lust am Disput.

Nach seinem ersten Jahr im »Schloss« erwarb Mercator Ende 1531 den akademischen Grad des *baccalauréat*. Vor ihm lagen noch vier Monate Metaphysik und Ethik und drei Monate *repetitiones* – die Praktika und Übungen, die ihn auf sein Abschlussexamen vorbereiteten. Ende Oktober 1532 wurde ihm der *magisterii gradum*, der Grad des Magisters, verliehen. Während Kollegen wie Masius und Vesalius nach einer der vier höheren Fakultäten Ausschau hielten, verabschiedete sich Mercator vom *Castrum* und ging hinaus in die Freiheit.

*

Zum ersten Mal in seinem Leben fand sich Mercator nicht von den Beschränkungen eines Elternhauses, eines Studentenheims oder eines Lehrplans eingeengt. Ganz allein, ohne Aufsicht, las er nun Philosophie und ließ sich von den Stürmen der Neugier weit über die geistigen Grenzen der Fakultät hinaustragen. Es war eine Reise, die dem Zwanzigjährigen »großen Genuss« bereitete.[13]

Dabei fiel es ihm immer schwerer, die Ansichten des Aristoteles mit »der wahrsten und heiligsten Geschichte« zu vereinbaren. Die Bibel, die der Heilige Geist diktiert hatte, offenbarte alle Wahrheiten, die um nichts zu ergänzen oder zu kürzen waren. Die Bibel solle, so schrieb Mercator später, »in ihrem vollständigen Zustand, mit allem was dazugehört, ihre verborgenen Mysterien offenbaren«.[14]

Das größte dieser Mysterium war das der Schöpfung. Stellte man Aristoteles neben die Bibel, so schien sich Moses im Widerspruch zum »Meister der Wissenden« zu befinden. Wie konnte

Aristoteles behaupten, dass »Veränderung« eine bereits existierende Materie erfordere, wenn Gott die Welt aus dem Nichts erschaffen hatte?

Für die Theologen war dieses Problem keineswegs neu. Dreihundert Jahre, bevor Mercator auf die Welt kam, hatte Thomas von Aquin (ein eifriger Anhänger des Aristoteles) den Widerspruch zwischen Aristoteles und Moses bezüglich der Schöpfung umgangen, indem er eingeräumt hatte, dass die Veränderungstheorie des Philosophen gelten könne, soweit sie ausschließlich auf die irdische Welt angewandt werde. Mercator dürfte aus seiner Zeit in 's-Hertogenbosch zumindest dessen *Summa Theologiae* gekannt haben.[15]

Und dennoch: Die Worte der Bibel und die Aussage des Philosophen waren unvereinbar. Für Mercator warfen sie Fragen zum gesamten Fundament seiner Ausbildung auf: »Als ich erkannte, dass Moses' Version der Schöpfungsgeschichte sich in vielerlei Hinsicht nicht ausreichend mit Aristoteles und den übrigen Philosophen deckte«, schrieb er später, »fing ich an, Zweifel an der Wahrhaftigkeit aller Philosophen zu hegen.«[16]

Aristoteles anzuzweifeln war indes gefährlich, besonders in Löwen, wo seine Ansichten als kanonisch galten.[17] Doch Mercator ließ sich nicht beirren und machte sich daran, »die Geheimnisse der Natur zu ergründen«. »Es war erstaunlich«, bekannte er später, »wie sehr mich die Betrachtung der Natur befriedigte.« Aus der Natur, fügte er hinzu, »erschließt sich die Ursache der Dinge, aus der sich alles Wissen ableitet«. Je mehr er las, desto eingehender interessierte sich Mercator für den Aufbau und die Beschreibung der bemerkenswerten Schöpfung Gottes. »Besonderes Vergnügen fand ich darin«, notierte er, »die Gestaltung der gesamten Erde zu studieren.« Die schwebende Erdenkugel, bemerkte er, »weist die klarste Ordnung, die harmonischsten Proportionen und die einzigartige Vortrefflichkeit alles Erschaffenen auf«.[18]

Eifrig machte sich Mercator daran, einen Kommentar zum ersten Kapitel des Buches Genesis zu schreiben. Dabei zog er verschiedene Quellen, von Platon und Parmenides bis Plinius, zu Rate. Mercator glaubte, dem Gerüst des biblischen Berichts mehr Substanz verleihen und eine vollkommen plausible Erklärung liefern zu können, die mit dem zeitgenössischen Wissen über die »irdische Maschine« übereinstimmte.[19] Solch ein Vorhaben lief indes Gefahr, die Aufmerksamkeit der Löwener Theologen auf sich zu ziehen, und tatsächlich stellte Mercator schon bald fest, dass sich seine Untersuchungen in einer Weise entwickelten, die ein weiteres Verweilen in Löwen unhaltbar machte.

Im Nachhinein dürfte Mercator es bereut haben, bereits so früh aufgefallen zu sein. Waren die konservativen Kräfte von Löwen einmal alarmiert, wurde aus einem forschenden Geist schnell ein Verdächtiger. Und der Unterschied zwischen einem Verdächtigen und einem Ketzer war höchst vage.

Später erinnerte sich Mercator jedoch, dass er »freiwillig und allein von Löwen nach Antwerpen ging«.[20] Er plante eine längere Abwesenheit von der Universität, um private Studien zu treiben. Doch es sollte eine Wanderung werden, die er als zweifelnder Philosoph begann und als überzeugter Geograph beendete.

5

Triangulation

Antwerpen war schon durch seine Lage eine Stadt, die zur Blüte prädestiniert war; es lag nahe der Mündung eines schiffbaren Flusses, der Schelde, deren Einzugsgebiet zu den am dichtesten besiedelten Regionen Europas gehörte. Die Bevölkerungszahl der Stadt war in nur vierzig Jahren von 33 000 auf 50 000 gestiegen.[1] Lediglich die Toskana wies eine ähnlich große Bevölkerungsdichte auf.

Die Stadt war das pulsierende Herz des europäischen Handels, in dem die verschiedensten Ideen und Kulturen, Schichten und Nationalitäten aufeinander trafen. Jeder Flussarm und jede Straße vibrierte vor Geschäftigkeit. Auf der bögen Schelde fuhren Genueser Galeeren, einmastige englische Koggen, schnittige Karavellen von den Kanarischen Inseln und riesige dreimastige, mit Kanonen gespickte Galeonen aus Portugal. Zwischen dem Dickicht von Spieren und den massiven Stadtmauern wimmelte es von Lastenträgern, Karrenschiebern und Fuhrunternehmern, die Säcke mit Grünspan, Ingwer und Galgant aus Spanien, rheinischen Wein, flämisches Salz, ungarischen Stahl und sundanesische Kubebe verluden. Und in den Straßen und Gassen hinter den Kais tummelten sich die Kaufleute, Handelsvertreter und Zuwanderer.

Längst hatte die Hafenstadt Deventer als wichtigstes Druckzentrum zwischen Rhein und Seine abgelöst. Mehr als die Hälfte der etwa viertausend Bücher, die seit dem Jahre 1500 in den

Antwerpen im Winter, Blick vom Westufer der Schelde, von Joris Hoefnagel (1541–1600).

Niederlanden gedruckt worden waren, stammten aus Druckereien in Antwerpen. Eine blühende Gemeinde von Malern und Graphikern, Kartographen und Zeichnern, Druckern und Buchbindern belebte die Stadt, die zur führenden Kunstmetropole Nordeuropas aufgestiegen war.[2]

Mercator betrieb seine Forschungsarbeit in Antwerpen weiter, aber er verhielt sich notgedrungen diskret. Denn ganz offensichtlich wollten ihn gewisse Theologen in Löwen dazu provozieren, seine Ansichten im Druck offen zu legen. Im Verlaufe seiner Studien wurde er immer mehr von dem Wissensgebiet angezogen, das sich am besten dafür eignete, die Ordnung und das Geheimnis der Schöpfung Gottes zu erklären. Und diese Disziplin war die Geographie.

»Seit meiner Jugend«, erinnerte er sich später, »ist die Geographie für mich das wichtigste Studiengebiet gewesen. Als ich mich damit befasste und die Überlegungen der Naturwissenschaften und der Geometrie anwandte, fand ich nach und nach Gefallen nicht nur an der Beschreibung der Erde, sondern auch am Aufbau der gesamten Maschinerie der Welt, deren zahlreiche Elemente bisher noch niemandem bekannt sind.«[3]

Bei seinen Studien konnte Mercator auf ein Werk des Ptolemäus aus dem zweiten nachchristlichen Jahrhundert zurückgreifen, das lange als verschollen galt, aber etwa hundert Jahre vor Mercators Zeit in einer griechischen Abschrift von Konstantinopel nach Florenz gelangt war. Das zwölfhundert Jahre alte Werk über die Kartographie wurde zum Modell für moderne Kartenmacher. Mercators Schicksal sollte so eng mit dem Vermächtnis des in Ägypten geborenen Astronomen und Geographen verknüpft werden, dass einige den Sohn Rupelmondes bald als den Ptolemäus ihrer Zeit betrachten.

In der Einleitung der *Geographike hyphegesis* – »Anleitung zum Zeichnen einer Weltkarte«[4] – unterschied Ptolemäus zwei Formen der Kartographie. Die erste war die globale Kartographie, »eine zeichnerische Nachbildung des gesamten bekannten Teils der Erde«. Die zweite war die regionale Geographie, »eine unabhängige Disziplin zur Darstellung einzelner Lokalitäten«.[5]

Die Grundlage war ein Gitternetz geographischer Koordinaten, das wie ein Fischernetz über einen Globus gespannt oder flach auf einer Karte ausgebreitet werden konnte. Die Nord-Süd-Linien stellten die Längen, die Ost-West-Linien die Breiten dar. Jede Linie war nummeriert; die Zählung der Längen begann bei den »Glücklichen Inseln« (den heutigen Kanarischen Inseln), die der Breiten beim Äquator. Dies war ein uniformes, universelles System, das den Europäern des 16. Jahrhunderts genauso brauchbar erschien wie den Ägyptern des 2. Jahrhunderts.

In den Hauptteilen der *Geographike* lieferte Ptolemäus eine topographische Beschreibung Europas, Afrikas und Asiens, umriss die Rolle der Astronomie für das Sammeln geographischer Daten und erklärte, wie man die Erde auf Globen und Karten darstellte. Er erläuterte auch, wie man das »Gradnetz« erstellte – jenes Koordinatensystem aus Meridianen und Parallelkreisen, das der Ortsbestimmung und Orientierung diente. Jede Art von Gradnetz leitete sich aus einer Projektion nach einer mathematischen Formel ab, mit deren Hilfe der Kartograph Koordinaten von der dreidimensionalen Kugelform der Erde auf die zweidimensionale Fläche einer Karte übertragen konnte. In einem alphabetischen Verzeichnis listete Ptolemäus die Koordinaten von etwa 8000 Orten auf. Die meisten älteren Druckausgaben der *Geographike* enthielten etwa siebenundzwanzig Karten, die mit Hilfe dieser Koordinaten erstellt worden waren.

In Deutschland war es Johannes Regiomontanus, der 1472 ganz neue Maßstäbe gesetzt hatte, als er in seinem Nürnberger Haus eine Druckerpresse einrichtete und eine ganze Folge von Karten und Büchern ankündigte, darunter auch eine neue Übersetzung der ptolemäischen *Geographike*. Johann Stöffler von der Universität Tübingen, zu dessen Studenten auch Melanchthon zählte, gab eine ganze Palette astrologischer Traktate heraus. In Nürnberg übersetzte Johann Werner, ein Freund von Conrad Celtis, Werke von Ptolemäus und Euklid, verfasste zahlreiche Abhandlungen über Mathematik und Astronomie und veröffentlichte 1514 ein Werk über Kartenprojektionen, welches die Grundlage für Mercators Laufbahn als Kartograph bilden sollte. In Nürnberg lebte auch »der erfinderische Erhard Etzlaub«, der Kompassmacher, dessen Sonnenuhren »selbst in Rom gefragt« waren und dessen *Romweg* von 1500 die erste gedruckte Routenkarte gewesen war.[6]

Westlich des Rheins, in den Hügeln Lothringens, begann der bemerkenswerte Martin Waldseemüller im Jahre 1507 seine Laufbahn als Kartograph mit einem Buch – *Cosmographiae introductio* –, in dem er vorschlug, der von Kolumbus bereiste Kontinent solle nach Amerigo Vespucci benannt werden. »Da ein weiteres Viertel [der Erde] von Americus Vesputius entdeckt worden ist«, argumentierte der Autor der *Cosmographiae*, »kann ich mir nicht vorstellen, dass irgendjemand etwas dagegen haben sollte, wenn es nach dem Entdecker Americus... benannt und als Land des Americus beziehungsweise America bezeichnet wird.«[7] Zusammen mit der *Cosmographiae introductio* erschien ein Globus – auf dem der Kontinent erstmals als »America« bezeichnet war! – und eine große Weltkarte »mit den Inseln und Ländern, die kürzlich von dem Spanier Americus Vespucius im westlichen Meer entdeckt wurden«.[8] Diesem erstaunlichen Erstlingswerk ließ Waldseemüller neben anderen Schriften im Jahre 1513 eine neue Ptolemäus-Ausgabe folgen. Dieses Werk umfasste neben siebenundzwanzig auf Holzstöcken gedruckten Karten, Tabellen mit Koordinaten, einem Register mit über 7000 Ortsnamen, einer lateinischen Übersetzung des ptolemäischen Textes auch zwanzig moderne Karten. Indem Waldseemüller die Geographie des Ptolemäus von seinem eigenen *Supplementum modernior* abtrennte, war er der Erste, der eine systematische Sammlung moderner Karten veröffentlichte. Dies war jedoch nicht seine einzige Neuerung. Waldseemüller verwendete nicht nur als Erster den Namen »America«, sondern stellte den neu entdeckten Kontinent auch als Erster dar. Seine Weltkarte war die erste, die sich über 360 Längengrade erstreckte, und seine gedruckte Karte verzeichnete erstmals die gesamte Küstenlinie Afrikas.

Der österreichische Mathematiker und Dichter Johann Stabius und Albrecht Dürer stellten auf ihrer imaginären Weltkugel von 1515 eine perspektivische Ansicht der Erdoberfläche, wie vom Himmel aus gesehen, dar. Dies war zwar im Grunde ein Abbild eines Globus, wenn auch nur von einer Seite betrachtet, doch Dürer und Stabius hatten die erste Weltkarte erstellt, die sozusagen auf eine geometrische Kugel projiziert worden war. Im selben Jahr brachte Johann Schöner aus Karlstadt seinen ersten Erdglobus heraus: »Eine äußerst präzise Darstellung der gesamten Erde, mit vielen nützlichen kosmographischen Elementen und einer neuen und genaueren Abbildung unseres Europa als bisher.«[9] Im Jahre 1523 – nachdem die Überlebenden von Magellans Weltumsegelung nach Europa zurückgekehrt waren – fertigte er einen Erdglobus nach dem neuesten Stand, einschließlich der »Inseln und Länder, die kürzlich auf Betreiben Ihrer Durchlauchten Hoheiten, der Könige von Kastilien und Portugal, entdeckt worden sind«.[10]

Der junge sächsische Mathematiker Peter Apian verlieh mit seinem *Cosmographicus liber* der theoretischen Geographie neue Impulse. Apians »Buch der Kosmographie«, das von Ptolemäus inspiriert war und auf dem Prinzip der Berechnung beruhte, sollte einen großen Einfluss auf Mercators Leben ausüben. Für Apian war die »Kosmographie« weniger eine spezifische Disziplin als vielmehr ein Oberbegriff für das Studium des gesamten Universums mittels Beschreibungen, Karten und Diagrammen. Dies schloss die Astronomie, die Geographie und die theoretische Kartographie ein. Apians Kosmographie umfasste graphische Darstellungen der Klimazonen, Methoden zur Berechnung von Längen und Breiten sowie die Anwendung der Trigonometrie auf die Entfernungsberechnung. Das Buch behandelte auch verschiedene Formen der Kartenprojektion und enthielt eine aufwändig gedruckte Weltkarte und nicht weniger als vier bedruckte Rundscheiben, die gedreht werden konnten, um Längen und Breiten, Tierkreise sowie die Rotation der Erde um ihre Polachse zu veranschaulichen. Der zweite Teil enthielt die berichtigten Längen- und Breitengrade von nahezu 1500 Orten, von Antiochia bis Oxford, sowie diverse Neuentdeckungen auf den *»Insulae Americae«*.

*

Cosmographicus liber war in dem Jahr vor Mercators Immatrikulation in Antwerpen gedruckt worden, und die Verbreitung des Buches war einer der Gründe, weshalb sich das Zentrum der geographischen Gelehrsamkeit von Deutschland in die Niederlande verlagert hatte. Führend unter den niederländischen Geographen war Franciscus Monachus, ein in Mecheln, nicht weit von Antwerpen lebender Franziskanermönch. In einer Zeit, in der die meisten Geographen Theologen waren, hatte sich Monachus als einer der Ersten in den Niederlanden von der Mischung aus biblischer Kosmogonie und aristotelischer Theorie losgesagt, welche die orthodoxe Geographie seit Jahrhunderten geprägt hatte. Der kühne Mönch von Mecheln, der ebenfalls in Löwen studiert hatte, praktizierte eine Geographie, die auf Untersuchungsmethoden wie Erfahrung und Beobachtung zurückgriff. Sein Erdglobus war der erste, der in den Niederlanden konstruiert worden war.[11] Im Begleitbuch zu diesem Globus hatte der Mönch »den Unsinn des Ptolemäus und anderer früher Geographen«[12] widerlegt, indem er sich auf alle verfügbaren neuen Quellen stützte. Dazu zählten die Werke von Schöner und Apian sowie ein Bericht von Francisco de Hoces, der 1526 auf der südlichen Hemisphäre beim nullten Längengrad und beim 52. Breitengrad Land entdeckt hatte.[13] Darüber hinaus griff er auf Berichte der Überlebenden der Magellan'schen Weltumseglung zurück.

Monachus hatte sich noch nicht gänzlich von der traditionellen Geographie der alten Griechen verabschiedet. Die aristotelische Auffassung, wonach der südliche Pol der Erde von einer Landmasse bedeckt sein müsse, damit es einen Ausgleich zur Arktis im Norden gab, schien dem zu entsprechen, was Magellan und de Hoces (und auch Schöner) berichtet hatten. Der Mönch verband das Land, das Magellan südlich seiner Seestraße gesichtet hatte, mit dem Land, das de Hoces entdeckt hatte, und zog eine angenommene Küstenlinie um den Pol, die er mit der Erläuterung versah: »Dieser Teil der Erde von unsern Seefahrern noch nicht entdeckt.«[14] Die Karte in Monachus' Büchlein war eine der ersten, die von Magellans Umrundung der Südspitze Amerikas Notiz nahm und die Existenz des südlichen Kontinents bestätigte. In anderer Hinsicht waren die Darstellungen des Monachus strittiger. Abweichend von Waldseemüller hatte er »America« und »Asien« mit einem spitz zulaufenden Streifen Land verbunden. In der Mitte war der Landstreifen von einem Kanal durchschnitten, der breit genug war, um auf eine Seeroute von Europa nach Indien schließen zu lassen.

Monachus könnte Mercator, mit dem er wahrscheinlich in Kontakt stand, auch eine Karte der nördlichen Länder gezeigt haben, die er dem Buch *Inventio fortunatae* entnommen hatte, in dem die Reise beschrieben war, die ein verwegener Franziskaner aus

 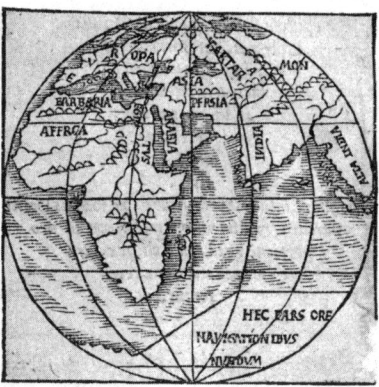

Die Weltansicht von Franciscus Monachus, *De orbis situ ac descriptione...*, ca. 1527.

Oxford zweihundert Jahre zuvor unternommen hatte und die ihn bis Grönland und möglicherweise sogar bis »Markland« (Labrador) geführt hatte.

Im Gegensatz zu de Hoces und dem unerschrockenen Franziskaner aus Oxford unternahm Monachus selbst keine Schiffsreisen, um Quellenmaterial zu sammeln. Seine Navigationskünste bewies er in Bibliotheken; er war ein Forschungsreisender auf der Suche nach verborgenen Texten. Von Monachus könnte der junge Mercator gelernt haben, dass das Streben nach kartographischer Korrektheit weniger von soliden Gewissheiten als von plausiblen Wahrscheinlichkeiten abhing.

*

Mercators Mentor wurde indes ein hagerer, brillanter Mathematiker: Gemma Frisius. Der Sohn armer Eltern aus dem friesischen Marschland war vier Jahre älter als Mercator und wurde in Groningen und dann in Löwen ausgebildet, wo er sich 1526 als armer Student am Lilien-Kolleg einschrieb. Im Gegensatz zu Mercator blieb Frisius an der Universität und studierte Arithmetik und Astronomie.

Gemma Frisius, Mercators Mathematiklehrer (1508–55).

Im Jahr 1530 veröffentlichte er »einen geographischen Globus mit den wichtigsten Sternen der achten Himmelssphäre«.[15] Dieser geniale Erd- und Himmelsglobus in einem wurde von einem Goldschmied aus Löwen, Gaspar van der Heyden, graviert. Dazu erschien eine dreiteilige Broschüre mit dem Titel *Gemma Phrysius de Principiis astronomiae & cosmographiae, deq[ue] usu globi ab eodem editi. Item de Orbis diuisione, & insulis, rebusq[ue] nuper inuentis* (Über die Prinzipien der Astronomie und Kosmographie, mit einer Anleitung zur Verwendung von Globen und Informationen über die Welt und Inseln und andere jüngst entdeckte Orte). So lang dieser Titel auch war, so verschleierte er doch die bahnbrechende Neuerung, die das Werk enthielt.

Denn das eigentliche Juwel in diesem schmalen Bändchen war im Schlussteil versteckt. Im 17. Kapitel löste Gemma nämlich das Problem der Längen. Die Spanier, erinnerte Gemma, hatten neue Länder bei Längenkreisen entdeckt, die »unbestimmt oder vollkommen unbekannt« waren. Die geographische Länge unter

Bezug auf Mondfinsternisse zu schätzen war unbefriedigend, weil Mondfinsternisse zu selten auftraten und Messungen durch parallaktische Verschiebungen beeinträchtigt wurden. Gemma stimmte mit Ptolemäus darin überein, dass Ortungen nach dem Mond aufgrund des gewundenen Kurses bei der Seefahrt für praktische Zwecke zu ungenau waren. »Deshalb möchte ich etwas anfügen«, erklärte er ohne großes Aufheben, »was ich mir ausgedacht habe...« Dieses »Etwas« war nichts weniger als die Lösung für das Problem der geographischen Länge. Im 18. Kapitel beschrieb Gemma auf einer halben Seite, wie ein Seemann mittels einer beweglichen Uhr, die auf die Ortszeit des Ausgangshafens eingestellt war, stets seine geographische Länge berechnen konnte, solange die Uhr nicht stehen blieb. »Kleine Uhren von genialer Bauart« existierten bereits, wie Gemma betonte. Solche Uhren waren »aufgrund ihrer geringen Größe kaum eine Last für den Reisenden« und liefen »oft 24 Stunden ununterbrochen und, wenn man will, mit beinahe unaufhörlicher Bewegung«.[16]

Gemma wurde von einflussreichen Kreisen, die weit über Löwen hinausreichten, an den kaiserlichen Hof nach Brüssel geholt. Eine maßgebliche Rolle spielte hierbei auch der polnische Botschafter Johannes Dantiscus, der schließlich versuchte, Gemma an die Weichsel zu locken, damit er dort mit einem anderen begabten Mathematiker namens Nikolaus Kopernikus zusammenarbeite. Dieser habe, so Dantiscus, gerade ein revolutionäres Werk zur Astronomie vollendet *(De revolutionibus orbium coelestium*, das erste Werk, das statt der Erde die Sonne in den Mittelpunkt des Universums setzte), war jedoch zu ängstlich, es zu veröffentlichen. Nach einigem Hin und Her zog Gemma jedoch nach Löwen zurück, wo er weiter lehrte und sich mit der graphischen Darstellung des irdischen Raums befasste. Und auch auf diesem Gebiet sollte er die Wissenschaft entscheidend bereichern.

Die Landvermessung hatte kaum Fortschritte gemacht, seit die Ägypter Felder vermessen hatten, indem sie drei Männer mit erhobenem Finger in einer Linie aufstellten. Auch im 16. Jahrhundert hantierten die Vermesser immer noch mit einem Seil und einer »hölzernen Stange, die eine Rute maß«, und mussten »umherfahren oder -gehen und sich jede Parzelle ansehen, um festzustellen, wie viele Morgen sie umfasst«.[17] Dies funktionierte bei Feldern und kleinen Besitzungen einigermaßen, war für die Vermessung größerer Areale jedoch ungeeignet. Karten größerer Regionen wurden zusammengestellt, indem man ungleichmäßig platzierte Meilensteine oder Radumdrehungen auf völlig ungeraden Straßen abzählte und die allgemeine Richtung der Straße mit einigen Kompasspeilungen abstimmte. Mittels regelmäßiger Bestimmungen der geographischen Breite ließen sich Nord-Süd-Abweichungen korrigieren; da aber die geographische Länge unmöglich genau zu ermitteln war, kam es mitunter zu enormen Ost-West-Abweichungen.

Gemmas neunzehnseitiges *Libellus de locorum* war in der zweiten Ausgabe seines *Cosmographicus liber Petri Apiani* enthalten, das 1533 in Antwerpen gedruckt wurde, etwa zu der Zeit, als Mercator dorthin kam. In diesem Traktat legte Gemma dar, wie man mittels einer einzigen Grundmessung ein Gebiet von beliebiger Größe vermessen könne. Dazu war lediglich ein simples Behelfsinstrument erforderlich: eine flache Holzscheibe mit einem Kreis mit Gradeinteilung und einem drehbaren Zeiger in der Mitte. Hielt man dieses »Planimetrum« waagrecht und richtete es mit einem Kompass so aus, dass seine Nord-Süd-Achse auf den magnetischen Nordpol zeigte, konnte der Vermesser den Zeiger auf einen bestimmten Geländepunkt ausrichten. Die Peilung ließ sich an der Skalenscheibe ablesen. Ermittelte man so die Werte zweier Geländepunkte, so ließ sich damit auch die Position eines dritten Punktes bestimmen. Gemma schlug vor, der Vermesser solle zuallererst eine geeignete Höhe erklimmen, etwa den höchsten Turm in der Stadt, dann ringsum eine Reihe von Peilungen vornehmen und diese in einen auf Papier gezeichneten Kreis eintragen.

In *Libellus de locorum* war weiter beschrieben, wie man diesen Vorgang von einem zweiten Turm aus wiederholt und dabei mit den sich überschneidenden Sichtlinien jeden Geländepunkt bestimmen kann. Schließlich wies Gemma darauf hin, dass sich mit einem dritten Durchgang von Peilungen eventuelle Probleme beheben ließen, die dann entstanden, wenn zwei Sichtlinien in einer Linie zusammenliefen. Küstenlinien und Flüsse, fügte er hinzu, ließen sich auf dieselbe Weise kartographieren.

Um eine Karte nach einem bekannten Maßstab zu zeichnen, so Gemma weiter, müsse der Vermesser eine Basislinie erstellen, indem er die tatsächliche Distanz zwischen zwei der zentralen Punkte maß. Er nannte Mecheln und Antwerpen als Beispiel und erläuterte, wie man die relative Position der beiden Städte in einem verkleinerten Maßstab auf eine Karte übertrug. Entfernungen zwischen anderen Orten auf der Karte ließen sich mit Hilfe ähnlicher Dreiecke berechnen. Eine abgemessene Basislinie zwischen Löwen und Antwerpen hätte genügt, um mit der ersten mathematischen Vermessung der Region zu beginnen.

Mit Gemmas Methode konnten Vermesser eine Region vollständig und präzise kartographieren, indem sie markante Punkte anpeilten. Und auf den weiten Flächen der Niederlande hatte die Kirche mit ihren Türmen die besten Voraussetzungen geschaffen. Die zweidimensionale Geographie dieser Flussebenen bot unbehinderte Sichtlinien, und die langen geraden Straßen eigneten sich ideal für das Abmessen von Basislinien.

Indem Gemma das Land mit imaginären Dreiecken überzog, gab er den Geographen auch ein verblüffendes neues Instrument an die Hand, um die Oberfläche zu vereinfachen, die sie graphisch darstellen wollten. Bei der Vermessung entstand durch die Triangulation eine mimetische (die Natur nachahmende) Karte, die in einem Maßstab von 1 : 1 gleichsam über die Landschaft gelegt wurde. Landkarten als Nachbildungen der Realität zu verstehen war eine der Wahrnehmungsveränderungen, die es den Kosmographen ermöglichte, sich von den imaginären Welten des Mittelalters loszulösen.

Einer der Ersten, der davon profitierte, war ein Bekannter Gemmas, ein *lantmetere* (Landvermesser) namens Jacob van De-

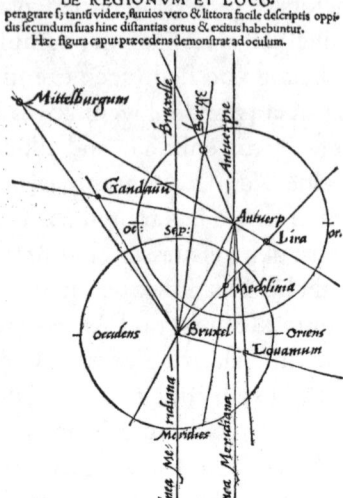

Die Verwendung der Triangulation bei der Vermessung, dargestellt von Gemma Frisius in seiner Abhandlung *Libellus de locorum describendorum ratione*... (1533).

venter, der etwa um diese Zeit damit begonnen hatte, Brabant mit Hilfe der Triangulation kartographisch zu erfassen.[18] Die Konzentration geographischer Aktivität entlang der Achse Löwen–Mecheln–Antwerpen war gewaltig.

Monachus und Gemma waren Theoretiker, deren Erkenntnisse sich auch auf andere Berufe auswirkten – vom Vermesser und Kartographen über den Instrumentenbauer bis zum Verleger und Drucker. Vor allem die Antwerpener Drucker hatten eifrig auf die vielen Berichte über Reisen in ferne Länder reagiert. Verleger und Drucker wetteiferten um Anteile am Boom der Reiseliteratur und Kosmographie. Lateinische und landessprachliche Ausgaben von Vespuccis Reisen, Schilderungen exotischer Länder, die Eroberungszüge von Hernán Cortés, die Werke von Monachus, Apian und Gemma – alles wurde gedruckt und stand der Öffentlichkeit zur Verfügung. Die Geographie war nicht mehr darauf beschränkt, die Erscheinung der von Gott erschaffenen Welt zu beschreiben. In Deutschland interessierten sich die der lutherischen Reform folgenden Geographen viel mehr dafür, wie Gottes Welt tatsächlich *funktionierte*.

Mercator fand sich zwischen zwei Polen. Er bekannte sich zu dem göttlichen Weltplan, wie er in der Bibel dargelegt war, und fühlte sich zugleich vom Geist der mathematischen Geographie inspiriert. »Weisheit bedeutet, die Ursachen und Zwecke der Dinge zu kennen«, schrieb er später, »und diese können nirgendwo besser erkannt werden als im Gefüge der Welt, das vom weisesten aller Architekten gemäß den Ursachen, die in ihrer Ordnung zu beobachten sind, so herrlich entworfen und bereitgestellt worden sind.«[19] Gott und die neuen Erkenntnisse schienen auf dasselbe weise Ziel hinzuarbeiten.

Die Geographie war auch aus anderen Gründen unwiderstehlich. Jedem, der die Grundlagen der Mathematik beherrschte, bot dieses aufblühende Gebiet Geld, Gunst und Ansehen – allesamt Vorzüge, über die der arme Sohn eines eingewanderten Schusters nicht einfach so hinwegsehen konnte. Die Geisteswissenschaften versprachen nichts dergleichen. Mit offensichtlichem Widerstreben sah Mercator ein, dass seine philosophischen Studien »es ihm nicht erlauben würden, in den kommenden Jahren eine Familie zu ernähren, und dass sie ihn in noch viel größere Unkosten stürzen würden, bevor sie ihm eine gute Einkommensquelle für sich und seine Angehörigen bieten würden«.[20] Einen gewissen Druck auf den jungen Idealisten übte vielleicht auch Onkel Gisbert aus, der mit seiner Großzügigkeit die beiden privaten Studienjahre wahrscheinlich überhaupt erst ermöglicht hatte. Mercator hatte deshalb wohl auch das Gefühl, die Erwartungen seines Onkels, der sicher stets an eine klerikale Laufbahn gedacht hatte, enttäuscht zu haben.[21]

Zusätzlich verstärkt wurde der finanzielle Druck, der auf Mercator lastete, durch die wirtschaftliche Krise, die seit 1527 in großen Teilen Europas herrschte. Die auf dem Kontinent wütenden Kriege, Missernten, Hungersnöte und Seuchen verursachten Einbrüche im internationalen Handel und damit einhergehende Finanzkrisen. Die Löhne und auch die Nachfrage nach Gütern waren gesunken. Zuwächse verzeichnete allein die Zunft der Bettler. In Flandern und Brabant konnten sie zwischen dem Gang über die Grenze und dem Gang zum Galgen wählen.

Mercator wählte im Jahre 1534 einen dritten Weg.[22] Als mathematische Disziplin bot die Geographie eine sichere Einkommensquelle, sei es im Bereich der Lehre oder des Instrumentenbaus, vielleicht sogar auch der Kartographie. Er war knapp bei Kasse, nicht heiratsfähig und hatte nichts veröffentlicht. Also »verwarf er das Studium der Philosophie« und beschloss, dem Beispiel des unschätzbaren Gemma zu folgen. Mit dem Eifer des frisch Bekehrten »stürzte er sich auf die Mathematik«.[23]

6

Globen und andere praktische Geräte

Ende 1534 kehrte Mercator nach Löwen zurück und fand sich in Gemmas Vorlesungen über »Die Theorien der Planeten« ein.[1] Es ist nicht überliefert, wie lange Mercator brauchte, um zu erkennen, dass er seine Zeit und sein Geld verschwendete, doch es besteht kein Zweifel, dass es so war. Denn sein Studium an der Universität hatte ihn nicht ausreichend auf diese Thematik vorbereitet, und so überstieg Gemmas Unterricht seinen Horizont. Später erinnerte sich Mercator, dass die Vorträge »wenig Nutzen« bargen, weil er »noch nie Geometrie studiert« hatte.[2] Doch Gemma zeigte Mitleid mit seinem Studenten und gab ihm eine Lektüreliste.

Schließlich erinnerte sich Mercator an die Prinzipien des Juan Luis Vives: »Ein Hilfsmittel sollte schnell erworben werden«, hatte dieser geraten, »und der Vorbereitung sollte nicht mehr Aufmerksamkeit geschenkt werden, als der Ausführung einer Aufgabe angemessen ist.«[3] Also beschränkte sich Mercator ganz auf die Themen, die mit seinem Endziel zusammenhingen. »Ich habe die Mathematik vollkommen der Kosmographie untergeordnet«, erinnerte er sich später.[4] »Ich wählte aus diesen Themen nur das aus, was ich für meine Bedürfnisse für erforderlich hielt.« Und das war das notwendige Wissen, »um die Prinzipien der Geographie zu analysieren, den Aufbau, die Dimensionen und die Organisation des gesamten Weltapparats«.

Einige Elemente der Kosmographie waren leichter zu begreifen als andere. In der Astronomie konzentrierte er sich auf »die

Einteilung der Welten, das harmonische Verhältnis der Bewegungen, die Entfernungen und Größenordnungen der Sterne«, gab aber zu, dies nur »mit Schwierigkeiten« zu meistern.

In der Geometrie befasste sich Mercator »nur mit dem, was mich befähigte, die Positionen von Orten zu messen, chorographische [regionale] Karten zu zeichnen, die Ausmaße von Regionen zu bestimmen [sowie] die Entfernungen und die Größe von Himmelskörpern zu errechnen«. Auf Gemmas Rat hin studierte Mercator zu Hause das *Elementale Geometricum* von Johannes Vögelin, wobei er sich stets an den Friesen wandte, wenn er nicht mehr weiter wusste. Nachdem Mercator sich »die Grundlagen der Geometrie ohne große Schwierigkeiten angeeignet« hatte, nahm er Euklids *Elemente* in Angriff, von denen er die ersten sechs Bücher »innerhalb weniger Tage« bewältigte. Auch hier ging er wieder selektiv vor und suchte sich nur jene Sätze heraus, »die für meinen Beruf einigermaßen nützlich zu sein schienen«. Dazu zählten beispielsweise die Eigenschaften und Merkmale von Linien. Für die praktische Anwendung der mathematischen Theorie befasste sich Mercator mit den Werken des brillanten jungen französischen Mathematikers Oronce Finé.

Vives hatte Recht behalten. Waren die Prinzipien der Mathematik erst einmal verinnerlicht, öffnete sich plötzlich »der weitere Weg... zum Verständnis der Fragen um die Erdkugel«, und »die Beurteilung der Planetenbewegungen« erschien wie »im hellsten Licht«. Endlich konnte Mercator sehen, wohin es mit ihm ging. Er erkannte rasch, dass die Anwendung der Mathematik »auf die Zusammensetzung des Universums einige ungeheuer ansprechende Überlegungen« ergab.[5]

*

Während sich Mercator zum Mathematiker wandelte, eignete er sich auch eine neue »mathematische« Handschrift an. Die *cancelleresca,* die »Kanzleischrift«, war aus Italien eingeführt worden; italienische Kopisten, die es als störend empfanden, bei den getrennten, lotrechten Lettern der Antiqua unendliche Male die Feder abzusetzen, hatten eine kursive Variante entwickelt, bei der die Buchstaben gerundet, nach rechts geneigt und miteinander verbunden waren. Diese neue Schrift, die ein viel schnelleres Schreiben erlaubte, hatte sich von den Kanzleien des Vatikan bis in die Schreibstuben von Florenz, Ferrara und Venedig ausgebreitet und wurde von Aldus Manutius sogar in den Buchdruck übernommen. Es dauerte zwanzig Jahre, bis die neue Schriftart in die Niederlande gelangte; der erste niederländische Drucker, der sie 1522 erprobte, war Dirk Martens aus Löwen.

Für die Löwener Landvermesser war die *cancelleresca* die Schrift der Zukunft. Aufgrund ihrer Klarheit, Verdichtung und Offenheit für dekorative Schnörkel eignete sie sich ideal für die Beschriftung von Instrumenten, Landkarten und Globen. Abgesehen von ihrem visuellen Wert, fand die *cancelleresca* besonderen Anklang bei Mathematikern. Trotz ihrer scheinbaren Flüchtigkeit folgte die Schrift ganz klaren mathematischen Prinzipen mit präzise definierten Regeln in Bezug auf die Form und den Neigungswinkel eines jeden Buchstaben.

Gemma hatte als einer der Ersten in Löwen die Kursivschrift auf einer Landkarte gesehen, denn in Apians *Cosmographicus liber* von 1524 war auf einer Karte Griechenlands für regionale Namen, wie etwa »Macedonia«, versuchsweise eine *cancelleresca* verwendet worden, während das übergeordnete »GRECIA« weiterhin in Großbuchstaben stand. Bei genauerem Hinsehen dürfte Gemma erkannt haben, wie klar und Raum sparend die Kursivschrift war.

Ein gelungenes Beispiel für die Anwendung der neuen Schrift war Benedetto Bordones *Isolario*, das 1528 in Venedig erschien.[6] Bordone, ursprünglich Miniaturenmaler und Illustrator aus Padua, legte ein höchst gelungenes Buch mit Inselkarten vor, die er sehr wirkungsvoll mit einer Kombination aus großen Antiqualettern und fließenden Kursiven beschriftete. Bordone hegte ähnliche Vorstellungen wie Gemma, denn als Miniaturist hatte er ebenfalls erkannt, dass »eine Weltkarte in der runden Form einer

Kugel etwas ganz Neues und vor allem von unglaublichem Nutzen« sei.[7] Weil die Kursivschrift leicht zusammenzurücken war, eignete sie sich ideal für die Beschriftung von Globen, auf denen der Raum noch beschränkter war als auf Karten.

Etwa zur gleichen Zeit wurde die neue Schrift auch im Werk zweier führender Kosmographen eingesetzt. Im Jahre 1533 veröffentlichte Sebastian Münster *Horologiographia*, eine Abhandlung über Sonnenuhren mit komplexen Abbildungen, deren detaillierte Beschriftung mit eng gesetzten Kursiven erfolgte. Und im selben Jahr erstellte Gemma die zweite Ausgabe der Apianschen Kosmographie für den Drucker Johannes Grapheus. Diese Ausgabe zeichnete sich durch mehrere verblüffende Veränderungen aus: Die zweite Rundscheibe und die himmlische Hemisphäre des *Cosmographicus liber* waren in kursiven Lettern beschriftet, und die Einführung sowie die Einleitung zum zweiten Teil des Buches, *Libellus de locorum*, waren nun in Lettern gesetzt, die den Einfluss des Aldus Manutius zeigten. Jede Illustration in Gemmas Handbuch der Vermessung war mit der neuen Kursivtype beschriftet.

Als Mercator sich die neue Handschrift aneignete, könnte er sich auf zwei Anleitungen gestützt haben, die Schreibhandbücher von Ludovico Cicentino (Arrighi) und Giovanniantonio Tagliente, die beide in den zwanziger Jahren des 16. Jahrhunderts erschienen waren. Dazu kam eventuell noch eine Anthologie von Ugo da Carpi. Mercator mochte sich die Technik der Kursivschrift in wenigen Tagen angeeignet haben, doch es sollte Jahre dauern, bis es nichts mehr zu verbessern gab.

*

Mercator wurde bald für seinen rigorosen Lerneifer belohnt. Die Universität gestattete ihm, Privatunterricht in Mathematik zu erteilen. Und es dauerte nicht lange, bis er sich auch mit der Konstruktion mathematischer Instrumente zusätzliches Geld verdiente. So baute er unter anderem »Sphären und Astrolabien... astronomische Ringe und ähnliche Apparate aus Bronze«.⁸

Unter den Löwener Handwerkern, von denen Mercator seine Kenntnisse im Instrumentenbau erworben haben könnte, kommt am ehesten der Graveur und Globenmacher Gaspar van der Heyden in Frage.⁹ Van der Heyden war ein vollendeter Künstler, der zu Beginn seiner Laufbahn Kupfersiegel und Silberketten für die Obrigkeit der Stadt gefertigt und für Monachus die erste gedruckte Erdkugel in den Niederlanden konstruiert hatte.

Beim Sägen, Feilen, Bohren, Polieren und Gravieren wurden Mercators Hände schwarz vom oxidierten Kupfer und Messing. Es war eine schweißtreibende Arbeit, aus Klumpen stumpfen Metalls komplizierte glänzende Instrumente herzustellen. Das Glitzern des Goldstaubs legte eine ganz besondere Aura über die Vermesser von Löwen. Mit diesen Instrumenten ließ sich die Wahrheit des Kosmos überprüfen. Gemmas Kreis mathematischer Praktiker wirkte außerhalb der Grenzen der akademischen Fakultät und der theologischen Dogmatik. Die komplizierte Gerätschaft, die in van der Heydens Atelier zusammengestellt wurde, sollte zu revolutionären Zwecken eingesetzt werden.

Einige der Geräte, die auf van der Heydens Werkbänken Form annahmen, hatte man noch nie zuvor gesehen. Andere, wie das Astrolabium, kannte man seit langem. Das Astrolabium hatte sich als solides, vielseitiges Instrument erwiesen; man konnte damit den Breitenkreis bestimmen, Kompasspeilungen vornehmen, die Zeit feststellen, Berghöhen berechnen und Horoskope erstellen. Eine Seemannsversion dieses »mathematischen Juwels«¹⁰ war mit Kolumbus mitgesegelt.

Einer der Prototypen, der aus van der Heydens Werkstatt kam, war Gemmas »Astronomischer Ring«. Dieses Instrument, das Gemma in einer kurzen Schrift vom Februar 1534 beschrieb, war alles andere als leicht zu bauen; es bestand aus drei Ringen, die so zusammengesetzt waren, dass sie eine hohle Kugel bildeten, die in der hohlen Hand gehalten werden konnte. Der innere Ring musste sich innerhalb der beiden äußeren drehen lassen, und jeder Ring musste mit Skalen versehen werden, auf denen Grade, Stunden, Monate und Wochen, Tangenten und die Sternzeichen eingezeichnet waren.[11] Mit Gemmas Ring konnte jede Winkelmessung vorgenommen werden.

Der Ring, so gestand Gemma, war »nicht ausschließlich eine Erfindung von mir«. Er behauptete jedoch, er habe »den Ring so weit verbessert, dass er nicht mehr bloß die Stunden des Tages und die vier Himmelsrichtungen anzeigt, sondern inzwischen mit jedem beliebigen mathematischen Instrument konkurriert«. Was andere »hier und da in langen Abhandlungen über Quadranten, Zylinder und Astrolabien [sagen], kommt in diesem einen Ring zusammen«. Der Ring bewies aufs Neue, in welchem Maße Gemma fähig war, bereits bestehende Wissensgebiete in ein einheitliches Konzept zusammenzuführen.[12]

*

Von den diversen Instrumenten, die zu jener Zeit unter Mercators Händen Gestalt annahmen, sollte ihm besonders eines große Anerkennung einbringen. Zwar hatte bereits der alte Strabon erkannt, dass sich der Globus am besten dafür eignete, die bekannte Welt darzustellen, doch in den nachfolgenden Jahrhunderten waren Globen nur begrenzt verwendet worden, weil es sehr kostspielig und schwierig war, die Merkmale der Erde auf einer Kugel darzustellen. Einige Geographen hatten die geographischen Details auf Metallkugeln graviert, andere hatten sie auf Holz oder Papier gemalt. Keine zwei Globen glichen sich vollkommen. Durch den Druck wurde es möglich, mehrere identische und weniger teure Globen herzustellen. Auch hier hatte die Erfindungsgabe der Deutschen den Weg gebahnt. Auf Waldseemüllers bedrucktem Globus von 1507 folgten Schöners bedruckte Erd- und Himmelsgloben. »Unzulängliche Kopien der Arbeit Schöners«[13] veranlassten Jean Carondelet, einen Geheimen Rat und Sonderberater Königin Marias von Ungarn, der Regentin der Niederlande, van der Heyden zuzureden, einen gedruckten Himmelsglobus anzufertigen. Für Carondelet war der Löwener Goldschmied »der fähigste Stecher von Weltgloben, den er kannte«.[14]

Von den Instrumenten, die in van der Heydens Atelier gefertigt wurden, war keines so kompliziert und teuer wie der Globus. Gedruckte Globen – ob Himmels- oder Erdkugeln – wurden unter größter Sorgfalt aus Papiermachehalbkugeln zusammengesetzt, die austariert, zusammengeleimt und mit Gips beschichtet werden mussten, damit sie eine perfekte Kugel bildeten, bevor die gedruckten Papiersegmente beziehungsweise »Keilstücke« auf die Oberfläche geklebt werden konnten. Diese wurde dann von Hand koloriert und lackiert. Die fertige Kugel musste auf ein relativ kompliziertes Gestell montiert werden. Ein Erdglobus wurde normalerweise mit einem Horizontring sowie einem skalierten Meridianring versehen, an dem sich ein »Stundenkreis« und ein Zeiger befanden. Schräg zum Meridianring verlief ein *circulis positionis*, mit dem Orte auf dem Globus markiert werden konnten. Der Globus konnte zudem mit einem *gnomon sphericum* ausgestattet sein, mit dem sich die geographische Breite bestimmen ließ.

Der bei weitem komplexeste Arbeitsgang beim Herstellen eines gedruckten Globus war das Stechen der Druckplatten sowie das Drucken und Aufkleben der Papierkeile auf die Kugeloberfläche. Bei dieser Technik, die in Deutschland erstmals von Waldseemüller und Schöner entwickelt wurde, mussten die kosmographischen Daten, die der Globus enthalten sollte, auf zwölf separate, spitz zulaufende Blätter gedruckt werden, die sich (theoretisch) nahtlos zusammenfügten, wenn man sie auf die Kugeloberfläche des Globus auftrug. Da Küstenlinien und Flüsse zwangsläufig über mehrere solcher Keilstücke hinweggingen, war die Gefahr unpassender Anschlüsse groß. Die Stecher lernten schnell, die Schriftzüge für Ortsnamen jeweils auf einem einzigen Keilstück unterzubringen. Die gedruckten Blätter wurden sorgfältig angepasst und aufgeklebt, wobei es darauf ankam, keinerlei Verschiebungen oder Falten entstehen zu lassen.

Wie Strabon betont hatte, ließ sich keine andere Form der Erddarstellung mit dem verkleinerten Kugelmodell vergleichen. Und als sich die seit alters her vertraute symmetrische Form der Erde in eine scheinbar willkürliche Anordnung von Land und Meer auflöste, wandten sich jene, die sich eingehender für die Geographie der Erde interessierten, an das ausgefeilteste Modell, das verfügbar war – den Globus. In den Niederlanden waren die führenden Köpfe auf diesem Gebiet Gemma Frisius und van der Heyden.

Seit 1531 hatten die beiden von einem gedruckten Erdglobus gesprochen, der das Modell ablösen sollte, das sie 1529 fertig gestellt hatten. Ihr geplantes Werk hatten die beiden geschützt, indem sie eine Reihe kaiserlicher Konzessionen erwirkten, zunächst eine für zehn Jahre und dann für eine revidierte Fassung eine für vier Jahre, die später auf zehn ausgeweitet wurde. In der letzten Fassung der kaiserlichen Urkunde vom Dezember 1535 hieß es, die beiden beabsichtigten, »einen Globus oder Ball der gesamten Welt herauszubringen, auf dem die kürzlich entdeckten Inseln und Länder hinzugefügt werden und der besser und vollständiger und schöner sein wird als ihr früherer [Globus]«. Die Urkunde erwähnte auch einen zweiten Globus, einen Himmelsglobus, »zum allgemeinen Gebrauch der Enthusiasten«.

Kaiser Karl V. hegte hohe Erwartungen. Der neue Erdglobus sollte etwas ganz Besonderes sein, ein Symbol für die technische Tüchtigkeit und den weltlichen Horizont seines Reiches. Der Globus, so wurde in der Charta verkündet, sollte »die Mathematik noch berühmter machen... das Andenken an alte Königreiche und Ereignisse lebendig halten... künftige Generationen mit unserer Zeit (und unserem Reich) vertraut machen, in der durch die Gnade Gottes sehr viele Inseln und Gebiete, die in früheren Jahrhunderten unbekannt waren, entdeckt wurden und von denen mehr als nur ein paar glücklicherweise mit der christlichen Religion bekannt gemacht werden...« Gemmas neuer Globus sollte das Reich als irdischen Hüter der Vergangenheit und der Zukunft würdigen.

Als Gegenleistung dafür, dass die beiden Kosmographen die Erde nach den Maßstäben des Kaisers modellierten, sollte Karl sie vor Nachahmern schützen. Eine Strafe von zehn Silbermark drohte absolut jedem, der ohne Erlaubnis jedwede Globen oder damit verbundene Handbücher veröffentlichte, die den Namen Gemmas oder van der Heydens trugen. In der Charta wurde jegliches Kopieren »in derselben oder irgendeiner anderen Form« ausdrücklich untersagt. Damit sicherten sich die beiden Globenmacher das Urheberrecht an ihrem Material. Gemma und van der Heyden konnten ihr Privileg bis Februar 1539 geltend machen.[15]

Um den Wortlaut der Charta zu erfüllen, musste Gemma eine Kugel konstruieren, wie sie keiner am Hofe Karls V. je gesehen hatte, einen Globus von erlesener Schönheit, übersät mit den neuesten geographischen Daten – den aktuellsten Küstenlinien, Hunderten von Ortsnamen, Legenden, geographischen Beschreibungen, den wichtigsten Sternen...

Solch ein Globus konnte nicht mit hölzernen Druckstöcken gedruckt werden, da diese viel zu grob und unflexibel waren. Die jüngsten Werke von Monachus und Apian litten beide unter klobigen, unklaren Beschriftungen, übermäßig dicken Linierungen, Tintenflecken und plumpen Schraffuren. Der neue Globus musste also in Kupferplatten gestochen werden. Kupferplatten waren ein relativ neues Medium; sie waren sehr teuer, erzeugten aber bemerkenswerte Drucke. Man konnte größere Platten verwenden (weshalb sich Kupferplatten ideal für den Kartendruck eigneten), und in die gefügige Oberfläche ließen sich rundere Kurven und feinere Linien einritzen. Gravurfehler konnte man auf Kupferplatten viel leichter korrigieren, indem man den Fehler von hinten heraushämmerte und die Oberfläche neu polierte. Kupfer ermöglichte auch die Verwendung kleinerer, klarerer Beschriftungen. Sollte es van der Heyden und Gemma gelingen, einen von Kupferplatten gedruckten Globus herzustellen, so konnten sie – und der Kaiser – eine Premiere für sich in Anspruch nehmen.

Doch die Erwartungen des Kaisers (und der Ehrgeiz Gemmas) überstiegen die Fähigkeiten van der Heydens. Im Jahre 1535 hatte Gemma die ursprüngliche Konzession bereits zweimal geändert, aber den »besseren, vollständigeren und schöneren« Erdglobus hatte er noch immer nicht fertig gestellt. Van der Heyden war zwar der erfahrenste Globenbauer in den Niederlanden, und Gemma verfügte über die notwendigen mathematischen Kenntnisse, doch auch ihre vereinten Kräfte reichten für das geplante Vorhaben nicht aus.

Vielleicht verzögerte sich das Ganze auch aufgrund geographischer Zweifelsfälle, weil Gemma beispielsweise nicht sicher war, ob er zu seiner Behauptung stehen solle, »Amerika [sei] nicht mit Asien verbunden«. Oder sie suchten einen Kupferstecher, der die italienische *cancelleresca* beherrschte. Möglicherweise warteten sie auch auf einen Gönner, der einem Magellan'schen Globus Gültigkeit garantierte. Was auch immer der Grund für die Verzögerung gewesen sein mag – Ende 1535 sahen die beiden endlich ein, dass sie für ihren Globus einen dritten Mann brauchten. Dieser Dritte im Bunde sollte Gerhard Mercator sein.

7

Weder bekannt noch erforscht

Im Jahre 1535 war Maximilianus Transylvanus bereits ein alter Mann. Er hatte ein Leben lang im Dienste der kaiserlichen Diplomatie gewirkt, sich dann aber in seinen Palast in Brüssel zurückgezogen. Doch Transylvanus, eine vornehme, gebildete und weit gereiste Persönlichkeit, genoss unter Forschern und Kartographen als Autor des Berichts über die erste Weltumsegelung, *De Moluccis Insulis*, großes Ansehen. Der Diplomat war den Überlebenden der Magellan-Expedition persönlich begegnet, hatte mit ihnen gesprochen und ihre Erzählungen und Beobachtungen notiert, und er hatte das Ende von Magellans Entdeckungsreise als Augenzeuge erlebt.

Die arg mitgenommene Karavelle *Victoria* war am 6. September 1522 vom Atlantik in den Guadalquivir eingefahren und nach Sevilla gesegelt, an Bord die achtzehn ausgezehrten Überlebenden einer Flotte, die einst fünf Schiffe und 265 Mann gezählt hatte. Die Vormaststange der *Victoria* war verschwunden, und ihre Segel waren geflickt und befleckt. Bei der Flussgabel La Horcada wurde die Karavelle von einem Schiff aus Sevilla begrüßt und kroch um die letzte Flussbiegung an die Anlegestelle zu Füßen des achteckigen Torre del Oro. Unter den Augen einer neugierigen Menge feuerte das Geisterschiff seine Salutschüsse über den schlammigen Fluss. Am folgenden Tag führte Sebastian Elcano seine kranken Männer über die Hafenmauer. Barfuß, gebeugt und humpelnd schleppten sie sich dahin. Jeder trug eine flackernde

Kerze in das Franziskanerkloster. Vor dem Schrein von Santa Maria de la Victoria beteten sie für die Seele ihres Kapitäns und Generals Magellan, der mit einem Speer durch den Hals ums Leben gekommen war. Sie beteten auch für ihre gefallenen Kameraden – und für ihren Kaiser. Fünf Tage später wurde Elcano vom Kaiser an den spanischen Hof nach Valladolid zitiert. Vor dem Untersuchungsausschuss schilderten Elcano und seine hageren Kumpane, wie sie schließlich die verborgene Meerenge an der Spitze von Vespuccis »America« entdeckt hatten und achtundneunzig glühende Tage lang gesegelt waren, um das andere Ende des riesigen unbekannten Ozeans zu erreichen. Der Hof hörte von Schlachten und Schiffbrüchen und ließ sich berichten, wie Magellan sein Leben gelassen hatte, um in der mörderischen Brandung vor einer fernen Insel seine Männer zu retten. Und staunend lauschte der Hof den Berichten von den Molukken, den Gewürzinseln.

Zum Kreis der Zuhörer gehörte auch Maximilianus Transylvanus, ein Sekretär des Kaisers, der ihm über viele Jahre in England und Italien, Flandern und Deutschland gedient hatte. Transylvanus hatte die Aufgabe, die Heimkehrer zu befragen. Sein Bericht, *De Moluccis Insulis*, wurde 1523 in Köln gedruckt – in dem Jahr, in dem der Sohn eines Schusters im nahe gelegenen Gangelt elf Jahre alt geworden war.

Zwölf Jahre später wurden der ergraute Diplomat und der Schusterssohn durch einen Globus zusammengeführt. Denn zu den Globusbauern Gemma, van der Heyden und Mercator gesellte sich als vierter Transylvanus, der aus erster Hand von den Entdeckungen Magellans berichten konnte – für Mercator ein faszinierendes Erlebnis. Mercator sollte gemeinsam mit van der Heyden die Druckplatten für den neuen Globus stechen. Die Verbindung aus Kupferplattendruck und Cancelleresca-Beschriftung versprach ein Meisterwerk an kosmographischer Dichte, wie man es bei Globen bisher nicht gekannt hatte.

Bevor sie jedoch das Kupfer bearbeiten konnten, musste Gemma seine geographischen Daten erhärten. Dies war ein ermüdender

Koordinierungsprozess, denn der Mathematiker musste alle verfügbaren Berichte, Karten und ptolemäischen Koordinaten zusammentragen und aufeinander abstimmen. Eine präzise Darstellung der Welt hatte immerhin auch kommerzielle Bedeutung, denn je genauer die kontinentalen Umrisse bestimmt werden konnten, desto länger sollte der neue Globus im Druck bleiben.

Nur über einen einzigen Kontinent herrschte weitgehende Übereinstimmung. Die portugiesischen Karavellen, die seit vierzig Jahren die Handelswege nach Indien befuhren, hatten zu einem klaren Bild der afrikanischen Küste geführt. Afrika erstreckte sich nicht mehr mit parallelen Seiten direkt bis an die »Terra incognita«, die sich wie ein Band um die südlichen Gebiete des Planeten zog. Ptolemäus' Riesenkontinent war zugespitzt und bei etwa 35 Grad südlicher Breite gekappt. Zudem hatte Waldseemüller in seinem Holzdruck von 1513 über dreihundert Küstenorte rings um den Kontinent verzeichnen können.

Bei Gemma sollte Afrika also in dieser revidierten Form erscheinen – mit Küstenorten, die von den Portugiesen benannt worden waren, und einem Binnenland, das von den alten Stämmen aus der Zeit des Ptolemäus bevölkert waren: den Trogloditae in den Bergen an der Ostküste sowie den Nigritae und Garamantes im Norden. Die Bezeichnungen der beiden afrikanischen Inseln Madagaskar und Sansibar sollten vom großen Namengeber des Ostens, Marco Polo, übernommen werden. Um zu zeigen, dass ihre Gelehrsamkeit die Kluft zwischen der Autorität der antiken Lehrer und den Zeugnissen der modernen Seefahrer überbrückte, gaben die Globenmacher der Insel Madagaskar zusätzlich die Bezeichnung »vel S. Laurentu« (St. Laurent), unter der das Eiland bei jüngeren portugiesischen Besuchern bekannt war.

Alle übrigen Kontinente verwirrten Gemma mit unvereinbaren Widersprüchen. In Europa warfen die Küsten im Norden und im Süden große Fragen auf. Erst drei Jahre zuvor hatte der bayerische Kartograph Jacob Ziegler eine neue Karte Skandinaviens herausgebracht, die neben »Finlandia« einen zusätzlichen Meerbusen aufwies. Diese Karte stellte auch ein nicht-ptolemäisches

Schottland dar, das nördlich von England herausragte, ohne den traditionellen Knick nach Osten zur dänischen Küste hin. Obwohl Johann Ruysch in seinem Kupferdruck bereits 1507 ein ähnlich ausgerichtetes Schottland gezeigt hatte, hielt sich Gemma an Waldseemüller und Apian – und damit an Ptolemäus – und stellte ein rechtwinkliges Schottland dar. An Zieglers neuem Meerbusen fand er dagegen Gefallen.

Die südliche Begrenzung Europas war schon immer praktisch und zuverlässig durch das Mittelmeer bestimmt worden, doch seit der Antike war das Meer im Laufe verschiedener Kontroversen geschrumpft. Die jüngste Entdeckung riesiger Landmassen zwischen Europa und Indien bedeutete, dass Europa und Asien zusammengepresst werden mussten, wenn auf dem Globus genügend Platz für den neuen Kontinent bleiben sollte. Seit der Zeit des Ptolemäus hatte das Mittelmeer eine Breite von insgesamt über 60 Längengraden, das heißt ein Sechstel des Erdumfangs, eingenommen. Oronce Finé, auf dessen Karte von 1531 das Mittelmeer 56 Grad breit war, hegte mit mehreren Kartographen die Überzeugung, dass Europa bislang zu viel Raum auf dem Erdenrund eingenommen hatte. Die Verkleinerung des Mittelmeers hatte jedoch zur Folge, dass auch Spanien schrumpfte – was den Hof des Kaisers kaum begeistert haben dürfte. Der Franzose Finé musste auf derlei Empfindlichkeiten keine Rücksicht nehmen; er verkleinerte Spanien auf weniger als die Hälfte der Größe, die Bernardus Sylvanus dem Land in seiner ptolemäischen Version zwanzig Jahre zuvor verliehen hatte. Gemma fühlte sich außerstande, Ptolemäus zu widersprechen.

Galt Afrika als weitgehend erforscht, so eröffneten die Längenkreise östlich und westlich davon zunehmend Raum für Spekulationen. Die Erkundung Asiens war noch längst nicht abgeschlossen. Seit die Portugiesen den arabischen Händlern an die Küste Indiens gefolgt waren, hatte sich bestätigt, dass es sich bei dieser Halbinsel im westlichen Teil Asiens um ein Dreieck handelte, das zum Äquator hin spitz zulief. Das asiatische Festland östlich davon wurde jedes Jahr neu gezeichnet, wobei nur wenige

Berichte von so großem Einfluss waren wie *De Moluccis Insulis;* dieses Werk hatte eindeutig belegt, dass sich dieses Land nicht, wie bei Ptolemäus, von Südostasien bis halb zum Pol erstrecken konnte. Wie Monachus und Finé hackte Gemma den Stamm ab und ließ nur einen Stumpf übrig. Transylvanus hatte auch bestätigt, dass die vermeintlich größte Insel der Welt gar nicht existierte: »Denn wo Ptolemäus, Plinius und andere Geographen Taprobane verzeichnet hatten«, schrieb Transylvanus, »befindet sich jetzt keine Insel, die auch nur annähernd damit gleichgesetzt werden könnte.«[1] Darauf hatte schon Ruysch hingewiesen, der sich auf die Portugiesen berufen hatte. Im Jahre 1507 hatte er Taprobane über den Indischen Ozean geschoben, vor Malacca festgemacht und auf eine schwimmende Landmasse verkleinert, die nur wenig größer war als Madagaskar. Monachus, Waldseemüller und Finé waren ihm darin gefolgt. Dieser Darstellung schloss sich nun auch Gemma an.

Der Südpol war von einigen Kartographen mit einem Kontinent überzogen worden, der größer war als Europa, und von anderen mit einem Ozean. Die unerforschte Landmasse, die Monachus eingezeichnet hatte, leitete sich wahrscheinlich von der »Brasilia regio« ab, die nach Ansicht Schöners südlich von Amerika lag. Apian war Schöner gefolgt und verzeichnete eine Landmasse zwischen der Magellanstraße und dem Südpol. Dann platzierte Finé seine riesige herzförmige »Terra Australis« über den Pol, zusammen mit einigen Gebirgszügen und einer »Brasilie regio« an dem Teil seines Kontinents, der südlich von Indien lag. Obwohl Waldseemüller und Münster am Südpol überhaupt keinen Kontinent eingezeichnet hatten, folgte Gemma den Darstellungen von Monachus und Finé und skizzierte eine riesige Landmasse, die von der Spitze Amerikas durch die Meerenge getrennt wurde, welche Magellan entdeckt hatte. Indem Gemma den antarktischen Kontinent wieder aufgriff, verwarf er die Ansicht Elcanos und seiner Männer, die »meinten, es gebe keinen Kontinent, sondern nur Inseln, da sie auf jener Seite hin und wieder den Widerhall des tosenden Meeres an einem ferneren Teil der Küste hörten«.² Ohne solch einen Kontinent, der ein Gegengewicht zu den Landmassen auf der nördlichen Hemisphäre bildete, drohte die Welt in ein Ungleichgewicht zu geraten.

Amerika selbst hatte sich inzwischen in einer ziemlich zuverlässigen Form eingerichtet. Die »Neue Welt« verbreitete sich von der Magellanstraße in einer Art Dreiecksform bis zu ihrer größten Breite etwas oberhalb des Äquators. Und hier oben waren die Probleme, die sich den europäischen Kosmographen stellten, am größten.

So wie Monachus und Finé es sahen, bildeten Amerika und Asien eine miteinander verbundene Landmasse. Monachus hatte die beiden Kontinente allerdings durch eine Meerenge getrennt, die gerade breit genug war, damit die Schiffe des Kaisers nach Ostindien und zu den Molukken gelangen konnten. Nach dieser Auffassung blieb Asien dort, wo Kolumbus es vermutet hatte, nämlich nur relativ unweit westlich von Europa.

Die Deutschen waren anderer Ansicht. Waldseemüller und später auch Apian und Münster hatten die Neue Welt von Asien weggerückt, wodurch ein riesiger Ozean entstand, in dem Marco Polos »Cipangu« (oder Apians »Zipangri«, das heißt Japan) lag. Alle drei Kosmographen vertraten die Auffassung, es gebe einen Seeweg vorbei an Waldseemüllers »Terra ulteri incognita« (oder »Terra de Cuba«, wie es auf Apians und Münsters neueren Karten hieß) nach Indien. Kein europäischer Hof wünschte sich so sehr wie der von Karl V., dass dies zuträfe. Es hätte nämlich bedeutet, dass die spanischen Schiffe nach der Überquerung des Atlantiks an Kuba vorbei nach Norden segeln und dann durch die noch unentdeckte Nordwestpassage nach Cipangu und nach Ostindien und zu den Molukken gelangen könnten.

Gemma schloss sich der Auffassung der Deutschen an. Der gemeinsam gefertigte neue Globus sollte einen schlanken Kontinent aufweisen, der nicht mehr als 30 Grad breit und von der arktischen Landmasse durch eine schmale Nordwestpassage und von Asien durch einen spitz zulaufenden Ozean getrennt war. Ihre Überzeugung stützte sich auf Berichte, die Monachus nicht gekannt – oder aber ignoriert – hatte, als er zehn Jahre zuvor mit van der Heyden seinen Erdglobus erstellt hatte. Die betreffenden Berichte stammten von den Gebrüdern Corte Real und von den Cabotos.

Als Giovanni Caboto 1497 von Bristol aus nach Westen gesegelt war, sichtete er Land, das er für Asien hielt. Zwölf Jahre später brach sein Sohn Sebastiano nach Nordwesten auf, um nach der Einfahrt der vermuteten Passage zu suchen. Etwa um dieselbe Zeit – 1501 oder 1502 – stießen zwei portugiesische Brüder, Gaspar und Miguel Corte Real, jenseits des Westlichen Ozeans ebenfalls auf Land. Beide Brüder blieben jedoch verschollen. Der Löwener Globus sollte andeuten, dass die Brüder Corte Real die Küste Asiens erreicht hatten.

Schließlich stand noch die Frage des Nordpols im Raum. Während Finé und vor ihm Ruysch vier Inseln um einen wasserbedeckten Nordpol verzeichnet hatten, war Gemma der festen Überzeugung, dass die gesamte Polarregion aus einer gewaltigen Landmasse bestand, die mit Asien und Europa durch zwei Arme verbunden war, welche ein riesiges »Mare glaciale« umschlossen. An dieses Bild von vier Inseln sollte sich Mercator später noch einmal erinnern.

*

Als der Schustersohn seinen Grabstichel zur Hand nahm und die Namen neuer Länder in die Druckplatte ritzte, wusste er, dass es noch nie solch einen Globus gegeben hatte. Allein schon die Zahl der Ortsnamen, die Mercator auf den Keilstreifen unterbrachte, musste Gemma in Staunen versetzt haben. Während Waldseemüller fünfzig Orte auf eine Wandkarte Amerikas brachte, die so breit war wie ein Mensch groß, packte Mercator sechzig auf eine Kugel mit einem Durchmesser von ganzen zwei Handspannen.[3] Am Ende waren bekanntere Küsten wie die von »Brasilia« und Afrika so mit Namen übersät, dass dazwischen gar kein Raum mehr blieb. All diese Namen mussten auf die Landoberflächen gequetscht werden, damit sie nicht die wichtigeren Seeseiten der Küsten verdeckten. Die freie Küstenlinie bedingte also ein überfülltes Hinterland, wo der Name eines Hafens etwa mit dem eines Flusses, eines Berges oder eines Sterns um Platz rang.

Damit jene, die den Globus einmal verwenden sollten, die verschiedenen Arten von Information besser unterscheiden konnten, führte Mercator eine kalligraphische Konvention ein: Er benutzte Großbuchstaben für Regionen, Antiqua für Ortsnamen und Kursiva für Sternnamen und geographische Beschreibungen. In Europa, wo es nicht genügend Raum für die Namen sämtlicher großen Städte gab, zeichnete Mercator Zahlen ein, die in einer im südlichen Atlantik platzierten Legende erläutert wurden.

In verschiedenen Legenden wurde betont, dass man bei der Anfertigung des Globus die allerneuesten Berichte berücksichtigt hatte. Gegenüber der arktischen Verbindung zu den Molukken brachte Mercator einen Hinweis auf die Cabotos an: »Arktische Straße oder Straße der drei Brüder, durch welche die Portugiesen versuchten, nach Indien und zu den Molukken zu gelangen.«[4] Die Nordwestpassage existierte also, weil Seefahrer *versucht* hatten, sie zu finden – und sie existierte, weil Globenmacher versucht hatten, sie darzustellen. Um ihre Überzeugung zu bestärken, dass die Brüder Corte Real an der Arktis entlang nach Asien vorgestoßen sein mussten, schufen die Globenbauer auf halber Höhe der asiatischen Küste eine stummelartige Halbinsel, die Mercator als »Promontorium Corterealis« bezeichnete.

Die Globenbauer von Löwen bestätigten auch, dass es zwischen Florida und der »arktischen Meerenge« Land gab, auch wenn dieses noch unerforscht war. Zieglers Buch *Quae Intus* hatten sie entnommen, dass das östliche Ende der Küste Grönlands – beziehungsweise »Terra Bacallaos«, das »Land des Kabeljaus« – mit dieser unbekannten Küste übereinzustimmen schien, und so wurde »Baccalearum Regio« zum obersten Ende dieses nördlichen Kontinents. Da es keinen allgemein anerkannten Namen für dieses Neuland gab, benannten sie es nach Nuño Guzmans jüngster Goldsucherexpedition: »Hispania major a Nuño Gusmano devicta anno 1530.«[5]

Gemma und seine Partner gaben damit dem Erdteil, der sich nördlich von Amerika anschloss, eine präzisere Form, als es Waldseemüller vermocht hatte. Die Westküste dieses Kontinents war jedoch vollkommen unbekannt. Zwischen Hispania nova und Baccalearum Regio war von keiner Landsichtung berichtet worden. Neben diese riesige und äußerst auffällige Zone absoluter Spekulation platzierte Mercator eine Erklärung, mit der jede Verantwortung zurückgewiesen wurde: »Diese Küsten«, schrieb er, »vom Hafenort Matonchel bis zur Mündung der arktischen Straße sowie das betreffende Binnenland sind weder bekannt noch erforscht.«[6]

*

Die Arbeit an dem Globus dauerte bis in den Winter 1535 und zog sich bis in das neue Jahr. Eine der letzten Aufgaben bestand darin, den Text für die ausschmückenden Kartuschen zu entwerfen. Die drei Globenbauer widmeten ihr Werk dem altehrwürdigen Maximilianus Transylvanus, der einige der wichtigsten Details beigesteuert hatte; ihre eigenen Namen erschienen in einer zweiten Kartusche unterhalb des Tropicus Hybernus. Das Werk war von »Gemma Frisius, Arzt und Mathematiker... nach diversen Beobachtungen durch Geographen« gestaltet. Der letzte Abschnitt des Textes gab zu verstehen, dass das jüngste Mitglied des Teams den größten Teil der Kupferstiche ausgeführt hatte: »Gerard Mercator von Rupelmonde stach sie mit Gaspard van der Heyden, bei dem das Werk, ein Produkt von ungewöhnlichem Wert und nicht minderem Aufwand, zu erwerben ist.«[7]

Noch nie hatte jemand in Löwen solch einen Globus gesehen. Gemma hatte die Kontinente unter ein Netz von nummerierten Längen- und Breitenkreisen geheftet. Amerika und sein nördliches Anhängsel waren zwischen dem euro-afrikanischen Block und Asien festgemacht. Jeder, der Karten von hölzernen Druckstöcken gewohnt war, dürfte gestaunt haben, wie klar und exakt Mercators kursive Beschriftung war. Und der Globus war auch hübsch verziert mit Segelschiffen und Meerestieren, ein paar versprenkelten Sternen und einigen von Vespuccis sexbesessenen Kannibalen im brasilianischen Binnenland. Die Weltkugel zeichnete sich darüber hinaus durch sensationelle Aktualität aus: Die Siedlung »S. Michaelis« in der Neuen Welt war erst drei Jahre zuvor von Pizarro gegründet worden; der Hinweis auf »Nuño Gusmano« bezog sich auf die Expedition des Spaniers von 1530; und der Reichsadler, der über den Dächern von Tunis schwebte, symbolisierte die Eroberung der Stadt durch Karl V. im Juli 1535, nur wenige Monate vor Drucklegung der Keilblätter dieses Globus.

Der Name Mercator war damit in die Zukunft der Kartographie eingraviert. Aber Mercator selbst – und vielleicht *nur* er selbst – wusste, dass seine Beschriftung alles andere als perfekt war. Die paar Jahre, die er zum Üben gehabt hatte, genügten nicht, um einen ungezwungenen, persönlichen Stil zu entwickeln. Die Buchstaben *m* und *n* bereiteten nach wie vor Schwierigkeiten, da sie leicht verrutschten und sich unregelmäßig neigten, und er wusste, dass auch das *f* und das *c* nicht ganz korrekt aussahen.

Durch seine Mitarbeit an dem Globus hatte sich Mercator auf eine ganz besondere Gestalt der Schöpfung Gottes festgelegt. Die Kartenmacher hatten ihre Ungewissheiten stets verbergen können, indem sie die bekannte Welt – Europa, Afrika und das westliche Asien – ins Zentrum ihrer Blätter rückten. Unbekannte Zonen wurden an die Ränder der Karten gedrängt, an denen vage Kontinentalumrisse in dekorative Umrandungen und Kartuschen übergingen. Ein Globenbauer konnte weniger bekannte Landmassen nicht in dieser Weise verschleiern, denn eine Kugel hatte keine Ränder.

8

Himmlische Jungfern

In den zwei Jahren, seit Mercator aufgehört hatte, mit der Philosophie zu liebäugeln, hatte sich viel verändert. Er hatte nun ein Einkommen, sein Ruf wuchs beständig – und er hatte ein Mädchen aus Löwen kennen und lieben gelernt. Barbara Schelleken war die Tochter von Jan Schelleken und dessen Frau Johanna, geb. Switten. Wie Mercator war Barbara eines von sieben Kindern, und auch sie hatte ihren Vater sehr früh verloren. Jan Schelleken war im März 1528 gestorben, ein paar Jahre, bevor Mercator nach Löwen gekommen war. Mit einer Schwester und fünf Brüdern war Barbara, wahrscheinlich nicht ohne Not, von der unverwüstlichen Johanna großgezogen worden.[1]

Im Haus der Schellekens lernte Mercator nach langer Zeit wieder ein Familienleben kennen. Er fand Barbaras Gesellschaft ausgesprochen reizend. Sie war ein Mädchen von »keuscher Moral« und zeigte sich ungeheuer tüchtig im Haushalt.[2] Es gab jedoch noch einen anderen Grund, weshalb es Mercator über die Schwelle der Schellenkens zog. Während die Mutter in den Traditionen der katholischen Kirche verhaftet blieb[3], begeisterte sich die Tochter Barbara wie Mercator für das Evangelium.

Mercator konnte Barbara mit einiger Sicherheit die Gewähr bieten, inzwischen eine Familie ernähren zu können. Das Paar heiratete Anfang September 1536. Mercator war vierundzwanzig. Er war zwar immer noch karg bemittelt, doch er war fleißig, fromm und redlich, und sein Name prangte auf einem Werk, das weitere Aufträge erhoffen ließ. Nach Jahren in Wohnheimen für arme Studenten dürfte er sich innig nach dem Schoß einer Familie gesehnt haben. In der fleißigen Barbara fand er nicht nur eine Gefährtin, die seine Liebe erwiderte und seinen Glauben teilte, sondern eine Braut, die kochen, nähen und ihm Kinder gebären konnte. Im Dezember trug Barbara ihr erstes Kind unter dem Busen.

*

Es war eine Zeit, in der Vertrauliches am besten zwischen den Wänden des Schlafzimmers bewahrt wurde. In den Straßen von Löwen herrschte ein Geist des Misstrauens. Seit den religiösen Verfolgungen der zwanziger Jahre hatte die gebildete Schicht einiges von ihrer Begeisterung für die neuen Lehren eingebüßt. Für die konservativen Theologen Löwens war Luther die Wurzel allen Übels, und alle Andersdenkenden galten gleich als »lutherisch«. Ein unbedachtes Wort, ein mitgehörtes Gespräch oder ein verlegter Brief konnten den Vorwurf der Ketzerei zur Folge haben.

Die Gefahren für die heimlichen Anhänger des Evangeliums in Löwen waren noch größer geworden, als der gefürchtetste Theologe der Universität, Jacobus Latomus, wieder in die Stadt kam. Der kleine, Furcht einflößende Gelehrte mit seinen schmalen Lippen, düster verquollenen Augen und hinkendem Gang hatte seit dem Jahr 1500 an der Universität von Löwen studiert und gelehrt, war aber wenige Monate vor Mercators Immatrikulation auf eine Stelle nach Cambrai gewechselt. Latomus war einer der eifrigsten Vorkämpfer der katholischen Kirche gegen Luther und ein scharfer Gegner des Erasmus.

Beinahe ebenso bekannt wie Latomus war der Theologieprofessor Ruard Tapper, der in Löwen einst aristotelische Physik und Logik gelehrt hatte. Trotz schlechter Umgangsformen, nachlässiger Kleidung und eines Sprachfehlers war Tapper zum Rektor des Kollegs vom Heiligen Geist, zum Kanon von St. Peter und kurz zuvor zum Kanzler der Universität aufgestiegen. Er war ein gefürchteter Sachverständiger in theologischen Fragen und verfügte über mehr als zehnjährige Erfahrung mit Ketzerprozessen. Sein Urteil schätzte nicht zuletzt der Generalprokurator Pierre Dufief, der sich den schaurigen Ruf eines perfekten Beweismittelbeschaffers gesichert hatte, indem er Briefe auf ketzerische Passagen untersuchte, und der Verhöre und Folterungen vornahm, Geständnisse erpresste und sich persönlich um Autodafés kümmerte.

Mercator hatte guten Grund, sich Dufiefs Aufmerksamkeit zu entziehen, denn erst kurz zuvor hatte der Generalprokurator den Engländer William Tyndale in die Falle gehen lassen. Ein Jahr bevor Mercator heiratete, weilte der englische Übersetzer der Lutherbibel in Antwerpen, wo er von einem gewissen Henry Phillips an den Brüsseler Hof verraten wurde. Tyndale wurde verhaftet und in das Schloss Vilvorde verbracht, eine düstere alte Festung zwischen Löwen und Brüssel. Tyndales Besitztümer und Bücher wurden beschlagnahmt und verkauft, um die Kosten für seine Haft zu decken. Latomus und Tapper leiteten als maßgebliche Theologen in einer siebzehnköpfigen Kommission unter Dufiefs Vorsitz das Verfahren. Sie verstrickten Tyndale in einen Disput über lutherische Thesen. Ein paar Wochen nach Mercators Heirat wurde Tyndale aus seiner Zelle geführt, erdrosselt und verbrannt.

*

Die Vermesser von Löwen gingen weiterhin ihren Forschungen nach. Im Mittelpunkt dieser Gruppe stand Gemma, der 1536 das Lizentiat in Medizin erworben hatte.

Im Herbst tauchte auch Andreas Vesalius – der eifrige Medizinstudent, der mit Mercator im *Castrum* gewohnt hatte – wieder in Löwen auf. Nach drei Jahren hatte er seinen Aufenthalt in Paris abbrechen müssen, weil Karl V. im Juli Frankreich angegriffen hatte. Vesalius war von Hippocrates und Galen so inspiriert wie Mercator von Ptolemäus und hatte bereits mit eigenen Studien des menschlichen Körpers begonnen. Über die Rückkehr in das

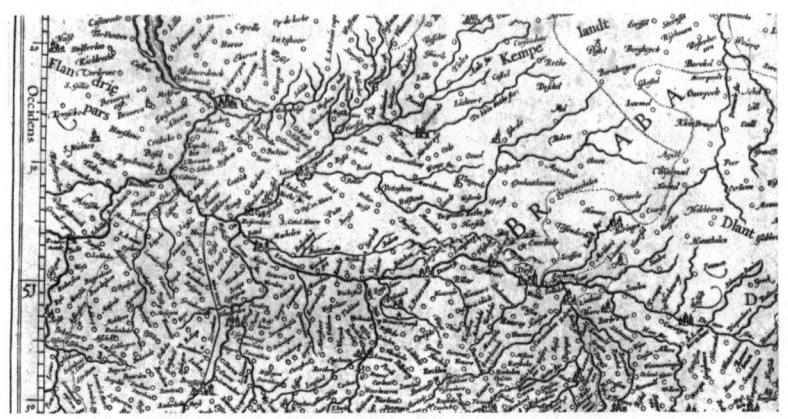

Mercators Heimat in seiner ersten Lebenshälfte. Ausschnitt aus seiner unbetitelten Karte von 1585 mit Rupelmonde und Antwerpen (oben links), Löwen (unten Mitte) und Brüssel (unten links). Mecheln ist zwischen Antwerpen und Löwen zu erkennen.

konservative Löwen war er alles andere als begeistert. An der Medizinischen Fakultät in Paris hatte Vesalius einige Male beim Sezieren zugesehen und auf der Rückreise aus Frankreich auch erstmals an einer Autopsie teilgenommen. Nun begann er, den Aufbau des Körpers methodisch zu erfassen. Nach seinem Eintreffen in Löwen lernte er »den gefeierten Arzt und Mathematiker Gemma Frisius« kennen, mit dem er sich auf die »Suche nach Knochen« machte. Vor den Stadtmauern, »wo die hingerichteten Verbrecher gewöhnlich neben den Landstraßen deponiert werden«, stießen sie auf einige Leichen, von denen eine »über einem Strohfeuer teilweise verbrannt und verkohlt war und dann an einen Brandpfahl gebunden« worden war. Wie Vesalius später schwärmte, war dies »eine unerwartete, aber willkommene Gelegenheit«, denn »die Knochen waren vollkommen bloßgelegt und nur noch durch die Ligamente verbunden, sodass nur noch die Ansätze der Muskeln erhalten waren«. Mit Hilfe Gemmas erklomm Vesalius den Scheiterhaufen und trennte den Oberschenkelknochen vom Hüftbein ab. In den folgenden Nächten kehrte er an die Stelle zurück und schmuggelte die übrigen Leichenteile in die Stadt, wo er die Knochen kochte und das Skelett so schnell zusammensetzte, dass er jeden überzeugen konnte, er habe es »aus Paris mitgebracht«.[4]

Auch Gemma war inzwischen Vater geworden und hatte sich immer mehr der Medizin verschrieben. Daher dürfte es Mercator gefreut und erleichtert haben, als der Friese den Vorschlag machte, als Pendant zu ihrem Erdglobus einen Himmelsglobus zu konstruieren. Gemma hatte seine eigenen, astrologischen Gründe, ein Modell des Himmels zu bauen. Ein Himmelsglobus diente nicht nur dazu, die Position neuer Sterne zu bestimmen, den Breitenkreis eines Ortes auf der Erde zu ermitteln und die Dauer der Dämmerung zu schätzen, sondern gab auch Auskünfte über die Tierkreiszeichen und ermöglichte es so, die Kulmination eines Sterns vorauszusagen. Himmelsgloben galten als unentbehrlich, wenn es darum ging, den günstigsten Zeitpunkt für eine Entscheidung oder eine Unternehmung auszusuchen. Himmelsgloben waren allerdings keine getreuen Abbildungen des Himmels in dem Sinne, wie ein Erdglobus ein Modell der Erde darstellte. Weil sich der Himmel nicht in der Weise abbilden ließ, wie er von der Erde aus sichtbar war, stellten die Konstrukteure von Himmelsgloben die Planetenkonstellationen auf einer künstlichen Sphäre dar. Der Benutzer betrachtete den Himmel gleichsam von einem Standpunkt außerhalb des Universums.

Gemma suchte nach der besten Quelle und gab ihr eine neue, stilvolle Form. Diese Quelle waren die beiden Holzschnittplanisphären der nördlichen und südlichen Himmelshemisphären, die Albrecht Dürer und die Mathematiker Johann Stabius und Conrad Heinfogel 1515 veröffentlicht hatten. Die beiden Planisphären waren die ersten gedruckten Sternenkarten. Die Darstellungen der Konstellationen waren nicht nur vollendet ausgeführt, sondern auch exakt berechnet.

Gemma und seine Mitarbeiter zeichneten und stachen die Himmelskarten in Form von Globuskeilen. Die Abbildungen der Konstellationen wurden mit geringfügigen Änderungen übernommen. Am Ende des Sternenflusses namens Eridanus wurde eine plumpe Stelle auf Dürers Original mit einer nackten Jungfrau verziert, die aus einer der jüngsten Ausgaben des *Hyginus fabularum liber* stammte.[5] In gewinnender Pose schwamm sie gleichsam dem Südpol entgegen. Die Erscheinung dieser himmlischen Badeschönheit war ebenso eindrucksvoll wie sinnlos, doch dürfte sie dem kommerziellen Erfolg des Globus nicht geschadet haben. Gemma führte auch Symbole für die sechs Sterngrößen ein, die Ptolemäus in seinem *Almagest* beschrieben hatte.

Das Kopieren erforderte wenig Aufwand, und so wurde der Himmelsglobus bereits 1537 fertig gestellt. Das Ergebnis war phänomenal. Es war ein Dürer mit einer zusätzlichen Dimension. Die Namen der drei Schöpfer wurden auf dem Globus genannt, diesmal jedoch ohne Unterscheidung ihrer Rollen. Es hieß, der Globus sei das Werk »von Gemma Frisius, Arzt und Mathematiker, Gaspard van der Heyden und Gerard Mercator von Rupelmonde«.[6] Damit gewann Mercator – wenn vielleicht auch ungerechtfertigt – eine größere Bedeutung als bei dem Erdglobus. Da dies das zweite Stück eines Globenpaares war, schien es nicht nötig, die einzelnen Aufgaben erneut genau zu benennen. Wer jedoch nur den Himmelsglobus sah, musste den Eindruck gewinnen, Mercator und van der Heyden hätten den gleichen Rang inne wie Gemma. Mercator war zu den Sternen aufgestiegen.

*

Barbara brachte am 31. August 1537 ihr erstes Kind, einen Jungen, zur Welt. Sie gaben ihm den Namen Arnold. Für Mercator war dies eine Zeit von berauschender Zuversicht, eine Zeit der Produktivität, Kühnheit und Hingabe. Angeregt durch seinen »erfreulichen Fortschritt in den mathematischen Künsten, konzentrierte er sich ganz darauf, Karten zu stechen«.[7]

Mercator hatte auch allen Grund, zufrieden und zuversichtlich zu sein. Er hatte sich in Mathematik geschult, konnte widersprüchliche geographische Quellen in Einklang bringen und hatte sein Talent als Kartenstecher und als Meister der Kursivschrift unter Beweis gestellt. Damit beherrschte er sämtliche Aspekte der Kartenstecherkunst.

Und die Nachfrage nach Karten stieg. Die erhöhte Zuverlässigkeit von Karten und deren Massenverbreitung durch die Drucktechnik ermöglichte es Soldaten, Politikern, Fürsten, Kaufleuten und Seefahrern, Regionen unter die Lupe zu nehmen, ohne einen Schritt vor die Tür zu machen. Strategien und Vorgehensweisen konnten auf einem Blatt gedruckten Papiers geplant und überprüft werden.

Auch der aufstrebende friesische Jurist Vigius van Aytta gewann auf diese Weise die Kenntnis von Orten, Regionen und Menschen. Er sammelte eifrig Karten, unter anderem auch von der Region, die damals vom Aufkommen des Anabaptismus aufgerührt wurde, denn Vigius war ein unverblümter Gegner religiöser Freiheiten.[8]

Wie Vigius war auch Frans van Cranevelt ein Kenner und Sammler kartographischer Werke. Er hatte in Köln und Löwen studiert und lebte inzwischen mit seinen Büchern und Karten in einem großen Haus in Mecheln, wo er seit 1522 auch dem Großen Rat angehörte.

Möglicherweise machte Mercator die Bekanntschaft mit Cranevelt durch seinen alten Studienkollegen Antoine Perronet, der kurz zuvor zum Bischof von Arras ernannt worden war. Ziemlich sicher dürfte Mercator jedoch Perronets Vater kennen gelernt haben – Nicolas Perronet de Granvelle, des Kaisers Ratgeber und Siegelbewahrer, der ebenfalls mit Vigius und Cranevelt befreundet war. Mercator fing bereits an, nützliche Kontakte zum Hof zu pflegen; einer seiner Vermittler war der Grammatiker Adrien Amerot, der von Granvelle mit der Ausbildung seines Sohnes, Antoine Perronet, betraut worden war. Er sollte sich bald auch für Mercator einsetzen.[9]

Cranevelt konnte Mercator viele Türen öffnen. Er war mit dem Rektor der Universität, Pieter de Corte, und auch mit Gemma Frisius bekannt; eine enge Freundschaft verband ihn ferner mit dem polnischen Gesandten Johannes Dantiscus und mit Nicolaus Olah (Olaus), dem langjährigen Berater der Schwester des Kaisers und Statthalterin in den Niederlanden, Königin Maria von Ungarn. Aus diesem Kreis höfischer Humanisten trat nun Cranevelt hervor und unterstützte Gemmas jungen Kartenstecher bei der Herstellung seiner ersten Landkarte. Es sollte eine Karte Palästinas sein, jenes fernen Landes jenseits des Mittelmeers, in dem sich Gott erstmals offenbart hatte. Die dortigen Städte, Flüsse und Stämme waren zwar in den Bibelkarten Liesvelts und seiner Nachfolger eingezeichnet gewesen, doch dem vielseitigen Cranevelt, der sich selbst Hebräisch beigebracht hatte, schwebte eine Karte vor, die er an die Wand hängen konnte und die in einer Klarheit und Genauigkeit erstrahlte, wie sie nur mit einem Kupferdruck zu erzielen war.

Mercator kannte Palästina besser als jede andere Region außerhalb der Niederlande. Er war mit der Geschichte und den Geheimnissen dieses Landes aufgewachsen, denn die erste Karte, welche die meisten Menschen seiner Generation je zu sehen bekamen, war eine Karte Palästinas. Und wie die Bibelkarten seiner Kindheit, so sollte auch seine Karte die Strecke zeigen, die im 4. Buch Mose beschrieben wird. Der Sohn eines Einwanderers begann seine Laufbahn als Kartenmacher, indem er jene Wanderung nachzeichnete, die das Volk der Israeliten aus der Knechtschaft in Ägypten ins Gelobte Land geführt hatte.

9

Terrae Sanctae

Die erste regionale Karte, die je gedruckt wurde, war ein Holzschnitt Palästinas. Als Mercator und Cranevelt einander begegneten, war das Heilige Land wahrscheinlich das am meisten auf Karten verewigte Gebiet überhaupt. Der Ort, an dem Gott sich erstmals offenbart hatte, sollte auch der Ort sein, den die Kinder der Kirche Jesu Christi als Erstes kennen lernten. Als die Drucktechnik Verbreitung fand, erschien das Heilige Land auf einer Pilgerkarte von Bernard von Breitenbach, auf einer Pariser Kopie von Lucas Brandis' Originalholzschnitt und als moderne Karte in neueren Ausgaben der *Geographike* des Ptolemäus.

Das Volk der Niederlande kannte die Geographie des Heiligen Landes durch die Doppelkarte im Folioformat, die in die Bibeln eingebunden war, welche nach dem Erfolg von Liesvelts Lutherausgabe von 1526 massenweise von den Antwerpener Pressen kamen. Im Jahre 1537 war Mercator wohl auch mit Liesvelts verkleinerter Version von Cranachs Wandkarte vertraut und kannte wahrscheinlich auch eine zweite Bibelkarte, die seit 1535 in Umlauf war und die Miles Coverdale der ersten vollständigen englischen Bibel beigegeben hatte. Das Titelblatt von Coverdales Ausgabe hatte Hans Holbein gestaltet, der auch an der Karte – einer weit klareren Version als Cranachs – mitgearbeitet haben könnte.

Holbein – oder der tatsächliche Zeichner – hatten viele zusätzliche heilige Orte verzeichnet. Seine sorgfältig schattierten Berge, seine brausenden Flüsse und wogenden Meere, seine zierlich überdachten Städte und schattigen Wälder verliehen der biblischen Landschaft eine weitaus realistischere Atmosphäre als Cranachs Karte. Während die Wanderstrecke der Israeliten bei Cranach geradewegs durch den Sinai führte, wand sich der steinige Pfad bei Holbein unsicher und tastend durch das unwirtliche Land und war von exquisiten kleinen Vignetten unterbrochen: Hier drängten sich die Flüchtigen zwischen den geteilten Wogen des Roten Meeres zusammen; dort überkreuzten sich die Speere der Hebräer und der Amalekiten. Leere Stellen von Meer und Wüste waren mit Schriftrollen, Windrosen und einer prächtigen Kartusche üppig verziert, und die Letztere wurde von einer giftigen Seeschlange beäugt.

Verglichen mit den Globuskeilen, an denen Mercator mit Gemma und van der Heyden gearbeitet hatte, wirkten die Holzdrucke in den Bibeln von Liesvelt und Coverdale ausgesprochen primitiv. Die Bergketten auf Liesvelts holzgeschnittener Bibelkarte sahen aus wie gepflügte Erde, und es wurden weniger als dreißig Siedlungen genannt, von denen die meisten falsch platziert waren. Holbeins Karte wies zwar glaubwürdigere Hochländer auf, doch diese waren so schraffiert, dass sie mit den Kämmen und Wellentälern des Mittelmeers verschmolzen. Holbein hatte deutlich mehr Siedlungen eingezeichnet, aber die Beschriftung sah neben den fabelhaft gearbeiteten Kartuschen und hübschen Windrosen umso mangelhafter aus. Außerdem hatte Holbein seine Karte seitlich gekippt. Dies hatte zwar den gestalterischen Vorteil, dass das Meer am unteren und die Berge am oberen Rand der Karte lagen, doch dadurch verlief der Reiseweg der Israeliten gleichsam rückwärts, von rechts nach links.

*

Während es Cranach und Holbein darum gegangen war, die *terra cognita* bildlich darzustellen, hatte der deutsche Humanist Jacob Ziegler davon geträumt, Vermesser in die ganze Welt auszusenden. Ziegler, der vierzig Jahre älter war als Mercator, hatte das letzte Jahrzehnt des 15. Jahrhunderts an der Universität Ingolstadt verbracht, wo er unter anderem mit Conrad Celtis und dem bedeutenden Humanisten Willibald Pirckheimer verkehrte, die er in seine Pläne eingeweiht hatte, Afrika und Indien zu beschreiben, die Schriften von Strabon, Plinius und Ptolemäus herauszugeben, eine Karte mit den neuesten Entdeckungen zu entwerfen und – als hätte all dies nicht schon genügt – »den kompletten Ptolemäus in einer neuen Ausgabe auf der Grundlage neuer Forschungen und Erkenntnisse« herauszubringen.[1] Sein Gesamtplan sah vor, den ganzen Planeten zu vermessen, indem er Gruppen von Vermessern zu astronomischen Ermittlungen aussandte, mit denen er eine neue Generation von Karten erstellen wollte. Ziegler wollte mit der Veröffentlichung seines enzyklopädischen Wunders so lange warten, bis die kartographischen Folgen der Entdeckung Amerikas abzusehen waren.

Kein Wunder, dass Ziegler die Zeit davonlief, doch 1532 brachte er immerhin das Buch heraus, das Gemma nach Daten über Skandinavien durchsah. *Quae Intus Continentur* enthielt außerdem detaillierte Beschreibungen Palästinas und Arabiens mit sieben Karten von bisher unerreichter Präzision. Im Vorwort zu dem dreihundertseitigen Originalmanuskript, das in einer peniblen Kanzleihandschrift verfasst war, nannte Ziegler als seine Quellen »Die gesamte Heilige Schrift, von Moses bis zu den Makkabäern, Hieronymus sowie andere, die die von den Hebräern bewohnten Orte beschreiben: Josefus, Strabon, Plinius, Ptolemäus und Antonius«.[2] Als er sich an die letzte Fassung des Manuskripts machte, hatte er auch die modernen *auctores*, Bernard von Breitenbach und Burchard von Mt. Sion, zu Rate gezogen. Jeder Ort musste durch mindestens zwei Quellen bestätigt sein, um auf der Karte eingezeichnet zu werden.

Obwohl die meisten Daten, die Ziegler verwendete, bereits über tausend Jahre alt und längst überholt waren und obwohl seine Pläne, Vermesser zur Datenerhebung auszusenden, gescheitert waren, musste es Mercator eingeleuchtet haben, dass *Quae Intus* das Ergebnis unzähliger Recherchenstunden darstellte.

Quae Intus war jedoch ein unfertiges Projekt. Ziegler hatte sich zwar die Mühe gemacht, viele der geographischen Koordinaten der Exodusroute anzugeben, hatte es jedoch versäumt, deren Verlauf auf seinen Karten zu verzeichnen. Ein Blick auf die siebente und letzte Karte von Zieglers Serie über das Heilige Land erweckte den Eindruck, es habe dem Bayern an Geduld oder Zeit gemangelt, denn er hatte mit der Überquerung des Roten Meers gleichsam die erste »Szene« dargestellt, der jedoch keine weiteren folgten. Auch hatte Ziegler viele der Ortsnamen nicht aus dem Lateinischen und Griechischen übersetzt. Und es gab Unstimmigkeiten: Auf einer Karte erschien Jerusalem als »Aeeia«, auf einer anderen als »Ierusalaim«.

Zieglers Karten wiesen noch weitere, eher äußerliche Mängel auf, die das Selbstvertrauen eines kompetenten jungen Kartenstechers wie Mercator beflügelt haben dürften. Die plumpe Linienführung und der Mangel an Details waren nichts Ungewöhnliches für Holzschnittkarten jener Zeit, doch verglichen mit den Kupferdrucken aus van der Heydens Werkstatt sahen diese Blätter absolut veraltet aus. Und obwohl Ziegler die Kursivschrift beherrschte, hatte er alle seine Karten mit denselben feisten Großbuchstaben beschriftet.

Wenn es Mercator gelang, Zieglers Koordinaten in ein ptolemäisches Gitternetz einzufügen, konnte er die biblischen Landstriche geographisch greifbar machen. Zum ersten Mal sollte der Auszug der Israeliten mathematisch nachvollziehbar sichtbar werden.

*

Als Erstes musste Mercator die Grenzen des Ausschnitts, den er erfassen wollte, und eine geeignete Ausrichtung festlegen. Leider verlief die Längsachse des Heiligen Landes von Nordost nach Südwest. Auf einem Gitternetz mit Längengraden von Nord nach Süd und Breitengraden von Ost nach West erschien Palästina daher als schmaler, schräger Streifen, eingefasst von leeren Meeren und Wüsten, die die Hälfte der Kartenfläche einnahmen. Dies waren die freien Flächen, die Cranach und Holbein mit übertriebenen Bergen, gewaltigen Flotten und riesigen Kartuschen ausgefüllt hatten.

Mercator ersann eine geniale, wenn auch unptolemäische Lösung. Er drehte die Karte so, dass sich Nordwest oben befand, und steckte als Kartenfläche das Gebiet zwischen Sidon und Onuphis ab, wodurch sich natürliche Begrenzungen ergaben – der Nil zur Linken und die Berge Libanons zur Rechten. Das Mittelmeer ließ sich somit auf einen schmalen Küstensaum am oberen Rand der Karte begrenzen, und auch die Arabische Wüste am Fuß der Karte wurde deutlich beschnitten. In der Kartusche erklärte Mercator, er habe auf der Karte jene Flächen minimieren wollen, die *inutilia*, überflüssig, seien. Die dabei entstandene Form mag breiter ausgefallen sein als der goldene Schnitt, die Abweichung in die Breite war aber kaum größer als die umgekehrte der Karten Cranachs und Holbeins, die durch Verschmälerung entstanden war. Mercator hatte auch eine ansprechende Symmetrie in der Komposition geschaffen, denn dem Meeresstreifen am oberen Kartenrand standen unten links der Einschnitt des Roten Meeres und unten rechts eine Kartusche gegenüber.

Es war eine elegante Lösung; allerdings geriet auf diese Weise das geometrische Gitternetz in eine Schieflage. Dieses Problem behob Mercator, indem er die vier Ränder seiner Karte mit einem Fischgrätenmuster einfasste. Mit Hilfe zweier Lineale ließen sich die Koordinaten ebenso leicht ablesen, als wenn die Gitterlinien parallel zu den Kartenrändern verlaufen wären. In der Mitte der Karte zeigte ein Kompass die vier Himmelsrichtungen an und erinnerte den Betrachter daran, dass die Karte nicht so ausgerichtet war, dass Norden direkt »oben« lag.

Nachdem die Grenzen abgesteckt waren, musste die Landschaft gestaltet und bevölkert werden. Dazu zeichnete Mercator zunächst die Koordinaten bekannter Merkmale ein. Es lagen zwar keine Daten von Vermessungen nach dem Triangulationsverfahren vor, aber immerhin verfügte Mercator über die Beschreibungen und Angaben aus Zieglers *Quae Intus*. Doch als sich der Fünfundzwanzigjährige daran machte, die Daten zu übertragen, stellte er fest, dass *Quae Intus* ebenso viele Fehler und Unstimmigkeiten aufwies wie die Karten von Cranach und Holbein. Vergleiche mit zwei Stechzirkeln zeigten, dass jede der acht Karten in *Quae Intus* nach einem anderen Maßstab gezeichnet worden war. Es gab auch Anzeichen von Flüchtigkeit und Nachlässigkeit. Auf der letzten Karte des Heiligen Landes in *Quae Intus* hatte der Holzschneider die Breitenkreise an einer Seite des Blattes falsch nummeriert. Außerdem deuteten Zieglers fehlerhafte Schreibweisen von Ortsnamen darauf hin, dass er des Hebräischen unkundig war. Gravierender war indes, dass die Koordinaten in Zieglers Text teilweise nicht mit den jeweiligen Positionen auf seinen Karten übereinstimmten.

Später erinnerte sich Mercator, wie er »die Städte, Berge und andere Orte aus Zieglers Beschreibung in Übereinstimmung mit den Entfernungsproportionen platzierte«, dabei aber feststellte, dass die Angaben des Bayern »ohne Proportion und verworren« waren.[3] Dennoch übernahm er Angaben über vierhundert Orte sowie die Gebiete der zwölf Stämme Israels aus Zieglers Text.

Nachdem Mercator den geographischen Rahmen festgelegt hatte, versuchte er als Nächstes, den zentralen erzählerischen Faden der Karte, die Route des Exodus zu skizzieren. Auch hier hatte Ziegler unerklärlicherweise Örtlichkeiten angegeben, die fern von jenen Koordinaten lagen, die er wenige Seiten zuvor so methodisch aufgeführt hatte. Paran, Chaseroth und Sepher bildeten drei Beispiele im ersten Teil der Route. Auf seiner Karte platzierte Ziegler diese Orte unweit des 64. (ptolemäischen) Längengrades; dem Text zufolge lagen sie jedoch alle dicht am 63. Längengrad – nur ein Grad weiter westlich, aber weit genug, um die Hebräer den Nil hinunter ans Mittelmeer geführt zu haben. Zieglers Beschreibung der Exodusroute nahm zwar dreizehn Seiten Text in Anspruch, doch bei seinen bibliographischen Ausgrabungen hatte er nicht die genauen Stellen aller 42 Lager, die im 4. Buch Mose aufgezählt sind, ausfindig machen können. Die einzigen

Abschnitte der Wanderstrecke, die Mercator mit einiger Sicherheit skizzieren konnte, waren der Anfang und das Ende. Von den elf Lagern zwischen Hazeroth und Hashmonah im mittleren Teil der Route hatte Ziegler nur für eines die Koordinaten angegeben. Sowohl vor als auch nach dem Lager unterhalb des Berges Shapher gab es jeweils fünf Lagerstätten, deren Positionen nicht bestimmt werden konnten. Dies ließ eine verwirrende Vielzahl von Streckenvarianten zu. Cranach und Holbein hatten auf ihren Karten mit kleinerem Maßstab diesem Problem ausweichen können; sie hatten gar nicht daran gedacht, sämtliche Lager einzuzeichnen. Cranach hatte der Route eine ziemlich willkürliche Zickzackform durch die arabischen Berge verliehen; bei Holbein kreuzte sich die Wegstrecke in einer Schleife selbst. Beides war möglich. Mercator entschied sich für die Schleife.

Der Kartenstecher aus Rupelmonde versuchte gar nicht erst, die Positionen der unbekannten Lager anzugeben. In zwei Kästchen neben der Route nannte er lediglich die Namen und merkte an, dass die Positionen dieser Lager »ungewiss« oder »unbekannt« seien. Diese Warnung konnte auf die gesamte Karte bezogen werden. Da in den Quellen für die meisten Orte mehr als eine Position genannt war, blieb Mercator kaum etwas anderes übrig, als die tatsächliche Lage so gut wie möglich zu erraten.

*

Nachdem Mercator jeden Ort auf seiner Karte festgelegt hatte, blieb eine letzte Schwierigkeit: das Verzieren seiner Koordinaten mit Symbolen, aus denen eine biblische Landschaft erwuchs.

Wie alle Kartenmacher musste sich Mercator vorstellen, der Betrachter seines Werkes blicke gleichsam durch ein Himmelsfenster auf die Erde. Je höher der Betrachter stand, desto verkürzter war der Maßstab und desto kleiner das Bild. Kartenmacher hatten gelernt, diese Entrücktheit künstlich zu verringern, indem sie Bildsymbole verwendeten, die in einem viel größeren Maßstab erschienen als die Karte selbst. Aufgrund dieser Illusion wurde der Betrachter näher an die Landschaft herangerückt. Für Mercator war es ganz entscheidend, dass der Schauende direkt in die zerklüfteten Gefilde Palästinas gelockt wurde.

Er war nicht der Erste, der bei einer Landkarte einen perspektivischen Trick anwandte, doch er tat es vortrefflich. Indem er die Berge im unteren linken Teil der Karte, wo die Exodusroute begann, sperrte und die Bergketten des Gelobten Landes im oberen rechten Teil dicht zusammendrängte, lenkte Mercator den Blick entlang der Exodusstrecke von den öden Wüsten Ägyptens zum fernen fruchtbaren Jordan.

Viele der Landschaftsformen, die sich beinahe reliefartig von der planen Kartenfläche erhoben, zeigten eine merkwürdige Ähnlichkeit mit den Landschaftsvignetten, die auf den »Weltansichten« des flämischen Malers Joachim Patinir zu sehen waren, dessen Arbeiten Mercator gut gekannt haben dürfte. Mercator stach mit größter Sorgfalt symbolische Bergketten, die sich über Baumkronen und sanfte Hügel zu einem steilen Gipfel auftürmten. Auch ein paar von Patinirs Felsbögen schlichen sich ein. Die beiden Fische, die die Kartusche des Urhebers hielten, waren dagegen eindeutig Kopien des geschuppten Ungeheuers, das auf einem Stich Dirk Vellerts von 1522 an Land gezerrt wurde.[4] Mercator ersetzte Zieglers starre, künstliche Flüsse und Seen mit lebendigen Gewässern im Stile Holbeins; und das Meer, welches der Bayer so aufgewühlt und massig dargestellt hatte, dass es regelrecht das Land zu überspülen drohte, wurde bei Mercator eine fein schraffierte sanfte Fläche, auf der sich Schiffe und seltsame Fische tummelten. Unter seinem Grabstichel traten an den Küsten von Samachonitis neues Waldland und in Arabien kleine Berge in Erscheinung. Von Zieglers topographischen Merkmalen übernahm Mercator nur die Berge. Ziegler, der mit den gezackten Bergen Bayerns vertraut war, hatte Cranach kopiert und aus jeder Bergkette Palästinas einen steil gezahnten Alpenkamm gemacht. Mercator, der noch nie einen Felsen, geschweige denn ein Gebirge gesehen hatte, übersetzte Zieglers Bergketten in brüchige Zahnreihen mit gespaltenen Kuppen und verwitterten Stümpfen. Ein Berg sah aus wie das aufgesperrte Maul eines auftauchenden Wals; ein anderer erinnerte mit seinen Überhängen an einen Pilz. Die Arbeit mit dem Grabstichel auf der Kupferplatte erforderte ein extremes Maß an Präzision, wie sie von der Hand des Holzschneiders niemals verlangt wurde. Mercators Wasserläufe waren keine plumpen Rinnen, sondern sorgfältig in ihrer Breite abgestufte Flussläufe, sodass der Betrachter klar zwischen dem muskulösen Strang des Jordan und dem dicht geflochtenen Zopf des Nils unterscheiden konnte.

Anders als Cranach, Holbein und Ziegler bevölkerte Mercator die geteilten Wogen des Roten Meers nicht mit fliehenden Hebräern; er ließ den Durchgang leer und lud den Betrachter ein, sich an die Stelle der Hebräer zu versetzen. An anderer Stelle wurden die biblischen Szenen mit winzigen Figuren ausgeschmückt. An dem angemessen steilen Berg Horeb strahlte Gott wie ein Leuchtfeuer vom Gipfel, während eine kleine Gestalt weit unten gegen den Felsen schlug, um eine Quelle zu erschließen. In Kanaan war die Landschaft plötzlich mit Städten, Dörfern und Burgen übersät. Nicht jeder entdeckte sofort die leuchtende Gestalt, die auf dem Berg Tabor »vor ihren Augen verwandelt« wurde, deren »Gesicht wie die Sonne leuchtete« und deren Gewand »blendend weiß wie das Licht« ward.[5]

Den biblischen Vignetten der Karte lag eine systematische Darstellung der Ortschaften zugrunde. Ausgehend von Zieglers Text schuf Mercator verschiedene Symbole für ländliche Siedlungen, Dörfer und Festungen. Städte waren mit einem offenen Kreis gekennzeichnet, und größere Metropolen wie Damaskus und die Städte des Nils waren in bildlichen Ansichten dargestellt.

Mercators Exodusroute sah aus, als sei sie von römischen Ingenieuren angelegt worden. Statt der holprigen Pfade bei Cranach und Holbein skizzierte Mercator eine regelrechte Straße mit nummerierten Feldern; die Erläuterungen dazu fanden sich in einer Kartusche mit den entsprechenden Zahlen. Diese Technik hatte er bereits bei dem mit Gemma und van der Heyden gefertigten Erdglobus angewandt, als es galt, auf dem kleinen Kontinent Europa ungeheuer viele Städtenamen unterzubringen.

Als die physikalische Landschaft gestochen war, fügte Mercator die Beschriftung, erläuternde Kartuschen und verschiedene dekorative Elemente hinzu, die ungenutzten Raum füllten. Einige von Zieglers Ortsnamen wurden durch Entsprechungen ersetzt, die Mercator dem hebräischen Register im Anhang einer jüngeren lateinischen Bibelübersetzung von Sanctes Pagninus entnahm.

Damit der Kartenbenutzer zwischen verschiedenen Arten von Lokalitäten unterscheiden konnte, verwendete Mercator drei Schriftformen: Antiqua, Kursiva und die vom Gotischen abgeleitete Bastardschrift *(lettre bâtarde)*. Inzwischen besaß er ein größeres Selbstvertrauen als bei der Beschriftung des Globus, und so schrieb er die regulären Ortsnamen kursiv und die weniger häufigen Namen für Regionen in Antiqua. Die praktisch unlesbare Bastardschrift blieb den Namen der Stämme Israels vorbehalten. Die kernigen Inschriften, die den Landschaften und Bibelszenen beigefügt waren, stammten zum größten Teil wortwörtlich aus Zieglers Text.

In die zentrale Kartusche am oberen Kartenrand setzte Mercator zwei Passagen aus dem Alten Testament. Über der Kartusche thronte Christus und blickte auf das Heilige Land und einen zentral platzierten Kompass herab. Die am reichsten verzierte Kartusche war jedoch dem Förderer der Karte vorbehalten; die Widmung an »Francisco Craneueldio Caesaris« war von einem riesigen Kranz von Früchten umrankt, der wie eine Oase der Fruchtbarkeit in der Arabischen Wüste erblühte. Die Widmung an Cranevelt hatte er in die rechte Hälfte der Karte gesetzt, während seine eigene Kartusche bescheiden auf der Linken stand, am Beginn der Wanderstrecke.

Die redaktionelle Sorgfalt und die technische Exaktheit, die Mercator seinem ersten eigenen Werk angedeihen ließ, waren beeindruckend. Und auch die Verpackung bewies großes Geschick. Wie Ziegler hatte Mercator seine Karte auf mehrere Blätter gedruckt, allerdings in einheitlichem Maßstab. Die sechs Kartenblätter, die jeweils einmal gefaltet waren, steckten in einem Umschlag, zusammen mit einem zusätzlichen Blatt, auf dem beschrieben war, wie der Benutzer die Blätter zurechtschneiden und zu einer Wandkarte zusammenkleben konnte.[6] Mitgeliefert wurden ferner zwölf Papierstreifen mit einem dekorativen Randmuster. Zusammengesetzt war die Karte nahezu viermal so groß wie Holbeins Holzschnitt in der Bibel Coverdales. Vor allem aber war sie weitaus detaillierter.

Mit diesem Produkt, das in einem Bücherregal verwahrt oder an einer Wand aufgehängt werden konnte, vergrößerte Mercator seinen Absatzmarkt. Sein Kartensatz zur »Selbstmontage« ließ sich auch leichter aufbewahren und transportieren als herkömmliche Wandkarten, die gerollt oder umständlich gefaltet werden mussten. Der Satz Einzelkarten war außerdem leichter zu verstecken. Mercator hatte seine ersten Schritte als Missionar des geographischen Raums getan.

*

Die Karte war vor Ende 1537 druckfertig. Trotz Mercators eigener Vorbehalte in Bezug auf ihre Qualität gewann sie »die Bewunderung vieler«.[7] Zu den »vielen« zählten sicherlich nicht Latomus und Tapper, denn auf fast provokative Weise hatte Mercator im Titel der Karte klargemacht, dass er mit der kartographischen Darstellung des Heiligen Landes ein besseres Verständnis der beiden Testamente bezweckte. Zudem wies Mercators Christusfigur sowie die Gesamtkomposition der Karte bemerkenswerte Ähnlichkeiten mit den Werken Lucas Cranachs auf, in denen sich die lutherische Lehre im Bild verdichtete.

Auch kann es kein Zufall gewesen sein, dass Mercator bei seiner Exodusroute die krönende Episode wegließ. Wo war die Vignette mit Moses, der die steinernen Tafeln schwang? Bezeugte Mercator mit dem Ausklammern des Gesetzes, dass seine Karte ein Loblied auf die Evangelien des Matthäus, Markus, Lukas und Johannes sein sollte? Oder war das Fehlen des Gesetzgebers eine apokalyptische Warnung an jene, die sich von der Kirche entfernten?

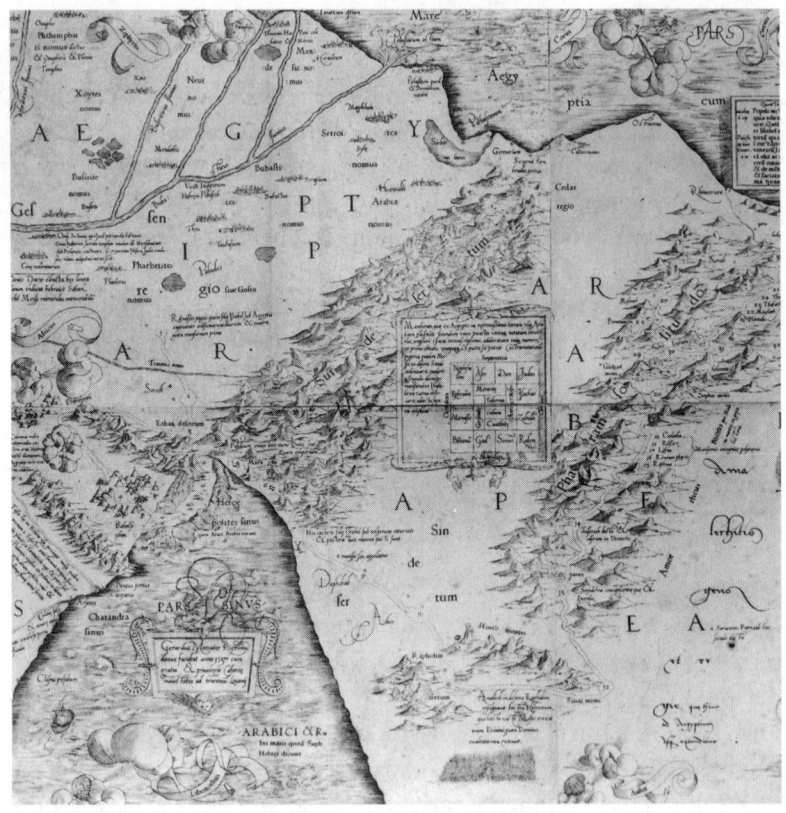

Mercators erste Karte: Der Ausschnitt aus seiner Karte des Heiligen Landes von 1537 zeigt die Route des Auszugs der Israeliten aus Ägypten.

Abgesehen von diesen verborgenen Ambiguitäten ließ bereits die Herstellung einer Palästinakarte ausgerechnet in Löwen Verdacht aufkommen. Mercators *Terrae Sanctae* reihte sich in eine kartographische Tradition ein, die mit den Lutherbibeln von Froschauer, Liesvelt und Coverdale begonnen hatte. Die Karten der Bibeln von Froschauer und Liesvelt stammten aus der Werkstatt Lucas Cranachs, dem Paten von Luthers Sohn und »Chefpropagandisten« des Reformators.

Mercators Verbindung zu Jacob Ziegler war sogar aus der Karte selbst abzulesen, denn in den ersten Zeilen der Hauptkartusche wurde das Werk des Bayern gewürdigt. Im Kreis der Löwener Theologen löste bereits der Name Ziegler Skepsis aus. Hatte Ziegler nicht in seinen Druckwerken Erasmus verteidigt? War er nicht sogar von Erasmus gerühmt worden? Hatte er sich nicht mit Luther und Zwingli getroffen? War ihm nicht eine Professur in Wittenberg, der Wiege des Luthertums, angeboten worden? Darüber hinaus war auch Mercators Widmungsträger, Frans van Cranevelt, bei den Löwener Theologen nicht besonders beliebt.

Und dann diese Aufmachung. Mercator hatte in seinem Hinweis an den Leser auf dem Umschlag des Pakets erklärt, dass das Format dazu beitragen solle, Beschädigungen beim Transport zu vermeiden und die Einzelhandelskosten zu senken. Doch was erleichterte den Schmuggel einer Wandkarte mehr als die Lieferung in Form einer Mappe?

Und wer war bloß jene winzige, einsame Gestalt, die am Fuß des Berges Tabor nach Nazareth deutete? Einer der Propheten des Alten Testaments? Der Apostel Paulus auf dem Weg zu seiner Bekehrung? Ein Pilger? Der heilige Hieronymus? Der Betrachter der Karte? Mercator selbst?

Nur eine einzige Vignette zum Neuen Testament tauchte auf Mercators Karte auf. Viele Betrachter sahen in der kleinen leuchtenden Gestalt den verwandelten Jesus auf dem Berg Tabor und erinnerten sich an die biblischen Worte: »Das ist mein geliebter Sohn, an dem ich Gefallen gefunden habe; auf ihn sollt ihr hören.«[8] Hört auf die Heilige Schrift, schien die Karte zu mahnen.

*

Als Mercator die Karte des Heiligen Landes anfertigte, warf er sicher einen Blick auf Zieglers Hauptkarte, *Universalis Palestinae*, welche die Form eines Kreises innerhalb eines Quadrats hatte. In dem Kreis waren die vier Haupthimmelsrichtungen eingezeichnet; der Norden lag oben. Im Mittelpunkt des Kreises war eine Kompassnadel verankert, die jedoch nicht nach Norden zeigte. Anhand des Winkels zwischen der Nadel und dem Meridian der Karte dürfte Mercator erkannt haben, dass die Nadel bei Ziegler von einer Magnetquelle angezogen wurde, die ungefähr 28 Grad westlich des Nordpols lag.[9]

In dieser verblüffenden Diskrepanz zwischen »magnetischem« Norden und »Kartennorden« lagen die Anfänge für Mercators Erforschung der Geheimnisse der Kompassnadel – einer Forschung, die schließlich zu einer seiner größten Entdeckungen führen sollte.

10

Die Taufe Nordamerikas

Als 1538 die Karte des Heiligen Landes gedruckt war, fühlte sich Mercator bereit, ein Projekt zu vollenden, das er seit seiner Jugend heimlich verfolgt hatte, als er die Geographie zu seinem »wichtigsten Studiengebiet« erklärt hatte. Seine frühe Faszination für die Gestalt der Erde und seine Neugier bezüglich jener »zahlreichen Elemente«, die »bisher noch niemandem bekannt« waren, hatten nun endlich ein Ausdrucksmittel gefunden.[1] Mercator wollte den gesamten Planeten mit Hilfe von Karten systematisch beschreiben. Eine Übersichtskarte sollte dem Leser »die Aufteilung der Welt in groben Umrissen« vermitteln; dieser sollten »nach und nach« einzelne Karten von »speziellen Regionen« folgen, die jede Region der Erde detailliert beschreiben sollten.[2]

*

Jeder, der eine neue Weltkarte erstellen wollte, stand vor zwei großen Aufgaben: Er musste die geeignetste Projektion wählen, und er musste die neuesten geographischen Informationen beschaffen. Dabei war zu beachten, dass jede Art von Projektion die mathematische Genauigkeit opfert. Egal wie man eine Kugel auf eine Fläche übertrug, es entstand immer eine Verzerrung. Die Tatsache, dass jede Projektion einen Kompromiss darstellte, hatte die Mathematiker nicht davon abgehalten, neue Methoden zu erforschen, wie sich drei Dimensionen in zwei übertragen ließen.

Schon Ptolemäus hatte eine Projektion entwickeln wollen, welche die mathematischen Proportionen der Erde bewahrte und es dem Auge zugleich ermöglichte, so über eine flache, gezeichnete *oikoumene* zu schweifen, als betrachte es eine runde Kugel. Immerhin erzielte er eine »Proportionalität der parallelen Bögen«[3], die seinen Nachfolgern 1300 Jahre später den Ausgangspunkt für ihre eigenen Bemühungen lieferte, die Proportionen der zweidimensionalen Weltkarte zu verbessern. Vier Jahre, nachdem Waldseemüller die Spanne von Ptolemäus' zweiter Projektion von 180 Grad auf volle 360 Grad erweitert hatte, entwickelte Bernardus Sylvanus in Italien eine Projektion, bei der die Grade des zentralen Längenkreises in richtigem Verhältnis zu denen der Breitenkreise standen. Durch Sylvanus' konzentrische Breitenkreise, die von einem Punkt auf dem zentralen Längenkreis 100 Grad nördlich des Äquators gemessen wurden, entstand eine Weltkarte, die eine seltsame Ähnlichkeit mit dem menschlichen Herzen aufwies.[4] Drei Jahre später veröffentlichte Johann Werner in Nürnberg ein Projektionsschema, bei dem sich die Breitenkreise ebenfalls proportional zum zentralen Längenkreis verhielten.[5] Doch er verschob das Zentrum der halbkreisförmigen Breitenkreise zum Nordpol, wodurch die Weltkarte eine vollkommene Herzform erhielt. In Frankreich verwendete Finé bei einem Kartenentwurf von 1519 die herzförmige Projektion, und Apian könnte den Franzosen kopiert haben, als er 1530 ebenfalls eine herzförmige Karte herausbrachte. Es war jedoch Finé, der Mercator die Anregung zu seiner ersten Weltkarte gab.

Finés Karte entdeckte Mercator wahrscheinlich in der Pariser Ausgabe des Reisebuches *Novus orbis regionum*, das 1532 erschienen war und ein ungewöhnlich neues Bild der Welt darbot.[6] Hier hatte Finé den Globus am Äquator halbiert und zwei Karten gestaltet, die – bis auf eine gekrümmte Einkerbung – kreisrund waren. Im Mittelpunkt jeder halbkreisförmigen Karte lag einer der Erdpole. Die nördliche Hemisphäre war auf der linken Karte abgebildet, die südliche auf der rechten. Die beiden Karten berührten sich an der Stelle, an welcher der 90. östliche Längenkreis eine gerade Linie zwischen den beiden Polen bildete. Alle anderen Längenkreise wölbten sich strahlenförmig von den Polen, während die Breitenkreise sich konzentrisch umringten. Die beiden Karten wirkten wie ein Paar kosmischer Zahnräder, die sich gegeneinander drehten.

Finés eingekerbte Halbkreise bildeten einen beträchtlichen mathematischen Fortschritt gegenüber seiner früheren herzförmigen Weltkarte, deren proportionale Eigenschaften durch eine starke geographische Verzerrung in der südlichen Hemisphäre beeinträchtigt worden waren. Die neue Karte enthielt eine geringere und gleichmäßige Verzerrung über beide Hemisphären. Die geographischen Formen der Karte bewahrten eine getreuere Gestalt und waren auch besser zu erkennen. Doch trotz aller Verbesserungen dürften sich nur wenige Leser Finés Produkt angesehen haben, ohne sich den Kopf zu kratzen. Das Blickfeld wurde ganz von den beiden Polargebieten beherrscht, Afrika und Amerika waren entzweigerissen, Europa balancierte auf Portugal, und China schwebte in himmlischer Entrücktheit im Zierwerk des oberen Kartenrandes. Indem Finé sozusagen die Haut des Planeten in dieser symmetrischen, bipolaren Weise abgeschält hatte, illustrierte er jedoch höchst anschaulich, wie sich die Landmassen der bekannten Welt in der nördlichen Hemisphäre versammelten. Die größte Landmasse auf der südlichen Halbkugel schien unbewohnt zu sein.

In seiner Legende machte Finé den Leser auf drei Eigenschaften seiner genialen doppelpoligen Projektion aufmerksam. Erstens stand sie »in Einklang mit den Erkenntnissen der modernen Geographen und Hydrographen«. Zweitens bewahrte sie die Proportionen der Breitenkreise und des Äquators zum Hauptmeridian. Und drittens besaß sie »die Doppelform des menschlichen Herzens, wobei die linke Seite den nördlichen Teil der Erde beinhaltet und die rechte den südlichen«.[7]

Finés gespaltene Halbkreise mochten mathematisch berechnet gewesen sein, waren aber dennoch hoch symbolisch aufgeladen, besaß doch das Herz als wichtiges Zentrum des menschlichen

Organismus eine tiefe symbolische Bedeutung. Es bildete den Wesenskern des Seins. Vielleicht spielte Finé auch auf das Herz im lutherischen Sinne an: Für Melanchthon drückte es Wesen und Zweck des christlichen Glaubensritus aus; das Wort Gottes drang durch das Ohr ein, »um das Herz anzurühren«.[8] Für den Reformator war das Herz entscheidend für die Erfahrung des Evangeliums – und ebenso entscheidend war Finés Projektion für das Verständnis der wahren Proportionen der Welt auf zweidimensionaler Ebene.

Mercator verstand seine neue Weltkarte von 1538 als Zwischenbericht über den Fortschritt der Forschung. Küsten, die bekannt und kartographisch erfasst waren, wurden in herkömmlicher Weise als Linien dargestellt, die zur Meerseite hin schraffiert waren, während unerforschte, spekulative Küstenlinien allein durch Schraffierung gekennzeichnet wurden. Der Betrachter konnte damit auf einen Blick erfassen, inwieweit die Umrisse der größeren Landmassen bekannt waren. Die Karte sah auch eindrucksvoll aus. Im Gegensatz zu Finé, dessen Karte ein Holzschnitt war, stach Mercator seine Karte natürlich auf Kupfer und beschriftete sie in seiner feinen Kursivschrift. Um den Absatz noch zu steigern, druckte er die Karte in einer geeigneten Größe, damit sie sowohl in Bücher eingebunden als auch separat verkauft werden konnte.[9]

Mercators erster Versuch, eine dreidimensionale Kugel auf ein zweidimensionales Blatt zu übertragen, bot dem jungen Kartenmacher auch die Gelegenheit, grundlegende Fehler zu korrigieren, die er inzwischen an dem Globus festgestellt hatte, an dem er zwei Jahre zuvor beteiligt gewesen war.

Einige Teile seiner neuen Weltkarte wurden mehr oder weniger unverändert von dem Globus übernommen. Mercator kopierte die Küstenlinien der Antarktis, Afrikas und Amerikas, dessen unerforschte Westküste er als »Littora incognita« bezeichnete und südlich des 10. Breitengrades schraffierte. An der Ostküste zeichnete er allerdings ein neues Flusssystem ein.[10] Das Mittelmeer behielt seine alte ptolemäische Spannweite von 62 Längengraden.

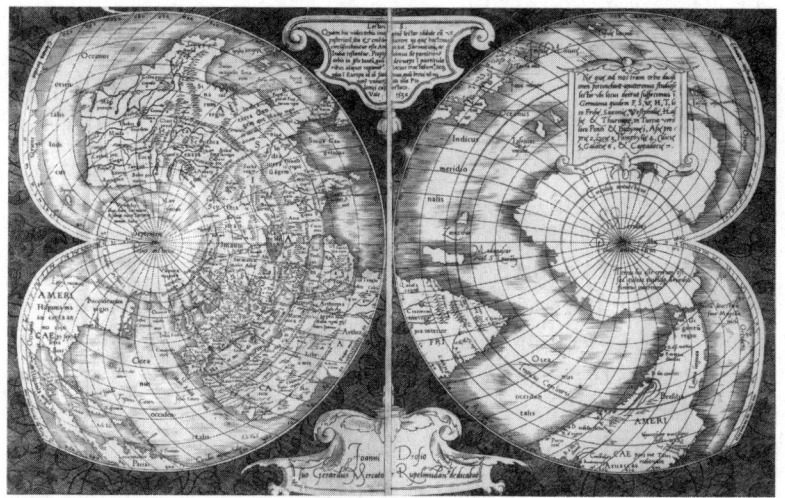

Mercators erste Weltkarte, das herzförmige »Orbis imago« von 1538.

An anderen Stellen traten indes deutliche Veränderungen auf. In der Arktis sah Mercator das Gletschermeer nicht länger als Binnenmeer, sondern öffnete es zu einer Bucht, die hinter dem nordöstlichen Zipfel Asiens mit dem offenen Meer verbunden war. In der zentralen Kartusche instruierte er den Kartenleser, besonders die mit »India«, »Sarmatia«, und »America« bezeichneten Gebiete zu studieren – und das nicht ohne Grund.

»India«, das auf Karten wie der von Apian noch die Hälfte Asiens eingenommen hatte, wurde unter Mercators Hand sogar noch größer, weil er die Ostküste des Subkontinents erstaunlicherweise um 30 Grad nach Osten verschob, wodurch der Pazifik in seiner Breite so weit schrumpfte, dass er nicht einmal mehr halb so breit war wie das Mittelmeer. Damit wäre ein Schiff schneller von Amerika nach China gesegelt als von Sevilla nach Antwerpen. Um diese seltsame tektonische Verschiebung auszugleichen, konnte Mercator kaum in die Regionen beiderseits des Ganges – »India intra Gangem« und »India extra Gangem« – eingreifen, weil diese bereits von den Portugiesen erkundet worden waren. Der Teil, den er streckte, war das weniger bekannte östliche Asien – »Thebet«, »Cathai« und die gedrungene Halbinsel, die Gemma 1536 als »Lequii populi« bezeichnet hatte.[11] Bei Mercator weitete sich das »Land der Lequii« zu einem großen rechteckigen Vorsprung aus, der viermal so groß war wie die indische Halbinsel.

Die zweite Region, die Mercator seinen Lesern ans Herz legte, war Sarmatia. Dies war das »Sauromatae« beziehungsweise »Sarmatae« der Griechen und Römer, das Herodot zufolge jenseits des Flusses Tanais am östlichen Rand von Scythia lag und von Menschen bewohnt war, die von Amazonen und Skythen abstammten. Ptolemäus hatte für Verwirrung gesorgt, indem er behauptete, die Grenze zwischen Asien und Europa verlaufe von »dem Fluss Tanais und dem Meridian von diesem zu dem unbekannten Land [im Norden]«,[12] und zugleich Sarmatia als eine ungeheuer große Region beschrieb, die sich sowohl über das nördliche Europa als auch das nördliche Asien erstreckte und einen eigenen »Sarmatischen Ozean« im Norden aufwies. In einem anderen Winkel der Erde hätte diese Unklarheit weniger ausgemacht, doch die genaue Lage und Größe Sarmatias schien nun von grundlegender Bedeutung für die Festlegung der östlichen Grenze Europas, für dessen Ausdehnung man sich in jüngster Zeit ungeheuer interessierte. Die Notwendigkeit, genau anzugeben, wo Europa aufhörte, veranlasste Mercator, hier die einzige Binnengrenze auf seiner Karte zu verzeichnen. Und so zog er eine gepunktete Linie von der Quelle des Flusses Tanais zum Nördlichen Polarkreis. Knapp 10 Grad weiter östlich zog er eine parallele Linie, die von der Wolga nach Norden verlief. Die Region zwischen diesen beiden Linien wurde nun zur »Sarmatia Asie«, einer Pufferzone zwischen der schrecklichen Leere Skythiens und den Landstrichen der Russen, Polen und Preußen, der »Sarmatia Europe«.

Die dritte und letzte Abänderung verwandelte eine wenig bekannte Insel in einen bedeutenden Subkontinent. Seit Waldseemüller Amerika von Asien abgetrennt hatte, schwamm eine restliche nördliche Landmasse vor der Insel Isabella. Der deutsche Kosmograph hatte sie als »Terra ulteri incognita« bezeichnet. Diese Landmasse, die kaum größer war als Java, war durch Kartenprojektionen, die Afrika, Asien und Europa veranschaulichen sollten, radikal ausgegrenzt worden. »Terra ulteri incognita« war in der Regel ganz oben am linken Rand einer Weltkarte zu finden, symmetrisch gegenüber dem ebenso unauffälligen Schnipsel von Sipangi auf der rechten Seite. [13]

Aber Mercator war schließlich auch ein Globenbauer, und wer schon einmal eine Erdkugel angefertigt hatte, wusste um die Probleme von relativer Entfernung und Fläche. Durch eine Drehung des Globus, den er gestochen hatte, konnte Mercator die »Terra ulteri incognita« ins Zentrum seines Blickfeldes rücken. Die Projektion in der Doppelherzform lieferte einen ähnlichen Effekt. Die beiden Herzen schoben die »Terra ulteri incognita« in den Vordergrund der Karte, wo sie auf einmal riesig wirkte, sogar größer als Europa. Der neue Kontinent war unübersehbar – und namenlos. Doch es war kaum denkbar, eine solch große Landmasse ohne Bezeichnung darzustellen. Denn durch das Drehen des Globus, durch eine Veränderung der Projektion und einen Wechsel der Perspektive wurde das Unbekannte plötzlich sichtbar. Doch wie sollte man es benennen? Apian war Waldseemüller gefolgt und hatte es »Ulteri terra incognita« genannt. Münster hatte die Bezeichnung »Terra de Cuba« gewählt. Bei Gemma und Mercator hatte es »Hispania major a Nuño Gusmano« geheißen. Als diese Region noch als Teil des asiatischen Festlandes galt, wurden auch Bezeichnungen wie »Baccalearum Regio« und »Terra Francisca« verwendet; die letztere Bezeichnung hatte Finé für die Küste nördlich von Florida gewählt.

Mercators Lösung war möglicherweise kein eigener Einfall. Über die Lage der »Terra ulteri incognita« ließ sich nur eines mit Gewissheit sagen, nämlich dass sie nördlich von Amerika lag, also schien es einigermaßen logisch, sie als »Americae pars Septentrionalis« – Nordamerika – zu bezeichnen. Doch dabei blieb es nicht.

Vielmehr besetzte der Kartenmacher »Nordamerika« mit dem einzigen historischen Bildtext von dieser Größe auf der gesamten Karte – einem Schriftzug mit dem Wortlaut »Hispania maior capta anno 1532« (»Großspanien, eingenommen 1530«). Stand Mercator unter dem Einfluss des spanischen Hofes in Brüssel? Da seine beiden bisherigen Arbeiten kaiserlichen Ratsherren gewidmet waren, hatte er sich vielleicht tatsächlich diesem Einfluss geöffnet. Und Antoine Perronets Vater, der ungeheuer einflussreiche Erste Rat Nicolas Perronet de Granvelle, musste inzwischen erkannt haben, dass Mercator durch seine geographischen Werke eine wichtige Persönlichkeit wurde. Es ist also anzunehmen, dass Berater des spanischen Hofes Mercator zu seinem Schritt bewogen haben.

Somit bestätigte die modernste Weltkarte in den Niederlanden, dass Amerika nicht nur von Asien getrennt war, sondern auch einen nördlichen Verwandten hatte, der größer war als Europa, und dass beide Teile Amerikas zu Spanien gehörten. Gleichsam mit einem Federstrich hatte Mercator eine kaiserliche Barriere errichtet, die von Pol zu Pol verlief.

※

Während Mercators Arbeit an der Weltkarte gebar Barbara ihr zweites Kind, diesmal ein Mädchen.[14] Die Eltern tauften ihre erste Tochter nach Mercators Mutter auf den Namen Emerentia.

Mercator war knapp an Werkzeug, ohne eigene Werkstatt und hatte einige Mühe, seinen kosmographischen Ehrgeiz mit der Notwendigkeit des Broterwerbs zu verbinden. Als er die Weltkarte fertig gestellt hatte, wollte er eigentlich gleich die erste der angekündigten regionalen Karten – Europa – produzieren. Bereits in der Legende seiner Weltkarte hatte er seine Leser unterrichtet, dass die Arbeit im Gange war und die Europakarte bald vorliegen werde. Mercators Leser – und sogar Mercator selbst – hatten jedoch keine Ahnung, welch immenses Ausmaß diese Karte schließlich annehmen sollte. Sie wurde nach den aktuellsten

Vermessungen zusammengestellt; die Verläufe von Küsten, Flüssen und Gebirgen wurden überarbeitet; und sie enthielt mehr Städte, Orte und Dörfer als jede andere Karte zuvor. Die Europakarte war, wie Mercator später gegenüber Antoine Perronet gestand, ein »gewaltiges« Unterfangen.[15] Die Arbeit an diesem Projekt war bereits weit fortgeschritten, als Mercator unerwartet eine ganz andere Aufgabe übertragen wurde.

11

Das Gericht über Gent

Um 1540 befand sich Gent in Aufruhr. Das alte Zentrum der Tuchherstellung, historischer Sitz der Grafen von Flandern und Geburtsort Kaiser Karls V., war einst so reich gewesen, dass es 20 000 Bürger mit Waffen ins Feld schicken konnte. Doch mit dem beginnenden Niedergang des Textilgewerbes hatten die Unruhen zugenommen. Zu Beginn des 16. Jahrhunderts waren immer mehr Einwohner der Armut verfallen, während ein kleiner Rest von Ratsherren, Adeligen und reichen Kaufleuten nach wie vor von den uralten Privilegien der Stadt profitierten, die ihre Sonderstellung gegenüber dem Grafen von Flandern und dem Reich begründet hatten. Die Stadträte steckten in der Zwickmühle: Sie standen zwischen den Forderungen der verarmten Bürger, den Wohlstand und die Unabhängigkeit der Vergangenheit zu erhalten, und den Plänen der Habsburger, ein zentralistisches Reich zu schaffen.

Ein Aufstand zeichnete sich bereits im April 1537 ab, als sich der Rat von Gent trotzig weigerte, Geld in die Kriegskasse zu zahlen, die Königin Maria von Ungarn als Statthalterin in den Niederlanden für den Feldzug ihres Bruders Karl gegen die Franzosen füllte. Die Weber und die kleineren Zünfte der Stadt fürchteten, der Stadtrat stecke mit dem kaiserlichen Hof unter einer Decke, anstatt auf die Privilegien zu pochen, die zwischen der Stadt und den Fürsten vereinbart waren. Im August 1537 bewaffneten sie sich, besetzten die Stadttore und ernannten ein neunköpfiges Komitee, das die Stadt verwalten sollte. Die ehemaligen Ratsherren flohen, und die Rebellen machten sich daran, die alte Ordnung wiederherzustellen.

In dieser Situation fertigte ein Genter namens Pieter van der Beke im Holzdruckverfahren eine prächtige neue Wandkarte Flanderns, auf der die Grafschaft als mächtiger Standort mit einer strategischen Lage zwischen dem Kaiserhof in Brüssel und den großen Meereszufahrten Europas dargestellt wurde. Die Karte wurde 1538 von dem Genter Pieter de Keysere gedruckt.[1]

Van der Beke verfasste einen Begleittext auf Französisch, Holländisch und Lateinisch und erklärte seinen Lesern, dass die neue Karte notwendig geworden sei, weil »bisher keine genaue Beschreibung erfolgte, die der Situation des besagten Landes entspricht«. Der Autor hielt es nun, im Jahre 1538, für »nötig und höchst nützlich, das besagte Land neu zu porträtieren und zu kartographieren«.[2] Unter den drei Legenden ordnete van der Beke sein flaggengeschmücktes Flandern geographisch neu, und zwar so, dass die fürstliche Würde und die bürgerliche Macht widergespiegelt wurden. Im Zentrum eines Netzes sternförmig ausstrahlender Flüsse erhoben sich die zahlreichen Türme, Spitzen und Giebel von Gent, während Antwerpen winzig klein am Rand der Karte klebte. Ostflandern hatte van der Beke mit gepunkteten Linien umrissen und in Großbuchstaben als Land »ONDER GHENT« bezeichnet. Wappenschilde und Flaggen quer über die ganze Karte unterstrichen die feudalen Privilegien und die Unabhängigkeit der Städte und Adelshäuser der Grafschaft. Es fiel auf, dass auf der Karte jegliche Widmung an den kaiserlichen Sohn der Stadt fehlte.

Ende 1538 brodelte es in Flandern. Nach dem Erscheinen der Karte folgte 1539 ein »Festival« für Drama und Poesie, das die älteste der vier »Rhetorikkammern« der Stadt veranstalten und so »Handel und Lebensunterhalt« in Gent fördern wollte.[3] Das Fest begann im April eigentlich ganz harmlos mit neunzehn Rhetorikkammern (fünfzehn aus Flandern und vier aus Brabant und dem Hennegau), die auf den Gebieten der didaktischen, komischen und romantischen Dichtung miteinander wetteiferten. Als das Festival im Juni mit den Moralitäten seinen Höhepunkt erreichte, forderten einige Rhetoriker ihr Publikum auf, über den Zusammenhang zwischen Glaube, Barmherzigkeit und Erlösung nachzudenken. Zeitgleich mit dem Festival zirkulierte eine neue lutherische Moralität mit dem Titel *Der Baum des Evangeliums*, die den Ablasshandel, den Ämterkauf, die Bilderverehrung und die Gier des Klerus nach Pfründen anprangerte. Nach Auffassung des Kanzlers von Brabant, Adolf van der Noot, waren die Stücke »voll der Sünde und der falschen Lehren und Versuchungen und traten für das Luthertum ein«.[4] Später schrieb Richard Clough, ein durchreisender Engländer, das Festival von 1539 »war eines der wichtigsten Ereignisse bei der Zerstörung der Stadt Gent«.[5]

Nach dem Festival eskalierte die Situation, als unter den Webern von Gent das Gerücht umging, gewisse Ratsmitglieder hätten im Stadtarchiv die Urkunde beiseite geschafft, die den Gentern das Recht einräumte, die Zahlung von Steuern zu verweigern. Ende August wurde Lieven Pyn, ein 75-jähriger ehemaliger Ratsherr, der des Verrats an den Bürgern beschuldigt wurde, hingerichtet. Andere folgten. Gents Adelige und Patrizier flohen aus der Stadt.

Im fernen Spanien hörte Karl V., dass sein habsburgisches Erbe zu zerfallen drohte. Karl war ein versierter Leser kartographischer Werke und könnte durchaus einen Abdruck von van der Bekes Vision eines unabhängigen Flandern zu sehen bekommen haben. Der Kaiser reagierte umgehend: Im November 1539 machte er sich auf den Weg in die Niederlande.

*

Dies war wohl der Zeitpunkt, an dem »gewisse Handelsherren« *(mercatores)* einen Plan aushecken, um den Zorn des Kaisers abzuwenden, und Gerhard Mercator damit beauftragten, van der Bekes Bild eines trotzigen, sich unabhängig gebärdenden Flandern zu korrigieren. Das Ersuchen der Kaufleute war »dringend«.[6]

Gerhard Mercator im Alter von zweiundsechzig Jahren auf einem Stich von Frans Hogenberg, 1574. Aus *Atlas sive cosmographicae meditationes de fabrica mundi et fabricati figura*, 1595.

Mercators Erdglobus von 1541.

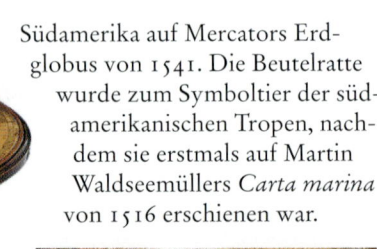

Südamerika auf Mercators Erdglobus von 1541. Die Beutelratte wurde zum Symboltier der südamerikanischen Tropen, nachdem sie erstmals auf Martin Waldseemüllers *Carta marina* von 1516 erschienen war.

Mercators Himmelsglobus von 1551.

Die südliche Konstellation Centaurus auf Mercators Himmelsglobus von 1551.

Ein Zeitgenosse Mercators, Pieter Bruegel (ca. 1525–69) zeigte einige Globen auf seinem Gemälde, das über einhundert flämische Sprichwörter darstellte. An der Mauer des Gasthauses symbolisiert ein umgekehrter Globus die auf den Kopf gestellte, chaotische Welt des 16. Jahrhunderts – der Narr scheißt auf die Welt. Zur Rechten ist ein Mann zu sehen, der die Welt auf seinem Finger tanzen lässt. Gleich darüber Gottes Weltkugel im Schoße Christi, der von einem Heuchler mit einem falschen Bart maskiert wird. Am unteren Bildrand rollt ein Mann einen vierten, größeren Globus; der Mann muss sich winden, um seinen Weg in der Welt zu finden. Die fehlenden Ziegel auf dem Dach des Gasthauses verweisen auf das Sprichwort »Wände haben Ohren«. Zu jener Zeit konnte eine indiskrete Äußerung zu Verhaftung und Hinrichtung führen. Pieter Bruegel, *Flämische Sprichwörter*, 1559.

Universalis tabula iuxta Ptolemeum, Köln, 1578. Die Weltkarte aus Mercators Ausgabe der *Geographie* des Ptolemäus.

Vorangehende Doppelseite: *Nova et aucta orbis terrae descriptio ad usum navigantium emendate accomodata*, Duisburg, 1569. Mercators »Neue und erweiterte Darstellung der Welt, zum Gebrauch für die Schifffahrt verbessert und eingerichtet« war eine Weltkarte mit einem geradlinigen Netz von Längen- und Breitengraden – eine Darstellung, die später als »Mercator-Projektion« bezeichnet wurde.

Asiae XII Tab, Köln, 1578. Die Insel Taprobana in Mercators Ausgabe der *Geographie* des Ptolemäus. Man beachte die Figur des Kartenstechers, der rechts auf der Kartusche sitzt.

Gerhard Mercator und Jodocus Hondius, *Atlas sive cosmographicae meditationes de fabrica mundi et fabricati figura*, 1619. Der Amsterdamer Kartograph Hondius (1563–1611), der 1604 die Kupferdruckplatten für Mercators *Atlas* kaufte, wollte Mercators Ruhm erben, indem er sich auf einem Doppelporträt in fruchtbarer Zusammenarbeit mit Mercator darstellte, der allerdings bereits seit 1594 tot war.

Zu diesen einflussreichen Kaufleuten zählten wahrscheinlich auch der Löwener Buchhändler Barthelémi de Grave, Pieter de Keysere, der Verleger der illoyalen Karte van der Bekes, und Karel Utenhove, seit 1539 Ratsherr und ein eifriger Reformer.[7] Utenhove war sicher einer der einflussreichsten Rebellen. Sie alle hatten erkannt, dass ihrem Gewerbe und Leben wohl bessere Zukunftsaussichten beschieden wären, wenn sie den Druck einer neuen Karte förderten, die Flandern wieder als treuen Untertan eines zentralisierten Reiches darstellte. Zu dieser Ansicht neigte auch Mercator. Als Wahlflame hatte er keinerlei Verlangen, Flandern dem beschützenden Arm der Habsburger entrissen zu sehen.

Mercator reagierte dementsprechend »mit Begeisterung« auf das Ersuchen.[8] Ebenso begeistert war anscheinend auch der Vermesser Jacob van Deventer, der Flandern im Rahmen seines Programms zur Erstellung regionaler Karten für die gesamten Niederlande bereits vermessen hatte.[9] Van Deventer war führend in der Anwendung der Triangulation und verfügte damit über das mathematische Wissen, das notwendig war, um die erste wirklich präzise Karte der Niederlande anzufertigen. Mercator wiederum konnte diesen Auftrag auch als Gelegenheit betrachten, als Erster eine mittels Triangulation vermessene Regionalkarte in Kupfer zu stechen. Auch die Regierung in Brüssel musste hinter der neuen Karte gestanden haben. Von der vierjährigen Konzession für van der Bekes Karte waren erst ein oder zwei Jahre verstrichen, und Mercator brauchte und erhielt die Genehmigung des Hofes, um gegen die Lizenz zu verstoßen – vielleicht durch den Einfluss des Kanzlers Granvelle.

Mercator arbeitete schnell.[10] Van Deventer hatte bei seinen Vermessungen wahrscheinlich eine provisorische Karte erstellt. Mercator musste nur van Deventers geographische Merkmale nachzeichnen und sich dann bei van der Beke beschreibende Details beschaffen.[11] Er ließ Flandern nach den Grundsätzen der Reichspolitik systematisch neu erstehen. Die neunundachtzig Fahnen und Wappenschilder, die bei van der Beke trotzig neben den privilegierten Städten und Festungen geprangt hatten, wurden eingezogen und als historische Dekoration an die seitlichen Kartenränder verbannt. Am oberen und unteren Rand wurde die Karte von runden Medaillons geschmückt, in denen die Grafen Flanderns – von Bauduin mit dem eisernen Arm bis zum aktuellen Amtsinhaber, Kaiser Karl V. – aufgeführt waren. In jedem der Medaillons nannte Mercator den Namen, die Dauer der Regierungszeit und das Sterbedatum eines jeden Grafen.[12]

Mercator korrigierte auch van der Bekes Ausrichtung. Der Genter hatte Flandern so dargestellt, dass Südost oben lag. Dies ließ sich vielleicht damit erklären, dass er die Grafschaft auf seinen vier Holzblöcken unterbringen musste oder dass er das Meer als symmetrischen Wasserstreifen parallel zum Unterrand der Karte abbilden wollte. Mit seiner seltsamen Ausrichtung hatte van der Beke aber eine alte Verbindung zwischen Flandern und England wiederhergestellt. Er verschob England nach Osten, und so lag Dover plötzlich so nahe an dem flämischen Hafen Grevelinghe wie Antwerpen bei Mecheln. In Wirklichkeit befindet sich England nicht einmal annähernd dort, wo van der Beke es auf seiner Karte eingezeichnet hatte, ja im Grunde war es unmöglich, auch nur einen Teil Englands auf einer Karte abzubilden, die Flandern nach einer ptolemäischen Nord-Süd-Ausrichtung darstellte, denn das Land lag viel näher bei Frankreich als bei Flandern. Mercator jedenfalls drehte Flandern. Weil sich die Grundkoordinaten seiner Karte nach den Winkeln und Entfernungen richteten, die mittels Triangulation gemessen worden waren, neigte sich seine Flandernkarte um 9 Grad nach Westen. Dass auch hier wieder diese Diskrepanz zwischen magnetischem Nordpol und »wahrem« Nordpol auftrat, erneuerte Mercators Interesse an der Lage des magnetischen Pols. Dank van Deventers Vermessungen konnte der Kartenmacher auch mit beinahe unglaublicher Genauigkeit etwa eintausend flämische Orte einzeichnen, zweihundert mehr als van der Beke.[13] Mit der korrekten Ausrichtung und der präzisen Lokalisierung verlor Flandern allerdings wieder die Sicht auf seinen alten Verbündeten von der Insel.

Durch wiederholte Hinweise auf van der Bekes fragwürdiges Flandern erinnerte Mercator seine Leser daran, dass die neue Karte keine wahlweise zu verwendende, sondern die einzig legitime Fassung sei. An einigen Stellen erschienen (wie etwa Loo PM, Dorceel AF oder Berghen AM AF) auch van der Bekes Buchstabencodes, A und P (für Abteien und Prioreien) sowie M und F (für Glaubensgemeinschaften für Männer und Frauen). Die vier wilden Bären als Symbole der vier alten flämischen Herrschaftsgebiete wurden ebenso von van der Bekes Karte übernommen wie die Militärvignette an der südwestlichen Grenze.

Mercator korrigierte auch van der Bekes Schreibweise von Ortsnamen – vermutlich nach den Informationen, die van Deventer geliefert hatte. Auch verschiedene Vignetten wie vereinzelte Windmühlen und Brücken sowie Binnengrenzen dürften von van Deventer angeregt worden sein. Die zwei Schiffe und die beiden Kompasse, von denen sich die Linien der Himmelsrichtungen strahlenförmig über die Entfernungsskala der Karte ausdehnten, kopierte Mercator wahrscheinlich von Olaus Magnus' Nordlandkarte aus dem Jahre 1539. Und er konnte es sich nicht verkneifen, van der Bekes Rupelmonde zu verbessern: Anstelle des klapprigen Schlosses und der zwei Türme auf der Karte des Genters zeichnete Mercator die Türme und Dächer von Schloss und Stadt mit einer Detailgenauigkeit, wie er sie noch auf keine andere Stadt von ähnlicher Größe verwendet hatte.

Glaubt man Mercators Freund Walter Ghim, »plante, erfasste und... vollendete« er die Karte »in einem kurzen Zeitraum«. Sie wurde auf neun Kupferplatten gestochen und war deutlich größer als van der Bekes Holzschnitt von vier Druckstöcken.[14]

Am Fuß der Karte schrieb er seinen Namen in Sekretärsschrift auf ein Plakat, das an einem zersplitterten Baum hing. Auch dies war ein Verweis auf van der Beke, der seine Karte mit gespaltenen Bäumen übersät hatte – als Aufhänger für seine

Wappenschilde. Doch Mercator könnte auch *Den Baum des Evangeliums* zersplittert haben, jene lutherische Moralität, die mit ihrer Kritik an der Kirche und ihrem irritierenden Widerhall bei »deutschen Doktoren« den Brand mit entfacht hatte. Vielleicht spielte er auch auf den veredelten Baum an, dessen Zweige – dem Apostel Paulus zufolge – »herausgebrochen wurden, weil sie nicht glaubten«.[15]

Ein Teil der neuen Karte blieb indes leer, als sich der Kaiser bereits dem glücklosen Gent näherte. Mercator hatte einen quadratischen Rahmen gestochen, in dem eigentlich ein Textfeld untergebracht werden sollte, doch er und vermutlich auch die geheimnisvollen »Handelsherren« hatten sich nicht entschließen können, den Wortlaut in das Kupfer zu stechen. Da die unmittelbare Zukunft Flanderns so ungewiss war, entschieden sie sich wohl zu warten, bis die Karte gedruckt war, und beabsichtigten, später nachgedruckte Zettel in das Feld zu kleben. Auf diese Weise konnte der Wortlaut des Textes ganz auf das Ergebnis des Kaiserbesuches abgestimmt werden.[16]

Um jeden Zweifel an der Loyalität derer, die hinter diesem reichstreuen Abbild Flanderns standen, auszuräumen, stach Mercator eine übertrieben verschnörkelte Widmung an den Kaiser. Allein, auch wenn Kaiser Karl ein Exemplar der Karte übergeben wurde, so hatte dieses Geschenk doch keinen merklichen Einfluss auf das, was der Kaiser mit Gent vorhatte – und das war schrecklich genug.

Karl V. ritt am 14. Februar 1540 in die Stadt ein. Begleitet wurde er von Königin Maria, dem päpstlichen Legaten, einigen auserwählten Fürsten, Edelleuten und Botschaftern sowie fünftausend deutschen Landsknechten. Der Tross brauchte fünf Stunden, um die Stadttore zu passieren. Dreizehn Genter Rädelsführer wurden gleich enthauptet. Richter, Honoratioren, sechs Vertreter jeder Zunft und fünfzig Bürger mussten barfuß, in schwarzer Robe und mit Stricken um den Hals vom Gerichtshof zum Schloss marschieren. Vor dem Schloss fielen sie auf die Knie und flehten um Gnade. Die Stadt Gent wurde des Verrats, des

Ungehorsams und des Widerstands für schuldig befunden; all ihre Rechte und Privilegien wurden widerrufen, all ihre Reichtümer beschlagnahmt und sämtliche Waffen und Munition eingezogen. Fortan sollten alle städtischen Posten nicht durch gewählte, sondern durch ernannte Amtsinhaber besetzt werden. Die große Abtei St. Bavo und das gesamte umliegende Viertel wurden niedergerissen, um Platz für eine neue Zitadelle zu schaffen. Die beflaggte Metropole im Mittelpunkt der Karte van der Bekes, die ohnehin nur noch ein Schatten ihre einstigen Größe war, wurde durch den Vernichtungsschlag des Kaisers zu einem der vielen kleinen urbanen Punkte reduziert, die Mercator dargestellt hatte.

*

Nachdem Flandern und Gent solcherart wieder in das Kaiserreich eingefügt worden waren, kehrte Mercator zu seiner großen Aufgabe zurück – der kartographischen Darstellung der Welt nach einzelnen Regionen. Im Sommer 1540 war er fast so weit, die vorläufigen Konturen der Europakarte – bis auf Spanien – abzuschließen. Der nächste Schritt bestand darin, die Umrisslinien auf Kupferplatten zu übertragen, eine Aufgabe, die nach seiner Schätzung »mindestens ein Jahr« in Anspruch nehmen würde.[17] Allerdings hätte er wissen müssen, dass ein Jahr viel zu wenig für diese Aufgabe war. Hier trat ein Charakterzug zu Tage, der ihm bis zu seinem Tode erhalten bleiben sollte. Der Schustersohn aus Rupelmonde zeichnete sich durch konsequentes Streben nach Erfolg aus und versuchte gleichzeitig, es allen recht zu machen. Noch nie hatte jemand die erweiterte nach-ptolemäische Welt nach einzelnen Regionen kartographiert. Nur in einzelne Teile zerlegt wurde das Ganze möglich, doch selbst die erste Region, Europa, schien sich immer wieder wie eine Fata Morgana am Horizont des Möglichen aufzulösen.

Unterdessen mussten Kinder ernährt und deswegen weitere Instrumente gebaut werden. Barbara hatte abermals ein Kind zur Welt gebracht, ein Mädchen, das sie auf den Namen Dorothea tauften. Mercator war stets knapp bei Kasse, setzte sich selbst unter Zeitdruck und war ganz auf sich gestellt; es kostete ihn große Mühe, an seiner kühnen Phantasie festzuhalten.

Im August 1540 beendete Mercator schließlich die Arbeit an einem Instrument für seinen alten Kommilitonen Antoine Perronet. In dem Brief, den er dem neuen *calvariam* beilegte, gestand Mercator, dass das Projekt länger gedauert habe als erwartet.[18] Zu der »übermäßig langen« Verzögerung sei es gekommen, weil er »gezwungen war, die Werkstätten verschiedener Leute aufzusuchen«, »knapp an allem« war und »häufig durch andere Beschäftigungen abgelenkt wurde«.[19]

Mercator sah nun wohl ein, dass die Europakarte viel mehr Zeit beanspruchen würde, und schilderte Perronet, dass er ein einträglicheres Projekt in Angriff genommen habe: »Ich konzentriere mich ganz auf die *spherica geographia*«, schrieb er, »damit meine häuslichen finanziellen Verpflichtungen abgedeckt sind. Ich habe beschlossen«, fuhr Mercator fort, »einen Erdglobus herauszubringen.«[20] Der Globus solle detaillierter und aktueller sein als jeder bisherige und werde bereits von höheren Stellen unterstützt. Zu diesen zählten wohl Perronets alter Lehrer, Adrien Amerot, und Gui Morillon, ein kaiserlicher Sekretär, der kurz zuvor von Spanien nach Löwen gezogen war. Mercators geplanter Globus fand also Förderer im engsten Umfeld des Kaisers: »Sekretär Morillon und Adrianus Amerocius sind ausgesprochen angetan«, schrieb er, »und drängen auf die Ausführung.« Der Brief schloss mit einer für Mercator typischen Fehleinschätzung des für den Bau eines solchen Globus erforderlichen Zeitaufwands: »Ich hoffe, diese Arbeit mühelos in drei Monaten abzuschließen«, meinte er. »Danach werde ich mich vollständig auf Europa konzentrieren, bis diese Publikation vollendet ist.«

12

Das Handbuch der Kursivschrift

Mercator befand sich mitten in der Arbeit an dem neuen Globus, als er kurzfristig ein weiteres kommerzielles Projekt übernahm. Diesmal war es ein Buch, ein kleines Handbuch von nur siebenundzwanzig Blättern, das aber eine große Wirkung erzielen sollte, denn es machte die von Mercator praktizierte Kursivschrift zur Standardform der Kartenbeschriftung.

Mit dem 1540 oder 1541[1] erschienenen Buch *Literarum latinarum, quas italicas, cursoriasque vocat, scribendaru ratio* (Wie man die lateinischen Lettern schreibt, die auch italisch oder kursiv genannt werden) wurde die Bezeichnung »*italicas*« in den Niederlanden überhaupt erst eingeführt.[2] Schon knapp dreißig Jahre zuvor hatte zwar Sigismondo dei Fanti einen auf der Kanzleischrift beruhenden Schreibstil als *italicus* bezeichnet.[3] Doch Mercator war der Erste, der den Begriff *italicas* in einem Buchtitel verwendete. Damit bestätigte er die wachsende Bedeutung dieser Schrift für die Kartographie.

Einiges spricht dafür, dass die Idee zu dem Schreibhandbuch von einem Drucker stammte, der mit Mercator einen nordeuropäischen Autor gefunden zu haben glaubte, der den Wert der Kursivschrift mit zwei Globen und drei Karten unter Beweis gestellt hatte und der es mit den italienischen Meistern der Kursivschrift – Arrighi, Tagliente und da Carpi – aufzunehmen versprach.

Bei diesem scharfsichtigen Drucker dürfte es sich um Bartholomeus Gravius gehandelt haben, einen der drei »Handelsherren«, deren Identitäten Mercator auf seiner Karte Flanderns sorgfältig verschleiert hatte. Denn 1540, als Mercators Flandernkarte erschien, hatte sich Gravius mit dem Drucker Rutgerus Rescius zusammengetan.

Rescius stammte aus dem Flussstädtchen Maaseik, unweit von Mercators alter Heimat Gangelt. Nach Studienjahren in Paris schrieb sich Rescius 1515 an der Universität von Löwen ein, wo er bei dem Drucker Dirk Martens lebte und arbeitete und zugleich den Lehrstuhl für Griechisch am neuen Collegium Trilingue übernahm. Er war in einen endlosen Disput mit der Universität verstrickt, die der Meinung war, sein Privatleben, seine Druckertätigkeit und seine prekäre Finanzsituation beeinträchtigten seine Verpflichtungen gegenüber dem Kolleg. Dieser Rescius gründete 1529, nachdem Martens in den Ruhestand getreten war, eine eigene Druckpresse.

Mercators Motive waren sowohl finanzieller wie auch humanistischer Art. Der Markt war begierig, und dies war das erste Handbuch zur Kursivschrift im nördlichen Europa. Für Mercator waren Flüssigkeit und Gliederung auf dem Schreibblatt ebenso entscheidend wie Farbe und Perspektive auf der Leinwand. Die geschriebene Zeile verband die Vorstellung des Lesers mit der Absicht des Autors. Der Wert eines Textes verdankte sich zwar seiner inhaltlichen Bedeutung, doch seine *Wirkung* bemaß sich auch an seiner gestalterischen Klarheit und Eleganz. Immer mehr Humanisten betrachteten deshalb das kursive Latein als die Sprache des Wissens.

Anders als Arrighi und Tagliente, die ihre Handbücher in der Landessprache geschrieben hatten, verfasste Mercator seine Schrift in Latein und sprach damit direkt die Gelehrten an – die Mathematiker, Astronomen, Kartographen, Botaniker und Anatomen –, deren wissenschaftliche Forschungen durch die Klarheit, Dichte und Eleganz der Kursivschrift besser zur Geltung kamen. Er hegte nicht die Absicht, jeden versierten Schreiber zur Kursivschrift zu bekehren. Die Kursivschrift eignete sich zwar in idealer Weise für offizielle und illustrative Arbeiten; beim alltäglichen, privaten Schreiben war sie jedoch unnötig. Mercator selbst kritzelte seine Notizen und inoffiziellen Mitteilungen in der Sekretärshandschrift hin, während die Adressen auf seinen Briefen oft in exakten Kursiven geschrieben waren.

Für Rescius war das Buch eine Billigproduktion. Um Geld zu sparen, wurden die Seiten nicht von Kupferplatten, sondern von Holzstöcken gedruckt, die Mercator selbst schnitt. Die Einleitung und gelegentliche Einfügungen, die eine kleinere Schrift erforderten, wurden mit einer neuen Kursivtype gedruckt, die Rescius kurz zuvor aus Köln bezogen hatte.[4] Sigismondo dei Fanti hatte 1514 behauptet, es sei unmöglich, Kursiva fehlerlos in Holz zu schneiden.[5] Der große Arrighi hatte seine Holzschnitte von anderen fertigen lassen. Mercators holzgeschnittene Kursivschrift war jedoch elegant und makellos ausgeführt. Damit der groß gedruckte Text des Schönschreibheftes gut zur Geltung kam, wurden auf jeder Seite nur siebzehn Zeilen untergebracht; und jede Zeile wurde zentriert, sodass alle Buchseiten symmetrisch gestaltet waren.

Mercator eröffnete seine kurze Einleitung mit einem leisen Tadel gegen die »krittelnden Gegner« der Kursivschrift, jene alten Verfechter der gotischen und karolingischen Minuskeln, die die neue italienische Schrift für »simpel« und »unnötig« hielten. Sie mochten sie verurteilen, so Mercator, doch sie irrten sich, wenn sie »die Kunst der Kursivschrift« als »etwas von geringem oder rein dekorativem Wert« abtaten. Aus diesen maßvoll formulierten Zeilen war wieder Mercators versöhnliches Wesen herauszulesen. Er war ein Autor, der seinen Standpunkt nicht mit offenem Angriff, sondern mit feiner Abgrenzung verteidigte; seine taktischen Formulierungen verrieten Respekt gegenüber seinen Kritikern.

Danach folgte die Aufforderung, sich zu »überlegen, wie unehrlich es für einen König ist, seinen Purpur abzulegen und im Bettelgewand umherzugehen, das seinem königlichen Rang unwürdig ist. Genau dies geschieht«, so Mercator weiter, »wenn die lateinische Sprache ihre eigentlichen Charakterzüge aufgibt und sich hinter griechischen oder gotischen Lettern versteckt. Die lateinische Sprache... hat eine eigene Schrift, die elegant, einfach zu schreiben und weit vorteilhafter ist als jede andere.«[6]

*

Literarum latinarum umfasste nur 2900 Wörter, doch jeder Satz war präzise formuliert und entsprach einem systematischen Aufbau. Das Manuskript des Buches war wiederholt überarbeitet worden. Mercator war weder Arrighi noch Tagliente gefolgt, sondern hatte Elemente von beiden entlehnt.

Das Buch umfasste sechs Kapitel. Die ersten beiden behandelten das Zurechtschneiden und Handhaben der Feder. Im dritten ging es um die Proportionen der kursiven Buchstaben. Das vierte erläuterte, wie man die einzelnen Buchstaben gestaltete, und das fünfte, wie man die Buchstaben miteinander verband. Im sechsten Kapitel wurden Großbuchstaben und dekorative Schnörkel vorgestellt. Jedes der sechs Kapitel begann mit einem Satz, der die Absicht des Kapitels erläuterte und den Leser weiter anspornte. Es klang alles sehr einfach: »Als Hilfsmittel braucht man für das Schreiben Zirkel, eine gerade Linie und eine Schreibfeder.« Mercator bewies das intuitive Geschick eines Lehrers, der um die Befangenheit des Anfängers weiß und bemüht ist, den Schüler nicht einzuschüchtern. »Wählt eine durchsichtige, mittelharte Feder. Ich sage ›durchsichtig‹, denn wenn sie weiße Flecken aufweist, ist es weniger leicht, sie richtig zu spalten. Von mittlerer Härte muss sie sein, denn wenn sie zu weich ist, gibt sie zu viel Tinte ab, und wenn sie zu hart ist, gibt sie gewöhnlich zu wenig...«

Mercator erklärte mit einer Sparsamkeit an Worten, die von der Fähigkeit des Autors zeugte, auch abstrakte Sachverhalte bei allen Begrenzungen der Grammatik und des Vokabulars zu vermitteln. Seine Darlegungen waren so prägnant, dass die Illustrationen eines *mala fissio* (eines schlechten Schnitts) und eines *bona fissio* (eines guten Schnitts) gar nicht unbedingt notwendig waren. In dieser Betonung der Hilfsmittel offenbarte Mercator die Haltung,

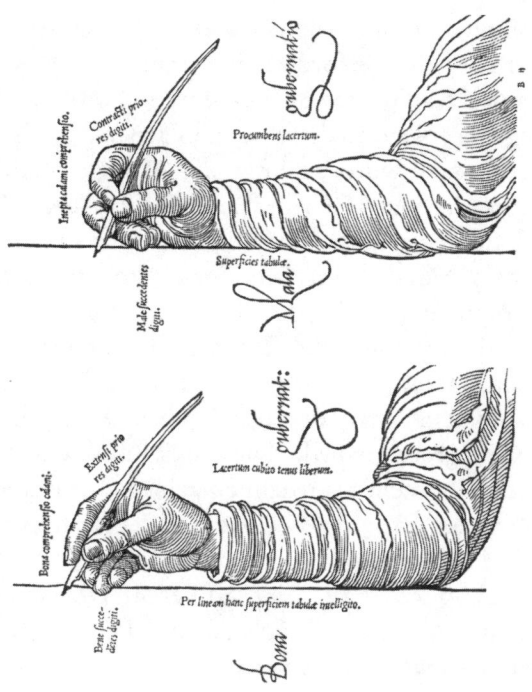

Oben die falsche und unten die richtige Methode, eine Schreibfeder zu halten; aus Mercators Handbuch der Kursivschrift, *Literarum latinarum*.

die er auch beim Kartenmachen einnahm. Perfektion erforderte solide Vorbereitung.

Im dritten Kapitel illustrierte der Autor mit Hilfe einer geometrischen Zeichnung, wie man ein quadratisches Feld in zwölf gleiche Streifen teilte – den Längenkreisen einer Karte nicht unähnlich. In dieses Feld zeichnete Mercator die drei elementaren Striche des Buchstaben Y, zwei von ihnen mit 3,75 Grad Abweichung von der Vertikalen und eine Diagonale aus der Hypotenuse eines umgekehrten, stumpfwinkligen Dreiecks. Das Prinzip – eine Schrift aus parallel stehenden Strichen zu gestalten, die etwas unter 5 Grad geneigt sind – war ganz einfach und wurde in seiner graphischen Darstellung klar veranschaulicht. Das Kapitel schloss mit Anweisungen für die sieben Grundstriche, die zum Schreiben des kursiven Alphabets erforderlich waren.

Im vorletzten Kapitel des Buches wurden Form und Inhalt der Abhandlung eins. Nach all den Seiten, in denen das Alphabet auseinander genommen wurde, schrieb der Autor plötzlich in Kursivschrift über die Kursivschrift. Die Wirkung beim Lesen war verblüffend, denn das Auge glitt nun ebenso frei über die Zeilen wie Mercators Hand beim Schreiben, die einem fließenden Rhythmus folgte und nur bei dem Wort »*immunis*« innehielt, um zu veranschaulichen, wie sieben Buchstaben miteinander verbunden werden konnten, ohne auch nur einmal die Feder abzusetzen.

Es war wohl kein Zufall, dass das Zeichen »&« an das Ende des letzten Kapitels gestellt wurde. Diesem Symbol wurden fast drei Seiten gewidmet – mehr als jedem einzelnen Buchstaben des Alphabets. Mercator hatte das sechste und letzte Kapitel offenen Fragen und »losen Enden« vorbehalten, insbesondere der Zähmung von Schnörkeln, die »mit größerem Überschwang ausschweifen« und sich um die Buchstaben außerhalb des Textkörpers kräuseln und winden können.

13

Ein Globus, so groß wie keiner zuvor

Knapp sechs Jahre waren vergangen, seit Mercator erstmals einen Grabstichel zur Hand genommen und sich der Kartographie verschrieben hatte. Er hatte Gemmas Erd- und Himmelsglobus gestochen, eine Karte des Heiligen Landes, eine Weltkarte und eine Regionalkarte gefertigt sowie eine unbekannte Zahl von Instrumenten gebaut. Und er hatte das erste Handbuch der Kursivschrift verfasst, das nördlich der Alpen erschien. In denselben sechs Jahren hatte Barbara zwei Söhne und zwei Töchter geboren (der jüngste Nachwuchs erhielt den Namen Bartholomäus) und für den Zusammenhalt der Familie gesorgt, während Mercator von früh bis spät arbeitete.

Als er nun die Arbeit an dem im August 1540 gegenüber Antoine Perronet angekündigten Globus wieder aufnahm, konnte er befriedigt zur Kenntnis nehmen, »dass die Produkte seiner Lehrzeit von den Experten allgemein gelobt wurden«.[1] Dieser Globus sollte einen Höhepunkt seiner Produktivität markieren.

*

Denn so schnell veränderte sich in jenen Jahren die Weltsicht, dass Gemmas vier Jahre alter Globus längst überholt war. Und seine zwei Jahre alte, herzförmige Weltkarte hielt Mercator für auf peinliche Weise antiquiert.[2] Nun fühlte sich der Kartenmacher verpflichtet, die geographische Darstellung des Planeten zu korrigieren.

Der Bau eines Globus erforderte eine Investition an Zeit und Geld, die nur dann gerechtfertigt war, wenn ein beträchtlicher Absatz zu erwarten war. Doch Mercator hatte wie erwähnt Gönner am Hof und konnte vermutlich auch auf die Unterstützung durch Buchhändler zählen. Dieser neue Globus sollte die neueste geographische Forschung, mathematische Präzision, höchste Kunstfertigkeit und eine kalligraphische Meisterleistung widerspiegeln.

Und er sollte umfassend sein. Über die Frage der Größe hatte Mercator gründlich nachgedacht. »Ich will überall mehr Orte einzeichnen als andere, denn ich will einen Globus bauen, der so groß ist wie keiner zuvor«; er fügte hinzu, dass dies gelingen müsse, ohne dass der Globus »aufgrund seiner übermäßigen Größe unhandlich wird«.[3] Bei der Suche nach einer optimalen Größe geriet er in eine Zwickmühle, die jedem Globenbauer vertraut war. Während ein Kartenmacher globale und regionale Räume leicht auf Karten mit kleinem und großem Maßstab verteilen konnte, musste der Globenbauer die gesamte Geographie der Erde in ein einziges Modell mit einheitlichem Maßstab pressen. Je mehr Informationen zugänglich wurden und je höher die Erwartungen der Interessenten waren, desto größer wurden auch die Durchmesser der Globen. Schöners Globus war größer gewesen als der von Waldseemüller, und Gemmas wiederum größer als der von Schöner. Die Größe von Globen war jedoch begrenzt. Die gedruckten Globen, die bekanntermaßen sehr zerbrechlich waren, mussten kompakt genug sein, um ohne Beschädigungsgefahr und übermäßig hohe Kosten transportiert werden zu können. Der Bequemlichkeit halber sollte ein Globus auch auf einem Schreibtisch Platz haben. Und da die Größe nicht mehr geändert werden konnte, sobald die Kupferplatten einmal gestochen waren, musste ein Standardmaßstab allen potenziellen Benutzern gerecht werden.

Zum Glück kam den Globenbauern die Mathematik zugute, denn es ist erstaunlich, aber wahr, dass eine relativ geringe Erweiterung des Durchmessers einer Kugel eine beträchtliche Vergrößerung ihrer Oberfläche ergibt. Mercator beschloss, die Größe seines neuen Globus so weit wie möglich auszuweiten. Er orientierte sich an der durchschnittlichen Größe eines Schreibtisches und an den Erfordernissen für einen sicheren Transport und entschied sich für einen Durchmesser, der nur knapp ein Achtel größer war als der von Gemmas Globus, wodurch er allerdings mehr als ein Viertel an Fläche gewann.[4] Dies sollte der größte und detaillierteste gedruckte Globus sein, der je gebaut wurde.

*

Seit dem Druck seiner Weltkarte vor zwei Jahren hatte Mercator in seinen »freien Stunden die alte Geographie mit der neuen verglichen« und war zu der Erkenntnis gelangt, dass die damals angenommenen kontinentalen Umrisslinien höchst fehlerhaft waren. Besonders problematisch schienen die südlichen Bereiche Asiens. »Je gründlicher ich alles durchsehe«, gestand er gegenüber Perronet, »desto mehr Fehler entdecke ich, in die wir verquickt sind.« Mit »wir« meinte Mercator wohl Gemma und sich selbst, denn die Fehler, auf die er jetzt stieß, waren für Gemmas Globus in Kupfer gestochen und von Mercator für seine Karte von 1538 kopiert worden. »Es scheint besonders irrig«, fuhr er fort, »Malakka für die Aurea Chersonesus zu halten...«[5]

Das Problem bestand in den Halbinseln. Es waren zu wenige, und sie lagen an den falschen Stellen. Laut Ptolemäus wies die Südküste Asiens zwei charakteristische Merkmale auf: die riesige Insel Taprobana und die birnenförmig endende Halbinsel Aurea Chersonesus – die Goldene Halbinsel. Taprobana war nunmehr durch die dreieckige Halbinsel Indiens ersetzt und die Goldene Halbinsel weiter nach Westen verschoben worden, sodass sie dem unlängst entdeckten Malakka entsprach. Inzwischen war eine dritte Halbinsel entstanden, indem man Ptolemäus' fernöstliche Landbrücke durchtrennte und aus dem Stumpf das Land der »Lequii« gemacht hatte. Gemmas Globus und Mercators Weltkarte hatten diese drei markanten Halbinseln dargestellt.

Mercator glaubte jedoch nicht mehr, dass Ptolemäus' Goldene Halbinsel nach Westen hätte verschoben werden sollen. Er war auch nicht mehr damit zufrieden, dass Gemma und später auch er selbst ein geschrumpftes Taprobana direkt neben Malakka angesiedelt hatten, obwohl Ptolemäus geschrieben hatte, die Insel liege viel weiter – »ungefähr 30 Grad« – von der Goldenen Halbinsel entfernt.

Das Problem war entstanden, weil sie versucht hatten, widersprüchliche Quellen in Einklang zu bringen. »Als wir, derart blind gemacht, versuchten, die unauflösbare Diskrepanz zwischen dem Alten und dem Neuen zu lösen, verwarfen wir zugleich die antiken und die neueren Beschreibungen; außerdem untergruben wir durch kleine Korrekturen die derzeitig bekannten Proportionen der Küsten wie auch die Erkenntnisse, welche die antiken Geographen mittels großer Anstrengungen gewonnen hatten.« Bei seinen Recherchen war Mercator auf eine Quelle gestoßen, die ihn von seinen und Gemmas Irrtümern überzeugt hatte. »Wie sehr wir uns in unserer Vorstellung des Fernen Osten täuschten, wird jedem hinreichend klar, der den Venezianer Marco Polo aufmerksam liest«, notierte Mercator.[6]

Marco Polo war bereits seit zweihundert Jahren tot, doch sein Reisebericht, *Divisament du Monde* (Beschreibung der Welt), hatte auch in nicht gedruckter Form als Manuskript eine weite Verbreitung gefunden. Mercator hatte die Reiseroute des venezianischen Kaufmanns sehr sorgfältig studiert. Aufgrund der detaillierten Entfernungsangaben und Beschreibungen in Marco Polos Schilderung seiner Seereise von »Mangi«[7] nach Indien war es nun möglich, die Goldene Halbinsel wieder an ihre alte ptolemäische Stelle zurückzuverlegen. Die Halbinsel, die Gemma und Mercator als die der »Lequii« bezeichnet hatten, war eindeutig Marco Polos Mangi. Im Westen der Goldenen Halbinsel lag die Halbinsel Malakka und westlich davon die Halbinsel Indien. Somit gab es vier – nicht drei – Halbinseln entlang der südlichen Küste Asiens.

Mercator beabsichtigte darüber hinaus auch »Korrekturen in Bezug auf... Scythia, die beiden Sarmatien, Scondia, Schottland, Island und die Inseln in der Deukaledonischen See, Madagaskar

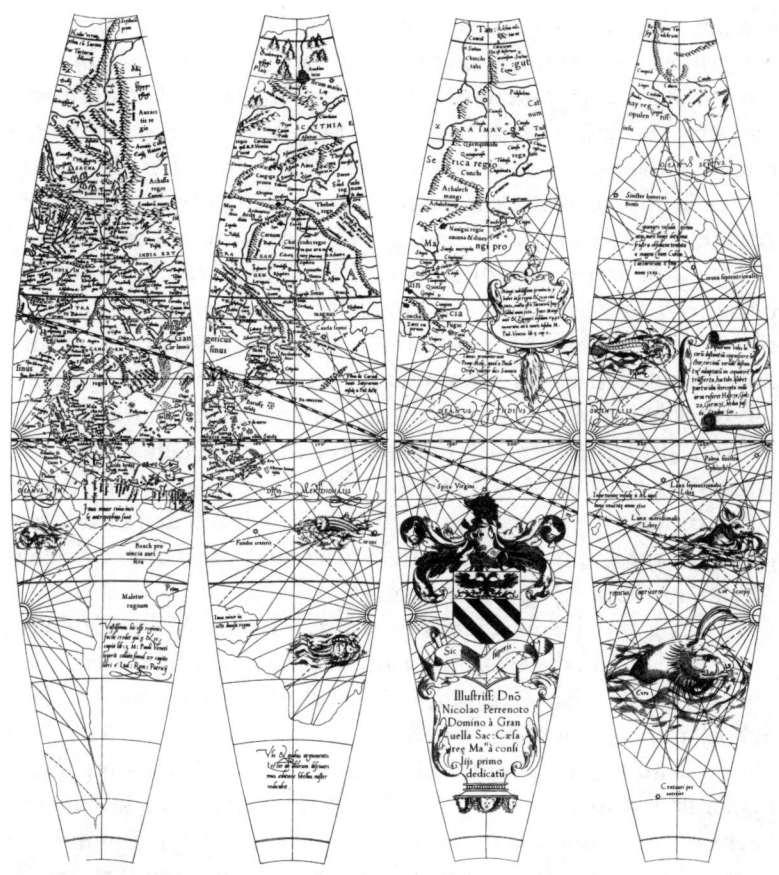

Ein Ausschnitt der Darstellung Asiens auf den Keilstücken, die Mercator für seinen prächtigen Globus von 1541 stach.

und viele umliegende Inseln und schließlich die untersten Teile Afrikas«. Das war noch nicht alles: »Was Amerika betrifft, werden wir die Art, wie die Küstenlinien bisher dargestellt wurden, nicht verändern, aber wir werden einige weitere Einzelheiten zum Landesinneren liefern.«[8]

Marco Polo erwies sich als fruchtbare Quelle. Mercator konnte den Reiseberichten des Venezianers einige Details über den riesigen antarktischen Kontinent entnehmen. Der neue Globus zeigte ein großes Polargebirge, das fast bis nach »Java maior« hinaufreichte. An dessen Spitze siedelte Mercator Marco Polos Provinz »Beach« an, und südlich von Beach platzierte er dessen gewürzreiches »Maletur«.[9] Mercator lieferte außerdem weitere Hinweise auf eine üppige Antarktis, indem er westlich von Beach Pedro Alvares Cabrals »Psitacorum regio« (Papageienland) ansiedelte.

Mercator war beeindruckt von Marco Polo. Das Werk des Venezianers lag noch nicht im Druck vor, doch andere Kartographen hatten bereits Abschriften seiner Manuskripte benutzt, um ihre Karten danach zu ändern. Der Löwener Globenbauer klammerte sich jedoch an Polo mit der Ehrerbietung eines Neubekehrten. In einer ausgeschmückten Kartusche neben Mangi verwies Mercator auf Marco Polos Schilderung eines verheerenden Angriffs auf »Zipangri« (das heutige Japan) durch den Großkhan im Jahre 1268 und die 7448 Inseln, die der Venezianer zwischen Mangi und Zipangri gezählt hatte.

In Bezug auf die nördliche Hemisphäre kamen Mercator Zweifel an Ptolemäus, die er bei der Anfertigung seiner Weltkarte noch zurückgesteckt hatte. Endlich verwarf er dessen abgeknicktes Schottland und richtete Britannien gerade, sodass der Meridian bei 15 Grad Ost eine Mittelachse von der Insel »Vicht« im Süden bis zu den »Orcades« im Norden bildete.[10] Mercator korrigierte auch das Mittelmeer des Ägypters, indem er dessen Spannweite von 62 Längengraden, die er bei seiner Weltkarte von 1538 noch übernommen hatte, auf 58,5 Grad reduzierte.

Auch im hohen Norden nahm er eine folgerichtige Änderung vor: Ohne dem Leser eine Erklärung zu liefern, riegelte Mercator die Nordwestpassage ab und eröffnete eine Nordostpassage. Damit gab er den Seefahrern insgeheim zu verstehen, dass der Weg nach Kathai (China) über die Nordspitze Skandinaviens führte und nicht durch die Amerikanische Meerenge, wie er auf seiner Karte von 1538 angedeutet hatte.

*

Der Globus bestach jedoch durch weit mehr als nur durch seine Größe und Aktualität. Das wohl innovativste Merkmal ergab sich aus Mercators wachsender Beschäftigung mit dem Magnetismus. In den drei Jahren, seit er Zieglers Holzschnittillustration gesehen hatte, interessierte er sich immer mehr für das Wesen und die Lage des Magnetpols sowie das Verhalten der Kompassnadel an verschiedenen Stellen der Erde. Damit war er in guter Gesellschaft, denn auch andere dachten in diese Richtung. Erst zwei Jahre zuvor hatte Olaus Magnus eine riesige Holzschnittwandkarte von Skandinavien herausgebracht, die *Carta marina*. Vor der Spitze Skandinaviens hatte der Schwede eine kleine Insel namens »Insula magnetus« platziert, von der man dachte, sie lenke die Kompassnadeln zu einem magnetischen Pol. Um zu unterstreichen, dass die Insel als zweiter Pol betrachtet werden müsse, hatte Magnus den geographischen Pol, »Polus Articus«, unmittelbar nördlich davon eingezeichnet. Mercator übernahm die Insel und deren Position bei seinem Globus und nannte sie »Magnetu insula«.

Das andere magnetische Merkmal, das auf dem Globus erschien, legte den Grundstein für Mercators späteren Ruhm. In Hunderten von Stunden, die er über den unterschiedlichsten Karten und Tabellen brütete, bestätigte sich die unglaubliche Unstimmigkeit geographischer Daten. Obwohl Mercator noch nie selbst auf See gewesen war, glaubte er, dass die Seefahrer von ihrem eigenen Kompass irregeführt wurden. Dies ließ sich mit Hilfe eines Globus und eines Kompass in kürzester Zeit demonstrieren: Legte man einen Kompasses auf die Oberfläche eines Globus und zeichnete die Linie einer konstanten Peilung – eine so genannte Loxodrome –, so zog sich diese Linie in einer Krümmung zu einem Pol; jede beliebige Loxodrome kreuzte die Längenkreise in gleich bleibendem Winkel und verlief daher in einer sanften Spirale Richtung Pol. Die meisten Seefahrer navigierten unter der falschen Annahme, dass sie bei einer konstanten Kompasspeilung auf einem geraden Kurs segelten. Die ungenauen Karten, die sie anlegten, spiegelten diese irrige Auffassung wider.

Besonders brennend war dieses Problem erst kurz zuvor für portugiesische Seefahrer geworden, deren ungeheuer lange Reisen über die gekrümmte Oberfläche der Erde immer schwerer auf einer flachen Karte nachzuzeichnen waren. Einige Kapitäne mussten auf der Rückfahrt von Brasilien nach Europa feststellen, dass sie die Azoren gegenüber ihren Berechnungen um nicht weniger als 70 Meilen verfehlten. Im Jahre 1537, kurz bevor Mercator anfing, über seinen neuen Globus nachzudenken, erklärte der königliche portugiesische Kosmograph Pedro Nuñez dieses Phänomen in seiner Abhandlung *Tratado da Sphera*.

Nuñez erläuterte den Zusammenhang zwischen Loxodromen und Meridianen so: Die kürzeste denkbare Strecke zwischen zwei Punkten auf der Erdoberfläche bildete einen »großen Kreis«; das bedeutete, dass ein direkter Kurs eine fortwährende Anpassung der Kompasspeilungen notwendig machte. Dem gegenüber stand die konstante Peilung, die für den Navigator weitaus einfacher war, aber eine längere, gebogene Route zur Folge hatte.

In genialer Voraussicht beschloss Mercator, auf seinem neuen Globus Loxodromen einzuzeichnen. Diese Linien verliefen in Spiralen auf die Pole zu, die sie allerdings nicht erreichten, und repräsentierten den hypothetischen Kurs eines Schiffes, das nach konstanter Kompasspeilung gesteuert wurde. Mercator war der Erste, der Loxodromen auf einen Globus stach.

Der nächste Schritt bestand darin, Loxodromen auf einer flachen Karte abzubilden, doch das erforderte eine neue Form der Projektion.

*

Der neue Globus mit seinen spiralförmigen Loxodromen, seiner radikal neuen Geographie und unzähligen Ortsnamen rief allgemeines Staunen hervor. Nicht nur war dies der größte Globus, der je gedruckt worden war; auch Mercators unübertreffliche kursive Beschriftung wies ein beinahe unglaubliches Maß an Verdichtung und Präzision auf. Seine Kleinbuchstaben waren so winzig, dass einige Leser eine Lupe brauchten; dennoch war jeder einzelne Buchstabe so vollkommen gestaltet, wie es Mercator in seinem Handbuch vorgeschrieben hatte. Wo sich einzelne Lettern für Schnörkel eigneten, stach Mercator mit der Spitze seines Grabstichels zierliche kleine Ausschmückungen. Unter dem Vergrößerungsglas kamen Flüsse, Seen und Gebirge zum Vorschein und erweckten beim Betrachter den Eindruck, unmittelbar an der Erforschung der Erde beteiligt zu sein.

Trotz all dieser ästhetischen Aspekte hatte Mercator seinen neuen Globus als Gebrauchsgegenstand gestaltet. Der stabile Horizontring, der den Globus einfasste, ruhte auf vier gedrechselten Holzbeinen, die in einem soliden Sockel verankert waren. Mit dieser Schutzvorrichtung konnte der Globus leicht per Schiff oder Karren befördert und im Haus oder am Hof herumgetragen werden.

Mercator widmete seinen neuen Globus dem bedeutendsten kaiserlichen Minister, Nicolas Perronet de Granvelle, der das Werk im Frühjahr 1541 in Empfang genommen haben dürfte.[11] Mit dieser Widmung hob Mercator auch seine eigene Rolle als wertvolle Kraft im Dienste des Hofes und loyaler Untertan hervor, der es mit dem kosmographischen Talent lutherischer Geographen wie Sebastian Münster aufnehmen konnte.

Der Kaiser hatte zwar seine Vision eines Weltreichs revidieren müssen, doch sein Bedarf an präzisen Instrumenten, Karten und Globen hatte keineswegs nachgelassen. Im Gegenteil: Für die Seefahrt, die Artillerie und die strategische Planung waren die neuesten Daten und Geräte erforderlich. Ein Globus war ein geopolitisches Instrument, das einzige Mittel, mit dessen Hilfe ein Kaiser wie Karl V. seine riesige, geographisch zerrissene Interessensphäre in Augenschein nehmen konnte. Der Herrscher aus Gent scheiterte zu dieser Zeit mit seinem letzten Versuch, zu einer Einigung mit den Lutheranern zu kommen. Im August zog Karl nach Italien und Spanien und begann seinen verheerenden Afrikafeldzug. Im November 1541 traf er wieder in Spanien ein, wo er seinen neunten und schlimmsten Gichtanfall erlitt und erfuhr, dass seine Einnahmen aus Amerika allmählich zurückgingen.

Vor dem Hintergrund dieser bedrohlichen Entwicklungen empfahl Kanzler Granvelle seinem Kaiser den Kartenmacher Mercator. Dieser begann in der Folgezeit, für Karl V. »zahlreiche mathematische Instrumente« zu bauen, darunter Himmels- und Erdgloben, einen Kompass und Quadranten sowie einen astronomischen Ring.[12] Die Kriegsführung war ein stark technisiertes Handwerk geworden. Statt frontaler Angriffe auf offenem Feld führte man nun taktische Gefechte, bei denen durch die Kenntnis und Analyse des Terrains Vorteile zu gewinnen waren.

Eine Großbestellung an komplizierten Instrumenten war ein Riesenauftrag für einen allein arbeitenden Handwerker. Für Mercator bedeutete dies auch, dass die Zeit der geborgten Werkzeuge vorbei war. Inzwischen war ein fünftes Kind zu ernähren, denn ein weiterer Junge, Rumold, war 1541 zur Welt gekommen. Nun konnte er zumindest auf ein gewisses Maß an finanzieller Sicherheit vertrauen. Sie sollte allerdings nicht lange währen.

14

Der Feind vor der Feste

Während der Kaiser in Spanien weilte, verfinsterte sich der Himmel über den Niederlanden. Die Küstenstädte wurden gegen Angriffe der Dänen befestigt. In den Grenzprovinzen Artois und Flandern gab es Streitigkeiten mit Frankreich, und Luxemburg drohte an den Herzog von Orleans zu fallen. Die größte Gefahr lauerte jedoch hinter 's-Hertogenbosch, jenseits der Flüsse, die Brabant gegen die leicht entzündliche Provinz Geldern sicherten, die mit den Türken gegen die Habsburger im Bunde stand. Als Herzog Karel von Geldern 1538 gestorben war, hatte er keinen Erben, und so fiel Geldern 1539 an den dreiundzwanzigjährigen Herzog Wilhelm V. von Kleve-Mark-Jülich-Berg. Wilhelm V. verstärkte die habsburgfeindliche Haltung, indem er Bündnisse mit den lutherischen Fürsten sowie mit Dänemark und Frankreich einging. Königin Maria von Ungarn, die Statthalterin der Niederlande, konnte also kaum überrascht sein, als Wilhelms Gelderländer über die Maas stürmten.

Unter dem Kommando des Schwarzen Maarten zog eine wilde Horde von insgesamt 16 000 Mann, unter ihnen zahlreiche Dänen und Schweden sowie sechshundert Reiter unter de Longueval, an dem stark bewehrten s'-Hertogenbosch vorbei, riss plündernd Dörfer und Windmühlen nieder und verwandelte ganz Nordbrabant in eine Feuersbrunst.

In Löwen fürchtete man bereits das Ende. Denn wenn der Schwarze Maarten Antwerpen und Gent verwüstete, konnte er sich leicht mit den französischen Truppen des Herzogs von Vendôme verbinden, die durch Flandern vorrückten. Dann wären die habsburgischen Niederlande gespalten. Königin Maria fürchtete, die Invasionstruppe könne sich unterwegs durch Lutheranhänger verstärken, und begann ihrerseits, Unzufriedene und Verdächtige zu verhaften, zu verhören, zu foltern und hinzurichten. Milizen wurden aufgestellt, und ihre Lehnsherren mussten Infanterie und leichte Kavallerie rekrutieren.

Als die Eindringlinge auf die unfertige Befestigung von Antwerpen vorrückten, eilte der Prinz von Oranien der Stadt zu Hilfe. Doch der Schwarze Maarten scheute nach einer erfolglosen Offensive vor einer zermürbenden Belagerung zurück und zog nach Südosten zu einem leichteren Ziel ab – Löwen. Die Stadt hatte zwar Kanonen, aber keine Kommandanten, und der Stadtrat schien unfähig, eine geschlossene Verteidigung zu organisieren. Da trommelte Damião de Góis, ein portugiesischer Dichter und Musiker, die Studenten von Löwen zusammen.

Am 21. Juli befahl der Rektor, dass jeder Student und Dozent, der ein Haus oder eine Wohnung in der Stadt besaß, auf den Wehrmauern Wache stehen solle. Einer der Einberufenen war Mercators Mentor, der hagere Medicus Gemma Frisius, der vier Tage lang auf dem Bollwerk nach Feuern Ausschau hielt, die das Herannahen des Schwarzen Maarten ankündigen würden.

Während die vorrückende Horde in Löwen Panik verbreitete, befahl Königin Maria dem Rat von Löwen, alle *scholares* über sechzehn aus Kleve, Berg, Mark und Jülich aufzufordern, das Reichsgebiet innerhalb von zwei Tagen zu verlassen – eine Maßnahme, die das Misstrauen der Regentin gegenüber der Gelehrtenschaft verriet. Mercator hatte die ersten sechs Jahre seines Lebens in Jülich verbracht; für ihn war Marias Erlass eine Bestätigung der im Habsburgerreich herrschenden Vorurteile. Wie so viele andere, die jenseits der Maas gelebt hatten, wurde er als Ausländer und verkappter Lutheraner abgestempelt.

Nur eine Woche später durften alle Studenten, deren Eltern um eine Evakuierung ihrer Kinder aus Löwen ersucht hatten, die

Stadt verlassen, ebenso jene, die dort keinen ständigen Wohnsitz hatten. In der Stadt blieben nur die fest Ansässigen und Freiwillige. Am 30. Juli ernannten die Studenten einen Befehlshaber: *capitaneus* de Góis.

Wachte Mercator neben Gemma auf den Mauern? Sicher hatte auch er an Flucht gedacht, aber Barbara stand vor der Entbindung ihres sechsten Kindes, Katherina. Und Mercator war durch seine wertvolle Sammlung von Werkzeugen, Kupferplatten, Büchern, Karten und diversen Utensilien gebunden. Er wusste besser als jeder andere, dass die Landstraße kaum sicherer war als Löwen.

*

Drei Tage nachdem de Góis zum Befehlshaber der Studententruppe ernannt worden war, stieß der Feind bis Löwen vor und schlug bei Ter Banck sein Lager auf. Beim Anblick der Horde des Schwarzen Maarten erkannten der Schultheiß von Brabant und die Hauptmänner der kurz zuvor eingetroffenen kaiserlichen Hilfstruppe, dass eine Verteidigung unmöglich war, und nahmen Verhandlungen mit dem Schwarzen Maarten und de Longueval über eine Kapitulation auf.

Doch Löwen sollte noch einmal davonkommen. Denn der Schwarze Maarten und de Longueval gelangten zu der Überzeugung, dass eine weitere Belagerung zwecklos sei, und zogen weiter, um sich mit der Truppe des Herzogs von Orleans zu vereinigen – nicht ohne jedoch zwei der Unterhändler, Damião de Góis und den Löwener Bürgermeister, Adrian de Blehen, zu verschleppen. Ein paar Tage nach ihrer Entführung trafen in Löwen Briefe der beiden Geiseln ein. Die Stadt könne ihren Studentenanführer und den Bürgermeister wiederhaben, wenn sie dem Schwarzen Maarten 70 000 Goldkronen übergab.

Nach dem Ende der Belagerung blieben die Studenten noch drei weitere Wochen bewaffnet und die Stadtmauern rund um die Uhr bewacht. Am 20. August zog um acht Uhr morgens eine

Dankprozession durch die Straßen, freilich fehlten die beiden verschleppten Helden der Belagerung.

*

Im September dürfte Mercator wieder bei seinen Karten und Instrumenten gesessen haben. Doch in Löwen ging noch immer die Angst um. Luxemburg war gefallen, und auch wenn der Kampfgeist der Franzosen erlahmt zu sein schien, konnte niemand sicher sein, wann der Schwarze Maarten zurückkehren würde, um sich für seine Schlappe zu rächen. Die gleichermaßen mittellosen und rückgratlosen Oberen der Stadt fingen an, sich über die Kosten der Belagerung zu zanken. Im Oktober 1542 beugte sich die Universität widerwillig dem Druck des Kaisers und steuerte Mittel zum Wiederaufbau der Stadtbefestigung bei. De Góis' Freunde waren empört und seine Frau war beunruhigt, als sich der Stadtrat und die Universität weigerten, die Lösegeldsumme für die beiden Geiseln zu bezahlen. Die maßgeblichen Stellen machten ihre Knappheit an Mitteln geltend und vertraten die Auffassung, de Góis und Blehen seien keine Helden, sondern Opfer ihres eigenen Leichtsinns – sie hätten sich gar nicht aus der Stadt entfernen dürfen.

Im Herbst 1541 drängten die Kommandeure Königin Marias auf einen Vergeltungsschlag gegen Herzog Wilhelm von Kleve. Im Oktober kämpften sich kaiserliche Truppen bis Jülich vor, und der Prinz von Oranien nahm Sittard ein, die Nachbarstadt des einstigen Heimatortes der Familie Kremer. Sittard wurde jedoch in kürzester Zeit vom Herzog von Kleve zurückerobert, ebenso Düren. Löwen kaufte endlich seinen Bürgermeister für 2000 Kronen frei, doch de Góis wurde in die Picardie verschleppt.

Plötzlich tauchte der Schwarze Maarten wieder auf. Mit Unterstützung des halsstarrigen Herzogs Wilhelm sorgte eine riesige, von den Franzosen finanzierte Truppe von Norden her erneut für Unruhe.

Am 1. Mai 1542 brach Karl im spanischen Palamós auf. Es war an der Zeit, dass das Habsburgerreich dem Gelderland endlich eine Lektion erteilte. Geldern war das letzte Stück im niederländischen Puzzle, das nicht den Habsburgern unterstand. Karl meinte, den abtrünnigen lutherischen Herzog Wilhelm nur bezwingen zu müssen, und schon würden in den dann wahrhaft vereinten Niederlanden wieder Frieden, Wohlstand und der Katholizismus Einzug halten.

Von Spanien segelte der Kaiser nach Italien, wo er in Pavia mit Granvelle zusammentraf, bevor er die Alpen überquerte. Unterwegs rekrutierte er ein Heer von 36 000 Spaniern, Italienern und Deutschen. Wilhelms Verbündete waren überzeugt, vernichtet zu werden, und verflüchtigten sich. Jülich, Düren und Roermond kapitulierten. Im September marschierte der vor Schreck erstarrte Herzog zu Fuß vor das Lager des Kaisers in Venlo und entsagte sowohl dem Herzogtum Geldern als auch dem lutherischen Glauben. Dafür durfte er seine ursprünglichen deutschen Herzogtümer behalten. Das ihm verbleibende Herzogtum Kleve-Jülich-Berg-Mark sollte den Schauplatz für Mercators zweite Lebenshälfte bilden.

*

In Löwen wurde die Nachricht von Herzog Wilhelms Demütigung mit Erleichterung und Besorgnis zugleich aufgenommen. Denn kaum war der Feind vor den Toren bezwungen, stürzten sich die Behörden auf den Feind im Inneren – die Ketzer.

Die Niederlande waren überschwemmt von lutherischen Druckwerken. Es zirkulierten bereits mehr als 2500 Drucke und Nachdrucke lutherischer Werke – Bibelübersetzungen gar nicht mitgerechnet. In den vorausgegangenen fünfundzwanzig Jahren waren dagegen kaum mehr als fünfhundert katholische Druckwerke erschienen. Und auf jeweils fünf Traktate Luthers kamen weitere vier von anderen protestantischen Autoren. Um 1545 waren nahezu sechs Millionen evangelische Traktate gedruckt worden, das bedeutete eine Schrift für jeden zweiten Einwohner des Heiligen Römischen Reiches![1]

Neue Glaubensgemeinschaften schossen wie Pilze aus dem Boden. Die schlimmsten Verfolgungen erlitten wohl die so genannten Anabaptisten, die Wiedertäufer, bei denen Erwachsene durch eine erneute Taufe in die göttliche Gemeinschaft aufgenommen wurden. Weil sie sich weigerten, Steuern zu zahlen und Militärdienst zu leisten, zogen sie sich einen Hass zu, wie er sonst nur Hochverrätern zuteil wurde.

In Mercators Umfeld fand eine dubiose Gruppierung um David Joris große Verbreitung. Joris hatte Visionen, in denen ihm die Welt zu Füßen lag. Der charismatische Mann trat für eine Spiritualität ein, die großen Spielraum für die eigene Interpretation zuließ – was ihm nicht nur immensen Zulauf sicherte, sondern auch die Verfolgung durch die Inquisition. Schon im Jahre 1538 war seine Mutter in Delft enthauptet worden, Frau und Tochter wurden verbannt und auf ihn selbst wurde ein Kopfgeld ausgesetzt. Im selben Jahr mussten siebenundzwanzig seiner Anhänger vor den Scharfrichter treten. In den letzten Jahren hatte sich Joris vor den Toren von Antwerpen versteckt gehalten und *t-Wonder-boek* geschrieben, die »Jorisische Bibel«, die 1542 in Deventer im Druck erschien.

Mercator selbst war von Natur aus vernünftig und gehörte nicht zu jenen Menschen, die von Sekten angezogen wurden, doch ihre Anwesenheit in und um Löwen nährte eine Paranoia, die bald auch ihn verschlingen sollte.

Neben den größeren Glaubensgemeinschaften gab es unzählige weitere freie Verbindungen, die zwischen reiner Neugier und offener Skepsis angesiedelt waren. In ganz Löwen hatten sich seit Jahren in Hinterzimmern und Schlafkammern Geheimbünde versammelt, die ihren Glauben zu erforschen trachteten. Wenn sie sich vor dem Zugriff der Obrigkeit sicher fühlten, lasen sie aus dem Neuen Testament und aus gedruckten Postillen und diskutierten über die Taufe, die Beichte, das Abendmahl und das Fegefeuer.

So hatte die verwitwete Antoinette van Roesmaels, die einer adeligen Magistratsfamilie entstammte, in ihrem Haus etliche Zusammenkünfte ausgerichtet. Auch der Wirt des Gasthauses Palmier, Jean Bosschverckere, hatte einige Evangelische aufgenommen und verköstigt. Unter jenen, die sich regelmäßig zu den Versammlungen stahlen, waren der Kürschnergeselle Josse van Ousberghen, Calleken (beziehungsweise Catherine) Sclercks und ihre verwitwete Schwester Betteken (Elisabeth), der Gerber Chrétien Broyaerts (ein Neffe von Antoinette van Roesmaels), der Töpfer Jacques Ghysels, der Schneider Laurent von der Bienstrate, der Strumpfwarenhändler Thierri Gheylaerts, der Kurzwarenhändler Jean Vicart von der Scipstrate und dessen Nachbar, der Buchhändler Jérôme Cloet. Viele von ihnen waren hoch gestellte Bürger der Stadt – Menschen, die Mercator gekannt haben musste. Vom Sohn des Herrn von Grembergen, Paul Roels, wusste man, dass er mit Lutheranern verkehrte, vor allem mit den Reformern Jean de Lasco, Albert Hardenberg und Jacques Enzinas aus Spanien, den er im Jahre 1540 einen Monat lang beherbergte. Jacques' Bruder Francisco, der in Wittenberg studiert hatte und als eifriger Anhänger Melanchthons galt, war unlängst in Brüssel verhaftet worden, weil er ohne Lizenz das Neue Testament aus dem Griechischen ins Spanische übersetzt hatte.[2]

Ebenso bekannt in Löwen war Jean Utenhove, dessen Halbbruder der Humanist, Dichter und einstige rebellische Bürgermeister von Gent, Karel Utenhove war. Wohlbekannt war auch Catherine Metsys, die Tochter von Joos Metsys, dem Uhrmacher, Bildhauer und Architekten, der den unglaublichen Plan hegte, den unvollendeten Turm von St. Peter zum größten Turm Europas auszubauen, Catherines Ehemann, der Bildhauer Jean Beyaerts, sowie ihr Onkel, der Maler Quentin Metsys, den die Humanisten vor allem deswegen kannten, weil er das erste Porträt des Erasmus von Rotterdam gemalt hatte. Auch Priester waren verwickelt. Paul de Roevere, Pieter Rythove und Mathieu van Rillaert waren in ketzerische Zellen verstrickt.

Die Gefahr für alle diese »Ketzer« wuchs beständig. Im Juli 1543 wurden in Löwen zwei ältere Frauen hingerichtet, die des Luthertums angeklagt waren. Sie wurden bei lebendigem Leibe begraben. Das weniger schwerwiegende Verbrechen der Gotteslästerung wurde mit einem glühenden Eisen durch die Zunge bestraft.

Und Mercator selbst? Er war wohl einer von vielen Humanisten, die insgeheim der Auffassung waren, dass der Glaube an Christus wichtiger sei als der kirchliche Ritus, dass die Evangelien als gemeinschaftliche Quelle spiritueller Anleitung zu lesen seien und dass im Dialog und Gottesdienst eine gewisse Versöhnung zwischen den gegnerischen religiösen Gruppierungen zu erzielen sei. Mercator strebte weniger nach Konfrontation als nach religiöser Harmonie. Seine Harmonisierung gegensätzlicher geographischer Daten war ein Ausdruck jener Kompromisse, die erforderlich waren, um das Christentum zu einen. Die gemäßigte Mitte konnte jedoch gefährlicher sein als die Extreme. Inmitten des theologischen Kreuzfeuers waren die vermittelnden Idealisten, die von den Katholiken und den Lutheranern gleichermaßen verachtet wurden, nicht weniger anfechtbar als die Anabaptisten. Dass Mercator bereits damals eigene Standpunkte entwickelte, steht außer Zweifel, doch es sollte noch Jahre dauern, bis er diese zu Papier brachte. Einstweilen beschränkte er sich auf diskrete Gespräche, Gebete, innere Einkehr, vielleicht auch Briefe, die durch Vertraute und Freunde zugestellt wurden.

*

Zwei Jahre Krieg hatten dafür gesorgt, dass Mercator wenig vorweisen konnte, seit er seinen Globus fertig gestellt hatte. Sein Auftrag, für den Kaiser Instrumente zu bauen, versprach zwar einige Sicherheit, doch die Belagerung und deren Folgen hatten ihn um den schöpferischen Antrieb gebracht. Und um sein Einkommen.

Bedauerlicherweise hatte er auf seinen Anteil am Erlös seines Handbuchs der Kursivschrift verzichtet. Nach dem Erfolg der ersten Auflage hatten Mercator und der habgierige Rescius die hölzernen Druckstöcke für *Literarum latinarum* an den Antwerpener Buchdrucker Jean Richard verkauft, der eine schlampige Zweitauflage herausbrachte, bei der obendrein die letzte Seite fehlte.[3] Immerhin bestellte Bartholomeus Gravius, der Partner des Rescius im Druckhaus Goldene Sonne, bei Mercator ein eigenes Druckeremblem, das er auf seinen Titelseiten verwenden wollte. Mercator entwarf eine Sonne mit 32 spitzen Strahlen, die an den Kompass mit ebenso vielen Zacken erinnerte, welchen er an den oberen Rand seiner Flandernkarte gestellt hatte, an der Gravius ebenfalls beteiligt gewesen war. In die Mitte platzierte er ein Jesuskind, das ein Kreuz trug. Die drei Zeilen Kursivschrift waren wie immer klar und elegant.

Etwa um dieselbe Zeit erhielt Mercator auch von dem Antwerpener Drucker Matthew Crom den Auftrag, einen kursiven Druckstock zu schneiden, den jener für seine Titelseiten verwenden konnte. Crom hatte seit 1537 ungefähr vierzig Bücher und Pamphlete gedruckt, und Mercator musste gewusst haben, dass darunter auch Ausgaben des lutherischen Neuen Testament auf Englisch und mindestens ein flämisches Werk waren, das bald den Zorn der Löwener Theologen auf sich ziehen sollte.

Dies waren jedoch unbedeutende Aufgaben. In der Folgezeit des Krieges betätigte sich Mercator sogar als Vermesser in Gent, wo der Prior von St. Bavo im Streit mit dem Abt von St. Peter lag. Gent erholte sich erst langsam von der Heimsuchung des Kaisers. Mercator könnte auch beim Bau der neuen Zitadelle auf dem Abrissgelände der Abtei St. Bavo mitgewirkt haben.

Im November 1543 wurde Mercator nach Brüssel gerufen. Dort traf er sich mit seinem alten Studienkollegen Antoine Perronet, der in jenem Mai in Valladolid zum Bischof von Arras geweiht worden war, und mit dem Erzbischof von Valenciennes, deren Bistümer an der Frontlinie zu Frankreich lagen.[4]

Bei dem Zusammentreffen kann es nur darum gegangen sein, Fragen der Grenzgeographie zu lösen. Arras und Valenciennes,

Mercator, wie er um die Zeit seiner Übersiedelung von Löwen nach Duisburg ausgesehen haben dürfte; Stich von Nicolas II de Larmessin (1654–94).

beides Orte mit mehr als 10 000 Einwohnern, waren die beiden wichtigsten Bevölkerungszentren im südlichen Teil der habsburgischen Niederlande und flankierten die französische Frontausbuchtung um Cambrai. Der Kaiser hatte allen Grund, diesem Grenzabschnitt sein Augenmerk zu schenken, denn Anfang des Monats hatte er sich vor Valenciennes eine Machtprobe mit der französischen Armee geliefert und den Franzosen Cambrai abgenommen. Die Grenze in dieser Gegend war von großer strategischer Bedeutung und machte deutlich, wie angreifbar Kaiser Karls V. Reich damals war.

Mercator war nicht minder angreifbar, auch wenn er sich dessen nicht bewusst gewesen sein dürfte. Hinter seiner klaren Welt der Kartographie lauerte ein trüber Sumpf der Intrigen, der Gerüchte und des Verrats. Für seine Privilegien war er dem Hof verpflichtet, in seiner Arbeit war er auf Gönner angewiesen und in seinem Glauben vertraute er ganz auf das Evangelium. Und so hatte auch Mercator seine Feinde.

15

Die ungerechteste Verfolgung

Ende 1543 begann ein langer, eisiger Winter, der die Erde zu Stein machte. Die Binnenmeere froren zu, die Lebensmittel wurden knapp, und die Holzpreise stiegen. Anfang Februar fror auch die Schelde bei Rupelmonde zu. Einer der vielen, die in jenem bitterkalten Winter starben, war Mercators Förderer und Vormund, sein Onkel Gisbert Kremer. Nach den Wirren des Krieges und den Arbeitsunterbrechungen war Gisberts Tod ein weiterer Schicksalsschlag. Doch es sollte noch schlimmer kommen.

*

Während der Ostwind die Niederlande versteinerte, schickte sich Königin Maria von Ungarn an, ihre Regentschaft von der Ketzerei zu reinigen. Löwen sollte radikal von den Lutheranern befreit werden. Eine Liste von Verdächtigen wurde zusammengestellt. Die Tatsache, dass noch immer Pierre Dufief, der dem Henker Tyndales das Zeichen gegeben hatte, Generalprokurator von Brabant war, verhieß nichts Gutes für jene, die auf der Liste standen.

Bis Februar 1544 hatte Dufief dreiundvierzig Namen aus Löwen, fünf aus Brüssel, sowie weitere aus anderen Städten vermerkt. Unter den Genannten befanden sich unter anderem die Witwe Antoinette van Roesmaels und deren Neffe Chrétien Broyaerts, Catherine Metsys und deren Ehemann Jean Beyaerts,

Paul Roels, die drei Priester Paul de Roevere, Pieter Rythove und Mathieu van Rillaert, der Kürschnergeselle van Ousberghen und dessen Meister, Louis van Malcote, der Buchhändler Cloet, der Töpfer Ghysels, der Glaser Gauthier, der Schneider Laurent, der Kurzwarenhändler Vicart, der Strumpfwarenhändler Gheylaerts, dessen Bruder Baudouin und seine Frau Marie, der Gastwirt Bosschverckere, die Schwestern Calleken und Betteken, die Brüder Paul und Jean Hersthals, der Stadtpfeifer André, der Maler Pieter, ein Mönch, eine Hebamme, ein Schuster, der Brunnenwärter von Groenendael – und Mercator. Er war als »Meester Gheert Scellekens« aufgeführt. Nach dem Namen war eine knappe Beschuldigung genannt: »*woenende achter den Augustynen. Minores Mechlinienses habent litteres suspectes*« (»wohnhaft hinter den Augustinern. Die Minoriten von Mecheln haben verdächtige Briefe [von ihm]«).[1] Mercator sollte der *»lutherye«* bezichtigt werden. Und er sollte Rechenschaft über seine »verdächtigen Briefe« an einen Mechelner Mönch ablegen. Handelte es sich dabei um Franciscus Monachus, der als erster Niederländer einen gedruckten Globus gebaut hatte?

*

Anfang Februar standen Dufiefs Männer bei Mercator vor der Tür, doch ihr Fang war verschwunden.[2] Vermutlich versuchte die verängstigte Barbara ihren unwillkommenen Besuchern zu erklären, dass Mercator an jenem Tag nach Rupelmonde hatte reisen müssen, um sich um die kleine Erbschaft zu kümmern, die sein kurz zuvor verstorbener Onkel hinterlassen hatte. Barbaras Geschichte erschien den Häschern verdächtig, und so wurde Mercator für »flüchtig« erklärt. Der Schultheiß des Waaslandes, Louis van Steelandt, erhielt den Befehl, ihn zu suchen und zu verhaften. Der Flüchtige wurde in Rupelmonde festgenommen und durch die Straßen, in denen er seine Jugend verbracht hatte, an die zugefrorene Schelde zu den düsteren Mauern der alten Burg geführt.

Das Schloss von Rupelmonde. Mercator wuchs in seinem Schatten auf und wurde in seinen Verliesen eingesperrt. Aus Sanderus, *Flandria illustrata*, 1641–44.

In der riesigen Burg von Rupelmonde mit ihren verfallenen Türmen und zahllosen Einschusslöchern war es dunkel, feucht und bitterkalt. In dem eisigen Dunkel eingeschlossen, muss sich Mercator gefragt haben, wer ihn wohl verraten hatte. Seit einem Jahrzehnt hatte er sich auf dünnem Eis bewegt. Vielleicht hatten die Löwener Theologen endlich durch den nebulösen Schleier geblickt, den Mercator so sorgsam über seine Stiche gelegt hatte. Es bestand kaum ein Zweifel, dass die Karte des Heiligen Landes bei Tapper und Latomus Verdacht geweckt hatte. Und die Karte in Form eines melanchthonschen Herzens dürfte diesen Verdacht noch bestärkt haben. Die Glaubenswächter erkannten in der Schrift *Literarum latinarum* sicher auch ein Symbol humanistischer Leichtfertigkeit, die – schlimmer noch – von einem der ältesten Widersacher der Universität gedruckt worden war.

Kaum hatte Barbara von der Verhaftung ihres Mannes gehört, wandte sie sich an den einen, der vielleicht imstande war, eine Freilassung zu erwirken. Pieter de Corte besaß als ehemaliger Rektor der Universität und als Priester von St. Peter keinen geringen Einfluss. De Corte verfasste sofort ein Leumundszeugnis für Mercator und verbürgte sich für dessen untadeligen Charakter und Glauben. Das Schreiben wurde an van Steelandt geschickt, der es an Königin Maria weiterleitete. De Corte gewann auch die Unterstützung von Pieter Was, dem Abt von St. Gertrudis in Löwen. Der Abt hatte als Hüter der Universitätsprivilegien die satzungsgemäße Pflicht, deren ehemalige Studenten zu schützen. Auch Was beteuerte gegenüber van Steelandt, Mercator sei unschuldig, und drohte dem Schultheiß sogar mit dem Gericht, falls er weiterhin Mercators Privilegien verletzte.

In einem Schreiben vom 19. Februar forderte Maria von Ungarn de Corte auf zu erklären, weshalb er einen Flüchtigen verteidige und woher er wisse, dass Mercator nicht der Ketzerei schuldig sei. In ihrem Brief betonte Maria zweimal, Mercators Abwesenheit sei ein Beweis für dessen Versuch, sich dem Gesetz zu entziehen. Am selben Tag schrieb Maria auch an Pieter Was und teilte ihm mit, Mercator habe durch seinen Versuch, der Verhaftung zu entgehen, das Privileg des Schutzes durch die Universität verwirkt. Die Regentin befahl dem Abt nicht nur, sich einer weiteren Einflussnahme auf van Steelandt zu enthalten, sondern drohte ihm auch mit gerichtlichen Maßnahmen. Jemand hatte sich in den Kopf gesetzt, Mercator auf dem Scheiterhaufen zu sehen.

*

Wie schrecklich die Situation war, ließ sich kaum verkennen. Dufief war keiner, der sich eine Beute streitig machen ließ. In seiner Zelle hatte Mercator genügend Zeit, sich an das Schicksal Tyndales und der verschiedenen anderen Opfer des Generalprokurators zu erinnern. Die Einzelheiten dieser Hinrichtungen waren wohlbekannt. Tyndales Zellentür war am frühen Morgen aufgesperrt worden. Er war über die kalte Steintreppe zum Burgtor geführt worden, wo sich eine große Menschenmenge, darunter so mancher Bürger Löwens, versammelt hatte. Auf einem Platz, der mit Barrikaden freigehalten wurde, hatte man ein großes Holzkreuz errichtet. Innerhalb des Rings saßen der Generalprokurator und seine Kommissare. Tyndale betete kurz und wurde dann an den Händen und Füßen an das Kreuz gebunden. Stroh, Reisig und Scheite wurden um ihn aufgeschichtet und mit Schießpulver bestreut.

Der Engländer dürfte noch gespürt haben, wie der Scharfrichter ihm von hinten das Hanfseil um den Hals legte. Vielleicht sah er noch, wie der Generalprokurator dem Henker das Zeichen gab, den Strick zuzuziehen. Tyndale starb durch Erwürgen. Als seiner verschnürten Luftröhre der letzte Atemzug entwichen war, reichte der Generalprokurator dem Henker eine Fackel.

*

Die Chancen, Mercator freizubekommen, standen immer schlechter. Vier Tage, nachdem Maria von Ungarn an de Corte geschrieben hatte, griff der Priester zur Feder und versuchte, die Regentin zu überzeugen, dass Mercator sich nicht abgesetzt habe, sondern in einer legitimen Angelegenheit unterwegs gewesen sei.

»Gerardi Mercatoris«, schrieb de Corte, »ist nicht aus der Stadt geflohen.« Der Kartograph, so der Priester, wurde des Öfteren fortgerufen, zuletzt nach Flandern wegen einer Erbschaft und davor zu einem Vermessungsauftrag, »um einen Streit zwischen dem Abt von St. Peter und dem Propst von St. Bavo in Gent beizulegen«. Als Mercator verhaftet werden sollte, kümmerte er sich gerade um den Nachlass seines Onkels, beteuerte de Corte. Schließlich versicherte er unter Berufung auf Gott, dass er niemals versucht hätte, Mercator zu entlasten, wenn er geglaubt hätte, jener sei von der Ketzerei angesteckt.[3]

*

Drei Wochen nach den Verhaftungen kursierten in Löwen die Namen der Opfer. Am 8. März schaltete sich die Universität selbst ein und schickte einen Brief mit entsprechenden Dokumenten an van Steelandt, mit der Bitte um Weiterleitung an Dufief, der sich eindeutig zu seinen Beschuldigungen äußern solle. Van Steelandt wurde ferner aufgefordert, die Antwort an Maria von Ungarn zu übermitteln, damit diese die Universitätsbehörden unterrichten könne.

Mercator sah sich mit zwei Anklagepunkten konfrontiert, dem der *lutherye* und dem des Arrestentzugs, wobei der zweite den ersten bestätigte. Seine Lage hätte nicht schlimmer sein können. Die anderen »Ketzer« waren auch nicht viel besser dran. Dass es mehrere Hinrichtungen geben musste, war für Dufief beschlossene Sache.

Der anfängliche Schrecken über seine Festnahme verwandelte sich allmählich in Angst und Wut über die Ungerechtigkeit seiner Einkerkerung. Er suchte Zuflucht in der Bibel, hatte er doch mehrere Gründe, am Leben zu bleiben – Barbara, seine Kinder und seine unvollendete *Geographie*.

Er war bereits mehr als drei Monate eingesperrt, als Maria von Ungarn van Steelandt anwies, das Kloster der Minoriten in Mecheln aufzusuchen und dem dortigen Prior einen Brief von ihr auszuhändigen, in dem dieser angewiesen wurde, als Beweis »gewisse Briefe« sicherzustellen, die Mercator angeblich einem der Mönche des Klosters geschickt hatte.[4] Die Korrespondenz sollte dem Schultheiß übergeben werden. Die Suche förderte keine Briefe zutage.

Auch die Verhöre der anderen Ketzer ergaben keine belastenden Verbindungen zu Mercator. Um nicht gefoltert zu werden, gestand Catherine Metsys, »einige Male« bei Antoinette van Roesmaels gewesen zu sein, und nannte die Namen derer, die sie dort gesehen hatte. Manchmal seien es vier, manchmal fünf gewesen, und es habe »häufig Lesungen« gegeben, »zuweilen aus der Bibel, zuweilen aus den Postillen«. Sie nannte jene, die gelesen hatten, und gestand, selbst darunter gewesen zu sein. Sie bestritt, dass bei den Zusammenkünften über die Taufe gesprochen worden sei, räumte aber ein, dass das Abendmahl Thema gewesen sei. Sie gab zu, der Ansicht zu sein, der Leib Christi sei nicht in der Hostie gegenwärtig und das Sakrament diene lediglich dem Angedenken. An ein Fegefeuer glaube sie nicht. Und schließlich schilderte sie die »große Schandtat«, die »unter den Glocken von St. Peter« verübt worden war, wo ihr Mann aus einem Altar des Heiligen Jakob »eine kleine Tafel mit der Darstellung des Fegefeuers« entfernt hatte. Sie gab zu, die Tafel zerbrochen und verbrannt zu haben. Catherines Mann, Jean Beyaerts, sagte gegen Paul de Roevere aus, indem er erklärte, der Priester betrachte das Heilige Sakrament als einen rein symbolischen Akt.[5] Als de Roeveres Bibliothek durchsucht wurde, kamen die Schriften des schweizerischen Reformators Heinrich Bullinger ans Licht.

Sicher wurde auch Mercators Haus durchsucht und sein Eigentum beschlagnahmt. Nichts Belastendes wurde jedoch gefunden.[6] Im Zuge der Verhöre wurde Antoinette van Roesmaels zur Hauptangeklagten. Sie gestand die Versammlungen sowie die Lesungen und nannte Namen: die Schwestern Calleken und Betteken, Chrétien Broyaerts, ihre Nichte Marie, den Priester de Roevere und den Messerschmied Gilles aus Brüssel. Sie belastete ferner den Kürschnergesellen Josse van Ousberghen. Er glaube nicht an das Fegefeuer, gehe nicht oft zur Beichte und bete allein zu Gott und nicht zu den Heiligen. In einem vergeblichen Versuch, sich selbst zu entlasten, behauptete Antoinette, nicht derselben Auffassung zu sein wie Josse – im Gegenteil, man solle »die festen Riten der Kirche befolgen«. Zum Glück hatte »Meister Geert, der die Tochter von Scellekens ehelichte«, nach Antoinettes Aussage nie in ihrem Hause verkehrt.[7]

Am 12. Juni wurde van Roesmaels zum Tode verurteilt. Drei Tage später wurde sie lebendig begraben und starb einen langsamen Erstickungstod. An den folgenden Tagen wurden auch einige andere der »Ketzer«, die mit Mercator inhaftiert worden waren, verurteilt. Es steht wohl außer Zweifel, dass Dufief seinen Gefangenen in Rupelmonde von deren Schicksal unterrichtete.

Der Mann, der sich daran gewöhnt hatte, in seiner Phantasie ganze Kontinente zu durchstreifen, war in einer kalten, klammen Zelle eingeschlossen, während seine Mitangeklagten einer nach dem anderen hingerichtet wurden. Nach van Roesmaels wurde auch Catherine Metsys, die Tochter des Löwener Stadtbaumeisters, lebendig begraben. Catherines Mann, der Bildhauer Beyaerts, wurde auf dem Scheiterhaufen verbrannt, ebenso der Kurzwarenhändler Jean Vicart. Josse van Ousberghen wurde enthauptet. Chrétien Broyaerts kam mit einer Verbannung »auf Ewigkeit, bei Todesstrafe« und der Beschlagnahmung seines Eigentums davon.[8]

Der Frühling ging in den Sommer über. Mercator saß immer noch in seiner Zelle und bezeichnete seine Haft verbittert als »die ungerechteste Verfolgung«.[9]

16

Ein großer, ranker Jüngling aus dem Norden

Im September 1544 wurde die schwere Tür zu Mercators Zelle aufgestoßen. Man geleitete den Häftling durch die engen Gänge zum Burgtor und über den hölzernen Steg, der auf die grünen Felder Flanderns hinausführte. Das Land erstrahlte in einer spätsommerlichen Laubpracht. Mercator war sieben Monate lang eingesperrt gewesen.

Mercator kehrte zu Barbara und seinen Kindern nach Löwen zurück. Die finanzielle Lage der Familie kann nur desolat gewesen sein. Mehr als zwei Jahre waren vergangen, seit seine ungewöhnlich produktive Phase durch die Bestürmung Löwens abrupt geendet hatte. Er hatte sechs Kinder zu ernähren und musste vielleicht auch für die Kosten seiner Inhaftierung selbst aufkommen. Dufief hatte sicherlich auch einige seiner Besitztümer beschlagnahmt, vielleicht sogar seine Werkzeuge und Instrumente, Bücher und Manuskripte.[1]

Doch das doppelte Unheil des Krieges und seiner Inhaftierung sollte Mercator schließlich die Möglichkeit eröffnen, noch einmal mit neu entdeckter Kraft und Originalität von vorn anzufangen. Die ganz großen Werke sollte erst der ältere, weisere Mercator schaffen.

*

Unterdessen war das Leben in Löwen für einen neugierigen Forscher keineswegs sicherer geworden. Kurz nach Mercators Freilassung ereilte den Drucker Jacob van Liesvelt das Schicksal, dem Mercator entgangen war. Der Antwerpener Drucker, dessen illustrierte Bibel viele von Mercators Zeitgenossen mit dem Begriff der Landkarte überhaupt erst vertraut gemacht hatte, provozierte die Löwener Theologen seit Jahren mit immer riskanteren Ausgaben, die die Verbindung zwischen der Kartographie und der Ketzerei in den Augen der Inquisition offenbarten. Zweimal war er bereits beschuldigt worden, ketzerische Werke zu drucken, und zweimal war er freigesprochen worden. Beim dritten Mal kam er nicht mehr davon. Er wurde enthauptet.

Auch der spanische Reformer Enzinas war ins Netz gegangen, doch in einer bemerkenswerten Fluchtaktion war er aus seinem Brüsseler Gefängnis entflohen und hatte sich in das lutherische Zentrum Wittenberg durchgeschlagen.

Latomus war gestorben, während Mercator in Rupelmonde inhaftiert war. Tapper dagegen trieb immer noch sein Unwesen; er war erneut zum Rektor der Universität gewählt worden. Ab Oktober 1545 mussten neue Studenten bei der Einschreibung schwören, »die Doktrin des Martin Luther und aller Ketzer, insofern sie im Widerstreit zu den Lehren der alten römisch-katholischen Kirche stehen«, abzulehnen und »nach den Geboten der Kirche und der Führung ihres obersten Hirten, des römischen Pontifex, zu leben«.[2] Die Theologische Fakultät zensierte inzwischen alle Bibelübersetzungen und Veröffentlichungen, die unter dem Verdacht standen, auf das Luthertum Bezug zu nehmen. Die Fakultät stellte einen Index verbotener Werke zusammen, der am 31. Juni 1546 aufgrund eines kaiserlichen Erlasses veröffentlicht wurde. Fortan mussten sich die Drucker an die Zentralregierung wenden, um eine Arbeitserlaubnis zu erlangen.

Die Sicherheit Mercators und seiner Familie hing nun von stetiger Wachsamkeit ab. In Briefen und Gesprächen war die höchste Vorsicht geboten. Solange Mercator in Löwen wohnte, durfte nichts Kontroverses zu Papier gebracht werden.

Mercator bemühte sich, die Aufträge zu erfüllen, die er vor seiner Inhaftierung übernommen hatte. Dazu zählte ein astronomischer Ring, den er Antoine Perronet versprochen hatte. Er machte sich unmittelbar nach seiner Entlassung an die Arbeit. Anfang Oktober 1544 schrieb er an Perronet: »Ich hätte die Vorzüge dieses Instruments sogar in einer entsprechenden Broschüre detaillierter erläutert, wäre ich nicht von einer ganzen Fülle von Verpflichtungen belastet gewesen und hätte ich nicht unter Zeitmangel gelitten, seit ich aus jenem schrecklichen Gefängnis kam.« Es dürfte, abgesehen von einem Mangel an Zeit, noch einen anderen Grund gegeben haben, weshalb Mercator die Broschüre nicht verfasste: Er besaß nämlich keine Druckerlaubnis des Kanzlers von Brabant. Erst kurz bevor er Löwen verließ, erhielt er schließlich das Patent, Bücher zu drucken und zu verkaufen. Statt einer Broschüre schickte Mercator dem Bischof lediglich eine in Briefform abgefasste Gebrauchsanweisung, die er, wie er einräumte, »in einer Zeit größter Bedrängnis« geschrieben hatte. Der Brief war indes ein Musterbeispiel an technischer Klarheit und hätte es durchaus verdient, gedruckt zu werden. Selbst ein Schuljunge hätte damit den astronomischen Ring in kürzester Zeit verstanden. Die Sphäre, erklärte der Mathematiker dem Bischof, sei »die vollkommene Abbildung der Himmelskreise« und sei als Modell »in der Lage, jede gegebene Situation am Himmel darzustellen«. Der Bischof erfuhr, dass es zwei Längenbewegungen am Himmel gab, »die des ersten beweglichen Teils«, der sich um die Pole der Erde drehte, und die der Planeten und Sterne, die sich um die Pole des Tierkreises drehten. Die erste bewegte sich von Ost nach West und vollendete alle vierundzwanzig Stunden eine Umdrehung; die zweite drehte sich viel langsamer von West nach Ost und folgte den Zeichen des Tierkreises. Zum Schluss seines Briefes erklärte Mercator, der astronomische Ring selbst sei noch nicht fertig, und zwar wegen seiner Inhaftierung und »eines Mangels an Materialien«. Er fügte hinzu, dass er »inzwischen daran arbeite« und »ihn schicken werde, sobald er fertig« sei.[3]

Anfang 1545 schrieb er erneut an Perronet; diesmal erläuterte er, wie der »dreifache Ring« zu verwenden sei. Dieser Ring, erklärte Mercator, unterscheide sich im Grunde nur durch die Markierungen von dem Exemplar Gemmas. Nicht ohne gewissen Stolz fügte Mercator hinzu, er habe das Gerät mit einer Gradeinteilung für zusätzliche Sterne versehen, sodass »kein Teil der Nacht, vorausgesetzt sie ist klar, mathematischen Berechnungen entgehen kann«.[4]

Ende 1545 muss Mercator die »zahlreichen mathematischen Instrumente« geliefert haben, die der Kaiser benötigte.[5] Dahinter steckten Hunderte von Stunden sorgfältigster Arbeit. Dennoch trug ein Astrolabium, das Mercator in jener Zeit fertigte, untrügliche Zeichen von Anspannung und Erschöpfung. Das ansonsten ausgezeichnete Instrument wies zwei Mängel auf: ein Sternname fehlte ganz und zwei Sternzeiger waren falsch positioniert. Auch ein eingraviertes Schaubild war so ungenau, dass Mercator es bei späteren Exemplaren wegließ. Das fehlerhafte Astrolabium, das in der Werkstatt blieb, trug das Monogramm »GMR« für »Gerardus Mercator Rupelmundanus«.[6]

Im Dezember brach der Kaiser in Brüssel zu einer Reise auf, die in einer Reihe heftiger Zusammenstöße mit den lutherischen Fürsten – und der Zerstörung von Mercators Instrumenten – gipfeln sollte.

*

Im Juni 1547 kam ein junger Mann aus dem Norden nach Löwen. Sein Name war John Dee. Der »große, ranke Jüngling, der über sein Alter hinaus reif erschien«, war ein ehrgeiziger und eifriger Student des Quadriviums.[7]

John Dee war erst neunzehn und hatte dennoch seine Heimat verlassen, »um mit Menschen bekannt zu werden, die an einem einzigen Tag mit Leichtigkeit so viel schreiben, dass ich ein ganzes Jahr Schwerstarbeit benötige, um es zu verstehen...«[8] In Löwen wollte er »mit einigen gelehrten Männern, hauptsächlich Mathematikern, sprechen und sich austauschen«. Ganz besonders lag ihm an »Gemma Phrysius, Gerardus Mercator, Gaspar à Mirica [und] Antonius Gogava«.[9] Mercator war der Erste, mit dem er zusammentraf.[10] Der englische Student und der flämische Meister, die sich der Universalsprachen des Lateinischen und der Mathematik bedienten, entwickelten rasch einen fruchtbaren Austausch, und nach »einigen Monaten« in den Niederlanden kehrte Dee mit seinen Trophäen nach Cambridge zurück. Darunter waren »der erste Astronomenstab aus Messing, der nach der Idee des Gemma Frisius konstruiert wurde, die beiden großen Globen von Gerardus Mercator und der Astronomenring aus Messing, wie er von Gemma Frisius neu gestaltet wurde«.[11]

Im folgenden Sommer kam Dee erneut nach Löwen. Inzwischen bereiteten Gemma jedoch Nierensteine ständige Schmerzen, und so war Mercator der Hauptanziehungspunkt für den jungen Gelehrten aus dem Norden. Später erinnerte sich Dee, »es war Brauch in unserer gegenseitigen Freundschaft und Vertraulichkeit, dass während dreier ganzer Jahre keiner von uns bereitwillig die Gegenwart des anderen auch nur für ganze drei Tage entbehrte; und beide waren wir so darauf erpicht, zu lernen und zu philosophieren, dass wir, wenn wir zusammenkamen, die Untersuchung schwieriger und nützlicher Probleme kaum für drei Minuten unterbrachen«.[12]

Keiner der beiden – einer ein ehemaliger, der andere ein zukünftiger Häftling – hinterließ Aufzeichnungen des scheinbar fortlaufenden Dialogs, doch es steht zu vermuten, dass sie sich über Religion, Astronomie, Astrologie, Geographie, Instrumentenbau und die seltsamen Eigenschaften der Loxodromen unterhielten.

Dee und Mercator bewunderten beide das Werk des portugiesischen Mathematikers und Kosmographen Pedro Nuñez. Daher dürfte Dee mehr als interessiert gewesen sein zu erfahren, dass Mercator versucht hatte, die Quelle der magnetisch bedingten Loxodromen des portugiesischen Kosmographen aufzuspüren. Olaus Magnus hatte (ebenso wie später auch Mercator) in seine Darstellung der Arktis magnetische Inseln eingezeichnet, doch allgemein herrschte die Ansicht, die Magnetnadel werde von einem Punkt im Himmel angezogen, wie Petrus Peregrinus in seiner *Epistola de magnete* so überzeugend dargelegt hatte.[13] Mercator wusste es besser. In einem der Briefe, die er nach seiner Freilassung an Perronet geschrieben hatte, hieß es, er habe den Magnetpol lokalisiert. »An welchem Ort dieser Punkt liegt, den der Magnet so mächtig anstrebt«, schrieb er, »werde ich Euer Ehrwürden, so weit es jetzt möglich ist, allgemein erklären.« Mercator schilderte dem Bischof, wie er von den bekannten Missweisungen bei der Insel Walcheren und bei Danzig ausgegangen und den Achsen der Kompassnadeln gefolgt war, die sich »bei etwa 168 Grad Länge und 79 Grad Breite« schnitten. Dies, so Mercator, sei »der Ort, an dem der Magnetpol liegen muss«.[14] Kein Wunder, dass der junge Engländer Löwen so anregend fand.

Himmelskörper waren ebenfalls ein besonderes Interessengebiet der beiden Mathematiker. Während Dee in Löwen weilte, begann Mercator mit der Konstruktion eines Himmelsglobus als Ergänzung zu dem Erdglobus, den er zehn Jahre zuvor gebaut hatte. Unterdessen schrieb Dee zwei astronomische Texte. Die fruchtbare Zusammenarbeit ließ sich bereits aus den Titeln ablesen: *Von den großen Vorzügen des Himmelsglobus* und *Über die Entfernungen der Planeten, Fixsterne und Wolken vom Mittelpunkt der Erde, und über die Entdeckung der wahren Größe aller Sterne.*[15] Dee hatte Gelegenheit, sich ebenfalls gefällig zu erweisen, denn Mercator arbeitete damals unter anderem gerade an seiner lang angekündigten Karte von Europa. Es ergab sich nämlich, dass der Engländer in der Lage war, geographische Leckerbissen zu den Britischen Inseln zu liefern. Im Dezember 1549 reiste Dee regelmäßig nach Brüssel und speiste im Haus von Sir William Pickering, dem geachteten und einflussreichen englischen Botschafter am Hofe Karls V.[16] Dee unterrichtete Pickering bald auch in Mathematik und in der Anwendung verschiedener Instrumente, darunter Globen, Astrolabien und Astronomenringen. Und Pickering belieferte Dee fortan mit Büchern. Dee könnte den Botschafter jederzeit um Karten und Bücher über einzelne Regionen Großbritanniens gebeten haben. Weitere Karten beschaffte er Mercator vielleicht auch über seinen alten Lehrer, Sir

John Cheke, der inzwischen Berater des jungen Königs Edward VI. war, und über Chekes Schwiegersohn, William Cecil. Die Interessen der Engländer sollten Mercator fortan immer wieder beschäftigen.

*

Dee weilte auch in Löwen, als die Stadt am 15. September 1548 den Kaiser empfing. Ermattet und von der Gicht geplagt, war Karl V. aus Deutschland nach Brabant zurückgekehrt. Auf dem Schlachtfeld waren die lutherischen Fürsten zwar geschlagen worden, doch der Krieg gegen die Feinde der Kirche war längst nicht gewonnen. Zum ersten Mal hatten die Deutschen einen europäischen Krieg auf eigenem Boden erlebt – einen Krieg, in dem sich beide Seiten für die Wahrer der deutschen Einheit hielten. Es war ein Konflikt zwischen Katholiken und Lutheranern, zwischen Kaiser und Fürsten, zwischen einem universellen Anspruch und einem nationalen Standpunkt. Nach zwei Nächten in Löwen reiste der Kaiser nach Brüssel weiter, wo er bis zum folgenden Juni blieb.

Mercator war einer von vielen, die in jenen Monaten der Erholung nach Brüssel gerufen wurden. Dort erfuhr er, dass die Instrumente, die er für den Kaiser gebaut hatte, Ende August während eines Schlagabtauschs mit dem Schmalkaldischen Bund vernichtet worden waren. Der Kaiser »beauftragte Mercator, ihm einen neuen Satz zu fertigen«.[17]

Mercator wusste inzwischen, dass seine Förderung durch den Kaiserhof nicht von Dauer sein konnte. Der Mann, der seit Mercators Schulzeit Monarch der Niederlande gewesen war, bereitete sich auf seine Abdankung vor, was seinen habsburgischen Untergebenen bereits größte Sorge bereitete.

Für die Niederlande waren die Aussichten besonders düster. Als Mercator den Auftrag für den Bau der Ersatzinstrumente erhielt, hatte der Kaiser den Reichstag bereits gezwungen, in eine Abspaltung der Niederlande vom Heiligen Römischen Reich einzuwilligen. Als praktisch autonome politische Einheit sollten die siebzehn Provinzen Karls Sohn Philip als künftigem König von Spanien zukommen, und nicht seinem Bruder Ferdinand, der die Kaiserkrone des Heiligen Römischen Reiches übernehmen sollte. Nach Karls Abdankung sollten die Niederlande nicht mit Deutschland, dem Sitz der Reformation, verbunden bleiben, sondern an Spanien, den Sitz der Inquisition gekettet werden.

Zu Beginn des Jahres 1549 brach Kronprinz Philip in Spanien widerwillig zu seinem ersten Besuch der fernen, feuchten Lande im Norden Europas auf. Anfang Juli 1549 kam er nach Löwen, wo ihm die Würde des Herzogs von Brabant verliehen werden sollte. Doch der festliche Empfang in den Niederlanden konnte nicht darüber hinwegtäuschen, dass die Provinzen, die sich durch unterschiedliche Sprachen, Traditionen, Steuergesetze und Gerichtswesen auszeichneten, die durch religiöse Uneinigkeit gespalten waren und von der Inquisition drangsaliert wurden, zunehmend schwer regierbar wurden. Philip war ein grüblerisches, asketisches Arbeitstier, hatte keinerlei Sinn für die Bier trinkenden Flachländer und beherrschte keine andere Sprache außer Spanisch. Für seine Rolle war er denkbar ungeeignet.

Das Schicksal von Mercators einflussreichstem Verbündeten am Hof, Antoine Perronet, war eng mit dem des scheidenden Monarchen verknüpft. In den letzten Jahren war Perronet unentbehrlich für Karl geworden; dieser sah die Unbeliebtheit seines Sohnes in den Niederlanden voraus und spannte Perronet deshalb mit dafür ein, das Unbeherrschbare zu beherrschen.

John Dee blieb bis zum Sommer 1550 in Löwen und begab sich dann auf die fünftägige Reise nach Paris, wo er vorhatte, »frei und öffentlich Euklids Elemente zu lesen... was an keiner Universität des Christentums jemals öffentlich geschieht«.[18] Dees Aufbruch in das liberale Paris dürfte Mercator daran erinnert haben, dass Löwen nicht der geeignete Ort war, um die Grenzen der Kosmographie zu erforschen.

*

In den Monaten nach Dees Abreise vollendete Mercator seinen Himmelsglobus, der dieselbe Größe aufwies wie sein Erdglobus von 1541. Dies war die erste astronomische Arbeit, die Mercator in Angriff genommen hatte; man hätte sie zwar wegen ihres Mangels an neuen Erkenntnissen kritisieren können, doch in ihrer Präzision und künstlerischen Eleganz war sie mustergültig.[19] Die sichtbarste Veränderung, die er vornahm, war die rationellere Ausrichtung der Keilstücke des Globus. Nach der üblichen Praxis wurden die zwölf keilförmigen Stücke so unterteilt, dass jedes ein Tierkreiszeichen enthielt. Dies erleichterte zwar die Arbeit des Kupferstechers oder Holzschneiders, hatte jedoch den Nachteil, dass die Achse des Globus nicht mit den Konvergenzpunkten der Keile übereinstimmte. Globen, die nach diesem Verfahren konstruiert wurden, schienen zwei Achsen zu haben. Mercator richtete seine Keile neu aus, indem er sie nicht nach den Polen, sondern nach dem Äquator orientierte. Damit verlief die Achse des Globus durch die Konvergenzpunkte der Keile. Weitere Klarheit schaffte Mercator, indem er die beiden Pole mit zwei kleinen separaten runden Blättern abdeckte, wie er es bereits bei seinem Erdglobus getan hatte. Insgesamt entstand dadurch ein übersichtlicherer und ansehnlicherer Globus.

Der neue Globus entbehrte indes nicht gänzlich jeder astronomischen Innovation: Die 48 ptolemäischen Konstellationen erweiterte Mercator um zwei weitere, Cincinnis[20] und Antinous, die er wahrscheinlich auf einem Globus entdeckt hatte, den Kaspar Vopel fünfzehn Jahre zuvor in Köln gedruckt hatte. Die beiden Konstellationen waren zwar seit der Antike bekannt, waren jedoch noch nie als Figuren auf einem Himmelsglobus erschienen. Mercator beschriftete seine Konstellationen ferner in Lateinisch und Griechisch und in einigen Fällen auch in einer arabischen Umschrift.

Die Käufer erwarben zudem einen Globus, der den Himmel in seiner jüngsten Konfiguration darstellte, denn die Positionen der Sterne waren für den Zeitraum um 1550 berechnet worden – eine Neuerung, die erst kurz zuvor durch Kopernikus' revolutionäre

Arbeit zur kosmischen Bewegung ermöglicht wurde. Damit war Mercator der erste Globenbauer, der dessen Theorie übernahm, um die wahre Position von Sternen zu bestimmen. Auf den papierenen Horizontring des Globus druckte Mercator Skalen, welche die Tierkreiszeichen, die Tage des julianischen Kalenders, die zwölf Windrichtungen, verschiedene Körpersäfte und astrologische Daten anzeigten, die dem Arzt und dem abergläubisch Gesinnten ins Auge sprangen.

Der neue Globus lieferte auch eine Plattform für Mercators künstlerisches Talent. Anders als auf Gemmas Himmelsglobus kleidete er einige seiner Figuren in römischem Gewand. Die neuen Figuren spiegelten Mercators Abneigung gegen alles Grobe und seinen Blick für Schattierung und Struktur. Eine der vielen Figuren, die verbessert wurden, war Andromeda; was auf Gemmas Globus wie ein nackter Mops aussah, war hier eine elegant gekleidete Gestalt. Durch geschickt eingesetzte Schraffierungen entstanden fließende Faltenwürfe und lebendiges Muskelspiel.

Mercators Beschriftung war so gelungen wie keine bisher; er führte seine Lettern mit derselben eleganten Leichtigkeit und Klarheit aus, die er in seinem Handbuch der Kursivschrift seinen Lesern ans Herz gelegt hatte. Der Himmelsglobus war, wie bereits sein Gegenstück, mit dem genialen löffelförmigen Stopper und dem robusten vierbeinigen Ständer ausgestattet, den Mercator bereits mehr als zehn Jahre zuvor entworfen hatte.[21]

Die letzte Widmung, die Mercator in Löwen stach, galt dem Bischof, der seit seiner Inhaftierung dieses Kirchenamt innehatte. Georg von Österreich war 1544 zum Fürstbischof von Liège ernannt worden, nachdem er selbst für kurze Zeit in Haft saß. Er galt als tüchtiger Administrator und war daran beteiligt, Erasmus von Rotterdam das Propstamt in Deventer zu verschaffen. Mercators Widmung bekundete Dankbarkeit und Bewunderung für einen großen Kirchenmann, der stets den Humanismus gewürdigt hatte: »Dem vortrefflichen Protektor und Fürsten«, lautete die Inschrift, »dem edlen Georg von Österreich, durch Gottes Gnaden Bischof von Liège, Herzog von Bouillon, Marquis von

Francimontensi, Graf von Lossensi, dem großen Förderer der Kunst und Wissenschaft.« Damit sein Werk geschützt war, erhielt Mercator ein Patent, das es jedem »bei den vorgeschriebenen Strafen und Bußen« untersagte, Kopien des Globus »innerhalb der Niederlande oder des Reiches Seiner Kaiserlichen Majestät vor Ablauf von zehn Jahren« nachzubauen oder zu verkaufen.[22]

Der Globus wurde im April 1551 fertig gestellt. Im selben Monat erhielt Mercator vom Kanzler von Brabant die Genehmigung, Bücher zu drucken und zu vertreiben. Doch es war bereits zu spät. Nach zweiundzwanzig Jahren in Löwen bereitete sich Mercator darauf vor, in das Land seiner Vorfahren zurückzukehren.

*

Mercators jüngste Tochter Katharina war inzwischen so alt, wie er selbst einst gewesen war, als seine Eltern in Gangelt einen Karren beladen hatten und in die Niederlande aufgebrochen waren. Es gab viele Gründe für ihn, Löwen zu verlassen. Mercator war bereits einmal verhaftet worden und würde immer als Ketzer verdächtigt werden. Er musste auch in Zukunft mit Unannehmlichkeiten rechnen. Philip hatte zudem große Unsicherheit über die Niederlande gebracht, und Calvins Aufruf, katholische Bildnisse zu zerstören, hatte apokalyptische Untertöne. Im September 1551 flammte der Krieg zwischen dem Kaiserreich und Frankreich wieder auf. Und mit Kanzler Granvelles Tod im Jahre 1550 hatte Mercator einen wichtigen Verbündeten am Hof verloren.

Als Flame mit deutschen Vorfahren konnte Mercator darüber hinaus niemals hoffen, als vollgültiger Bürger Löwens anerkannt zu werden. Er war nicht nur durch seine Verhaftung und Einkerkerung gebrandmarkt; als Nichtbrabanter blieb ihm auch jeder Zugang zu öffentlichen Ämtern verwehrt. Trotz seiner zahlreichen Leistungen auf den Gebieten der Mathematik und der Kartographie war es ihm nicht gelungen, eine dauerhafte Anerkennung und Unterstützung durch den Hof zu gewinnen. Dabei war Peter Apian das lebende Beispiel dafür, welche Vorzüge ein protegierter Mathematiker genießen konnte. Für Apians *Astronomicum Caesareum* hatte der Kaiser nicht nur die Druckkosten übernommen; anscheinend hatte der Verfasser auch 3000 Goldstücke dafür bekommen. Der Ingolstädter Gelehrte war darüber hinaus zum Hofmathematiker und zum Ritter des Heiligen Römischen Reiches ernannt worden. Ein Kardinal hatte ihm zudem einen kirchlichen Titel verliehen. Mercators Unzufriedenheit war daher verständlich, und er wusste auch bereits, wo er eine bessere Zukunft erwarten konnte.

In den vierzig Jahren seit Mercators Geburt war das Herzogtum Jülich ein Refugium für liberale Flüchtlinge geworden. Bereits Herzog Johann III. war ein geschickter Vermittler und ein großer Bewunderer des Erasmus von Rotterdam gewesen, wobei Letzterer den Herzog bei der Abfassung der radikalen Kirchenverordnung von 1532 beraten hatte, nach der alles Predigen von der Heiligen Schrift und den frühen Kirchenvätern ausgehen sollte und Priester sachkundig und frei von jeder Polemik sein sollten.

Johanns Sohn Wilhelm erbte die Herzogtümer 1539. Nach seiner beschämenden Konfrontation mit dem Kaiser in Venlo setzte Herzog Wilhelm V. das Werk seines Vaters insgeheim fort, indem er die Kirchenreformen beibehielt und die Ausweitung des Luthertums zuließ. Wilhelm setzte sich auch für die Bildung seiner Untertanen ein. 1545 gründete er in Düsseldorf ein Gymnasium, und 1551 beauftragte er Mercators ehemaligen Kommilitonen Andreas Masius damit, den Papst um »gewisse Pfründen oder andere kirchliche Privilegien zugunsten der Schulen« zu bitten. Etwa um diese Zeit war auch von einer neuen Universität die Rede, die in der kleinen Stadt Duisburg im Zentrum der Herzogtümer gegründet werden sollte.[23] Die Herzogtümer am Rhein – und insbesondere Duisburg – waren tolerant und friedlich und deuteten auf einen Aufschwung in der Erziehung hin, der Lehrer und Lehrmittel wie Bücher und Instrumente erforderte. Insofern ging von dieser Gegend eine unwiderstehliche Anziehungskraft aus. Einem verdächtigten Ketzer von vierzig Jahren, der noch einiges vorhatte, musste der Rhein so verheißungsvoll erscheinen wie der Jordan.

Das Ziel der Familie war Duisburg. Nach einem halben Leben im Umfeld von Antwerpen, Mecheln, Löwen und Brüssel hatte Mercator beschlossen, sich an den Rand des kommerziellen, theologischen und humanistischen Firmaments zu begeben. Der Lohn war Frieden. Duisburg war zwar klein, doch es war über Flüsse und Straßen mit der Außenwelt verbunden und von einem aufgeschlossenen Geist beherrscht. Es schien der ideale Zufluchtsort für einen Mann zu sein, der Raum und Ruhe suchte, um sich auf seine Aufgaben zu besinnen. Es sollte die längste Reise werden, die Mercator je unternommen hat, und die letzte Station seiner Wanderschaft.

17

Ein Ort, der Musen würdig

Das Deutschland, in das Mercator 1552 zurückkehrte, war nicht dasselbe, das er als Junge verlassen hatte. Und es ließ sich schon gar nicht mit Löwen vergleichen. Bereits 1543 wurde evangelischen Predigern gestattet, in den beiden Pfarrkirchen von Duisburg zu predigen, und im folgenden Jahr nahmen beide Bürgermeister der Stadt an einer heiligen Kommunion teil, bei der sowohl katholische als auch evangelische Riten gefeiert wurden. Solche Freiheiten wären in Löwen undenkbar gewesen.

In Duisburg erfüllte sich Mercators Wunsch nach einem Leben, das seinem besonnenen Wesen entsprach. Nach der Schilderung seines Nachbarn Ghim war er ein Mensch, »der Friede und Ruhe im öffentlichen wie im privaten Leben so sehr liebte, dass er in den zweiundvierzig Jahren, die er hier in Duisburg mit seiner Familie wohnte, mit keinem Bürger einen Wortstreit gehabt oder gegen jemanden Klage erhoben hat. Er zollte dem Magistrat allen gebotenen Respekt. Er kam immer mit seinen Nachbarn bestens aus, kam niemandem in die Quere, achtete die Interessen der anderen und stellte sich nie über andere.«[1] An weitere Ortswechsel wollte er nicht mehr denken – sie sollten auch nicht mehr nötig werden. Kein anderer Ort in seinem Leben bot ihm so viel politische Stabilität und religiöse Toleranz. Duisburg war »ein Ort, an dem man in Ruhe und Frieden ein gutes Leben führen kann, ein Ort, der Musen würdig«.[2]

*

Mit seinen weniger als dreitausend Einwohnern und einer Stadtanlage, die kaum mehr aufwies als die Stadtmauern und den einsam aufragenden Turm der Salvatorkirche, hatte Duisburg mehr mit dem ländlichen Gangelt gemein als mit den Metropolen Löwen, Antwerpen, Mecheln oder 's-Hertogenbosch. Innerhalb der Mauern standen ungefähr fünfhundert Häuser sowie eine Lateinschule, Gerichte, ein Armenhaus, ein überdachter Fleischmarkt, ein Waagehaus und eine von Pferden angetriebene Getreidemühle. Im Erdgeschoss des Rathauses befand sich eine Winzerschule, die in Kriegszeiten als Gefängnis diente. Die Straßen waren mit Flusssteinen und Holzklötzen gepflastert und in der Mitte mit Rinnsteinen versehen, die den Unrat und den Kot der Tiere wegspülten. Hinter den meisten Häusern lagen Gärten, in denen Obst und Gemüse angebaut und Schweine und Rinder gehalten wurden. Ein Teil der Erzeugnisse wechselte auf dem Wochenmarkt unter dem Burgfelsen den Besitzer. Außerhalb der Stadtmauern, am Fuß des Duisburger Waldes, lag die Richtstätte. Die Stadt war im Grunde immer noch von den Spuren eines Brandes gezeichnet, bei dem fünfzig Jahre zuvor viele Häuser in Flammen aufgegangen waren. Zahlreiche Grundstücke waren noch immer unbewohnt.

Dies war also der Ort, den sich Mercator ausgesucht hatte. Das Städtchen lag an einem der belebtesten Wasserwege in Europa – am Zusammenfluss von Rhein und Ruhr, stromabwärts von Köln. Hier kreuzte auch der Handelsweg zwischen Italien und den Niederlanden die Route von Sachsen nach Paris. Duisburg lag ungefähr gleich weit von Antwerpen wie von Frankfurt entfernt, wo die bedeutendste Buchmesse der Welt stattfand – ein wichtiger Faktor in Mercators Überlegungen.

Doch der Kartenmacher sollte sich auch hier kaum zugehöriger fühlen als in Rupelmonde, 's-Hertogenbosch oder Löwen. Für einen Mann seines Rufs wäre es eine reine Formsache gewesen, Bürger der Stadt zu werden, denn wer nicht Sohn eines Bürgers war, musste lediglich einen Eid ablegen und eine Meldegebühr zahlen. Ein Bürger genoss gewisse Rechte – er konnte wählen und öffentliche Ämter bekleiden – sowie bestimmte Zoll- und Handelsprivilegien. Er musste jedoch auch Pflichten erfüllen, vor allem militärische. Die Bürger mussten eigene Waffen und Rüstungen bereitstellen, auf den Mauern Wache stehen und die Stadt verteidigen.

Mercator war nicht nur abgeneigt, Waffen zu tragen, sondern wollte sich auch keiner der beiden Fraktionen innerhalb der Stadt anschließen – nicht dem Stadtrat, der von der Oberschicht gewählt wurde und dem zwei Bürgermeister vorstanden, und auch nicht dem Ausschuss der »Sechzehn«, der die Handwerker und Künstler vertrat. Dieser Ausschuss bestand aus jeweils vier Abgeordneten aus jedem der vier Stadtviertel und war von den Sitzungen des Stadtrats, der die politische Macht innehatte, ausgeschlossen. In den vergangenen vierzig Jahren hatten sich die Bürger der Stadt bereits zweimal gegen den Rat erhoben und den Herzog zum Einschreiten gezwungen. Als Mercator nach Duisburg zog, flammte der Streit gerade wieder auf. Der »geschickteste Instrumentenbauer unserer Zeit«[3], wie er bereits genannt wurde, war ebenso wenig bereit, sich an eine politische Gruppierung zu binden wie an eine religiöse Bewegung. So wie sich seine Religiosität direkt auf Gott bezog, so galt seine politische Loyalität direkt dem Herzog. Und Mercator war wohl beraten, sich neutral zu verhalten: Drei Jahre nachdem er sich in Duisburg niedergelassen hatte, veranlassten Aufstände den Herzog dazu, die Privilegien der Stadt zu widerrufen und die Wahl von Stadträten zu beschränken.

*

Kaum ein Bürger Duisburgs dürfte Mercator so freudig aufgenommen haben wie Walter Ghim. Der Spross einer der namhaftesten Familien der Stadt war sowohl Schultheiß als auch Bürgermeister gewesen. Ghim war ein Kenner der lateinischen Literatur und gehört dem kleinen Kreis der Duisburger Humanisten an. In ihm fand Mercator seinen späteren Biographen. Und in Mercator fand der Bürgermeister den Mann, der Duisburg überhaupt erst auf die Landkarte brachte. Zu Ghims großer Freude und Bewunderung vergeudete der »unermüdliche« Mercator kaum Zeit und nahm alsbald seine kosmographische Arbeit wieder auf. »Kurz nachdem er sich hier unter uns niedergelassen hatte«, schrieb Ghim mit unverhülltem Stolz, »konstruierte er im Auftrag des Kaisers zwei kleine Globen, einen aus reinstem geblasenem Kristallglas und einen aus Holz. Auf dem ersten wurden die Planeten und die wichtigsten Konstellationen mit einem Diamanten eingraviert und mit glänzendem Gold ausgelegt; der zweite, der kaum größer war als der kleine Ball, mit dem Jungen im Kreis spielen, stellte die Welt so genau und ausführlich dar, wie die geringe Größe dies zuließ.« Diese beiden erlesenen Globen wurden »zusammen mit anderen wissenschaftlichen Instrumenten« dem Kaiser »in Brüssel« übergeben.[4]

Etwa um dieselbe Zeit verfasste Mercator für den Kaiser eine handschriftliche Abhandlung mit dem Titel *Declaratio insigniorum utilitatum quae sunt in globo terrestri, coelesti, et annulo astronomico*. Auf vierzehn Seiten beschrieb er die besonderen Vorzüge von Erd- und Himmelsgloben, die Verwendung des astronomischen Rings und die ungefähre Position des Magnetpols. Mit der Beschreibung der Instrumente, die er in kaiserlichem Auftrag gebaut hatte, entband sich Mercator von seinen alten Verpflichtungen. Fortan sollte seine politische Loyalität nicht mehr dem kaiserlichen, sondern dem herzoglichen Hof gelten. Nun, da Mercator in Duisburg tätig war, zierten seine Kartuschen das Siegel Herzog Wilhelms V.

Es gab jedoch noch eine letzte, offene Schuld gegenüber dem Kaiserhof – eine Karte, an der Mercator mit Unterbrechungen seit über einem Jahrzehnt gearbeitet hatte. Die Europakarte, die Mercator im Jahre 1540 Antoine Perronet versprochen hatte, war die einzige Arbeit, die der Kartograph seinem alten Studienkollegen widmen sollte. Dieser hatte sich inzwischen für Philip II. ebenso unentbehrlich gemacht wie zuvor für Karl V., denn im Jahre 1550 war Perronet als Nachfolger seines Vaters zum Siegelbewahrer des Kaisers aufgestiegen.

*

Die Europakarte wurde schließlich zwei Jahre nach Mercators Übersiedelung an den Rhein fertig gestellt. Sie bot einen wahrlich bemerkenswerten Anblick. Wenn die drei Reihen von jeweils fünf Druckblättern zusammengeklebt waren, maß sie 1,65 mal 1,34 Meter. Wilde Tiere und Satyrn tummelten sich an den vier Zierrändern, an denen in Latein, Holländisch und Italienisch die vier Himmelsrichtungen angegeben waren.

Das eigentliche Wunder lag jedoch zwischen den Rändern, denn hier bot sich ein ganz neues Europa dar. Der Grund für die lange Reifezeit der Karte wurde in der größten Legende genannt, einem Block mit Kursivtext, der im Atlantik verankert war. Darin erklärte Mercator dem Leser, dass er bestrebt gewesen sei, die Oberfläche der Erdkugel mit einem Minimum an Verzerrung auf eine Fläche zu übertragen, und erläuterte die Projektionstechnik[5] sowie die Zeichenmethode, die er verwendet hatte. Nachdem er den Hauptmeridian und die Parallelkreise eingezeichnet hatte, markierte er nach Westen und Osten hin die Schnittpunkte der Breitenkreise mit den anderen Längenkreisen. Wie bereits bei Ptolemäus verlief auch bei Mercator der Nullmeridian, der nullte Längengrad, durch die Kanarischen Inseln. In dieses Gitternetz aus Breiten- und Längengraden hatte Mercator die Koordinaten von Orten eingezeichnet, die es verdienten, in die neue Karte aufgenommen zu werden – angefangen mit der Stadt des Ptolemäus, Alexandria.

Die geographischen Details seiner Karte hatte Mercator aus einer unglaublichen Fülle von Quellen zusammengetragen. Ein besonders anschauliches Beispiel waren die Britischen Inseln. Die Umrisse Britanniens übernahm Mercator größtenteils von seinem Globus von 1541, doch er hatte auch zahlreiche gedruckte und handschriftliche Karten, Portulane, Lotsenhandbücher, Küstenkarten und Regionalkarten zu Rate gezogen. Dieses Material verglich er mit älteren Quellen, von Ptolemäus und Bede über Gervase of Tilbury und Geoffrey of Monmouth bis Giraldus Cambrensis.[6] Und er konsultierte auch die neuesten Druckwerke über die Britischen Inseln, wie etwa John Majors *Historia Magnae*

Britanniae von 1521 und Hector Boethius' *Historia Scotica* von 1526. Die Kenntnis all dieser Quellen verdankte Mercator wahrscheinlich dem jungen Forscher John Dee, der ihm nach seinem letzten Aufenthalt in Löwen vielleicht sogar einige dieser Karten und Bücher überlassen hatte.

Bei seinen Revisionen ging Mercator folgendermaßen vor: Wales profitierte von der Karte, die Lily 1546 herausgegeben hatte; in einer Legende vor der norwegischen Küste führte Mercator seine neue Darstellung der Orkney-Inseln auf Informationen zurück, die er von einem Schiffskapitän erhalten hatte; und auf der Grundlage einer nicht näher genannten Quelle spickte Mercator Irland mit nicht weniger als 94 Ortsnamen (Lily hatte es gerade einmal auf 24 gebracht). Lilys Karte war zwar erst wenige Jahre zuvor gedruckt worden, doch Mercator war nicht ganz von deren Richtigkeit überzeugt; er folgte Lily, indem er die Umrisse von Wales gegenüber seiner eigenen Version von 1541 änderte; dagegen war er der Meinung, die Berge in Nordwales habe der Engländer falsch dargestellt. Statt einer einzigen geschlossenen Bergkette zeichnete Mercator mehrere lange gekrümmte Ketten, die sich wie die gebrochenen Speichen eines Wagenrades von Zentralwales ausbreiteten.

Diese mühsame Prozedur hatte Mercator bei jeder Region Europas befolgt – er sichtete, verglich und beurteilte die unterschiedlichsten Quellen, bis er ein übereinstimmendes Bild der Geographie entwickelt hatte, das er auf eine Kupferplatte bannen konnte. Im Bereich von Nordeuropa stützte sich Mercator wieder auf Zieglers Skandinavienkarte sowie auf Ruyschs Karte von 1508 und Olaus Magnus' *Carta marina* von 1539. Was Frankreich betraf, so griff er abermals auf den Mathematiker zurück, den er bereits als junger Mann studiert hatte: Oronce Finés Karte von 1525 war ein seltenes Beispiel für aktuelles Material, dem Mercator trauen konnte, denn die Karte des Franzosen – die erste Frankreichkarte, die von einem Franzosen gezeichnet und in Frankreich gedruckt worden war – enthielt 124 Städte und Dörfer, deren Lage aufgrund einer sorgfältigen Bestimmung der Breiten- und Längengrade ermittelt worden war.[7] Für die Schweiz war Mercator auf die Karte angewiesen, die Sebastian Münster ohne Genehmigung von Aegidius Tschudi kopiert hatte. Tschudi war ein ehemaliger Schüler Zwinglis, der im Alter von neunzehn Jahren »zu zahlreichen Bergen in den Alpen wanderte – zum Theodulpass, zum San Bernardino, zum Furkapass, an dem die Rhone entspringt, zum Sankt Gotthard, in dessen Einzugsgebiet Ticino, Reuss und Vorderrhein entspringen, zum Lukmanier mit dem Rein da Medels [einem Nebenfluss des Vorderrheins], zum Splügenpass, zum Septimer, der das Oberhalbstein mit dem Bergell verbindet, und vielen anderen – und auch mehrere Male durch die nördlichen und südlichen Ausläufer marschierte«.[8]

Wo keine zuverlässigen Koordinaten vorlagen (in der Legende wurde eingeräumt, dass die Genauigkeit der Karte beeinträchtigt sei, weil für viele Orte die Längengrade fehlten), bestimmte Mercator die Lage anhand von Seekarten und Reiseberichten. In einem Prozess, den Mercator selbst als »*laboriosissimum*«, als »äußerst mühsam« bezeichnete, wurden fragliche Orte verschoben, bis sie mit bekannten Örtlichkeiten, Entfernungen und Koordinaten übereinstimmten.

Mercators neue Europakarte korrigierte Fehler, die seit über fünfzehnhundert Jahren wiederholt worden waren. Er führte den Prozess fort, den er bereits bei seinem Globus von 1541 begonnen hatte, als er die ptolemäische Breite des Mittelmeers versuchsweise um 4 Grad auf 58 Längengrade reduziert hatte. Nun schnitt Mercator weitere 5 Grad ab und verkleinerte das Binnenmeer auf eine Breite von 53 Längengraden. Die neue Europakarte wurde im Oktober 1554 in Duisburg herausgegeben.

Perronets Unterstützung wurde in der großen Widmungskartusche gewürdigt. Der Kardinal, dessen Name nun die größte und genaueste Europakarte zierte, die je gedruckt worden war, zahlte Mercator eine Summe, die seiner »Großmut und außergewöhnlichen Generosität« angemessen war. »Dieses Werk«, schrieb Ghim später über Mercators Europakarte, »zog so viel Lob seitens der Gelehrtenschaft auf sich wie kein zweites geographisches Werk, das je herausgegeben wurde.«[9]

Mercator hatte endlich eine Karte gefertigt, die einen beträchtlichen kommerziellen Erfolg versprach, und das wusste er auch. Zum ersten Mal sicherte er sich zwei Privilegien. Nicht nur ließ er sich seine Rechte für zehn Jahre innerhalb des Kaiserreichs schützen, sondern er bemühte sich auch um ein Privileg des Senats von Venedig für die gleiche Zeitdauer. Bereits Ende des Jahres gelangten Kopien der Karte nach Italien, wo sie als urheberrechtlich geschütztes Werk von »Gerardo Rupelimontano« im Handel erschienen.

*

Nach Vollendung der Europakarte konnte sich Mercator neuen geographischen Aufgaben zuwenden. Sechzehn Jahre waren vergangen, seit er auf seiner Weltkarte von 1538 eine Serie von Kontinentalkarten angekündigt hatte. Inzwischen hatte er es sich jedoch anders überlegt, und auf Europa sollte nicht Amerika, Afrika oder Asien folgen, sondern eine weitere Weltkarte, welche die Erinnerung an die mangelhafte Karte *Orbis imago* von 1538 tilgen sollte.

Wie die Europakarte sollte auch dies ein langfristiges Projekt werden, ein definitives Werk, bei dem alte und neue Quellen in Einklang gebracht werden sollten. Deshalb bat er in der Hauptlegende der Europakarte »den gütigen Leser«, ihm kartographische Skizzen, astronomische Koordinaten und Entfernungsangaben zukommen zu lassen. Er versprach seinen Lesern, als Leitfaden für diese freiwilligen Recherchen eine Anleitung zur kartographischen Notierung herauszugeben.[10]

18

Die Frankfurter Messe

Im Jahre 1554 reiste Mercator mit frischem Mut und neuer Kraft nach Frankfurt.[1] Dort trafen sich im Frühjahr und im Herbst Drucker, Verleger, Händler und Autoren aus aller Herren Ländern, die die neuesten Druckwerke feilboten oder erwarben.[2] Die Büchernarren scharten sich in dem Viertel zwischen Fluss und Leonardskirche zusammen, vor allem in der Buchgasse. In den Lagergewölben wurden ganze Berge von Büchern ausgepackt, geprüft und an Ständen ausgelegt. Seit ein paar Jahren wurden auch Kataloge der Neuerscheinungen gedruckt, die eifrig durchstöbert wurden.

Das turbulente und geschäftige Messetreiben in der Stadt am Main packte jeden, der Tinte im Blut hatte. Der Stiefbruder des berühmten Zürcher Verlegers Christoph Froschauer, Josias Maler, bezeichnete Frankfurt als eine »in aller Welt und allen Ländern berühmte Stadt«. Von seinem Messeaufenthalt im Herbst des Jahres 1551 berichtete er: »Der ehrenwerte Herr Christoph Froschauer...hat uns zehn Tage lang in seinem eigenen Quartier beherbergt, und weil ich mich in seinem Buchladen nicht ganz unnütz erwies, zumal ich in einem Buchladen groß geworden war und mühelos Fremden auf Latein oder Französisch antworten und diverse Informationen geben konnte, ließ er mich erst weiterziehen, als die Messe zu Ende war. Es war übel, immer nur Bücher hin und her zu schleppen, und ich konnte nicht einmal entwischen, um mir die Stadt anzuschauen, in der es zur Zeit der Messe

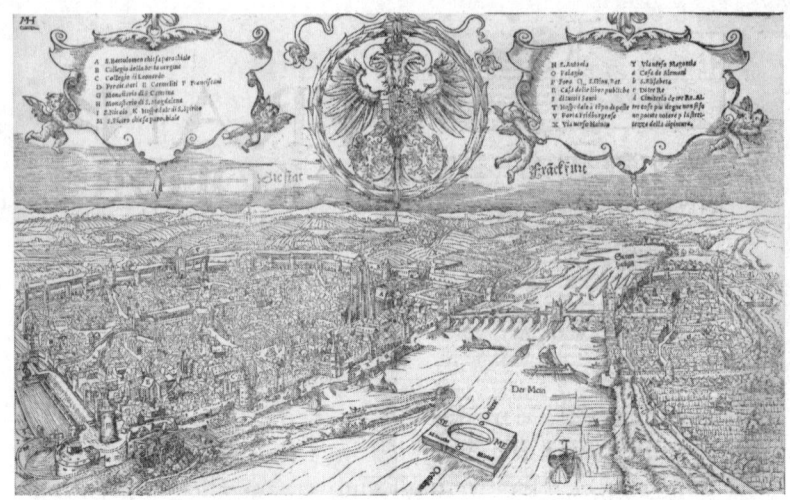

Frankfurt, wo damals zweimal im Jahr die Buch- und Kartenmesse stattfand; aus Sebastian Münsters *Cosmographia* (1544).

normalerweise viel zu sehen gibt. Sehnliches Verlangen trieb mich schließlich zu dem großen steinernen Brunnen; ich sah auch den Vorort Saxenhausen und die gewaltige Menge von Fahrern, Wagen und Karren.«[3]

Die Verleger, Drucker und Buchhändler trafen sich in Tavernen, in denen sie über neue Werke, Übersetzungen und Bearbeitungen verhandelten, und heckten Pläne aus, wie sie beispielsweise Bibeln nach England schmuggeln und mit plagiierten oder unter Pseudonym erschienenen Ausgaben Urheberrechte umgehen konnten. Brauchten sie eine Erholung von ihren anstrengenden Geschäften, ließen sie sich von dem Seiltänzer ablenken, der auf einem Hanfseil hoch oben am Nikolaiturm in einer Schubkarre einen Jungen durch die Lüfte schob. Bei früheren Messen waren auch ein Elefant, ein Strauß und ein Pelikan ausgestellt worden, und ein paar Jahre nachdem Mercator nach Frankfurt kam, erstaunte eine Frau ohne Hände die Verlagswelt mit der Geschicklichkeit ihrer Füße. In kleineren Spelunken tummelten sich die

Autoren auf der ewigen Suche nach Verlegern, Druckern oder Gönnern. So hatte Calvin seine *Harmonia Evangelistorum* dem Frankfurter Stadtrat gewidmet und vierzig Gulden dafür eingestrichen.

Mercators Name kannte man in der Buchgasse, lange bevor er persönlich durch die Straße schlenderte. Er war als Instrumentenmacher, Kartenzeichner und Globenbauer sowie als Opfer der Inquisition allgemein bekannt. Und er war derjenige, der die Kursivschrift nach Nordeuropa gebracht und mit seinem *Literarum latinarum* die Form des Drucks entscheidend verändert hatte. Das Büchlein, das bereits in dritter Auflage vorlag, hatte sich über den ganzen Kontinent ausgebreitet, fast bis an die Grenze Italiens.

Einer derjenigen, die Mercator kennen lernen wollten, war der junge Münzensammler und Kartenkolorist Abraham Ortelius. Der große, schlanke Mann mit grauen Augen, Haar »von gelber Farbe«[4] und einer breiten, knöchernen Stirn hatte eine sympathische Ausstrahlung. Als sich Ortelius und Mercator in Frankfurt trafen, war der Antwerpener wahrscheinlich auch als Sammler tätig. Und in Frankfurt gab es besonders reiche Schätze an geographischen Werken zu entdecken. Ortelius, der fünfzehn Jahre jünger als Mercator und mit dessen bisherigem Schaffen durchaus vertraut war, konnte von einem freundschaftlichen Verkehr mit dem Älteren nur profitieren. Mercator wiederum sah in Ortelius einen unkonventionellen jungen Kartenhändler und Koloristen, der begierig war, neue Länder kennen zu lernen. Ein Reisender mit einem Blick für die Topographie war jedoch eine wertvolle kartographische Quelle. Die Freundschaft konnte nur Früchte tragen.

*

Wie wenn Mercator daran erinnert werden sollte, dass er einer anderen Generation angehörte als der eifrige junge Ortelius, starb einige Monate nach jenem Besuch in Frankfurt, am 25. Mai 1555, sein alter Freund und Lehrer Gemma Frisius im Alter von siebenundvierzig Jahren. Mercator verdankte Gemma mehr als jedem anderen. Gemmas Studien zur Triangulation hatten eine genaue Vermessung und damit auch die Kartographie überhaupt erst möglich gemacht. Seine Globen und die Entwicklung von Instrumenten hatten Mercator ein berufliches Fundament bereitet. Hätten sich die Lebenspfade dieser beiden Söhne aus armem Hause nicht Anfang der dreißiger Jahre in Löwen gekreuzt, hätte sich Mercator die Kartographie über den Umweg der Mathematik nicht erschlossen.

So wie seine beruflichen Projekte von Gemma angeregt worden waren, so wurden sie nun von der jüngeren Generation genährt. Ortelius sollte eine führende Rolle in Mercators künftiger kartographischer Arbeit spielen. Dasselbe galt für Ortelius' jungen Freund und Antwerpener Nachbarn, Christoph Plantin. Der bei Tours geborene Plantin war 1548 nach Antwerpen gekommen. Bereits 1550 war der eifrige Buchbinder als Bürger eingetragen, und im Jahr darauf wurde er in die Sankt-Lukas-Gilde aufgenommen. Seine Druckerlaubnis erhielt er 1555. Noch im selben Jahr brachte er sein erstes Buch heraus. Und 1557 gab er seine erste Bestellung bei Mercator auf: Er kaufte vier Exemplare der Wandkarte von Europa.[5]

Nicht nur die Gesichter veränderten sich, sondern auch die Orte. In dem Jahr, in dem Mercator seine ersten Karten an das neue Druckhaus in Antwerpen verkaufte, druckte Hieronymus Cock eine neue Ansicht der Stadt. Solange Mercator zurückdenken konnte, war Antwerpen vom Wasser aus als geschäftiger Flusshafen dargestellt worden. Cock betrachtete die Stadt jedoch aus einem entgegengesetzten und erhöhten Blickwinkel.

Antwerpen war ein wohlgeordnetes urbanes Netz von Straßen und städtischen Sinnbildern geworden, umgeben von massiven geometrischen Verteidigungsanlagen. Wagen rollten durch die landwärts gelegenen Stadttore und steuerten auf die zahllosen Schiffe zu, die geduldig an der fernen, ruhigen Schelde lagen. Sein Bild von Antwerpen war ein Loblied auf die merkantile Macht und ein plastisches Schaubild einer modernen Stadt. Im Laufe seines langen Lebens sollte Mercator an der Entwicklung einer neuen funktionalen Geographie mitwirken. Die Würdigung der Schöpfung Gottes fing an, über die reine Beschreibung hinauszugehen. Die Geographen interessierten sich immer mehr für die dynamischen Prozesse der Landschaft.

19

Ein einzigartiger Freund

Am 13. Februar 1558 zog Mercator mit seiner Familie in ein großes Haus in der Oberstraße, Duisburgs bester Adresse. Zu dem Grundbesitz gehörten auch einige Nebengebäude und ein Stück Wald. In einem Brief, den Mercator in späteren Lebensjahren schrieb, dürfte er sich auf das Haus in der Oberstraße bezogen haben, als er von »Plänen« sprach, einen »bequemen und einnehmenden Wohnsitz« zu schaffen, der »einem ehrlichen Bürger von bescheidenem Vermögen« angemessen sei. Die Erfordernisse der Arbeit verlangten es, dass das Wichtigste »zur Führung des Haushalts« zuerst bereitgestellt wurde, »wie etwa die Küche, eine Vorratskammer, Schlafzimmer, Zisternen oder ganzjährige Quellen«. Alles Übrige, was der Geselligkeit oder den Annehmlichkeiten des Lebens diente, konnte »im Laufe der Zeit je nach Gelegenheit und Belieben« ergänzt werden«.[1] Dieser »einnehmende Wohnsitz« sollte nicht nur ein Wohnhaus sein, sondern eine Stätte freier Gelehrsamkeit, ein Begegnungsort humanistischer Geister – eine für Mercator typische Vorstellung von einem trauten Heim. Allerdings wurde das Gebäude in der Oberstraße eventuell gar nicht fertig ausgebaut. Doch immerhin konnte Mercator zum ersten Mal in seinem Leben unbesorgt eine stattliche Bibliothek mit Büchern, Abhandlungen, Manuskripten, Briefen und natürlich Karten einrichten.

»Ich sah ihn sehr oft«, schrieb Walter Ghim, »weil wir Freunde und Nachbarn waren, doch ich traf ihn niemals untätig oder müßig an; er war immer eifrig damit beschäftigt, einen der Historiker oder andere seriöse Autoren zu lesen, von denen er einen erlesenen Bestand in seiner Bibliothek hatte, oder er schrieb oder zeichnete oder war in tiefes Nachdenken versunken.«[2]

Den »Freund und Nachbarn« Mercator hatte Ghim als einen gastlichen und aufmerksamen Menschen in Erinnerung: »Obwohl er sehr wenig aß und trank, führte er eine gute Küche, die mit allem ausgestattet war, was ein kultiviertes Leben erforderte... Er tat stets sein Möglichstes, um jenen zu helfen, die arm und weniger vom Glück begünstigt waren als er, und pflegte und schätzte sein ganzes Leben lang die Gastfreundlichkeit. Wenn er von den Ratsmitgliedern zu einem Bankett oder von Freunden zu einem Essen eingeladen wurde oder wenn er selbst Freunde einlud, war er stets heiter und gewitzt und passte sich der Gesellschaft so weit an, wie seine körperliche Konstitution und seine Achtung vor einem sittsamen Leben dies zuließen.«[3]

Mercator war in seinem neuen Domizil von prominenten Nachbarn umgeben. Auf der einen Seite lag das Haus des Bürgermeisters Otto Vogel, auf der anderen das des bekannten Duisburger Kaufmanns Diedrich Berck. Zu den weiteren Nachbarn zählten angesehene Duisburger Familien wie die der Redingchoven und Tybis.

Die Anwesenheit Mercators bewog auch andere Humanisten, auf der Suche nach einem freundlichen Unterschlupf nach Duisburg zu kommen. Schon 1557 war Johannes Oeste – beziehungsweise Otho – aus Gent zugereist, wo er eine Privatschule geleitet hatte, bis die Inquisition die Räume gestürmt und seine Bücher beschlagnahmt hatte. In Duisburg war der Pädagoge höchst willkommen; man gestattete es Otho, eine neue Privatschule für fünfundzwanzig Schüler zu gründen. Unter Othos Zöglingen waren auch Mercators jüngere Kinder.

Nach Duisburg kamen auch Mercators alter Bekannter aus der Löwener Studienzeit, Georg Cassander, und dessen Gefährte Cornelius Wouters. Die beiden hatten sich in Köln niedergelassen und kauften nun auch in Duisburg ein Haus, das so genannte

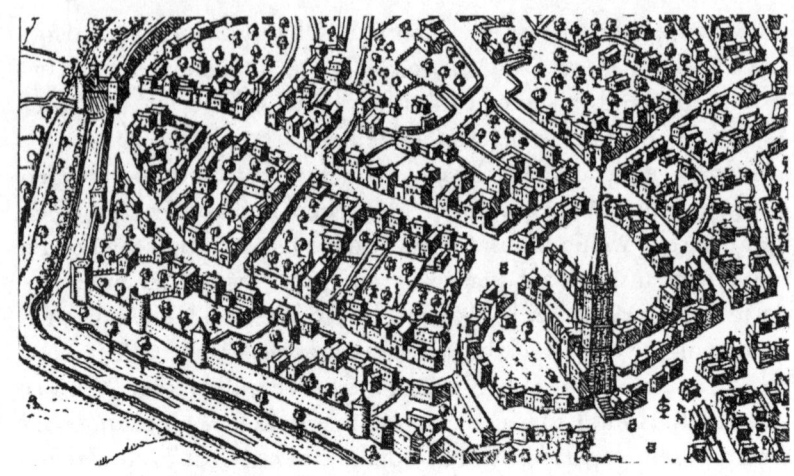

Duisburg im 16. Jahrhundert; aus *Civitates Orbis Terrarum*, 1575. Mercators Haus lag ganz im Zentrum, fast am Ende der Oberstraße, die vom Hauptplatz zum Stadttor führte.

»Overnest«, vier Häuser neben dem von Mercator, dort wo die Jörisstraße auf den Knüppelmarkt stieß. Cassander machte sich allmählich einen Namen als streitlustiger Verfechter der Kirchenreform; er veröffentlichte Bücher, die auf dem Index landeten, und verlegte 1561 ein anonymes Werk, mit dem er Frieden zwischen Katholiken und Protestanten stiften wollte.

Ghim war denn auch Zeuge vieler Tischgespräche in der Oberstraße: »Wenn er sich in der Gesellschaft von Freunden unterhielt, war er ungezwungen und gut aufgelegt; und wenn er unter Gelehrten war, bereitete ihm kaum etwas ein größeres Vergnügen als eine freundschaftliche Diskussion über allgemeine philosophische, physikalische und mathematische Fragen, über die Erhaltung der geistigen und körperlichen Gesundheit, über die Schlichtung religiöser Streitigkeiten, die Errungenschaften berühmter Menschen, geographische und astronomische Probleme sowie die Sitten, Gebräuche und Gesetze fremder Völker.«[4]

*

Zu jener Zeit redete Mercator auch einem anderen Löwener Flüchtling zu, sich in Duisburg niederzulassen. Der aus Flandern stammende »Gelehrte und bekannte Dichter« Johannes Molanus,[5] der zwanzig Jahre jünger war als Mercator, hatte in Löwen Geschichte gelehrt, bis er wegen seiner Ansichten über kirchliche Reformen fliehen musste. Zunächst hatte er in Bremen eine Stelle an einer Waisenschule gefunden. Obwohl Molanus nicht einmal zwanzig gewesen war, als Mercator Löwen verließ, hatten die beiden eine enge Freundschaft geknüpft. Mercator hörte kurz nach seinem Einzug in die Oberstraße von Molanus, der ihm schrieb: »Vor ein paar Tagen, mein lieber Bruder Gerard, starb meine liebe, liebe Frau, mein einziger Trost in dieser unerfreulichen Zeit in der Fremde, aufgerieben von den großen und lang anhaltenden Problemen ihres Mannes wie auch ihren eigenen.«[6]

Mit den »lang anhaltenden Problemen« war wohl der Preis gemeint, den Molanus für seine religiösen Anschauungen bezahlen musste – so jedenfalls verstand es Mercator. Der Tod seiner Frau bewog Molanus schließlich dazu, der »Anziehungskraft des Ortes« zu folgen und »einige Zeit bei euch, meinen alten Freunden, zu verbringen«.

Doch Mercator hatte noch ganz andere Gründe, Molanus zu einer Übersiedelung nach Duisburg zu bewegen, denn im Februar 1559 hatte eine Gruppe Duisburger Bürger in einem Brief an den Stadtrat vorgeschlagen, ein »Akademisches Gymnasium« zu gründen. Diese neue Schule sollte auf das Studium an der geplanten Universität vorbereiten. Der Plan wurde von den Bürgern der Stadt begeistert aufgenommen, und Mercator bot freiwillig seine Dienste als Mathematiklehrer an. In der alten Markthalle wurden Räumlichkeiten bereitgestellt, und schon im Juli wurde auf Plakaten die Eröffnung der Schule angekündigt. Strittig war nur die Ernennung eines Rektors. Mercator ermunterte Molanus, den Posten zu übernehmen, doch der junge Freund, der immer noch trauerte und sich für seine zwanzig Bremer Waisen verantwortlich fühlte, schrieb, er verfüge nicht über »genügend Wissen und Umsicht« und sei »aufgerieben von den Nöten und der langen

Kümmernis« seiner Frau und daher »kaum den kleinsten Privatangelegenheiten gewachsen, geschweige denn einem öffentlichen Amt«. Der Posten wurde schließlich mit Heinrich Castritius (beziehungsweise Geldorp) besetzt, der ebenfalls aus den Niederlanden an den Rhein geflohen war.

Molanus versicherte Mercator unterdessen, er sei »geneigt«, nach Duisburg zu ziehen und »im nächsten Herbst ein Haus in eurer Nähe zu mieten«. »Wenn mein Leben so lange währt«, spekulierte der Witwer, »kann ich mich euch voll und ganz anschließen und mich anbieten, die Jugend beim Lernen zu unterstützen, so weit es mein dürftiges Wissen zulässt – ein Dienst, der vielleicht nicht euren Hoffnungen entspricht, aber der schlichten Realität entwächst.« Der erst sechsundzwanzigjährige Molanus litt offenbar unter Anwandlungen von Schwermut.

Der Unterricht an der neuen Schule begann am 28. Oktober 1559. Hier galten nicht die Beschränkungen, die den Professoren in Löwen auferlegt waren, und so deckte Mercators Lehrplan auch die Kosmographie von Sacrobosco und die Geographie des Pomponius Mela ab. In den Fächern Geometrie und Arithmetik wurden die Texte von Johannes Vögelin und Gemma Frisius eingesetzt. Gemmas *Arithmeticae practicae* von 1540 war an den europäischen Schulen dermaßen erfolgreich, dass zwischen Paris und Leipzig bereits fünfundzwanzig Ausgaben, allesamt in Latein, erschienen waren. Die Werke Gemmas und Oronce Finés verwendete Mercator auch für umfassende »praktische Übungen«, die oft im Freien stattfanden; dazu zählten die Praxis der Vermessung und fortgeschrittene Übungen in Astronomie, bei denen die Positionen, Bewegungen und Konstellationen von Himmelskörpern studiert wurden. Mercator war anscheinend ein guter Lehrer, und der Stadtrat entlohnte ihn statt mit Bargeld mit drei gemästeten Schweinen.

Im zweiten Jahr geriet die Schulverwaltung allerdings in ernste Schwierigkeiten, als Rektor Castritius nach einem Streit zurücktrat. Sein Nachfolger wurde nun doch der schwermütige Johannes Molanus, der schließlich eingesehen hatte, dass es für einen

Reformgeist keinen besseren Wohnort als Duisburg gab. Und er sollte es nicht bereuen, denn Mercator »hielt so große Stücke auf Johannes Molanus«, schrieb Nachbar Walter Ghim, »dass er ihm seine älteste Tochter zur Frau gab«.[7]

Mercator war nicht nur darum besorgt, Emerentia mit einem geeigneten Gatten zu vermählen; er war auch bestrebt, aus seinem ältesten Sohn Arnold einen tüchtigen Kosmographen zu machen. »Sobald er gewisse Kenntnisse in den Geisteswissenschaften erworben hatte,« bemerkte Ghim, »hielt Mercator ihn zum Studium der Mathematik an.«[8] Arnold hatte die Tochter des Schuldirektors von Düsseldorf geheiratet und zeigte bereits eine vielversprechende Begabung im Instrumentenbau. Seine erste Übung in der Kartographie unternahm er etwa zu der Zeit, als die Familie in die Oberstraße zog. Arnold stach eine hübsche kleine Karte von Island, die seinen Namen und die Jahreszahl 1558 trug. Die Karte war gleichmäßig beschriftet und mit Schiffen, Meerestieren und einer geflügelten Putte verziert, die einen gespreizten Stechzirkel hielt. Sie war in jeder Hinsicht reizend, außer in einem Punkt: Arnold hatte die Umrisse der Insel von der jüngsten Europakarte seines Vaters kopiert, dabei aber versäumt, die Form als Spiegelbild auf die Kupferplatte zu gravieren. Arnolds gedrucktes Abbild Islands war also seitenverkehrt.[9] Neben seinen Fähigkeiten als Instrumentenbauer und Kupferstecher hatte sich Arnold in jüngster Zeit auch als Vermesser einen Namen gemacht. Nach Vermessungsarbeiten in der westlichen Eifel zeichnete er 1560 eine Karte für den Erzbischof und Kurfürsten von Trier. Auch die beiden anderen Söhne Mercators durchliefen eine hoffnungsvolle Entwicklung. Bartholomäus war auf dem besten Wege, ein Gelehrter zu werden, und der Jüngste, Rumold, damals gerade Anfang zwanzig, wurde in Dordrecht von Humanus Caesareus in Philosophie unterwiesen.

Während Mercators kurzer Lehrtätigkeit in Duisburg – im Sommer 1560 und 1561 – beauftragte ihn Herzog Wilhelm, die umstrittene Grenze zwischen der Grafschaft Mark und dem Herzogtum Westfalen zu vermessen. Neben dem Unterrichten und Vermessen baute Mercator weiterhin – je nach Bestellung – seine Erd- und Himmelsgloben, soweit es seine Arbeitsbelastung zuließ.

Die Pläne für die Duisburger Universität gerieten unterdessen nicht über die Planungsphase hinaus. Im Jahre 1561 wurde die Gründung durch eine päpstliche Bulle genehmigt, gleich darauf aber wieder untersagt, und 1562 trat Mercator seinen Lehrerposten am Gymnasium an seinen zweiten Sohn, Bartholomäus ab. Als sich der Traum von einer Universität zu zerschlagen drohte, wurde das Gymnasium 1563 wieder in eine bescheidene *scola grammatica* umgewandelt.

Etwa um diese Zeit zog ein gewisser Johan van den Corput aus Breda, einer Stadt in Brabant unweit von 's-Hertogenbosch, in Mercators Haus an der Oberstraße ein. Dieser junge Mann lernte bei Mercator Mathematik, Instrumentenbau und Kupferstechen und arbeitete bereits 1563 an einem eigenen Stadtplan von Duisburg. Auf Mercators Anregung hin sollte der Plan für die Sicherheit, die Ruhe sowie die ausgezeichnete Lage der Stadt und deren Eignung als Bildungsmetropole werben. Im Jahre 1564 wurde die Gründung einer Universität erneut durch eine päpstliche Bulle genehmigt, doch in Ermangelung einer kaiserlichen Lizenz und entsprechender Mittel wurde sie weiterhin verschoben. Damit zerschlug sich Mercators letzte Hoffnung auf akademische Würden. Er sollte nie einem förmlichen Lehrkörper angehören, so wie er sich nie auf eine Nationalität oder Staatsbürgerschaft hatte berufen können. In dieser erzwungenen Unabhängigkeit bewahrte Mercator sein größtes Kapital – die Fähigkeit, scheinbar unvereinbare Vorstellungen in Einklang zu bringen und das Ergebnis in beispielloser Klarheit zu artikulieren. Manche sahen darin einen Ausdruck von originellem Schöpfergeist. Für ihn war es eine Frage der Harmonisierung.

*

Mercator wandte sich also wieder seiner Werkstatt, seinen Büchern und seiner Korrespondenz zu. Die Briefe waren lange Zeit eine Quelle des Trostes gewesen; sie bildeten sowohl ein Fenster zur Welt als auch ein diskretes Mittel des Austauschs.

Gelegentlich traf ein Brief aus England ein, denn Mercator stand noch immer mit jenem jungen Exzentriker in Verbindung, der nach Löwen gekommen war, um Mathematik zu studieren. In der Zwischenzeit hatte John Dee ein ähnliches Schicksal erlitten wie Mercator: Mit dem Ruf, seine Mathematikvorlesungen in Frankreich hätten für weit »größeres Aufsehen«[10] gesorgt als der schwebende Skarabäus von Trinity Hall, war Dee von Paris nach Cambridge zurückgekehrt und hatte dem jungen König Edward die beiden astronomischen Werke geschenkt, die er in Löwen verfasst hatte. Daraufhin genoss Dee die Gönnerschaft des Hofes und stellte sich auf eine kometenhafte Laufbahn im protestantischen England ein, doch nach Edwards plötzlichem Tod wurde unter Königin Mary der Katholizismus wieder eingeführt. Als bereits die ersten Ketzer verbrannt wurden, fand Dee – wie einst Mercator – seinen Namen auf dem Index. Man klagte ihn der Hexerei an und warf ihm vor, »mit Zauberei« die Königin »vernichten« zu wollen.[11] Seine Bücher wurden konfisziert und sein Haus versiegelt. Dee entging dem Scheiterhaufen nur dadurch, dass er sich gleichsam durch ein Wunder in einen katholischen Kaplan des Bischofs von London verwandelte. Nachdem er freigelassen worden war, fing er mit manischem Eifer an, Bücher, Handschriften und Kuriosa für eine »Königliche Bibliothek« zu sammeln. Er hatte auch damit begonnen, ein großes Sammelwerk zusammenzustellen, *Propaedeumata aphoristica*, in dem anhand verschiedener Maximen erklärt werden sollte, wie irdische Phänomene durch die Himmelskörper beeinflusst werden. Mercator zeigte sich begeistert und drängte Dee in einem der vielen Briefe, die sie austauschten, sein »großes veranschaulichendes Werk eiligst« zu veröffentlichen.[12]

Als der Duisburger Kartenmacher schließlich eine Antwort auf sein Begehren erhielt, erfuhr er, dass der englische Mathematiker im Sterben lag. Dee war das Opfer einer Epidemie geworden, die 1557 und auch im Jahr darauf in England wütete.[13] Dee starb nicht. Dafür starb Mary. Unter Königin Elizabeth stand Dee plötzlich wieder in der Gunst des Hofes. Als »Geheimagent« Ihrer Majestät reiste er 1562 auf der Suche nach seltenen Texten quer durch Europa. Die ausgedehnte Reise führte ihn unter anderem nach Duisburg.[14] Die beiden Freunde hatten sich einiges mitzuteilen. Dee arbeitete immer noch an den *Propaedeumata aphoristica*. Und Mercator, der seine Lehrtätigkeit am Gymnasium aufgegeben hatte, war in die Herstellung zweier heikler Karten verstrickt. Für eine der beiden Karten interessierte sich Dee ganz besonders. Die andere sollte Mercator beinahe das Leben kosten.

*

Eine dieser Karten stellte die Britischen Inseln dar, die andere das Herzogtum Lothringen – und beide hatten eine enge Verbindung zum Haus der Guise und waren von politischer Bedeutung. Die Guise galten als eines der mächtigsten Adelshäuser Frankreichs. Sie waren durch und durch katholisch, verfolgten Interessen von Italien bis Schottland und wussten den praktischen Nutzen und symbolischen Wert von Karten sehr zu schätzen.

Als der Herzog von Guise 1558 Calais und Guines eroberte, raubte er den Engländern einen Brückenkopf auf dem Kontinent, den sie seit 220 Jahren besessen hatten. Innerhalb weniger Wochen erstellte der französische Geograph und Spion Nicolas de Nicolay eine in Kupfer gestochene Karte der Region und schenkte Charles Guise, dem Bruder des Herzogs und Kardinal von Lothringen, einen Abdruck.[15] Dieses Blatt mit dem Titel *Nouvelle description du pais de Boulonnois, comte de Guines, terre d'Oye et ville de Calais* feierte die Rückeroberung einer vor langer Zeit eingebüßten Feste durch die Franzosen und schlachtete zugleich die Demütigung Englands aus.

Die Guise hatten neben Nicolay noch einen weiteren Kartenmacher und Spion auf ihrer Seite. John Elder, der vom nördlichsten Zipfel Schottlands stammte, hatte eine Karte von Schottland für Heinrich VIII. angefertigt, die »jeden Hafen, Fluss, See, Bach und Weiler« aufwies, und einen Brief beigelegt, in dem »ein Plan für eine Vereinigung Schottlands mit England« skizziert war.[16] Elder, eigentlich ein strenger Papstgegner, änderte jedoch seine Meinung über den Papst, und bemühte sich nun mit manipulierenden Schriften um eine Aussöhnung zwischen England und Rom. In der Folge setzte sich der undurchsichtige Schotte, der im Verdacht stand, für England *und* für Frankreich zu spionieren, für ein vereinigtes katholisches Inselreich ein.[17] Zu diesem Zweck hatte er, ganz im Sinne der Guise, eine provokative neue Karte der britischen Inseln angefertigt.[18]

*

Diese Karte gelangte ungefähr ein Jahr, bevor Mercator seine Lehrtätigkeit am Duisburger Gymnasium aufgab, in die Duisburger Oberstraße.[19] Begleitet wurde sie von dem Wunsch, er möge sie in Kupfer stechen. Mercator, der die Umrisse der Britischen Inseln inzwischen in den unterschiedlichsten Maßstäben für Karten, Globen und Astrolabien gestochen hatte, erkannte sofort, dass auf dieser Karte die Inseln im Norden in noch nie erreichter Detailgenauigkeit dargestellt waren.

Die Namen von mehr als zweitausend Orten waren in Sekretärsschrift auf die Karte gekritzelt. Auch die Umrisslinien waren teilweise deutlich verändert. Aus dem quadratisch hervortretenden Wales waren zwei Arme geworden, die durch einen Golf getrennt waren. Schottland erschien in einer ganz neuen Faltenform mit einer erstmals zusammenhängenden Inselkette, die als »Hebriden« bezeichnet wurde. Die Gebiete von Grafen und Stammesfürsten waren benannt. Eingezeichnet waren auch die Wirkungsorte diverser Sagengestalten. Es gab auch andere Anzeichen dafür, dass der Urheber der Karte Schottland nicht nur bevorzugte, sondern aus erster Hand kannte. Vor der Inselgruppe der Orkneys war beispielsweise die Warnung zu lesen: »Hier liegen gefährliche Felsen, die so genannten Petlant Skyrres.« Vor Elders Geburtsort Caithness waren einzelne Strömungen namentlich verzeichnet.

Auf der gesamten Inselgruppe erschienen die größeren Flüsse in einer Genauigkeit, wie sie Mercator wohl noch nicht gesehen hatte. Und die Karte war gespickt mit regionalen Details, die für seine Europakarte viel zu klein gewesen waren. Einzig der Umriss Irlands schien weniger genau zu sein als der von Mercators »Hybernia« von 1554.[20] Irland erschien als küstennahe Kolonie, bei der sich die Aufmerksamkeit des Kartographen auf die Gegend um Dublin und das der englischen Gerichtsbarkeit unterliegende östliche Irland konzentrierte.

Wäre das Kartgebiet mittels Triangulation vermessen worden, hätte Mercator ein wahrlich bemerkenswertes Dokument vor sich gehabt, doch die Niederlande waren – dank der Bemühungen van Deventers – nach wie vor das einzige größere Gebiet der Welt, das nach mathematischen Prinzipien vermessen worden war. Die britische Karte war dagegen nach konventionelleren Methoden erstellt worden. Ortspläne, Regionalkarten, Reiseberichte und allerlei Beobachtungen waren zusammengetragen worden; die geographischen Details waren in ein Gerüst eingezeichnet worden, das sich auf ptolemäische Koordinaten stützte.[21] Als Werk der angewandten Mathematik konnte die Karte nicht überzeugen. Elder hatte nicht einmal ein Gitternetz von Breiten- und Längengraden zugrunde gelegt.

*

Das Stechen einer Karte, die das Britische Inselreich zwar detailgetreu, aber in geringer mathematischer Exaktheit, vor allem aber aus schottischer, katholischer und anti-elisabethanischer Sicht darstellte, war kaum die Art von Auftrag, die Mercator bedenkenlos annehmen konnte. Doch er war nicht in der Lage, den Auftrag abzulehnen; die Aufforderung, die Karte zu stechen, kam von »einem gewissen einzigartigen Freund«[22], dessen Namen Mercator nicht preisgeben konnte. Wahrscheinlich handelte es sich um Mercators alten Studienkollegen aus Löwen, Antoine Perronet de Granvelle.[23] Dieser wurde 1559 zum Erzbischof von

Mecheln, zum Primas der Niederlande und auch zum Kardinal ernannt. Seine führende Rolle in den neuen niederländischen Bistümern gab ihm allen Grund, bei Mercator eine prächtige, in Kupfer gestochene Version einer Karte zu bestellen, die ein »katholisches« Britannien darstellte, was ja auch im Interesse der Guise lag. Falls es tatsächlich der mächtige Granvelle war, der Mercator mit dem Stechen der Karte beauftragte, dürfte es Mercator verständlicherweise schwer gefallen sein abzulehnen.

Mercator könnte jedoch auch andere, nüchternere Gründe gehabt haben, den Auftrag anzunehmen. Im Laufe des Jahres 1561 waren nämlich Plantins Bestellungen von Karten und Globen plötzlich ausgeblieben, nachdem der Franzose beschuldigt worden war, ketzerische Werke zu drucken, und sich gezwungen sah, nach Paris zu fliehen.[24]

Wie auch immer – Mercator stach die Britischen Inseln in Kupfer. Doch als er fertig war, hatte sich das Blatt für den Freund, der ihm Elders Original geschickt haben dürfte, entscheidend gewendet. Granvelle, der kometenhaft zum Erzbischof, Primas, Kardinal und zum einflussreichsten Mitglied des Staatsrats der Regentin Margarete von Parma aufgestiegen war, wurde ausmanövriert. Der Kardinal, der als »Papagei des Papstes« und als »roter Teufel«[25] verspottet wurde, schlich sich am 13. März 1564 aus Brüssel und begab sich ins burgundische Exil.

*

Angliae & Scotiae & Hibernie nova descriptio erschien im April 1564, wenige Tage nach Granvelles demütigendem Abschied von den Niederlanden. Mit ihren acht Blättern war dies die größte und detaillierteste Karte, die je von den Britischen Inseln gedruckt worden war. Für Kontinentaleuropäer, die verzerrte ptolemäische Varianten gewohnt waren, war dies eine erstaunliche Neuerung. Aus den beiden wenig einladenden Inseln vor der nördlichen Küste Frankreichs war ein ausgedehnter Archipel mit zahlreichen Seehäfen geworden. Verzweigte Flusssysteme ließen auf eine außergewöhnliche Fruchtbarkeit schließen; unzählige Siedlungen, Kirchtürme und Burgen verwiesen auf Landstriche, die wohlhabend, fromm und gesichert waren.

In seiner künstlerischen Ausführung hatte Mercator keine Mühe gescheut. Die Qualität des Stichs übertraf sogar die der Europakarte von 1554; die Buchstaben waren noch flüssiger, und die Ortsnamen noch übersichtlicher verteilt. Wo auf der Wandkarte von 1554 Berge und Hügelketten als plumpe Stränge gleichförmiger Höcker erschienen waren, tauchten nun realistische Gruppierungen von unterschiedlicher Größe auf – von den winzigen »Maulwurfshügeln« bei Croydon im Süden bis zu den riesigen Auswüchsen im Norden, deren größter das hoch aufragende Massiv über »Cokermouth« in der Grafschaft »Comberland« war. Von den Bergen Schottlands konnte keiner mit der Größe des einsam aufragenden Massivs von Comberland konkurrieren, doch die Bergketten nördlich von Argyle waren in einer etwas maßvolleren Variante des gezackten Stils ausgeführt, den Mercator nahezu dreißig Jahre zuvor mit höchst dramatischer Wirkung bei den Wüsten Arabiens verwendet hatte. Auch der Aufbau der Karte war äußerst ansprechend; Textfelder auf leeren Meeresflächen schufen eine gewisse Symmetrie.

Die Karte *Angliae & Scotiae & Hibernie nova descriptio* war natürlich mehr als nur eine geographische Beschreibung. In der Stichtechnik gab sich eindeutig Mercators Stil zu erkennen, doch verschiedene Aspekte der Gestaltung und der Details sollten die katholischen Bestrebungen der Kardinäle Guise und Granvelle fördern. Wer Mercator kannte, vermochte an der äußeren Gestaltung der Karte eindeutig abzulesen, dass dieses Werk für seinen Urheber mehr war als nur eine Übung in mathematischer Kartographie. Wie bereits bei seiner anderen »politischen Karte« – der Flandernkarte von 1540 – ließ Mercator auch hier das Gitternetz der Längen- und Breitengrade weg. Den Britischen Inseln war nicht einmal eine Kompassrose beigegeben. Dies gab dem Kartenbenutzer insgeheim zu verstehen, dass *Angliae & Scotiae & Hibernie nova descriptio* als desorientierte Realität angesehen werden sollte.

Außerdem hatte Mercator die Britischen Inseln seitlich gekippt; der Westen lag an der Oberkante der Karte. Doch damit schuf er ein Schottland, das England räumlich gleichgestellt war; Schottland war nicht an den oberen Rand einer langen, schmalen Karte verbannt, sondern nahm die rechte Hälfte einer breiten Karte ein. Es besaß eine stark bevölkerte Ostküste und ein Binnenland mit zahllosen Seen, Wäldern, Hügeln und Burgen. Der Eindruck einer sicheren und wohlhabenden Gegend war nicht unbeabsichtigt.

Das wichtigste Textfeld der Karte enthielt ebenfalls eine Spitze gegen die Engländer. Die Ursprünge der Schotten und Iren – und die Wunder ihrer Länder – wurden ausführlich geschildert, dagegen wurden die Engländer mit einem Hinweis auf den italienischen Historiker Polidore Vergil unterschwellig attackiert. Dieser nämlich hatte Zweifel an der Darstellung des walisischen Chronisten Geoffrey of Monmouth geäußert, der in der *Historia Regum Britanniae* den Ursprung der Engländer auf jenen sagenumwobenen Brutus (einen Enkel des Äneas) zurückführte, der angeblich bis an die Themse marschiert war und dort Troia nova oder Trinovantum, das heutige London gegründet hatte. Für das England Elisabeths bildete diese Geschichte die lebendige Verbindung zwischen dem neuzeitlichen England und der antiken Zivilisation – und genau die bestritt Vergil. Dessen Anwürfe auf einer Karte der Britischen Inseln zu wiederholen war eine eindeutige Beleidigung der Engländer. Und Mercator war sich durchaus bewusst, dass dies ein Affront war, insbesondere gegen seinen Freund John Dee.

Doch dies war nicht die einzige verschlüsselte Spitze. In einem Feld am oberen Rand der Karte waren die Bistümer und Erzbistümer der Britischen Inseln aufgeführt und jeweils mit einem eigenen Symbol gekennzeichnet, doch bewusst ausgelassen waren die sechs Bistümer, die Heinrich VIII. nach seinem Bruch mit Rom und seiner Selbsternennung zum Oberhaupt der Kirche Englands gegründet hatte. Nachdem die Klöster aufgelöst worden waren, hielt Heinrich es für höchst geraten, seine neue, weltliche Kirche zur Gründung von Bischofssitzen in Westminster, Oxford, Chester, Gloucester, Bristol und Peterborough zu ermächtigen. Die Weglassung der von Heinrich selbst eingesetzten Bistümer auf der neuen päpstlichen Karte der Britischen Inseln trug die Handschrift des katholischen Primas der Niederlande und Mercator-Freundes Granvelle.

Auch die Wogen der Meere bargen versteckte Botschaften. In der Mitte des »Oceanus Britannicus« schleppte ein einsames Boot ein leeres Schiff auf einer sinnbildlich sinnlosen Mission zwischen Frankreichs Kalvinisten und Englands Protestanten. Dass die Takelage des Schiffs quer zu den vorherrschenden Westwinden gesetzt war, könnte einen Verweis auf das alte Sprichwort bedeutet haben, wonach es leicht ist, mit Rückenwind zu segeln.[26] Die beiden Schiffe vor den Hebriden unterstrichen die Botschaft: Die Schiffe der Zukunft sind jene, deren Segel so gesetzt sind, dass sie den seitlichen Wind auffangen, der sie gen Norden zur Passage nach China trägt. Die beiden einzigen Fische auf der Karte unterstrichen dies zusätzlich. Vor den Orkney-Inseln glitt durch die systematische Punktierung der Meeresflächen ein muskulöses Tier, dessen kreisrundes schwarzes Auge auf eine unsichtbare Nordostpassage gerichtet war; und am Rand der Karte ertrank ein fahler Dorsch, der in südliche Richtung nach Dieppe schwamm. Die Karte, die sich in erster Linie an französische Kartenleser wandte[27], verwarf die Idee einer europäischen Kirchenspaltung und propagierte stattdessen eine gemeinsame rosige Zukunft.

Mercator war sich bewusst, dass ihn der Druck einer Karte mit einem ausgewiesenen katholischen Blickwinkel in akute Verlegenheit bringen und seine Beziehung zu Persönlichkeiten wie John Dee belasten konnte, und so nutzte er die einleitenden Zeilen seiner Hauptlegende, um sich vom Inhalt der Karte zu distanzieren:

»Ein gewisser einzigartiger Freund bot mir diese Darstellung der Britischen Inseln an, die wahrlich mit sehr viel Gewissenhaftigkeit und größter Genauigkeit zusammengestellt wurde, und bat mich, sie nach meinem Maßstab zu vervielfältigen, und da ich nicht gewillt war, diesen Freund rundweg abzuweisen, und es nicht für günstig hielt, mich von einem Überblick von so trefflicher Kunstfertigkeit von solch gelehrten Herren zurückzuziehen, biete ich sie Euch so dar, wie ich sie erhalten habe, allerdings ergänzt durch Ausführungen jener Dinge, die dem Geographen höchst relevant für die detaillierte Kenntnis einer Region erscheinen...«[28]

Auf einer Karte so voller Rätsel und Anspielungen war sogar das, was fehlte, äußerst aufschlussreich. Das Unterschlagen der Bistümer, die Nichtbeachtung des legendären Gründers Englands, das Freilassen von Leerstellen in Irland und das Fehlen eines Gitternetzes und eines Kompasses – all das diente dem nichtmathematischen Zweck der Karte. *Eine* Unterlassung fiel jedoch stärker auf als alle anderen: Erstmals in seiner gesamten Laufbahn als Kartenmacher hatte sich Mercator nicht in der Lage gesehen, einen Widmungsträger zu nennen.

Könnte es sein, dass der plötzlich machtlose Granvelle, der im burgundischen Exil besorgt darauf wartete, dass Philip II. in den Niederlanden die habsburgische Ordnung wiederherstellte, es sich nicht leisten konnte, mit einer solch religiös belasteten Karte in Verbindung gebracht zu werden? Mercator für sein Teil könnte befürchtet haben, dass die Zueignung an einen in Ungnade gefallenen Minister den Verkauf der Karte wohl vereiteln würde.

20

Die Schätze Renés II.

Kaum war die Karte der Britischen Inseln abgeschlossen, wurde Mercator in jenes andere Kartenprojekt hineingezogen, das ihn fast an den Abgrund führen sollte. Wieder bestand eine Verbindung zum Hause Guise, und wieder blieben Mercators Motive für die Annahme des Auftrags im Dunkel. Es ging um ein Gebiet, das seit Mercators frühen Löwener Jahren in seiner geistigen Karte des Universums verzeichnet war – Lothairingia, Lothierrènge, Lorraine, Lothringen, der Rest des Königreichs, das Lothaire, der Enkel Karls des Großen geerbt hatte und das zugleich die Wiege der neuzeitlichen Kartographie gewesen war. Denn in diesem Herzogtum, einer stets gefährdeten Pufferzone zwischen den sich bekriegenden Giganten Frankreich und Habsburg, hatte Herzog René II. von Lothringen in den ersten Dekaden des 16. Jahrhunderts eine Kosmographenschule gefördert.

Die Kosmographen kamen in der Stadt St. Dié zusammen, die in einem Tal der Vogesen lag. Der Ort hatte sich von der Mönchszelle, die St. Deodatus achthundert Jahre zuvor gegründet hatte, zu einem kleinen Städtchen entwickelt, das von Wald umgeben und im Winter vom Schnee eingeschlossen war. Trotz seiner Höhenlage verfügte St. Dié über günstige Verkehrsverbindungen, denn es diente als Zwischenstation auf dem Weg vom Oberrhein nach Nancy und Paris. Zwei Tagesreisen entfernt lagen Basel und Straßburg, wo Waren und Ideen aus Italien, Deutschland und Frankreich zusammentrafen und ausgetauscht wurden.

In diesem zugleich abgelegenen und zugänglichen Refugium scharte sich eine Gruppe von Gelehrten um einen von Renés Sekretären, den Kanonikus Walter Lud. Unter ihnen befanden sich auch Mathias Ringmann, ein Heidelberger Zeitgenosse Gregor Reischs, und Martin Waldseemüller. Herzog René, dessen umfangreiche Bibliothek erst kurz zuvor durch Kopien der Briefe Vespuccis, diverse Seekarten und eine Planisphäre ergänzt worden war, förderte und finanzierte die kosmographischen Studien der »Schule« von St. Dié, die auch eine Presse einrichtete, um wissenschaftliche Werke zu drucken. Das erste hier gedruckte Buch war die *Cosmographiae introductio* von 1507, in der der Kontinent Amerika seinen Namen erhalten hatte. Es folgten ein Globus und eine Weltkarte sowie Waldseemüllers Abhandlung über Vermessung und Perspektive, sein Büchlein über Globen sowie seine Europakarte und schließlich das große Werk, das ihn in der Welt der Kartographie unsterblich machte – seine Neuausgabe der Werke des Ptolemäus.

Waldseemüller hatte seit vielen Jahren an seiner Ptolemäus-Ausgabe gearbeitet; sie sollte eigentlich als erstes Druckwerk der neuen Presse von St. Dié erscheinen. Mit Formulierungen, die Mercators spätere Probleme vorwegnahmen, klagte Waldseemüller im April 1507 in einem Brief an den Basler Drucker Johann Amerbach über seine Schwierigkeiten mit Manuskripten, die nicht übereinstimmten. In der Bibliothek der Dominikaner in Basel gab es laut Waldseemüller »ein griechisches Manuskript von Ptolemäus, das ich für so korrekt erachte wie das Original. Ich bitte Euch«, flehte der Kartenmacher, »es mir unbedingt zu besorgen, entweder in Eurem Namen oder in meinem, damit ich dieses Buch für den Zeitraum eines Monats habe«.[1]

Die Ptolemäus-Ausgabe wurde jedoch durch den Tod Renés verzögert und erschien erst 1513. Die siebenundzwanzig Holzschnittkarten, die Koordinatentabellen und das Register mit mehr als siebentausend Ortsnamen waren ein Wunder an Wissenschaftlichkeit, und mit Jacopo d'Angelos lateinischer Übersetzung des ptolemäischen Textes hatten die Geographen von St. Dié eine definitive Ausgabe erstellt. Damit wurde absolutes Neuland erschlossen, denn dies war das erste Buch mit einem Anhang, der einen systematischen modernen Kartensatz aufwies.

Die letzte der *tabulae novae* in dem Anhang beehrte Herzog René mit einer »höchst sorgsam gedruckten Karte seiner Gebiete«.[2] Es handelte sich um Waldseemüllers Lothringen auf einer einzigen Seite. Waldseemüller hatte das Land in einer Weise gezeichnet, die sich direkt von der biblischen Bildersprache abzuleiten schien: Der Süden lag oben; der Stamm und die baumartigen Verzweigungen der Mosel streckten sich zu einer schäumenden Krone von Blätterwerk (in Form von Bergen), in der das kreisrunde Symbol für »S. Deodatus«[3] wie ein reifer Apfel hing. Waldseemüllers Karte von Lothringen zeichnete sich durch eine weitere Besonderheit aus, denn sie war die erste Karte, die in mehr als zwei Farben gedruckt wurde. Für Mercator war St. Dié gleichsam das Allerheiligste der Kartographie, der Ort, an dem Herzog Renés Gelehrte »im stillsten Winkel seines Landes...zu Füßen der Vogesen«[4] den alten Ptolemäus für die Gelehrten der Neuzeit edierten.

In dem halben Jahrhundert zwischen Renés Tod im Jahre 1508 und Mercators fataler Karte hatte Lothringen darum gerungen, seine gefährdete Neutralität zu wahren, denn sowohl Frankreich als auch Spanien beanspruchten Enklaven. Renés zweitem Sohn Claude entstammte das Haus der Guise, das künftig die Geschicke Lothringens bestimmte.

1544 wurde Charles III., »der Große«, ein Urenkel Renés, regierender Herzog von Lothringen. Charles erklärte seine Souveränität und Neutralität und setzte Reformen ein, die Lothringens innere Stabilität und Unabhängigkeit sicherstellen sollten. Bergwerke und Salinen wurden neu organisiert, die Waffenherstellung wurde der Aufsicht des Herzogs unterstellt, und der Ausbau der Befestigungsanlagen von Nancy wurde geplant. Dem Herzog fehlte jedoch das wichtigste Instrument für die Reform der Verwaltung und die militärische Verteidigung. Er verfügte über keine brauchbare Karte seines Herzogtums.

In Waldseemüllers *Tabula Nova* von Lothringen in der Ptolemäus-Ausgabe von 1513 waren nur etwa siebzig Städte verzeichnet, fast alles Orte an zugänglichen Flüssen. Es gab auch keinen Bestand an Regionalkarten, aus dem sich ein vollständiges Bild von Lothringen hätte zusammenfügen lassen. Charles Estiennes *Guide des chemins de France*[5] deckte Teile des nordwestlichen Lothringens ab, und Sebastian Brants etwas ältere Chronik enthielt Hinweise auf Verkehrswege über die Vogesen und entlang der Saar. Dies waren jedoch nur kleine Bruchstücke des Territoriums, das kartographiert werden musste. Für eine taugliche Karte Lothringens war die Vermessung des gesamten Herzogtums erforderlich – und dazu brauchte man einen Vermesser.

An dieser Stelle trat Antoine Perronet de Granvelle auf den Plan. Vom 18. bis 20. März 1564 – nur wenige Tage bevor Mercators Karte der Britischen Inseln erschien – besuchte der Kardinal in Nancy den Herzog und dessen Mutter, Christine von Dänemark. Christine, eine Nichte Kaiser Karls V., pflegte den Vertrauten des Kaisers in die Probleme Lothringens einzuweihen. Granvelle wiederum beriet sie nach besten Kräften in allen Fragen, die sie ihm vortrug. Höchstwahrscheinlich überzeugte Granvelle Christine davon, dass Lothringen eine aktuelle und akkurate Karte brauchte und dass der richtige Mann für diese Aufgabe ein Vermesser und Kartograph namens Mercator war.[6] Noch im Frühling 1564 muss Mercator ein Angebot erhalten haben.

Die Gebiete des Herzogs von Lothringen erstreckten sich von Luxemburg bis zu den feuchten, schroffen Waldgebirgen der Vogesen in Sichtweite der Alpen.[7] Lothringen umfasste ein Gebiet, das größer war als Flandern und Brabant zusammen, und bestand in weiten Teilen aus Wäldern und Hügeln, durch die sich tiefe Täler schnitten. Das Gelände und die Wetterverhältnisse ließen sich in keiner Weise mit dem vergleichen, was Mercator aus den Niederlanden kannte. Das Vermessungsgebiet wurde außerdem durch die unsicheren äußeren und inneren Grenzen und durch umherziehende Räuberbanden bedroht.

Mercator war kein junger Bursche mehr, und seine Regionalkarten hatten sich nie auf eigene Vermessungen gestützt. Das sichere Duisburg zu verlassen und sich den Gefahren Lothringens auszusetzen, war also kaum zu rechtfertigen, doch es gab eine Versuchung, der der Kartenmacher nicht widerstehen konnte: Eine kartographische Vermessung für den Urenkel Renés II. versprach Mercator Zugang zu den legendären Kartenschränken des Herzogtums, zu deren Schätzen die Kopie, die Waldseemüller von jener Ptolemäus-Ausgabe angefertigt hatte, welche Amerbach ihm ausgeliehen hatte, sowie die Vespucci-Briefe zählten.[8] In seinem Wunsch, Herzog Renés Bibliothek sehen zu wollen, wurde Mercator nicht nur von reiner Neugier angetrieben, denn er brütete bereits ein Projekt aus, dessen Durchführung von solch einem Besuch nur profitieren konnte.

Der Aufwand einer Vermessungsexpedition war indes beängstigend. Zwar hatte Mercator seit Jahrzehnten aus Quellen, die von Ptolemäus bis Finé und Apian reichten, Listen von Koordinaten zusammengetragen, die ihm ein Grundgerüst der wichtigsten lothringischen Orte lieferten. Doch zwischen den größeren Städten lagen zahllose Dörfer und kleinere Orte, Flüsse, Berge, Wälder und Grenzen, die Mercator allesamt mit Hilfe der Triangulation vermessen musste. Da sich der Herzog in dem schriftlichen Auftrag ausbedungen hatte, dass Mercator eine Karte und eine Beschreibung des Herzogtums anfertigen sollte, blieb jenem nichts anderes übrig, als ausgedehnte Reisen zu unternehmen. Als er den Auftrag schließlich annahm, waren seine Gefühle durch eine Mischung aus tiefster Angst und höchster Erwartung geprägt.

*

Zusammen mit seinem Sohn Bartholomäus brach Mercator noch im selben Frühjahr in Duisburg auf. Die beiden reisten den Rhein hinauf bis Koblenz und folgten dann der schmaleren Mosel bis Trier. Von dort ging es wohl weiter entlang der Saar bis an die nördliche Grenze Lothringens. Höchstwahrscheinlich trafen sie in Sarralbe auf den Beamten des Herzogs, der den Auftrag hatte, sich um die Vermesser zu kümmern. Am 21. Mai erhielt Mercator die erste von zwei Teilzahlungen in Höhe von vierhundert Francs. Bartholomäus strich sechsundzwanzig Francs ein.

»Mercator vermaß das Land«, berichtete Ghim später, »Stadt für Stadt, Dorf für Dorf, höchst genau nach dem Triangulationsverfahren.« Eine schwierigere Landschaft für die Triangulation ließ sich kaum vorstellen. Hoher Waldbestand und tiefe Täler behinderten die Sicht. Die beiden Vermesser müssen sich unentwegt vor den umherstreifenden Banden deutscher Milizen gefürchtet haben, die in Frankreich einfielen, um die Katholiken zu bekriegen. Vagabunden waren in Lothringen zu einer so allgegenwärtigen Bedrohung geworden, dass Charles III. im Rahmen seiner Reformen Verbote gegen sie hatte erlassen müssen. In den Bistümern Metz, Toul und Verdun mussten die Mercators mit Städten und Dörfern verhandeln, die von Kalvinisten eingenommen worden waren und sich gegenüber Vermessern im Auftrag des Hauses Guise kaum kooperativ zeigten. So erinnerte sich die Bevölkerung von Lupstein und Scherwiller noch gut an das Massaker, das der erste Herzog von Guise 1525 unter dem anabaptistischen Landvolk angerichtet hatte.

Während der Vermessungen in den nördlichen Regionen Lothringens hätte Mercator die Gelegenheit gehabt, Nancy und die legendäre Bibliothek Renés II. zu besuchen. Bedauerlicherweise war der Verwalter des Kartenschatzes jedoch ein gewisser Thierry Alix. Der junge, eifrige Patriot zeichnete sich durch einen grenzenlosen Ehrgeiz und – wie der gesamte lothringische Adel – durch ein tiefes Misstrauen gegenüber Fremden aus. Er hatte auch Grund, sich persönlich mit Mercators geplanter Karte zu befassen. Als einer der loyalsten Beamten des Herzogs war Alix bereits kreuz und quer durch Lothringen gereist und hatte Informationen über die Grenzen des Herzogtums gesammelt. Er hatte auch eine Reihe von Ortsbeschreibungen nebst einem Register von 2290 Ortsnamen angefertigt. Bei mindestens einer Gelegenheit hatte er auch eine Karte gezeichnet. Der Mann, der den Schlüssel zu Renés kartographischen Schätzen verwahrte, hatte ganz eigene Ideen zu der Form, die Mercators Karte annehmen sollte. Alix räumte zwar ein, dass der Gast »ein höchst gelehrter und fähiger Geograph« sei[9], doch er erwartete, dass Mercators Karte auch ein aus fünfunddreißig Reimpaaren bestehendes Loblied auf Lothringen, eine in Französisch abgefasste Beschreibung Lothringens sowie seine eigene Liste von 2290 Ortsnamen enthalten solle. Doch angesichts seiner Verbindungen zu Granvelle konnte Mercator unmöglich an einer Lobeshymne auf Lothringen mitwirken. Dies lässt vermuten, dass Mercator und Alix nicht die engsten Freunde wurden.

Nancy lag auf dem Breitengrad, der durch die Mitte Lothringens verlief und den Mercator später verwendete, um die beiden Hälften seiner Lothringenkarte zu teilen.[10] Die südliche Hälfte des Herzogtums barg zusätzliche Probleme für die Vermesser. Im Südosten lagen die Berge der Vogesen. Hier waren die Straßen viel schlechter als im Norden, und das Klima war kälter, feuchter und wechselhafter. An der Vogesenstraße von Nancy nach Basel gab es seit längerer Zeit sporadische Kämpfe um ein Kapitel kriegerischer Kanonissinnen des Klosters von Remiremont, dessen Rechte und Privilegien noch 1554 von Karl V. bestätigt worden waren. Dennoch trieben Mercator und sein Sohn ihre Vermessungen bis in die abgelegensten Winkel Lothringens vor. In den Bergen östlich von St. Dié verzeichneten sie gewissenhaft selbst die winzigster Weiler in abgelegenen Tälern. Die Einwohner von Herbeaupiere, Lusse, Le Perriere, Le Merlus und Trois Maysons[11] dürften darüber gestaunt haben, dass ihre Gemeinden auf ein und derselben Karte erscheinen sollten wie Nancy und Metz. Der Berg oberhalb ihres Tals, der »St. Piere mont«[12], wurde von den Vermessern ebenfalls erfasst. Wie bereits im Norden vermaßen Mercator und sein Sohn auch hier die Ströme und Nebenflüsse des Herzogtums mit außergewöhnlicher Gewissenhaftigkeit.

Doch während die beiden über die holprigen Straßen Lothringens von einem Visierpunkt zum nächsten stolperten, gingen sie dem Unheil entgegen. Irgendwann in jenem Sommer, wahrscheinlich im tiefen Süden[13], geschah etwas Schreckliches. Vielleicht wurden Vater und Sohn von einer Räuberbande verprügelt oder ausgeraubt. Vielleicht ereilte sie die Pest, die 1564 einige Grenzgebiete Lothringens heimsuchte. Vielleicht fielen sie den kriegerischen Kanonissinnen von Remiremont zum Opfer. Mercator, der ohnehin nur sehr ungern reiste, wollte oder konnte die Bedrohungen und Unannehmlichkeiten, die ihm unterwegs widerfuhren, nicht länger ertragen. »Diese Reise durch Lothringen«, erinnerte sich Walter Ghim später, »gefährdete ernstlich sein Leben und schwächte ihn dermaßen, dass er aufgrund seiner schrecklichen Erfahrungen äußerst nahe an den Rand eines akuten Zusammenbruchs und einer geistigen Störung geriet.«[14]

21

Jäger im Schnee

Als Mercator wieder nach Duisburg kam, war er allein. Erst als der Herbst anfing, kehrte Bartholomäus aus Lothringen zurück, wo er am 2. Oktober weitere sechsundzwanzig Francs eingestrichen hatte. Nach seinen Aufzeichnungen und Messungen fertigte Mercator »eine exakte Federzeichnung« des Herzogtums, die er »Ihrer Hoheit in Nancy darbot«.[1] Wie es hieß, zeigte sich der Herzog erfreut.[2]

Die Karte wurde indes nie gedruckt. Der Wunsch nach einem gedruckten Abbild Lothringens als einiges, katholisches Territorium, das von Frankreich und vom Kaiserreich unabhängig war, dürfte weniger gewogen haben als die Gefahr, dass solch eine genaue und detaillierte Karte eine »Karte für den Krieg« gewesen wäre, wie es Karl IX. von Frankreich mit drohendem Unterton formulierte, »nützlich für einen Feind, der mit einem Kompass und einem Quadranten eine Armee durch das ganze Land führen könnte«.[3] Mit anderen Worten: Das zwischen zwei Krieg führenden Staaten eingezwängte Lothringen konnte es sich nicht leisten, ein Dokument in Umlauf zu bringen, das einer Invasionsarmee die Quellen für Nahrung und Futter und sämtliche Straßen und Flüsse dargelegt hätte.

Mercators unveröffentlichte Karte wurde denn auch im Tresor des Herzogs verschlossen – möglicherweise zu seiner Erleichterung, denn deren Einstufung als Geheimdokument bewahrte Mercator davor, mit einem Werk in Verbindung gebracht zu werden, das als Instrument der Guise'schen Propaganda gedeutet werden konnte. Und was ist aus Mercators eigentlichem Motiv für die Annahme dieses Auftrags geworden? Fand er Zutritt zu Renés Bibliothek und womöglich auch zu den Archiven von St. Dié? Wenn es ihm gelang, hatte er vielleicht Gelegenheit, einige Quellen zu studieren oder auch zu kopieren, die bald das Fundament für sein Lebenswerk legen sollten.

*

Für Mercators Gesundheit hatte die Unternehmung in Lothringen katastrophale Folgen. Nach seinem Zusammenbruch war er niedergeschlagen und kaum arbeitsfähig.⁴ Der trübe Herbst ging in einen Winter über, wie er ihn noch nie erlebt hatte. Bereits im Jahre 1559 hatte Bruegel Schlittschuhläufer vor dem Antwerpener St.-Georgs-Tor malen können. Der Winter, der auf Mercators Flucht aus Lothringen folgte, ließ jedoch das Schlimmste fürchten. Bereits im November 1564 sanken die Temperaturen drastisch ab. Im Dezember war das ganze nördliche Europa von Frost erstarrt. Die Schelde fror zu, und Bruegel malte Jäger im Schnee und unter ihnen in Schwarz und Weiß ein Tal, in dem alles abgestorben war. Die Häfen entlang der Maas wurden von Eisbergen versperrt. Erst der Februar ließ das Eis dünner werden und gestattete Bruegel die Verwendung von Braun und Schwarz beim Malen einer Flussmündung, die von gebrochenen Deichen verwüstet war. Es war der kälteste Winter seit Menschengedenken, und als er endlich überstanden war, zerstörte der Regen die Ernte des Jahres 1565.

Auch Mercators Tochter Emerentia in Bremen hatte einen harten Winter durchgemacht. »Es gab Probleme mit der Getreideversorgung«, schrieb Emerentias Mann Molanus im März 1565, »aber es war erträglich... Der Herr hat uns bisher das Nötigste fürs Leben gegeben, und ich vertraue darauf, dass er es auch künftig tun wird.« Molanus befand sich aus einem ganz anderen Grund in großer Besorgnis. Denn seit Mercators überstürzter

Rückkehr von seiner Vermessungsexpedition in Lothringen war er so krank gewesen, dass in Antwerpen Gerüchte umgingen, er sei »in den Himmel hinübergeflogen«. Im März erlangte Molanus jedoch die Gewissheit, dass sein Schwiegervater noch lebte. »Ich danke unserem Vater im Himmel, dass er Euch erhalten hat, um seinen Namen zu verherrlichen«, schrieb er im selben Brief. Auch bei Mercators Frau Barbara hatten die Strapazen Spuren hinterlassen. »Wenn ich mich nicht täusche«, warnte Molanus seinen Schwiegervater, »wird sie allmählich von Eurer Unbill aufgezehrt.«[5]

Ebenfalls im diesem Brief lobte Molanus den »großen Mut«, mit dem Mercator den »schrecklichen Anfeindungen unangenehmer Menschen« widerstand.[6] Weil zu befürchten stand, dass der Brief abgefangen wurde, war nichts Näheres ausgeführt. Wer waren diese unangenehmen Menschen? Dem armen Kartenmacher setzte offenbar nicht nur die Krankheit zu. Vielmehr stand Mercator ungeschützt zwischen den Fronten der Protestanten und Katholiken und musste mit Feindseligkeiten der örtlichen Kalvinisten wie auch der fernen Bischöfe rechnen. Da er aufgrund der Widmung seiner Europakarte in den Augen der Öffentlichkeit dem Kardinal Granvelle verpflichtet war, musste er sich auch darauf einstellen, von den Anhängern des Prinzen von Oranien angefeindet zu werden. Und Mercators jüngste Karten der Britischen Inseln und des Herzogtums Lothringen waren besonders geeignet für böswillige Auslegungen.

Mercator stand unter einem Unstern, und so war es wenig verwunderlich, dass sein Name nicht einmal auf dem kunstvoll ausgeführten Stadtplan von Duisburg erschien, den sein ehemaliger Schüler Johan van den Corput 1566 in Druck gab. Die Hauptlegende des Plans, der Herzog Wilhelm gewidmet war, zierten die Namen Georg Cassanders, Cornelius Wouters' und Karel Utenhoves. Alle drei Genannten waren als Verfechter religiöser Reformen bekannt; Utenhove, der sich in Friemersheim am Flussufer gegenüber von Duisburg niedergelassen hatte, war sogar einer der Genter Rebellen von 1539–40 gewesen.[7] Wieder einmal rächte es sich, dass Mercator davor zurückschreckte, sich klar auf eine Seite zu stellen. Sein Haus war auf dem neuen Stadtplan klar zu erkennen, doch dessen Besitzer war gleichsam unsichtbar geworden.

Seine trübe Stimmung wurde durch den bei ihm wie bei vielen prominenten Zeitgenossen (etwa Melanchthon) vorherrschenden Glauben an die bevorstehende Apokalypse verstärkt. Der Zeitpunkt des Jüngsten Gerichts ließ sich angeblich errechnen, indem man die einundsiebzig Jahre, die das Volk Juda in der Babylonischen Gefangenschaft verbracht hatte, zu der Zahl jenes Jahres addierte, in dem sich Luther und Zwingli aus der Masse erhoben hatten. Die Apokalypse war also für das Jahr 1588 zu erwarten.[8]

Und tatsächlich schienen sich die Hinweise auf die nahende Endzeit zu mehren. Unbezwingbare Erbmonarchien, die ein halbes Jahrhundert lang einmütig von ihren Untertanen getragen worden waren, wurden von Revolutionen und Bürgerkriegen erschüttert. In Frankreich hatte König Henris Tod bei einem Ritterturnier einen Bürgerkrieg heraufbeschworen und zur Ermordung des Katholikenführers, François von Guise, geführt. Es drohte noch schlimmer zu kommen, als sich die Hugenotten für den erwarteten Schlag der katholischen Monarchien gegen die Reformkräfte wappneten. Die Regierung der Niederlande war durch Granvelles Weggang ernstlich geschwächt, und die Opposition gegen die spanische Zentralverwaltung weitete sich auf breite Schichten des Adels und der Städte aus und verband sich mit der kalvinistischen Bewegung.

Der Sturm brach im August 1566 los, als sich die Kalvinisten mit unglaublicher Gewalt erhoben. Überall in den Niederlanden fielen Bilderstürmer in Kirchen und Klöster ein und zertrümmerten Altarbilder, Heiligenfiguren und Fenster. Reichere Bürger warfen Schnitzwerke auf die Straße, damit das Gesindel nicht ihre Häuser stürmte. Ortelius schrieb aus Antwerpen: »Überall wo diese Bilderstürmer, die mit Stöcken, Beilen und brennenden Fackeln bewaffnet waren, von Kirche zu Kirche hetzten, floh alles... Am nächsten Tag sahen sämtliche Kirchen so aus, als sei der Teufel Hunderte Jahre am Werk gewesen.«[9] Als Nächstes waren 's-Hertogenbosch und Gent an der Reihe, dann Breda, Mecheln, Turnhout, Lier, Bergen, Amsterdam, Haarlem und Utrecht. Binnen weniger Tage wurden die Kirchen und Altäre in Hunderten von Städten und Dörfern zerstört. Löwen war einer der wenigen Orte, die der kalvinistischen Säuberung entgingen. Die Regierung in Brüssel schien hilflos.

Im fernen Duisburg musste sich Mercator in seiner Annahme bestätigt sehen, dass der Tag des Jüngsten Gerichts nahte.

22

Kosmographie – die Beschreibung des gesamten Universums

In den Tiefen seiner Depression ersann Mercator das Monument, das er der Menschheit zu hinterlassen gedachte.[1] Blickte er zurück, so wirkte die Summe seiner Werke ebenso unstrukturiert wie sein Leben. In den etwa dreißig Jahren, seit er die Philosophie zugunsten der Mathematik aufgegeben hatte, waren unter seinen Händen diverse Instrumente und Globen entstanden – und gelegentlich auch Karten. Einige Arbeiten waren Auftragswerke, andere das Resultat seiner religiösen oder mathematischen Überzeugung, wieder andere waren auch von politischer Zweckmäßigkeit motiviert gewesen. Mercators Plan, die Welt nach Regionen zu beschreiben, war hingegen über die ersten Schritte – seine fehlerhafte Weltkarte von 1538 und die Wandkarte von Europa – hinaus nicht gediehen.

Doch nun entstand in seinem Kopf ein monumentales Gedankengebäude, das seinem Dasein Sinn und Zweck verleihen sollte. Das Werk, das ihm vorschwebte, sollte weit über die Geographie hinausgehen. »Ich möchte prophezeien«, schrieb er, »dass etwas Erhabeneres entstehen wird, wenn ich mich nicht allein auf eine Beschreibung der Länder der Erde beschränke, sondern das gesamte universelle System studiere, welches das Firmament der Erde vereint, und auch die Positionen, die Bewegungen und die Anordnung seiner Teile, soweit es sich mit diesen Zielen vereinbaren lässt.« Der Mittfünfziger plante also nichts weniger als eine erklärende Beschreibung des Universums. Mit dieser Absicht schloss sich der Kreis, denn er kehrte damit zu der Vorstellung zurück, die er über dreißig Jahre zuvor von Gemma Frisius übernommen hatte: »Ich glaube«, fuhr er fort, »dass der Kosmographie unter all den Prinzipien und Anfangsgründen der Naturphilosophie der höchste Stellenwert zukommt.«[2]

So entwickelte sich aus Mercators melancholischer Verfassung eine klare Vision seiner Aufgabe, die er in mehrere Teile zergliedern wollte: »Am Anfang beschloss ich«, erinnerte er sich, »die beiden Teile des Universums, den himmlischen natürlich und den irdischen, gründlich zu untersuchen.« Sein Interesse galt den Kreisläufen der Himmelskörper, ihren Entfernungen, Größenordnungen und Beziehungen zueinander. Im zweiten Teil wollte er die Größe der Erde, ihr Gewicht, »ihr Verhältnis zu Meer und Himmel und weitere Themen dieser Art« untersuchen. Doch als Mercator über die Aspekte seiner geplanten Kosmographie nachdachte, begriff er, dass dem Himmlischen und dem Irdischen die Geschichte vorausging, die beides letztlich vereinte. »Ich erkannte, dass solch ein Werk nichts anderes war als die Geschichte der ersten und größten Teile des Universums, ja dass die Geschichte den ersten Platz und Rang in jeder Anwendung der Philosophie einnimmt.« Falls er, so dachte er, »durch gründliches Nachsinnen den ersten Ursprung dieses Mechanismus und die Entstehung besonderer Teile davon ausfindig machte«, würde solch ein historischer Ansatz sein »Urteil über das Wesen und Wirken einzelner Dinge« erleichtern. Dies wiederum würde es ermöglichen, »richtig über das Universum zu philosophieren«.[3]

Mit diesem revidierten, historischen Ansatz gedachte Mercator zunächst »mit dem Beginn des Universums« anzufangen und dann »die Ursprünge des Wesens des Universums nach dem ersten Kapitel der biblischen Genesis zu untersuchen und das Ganze gleichsam vom Zustand der Eizelle aus zu betrachten«. Mercators Kosmographie sollte also die Geschichte und den Verlauf der Schöpfung Gottes – vom Ei zur Kugel – beschreiben und aus fünf Teilen bestehen. Der erste Teil sollte die Erschaffung der Welt schildern, der zweite den Himmel beschreiben und der dritte Teil sollte Land und Meer darstellen. Dieser dritte Teil, der den geographischen Aspekten der Kosmographie galt, sollte Mercators Fähigkeiten als Kartenmacher in Anspruch nehmen. Und aus der Geographie sollte wiederum der vierte Teil der Weltbeschreibung hervorgehen. »Ich erkannte, dass die Geographie nicht für sich stehen konnte, ja ich verstand sie nicht einmal vollständig ohne die Zeitdauer, die Reihenfolge und Erbfolge der Könige, die die Städte und Königreiche gründeten.«[4] Den vierten Teil sollte daher ein *Genealogicon* bilden. Während sich Mercator in den ersten Entstehungsphasen des *Genealogicons* mit der Geschichte von Staaten befasste, erkannte er, dass noch ein fünfter Teil erforderlich war – eine strenge Lehre der Epochen, eine Chronologie der Weltereignisse von der Schöpfung bis zur Gegenwart.

Dies war der geplante Aufbau der großen Kosmographie, mit der Mercator die Geschichte und die Ordnung des gesamten Universums zu beschreiben suchte.

*

Die unvollendeten Kirchen in den Niederlanden waren Beweis genug, dass ein massives und kompliziertes, mathematisch präzises und symbolisches Bauwerk mehr erforderte als einen brillanten Architekten. Mercator besaß die zeichnerische Gabe, mehrdimensionale menschliche Unordnung in systematische Form und klare Linien zu bringen und mit dieser Vereinfachung die Existenz von Chaos zu leugnen. Er plante seine Kosmographie gerade so, als sei er frei von Schicksalsschlägen wie Krankheit, Tod, Krieg oder Geldnot. Das Schema der Kosmographie entsprang dem Geist eines Visionärs. Niemand, der recht bei Verstand ist, würde einen Visionär bitten, ihm ein Haus zu bauen, doch es erforderte dessen unbehinderte Phantasie, sich solch ein großes Werk zu vergegenwärtigen.

Und so entwickelte sich die Kosmographie zwischen den Träumen ihres geistigen Vaters und der chaotischen Realität im Herzogtum Kleve. Von den fünf Teilen des Werks – Schöpfung, Himmel, Erde, Genealogie und Geschichte der Staaten sowie Chronologie – existierten bereits verschiedene Elemente. Über die Schöpfung hatte Mercator seit mindestens dreißig Jahren nachgedacht – und wahrscheinlich auch einiges zu Papier gebracht. Und seit ebenso langer Zeit hatte er Material über die Geographie der Welt zusammengetragen. Mindestens zwei größere Kartenprojekte hatte er in Angriff genommen – die Regionalkarten der Welt, die er 1538 angekündigt hatte, und die neue Weltkarte, die er 1554 versprochen hatte.

Die gewaltige Aufgabe verlangte ein überlegtes Vorgehen. Mercator wollte als Erstes die mathematischen Bezugsgrößen des Werks bestimmen. Ohne »exakte Definition von Zeit und Ort«[5] ließen sich keine Fragen beantworten. Die Dimension »Zeit« erforderte eine Chronologie, eine Tabelle von Weltereignissen, die einen zeitlichen Rahmen für die gesamte Kosmographie bildete. Die Dimension »Ort« erforderte eine moderne, mathematische Darstellung der Welt – eine Karte beziehungsweise *die* Karte, die seit langem versprochene Weltkarte.

Nachdem Mercator die Begriffe Zeit und Ort exakt definiert hatte, konnte er mit den einzelnen Teilen seiner Untersuchung beginnen. Die Beschreibung der Erde in zwei Teilen sollte Vorrang haben; zuerst sollte Mercators definitive Ausgabe der ptolemäischen *Geographike* erscheinen, zusammen mit einer modernen Geographie der Welt, die mit Karten und Beschreibungen ausgestattet werden sollte. Der Schöpfungsbericht konnte warten, nicht zuletzt weil dessen unvermeidliche Auslegung als Ketzerwerk die Vollendung der Kosmographie zu verzögern, wenn nicht zu verhindern drohte. Während Mercator die größte Kosmographie aller Zeiten plante, wurde er, eventuell im Zusammenhang mit diesen Plänen, zum Kosmographen des Herzogs von Jülich-Kleve ernannt.

*

Ende des Jahres 1566 setzte abermals ein für Mercator schrecklicher Winter ein. Die Pest griff erneut um sich, und Mercator und seine Frau Barbara machten sich zunehmend Sorgen, denn aus unerklärlichen Gründen hörten sie nichts mehr aus Bremen, wo ihre Tochter Emerentia ihr zweites Kind erwartete. Als im Mai 1567 endlich ein Brief von Schwiegersohn Molanus aus dem Norden eintraf, enthüllte dieser eine Katastrophe, wie sie in jener Zeit nur allzu häufig vorkam. Molanus schilderte exakt und detailliert die Ereignisse, die in einer einzigen Woche seine ganze Familie ausgelöscht hatten.

Der Schulrektor erklärte zunächst, dass er mit seiner geliebten Frau und seinem kleinen Sohn nach Bremen zurückgekehrt sei, wo der Senat endlich die Einschränkungen der Lehrfreiheit aufgehoben hatte. Doch nur wenige Tage, nachdem Molanus – am 18. April – zu unterrichten begann, brach die Pest aus, der auch Mercators Enkel zum Opfer fiel. Vier oder fünf Tage lang musste der Junge leiden. Ungeachtet der Ansteckungsgefahr pflegten Molanus und die hochschwangere Emerentia ihren Sohn, bis er in ihren Armen starb. »Als er schließlich kaum noch atmete«, schrieb Molanus dem Großvater des Jungen, »riss ich meine Frau von ihm los.«[6]

Der Arzt trug Emerentia auf, frische Kleidung anzulegen und in ein anderes Haus zu ziehen. Molanus machte ein leer stehendes Gebäude ausfindig und brachte seine Frau mit zwei Mägden darin unter. Dann trug er seinen Sohn zu Grabe. Als Emerentia und die Dienstmädchen von einem Verrückten mit einem Dolch bedroht wurden, suchte die Familie Zuflucht in dem Haus, das der Witwe von Cornelius Bacher gehörte. Acht Tage lang blieben sie dort, während in der Stadt die Pest wütete. Am 2. Mai beschloss Molanus, seine Schuljungen nach Emden in Sicherheit zu bringen. Emerentia und die beiden getreuen Dienerinnen fuhren auf dem Wagen mit, während Molanus in Bremen blieb.

Doch die Pest griff auch auf Emden über. Am 8. Mai fiel ihr ein Freund Emerentias zum Opfer. Am 10. Mai gebar Mercators älteste Tochter »einen schmächtigen Jungen, der nur wenige Augenblicke am Leben blieb«. Am Abend des Elften bat Emerentia, »ein Gebet zu sprechen; als sie ihr Gesicht hob, lehnte sie sich plötzlich gegen die Liege, rang kurz mit dem Todesschmerz und schlief im Herrn ein«. Eine der Mägde starb am selben Tag; die andere – eine junge Frau namens Greta, die Mercator gut gekannt hatte – ereilte fünf Tage später der Tod. Molanus war zu betrübt, um weiterzuschreiben; er schloss in tiefem Gram und wünschte das Jüngste Gericht herbei: »Diese sündige Natur muss offensichtlich vernichtet werden, sodass der Geist für die Ankunft Jesu Christi gewappnet sei.«[7] Emerentia war knapp dreißig Jahre alt geworden.

Der Nachricht vom frühen Tode Emerentias folgte ein Jahr später, 1568, der Tod von Mercators zweitem Sohn, Bartholomäus. Der junge Mann, der die Vermessungsexpedition in Lothringen gerettet hatte, sah – wie Ghim später schrieb – einer viel versprechenden Zukunft entgegen. Kurz vor jener schicksalhaften Vermessungsreise veröffentlichte er unter dem Titel *De Sphera* eine Reihe von Vorträgen seines Vaters. Im Mai 1567, als Emerentia im Sterben lag, schrieb er sich an der Universität von Heidelberg ein, wo er alte Sprachen, Philosophie und Theologie studieren wollte. Die Hauptstadt der Pfalz war zu einem Zentrum protestantischer Gelehrsamkeit geworden, und Bartholomäus wäre dort in den Genuss eines weitaus liberaleren Lehrplans gekommen als sein Vater einst in Löwen. Und als Sohn des frisch ernannten Kosmographen des Herzogs von Kleve genoss er weitere Privilegien: Die Kosten seines Studiums trug der Herrscher der Pfalz, der kalvinistisch gesinnte Kurfürst Friedrich III. Doch noch vor dem Ende seines zweiten Studienjahrs wurde Bartholomäus ebenfalls von einer Krankheit dahingerafft. Er wurde nur achtundzwanzig Jahre alt. Alle Vermessungsaufgaben gingen nun an Mercators ältesten Sohn Arnold.

Es war eine Zeit, in der es nur schlechte Nachrichten zu geben schien. Viele Monarchien und die katholische Kirche kämpften um ihr Überleben. In Frankreich wütete bereits der dritte Bürgerkrieg in sechs Jahren, bei dem sich die Hugenotten überlegen zeigten. Und in den Niederlanden folgte auf den Bildersturm von 1566 ein massiver Gegenschlag König Philips II., der Granvelles alten Freund und Verbündeten, den Herzog von Alba, von der Kette ließ. An der Spitze einer Armee spanischer und italienischer Verbände fiel der alte, gichtkranke Feldherr mit großer Härte in die Hochburgen des Kalvinismus ein; die antikatholische Liga wurde rücksichtslos ausgehoben, 12 000 Abtrünnige wurden vor Gericht gestellt und über 1000 hingerichtet.

Es konnte nur eine Frage der Zeit sein, bis Alba und seine katholischen Krieger über die Flüsse gestürmt kamen, um auch die Ketzer im Rheinland – und in Jülich-Kleve – auszulöschen. Die Situation verschlimmerte sich noch, als Herzog Wilhelm V. von Kleve einen Schlaganfall erlitt, der seine linke Seite lähmte.

23

Die Chronologia

Allen Schicksalsschlägen zum Trotz und inmitten einer Zeit der Wirren konzentrierte sich Mercator ganz auf seine Kosmographie. Binnen eines Jahres vollendete er seine Geschichte des Universums und seine neue Weltkarte – eine Karte, die den Planeten für alle Zeiten neu umreißen sollte.

Mit der Chronologie, die Mercator zuerst in Angriff nahm, kehrte er zu einem Thema zurück, das ihn bereits seit den dreißiger Jahren beschäftigt hatte. Damals hatte ihn sein Drang, sich mit der Schöpfung zu befassen, in eine philosophische Sackgasse geführt. Nun sah er sich gezwungen, die Schöpfung nachzuvollziehen, bevor er sich dem Hauptteil der Kosmographie zuwandte.

Die Universalgeschichte stellte den Autor vor Schwierigkeiten, mit denen er sich als Geograph niemals konfrontiert sah. Ein »Ort« existierte in der beobachtbaren Gegenwart, die vergangene »Zeit« hingegen war ein Parameter der Geschichtsschreibung. Geographen entwarfen ihre Koordinaten nach zeitgenössischen Daten; Historiker dagegen leiteten ihre Daten aus selten übereinstimmenden geschichtlichen Dokumenten ab. Die Zusammenstellung einer Datenliste, welche die gesamte Zeit umfaßte, warf Probleme der Verifizierung auf. Mercator, der ein Leben lang solch widersprüchliche Quellen wie Ptolemäus, Marco Polo und die Cabotos miteinander in Einklang gebracht hatte, war zwar ein Meister der Synthese, doch selbst ihm fiel es schwer, mit den Lücken und Widersprüchen zurechtzukommen, die der historischen

Zeit innewohnten. Seine Aufgabe erforderte es, die – meist mehrbändigen – Werke von 123 Autoren zu Rate zu ziehen.[1]

Der Kartenmacher musste nicht nur aus einer Reihe ausschnitthafter Geschichtsdarstellungen eine einzige, zusammenhängende Chronologie ableiten – und zwar ohne in Widerspruch zur Heiligen Schrift zu geraten –, er musste auch eine Methode entwickeln, um unterschiedliche Weisen der Zeitmessung miteinander vereinbar zu machen: Die Babylonier zählten die Zeit ab der Herrschaft Nabonassars, die Römer ab der Gründung Roms; und die Griechen maßen die Zeit in Olympiaden ab dem Jahr, in dem Coroebus die Olympischen Spiele gewann. Die christliche Zeitrechnung begann hingegen mit der Geburt Jesu. Eine zusätzliche Komplikation entstand durch die unterschiedlichen Fixpunkte für die Jahreswechsel. Das griechische Jahr fing zur Sommersonnwende an, das hebräische zum Frühlingsäquinoktium und das christliche zu Weihnachten. In den Niederlanden erfolgte der Jahreswechsel allerdings nach dem julianischen Kalender noch zu Ostern.

Mercators Lösung für diese Probleme war genial und beispiellos. Er vereinheitlichte die großen Kalendersysteme und stimmte sie auf eine einzige Chronologie ab, die mit der Erschaffung der Welt in einem Jahr null begann. Als Metapher für diese Methode wählte er das Bild eines Baumes mit einem Stamm und Zweigen. Die ersten Seiten des Werkes waren relativ einfach, denn hier bestand die Chronologie nur aus einer einzigen Spalte, die Mercator aus dem Alten Testament ableitete. Doch schon bald verzweigte sich der Stamm in mehrere Äste. Sechs parallele Kalendersysteme erlaubten es dem Leser, jeden historischen Eintrag nach babylonischer, römischer, hebräischer, griechischer und christlicher Zeitrechnung zu datieren und die Zahl der Jahre seit dem Augenblick der Schöpfung abzulesen.

Die Chronologie fügte sich jedoch keineswegs so nahtlos zusammen, wie Mercator es sich gewünscht hätte. Die Heilige Schrift der Hebräer lieferte Daten für Ereignisse bis zur Herrschaft des babylonischen Königs Nebukadnezar. Ab da wechselte

Mercator zu Ptolemäus' *Almagest* und schloss sich damit dem Astronom Kopernikus an, der die Auffassung vertreten hatte, der babylonische König »Nabonassar« bei Ptolemäus entspreche dem biblischen König »Salmanasser«. Das *Almagest* brachte Mercator bis zum römischen Kaiser Antonius Pius. Ab da stützte er sich auf Daten des italienischen Mönchs und Altertumswissenschaftlers Onofrio Panvini, mit dem er korrespondiert hatte. Einer von mehreren Brüchen entstand durch den Mangel an Information über die Geschichte der Trojaner. Etwas übereilt berief sich Mercator auf eine Quelle, die er selbst als »Fabel«[2] bezeichnete – den bekanntermaßen verrückten Johannes Annius von Viterbo, dessen siebzehnbändige, regelmäßig nachgedruckte *Antiquitates* von 1498 etliche gefälschte Texte und diverse Fragmente vorchristlicher Autoren enthielten.

Mercators Quellen umfassten das gesamte Spektrum geschichtstreuer und theologischer Autoren. Im Gegensatz zu Annius war Johann Sleidan ein moderner, zuverlässiger Historiker, der jedoch im Herbst 1556 bereits in jungen Jahren starb. Er hinterließ eine monumentale Geschichte der Religion, das 940-seitige *Commentariorum de statu religionis et reipublicae, Carolo V. Caesare*. Die Inquisition hatte den höchsten Bann über Sleidan ausgesprochen und ihn in ihrem römischen Index von 1559 in die immer größer werdende Liste der *Auctores quorum libri & scripta omnia prohibentur* aufgenommen. Sleidan war ein Historiker, der Werturteile missbilligte und forderte, dass jedes Ereignis so aufgezeichnet werde, »wie es sich tatsächlich zutrug«.[3] Sein Werk war so nüchtern wie Mercators jüngste Karten. Beide Männer waren von denselben Idealen, von Objektivität und der Suche nach Wahrheit geprägt.

Sleidans Geschichte der religiösen Umwälzung lieferte Mercator den Höhepunkt seiner *Chronologia* – die Abfolge jener Ereignisse, die bald in einem universellen Umbruch gipfeln sollten. Nach 334 Seiten über Könige, Päpste und Finsternisse kam Mercator zum Jahr 1517 und dem Eintrag »*Martinus Lutherus contra Indulgentiarum*…« (Martin Luther gegen den Ablass), der die Umwälzung ausgelöst hatte.

Auf den letzten Seiten der *Chronologia* zeichnete Mercator die dramatische Entwicklung nach – das Berner *colloquium religione* von 1528; die Unterbreitung der *Protestatio* der evangelischen Länder, Fürsten und freien Städte des Kaiserreichs von 1529 und die darauf folgende Entstehung des protestantischen Schmalkaldischen Bundes; den Tod Zwinglis und Luthers sowie Kaiser Karls Verabschiedung des Interimsgesetzes für die Protestanten von 1548. Mercators historische Bilanz der Menschheit gipfelte in der vorapokalyptischen Entweihung der Kirche in »Belgium templis« (dem Bildersturm) im August 1566 und einer Warnung vor der großen Rebellion, die da kommen sollte.

Abgesehen von ein paar Finsternissen, die Mercator in Duisburg beobachtet hatte, folgten keine weiteren Einträge. Also blieb ihm nur noch, mit einem prophetischen Datum zu schließen, dem Jahr 1576, dem »*Initium cycli decemnovalis*« – dem Beginn des zehnjährigen Brachezyklus. Hier verwies Mercator auf seine eigene Vision von der Apokalypse. Er stellte sich keinen Antichristen, keine Sintflut und auch keinen alles verschlingenden Feuerball vor, sondern wie der Prophet Hosea einen Regen der Rechtschaffenheit. Ein Jahrzehnt lang sollte die erschöpfte Erde brachliegen. Nach erfolgter Umkehr (»Nehmt Neuland unter den Pflug! Es ist Zeit, den Herrn zu suchen«) würde – immer nach Hosea – Gott wieder Frieden und Wohlstand bringen (»Ich will ihre Untreue heilen und sie aus lauter Großmut wieder lieben«).[4]

Die *Chronologia* enthielt auch drei Ergänzungskapitel. In einem davon ging Mercator der kontroversen Frage um das geistliche Amt Jesu nach. Um nachzuweisen, dass Jesus nicht, wie allgemein angenommen, drei, sondern vier Jahre lang gepredigt hat, legte er eine weitere Tabelle an, in der er die vier Evangelien verglich. Er versuchte auch, den Zeitraum der Passion Christi zu bestimmen, indem er Sonnenfinsternisse untersuchte.

Mercator wusste, dass er ein Werk verfasst hatte, das als ketzerisch gelten würde. Die *Chronologia*, die auf klassische Werke und verbotene Bücher zurückgriff, richtete sich an Humanisten, die einen Weg zwischen den Extremen suchten. Dass das Buch keinerlei Einträge über Entdeckungsreisen oder mathematische Durchbrüche enthielt, mochte jene befremden, die Mercators Werk kannten. Doch er hatte bewusst darauf verzichtet, eine Geschichte der menschlichen Errungenschaften zusammenzustellen. Die Hauptfiguren seiner Chronologie waren jene, die von Gott mit der Herrschaft über die Welt betraut worden waren – Könige und Päpste. Die einzigen Humanisten aus der Welt der Mathematik, die es verdienten, aufgenommen zu werden, waren Kopernikus und Gemma Frisius, deren Verdienste in der Datierung astronomischer Ereignisse lagen. Indem Mercator zum Schluss auch die in niedrigem Stande geborenen Protagonisten der Kirchenspaltung mit aufnahm, wies er auf die Apokalypse hin.

Für den Schustersohn aus Rupelmonde war dieses Werk auch eine tief persönliche Betrachtung über seine eigenen verlorenen Ideale. Die Monarchen und Minister, die seine weltlichen Führer gewesen waren, hatten ausgedient. Kaiser Karl V. und seine Schwester Maria von Ungarn waren bereits seit 1558 tot. Mercators erster Gönner und Verbündeter im Großen Rat von Mecheln, Frans von Cranevelt, war 1564 gestorben. Granvelle war von König Philip II. nach Rom geschickt worden. Und die Lähmung, die Mercators Herzog Wilhelm von Kleve 1566 ereilte, hatte sich zu einer Demenz entwickelt. Die *Chronologia* war »dem höchst gefeierten Herrn Henricus Oliverius, dem ehrenwerten Kanzler von Kleve« gewidmet.[5] Der betagte Rechtsprofessor, der einst in Köln, Orléans und Bologna studiert hatte, wurde in Mercators Umkreis wegen seiner religiösen Mäßigung geschätzt.

*

Das Buch wurde mit Spannung erwartet. Ghim erinnerte sich, dass der Autor der *Chronologia* »von seinem Drucker und seinen Freunden gedrängt« werden musste, das Buch in Druck zu geben.[6] Dass einem Martin Luther, einem Zwingli und verschiedenen anderen Ketzern der ihnen gebührende Platz in einer gedruckten Weltchronik eingeräumt wurde, muss all jene begeistert haben, die sich bislang auf geheime Geschichtsquellen beschränken mussten. Darüber hinaus stellte die *Chronologia* einen innovativen Versuch dar, die Gesetze der Mathematik auf die Theologie anzuwenden. Mit Mercators peinlich genauer Datierung wurden die Inhalte der Heiligen Schrift gleichsam als historische Tatsachen verifiziert.

Wie viele andere konnte auch Christoph Plantin es kaum erwarten, das Buch in Händen zu halten. Irgendwie beschaffte sich der Antwerpener Drucker bereits im Oktober 1568 einige Exemplare, etliche Monate vor dem Publikationsdatum »1569«, das der Kölner Verleger des Buches auf die Titelseite druckte. Bereits wenige Tage, nachdem die Bücher bei Plantin eingetroffen waren, hatte dieser seine zwölf Exemplare an einen Kunden in Paris verkauft. Weil damit zu rechnen war, dass die *Chronologia* auf den Index verbotener Bücher gesetzt wurde, schien es sinnvoll, sich damit einzudecken, bevor sie von der Inquisition unter die Lupe genommen werden konnte.[7] Bis zum Ende des Jahres 1569 verkaufte Plantin weitere vierundzwanzig Exemplare.

24

Die Mercator-Projektion

Auf die genaue Darstellung der Zeit folgte die exakte Definition des Begriffes »Ort«. Dabei befasste sich Mercator mit dem größten kartographischen Rätsel seiner Zeit: Wie lässt sich der Kurs eines Schiffes, das einer konstanten Kompasspeilung folgt, als gerade Linie auf einer Karte verzeichnen, die auf einem Gitternetz aus Längen- und Breitengraden aufgebaut ist? Auf dem Meer nahm solch ein Kurs die Form einer stetigen Kurve an. Der Kompass strebte immer danach, einen gleich bleibenden Winkel zu den gedachten Meridianen beizubehalten, die zum Magnetpol im Norden verliefen. Da aber diese Meridiane nicht parallel waren, sondern zusammenliefen, beschrieb eine konstante Kompasspeilung – wenn sie lange genug beibehalten wurde – eine leicht gewundene Linie auf der Oberfläche der Erde. Bereits 1541 hatte Mercator auf die Eigenschaften dieser gekrümmten Linien, der so genannten Loxodromen, hingewiesen, indem er sie als Erster auf einem Globus verzeichnet hatte.

Wenn sich diese Loxodromen begradigen und auf einer Karte mit einem Netz von Längen- und Breitengraden einzeichnen ließen, so würde dies die Navigationstechniken der Seeleute revolutionieren. Ein Seemann, der zwischen zwei bekannten Punkten an den entgegengesetzten Küsten eines bestimmten Ozeans hin- und hersegeln wollte, pflegte ein Lineal an diese beiden Punkte anzulegen und den Winkel zwischen dem Lineal und einem beliebigen kreuzenden Meridian zu messen. Dieser Winkel gab die konstante Kompasspeilung an, der er folgen musste, um vom einen zum anderen Punkt zu gelangen. Im Grunde war dieser Kurs jedoch nicht die kürzeste Strecke, denn in Wirklichkeit bildete er eine Kurve, doch bislang hatte niemand eine Methode entwickelt, nach der man auf einem »großen Kreiskurs« segeln konnte, was eine fortwährende Änderung der Richtung erforderte.

Mercator war nie auf See gewesen. Sein Wunsch, eine Kartenprojektion mit begradigten Loxodromen zu entwickeln, entsprang seinen jahrzehntelangen Studien widersprüchlicher Karten. Weil die Seeleute ihre Kurse bei konstanten Kompasspeilungen nicht als gerade Linien auf Karten mit Netzen aus Breiten- und Längengraden einzeichnen konnten, ließen sich ihre Reiseaufzeichnungen nicht genau in die Projektionen integrieren, wie die Kartographen sie verwendeten. Eine Projektion mit geradlinigen Loxodromen sollte es Seeleuten und Kartographen erstmals ermöglichen, von denselben Karten auszugehen. Mercators neue Projektion sollte auf einzigartige Weise die Geographie dreidimensionaler Globen und zweidimensionaler Karten aufeinander abstimmen.

*

Mit der Widersprüchlichkeit der Karten hatte Mercator sich seit seiner Anfangszeit als Kartograph herumgeplagt. »Immer wieder musste ich mich beim Betrachten der Seekarten darüber wundern«, hatte er einmal seinem Freund Antoine Perronet geschrieben, »dass die Schiffskurse, auch bei genau abgemessener Distanz der Orte, einmal den Breitenunterschied größer, dann wieder kleiner machten, als er tatsächlich ist, und dann oft wieder mit dem richtigen Breitenunterschied der fraglichen Punkte übereinstimmten. Darüber beunruhigt, sah ich ein, wie wenig die Seekarten, von denen ich mir eine wesentliche Hilfe für die Korrektur geographischer Irrtümer erhoffte, in der Lage waren, mir zu helfen. So fing ich an, diesen Mängeln auf den Grund zu gehen, und fand bei meinen Forschungen, dass wir solche Fehler bislang nur deshalb hinnehmen mussten, weil wir zu wenig über die besondere Eigenart des Magneten wissen.«[1] Das war 1546 gewesen. Seine neue Projektionsmethode hatte ihn also über mindestens zwanzig Jahre beschäftigt.

Zu der eigentlichen Entdeckung kam es wahrscheinlich, als Mercator wieder einmal einen Satz von Keilstücken für seinen nach wie vor populären Erdglobus herstellte. Dabei kann wohl angenommen werden, dass Mercator die ähnliche Projektion, die der Nürnberger Kompassmacher Erhard Etzlaub sechzig Jahre zuvor entwickelt hatte, nicht kannte.[2] Während die Abbildungen der Erdteile auf seinem Arbeitstisch flach vor ihm ausgebreitet lagen, bevor sie auf die Kugel geklebt wurden, müssen die Längenkreise auf den Keilstücken als durchgehende parallele Linien erschienen sein. Die Breitenkreise und Loxodromen, die aufgrund der Abschnitte der Keile unterbrochen waren, erschienen dagegen als diskontinuierliche Kurven.

Dies war vielleicht der – nur einmal im Leben eintretende – Augenblick der Erkenntnis, als zwei vertraute Muster plötzlich zu einer einzigen, allgemein gültigen Wahrheit verschmolzen: Wenn auch die Breitenkreise begradigt und weiter auseinander gezogen wurden, mussten auch die Loxodromen sich begradigen. Knifflig war nur die Frage, wie weit die Breitenkreise auseinander gezogen werden mussten. Darauf lieferten die Keile, die auf dem Tisch ausgebreitet lagen, bereits die Antwort. Da sich jeder Keil zum Pol hin stufenweise verjüngte, folgte, dass auch die Breitenkreise in progressiven Abständen eingeteilt werden mussten. Einige Versuche mit der Schere dürften den empirischen Beweis erbracht haben. Das Ergebnis, frohlockte Mercator, stimmte »so vollkommen mit dem Quadrieren des Kreises« überein, »dass nichts... zu fehlen schien, außer einem formalen Beweis«.[3]

Als die Parallelen korrekt angeordnet waren, hatte Mercator die Projektion vor sich, die so vielen Kartographen so lange nicht eingefallen war. Breitenkreise, Längenkreise und Loxodromen wurden zu einem geradlinigen Dreigestirn ausgerichtet. Mercator hatte ein unabänderliches System für das Zeichnen von Weltkarten niedergelegt, das sich als ebenso zeitlos erweisen sollte wie die Planetentheorie des Kopernikus. Indem er das Wesen des Räumlichen zu ergründen suchte, war er zum Vater der modernen Kartographie geworden. Noch heute ist die »Mercator-Projektion« ein nicht nur jedem Geographen geläufiger Begriff, der in jedem Lexikon zu finden ist.

*

Mercators Projektion erschien 1569 in Form einer Wandkarte der Welt, der er den Titel gab: »Neue und erweiterte Darstellung der Welt, zum Gebrauch für die Schifffahrt verbessert und eingerichtet.«[4] Sein verdutzter Nachbar Walter Ghim hielt sechsundzwanzig Jahre später lediglich fest, dass der Kartograph begonnen hatte, »Gelehrten, Reisenden und Seefahrern… eine höchst akkurate Beschreibung der Welt in großem Format vorzulegen, indem er den Globus mit Hilfe eines neuen und praktischen Kunstgriffs auf eine plane Oberfläche projizierte«.[5]

Die Karte bestand aus achtzehn separaten Blättern und war damit die größte, die Mercator je gefertigt hatte.[6] Die Dichte der Details, die präzise Beschriftung, die zahlreichen Legenden und der symmetrische Aufbau der riesigen Karte bildeten eine kartographische Sensation. Die abgebildete Geographie war dagegen recht absonderlich.

Statt des relativ schmalen Kontinents, den Ortelius nur fünf Jahr zuvor abgebildet hatte, war Nordamerika nun ein aufgeblähter Koloss, der beinahe die Hälfte der nördlichen Hemisphäre einnahm. Und auch mit den Polen war Mercator recht eigenartig verfahren. Er schien zur Sicht des Ptolemäus zurückgekehrt zu sein und hatte polare Landmassen geschaffen, die sich über die volle Breite der Karte erstreckten und selbst den Breitenumfang Nordamerikas klein erscheinen ließen. Dass dieses Werk einiges an Erklärungen erforderte, bezeugten die eingerahmten Legenden, von denen es nicht weniger als fünfzehn gab.

Das Feld, in dem der Zweck der Karte erläutert wurde, füllte die riesige unerforschte Fläche Nordamerikas aus. Darin skizzierte Mercator seine Absicht, »die Oberfläche der Kugel in einer Weise auf eine plane Ebene auszubreiten, dass die Positionen von Orten auf allen Seiten miteinander übereinstimmen, sowohl in Bezug auf die wahre Richtung und Entfernung als auch hinsichtlich der korrekten Längen und Breiten«. Um jeder Skepsis zu begegnen, versicherte er den Lesern, »dass die Formen der Teile, so weit es möglich ist, so beibehalten sind, wie sie auf der Kugel erscheinen«.[7]

Die Leser, die auch nach der Lektüre der gesamten, 750 Worte umfassenden Legende nicht schlauer waren, konnten sich nur wieder der Karte zuwenden, deren Gitternetz plastisch veranschaulichte, wie und warum sich die Gestalt der Erde ein für alle Mal geändert hatte. Aufgrund eines mathematischen Tricks waren weder die Breitenkreise noch die Längenkreise gekrümmt. Die gesamte zweidimensionale Oberfläche des Planeten war in symmetrische Rechtecke aufgeteilt. Und irgendwie war es Mercator auch gelungen, die spiralförmigen Loxodromen seines Globus zu begradigen.

Mercators einzige bisherige Weltkarte hatte die Form gespiegelter Herzen gehabt; jene Projektion hatte Land und Meer so gravierend durchtrennt und verzerrt, dass sich die geographischen Details kaum deuten ließen. Bei der neuen Projektion gab es keine geographischen Unterbrechungen, doch die zunehmende Verzerrung zu den Polen hin forderte es dem Leser ab, einen elastischen Maßstab einzukalkulieren.

*

Eine Karte von dieser Größe und mathematischer Differenziertheit konnte nur die präziseste Beschreibung der Welt darstellen. In einer weiteren Bemühung, sein mathematisches Modell zu verfeinern, hatte Mercator den Nullmeridian, der beim alten Ptolemäus durch die Kanarischen Inseln lief, weiter nach Westen verschoben – auf eine Linie, an der, wie er glaubte, die magnetische Abweichung gleich null war. Die Entscheidung, den Nullmeridian zu den Kapverdischen Inseln zu verlegen, stützte sich auf Informationen eines »erfahrenen Kapitäns« aus Dieppe, der berichtet hatte, dass sein Kompass bei diesen Inseln »exakt« nach Norden gezeigt habe. Dieser Angabe widersprachen indes Aussagen anderer Seefahrer, die eine Nullabweichung bei Corvo auf den Azoren registriert hatten. Weil Mercator keine potenziell nützliche Information unterschlagen konnte, selbst wenn dies auf Kosten der Klarheit ging, erklärte er in einer der Kartenlegenden, dass es in Wahrheit *zwei* Magnetpole gebe, einen auf einem Felsen im Polarmeer nördlich der Anianstraße (am Endpunkt des Kap-Verde-Meridians) und einen weiteren auf einer Insel weiter nordwestlich (am Endpunkt des Corvo-Meridians). Mercator glaubte, dass der eigentliche Magnetpol zwischen den beiden Polarinseln liegen müsse.

Bei der Erstellung dieser neuen Weltkarte hatte sich Mercator erstmals seit drei Jahrzehnten wieder mit der Geographie des gesamten Globus befasst. Und wie bereits bei der Arbeit an seiner *Chronologia* ging es ihm auch hier darum, widersprüchliche Quellen miteinander in Einklang zu bringen. Seine Kartographie gründete auf der Überzeugung, dass die Wahrheit in der universellen Harmonie zu finden sei – dass er die wahre geographische Form der Welt entdecken könne, indem er alle verfügbaren Quellen aufeinander abstimmte. Solch ein Ansatz erforderte jedoch immer umfangreichere Recherchen. Da opportunistische Verleger unentwegt neue und neu entdeckte Reiseerzählungen und Karten zusammenschnürten, wurde es immer komplizierter, all dieses Material zu einem einzigen, einheitlichen Bild der Welt zu vereinen. Und Mercators Ehrfurcht vor den klassischen Autoritäten bedingte zusätzliche Unstimmigkeiten.

Immerhin konnte er die Umrisse Europas und Afrikas mit einem gewissen Maß an Verlässlichkeit zeichnen, doch die Westküste Amerikas und die Ostküste Asiens waren nach wie vor höchst unterschiedlich auslegbar. Und die antarktische Landmasse musste erst noch erforscht werden. »Magellanica« konnte indes warten. Weitaus dringlicher war eine definitive Beschreibung der arktischen Küsten, die möglicherweise eine Abkürzung auf dem Weg nach Ostindien und zu den Gewürzinseln eröffneten.

In Bezug auf die Arktis hatte sich Mercator nie zu einer endgültigen Sichtweise durchringen können. Bei seiner ersten Weltkarte von 1538 war er Gemma gefolgt und hatte eine nördliche Verlängerung Asiens gezeichnet, die den Nordpol bedeckte. Drei Jahre später, bei seinem Erdglobus von 1541, existierte die arktische Landmasse zwar noch, doch diesmal war sie nicht mit Asien, sondern mit Nordamerika verbunden. Dies hatte erhebliche Auswirkungen für Seeleute, die einen Seeweg nach Indien suchten. Auf Mercators erster Karte hatte es eine Nordwestpassage nach Ostindien und zu den Molukken gegeben, aber keine Nordostpassage; und auf seinem Globus gab es dann eine Nordostpassage, aber keine Nordwestpassage. Seine neue Weltkarte wies nun eine Nordostpassage *und* eine Nordwestpassage auf. Dieser letzte Standpunkt entsprach einer Überzeugung, die Mercator lange Zeit unterdrückt hatte und die vielleicht den letzten Rest eines habsburgischen Traums bewahren sollte, einen kürzeren Seeweg nach China und Indien zu erschließen.

Die Zweifel, die Mercator in Bezug auf das wahre Wesen der arktischen Gefilde hegte, lassen sich aus seiner kartographischen Unschlüssigkeit eindeutig ablesen. Er wusste auch, dass seine Auffassung des arktischen Pols als einer Erweiterung Asiens oder Amerikas nicht allgemein anerkannt war. Bereits 1492 hatte Behaim auf seinem Globus den Nordpol als ein von Inseln umgebenes Meer dargestellt. Fünfzehn Jahre später war in der Ptolemäus-Ausgabe von Rom Ruyschs revolutionäre Karte erschienen, die ein von vier Inseln umgebenes nördliches Polarmeer zeigte – eine Darstellung, die der Franzose Oronce Finé entwickelt hatte.

Doch die Zeit drängte. Mercator brauchte für seine große Kosmographie eine gesicherte Arktis. Viele warteten ungeduldig auf seine Entscheidung, vor allem die Engländer und Ortelius, der die

Seefahrer seit geraumer Zeit gedrängt hatte, den Norden weiter zu erkunden. Weil die Engländer nicht nach Norden vorgestoßen und mit neuen Koordinaten zurückgekehrt waren, war Mercator nun auf Quellen angewiesen, die er als zweifelhaft angesehen haben musste. Zwei dieser Quellen waren aufgetaucht, nachdem der Globus von 1541 erschienen war; beides waren ältere Dokumente, die durch Aktualisierungen den Anschein der Neuheit erweckten.

Die dreibändige Sammlung von Reiseberichten und Karten mit dem Titel *Delle Navigationi et Viaggi* war zwischen 1550 und 1559 von dem venezianischen Verleger Giovanni Battista Ramusio veröffentlicht worden. Mercator besaß die Bände.[8] Zu den geographischen Raritäten, die Ramusio sammelte, zählte Material aus einem Buch des Venezianers Nicolò Zeno. Dieser schilderte in seinen *Commentarii*, wie zwei seiner Vorfahren – zwei Brüder, die venezianische Reeder gewesen waren – Ende des 13. Jahrhunderts an den Küsten von Island und Grönland entlanggesegelt waren und in ihren Briefen in die Heimat von ihren Strapazen und Beobachtungen berichtet hatten. Zenos Buch enthielt auch eine Navigationskarte. Diese Karte offenbarte erstaunliche neue Fakten über die Arktis: Am nördlichen Ende Europas lag die Halbinsel Grönland mit einem Kloster, das die Brüder Zeno eingehend beschrieben; und zwei Küstenabschnitte, die als »Estotiland« und »Drogeo« bezeichnet wurden, verwiesen auf eine bisher unbekannte Landmasse westlich von drei neuen Inseln – »Frisland«, »Estland« und »Icaria« – zwischen Island und Schottland.

Nicolò Zeno wurde ein berühmter Kartograph, und seine arktischen Enthüllungen wurden alsbald in den venezianischen Ausgaben der *Geographike* des Ptolemäus übernommen. Für Mercator war dies Bestätigung genug. Er hatte die jüngste Ausgabe von Moletius aus dem Jahre 1562 gesehen, und die darin enthaltene Aussage, Zeno sei ein Kenner der Geschichte und der Geographie, genügte, um ihn von der Glaubwürdigkeit des Venezianers zu überzeugen.[9]

Das neue Grönland Zenos wurde durch eine weitere Quelle ergänzt. Bereits seit einiger Zeit wusste Mercator um einen Reisebericht, der neues Licht auf die dunklen Gefilde der Arktis warf.[10] Der Verfasser war ein gewisser Jacob Cnoyen. Laut Mercator stammten »die meisten und die besten Informationen« in dessen Bericht jedoch »von einem Priester, der im Jahr des Herrn 1364 dem König von Norwegen diente«.[11] Die geographische Darstellung des Priesters, die Cnoyen wiedergab, wies erstaunliche Ähnlichkeiten mit der Arktis-Beschreibung auf, die Ruysch in der Ptolemäus-Ausgabe von 1507 präsentiert hatte.

Mercator, der es durchaus gewohnt war, den Wahrheitsgehalt alter Quellen zu prüfen, hätte Cnoyen eigentlich mit gewisser Skepsis begegnen müssen. Indem Mercator dessen Darstellung übernahm, vertraute er auf einen so gut wie unbekannten, zweihundert Jahre alten Bericht eines mysteriösen Reisenden. Selbst wenn ihm diese zweifelhafte Beleglage Unbehagen bereitete, so war die Verlockung doch zu groß. Cnoyen sorgte für urkundliche Argumente, die Mercators Arktis vervollständigten. Und er lieferte die Neuigkeit, die das seefahrende Volk – insbesondere die Engländer – am sehnlichsten vernehmen wollten: Es existierte sowohl eine Nordostpassage als auch eine Nordwestpassage.

Indem Mercator seine bisher angenommene polare Landmasse gegen Cnoyens Darstellung austauschte, schuf er eine weitaus detailliertere Beschreibung einer insularen Polarregion, als man sie von Behaims Globus beziehungsweise von den Karten Ruyschs und Finés kannte. Mercators neue Karte zeigte also vier Inseln, die in einem Kreis um den Pol lagen. Am südlichen Rand jeder Insel hatte er einen Saum von Bergen eingezeichnet. Zwischen den Inseln erstreckten sich schmale Bänder von Meerwasser, die nach Norden strömten und die Cnoyen als »saugende Seen« bezeichnet hatte. Zwei der Inseln waren bewohnt. Neben die Insel, die Norwegen am nächsten lag, setzte Mercator eine Legende, in der es hieß: »Hier leben Pygmäen, die insgesamt vier Fuß groß sind und die in Grönland auch Skrelinger genannt werden.« Die Nachbarinsel im Westen war seinen Worten nach »die beste und gesündeste im gesamten Septentrion«. Innerhalb des Rings aus vier Inseln lag das annähernd kreisrunde Polarmeer, in dem sich die »saugenden Seen« sammelten, bevor sie »ins Innere der Erde eingesaugt« wurden.[12] Der Ort dieses kosmischen Abflusslochs wurde durch einen großen Felsberg mit einem Durchmesser von dreiunddreißig Meilen am Pol markiert.

Weil die neue Projektion eine extreme Verzerrung in den äußeren Breiten verursachte, zeichnete Mercator die Arktis in einem eigenen Feld. Dies war der einzige Einsatz auf der gesamten Karte, und diese besondere Hervorhebung verlieh dieser definitiven Darstellung der nördlichen Seewege noch zusätzliches Gewicht. Wer die Karte bewunderte, konnte jedoch nicht übersehen, dass der Karteneinsatz noch einen anderen Zweck erfüllte. Während die Weltkarte insgesamt jedes geordnete Muster zu entbehren schien, bestach der Einsatz mit dem Polargebiet durch eine wunderschöne, fast überirdische Symmetrie. Die vier Inseln waren ungefähr gleich groß und gleich weit von dem zentralen Polarberg entfernt. Die Randgebirge säumten die Südküsten der Inseln und bildeten somit einen Ring um den Pol. Die breiteste der vier »saugenden Seen« war annähernd auf den Nullmeridian ausgerichtet.

Mit ihrem Quartett von Meeresströmen und Ringwällen wies Mercators Polarregion eine merkwürdige Ähnlichkeit mit dem Paradies auf, das den Rechtschaffenen nach dem Tode verheißen ward. So wie der Verstand bestätigte, dass Mercators Weltkarte ein mathematisches Wunderwerk war, so begriff das Herz den eingesetzten Kartenausschnitt als den Ort, der kein irdisches Leid kannte.

25

Der Freund und Konkurrent

Mercator hatte sich mit seiner Projektion unsterblich gemacht. Doch nur wenige seiner Zeitgenossen verstanden ihren Zweck. Das riesige Wandkartenformat und die zahlreichen lateinischen Legenden beschränkten die Verbreitung der Karte auf einen kleinen Kreis wohlhabender Humanisten mit hohen Räumen. Der greifbarere Teil seines Lebenswerks sollten die Elemente seiner großen Kosmographie sein. Seine Chronologie und seine Projektion bildeten dazu lediglich den Auftakt und lieferten das zeitliche und räumliche Gerüst.

Mercator war indes siebenundfünfzig. Er wusste, dass sein letzter Feind die Zeit selbst war. Als Nächstes sollte daher der kartographische Teil der Kosmographie folgen, die Darstellung von Land und Meer, bestehend aus zwei Abteilungen. In der ersten Abteilung würde die Welt so beschrieben werden, wie sie den Alten bekannt war. Zu diesem Zweck plante er *die* definitive Ausgabe der *Geographike* von Ptolemäus. Für den zweiten Teil hatte er die Herausgabe einer Serie moderner Karten vorgesehen, die den gesamten Planeten beschrieben. Wahrscheinlich begann er um 1570, sein Vorhaben in die Tat umzusetzen.[1]

Obgleich Karten für Mercator nichts Neues waren, wagte er sich hier doch auf neues Terrain vor. Bisher waren seine kartographischen Arbeiten eher sporadisch und unsystematisch gewesen. In ungefähr dreißig Jahren hatte Mercator weniger als zehn Karten gefertigt. Nun, als er auf die Sechzig zuging, plante er, weit über hundert Karten herzustellen, und zwar in zwei systematischen Reihen – einer ptolemäischen und einer modernen.

*

Ptolemäus kam natürlich zuerst. Seine Mondbeobachtungen waren in Mercators *Chronologia* auf derselben Seite erschienen wie die Kreuzigung Christi. Christus und Ptolemäus gehörten demselben Jahrhundert an. Die Geographie des christlichen Zeitalters begann mit Ptolemäus. Der alte Ägypter hatte das Fundament für die moderne Geographie gelegt, und Mercator hatte sein Leben lang im Schatten des Mannes aus Alexandria gestanden.

Der erfahrene Kartenmacher war sich mehr als manch anderer darüber im Klaren, dass Ptolemäus' *Geographike* aufgrund der Überlieferung durch die Jahrhunderte zahlreiche Veränderungen und Verfälschungen erfahren hatte, sodass »in dem gesamten Werk kein einziger Teil ist, der nicht vor Fehlern strotzt«. Ptolemäus' endlose Listen von Zahlen und Koordinaten waren immer für Übertragungsfehler anfällig gewesen, und auch die fremdartig klingenden Namen von Orten und Personen hatten zu Missverständnissen geführt. Weitere Fehler waren entstanden, indem der Text des Ptolemäus als Grundlage für neue Kartenausgaben verwendet wurde und – umgekehrt – aufgrund der Karten existierende Texte »korrigiert« wurden. Diese Diskrepanzen, meinte Mercator, hatten Ptolemäus unglaubwürdig gemacht: »Zutiefst besorgt über diesen Missbrauch jenes berühmten alten Meisters«, hielt er es für »notwendig, die uralte Geographie des Ptolemäus wiederherzustellen, die seit den Anfängen dieser Kunst überliefert wurde, und sie so weit wie möglich dem Geist des Autors folgend wiederzugeben«.[2]

Mercators *Geographike*-Ausgabe sollte eine exakte historische Quelle sein, ein Kompendium des geographischen Wissens, über das die ersten Christen verfügten. Und sie war als Akt der eigenen Emanzipation zu verstehen: Nur indem er eine angemessene

Grabschrift für den alten Meister schuf, konnte er aus dessen Schatten heraustreten und frei voranschreiten.

Anfangs konzentrierte er sich darauf, von den siebenundzwanzig Karten des Ptolemäus authentische Versionen wiederherzustellen; dazu zählten die »Universalis tabula«, welche die damals bekannte Welt beschrieb, die zehn Karten Europas, die vier Karten Afrikas und die zwölf Karten Asiens. Die Aufgabe war beängstigend, wenn auch vertraut. Wieder einmal versuchte Mercator, Faktisches und Erfundenes miteinander in Einklang zu bringen. »Die größte Schwierigkeit besteht darin, Original und Fälschung auseinander zu halten«, schrieb er. »Man findet keine zwei Ausgaben dieses berühmten Werks, die in jeder Hinsicht identisch sind.« Die Lösung bestand darin, die im Laufe der Zeit angesammelten Sedimente wegzukratzen. »Um diese Aufgabe zu erfüllen, hat man es für notwendig erkannt, die verschiedenen Ausgaben des Werks von Ptolemäus und die Originale verschiedener Manuskripte, die verfügbar sind, miteinander zu vergleichen.« Durch einen Vergleich »der vielen unterschiedlichen Ableitungen von einer Quelle gelangt man zu einer gesicherteren, überlegteren und gültigeren Bestimmung jener Primärquelle«.[3]

Mercator hatte gar nicht so viele Versionen der *Geographike*, auf die er sich stützen konnte, als er sich vielleicht gewünscht hätte. Er hatte Zugang zu drei gedruckten Ausgaben – der von Rom von 1490, der von Lyon von 1535 und der von Venedig von 1562, Letztere in der Übersetzung Pirckheimers. Neben diesen drei Ausgaben, die auch die Karten von Ptolemäus enthielten, verfügte Mercator auch über zwei Fassungen, die nur den Text wiedergaben – eine gedruckte lateinische Ausgabe, die 1540 in Köln erschienen war, und eine Handschrift, die mehr als einhundert Jahre zuvor von Nicolaus Cusanus in Auftrag gegeben worden war. Diese lieh er sich vom neuen Kurfürsten und Erzbischof von Trier, Jacob von Eltz, für den Arnold Mercator kurz zuvor die obere Mosel mittels Triangulation vermessen hatte.

Mercator hatte seine fünf Hauptquellen mit Bedacht gewählt. Da Cusanus dem Papst nahe gestanden hatte, konnte Mercator davon ausgehen, dass dessen Manuskript von einer *Geographike*-Ausgabe in der Vatikanischen Bibliothek abgeschrieben worden war. Und die gedruckte römische Ausgabe, die ihm ein Bekannter aus Köln geliehen oder geschenkt hatte, war anscheinend nach einem griechischen Manuskript berichtigt worden. Die Lyoner Ausgabe von 1535 hatte ebenfalls einen viel versprechenden Hintergrund; sie war sorgfältig nach griechischen Manuskripten korrigiert worden, und zwar von dem radikalen spanischen Humanisten Michael Servetus, von dem Mercator wusste, dass er zwanzig Jahre zuvor als Ketzer verbrannt worden war.[4] Die dritte und jüngste gedruckte Ptolemäus-Ausgabe, die Mercator verwendete, hatte Josephus Moletius in Venedig revidiert und mit Anmerkungen herausgebracht. Mit ihren 64 Kupferstichkarten und in Pirckheimers Übersetzung war dies eine besonders stattliche Ausgabe. Weniger zuverlässig war Johannes Noviomagus' Kölner Ausgabe von 1540, deren Koordinatenlisten die größten Abweichungen von der ptolemäischen Norm aufzuweisen schienen.

*

Mercators Vorhaben war also gut vorbereitet. Doch wieder einmal irrte er sich in der Dauer der Umsetzung, denn für das Abgleichen der ptolemäischen Koordinaten und das Zusammenstellen der siebenundzwanzig ptolemäischen Karten sollte er viel länger brauchen, als er erwartet hatte. Fast zehn Jahre lang brütete er über seinen antiken Quellen. In dieser Dekade entwickelte sich der Markt für moderne Karten ohne ihn. Schlimmer noch: Gerade als er sein riesiges Kartenprogramm in Angriff nahm, gingen die Verkaufszahlen seiner früheren Karten zurück, vor allem im Vergleich zu den erfolgreichen fünf Jahren zwischen September 1564 und September 1569, in denen Bestellungen für 644 Karten und 22 Globenpaare eingegangen waren.[5] Die Verkaufszahlen ließen einen Einkommensrückgang für die Zukunft befürchten. Selbst die Weltkarte mit der neuen Projektion versprach keine nennenswerten Einnahmen über einen Zeitraum von drei oder vier Jahren

Der Antwerpener Drucker Christoph Plantin (1514–89).

hinaus. Der Antwerpener Drucker Plantin hatte bis Dezember 1569 immerhin 41 Exemplare verkauft; im gesamten Jahr 1570 setzte er noch 39 Exemplare ab, doch 1571 waren es nur noch 30 und 1572 ganze 10.

Während Mercator im Abseits stand, machten clevere Verleger, Händler und andere Kartographen das Geschäft. Führend im Feld war Abraham Ortelius. Er verfügte über eng verzweigte Kontakte von Lissabon bis London und Bologna. Im Gegensatz zu Mercator war Ortelius ständig auf Reisen, vor allem nach Paris und Italien, und er besuchte regelmäßig Frankfurt. Der einstige Münzsammler hatte sich inzwischen zum Kartographen entwickelt. Seinen Einstand auf dem Gebiet der Kartographie hatte er mit einer riesigen Wandkarte der Welt gemacht, die mit ihrer herzförmigen Projektion eine große Ähnlichkeit mit der Geographie auf Mercators Globus aufwies. Ortelius reduzierte Mercators arktische Landmasse deutlich und ließ sowohl die Nordost- als auch die Nordwestpassage offen.

Ortelius und Plantin bildeten schon bald ein Zentrum der Herstellung und des Vertriebs von Karten. Plantin verkaufte Karten und Globen an Buchhändler in Spanien und Italien sowie in England, Deutschland und Frankreich. Bei den Frankfurter Buchmessen fanden Käufer die neuesten Karten von Rom, Venedig und Bologna, Afrikakarten von Forlani, Englandkarten von Lily oder van Deventers Karte von Brabant. Es gab sogar einen Messekatalog, in dem Neuerscheinungen verzeichnet waren. Aus der Bestandsliste des Augsburger Buchhändlers Georg Willer entwickelte sich 1564 ein offizieller Messekatalog mit einem eigenen Abschnitt für Karten. Bereits um 1570 führte Willer so viele Karten auf, dass er spezielle Rubriken für Wandkarten, für Karten von venezianischen Verlegern und für historische, astronomische und militärische Karten anlegte. Es entwickelte sich ein systematischer Markt für Karten. Sie waren alphabetisch nach Regionen geordnet und mit einem Hinweis auf den Autor, den Zeichner oder den Drucker versehen. Somit konnte regelmäßig in Augenschein genommen werden, was die Kartographenzunft hervorbrachte. Kartenmacher und Verleger konnten nun leichter überblicken, was bereits kartographisch erfasst war.

Der Kartenboom brachte auch den systematischen Sammler hervor. Doch nur wenige konnten hoffen, mit der außergewöhnlichen Kollektion des regelrecht besessenen Vigius van Aytta mitzuhalten, der ungefähr zweihundert Karten besaß.[6]

Während Mercator noch still und emsig Material für seine Karten zusammentrug, schickte sich sein Freund Ortelius an, die nächste Generation räumlicher Darstellungen hervorzubringen – eine neue Methode, den Planeten abzubilden, die eine Alternative oder vielleicht sogar einen Ersatz für Wandkarten und Globen darstellen sollte. Denn für den geschäftstüchtigen Ortelius stand die Frage des praktischen Gebrauchs im Vordergrund: »Jene großen geographischen Karten, die gefaltet oder gerollt werden, sind gar nicht so zweckdienlich und lassen sich gar nicht so leicht betrachten, wenn vielleicht etwas darauf gelesen werden soll. Und wer sie alle geordnet an eine Wand hängen will, der braucht nicht nur ein sehr großes und weiträumiges Haus, sondern sogar eine fürstliche Galerie.«[7]

Mercator wie Ortelius arbeiteten auf dasselbe Ziel hin. Doch während sein Freund und Konkurrent sich von der praktischen Intention leiten ließ, die faltbare Karte zu ersetzen, verfolgte Mercator seinen Traum, eine Methode zur zweidimensionalen Darstellung des dreidimensionalen Raums zu entwickeln, bei der die »Naturtreue« eines Globus und die Detailtreue einer Karte beibehalten wurden.[8]

Und beide fanden weitgehend dieselbe Lösung – eine einheitliche Sammlung moderner Karten. Gebundene Bände mit Karten hatte es natürlich bereits seit Ptolemäus' *Geographike* gegeben, aber niemand hatte sich die Mühe gemacht, nach einem einheitlichen Muster einen methodisch ausgewählten Bestand an modernen Karten zu stechen und zusammen zu verkaufen.

Durch die Auswahl und Verdichtung geographischer Daten sollten nun die Regionen der Welt in einem Format dargestellt werden, das mühelos gehandhabt werden konnte und in kürzester Zeit Zugriff auf jeden beliebigen Teil der Welt ermöglichte. Das Grundprinzip dieses Projekts war die Verkleinerung. Ortelius wollte ein zweckmäßiges und unentbehrliches Kartenbuch auf den Markt bringen, für das jeder Student Platz in seiner Bibliothek fand.

Die beiden Kartographen gingen indes völlig unterschiedlich vor. Ortelius wusste, dass er solch ein Produkt herstellen konnte, indem er einen Kupferstecher beauftragte, in verkleinertem Maßstab eine Auswahl von Werken anderer Kartographen zu kopieren, die er dann in einer logischen Reihenfolge zu einem Buch zusammenbinden ließ. Mercators puristischer Ansatz hingegen erforderte es, dass er allein das Material für seine Karten recherchierte, die er selbst (oder seine Söhne) dann stachen. Im Jahre 1570 war Ortelius mit seiner Methode dem alten Freund um mehr als ein Jahrzehnt voraus.

Ortelius' *Theatrum Orbis Terrarum* (Theater der Erdkugel) erschien am 20. Mai 1570 in Antwerpen, nur neun Monate nachdem Mercators neue Projektion in Duisburg von der Presse ging. Zur Überraschung der Leser, die mit der traditionellen Darstellung

Abraham Ortelius (1527–98), Mercators Freund – und Konkurrent.

der drei Kontinente in Gestalt dreier menschlicher Figuren auf der Titelseite vertraut waren, zierten zwei weitere Gestalten das Blatt: eine nackte Wilde, die Amerika verkörperte, und eine weibliche Büste, die »Magellanica« beziehungsweise »Terra Australis« repräsentierte und deren Hände und Füße gestutzt waren, »weil sie kaum bekannt ist«.[9]

Mit ptolemäischem Sinn für Ordnung stellte Ortelius eine Weltkarte an den Beginn seiner Sammlung; es folgten Karten der vier großen Erdteile Europa, Asien, Afrika und Amerika. Nach diesen Überblicken kamen Karten kleinerer geographischer und politischer Räume, von Britannien, Spanien, Portugal und Frankreich bis hinüber nach Russland, Persien, Palästina und »Barbaria«. Der Kupferstich – den weitgehend Frans Hogenberg besorgt hatte – war ansprechend, und das Folioformat bewirkte ein harmonisches Gleichgewicht zwischen Handlichkeit und Klarheit. Ortelius fügte den Blättern auch einen *catalogus auctorum tabularum* bei – ein Verzeichnis der siebenundachtzig Kartographen, die er als Quellen benutzt hatte. Zusammen mit seinem rheinländischen Nachbarn Sgrooten wies Mercator den längsten Eintrag auf und wurde auch in der Einleitung zu der Weltkarte lobend erwähnt. Für Ortelius war Gerhard Mercator »der beste Geograph unserer Zeit«.

Das *Theatrum* wurde mit Beifallsstürmen bedacht. So schrieb der Leibarzt Kaiser Maximilians, Johannes Crato von Krafftheim, aus Speyer an Ortelius und sprach von der »Erleichterung«, die ihm das *Theatrum* von seinen »bedrückenden Sorgen und Mühen bei Hofe« verschafft habe – was durchaus verständlich war, zumal zu jenen Sorgen auch des Kaisers Hämorrhoiden zählten. Die Karten zeigten solch lindernde Wirkung, dass Crato das *Theatrum* »gleich nach dessen Empfang Seiner Kaiserlichen Majestät überreichte«.[10]

Die überschwängliche Würdigung, die dem *Theatrum* zuteil wurde, war für Mercator eine unnötige Erinnerung daran, dass sein Perfektionismus seinen kommerziellen Interessen zuwiderlief. Doch Ende November 1570 gratulierte auch Mercator: »Ich habe Euer *Theatrum* studiert und beglückwünsche Euch zu der Sorgfalt und Eleganz, mit der Ihr die Arbeiten der Autoren verschönert habt, und der Genauigkeit, mit der Ihr das Erzeugnis jedes Einzelnen bewahrt habt, was auch erforderlich ist, um die geographische Wahrheit hervorzubringen... Daher gebührt Euch großes Lob dafür, dass Ihr die besten Beschreibungen jeder Region ausgewählt und zu einem Handbuch vereinigt habt, das zu einem geringen Preis gekauft, auf kleinem Raum aufbewahrt und überallhin mitgenommen werden kann.«[11]

*

Indem er Ortelius dafür lobte, die besten Quellen *ausgewählt* zu haben, erklärte Mercator seinen Freund auf diskrete Weise zum Herausgeber statt zum Kartographen.

Mercator erwähnte in seinem Brief auch nicht den Anspruch Ortelius', der geistige Schöpfer der Idee des Kartenbuches zu sein. In seiner Bemerkung an den Leser des *Theatrum* hatte Ortelius festgestellt, sein Nachsinnen über die Unzweckmäßigkeit

»Ich habe mir diesen Mann namens Atlas«, erklärte Mercator, »der sich so sehr durch seine Gelehrsamkeit, Menschlichkeit und Weisheit auszeichnet, als Vorbild zur Nachahmung auserkoren.« Titelseite aus *Atlas sive cosmographicae meditationes de fabrica mundi et fabricati figura*, 1595.

Amerika. Diese Darstellung lehnt sich an Mercators Weltkarte von 1569 an und wiederholt die fehlerhafte Ausbuchtung der Westküste Südamerikas sowie den riesigen antarktischen Kontinent. Man hielt solch eine südliche Landmasse für erforderlich, damit die Erde ihr Gleichgewicht behält. Die Kartographen des 16. Jahrhunderts suchten Bestätigung in den Berichten des Weltreisenden Marco Polo und der Überlebenden der Weltumsegelung Magellans, die die schmale Meerenge passierten, die hier an der Spitze Südamerikas zu sehen ist. Die Karte wurde von Mercators Enkel Michael gestochen. Aus *Atlas sive cosmographicae meditationes de fabrica mundi et fabricati figura*, 1595.

Asien. Mercators Globus von 1541 zeigte vier große Halbinseln im südlichen Asien. Am Ende seines Lebens hatte er deren Zahl auf die zwei reduziert, die wir heute kennen. Das Segelschiff lenkt das Auge des Betrachters auf eine Region, für die sich Mercator und die Engländer besonders interessierten. Vor dem Steuerbordbug des Schiffes liegt die Einfahrt der Anianstraße, flankiert von Asien und der Nordwestküste Amerikas (dem heutigen Alaska). Am Ende der Straße befindet sich der einsame Felsenberg, der den Magnetpol markiert; westlich davon die Öffnung der gemutmaßten Nordostpassage. Die Karte wurde von Mercators Enkel Gerhard gestochen. Aus *Atlas sive cosmographicae meditationes de fabrica mundi et fabricati figura*, 1595.

Die arktischen Länder. Diese prächtige symmetrische Karte entstand nach bestehenden Karten und historischen Reiseschilderungen, nach den Berichten englischer Forschungsreisender und Mercators Theorien über die Lage des Magnetpols. Keine andere Karte des *Atlas* erwies sich als so irrig. Die vier Inseln um den Nordpol waren frei erfunden, wie sich später herausstellte. Die Insel Frisland, die in dem Medaillon oben links zu sehen ist, existierte ebenfalls nicht; Mercator hatte sie von einer fiktiven Karte Nicolò Zenos kopiert. Die beiden anderen runden Einsätze stellen die Färöer und die Shetland-Inseln dar. Mercator platzierte einen Prototyp seiner Arktiskarte in ein Feld in der linken unteren Ecke seiner Weltkarte von 1569. Aus *Atlas sive cosmographicae meditationes de fabrica mundi et fabricati figura*, 1595.

Europa. Kartenstich von Mercators Sohn Rumold. Mercators erste Europakarte (1554) war die fortschrittlichste ihrer Art und »zog so viel Lob seitens der Gelehrtenschaft auf sich wie kein zweites ähnliches geographisches Werk, das je herausgegeben wurde« (Walter Ghim, 1595). Von den 107 Karten in Mercators *Atlas*-Ausgabe von 1595 waren 102 europäischen Regionen gewidmet. Mercators Absicht, seine detaillierte Darstellung auch auf die anderen Kontinente auszuweiten, wurde durch seinen Tod im Alter von 82 Jahren vereitelt. Aus *Atlas sive cosmographicae meditationes de fabrica mundi et fabricati figura*, 1595.

»Belgii inferioris« (das untere Belgien), aus *Atlas sive cosmographicae meditationes de fabrica mundi et fabricati figura*, 1595. Mercators Leben spielte sich im Rahmen dieser Karte ab. Es ist nicht belegt, dass er je über ihren Horizont hinauskam, auch wenn anzunehmen ist, dass er bei seiner verhängnisvollen Vermessungsexpedition nach Lothringen bis südlich von Metz gekommen sein dürfte. Mit dieser Karte definierte Mercator ein modernes »Belgien«, unabhängig vom römischen »Gallien« und »Germanien«.

Rechte Seite: »Frisia occidentalis.« Ausschnitt aus der *Atlas*-Karte von Westfriesland, die Mercators Verwendung kartographischer Symbole veranschaulicht. Man beachte die schraffierten Hügel, Meeresströmungen und Salzmarschen mit Seevögeln. In seinem *Atlas* verwendete Mercator standardisierte Symbole für kleine Siedlungen (einfache Kreise), kleine Städte (ein Turm), große Städte (zwei Türme), Klöster (Kreis mit Kreuz) und Kastelle (Kreis mit gestachelter Linie). Politische Grenzen erschienen als gepunktete Linien. Mercator erklärte dass er Symbole wählte, »die einfach zu machen sind, sodass jeder leicht ergänzen kann, was ausgelassen wurde«. Seine Karten seien als fortlaufendes Werk zu betrachten. Rechts oben Dokkum (Dockum), der Geburtsort seines Lehrers Gemma Frisius. Aus *Atlas sive cosmographicae meditationes de fabrica mundi et fabricati figura*, 1595.

Ausschnitte aus zweien der sechs Regionalkarten von England und Wales.
Rechts die Küste Ostenglands von Yorkshire bis Norfolk.
Unten Südwestengland. Aus *Atlas sive cosmographicae meditationes de fabrica mundi et fabricati figura*, 1595.

existierender Karten hätte schließlich zu der Entdeckung geführt, dass »es so gemacht werden könnte, wie wir es in diesem unserem Buch getan haben«.[12]

*

Während sich Ortelius also im Erfolg seiner Herausgeberarbeit sonnte, stellte Mercator in mühsamer Einzelfertigung ein Buch für einen Kunden zusammen – möglicherweise den Marschall von Jülich, Werner von Gymnich –, der eine transportable Sammlung von Europakarten haben wollte.[13]

Mit Geschick und Findigkeit schuf Mercator fünfzehn Karten, indem er vier Kopien seiner Wandkarte von Europa und drei Kopien seiner Karte der Britischen Inseln zerschnitt. In dem Buch waren auch zwei der Blätter seiner jüngsten Weltkarte enthalten. Da sich der Kunde besonders für Norditalien interessierte, ergänzte Mercator die Sammlung durch zwei handgezeichnete Karten von Tirol und der Lombardei in größerem Maßstab. Beides waren Skizzen aus der wachsenden Reihe von Karten, die er für die »Darstellung von Land und Meer« seiner Kosmographie vorbereitete. Ganz nach seiner gewohnten Praxis erwartete Mercator wohl, dass der neue Besitzer der Karten nach der Rückkehr von seiner Reise Korrekturen vorlegte.

Neben der Arbeit an diesem Unikat übernahm Mercator einen weiteren Auftrag, der ihn von seiner großen Kosmographie abhielt. Aufgrund großer Nachfrage fertigte er eine neue Ausgabe der Wandkarte von Europa, die er bereits 1554 herausgebracht hatte. Von den fünfzehn Kupferplatten, aus denen die Karte bestand, wurden sechs verändert. Dabei wurde jede Platte an den Stellen, die bearbeitet wurden, glatt gehämmert, frisch poliert und neu gestochen.

In einer neuen Kartenlegende wurde erklärt, die »famose Navigation der Engländer in der Nordostsee« habe Mercator Gelegenheit und Anlass gegeben, seine Karte zu berichtigen. Die englischen Seeleute seien nicht nur mit neuen Entdeckungen in den nördlichen Regionen von »Finmark, Lappland und Moscovia« zurückgekehrt, sondern auch mit der »korrekten Berechnung des Breitengrads der Stadt Moskau«, die Mercator »eine unfehlbare Richtschnur für die Korrektur der Position der Binnenländer« lieferte. Es sei, so Mercator, seine »Pflicht, der Welt eine genauere und gründlichere Karte vorzulegen, als man sie bisher publiziert habe«.[14]

Nach jahrelangem Warten lieferten die Engländer durch die Unternehmungen der Muscovy Company endlich wichtige Koordinaten für die nördlichen Breiten. Damit konnte Mercator die Gestalt Russlands neu bestimmen, den Verlauf der Nordküste abändern und Moskau weiter nach Süden verschieben. Auch Skandinavien wurde auf den neuesten Stand gebracht, und die Berge und Flusssysteme nördlich des Schwarzen Meers wurden neu geordnet.

Mercator beschränkte sich indes nicht nur auf Korrekturen. Er veränderte auch das Erscheinungsbild der Karte, was aus geographischer Sicht nicht nötig gewesen wäre. Auf der ursprünglichen Karte war das Meer weiß gewesen; nun tüpfelte er die Meeresflächen mit Tausenden kleiner Punkte. In den Fluten des Mittelmeers tummelten sich neue Meerestiere, und vor der Küste Mauretaniens sanken nunmehr drei Schiffe in stürmischer See. Zudem ersetzte er, vielleicht ein verschlüsselter Aufruf an die englischen Seeleute, das einsame Schiff, das auf der Karte von 1554 zur Nordostpassage gesegelt war, durch eine Flotte von drei Schiffen mit Kurs auf die Nordwestpassage. Nachdem die Engländer Daten über die Form Russlands nach Hause gebracht hatten, so Mercators implizierte Botschaft, sollten sie nun ihre Aufmerksamkeit auf die Koordinaten Chinas richten. Auch John Dee hatte die englischen Kapitäne aufgerufen, »die günstige Lage« der Insel für »die Seefahrt zu trefflichen und reichen Gestaden« zu nutzen. Es sei ihre Pflicht, die nördlichen Gefilde weiter zu erforschen. Dazu seien die Engländer »gleichsam durch die Gelehrten aufgefordert«, so Dee.[15] Mit »Gelehrten« meinte er sicherlich Ortelius und Mercator.

Mercators aktualisierte Europakarte wurde im März 1572 fertig gestellt, rechtzeitig zur Frühjahrsmesse in Frankfurt. Sie erlebte einen viel versprechenden Start. Plantin kaufte Ende 1572 dreiundfünfzig unkolorierte Exemplare. Willer führte sie im folgenden Jahr in seinem Herbstkatalog auf, in dem aber von Mercators anderen Werken lediglich seine Weltkarte von 1569 genannt war. Ansonsten dominierten italienische Karten, und auch von Ortelius' *Theatrum* waren nicht weniger als drei Versionen vertreten. Es zahlte sich also aus, wenn man seine Karten von anderen zeichnen ließ.

*

Mercator dürfte sich gefragt haben, wie lange er wohl darauf warten musste, bis die Koordinaten der Nordwestpassage von London nach Duisburg durchsickern würden. Für die modernen Karten seiner Kosmographie war eine Beschreibung der wahren Gestalt der Inseln im Norden unentbehrlich. Nach seiner ursprünglichen Planung sollten die nördlichen Länder sogar den ersten Teil des Werkes bilden.

Während die Länder im Norden große Schwierigkeiten bereiteten, war die Arbeit an den Karten von Frankreich und Deutschland relativ fortgeschritten. Sein Alter und seine Abneigung gegen das Reisen machten es jedoch immer schwieriger, die als Quellen erforderlichen Karten zu beschaffen. Der weit herumkommende Ortelius war einer von etlichen Freunden, die dem Duisburger Kartographen in seiner wachsenden Isolation zur Seite standen. Die beiden betrieben einen regelrechten Tauschhandel: Ortelius' Karten gegen Mercators Wissen. So schrieb der Duisburger im Frühjahr 1572 an Ortelius: »Vielen Dank für die Übersendung der Karte von Bayern, die ich in Frankfurt nicht kaufen konnte. Ebenso wenig erhielt ich die Beschreibung Bayerns von demselben Autor. Was die Beschreibung Mährens betrifft, so erfahre ich von Euch zum ersten Mal, dass sie publiziert wurde, da wir hier keine Händler haben, die solche Artikel aus Frankfurt besorgen;

und die Buchhändler von Köln vernachlässigen geographische Karten. Sendet mit daher die Karte von Mähren und die Beschreibung des Hennegaus.«[16] In einem Schreiben vom Mai 1572 tilgte Mercator dann seine Schuld, indem er Ortelius bei der Erstellung einer neuen Amerikakarte beriet; er empfahl ihm, die besten Elemente seiner eigenen Weltkarte mit einer neuen Karte von »Nova India« zu kombinieren.[17]

*

Und Ortelius wusste das erworbene Wissen zu nutzen. Da er ledig und an keinerlei familiäre Pflichten gebunden war, konnte er es durch die erwähnten Reisen und regen Austausch sogar noch erweitern. So war er ungeheuer produktiv: In den paar Jahren seit der Vollendung des *Theatrum* hatte er eine Wandkarte von Spanien veröffentlicht, eine Karte des Römischen Reiches, eine Neuausgabe des *Theatrum* mit achtundzwanzig zusätzlichen Karten und ein Buch über Münzen mit Illustrationen des Kupferstechers Philip Galle.

Während Ortelius in der brodelnden Handelsmetropole Antwerpen seine »Bestseller« kreierte, entwarf Mercator seine Kosmographie weiterhin so gut wie ganz allein. Er recherchierte die kartographischen Quellen selbst und stach auch viele seiner Karten eigenhändig. Weil es in Duisburg keine kommerzielle Druckpresse gab, mussten alle Texte, die für die ptolemäischen Karten erforderlich waren, in Köln gesetzt werden. Mercator war inzwischen über sechzig, und seine Abneigung gegen das Reisen wuchs. Er hatte sich gleichsam in seinem Duisburger Domizil verschanzt, aber er war nicht vergessen. Dreißig Jahre nach ihrem gemeinsamen Studium an der Universität von Löwen wandte sich Andreas Masius an Mercator, als er für seinen Kommentar zum Buch Josua geographische Informationen brauchte. Für Masius, der inzwischen als anerkannter Linguist und Orientalist galt, war Mercator »der gelehrte Mathematiker, der äußerst emsig und erfahren ist in der Darstellung der Länder der Erde und der mir in vielerlei

Hinsicht lieb und teuer ist«.[18] Und Ortelius bezeichnete in einer späteren Ausgabe des *Theatrum* den »besten Geographen unserer Zeit« gar als den »Ptolemäus unserer Zeit«. In England hatte John Dee seine überarbeitete Ausgabe der *Propaedeumata aphoristica* Mercator gewidmet.[19]

Der Antwerpener Kaufmann Joannes Vivianus bat seinen Freund Mercator um einen Beitrag zu einem *Album amicorum*, einem »Buch der Freunde«, das er seit 1571 zusammenstellte. Für den gewissenhaften Mercator war es »keineswegs redlich, für einen Freund läppische Bagatellen abzufassen«, und so steuerte er eine Zeichnung des Universums bei. Typischerweise war es weder aristotelisch noch kopernikanisch, sondern ein Kompromiss zwischen beidem. Merkur und Venus kreisten um die Sonne, doch die Sonne und sämtliche anderen Planeten kreisen um die Erde. Die verschiedenen Planetenbahnen waren in dem Begleitbrief beschrieben. Mercator entpuppte sich immer mehr als ein Perfektionist, der seinen eigenen Maßstäben nicht gerecht werden konnte. Er beklagte sich, nicht genügend Spielraum zum Nachdenken zu haben.[20]

Das war im Sommer 1573. Kurze Zeit später befiel ihn eine »ernste Krankheit«.[21] Vielleicht setzte ihm die tiefe Depression wieder zu, die er aus Lothringen mitgebracht hatte, oder aber die Gicht, die ihn zunehmend in seiner Beweglichkeit einschränkte.

*

Zu eben jener Zeit brach in Antwerpen eine kleine Gruppe von Freunden Mercators zu einer kuriosen Reise auf.[22] Es handelte sich um eine ungewöhnliche Pilgerfahrt, ein geographisches Abenteuer und eine Hommage an den Meister der modernen Kartographie. Die Route und die diversen Beobachtungen und Begegnungen, die sich dabei ergaben, sollten gewissermaßen einen erzählerischen Faden bilden. Die gedruckte Form des Reiseberichts sollte an den Humanisten gerichtet sein, dessen Lebenslauf sich im Horizont der Reiseroute abgespielt hatte. Es war eine Reise zu Mercator.

Die Reisenden waren Ortelius, Vivianus, ein junger Flame namens Jeronimus Scholiers und der Antwerpener Maler Jan van Schille. Letzterer hatte kurz zuvor für Herzog Charles III. Vermessungen in Lothringen vorgenommen, und seine Kenntnis der Region sollte der Gruppe sehr zugute kommen.

Die Reise begann in Antwerpen, dem Buchdruckzentrum Nordeuropas, und endete in der Hauptstadt des europäischen Buchmarkts, Frankfurt. Die Ströme, entlang derer sie verlief, waren jene, die Mercators Leben bestimmt hatten – Schelde, Dijle und Maas sowie Mosel und Rhein. Der geographische Höhepunkt und Wendepunkt der Reise sollte das bewaldete Herzland von Lothringen sein, das Mercator beinahe das Leben gekostet hätte.

Von Antwerpen reiste die Gruppe zunächst nach Mecheln, dem Zentrum der nordeuropäischen Geographie, und dann nach Löwen, der Wiege der Mercator'schen Geographie. Von dort ging es weiter südwärts nach Namur und entlang der Maas bis Lüttich, wo dem Grab von Sir John Mandeville, der im 14. Jahrhundert ein berühmtes Reisebuch verfasst hatte, respektvoll ein Besuch abgestattet wurde.

Danach reisten die Humanisten weiter nach Süden, über die Hügel der Ardennen und durch Luxemburg nach Lothringen. Am Ufer der Meurthe, etwa zwanzig Kilometer südöstlich von Nancy, erreichten die müden Pilger den Wendepunkt ihrer Reise, Saint-Nicolas-de-Port. Der Ort war seit fünfhundert Jahren eine Pilgerstätte, die dem heiligen Nikolaus geweiht war. Nikolaus war als Bischof von Myra während der Regierungszeit Kaiser Diokletians wegen seines Glaubens verfolgt, eingesperrt und gefoltert worden, hatte jedoch überlebt und später noch die relativ tolerante Zeit unter Kaiser Konstantin miterlebt. Ähnelte sein Lebenslauf nicht ein wenig dem Mercators?

Von Saint-Nicolas-de-Port kehrten die reisenden Humanisten nach Nancy zurück, folgten dann der Mosel bis Trier und Koblenz und gelangten auf diesem Wege zur Buch- und Kartenmesse in Frankfurt.

In Nancy muss Ortelius einen Besuch gemacht haben, der allerdings nicht belegt ist. Bereits vor der Reise hatte er nach Nancy an den Arzt des Herzogs von Lothringen geschrieben, einen leidenschaftlichen Münzsammler namens Antoine Le Pois, und angefragt, ob jener ihm die Karte zur Verfügung stellen könne, die Mercator und sein Sohn Bartholomäus 1564 von Lothringen angefertigt hatten. Sie galt als die beste Karte des Herzogtums und wäre den Humanisten auf ihrer Reise eine enorme Hilfe gewesen. Da Ortelius auf dem Hin- und Rückweg durch Nancy kam, ist es undenkbar, dass er nicht versuchte, Mercators Kartenmanuskript zu sehen, zu kopieren oder zu erwerben. Doch die Karte war nach wie vor geheim.[23]

Als die Gruppe schließlich nach Antwerpen zurückkehrte, arbeiteten Ortelius und Vivianus einen Reisebericht aus, ein *Itinerarium*, in dem Mercator gleichsam zu einem virtuellen Reisebegleiter wurde.

*

Seinem wachsenden Ruhm entsprechend, fing auch Abraham Ortelius an, ein *Album amicorum* anzulegen. Mercator war einer der Ersten, den er bat, ein Porträt und ein paar Zeilen beizusteuern. Mercator versprach Ortelius, mit dem nächsten Stapel Karten ein Porträt zu schicken – »sehr gern, wenn es Euch befriedigt, doch nur ungern, soweit es mich betrifft, da ich mich schäme, mich zur Schau zu stellen, so als sei ich etwas Besonderes, unter berühmten Männern...«[24] Mercators Bescheidenheit war nicht gekünstelt; er glaubte ernstlich, er sei der Anerkennung nicht würdig.

Doch schließlich ließ er sich doch von dem kunstfertigen Frans Hogenberg porträtieren (vgl. die Abbildung auf S. I des erten Farbteils). Der Mercator, den Hogenberg in Kupfer stach, hielt seinen Globus, der so gedreht war, dass Daumen und Zeigefinger das Wort »AMERICA« unterstrichen, in seiner Rechten ein gespreizter Zirkel, dessen eine Spitze den Magnetpol durchstach – die Essenz seines lebenslangen Forschens. Die Spitze des mathematischen Instruments, das Mercator mit der Erde verband, war ein Symbol der Wahrheit. Dass sie nicht im Heiligen Land, sondern im Nordpol und dem Nullmeridian verankert war, verwies auf einen Kosmographen, der sein Leben lang die Schöpfung Gottes vermessen und verzeichnet hatte.

Ortelius' »Buch der Freunde« enthielt auch einen Beitrag des kaiserlichen Leibarztes Crato von Krafftheim, der seinerseits den Duisburger Einsiedler rühmte. Crato hatte 1572 »einen äußerst liebenswürdigen Brief« an Mercator geschrieben.[25] Drei Jahre später wartete Crato immer noch auf eine Antwort. Mercator mochte sich gescheut haben, mit einem offenen Befürworter der Lehren Calvins einen Briefwechsel aufzunehmen, doch dieses Versäumnis war nicht sehr klug, denn zu jener Zeit stand Crato dem Kaiser besonders nahe. Kaiser Maximilian hatte seinen Leibarzt in den Rang eines Pfalzgrafen erhoben, und der Breslauer Chirurg wäre durchaus in der Lage gewesen, Mercators Werk zu protegieren und die Erteilung der Drucklizenzen zu beschleunigen, die Mercator bald für seinen Ptolemäus brauchen sollte.

26

Der korrigierte Ptolemäus

Spätestens 1575 konzentrierte sich Mercator ganz auf die Karten für seine Ptolemäus-Ausgabe. Die beständigste Quelle der Ablenkung wurde nun allerdings sein Globus von 1541, denn der hatte sich als sein dankbarstes Werk erwiesen. In England, wo noch kein gedruckter Globus hergestellt wurde, zog man Mercators Weltkugel allen anderen Importen vor, obwohl sie seit ihrem Erscheinen nicht mehr aktualisiert worden war.

Die nicht abreißenden Bestellungen des dreißig Jahre alten Globus waren ebenso willkommen wie störend. Bestellungen bereits veröffentlichter Karten ließen sich leicht erfüllen, indem man entweder vorrätige Blätter verschickte oder – falls die Karte vergriffen war – von den Originaldruckplatten neue Abzüge machte. Globen waren indes etwas ganz anderes. Mercator hatte zwar einige gedruckte Keilblätter auf Vorrat, doch für jede Bestellung musste man eine neue Kugel konstruieren, sorgfältig die Keilblätter ausschneiden und aufkleben, den Globus lackieren und schließlich auf das Gestell montieren, auf dem er sich drehte. Während Karten zusammengerollt, für den Transport in Röhren verpackt und per Kurier verschickt werden konnten, musste jeder Globus einzeln in Stroh gewickelt und in Behälter gepackt werden, die meist speziell angefertigt werden mussten. Die unhandliche und zerbrechliche Fracht musste dann per Schiff an ihren Bestimmungsort befördert werden. Doch mit Globen ließ sich – theoretisch – viel Geld verdienen. Im Jahre 1575 brachte ein unkoloriertes Exemplar der Wandkarte von Europa, die an Plantin geliefert wurde, einen Gulden ein, während ein Globenpaar privat für nicht weniger als zwanzig Gulden verkauft werden konnte.

Doch Mercators Profit aus dem Vertrieb seiner Globen stand in keinem Verhältnis zu der Zeit, die er opferte, um den Bestellungen nachzukommen. In einer Zeit rapide steigender Unkosten war es äußerst schwer, bei einer arbeitsintensiven Produktion mit geringen Stückzahlen Gewinne zu erzielen. Nachdem Mercator im Juni 1575 vier Globen an Plantin geliefert hatte, schickte er ihm fünf Jahre lang keine weiteren mehr.

Einer der zahlreichen Kunden, die zu jener Zeit nach Globen verlangten, war Joachim Camerarius, der Sohn von Melanchthons Biographen, der in Italien Medizin studiert hatte und in Nürnberg einen botanischen Garten unterhielt. Anfang 1574 schrieb er an Mercator und bestellte ein paar der berühmten Globen. Mercator vertröstete ihn bis zur nächsten Frankfurter Messe. Camerarius musste fünf Monate warten, bis die Globen fertig waren. Doch das Warten lohnte sich, denn Mercator kam der Lieferung mit ganz besonderer Sorgfalt nach. Er berechnete Camerarius 40 Gulden für die Globen, 20 Weißpfennige für die Verpackung und 42 Pfennige für den Transport nach Köln. Als »kleines Geschenk« fügte Mercator seine große Wandkarte von Europa bei.[1]

So wurde er allmählich ein Opfer seines eigenen Ruhms, und die Ablenkungen traten in frustrierender Regelmäßigkeit auf. »Ich antworte Euch ein wenig spät«, schrieb er im März 1575 an Ortelius, im Vertrauen darauf, dass jener Verständnis für die Beschäftigungen von Freunden zeigte; des Weiteren gab er zu, dass er »von so vielen Tätigkeiten abgelenkt« werde, dass er »eigentlich ganz langsame Fortschritte beim Abschluss des Ptolemäus-Werkes erzielte«.[2]

Der Brief von Ortelius, auf den Mercator geantwortet hatte, barg eine weitere Irritation, denn Mercators Freund hatte sich verpflichtet gefühlt, auf einen Abschnitt in einem neueren Werk über die Philosophie der Geschichte des französischen Juristen Jean Bodin hinzuweisen. »Nicht weniger vertut sich Mercator«, urteilte Bodin über dessen *Chronologia*, »der glaubt, dass die Sonne im Löwen stand, als das Universum zustande kam.« Wegen dieses »schlecht gelegten Fundaments« drohe Mercators gesamtes chronologisches Gebäude einzustürzen. »Die anderen Dinge, die er über die Bewegung der Sterne und die Glaubwürdigkeit der Geschichte konstatierte, lassen seinen Untergang befürchten.« Bodin unterließ es, Mercators sonstige »triviale Ideen« zu kritisieren, denn diese erschienen ihm »zu unbedeutend, um es wert zu sein, widerlegt zu werden«.[3]

Mercator fühlte sich getroffen. In seiner Antwort an Ortelius behauptete er, die Passage übersehen zu haben, als er Bodins Buch las. »Ich erkenne einen gelehrten und sehr belesenen Mann«, schrieb er, »aber in diesem Werk einen unreifen Richter.« Er verwarf Bodins Ansicht über den Ursprung der Welt und zeigte sich »erstaunt, dass ein gelehrter Mann so leichtfertige Urteile über Dinge fällt, die er entweder nicht verstanden oder nicht klar analysiert hat«. Bodin könne eine Widerlegung erwarten, so schloss Mercator, »wenn ich Zeit dafür finde«.[4] Doch Mercator fand keine Zeit.

Ein paar Wochen später schrieb Camerarius an Mercator und bestellte weitere Globen. Weil der Brief mit großer Verzögerung zugestellt wurde, hatte Mercator eine Ausrede, um seine kartographische Arbeit nicht wieder liegen lassen zu müssen. Für die bevorstehende Frankfurter Messe war es nämlich bereits zu spät, und so vertröstete Mercator seinen Kunden auf die nächste Messe.

Der Grund, weshalb Mercator nicht in der Lage war, den Globenbestellungen nachzukommen, wurde in seinem Antwortschreiben an Camerarius sichtbar: »Ich arbeite emsig an den alten Karten des Ptolemäus, aber da ich ganz allein arbeite, komme ich nur sehr langsam voran, da andere Aufgaben, eine nach der anderen, diese unterbrechen...«[5] Typischerweise zeigte sich Mercator optimistisch, die Korrektur der Ptolemäus-Karten binnen eines

Jahres abzuschließen. Etliche der Druckplatten für die Karten wurden von Arnolds ältestem Sohn Johann und dessen Bruder Gerhard gestochen. Ein Jahr später war man immer noch mit dem Stechen der Karten beschäftigt, doch Camerarius bekam seine Globen.

*

Im Jahre 1577 hatte Mercator die Karten für seine Ptolemäus-Ausgabe so gut wie abgeschlossen. Doch das Gefühl des Zeitdrucks, das in seinen Briefen zum Ausdruck gekommen war, schlug um in ein Gefühl der lähmenden Frustration, als er sich um die notwendigen Drucklizenzen bemühte. Zwei Lizenzen waren erforderlich, eine vom kaiserlichen Hof in Wien, die Mercators Werk vor Kopisten in den Reichsstädten und insbesondere in Frankfurt schützten, und eine vom Hof Philips II. von Spanien in Brüssel, die sein Urheberrecht in den Niederlanden wahrte.

Mercator hatte jedoch den denkbar schlechtesten Zeitpunkt gewählt, um die Gunst des Kaisers zu suchen. In den Niederlanden hatten die Spanier die Macht an kalvinistische Kriegsräte verloren, und Brüssel stand noch unter dem Eindruck eines blutigen Kampfes zwischen den Truppen des Staatsgenerals der Niederlande und spanischen Angreifern, bei dem Antwerpen weitgehend zerstört worden war. In Wien hingegen hatte man durch den Tod des Kaisers andere Sorgen. Johannes Crato von Krafftheim und seine Kollegen, die sich während der zwölfjährigen Amtszeit Maximilians um dessen bizarres Sammelsurium an Krankheiten kümmerten, hatten ihren Patienten nicht retten können. Am 12. Oktober 1576 war Kaiser Maximilian gestorben, nachdem er die letzten Sakramente ausgeschlagen hatte. Eine Ära religiöser Versöhnung endete in dem Augenblick, als sein labiler Sohn Rudolf während eines Zwistes bei der Beerdigung den Dolch zückte. Dass ein überzeugter Katholik, der als unberechenbar galt, auf den Thron folgte, beunruhigte jene Deutschen, die sich an die Zeit der Toleranz unter Maximilian gewöhnt hatten.

Da nun seine direkten Verbindungen zum Kaiserhof abgerissen waren, musste sich Mercator über den Sekretär des Herzogs von Jülich um die neue kaiserliche Lizenz bemühen. Doch auch hier gab es einen unglückseligen Wechsel, als 1576 ein neuer Sekretär, Paul Langer, das Amt übernahm. Mercator meinte, er müsse sich Langer mit Vorsicht nähern, doch von dem Kämmerer Jacob Wichius erfuhr er, dass Langer dem Duisburger Kosmographen und seinen »Bemühungen auf dem Gebiet der Geographie freundlich gesinnt« sei. Im April 1577 erbot sich Wichius, Langer das Anliegen vorzutragen und zu bitten, einen Brief »an Seine Kaiserliche Majestät auf Befehl des erlauchten Fürsten« schreiben zu lassen.[6] Dem Brief sollte eine Bittschrift Langers beigelegt werden. Sobald der Kaiser die Lizenz erteilt hatte, konnte Mercator dieselbe Prozedur beim Hof Philips II. in Brüssel durchlaufen.

Mercator stattete Wichius mit allen nötigen Informationen aus, doch im Juni hatte er die kaiserliche Lizenz noch immer nicht erhalten. Nachfragen ergaben, dass das Gesuch tatsächlich von Langer aufpoliert und an Rudolf II., den neuen Kaiser des Heiligen Römischen Reiches, gesandt worden war. Der ewige Optimist Mercator glaubte immer noch, die Ptolemäus-Ausgabe rechtzeitig für die Frankfurter Herbstmesse fertig stellen zu können. Er umging Wichius und schrieb am 22. Juni direkt an Langer. Der Hofkosmograph ließ keinen Zweifel daran, dass er durch weitere Verzögerungen einiges zu verlieren habe. Nun hing alles von Langer ab, doch Mercator hatte wenig Einfluss auf ihn; vor allem aber war der Sekretär am Kaiserhof in Wien anscheinend unsichtbar.

»Daher bitte ich Euch«, schloss Mercator seinen Brief, »falls Ihr noch nichts über die Erteilung meiner Lizenz gehört habt, dem Rat Seiner Kaiserlichen Majestät bei erster Gelegenheit dringend nahe zu legen, diese so schnell wie möglich zu erteilen. In der Hoffnung, dass Ihr mir und meinem Anliegen eingedenk sein möget, schicke ich Euch eine Karte von Europa, auf Tuch gezogen und koloriert, denn ich werde Eurer Liebenswürdigkeit mir gegenüber umso würdiger sein, wenn ich dieses Werk ans Licht gebracht habe.«[7] Es gab indes kaum jemanden, der solch eines Geschenks unwürdiger gewesen wäre als Langer.

*

Im Sommer 1577 beschleunigte sich die Arbeit an den ptolemäischen Karten, als Mercator ein seltenes Angebot nutzte, sich beim Stechen der Karten helfen zu lassen. Am 31. August 1577 unterrichtete er Theodor Zwinger in Basel, der ein paar Monate zuvor Globen bestellt hatte, er sei zu sehr mit seinem Ptolemäus beschäftigt und könne keine Zeit erübrigen. »Gewisse Handwerker«, schrieb er, »boten mir ihre Dienste an, und ich fürchtete, wenn ich sie nicht schnell in meine Arbeit einspanne, würden sie mich verlassen und bei anderen Anstellung suchen.«[8] Mit der Lieferung der Globen vertröstete er Zwinger auf die nächste Messe.

Im September 1577 waren die ptolemäischen Karten nahezu fertig. Doch einmal mehr unterschätzte Mercator die Zeitspanne, die er für den Abschluss der Arbeit brauchte. Der Ptolemäus war keineswegs in einem Monat erledigt, sondern beschäftigte ihn den ganzen Winter über – einen Winter, in dem Mercator mit zunehmender Unruhe auf die unentbehrliche kaiserliche Drucklizenz wartete. Die Ptolemäus-Ausgabe war erst fertig, als an den Bäumen die ersten Knospen aufgegangen waren. »Endlich« seufzte Mercator, »habe ich mit Gottes Güte das Kolophon gesetzt.« Die Widmung an den Herzog von Kleve trug das Datum »Februar 1578«.[9]

Sofort meldete Mercator dem geduldigen Camerarius, der im September 1577 erneut Globen bestellt hatte, dass er endlich von der »Qual der ptolemäischen Geographie« befreit sei und nun Zeit habe, die bestellten Globen anzufertigen. Diese wurden »kunstvoller zusammengestellt als gewöhnlich, reichlich mit Öl überzogen, damit sie prächtiger aussehen und die Farben klarer und dauerhafter sind«. Camerarius sollte keinen Zweifel hegen, dass er ein bevorzugter Kunde war. »Ich schicke Euch zwei auserlesene Paare«, schrieb er, »doch zu einem geringfügig höheren Preis als bei meinen früheren Lieferungen.« Die Kosten für die Metallbeschläge waren gestiegen, erklärte Mercator, ebenso wie die Löhne für die Arbeiter. »Alles ist inzwischen fast doppelt so teuer wie damals, als ich den Preis festsetzte, zu dem ich bisher verkaufte, und aus diesem Grund habe ich diese geringe Erhöhung vorgenommen.«[10]

Obwohl sich Mercators Kosten praktisch verdoppelt hatten, konnte er sich nicht dazu durchringen, den ursprünglichen Preis der Globen um mehr als zwanzig Prozent zu erhöhen, von 20 auf 24 Gulden pro Paar. Als Plantin 1580 seine nächste Bestellung aufgab, war der Preis auf 36 Gulden gestiegen; das war doppelt so viel wie noch ein Jahrzehnt zuvor.

Mercator war indessen nicht ganz von der Qual mit Ptolemäus erlöst, denn er hatte zwar im Februar 1578 endlich seine Lizenz von Philip II. aus Brüssel erhalten, doch das überaus wichtige kaiserliche Privileg war noch immer nicht eingetroffen. Obwohl der herzogliche Sekretär Langer die kolorierte Wandkarte von Europa als Geschenk entgegengenommen hatte, versäumte er es, seinen Einfluss am kaiserlichen Hof geltend zu machen – was Mercator zu einem seltenen Ausbruch von Ärger veranlasste und zu dem Vorwurf, Langer verfolge das Anliegen »zu nachlässig«.[11]

Um nicht die Frühjahrsmesse in Frankfurt zu versäumen, war Mercator fest entschlossen, das Werk ohne die Lizenz zu veröffentlichen – in dem Wissen, dass er eine neue Auflage des Ptolemäus drucken musste, sobald das kaiserliche Privileg in den Band eingefügt werden konnte. Die verspätete kaiserliche Lizenz wurde schließlich am 26. Mai 1578 erteilt – über ein Jahr nachdem sich Mercator deswegen erstmals an Wichius gewandt hatte. Gemäß den Bestimmungen der Lizenz schickte Mercator drei Exemplare der Ptolemäus-Ausgabe an das Kanzleramt des Kaisers.

Einer derjenigen, die Kopien der Karten erhielten, war Johannes Crato von Krafftheim. Maximilians Leibarzt hatte sechs Jahre auf eine Erwiderung auf seinen freundlichen Brief an Mercator warten müssen. Endlich erhielt er eine Antwort, und als Dreingabe einige der vorzüglichsten ptolemäischen Karten, die je gedruckt wurden. »Es sind nun sechs Jahre her«, schrieb Mercator, »seit Eure Durchlaucht es für wert hielten, meine magere Seele... mit einem höchst liebenswürdigen Brief zu ehren.« Er entschuldigte sich damit, ernsthaft erkrankt und »unentwegt von vielen verschiedenen Tätigkeiten überlastet« gewesen zu sein. Das »kleine Geschenk«, die ptolemäischen Karten, seien ein Zeichen der Dankbarkeit und ein »Freundschaftsangebot«.[12] Aufgrund der Umstände neigte Mercator zur Saumseligkeit, doch er wusste, dass es nie zu spät war, ein Dankesschreiben zu entsenden.

Mercators ptolemäische Karten waren nicht nur die schönsten ihrer Art, sondern entsprachen auch am getreuesten den ursprünglichen Intentionen des alten Ägypters. In einem fünfseitigen Vorwort beschrieb Mercator die Quellen und die Projektionen, die er verwendet hatte. Seine Absicht sei es gewesen, erklärte er, die graphische Fläche jeder Karte so zu gestalten, dass sich der Leser weitgehend ohne die üblichen beigefügten Texte zurechtfand. Die Titelseite jeder Karte enthielt Informationen wie etwa die Anzahl der Stunden des längsten Tages an wichtigen Orten und deren Zeitunterschiede zur Mittagszeit gegenüber Alexandria. Beobachtungen, für die der Platz nicht ausreiche, fanden sich auf den Rückseiten der Karten.

Die Karten waren ganz nach Ptolemäus' System geordnet: Die Darstellung der Regionen erfolgte von West nach Ost und fing mit den Ländern des Nordens an; die Karte »Europa Tabula 1« beschrieb die Britischen Inseln. Insgesamt waren es 28 Karten, da Mercator ein zusätzliches Blatt – eine Vergrößerung des Nildeltas – beigefügt hatte. Im Gegensatz zu den eng beschrifteten modernen Karten, die er ebenfalls ausarbeitete, waren seine ptolemäischen Karten elegante und übersichtliche Bilder der Vergangenheit, die von Breiten- und Längenskalen eingerahmt und mit Kartuschen voller exotischer Motive ausgeschmückt waren. Neben zahlreichen Details hatte Mercator auch die zehn kleinen Inseln des Kannibalenstamms der Manioli eingezeichnet, »von denen es heißt«, wie Ptolemäus geschrieben hatte, »dass Schiffe mit Nägeln fern gehalten werden, damit sie nicht von dem Magnetstein, der sich in der Nähe dieser Inseln befindet, zerstört werden«.[13]

Die kolorierten ptolemäischen Karten ließen die Welt in der Weise lebendig werden, wie sie sich zu Beginn der christlichen Zeitrechnung dargestellt hatte. Das erste Kartenblatt in dem Band war Ptolemäus' Weltkarte, seine *Universalis tabula*, auf der Afrika riesig erschien und Amerika noch fehlte – ein deutlicher Hinweis auf die außerordentlichen Fortschritte, die Mercators Kartographengeneration gemacht hatte. Die Karten waren praktisch fehlerlos. Mercator hatte Jahre darauf verwandt, mit der größten Sorgfalt die ptolemäischen Koordinaten einzuzeichnen und wichtige Orte, wie Städte oder Quellen von Flüssen, mit einem präzisen Kreis zu markieren. Nur eine einzige Karte verriet den Druck, der in dieser Zeit auf Mercator gelastet hatte. An der Küste des Heiligen Landes (»Asiae Tabula IIII«) hatte er versehentlich »Ascalon« und »Gazeorum« vertauscht.

Die aufwändige Titelseite von *Tabulae geographicae Cl: Ptolemei* war reich verziert mit den Abbildungen von Ptolemäus und Marinus von Tyra, einem Erdglobus zu ihren Füßen und einem Himmelsglobus auf einem Säulenfries über ihren Häuptern. Endlich hatte Mercator sein Portal errichtet. Nun musste er den Rest seiner monumentalen Kosmographie erstellen.

Das ungeheuer ehrgeizige Projekt, das Mercator bereits Mitte der sechziger Jahre konzipiert hatte, war zunächst von Ortelius' *Theatrum* überflügelt worden und wurde nun, im Jahre 1578, von einem weiteren Kartenbuch, *Speculum Orbis Theatrum* des Antwerpener Druckers Gerard de Jode, in den Schatten gestellt. Das *Speculum* hielt zwar nicht dem Vergleich mit dem *Theatrum* stand, doch es enthielt nicht weniger als neunzig Karten sowie Reproduktionen weniger bekannter Werke, die ursprünglich außerhalb der Niederlande gedruckt worden waren. De Jode und Ortelius waren schon seit Jahren erbitterte Rivalen; keiner nannte den anderen in seiner Autorenliste. Auch Mercator schien de Jode zu ignorieren, der bereits für eine frühere Kartensammlung, das planlose *Speculum Geographicum totius Germaniae* von 1570, ohne Hinweis auf den Urheber Mercators Flandernkarte kopiert hatte.[14]

Mercator war wahrscheinlich der Einzige, der wusste, dass seine modernen Karten selbst die des *Theatrum* überstrahlen sollten.

27

Ein direkter Weg nach China

Kurz vor Abschluss seiner Arbeit an den ptolemäischen Karten erhielt Mercator einen Brief von seinem Sohn Rumold aus London, der wahrscheinlich im Herbst 1576 geschrieben wurde.[1] »Du meldest wichtige Dinge«, antwortete Mercator, ohne zu erläutern, worum es sich dabei handelte, »aber nur sehr wenig über die neue Entdeckung Frobishers.«[2]

Rumold arbeitete zu dieser Zeit als Agent des Kölner Buchhändlers Birckmann, bei dem er einige einflussreiche Bekanntschaften gemacht hatte, auch die von John Dee, der mindestens seit 1560 häufig Birckmanns Londoner Geschäft aufgesucht hatte.[3] Mercators besonderes Interesse an Rumolds Neuigkeiten und allgemein an England war verständlich: Gemäß der traditionellen ptolemäischen Reihenfolge mussten in einem Kartenbuch zuerst die nördlichen Länder erscheinen, und die Engländer besaßen den Schlüssel zur Kartographie dieser Gefilde.

Mercator äußerte sich im gleichen Brief denn auch überrascht darüber, dass die Engländer so lange gebraucht hatten, um den Nordwesten zu erforschen, und vertrat gegenüber Rumold erneut die Ansicht, es existiere »ein direkter und kurzer Weg nach Westen selbst bis nach China«. Dieses Reich, so Mercator weiter, wäre zu finden, wenn die Engländer nur den richtigen Kurs einschlügen.[4]

Und tatsächlich gab es englische Bestrebungen, die Nordwestpassage zu finden. Der »Frobisher«, den Rumold erwähnte, war der englische Kapitän Martin Frobisher, der 1576 aufgebrochen war, um über die Nordwestpassage bis China und Indien zu gelangen. Der Mann aus Yorkshire war mit zwei kleinen Barken und einer Pinasse mit ganzen 35 Mann Besatzung in Blackwall ausgelaufen. Mit an Bord war die »große gedruckte Universalkarte von Mercator«, die Weltkarte von 1569.[5] Frobishers Pinasse ging in einem Sturm unter, und eine der Barken desertierte, doch der Rest segelte weiter und erreichte die Küste Nordamerikas, wo man eine viel versprechende Durchfahrt entdeckte. Frobisher drängte voran, in der Hoffnung, durch diese Passage führe vielleicht ein Weg »in ein offenes Meer auf der anderen Seite«. Doch nach Kämpfen mit Eingeborenen kehrte er am 9. Oktober 1576 nach London zurück, mit Legenden über die Passage nach China und einem geheimnisvollen Klumpen »schwarzer Erde«, bei dem es sich ihm und seinen Förderern zufolge um einen Brocken Golderz handelte. Die schwarze Erde genügte, um Königin Elisabeth davon zu überzeugen, dass Frobisher im folgenden Jahr wieder in See stechen sollte.[6]

Doch was waren die »wichtigen Dinge«, von denen Rumold berichtet hatte? Hatte sich Rumold dabei überhaupt auf Frobisher bezogen oder vielmehr auf eine andere bedeutsame Entdeckungsreise? In England kursierte zu jener Zeit ein Name, der in den Augen eines Kosmographensohns den von Frobisher noch in den Schatten gestellt haben dürfte.

Francis Drake hatte seit seiner Rückkehr von einer blutigen Expedition nach Irland im Jahre 1575 einen Angriff auf die spanischen Häfen in Südamerika geplant. Gerüchte gingen um, wonach die Königin selbst den Plan eines Angriffs auf spanisches Territorium befürwortete – als Vergeltung für gewisse Übergriffe. Jeder, der den Plan dem König von Spanien preisgab, so die Königin, solle dafür mit seinem Kopf bezahlen. Der Hintergrund waren wachsende Spannungen mit Spanien und das englische Bestreben, eine eigene Großmachtstellung aufzubauen. Waren dies vielleicht die »wichtigen Dinge«, die Rumold seinem Vater in Duisburg berichtet hatte?

*

Königin Elisabeth hatte die Franzosen aus Schottland vertrieben und den Begriff eines englischen England in ein britisches Britannien ausgeweitet. Etliche Monate, bevor Mercators Ptolemäus-Ausgabe erschien, veröffentlichte John Dee den ersten Band der *General and Rare Memorials Pertaining to the Perfect Art of Navigation,* jenes großen Werks, das – wie er hoffte – zur Gründung eines »BRYTISH IMPIRE« führen sollte.[7] Genau dreißig Jahre, nachdem Dee den Kanal überquert und die Vermesser von Löwen aufgesucht hatte, war er bei seinen geographischen und historischen Recherchen zu der Schlussfolgerung gelangt, dass die Zukunft des Elisabethanischen Englands in der Seefahrt lag. Dee zufolge ließ sich die Aufteilung des Globus nach dem Vertrag von Tordesillas in eine spanische und eine portugiesische Hemisphäre außer Kraft setzen, indem Britannien »durch Entdeckung, Besiedelung oder Eroberung« Land in Übersee in Anspruch nahm.[8]

Also horchte Dee Ortelius per Brief nach den Quellen aus, die dieser für »die Nordküste des Atlantiks« verwendet hatte. Dee hatte schon bei Frobishers Expedition eine bedeutende Rolle gespielt, indem er den Forschungsreisenden in Fragen der Navigation und Kartographie beraten hatte. Seinen Brief an Ortelius schloss Dee mit dem spannenden Hinweis, dass »unsere Leute eine Expedition zu den nördlichen Teilen des Atlantiks vorbereiten. Letztes Jahr sind sie nur bis zur Grönlandstraße gekommen, doch in der großen Hoffnung, um die gesamte Küste zu segeln und auf diese Weise bis zur Östlichen See vorzudringen«.[9]

Etwa zu der Zeit, als Mercator von Rumold hörte, schrieb Dee auch nach Duisburg und erkundigte sich nach dem »Hauptgewährsmann«, auf den sich Mercator bei »jener sonderbaren Tafel der septentrionalen Gefilde« gestützt habe. Bei »jener sonderbaren Tafel«, auf die sich Dee bezog, handelte es sich um den Einsatz auf der Weltkarte von 1569, auf der die vier arktischen Inseln und die eindeutige Meerverbindung zwischen dem Atlantik und dem Pazifik, die Nordwestpassage, dargestellt war. Da Frobisher im Mai 1577 zu einer zweiten Expedition aufbrechen sollte, war Dee ungeheuer darauf erpicht, sich von der Richtigkeit der Mercatorkarte zu überzeugen. Deswegen erkundigte er sich nach Mercators wichtigster Quelle – dem Beleg dafür, dass Mercators vier Inseln nicht nur von Ruysch und Finé abgeleitet waren, sondern auf Beobachtungen aus erster Hand beruhten.[10]

Mercator schrieb am 20. April 1577 zurück. Zufälligerweise hatte er seine Hauptquelle noch zur Hand und sandte Dee eine Abschrift der ungewöhnlichen Geschichte der Nordexpedition, die einst Jacob Cnoyen aus 's-Hertogenbosch nach dem Bericht eines Priesters aus dem 14. Jahrhundert festgehalten hatte.[11] Dee kopierte, wohl ohne Mercators Wissen, sowohl dessen Brief als auch die Abschrift des Berichts von Cnoyen und fügte eine Einleitung hinzu, in der er erklärte, dass er »seit dem letzten Jahr« Informationen über die »nördlichen Länder und Inseln« gesucht habe und dass einer derjenigen, an die er sich gewandt habe, der »redliche Philosoph und Mathematiker Gerardus Mercator« sei. Dee erklärte weiter, die Abschrift »beweist die ehrliche und weise Hochachtung, die jener meinem Ansinnen entgegenbrachte«.[12]

Dee hatte, was er wollte. Auf der Weltkarte von 1569 hatte Mercator als Quelle lediglich »Jacobi Cnoyen Buscoducensis« erwähnt. Nun konnte Dee seiner Königin den Bericht Cnoyens selbst vorlegen, wenn auch nur in der Abschrift Mercators. Ein gewichtigeres Schriftstück hätte Dee gar nicht verfassen können, beschrieb doch der angesehenste Kartograph Nordeuropas in diesem Dokument unter anderem, wie König Arthur »die nördlichen Inseln bekriegte und [sich] alle untertan machte«. Damit erbrachte Dee den indirekten Beweis, dass die Länder der Arktis bereits vor tausend Jahren von den Briten besiedelt worden waren. Und diese Besiedelung belegte ein mathematisch geschulter und zuverlässiger Autor. Dees Abschrift, die Mercators Namen trug, wenn auch nicht seine Handschrift beziehungsweise seine Unterschrift, bildete gleichsam die Gründungsurkunde des Britischen Reiches.

Weniger als einen Monat, nachdem Mercator Dee die Abschrift des Berichts von Cnoyen geschickt hatte, schrieb Dee erneut nach

John Dee (1527–1608). In Mercators Löwener Zeit waren er und Dee zeitweise unzertrennlich. Später wurde Mercator in Dees Pläne zur Gründung eines Britischen Empire verstrickt.

Duisburg und bat diesmal um Informationen über die enge Anianstraße, die Nordamerika von Asien trennte.[13] Dreizehn Tage später, am 26. Mai 1577, stach Frobisher mit drei Schiffen und 120 Mann in See. Falls Mercator glaubte, dass er den Briten zu weiterem geographischem Verständnis verhalf, so täuschte er sich. Frobisher lief mit Grubenarbeitern und der Weisung aus, die nähere Erkundung der Passage bis auf Weiteres zu verschieben. Die Briten brachen gen Norden auf, um nach arktischem Gold zu suchen.

Am 2. November 1577 konnte Dee in seinem Tagebuch folgendes vermerken: »Ich verkündete der Q ihren Rechtstitel und Anspruch auf Grönland etc. Estotiland, Friseland.« Auf der Rückseite einer Karte der nördlichen Länder fasste Dee die Beweise zusammen, die er der Queen vorgelegt hatte: »Kraft Entdeckung, Besiedelung beziehungsweise Eroberung« erstreckte sich das Britische Empire von Terra Florida über den Nordpol bis Nova Zemla vor der Nordküste Asiens.[14]

*

Im Jahre 1580 waren Frobishers unergiebige Erkundungen beendet, und die Engländer wandten sich erneut der Nordostpassage zu, der von John Dee favorisierten Route nach China. Und abermals wurde Mercator zum Empfänger geographischer Nachfragen.

Der Duisburger Kartenmacher wurde im Frühling 1580 »aus England unterrichtet«, dass Kaufleute, die mit der Russia Company Handel trieben, »heimlich einen äußerst erfahrenen Seemann aussenden« wollten, der die Küste Nordasiens »sogar über das Kap Tabin hinaus« erkunden sollte. Mercators Gewährsmann verriet auch, dass der Seemann Arthur Pet hieß und mit einem schnellen Schiff und Vorräten für zwei Jahre ausgestattet sei.[15] Pets geplante Expedition zur Nordostpassage bot Mercator die außerordentliche Gelegenheit, eine der am wenigsten bekannten Küsten der Welt kartographisch zu erfassen, und versprach schlüssige Anhaltspunkte dafür, ob sich nördlich von Norwegen ein direkter Seeweg nach China bot.

Mercators Gewährsmann war wahrscheinlich der junge Geograph Richard Hakluyt, der an der Universität Oxford studiert hatte und bereits in jungen Jahren als Fachmann für Reisen und Entdeckungen galt.[16] Wie Dee sah auch Hakluyt in Mercator einen Geographen, der den Schlüssel für einige wichtige britische Interessen in der Hand hielt. Hakluyt wandte sich an Mercator und bat ihn dringend um Rat bezüglich der geplanten Reiseroute. Bedauerlicherweise traf sein Brief erst am 19. Juni bei Mercator ein. Pet war bereits drei Wochen zuvor, am 30. Mai, in Harwich ausgelaufen. Weitere fünf Wochen verstrichen, bis Mercator am 28. Juli Zeit fand, Hakluyt zu antworten.

Mercator äußerte sein Bedauern über das verspätete Eintreffen von Hakluyts Brief. »Ich wünschte, Arthur Pet wäre vor seiner Abreise über einige spezielle Punkte unterrichtet worden. Die Reise nach Kathai [China] auf dem östlichen Seeweg ist zweifellos sehr leicht und kurz...« Darüber hinaus, so Mercator weiter, werde die Nordostpassage den Zugang zum Inneren Asiens eröffnen – über die »großen Flüsse«, die in die »große Bucht« strömten, welche jenseits der »Insel Vaigats und Nova Zembla« lag. Mercator empfahl den englischen Händlern, einen Hafen an einem der Zuflüsse der großen Bucht zu wählen, »von wo aus sich später die Landspitze Tabin und die gesamte Küste Kathais leichter und gefahrloser erkunden lässt«. In offensichtlicher Sorge um Pets Schicksal beschrieb Mercator die »äußerst zahlreichen Felsen und die ungeheuer schwierige und gefährliche Strecke« jenseits von Tabin sowie die Gefahren der Kompassabweichung bei der Annäherung an den Magnetberg. »Wenn Kapitän Arthur darauf nicht genügend vorbereitet oder nicht geschickt genug ist, die Abweichung zu korrigieren, fürchte ich, dass er beim Umherirren Zeit verliert und mitten in der Unternehmung vom Eis überrascht wird.«[17]

Das Ergebnis von Pets Erkundung war von größtem Interesse für Mercator, der seine neuen Karten der nördlichen Breiten noch nicht auf Kupferplatten gestochen hatte. Zusammen mit seiner Einschätzung der Nordostpassage schickte er Hakluyt eine Reihe von Fragen, die sich, wie er hoffte, nach Pets Rückkehr beantworten ließen: Wie hoch war die Flut an den asiatischen Küsten der Nordostpassage? Strömte das Meer in der Passage nach Osten oder nach Westen oder stieg und fiel es mit den Gezeiten? Des Weiteren wollte Mercator wissen, ob Frobisher dieselben Informationen auch für die Nordwestpassage liefern könne.

Mercator beantwortete Hakluyts Fragen gewissenhaft und erklärte sich bereit, weitere Erkenntnisse mitzuteilen. Gleichzeitig forderte er den Engländer auf, sämtliche Beobachtungen, die sich aus den Reisen Pets und Frobishers ergaben, nach Duisburg zu melden. Mercator betonte den Wert solcher Beobachtungen und beteuerte, er werde dergleichen Informationen »nach Eurem Wunsch und Ermessen unter Verschluss behalten«.[18]

*

Doch Mercators Wunsch erfüllte sich nicht. Über Rumold hatte Ortelius seinem Freund Mercator einen Bericht über Drakes »neue englische Reise« zukommen lassen; gemeint war Drakes im Jahr 1577 begonnene Weltumseglung. Eine weitere Nachricht folgte nach dessen Rückkehr im September 1580. Mercator war offenkundig enttäuscht darüber, dass er nichts Schlüssiges über Drakes Route in Erfahrung bringen konnte. »Ich bin überzeugt,« schrieb Mercator im Dezember an Ortelius, »dass es keinen anderen Grund dafür geben kann, die auf dieser Reise eingeschlagene Route so gründlich zu verheimlichen beziehungsweise unterschiedliche Berichte über die gewählte Route zu verbreiten, als dass man auf sehr reiche Regionen gestoßen sein muss, die bisher noch nicht von Europäern entdeckt worden sind.« Dies beweise der »riesige Schatz an Silber und Edelsteinen, den man angeblich durch Plünderungen erworben hat«. Mercator war ferner der Überzeugung, dass Pets geheime Reise zur Nordostpassage im Grunde eine Such- und Begleitoperation war, um Drake mit seinen Reichtümern nach Hause zu geleiten. Mercator ging von seiner eigenen Weltkarte aus, auf der er freilich den entscheidenden Engpass der Nordwestpassage geflissentlich mit einer Kartusche verdeckt hatte, und vertrat gegenüber Ortelius die Ansicht, Drake müsse von Osten her zurückgekehrt sein, weil – wie Frobisher bewiesen habe – die Nordwestpassage »von zahlreichen Klippen versperrt« sei.[19]

*

Ein paar Monate später erhielt Mercator dann doch einige Informationen über die Nordküste Asiens, nämlich in Form eines Briefes von John Balak aus »Arusburg am Fluss Osella«.[20] Balak, der wahrscheinlich in Löwen gemeinsam mit Mercator die geographischen Schriften von Homer, Strabon, Aristoteles, Plinius und Dionysius studiert hatte, berichtete seinem »teuren Freund«, er habe unlängst einen »gebürtigen Niederländer« namens »Alferius« kennen gelernt, der »einige Jahre lang... auf dem Gebiet

Russlands« gefangen gehalten worden war. Alferius war von denen, die ihn gefangen hielten, gezwungen worden, nach Antwerpen zu reisen, wo er »geschickte Kapitäne und Matrosen anwerben sollte, indem er großzügige Entlohnung versprach«. In Russland sollten die Seefahrer an Bord zweier Schiffe eines schwedischen Schiffsbauers »den Fluss Dwina« erkunden.

Dies war jedoch nur eine Randepisode. In dem Brief erfuhr Mercator, Balak sei von Alferius in die Route nach China eingeweiht worden. Balak fuhr fort: »Die Erfahrung dieses Mannes wird Euch sehr bei der Erkenntnis gewisser Sachverhalte helfen, nach denen Ihr so intensiv strebt und zu denen die neueren Kosmographen solch unterschiedliche Auffassungen vertreten – nämlich die Entdeckung des riesigen Kaps von Tabin und der berühmten und reichen Länder, die dem Kaiser von Kathai untertan sind, und [der Länder] am Nordöstlichen Ozean.«

In einer merkwürdigen Wiederholung der Ausdrucksweise, die Mercator ein Jahr zuvor selbst gebraucht hatte, erklärte Alferius, der Seeweg nach China durch die Nordostpassage sei »ohne Zweifel sehr kurz und leicht«. Anscheinend war Alferius bis zum Ob gereist, sowohl zu Lande als auch auf dem Seeweg. Die restlichen Zeilen des Briefes befassten sich mit dem unglaublichen Plan, den Alferius ersonnen hatte, nämlich Ende Mai mit einer »Barke voller Handelsgüter« nach Osten zum Ob zu segeln. Wenn alles gut lief, wollte der niederländische Abenteurer die Mündung des Ob erkunden, »um zu erfahren, wo der Fluss am besten zu befahren ist«, und dann »gegen den Strom« ins Landesinnere vorstoßen, durch »das Land Siberia« zum »Kittay-See,... an den jenes mächtige und große Volk angrenzt, das als Carrah Colmak bezeichnet wird und kein anderes als das von Kathai ist«.

Zum Schluss des Briefes erklärte Balak, Alferius habe versprochen, Mercator in Duisburg zu besuchen, »denn er wünscht sich mit Euch zu beraten, und zweifellos werdet Ihr dem Mann sehr nützen«. Falls Alferius in jenem Frühjahr tatsächlich nach Duisburg kam, so hinterließ sein Besuch keinerlei Spuren. Und auch Balak schien kein weiteres Mal geschrieben zu haben. Doch Tabin und der Ob wurden auf den Karten, die Mercator für seine »neue Geographie« ausarbeitete, groß herausgestellt.

Die rege Korrespondenz zwischen den englischen Briefpartnern und Mercator schlief 1581 weitgehend ein. Der Briefwechsel war für beide Seiten relativ unbefriedigend gewesen. Die Engländer hatten keine definitive Bestätigung der Quelle für Mercators Arktis-Darstellung erhalten, und Mercator war der Meinung, sie behielten wichtige Informationen über ihre Entdeckungen für sich. Doch zumindest eine Zeit lang stand der Stubenhocker in weit engerem Kontakt zur Speerspitze der Entdeckungsreisenden als in all den Jahren zuvor. Die englischen Seefahrer hatten immer wieder versucht, nach China zu gelangen, doch obwohl »der Fürst der Geographen« mit seinem Wissen ausgeholfen hatte, blieben Nordwest- und Nordostpassage unentdeckt.

28

Die Neue Geographie

Als Mercator der Qualen der Ptolemäus-Korrekturen endlich entbunden war, hatte sich die Arbeit an den modernen Karten seiner Kosmographie mit unterschiedlichem Fortschritt bereits über mehr als zehn Jahre hingezogen. Um den kartographischen Teil der Kosmographie zu vollenden, musste Mercator die gesamte Erde nach dem zeitgenössischen geographischen Wissensstand darstellen. Diese Karten bezeichnete Mercator nun als seine »Neue Geographie«.[1]

In den drei Jahrzehnten, die seit der Arbeit an seiner Wandkarte Europas verstrichen waren, hatte sich Mercators Vorstellung von der Geographie und vom Zweck geographischer Karten verändert. Die Geographie drehte sich nicht mehr bloß um die graphische Darstellung von Flüssen und Küsten, Bergen und Städten. Vielmehr fand sie eine neue, nach-ptolemäische Anwendung. Gleichsam in einem geographischen Manifest erklärte Mercator, der »außergewöhnliche Rang« der Geographie bestehe darin, zum »Wissen um politische Regimes« beizutragen. Die Geographie behalte ihre Bedeutung für die Rechtsordnung der geographischen Lokalitäten bei, doch inzwischen müsse sie auch das »Wesen«, die Verhältnisse und die »Atmosphäre« von Orten beschreiben. Ohne dies, so Mercator, bliebe die Geographie eine tote Materie.[2]

Diese politische Dimension bildete indes weit mehr als bloß eine weitere Schicht kartographischer Daten; sie verlieh den Karten einen ganz neuen Zweck – und eine eigene Macht. Mercator strebte danach, die Rolle der Karten als einem irdischen Instrument zur Beschreibung des Schöpfungswunders zu erweitern. Karten konnten auch dazu verwendet werden, das Wirken menschlicher Kräfte darzustellen; Karten konnten politische (und religiöse) Regionen ebenso deutlich veranschaulichen wie die Berge und Flüsse, die benachbarte Landstriche trennten. Später beteuerte Mercator, es sei nicht seine Absicht gewesen, »politische statt geographischer Studien zu betreiben«. Vielmehr wolle er lediglich »aufzeigen, wie die beiden Studienzweige, jener der Geographie und jener der politischen Regimes, sich gegenseitig beleuchten können«.[3] Wie immer strebte er nach Harmonie und Ausgleich.

Mercator kann jedoch nicht blind gegenüber den impliziten Folgerungen seiner »Neuen Geographie« gewesen sein. Immerhin bestand ein grundlegender und weitreichender Unterschied zwischen einer topographischen und einer politischen Grenze. Während Berge und Flüsse kartographisch unzweideutig waren, blieben die Grenzen zwischen menschlichen Gruppierungen offen für unzählige Veränderungen – und damit für kartographische Manipulation.

Nur wer in Grenzgebieten aufgewachsen war, konnte zu dieser klaren Einsicht gelangen. Gangelt, Rupelmonde, 's-Hertogenbosch und Duisburg lagen alle nur einen Steinwurf von einer anderen politischen Einheit entfernt. Darüber hinaus war Mercator in einer Gegend aufgewachsen, die ebenso viele politische Grenzen aufwies wie Flüsse. Je nachdem welche Grenze er betrachtete, konnte er »Deutscher«, »Gallier« oder »Belgier« sein; er konnte Untertan des Heiligen Römischen Reiches, der Habsburger, der Spanier oder seines Herzogs sein. Wie der Geograph Sebastian Münster in seiner *Cosmographia* von 1552 bemerkte, wurden regionale Grenzen nicht mehr von Fluss und Fels bestimmt, sondern von »Sprache und Herrschaft«.[4]

Der neue Zweck der Geographie verlieh ihr zugleich eine ungeheure Macht. Für Mercators Zeitalter des Humanismus war alles Gedruckte maßgeblich. Mit seinen Karten konnte er politische Unterscheidungen schaffen. In der Praxis war die Darstellung politischer Geographie eine Frage der selektiven Wahl; der Kartograph entschied, welche Kategorie von politischer Grenze zu markieren war.

Die Neue Geographie erforderte aber auch ergänzende Texte zur Erläuterung der diversen Kriterien, mit denen jedes Gebiet beschrieben wurde. »Aus diesem Grund«, erklärte Mercator, »halte ich es für äußerst bedeutsam, meinen Karten für jede Region eine angemessen abgesetzte Erörterung von Wesen und Ordnung der Regierungsformen in den untergebenen Örtlichkeiten von jeder Region voranzustellen, sodass unsere Arbeit jenem zugute komme, der sich mit politischer Gliederung und mit den Formen von Gemeinwesen befasst«.[5]

Mercators »Neue Geographie« war weit mehr als nur ein weiteres Kartenbuch. Die Arbeit seiner Vorgänger mag verdienstvoll gewesen sein, doch die Bücher von Ortelius und de Jode bestanden aus Karten, die von diversen anderen Kartographen kopiert worden waren. Die einzelnen Blätter wiesen deshalb unterschiedliche Maßstäbe und Standards auf und passten im Allgemeinen nicht zusammen. Mercator hingegen ersetzte kartographisches Flickwerk durch einen neuen, verbesserten und universellen Standard.

Seine Karten waren von einem Einzelnen recherchiert und gezeichnet worden und entsprachen einer einheitlichen redaktionellen Norm. Sie richteten sich nach einem einheitlichen Stil, der eine größere Genauigkeit und Klarheit gewährleistete. So verwirrte die Neue Geographie nicht durch überflüssige Legenden und beliebig beigefügte Ziergestalten. Die wichtigste technische Neuerung bestand jedoch in der Einführung von Überlappungen zwischen den einzelnen Kartenblättern. »Somit erscheinen alle Orte, die unmittelbar an den Rändern einer jeden Karte liegen, noch einmal auf den benachbarten Karten, und in jedem Fall weisen sie dieselbe Länge, Breite und Entfernungen auf, sodass der Wechsel und Übergang von einer Karte zur nächsten gleichermaßen er-

Der Prozess des Kartenmachens: Vermesser bei der Arbeit auf dem freien Feld (oben) und ein Kartograph in seinem Atelier (unten). Aus Paul Pfinzings *Methodus Geometrica*, 1596.

kennbar und wahrnehmbar ist, so als gebe es eine durchgehende Karte, die beide Beschreibungen enthält.« Der einzige Unterschied, so Mercator, bestand darin, »dass sich die Karten oft nicht mit derselben Größenordnung von Himmelsgraden vergleichen lassen, sodass die Distanz einer Meile... auf einer größer ist als auf der anderen«.[6] Mit anderen Worten: Die Überlappungen auf benachbarten Karten waren in jeder Hinsicht identisch, außer in Bezug auf den Maßstab.

Mit dieser gleichsam durchgehenden Karte konnte der Politiker oder der Gelehrte zu Hause bequem den ganzen Globus durchmessen. Der Maßstab jeder Karte spiegelte das verfügbare geographische Wissen über den jeweiligen Kontinent. Afrika, Asien, Amerika und der geheimnisvolle südliche Kontinent »Australis« (beziehungsweise »Magellanica«) erforderten daher weniger Regionalkarten als Europa.

Als ob dieses Vorhaben nicht schon ehrgeizig genug gewesen wäre, legte Mercator bestimmte Karten so an, dass sie zu regionalen Wandkarten zusammengefügt werden konnten. Dies machte die Gesamtplanung ungeheuer kompliziert, da diese Karten mit »Doppelfunktion«[7] identische Maßstäbe und aufeinander abgestimmte Ausschnitte aufweisen mussten. Bei den Doppelfunktionskarten kam es auch darauf an, Informationen wie Legende, Druckprivileg und Titelkartusche so zu platzieren, dass sie weder wiederholt noch verdeckt wurden, wenn nebeneinander liegende Karten zusammengeklebt wurden. Aus diesem Grund hatten einige dieser Karten keine Titelkartusche.

Mit der Vorstellung, dass benachbarte kartographische Regionen zusammenpassen konnten und sollten, demonstrierte Mercator, dass sich der gesamte Planet nahtlos in Ptolemäus' chorographischem Maßstab darstellen ließ. Mercators moderne Karten deckten die dreidimensionale Erdkugel mit zweidimensionalen Kartenblättern ab. Damit gewährte er jedem Erdenbürger Zugang zu einer mathematisch präzisen Darstellung seines eigenen Feldes in Gottes Schöpfung.

Solch ein komplexes und ehrgeiziges kartographisches Unternehmen stellte ein ungeheures Unterfangen dar, dem die Entwicklung der vorausgegangenen zwanzig Jahre zugute kam. Als Mercator 1578 dem Marschall von Jülich, Werner von Gymnich, ein Exemplar seiner ptolemäischen Karten geschickt hatte, schätzte er, dass die »nieuwe geographie« mindestens hundert Karten erfordern würde – zehn mehr, als de Jode kurz zuvor in seinem *Speculum* herausgebracht hatte.[8] In dem Brief an Gymnich klang auch die Befürchtung an, dass seine Pläne vielleicht ein wenig *zu* ehrgeizig waren. Mercator gab zu, dass er bei den Recherchen für die Karten auf Probleme stieß, und fragte Gymnich, ob dieser bei dessen bevorstehender Italienreise nützliche Informationen besorgen könne. Mercator musste einsehen, dass die Ausarbeitung einer umfassenden und exakten kartographischen Unterabteilung der geplanten Kosmographie weit mühsamer war als erwartet.

Die Neue Geographie sollte nicht als zusammenhängendes Gesamtwerk erscheinen, sondern in Einzelausgaben. Bei seiner niedrigen Gewinnspanne blieb Mercator nichts anderes übrig, als das Werk in Einzellieferungen aufzuteilen. Die achtundzwanzig ptolemäischen Karten hatten etwa ein Jahrzehnt seiner Lebenszeit in Anspruch genommen. Für die ungefähr einhundert Karten der »Neuen Geographie« mussten Quellen studiert werden, die noch versprengter und widersprüchlicher waren als die des ptolemäischen Kanons. Die Publikation aufzuschieben, bis alle hundert Karten vorlagen, war aus finanzieller Sicht untragbar.

Die Neue Geographie wurde zudem schließlich in einer anderen Abfolge herausgegeben als ursprünglich geplant. Anstatt die nördlichen Regionen zuerst zu veröffentlichen, brach Mercator mit der ptolemäischen Tradition und publizierte als Erstes »die Nederlanden mit Vranckrijck unde Duytslant«. Der Grund, so teilte er Gynmich mit, bestand darin, dass er von den Niederlanden, Frankreich und Deutschland bessere Beschreibungen besaß.

*

Nach jahrzehntelanger minutiöser und konzentrierter Arbeit stellte Mercator fest, dass er nicht mehr in der Lage war, »am helllichten Tage Buchstaben zu unterscheiden«. Er selbst führte diesen Zustand weniger auf das Nachlassen der Sehschärfe im Laufe des Alters zurück als vielmehr »auf dicke und zähe Säfte«, die sich »um den Sehnerv gelegt« hatten. Der Leibarzt des Herzogs, Reiner Solenander, verschrieb das zuverlässigste Heilmittel, das bekannt war – die Bergblume Euphrasia beziehungsweise »Augentrost«. Mercator sollte die Pflanze trocknen und als Lösung in »gutem Rheinwein« zu den Malzeiten trinken. Nach etlichen Monaten bemerkte Mercator tatsächlich eine Besserung. »Dank dieses Heilkrauts sind die Säfte auf wunderbare Weise aufgelöst, verdünnt und aus meinem Kopf herausgespült worden. Da aber die Sehschärfe nachlässt, halte ich es für sinnvoller, Fenchelsamen zu kauen, ohne jedoch auf eine mäßige Dosis Euphrasia zu verzichten.«[9]

Dass Mercator wie gewöhnlich keine geschickten Kupferstecher zur Verfügung standen, verschlimmerte die Situation. Einer der besten Kartenstecher war sein ältester Sohn, der einige der ptolemäischen Karten gestochen hatte. Doch Arnold, klagte Mercator, war zu sehr mit den Belangen seines erlauchten Fürsten beschäftigt, dem er durch ein Stipendium verpflichtet war. Rumold arbeitete immer noch für Birckmann. Frans Hogenberg hatte Mercator eine Zeit lang bei den neuen Stichen geholfen, fertigte jedoch nur eine Hand voll Karten, bevor er an seine eigene Arbeit zurückgerufen wurde.[10] Mercators einziger ständiger Assistent war Arnolds ältester Sohn, Johann, der damals erst Anfang zwanzig war.

Anfang 1583 konnte Mercator dem befreundeten Humanisten Ludger Heresbach mitteilen, dass er sechs der Karten für Deutschland »fast abgeschlossen« habe und die Karten für Frankreich »bis zum Ende des Jahres« fertig zu stellen hoffe. In seiner Antwort konnte Heresbach seine Enttäuschung darüber nicht verhehlen, dass die Deutschlandkarten nicht als Erstes erscheinen sollten. Mercator hatte erklärt, dass er sich »aus dringenderen Gründen« gezwungen sah, sich auf die Frankreichkarten zu konzentrieren, konnte diese Gründe jedoch nicht näher erläutern. Die Deutschlandkarten, versicherte er, würden sich schließlich auf »insgesamt etwa zwanzig« Blätter belaufen, von denen viele bislang nicht veröffentlicht worden waren. Erst wenn er diese abgeschlossen habe, wolle er sich Italien, Spanien, England und anderen Ländern zuwenden.[11]

Die Fortschritte seiner Kosmographie wurden jedoch nach wie vor dadurch gehemmt, dass Mercator gezwungen war, Globen zu bauen. Vor der Frühjahrsmesse von 1583 berichtete er, dass er alle Globen, die er besaß, nach Frankfurt geschickt habe und noch weitere bauen wolle; er rechnete damit, dass es drei Monate dauern werde, bis sie fertig waren, und beabsichtigte, sie für zehn Taler pro Stück zu verkaufen. In jenem Frühjahr erschien auch die Neuausgabe von Mercators Ptolemäus. Fünf Jahre nach der Veröffentlichung der ptolemäischen Karten war Pirckheimers lateinischer Text der *Geographike* von Arnold Mylius überarbeitet worden, und Mercators Ausgabe erschien nun in ihrer vollständigen Form mit neuer Titelseite und neuem Titel: »Acht Bücher der Geographie des Claudius Ptolemäus, sorgfältig korrigiert und neu veröffentlicht, nebst Karten, im Geist des Autors erstellt und korrigiert von Gerardus Mercatorem.«

Der Krieg war wieder einmal bis vor Mercators Haustür vorgerückt. Nachdem der Kölner Erzbischof zum Kalvinismus übergetreten war, wüteten bayrische und spanische Truppen in der gesamten Region, auch um Duisburg, um den widerspenstigen Kleriker zur Räson zu bringen. Doch der eigentliche Kampf wurde in den Niederlanden ausgefochten, wo die Spanier unter Leitung des gerissenen Taktikers Alexander Farnese, des Herzogs von Parma, mit einer gnadenlosen Rückeroberung begonnen hatten. Nachdem sich Farnese im Hennegau einen Stützpunkt gesichert hatte, arbeitete er sich systematisch nach Norden vor. Im Sommer 1583 eroberte er Dünkirchen zurück, im Oktober stieß er an die Schelde vor und drang von dort aus ins Landesinnere, bis Rupelmonde, vor. Der Hafenort, in dem Mercator aufgewachsen und inhaftiert gewesen war, wurde verwüstet.

Durch die spanische Rückeroberung wurde die politische Landschaft der Niederlande drastisch verändert. Nach Brügge ergaben sich auch Dendermonde und Gent. Der Herzog von Parma drang bis Brabant vor, und nichts schien den offenbar unbesiegbaren Krieger davon abzuhalten, die Niederlande für seinen spanischen, katholischen König zurückzuerobern. Im September 1584 wurde Vilvoorde eingenommen. Anschließend wandte sich Farnese dem größten Beutestück zu – Antwerpen. Als das spanische Militär die Stadt in den Würgegriff nahm, brachte der Antwerpener Drucker Christoph Plantin eilig ein Buch heraus, das die Tugenden des »belgischen Gallien« pries. Es war Gerhard Mercator gewidmet.

*

Das Buch mit dem Titel *Itinerarium per nonnullas Galliae Belgicae partes* (Bericht über eine Reise durch einige Teile des belgischen Gallien) trug das Datum Oktober 1584 und schilderte die (in Kapitel 25 beschriebene) Reise, die Ortelius, Vivianus, Scholiers und van Schille neun Jahre zuvor unternommen hatten, während Mercator damit rang, seine Ptolemäus-Karten zu vollenden.

Der dünne Oktavband mit neunundsiebzig Seiten war von Ortelius und Vivianus verfasst worden, und zwar in Form eines Briefes an Mercator, der die Reisenden im Geiste begleitete. An verschiedenen Stellen war der Text durch Illustrationen ergänzt. Der Bericht verzichtete auf überflüssige Anekdoten und beschränkte sich – wie Mercators moderne Karten – auf das Wesentliche.

*

Im Sommer 1585 war Mercator endlich so weit; die erste Lieferung der neuen Geographie sollte auf der Herbstmesse in Frankfurt dem Buchhandel vorgestellt werden. Diese Lieferung umfasste einundfünfzig Karten nebst etlichen Seiten Begleittext:

einer zweiseitigen Notiz »An den eifrigen und geneigten Leser«, vier Seiten »Über die politische Verfassung des Königreichs Frankreich«, einer einseitigen »Anleitung zum Gebrauch der Karten«, einem »Verzeichnis der Karten Galliens«, dem Widmungsbrief an Herzog Johann Wilhelm und einem Register der Namen, die auf den Karten auftauchten. Für Mercator war dies eine erstaunliche Leistung; diese einundfünfzig Blätter übertrafen die kartographische Ernte seines gesamten bisherigen Lebens um mehr als das Doppelte.

In der Widmung an den Herzog erklärte Mercator, dass die große, lang erwartete Kosmographie noch nicht in ihrer Gesamtheit veröffentlicht werden konnte, da sich die Arbeit schwieriger gestaltete als erwartet. Mercator erläuterte seinem Herzog den Gesamtplan der Kosmographie, der einige Änderungen erfahren hatte, seit er siebzehn Jahre zuvor im Vorwort zur *Chronologia* umrissen worden war. Die Kosmographie bestand nun aus sechs statt aus fünf Teilen: Der erste behandelte »die Erschaffung der Welt und die Anordnung ihrer Teile insgesamt«. Der zweite befasste sich mit der »Reihenfolge und Bewegung der Himmelskörper« und der dritte mit »deren Natur, Strahlung und Ablenkung der wirkenden Kräfte«. Den vierten Teil bildeten »die Elemente« und den fünften »die Beschreibung der Reiche und der ganzen Erde«. Der sechste Teil schließlich bestand aus »den Genealogien der Fürsten seit der Schöpfung der Welt, um die Wanderungen von Völkern, die ersten Bewohner der Länder, die Zeiten der Erfindungen und die Ereignisse des Altertums zu erforschen«. Der neue Abschnitt über das Verhalten von Himmelskörpern war eingefügt worden, »um nach einer richtigeren Astrologie zu suchen«. Ansonsten war der Inhalt ähnlich, wenn auch leicht umgeordnet. Dies war, so Mercator weiter, »die natürliche Reihenfolge der Dinge, die deren Gründe und Ursprünge leicht aufzeigt und zu wahrer Kenntnis und Einsicht der beste Führer ist«.[12]

Dann beschrieb Mercator die erwähnten Schwierigkeiten, mit denen er kämpfte und die den Abschluss der Arbeit verzögerten. Dennoch schien es nicht gerechtfertigt, den Lesern jenen Teil vorzuenthalten, den er bereits abgeschlossen hatte, auch wenn er alles bis zur Vollendung des gesamten Werkes hätte zurückhalten können. Sein Unmut war nicht zu übersehen, doch unter den gegebenen Umständen blieb ihm gar nichts anderes übrig. Es erschien ihm vordringlich, jene Karten der Neuen Geographie herauszubringen, die bereits gestochen waren und »die der Öffentlichkeit zu diesem Zeitpunkt am meisten nützen, nämlich die von Gallia und Germania«.[13]

Immerhin hatte er einen Anfang gemacht. Ungefähr siebenundvierzig Jahre waren vergangen, seit Mercator erstmals im Druck seine Absicht bekundet hatte, die Welt nach Regionen darzustellen. Kartenkäufer hatten ein Leben lang auf diesen Augenblick gewartet.

*

Die Karten sahen langweilig aus. Die Frankfurter Buchhändler müssen die Köpfe geschüttelt haben. Wo waren die Legenden, die Kompasse und Verzierungen, wo die schroffen Klippen und Katarakte? Wo waren die Flotten von Karavellen? Und wo, um Himmels willen, waren die Fische? Und die Umrahmungen waren ausgesprochen schmucklos; es waren nüchterne Linien, die laufend mit Längen- und Breitengraden markiert waren. Die Kartentitel waren nur dürftig verziert, und einige Karten hatten überhaupt keinen Titel. Keine der Karten sah auch nur annähernd wie ein *Bild* aus. Verglichen mit den exotisch dekorierten und modisch aufgemachten Karten des *Theatrum* oder des *Speculum* wirkten Mercators phantasielos betitelte *Geographischen Karten Galliens* eher fad.

Nur wenige der Händler in der Buchgasse dürften erkannt haben, worauf es Mercator ankam. Die einundfünfzig Blätter mögen nüchtern gewirkt haben, doch es handelte sich nicht um einen weiteren x-beliebigen Satz regionaler Karten; sie bildeten die erste Teillieferung einer universellen Mehrzweckkartographie. Mercators Karten überlappten sich und deckten die dargestellten

Regionen nahtlos ab. Sie wiesen unterschiedliche Maßstäbe auf, die Gesamtüberblicke über ganze Reiche beziehungsweise Nahaufnahmen einzelner Ausschnitte ermöglichten. Die Karten konnten einzeln verkauft oder thematisch zu Kartenbüchern zusammengebunden werden. Viele benachbarte Karten (jene ohne Titel) konnten zurechtgeschnitten und zu einer Wandkarte zusammengeklebt werden. Aus den einundfünfzig Kartenblättern ließen sich nicht weniger als sieben Wandkarten zusammenstellen: Karten für Lothringen, Burgund (vielleicht ein Geschenk an Perronet), Elsass, Niedersachsen mit Braunschweig, Hessen mit Thüringen und Westfalen (an dessen unteren Rand sich ein Blatt von Bergen, Mark und Köln anfügen ließ). Die größte Wandkarte, die sich zusammensetzen ließ, war eine prächtige Darstellung der Schweiz auf vier Blättern. Bis auf ein paar kleinere Unregelmäßigkeiten passten die einzelnen Blätter exakt zusammen; wurden die Blätter zusammengeklebt und koloriert, war der Falz so gut wie unsichtbar.

Mercators Karten waren überdies genau. Musste im Text die Lage eines Ortes angegeben werden, nannte er nicht nur die entsprechenden Längen- und Breitengrade, sondern auch die Minuten. Auch die Lage der Orte, die im Register erschienen, waren bis auf die Minute genau angegeben.

Mercators Karten waren praktisch und leicht zugänglich; ihre zweckmäßige Aufmachung förderte die Bildung. Dies war auch das Leitprinzip der Begleittexte. In dem Abschnitt mit dem Titel »Anleitung zum Gebrauch der Karten« erhielten Allgemeinleser und Nichtgeographen eine knappe Einweisung in den graphischen Aufbau von Karten, die Markierung mit Längen- und Breitengraden und die Unterteilung der Grade in jeweils sechzig Minuten.

Dass Mercator beabsichtigte, den gesamten Globus mit diesen präzisen, überlappenden Karten abzudecken, muss den Zeitgenossen noch unglaublicher erschienen sein, nachdem sie nun die ersten Beispiele im Druck vor Augen hatten. Allein die Vervollständigung Europas sollte ein immenses Unterfangen werden.

Danach ging es an »Afrika, Asien, Amerika und, falls es entdeckt wird, was wir hoffen,... das magellanische oder südliche Land (Australis)«.[14]

*

Mit seinen ersten Karten hatte Mercator seinen Lesern ein riesiges Gebiet von der Atlantikküste Frankreichs bis nach Polen und Ungarn erschlossen. Der Gesamtraum dieses Territoriums wurde auf zwei Überblickskarten dargestellt, die mit den Titeln »Gallia« beziehungsweise »Germania« versehen waren. Mercators Definition von »Gallien« entsprach im Großen und Ganzen dem römischen Gallien, einem viereckigen Gebiet, das vom Atlantik, den Pyrenäen, dem Mittelmeer, den Alpen und dem Rhein begrenzt wurde. Sein »Germanien« war ein Konglomerat, das sich über die Grenzen des Heiligen Römischen Reiches ausdehnte und auch Teile der ehemaligen römischen Provinzen Rätien, Noricum und Panonia einschloss.

Die prestigeträchtigen ersten Seiten der Neuen Geographie nahm Gallien ein – als Symbol einer funktionierenden Monarchie. Die Franzosen (»das weiseste und kriegerischste Volk«) hatten bei dem Bestreben, sich die besten politischen Verhältnisse zu schaffen, erkannt, dass es wünschenswert sei, »sich in allen Angelegenheiten an eine einzige Person zu wenden«. Mercator erwähnte das Deutsche Reich nicht namentlich, doch es war klar, welches politische System er meinte, als er hinzufügte, »das Gemeinwesen« erleide »Schwierigkeiten und Gefahren, wenn mehrere Personen gleichzeitig das Sagen haben«.[15]

Frankreich war auf regionaler Ebene bislang nie systematisch kartographiert worden. Mit drei überlappenden Blättern – sowie weiteren vier Blättern in einem größeren Maßstab zu besonderen Örtlichkeiten wie Boulogne und Guines und dem Herzogtum Berry an der oberen Loire – deckte Mercator die gesamte Monarchie ab. Gerade als Frankreich von religiösen Konflikten zerrissen wurde, stellte Mercator das Land als vereinigtes, zusammenhängendes Ganzes dar, das aus Regionen von eigenständigem geographischem Charakter bestand.

Gallien und Germanien waren indes nicht die einzigen Domänen. Mercator hatte von Gallien und dem Heiligen Römischen Reich ein drittes Gebiet abgezwackt, dessen politische Präsenz durch die Spitze seiner Stechnadel auf subtile Weise legitimiert wurde.[16] Dieses Territorium erschien am westlichen Rand der Germanienkarte und am östlichen Rand der Gallienkarte, wurde aber auf keiner der beiden eigens genannt. Es wurde jedoch mit einer eigenen Titelseite und einer eigenen Übersichtskarte ausgewiesen. In seiner Darstellung der politischen Geographie der Region erinnerte Mercator daran, dass Julius Cäsar Gallien in Celtica, Aquitania und Belgica unterteilt hatte. »Der König von Spanien«, fuhr er fort, »besitzt nun schon seit einigen Jahrhunderten eine Hälfte Belgicas«, während die andere Hälfte, »nämlich die Picardie, die Champagne, die Normandie (deren letztere zwei Bestandteile allerdings nicht ganz in Belgien aufgehen) und der übrige Teil Belgiens den Herzögen von Lothringen und von Jülich und Kleve, den Erzbischöfen von Trier, Mainz und Köln sowie dem Bischof von Lyon und anderen gehören«.[17] Aus jenem Teil Galliens, den der König von Spanien besaß, hatte Mercator »Belgii inferioris«, das untere Belgien, gemacht; diese Region umfasste Flandern, Brabant, Holland, Zeeland, Geldern, Artois, den Hennegau, Trier und Luxemburg. Nicht weniger als neun der einundfünfzig neuen Karten waren dem Gebiet »Belgii inferioris« gewidmet.

Der Begleittext rühmte Belgica als den edelsten Teil Galliens. Zwar sei »ganz Belgica ausgesprochen berühmt, [doch] der Teil, der stets dem katholischen [d. h. spanischen] König gehörte, ist bei Weitem der edelste«. Das untere Belgien sei deswegen so berühmt, weil es »Ursprung und Heimat so vieler Monarchen, Könige, Fürsten und Herzöge« war – »und wegen der dicht bevölkerten und ungeheuer reichen Städte sowie der erstaunlichen Vielzahl ihrer Einwohner und deren Reichtum, Gesittung und Geistesstärke«. Weder Gallia noch Germania wurden in solchen

Begriffen beschrieben. Was damit angedeutet werden sollte, war klar: Das untere Belgien war kein politisches Anhängsel Frankreichs oder Deutschlands. »Es heißt«, fügte Mercator hinzu, »selbst Kaiser Karl V. sei so bewegt gewesen von diesen [Eigenschaften], dass er oft überlegte, ob er diese Provinzen zu einem Königreich erheben solle.«[18]

Es war kein Zufall, dass in dem Buch, das Ortelius und Vivianus im Jahr zuvor Mercator gewidmet hatten, eine Reise durch das »belgische Gallien« beschrieben worden war. Die römischen Altertümer, das Grab Mandevilles, der Schrein des heiligen Nikolaus und die Begegnungen mit gelehrten Humanisten bildeten Episoden einer Erzählung, die den geschichtlichen Rang und die kulturelle Zusammengehörigkeit des belgischen Galliens veranschaulichen sollten.

*

Die Hand des politischen Kartographen wirkte jedoch auch auf einer etwas regionaleren Ebene. Unter den einundfünfzig Karten befand sich nur eine einzige, die keinen Titel trug und nicht Teil einer Wandkarte war. Diese Karte wich von dem ansonsten einheitlichen Muster ab. Sie wies einen ganz anderen Maßstab auf als ihre Nachbarblätter und enthielt außer dem üblichen Signum »Per Gerardum Mercatorem Cum Privilegio« keinerlei redaktionelle Information. Das dargestellte Gebiet war weder eine geschlossene politische Domäne noch eine einheitliche geographische Region. Keine andere Karte war so dicht mit Ortsnamen übersät. Der Titel fehlte, weil es keinen leeren Raum gab, in dem er Platz gefunden hätte.

Auf der Rückseite war das Kartengebiet als »Brabantia, Gulick et Cleve« gekennzeichnet. Mitten aus dem unteren Belgien, das Mercator als die edelste Region Nordeuropas würdigte, hatte er ein Rechteck herausgeschnitten, das Brabant und die Territorien Herzog Wilhelms umfasste und das er hiermit als Herzstück des unteren Belgien präsentierte. Innerhalb dieses Rechtecks lagen die geographischen Arterien und Organe der Region: die Flüsse Schelde, Maas und Rhein sowie die Städte Antwerpen, Mechelen, Brüssel, Löwen, Köln, Lüttich und Aachen – die Zentren des Handels, des Druckgewerbes, der Kartographie, der Wissenschaften und der Kirche. Im Gebiet dieser Karte waren Karl V. gekrönt und Sir John Mandeville begraben worden.

Die Karte »Brabantia, Gulick et Cleve« wies außerdem engste Bezüge zu Mercators eigener Biographie auf, denn sie versammelte sämtliche Orte, an denen er gelebt hatte. In der rechten Hälfte der Karte lag Gangelt, wo er gezeugt und großgezogen worden war, und ganz am linken Rand befand sich ein Stück von Flandern mit Rupelmonde. Am oberen Rand war die Stadt seiner Schulzeit, 's-Hertogenbosch eingezeichnet und am Fuß seine Universitätsstadt Löwen. Ganz zur Rechten fand sich Duisburg. Und in der Mitte der Karte lag die herzförmige, unbesiedelte Leere des Kempenlandes, umgeben von den Venen und Arterien des belgischen Flusssystems.

Mercator hatte praktisch sein gesamtes Leben auf dem Gebiet dieser einen Karte verbracht, deren Geographie mit Sinnbezügen befrachtet war, die sich nur ihm allein erschlossen. Gewiss, die Karte war viel zu sehr beschriftet, um auch noch einen Titel zu enthalten. Doch gönnte sich Mercator vielleicht einen Moment der Rache, indem er das Herzogtum, das ihn und so viele seiner Freunde verfolgt hatte, seines Namens beraubte? Und welche Ironie lag darin, dem irregeleiteten Brabant jenes Herzogtum an die Seite zu stellen, das dessen Flüchtlinge in einem Geist der Toleranz und Mäßigung aufgenommen hatte!

Und was ging Mercator durch den Kopf, als er den Kölner Kirchturm abknickte und wie ein Damoklesschwert über der Stadt schweben ließ? Eine der Kölner Kirchen hatte tatsächlich einen schiefen Turm, den Sebastian Münster vierzig Jahre zuvor in einer Stadtansicht seiner *Cosmographia* abgebildet hatte. Doch da Mercators Neue Geographie ansonsten jeder bildhaften Darstellung entbehre, erhebt sich die Frage, wieso er in diesem einen Fall seine Regel brach. Köln erschien auf dreien seiner neuen Karten, und auf jeder hatte er den Kirchturm abgeknickt. Ein winziges Detail nur – doch bewegten ihn auch hier Gedanken der Vergeltung? Schließlich war Köln erst vor kurzem mit solch verheerenden Folgen für den Niederrhein zum Kalvinismus übergetreten. Es schien wohl treffend, dass die Stadt, die mit der Kirche des Papstes gebrochen hatte, durch ein gebrochenes christliches Symbol repräsentiert wurde.

Seltsamerweise war diese aus der Reihe fallende Karte die einzige der einundfünfzig Karten, die Anzeichen einer größeren Korrektur erkennen ließ; wahrscheinlich war sie eines der beiden Blätter, die Mercator noch einmal neu und richtig stechen ließ, nachdem einige Fehler entdeckt worden waren, die kaum zu tolerieren waren. Solch eine Korrektur war ein mühsames Unterfangen, da die betreffenden Stellen der Kupferplatte von der Rückseite herausgehämmert, frisch poliert und neu gestochen werden mussten. Zu berichtigen war ein großes Gebiet am unteren Ende der Karte. Zwischen Namur und Lüttich mussten der Lauf der Maas und die Position von ungefähr vierzig Städten und Dörfern geändert werden. Da dasselbe Gebiet auf zwei weiteren Regionalkarten enthalten war, die ebenfalls dem aktualisierten Stand entsprachen, ist zu vermuten, dass »Brabantia, Gulick et Cleve« eine der ersten Karten war, die Mercator vollendete – vielleicht sogar ein Prototyp für die gesamte »Neue Geographie«. Das korrigierte Gebiet lag auch auf der Route, der Ortelius und Vivianus 1575 auf ihrer Reise durch das belgische Gallien gefolgt waren, und es ist denkbar, dass sie die berichtigten Daten bereitgestellt hatten.

Mercator hatte sich dieser detaillierten und mühsam korrigierten Karte mit einer Intensität gewidmet, wie sie seine »Neue Geographie« kein zweites Mal erkennen ließ. Das Blatt konnte durchaus als persönliche Aussage und als Experiment einer politischen Kartographie verstanden werden.

29

Apokalypse

Erst knapp die Hälfte der modernen Karten, welche die »Neue Geographie« bilden sollten, war in Druck, als das Jahr 1588 näher rückte und Mercator sich immer mehr mit einer seiner Überzeugung nach unabwendbaren Apokalypse befassen musste.

Einer derjenigen, die sich seit einiger Zeit für Mercators Kenntnisse in den Bereichen Chronologie und Astronomie interessierten, war Heinrich Rantzau, der ungeheuer wohlhabende Vizekönig von Holstein, einem Herzogtum an der unsteten Grenze zwischen dem Reich und Dänemark. Rantzau, der sich auch mit Kartographie beschäftigte, war nicht abgeneigt, seinen Namen gedruckt zu sehen, und auf der Karte Dänemarks in Brauns und Hogenbergs *Civitates Orbis Terrarum* war er nicht weniger als sechsmal genannt. Auch war er ein Anhänger des bekannten, aber umstrittenen Astronomen Tycho Brahe. Brahe, der sich eine Kupfernase angefertigt hatte, nachdem er sein Riechorgan bei einem Duell verloren hatte, lehnte wie Mercator die kopernikanische Theorie ab und vertrat stattdessen eine gemäßigte Variante des ptolemäischen Systems.

Mercator kannte Rantzau wahrscheinlich durch Georg Braun in Köln und durch Rantzaus *Catalogus imperatorum*, den Plantin 1580 veröffentlicht hatte. Rantzau war jemand, der möglicherweise wertvolle Beiträge zu der »Neuen Geographie« leisten konnte, und er war aufgrund seiner Stellung durchaus in der Lage, Mercator Karten und Beschreibungen der politischen Strukturen

Dänemarks zu liefern. Im Gegenzug erwartete Rantzau, auf den Seiten der »Neuen Geographie« Anerkennung zu finden. Außerdem interessierte er sich für Mercators Ansichten zum unmittelbar bevorstehenden Ende der Welt.

In den Jahren 1585 und 1586 tauschten Rantzau und Mercator Briefe und Informationen aus. Mercator erhielt von Rantzau ein Verzeichnis der Festungen und königlichen Städte auf Fünen, zwei Karten Schwedens, »verschiedene Skizzen Dithmarschens« sowie astronomische Neuigkeiten aus Brahes Observatorium in Uraniborg, einschließlich einer Beschreibung des Kometen, der 1585 beobachtet worden war und der, wie Mercator mit offensichtlicher Freude schrieb, viel Stoff für seine Spekulationen bot.[1] Rantzau wiederum erhielt von Mercator eine ausführliche und detaillierte Abhandlung über »die Bewegung und die Umlaufbahnen der Sonne« sowie »das Wesen und die Funktionen, für die sie erschaffen wurde«. Weder die Bewegung der Sonne noch die der Planeten konnten indes für die bevorstehende Apokalypse verantwortlich gemacht werden. »Die Planeten versagen nicht in ihrem Wesen und ihrer Energie, sondern bleiben so, wie sie erschaffen und für die Erzeugung und Erhaltung der Arten in der niederen Welt bestimmt wurden.« Jegliches Versagen, so Mercator, gehe zurück auf »eine Störung der Substanz und eine schädliche Mischung der Elemente, wofür die primäre und beinahe einzige Ursache die Sünde ist«. Und die Sünde, betonte Mercator, »entspringt weder den Planeten noch einer Neigung der von Gott erschaffenen Natur, sondern allein dem freien Willen des Menschen«. Dieser freie Wille sei fehlgeleitet und der Verfall der Erde selbst verschuldet. »Ihr Untergang... hat seine Ursache allein in dem Willen Gottes, der ihren Lauf beendet und ihr Gefüge auflöst.«[2]

*

Im März 1586 waren die Allgemeinkarte Dänemarks sowie die Regionalkarten von Fünen und Holstein vollendet. Nun konzentrierte Mercator sich darauf, die gesamte Beschreibung Dänemarks abzuschließen. Er versicherte Rantzau, die verschiedenen Manuskripte, die er sich ausgeliehen hatte, bald zurückzuschicken.³

Doch Mercators Uhr – und die gesamte irdische Zeit – schien so gut wie abgelaufen. In ihren Briefen, die sie im Frühjahr 1586 austauschten, verglichen der Vizekönig und der Kartograph ihre Vorstellungen über das »prophetische Jahr«. Aus Duisburg erhielt Rantzau einen kurzen Abriss der von Mercator seit langem vertretenen Ansicht, dass das Weltenende 1588 eintreten werde. Mercator verwies den Vizekönig auf Sleidans Geschichte der Religion und erklärte, indem man die siebzig Jahre der Babylonischen Gefangenschaft zu dem Datum hinzufüge, an dem die Lehre Luthers und Zwinglis aufgestellt worden war, komme man auf »den Beginn des Jahres '88«. »Lebt wohl«, schrieb Mercator. »Möge Euch unser Herr glücklich und wohlbehalten durch das nahende Jahr der Krise führen.«⁴

*

Das Unheil kam schneller, als Mercator erwartet hatte. Ganze vier Monate, nachdem er Rantzau vor außergewöhnlichen Ereignissen gewarnt hatte, starb Barbara. Es war der 24. August 1586. Für Ghim, der Barbara gut gekannt hatte, war sie mehr als eine treue und »treffliche Hausfrau« gewesen. Krieg, Pest und wirtschaftliche Not forderten ihren Tribut, doch Barbara stand unerschütterlich einem Mann zur Seite, der an den Pranger gestellt und in Haft genommen worden war und der sich zwanghaft einer Aufgabe verschrieben hatte, die zeitweise wenig einträglich war. Sie hatte sechs »gehorsame und begabte« Kinder zur Welt gebracht. Drei dieser Kinder, die Knaben, waren mit Begabung und Hingabe in die Fußstapfen ihres Vaters getreten. Barbara war fünfzig Jahre und drei Wochen mit Mercator verheiratet gewesen.

*

Als Barbara starb, züngelten am Rhein die Flammen des Krieges. Die Spanier waren immer weiter auf Duisburg vorgerückt. »Von allen Seiten«, bemerkte Mercator, »werden wir vom Krieg bedrängt.« Südlich von Duisburg wurde Neuss »bestürmt und erobert«; im Norden wurde Rheinberg »von einer Armee umringt«. Die Straße nach Wesel war abgeschnitten. Es war nicht mehr möglich, Briefe zu versenden. Den ganzen Sommer des Jahres 1586 wartete Rantzau auf Mercators Antwort. Er schrieb einen zweiten Brief und dann einen dritten. Trotz der Kämpfe hatte Mercator alle drei Briefe erhalten. Als er im September schließlich antwortete, versäumte er es, Barbaras Dahinscheiden zu erwähnen. In seinem Brief, in dem es hauptsächlich um die Karten der unvollendeten »Neuen Geographie« ging, schilderte er jedoch das Chaos, das am Niederrhein um sich griff.[5]

*

Trotz seines schmerzlichen Verlustes und eines drohenden Angriffs der Spanier hatte Mercator weitere Fortschritte mit seiner Kosmographie gemacht. Die Karten für Italien und Griechenland waren weitgehend gezeichnet, und während sie gestochen wurden, machte er sich an die Königreiche im Norden. Die Karte Dänemarks war so weit fertig, dass sie gestochen werden konnte. Unterdessen wartete Mercator auf die ausführlichen Beschreibungen Polens und Livlands, die »ein gewisser adeliger Pole« in Köln für ihn hinterlegt hatte. Sobald er diese Karten erhielt, machte er sich daran, sie »korrekt zu vermessen«.[6] Erst als sämtliche Koordinaten bestätigt waren, sah er sich imstande, sie in Kupfer zu stechen.

Und dann erlag Arnold einer Lungenentzündung. Erst Barbara, und nun Arnold. Es war eine doppelte Tragödie. Mercator bezahlte einen hohen Preis für seine Langlebigkeit: Er musste zusehen, wie ihm seine eigene Familie wegstarb. Seine Frau und sein ältester Sohn waren für ihn Gegenwart und Zukunft gewesen, die Eckpfeiler seines irdischen Daseins. Arnold war ein begabter Kartograph gewesen, fähig genug, das Werk seines Vaters fortzuführen. Er war laut Ghim »beinahe unübertroffen im Bau präziser und wunderschöner mathematischer Instrumente« und fand »kaum seinesgleichen in seiner Kenntnis der Geographie und Vermessung«. Arnolds Vermessungen im Erzbistum Trier und in der Grafschaft Katzenelnbogen hatten ihm sogar »ein stattliches Honorar« eingebracht.[7] Als Festangestellter des Herzogs von Kleve hatte er den Gerichtsbezirk Windeck vermessen und in den Bezirken Sittard und Bonn gearbeitet. Er hatte Köln vermessen und kurz zuvor mit einer Neuvermessung von Hessen für den Landgrafen Wilhelm IV. begonnen.

Vater und Sohn hatten sich in der Geographie und der Chorographie ideal ergänzt. Und die Chorographie, die Orts- und Raumkunde, war durchaus einträglich. Arnolds Regionalkarten waren Auftragswerke gewesen, die territoriale Angelegenheiten klären oder bestätigen sollten und die ordentliche Vergütungen mit sich brachten. In Duisburg schätzte man ihn auch wegen seiner Baupläne für Häuser und Deiche. Im Gegensatz zu seinem Vater war Arnold Bürger von Duisburg und sogar Mitglied des Stadtrats gewesen. Er starb kurz vor seinem fünfzigsten Geburtstag und hinterließ dreizehn Kinder.

Dass Mercator ausgerechnet Arnold verlor, bedeutete nicht nur einen persönlichen Verlust. Zwei von seinen wichtigsten Kupferstechern waren nun seine Enkel Johann und Gerhard. Drei Wochen nach Arnolds Tod schlug Mercator dem Landgrafen Wilhelm IV. vor, Johann solle die Arbeit seines Vaters in Hessen abschließen.[8]

Arnold war am 6. Juli 1587 gestorben. Am Ende jenes schrecklichen Sommers rückte die Front immer näher heran. Mercator bereitete seine Familie darauf vor, Duisburg zu verlassen, und packte Bücher, Karten und Papiere zusammen. Als der städtische Senat ihn beauftragte, einen Stammbaum der Herzöge von Jülich und Kleve zu erstellen, erwiderte Mercator, »diese gefährlichen Zeiten zwingen mich, meine Schriften und Karten durcheinanderzubringen und die Sachen für eine Flucht an einen sichereren Ort zusammenzupacken, falls es nötig werden sollte«.[9] Im häuslichen Bereich hatte der Weltuntergang schon begonnen. Umringt von einer blindwütigen Soldateska, musste sich Mercator nach Löwen zurückversetzt gefühlt haben. Die spanischen Verbände belagerten und stürmten die Festung Ruhrort am Flussufer vor den Toren der Stadt. Doch so wie Löwen im letzten Augenblick verschont geblieben war, so entging auch Duisburg der Verwüstung. Die Spanier ließen die Stadt unversehrt.

Doch die Katastrophen nahmen kein Ende. Das Jahr 1588 brachte die Pest nach Duisburg. In Paris begann Philips II. lang angekündigte Rückeroberung des protestantischen Europas mit dem »Tag der Barrikaden«, an dem der versöhnliche französische König Heinrich III. von der radikalen katholischen Liga unter dem dritten Herzog von Guise, Henri, und dessen Bruder Louis aus der Stadt vertrieben wurde. Zur gleichen Zeit segelte eine riesige spanische Flotte Richtung England.

Mercator wusste, dass die Zeit gekommen war. Die Städte am Rhein, die für ihre Toleranz gegenüber dem Kalvinismus bekannt waren, gehörten sicherlich zu den ersten Zielen, die sich der tobende katholische König vornahm, sobald er das ketzerische Volk in England und den Niederlanden bestraft hatte. Philips Rückeroberung schlug jedoch fehl. Seine Armada wurde von Frobisher, Drake, Hawkins und einem ketzerischen Wind versprengt und vernichtet. Ungefähr 15 000 Soldaten und Seeleute kamen ums Leben, und nur etwa sechzig der hundertdreißig Schiffe kehrten nach Spanien zurück. An Weihnachten gewann Heinrich III. von Frankreich neue Stärke und trennte den Kopf der katholischen Liga ab; Henri und Louis Guise wurden ermordet. Gemäßigte Kräfte auf dem ganzen Kontinent warteten darauf, dass der französische Monarch die Radikalen vertrieb und sein Volk wieder vereinte.

Mercators alter Studienkollege und Förderer Antoine Perronet erlebte den katastrophalen Untergang Spaniens nicht mehr mit. Er war im September 1586 in Madrid gestorben. Spanien, schrieb er vor seinem Tod, »steuert auf den Abgrund und endgültigen Untergang zu«.[10]

30

Atlas

Im März 1589 wurde Mercator siebenundsiebzig. Dennoch zog in das Haus an der Oberstraße neuer Lebensmut ein: Der Kartenmacher heiratete wieder, und auch Rumold vermählte sich. Mercators neue Frau war Gertrud Vierlings, die Witwe des ehemaligen Duisburger Bürgermeisters Ambrosius Moer. Rumold heiratete Gertruds Tochter.

Eine weitere Lieferung der modernen Karten wurde gedruckt. Der neue Stapel von zweiundzwanzig Karten deckte Italien und die Balkanländer ab. Trotz des Fortschritts, den Mercator mit Skandinavien gemacht hatte, waren die Blätter über die nördlichen Breiten noch nicht fertig. Wie der vorausgehende Kartensatz umfasste auch die Lieferung *Italiae, Sclavoniae, et Graeciae tabulae geographicae* eine eigene gestochene Titelseite, ein Porträt des Verfassers, einen Widmungsbrief, eine Bemerkung an den Leser und eine Liste der verzeichneten Orte. Es mag voreilig gewesen sein, eine weitere Teillieferung herauszubringen, doch der Käufer konnte einen hübschen Band mit allen üblichen bibliographischen Gefälligkeiten erwerben.

In seiner knappen Bemerkung an den »freundlichen Leser« erinnerte Mercator daran, dass die jüngsten Karten Teil einer systematisch geplanten Weltschau waren; wie Ptolemäus vorgeschrieben hatte, ging die Kartenabfolge (weitgehend) von West nach Ost und von Nord nach Süd, »sodass nichts dazwischen ausgelassen wird«. Die erste Regionalkarte zeigte daher die Lombardei und die letzte Kreta. Jenen, die bereits seit Jahrzehnten gewartet hatten, wurde außerdem versichert, »wir werden schließlich alle Regionen der Erde herausbringen und dabei so selten wie möglich wiederholen, was dereinst geschildert wurde, damit dem Käufer nicht eine überflüssige Vielzahl von Karten aufgebürdet wird«. Mercator betonte, diese Karten seien Teil eines definitiven Unterfangens, »das gesamte Werk einmal vollständig in einer so reinen Form wie möglich herauszugeben«.[1]

Die Karten wiesen dasselbe Format auf wie die von Gallia, Germania und Belgii inferioris; sie waren von den Skalen der Längen- und Breitengrade eingerahmt und mit einer einzigen Titelkartusche ausgeschmückt. Auf überflüssige Dekoration hatte Mercator praktisch vollkommen verzichtet. Auf den einundfünfzig Karten der ersten Lieferung waren insgesamt ganze dreizehn Schiffe und vier Seeungeheuer zu zählen. Auf den zweiundzwanzig Karten von Italien und dem Balkan erschien auf der Allgemeinkarte Italiens ein einziges Schiff und ein einziges Ungeheuer, und auf der Regionalkarte mit dem »Fuß« Italiens kreuzte eine einzige Karavelle. Mercator ersetzte das künstlerische Zierwerk immer konsequenter durch die geographischen Grundelemente der Erde.

In den neuen Karten verbarg sich nur eine potenzielle Wandkarte, doch dies war die bislang spektakulärste. Ausgeschnitten und zusammengeklebt, ergaben vier Blätter ein geographisches Abbild Norditaliens. Die Darstellung der vieltürmigen italienischen Städte, die von Norden, Westen und Süden durch Alpen und Apennin eingerahmt waren, konnte als heimliche Hommage an die Heimat des Humanismus verstanden werden. Fünfzig Jahre nach der Fertigung seiner ersten Karte stieß Mercator auf eine Landschaft, die sich dafür eignete, die allegorischen Weltansichten eines Joachim Patinir als ptolemäische Realität darzustellen. Die Karte beruhte auf den neuesten Daten, die Mercator beschaffen konnte, und besaß aufgrund der Platzierung der Ränder eine perfekte kompositorische Anlage: Drei Seiten wurden von Bergen eingerahmt, und an der vierten setzte sich der Stiefel Italiens fort. Allein in diesem speziellen rechteckigen Ausschnitt Europas, wo die höchsten Berge auf die breiteste Ebene stießen, entsprach die Geographie vollkommen dem Lexikon der Kartographie. Hier wurde die Natur schlüssig erklärt, indem die scheinbar bedeutungslosen Windungen von Küsten und Hügeln von oben in ihren wirklichen Mustern präsentiert wurden. Und von all diesen Mustern war keines so symmetrisch – und so hochgradig symbolisch – wie das große Flussbecken, das die Mitte der Karte ausfüllte. Der Schustersohn, der in jener zweiten großen europäischen Flussebene groß geworden war, hatte die zahlreichen Nebenflüsse des Po so gezeichnet, dass der majestätische Strom und seine Verästelungen und Verzweigungen wie der Baum des Lebens aussahen.

*

Diese zweite Lieferung der »Neuen Geographie« widmete Mercator in kunstvollen Formulierungen dem Kardinalgroßherzog und spanischen Protektor der Toskana, Ferdinand de Medici. Mercator präsentierte stolz »Italien, die Blume der Erde«. Ferdinand, den man für seine Politik der religiösen Toleranz in der Republik Florenz schätzte, war ein großzügiger Kunstmäzen und förderte auch Kartographen, unter anderem Mercator, der sich in seinem Widmungsbrief für die Gunst und Gönnerschaft des Fürsten bedankte.

Mercators Widmungsbrief an Medici enthielt einen Hinweis auf die eigentliche Wesensbestimmung seiner Kosmographie – auf den Titel, der dieses Werk weit über das *Theatrum* eines Ortelius und das *Speculum* eines de Jode hinaushob. Vor seinem knappen Verweis auf Medicis »Gunst und Gönnerschaft« nannte Mercator einen weitaus würdigeren Grund dafür, die Karten einem italienischen Fürsten zu widmen. Dazu musste er allerdings eine etwas gewundene Genealogie kreieren, in der Ferdinand mit einer Quelle kosmographischer Weisheit in Verbindung gebracht wurde. »Begierig darauf, das römische Altertum zu feiern«, schrieb Mercator,

»zog mich mein Geist zum Thron jenes alten und weisen Königs Janus von Etrurien. Denn so wie dort, unter der Ägide des idäischen Herkules und seines Sohnes Tuscus und seines Enkels Janus und dessen Lehrer Atlas, schien der ganze Glanz Italiens auf, gleichsam wie aus seiner frühesten Kindheit.« Indem Mercator die Erinnerung an jenen edlen toskanischen König auffrischte, pries er Ferdinand als »Nachfolger des Janus«. Und der Lehrer Atlas wurde zum Sinnbild und zur Verkörperung der Kosmographie Mercators.[2]

*

»Ich habe mir diesen Mann namens Atlas«, erklärte Mercator, »der sich so sehr durch seine Gelehrsamkeit, Menschlichkeit und Weisheit auszeichnet, als Vorbild zur Nachahmung auserkoren.«[3] In dem Vorwort, das er für die Kosmographie vorbereitete, skizzierte Mercator die Genealogie des Titanen, der dazu verurteilt worden war, den Himmel auf seinen Schultern zu tragen. Atlas stammte von dem phönizischen König und Astronom Sol (»Sonne«) ab. Sols Sohn Terrenus (auch bekannt als Caelus, der Himmlische) hatte nicht weniger als fünfundvierzig Söhne gezeugt, siebzehn davon (nämlich die Titanen) mit seiner Schwester Titea (auch bekannt als Terra, die Erde). Eines der prächtigsten der titanischen Kinder war ein Knabe namens Atlas, der König von Mauretanien wurde. Atlas war nicht nur »ein sehr versierter Astronom«, sondern auch »der Erste unter den Menschen, der sich über die Kugel ausließ«. Der Sohn des Atlas, der denselben Namen trug, war König von Iberien und wurde nach dem Tod seines weisen Bruders Hesperus Verwalter Etruriens und Lehrer des Janus.

Mercators Vorbild war also Atlas der Jüngere, der Urenkel der Sonne, der Enkel von Himmel und Erde und der Lehrer »jenes alten und weisen« toskanischen Königs Janus, der seinen Namen vom Gott des Anbeginns aller Dinge ableitete und zugleich als Gott des Himmelsgewölbes ein Überirdischer war.

So wie der mythische Atlas die Sphäre von seinem göttlichen Standpunkt aus betrachten konnte, bot Mercators *Atlas* der Menschheit eine Perspektive für die Betrachtung der Erde. Der vollständige Titel der Kosmographie lautete *Atlas sive cosmographicae meditationes de fabrica mundi et fabricati figura* (Atlas, oder kosmographische Betrachtungen über die Erschaffung der Welt und die Gestalt des Erschaffenen).

*

Mercator war nicht auf der Frankfurter Frühjahrsmesse, als die Karten für Italien und den Balkan auf den Markt kamen. Er stürzte sich auf die nächste Lieferung des *Atlas*. Dabei ging es um die lang erwarteten Karten für die nördlichen Gebiete. Sobald sie im Druck vorlagen, war Europa – mit Ausnahme des problematischen Iberiens – vollständig.

Inzwischen war jedoch offenkundig, dass Mercator wie immer das Ausmaß seines Unterfangens unterschätzt hatte. Die modernen Karten für Europa umfassten bereits weit über hundert Blätter – mehr, als die gesamte »Neue Geographie« eigentlich umfassen sollte. Und mit Afrika, Asien, Amerika und »Magellanica« hatte er noch gar nicht angefangen.

Vorläufig jedoch schenkte Mercator seine ganze Aufmerksamkeit den nördlichen Ländern. Er hatte immer Wert darauf gelegt, dass sich die Reihenfolge seiner modernen Karten nach dem Vorbild des Ptolemäus richtete und beim Pol und den umliegenden Regionen begann. Diese Karten sollten schließlich dem Leser den Rest der Welt eröffnen und einen Vergleichsmaßstab setzen. Die allererste Karte sollte also den arktischen Pol darstellen.

Die Karte des Nordpols war mehr als nur eine geographische Beschreibung. Die kreisrunde Karte starrte den Betrachter gleichsam wie ein Auge an, dessen Iris aus dem Rund der inneren Polarinseln bestand. Die Kreis- und Kugelform symbolisierte Mercators gesamte Kosmographie; dies war das ptolemäische Universum, die Kugel, die Atlas auf seinen Schultern trug. Der innere Kreisausschnitt der Karte lehnte sich an den kleinen Polareinsatz der Weltkarte von 1569 an; unverändert übernommen wurden die vier Inseln und die vier endlos fließenden Meeresarme, die dem großen Felsen am Pol und somit der Erdmitte entgegenströmten. Den Radius des abgedeckten Gebiets hatte Mercator jedoch um 10 Breitengrade erweitert, sodass am Rand der Karte die Nordspitze Schottlands sichtbar wurde. Zu sehen waren auch ganz Grönland und die angrenzende Küste Nordamerikas. Im Blickfeld waren ferner die nördlichen Regionen Russlands und Asiens sowie die Anianstraße. Dies war nicht nur die erste gedruckte Karte, die sich ausschließlich den arktischen Ländern widmete, sondern gleichsam auch das Vergrößerungsglas des Kosmographen, durch das der Betrachter den Prozess der Entdeckung in Augenschein nehmen sollte. In den fein verästelten Meeresengen zwischen Grönland und Amerika ließen sich die Bemühungen der englischen Seefahrer ablesen: An Frobishers hartnäckige Expedition erinnerte die lange Passage mit den Inschriften »Fretum Forbosshers«, »Lockes Land« und »Contie Warwiks Sund«. Auf die jüngsten Reisen des John Davis verwiesen die Ortsnamen an der Küste jenseits von »Fretum Davis« – »Mont Ralegh«, »Cap. Walsingam« und »L. Lumleys Bucht«.

Im Gegensatz zu den anderen modernen Karten des *Atlas* war diese regelrecht keck verziert. Um das Rund der Karte hatte Mercator einen Rahmen aus Blätterwerk drapiert und in jede Ecke ein Medaillon gesetzt. Drei dieser Medaillons zeigten Inselgruppen (die Shetland-Inseln, die Färöer und Zenos »Frislant«); das vierte füllte der Kartentitel aus.

Septentrionalium terrarum descriptio war eine höchst emblematische Karte. Mit ihrer Kreisform und Symmetrie entsprach sie ganz dem Ideal des humanistischen Regelmaßes. Mit ihren gemutmaßten Landformen verwies sie auf die mythologischen Wurzeln und die mathematische Zukunft der Kartographie zugleich. Und mit ihrer Ausschmückung weckte sie die Begeisterung des Betrachters.

*

Auf die einleitende Karte des Nordpols folgten im *Atlas* die Blätter über die nördlichen Länder – Island, die Britischen Inseln und Skandinavien, Sarmatia und Russland. All dies waren Regionen, deren geographische Darstellung im Laufe eines halben Jahrhunderts intensiver Kartographie entscheidend verbessert worden war.

Das Island, das Mercator 1554 gestochen hatte, war fast nicht wieder zu erkennen. Im Jahre 1585 hatte der dänische Historiker Anders Sørensen Vedel seinem König, Friedrich II. von Dänemark, eine neue Karte der Insel gewidmet.[4] Die Karte war wohl von Bischof Gudbrandur Thorláksson gestochen worden. Wo Mercator einst etwa dreißig Ortsnamen hatte vermerken können, zeichnete der Bischof ungefähr zweihundertfünfzig ein. Das Island, das Mercator nun für den *Atlas* zeichnete, wies zahlreiche neue Halbinseln und Meeresbuchten auf sowie den explodierenden Vulkan Hekla.

Aufgrund ihrer nördlichen Lage nahmen die Britischen Inseln die ersten Seiten des *Atlas* nach der Arktis und Island ein. Auch Britannien spielte eine symbolische Rolle, denn »Albion« wies die Geographie des Paradieses auf: »Die Natur«, schrieb Mercator, »stattete Britannien mit allen Vorzügen des Himmels und der Erde aus. Dort sind weder die Unbilden des Winters zu groß ... noch die Hitze des Sommers.« Die Gaben »von Ceres und Bacchus sind im Überfluss vorhanden: Die Wälder sind ohne wilde Tiere, und das Land ist frei von giftigen Schlangen. Überall grasen Herden zahmer Tiere, reich an Milch und Wolle ... Britannien ist in der Tat das Werk der freudigen Natur; die Natur scheint es, zur Freude des Menschengeschlechts, wie eine andere Welt außerhalb der Welt erschaffen zu haben ..., sodass das Auge eines jeden erquickt wird, dessen Blick darauf fällt.« Mercator war natürlich noch nie in Britannien gewesen. Allerdings kannte er Vertreter dieses Volkes, »deren Tugend im Frieden wie im Krieg in der ganzen Welt reichlich bestätigt wird«.[5] Die Engländer, allen voran der »ranke Jüngling«, dem er vierzig Jahre zuvor in Löwen begegnet war, hatten Mercators Sympathie gewonnen.

Während die Karten der nördlichen Regionen ihre endgültige Form erhielten, weilten Mercators Sohn Rumold und sein Enkel Michael, Rumolds dritter und jüngster Sohn, in London, vermutlich, um allerneueste Informationen zu sammeln. Die beiden schickten einen so großen Bestand an geographischen Daten nach Duisburg, wie dies ein paar Jahrzehnte zuvor noch undenkbar gewesen wäre.[6] So verbesserte Mercator seine Darstellung des schottischen Binnenlandes aufgrund der Angaben auf Lawrence Nowells ausgezeichneten Kartenmanuskripten der Britischen Inseln, von denen mindestens eine ein Gitternetz von Längen- und Breitengraden aufwies. Inzwischen war in Paris auch Alexander Lyndsays akkurate Schottlandkarte gedruckt worden, die ebenfalls ihren Weg nach Duisburg fand. Nach den Ergebnissen der Vermessungen, die Robert Lythe für Königin Elizabeth durchgeführt hatte, konnte Mercator auch Irland auf den neuesten Stand bringen. England und Wales dagegen revidierte er nach der prächtigen neuen Wandkarte und den vierunddreißig Grafschaftskarten von Christopher Saxton. Saxtons Karten entsprachen zwar nicht Mercators Standard und ließen Längen- und Breitengrade vermissen, erwiesen sich jedoch mit ihren Ortsnamen und Grafschaftsgrenzen als ungeheuer nützlich.

England erfuhr somit von allen Monarchien die systematischste Darstellung in Mercators *Atlas*. Sechzehn überlappende Blätter deckten England, Schottland und Irland in drei verschiedenen Detailstufen ab. Den kleinsten Maßstab wies eine Karte der gesamten Britischen Inseln auf. Es folgten drei Karten von Schottland, Irland und England. Den größten Maßstab hatten Karten von Nord- und Südschottland, Nord- und Südirland sowie sechs Regionalkarten von England. Mit den Karten der Britischen Inseln ließen sich auch Wandkarten von Schottland und Irland zusammenstellen.

Die sechzehn britischen Karten nahmen in der Darstellung der nördlichen Länder eine Vorrangstellung ein. Skandinavien war weitaus weniger systematisch abgehandelt. Eine einzige Generalkarte deckte Norwegen und Schweden ab, doch von Dänemark lagen dank Rantzau vier Karten vor. Mit weiteren Einzelkarten zu Preußen, Livland, Russland, Litauen, Transsylvanien und der Krim hatte Mercator die systematische kartographische Erfassung Europas praktisch vollendet.

Doch dann wurde er plötzlich niedergestreckt. Nachdem ihn sein Glaube an die Erneuerung durch das Jahr der Apokalypse gerettet hatte, versagte schließlich am 5. Mai 1590 sein Herz.

31

Die Schöpfung

Der Donnerkeil, der Mercator niederstreckte, raubte ihm die Sprechfähigkeit und lähmte seine linke Körperseite.[1] Das ebenmäßige bärtige Antlitz, das Hogenberg porträtiert hatte, starrte mit verzerrtem Ausdruck aus dem Bett. Reiner Solenander, der Leibarzt des Herzogs, wurde gerufen. Doch Mercator war achtundsiebzig. Aufgrund der Lähmung konnte er nicht mehr schlafen und nicht mehr richtig essen. Er war so hilflos wie ein kleines Kind. Solenanders Maßnahmen schienen anfangs wenig Wirkung zu zeigen.»Die Schwäche des fortschreitenden Alters«, schrieb Ghim später,»verhinderte ein erfolgreiches Resultat.« Doch mit der Zeit schien sich Mercators Zustand zu bessern. Nach und nach erlangte er seine Sprache wieder, doch er war verzweifelt. Weinend schlug er sich, so notierte Ghim, drei- oder viermal mit der Faust auf die Brust und klagte:»Schlage, brenne, schneide deinen Knecht, Herr, und wenn du ihn nicht hart genug getroffen hast, schlage ihn noch stärker und heftiger nach deinem Wohlgefallen, damit du mich im künftigen Leben schonst.« An seiner Krankheit störte ihn am meisten, so erinnerte sich Ghim, dass sie ihm so viel wertvolle Zeit raubte.[2]

Mercator hielt sich an Solenanders Empfehlungen, und so konnte er nach einiger Zeit wieder leidlich schlafen, leicht verdauliche Kost zu sich nehmen und sich ab und zu einen Schluck Wein oder Bier gönnen. Um seinen linken Arm und sein linkes

Bein wieder beweglich zu machen, rieb seine Schwiegertochter seine gelähmten Gliedmaßen jeden Morgen und jeden Abend eine Stunde lang mit verschiedenen Salben ein. Da sich keine deutliche Besserung einstellte, ließ sich Mercator einen Tragsessel besorgen, in dem er im Hause umhergetragen werden konnte.

Seine Ungeduld war augenfällig. Doch als Praktiker der Chronologie musste sich Mercator eingestehen, dass er gleichsam zwei Lebensspannen durchmessen hatte. Denn er lebte in einer Zeit, in der viele Männer nicht älter als vierzig wurden. Er hingegen ging auf die Achtzig zu. Nach der Schicksalsprüfung im Alter von achtunddreißig Jahren, bei der er in einer Gefängniszelle auf den Ruf des Henkers wartete, hatte er eine zweite Chance erhalten – und genutzt. In diesem zweiten Leben, seiner Duisburger Zeit, hatte er all die monumentalen Werke geschaffen – die Europakarte, die Chronologie des Universums, die neue Kartenprojektion, die maßgebliche Ptolemäus-Ausgabe, die modernen Karten der »Neuen Geographie« und die Kosmographie mit dem Titel *Atlas*.

Doch sein Herz hatte dennoch allzu früh versagt. Er war noch nicht bereit. Der *Atlas* war noch nicht vollständig; von den etwa einhundert geplanten modernen Karten waren dreiundsiebzig im Druck, doch über dreißig weitere warteten darauf, endgültig fertig gestellt zu werden. Innerhalb Europas warfen Spanien und Portugal noch immer besonders große Probleme auf; die Monarchien, die das Zeitalter der Entdeckungen eingeläutet hatten, erwiesen sich als äußerst unwillig, geographische Informationen preiszugeben. Und für den *Atlas* mussten noch etliche Textabschnitte geschrieben werden.

Darüber hinaus warteten weitere Werke auf ihre Vollendung: verschiedene Schriften über das Wort Gottes, darunter Kommentare zum Römerbrief des Apostels Paulus, zu einigen Kapiteln aus Ezekiel und zum Buch der Offenbarung. In Arbeit war auch eine Überarbeitung und Neuauflage der Evangelienharmonie, die Mercator bereits zwanzig Jahre zuvor in seine *Chronologia* aufgenommen hatte.

Keines dieser Werke war ihm jedoch so wichtig wie seine Abhandlung über die Schöpfung – ein Thema, das bereits den eifrigen jungen Studenten gefesselt und den Kosmographen schrittweise zu seinem *Atlas* geführt hatte. Mercator war nicht imstande, seine vollständige Genesung abzuwarten. Solange sein linker Arm gelähmt war, nutzte er die Zeit, indem er sich seiner Schilderung der Schöpfung und der Entstehung der Erde zuwandte. An Tagen, an denen er sich besser fühlte, nahm er seine Studien wieder auf, las, schrieb oder dachte über wichtige Themen nach.

Von den verschiedenen unvollendeten Teilen des *Atlas* war der Schöpfungsbericht der Einzige, den nur Mercator vollenden konnte. Vor zehn Jahren hatte er ihn als »den schwierigsten Teil meines ganzen Unterfangens« bezeichnet. Die biblische Schöpfungsgeschichte neu zu schreiben war schließlich eine Ungeheuerlichkeit, die ihn in Konflikt mit gewissen Theologen bringen musste, und so hatte Mercator es für ratsam gehalten, den ersten Teil seiner Kosmographie am Ende seines Lebens zu verfassen. »Dies ist zwar der letzte Teil meines Werkes, doch es wird dennoch der wichtigste Teil sein, ja das Fundament und der Gipfel des Ganzen... Dies wird das Ziel all meiner Bemühungen sein, dies wird das Ende meines Schaffens bilden.«[3]

Die Abhandlung »Über die Erschaffung und Gestalt der Welt« sollte den *Atlas* in einen kosmographischen Kontext stellen. Sie war zugleich der Schwanengesang eines Humanisten des 16. Jahrhunderts, seine erste und letzte Gelegenheit, sich tiefste Wahrheiten von der Seele zu schreiben.

Zunächst begründete er den Sinn und Zweck seines Lebens: »Denn dies ist unser Ziel, während wir uns der Kosmographie widmen: dass aus der wunderbaren Harmonie aller Dinge... und in der unergründlichen Vorsehung ihrer Gestaltung die Weisheit Gottes als unendlich erkennbar wird und seine Güte als unerschöpflich.« Gottes überquellende Schöpfungskraft habe ihn dazu bewogen, den Menschen zu erschaffen, »damit dieser an seiner Herrlichkeit teilhabe«. Diese Herrlichkeit offenbare sich in der Erschaffung und Gestalt der Welt, »die zu betrachten wir uns angeschickt haben«. Die einleitenden Kapitel schlossen mit Mercators Rechtfertigung »einer universellen Geographie... die noch immer sehr nötig ist, da die Kaufleute keinen Zugang zu den edelsten und reichsten Regionen haben, in denen sie Handel mit anderen Völkern treiben, welche sie mit dem Christentum vertraut machen können, und da die Fürsten nichts Sicheres und Gewisses über ihre Gebiete sagen können,... weil es an Karten mangelt, den sichtbaren Zeugen ihrer Territorien und Domänen«.[4]

Indem sich Mercator am Abend seines Lebens wieder der Schöpfung zuwandte, schloss er endlich die Betrachtungen ab, die er vor sechzig Jahren begonnen hatte. Er arbeitete das erste Kapitel des Buches Genesis durch und brachte den biblischen Schöpfungsbericht mit ausgewählten Autoritäten in Einklang. Als Mercator den letzten Punkt setzte, hatte er dreißigtausend Wörter geschrieben. Nach seinem Urteil war die Schöpfungsgeschichte das ihm liebste Werk, das er in seinem ganzen Leben hervorgebracht hatte.

Eine Abschrift des Manuskripts wurde an Solenander gesandt, der es an den gelehrten Jacob Sinstedius weiterleitete. Auf diesen übte die Schrift eine unglaubliche Wirkung aus. Er gestand gegenüber Solenander: »Ich will offen sagen, was mir beim Lesen widerfuhr: Es erfasste mich ein großes Verlangen und Sehnen nach allem, was von Gott erschaffen ward (außer allein den Teufeln).« Sinstedius räumte ein, dass Mercators Ansichten über die Erbsünde »nicht jeden Theologen in allen Punkten befriedigen« werden, doch er versicherte, »die Naturwissenschaft wird ohne die Ergänzung dieses Autors unvollständig sein«.[5]

Solenander war ähnlich beeindruckt: »Werden Eure Argumente erst einmal richtig gesehen und verstanden«, schrieb er, »werden wir nicht länger von Aristoteles' überaus eitler und monströser ›Negation‹ verführt werden.« Solenander, der sich über Mercators Alter und Gesundheitszustand durchaus im Klaren war, drängte seinen Patienten, nicht nur dieses Buch herauszubringen, sondern auch die anderen.[6]

Doch es war zu spät. Bevor die Briefe von Solenander und Sinstedius eintrafen, wurde Mercator ein zweites Mal niedergestreckt. Laut Ghim »bekam Mercator einen heftigen Gehirnschlag, der ihm so Kehle und Gurgel versperrte, dass er eine Zeit lang die Sprache verlor und nur mit größter Schwierigkeit das, was ihm an Speise und Trank geboten wurde, hinunterschlucken konnte«.[7] Noch einmal erholte er sich und konnte bald wieder einigermaßen sprechen und essen. Er kämpfte sich bis zum Ende des Jahres durch, doch der Tod lauerte vor der Tür. Das Ende war absehbar. Als die Tage noch kälter und kürzer wurden, erlitt Mercator einen weiteren Rückfall. Man rief den Schultheiß und die nächsten Nachbarn. Mercator, der noch immer bei klarem Bewusstsein war, klagte über schreckliche Gliederschmerzen und rief wiederholt die Barmherzigkeit Gottes an.

Jene lange Dezembernacht überlebte er noch. Auch am Morgen war er noch bei Bewusstsein. Er saß vor dem Kamin in seinem Sessel, doch die Glut erwärmte seine absterbenden Glieder kaum noch. Mit der allerletzten Kraft verlangte er beharrlich, der Prediger möge am Ende der Versammlung in der Kirche vor der Gemeinde für ihn beten.[8] »Dies waren seine letzten Worte, die von den Umstehenden vernommen werden konnten«, hielt sein Nachbar Walter Ghim fest, »und er entschlief ganz ruhig im Herrn kurz nach elf Uhr vormittags am 2. Dezember 1594; er war zweiundachtzig Jahre, siebenunddreißig Wochen und sechs Tage alt geworden. Gewähre ihm der Herr«, schloss Mercators Freund und Nachbar, »eine frohe Auferstehung am Tag des Jüngsten Gerichts.«[9]

Epilog

Mercator weilte nicht mehr auf Erden, doch er war und blieb der Spiritus Rector seines unvollendeten *Atlas*. Rumold und Arnolds drei Söhne Johann, Gerhard und Michael machten sich rasch daran, die verschiedenen Teile der Kosmographie zusammenzufügen. Freunde und Kollegen wurden um Gedichte und Lobreden gebeten. Walter Ghim, der Zugang zu Mercators Bibliothek und Briefwechsel erhielt, schrieb eine liebevolle Biographie.

Dem *Atlas* wurden eine eigene Titelseite und eine Widmung an die Herzöge Wilhelm und Johann Wilhelm von Jülich, Kleve und Berg vorangestellt. Es folgte Frans Hogenbergs Porträt des zweiundsechzigjährigen Mercator, eingerahmt von Dankesworten aus der Feder seines Freundes und Kollegen Vivianus »für die Darstellung neuer Bereiche der Erde und der Meere und des großen, allumfassenden Himmels«.[1]

Von Bernardus Furmerius aus Leeuwarden kam ein Gedicht, in dem Mercators mannigfaltige Eigenschaften gepriesen wurden: »Er war wahrlich gelehrt, fromm, rein, gerecht zu allen/und so gewandt im Geist wie mit der Hand.« Als Mathematiker »beschrieb er die Sterne« und »bannte den gesamten Erdenkreis auf Karten«. Er entlockte der Geschichte Gewissheiten über die Zeiten und »enthüllte die heiligen Mysterien der Propheten«. »Und er tat diese Dinge, um alle vergangenen Künstler zu übertreffen, ganz allein – mit eigener Hand.«[2]

Dem Porträt war eine schlichte Gedenktafel beigefügt, die Mercators Heimatlosigkeit zum Ausdruck brachte. Demnach war er »ein Flame aus Rupelmonde, geboren in der Provinz Jülich, Diener Karls V., des Heiligen Römischen Kaisers, im Dienste Wilhelms (des Vaters) und Johann Wilhelms (des Sohnes), der Herzöge von Jülich und Kleve, etc.«[3]

Ein weiteres Gedicht wurde unter der Gedenktafel abgedruckt: »Ihr fragt, wer ich war?«, hieß es zu Beginn des Gedichts rhetorisch. »Mit dem Himmel als Schutzherrn«, lautete die Antwort, »erspähte ich die Erde/und versöhnte die Dinge unten mit denen oben. Durch mich erstrahlen die Sterne des Himmels auf Karten.«[4] Es war eine treffende Umschreibung von Mercators Vermittlerrolle.

*

Nur vier Monate nach Mercators Tod war der *Atlas* fertig. Die Kosmographie hatte sich zu einem gewichtigen Band im Folioformat ausgeweitet. Den einleitenden Würdigungen folgten Ghims »Lebenslauf«, die Briefe von Solenander und Sinstedius, in denen Mercators »Studie über die Werke der sechs Tage« gepriesen wurde, Mercators Vorwort mit der Genealogie des Atlas sowie seine Abhandlung »Über die Erschaffung und Gestalt der Welt«.

Der zweite Teil des *Atlas* trug den Titel »Eine Neue Geographie der gesamten Welt«. Rumold schrieb in seiner Bemerkung an den Leser: »Endlich legen wir nun den zweiten Teil des *Atlas* vor, den ersten Band der Neuen Geographie, nämlich die Beschreibung der Länder des nördlichen Europa.« Nun also waren die drei Teillieferungen der modernen Karten zwischen zwei Buchdeckeln vereinigt – die dreiundsiebzig Karten von 1585 und 1589 sowie die neunundzwanzig Blätter, an denen Mercator gearbeitet hatte, als er den Schlaganfall erlitt. Außer Spanien und Portugal war nun Europa in Gänze abgedeckt.

Und was, so mochte sich der Leser fragen, war mit der restlichen Welt? »Sobald die nördlichen Länder veröffentlicht sind«, fuhr Rumold fort, »mache ich mich an den zweiten Band der Neuen Geographie, an die akkurate Beschreibung Spaniens, und dann an Afrika, Asien und Amerika; und, falls es entdeckt wird, wie wir hoffen, rüste ich mich für den dritten Kontinent, das so genannte Magellanische oder Südliche Land (Australis).«[5]

Rumold glaubte, dass er das Werk, das sein Vater »seligen Angedenkens unvollendet hinterließ, zu seinem vorbestimmten Abschluss bringen« könne. Aber er schaffte es nicht allein. Daher richtete er, wie dereinst schon sein Vater, einen Appell an die geschulten Geographen unter den Lesern, sie mögen ihm ihre Beobachtungen von ihren Reisen zu Lande und zur See zukommen lassen. Damit der Leser keinen Zweifel daran hegte, dass die Familie Mercator solche Gunst und Gefälligkeit zu würdigen wisse, war die gesamte »Neue Geographie« jener Monarchin gewidmet, die wie kein anderer die Erweiterung des geographischen Wissens gefördert hatte: »Elisabeth, der durchlauchtigen und mächtigen Königin von England, Frankreich und Irland.« Rumold erging sich aus gutem Grund in Lob. Durch Elisabeth und ihre Untertanen »erlangte die Welt erstmals Kenntnis von jenen Regionen, die bislang verborgen waren«. Und wenn die Königin weitere Reisen »durch die rauen Reiche Neptuns« befahl, würden diese Fahrten bald Früchte tragen, »nicht nur für euch Briten, sondern auch für alle übrigen benachbarten Bewohner Europas«. Die Expeditionen berühmter englischer Seefahrer und »edler Helden« würden viele weitere Geheimnisse der Erde lüften, nicht nur in der nördlichen Hemisphäre, sondern »auch im Bereich der Antarktis, die ein Drittel der Erde umfasst und immer noch im Verborgenen liegt«. Dies würde, so Rumold, den alltäglichen Handel verstärken sowie das menschliche Staunen vor der Schöpfung Gottes vertiefen.[6] Rumold dürfte gewusst haben, dass die Engländer auf das religiöse Motiv ansprachen, doch der Handel war gewiss die größere Verlockung.

Die Engländer erhielten also die Widmung und den ersten Platz in der »Neuen Geographie der gesamten Welt«. Im Gegenzug erwartete Rumold die Informationen über die Antarktis, die ihn in die Lage versetzen sollten, das Lebenswerk seines Vaters zu vollenden. Und es galt als selbstverständlich, dass diese Gunst wiederum den Engländern selbst zugute kommen würde. So wie Mercators Brief (an Dee) über die Polarregionen einst Elisabeths Anspruch auf die nördlichen Länder untermauert hatte, sollten

Rumolds Karten der Antarktis es England ermöglichen, auch den südlichen Kontinent für sich einzunehmen.

Die 102 modernen Karten, die Mercator angefertigt hatte, wurden von Rumold und seinen Neffen durch fünf weitere ergänzt. Rumold steuerte seine Weltkarte von 1587 und eine Europakarte bei. Gerhard stach Karten von Afrika und Asien. Der jüngste Spross der Familie Mercator, Michael, sollte den jüngsten Kontinent, Amerika, in Kupfer stechen.

*

Der Band mit dem Titel *Atlas sive cosmographicae meditationes de fabrica mundi et fabricati figura* wurde im Frühjahr 1595 veröffentlicht. Die Verkaufszahlen waren enttäuschend. Das Werk, das Spanien und Portugal ganz ausließ und die Regionen außerhalb Europas mit ganzen drei Karten bedachte, entsprach kaum dem, was der Titel verhieß. Ohne Mercator fehlte es dem *Atlas* an Durchschlagskraft. Und Rumolds »edle Helden« Englands verschieden einer nach dem anderen. Frobisher starb 1594, Drake erlag 1596 einer Ruhrerkrankung. Auch von Ortelius kamen keine neuen geographischen Werke mehr. Im Juli 1598 wurde Mercators alter Freund in St. Michael in Antwerpen bestattet. Rumold wurde wohl durch die laue Aufnahme des *Atlas* entmutigt und brachte die versprochenen Karten nicht mehr heraus. Nur fünf Jahre nach dem Dahinscheiden seines Vaters starb auch er – am 31. Dezember 1599, dem letzten Tag des Jahrhunderts.

Im Jahre 1602 versuchten Mercators Erben, den *Atlas* in einer neuen Ausgabe auf den Markt zu bringen – mit denselben 107 Karten und einem neu gesetzten Text. Doch das Werk hielt noch immer nicht dem Vergleich mit Ortelius' *Theatrum* stand, das inzwischen in dreizehn lateinischen Ausgaben sowie auf Niederländisch, Französisch, Italienisch, Deutsch und Spanisch vorlag. Kaum einer, der die beiden Ausgaben an den Ständen auf der Frankfurter Buchgasse verglich, verstand die konzeptuelle Grundlage von Mercators nüchtern wirkenden Karten.

Der kommerzielle Erfolg kam schließlich über Umwegen. Die Familie benötigte Geld, um Rumolds kleinere Kinder zu versorgen, und so wurde 1604 durch einen Leidener Buchhändler Mercators Bibliothek verkauft. Im selben Jahr forderten Gerhard Mercator, der Enkel, und Tylmann de Neuville (der zweite Ehemann von Mercators Tochter Dorothea) als Vormünder von Rumolds Kindern den Duisburger Stadtrat auf, dem Verkauf der Kupferplatten für Mercators Karten zuzustimmen. Gerhard kaufte die Platten selbst auf, veräußerte sie jedoch bald an den Amsterdamer Kartographen Jodocus Hondius, der sich beeilte, den *Atlas* kommerziell auszuschlachten. Hondius fügte neue Texte sowie Karten von Spanien und Afrika, Asien und Amerika hinzu. Das Buch, das nun mit insgesamt 143 Karten Mercators ursprünglicher Intention entsprach, wurde 1606 unter seinem Namen und mit dem Originaltitel neu verlegt.

Der erweiterte *Atlas* war ein ungeheurer Erfolg. Zwischen 1609 und 1641 veröffentlichten Hondius und sein Sohn neunundzwanzig Auflagen in Latein, Niederländisch, Französisch, Deutsch und Englisch, die sie durch weitere Karten ergänzten. Hondius folgte auch Ortelius' Beispiel und vertrieb den *Atlas* in einem Taschenformat als *Atlas minor*.

Endlich hatte Mercators exakte Kosmographie ihren Markt gefunden. Die Karten selbst sollten im Laufe der Zeit allmählich durch andere abgelöst werden, doch das Konzept hatte Bestand. Bereits der erste Band der »Neuen Geographie« verkörperte die Prinzipien der künftigen Kartographie: Mercators kursive Beschriftung, seine Überlappung der Kartenausschnitte, sein vollständiges Abdecken von Regionen in mehr als nur einem Maßstab, seine konsequente Verwendung von Gitternetzen mit Längen- und Breitengraden und sein einheitlicher redaktioneller Stil wurden zu allgemeinen Standards der Kartographie. Und das einzigartige Werk prägt den später allgemein verwendeten Namen für »ein geographisches Kartenwerk in Buchform«: Atlas.

*

Und was wurde aus Mercators übrigen Werken? Sein Erdglobus von 1541 wurde nach fünfzig Jahren erfolgreicher Vermarktung schließlich von aktuelleren Globen abgelöst. Die geniale und ketzerische *Chronologia* erfreute sich ganze vierzehn Jahre lang großer Bekanntheit, bevor sie von Joseph Justus Scaligers *De emendatione temporum* verdrängt wurde. Mercators Edition der *Geographike* des Ptolemäus verkaufte sich über ein Jahrzehnt lang. Im Jahre 1636 verwendete der englische Essayist Thomas Blundeville in seinen *Exercises* als Beispiel der Kartographie »eine ausgezeichnete Karte von Europa, die Mercator im Jahre unseres Herrn 1554 fertigte«.[7]

Blundeville war es auch, der sich für Mercators missverstandene Weltkarte von 1569 einsetzte. In Mercators Todesjahr veröffentlichte der Essayist als erster die Tabellen der Sekanten, die für den Entwurf der neuen Projektion erforderlich waren. Blundeville hatte sich die Tabellen von seinem Freund Edward Wright, einem klugen jungen Mathematiker aus Cambridge, geborgt. Kurz darauf fertigte Wright mit Hilfe der Mercator'schen Projektion eine Karte seiner Reise zu den Azoren und publizierte seine Tabellen 1599 in *Certaine Errors in Navigation*. Im selben Jahr brachte Richard Hakluyt eine Weltkarte (ebenfalls von Wright) nach Mercators Projektion heraus. Am Ende des Jahrhunderts hatte sich die Projektion des Duisburger Kartenmachers als praktisches geographisches Hilfsmittel etabliert. Sein Abbild der Welt – kreuz und quer von den einst rätselhaften Loxodromen überzogen – war endlich auf ein Publikum gestoßen. »Er lächelt mehr Linien in sein Gesicht hinein«, schrieb damals ein junger englischer Dramatiker, ein gewisser William Shakespeare, »als auf der neuen Weltkarte mit beiden Indien stehn.«[8]

Bei den Seefahrern gewann die neue Projektion erst langsam an Akzeptanz. Sie erkannten erst ganz allmählich, dass die sonderbaren räumlichen Verzerrungen der notwendige Preis für eine Karte waren, die sie unfehlbar zu einem fernen Ziel zu führen vermochte. Erst Mitte des 17. Jahrhunderts erschien mit Sir Robert Dudleys *Arcano del Mare* der erste Seeatlas, der sich durchweg auf Mercators Projektion stützte. 1686 verwendete Edmond Halley die Projektion für die erste meteorologische Karte.

Die Projektion entwickelte sich zu einem derart fähigen Instrument, dass Mercator schließlich in den Schatten seiner eigenen Erfindung gestellt wurde. Im 20. Jahrhundert wurde der Mann, der seinen Namen von »Gerhard Kremer« in »Gerardus Mercator« geändert hatte, regelrecht mit der »Mercator-Projektion« gleichgesetzt. Seine Projektion wurde von staatlichen Kartographen verwendet, die das Land erfassten, das er auf den Namen »Nordamerika« getauft hatte. Im Jahre 1938 entschied man sich auch bei der amtlichen Neuvermessung Großbritanniens für Mercators Projektion. Und 1974 verwendete der amerikanische Kartograph Alden P. Colvocoresses die raumverzerrende Mercator-Projektion für die erste Satellitenkarte der Vereinigten Staaten. Als *Mariner 8* und *Mariner 9* ausgesandt wurden, um den Mars zu kartographieren, folgten auch sie dem Standard der Mercator-Projektion; und das erste Kartenbuch, das den roten Planeten beschrieb, trug natürlich den Titel *Atlas des Mars*.

Die erfassbaren Himmelskörper unseres Sonnensystems erscheinen, einer nach dem anderen, über Internet auf unseren Bildschirmen, wobei sie nach Mercators Prinzip in eine zweidimensionale Gestalt umgeformt werden. Mit Hilfe so genannter »Radarmosaiken«, die von der Raumsonde *Magellan* zur Erde zurückgesandt wurden, ist bereits die Venus nach dem Prinzip der Mercator-Projektion kartographiert worden. Dasselbe gilt für den Jupiter, dessen vulkanischen Mond Io sowie den größten Mond des Saturn, den Titan.

Mercators Projektion brachte die Kugelform mit der planen Ebene in Einklang. Sein *Atlas* erfasste die Welt in einem integrierten Kartensystem. Er lebte in einer Zeit heftiger Umbrüche, doch er strebte mit jedem Strich, den er zog, nach globaler Harmonie. Mit seinen kartographischen Meisterwerken verfasste der Schustersohn aus den Niederlanden seine eigene, ewig gültige Grabinschrift.

Anmerkungen

1 EIN STÄDTCHEN NAMENS GANGELT

1 Averdunk und Müller-Reinhard (S. 1) deuten an, dass der Junge aufgrund der anstrengenden Reise verfrüht zur Welt kam.
2 Bis zum Jahr 1500 hatten die europäischen Druckzentren vierzigtausend Ausgaben gedruckt und ungefähr zwanzig Millionen Bücher und Broschüren unter den achtzig Millionen Einwohnern des gesamten Kontinents vertrieben. In Köln lernte 1471 Englands erster Drucker, William Caxton, die Technik der beweglichen Lettern.
3 Zu dieser Verwendung der Bezeichnung »*mercator*« siehe Westfall Thompson, S. 19, Anm. 67.
4 Johannes mit den sieben goldenen Leuchtern, aus der Reihe *Apokalypse*, 1498. Siehe Belgrave et al., S. 74–5.
5 Nimmt man an, dass Emerentia alle eineinhalb Jahre ein Kind gebar, dürfte das älteste, Gisbrecht, knapp zehn gewesen sein, als Gerhard zur Welt kam. Stabel schätzt, dass die städtischen Haushalte in Flandern zwischen 1510 und 1520 im Durchschnitt 3,32 bis 4,62 Kinder zählten (siehe Clark, S. 221). Die gesamte neunköpfige Familie dürfte ungefähr fünf Kilogramm Brot pro Tag gebraucht haben. Siehe Blockmans und Prevenier, 1978, S. 21–2.
6 Im Mai 1521 musste der Herzog von Jülich-Berg der kaiserlichen Steuertabelle zufolge 45 Reiter, 270 Fußsoldaten und 500 Gulden für den römischen Feldzug und für den Unterhalt der Regierung bereitstellen. Dasselbe galt für den Herzog von Kleve-Mark. Aus dem Rechnungsbuch für die Wormser *Reichsmatrikel* geht hervor, dass die beiden Herzogtümer zusammen mehr Geld zu entrichten hatten als irgendeiner der anderen 367 Kurfürsten, Erzbischöfe, Fürsten, freien Reichsstädte, Grafen und Lehnsherren. Lediglich der Kurfürst von Böhmen, der Erzherzog von Österreich und Herzog von Burgund stellten eine größere Zahl an Reitern und Fußsoldaten. Siehe Benecke, S. 385.
7 In der Gegend von Osnabrück, nordöstlich von Gangelt, hatte sich die Bevölkerung im Laufe des 16. Jahrhunderts nahezu verdoppelt; siehe

The Cambridge Economic History of Europe, Bd. IV, S. 25. Siehe Erfurter Chronik von 1483, zitiert ebd. Siehe auch Sebastian Franck, *Germaniae Chronicon* (Augsburg, 1538), zitiert ebd.

8 Von dem Brief, der erstmals im April 1493 in Barcelona veröffentlicht wurde, kursierten bis zum Jahre 1500 siebzehn Ausgaben, nahezu alles Übersetzungen. Die erste deutsche Ausgabe wurde 1497 in Straßburg gedruckt. Morison weist darauf hin, dass die erwähnten »zwanzig Tage« auf einen Druckfehler zurückgingen und die Reise in Wirklichkeit 33 Tage gedauert habe; die massenweise Verbreitung der niedrigeren Zahl erweckte den irrtümlichen Eindruck, dass die von Kolumbus entdeckten Inseln viel näher bei Europa lagen. Die hier zitierten Passagen entstammen alle der Übersetzung von Morison (S. 205–13) nach der originalen Barcelona-Ausgabe des Kolumbus-Briefs von 1493.

9 Vespuccis Brief erschien unter dem Titel *Mundus Novus* (Neue Welt). Als Mercator zur Welt kam, zirkulierte er in nicht weniger als vierzig Ausgaben, darunter in Flämisch, Französisch und Tschechisch. Die deutsche Ausgabe von 1505 trug den Titel *Von der neüw gefunden Region*. Alle Zitate beziehen sich auf die englische Übersetzung in Northrup, S. 1–13.

10 Brief vom 5. März 1518 von Erasmus an William Warham (?). Brief vom 13. März 1518 von Erasmus an Beatus Rhenanus.

11 B. de Mandrot (Hrsg.), *Mémoires de Philippe de Commynes* (Paris, 1901), S. 15, zitiert in Blockmans und Prevenier, 1999, S. 141.

2 IM LAND DER VERHEISSUNG

1 Unter Verweis auf die Pacht von Huberts »Hofstatt« in Rupelmonde, die »seit Weihnachten 1511 sechs Jahre lang« nicht bezahlt wurde, mutmaßten Averdunk und Müller-Reinhard (S. 2), dass sich die Kremers »1517 oder 1518« wieder nach Rupelmonde begaben. Von den beiden Jahreszahlen ist die Letztere die Wahrscheinlichere. Die Serie von Hochwassern, Frösten und Teuerungen (mit entsprechend hohen Sterblichkeitsraten), die Flandern zwischen 1515 und 1517 bedrängt hatten, spricht dafür, dass die Kremers erst 1518 auswanderten, also in jenem Jahr, in dem sich die Verhältnisse in Flandern allmählich wieder besserten. Da eine Reise im Winter nicht in Frage gekommen sein dürfte, brachen die Kremers wahrscheinlich in den trockeneren Monaten des Jahres 1518 auf.

2 Die Einwohnerzahl von Hondschoote explodierte von 2500 im Jahre 1469 auf 15 000 im Jahr 1560. Siehe Lis und Soly, S. 68.

3 Brief aus der ersten Oktoberhälfte 1518 von Erasmus an Beatus Rhenanus; Erasmus von Rotterdam, *Briefe*, S. 213.

4 Die Mühle steht auch nach vierhundert Jahren noch.

5 Stabel (in Clark, S. 210–11) schätzt die Einwohnerzahl von Rupelmonde im Jahre 1469 auf 702. Die drei größten Siedlungen in Flandern waren Gent (60 000 Einwohner), Brügge (45 000) und Ypres (9900). Vor der verheerenden Schlacht von 1452 könnte Rupelmonde 5000 bis 6000 Einwohner gezählt haben.
6 Stabel bezeichnet 1516 und 1517 als Jahre mit einem »Sterblichkeitsboom« in Flandern (siehe Clark, S. 223).
7 Martyr sprach erstmals von der »Neuen Welt« in einem Brief vom 20. Oktober 1494; damals war er am spanischen Hof als Lehrer tätig.
8 Zitiert in Borstin, S. 257.
9 Averdunk und Müller-Reinhard (S. 1) halten es für sehr wahrscheinlich, dass Gisbert in Löwen studierte, denn dies war die Universität in den Niederlanden, an der die Mehrzahl der flämischen Kleriker studierte. Außerdem war Löwen im westlichen Teil des Herzogtums Jülich recht beliebt.
10 Mit über 150 Schulen allein in Antwerpen wies die Region entlang der Schelde mit die größte Schuldichte in Europa auf.
11 Ein Holzschnitt von Dirk Vellert aus dem Jahr 1526 zeigt die Innenräume eines Antwerpener Schulhauses, dem das hier geschilderte geähnelt haben dürfte. Die Kinder saßen in kleinen Gruppen zusammen und wurden von Erwachsenen unterrichtet. Es entsteht der Eindruck disziplinierten Lernens unter der Aufsicht geschulter Kräfte. Die Grundschule stand sowohl dem Kaufmannssohn als auch der Bauerntochter offen; eine Schulbildung über die Grundschule hinaus blieb Mädchen und Söhnen armer Leute aber meist verschlossen.
12 Dies ist eine plausible Vermutung, keine historisch belegte Tatsache.
13 Nach der englischen Übersetzung von Duff und Duff, S. 601.
14 Zitiert in Roberts, S. 578–9.
15 Koenigsberger, Mosse und Bowler, S. 231.
16 Der Mathematiker war Johann Stöffler, der in seinem *Almanach* von 1499 eine Sintflut für das Jahr 1524 vorhersagte.
17 Zitiert in van der Stock, S. 43.
18 Brief vom 8. Februar 1524 von Erasmus an Lorenzo Campeggi.

3 AN DEN GRENZFLUSS

1 Nach Post sind Erasmus von Rotterdam, die Vettern Cornelius Gerards (Aurelius) und William Hermans (Goudanus) sowie Macropedius die einzigen niederländischen Humanisten zwischen 1480 und 1540, die »überhaupt mit der Devotio moderna, wie sie sich damals entwickelt hatte, in Verbindung zu bringen wären«. Schoeck (S. 48) erweitert die Liste, ohne die Bedeutung des Macropedius zu bestreiten. Für Schoeck

(S. 267) zählt Macropedius auch zu jenen Freunden des Erasmus, die von der Bruderschaft erzogen worden waren.
2 Die Wegstrecke zwischen Rupelmonde und 's-Hertogenbosch beträgt ungefähr 110 Kilometer.
3 Laut einer Volkszählung bestand 1526 die Gesamtbevölkerung des Herzogtums Brabant zu 27 Prozent aus verarmtem Landvolk (siehe Blockmans und Prevenier, 1978, S. 35). Drei Jahre später äußerten sich die Prälaten von Brabant verzweifelt darüber, dass sie die Abwanderungsströme vom Land in die städtischen Armenviertel nicht aufhalten konnten. »Wir und das gesamte Land befinden uns in einer so großen Armut, dass es gar nicht zu beschreiben ist. Wir können die Landbewohner nicht daran hindern wegzugehen, wie sie es bereits vielerorts getan haben« (zitiert in Lis und Soly, S. 78).
4 Von 1480 bis 1526 nahmen die Armenküchen in kleinen brabantischen Städten wie Turnhout und Tilburg ungeheuer zu; siehe Blockmans und Prevenier, 1978, S. 35.
5 Im Mittelalter wurden Pariser Studenten nach Nationen eingeteilt. Studenten der Niederlande, die nördlich der Maas zu Hause waren, gehörten zur »natio Anglicana«, die von südlich der Maas zur »natio Picardia«. Siehe Keuning, 1952, S. 40.
6 Die Details dieser Beschreibung entstammen Brauns und Hogenburgs Ansichten in *Civitates Orbis Terrarum*, die wiederum auf Holzschnitte Lodovico Guicciardinis von 1567 und eine Zeichnung Jacob van Deventers von ca. 1560 zurückgingen.
7 Das Gemälde, das später unter dem Titel *Garten der Lüste* bekannt wurde, hing 1517 in Brüssel im Palast Heinrichs III. von Nassau. Es ist jedoch durchaus denkbar, dass Mercator in 's-Hertogenbosch durch Kopien oder andere Fassungen Boschs das Bild mit eigenen Augen betrachten konnte.
8 In den Werken des Macropedius wird häufiger der Einfluss von Titus Maccius Plautus (ca. 254–184 v. Chr.) als der des jüngeren Publius Terentius Afer (ca. 195–159 v. Chr.) entdeckt. Terenz beherrschte den Stil der hohen Komödie und war eindeutig der bessere Schriftsteller. Plautus dagegen verstand sich vorzüglich darauf, entlehnte griechische Stoffe in Farcen zu verwandeln. In dem Auf und Ab des neuen gesellschaftlichen Gefüges war Plautus jedoch ein Symbol seiner Zeit – ein einfacher Zimmermann aus Umbrien, der zum größten Komödienschreiber des antiken Roms aufstieg. Plautus verdiente viel Geld mit seinen Komödien und wurde Kaufmann, verlor jedoch alles wieder und kehrte in Armut nach Rom zurück, wo er für einen Bäcker den Mühlstein drehte. Während er in der Backstube Korn mahlte, schrieb er drei weitere Komödien.

9 Im Vorwort zu den Dramen *Die Rebellen* und *Aluta* (siehe Best), die 1535 gemeinsam veröffentlicht wurden, schrieb Macropedius, dass er etwa um 1515 mit seinen »Bagatellen« begonnen habe (also etwa zwölf Jahre, bevor Mercator sein Schüler wurde). An anderer Stelle erklärte er, er habe sechs seiner zwölf Dramen vor 1535 geschrieben, wenn auch nicht veröffentlicht. Das bedeutet, dass Mercator mit *Asotus, Die Rebellen, Aluta, Petriscus, Andrisca* und *Bassarus* vertraut gewesen sein dürfte.
10 Epilog, *Die Rebellen.*
11 Der Turm, der weit über die Poldern sichtbar sein sollte, wurde erst später erbaut; er wurde vollendet, als die Kirche (1561) zur Kathedrale wurde.
12 Es war weitgehend ein Verdienst der vielen Lateinschulen und der pädagogischen Arbeit der Brüder vom gemeinsamen Leben, dass die Niederlande den höchsten Bildungsstand in Europa vorzuweisen hatten.
13 Ghim berichtete, dass Mercator nach 's-Hertogenbosch kam, um sein Studium der Grammatik abzuschließen und mit dem der Logik zu beginnen, woraus sich schließen lässt, dass seine schulische Ausbildung an der Schelde nicht ausreichend war, um den Zugang zur Universität zu erhalten.
14 *De ratione studii ac legendi interpretandique auctores liber* wurde 1511 in Paris erstmals veröffentlicht. Im Jahr darauf erschien eine erweiterte Ausgabe in Löwen.
15 Eine Liste der Bücher, welche die Brüder von 's-Hertogenbosch hinterließen, findet sich bei Hyma (S. 136–7).
16 Plinius der Ältere, *Naturalis historia*, 3. Kapitel.

4 HET CASTRUM

1 Eine Elle entsprach ungefähr 0,7 Meter.
2 Im Jahre 1530 waren nahezu ein Drittel aller Studierenden in Löwen »Ausländer«.
3 J. B. Mullinger, »Universities«, *Encyclopedia Britannica*, 1911, 11. Ausgabe, Bd. 27, S. 759.
4 Andreas Vesalius, *De Humani Corporis Fabrica*, 1543, zitiert in O'Malley, S. 31.
5 Vesalius hatte sich ein paar Monate vor Mercator, am 25. Februar 1530, eingeschrieben.
6 Vanpaemel (S. 45, Anm. 17) schreibt: »Der Lehrplan der Geisteswissenschaftlichen Fakultät war noch bis in die Mitte des 17. Jahrhunderts weitgehend scholastisch.«
7 So bezeichnete Dante den antiken Klassiker in der *Göttlichen Komödie*.
8 *Sententia I*, zitiert in van Raemdonck (S. 32, Anm. 2).

9 *Acta 1470*, zitiert ebd. S. 24, Anm. 2.
10 Juan Luis Vives, *In Pseudodialecticos*.
11 Vesalius, op. cit., S. 31.
12 Brief aus dem Jahre 1500 von Vespucci an Lorenzo Pietro Francesco de Medici, zitiert in Parry, S. 180.
13 Ghim, nach der englischen Übersetzung in Osley, S. 185.
14 Mercator, Vorwort zu *Evangelicae historiae quadripartita Monas*, zitiert in van Raemdonck, S. 22, Anm. 1, 2.
15 Hyma (S. 136) nennt *Summa Theologiae* und Thomas von Aquins *De Puritate Conscientiae et de Modo Confitendi* unter den Werken in der Hausbibliothek der Bruderschaft in 's-Hertogenbosch.
16 Widmung, *Evangelicae historiae*, zitiert in van Raemdonck, S. 25, Anm. 2.
17 Die Löwener Theologen waren wohl nicht so nachsichtig wie die in Paris, die zwei Jahre später Petrus Ramus ungeschoren davonkommen ließen, als dieser eine These mit dem unzweideutigen Titel »Alles, was Aristoteles lehrt, ist falsch« verfasste.
18 Mercators Widmung, *Evangelicae historiae*, op. cit.
19 Ein entsprechendes Werk entstand an Mercators Lebensende und wurde im *Atlas* von 1595 veröffentlicht. Die Grundlagen seiner Abhandlung »Über die Erschaffung und den Aufbau der Welt« dürfte er in dieser zweijährigen Studienphase gelegt haben.
20 Mercator, Widmung, *Evangelicae historiae*, op. cit.

5 TRIANGULATION

1 Siehe van Isacker und van Uytven, S. 85: Die Einwohnerzahl Antwerpens stieg von schätzungsweise 33 000 im Jahre 1480 auf 40 000 im Jahre 1496. 1526 zählte die Stadt etwa 55 000 Einwohner und 1568 bereits 114 000.
2 Siehe Febvre und Martin, S. 187.
3 Praefatio, *Tabulae geographicae Cl: Ptolemei*, 1578, zitiert in Babicz, S. 62.
4 Nach der englischen Übersetzung von Berggren und Jones (S. 4). Dilke (S. 295) übersetzte Ptolemäus' Titel mit »Manual of Geography« (Handbuch der Geographie).
5 Zu Ptolemäus' Geographie vgl. Berggren und Jones, S. 57, 93.
6 Johannes Cochlaeus, *Brevis Germaniae Descriptio*, 1512, zitiert in B. Englisch, S. 116, Anm. 16.
7 Zitiert in Wilford, S. 70.
8 Brief des Historikers Johannes Trithemius vom 12. August 1507, zitiert in Karrow, S. 571.

9 Schöner, *Luculentissima quaedam terrae totius descriptio*, 1515, nach der Übersetzung von van der Krogt, S. 31.
10 Begleitbrief zu Schöners Globus von 1523, nach der Übersetzung von van der Krogt, S. 31.
11 Denucé (1941, zitiert in van der Krogt, S. 44) bezeichnete Monachus als »einen der bedeutendsten Geographen seiner Zeit«. Sein Erdglobus ist nicht erhalten geblieben, wird aber in einer undatierten Broschüre erwähnt. Nach eingehender Prüfung der vorliegenden Daten grenzte van der Krogt (S. 43-44) das Erscheinungsdatum des Globus und der Broschüre auf die Jahre 1526-27 ein.
12 Monachus, *De Orbis Situ...*, 1526/7, nach der Übersetzung von van der Krogt, S. 42.
13 Dieses Land war nicht Teil eines Kontinents, wie Monachus dachte, sondern die Insel South Georgia.
14 Übersetzt nach Karrow, S. 408.
15 Dieser Hinweis auf Gemmas ersten Globus stammt aus seiner Widmung (vom 18. Januar 1553) in *De principiis astronomiae*. Zitiert in van der Krogt, S. 48-49.
16 Gemma Phrysius, *De principiis astronomiae*, 1530, nach der englischen Übersetzung in Andrews, S. 390-91.
17 Richard de Benese, *The Boke of Measuring of Lande*, London 1537, sowie Anthony Fitzherbert, *The Boke of Surveyinge*, London 1523, zitiert in Kiely, S. 104.
18 Falls dieser »Jacobus lantmetere de Mechlina«, der sich 1523 in Löwen einschrieb, jener van Deventer war, der später die Niederlande kartographierte, dürfte Gemma den künftigen Vermesser der Stadt nach seiner eigenen Immatrikulation im Jahre 1526 kennen gelernt haben.
19 *Atlas sive cosmographicae meditationes de fabrica mundi et fabricati figura*, (in den folgenden Erwähnungen *Atlas*) 1595, S. 35; alle weiteren Zitate und Verweise beziehen sich auf die CD-ROM-Ausgabe der Lessing J. Rosenwald Collection in der englischen Übersetzung von D. Sullivan, 2000.
20 Ghim, nach Osley, S. 185.
21 Es ist auch möglich, dass Gisbert nicht in der Lage gewesen war, für Mercators weitere Ausbildung an der Theologischen Fakultät aufzukommen, da an den höheren Fakultäten erhebliche Kosten für Unterkunft und Verpflegung, Vorlesungen, Bücher und Zeremonien entstanden.
22 Das einzige erhaltene Dokument über diese rätselhafte Phase in Mercators Leben ist die Biographie, die Walter Ghim sechzig Jahre später niederschrieb. Laut Ghim dauerten die philosophischen Studien »einige Jahre«. Um sich noch vor seiner Mitarbeit an Gemmas Globus von 1535-6 »binnen sehr weniger Jahre« (Ghim) fundierte Kenntnisse in Mathematik anzueignen, kann Mercators philosophisches Abenteuer nicht

viel länger als zwei Jahre, von Oktober 1532 bis Oktober 1534, gewährt haben. Van Raemdonck (S. 25, Anm. 1) schreibt, allerdings ohne einen Beleg anzuführen, dass Mercators Rückkehr nach Löwen »sehr wahrscheinlich 1534 erfolgte«.
23 Ghim, *Atlas*, S. 5

6 GLOBEN UND ANDERE PRAKTISCHE GERÄTE

1 Während ihrer Recherchen in Antwerpen fanden Averdunk und Müller-Reinhard (S. 4, Anm. 17) keine Bestätigung für van Raemdoncks Behauptung, dass Mercator dort nicht nur für einen oder mehrere kürzere Aufenthalte, sondern für eine längere, durchgehende Zeit weilte. – Mercator in einem Brief vom 3. März 1581 an Haller, zitiert in van Durme, S. 166.
2 Ebd.
3 Juan Luis Vives, S. 80.
4 Dieses und die folgenden Zitate stammen aus Mercators Brief vom 3. März 1581 an Haller, zitiert in van Durme, S. 165–66.
5 Ebd.
6 Eine Ausgabe dieses Buches von 1534 ist in Mercators Bibliothek katalogisiert; Watelet, 1994, S. 412.
7 Aus Bordones Druckantrag von 1508 an den venezianischen Senat, zitiert in Karrow, S. 89.
8 Ghim, nach Osley, S. 185. Bei dem Material dürfte es sich indes nicht um Bronze, sondern um Messing gehandelt haben.
9 Es gibt keinen gesicherten Hinweis darauf, dass Mercator seine Kenntnis im Instrumentenbau bei van der Heyden erwarb, doch vieles spricht für eine enge Arbeitsbeziehung, etwa die gemeinsamen Interessen mit Monachus und Gemma Frisius, aber vor allem die Tatsache, dass Mercators älteste erhaltene Arbeit ein Gemeinschaftswerk mit van der Heyden war. Angesichts der Fähigkeiten, die Mercator 1536 bewies, muss er spätestens 1534 angefangen haben, mit Metall zu arbeiten.
10 Die Bezeichnung »mathematisches Juwel« bezog sich ursprünglich auf das geniale tragbare Astrolabium und tauchte im Titel eines der ersten gedruckten englischen Mathematikbücher auf, in John Belgraves *The Mathematical Jewel, shewing the making, and most excellent use of a singular instrument so called, etc.* (London, 1585).
11 Die Schrift *Usus annuli astronomici* wurde 1534 veröffentlicht. Die älteste erhaltene Ausgabe findet sich in Apians *Cosmographicus liber* von 1539. Eine Abbildung des Instruments ist in der *Encyclopedia Britannica* enthalten: Bd. 19, 1911, S. 286.
12 Gemma Frisius, *Usus annuli astronomici*, 1534, zitiert in Konrad Gesner, *Bibliotheca universalis*, Zürich 1545 (Karrow, S. 208).

13 Roeland Bollaert, »Rat an den Leser«, *Solidi ac spherici corporis sive Globi Astronomici* ..., 1527, zitiert in van der Krogt, S. 41.
14 Ebd.
15 Dieses und die folgenden Zitate stammen aus van der Krogt, S. 575.

7 WEDER BEKANNT NOCH ERFORSCHT

1 Maximilianus Transylvanus, S. 112.
2 Ebd., S. 119.
3 Gemmas Globus von 1536 maß 370 Millimeter im Durchmesser.
4 Van der Krogt, S. 55.
5 Ebd., S. 54.
6 Mercator lokalisierte »Matonchel« an der Westküste von »Hispania nova« (dem heutigen Mexiko), an der Mündung des einzigen Flusses, den er an der gesamten Pazifikküste Süd- und Mittelamerikas einzeichnete. Aus »Matonchel« wurde später »Matanchel« oder »Chacala«, ein geschäftiger Pazifikhafen (siehe Lanzas, Buch II, S. 216–8). Der Fluss heißt heute Rio Grande de Santiago. Das Zitat stammt aus van der Krogt, S. 55.
7 Van der Krogt, S. 54.

8 HIMMLISCHE JUNGFERN

1 Johanna sollte ihren Ehemann Jan um vierzig Jahre überleben.
2 Ghim schrieb später, Barbara sei »eine ausgezeichnete Hausfrau« gewesen; Zitate aus Osley, S. 90, 190.
3 Dies ergibt sich aus einem Brief von Molanus an Mercator vom 24. März 1566, in dem Molanus auf Johannas »falsche Überzeugung« verweist; van Durme, S. 64.
4 Andreas Vesalius, *De humani corporis fabrica libri septem*, Basel 1543, zitiert in O'Malley, S. 64.
5 Eine Ausgabe des *Hyginus fabularum liber* wurde 1535 in Basel gedruckt; siehe Dekker, S. 133, Anm. 7.
6 Van der Krogt, S. 55.
7 Ghim, *Atlas*, S. 6.
8 Briefe vom Juni und 18. September 1534 von Vigius van Aytta an Hadrianus Marius, zitiert in Waterbolk, S. 45–46. Brief von van Aytta an Joachim Hopper, zitiert in Motley, S. 285.
9 Adrien Amerot de Quenville, auch bekannt als Adrianus Amerocius (siehe Mercators Brief vom 4. August 1540 an Antoine Perronet) oder auch Amerotius beziehungsweise Amoury (siehe Bietenholz, Bd. 1, S. 48).

9 TERRAE SANCTAE

1 Zitiert in Karrow, S. 605.
2 Zitiert in Nissen, S. 47.
3 Brief vom 22. Mai 1567 von Mercator an Andreas Masius; van Durme, S. 75.
4 *Mann mit Fisch*, Dirk Vellert, Antwerpen, 16. August 1522, abgebildet in van der Stock, S. 103.
5 Matthäus 17;3.
6 Die einzelnen Kartenblätter maßen 275 x 180 mm; zusammengeklebt maß die Wandkarte mit den Schmuckrändern 1216 x 666 mm.
7 Viele Jahre später beklagte sich Mercator in einem Brief an Masius, der Karte sei die Eile bei der Herstellung und die Unstimmigkeit der Primärquellen anzusehen. – Zitat aus Ghim, nach Osley, S. 186.
8 Matthäus 17;5.
9 Ziegler war nicht der erste Deutsche, der diese magnetische Absonderlichkeit darstellte. Zwanzig Jahre zuvor hatte der Nürnberger Kompassbauer Erhard Etzlaub am Deckel eines aufklappbaren Kompasses mit Sonnenuhr eine Karte angebracht, die eine magnetische Abweichung von 10 Grad anzeigte.

10 DIE TAUFE NORDAMERIKAS

1 Mercator, »Praefatio«, *Tabulae geographicae Cl. Ptolemei...*, 1578, zitiert in Bibicz, S. 62.
2 Anmerkung an den Leser auf Mercators unbetitelter Weltkarte von 1538, die allgemein als *Orbis imago* bezeichnet wird.
3 Berggren und Jones, S. 92.
4 Sylvanus' herzförmige Weltkarte erschien in seiner Ausgabe der *Geographie* des Ptolemäus, die 1511 in Venedig veröffentlicht wurde.
5 Johannes Werners *Libellus de quatuor terrarum orbis in plano figurationibus*, das 1514 in Nürnberg erschien, enthielt drei angedeutete herzförmige Projektionen.
6 Finés Karte erschien nur vier Jahre später auch in Glareanus' Werk *De Geographia*, das 1536 in Freiburg herauskam.
7 Oronce Finé, »Worte an den Leser«, *Nova et integra universi orbis descriptio*, 1531.
8 Philip Melanchthon, *Apologie der Augsburgischen Konfession*, zitiert in Aune, S. 1.
9 Von Mercators »*Orbis imago*« aus dem Jahre 1538 sind nur zwei Exemplare bekannt. Das eine wurde in einer Ptolemäus-Ausgabe von 1578 entdeckt, das andere lag in einem Exemplar von Simon Grynaeus' *Novus Orbis Regionum* lose neben Finés Herzen.

10 Laut Nordenskjöld (S. 107) war dies einer der ersten Hinweise auf den Rio de la Plata und dessen wichtigste Nebenflüsse.
11 Tibet, Kathai (das heutige China) und das Land der Lequii.
12 Berggren und Jones, S. 95. »Tanais« ist der heutige Don.
13 »Sipangi« bezeichnet das heutige Japan.
14 Angesichts der Geburtsdaten ihrer unmittelbar nächsten Geschwister dürfte Emerentia zwischen dem Sommer 1538 und dem Sommer 1539 geboren worden sein.
15 Brief Mercators vom 4. August 1540 an Perronet, zitiert in van Durme, S. 15.

11 DAS GERICHT ÜBER GENT

1 Van der Bekes Karte ist die älteste erhaltene gedruckte Landkarte Flanderns; siehe van der Gucht, S. 289.
2 Übersetzt nach Delano Smith, 1985, S. 25.
3 Siehe Arnade, S. 197.
4 Van Dis, *Reformatorische rederijkersspelen*, 33, zitiert in Arnade, S. 200.
5 Richard Clough, zitiert in Arnade, S. 200.
6 Ghim, *Atlas*, S. 6, nach Osley, S. 186. Das einzige erhaltene Exemplar der Flandernkarte Mercators ist unvollständig und undatiert. Laut Ghim schuf Mercator die Karte nach seiner Palästinakarte von 1537 und vor seinem Handbuch der Kursivschrift. Der Zeitpunkt, an dem die Genter Kaufleute am stärksten motiviert gewesen sein dürften, eine kaisertreue Flandernkarte in Auftrag zu geben, war wohl der Herbst 1539, als klar wurde, dass die Rebellion zu Vergeltungsmaßnahmen führen würde. Nach de Smet (S. 57) haben die Kaufleute in den Wochen vor der Ankunft des Kaisers in Gent einen geheimen Vertrag mit den Räten von Brüssel geschlossen, in dessen Folge Mercator beauftragt wurde, eine dem Kaiser gewidmete Flandernkarte anzufertigen.
7 Das Feld, das die Kaufleute wahrscheinlich eindeutig identifiziert hätte, fehlt bei dem einzigen erhaltenen Exemplar der Karte. Es enthielt wohl auch die Notiz an den Leser und das Datum der Karte. Beim Druck wurde allerdings am unteren Rand die Mitwirkung dreier Buchhändler vermerkt, wenn auch nicht mit vollem Namen; doch die Firmenzeichen und Ortsnamen lassen darauf schließen, dass es sich bei den dreien um Guillaume van den Berg aus Antwerpen, Pieter de Keysere und Barthelémi de Grave (auch Bartholomeus Gravius) aus Löwen handelte. Der Drucker ist auf dem erhaltenen Exemplar nicht genannt, doch es dürfte Gravius gewesen sein, für den Mercator später ein Druckeremblem entwarf.
8 Ghim, nach Osley, S. 186.

9 Van Deventer hinterließ keine Flandernkarte. De Smet (S. 55–6) sammelte die Belege, die dafür sprechen, dass Flandern vor 1540 von van Deventer mit dem Triangulationsverfahren vermessen wurde. Kirmse (1957, S. 24–5) folgerte, dass van Deventer zwischen 1536 und 1539 Zeit gehabt hätte, Flandern zu vermessen, und seine Flandernkarte möglicherweise vor seiner Hollandkarte zeichnete.
10 Osley (S. 65) vertritt die Ansicht, dass die Beschriftung auf Mercators Flandernkarte »gewisse Anzeichen von Eile« erkennen ließ.
14 Die Annahme, dass Mercator bloß kopierte, beruht auf drei Faktoren: 1. Mercators Flandernkarte weist einen ähnlichen Maßstab auf (1:172 000) wie van Deventers Regionalkarten (1:180 000). 2. Mercators Flandernkarte ist die Einzige seiner Karten, die keine Gradeinteilungen der Breiten- und Längenkreise aufweist – was nicht erforderlich ist, wenn sich der Kartograph auf Daten von Vermessungen mit der Triangulationstechnik stützt oder durchpaust. 3. Viele von Mercators Vignetten – für Städte, Dörfer, Klöster und Wälder – gleichen denen, die van Deventer verwendete.
12 De Smet (S. 54) argumentiert, bei diesen Details dürfte sich Mercator auf Jacques Meyer (beziehungsweise Meyerus) gestützt haben, dessen Buch *Jacobi Meyeri Baliolani Flandricarum rerum tomi X* 1531 in Brügge und Flandern erschien; dafür spricht ein entsprechender Buchtitel in Mercators Bibliothek (siehe Watelet, 1994, S. 406).
13 Kirmse (1957) überprüfte einhundert Entfernungsabmessungen zwischen Orten und kam zu dem Ergebnis, dass die durchschnittliche Abweichung von der tatsächlichen Entfernung lediglich 34 Meter pro Kilometer, das heißt ganze 3,4 Prozent, betrug. Eine Überprüfung von einhundert Winkelabmessungen ergab eine durchschnittliche Abweichung von nur 2 Grad und 20 Minuten. De Smet (S. 55) weist darauf hin, dass solch eine Präzision die Leistungen anderer Kartographen zu jener Zeit weit übertraf.
14 Ghim, nach Osley, S. 186. Mercators Flandernkarte maß (einschließlich des Schmuckrandes) 1230 x 950 mm; van der Bekes Karte maß 990 x 750 mm.
15 Marneff, S. 30. – Brief des Apostels Paulus an die Römer, 11;20.
16 Von Mercators zahlreichen Karten war dies die einzige mit solch einem Feld.
17 Brief vom 4. August 1540 an Antoine Perronet; van Durme, S. 15.
18 Die lange Debatte darüber, in welchem Jahr dieser (undatierte) Brief wohl veröffentlicht wurde, resümiert van der Krogt, S. 62.
19 Brief vom 4. August 1540 an Antoine Perronet; van Durme, S. 15.
20 Dieses und die folgenden Zitate entstammen dem Brief vom 4. August 1540 an Perronet, übersetzt nach van der Krogt, S. 60.

12 DAS HANDBUCH DER KURSIVSCHRIFT

1 Bezüglich des Zeitpunktes, zu dem *Literarum latinarum* geschrieben und veröffentlicht wurde, bestehen gewisse Zweifel. Als Erscheinungsdatum ist in dem Buch zwar März 1540 angegeben, doch de Smet (S. 59–60, Anm. 92–94) meint, die Drucker hätten den »alten« Osterkalender verwendet. Wenn dies zutrifft, wäre das Publikationsdatum nach dem »neuen Stil« der März 1541. Die Tatsache, dass Mercators Drucker Rescius im Zwist mit der Universität lag (die bereits zum neuen Modus übergegangen war), spricht dafür, dass das Buch tatsächlich nach dem alten Osterjahr datiert war, an das sich die Stadt Löwen nach wie vor hielt.
2 Osley, S. 27, Anm. 1.
3 Sigismondo dei Fanti, *Theorica et practica... de modo scribendi*, 1514, vermerkt in Osley, ebd.
4 Osley, S. 177, Anm. 1.
5 Siehe Osley, S. 45, Anm. 2.
6 Dieses und alle folgenden Zitate entstammen Mercators *Literarum latinarum*, 1540/41, übersetzt nach Osley, S. 123–128, 134, 163, 171.

13 EIN GLOBUS, SO GROSS WIE KEINER ZUVOR

1 Ghim, nach Osley, S. 186.
2 Als Ghim fünfzig Jahre später die Lebensgeschichte seines Freundes aufschrieb, war Mercators doppelherzförmige Karte von 1538 das einzige größere Werk, das nicht erwähnt wurde. Da Ghim Mercators Werke ansonsten äußerst gründlich katalogisierte, liegt der Schluss nahe, dass Mercator diese Karte in Vergessenheit geraten lassen wollte.
3 Brief vom 4. August 1540 von Mercator an Perronet, übersetzt nach van Durme, S. 16.
4 Gemmas Globus von 1536/7 hatte einen Durchmesser von 370 mm, Mercators Globus von 1541 dagegen einen von 420 mm. Die Vergrößerung des Durchmessers um 50 mm bedeutete eine Vergrößerung der Oberfläche um 13,51 Prozent. (Diese Zahl errechnete Hol Crane.)
5 Brief vom 4. August 1540 an Perronet.
6 Ebd.
7 Mercators »Mangi« war Marco Polos »Manzi«, das heutige China.
8 Brief vom 4. August 1540 an Perronet. »Scythia« entsprach grob der heutigen Ukraine und dem südlichen Russland; »die beiden Sarmatien« waren »Sarmatia Asie« und »Sarmatia Europe« seiner Karte von 1538 und deckten sich ungefähr mit dem heutigen Russland und Litauen. Bei »Scondia« handelte es sich um Skandinavien, und die »Deukaledonische See« war das norwegische Meer.

9 Mercators »Beach« wird in einigen Exemplaren des Reiseberichts von Marco Polo auch als »Locach« oder »Lochac« bezeichnet (siehe Taylor, 1955, S. 104 und Skelton, 1958, S. 14). Dies entspricht dem späteren Siam und heutigen Thailand. Die Form, die Mercator Beach und Maletur verlieh, gab der Nachwelt Anlass zu Spekulationen darüber, ob die Nordküste Australiens bereits Anfang des 16. Jahrhunderts inspiziert worden sein könnte. – Mercators »Maletur« ist Polos »Malaiur« oder »Malayur«, das heutige Malaysia. Die Verwechslung der Antarktis mit Malaysia und Thailand war eines von Mercators folgenreichsten Missverständnissen.

10 »Vicht« ist die Isle of Wight; die »Orcades« sind die Orkney-Inseln. Mercators Großbritannien wies weitgehend die Form auf, die wir heute kennen. Barber (S. 49–51) erörtert die Quellen, auf die sich Mercator gestützt haben dürfte.

11 Nach der hypothetischen Chronologie, die van der Krogt (S. 62) aufstellt, war der erste Tag des Jahres 1541 nach dem Osterkalender, also der 17. April 1541, der früheste Termin, an dem der Globus vollendet gewesen sein könnte.

12 Ghim, *Atlas*, S. 6; Karrow, S. 383.

14 DER FEIND VOR DER FESTE

1 Siehe Edwards, S. 28, 39. Die genannten Zahlen beziehen sich auf die Jahre 1518–44, in denen »mindestens« 2551 lutherische Werke gedruckt und nachgedruckt wurden, aber nur 514 katholische Druckwerke.

2 Francisco Enzinas nahm den Schriftstellernamen Dryander an.

3 Einzelheiten zu dieser Ausgabe finden sich bei Osley, S. 54, 177.

4 Der Hinweis auf diese Begegnung findet sich in dem Brief vom 23. Februar 1544 von Pieter de Corte an Maria von Ungarn, in dem de Corte Mercators Besuch bei den beiden Klerikern mit dem jüngsten Besuch des Kaisers in Brüssel in Verbindung bringt. Der letzte Aufenthalt des Kaisers in der Stadt vor dem Besuch im November 1543 fand im Herbst 1540 statt, lange bevor de Corte den Brief schrieb.

15 DIE UNGERECHTESTE VERFOLGUNG

1 Campan, Bd. 1, Teil 2, S. 298–9.

2 Henne (Bd. 9, S. 58) gab zu verstehen, dass sich Mercator, »wenn er sich über die Harmonie der Werke Gottes unterhielt, leicht zu Abschweifungen darüber verleiten ließ, welchen Einfluss das Wort Gottes fortan auf das Schicksal der Welt ausüben werde«, und dass diese Abschweifungen »ein ausreichender Hinweis für die Inquisitoren waren«. Hennes Hypo-

these klingt überzeugend, besonders da Monachus ein geeigneter Dialogpartner für solche Auslassungen gewesen sein dürfte.
3 Vgl. zu diesem Abschnitt und den Zitaten den Brief vom 23. Februar 1544 (neuer Kalender) von Pieter de Corte an Maria von Ungarn van Durme, S. 22.
4 Brief vom 21. Mai 1544 von Maria von Ungarn an den Prior des Minoritenklosters in Mecheln; van Durme, S. 25.
5 Vgl. zu diesem Abschnitt: Campan, Bd. 1, Teil 2, S. 445–47.
6 Kein handschriftlicher Text und nur ein einziger Brief (an Antoine Perronet) aus der Zeit vor Mercators Verhaftung ist erhalten. Es ist nicht ausgeschlossen, dass Barbara – oder Mercator selbst – die Korrespondenz und alles Schriftliche vernichtete, was als Beweis zur Untermauerung der Anklage wegen Ketzerei hätte herangezogen werden können.
7 Campan, op. cit., S. 320–21.
8 Zitiert ebd., S. 302, Anm. 3.
9 Brief vom 9. Oktober 1544 von Mercator an Perronet, zitiert in van Durme, S. 29.

16 EIN GROSSER, RANKER JÜNGLING AUS DEM NORDEN

1 In seinem Brief an Perronet vom 9. Oktober 1544 nannte Mercator als Grund für die verspätete Lieferung eines astronomischen Rings einen »Mangel an Materialien«.
2 Zitiert in Aubert, S. 135.
3 Alle Zitate dieses Abschnitts aus: Brief vom 9. Oktober 1544 von Mercator an Perronet; zitiert in van Durme, S. 26, 29.
4 Brief vom 18. März 1545 an Perronet; van Durme, S. 31.
5 Ghim, *Atlas*, S. 6.
6 Das fehlerhafte Astrolabium wurde vierhundert Jahre später in Brünn wieder entdeckt; eine Beschreibung findet sich bei Turner, 1995, S. 131–45.
7 Sir William Pickering, zitiert in Deacon, S. 23.
8 Brief vom 20. Juli 1558 von John Dee an Mercator, übersetzt nach Shumaker, S. 112.
9 Beide Zitate aus: »The Compendious Rehearsall of John Dee...«, 9. November 1592, zitiert in Taylor, 1930, S. 256.
10 Siehe Anm. 9.
11 Siehe Anm. 9.
12 Siehe Anm. 9.
13 Petrus Peregrinus beziehungsweise Pierre de Maricourt lebte im 13. Jahrhundert und stammte wahrscheinlich aus der Picardie. Roger Bacon bewunderte ihn sehr, weil er der einzige Autor seiner Zeit war, der die

Perspektive verstand. Peregrinus schrieb seine Abhandlung über die Gesetze des Magnetismus 1269. Es war ein ungeheuer populäres Werk, das auch Mercator gut gekannt haben dürfte.

14 Brief vom 23. Februar 1546 von Mercator an Perronet, übersetzt nach Harradon, S, 201. Harradon zufolge (S. 200) »wird hier erstmals die Auffassung vertreten und erhärtet, dass die Erde einen Magnetpol aufweist«.
15 Übersetzt nach Shumaker, S. 117.
16 John Dees Tagebucheintrag vom 7. Dezember 1549, zitiert in Fenton, S. 305.
17 Ghim, nach Osley, S. 186.
18 »The Compendious Rehearsall of John Dee...«, 9. November 1592, zitiert in Woolley, S. 23.
19 Der Himmelsglobus von 1551 sollte die einzige astronomische Arbeit sein, die Mercator in Angriff nahm.
20 Coma Berenices.
21 Laut Osley (S. 65) wies Mercators Beschriftung des Globus von 1551 eine »gelassene Selbstsicherheit« auf. Dekker (1999, S. 91, 415) bezeichnete Mercators Erdglobus von 1541 und den Himmelsglobus von 1551 als »das wichtigste Globenpaar, das im 16. Jahrhundert hergestellt wurde« und als »Glanzpunkte in der Geschichte des Globenbaus«. Mercators Globusständer wurde später unter der Bezeichnung »holländischer Stil« bekannt und fand bis ins 18. Jahrhundert Verwendung.
22 Zu Widmung und Patent siehe Stevenson, S. 131.
23 Siehe Milz, S. 103.

17 EIN ORT, DER MUSEN WÜRDIG

1 Ghim, nach Osley, S. 190.
2 Brief vom 2. Mai 1559 von Molanus an Mercator; van Durme, S. 40.
3 So schrieb der Löwener Professor Peter Beausart im Jahre 1553; siehe de Smet, S. 73, Anm. 133; übers. nach Karrow, S. 383.
4 Ghim, nach Osley, S. 186–7, 193.
5 Eine herzförmige Projektionsform, die Johannes Stabius entwickelt hatte.
6 Eine detaillierte Beschreibung des Quellenmaterials, das Mercator verwendet haben dürfte, findet sich bei Barber, S. 51–54.
7 Der Erstdruck der Karte *Nova totius Galliae descriptio* erschien 1525 in Paris.
8 Tschudis Bericht über die Reisen in seiner Jugend zitiert Karrow, S. 547.
9 Ghim, nach Osley, S. 187.
10 Es ist nicht belegt, dass Mercator diese Anleitung zur kartographischen Notierung verfasste und druckte.

18 DIE FRANKFURTER MESSE

1 Dies könnte das erste Mal gewesen sein, dass Mercator die Messe besuchte.
2 Mindestens seit dem 13. Jahrhundert fanden in Frankfurt zweimal im Jahr Messen statt. Der Handel mit Büchern erblühte aber erst im frühen 16. Jahrhundert. Siehe Westfall Thompson.
3 Beide Zitate: Josias Maler, zitiert ebd., S. 24–5.
4 Francis Sweert, *The Life of Abraham Ortell*, 1606, unpaginiert.
5 Der Eingang der Kartenlieferung wurde in Plantins Geschäftsbuch unter dem »19. März 1558« vermerkt; siehe Voet, 1962, S. 189.

19 EIN EINZIGARTIGER FREUND

1 Alle Zitate aus: Widmungsbrief an Herzog Johann Wilhelm den Jüngeren, *Atlas*, S. 183.
2 Ghim, 1593, nach Osley, S. 192.
3 Ebd.
4 Ebd., S. 193.
5 Ghim, zitiert ebd. Johannes Molanus (1533–85) war auch als Jan Vermeulen bekannt.
6 Brief vom 2. Mai 1559 von Molanus an Mercator; siehe van Durme, S. 40. Die folgenden Zitate ebd.
7 Ghim, nach Osley, S. 193.
8 Ebd., S. 191.
9 Möglicherweise wollte Arnold mit seiner Karte *Thule insula* einen Fehler korrigieren, den Mercator auf seiner Europakarte gemacht hat (dies vermutet Watelet, 1998, S. 13). Dagegen spricht, dass Mercator seine Darstellung von Island sowohl auf seiner Weltkarte von 1569 als auch bei der zweiten Auflage seiner Wandkarte von Europa beibehielt.
10 Zitiert in Wooley, S. 23.
11 Ebd., S. 39.
12 Die Briefe selbst sind nicht erhalten, doch Dee erwähnt in seinem Schreiben an Mercator vom 20. Juli 1558 »all die vorliegenden Briefe«, die er von Mercator erhalten hatte; siehe Shumaker, S. 113.
13 Es handelte sich wahrscheinlich um Grippeepidemien, die möglicherweise die größte Zahl an Todesopfern im ganzen Jahrhundert forderten; siehe Williams, S. 110.
14 Es steht wohl außer Zweifel, dass Dee zwischen 1562 und 1564 auch nach Duisburg kam. Die Stadt lag auf seiner Reiseroute, und Mercator war genau die Art von Bücherliebhaber, die er aufsuchte. Als Dee nach seiner Rückkehr nach London seine *Propaedeumata aphoristica* veröffentlichte, widmete er sie Mercator – eine Geste, die erkennen ließ, dass der

Engländer seinem Freund in Duisburg mehr verdankte als jedem anderen Zeitgenossen.
15 Mercators *Atlas*-Karte von 1585, *Bolonia & Guines Comitatus*, war eine Kopie von Nicolays Karte aus dem Jahre 1558.
16 Zitiert in Moir, Bd. 1, S. 12–13.
17 Brief vom 9. Februar 1561 oder 1562 von Thomas Byschop an Sir William Cecil, *Calendar of the State Papers Relating to Scotland*, 1898, Bd. 1, S. 602; zitiert in Moir, Bd. 1, S. 13.
18 Niemand hat die Herkunft von Mercators Englandkarte von 1564 so gründlich erhellt wie Peter Barber (in Watelet, 1998, S. 43–77). Es ist nicht absolut gesichert, dass Elder der Urheber der Karte ist, die Mercator kopierte, doch Barber argumentiert, dass Elder »am ehesten derjenige war, der den Prototyp schuf«.
19 Für Barber (S. 70) ist die »wahrscheinlichste Hypothese« die, dass die Karte »kurz vor... Dezember 1561« an Mercator geschickt wurde.
20 Siehe Barber, S. 62.
21 Barber (S. 55–63) liefert eine faszinierende Analyse der Quellen, auf die sich der Kartenzeichner gestützt haben dürfte. Laut Barber wurde die Vorlage zu Mercators Karte zwischen 1548 und 1556 gezeichnet.
22 Siehe Mercator, *Angliae & Scotiae & Hibernie nova descriptio*, 1564.
23 Es gibt noch eine Möglichkeit, wer jener geheimnisvolle »Freund« gewesen sein könnte. Barber hat sehr überzeugend die wahrscheinliche Identität des ursprünglichen Schöpfers der Karte geklärt, doch es gibt keine Beweise dafür, dass Elder und Mercator jemals Kontakt hatten oder sich als »Freunde« betrachteten. Barbers Vermutung, dass ein Dritter beteiligt gewesen sein dürfte, der die Karte von Elder an Mercator übermittelte, bestärkt mich darin, Kardinal de Granvelle ins Spiel zu bringen. Interessanterweise hielt sich ein weiterer Freund Mercators, Christoph Plantin, nach seiner Flucht aus Antwerpen zwischen 1562 und 1563 in Frankreich auf. Es ist denkbar, dass Mercator über die ursprüngliche Quelle der Karte im Unklaren gehalten wurde und nur den »Freund« kannte, der sie nach Duisburg schickte. Bei Ghims Aussage, die Karte sei »aus England« geschickt worden (Osley, S. 187), handelt es sich wohl um kaum mehr als eine verständliche Vermutung, die dreißig Jahre nach dem Ereignis angestellt wurde.
24 In den vier Jahren, seit Plantin Mercators Werke verkaufte, beliefen sich die Bestellungen auf bescheidene fünfundzwanzig Karten und ganze drei Globen, doch der plötzliche Abbruch der geschäftlichen Beziehungen aufgrund von Plantins Flucht wirkte sich zweifellos negativ auf Mercators Einkommen aus.
25 Siehe Verberckmoes, S. 97.
26 Dies war eines der Sprichwörter, die Bruegel fünf Jahre zuvor auf seinem Ölgemälde *Flämische Sprichwörter* (1559) thematisiert hatte; das Ge-

mälde war dem Bruegel-Sammler Granvelle durchaus vertraut; siehe Vöhringer, S. 54–7.
27 Die größte Sammelbestellung für Mercators Karte der Britischen Inseln, die bei Plantin einging, kam im Januar 1566 aus Paris. Diese Großbestellung über vierzig unkolorierte Exemplare umfasste mehr als die Hälfte der 77 Kopien, die Plantin in den ersten fünf Jahren nach dem Erscheinen der Karte verkaufte (siehe Voet, 1962, S. 189 und 201–5).
28 Mercator, *Angliae & Scotiae & Hibernie nova descriptio*.

20 DIE SCHÄTZE RENÉS II.

1 Zitiert in Skelton, 1966, S. vii.
2 Aus der »Bemerkung an den Leser« in der Ptolemäus-Ausgabe von 1513, zitiert ebd., S. xvi.
3 St. Dié.
4 Waldseemüllers »Bemerkung an den Leser« in der Ptolemäus-Ausgabe von 1513, zitiert in Skelton, 1966, S. XV.
5 Charles Estiennes *Guide des chemins de France*, der 1552 erschien, enthielt Beschreibungen von Straßen und Entfernungsangaben.
6 Eine Verbindung zwischen Granvelle und Mercators Lothringenkarte lässt sich nicht belegen; es erscheint mir jedoch höchst unwahrscheinlich, dass der Besuch des Kardinals in Nancy in jenem Frühjahr in keinerlei Zusammenhang mit dem nachfolgenden Auftrag gestanden haben soll.
7 In den Vogesen fiel im Jahresdurchschnitt viermal so viel an Niederschlägen wie an der unteren Mosel. Siehe Statistik der Departments of State and Official Bodies.
8 Mercators Entschluss, den Auftrag zur Vermessung Lothringens anzunehmen, ist bisher nie ausreichend erklärt worden. Angesichts seines Alters, seines Standes und seiner Interessen dürfte das Versprechen, Zugang zu den Kartenarchiven und Bibliotheken von Nancy und St. Dié zu erhalten, das plausibelste Motiv gewesen sein.
9 Alix an Herzog Charles III., zitiert in Hellwig, S. 311.
10 Lothringen erschien in der ersten Ausgabe der *Atlas*-Karten von 1585 auf zwei Blättern.
11 Diese Dörfer erscheinen auf heutigen Frankreichkarten unter den Namen Herbaupaire, Lusse, La Pariée, Haute Merlusse und Les Trois Maisons.
12 Der heutige St. Pierremont.
13 Fehler und Auslassungen in der kartographischen Erfassung der südlichen Vogesen lassen vermuten, dass weder Mercator noch sein Sohn

ganz bis in das »Lestraye«-Tal vordrangen. Im Bereich der Vogesen fehlen auch die Grenzen Lothringens.
14 Ghim, nach Osley, S. 187.

21 JÄGER IM SCHNEE

1 Ghim, nach Osley, S. 187.
2 Dies berichtete der Arzt des Herzogs, Antoine le Pois; siehe Hellwig, S. 299.
3 Zitiert in Buisseret, S. 107.
4 Damals neigten viele Menschen dazu, Krankheiten als Strafe Gottes anzusehen; diese Deutung führte oft zu Depressionen. Auch Kaiser Maximilian II. litt unter diesem Syndrom; 1563 flehte er seinen Schöpfer an, ihn von seiner »Schwäche« zu erlösen (siehe Fichtner, S. 103).
5 Alle Zitate aus: Brief vom 24. März 1566 von Molanus an Mercator; van Durme, S. 63–4.
6 Ebd.
7 Um die Wesensart der im niederrheinischen Exil lebenden Humanisten zu umschreiben, zitierte Forster (S. 68) van Dorstens Diktum vom »streitlosen religiös-politischen Engagement«. Die Exilanten in Utenhoves Umfeld waren laut Forster »tolerant gegenüber den Katholiken, zeigten aber dennoch ein entschieden protestantisches Engagement«.
8 Siehe Briefe vom 31. Mai 1585, vom 14. April 1586 und vom 18. Mai 1586 von Mercator an Heinrich Rantzau; van Durme, S. 191–4, 201–3.
9 Abraham Ortelius an Emanuel Demetrius, 27. August 1566; siehe Hessels, S. 37.

22 KOSMOGRAPHIE – DIE BESCHREIBUNG DES GESAMTEN UNIVERSUMS

1 Berücksichtigt man Mercators Verpflichtungen in Lothringen im Jahre 1564 und seine anschließende »Störung«, ist es unwahrscheinlich, dass er vor 1565 ernsthaft an der Kosmographie zu arbeiten begann, auch wenn er sich (so Keuning, 1947) deren Aufbau möglicherweise bereits während seiner Lehrtätigkeit am Duisburger Gymnasium ausdachte.
2 Alle Zitate aus: »Praefatio ad lectorem«, *Chronologia*, 1569, S. 3.
3 Ebd.
4 Ebd.
5 Mercator, »Prolegomenon zur Gestalt der Welt«, *Atlas*, S. 27.
6 Brief vom 19. Mai 1567 von Molanus an Mercator; van Durme, S. 70.
7 Ebd., S. 71–73.

23 DIE CHRONOLOGIA

1 Die Autoren sind im vierten Teil der *Chronologia* von 1569 genannt.
2 Mercator, »Praefatio ad lectorem«, *Chronologia*, S. 4.
3 Zitiert in Hale, S. 591.
4 Hosea 10:12 und 14:5.
5 Henricus Oliverius, auch Heinrich Bars (ca. 1500–1575), war auch unter dem Namen Olisleger bekannt; Zitat von Ghim, nach Osley, S. 189.
6 Ebd., S. 187.
7 Mercators *Chronologia* war im *Index librorum prohibitorum* von Parma (1580) und von Rom (1596) verzeichnet.

24 DIE MERCATOR-PROJEKTION

1 Brief vom 23. Februar 1546 von Mercator an Antoine Perronet, übersetzt nach Harradon, S. 201.
2 Etzlaubs Karte von Europa und Nordafrika war am Klappdeckel eines Kompasses mit Sonnenuhr angebracht; deren Meridiane waren – wie bei Mercator – parallel und die Markierungen der Breitenkreise progressiv angeordnet. Etzlaubs Karte war zwar klein (das gesamte Instrument maß 84 x 116 mm), aber bemerkenswert genau; die Mediansegmente weichen von heutigen Werten durchschnittlich um nicht mehr als 0,17 mm ab. Etzlaub hat die Anwendung dieser Projektion zwar zuerst erläutert, doch es gibt keine Belege dafür, dass Mercator je einen dieser Kompasse gesehen oder besessen hat. Die beiden Kartographen näherten sich dem Problem von verschiedenen Richtungen: Etzlaubs Absicht war es, ein Orientierungsinstrument für Reisen auf dem Landweg zu entwickeln. Mercator entwarf eine Projektion, mit der sich sphärische und plane Darstellungen der Erdoberfläche miteinander in Einklang bringen ließen. Mercators Projektion verdankt wohl viel mehr dem Werk von Pedro Nuñez und dessen Kritik an den Fehlern der Seekarten, die das Zusammenlaufen der Meridiane nicht berücksichtigten (siehe Taylor, 1930, S. 83–4).
3 Ghim, nach Osley, S. 187.
4 Mercator, *Nova et aucta orbis terrae descriptio ad usum navigantium emendate accommodata* (im Weiteren als *Nova et aucta orbis* bezeichnet), Duisburg, 1569.
5 Ghim, nach Osley, S. 187.
6 Die Weltkarte maß 2024 x 1236 mm.
7 Mercator, *Nova et aucta orbis*, nach der englischen Übersetzung in *The Hydrographic Review*, Bd. IX, Nr. 2, November 1932, S. 11.
8 Die Bände erschienen im Verkaufskatalog der Mercator'schen Bibliothek als »Volume primo delle Navigatione & Viaggi fol. Volume secundo delle

navigatione, fol. Volume terzo delle navigatione. fol.« (Watelet, 1994, S. 410).
9 Heutige Wertungen reichen von Ablehnung bis Zustimmung. Lucas betrachtete Zeno als Schwindler. Hobbs (S. 19) glaubte dagegen, dass die Brüder Zeno ehrliche und verlässliche Forscher waren. Karrow (S. 602) wiederum kam zu dem Schluss, dass Zenos Karte und Buch keineswegs als Protokoll einer solchen Reise angesehen werden können.
10 Vielleicht seit etwa 1555. Hätte Mercator Cnoyens Reisebericht vor 1551 gelesen, so hätte er sich über dessen erstaunlichen Inhalt sicherlich mit John Dee ausgetauscht – doch der wusste selbst 1557 noch so wenig über Cnoyens Bericht, dass er Mercator in einem Brief um weitere Informationen bat.
11 Mercator, *Nova et aucta orbis*, nach der englischen Übersetzung in *The Hydrographic Review*, 1932, S. 27.
12 Ebd.

25 DER FREUND UND KONKURRENT

1 In seinem Brief vom 9. Mai 1572 an Ortelius erwähnte Mercator, er sei »bereits seit einigen Jahren damit beschäftigt, Ptolemäus und die jüngsten Karten zu korrigieren« (nach Hessels, S. 88). Die Formulierung »seit einigen Jahren« könnte auf die Jahreszahl 1570 verweisen.
2 Alle Zitate aus: Mercator, »Praefatio«, *Tabulae geographicae Cl. Ptolemei...*, 1578, zitiert in Babicz, S. 62–3.
3 Ebd., S. 62–3.
4 Servetus (ca. 1511–53) nannte sich ab ca. 1530 Villanovanus. Eines der »Beweisstücke«, das bei seinem Ketzerprozess vorgelegt wurde, war seine Ptolemäus-Ausgabe, die eine Karte des Heiligen Landes enthielt, auf deren Rückseite vermerkt war, dass dieses Land weitgehend unfruchtbar sei. Die Flammen, die Servetus verzehrten, wurden mit Exemplaren seiner ketzerischen Ptolemäus-Ausgabe geschürt.
5 Genaue Zahlen für Plantins Bestellungen an Mercator in dieser Zeit finden sich bei Voet (1962, S. 189–211).
6 Eine Bestandsliste der Kartensammlung von Vigius findet sich bei Bagrow, S. 18–20.
7 Abraham Ortelius, »An den geneigten Leser«, Ortelius, 1606, unpaginiert.
8 Fünfundzwanzig Jahre später widersprach Mercators erster Biograph Walter Ghim der Auffassung, Ortelius habe vor Mercator das Kartenbuch erfunden: »Lange vor Abraham Ortelius entwickelte Mercator die Idee, weitere besondere und allgemeine Karten der Welt in einem kleinen Format zu veröffentlichen... Da jedoch dieser Ortelius ein enger Freund

von ihm war, verzögerte er absichtlich das Unterfangen, das er begonnen hatte, bis Ortelius eine große Anzahl seines *Theatrum Orbis Terrarum* verkauft hatte,... bevor er seine eigenen kleinformatigen Karten veröffentlichte« (nach Osley, S. 188). Mercator mag durchaus an einen eigenen Kartenband gedacht haben, doch 1570 war er keineswegs imstande, solch einen Band herauszubringen. Ghim, der ansonsten immer sehr akkurat berichtete, könnte hier durchaus eine Ausschmückung der Wahrheit durch Mercators Sohn Rumold oder seine Enkel eingeflochten haben, die damals damit beschäftigt waren, die uneinheitlichen Bestandteile des *Atlas* zusammenzufügen, während Ortelius' *Theatrum* nach wie vor ungeheuer erfolgreich war.

9 Adolphi Mekerchi, »Frontispicii Explicatio«, Ortelius; 1570, unpaginiert, nach der Übersetzung in van den Broecke; van der Krogt und Meurer, S. 169.
10 Brief vom 30. Oktober 1570 von Johannes Crato von Krafftheim an Abraham Ortelius; nach Hessels, S. 70.
11 Brief vom 22. November 1570 von Mercator an Ortelius, nach Hessels, S. 73.
12 Abraham Ortelius, »An den geneigten Leser«, Ortelius, 1606.
13 Watelet (1998, S. 7–10) gibt zu verstehen, dass dieser Kunde der Marschall Werner von Gymnich gewesen sein könnte, der – seiner Biographie zufolge – zwischen 1572 und 1575 durch Italien reiste.
14 Nach der Übersetzung in Hakluyt, 1907, Bd. 2, S. 368.
15 John Dee, *Preface to The Elements of Geometrie of... Euclide*, 1570.
16 Brief vom 9. Mai 1572 von Mercator an Ortelius; nach Hessels, S. 87–8.
17 Ebd.
18 Brief vom 5. September 1564 von Andreas Masius an Georg Cassander; nach van Durme, S. 60.
19 Abraham Ortelius, »Eine Beschreibung der gesamten Welt« und »Catalogus Auctorum«, Ortelius, 1606. – John Dee zitiert in Taylor, 1955, S. 104.
20 Brief vom 13. August 1573 von Mercator an Joannes Vivianus; van Durme, S. 107–8.
21 Die nicht näher spezifizierte Krankheit erwähnte Mercator in einem Brief vom 23. Oktober 1578 an Johannes Crato von Krafftheim. Anhand dieses Briefes lässt sich die Krankheit etwa auf die Zeit um 1572–73 datieren.
22 Die Reise fand – wie Ortelius' Freund und erster Biograph Francis Sweertius festhielt – im Jahre 1575 statt (siehe Ortelius, 1606) und dauerte laut Schmidt-Ott (in van den Broecke et al., S. 370) schätzungsweise zwei Monate.
23 Brief vom 25. März 1575 von Antoine le Pois an Abraham Ortelius; nach Hessels, S. 125.

24 Brief vom 9. Mai 1572 von Mercator an Ortelius; nach Hessels, S. 88.
25 Mit diesen Worten beschrieb Mercator Cratos Schreiben in einem Brief vom 23. Oktober 1578 an Crato von Krafftheim; van Durme, S. 152–3.

26 DER KORRIGIERTE PTOLEMÄUS

1 Briefe vom 24. März und 30. August 1574 von Mercator an Camerarius; van Durme, S. 109–10.
2 Brief vom 26. März 1575 von Mercator an Ortelius; van Durme, S. 113.
3 Jean Bodin, *Methodus ad facilem historiarum cognitionem*, 1566, zitiert in van Raemdonck, S. 283, Anm. 1.
4 Brief vom 26. März 1575 von Mercator an Ortelius; van Durme, S. 113–14.
5 Brief vom 20. August 1575 von Mercator an Camerarius; van Durme, S. 124.
6 Brief vom 22. Juni 1577 von Mercator an Langer; nach Boyce, S. 132.
7 Ebd.
8 Brief vom 31. August 1577 von Mercator an Zwinger; nach Boyce, S. 134.
9 Erst am 10. März 1578 teilte Mercator Camerarius mit, dass die »Qual« mit Ptolemäus beendet sei. – Brief vom 23. Oktober 1578 von Mercator an Crato von Krafftheim; nach Boyce, S. 135.
10 Brief vom 10. März 1578 von Mercator an Camerarius; van Durme, S. 150.
11 Brief vom 23. Oktober 1578 von Mercator an Crato von Krafftheim; van Durme 1959, nach Boyce, S. 135.
12 Brief vom 23. Oktober 1578 von Mercator an Crato von Krafftheim; van Durme, S. 152.
13 Ptolemäus, *Geographie*; nach Stevens, S. 157.
14 Von Mercators Flandernkarte kopierte de Jode unter anderem die vier wilden Bären, den Schutzdeich und die Kanonen bei St. Omer sowie die Kennzeichnung von Männer- und Frauenklöstern. Es ist nicht belegt, dass Mercator und de Jode je miteinander korrespondierten.

27 EIN DIREKTER WEG NACH CHINA

1 Skelton (1962, S. 162) meinte, der Brief »müsse kurz nach 1576 datiert sein«. Aufgrund von Rumolds Verbindungen zu Dee und Hakluyt spricht einiges dafür, dass Mercators Sohn von Frobishers Rückkehr nach England im Oktober 1576 erfuhr und umgehend seinem Vater davon berichtete, zumal er um die Bedeutung dieses Ereignisses wusste. Vor diesem Hintergrund könnte der Brief bereits im November 1576 geschrieben worden sein.
2 Brief von Mercator an Rumold, wahrscheinlich 1576 oder 1577 geschrieben; nach Hakluyt, 1582, S. 1. Der Brief Rumolds blieb nicht erhalten;

von Mercators Antwort ist nur ein einziger Abschnitt bekannt, der übersetzt und dem Widmungsbrief (»An den hochwohllöblichen und tugendsamen Gentleman Herrn Phillip Sydney«) für *Divers foyages touching the discoverie of America etc.* von 1582 beigefügt wurde.

3 Im Januar 1577 schrieb Dee an Ortelius und teilte ihm mit, dringende Briefe könnten ihm »durch die Bediensteten der Birckmanns« zugestellt werden; John Dee an Abraham Ortelius, 16. Januar 1577; nach Hessels, S. 158.
4 Brief von ca. 1576–7 von Mercator an Rumold; nach Hakluyt, S. 2.
5 Zit. in Skelton, 1962, S. 160.
6 Zitiert in der *Encyclopedia Britannica*, 1910, 11. Auflage, Bd. 11, S. 237. – Siehe auch *Michael Lok's Notes on the Frobisher Voyage, 26th Jan*, 1578/9, zitiert in Taylor, 1930, S. 271.
7 John Dee, *General and Rare Memorials...*, 1577, zitiert in Sherman, S. 149–50.
8 Zitiert in Taylor, 1956, S. 68. Dee fasste die Beweise für Königin Elizabeths Anspruch auf die arktischen Länder auf der Rückseite einer Karte zusammen, die er unter dem Datum 1580 kompilierte.
9 Brief vom 16. Januar 1577 von John Dee an Abraham Ortelius; nach Hessels, S. 158.
10 John Dee, Abschrift von Cotton MS. Vitellius C. VII; zitiert in Taylor, 1956, S. 56.
11 Taylor, 1956, S. 56–68. Brief vom 20. April 1577 von Mercator an Dee, transkribiert von Dee.
12 Dee, 1577, zitiert ebd.
13 Brief vom 13. Mai 1577 von Dee an Mercator; siehe van Durme, S. 140–1.
14 Fenton, 1998, S. 2. Taylor, 1956, S. 68.
15 Brief vom 12. Dezember 1580 von Mercator an Ortelius; nach Kraus, S. 86.
16 Nicht zum ersten Mal tauchen Fragen zur Identität von Mercators englischen Briefpartnern auf. Gesichert ist, dass Richard Hakluyt Mercator über Pets Reisepläne unterrichtete. Mercator bestätigte in seinem Brief an Hakluyt vom 28. Juli 1580, dass dessen Brief am 19. Juni in Duisburg eingetroffen sei. Taylor (1930, S. 127–8) gab zu verstehen, Mercator könnte seine Antwort an Hakluyt bewusst hinausgezögert haben, weil er »nicht bereit war, ein ausländisches Entdeckungsabenteuer zu unterstützen«. Doch nichts in Mercators Wesensart deutet darauf hin, dass er zu solcher List imstande gewesen wäre – zumal man nicht behaupten kann, dass Mercator in seinem Schreiben geographische Informationen vorenthielt.
17 Alle Zitate aus: Brief vom 28. Juli 1580 von Mercator an Hakluyt; nach der Übersetzung in Hakluyt, 1907, Bd. 2, S. 224–5.

18 Brief vom 28. Juli 1580 von Mercator an Hakluyt, nach der Übersetzung in Hakluyt, 1907, Bd. 2, S. 226.
19 Alle Zitate aus: Brief vom 12. Dezember 1580 von Mercator an Ortelius; nach Kraus, S. 86.
20 Alle Zitate aus: Brief vom 20. Februar 1581 von John Balak an Mercator; nach Hakluyt, 1907, Bd. 2, S. 364–67. Die Identität John Balaks ist weitgehend ungeklärt. Van Durme (S. 164) gibt zu verstehen, dass sich Mercator und Balak von der Universität Löwen her kannten. Dennoch erscheint es seltsam (wenn auch vollkommen typisch für Mercators Umgang mit den Engländern), dass dieser »John Balak« nach fünfzig Jahren plötzlich wieder mit aufschlussreichen, höchst aktuellen Informationen auftauchte, die ihm der ominöse niederländische Reisende »Alferius« mitgeteilt haben soll. Ähnlich wie der geheimnisvolle Cnoyen übermittelte Alferius Neuigkeiten, die geeignet waren, die Engländer zu Erkundungen in den nördlichen Gefilden anzustacheln.
Van Durme (S. 164) erklärte, bei »Arusburg am Fluss Osella« handele es sich um »Arnsburg auf der baltischen Insel Osel« (dem heutigen Kuresaare auf der Insel Saaremaa). Als Balak seinen Brief schrieb, herrschte in der Region Krieg. Die Frage, was Balak dort zu suchen hatte und wieso er die Unruhen in seinem Brief nicht erwähnte, gibt nur noch weitere Rätsel auf. – Alle folgenden Zitate entstammen demselben Brief vom 20. Februar 1581.

28 DIE NEUE GEOGRAPHIE

1 Brief vom 14. Juli 1578 von Mercator an Gymnich; van Durme, S. 151.
2 Mercator, »An den eifrigen und geneigten Leser«, *Atlas*, S. 162.
3 Mercator, »Nützliche einführende Anleitung zu den Karten für Deutschland«, *Atlas*, S. 233.
4 Zitiert in Parker, S. 35.
5 Mercator, »An den eifrigen und geneigten Leser«, *Atlas*, S. 161–62.
6 Mercators Widmungsbrief an Herzog Johann Wilhelm den Jüngeren, August 1585, *Atlas*, S. 184.
7 Zu der Erkenntnis, dass Mercator in seinen *Atlas* Karten mit Doppelfunktion aufnahm, siehe de Vries, S. 3–10.
8 Alle Zitate der folgenden drei Abschnitte aus: Brief vom 14. Juli 1578 von Mercator an Gymnich; van Durme, S. 151.
9 Alle Zitate aus: Brief vom 24. März 1583 von Mercator an Ludger Heresbach; van Durme, S. 184.
10 Ebd., S. 183. – Brief vom 31. Juli von Mercator an Wilhelm V., Landgraf von Hessen-Kassel, van Durme, S. 205.
11 Wie Anm. 9, S. 183.

12 Mercator, Widmungsbrief an Herzog Johann Wilhelm den Jüngeren, *Atlas*, S. 183–4.
13 Ebd.
14 Rumold Mercator, »An den freundlichen Leser«, *Atlas*, S. 103.
15 Mercator, »Über die politische Verfassung des Königreichs Frankreich«, *Atlas*, S. 167.
16 Meurer (in van den Broecke et al., S. 269) bezeichnete Mercators Abspaltung des unteren Belgien und der Schweiz vom Reich als »ein dezentes, aber ausgesprochen kühnes politisches Statement«.
17 Mercator, »Die politische Ordnung Belgiens unter den Burgundern«, *Atlas*, S. 208.
18 Mercator, »An den eifrigen Leser«, S. 209.

29 APOKALYPSE

1 Brief vom 18. Mai 1586 von Mercator an Rantzau; van Durme, S. 203. Dithmarschen gehörte damals zum Herzogtum Holstein.
2 Brief vom 31. Mai 1585 von Mercator an Rantzau; van Durme, S. 192–4.
3 Wie Anm. 1, S. 204.
4 Brief vom 14. April 1586 von Mercator an Rantzau; van Durme, S. 201–2.
5 Brief vom 7. September 1586 von Mercator an Rantzau; van Durme, S. 204.
6 Ebd.
7 Ghim, nach Osley, S. 191.
8 Brief vom 31. Juli 1587 von Mercator an Wilhelm IV. von Hessen; van Durme, S. 205–6.
9 Brief vom 7. November 1587 von Mercator an den Senat von Duisburg; van Durme, S. 207.
10 Zitiert in Kamen, S. 265.

30 ATLAS

1 Mercator, »Dem freundlichen Leser«, 13. März 1589, *Atlas*, S. 271.
2 Alle Zitate aus: Mercator, Widmungsbrief vom 13. März 1589 an Ferdinand de Medici, *Atlas*, S. 270–1. – Es sollte zwar noch sechs Jahre dauern, bis das Wort »Atlas« in der Literatur auf ein Kartenbuch bezogen wurde, doch Mercators Hinweis in seinem Widmungsbrief an Ferdinand de Medici lässt vermuten, dass die Idee bereits 1589 aufgekommen sein könnte.
3 Mercator, Vorwort zum *Atlas*, S. 25.
4 Im Jahre 1590 fügte Ortelius einer Ergänzung seines *Theatrum orbis terrarum* eine Kopie von Vedels Islandkarte bei, doch aufgrund von Mercators Verbindungen mit Rantzau liegt die Vermutung nahe, dass die Karte von Vedel über Mercator zu Ortelius gelangte.

5 Mercator, »Die Britischen Inseln«, *Atlas*, S. 114–15.
6 Eine detaillierte Analyse der Quellen zu Mercators Karten der Britischen Inseln liefert Barber, S. 73–6.

31 DIE SCHÖPFUNG

1 Mercators Gebrechen erscheint ungewöhnlich: Der Verlust der Sprechfähigkeit geht normalerweise mit einem Schlaganfall einher, der die linke Gehirnhälfte und dementsprechend die rechte Körperseite betrifft. Ghims Aussage, der Schlaganfall habe Mercators linke Seite gelähmt, würde darauf hindeuten, dass Mercator einen Schlaganfall in der rechten Hemisphäre erlitt, der weniger seine Sprechfähigkeit beeinträchtigt hätte, dafür aber seine räumliche Wahrnehmung und insbesondere die Einschätzung von Entfernungen, auch beim Greifen nach Gegenständen.
2 Alle Zitate aus: Ghim, nach Osley, S. 193–94.
3 Alle Zitate aus: Brief vom 24. März 1583 an Heresbach; van Durme, S. 183–84.
4 Alle Zitate aus: Mercator, »Vorrede zur Gestalt der Erde«, *Atlas*, S. 26–27.
5 Undatierter Brief von Jacob Sinstedius an Reiner Solenander, *Atlas*, S. 22.
6 Brief vom 1. Juli 1594 von Reiner Solenander an Mercator, *Atlas*, S. 17–18.
7 Ghim, *Atlas*, S. 16; nach Kremer, S. 288.
8 Siehe Kremer, S. 289; die Verwendung des Begriffs »Prediger« verweist darauf, dass es sich nicht um einen katholischen Priester handelte.
9 Ghim, nach Osley, S. 194.

EPILOG

1 Joannes Vivianus, *Atlas*, S. 1
2 Bernardus Furmerius, *Atlas*, S. 2.
3 Epitaph von Gerhard Mercator, *Atlas*, S. 3.
4 Johann Metellus, *Atlas*, S. 3.
5 Nach Mercator existieren dur drei Kontinente; der erste umfasst die in der Bibel genannten Landmassen (Europa, Asien und Nordafrika), der zweite ist Amerika und der dritte bildet ein Gegengewicht zur Antarktis. Alle Zitate aus: Rumold Mercator, »An den freundlichen Leser«, *Atlas*, S. 103.
6 Zitate aus: Rumold Mercator, Widmungsbrief vom 1. April 1595, *Atlas*, S. 103.
7 Thomas Blundeville, 1636, zitiert in Karrow, S. 386.
8 William Shakespeare, *Was ihr wollt*, 3. Akt, 2. Szene, deutsch von August Wilhelm von Schlegel.

Abbildungsverzeichnis

Im Text:
S. 13 Karte der Umgebung von Gangelt, © Privatsammlung
S. 25 Ansicht von Rupelmonde, © British Library 177h.11
S. 38 Ansicht von 's-Hertogenbosch, © Privatsammlung
S. 41 Georgius Macropedius, © British Library 679f.10
S. 49 Ansicht von Löwen, © Privatsammlung
S. 61 Ansicht von Antwerpen, © Stedelijk Prentenkabinet, Antwerpen, Belgien/Bridgeman Art Library
S. 67 Weltkarte des Franciscus Monachus, ca. 1527, © British Library C107.bb17.(1)
S. 68 Gemma Frisius, © Science Foto Library, London
S. 72 Graphische Erläuterung der Triangulation, © British Library C113c3.(1-2)
S. 98 Karte der Region um Rupelmonde, Antwerpen, Löwen und Brüssel, © Privatsammlung
S. 114 Mercators Karte des Heiligen Landes von 1537, © Nationalbibliothek, Paris
S. 121 Mercators Weltkarte von 1538, © Rare Books Division, New York Public Library; Astor, Lennox and Tilden Foundations
S. 139 Abbildung aus Mercators Handbuch der Kursivschrift, © Privatsammlung
S. 145 Keilstücke zu Mercators Globus von 1541, © Bibliothèque royale de Belgique
S. 160 Porträt Mercators, © Privatsammlung
S. 164 Das Schloss von Rupelmonde, © British Library 177h.II
S. 192 Ansicht der Stadt Frankfurt, © Privatsammlung
S. 198 Blick auf Duisburg, © Privatsammlung
S. 252 Christoph Plantin, © Science Photo Library, London
S. 255 Abraham Ortelius, © Science Photo Library, London
S. 279 John Dee, © AKG, London
S. 288 Vermesser auf dem Land; Kartograph an seinem Tisch, © Fotomas Index

Zwischen S. 128 und 129:
1. Gerhard Mercator im Alter von 62 Jahren, © Royal Geographical Society, London, 263.G.9
2a. Mercators Erdglobus von 1541, © National Maritime Museum, Greenwich, GLB0096
2b. Ausschnitt aus Mercators Erdglobus von 1541, © National Maritime Museum, Greenwich, GLB0096
2c. Mercators Himmelsglobus von 1551, © National Maritime Museum, Greenwich, GLB0097
2d. Ausschnitt aus Mercators Himmelsglobus von 1551, © National Maritime Museum, Greenwich, GLB0097
3. Globen in Pieter Bruegels *Flämischen Sprichwörtern*, © AKG London/ Gemäldegalerie Staatliche Museen zu Berlin – Preußischer Kulturbesitz
4 und 5. Weltkarte nach der »Mercator-Projektion«, 1569, © Bibliothèque Nationale, Paris
6. Weltkarte aus Mercators Ausgabe von Ptolemäus' *Geographie*, 1578, © Royal Geographical Society, London 265.G.12
7. Die Insel Taprobane aus Mercators Ptolemäus-Ausgabe von 1578, © Royal Geographical Society, London 265.G.12
8. Doppelporträt von Mercator und Hondius, 1619, © AKG London/British Library

Zwischen S. 256 und 257
1. Titelseite aus dem *Atlas* von 1595, © Royal Geographical Society, London, 264.H.4
2. Amerika, aus dem *Atlas* von 1595, © Royal Geographical Society, London, 264.H.4
3. Asien, aus dem *Atlas* von 1595, © Royal Geographical Society, London, 264.H.4
4. Die Arktis, aus dem *Atlas* von 1595, © Royal Geographical Society, London, 264.H.4
5. Europa, aus dem *Atlas* von 1595, © Royal Geographical Society, London, 263.G.9
6. »Unteres Belgien«, aus dem *Atlas* von 1595, © Royal Geographical Society, London, 264.H.4
7. Friesland, Ausschnitt aus dem *Atlas* von 1595, © Royal Geographical Society, London, 264.H.4
8a. und b. Ostengland und Südwestengland, aus dem *Atlas*, 1595, © Privatsammlung

Ausgewählte Bibliographie

Dies ist kein vollständiges Verzeichnis der Quellen, die während der Recherchen zu diesem Buch konsultiert wurden. Die Bibliographie enthält jedoch all die Titel, die in den Anmerkungen genannt sind. Aufgeführt sind auch die erhaltenen Exemplare von Mercators Karten und Globen, die ich einsehen konnte, sowie eine kleine Auswahl der wichtigsten Werke, die Mercators Leben und Werk erhellen.

Achten, M., *Gerhard Mercator: Sein Leben und Wirken* (Gangelt, c. 1995)
Akerman, J. R., ›Atlas, Birth of a Title‹ (in Watelet, 1998)
Andrewes, W. J. H. (Hrsg.), *The Quest for Longitude: Proceedings of the Longitude Symposium, Harvard University* (Cambridge, Mass., 1993)
Arnade, P., *Realms of Ritual: Burgundian Ceremony and Civic Life in Late Medieval Ghent* (Ithaca, 1996)
Aubert, R. et al., *The University of Louvain 1425–1975* (Löwen, 1976)
Aune, M. B., *To Move the Heart: Philip Melanchthon's Rhetorical View of Rite and its Implications for Contemporary Ritual Theory* (San Francisco, 1994)
Averdunk, H. und J. Müller-Reinhard, *Gerhard Mercator und die Geographen unter seinen Nachkommen* (Gotha, 1914)
Babicz, J., ›La Résurgence de Ptolémée‹ (in Watelet, 1994)
Bagrow, L., ›A Page from the History of the Distribution of Maps‹, *Imago mundi*, 5, 1948
–, ›Old Inventories of Maps‹, *Imago mundi*, 5, 1948
Barber, P., ›The British Isles‹ (in Watelet, 1998)
Belgrave, R., V. Castro, C. Donnellan und U. Kuhlemann, *Prints as Propaganda: The German Reformation* (London, 1999)
Benecke, G., *Society and Politics in Germany 1500–1750* (London, 1974)
Berggren, J. L. und A. Jones, *Ptolemy's Geography: An Annotated Translation of the Theoretical Chapters* (Princeton, 2000)
Best, T. W., *Macropedius* (New York, 1972)
Bietenholz, P. G. (Hrsg.), *Contemporaries of Erasmus: A Biographical Register of the Renaissance and Reformation* (Toronto, 1985)

Binder, C. und I. Kretschmer, ›La Projection mercatorienne‹ (in Watelet, 1994)
Blockmans, W. und W. Prevenier, *Poverty in Flanders and Brabant from the Fourteenth to the Mid-Sixteenth Century: Sources and Problems* (Den Haag, 1978)
–, *The Promised Lands: The Low Countries Under Burgundian Rule, 1369–1530* (Philadelphia, 1999)
Blotevogel, H. H. und R. Vermij (Hrsg.), *Gerhard Mercator und die geistigen Strömungen des 16. und 17. Jahrhunderts* (Bochum, 1995)
Boehmer, E., *Spanish Reformers of Two Centuries from 1520: Their Lives and Writings, (According to the Late Benjamin B. Wiffen's Plan with the Use of his Materials*, Bd. I (Straßburg, 1874)
Boorstin, D. J., *The Discoverers* (New York, 1985)
Boyce, G. K., ›A Letter of Mercator Concerning bis *Ptolemy*‹, *Papers of the Bibliographical Society of America*, Bd. 42, 1948
Brandi, K., *The Emperor Charles V: The Growth and Destiny of a Man and of a World-Empire* (London, 1939)
Brant, S., *The Ship of Fools*, engl. übers. W. Gillis, (London, 1971)
Buisseret, D. (Hrsg.), *Monarchs Ministers and Maps: The Emergence of Cartography as a Tool of Government in Early Modern Europe* (Chicago, 1992)
Büttner, M., ›The Significance of the Reformation for the Reorientation of Geography in Lutheran Germany‹, *History of Science*, 17, 1979
Büttner, M. und R. Dirven (Hrsg.), *Mercator und die Wandlungen der Wissenschaften im 16. und 17. Jahrhundert*, Duisburger Mercator-Studien, 1 (Bochum, 1993)
Cam, G. A., ›Gerhard Mercator: His »Orbis Imago« of 1538‹, *Bulletin of The New York Public Library*, 41, Nr. 5, May 1937
Campan, C.-A., *Mémoires de Francisco de Enzinas: texte Latin inédit avec la traduction Française du XVIe siècle en regard 1543–1545*, Bd. I (Brüssel, 1862)
Campbell, T., *Early Maps* (New York, 1981)
–, *The Earliest Printed Maps, 1442–1500* (London, 1987)
Cherton, A. und M. Watelet, ›Catalogus‹ (in Watelet, 1994)
Clark, P. (Hrsg.), *Small Towns in Early Modern Europe: Themes in International Urban History* (Cambridge, 1995)
Deacon, R., *John Dee, Scientist, Geographer, Astrologer and Secret Agent to Elizabeth I* (London, 1968)
De Clercq, C. ›Le commentaire de Gérard Mercator sur L'Epître aux Romains de saint Paul‹, *Duisburger Forschungen*, 6 (Duisburg, 1962)
Dee, J., Preface to The Elements of Geometrie of the most aunciént Philosopher Euclide of Megara, London 1970

Dekker, E., *Globes at Greenwich: A Catalogue of the Globes and Armillary Spheres in the National Maritime Museum, Greenwich* (Oxford, 1999)
Dekker, E. und P. van der Krogt, *Globes from the Western World* (London, 1993)
De Lang, M. H., ›De godsdienstige ideeen van Gerardus Mercator‹, (in Nave, Imhof und Otte, 1994)
–, ›The History of the Gospel Synopsis and Gerardus Mercator's Evangelica Historia‹ (in Blotevogel und Vermij, 1995)
Delano Smith, C., ›Cartographic Signs on European Maps and their Explanation before 1700‹, *Imago mundi*, 37, 1985
Delano Smith, C. und E. M. Ingram, ›La carte de la Palestine‹ (in Watelet, 1994)
De Leyn, A., *Biographe Nationale. Esquisse biographique de P. de Corte (Curtius), premier Evêque de Bruges, ancien professeur de l'Université de Louvain* (Löwen, 1863)
De Nave, F., D. Imhof und E. Otte, *Gerard Mercator en de Geografie in de Zuidelijke Nederlanden /Gerard Mercator et la géographie dans les Pays-Bas Meridionaux* (Antwerpen, 1994)
Denucé, J. (Hrsg.), *The Treatise of Gerard Mercator, Literarum Latinarum, quas Italicas, cursoriasque vocant, scribendarum ratio...* (Antwerpen, 1930)
–, *De geschiedenis von de Vlaamsche kaartsnijkunst* (Antwerpen, 1941)
Departments of State and Official Bodies, Admiralty... Naval lntelligence Division, *A Manual of Alsace-Lorraine* (London, 1919)
De Smet, A., ›Mercator à Louvain (1530–1552)‹, *Duisburger Forschungen*, 6, (Duisburg, 1962)
De Vocht, H., *History of the Foundation and Rise of the Collegium Trilingue Lovaniense, 1517–1550* (Löwen, 1951–55)
–, *John Dantiscus and His Netherlandish Friends as Revealed by Their Correspondence 1522–1546* (Löwen, 1961)
De Vries, D., ›Die Helvetia-Wandkarte von Gerhard Mercator‹, *Cartographia helvetica*, 5, 1992
Dilke, O. A. W., ›Latin Interpretations of Ptolemy's »Geographia«‹, in A. Dalzell, C. Fantazzi und R. J. Schoeck (Hrsg.), *Acta Conventus Neo-Latini Torontorensis, Medieval and Renaissance texts and studies*, 86 (Binghampton, 1991)
Duff, J. W. und A. M., *Minor Latin Poets* (London, 1934)
Dürer, A., *Tagebücher und Briefe* (München, 1969)
Dürst, A., ›The Map of Europe‹ (in Watelet, 1998)
Edwards, M. A., *Printing, Propaganda and Martin Luther* (Berkeley, 1994)
Englander, D., D. Norman, R. O'Day und W. R. Owens, *Culture and Belief in Europe 1450–1600: An Anthology of Sources* (Oxford, 1990)

Englisch, B., ›Erhard Etzlaub's Projection and Methods of Mapping‹, *Imago mundi*, 48, 1996
Erasmus, Desiderius, *Collected Works of Erasmus* (Toronto, 1974)
–, *Erasmus von Rotterdam, Briefe* (verdeutscht und herausgegeben von W. Köhler; Darmstadt 1986)
Febvre, L. und H.-J. Martin, *The Coming of the Book: The Impact of Printing 1450–1800* (London, 1976)
Fenton, E. (Hrsg.), *The Diaries of John Dee* (Charlbury, 1998)
Fichtner, P. A., *Emperor Maximilian II* (New Haven, 2001)
Forster, L., ›Charles Utenhove and Germany‹, in *European Context. Studies in the History and Literature of the Netherlands Presented to Theodoor Weevers* (Cambridge, 1971)
Fry, R., *Dürer's Record of Journeys to Venice and the Low Countries* (New York, 1995)
Gaur, A., *A History of Calligraphy* (London, 1994)
Haardt, R., ›The Globe of Gemma Frisius‹, *Imago mundi*, 9, 1952
Haasbroek, N. D., *Gemma Frisius, Tycho Brahe and Snellius and Their Triangulations* (Delft, 1968)
Hakluyt, R., *Voyages* (London, 1907)
–, *Divers voyages touching the discoverie of America and the islands adjacent unto the same, made first of all by our Englishmen and afterwards by the Frenchmen and Britons: with two mappes annexed hereunto* (London, 1582)
Hale, J., *The Civilization of Europe in the Renaissance* (London, 1993)
Hantsche, I. (Hrsg.), *Mercator – ein Wegbereiter neuzeitlichen Denkens*, Duisburger Mercator-Studien, 2 (Bochum, 1994)
Harradon, H. D., ›Some Early Contributions to the History of Geomagnetism – VI. Gerhard Mercator of Rupelmonde to Antonius Perrenotus, Most Venerable Bishop of Arras, A. D. 1546‹, *Terrestrial Magnetism and Atmospheric Electricity*, 48, 1943
Hellwig, F., ›La carte de Lorraine‹ (in Watelet, 1994)
Henne, A., *Histoire du règne de Charles-Quint en Belgique* (Brüssel, 1859)
Hessels, J. H. (Hrsg.), *Abrahami Ortelii (geographi antverpiensis) et virorum eruditorum ad eundem et ad Jacobum Colium Ortelianum… epistulae* (Cambridge, 1887)
Hobbs, W. H., ›Zeno and the Cartography of Greenland‹, *Imago mundi*, 6, 1949
Homer, *The Odyssey*, engl. übers. E. V. Rieu (London, 1946)
Hyma, A., *The Youth of Erasmus* (Ann Arbor, 1930)
Imhof, D., ›De »Officina Plantiniana« als verdeelcentrum van de globes, kaarten en atlassen van Gerard Mercator‹ (in de Nave, Imhof und Otte, 1994)

Jedin, H. (Hrsg.), *History of the Church* (London, 1980)
Kamen, H., *Philip of Spain* (New Haven, 1998)
Karrow, R. W., *Mapmakers of the Sixteenth Century and Their Maps* (Chicago, 1993)
Kelsey, H., *Sir Francis Drake: The Queen's Pirate* (New Haven, 2000)
Keuning, J., ›The History of an Atlas: Mercator-Hondius‹, *Imago mundi*, 4, 1947
–, ›XVIth Century Cartography in the Netherlands‹, *Imago mundi*, 9, 1952
Kiely, E. R., *Surveying Instruments: Their History and Classroom Use* (New York, 1947)
Kirmse, R., ›Die große Flandernkarte Gerhard Mercators (1540) – ein Politikum?‹, *Duisburger Forschungen*, 1 (Duisburg, 1957)
–, ›Zu Mercators Tätigkeit als Landmesser in seiner Duisburger Zeit‹, *Duisburger Forschungen*, 6 (Duisburg, 1962)
Kish, G., *Medicina, mensura, mathematica. The Life and Works of Gemma Frisius, 1508–1555* (Minneapolis, 1967)
Koeman, C., *The History of Abraham Ortelius and his Theatrum Orbis Terrarum* (Lausanne, 1964)
Koenigsberger, H. G., G. L. Mosse und G. Q. Bowler, *Europe in the Sixteenth Century* (2. Aufl., Harlow, 1989)
Krämer, K. E., *Mercator. Eine Biographie* (Duisburg, 1980)
Kraus, H. P., *Sir Francis Drake: A Pictorial Biography* (Amsterdam, 1970)
Lanzas, P. T., *Relación Descriptiva de los Mapas, Planos, & de México y Floridas existentes en el Archivo General de Indias*, Buch II (Sevilla, 1900)
Lindeman, Y., *Macropedius* (Nieuwkoop, 1983)
Lis, C. und H. Soly, *Poverty and Capitalism in Pre-Industrial Europe* (Hassocks, 1979)
Löffler, R. und G. Tromnau (Hrsg.), *Gerhard Mercator: Europa und die Welt* (Duisburg, 1994)
Lucas, F. W., *The Voyages of the Brothers Zeno: The Annals of the Voyages of the Brothers Niclo and Antonio Zeno in the North Atlantic about the End of the Fourteenth Century and the Claim Founded Thereon to a Venetian Discovery of America* (London, 1898)
Lynam, E., *The First Engraved Atlas of the World* (Jenkinstown, 1941)
Mackie, J. D., *The Earlier Tudors 1485–1558* (Oxford, 1952)
Mandeville, Sir J., *The Travels of Sir John Mandeville*, übers. C. W. R. D. Moseley (London, 1983)
Marneff, G., *Antwerp in the Age of the Reformation: Underground Protestantism in a Commercial Metropolis 1550–1577* (Baltimore, 1996)
Mercator, G., Erdglobus, (Löwen, 1536/7; kein Exemplar erhalten; Photographien des Erdglobus, der ca. 1537 von Gemma Frisius unter Mithilfe

von Gerhard Mercator und Gaspar à Myrica konstruiert wurde, siehe British Library, Maps 8.bb.10(4))
–, Himmelsglobus (Löwen, 1537; National Maritime Museum, Greenwich, GLB0135)
–, *Amplissima Terrae Sanctae descriptio ad utriusque testamenti intelligentiam* (Löwen, 1537; abgebildet in Watelet, 1994)
–, Weltkarte, bekannt als ›*Orbis imago*‹ (Löwen, 1538; abgebildet in Nordenskiöld, 1889)
–, *Vlaenderen. Exactissima (Flandriae descriptio)* (Löwen, 1539/40; Museum Plantin-Moretus, Antwerpen)
–, *Literarum latinarum, quas italicas, cursoriasque vocat, scribendaru ratio* (Löwen, 1540/41; Ausgabe von 1549 in der British Library, 648, 1–3; Faksimile der Ausgabe von 1540/41 in Denucé, 1930)
–, Erdglobus (Löwen, 1541; National Maritime Museum, Greenwich, GLB0096)
–, Himmelsglobus (Löwen, 1551; National Maritime Museum, Greenwich GLB0097)
–, Wandkarte von Europe (Duisburg, 1554; kein Exemplar erhalten; Reproduktion der ersten und zweiten Auflage in Watelet, 1998)
–, *Angliae Scotiae & Hibernie nova descriptio* (Duisburg, 1564; abgebildet in Watelet, 1998)
–, *Chronologia. Hoc est, Temporum demonstratio exactissima ab initio mundi, usque ad annum Domini M. D. LXVIII et eclipsibus et observationibus astronomicis omnium temporum, sacris quoq[ue] Biblijs, & optimis quibusq[ue] Scriptoribus summa fide concinnata* (Köln, 1569; British Library C.74.g.11)
–, *Nova et aucta orbis terrae descriptio ad usum navigantium emendate accommodata* (Duisburg, 1569; abgebildet in Watelet, 1998). Siehe auch, *Map of the World (1569):* In Atlas form *in the Maritim Museum* ›Prins Hendrik‹ (Rotterdam, 1961) und *The Hydrographic Review*, 9, Nr. 2 (Monaco, 1932)
–, *Tabulae geographicae CI: Ptolemei ad mentem autoris restitutae & emendat[a]e per Gerardum Mercatorem Illustriss: Ducis Clivi[a]e &c Cosmographum* (Köln, 1578; British Library, Maps C.1.d.14 und C.1.d.15; Royal Geographical Society, London, 265 G 12)
–, *CI. Ptolemaei Alexandrini, Geographiae libri octo, recogniti iam et diligenter emendati cum tabulis geographicis ad mentem auctoris restitutis ac emendatis, per Gerardum Mercatorem, Illustriss. Ducis Clivensis etc. Cosmographum...* (Köln, 1584; British Library, Maps C.1.d.16)
–, *Galliae tabulae geographicae* (Duisburg, 1585; British Library, Maps C.3.c.1)
–, *Italiae, Sclavoniae, et Graeciae tabulae geographicae* (Duisburg, 1589; British Library, Maps C.3.c.2)

–, *Evangelicae historiae quadripartita Monas, sive Harmonia Quatuor Evangelistarum, in qua singuli integri, inconfusi, impermixti & soli legi possunt, & rursum ex omnibus una universalis & continua historia ex tempore formari* (Duisburg, 1592)

–, *Atlas sive cosmographicae meditationes de fabrica mundi et fabricati figura* (Düsseldorf, 1595; British Library, Maps C.3.c.3, Maps C.3.c.4, Maps C.3.c.5; Royal Geographical Society, London, 264 H4, 263 G9. Reproduktion und englische Übersetzung des vollständigen Atlas-Textes von D. Sullivan in: Lessing J. Rosenwald Collection, Library of Congress, auf CD-ROM (Oakland, Califomia, 2000)

Meurer, P. H., ›Le territoire allemand‹ (in Watelet, 1994)

–, ›Les fils et petits-fils de Mercator‹ (in Watelet, 1994)

Milz, J., *Duisburg* (in Watelet, 1994)

Moir, D. G. et al., *The Early Maps of Scotland to 1850*, Bd. I (3. Aufl. Edinburgh, 1973)

Morison, S. E., *Christopher Columbus, Mariner* (Boston, 1955)

Motley, J. L., *The Rise of the Dutch Republic* (New York, 1900)

Münster, S., *Cosmographia...* (Basel, 1550)

Nissen, K., ›Jacob Ziegler's Palestine Schondia Manuscript‹, *Imago mundi*, 13, 1956

Nordenskiöld, A. E., *Facsimile-Atlas to the Early History of Cartography with Reproductions of the Most Important Maps Printed in the XV and XVI Centuries* (Stockholm, 1889; Nachdruck New York, 1973)

Northrup, G. T., *Mundus Novus, Letter to Lorenzo Pietro di Medici, Vespucci Reprints, Texts & Studies V* (Princeton, 1916)

O'Malley, C. D., *Andreas Vesalius of Brussels 1514–1564* (Berkeley, 1964)

Ortelius, A., *Theatrum Orbis Terrarum* (Antwerpen, 1570)

–, *Theatrum Orbis Terrarum: The Theatre of the Whole World* (London, 1606)

–, *Catalogue of the Highly Important Correspondence of Abraham Ortelius (1528–98)* (London, 1955)

–, *Album amicorum*, Faksimile, übersetzt von J. Puraye, (Antwerpen, 1969)

Ortelius, A. und I. Vivianus, *Itinerarium per nonnullas Galliae Belgicae partes* (Antwerpen, 1584)

Osley, A. S., *Mercator: A Monograph on the Lettering of Maps, etc. in the 16th Century Netherlands with a Facsimile and Translation of his Treatise on the Italic Hand and a Translation of Ghims Vita Mercatoris* (London, 1969)

Page, T. E., E. Capps und W. H. D. Rouse, *Diodorus of Sicily*, übers. C. H. Oldfather (London, 1933–67)

Parker, G., *The Dutch Revolt* (revidierte Ausgabe, London, 1990)

Parry, J. H. (Hrsg.), *The European Reconnaissance* (London, 1968)

Pastoureau, M., ›Entre Gaule et France: la »Gallia«‹ (in Watelet, 1994)
–, ›The 1569 World Map‹ (in Watelet, 1998)
Penneman, T., *Astrologie in de eeuw van Mercator: Een reeks schetsen* (Sint-Niklaas, 1994)
–, (Hrsg.), *Mercator en zijn boeken* (Sint-Niklaas, 1994)
–, ›La bibliothèque de Mercator‹ (in Watelet, 1994)
Plinius der Ältere, *Natural History*, engl. übers. J. F. Healy (London, 1991)
Polo, Marco, *The Travels of Marco Polo*, engl. übers. R. Latham (London, 1958)
Post, R. R., *The Modern Devotion* (Leiden, 1968)
Rich, E. E. und C. H. Wilson (Hrsg.), *The Cambridge Economic History of Europe*, Bd. IV (Cambridge, 1967)
Roberts, J. M., *History of the World* (Erstauflage 1976, London 1995)
Ross, J. B., und M. M. McLaughlin, *The Portable Renaissance Reader* (Erstauflage 1953, revidierte Ausgabe London, 1968)
Santing, C., ›Gerardus Mercator (1512–1594): The Creation of an Image‹ (in Blotevogel und Vermij, 1995)
Savours, A., *The Search for the North West Passage* (New York, 1999)
Scafi, A., ›Mapping Eden: Cartographies of the Earthly Paradise‹, in D. Cosgrove (Hrsg.), *Mappings* (London, 1999)
Schoeck, R. J., *Erasmus of Europe: The Making of a Humanist* (Edinburgh, 1990)
Sherman, W. H., *John Dee: the Politics of Reading and Writing in the English Renaissance* (Amherst, 1995)
Shirley, R. W., *The Mapping of the World: Early Printed World Maps 1472–1700* (London, 1984)
Shumaker, W. (Hrsg. und Übers.), *John Dee on Astronomy: ›Propaedeumata aphoristica‹ 1558 and 1568, Latin and English* (Berkeley, 1978)
Skelton, R. A., *Explorer's Maps: Chapters in the Cartographic Record of Geographical Discovery* (London, 1958)
–, ›Mercator and English Geography in the 16th Century‹, *Duisburger Forschungen*, 6 (Duisburg, 1962)
–, Bibliographical Note, *Claudius Ptolemaeus Geographia, Straßburg, 1513* (Faksimileausgabe, Amsterdam, 1966)
Sotheby's, *The Mercator Atlas of Europe: To be Sold as a Single Lot in the Sale of Valuable Autograph Letters, Literary Manuscripts and Historical Documents on 13th March, 1979* (London, 1979)
Starkey, D., *Elizabeth: Apprenticeship* (London, 2000)
Stevens, H., *Ptolemy's Geography: A Brief Account of All the Printed Editions Down to 1730* (London, 1908)
Stevenson, E. L., *Terrestrial and Celestial Globes: Their History and Construction Including a Consideration of Their Value as Aids in the Study of Geography and Astronomy* (New Haven, 1921)

Taylor, E. G. R., *Tudor Geography 1485–1583* (London, 1930)
–, ›The Earliest Account of Triangulation‹, *The Scottish Georaphical Magazine*, 43, 1947
–, ›John Dee and the Map of North-East Asia‹, *Imago mundi*, 12, 1955
–, ›A Letter Dated 1577 from Mercator to John Dee‹, *Imago mundi*, 13, 1956
Transylvanus, Maximilianus, *De Moluccis Insulis*, Hrsg. C. Quirino, engl. übers. H. Stevens (Manila, 1969)
Turner, G. L'E., ›Gerard Mercator as Instrument Maker‹ (in Blotevogel und Vermij, 1995)
Turner, G. L'E. und E. Dekker, ›An Astrolabe attributed to Gerard Mercator, c. 1570‹, *Annals of Science*, 50, 1993
Tyacke, S., ›The Atlas of Europe Attributed to Gerard Mercator‹, *Imago mundi*, 31, 1979
Van den Broecke, M., P. van der Krogt and P. Meurer, *Abraham Ortelius and the First Atlas: Essays Commemorating the Quadricentennial of his Death 1598–1998* (Utrecht, 1998)
Van der Gucht, A., ›La Carte de la Flandre‹ (in Watelet, 1994)
Van der Krogt, P., *Globi Nederlandici: The Production of Globes in the Low Countries* (Utrecht, 1993)
Van der Stock, J., *Printing Images in Antwerp: The Introduction of Printmaking in a City: Fifteenth Century to 1585* (Rotterdam, 1998)
Van der Wee, H., *The Growth of the Antwerp Market and the European Economy* (Den Haag, 1963)
Van der Wee, H. und E. Aerts, ›The Lier Livestock Market and the Livestock Trade in the Low Countries from the 14th to the 18th Century‹, in *Internationaler Ochsenhandel 1350–1750*, Beiträge zur Wirtschaftsgeschichte, 9 (Stuttgart, 1979)
Van Durme, M. (Hrsg.), *Correspondance Mercatorienne* (Antwerpen, 1959)
Van Isacker, K. und R. van Uytven, *Antwerp: Twelve Centuries of History and Culture* (Antwerpen, 1986)
Van Ortroy, F. G., ›L'Œuvre géographique de Mercator‹, *Revue des questions scientifiques*, Reihe 2,2 (Brüssel, 1892–3)
–, *Bio-Bibliographie de Gemma Frisius* (Brüssel, 1920)
Vanpaemel, G. H. W., *Mercator and the Scientific Renaissance at the University of Leuven* (in Blotevogel und Vermij, 1995)
Van Raemdonck, J., *Gérard Mercator: sa vie et ses œuvres* (Saint Nicolas, 1869)
Van Zijl, T. P., ›Gerard Groote, Ascetic and Reformer (1340–1384)‹, *Studies in Medieval History*, 18 (Washington, 1963)
Verberckmoes, J., *Laughter, Jestbooks and Society in the Spanish Netherlands* (London, 1999)

Vermij, R., ›Mercator and the Reformation‹ (in Büttner und Dirven, 1993)
–, ›Mercator's Stoic Picture of the World‹ (in Hantsche, 1994)
–, ›Typus Universitatis‹ (in Watelet, 1994)
–, ›Gerard Mercator and the Science of Chronology‹ (in Blotevogel und Vermij, 1995)
–, (Hrsg.), *Gerhard Mercator und seine Welt* (Duisburg, 1997)
Vespucci, A., *Mundus Novus: Letter to Lorenzo Pietro di Medici*, engl. übers. G. T. Northrup (Princeton, 1916)
Vives, J. L., *In Pseudodialecticos*, engl. übers. C. Fantazzi (Leiden, 1979)
–, *John Dantiscus and His Netherlandish Friends as Revealed by Their Correspondence 1522–1546* (Löwen, 1961)
Voet, L., ›Les Relations commerciales entre Gérard Mercator et la maison Plantinienne à Anvers‹, *Duisburger Forschungen*, 6 (Duisburg, 1962)
–, ›Le Monde de l'édition et du livre‹ (in Watelet, 1994)
Vöhringer, C., *Pieter Bruegel 1525/1530–1569* (Köln, 1999)
Watelet, M. (Hrsg.), *The Mercator Atlas of Europe* (einschließlich *Facsimile of the Maps by Gerardus Mercator Contained in the Atlas of Europe, circa 1570–1572*) (Pleasant Hill, 1998)
Watelet, M. (Hrsg.), *Gérard Mercator cosmographe: le temps et l'espace* (Antwerpen, 1994)
Waterbolk, E. H., ›Viglius of Aytta, Sixteenth Century Map Collector‹, *Imago mundi*, 29, 1977
Westfall Thompson, J. (Hrsg. und Übers.), *The Frankfort Book Fair: The Francofordiense Emporium of Henri Estienne* (Chicago, 1911)
Whitfield, P., *The Image of the World: 20 Centuries of World Maps* (London, 1994)
Wilford, J. N., *The Mapmakers: The Story of the Great Pioneers in Cartography – from Antiquity to the Space Age* (New York, 1981)
Williams, P., *The Later Tudors: England 1547–1603* (Oxford, 1998)
Woolley, B., *The Queens Conjuror: The Science and Magic of Dr Dee* (London, 2001)
Zeydel, E. H., *Sebastian Brant* (New York, 1967)

Chronologie der wichtigsten Werke Mercators

1512	Geboren in Rupelmonde, Grafschaft Flandern
1536/37	Mitarbeit an einem Erdglobus, Durchmesser 370 mm
1537	Mitarbeit an einem Himmelsblobus, Durchmesser 370 mm
1537	Wandkarte des Heiligen Landes, 6 Blätter, 434 x 984 mm
1538	Weltkarte, ein Blatt, 355 x 545 mm
1539/40	Wandkarte Flanderns, 9 Blätter, 872 x 1166 mm
1540/41	Handbuch der Kursivschrift *(Literarum latinarum...)*
1541	Erdglobus, Durchmesser 420 mm
1551	Himmelsglobus, Durchmesser 420 mm
1554	Wandkarte Europas, 15 Blätter, 1200 x 1469 mm
1564	Wandkarte der Britischen Inseln, 8 Blätter, 876 x 1271 mm
1569	Chronik der Weltgeschichte *(Chronologia)*
1569	Wandkarte der Welt mit einer neuen Projektion, 18 Blätter, 1236 x 2024 mm
1572	Revidierte Ausgabe der Wandkarte Europas
1578	Ptolemäus' *Geographie*: 28 Karten
1584	Ptolemäus' *Geographie*, vollständige Ausgabe mit Text
1585	51 moderne Karten für Frankreich, die Niederlande und Deutschland
1589	22 moderne Karten für Italien und den Balkan
1592	Harmonisierung der Evangelien *(Evangelicae historiae quadriparta Monas...)*
1594	**Gestorben in Duisburg, Herzogtum Kleve**
1595	29 moderne Karten für die Arktis, Island, die Britischen Inseln, Skandinavien, die baltischen Länder, Russland, Transsylvanien und die Krim. Mercators 102 moderne Karten ergänzten sein Sohn und seine Enkel durch fünf weitere Karten, welche die Welt, Europa, Afrika, Asien und Amerika darstellten. Diese 107 modernen Karten wurden – zusammen mit Mercators Abhandlung über die Schöpfung – als Kosmographie unter dem Titel *Atlas* veröffentlicht.

Register

Adagia 29
Afrika 64, 87
Agricola, Bischof von Turku 47
Agricola, Gnäus Julius 46
Alferius 228 f.
Alix, Thierry 217 f.
Almagest 100, 234
Aluta 40
Amerbach, Johann 213, 216
Amerika 63 f., 66, 86, 90
Amerot, Adrien 101, 134
André, Stadtpfeifer 163
Angliae & Scotiae & Hibernie nova descriptio 207 f.
Annius, Johannes 234
Antarktis *siehe* Südpol
Antiquitates 234
Antonius Pius, röm. Kaiser 234
Antwerpen 14, 32 ff., 60 f., 98, 152, 293
Apian, Peter 65 f., 72, 77 f., 83, 88 ff., 121, 123, 180 f., 216
Arabien 105
Arcano del Mare 327
Aristoteles 54–58, 282, 320

Arithmeticae practicae 200
Arktis *siehe* Nordpol
Arnulf von Kärnten 48
Arrighi *siehe* Cicentino, Ludovico
Arthur, König von England 278
Asien 66, 88, 90 f., 143 ff.
Astronomicum Caesareum 181
Astronomischer Ring 79 f., 171 f.
Atlas 312 ff., 318 f., 322 f., 325 f., 328
Aytta, Vigius van 101, 253

Bacher, Cornelius 229
Balak, John 282 f.
Balboa, Vasco Nuñez de 27
Bauduin, Graf von Flandern 130
Bede 187
Behaim, Martin 244, 246
Beke, Pieter van der 127–131, 133
Belgien 298 f.
Berck, Diedrich 197

Beyaerts, Jean 157, 162, 168f.
Bibel (Heilige Schrift) 34f.,
  57ff., 73, 103ff., 113, 171,
  233, 237
Birckmann, Buchhändler 275,
  291
Blehen, Adrian de 153f.
Blundeville, Thomas 327
Bodin, Jean 267
Boethius, Hector 188
Boetius 54
Bordone, Benedetto 77
Bosch, Hieronymus 39, 42
Bosschverckere, Jean 157,
  163
Brahe, Tycho 302f.
Brandis, Lucas 103
Brant, Sebastian 20, 215
Braun, Georg 302
Braunschweig 296
Breitenbach, Bernard von 103,
  105
Britannien 187f., 204–211,
  314f.
Broyaerts, Chrétien 157, 162,
  168f.
Broyaerts, Marie 168
Bruegel, Pieter d. J. 221
Brüssel 32, 50, 98, 159, 176
Bullinger, Heinrich 168
Burchard von Mt. Sion 105
Burgund 296

Caboto, Giovanni 27, 91f.,
  232

Caboto, Sebastiano 27, 91f.,
  232
Cabral, Pedro Alvares 146
Caesareus, Humanus 201
Calvin, Johannes 180, 264
Cambrensis, Giraldus 187
Camerarius, Joachim 266ff.,
  270
Cancelleresca 76f.
Carondelet, Jean 80f.
Carpi, Ugo da 78, 135
Carta marina 147, 188
Cäsar, Julius 298
Cassander, Georg 52, 197f.,
  222
Castritius (Geldorp), Heinrich
  200
Catalogus imperatorum 302
Cato, Marcus Porcius 29
Cecil, William 176
Celtis, Conrad 63, 105
Certaine Errors in Navigation
  327
Charles III., der Große,
  Herzog von Lothringen
  214, 217, 262
Cheke, Sir John 176
Christine, Königin von Däne-
  mark 215
Chronologia 232–237, 249,
  267, 294, 318, 327
Cicentino, Ludovico (Arrighi)
  78, 135ff.
Cicero 15f.
Civitates Orbis Terrarum 302

Cloet, Jérôme 157, 163
Clough, Richard 128
Cnoyen, Jacob 246, 278
Cock, Hieronymus 194
Colvocoresses, Alden P. 328
Commentarii 245
Commentariorum de statu religionis et reipublicae 234
Commynes, Philippe de 22, 24
Coroebus 233
Corput, Johan van den 202, 222
Corte Real, Gaspar 91f.
Corte Real, Miguel 91f.
Corte, Pieter de 52, 101, 165f.
Cortés, Hernán 27, 72
Cosmographia (Münster) 286, 300
Cosmographiae introductio 63f., 213
Cosmographicus liber (Apian) 65, 77f.
Cosmographicus liber Petri Apiani (Frisius) 70
Coverdale, Miles 103f., 113f.
Cranach, Lucas 35, 103f., 107–111, 113f.
Cranevelt, Frans van 101f., 112, 115, 236
Crato von Krafftheim, Johannes 256, 264, 267f., 271
Crom, Matthew 159
Cusanus, Nicolaus 250

d'Angelos, Jacopo 213
Dänemark 303
Dantiscus, Johannes 69, 102
Davis, John 313
De emendatione temporum 327
De imitatione Christi 28
De Moluccis Insulis 85f., 89
De officiis 16
De ratione studii 43
De revolutionibus orbium coelestium 69
De situ orbis 56
De Sphera 230
Declaration insigniorum 186
Dee, John 173ff., 177, 188, 203f., 209f., 258, 261, 275, 277ff., 324
Delle Navigationi et Viaggi 245
Deventer, Jacob van 71f., 129ff., 206, 253
Devotio moderna 28f., 36
Dicta Catonis 29
Diokletian, röm. Kaiser 262
Dionysius 282
Divisament du Monde 144
Dodoens, Rembert 52
Drake, Francis 276, 282, 307, 325
Dudley, Sir Robert 327
Dufief, Pierre 97, 162f., 165, 167f., 170
Duisburg 160, 181–186, 196–202, 222, 300, 307

Dürer, Albrecht 16, 20, 45, 64, 99

Edward VI., König von England 176, 203
Elcano, Sebastian 85f., 89
Elder, John 204ff.
Elementale Geometricum 76
Elizabeth I., Königin von England 204, 209, 276f., 315, 324
Elsass 296
Eltz, Jacob von 250
England *siehe* Britannien
Enzinas, Francisco 157
Enzinas, Jacques 157, 171
Epistola de magnete 175
Erasmus von Rotterdam 21, 29, 33, 36, 42f., 46f., 50, 52, 96, 115, 157, 179, 181
Estienne, Charles 215
Etzlaub, Erhard 63, 240
Euklid 76, 177
Europa 88, 187ff., 257ff.
Exercises 327

Fanti, Sigismondo dei 135, 137
Farnese, Alexander, Herzog von Parma 292f.
Ferdinand I., röm. Kaiser 177
Ferdinand V., König von Spanien 27
Finé, Oronce 76, 88, 89ff., 118ff., 123, 188, 200, 216, 244, 246, 278

Flandern 127–133, 136, 274
Forlani 253
Frankfurt 191ff.
Frankreich 188, 297
Friedrich II., König von Dänemark 314
Friedrich III., Kurfürst von der Pfalz 230
Frisius, Gemma 67–72, 74–80, 82ff., 86–91, 93, 97–102, 104f., 111, 122f., 141ff., 152f., 173f., 179, 194, 200, 226, 236, 244
Frobisher, Martin 275ff., 279ff., 307, 313, 325
Froschauer, Christoph 35, 114, 191
Fünen 303
Furmerius, Bernardus 322

Galen 97
Galle, Philip 260
Gallien 297ff.
Gangelt 12–19, 21, 33, 300
Gattinara 31
Gauthier, Glaser 163
Gemma Frisius *siehe* Frisius, Gemma
Gemma Phrysius de Principiis astonomiae & cosmographiae 68
General and Rare Memorials Pertaining to the Perfect Art of Navigation 277
Gent 126ff., 132f., 159

Geoffrey of Monmouth 187, 209
Geographica 55
Geographike hyphegesis 62f., 103, 228, 245, 248ff., 254, 292, 327
Geographische Karten Galliens 295
Georg von Österreich 179
Germanien 297f.
Gervase of Tilbury 187
Gewürzinseln 86
Gheylaerts, Baudouin 163
Gheylaerts, Marie 163
Gheylaerts, Thierri 157, 163
Ghim, Walter 131, 183, 185f., 189, 196ff., 201, 217, 219, 230, 236, 241, 304, 317, 321ff.
Ghysels, Jacques 157, 163
Gilles, Messerschmied 168
Gogava, Antonius 173
Góis, Damião de 152ff.
Goldene Halbinsel 143f.
Grapheus, Johannes 78
Grave, Barthelémi de 129
Gravius, Bartholomeus 135f., 159
Grönland 92, 245f.
Groote, Gerhard 28
Guide des chemins de France 215
Guise, Charles 204, 207f.
Guise, Claude 214
Guise, François von 223
Guise, Henri 307
Guise, Louis 307
Gutenberg, Johannes 16
Guzman, Nuño 92ff.
Gymnich, Werner von 257, 290

Hakluyt, Richard 280f., 327
Halley, Edmond 328
Hameel, Allart du 42
Hardenberg, Albert 157
Hawkins, John 307
Hegius, Alexander 42
Heiliges Land (Palästina) 34, 102–115
Heinfogel, Conrad 99
Heinrich III., König von Frankreich 307
Heinrich VIII., König von England 204, 209f.
Henri II., König von Frankreich 223
Henry VII., König von England 27
Heresbach, Ludger 291
Herodot 122
Hersthals, Jean 163
Hersthals, Paul 163
Hessen 296
Heyden, Gaspar van der 68, 79–84, 86, 91, 93, 100, 104, 106, 111
Hippocrates 97
Historia Magnæ Britanniæ 187f.

Historia Regnum Britanniae 209
Historia Scotica 188
Hoces, Franciso de 66f.
Hogenberg, Frans 255, 263, 291, 302, 317, 322
Holbein, Hans 103f., 107–111, 113
Holstein 303
Homer 282
Hondius, Jodocus 326
Hyginus fabularum liber 100

In pseudodialecticos 54f.
Indien (India) 88, 121f., 143f., 276
Inventio fortunatae 66
Irland 206, 315 siehe auch Britannien
Island 201, 314
Isolario 77
Italiae, Sclavoniae, et Graeciae tabulae geographicae 308
Itinerarium per nonnulas Galliæ Belgicæ partes 293

Japan 90, 146
Jode, Gerard de 273, 287, 290, 310
Johann III., Herzog von Jülich 181
Johann IV., Herzog von Brabant 50
Johann Wilhelm, Herzog von Jülich, Kleve und Berg 322f.
Johanna die Wahnsinnige, Königin von Kastilien 30
Joris, David 156

Karel, Herzog von Geldern 37, 45, 151
Karl I., der Große, röm. Kaiser 212
Karl V., röm. Kaiser 30f., 37, 45, 82f., 90, 94, 97, 126, 128, 130, 132, 149f., 155, 160, 175ff., 186, 215, 218, 235f., 299f., 322
Karl IX., König von Frankreich 220
Keysere, Pieter de 127, 129
Köln 14ff., 33, 300f.
Kolumbus, Christoph 19f., 63, 79, 90
Konstantin I., röm. Kaiser 262
Kopernikus, Nikolaus 69, 178, 234, 236, 241, 302
Kremer, Emerentia 12, 17, 23, 36
Kremer, Gisbert 12, 17, 28, 30, 34ff., 41, 48, 73, 162
Kremer, Hubert 12, 16f., 22f., 25, 28f., 32, 34
Kuba 90
Kursivschrift 135–140

Langer, Paul 269ff.
Langhveldt, Joris van *siehe* Macropedius, Georgius
Lasco, Jean de 157
Latomus, Jacobus 96f., 113, 164, 171
Laurent, Schneider 157, 163
Le Pois, Antoine 263
Lebenslauf 323
Leo X., Papst 15
Lequii 143f.
Libellus de locorum 70, 78
Liesvelt, Jacob van 35, 102ff., 114, 171
Lily, George 188, 253
Literarum latinarum 135, 138f., 159, 164, 193
Longueval, de 151, 153
Lothaire I., röm. Kaiser 212
Lothringen 204, 212, 214–221, 296
Löwen 31f., 48–59, 75, 98, 152–158, 162, 166f., 170f., 177, 180, 300
Loxodrome 147f., 174, 238ff.
Lud, Walter 213
Lupstein 217
Luther, Martin 21, 32f., 35, 52, 56, 96f., 103, 113ff., 155, 171, 223, 234ff., 304
Lyndsay, Alexander 315
Lythe, Robert 315

Macropedius, Georgius 36, 40, 46f.
Madagaskar 87
Magellan, Ferdinand 31, 64, 66, 85f., 89
Magnetpol 116, 147, 174f., 243
Magnus, Olaus 131, 147, 174, 188
Major, John 187
Malakka 143f.
Malcote, Louis 163
Maler, Josias 191
Mandeville, Sir John 262, 299f.
Manioli 272
Manutius, Aldus 77f.
Margarete von Parma 207
Maria, Königin von Ungarn 80, 102, 126, 132, 151f., 154, 162, 165ff., 236
Marinus von Tyra 273
Martens, Dirk 77, 136
Martyr d'Anghiera, Peter 27
Mary I., Königin von England 203f.
Masius, Andreas 52, 57, 181, 260
Maximilian I., röm. Kaiser 14
Maximilian II., röm. Kaiser 256, 264, 268, 271
Mecheln 31f., 98
Medici, Ferdinand de' 310
Mela, Pomponius 43, 55f., 200
Melanchthon, Philipp 46, 63, 120, 157, 223
Mercator, Arnold 100, 201, 230, 250, 268, 291, 305f., 322

Mercator, Barbara (geb. Schelleken) 95f., 100, 124, 133, 141, 153, 163, 165, 167, 170, 222, 229, 304f.
Mercator, Bartholomäus 141, 201f., 216f., 220, 230, 263
Mercator, Dorothea 133, 326
Mercator, Emerentia *siehe* Molanus, Emerentia
Mercator, Gerhard 268, 306, 322, 325f.
Mercator, Gertrud (geb. Vierlings) 308
Mercator, Johann 268, 291, 306, 322
Mercator, Katherina 153, 180
Mercator, Michael 315, 322, 325
Mercator, Rumold 150, 201, 275ff., 282, 291, 308, 315, 322–326
Metsys, Catherine 157, 162, 167ff.
Metsys, Joos 51, 157
Metsys, Quentin 51, 157
Mirica, Gaspar à 173
Mittelmeer 88, 120, 189
Moer, Ambrosius 308
Molanus, Emerentia (geb. Mercator) 124, 201, 221, 229f.
Molanus, Johannes 199ff., 221f., 229f.
Moletius, Josephus 245, 251
Molukken 86

Monachus, Franciscus 65ff., 72, 79, 83, 89f., 163
Morillon, Gui 134
Moses 57f.
Moskau 258
Münster, Sebastian 78, 89f., 123, 149, 189, 286, 300
Muskovy Company 258
Mylius, Arnold 292

Nabonassar, König von Babylon 233f.
Nancy 263
Narrenschiff 20
Nebukadnezar, König von Babylon 233
Nesen, Wilhelm 56
Neuville, Dorothea (geb. Mercator) 133, 326
Neuville, Tylmann de 326
Nicolay, Nicolas de 204
Niedersachsen 296
Nikolaus, Hl. 262, 299
Noot, Adolf van der 128
Nordamerika 124, 241f.
Nordostpassage 146, 244, 246, 280–284
Nordpol (Arktis) 55, 66, 90ff., 116, 121, 130, 241, 244ff., 278, 284, 312f.
–, magnetischer 116, 130, 147, 174f., 243
Nordwestpassage 90ff., 146, 244, 246, 259, 275ff., 279, 281f., 284

Nouvelle description du pais de Boulonnois 204
Noviomagus, Johannes 251
Novis orbis regionum 118
Nowell, Lawrence 315
Nuñez, Pedro 148, 174

Oeste (Otho), Johannes 197
Ohlau (Olaus), Nicolaus 102
Oliverius, Henricus 236, 242
Orbis imago 121, 190
Ortelius, Abraham 193f., 223, 241, 244, 252–264, 266, 273, 277, 282, 287, 293, 299, 301, 310, 325f.
Ousberghen, Josse van 157, 163, 168f.

Pagninus, Sanctes 112
Palästina *siehe* Heiliges Land
Panvini, Onofrio 234
Patinir, Joachim 110, 309
Peregrinus, Petrus 174
Perronet de Granvelle, Antoine 51f., 101, 124, 134, 141, 143, 149, 159, 172, 175, 177, 186, 189, 206ff., 210f., 215, 218, 222f., 231, 236, 239, 296, 307
Perronet de Granvelle, Nicolas 52, 101, 124, 129, 149f., 155, 180
Pet, Arthur 280ff.
Petrarca, Francesco 15

Philip II., König von Spanien 177, 180, 186, 211, 231, 236, 268f., 271, 307
Philipp der Schöne, Herzog von Burgund 30
Phillips, Henry 97
Pickering, Sir William 175
Pieter, Maler 163
Pirckheimer, Willibald 105, 250f., 292
Pizarro, Francisco 94
Plantin, Christoph 194, 207, 237, 252, 259, 266, 271, 293, 302
Plautus 46
Plinius 43, 47, 89, 282
Polo, Marco 87, 90, 144ff., 232
Porphyrius 54
Projektion 117ff., 238–242, 327f.
Proost, Jacob 33
Propaedeumata aphoristica 203f., 261
Ptolemäus 43, 62–66, 69, 87ff., 97, 100, 103, 118, 122, 143f., 146, 187, 213ff., 228, 232, 234, 241f., 244ff., 248ff., 254, 265–273, 285, 289, 292f., 308, 327
Pyn, Lieven 128

Quae Intus Continentur 92, 105f., 108
Quintilian 15

Ramusio, Giovanni Battista 245
Rantzau, Heinrich 302ff., 316
Regiomontanus, Johannes 63
Reisch, Gregor 213
René II., Herzog von Lothringen 212ff., 216ff., 212
Rescius, Rutgerus 136f., 159
Reuchlin, Johann 46
Richard, Jean 159
Rillaert, Mathieu van 157, 163
Ringmann, Mathias 213
Roels, Paul 157, 163
Roesmaels, Antoinette van 157, 162, 167ff.
Roevere, Paul de 157, 163, 168
Romweg 63
Rossum, Maarten van (Schwarzer Marschall) 45, 151ff.
Rudolf II., röm. Kaiser 268f.
Rupelmonde 12f., 17, 22, 24ff., 28f., 32, 34, 98, 131, 163f., 292, 300
Russia Company 280
Russland 258
Ruysch, Johann 88f., 91, 188, 244, 246, 278
Rythove, Pieter 157, 163

Sacrobosco 200
Saint-Nicolas-de-Port 262
Sansibar 87
Sarmatia 122
Saxton, Christopher 315

Scaliger, Joseph Justus 327
Schelleken, Jan 95
Schelleken, Johanna 95
Scherwiller 217
Schille, Jan van 262, 293
Scholiers, Jeronimus 262, 293
Schöner, Johann 64, 66, 80f., 89, 142
Schottland 88, 204f., 209, 315
  siehe auch Britannien
Schwarzerd, Philipp *siehe* Melanchthon, Philipp
Schweiz 188f., 296
Sclercks, Betteken (Elisabeth) 157, 163, 168
Sclercks, Calleken (Catherine) 157, 163, 168
Servetus, Michael 251
Sgrooten, Christian 255
's-Hertogenbosch 32, 36, 38–46, 300
Shakespeare, William 327
Sinstedius, Jacob 320f., 323
Skandinavien 87, 188, 258, 315
Sleidan, Johann 234, 304
Solenander, Reiner 291, 317, 320f., 323
Spanien 88
Speculum Geographicum totius Germaniae 274
Speculum Orbis Theatrum 273, 290, 295, 310
St. Dié 212f., 221
Stabius, Johann 64, 99

Steelandt, Louis van 163, 165, 167
Stöffler, Johann 63
Strabon 55, 80f., 282
Südpol (Antarktis) 55, 89, 146, 241
Supplementum modernior 64
Sylvanus, Bernardus 88, 118

Tabulae geographicae Cl: Ptolemei 273
Tagliente, Giovanniantonio 78, 135f., 138
Tapper, Ruard 96f., 113, 164, 171
Taprobana 89, 143f.
Terenz 46
Theatrum Orbis Terrarum 254, 256, 259ff., 273f., 295, 310, 325
Thomas a Kempis 28f.
Thomas von Aquin 58
Thorláksson, Gudbrandur 314
Thüringen 296
Tilburg 37
Tordesillas, Vertrag von 277
Transylvanus, Maximilianus 85f., 89, 93
Tratado da Sphera 148
Triangulation 71f.
Tschudi, Aegidius 189
Turnhout 37
Tyndale, William 97, 162, 165f.

Universalis Palestinae 115
Universalis tabula 273
Utenhove, Jean 157
Utenhove, Karel 129, 157, 222

Vasco da Gama 27
Vedel, Anders Sørensen 314
Vellert, Dirk 110
Vergil, Polidore 209
Vesalius, Andreas 51f., 55, 57, 97f.
Vespucci, Amerigo 19f., 27, 56, 63f., 72, 86, 94, 213, 216
Vicart, Jean 157, 163, 169
Vierlings, Gertrud *siehe* Mercator, Gertrud
Vilvoorde 32
Vives, Juan Luis 50, 54ff., 75f.
Vivianus, Joannes 261ff., 293, 299, 301, 322
Vodka, Nicolas (Abstemius) 46
Vogel, Otto 197
Vögelin, Johannes 76, 200
Vopel, Kaspar 178

Waldseemüller, Martin 63f., 66, 80f., 87–91, 93, 118, 123, 142, 213ff.
Was, Pieter 165
Werner, Johann 63, 118
Westfalen 296
Wichius, Jacob 269, 271
Wilhelm IV., Landgraf von Hessen 306

Wilhelm V., Herzog von Kleve-Mark-Jülich-Berg 151, 154f., 181, 186, 201, 222, 231, 236, 299, 322f.
Willer, Georg 253, 259
Wormser Edikt 33
Wouters, Cornelius 197, 222
Wright, Edward 327

Zell, Ulrich 16
Zeno, Nicolò 245f.
Ziegler, Jacob 87f., 92, 104ff., 107, 110ff., 115f., 147, 188
Zwinger, Theodor 270
Zwingli, Ulrich 115, 189, 223, 235f., 304

ANGLO-SAXON MANUSCRIPTS

A Bibliographical Handlist of Manuscripts
and Manuscript Fragments Written
or Owned in England up to 1100

Anglo-Saxon Manuscripts is the first publication to list every surviving manuscript or manuscript fragment written in Anglo-Saxon England between the seventh and the eleventh centuries or imported into the country during that time. Each of the 1,291 entries in Helmut Gneuss and Michael Lapidge's *Bibliographical Handlist* not only details the origins and provenance, dates, and current location of the manuscript, but also provides bibliographic entries that list facsimiles, descriptions, studies of script, codicology, binding, illumination, editions, linguistic analyses, and general studies relevant to that manuscript. A general bibliography, designed to provide full details of author-date references cited in the individual entries, includes more than 4,000 items.

Compiled by two of the field's greatest living scholars, the Gneuss-Lapidge *Bibliographical Handlist* stands to become the most important single-volume research tool to appear in the field since Greenfield and Robinson's *Bibliography of Publications on Old English Literature*. Their achievement in the present book will endure for many decades and serve as a catalyst for new research across several disciplines.

(Toronto Anglo-Saxon Series)

HELMUT GNEUSS is emeritus professor of English at the University of Munich.

MICHAEL LAPIDGE is emeritus professor of Anglo-Saxon at the University of Cambridge.

HELMUT GNEUSS AND MICHAEL LAPIDGE

ANGLO-SAXON MANUSCRIPTS

A BIBLIOGRAPHICAL HANDLIST
OF MANUSCRIPTS AND MANUSCRIPT
FRAGMENTS WRITTEN OR OWNED
IN ENGLAND UP TO 1100

UNIVERSITY OF TORONTO PRESS
Toronto Buffalo London

© University of Toronto Press 2014
Toronto Buffalo London
www.utppublishing.com

Reprinted in paperback 2015

ISBN 978-1-4426-4823-4 (cloth)
ISBN 978-1-4426-2927-1 (paper)

Library and Archives Canada Cataloguing in Publication

Gneuss, Helmut, compiler
Anglo-Saxon manuscripts : a bibliographical handlist of manuscripts and manuscript fragments written or owned in England up to 1100/[compiled by] Helmut Gneuss and Michael Lapidge.

(Toronto Anglo-Saxon series ; 15)
Includes bibliographical references and indexes.
ISBN 978-1-4426-4823-4 (bound). – ISBN 978-1-4426-2927-1 (paperback)

1. Manuscripts, English (Old) – Union lists.   2. Manuscripts, English (Old) – England – Union lists.   3. Manuscripts, Medieval – Union lists.   4. Manuscripts, Medieval – England – Union lists.   5. Anglo-Saxons – Sources – Bibliography – Union lists.   6. Union catalogs.
I. Lapidge, Michael, 1942–, compiler   II. Title.   III. Series: Toronto Anglo-Saxon series ; 15

Z6605.A56G64 2014   015.42'031   C2013-908550-5

University of Toronto Press gratefully acknowledges the financial assistance of the Centre for Medieval Studies, University of Toronto in the publication of this book.

University of Toronto Press acknowledges the financial assistance to its publishing program of the Canada Council for the Arts and the Ontario Arts Council, an agency of the Government of Ontario.

 Canada Council for the Arts   Conseil des Arts du Canada

Funded by the Government of Canada   Financé par le gouvernement du Canada

in memoriam
Mechthild Gretsch
(1945—2013)

Contents

Preface ix
Abbreviations xiii

Introduction 3

I Libraries in the British Isles (nos. 1–774. 1) 13
II Libraries outside the British Isles (nos. 774. 3–947) 555
III Untraced Manuscripts 691

Bibliography 693
Index of Authors and Texts 887

Preface

The aims, history and development of this *Bibliographical Handlist* and its predecessors have been treated in some detail elsewhere,[1] so only a brief outline in this preface is needed. Plans were laid for the eventual handlist when HG was a research student and British Council scholar at St John's College, Cambridge, from 1953 to 1955, and HG wishes to express his gratitude for the opportunities which this period in Cambridge provided. Work on the project began in earnest in 1970, when HG spent part of a year as visiting professorial fellow at Emmanuel College, Cambridge; it then continued during the 1970s, when under the planning and direction of HG, student assistants and *Assistenten* in the Department of English at the University of Munich began recording bibliographical references to manuscripts written or owned in England up to 1100. The result was originally intended as a research tool for graduate students and PhD candidates in the Munich Department, and as such proved its usefulness, although it was clear at this early stage that completeness and perfection with regard to the manuscripts to be listed, or the bibliographical references to be recorded, could not easily and quickly be achieved. At the suggestion and invitation of Peter Clemoes, the founder and chief editor of *Anglo-Saxon England*, a list of all the Anglo-Saxon manuscripts thus far

---

1 See H. Gneuss, 'A Handlist of Anglo-Saxon Manuscripts', *Latin Culture in the Eleventh Century. Proceedings of the Third International Conference on Medieval Latin Studies*, ed. M.W. Herren, C.J. McDonough and R.G. Arthur, Publications of the Journal of Medieval Latin, 2 vols. (Turnhout, 2005) I, 345–52; and '*A Handlist of Anglo-Saxon Manuscripts*: Origins, Facts, Problems', in *Anglo-Saxon Books and their Readers: Essays in Celebration of Helmut Gneuss's Handlist of Anglo-Saxon Manuscripts'*, ed. T.N. Hall and D. Scragg (Kalamazoo, MI, 2008), pp. 1–21; and see also the introductions to the 'Preliminary List' (cited below, n. 2), to the *Handlist* (cited below, n. 3), pp. 1–3, and the two sets of 'Addenda and Corrigenda' (below, n. 4).

identified was published as a 'Preliminary List' in 1981.² It was meant as an interim inventory and, in particular, as a search list, helping scholars to find manuscript books and fragments that had been hitherto overlooked. As such, the 'Preliminary List' was successful: a great deal of relevant, valuable information was received by HG from the scholarly community at large, much of it based on recent discoveries.

As a result of this information, a much fuller version of the list was planned and published in 2001 with the title *Handlist of Anglo-Saxon Manuscripts*,³ this time with the aim of providing more detailed (if not comprehensive) listings of the contents of each manuscript or fragment, an amount of detail which could not have been accommodated in the 'Preliminary List', given the format of that work; the *Handlist* was also provided with various indexes, including in particular one of texts and authors.

In the years following the publication of the *Handlist*, the study of Anglo-Saxon manuscripts continued to expand, and as new information and insights became available, it seemed appropriate periodically to supplement the *Handlist*; two issues of 'Addenda and Corrigenda' were published in 2003 and 2012.⁴

After HG had retired from his Chair in Munich, further bibliographical work for the *Handlist* was continued, from 2002 onwards, under the direction of Mechthild Gretsch (†), in the Department of English at the University of Göttingen, where the materials so far collected (particularly as concerned the manuscripts containing Old English which had been treated by N.R. Ker [1957]) were brought up to date, verified and revised, again mainly by student assistants. By this time the handwritten predecessor of the eventual *Bibliographical Handlist* had come to occupy twenty large box-files in HG's Eichenau residence; the materials in these box-files, when reduced to some sort of order, would ultimately result in the 1,291 individual entries of the present work.

By this stage, a third version of the *Handlist*, this time with bibliographies for each manuscript, appeared to be feasible;⁵ that it actually took

---

2 H. Gneuss, 'A Preliminary List of Manuscripts written or owned in England up to 1100', *ASE* 9 (1981), 1–60.
3 H. Gneuss, *Handlist of Anglo-Saxon Manuscripts. A List of Manuscripts and Manuscript Fragments written or owned in England up to 1100*, MRTS 241 (Tempe, AZ, 2001).
4 H. Gneuss, 'Addenda and Corrigenda to the *Handlist of Anglo-Saxon Manuscripts*', *ASE* 32 (2003), 293–305; *idem*, 'Second Addenda and Corrigenda to the *Handlist of Anglo-Saxon Manuscripts*', *ASE* 40 (2012), 293–306.
5 HG had adverted to this possibility in the preface to the *Handlist* (2001), p. 15: 'My main effort will now be devoted to the preparation of a "Bibliographical Handlist of

shape is owed to the fact that in 2005 ML joined HG as author and editor. ML had, ever since the 1970s, taken a keen interest in and contributed extensively to work on the eventual *Handlist*. ML and HG now jointly revised, supplemented and organized the entries, especially the individual bibliographies as well as the comprehensive bibliography pertaining to the volume, while ML entered in the computer the developing version of the *Bibliographical Handlist* as it was to be printed and, in doing so, created and determined the arrangement, layout and typography of the entries. ML also thoroughly revised and expanded the index of authors and texts.

We are especially and deeply grateful for the strong and continuous support of a number of distinguished scholars who contributed information, references and expert advice over many years; in the early stages of the project especially Bernhard Bischoff (†), Neil Ker (†), T.A.M. Bishop (†), David Dumville and Simon Keynes; and, at a subsequent stage, Richard Gameson and Drew Hartzell. Since the late 1990s, Michael Gullick has unselfishly shared with us the results of his extensive manuscript research. Rebecca Rushforth, too, contributed substantially to our work. Birgit Ebersperger also assisted in many ways, and over very many years, beginning with her work as a member of the research team in the Department of English in Munich, and continuing in more recent times, when she has been preparing and completing the edition of Bernhard Bischoff's catalogue of ninth-century continental manuscripts.

The *Handlist* in its present form is unthinkable without the active support and encouragement of these and numerous other colleagues in various fields of Anglo-Saxon studies, all of whom generously shared knowledge of their discoveries with HG and ML. In addition to those scholars named in the previous paragraph, the following helped us in various ways (it is hoped that there are no serious omissions from the following alphabetical list): Bruce Barker-Benfield, Carl Berkhout, Walter Berschin, Mary Catherine Bodden, Michelle P. Brown, Julian Brown (†), Mildred Budny, Donald Bullough (†), James P. Carley, Peter Clemoes (†), Jimmy Cross (†), Maria Amalia D'Aronco, Ian Doyle, Elaine M. Drage, Alan Frantzen, David Ganz, Lilli Gjerløw (†), Malcolm Godden, Timothy Graham, Christopher Hohler (†), Peter Jackson, Colette Jeudy, Sarah L. Keefer, Matti Kilpiö, Gabriele Knappe, Patrizia Lendinara, Tristan Major, Rosamond McKitterick, Raymond Page (†), Malcolm Parkes (†), Susan Rankin, Frank A. Rella, Fred C. Robinson, Pamela Robinson, Donald

---

Anglo-Saxon Manuscripts", recording all essential publications (palaeographical and codicological work, editions, facsimiles, reproductions etc.) on each of the manuscripts in the *Handlist*.'

Scragg, Richard Sharpe, William Stoneman, Rodney Thomson, Jennifer Morrish Tunberg, Jean Vezin, Linda Voigts, Teresa Webber, Gernot Wieland and Joseph Wittig.

The role and initiative of the teams of young bibliographers in Munich and Göttingen should not be forgotten: among those in Munich mention must be made especially of Karl Toth (†), Birgit Ebersperger, Carolin Schreiber, and above all Ursula Lenker, who researched and recorded gospel books, gospel lists and much else besides; and in Göttingen especially Andreas Lemke, Andre Mertens, Janna Riedinger and Friederike Szamborzki. And when the book was in page proof, Ursula Lenker and two of her Hilfskräfte, Carolin Harthan and Laura Herbig, provided invaluable assistance with proofreading, particularly of the Index of Authors and Texts.

When the book was on the verge of being submitted for publication, various scholars helped us to fill bibliographical lacunae involving items and information not otherwise available to us: A.S.G. Edwards, Nigel Morgan, Susan Rankin, Michael Reeve and Paul Szarmach. Also at this final stage, Drew Jones and Charlie Wright read carefully through large portions of the typescript and made many helpful comments on the layout and presentation, and supplied many bibliographical references which had escaped us. And — just before the book was about to be submitted to the University of Toronto Press — Ian Doyle drew our attention to a newly found fragment of Ælfric's *Grammar*, which we were able to incorporate at the very last minute.

Our thanks are also due to Suzanne Rancourt and the editorial team of the University of Toronto Press, especially Barb Porter for overseeing production and Catherine Plear for her exemplary and meticulous copy-editing, and above all to Andy Orchard, whose infectious enthusiasm for the project has ensured that it would find a place in his Toronto Anglo-Saxon Series, and that funds would be forthcoming to ensure its publication in a convenient and accessible format.

Finally, the dedication records our lasting debt to a beloved wife and beloved friend. On 14 March 2013, on the very eve of the submission of the typescript, Mechthild Gretsch passed away peacefully after a long struggle with cancer. Mechthild had championed and supported the project in many ways over many years, not least by organizing the assistance of her doctoral students during the tenure of her chair in English Philology in Göttingen (2000–6). Through her involvement the resulting book has been enriched in ways too numerous to count, and its two authors at least will never forget this debt.

HG and ML (31 March 2013)

Abbreviations

AB	*Analecta Bollandiana*
ABR	*American Benedictine Review*
AH	*Analecta Hymnica Medii Aevi*, ed. G.M. Dreves and C. Blume, 55 vols. (Leipzig, 1886–1922)
AHDLMA	*Archives d'histoire doctrinale et littéraire du moyen âge*
AnM	*Annuale mediaevale*
ANQ	*American Notes & Queries*
ANS	*Anglo-Norman Studies*
AntJ	*The Antiquaries' Journal*
art(s)	article(s) as listed in entries in N.R. Ker (1957)
ASE	*Anglo-Saxon England*
ASMMF	*Anglo-Saxon Manuscripts in Microfiche Facsimile*, ed. A.N. Doane et al. (Binghamton, NY and Tempe, AZ, 1994–)
ASNSL	*Archiv für das Studium der neueren Sprachen und Literaturen*
ASPR	The Anglo-Saxon Poetic Records, ed. G.P. Krapp and E.V.K. Dobbie, 6 vols. (New York, 1932–53)
AST	Anglo-Saxon Texts (Woodbridge)
BAR	British Archaeological Reports
BBCS	*Bulletin of the Board of Celtic Studies*

BCLL	M. Lapidge and R. Sharpe, *A Bibliography of Celtic-Latin Literature, 400–1200* (Dublin, 1985)
BCS	W. de G. Birch, *Cartularium Saxonicum*, 3 vols. and index (London, 1885–93)
BGDSL	*Beiträge zur Geschichte der deutschen Sprache und Literatur* [for volumes from 1955–80 specified as printed in Halle or Tübingen]
BHL	[Bollandists], *Bibliotheca Hagiographica Latina*, 2 vols. (Brussels, 1899–1901, with supplements, 1911, 1986]
BJRL	*Bulletin of the John Rylands [University] Library [of Manchester]* (Manchester)
BLJ	*British Library Journal*
BLR	*Bodleian Library Record*
CALMA	*Compendium Auctorum Latinorum Medii Aevi (C.A.L.M.A.)*, ed. M. Lapidge, C. Leonardi and F. Santi (Florence, 2000–)
Cat. Add. B.M.	*Catalogue of Additions to the Manuscripts in the British Museum* (London, 1843–) [cited by date of acquisition and year of publication]
Cat. gén. Dép. (Octavo)	*Catalogue général des manuscrits des bibliothèques publiques de France. Départements* (Octavo Series), 65 vols. (Paris, 1886–1990).
Cat. gén. Dép. (Quarto)	*Catalogue général des manuscrits des bibliothèques publiques des Départments* (Quarto Series), 7 vols. (Paris, 1849–85).
CC	Christ Church (Canterbury)
CCCM	Corpus Christianorum, Continuatio Mediaevalis (Turnhout, 1966–)
CCM	Corpus consuetudinum monasticarum, ed. P. Engelbert and K. Hallinger (Siegburg, 1963–)
CCSL	Corpus Christianorum, Series Latina (Turnhout, 1953–)
ChLA	*Chartae Latinae Antiquiores*, ed. A. Bruckner, R. Marichal et al. (Olten, Lausanne and Zurich, 1954–)

CLA	E.A. Lowe, *Codices Latini Antiquiores*, 11 vols. and Supplement (Oxford, 1934–71; 2nd ed. of vol. II, 1972)
CMCS	*Cambridge* [later *Cambrian*] *Medieval Celtic Studies*
Colophons	[Benedictines of Bouveret], *Colophons de manuscrits occidentaux des origines au XVIe siècle*, 6 vols., Spicilegii Friburgensis Subsidia (Fribourg, 1965–82)
Councils & Synods	Whitelock, D., M. Brett and C.N.L. Brooke, ed. (1981), *Councils and Synods with Other Documents Relating to the English Church. I. A.D. 871–1204*, 2 vols. (Oxford)
CPG	*Clavis Patrum Graecorum*, ed. M. Geerards, 5 vols. and Supplement (Turnhout, 1983–98)
CPL	*Clavis Patrum Latinorum*, ed. E. Dekkers and A. Gaar, 3rd ed. (Steenbrugge, 1995)
CPPM I, II	*Clavis Patristica Pseudepigraphorum Medii Aevi*, I. *Opera homiletica*, ed. J. Machielsen, 2 vols. (Turnhout, 1990) [*CPPM* I]; *Clavis Patristica Pseudepigraphorum Medii Aevi*, II. *Theologica, Exegetica, Ascetica, Monastica*, ed. J. Machielsen, 2 vols. (Turnhout, 1994) [*CPPM* II]
CSASE	Cambridge Studies in Anglo-Saxon England
CSEL	Corpus Scriptorum Ecclesiasticorum Latinorum (Vienna, 1866–)
CSLMA	*Clavis Scriptorum Latinorum Medii Aevi: Auctores Galliae, 735–987*, ed. M.-H. Jullien and F. Perelman (Turnhout, 1994–)
DACL	*Dictionnaire d'archéologie chrétienne et de liturgie*, ed. F. Cabrol, H. Leclercq et al., 15 vols. in 30 (Paris, 1907–53)
DAEM	*Deutsches Archiv für Erforschung des Mittelalters*
DUJ	*Durham University Journal*
EEMF	Early English Manuscripts in Facsimile, 28 vols. (Copenhagen, 1951–2001)

EETS	Early English Text Society
— o.s.	original series
— s.s.	supplementary series
EGS	*English and Germanic Studies*
EHR	*English Historical Review*
ELN	*English Language Notes*
EME	*Early Medieval Europe*
ES	*English Studies*
EStn	*Englische Studien*
FMS	*Frühmittelalterliche Studien*
HBS	Henry Bradshaw Society Publications
HZ	*Historische Zeitschrift*
ill(s)	illustration(s)
JEGP	*Journal of English and Germanic Philology*
JMLat	*The Journal of Medieval Latin*
JTS	*Journal of Theological Studies*
JWCI	*Journal of the Warburg and Courtauld Institutes*
KCD	J.M. Kemble, *Codex Diplomaticus Aevi Saxonici*, 6 vols. (London, 1839–48)
KCLMS	King's College London Medieval Studies
Kenney	J.F. Kenney, *The Sources for the Early History of Ireland* (New York, 1929)
Keil, *GL*	H. Keil, *Grammatici Latini*, 8 vols. (Leipzig, 1857–80)
LMA	*Lexikon des Mittelalters*, 9 vols. (Munich and Zurich, 1980–99)
LSE	*Leeds Studies in English*
MÆ	*Medium Ævum*
MBKDS	Mittelalterliche Bibliothekskataloge Deutschlands und der Schweiz, 4 vols. in 9 parts (Munich, 1918–)
MGH	Monumenta Germaniae Historica

— AA	— Auctores Antiquissimi
— Epist.	— Epistulae
— PLAC	— Poetae Latini Aevi Carolini
— SS rer. Meroving.	— Scriptores rerum Merovingicarum
MLJ	*Mittellateinisches Jahrbuch*
MLN	*Modern Language Notes*
MLQ	*Modern Language Quarterly*
MLR	*Modern Language Review*
MP	*Modern Philology*
MRTS	Medieval and Renaissance Texts and Studies (Tempe, AZ)
MS	*Mediaeval Studies*
NLWJ	*National Library of Wales Journal*
NM	New Minster (Winchester)
NM	*Neuphilologische Mitteilungen*
NPS I, II	*The New Palaeographical Society*, 1st ser. (London, 1903–12) [I]; 2nd ser. (London, 1913–30) [II]
N&Q	*Notes & Queries*
Nun	Nunnaminster (Winchester)
ODNB	*The Oxford Dictionary of National Biography*, ed. H.C.G. Matthew and B. Harrison, 60 vols. (Oxford, 2004)
OEN	*Old English Newsletter*
OM	Old Minster (Winchester)
PBA	*Proceedings of the British Academy*
PL	Patrologia Latina, ed. J.-P. Migne, 221 vols. (Paris, 1844–64)
pl(s)	plate(s)
PMLA	*Publications of the Modern Language Association of America*
PQ	*Philological Quarterly*
PRIA	*Proceedings of the Royal Irish Academy*

prov.	provenance
RB	*Revue Bénédictine*
RES	*Review of English Studies*
RS	Rolls Series (London, 1858–96)
Schenkl	H. Schenkl, *Bibliotheca Patrum Latinorum Britannica*, 3 vols. in 1 (Vienna, 1891–1908; repr. Hildesheim, 1969) [cited by item number]
SChr	Sources Chrétiennes (Paris, 1941–)
SEP	*Studies in English Philology*
Settimane	*Settimane di studio del Centro italiano di studi sull'alto medioevo* (Spoleto)
SK	D. Schaller and E. Könsgen, *Initia Carminum Latinorum saeculo undecimo Antiquiorum* (Göttingen, 1977)
SK Suppl.	D. Schaller and E. Könsgen, *Initia Carminum Latinorum saeculo undecimo Antiquiorum* fortgeführt von Thomas Klein. *Supplementband* (Göttingen, 2005)
SM	*Studi medievali*
SN	*Studia Neophilologica*
StA	St Augustine's (Canterbury)
Stegmüller	F. Stegmüller, *Repertorium biblicum Medii Aevi*, 7 vols. and Supplement (Madrid, 1950–61)
TCBS	*Transactions of the Cambridge Bibliographical Society*
Thorndike–Kibre	L. Thorndike and P. Kibre, *A Catalogue of Incipits of Medieval Scientific Writings in Latin*, 2nd ed. (Cambridge, MA, 1963)
TRHS	*Transactions of the Royal Historical Society*
TUEPh	Texte und Untersuchungen zur Englischen Philologie (Munich and Frankfurt am Main)
Walther, *Proverbia*	H. Walther, *Proverbia sententiaeque latinitatis medii aevi: Lateinische Sprichwörter und Sentenzen des Mittelalters in alphabetischer Ordnung*, 6 vols. (Göttingen, 1963–9).

WIC	H. Walther, *Initia carminum ac versuum medii aevi posterioris Latinorum: Alphabetisches Verzeichnis der Versanfänge mittellateinischer Dichtungen*, 2nd ed. (Göttingen, 1969)
ZfdA	*Zeitschrift für deutsches Altertum*

ANGLO-SAXON MANUSCRIPTS

A Bibliographical Handlist of Manuscripts
and Manuscript Fragments Written
or Owned in England up to 1100

Introduction

In the work which follows, the serial numbers from the 'Preliminary List' (1981) and the *Handlist of Anglo-Saxon Manuscripts* (2001) have been retained. Inevitably many new manuscript fragments have come to light since 2001, and these have been intercalated where appropriate (using decimal points) into the alphabetical sequence of libraries in the two original numbered series (Libraries in the British Isles = I, Libraries outside the British Isles = II). In cases in which cities have been renamed (such as Leningrad, renamed St Petersburg in 1991), the manuscripts have retained their original position in the sequence in order to avoid the confusion which renumbering would occasion. *Membra disiecta* of an originally single manuscript are not separately numbered but are treated together as one item. The 'group item' is normally placed in the list where the main component belongs, if there is one, or, if there is no main one, where the first component occurs. The other component(s) are specified in the group in the order which they have in the list, and a cross-reference to the main group item is supplied at the point(s) in the list at which the other component(s) occur. In the very few cases in which items have been assigned new serial numbers, cross-references are inserted at the appropriate location in the original sequence in order to guide readers to the new entry.

The following have been included in the Handlist:

(1) Manuscripts certainly written in England up to 1100. For the problem of late eleventh-century manuscripts, see below.
(2) Manuscripts written in Scotland, Wales and Cornwall if they certainly or very probably reached England by 1100. A few manuscripts from those parts of Britain, written before 1100, have been included, although it is unlikely that they had an English provenance, temporary

or permanent, before the end of the eleventh century. This has been clearly stated in every case.
(3) Manuscripts written in Ireland or on the European continent (including Brittany) if they certainly or very probably found their way to England by 1100. Doubtful cases are clearly marked as such.

A manuscript falling into any of these three categories is included, whether or not it was exported or re-exported from England and, if it was, irrespective of whether this occurred during the Anglo-Saxon period or later.

The following have been excluded:

1. Single-leaf documents. For such manuscripts, covering the period up to 1066, see Sawyer (1968), revised and augmented (and fully searchable) as the *Electronic Sawyer*: www.esawyer.org.uk.
2. Manuscripts that were written, or annotated, or decorated, by Anglo-Saxon scribes and artists on the Continent but that are not known to have been in England at any time before 1100. Doubtful cases are clearly marked as such.
3. Manuscripts in Anglo-Saxon scripts written by English or by continental scribes, (trained and) working at Anglo-Saxon centres on the Continent.
4. Continental manuscripts presumably lent for copying in Anglo-Saxon England and afterwards returned, where there is no certain evidence for the sojourn of such a book in England.[1]

Two doubtful areas need to be mentioned. The first concerns eighth-century manuscripts, mainly in Insular script, written, according to expert opinion (e.g., that of E.A. Lowe in *CLA*), 'presumably' in England, or either in England or an Anglo-Saxon centre on the Continent. We have included some thirty of these manuscripts which are now thought to have possibly or probably originated in an English scriptorium.[2] Here HG was able over many years to consult Bernhard Bischoff — whose important

---

1 For an example, see Dumville (1993g) 54–5 n. 240.
2 One problematical area is the surviving liturgical fragments in libraries in Oslo and Stockholm (see below, nos. **870.2–871.5, 872.5, 873, 874.3, 875.1.1, 936, 936.1–9**, and **937.1**), which palaeographical opinion is beginning to regard as probably having been written in Scandinavia, whereas they were earlier thought to have been written in England and subsequently exported to Scandinavia. The matter is complex, and still very much *sub iudice*; for that reason we normally describe the origin of such manuscripts as 'England? Scandinavia?'.

contribution to *CLA* is well known — who considered more than twenty books in this category as certainly or probably English.[3]

A related problem is posed by early continental or Irish manuscripts that may have reached the Anglo-Saxon missionaries in Germany, either via England or more directly from Italy or Ireland; of these we have included nos. **799, 827.6,** and **827.7**. A further group of early manuscripts that could not be ignored are those that are thought to have been written either in Ireland or in England (probably Northumbria). They are represented by nos. **213, 214, 218, 664.5, 773.3, 893** and **929**.

Lost, destroyed and untraced manuscripts and fragments have been recorded under their former owners; it is to be hoped that at least some of them may turn up again one day. See nos. **643, 830.5, 831.4, 842.5** (formerly no. 943), **855.5** and the *membra disiecta* listed under nos. **176** and **441.1**. For lost copies of manuscripts containing Old English texts or glosses, see also N.R. Ker (1957) nos. 403–12.

THE LAYOUT OF THE *BIBLIOGRAPHICAL HANDLIST*

Following the serial number and the shelf-mark of each item, the date, origin and provenance (where known) are given on a separate line, followed (beginning on a new line) by the contents of the manuscript or fragment.

Numbering of Items

The serial numbers of the 'Preliminary List' and of the *Handlist* have been retained so as to avoid the confusion which any re-numbering would entail. New entries are indicated by a decimal point and figure (and occasionally by two figures). Newly identified *membra disiecta* have been recorded, but, in accordance with previous practice, have not been given a serial number of their own. Separate serial numbers for parts of manuscripts now bound as one volume have been allocated only when it seemed unlikely that these parts had been together before 1100, but absolute consistency in such cases may not have been attained. Serial numbers of items deleted from either the 'Preliminary List' or the *Handlist* have in no case been re-used.

---

3 These are nos. **281.5, 791.3, 791.6, 799.5, 804.5, 808.3, 808.5, 818.5, 830.5, 831.6, 831.7, 836.5, 840.5, 840.6, 848.6, 848.7, 855.5, 933.5, 943.4, 944.5** and **946.5**.

Dates

All dates given at the beginning of each entry refer to the main items; where texts have been added later, their date is usually indicated in parentheses immediately following the respective title. The opinion of expert palaeographers in their most recent publications have always been followed. The accuracy and specificity of dating a book or fragment depend on various kinds of evidence in each individual case: what is known about the history of a manuscript, about the scriptorium in which it was written, its contents and, above all, its handwriting. Dates given may therefore be more or less specific and narrow, sometimes even uncertain. As a consequence, the form of dates given in the following work does not follow a consistent system, the aim being simply to provide a date as precise as is at present possible for each item. Where the opinion of experts differs, this difference has been accommodated by listing the two (or sometimes three) suggested dates, always linked by 'or'.

Origin and Provenance

Care has been taken to distinguish clearly between origin (where the manuscript was written) and provenance (where it was owned), as far as these are known. Dates for pre-1100 provenance have been given if possible. The following conventions have been used:

place-name (unmarked):	place of origin
'prov.' + place-name:	provenance before 1100
('prov.' + place-name):	provenance after 1100

Where the place of origin and/or provenance of a manuscript is probable or uncertain, this has been indicated by 'prob.' or by a question mark. The places of provenance, if more than one is known, are listed in chronological order. Where no place or region of origin is given, it is to be assumed that the manuscript in question originated in England.

The known places of origin or provenance in Anglo-Saxon England are almost exclusively cathedrals, cathedral priories and Benedictine abbeys and nunneries. For the houses in Canterbury and Winchester various abbreviations are used (CC, StA, NM, Nun, OM) which are explained in the abbreviations, above, pp. xiii–xix.

Contents

The lists of contents of manuscripts in the present work are fuller than those in the 'Preliminary List' of 1981 and the *Handlist* of 2001; short of producing thorough-going catalogue entries (by giving, for example, the folios occupied by each item in a manuscript, changes of scribe, etc.), we have attempted to provide complete records of the contents of each manuscript, listed in the order in which they occur in the manuscript. (Note, however, that it has not been possible to list individual homilies in Latin homiliaries, or individual saints' Lives in Latin legendaries, or individual hymns in Latin hymnals, or individual prayers in liturgical manuscripts, etc.) Several considerations need to be borne in mind.

First, concerning Latin contents: In the case of patristic works, we employ the title assigned to the work in *CPL* (regardless of what title the work bears in the manuscript itself), and also the number of the work in *CPL*, so as to facilitate identification.[4] Hagiographical texts are identified by means of *BHL* numbers. Short, mainly anonymous Latin poems are identified by reference to the repertory of Schaller and Könsgen (SK) and its recent supplement by Thomas Klein (SK Suppl.), or, occasionally, to Walther's *Initia* (WIC). In cases where a poem is not listed in either SK or WIC, we usually supply its incipit. But we have not attempted to list every item in large poetic collections (such as the *Carmina Cantabrigiensia* or 'Cambridge Songs' in no. **12**, or the huge collection of Latin verse in no. **493**); such information can usually be found by consulting one of the editions listed under 'ED' in a particular entry. With regard to anonymous Latin prose texts, especially individual homilies, there is (alas) no standard *incipitarium*, and such works are identified only if they happen to be listed in *CPL* or *CPPM*. By the same token, in the case of *computistica*, we have not attempted to identify the (frequently numerous) tables and short texts which make up a computistical collection, save to indicate the broad class to which the computus in question belongs (e.g., 'Winchester computus', 'Leofric-Tiberius computus', etc.). And, as mentioned above, it obviously would not be possible, let alone convenient, to list every item or prayer in

---

4 But there are a few exceptions to this principle, notably concerning works by Aldhelm: the *Carmen de uirginitate* (described by *CPL* as *De uirginitate (metrice)*: *CPL* 1333), *De uirginitate* (prose) (described by *CPL* as *De laudibus uirginitatis*: *CPL* 1332), and *Enigmata* and *Epistola ad Acircium*, lumped together under *CPL* 1335; and Boethius, where we use *De consolatione Philosophiae* for *Philosophiae consolatio* (*CPL* 878).

liturgical manuscripts and prayer books.⁵ By the same token, the individual texts which, together with the canticles, constitute *cantica* in psalter manuscripts (e.g., the *Te Deum*, *Gloria*, *Pater noster*, Apostles' Creed [*Credo*]) are not listed separately.

In the case of manuscripts with Old English contents, the symbols which were first devised for the 'Preliminary List' are retained, as follows:

(no symbol)	text in Latin
*	text in Old English prose
**	text in Old English alliterative verse
(*)	text partly in Old English
+*	text in Latin, accompanied by a prose version in Old English; or a Latin—Old English glossary
o	Latin text with continuous Old English interlinear gloss, or having substantial sections, or a fairly large number of words, glossed in Old English
(f)	only minor fragments of a text are preserved

For texts in languages other than Latin or Old English, the language is specified in the entries. In the case of translations into Old English, the translator's name, if known, follows in round brackets the name of the author, as for example: Gregory (Werferth), *Dialogi*; in the case of translations into Latin from Greek, the name of the Greek author is given first, followed by the title of the work, and then the Latin translator, in the form: Eusebius, *Historia ecclesiastica*, trans. Rufinus. In the case of translations from Greek into Latin, the translation is identified by reference to *CPG*.

The following details have not normally been recorded:

minor additions and alterations
scattered glosses in Latin or Old English
supply leaves⁶
additions of any kind, and glosses (English, French or Latin) entered after 1100
introductory texts to biblical books
canon tables and lists of *capitula*⁷
illustrations and decoration (which are treated by art historians in bibli-

---

5   With certain exceptions involving items which have been edited separately by modern scholars, such as coronation *ordines* (in pontificals), liturgical calendars, litanies, etc.
6   An important contribution to this problem is Parkes (1997b).
7   An exception is made in the case of gospel pericopes; on their importance, see Lenker (1997).

ography listed under DEC for each relevant entry)
musical notation[8]

Presentation of Bibliography Relevant to Each Manuscript

In order to facilitate consultation, the bibliography relevant to each manuscript is classified under several headings, as follows:

MS: The bibliographical items listed here treat the manuscript as a physical object: its construction, script, binding, as well as lists and/or discussions of its contents.

DEC: Includes discussions of the decoration or art-work contained in the particular manuscript.

FACS: Here are listed facsimiles or illustrations, either of the entire manuscript (complete facsimiles are usually given pride of place in these entries) or of individual folios or pages. When the source indicates what folio or page is in question, we give this information in square brackets following the plate or illustration number; when a source fails to indicate the folio we state '[folio not specified]'.

ED: Here we attempt to list all editions of texts which are either based on this manuscript or for which this manuscript was collated. Note that in the case of Latin texts, we cite an edition only when the manuscript itself has been collated (where possible we give the siglum used by the editor to identify readings from this manuscript); editions which do not record readings from the manuscript are not listed (as is frequently the case with classical and patristic Latin texts, where editors tend to base their editions on manuscripts earlier than the surviving Anglo-Saxon witnesses).[9] In the case of manuscripts of Old English homilies and homiletic materials, and of several other complex miscellaneous manuscripts such as no. **363**, we

---

8 Now catalogued exhaustively by Hartzell (2006).
9 Scholars seeking reliable editions of patristic texts which happen not to be listed here (because the manuscript in question happened not to be collated) may consult *CPL* under the number cited for the relevant text. For editions of Classical Latin texts, reference may be made to *Tusculum Lexikon*, ed. W. Buchwald, A. Hohlweg and O. Prinz (Munich, 1982); the *Oxford Latin Dictionary*, ed. P.W. Glare (Oxford, 1968–82), pp. ix–xxi; and *The Oxford Classical Dictionary*, ed. S. Hornblower and A. Spawforth, 3rd ed. (Oxford, 1996). For editions of Medieval Latin authors (500–1500), see *CALMA* (currently extending as far as the name Gregorius) and *Tusculum Lexikon*.

have attempted to list for each individual item in the manuscript (as given in the numbered sequence of articles by N.R. Ker (1957), here specified as 'art(s)') the most recent edition available.

LANG: Discussions of distinctive features of the language of the manuscript: principally, in the case of manuscripts containing Old English, of dialectal features which may help to localize the manuscript. Only on rare occasions have scholars treated the linguistic features of Latin manuscripts, but we have attempted to cite such treatments wherever relevant.

ST: A broadly conceived category, which may include studies (including bibliographies) of one or more of the texts preserved in a particular manuscript; that is to say, of information which may be relevant in situating the manuscript in a cultural context, or evaluating its position in a textual transmission. For the most part, studies listed under this heading will contain mention of the manuscript itself; it would not be feasible to include, for example, general discussions of Latin texts which happen to be preserved in Anglo-Saxon manuscripts, or of the authors who composed them. But note that we do not normally list interpretations, translations, source studies, studies of metre and style, etc.

Finally, users of the present work will be aware that there are digitized images (including complete reproductions) of many of the manuscripts listed here. We have not thought it possible (or necessary) to list, under FACS, every image which may be consulted on the Internet; several of the most important sites may be conveniently listed here:

1. All manuscripts in Cambridge, Corpus Christi College (including our nos. **36–117**), are available in full digitized facsimile and provided with helpful introductions at Parker on the Web (Version 1.0): www.harrassowitz.de/Parker_on_the_Web.html (accessible by subscription only).

2. Selected images of the illuminated and decorated Anglo-Saxon manuscripts in the British Library are available in the *Catalogue of Illuminated Manuscripts*, at www.bl.uk/catalogues/illuminatedmanuscripts/searchMS-No.asp. The images include Anglo-Saxon manuscripts from the following collections: Arundel (our nos. **303, 304, 305.5, 306, 306.5**), Burney (no. **307**), Egerton (nos. **409, 410, 410.5** and **411**), Harley (nos. **413, 415, 417, 421, 422, 423, 424, 426, 427, 428.4, 428.5, 429, 430, 431, 433, 434.5, 435, 438, 439, 440** and **443**), Royal (nos. **444, 445, 446, 447, 448, 449, 450, 451, 452, 453.2, 453.4, 453.6, 453.8, 455, 456.4, 456.8, 457, 457.4, 457.8, 458, 459, 462, 464, 465, 466,**

467, 469, 469.3, 469.5, 470, 472, 473, 475, 478, 479, 481, 483, 485, 486, 487.5, 489, 491–3, 494, 496, 497, 497.2 and **498**), Sloane (no. **498.1**) and Stowe (nos. **499** and **500**). Images from Anglo-Saxon manuscripts in the Additional and Cottonian collections have not been uploaded as of 30/6/2012.

3. Complete digitized facsimiles of a small number of decorated Anglo-Saxon manuscripts in the Bodleian Library, Oxford, are accessible through the Bodleian's site, www.digital.bodleian.ox.ac.uk/medieval_home, in the categories 'Celtic Manuscripts', 'Western Manuscripts' and 'Medieval and Renaissance Manuscripts'; these manuscripts include our nos. **530, 531, 538, 583, 583.3, 585** and **640**.

4. Selected images (with transcriptions and descriptions) of several manuscripts containing penitential texts (including our nos. **59.5, 65.5, 73, 363, 644, 656** and **808**) are available at www.anglo-saxon.net/penance/.

During preparation of the present *Bibliographical Handlist*, our working *terminus* for publications has been 2010; for works published by that date or earlier, we have tried to offer systematic coverage. (For works published in the nineteenth century, particularly on manuscript illumination, our coverage is not systematic, for the reason that nineteenth-century writings are usually mentioned by the more recent bibliographies to which we refer.) Works published *after* 2010 are treated less systematically, but we have endeavoured to include all those works which, in our opinion, are of unquestionable importance for Anglo-Saxon manuscript studies; for works such as these, the absolute *terminus* is the end of December 2012.

I

Libraries in the British Isles
(nos. 1—774.1)

1. Aberdeen, University Library, 216

s. xi ex., Salisbury

Contents: Bede, *Expositio Apocalypseos* [*CPL* 1363]; pseudo-Jerome (pseudo-Victorinus?), *Comm. in Apocalypsin* [*CPL* 1221]

MS: Schenkl no. 3256; M.R. James (1932) 61–2; N.R. Ker (1976b) 41, 45, 49 [repr. N.R. Ker (1985) 163, 169, 173]; Webber (1992) 143; R. Gameson (1999a) no. 4; Gryson (2001) 15–16

FACS: N.R. Ker (1976b) pl. VI (a) [fol. 36r]

ED: Gryson (2001) [Bede, *Expositio Apocalypseos*, coll. as U]

ST: Lambert (1969–72) no. 490; N.R. Ker (1976b) 24 [repr. N.R. Ker (1985) 144]; Webber (1992) 12, 15, 143

1. 5. Aberystwyth, National Library of Wales, 735 C

[fols. 1–26]: s. xi^1, France (Limoges?), prov. England or Wales, s. xi
[fols. 27–47]: s. xi, France? in England or Wales before 1100?

Contents [fols. 1–26]: Boniface, *Aenigmata* [*CPL* 1564a]; Ausonius, *Eclogae* xiv [SK 4582]; astronomical drawings; pseudo-Sallust and pseudo-Cicero, *Inuectiuae*; Cicero, *Somnium Scipionis*; Macrobius, *Comm. in Somnium Scipionis* (f); Germanicus, *Aratea*; [fols. 27–47]: Hyginus, *Astronomica*

MS: McGurk (1973) 197, 205–7; Munk Olsen (1982–) I.525; Le Boeuffle (1983) lii; Reeve (1983b) 21; Bischoff (1989b) 32, 34 nn. 7, 21; Gneuss (2003b) 294; Wieland (2009) 150, 154

DEC: McGurk (1973) 198–204, 207–10

FACS: McGurk (1973), pls. I–VI [fols. 3v, 4r, 4v, 10v, 12r, 13v, 14r, 14v, 15r, 16r, 17r, 17v, 18v, 19r, 19v, 20r, 20v, 21r, 21v]

ED: Le Boeuffle (1983) [Hyginus, *Astronomica*, coll. as W]

Badminton, Gloucestershire, Duke of Beaufort Muniments, 704.1.16: see no. **262. 5**

Brockenhurst (Hants.), Parish Church, Parish Register, s.n. [former owner]: see now no. **759. 3**

2. 5. Cambridge, University Library, Dd. 2. 7

s. xi ex., Canterbury CC

Contents: Jerome *Epistulae* [*CPL* 620] and pseudo-Jerome, *Epistulae supposititiae* [*CPL* 633]

MS: Hardwick—Luard (1856–67) I.40-1; R. Gameson (1999a) no. 18; Binski—Zutshi (2011) 12 [no. 8]

DEC: Binski—Zutshi (2011) 12

FACS: Binski—Zutshi (2011) 8 [fol. 1v]

2. 8. Cambridge, University Library, Ee. 1. 23, fols. 1–69

s. xi/xii

Contents: Paschasius Radbertus, *De assumptione B.V.M.* [cf. *CPL* 633]; Ephraem Syrus, six *sermones* (in Latin translation) [*CPL* 1143]

MS: Hardwick—Luard (1856–67) II.19–20; R. Gameson (1999a) no. 20

FACS: Binski—Zutshi (2011) fig. 290 [fol. 13r]

ST: C.D. Wright (2002) 217

3. Cambridge, University Library, Ee. 2. 4 (with Oxford, Bodleian Library, lat. theol. c. 3 (S.C. 31382), ff. 1, 1*, 2)

s. x med., W or SW England? (Glastonbury?)

Contents: Smaragdus of Saint-Mihiel, *Expositio in Regulam S. Benedicti*

MS: Hardwick—Luard (1856–67) II.26; N.R. Ker (1956) 15; T.A.M. Bishop (1964–8d) 396–7; T.A.M. Bishop (1971) 2 [no. 3]; Gretsch (1973) 44–5; Spannagel—Engelbert (1974) xvi, lii, liii; Gretsch (1974) 127, 130; Rella (1977) 75, 96 n. 7, 161 [no. 4]; Clemoes (1985) no. 23; O'Brien O'Keeffe (1985) 67; Carley (1987) 199 n. 10; Voigts (1988) 85, 91–2; Lapidge (1991c) 977 [repr. Lapidge (1993a) 27]; Budny (1992) 137; Dumville (1993g) 8, 97–8; R. Sharpe et al. (1996) 185 [no. 150]; Gretsch (1999a) 255 and n. 91; R.M. Butler (2004) 202–3; Wieland (2009) 140; R. Gameson (2012a) 39 and n. 99, 59 and n. 198; Rushforth (2012) 201 and n. 24

FACS: T.A.M. Bishop (1964–8d) pl. XXIX (a) [fol. 141r]; T.A.M. Bishop (1971) pl. II.3 [fol. 161v]; Budny (1992) pl. 8 (a) [fol. 147v]; Dumville (1993g) pl. II [fol. 121r]

ED: Spannagel—Engelbert (1974) [collated as C, as part of a group π which also includes no. **883** below]

LANG: T.A.M. Bishop (1964–8d) 398

ST: Rella (1980) 75–6, 96 n. 7; R. McKitterick (2012) 329

4. Cambridge, University Library, Ff. 1. 23

s. x/xi or xi in. or xi$^{2/4}$ or xi med., Ramsey? Canterbury?

Contents: prayers (add. s. xi med. or xi^2); Psalterium Romanum°; canticles°; litany; prayers and benedictions

MS: Hardwick—Luard (1856–67) II.312–13; M.R. James (1903) 527; Mearns (1914) 52, 79; C.E. Wright (1949–53) 225; Weber (1953) xiv; N.R. Ker (1957) no. 13; Backhouse et al. (1984b) no. 64; Clemoes (1985) no. 8; P.R. Robinson (1988) I, no. 29; Muir (1988) xxxii; Dumville (1991–5) 40–1; Lapidge (1991a) 62–3; Dumville (1992a) 53; Lapidge (1992a) 100–3, 126–9 [repr. Lapidge (1993a) 388–91, 414–17]; Vaciago (1993) 4 [no. 8]; Dumville (1993g) 59–63, 79–80, 83–4, 155; M.P. Brown (1996) 139–40; Corrêa (1996) 294 n. 39, 295 n. 42; Gneuss (1998) 276; Treharne (1998) 242; Gretsch (1999a) 283–5; Gretsch (2000) 86; Liuzza (2000) 149; Binski—Panayotova (2005) no. 17 [T. Webber]; Hartzell (2006) no. 11; Biggs (2007a) 16; Karkov (2007a) 145; Barker-Benfield (2008) III.1738–9, 1825; Graham (2009) 161–2; Wieland (2009) 116; Binski—Zutshi (2011) 8–9 [no. 5]; R. Gameson (2012a) 46, 73, 76; Rushforth (2012) 203 and n. 43; Scragg (2012a) nos. 227–9; Toswell (2012) 471, 478–9

DEC: F. Wormald (1945) 125–6, 133 [repr. F. Wormald (1984) 48–9, 58, 63]; Rice (1952) 129, 220; F. Wormald (1952) 59 [no. 2]; Dodwell (1954) 10–13, 20, 26, 31; F. Wormald (1957b) 31 [repr. F. Wormald (1984) 145]; Alexander (1970a) 61, 63–4, 70, 73, 148, 171, 189; E. Temple (1976) no. 80; Brownrigg (1978) 263; Ohlgren (1986) no. 185; Raw (1990) 199–200; R. Gameson (1991) 73–4; R. Gameson (1995b) 90–1, 100–1 *et passim*; Deshman (1997) 110 n. 5; Karkov (2006b) 102; Karkov (2007a) 145; Binski—Zutshi (2011) 8–9; O'Reilly (2011) 217; R. Gameson (2012c) 289 n. 139

FACS: Steger (1961) pl. 12 [fol. 1v (4v)]; F. Wormald (1984) ills. 51, 64–5, 78 [fols. 5r, 13v, 37v, 208v]; R. Gameson (1991) figs. 9, 11 [fols. 29v, 208v]; Budny (1992) pls. 33–4 [fols. 88r, 171r]; Binski—Panayotova (2005) 71 [fol. 88r]; M.P. Brown (2007a) pl. 102 [fol. 5r]; Binski—Zutshi (2011) 9 [fol. 4r], colour pls. V.5 [fol. 5r], VI.5 [fol. 88r], VII.5 [fol. 171r]; Owen-Crocker (2009) fig. 6.2 [fol. 5r]; R. Gameson (2012) pl. 21.3 [fol. 249v]

ED: Hardwick (1854) 267–70 [litany]; Wildhagen (1910) 1–537 [base MS (= C) for Psalterium Romanum and canticles and OE gloss]; Weber

(1953) [Psalterium Romanum coll. as C]; Lapidge (1991a) 93–7 [litany]; Pulsiano (2001a) [Latin and OE gloss to Pss. I-L coll. as C]

LANG: A. Campbell (1967a) 81–92; Bierbaumer (1977a); Hofstetter (1982) 460–1; Dance (2004) 35–6 n. 29

ST: Wildhagen (1913) 466–71; Gjerløw (1961) 144; Pulsiano (1998b) 105 n. 1; Boynton (1999) 237 n. 162 [collation with Paris, BNF, fr. 103]; Pulsiano (2000) 167; Rosenthal (2007) 24 n. 24

5. Cambridge, University Library, Ff. 2. 33, fols. i, ii, vi and vii

s. xi ex., Bury St Edmunds

Contents: *Concilium Africanum* [A.D. 424–5] [*CPL* 1765g] (f)

MS: T.A.M. Bishop (1949–53) 434; R.M. Thomson (1972) 625–6; Clemoes (1985) no. 28; Laing (1993) 43–4; R. Gameson (1999a) no. 21

LANG: Laing (1993) 44

6. Cambridge, University Library, Ff. 3. 9

s. xi ex., Canterbury CC

Contents: Hiezechiel (excerpt); Gregory, *Homiliae in Hiezechielem* [*CPL* 1710]

MS: Hardwick—Luard (1856–67) II.414; Dodwell (1954) 17, 120; N.R. Ker (1960) 14–15; Clemoes (1985) no. 12; R. Gameson (1995a) 117–18 nn. 77, 79, 134 n. 150, 142; R. Gameson (1999a) no. 22; T.N. Hall (2001) 132 [no. 5]; Binski—Zutshi (2011) 12–13 [no. 9]

DEC: Dodwell (1954) 17; R. Gameson (1995a) 117 n. 44; Binski—Zutshi (2011) 12

FACS: Dodwell (1954) pl. 11 (b) [fol. 56r]; Binski—Zutshi (2011) 13 [fol. 2r], colour pl. VIII.9 [fol. 56r]

7. Cambridge, University Library, Ff. 4. 42

s. ix^2 and x, Wales, prov. s. x/xi W. England

Contents: three brief prose texts; hymn [SK 10920], s. x; Iuvencus, *Euangelia* [*CPL* 1385], s. ix^2, with Welsh, Irish and Latin glosses, s. x^1, and Latin glosses, s. x/xi [*BCLL* 89]; Welsh verses, s. x^1; grammatical notes [*BCLL* 84]; sequence [*BCLL* 120]; poems [*BCLL* 81] (partly illegible), s. ix^2

MS: Hardwick—Luard (1856–67) II.473; W. Stokes (1860) 204; Bradshaw (1889) 455; Lindsay (1912a) 16–18 [no. 4]; T.A.M. Bishop (1964–8c) 258; Bischoff (1966–81) II.258; T.A.M. Bishop (1971) no. 21; Korhammer (1980) 30; Rella (1980) 72; Lapidge (1982a) 108, 111–13 [repr. Lapidge (1996b) 471, 475–8]; Oates (1982) 81–7; R.M. Thomson (1982b) 4–5; Clemoes (1985) no. 34; DeBrún—Herbert (1986) xii, 108–9; Dumville (1987) 160 n. 63; Harvey (1991) 181, 190–1, 193; Milfull (1996) 66; Huws (2000) 9, 67; McKee (2000a); R. Gameson (2012a) 43 n. 112, 66 and n. 228; McKee (2012a) 169 and n. 8

FACS: McKee (2000c) [complete facsimile]; Lindsay (1912a) pls. VI–VII [fols. 1r, 7v]; Lapidge (1982a) pl. I [fo. 2v] [repr. Lapidge (1996b) 476]; M. Irvine (1994) 373 [fol. 6r]

ED: W. Stokes (1860) [base text for Latin and Old Welsh glosses]; McKee (2000b); Haddan—Stubbs (1869–71) I.198 [Latin biblical glosses], 622–3 [sequence]; Bayless—Lapidge (1998) 260 [prose note on the evangelists, fol. 1r]; Dronke (2005) 25–6 [sequence]

LANG: Lindsay (1912a) 16–18 [on spelling and syntax marks]

ST: W. Stokes (1860) 204–49; W. Stokes (1873); Dronke (1981) 225–7 [sequence]; *BCLL* (1985) nos. 81, 84, 89, 120; Lapidge (1986c) 97–101; Lapidge (1988–9) 444 n. 4; Harvey (1991) 181–97; Wieland (1998) 16 n. 23; McKee (2000a); Dronke (2005) 14–24 [sequence]; Howlett (2007); Charles-Edwards (2012) 400 and n. 59; McKee (2012b) 342 and n. 15

8. Cambridge, University Library, Ff. 4. 43

s. x$^{4/4}$, Canterbury CC

Contents: Smaragdus of Saint-Mihiel, *Diadema monachorum*

MS: Hardwick—Luard (1856-67) II.473–4; Rochais (1953) 252–3 n. 3; T.A.M. Bishop (1959–63a) 94; T.A.M. Bishop (1959–63b) 414, 421; N.R. Ker (1964) 29–30; T.A.M. Bishop (1971) xxv, 6; Clemoes (1985) no. 24; O'Brien O'Keeffe (1985) 65; Dumville (1992a) 47; Dumville (1993g) 18 n. 53, 99, 101–3; Graham (1998a) 25; Wieland (2009) 140; R. Gameson (2012b) 109 and n. 55, 111 n. 65; Rushforth (2012) 204 and n. 48

FACS: T.A.M. Bishop (1959–63b) pls. XIII (a) [fol. 28r], XIV (a) [fol. 26v]

ST: Rädle (1974) 52 n. 112 [erroneously records this MS as a copy of Smaragdus, *Comm. in Donatum*]

9. Cambridge, University Library, Ff. 5. 27, fol. 1

s. vii/viii, Monkwearmouth-Jarrow

Contents: Psalterium Romanum (f; Ps. XC.7–XCII.5)

MS: T.A.M. Bishop (1949–53) 433; T.A.M. Bishop (1954); Lowe (1960) 19; Bischoff (1966-81) II.330; *CLA* Supplement (1971) no. 1682; G. Henderson (1982) 1–2; Parkes (1982) 4, 5, 17, 22 [repr. Parkes (1991a) 96, 97, 112, 118]; Clemoes (1985) no. 7; Dumville (1999) 69; Wieland (2009) 117

DEC: G. Henderson (1982) 4–5, 46 n. 4

FACS: T.A.M. Bishop (1954) pl. 1; Lowe (1960) pl. XIV; G. Henderson (1982) pl. 1

ST: D.H. Wright (1961a) 445; Pulsiano (1998b) 105 n. 3; Pulsiano (2001a) xxvii

11. Cambridge, University Library, Gg. 3. 28

s. x/xi, Cerne? (prov. Durham)

Contents: Ælfric, *Catholic Homilies* (First and Second Series)*, *De temporibus anni**; *Pater noster**; Apostles' Creed*; Niceno-Constantinopolitan Creed*; prayers*; Ælfric, *De paenitentia**, Pastoral Letter I* (incomplete); *Admonitions in Lent*

MS: Hardwick—Luard (1856–67) III.71–82; Fehr (1914/1966) xvi, cxxxii; Mynors (1939) no. 19; K. Sisam (1953a) 165–70; N.R. Ker (1957) no. 15; N.R. Ker (1964) 61; Pope (1967) I.34–5; Godden (1979) xliii; Clemoes (1985) no. 45; Doyle (1988) 217 n. 57; Dumville (1988) 54, 59, 62–3; Dumville (1992a) 107–8; Clemoes (1994a) 347; Clemoes (1997) 24–5, 68–9; Swan (2000b) 62, 64; Acker (2004) 127–8; Dance (2004) 34 n. 24; Godden (2004) 366 n. 52; *ASMMF* XVII (2008) 1–20 [no. 95; Wilcox]; M. Blake (2009) 15–18; Graham (2009) 201; Scragg (2009b) 80; R. Gameson (2012b) 115 n. 83; Raw (2012) 460 and n. 5; Scragg (2012a) nos. 230–6

FACS: *ASMMF* XVII (2008) no. 95 [complete facsimile]; Godden (1979) frontispiece [fol. 225v]; M. Blake (2009) pls. 1–2 [fols. 255r, 259r]

LANG: Godden (1979) lxxviii–lxxxii; Hofstetter (1987) 38–66; Scragg (2006)

ED [the order of the following items is that of the manuscript, listed according to Ker's numbering of individual articles (see N.R. Ker (1957) 13–20); only the most recent editions are cited]:

(Catholic Homilies, First Series)
arts. 1–2: Clemoes (1997) 173–7 [base MS (= K) for Ælfric's prefaces (Latin and English)]
art. 3: Clemoes (1997) 178–89 [Hom. I (*De initio creaturae*) coll. as K]
art. 4: Clemoes (1997) 190–7 [Hom. II (Christmas) coll. as K]
art. 5: Clemoes (1997) 198–205 [Hom. III (St Stephen) coll. as K]
art. 6: Clemoes (1997) 206–16 [Hom. IV (Assumption of St John the Evangelist) coll. as K]
art. 7: Clemoes (1997) 217–23 [Hom. V (Holy Innocents) coll. as K]
art. 8: Clemoes (1997) 224–31 [Hom. VI (Circumcision of the Lord) coll. as K]
art. 9: Clemoes (1997) 232–40 [Hom. VII (Epiphany) coll. as K]
art. 10: Clemoes (1997) 241–8 [Hom. VIII (Third Sunday after Epiphany) coll. as K]
art. 11: Clemoes (1997) 249–57 [Hom. IX (Purification of B.V.M.) coll. as K]
art. 12: Clemoes (1997) 258–65 [Hom. X (Quinquagesima Sunday) coll. as K]
art. 13: Clemoes (1997) 266–74 [Hom. XI (First Sunday in Lent) coll. as K]
art. 14: Clemoes (1997) 275–80 [Hom. XII (Sunday in Mid-Lent) coll. as K]
art. 15: Clemoes (1997) 281–9 [Hom. XIII (Annunciation of B.V.M.) coll. as K]
art. 16: Clemoes (1997) 290–8 [Hom. XIV (Palm Sunday) coll. as K]
art. 17: Clemoes (1997) 299–306 [Hom. XV (Easter Sunday) coll. as K]
art. 18: Clemoes (1997) 307–12 [Hom. XVI (First Sunday after Easter) coll. as K]
art. 19: Clemoes (1997) 313–16 [Hom. XVII (Second Sunday after Easter) coll. as K]
art. 20: Clemoes (1997) 317–24 [Hom. XVIII (*In letania maiore*) coll. as K]
art. 21: Clemoes (1997) 325–34 [Hom. XIX (*Feria .III. De dominica oratione*) coll. as K]
art. 22: Clemoes (1997) 335–44 [Hom. XX (*Feria .IIII. De fide catholica*) coll. as K]
art. 23: Clemoes (1997) 345–53 [Hom. XXI (Ascension Day) coll. as K]
art. 24: Clemoes (1997) 354–64 [Hom. XXII (Pentecost) coll. as K]
art. 25: Clemoes (1997) 365–70 [Hom. XXIII (Second Sunday after Pentecost) coll. as K]

art. 26: Clemoes (1997) 371–8 [Hom. XXIV (Third Sunday after Pentecost) coll. as K]

art. 27: Clemoes (1997) 379–87 [Hom. XXV (St John the Baptist) coll. as K]

art. 28: Clemoes (1997) 388–99 [Hom. XXVI (SS. Peter and Paul) coll. as K]

art. 29: Clemoes (1997) 400–9 [Hom. XXVII (St Paul) coll. as K]

art. 30: Clemoes (1997) 410–17 [Hom. XXVIII (Eleventh Sunday after Pentecost) coll. as K]

art. 31: Clemoes (1997) 418–28 [Hom. XXIX (St Laurence) coll. as K]

art. 32: Clemoes (1997) 429–38 [Hom. XXX (Assumption of B.V.M.), lines 151–273, coll. as K (lines 1–150 are lacking in this MS)]

art. 33: Clemoes (1997) 439–50 [Hom. XXXI (St Bartholomew) coll. as K]

art. 34: Clemoes (1997) 451–8 [Hom. XXXII (Decollation of John the Baptist) coll. as K]

art. 35: Clemoes (1997) 459–64 [Hom. XXXIII (Seventeenth Sunday after Pentecost) coll. as K]

art. 36: Clemoes (1997) 465–75 [Hom. XXXIV (Dedication of the Church of St Michael) coll. as K]

art. 37: Clemoes (1997) 476–85 [Hom. XXXV (Twenty-first Sunday after Pentecost) coll. as K]

art. 38: Clemoes (1997) 486–96 [Hom. XXXVI (All Saints) coll. as K]

art. 39: Clemoes (1997) 497–506 [Hom. XXXVII (St Clement) coll. as K]

art. 40: Clemoes (1997) 507–19 [Hom. XXXVIII (St Andrew) coll. as K]

art. 41: Clemoes (1997) 520–3 [Hom. XXXIX (First Sunday in Advent) coll. as K]

art. 42: Clemoes (1997) 524–30 [Hom. XL (Second Sunday in Advent) coll. as K]

(Catholic Homilies, Second Series)

art. 43: Godden (1979) 1–2 [base MS (= K) for Ælfric's prefaces (Latin and English)]

art. 44: Godden (1979) 3–11 [base MS (= K) for Hom. I (Christmas)]

art. 45: Godden (1979) 12–18 [base MS (= K) for Hom. II (St Stephen)]

art. 46: Godden (1979) 19–28 [base MS (= K) for Hom. III (Epiphany)]

art. 47: Godden (1979) 29–40 [base MS (= K) for Hom. IV (Second Sunday after Epiphany)]

art. 48: Godden (1979) 41–51 [base MS (= K) for Hom. V (Septuagesima Sunday)] art. 49: Godden (1979) 52–9 [base MS (= K) for Hom. VI (Sexagesima Sunday)]

art. 50: Godden (1979) 60–6 [base MS (= K) for Hom. VII (First Sunday in Lent)]

art. 51: Godden (1979) 67–71 [base MS (= K) for Hom. VIII (Second Sunday in Lent)]

art. 52: Godden (1979) 72–80 [base MS (= K) for Hom. IX (St Gregory)]

art. 53: Godden (1979) 81–91 [base MS (= K) for Hom. X (St Cuthbert)]

art. 54: Godden (1979) 92–109 [base MS (= K) for Hom. XI (St Benedict), except for lines 24–110]

art. 55: Godden (1979) 110–26 [base MS (= K) for Hom. XII (Sunday in Mid-Lent)]

art. 56: Godden (1979) 127–36 [base MS (= K) for Hom. XIII (Fifth Sunday in Lent)]

art. 57: Godden (1979) 137–49 [base MS (= K) for Hom. XIV (Palm Sunday)]

art. 58: Godden (1979) 150–60 [base MS (= K) for Hom. XV (Easter Sunday)]

arts. 59–60: Godden (1979) 161–8 [base MS (= K) for Hom. XVI (Another Sermon for Easter Sunday)]

arts. 61–2: Godden (1979) 169–73 [base MS (= K) for Hom. XVII (SS. Philip and James)]

art. 63: Godden (1979) 174–6 [base MS (= K) for Hom. XVIII (Discovery of the Holy Cross), lines 1–61]

art. 64: Godden (1979) 176–9 [base MS (= K) for Hom. XVIII (SS. Alexander, Eventius and Theodolus), lines 62–156]

art. 65: Godden (1979) 180–9 [base MS (= K) for Hom. XIX (*Feria. .II. in Letania maiore*)]

art. 66: Godden (1979) 190–8 [base MS (= K) for Hom. XX (*Feria .III. in Letania maiore*)]

art. 67: Godden (1979) 199–203 [base MS (= K) for Hom. XXI (Vision of Dryhthelm from Bede, *HE* V.xii), lines 1–137]

art. 68: Godden (1979) 204–5 [base MS (= K) for Hom. XXI (*Hortatorius sermo*), lines 138–80]

art. 69: Godden (1979) 206–12 [base MS (= K) for Hom. XXII (*Feria .IIII. in Letania maiore*)]

art. 70: Godden (1979) 213–17 [base MS (= K) for Hom. XXIII (Third Sunday after Pentecost), lines 1–125]

art. 71: Godden (1979) 217–20 [base MS (= K) for Hom. XXIII (*Alia narratio*), lines 126–20]

art. 72: Godden (1979) 221–9 [base MS (= K) for Hom. XXIV (St Peter)]
art. 73: Godden (1979) 230–4 [base MS (= K) for Hom. XXV (Eighth Sunday after Pentecost)]
art. 74: Godden (1979) 235–40 [base MS (= K) for Hom. XXVI (Ninth Sunday after Pentecost)]
art. 75: Godden (1979) 241–7 [base MS (= K) for Hom. XXVII, lines 1–181 (St James)]
art. 76: Godden (1979) 247–8 [base MS (= K) for Hom. XXVII, lines 182–231 (The Seven Sleepers of Ephesus)]
art. 77: Godden (1979) 249–54 [base MS (= K) for Hom. XXVIII (Twelfth Sunday after Pentecost)]
art. 78: Godden (1979) 255–9 [base MS (= K) for Hom. XXIX (Assumption of B.V.M.)]
art. 79: Godden (1979) 260–7 [base MS (= K) for Hom. XXX (First Sunday in September)]
art. 80: Godden (1979) 268–71 [base MS (= K) for Hom. XXXI (Sixteenth Sunday after Pentecost), lines 1–107]
art. 81: Godden (1979) 271, lines 1–10 [base MS (= K) for second part of Hom. XXXI (St Mary)]
art. 82: Godden (1979) 272–9 [base MS (= K) for Hom. XXXII (St Matthew)]
art. 83: Godden (1979) 280–7 [base MS (= K) for Hom. XXXIII (SS. Simon and Jude)]
art. 84: Godden (1979) 288–97 [base MS (= K) for Hom. XXXIV, lines 1–332 (St Martin)]
art. 85: Godden (1979) 297–8 [base MS (= K) for *Excusatio dictantis*]
art. 86: Godden (1979) 299–303 [base MS (= K) for Hom. XXXV (Feast of an Apostle)]
art. 87: Godden (1979) 304–9 [base MS (= K) for Hom. XXXVI (Feast of Several Apostles)]
art. 88: Godden (1979) 310–17 [base MS (= K) for Hom. XXXVII (Feast of Holy Martyrs)]
art. 89: Godden (1979) 318–26 [base MS (= K) for Hom. XXXVIII (Feast of a Confessor)]
art. 90: Godden (1979) 327–34 [base MS (= K) for Hom. XXXIX (Feast of Holy Virgins)]
art. 91: Godden (1979) 335–45 [base MS (= K) for Hom. XL (Dedication of a Church)]
art. 92: Godden (1979) 345 [base MS (= K) for *Oratio*]

(other Ælfrician works)
art. 93: Henel (1942a) 2–82, even pages [base MS (= G) for *De temporibus anni*]; M. Blake (2009) 76–96 [base text (= G) for *De temporibus anni*]
art. 94: Thorpe (1844–6) II.596–600 [base text for OE *Pater noster*, Creeds, etc.]
art. 95: Thorpe (1844–6) II.602–8 [base text for *De paenitentia*]
art. 96: Thorpe (1844–6) II.608 [base text for *Admonitions in Lent*]
art. 97: Fehr (1914/1966) 1–34 [base text (= Gg) for Pastoral Letter I]
ST: Pope (1931); Willard (1950); Harlow (1959); Collins—Clemoes (1974) 319–21; Korhammer (1976) 151; Bzdyl (1977) 98–102; Dumville (1992a) 107–8 n. 71; Clemoes (1994a) 350–1; J. Hill (1996) 244; S. Irvine (2000) 54–5; Proud (2000) 120–1, 126; Scragg (2012b) 558

11. 5. Cambridge, University Library, Gg. 4. 15, fols. 1–108

s. xi/xii (prov. Eynsham)

Contents: Bede, *Super Epistulas catholicas expositio* [*CPL* 1362]
MS: Hardwick—Luard (1856–67) III.160; R. Gameson (1999a) no. 27

11. 8. Cambridge, University Library, Gg. 4. 28

s. xi/xii

Contents: Jerome, *Comm. in Prophetas minores* (Osee, Amos, Ionas, Abdias, Micha, Naum) [*CPL* 589]; account of a *libellus* by Athanasius
MS: Hardwick—Luard (1856–67) III.174–5; R. Gameson (1999a) no. 28; R. Gameson (2012a) 46 n. 144
ST: Lambert (1969–72) no. 216

12. Cambridge, University Library, Gg. 5. 35

s. xi med., Canterbury StA?, (prov. ibid.)

Contents: Iuvencus, *Euangelia* [*CPL* 1385], with glosses; Sedulius, *Carmen paschale* [*CPL* 1447], with glosses from commentary by Remigius; Sedulius, *Hymni* [*CPL* 1449]; poems on Sedulius [SK 15784, 14842, 14841]; Arator, *Historia apostolica* [*CPL* 1504], with glosses; poems on Arator [SK 17136, 177]; Prosper of Aquitaine, *Epigrammata ex sententiis S. Augustini* [*CPL* 526], preceded by prefatory poem [SK 5836]; Prosper, *Versus ad coniugem* [*CPL* 531; SK 458]; Prudentius, *Psychomachia* [*CPL* 1441], with glosses; Prudentius, *Dittochaeon* [*CPL* 1444]; Lactantius, *De aue Phoenice* [*CPL* 90; SK 4500];

Boethius, *De consolatione Philosophiae* [*CPL* 878], with commentary by Remigius; Hrabanus Maurus, *De laudibus S. Crucis*; Hucbald of Saint-Amand, *De harmonica institutione*; Aldhelm, *Carmen de uirginitate* [*CPL* 1333]; Milo, *Carmen de sobrietate* [SK 12570]; Fredegaud/Frithegod of Canterbury and Brioude, 'Ciues celestis patrie' (lapidary poem) [SK 2326]; Latin hymns and poems [SK 1409a (by Wulfstan Cantor?), 10856 (from Prudentius, *Hamartigenia* 931–66), 11339, 17765, 12551 (Eugenius of Toledo (?) *Heptametron de primordio mundi*), 14640 (*Sancte sator*), 6687, 10204, 2086a, 16284, 14633, 10905, 2593, 16044]; Abbo of Saint-Germain-des-Prés, *Bella Parisiacae urbis*, bk. III; Hucbald of Saint-Amand, *Ecloga de caluis* [SK 1949]; Eusebius, *Aenigmata* [*CPL* 1342]; Tatwine, *Aenigmata* [*CPL* 1564]; Boniface, *Aenigmata* [*CPL* 1564a]; Symposius, *Aenigmata* [*CPL* 1518]; Aldhelm, *Enigmata* [*CPL* 1335], with glosses; pseudo-Smaragdus (pseudo-Alcuin), two monitory poems for a prince [SK 7810, 10988]; *Versus (cuiusdam Scotti) de alphabeto* [SK 12594]; *Disticha Catonis*; pseudo-Columbanus (pseudo-Alcuin), *Praecepta uiuendi* [SK 5960]; Bede, *Versus de die iudicii* [*CPL* 1370]; Bede, *Aenigmata* [SK 11204]; Oswald of Ramsey, Latin poem 'On composing verse' [SK 2086a]; Hisperic poems: *Rubisca* [SK 11608; *BCLL* 314]; *Adelphus adelphe* [SK 251; *BCLL* 897]; Greek alphabet and prayers; *Versus in Symbolum* [SK 2593]; medical verses [SK 3618, 11969] and excerpts, mainly from pseudo-Soranus (*Quaestiones medicinales*) and 'Petrocellus' (*Practica Petrocelli*); *Bibliotheca magnifica de sapientia* [SK 9505]; the 'Cambridge Songs' [fifty Latin poems – including five extracts from Statius, Vergil, and Horace – and two macaronic poems in mixed Latin and Old High German], also including twenty-seven extracts from the metres of Boethius, *De consolatione Philosophiae*, and seven Latin religious poems]; poem by pseudo-Vergil [SK 16845]

MS: Hardwick—Luard (1856–67) III.201–5; Ehwald (1919) 50–2, 220–1, 334–5; Weinberger (1934) xvi; McKinlay (1942) 39–41 [no. 66]; Beccaria (1956) no. 70; Lapidge (1975a) 75–6, 84–5, 100 n. 2 [repr. Lapidge (1993a) 113–14, 122–3, 138 n. 2]; Rigg—Wieland (1975) [full list of contents: pp. 120–9]; Bolton (1977a) 54–5; Munk Olsen (1980) no. 83; Fenlon (1982) no. 6; Lapidge (1982a) 99, 103, 105, 108, 113–15, 127 [repr. Lapidge (1996b) 455, 462, 466, 472, 479, 485, 498]; Gibson et al. (1983) 143–7; Clemoes (1985) no. 40; Bischoff (1986) 125; Oates (1986) 413–15; Lapidge (1988a) 49 [repr. Lapidge (1993a) 161]; P.R. Robinson (1988) I, no. 44; Lapidge (1992b) 104, 106–7 [repr. Lapidge (1993a) 94, 96–7]; Vaciago (1993) 4 [no. 9]; Gibson et al. (1995–2001)

I.40–1 [no. 5]; Springer (1995) 43–5; Bergmann (1996) 565 and n. 31; Gwara (1996a) 93 n. 41; Lendinara (1996) 618 n. 7, 623, 625, 638; Wieland (1997a) 170; Knappe (1998) 15 n. 44; Lapidge (1998) 32; Gretsch (1999a) 186; Gneuss (2000–3) 156–9; *ASMMF* IX (2001) 1–31 [no. 96; Doane]; Karkov (2001a) 115 n. 3; R.I. Page (2001) 239–40; J. Schneider (2003) 297–9; Lapidge (2004a) 141 and n. 21, 142; Lapidge (2004b) 441 n. 6, 445–6; Dronke (2005b) 402–4; R. Gameson (2005a) 65, 68, 69, 71 n. 2, 73 nn. 27 and 32; Hartzell (2006) no. 13; Chardonnens (2007b) 545–6; Toswell (2007) 211; Barker-Benfield (2008) I.50, 53, 54–5, 229–30, 235, 255, 262, 279, 366, 367, 559–60, 595, 610, 614, II.890, 928, 982–3, 1013–14, 1111, 1356–7, 1373, 1374–5, 1376, 1377, 1378, 1379, 1381, 1389, 1392, 1394, 1395, 1396, 1402, 1404–5, 1498, III.1675, 1676, 1680, 1701, 1709–14, 1716, 1752, 1754, 1758, 1764, 1766, 1785, 1817; Petruccione (2008) 232 and n. 9; Graham (2009) 178; Wieland (2009) 143, 148, 149, 150–1, 156; Banham (2011) 342–3; Binski–Zutshi (2011) 9–11 [no. 6]; R. Gameson (2012a) 83 n. 298; R. Gameson (2012d) 362 and n. 75; Lapidge (2012b) 23, 32; Rankin (2012) 505 n. 113, 506 n. 117; Scragg (2012a) no. 237

DEC: Ohlgren (1986) no. 224; R. Gameson (1991) 71 n. 68; R. Gameson (1995b) 11–12; R. Gameson (2005a) 71 n. 2, 73 n. 31; Binski–Zutshi (2011) 10

FACS: Breul (1915) twenty plates [fols. 432r–441v]; Rigg–Wieland (1975) pl. I [fol. 53r]; Gibson et al. (1983) pls. IV [fol. 441r], V [*olim* fol. 442r], VI [*olim* fol. 442v]; Ohlgren (1986) pls. 48–50 [fols. 211r, 218v, 225r]; M. Irvine (1994) 359 [fol. 86r]; Huglo (1987) pls. XXIV–XXV [fols. 264r, 266v]; *ASMMF* IX (2001) no. 96; Binski–Zutshi (2011) 10 [fols. 1r, 211r]

ED: Giles (1851) 49 [*Versus in Symbolum* (SK 2593) from this MS], 50–3 [*Bibliotheca magnifica de sapientia* (SK 9509) from this MS]; Von Winterfeld (1899) 116–21 [Abbo of Saint-Germain, *Bella Parisiacae urbis*, bk. III, coll. as C]; Tupper (1904–5) [Bede, *Aenigmata*, from this MS]; Ehwald (1919) 97–149 [Aldhelm, *Enigmata*, coll. as C], 350–471 [Aldhelm, *Carmen de uirginitate*, coll. as C]; Strecker (1926) ['Cambridge Songs' from this MS, fols. 432r–441v]; McKinlay (1951) [Arator, *Historia apostolica*, coll. as C]; Lapidge (1975a) 103–5 [base text for glossarial poems of medical terminology from Canterbury, fols. 422v–423r], 106–7 [base text for Oswald of Ramsey, 'On composing verse', fol. 419r] [repr. Lapidge (1993a) 141–3, 144–5]; Lapidge (1982a) 104 [base text for *Disticha Catonis* I.1–3], 107 [base text for

Prosper, *Epigrammata*, fol. 127r], 110–11 [base text for Iuvencus, *Euangelia* i.1–12, fol. 1v], 115 [base text for *Commentum super Sedulium*, i.1–5, from fol. 53v; all with glosses] [repr. Lapidge (1996b) 463, 469, 474–5, 481]; Dronke et al. (1982) 59–65 [Wulfstan, 'Aula superna poli', fols. 362v–363r], 66–8 ['Terrigenae bene nunc laudent'], 68–74 ['Turgens in terra'], 79–84 [Sapphic stanzas 'Alme facture'], 84–8 ['Dauid regis inclita proles'], 88–92 ['Dauid uates Dei'], 92–4 ['Virgo Dei genitrix']; M.L. Cameron (1983) 154 [incipits for medical items, fols. 423r, 425–31, 445v–446r]; Kitson (1983) 115–20 ['Ciues celestis patrie' coll. as C]; Herren (1987) 94–103 [*Rubisca* coll. as Ca], 104–11 [*Adelphus adelphe* coll. as Ca]; Ziolkowski (1994) [the 'Cambridge Songs' from this MS, fols. 432r–441v]; Bergamin (2005) [Symposius, *Aenigmata*, coll. as g]; Dronke (2005b) 403 ['Cambridge Songs' no. 40], 404 ['Cambridge Songs' no. 27]; Gretsch—Gneuss (2005) 10–14 [*Sancte sator* coll. as G]

ST: Rigg—Wieland (1975); Korhammer (1980) 36; Dronke et al. (1982); Gibson et al. (1983); Kitson (1983) 109–23 [on 'Ciues celestis patrie']; Wieland (1983) [glosses to Arator and Prudentius]; Bradley (1984); Bradley (1985); R.I. Page (1992a); *CPPM* II, no. 3216b [*Praecepta uiuendi*]; M. Irvine (1994) 358–64; M.P. Brown (1996) 138; Knappe (1996) 197–201 [on *Bibliotheca magnifica*]; Wieland (1998) 4–6, 17 n. 27, 19 n. 48, 20 n. 50; *CSLMA* II (1999) 76, 357; Gretsch (1999a) 186; Lapidge (2004a) 140–3 [on 'Ciues celestis patrie']; Hartzell (2006) no. 13 [neumes]; Alcamesi (2007) 154–6, 166–8 [on glosses to *Disticha Catonis*]; Lendinara (2007a) 80; Maion (2007) 505–6, 511–12 [medical texts]; Wittig (2007) 188 [glosses on Boethius]; Ziolkowski (2007) 43 n. 13, 101–2 *et passim*; Petruccione (2008) 232–3, 234–6; Lendinara (2010) 120–1; D'Aronco (2011) 232–3; Godden (2011) 92; Jayatilaka (2011) 105, 106, 107–8, 117; Lendinara (2011a) 487 and n. 42; Gwara (2012) 519–20; Lapidge (2012b) 23–6, 31–5

13. Cambridge, University Library, Hh. 1. 10

s. xi$^{3/4}$, Exeter

Contents: Ælfric, *Grammar*$^{+*}$ and *Glossary*$^{+*}$

MS: Hardwick—Luard (1856–67) III.261–4; T.A.M. Bishop (1954–8a) 192, 194; N.R. Ker (1957) no. 17; T.A.M. Bishop (1971) no. 28; Drage (1978) 337–9; Sauer (1978) 36, 93; Clemoes (1985) no. 42; P.R. Robinson (1988) I, no. 48; Conner (1993) 3; R.I. Page (1993a) 10; R. Gameson (1996b) 144 n. 28; Treharne (2003) 161; *ASMMF* XVI

(2008) 61–4 [no. 97; Lucas]; Menzer (2004) 104–7; Treharne (2007b) 17; Graham (2009) 187, 200–1, 202; Scragg (2012a) nos. 239–44

FACS: *ASMMF* XVI (2008) no. 97

LANG: T. Hunt (1991) I.100, 111–18 [French glosses]

ED: Zupitza (1880/2001) [Ælfric, *Grammar* and *Glossary*, coll. as U]; Menzer (2004) 106 [glosses on fol. 67r], 108 [part of fol. 72r]

ST: Buckalew (1978) 153–64

13. 5. Cambridge, University Library, Ii. 2. 1

s. xi/xii or xii in., Canterbury CC

Contents: Priscian *Institutiones grammaticae* (bks. I–XVIII, incomplete) [*CPL* 1546] with gloss; Priscian (?), *De accentibus* [*CPL* 1552] (f)

MS: Hardwick—Luard (1856–67) III.371; N.R. Ker (1964) 30; Gibson (1972) 108; Passalacqua (1978) no. 92; Bursill-Hall (1981) 47 [no. 44.16]; Clemoes (1985) no. 41; Gibson (1993b) 125 and n. 12, 245 and nn. 49, 50; R. Gameson (1999a) no. 30; Barker-Benfield (2008) I.xcv n. 91, II.1335, 1377, III.1820–1; R. Gameson (2008) 69–70; Binski—Zutshi (2011) 15–16 [no. 13]

DEC: Binski—Zutshi (2011) 15–16

FACS: Binski—Zutshi (2011) 16 [fol. 3r]

14. Cambridge, University Library, Ii. 2. 4

s. xi$^{3/4}$, Exeter

Contents: Gregory (Alfred), *Regula pastoralis**

MS: Hardwick—Luard (1856–67) III.372–3; T.A.M. Bishop (1954–8a) 198; N.R. Ker (1957) no. 19; Horgan (1973); A.F. Cameron (1974) 222; Drage (1978) 340–1; Sauer (1978) 93; Horgan (1981); Clemoes (1985) no. 44; Horgan (1986) 119–24; P.R. Robinson (1988) I, no. 54; Robinson—Stanley (1991) 21; Conner (1993) 3–4; Graham (1991–5b); R. Gameson (1996b) 144 with n. 29; Schreiber (2003) 62–4 *et passim*; Treharne (2003) 161; Treharne (2007b) 17; R. Gameson (2012b) 114 n. 82; Gullick (2012) 298 and n. 24, 299 n. 30; Scragg (2012a) no. 245

DEC: Graham (1991–5b) 636

FACS: P.R. Robinson (1988) II, pl. 21 [fol. 70r]; Robinson—Stanley (1991) pls. 6.1.1.1–2 [fols. 6v–7r]

ED: Carlson (1975) [*Pastoral Care* coll. as I.2]; Carlson (1978) [*Pastoral Care* coll. as I.2]; Schreiber (2003) 191–453 [parts of *Pastoral Care* coll. as U]

ST: R.I. Page (1993a) 103–4; R. Gameson (1998) 242 n. 45

15. Cambridge, University Library, Ii. 2. 11 (with Exeter, Cathedral Library, 3501 (the 'Exeter Book'), fols. 0–7)

s. xi$^{3/4}$, Exeter

Contents: records^{+*} (s. xi/xii and later); inventory of Leofric's donations to Exeter*; donation inscription^{+*}; gospels with pericope rubrics*; Gospel of Nicodemus*; *Vindicta Saluatoris**

MS: Hardwick—Luard (1856-67) III.384; Bosworth—Waring (1865) xiii–xiv [gospels]; Skeat (1871) vi–vii [gospels]; Bright (1904–6) I.xix–xx [gospels]; Förster (1933a); Förster (1933b); T.A.M. Bishop (1954–8a) 193, 196; N.R. Ker (1957) no. 20; N.R. Ker (1964) 82; N.R. Ker (1962–92) II.807; Morrell (1965) 183–4 [gospels]; Grünberg (1967) 20–8; Gibson (1972) 108; Metzger (1977) 449 [gospels]; Drage (1978) 342–6; Sauer (1978) 93; Scragg (1979) 259; Clemoes (1985) no. 6; P.R. Robinson (1988) I, no. 55; Liuzza (1988) 75–80; Pelteret (1990) nos. 91–134 [list of records]; Dumville (1992a) 120; Conner (1993) 3, 13, 239, 241, 243–4, 249; R.I. Page (1993a) 105; Graham (1991–5a) [donation inscription]; Lapidge (1994b) 133–5, 137; Liuzza (1994–2000) I. xvii–xx; Pelteret (1995) xv–xvi [manumissions]; R. Gameson (1996b) 144; Lenker (1997) 17–18; Parkes (1997b) 124 and n. 105; Rushforth (2001) 142; Treharne (2003) 161; R.M. Butler (2004) 174; N.M. Thompson (2004) 61; J. Hill (2005a) 85–6; Biggs (2007a) 30 [Biggs, Morey]; Treharne (2007b) 17; R. Gameson (2012a) 46 n. 142, 73 and n. 249; Scragg (2012a) nos. 246–64

FACS: P.R. Robinson (1988) II, pl. 22 [fol. 2r]; Brantley (1999) pl. III [fols. 31v–32r]

ED: Thorpe (1842) [base MS (= A) for gospels]; Skeat (1871–87) [gospels coll. as A]; Tupper (1895) [rubrics to gospels coll. as A]; Hulme (1903–4) 591–610 [Gospel of Nicodemus coll. as A]; Bright (1904–6) [gospels coll. as A]; Grünberg (1967) [base MS for gospels]; T.P. Allen (1968) [base MS for Gospel of Nicodemus]; Liuzza (1994–2000) vol. I [gospels coll. as A]; Cross (1996b) [base MS for Gospel of Nicodemus and *Vindicta Saluatoris*]

LANG: Korhammer (1976) 164, 166

ST: K. Sisam (1953a) 145, 202; H.C. Kim (1973); Gneuss (1985) 106–7; Rosenthal (1992) 147; Lapidge (1994b) 133 [booklist]; Cross (1996c) [Gospel of Nicodemus and *Vindicta Saluatoris*]; T.N. Hall (1996) [Gospel of Nicodemus and *Vindicta Saluatoris*]; Lenker (1999) 141–78; N.M. Thompson (2004) 63; J. Hill (2005a) 85; Okasha (2006) 68 [inscriptions]; Thornbury (2011) 299 and n., 301 and n.

16. Cambridge, University Library, Ii. 2. 19, fols. 1–216

s. xi/xii, (prov. Norwich)

Contents: Paulus Diaconus, *Homiliarium* (Easter vigil to fourth Sunday after Epiphany) [companion vol. to no. **24**]

MS: Hardwick–Luard (1856–67) III.388–93; N.R. Ker (1949–53) 12–13 [dated to s. xii in.]; N.R. Ker (1964) 136; Römer (1972b) 34; Clayton (1985) 218; Clemoes (1985) no. 21; M.P. Richards (1988) 104–8 [full list of contents]; R. Gameson (1999a) no. 31; T.N. Hall (2001) 124, 127 [no. 13]; T.N. Hall (2004b) 87, 90, 92, 100–5; T.N. Hall (2007) 236–7; J. Hill (2007a) 86–7, 91–2; Binski–Zutshi (2011) 15 [no. 12]

DEC: Binski–Zutshi (2011) 15

FACS: R. Gameson (1999a) pl. 11 [fol. 1r]; Binski–Zutshi (2011) 15 [fol. 1r]

17. Cambridge, University Library, Ii. 3. 33, fols. 1–194

s. xi/xii, Canterbury CC

Contents: *De natiuitate S. Mariae*; Gregory (?), *Symbolum fidei* [*CPL* 1714 (p. 558)]; Gregory, *Registrum epistularum* (enlarged version) [*CPL* 1714]; *Conuersio Berengarii* [from Gregory VII, *Registrum* VI.17a]

MS: Hardwick–Luard (1856–67) III.435–6; Dodwell (1954) 120; N.R. Ker (1960) 15; N.R. Ker (1964) 29–30; Clemoes (1985) no. 31; P.R. Robinson (1988) I, no. 58; Petzold (1990) 18–19, 22; R. Gameson (1995a) 117 n. 72, 121 n. 94, 142; Binski–Zutshi (2011) 11 [no. 7]

DEC: R. Gameson (1991) 84 n. 120, 93 n. 172; R. Gameson (1995a) 117 n. 72, 142; Binski–Zutshi (2011) 11

FACS: P.R. Robinson (1988) II, pl. 32 [fol. 57r]; Petzold (1990) fig. 5 [fol. 120v]; Binski–Zutshi (2011) 11 [fol. 5r]

ST: Ker (1960) 15; Petzold (1990) 19, 22–3

18. Cambridge, University Library, Ii. 4. 6

s. xi med., Winchester NM, (prov. Tavistock)

Contents: thirty-six Homilies* (mostly by Ælfric)

MS: Hardwick—Luard (1856–67) III.442–6; N.R. Ker (1957) no. 21; N.R. Ker (1964) 188; Pope (1967) I.39–48; T.A.M. Bishop (1971) xv n. 2; Callison (1973); Collins—Clemoes (1974) 319–20; Godden (1979) xlv–xlvii; Hanley (1979); Clemoes (1985) no. 46; Conner (1993) 36; Clemoes (1997) 28–30, 69–82, 109, 112–13; Kleist (2007b) 451; Teresi (2007a) 290–3, 296–7, 299–301; R. Gameson (2012a) 70 and n. 241; Scragg (2012a) nos. 265–8

FACS: Willard (1950)

ED [the order of the following items is that of the manuscript, listed according to the numbering of individual articles in N.R. Ker (1957) 32–4; only the most recent editions are cited]:

art. 1: Godden (1979) 39–40 [Ælfric, CH II, Hom. IV (Second Sunday after Epiphany), lines 289–325, coll. as M; lines 1–288 are missing from M]

art. 2: Clemoes (1997) 241–8 [Ælfric, CH I, Hom. VIII (Third Sunday after Epiphany), coll. as M]

art. 3: Godden (1979) 217–20 [Ælfric, CH II, Hom. XXIII, lines 127–98 (*Alia narratio de euangelii textu*), coll. as M]

art. 4: Godden (1979) 41–51 [Ælfric, CH II, Hom. V (Septuagesima Sunday), coll. as M]

art. 5: Godden (1979) 52–9 [Ælfric, CH II, Hom. VI (Sexagesima Sunday), coll. as M]

art. 6: Clemoes (1997) 258–65 [Ælfric, CH I, Hom. X (Quinquagesima Sunday), coll. as M]

art. 7: Skeat (1881–1900) I.260–82 [Ælfric, *Lives of Saints*, no. XII (Ash Wednesday), coll. as W]

art. 8: Clemoes (1997) 266–74 [Ælfric, CH I, Hom. XI (First Sunday in Lent), coll. as M]

art. 9: Godden (1979) 60–6 [Ælfric, CH II, Hom. VII (First Sunday in Lent), coll. as M]

art. 10: Godden (1979) 67–71 [Ælfric, CH II, Hom. VIII (Second Sunday in Lent), coll. as M]

art. 11: Pope (1967–8) I.264–80 [Ælfric, Supp. Hom. IV (Third Sunday in Lent), coll. as M] art. 12: Clemoes (1997) 275–80 [Ælfric, CH I, Hom. XII (Sunday in Mid–Lent), coll. as M]

art. 13: Godden (1979) 110–20 [Ælfric, CH II, Hom. XII (Sunday in Mid–Lent), lines 1–373 (with distinctive ending), coll. as M]

art. 14: Godden (1979) 121–6 [Ælfric, CH II, Hom. XII (*Secunda sententia de hoc ipso*), lines 374–582, coll. as M]

art. 15: Skeat (1881–1900) I.282–306 [Ælfric, *Lives of Saints*, no. XIII (*De oratione Moysi* in Mid–Lent), coll. as W]

art. 16: Godden (1979) 127–36 [Ælfric, CH II, Hom. XIII (Fifth Sunday in Lent), coll. as M]

art. 17: Godden (1979) 137–49 [Ælfric, CH II, Hom. XIV (Palm Sunday), coll. as M]

art. 18: Clemoes (1997) 290–8 [Ælfric, CH I, Hom. XIV (Palm Sunday), coll. as M]

art. 19: Clemoes (1997) 299–306 [Ælfric, CH I, Hom. XV (Easter Sunday), coll. as M]

art. 20: Godden (1979) 150–60 [Ælfric, CH II, Hom. XV (Easter Sunday), coll. as M]

arts. 21–2: Godden (1979) 161–8 [Ælfric, CH II, Hom. XVI (another sermon for Easter Sunday), coll. as M]

art. 23: Clemoes (1997) 307–12 [Ælfric, CH I, Hom. XVI (First Sunday after Easter), coll. as M]

art. 24: Clemoes (1997) 313–16 [Ælfric, CH I, Hom. XVII (Second Sunday after Easter), coll. as M]

art. 25: Pope (1967–8) I.340–50 [base MS (= M) for Ælfric, Supp. Hom. VII (Fourth Sunday after Easter)]

art. 26: Pope (1967–8) I.357–68 [base MS (= M) for Ælfric, Supp. Hom. VIII (Fifth Sunday after Easter)]

art. 27: Cross—Bazire (1982) 83–9 [base MS (= M) for Hom. 6 (*Feria .II. in Letania maiore*)]

art. 28: Cross—Bazire (1982) 95–9 [base MS (= M) for Hom. 7 (*Feria .III. in Letania maiore*)]

art. 29: Clemoes (1997) 317–24 [Ælfric, CH I, Hom. XVIII (*In Letania maiore*), coll. as M]

art. 30: Godden (1979) 206–12 [Ælfric, CH II, Hom. XXII (*Feria .IIII. in Letania maiore*), coll. as M]

art. 31: Clemoes (1997) 345–53 [Ælfric, CH I, Hom. XXI (Ascension Day), coll. as M]

art. 32: Pope (1967–8) I.378–89 [base MS (= M) for Ælfric, Supp. Hom. IX (Sunday after Ascension Day)] art. 33: Clemoes (1997) 354–64 [Ælfric, CH I, Hom. XXII (Pentecost), coll. as M]

art. 34: Pope (1967–8) I.396–405 [base MS (= M) for Ælfric, Supp. Hom. X (Pentecost)]

art. 35: Pope (1967–8) I.479–89 [base MS (= M) for Ælfric, Supp. Hom. XII (First Sunday after Pentecost)]

art. 36: Clemoes (1997) 317–24 [Ælfric, CH I, Hom. XVIII (*In letania maiore*), lines 14–213, coll. as M]

art. 37: Clemoes (1997) 325–34 [Ælfric, CH I, Hom. XIX (*Feria .III. De dominica oratione*), coll. as M]

LANG: Callison (1973)

ST: Callison (1973); A.F. Cameron (1974) 222; Horsley—Waterhouse (1984) 223; R.I. Page (1993a) 97; J. Hill (1996) 244; Scragg (1998) 79–80, 83 n. 24; Treharne (1998) 235; Proud (2000) 123; Treharne (2000b) 23; Teresi (2007a)

19. Cambridge, University Library, Ii. 6. 32 (the 'Book of Deer')

s. ix or more prob. s. x, prob. Scotland (or Ireland?), (prov: Cistercian abbey of Deer, Aberdeenshire)

Contents: gospels (only parts of Matthew, Mark, Luke; John complete)

MS: Hardwick—Luard (1856–67) III.530–2; Kenney (1929) no. 502; McRoberts (1953) 3 [no. 2]; N.R. Ker (1964) 57; Gamber (1968–88) no. 149; T.J. Brown (1972) 241 n. 5 [repr. T.J. Brown (1993a) 275 n. 146]; K. Hughes (1980) 15, 22–4, 24–5, 36–7; Clemoes (1985) no. 3; Netzer (1994) 111, 242 n. 31; Werner (1997a) 30 n. 38; Geddes (1998) 537–8, 547; Dumville (2007a) 183–212; Dumville (2007c) 185–208; Dumville (2007d) 83–6; Binski—Zutshi (2011) 4–6 [no. 2]; M.P. Brown (2012) 135; R. Gameson (2012a) 42 and n. 116; McKee (2012a) 172

DEC: T.J. Brown (1972) 241 n. 5 [repr. T.J. Brown (1993a) 275 n. 146]; Alexander (1978a) no. 72; K. Hughes (1980) 22–33; Clemoes (1985) no. 3; Ohlgren (1986) no. 72; M.P. Brown (1996) 99; Geddes (1998) 537–49; M.P. Brown (2003c) 236–8; O'Loughlin (2007) 152; I. Henderson (2008); Binski—Zutshi (2011) 4–5

FACS: Stuart (1869) pls. I–XX [fols. 1v, 2r, 3r, 3v, 4r, 4v, 5r, 16v, 17r, 28v, 29r, 29v, 30r, 40r, 41v, 42r, 84v, 85r, 85v, 86r], XXI [details of fols. 44r, 45v, 51v, 66v, 75v, 54v, 76r], XXII [details of fols. 67r, 70v, 71v, 72v, 77r, 83v, 78r, 78v]; K. Hughes (1980) pls. I–III [fols. 4v, 29v–30v, 41v, 51v, 54v]; Ohlgren (1986) no. 2 [fol. 4v]; Geddes (1998) 539–40, 542, 544 [fols. 1v, 4v, 16v, 29v, 41v, 85v, 86r]; M.P. Brown (2007a) pl. 61 [fol. 86r]; Rushforth (2007) 74 [fol. 1v]; Forsyth (2008) colour pls. 1–22 [fols. 1v, 2r, 3r, 3v, 4r, 4v, 5r, 16v, 17r, 28v, 29r, 29v, 30r, 40r, 41v, 42r, 84v, 85r, 85v, 86r, 54v (detail), 71v (detail)]; Binski—Zutshi (2011) 5 [fols. 1v, 29v], 6 [fol. 30r], colour pl. III.2 [fol. 16v]

ED: B. Fischer (1988–91) [gospel excerpts coll. as Hc]

LANG: K. Hughes (1980) 25; Dumville (2007c) 209–10

ST: McBain (1884–5); K.H. Jackson (1972) 7–16; K. Hughes (1980) 15, 22–5, 33–5; *BCLL* (1985) no. 1032; McGurk (1987) 174 [repr. McGurk (1998) no. II]; Ellis—Ellsworth (1994); McGurk—Rosenthal (1995b) 270; M.P. Brown (1996) 148; Saenger (1997) 333 n. 11; Geddes (1998) 545–7; Dumville (2007c) 190–201, 207–8; Dumville (2007d) 86; O'Loughlin (2007) 156–64; Forsyth (2008); O'Loughlin (2009)

20. Cambridge, University Library, Kk. 1. 23, fols. 1–66

s. xi/xii, Canterbury CC

Contents: Ambrose, *Exameron* [*CPL* 123]

MS: Hardwick—Luard (1856–67) III.592–3; Bishop (1949–53) 435–6; N.R. Ker (1960) 15, 29; N.R. Ker (1964) 30; Römer (1972b) 38; Clemoes (1985) no. 10; P.R. Robinson (1988) I, no. 63; Webber (1995) 149 n. 150, 157; Bankert et al. (1997) 14, 18; Gullick (1998c) 179–80 and n. 17; R. Gameson (1999a) no. 39; Binski—Zutshi (2011) 13–14 [no. 10]

DEC: Dodwell (1954) 17; Lawrence (1982) 108; R. Gameson (1995a) 121, 142; Binski—Zutshi (2011) 13–14

FACS: N.R. Ker (1960) pl. 7 [fol. 46r]; Webber (1995) pl. 15 (a) [fol. 45]; Binski—Zutshi (2011) 13 [fol. 3r]

20. 1. Cambridge, University Library, Kk. 1. 23, fols. 67–135

s. xi ex., Canterbury CC

Contents: Ambrose, *De paenitentia* [*CPL* 156]; Augustine (?), *De utilitate agendae paenitentiae* [*Sermo* cccli: *CPL*, p. 121]; Augustine, *De utilitate credendi* [*CPL* 316], *De fide et symbolo* [*CPL* 293], *Ad inquisitiones Ianuarii* [*Epist.* liv, lv], preceded by excerpts from Augustine, *Retractationes* [*CPL* 250]; Augustine, *Epistula* cxxvii; pseudo-Augustine, *Sermo* clxxx; Augustine, *De excidio urbis Romae* [*CPL* 312]; pseudo-Augustine, *Sermo de fide* (*Sermo* ccclxxxix); Augustine, *Sermones* cccl, cccxlvi–cccxlviii, cclix

MS: Hardwick—Luard (1856–67) III.592–3; Bishop (1949–53) 435–6; N.R. Ker (1964) 30; Römer (1972b) 38; Clemoes (1985) no. 10; P.R. Robinson (1988) I, no. 63; Webber (1995) 149 n. 150, 157; Gullick (1998c) 179–80 and n. 17; R. Gameson (1999a) no. 40; Webber (2012) 213 and n. 9

DEC: Dodwell (1954) 17; Lawrence (1982) 108; R. Gameson (1995a) 121, 142

FACS: Webber (1995) pl. 15 (b) [fol. 76r]

21. Cambridge, University Library, Kk. 1. 24 (with London, British Library, Cotton Tiberius B. v, fols. 74, 76 + London, British Library, Sloane 1044, fol. 2)

s. viii, prob. Northumbria, prov. Ely s. x; s. x^2, x/xi [records*]

Contents: gospels (Luke, John); records*

MS: Hardwick—Luard (1856–67) III.594–5; J. Wordsworth et al. (1889–1954) I. xxvii; Frere (1934) 224 no. 2; *CLA* II (1935) no. 138; Bischoff—Hofmann (1952) 8 n. [on Tiberius B. v, fol. 76]; N.R. Ker (1957) no. 22; McGurk (1961a) no. 5; McGurk (1962) 28 [repr. McGurk (1998) no. VII]; N.R. Ker (1964) 78; G. Henderson (1982) 29–30; Clemoes (1985) no. 1; A.G. Watson (1987a) 35 and n. 2; Dumville (1992a) 102–4, 120, 122; Marsden (1995) 266; Sole (1998) 132–3; P. Wormald (1999) 191 n. 117; *ASMMF* IX (2001) 32–6, 65–79, 80–1 [nos. 102, 229, 305; Doane]; Keynes (2003) 5 [no. 14]; Hartzell (2006) no. 14; M.P. Brown (2012) 152 and n. 151; R. Gameson (2012a) 42 n. 117 [wrongly cited as Kk. 1. 14]; Scragg (2012a) nos. 269–71

DEC: G. Henderson (1982) 29–31; R. Gameson (1995b) 204; R. Gameson (2012c) 289 n. 141

FACS: G. Henderson (1982) pls. 8–11 [fols. 186r, 190r (detail), 192r (detail)]; *ASMMF* IX (2001) nos. 102, 229, 305

ED: B. Fischer (1988–91) [gospel excerpts coll. as Eh]

ST: Lenker (1997) 404–6

22. Cambridge, University Library, Kk. 3. 18 (with London, British Library, Cotton Domitian ix, fol. 10?)

s. xi^2, Worcester

Contents: Bede, *Historia ecclesiastica**

MS: Hardwick—Luard (1856–67) III.628; N.R. Ker (1948) 41; N.R. Ker (1949) 29; N.R. Ker (1957) no. 23; N.R. Ker (1964) 206; Clemoes (1985) no. 43; Dumville (1986) 11–12; Robinson—Stanley (1991) 18; Laing (1993) 46; R.I. Page (1993a) 9–10; Graham (1994b) 6–7; O'Brien O'Keeffe (1994) 241; R. Gameson (1999a) no. 41; Bredehoft (2004) 145–6, 151, 169; Rowley (2004) 13–14, 20, 26, 31; R. Gameson (2005a) 94, 101–4; Roberts (2005) 100–2 [no. 22]; Treharne (2007b) 17; Graham (2009) 200, 202–3; Rowley (2011) 24–5; Crick (2012) 184 n. 47; R. Gameson (2012a) 70 and n. 241; Scragg (2012a) nos. 87, 172, 272–4

FACS: Robinson—Stanley (1991) pl. 2.5 [fol. 72v]; Roberts (2005) colour pl. 3 [fol. 8v], pl. 22 [fol. 8v]; Owen-Crocker (2009) fig. 6.21 [fol. 41r]; Rowley (2011) pl. 6 [fol. 8v]

ED: T. Miller (1890–8) [OE Bede coll. as Ca]; J.M. Schipper (1897–9) [OE Bede coll. as Ca, with Latin text based on C. Plummer (1896)]; Whitelock (1974) [chapter-headings to OE Bede]; Dumville (1986) 21–5 [base text (= V) for genealogy, fols. 3v–4r]

LANG: Hofstetter (1987) 316–18; Rowley (2004) 15

ST: N.R. Ker (1937) 28–9; R. Derolez (1954) 6 [Scandinavian runic alphabet on fol. 10r]; Whitelock (1962); R.I. Page (1972–6) 76–9; A.F. Cameron (1974) 221–2; Grant (1974) 113; Buckalew (1978) 164; Greenfield—Robinson (1980) 319–21 [bibliography]; Franzen (1991) 63, 103–4 [glosses in tremulous Worcester hand]; O'Brien O'Keeffe (1994) 247–8; R. Gameson (1996a) 219, 232 n. 118, 237; R. Gameson (1998) 242 n. 46; Collier (2000) 125, 202–3 [tremulous Worcester hand]; Waite (2000) 42–5, 321–53 [annotated bibliography]; Bredehoft (2001) 27; Bredehoft (2004) 145; Rowley (2004) 21–2; Rowley (2011)

23. Cambridge, University Library, Kk. 3. 21

s. xi^1 or xi med., prob. Abingdon

Contents: Boethius, *De consolatione Philosophiae* [CPL 878], with commentary [?by Remigius] (redaction K); two rota poems on the Assumption of the Virgin [SK Suppl. 9424a, 17347a]; names of the winds⁺*

MS: Hardwick—Luard (1856–67) III.630; Weinberger (1934) xvi; N.R. Ker (1957) no. 24; N.R. Ker (1964) 2; T.A.M. Bishop (1971) 13 [no. 15]; Bolton (1977a) 40, 55; Wittig (1983) 187; Clemoes (1985) no. 35; Vaciago (1993) 4 [no. 10]; Gibson et al. (1995–2001) I. 44–5; Lapidge (1998) 32–3, 42 n. 46; Wieland (1998) 17 n. 23; R.I. Page (2001) 219–20; Godden (2005) 331, 337–40; Hartzell (2006) no. 15; Wittig

(2010) 250; Binski—Zutshi (2011) 6–7 [no. 3]; Teresi (2011) 415 and n. 4; R. Gameson (2012a) 61 and n. 213, 67–8 and n. 236; Scragg (2012a) nos. 275–6

DEC: R. Gameson (1995b) 203 n. 69; Binski—Zutshi (2011) 6–7

FACS: M. Irvine (1994) 18 [fol. 85r]; Binski—Zutshi (2011) 6 [fol. 1r], 7 [fols. 15v, 103v]

ED: Bolton (1977a) 60–78 [mythological glosses to Boethius coll. as K]; Troncarelli (1981) 38–45 [rhetorical glosses to Boethius coll. as H]; Clayton (1986) 424–5 [poems on the Assumption of the Virgin]

ST: Bolton (1977a) 55; Bolton (1977b); Troncarelli (1981) 3, 36, 49, 156; R.I. Page (1981) 109–11; Graham (1998a) 32; R.I. Page (2001) 222–8; Wittig (2007) 188; Godden (2011) 72–85, 92; Jayatilaka (2011) 117; Teresi (2011) 426–35 [names of the winds]

24. Cambridge, University Library, Kk. 4. 13

s. xi/xii, (prov. Norwich)

Contents: Paulus Diaconus, *Homiliarium* (Septuagesima to Easter vigil, Sanctorale) [companion vol. to no. **16**]

MS: Hardwick—Luard (1856–67) III.658–63; N.R. Ker (1949–53) 13; N.R. Ker (1964) 137; Römer (1972b) 42; Clayton (1985) 218; M.P. Richards (1988) 97–103 [full list of contents]; R. Gameson (1999a) no. 42; T.N. Hall (2001) 124, 127, 129 [no. 14], 134 [no. 15]; T.N. Hall (2004b) 87, 90; T.N. Hall (2007) 234 n. 20, 236–7, 245, 257 n. 101; J. Hill (2007a) 91–2; Binski—Zutshi (2011) 14 [no. 11]; R. Gameson (2012a) 80 n. 281

DEC: Binski—Zutshi (2011) 14

FACS: Binski—Zutshi (2011) 14 [fol. 1r]

ST: Lambert (1969–72) nos. 217a, 309, 911; Römer (1972b) 42; *CPPM* I, nos. 857, 1279, 1475

25. Cambridge, University Library, Kk. 5. 16 (the 'Moore Bede')

c. or after 737, Northumbria, prov. Aachen s. viii ex.

Contents: Bede, *Historia ecclesiastica* [*CPL* 1375]

MS: Hardwick—Luard (1856–67) III.688–9; C. Plummer (1896) I.lxxxix–xci; Lindsay (1912b) 59; *CLA* II (1935) no. 139; M.R. James (1935) 231; Bischoff—Hofmann (1952) 144–5; Lowe (1960) 24 [no. XXXIX];

McGurk (1961b) 6, 8, 10–11 [no. 20] [repr. McGurk (1998) no. V]; D.H. Wright (1964); Bischoff (1966–81) III.160–1; Colgrave—Mynors (1969) xliii–xliv; Bischoff (1976a) 692; T.J. Brown (1982) 115 [repr. T.J. Brown (1993a) 216]; Parkes (1982) [repr. Parkes (1991) 93–120]; Clemoes (1985) no. 30; Bischoff (1986) 124; D.J. McKitterick (1986) 135–7; O'Brien O'Keeffe (1987) 140–2; Bischoff et al. (1988a) 15 n.; P.R. Robinson (1988) I, no. 68; R. McKitterick (1989a) 313; Kiernan (1990) 49–53; Robinson—Stanley (1991) 18; Webster—Backhouse (1991) 19; Parkes (1992) 125 n. 64; Saenger (1997) 334 n. 21; Bischoff (1998—) I, no. 845a; Dumville (1999) 65, 107; Lapidge (2000a) 28; Szarmach (2001) 263–4; W. Schipper (2003) 153; Binski—Panayotova (2005) no. 3 [R. McKitterick]; Lapidge (2006) 41; Rumble (2006b) 4 n. 18; Dumville (2007f) 56, 59–60, 65–6; Lapidge (2008–10) I.xc–xcii, xciv–cxv; M.P. Brown (2012) 158 and n. 173; R. Gameson (2012a) 25 and n. 45, 37, 42 n. 117, 51, 53 n. 182; R. Gameson (2012b) 113 and n. 77; Garrison (2012) 648 and nn. 85, 87

DEC: O'Brien O'Keeffe (1987) 140–2

FACS: Hunter Blair (1959) [complete facsimile]; Lowe (1960) pl. XXXIX (a) [fol. 25r]; Bischoff (1966-81) III, pl. VIII [fol. 128v]; Robinson—Stanley (1991) pl. 2.1 [fol. 128v]; T.J. Brown (1993a) ill. 55 [fol. 70v (details)]; Lapidge (2000a) 28 [fol. 70v (details)]; Binski—Panayotova (2005) 50 [fol. 63r]; M.P. Brown (2007a) pl. 24 [fol. 43v]; Dumville (2007f) 61 [fol. 128v]; Owen-Crocker (2009) fig. 2.3 [fol. 89v]

ED: C. Plummer (1896) [base MS (= M) for Bede, *Historia ecclesiastica*]; Lapidge (2008–10) [Bede, *Historia ecclesiastica*, coll. as M]

LANG: Bullough (1998a) 111, 113 n. 28, 121 n. 60

ST: K. Sisam (1953a) 275–6; Bischoff (1966–81) III.246–7 n. 20; T.J. Brown (1972) 226, 230 [repr. T.J. Brown (1993a) 104, 107]; T.J. Brown (1975) 261, 265 [repr. T.J. Brown (1993a) 155, 170]; R. McKitterick (1986–90) 313; T.J. Brown (1993b) 199; O'Brien O'Keeffe (1994) 222, 227–8, 230–1, 234–7, 245–9; Dumville (2007f); Lapidge (2008b); R. McKitterick (2012) 333

26. Cambridge, University Library, Kk. 5. 32, fols. 49–76

fols. 49–60: 1012×1030, perh. 1021×1022, Canterbury StA?, prov. SW England s. xi² (Glastonbury?); fols. 61–72 + 76: s. xi/xii, W England

Contents: fols. 49–60: liturgical calendar; computus material; excerpts from Byrhtferth, *Enchiridion** (s. xi ex.); fols. 61–72 + 76: Dionysius Exiguus, *Cyclus paschalis magnus* [*CPL* 2284], with added annals and obits

MS: Hardwick–Luard (1856–67) III.701–2; J.A. Robinson (1927); F. Wormald (1934) vi; N.R. Ker (1957) no. 26; N.R. Ker (1964) 90; T.A.M. Bishop (1971) xxiii n. 1; Kotzor (1981) I. 302*–304*; Clemoes (1985) no. 25; Gerchow (1988) 221–2, 330–1 [no. 8]; P.R. Robinson (1988) I, no. 69; Dumville (1992a) 51–65; Dumville (1993g) 79–85, 108 n. 128; Baker–Lapidge (1995) xlvi, xvliii, lii, cxxi–cxxii; N. Orchard (1995b) 88 n. 10; McKee (1997); R. Gameson (1999a) no. 44; Liuzza (2001); Chardonnens (2007b) 508, 550; Rushforth (2008a) 33–4 [no. 13]; Binski–Zutshi (2011) 7–8 [no. 4]; Scragg (2012a) no. 277

DEC: R. Gameson (1991) 75; Binski–Zutshi (2011) 7–8

FACS: Binski–Zutshi (2011) 8 [fol. 58r], colour pl. IV.4 [fol. 13v]

ED: F. Wormald (1934) 71–83 [liturgical calendar (no. 6)]; Henel (1937) 122–5 [excerpts from Byrhtferth]; Baker–Lapidge (1995) 180–4 [part of Byrhtferth, *Enchiridion* iii. 3, coll. as K]; Rushforth (2008a) no. 13 [liturgical calendar]

ST: F. Wormald (1971a); Kotzor (1981) I.302*–311*; Lapidge (1988b) 259 n. 30 [repr. Lapidge (1993a) 217 n. 30]; Dumville (1992a) 21, 25, 27, 51–65; Borst (2001) I.292

27. Cambridge, University Library, Kk. 5. 34

s. x ex., prob. Winchester OM or NM, (prov. Glastonbury)

Contents: Augustine, *Quaestiones Euangeliorum* [*CPL* 275] [excerpt, text altered]; Ausonius, *Ephemeris* iii [SK 11338], *Technopaegnion* vi–xiv; three Anglo-Latin poems from Winchester [SK 15226, 5533, 3197]; Remigius Favius (?), *Carmen de ponderibus et mensuris* [SK 12104]; pseudo-Vergil, *Culex*, *Aetna*

MS: Hardwick–Luard (1856-67) III.703–6; Lapidge (1972) 94–5 [repr. Lapidge (1993a) 234–5]; Römer (1972b) 43; Carley (1987) 204–12; A.G. Watson (1987a) 38 n. 2; Dumville (1993g) 145 n. 26; R. Gameson (2012d) 356 n. 45

ED: R. Ellis (1907) [*Culex* coll. as C]; Goodyear (1965) [*Aetna* coll. as C]; R.P.H. Green (1991) 8–10, 175–83 [Ausonius coll. as D]; Lapidge (1972) 108–37 [repr. Lapidge (1993a) 248–76] [base text for three Winchester poems]

ST: Lapidge (1972) 85–107 [repr. Lapidge (1993a) 225–47] [Winchester poems]; Raios (1983) 85–6 [*Carmen de ponderibus*]; L.D. Reynolds (1983) 437–40

28. Cambridge, University Library, Ll. 1. 10 (the 'Book of Cerne')

c. 820×840, Mercia, prov. Worcester?, (prov. Cerne?)

Contents: prayerbook: Exhortation to prayer* (f); gospel extracts; acrostic poem [SK 412]; 74 prayers and poems, including *Lorica* of Laidcenn mac Baith° [*CPL* 1323; *BCLL* 294; SK 15745] and hymn by (pseudo?-)Hilarius [SK 7445]; breviate psalter; Harrowing of Hell (liturgical drama?)

MS: Hardwick—Luard (1856–67) IV.5–6; Kuypers (1902) ix–xxx; N.R. Ker (1957) no. 27; McGurk (1962) 29 n. 37, 31 [repr. McGurk (1998) no. VII]; N.R. Ker (1964) 49; Gamber (1968–88) no. 175; T.J. Brown (1972) 245–6 n. 2; Dumville (1972); T.J. Brown (1975) 265–6 [repr. T.J. Brown (1993a) 157]; Alexander (1978a) no. 66; T.J. Brown (1980) 13; Bestul (1981b) 4; T.J. Brown (1982a) 115 n. 18 [repr. T.J. Brown (1993a) 216, 286 n. 18]; Bischoff (1983b) 293; Clemoes (1985) no. 2; Lapidge (1986b) 47 [repr. Lapidge (1996b) 143]; Morrish (1988) 517, 522–4; Muir (1988) xxvii–xxviii; P.R. Robinson (1988) I, no. 73; M.P. Brown (1991) 40; Webster—Backhouse (1991) 211 [no. 165]; Dumville (1992a) 101–2; Conner (1993) 61, 131, 160; Vaciago (1993) 4 [no. 11]; M.P. Brown (1996) 28–44, 45–67; M.P. Brown (1997) p. A 34; Deshman (1997) 124; Webster—Brown (1997) 241–2 [no. 124]; Muir (1998) 12–14; Brantley (1999) 55; Dumville (1999) 119; C.A. Jones (1999) 115; Crowley (2000) 123, 144; Franzen (2001b); M.P. Brown (2001b); M.P. Brown (2001c) 51–8; *ASMMF* VII (2000) 4–27 [no. 107; Doane]; Binski—Panayotova (2005) no. 4 [R. McKitterick]; Roberts (2005) 32; M.P. Brown (2007a) 91; Binski—Zutshi (2011) 3–4 [no. 1]; M.P. Brown (2012) 127–8, 138 and n. 76, 158, 162–3; R. Gameson (2012a) 38 and n. 93, 43 n. 123, 51, 53, 90 n. 329; Raw (2012) 460 and n. 1, 461 and nn. 14 and 17, 462–4

DEC: Kendrick (1938) 165–8; Rice (1952) 176; McGurk (1956) 260 n. 1 [repr. McGurk (1998) no. I]; Wheeler (1977); Alexander (1978a) no. 66; Brownrigg (1978) 257; G. Henderson (1982) 54–5 n. 46 [on evangelist miniatures]; D.M. Wilson (1984) 91; F. Wormald (1984c) 21–2; Ohlgren (1986) no. 66; Raw (1990) 200; M.P. Brown (1996) 68–128 [detailed analysis of decoration]; Budny (1999) 266 [fol. 21v]; M.P.

Brown (2007a) 108, 111, 115; M.P. Brown (2007d); Karkov (2009) 211–12; Binski–Zutshi (2011) 3–4; M.P. Brown (2011b) 37, 39–40; Rosenthal (2011) 238–40; N. Edwards (2012) 246 n. 14

FACS: D.M. Wilson (1984) pl. 100 [fol. 31v]; F. Wormald (1984) ills. 29–31 [fols. 21v, 12v, 31v]; Morrish (1988) pls. 1 [fol. 48v], 3 [fol. 3v]; M.P. Brown (1996) pls. I–VI [fols. 21v–22r, 2v, 3r, 12v, 13r, 31v, 32r, 91v], figs. 1–7 [fols. 66v, 56r, 94v, 2r, 21r, 40r, 50v]; Budny (1999) 266 [fol. 21v (detail)]; *ASMMF* VII (2000) no. 107; Binski–Panayotova (2005) 52 [fols. 12v–13r]; Roberts (2005) pl. 4 [fol. 2r]; M.P. Brown (2007a) pls. 50–1 [fols. 21v, 43r]; Owen-Crocker (2009) figs. 7.5 [fol. 31v], 7.6 [fol. 32r], 7.7 [fol. 56r]; Binski–Zutshi (2011) 4 [fols. 2v, 3r], 5 [fol. 12v], colour pls. I.1 [fol. 21v], II.1 [fol. 31v]; R. Gameson (2012) pl. 4.5 [fol. 43r]

ED: Kuypers (1902) 3–198 [diplomatic edition of entire MS]; W. Meyer (1917) [Latin poems and hymns]; Dumville (1972) 376–7 [Harrowing of Hell], 388–9 [acrostic poem], 400–5 [collations of breviate psalter]; Herren (1987) 76–89 [*Lorica* of Laidcenn coll. as C]; B. Fischer (1988–91) [gospel excerpts coll. as Hc]; Gretsch–Gneuss (2005) 11–13 [base MS for *Sancte sator*]

ST: E. Bishop (1918) 142–7, 165–70, 173–4; Kenney (1929) no. 578; Wilmart (1932) 571–7 [*Oratio S. Gregorii*]; Levison (1946) 295–302; Lambert (1969–72) no. 950; F. Wormald (1971b) [repr. F. Wormald (1984) 76–84]; Dumville (1972) 374–406; Dumville (1973) 320–4; McNamara (1973) 219–20; McNamara (1975) 72–4 [no. 60], 98–9 [no. 84], 101–2 [no. 86B]; Contantinescu (1974) 21–3 [psalter extracts and link with Alcuin]; Salmon (1976) 225; M.P. Brown (1986) 127–9; Bestul (1979) 3–4; *BCLL* (1985) nos. 294, 1281, 1286, 1289–99; Muir (1988) xxvii–xxviii; Sims-Williams (1990) 436; C.D. Wright (1993) 46 n. 186, 112; *CPL* (1995) no. 2019; M.P. Brown (1996) 19, 129–61; Corrêa (1996) 290 nn. 15–18; Raw (1997) 145–53; Frantzen (2001b)

29. Cambridge, University Library, Ll. 1. 14, fols. 70–108

s. xi^2 or xi ex.

Contents: *Regula S. Benedicti* [*CPL* 1852]; *Memoriale qualiter*; *Indicium regulae* [on use of hymns]; *Capitulare monasticum*; *Ad clericum faciendum* (pontifical *ordo*)

MS: Hardwick–Luard (1856–67) IV.8–9; Bateson (1894b) 694–5; Morgand (1963) 181–2; Semmler (1963) 507; Gretsch (1973) 384–6; Clemoes

(1985) no. 22; Graham (1998a) 25, 55 n. 9, 60 n. 58; R. Gameson (1999a) no. 45; R. Gameson (2012a) 52

ED: Morgand (1963) 229–61 [*Memoriale qualiter* coll. as S]; Semmler (1963) 515–35 [*Capitulare monasticum* coll. as G7]

ST: Traube (1910) 61, 86; Gneuss (1968) 45–6 n. 14; Gretsch (1974); Mordek (1995) 97–8 [on text-type of *Capitulare monasticum*]; Gneuss (2000) 240–1, 246–7 [on *Indicium regulae*]

30. Cambridge, University Library, Add. 3206

s. xi^2

Contents: Handbook for a confessor* (f); Wulfstan, *Institutes of Polity** (f), '*Canons of Edgar*'* (f)

MS: N.R. Ker (1957) no. 11; Jost (1959) 12; Fowler (1965) 3; Fowler (1972) xv; Clemoes (1985) no. 29; R. Gameson (1999a) no. 14; Rushforth (2004–7) 115; Treharne (2007b) 18 n. 16; Ringrose (2009) 81; Scragg (2012a) no. 224

ED: Jost (1959) 104, 173, 178 [Wulfstan, *Institutes of Polity*, chs. xvii–xviii and xx, coll. as Uc], 178–209 ['*Canons of Edgar*' coll. as Uc]; Fowler (1972) 20 [base MS (- Cu) for '*Canons of Edgar*' 1, 2, 5–8]

ST: Whitelock et al. (1981a) I.313

Cambridge, University Library, Add. 3330: see no. **857**

30. 3. Cambridge, University Library, Add. 4166 no. 2 (tracing)

s. xi ex. or xii^1

Contents: prayer*

MS: Rushforth (2004–7); Gneuss (2008a) 412

30. 4. Cambridge, University Library, Add. 4406 no. 74

s. xi med. – xi$^{3/4}$

Contents: Priscian, *Institutiones grammaticae* [*CPL* 1546] (f)

MS: Gneuss (2003b) 294 [information from M. Gullick]

30. 5. Cambridge, University Library, Add. 4543

s. x^1 (prob. before 930) or x med. or later, Wales, prov. England s. x? (or in Wales throughout the Middle Ages?)

Contents: (Welsh) computus (f), calendar (f)

MS: Quiggin (1911); Lindsay (1912a) 18–19 [no. 5]; Dumville (1987) 160 n. 67; Dumville (1992a) 118; Huws (2000) 9; Ringrose (2009) 204

FACS: Huws (2000) pl. 4

ST: I. Williams (1926–7); Charles-Edwards (2012) 399 and n. 57

30. 7. Cambridge, University Library, Add. 6220 no. 14

s. xi^1

Contents: Augustine, *De Trinitate* [*CPL* 329] (f)

MS: Gneuss (2003b) 294 [information from M. Gullick]

30. 7. 2. Cambridge, University Library, Add. 6220, no. 69

s. xi/xii

Contents: missal (f)

MS: Gneuss (2012) 288 [information from M. Gullick]

30. 8. Cambridge, University Library, Inc. 5. B. 3. 97 [also recorded as Add. 6000], binding slips

s. xi/xii, Canterbury CC?

Contents: gradual (f)

MS: Hartzell (2006) no. 18

Cambridge, University Library, Syn. 6. 54. 7 (7095) (ptd bk): see no. **35**

31. Cambridge, Clare College 17 (N. 1. 2. 2)

s. xi ex. or xii in., England or France, (prov. s. xii$^{2/4}$ England)

Contents: Smaragdus of Saint-Mihiel, *Diadema monachorum*

MS: M.R. James (1905a) 35; Rochais (1953) 252–3; P.R. Robinson (1997b) 78 and n. 21; Graham (1998a) 56 n. 22; R. Gameson (1999a) no. 48; Binski—Panayotova (2005) no. 67 [T. Webber]

32. Cambridge, Clare College 18 (N. 1. 9)

s. xi/xii or xii in., prob. St Albans

Contents: Orosius, *Historiae aduersum paganos* [*CPL* 571]; Iustinus, *Epitome* of Pompeius Trogus, *Historiae Philippicae* [part]

MS: M.R. James (1905a) 36–7; T.A.M. Bishop (1949–53) 439–40; T.A.M. Bishop (1954–8a) 197–8; Gullick (1990) 63, 78 n. 18; R. Gameson (1996b) 154 and n. 77; Gullick (1998d) 7 and nn. 40–4; R. Gameson (1999a) no. 49

DEC: R.M. Thomson (1986a) 36 and n. 47

FACS: Gullick (1998d) pls. 1–2 [fols. 54r (detail), 13r]

34. Cambridge, Clare College 30 pt. i (N. 1. 1. 8)

s. xi^2 or xi$^{3/4}$, Worcester

Contents: Gregory, *Dialogi* [*CPL* 1713]

MS: M.R. James (1905a) 47–50; T.A.M. Bishop (1971) 20 n. 1; Gullick (1996–9a) 90 n. 3; R. Gameson (1999a) no. 50; Binski—Panayotova (2005) no. 22 [T. Webber]; R. Gameson (2005a) 94, 101–4

DEC: C.M. Kauffmann (1975) no. 4; Ohlgren (1986) no. 215; R. Gameson (2005a) 75–6, 78; R. Gameson (2012c) 274 n. 75

FACS: R. Gameson (1996a) pl. 10 [fol. 2r]; Binski—Panayotova (2005) 87 [fol. 2r]; R. Gameson (2005a) fig. 5 [fol. 68r, erroneously labelled 'part II' of MS]

ST: N.R. Ker (1960) 8 n. 2, 20 n. 4; Yerkes (1976a); Yerkes (1977–80) 245 [glosses copied into no. **92**]; Yerkes (1979) xviii; Franzen (1991) 71–2, 75, 81, 123 [tremulous Worcester hand]; R. Gameson (1996a) 218 n., 223–4, 226, 237; Collier (2000) 195, 199

34. 1. Cambridge, Clare College 30 pt. ii (N. 1. 1. 8)

s. xi^2 or xi$^{3/4}$, Worcester

Contents: Defensor of Ligugé, *Liber scintillarum* [*CPL* 1302]; Iulianus Toletanus, *Prognosticum futuri saeculi* [*CPL* 1258]; Alcuin, *De fide sanctae et indiuiduae Trinitatis* (incomplete)

MS: M.R. James (1905a) 47–50; T.A.M. Bishop (1971) 20 n. 1; Hillgarth (1976) xxvi; R. Gameson (1999a) no. 51; Binski—Panayotova (2005) no. 22 [T. Webber]

ST: *CSLMA* II (1999) 134–9 [Alcuin]; Bremmer (2008)

35. Cambridge, Clare College, s.n. (pastedowns) (with Cambridge, University Library, Syn. 6. 54. 7 (7095) [ptd bk])

s. xi ex. or xii in., Bury St Edmunds

Contents: Solinus, *Collectanea* (f)

MS: Guy (1972–6); L.D. Reynolds (1983) xxxv and n. 168; Dumville (1993g) 78–9 n. 360; R. Gameson (1999a) no. 52; Gneuss (2003b) 295

FACS: Guy (1972–6) pl. facing p. 67 [fols. 3r, 4v, 5v, 7r]

36. Cambridge, Corpus Christi College, 9

xi$^{3/4}$, Worcester

Contents: pp. 1–60: liturgical calendar, *computistica* and Easter tables: s. xi^2; four additional Vitae (s. xi ex. and xii in., Worcester); pp. 61–458 (with London, BL, Cotton Nero E. i, vol. ii, fols. 166-180): Office legendary (October–December) [companion vol. to no. **344**]: s. xi$^{3/4}$

MS: M.R. James (1912) I.21–30; Levison (1919–20) 545, 573; N.R. Ker (1939–40); N.R. Ker (1940) 82; Colgrave (1956) 21–3; N.R. Ker (1957) no. 29; N.R. Ker (1960) 53; T.A.M. Bishop (1971) 20; McIntyre (1978); Kotzor (1981) I. 277*–278*, 302*–311*; Dumville (1992a); Budny (1993) 27; Jackson–Lapidge (1996) 141–3 [complete list of contents]; Budny (1997) I.609–22 [no. 41]; R. Gameson (1999a) no. 54; R. Gameson (2005a) 92, 101–4; Chardonnens (2007b) 503, 549; T.N. Hall (2007) 247–50; Upchurch (2007) 29–32, 111; Rushforth (2008a) 43–4; R. Gameson (2012a) 87 n. 316; Rushforth (2012) 209 n. 74; Scragg (2012a) nos. 21–2

DEC: Budny (1997) I.618–22 [inventory of decoration and illustration]

FACS: Budny (1993) pl. 4 [fol. 13r]; Budny (1997) II, pls. 560–87 [fols. 1r, 1v, 9r, 10r, 11r, 12r, 13r, 19r, 64r, 64v, 70v, 96r, 115v, 131r, 134v, 136v, 149v, 162r, 166r, 181r, 181v, 182v, 185r, 189r, 202r, 217v]

ED: F. Wormald (1934) 225–37 [liturgical calendar (no. 18)]; Gerchow (1988) 226–7 [no. 12] [obits]; Love (1996) [*Vita S. Rumwoldi* coll. as C]; Upchurch (2007) 172–248 [*Passio S. Caeciliae* coll. as C]; Rushforth (2008a) no. 20 [liturgical calendar]

ST: Zettel (1982); Baker–Lapidge (1995) lii [*computistica*]; Love (1996) xviii–xxiii, clxxiv–clxxv; Biggs et al. (2001) 123–5, 407–8 *et passim*; Borst (2001) I.292

37. Cambridge, Corpus Christi College, 12

s. x^2, Worcester?, (prov. ibid.)

Contents: Gregory (Alfred), *Regula pastoralis**

MS: M.R. James (1912) I.32–3; K. Sisam (1953a) 145–7, 228; N.R. Ker (1957) no. 30; Horgan (1973) 153–4; Horgan (1986) 114–16; Robinson–Stanley (1991) 21; Budny (1993) 24–5, 28–9; R.I. Page (1993a) 103–4; Budny (1997) I.187–93 [no. 13]; Collier (2000) 202; W. Schipper (2003) 159–61; Schreiber (2003) 55–7; Karkov (2004) 101; Graham (2009) 183–4, 191; R. Gameson (2012a) 23, 24 and n. 40; D. Ganz (2012) 195 and n. 43; Scragg (2012a) nos. 21–2

DEC: Budny (1993) 28–9; Budny (1997) I.193 [inventory of decoration]

FACS: Horgan (1986) 108 [fol. 1r]; Robinson–Stanley (1991) pls. 6.1.2.1–2 [fols. 3v–4r], 6.2.1.1–2 [fols. 224v–225r]; O'Brien O'Keeffe (1985a) pl. VI (a) [fol. 3r (detail)]; Budny (1993) pl. 3 [fol. 3r]; Budny (1997) II, pl. 153 [fol. 4r]; Owen-Crocker (2009) figs. 2.8 [fol. 4r], 6.13 [fol. 3r]

ED: Carlson (1975–8) [OE *Pastoral Care* coll. as C12]; Schreiber (2003) 191–453 [base text (= C) for edition of parts of the OE *Pastoral Care* (prose preface, metrical preface, chs. i–iv, xix–xxvi, xxxvi–xxxvii, xlvii–lvi, lxv, metrical epilogue)]

LANG: Horgan (1981) 221; Budny (1997) I.188

ST: Horgan (1973) 153–69; A.F. Cameron (1974); Horgan (1986); Franzen (1991) 60–3 [glosses]; Laing (1993) 21; Budny (1993) [glosses]; R.I. Page (1993a) 103–4; Lucas (1995) [metrical epilogue]; R. Gameson (1996a) 237; M. Ellis (1998); R. Gameson (1998) 242 n. 45; Collier (2000) 195, 198–200, 202–6 [glossing of tremulous Worcester hand]; Waite (2000) 23–7, 199–226 [bibliography]

38. Cambridge, Corpus Christi College, 23, fols. 1-104

s. x^2 or x ex. or xi in., S England (Canterbury? SW England?), prov. Malmesbury prob. by s. xi^1

Contents: Gennadius, on Prudentius (*De uiris inlustribus* [CPL 957], ch. xiii); Prudentius, *Psychomachia* [CPL 1441], *Peristephanon* [CPL 1443]; epigrams for the basilica of St Agnes by Constantia [SK 2659] and Damasus [SK 4939]; Prudentius, *Contra Symmachum* [CPL 1442] (f); (works by Prudentius with glosses; *Psychomachia* illustrations with OE titles added s. x/xi–xi/xii)

MS: M.R. James (1912) I.44–6; Bergman (1926) xlv–xlvi; Lavarenne (1943–51) I.xxx; T.A.M. Bishop (1949–53) 434–5; N.R. Ker (1957) no. 31; N.R. Ker (1964) 128; R.M. Thomson (1982b) 16; Dumville (1992a) 83; Lapidge (1992d) 146–7 [repr. Lapidge (1996b) 46–7];

Dumville (1993g) 105–6; Vaciago (1993) 5 [no. 13]; Clemoes (1994b) 371–2; Budny (1997) I.275–437 [no. 24]; Wieland (1998) 1, 4, 6–9, 11; Binski—Panayotova (2005) no. 11 [R. McKitterick]; Withers (2007) 72, 74, 287; Graham (2009) 174–5; Scragg (2012a) nos. 24–7

DEC: Stettiner (1905) 17; Rice (1952) 213; F. Wormald (1945) 134 [repr. F. Wormald (1984) 74]; F. Wormald (1952) 60 [no. 4]; E. Temple (1976) no. 48; Ohlgren (1986) no. 153; Raw (1990) 196; R. Gameson (1995b) 8, 10, 37, 93, 186 n. 168, 194; Budny (1997) I.290–437 [inventory of decoration and illustration]; Wieland (1997a) 169 n. 3, 170–1, 175–84; Dodwell (2000) 115; C.M. Kauffmann (2003) 39, 41; Rosenthal (2011) 235

FACS: Stettiner (1905) pls. 31–2 [fol. 7v], 33–4 [fol. 33r], 49–50 [fols. 3v, 4r, 4v, 5r, 5v, 6r, 6v], 51–2 [fols. 8r, 8v, 9r, 10r, 10v, 11r, 11v], 53–4 [fols. 12r, 12v, 13r, 13v, 14r, 14v], 55–6 [fols. 15r, 16v, 17r, 17v, 18r, 18v, 19v], 57–8 [fols. 20r, 20v, 21r, 21v, 23r, 23v], 59–60 [fols. 24r, 24v, 25r, 25v, 26r, 26v, 27r], 61–2 [fols. 27v, 29v, 30r, 30v, 31r, 31v], 63–4 [fols. 32r, 32v, 33v, 34r, 35r, 35v], 65–6 [fols. 36r, 36v, 37r, 37v, 38r, 39v, 40r, 40v, 41v, 42r]; F. Wormald (1945) pls. VII (b) [fol. 13v], VII (c) [fol. 208v]; F. Wormald (1952) pl. 6 (b) [folio not specified]; E. Temple (1976) ills. 155–8 [fols. 2r, 37v, 17v]; R.I. Page (1992a) pl. 2 [fol. 2r]; Dumville (1993g) pls. VIII–IX [fols. 64r, 56v]; Budny (1997) II, pls. 222–95 and V–IX [fols. ii v, 1r, 3v–4r, 5v–13r, 14v–16r, 17v–20r, 21r–25r, 27v–32r, 33r–36r, 37v–39r, 41r, 45r, 63r, 76v, 91r, 95r, 100r, 103v–104r]; Karkov (2001a) pls. III–VIII [fols. 4v, 10v, 11r, 29v, 35r, 7r]; Binski—Panayotova (2005) 63 [fols. 17v–18r]; Withers (2007) 72 [fol. 29v]; Owen-Crocker (2009) figs. 5.6 [fol. 7r], 6.8 [fol. 8v]

ED: Zupitza (1876) [OE titles]; Bergman (1926) [Prudentius *carmina* coll. as K]; Lavarenne (1943–51) [Prudentius, *Psychomachia*, coll. as K]; Meritt (1945) [OE glosses]

LANG: Budny (1997) I.279–80

ST: R.I. Page (1973a); R.M. Thomson (1978) 121; Brownrigg (1978) 246 n. 2; Bately (1980) xlix; R.M. Thomson (1982b) 17; Wieland (1985); Wieland (1987); Raw (1990) 196; T. Hunt (1991) I.20; Lapidge (1992d) 146–7 [repr. Lapidge (1996b) 46–7]; R.I. Page (1992a) 79–95; Wieland (1998) 13; Karkov (2001a); Wieland (2001) 181; Menzer (2004) 97 n. 4; Petruccione (2008) 232, 236–8, 247–51

39. Cambridge, Corpus Christi College, 41

s. xi^1; with additions of s. xi^1 – xi med.; prob. S England, prov. Exeter by s. xi$^{3/4}$

Contents: Bede, *Historia ecclesiastica**: s. xi¹; additions (s. xi¹–xi med.): mass sets (from a sacramentary); Office chants; Old English Martyrology* (f); charms⁽*⁾; *Solomon and Saturn*** (f); medical recipe*; six homilies*; Apocalypse of Thomas*; Gospel of Nicodemus*; prayers; donation inscription⁺* (s. xi³/⁴)

MS: M.R. James (1912) I.81–5; R. Derolez (1954) 401, 420; N.R. Ker (1957) no. 32; Drage (1978), 310–12; Kotzor (1981) I.89*–108*; Robinson–Stanley (1991) 18, 22, 24 [arts. 1, 5, 6, 16]; Dumville (1992a) 67, 70, 90, 130; Conner (1993) 3, 13; Dumville (1993g) 77 n. 350; R.I. Page (1993a) 9–10; Scragg (1996) 211 [arts. 11, 17]; Budny (1997) I.501–24 [no. 32]; P.P. O'Neill (1997) 139 n. 2, 153 n. 56; Brantley (1999) 53; P. Wormald (1999) 186 n. 100; Teresi (2000) 109–10; Frantzen (2001a); *ASMMF* XI (2003) 1–27 [no. 25; Grant]; R.M. Butler (2004) 213–15; Rowley (2004) 13–14, 20–2, 26, 29–33; N.M. Thompson (2004) 62–3; Bredehoft (2006) 722–32; Hartzell (2006) no. 20 [marginalia]; Jolly (2007) 135, 137–9, 141–6, 154–9; W. Schipper (2007b) 41–2; Anlezark (2009) 5–6; Graham (2009) 200, 202–3; Scragg (2009b) 71–2; Wieland (2009) 121; Rowley (2011) 23–4; R. Gameson (2012a) 23, 34 n. 80, 41 and n. 106; R. Gameson (2012b) 108 and n. 53; Scragg (2012a) nos. 28–32

DEC: F. Wormald (1945) 133 [repr. F. Wormald (1984) 72]; F. Wormald (1952) 60 [no. 5]; E. Temple (1976) no. 81; Ohlgren (1986) no. 186; R. Gameson (1991) 71 n. 69; R. Gameson (1995b) 225–6, 228 n. 214, 230; Budny (1997) I.513–24 [inventory of decoration and illustration]; R. Gameson (2012c) 285, 287 n. 133

FACS: F.C. Robinson (1980) three unnumbered plates [pp. 482, 483, 484]; Robinson–Stanley (1991) pls. 2.6 [p. 322], 8.1–3 [pp. 482–4], 12.1.1–3 [pp. 196–8], 19.1 [p. 182], 19.2.1–2 [p. 206], 19.3.1–4 [pp. 350–3]; R.I. Page (1993a) pl. 8 [fol. 1r]; Budny (1997) II, pls. 396–444 [pp. 1, 61, 124, 131, 161, 175, 206, 212, 224, 229, 230, 233, 246, 248, 251, 252, 253, 254, 256, 259, 261, 264, 266, 268, 272, 273, 276, 282, 285, 289, 292, 298–9, 300, 301, 307, 327, 340, 352, 357, 368, 394, 400, 410, 433, 440, 474, 484, 485, 488]; *ASMMF* XI (2003) no. 25; Jolly (2007), 181–3 [pp. 182, 206–7, 329]; Owen–Crocker (2009) figs. 3.5 [p. 300], 3.6 [p. 272]; Rowley (2011) pls. 4–5 [pp. 422, 324]

ED: T. Miller (1890–8) [OE Bede coll. as B]; J.M. Schipper (1897–9) [OE Bede coll. as B]; Hulme (1903–4) [base text for Gospel of Nicodemus]; Menner (1941) [*Solomon and Saturn* coll. as B]; Tristram (1970) [base MS for Homilies for the Assumption and for St Michael (arts. 11, 17)];

Schaefer (1972) [base MS for Homily for Palm Sunday (art. 18)]; Grant (1979) 206–8, 272, 329 [base MS for charms and Latin *liturgica*]; Kotzor (1981) [OE Martyrology coll. as D]; Grant (1982) [base MS for Homilies for the Assumption, St Michael, Palm Sunday (arts. 11, 17, 18)]; Scragg (1992) 87 [Vercelli Hom. IV (art. 9) coll. as D]; Anlezark (2009) 60–4 [base MS for *Solomon and Saturn*]

LANG: Grant (1989); Rowley (2004) 14–17, 27; Anlezark (2009) 6–12

ST: K. Sisam (1953a) 32–3; H.C. Kim (1973); Hohler (1980); F.C. Robinson (1980) 12–25 [Metrical Epilogue to OE Bede]; Hollis – Wright (1992) 234–6, 239–40 [recipe, charms]; C.D. Wright (1993) 219; O'Brien O'Keeffe (1994) 234, 241, 248; Corrêa (1996) 306; Keefer (1996); Graham (1997a) [Abraham Wheelock]; Franzen (2001b); R.M. Butler (2004) 213–15; Rowley (2004) 11–12, 13, 14, 18, 21–2; Jolly (2007); Anlezark (2009) 12–57 [*Solomon and Saturn*]; Pfaff (2009) 66; Rowley (2011); Scragg (2012b) 559

40. Cambridge, Corpus Christi College, 44

s. xi$^{2/4}$ or xi med. or xi$^{3/4}$, Canterbury (StA or CC?), (prov. Ely)

Contents: excerpt from Amalarius, *Liber officialis* III.i*; pontifical (including litanies and second English coronation *ordo*)

MS: M.R. James (1912) I.88–90; N.R. Ker (1957) no. 33; T.A.M. Bishop (1959–63a) 93–5; N.R. Ker (1964) 40, 78; Brückmann (1973) 403–4; Lapidge (1991a) 63; Dumville (1993g) 122 n. 57; R.I. Page (1993a) 46–7; Vaciago (1993) 5 [no. 14]; Budny (1997) I.675–85 [no. 46]; Parkes (1997b) 102 and n. 8; O'Brien O'Keeffe (1998b) 224 n. 50; Bjorklund (2004) 222; O'Brien O'Keeffe (2006) 265; Barker-Benfield (2008) I.lviii–lix, III.1811; Wieland (2009) 124; R. Gameson (2012a) 87 n. 316; Rankin (2012) 492; Rushforth (2012) 209 and nn. 72–3; Scragg (2012a) nos. 33–4

DEC: Lawrence (1982) 102; R. Gameson (1991) 68 n. 39; Budny (1997) I.684–5 [inventory of decoration]

FACS: R.I. Page (1993a) pl. 28 [fol. 1r]; Budny (1997) II, pls. 616–20 [pp. 82, 209, 210, 331, 358]

ED: Legg (1900) [coronation *ordo*]; Liebermann (1903-16) I.416 [*Iudicium Dei* IX, coll. as Ch]; Trahern (1973) 475–8 [prefatory texts on fols. 1r–v, p. 1]; Lapidge (1991a) 98–102 [litanies]; Graham (1995a) 12–13 [prefatory texts on pp. 12–13]

ST: D.H. Turner (1971) xxx–xxxix [pontifical]; Dumville (1992a) 68, 71–2, 78, 91–4; R. Gameson (1995a) 102 n., 123; Heslop (1995) 64 n.; Nelson–Pfaff (1995) 92; Corrêa (1996) 301 n.; N. Orchard (2002) I.76–7, 104, 106, 108, 141, 204 n. 226; N. Orchard (2005) cxlv, clxxvi, cxciii, 444

41. Cambridge, Corpus Christi College, 57

s. x/xi, Abingdon or Canterbury?, prov. Abingdon

Contents: *Regula S. Benedicti* [*CPL* 1852] with interpolations (and glosses s. xi); Ambrosius Autpertus (pseudo-Fulgentius), *Admonitio* (excerpt from *De conflictu uitiorum et uirtutum*); *Memoriale qualiter*; 'De festiuitatibus anni' (Ansegisus, *Capitularium collectio*, II. 33); *Capitulare monasticum*; Usuard of Saint-Germain-des-Prés, *Martyrologium* (with additions and necrology s. xi med. and later); two formula-letters announcing the death of a monastic priest or deacon [add. in the 1040s]; Smaragdus of Saint-Mihiel, *Diadema monachorum* (incomplete)

MS: Bateson (1894b) 692, 694; M.R. James (1912) I.114–18; N.R. Ker (1957) no. 34; Morgand (1963) 179–80; Semmler (1963) 506; N.R. Ker (1964) 2; Gretsch (1973) 28–9; R.I. Page (1979) 29–32; Thacker (1988) 55, 62–3; Lapidge–Winterbottom (1991b) lxi n. 92; Dumville (1992a) 123; Dumville (1993b) 243–4; Dumville (1993g) 8, 76, 136, 153–4; R.I. Page (1993b) 19 [Norse runes]; Vaciago (1993) 5 [no. 15]; Blockley (1994); Mordek (1995) 94–5; Budny (1997) I.439–53 [no. 25]; Graham (1998a) 21–31; Gretsch (1999a) 251–4; *ASMMF* XI (2003) 28–38 [no. 27; Graham]; Gretsch (2003a) 111–13; R.M. Butler (2004) 207–8; N.M. Thompson (2007) 117–18; Wieland (2009) 127; R. Gameson (2012a) 67 n. 232; R. Gameson (2012d) 372 n. 109; D. Ganz (2012) 196 n. 45; Scragg (2012a) nos. 35–9

DEC: F. Wormald (1945) 134 [repr. F. Wormald (1984) 74]; E. Temple (1976) no. 30(x); Ohlgren (1986) no. 127; Budny (1997) I.449–53 [inventory of decoration]

FACS: Dumville (1993g) pl. XV [fols. 85r, 101v]; Graham (1996) 16 [runes on fol. 30v]; Budny (1997) II, pls. 296–320 [fols. 1v, 11v, 12r, 12v, 22r, 37r, 38r, 41r, 49r, 57r, 76v, 85v, 90r, 91v, 92v, 94v, 97v, 108v, 112v, 120v, 144v, 146v, 147r, 160r]; Graham (1998a) pls. 1–10 [fols. 124v, 76v, 97v, 8r, 85r, 102r, 121v, 94v, 5r, 58v]; *ASMMF* XI (2003) no. 27; Owen-Crocker (2009) figs. 2.14 [fol. 120v], 6.10 [fol. 58v]

ED: Morgand (1963) 229–61 [*Memoriale qualiter* coll. as E]; Semmler (1963) 515–35 [*Capitulare monasticum* coll. as G4]; Hanslik (1977) [*Regula S. Benedicti* coll. as g]; Chamberlin (1982) [base MS for *Regula S. Benedicti*]; Gerchow (1988) 252 [formula letters], 335–8 [obits in martyrology]

ST: Traube (1910) 120–1; Morgand (1955) 765–74; Meyvaert (1963) 98, 100, 102, 110; Gretsch (1974) 126–8; Rella (1977) 56; Keynes (1980) 239 n. 22; Gerchow (1988) 245–52 [no. 18]; Cross (1992b); Dumville (1992a) 123 and n. 207; R. Gameson (1996b) 168 n. 160, 175–6; Graham (1996) 17–19; Jayatilaka (1996); Keynes (1996a) 59–60; Graham (1998a) 21–69; Gretsch (2003a); Crick (2011) 7 n. 24; R. McKitterick (2012) 329

42. Cambridge, Corpus Christi College, 69

s. viii ex./ix in. or ix^1, S England

Contents: Gregory, *Homiliae .xl. in Euangelia* [*CPL* 1711], bk. II [*Hom.* xxi–xl]

MS: Schenkl no. 4874; M.R. James (1912) I.148; Lindsay (1915) 450; *CLA* II (1935) no. 121; McGurk (1961b) 10 [repr. McGurk (1998) no. V]; Clayton (1985) 218; Dumville (1987) 150 n. 13; Parkes (1992) 125 n. 64; M.P. Brown (1996) 171–2; Budny (1997) I.89–94 [no. 5]; T.N. Hall (2001) 119, 121 [no. 1]; Étaix (1996) nos. 42, 242, 566; Lapidge (2006) 305; Wieland (2009) 126; M.P. Brown (2012) 165; R. Gameson (2012a) 42 n. 117

DEC: Budny (1997) I.92–4 [inventory of decoration and illustration]

FACS: Budny (1997), II, pls. 25–53 [fols. 1r, 2v, 4r, 4v, 9r, 10r, 11r, 14v, 20r, 20v, 25r, 25v, 29v, 31r, 31v, 32r, 35v, 40v, 41r, 44r, 47v, 48r, 52r, 59r, 62v, 67v, 68r, 72r, 78v]

ED: Etaix (1999) [Gregory, *Homiliae in Euangelia*, coll. as A]

ST: Bischoff (1954a) 138; M.P. Brown (2001b) 282

43. Cambridge, Corpus Christi College, 130

s. xi/xii or xii in., SW England

Contents: *Collectio Lanfranci* [*Concilia, Decreta pontificum*]; Lanfranc, *Epist.* xlix; lists of popes and Roman emperors (added s. xii^1)

MS: M.R. James (1912) I.301–4; Z.N. Brooke (1952) 78, 231–5; S. Williams (1971) 80; Clover–Gibson (1979) 17; Webber (1992) 48; R. Gameson

(1999a) no. 57; Kéry (1999) 116, 239–43 [contents, with full bibliography]; Gullick (2001) 105–7; Barker-Benfield (2008) III.1728, 1822
FACS: Gullick (2001) pl. 35 [fol. 7v]
ED: Clover—Gibson (1979) 154–60 [*Ep.* xlix coll. as Cc]

44. Cambridge, Corpus Christi College, 140 (with Cambridge, Corpus Christi College 111, pp. 7–8, 55–6)

s. xi¹, xi², s. xi/xii, Bath [all parts]

Contents: gospels* (s. xi¹); manumissions*; homily*; lists of popes and English bishops (s. xi/xii); list of relics*; agreement of confraternity* (s. xi²)

MS: Bosworth (1865) xiii; Skeat (1871) v–vi [colophon]; Bright (1904–6) I.xv–xvi; M.R. James (1912) I.236–48, 323–6; N.R. Ker (1957) no. 35; Abel (1962) 324–54; Morrell (1965) 183; Metzger (1977) 448–9; P.R. Robinson (1978) 234 [repr. P.R. Robinson (1994) 29]; Scragg (1979) 257; Dumville (1988) 61; Pelteret (1990) 90–5 [nos. 70–86]; Dumville (1992a) 120; R.L. Harris (1992) 307; Dumville (1993g) 136 n. 106; R.I. Page (1993a) 5; Liuzza (1994–2000) I.xxv–xxxiii; Keynes (1996a) 56 n. 60 [art. 9]; Budny (1997) I.577–92 [no. 38]; Lenker (1997) 15–16, 34–41; Treharne (1998) 241; Scragg (2009b) 71; R. Gameson (2012a) 44, 87 n. 316; R. Gameson (2012b) 108 and n. 52; Scragg (2012a) nos. 40–55

DEC: Budny (1997) I.583–92 [inventory of decoration]

FACS: Liuzza (1994–2000) I, frontispiece [fol. 45r]; Budny (1997) II, pls. 486–533 [fols. 3v, 4v, 5r, 5v, 6v, 7r, 7v, 9r, 10v, 11v, 12v, 13r, 13v, 14r, 23v, 25r, 26v, 27r, 29v, 35v, 36v, 45r, 50v, 51v, 57v, 58r, 62r, 62v, 63r, 64v, 65r, 70r, 76r, 76v, 78v, 79v, 88v, 90v, 92v, 94r, 102r, 105r, 112v, 116r, 118r, 129r, 131r, 135v]; Owen-Crocker (2009) fig. 3.4 [fol. 1v]

ED: Skeat (1871, 1874, 1878, 1887) [OE gospels coll. as I]; Bright (1904–6) [base MS (= Corp.) for OE gospels]; R.I. Page (1966) 17–21 [art. 5: English bishops list]; Grünberg (1967) [OE gospels coll. as Cp]; Liuzza (1994–2000) I.xxvi–xxx [manumissions; confraternity agreement], I.3–202 [base MS (= Cp) for OE gospels]

LANG: Korhammer (1976) 163–5, 168; Liuzza (1994–2000) II.121–54

ST: R.I. Page (1965a); Keynes (1986b) 210; Pelteret (1990) 79–85 [manumissions (Ker art. 2)], 86 [agreement (Ker art. 3)], 70–2 [lists of relics (Ker art. 7)], 73–7 [manumissions (Ker art. 8)], 78 [confraternity agreement (Ker art. 9)]; Graham (1991–5a) 453–5; Liuzza (1994–2000) vol. II

45. Cambridge, Corpus Christi College, 144

s. ix¹, S. England, prob. SW England, (prov. Canterbury StA)

Contents: two glossaries⁺*

MS: M.R. James (1912) I.330–1; *CLA* II (1935) no. 122; N.R. Ker (1957) no. 36; Pheifer (1974) xxviii–xxxi; Lapidge (1986b) 58 [repr. Lapidge (1996b) 154]; Bischoff et al. (1988a) 22–5; Morrish (1988) 520, 522, 525–6, 528, 537; Webster—Backhouse (1991) 78–9 [no. 63]; R.I. Page (1993a) 99; Gneuss (1994) 66, 71; M.P. Brown (1996) 171–2; Dionisotti (1996) 218, 228, 238, 249; Lapidge (1996c) 415, 441; Lendinara (1996) 627–31; Budny (1997) I.95–108 [no. 6]; Dumville (1999) 116–17; R. Gameson (1999c) 362; Lapidge (2000a) 22; Meaney (2004) 495; C.D. Wright (2006) 199; Dumville (2007d) 83–6; Hines (2007) 73; Barker-Benfield (2008) I.5 n. b, 50, 52, 95, II.1334, III.1759, 1770–1, 1781, 1814; Graham (2009) 180–1; Wieland (2009) 146; Alcamesi (2011) 508 and n. 1; M.P. Brown (2012) 165; R. Gameson (2012a) 38 and n. 93, 43 n. 123

DEC: Brownrigg (1978) 257–8; Budny (1997) I.106–8 [inventory of decoration]

FACS: Bischoff et al. (1988a) [full facsimile of both glossaries]; Webster—Backhouse (1991) 78 [fol. 52r]; R.I. Page (1993a) pl. 58 (a) [fol. 14v (detail)]; Budny (1997) II, pls. 54–79 [fols. 4r, 8r, 8v, 11v, 13v, 16v, 17r, 21r, 28r, 30r, 30v, 31r, 32r, 33v, 37r, 39v, 40r, 43v, 45v, 47r, 48v, 49r, 52r, 52v, 54v]; Lapidge (2000a) 22 [fol. 13v (details)]; Owen-Crocker (2009) figs. 2.6 [fol. 31r], 6.12 [fol. 13v]; Lendinara et al. (2011) pl. XVI [fol. 1r]

ED: Wright—Wülker (1884) 1–54 [Latin-OE glosses only, in both glossaries]; Sweet (1885) 35–107 [Latin-OE glosses in both glossaries]; Hessels (1890) [complete edition of both glossaries]; Lindsay (1921a) [complete ed. of Glossary II only]; Wynn (1962) [Latin-OE glosses in both glossaries]; Sweet—Hoad (1978) 1–101 [Latin-OE glosses in both glossaries]; Gneuss (1994) 74–86 [grammatical terms in Glossary I, coll. as C]

LANG: Kuhn (1939); A. Campbell (1959) [phonology and morphology of OE glosses extensively recorded as Cp]; Karl Brunner (1965) [recorded as Cp or Corp]; Hogg (1992) [recorded as CorpGl]

ST: Sweet (1885) 5–7; Gruber (1904); Schlutter (1908) 432–48; Lindsay (1921b); Pheifer (1974) xxviii–xxx; Kotzor (1981) I.250* n. 314; Milani (1984); Pheifer (1987); Bischoff et al. (1988a) 56–60, 62–3; A.K. Brown (1992) 103–4, 109 [nos. 1, 14]; Pheifer (1992); R.I. Page (1993a) 99; Pheifer (1994) 271, 286–7, 290–5; Dionisotti (1996) 241; Herren (1998) 98–101; R. Gameson (1999c) 362; Gretsch (1999a) 154–6, 197; M.P. Brown (2001b) 282; Dietz (2001) 148; Dekker (2010) 160–2; Alcamesi (2011); Rusche (2011) 402–14

46. Cambridge, Corpus Christi College, 146

s. xi in., Winchester OM (or Canterbury CC?); xi^2 - xii in. [supplement], Worcester

Contents: pontifical (including litanies and second English coronation *ordo*) and benedictional; supplement [pp. 1–60, 319–30]

MS: Liebermann (1903–16) I.xxi; M.R. James (1912) I.332–5; Hohler (1956) 161; N.R. Ker (1957) no. 37; Brückmann (1973) 405–6; Hohler (1975) 73 and 224 n. 54; Rella (1977) 57; Fenlon (1982) 17–20; Lapidge (1986a) 268; Prescott (1987) 130, 132; P.R. Robinson (1988) I, no. 134; Hartzell (1989) 78 n. 80, 84; Lapidge (1991a) 63; Dumville (1992a) 68, 72–3, 77, 89–94, 151; Dumville (1993g) 72–3; Graham (1995a) 7–8 n. 16; Budny (1997) I.495–9 [no. 31]; Sole (1998) 132; R. Gameson (1999a) no. 58; P. Wormald (1999) 194 n. 133; N. Orchard (2002) I.75; R. Gameson (2005a) 96, 101–4; C.A. Jones (2005a) 111, 122–5, 129; C.A. Jones (2005b) 236–7 n. 50; N. Orchard (2005) ci, cxxix; Foys (2006) 279–80; Hartzell (2006) no. 24; O'Brien O'Keeffe (2006) 265–6; Swan (2007b) 39; Pfaff (2012) 458 and n. 34; Scragg (2012a) no. 56

DEC: R. Gameson (1991) 68 n. 39; Budny (1997) I.499 [inventory of decoration]; C.A. Jones (2005a) 111 [rubrics]

FACS: Huglo (1987) pl. XX [p. 18]; Rankin (1996) pl. 12 [pp. 18, 86, 341]; Budny (1997) II, pls. 388–95 [pp. 63, 159, 165, 204, 19, 20, 54, 322]

ED: Liebermann (1903–16) I.401–9 [*Iudicium Dei*], 435–6 [*Excommunicatio*]; Lapidge (1991a) 103–5 [litanies]

ST: Fenlon (1982) 19 [neumes]; Prescott (1987) 132, 148–55; Rankin (1987) 136 [neumes]; Corrêa (1996) 301 n.; R. Gameson (1996a) 233, 237; Rankin (1996) 338–9, 341, 343, 345–6; Rasmussen (1998) 177, 404; C.A. Jones (2005a) 113, 121 n. 58, 124, 128; C.A. Jones (2005b) 243–5

48. Cambridge, Corpus Christi College, 153

fols. 1–68: s. ix ex. or x$^{1/3}$, Wales [Martianus Capella], supplemented in England s. x^1; fols. 69–96: s. x^1 or x med. or x$^{3/4}$, S England, perh. Canterbury [distich and 'Dunchad' commentary]

Contents: Martianus Capella, *De nuptiis Philologiae et Mercurii* with Welsh glosses, supplemented in England; Latin distich [SK 15723]; 'Dunchad' (Martin of Laon?), Commentary on Martianus Capella

MS: M.R. James (1912) I.344–6; Lindsay (1912a) 19–22 [no. 6]; Leonardi (1959) 464 and n. 113; Leonardi (1960) 20–1 [no. 28]; T.A.M. Bishop (1964–8c); Rella (1977) 72; Parkes (1983) 139; Dumville (1987) 160 n. 63; Dumville (1992a) 116–17 and n. 150; Dumville (1994a) 137 and n. 24, 139 and n. 34, 141 and n. 44; Budny (1997) I.109–18 [no. 7]; Wieland (2009) 149; R. Gameson (2012a) 43 n. 122; McKee (2012a) 169 and n. 7; Rushforth (2012) 202 and n. 36

DEC: F. Wormald (1952) 60 [no. 6]; Budny (1997) I.113–18 [inventory of decoration and illustration]; N. Edwards (2012) 246 and n. 12

FACS: Lindsay (1912a) pls. IX–X [fols. 17r, 67r]; Bishop (1964–8c) pls. XXI (a) [fol. 18r], XXI (b) [fol. 25v], XXII (b) [fol. 75r]; Budny (1997) II, pls. 80–101 [fols. 1r, 7r, 14r, 29r, 29v, 30r, 33v, 34r, 35r, 35v, 36r, 36v, 37r, 39v, 45v, 57v, 67v, 69v, 75r, 79r, 82r, 83r]

ST: W. Stokes (1872); W. Stokes (1873); Bradshaw (1889) 281–3; Glauche (1970) 45–6; C.E. Lutz (1971) 371–2; *BCLL* (1985) no. 1182 [on the 'Dunchad' commentary]; *CSLMA* I (1994) 310–12; McKee (2012b) 340 and n. 7; *CALMA* III. 154 ('Dunchad')

50. Cambridge, Corpus Christi College, 162, pp. 1–138, 161–564

s. x ex. or xi in., SE England

Contents: Homilies* (mostly by Ælfric)

MS: M.R. James (1912) I.363–8; N.R. Ker (1957) no. 38; Pope (1967) I.22–4; Tristram (1970) 78–87 [esp. for art. 38]; F.C. Robinson (1973) 449; Godden (1979) xxxi–xxxiii; Scragg (1979) 242–3; Clayton (1985) 226; Dumville (1988) 59–61; R.I. Page (1993a) 50–1, 54–5; Scragg (1996) 213 [on art. 55]; Budny (1997) I.463–73 [no. 28]; Clemoes (1997) 13–16; Parkes (1997b) 139 n. 109; Scragg (1998); Treharne (1998) 235, 242; W. Schipper (2003) 159; N.M. Thompson (2004) 60, 62 n. 84; Anlezark (2006) 62 n. 5; Biggs (2007a) 31 [Biggs, Morey], 78 [C.D. Wright], 80

[Lees]; K. Powell (2008); Graham (2009) 202; Scragg (2009b) 61–2, 81; Crick (2012) 181; M. Fox (2012) 60; R. Gameson (2012a) 67 n. 232; R. Gameson (2012b) 107 and n. 48; Scragg (2012a) nos. 57–69

DEC: F. Wormald (1952) 60–1 [no. 7]; Budny (1997) I.470–3 [inventory of decoration and illustration]

FACS: Willard (1950); Pope (1967) I. 312 [p. 275]; R.I. Page (1993a) pls. 39, 56 [pp. 160 (detail), 387]; Budny (1997) II, pls. 332–81 [pp. 1, 30, 44, 52, 66, 79, 97, 109, 125, 161, 174, 184, 206, 207, 237, 243, 252, 257, 274, 284, 298, 301, 305, 322, 333, 335, 341, 343, 347, 351, 365, 382, 391, 398, 403, 422, 432, 441, 472, 483, 490, 491, 508, 516, 524, 530, 547, 553, 563, 564]; Owen-Crocker (2009) fig. 6.19 [p. 531]

ED [the order of the following items is that of the manuscript, listed according to the numbering of individual articles in N.R. Ker (1957) 51–6; only the most recent editions are cited]:

art. 1: Clemoes (1997) 178–89 [Ælfric, CH I, Hom. I (*De initio creaturae*), coll. as F]

art. 2: Clemoes (1997) 325–34 [Ælfric, CH I, Hom. XIX (*Feria .III. De dominica oratione*), coll. as F]

art. 3: Clemoes (1997) 335–44 [Ælfric, CH I, Hom. XX (*Feria .IIII. De fide catholica*), coll. as F]

art. 4: Napier (1901) [base MS for anonymous Homily on the Observance of Sunday]; Lees (1986) 117–23 [base MS for anonymous Homily on the Observance of Sunday]; D. Haines (2010) 126–44 [base MS for 'Letter D']

art. 5: Godden (1979) 180–9 [Ælfric, CH II, Hom. XIX (*Feria .II. in Letania maiore*), coll. as F]

art. 6: Skeat (1881–1900) I.282–306 [Ælfric, *Lives of Saints* no. XIII (*De oratione Moysi* in Mid–Lent), coll. as F]

arts. 7–8: Godden (1979) 110–26 [Ælfric, CH II, Hom. XII (Sunday in Mid–Lent), coll. as F]

art. 9: Godden (1979) 29–40 [Ælfric, CH II, Hom. IV (Second Sunday after Epiphany), coll. as F]

art. 10: Clemoes (1997) 241–8 [Ælfric, CH I, Hom. VIII (Third Sunday after Epiphany), coll. as F]

art. 11: Godden (1979) 41–51 [Ælfric, CH II, Hom. V (Septuagesima Sunday), coll. as F]

art. 12: Godden (1979) 52–9 [Ælfric, CH II, Hom. VI (Sexagesima Sunday), coll. as F] art. 13: Clemoes (1997) 258–65 [Ælfric, CH I, Hom. X (Quinquagesima Sunday), coll. as F]

art. 14: as Skeat (1881–1900) I.260–82, with distinctive introduction [Ælfric, *Lives of Saints*, no. XII (Ash Wednesday), not collated]

art. 15: Clemoes (1997) 266–74 [Ælfric, CH I, Hom. XI (First Sunday in Lent), coll. as F]

art. 16: Godden (1979) 60–6 [Ælfric, CH II, Hom. VII (First Sunday in Lent), coll. as F; the passage at the end of the homily, found only in this MS and marked for deletion, is ptd Godden (1979) 353]

art. 17: Pope (1967–8) I.230–42 [Ælfric, Suppl. Hom. II (*Feria .VI. in prima ebdomada Quadragesimae*), coll. as F]

art. 18: Godden (1979) 67–72 [Ælfric, CH II, Hom. VIII (Second Sunday in Lent), coll. as F]

art. 19: Förster (1932) 53–72 [Vercelli Hom. III coll. as T]; Scragg (1992) 73–82 [Vercelli Hom. III coll. as F]

art. 20: Pope (1967–8) I.248–56 [base MS (= F) for Ælfric, Suppl. Hom. III (*Feria .VI. in secunda ebdomada Quadragesimae*)]

art. 21: Pope (1967–8) I.264 [only the first four words of Ælfric, Suppl. Hom. IV (Third Sunday in Lent) are preserved in this MS]

art. 22: Pope (1967–8) I.288–300 [base MS (= F) for Ælfric, Suppl. Hom. V (*Feria .VI. in tertia ebdomada Quadragesimae*)]

art. 23: Clemoes (1997) 275–80 [Ælfric, CH I, Hom. XII (Sunday in Mid–Lent), coll. as F]

art. 24: Pope (1967–8) I.311–29 [base MS (= F) for Ælfric, Suppl. Hom. VI (*Feria .VI. in quarta ebdomada Quadragesimae*)]

art. 25: Godden (1979) 127–36 [Ælfric, CH II, Hom. XIII (Fifth Sunday in Lent), coll. as F]

art. 26: Assmann (1889/1964) 65–72 [base text (= S^1) for Ælfric, Homily for Friday after the Fifth Sunday in Lent]

art. 27: Godden (1979) 137–49 [Ælfric, CH II, Hom. XIV (Palm Sunday), coll. as F]

art. 28: Schaefer (1972) 18–33 [anonymous homily for Palm Sunday coll. as B]

art. 29: as Assmann (1889/1964) 151–63 [anonymous homily *In cena Domini*; not collated]

art. 30: Förster (1932) 1–42 [Vercelli Hom. I coll. as T]; Scragg (1992) 7–43, odd pages [Vercelli Hom. *De parasceue* coll. as G]

art. 31: Schaefer (1972) 83–114 [anonymous homily for Holy Saturday coll. as B] art. 32: Schaefer (1972) 174–84 [base MS for anonymous homily for Easter Sunday]

art. 33: Clemoes (1997) 307–12 [Ælfric, CH I, Hom. XVI (First Sunday after Easter), coll. as F]

art. 34: Clemoes (1997) 313–16 [Ælfric, CH I, Hom. XVII (Second Sunday after Easter), coll. as F]

art. 35: Luiselli Fadda (1977) 71–99 [Hom. IV (*In Letania maiore*) coll. as C]; Szarmach (1981a) 69–72 [Vercelli Hom. XIX coll. as G]; Bazire–Cross (1982) 16–23 [base MS for Rogationtide Hom. 1 (*Feria .II. in Letania maiore*)]; Scragg (1992) 315–26 [Vercelli Hom. XIX coll. as G]

art. 36: Szarmach (1981a) 77–80 [Vercelli Hom. XX coll. as G]; Bazire–Cross (1982) 31–8 [base text for Rogationtide Hom. 2 (*Feria .III. in Letania maiore*)]; Scragg (1992) 332–43 [Vercelli Hom. XX coll. as G]

art. 37: Bazire–Cross (1982) 47–54 [base MS (= F) for Rogationtide Hom. 3 (*Feria .IIII. in Letania maiore*)]

art. 38: Tristram (1970) 162–72 [base MS for anonymous Ascension Day homily)

art. 39: Clemoes (1997) 354–64 [Ælfric, CH I, Hom. XXII (Pentecost), coll. as F]

art. 40: Clemoes (1997) 365–70 [Ælfric, CH I, Hom. XXIII (Second Sunday after Pentecost), coll. as F]

arts. 41–2: Godden (1979) 213–20 [Ælfric, CH II, Hom. XXIII (Third Sunday after Pentecost), coll. as F]

art. 43: Clemoes (1997) 371–8 [Ælfric, CH I, Hom. XXIV (Fourth Sunday after Pentecost), coll. as F]

art. 44: Godden (1979) 230–4 [Ælfric, CH II, Hom. XXV (Eighth Sunday after Pentecost), coll. as F]

art. 45: Godden (1979) 235–40 [Ælfric, CH II, Hom. XXVI (Ninth Sunday after Pentecost), coll. as F]

art. 46: Clemoes (1997) 410–17 [Ælfric, CH I, Hom. XXVIII (Eleventh Sunday after Pentecost), coll. as F]

art. 47: Godden (1979) 249–54 [Ælfric, CH II, Hom. XXVIII (Twelfth Sunday after Pentecost), coll. as F]

art. 48: Godden (1979) 268–71 [Ælfric, CH II, Hom. XXXI (Sixteenth Sunday after Pentecost), coll. as F]

art. 49: Godden (1979) 271 [Ælfric, *De sancta Maria*, coll. as F]

art. 50: Clemoes (1997) 459–64 [Ælfric, CH I, Hom. XXXIII (Seventeenth Sunday after Pentecost), coll. as F]

art. 51: Clemoes (1997) 476–85 [Ælfric, CH I, Hom. XXXV (Twenty-First Sunday after Pentecost), coll. as F] art. 52: Wenisch (1992) 50–2 [base text for anonymous homily *Nu bidde we eow for Godes lufon*]

art. 53: Clemoes (1997) 520–3 [Ælfric, CH I, Hom. XXXIX (First Sunday in Advent), coll. as F]

art. 54: Clemoes (1997) 524–30 [Ælfric, CH I, Hom. XL (First Sunday in Advent), coll. as F]

art. 55: Tristram (1970) 428–9 [base MS for homily *In die depositionis beati Augustini Anglorum doctoris*]

LANG: Pope (1967) I.23–4; Tristram (1970) 87–98 [art. 38]; Scragg (1994a) 333 n. 30, 342 [south-eastern dialect forms]

ST: Horsley—Waterhouse (1984) 223; Lees (1986) 123–42; M.P. Richards (1988) 88–90; Bately (1993); Budny (1993) 28; S. Irvine (1993) 48–9, 51, 55–6; R.I. Page (1993a) 97–8; J. Hill (1996) 244; Collier (2000) 195; Szarmach (2002) 304; Acker (2004) 122 n. 3, 126, 127 n. 21, 130–1, 135–6; Bjorklund (2004) 229 n. 31; M.P. Richards (2006) 292–3; Treharne (2007a) 260; Healey (2007) 14–15; Scragg (2012b) 558

51. Cambridge, Corpus Christi College, 163

s. xi^2, prob. xi$^{4/4}$, prob. Worcester (Winchester OM? at or for Nunnaminster?)

Contents: pontifical (*Pontificale Romano-Germanicum*, including litanies); blessings; benediction; hymn [SK 5629]; sermon; parts of Office of the Dead

MS: M.R. James (1912) I.368–9; Andrieu (1931–61) I.96–9; Brückmann (1973) 406–7; Lapidge (1981–5) 20–1, 24–6 [full list of contents]; Lapidge (1991a) 64; Dumville (1992a) 68, 73, 91; R.I. Page (1993a) 51; Nelson—Pfaff (1995) 96; Gullick (1996–9a); Budny (1997) I.593–8 [no. 39]; R. Gameson (1999a) no. 61; Pfaff (2001) 184–6; N. Orchard (2002) I.228–9; R. Gameson (2005a) 94, 101–4; Hartzell (2006) no. 25; O'Brien O'Keeffe (2006) 266

DEC: R. Gameson (1991) 68 n. 39; Gullick (1996–9a) 90–1; Budny (1997) I.597–8 [inventory of decoration]

FACS: Huglo (1987) pl. XIX [p. 43]; Budny (1997) II, pls. 534–49 [pp. 24, 36, 39, 40, 46, 50, 52, 53, 54, 122, 158, 159, 189, 190, 226]

ED: Lapidge (1991a) 106–9 [litanies]; Lapidge (2003a) 137–8 [blessing for St Swithun]; Sansterre (2006) 290 [blessing for St Peter]

ST: Lapidge (1983) 21–2 [comparison with no. **406. 5**]; Rankin (1987) no. 14; Hamilton (2001) 129; C.A. Jones (2005a) 114

52. Cambridge, Corpus Christi College, 173, fols. 1–56

s. ix/x, Wessex, perh. Winchester, prov. Winchester by s. x med., prov. Canterbury CC s. xi ex. or xii in.

Contents: West Saxon royal genealogy* [s. ix/x]; *Anglo-Saxon Chronicle* A* [s. ix/x — xi^2]; *Acta Lanfranci* [s. xi ex.]; laws*: *Alfred* and *Ine* [s. x$^{2/4}$]; lists of popes and English bishops [s. x^2 or x ex. — xii in.]

MS: C. Plummer (1892–9) I.x; II.xxiii–xxvii; M.R. James (1912) I.395–9; Dickins (1952) 6; N.R. Ker (1957) no. 39; T.A.M. Bishop (1964–8b) 247; N.R. Ker (1964) 30, 199; Parkes (1976b) [repr. Parkes (1991) 143–69]; Bately (1980) xxiii; A. Lutz (1981) xxx–xxxi; Dumville (1986) 5; Dumville (1987) 163–4; Morrish (1988) 532–4, 537; P.R. Robinson (1988) I, nos. 135–6; Webster–Backhouse (1991) 258–9 [no. 233]; M.P. Brown (1991) 45; Robinson–Stanley (1991) 22–3; Dumville (1992b) 55–139; Lapidge (1992d) 156 [repr. Lapidge (1996b) 56]; Conner (1993) 54–5, 57–9, 62–77, 79–80; R.I. Page (1993a) 6–7, 60; Dumville (1994a) 144, 147–8, 153; M.P. Brown (1996) 40, 180; Budny (1997) I.151–60 [no. 11]; Sato (1997b); R. Gameson (1999a) no. 62 [additions and revision]; P. Wormald (1999) 163–72; Bredehoft (2001) 221–2; Brown–Farr (2001a) 59; Bredehoft (2004) 150, 151 n. 30, 157–9, 167, 169; Roberts (2005) 48–50; Hough (2006) 114, 115 and n. 8, 116, 132; Rumble (2006a) viii; Biggs (2007a) 17; C. Bishop (2007b) 101–3, 105, 118; Grimmer (2007) 103 n. 5; Graham (2009) 176, 192–4; Scragg (2009b) 75; D. Ganz (2012) 189 and n. 9; Keynes (2012) 542, 552; Scragg (2012a) nos. 70–81; P. Wormald (2012) 533 [no. 1]

DEC: Budny (1997) I.159–60 [inventory of decoration]

FACS: Flower–Smith (1941) [full facsimile of arts. 1–5]; Robinson–Stanley (1991) pls. 14.1.1.1–3 [fols. 26v–27r], 14.2.1–4 [fol. 27r], 14.3.1 [fol. 28v], 14.3.1.1–2 [fols. 28v–29r]; R.I. Page (1993a) pl. 6 [fol. 1r (detail)]; Budny (1997) II, pls. 106–9 [fols. 1v, 13r, 40v, 47r]; Bredehoft (2001) pls. II–III [fols. 1r, 10r], V [fol. 13r]; Roberts (2005) pl. 8 [fol. 15r], p. 51 [fol. 21r]; Hough (2006) pl. 15 [fol. 47r]; M.P. Brown (2007a) pl. 66 [fol. 13v]; Owen-Crocker (2009) figs. 2.7 [fol. 12r], 3.7 [fol. 29v], 4.2 [fol. 28v]

ED: C. Plummer (1892–9) [base MS for A-text of *Anglo-Saxon Chronicle*]; A.H. Smith (1935) [annals for 832–900 from A-text of *Anglo-Saxon Chronicle*]; Dickins (1952) [base MS (= A) for West Saxon royal genealogy]; R.I. Page (1966) 22–4 [lists of English bishops]; A. Lutz (1981) [A-text of *Anglo-Saxon Chronicle* used to supplement G-text]; Bately (1986) [base MS (= A) for A-text of *Anglo-Saxon Chronicle* and lists of popes and English bishops]; Dumville (1986) 21–5 [West Saxon royal genealogy coll. as P]

LANG: A.H. Smith (1935) 13–15; Shannon (1964); Sprockel (1965); Bately (1980) xxxix–xlix; Hofstetter (1987) 396–7; Gretsch (1999a) 319; Gretsch (2000) 98–102, 105; Gretsch (2001) 172; C. Bishop (2007b) 104

ST: C. Plummer (1892–9) II.xxiii–xxvii; R.I. Page (1965a); Dumville (1976) 27–9; Torkar (1976) 320, 326; Greenfield–Robinson (1980) 346–53 [bibliography]; Keynes–Lapidge (1983) 75–81; Keynes (1986b) 210; Kennedy (1989) 2605, 2744–80 [bibliography]; Dumville (1992b) 55–139; Keynes (1999a) [episcopal lists]; M.P. Brown (2001b) 282 [Canterbury School decoration]; Hough (2006) 121, 123–4, 127–32; Treharne (2007a) 262; Tristram (2007) 203 n. 57; Keynes (2012) 542, 552 *et passim*

53. Cambridge, Corpus Christi College, 173, fols. 57-83

s. viii², S England, prob. Kent, prov. Winchester from s. ix ex. or x in.?, prov. Canterbury CC

Contents: Sedulius, Letters I and II to Macedonius (s. ix), *Carmen paschale*° [*CPL* 1447], two hymns° [*CPL* 1449]; epigram by Damasus on St Paul [SK 7486]; excerpts from Augustine, *De ciuitate Dei* [*CPL* 313], XVIII. 23, with three versions of Sibylline prophecies

MS: M.R. James (1912) I.399–401; *CLA* II (1935) no. 123; N.R. Ker (1957) no. 40; N.R. Ker (1964) 199; T.A.M. Bishop (1964–8b) 246; Parkes (1976b) [repr. Parkes (1991) 143–69]; Rella (1977) 40 [no. 108]; Lapidge (1982a) 113 [repr. Lapidge (1996b) 477–8]; Sims-Williams (1982) 34; Bischoff (1986) 125 n.; Dumville (1987) 164; Dumville (1992b) 85–139; R.I. Page (1993a) 6–7, 126; Vaciago (1993) 5–6 [no. 16]; Blockley (1994) 80; O'Brien O'Keeffe (1994) 226; M.P. Brown (1996) 40, 171–2; Lapidge (1996c) 415, 441; Budny (1997) I.75–87 [no. 4]; Wieland (1998) 16 n. 23; R. Gameson (1999c) 359; Graham (2009) 171, 175–7; M.P. Brown (2012) 165; R. Gameson (2012a) 28 n. 59, 42 n. 117; Scragg (2012a) no. 82

DEC: Budny (1997) I.84-7 [inventory of decoration and illustration]

FACS: R.I. Page (1982) 155 [fol. 59r]; Budny (1997) II, pls. 10-24 [fols. 1r/57r, 3r/59r, 3v/59v, 12r/68r, 12v/68v, 13v/69v, 14v/70v, 16r/72r, 16v/72v, 17v/73v, 18r/74r, 20v/76v, 24r/80r, 25r/81r, 27r/83r]; Owen-Crocker (2009) fig. 6.9 [fol. 61v]

ST: Bischoff (1954a) 138; Gneuss (1968) 103, 117, 122–3; F.C. Robinson (1973) 449; Parkes (1976a) 166 n. 17 [repr. Parkes (1991) 126 n. 17]; R.I. Page (1979) 43–5; R.I. Page (1982) 154, 156–9; Wieland (1985) 171–2; O'Brien O'Keeffe (1987) 144; Graham (2000a); M.P. Brown (2001b) 282; Lendinara (2003) 96

54. Cambridge, Corpus Christi College, 178, pp. 1–270 + 162, pp. 139–60

s. xi¹, prob. Worcester, (prov. ibid.)

Contents: Ælfric, *Hexameron**, (version of Alcuin's) *Interrogationes Sigewulfi in Genesin**, homilies and homiletic pieces*, *De duodecim abusiuis saeculi**; Ælfric (?), Letter to Brother Edward*; *De infantibus non baptizandis**

MS: M.R. James (1912) I.414–17; N.R. Ker (1949); N.R. Ker (1957) no. 41A; N.R. Ker (1964) 206; Pope (1967–8) I.62–7; Godden (1979) lxviii–lxx; Clayton (1985) 229; Stoneman (1987); Franzen (1991) 49–50; Laing (1993) 22; R. Gameson (1996a) 237; Budny (1997) I.846; Clemoes (1997) 37–40; R.I. Page (1999) 86–7; S. Irvine (2000) 44; Clayton (2002) 265–6; Acker (2004) 122–31; Meaney (2004) 366–8, 370; N.M. Thompson (2004) 62; Clayton (2005) 376–9; Clayton (2007) 32–8; Swan (2007b) 33; Scragg (2009b) 82; Johnson–Rudolf (2010) 3–5; M. Fox (2012) 60–1; Scragg (2012a) nos. 83–8

DEC: Acker (2004) 126–7

FACS: Willard (1950); Pope (1967) II, frontispiece [p. 156]; Stoneman (1987) 79 [p. 142]; R.I. Page (1993a) pls. 57, 60 [pp. 31, 291]; Johnson–Rudolf (2010) fig. 3 [p. 119]

ED [the order of the following items is that of the manuscript, listed according to the numbering of individual articles in N.R. Ker (1957) 60–3; only the most recent editions are cited]:

art. 1: Clemoes (1997) 178–89 [Ælfric, CH I, Hom. I (*De initio creaturae*), coll. as R]

art. 2: Crawford (1921) 33–74 [Ælfric, *Hexameron*, coll. as B]

art. 3 [**CCCC 162, pp. 139–60**]: MacLean (1884) 2–59 [base MS (= C) for Ælfric, *Interrogationes Sigewulfi*]; Stoneman (1983) [Ælfric, *Interrogationes Sigewulfi*, coll. as R]

art. 4 [beginning with CCCC 162, p. 160]: Clemoes (1997) 371–8 [Ælfric, CH I, Hom. XXIV (Fourth Sunday after Pentecost), coll. as R]

art. 5: Clemoes (1997) 325–34 [Ælfric, CH I, Hom. XIX (*Feria .III. De dominica oratione*), coll. as R] art. 6: Pope (1967–8) I.415–47 [Ælfric, Suppl. Hom. XI (Octave of Pentecost), coll. as R]

art. 7: Morris (1867–8) 296–304 [a composite homily *De duodecim abusiuis saeculi*, drawn variously from Ælfric, *Lives of Saints*]

art. 8: Skeat (1881–1900) I.364–83 [Ælfric, *Lives of Saints* XVII (*De auguriis*), lines 1–267, not collated] augmented by Pope (1967–8) II.790–6 [base MS (= R) for Ælfric, Suppl. Hom. XXIX ('Saul and the Witch of Endor')]

art. 9: Pope (1967–8) II.590–609 [base MS (= R) for Ælfric, Suppl. Hom. XVIII (*Sermo de die iudicii*)]

art. 10: Godden (1979) 249–54 [Ælfric, CH II, Hom. XXVIII (Twelfth Sunday after Pentecost), coll. as R]

art. 11: Assmann (1889/1964) 49–64 [Ælfric, Homily for the Common of a Confessor (= Hom. IV), coll. as S^1]

art. 12: Clemoes (1997) 520–3 [Ælfric, CH I, Hom. XXXIX (First Sunday in Advent), augmented with a passage from CH I OE Preface, lines 57–119 (Clemoes (1997) 174–6), both coll. as R]

art. 13: Clayton (2002) 280–2 [Ælfric (?), *Letter to Brother Edward*, coll. as R]; Clayton (2007) [Ælfric (?), *Letter to Brother Edward*, coll. as R]

art. 14: Skeat (1881–1900) II.120–4 [an excerpt, entitled *Qui sunt oratores, laboratores, bellatores*, from Ælfric, *Lives of Saints* XXV, coll. as H]

art. 15: Napier (1888) 154–5 [base MS for anonymous homily *De inphantibus non baptizandis*]

art. 16: Godden (1979) 333 [an extract from Ælfric, CH II, Hom. XXXIX (Feast of Holy Virgins), lines 184–98, coll. as R]

art. 17: Godden (1979) 238–9 [an extract from Ælfric, CH II, Hom. XXVI (Ninth Sunday after Pentecost), lines 108–33, coll. as R]

art. 18: Pope (1967–8) II.676–712 [base MS (= R) for Ælfric, Suppl. Hom. XXI (*De falsis diis*)]

art. 19 (colophon): N.R. Ker (1957) 62; Acker (2004) 122–3

art. 20: Clemoes (1997) 281–9 [Ælfric, CH I, Hom. XIII (Annunciation of B.V.M.), coll. as R]

art. 21: Clemoes (1997) 190–7 [Ælfric, CH I, Hom. II (Christmas), coll. as R]

art. 22: Clemoes (1997) 224–31 [Ælfric, CH I, Hom. VI (Circumcision of the Lord), coll. as R]

art. 23: Godden (1979) 19–28 [Ælfric, CH II, Hom. III (Epiphany), coll. as R]

art. 24: Clemoes (1997) 249–57 [Ælfric, CH I, Hom. IX (Purification of the Virgin), coll. as R]

art. 25: Godden (1979) 60–6 [Ælfric, CH II, Hom. VII (First Sunday in Lent), coll. as R]
art. 26: Godden (1979) 137–49 [Ælfric, CH II, Hom. XIV (Palm Sunday), coll. as R]
art. 27: Clemoes (1997) 296–7 [an extract from Ælfric, CH I, Hom. XIV (Palm Sunday), lines 167–93, coll. as R]
art. 28: Clemoes (1997) 299–306 [Ælfric, CH I, Hom. XV (Easter Sunday), coll. as R]
art. 29: Clemoes (1997) 307–12 [Ælfric, CH I, Hom. XVI (First Sunday after Easter), coll. as R]
art. 30: Godden (1979) 206–12 [Ælfric, CH II, Hom. XXII (*Feria .IIII. in Letania maiore*), coll. as R, augmented by Ælfric, Suppl. Hom. XXVa–c (Pope (1967–8) II.755–7), base text (= R)]
art. 31: Clemoes (1997) 345–53 [Ælfric, CH I, Hom. XXI (Ascension Day), coll. as R]
art. 32: Clemoes (1997) 354–60 [Ælfric, CH I, Hom. XXII (Pentecost), lines 1–169, coll. as R]
ST: R.I. Page (1973) 67; A.F. Cameron (1974) 221, 223; J. Hill (1996); *CSLMA* II (1999) 486; Acker (2004) 128–33; Clayton (2005); Alcamesi (2010) 189–91, 200–2

55. Cambridge, Corpus Christi College, 178, pp. 287–457

s. xi^1, prob. Worcester, (prov. ibid.)

Contents: *Regula S. Benedicti*$^{+*}$ [CPL 1852]; Seven Ages of the World (encyclopedic note)*

MS: Schröer (1885–8) xix–xxi; M.R. James (1912) I.417; N.R. Ker (1957) no. 41B [pp. 63–4]; N.R. Ker (1964) 206; T.A.M. Bishop (1971) 20 [no. 22]; Fowler (1973) xiv; Gretsch (1973) 30–2; W. Schipper (1987); Franzen (1991) 49–51, 124–7; Laing (1993) 22; R. Gameson (1996a) 237; Budny (1997) I.545–56 [no. 35]; Gretsch (1999a) 227; Jayatilaka (2003) 154–7, 182–6; Rumble (2006b) 11 and n. 59, 14 and n. 75; Álvarez López (2007a); Swan (2007b) 33; Teresi (2007a) 308; Wieland (2009) 138; Scragg (2012a) nos. 89–91

DEC: Budny (1997) I.552–6 [inventory of decoration]

FACS: T.A.M. Bishop (1971) pl. XX [p. 302]; R.I. Page (1993a) pls. 38, 40, 57, 60 [p. 291]; Budny (1997) II, pls. 461–3 [pp. 362, 364, 458]; Bjorklund (2004) 225 [p. 291]

ED: Schröer (1885–8/1964) xxi [Seven Ages of the World], 1–133 [base MS for OE Rule of St Benedict]; Schröer (1888/1978) [Latin text of *Regula S. Benedicti* coll. as A]

LANG: Schröer (1885–8) xli–xliv; Rohr (1912); Gretsch (1973) 307–77; Hofstetter (1987) 30–6; Gretsch (1999a) 89–131, 185–225

ST: Gretsch (1974); Tristram (1985) 82 n. 63 [Seven Ages of the World]; Gretsch (1999a) 226–60; Collier (2000) 195, 198 [tremulous Worcester hand]; Jayatilaka (2003) 154–7; Bjorklund (2004) 224

56. Cambridge, Corpus Christi College, 183

934×939, S England, (Wessex? Winchester? Glastonbury?), prov. Chester-le-Street, prov. Durham

Contents: Bede, *Vita S. Cudbercti* (prose) [*CPL* 1379; *BHL* 2019]; excerpts from *Historia ecclesiastica* concerning St Cuthbert (IV. xxix–xxx); lists of popes, of the seventy Disciples of Christ, of English bishops and kings; encyclopedic notes (as in nos. **90** and **451**): on Christ's Incarnation, the Ages of the World, the Ages of Man, the numbers of bones, veins and teeth in humans, the Dimensions of the World, the Temple of Solomon, the Tabernacle, St Peter's in Rome, Noah's Ark, the numbers of books in the Old and New Testament, the number of verses in the Psalms, units for measuring distances, the order of events in the Seven Days of Creation, the site of Jerusalem; glossary$^{(+*)}$; Bede, *Vita S. Cudbercti* (verse) [*CPL* 1380; *BHL* 2020]; Mass and rhymed Office of St Cuthbert, with hymn and (add. s. x) sequence [SK 9224, 7173]; list of ecclesiastical vessels* (s. x); record* (s. xi^2)

MS: M.R. James (1912) I.426–41; Mynors (1939) no. 16; N.R. Ker (1957) no. 42; T.A.M. Bishop (1964–8b) 247; T.A.M. Bishop (1971) 14 no. (b); Dumville (1976) 25–6; Parkes (1976b) 163 [repr. Parkes (1991) 160]; Rella (1977) 50; Piper (1978) 214; Fenlon (1982) 2–6; Backhouse et al. (1984b) no. 6; Keynes (1985a) 180–5; Dumville (1987) 174–5, 177–8; P.R. Robinson (1988) I, no. 137; Raw (1990) 196; Lapidge (1991c) 972–3 [repr. Lapidge (1993a) 22–3]; Dumville (1992a) 18, 75, 106–9, 123, 144; Lapidge (1992d) 157 [repr. Lapidge (1996b) 57]; Conner (1993) 56, 63, 65, 69; R.I. Page (1993a) 99–100; Dumville (1994a) 158; Lapidge (1994b) 113; Gwara (1996a) 97; Lendinara (1996) 626–7; Budny (1997) I.152–8 [no. 12]; Bullough (1998a) 120; Sole (1998) 110–20; Gretsch (1999a) 203, 352–9, 366–8; Puhle (2001) II.123–5 [R. Kahsnitz]; R.M. Butler

(2004) 204–5; Karkov (2004) 63–8; Binski—Panayotova (2005) no. 111 [T. Webber]; Gretsch (2005) 83–95; Hartzell (2006) no. 26; Roberts (2006) 39; Graham (2009) 179; R. Gameson (2012a) 51 n. 169; R. Gameson (2012b) 97 and n. 11; D. Ganz (2012) 189–90 and n. 13; Rankin (2012) 486 and n. 15, 504; Scragg (2012a) no. 92

DEC: Rice (1952) 182–3; Dodwell (1971b) 81, 221 n. 47; F. Wormald (1971b) 309–10 [repr. F. Wormald (1984) 80]; E. Temple (1976) no. 6; M. Baker (1978); D.M. Wilson (1984) 156; Ohlgren (1986) no. 84; R. Gameson (1991) 79 n. 110; Lapidge (1992d) 157 [repr. Lapidge (1996b) 57]; Deshman (1995) 226–7, 233, 244; R. Gameson (1995b) 20, 25, 58–9, 119, 152–3, 180, 183–4, 200, 251, 255–6; Budny (1997) I.167–85 [inventory of decoration]; Gretsch (1999a) 203, 366–7; Karkov (2004) 4, 55–63, 87, 103, 174–5; Karkov (2009) 208, 214; R. Gameson (2012c) 250 and nn. 4, 6 and 9, 251 n. 9, 274, 286

FACS: D.M. Wilson (1984) pls. 192–3 [fols. 6r, 42v (details)], 203 [fol. 1v]; Keynes (1985a) pl. X [fol. 62v]; R.I. Page (1993a) pl. 58 (b) [fol. 70v (detail)]; Deshman (1995) fig. 142 [fol. 1v]; Budny (1997) II, pls. IV [fol. 1v], 110–52 [fols. 1v–2r, 5v–6r, 7v–8r, 9v–10r, 11v, 12v, 14r, 15v, 17v, 18v, 19v–20r, 21r, 24v, 26r, 27r, 28r, 28v, 29v, 30v, 31v, 33v, 34v, 36v, 37v, 38v–39r, 39v–40r, 42r, 42v, 44r, 47r, 48r, 49r, 50r, 51r, 52v, 53r, 53v, 54v, 56r, 57r, 70r, 71r, 72r]; Puhle (2001) II.124 [fol. 1v]; M.P. Brown (2003c) fig. 49 [fol. 1v]; Nees (2003) fig. 3 [fols. 1v–2r]; Karkov (2004) fig. 4 [fol. 1v]; Binski—Panayotova (2005) 246–7 [fols. 1v, 53r (detail)]; Owen-Crocker (2009) fig. 6.11 [fol. 70r]; R. Gameson (2012) pl. 22.1 [fol. 94r]

ED: Jaager (1935) [Bede, *Vita metrica S. Cudbercti*, coll. as C]; Colgrave (1940) [Bede, prose *Vita S. Cudbercti*, coll. as C_1]; Hohler (1956) 169–75, 181–2, 188–9 [Office and sequence coll. as A]; R.I. Page (1966) 8–12 [episcopal lists]; Dumville (1976) [royal genealogies]; N. Orchard (1995a) 96–7 [base MS for Mass of St Cuthbert]; Milfull (1996) 253–5 [hymn for St Cuthbert coll. as Cu]; Sole (1998) 140–4 [Office for St Cuthbert coll. as A]; Dekker (2007) 281–4 [base MS for miscellaneous notes]

LANG: Budny (1997) I.152

ST: J.A. Robinson (1918) 9–14; J.A. Robinson (1923) 53; Colgrave (1940) 20–1; Hohler (1956); R.I. Page (1965b); Gneuss (1968) 113; Hohler (1975) 221–2 n. 30; Parkes (1976b) 163 n. 4 [repr. Parkes (1991) 160 n. 4]; Keynes (1986b) 210; Bonner (1989b) 393–4; Rollason (1989); Raw (1990) 196; Sims-Williams (1990) [Six Ages of Man]; R.I. Page

(1993a) 99–100; Corrêa (1996) 300 n. 60; Milfull (1996) 63, 69; Gretsch (1999a) 362–4; Keynes (1999a) [episcopal lists]; Lendinara (2001a) 190 [glosses to Bede]; Bredehoft (2001) 10, 34–5, 178 n. 43 [genealogies]; Hiley (2003) 179 n. 14 [Office of St Cuthbert]; Nees (2003) 355–61; R.M. Butler (2004) 205, 207; Dekker (2007) [miscellaneous notes]; C. Bishop (2007b) 118; Dekker (2010) 164 n. 82

57. Cambridge, Corpus Christi College, 187

s. xi/xii, prob. Canterbury CC, (prov. ibid.)

Contents: Eusebius, *Historia ecclesiastica*, trans. Rufinus [*CPG* 3495]

MS: Siegmund (1949) 78; Dodwell (1954) 120; R. Gameson (1995a) 121 n. 88, 142; Webber (1995) 158; R. Gameson (1998) 243 n. 48; R. Gameson (1999a) no. 63; R. Gameson (2012a) 68

FACS: Rushforth (2007) 56 [fol. 1r]

58. Cambridge, Corpus Christi College, 188

s. xi^1, perh. xi$^{2/4}$, (prov. Hereford Cathedral?)

Contents: Ælfric, *Hexameron** (incomplete); *Catholic Homilies* (First Series, expanded)*

MS: M.R. James (1912) I.445–8; N.R. Ker (1957) no. 43; Pope (1967) I.59–62; A.F. Cameron (1974) 228 n. 21; Needham (1976) 12 n. 2; Laing (1993) 22; R.I. Page (1993a) 47–8; Clemoes (1994a) 345; Budny (1997) I.571–5 [no. 37]; Clemoes (1997) 36–7; Parkes (1997b) 138 n. 103; Acker (2004) 128–9; Meaney (2004) 370; Graham (2009) 202; R. Gameson (2012b) 107 and n. 48; Scragg (2012a) nos. 93–4

DEC: Budny (1997) I.575 [inventory of decoration]

FACS: Pope (1967) frontispiece [p. 123]; Budny (1997) II, pls. 484–5 [pp. 32, 394]

ED [the order of the following items is that of the manuscript, listed according to the numbering of individual articles in N.R. Ker (1957) 66–9; only the most recent editions are cited]:

art. 1: Crawford (1921) [Ælfric, *Hexameron*, coll. as C (lacks lines 1–22)]

art. 2: Clemoes (1997) 191–7 [Ælfric, CH I, Hom. II (Christmas), coll. as Q]

art. 3: Clemoes (1997) 198–205 [Ælfric, CH I, Hom. III (St Stephen), coll. as Q]

art. 4: Clemoes (1997) 206–16 [Ælfric, CH I, Hom. IV (Assumption of St John the Evangelist), coll. as Q]
art. 5: Clemoes (1997) 217–23 [Ælfric, CH I, Hom. V (Holy Innocents), coll. as Q]
art. 6: Clemoes (1997) 224–31 [Ælfric, CH I, Hom. VI (Circumcision of the Lord), coll. as Q]
art. 7: Clemoes (1997) 232–40 [Ælfric, CH I, Hom. VII (Epiphany), coll. as Q]
art. 8: Clemoes (1997) 241–8 [Ælfric, CH I, Hom. VIII (Third Sunday after Epiphany), coll. as Q]
art. 9: Clemoes (1997) 249–57 [Ælfric, CH I, Hom. IX (Purification of the Virgin), coll. as Q]
art. 10: Clemoes (1997) 258–65 [Ælfric, CH I, Hom. X (Quinquagesima Sunday), coll. as Q]
art. 11: Clemoes (1997) 266–74 [Ælfric, CH I, Hom. XI (First Sunday in Lent), coll. as Q]
art. 12: Pope (1967–8) I.264–80 [base MS (= Q) for Ælfric, Suppl. Hom. IV (Third Sunday in Lent)]
art. 13: Clemoes (1997) 275–80 [Ælfric, CH I, Hom. XII (Sunday in Mid–Lent), coll. as Q]
art. 14: Clemoes (1997) 281–9 [Ælfric, CH I, Hom. XIII (Annunciation of B.V.M.), coll. as Q]
art. 15: Clemoes (1997) 290–8 [Ælfric, CH I, Hom. XIV (Palm Sunday), coll. as Q]
art. 16: Clemoes (1997) 299–306 [Ælfric, CH I, Hom. XV (Easter Sunday), coll. as Q]
art. 17: Clemoes (1997) 307–12 [Ælfric, CH I, Hom. XVI (First Sunday after Easter), coll. as Q]
art. 18: Clemoes (1997) 313–16 [Ælfric, CH I, Hom. XVII (Second Sunday after Easter), coll. as Q]
art. 19: Clemoes (1997) 317–24 [Ælfric, CH I, Hom. XVIII (*In Letania maiore*), coll. as Q]
art. 20: Clemoes (1997) 325–34 [Ælfric, CH I, Hom. XIX (*Feria .III. De dominica oratione*), coll. as Q]
art. 21: Clemoes (1997) 335–44 [Ælfric, CH I, Hom. XX (*Feria .IIII. De fide catholica*) coll. as Q]
art. 22: Clemoes (1997) 360–4 [Ælfric, CH I, Hom. XXII (Pentecost), lines 166–256, coll. as Q]
art. 23: Pope (1967–8) I.415–47 [base MS (= Q) for Ælfric, Suppl. Hom. XI (Octave of Pentecost)]

art. 24: Clemoes (1997) 365–70 [Ælfric, CH I, Hom. XXIII (Second Sunday after Pentecost), coll. as Q]

art. 25: Clemoes (1997) 371–8 [Ælfric, CH I, Hom. XXIV (Fourth Sunday after Pentecost), coll. as Q]

art. 26: Clemoes (1997) 379–87 [Ælfric, CH I, Hom. XXV (St John the Baptist), coll. as Q]

arts. 27–8: Clemoes (1997) 388–99 [Ælfric, CH I, Hom. XXVI (SS. Peter and Paul), coll. as Q]

art. 29: Clemoes (1997) 400–9 [Ælfric, CH I, Hom. XXVII (St Paul), coll. as Q]

art. 30: Clemoes (1997) 410–17 [Ælfric, CH I, Hom. XXVIII (Eleventh Sunday after Pentecost), coll. as Q]

art. 31: Clemoes (1997) 418–28 [Ælfric, CH I, Hom. XXIX (St Laurence), lines 1–269, coll. as Q; the remainder is lost]

art. 32: Clemoes (1997) 429–33 [Ælfric, CH I, Hom. XXX (Assumption of B.V.M.), lines 113–273, coll. as Q; lines 1–112 are lost]

art. 33: Clemoes (1997) 434–50 [Ælfric, CH I, Hom. XXXI (St Bartholomew), coll. as Q]

art. 34: Clemoes (1997) 451–8 [Ælfric, CH I, Hom. XXXII (Decollation of St John the Baptist), coll. as Q]

art. 35: Assmann (1889/1964) 24–48 [Ælfric, Homily on the Nativity of the Virgin (= Hom. III), coll. as S^1]

art. 36: Clemoes (1997) 459–64 [Ælfric, CH I, Hom. XXXIII (Seventeenth Sunday after Pentecost), coll. as Q]

art. 37: Clemoes (1997) 465–75 [Ælfric, CH I, Hom. XXXIV (Dedication of the Church of St Michael), coll. as Q]

art. 38: Clemoes (1997) 476–85 [Ælfric, CH I, Hom. XXXV (Twenty-First Sunday after Pentecost), coll. as Q]

arts. 39–40: Clemoes (1997) 486–96 [Ælfric, CH I, Hom. XXXVI (All Saints), coll. as Q]

art. 41: Clemoes (1997) 497–506 [Ælfric, CH I, Hom. XXXVII (St Clement), coll. as Q]

art. 42: Clemoes (1997) 507–19 [Ælfric, CH I, Hom. XXXVIII (St Andrew), coll. as Q]

art. 43: Clemoes (1997) 520–3 [Ælfric, CH I, Hom. XXXIX (First Sunday in Advent), coll. as Q]

art. 44: Clemoes (1997) 524–30 [Ælfric, CH I, Hom. XL (Second Sunday in Advent), coll. as Q]

art. 45: Assmann (1889/1964) 49–64 [Ælfric, Homily for the Feast of a Confessor (= Hom. IV), coll. as S^1]

art. 46: only two lines of a homily *De die iudicii* remain, which was possibly that ptd Pope (1967–8) II.590–609 [Ælfric, Suppl. Hom. XVIII]

ST: Pope (1931); C.E. Wright (1949–53); K. Sisam (1953a) 175–83; Clemoes (1959b) 234; Harlow (1959); Collins—Clemoes (1974) 319, 325 n. 12; Clemoes (1994a) 351; Graham (2000c) 114 n. 64; Lee (2000) [use of MS by L'Isle]

59. Cambridge, Corpus Christi College, 190, pp. iii–xii, 1–294

s. xi^1, Worcester?, prov. Exeter by xi med.; Exeter additions s. xi med. – xi^2

Contents [a version of Wulfstan's 'Handbook']: *Poenitentiale pseudo-Theodori*; *Ubi sunt* sermon; Wulfstan's Canon Law Collection (*Excerptiones pseudo-Egberti* (recension B), partial text); texts and excerpts concerned with ecclesiastical law and the liturgy; *Ecclesia sponsa* (excerpts from Atto of Vercelli); *De tribulationibus*; 'Expositio officii sacrae missae'; Ælfric, Latin Pastoral Letters I and II; Wulfstan, Homily VIIIa; benedictions; *Admonitio episcoporum*; Alcuin, *Epist.* xvi (f), xvii, cxiv; *De ecclesiasticis gradibus*; Hrabanus Maurus, *De institutione clericorum* II.1–10; *Ordo Romanus* XIII A; *De ecclesiastica consuetudine* (including excerpts from Amalarius, *Liber officialis* and *Regularis concordia*); *Institutio beati Amalarii* (excerpts from *Liber officialis*); Abbo of Saint-Germain-des-Prés, *Serm.* x, xii, xiii (all abbreviated); chrism service; excerpts from Defensor of Ligugé, *Liber scintillarum* [*CPL* 1302]; Adso, *De Antichristo*; Exeter additions (s. xi med. - xi^2): hymn [SK 11017]; excerpts from Decreta and Councils, and from *Collectio canonum Hibernensis* [*CPL* 1794]; charm*; Capitula of canons of Councils of Winchester (1070) and Windsor (1070); penitential articles issued after the Battle of Hastings

MS: Bateson (1895); M.R. James (1912) I.452–60; Lindsay (1912a) 32–40 [no. 9(i)]; Fehr (1914/1966) xvii–xix [Fehr], cxxx–cxxxi [Clemoes]; Pope (1931); T.A.M. Bishop (1954–8a) 193–7; Bethurum (1957) 8; N.R. Ker (1957) no. 45A; Aronstam (1974) 14–16; Drage (1978) 156–7, 170–2, 313–16; Dumville (1992a) 40, 134; Conner (1993) 3, 39; Dumville (1993g) 52 n. 228, 55 n. 245; Vaciago (1993) 6 [no. 17]; Lapidge (1994b) 137; Budny (1997) I.535–44 [no. 34]; C.A. Jones (1998a) 235, 237–9, 241–3, 251 n. 72; Cross—Hamer (1999) 55–61; P. Wormald (1999) 214–15, 220–1; Sauer (2000); Bredehoft (2004) 155 n. 41; T.N. Hall (2004a) 94, 97, 108, 110; J. Hill (2004) 321; C.A. Jones (2004) 330–2, 337, 343, 347 n. 89, 351–2; G. Mann (2004) 246 n. 29,

260–1, 264 n. 92; A. Orchard (2004) 66 n. 15; C.A. Jones (2005a) 115–18; C.A. Jones (2005b) 235–9, 246–75, 279–81, 283; Hartzell (2006) no. 27; Frantzen (2007) 40–1, 43–4, 53–6, 61–7; Treharne (2007b) 17; Van Rhijn (2009) ix–xi, xlvi–l, lv–lvi; Wieland (2009) 127, 140; A. Orchard (2012) 696 [no. 2]; Scragg (2012a) nos. 95–8; P. Wormald (2012) 534 [no. 10]

DEC: Budny (1997) I.543–4 [inventory of decoration]

FACS: Dumville (1993g) pl. III [p. iii]; Budny (1997) II, pls. 456–60 [pp. x, 1, 25, 77, 132–3]; Puhle (2001) II.452 [p. 281]; Keynes (2007) pl. I [p. 142]

ED: Thorpe (1840) 277–306 [base MS for *Poenitentiale pseudo-Theodori*]; Napier (1883/1967) 29–32 [Latin homily *De baptisma* coll. as W]; Fehr (1914/1966) 35–57 [Ælfric, Latin Pastoral Letter I to Wulfstan, coll. as O], 58–67 [Ælfric, Latin Pastoral Letter II to Wulfstan, coll. as O]; Bethurum (1957) 169–71 [Wulfstan, *Homily* VIIIa coll. as W], 367–73, odd pages [anonymous Latin *Sermo in Cena Domini ad penitentes* coll. as W]; Whitelock et al. (1981a) II.575–6, 580–1, 583–4 [base MS (= A) for Councils of Winchester, Windsor, Penitential articles issued after the Battle of Hastings]; Cross (1993d) [excerpt from Atto, *Ecclesia sponsa*]; C.A. Jones (1998a) 257–70 [base MS (= O) for *De ecclesiastica consuetudine* and *Institutio beati Amalarii*]; Cross—Hamer (1999) 114–70 [Wulfstan's 'Canon Law Collection' coll. as X]; C.A. Jones (1999) 128–39 [base MS for *Expositio officii*]; T.N. Hall (2004a) 110–13 [base MS for *Admonitio episcoporum*]; Di Sciacca (2007a) [*Ubi sunt* sermon]; Keynes (2007) 174–5 [*De tribulationibus*]; Van Rhijn (2009) 1–133 [*Poenitentiale pseudo-Theodori* coll. as C]

Various of the Latin texts listed above contain occasional OE notes and glosses, listed as follows by N.R. Ker (1957) 70–1:

art. *a*: Thorpe (1840) II.6 [OE gloss to the word *parricidio* in *Poenitentiale pseudo-Theodori*]

art. *b*: Storms (1948) 202–4 (no. 11A) [base MS for OE charm, *Gyf feoh sy underfangen*]

art. *c*: Fehr (1914/1966) 247 [OE gloss to the antiphon *In sudore uultus tui*]

art. *d*: Rhodes (1889) 22, 61 [OE glosses to Defensor of Ligugé, *Liber scintillarum*]

LANG: G.K. Anderson (1941) 5–13

ST: Bateson (1895); Bethurum (1942); Rochais (1950) 294–305; Rochais (1957b) 207; Clemoes (1960) [on the compilation of this MS and no. **73**]; Fowler (1963); Frantzen (1983b) 142 nn. 73, 75; *BCLL* (1985) no. 1183; Cross (1992); Cross (1993d); C.A. Jones (1998a); Cross—Hamer (1999); *CSLMA* II (1999) 150, 184, 239; C.A. Jones (1999) [*Expositio officii*]; Sauer (2000) 340; Biggs et al. (2001) 18–19 [Cross, A. Brown]; Gneuss (2003b) 295 [Abbo]; T.N. Hall (2004a); C.A. Jones (2004); G. Mann (2004); C.A. Jones (2005a); C.A. Jones (2005b); N. Orchard (2005) cl–clvi; Valtorta (2006) 48 [Atto of Vercelli]; Di Sciacca (2007a); Keynes (2007) 172–7, 205–6; Bremmer (2008)

59. 5. Cambridge, Corpus Christi College, 190, pp. 295–420

s. xi med. and xi$^{3/4}$, Exeter; whole MS prov. Exeter

Contents [pp. 319–50, 365–420] (s. xi med.): Ælfric, Pastoral Letters II* and III*; Ordines for Easter vigil and Whitsun vigil*; penitential (*Confessionale pseudo-Egberti*)*; excerpt from Chrodegang, *Regula canonicorum* (enlarged version, ch. 83)*; penitential (*Poenitentiale pseudo-Egberti*)*; excerpts concerned with confession and penitence*; Old English Canons of Theodore [Text B]*; laws*: *Mirce*, *Að*, *Hadbot* [pp. 295–318, 351–64] (s. xi$^{3/4}$): Ælfric, Pastoral Letter I*, *Catholic Homilies* II. xxxvi; *De ecclesiasticis gradibus* [Wulfstan, *Institutes of Polity* xxiv. 1–52]; two anonymous homilies* [Cameron (1973) nos. B. 3. 2. 9, B. 3. 2. 23]

MS: Liebermann (1903–16) I.xxxv; M.R. James (1912) I.460–3; Fehr (1914/1966) xiii–xix [Fehr], cxxx [Clemoes]; Spindler (1934) 1–4; T.A.M. Bishop (1954–8a) 193; Bethurum (1957) 8; N.R. Ker (1957) no. 45B; Raith (1964) x–xiii; Drage (1978) 317–21; Godden (1979) lxxii–lxxiii; P.R. Robinson (1988) I, no. 138; Budny (1997) I.535–44; P. Wormald (1999) 186 n. 100, 203 n. 164, 221–3, 250 (table 4. 9); Fulk—Jurasinski (2012) xix–xxi; R. Gameson (2012a) 72 n. 246; Scragg (2012a) nos. 99–105

FACS: Fulk—Jurasinski (2012) pl. 2 [p. 417]

ED [the order of the following items is that of the manuscript, listed according to the numbering of individual articles in N.R. Ker (1957) 71–3; only the most recent editions are cited]:

art. 1: Fehr (1914/1966) 68 [base MS (= O) for Ælfric, Latin preface to Pastoral Letter I to Wulfstan] art. 2: Fehr (1914/1966) 68–144 [Ælfric, OE Pastoral Letter I to Wulfstan, coll. as O]

art. 3: Fehr (1914/1966) 146–220 [Ælfric, OE Pastoral Letter II to Wulfstan, coll. as O]

art. 4: Fehr (1914/1966) 228–31 [base MS for Ælfric, *De officio Missae in Vigilia Pascae*]

art. 5: Fehr (1914/1966) 232–3 [base MS for Ælfric, *De officio Missae in Vigilia Pentecosten*]; followed by a Latin formula of excommunication, ed. Liebermann (1903–16) I.434 (base MS (= O)]

art. 6: Spindler (1934) 170–94 [*Confessionale pseudo-Egberti* coll. as O]

art. 7: Langefeld (2003) 335 [OE version of the Enlarged Rule of Chrodegang, ch. 83, coll. as F]

art. 8: Spindler (1934) 172 (o–x) [repetition of a chapter from the *Confessionale pseudo-Egbercti*]

art. 9: Raith (1933/1964) 1–69 [OE *Poenitentiale pseudo-Egbercti* coll. as O]

art. 10: Thorpe (1840) II.222–4 [coll. Spindler (1934) 174 (z)]

art. 11: Fulk–Jurasinski (2012) 77–8 [base MS for OE formulas and directions for the use of confessors]

art. 12: Fulk–Jurasinski (2012) 15–16 [base MS for *OE Canons of Theodore*, Text B]

art. 13: Förster (1942a) 14–18 [base MS for OE form of confession and absolution]

art. 14: Liebermann (1903–16) I.462, central column [*Be Mercena lage* coll. as O]

art. 15: Liebermann (1903–16) I.464, central column [*Be Mercena lage* (2) coll. as O]

art. 16: Liebermann (1903–16) I.464–8, central column [*Be gehadendra aðe* and *Hadbot* coll. as O]

art. 17: Fehr (1914/1966) 1–34 [Ælfric, OE Pastoral Letter to Wulfsige, coll. as O]

art. 18: Godden (1979) 304–9 [Ælfric, CH II, Hom. XXXVI (Feast of Several Apostles), coll. as X^a]

art. 19: Raith (1933/1964) 17–19 [*De ecclesiasticis gradibus* coll. as C_1]; Jost (1959) 223–41 [*De ecclesiasticis gradibus* coll. as O]

art. 20: OE *Sermo in capite ieiunii ad populum*: unprinted?

art. 21: Bethurum (1957) 366–72, even pages [base MS (= W) for anonymous OE *Sermo in Cena Domini ad penitentes*]

LANG: Fulk–Jurasinski (2012) xxviii–xxxv

ST: Fehr (1914/1966); Whitelock (1942); Hohler (1975) 223 n. 46; Scragg (1979) 259; Frantzen (1983a) 40–5; Frantzen (1983b) 132–4, 138 n. 57, 142 nn. 73, 75, 164 n. 41, 171 n. 57; Frantzen (1985); R. Gameson (1996b) 149; P. Wormald (1999) 164, 186 n. 100, 203 n. 164, 211 n. 196, 212 n. 199, 214, 219–23, 250, 452 and n. 129, 463 n. 177; Langefeld (2003) 47–50, 62 n. 103; Fulk—Jurasinski (2012) xxxvi–lx

60. Cambridge, Corpus Christi College, 191

s. xi$^{3/4}$, Exeter

Contents: Chrodegang, *Regula canonicorum* (enlarged version)$^{+*}$ (originally or later bound with nos. **62** and **65. 5**)

MS: M.R. James (1912) I.463–4; T.A.M. Bishop (1954–8a) 193–8; N.R. Ker (1957) no. 46; N.R. Ker (1964) 82; T.A.M. Bishop (1971) 24 [no. 28]; Drage (1978) 322–4; P.R. Robinson (1988) I, no. 139; Voigts (1988) 84; R.I. Page (1993a) 92; Lapidge (1994b) 137; Gwara (1998) 145; P. Wormald (1999) 206 n. 167; *ASMMF* XI (2003) 39–47 [no. 39; Graham]; Langefeld (2003) 44–6; Treharne (2003) 161; Bertram (2005) 175–6; Treharne (2007b) 17; Graham (2009) 191, 201; R. Gameson (2012a) 17 and n. 17, 45 and n. 133, 73 and n. 249; Scragg (2012a) nos. 106–8

FACS: Napier (1916) frontispiece [p. 29], opp. p. 70 [p. 114]; T.A.M. Bishop (1971) pl. XXIV [p. 100]; P.R. Robinson (1988) II, pl. 24 [p. 40]; R.I. Page (1993a) pl. 52 [fol. 127r]; *ASMMF* XI (2003) no. 39; Owen-Crocker (2009) fig. 6.20 [p. 95]

ED: Napier (1916) 1–99 [base MS for Rule of Chrodegang, Latin and Old English], 129–31 [scribal alterations in Latin text]; Langefeld (2003) [base MS (= C) for Rule of Chrodegang, Latin and Old English]

LANG: Hofstetter (1987) 94–100; Langefeld (2003) 97–142

ST: Napier (1916); Förster (1933c); Sauer (1978) 33–6, 42, 93, 188; Cocchiarelli (1986); Langefeld (1986) 197–204; Conner (1993) 3; R.I. Page (1993a) 92; R. Gameson (1996b) 144; Budny (1997) I.847; Graham (1998a); Langefeld (2003) 44–5; Bjorklund (2004) 222

61. Cambridge, Corpus Christi College, 192

s. x med. (prob. 952), Landévennec, prov. England (Canterbury StA?) s. x^2, (prov. prob. Canterbury CC)

Contents: Amalarius, *Liber officialis* (Retractatio prima); excerpts from Eusebius, *Historia ecclesiastica*, trans. Rufinus [*CPG* 3495] and works of Jerome; *Ordo Romanus* XXXII (added)

MS: M.R. James (1912) I.465–6; Rella (1980) 110; Deuffic (1986) 296–7 [no. 19]; A.G. Watson (1986) 141, 147 [repr. A.G. Watson (2004) no. IV]; Dumville (1992a) 115 and n. 142, 135; Dumville (1992b) 182 n. 68; Lapidge (1992b) 100 n. 24 [repr. Lapidge (1993a) 90 n. 24]; Dumville (1994b); Budny (1997) I.195–203 [with full list of contents at I.202]; C.A. Jones (2001) 27–32, 296; Barker-Benfield (2008) III.1811, 1813

DEC: Budny (1997) I.202–3 [inventory of decoration]

FACS: *NPS* I, pl. 109 [fol. 49r]; Budny (1997) II, pls. 154–9 [fols. 3r, 85v, 88v, 93r, 95r, 96v]

ST: Bradshaw (1889) 474; Hanssens (1934) 70–3; Hanssens (1948–50); Dumville (1993d); C.A. Jones (2001); R. McKitterick (2012) 330 and n. 105

61. 5. Cambridge, Corpus Christi College, 193

s. ix$^{2-3/3}$, prob. N France, perh. Soissons, prov. England by s. xi?

Contents: Ambrose, *Exameron* [*CPL* 123]

MS: M.R. James (1912) I.466–7; *CLA* II (1935) no. 124; McGurk (1961b) 9 [no. 7] [repr. McGurk (1998) no. V]; Gasparri (1966); T.A.M. Bishop (1990) 535–6; D. Ganz (1990) 50–3, 143; Budny (1997) I.119–31 [no. 8]; Bischoff (1998—) I, no. 814; Lapidge (2006) 167; R. Gameson (2012d) 346

DEC: Budny (1997) I.130–1 [inventory of added decoration and illumination]

FACS: Budny (1997) II, pl. 747 [fol. "ii" r]

ED: Schenkl (1897) [Ambrose, *Exameron*, coll. as C]

ST: Bullough (2003a) 353 n. 56

62. Cambridge, Corpus Christi College, 196

s. xi^2, Exeter

Contents: Old English Martyrology*; *Vindicta Saluatoris**

MS: M.R. James (1912) I.471–2; T.A.M. Bishop (1954–8a) 193; N.R. Ker (1957) no. 47; N.R. Ker (1964) 82; T.A.M. Bishop (1971) 24; Kotzor

(1974); Drage (1978) 325–6; Sauer (1978) 33–6, 93; Kotzor (1981) I.75*–88*; P.R. Robinson (1988) I, no. 141; Conner (1993) 3; R.I. Page (1993a) 48–9; Lapidge (1994b) 137; Budny (1997) I.xxxvi, 479, 528, 538; Treharne (2003) 161; Treharne (2007b) 17; R. Gameson (2012a) 17 and n. 17, 87 and n. 316; Scragg (2012a) no. 109–10

FACS: Kotzor (1981) I, pl. 6 [p. 10]

ED: Kotzor (1981) [Old English Martyrology coll. as C]; Cross (1996b) [OE *Vindicta Saluatoris* coll. as D]

LANG: Kotzor (1981) I.315*–440*; Hofstetter (1987) 409–10

ST: Kotzor (1974); Kotzor (1981) I.118*–171*; R. Gameson (1996b) 144 and n. 32

63. Cambridge, Corpus Christi College, 197B (with London, BL, Cotton Otho C. v + Royal 7. C. xii, fols. 2, 3) [64 mounted fragments of originally 109 or 110 folios]

s. vii/viii or viii in., Northumbria (prob. Lindisfarne), prov. S England (Canterbury StA?) s. viii^2/ix in.

Contents: gospels (f)

MS: M.R. James (1912) I.472–5; *CLA* II (1935) no. *125 [and II (1935) no. 217 for Royal 7. C. xii, fols. 2, 3]; McGurk (1961a) nos. 2, 29; T.J. Brown (1972) 226, 227, 229, 235, 246 [repr. T.J. Brown (1984) 104, 105, 107, 112, 273 n. 95]; M.P. Brown (1989a) 158; Webster–Backhouse (1991) no. 83 (a)–(b) [Backhouse]; M.P. Brown (1991) 66; Dumville (1992a) 104; R.I. Page (1993a) 7–8, 49, 52; R. Gameson (1994b) 28, 34; M.P. Brown (1996) 167; Budny (1997) I.55–73 [no. 3]; Prescott (1997) 393 n. 22; Prescott (1998) 258; Budny (1999) 252–4; Dumville (1999) 43–4, 45–6; Marsden (1999) 297; M.P. Brown (2003b) 134–7; Dance (2004) 34 n. 24; Binski–Panayotova (2005) no. 2 [R. McKitterick]; Emms (2006) 19; Barker-Benfield (2008) I.530, III.1646, 1664, 1733–4, 1792, 1797, 1910–11; M.P. Brown (2012) 135, 151, 153; R. Gameson (2012a) 28 n. 59, 42 n. 117; R. Gameson (2012b) 111 n. 67; Gullick (2012) 297 n. 14

DEC: Kendrick et al. (1956–60) I.92, 190–1; Henry (1965) 162, 174–6, 178, 184, 192; Henry (1974) 180, 226; Köhler–Mütherich (1971–99) VII.45 n. 50; Köhler (1972) 36–41; Nordenfalk (1977) 48–9; Alexander (1978a) no. 12; G. Henderson (1982) 8–9, 53 n. 44; Ohlgren (1986) no. 12; G. Henderson (1987) 68–71, 90–2, 95–6; Backhouse (1989) 169–72; R.I. Page (1993a) 7–8; R. Gameson (1994b) 38–9; M.P. Brown

(1996) 78, 90, 167, 178; Budny (1997) I.64–73 [inventory of decoration]; M.P. Brown (2003a) 47–50, 81 n. 94; Tilghman (2011) 96; Netzer (2012) 235 and n. 60

FACS: G. Henderson (1982) pl. 2 [unspecified folio of the Otho MS]; M.P. Brown (1991) pls. 66 (a)–(b) [fols. 1r; Otho fol. 27r]; R.I. Page (1993a), pls. 7, 33, 34 [fols. 1r, 2r, 8r]; Budny (1997), pls. II–III [fols. 1r, 2r], 8–9 [fols. 5r, 6r]; G. Henderson (1987) pls. 91–2 [both fol. 2r (details)]; Budny (1999) 253–4 [fol. 1r (detail)]; M.P. Brown (2003a) 27 [fol. 1v]; M.P. Brown (2003b) figs. 4 [fol. 3r], 5 [Otho, fol. 45r]; M.P. Brown (2003c) figs. 22 (a) [fols. 1v–2r], 22 (b) [Otho, fol. 27r]; M.P. Brown (2007a) pl. 33 [fol. 1r]

ED: B. Fischer (1988–91) [gospel excerpts coll. as Eg]; McGurk (1994a) 110–13 [repr. McGurk (1998) no. IX] [Hebrew names in gospels coll. as Eg]

ST: McGurk (1955) [repr. McGurk (1998) no. IV]; McGurk (1961a) no. 2; Page—Bushnell (1975) no. 2; Rella (1977) 21; Verey (1989) 143–4; McGurk (1994a) [repr. McGurk (1998) no. IX]; Netzer (1994) 8, 22, 49, 106–7, 112, 114, 213 n. 68, 216 n. 63, 224 n. 21, 240 n. 29; O'Sullivan (1994) 80–94; Pickwood (1994); M.P. Brown (1996) 131; Keynes (1996b) 116, 129, 145 n. 23, 154 n. 116; R.I. Page (1998) 289–90; Budny (1999) 252–4; Marsden (1999) 297; Verey (1999) 330–4

64. Cambridge, Corpus Christi College, 198

s. xi¹, Worcester? additions s. xi² W England, (prov. Worcester)

Contents: Homilies* (mostly by Ælfric); a version of the Phoenix story*; Office of St Guthlac (part; s. xi ex.)

MS: M.R. James (1912) I.475–81; N.R. Ker (1957) no. 48; Pope (1967) I.20–2; T.A.M. Bishop (1971) 22; Godden (1979) xxviii–xxxi; Scragg (1979) 241; Clayton (1985) 222, 226; Scragg (1985) 304 n. 23, 309–15; Franzen (1991) 51–3; Scragg (1992) xxviii; R.I. Page (1993a) 52–3, 95–7; Scragg (1994a) 320, 342; Scragg (1996) 212; Budny (1997) I.557–69 [no. 36]; Clemoes (1997) 10–13; Godden (2004) 369; N.M. Thompson (2004) 41, 51, 60–1; R. Gameson (2005a) 92; Hartzell (2006) no. 28; Biggs (2007a) 41; Toswell (2007) 212; Treharne (2007b) 18 n. 16; Wieland (2009) 191; Scragg (2012a) nos. 111–24

DEC: F. Wormald (1952) 61 [no. 8]; E. Temple (1976) no. 88; Ohlgren (1986) no. 193; R. Gameson (1991) 74 n. 79; Deshman (1995) 147; Budny (1997) I. 566–9 [inventory of decoration and illustration]; Biggs (2008)

FACS: Willard (1950); E. Temple (1976) fig. 58 [p. 1]; Budny (1992) pl. 39 [p. 1]; R.I. Page (1993a) pls. 55 [fol. 218r], 61 [fol. 220r]; Deshman (1995) fig. 121 [p. 1]; Budny (1997) II, pls. 464–83 [fols. 1*r, 1r, 7r, 34v, 44r, 57v, 64v, 73r, 81r, 90r, 104r, 132v, 153r, 196v, 202r, 218r, 228v, 298v, 321v, 360r]; Biggs (2008) figs. 12.1–12.3 [all of fol. iir]

ED [the order of the following items is that of the manuscript, listed according to the numbering of individual articles in N.R. Ker (1957) 77–81; only the most recent editions are cited]:

art. 1: Förster (1932) 107–31 [Vercelli Hom. V (Christmas) coll. as S]; Scragg (1992) 111–21 [Vercelli Hom. V coll. as F]

art. 2: Clemoes (1997) 198–205 [Ælfric, CH I, Hom. III (St Stephen), coll. as E]

art. 3: Clemoes (1997) 206–16 [Ælfric, CH I, Hom. IV (Assumption of St John the Evangelist), coll. as E]

art. 4: Clemoes (1997) 217–23 [Ælfric, CH I, Hom. V (Holy Innocents), coll. as E]

art. 5: Clemoes (1997) 224–31 [Ælfric, CH I, Hom. VI (Circumcision of the Lord), coll. as E]

art. 6: Clemoes (1997) 232–40 [Ælfric, CH I, Hom. VII (Epiphany), coll. as E]

art. 7: Förster (1932) 149–59 [Vercelli Hom. VIII (First Sunday after Epiphany) coll. as S]; Scragg (1992) 143–8 [Vercelli Hom. VIII coll. as F]

art. 8: Godden (1979) 29–40 [Ælfric, CH II, Hom. IV (Second Sunday after Epiphany), coll. as E]

art. 9: Clemoes (1997) 241–8 [Ælfric, CH I, Hom. VIII (Third Sunday after Epiphany), coll. as E]

art. 10: Clemoes (1997) 249–57 [Ælfric, CH I, Hom. IX (Purification of the Virgin), coll. as E]

art. 11: Godden (1979) 72–80 [Ælfric, CH II, Hom. IX (St Gregory), coll. as E]

art. 12: Godden (1979) 81–91 [Ælfric, CH II, Hom. X (St Cuthbert), coll. as E]

art. 13: Godden (1979) 92–109 [Ælfric, CH II, Hom. XI (St Benedict), coll. as E]

art. 14: Clemoes (1997) 281–9 [Ælfric, CH I, Hom. XIII (Annunciation of B.V.M.), coll. as E]

art. 15: Godden (1979) 41–51 [Ælfric, CH II, Hom. V (Septuagesima Sunday), coll. as E] art. 16: Godden (1979) 52–9 [Ælfric, CH II, Hom. VI (Sexagesima Sunday), coll. as E]

art. 17: Clemoes (1997) 258–65 [Ælfric, CH I, Hom. X (Quinquagesima Sunday), coll. as E]

art. 18: Godden (1979) 60–6 [Ælfric, CH II, Hom. VII (First Sunday in Lent), coll. as E]

art. 19: Förster (1932) 53–71 [Vercelli Hom. III (Second Sunday in Lent) coll. as S]; Scragg (1992) 73–83 [Vercelli Hom. III coll. as F]

art. 20: as Assmann (1889/1964) 138–43 [anonymous Hom. XI (Third Sunday in Lent), not collated]

art. 21: as Belfour (1909) 50–8 [Hom. VI (Fourth Sunday in Lent)], not collated

art. 22: Assmann (1889/1964) 144–50 [anonymous Hom. XII (Fifth Sunday in Lent) coll. as S]

art. 23: Schaefer (1972) 18–33 [base MS (= A) for anonymous Hom. for Palm Sunday]

art. 24: Assmann (1889/1964) 151–63 [anonymous Hom. XIII (*In cena Domini*) coll. as S^1]

art. 25: Förster (1932) 1–42 [Vercelli Hom. I (Parasceue) coll. as S]; Scragg (1992) 7–43, odd pages [Vercelli Hom. I (E) coll. as F]

art. 26: Schaefer (1972) 83–114 [base MS (= A) for anonymous Hom. for Holy Saturday]

art. 27: Clemoes (1997) 299–306 [Ælfric, CH I, Hom. XV (Easter Sunday), coll. as E]

art. 28: Clemoes (1997) 307–12 [Ælfric, CH I, Hom. XVI (First Sunday after Easter), coll. as E]

art. 29: Clemoes (1997) 313–16 [Ælfric, CH I, Hom. XVII (Second Sunday after Easter), coll. as E]

art. 30: Godden (1979) 169–73 [Ælfric, CH II, Hom. XVII (SS. Philip and James), coll. as E]

art. 31: Godden (1979) 174–6 [Ælfric, CH II, Hom. XVIII, lines 1–61 (Discovery of the Holy Cross), coll. as E]

art. 32: Godden (1979) 176–9 [Ælfric, CH II, Hom. XVIII, lines 62–156 (SS. Alexander, Eventius and Theodolus), coll. as E]

art. 33: Clemoes (1997) 345–53 [Ælfric, CH I, Hom. XXI (Ascension Day), coll. as E]

art. 34: Clemoes (1997) 354–64 [Ælfric, CH I, Hom. XXII (Pentecost), coll. as E]

art. 35: Clemoes (1997) 365–70 [Ælfric, CH I, Hom. XXIII (Second Sunday after Pentecost), coll. as E] art. 36: Godden (1979) 213-17 [Ælfric, CH II, Hom. XXIII, lines 1–125 (Third Sunday after Pentecost), coll. as E]

art. 37: Godden (1979) 217–20 [Ælfric, CH II, Hom. XXIII, lines 126–98 (*Alia narratio de evangelii textu*), coll. as E]

art. 38: Clemoes (1997) 379–87 [Ælfric, CH I, Hom. XXV (St John the Baptist), coll. as E]

arts. 39–40: Godden (1979) 221–9 [Ælfric, CH II, Hom. XXIV (St Peter), coll. as E]

arts. 41–2: Clemoes (1997) 388–99 [Ælfric, CH I, Hom. XXVI (SS. Peter and Paul), coll. as E]

art. 43: Clemoes (1997) 400–9 [Ælfric, CH I, Hom. XXVII (St Paul), coll. as E]

art. 44: Godden (1979) 67–71 [Ælfric, CH II, Hom. VIII (Second Sunday in Lent), coll. as E]

art. 45: Godden (1979) 127–36 [Ælfric, CH II, Hom. XIII (Fifth Sunday in Lent), coll. as E]

art. 46: Godden (1979) 150–60 [Ælfric, CH II, Hom. XV (Easter Day), coll. as E]

arts. 47–8: Godden (1979) 161–8 [Ælfric, CH II, Hom. XVI (Another Sermon for Easter Day), coll. as E]

art. 49: Godden (1979) 310–17 [Ælfric, CH II, Hom. XXXVII (Feast of Holy Martyrs), coll. as E]

art. 50: Godden (1979) 318–26 [Ælfric, CH II, Hom. XXXVIII (Feast of a Confessor), coll. as E]

art. 51: Godden (1979) 327–34 [Ælfric, CH II, Hom. XXXIX (Feast of Holy Virgins), coll. as E]

art. 52: Skeat (1881–1900) II.66–124 [Ælfric, *Lives of Saints* no. XXV (Maccabees), coll. as C]

art. 53: Clemoes (1997) 418–28 [Ælfric, CH I, Hom. XXIX (St Laurence), coll. as E]

art. 54: as Morris (1880) 137–59 [Blickling Hom. XIII (Assumption of the Virgin), not collated]

art. 55: Clemoes (1997) 465–75 [Ælfric, CH I, Hom. XXXIV (Dedication of the Church of St Michael), coll. as E]

art. 56: Godden (1979) 288–97 [Ælfric, CH II, Hom. XXXIV, lines 1–332 (St Martin), coll. as E]

art. 57: Godden (1979) 297–8 [Ælfric, CH II, Hom. XXXIV (*Excusatio dictantis*), coll. as E]

art. 58: Godden (1979) 241–7 [Ælfric, CH II, Hom. XXVII (St James), coll. as E] art. 59: Skeat (1881–1900) I.320–36 [Ælfric, *Lives of Saints*, no. XV (St Mark), coll. as C]

art. 60: Skeat (1881–1900) I.116–46 [Ælfric, *Lives of Saints*, no. V (St Sebastian), coll. as C]

art. 61: Clemoes (1997) 266–74 [Ælfric, CH I, Hom. XI (First Sunday in Lent), coll. as E]

art. 62: a composite Lenten homily, combining an Ælfrician piece on penitence (Thorpe (1844–6) II.602–8) with part of Blickling Hom. X (Morris (1880) 111–15)

art. 63: Pope (1967–8) I.264–80 [Ælfric, Suppl. Hom. IV (Third Sunday in Lent), coll. as E]

art. 64: as Blickling Hom. XIX [Morris (1880) 229–49, not collated]

art. 65: Clemoes (1997) 439–47 [Ælfric, CH I, Hom. XXXI (St Bartholomew), omitting lines 244–334, coll. as E]

art. 66: Clemoes (1997) 178–89 [Ælfric, CH I, Hom. I (*De initio creaturae*), coll. as E]

art. 67: F. Kluge (1885c) 477–9; N.F. Blake (1990) 95–6 [text based on Cotton Vespasian D. xiv with variants from the present MS]

ST: Willard (1936); Willard (1950); K. Sisam (1953a) 154–6; Harlow (1959); Horsley—Waterhouse (1984) 223; R.I. Page (1993a) 95–7, 101; R. Gameson (1996a) 214–15, 222, 237; J. Hill (1996) 244; Rankin (1996) 338; Scragg (1998) 72–3, 77–8 [relation between this MS and no. 50]; Treharne (1998) 235 [similarity to no. 100]; Collier (2000) 195 [tremulous Worcester hand]; S. Irvine (2000) 45, 49, 54–7; Proud (2000) 126, 128; N.M. Thompson (2004) 51; Scragg (2012b) 558, 560–1

65. Cambridge, Corpus Christi College, 201, pp. 1–7, 161–7

s. xi in.

Contents: *Regularis concordia** (f); *Judgement Day II*** [OE version of Bede, *Versus de die iudicii* (*CPL* 1370)]; *Exhortation to Christian Living***; *Summons to Prayer***

MS: M.R. James (1912) I.485–91; N.R. Ker (1957) no. 49A; Robinson—Stanley (1991) 25–6; Budny (1997) I.476, 483, 485; Caie (2000) 1–21; Cowen (2004) 397 n. 2; Godden (2004) 361–2; T.N. Hall (2004a) 94–5; C.A. Jones (2004) 329 n. 18, 332 n. 33, 351; Lionarons (2004b) 74, 80; Lionarons (2004c) 418, 424; Meaney (2004) 467 n. 18, 474 n. 49, 476, 483; A. Orchard (2004) 71; Wilcox (2004b) 376–7, 388–93; P. Wormald (2004) 14, 17; M. Heyworth (2007) 218–22; Treharne (2009b) 108–11; J. Hill (2011) 249 and n. 3; Scragg (2012a) nos. 125–6, 126a

FACS: Robinson—Stanley (1991) pls. 23.1–5 [pp. 161–5], 23.5–24 [pp. 166–7]; Owen-Crocker (2009) figs. 4.6 [p. 166] 4.7 [p. 167]

ED: Zupitza (1890) [*Regularis concordia*]; Dobbie (1942) 58–67 [*Judgement Day II*], 67–70 [*Exhortation to Christian Living, Summons to Prayer*]; Caie (2000) 84–103 [base MS for *Judgement Day II*]

LANG: Hofstetter (1987) 89–93; Caie (2000) 45–51; Dance (2004) 35 n. 26; A. Orchard (2004) 69 n. 24, 70 n. 28; Wilcox (2004b) 382–7

ST: F.C. Robinson (1989) [argues that *Exhortation* and *Summons to Prayer* are one poem]; J. Hill (1991b); Kornexl (1993) cxlix–clii; Dance (2004) 30; N.M. Thompson (2004) 63; P. Wormald (2004) 10; J. Hill (2006a); J. Hill (2011) *passim*

65. 5. Cambridge, Corpus Christi College, 201, pp. 8–160, 167–76

s. xi¹ or xi med., Winchester NM?

Contents: On the Seven Ages of the World⁺*; Homilies⁽*⁾ (twenty by Wulfstan); Ælfric, Pastoral Letter II (revised version)*; a collection of Anglo-Saxon laws*; Wulfstan, *Institutes of Polity**, '*Canons of Edgar*'*; *De ecclesiasticis gradibus**; 'Benedictine Office'⁺* (with excerpts from Hrabanus Maurus, *De clericorum institutione* II.1–10); Handbook for a confessor*; *Apollonius of Tyre**; Kentish royal saints*, Resting-places of English saints*; Genesis* (part, from OE Hexateuch); *Lords Prayer II*** and *Gloria I***; forms of absolution and confession

MS: Liebermann (1903–16) I.xxii–xxiii; M.R. James (1912) I.485–91; Fehr (1914/1966) xiv–xvi; Bethurum (1957) 2–3; N.R. Ker (1957) no. 49B; Ure (1957) 9–14; Goolden (1958) xxxii–xxxiv; Jost (1959) 8–9; Fowler (1972) xi–xiii; Dumville (1992a) 134; Dumville (1993g) 55 n. 245; Lapidge (1994b) 144; Budny (1997) I.475–86 [no. 29]; Withers (1999) 112–18; P. Wormald (1999) 164, 204–5, 206–10, 211 n. 194, 248 n. 332, 250, 292, 309, 332 n. 315, 382 n. 535, 391, 395 n. 600, 397 nn. 612–13, 458 n. 154; Karkov (2004) 138; A. Orchard (2004) 76–7; Ambrose (2005) 114–15; Anlezark (2006) 64–71, 76–81; Hough (2006) 114, 133; Rumble (2006a) viii; M. Heyworth (2007) 218; Withers (2007) 229–30, 233, 261–3; Marsden (2008) xxxvi–xxxviii, liv–lvi; R. Gameson (2012a) 52; Raw (2012) 460; Scragg (2012a) nos. 127–37; P. Wormald (2012) 534 [no. 8]

DEC: Budny (1997) I.485–6 [inventory of decoration]; Marsden (2000) 48

FACS: Ångstrøm (1937) pls. III–V [pp. 121, 147, 167]; Fowler (1972) frontispiece [p. 99]; Robinson–Stanley (1991) pls. 25–26.1–2 [pp. 167–9], 26.2–27 [pp. 169–70]; Budny (1997) II, pls. 382–5 [pp. 8, 9, 52–3, 62–3]

ED [the order of the following items is that of the manuscript, listed according to the numbering of individual articles in N.R. Ker (1957) 83–90; only the most recent editions are cited]:

art. 1: Napier (1883/1967) 1–5 [Hom. I coll. as C]

art. 2: Napier (1883/1967) 311–13 [Hom. LXII (*De aetatibus mundi*) coll. as C]

art. 3: Napier (1883/1967) 6–20 [Wulfstan, Hom. II (*Sermo Lupi episcopi*), coll. as C]; Bethurum (1957) 142–56 [Hom. VI (*Sermo Lupi episcopi*) coll. as C]

art. 4: Napier (1883/1967) 20–1 [Wulfstan, Hom. III, part 1 (*De fide catholica*), coll. as C]; Bethurum (1957) 157–65 [Wulfstan, Hom. VII (*De fide catholica*), coll. as C]

art. 5: Napier (1883/1967) 21–9 [Wulfstan, Hom. III, part 2, coll. as C]

art. 6: Napier (1883/1967) 108–10 [Wulfstan, Hom. XIX (*Sermo ad populum*), coll. as C]; Bethurum (1957) 225–32 [Wulfstan, Hom. XIII (*Sermo ad populum*), coll. as C]

art. 7: Napier (1883/1967) 110–11 [Hom. XX coll as C]

art. 8: Napier (1883/1967) 111 [Hom. XXI coll. as C]

art. 9: Napier (1883/1967) 112–15 [Hom. XXII coll. as C]

art. 10: Napier (1883/1967) 122–7 [Hom. XXV (*To folce*) and XXVI paras. 2–3, coll. as C]

art. 11: Napier (1883/1967) 116–19 [Hom. XXIII coll. as C]

art. 12: Napier (1883/1967) 128–30 [Hom. XXVII (*To eallum folce*) coll. as C]

art. 13: Napier (1883/1967) 167–9, 130–4 [Hom. XXXIV (*Sermo Lupi*) and XXVIII (*Be godcundre warnunge*) coll. as C]; Bethurum (1957) 250–4 [Hom. XIX (*Be godcundre warnunge*) coll. as C]

art. 14: Napier (1883/1967) 169–72 [Hom. XXXV (*Be mistlican gelimpan*) coll. as C]

art. 15: Napier (1883/1967) 180 [base MS (= C) for Hom. XXXVIII ('Her is git oþer god eaca')]

art. 16: Napier (1883/1967) 180–1 [base MS (= C) for Hom. XXXIX ('Ðis man geræde, ða se micela here com to lande')]; Liebermann (1903–16) I.262, left-hand column [*VIIa Atr* coll. as D]

art. 17: Fehr (1914/1966) 68–140, right-hand column [Ælfric, OE Pastoral Letter I to Wulfstan, coll. as D]
art. 18: Jost (1959) 109–14 [Wulfstan, *II Institutes of Polity*, cc. 145–53 (*Be gehadedum mannum*), coll. as D_1]
art. 19: Jost (1959) 131–5 [base MS (= D_1) for Wulfstan, *II Institutes of Polity*, cc. 187–97 (*To gehadedum and læwedum*)]
art. 20: Jost (1959) 139–50 [base MS (= D_1) for Wulfstan, *II Institutes of Polity*, cc. 1–11 (*Be eallum cristenum mannum*)]
art. 21: Liebermann (1903–16) I.380–5, left-hand column [*Northu*. coll. as D]
art. 22: Liebermann (1903–16) I.194–8, even pages, right-hand column [*II Eg.* coll. as D]
art. 23: Liebermann (1903–16) I.200–6, even pages, right-hand column [*III Eg.* coll. as D]
art. 24: Liebermann (1903–16) I.237–47, odd pages, left-hand column [*V Atr.* coll. as D]
art. 25: Napier (1883/1967) 66–7 [Hom. X, second para., coll. as C]
art. 26: Napier (1883/1967) 188 n. + 66 [part of Hom. XL + part of Hom. X, coll. as C]
art. 27: Napier (1883/1967) 189 n. + 68 [part of Hom. XL + part of Hom. X, coll. as C]
art. 28: Liebermann (1903–16) I.146–8, left-hand column [*I As.* coll. as D]
art. 29: Napier (1883/1967) 60, 65 [part of Hom. IX (*De cristianitate*) + part of Hom. X (*Her ongynð be cristendome*), coll. as C]; Bethurum (1957) 194–210 [Hom. Xb (*De cristianitate*) + Xc (*Her ongynð be cristendome*) coll. as C]; A. Orchard (2004) 72–3, 75–7, 81–2, 85, 87–9
art. 30: Napier (1883/1967) 41–9 [Hom. VI (*De uisione Isaie prophete*) coll. as C]; Bethurum (1957) 211–20 [Hom. XI (*De uisione Isaie prophete*) coll. as C]
art. 31: Napier (1883/1967) 52–6 [Wulfstan, Hom. VII (*De septiformi spiritu*), coll. as C, omitting the beginning (pp. 50–2, line 23)]; Bethurum (1957) 185–91 [Wulfstan, Hom. IX (*De septiformi spiritu*), coll. as C]
art. 32: Napier (1883/1967) 76–80 [Wulfstan, Hom. XI + XII (*De Antichristo*), coll. as C]; Bethurum (1957) 113–18 [Wulfstan, Hom. Ia + Ib (*De Antichristo*), coll. as C]
art. 33: Napier (1883/1967) 80–7 [Wulfstan, Hom. XIII (*Secundum Marcum*), coll. as C]; Bethurum (1957) 134–41 [Wulfstan, Hom. V (*Secundum Marcum*), coll. as C]

art. 34: Napier (1883/1967) 87–90 [Wulfstan, Hom. XIV (*Lectio sancti euangelii secundum Matheum*), coll. as C]; Bethurum (1957) 119–22 [Wulfstan, Hom. II (*Lectio sancti euangelii secundum Matheum*), coll. as C]

art. 35: Napier (1883/1967) 90–4 [Wulfstan, Hom. XV (*Secundum Lucam*), coll. as C]; Bethurum (1957) 123–7 [Wulfstan Hom. III (*Secundum Lucam*) coll. as C]

art. 36: Napier (1883/1967) 94–102 [Wulfstan, Hom. XVI (*De temporibus Antichristi*), coll. as C]; Bethurum (1957) 128–33 [Hom. IV (*De temporibus Antichristi*) coll. as C]

art. 37: Napier (1883/1967) 182–90 [Hom. XL (*In die iudicii*) coll. as C]

art. 38: Napier (1883/1967) 190–1 [Wulfstan, Hom. XLI (*Verba Ezechiel prophete*), coll. as C]; Bethurum (1957) 240–1 [Wulfstan, Hom. XVIb (*Verba Ezechiel prophete*), coll. as C]

art. 39: Napier (1883/1967) 191 [Hom. XLI (end) coll. as C]

art. 40: Napier (1883/1967) 156–67 [Wulfstan, Hom. XXXIII (*Sermo Lupi ad Anglos*), coll. as C]; Bethurum (1957) 261–6 [Wulfstan, Hom. XX (*Sermo Lupi ad Anglos*), coll. as C]; Whitelock (1976) [*Sermo Lupi* coll. as C]

art. 41: Napier (1883/1967) 167–9 [Hom. XXXIV (*Sermo Lupi*) coll. as C]; Bethurum (1957) 276–7 [Hom. XXI ('Her is gyt rihtlic warnung') coll. as C]

art. 42: Jost (1959) 40–2 [base MS (= D_2) for Wulfstan, *I Institutes of Polity*, cc. 1–5 (*Be cinincge*)], 52–4 [base MS (= D_2) for Wulfstan, *I Institutes of Polity*, cc. 16–23 (*Be cinedome*)], 55–8 [base MS (= D_2) for Wulfstan, *I Institutes of Polity*, cc. 24–34 (*Ælc cynestol*)], 59–61 [base MS (= D_2) for Wulfstan, *I Institutes of Polity*, cc. 35–40 (*De episcopis*)], 67–73 [base MS (= D_2) for Wulfstan, *I Institutes of Polity*, cc. 41–56 (*Item: Byscopas sculon bocum*)], 78–80 [base MS (= D_2) for Wulfstan, *I Institutes of Polity*, cc. 57–65 (*Be eorlum*)], 84 [base MS (= D_2) for Wulfstan, *I Institutes of Polity*, cc. 66–7 (*Be sacerdum*)], 109–14 [base MS (= D_2) for Wulfstan, *I Institutes of Polity*, cc. 68–77 (*Be gehadedum mannum*)], 122 [base MS (= D_2) for Wulfstan, *I Institutes of Polity*, cc. 78–80 (*Be abbodum*)], 123–4 [base MS (= D_2) for Wulfstan, *I Institutes of Polity*, cc. 81–3 (*Be munecum*)], 128 [base MS (= D_2) for Wulfstan, *I Institutes of Polity*, c. 84 (*Be minecenan*)], 129 [base MS (= D_2) for Wulfstan, *I Institutes of Polity*, cc. 85–6 (*Be preostum and be nunnan*)], 130–4 [base MS (= D_2) for Wulfstan, *I Institutes of Polity*, cc. 87–92 (*Be lærwedum mannum*)], 136–7 [base MS (= D_2) for Wulfstan, *I Institutes of Polity*, cc. 93–7 (*Be wudewan*)], 138–52 [base MS (= D_2) for

Wulfstan, *I Institutes of Polity*, cc. 98–116 (*Be circan*)], 154–64 [base MS (= D$_2$) for Wulfstan, *I Institutes of Polity*, cc. 117–28 (*Be eallum cristenum mannum*)]

art. 43: Liebermann (1903–16) I.263–8, left-hand column [*VIII Atr.* coll. as D]

art 44: Liebermann (1903–16) I.184–6, even pages, left-hand column [*I Em.* coll. as D]

art. 45: Fowler (1972) 2–18 [Wulfstan, *Canons of Edgar*, coll. as D]

art. 46: Liebermann (1903–16) I.456 [*Geþyncðo* coll. as D], 458 [*Norðleoð* coll. as D], 464–8 [*Mirce, Að I, Had* all coll. as D]

art. 47: Napier (1883/1967) 29–41 [Hom. IV–V (*Sermo de baptismate* in Latin and OE) coll. as C]; Bethurum (1957) 169–71 + 175–84 [Hom. VIIIa (Latin *Sermo de baptismate*) + Hom. VIIIc (OE version) coll. as C]

art. 48: Raith (1933/1964) 17–19 [base MS for *De ecclesiasticis gradibus*]; Jost (1959) 223–41 [*De ecclesiasticis gradibus* coll. as O]

art. 49: Ure (1957) 81–102 [OE 'Benedictine Office' coll. as C, omitting metrical portions; for which see below, art. 57]

art. 50 [confessional and penitential texts] Raith (1933/1964) 76–81 [extracts from OE version of Halitgar's Penitential coll. as C]; Fowler (1965) 16 [confessional text coll. as D], 17–34 [base MS for penitential texts]

art. 51: Liebermann (1903–16) I.278–80 [*I Cn. Inscr.* coll. as D], I.308–12 [*II Cn.* coll. as D], 252–6 [*VI Atr.* coll. as D]

art. 52: Jost (1959) 104–5 [base MS (= D$_3$) for Wulfstan, *II Institutes of Polity*, cc. 130–4 (*Be sacerdan*)] + Liebermann (1903–16) I.284 [*I Cn.* 4]

art. 53: Goolden (1958) 2–42, even pages [base MS for OE *Apollonius of Tyre*]

art. 54: Liebermann (1889) 1–8 [base MS for brief treatise on Kentish Royal Saints]

art. 55: Liebermann (1889) 9–18 [base MS for OE 'Lists of Saints' Resting–Places']

art. 56: Marsden (2008) 63–70, 73–84 [parts of OE Genesis coll. as Co]

art. 57 [metrical paraphrases of *Pater noster* and *Gloria*]: Dobbie (1942) 70–4 [base MS for OE *Lords Prayer II*], 74–7 [OE *Gloria I* coll. as C]

art. 58: Latin formulas of absolution, confession: unprinted?

LANG: Ure (1957) 67–70; Goolden (1958) xxvii–xxxii; Fowler (1972) xx–xxvi; Dance (2004)

ST: Burchfield (1953); K. Sisam (1953a) 279; Morrell (1965); Torkar (1981) 33–5 [Ker arts. 25–7]; Tristram (1985) 82 n. 63 [Ages of the

World]; M.P. Richards (1986) [laws]; Withers (1999) 128–9 [OE Genesis]; M.P. Richards (2000) [Genesis]; Wilcox (2000) 92–3 [version of *Sermo Lupi*]; Godden (2004) 361–2; C.A. Jones (2004) 352; A. Orchard (2004) 71–90; Wilcox (2004b) [version of *Sermo Lupi*]; Hough (2006) 120–1; Scragg (2012b) 559

66. Cambridge, Corpus Christi College, 201, pp. 179-272

s. xi$^{3/4}$; Exeter [orig. joined with no. 60?]

Contents: Theodulf of Orléans, *Capitula*$^{+*}$; Homily*; Usuard of Saint-Germain-des-Prés, *Martyrologium* (f, s. xi ex.)

MS: M.R. James (1912) I.491; T.A.M. Bishop (1954–8a) 193–9; N.R. Ker (1957) no. 50; T.A.M. Bishop (1971) 24; Drage (1978) 327–8; Sauer (1978) 30–7; Scragg (1979) 256; P.R. Robinson (1988) I, no. 144; Scragg (1992) xxxv; Conner (1993) 4; R. Gameson (1996b) 145 and n. 33; Budny (1997) I.479, 527, 603; Frantzen (2007) 40–1; Treharne (2007a) 263–4; Treharne (2007b) 17; Scragg (2012a) no. 106

FACS: Sauer (1978) 514 [p. 179], 515 [p. 231], 516 [p. 246]; P.R. Robinson (1988) II, pl. 2 [p. 270]

ED: Sauer (1978) [base MS (= A) for Latin and OE versions of *Capitula* of Theodulf, and OE Homily]; Scragg (1992) 90–104 [Vercelli Hom. IV coll. as R]

ST: Fowler (1972) xxxvi–xxxix; Sauer (1978); Brommer (1984); Sauer (1996)

67. Cambridge, Corpus Christi College, 206

s. x^1, England (perh. Canterbury) rather than NE France, prov. England (Canterbury, or St Albans, or Bury St Edmunds?) s. xi/xii

Contents: Martianus Capella, *De nuptiis Philologiae et Mercurii*, bk. IV; Alcuin, *Carm*. lxxiii (part); pseudo-Augustine, *Categoriae decem ex Aristotele decerptae* [CPL 362], with glosses; pseudo-Apuleius, *Peri hermeneias* (incomplete); Porphyrius, *Isagoge*, trans. Boethius; glosses on Boethius's second commentary on the *Isagoge* [CPL 881]; extracts from Augustine, *De Trinitate* [CPL 329]; questions and answers on theological matters; notes on logical matters; Boethius, theological tractates, with gloss: *Quomodo Trinitas* [CPL 890], *Utrum Pater et Filius* [CPL 891], *Quomodo substantiae* [CPL 892], *Contra Eutychen et Nestorium* [CPL 894]; Alcuin, *De dialectica* with prologue (*Carm*. lxxvii.1); Augustine (?), *De dialectica*

MS: Schenkl no. 4899; M.R. James (1912) I.495–8; Leonardi (1959) 467
n. 126; Leonardi (1960) 21–2 [no. 29]; Minio-Paluello (1961) 70
[no. 2036]; Bishop (1971) xii n. 2; Römer (1972b) 51; B.D. Jackson
(1975) 9, 12; Marenbon (1981) 181–3; R.M. Thomson (1982b) 10; Munk
Olsen (1982–) I.21; Dumville (1992b) 181 n. 60; Gibson et al. (1995–
2001) I.52–3 [no. 19]; Knappe (1996) 129 n. 1, 186 and n. 2; Budny
(1997) I.211–18 [no. 16]; Dumville (1999) 127; R. Gameson (1999a)
p. 61 [addition (s. xii^1) on fol. 1]; Teresi (2007b) 131–2; Barker-Benfield
(2008) III.1823; Wieland (2009) 150; R. Gameson (2012b) 109 n. 56

DEC: Gibson et al. (1995–2001) I.53; Budny (1997) I.216–18

FACS: Budny (1997) II, pls. XIII [fol. 1r], 162–70 [fols. 17v, 38r, 43r, 45v, 57r, 58v, 72r, 78v, 80r, 101r]; Teresi (2007b) pl. 1 [fol. 38r]

ED: Marenbon (1981) 185–93 [glosses to *Categoriae decem* coll. as C]

ST: Minio-Paluello (1971) *passim* [*Categoriae decem*]; B.D. Jackson (1975) 78; Marenbon (1981) 12–29, 116–38 *et passim* [*Categoriae decem*]; Gibson (1982) 56; Gibson (1993a) I.125 n. 13; *CSLMA* II (1999) 92–3 [Alcuin, *Carm.* lxxiii], 130–3 [Alcuin, *De dialectica*]; Teresi (2007b); *CALMA* II.241; R. McKitterick (2012) 328

68. Cambridge, Corpus Christi College, 214

s. x ex. or xi in., Canterbury?

Contents: Boethius, *De consolatione Philosophiae*° [*CPL* 878]

MS: M.R. James (1912) I.511–12; Weinberger (1934) xvi; T.A.M. Bishop (1954–8a) 187; N.R. Ker (1957) no. 51; N.R. Ker (1964) 39; Bolton (1977a) 58; Hale (1978); Vaciago (1993) p. 6 [no. 18]; Gibson et al. (1995–2001) I.53–4 [no. 20]; Budny (1997) I.xxxv; Wieland (1998) 17 n. 23; R.I. Page (2001) 228–32; Wittig (2007) 188; Graham (2009) 170; Scragg (2012a) nos. 138–9

FACS: Owen-Crocker (2009) fig. 6.6 [fol. 107r]

ED: Hale (1978) [base MS]

ST: Rosier (1964a); F.C. Robinson (1973) 444–6; Bolton (1977a) 58; Sauer (1978) 449; Korhammer (1980) 34–6, 38–9, 49; Troncarelli (1981) 3, 49; Graham (1998a) 68 n. 149; R.I. Page (2001) 233; Godden (2011) 92

69. Cambridge, Corpus Christi College, 221, fols. 1–24

s. x^1 or x med. or x^2, perh. Canterbury StA (or Brittany?)

Contents: Alcuin, *De orthographia* (incomplete); Bede, *De orthographia* [*CPL* 1566]

MS: M.R. James (1912) I.519–20; T.A.M. Bishop (1954–8a) 188–9; C.W. Jones (1975) 3–5; Dionisotti (1982) 137; Codoñer (1996) 74–5; Bruni (1997) xxxiii; Budny (1997) I.205–9 [no. 15]; Bischoff (1998–) I, no. 180; Hartzell (2006) no. 29; Barker-Benfield (2008) II.1396, III.1811; Wieland (2009) 145

DEC: Budny (1997) I.209 [inventory of decoration]

FACS: Budny (1997) II, pls. 160–1 [fols. 1r, 14v]

ED: C.W. Jones (1975) [Bede, *De orthographia*, coll. as C]; Bruni (1997) [Alcuin, *De orthographia*, coll. as C]

ST: R.M. Thomson (1975) 382; R.M. Thomson (1987) 61 n. 151; Saenger (1997) 86, 334 n. 19; *CSLMA* II (1999) 143; McKee (2012b) 340 and nn. 5–6

69. 5. Cambridge, Corpus Christi College, 221, fols. 25–64

s. x, England (? or s. ix Continent, prov. England s. x or xi)

Contents: Cassiodorus, *De orthographia* [CPL 907], Caper, *De orthographia*; Agroecius, *Ars de orthographia* [CPL 1545]

MS: M.R. James (1912) I.519–20; Budny (1997) I.207–9; Hartzell (2006) no. 30; Wieland (2009) 145

ST: R.M. Thomson (1975) 382; R.M. Thomson (1987) 61 n. 151

70. Cambridge, Corpus Christi College, 223

s. ix$^{3/4}$, Arras, Saint-Vaast, prov. s. ix ex. Saint-Bertin, prov. England s. x^1

Contents: French regnal list (with additions); four recipes, three medical (s. x); Gennadius, on Prudentius (*De uiris inlustribus* [CPL 957], ch. xiii); Prudentius, *Cathemerinon* [CPL 1438], *Apotheosis* [CPL 1439], *Hamartigenia* [CPL 1440], (computus note added s. x/xi, England), *Psychomachia* [CPL 1441], *Peristephanon* [CPL 1443], *Contra Symmachum* [CPL 1442], *Dittochaeon* [CPL 1444], *Epilogus* [CPL 1445]; Iohannes Scottus Eriugena, *Carm.* ix [SK 1417]

Additions in England: pontifical prayer; benedictions; Gregory, *Registrum epistularum* XI. 4 (f); two alphabets: s. x/xi, Latin and OE glosses, s. x and xi

MS: M.R. James (1912) I.521–5; Bergman (1926) xxiii, xxvii–xxviii; Lavarenne (1943–51) I.xxv–xxvi; Wallace-Hadrill (1950) 213; N.R. Ker (1957) no. 52; M.P. Cunningham (1966) xix–xx; Lapidge (1977a) 449 n. 8; Rella (1980) 110; P.R. Robinson (1988) I, no. 146; Herren (1993)

21; Vaciago (1993) 6–7 [no. 19]; Blockley (1994); Budny (1997) I.137–49 [no. 10]; Wieland (1997a) 171 and n. 7, 181; Bischoff (1998—) I, no. 816; Wieland (1998) 3–5; Karkov (2001a) 115 n. 3, 116 nn. 4, 6, 119 n. 22; Hartzell (2006) no. 31; Morgan–Panayotova (2009) I.22 [no. 2]; Wieland (2009) 148, 156; D. Ganz (2012) 189 n. 7; R. Gameson (2012d) 348 and n. 13; Rankin (2012) 505 n. 112; Scragg (2012a) nos. 140–1

DEC: Budny (1997) I.147–9 [inventory of decoration]; Morgan–Panayotova (2009) I.22

FACS: Budny (1997) II, pls. 104–5 [pp. 347, 348]; Morgan–Panayotova (2009) I.22 [p. 92]

ED: Traube (1886–96) 550–2 [base MS for Iohannes Scottus Eriugena, *Carm.* ix]; Bergman (1926) [Prudentius, *Carmina*, coll. as C]; Lavarenne (1943–51) [Prudentius, *Carmina*, coll. as C]; Meritt (1945) nos. 28, 66 [OE glosses]; M.P. Cunningham (1966) [Prudentius, *Carmina*, coll. as C]; Herren (1993) 116–21 [base MS for Iohannes Scottus Eriugena, *Carm.* ix (= no. 25 in Herren's edition)]

ST: Grierson (1940c) 553; Lapidge (1977a); R.I. Page (1979) 32–43; Wieland (1987) 213–31; Wieland (1997b); Wieland (1998) 17 nn. 24 and 27, 19 nn. 46, 48 and 49, 20 n. 50; Ziolkowski (2007) 263; R. McKitterick (2012) 328

72. Cambridge, Corpus Christi College, 260

s. x^2 or x ex., Canterbury CC

Contents: Boethius, *De institutione musica* [CPL 880] V.16–18, serving as introduction to *Musica Enchiriadis*; *Scholica Enchiriadis de musica*; *Commemoratio breuis de tonis*

MS: M.R. James (1912) II.10; T.A.M. Bishop (1959–63b) 415; Fenlon (1982) 6–10; Bower (1988) 214 [no. 15]; Biggs et al. (1990) 76–7 [Wittig]; C. Meyer et al. (1992) 3; Gerchow (1999) 389–90 [Torkewitz]; C. Meyer (2003) 377; Wieland (2009) 155; Rankin (2012) 506

FACS: Fenlon (1982) i [fols. 30v–31r]; Gerchow (1999) 390 [fol. 1r]

ED: H. Schmid (1981) 1–59 [*Musica Enchiriadis* coll. as Q], 60–156 [*Scholica Enchiriadis de musica* coll. as Q]

ST: R. McKitterick (2012) 328 [MS erroneously cited as CCCC 209]

73. Cambridge, Corpus Christi College, 265

s. xi med. - xi$^{3/4}$, Worcester [pp. 1-268]; s. xi^2, Worcester [pp. 269–367]; s. xi ex. or xii in., Worcester [pp. 368–442]

Contents: pp. 1–268 (a version of Wulfstan's 'Handbook'): Alcuin, *Epist.* xvii, cxiv; First Capitulary of Gerbald of Liège; *Poenitentiale Egberti* [*CPL* 1887], Prologue and chs. i–xiii; Wulfstan's Canon Law Collection ('*Excerptiones Pseudo-Egberti*', recension A); excerpts mainly from *Poenitentiale Theodori* and other penitentials, and from Theodulf, *Capitula*; Handbook for a confessor*; excerpts from: Ansegisus, *Capitularium collectio* and other capitularies, from *Admonitio generalis* (789) and *Institutio canonicorum* (Aachen Council of 816), from collection of canons; Abbo of Saint-Germain-des-Prés, *Sermo* xiii; Ælfric, Pastoral Letters 2 and 3; Wulfstan, Homily VIIIa; 'De officio missae'; *De ecclesiasticis gradibus*; Hrabanus Maurus, *De institutione clericorum* II.1–7; forms of excommunication; laws: *Eadgar IV*$^{+*}$; Chrism mass *ordo*; Ælfric, Letter to the Monks of Eynsham

pp. 269–367: excerpts from Amalarius, *Liber officialis* (complete version); excerpts from *Pontificale Romano-Germanicum*; Amalarius (?), *Eclogae de ordine Romano*

pp. 368–442: Bernold of Constance, *Micrologus de ecclesiasticis obseruationibus*; *De ordine missae*, *De antiphonis*

MS: Bateson (1895) 721–31; Liebermann (1903–16) I.xx; M.R. James (1912) II.14–21; Fehr (1914/1966) xiv [Fehr], cxxviii [Clemoes]; Andrieu (1931–61) I.99–101; Bethurum (1957) 8; N.R. Ker (1957) no. 53; Bishop (1971) 22 n. 1; Aronstam (1974) 20–2; Hohler (1975) 223; Lapidge (1983) 463 n. 52; Haggenmüller (1991) 55–7, 160–2; Dumville (1993g) 136–7; Vaciago (1993) 7 [no. 20]; Budny (1997) I.605–7 [full list of contents]; C.A. Jones (1998a) 238 n. 24; C.A. Jones (1998b) 71–7; C.A. Jones (1998c) 696–701; Cross—Hamer (1999) 41–8 [list of contents]; R. Gameson (1999a) nos. 65–6; C.A. Jones (1999) 123 n. 79; P. Wormald (1999) 210–24 and nn. 193–223, 233 and 240, 317 n. 248, 458 n. 156; Sauer (2000) 377; Hamilton (2001) 218–19; T.N. Hall (2004a) 94, 100, 108; J. Hill (2004) 321; C.A. Jones (2004) 327–8, 351–2; R. Gameson (2005a) 92, 94, 101–4; C.A. Jones (2005a) 121 n. 58, 122–5; C.A. Jones (2005b) 241; Foys (2006) 271–4, 277–80, 283–4; Hough (2006) 115, 122, 136; Rumble (2006a) viii; Biggs (2007a) 63–4 [C.D. Wright]; Frantzen (2007) 40–1; M. Heyworth (2007) 218; Treharne (2007b) 17; Wieland (2009) 127; Crick (2012) 184 and n. 47; R. Gameson (2012a) 82 n. 293, 87 n. 316; A. Orchard (2012) 696 [no. 3]; Scragg (2012a) nos. 87, 142–52; P. Wormald (2012) 534 [no. 9]

DEC: Budny (1997) I.607–8 [inventory of decoration]; C.A. Jones (2005b) 242 [rubrics]

FACS: Sauer (1998) pl. 7 [p. 122]; Budny (1997) II, pls. 550–9 [pp. 3, 160, 197, 210, 211, 269, 292, 298, 303, 325]; R. Gameson (1999a) pl. 2 [p. 222]; R. Gameson (2005a) fig. 3 [p. 298]

ED: Napier (1883/1967) [Wulfstan, Hom. IV, coll. as X]; Liebermann (1903–16) I.206–15 [base MS (= C) for *Eg IV*]; Fehr (1914/1966) 35–57 [Ælfric, OE Pastoral Letter 2, coll. as C], 58–67 [Ælfric, OE Pastoral Letter 3, coll. as C]; Bethurum (1957) 169–71 [Wulfstan, Hom. VIIIa, coll. as X]; Fowler (1965) 16–32 [Handbook for a Confessor coll. as C]; Sauer (1978) [*Capitula Theodulfi* (pp. 121–42) coll. as C]; Cross—Hamer (1997) [base MS (= Z) for Wulfstan's Canon Law Collection, Recension A (pp. 66–113) and Recension B (pp. 114–72)]; C.A. Jones (1998b) 110–48 [base MS for Ælfric, Letter to the Monks of Eynsham]; T.N. Hall (2004a) 110–13 [*Admonitio episcoporum utilis* coll. as X]

ST: Selborne (1888); Bethurum (1942); Whitelock (1942); Clemoes (1960); Fowler (1963); Lambert (1969–72) no. 960; Fowler (1972) liv–lvi; Brückmann (1973) 407; J.R. Hall (1975); Frantzen (1983b) 133 n. 40 [Penitential attrib. to Bede]; *BCLL* (1985) no. 1183; N.R. Ker (1985b) [study of Coleman's notes]; Cross (1992b); Dumville (1992a) 68, 73–4, 91, 134–8; Mordek (1995) 95–7; J. Barrow (1996) 92; R. Gameson (1996a) 238; Schmitz (1996) 362–3; Cross—Hamer (1997); C.A. Jones (1998b) 71–91; C.A. Jones (1998c) 697–701; O'Brien O'Keeffe (1998b) 211, 217 n. 29, 221, 229; *CSLMA* II (1999) 10, 185, 239; P. Wormald (1999) 211–19, 221 n., 317 n., 392 n., 459 n.; Sauer (2000) 341, 354–75; Bjorklund (2004) 222; Godden (2004) 371; G. Mann (2004) 246 n. 26, 258, 276 n. 117; P. Wormald (2004) 10; C.A. Jones (2005a) 124; C.A. Jones (2005b) 241, 282; Hough (2006) 122–3; M. Heyworth (2007) 218–22 ['Late Old English Handbook for the Use of a Confessor']

74. Cambridge, Corpus Christi College, 267

s. xi/xii, Canterbury, StA

Contents: chants for the Office of St Mellitus; Frreculf of Lisieux, *Historiae*; Peter Damian, *De quindecim signis diem iudicii praecedentibus* [*CPPM* II, no. 411]

MS: M.R. James (1912) II.22–3; Dodwell (1954) 122; T.A.M. Bishop (1955) 2–3; N.R. Ker (1964) 40; N.R. Ker (1976b) 30 [repr. N.R. Ker (1985) 150]; R. Gameson (1995a) 102 n. 28, 126 n. 115, 132, 143; N. Orchard (1995b) 92; Budny (1997) I. 687–92 [no. 47]; R. Gameson (1999a) no. 67; M.I. Allen (2002) I.120*–122*; Hartzell (2006) no. 33; Rankin (2012) 492 and n. 44; Rushforth (2012) 209 n. 74

DEC: Lawrence (1982) 103, 104; Budny (1997) I.691–2 [initials]

ED: M.I. Allen (2002) [Freculf, *Historiae*, coll. as C]; Hartzell (2006) 49 [Office of St Mellitus]

ST: Lambert (1969–72) no. 654; *CSLMA* III (2010) 37–42 [Freculf]; *CALMA* III. 568 [Freculf]

75. Cambridge, Corpus Christi College, 270, fols. 1 and 197

s. xi ex. or xi/xii, prob. Canterbury StA

Contents: Bede, *Historia ecclesiastica* (f)

MS: M.R. James (1912) II.26; Colgrave—Mynors (1969) lvii–lviii; Budny (1997) I.693, 695–6; R. Gameson (1999a) no. 68; Barker-Benfield (2008) I.607, III.1736–7; Wieland (2009) 142

ST: R. Gameson (1998) 242 n. 46

76. Cambridge, Corpus Christi College, 270, fols. 2–173

1091×1100, Canterbury StA

Contents: sacramentary

MS: Rule (1896) xi–xvi; M.R. James (1912) II.25–6; T.A.M. Bishop (1949–53) 438; T.A.M. Bishop (1955) 2; N.R. Ker (1957) p. 267; T.A.M. Bishop (1959–63a) 94; N.R. Ker (1964) 40; N.R. Ker (1960) 29 and n. 2, 30, 42 and n. 1; Anselm Hughes (1963) xi–xiii; Lawrence (1977); Lawrence (1982) 102; Dumville (1992a) 67; R. Gameson (1995a) 102 n. 28, 114 n. 64, 123 and n. 100, 144; Budny (1997) I.693–704 [no. 48]; R. Gameson (1999a) no. 69; C.A. Jones (1999) 114–15; Barker-Benfield (2008) I.530, II.1445, III.1655 n. 43, 1733, 1736–7; Pfaff (2012) 456 and n. 23; Rankin (2012) 501; Webber (2012) 222 n. 56

DEC: Dodwell (1954) 27; Alexander (1978c) 102 and n. 39; Lawrence (1982) 102; R. Gameson (1995a) 124 n. 102; Budny (1997) I.697–704 [inventory of decoration]

FACS: Rule (1896), frontispiece [fol. 70r], cxiii [fol. 9v]; Dodwell (1954) pl. 16 (d) [fol. 46r (detail)]; Lawrence (1982) pl. XXXII (C) [fol. 46r (detail)]; Budny (1997) II, pls. XIV [fol. 12r], 642–75 [fols. 10v, 12r, 12v, 13r, 16r, 33v, 34r, 35r, 41r, 46r, 48v, 51v, 53r, 54r, 64r, 65v, 71v, 78r, 82v, 86r, 90v, 92v, 96v, 98r, 98v, 101v, 109r, 111r, 114v, 116v, 118v, 129r, 135v, 138r]

ED: Rule (1896) [base MS for sacramentary]

ST: Warren (1883) 294–302; Rule (1896) ix–clxxxiv; Förster (1943) 52–3; Heslop (1995) 62–4, 67 n. 37, 83; N. Orchard (1995b) [relationship to no. 291]; Thacker (1999) 385 and n. 68; Pfaff (2001) 186–7; N. Orchard (2002) I.59, 169–70, 172–3, 175, 196, 230; Pfaff (2009) 113–17

77. Cambridge, Corpus Christi College, 272 (the 'Achadeus Psalter')

883×884, Rheims, prov. England s. xi, (prov. Canterbury CC)

Contents: Psalterium Gallicanum with psalter collects (and with commentary mainly from Cassiodorus: England s. xi med. or xi²); litany; Ps. CLI; canticles; prayers and responsories

MS: Frere (1894–1932) no. 886; M.R. James (1912) II.27–32; Mearns (1914) 63; Köhler–Mütherich (1971–99) VI/ii.48–51, 200–6; Keynes–Lapidge (1983) 214 n. 26; P.R. Robinson (1988) I, no. 149; Lapidge (1991a) 64–5; Dumville (1993g) 131 and n. 91; Budny (1997) I.xxxiv; P.P. O'Neill (1997) 162; Bischoff (1998–) I, no. 817; Gretsch (1999a) 31 and n. 72, 249 and n. 68, 273–7; Pratt (2001) 48; Pulsiano (2001a) xxvii; Binski–Panayotova (2005) no. 15 [R. McKitterick]; Hartzell (2006) no. 34; Biggs (2007a) 16–17; Rushforth (2008–); Morgan–Panayotova (2009) I.19–21 [no. 1]; Wieland (2009) 116, 117; Rushforth (2011) 43–5; R. Gameson (2012d) 351 and n. 29; Stoppacci (2012–) I.134; Toswell (2012) 472

DEC: Boutemy (1954–5); Köhler–Mütherich (1971–99) VI/ii.204–6; Morgan–Panayotova (2009) I.19–21

FACS: Köhler–Mütherich (1971–99) *Tafeln* VI, pls. 174 [fols. 150r, 151r], 175 [fols. 151v, 152r], 176 [fols. 152v, 153r], 177 [fols. 153v, 154r], 178 [fols. 98r, 1r, 51r, 163r (all details)]; P.R. Robinson (1988) II, pl. 7 [fol. 154r]; Binski–Panayotova (2006) 68 [fols. 153v–154r], 69 [fol. 98r (detail)]; Rushforth (2008–) pls. 1 [fol. 58r], 2 (a)–(e) [fols. 40v, 51v, 69r, 133v, 108r (all details)]; Morgan–Panayotova (2009) I.19 [fols. 151v–152r], I.20 [fol. 98r], I.21 [fols. 150r (detail), 1r (detail)]; R. Gameson (2012) pl. 14.2 [fol. 47r]

ED: Lapidge (1991a) 110–14 [litany]; Pulsiano (2001a) [Pss. I–L coll. as δ]

ST: Lambert (1969–72) nos. 157, 959; Römer (1972b) 51; Muir (1988) xxxii; Corrêa (1996) 294 n.; Pulsiano (1998b) 105 n. 2; Krüger (2007) 270, 337

79. Cambridge, Corpus Christi College, 276, fols. 1–54

s. xi ex., Canterbury, StA

96   Anglo-Saxon Manuscripts

Contents: Paulus Diaconus, *Historia Romana* [incorporating Eutropius, *Breuiarium historiae Romanae*] [*CPL* 1181]; list of Roman and Byzantine emperors; spurious charter by Pope Leo VIII [Jaffé, *Regesta* 3704]

MS: M.R. James (1912) II.38–9; T.A.M. Bishop (1955) 2; T.A.M. Bishop (1959–63a) 95; R. Gameson (1995a) 106 n. 40, 143; Budny (1997) I.711–16 [no. 50]; R. Gameson (1999a) no. 71; Mortensen (1999–2000) 169 [no. 23]; Barker-Benfield (2008) II.924–6, 943, 946, III.1795

DEC: Lawrence (1982) 102, 103; Budny (1997) I.715 [inventory of decoration]

FACS: Budny (1997) II, pls. 688–92 [fols. 1v–2r, 5v, 18v, 22v, 48v]

ED: Crivellucci (1914) [coll. as A3]; Santini (1979) [Eutropius excerpts coll. as Y]

ST: A.G. Watson (1965) 138; Chiesa—Stella (2005) 486–91

80. Cambridge, Corpus Christi College, 276, fols. 55–134

s. xi/xii, Canterbury StA

Contents: Dudo of Saint-Quentin, *Historia Normannorum* (incomplete)

MS: M.R. James (1912) II.276; Alexander (1970a) 28 n. 2, 40, 212; R. Gameson (1995a) 114 n. 64, 144; R. Gameson (1999a) no. 72; Budny (1997) I.711–16 [no. 50]; Barker-Benfield (2008) II.924–6, 943, 946, III.1795

DEC: R. Gameson (1995a) 124 and n. 104; Budny (1997) I.715–16 [inventory of decoration]

FACS: Budny (1997) II, pls. 693–5 [fols. 55r, 115v, 122r]

ED: Lair (1865) [Dudo coll. as C]

ST: Manitius (1911–31) II.264; Huisman (1984)

81. Cambridge, Corpus Christi College, 279

s. ix/x or x in., NW France, perh. in or near Tours, prov. England by c. 1000, (prov. Worcester)

Contents: *Sinodus episcoporum* ('First Synod of St Patrick') [*CPL* 1102]; collection of canons ('Excerpts from the Fathers') [*BCLL* 610]; *Liber ex lege Moysi* [*CPL* 1793; *BCLL* 611] with Latin, Irish and Breton glosses; canons concerning baptism (*De baptismo*) and bishops (*De episcopo*); excerpts from *Collectio canonum Hibernensis* [*CPL* 1794; *BCLL* 612]; selection of canons

MS: M.R. James (1912) II.42–4; Kenney (1929) nos. 30, 83; Bieler (1963) 15, 23; N.R. Ker (1964) 206; Mordek (1975) 258; Rella (1977) 164 [no. 5]; DeBrún—Herbert (1986) 109 [no. 52]; Deuffic (1986) 297 [no. 20]; Kottje (1987) 62; Dumville (1992a) 148–9; Dumville (1993g) 48 and n. 211; Simpson (1994); Bischoff (1998—) I, no. 818; Kéry (1999) 75, 78; P. Wormald (1999) 419 nn. 10 and 13, 421 nn. 20 and 22; Lapidge (2006) 167–8; Meeder (2009) 183–5; Morgan—Panayotova (2009) I.24

DEC: Morgan—Panayotova (2009) I.24

FACS: Morgan—Panayotova (2009) I.24 [p. 72]

ED: Bradshaw (1893) 30 [*De baptismo*; *De episcopo*]; Bieler (1963) 54–8 [base MS for *Sinodus episcoporum*]; Faris (1976) 1–8 [base MS for *Sinodus episcoporum*]; McHugh (1983) [excerpts from this MS]; Simpson (1994) 118–19 [selection of canons]; Meeder (2009) 191–218 [*Liber ex lege Moysi* and Latin glosses coll. as W]

ST: Bradshaw (1893); Stokes—Strachan (1901–3) II.xii; Bieler (1963) 15, 23, 160–75, 240, 251–3; McHugh (1983) [study (with partial edition) of this MS]; R. Sharpe (1984); *BCLL* (1985) nos. 599, 610–11; Kottje (1987) 61–4 [*Liber ex lege Moysi*]; Dumville (1993h); C.D. Wright (1993) 258; Simpson (1994); Kéry (1999) 73–80; Meeder (2009) [*Liber ex lege Moysi*]

82. Cambridge, Corpus Christi College, 285, fols. 75–131

s. xi in.

Contents: Aldhelm, *Carmen de uirginitate* [*CPL* 1333]

MS: M.R. James (1912) II.51; Ehwald (1919) 346; N.R. Ker (1957) no. 54; Bishop (1971) xxv, 18 [no. 20]; Vaciago (1993) 7 [no. 21]; Budny (1997) I.459–62 [no. 27]; R. Gameson (2012a) 45, 50 and n. 160; Lapidge (2012b) 32; Scragg (2012a) nos. 153–4

DEC: Budny (1997) I.462 [inventory of decoration]

FACS: Budny (1997) II, pls. 327–31 [fols. 112r, 119v, 121v, 122v, 125r]

ED: Napier (1900) no. 22 [OE glosses]; Ehwald (1919) 350–471 [Aldhelm, *Carmen de uirginitate*, coll. as C^1]

ST: Lendinara (2001a) 213; Lapidge (2012b) 31–5

83. Cambridge, Corpus Christi College, 286 (the 'St Augustine Gospels')

s. vi^2 or vi/vii, Italy (Rome?), prov. S. England (Minster-in-Thanet?), s. vii/viii, perh. Canterbury s. viii/ix, prov. Canterbury StA s. x (or ix?)

98 Anglo-Saxon Manuscripts

Contents: gospels; documents* (s. x)

MS: M.R. James (1912) II.52–6; *CLA* II (1935) no. 126; Bischoff (1952) 93 n.; Bischoff (1962) 329, 331, 337; N.R. Ker (1957) no. 55; Lowe (1960) 17 [no. II(a)]; McGurk (1961a) no. 3 and pp. 8 n. 3, 10, 16; McGurk (1961b) 8–9 [repr. McGurk (1998) no. V]; N.R. Ker (1964) 41; Gamber (1968–88) no. 404; Sawyer (1968) 45 [documents]; Petrucci (1971) 108, 110–11; T.J. Brown (1975) 252 [repr. T.J. Brown (1993a) 149]; T.J. Brown (1980) 13; Dodwell (1982) 96; G. Henderson (1982) 15, 41–5; Bischoff (1986) 108 n., 246, 248 n.; Dumville (1987) 171 and n. 4 [no. 4]; Bischoff (1988b) 321; Webster–Backhouse (1991) 17–19 [no. 1]; Dumville (1992a) 99, 120, 122; Dumville (1992b) 94–5; T.J. Brown (1993b) 195, 198; R. Gameson (1994b) 44 n. 88; McGurk (1994b) 11, 19 [repr. McGurk (1998) no. XII]; Netzer (1994) 13, 71, 82, 89–90, 96–7, 99, 208 n. 6, 213 n. 2, 229 n. 132, 236 n. 45; Springer (1995) 123–4; Lapidge (1996c) 414, 440; Budny (1997) I.1–50 [no. 1]; Webster–Brown (1997) 234 [no. 92]; Budny (1999) 252; Dumville (1999) 95; R. Gameson (1999c) 317–22; Marsden (1999) 285; Binski–Panayotova (2005) no. 1 [R. McKitterick]; Rushforth (2007) 54; W. Schipper (2007b) 34; Barker-Benfield (2008) I.442, 530, III.1655, 1660, 1695–6, 1730–1, 1732, 1735, 1782; Wieland (2009) 117; M.P. Brown (2012) 125, 145; R. Gameson (2012a) 34 and n. 82, 53; Gullick (2012) 308 and n. 87; Marsden (2012) 412–13; Scragg (2012a) nos. 155–6

DEC: Köhler (1930–60) I.80, 82; F. Wormald (1952) 61 [no. 9]; McGurk (1961a) 10, 16 [repr. McGurk (1998) no. VI]; McGurk (1962) 23, 31 [repr. McGurk (1998) no. VII]; Nordenfalk (1977) 95; Weitzmann (1977) 112–15; G. Henderson (1982) 15–23, 26, 28–9, 61 n. 86; F. Wormald (1984c); Raw (1990) 197; McGurk (1994b) 16 [repr. McGurk (1998) no. XII]; R. Gameson (1995b) 71–2, 110, 178 n. 135, 183, 197; Lapidge (1996c) 413–14; Budny (1997) I.15–50 [inventory of decoration and illustration]; C.M. Kauffmann (2003) 51, 77, 225; M.P. Brown (2011b) 34, 40; Netzer (2012) 226 and n. 5, 236–7 and n. 73

FACS: D.H. Wright (1967) pls. V (m)–(n) [fols. 40r, 61v]; Weitzmann (1977) pls. 41–2 [fols. 125r, 129v]; G. Henderson (1982) pls. 4, 5 (a)–(b) [fols. 125r, 129r]; F. Wormald (1984) pls. 1 [fol. 125r], 2 [fol. 129v], ills. 7–24 [details from fols. 125r, 129v]; G. Henderson (1987) pl. 173 [fol. 129v]; M.P. Brown (1991) pl. 5 [fol. 129v]; Webster–Backhouse (1991) 18 [fol. 129v]; Dumville (1992b) 104 [fol. 74v]; Netzer (1994) pl. 80 [fol. 129v]; Budny (1997) II, pls. 1–6 [fols. 125r, 129v, 78v, 75r, 265r, 1*v]; Emms (1999a) 417 [fol. 74v]; R. Gameson (1999c) 317 [details of fols. 125r, 129v, 130r, 18r]; Marsden (1999) 286–7 [fols. 39r, 55r (details)]; Cichon (2002) pl. 2 [fol. 129v]; Binski—Panayotova (2005) 46 [fol. 125r]; M.P. Brown (2007a) pl. 4 [fol. 129v]; Rushforth (2007) 54 [fol. 125r]; W. Schipper (2007b) 46–7 [fols. 45v, 194v], 49 [fol. 18v]

ED: J. Wordsworth et al. (1889–1954) [gospels coll. as X]; B. Fischer (1988–91) [gospel excerpts coll. as Jx]

LANG: G. Henderson (1982) 33–40

ST: Glunz (1933) 15, 17, 19–21, 294–6; McGurk (1956) 259, 262 [repr. McGurk (1998) no. I]; F. Wormald (1971b) 309 [repr. F. Wormald (1984) 79]; Verey et al. (1980) 68–74, 106–8; McGurk (1995a) 256, 259 [repr. McGurk (1998) no. XIII]; M.P. Brown (1996); Lenker (1997) 398; Emms (1999a) 417; R. Gameson (1999c); Marsden (1999) 285–312; Verey (1999) 330; Emms (2006) 20; R. McKitterick (2012) 315

85. Cambridge, Corpus Christi College, 291

s. xi/xii, Canterbury StA

Contents: Bede, *De temporum ratione* [*CPL* 2320]; computistical texts and tables; Isidore, *De positione .vii. stellarum errantium* [= *De natura rerum*, ch. xxiii] [*CPL* 1188]; list of the names of the winds; Bede, *Epistola ad Wicthedum de paschae celebratione* [*CPL* 2321]; more *computistica*; Paschal tables (for the years 1064–1595)

MS: Schenkl no. 4916; M.R. James (1912) II.66–7; C.W. Jones (1939) 114; Laistner—King (1943) 120, 148; N.R. Ker (1964) 41; C.W. Jones (1977) 241, 244; C.W. Jones (1980) 633; R. Gameson (1995a) 102 n. 28, 143; Budny (1997) I.705–10 [no. 49]; R. Gameson (1999a) no. 74; Barker-Benfield (2008) I.447, 516

DEC: Lawrence (1982) 102; R. Gameson (1995a) 126 n. 116; Budny (1997) I.708–10 [inventory of decoration and illustration]

FACS: Budny (1997) II, pls. XVI (a) [fol. 3r], 676–87 [fols. 1r, 3r, 5r, 30r, 68r, 84r, 87v, 88r, 92r, 94r, 107r, 122r]

86. Cambridge, Corpus Christi College, 302

s. xi/xii, SE England?

Contents: Ælfric, *Hexameron* (incomplete)*; Homilies* (mostly by Ælfric)

MS: C.L. White (1898) 116–17; M.R. James (1912) II.92–4; Crawford (1921) 7, 15–17; Bethurum (1957) 4; N.R. Ker (1957) no. 56; Pope (1967) I.51–3; Tristram (1970) 99–121; Callison (1973);

Collins—Clemoes (1974) 319; Scragg (1979) 247; Scragg (1992) xxx–xxxi; Laing (1993) 23; Budny (1997) I.850; Parkes (1997b) 139 n. 107; Scragg (1998) 82 n. 9; R. Gameson (1999a) no. 75; Proud (2000) 123–4; Swan (2000b) 67; Treharne (2000a) 1; Treharne (2000b) 13–20, 23–5, 37–9; Wilcox (2000) 84–5; Teresi (2002) 211–17; *ASMMF* XI (2003) 48–54 [no. 48; Treharne]; W. Schipper (2003) 159; Biggs (2007a) 80 [C.D. Wright]; J. Hill (2007a) 88 n. 54; Swan (2007b) 33 n. 12; Teresi (2007a) 285–93, 296–7; Treharne (2007a) 261; Scragg (2012a) nos. 157–8

FACS: Treharne (2000b) pl. 1 [p. 29]; *ASMMF* XI (2003) no. 48

ED [the order of the following items is that of the manuscript, listed according to the numbering of individual articles in N.R. Ker (1957) 96–8; only the most recent editions are cited]:

art. 1: Crawford (1921) 35–74 [Ælfric, *Hexameron*, coll. as D (lines 1–31 are lacking in this MS)]

art. 2: Clemoes (1997) 520–3 [Ælfric, CH I, Hom. XXXIX (First Sunday in Advent), coll. as O]

art. 3: Clemoes (1997) 524–30 [Ælfric, CH I, Hom. XL (Second Sunday in Advent), coll. as O]

art. 4: Skeat (1881–1900) I.364–83 [Ælfric, *Lives of Saints*, no. XVII (*De auguriis*), coll. as E]

art. 5: Bethurum (1957) 172–4 [base MS for Wulfstan, Hom. VIIIb (*Dominica .IIII. uel quando uolueris*)]

art. 6: Clemoes (1997) 190–7 [Ælfric, CH I, Hom. II (Christmas), coll. as O]

art. 7: Clemoes (1997) 198–205 [Ælfric, CH I, Hom. III (St Stephen), coll. as O]

art. 8: Clemoes (1997) 206–16 [Ælfric, CH I, Hom. IV (Assumption of St John the Evangelist), coll. as O]

art. 9: Assmann (1889/1964) 13–23 [Hom. II (a homiletic version of Ælfric's *Letter to Sigefyrð*) coll. as S]

art. 10: Teresi (2002) 226–9 [an anonymous homily for the Third Sunday in Lent coll. as K]

art. 11: Assmann (1889/1964) 164–9 [base MS (= S) for an anonymous homily on the Last Judgement]

art. 12: Napier (1883/1967) 257, line 9—265 [the second part of Hom. XLIX (*Larspell*) coll. as D]; Szarmach (1981a) 11–16 [Vercelli Hom. X coll. as K²]; Scragg (1992) 203–13 [Vercelli Hom. X, lines 122–275 coll. as k] arts. 13–14: Godden (1979) 41–51 [Ælfric, CH II, Hom. V (Septuagesima Sunday), coll. as O]

art. 15: Godden (1979) 52–9 [Ælfric, CH II, Hom. VI (Sexagesima Sunday), coll. as O]

art. 16: Clemoes (1997) 258–65 [Ælfric, CH I, Hom. X (Quinquagesima Sunday), coll. as O]

art. 17: Skeat (1881–1900) I.260–82 [Ælfric, *Lives of Saints*, no. XII (Ash Wednesday), coll. as E]

art. 18: Clemoes (1997) 266–74 [Ælfric, CH I, Hom. XI (First Sunday in Lent), coll. as O]

art. 19: Godden (1979) 60–6 [Ælfric, CH II, Hom. VII (First Sunday in Lent), coll. as O]

art. 20: Godden (1979) 67–71 [Ælfric, CH II, Hom. VIII (Second Sunday in Lent), coll. as O]

art. 21: Pope (1967–8) I.264–80 [Ælfric, Suppl. Hom. IV (Third Sunday in Lent), coll. as O]

art. 22: Clemoes (1997) 275–80 [Ælfric, CH I, Hom. XII (Sunday in Mid–Lent), coll. as O]

art. 23: Godden (1979) 127–36 [Ælfric, CH II, Hom. XIII (Fifth Sunday in Lent), coll. as O]

art. 24: Assmann (1889/1964) 65–72 [Ælfric, Hom. for Friday after the Fifth Sunday in Lent (= Hom. V), coll. as S^2]

art. 25: Clemoes (1997) 290–8 [Ælfric, CH I, Hom. XIV (Palm Sunday), coll. as O]

art. 26: Godden (1979) 137–9 [Ælfric, CH II, Hom. XIV (Palm Sunday), coll. as O]

art. 27: Assmann (1889/1964) 151–63 [anonymous homily *In Cena Domini* (= Hom. XIII) coll. as S^2]

art. 28: Godden (1979) 150–60 [Ælfric, CH II, Hom. XV (Easter Sunday), coll. as O]

art. 29: Clemoes (1997) 314–16 [Ælfric, CH I, Hom. XVII (Second Sunday after Easter), coll. as O (lacks lines 1–45)]

art. 30: Clemoes (1997) 317–24 [Ælfric, CH I, Hom. XVIII (*In Letania maiore*), coll. as O]

art. 31: Tristram (1970) 173–85 [base MS for anonymous Rogationtide homily]; Hanley (1979) 102–34 [base MS for anonymous Rogationtide homily]; Bazire—Cross (1982) 70–4 [base MS for anonymous Rogationtide Hom. 5]

art. 32: Clemoes (1997) 325–34 [Ælfric, CH I, Hom. XIX (*Feria .III. De dominica oratione*), coll. as O] art. 33: Napier (1883/1967) 250–65 [Hom. XLIX (*Larspell*) coll. as D]; Szarmach (1981a) 12–16 [Vercelli Hom. X coll. as K¹]; Scragg (1992) 196–213 [Vercelli Hom. X coll. as K]

art. 34: Clemoes (1997) 335–44 [Ælfric, CH I, Hom. XX (*Feria .IIII. De fide catholica*), coll. as O]

LANG: Crawford (1921) 13–15; Callison (1973); Teresi (2002) 217–21

ST: Napier (1883/1967) 355–7 [Ostheeren]; Callison (1973); A.F. Cameron (1974) 220; Scragg (1979) 247; R.I. Page (1993a) 97; C.D. Wright (1993) 215; J. Hill (1996) 244; Scragg (1998) 83 n. 24; S. Irvine (2000) 41–3, 55; Teresi (2000) 99–116; Acker (2004) 129; Teresi (2007a) 285–90, 294–5, 299, 308; Zacher (2007) 185

87. Cambridge, Corpus Christi College, 304

s. viii¹, Italy, prov. s. ix ex. or x in. England (Canterbury CC? Malmesbury?)

Contents: Isidore, *Versus in bibliotheca* [*CPL* 1212; SK 15860: excerpts]; Iuvencus, *Euangelia* [*CPL* 1385]

MS: M.R. James (1912) II.100–2; Beeson (1913) 133–66; *CLA* II (1935) no. 127; Brownrigg (1978) 241 n. 1; Rella (1980) 110; Lapidge (1982a) 108–9 [repr. Lapidge (1996b) 470–4]; Lapidge (1996c) 414–15; Budny (1997) I.51–4 [no. 2]; R. Gameson (1999c) 366 n. 43; Martín Sánchez (2000) 128–30; Hartzell (2006) no. 35

DEC: Lapidge (1996c) 414–15; Budny (1997) I.54 [decoration added in England]

FACS: Budny (1997) II, pl. 7 [fol. 74v]

ED: Huemer (1891) [Iuvencus, *Euangelia*, coll. as C]; Lapidge (1982a) 109–10 [base text for Iuvencus, *Euangelia* I.1–12 (fols. 5v–6r)] [repr. Lapidge (1996b) 473–4]; Martín Sánchez (2000) 210–35 [Isidore, *Versus in bibliotheca*, coll. as C]

ST: Manitius (1911–31) I.69; Schanz et al. (1914–20) IV/i.212; Lapidge (1982a) 108–9 [repr. Lapidge (1996b) 470–8]; R.M. Thomson (1982b) 3–4: R.M. Thomson (1987) 100

88. Cambridge, Corpus Christi College, 307, pt. 1 (fols. 1–52)

s. x in., Worcester?

Contents: Felix, *Vita S. Guthlaci* [*BHL* 3723; *CPL* 2150]; two acrostic poems [SK 4297, 2361: s. x med.]

MS: M.R. James (1912) II.105–7; Colgrave (1956) 26–7; Morrish (1986) 94 n. 15, 105 n. 55; Dumville (1987) 166–7 and nn. 97–9; Morrish (1988) 536; Lapidge (1991c) 963–5 [repr. Lapidge (1993a) 13–15]; Dumville (1992a) 108 n. 75; Wieland (2009) 130

FACS: Morrish (1988) pl. 9 [fol. 6v]

ED: M.R. James (1912) II.105–6 [acrostics]; Colgrave (1956) [*Vita S. Guthlaci* coll. as C_1]

ST: Colgrave (1956) 46–52

88. 5. Cambridge, Corpus Christi College, 309, flyleaves

s. xi ex. or xi/xii, England or more prob. Continent. In England by 1100?

Contents: Sallust, *Bellum Iugurthinum* (f)

MS: M.R. James (1912) II.109

90. Cambridge, Corpus Christi College, 320, pt. ii (fols. 117–70)

s. x^2 or x ex., Canterbury StA

Contents: formulas and directions for the use of confessors* (s. x/xi); *Poenitentiale Theodori* (incomplete) [*CPL* 1885]; Gregory and Augustine of Canterbury, *Libellus responsionum* [cf. *CPL* 1714]; poem by Archbishop Theodore [SK 16100]; Order of confession; *Poenitentiale Sangermanense* [rectius *Cantabrigiense*]; encyclopedic notes (as in nos. **56** and **451**): on Christ's Incarnation, the Ages of the World, the Ages of Man, the numbers of bones, veins and teeth in humans, the Dimensions of the World, the Temple of Solomon, the Tabernacle, St Peter's in Rome, Noah's Ark, the numbers of books in the Old and New Testament, the number of verses in the psalms, units for measuring distances, the order of events in the Seven Days of Creation, the site of Jerusalem; fragment of the *Scriftboc**

MS: M.R. James (1912) II.132–7; T.A.M. Bishop (1954–8b) 326, 330; N.R. Ker (1957) no. 58; T.A.M. Bishop (1971) no. 7; Frantzen (1983a) 38; Sauer (1991) 22–3; Webster—Backhouse (1991) 74–5 [no. 58; M.P. Brown]; Dumville (1992a) 134; Lapidge (1992a) 123 n. 111 [repr. Lapidge (1993a) 411 n. 111]; Budny (1997) I. 225–30 [no. 18]; Delen (2002); Barker-Benfield (2008) I.754, II.1480, III.1811–12; Scragg (2012a) no. 159

DEC: Budny (1997) I.230 [inventory of decoration]

FACS: Budny (1997) II, pls. 172–3 [pp. 83, 95]; R. Gameson (2012) pl. 7b.3 [fol. 149r]

ED: Haddan—Stubbs (1869–71) III.176–203 [base MS (= C) for *Poenitentiale Theodori*]; Finsterwalder (1929) 285–7 [*Poenitentiale Theodori*]; Sauer (1993) [base MS for exhortations (pp. 42–3, 48, 50)]; Lapidge (1995b) 275 [repr. Lapidge (1996b) 240] [poem by Archbishop Theodore]; Delen et al. (2002) [*Poenitentiale Sangermanense* rectius *Cantabrigiense*]; Dekker (2007) 281–4 [chronological and other notes]; Fulk—Jurasinski (2012) 79–80 [base MS for formulas and directions for the use of confessors], 81 [base MS for fragment of the *Scriftboc*]

ST: Lapidge (1975b) 817; Scragg (1979) 260; Frantzen (1983b) 131 nn. 30–1, 164 n. 40; Frantzen (1985) 26–7; Lapidge (1986b) 46–7 [repr. Lapidge (1996b) 142–3]; Bischoff—Lapidge (1994) 71, 186, 210; A. Orchard (1994) 30; Lapidge (1995b) 260, 275 [repr. Lapidge (1996b) 225, 240]; Dekker (2007)

91. Cambridge, Corpus Christi College, 321, fol. 139*

s. xi^1 or xi med.

Contents: dialogue on Alleluia*

MS: M.R. James (1912) II.138 [transcription of OE text]; N.R. Ker (1957) no. 59; Budny (1997) I.xxxvi; Scragg (2012a) no. 160

92. Cambridge, Corpus Christi College, 322

s. xi^1, Worcester? (prov. Worcester?)

Contents: Gregory (Werferth), *Dialogi**

MS: Hecht (1900–7) I.vii; M.R. James (1912) II.138–9; N.R. Ker (1957) no. 60 and p. lxiv; Yerkes (1986a) 335–7; Franzen (1991) 75, 77, 109, 124; R.I. Page (1993a) 53–5, 100; Budny (1997) I.623–8 [no. 42]; R. Gameson (1999a) no. 77; R. Gameson (2005a) 94, 101–4; Treharne (2007b) 17; Crick (2012) 184 and n. 47; R. Gameson (2012a) 87 n. 316; Scragg (2012a) no. 161

DEC: Budny (1997) I.628 [inventory of decoration]

FACS: Budny (1997) II, pls. 588–95 [fols. 6v, 34r, 40v, 41v, 48r, 58r, 67v, 110v]

ED: Hecht (1900–7) vol. I [base MS (= C) for OE translation of the *Dialogi*]; Yerkes (1977a) [base MS (= C) for corrections to Hecht's edition of the *Dialogi*]

LANG: Hecht (1900–7) II.134–83; Yerkes (1982a); Hofstetter (1987) 312–15

ST: Hecht (1900–7) vol. II; A.F. Cameron (1974) 224; Yerkes (1977b); Yerkes (1977c); Yerkes (1977–80); Yerkes (1978a) 245 [glosses on fol. 20]; Yerkes (1978b); Yerkes (1979); P.S. Baker (1980) 25–6; O'Brien O'Keeffe (1985) 72; Langefeld (1986) 199–202; Yerkes (1986a); R.I. Page (1993a) 98–100; Godden (1997); Waite (2000) 46–8, 354–68

93. Cambridge, Corpus Christi College, 326

s. x/xi, Canterbury CC

Contents: *Aldhelm*** (OE poem); Aldhelm, *De uirginitate* (prose)° [*CPL* 1332]; Abbo of Saint-Germain-des-Prés, *Bella Parisiacae urbis* III.1-17, with Latin gloss; glosses; *sententiae*; On Adam's creation; Latin poem (by Alcuin?) [SK 10046]; *De ebrietate* [extract from a florilegium]; three Latin notes, one on grammar; rota poem [SK 11297]; runic colophon (?)

MS: M.R. James (1912) II.143–6; Ehwald (1919) 219–20; N.R. Ker (1957) no. 61; Goossens (1974) 19; Lapidge (1975a) 76, 83 n. 2 [repr. Lapidge (1993a) 114, 121 n. 2]; Silagi (1979) 665 n.; Robinson–Stanley (1991) 22; Dumville (1992a) 20; Vaciago (1993) 7 [no. 22]; Gwara (1996a) 93; Lendinara (1996) 617 n. 7; Budny (1997) I.245–52 [no. 21]; Gwara (1997a) 568; Gwara (1998) 140 n. 7; Gwara (2001) I.109*–113*; R. Gameson (2001d) 41; Meaney (2004) 498; Hartzell (2006) no. 37; Biggs (2007a) 4; Wieland (2009) 143; Lendinara (2010) 113–17; Lapidge (2012b) 27; Scragg (2012a) nos. 162–5

DEC: F. Wormald (1945) 134 [repr. F. Wormald (1984) 73]; E. Temple (1976) no. 19 (iv); Ohlgren (1986) no. 100; R. Gameson (1995b) 221 nn. 169 and 172, 222 nn. 179 and 181; Budny (1997) I.251–2 [inventory of decoration and illustration]

FACS: Robinson–Stanley (1991) pls. 9.1–2 [pp. 5–6]; Budny (1997) II, pls. 192–202 [pp. 5, 6, 7, 11, 36, 54, 57, 66, 71b, 77, 202]

ED: Napier (1900) no. 4 [OE glosses to Aldhelm, prose *De uirginitate*]; Förster (1908b) 479–81 [On Adam's creation]; M.R. James (1912) II.144–5 [Abbo; Latin poem (by Alcuin?)]; Ehwald (1919) 229–323 [Aldhelm, prose *De uirginitate*, coll. as C¹]; Dobbie (1942) 97–8 [OE poem *Aldhelm*]; Meritt (1945) 1 [OE scratched glosses to Aldhelm]; R.I. Page (1975) [OE glosses]; Gwara (1997b) [OE scratched glosses to Aldhelm]; Gwara (2001) vol. II [Aldhelm, prose *De uirginitate*, with OE and Latin glosses, coll. as C1]

ST: Förster (1907–8) 479–81; R. Derolez (1954) 421; T.A.M. Bishop (1954–8a) 187; T.A.M. Bishop (1959–63b) 414–15; R.I. Page (1973a); R.I. Page (1975); Lendinara (1986) 84; F.C. Robinson (1989); Biggs et al. (1990) 115 [*De ebrietate*; C.D. Wright]; Lendinara (1990) 140–2; *CSLMA* I (1994) 3–5 [Abbo of Saint-Germain]; Gwara (1997a); Gwara (1997b); Gretsch (1999a) 144; *CSLMA* II (1999) 82–3 [Latin poem (by Alcuin?)]; Biggs et al. (2001) 15–18 [Abbo, *Bella Parisiacae urbis*; Lendinara]; Gwara (2001) vol. I; Biggs (2007a) 4–5 [Adam's creation]; Lendinara (2011a) 487 and n. 42; Lapidge (2012b) 26–31

94. Cambridge, Corpus Christi College, 328, pp. 1–80

s. xi/xii or xii in., Canterbury CC?, (prov. Winchester OM)

Contents: Osbern, *Vita S. Dunstani* [*BHL* 2344–5]; mass and sequence (*AH* LIII.237) for St Dunstan [both probably composed by Osbern]; excerpts from Eadmer, *Vita S. Dunstani* [*BHL* 2346], chs. lvii, xlvi

MS: Stubbs (1874) xlvi–xlvii; M.R. James (1912) II.148–9; Budny (1997) I.731–5 [no. 53]; R. Gameson (1999a) no. 78; Turner—Muir (2006) xcii–xciii; Hartzell (2006) no. 38; Winterbottom—Lapidge (2012) clix

DEC: Budny—Graham (1993) [scribal portrait of Dunstan on p. 1]; R. Gameson (1995a) 117 n. 77; Budny (1997) I.735 [inventory of decoration]

FACS: Budny (1997) II, pl. 712 [p. 1]

ED: Stubbs (1874) 69–161 [base MS (= CC) for Osbern, *Vita S. Dunstani*], 442–3 [base MS for mass and sequence]; Turner—Muir (2006) [excerpts from Eadmer, *Vita S. Dunstani*, coll. as Win]

ST: Legg (1891–7) 1549 [sequence]; Budny—Graham (1993) 83–96 [portrait of Dunstan]; N. Orchard (1995a) 91 n. 25 [mass]; Winterbottom—Lapidge (2012)

95. Cambridge, Corpus Christi College, 330 pt. i

s. xi/xii or xii in., Normandy? Malmesbury?, (prov. Malmesbury)

Contents: Martianus Capella, *De nuptiis Philologiae et Mercurii*; list of the Muses; verses on the Muses [SK 2425]

MS: M.R. James (1912) II.153–4; Leonardi (1960) 22–3 [no. 30]; N.R. Ker (1964) 128 and n. 9; T.A.M. Bishop (1964–8c) 267; R.M. Thomson (1978) 124–5; A.G. Watson (1987a) 48; Budny (1997) I.737–41 [no. 54]; R. Gameson (1999a) no. 80

DEC: Budny (1997) I.740–1 [inventory of decoration]

FACS: Budny (1997) II, pls. 713–22 [fols. 1r, 9r, 27v, 35v, 50r, 62v, 70r, 73v, 77v, 79r]

ST: R.M. Thomson (1975) 392–4; R.M. Thomson (1982b) 15–16; Bodden (1988) 230–1; R. McKitterick (2012) 328

96. Cambridge, Corpus Christi College, 330 pt. ii

s. ix ex., France, prov. England s. x, (prov. Malmesbury)

Contents: 'Dunchad' (Martin of Laon?), Commentary on Martianus Capella; *glossae collectae*

MS: M.R. James (1912) II.154; Leonardi (1960) 22–3 [no. 30]; T.A.M. Bishop (1964–8c) 267; R.M. Thomson (1978) 124–5; R. Gameson (1999a) no. 80

FACS: T.A.M. Bishop (1964–8c) pl. XXII (a) [fol. 15r]

ST: T.A.M. Bishop (1964–8c) 257, 267–71 [on relationship to no. **48**]; C.E. Lutz (1971) 371–2; *BCLL* (1985) no. 1182; R.M. Thomson (1987) 81–2, 111; *CALMA* III.154 ['Dunchad']

97. Cambridge, Corpus Christi College, 352

s. x med. or x^2, prob. Canterbury StA, (prov. ibid.)

Contents: Boethius, *De institutione arithmetica* [*CPL* 879], with scholia s. x and xi/xii

MS: M.R. James (1912) II.185–6; T.A.M. Bishop (1964–8c) 259–62; N.R. Ker (1964) 41; T.A.M. Bishop (1971) no. 4; Rella (1977) 72; Dumville (1987) 150 n. 12; Gibson et al. (1995–2001) I.54–5 [no. 21]; Gwara (1996a) 94 n. 47; Budny (1997) I.237–43 [no. 20]; Oosthout—Schillling (1999) v–vi; Treharne (2007a) 255; Graham (2009) 170

DEC: Gibson et al. (1995–2001) I.55; Budny (1997) I.240–3 [inventory of decoration and illustration]

FACS: Budny (1997) II, pls. 179–91 [fols. 1r, 2r, 4r, 4v, 5r, 9r, 14r, 30r, 33r, 42r, 43v, 44v, 77r]; Owen-Crocker (2009) fig. 6.5 [fol. 4v]

ED: Oosthout—Schilling (1999) [Boethius, *De institutione arithmetica*, coll. as F]

ST: Biggs et al. (1990) 75–6 [Wittig]

98. Cambridge, Corpus Christi College, 356, pt. iii

s. x^2 or $x^{4/4}$, prob. Canterbury StA

Contents: 'Abba' glossary; Hebrew alphabet; medical recipe (s. xi)

MS: M.R. James (1912) II.189–90; T.A.M. Bishop (1954–8a) 188; T.A.M. Bishop (1954–8b) 334–6; Lendinara (1990a) 134 n. 8; Lendinara (1996) 631–2; Budny (1997) I.231–5 [no. 19]; Barker-Benfield (2008) I.595, III.1812; Wieland (2009) 156

DEC: Budny (1997) I.234–5 [inventory of decoration]

FACS: Budny (1997) II, pls. 174–8 [fols. 1r, 15r, 16v–17r, 21v, 22v]

ST: Lindsay (1917) ['Abba' glossary]; T.A.M. Bishop (1966) App. 3; Bodden (1988) 230 n. 49; Gneuss (1994) 66–7

99. Cambridge, Corpus Christi College, 361

s. xi med. or xi^2, England? Malmesbury?, (prov. Malmesbury)

Contents: Gregory, *Regula pastoralis* [*CPL* 1712]; *Passio S. Mauritii* (f; s. xi/xii; a version of *BHL* 5746)

MS: M.R. James (1912) II.193–4; N.R. Ker (1964) 128; Clement (1984a) 41; Budny (1997) I.667–73 [no. 45]; R.M. Thomson (1987) 78–9, 112

DEC: Budny (1997) I.670–3 [inventory of decoration and illustration]

FACS: Budny (1997) II, pls. 609–15 [fols. 1r, 5v, 54r, 58v, 63r, 68v, 95v]

ST: R.M. Thomson (1978) 121; Lucas (1980) 5; R.M. Thomson (1982b) 16; Clement (1985a); Clement (1986) 150 n. 25; R. Gameson (1998) 242 n. 45; Biggs et al. (2001) 335–7 [*Passio S. Mauritii*]; Schreiber (2003) 24–6, 31–3

100. Cambridge, Corpus Christi College, 367, pt. ii (fols. 45–52)

s. xi med., prob. Worcester

Contents: Goscelin (?), *Vita breuior S. Kenelmi* [lections ii (part), iii–viii]; booklist*; Vision of Leofric* (s. xi^2); two sequences for Epiphany [SK 5530, 8630: s. xi^2]

MS: M.R. James (1912) II.202–4; N.R. Ker (1957) no. 64; N.R. Ker (1964) 205; McIntyre (1978) 202; Dumville (1992a) 124; Gatch (1992) 160; Lapidge (1992a) 118–19 n. 85 [repr. Lapidge (1993a) 406–7 n. 85]; Love (1996) cxxxi–cxxii, cxxiv; McDougall–McDougall (1997) 216 n. 41; R. Gameson (1999a) no. 83; *ASMMF* XI (2003) 67–73 [no. 54; Treharne]; R. Gameson (2005a) 92; Hartzell (2006) no. 40; Swan (2007b) 37–8; Treharne (2007b) 17; Scragg (2012a) nos. 166–7

DEC: Budny (1997) I.851

FACS: *ASMMF* XI (2003) no. 54

ED: Napier (1907–10) 180–8 [Vision of Leofric]; Lapidge (1994b) 130–2 [booklist]; Love (1996) 126–9 [base MS for *Vita brevior S. Kenelmi*]

LANG: A.F. Cameron (1974) 222; Yerkes (1979) xvi n. 2; Laing (1993) 23

ST: Antropoff (1965); Pulsiano (1985b) [Vision of Leofric]; Gatch (1992) [Vision of Leofric]; R. Gameson (1996a) 217 n. 72, 238; Rankin (1996) 338; R. Sharpe et al. (1996) 653–4 [no. B.114]; Thacker (1996) 260 n. 106; N.M. Thompson (2004) 60

101. Cambridge, Corpus Christi College, 368

s. x/xi (or xi²?), England

Contents: *Regula S. Benedicti* [*CPL* 1852] (incomplete; text to ch. lxi. 7)

MS: M.R. James (1912) II.204–5; Farmer (1968) 27; Gretsch (1973) 29–30; Rella (1977) 56; Dumville (1993g) 8 n. 4; Budny (1997) I.455–8 [no. 26]

DEC: Budny (1997) I.457–8 [inventory of decoration and illustration]

FACS: Budny (1997) II, pls. 321–6 [fols. 8r, 11v, 13r, 18r, 20r, 22v]

ED: Gretsch (1973) 68–87 [chs. v, xxvii, xxviii, xxix, xxx, lviii coll. as *q*]

ST: Gretsch (1973) 111–13; Gretsch (1974) 126–37 [discussion of variant readings (*q*)]

102. Cambridge, Corpus Christi College, 383

s. xi/xii, prob. London, St Paul's

Contents: a collection of Anglo-Saxon laws*; charm*; and additions of s. xii¹: record*; West-Saxon royal genealogy* (incomplete)

MS: M.R. James (1912) II.230–1; Dickins (1952) 8; N.R. Ker (1957) no. 65; Torkar (1981) 105–7; Dumville (1986) 12; M.P. Richards (1986) 181–4; Webster–Backhouse (1991) no. 242; R.I. Page (1993a) 48; R. Gameson (1999a) no. 85; P. Wormald (1999) 165, 185 n. 97, 228–30, 235, 250, 257 n. 359, 265, 292; S. Irvine (2000) 42–3; Treharne (2000a) 1; Baxter (2004) 165 n. 17; *ASMMF* XI (2003) 74–80 [no. 55; Lucas]; Hough (2006) 115, 121, 122, 134; Rumble (2006a) viii; Grimmer (2007) 103 n. 5; Scragg (2012a) nos. 168–9; P. Wormald (2012) 534 [no. 12]

FACS: R.I. Page (1993a) pl. 32 [opening]; *ASMMF* XI (2003) no. 55; Hough (2006) pl. 16 [p. 27]; Owen-Crocker (2009) fig. 6.14 [fol. 57r]

ED [the order of the following items is that of the manuscript, listed according to Ker's numbering of individual articles (see N.R. Ker (1957) 111–13); only the most recent editions are cited]:

art. 1: Liebermann (1903–16) I.51–123 [base MS (= B) for *Ælf.–Ine*]
art. 2: Liebermann (1903–16) I.388–90 [base MS (= B) for *Blas., Forf. 1*]
art. 3: Liebermann (1903–16) I.390 [base MS (= B) for *Forf. 2*]
art. 4: Liebermann (1903–16) I.192–4 [base MS (= B) for *Hundredgemot*]
art. 5: Liebermann (1903–16) I.216–20 [base MS (= B) for *I Atr.*]
art. 6: Liebermann (1903–16) I.126–8, col. 2 [base MS (= B) for *A.Gu*]
art. 7: Liebermann (1903–16) I.128–34 [base MS (= B) for *E.Gu*]
art. 8: Liebermann (1903–16) I.150–2 [base MS (= B) for *II As.*]
art. 9: Liebermann (1903–16) I.294–306 [base MS (= B) for *I Cnut*]
art. 10: Liebermann (1903–16) I.308–70 [base MS (= B) for *II Cnut*]
art. 11: Liebermann (1903–16) I.138–40 [base MS (= B) for *I Ew.*]
art. 12: Liebermann (1903–16) I.140–4 [base MS (= B) for *II Ew. 1–7*]
art. 13: Liebermann (1903–16) I.144 [base MS (= B) for *II Ew. 8*]
art. 14: Liebermann (1903–16) I.184 [base MS (= B) for *I Em.*]
art. 15: Liebermann (1903–16) I.186–90 [base MS (= B) for *II Em.*]
art. 16: Liebermann (1903–16) I.396–8 [base MS (= B) for *Swerian*]
art. 17: Liebermann (1903–16) I.126–8, col. 1 [base MS (= B) for *A.Gu*]
art. 18: Liebermann (1903–16) I.442–4 [base MS (= B) for *Wif*]
art. 19: Liebermann (1903–16) I.392–4 [base MS (= B) for *Wer*]
art. 20: Storms (1948) 204 [OE charm (no. 11B); this MS not collated]
art. 21: Liebermann (1903–16) I.400 [base MS (= B) for *Becwæð*]
art. 22: Liebermann (1903–16) I.220–6 [base MS (= B) for *II Atr.*]
art. 23: Liebermann (1903–16) I.374–8 [base MS (= B) for *Dunsæte*]
art. 24: Liebermann (1903–16) I.444–53 [base MS (= B) for *Rect.*]
art. 25: Liebermann (1903–16) I.453–5 [base MS (= B) for *Gerefa*]
art. 26: A.J. Robertson (1939) 144 [no. LXXII] [base MS for List of the Contributions of Men required for Manning a Ship]
art. 27: Dickins (1952) 2–4 [base MS (= S) for West Saxon genealogy]; Dumville (1986) 21–5 [West Saxon genealogy coll. as W]
ST: Liebermann (1900) [art. 26]; M.P. Richards (1988) 47, 49, 51; P. Wormald (1999) 234; Bredehoft (2001) 27; Hough (2006) 116, 121, 122, 124, 128, 134; Gneuss (2012) 288

103. Cambridge, Corpus Christi College, 389

s. x^2 or $x^{3/4}$ or x ex., Canterbury StA; frontispiece added ibid. s. xi med.
Contents: Jerome, *Vita S. Pauli primi eremitae* [*CPL* 617; *BHL* 6596]; Felix, *Vita S. Guthlaci* [*CPL* 2150; *BHL* 3723]
MS: M.R. James (1912) II.239–40; Dodwell (1954) 27–8, 122; Colgrave (1956) 27–8; N.R. Ker (1957) no. 66; T.A.M. Bishop (1971) 3 [relationship of script to no. **684**]; Rella (1977) 158; Dumville (1992a) 139;

Vaciago (1993) 7 [no. 23]; Dumville (1994a) 138; Budny (1997) I.265–74 [no. 23]; Binski—Panayotova (2005) no. 112 [Webber]; Lapidge (2006) 316; Barker-Benfield (2008) I.606, III.1683, 1747, 1748, 1779, 1782–3, 1816; Wieland (2009) 130; D. Ganz (2012) 193 and n. 35; Scragg (2012a) no. 170

DEC: F. Wormald (1952) 61 [no. 10]; E. Temple (1976) no. 36; Lawrence (1982) 102; Ohlgren (1986) no. 141; R. Gameson (1991) 74–5; R. Gameson (1995a) 122; R. Gameson (1995b) 185; Budny (1997) I.269–74 [inventory of decoration and illustration]

FACS: Lambert (1969–72) IVA, pl. III [fol. 1v]; Budny (1997) II, pls. X [fol. 1v], 209–21 [fols. 2r, 3v, 4r, 6r, 9v, 11r, 11v, 17v, 18r, 22v, 27r, 33v, 56r]; R. Gameson (2000b) pl. 2 [fol. 22v]; Binski—Panayotova (2005) 248 [fol. 22v]; Rushforth (2007) 43 [fol. 1v]; Withers (2007) 80 [fol. 17v]

ED: Oldfather (1943) [*Vita S. Pauli* coll. as MS. 26]; Meritt (1945) no. 15 [five OE glosses]; Colgrave (1956) [*Vita S. Guthlaci* coll. as C_2]

ST: Lambert (1969–72) nos. 261, 995; Boynton (1999) 237 [comparison with Paris, BNF, lat. 103]; Biggs et al. (2001) 244–7 [St Guthlac], 378–81 [St Paul the Hermit]; Withers (2007) 76–8

104. Cambridge, Corpus Christi College, 391

s. xi$^{3/4}$, Worcester

Contents: *portiforium*: liturgical calendar; *computistica*; Psalterium Gallicanum; Ps. CLI; canticles; litany; hymnal; Monastic canticles; collectar with Office chants; exorcisms, blessings, ordeals; prayers⁺*; Mass prayers; Offices; votive offices; prognostics* (including *lunaria*)

MS: M.R. James (1912) II.241–8; Dewick—Frere (1914–21) II.xvii–xix; Mearns (1914) 63, 83; N.R. Ker (1957) no. 67; Gjerløw (1961) 25, 132–4; N.R. Ker (1964) 206; Gamber (1968–88) no. 1693; Gneuss (1968) 8 n. 12, 55, 78, 103, 106–8, 113, 120, 122; T.A.M. Bishop (1971) 20 n. 1 [no. 22]; Korhammer (1976); Rella (1977) 79–80; Gneuss (1985) 112–13 [nos. F.1, G.1]; Lapidge (1986a) 269; Gerchow (1988) 266–8, 340; P.R. Robinson (1988) I, no. 157; Hartzell (1989) 77, 84; Lapidge (1991a) 65; Dumville (1992a) 25; Budny (1993) 27–8; Dumville (1993g) 4 n. 15; Günzel (1993) 203, 205; Laing (1993) 23; Vaciago (1993) 7 [no. 24]; Corrêa (1995) 57–8; Springer (1995) 124; Keynes (1996a) 59 n. 86; Milfull (1996) 43–7; Budny (1997) I.629–44 [no. 43]; Bullough (1998a) 129 n. 83; C.A. Jones (1998a) 241 n. 35; Muir (1998) 15; Teviotdale (1998) 224; R. Gameson (1999a) no. 86; P. Wormald (1999)

186–7 nn. 100–1; Liuzza (2001) 206, 208, 210, 213–14; J. Barrow (2004) 156; R. Gameson (2005a) 95, 101–4; Foys (2006) 279–80; Hartzell (2006) 53–66 [no. 42]; Biggs (2007a) 16–17; Chardonnens (2007b) 51–3, 503–5, 549; Heslop (2007) 67–8; Treharne (2007b) 17; Rushforth (2008a) 44–6 [no. 21]; Wieland (2009) 134; Liuzza (2011) 8–9; R. Gameson (2012a) 22 and n. 33; R. Gameson (2012b) 100 and n. 25; Pfaff (2012) 457–8 and n. 27; Rankin (2012) 503 and n. 101; Raw (2012) 460, 461 and n. 9; Scragg (2012a) nos. 171–3; Toswell (2012) 472

DEC: F. Wormald (1952) 61–2 [no. 11]; Dodwell (1971b) 222 n. 121; C.M. Kauffmann (1975) no. 3; Ohlgren (1986) no. 214; Raw (1990) 197; R. Gameson (1991) 68–70; Dumville (1992a) 52, 54 [parallels with no. **26**]; R. Gameson (1995b) 122 n. 24; Budny (1997) I.634–44 [inventory of decoration and illustration]; Rosenthal (2011) 234; R. Gameson (2012c) 280

FACS: Huglo (1987) pl. XXI [p. 662]; Budny (1993) pl. 1 [pp. 24–5]; Corrêa (1996) pl. 11 [p. 536]; Milfull (1996) pl. II(b) [p. 245]; Rankin (1996) pl. 12 [pp. 295, 635, 670 (details)]; Budny (1997) II, pls. XI [p. 24], 596–603 [pp. 2–3, 24–5, 46, 122, 192, 295, 422, 443]; R. Gameson (2005a) fig. 2 [pp. 24–5]

ED: Dewick—Frere (1914–21) II.295–495 [base MS for abstract of the 'Wulfstan Collectar' (pp. 503–85), for liturgical calendar with local obits (pp. 589–602), for litany (pp. 602–5), for hymnal (pp. 605–8), for various offices (pp. 608–10)]; F. Wormald (1934) 3–14 [liturgical calendar (no. 17)]; Förster (1929) 718 [base MS (= W) for the marvellous properties of three days (p. 260) and blood-letting days (p. 273)]; Hurst—Fraipont (1955) 419–23 [Bede, Ascension Hymn, coll. as *Cant*]; Anselm Hughes (1958–60) [base MS for collectar; a collection of blessings, ordeals, prayers, Offices (pp. 295–704 of MS)]; Korhammer (1976) 254–351 [Monastic canticles coll. as C]; Gerchow (1988) 340 [obits in liturgical calendar]; Lapidge (1991a) 115–19 [litany]; Davril (1995) [Mass prayers coll. as Wu]; Milfull (1996) 109–467 [hymnal coll. as C; base MS for hymns nos. 157–9]; Pulsiano (2001a) [Pss. I–L coll. as ε]; Chardonnens (2007b) *passim* [prognostics]; Rushforth (2008a) no. 21 [liturgical calendar]

ST: McLachlan (1929); Knowles (1963) 553; Korhammer (1973) 181; A.F. Cameron (1974) 221; Hohler (1975) 74; Kotzor (1981) I.303*–305*; Bestul (1984) 355–64; Clayton (1984) 225 [Marian feasts]; Lapidge (1988b) 259 n. 30 [repr. Lapidge (1993a) 217 n. 30]; Muir (1988) xxix [analogues with seventeen prayers in no. **333**]; Franzen (1991) 69–70 [glosses]; Corrêa (1992) 245–83 [comparison of liturgical formulae with no. **223**]; Ortenberg (1992); Günzel (1993) 198–201, 206–7 [private prayers]; Baker—Lapidge (1995) lii; Heslop (1995) 64 n. 32 [litany]; J. Barrow (1996) 88 [community of Worcester]; M.P. Brown (1996) 140–3, 157–8, 160; Corrêa (1996) 286, 288 n. 5, 292 n. 25; R. Gameson (1996a) 219–22, 238; Mason (1996a) 208–9; Mason (1996b) 282; Milfull (1996) 93–103; Rankin (1996) 326–7, 338–40, 343, 345; Lenker (1997) 492; Pulsiano (1998b) 85–6, 88, 105 nn. 4–5, 109 n. 22 [comparison with no. **407**]; Pfaff (1999b) 82–4; Collier (2000) 195; Borst (2001) I.290 [liturgical calendar]; Liuzza (2001) 213–14 [bibliography]; Pfaff (2001) 191–2; R. Gameson (2005a); Rankin (2005a) 220–2; Chardonnens (2007a) 336 [prognostics]; Chardonnens (2010) 246–9; Liuzza (2011) 1–77 [prognostics]

105. Cambridge, Corpus Christi College, 399

s. ix^1 or ix med., N. France (W France?), prov. England by s. x^1

Contents: Iulianus Toletanus, *Prognosticum futuri saeculi* [*CPL* 1258]

MS: M.R. James (1912) II.262–3; Hillgarth (1957) 24 [no. 13]; Hillgarth (1976) liv; Budny (1997) I.133–6 [no. 9]; Bischoff (1998—) I, no. 819; Lapidge (2006) 168, 318; R. Gameson (2012a) 63 and n. 223

DEC: Budny (1997) I.136 [inventory of added decoration and illustration]

FACS: Budny (1997) II, pls. 102–3 [fols. "ii"v–1r, 71r]

ED: Hillgarth (1976) [Iulianus Toletanus, *Prognosticum*, coll. as C]

106. Cambridge, Corpus Christi College, 411

s. x^2, Canterbury (CC?), or s. x^1, W France (Loire valley: Tours?)?, prov. Abingdon?, (prov. Canterbury)

Contents: Mass chants (s. xi/xii or xii); Psalterium Gallicanum, with scholia; canticles; two litanies (one added s. x/xi); prayers; seven gospel pericopes (add. s. xii)

MS: M.R. James (1912) II.296–8; T.A.M. Bishop (1954–8a) 187; Gneuss (1985) 115 [no. H.4]; Bischoff (1986) 167 n.; Lapidge (1988b) 260 [repr. Lapidge (1993a) 218]; Lapidge (1991a) 65–6; Dumville (1992a) 74–5, 151; Dumville (1993g) 108 n. 127, 155 n. 90; Budny (1997) I.253–63 [no. 22]; Gretsch (1999a) 275–7; Pulsiano (2001a) xxvii; Binski— Panayotova (2005) no. 18 [Webber]; Hartzell (2006) no. 43 [Mass

114 Anglo-Saxon Manuscripts

  chants]; Biggs (2007a) 16–17; Shepard (2007) 201; Barker-Benfield (2008) III.1742, 1823; Rushforth (2011) 45–50
DEC: F. Wormald (1952) 62 [no. 12]; E. Temple (1976) no. 40; F. Wormald (1984) 103, 106; Ohlgren (1986) no. 145; R. Gameson (1995b) 198; Budny (1997) I.260–3 [inventory of decoration and illustration]
FACS: Dumville (1993g) pls. X, XVI [fols. 15r, 140v]; Budny (1997) II, pls. I [fol. 1v], 203–8 [fols. 24r, 26r, 30r, 40r, 81v, 138r]; Binski–Panayotova (2005) 73 [fol. 40r]; Lendinara et al. (2011) pl. I [fol. 4v; MS wrongly described as CCCC 441]
ED: Lapidge (1991a) 120–4 [litanies]; Pulsiano (2001a) [Pss. I–L coll. as ζ]
ST: Römer (1972a) 54; Rosenthal (1992) 159; Corrêa (1996) 294 n.; Pulsiano (1998b) 105 n. 2; R. McKitterick (2012) 329

107. Cambridge, Corpus Christi College, 415

s. xi/xii or xii in., Normandy or England?

Contents: 'Norman Anonymous', tracts

MS: M.R. James (1912) II.303–8; Pellens (1966) xii–xiii; P.R. Robinson (1988) I, no. 162; Budny (1997) I.xxxv; R. Gameson (1999a) no. 87; C.D. Wright (2006) 195, 199–200 and n. 27
FACS: Pellens (1977) [complete facsimile]; Pellens (1964–8) pls. XIV–XVI [pp. 190, parts of pp. 204, 225, 292, 298]; P.R. Robinson (1988) II, pl. 35 (a)–(b) [pp. 1, 265]
ED: Pellens (1966) 5–31 [arts. 1-30 as listed in M.R. James (1912) II.296–8]; C.D. Wright (2006) 205–10 [*Prouerbia Grecorum* (as part of 'Norman Anonymous') coll. as N]
ST: Pellens (1964–8); Pellens (1966) xiv–xxxviii; Nineham (1967); Pellens (1973); *LMA* I.673–4; C.D. Wright (2006), 195, 199–200, 206–11 [app. crit.]

108. Cambridge, Corpus Christi College, 419 [with 421, pp. 1–2]

s. xi^1, prob. SE England (Canterbury?), prov. Exeter

Contents: fifteen homilies* (six by Wulfstan); prayer*

[no. **108** is a companion vol. to no. **109**, below]

MS: M.R. James (1912) II.311–12; Bethurum (1957) 1–2; N.R. Ker (1957) no. 68; N.R. Ker (1964) 82; Pope (1967) I.80–3; Drage (1978) 329–30;

Godden (1979) lxxi–lxxii; Scragg (1979) 249–51; Torkar (1981) 33–4; P.R. Robinson (1988) I, no. 164; Scragg (1992) xxxii; Conner (1993) 4, 15; R.I. Page (1993a) 51–2; Budny (1997) I.525–33 [no. 33]; Clemoes (1997) 46–8; Parkes (1997b) 139 n. 108; P. Wormald (1999) 345 n. 380; Proud (2000) 127; Wilcox (2000) 84; *ASMMF* VIII (2000) 1–6 [no. 58; Wilcox]; Cowen (2004) 397 n. 2, 423–4; Lionarons (2004b) 72, 75 n. 26; Meaney (2004) 483; A. Orchard (2004) 71; Wilcox (2004b) 376–7, 391–2; Treharne (2007b) 20; Graham (2009) 202; Crick (2012) 181; Scragg (2012a) nos. 174–176d

DEC: E. Temple (1976) no. 82; Ohlgren (1986) no. 187; R. Gameson (1995b) 91 n. 110; Budny (1997) I.531–3 [inventory of decoration and illustration]

FACS: Scragg (1992), pl. III [p. 195]; Budny (1997) II, pls. 445–52 [pp. 1, 38, 73, 161, 204, 235, 329, 347]; *ASMMF* VIII (2000) no. 58

ED [the order of the following items is that of the manuscript, listed according to the numbering of individual articles in N.R. Ker (1957) 115–16; only the most recent editions are cited]:

art. 1: Napier (1883/1967) 191–205 [base MS (= B) for Hom. XLII (*De temporibus Antichristi*)]

art. 2: Napier (1883/1967) 205–15 [base MS (= B) for Hom. XLIII (*Sunnandæges spell*)]

art. 3: Napier (1883/1967) 226–32 [base MS (= B) for Hom. XLV (*Sermo angelorum nomina*)]

art. 4: Napier (1883/1967) 156–67 [Hom. XXXIII (*Sermo Lupi ad Anglos*) coll. as B]; Bethurum (1957) 255–60 [base MS (= B) for Hom. XX (*Sermo Lupi ad Anglos*)]; Whitelock (1976) [coll. as B for *Sermo Lupi*]

art. 5: Napier (1883/1967) 32–41 [Hom. V (*Sermo de baptismate*) coll. as B]; Bethurum (1957) 175–84 [Hom. VIIIc (*Sermo de baptismate*) coll. as B]

art. 6: Napier (1883/1967) 6–20 [Hom. II (*Sermo Lupi episcopi*) coll. as B]; Bethurum (1957) 142–56 [Hom. VI (*Sermo Lupi episcopi*) coll. as B]

art. 7: Napier (1883/1967) 20–9 [Hom. III (*De fide catholica*) coll. as B]; Bethurum (1957) 157–65 [Hom. VII (*De fide catholica*) coll. as B]

art. 8: Napier (1883/1967) 182–8, 54–6 [Hom. XL (*In die iudicii*) + VII (end) coll. as B]; Bethurum (1957) 189–91 [Hom. IX (end) coll. as B]; Scragg (1992) 53–64, odd pages [base MS (= N) for Vercelli Hom. II (version N)] art. 9: Napier (1883/1967) 65–76, 108–11 [Hom. X ('Her ongynð be cristendome') + XIX–XX (*Sermo ad populum*) coll. as B]; Bethurum (1957) 200–10 + 225–32 [Hom. Xc ('Her ongynð be cristendome') + XIII (*Sermo ad populum*) coll. as B]

art. 10: Napier (1883/1967) 111–22 [Hom. XXI–XXIV coll. as B]

art. 11: Napier (1883/1967) 232–42 [base MS (= B) for Hom. XLVI (*Larspell*)]; Jost (1959) 242–7 [coll. as Wulf XLVI]

art. 12: as Skeat (1881–1900) I.364–82 [Hom. *De auguriis*, not collated]

art. 13: as Belfour (1909) 50–8 [Hom. for Fourth Sunday in Lent, not collated]

art. 14: Assmann (1889/1964) 138–43 [Hom. (no. XI) for the Third Sunday in Lent coll. as S]

art. 15: Pope (1967–8) II.623–5, 804–6 [base MS (= V) for homily *De uirginitate*]

art. 16: Förster (1942a) 49 [base MS for OE prayer]

LANG: Fowler (1972) xxi–xxii; A. Orchard (2004) 69 n. 24, 70 n. 28, 77 n. 57, 90 n. 85; Wilcox (2004b) 382-9

ST: J. Hill (1996) 244; R. Gameson (1996b) 149; Dance (2004) 30 n. 4; Scragg (2012b) 559

109. Cambridge, Corpus Christi College, 421

pp. 3–98, 209–224 (arts. 1–5, 10, 11): s. xi$^{3/4}$, Exeter; pp. 99–208 and 225–354: s. xi^1, prob. Canterbury; prov. all parts Exeter.

Contents: fifteen homilies* (ten by Ælfric): pp. 99–208, 225–354

[no. **109** is a companion vol. to no. **108**, above]

MS: M.R. James (1912) II.313–15; F. Wormald (1952) 62 [no. 13]; T.A.M. Bishop (1954–8a) 192–9; Bethurum (1957) 1; N.R. Ker (1957) no. 69; Pope (1967) I.80–3; Callison (1973); Drage (1978) 331–3; P.R. Robinson (1978) 236 [repr. P.R. Robinson (1994) 31–2]; Godden (1979) lxxi–lxxii; Scragg (1979) 249–53 [extensive description]; P.R. Robinson (1988) I, no. 164; R.I. Page (1993a) 51–2; R. Gameson (1996b) 145 and n. 34; Budny (1997) I.525–33 [no. 33]; Clemoes (1997) 46–8; McDougall—McDougall (1997) 220 n. 52; *ASMMF* VIII (2000) 7–14 [no. 59; Wilcox]; Lionarons (2004c) 417–22, 426, 428; Wilcox (2004b) 393–4; Binski—Panayotova (2005) no. 14 [R. McKitterick]; Toswell (2007) 212; Treharne (2007b) 20; Crick (2012) 181; Scragg (2012a) nos. 106, 174–8

DEC: E. Temple (1976) no. 82; Ohlgren (1986) 187; Raw (1990) 197; R. Gameson (1991) 71–3; R. Gameson (1995b) 91, 174

FACS: E. Temple (1976) ill. 254 [p. 1]; P.R. Robinson (1988) II, pl. 27 [p. 209]; Budny (1997) II, pls. 453–5 [pp. 133, 170, 287]; *ASMMF* VIII (2000) no. 59; Binski–Panayotova (2005) 67 [p. 1]

ED [the order of the following items is that of the manuscript, listed according to the numbering of individual articles in N.R. Ker (1957) 117–18; only the most recent editions are cited]:

art. 1: Clemoes (1997) 354–64 [Ælfric, CH I, Hom. XXII (Pentecost), coll. as V]

art. 2: Godden (1979) 299–303 [Ælfric, CH II, Hom. XXXV (Feast for an Apostle), coll. as V]

art. 3: Godden (1979) 310–17 [Ælfric, CH II, Hom. XXXVII (Feast for Holy Martyrs), coll. as V]

art. 4: Godden (1979) 318–26 [Ælfric, CH II, Hom. XXXVIII (Feast for a Confessor), coll. as V]

art. 5: Godden (1979) 327–34 [Ælfric, CH II, Hom. XXXIX (Feast for Holy Virgins), coll. as V]

art. 6: Pope (1967–8) I.415–47 [Ælfric, Suppl. Hom. XI (Octave of Pentecost), coll. as V]

art. 7: Napier (1883/1967) 243, line 22–245 [Hom. XLVII coll. as A (omitting the opening paragraph]; Baker–Lapidge (1995) 236–40 [Byrhtferth, *Enchiridion* IV.2.77–125, coll. as C]

art. 8: Napier (1883/1967) 246–50 [Hom. XLVIII (*Ammonitio amici*) coll. as A]; Baker–Lapidge (1995) 242–8 [Byrhtferth, *Enchiridion*, 'Postscript', coll. as C]

art. 9: Napier (1883/1967) 250–65 [Hom. XLIX (*Larspell*) coll. as A]; Szarmach (1981a) 11–16 [Vercelli Hom. X coll. as N]; Scragg (1992) 196–213 [Vercelli Hom. X coll. as N]

art. 10: Napier (1883/1967) 266–74 [base MS (= A) for Hom. L (*Larspell*)]

art. 11: Napier (1883/1967) 90–4 [Hom. XV (*Secundum Lucam*) coll. as A]; Bethurum (1957) 123–7 [Hom. III (*Secundum Lucam*) coll. as A]

art. 12: Clemoes (1997) 317–24 [Ælfric, CH I, Hom. XVIII (*In Letania maiore*), coll. as V]

art. 13: Clemoes (1997) 325–34 [Ælfric, CH I, Hom. XIX (*Feria .III. De dominica oratione*), coll. as V]

art. 14: Clemoes (1997) 335–44 [Ælfric, CH I, Hom. XX (*Feria .IIII. De fide catholica*), coll. as V]

art. 15: Clemoes (1997) 345–53 [Ælfric, CH I, Hom. XXI (Ascension Day), coll. as V]

118 Anglo-Saxon Manuscripts

LANG: Callison (1973)

ST: Callison (1973); Wilcox (1988); P.R. Robinson (1978) 236 [repr. P.R. Robinson (1994) 31–2]; Baker—Lapidge (1995) cxxii–cxxiv; Zacher (2007) 185; Scragg (2012b) 559

110. Cambridge, Corpus Christi College, 422, pp. 1–26

s. x^1 or $x^{2/4}$ or x med.

Contents: *Solomon and Saturn**; *Solomon and Saturn***

MS: M.R. James (1912) II.315–16; Dobbie (1942) l–lii; N.R. Ker (1957) no. 70A; Robinson—Stanley (1991) 22; Dumville (1994a) 144; Bredehoft (2004) 156, 167; Biggs (2007a) 12; Karkov (2007) 135; Anlezark (2009) 1–4; Scragg (2012a) no. 179

FACS: Robinson—Stanley (1991) pls. 12.2.1–25 [pp. 1–22]; Dumville (1994a) pl. III [p. 13]

ED: Menner (1941) 83–104 [verse], 168–71 [prose]; Dobbie (1942) 31–48 [verse coll. as A for lines 1–30; base MS for verse, lines 31–506]; Cilluffe (1981) [base MS for prose]; Anlezark (2009) 64–95 [base MS for both prose and verse]

LANG: Anlezark (2009) 6–12

ST: Anlezark (2009) 12–57

111. Cambridge, Corpus Christi College, 422, pp. 27–570 (the 'Red Book of Darley')

s. xi med. (1060/1?), prob. Winchester (NM?), prov. Sherborne?, (prov. prob. Darley Dale, Derbyshire, church of St Helen)

Contents: *lunarium*⁺*; masses; benedictions, prayers, exorcisms; liturgical calendar; *computistica*⁽*⁾; prognostics*; masses; manual services (including two litanies); Office of the Dead; Offices

MS: M.R. James (1912) II.316–22; N.R. Ker (1957) no. 70B; van Dijk—Walker (1960) 639 [no. 101]; D.H. Turner (1962) vii–viii; N.R. Ker (1964) 179; T.A.M. Bishop (1971) xv n. 2; Rella (1977) 57, 82; Gerchow (1988) 227–8 [no. 13], 331; P.R. Robinson (1988) I, no. 165; Lapidge (1991a) 66; Vaciago (1993) 8 [no. 25]; Baker—Lapidge (1995) xlviii [computus]; Budny (1997) I.645–66 [no. 44]; P.P. O'Neill (1997) 139–40, 153 n. 56, 161, 164, 168; C.A. Jones (1998a) 239 n. 26; C.A. Jones (1999) 119 nn. 63, 67; Liuzza (2001) 198, 214–15; N. Orchard (2002) I.122; *ASMMF* XI (2003) 81–97 [no. 60; Graham]; Binski—Panayotova (2005) no. 44 [Webber]; Hartzell (2006) no. 44; Chardonnens (2007b) 48,

506–7, 549; Karkov (2007a) 136, 137 n. 9, 139–41; Rushforth (2008a) 41–3 [no. 19]; Pfaff (2009) 94–6; R. Gameson (2012a) 22 and n. 34; Pfaff (2012) 456 and n. 21; Rankin (2012) 503 and n. 102

DEC: Rice (1952) 191–2; F. Wormald (1952) 62–3 [no. 14]; E. Temple (1976) no. 104; Ohlgren (1986) no. 209; Raw (1990) 197; R. Gameson (1991) 70 n. 49; R. Gameson (1995b) 33 n. 120, 232–3, 243; Budny (1997) I.652–66 [inventory of decoration and illustration]; Karkov (2007a); Karkov (2009) 216–17

FACS: E. Temple (1976) ills. 300–1 [pp. 51, 52]; P.R. Robinson (1988) II, pl. 30 [p. 53]; Budny (1997) II, pls. XII [pp. 52–3], 604–8 [pp. 28–9, 41, 50–1, 360, 520]; *ASMMF* XI (2003) no. 60; Binski—Panayotova (2005) 125 [p. 53]; Karkov (2007a) 138 [p. 51]; Minnis—Roberts (2007) pl. 3 [pp. 52–3]; Rushforth (2007) 53 [p. 53]; Owen-Crocker (2009) fig. 7.9 [p. 52]; R. Gameson (2012) pl. 7b.5 [p. 86]

ED: Warren (1883) 273–5 [masses]; Liebermann (1903–16) I.435–7 [base MS (= Ca) for formulas of excommunication (pp. 310, 319)]; Fehr (1921) 48–63 [Visitation of the sick]; Henel (1934) [*computistica*]; F. Wormald (1934) 183–95 [liturgical calendar (no. 14)]; R.I. Page (1978) 148–58 [liturgical rubrics]; Lapidge (1991a) 125–31 [litanies]; Graham (1993) 439–46 [liturgical directions]; Lapidge (2003a) 80–2 [mass for St Swithun]; Rushforth (2008a) no. 19 [liturgical calendar]

ST: Kemble (1839–48) II.367–70; Warren (1883) 271–5; K. Sisam (1944); K. Sisam (1953a) 32–3; R.I. Page (1965b); Hohler (1972) 39–47; R.I. Page (1973b) 4–5; Hohler (1975) 72, 82, 223; Korhammer (1976) 239; Grant (1979) 108–12; Kotzor (1981) I.302*–304*; Lapidge (1988b) 259 n. 30 [repr. Lapidge (1993a) 217 n. 30]; Dumville (1992a) 25, 27, 36, 50–1, 53–5, 57, 60, 67, 74–5, 110, 129, 131; C.D. Wright (1993) 234; Pfaff (1995a) 56–7 [Corrêa], 100–8 [Keefer]; Pfaff (1995b) 21–4; Lenker (1997) 488; Pulsiano (1998b) 87–8, 108 n. 15, 109 n. 19 [comparison with no. 407]; Borst (2001) I.292; Gittos (2005b); Keynes (2005a) 75–6; N. Orchard (2005) clxxix, clxxxi; Chardonnens (2007a) 336; Chardonnens (2010) 249

112. Cambridge, Corpus Christi College, 430

s. ix ex. or ix/x, Saint-Amand, prov. s. x England (prob. Canterbury StA), (prov. Glastonbury)

Contents: Martin of Braga, *Formula uitae honestae* [*CPL* 1080]; Ferrandus of Carthage, *Ep.* vii (*ad Reginum comitem*) [*CPL* 848]; Ambrosius Autpertus, *Sermo de cupiditate*

MS: M.R. James (1912) II.337–8; C.W. Barlow (1950) 211–12; T.A.M. Bishop (1954–8b) 329 [supply leaf]; Carley (1986) 114; Carley (1994) 265–8; Budny (1997) lvii [binding]; R. Sharpe et al. (1996) 207 [B.39.319], 234 [B.44.11]; Bischoff (1998—) I, no. 820; Lapidge (2006) 168, 321; Barker-Benfield (2008) III.1812; R. Gameson (2012d) 352 and n. 31

ED: C.W. Barlow (1950) 236–50 [Martin of Braga, *Formula uitae honestae*, coll. as C]

ST: Valtorta (2006) [Ambrosius Autpertus]

114. Cambridge, Corpus Christi College, 448

fols. 1-86: s. x^1 or s. x med., S. England (or Worcester?)

fols. 87–103: s. xi/xii, S England (or Worcester?), (prov. whole MS Winchester)

Contents [fols. 1–86]: Prosper of Aquitaine, *Epigrammata ex sententiis S. Augustini* [*CPL* 526] and *Versus ad coniugem* [*CPL* 531; SK 458]; Isidore, *Synonyma de lamentatione animae peccatricis* [*CPL* 1203]

Contents [fols. 87–103]: Sibylline prophecies [SK 8495]; *Physiologus* (lion, unicorn, panther only); Latin poems (including SK 10279 by pseudo-Vergil); note on the languages of the world; Prosper, *Sententiae ex operibus S. Augustini* [*CPL* 525], no. 390; Prudentius, *Peristephanon* [*CPL* 1443] (Prologue only), Prudentius, *Dittochaeon* [*CPL* 1444]; Seven Wonders of the World

MS: M.R. James (1912) II.360–3; T.A.M. Bishop (1971) 20 n. 1 [on scribe of fols. 87–103]; Lapidge (1982a) 105 [repr. Lapidge (1996b) 467]; Dumville (1987) 175–6; Faraci (1990) 14; Dumville (1993g) 56 n. 245; R.I. Page (1993a) 93; Budny (1997) II.219–33 [no. 17]; Lapidge (2006) 312, 327–30, 341; Biggs (2007a) 17; Di Sciacca (2011) 300–1 and nn. 6–12; R. Gameson (2012b) 114 n. 78

FACS: Dumville (1993g) pl. IV [fol. 41r]; Budny (1997) II, pl. 171 [fol. 1r]; Di Sciacca (2007b) 123 [fol. 42v]; Lendinara et al. (2011) pl. IX [fol. 1r]

ED: Lapidge (1982a) 106 [base MS for one of Prosper's *Epigrammata* with accompanying glosses] [repr. Lapidge (1996b) 468]

ST: Römer (1972b) 54; Lapidge (1982a) 133 n. 52 [repr. Lapidge (1996b) 469 n. 52]; R.I. Page (1983); Sauer (1983) 30, 40–1, 48; Toth (1984); Sauer (1989) 61; R.I. Page (1993a) 93; Szarmach (1999) 173–5; Lendinara (2003) 97; Alcamesi (2007b) 169–73; Di Sciacca (2007b); Di Sciacca (2008) 68–71, 168–9; Di Sciacca (2011) 302–26

115. Cambridge, Corpus Christi College, 449, fols. 42-96

s. xi¹

Contents: Ælfric, *Grammar*⁺* (incomplete; fols. 1–41 supplied s. xvi) and *Glossary*⁺*

MS: M.R. James (1912) II.363; N.R. Ker (1957) no. 71; Buckalew (1978) 153–9, 163; R.I. Page (1993a) 10, 48, 100; Parkes (1997b) 138 n. 102; Scragg (2012a) nos. 180–1

FACS: R.I. Page (1993a), pls. 31, 59 [defective opening and fol. 89r]

ED: Zupitza (1880/2001) [Ælfric, *Grammar* and *Glossary*, coll. as C]

116. Cambridge, Corpus Christi College, 473 (the 'Winchester Troper')

s. x/xi or xi²/⁴, with additions s. xi¹ and later, Winchester OM

Contents: troper (*cantatorium*)

MS: Frere (1894a) xxvii–xxix; M.R. James (1912) II.411–12; P. Wagner (1912) 86–7; Handschin (1936); N.R. Ker (1957) no. 72; Husmann (1964) 150; Gneuss (1968) 116; Holschneider (1968) 14–20; Planchart (1977) I.17–33; Fenlon (1982) 13–17 [no. 4]; Gneuss (1985) 105 [no. C.1]; P.R. Robinson (1988) I, no. 171; Hartzell (1989) 82; Lapidge—Winterbottom (1991b) xxxi, xxxvi, xxxviii, lxxxiv, cxxv, cxxvi n. 50, clv; Dumville (1993g) 136; Lapidge (1994a) 134–5; Budny (1997) I.487–93 [no. 30]; Gretsch (1999a) 199, 301; Lapidge (2004b) 446–7; Hartzell (2006) 88–109 [no. 46]; Rankin (2007) 3–15, 19–46; Wieland (2009) 122; R. Gameson (2012a) 70 n. 240; Pfaff (2012) 455 and n. 18; Rankin (2012) 488 and n. 20, 501; Scragg (2012a) no. 182

DEC: Budny (1997) I.491–3 [inventory of decoration]; R. Gameson (2012c) 288 n. 137

FACS: Rankin (2007) [complete facsimile]; see also Frere (1894a) pls. 4–17 [sequences, fols. 82r–88v], 18–21 [organa, fols. 153r–154v], 22 ['Fulgens preclara', fol. 96r–v], 23 [Alleluias, fol. 2v], 24 [organa for Alleluia, fol. 163r], 25 [tract for organa, fols. 146v, 195r]; Wooldridge (1897) pls. II–VI; Fenlon (1982) 14, 16 [fols. 163v–164r, 3r]; M. Berry (1988) pls. I–III (fols. 27r, 96r, 164v–165r); Lapidge (1994a) pl. VIII [fol. 147r]; Budny (1997) II, pls. 386–7 [fols. 76v–77r, 182v–183r]; Lapidge (2003a) pls. XII–XIV [fols. 39v, 87v, 186v]

ED: *AH* XXXVII.40, 53 [coll. under various sigla for sequences]; Frere (1894b) 3–98 [base MS (= CC) for Latin texts of tropes, sequences, proses]; Planchart (1977) II.1–10 [inventory, with Latin texts, of the tropes; coll. *passim* as CC]

ST: Planchart (1973) I.61–6 [notation], I.67–327 [trope repertory], II.31–342 [catalogue of tropes]; M. Berry (1988) 155–7; Lapidge (1994a) 134–5 [on script of Wulfstan Cantor]; Pfaff (1995a) 40–2 [Teviotdale]; Rankin (1996) 331, 339, 342 [on liturgical music]; Hiley (1998); Rankin in Lapidge (2003a) 191–202 [music of the troper (= C), esp. that for St Swithun]; Huglo (2005) 34–6 [musical notation]; Rankin (2007) 49–74 [composition and compilation of the repertories]

117. Cambridge, Corpus Christi College, 557 (with Lawrence, University of Kansas, Kenneth Spencer Research Library, Pryce C2: 1)

s. xi med., Worcester?, (prov. Worcester)

Contents: Homily (for *Inuentio S. Crucis*)* (f)

MS: N.R. Ker (1957) no. 73; Vaughan—Fines (1959–63) 117; Colgrave—Hyde (1962); N.R. Ker (1964) 206; R.L. Collins (1976); N.R. Ker (1976a) 122; Laing (1993) 25; Budny (1993) 23; R.I. Page (1993a) 49–50; R.I. Page (1995) 502–29; Scragg (1996) 220; Budny (1997) I.xxxv; Stoneman (1997) 117; *ASMMF* VII (2000) 1–3, 28–30 [nos. 63, 153; Doane]; R. Gameson (2005a) 92; Scragg (2012a) no. 183

FACS: Budny (1993) 32 [fols. 1r, 2r]; R.I. Page (1993a) pl. 35 [two binding strips]; R.I. Page (1995) figs. 1–2 [rectos and versos of fragments]; *ASMMF* VII (2000) nos. 63, 153

LANG: A.F. Cameron (1974) 221

ST: Robb (1975); Scragg (1979) 262; Franzen (1991) 54, 79 [glosses]; R. Gameson (1996a) 238; Collier (2000) 195

Cambridge, Corpus Christi College, EP-0-6 (ptd bk.): see no. **648**

118. Cambridge, Fitzwilliam Museum, 88-1972, fols. 2–43

s. xi/xii or xii in., Canterbury?, (prov. Shrewsbury)

Contents: gospel lectionary with collects, and some homilies on Temporale gospels

MS: N.R. Ker (1964) 179 [MS. owned by F. Wormald until 1972]; Giles (1972–6b) 248 [no. 218]; Wormald—Giles (1982) 568–70; Lenker (1997) 473–6; R. Gameson (1999a) no. 96; Sheppard (2005) 177–8 [binding]; Barker-Benfield (2008) III.1823–4

118. 5. Cambridge, Fitzwilliam Museum, 88-1972, fols. 44–56

s. xi/xii or xii in., prob. Canterbury StA, (prov. Shrewsbury)

Contents: gospel lectionary with collects (incomplete)

MS: N.R. Ker (1964) 179 [MS. owned by F. Wormald until 1972]; Giles (1972–6b) 248 [no. 218]; Wormald—Giles (1982) 568–70; R. Gameson (1999a) no. 97

119. Cambridge, Fitzwilliam Museum 45-1980

s. ix ex., W France (Brittany, Dol region?), or Loire valley?, prov. England by s. x med.

Contents: gospels (incomplete), gospel list

MS: N.R. Ker (1957) no. 7*; Giles (1972–6a) 87 [no. BL. 1]; N.R. Ker (1976a) 121; Wormald—Alexander (1977) 1–12, 25–8; Woudhuysen et al. (1982) 31 [no. 27]; Deuffic (1986) 296 [no. 18]; Vaciago (1993) 8 [no. 26]; O'Reilly (1994) 217–22; Bischoff (1998—) I, no. 821; A.S.G. Edwards (2004); Scrase (2005) no. 27; Lapidge (2006) 168; Scragg (2012a) nos. 184–5

DEC: Nordenfalk (1978)

FACS: Wormald—Alexander (1977), pls. A–H [colour plates: fols. 14v, 21v, 22r, 63v, 83v, 87r, 125r, 128r], i–xxvii [fols. 1r, 15r, 15v, 16r, 16v, 17r, 17v, 18r, 18v, 19r, 19v, 20r, 20v, 21r, 22v, 23v, 24v, 62v, 64r, 87v, 89v, 129r, 130r, 41r, 46r, 49r, 50v]; Woudhuysen et al. (1982) 30 [fol. 63v]

ED: Napier (1900) nos. 17, 20–1, 25, 27–8, 61 and xxxiii n. 2 [OE glosses]; Meritt (1961) 443 [OE glosses]; B. Fischer (1988–91) [gospel excerpts coll. as Bz]

ST: *BCLL* (1985) no. 964; Dumville (1992a) 114; Lenker (1997) 418–19

120. Cambridge, Gonville and Caius College 144/194

s. x^1, England?, prov. Canterbury StA

Contents: Remigius of Auxerre, Commentaries on Sedulius (*Carmen paschale* and Hymns) and on *Disticha Catonis* (part); sermon (f); fols. 79–86: a collection of verse excerpts (added s. xi), incl. Prudentius, *Hamartigenia* [*CPL* 1440] lines 931–66 [SK 10856]; Hibernicus Exul, *Carm.* viii ('Verba philosophiae') [SK 13757]; *Monosticha Catonis* lines 1–32 [SK 16936]; Venantius Fortunatus, *Carmina* [*CPL* 1033] IX. ii, lines 1–70, 73–82, 87–90, 99–104, 109–10, 117–22 [SK 1112], III. xxx

[SK 5349], VIII. ii [SK 4384]; pseudo-Columbanus (pseudo-Alcuin), *Praecepta uiuendi* [SK 5960]; Prudentius, *Dittochaeon* [*CPL* 1444], nos. xlv–xlix, xl–xlii

MS: Schenkl no. 2745; M.R. James (1907–8) I.161–3; Sanford (1924) 205; N.R. Ker (1964) 41; T.A.M. Bishop (1954–8a) 187–9; Glauche (1970) 52, 56; T.A.M. Bishop (1971) 19; R.S. Cox (1972) 3; Rella (1977) 118, 164; R.W. Hunt (1979) 282–4; Rella (1980) 110; Lapidge (1982a) 104, 114, 131–2 n. 36 [repr. Lapidge (1996b) 434 and n. 36, 481]; Munk Olsen (1982–) I.67; Jeudy (1991) 496; Springer (1995) 124–5; Lapidge (2006) 329, 335; Alcamesi (2007a) 152–3; Barker-Benfield (2008) I.lii n. 11, lxi n. 28, II.1374, III.1713, 1811; Wieland (2009) 151

ED: Lapidge (1982a) 115 [base text for Remigius, *Comm. super Sedulium*, fol. 9r, coll. with no. **735**] [repr. Lapidge (1996b) 482]; Alcamesi (2007a) 171–8 [Remigius on *Disticha Catonis*]

ST: Boas (1952) lxiii; R.W. Hunt (1979) 282–4 [Venantius Fortunatus excerpts]; *CPPM* II, no. 3216b [*Praecepta uiuendi*]; Alcamesi (2007a) 157–8; McKee (2012b) 340 and nn. 5–6; *CSLMA* III (2010) 466 [Hibernicus Exul]; R. McKitterick (2012) 328, 329

120. 3. Cambridge, Gonville and Caius College, 466/573, two endleaves

s. xi med.

Contents: missal (f)

MS: M.R. James (1907–8) II.540–1; Wieland (2009) 123

120. 6. Cambridge, Gonville and Caius College, 734/782a

s. xi^1, Canterbury CC

Contents: mass lectionary (f)

MS: T.A.M. Bishop (1971) 22 [with shelfmark mistakenly given as 732/754], 25; Dumville (1993g) 131 n. 90, 139; Rushforth (2001) 137, 141–4; Wieland (2009) 121; Rushforth (2012) 207 n. 64

FACS: Rushforth (2001), pls. IX–X [recto and verso]

121. Cambridge, Gonville and Caius College, 820 (h)

s. viii ex.

Contents: biblical text [Prophetae minores] (f)

MS: *CLA* II (1935) no. 129; M.P. Brown (1989b) 41–2; R. McKitterick (1989a) 315; Marsden (1995) 32, 41, 43, 55, 236–7, 305; Wieland (2009) 115; Marsden (2012) 420 and n. 67

ST: Marsden (1995) 249–53

121. 5. Cambridge, Jesus College, 5 (Q. A. 5), flyleaves

s. xi^1

Contents: missal (f)

MS: M.R. James (1895) 4; Hartzell (2006) no. 46; Wieland (2009) 123

122. Cambridge, Jesus College, 15 (Q. A. 15), fols. i–x and 1–10 (binding leaves)

s. xi^1, SE England (prov. Durham)

Contents: Ælfric, *Homilies** (f)

MS: M.R. James (1895) 13–14; N.R. Ker (1957) no. 74; Pope (1967) I.88–91; Godden (1979) lxxiii–lxxiv; Dumville (1992a) 107–8; Clemoes (1997) 53–4; *ASMMF* XVI (2008) 5–13 [no. 65; Wilcox]; Scragg (2012a) no. 186

FACS: *ASMMF* XVI (2008) no. 65

ED [the order of the following items is that of the manuscript, listed according to the numbering of individual articles in N.R. Ker (1957) 123; only the most recent editions are cited]:

art. 1: Pope (1967–8) I.444–7 [Ælfric, Suppl. Hom. XI (Octave of Pentecost), lines 526–74, coll. as f^b]

art. 2: Godden (1979) 180–9 [Ælfric, CH II, Hom. XIX (*Feria .II. in Letania maiore*), amplified by the incorporation of Suppl. Hom. XXIV (Pope (1967–8) II.752), coll. as f^b]

art. 3: Godden (1979) 249–50 [Ælfric, CH II, Hom. XXVIII (Twelfth Sunday after Pentecost), lines 1–22, coll. as f^b]

art. 4: Clemoes (1997) 317–24 [Ælfric, CH I, Hom. XVIII (*In Letania maiore*, part), coll. as f^b]

art. 5: Clemoes (1997) 325–6 [Ælfric, CH I, Hom. XIX (*Feria .III. De dominica oratione*), lines 1–15, 31–4, coll. as f^b]

LANG: Clemoes (1997) 53

123. Cambridge, Jesus College, 28 (Q. B. 11)

s. xi ex., France, (prov. Durham)

Contents: Greek alphabet; Priscian, *Institutiones grammaticae* [CPL 1546]; Priscian, *De accentibus* (?) [CPL 1552] (incomplete)

MS: M.R. James (1895) 36–7; Mynors (1939) 30; N.R. Ker (1964) 61; Gibson (1972) 108; Passalacqua (1978) no. 79; A.G. Watson (1987a) 17; Gneuss (1990) 11 n. 35 [repr. Scragg (2003) 83 n. 35]; Law (1997) 217 n. 4; Lapidge (2006) 326; Lendinara (2007a) 85 n. 105, 109

124. Cambridge, Magdalene College, Pepys 2981 (2) (with London, BL, Sloane 1086, fol. 119)

s. viii^2

Contents: gospels (f)

MS: M.R. James (1923) 116–17; *CLA* II (1935) no. 132; McGurk (1961a) no. 4; McKitterick—Whalley (1989) 4

125. Cambridge, Magdalene College, Pepys 2981 (3)

s. ix/x

Contents: Psalterium Romanum (f)

MS: M.R. James (1923) 117; McKitterick—Whalley (1989) 4; Pulsiano (2001a) xxvii

ED: Pulsiano (2001a) [this fragment coll. as η]

126. Cambridge, Magdalene College, Pepys 2981 (4)

s. ix^1, prob. Northumbria

Contents: biblical text [Danihel] (f)

MS: M.R. James (1923) 117; M.P. Brown (1989b) 41–2; McKitterick—Whalley (1989) 5; Marsden (1995) 43, 236, 253–6, 305; Wieland (2009) 115; Marsden (2012) 420 and n. 67

127. Cambridge, Magdalene College, Pepys 2981 (5)

s. ix/x or x^1, Winchester

Contents: Remigius, Scholia on Martianus Capella (f)

MS: M.R. James (1923) 117; Parkes (1983) 129–40; R. McKitterick (1986-90) 314–15; Dumville (1987) 164; McKitterick–Whalley (1989) 5; Lapidge (1991c) 963 [repr. Lapidge (1993a) 13]; Lapidge (2006) 136
FACS: Parkes (1983) pl. II

127. 3. Cambridge, Magdalene College, Pepys 2981 (7)

s. xi², England?

Contents: Priscian, *Institutiones grammaticae* [*CPL* 1546] (f)

MS: M.R. James (1923) 117–18; Gibson (1972) 108; Passalacqua (1978) no. 81; McKitterick–Whalley (1989) 6; R. Gameson (1999a) no. 109; Gneuss (2003c) 83 n. 35; Lapidge (2006) 326

Cambridge, Magdalene College, Pepys 2981 (16): see no. **442**
Cambridge, Magdalene College, Pepys 2981 (18): see no. **219**
Cambridge, Magdalene College, Pepys 2981 (19): see no. **220**

127. 6. Cambridge, Magdalene College, Pepys 2981 (52)

s. xi¹, England

Contents: missal (f)

MS: McKitterick–Whalley (1989) 11, 15; Hartzell (2006) no. 47

128. Cambridge, Pembroke College, 17

s. ix¹ or ix med., Tours area, prov. England s. xi, (prov. Bury St Edmunds)

Contents: Jerome, *Comm. in Esaiam* [*CPL* 584], bks. VIII–XVIII

MS: Schenkl no. 2579; M.R. James (1905) 18; R.M. Thomson (1972) 622–3 and nn. 23, 27; Clemoes (1985) no. 11; R. Sharpe et al. (1996) 53 [B.13.3]; Bischoff (1998–) I, no. 828; Rushforth (2002) 99–104; Lapidge (2006) 168

ST: Lambert (1969–72) no. 207; R. McKitterick (2012) 329

129. Cambridge, Pembroke College, 23

s. xi², France (Saint-Denis?), prov. by s. xi/xii England, (prov. Bury St Edmunds)

Contents: Paulus Diaconus, *Homiliarium* (Easter to Advent) [Companion vol. to no. **130**]

MS: Schenkl no. 2561; M.R. James (1905) 20–2; R.M. Thomson (1972) 626–7 nn. 50, 56; Rella (1977) 117; Smetana (1978) 87; Clayton (1985) 218; M.P. Richards (1988) 109–10; Dumville (1991–5) 41; R. Sharpe et al. (1996) 70 [B.13.115]; Gransden (1998b) 254; Webber (1998) 188; R. Gameson (1999a) no. 110; T.N. Hall (2001) 122–3, 126, 127 [no. 8]; Rushforth (2002) 66–8, 100–3; T.N. Hall (2007) 237; J. Hill (2007a) 75, 86–7, 91; T.N. Hall (2008a) 38, 49–50 nn. 51–2; R. Gameson (2012a) 79 n. 279

DEC: R. Gameson (1991) 68, 106 n. 33

FACS: Szarmach (2006) 82–3 [fol. 289r, 289v]

ST: Lambert (1969–72) nos. 217a, 708.3; Römer (1972b) 74; Szarmach (2006) 78–81; T.N. Hall (2008a) 32–59

130. Cambridge, Pembroke College, 24

s. xi², France (Saint-Denis?), prov. by s. xi/xii England, (prov. Bury St Edmunds)

Contents: Paulus Diaconus, *Homiliarium* (Sanctorale, Commune SS.) [Companion vol. to no. **129**]

MS: M.R. James (1905) 23–5; R.M. Thomson (1972) 626–7 nn. 50, 56; Rella (1977) 117; Smetana (1978) 87; Clayton (1985) 218; M.P. Richards (1988) 109–10; Dumville (1991–5) 41; Gransden (1998b) 254; Webber (1998) 188; T.N. Hall (2001) 123, 126, 127 [no. 9]; R. Gameson (1999a) no. 111; Rushforth (2002) 66–8, 100–3; Biggs (2007a) 53–4; T.N. Hall (2007) 237–9; J. Hill (2007a) 75, 86–7, 91; T.N. Hall (2008a) 38, 49–50 nn. 51–2; R. Gameson (2012d) 368 n. 101

DEC: R. Gameson (1991) 68, 106 n. 33

FACS: Gransden (1998b) pl. LXVII (b) [fol. 361r (detail)]; Webber (1998) pl. XLV (a) [fol. 374v]

ED: T.N. Hall (2008a) 64–7 [lesson for All Saints]

ST: Lambert (1969–72) nos. 26, 62, 74; Römer (1972b) 74–5; T.N. Hall (2002b) 118–20

131. Cambridge, Pembroke College, 25

s. xi ex. or xi², (prov. Bury St Edmunds)

Contents: *Homiliarium* of Saint-Père (Chartres); Hrabanus Maurus, *De institutione clericorum*, II.1–10; sequence [SK 575]

MS: Schenkl no. 2527; M.R. James (1905) 25–9; T.A.M. Bishop (1949–53) 434; R.M. Thomson (1972) 626–7 and n. 55; R. McKitterick (1977) 107–9; Clayton (1985) 213, 218; Clemoes (1985) no. 20; Cross (1987) [monograph-length description of MS and contents]; Dumville (1991–5) 41; C.A. Jones (1999) 123 n. 79; *CSLMA* II (1999) 154, 499 [Cross (1987) items 65, 93]; R. Gameson (1999a) no. 112; T.N. Hall (2001) 123, 127 [no. 10]; Szarmach (2002); Rittmueller (2004) 131*–133*, 203*–207*, 217*; Biggs (2007a) 23 [T.N. Hall], 35 [Clayton], 39, 47, 79 [Lees]; T.N. Hall (2007) 249

DEC: R. Gameson (1991) 105 n. 10

FACS: Szarmach (2002) 306–7 [fols. 173r, 175v]

ED: Biggs (1996) 303–6 [Alcuin, *Vita S. Martini* (*BHL* 5625) expanded]; Cross (1987) [item 65; items 11 and 26 are partially coll. Rittmueller (2004) as Pe]; Szarmach (2002) 308–25 [base MS for homilies, fols. 173r–180r]

ST: Barré (1962); Lambert (1969–72) no. 720; Römer (1972b) 75; Dolbeau (1988); Dumville (1992a) 124; Biggs (1996) 290, 296; Godden (1996) 263, 267; T.N. Hall (2002) 117–18, 120; McNamara (2002) 240, 270–1; C.A. Jones (2004) 352; N.M. Thompson (2004) 53–5; Abram (2007) 430–5; Conti (2007) 383; T.N. Hall (2007) 249; N.M. Thompson (2007) 100; C.D. Wright (2007) 32, 34, 42 n. 85; T.N. Hall (2008a) 44–5, 47, 59; C.D. Wright (2008)

132. Cambridge, Pembroke College, 41

s. xi in. or xi$^{1/4}$, Canterbury CC?, (prov. Bury St Edmunds)

Contents: Augustine, *Enchiridion* [*CPL* 295]

MS: Schenkl no. 2498; M.R. James (1905) 41; T.A.M. Bishop (1954–8b) 187; T.A.M. Bishop (1959–63b) 414, 419, 421, 423; N.R. Ker (1960) 8 n. 2; N.R. Ker (1964) 18; M. Evans (1969) x; Römer (1972b) 75; R.M. Thomson (1972) 622 and n. 24; Rella (1977); Clemoes (1985) no. 13; Dumville (1992a) 20; Dumville (1993g) 78 n. 360; R. Sharpe et al. (1996) 79 [B.13.186]; Gransden (1998b) 253–4; Lapidge (2006) 288

DEC: R. Gameson (1991) 105 n. 10

FACS: Gransden (1998b) pl. LXVII (A) [fol. 13r (detail)]

132. 3. Cambridge, Pembroke College, 46, fols. A and B

s. x$^{2/4}$ or x med., (prov. Bury St Edmunds)

Contents: gradual (f)

MS: M.R. James (1905) 45; Rushforth (2002) 190–1; Hartzell (2006) no. 48; Wieland (2009) 122; Rankin (2012) 487 and n. 17

132. 4. Cambridge, Pembroke College, 46, fols. 82 and 83

s. ix/x or x in., N. France? (Brittany?), (prov. Bury St Edmunds)

Contents: sacramentary (f)

MS: M.R. James (1905) 45; R.M. Thomson (1984) 190 n. 9; Bischoff (1998—) I, no. 829; Rushforth (2002) 99–104; Hartzell (2006) 112; Rankin (2012) 497

ST: R. McKitterick (2012) 329

133. Cambridge, Pembroke College, 81

s. ix$^{2/3}$, S France?, (prov. Bury St Edmunds)

Contents: Bede, *De templo Salomonis* [*CPL* 1348]; *In libros Regum quaestiones .xxx.* [*CPL* 1347]; *Super Canticum Abacuc allegorica expositio* [*CPL* 1354]

MS: M.R. James (1905) 69–70; Laistner—King (1943) 43, 62, 75; N.R. Ker (1964) 18; R.M. Thomson (1972) 622–3; R.M. Thomson (1982b) 5; Hurst—Hudson (1983a) 379–80; Clemoes (1985) no. 15; Dumville (1993g) 78 n. 360; Lapidge (1996c) 424; R. Sharpe et al. (1996) 75 [B.13.151]; Gransden (1998b) 229, 252–3; Bischoff (1998—) I, no. 830; Rushforth (2002) 99–104; Lapidge (2006) 168

FACS: Gransden (1998b) pl. LXV (A) [fol. 4r (detail)]

ED: Hurst (1962) 293–322 [Bede, *In libros Regum*, coll. as R]; Hurst (1969) 144–234 [Bede, *De templo Salomonis*, coll. as R]; Hurst—Hudson (1983a) 381–409 [Bede, *Super Canticum Abacuc*, coll. as C^1]

134. Cambridge, Pembroke College, 83

s. ix^1 or ix med., Saint-Denis, prov. Bury St Edmunds s. xi^2

Contents: record* (s. xi/xii); Bede, *In Lucae euangelium expositio* [*CPL* 1356]

MS: Schenkl no. 2508; M.R. James (1905) 73–4; Laistner—King (1943) 45; N.R. Ker (1957) no. 76; R.M. Thomson (1972) 622 n. 23; Vezin (1982) 134; Clemoes (1985) no. 16; Vezin (1986) 38–9; Dumville (1992a) 124; Dumville (1993g) 78 n. 360; Lapidge (1996c) 424 n. 75;

R. Sharpe et al. (1996) 82 [B.13.209]; Bischoff (1998—) I, no. 831; Gransden (1998b) 253; Rushforth (2002) 99–104; Lapidge (2006) 168; R. Gameson (2012d) 369 and n. 102; Scragg (2012a) no. 187

FACS: Gransden (1998b) pl. LXV (B) [fol. 18r (detail)]

ED: Förster (1913) [base MS for OE record]; A.J. Robertson (1939) 252, 501–2 [base MS for OE record]

ST: R.M. Thomson (1972) 22; Vezin (1982) 134 n. 25; Atsma—Vezin (1988); Knowles et al. (2001) 32 [Abbot Baldwin]

135. Cambridge, Pembroke College, 88

s. x^1, France (Saint-Denis?) (or England?), prov. Canterbury StA by s.x^2, (prov. Bury St Edmunds)

Contents: record* (s. xi); Laidcenn mac Baith, *Ecloga de Moralibus in Iob* [*CPL* 1716; *BCLL* 293]

MS: Schenkl no. 2505; M.R. James (1905) 81; Bischoff (1954b) 237; N.R. Ker (1957) no. 77; N.R. Ker (1960) 8 and n. 1; N.R. Ker (1964) 19; T.A.M. Bishop (1971) xii, xxv; N.R. Ker (1972b) 77–8 and n. 4; R.M. Thomson (1972) 622, 623 n. 27; Rella (1977) 165; Rella (1980) 111; Clemoes (1985) no. 17; Dumville (1992a) 124; Dumville (1993g) 78 n. 360; Budny (1997) I.460; Bischoff (1998—) I, p. 183 [unnumbered entry]; Gransden (1998b) 253; Rushforth (2002) 99–104; Barker-Benfield (2008) III.1824; Castaldi (2010) 400; Scragg (2012a) nos. 188–93

FACS: Gransden (1998b) pl. LXVI (B) [fol. 87r (detail)]

ED: Förster (1913) 158 [OE record]; A.J. Robertson (1939) 248, 497 [OE record]; Adriaen (1969) [*Ecloga de Moralibus in Iob* coll. as C]

ST: Manitius (1911–31) I.99–100; *BCLL* (1985) no. 293; Castaldi (2010) 395–401

136. Cambridge, Pembroke College, 91

s. ix$^{1/3}$, N France, (prov. Bury St Edmunds)

Contents: Jerome, *Tractatus .lix. in Psalmos* [*CPL* 592]; verse epilogue [SK 9575]; Macedonian names of the months; anonymous letter; *Translatio S. Bartholomaei* (f)

MS: Schenkl no. 2509; M.R. James (1905) 83–4; N.R. Ker (1964) 19; R.M. Thomson (1972) 622 n. 23; Clemoes (1985) no. 18; Dumville (1993g)

78 n. 360; Sharpe et al. (1996) 53; McDougall–McDougall (1997) 210; Bischoff (1998–) I, no. 832; Gransden (1998b) 253; Rushforth (2002) 99-104; Tibbetts (2003) 28; Lapidge (2006) 168, 316, 340; Rushforth (2011) 58; R. Gameson (2012d) 368 n. 102

FACS: Gransden (1998b) pl. LXVI (A) [fol. 18v]; Tibbetts (2003) pl. 8 [fol. 13v]

ED: M.R. James (1905) 84 [verse epilogue]; Morin (1897a/1958) xi [the anonymous letter], 1–447 [Jerome, *Tractatus in Psalmos*, coll. as A]

ST: *DACL* XI.1629 [Leclercq]; Lambert (1969–72) no. 220; Biggs et al. (1990) 98–9 [C.D. Wright]; R. McKitterick (2012) 329

136. 5. Cambridge, Pembroke College, 103*

s. xi^1

Contents: service-book (f)

MS: Hartzell (2006) no. 50

ST: Lapidge (1991a) 4–6 ['Prayer of the Faithful']

137. Cambridge, Pembroke College, 108

s. ix$^{2/3}$, E France, (prov. Bury St Edmunds)

Contents: Iustinianus, *Edictum de fide (Confessio fidei)* [*CPG* 6885] in Latin translation; pseudo-Jerome, *Epist. supp.* xvi [*Libellus fidei: CPL* 633 (p. 220) = *CPL* 731]; Augustine (?), *Oratio in librum de Trinitate* [*CPL* 328]; pseudo-Prosper, *De fide, de spe et de caritate* [excerpt from Halitgar's *Penitential* II. iv–vi]; pseudo-Vigilius of Thapsus, *Disputatio fidei inter Arium et Athanasium* [*CPPM* II, no. 1692; cf. *CPL* 812], with anon. preface to Vigilius of Thapsus, *Contra Arianos, Sabellianos, Photinianos dialogus* [*CPL* 807]; Eusebius, *Historia ecclesiastica*, trans. Rufinus [*CPG* 3495], excerpt [X.1–14]

MS: Schenkl no. 2491; M.R. James (1905) 103–4; N.R. Ker (1964) 19; Schieffer (1971) 293; Schieffer (1972) 268; R.M. Thomson (1972) 622 n. 23; Clemoes (1985) no. 14; R. Sharpe et al. (1996) 76 [B.13.163]; Bischoff (1998–) I, no. 833; Rushforth (2002) 99–104; Meeder (2004–7) 137–42

ED: Schieffer (1971) 295–7 [Iustinianus, *Edictum de fide*, coll. as P]; Schieffer (1972) 273–7 [Iustinianus, *Edictum de fide*, coll. as P]

ST: Siegmund (1949) 156; Lambert (1969–72) no. 316; Römer (1972b) 75; Meeder (2004–7); Lapidge (2006) 168, 302, 337; R. McKitterick (2012) 329

138. Cambridge, Pembroke College, 301

s. xi in. or xi¹, Peterborough?

Contents: gospels

MS: M.R. James (1905) 263–6; T.A.M. Bishop (1949–53) 441; T.A.M. Bishop (1967a) 41; T.A.M. Bishop (1971) 21 [no. 23]; Clemoes (1985) no. 4; McGurk (1986b) 46–9, 51, 53, 54, 56–63 [repr. McGurk (1998) no. XIV]; Heslop (1990) 173–4, 181; Backhouse–Webster (1991) no. 53 [D.H. Turner]; Dumville (1991–5) 41–2; Ohlgren (1992) 6; Dumville (1993g) 139–40; McGurk–Rosenthal (1995b) 286 [repr. McGurk (1998) no. XV]; Binski–Panayotova (2005) no. 9 [T. Webber]; R. Gameson (2012a) 70 n. 240, 80 n. 286; McGurk (2012) 439 and n. 11, 440–1, 446 [no. 3]

DEC: E. Temple (1976) no. 73; Brownrigg (1978) 264–5; Ohlgren (1986) no. 178; Raw (1990) 198; R. Gameson (1991) 79 n. 106; McGurk (1993) 255 [repr. McGurk (1998) no. XI]; R. Gameson (1995b) 119 n. 2, 122 n. 25, 195, 197, 209, 218 *et passim*; Karkov (2007c) 58; Pulliam (2011) 71; R. Gameson (2012c) 283 and n. 118, 284 and n. 124

FACS: M.R. James (1905) pls. between pp. 264–5 [fols. 10v, 11r]; T.A.M. Bishop (1971) pl. XXI [fols. 67r, 68r]; Ohlgren (1992) pls. 9.1–9.23 [fols. 1v, 2r, 2v, 3r, 3v, 4r, 4v, 5r, 5v, 6r, 6v, 7r, 7v, 8r, 8v, 10r, 11r, 44v, 45r, 70v, 71r, 108v, 109r]; Binski–Panayotova (2005) 60 [fol. 10v]; Karkov (2007c) fig. 7 [fol. 44v]; Rushforth (2007) 42 [fol. 10v]

ST: Glunz (1933) 133–48; Lenker (1997) 33, 448 n. 111, 449 n. 115, 453 n. 129, 467

139. Cambridge, Pembroke College, 302

s. xi med., Canterbury?, prov. Hereford Cathedral

Contents: gospel lectionary; Hereford diocesan bounds* (added s. xi²)

MS: M.R. James (1905) 266–9; N.R. Ker (1957) no. 78 [OE bounds]; Sawyer (1968) 45 and no. 1561 [OE bounds]; Backhouse et al. (1984b) no. 70; Clemoes (1985) no. 5; McGurk (1986b) 45 [repr. McGurk (1998) no. XIV]; Dumville (1992a) 120, 123; Ohlgren (1992) 8–9; Mynors–Thomson (1993) xv n. 4, xvii; McGurk–Rosenthal (1995b)

270 [repr. McGurk (1998) no. XV]; Lenker (1997) 461–2; R. Gameson (2002c); Binski–Panayotova (2005) no. 43 [Webber]; R. Gameson (2005a) 92; Karkov (2006a) 50 n. 13; Heslop (2007); Rushforth (2007) 75; Teviotdale (2010); R. Gameson (2012a) 29 and nn. 65, 66, 70 and n. 242, 91 n. 331; R. Gameson (2012b) 95 and n. 4; Scragg (2012a) no. 194

DEC: Rice (1952) 211–12; E. Temple (1976) no. 96; Ohlgren (1986) no. 201; R. Gameson (1991) 104 nn. 9–11; R. Gameson (1995b) 153 n. 7, 178–9, 182 n. 148, 194, 218; Heslop (2007) 65–70; Karkov (2007c) 55–7; Rushforth (2007) 31, 39; Broderick (2011) 279–80; R. Gameson (2012c) 272 and n. 71, 290 n. 145; McGurk (2012) 440 and n. 21

FACS: *NPS* I, pl. 238 (a)–(f) [fols. 5v, 6v, 60v, 61r, 88v, 89r]; M.R. James (1905) pls. between pp. 268–9 [fols. 60v, 61r]; Ohlgren (1992) pls. 14.1–14.15 [fols. 1r–6v, 9r, 9v, 38r, 38v, 60v, 61r, 88v, 89r]; Keynes (2000) 18 [fol. 8r]; Binski–Panayotova (2005) 124 [fols. 60v, 61r]; Heslop (2007) figs. 3 (a) [fol. 9r (detail)], 3 (c) [fol. 60v (detail)], 3 (f) [fol. 88v (detail)], 4 (a) [fol. 61r (detail)], 4 (c) [fol. 61r (detail)]; Karkov (2007c) figs. 1 [fols. 5v–6r], 2 [fol. 6v], 3 [fol. 9r], 4 [fol. 60v]; Panayotova (2007) pl. IV [fol. 38r]; Rushforth (2007) 31 [fol. 38r], 39 [fol. 60v]; Teviotdale (2010) figs. 3.1–2 [fols. 27r, 51v]

ED: Förster (1941) 769 [OE diocesan bounds]

ST: Glunz (1933) 67, 154–5; Förster (1941) 767–76; Finberg (1961) 225–7; Sims-Williams (1990) 43–6; R. Gameson (1996a) 223 n.; Keynes (2000) 18 and n. 59; N.P. Brooks (2008) 31 n. 7

140. Cambridge, Pembroke College, 308

s. ix², Rheims, prov. England s. ix ex.?, (prov. Ely)

Contents: Hrabanus Maurus, *Comm. in Epistulas Pauli*, bks. IX–XIX

MS: M.R. James (1905) 275–6; Carey (1938) 57; Vezin (1973) 218–23; Keynes–Lapidge (1983) 214 n. 26; Clemoes (1985) no. 19; Bischoff (1986) 25 n. 17; P.R. Robinson (1988) I, no. 277; Bischoff (1990) 10 n. 17; Bischoff (1998–) I, no. 834; R. McKitterick (2004b) 223–4, 237 [erroneously described as 'commentary on Genesis']; Lapidge (2006) 49 n. 87, 168; R. Gameson (2012d) 348 and n. 13

FACS: Vezin (1973) pl. 1 [fols. 1r, 74v, 72r, 229r (details)]; Binski–Panayotova (2005) 54 [fols. 71v–72r]

ST: R. McKitterick (2012) 328, 330 and n. 110

141. Cambridge, Pembroke College, 312C, nos. 1 and 2 (with Haarlem, Stadsbibliotheek, 188 F 53 and Sondershausen, Schlossmuseum, Lat. liturg. IX. 1) (binding strips)

s. xi med., prov. Flanders by 1069, Bruges from 1087?

Contents: Psalterium Gallicanum° (f)

MS: N.R. Ker (1957) no. 79; R. Derolez (1972); N.R. Ker (1976a) 122; Clemoes (1985) no. 9; Gneuss (1998) 273–5, 277, 278; Pulsiano (2001a) xxvi; Huber-Rebenich—Hirschler (2004) 119; Hartzell (2006) no. 53; Gneuss (2008a) 417 [the Sondershausen leaf]; Scragg (2012a) no. 195

DEC: R. Gameson (1995b) 220 n. 164

FACS: Gneuss (1998) pls. III–IV [Sondershausen fols. 1r, 1v]; Huber-Rebenich—Hirschler (2004), front cover and pl. 13 [Sondershausen fol. 1r]

ED: Dietz (1968) [Pembroke]; R. Derolez (1972) [Haarlem]; Gneuss (1998) 283–5 [Sondershausen as base text for fragment of Anglo-Saxon psalter]

LANG: Gneuss (1998) 281–2

ST: Sisam—Sisam (1959) 67 n. 1; Gneuss (1998) 279–81 [glosses]; Gneuss (2008a) 417

142. Cambridge, Pembroke College, 312C, no. 5

s. x/xi

Contents: Venantius Fortunatus, *Carmina* [*CPL* 1033] I. v–vii (f)

MS: M.R. James (1905) xl; R.W. Hunt (1979) 282; Clemoes (1985) no. 36

143. Cambridge, Pembroke College, 313 / 20

s. xi^2 or xi/xii, Bury St Edmunds?

Contents: pontifical (f)

MS: N.R. Ker (1962–92) II.246; R.M. Thomson (1972) 623 n. 25; Clemoes (1985) no. 26; R. Gameson (1999a) no. 115

DEC: R. Gameson (1991) 105 n. 10

ST: Dumville (1992a) 67 [wrongly listed as a fragmentary 'missal']; Gneuss (2003b) 295

143. 5. Cambridge, Pembroke College, C. 8 [ptd bk.], pastedowns

s. xi

Contents: missal (f)

MS: Hartzell (2006) no. 54; Wieland (2009) 122

ST: Dumville (1992a) 67

144. Cambridge, Peterhouse, 74

1081×1088, and later additions, prov. Durham s. xi ex.

Contents: *Collectio Lanfranci* [*Concilia, Decreta pontificum*]

MS: M.R. James (1899) 90–3; Z.N. Brooke (1931) 231–5; Mynors (1939) no. 50; R. Powell (1962) 4; N.R. Ker (1964) 62; S. Williams (1971) 79–80; P.R. Robinson (1988) I, no. 280; Gullick (1994) 106–8; Williman (1996–9) 440; Gullick (1998a) 30 n. 38; R. Gameson (1999a) no. 116; Kéry (1999) 116, 240 [*Collectio Lanfranci*]; Gullick (2000) 208 n.; Gullick (2001) 102–3, 117

FACS: P.R. Robinson (1988) II, pl. 36 [fol. 115r]

ST: Z.N. Brooke (1931) 63, 162; Sheerin (1975b); Webber (1992) 47–8; Philpott (1994) 131; R. Gameson (1998) 236 n. 25; Gullick (2008)

145. Cambridge, Peterhouse, 251, fols. 106–91

s. xi ex. or xi/xii, Canterbury StA

Contents: Galen, *Ad Glauconem de medendi methodo*, and *Liber tertius*; *Liber Aurelii de acutis passionibus*; *Liber Esculapii de chronicis passionibus*; Galen (?), *De podagra*

MS: M.R. James (1899) 307–10; T.A.M. Bishop (1954–8a) 189; T.A.M. Bishop (1959–63a) 95; M.L. Cameron (1984) 162–3 and nn. 38–42; M.L. Cameron (1993) 71 and n. 21; R. Gameson (1995a) 102 n. 28; R. Gameson (1999a) no. 117; Barker-Benfield (2008) I.516, II.1230, 1261, III.1820; R. Gameson (2008) 192, 203–4

DEC: Lawrence (1982) 102

146. Cambridge, Queens' College, (Horne) 75 (with Oxford, Bodleian Library, Eng. th. c. 74 + Bloomington, Indiana University, Lilly Library, Poole 40 + New Haven, Yale University, Beinecke Library, Osborn fa 26)

s. xi in.

Contents: Ælfric, Homilies* (f) and Lives of Saints* (f)

MS: N.R. Ker (1957) no. 81; N.R. Ker (1976a) 123; Dumville (1988) 60–1; Clemoes (1997) 54–5 [M.R. Godden]; Stoneman (1997) 103, 119, 122; Wilcox (2006a) 239, 256; Scragg (2012a) no. 200

FACS: Collins—Clemoes (1974) 74 [Yale and Bloomington fragments]

ED: Clemoes (1997) 291–4 [Ælfric, CH I, Hom. XIV (Palm Sunday), lines 34–113 coll. as f^c], 316 [Ælfric, CH I, Hom. XVII (Second Sunday after Easter), lines 79–89, coll. as f^c], 335–6 [Ælfric, CH I, Hom. XX *Feria .IIII. De fide catholica*), lines 1–39, coll. as f^c]

ST: R.L. Collins (1960) [discovery of Indiana University, Lilly Library, Poole 10]; Collins—Clemoes (1974) [on the origin of the fragments]; R.L. Collins (1976) 38–42 [Yale University Beinecke Library, Osborn Collection and Bloomington, Indiana, Indiana University Lilly Library Poole 10 are identified as a fragments of this MS]; J. Hill (1996) 243, 245

146. 5. Cambridge, St John's College 5 (A. 5), part i

s. xi/xii, Canterbury CC

Contents: Gratianus Augustus, *Epistula ad Ambrosium* [cf. *CPL* 160]; Ambrose, *De fide* [*CPL* 150], *De Spiritu Sancto* [*CPL* 151], *De incarnationis dominicae sacramento* [*CPL* 152]

MS: M.R. James (1913) 5–6; Gullick (2010) 8 n. 10

ST: Webber (1992) 53–4; Gneuss (2012) 288–9

147. Cambridge, St John's College, 35 (B. 13)

s. xi ex., (prov. Bury St Edmunds)

Contents: Gregory, *Homiliae in Hiezechielem* [*CPL* 1710]; *Trinubium Annae* (s. xi/xii)

MS: Schenkl no. 2600; M.R. James (1913) 47; N.R. Ker (1960) 8 n. 2; N.R. Ker (1964) 19; R.M. Thomson (1972) 625 n. 39, 626; Rella (1977) 160; R. Sharpe et al. (1996) 81 [B.13.201]; Gransden (1998b) 265–6; R. Gameson (1999a) no. 119; T.N. Hall (2001) 131, 133 [no. 3]; Biggs (2007a) 83 [Biggs, T.N. Hall]

DEC: R. Gameson (1991) 65–75

FACS: R. Gameson (1991) fig. 12 [fol. 110v]; Gransden (1998b) pl. LXXX (A) [fol. 105r (detail)]

ED: T.N. Hall (2002) 115 [*Trinubium Annae*]

ST: T.N. Hall (2002)

148. Cambridge, St John's College 59 (C. 9) (the 'Southampton Psalter')

s. x/xi, Ireland, (prov. Dover), in England before 1100?

Contents: Psalterium Gallicanum with glosses (Latin and Irish); three rhyming prayers [not in SK]; canticles

MS: M.R. James (1913) 76–8; Mearns (1914) 68; Kenney (1929) no. 476; N.R. Ker (1964) 58; de Brún—Herbert (1986) 110 [no. 53]; P.L. Heyworth (1989) 207; Biggs et al. (1990) 97 [C.D. Wright]; Dumville (1992a) 112; Pulsiano (2001a) xxvii; Duncan (2004); Binski—Panayotova (2005) no. 16 [R. McKitterick]; Dumville (2007d) 83–6; M.P. Brown (2012) 135; R. Gameson (2012a) 42 and n. 115; Toswell (2012) 473

DEC: Henry (1960) 23–40; Henry (1965) 58–9, 106–8; Köhler—Mütherich (1971–99) VII.44 n. 47; Alexander (1978a) no. 74; Ohlgren (1986) no. 74; Huws (2000) 113–14; Harbison (2011) 147–8

FACS: Alexander (1978a) ills. 350–3 [fols. 4v, 38v, 71v, 72r]; Binski—Panayotova (2005) 70 [fols. 68v–69r]; P.P. O'Neill (2012) pls. 1, 2 (a)—(c) [fols. 6r and 6v, 55r, 90r (details)]

ED: Stokes—Strachan (1901-3) I.xiv, 4–6 [Irish glosses]; Pulsiano (2001a) [Pss. I–L coll. as θ]; P.P. O'Neill (2012) 4–359 [complete MS]

ST: H.M. Bannister (1910–11a); R.L. Ramsay (1912) 471–3 [Latin glosses]; McNamara (1973) 241–2 [psalter text]; *BCLL* (1985) no. 509; Pulsiano (1998b) 105 n. 2; P.P. O'Neill (2002); Duncan (2004)

149. Cambridge, St John's College, 73 (C. 23)

s. xi/xii, Bury St Edmunds

Contents: gospels, gospel list

MS: M.R. James (1913) 96–8; T.A.M. Bishop (1954–8a) 185–7; T.A.M. Bishop (1971) xix, xxiii; R.M. Thomson (1972) 618 n. 3, 625–7; A.G. Watson (1987a) 5; P.R. Robinson (1988) I.110; Lenker (1997) 454; Gransden (1998b) 266; R. Gameson (1999a) no. 120; Rushforth (2012) 209 n. 73

DEC: R. Gameson (1991) 104 n. 9, 105 n. 10, 106 n. 32; R. Gameson (2012c) 285 and n. 126

FACS: T.A.M. Bishop (1954–8a) pls. X (a), XI (a), XI (b) [fols. 1v (detail), 91v (detail), 44v (detail)]; Gransden (1998b) pl. LXXX (B) [fol. 117r (detail)]

ST: McGurk (1986b) 51, 55 [repr. McGurk (1998) no. XIV]; Lenker (1997) 442–50

150. Cambridge, St John's College 82 (D. 7), fols. 89–92

s. x med.

Contents: creed (*Quicumque uult*), canticle [*Canticum Moysi*] (f)

MS: M.R. James (1913) 111; Pulsiano (1995) 81; Wieland (2009) 136

151. Cambridge, St John's College, 87 (D. 12), fols. 1–50

s. xi^2, France, (prov. Dover), in England before 1100?

Contents: Statius, *Thebais*

MS: Schenkl no. 2616; M.R. James (1903) 523 [no. 391]; M.R. James (1913) 115–17; A.G. Watson (1981) 44 n. 5 [repr. A.G. Watson (2004) no. XI]; R. Gameson (1999a) no. 121

ED: Klotz – Klinnert (1902/1973) [Statius, *Thebais*, coll. as D; but see M.D. Reeve in L.D. Reynolds (1983) 395 n. 13]; Garrod (1906) [Statius, *Thebais*, coll. as D]

ST: Garrod (1904); L.D. Reynolds (1983) xxxiv n. 159

152. Cambridge, St John's College, 101 (D. 26), fols. 1–14

s. x^2, Canterbury StA (Glastonbury?)

Contents: Cassian, *De institutis coenobiorum* [*CPL* 513], bk. XII (f)

MS: Schenkl no. 2625; M.R. James (1913) 134 [text erroneously identified as Cassian, *Conlatio* XII]; T.A.M. Bishop (1954–8b) 324, 330; T.A.M. Bishop (1971) 5 n. 2; Barker-Benfield (2008) II.772, III.1812, 1815; Wieland (2009) 141

ST: Lake (2003) 41 n. 56; Lapidge (2006) 295–6

152. 7. Cambridge, St John's College, 147 (F. 10), flyleaves i–iii, 57–9

s. x²

Contents: Alcuin, *Expositio in Euangelium Iohannis* (f)

MS: M.R. James (1913) 181; Rushforth (2009) 73–5

FACS: Rushforth (2009) pl. 3 [fol. i (recto)]

ST: *CSLMA* II (1999) 371–5

152. 9. Cambridge, St John's College, 164 (F. 27), flyleaves i–ii

s. xi med., prob. Canterbury StA

Contents: commentary (the 'Einsiedeln Commentary') on the *Artes* of Donatus (f)

MS: M.R. James (1913) 198; Rushforth (2009) 75–7

FACS: Rushforth (2009) pl. 4 [fols. i (verso)–ii (recto)]

ST: Gneuss (2012) 289

153. Cambridge, St John's College, 164 (F. 27)

s. x, prob. England, (prov. Canterbury StA)

Contents: Adrevald of Fleury, *Historia translationis S. Benedicti* [*BHL* 1117]; parts of rhymed offices for St Augustine of Canterbury and Abbot Hadrian (s. xi); Adrevald of Fleury, *Miracula S. Benedicti* [*BHL* 1123] with prefatory verses [SK 11436]; Odo of Cluny, Sermon for the feast of St Benedict

MS: Schenkl no. 2640; M.R. James (1913) 197–9; N.R. Ker (1964) 41; Biggs et al. (2001) 109–12; Hartzell (2006) no. 56; T.N. Hall (2007) 253, 261–2; Barker-Benfield (2008) III.1745, 1784

ST: Gneuss (1968) 114–15; *CSLMA* I (1994) 36–42; *CALMA* I.47 [R. Love]; Lapidge (2012a) 690; R. McKitterick (2012) 328

153. 5. Cambridge, St John's College, 236 (L. 9)

c. 1075, Canterbury CC

Contents: Acts of the Council of London (1074×1075)

MS: M.R. James (1913) 275; Clover–Gibson (1979) 20; Whitelock et al. (1981) II.609–10

ED: Whitelock et al. (1981) II.612–16

ST: Whitelock et al. (1981) II.607–11

154. Cambridge, St John's College, Aa. 5. 1, fol. 67

s. viii¹, Northumbria, or s. viii or ix¹, S England?, (prov. Ramsey)

Contents: Cassiodorus, *Expositio psalmorum* [*CPL* 900] (f)

MS: Schenkl no. 2648; M.R. James (1913) 242; *CLA* Supplement (1971) no. 1679; Lapidge (1988–9) 454; Dumville (1992a) 104–5; Knappe (1996) 217 and n. 3; Lapidge (1996c) 432; Crick (1997) 70 and n. 36; Lapidge (1998) 39 n. 12; Lapidge (2000a) 19, 23; Rushforth (2011) 60–1; Stoppacci (2012–) I.22

FACS: Lapidge (2000a) 19, 23 [illustrations of single words]

ST: Bailey (1983) 189; Bailey–Handley (1983) 54–5; Halporn (1985); Lapidge (2006) 296

154. 5. Cambridge, St John's College, Ii. 12. 29 [ptd bk], flyleaves

s. ix¹ or ix med., France

Contents: Isidore, *Etymologiae* [*CPL* 1186], bks. XVIII–XIX (f)

MS: N.R. Ker (1954) 112 [no. 1207]; Bischoff (1998–) I, no. 836

155. Cambridge, Sidney Sussex College, Δ. 5. 15 (100), pt. ii

s. x$^{3/3,}$ prob. Winchester OM (Ramsey?); additions s. xi¹ and xi/xii, Durham; prov. whole MS, Durham

Contents: pontifical services (s. x$^{3/3}$); mass of St Cuthbert (s. xi¹); antiphons for the Office of St Nicholas (s. xi/xii)

MS: C. Wordsworth (1885) 54–72; M.R. James (1897) 120–2; Mynors (1939) no. 29; N.R. Ker (1957) no. 82; N.R. Ker (1964) 62; T.A.M. Bishop (1971) 14 [no. 16]; Brückmann (1973) 410; Rella (1977) 57, 80; Banting (1989) xxxix–li [full description]; Gneuss (1985) 132 [no. R.4]; Lapidge–Winterbottom (1991b) lxxviii–lxxix; Rollason (1989) 422–3; Dumville (1992a) 68, 75–6, 79, 89–91, 94, 104, 107, 221 n. 30; Lapidge (1992a) 111 [repr. Lapidge (1993a) 399]; Dumville (1993g) 65; Lapidge (1996c) 432 n. 113; Bullough (1998a) 125, 127; Hartzell (2006) no. 57; Scragg (2012a) no. 201

DEC: R. Gameson (1995b) 238 n. 18

FACS: T.A.M. Bishop (1971) pls. XIV (a)–(b) [fols. 3r, 14v]; Banting (1989) pl. 2 [fol. 6r]

ED: Banting (1989) 155–70 [base MS for the 'Sidney Sussex Pontifical']

ST: Hohler (1975); N. Orchard (1995a) 90–1, 95; Bullough (1996) 21 n. 71; Corrêa (1996) 288, 299–306; R. Gameson (1996a) 201 n.; Thacker (1996) 250 n.; Pfaff (2001) 181; N. Orchard (2002) I.218; C.A. Jones (2004) 328, 338–9, 342; N. Orchard (2005) xxxii, cii, cxxxvii–cxxxviii, 446

155. 5. Cambridge, Trinity College, B. 1. 16 (15)

s. xi/xii, Canterbury, CC (?), (prov. ibid.?)

Contents: hymn [SK 1545] (first stanza only); sequence [WIC 5464]; Berengaudus, *Comm. in Apocalypsin*; Haimo of Auxerre, *Expositio in Canticum canticorum* (incomplete)

MS: M.R. James (1900–4) I.17–19; N.R. Ker (1964) 39; Fenlon (1982) 24–9 [Rankin]; R. Gameson (1999a) no. 124; Hartzell (2006) no. 58

FACS: Fenlon (1982) 25, 28 [fols. 4r, 2r]

ST: *CSLMA* III (2010) 288–97, 357–8 [Haimo, *Expositio in Canticum canticorum*]

155. 6. Cambridge, Trinity College, B. 1. 17 (16)

s. xi ex. or xi/xii, Canterbury CC

Contents: Jerome, *Comm. in Euangelium Matthaei* [CPL 590]; *Physiologus* (excerpt on the hyena)

MS: M.R. James (1900–4) I.19–20; M.R. James (1903) 508, 514; N.R. Ker (1964) 31; Webber (1995) 154, 157; R. Gameson (1999a) no. 125; Gullick–Pfaff (2001) 285 and n. 3; Gneuss (2003b) 296; Bouet–Dosdat (2005) 97

FACS: Bouet–Dosdat (2005) fig. 1 [fol. 3r]

ST: Lambert (1969–72) no. 217

156. Cambridge, Trinity College, B. 1. 29 (27), fols. 1-47

s. xi/xii, France, (prov. Buildwas, Cistercian abbey), in England before 1100?

Contents: pseudo-Jerome, *Expositio in Canticum canticorum* [cf. CPL 194a]

MS: Schenkl no. 2179; M.R. James (1900–4) I.33–6; N.R. Ker (1964) 14; R. Gameson (1999a) no. 126

ST: Lambert (1969–72) no. 450; *CPPM* II, no. 2391

157. Cambridge, Trinity College, B. 1. 30A (28) (with New Haven, Yale University, Beinecke Library 320)

s. x$^{2/4}$ or x med.

Contents: pontifical (f)

MS: M.R. James (1900–4) I.42; Shailor (1984–2004) II.126–8; Dumville (1991–5) 42–3; Dumville (1992a) 68, 76, 95; Keynes (1992) 11 [no. 3]; Dumville (1994a) 144 and n. 60; Stoneman (1997) 121; Gneuss (2003b) 296

FACS: Keynes (1992) pl. III [verso of Cambridge fragment]; Dumville (1994a) pl. IV [recto of Cambridge fragment]

ED: M.R. James (1900–4) I.42 [Cambridge fragment]

ST: *CPL* 1900f [listed among *Documenta ad Gelasianum uetus proxime accedentia*, with James's erroneous dating]

157. 7. Cambridge, Trinity College, B. 1. 37 (35), fols. 46–97

s. xi ex. and/or s. xii in., Salisbury

Contents: Anselm, *Proslogion, Repetitio of Proslogion, Cur Deus magis assumpserit*, fifteen letters (and six letters inserted after 1100 on fols. 67–8), Prosper, *Pro Augustino responsiones ad capitula obiectionum Vincentianarum* [*CPL* 521]: 1090 × 1093; Anselm, *Monologion* (incomplete): s. xi ex. or xii in.

MS: M.R. James (1900–4) I.46-8; R. Gameson (1999a) nos. 128–31; Sharpe—Webber (2009)

158. Cambridge, Trinity College, B. 1. 40 (38)

s. xi ex., Canterbury StA

Contents: Augustine, *De diuersis quaestionibus .lxxxiii.* [*CPL* 289]

MS: M.R. James (1900–4) I.53; T.A.M. Bishop (1949–53) 438; T.A.M. Bishop (1955) 2; T.A.M. Bishop (1959–63a) 94; N.R. Ker (1964) 41; Römer (1972b) 91; Mutzenbecher (1975) li, lxi; R. Gameson (1995a) 102 n. 28, 144; R. Gameson (1999a) no. 132; T.N. Hall (2004b) 97 n. 18; Barker-Benfield (2008) I.423, 510, 528, II.919, 924, 1499, III.1732, 1736, 1795, 1821, 1882

DEC: Dodwell (1954) 122; Lawrence (1982) 102; R. Gameson (1995a) 105 n. 35, 137 n. 161

FACS: Lawrence (1982) pl. XXXII (B) [fol. 1r]

ED: Mutzenbecher (1975) 1–249 [Augustine, *De diuersis quaestionibus*, coll. as C]

159. Cambridge, Trinity College, B. 1. 42 (40)

s. x^2, Canterbury StA

Contents: Cyprianus Gallus, *Pentateuchos* [*CPL* 1423]

MS: Peiper (1891) ix–x; M.R. James (1900–4) I.54–5; N.R. Ker (1964) 41; Strongman (1977–80) 24; Keynes (1992) 19–20 [no. 9]; Barker-Benfield (2008) I.406, II.1380, III.1706, 1814; R. Gameson (2012a) 49 n. 148

FACS: Keynes (1992) pl. IX [fol. 1r]

ED: Peiper (1891) [Cyprianus Gallus coll. as C]

161. Cambridge, Trinity College, B. 3. 5 (84)

s. xi ex., Canterbury CC

Contents: Jerome, *Comm. in Prophetas minores* [*CPL* 589], *Comm. in Danielem* [*CPL* 588]

MS: M.R. James (1900–4) I.103–4; T.A.M. Bishop (1949–53) 435–6; N.R. Ker (1964) 31; Bodden (1988) 231; Webber (1995) 149 n. 18, 154, 157; Gullick (1998c) 179–80; R. Gameson (1999a) no. 140; Barker-Benfield (2008) I.505

DEC: Dodwell (1954) 17, 120; Lawrence (1982) 107, 108; R. Gameson (1995a) 116 n. 71, 142

FACS: Dodwell (1954) pl. 45 (c) [fol. 3r (detail)]; Lawrence (1982) pl. XXXIII (B) [folio not specified]

ST: Lambert (1969–72) nos. 215, 216

162. Cambridge, Trinity College, B. 3. 9 (88)

s. xi/xii, Canterbury CC

Contents: Ambrose, *Expositio euangelii secundum Lucam* [*CPL* 143]

MS: M.R. James (1900–4) I.109–10; N.R. Ker (1964) 32; Webber (1995) 157; Bankert et al. (1997) 32; R. Gameson (1999a) no. 141

DEC: Dodwell (1954) 20, 37, 72, 120; R. Gameson (1995a) 106 n., 117 n., 118 n., 121 n., 143

FACS: Dodwell (1954) pls. 5 (h) [fol. 130r (detail)], 44 (a) [fol. 15r (detail)]; Webber (1995) pls. 2, 3 (b) [fols. 4r, 15r]

ST: Webber (1995) 157

162. 1. Cambridge, Trinity College, B. 3. 10 (89)

s. xi/xii, Canterbury CC

Contents: Ambrose, *Epistulae* [*CPL* 160], *Contra Auxentium de basilicis tradendis* [= *Epist.* lxxviii], *De traditione basilicae* [= *Epist.* lxxix], *De obitu Theodosii* [*CPL* 159], *De Nabuthae* [*CPL* 138]; pseudo-Ambrose, *De SS. Geruasio et Protasio* [= *Epist.* ii: *CPL* 2195; *BHL* 3514]

MS: M.R. James (1900–4) I.110–11; R. Gameson (1999a) no. 142

ST: Bankert et al. (1997) 52

162. 6. Cambridge, Trinity College, B. 3. 14 (93)

s. xi/xii, Préaux, (prov. Canterbury CC)

Contents: Richard of Préaux, *Comm. in Genesim*, pt. ii [companion vol. to no. **504. 8**]

MS: M.R. James (1900–4) I.114–15; R. Gameson (1995a) 108 n. 45; Webber (1995) 158; R. Gameson (1999a) no. 143

163. Cambridge, Trinity College, B. 3. 25 (104)

s. xi ex. (1080s), Canterbury CC

Contents: Augustine, *Confessiones* [*CPL* 251], *Retractationes* [*CPL* 250] II.vi, *De haeresibus* [*CPL* 314]

MS: M.R. James (1900–4) I.123; M.R. James (1903) 18 [no. 33], 156 [no. 96]; Southern (1963) 243; N.R. Ker (1964) 32; Römer (1972b) 93; Rella (1977) 159; N.P. Brooks (1984) 269 [no. 39]; Keynes (1992) 33–4 [no. 21]; Webber (1995) 158; R. Gameson (1999a) no. 144; R. Gameson (2012a) 19 n. 24; Webber (2012) 215 n. 15

FACS: Keynes (1992) pl. XXI [fol. 63v]

163. 5. Cambridge, Trinity College, B. 3. 31 (110)

s. xi/xii, Canterbury CC

Contents: Augustine, *Retractationes* [*CPL* 250] II. xv; *Epistula ad Aurelium* [*Epist.* clxxiv] [*CPL* 262]; *De Trinitate* [*CPL* 329]

MS: M.R. James (1900–4) I.131–2; N.R. Ker (1964) 32; Römer (1972b) 93–4; R. Gameson (1999a) no. 145; Gullick—Pfaff (2001) 285; Gneuss (2003b) 296

164. Cambridge, Trinity College, B. 3. 33 (112)

s. xi/xii, Canterbury CC

Contents: Augustine, *De adulterinis coniugiis* [*CPL* 302], *De mendacio* [*CPL* 303], *Contra mendacium* [*CPL* 304], *De cura pro mortuis gerenda* [*CPL* 307], *De uera religione* [*CPL* 264], *De natura et origine animae* [*CPL* 345]; pseudo-Augustine, *Sermo Ariani cuiusdam* [*CPL* 701], *Contra sermonem Arianorum* (from Syagrius, *Regulae definitionum contra haereticos prolatae* [*CPL* 560]); Augustine, *Contra aduersarium legis et prophetarum* [*CPL* 326]

MS: Schenkl no. 2245; M.R. James (1900–4) I.135–6; N.R. Ker (1964) 32; Römer (1972b) 94; Gullick (1998c); R. Gameson (1999a) no. 147

DEC: Dodwell (1954) 120; R. Gameson (1995a) 117 n., 121 n., 142

ST: Webber (1992) 51 n. 26; Webber (1995) 158; Gullick (1998c) 178, 189

165. Cambridge, Trinity College, B. 4. 2 (116)

s. xi ex., Canterbury CC

Contents; gospel of John; Augustine, *Tractatus in Euangelium Ioannis* [*CPL* 278]

MS: M.R. James (1900–4) I.140; Dodwell (1954) 120; N.R. Ker (1964) 32; Römer (1972b) 94; C.E. Wright (1972) 64, 71, 114; Webber (1995) 158; R. Gameson (1999a) no. 148; Barker-Benfield (2008) I.517

DEC: R. Gameson (1995a) 132 n., 143

165. 5. Cambridge, Trinity College, B. 4. 5 (119)

s. xi/xii, Préaux, (prov. Canterbury CC)

Contents: Florus of Lyon, *Comm. in Epistolas Pauli* (ad Romanos — ad Corinthios I)

Companion vol. to no. **567. 5**

MS: M.R. James (1900–4) I.142–3; Webber (1995) 158; R. Gameson (1999a) no. 149

DEC: R. Gameson (1995a) 131 n. 37

166. Cambridge, Trinity College, B. 4. 9 (123)

s. xi/xii, Canterbury CC

Contents: Gregory, *Moralia in Iob* [*CPL* 1708], bks. XVII–XXXV

MS: M.R. James (1900-4) I.146–7; N.R. Ker (1964) 32; Webber (1995) 154, 158; R. Gameson (1999a) no. 150

DEC: Dodwell (1954) 17; R. Gameson (1995a) 117 n., 121 n., 132 n., 143

FACS: Webber (1995) pl. 5 (a) [fol. 108v]

167. Cambridge, Trinity College, B. 4. 26 (140)

s. xi ex., Canterbury CC

Contents: Augustine, *Epistulae* [*CPL* 262]

MS: M.R. James (1900–4) I.163–6 [incl. full list of the *Epistulae* in this MS]; N.R. Ker (1964) 32; Römer (1972b) 95 [full list of the *Epistulae* in this MS]; R. Gameson (1999a) no. 152; Webber (2012) 215 n. 15

DEC: Dodwell (1954) 120; Lawrence (1982) 108; R. Gameson (1995a) 117 n. 78, 143

FACS: Lawrence (1982) pl. XXXIII (D) [folio not specified]; Webber (1995) pl. 3 (a) [fol. 2r]

ST: R. Gameson (1995a) 106 n.; Webber (1995) 158

168. Cambridge, Trinity College, B. 4. 27 (141)

s. x ex., Canterbury CC

Contents: Isidore, *Mysticorum expositiones sacramentorum seu Quaestiones in Vetus Testamentum* [*CPL* 1195]; Adalbert of Metz, *Speculum Gregorii* (epitome of *Moralia*); Augustine, *In Ioannis epistulam ad Parthos tractatus .x.* [*CPL* 279]

MS: M.R. James (1900–4) I.166–7; T.A.M. Bishop (1959–63a) 94; T.A.M. Bishop (1959–63b) 413–14, 416–17, 419–20; N.R. Ker (1964) 32; T.A.M. Bishop (1971) xxv, 6; N.R. Ker (1972b) 77–8; Römer (1972b) 95; N.P. Brooks (1984) 267 [no. 3]; Dumville (1992a) 47; Keynes (1992) 25–6 [no. 14]; Wieland (2009) 133; R. Gameson (2012a) 23 and n. 36, 40 and n. 102; R. Gameson (2012d) 351 and n. 24; Rushforth (2012) 204 and n. 46

FACS: T.A.M. Bishop (1959–63b) pls. XIV (b)–(c) [fols. 108v, 153r]; Keynes (1992) pl. XIV [fol. 126v]

ST: N.R. Ker (1960) 8 n. 2; C. Brett (1991) 53; R. McKitterick (2012) 328, 329 and n. 104

Cambridge, Trinity College, B. 5. 2 (148): see no. **270**

169. 5. Cambridge, Trinity College, B. 5. 24 (170)

s. xi/xii, Canterbury CC

Contents: Jerome, *Comm. in Esaiam* [*CPL* 584], bks. XI–XVIII

MS: M.R. James (1900–4) I.223; Webber (1995) 154, 158; R. Gameson (1999a) no. 157

170. Cambridge, Trinity College, B. 5. 26 (172)

s. xi ex., Canterbury CC

Contents: Augustine, *Enarrationes in psalmos* [*CPL* 283], pss. I–L [companion vol. to nos. **171** and **937. 5**]

MS: M.R. James (1900–4) I.224–5; N.R. Ker (1964) 33; Römer (1972b) 97; Webber (1995) 158; R. Gameson (1999a) no. 158

DEC: Dodwell (1954) 17–18, 76, 120; C.M. Kauffmann (1975) 55–6 [no. 6]; Ohlgren (1986) no. 217; R. Gameson (1991) 74 n. 77; R. Gameson (1995a) 117 n. 78, 136 n. 159, 143

FACS: Dodwell (1954) pl. 10 (b) [fol. 1r]

ST: Webber (1995) 158; Gullick (1998c)

171. Cambridge, Trinity College, B. 5. 28 (174)

s. xi ex., Canterbury CC

Contents: Augustine, *Enarrationes in psalmos* [*CPL* 283], pss. CI–CL [companion vol. to nos. **170** and **937. 5**]

MS: M.R. James (1900–4) I.226; N.R. Ker (1964) 33; T.A.M. Bishop (1949–53) 435–6; Römer (1972b) 97; R. Gameson (1999a) no. 159

DEC: Dodwell (1954) 17; R. Gameson (1995a) 117n., 118 n., 143

FACS: Webber (1995) pls. 4 (b)–(c) [fols. 87v, 60v (details)]; Gullick (1998c) 182 [fol. 1r]

ST: Webber (1995) 158; Gullick (1998c) 181–2

172. Cambridge, Trinity College, B. 10. 4 (215)

s. xi$^{1/4}$, Canterbury CC? Peterborough?

Contents: gospels, gospel list

MS: M.R. James (1900–4) I.287–92; N.R. Ker (1957) lvii; N.R. Ker (1964) 103; T.A.M. Bishop (1967a) 39; T.A.M. Bishop (1971) xv, xxiii, 22; Brownrigg (1978) 248, 260 n. 3, 264–6; Backhouse et al. (1984b) no. 49 [D.H. Turner]; N.P. Brooks (1984) 269; McGurk (1986b) 43–4, 46, 48–55 [repr. McGurk (1998) no. XIV]; Heslop (1990) 154 n. 10, 166, 168, 171, 182; Dumville (1992a) 85, 87; Keynes (1992) 32–3 [no. 20]; Dumville (1993g) 116 n. 29, 139; McGurk—Rosenthal (1995) 258–62; Lenker (1997) 450–1; Binski—Panayotova (2005) no. 10 [Webber]; Coatsworth (2006) 88 n. 45; McGurk—Rosenthal (2006) 194 n. 46, 196; R. Gameson (2012a) 41 n. 107, 70 n. 240, 80 n. 286; McGurk (2012) 438 and n. 7, 446 [no. 4]

DEC: Dodwell (1954) 10, 12, 13, 18, 19, 23, 27; E. Temple (1976) no. 65; G. Henderson (1982) 61 n. 85; Ohlgren (1986) no. 170; Clayton (1990) 171–2; Raw (1990) 198–9; Ohlgren (1992) 5, 59–62; McGurk (1993) 255 [repr. McGurk (1998) no. XI]; R. Gameson (1995b) 13, 28, 119–22, 130, 155, 180, 197, 206, 210 n. 121, 218, 230; C.M. Kauffmann (2003) 57; R. Gameson (2012c) 283 and n. 118, 290 and n. 144

FACS: Dodwell (1954) pls. 7 (b), 7 (c), 11 (a), 14 (a) [fols. 60r, 133r, 90r, 16v (details)]; Dodwell (1982) 52–3, 184 [fols. 21r, 12r]; Backhouse et al. (1984b) pl. XIII [fol. 16v]; Keynes (1992) pl. XX [fol. 25r]; Ohlgren (1992) pls. 7.1–7.24 [fols. 9r–16v, 17v, 18r, 59v, 60r, 89v, 90r, 132v, 133r]; Brantley (1999) pl. IV [fol. 164v]; Binski—Panayotova (2005) 61 [fol. 15v]; McGurk—Rosenthal (2006) figs. 16–17 [fols. 12r, 59v]; R. Gameson (2012) pl. 18.3 [fol. 17v]

ST: Glunz (1933) 140–8; McGurk—Rosenthal (1995b) 258–60 [repr. McGurk (1998) no. XV] [on relation to other Judith gospels]; Lenker (1997) 107–14, 191–5, 237–42, 442–50

173. Cambridge, Trinity College, B. 10. 5 (216) (with London, British Library, Cotton Vitellius C. viii, fols. 85–90)

s. viii^1, prob. Northumbria, (prov. Durham)

Contents: Epistulae Pauli with gloss (derived partly from Pelagius, *Expositiones .xiii. epistularum Pauli* [*CPL* 728]); Damasus, Epigram on St Paul [SK 7486]; Jerome, *Epist.* lxxiii; excerpts from works of Jerome, from Cassian, *Conlationes*, from Isidore, *Etymologiae*, and from biblical Genesis and Abacuc

MS: M.R. James (1900–4) I.293–6; *CLA* II (1935) no. 133; Mynors (1939) no. 8; N.R. Ker (1957) no. 83; McGurk (1961b) 10 [repr. McGurk (1998) no. V]; N.R. Ker (1964) 62; T.A.M. Bishop (1964–8a); T.J. Brown (1972) 226 [repr. T.J. Brown (1993a) 104]; T.J. Brown (1975) 268 [repr. T.J. Brown (1993a) 159]; T.J. Brown (1982a) 116–17 [repr. T.J. Brown (1993a) 218]; P.L. Heyworth (1989) 197; Keynes (1992) 8–9 [no. 1]; Vaciago (1993) 8 [no. 28]; McGurk (1994b) 18 [repr. McGurk (1998) no. XII]; Lapidge (2000a) 28; Ó Cróinín (2001) 34; *ASMMF* XII (2004) 1–9, 84–95 [nos. 78, 255; Wright—Hollis]; Hartzell (2006) no. 59; R. Gameson (2012a) 28 n. 59; Marsden (2012) 420 and n. 69

FACS: Keynes (1992) pl. I [fol. 20r]; T.J. Brown (1993a) ill. 49 [fol. 20r (details)]; Lapidge (2000a) 28 [fol. 20r (details)]; *ASMMF* XII (2004) nos. 78, 255

ED: J. Wordsworth et al. (1889–1954) [Pauline epistles coll. as S]; Napier (1900) no. 62 [OE glosses]

ST: Lindsay (1915) 450; Frede (1961) 77; T.A.M. Bishop (1964–8a); Frede (1964) 142; Lambert (1969–72) nos. 219, 354, 990; *BCLL* (1985) no. 2; Ní Chatháin (1987b) 192–5; Dumville (1997) 21 n. 28; Ó Cróinín (2001) 34

174. Cambridge, Trinity College, B. 11. 2 (241)

s. $x^{2/4}$ (930s) or x med., Canterbury StA; additions, s. $xi^{3/4}$, Exeter; whole MS prov. Exeter

Contents: Amalarius, *Liber officialis* (Retractatio prima; with glosses s. x^2 - xi^1): s. $x^{2/4}$ or x med.; additions: antiphon (s. xi^1); further additions (s. $xi^{3/4}$): *Dies Aegyptiaci*; excerpts from Amalarius, *Liber officialis* (Good Friday, interpolated text); donation inscription[+*]

MS: M.R. James (1900–4) I.327–8; F. Wormald (1945) 134 [repr. F. Wormald (1984) 60–1]; Hanssens (1948–50) I.129, 162–9, 198; N.R. Ker (1957) no. 84; T.A.M. Bishop (1954–8a) 193–7; N.R. Ker (1964) 82; E. Temple (1976) no. 21; Rella (1977) 85, 88; Drage (1978) 150–1, 157–8, 334–6; P.R. Robinson (1988) I, no. 334; Dumville (1991) 43; Dumville (1992a) 90, 116, 135; Keynes (1992) 16–17 [no. 6]; Dumville (1993e) 7–9; Vaciago (1993) 8 [no. 29]; Dumville (1994a) 137, 139, 141–2, 151; Lapidge (1994b) 139; R. Gameson (1996b) 149; Dodwell (2000) 152 n. 206; Lapidge (2000a) 13; C.A. Jones (2001) 17; Ambrose

(2005) 108; Hartzell (2006) no. 60 [antiphon]; Chardonnens (2007b) 545; Treharne (2007a) 256–7; Barker-Benfield (2008) I.lviii, II.1381, 1488, III.1811, 1812–13; R. Gameson (2012a) 39 and n. 97; D. Ganz (2012) 192–3 and n. 28; Scragg (2012a) no. 202

DEC: F. Wormald (1945) 122–4 [repr. F. Wormald (1984) 58–61]; Rice (1952) 178; E. Temple (1976) no. 21; Ohlgren (1986) no. 109; R. Gameson (1992a) 191; Keynes (1992) 16; R. Gameson (1995b) 3 n. 10, 217, 244 n. 60

FACS: F. Wormald (1984) ill. 61 [initial **H**]; Budny (1992) pl. 42 (a) [fol. 67r (detail)]; R. Gameson (1992a) pl. 42 (a) [fol. 67r]; Keynes (1992) pl. VI [fol. 53v]; R. Gameson (2000b) pl. 1 [fol. 44r]; Lapidge (2000a) 13 [fol. 53v (details)]; Lockett (2002) pl. II (a) [fol. 53v (details)]

ED: Hanssens (1948-50) II [*Liber officialis*, Retractatio I, coll. as T (CanT$_1$)]; C.A. Jones (2001) 200–10 [excerpts coll. as T^2, but text ptd from this MS on 201, 204–5]

ST: Chaplais (1966) no. XV; N.R. Ker (1976b) 30 [repr. N.R. Ker (1985) 150]; Rankin (1984) 112; *CSLMA* I (1994) 131–5; Dumville (1994b); P. Wormald (1999) 170 n. 34; C.A. Jones (2001) 27–32, 121–2, 175, 182, 278–9; Crick (2011) 7; R. McKitterick (2012) 328, 330 and n. 105

175. Cambridge, Trinity College, B. 14. 3 (289)

s. x/xi, Canterbury CC

Contents: Arator, *Historia apostolica* [*CPL* 1504] with scholia (by 'Anonymus X'); Dunstan, (part of) acrostic poem [SK 10972]

MS: M.R. James (1900–4) I.404–6; M.R. James (1903) 4, 9, 25; McKinlay (1942) 41–2 [no. 67]; N.R. Ker (1957) no. 85; T.A.M. Bishop (1959–63a) 94; T.A.M. Bishop (1959–63b) 414–15, 418, 421–2; N.R. Ker (1964) 33; T.A.M. Bishop (1971) 7; Lapidge (1975a) 96 n. 2 [repr. Lapidge (1993a) 134 n. 2]; Lapidge (1982a) 116, 138 n. 101 [repr. Lapidge (1996b) 484 and n. 101]; N.P. Brooks (1984) 267 [no. 4]; Keynes (1992) 27–8 [no. 16]; Vaciago (1993) 8–9 [no. 30]; Gwara (1996a) 92–3; Wieland (1998) 15 n. 11, 16 n. 23; *ASMMF* XII (2004) 10–14 [no. 78; Wright—Hollis]; Binski—Panayotova (2005) no. 12 [R. McKitterick]; Orbán (2006) I.24–5; Petruccione (2008) 234 n. 15; Scragg (2012a) no. 203

DEC: F. Wormald (1945) 135 [repr. F. Wormald (1984) 74]; E. Temple (1976) no. 34; Brownrigg (1978) 260 n. 3; Ohlgren (1986) no. 139; R. Gameson (1992a) 99 and n. 48

FACS: McKinlay (1942) pl. XXIV [fol. 5r]; Lapidge (1982a) 119 [fol. 5r] [repr. Lapidge (1996b) 488]; Ramsay et al. (1992) pls. 43 (b), 44 (a), 44 (b) [fols. 5r, 3r, 34v]; Keynes (1992) pl. XVI [fol. 5r]; *ASMMF* XII (2004) no. 78; Binski–Panayotova (2005) 64 [fols. 2v–3r]

ED: McKinlay (1951) [Arator coll. as C]; Lapidge (1982a) 118 [base MS for *Epistula ad Florianum* (lines 1–12), fol. 5r] [repr. Lapidge (1996b) 487]; Orbán (2006) [Arator coll. as C]

ST: Kristeller et al. (1960–) I.241-3 [scholia by 'Anonymus X']; Lapidge (1982a) 117–21, 138 n. 103 [repr. Lapidge (1996b) 485–93 with n. 103]; Wieland (1985) 158–9; Clayton (1990) 104–5

175. 1. Cambridge, Trinity College, B. 14. 3 (289), flyleaves 1–4

s. ix¹ or ix med., Nonantola, prov. England s. xi, (prov. prob. Canterbury CC)

Contents: Ambrose, *Expositio de Psalmo CXVIII* [*CPL* 141] (f)

MS: M.R. James (1900–4) I.405; Bischoff (1983a) 114–16; Bankert et al. (1997) 31–2; Keynes (1997a) 117 n. 75; Bischoff (1998–) I, no. 837; *ASMMF* XII (2004) 12 [no. 78; Wright–Hollis]; D. Ganz (2004) 500; Gneuss (2008b) 135; Rushforth (2011) 58; R. Gameson (2012d) 363–4 and n. 80

FACS: *ASMMF* XII (2004) no. 78

ST: R. McKitterick (2012) 329

175. 5. Cambridge, Trinity College, B. 14. 30 (315)

fols. 1–57: s. xi ex.; fols. 58–129: s. xi ex. (both parts prov. Exeter, prov. Leicester, Augustinian canons)

Contents [fols. 1–57]: nine sermons (four erroneously attrib. to Augustine); Odilo of Cluny, *Sermo* xiv; Paschasius Radbertus, *De assumptione B.V.M.* [cf. *CPL* 633]; lections on the Life of the Virgin; Fulbert of Chartres, *Sermo* iv

Contents [fols. 58–129]: Ambrose, *De uirginibus* [*CPL* 145], *De uiduis* [*CPL* 146], *De uirginitate* [*CPL* 147], *Exhortatio uirginitatis* [*CPL* 149]; Nicetas of Remesiana (?), *De lapsu uirginis consecratae* [*CPL* 651]

MS: M.R. James (1900–4) I.427–8; T.A.M. Bishop (1954–8a) 198–9; Römer (1972b) 97; R. Gameson (1996b) 154 and n. 79, 159; Bankert et al. (1997) 16; Gwara (1998) 145; Webber–Watson (1998) 151 [nine sermons itemized a–i]; R. Gameson (1999a) nos. 160–1; Webber (2006) 138

176. Cambridge, Trinity College, B. 15. 33 (368) (with fragment formerly Weinheim, Sammlung E. Fischer, s.n., lost)

s. x in., S England (Winchester?)

Contents: Isidore, *Etymologiae* [*CPL* 1186] V.xxxiii–IX.vii

MS: M.R. James (1900–4) I.498–500; Lindsay (1911) I.ix; Lindsay (1915) 213, 450; T.A.M. Bishop (1964–8b); T.A.M. Bishop (1964–8d) 396; T.A.M. Bishop (1971) 4; Parkes (1976b) 156–62 [repr. Parkes (1991) 150–9]; Rella (1977) 78 and nn. 71–2, 161; Parkes (1983) 131 and n. 8; Roper (1983) 127; Bately (1986) xxiv; Dumville (1987) 165–6, 169–73; Lapidge (1991c) 963–4 [repr. Lapidge (1993a) 13–14]; Dumville (1992b) 85–6, 95; Keynes (1992) no. 2; Conner (1993) 52, 61, 64, 70; Budny (1997) I.80–1, 153; Bischoff (1998–) I, p. 184; Dumville (2005) 311; R. Gameson (2012a) 49, 59 n. 195

FACS: T.A.M. Bishop (1964–8b) pls. XVIII (a), XVIII (b), XIX (b) [fols. 3r, 9r, 110v (details)]; Parkes (1976b) pl. VI [fol. 54r] [repr. Parkes (1991) pl. 26 (fol. 54r)]; Dumville (1987) pl. VII [fol. 127r (detail)]; Dumville (1992b) pl. III [fol. 127r (detail)]

ED: Lindsay (1911) [Isidore, *Etymologiae* V.xxxiii–IX.vii coll. as *Trin.*]

ST: Ebersperger (1999) 80; P. Wormald (1999) 168 n. 16, 170 n. 34

NOTE: A fragment once in the collection of Ernst Fischer at Weinheim (near Heidelberg) and containing *Etym.* I. iii–ix, may have been part of this manuscript, but cannot now be traced. See Beeson (1915) 17; Lindsay (1916) 492; T.A.M. Bishop (1964–8b) 252; and Dumville (1987) 169 n. 115.

177. Cambridge, Trinity College, B. 15. 34 (369)

s. xi med., prob. Canterbury CC

Contents: Ælfric, Homilies*

MS: M.R. James (1900–4) I.500–2; N.R. Ker (1957) no. 86; Pope (1967) I.77–80; Collins–Clemoes (1974) 319; Strongman (1977–80) 16; Godden (1979) lxx–lxxi; N.P. Brooks (1984) 269 [no. 55]; Keynes (1992) 34–5 [no. 22]; Dumville (1993g) 139–40; Clemoes (1997) 45–6; Binski–Panayotova (2005) no. 13 [R. McKitterick]; Kleist (2007b) 462, 465; *ASMMF* XVI (2008) 17–26 [no. 80; Wilcox]; R. Gameson (2012b) 115 and n. 83; Rushforth (2012) 207 n. 64; Scragg (2012a) nos. 204–8

DEC: Rice (1952) 200; F. Wormald (1952) 63 [no. 15]; Dodwell (1954) 34, 246; E. Temple (1976) no. 74; Brownrigg (1978) 263; Backhouse et al. (1984b) no. 63; Ohlgren (1986) no. 179; Raw (1990) 199; Deshman (1995) 96, 119; R. Gameson (1991) 70 nn. 54–6; R. Gameson (1995b) 24, 87, 90, 193 n. 4; Heslop (2004) 292 n. 19

FACS: M.R. James (1900–4) IV, pl. XI [fol. 1r]; Rice (1952) pl. 61 (b) [fol. 1r]; Dodwell (1954) pl. 24 (b) [fol. 1r]; Pope (1967) II.358 [fol. 1r]; E. Temple (1976) ill. 241 [fol. 1r]; Keynes (1992) pl. XXII (b) [p. 356]; Deshman (1995) fig. 90 [fol. 1r]; Binski–Panayotova (2005) 66 [fols. 232v–233r]; *ASMMF* XVI (2008) no. 80

ED [the order of the following items is that of the manuscript, listed according to the numbering of individual articles in N.R. Ker (1957) 130-2; only the most recent editions are cited]:

art. 1: Clemoes (1997) 299–306 [Ælfric, CH I, Hom. XV (Easter Sunday), coll. as U]

arts. 2–3: Godden (1979) 161–8 [Ælfric, CH II, Hom. XVI (Another Sermon for Easter Sunday), coll. as U]

art. 4: Clemoes (1997) 307–12 [Ælfric, CH I, Hom. XVI (First Sunday after Easter), coll. as U]

art. 5: Clemoes (1997) 313–16 [Ælfric, CH I, Hom. XVII (Second Sunday after Easter), coll. as U]

art. 6: Assmann (1889/1964) 73–80 [base MS for Ælfric, Hom. for the Third Sunday after Easter (= Hom. VI)]

art. 7: Pope (1967–8) I.340–50 [Ælfric, Suppl. Hom. VII (Fourth Sunday after Easter), coll. as U]

art. 8: Pope (1967–8) I.357–68 [Ælfric, Suppl. Hom. VIII (Fifth Sunday after Easter), coll. as U]

art. 9: Clemoes (1997) 317–24 [Ælfric, CH I, Hom. XVIII (*In Letania maiore*), coll. as U]

art. 10: Clemoes (1997) 325–34 [Ælfric, CH I, Hom. XIX (*Feria .III. De dominica oratione*), coll. as U]

art. 11: Clemoes (1997) 335–44 [Ælfric, CH I, Hom. XX (*Feria .IIII. De fide catholica*), coll. as U]

art. 12: Clemoes (1997) 345–53 [Ælfric, CH I, Hom. XXI (Ascension Day), coll. as U]

art. 13: Pope (1967–8) I.378–89 [Ælfric, Suppl. Hom. IX (Sunday after Ascension Day), coll. as U]

art. 14: Clemoes (1997) 354–64 [Ælfric, CH I, Hom. XXII (Pentecost), coll. as U] art. 15: Pope (1967–8) I.396–405 [Ælfric, Suppl. Hom. X (Pentecost), coll. as U]

art. 16: Napier (1883/1967) 50–60 [Hom. VII–VIII (*De septiformi spiritu*) coll. as T; not collated by Bethurum (1957) 184–91 (Hom. IX = Napier Hom. VII)]

art. 17: Pope (1967–8) I.415–47 [Ælfric, Suppl. Hom. XI (Octave of Pentecost), coll. as U]

art. 18: Pope (1967–8) I.479–89 [Ælfric, Suppl. Hom. XII (First Sunday after Pentecost), coll. as U]

art. 19: Clemoes (1997) 365–70 [Ælfric, CH I, Hom. XXIII (Second Sunday after Pentecost), coll. as U]

art. 20: Godden (1979) 213–17 [Ælfric, CH II, Hom. XXIII (Third Sunday after Pentecost), lines 1–125, coll. as U]

art. 21: Clemoes (1997) 371–8 [Ælfric, CH I, Hom. XXIV (Fourth Sunday after Pentecost), coll. as U]

art. 22: Pope (1967–8) II.497–507 [base MS (= U) for Ælfric, Suppl. Hom. XIII (Fifth Sunday after Pentecost)]

art. 23: Pope (1967–8) II.515–25 [base MS (= U) for Ælfric, Suppl. Hom. XIV (Sixth Sunday after Pentecost)]

art. 24: Pope (1967–8) II.531–41 [base MS (= U) for Ælfric, Suppl. Hom. XV (Seventh Sunday after Pentecost)]

art. 25: Godden (1979) 230–4 [Ælfric, CH II, Hom. XXV (Eighth Sunday after Pentecost), coll. as U]

art. 26: Godden (1979) 235–40 [Ælfric, CH II, Hom. XXVI (Ninth Sunday after Pentecost), coll. as U]

art. 27: Pope (1967–8) II.547–59 [base MS (= U) for Ælfric, Suppl. Hom. XVI (Tenth Sunday after Pentecost)]

art. 28: Clemoes (1997) 410–17 [Ælfric, CH I, Hom. XXVIII (Twelfth Sunday after Pentecost), coll. as U, lacking lines 221–6]

ST: Gatch (1977) 55; Clemoes (1980) 230–3; Acker (2004) 134; Wilcox (2006b)

178. Cambridge, Trinity College, B. 16. 3 (379)

s. $x^{2/4}$ or x med., S or W England

Contents: cryptogram (fol. *1r); Hrabanus Maurus, *De laudibus S. Crucis*

MS: M.R. James (1900–4) I.516–17; Rella (1977) 80, 161; Gneuss (1978) 142–4; Dumville (1987) 175–6; Dumville (1992a) 144; R. Gameson (1992c) 157 and n. 196; Keynes (1992) 11–14 [no. 4]; P. Wormald

156 Anglo-Saxon Manuscripts

(1999) 169; Binski—Panayotova (2005) no. 6 [R. McKitterick]; W. Schipper (2007a); W. Schipper (2009) 286 and n. 13; Wieland (2009) 151; R. Gameson (2012a) 77 n. 273; D. Ganz (2012) 192 and n. 25

DEC: F. Wormald (1971b) 309 [repr. F. Wormald (1984) 80]; Deshman (1974) 183, 190, 197, 199; E. Temple (1976) no. 14; Deshman (1977); F. Wormald (1984b); Ohlgren (1986) no. 92; R. Gameson (1995b) 11–12, 20, 89 n. 104, 147, 152–3, 180, 185; R. Gameson (2012c) 250 and nn. 7–8

FACS: F. Wormald (1984) ill. 91 [fol. 1v]; E. Temple (1976) ills. 45–6, 48 [fols. 3r, 30v, 1v]; Keynes (1992) pls. IV (a)–(b) [fols. 30v, 34r]; Binski—Panayotova (2005) 55 [fol. 6v]; Panayotova (2007) pl. III [fol. 3v]; W. Schipper (2007a) figs. 1 (c) [fol. 26r (detail)], 2 (a) [fol. 25v (detail)], 3 (a) [fol. 1v], 3 (b) [fol. 28r (detail)], 4 (a) [fol. 5v], 4 (b) [fol. 4r (detail)]; W. Schipper (2009) figs. 7–10 [fols. 4v, 27v, 3v, 24v–25r]

ED: Keynes (1992) 13 [cryptogram]

ST: Brownrigg (1977) 257; Gneuss (1978) 142–4; Bischoff (1998–) I, no. 37 [on Amiens B.M. 223, from Fulda (not Corbie), related to Anglo-Saxon copies]; W. Schipper (2007a); W. Schipper (2009); R. McKitterick (2012) 328, 330 and n. 112

179. Cambridge, Trinity College, B. 16. 44 (405)

s. xi^2 (1059×1079), Normandy (Bec?), prov. Canterbury CC; s. xi ex. – xii in., Canterbury CC

Contents: *Collectio Lanfranci* [*Concilia, Decreta pontificum*]: s. xi^2; papal letters to Lanfranc and *Conuersio Berengarii* [from Gregory VII, *Registrum* VI.17a]: s. xi ex. – xii in.

MS: M.R. James (1900–4) I.540–1; Z.N. Brooke (1931) 231–5; T.A.M. Bishop (1949–53) 436; T.A.M. Bishop (1959–63b) 414; Dodwell (1954) 7; N.R. Ker (1960) 25, 28 n. 7, 42 n. 5; Southern (1963) 19 n. 3; C.N.L. Brooke (1967) 56–8; S. Williams (1971) 78–9; N.R. Ker (1976b) 30 n. 5 [repr. N.R. Ker (1985) 150 n. 5]; Gibson (1978) 179–81, 205; N.R. Ker (1985) 75–6, 84–5; P.R. Robinson (1988) I, no. 342; M. Brett (1992) 161 n. 11; Webber (1995) 148 and nn. 15, 18; Saenger (1997) 212 and n. 71; Gullick (1998c) 175 and nn. 7, 8; R. Gameson (1999a) no. 162; Kéry (1999) 116, 240; Gullick (2001) 100–2 and n. 5; Cowdrey (2003) 138–43; Gullick (2008); Webber (2012) 213 and n. 4

DEC: Lawrence (1982) 107; R. Gameson (1995a) 109 n. 47

FACS: Dodwell (1954) pls. 4 (c)–(d) [pp. 396, 405 (details)]; N.R. Ker

(1960) pls. 4–5 [pp. 404–5]; P.R. Robinson (1988) II, pl. 29 [p. 211]; Gullick (2008) pls. 5.1–4 [details of pp. 2, 147, 181 and enlargement], 5.7 [slip between pp. 82 and 83]

ED: Liebermann (1901) [papal letters]

ST: Z.N. Brooke (1931); S. Williams (1971); Kéry (1999) 239–43 [discussion and bibliography for *Collectio Lanfranci*]

179. 4. Cambridge, Trinity College, R. 3. 33 (613), flyleaves

s. xi ex.

Contents: Jerome, *Epistulae* [*CPL* 620] (f)

MS: M.R. James (1900–4) II.110; Gneuss (2003b) 296–7

179. 5. Cambridge, Trinity College, R. 3. 57 (629)

s. xi/xii, Canterbury CC?

Contents: Horace, *Carmina* (with argumenta and scholia), *Epodon liber*, *Carmen saeculare*, *Ars poetica*, *Sermones*

MS: M.R. James (1900–4) II.125–6; N.R. Ker (1964) 39; Gneuss (2003b) 297

180. Cambridge, Trinity College, R. 5. 22 (717), fols. 72–158

s. x/xi, prov. Sherborne?, (prov. prob. Salisbury)

Contents: Gregory (Alfred), *Regula pastoralis**; Iuvenalis, *Sat*. III. 48–9; excerpt from a pseudo-Augustinian sermon on the Immaculate Conception (*Expositio de secreto gloriosae incarnationis Domini nostri Iesu Christi*) [*CPPM* II, no. 195]

MS: M.R. James (1900–4) II.191–2; K. Sisam (1953a) 145; N.R. Ker (1957) no. 87; N.R. Ker (1964) 171; Carlson (1975–8) I.14; Robinson—Stanley (1991) 21; Keynes (1992) 29 [no. 17]; Gneuss (2003b) 297; Schreiber (2003) 57–60; *ASMMF* XII (2004) 15–24 [no. 81; Wright—Hollis]; Scragg (2012a) nos. 217–20

FACS: Robinson—Stanley (1991) pl. 6.1.3 [fol. 72r]; Keynes (1992) pl. XVII [fol. 72r]; *ASMMF* XII (2004) no. 81

ED: Carlson (1975, 1978) [*Pastoral Care* coll. as R5]; Schreiber (2003) 191–453 [*Pastoral Care*, Prefaces and chs. i–iv, xix–xxvi, xxxvi–xxxvii, xlvii–lvi, lxv, and Epilogue, all coll. as T], 455 [excerpt from the pseudo-Augustinian sermon]

LANG: Ångstrom (1937) 39; Carlson (1975) 14; Horgan (1973) 163; Horgan (1981) 213–21

ST: Magoun (1949) 119; Römer (1972b) 97–8 [pseudo-Augustinian sermon]; Horgan (1973) 166; Horgan (1986) 120–2; *CPPM* I, no. 1237 [pseudo-Augustinian sermon]; O'Brien O'Keeffe (1990) 88–94; *CPPM* II, no. 195 [pseudo-Augustinian sermon]; R. Gameson (1998) 242 n. 45; Schreiber (2003) 59

181. Cambridge, Trinity College, R. 7. 5 (743)

s. xi in. – xi^2, (prov. prob. N England)

Contents: Bede, *Historia ecclesiastica* [*CPL* 1375] (with addenda and alterations, s. xii)

MS: Mayor—Lumby (1881) 414; M.R. James (1900–4) II.219–22; Colgrave—Mynors (1969) xlvii–xlviii; Rella (1977) 69 ['probably a direct copy of MS Tiberius C. ii']; Robinson—Stanley (1991) 20; Keynes (1992) 30 [no. 18]; R. Gameson (1999a) no. 176

FACS: Keynes (1992) pl. XVIII [fol. 57v]

ED: Mayor—Lumby (1881) [Bede, *Historia ecclesiastica*, bks. III–IV coll. as C^3]

ST: O'Brien O'Keeffe (1990) 30–1 and n. 25, 35, 42; O'Brien O'Keeffe (1994) 231–2, 237, 246

182. Cambridge, Trinity College, R. 9. 17 (819), fols. 1–48

s. xi/xii

Contents: Ælfric, *Grammar*$^{+*}$ (abbrev.); grammatical note^{+*}; *Disticha Catonis**; apophthegms*

MS: Zupitza (1880/2001) viii; M.R. James (1900–4) II.256–8; Westlake (1907) 119; N.R. Ker (1957) no. 89; Karl Brunner (1965) 41–4; R.S. Cox (1972) 4–6, 29–31; Strongman (1977–80) 16; Lapidge (1982a) 103, 130 n. 28 [repr. Lapidge (1996b) 461 and n. 28]; Keynes (1992) 36 [no. 24]; R.I. Page (1993a) 10; R. Gameson (1999a) no. 178; Treharne (2000a) 1; Treharne (2000b) 19, 37; Menzer (2004) 95, 102–4; *ASMMF* XVI (2008) 35–41 [no. 82; Lucas]; Scragg (2012a) no. 221

FACS: Keynes (1992) pl. XXIV [fol. 45r]; *ASMMF* XVI (2008) no. 82

ED: Zupitza (1880/2001) [Ælfric, *Grammar*, coll. as T]; I.A. Brunner (1965) [OE *Disticha Catonis* coll. as T]; R.S. Cox (1965) [base MS for

OE *Disticha Catonis*]; R.S. Cox (1972) [base MS (= T) for OE *Disticha Catonis*, and base MS (= SA) for OE apophthegms]

ST: T. Hunt (1991) I.26; Hollis—Wright (1992) 15–33; Menzer (2004) 104, 119

184. Cambridge, Trinity College, R. 14. 50 (920)

s. xi med.

Contents: Galen, *Liber tertius*

MS: M.R. James (1900–4) II.336; Beccaria (1956) 407; Thorndike—Kibre (1963) col. 200; Keynes (1992) 35–6 [no. 23]; R. Gameson (1999a) no. 181; Banham (2011) 343

FACS: Keynes (1992) pl. XXIII [fol. 35r]

ST: M.L. Cameron (1983) 143; M.L. Cameron (1984) 163

185. Cambridge, Trinity College, R. 15. 14 (939), pt. i

s. x^1, France, Loire region? (prov. Canterbury StA) [cf. no. **185. 1**]

Contents: pseudo-Boethius, *De geometria* [*CPL* 895] bk. I; texts and excerpts on geometry and metrology (including excerpts from: Isidore, *Etymologiae* [*CPL* 1186], Hyginus Gromaticus, *De limitibus*, Frontinus ('De agrorum qualitate'), pseudo-Censorinus, *De geometria*, Cassiodorus, *Institutiones* [*CPL* 906] bk. II, *Excerpta Euclidis*); Epaphroditus and Vitruvius Rufus, *Excerpta geometrica*; Balbus, *Ad Celsum expositio et ratio omnium mensurarum*; Remigius Favius (?), *Carmen de ponderibus et mensuris* [SK 12104] (incomplete); *Libellus de mensuris, de ponderibus, de mensuris in liquidis*

MS: Schenkl no. 2360; M.R. James (1900–4) II.349–53; Thulin (1911) 13–14; N.R. Ker (1964) 41; Folkerts (1970) 39, 95, 175; Fenlon (1982) 10–11 [Rankin]; Raios (1983) 84–5; Reeve (1983a) 5; Keynes (1992) 23–4 [no. 12]; Toneatto (1994) 278–88; Barker-Benfield (2008) III.1879, 1880, 1881

FACS: Keynes (1992) pl. XII [fols. 91v–92r]

ED: Folkerts (1970) 173–217 [*Excerpta Euclidis* coll. as T]

ST: Folkerts (1982); Folkerts (1989) 21; Biggs et al. (1990) 79–80 [Wittig]

185. 1. Cambridge, Trinity College, R. 15. 14 (939), pt. ii

s. xi^1, Saint-Vaast, Arras, (prov. England by s. xiii), both **185** and **185. 1** in England before 1100?

Contents: tonary

MS: M.R. James (1900–4) II.353–4; Huglo (1971) 321–2; Fenlon (1982) 10–13 [Rankin]; Escudier (1987); Keynes (1992) 23

FACS: Fenlon (1982) pl. II [fols. 6v–7r]

ST: N. Orchard (2005) xli

186. Cambridge, Trinity College, R. 15. 32 (945)

s. xi in. [pp. i–ii, 1–12, 37–218]; s. xi^1 (1035/6) [pp. 13–36]; whole MS Winchester NM, prov. by s. xi ex. Canterbury StA

Contents [pp. i–ii, 1–12, 37–218]: *Inuolutio sphaerae* (excerpt from Aratus, *Phainomena*, in Latin translation); Abbo of Fleury, *De differentia circuli et sphaerae* and *De duplici signorum ortu uel occasu*; *Dies Aegyptiaci*; Hyginus, *Astronomica*; Martianus Capella, *De nuptiis Philologiae et Mercurii*, bk. VIII (part with gloss); Helperic, *De computo*; Abbo of Fleury, *De figuratione signorum* (based on Hyginus); prayers; tract on the stars; Cicero, *Aratea* (incomplete)

Contents [pp. 13–36]: liturgical calendar; *computistica* ['Winchester Computus']

MS: M.R. James (1900–4) II.363–6, 428; Van de Vyver (1935) 140–1, 150; T.A.M. Bishop (1954–8a) 189–92; N.R. Ker (1957) no. 90; Leonardi (1959) 467 [no. 128]; N.R. Ker (1964) 41, 103; T.A.M. Bishop (1971) xviii n. 4, 23; Munk Olsen (1982–) I.331, 526–7; Gneuss (1985) 140 [no. X.16]; P.R. Robinson (1988) I, no. 357; Keynes (1992) 30–2 [no. 19]; Viré (1992) xvi; Dumville (1993g) 136; Baker–Lapidge (1995) xliv, xlix–lii; Liuzza (2001) 215; *ASMMF* XII (2004) 31–9 [no. 84; Wright–Hollis]; Chardonnens (2007b) 507–8, 550; Barker-Benfield (2008) II.1188, III.1836, 1917; Wieland (2009) 150, 152, 154; Scragg (2012a) nos. 222–3

DEC: F. Wormald (1952) 64 [no. 19]

FACS: P.R. Robinson (1988) II, pl. 18 [p. 15]; Keynes (1992) pl. XIX [p. 21]; *ASMMF* XII (2004) no. 84

ED: F. Wormald (1934) 127–39 [liturgical calendar (no. 10)]; R.B. Thomson (1985) [base MS (= B) for Abbo, *De differentia circuli et sphaerae* and *De duplici signorum ortu*]; Rushforth (2008a) no. 15 [liturgical calendar]

ST: Sanford (1924) 216; Henel (1934); Van de Vyver (1935) 140–50; C.W. Jones (1939) 115; C.E. Lutz (1971) 381; McGurk (1974) 1; Stroud (1979) 230; Kotzor (1981) I.302*–311*; McGurk (1983) 67–70, 108;

Lapidge (1988b) 259 n. 30 [repr. Lapidge (1993a) 217 n. 30]; Ridyard (1988) 117–18; Keynes (1996a) 68–9; Pulsiano (1998b) 99; Biggs et al. (2001) 8–10 [Lendinara]; Borst (2001) I.92–3; Chardonnens (2007a) 320 n. 8; *CSLMA* III (2010) 421–9 [Helperic]

188. Cambridge, Trinity College, O. 1. 18 (1042)

s. x/xi (or x²?), Canterbury StA, or Glastonbury?

Contents: *Voces animantium*; four Latin poems (SK 16461, 3448, 1872 [lines 4–8], 2652); Augustine, *Enchiridion* [*CPL* 295], glossed; Dunstan, acrostic poem [SK 10972]

MS: M.R. James (1900–4) III.19–22; M.R. James (1903) 506; T.A.M. Bishop (1954–8b) 323–4, 329–30, 334; N.R. Ker (1957) no. 92; T.A.M. Bishop (1959–63b) 412–13; N.R. Ker (1964) 39, 91; Römer (1972b) 98; F.C. Robinson (1973) 455; Lapidge (1975a) 96 n. 2 [repr. Lapidge (1993a) 134 n. 2]; Rella (1977) 158 n. 6; Lendinara (1990) 134 n. 8; Keynes (1992) 20–1 [no. 10]; Vaciago (1993) 9 [no. 32]; *ASMMF* XII (2004) 40–4 [no. 86; Wright—Hollis]; T.N. Hall (2004b) 97 n. 18; Hartzell (2006) no. 63; Barker-Benfield (2008) I.527, III.1813, 1818; Scragg (2012a) nos. 209–11

DEC: E. Temple (1976) no. 30(i); Ohlgren (1986) no. 118

FACS: Keynes (1992) pls. X (a)–(b) [fols. 12r, 112v]; *ASMMF* XII (2004) no. 86

ED: Napier (1900) no. 27 [OE glosses]; Lapidge (1975a) 108–11 [repr. Lapidge (1993a) 146–9] [base MS for acrostic poem by Dunstan]; Lendinara (2005) 117–18 [*uoces animantium*]; Winterbottom—Lapidge (2012) 166–72 [base MS for acrostic poem by Dunstan]

ST: Clayton (1990) 104–5

188. 8. Cambridge, Trinity College, O. 2. 30 (1134), fols. 1–72

s. xi/xii, (prov. Southwark, Augustinian priory of St Mary Overy)

Contents: pseudo-Augustine, *De unitate S. Trinitatis* [*CPL* 378]; excerpts (in dialogue form) from Isidore, *De differentiis uerborum* [*CPL* 1187], *Etymologiae* [*CPL* 1186], Gregory, *Moralia in Iob* [*CPL* 1708], and Augustine, *Enarrationes in Psalmos* [*CPL* 283]; Isidore, *De fide catholica contra Iudaeos* [*CPL* 1198]

MS: M.R. James (1900–4) III.126–7; Römer (1972b) 98; R. Gameson (1999a) no. 164; *ASMMF* XII (2004) 59–62 [no. 88; Wright—Hollis]

FACS: *ASMMF* XII (2004) no. 88

189. Cambridge, Trinity College, O. 2. 30 (1134), fols. 129–72

s. x med., Canterbury StA

Contents: list of sins; introductory poem to Benedictine Rule (doubtfully attrib. to Simplicius, abbot of Montecassino) [SK 13285]; *Regula S. Benedicti* [CPL 1852], with gloss; four sermons (s. x/xi)

MS: M.R. James (1900–4) III.127–9; T.A.M. Bishop (1954–8b) 324–6; N.R. Ker (1957) no. 94; T.A.M. Bishop (1959–63a) 93; N.R. Ker (1964) 180; Gretsch (1973) 22–4; Hanslik (1977) xviii–xix; Rella (1977) 56; R.I. Page (1981) 106–7; Keynes (1992) 17–18 [no. 7]; Dumville (1993g) 98 n. 78; Vaciago (1993) 9 [no. 33]; Dodwell (2000) 152 n. 206; T.N. Hall (2006) 133–5, 142–7; Treharne (2007a) 256–7; Barker-Benfield (2008) II.1381, III.1705, 1813; Graham (2009) 179; Wieland (2009) 125; D. Ganz (2012) 193 and n. 29; Scragg (2012a) nos. 212–13

DEC: F. Wormald (1952) 63 [no. 16]

FACS: Keynes (1992) pl. VII [fol. 130r]; Lockett (2002) pl. II (d) [fol. 130r]

ED: Napier (1900) no. 58 [OE glosses]; Rusche (2002) [list of sins]; T.N. Hall (2006) 137–9, 156–70 [Latin sermon on fols. 168v–172v]

ST: Traube (1910) 85; Brechter (1938); Meyvaert (1963); Gretsch (1973) *passim*; Gretsch (1974) 126–37; Brunhölzl (1975) 514; *CPPM* II, no. 3606a [introductory poem to Benedictine Rule]; Graham (1998a) 33, 41, 63 n. 83; Rusche (2002) 172–83 [list of sins]; T.N. Hall (2006) 139–41, 146–51

190. Cambridge, Trinity College, O. 2. 31 (1135)

s. x/xi, Canterbury CC

Contents: Prosper, *Epigrammata ex sententiis S. Augustini* [CPL 526] and *Versus ad coniugem* [CPL 531; SK 458] with gloss; *Disticha Catonis*, with gloss; Bede, *Versus de die iudicii* [CPL 1370]; Prudentius, *Dittochaeon* [CPL 1444] (all except Prosper incomplete); responsory from Office for St Æthelthryth (f; s. xi^2)

MS: M.R. James (1900–4) III.129–31; Sanford (1924) 212 [no. 82]; N.R. Ker (1957) no. 95; T.A.M. Bishop (1959–63b) 413–14, 419–21; N.R. Ker (1964) 39; Rella (1977) 96 n. 9; Lapidge (1982a) 105–7 [repr. Lapidge (1996b) 466–8]; N.P. Brooks (1984) 267 [no. 5]; A.G. Watson (1987a) 10; Keynes (1992) 26–7 [no. 15]; Vaciago (1993) 9–10 [no. 34]; *ASMMF* XII (2004) 66–71 [no. 89; Wright—Hollis]; Menzer (2004) 97 n. 4; Hartzell (2006) no. 64; Lendinara (2007b) 206; Wieland (2009) 151; R. Gameson (2012b) 108 and n. 53; Scragg (2012a) nos. 214–15

DEC: Rice (1952) 197; E. Temple (1976) no. 30(vi); Ohlgren (1986) no. 123; R. Gameson (1995b) 223–4

FACS: Keynes (1992) pl. XV [fol. 34r]; *ASMMF* XII (2004) no. 89

ED: Meritt (1945) nos. 13, 24 [OE glosses]; Lapidge (1982a) 103–4 [base MS for *Disticha Catonis* I.i.1–3], 106 [base MS for Prosper, *Epigr.* praef.] [repr. Lapidge (1996b) 463–4, 467]

ST: Boas (1952) lx; R.S. Cox (1972) 3; R.I. Page (1981) 107–9; Toth (1984); Wieland (1985) 163–4; Biggs et al. (1990) 156 [Wieland]; T. Hunt (1991) I.19–20 [French and Latin glosses]; Lendinara (2007b) 177, 181, 183

191. Cambridge, Trinity College, O. 2. 51 (1155), pt. i

s. x^2

Contents: Prudentius, *Psychomachia* [*CPL* 1441]

MS: M.R. James (1900–4) III.166–7; N.R. Ker (1964) 33, 41; Biggs et al. (1990) 153 [Wieland]; Keynes (1992) 18–19 [no. 8]; Wieland (1997a) 170; Karkov (2001a) 115 n. 3, 116 n. 7; Barker-Benfield (2008) I.92 n. 67, III.1809, 1824–5

FACS: Keynes (1992) pl. VIII [fol. 1r]

ST: Wieland (1987) 216; Wieland (1998)

192. Cambridge, Trinity College, O. 2. 51 (1155), pt. ii

s. xi/xii, Canterbury (CC?), (prov. Canterbury CC?)

Contents: Priscian, *Institutiones grammaticae* [*CPL* 1546], bks. I–XVIII; Priscian (?), *De accentibus* [*CPL* 1552] (incomplete)

MS: M.R. James (1900–4) III.167–8; N.R. Ker (1960) 30; N.R. Ker (1964) 41; Gibson (1972) 108; Passalacqua (1978) no. 84; Yerkes (1983a) 130; Keynes (1992) 18–19 [no. 8]; R. Gameson (1999a) no. 165; Barker-Benfield (2008) I.92 n. 67, II.1279, 1335, III.1809, 1820; R. Gameson (2008) 70–1

DEC: Dodwell (1954) 17, 19, 26, 122; C.M. Kauffmann (1975) no. 8; Ohlgren (1986) no. 219; R. Gameson (1991) 65–75

FACS: Dodwell (1954) pls. 11 (c), 15 (b), 15 (d) [fols. 91r, 81v, 34r (details)]; C.M. Kauffmann (1975) ills. 13–16 [fols. 46r, 58r, 91r, 100r (details)]; Lawrence (1982) pl. XXXIII (A) [folio not specified]; R. Gameson (1991) fig. 2 [fol. 105r]

ST: Bursill-Hall (1981) 54 [no. 53.7]; Bodden (1988) 231

193. Cambridge, Trinity College, O. 3. 7 (1179)

s. x^2 or x ex., Canterbury StA?, (prov. ibid.)

Contents: Boethius, *De consolatione Philosophiae* [*CPL* 878], with commentary by Remigius (redaction T); Lupus of Ferrières, *De metris Boethii*; *Epitaphium Helpis* (wife of Boethius) [SK 6193]

MS: M.R. James (1900–4) III.188–9; M.R. James (1903) 302 [no. 993]; Weinberger (1934) xvi; N.R. Ker (1957) no. 95* [pp. lxiii and 38]; N.R. Ker (1964) 42; Bolton (1977a) 40, 51; Rella (1977) 77, 162; Backhouse et al. (1984b) no. 33 [D.H. Turner]; Keynes (1992) 22 [no. 11]; Vaciago (1993) 10 [no. 35]; Gibson et al. (1995–2001) I.81–2 [no. 51]; Lapidge (1998) 32, 33, 42 n. 46; Wieland (1998) 15 n. 14, 17 n. 23; R.I. Page (2001) 239–40; *ASMMF* XII (2004) 72–7 [no. 90; Wright—Hollis]; Hartzell (2006) no. 66; Barker-Benfield (2008) I.69 n. c; Wittig (2010) 250; R. Gameson (2012a) 29 and n. 62; Rankin (2012) 505 n. 111; Scragg (2012a) no. 216

DEC: F. Wormald (1945) 134 [repr. Wormald (1984) 73]; Rice (1952) 196; F. Wormald (1952) 63–4 [no. 17]; E. Temple (1976) no. 20; Brownrigg (1978) 247 n. 6; Ohlgren (1986) no. 108; R. Gameson (1992c) 145 n. 136; R. Gameson (1995b) 23, 193 n. 3; R. Gameson (2012c) 252 n. 11

FACS: F. Wormald (1952) pl. 3 [fol. 1r]; G. Henderson (1987) 119 [fol. 129v]; R. Gameson (1992a) pl. III [fol. 1r]; Keynes (1992) pl. XI [fol. 31r]; *ASMMF* XII (2004) no. 90

ED: Stewart (1917) [Remigius commentary partially coll. as C]; Meritt (1945) no. 12 [OE glosses]; Bolton (1977a) [mythological glosses to Boethius coll. as T]

ST: Courcelle (1939); Courcelle (1967) 405; Bolton (1977a) 51, 60; Wittig (1983); O'Brien O'Keeffe (1985a) 3; Troncarelli (1987) 210–11 [no. 70]; Bodden (1988) 227 n. 40; Biggs et al. (1990) 77 [Wittig]; Rosenthal (1992) 159; Wittig (2007) 188; Godden (2011) 92; Jayatilaka (2011) 112, 117; R. McKitterick (2012) 328

194. Cambridge, Trinity College, O. 3. 35 (1207)

s. xi/xii, (prov. Chichester Cathedral)

Contents: Ambrose, *Exameron* [*CPL* 123]

MS: M.R. James (1900–4) III.217–18; N.R. Ker (1964) 50; Bankert et al. (1997) 18; R. Gameson (1999a) no. 166; Lapidge (2006) 280

195. Cambridge, Trinity College, O. 4. 10 (1241)

s. x$^{2/4}$, Canterbury StA, (prov. ibid.)

Contents: Iuvenalis, *Satirae*, with gloss; 'Cornutus', Commentary on Persius; Persius, *Satirae* (partly glossed); Martial, Epigram I.xix

MS: M.R. James (1900–4) III.258–9; M.R. James (1903) 365 [no. 1439]; Sanford (1924) 212; T.A.M. Bishop (1954–8b) 324–6; T.A.M. Bishop (1959–63a) 93–5; N.R. Ker (1964) 42; Bodden (1979) 259; Munk Olsen (1982—) I.563–4; L.D. Reynolds (1983) 202, 295; Keynes (1992) 14–16 [no. 5]; Dumville (1994a) 139; Dodwell (2000) 152 n. 206; Barker-Benfield (2008) II.1188, 1391, III.1812, 1813; Wieland (2009) 148; R. Gameson (2012a) 29 and n. 62

FACS: Keynes (1992) pls. V (a)–(b) [fols. 94v, 110v]; Lockett (2002) pl. II (b) [fol. 53v]

ED: Clausen (1959) [Iuvenalis, *Satirae*, coll. as T (Persius not collated)]

ST: Kristeller et al. (1960—) III.212–15 ['Cornutus' commentary]; Pulsiano (2001b)

196. Cambridge, Trinity College, O. 4. 11 (1242)

s. x^2, N France or Flanders, in England before 1100?, (prov. Canterbury StA)

Contents: Hucbald of Saint-Amand, *Ecloga de caluis* [SK 1949]; Iuvenalis, *Satirae*, with gloss; four Latin poems [including SK 638, 2425, 1701]; hymn [SK 14230; s. xi]

MS: M.R. James (1900–4) III.260–1; M.R. James (1903) 365 [no. 1440]; Sanford (1924) 212; N.R. Ker (1964) 42; Munk Olsen (1982—) I.564; Keynes (1992) 24–5 [no. 13]; Barker-Benfield (2008) I.91 n. a, II.890, III.1712–13; R. Gameson (2012a) 29 and n. 62

FACS: James (1900–4) IV, pl. VIII (1); Keynes (1992) pl. XIII [fol. 3r]

196. 5. Cambridge, Trinity College, O. 4. 34 (1264)

s. xi/xii, Canterbury CC

Contents: Orosius, *Historiae aduersum paganos* [*CPL* 571]; Iulius Honorius, *Cosmographia* (f; remainder in O. 4. 36, destroyed)

MS: M.R. James (1900–4) III.282–3; M.R. James (1903) 508; T.A.M. Bishop (1949–53) 432; Bately—Ross (1961) no. 24; N.R. Ker (1964) 34 and nn. 8–9; Webber (1995) 153, 158; R. Gameson (1999a) no. 168; Mortensen (2000) 123 [no. 27]

DEC: R. Gameson (1995a) 117 n. 74, 120–1 and n. 87, 142

ST: Bately (1980) lviii

NOTE: Trinity College MSS. O. 4. 34 and O. 4. 36 originally formed one volume. The second of these, O. 4. 36, which contained the remainder of Iulius Honorius, Iordanes, *De origine actibusque Getarum* [*CPL* 913] and the *Itinerarium Antonini Augusti*, was destroyed on 12 July 1880 in a fire at the home of Theodor Mommsen at Charlottenburg.

198. 5. Cambridge, Trinity College, O. 10. 23 (1475)

s. xi ex., (prov. Exeter)

Contents: Gregory of Tours, *Miraculorum libri* [*CPL* 1024], bks. I–VII

MS: M.R. James (1900–4) III.515–16; Gwara (1998) 145; R. Gameson (1999a) no. 171

FACS: R. Gameson (1999a) pl. 5 [fol. 1r]

ST: R. Gameson (1996b) 154 n. 80, 159–60

199. Cambridge, Trinity College, O. 10. 28 (1480)

s. xi/xii, Canterbury CC

Contents: Paulus Diaconus, *Historia Romana* (incorporating Eutropius, *Breuiarium historiae Romanae*) [*CPL* 1181]

MS: Schenkl no. 2465; M.R. James (1900–4) III.517–18; T.A.M. Bishop (1949–53) 432; N.R. Ker (1964) 34 n. 9; Webber (1995) 153, 158; R. Gameson (1999a) no. 172; Mortensen (2000) 169 [no. 24]

DEC: Lawrence (1982) 108; R. Gameson (1995a) 117 n. 74, 120–1 and n. 87, 142

ST: Bodden (1988) 218

200. Cambridge, Trinity College, O. 10. 31 (1483)

s. xi/xii, Canterbury CC

Contents: *Inuentio S. Crucis* [*BHL* 4169]; Victor of Vita, *Historia persecutionis Africanae prouinciae* [*CPL* 798]

MS: M.R. James (1900–4) III.519–20; T.A.M. Bishop (1949–53) 432; N.R. Ker (1964) 34 n. 9; Webber (1995) 153–4, 158; R. Gameson (1999a) no. 173

DEC: R. Gameson (1995a) 117 n. 74, 120–1 and n. 87, 142

ST: Biggs et al. (2001) 264–5 [Biggs, Whatley], 401–2

200. 5. Cambridge, Trinity College, O. 11a. 5[12]

s. ix/x, NE France, in England before 1100?

Contents: Aristotle, *Categoriae* (in Latin translation by Boethius) (f); pseudo-Augustine, *Categoriae decem ex Aristotele decerptae* [*CPL* 362] (f)

MS: Schenkl no. 2469; Gibson et al. (1995–2001) I.85–6 [no. 55]

ST: Minio-Paluello (1971) *passim* [*Categoriae decem*]; Marenbon (1981) 12–29, 116–38 *et passim* [*Categoriae decem*]

202. Cambridge, Trinity Hall, 24, fols. 78–83

s. viii?

Contents: benedictional (f)? sacramentary (f)? [palimpsest, lower script]

MS: M.R. James (1907) 40; Lowe (1960) no. 12; Gamber (1968–88) 237; *CLA* Supplement (1971) no. 1680; Rushforth (2007) 38–9 n. 10; Wieland (2009) 120

204. Canterbury, Cathedral Library and Archives, Lit. A. 8 (68)

s. xi/xii, Canterbury StA

Contents: Augustine and pseudo-Augustine, ninety-one sermons (eighty-nine from the collection 'De uerbis Domini et apostoli')

MS: T.A.M. Bishop (1954–8a) 189; T.A.M. Bishop (1959–63a) 95; N.R. Ker (1962–92) II.267; Römer (1972b) 100; R. Gameson (1995a) 102 n. 28, 144; R. Gameson (1999a) no. 190; T.N. Hall (2004b) 97 n. 18; Barker-Benfield (2008) I.385, 516, 539, III.1819; R. Gameson (2008) 183–98 [no. 17]; R. Gameson (2012a) 72 n. 244

DEC: Dodwell (1954) 122; Lawrence (1982) 102, 104; R. Gameson (1995a) 126 n. 115

FACS: Lawrence (1982) pl. XXXII (D) [folio not specified]; R. Gameson (1995a) pl. 8 (b) [fol. 41v (detail)]; R. Gameson (2008) 184–7 [fols. 1v, 3r, 3v, 27r, 41v]

205. 5. Canterbury, Cathedral Library and Archives, Lit. E. 28, fols. 1–7

s. xi/xii (after 1089), Canterbury CC

Contents: Domesday monachorum

MS: R. Gameson (1999a) no. 193

ED: Douglas (1944)

ST: Galbraith (1974) 76, 78–84

Canterbury, Cathedral Library and Archives, Add. 16: see no. **448**

205. 8. Canterbury, Cathedral Library and Archives, Lit. E. 42 and E. 42A, pt. i

s. xi/xii or xii¹, Canterbury CC

Contents: legendary (f)

MS: N.R. Ker (1962–92) II.289–97; Love (1996) xxiv, clxxvi–clxxvii; Parkes (1997b) 110–11, 122–3; R. Gameson (1999a) no. 194; Gullick–Pfaff (2001) 291 n. 17; R. Gameson (2008) 227–47 [no. 22]

DEC: Dodwell (1954) 66, 70, 78; R. Gameson (1995a) 119 and n. 83, 136, 140, 143, 157

FACS: Dodwell (1954) pl. 42 (d) [fol. 36v]; R. Gameson (1995a) pls. 4 (c), 5 (b), 6 (a) [fols. 19r, 9r, 52r (all details)]; Parkes (1997b) pl. 8 [fol. 74v]; R. Gameson (2008) 226, 228–33 [fols. 9r, 16v, 29v, 35v, 69r, 76r]

ST: Southern (1990) 420 and n. 13; Gneuss (2012) 290 [information from M. Gullick]

NOTE: for other surviving parts of this legendary, originally in seven volumes, see R. Gameson (2008) no. 22

206. Canterbury, Cathedral Library and Archives, Add. 20 [olim Box CCC no. xixa]

s. xi³/⁴, Canterbury CC?, (prov. prob. ibid.)

Contents: Chrodegang, *Regula canonicorum* (enlarged version)⁺* (f)

MS: N.R. Ker (1957) no. 97; T.A.M. Bishop (1959–63a) 94–5; N.R. Ker (1962–92) II.315; N.R. Ker (1964) 34; A.G. Watson (1987a) 11; Dumville (1992a) 71; *ASMMF* V (1997) 1–2 [no. 109; Doane]; R. Gameson (1999a) no. 187; Langefeld (2003) 46–7; Treharne (2007b) 18 n. 16; R. Gameson (2008) 127–31 [no. 12]; Scragg (2012a) no. 278

FACS: *ASMMF* V (1997) no. 109; R. Gameson (1999a) pl. 1 [recto]; R. Gameson (2008) 126 [verso]

ED: Langefeld (2003) [Latin and OE *Regula canonicorum* coll. as D]

207. Canterbury, Cathedral Library and Archives, Add. 25

s. x ex., (prov. prob. Canterbury CC)

Contents: Gregory (Werferth), *Dialogi** (f)

MS: N.R. Ker (1957) no. 96; N.R. Ker (1962–92) II.315; N.R. Ker (1964) 34; *ASMMF* V (1997) 3–5 [no. 110; Doane]; R. Gameson (2008) 85–7 [no. 5]; Scragg (2012a) no. 279

FACS: *ASMMF* V (1997) no. 110; R. Gameson (2008) 84 [fol. 4r]

ED: Yerkes (1977b) 121–35 [base MS (= A) for Werferth's translation of Gregory, *Dialogi*]

LANG: Yerkes (1979)

ST: M.R. James (1903) no. 306 [on probable source of fragment]; Yerkes (1986a) 335–8

208. Canterbury, Cathedral Library and Archives, Add. 32

s. xi in.

Contents: Gregory, *Dialogi* [*CPL* 1713] (f)

MS: N.R. Ker (1957) lxiii [no. 97*]; R. Gameson (2008) 89–93 [no. 6]; R. Gameson (2012b) 113 and n. 75; Scragg (2012a) no. 280

FACS: R. Gameson (2008) 88 [recto of leaf]

208. 8. Canterbury, Cathedral Library and Archives, Add. 122

s. xi^1

Contents: homiletic fragment (unidentified)

MS: R. Gameson (2008) 117–19 [no. 10]

FACS: R. Gameson (2008) 116 [one side]

ED: R. Gameson (2008) 117–18

209. Canterbury, Cathedral Library and Archives, Add. 127/1

s. xi^1

Contents: Paulus Diaconus, *Homiliarium* (f)

MS: N.R. Ker (1962–92) II.315–16; Clayton (1985) 218; Cross—Hall (1993a); T.N. Hall (2007) 234, 245; J. Hill (2007a) 93; R. Gameson (2008) 107–15 [no. 9]; Wieland (2009) 126

FACS: R. Gameson (2008) 106, 108–9 [fols. 4v, 5v, 7r]

210. Canterbury, Cathedral Library and Archives, Add. 127/12

s. x$^{3/3}$

Contents: *Homiliarium* of Saint-Père, Chartres (f)

MS: N.R. Ker (1962–92) II.316–17; Clayton (1985) 218; Cross (1987) 1, 49; Cross (1991) 205; R. Gameson (2008) 79–83 [no. 4]

FACS: R. Gameson (2008) 80 [fol. 1r]

211. Canterbury, Cathedral Library and Archives, Add. 127/19 and PRC 49/1/1–2

s. ix/x or x^1, prob. N France, prov. prob. Canterbury StA

Contents: Priscian, *Institutiones grammaticae* [*CPL* 1546], glossed (f)

MS: N.R. Ker (1962–92) II.317–18; Gibson (1972) 108, 115; Passalacqua (1978) nos. 97, 344; Bischoff (1998—) I, no. 853; R. Gameson (2002d) 182; Barker-Benfield (2008) II.1335, 1336, III.1826; R. Gameson (2008) 63–71 [no. 2]; Wieland (2009) 145

FACS: R. Gameson (2008) 64 [fol. 1r]

ST: D. Ganz (2001a) 105

212. Canterbury, Cathedral Library and Archives, Add. 128/52

s. xi$^{1/4}$

Contents: missal (f)

MS: N.R. Ker (1962–92) II.321; Dumville (1992a) 67; Hartzell (2006) no. 70; R. Gameson (2008) 99–105 [no. 8]; Wieland (2009) 123; Rankin (2012) 492 and n. 42, 501 and n. 87

FACS: R. Gameson (2008) 100 [fol. 3v]

212. 2. Canterbury, Cathedral Library and Archives, Add. 172

[formerly listed as no. **695**]

s. xi ex., Canterbury StA

Contents: Canticum canticorum; Epistulae Pauli, with gloss, partly by Lanfranc; Apocalypsis Iohannis

MS: M.R. James (1903) 209; N.R. Ker (1964) 47; R. Gameson (1995a) 100 and n. 21, 102 n. 28, 124 n. 103, 144; R. Gameson (1999a) no. 189; Barker-Benfield (2008) I.xxxii, lx, 504, 527, 531, II.924, 926, 1372, III.1739; R. Gameson (2008) 147–68 [no. 15]; Wieland (2009) 136;

R. Gameson (2012a) 27, 34 n. 79, 50; R. Gameson (2012b) 101 and n. 26; R. Gameson (2012d) 367 and n. 98; Gullick (2012) 299 and nn. 27 and 30, 301 and n. 43

FACS: R. Gameson (2008) 149–53 [fols. 1v, 9v, 116r, 147r, 170r]

ST: Gibson (1971) 88–9 *et passim* [repr. Gibson (1993a) no. XII]

212. 3. Canterbury, Cathedral Library and Archives, Add. 172, fol. 189 [endleaf]

s. xi$^{3/4}$, prov. Canterbury StA

Contents: collectar (f [reject leaf?])

MS: R. Gameson (1999a) no. 189; R. Gameson (2008) 121–5 [no. 11]

FACS: R. Gameson (2008) 120 [fol. 189r]

ED: R. Gameson (2008) 121–3

212. 4. 1. Canterbury, Cathedral Library and Archives, PRC 49/2

[formerly listed as no. **524. 6**]

s. xi in.

Contents: Haimo of Auxerre, *Homiliarium* (f)

MS: N.R. Ker (1962–92) II.315–16; Cross—Hall (1993a); R. Gameson (2008) 95–8 [no. 7]

FACS: R. Gameson (2008) 94 [fol. 1v]

ST: *CSLMA* III (2010) 350–5

212. 4. 2. Canterbury, Cathedral Library and Archives, PRC 49/24/1–7

s. x ($^{2/3}$?), France, prov. Canterbury StA (in England before s. xii?)

Contents: Cassiodorus, *Expositio psalmorum* [*CPL* 900] (f)

MS: R. Gameson (2008) 73–8 [no. 3]

FACS: R. Gameson (2008) 72 [PRC 49/24, fol. 2r]

212. 5. Canterbury, Cathedral Library and Archives, U3/162/28/1

s. xi/xii, Canterbury StA

Contents: Augustine, *Enarrationes in psalmos* [*CPL* 283] (f)

MS: N.R. Ker (1960) 30; N.R. Ker (1964) 42; A.G. Watson (1987a) 13 n. 2; R. Gameson (1995a) 102 n. 28, 144; R. Gameson (1999a) no. 195; Barker-Benfield (2008) I.91 n. b, 92 n. 6, 510, 517, 520, 539, 606, III.1819, 1820; R. Gameson (2008) 199–207 [no. 18]; R. Gameson (2012a) 72 n. 244

FACS: R. Gameson (2008) 200 [fol. 1r]

212. 6. Canterbury, Cathedral Library and Archives, U4/20/2

s. xi$^{3/4}$, S England (? Canterbury)

Contents: Paulus Diaconus, *Homiliarium* (f)

MS: T.N. Hall (2004b) 97 n. 18; R. Gameson (2008) 133–7 [no. 13]

FACS: R. Gameson (2008) 132 [fol. 2v]

212. 7. Chichester, Diocesan Record Office, Ep. I/17/20

s. xi

Contents: canticles (f) [presumably from a psalter MS]

MS: N.R. Ker (1962–92) II.399

212. 8. Chichester, West Sussex Record Office, Cap. I/17/2

s. viii^2 [before 780], S England (Selsey?)

Contents: Psalterium Romanum (f [or reject leaf?]); charter of Oslac

MS: Keynes (1991) 3 [no. 2]; Dumville (1992a) 127 n. 232; S.E. Kelly (1998) no. 11

FACS: Keynes (1991) pls. 2 (a)–(b) [face and dorse]

ED: S.E. Kelly (1998) 46–8 [Oslac charter]

ST: Stenton (1955) 37–8; Bruckner—Marichal (1967) no. 236; Chaplais (1968) 333–5; Sawyer (1968) no. 1184; Whitelock (1979) no. 76; H.L. Rogers (1981); Scharer (1982) 260–1 and nn. 4, 5; Welch (1983) 323–31; Webster—Backhouse (1991) 202–3 [no. 157; Prescott]

Deene Park Library (near Kettering, Northamptonshire), Trustees of the late Mr G. Brudenell, I. 2. 21: see no. **648**

213. Dublin, Trinity College, 57 (A. 4. 5) (the 'Book of Durrow')

s. vii^2, Northumbria or Iona or Ireland?

Contents: gospels

MS: Kenney (1929) no. 455; *CLA* II (1935) no. 273; R. Powell (1956); McGurk (1961a) no. 86; McGurk (1961b) 8, 13 [no. 39] [repr. McGurk (1998) no. V]; Gamber (1968–88) no. 142; T.J. Brown (1972) 221–35, 245–6 n. 2 [repr. T.J. Brown (1993a) 99–111, 273 n. 95]; T.J. Brown (1974) 128 [repr. T.J. Brown (1993a) 134]; T.J. Brown (1982a) 105–6, 113 [repr. T.J. Brown (1993a) 205–8, 214]; G. Henderson (1982) 29; T.J. Brown (1984) 326 [repr. T.J. Brown (1993a) 239]; T. O'Neill (1984) no. II and 97 n. 61; Bischoff (1986) 122–3, 262; G. Henderson (1987) 19–55, 141–6, 179–80, 183–94; McGurk (1987) 171 [repr. McGurk (1998) no. II]; Bischoff (1988a) 14; P.L. Heywood (1989) 143; Colker (1991) I.104–6; R. Gameson (1994b) 28, 30; Netzer (1994); Meehan (1996); Dumville (1999) 28, 43, 45, 99–100; M.P. Brown (2003a) 452; M.P. Brown (2004) 292; Nees (2006) 91; Dumville (2007d) 83–7; Wieland (2009) 118; M.P. Brown (2012) 125, 136, 149; R. Gameson (2012a) 41 n. 108, 80, 86; McKee (2012a) 172

DEC: Nordenfalk (1947); Elbern (1955); McGurk (1956) 260 [repr. McGurk (1998) no. I]; McGurk (1961a) 11–13 [repr. McGurk (1998) no. VI]; McGurk (1962) 20 [repr. McGurk (1998) no. VII]; Werner (1969); Köhler–Mütherich (1971–99) VII.45 n. 50, 73 n. 14; Nordenfalk (1977) 35–47 and pls. 2–8; Alexander (1978a) no. 6; G. Henderson (1982) 22, 29, 53 n. 44; D.M. Wilson (1984) 33–6; Ohlgren (1986) no. 6; G. Henderson (1987) 19–55; R. Gameson (1991) 85 n. 129; R. Gameson (1994b) 39 n. 71; Werner (1997a) 23–4; M.P. Brown (2011b) 32, 33, 34, 36; Nees (2011) 14, 16, 19–21, 26–7, 30; Netzer (2011) 3–5, 6–8, 9–13; O'Reilly (2011) 191–2, 204; Tilghman (2011) 96–7; Werner (2011) 295–6, 297–8, 300, 310; Netzer (2012) 230 and n. 34, 231

FACS: Luce et al. (1960) [complete facsimile]; D.M. Wilson (1984) pls. 22–5 [fols. 21v (several details), 191v]; G. Henderson (1987) pls. 2–3 [fols. 1v, 3v], 6–7 [fols. 4r, 10r], 8–12 [fols. 11r, 22r, 86r, 85v, 125v], 14–15 [fols. 248r, 17r], 26 [fol. 125v (detail)], 32 [fol. 193r], 41–2 [fols. 192v, 2r], 53 [fol. 21v], 61 [fol. 84v], 63–4 [fols. 124v, 191v]; T.J. Brown (1993a) ills. 19–21 [fols. 11r, 17r, 86r]; Netzer (1994) pl. 93 [fol. 191v]; Netzer (1999) figs. 25.1, 25.2, 25.4, 25.6 [fols. 1v, 3v, 125v, 192v]; M.P. Brown (2003c) fig. 23 [fol. 21v]

ED: J. Wordsworth et al. (1889–1954) [gospels coll. occasionally as *durmach.*]; Weber–Gryson (1994) [gospels coll. as D]

LANG: G. Henderson (1982) 34, 38

ST: Best (1926–8); McGurk (1955b) 105 [repr. McGurk (1998) no. IV]; McGurk (1962) 25 [repr. McGurk (1998) no. VII]; McGurk (1963) 170 [repr. McGurk (1998) no. VIII]; Verey et al. (1980) 70, 106; *BCLL* (1985) no. 516; McGurk (1993) 244 [repr. McGurk (1998) no. XI]; McGurk (1994a) [repr. McGurk (1998) no. IX]; McNamara (1995) 71, 74; *CSLMA* II (1999) 370; Micheli (1999) 357; Netzer (1999)

214. Dublin, Trinity College, 58 (A. 1. 6) (the 'Book of Kells')

s. viii^2 or viii/ix, Northumbria? Pictland? Iona? Kells?

Contents: gospels

MS: Kenney (1929) no. 471; *CLA* II (1935) no. 274; Gwynn (1954); R. Powell (1956); T.J. Brown (1959) 250, 254 [repr. T.J. Brown (1993a) 245, 250]; McGurk (1961a) no. 87; McGurk (1962) 30 [repr. McGurk (1998) no. VII]; Gamber (1968–88) no. 143; T.J. Brown (1972) 219–46 [repr. T.J. Brown (1993a) 97–122]; T.J. Brown (1982a) 109 [repr. T.J. Brown (1993a) 209]; G. Henderson (1982) 6; T. O'Neill (1982) no. V and 65, 97–8; T.J. Brown (1984) 326 [repr. T.J. Brown (1993a) 239]; Bischoff (1986) 119, 262; G. Henderson (1987) 131–98; P.L. Heyworth (1989) 144; Colker (1991) I.106–8; R. Gameson (1994b) 28, 30; McGurk (1994a) [repr. McGurk (1998) no. IX]; McGurk (1994b) 12, 14 [repr. McGurk (1998) no. XII]; Meehan (1994a); Netzer (1994); O'Mahoney (1994); McNamara (1995) 85–6, 89, 104; Farr (1997); Dumville (1999) 62, 79, 81, 98; Netzer (1999) 319, 320, 325; Marsden (1999) 303, 310 n. 65; Webster—Brown (1997) 241–2 [nos. 123, 125]; M.P. Brown (2003c) 452; M.P. Brown (2004) 292; Dumville (2007d) 83–7; Farr (2007) 133; Wieland (2009) 118; M.P. Brown (2012) 131, 135, 138–9, 155; R. Gameson (2012a) 18, 88; McKee (2012a) 172

DEC: Westwood (1868) 25–33; Köhler (1930–60) I.326–8, 331, 333; McGurk (1956) 262 [repr. McGurk (1998) no. I]; McGurk (1961a) 11–13 [repr. McGurk (1998) no. VI]; McGurk (1962) 20, 22 [repr. McGurk (1998) no. VII]; Werner (1972); Henry (1974); Nordenfalk (1977) 108–24 and pls. 39–47; Alexander (1978a) no. 52; Alexander (1978b) no. 2; S. Lewis (1980); G. Henderson (1982) 28, 48 n. 20, 51 n. 31; D.M. Wilson (1984) 129; Ohlgren (1986) no. 52; G. Henderson (1987) 131–78; Deshman (1995) 244; R. Gameson (1995b) 218 n. 154; M.P. Brown (1996) 100–3; Farr (1997); Werner (1997a) 23–4; Farr (1999) 336, 340, 342–4; MacLean (1999); Meehan (2000); Pochat (2005) 147; M.P. Brown (2007a) 106, 108, 114–15; Dooley (2007); Farr (2007) 118, 120–2, 124–7, 131, 133; Karkov (2009) 205, 223; M.P. Brown (2011b) 31, 36; Farr (2011b) 226–7, 228; Nees (2011) 14, 25; Netzer (2011) 3–4, 11; O'Reilly (2011) 192–7, 194–5, 198, 202, 204; Pulliam

(2011) 60, 61–71, 74–6, 77–8; Rosenthal (2011) 226–7, 232–3; Tilghman (2011) 94, 96, 101–3, 106–8; Werner (2011) 297–8, 299, 300, 301, 302–3, 304; N. Edwards (2012) 245; Netzer (2012) 230, 240–2

FACS: Alton—Meyer (1951) [complete facsimile]; P. Fox (1990) [complete facsimile]; D.M. Wilson (1984) pls. 147–8 [fols. 29r, 32v]; G. Henderson (1987) pls. 188 [fol. 1r], 190–5 [fols. 1v, 2r, 2v, 3r, 3v, 4r], 200 [fol. 4v], 202–3 [fols. 5r, 5v], 206–8 [fols. 12r, 16v, 8r], 211–15 [fols. 33r, 114v, 124r, 129v, 130r], 216–19 [fols. 187v, 203r, 290v, 5r], 221 [fol. 7v], 223–4 [fols. 28v, 32v], 227–8 [fols. 29r, 34r], 231 [fol. 114r], 234 [fol. 124r], 236 [fol. 130r], 238 [fol. 188r], 240 [fol. 188r], 242 [fol. 202v], 252 [fol. 291v], 254–5 [fols. 201v, 292r]; T.J. Brown (1993a) ills. 34–7 [fols. 67r, 92v, 76v, 19r]; Deshman (1995) fig. 202 [fol. 114r]; Farr (1999) fig. 27.4 [fol. 114r]; Meehan (2000) pls. 1 [fol. 191v], 4 [fol. 152v], 6 [fol. 53v], 8 [fol. 252v], 9–10 [fol. 188r], 12–13 [fol. 124r]; M.P. Brown (2003c) pls. 32 (a)–(d) [fols. 29r, 33r, 34r, 29v]; Farr (2007) 119 [fol. 7v], 132 [fol. 191v]

ED: J. Wordsworth et al. (1889–1954) [gospels coll. as Q]; B. Fischer (1988–91) [gospel excerpts coll. as Hq]

LANG: G. Henderson (1982) 33, 35, 38; Horsley—Waterhouse (1984) 217

ST: Friend (1939) [canon tables]; McGurk (1955b) [repr. McGurk (1998) no. IV]; O'Sullivan (1958–9) [on donor of MS]; McGurk (1963) [repr. McGurk (1998) no. VIII] [chapter-lists]; Verey et al. (1980) 70–5; *BCLL* (1985) no. 520; G. Henderson (1987) 179–98 [on MS as relic]; Meyvaert (1989); McGurk (1993) 244 [repr. McGurk (1998) no. XI] [canon tables]; McGurk (1994a) [Hebrew names] [repr. McGurk (1998) no. IX]; McGurk (1994b) 19, 21 [repr. McGurk (1998) no. XII]; O'Mahoney (1994); McGurk (1995a) 256, 259 [repr. McGurk (1998) no. XIII]; McNamara (1995) 71, 77–85, 88, 92, 96, 99, 100; Werner (1997b); Meehan (1998a); Marsden (1999) 290–1 [manuscript affiliation]; Netzer (1999) 321, 325; McGurk (2001); Beall (2005) 192; Vitz (2006) 447 [liturgy]

214. 3. Dublin, Trinity College, 98 (B. 3. 6)

s. xi ex., Canterbury CC

Contents: pontifical (including third English Coronation *ordo*), benedictional

MS: Brückmann (1973) 394; Colker (1991) I.195–7 [full list of contents]; R. Gameson (1995a) 102 n. 27, 119 n. 83, 120 n. 86, 142; Webber (1995)

155, 158; R. Gameson (1999a) nos. 200, 201; Gullick—Pfaff (2001); C.A. Jones (2005a) 121 n. 58; C.A. Jones (2005b) 244, 284; Hartzell (2006) no. 82; Rankin (2012) 494 and n. 53

FACS: H.A. Wilson (1910) pl. III [fol. 23r]; Colker (1991) II, pl. 2 [fol. 25r]; Gullick—Pfaff (2001) pls. 58–60 [fols. 11v, 52r, 70r, 82r, 98r, 153r (details)]

ST: H.A. Wilson (1910) xiii, xvi–xxii; D.H. Turner (1971) xl; Moeller (1971–9) III.44; C.A. Jones (2005b) 243

214. 6. Dublin, Trinity College, 158 (D. 4. 15), fol. 94

s. x^2

Contents: unidentified text (f)

MS: Colker (1991) I.273

215. Dublin, Trinity College, 174 (B. 4. 3), fols. 1–44, 52–6, 96–103

s. xi ex., Salisbury (supplemented ibid. s. xii in.)

Contents: twenty-five *passiones et uitae sanctorum* [*BHL* 429–30, 4973, 7854, 2708, 8072, 4980c, 2970, 8020a, 108–9, 2718, 8559–61, 1989, 8096, 6477, 93, 619, 4546d, 7614, 4862–3, 4529, 905, 3723, 323, 2041, 7374 respectively]; five homilies for saints' days (Augustine, *Serm.* cclxxvi, cccxvi, ccclxxxii, *Sermo app.* ccxvii; Caesarius, *Serm.* ccxx); Gaudentius, *Tractatus de Maccabeis* [*CPL* 215]

[Companion vol. to nos. **754. 5** and **754. 6**?]

MS: Schenkl no. 3312; N.R. Ker (1949–50) 154 n. 1, 161, 180–1, 186 [repr. N.R. Ker (1985) 176 n. 1, 183, 202–3, 208]; Colgrave (1956) 42–3; N.R. Ker (1957) no. 103; N.R. Ker (1964) 24; Römer (1972b) 331; N.R. Ker (1976b) 24 [repr. N.R. Ker (1985) 144]; Colker (1991) I.320–8 [full list of contents]; Dumville (1992a) 140; Webber (1992) 12–13, 23–4, 40, 70, 143, 158; Lapidge (1993a) 481; R. Gameson (1995a) 106 n. 40; R. Gameson (1999a) no. 202; Biggs et al. (2001) 31–2; *ASMMF* V (1997) 11–21 [no. 116; Lucas]; Lapidge (2004a) 138; Love (2005) 219–22; T.N. Hall (2007) 250–1; Upchurch (2007) xii, 110; Scragg (2012a) no. 315

FACS: *ASMMF* V (1997) no. 116

ED: Upchurch (2007) 114–71 [*Passio SS. Iuliani et Basilissae* coll. as D]

ST: N.R. Ker (1985c) 195; Biggs et al. (2001) 22–486 *passim*

216. Dublin, Trinity College, 176 (E. 5. 28), fols. 1–26

s. xi/xii, Barking?

Contents: Goscelin, *Vita S. Æthelburgae* [BHL 2630b], *Vita S. Wulfhildae* [BHL 8736b]

MS: Schenkl no. 3387; Esposito (1910–11); Esposito (1913a) 11; Colker (1965) 393–4; Gneuss (1976a) 310, 312 [repr. Gneuss (1996a) no. IX]; Meehan (1986) 102; Colker (1991) I.337–9; Dumville (1992a) 140; Tite (1997a) 270; R. Gameson (1999a) no. 203

ED: Esposito (1913a) 12–33 [base MS for Goscelin, *Vita S. Wulfhildae*]; Colker (1965) 398–431 [Goscelin, *Vita S. Æthelburgae*, coll. as D]

ST: Gneuss (1976a) 308–14 [repr. Gneuss (1996a) no. IX]; Love (1996) xliv; R. Sharpe (2001) 151–4

216. 3. Dublin, Trinity College, 370a (D. 1. 25^A)

s. xi², Crowland?

Contents: antiphoner (f)

MS: N.R. Ker (1964) 56; Roberts (1970) 216–17; Colker (1991) I.792–3; R. Gameson (1999a) no. 205; Hartzell (2006) no. 83; Rankin (2012) 502 and n. 96

216. 4. Dublin, Trinity College, 371 (D. 1. 26), pp. i–ii, 149–50

s. xi², StA?

Contents: gradual (f)

MS: Colker (1991) I.794–5; R. Gameson (1999a) no. 207; Hartzell (2006) no. 84

217. Durham, Cathedral Library, A. II. 4

s. xi ex. (before 1096), Normandy, prov. Durham

Contents: booklist (s. xi/xii); Bible (vol. ii: Prophets—Apocalypse); Remigius of Auxerre (Haimo of Auxerre?), *Expositio in Apocalypsin* (abbrev., incomplete)

MS: Mynors (1939) no. 30; T.A.M. Bishop (1954–8a) 198; Bischoff (1986) 172 n.; A.G. Watson (1987a) 19; Gullick (1990) 62–4; Gullick (1994) 102, 106; Gullick (1998a) 25 [nos. 9–10]; R. Gameson (1999a) no. 210; Lawrence-Mathers (2003) 32–5, 45, 49, 80, 228 n. 62; Shepard (2007) 273; R. Gameson (2012d) 366 and n. 94; Marsden (2012) 426 and n. 94

DEC: Rice (1952) 122–3; F. Wormald (1945) 129 [repr. F. Wormald (1984) 67]; Dodwell (1954) 116–17; R. Gameson (1995b) 120; R. Gameson (1998) 247–9; R. Gameson (2012c) 281 and n. 108

FACS: *NPS* I, pl. 17 [fol. 1r]; Rice (1952) pl. 86 (c) [fol. 87r]; F. Wormald (1984) ills. 71, 80 [fols. 36v, 65r (details)]; Browne (1988) pl. 15 [front flyleaf]; Gullick (1990) 62, 64 [fols. 1r, 146v]; Gullick (1994) pl. 4 [fol. 170v (detail)]; R. Gameson (1998) 247–9 [fol. 87v]; Lawrence-Mathers (2003) pl. I [fol. 1r]

ED: Raine (1838) 117–18 [repr. Becker (1885) 172–3] (booklist)]; C.H. Turner (1917–18) [booklist]; Browne (1988) 154–5 [booklist]

ST: C.H. Turner (1917–18); Glunz (1933) 191–4; Browne (1988) 154 *et passim*; R. Gameson (1998) 231 n. 6; R. Gameson (2003) 147 and n. 70; *CSLMA* III (2010) 279–88 [*Expositio in Apocalypsin*]

218. Durham, Cathedral Library, A. II. 10, fols. 2–5, 338–9 (with Durham, Cathedral Library, C. III. 13, fols. 192–5 + C. III. 20, fols. 1–2)

s. vii med., Northumbria (or Ireland?), prov. prob. Chester-le-Street, prov. Durham.

Contents: gospels (or New Testament?) (f)

MS: *CLA* II (1935) no. 147; Mynors (1939) no. 6; Nordenfalk (1947) 141–74; McGurk (1956) 256 [repr. McGurk (1998) no. I]; McGurk (1961a) no. 9; T.J. Brown (1972) 232, 233, 246 n. [repr. T.J. Brown (1993a) 110, 111, 273 n. 95]; T.J. Brown (1982a) 105, 106, 113 [repr. T.J. Brown (1993a) 205, 206, 207, 212, 214]; T.J. Brown (1984) 313–15, 321 [repr. T.J. Brown (1993a) 224–7, 234]; Bischoff (1986) 114, 116 n., 262; B. Fischer (1988–91) I.15*; Bonner (1989b) 391; Webster—Backhouse (1991) no. 79; Werner (1997a) 24–5, 27, 30; Dumville (1999) 30–1, 43, 45, 98, 99; Netzer (1999) 321; Piper (2007) 94; Wieland (2009) 118; M.P. Brown (2012) 125, 149; R. Gameson (2012a) 19 and n. 23, 51; Marsden (2012) 415 and n. 36

DEC: McGurk (1955b) 106 [repr. McGurk (1998) no. IV]; Nordenfalk (1977) 16, 32; Alexander (1978a) no. 5; Ohlgren (1986) no. 5; G. Henderson (1987) 27–9; Werner (1997a) 24–5; Karkov (2009) 216, 223; Netzer (2012) 229–30 and n. 30

FACS: Mynors (1939) pl. 4 [fol. 2r]; Nordenfalk (1977) fig. IV [fol. 2r], pl. 1 [fol. 3v]; G. Henderson (1987) pls. 20–1 [fols. 2r, 3v]; Bonner et al. (1989a) pl. 31 [fol. 2r]; Webster—Backhouse (1991) 112 [fol. 3v]; T.J. Brown (1993a) ill. 18 [fol. 2r]; M.P. Brown (2003a) 6 [fol. 2r]

ED: B. Fischer (1988–91) [gospel excerpts coll. as Ee]

LANG: Horsley—Waterhouse (1984) 217

ST: Bischoff (1951a) 262; Verey (1969); T.J. Brown (1975) 253 [repr. T.J. Brown (1993a) 150]; Ryan (1987); Verey (1989) 145–6; McGurk (1994b) 2, 9, 22 [repr. McGurk (1998) no. XII]; McKee (2012b) 342 and n. 12

219. Durham, Cathedral Library A. II. 16 (with Cambridge, Magdalene College, Pepys 2981 (18))

s. viii¹, Northumbria, prov. prob. Chester-le-Street, prov. Durham

Contents: gospels

MS: Rud (1825) 18–19; *CLA* II (1935) no. 148(a)–(c); Mynors (1939) no. 7; Lowe (1960) 20 [no. XVII]; McGurk (1961a) no. 10; Bischoff (1966–81) II.330; A.G. Watson (1987a) 19; Bonner (1989b) 391–2; Parkes (1992) 125 n. 64; Story (1993); R. Gameson (1994b) 45 n. 91; Netzer (1994) 106, 240 n. 30; O'Sullivan (1994) 81–2; Parkes (1997b) 102 and n. 16; Dumville (1999) 44, 71; M.P. Brown (2003b) 139; Gerchow (2004) 52; M.P. Brown (2012) 134 n. 54, 136, 151; R. Gameson (2012a) 51 n. 171

DEC: McGurk (1961a) 14 [repr. McGurk (1998) no. VI]; Alexander (1978a) no. 16; Ohlgren (1986) no. 16; M.P. Brown (1996) 128; M.P. Brown (2003b) 139

FACS: Lowe (1960) pl. XVII [fol. 34v]; M.P. Brown (2003b) figs. 6–8 [fols. 37r, 91r, 122v–123r]; Owen-Crocker (2009) fig. 2.2 [fol. 91r]

LANG: M.P. Brown (1996) 130–1

ED: J. Wordsworth et al. (1889–1954) [gospels coll. as Δ (John only)]; C.H. Turner (1931) 217 [liturgical notes]; B. Fischer (1988–91) [gospel excerpts coll. as Nd, Ne, Nf]

ST: McGurk (1961a) 13–14 [repr. McGurk (1998) no. VI]; Verey (1969); Verey et al. (1980) 65, 68–73; Verey (1989) 148; McGurk (1994b) 9, 22 [repr. McGurk (1998) no. XII]; McNamara (1995) 105; Lenker (1997) 102–6, 396–7; Marsden (1999) 297; Verey (1999) 328

220. Durham, Cathedral Library, A. II. 17, fols. 2–102 (with Cambridge, Magdalene College, Pepys 2981 (19)) **(the 'Durham Gospels')**

s. vii ex. or viii in., Northumbria, prob. Lindisfarne, prov. Chester-le-Street, prov. Durham

Contents: gospels (incomplete), with pericope notes; addition, s. x/xi: poem on King Æthelstan [SK 2143]

MS: Westwood (1868) 48–9; *CLA* II (1935) no. 149; Mynors (1939) no. 3; Nordenfalk (1947) 156; Kendrick et al. (1956–60) I.89–90, 100–6, 245–9; N.R. Ker (1957) no. 105; McGurk (1961a) no. 13; McGurk (1962) 29–30 [repr. McGurk (1998) no. VII]; Henry (1963); N.R. Ker (1964) 63; T.J. Brown (1972) 225–45 [repr. T.J. Brown (1993a) 103–22]; T.J. Brown (1974) 128, 131, 133 [repr. T.J. Brown (1993a) 126, 130, 134]; Piper (1978) 215 n. 4; Verey et al. (1980) 15–31, 36–49, 63–7; T.J. Brown (1982a) 108 [repr. T.J. Brown (1993a) 208]; G. Henderson (1982) 8; Ó Cróinín (1982) [review of Verey et al. (1980)]; T.J. Brown (1984) 323, 326 [repr. T.J. Brown (1993a) 235, 239]; Bischoff (1986) 123, 262; M.P. Brown (1986) 133; A.G. Watson (1987a) 19; Bonner (1989b) 391–2; M.P. Brown (1989a) 157, 159; Bruce-Mitford (1989); P.L. Heyworth (1989) 186, 198; M.P. Brown (1991) 63; Webster—Backhouse (1991) no. 81; R. Gameson (1994b) 28, 30–1, 47; McGurk (1994b) 5 n. 15 [repr. McGurk (1998) no. XII]; Netzer (1994) 35–7 *et passim*; O'Sullivan (1994) 80; *CPL* (1995) no. 1956; McNamara (1995) 89–90; Werner (1997a) 24; Dumville (1999) 44–5, 62, 65, 69, 93–5, 98–9, 115; Marsden (1999) 296–7; Lawrence-Mathers (2003) 20–1; M.P. Brown (2004) 291; Hartzell (2006) no. 85; *ASMMF* XIV (2007) 1–2 [no. 67 (Pepys 2981 (19)); Doane], 3–14 [no. 118 (Durham A.II.17); Keefer]; Keefer (2007b) 86, 91–2, 106; M.P. Brown (2012) 136, 144, 149, 151; R. Gameson (2012a) 26 and n. 50, 28 n. 59, 51; R. Gameson (2012b) 114; Gullick (2012) 299 n. 28; Marsden (2012) 418 and n. 58

DEC: McGurk (1955b) 106 [repr. McGurk (1998) no. IV]; McGurk (1956) 259 [repr. McGurk (1998) no. I]; Nordenfalk (1977) 56–7; Köhler—Mütherich (1971–99) VII.44 n. 47; Alexander (1978a) no. 10; Verey et al. (1980) 53–63 [E. Coatsworth]; G. Henderson (1982) 28; D.M. Wilson (1984) 36–8; Ohlgren (1986) no. 10; G. Henderson (1987) 57–72, 78–84, 90–1; Bruce-Mitford (1989) 175–6, 179–85; Coatsworth (1989) 296; Cramp (1989) 220; R. Gameson (1994b) 32, 38; M.P. Brown (1996) 83, 115, 167; Deshman (1997) 114; Keefer (2007b) 104–7; O'Loughlin (2007) 152; Karkov (2011) 136, 141, 143; Werner (2011) 305–6, 307, 310; Netzer (2012) 230, 235

FACS: Verey et al. (1980) [complete facsimile]; Mynors (1939) frontispiece [fol. 39r]; T.J. Brown (1972) pls. II (a)–(b) [fols. 8r, 39v], IV (a)–(b) [fols. 4v, 7r], VI (c)–(e) [fols. 21r, 67r, 75v]; Nordenfalk (1977) pls. 13–14 [fols. 1r, 38v]; D.M. Wilson (1984) pls. 26–7 [fols. 69r (detail), 38v]; G. Henderson (1987) 69 [fol. 79v], 70 [fol. 38r], 75 [fol. 39r], 76–7 [fols. 74r, 2v (details)], 78 [fol. 2r], 79 [fol. 2r (detail)], 83 [fol. 2r (detail)], 85–7 [all fol. 2r (details)], 89–90 [fols. 38r, 69r (details)]; T.J. Brown (1993a) ills. 31–2 [fols. 2r, 66r]; Fuchs (2002) fig. 82 [fol. 74v (detail)]; M.P. Brown (2003b) fig. 1 [fol. 71v]; M.P. Brown (2003c) pls. 26–7 [fols. 2r, 38v]; *ASMMF* XIV (2007) nos. 67, 118; Keefer (2007b) 113 [fol. 104r], 114 [fol. 106r], 115 [fol. 34r]

ED: Lapidge (1981a) 87–90 [Æthelstan poem (fol. 31v) coll. as D] [repr. Lapidge (1993a) 75–8]; B. Fischer (1988-91) [gospel excerpts coll. as Ef]

ST: Glunz (1933) 18, 32; Kunze (1947) 60–1; McGurk (1961b) 11 [repr. McGurk (1998) no. V]; Verey (1969); Klauser (1972) xxxi [no. 7]; T.J. Brown (1975) 253 [repr. T.J. Brown (1993a) 150]; Verey et al. (1980) 68–108 [reconstruction of the Durham Gospels; collation of biblical text]; Lapidge (1981a) 83–4, 88–93 [Æthelstan poem] [repr. Lapidge (1993a) 71–2, 76–81]; Verey (1989) 143, 146 [gospel text]; Raw (1990) 203; Lapidge (1993a) 471; McGurk (1994a) [Hebrew names] [repr. McGurk (1998) no. IX]; McGurk (1994b) 22 [repr. McGurk (1998) no. XII]; O'Sullivan (1994) 80; Szerwiniack (1994) 193–258 [Hebrew names]; McNamara (1995) 77–9, 83 [textual parallels with no. **214**]; Keefer (1997); Lenker (1997) 102–6, 135–46, 398–9 [pericope notes in the MS (cited as Mf)]; Marsden (1999) 296–7; Fuchs (2002) 225–6

221. Durham, Cathedral Library, A. II. 17, fols. 103–11

s. vii/viii, Monkwearmouth-Jarrow, prov. Chester-le-Street, prov. Durham

Contents: gospel of Luke (f)

MS: *CLA* II (1935) no. 150; Mynors (1939) no. 3; N.R. Ker (1957) no. 105; Lowe (1960) 19 [no. XIII]; T.J. Brown (1972) 231 [repr. T.J. Brown (1993a) 109]; Verey et al. (1980) 31–4 [Verey], 49–51 [T.J. Brown]; B. Fischer (1988–91) I.15*; O'Sullivan (1994) 80; Lawrence–Mathers (2003) 20–1; M.P. Brown (2004) 291; Gerchow (2004) 52; *ASMMF* XIV (2007) 3–14 [no. 118; Keefer]; R. Gameson (2012a) 19 n. 25, 37 n. 86, 67; R. Gameson (2012b) 114

DEC: Netzer (2012) 232 and n. 46

FACS: Verey et al. (1980) [complete facsimile]; Mynors (1939) pl. 2 [fol. 106r]; Lowe (1960) pl. XIII [fol. 106r]; M.P. Brown (2003c) fig. 46 [fol. 106r]; *ASMMF* XIV (2007) no. 118

ED: C.H. Turner (1931) 199–216 [text of Luke XXI.33—XXIII.44]; B. Fischer (1988–91) I.15*-16* [gospel excerpts (Luke) coll. as Nz]

ST: Keefer (1997) [on the scribe Boge]

222. Durham, Cathedral Library, A. III. 29

s. xi ex. (before 1096), Durham

Contents: Paulus Diaconus, *Homiliarium* (Temporale: Easter to 25th Sunday after Whitsun; Sanctorale: May to Dec.)

[Companion vol. to no. **226**; and cf. no. **249. 3**]

MS: Rud (1825) 45–56 [full list of contents]; Schenkl no. 4380; Mynors (1939) no. 49; N.R. Ker (1962–92) II.315; Rella (1977) 117; Smetana (1978) 87–8; Clayton (1985) 219; R.M. Thomson (1986a) 36 and n. 45; A.G. Watson (1987a) 19; M.P. Richards (1988) 96 and n. 48, 103, 110; Dumville (1994d), 200, 208; R. Gameson (1999a) no. 211; T.N. Hall (2001) 124, 127 [no. 15]; Lawrence-Mathers (2003) 47; Gerchow (2004) 52; T.N. Hall (2004b) 87, 92, 100–5; Biggs (2007a) 25–6 [Clayton]; T.N. Hall (2007) 237 n. 30, 239–41; J. Hill (2007a) 75, 90–1

ST: Lambert (1969–72) nos. 0, 206, 217, 217a, 309, 350, 350 bis, 671, 708.3; Römer (1972b) 103; Browne (1988) 154 *et passim*

222. 3. Durham, Cathedral Library, A. III. 31, fols. 1–4, 288–91

s. x ex.

Contents: medical text (unidentified)

222. 8. Durham, Cathedral Library, A. IV. 16, fols. 66–109

s. xi/xii, Durham

Contents: Augustine, *De Genesi ad litteram* [*CPL* 266] (incomplete)

MS: Schenkl no. 4382; Mynors (1939) no. 100; Römer (1972b) 103; A.G. Watson (1987a) 21; Gullick (1994) 104; Gullick (1998a) 19, 26 n. 15; R. Gameson (1999a) no. 213; Lawrence-Mathers (2003) 165–6

223. Durham, Cathedral Library, A. IV. 19

s. ix/x or x in., S England, prov. Chester-le-Street; s. x^2 (c. 970), Chester-le-Street; prov. whole MS Durham

Contents:

s. ix/x or x in.: collectar°, liturgical texts° (benedictions, exorcisms, prayers, two Masses);

s. x²: a collection of texts for Mass and Office°; educational memoranda°: list of *notae iuris*; various notes (On the materials from which Adam was made; On the nature of the winds; On Roman imperial dignitaries; On the titles of kings [in six languages]; *De ecclesiae gradibus*; On the burial-places of the Apostles; alphabet of names and words with religious interpretations); OE gloss to all texts

MS: Mynors (1939) no. 14; R. Derolez (1954) 401–2; Kendrick et al. (1956–60) II.25–32; N.R. Ker (1957) no. 106; Gamber (1968–88) no. 1517; Gneuss (1968) 101–3; Squires (1973); T.J. Brown (1975) 291 [repr. T.J. Brown (1993a) 173]; Backhouse et al. (1984b) no. 7; Bischoff (1986) 118 n. 66, 193 n. 5 [*notae iuris*]; Dumville (1987) 168–9; P.L. Heyworth (1989) 186; Corrêa (1992) 76–84; Dumville (1992a) 106–7, 129–30, 145; Conner (1993) 58, 67, 70, 84, 212; Vaciago (1993) 10–11; M.P. Brown (1996) 142, 180; P.P. O'Neill (1997) 162; Stanley – Robinson (2001) 242; Dumville (2005) 309; Hartzell (2006) no. 87; O'Brien O'Keeffe (2006) 266; Roberts (2006) 29; *ASMMF* XIV (2007) 15–51 [no. 119; Keefer]; Biggs (2007a) 4, 77; Keefer (2007b) 86, 93, 105–6; Graham (2009) 165; Wieland (2009) 121, 137–8; R. Gameson (2012b) 102 and n. 35; Jolly (2012); Pfaff (2012) 452 and n. 7; Scragg (2012a) nos. 316–17

DEC: F. Wormald (1945) 114 [repr. F. Wormald (1984) 53 and fig. 48]; Rice (1952) 177; E. Temple (1976) no. 3; Ohlgren (1986) no. 81; Raw (1990) 204; R. Gameson (1991) 67, 105 n. 16 [on fol. 84r]; R. Gameson (1995b) 238; M.P. Brown (1996) 177–8; Keefer (2007b) 96–8

FACS: T.J. Brown (1969a) [complete facsimile]; Corrêa (1992) pls. I–II [fols. 6r, 35v]; M.P. Brown (2003c) fig. 45 (b) [fol. 46v]; *ASMMF* XIV (2007) no. 119; Keefer (2007b) 111 [fol. 59r], 112 [fol. 59v]; Owen-Crocker (2009) fig. 5.3 [fol. 27v]

ED: Liebermann (1903–16) I.403 [benediction on p. 109 = *Iudicium Dei* no. 15]; Thompson–Lindelöf (1927) [complete transcription of MS]; Squires (1971) [OE gloss to the Collectar]; Corrêa (1992) 141–235 [base MS for Collectar]; Milfull (1996) [hymns coll. as E]; Muir (1988) 113–16 [Celtic *capitella* coll. as D]; Roberts (2006) 29 n. 11 [four lines of a note by Aldred]

LANG: Lindelöf (1890); Lindelöf (1901a)

ST: N.R. Ker (1943) [glosses by the scribe Aldred]; Hohler (1975) 62, 72, 223–4; Korhammer (1976) 45; Piper (1978) 214; Bonner (1989b) 393–4; N. Orchard (2005) cxxxvi, clxvii, 444; Jolly (2012)

184   Anglo-Saxon Manuscripts

224. Durham, Cathedral Library, A. IV. 19, fol. 89

s. viii, Northumbria

Contents: mass lectionary (f)

MS: *CLA* II (1935) no. 151; Mynors (1939) no. 12; T.J. Brown (1969a) 37; Lenker (1997) 115, 457; Rushforth (2001) 143; *ASMMF* XIV (2007) 49 [no. 119; Keefer]

FACS: T.J. Brown (1969a) [complete facsimile: fol. 89r–v]; *ASMMF* XIV (2007) no. 119

225. Durham, Cathedral Library, A. IV. 28

s. xi/xii or xii in., (prov. Durham)

Contents: Bede, *Expositio Apocalypseos* [*CPL* 1363]

MS: Mynors (1939) no. 26; A.G. Watson (1987a) 21; Gryson (2001) 31–2 [no. 23]; Lawrence-Mathers (2003) 223; Piper (2007) 88

ED: Gryson (2001) [Bede, *Expositio Apocalypseos*, coll. as D]

ST: Sparks (1954) [text-type of biblical quotations]; *CPPM* II, no. 2012

225. 5. Durham, Cathedral Library, B. II. 1

s. xi/xii, (prov. Durham)

Contents: Iosephus, *Antiquitates Iudaicae* (anonymous Latin version), *De bello Iudaico*, trans. Hegesippus

MS: Mynors (1939) no. 85; A.G. Watson (1987a) 22; Gullick (1996–9b) 254–5 and nn. 34, 36; R. Gameson (1999a) no. 215; Lawrence-Mathers (2003) 76–8, 81–2, 87–8

226. Durham, Cathedral Library, B. II. 2

s. xi ex. (before 1096), Durham

Contents: Paulus Diaconus, *Homiliarium*, original version (from Advent to Easter)

[Companion vol. to no. **222**; and cf. no. **249. 3**]

MS: Rud (1825) 93–7 [list of contents]; Mynors (1939) no. 48; Römer (1972b) 104; Smetana (1978) 96 n. 57; Clayton (1985) 219; A.G. Watson (1987a) 22; Browne (1988) 154 *et passim*; M.P. Richards (1988) 96 n. 48; Dumville (1994d) 202, 208; R. Gameson (1999a) no. 216; T.N. Hall

(2001) 124, 127 [no. 16]; Lawrence-Mathers (2003) 47 and fig. 3; T.N. Hall (2004b) 87; T.N. Hall (2007) 249 n. 67; J. Hill (2007a) 89

227. Durham, Cathedral Library, B. II. 6

s. xi ex. (before 1096), (prov. Durham)

Contents: Ambrose, *De Ioseph patriarcha* [*CPL* 131], *De patriarchis* [*CPL* 132], *De paenitentia* [*CPL* 156], *De excessu fratris* [*CPL* 157], *De bono mortis* [*CPL* 129], *De obitu Valentiniani* [*CPL* 158], *De paradiso* [*CPL* 124] (incomplete), *De Abraham patriarcha* [*CPL* 127] (bk. I only), *De Nabuthae* [*CPL* 138]; Augustine, *De decem chordis* (= *Serm.* ix: added s. xi/xii)

MS: Mynors (1939) no. 46; N.R. Ker (1964) 66; Römer (1972b) 104; A.G. Watson (1987a) 22; Gullick (1990) 63, 68–9; Gullick (1994) 104; Bankert et al. (1997) 14, 22, 25, 26, 28, 29, 30, 49, 51; Gullick (1998a) 15, 30 n. 39; R. Gameson (1999a) no. 217; Lawrence-Mathers (2003) 41, 46, 50, 71

DEC: R. Gameson (1998) 248 n. 63

FACS: Gullick (1994) pl. 3 (b) [fol. 79r (detail)]

ST: Browne (1988) 155 *et passim*; R. Sharpe (1998) 286; Anlezark (2006) 63 n. 6

228. Durham, Cathedral Library, B. II. 9

s. xi ex. (before 1096), prov. Durham

Contents: Jerome, *Comm. in Prophetas minores* [*CPL* 589]

MS: Rud (1825) 104; Schenkl no. 4393; Mynors (1939) no. 37; N.R. Ker (1964) 66; A.G. Watson (1987a) 22; Browne (1988) 149–53; Gullick (1990); R. Gameson (1999a) no. 220; Lawrence-Mathers (2003) 46, 54; Gullick (2005b)

ST: Lambert (1969–72) no. 216; Browne (1988) 154 *et passim*; R. Sharpe (1998) 299

229. Durham, Cathedral Library, B. II. 10, fols. 1–183

s. xi ex. (before 1096), Canterbury CC, prov. Durham

Contents: Jerome, *Epistulae* [*CPL* 620] (includes pseudonymous letters and letters to Jerome); Origen, *Homiliae .ii. in Canticum canticorum*, trans. Jerome [*CPG* 1432]; Jerome, *Aduersus Heluidium* [*CPL* 609], *Contra Vigilantium* [*CPL* 611]

MS: Rud (1825) 104–6 [full list of the Jerome Letters]; Schenkl no. 4394; Mynors (1939) no. 38; Dodwell (1954) 116 n. 2, 120; N.R. Ker (1960) 128; A.G. Watson (1987a) 22; Webber (1995) 151n., 152; R. Gameson (1999a) no. 221; Lawrence-Mathers (2003) 38, 44, 226

DEC: F. Wormald (1945) 130 n. 75 [repr. F. Wormald (1984) 68 n. 75]; Lawrence (1982) 108; R. Gameson (1995a) 118 n., 143

FACS: Mynors (1939) pl. 26 [fol. 1v]; Lawrence (1982) pl. XXXIII (C) [fol. 1v]

ST: Lambert (1969–72) no. 900; Römer (1972b) 104; Browne (1988) 154 et passim; R. Sharpe (1998) 297–8, 300

230. Durham, Cathedral Library, B. II. 11

fols. 1–108: s. xi ex. (before 1096), Normandy, prov. Durham; fols. 109–37: s. xi ex. (before 1096), Normandy, prov. Durham

Contents: fols. 1–108: Jerome, *Liber quaestionum hebraicarum in Genesin* [*CPL* 580]; Eusebius, *Onomasticon*, trans. Jerome as *De situ et nominibus locorum Hebraicorum* [*CPG* 3466]; Jerome, *Liber interpretationis hebraicorum nominum* [*CPL* 581]; *Epist.* cxxv (*ad Rusticum*) [*CPL* 620]; pseudo-Jerome, *Interpretatio alphabeti Hebraeorum* (and explanation of Greek alphabet) [*CPL* 623a], *Hebraicae quaestiones in libros Regum*, *Hebraicae quaestiones in Paralipomena*, *Decem temptationes populi Israel*, *De sex ciuitatibus ad quas homicida fugit*, *Expositio in Canticum Deborae*, *Expositio in Lamentationes Hieremiae* [*CPL* 630], *Super aedificium Prudentii*, *Epist. supp.* [*CPL* 633] xxiii, xliv–xlv, *De sphaera caeli*; Jerome (?), *Notae diuinae legis necessariae* [*CPPM* II, no. 976]; texts, excerpts and short verse compositions (including WIC 12589, 14969, 11179) dealing with the etymology of Hebrew names, with science (computus, geometry, metals, stones) and with music, including excerpt from Guido of Arezzo, *Micrologus*; excerpt from *Liber pontificalis* [*CPL* 1568]

Contents: fols. 109–37: Fulbert of Chartres, *Epistolae*, *tractatus*, *Sermones* i and vii–viii, *Carmina*; Robert II, king of France and Gauzlin, *Epistolae*

MS: Rud (1825) 106–9; Mynors (1939) no. 39; Behrends (1976) xlvii; Clayton (1985) 219; A.G. Watson (1987a) 22; Meehan (1994b) 439; Toneatto (1994) 324–33; Gullick (1998a) 30 [no. 40]; R. Gameson (1999a) nos. 222–3; Lawrence-Mathers (2003) 45–6, 50; Hartzell (2006) no. 88; Giliberto (2007b) 275–6; T.N. Hall (2007) 257; Barker-Benfield (2008) I.506, 507; Rankin (2012) 506

FACS: Rollason (1998) pl. 6 (c) [fol. 94v (detail)]

ED: Behrends (1976) 2–238 [letters of Fulbert of Chartres coll. as D], 242–70 [poems of Fulbert of Chartres coll. as D]; Giliberto (2007b) 259–60 [*De lapidibus* coll. as D]

ST: Manitius (1911–31) II.242 and n. 1 [Robert II and Gauzlin]; Lambert (1969–72) nos. 200–2, 323, 344–5, 400, 404, 408–9, 411–12, 460, 468, 531, 625; Browne (1988) 154 *et passim*

231. Durham, Cathedral Library, B. II. 13, fols. 7–226

s. xi ex. (before 1096), Normandy, prov. Durham

Contents: Augustine, *Enarrationes in psalmos* [*CPL* 283] (Pss. LI–C); Latin poem [ten hexameters; not in SK, SK Suppl. or WIC] around portrait of William of Saint-Carilef [fol. 102r], inc. 'Optime presul aue dum seruas tempora uite'

[companion vol. to no. **232**]

MS: Rud (1825) 110–11; Mynors (1939) no. 31; T.A.M. Bishop (1954–8a) 198; N.R. Ker (1964) 66; Römer (1972b) 105; A.G. Watson (1987a) 22; Gullick (1990) 67, 79 nn. 31, 32, 80 n. 39; Gullick (1998a) 17 n. 9; R. Gameson (1999a) no. 224; Lawrence-Mathers (2003) 44–6, 50, 81; R. Gameson (2012a) 61 n. 209

DEC: F. Wormald (1945) 130 [repr. F. Wormald (1984) 68]; Rice (1952) 222; R. Gameson (1991) 84 n. 117; R. Gameson (2003) 143 n. 49; R. Gameson (2012c) 281 and n. 107

FACS: H.D. Hughes (1925) pl. opp. p. 14 [fol. 102r (detail)]; F. Wormald (1945) pls. VIII (a), IX (a)–(b) [fols. 28v, 68r, 215v]; Browne (1988) pl. 16 [fol. 102r]; Alexander (1992) pl. 14 [fol. 102r]; Aird (1994) pl. 79 [fol. 102r]; Rollason (1998) pl. 48 [fol. 49r]; R. Gameson (2003) pl. 7 [fol. 49r (detail)]; Lawrence-Mathers (2003) pl. 10 [fol. 181v]

ST: F. Wormald (1945) 129–31 [repr. F. Wormald (1984) 67–8]; Browne (1988) 154 *et passim*; Aird (1994) 293; R. Gameson (1998) 249

232. Durham, Cathedral Library, B. II. 14, fols. 7–200

s. xi ex., Normandy, prov. Durham

Contents: Augustine, *Enarrationes in psalmos* [*CPL* 283] (Pss. CI-CL); verse colophon [inc. 'Hoc exegit opus Guillelmus episcopus illo'; not in SK, SK Suppl. or WIC]

[companion vol. to no. **231**]

MS: Rud (1825) 111–12; Mynors (1939) no. 32; N.R. Ker (1964) 66; *Colophons* no. 5709; Römer (1972b) 105; A.G. Watson (1987a) 22; Gullick (1998a) 17 n. 9; R. Gameson (1999a) no. 225; Lawrence-Mathers (2003) 34, 40–1, 45, 51; Piper (2007) 92; R. Gameson (2012d) 366 and n. 95, 371; Webber (2012) 216 and n. 21

DEC: Dodwell (1954) 116; R. Gameson (1991) 74 *et passim*; R. Gameson (2012c) 281 and n. 107

FACS: Gullick (1990) 68 [fol. 168r]; Lawrence-Mathers (2003) pl. 4 [fol. 7r]

ED: Rud (1825) 111 [verse colophon]

ST: Browne (1988) 154 *et passim*; R. Gameson (1998) 249

233. Durham, Cathedral Library, B. II. 16

s. xi ex., Canterbury StA, prov. Durham before 1100?, (prov. Durham)

Contents: Augustine, *Tractatus in Euangelium Ioannis* [*CPL* 278]

MS: Rud (1825) 112; Mynors (1939) no. 35; T.A.M. Bishop (1955) 1–2; N.R. Ker (1960) 30; Piper (1978) 220 and n. 20; A.G. Watson (1987a) 23; R. Gameson (1995a) 102 n. 28; R. Gameson (1999a) no. 226; Lawrence-Mathers (2003) 38; T.N. Hall (2004b) 97 n. 18; Barker-Benfield (2008) I.lix, 517, 530, III.1821

DEC: Dodwell (1954) 116 n. 2; Lawrence (1982) 102, 103; R. Gameson (1995a) 126 n. 112, 137 n. 161, 139 n. 169; R. Gameson (1998) 248 n. 63 *et passim*; Lawrence-Mathers (2003) 55, 81

FACS: Mynors (1939) pls. 24 (a)–(b) [fols. 76v, 110v]; R. Gameson (1991) fig. 25 [fol. 108v]; R. Gameson (1995a) pl. 12 [fol. 62v]

ST: Römer (1972b) 105; R. Gameson (1998) 250 and n. 75; Pfaff (2009) 65–6

234. Durham, Cathedral Library, B. II. 17

s. xi ex. (before 1096), Normandy, prov. Durham

Contents: Augustine, *Tractatus in Euangelium Ioannis* [*CPL* 278]

MS: Rud (1825) 113; Mynors (1939) no. 36; N.R. Ker (1964) 66; Römer (1972b) 105; A.G. Watson (1987a) 23; Gullick (1990) 69–72; R. Gameson (1998a) 247; Gullick (1998a) 17 n. 9; R. Gameson (1999a) no. 227

DEC: R. Gameson (1995a) 131 n. 138; R. Gameson (1998) 247

FACS: Gullick (1990) 69, 70, 71 [fols. 4v, 5r, 180v]
ST: Browne (1988) 154 *et passim*; R. Gameson (1998) 250 n. 75

235. Durham, Cathedral Library, B. II. 21, fols. 9–158

s. xi ex. (before 1096), Durham

Contents: Augustine, *Epistulae* [CPL 262]

MS: Rud (1825) 119–20 [full list of Augustine, *Epistulae*]; Mynors (1939) no. 34; Römer (1972b) 106–7; A.G. Watson (1987a) 23; Gullick (1994) 104, 106; Gullick (1998a) 15 and n. 5, 25; R. Gameson (1999a) no. 229; Lawrence-Mathers (2003) 43–4, 52–3, 61, 71

FACS: Lawrence-Mathers (2003) pl. 5 [fol. 12r]

ST: Browne (1988) 154 *et passim*; R. Sharpe (1998) 299

236. Durham, Cathedral Library, B. II. 22, fols. 27–231

s. xi ex. (before 1096), Durham (or N France?), or Canterbury StA, prov. Durham

Contents: Augustine, *De ciuitate Dei* [CPL 313] with *Retractatio* [CPL 250] II. xliii; Lanfranc's notes on *De ciuitate Dei* and (add. s. xi/xii) on the Latin translation of Plato's *Timaeus*; grammatical notes (s. xi/xii)

MS: Rud (1825) 121; Mynors (1939) no. 33; Rella (1977) 28; Parkes (1992) 255; Gullick (1994) 101; Gullick (1998a) 25 n. 6; R. Gameson (1999a) 230; Lawrence-Mathers (2003) 22, 38, 43, 54, 56, 81–2, 86; Barker-Benfield (2008) III.1827, 1833

FACS: Parkes (1992) pl. 53 [fol. 181r]; Gullick (1994) pl. 2 (c) [fol. 181r (detail)]; Rollason (1998) pl. 45 [fol. 133v]; Lawrence-Mathers (2003) pl. 3 [fol. 27v]

ST: Römer (1972b) 107; Browne (1988) 154 *et passim*; R. Sharpe (1998) 298

237. Durham, Cathedral Library, B. II. 30 (the 'Durham Cassiodorus')

s. viii$^{2/4}$, Northumbria (York?), (prov. Durham); fols. 3–4 and 265 supply leaves s. xi/xii

Contents: Cassiodorus, *Expositio psalmorum* [CPL 900] (breviate version)

MS: Rud (1825) 128–9; *CLA* II (1935) no. 152; Mynors (1939) no. 9; Adriaen (1958) xv–xvi; Lowe (1960) 24; McGurk (1961b) 22 [no. 22]

[repr. McGurk (1998) no. V]; Bischoff (1962) 332; Bailey (1978); T.J. Brown (1982) 110 [repr. T.J. Brown (1993a) 210]; G. Henderson (1982) 29, 42; Webster—Backhouse (1991) no. 89 [Backhouse]; R. Gameson (1994b) 46 n. 103; Netzer (1994) 92, 99, 219–20 n. 25, 235 n. 12; O'Sullivan (1994) 82; M.P. Brown (1996) 172; Parkes (1997b) 102 and n. 7; Webster—Brown (1997) 226 [no. 65]; Gullick (1998a) 27 n. 34; Dumville (1999) 75; Gerchow (1999) 377–8; Gretsch (1999a) 29; Gerchow (2004) 52; Gullick (2004) 32 n. 51; Piper (2007) 88; J.A. Haines (2008) 219–20; Rushforth (2011) 59–60; M.P. Brown (2012) 134 n. 54, 145 and n. 113, 151; R. Gameson (2012a) 25, 37, 42 n. 117, 49, 51, 75; Garrison (2012) 648–9 and n. 90

DEC: Dodwell (1971b) 108–9; T.J. Brown (1972) 230 [repr. T.J. Brown (1993a) 108]; Nordenfalk (1977) 10, 85, 87; Alexander (1978a) no. 17; Bailey (1978) 7-20; D.M. Wilson (1984) 61; Ohlgren (1986) no. 17; Cramp (1989) 225 and n. 42; R. Gameson (1991) 85 n. 129; McGurk (1994b) 17 [repr. McGurk (1998) no. XII]; R. Gameson (1995b) 31 n. 115; M.P. Brown (1996) 76; Gretsch (1999a) 103; Cochrane (2007); Farr (2011b) 219–20

FACS: Westwood (1868) pls. 17–18 [fols. 81v, 172v]; Mynors (1939) pls. 8-10 [fols. 83v, 81v, 172v]; Lowe (1960) pl. XXXVIII (c) [fol. 202v]; Nordenfalk (1977) pls. 27–8 [fols. 81v, 172v]; D.M. Wilson (1984) pls. 31 [fol. 81v], 53 [fol. 172v]; M.P. Brown (1991) pl. 58 [fol. 172v]; T.J. Brown (1993a) ill. 39 [fol. 202v]; M.P. Brown (2007a) pl. 37 [fol. 172v]; J.A. Haines (2008) 221 [fol. 24r], 222 [fol. 172v], 223 [fol. 24r (detail)]

ED: Adriaen (1958) [*Expositiones* on Pss. I, II, III, XX, XXI, CVI, coll. as D]

ST: Lehmann (1917) 361; Mynors (1939) 21–2; T.J. Brown (1972) 245–6 [repr. T.J. Brown (1993a) 272–3 n. 95]; Halporn (1974); Halporn (1981); Bailey (1983); Bailey—Handley (1983); Bullough (1983) 18–22 [links of MS with Alcuin]; Halporn (1985); Halporn (1987); Bonner (1989b) 392; M.P. Brown (1989a) 153 n. 9; Bullough (1991) 54–5, 86 n. 69; *CPPM* II, no. 2121; McGurk (1994b) 10 [repr. McGurk (1998) no. XII]; Knappe (1996) 217–18; Lapidge (1996c) 414; Bullough (2004) 256–8; J.A. Haines (2008); Love (2012) 614–15 and nn. 44–6

238. Durham, Cathedral Library, B. II. 35, fols. 38–118

s. xi ex. (before 1096), Normandy or England, (prov. Durham)

Contents: Bede, *Historia ecclesiastica* [*CPL* 1375]

MS: Rud (1825) 141–4; C. Plummer (1896) I.cv–cvi; Mynors (1939) no. 47; Colgrave–Mynors (1969) xlix; Rella (1977) 29–30; A.G. Watson (1987a) 23; Gullick et al. (1993) 16–17; O'Brien O'Keeffe (1994) 237; Gullick (1998a) 17, 31; Norton (1998) 84 n. 52; R. Gameson (1999a) no. 232; Lawrence-Mathers (2003) 32, 41, 53, 214, 223–5, 231, 256–8

FACS: Rollason (1998) pl. 50 [fol. 77v]; R. Gameson (1999a) pl. 8 [fol. 77v]; Lawrence-Mathers (2003) pl. 6 [p. 72]

ED: C. Plummer (1896) [Bede, *Historia ecclesiastica*, coll. as D]

LANG: O'Brien O'Keeffe (1994) 232

ST: Browne (1988) 155 *et passim*; Meehan (1994b) 440–2, 446; R. Gameson (1998) 242 n. 46; Meehan (1998b) 134–6; Norton (1998) 79–87, 89, 100; Piper (1998b); Story (1998) 212 n. 30; Bullough (2004) 216 n. 261; Westgard (2010)

239. Durham, Cathedral Library, B. III. 1

s. xi ex. (before 1096), Normandy, prov. Durham

Contents: Origen, *Homiliae in Vetus Testamentum*: *Hom. in Genesin*, trans. Rufinus [*CPG* 1411]; *Hom. in Exodum*, trans. Rufinus [*CPG* 1414]; *Hom. in Leuiticum*, trans. Rufinus [*CPG* 1416]; *Hom. in Iesu Naue*, trans. Rufinus [*CPG* 1420]; *Hom. in librum Iudicum*, trans. Rufinus [*CPG* 1421]; *Hom. in I Reg.*, trans. Rufinus [*CPG* 1423]; *Hom. in Canticum canticorum*, trans. Jerome [*CPG* 1432]; *Hom. in Isaiam*, trans. Jerome [*CPG* 1437]; *Hom. in Hieremiam*, trans. Jerome [*CPG* 1438]; *Hom. in Ezechielem*, trans. Jerome [*CPG* 1441]; Rufinus, *De benedictionibus patriarcharum* [*CPL* 195] (excerpt)

MS: Rud (1825) 145; Mynors (1939) no. 45; T.A.M. Bishop (1949–53) 439; T.A.M. Bishop (1954–8a) 198; Piper (1978) 226 n. 32; A.G. Watson (1987a) 23; Gullick (1990) 63–4; R. Gameson (1999a) no. 233; R. Gameson (2003) 150 and n. 81; Lawrence-Mathers (2003) 45, 52–4

DEC: R. Gameson (1998) 247

FACS: Mynors (1939) pl. 31 [fol. 106v]; Rollason (1998) pl. 46 [fol. 1r]; R. Gameson (2003) pl. 13 [fol. 1r (detail)]

ST: Lambert (1969–72) nos. 206, 209, 212, 214; Browne (1988) 154 *et passim*; R. Sharpe (1998) 298; Piper (2007) 98

240. Durham, Cathedral Library, B. III. 9

s. xi ex., (prov. Durham)

Contents: Gregory (?), *Symbolum fidei* [cf. *CPL* 1714 (p. 558)]; Gregory, *Registrum epistularum* [*CPL* 1714]

MS: Rud (1825) 155; Mynors (1939) no. 41; A.G. Watson (1987a) 23; Lawrence (1994) 459; Gullick (1998a) 15, 24 n. 3; Gullick (1998b) 112 n. 16; R. Gameson (1999a) no. 235; Lawrence-Mathers (2003) 43–4, 56, 63, 71

FACS: Mynors (1939) pl. 39 [fol. 65v]; Rollason (1998) pl. 44 [fol. 1v]; Lawrence-Mathers (2003) pl. 8 [fol. 1v]

ST: Browne (1988) 154 *et passim*

241. Durham, Cathedral Library, B. III. 10

s. xi ex. (before 1096), Normandy, prov. Durham

Contents: Gregory, *Moralia in Iob* [*CPL* 1708], bks. I–XVI

MS: Rud (1825) 156; Mynors (1939) no. 40; T.A.M. Bishop (1949–53) 439; T.A.M. Bishop (1954–8a) 198; N.R. Ker (1972b) 77–8; N.R. Ker (1976b) 27 and n. 1 [repr. N.R Ker (1985) 147 and n. 1]; A.G. Watson (1987a) 23; Browne (1988) 147; Gullick (1998a) 17 n. 9; R. Gameson (1999a) no. 236; Lawrence-Mathers (2003) 45, 53–4, 81

FACS: Rollason (1998) pl. 47 [fol. 3r]

ST: R. Sharpe (1998) 299

241. 3. Durham, Cathedral Library, B. III. 10, fol. ii

s. xi/xii

Contents: unidentified sermon (f)

MS: R. Gameson (1999a) no. 238

241. 5. Durham, Cathedral Library, B. III. 10, fols. 1*bis* and 241

s. xi ex. or xii in., prob. Normandy, prov. Durham

Contents: breviary (f)

MS: Browne (1988) 147–8; R. Gameson (1999a) no. 237

ST: R. Gameson (1998) 237, 250 n. 74

Durham, Cathedral Library, B. III. 10, fols. 239 and 242: see no. **243. 5**

242. Durham, Cathedral Library, B. III. 11, fols. 1–135

s. xi ex., Continent (Liège?), prov. Durham

Contents: Gregory, *Homiliae .xl. in Euangelia* [*CPL* 1711]; homilies (mostly as in Haimo of Auxerre, *Homiliarium*)

MS: Rud (1825) 156–8 [full list of homilies]; Schenkl no. 4429; Mynors (1939) no. 42; A.G. Watson (1987a) 23; R. Gameson (1999a) no. 239; T.N. Hall (2001) 120, 121, 125, 127 [no. 4]; Lawrence-Mathers (2003) 47

ST: Browne (1988) 154 *et passim*; Gneuss (2003b) 297; *CSLMA* III (2010) 350–5 [Haimo]

242. 5. Durham, Cathedral Library, B. III. 11, fols. 136–59

s. xi ex., Liège, (prov. Durham)

Contents: antiphoner

MS: Mynors (1939) no. 42; Hesbert (1963–79) V.8, VI.297, 395 [full list of contents]; Gneuss (1985) 118 and n.; Rankin (1985) 338–9; Browne (1988) 147–8; R. Gameson (1999a) no. 240; Hartzell (2006) no. 90; Steiner (2007)

FACS: Frere (1923) [complete facsimile]; Frere (1894–1932) I, pl. 3 [folio not specified]

ED: Hesbert (1963–79) V.36, 63, 87, 109 *et passim* [coll. as no. 229]

ST: R. Gameson (1998) 250 n. 74

243. Durham, Cathedral Library, B. III. 16

s. xi ex. (before 1096), Normandy, prov. Durham

Contents: Hrabanus Maurus, *Comm. in Matthaeum*, with introductory poem [SK 9447]

MS: Rud (1825) 160; Mynors (1939) no. 44; Dodwell (1954) 115; A.G. Watson (1987a) 23; Gullick (1990) 63, 67; R. Gameson (1999a) no. 245; Lawrence-Mathers (2003) 45–6, 60

FACS: Gullick (1990) 63, 67 [fols. 130v, 131r]

ST: Browne (1988) 154 *et passim*; R. Gameson (1998) 249

243. 5. Durham, Cathedral Library, B. III. 16, fols. 159–60 (with Durham, Cathedral Library, B. II. 10, fols. 239, 242)

s. xi ex., Normandy, prov. Durham

Contents: Augustine, *Sermones* [*CPL* 284] (f)

MS: Rud (1825) 160; Römer (1972b) 111; R. Gameson (1999a) no. 246

244. Durham, Cathedral Library, B. III. 32

s. xi¹ – xi med.; Canterbury, prob. CC (StA?)

Contents: Hymnal°, Monastic canticles°: s. xi²ᐟ⁴ ; proverbs⁺* : s. xi med.; Ælfric, *Grammar*⁺*: s. xi¹ or xi med.

MS: Rud (1825) 174 [list of contents]; Joseph Stevenson (1851) x, 171; Mearns (1914) 83; Mynors (1939) no. 22; N.R. Ker (1957) no. 107; Gneuss (1968) 85–90; Korhammer (1976) 75; Dumville (1992a) 20, 107; Hollis–Wright (1992) 34; Vaciago (1993) 11 [no. 40]; Milfull (1996) 27–41; Gneuss (1997) 26–7; Treharne (1998) 242; W. Schipper (2003) 157; Karkov (2004) 93 n. 43; Hartzell (2006) no. 91; *ASMMF* XIV (2007) 59–81 [no. 120; Keefer]; Keefer (2007b) 86, 89–90, 99–100, 109; Barker-Benfield (2008) II.1372, III.1786; Graham (2009) 165; Wieland (2009) 135; R. Gameson (2012a) 16 and n. 10, 60 and n. 204; R. Gameson (2012b) 108 and n. 50; Scragg (2012a) nos. 318–24

DEC: F. Wormald (1935) [comparison with no. **363**]; F. Wormald (1952) 64 [no. 20]; Dodwell (1954) 5, 120; E. Temple (1976) no. 101; Lawrence (1982) 105; Ohlgren (1986) no. 206; R. Gameson (1991) 74 n. 79; R. Gameson (1995b) 114, 193 n. 4, 228, 231–2; Wieland (1998) 3; Keefer (2007b) 99–100

FACS: Mynors (1939) pl. 15 (a) [fol. 2r]; F. Wormald (1952) pl. 29 [fol. 56v]; Korhammer (1976) 246 [fol. 46r]; E. Temple (1976) ill. 315 [fol. 56v]; Milfull (1996) 30–1 [fols. 1v, 2r]; *ASMMF* XIV (2007) no. 120; Keefer (2007b) 110 [fol. 2r]

ED: Zupitza (1880/2001) [Ælfric, *Grammar*, coll. as D]; Hurst–Fraipont (1955) 419–23 [Bede's Ascension Day hymn coll. as *Durh.*]; Arngart (1956) [base MS for OE proverbs on fols. 43v–45v]; Gneuss (1968) 241–2 [base MS for Dunstan hymn]; Korhammer (1976) 254–350 [base MS for Monastic canticles and OE gloss]; Arngart (1981) [base MS for OE proverbs on fols. 43v–45v]; Milfull (1996) [base MS (= D) for Latin hymnal, OE gloss, and trans. of Latin]

LANG: Gneuss (1968) 157–93; Korhammer (1976) 151–235; Hofstetter (1987) 106–16; Milfull (1996) 70–91; Crowley (2000) 142–3, 146–8

ST: Zupitza (1880/2001) v; Gneuss (1968) 85–90, 122, 198, 241, 246, 248 *et passim*; Korhammer (1973) 180–1; F.C. Robinson (1973) 453–5; Hohler (1975) 220 n. 10; Korhammer (1976) 115–21 *et passim*; Arngart (1977) 101–4; Korhammer (1980) 37; Arngart (1981) 188–300; Gneuss (1990) 6 n. 11 [repr. Scragg (2003) 77 n. 11 (text on declinations)];

Blockley (1994) 80; R. Gameson (1995a) 102 n. 28, 111–12 n. 55, 131 n. 135; Springer (1995) 129; Gneuss (1997) 26–7

245. Durham, Cathedral Library, B. IV. 6, fol. 169*

s. vi, Italy, prov. Northumbria

Contents: biblical text (1 Macchabeorum) (f)

MS: Rud (1825) 178–9; *CLA* II (1935) no. 153; Mynors (1939) no. 1; Lowe (1960) 7–8, 17; Bischoff (1966–81) II.329, 331; Piper (1978) 226 n. 32; A.G. Watson (1987a) 24; Marsden (1995) 83–5; R. Gameson (1999a) nos. 252–4; Marsden (1999) 308 n. 97; Lawrence-Mathers (2003) 20; Emms (2006) 20 and n. 18; Wieland (2009) 115; M.P. Brown (2012) 144 and n. 105; Marsden (2012) 415 and n. 39

FACS: Mynors (1939) pl. 1 [recto]; Lowe (1960) pl. II (b) [recto]

ED: C.H. Turner (1909) 541 [complete text]

ST: Lowe (1972b) II.475–6; Marsden (1995) 83–5 *et passim*; R. Sharpe (1998) 298; Love (2012) 612–13 and n. 34

246. Durham, Cathedral Library, B. IV. 9

s. x med., (prov. Durham)

Contents: Gennadius, on Prudentius (*De uiris inlustribus* [CPL 957], ch. xiii); Prudentius, *Praefatio operum* [CPL 1437], *Cathemerinon* [CPL 1438], *Apotheosis* [CPL 1439], *Hamartigenia* [CPL 1440], *Psychomachia* [CPL 1441], *Peristephanon* [CPL 1443], *Contra Symmachum* [CPL 1442], *Dittochaeon* [CPL 1444], *Epilogus* [CPL 1445], all glossed; Optatianus Porphyrius, *Carm.* xv [SK 605]

MS: Rud (1825) 181; Bergman (1926) xxxviii–xxxix; Mynors (1939) no. 18; Lavarenne (1943–51) I.xxvi; N.R. Ker (1957) no. 108; M.P. Cunningham (1966) xix; Rella (1977) 161 n. 5; Piper (1978) 226 n. 32; A.G. Watson (1987a) 24; D. Ganz (1993) 173 and n. 28; Dumville (1994a) 150 n. 100; R. Gameson (1996b) 167 n. 150; Hartzell (2006) no. 92; *ASMMF* XIV (2007) 83–97 [no. 121; Keefer]; Wieland (2009) 148; Rankin (2012) 505 n. 112; Scragg (2012a) nos. 325–6

FACS: Mynors (1939) pls. 14 (a)–(b) [fols. 14r, 111r]; *ASMMF* XIV (2007) no. 121

ED: Napier (1900) no. 47 [OE glosses]; Bergman (1926) [Prudentius, *carmina*, coll. as D]; Lavarenne (1943–51) [Prudentius, *carmina*, coll. as D]; M.P. Cunningham (1966) [Prudentius, *carmina*, coll. as D]

ST: Wieland (1985) 168–9 and n. 25, 171; Wieland (1987) 216, 218–21, 225–6; Biggs et al. (1990) 150–6 [Wieland]; Karkov (2001a) 119 n. 22; Petruccione (2008) 250–1

246. 8. Durham, Cathedral Library, B. IV. 12, fols. 1–120

s. xi/xii or xii in., both parts Durham

Contents (fols. 1–38): Fulgentius of Ruspe, *Epist.* viii [*CPL* 817], *De fide ad Petrum* [*CPL* 826]; Gennadius, *Liber siue diffinitio ecclesiasticorum dogmatum* [*CPL* 958]; Augustine, *Serm.* cccli ('De utilitate agendae paenitentiae'), cccxciii ('De paenitentibus') [*CPL* 284 (p. 121), 285 (p. 123)]

Contents (fols. 39–120): Prosper of Aquitaine, *De gratia Dei et libero arbitrio* [*CPL* 523], *Pro Augustino responsiones ad capitula obiectionum Gallorum calumniantium* [*CPL* 520], *Pro Augustino responsiones ad capitula obiectionum Vincentianarum* [*CPL* 521], *Pro Augustino responsiones ad excerpta Genuensium* [*CPL* 522]; Augustine, *De octo Dulcitii quaestionibus* [*CPL* 291], *Serm.* cc [*CPL* 284]; pseudo-Augustine, *Hypomnesticon*, bk. VI [*CPL* 381]; *Sermones app.* cxxi, cxxviii, cxxxviii; Ambrose, *De mysteriis* [*CPL* 155], *De Spiritu Sancto* [*CPL* 151] (prologue only); *De apologia prophetae Dauid* [*CPL* 135]; pseudo-Jerome, *De essentia diuinitatis* [*Epist. supp.* xiv: see *CPL* 633]

MS: Rud (1825) 183–5; Schenkl no. 4449; Mynors (1939) no. 59; Römer (1972b) 111–12; Gullick (1994) 103–4 and n. 33; Gullick (1998a) 15 n. 5, 17, 19 n. 16, 26 and n. 32 [no. 11]; R. Gameson (1999a) nos. 258–9

FACS: Gullick (1994) pls. 3 (c)–(d) [fols. 121v, 39v (details)]

ST: Lawrence-Mathers (2003) 156–7

247. Durham, Cathedral Library, B. IV. 13

s. xi ex. (before 1096), prov. Durham

Contents: Gregory, *Homiliae in Hiezechielem* [*CPL* 1710]

MS: Rud (1825) 186; Mynors (1939) no. 43; N.R. Ker (1964) 68; A.G. Watson (1987a) 24; Browne (1988) 144, 148, 150, 152, 154; Gullick (1994) 104, 106; Gullick (1998a) 25 n. 7; R. Gameson (1999a) no. 262; T.N. Hall (2001) 132 [no. 6]; Lawrence–Mathers (2003) 43–4, 56, 71

FACS: Gullick (2000) 206 [fols. 1v, 7v]

248. Durham, Cathedral Library, B. IV. 24, fols. 5–127

all parts prov. Durham s. xi/xii (by 1096); numerous later additions, esp. obits

Contents (fol. 5): confraternity conventions (s. xi ex., Durham)

Contents (fols. 6–11): liturgical calendar, with obits but no saints' feasts (s. xi ex)

Contents (fols. 12–45): Usuard of Saint-Germain-des-Prés, *Martyrologium*, with obits; gospel lectionary for use in the Chapter Office (with gospels abbreviated?) (s. xi ex.)

Contents (fols. 47–71): Lanfranc, *Constitutiones* (s. xi ex. [1091×1096], Canterbury CC)

Contents (fol. 74r): William of Saint-Carilef, *Epistola* (s. xi/xii)

Contents (fols. 74v–123): *Regula S. Benedicti*[+*] [*CPL* 1852] (s. xi² or xi/xii)

Contents (fols. 124–7): liturgical and other notes (s. xi/xii)

MS: Rud (1825) 204–18; Glunz (1933) 191; Mynors (1939) no. 51; Knowles (1951) xxiii; N.R. Ker (1957) no. 109; N.R. Ker (1964) 68; Gretsch (1974) 126; Piper (1978) 215–16; A.G. Watson (1987a) 25; Gullick (1994); Piper (1994); Webber (1995) 155; Gullick (1998c) 183–4; R. Gameson (1999a) no. 269; Gretsch (1999a) 227, 245; Knowles—Brooke (2002) xliv; Lawrence-Mathers (2003) 24, 26, 35–6, 42, 56, 58–9, 71, 78, 147; Moore (2004) 101; *ASMMF* XIV (2007) 99–109 [no. 122; Keefer]; Álvarez-López (2007b) 209–23; Scragg (2012a) no. 327; Webber (2012) 216 and nn. 22–4, 217 n. 26

DEC: R. Gameson (1995a) 97, 142

FACS: Mynors (1939) pls. 33 (a)–(b) [fols. 5v, 116r]; Gullick (1998c) 184 [fol. 67v]; Rollason (1998) pls. 6 (d), 42–3 [fols. 33v (detail), 90v, 98v]; Lawrence-Mathers (2003) pl. 2 [fol. 74v]; *ASMMF* XIV (2007) no. 122

ED: Caro (1898) [collates OE 'Rule of St Benedict' with Schröer (1885–8)]; Knowles (1951) 1–149 [base MS for Lanfranc, *Constitutiones*]; Piper (1998a) 187–201 [base MS for obits in calendar and martyrology]; Knowles—Brooke (2002) [Lanfranc, *Constitutiones*, coll. as D]; Rollason (2000) 238–40 [collation of William, *Epistola*]

LANG: Gretsch (1999a) 116, 213

ST: Bischoff (1938) 81, 83; Gretsch (1973) 37–40; Gretsch (1974) 128–37; Wieland (1985) 167; Browne (1988) 155 *et passim*; Piper (1994); R. Gameson (1998) 238; Graham (1998a) 55 n. 15; Gullick (1998a); Piper (1998a); Jayatilaka (2003) 166–73; G. Barrow (2004) 111–13; M.P. Richards (2006) 291; Pfaff (2009) 109, 182

Durham, Cathedral Library, C. III. 13, fols. 192–5: see no. **218**
Durham, Cathedral Library, C. III. 20, fols. 1–2: see no. **218**

249. Durham, Cathedral Library, C. IV. 7, flyleaves

s. viii, prob. Northumbria

Contents: biblical text (Leuiticus XIV, XV, XXVI)

MS: Rud (1825) 297; Schenkl no. 4471; *CLA* II (1935) no. 154; Mynors (1939) no. 10; Munk Olsen (1982 —) I.322–3 [main MS]; Marsden (1995) 17 n. 86, 43, 237–40; R. Gameson (1999a) nos. 272–3; Marsden (2012) 420 and n. 66

FACS: Mynors (1939) pl. 11 [verso of front flyleaf]

249. 3. Durham, Cathedral Library, C. IV. 12, binding strips

s. xi ex., Durham

Contents: Paulus Diaconus, *Homiliarium* (f) [from companion vol. to nos. **222** and **226**?]

MS: R. Gameson (1999a) no. 275; T.N. Hall (2004b) 87

250. Durham, Dean and Chapter Muniments, Misc. Charter 5670

s. xi^1

Contents: Psalterium Gallicanum (f)

MS: Mynors (1939) no. 23; Pulsiano (2001a) xxviii

ED: Pulsiano (2001a) 320–35 [fragment coll. as κ]

251. Durham, University Library, Cosin V. v. 6

s. xi$^{4/4}$ or xi ex., Canterbury CC, prov. Durham

Contents: gradual with *Kyriale*; *Laudes regiae*; added sequences (s. xi/xii)

MS: Mynors (1939) 47; Anselm Hughes (1972) 4–5; Hartzell (1975); Gneuss (1985) 104 [no. B.1]; A.G. Watson (1987a) 29; R. Gameson (1999a) no. 284; Lawrence-Mathers (2003) 37; Hartzell (2006) no. 95; R. Gameson (2007) 35 [no. 2]; Pfaff (2009) 180–3; R. Gameson (2012a) 70 and n. 242; Pfaff (2012) 347 and n. 24; Rankin (2012) 493 and n. 49, 497 and n. 68

DEC: R. Gameson (1991) 93 n. 173; R. Gameson (1995a) 117 n. 77, 120 n. 86, 143

FACS: Hartzell (1975) pl. III (a) [fol. 40r]; R. Gameson (2007) 34 [fols. 29v–30r, 78v–79r]; R. Gameson (2012) pl. 22.4 [fol. 31v]

ST: Browne (1988) 147; Rankin (1996) 336; R. Gameson (1998) 250 n. 74, 251 n. 77

251. 5. Edinburgh, National Library of Scotland, Advocates 18. 4. 3, fols. 1–122

s. xi ex., (prov. Durham)

Contents: Palladius of Helenopolis, *Historia Lausiaca*, trans. as *Paradisus* by 'Heraclides' [*CPG* 6036; *BHL* 6532, 6534]; Victor of Vita, *Historia persecutionis Africanae prouinciae* [*CPL* 798]; Paschasius Radbertus, *De corpore et sanguine Domini*; Augustine, *Sermo* lii ('De sacramentis altaris') [*CPL* 284 (p. 111)]

MS: Raine (1838) 67, 118; Mynors (1939) no. 60; Römer (1972b) 115; A.G. Watson (1987a) 29; Gullick (1998a) 15, 24 n. 1; Piper (1998b) 311, 316 n. 80; R. Gameson (1999a) nos. 287–8; Gullick (2000) 208 n.; Webber (2012) 216 and n. 19

252. Edinburgh, National Library of Scotland, Advocates 18. 6. 12

s. xi ex. or xii in., (prov. Thorney)

Contents: Persius, *Satirae*; Latin epigram [SK 14414]; Avianus, *Fabulae*; *Cato nouus* (incomplete); Latin poetic fragment [SK 9929]; *Gesta Ludouici imperatoris* [SK 3866] (incomplete); excerpts from Horace, *Epistulae*; three Latin poems [WIC 11654, 13383, 14284 (Marbod of Rennes)]; three Latin epigrams and three riddles; Abbo of Saint-Germain-des-Prés, *Bella Parisiacae urbis*, bk. III; Symposius, *Aenigmata* (incomplete)

MS: Schenkl no. 3030; N.R. Ker (1948–55); A. Vernet (1948) 39–40; N.R. Ker (1964) 189 and n. 5; Lowe (1964) no. 47; A.G. Watson (1969) 18 [repr. A.G. Watson (2004) no. IX]; *CLA* Supplement (1971) no. 1690; I.C. Cunningham (1973) 84–5; Munk Olsen (1982–) I.446; T. Hunt (1991) I.64–5; R. Gameson (1999a) no. 290; Lendinara (2010) 121–2

FACS: A.G. Watson (1969) pl. V (a) [fol. 1r] [repr. A.G. Watson (2004) no. IX, pl. IX]

ST: Gamber (1968-88) no. 278e; Lapidge (1975a) 75 n. 3 [repr. Lapidge (1993a) 113 n. 3]; Lapidge (1977a) 449; Reeve (1983c) 31 n. 19; Lendinara (1986) 83 nn. 57–8; R. Gameson (1998) 243 n. 50; Biggs et al. (2001) 16 [Lendinara]; Pulsiano (2001b); Lendinara (2011a) 487 and n. 42

253. Edinburgh, National Library of Scotland, Advocates 18. 7. 7

s. x ex., OE glosses partly s. xi, (prov. Thorney)

Contents: Sedulius, Letter I to Macedonius, *Carmen paschale°* [*CPL* 1447], *Hymni* [*CPL* 1449]; four poems on Sedulius [SK 15784, 14842, 14841, 12954]; poem by pseudo-Vergil [SK 16845]

MS: Schenkl no. 3033; N.R. Ker (1948–55); A. Vernet (1948) 38, 50–1; N.R. Ker (1957) no. 111; N.R. Ker (1964) 189; A.G. Watson (1969) 18 [repr. A.G. Watson (2004) no. IX]; I.C. Cunningham (1973) 87–8; Lapidge (1982a) 114 [repr. Lapidge (1996b) 479–80]; Vaciago (1993) 11 [no. 42]; Springer (1995) 48–9; *ASMMF* V (1997) 28–34 [no. 125; I.C. Cunningham]; Wieland (1998) 16 n. 34; Hartzell (2006) no. 96; Scragg (2012a) 329–30

FACS: *ASMMF* V (1997) no. 125

ED: Meritt (1945) no. 30 [OE glosses]

ST: Glauche (1970) 100 n. 89; F.C. Robinson (1973) 458–61, 466 n. 76; Korhammer (1980) 55; Lapidge (1982a) 137 n. 93 [repr. Lapidge (1996b) 483 n. 93]; R.I. Page (1982) 159

254. Edinburgh, National Library of Scotland, Advocates 18. 7. 8
[palimpsest, upper script]

s. xi ex., (prov. Thorney)

Contents: Cicero, *In Catilinam* I–IV; pseudo-Sallust and pseudo-Cicero, *Inuectiuae*; Atticus of Constantinople (?), *Epistula formata*; explanation of Greek letters

MS: Schenkl no. 3034; N.R. Ker (1948–55); A. Vernet (1948) 48–50; A.G. Watson (1969) 18 [repr. A.G. Watson (2004) no. IX]; I.C. Cunningham (1973) 88–9; Munk Olsen (1982–) I.167; L.D. Reynolds (1983a) 350–2; R. Gameson (1999a) no. 291; R. Gameson (2012a) 19 and n. 27

FACS: N.R. Ker (1948–55) pls. III–IV

ED: L.D. Reynolds (1991) 225–37 [Sallust and Cicero, *Inuectiuae*, coll. as S]

ST: Lambert (1969–72) no. 628

255. Edinburgh, National Library of Scotland, Advocates 18. 7. 8
[palimpsest, lower script; fragments]

fols. 1?, 4, 5, 8?, 9, 16, 28, 31: Augustine, *De Trinitate* [*CPL* 329]: s. viii

fols. 12, 13, 23, 30: service-book, prob. sacramentary: s. xi in.

fols. 19, 22: *Passio S. Laurentii* [*CPL* 2219; *BHL* 4754]: s. viii¹

fols. 26, 33: Gregory, *Homiliae .xl. in Euangelia* [*CPL* 1711]: s. viii ex.

fols. 27, 32 and fols. in 18. 6. 12: unidentified text

MS: N.R. Ker (1948–55); Lowe (1964) no. 47; Gamber (1968–88) no. 278e; *CLA* Supplement (1971) nos. 1689–91; Römer (1972b) 115–16; Clayton (1985) 219 [fols. 26, 33]; T.N. Hall (2001) 122, 126, 128 [no. 6] [fols. 26, 33]; Wieland (2009) 126; and see the references cited for no. **254**, above

255. 5. Edinburgh, University Library, 56 (D. b. III. 8)

s. xi¹, Ireland or Scotland, in Scotland or England by s. xi²

Contents: Psalterium Hebraicum

MS: Borland (1916) 100–2, 327 [W.M. Lindsay]; McRoberts (1953) 3 [no. 4]; Finlayson (1962); Gjerløw (1980) I.169; Dumville (1992a) 112 n. 111; Dumville (2007d) 83–6, 88; Rushforth (2007) 76

DEC: N. Edwards (2012) 248

FACS: Finlayson (1962) [complete facsimile]; Borland (1916) pl. XV [fol. 50v]; Rushforth (2007) 77 [fol. 50r]

ST: McNamara (1973) 243–4; *BCLL* (1985) nos. 511, 1031

Eton College 220, no. 1: see no. **669**

256. Exeter, Cathedral Library, 3500

c. 1086, prob. Salisbury, (prov. Exeter)

Contents: Exon Domesday

MS: N.R. Ker (1962–92) II.800–7; Galbraith (1974) 184–8; N.R. Ker (1976b) 35 [repr. N.R. Ker (1985) 156]; Rumble (1985); Webber (1989); Webber (1992) 13–17; Conner (1993) 4; Pfaff (1994) 74; R. Gameson (1999a) no. 294; Webber (2012) 220

FACS: N.R. Ker (1976b) pl. III [fol. 9r] [repr. N.R. Ker (1985) pl. 20 (a)]

ST: Galbraith (1974) 64–72 *et passim*; Keynes (2006) R 231

Exeter, Cathedral Library, 3501, fols. 0–7: see no. **15**

257. Exeter, Cathedral Library, 3501, fols. 8–130 (the 'Exeter Book')

s. x², prob. SW England (or Canterbury CC??), prov. Exeter by s. xi³/⁴

Contents (OE poetry): *Christ I-III***; *Guthlac* (A and B)**; *Azarias***; *Phoenix***; *Juliana***; *Wanderer***; *Seafarer***; *Widsith***; *Maxims I***; *Riming Poem***; *Physiologus*** (*Panther***, *Whale*** and *Partridge***); *Soul and Body II***; *Deor***; *Wulf and Eadwacer***; *Riddles***; *Wife's Lament***; *Judgement Day I***; *Husband's Message***; *Ruin***; other shorter poems**

MS: Chambers et al. (1933) 55–67 [Förster]; Krapp–Dobbie (1936) ix-xxv; N.R. Ker (1957) no. 116; N.R. Ker (1964) 82; Parkes (1976b) 163 [repr. Parkes (1991) 160]; Drage (1978) 347–8; Pope (1978); McGovern (1983); Backhouse et al. (1984b) no. 153; J. Hill (1986); J. Hill (1988) 4–9; Muir (1991b); Dumville (1992a) 83; Conner (1993); Conner (1994); Pfaff (1994) 61; R. Gameson (1996b); Brantley (1999) 50 n. 22, 61–2; Lapidge (2000a) 13; Muir (2000) I.1–44; Orton (2001) 213, 222; W. Schipper (2003) 161; R.M. Butler (2004) 175, 178–9, 181, 183, 195–6, 199–204, 205–7; Roberts (2005) 60–2 [no. 11]; C. Bishop (2007b) 97–9; Rambaran–Olm (2007) 207; Cucina (2008) [bibliography]; Graham (2009) 189; Treharne (2009b) 99–101; Crick (2012) 181; R. Gameson (2012a) 24, 58–9 and n. 199; Raw (2012) 460; Scragg (2012a) no. 341

DEC: R. Gameson (1995b) 223 n. 183

FACS: Chambers et al. (1933) [complete facsimile]; Muir (2006) [complete electronic facsimile]; [facsimiles of individual leaves are too numerous to list, but note *inter alia permulta*]: Conner (1993) pls. I–VII [fols. 20v, 53r, 98r, 100r, 125r, 125v (details)]; R. Gameson (1996b) pls. III–IV [fols. 45v, 1v]; Lapidge (2000a) 13 [fol. 45v (details)]; Roberts (2005) pl. 11 [fol. 32v]; Owen-Crocker (2009) figs. 4.1 [fol. 8r], 6.15 [fol. 9r]

ED [note that early editions and partial editions are not recorded]: **complete manuscript:** Krapp–Dobbie (1936), Muir (1994) [2nd ed. 2000]; **individual poems: Juliana:** Woolf (1955; rev. 1978); **Christ I:** J.J. Campbell (1959); **Seafarer:** Gordon (1960), Pope (1981), Klinck (1992), Cucina (2008); **Widsith:** Chambers (1912), Malone (1962); **Wanderer:** Leslie (1966; rev. 1985), Dunning–Bliss (1969), Pope (1981), Klinck (1992); **Azarias:** Farrell (1974); **Maxims:** Shippey (1976); **Deor:** Malone (1977), Pope (1981); **Riddles:** Williamson (1977); **Resignation:** Malmberg (1979; rev. 1982); **Guthlac:** Roberts (1979); **Wife's Lament, Husband's Message, Ruin:** Leslie (1988); **Phoenix:** N.F. Blake (1990)

LANG: Govern (1983) 90–9

ST: Chambers et al. (1933); K. Sisam (1953a) 31–2, 97–108, 291–2; Pope (1969) [study of missing leaf]; Pope (1974) [study of lacuna]; Bliss–Frantzen (1976) 385–402 [reconstruction and dislocation]; Pope (1978) 25–65; Greenfield–Robinson (1980) 20–1 [bibliography]; Pope (1981) [damage and reconstruction]; O'Brien O'Keeffe (1985) [Riddle 40]; Muir (1989); Muir (1991a); Muir (1991b); Kiernan (1994a) 42, 44–6; Frank (1998) 207–21; Brantley (1999) [*Descent into Hell*]; R.M. Butler (2004); J. Hill (2005a) 85; Rambaran-Olm (2007) 207–8 [*Descent into Hell*]; Treharne (2007a) 262; Cucina (2008); Scragg (2012b) 553–4

258. Exeter, Cathedral Library, 3507

s. x^2, S England (Canterbury CC or Sherborne?), prov. Exeter s. xi^2

Contents: Hrabanus Maurus, *De computo*; Latin verses [SK 7632 (= Vergil, *Georg.* I.231-9), 6489, 12559 (Ausonius), 3727, 12524, 1716, 8931, 12491]; prose notes on computus; Greek, Hebrew and three runic alphabets; Isidore, *De natura rerum* [*CPL* 1188]

MS: Schenkl no. 3787; R. Derolez (1954) 219–37; N.R. Ker (1957) no. 116*; N.R. Ker (1962–92) II.813–14; N.R. Ker (1964) 82; N.R. Ker (1976b) 24, 35 [repr. N.R. Ker (1985) 144, 156]; Drage (1978) 349–50; Conner (1993) 4, 86–9 *et passim*; Dumville (1992a) 64, 82 and n. 88; Dumville (1993g) 100 n. 89; R. Gameson (1996b) 162–4 and n. 128; Chardonnens (2007b) 546; Wieland (2009) 153; R. Gameson (2012a) 67 n. 232; D. Ganz (2012) 194 and n. 39; Scragg (2012a) no. 342

DEC: R. Gameson (2012c) 262 n. 38

FACS: Conner (1993) pls. XII–XIII [fols. 12v, 68r]

ST: Thiel (1969) 125 [Hebrew alphabet]; Bullough (1977) 50 n. 61b; Munk Olsen (1982–) II.336; Muir (1991b); Gneuss (1992) 124 n. 66 [Hebrew alphabet]; R. McKitterick (2012) 328

258. 3. Exeter, Cathedral Library, 3512

s. xi ex., Exeter?, (prov. ibid.)

Contents: *Collectio Lanfranci* [*Decreta pontificum* only]

[companion vol. to no. **601. 5**]

MS: N.R. Ker (1962–92) II.819–21; N.R. Ker (1964) 82; R. Gameson (1996b) 154; R. Gameson (1999a) no. 295; Kéry (1999) 240–1; Gullick (2001b) 110–11

258. 8. Exeter, Cathedral Library, 3548A

s. x^1, N France or Brittany, prov. Exeter possibly s. xi^2

Contents: missal (f)

MS: Lega–Weekes (1916–17); Förster (1933a) 25 n. 77; N.R. Ker (1962–92) II.839–40 [erroneously classed as 'Sacramentarium']; Drage (1978) 351–2; Hartzell (1989) 86 n. 108; Dumville (1992a) 67, 76, 89, 155; Conner (1993) 5, 14, 17, 20

259. Exeter, Cathedral Library, 3548C

s. x^2 or x ex., Winchester?, prov. s. xi prob. Exeter

Contents: benedictional (f)

MS: S.F.H. Robertson (1905); Förster (1933a) 26 n. 87; N.R. Ker (1962–92) II.840–1; Brückmann (1973) 419; Drage (1978) 353–4; Dumville (1992a) 69, 77, 84–5, 89; Conner (1993) 5, 18, 20, 28, 42–3; Dumville (1993g) 145 n. 23; R. Gameson (1996b) 152 and n. 67

FACS: S.F.H. Robertson (1905) [fol. 1r]

259. 5. Exeter, Cathedral Library, FMS/1, 2, 2a

s. x^1, N France?

Contents: Orosius, *Historiae aduersum paganos* [CPL 571] (f)

MS: N.R. Ker (1962–92) II.845; Drage (1978) 355; Conner (1993) 5, 14, 17, 20, 28; R. Gameson (1996b) 152 and n. 68; Wieland (2009) 142

260. Exeter Cathedral, FMS/3

s. x in. or x^1, England, (prov. Exeter)

Contents: *Vita S. Basilii* [BHL 1023] (f)

MS: N.R. Ker (1962–92) II.845; Drage (1978) 356; Dumville (1987) 171; Conner (1993) 5, 14, 20, 28–9; R. Gameson (1996b) 152; Corona (2002); Corona (2006) 39–40, 139–40, 193, 198

261. Glasgow, University Library, Hunterian 431 (V. 5. 1), fols. 1–102

s. x/xi or xi in., (prov. Worcester) [fols. 103–58 supplied s. xii in.]

Contents: Gregory, *Regula pastoralis* [CPL 1712]

MS: Young—Aitken (1908) 354–5; N.R. Ker (1960) 8, 52; N.R. Ker (1964) 206; Rella (1977) 84, 159; Clement (1984a) 41; Clement (1985a) 13; Franzen (1991) 29, 71–2, 128; Dumville (1993g) 55 n. 245; R. Gameson (1996a) 238; R. Gameson (1999a) no. 303 [fols. 103–58]; Schreiber (2003) 24 and n. 11; R. Gameson (2005a) 97

ST: R. Gameson (1996a) 238; R. Gameson (1998) 242 n. 45; Collier (2000) 195 n. 1, 199–205

262. Gloucester Cathedral, 35

s. xi¹, xi med., xi², (prov. Gloucester, all fragments)

Contents: Ælfric, Homilies* (f), Lives of Saints* (f) [s. xi¹]; Life of St Mary of Egypt* (f) [s. xi med.]; *Regula S. Benedicti*, ch. iv* (f) [s. xi²]

MS: N.R. Ker (1957) no. 117; N.R. Ker (1972a) 5; Gretsch (1973) 43–4; Gretsch (1974) 126–37; Godden (1979) lvii; Scragg (1979) 263; Scragg (1996) 220 [art. 2]; Clemoes (1997) 55–6; Gretsch (1999a) 227; Magennis (2002) 16 nn. 47–9; Lapidge (2003a) 580; Scragg (2012a) nos. 346–9

FACS: Earle (1861) [collotype facsimiles of the leaves containing Ælfric's 'Life of St Swithun' and the anonymous 'Life of St Mary of Egypt']

ED: Earle (1861) 112 [base MS for OE Rule of St Benedict, ch. iv]; Needham (1976) [Ælfric, 'Life of St Swithun', coll. as G]; Godden (1979) 221–2 [Ælfric, CH II, Hom. XXIV, coll. as f^d]; Clemoes (1997) 398–9 [Ælfric, CH I, Hom. XXVI, coll. as f^d]; Lapidge (2003a) 590–608 [Ælfric, 'Life of St Swithun', coll. as G]

ST: J. Hill (1996) 244; Biggs et al. (2001) 322; Lapidge (2003a) 582–5

262. 5. Gloucester, Gloucestershire Record Office, D 2700 (single leaf)

[the shelfmark refers to a collection of fragments of which the single leaf containing Venantius is but one; the collection, which formerly was part of the Duke of Beaufort Muniments, is on (temporary) deposit in the Gloucestershire Record Office]

s. x^{3/4}, Canterbury?

Contents: Venantius Fortunatus, *Carmina* [*CPL* 1033], bk. V, Praefatio (f)

MS: N. Davis (1969) 447–8; R.W. Hunt (1979) 280

ED: R.W. Hunt (1979) 281 [Venantius Fortunatus coll. as Y]

ST: N. Davis (1969) 448, 450–1; R.W. Hunt (1979) 281

263. Hereford, Cathedral Library, O. III. 2

s. ix^2, France, prov. England (Salisbury?) s. xi ex., (prov. Hereford by s. xii med.)

Contents: Jerome, *De uiris inlustribus* [CPL 616]; *Decretum Gelasianum de libris recipiendis et non recipiendis* [CPL 1676]; Gennadius, *De uiris inlustribus* [CPL 957]; Augustine, *Retractationes* [CPL 250]; Cassiodorus, *Institutiones* [CPL 906], bk. I; Isidore, *In libros ueteris et noui Testamenti prooemia* [CPL 1192], *De ecclesiasticis officiis* [CPL 1207] (excerpts), *De ortu et obitu patrum* [CPL 1191], *Allegoriae quaedam S. Scripturae* [CPL 1190]; excerpt from a grammarian 'Terrentius'

MS: Schenkl no. 4090; A.T. Bannister (1927) 28–9; Mynors (1937) xv–xvi, xlvii–xlix; N.R. Ker (1960) 11; N.R. Ker (1964) 97; Mutzenbecher (1974) xl; Rella (1977) 22–3; N.R. Ker (1976b) 30 [repr. N.R. Ker (1985) 150]; Webber (1992) 35–6, 46, 57; Mynors–Thomson (1993) 17–18; Bischoff (1998–) I, no. 1523; Barker-Benfield (2008) I.508, 510; R. Gameson (2012d) 368 and n. 103, 364 n. 105

ED: Mynors (1937) [Cassiodorus, *Institutiones* bk. I, coll. as H; and p. xv n. (the excerpt from 'Terrentius')]

ST: Lambert (1969–72) no. 260; Römer (1972b) 126; Löfstedt (1981) 161–2 ['Terrentius']; R. McKitterick (1989a) 206–7; R. Gameson (1998) 232 n. 7; D. Ganz (2004) 502; R. McKitterick (2012) 329 [MS erroneously cited as O. II. 2]

263. 5. Hereford, Cathedral Library, O. III. 6, fol. 1

s. x ex., (prov. Hereford, Franciscans)

Contents: sacramentary (f)

MS: Schenkl no. 4094; A.T. Bannister (1927) 31-2; Mynors–Thomson (1993) 20

264. Hereford, Cathedral Library, O. VI. 11

s. xi ex., (prov. Hereford, St Guthlac's Priory)

Contents: Paschasius Radbertus, *De assumptione B.V.M.* [cf. CPL 633]; Jerome, *Epist.* xxxix, xxxi, liv, xxii; 'Martinellus': Sulpicius Severus, *Vita S. Martini* [CPL 475], *Epist.* I and III [CPL 476]; Gregory of Tours, excerpts from *De uirtutibus S. Martini* [CPL 1024; cf. BHL 5618d] and *Historia Francorum* [CPL 1023], *Vita S. Bricii* [BHL 1452, from *Historia Francorum*, II.1]; Sulpicius Severus, *Dialogi* II, III, I [*CPL* 477]; Guitmund of Aversa, *Confessio de S. Trinitate*; Odo of Glanfeuil (pseudo-Faustus), *Vita S. Mauri* [*BHL* 5772]; two responsories for St Peter (additions, including WIC 12877a)

MS: Schenkl no. 4144; A.T. Bannister (1927) 69–70; N.R. Ker (1964) 99; Mynors–Thomson (1993) 44; R. Gameson (1999a) no. 309; Hartzell (2006) no. 108

FACS: Owen-Crocker (2009) fig. 1.8 [fol. 48v]

ST: Lambert (1969–72) no. 309; Biggs et al. (2001) 330–2, 338–9

265. Hereford, Cathedral Library, O. VIII. 8

s. xi ex., prov. Hereford

Contents: *Collectio Lanfranci* [*Concilia, Decreta pontificum*]

MS: Schenkl no. 4165; A.T. Bannister (1927) 87; Z.N. Brooke (1931) 97, 231–5; S. Williams (1971) 80 ['Excerpta 5']; Mynors–Thomson (1993) 57; R. Gameson (1999a) no. 310; Kéry (1999) 116, 240; Gullick (2000) 208 n.; Gullick (2001) 103–5, 117; Gullick (2012) 303 and n. 52; Webber (2012) 222 and n. 57

FACS: Gullick (2001) pl. 34 [fol. 45r (detail)]

265. 5. Hereford, Cathedral Library, O. IX. 2

s. xi ex.

Contents: Old Testament (Samuhel, Regum, Isaias, Hieremias, Hiezechiel, Danihel, Prophetae minores)

MS: Schenkl no. 4171; A.T. Bannister (1927) 91; Mynors–Thomson (1993) 60; R. Gameson (1999a) no. 311; R. Gameson (2012a) 45 n. 132

266. Hereford, Cathedral Library, P. I. 2 (the 'Hereford Gospels')

s. viii med., W Midlands or Wales, prov. Hereford s. xi[1]

Contents: gospels (incomplete); records* (added s. xi med.)

MS: Schenkl no. 4181; Lindsay (1912a) 41–3; A.T. Bannister (1927) 98–9; Glunz (1933) 66; Hopkin-James (1934); *CLA* II (1935) no. 157; McGurk (1956) 266 [repr. McGurk (1998) no. I]; N.R. Ker (1957) no. 119; McGurk (1961a) no. 15; Sawyer (1968) nos. 1462, 1469 [OE records]; Bischoff (1986) 121; McGurk (1987) 174 [repr. McGurk

(1998) no. II]; Sims-Williams (1990) 181; Webster—Backhouse (1991) 127–8 [no. 91]; Dumville (1992a) 118 and n. 120; Mynors—Thomson (1993) 65–6; R. Gameson (1994b) 40–3, 48; Dumville (1999) 123; R. Gameson (2000a); Huws (2000) 5; R. Gameson (2002c); Karkov (2006a) 58 and n. 39; M.P. Brown (2012) 135; R. Gameson (2012a) 19 and n. 27, 37 and n. 90, 43, 49 and n. 149, 53 n. 182, 67 n. 234, 74 n. 254; R. Gameson (2012b) 115 and n. 86; Marsden (2012) 419 and nn. 63–4; McKee (2012a) 168; Scragg (2012a) nos. 350, 350a, 351

DEC: Glunz (1933) 66; McGurk (1955b) 106–7 [repr. McGurk (1998) no. IV]; Alexander (1978a) no. 38; Ohlgren (1986) no. 38; Webster—Backhouse (1991) 127–8; R. Gameson (1994b) 40–2; N. Edwards (2012) 245–6; R. Gameson (2012c) 289 n. 141

FACS: *NPS* I, pls. 233 [fols. 102r, 106r], 234 [fols. 134v, 135r]; Alexander (1978a) ills. 197–9 [fols. 1r, 36r, 102r]; Webster—Backhouse (1991) 127 [fol. 102r]; R. Gameson (2012) pl. 9.1 [fol. 102r]

ED: A.J. Robertson (1939) nos. 78, 99 [records]; B. Fischer (1988–91) [gospel excerpts coll. as Hh]

ST: McGurk (1956) 263 [repr. McGurk (1998) no. I]; T.J. Brown (1984) 326 [repr. T.J. Brown (1993a) 239]; P. Wormald (1988a) 264 [no. 80 = Sawyer (1968) no. 1462]; McGurk (1994b) 22 [repr. McGurk (1998) no. XII]; Keynes (2000) 16–18 [records]

266. 5. Hereford, Cathedral Library, P. I. 10

s. xi/xii, W England

Contents: Didymus of Alexandria, *De Spiritu Sancto* trans. Jerome [*CPG* 2544]; pseudo-Augustine and pseudo-Orosius, *Dialogus quaestionum .lxv.* [*CPL* 373a]; Vigilius of Thapsus (?), *Contra Felicianum Arianum* [*CPL* 808]; Augustine, *Epist.* cxxx ('De orando Deo') [*CPL* 262], *Sermo* xxxvii [*CPL* 284 (p. 111)], *De octo Dulcitii quaestionibus* [*CPL* 291]; two anonymous short patristic texts (pseudo-Gregory, *De iuramentis episcoporum*; *Multis modis dimittitur peccatum*)

MS: Schenkl no. 4189; A.T. Bannister (1927) 106–7; Chaplais (1987) *passim*; Mynors—Thomson (1993) 69–70; R. Gameson (1999a) no. 314; P.R. Robinson (2003) I, no. 127

ST: Siegmund (1949) 66 [Didymus]; Lambert (1969–72) no. 258; Römer (1972b) 128

267. Hereford, Cathedral Library, P. II. 5, fols. 1–145

s. xi²

Contents: Palladius of Helenopolis, *Historia Lausiaca*, trans. in Latin as *Paradisus* by 'Heraclides' [*CPG* 6036; *BHL* 6532, 6534]; Leontius of Cyprus, *Vita S. Iohannis Eleemosynarii* trans. Anastasius Bibliothecarius [*BHL* 4388]; Iohannes Diaconus, *Vita S. Nicholai* [*BHL* 6104–5]

MS: Schenkl no. 4201; A.T. Bannister (1927) 119–20; Dumville (1992a) 140; Mynors–Thomson (1993) 76; R. Gameson (1999a) no. 315

ST: Judge (1934) 92–3; Siegmund (1949) 126 [Palladius]; Biggs et al. (2001) 269–70 [*Vita Iohannis Eleemosynarii*], 356–60 [*Vita S. Nicholai*]; Wellhausen (2003) v [Palladius]

268. Hereford, Cathedral Library, P. II. 10, fols. i and 61

s. viii, prob. Northumbria

Contents: pseudo-Alcuin, *Liber quaestionum in euangeliis* [*CPL* 1168; *BCLL* 1267] (f, from Matthew)

MS: Schenkl no. 4025a; A.T. Bannister (1927) 124; Glunz (1933) 18; *CLA* II (1935) no. 158; Lowe (1960) 19; McGurk (1961b) 11 [no. 24] [repr. McGurk (1998) no. V]; Bischoff (1966–81) I.245, II.330, 338; Biggs et al. (1990) 102–4 [C.D. Wright]; Sims-Williams (1990) 183 and n. 32; Dumville (1992a) 105; Mynors–Thomson (1993) 78; Rittmueller (2004) 63*–67*, 140*–142*, 215*

FACS: Lowe (1960) pl. XV (a)–(b)

ED: Rittmueller (2004) [*Liber quaestionum in euangeliis* coll. as He]

ST: *BCLL* (1985) no. 1267; *CSLMA* II (1999) 471–3

268. 2. Hereford, Cathedral Library, P. V. 1, fols. 1–28

s. xi/xii or xii in., prob. CaCC (prov. Battle)

Contents: Lanfranc, *Constitutiones*; Vigilius of Thapsus (?), *Contra Felicianum Arianum* [*CPL* 808]

MS: Schenkl no. 4237; Knowles (1951) xxiii–xxiv; Römer (1972b) 129; Mynors–Thomson (1993) 95–6; R. Gameson (1999a) no. 319; Knowles–Brooke (2002) xliv–xlv

ED: Knowles–Brooke (2002) 2–220 [Lanfranc, *Constitutiones*, coll. as H]

268. 4. Hereford, Cathedral Library, P. VI. 1, fol. 177

s. x²

Contents: missal or sacramentary (?) (f)

MS: Schenkl no. 4252; A.T. Bannister (1927) 160–1; Dumville (1992a) 68; Mynors—Thomson (1993) 103

ED: L.E.G. Brown (1904) 207–8

268. 6. Hertford, Hertfordshire Record Office, Gorhambury X. D. 4. B and X. D. 4. C

s. xi², prov. St Albans?

Contents: Office lectionary (f)

MS: R.M. Thomson (1982a) I.77; A.G. Watson (1987a) 59; R. Gameson (1999a) no. 324

Kingston Lacy, Dorset, National Trust: see no. **501. 3**

Langley Marish, Buckinghamshire, Parish church: see no. **501**

Leeds, University Library: see no. **696**

269. Lichfield, Cathedral Library, 1 (the 'St Chad Gospels')

s. viii²ᐟ⁴ or viii med., W Midlands or Northumbria?, prov. Wales (prob. Llandeilo Fawr, Carmarthenshire) s. ix, prov. Lichfield prob. s. x¹; Welsh, Latin and Old English marginalia s. viii/ix – xi¹ [no Welsh additions before s. ix (?); the OE record is s. xi¹]

Contents: gospels (incomplete); record*

MS: Westwood (1868) 56–8; Scrivener (1887) v–vi; Lindsay (1912a) 1–7, 46–7; Savage (1915) 5–21; Kenney (1929) no. 468; *CLA* II (1935) no. 159; N.R. Ker (1942–3) 4; McGurk (1956) 266 [repr. McGurk (1998) no. I]; N.R. Ker (1957) no. 123; McGurk (1961a) no. 16; McGurk (1962) 22, 30 [repr. McGurk (1998) no. VII]; N.R. Ker (1962–92) III.113–14; N.R. Ker (1964) 115, 119; R. Powell (1965); Stein (1981); McGurk (1987) 174 [repr. McGurk (1998) no. II]; M.P. Brown (1989a) 156, 160; Bruce-Mitford (1989) 176, 185, 187; P.L. Heyworth (1989) 10, 126, 142, 165, 180, 182, 188, 209; R.I. Page (1989) 258; Webster—Backhouse (1991) no. 90; Dumville (1992a) 104 n. 45, 117–18, 120; T.J. Brown (1993a) 109, 273 n. 95; McGurk (1994b) 19, 21 [repr. McGurk (1998) no. XII]; Webster—Brown (1997) 232 [no. 82]; Huws (2000) 5, 7, 9; M.P. Brown (2003a) 255, 257–8, 265, 380–3 *et passim*; Rumble (2006b) 12 and n. 66; M.P. Brown (2012) 134 n. 55, 135, 150, 151, 153–4 and n. 158; R. Gameson (2012a) 28 n. 59, 43, 52, 67, 80; McKee (2012a) 168; McKee (2012b) 338–9; Scragg (2012a) no. 353

DEC: Kendrick (1938) 137–9; McGurk (1961a) no. 16; Nordenfalk (1977) 76–83; Alexander (1978a) no. 21; D.M. Wilson (1984) 87; Ohlgren (1986) no. 21; G. Henderson (1987) 122–9; M.P. Brown (2007d); M.P. Brown (2008); M.P. Brown (2011b) 34–7; Tilghman (2011) 93–4; R. Gameson (2012c) 289 n. 141; Netzer (2012) 230; N. Edwards (2012) 244–5

FACS: Scrivener (1887) frontispiece, vii, 3 [pp. 5, 43, 217]; Lindsay (1912a) pls. I–II [pp. 141, 218]; Nordenfalk (1977) pls. 23–6 [pp. 5, 142, 218, 220]; Alexander (1978a) ills. 76–82 [pp. 4, 5, 142, 218, 219, 220, 221]; D.M. Wilson (1984) pls. 32 [p. 218], 98–9 [pp. 5 (detail), 221]; G. Henderson (1987) pls. 180–2 [pp. 218, 5, 220], 184–6 [pp. 220, 142, 221]; Webster—Backhouse (1991) pl. 90 [pp. 220–1]; Huws (2000) pl. 1 [pp. 2, 141]; M.P. Brown (2007a) pls. 31–2 [pp. 5, 218]; Charles-Edwards—McKee (2008) pl. I [p. 141]; R. Gameson (2012) pl. 5.1 [p. 141]

ED: Scrivener (1887) [coll. with gospel text of no. **825**]; J. Wordsworth et al. (1889–1954) [gospels coll. as L]; Hopkin-James (1934) [base MS for gospels]; N.R. Ker (1957) 158 [OE record]; B. Fischer (1988–91) [gospel excerpts coll. as Hl]

LANG: Scrivener (1887) vii–xvi [orthography of biblical text]

ST: Scrivener (1887); Bradshaw (1889) 458; McGurk (1956) 263 [repr. McGurk (1998) no. I]; McGurk (1961a) 11 [repr. McGurk (1998) no. VI]; M. Richards (1973); Jenkins—Owen (1983); Jenkins—Owen (1984); D. Brown (1982); *BCLL* (1985) no. 156; Dumville (1987) 160 and nn. 66, 68; P. Wormald (1988a) 264 [no. 78] [OE record]; R. Gameson (1994b) 38; P. James (1996); Keynes (1996a) 55 [English names; OE record]; Eberlein (2003) 388, 391 [medieval price of MS]; Charles-Edwards—McKee (2008); Charles-Edwards (2012) 390 and nn. 6–7

269. 1. Lichfield, Cathedral Library, 1a

s. x², France?

Contents: Boethius, *In categorias Aristotelis* [*CPL* 882] (f); Aristotle, *De interpretatione*, trans. Boethius [*CPL* 883] (f)

MS: N.R. Ker (1962–92) III.113–14; Gibson et al. (1995–2001) I.107–8 [no. 78]

270. Lincoln, Cathedral Library, 1 (A. 1. 2) (with Cambridge, Trinity College, B. 5. 2)

both vols. s. xi ex. or xi/xii, E England (Lincoln?), prov. Lincoln

Contents: two-volume Bible: Genesis — Iob, Psalterium Gallicanum [Lincoln MS], Prouerbia Salomonis — Macchabeorum, New Testament (lacking some Epistulae) [Trinity MS]

MS: Schenkl no. 3831; M.R. James (1900–4) I.182–6; Woolley (1927) 1–2; N.R. Ker (1964) 116; R.M. Thomson (1989) 3; R. Gameson (1999a) nos. 154 [Trinity], 328 [Lincoln]; Biggs (2007a) 58; Shepard (2007) 270; Marsden (2012) 426 and nn. 95–6

DEC: C.M. Kauffmann (1975) no. 13

FACS: C.M. Kauffmann (1975) ills. 30–1 [fols. 71v, 86v]; R. Gameson (1999a) pl. 12 [Trinity B. 5. 2, fol. 129v]

ST: Glunz (1933) 230

271. Lincoln, Cathedral Library, 13 (A. 1. 26)

s. xi ex. or xi/xii, (prov. Lincoln)

Contents: Augustine, *De Genesi ad litteram* [*CPL* 266] with *Retractationes* [*CPL* 250] I. xviii, *De Genesi contra Manichaeos* [*CPL* 265]; pseudo-Augustine and pseudo-Orosius, *Dialogus quaestionum .lxv.* [*CPL* 373a]

MS: Schenkl no. 3850; Woolley (1927) 6–7; N.R. Ker (1964) 116; Römer (1972b) 135; A.G. Watson (1987a) 44; R.M. Thomson (1989) 12; R. Gameson (1999a) no. 331

272. Lincoln, Cathedral Library, 106 (A. 4. 14)

s. xi ex. or xi/xii, Normandy or England?

Contents: *Collectio Lanfranci* [*Concilia* (excerpts)]; *Canones Apostolorum*; Gregory, *Epist.* I.24 [*CPL* 1714]; first four Ecumenical Councils (Nicaea, Constantinople, Ephesus, Chalcedon); Atticus of Constantinople (?) *Epistola formata*; Greek alphabet

MS: Woolley (1927) 69–70; Z.N. Brooke (1931) 80, 232, 237; S. Williams (1971) 83 ['Excerpta 17']; R.M. Thomson (1989) 79–80; Kéry (1999) 241

273. Lincoln, Cathedral Library, 158 (C. 2. 2)

s. xi ex., Normandy or England

Contents: Paulus Diaconus, *Homiliarium* (beginning of Lent to Easter vigil, Sanctorale 25 Jan.– 30 Nov., Commune sanctorum)

MS: Schenkl no. 4022; Woolley (1927) 119–34; Smetana (1978) 86 [unreliable]; Clayton (1985) 219; A.G. Watson (1987a) 45 and n. 2; M.P. Richards (1988) 119–23; R.M. Thomson (1989) 124–7; R. Gameson (1999a) no. 340; T.N. Hall (2001) nos. 16 [134], 18 [125, 127]; Hartzell (2006) no. 116; T.N. Hall (2007) 234 n. 20, 242–3 and n. 53; J. Hill (2007a) 93

ST: Lambert (1969–72) nos. 51, 59, 217a; Römer (1972b) 136

274. Lincoln, Cathedral Library, 182 (C. 2. 8) [with 184, fol. 1]

s. x/xi, Abingdon, (prov. Lincoln)

Contents: Bede, *Homiliae in Euangelia* [CPL 1367]

MS: Schenkl no. 4027; Woolley (1927) 132–3; Laistner—King (1943) 117; Hurst (1955) xviii; N.R. Ker (1957) no. 124; T.A.M. Bishop (1971) xii, 13 [no. 15]; T.A.M. Bishop (1967b); Rella (1977) 78, 88, 162 n. 15; Clayton (1985) 219; R.M. Thomson (1989) 146; Dumville (1993g) 102 and n. 101; T.N. Hall (2007) 258–9; Wieland (2009) 127; Rushforth (2012) 205 and n. 50; Scragg (2012a) no. 354

FACS: T.A.M. Bishop (1971) pl. XIII [fol. 34v]

ED: Hurst (1955) [Bede, *Homiliae*, coll. as L]

ST: T.A.M. Bishop (1967b); Lapidge (1975a) 75 n. 5 [repr. Lapidge (1993a) 113 n. 5]

Lincoln, Cathedral Library, 184 (C. 1. 13) fol. 1: see no. **274**

275. Lincoln, Cathedral Library, 298A

s. viii^2, Northumbria

Contents: gospels (f)

MS: Woolley (1927) 183; *CLA* II (1935) no. 160; McGurk (1961a) no. 17; R.M. Thomson (1989) 205

276. Lincoln, Cathedral Library, 298B

s. xi^2

214   Anglo-Saxon Manuscripts

Contents: Hexateuch* (f; from Numeri)

MS: Crawford (1922) 6; Woolley (1927) 183; N.R. Ker (1957) no. 125; Morrell (1965); R.M. Thomson (1989) 205; R. Gameson (1999a) no. 347; Treharne (2007b) 18 n. 16; Marsden (2008) lxiii–lxv; Scragg (2012a) no. 355

DEC: Morrell (1965) 10–11

ED: Crawford (1922) [OE Hexateuch coll. as Ln]; Marsden (2008) [OE Hexateuch coll. as Ln]

ST: Morrell (1965); Clemoes (1994b) 370; Marsden (2008) lxxi–lxxii, clvii–clx

277. Lincoln, Cathedral Library, 298C (with London, British Library, Harley 3405, fol. 4)

s. xi med., Winchester?

Contents: antiphoner (f)

MS: Woolley (1927) 183; A.G. Watson (1987a) 70 n. 1; R.M. Thomson (1989) 205; Hartzell (2006) no. 117; Rankin (2012) 502 and n. 93

Lincoln, Cathedral Library, V. 5. 11 (ptd. bk.): see no. **524**

277. 3. Lincoln, Dean and Chapter Muniments, A/2/20/2

s. xi med.

Contents: lectionary (f)

278. London, British Library, Add. 7138

s. x^2; Canterbury StA? or Crediton or Exeter

Contents: record (account of the division of the West Saxon dioceses)

MS: Keynes (1991) 5 [no. 9]; Conner (1993) 215 n. 1

FACS: Keynes (1991) pl. 9 [face and dorse]

ED: Whitelock et al. (1981) I.167–9 [base MS]; Conner (1993) 221–3 [coll. as A]

ST: J.A. Robinson (1918) 20–3; Whitelock (1979) 892–3; N.P. Brooks (1984) 211–12 and n. 7; Keynes (1991) 5 [no. 9]; Conner (1993) 215–20; N. Orchard (2002) I.209

279. London, British Library, Add. 9381 (the 'Bodmin Gospels')

s. ix/x, Brittany; s. x med.—xi/xii, prov. whole MS s. x, St Petroc's, Padstow, then Bodmin

Contents: gospels, gospel list (s. ix/x), records^(*) (s. x med.—xi/xii)

MS: Jenner (1923); Jenner (1924); Förster (1930) 77–82; Frere (1934) 79; N.R. Ker (1957) no. 126; N.R. Ker (1964) 10; Klauser (1972) xlix; Pollard (1975) 158; Deuffic (1986) 300; McGurk (1986b) 48 n. 27 [repr. McGurk (1998) no. XIV]; Dumville (1988) 53; Olson (1989) 71–2; Dumville (1992a) 114, 116–17, 120; Bischoff (1998–) II, no. 2357; Cohen (1999) 67–9; Dumville (1999) 125; Ambrose (2005) 113; Lemoine (2005) 184, 187–8; Hartzell (2006) no. 118; Gullick (2012) 295 n. 5; McKee (2012a) 170; Rushforth (2012) 202–3 and n. 38; Scragg (2012a) nos. 356–61

DEC: McGurk (1986b) 45 n. 3 [repr. McGurk (1998) no. XIV]

ED: Haddan–Stubbs (1869–71) I.676–83 [base MS for manumissions]; Förster (1930) 83–99 [base MS for manumissions]; Pelteret (1990) nos. 87–9 [three manumission records]; B. Fischer (1988–91) [gospel excerpts coll. as Hx]

ST: Haddan–Stubbs (1869–71) I.698; Jenner (1923); Jenner (1924); Förster (1930); Glunz (1933) 69, 112–13, 119; *BCLL* (1985) nos. 121, 168; McGurk (1987) 165 n. 2 [repr. McGurk (1998) no. II]; McGurk (1993) 254 [repr. McGurk (1998) no. XI]; Pelteret (1995) xiv–xv; McGurk (1996) 121 [repr. McGurk (1998) no. X]; Lenker (1997) 416–18; Lemoine (2005) 187–8, 190

280. London, British Library, Add. 11034

s. x?, prob. England

Contents: Bede, *Versus de die iudicii*, part (lines 128–55 only) [*CPL* 1370; SK 10633]; pseudo-Priscian, *Carmen de sideribus* [SK 151]; Arator, *Historia apostolica* [*CPL* 1504] (incomplete, with scholia by 'Anonymus X'); Modoin of Autun, *Ecloga* (for Charlemagne) [SK 1825]

MS: *Cat. Add. B.M. 1836–1840* (1843) 26; Dümmler (1881) 382; McKinlay (1942) 43–4 [no. 70]; Lapidge (1982a) 117 n. 100 [repr. Lapidge (1996b) 484 n. 100, 485]; Orbán (2006) 36–8; Hartzell (2006) no. 119; Lendinara (2007b) 203–4; Wieland (2009) 151, 155

FACS: McKinlay (1942) pl. XXVI [fol. 8r]

ED: Dümmler (1881) 384–91 [base MS for Modoin, *Ecloga*]; McKinlay (1951) [Arator, *Historia apostolica*, coll. as V]; Hurst—Fraipont (1955) 439–44 [Bede, *Versus de die iudicii*, coll. as γ]; Lapidge (1982a) 121 [repr. Lapidge (1996b) 490] [base MS for Arator, *Epist. ad Florianum* (fol. 3r), with glosses]; Orbán (2006) [Arator, *Historia apostolica*, coll. as La]

ST: Manitius (1911–31) I.550–1 [citing Dümmler's ed. of this MS]; Jaager (1935) 54; Laistner—King (1943) 127; Kristeller et al. (1960—) I.242–3; Wieland (1985) 157–8; Wieland (1998) 16 n. 23; Lendinara (2007b) 177, 180

281. London, British Library, Add. 15350, fols. 1 and 121

s. vii–viii, prob. Italy, (prov. Winchester OM)

Contents: *Verba seniorum* [*CPG* 5570; *BHL* 6527] (= *Vitas patrum*, bk. V) XIII. 9—XIV. 1, 10–17

MS: *Cat. Add. B.M. 1841–1845* (1850) 1; Thompson—Warner (1881–4) II.62; Wilmart (1922) 190; *CLA* II (1935) no. 164; Siegmund (1949) 137; A.G. Watson (1963) 209, 211 [repr. A.G. Watson (2004) no. III]; P. Jackson (1992) 123; Emms (2006) 20 and n. 15; T.N. Hall (2007) 255–7

ST: Traube (1909–20) I.195; Lindsay (1915) 460; G.R.C. Davis (1958) no. 1042 [on the Winchester cartulary with which the two leaves were bound]; Lambert (1969–72) no. 570; Laing (1993) 61–2

281. 3. London, British Library, Add. 19835

s. xi/xii, Normandy or England

Contents: Heiric of Auxerre, *Collectanea* (from Suetonius, Orosius, Valerius Maximus); theological treatises; treatise on Greek alphabet; Fulbert of Chartres, fourteen *Epistolae* and two sermons; liturgical directions and expositions; excerpts from Jerome and Augustine on the psalms; interpretations of biblical names (f)

MS: *Cat. Add. B.M. 1854–1875* (1875–80) I.9; Schullian (1935) 156–7; Behrends (1976) lx; Schullian (1981) 708; R. Gameson (1999a) no. 348

ED: Quadri (1966) 77–161 [Heiric, *Collectanea*, coll. as A]

ST: Schullian (1935); Quadri (1966); *CSLMA* III (2010) 382–4 [Heiric, *Collectanea*]

Libraries in the British Isles 217

281. 5. London, British Library, Add. 21213, fols. 2–25

[palimpsest, lower script]

s. viii ex., prob. England

Contents: gospels (f)

MS: *Cat. Add. B.M. 1854–1875* (1875–80) I.340–1; *CLA* II (1935) no. 169; Lowe (1964) 89 [no. 64] [repr. Lowe (1972b) II.499–500 (no. 64)]; McGurk (1961a) no. 19; B. Fischer (1965) 196

282. London, British Library, Add. 23211

c. 871×899, Wessex

Contents: computistical verses and note; genealogies of West Saxon and East Saxon kings*; Old English Martyrology* (f)

MS: *Cat. Add. B.M. 1854–1875* (1875–80) I.848; N.R. Ker (1957) no. 127; Kotzor (1981) I.43*–55*; Dumville (1986) 2–4; Dumville (1987) 156 n. 49; Morrish (1988) 531 n. 62; Webster−Backhouse (1991) 46–7; Dumville (1992b) 92 n. 182; Webster−Brown (1997) 218–19 [no. 36]; Dumville (1999) 120; Dumville (2005) 310; Roberts (2005) 45; Rauer (2007) 145

FACS: Dumville (1986) 3 [fol. 1v]; Dumville (1992b) pls. IV–V [fols. 1r, 2v]; Roberts (2005) p. 45 [fol. 1r]

ED: Kotzor (1981) vol. II [Martyrology fragment coll. as A]; Dumville (1986) 21–5 [genealogies coll. as N]

ST: Kotzor (1974); R.I. Page (1974); Rauer (2000); Bredehoft (2001) 20, 23, 26–7, 35, 177 n. 27, 179 n. 47, 183 n. 72 [West Saxon regnal table]; Rauer (2007)

283. London, British Library, Add. 23944

s. ix$^{3/4}$, prob. Paris-Beauvais region, prov. England s. xi ex., (prov. Burton-on-Trent)

Contents: Augustine, *De nuptiis et concupiscentia* [*CPL* 350], *Contra Iulianum* [*CPL* 351]

MS: *Cat. Add. B.M. 1854–1875* (1875–80) I.921–2; N.R. Ker (1960) 12–13, 54–7; N.R. Ker (1964) 15; Römer (1972b) 154; N.R. Ker (1976b) 30 [repr. N.R. Ker (1985) 150]; Rella (1977) 25–6; Webber (1992) 46–7; R. Sharpe et al. (1996) 33–4 [on Burton library catalogue, s. xii]; Bischoff (1998−) II, no. 2390; R. Gameson (2012d) 368 and n. 103

218 Anglo-Saxon Manuscripts

FACS: N.R. Ker (1960) pl. 28 (a) [fol. 107r]
ST: R. McKitterick (2012) 329

284. London, British Library, Add. 24193

s. ix^1, France (Orléans area?), prov. England s. x$^{3/4}$; fols. 1–16 and 159 replacement leaves, England s. x$^{3/4}$

Contents: Venantius Fortunatus, *Carmina* [*CPL* 1033]; prose exposition of the Lord's Prayer and Creed

MS: *Cat. Add. B.M. 1854–1875* (1875–80) II.19; Manitius (1911–31) I.181 [anonymous poem on Poitiers (SK 4992)]; R.W. Hunt (1979) 279–80; Voigts (1988) 83, 85 [on nos. **809. 8** and **809. 9**, both removed from this MS]; Bischoff (1998–) II, no. 2392; R. Gameson (2012a) 64 and n. 224; R. Gameson (2012d) 348 and n. 14, 350, 352–3 and n. 34

ED: R.W. Hunt (1979) 281–2 [Venantius, *Carmina*, variants coll. as X]
ST: R.W. Hunt (1979) 286–7; Voigts (1988) 83

285. London, British Library, Add. 24199, fols. 2–38

s. x ex.; some drawings s. xi^2, xi/xii, (prov. Bury St Edmunds)

Contents: Prudentius, *Psychomachia* [*CPL* 1441], glossed

MS: *Cat. Add. B.M. 1854–1875* (1875–80) II.21; Boutemy (1938); N.R. Ker (1964) 20; T.A.M. Bishop (1971) xxii; R.M. Thomson (1972) 622–3 and n. 23; Backhouse et al. (1984b) no. 46; Wieland (1985) 161, 168–71; Wieland (1987); Biggs et al. (1990) 153–4 [Wieland]; Dumville (1993g) 78 n. 360, 145 n. 25; Wieland (1997a) 170–1; Wieland (1998) 4; Karkov (2001a) 115 n. 3, 116 n. 7, 124; Hartzell (2006) no. 120

DEC: F. Wormald (1945) 128 n. 4 [repr. Wormald (1984) 66 n. 70]; F. Wormald (1952) 66 [no. 24]; F. Wormald (1957b) 31, 32 [repr. F. Wormald (1984) 146, 147]; E. Temple (1976) no. 51; Brownrigg (1978) 248 n. 2; Ohlgren (1986) no. 156; R. Gameson (1991) 76; R. Gameson (1995b) 8, 15, 157 n. 33; Wieland (1997a) 171–81, 183; Wieland (1998) 6–9, 11, 14–15, 17 n. 27, 18 n. 37, 19 n. 42, 45–6; Scott (2009) 25; R. Gameson (2012c) 284 and n. 123

FACS: Westwood (1868) pl. 44; Stettiner (1905) pls. 37 [fol. 2v], 38 [fol. 3v], 39 [fol. 24v], 40 [fol. 24r], 41 [fol. 28r], 42 [fol. 29v], 49–50 [fols. 2r, 3r, 4r, 4v, 5r], 51–2 [fols. 6r, 6v, 7v, 8r, 8v, 9r], 53–4 [fols. 9v, 10r, 10v, 11r, 11v, 12r], 55–6 [fols. 12v, 14r, 14v, 15r, 15v, 16r], 57–8 [fols. 16v, 17r, 17v, 18r, 18v, 19v], 59–60 [fols. 20r, 20v, 21r, 21v, 22r, 22v, 23r, 23v],

61–2 [fols. 15v, 26r, 26v, 27r, 27v, 28v], 63–4 [fols. 29r, 30r, 30v, 31r, 31v], 65–6 [fols. 32r, 32v, 33r, 33v, 34v, 36r, 37r, 37v]; E. Temple (1976) ills. 163, 166 [fols. 16v, 17r]; F. Wormald (1984) ill. 119 [fol. 18r]; M.P. Brown (2007a) pls. 108–9 [fols. 11r, 18r]; Scott (2009) 25 [fol. 21v (detail)]

ST: R.I. Page (1992a); Wieland (1998) 6–8, 11, 14 n. 3, 19 n. 49; Wieland (2001) 181

286. London, British Library, Add. 28188

s. xi$^{3/4}$, Exeter

Contents: pontifical (including litanies) [incomplete], benedictional [incomplete]

MS: *Cat. Add. B.M. 1854–75* (1875–80) II.440–1; E. Bishop (1918) 239–40; Dewick—Frere (1918–21) II.614–18; T.A.M. Bishop (1954–8a) 193–7; N.R. Ker (1964) 82; Brückmann (1973) 426; Hohler (1975) 74, 224 n. 56; Rella (1977) 88; Drage (1978) 357–8; A.G. Watson (1979) I, no. 322; Prescott (1987) 130; Lapidge (1988b) 260 [repr. Lapidge (1993a) 218]; Lapidge (1991a) 67; Conner (1993) 5, 43; Dumville (1993g) 63; Lapidge (1994b) 136; R. Gameson (1996b) 145 and n. 35; Treharne (2003) 161; Wieland (2009) 124; Pfaff (2012) 453–4 and nn. 12–14

DEC: R. Gameson (1991) 68 n. 39

FACS: A.G. Watson (1979) II, pl. 40 [fol. 99v]; Prescott (1987) pl. 4 [fol. 123r]

ED: Lapidge (1991a) 132–7 [litanies]

ST: Clayton (1984) 227 [Marian feasts]; Dumville (1992a) 68, 79, 90–1, 94; N. Orchard (2002) I.76 n. 160, 207, 218, 220, 227, 230; N. Orchard (2005) cii n. 180 *et passim*

London, British Library, Add. 32246: see no. **775**

287. London, British Library, Add. 33241

s. xi med., Flanders (Saint-Omer?) or Normandy, (prov. Canterbury StA)

Contents: *Encomium Emmae Reginae*

MS: *Cat. Add. B.M. 1882–1887* (1889) 281; Campbell—Keynes (1998) xli–xlv, xciii–xcv; Wieland (2009) 143

DEC: Backhouse et al. (1984) 144 [no. 148]; M.P. Brown (1991) 18; Neuman de Vegvar (1992); Karkov (2004) 4–5; R. Gameson (2012c) 277 and n. 91; R. Gameson (2012d) 355 and n. 44

FACS: Gransden (1974) pl. III [fols. 1v, 2r]; Roesdahl et al. (1981) 156 [fol. 1v]; Campbell—Keynes (1998) ills. 2–5 [fols. 1v, 2r, 8r, 56r]; Karkov (2004) fig. 21 [fol. 1v]; M.P. Brown (2007a) pl. 131 [fol. 1v]
ED: Campbell—Keynes (1998) [base MS (= L) for *Encomium Emmae*]
ST: Karkov (2004) 146–55, 161–2, 174–5; Keynes (2006) B 85, K 60–74

London, British Library, Add. 34652, fol. 2: see no. **357**

288. London, British Library, Add. 34652, fol. 3

s. xi^2

Contents: Chrodegang, *Regula canonicorum* (enlarged version)* (f)
MS: *Cat. Add. B.M. 1894–1899* (1901) 28; Napier (1903); N.R. Ker (1957) no. 128; R. Gameson (1999a) no. 350; Langefeld (2003) 47; Treharne (2007b) 18 n. 16; Scragg (2012a) no. 362
ED: Langefeld (2003) [Chrodegang, *Regula canonicorum*, coll. as E]

289. London, British Library, Add. 34652, fol. 6

s. xi/xii

Contents: biblical text (Canticum canticorum [f]; capitula to Sapientia)
MS: *Cat. Add. B.M. 1894–1899* (1901) 28; Marsden (1995) 386–90, 473 *et passim*; R. Gameson (1999a) no. 351

290. London, British Library, Add. 34890 (the 'Grimbald Gospels')

s. xi$^{1/4}$, Canterbury CC, prov. Winchester NM; s. xi ex., Winchester NM
Contents: gospels and gospel list (s. xi$^{1/4}$); Letter by Fulk of Rheims to King Alfred (s. xi ex., Winchester NM)
MS: *Cat. Add. B.M. 1894–1899* (1901) 110–12; T.A.M. Bishop (1954–8a) 191; R. Powell (1962) 5; N.R. Ker (1964) 103; T.A.M. Bishop (1971) xv, 22 [no. 24]; Pollard (1975) 150–2; Keynes—Lapidge (1983) 331; Backhouse et al. (1984b) no. 55; McGurk (1986b) 44, 46–8, 51–63 [repr. McGurk (1998) no. XIV]; Heslop (1990) 166, 182; Dumville (1991–5) 44–5; Dumville (1992a) 120; Pfaff (1992a) 270; Dumville (1993g) 127, 139; Raw (1994) 266 n. 17; Lenker (1997) 420–4; Dodwell (2000) 122 n. 96; Rushforth (2001) 139 n. 15, 140, 142; Farr (2003) 122; K.L. Brown (2004b) 181, 186; R. Gameson (2004b); Karkov (2006a) 44; Withers (2007) 64; R. Gameson (2012a) 27 and n. 57, 40 n. 105, 80, 87 nn. 311, 316, 88, 92; Gullick (2012) 299 and nn. 25, 26; Marsden (2012) 423 and n. 78; McGurk (2012) 438 and n. 7, 446 [no. 8]

DEC: Dodwell (1971b) 145; Alexander (1975a) 149; E. Temple (1976) no. 68; Brownrigg (1978) 246 n. 2; D.M. Wilson (1984) 174, 176; F. Wormald (1984) 107, 119; Ohlgren (1986) no. 173; Raw (1990) 212; R. Gameson (1991) 105 n. 14; R. Gameson (1992a) 211 and n. 102; Deshman (1995) 98–9, 104, 113, 148, 157, 250; R. Gameson (1995b) 17, 42, 69, 103, 127, 187, 206, 218, 230 *et passim*; McGurk – Rosenthal (1995b) 286 n. 89 [repr. McGurk (1998) no. XV]; Farr (2003) 122–5; K.L. Brown (2004b) 186; Karkov (2004) 140; O'Reilly (2011) 206–8; Rosenthal (2011) 241–3; Withers (2011) 260–1; R. Gameson (2012c) 268–9 and n. 54, 282 and n. 116, 284 and n. 124, 289 n. 142, 290 n. 145, 291–2

FACS: D.M. Wilson (1984) pl. 264 [fol. 114v]; F. Wormald (1984) ill. 112 [fol. 10v]; Budny (1992) 115 [fol. 114v]; R. Gameson (1992a) pls. 51–2 [fols. 114v, 115r (detail)]; Deshman (1995) figs. 92–3 [fols. 114v, 115r]; R. Gameson (1995b) pls. 18 (a)–(b) [fols. 114v, 115r]; R. Gameson (2000b) pl. 12 [fol. 11r]; Farr (2003), figs. 3–4 [fols. 12r, 115r]; K.L. Brown (2004b) pls. 3 [fol. 1r], 4 [fols. 10v, 73v, 114v]; M.P. Brown (2007a) pls. 122–3 [fols. 114v, 115r]; Withers (2007) 66 [fol. 73v]; R. Gameson (2012) pl. 10.8 [fol. 74r]

ED: Whitelock et al. (1981a) I.8–11 [Letter by Fulk]

ST: Glunz (1933) 144–5; O'Reilly (1992); Dodwell (2000) 150 [connections between Rheims and England]; K.L. Brown (2004b) 186–7; Keynes (2006) K 59

291. London, British Library, Add. 37517 (the 'Bosworth Psalter')

s. $x^{3/4}$, x/xi, and xi in.; whole MS Canterbury (CC?)

Contents: liturgical calendar: s. x/xi; Psalterium Romanum° with extensive Latin commentary, Ps. CLI; canticles°: s. $x^{3/4}$; litany: s. x/xi or xi in.; prayers, hymnal, Monastic canticles: s. $x^{3/4}$; OE glosses: s. xi in.; Ordinary and canon of the Mass, Mass of the Holy Trinity, part of the Office for the Dead: s. x/xi

MS: *Cat. Add. B.M. 1906–1910* (1912) 65–7; Gasquet – Bishop (1908); Wildhagen (1913) 453–60; Mearns (1914) 52, 79, 82, 94; Weber (1953) xiv; N.R. Ker (1957) no. 129; N.R. Ker (1964) 35, 42; Korhammer (1973); Pollard (1975) 149–50; Korhammer (1976) 74 *et passim*; Pollard (1976) 55; Rella (1977) 82; A.G. Watson (1979) I, no. 381; Backhouse et al. (1984b) no. 36; McGurk (1986b) 53 n. 51; M.P. Brown (1990) 62; Dumville (1991) 45; Lapidge (1991a) 67; R. Gameson (1992a) 188; Vaciago (1993) 12–13 [no. 50]; *ASMMF* II (1994) 1–12 [no. 166; Pulsiano]; Raw (1994) 266; N. Orchard (1995b); Springer (1995) 144;

R. Gameson (1996b) 175, 182; Gneuss (1998) 276 n. 9, 277, 282; Gretsch (1999a) 40, 282–3; Gretsch (2000) 86; Biggs (2007a) 16; Chardonnens (2007b) 508–9, 550; Shepard (2007) 201; Wieland (2009) 116, 134, 138; R. Gameson (2012a) 39 and n. 100, 67 n. 233, 80 n. 283; R. Gameson (2012b) 114; D. Ganz (2012) 194 and n. 37; Gullick (2012) 299 and n. 26; Rushforth (2012) 203 and n. 42; Scragg (2012a) nos. 363–4

DEC: Rice (1952) 196; E. Temple (1976) no. 22; Alexander (1978c) 97–8; Brownrigg (1978) 240 n. 6, 246 n. 2, 261; Lawrence (1982) 102; Ohlgren (1986) no. 110; Raw (1990) 212; R. Gameson (1992a) 188–9, 209–11; R. Gameson (1995b) 145, 219 n. 159, 223 n. 183; R. Gameson (2012c) 262 and n. 36

FACS: Gasquet—Bishop (1908) pls. I–IV [fols. 33r, 105r, 2r]; E. Temple (1976) ills. 81–3 [fols. 74r, 94v, 4r]; A.G. Watson (1979) II, pl. 23 [fol. 2v]; M.P. Brown (1990) pl. 21 [fol. 47v]; R. Gameson (1992a) pl. 24 [fol. 33r]; *ASMMF* II (1994) no. 166; R. Gameson (2000b) pl. 4 [fol. 33r]; M.P. Brown (2007a) pl. 83 [fol. 33r]; Owen-Crocker (2009) figs. 2.13 [fol. 81r], 5.4 [fol. 2r]

ED: Lindelöf (1909) [OE glosses]; F. Wormald (1934) 57–69 [liturgical calendar (no. 5)]; Weber (1953) [Psalterium Romanum coll. as B]; Hurst—Fraipont (1955) 419–23 [Ascension hymn by Bede coll. as L^f]; Makothakat (1972) [base MS for Latin psalms, OE gloss, and Latin commentary]; Korhammer (1976) [Monastic canticles coll. as B]; Wieland (1982) [base MS (= B) for hymnal]; Lapidge (1991a) 138–9 [litany]; Milfull (1996) [hymns coll. as B]; Pulsiano (2001a) [Pss. I–L, Latin and OE gloss coll. as L]; Rushforth (2008a) no. 9 [liturgical calendar]

LANG: Crowley (2000) 130

ST: Sisam—Sisam (1959) 56; Gamber (1968–88) no. 1614; Gneuss (1968) 55, 60–8, 104–5 *et passim*; F. Wormald (1971a); Hohler (1975) 75; Kotzor (1981) I.302*–311* [no. 5]; Gerchow (1988) 226; Dumville (1992a) 25, 27, 36–8, 45, 48–65; Lapidge (1992d) 142 [repr. Lapidge (1996b) 42]; Rosenthal (1992) 145, 153–4, 160; Thacker (1992) 223, 237; Conner (1993) 53, 59, 63, 73–4; Dumville (1993g) 100, 148 n. 42; R. Gameson (1996a) 201 n.; Pulsiano (1998b) 105 n. 1; Gretsch (1999a) 26–7; Gneuss (2000) 238 n. 44; Borst (2001) I.166; N. Orchard (2002) I.8, 54, 158–84; Milfull (2004)

292. London, British Library, Add. 37518, fols. 116–17

s. viii[1]

Contents: sacramentary and gospel lectionary (f)

MS: *Cat. Add. B.M. 1906–1910* (1912) 67; Kenney (1929) 630; *CLA* II (1935) no. 176; Bourque (1949–52) I.182–3, II.223 n. 4; H. Frank (1954) 75; Gamber (1958) 63; Lowe (1960) 21 [no. 24]; Gamber (1968–88) no. 411; Bullough (1983) 11 n. 26; Sims-Williams (1990) 285 and n. 54; *CPL* (1995) no. 1900b; Webster–Brown (1997) 243 [no. 132]; R. Gameson (1999c) 346; Bullough (2004) 206; Pfaff (2009) 41–2; Marsden (2012) 414 and n. 33

FACS: Lowe (1960) pls. XXIV (a)–(b) [fols. 116r, 117r]; R. Gameson (1999c) 346–7 [fols. 116r, 117r]

ED: Baumstark (1927); Mohlberg (1960) 266–7

ST: Bischoff (1998–) II, no. 2404 [flyleaves (fols. 116–17) in this vol. containing Tironian notes]; Gneuss (2012) 291

293. British Library, Add. 37777 (with London, British Library, Add. 45025 + Loan 81)

s. vii ex. or viii in., Monkwearmouth-Jarrow, prov. Worcester?

Contents: Bible (f, from Regum, Ecclesiasticus)

[cf. no. **501. 3**]

MS: *Cat. Add. B.M. 1906–1910* (1912) 136–7; *CLA* II (1935) no. 177; *Cat. Add. B.M. 1936–1945* (1970) 69–70; Lowe (1960) 19; Bischoff (1962) 330; McGurk (1962) 18 [repr. McGurk (1998) no. VII]; N.R. Ker (1964) 105 and n. 7, 207 and n. 9; A.G. Watson (1979) I, no. 383; Parkes (1982) 3; Bischoff (1985) 351–2; Sims-Williams (1990) 182 and nn.; Webster–Backhouse (1991) no. 87 (a)–(c); Dumville (1992a) 99–100, 104, 117, 120; Gibson (1993b) 4 n. 21; McGurk (1994b) 2, 3 [repr. McGurk (1998) no. XII]; Marsden (1995) xiv, 40, 43–4, 55, 90–2, 123–9; M.P. Brown (1996) 166; R. Gameson (1996a) 230 and nn. 111, 112; Meyvaert (1996) 879–80; Budny (1997) I.614–15; Webster–Brown (1997) 247 [no. 152]; Budny (1999) 249; Dumville (1999) 69; M.P. Brown (2001b) 284; Beall (2005) 188; Wieland (2009) 115; Hanna–Turville-Petre (2010) 122; M.P. Brown (2012) 125 and n. 18, 141 n. 93, 146 n. 125; Marsden (2012) 417 and n. 53

DEC: Netzer (2012) 232 and n. 44

FACS: Lowe (1960) pl. X [Add. 37777, verso]; A.G. Watson (1979) II, pl. 2 [Add. 45025, fol. 2r]; M.P. Brown (1991) pl. 57 [Add. 45025, fol. 2v]; Marsden (1995) pl. II [Loan 81, verso]; M.P. Brown (2003b) fig. 9 [Add. 45025, fol. 11v]; M.P. Brown (2003c) fig. 30 [Add. 45025, fol. 2v]; M.P. Brown (2007a) pl. 21 [Add. 45025, fol. 2v]; Hanna—Turville-Petre (2010) pl. 23 [Add. 45025, fol. 2v]

ST: A.G. Watson (1979) I.80; Marsden (1998) 66, 72, 77, 79, 84 [Bede's contribution to the biblical text]; Beall (2005) 191–4

293. 5. British Library, Add. 38130

s. xi/xii, possibly s. xi ex. (after 1081/2), prob. St Neot's

Contents: *Vita I S. Neoti* [*BHL* 6054]; *Translatio S. Neoti* [*BHL* 6055], with two homilies on St Neot; Abbo of Fleury, dedicatory epistle to the *Passio S. Eadmundi* [*BHL* 2392] (added; incomplete); Bede, *Historia ecclesiastica* [*CPL* 1375]

MS: *Cat. Add. B.M. 1911–1915* (1925) 30–1; Colgrave—Mynors (1969) xlviii; Dumville—Lapidge (1984) lxxviii–lxxix; R. Gameson (1999a) no. 353; Gneuss (2012) 291

ED: Dumville—Lapidge (1984) 111–42 [*Vita I* and *Translatio S. Neoti* coll. as A]

294. London, British Library, Add. 38651, fols. 57–8

s. xi in., before 1023, Worcester or York

Contents: sermon notes*

MS: *Cat. Add. B.M. 1911-1915* (1925) 179 no. G(2); N.R. Ker (1957) no. 130; N.R. Ker (1971) 321 [repr. N.R. Ker (1985) 15] [Wulfstan's hand]; A.G. Watson (1979) I, no. 391; Dance (2004) 31 n. 6; A. Orchard (2004) 66 n. 15; A. Orchard (2012) 696 [no. 5]; Scragg (2012a) no. 307

FACS: Loyn (1971) [complete facsimile, including fols. 57v, 58r]

ST: R. Gameson (1996a) 238

295. London, British Library, Add. 40000

s. x in., France, prob. Brittany, or SW France?, with additions s. x/xi, xi/xii, and later, Thorney, prov. Thorney by 1100

Contents: gospels (s. x in.), pericope notes (s. x/xi), confraternity lists (s. xi/xii and later)

MS: *Cat. Add. B.M. 1916–1920* (1933) 276–9; Jørgensen (1933); N.R. Ker (1964) 189; Klauser (1972) xxxvi; A.G. Watson (1979) I, no. 400; C. Clark (1984); Deuffic (1985) 300; McGurk (1986b) 45 n. 4 [repr.

McGurk (1998) no. XIV]; C. Clark (1987); McGurk (1987) 165 n. 2 [repr. McGurk (1998) no. II]; Gerchow (1988) 186–9; Dumville (1992a) 114, 121; Laing (1993) 64; Vaciago (1993) 13 [no. 51]; Blockley (1994); Lenker (1997) 400–3; Rushforth (2001) 143; Insley (2004) 92–6; Moore (2004) 98 n. 8, 101; Lemoine (2005) 184; R. Gameson (2012d) 348–9 and n. 16; Gullick (2012) 305 and n. 67; Scragg (2012a) nos. 365–6, 366.5

ED: B. Fischer (1988–91) [gospel excerpts coll. as Ob]; Gerchow (1988) 326–8 [early confraternity book]

ST: Glunz (1933) xiv, 137–40; Whitelock (1940); B. Fischer (1988–91) I.24*; Gerchow (1988) 186–97; McGurk–Rosenthal (1995b) 286 n. 91 [repr. McGurk (1998) no. XV]; Keynes (1996a) 61; Insley (2004) 92–6; Moore (2004) 98, 101; Lemoine (2005) 189–90

296. London, British Library, Add. 40074

s. x/xi, Canterbury (CC or StA?)

Contents: 'Martinellus': Sulpicius Severus, *Vita S. Martini* [*CPL* 475], *Epistulae* [*CPL* 476], *Dialogi* [*CPL* 477]; pseudo-Sulpicius, *Tituli metrici de S. Martino* [*CPL* 478; SK 17053]; note on the basilica at Tours; *Symbolum 'Clemens trinitas'* (the 'Confessio S. Martini') [*CPL* 1748a]

MS: *Cat. Add. B.M. 1921–1925* (1950) 20–1; Dumville (1993g) 98 n. 79; Barker-Benfield (2008) III.1813

297. London, British Library, Add. 40165 A.1

s. iv ex., Africa?

Contents: Cyprian, *Epistulae* lv, lxxiv, lxix [*CPL* 50] (f)

MS: *Cat. Add. B.M. 1921–1925* (1950) 64; *CLA* II (1935) no. 178; Bévenot (1961) 9–15, 52–3, 62; McGurk (1961b) no. 3; Rella (1977) 165; Bévenot (1980); Parkes (1992) 139 n. 105; Webber (1992) 45–6; W. Schipper (2003) 153–4; W. Schipper (2004); Emms (2006) 20; W. Schipper (2007b) 34–5

FACS: *NPS* II, pl. 101 [fragments A-C]; W. Schipper (2004) figs. 8.1 [fol. 2v], 8.2 [fol. 3r], 8.3 [fol. 2v], 8.4 [fol. 2v (details)], 8.5 [fol. 2v], 8.6 [fol. 2v (ultraviolet light)], 8.7 [fol. 2v (detail)], 8.8 [fol. 2r (detail)], 8.9 [fol. 2v (detail)], 8.10 [fol. 2v (detail)]; W. Schipper (2007b) 45 [fol. 2v], 48 [fol. 5v]

298. London, British Library, Add. 40165 A.2

s. ix ex. or ix/x

Contents: Old English Martyrology* (f)

MS: *Cat. Add. B.M. 1921–1925* (1950) 64–5; C. Sisam (1953) 209–10; N.R. Ker (1957) no. 132; Kotzor (1981) I.109*–117*; Morrish (1988) 535, 537; Dumville (1999) 120; Rauer (2007) 146

FACS: *NPS* II, pl. 102 [front fly-leaf, verso; back fly-leaf, recto]

ED: Kotzor (1981) vol. II [Old English Martyrology coll. as E]

ST: C. Sisam (1953)

299. London, British Library, Add. 40618

s. viii^2, Ireland, prov. s. x med. S England (Canterbury StA?)

Contents: gospels

MS: *CLA* II (1935) no. 179; *Cat. Add. B.M. 1921–1925* (1950) 95–7; McGurk (1956) 250 [repr. McGurk (1998) no. I]; McGurk (1961a) no. 20; Finlayson (1962) xxviii–xxix; T.J. Brown (1982a) 114 [repr. T.J. Brown (1993a) 215]; Backhouse et al. (1984b) no. 8; Dumville (1987) 161, 168; McGurk (1987) 173–4 [repr. McGurk (1998) no. II]; Dumville (1992a) 111; Dumville (1992b) 95 n. 197, 131 n. 348; R. Gameson (1994b) 47 n. 107; McGurk (1994b) 14 [repr. McGurk (1998) no. XII]; Netzer (1994) 235 n. 14; Lapidge (1996c) 410–11; Webster–Brown (1997) 243–4 [no. 133]; W. Schipper (2003) 153; K.L. Brown (2004a) 10–11; M.P. Brown (2007a) 17–18, 87; Wieland (2009) 118; R. Gameson (2012a) 22 n. 32, 26 n. 51, 41 n. 110

DEC: McGurk (1956) 261 [repr. McGurk (1998) no. I]; F. Wormald (1971b) 309 [repr. F. Wormald (1984) 80]; Alexander (1978a) no. 46; Ohlgren (1986) nos. 46, 93; R. Gameson (1991) 95 n. 181; Deshman (1995) 109–10; R. Gameson (1995b) 200; M.P. Brown (1996) 97; Farr (2003) 120–2; K.L. Brown (2004a) 10; Barker-Benfield (2008) III.1735, 1813

FACS: *NPS* II, pls. 140–1 [fols. 22v, 29v]; F. Wormald (1984) ills. 89, 92–9 [fols. 22v, 49v, 50r]; Dumville (1987) pl. III [fol. 66r]; M.P. Brown (1991) pl. 69 [fols. 22v–23r]; Dumville (1992a) pl. VII [fol. 66r]; Deshman (1995) fig. 101 [fol. 22v]; Backhouse (1997) pl. 3 [fol. 21v]; Farr (2003) fig. 2 [fols. 22v–23r]; K.L. Brown (2004a) pls. 2 [fol. 21v], 3 [fols. 22v, 23r, 49v, 50r (details)]; M.P. Brown (2007a) pls. 75–7 [fols. 21v, 49v, 50r]; Roberts–Webster (2011), pls. II–IV [fols. 22v, 49v, 50r]

ED: B. Fischer (1988–91) [gospel excerpts coll. as Ha]

ST: *BCLL* (1985) no. 525; McGurk (1986b) 45 [repr. McGurk (1998) no. XIV]; McGurk (1987) 165–6 [repr. McGurk (1998) no. II]; Farr (2011a) *passim*; McKee (2012b) 342 and n. 14

299. 5. London, British Library, Add. 43405, fols. i and v

s. xi^1, (prov. Muchelney?)

MS: *Cat. Add. B.M. 1931–1935* (1967) 133

Contents: missal (f)

London, British Library, Add. 45025: see no. **293**
London, British Library, Add. 46204: see no. **344. 5**

300. London, British Library, Add. 47967 (the 'Tollemache Orosius')

s. x^1 or x$^{2/4}$, Winchester?

Contents: Orosius, *Historiae aduersum paganos* [*CPL* 571] in OE translation*; note* on Adam, Noah, and Old Testament figures (s. xi)

MS: T.A.M. Bishop (1954–8b) 324–6; N.R. Ker (1957) no. 133; T.A.M. Bishop (1959–63a) 93; T.A.M. Bishop (1964–8b) 247; N.R. Ker (1964) 200 and n. 7; Parkes (1976b) 156–7 [repr. Parkes (1991) 150–4]; Bately (1980) xxiii–xxv; *Cat. Add. B.M. 1951–1955* (1982) 121–3; Parkes (1983) 130, 135 n. 45; Backhouse et al. (1984b) no. 2; Carley (1986) 117; Dumville (1987) 170–1 n. 128; Webster–Backhouse (1991) 262–3; Dumville (1992b) 67–8, 72; Lapidge (1992d) 156 [repr. Lapidge (1996b) 46]; Conner (1993) 53; M.P. Brown (1996) 180; O'Brien O'Keeffe (1998a) 158 n. 40; Edwards–Griffiths (2000); Roberts (2005) 52–5 [no. 9]; Bately (2006) 40; C. Bishop (2007b) 118; D. Ganz (2012) 188 n. 4, 189 and n. 11; R. Gameson (2012a) 39 and n. 95, 59 n. 195; Scragg (2012a) nos. 21–2, 368

DEC: F. Wormald (1945) 118 [repr. F. Wormald (1984) 57]; F. Wormald (1952) 65 [no. 22]; F. Wormald (1971b) 305 [repr. F. Wormald (1984) 76]; E. Temple (1976) no. 8; Brownrigg (1978) 253 n. 1; Ohlgren (1986) no. 86; M.P. Brown (1991) 50; R. Gameson (2012c) 287 and n. 133

FACS: A. Campbell (1953) [complete facsimile]; F. Wormald (1984) pl. 58 ['p. 128' (detail)]; Bately (1980) frontispiece [fol. 5v]; M.P. Brown (1991) pl. 52 [fol. 1r]; M.P. Brown (2005) pl. 71 [fol. 5v]; Roberts (2005) pl. 9 [fol. 48v], p. 55 [fol. 1r]

LANG: Bately (1980) xxxix–xlix; Hofstetter (1987) 307–8; Gretsch (1999a) 320; Gretsch (2000) 98–102, 105; Gretsch (2001) 172

ED: N.R. Ker (1957) 165 [note on Adam]; Cyrus (1968) [base MS]; Bately (1980) [OE Orosius coll. as L]

ST: F. Wormald (1971b) [repr. F. Wormald (1984) 76–84]; Saenger (1997) 41–2; Gretsch (1999a) 320

301. London, British Library, Add. 49598 (the 'Benedictional of St Æthelwold')

s. x^2 (971×984), Winchester, prob. OM

Contents: benedictional, with prefatory poem by Godeman [SK 12366]

MS: Warner–Wilson (1910) ix–lx; Tolhurst (1933); K. Sisam (1953a) 270; T.A.M. Bishop (1954–8b) 333; N.R. Ker (1964) 103, 200; Vezin (1968) 285 and n. 13; T.A.M. Bishop (1971) xx–xxii, 10 [no. 12]; Brückmann (1973) 431; Korhammer (1976) 244; A.G. Watson (1979) I, no. 421; Backhouse et al. (1984b) no. 37; Bischoff (1986) 168, 289; Conner (1993) 18, 42–3; Dumville (1993g) 53, 145; Lapidge (1994a) 131–2; W. Schipper (1994); Deshman (1995) 257–61; Bullough (1998a) 125 n. 72; Muir (1998) 10; Gretsch (1999a) 296–304; *Cat. Add. B.M. 1956–1965* (2000) I.120–6; Prescott (2001) 20–6; C.A. Jones (2004) 337; Karkov (2004) 85; Biggs (2007a) 33 [Clayton]; Gatti (2007) 98, 118 n. 81; Withers (2007) 165–6; D. Ganz (2008) 16–17; Pfaff (2009) 81–3; R. Gameson (2012a) 39 and n. 98, 59, 65, 87 n. 311; R. Gameson (2012b) 107, 114; Gullick (2012) 308 and n. 92; Pfaff (2012) 458 and n. 30; Rushforth (2012) 200 and n. 13, 203 and n. 42

DEC: Rice (1952) 185–9; F. Wormald (1959); Dodwell (1971b) 55, 145; F. Wormald (1971b) 309–10 [repr. F. Wormald (1984) 80]; Lester (1973); Alexander (1975a) 148; Alexander (1975b) 169, 171, 172, 176–83; E. Temple (1976) no. 23; Deshman (1977) 154–73; Brownrigg (1978) 245–6, 266; Dodwell (1982) 52–3, 157; D.M. Wilson (1984) 160, 169; Ohlgren (1986) no. 111; Heslop (1990) 163–5; Raw (1990) 212–13; R. Gameson (1991) 106 n. 38; Deshman (1995) [comprehensive study of decoration in the MS]; R. Gameson (1995b) 9, 15–16, 29–32, 34, 45–8, 58, 59–60, 62, 98, 114, 116, 121, 125, 127–8, 137–8, 143–6, 148, 153, 155, 158, 163–4, 199–203, *et passim*; Dodwell (2000) 107; Karkov (2004) 85–8, 106 nn. 112, 113–14, 119, 128, 130, 133–4 [portraits]; Gatti (2007) 98, 118–19 [on fol. 118v]; Withers (2007) 165–7, 349 n. 24, 350 n. 25; Karkov (2009) 213–14, 225–9; O'Reilly (2011) 203–4; Pulliam (2011) 71, 77; R. Gameson (2012c) 252 and n. 12, 253–4 and n. 14, 255–8, 282–3, 291

FACS: Warner—Wilson (1910) [complete facsimile]; Prescott (2001) [complete facsimile]; E.M. Thompson (1895) pl. 5 [fol. not specified]; A.G. Watson (1979) II, pls. 19 (a)–(b) [fols. 5r, 36r]; D.M. Wilson (1984) pls. 216 [fol. 90v], 217 [fol. 21v], 218 [fol. 4r], 219 [fol. 118v]; F. Wormald (1984) ills. 99–107 [fols. 1v, 4r, 9v, 34v, 70r, 90v, 91r, 118v, 51v][pls. originally ptd in F. Wormald (1959)]; Heslop (1990) pls. I (c) [fol. 7v (detail)], II [fol. 68r]; M.P. Brown (1991) 72–3 [fols. 51v, 52r]; Deshman (1995) pls. 1–35 [fols. 1r, 1v, 2r, 2v, 3r, 3v, 4r, 5v, 6r, 9v, 10r, 15v, 16r, 17v, 19v, 22v, 23r, 24v, 25r, 34v, 45v, 51v, 52r, 56v, 64v, 67v, 70r, 90v, 91r, 92v, 95v, 97v, 99v, 102v, 118v]; R. Gameson (1995b) pls. 10 [fol. 5v], 11 (a) [fol. 102r], 13 (a) [fol. 118v], 23 (a)–(b) [fols. 90v, 91r], 30 [fol. 99r]; Backhouse (1997) pl. 10 [fol. 45v]; M.P. Brown (2007a) pls. 86–7 [fols. 51v, 52r]; Gatti (2007) 97 [fol. 118v]; Withers (2007) 116 [fol. 118v]; Owen-Crocker (2009) figs. 7.19–21 [fols. 97v, 118v, 102v]; R. Gameson (2012) pls. 7b.2 [fol. 8v], 10.4 [fol. 102v]

ED: Moeller (1971–9) [benedictional coll. as AE]; Lapidge (1975a) 104–5 [repr. Lapidge (1993a) 143–4] [Godeman poem]; Lapidge—Winterbottom (1991b) lxxix–lxxxiii [benedictions for St Swithun]

LANG: Gretsch (1999a) 296–304

ST: Warner—Wilson (1910) xii–xiii [translation of the Godeman poem]; F. Wormald (1959) 7–8 [translation of the Godeman poem; repr. Deshman (1995) 148]; F. Wormald (1971b) [repr. F. Wormald (1984) 76–84]; Prescott (1987) 120; Prescott (1988); *Colophons* no. 549; Lapidge—Winterbottom (1991b) lxxix–lxxxiii; Dumville (1992a) 69, 77, 84–5, 90, 94; Lapidge (1992d) 174 [repr. Lapidge (1996b) 74]; Deshman (1995); Corrêa (1996) 292 n.; R. Gameson (1996a) 205 n., 231 n.; Deshman (1997) 136; Rasmussen (1998) 225–9, 231–54; R. Gameson (2001d) no. 17; Knowles et al. (2001) 74, 256; Heslop (2004) 281; Karkov (2004) 100; N. Orchard (2005) xxviii, xxxii, clxxxiii–cxci; Pfaff (2009) 81–3; Farr (2011a) 95–6

London, British Library, Add. 50483 K: see no. **857**

301. 5. London, British Library, Add. 56488, fols. i–iii, 1–5

s. xi^1, (prov. Muchelney?)

Contents: breviary (f)

MS: *BL Cat. Add. n.s. 1971-1975* (2001) 5–6; Hartzell (2006) no. 124; Wieland (2009) 134; Rankin (2012) 487 and n. 19, 503 and n. 98

ST: G.R.C. Davis (1958) no. 685; Sawyer (1968) p. 47; Pfaff (2009) 96

302. London, British Library, Add. 57337 (the 'Anderson Pontifical')

s. x/xi (or 1020s?), Canterbury CC (or Winchester OM?)

Contents: pontifical (including litany and second English Coronation *ordo*); benedictional (incomplete)

MS: Brückmann (1973) 431–2; N.R. Ker (1976a) 127 [no. 416]; D.H. Turner et al. (1980) no. 46; Lapidge (1986a) 270; Prescott (1987) 134–8 [full list of contents]; A.G. Watson (1987a) 11; Heslop (1990) 169–70; Dumville (1991–5) 45–6; Lapidge (1991a) 67–8; Dumville (1992a) 77; Dumville (1993g) 60–1, 106–7 nn. 117–18; Vaciago (1993) 13 [no. 52]; Nelson—Pfaff (1995) 91; Stoneman (1997) 125; Rasmussen (1998) 167–257; *BL Cat. Add. n.s. 1971–1975* (2001) 72–5; C.A. Jones (2004) 343 n. 73, 344 nn. 77–80; C.A. Jones (2005a) 113, 128, 130; C.A. Jones (2005b) 236–7 n. 50, 245–6; N. Orchard (2005) cii–ciii *et passim*; Hartzell (2006) no. 125; O'Brien O'Keeffe (2006) 266–7; R. Gameson (2012a) 34 n. 78; Rushforth (2012) 205 and n. 51; Scragg (2012a) no. 369

FACS: *Sotheby's Sale Catalogue 11 July 1971*, lot 35, frontispiece [fol. 103r], 14 [fol. 18r]; Prescott (1987) pl. 1 [fol. 103r]; Rasmussen (1998) pls. 7–8 [fols. 18r, 103r]

ED: Gough (1974) [OE glosses; but see corrigenda by Bierbaumer (1977b)]; Lapidge (1991a) 140–1 [litany]; Conn (1993)

ST: Prescott (1987) 121–3, 134–8 [relationship of benedictional to no. **301**]; Corrêa (1996) 301 n.; Keefer (1998); N. Orchard (2002) I.75–6; C.A. Jones (2005a) 113, 128; C.A. Jones (2005b) 244

302. 2. London, British Library, Add. 61735

1007×1025, Ely

Contents: farming memoranda

MS: Skeat (1902) 831–2; N.R. Ker (1957) no. 80; Verey et al. (1980) 52 and n. 154; Backhouse et al. (1984b) no. 150; Dumville (1992a) 127; *BL Cat. Add. n.s. 1976–80* (1995) 266–7; P. Wormald (1999) 187 n. 103; Scragg (2012a) nos. 370–3

FACS: *Sotheby's Sale Catalogue 11 Dec. 1979*, lot 25

ED: A.J. Robertson (1939) 252–9 [App. II no. 9], 502–5

LANG: Skeat (1902) 831–2; Napier (1906) 38–9

ST: Förster (1921b) 132 and n. 2; Hart (1966) 32, 47; Stoneman (1997) 128; Keynes (2003) 6 and n. 18

London, British Library, Add. 62104: see no. **524**

302. 3. London, British Library, Add. 63143

s. x/xi

Contents: gospels (f)

MS: B. Quaritch *Bookhands of the Middle Ages, Part I, Catalogue 1036* (London, 1984) no. 56; *Cat. Add. B.L. 1981–5* (1994) 231; McGurk (2012) 446 [no. 9]

ST: Stoneman (1997) 129

302. 4. London, British Library, Add. 63651

s. xi in.

Contents: prayers (f; from a service-book?)

MS: B. Quaritch *Bookhands of the Middle Ages, Part II, Catalogue 1056* (London, 1985) no. 46; *Cat. Add. B.L. 1986–90* (1993) 4

FACS: Quaritch *Bookhands* no. 46

ST: Stoneman (1997) 130

London, British Library, Add. 71687: see no. **857**

302. 5. London, British Library, Add. 79528 [formerly Handlist no. 756. 5]

s. xi^2, Bury St Edmunds?

Contents: missal (f)

MS: Gneuss (2003b) 303; B. Quaritch *Bookhands of the Middle Ages, Part VII, Catalogue 1315* (London, 2004) no. 56; Hartzell (2006) no. 358; Gneuss (2012) 291

FACS: B. Quaritch *Bookhands of the Middle Ages, Part VII, Catalogue 1315* (London, 2004) no. 56

303. London, British Library, Arundel 16

s. xi/xii, Canterbury CC, (prov. Dover)

Contents: Osbern, *Vita et miracula S. Dunstani* [BHL 2344–5]

MS: Stubbs (1874) xliii–xliv; R. Gameson (1995a) 142; Graham—Watson (1998b) 11, 56–7, 69; R. Gameson (1999a) no. 355

DEC: Boase (1953) 42; Dodwell (1954) 48 n. 1, 120; C.M. Kauffmann (1975) no. 7; Ohlgren (1986) no. 218; R. Gameson (1991) 74 n. 77; Budny—Graham (1993); R. Gameson (1995a) 118 n., 136 n.; Tite (1997a) 272

232 Anglo-Saxon Manuscripts

FACS: Boase (1953) pl. 10 (a) [fol. not specified]

ED: Stubbs (1874) 69–128 [Osbern, *Vita S. Dunstani*, coll. as F], 129–61 [base MS (= F) for Osbern, *Miracula S. Dunstani*]

ST: Winterbottom — Lapidge (2012) cli–cliv

304. London, British Library, Arundel 60

s. xi^2, prob. 1073; added prayers s. xi ex.; whole MS Winchester NM

Contents: *lunarium* for blood-letting; liturgical calendar; computus material ('Winchester Computus'); Psalterium Gallicanum°; Ps. CLI; canticles°; litany; prayers; added prayers (s. xi ex.); Six Ages of the World^{+*}; list of bishops of Winchester: c. 1099

MS: Mearns (1914) 63, 79; Wildhagen (1920); Wilmart (1932) 211, 572; F. Wormald (1944) 131–2 [repr. F. Wormald (1984) 156–7]; F. Wormald (1945) 126, 129 [repr. F. Wormald (1984) 64, 67]; Dodwell (1954) 118–19; N.R. Ker (1957) no. 134; Gjerløw (1961) 116, 134–5, 137, 142; N.R. Ker (1964) 103; A.G. Watson (1969) 36 [repr. A.G. Watson (2004) no. IX]; F. Wormald (1973) 122; A.G. Watson (1979) I, no. 436; Lapidge (1983) 16 n. 22, 17 [repr. Lapidge (1993a) 458 n. 22, 459]; Backhouse et al. (1984b) no. 67 [D.H. Turner]; Lapidge (1991a) 68; Dumville (1992a) 25; Laing (1993) 66; *ASMMF* II (1994) 13–18 [no. 174; Pulsiano]; Keynes (1996a) 102, 115 n. 47; Pulsiano (1998b) 85, 103, 105 n. 1; R. Gameson (1999a) no. 356; Gretsch (1999a) 268; Dodwell (2000) 110 n. 38; Gretsch (2000) 86; Borst (2001) I.278–80; Liuzza (2001) 198, 215; Kidd (2002); Biggs (2007a) 16; Chardonnens (2007b) 509, 550; Rosenthal (2007) 22 n. 10; Treharne (2007b) 19 n. 16; Rushforth (2008a) 49–50; Crick (2012) 185 and n. 49; R. Gameson (2012a) 43–4, 46 and n. 142; Rushforth (2012) 209 n. 74; Scragg (2012a) nos. 387–8; Webber (2012) 221 and n. 48

DEC: F. Wormald (1944) 131–2 [repr. F. Wormald (1984) 156–7]; Rice (1952) 210, 216–17; F. Wormald (1952) 66 [no. 25]; C.M. Kauffmann (1975) no. 1; E. Temple (1976) no. 103; Ohlgren (1986) nos. 208, 212; Raw (1990) 213; R. Gameson (1991) 74–5, 81, 103; R. Gameson (1995b) 82, 90, 98, 120, 129, 208, *et passim*; Kidd (2000); Karkov (2007c) 56; Rosenthal (2007) 22–4; R. Gameson (2012c) 272 and n. 71, 273 and n. 72

FACS: E.M. Thompson (1895) pl. 7 [fol. not specified]; A.G. Watson (1979) II, pl. 55 [fol. 149r]; F. Wormald (1984) ills. 79, 118, 185 [fols. 13r, 12v, 52v]; R. Gameson (1991) figs. 19, 30 [fols. 13r, 52v]; *ASMMF*

II (1994) no. 174; Backhouse (1997) pl. 19 [fols. 52v–53r]; Kidd (2000) pls. 1–3 [fols. 12v, 52v, 11v]; Rosenthal (2007) 34 [fol. 12v]

ED: Logeman (1889) 106 [bishops of Winchester]; Oess (1910) [Psalter and canticles, Latin and OE gloss]; Förster (1925a) 192–3 [base MS for Six Ages of the World]; F. Wormald (1934) 141–53 [liturgical calendar (no. 11)]; Lapidge (1991a) 142–7 [litany]; Pulsiano (2001a) [Pss. I–L, Latin and OE gloss, both coll. as J]; Chardonnens (2007b) 288, 386–7, 443 [*lunarium*; dog days and Egyptian days in calendar]; Rushforth (2008a) no. 24 [liturgical calendar]

LANG: Oess (1910) 15–17; Bierbaumer (1977a); Crowley (2000) 130

ST: Lindelöf (1904); Gasquet–Bishop (1908) 76–118; Wildhagen (1921); Wilmart (1932) 211, 572; C.W. Jones (1939) 120; F. Wormald (1946) 75–6, 84–6; Sisam–Sisam (1959); Gjerløw (1961) 134; Raw (1961) 37–42; Korhammer (1976) 239–40; Bestul (1981a) 271–5; Kotzor (1981) I.302*–303*; Tristram (1985) 32 *et passim*; Lapidge (1988b) 259 n. 30 [repr. Lapidge (1993a) 217 n. 30]; Dumville (1993g) 59–64 and nn.; Baker–Lapidge (1995) xlviii–lii [Winchester computus]; Corrêa (1996) 293 n.; Pulsiano (1998b) 86–7 [parallels to no. 407]; Gretsch (1999a) 26–7, 90, 97; Chardonnens (2007b)

305. 5. London, British Library, Arundel 125

s. ix^1, NE France (prob. Saint-Bertin), prov. England by s. x/xi

Contents: Iob [with Hieronymian preface and capitula], Ezras [with Hieronymian preface]

MS: Rand (1929) 175; Bischoff (1980) 107; Bischoff (1998–) II, no. 2411; R. Gameson (2012a) 79 n. 279; R. Gameson (2012d) 353 and n. 34

FACS: Forshall (1834–40) pl. 1 (b) [fol. 95r (detail)]; Rand (1929) pl. CLIX (2) [fol. 52r]

306. London, British Library, Arundel 155, fols. 1–135 and 171–91

1012×1023, Canterbury CC, with additions ibid. s. xi^2 (OE gloss, *Gloria*, Creeds, *Pater noster*); further insertions ibid. s. xii^1

Contents: liturgical calendar; computus material; Psalterium Romanum (extensively corrected to Gallicanum, s. xi^2); canticles; [insertions of s. xii^1: canticles (continued), litany, Mass prayers, hymnal, Monastic canticles, Office of the Dead]; and prayers°; add. s. xi^2: *Gloria*, creeds, *Pater noster*

MS: Mearns (1914) 63, 83; N.R. Ker (1957) no. 135; T.A.M. Bishop (1959–63a) 94; N.R. Ker (1964) 35; T.A.M. Bishop (1971) 22 [no. 24]; A.G. Watson (1979) I, no. 447; D.H. Turner et al. (1980) 104; Backhouse et al. (1984b) no. 57; N.P. Brooks (1984) 264–5; Gneuss (1985) 115, 137, 140; Lapidge (1991a) 68; Dumville (1992a) 25, 58; Dumville (1993g) 122–3, 139; Vaciago (1993) 13 [no. 54]; *ASMMF* II (1994) 19–37 [no. 175; Pulsiano]; Springer (1995) 144; M.P. Brown (1996) 140, 142, 158; R. Gameson (1998a) 237 n. 30; Muir (1998) 15; R. Gameson (1999a) no. 358; Pulsiano (2001a) xxviii; Rushforth (2001) 138–9; K.L. Brown (2004b) 181, 184; R. Gameson (2004); Heslop (2004) 286, 298; Karkov (2006a) 44; Chardonnens (2007b) 509, 550; Shepard (2007) 201; Rushforth (2008a) 30–1; Wieland (2009) 134, 152; R. Gameson (2012a) 40 n. 105, 78 n. 274, 87 n. 316, 88, 91 n. 331; R. Gameson (2012b) 114, 117; Raw (2012) 461 and n. 7; Rushforth (2012) 206 and n. 54, 207 n. 65; Scragg (2012a) nos. 389–91

DEC: Rice (1952) 198; F. Wormald (1952) 66 [no. 26]; E. Temple (1976) no. 66; Deshman (1977) 169–70; Alexander (1978b) no. 16; Brownrigg (1978) 253–4; Ohlgren (1986) no. 171; Deshman (1988); Raw (1990) 213–14; R. Gameson (1991) 73 n. 74, 77; R. Gameson (1992a) 188; Deshman (1995) 117, 119–20, 140, 180, 203–4; R. Gameson (1995a) 111; R. Gameson (1995b) 84–6, 101, 136, 172 *et passim*; McGurk—Rosenthal (1995b) 286 n. 89 [repr. McGurk (1998) no. XV]; R. Gameson (1996a) 217 n.; Gretsch (1999a) 300–3; Dodwell (2000) 106, 122–3, 147; Rushforth (2001) 138; Farr (2003) 126–7; K.L. Brown (2004b) 184–6; Heslop (2004) 286, 292; Karkov (2004) 98; Withers (2007) 64; Inglis (2008) 5–6; R. Gameson (2010) 121; R. Gameson (2012c) 266, 279 and n. 98, 282 and n. 116

FACS: F. Wormald (1934) facing p. 169 [fol. 5r]; A.G. Watson (1979) II, pl. 30 [fol. 182r]; D.M. Wilson (1984) pl. 223 [fol. 133r]; R. Gameson (1992a) pls. XV–XVI [fols. 12r, 53r]; Gibson (1992) pl. 33 (a) [fol. 133r]; *ASMMF* II (1994) no. 175; Deshman (1995) fig. 136 [fol. 133r]; R. Gameson (1995a) pl. 14 (a) [fol. 11r (detail)]; Backhouse (1997) pl. 14 [fol. 133r]; Dodwell (2000) pls. XLIII, XLIV (a), XLIV (b) [fols. 133r (detail), 10r (detail), 9v (detail)]; R. Gameson (2000b) pl. 9 [fol. 133r]; Farr (2003) fig. 6 [fol. 133r]; K.L. Brown (2004b) pls. 2 [fol. 12r], 3 [fols. 133r, 135v, 147r]; Roberts (2005) p. 87 [fol. 133r]; Withers (2007) 281 [fol. 10r]

ED: F. Wormald (1934) 169–81 [liturgical calendar (no. 13)]; Holthausen (1941) [prayers 1–11, 13–23, Latin and OE]; Förster (1942b) 54 [prayer

12, Latin and OE]; Hurst—Fraipont (1955) 419–23 [Bede, Ascension hymn, coll. as Lᵃ]; J.J. Campbell (1963) [prayers 23–39, Latin and OE]; Gneuss (1968) 241–5 [hymns for St Dunstan, coll. as Ar]; Muir (1988) [variants in Arundel 155 of seven prayers in no. 333 coll. as V]; Lapidge (1991a) 148–52 [litany (addition of s. xii)]; Pulsiano (2001a) [Pss. I–L coll. as λ]; Chardonnens (2007b) 390 [Egyptian days in calendar]; Rushforth (2008a) no. 11 [liturgical calendar]

LANG: Gneuss (1968) 171–2, 176–89; Hofstetter (1987) 440–1

ST: Gasquet—Bishop (1908) 28–30, 32–4 *et passim* [liturgical calendar]; Wildhagen (1913); Wilmart (1932) 211–13 [prayers]; Wilmart (1936a) nos. 49, 56, 92 [prayers]; Förster (1942b) [prayers]; Sisam—Sisam (1959) 47–52 [psalter text]; Gjerløw (1961) 20, 134 [prayers]; Southern (1963) 39 [prayers]; Gneuss (1968) 250 [hymnal]; Korhammer (1973) 179–80 [date; division of psalter]; Korhammer (1976) xvi *et passim* [Monastic canticles]; Kotzor (1981) I. 302*–311*; Bestul (1986) 115–16, 123 n. 70, 124 n. 82 [prayers]; Lapidge (1988b) 259 n. 30 [repr. Lapidge (1993a) 217 n. 30] [liturgical calendar]; Heslop (1990) 154, 175–6, 182 [scribe]; Pfaff (1992a) 273–6 [scribe]; Günzel (1993) 198–9, 203–7 [computistica]; Heslop (1995) 54–7, 78–9, 84–5 [liturgical calendar]; Corrêa (1996) 290 n. 18, 294 n. 39 [prayers]; R. Gameson (1998) 237 and n. 30; Pulsiano (1998b) 86 [parallels to no. 407]; Gretsch (1999a) 290 [scribe]; Thacker (1999) 384 and n. 55 [liturgical calendar]; Crowley (2000) 141 [prayer glosses]; Borst (2001) I.292; N. Orchard (2002) I.204 [liturgical calendar]; N. Orchard (2005) clxii–clxiii

306. 5. London, British Library, Arundel 235

s. xi ex.

Contents: Hugo of Langres, Commentary on the Psalms [Stegmüller no. 3598]; explanation of the Hebrew alphabet; hymn incipit [SK 17048]

MS: Stegmüller no. 3598; R. Gameson (1999a) no. 361; R. Gameson (2012a) 61 and n. 207, 72 n. 248

FACS: R. Gameson (1999a) pls. 6–7 [fols. 31r, 198r]

307. London, British Library, Burney 277, fol. 42

s. xi², SE England

Contents: laws: *Ine** (f)

MS: N.R. Ker (1957) no. 136; R. Gameson (1999a) no. 362; P. Wormald (1999) 165 [table 4.1], 257–8, 265; Grimmer (2007) 103 n. 5; Treharne

(2007b) 19 n. 16; Scragg (2012a) no. 392; P. Wormald (2012) 535 [no. 17]

ED: Liebermann (1903–16) I.88–98 [base MS (= Bu) for *Ine,* prol. — ch. 23]

LANG: Liebermann (1903–16) I.xx

307. 2. London, British Library, Burney 277, fols. 69–72 (with London, BL, Stowe 1061, fol. 125)

s. xi in. or xi¹, Canterbury CC (Exeter?)

Contents: antiphoner (f)

MS: Keynes (1996b) 129, 155 n. 121; Hartzell (2006) no. 127; Wieland (2009) 135; Rankin (2012) 492 and n. 46, 502 and n. 92

FACS: R. Gameson (2012) pl. 22.3 [Stowe 1061, fol. 125r]

307. 4. London, British Library, Cotton Augustus II. 18

704 or 705, S England

Contents: Letter of Wealdhere, bishop of London

MS: *ChLA* III (1963) no. 185; Chaplais (1978) [repr. Chaplais (1981a) no. XIV]; T.J. Brown (1982) 107 [repr. T.J. Brown (1993a) 207]; Bischoff (1986) 58; Dumville (1999) 105–6

FACS: *ChLA* III (1963) no. 185 [face and dorse]; Chaplais (1978) pl. 1 [face]

ED: Haddan—Stubbs (1869–71) III.274–5; Whitelock (1979) no. 164 [translation]

ST: Parkes (1976a) 166 and n. 17 [repr. Parkes (1991) 126 and n. 17]; Chaplais (1978)

307. 6. London, British Library, Cotton Augustus II. 36

1072×1086, CaCC

Contents: survey of lands in Kent

MS: N.R. Ker (1960) 25

307. 8. London, British Library, Cotton Augustus II. 61

s. ix¹, Canterbury

Contents: decree of the synod of Clofesho, A.D. 803

MS: M.P. Brown (1991) no. 8
FACS: Bond—Thompson (1873–83) III.6; M.P. Brown (1991) 11
ED: KCD no. 185; Haddan—Stubbs (1869–71) III.542–4 [repr. from KCD no. 185]; BCS no. 310; Whitelock (1979) no. 210 [translation]
ST: Keynes (1994a) 9; Cubitt (1995) 280

308. London, British Library, Cotton Caligula A. vii, fols. 11–178

s. x^2, S England

Contents: *Heliand* (in Old Saxon); charm* (s. xi^1)

MS: Priebsch (1925); F. Wormald (1945) 120, 134 [repr. F. Wormald (1984) 59, 72, 175 n. 40]; N.R. Ker (1957) no. 137; Bischoff (1971a) 105 and n. 158; Bischoff (1986) 129, 278; Robinson—Stanley (1991) 24; *ASMMF* I (1994) 1–4 [no. 177; Doane]; Stanley (1994) 122–3; Behaghel (1996) xxx–xxxii [Taeger]; R. Gameson (2012d) 347–8; Scragg (2012a) nos. 414a, 415–16

DEC: F. Wormald (1945) 120, 134 [repr. F. Wormald 1984) 59, 72]; Rice (1952) 179–80; Raw (1976) 148; E. Temple (1976) no. 33; Ohlgren (1986) no. 138; R. Gameson (1995b) 217 n. 152, 225 n. 194; R. Gameson (2012c) 287 and n. 133

FACS: Priebsch (1925) pls. I–III [fols. 7r, 12v, 163r], IV–V [fols. 5r, 15v, 35v (all details)]; E. Temple (1976) ills. 123–4 [fols. 11r, 21v (details)]; Robinson—Stanley (1991) pls. 19.4.1–5 [fols. 176r–178r]; *ASMMF* I (1994) no. 177; Roberts (2005) p. 59 [fol. 11r]

ED: Sievers (1878/1935) [base MS (= C) for *Heliand*]; Storms (1948) no. 8 [OE charm]; Behaghel (1996) [*Heliand* coll. as C]

LANG: Holthausen (1900) 19; Taeger (1979); Taeger (1981a); Taeger (1982); Taeger (1984); Gallée (1993)

ST: Priebsch (1925); Timmer (1948) 16–18; Drögereit (1950); Werlich (1964) 181–5 [on fitts]; Belkin—Meier (1975) [bibliography]; Whitelock (1975) 19–20 and n. 5; J. Campbell (1978) 257–8 and nn. 23–5; Taeger (1981b) [textual criticism]; Schwab (1988) 82–8; R.L. Harris (1992) 65, 73 n. 67 *et passim* [see p. 489]; Gallée (1993) 360–1; Gneuss (1993) 100 n. 26; Gullath (2003) 148–50; R. McKitterick (2012) 331 and nn. 113–14

308. 2. London, British Library, Cotton Caligula A. viii, fols. 121–8

s. xi/xii or xii in., Winchester OM, (prov. Ely)

Contents: *Vita S. Birini* [BHL 1361] (f); Wulfstan of Winchester, *Vita S. Æthelwoldi* [BHL 2647] (f)

MS: N.R. Ker (1964) 78; A.G. Watson (1987a) 35; Lapidge—Winterbottom (1991b) clxxi–clxxv; Love (1996) lxxix–lxxx; R. Gameson (1999a) nos. 368–9; Lapidge (2004b) 443; Love (2004) xlviii–l

ED: Lapidge—Winterbottom (1991b) 2–68 [Wulfstan, *Vita S. Æthelwoldi*, coll. as C]; Love (1996) 2–46 [*Vita S. Birini* coll. as C]

ST: Lapidge—Winterbottom (1991b) clxxxii–clxxxv [Æthelwold text]; Love (1996) lxxxiii-lxxxviii [Birinus text]

309. London, British Library, Cotton Caligula A. xiv, fols. 1–36 (the 'Cotton Troper')

s. xi$^{3/4}$, prob. Winchester or Worcester, (prov. Worcester)

Contents: troper

MS: Frere (1894b) xxx and n. 1; Husmann (1964) 154–5; N.R. Ker (1964) 35; Hartzell (1975) 29–30; Planchart (1977) I.43–50; Backhouse et al. (1984b) no. 71; Gneuss (1985) 105 [no. C.2]; Teviotdale (1991); Teviotdale (1992a) 312–15; Pfaff (1995a) 42–3 [Teviotdale]; Hartzell (2006) no. 128; R. Gameson (2012a) 60 and n. 205, 70 n. 240, 76 and n. 263; Gullick (2012) 309 and n. 95; Pfaff (2012) 455 and n. 19; Rankin (2012) 500 and n. 81

DEC: Homburger (1912); Rice (1952) 212; Alexander (1970a) 164; E. Temple (1976) no. 97; F. Wormald (1984) 121; Ohlgren (1986) no. 202; Raw (1990) 35, 214; R. Gameson (1991) 85 n. 128; R. Gameson (1995b) 30–2, 74–6, 94–6, 101–2, 113, 141, 156 *et passim*; Heslop (2007) 65–70; R. Gameson (2012c) 272 and n. 71, 288 and n. 137

FACS: Millar (1926) pls. 29 (a)–(b) [fols. 18r, 20v]; Kendrick (1949) pl. XXII [fols. 3v, 20v]; Swarzenski (1954) figs. 152–3 [fols. 30v, 31r]; E. Temple (1976) ills. 293–5 [fols. 22r, 26r, 31r]; Backhouse et al. (1984b) pl. XXI [fol. 22r]; F. Wormald (1984) ill. 120 [fol. 18r]; M.P. Brown (1991) pl. 77 [fol. 20v]; R. Gameson (1991) figs. 23–4 [fols. 3v, 25r]; R. Gameson (1995b) pls. 21 (a)—(b) [fols. 25r, 18r]; Backhouse (1997) pl. 18 [fol. 22r]; Pulsiano—Treharne (1998a) pl. 114 [fol. 33v]; M.P. Brown (2007a) pls. 134–5 [fols. 20v, 22r]; Heslop (2007) figs. 1 [fol. 26r (detail)], 2 [fol. 26v (detail)], 3 (d) [fol. 25r (detail)], 4 (b) [fol. 26r (detail)], 4 (d) [fol. 26v (detail)]; Panayotova (2007) pl. V [fol. 18r]; R. Gameson (2012) pl. 10.11 [fol. 3v]

ED: Frere (1894b) 101–23 [tropes], 124 [list of sequences]; Planchart (1977) II, *passim* [trope repertory as represented in this MS]

ST: Planchart (1977) I.50–5 [relationship between this MS and no. **597**]; Gneuss (1985) 104–5; Teviotdale (1991); Teviotdale (1992a); Teviotdale (1992b); Jacobsson (1993); Corrêa (1996) 288 n.; R. Gameson (1996a) 223; Rankin (1996) 326–7; Kruckenberg (1997) 161–84; Teviotdale (1998) 219–26

310. London, British Library, Cotton Caligula A. xiv, fols. 93–130

s. xi med.

Contents: Ælfric, Lives of St Martin* and St Thomas*; anon., Life of St Mildred*

MS: N.R. Ker (1957) no. 138; A.G. Watson (1978) 309; Rollason (1982) 29; Teviotdale (1991) 12–16, 24–5; Muir (1998) 10; Scragg (1996) 220; Scragg (2012a) nos. 417, 417a

FACS: Wilcox (2006a) fig. 6.1 [fol. 111v]

ED: Skeat (1881–1900) II.242–312 [Ælfric, *Lives of Saints*, no. XXXI (St Martin), coll. as K], II.398–424 [Ælfric, *Lives of Saints*, no. XXXVI (St Thomas), coll. as K]; Swanton (1975) [base MS for anonymous Life of St Mildred]

ST: Scragg (1979) 263; Rollason (1982); Reinsma (1987) 305; J. Hill (1996) 243; Scragg (1996) 220; J. Hill (1997) 409–10, 414–15; Hollis (1998a) 41–2, 44–50, 53–5, 61, 64; Rosser (2000) 140; Biggs et al. (2001) 330–2, 347–50 [SS. Martin, Mildred]; Wilcox (2006a)

311. London, British Library, Cotton Caligula A. xv, fols. 3–117

s. viii^2 with additions, s. ix^1 and ix/x, NE France, prov. England by s. ix/x

Contents: Jerome, *De uiris inlustribus* [CPL 616], *Vita S. Pauli primi eremitae* [CPL 617; BHL 6596]; Isidore, *Etymologiae* [CPL 1186], I.xxi–xxvii; Cyprian, *Ad Quirinum Testimonia* [CPL 39], bk. III; Cassiodorus (?), *De computo paschali*; computus texts

MS: Planta (1802) 45–6; CLA II (1935) no. 183*; C.W. Jones (1943) 112, 353–5 *et passim* [the 'Canterbury' computus]; McGurk (1961b) 10 [repr. McGurk (1998) no. V]; Bischoff – Nörr (1963) 12 n.; N.R. Ker (1964) 43; Bischoff (1965) 237 n. 30 [repr. Bischoff (1966–81) III.12 n. 30]; Bischoff (1968a) 309; Rella (1977) 165; C.W. Jones (1980) 670; Rella (1980) 111; Baker – Lapidge (1995) xl; Bischoff (1998–) II, no. 2417a; Lapidge (2006) 169, 299, 311, 315, 316; Treharne (2007b) 19 n. 16; Withers (2007) 76; Barker-Benfield (2008) III.1828; Wieland (2009) 130, 153; R. Gameson (2012d) 348 and n. 14

DEC: F. Wormald (1957b) 31, 32, 34 [repr. F. Wormald (1984) 146, 147, 149]; Lawrence (1982) 106, 107; R. Gameson (1995b) 101, 182 n. 148

FACS: Withers (2007) 77 [fol. 122v]

ED: C.W. Jones (1980) 669–72 [*De flexibus digitorum* coll. as C]

ST: Siegmund (1949) 64; C.W. Jones (1965) 265, 280 n. 30; Lambert (1969–72) nos. 260–1; Biggs et al. (2001) 378–81; D. Ganz (2004) 500 and n. 4; Withers (2007) 76–7

London, British Library, Cotton Caligula A. xv, fols. 120–53: see no. **411**

312. London, British Library, Cotton Claudius A. i, fols. 5–36

s. x med., Canterbury CC? glosses s. x^2, (prov. Glastonbury?)

Contents: Fredegaud/Frithegod of Canterbury and Brioude, *Breuiloquium Vitae Wilfridi*, glossed

MS: A. Campbell (1950) vii–ix; N.R. Ker (1957) no. 140; N.R. Ker (1964) 39; Rella (1977) 165; Rella (1980) 111 n. 10; Dumville (1987) 149–50; Lapidge (1988a) 51–3, 58–61 [repr. Lapidge (1993a) 163–9, 174–7]; Dumville (1992b) 158, 181–3; Dumville (1993g) 16, 93, 142; Vaciago (1993) 13–14 [no. 55]; Lapidge (2004a) 135–7, 145; Barker-Benfield (2008) I.609; R. Gameson (2012b) 100; Scragg (2012a) nos. 443–4

FACS: Lapidge (1988a) pls. I–II [fols. 11r, 32v] [repr. Lapidge (1993a) pls. I–II]

ED: Raine (1879–94) I.509–59 [base MS for Frithegod, *Breuiloquium*]; Napier (1900) no. 8 [OE glosses]; A. Campbell (1950) 1–62 [Frithegod, *Breuiloquium*, coll. as C]

ST: Lapidge (1988a) [repr. Lapidge (1993a) 157–84]; Lapidge (1994a) 126–8; Chiesa (2001) 10 n. 29; Lapidge (2004a) 135, 137 n. 10

312. 1. London, British Library, Cotton Claudius A. i, fols. 41-157

s. xi/xii or xi ex. or xii in., West Country?

Contents: Paulinus of Milan, *Vita S. Ambrosii* [*CPL* 169; *BHL* 377]; *Inuentio SS. Geruasii et Protasii* [*BHL* 3514]; *Inuentio S. Nazarii* [*BHL* 6050]; pseudo-Sebastian of Montecassino, *Vita S. Hieronymi* [*CPL* 622; *BHL* 3870]; Venantius Fortunatus, *Vita S. Hilarii* [*CPL*

1038; *BHL* 3885]; Venantius Fortunatus (?), *Epistula ad 'Pascentium papam'*; Hilarius (?), *Epistula*; Hilarius of Arles, *Sermo in depositione S. Honorati* [*BHL* 3975]; pseudo-Jerome, *Liber de ortu B. Mariae et infantia Saluatoris* [*BHL* 5334–7; *CPPM* II, no. 899; *CPL* 633 (*Epist. supp.* xlviii–xlix)]; Paulus Diaconus of Naples, *Vita S. Mariae Aegyptiacae* [*BHL* 5415]; *Vita S. Martialis* [*BHL* 5552]; Leontius of Cyprus, *Vita S. Iohannis Eleemosynarii*, trans. Anastasius Bibliothecarius [*BHL* 4388]; Bede, *Vita S. Cudbercti* (prose) [*CPL* 1379; *BHL* 2019]; Bede, *Historia ecclesiastica* [*CPL* 1375] IV.xxix–xxx

MS: Planta (1802) 188; Colgrave (1940) 30–1; Jane Stevenson (1996a) 40–3; R. Gameson (1999a) no. 371; Magennis (2002) 12–13 and n. 36; Gneuss (2003b) 297–8

ED: Colgrave (1940) 142–307 [Bede, prose *Vita S. Cudbercti*, coll. as Cl]; Jane Stevenson (1996b) 51–98 [Paulus, *Vita S. Mariae Aegyptiacae*, coll. as C]; Magennis (2002) 140–209 [Paulus, *Vita S. Mariae Aegyptiacae*, coll. as C]

ST: Biggs et al. (2001) 321–3 [Magennis]

London, British Library, Cotton Claudius A. iii, fols. 2–7 and 9*: see no. **362**

313. London, British Library, Cotton Claudius A. iii, fols. 9–18 and 87–105

s. xi$^{2/4}$ or xi med., prob. Canterbury CC

Contents: pontifical (including litany and second English Coronation *ordo*) (incomplete)

MS: Liebermann (1903–16) I.xxxii; N.R. Ker (1964) 35; Brückmann (1973) 434–5; T.A.M. Bishop (1971) 20 [no. 22]; D.H. Turner (1971) xxviii–xxxix; Hartzell (1989) 84–5; Lapidge (1991a) 69; Hartzell (2006) no. 130; O'Brien O'Keeffe (2006) 267; Wieland (2009) 124

DEC: Rice (1952) 197–8; D.H. Turner (1971) v, vii–viii; Higgitt (1979) 285–6; Heslop (1984); Ramsay–Sparks (1988) 16, 18; Heslop (1992c) 305 and n. 25

FACS: D.H. Turner et al. (1980) pl. 11 [fol. 87v]

ED: D.H. Turner (1971) 89–113 [base MS for 'Claudius Pontifical II']; Lapidge (1991a) 155–6 [litany]

ST: D.H. Turner et al. (1980) 105; Dumville (1992a) 69, 72, 77–8, 91–3, 124; Davril (1995) 27; Pfaff (1999a) 6

314. London, British Library, Cotton Claudius A. iii, fols. 31–86 and 106–50

s. x/xi, Worcester or York

Contents: metrical inscription (*Thureth*)**; laws: *VI Æthelred*⁺* (s. xi$^{1/4}$); pontifical (including litany) [incomplete]; benedictional [incomplete]

MS: Liebermann (1903–16) I.xxxii; Dobbie (1942) lxxxviii–xc; K. Sisam (1953a) 279; N.R. Ker (1957) no. 141; T.A.M. Bishop (1971) 14 [no. 16]; N.R. Ker (1971) 321 [repr. N.R. Ker (1985) 15]; D.H. Turner (1971) viii–xxviii; Brückmann (1973) 434–5; A.G. Watson (1979) I, no. 518; Whitelock et al. (1981) I.339; Lapidge (1986a) 270; Lapidge (1991a) 69; Robinson—Stanley (1991) 22; Dumville (1992a) 69, 73 and n. 35, 78–9, 90, 124 and n. 214; C.A. Jones (1999) 126; P. Wormald (1999) 164 [table 4.1], 190–5; Dance (2004) 31 n. 6; C.A. Jones (2004) 334–8, 342, 344–7, 350, 352; A. Orchard (2004) 66 n. 15; P. Wormald (2004) 14; C.A. Jones (2005a) 116–18; C.A. Jones (2005b) 235; N. Orchard (2005) ci–cii, clxxxiii–cxci, 443 *et passim*; O'Brien O'Keeffe (2006) 267; Wieland (2009) 124; A. Orchard (2012) 696 [no. 6]; Scragg (2012a) nos. 307, 450–1; P. Wormald (2012) 534 [no. 5]

DEC: R. Gameson (1991) 68 n. 39; C.A. Jones (2004) 339

FACS: A.G. Watson (1979) II, pls. 29 (a)–(b) [fols. 33v, 35v]; Robinson—Stanley (1991) pl. 10 [fol. 31v]

ED: Liebermann (1903–16) I.246–58, even pages, left-hand column [*VI Atr* (OE) coll. as K], 247–57, odd pages [base MS for *VI Atr* (Latin paraphrase)]; Dobbie (1942) 97 [OE metrical inscription (*Thureth*)]; D.H. Turner (1971) 1–88 [base MS for 'Claudius Pontifical I']; Whitelock et al. (1981) I.362–73 [base MS for *VI Atr* (Latin paraphrase)]; Lapidge (1991a) 153–4 [litany]

ST: Dobbie (1942) lxxxviii; N.R. Ker (1948) 71 n. 3 [repr. N.R. Ker (1985) 55 n. 3]; D.H. Turner et al. (1980) 105; Prescott (1987) 123–4, 139–41; Banting (1989) xx, xxiv *et passim*; Hartzell (1989) 84; Rosenthal (1992) 150; Dumville (1993g) 65 n. 282; O'Brien O'Keeffe (1994) 221; Davril (1995) 27; Corrêa (1996) 302–3; R. Gameson (1996a) 213–14, 238; Pfaff (1999a) 5 n. 10, 6–24; Ronalds—Clunies Ross (2001); N. Orchard (2002) I.87 and n. 200, 90 and n. 206; C.A. Jones (2004) 337–8, 343

315. London, British Library, Cotton Claudius B. iv

s. xi$^{2/4}$, Canterbury StA?, (prov. ibid.)

Contents: Hexateuch* (part trans. Ælfric)

MS: Crawford (1922) 2–3; N.R. Ker (1957) no. 142; F. Wormald (1957b) 30–1, 32 [repr. F. Wormald (1984) 145–7]; N.R. Ker (1964) 43; Morrell (1965) 3–13; Dodwell−Clemoes (1974) 16–42; Backhouse et al. (1984b) no. 157; M.P. Brown (1991) 52–3; Laing (1993) 71; Clemoes (1994b); Noel (1995) 204–5; Withers (1999) 112–18; *ASMMF* VII (2000) 37–43 [no. 182; Doane]; Roberts (2005) 78–81 [no. 17]; Biggs (2007a) 4, 9, 11 [T.N. Hall], 19 [Twomey]; Shepard (2007) 113–14, 122; Withers (2007) 4, 7–11, 18, 44–54, 58–9, 62–4, 78, 81, 83, 105–6, 117, 130–1, 299 n. 24 *et passim*; Barker-Benfield (2008) I.lxi n. 28, 95, 376, 417, 424, 506, II.1380, 1398; Marsden (2008) xlv–l; Graham (2009) 187, 194; Crick (2012) 180 and n. 25; R. Gameson (2012a) 61 n. 213, 75 n. 257; Marsden (2012) 429 and n. 105; Scragg (2012a) nos. 452–3

DEC: Herbert (1911); Dodwell (1950) 82, 91 n. 1; Rice (1952) 206–7; Morrell (1965) 3–13; Dodwell (1971a); Dodwell (1971b) 87, 115–16, 221 n. 47; Raw (1976) 133–48; E. Temple (1976) no. 86; Mellinkoff (1970); Mellinkoff (1973) 155–65; Dodwell−Clemoes (1974) 58–73; Gatch (1975) 3–15; Heimann (1978); Lawrence (1982) 105; Budny (1984); F. Wormald (1984) 106, 119, 145–7, 181 n. 6; Mellinkoff (1986); Ohlgren (1986) no. 191; R. Gameson (1991) 75; Rumble (1994a) 16; R. Gameson (1995a) 122 n.; R. Gameson (1995b) 9, 10 n. 22, 37, 43, 54, 57, 63–4, 69, 109–11, 116, 130, 140–4, 146, 148, 156, 162, 164–5, 169–70 *et passim*; Wieland (1998) 16 n. 17; Budny (1999) 269; Dodwell (2000) 102–5, 111–15, 130–40, 143–5, 147; Binski (2006) 388; Keefer (2007b) 99; Rosenthal (2007) 30; Shepard (2007) 113–14; Withers (2007) 14, 17–19, 21–5, 27–8, 90, 94, 97–8, 102, 104, 129–30, 183–4, 283, 285; Karkov (2009) 246; Broderick (2011) 271–5, 277–80, 283–5; Withers (2011) 247–50, 251–2, 254–7, 265–9; R. Gameson (2012c) 278 and n. 97, 284 and nn. 120–1, 287

FACS: Dodwell−Clemoes (1974) [complete facsimile]; E.M. Thompson (1895) pls. 8 (a)–(b) [fols. not specified]; Millar (1926) pl. 28 [fol. 61v]; Kendrick (1949) pl. XXIV (4) [fol. 61v]; F. Wormald (1952) pls. 19 (a)–(b) [fols. 22v, 36v]; Rickert (1954) pl. 35 [folio not specified]; Swarzenski (1954) figs. 106, 132 [fols. 20r, 139v]; Pächt (1960) pls. 109 (d), 168 (d)–(e) [fols. 4r, 45r, 141r]; Mellinkoff (1973) pls. b, d, e [fols. 107v, 121r, 139v (details)]; Gatch (1975) 3, 8–9 [fols. 14r, 15r];

E. Temple (1976) ills. 265–72 [fols. 2r, 139v, 32r, 36r, 15v, 38r, 110v, 111r (all details)]; Heimann (1978) 3, 8 [fols. 10v, 139v]; Dodwell (1982) figs. 12–13, 33, 35, 38, 46 [fols. 10r, 19r, 27v, 32r, 72v, 76v]; F. Wormald (1984) ills. 123, 177–9 [fols. 15v, 26v, 36v (details)]; Mellinkoff (1986) 53–7 [fols. 78r, 81v, 82v, 123v, 124r]; M.P. Brown (1991) 54 [fols. 63v, 92v, 144r]; Alexander (1992) fig. 64 [fol. 128r]; R. Gameson (1995b) pls. 9 [fol. 2r], 14 [fol. 35v], 29 [fol. 38r]; Backhouse (1997) pl. 17 [fol. 7v]; *ASMMF* VII (2000) no. 182; Dodwell (2000) pls. XXX (b), XXXI, XXXII (a), XXXII (b), XXXIII (a), XXXIII (b), XXXVI (b), XXXVII, XXXVIII (a), XXXVIII (b), XLVI (b), XLVII (a), XLVII (b), XLVIII (a), XLIX (b), L, LI (a), LI (b), LII (a), LII (b), LIII (a), LIV (b), LV [fols. 89r, 121v, 54r, 56r, 49r, 10v, 139v, 42v, 54v, 69r, 35r, 24r, 51v, 33r, 31v, 28r, 35v, 26v, 6r, 55v, 141r, 28r (all details)]; M.P. Brown (2003a) 36 [fol. 144r]; Roberts (2005) colour pl. 2 [fol. 38r], pl. 17 [fol. 38r], p. 81 [fol. 16r]; Rosenthal (2007) 36 [fols. 44v, 47v]; Shepard (2007) figs. 33 [fol. 43v], 34 [fol. 44r (detail)], 37 [fol. 107v (detail)], 41 [fol. 142v (detail)], 42 [fol. 30r (detail)]; Withers (2007) 5 [fol. 19r], 19 [fols. 2v–3r], 20 [28v–29r], 24 [fol. 113v], 27 [fol. 150v], 28 [fol. 148v], 29 [fol. 110v], 30 [fol. 78r], 31 [fol. 7v], 33 [fols. 16v–17r], 34 [fols. 50v–51r], 36 [fol. 38r], 41 [fol. 17v], 42 [fol. 27v], 45 [fols. 41v–42r], 55 [fol. 36r], 56 [fol. 14v], 65 [fol. 26v], 68 [fol. 18v], 75 [fol. 128r], 79 [fol. 142r], 88 [fols. 30v–31r], 91 [fol. 97r], 92 [fol. 102r], 93 [fol. 35v], 95 [fol. 122r], 96 [fols. 125v–126r], 97 [fol. 125v], 98 [fol. 125v], 99 [fol. 27r], 100 [fol. 43v], 101 [fol. 46v], 103 [fol. 34v], 107 [fol. 68v], 108 [fol. 69r], 109 [fols. 69v–70r], 110 [fols. 70v–71r], 111 [fols. 71v–72r], 112 [fols. 72v–73r], 113 [fols. 73v–74r], 114 [fols. 74v–75r], 115 [fols. 75v–76r], 116 [fols. 76v–77r], 122 [fol. 73r], 123 [fol. 112r], 125 [fol. 81r], 126 [fol. 88r], 129 [fol. 73v], 135 [fols. 99v–100r], 151 [fol. 103r], 152 [fol. 103r], 161 [fol. 100v], 164 [fol. 6v], 169 [fols. 38v–39r], 175 [fol. 155v], 185 [fols. 20v–21r], 187 [fol. 21r], 188 [fols. 1v–2r], 197 [fol. 9r], 198 [fols. 9v–10r], 199 [fols. 10v–11r], 200 [fols. 11v–12r], 201 [fol. 12v], 225 [fols. 52v–53r], 235 [fols. 53v–54r], 239 [fol. 54v–55r], 240 [fols. 57v–58r], 241 [fols. 58v–59r], 244 [fols. 59v–60r], 245 [fols. 60v–61r], 246 [fols. 61v–62r], 250 [fols. 62v–63r], 252 [fol. 63v–64r], 253 [fols. 64v–65r], 254 [fols. 65v–66r], 257 [fols. 66v–67r], 258 [fols. 67v–68r], 267 [fol. 139v], 268 [fol. 140r], CD-ROM [fols. 1–156v, front- and backsheet]; Owen-Crocker (2009) figs. 1.4 [fol. 57v], 7.32 [fol. 26r]

ED: Crawford (1922) [base MS (= B) for OE preface to Genesis and OE Genesis – Joshua]; Crawford (1923) 125–8 [base MS for rubrics to illustrations on fols. 4r–v, 5v, 7v, 8v–12v, 14r, 15v, 16v, 17r, 19v, 34v, 40v, 44v, 51r–v, 155v]; A.B. Smith (1985) [glossary to *Hexateuch* coll. as B]; Marsden (2008) 3–189 [OE preface to Genesis and OE Genesis — Joshua coll. as B]

LANG: Wohlfahrt (1885); Brühl (1892); Wilkes (1905); Crawford (1923); A.B. Smith (1985)

ST: E.M. Thompson (1895) 25–6; Burchfield (1953); Swarzenski (1954); Morrell (1965) 3–13; Pope (1967–8) I.85, 143 and nn. 4–5; Dodwell–Clemoes (1974) 13–73; P.S. Baker (1980) 23–8 [Byrhtferth's putative contribution to the translation]; Dodwell (1982); F. Wormald (1984) 123; Reinsma (1987) 293; Raw (1990) 214; Barnhouse (1994); Withers (1994); Marsden (1995) xix, 402–39; Graham (1997b); Withers (1999) 128–9; Barnhouse–Withers (2000); Graham (2000d); Marsden (2000); Rosenthal (2007) 30–1; Withers (2007) 87, 89–90, 94–7, 102, 104 [sources], 174–6 [social impact]; Marsden (2008) lxix–cliii; Doane–Stoneman (2011)

316. London, British Library, Cotton Claudius B. v

s. ix¹, W Germany, prov. England (royal court) by s. x¹, prov. Bath s. x¹

Contents: Acts of the Council of Constantinople (680)

MS: Thompson–Warner (1881–4) 88; J.A. Robinson (1923) 61–4; N.R. Ker (1964) 7; Rella (1977) 50; Rella (1980) 111; Keynes (1985a) 159–65; Dumville (1987) 175 and n. 159; Bischoff (1998–) II, no. 2418; Karkov (2004) 55; Barker-Benfield (2008) III.1696; R. Gameson (2012d) 349 and n. 17; D. Ganz (2012) 190 n. 14

DEC: Dodwell (1971b) 212 n. 56

FACS: Keynes (1985a) pl. VI [fol. 5r]

ST: Grierson (1940a) 101; Siegmund (1949) 158 and n. 2; Conner (1993) 18; Karkov (2004) 54; R. McKitterick (2012) 330 and n. 107

316. 1. London, British Library, Cotton Claudius B. v, fol. 132v
[miniature pasted on to fol. 132v of no. **316**]

c. 800, Court of Charlemagne

Contents: gospels or gospel lectionary (f)

MS: *CLA* Supplement (1971) no. 1702; McGurk (1961a) no. 21; Bischoff (1965) 55 [repr. Bischoff (1966–81) III.158–9, 161]; Bischoff (1976b) 12 [repr. Bischoff (1966–81) III.177]; Keynes (1985a) 159–60 n. 89; Bischoff (1998–) II, no. 2419; Wieland (2009) 121

DEC: Köhler (1930–60) II.47–8; F. Wormald (1971b) 310–11 and nn. [repr. F. Wormald (1984) 81 and nn.]; Raw (1990) 71, 214

FACS: Köhler (1930–60) *Tafeln* II, pl. 32 (c) [fol. 132v (detail)]

ST: Köhler (1952)

317. London, British Library, Cotton Claudius C. vi, fols. 5–169

s. xi med. (after 1049), Continent, (prov. Canterbury CC?)

Contents: *Notitia Galliarum* [*CPL* 2342]; letters of Popes Leo I and Zosimus; Burchard of Worms, *Decretum*

MS: Z.N. Brooke (1931) 89, 97, 237; A.G. Watson (1969) 19 [repr. A.G. Watson (2004) no. IX]; Kéry (1999) 137

ST: Schanz et al. (1914–20) IV/ii.130 [*Notitia Galliarum*]; R. McKitterick (2012) 330 and n. 109

319. London, British Library, Cotton Cleopatra A. iii

s. x$^{2/4}$ or x med., Canterbury StA

Contents: three glossaries+*

MS: Lübke (1890) 396–401; Schlutter (1908); Blomfield (1939); N.R. Ker (1957) no. 143; T.A.M. Bishop (1959–63a) 93; Quinn (1961); Quinn (1966); Pheifer (1974) xxxi–xxxv; P.S. Baker (1980) 29–30; O'Brien O'Keeffe (1985) 67; Voss (1988b); Voss (1989); A.K. Brown (1992) 104–5, 107–8; Dumville (1994a) 137, 139, 142 and n. 48; Rusche (1996); Webster—Brown (1997) 243 [no. 129]; Lapidge (1998) 36–7; Gretsch (1999a) 140–1, 351, 367–8; Lendinara (2001a); Meaney (2004) 495; Barker-Benfield (2008) I.95, 519, II.1381, III.1810, 1814; Wieland (2009) 146; Giliberto (2011) 125 and n. 24

FACS: M.P. Brown (1991) pl. 6 [fol. 77r]

ED: Wright—Wülker (1884) 338–473 [no. 11] [base MS for glossary (art. 1)], 258–83, 475–85 [no. 8 and part of no. 12][base MS for glossary (art. 2)], 485–535 [no. 12][base MS for glossary (art. 3); and see corrections to Wright's text by Sievers (1891) 321–32]; Stryker (1951) [base MS for glossary (art. 1)]; Quinn (1956) 15–92 [base MS for glossaries (arts. 2–3)]; Rusche (1996)

LANG: Jordan (1906) 12; Schabram (1965) 55; Korhammer (1976) 214; Wenisch (1979) 42, 337; Hofstetter (1987) 521; Voss (1988a); Kittlick (1998)

ST: Sievers (1891) 323–32; Lapidge (1998) 36–7 [Aldhelm glosses from glossary (art. 3) quoted by Byrhtferth]; Gretsch (1999a) 102, 140–1, 149–55, 367–8; Pulsiano (2000) 192–3; Lendinara (2001a); Lapidge (2009) 305 [Aldhelm glosses from glossary (art. 3) quoted by Byrhtferth]; Healey (2011) 8; Rusche (2011) 402–14

320. London, British Library, Cotton Cleopatra A. iii*

s. viii², Northumbria? S England (Kent)?, prov. Canterbury StA s. x?

Contents: Augustine, *De consensu Euangelistarum* [*CPL* 273] (f)

MS: *CLA* II (1935) 184*; McGurk (1961b) 11 [no. 25] [repr. McGurk (1998) no. V]; Römer (1972b) 169; Bischoff et al. (1988a) 14 n. 20; Dumville (1992a) 105 and n. 53

321. London, British Library, Cotton Cleopatra A. vi, fols. 2–53

s. x, prob. x med., W England or Wales?

Contents: Donatus, *Ars maior*; a 'parsing grammar' [inc. 'Iustus quae pars']; two grammatical treatises [*BCLL* no. 334]; Iohannes Diaconus (?), *Carmen de Gregorio Magno* [SK 5725]

MS: Bursill-Hall (1981) 115 [no. 100.98 (unreliable)]; Dumville (1987) 157 n. 47; Dumville (1994a) 147 and n. 83; Lapidge (1994b) 116; Law (1995) 202, 276; Wieland (2009) 144; D. Ganz (2012) 195 and n. 42

DEC: F. Wormald (1945) 120–1 [repr. F. Wormald (1984) 59]; Kendrick (1949) 33 n. 1; Rice (1952) 206; E. Temple (1976) no. 27; Brownrigg (1978) 240 n. 4; Ohlgren (1986) no. 115; R. Gameson (1992c) 127 and n. 54, 140 and n. 107, 142 n. 115, 143–4, 147 n. 147

FACS: E. Temple (1976) ill. 96 [fol. 19v]

ST: Law (1982) 87 n. 36 ['Interrogationes' or 'Ars grammatica' on fols. 37v–42v]; *BCLL* (1985) no. 334 ['Ars grammatica']; Gneuss (1990) 12 n. 39 [repr. Scragg (2003) 83 n. 39]; Gneuss (1994) 73 [Greek terms quoted in grammatical treatises]; Knappe (1996) 231 and n. 4; Valtorta (2006) 214 [the fragment of Paulus Diaconus, *Expositio Artis Donati*, on fol. 49]; Lendinara (2007a) 85–6 and n. 105; Mirto (2007) 359 and nn. 44–5

321. 5. London, British Library, Cotton Cleopatra A. vii, fols. 107–47

s. xi ex. or xi/xii

Contents: Helperic, *De computo*; short computus text

MS: Planta (1802) 576; McGurk (1974) 2; R. Gameson (1999a) no. 374

ST: *CSLMA* III (2010) 421–9 [Helperic]

322. London, British Library, Cotton Cleopatra B. xiii, fols. 1–58

s. xi³/⁴, Exeter [one vol. with no. 520?]

Contents: Homilies*; coronation oath*; Ælfric's translations of *Pater noster** and Apostles' Creed*

MS: Bethurum (1957) 7; N.R. Ker (1957) no. 144; N.R. Ker (1964) 82; Pope (1967–8) I.33–4; Collins—Clemoes (1974) 319; Strongman (1977) no. 51; Drage (1978) 359–61; A.G. Watson (1979) I, no. 524; A.G. Watson (1986) 136 [repr. A.G. Watson (2004) no. IV]; Scragg (1992) xxxiii–xxxiv; Conner (1993) 5; Clemoes (1997) 21–4; P. Wormald (1999) 448 n. 118; *ASMMF* VIII (2000) 23–9 [no. 185; Wilcox]; Treharne (2003) 161, 166; Dance (2004) 35 n. 28; Lionarons (2004c) 424; Wilcox (2004b) 392; Clayton (2008) 96–100; Treharne (2009a); Scragg (2012a) nos. 106, 454–63

FACS: A.G. Watson (1979) II, pl. 41 [fol. 10r]; *ASMMF* VIII (2000) no. 185

ED [the order of the following items is that of the manuscript, listed according to the numbering of individual articles in N.R. Ker (1957) 183–4; only the most recent editions are cited]:

art. 1: Napier (1883) 182–90 [base MS (= N) for Hom. XL (*In die iudicii*)]

art. 2: Clemoes (1997) 313–16 [Ælfric, CH I, Hom. XVII (Second Sunday after Easter), coll. as J]

art. 3: Clemoes (1997) 178–89 [Ælfric, CH I, Hom. I (*De initio creaturae*), coll. as J]

art. 4: Bethurum (1957) 246–50 [base MS (= N) for Hom. XVIII (*De dedicatione ecclesie*)]

art. 5: Bethurum (1957) 242–5 [base MS (= N) for Hom. XVII (*Lectio secundum Lucam*)]

art. 6: Luiselli Fadda (1979) 71–99 [base MS for Hom. IV (*In Letania maiore*)]; Bazire—Cross (1982) 16–23 [Hom. 1 (*Feria .II. in Letania maiore*) coll. as J]; Scragg (1992) 315–26 [Vercelli Hom. XIX coll. as P]

art. 7: Stubbs (1874) 355–7 [base MS for *Promissio regis*]; Liebermann (1903–16) I.214–16 [coronation oath only, coll. as Cp]; Clayton (2008) 148–9 [base MS] art. 8: Pope (1967–8) I.357–8 [Ælfric, Suppl. Hom. VIII (Fifth Sunday after Easter), lines 1–19, coll. as J]

art 9: Napier (1883) 130 [last eight lines of Hom. XXVIII ('Her is gyt oþer wel god eaca') coll. as N]

art. 10: as Thorpe (1844–6) II.596, not collated

ST: P.R. Robinson (1978) 238 [repr. P.R. Robinson (1994) 35]; Sauer (1978) 93; Scragg (1979) 255–6; R. Gameson (1996b) 145 nn. 10, 14; Swan (1998) 205–14; Kleist (2007c) 494; A. Orchard (2007) 323 [Bethurum Hom. no. xvii]; Swan (2007a) 404

323. London, British Library, Cotton Cleopatra B. xiii, fols. 59–90

s. xi in. or xi^1, Canterbury StA?, (prov. ibid.)

Contents: B., *Vita S. Dunstani* [*BHL* 2342]; rhymed responsory from an office for St Gregory

MS: Stubbs (1874) xviii–xx, xxxix–xl; N.R. Ker (1964) 43; Dumville (1993g) 147 n. 39; *ASMMF* VIII (2000) 23–9 [no. 185; Wilcox]; Hartzell (2006) no. 131; Treharne (2007b) 17, 20, 24; Barker-Benfield (2008) I.203, III.1746, 1791, 1807; Winterbottom–Lapidge (2012) lxxxiii–lxxxiv

FACS: *ASMMF* VIII (2000) no. 185

ED: Stubbs (1874) 3–52 [B., *Vita S. Dunstani*, coll. as B]; Winterbottom–Lapidge (2012) 2–108 [B., *Vita S. Dunstani*, coll. as D], 147–50 [base MS (= D) for four passages in which rhymed prose replaces verse of B.'s original text]

ST: Stubbs (1874) x–xxx; Whitelock (1979) 897–903 [no. 234 (translation)]; Lapidge (1992e) [repr. Lapidge (1993a) 293–315]; Graham–Watson (1998) 56; Winterbottom (2000); Biggs et al. (2001) 179–81; Treharne (2007a) 262–4; Winterbottom–Lapidge (2012) lxxxv–cxxv; Lapidge (2012a) 693

324. London, British Library, Cotton Cleopatra C. viii, fols. 4–37

s. x/xi, Canterbury CC

Contents: Prudentius, *Psychomachia* [*CPL* 1441]; pseudo-Columbanus (pseudo-Alcuin), *Praecepta uiuendi* [SK 5960] (f)

MS: N.R. Ker (1957) no. 145; T.A.M. Bishop (1959–63b) 421; Backhouse et al. (1984b) no. 45; Vaciago (1993) 14 [no. 56]; Wieland (1997a) 170–1;

K.L. Brown (2004b) 181, 185–6; Petruccione (2008) 234 n. 15; Rankin (2012) 505 n. 112; Scragg (2012a) nos. 464–5

DEC: Rice (1952) 208; F. Wormald (1952) 67 [no. 29]; F. Wormald (1957b) 32 [repr. F. Wormald (1984) 147]; E. Temple (1976) no. 49; Brownrigg (1978) 246 n. 2; Ohlgren (1986) no. 154; Raw (1990) 215; R. Gameson (1992a) 200–6, 211; R. Gameson (1995b) 8, 15, 19 n. 61, 93–4; Wieland (1997a) 169 n. 3, 171, 175–6, 178–83; Wieland (1998) 4, 6–9, 11, 15 n. 6, 17 n. 29, 18 n. 32, 19 n. 48, 20 n. 50; Dodwell (2000) 133; Karkov (2001a) 115 n. 3, 116 n. 7, 124; K.L. Brown (2004b) 187; Heslop (2004) 297 n. 25

FACS: Stettiner (1905) pls. 43–4 [fols. 6v, 19v, 27r, 33v], 45–6 [fols. 31r, 31v, 32r, 33r], 49–50 [fols. 1r, 1v, 2r, 2v, 3v, 4r], 51–2 [fols. 5r, 5v, 7r, 7v, 8r], 51–2 [fols. 5r, 5v, 7r, 7v, 8r], 53–4 [fols. 8v, 9r, 9v, 10r, 10v, 11r], 55–6 [fols. 12v, 13r, 13v, 14r, 14v], 57–8 [fols. 15r, 15v, 16r, 16v, 18r, 18v], 59–60 [fols. 19r, 20r, 20v], 61–2 [fols. 21r, 21v, 22r, 23v, 24r, 24v], 63–4 [fols. 25r, 25v, 26r, 27v, 28r, 28v, 29r]; F. Wormald (1984) ill. 181 [fol. 27r (detail)]; R. Gameson (1992a) pls. 25 (a)–(c) [fols. 5v, 7v, 18r]; Ohlgren (1992) pls. 15.1–15.53 [fols. 4r–5v, 6v–8v, 10r–14r, 15v–19v, 21r–25r, 26v, 27r–29r, 30r–32r, 34r–35r, 36r–36v]; R. Gameson (1995b) pl. 22 [fol. 33r]; Karkov (2001a) pl. II [fol. 7v]; K.L. Brown (2004b) pl. 4 [fol. 4r]; Roberts (2005) frontispiece [fol. 11r]

ST: F.C. Robinson (1973) 457; Korhammer (1980) 38; Wieland (1985) 168–9, 171; Wieland (1987); Heslop (1990) 164, 167; R.I. Page (1992a); *CPPM* II, no. 3216b [*Praecepta uiuendi*]; *CSLMA* II (1999) 76; Wieland (2001); K.L. Brown (2004b) 187–8; Withers (2007) 83

325. London, British Library, Cotton Cleopatra D. i, fols. 1–82

s. xi^1, (prov. Canterbury StA)

Contents: Vitruvius, *De architectura*; Epitaph of Vitalis [SK 13567]

MS: M.R. James (1903) 173, 320, 519; N.R. Ker (1964) 43; Krinsky (1967) 50; T.A.M. Bishop (1971) xi–xii, xviii; L.D. Reynolds (1983) 443; R. Gameson (1995a) 124 n. 102; R. Gameson (1999a) *sub* no. 375; Bodarwé (2000) 113–14; Barker-Benfield (2008) II.938, III.1828; R. Gameson (2012b) 101 and n. 27; R. Gameson (2012d) 361 and n. 68

ED: Rose (1899) [Vitruvius coll. as c]

ST: Ruffel—Soubiran (1960) 132–43; L.D. Reynolds (1983) xxxii n., xxxv n., 441, 443

325. 1. London, British Library, Cotton Cleopatra D. i, fols. 83–128

s. xi^1, Continent?, (prov. Canterbury StA). In England before 1100?

Contents: Vegetius, *Epitome rei militaris*

MS: N.R. Ker (1964) 43; Shrader (1979) 290 [no. 75]; R. Gameson (1995a) 124 n. 102; R. Gameson (1999a) *sub* no. 375

ED: Lang (1885) xxxvii–xxxviii [Vegetius listed as no. 19, but not collated; more recent editions e.g. by A. Önnefors (1995) and M.D. Reeve (2004) do not collate this MS]

ST: Reeve (2000)

326. London, British Library, Cotton Domitian i, fols. 2–55

s. x med., x^2, x/xi, and xi/xii; all parts prob. Canterbury StA, (prov. ibid.)

Contents: eight glosses to lemmata from Isidore, *De differentiis rerum* [*CPL* 1202] (s. x/xi); Bede, *De natura rerum* [*CPL* 1343], ch. ii (s. x^2); Isidore, *De natura rerum* [*CPL* 1188], with world map on fol. 37v (s. x^2); glossary to Abbo, *Bella Parisiacae urbis*, bk. III (s. xi/xii); twenty-one glosses to Priscian, *Institutio de nomine et pronomine et uerbo* [*CPL* 1550] (s. xi/xii); computus tables (incomplete) (s. xi/xii); Remigius, Commentary to Priscian, *Institutio de nomine, pronomine et uerbo* (s. x med.); Bede, *Versus de die iudicii* [*CPL* 1370] (s. x med.); medical recipe* (s. x^2); booklist* (s. x^2 or x/xi)

MS: T.A.M. Bishop (1954–8b) 334–5; N.R. Ker (1957) no. 146; T.A.M. Bishop (1959–63b) 413; T.A.M. Bishop (1971) xiv n. 1; Lapidge (1975a) 76 [repr. Lapidge (1993a) 114]; Lendinara (1990a); Hollis–Wright (1992) 234, 237; Laing (1993) 75; Dumville (1992a) 64; Vaciago (1993) 14 [no. 57]; Lapidge (1994b) 113–14; Lendinara (1996) 623–6, 636, 639; *ASMMF* V (1997) 35–41 [no. 187; Doane]; Lendinara (2007b) 177, 180–1, 205–6 and nn. [no. 28]; Barker-Benfield (2008) I.liii n. 11, 607, II.1396, III.1696, 1714, 1812, 1831, 1922–4; Lapidge (2008a) 132; Graham (2009) 178; Wieland (2009) 145, 151; D. Ganz (2012) 191 n. 18; Scragg (2012a) nos. 466–70

DEC: R. Gameson (1995b) 10 n. 22

FACS: *ASMMF* V (1997) no. 187

ED: Cockayne (1864–6) I.382 [medical recipe]; Napier (1900) nos. 33, 41, 55 [OE glosses]; Hurst–Fraipont (1955) [Bede, *Versus de die iudicii* coll. as β]; Lendinara (1990a) 144–9 [glossary to Abbo and Priscian]; Lapidge (1994b) 114–16 [booklist]

ST: R.S. Cox (1972) 3; Jeudy (1972) 106; *BCLL* (1985) no. 135; Lendinara (1990a); Baker—Lapidge (1995) lii; P. Wormald (1999) 186 n. 100, 187 n. 102; Lendinara (2007b); Teresi (2007c) 351, 364; Lapidge (2008a) 131–7 [MS relationships of Bede, *Versus de die iudicii*]; R. McKitterick (2012) 329

327. London, British Library, Cotton Domitian vii, fols. 15–45 (and added fols.)

c. 840, Lindisfarne or Monkwearmouth-Jarrow?, prov. s. ix ex. Chester-le-Street, prov. s. x ex. Durham; additions from s. $ix^{2/4}$ onwards

Contents: *Liber uitae*; records* (add. s. x ex. and xi med.)

MS: Thompson—Warner (1881–4) 81–4; E. Bishop (1918) 350–1, 355–6; Mynors (1939) no. 13; K. Sisam (1953a) 4; N.R. Ker (1957) no. 147; T.J. Brown (1959) 250 [repr. T.J. Brown (1993a) 245]; N.R. Ker (1964) 73; T.J. Brown (1972) 238 [repr. T.J. Brown (1993a) 115]; E.E. Barker (1977); Piper (1978) 215, 237; A.G. Watson (1979) I, no. 527; D.H. Turner et al. (1980) 107; T.J. Brown (1982a) 110 [repr. T.J. Brown (1993a) 210]; Keynes (1985a) 171 n. 135; Dumville (1987) 158 n. 57; Morrish (1988) 517–18, 522–4, 537; M.P. Brown (1989a) 162; Webster—Backhouse (1991) no. 97; Dumville (1992a) 98, 124; Gullick (1994) 102, 104, 106; I. Wood (1995) 17; M.P. Brown (1996) 166; Keynes (1996a) 56–8; Lapidge (1996c) 416–17; Gullick (1998a) 30 no. 37; Piper (1998a) 161–75; Dumville (1999) 76, 116; R. Gameson (1999a) no. 377; Briggs (2004) 65–8; Gerchow (2004) 57–61; Gullick (2004) 17–19, 24–31, 33, 39–42; Keynes (2004) 152, 161; Moore (2004) 98, 99–100, 101, 106; Piper (2004) 118–19; Rollason et al. (2004); Rollason (2004b) 132–7; Swanson (2004) 233–4, 245–6; Tite (2004) 3–7, 9–10, 14 n. 37; Roberts (2006) 37; R. Gameson (2012a) 90 n. 327; Scragg (2012a) nos. 471–5

FACS: Rollason—Rollason (2007) [complete digitised facsimile]; A.H. Thompson (1923) [complete facsimile]; Thompson—Warner (1881–4) pl. 25 [folio not specified]; A.G. Watson (1979) II, pl. 7 [fol. 21v]; Rollason (1998) pl. 29 [fol. 45r]; M.P. Brown (2003c) fig. 47 [fol. 18r]; Rollason et al. (2004) pls. I–X [fols. 1r, 84v, 3r, 2r, 3v, 9r, 45v, 46r, 15r, 24r, 15v]; Rushforth (2007) fig. 37 [fol. 48v (detail)]

ED: Joseph Stevenson (1841) [base MS for *Liber uitae*]; BCS no. 1254 [record]; Sweet (1885) 153–66 [base MS for *Liber uitae*]; A.J. Robertson (1939) nos. 6, 28 [records]; Gerchow (1988) 304–20 [base MS for *Liber uitae*]; Piper (1998a) 176–85 [names on fol. 45r–v]

LANG: Roberts (2006) 37

ST: Hellwig (1888); R. Müller (1901); Glunz (1933) 265–8; Sawyer (1968) nos. 1659–61; Gerchow (1988) 109–54, 304–20; G. Barrow (2004) 109–16; Briggs (2004) 72–3, 79–93; Gullick (2004) 35–9; Insley (2004) 88–92; Karkov (2004) 71, 87; Moore (2004) 97–107; Piper (2004) 117–25; Rollason et al. (2004); Rollason (2004b) 127–37; Rushforth (2007) 58–9

328. London, British Library, Cotton Domitian viii, fols. 30–70

s. xi/xii, Canterbury CC

Contents: *Anglo-Saxon Chronicle* F*

MS: C. Plummer (1892–9) I.xii–xiii; N.R. Ker (1957) no. 148; Parkes (1976b) 171 [repr. Parkes (1991) 168]; Webber (1995) 158; R. Gameson (1999a) no. 378; P.S. Baker (2000) ix–xxvii; Bredehoft (2001) *ad indicem*; Guimon (2006) 137, 138 and n. 3; Scragg (2012a) no. 78

DEC: R. Gameson (1995a) 142

FACS: Dumville (1995a) [complete facsimile]

ED: C. Plummer (1892–9) [*Anglo-Saxon Chronicle* coll. as F]; P.S. Baker (2000) [base MS (= F) for *Anglo-Saxon Chronicle*]

LANG: A.F. Cameron (1974) 223; P.S. Baker (2000) lxxxii–xcix

ST: Fernquist (1937); Sawyer (1968) no. 90; Horsley—Waterhouse (1984) 224–5; P.S. Baker (2000) xxviii–lxxxi; Keynes (2012) 542, 552 *et passim*

329. London, British Library, Cotton Domitian ix, fols. 2–7

s. x in. or x^1, Canterbury CC

Contents: Aldhelm, *Epistola ad Heahfridum* [*CPL* 1334]

MS: N.R. Ker (1957) no. 149; T.A.M. Bishop (1959–63b) 421; Dumville (1987) 167–8; P.L. Heyworth (1989) 256; Vaciago (1993) 14 [no. 58]; Gwara (1996a) 92–3; Rowley (2004) 13; Lapidge (2012b) 37; Scragg (2012a) no. 476

ED: Napier (1900) no. 13 [OE glosses]; Ehwald (1919) 486–94 [Aldhelm, *Ep. ad Heahfridum*, coll. as C]; Gwara (1996a) 112–34 [Aldhelm, *Ep. ad Heahfridum*, coll. as C]

ST: C.E. Wright (1937); Gwara (1996a) 105–12; Lapidge (2012b) 35–7

329. 5. London, British Library, Cotton Domitian ix, fol. 8

s. viii², possibly England

Contents: alphabets; glossary (f); Dionysius Exiguus, *Epistula de ratione paschae* [CPL 2286] (f)

MS: Thompson—Warner (1881–4) 68; *CLA* II (1935) no. 185*; R. Derolez (1954) 3–6, 274; Bischoff (1966–81) II.198, 252, 339; III.143; Zironi (2011) 359

London, British Library, Cotton Domitian ix, fol. 10: see no. **22**

330. London, British Library, Cotton Domitian ix, fol. 11

s. ix ex. (after 883) or x in.. SE England? London, St Paul's?

Contents: extracts from Bede, *Historia ecclesiastica**; runic alphabet (add. s. xi/xii)

MS: Zupitza (1886); T. Miller (1890–8) I.xx–xxi; Hempl (1903–4); C.E. Wright (1936); K. Sisam (1953a) 18–19; R. Derolez (1954) 3–16; N.R. Ker (1957) no. 151; Dumville (1987) 167–8 and nn. 104–5; Graham (1994b) 6–7; R.I. Page (1998) 293; Rowley (2011) 16; Zironi (2011) 359–60; Scragg (2012a) no. 477

FACS: Dumville (1987) pl. II [fol. 11r]

ED: Zupitza (1886); T. Miller (1890–8) [extracts from OE Bede coll. as Z]

ST: Whitelock (1975) 16–17 and 17 n. 1 [repr. Whitelock (1981b) no. II]; Rowley (2011)

330. 5. London, British Library, Cotton Faustina A. v, fols. 99–102

s. xi/xii or xii in.; (prov. Winchester s. xv?)

Contents: pseudo-Jerome (pseudo-Bede), *De quindecim signis ante diem iudicii*; pseudo-Augustine, *De Antichristo quomodo et ubi nasci debeat*

MS: *ASMMF* V (1997) 42–7 [no. 191; Lucas]; R. Gameson (1999a) no. 381

FACS: *ASMMF* V (1997) no. 191

ST: *CPPM* II, no. 411; Rollason (1998) *ad indicem*; Rollason (2000)

331. London, British Library, Cotton Faustina A. x, fols. 3–101

s. xi² or xi³/⁴; s. xi ex.

Contents: Ælfric, *Grammar*⁺* and *Glossary*⁺*; dialogue on declensions; maxims⁺* (s. xi ex.)

MS: N.R. Ker (1957) no. 154; Robinson—Stanley (1991) 27; Hollis—Wright (1992) 34; K. Sharpe (1997) 3; R. Gameson (1999a) no. 383; Menzer (2004) 95, 102, 110–19; R. Gameson (2005a) 92, 101–4; *ASMMF* XV (2007) [no. 193; Doane]; Swan (2007b) 36–9; Treharne (2007b) 19 n. 16; Scragg (2012a) nos. 478–81

FACS: Robinson—Stanley (1991) pl. 32.2 [fol. 100v]; Menzer (2004) 113 [fol. 46v]; *ASMMF* XV (2007) no. 193

ED: Zupitza (1878) 285–6 [proverb and maxims]; Zupitza (1880/2001) [Ælfric, *Grammar* and *Glossary*, coll. as F]; Dobbie (1942) 109 [maxims]; T. Hunt (1991) I.24–6, 110–11 [Anglo-Norman and other glosses to Ælfric, *Grammar* and *Glossary*]

ST: Zupitza (1880/2001) v–vi; Dobbie (1942) cx–cxi, clxxiii; Gretsch (1973) 40–2; Gretsch (1974) 126–37 [on OE Rule of St Benedict added on fols. 102r–148v (s. xii^1)]; Buckalew (1978) 153–64; Kiernan (1994a) 42; Proud (2000) 130; Swan (2000b) 66–7, 76–8, 80–2; Menzer (2004) 109–19

332. London, British Library, Cotton Faustina B. iii, fols. 158–98 (with London, British Library, Tiberius A. iii, fols. 174–7)

s. xi med., Canterbury CC

Contents: list of Roman emperors (added s. xi/xii or xii^1); *Regularis concordia*, chs. xiv–xix*; *Regularis concordia*; three formula-letters announcing the death of a monk, with antiphon and verse

MS: N.R. Ker (1957) no. 155; N.R. Ker (1964) 198; Kornexl (1993) xcvi–cxvi; M.P. Brown (1996) 160; R. Sharpe et al. (1996) 645–6; C.A. Jones (1998a) 233, 239–40; R. Gameson (1999a) no. 385; Karkov (2004) 5, 93–9; Boffey—Edwards (2005) nos. 243, 3090; Hartzell (2006) no. 332; Wieland (2009) 140; Scragg (2012a) nos. 482–3

DEC: R. Gameson (1991) 77 n. 97; R. Gameson (1995a) 142

FACS: Kornexl (1993) pls. II–IV [fols. 186v, 198r, 198v]

ED: Kornexl (1993) 1–147 [*Regularis concordia* coll. as F], 148–9 [base MS for three formula-letters]

LANG: Kornexl (1993) cxcvii–ccxii

ST: Symons (1953) liii–lv

London, British Library, Cotton Faustina B. vi, fols. 95 and 98–100: see no. **362**

333. London, British Library, Cotton Galba A. xiv

s. xi$^{2/4}$, Leominster?, prov. Winchester Nun or Shaftesbury? [one vol. with no. **342** (Nero A.ii, fols. 3-13)?]

Contents: prayerbook: computus tables; prayers$^{(*)}$; three hymns [including SK 685, 1013]; apocryphal letter of Christ to Abgar; charm*; seven psalter collects; Mass collects and other liturgical pieces; two litanies; 'Celtic capitella'; processional hymn by Ratpert of St Gallen [SK 1013]; medical recipes*; canticle (*Benedicite*); *Quicumque uult* (Athanasian Creed)

[for references, see also no. **342**]

MS: E. Bishop (1918) 384–91; N.R. Ker (1957) no. 157; N.R. Ker (1964) 202; Banks (1965) 207–13; Rella (1977) 82; Lapidge (1981a) 84–5, 86 n. 123 [repr. Lapidge (1993a) 72–3, 74 n. 123]; Lapidge (1986a) 271; Hillaby (1987); Muir (1988) ix–xxxiv; Dumville (1991) 46–7; Lapidge (1991a) 69–70; Dumville (1992a) 57, 102; Hollis—Wright (1992) 230–1, 234, 237 [Ker, arts. ix, xii; Muir App. A]; Vaciago (1993) 14 [no. 59]; *ASMMF* I (1994) 5–14 [no. 197; Doane]; Muir (1998) 12–19; P. Wormald (1999) 186 n. 100; Liuzza (2001) 186 n. 44; Hartzell (2006) no. 135; Rushforth (2008a) 36–8; Crick (2012) 179 and n. 21; R. Gameson (2012b) 110 and n. 59; Raw (2012) 460 and n. 2; Rushforth (2012) 209 and n. 77; Scragg (2012a) nos. 484–91

DEC: Raw (1990) 215

FACS: Muir (1988) pls. I–VIII [fols. 20r, 20v, 21r, 28v, 103r, 103v, 111r, 111v]; *ASMMF* I (1994) no. 197

ED: Banks (1965) 207–13 [base MS for some prayers]; Muir (1988) 27–192 [base MS (= G) for the entire MS]; Lapidge (1991a) 157–71 [litanies]

LANG: Muir (1988) xxi–xxv

ST: Tolhurst (1942) 238–42; Gjerløw (1961) 24–5; Banks (1967–8) 20; Stotz (1972) 36–72 [SK 1013]; Keynes (1978) 243 and n. 90; Frantzen (1983b) 172 n. 62; Meaney (1984) 240–1; Hollis—Wright (1994) 146–7; Kiernan (1994a) 42; Corrêa (1996) 288–90; Keynes (2000) 15 n. 52

334. London, British Library, Cotton Galba A. xviii (with Oxford, Bodleian Library, Rawlinson B. 484, fol. 85 [S.C. 11831]) **(the 'Æthelstan Psalter')**

s. ix^1, NE France (Liège area or Rheims area?); with additions of s. ix^2, France and s. x in., England and s. x$^{2/4}$ England; MS in Italy s. ix^2? In England from s. ix^2 or x in., prov. royal court or a Winchester minster

Contents: Psalterium Gallicanum and canticles (s. ix[1]) with additions: prayers (s. ix[2], France); Ps. CLI; metrical calendar, computus material (s. x in., England); psalter collects; litany, *Pater noster*, creed and *Sanctus* (all in Greek, added s. x[2/4], England)

MS: E. Bishop (1918) 141; J.A. Robinson (1923) 64–5; A.G. Watson (1963) 208, 212 [repr. A.G. Watson (2004) no. III]; N.R. Ker (1964) 200; Parkes (1976b) 162–3 [repr. Parkes (1991) 159–60]; A.G. Watson (1979) I, no. 532; Rella (1980) 111; Backhouse et al. (1984b) no. 4; Lapidge (1984) 343–5 [repr. Lapidge (1993a) 360–2]; Keynes (1985a) 193–6; Lapidge (1986a) 271; McGurk (1986a) 79–80, 84, 86–7, 88–9; Dumville (1987) 173–8; Gerchow (1988) 219–20 [no. 5]; Dumville (1992b) 75–7, 88; R. Gameson (1992a) 217; R. Gameson (1992c) 153 n. 175; Dumville (1994a) 143 and n. 53; Bischoff (1998 –) II, no. 2420; Gretsch (1999a) 275–6, 288, 310–15, 330, 331 n. 212, 336; Gretsch (2000) 110–14; Pulsiano (2001a) xxviii; Tite (2004) 9 and n. 15; Gretsch (2005b) 27; Biggs (2007a) 16; Wieland (2009) 117, 152; R. Gameson (2012a) 76 and n. 263, 77 n. 273; R. Gameson (2012d) 348 and n. 14; Raw (2012) 460 and n. 2, 464–5; Toswell (2012) 471

DEC: Kendrick (1938) 210; Rice (1952) 178, 182; Köhler–Mütherich (1971–99) VI/i.17, 19, 31, 46–8, 51, 167–71, VI/ii.49, 51, VII.109, 110; Pächt–Alexander (1973) no. 19; Deshman (1974) 176; E. Temple (1976) no. 5; D.M. Wilson (1984) 172; F. Wormald (1984) 54, 76, 115; Ohlgren (1986) no. 83; Raw (1990) 215–16; Ohlgren (1992) 15–18; R. Gameson (1995b) 7 n. 8, 31 n. 115, 65, 152–3, 164, 171, 187; Deshman (1997); Karkov (2004) 62, 87; Karkov (2009) 206, 214, 231–3; R. Gameson (2012c) 250 and n. 5, 255–6 and n. 16, 257

FACS: Köhler–Mütherich (1971–99) *Tafeln* VI, pl. 113 [fols. 34v–35r, 80r, 121r, 157v (details)]; Pächt–Alexander (1973) pl. II (19) [Rawlinson leaf, recto]; E. Temple (1976) ills. 14–17 [fols. 9v, 10r, 14r (details)], 30–3 [Rawlinson leaf, recto; 120v, 2v, 21r]; A.G. Watson (1979) II, pls. 13 (a)–(b) [fols. 16r, 181r]; Backhouse et al. (1984b) pls. 4 (a)–(b) [fols. 120v–121r; Rawlinson leaf, recto]; D.M. Wilson (1984) pl. 220 [fol. 2v]; F. Wormald (1984) ills. 86–8 [fols. 2v, 21r, 120v]; R. Gameson (1992a) pl. 26 [fol. 21r]; Ohlgren (1992) pls. 1.1–17 [fols. 2v–3r, 3r–4v, 4v–5r, 5v–6r, 6v–7r, 7v–8r, 8v–9r, 9v–10r, 10v–11r, 11v–12r, 12v–13r, 13v–14r, 14v–15r, 20v–21r, 34v–35r, 79v–80r, 120v–121r], 1.18 [Rawlinson leaf, recto]; Backhouse (1997) pl. 9 [fols. 120v–121r]; Deshman (1997) pls. IX–XIII [fols. 11v–12r, 2v–3r, 21r; Rawlinson leaf, recto; 120v]; Karkov (2004) fig. 12 [fol. 120v]; Buzwell (2005) frontispiece [fol. 21r]; M.P. Brown (2007a) pl. 72 [fol. 2v]; Owen-Crocker (2009) fig. 7.23 [fol. 21r]; M. Wood (2010), figs. 22–3 [fols. 200r, 2v], 24 [Rawlinson leaf, recto], 25 [fols. 120v–121r]

ED: McGurk (1986a) 90–111 [metrical calendar coll. as G]; Lapidge (1991a) 172–3 [Greek litany]; Pulsiano (2001a) [Pss. I–L coll. as μ]

ST: Lapidge (1984) 360–1; Gerchow (1988) 330 [obits]; Lapidge (1991a) 13–25, 70–1; Dumville (1992b) 74–7, 87–8, 92; Lapidge (1992b) 91–3 [repr. Lapidge (1993a) 101–3, 473]; C.D. Wright (1993) 268 n. 193; Bischoff–Lapidge (1994) 168–9; Keynes (1997a) 117–19; Borst (2001) I.162–4 [metrical calendar]; Karkov (2004) 56 n. 12, 62; Huglo (2005) 33; Pfaff (2009) 69–71

336. London, British Library, Cotton Julius A. ii, fols. 10–135

s. xi med.

Contents: Ælfric, *Grammar*+* and *Glossary*+*; treatise on Latin verbs

MS: N.R. Ker (1957) no. 158; Bursill-Hall (1981) 115 [no. 149.100]; *ASMMF* XV (2007) 11–19 [no. 198; Doane]; Wieland (2009) 144; Scragg (2012a) no. 492

FACS: *ASMMF* XV (2007) no. 198

ED: Zupitza (1880/2001) [Ælfric, *Grammar* and *Glossary*, coll. as J]; Wright–Wülker (1884) I.304–37 [base MS for Ælfric, *Glossary*]

ST: N.R. Ker (1957) no. 159; Korhammer (1976) 165 n. 14; Buckalew (1978) 153–64; Laing (1993) 77; R. Gameson (1999a) no. 388

337. London, British Library, Cotton Julius A. vi

s. xi in.; s. xi¹ or xi med.; additions s. xi ex.; all parts prob. Canterbury CC, (prov. Durham)

Contents: metrical calendar and computus material (s. xi in.); *Expositio hymnorum*° and Monastic canticles° (s. xi¹ or xi med.); Latin hymn by Peter Damian [*AH* XLVIII. 52] and Latin poem on the liberal arts [SK 188] (added s. xi ex.)

MS: Joseph Stevenson (1851) xxiii; Mearns (1914) 82; Mynors (1939) no. 21; Grosjean (1943) 92 n. 2; T.A.M. Bishop (1954–8a) 185–7; N.R. Ker (1957) no. 160; N.R. Ker (1964) 72; Gneuss (1968) 91–7; A.G. Watson (1969) 40 [repr. A.G. Watson (2004) no. IX]; Gneuss (1971) 132; Korhammer (1976) 75; Backhouse et al. (1984b) no. 60; Lapidge (1984) 344, 353 [repr. Lapidge (1993a) 361, 370]; Dumville

(1991–5) 145; Dumville (1992a) 20 n. 30, 107; Vaciago (1993) 14–15 [no. 60]; Springer (1995) 145; *ASMMF* IV (1996) 1–13 [no. 199; Pulsiano]; Milfull (1996) 49–51; Bullough (1998a) 123 n. 48; Gretsch (2000) 116; Liuzza (2001) 206 n. 108; Tite (2004) 15 n. 40; Hartzell (2006) no. 136; Graham (2009) 165; Wieland (2009) 135; R. Gameson (2012a) 44; Scragg (2012a) no. 493

DEC: Rice (1952) 218–19; F. Wormald (1952) 68 [no. 30]; Rickert (1954) 46–7; Köhler–Mütherich (1971–99) IV.61; E. Temple (1976) no. 62; Brownrigg (1978) 246 n. 2; D.M. Wilson (1984) 187; Ohlgren (1986) no. 167; R. Gameson (1991) 73 *et passim*; R. Gameson (1995b) 168, 177; E.R. Anderson (1997) 252–3; Niles (1998) 194 n. 84; Dodwell (2000) 151; Karkov (2009) 239–41

FACS: Traill–Mann (1901) 177, 179, 181 [fols. 3r–8v]; J.R. Green (1907) 155, 157, 159 [fols. 3r–8v]; Millar (1926) pl. 24 (c) [fol. 4v]; F. Wormald (1952) pl. 17 (b) [fol. 3v]; D.M. Wilson (1984) pl. 235 [fol. 5v]; M.P. Brown (1991) pl. 74 [fol. 3r]; R. Gameson (1991) fig. 6 [fol. 72v]; Camille (1987) pl. 7 [fol. 3r]; *ASMMF* IV (1996) no. 199; Owen-Crocker (2009) figs. 7.28–9 [fols. 4v, 5v]

ED: Hurst–Fraipont (1955) 419–23 [Bede, Ascension hymn, coll. as L^c]; Gneuss (1968) 265–413 [base MS (= J) for *Expositio hymnorum* and gloss]; Korhammer (1976) 254–350 [Monastic canticles and gloss coll. as J]; McGurk (1986a) 90–111 [metrical calendar coll. as J]; Milfull (1996) 109–472 [*Expositio hymnorum* coll. as J]

LANG: Gneuss (1968) 157–93; Gneuss (1972) 77–8; Korhammer (1976) 151–232; Hofstetter (1987) 101–3, 114–16; Crowley (2000) 143

ST: Hennig (1954); Hohler (1956) 161; Korhammer (1973) 181; A.F. Cameron (1974) 223; Dumville (1976) 27; Korhammer (1976) 75 *et passim*; Korhammer (1980) 42–3; McGurk (1986a) 80, 84–9; Heslop (1990) 153–4; Dumville (1992b) 104–6; Baker–Lapidge (1995) xliii, xlviii [computus]; Gretsch (1999a) 377; Borst (2001) I.169; Teresi (2007c) 352, 365

338. London, British Library, Cotton Julius A. x, fols. 44–175

s. x/xi

Contents: Old English Martyrology* (incomplete)

MS: N.R. Ker (1957) no. 161; Kotzor (1981) I.56*–74*; Roberts (2005) 72–3 [no. 14]; Rauer (2007) 145; Scragg (2012a) nos. 494–7

260 Anglo-Saxon Manuscripts

FACS: Kotzor (1981) I.60*–63* [fols. 44v, 131v, 135v, 170v]; Roberts (2005) pl. 14 [fol. 88r]

ED: Kotzor (1981) vol. II [OE Martyrology coll. as B]

LANG: C. Sisam (1953) 212–16; Kotzor (1981) I.315*–405*; Hofstetter (1987) 409–10

ST: de Gaiffier (1985); Rauer (2003); Lapidge (2005a); Rauer (2007)

339. London, British Library, Cotton Julius E. vii

s. xi in., S England, (prov. Bury St Edmunds)

Contents: Ælfric, Lives of Saints*; four anonymous Lives of Saints* [Euphrosyne, Eustace, Mary of Egypt, Seven Sleepers]; Ælfric (version of Alcuin's) *Interrogationes Sigewulfi in Genesin**, De falsis diis** (f)

MS: N.R. Ker (1957) no. 162; Pope (1967–8) I.83–5; Torkar (1971); R.M. Thomson (1972) 622–3, 623 n. 27; Collins—Clemoes (1974) 321; Needham (1976) 1, 2, 7 n. 4; Scragg (1979) 257–8; Dumville (1988) 60, 61; Lapidge (1988b) 263 [repr. Lapidge (1993a) 221]; Dumville (1993g) 78–9 and n. 360; J. Hill (1996) 235–59; Scragg (1996) 217–18; Proud (2000) 120–1; Magennis (2002) 16–25; Lapidge (2003a) 580–2; Roberts (2005) 82–4 [no. 18]; Corona (2006) 127–30; Bussières (2007); Upchurch (2007) xi, 52–3; R. Gameson (2012a) 67 n. 232; Scragg (2012a) nos. 498–503

FACS: Roberts (2005) pl. 18 [fol. 203r]; J. Hill (2006b) fig. 2.1 [fol. 4v]

ED [the order of the following items is that of the manuscript, listed according to the numbering of individual articles in N.R. Ker (1957) 207–10; only the most recent editions are cited]:

art. 1: Skeat (1881–1900) I.2–4 [base MS for Ælfric, Latin preface to *Lives of Saints*]

art. 2: Skeat (1881–1900) I.4–6 [base MS for Ælfric, OE preface to *Lives of Saints* addressed to Ealdorman Æthelweard]

art. 3: Skeat (1881–1900) I.8–10 [base MS for *capitula* to Ælfric, *Lives of Saints*]

art. 4: Skeat (1881–1900) I.10–24 [base MS for Ælfric, *Lives of Saints*, no. I (Nativity of our Lord Jesus Christ)]

art. 5: Skeat (1881–1900) I.24–50 [base MS for Ælfric, *Lives of Saints*, no. II (St Eugenia)]

art. 6: Skeat (1881–1900) I.50–90 [base MS for Ælfric, *Lives of Saints*, no. III (St Basil)]; Corona (2006) 152–88 [Ælfric, 'Life of St Basil', coll. as J] art. 7: Skeat (1881–1900) I.90–114 [base MS for Ælfric, *Lives of Saints*, no. IV (SS. Julian and Basilissa)]; Upchurch (2007) 54–70 [base MS for Ælfric, *Lives of Saints*, no. IV (SS. Julian and Basilissa)]

art. 8: Skeat (1881–1900) I.116–46 [base MS for Ælfric, *Lives of Saints*, no. V (St Sebastian)]

art. 9: Skeat (1881–1900) I.148–68 [base MS for Ælfric, *Lives of Saints*, no. VI (St Maur)]

art. 10: Skeat (1881–1900) I.170–86 [base MS for Ælfric, *Lives of Saints*, no. VII, lines 1–295 (St Agnes)]

art. 11: Skeat (1881–1900) I.186–94 [base MS for Ælfric, *Lives of Saints*, no. VII, lines 296–429 (*Alia sententia quam scripsit Terrentianus*: Passio of SS. John and Paul)]

art. 12: Skeat (1881–1900) I.194–208 [base MS for Ælfric, *Lives of Saints*, no. VIII (St Agatha)]

art. 13: Skeat (1881–1900) I.210–18 [base MS for Ælfric, *Lives of Saints*, no. IX (St Lucy)]

art. 14: Skeat (1881–1900) I.218–38 [base MS for Ælfric, *Lives of Saints*, no. X (*Cathedra S. Petri*)]

art. 15: Skeat (1881–1900) I.238–60 [base MS for Ælfric, *Lives of Saints*, no. XI (SS. Forty Soldiers)]

art. 16: Skeat (1881–1900) I.260–82 [base MS for Ælfric, *Lives of Saints*, no. XII (Homily for the Beginning of Lent)]

art. 17: Skeat (1881–1900) I.282–306 [base MS for Ælfric, *Lives of Saints*, no. XIII (*De oratione Moysi*)]

art. 18: Skeat (1881–1900) I.306–18 [base MS for Ælfric, *Lives of Saints*, no. XIV (St George)]

art. 19: Skeat (1881–1900) I.320–6 [base MS for Ælfric, *Lives of Saints*, no. XV, lines 1–103 (St Mark the Evangelist)]

art. 20: Skeat (1881–1900) I.326–36 [base MS for Ælfric, *Lives of Saints*, no. XV, lines 104–226 (*Item alia*)]

art. 21: Skeat (1881–1900) I.336–62 [base MS for Ælfric, *Lives of Saints*, no. XVI (Homily *De memoria sanctorum*)]

art. 22: Skeat (1881–1900) I.364–82 [base MS for Ælfric, *Lives of Saints*, no. XVII (*De auguriis*)]; W. Schipper (1981) [base MS for Homily *De auguriis*]

art. 23: Skeat (1881–1900) I.384–412 [base MS for Ælfric, *Lives of Saints*, no. XVIII (Homily drawn from the Book of Kings)]

art. 24: Skeat (1881–1900) I.414–24 [base MS for Ælfric, *Lives of Saints*, no. XIX, lines 1–154 (St Alban)] art. 25: Skeat (1881–1900) I.424–30 [base MS for Ælfric, *Lives of Saints*, no. XIX, lines 155–258 (*Item alia*)]

art. 26: Skeat (1881–1900) I.432–40 [base MS for Ælfric, *Lives of Saints*, no. XX (St Æthelthryth)]

art. 27: Skeat (1881–1900) I.440–70 [base MS for Ælfric, *Lives of Saints*, no. XXI, lines 1–463 (St Swithun)]; Needham (1976) 60–81 [base MS for Ælfric, 'Life of St Swithun']; Lapidge (2003a) 590–609 [Ælfric, 'Life of St Swithun', coll. as W]

art. 28: Skeat (1881–1900) I.470–2 [base MS for Ælfric, *Lives of Saints*, no. XXI, lines 464–95 (St Macarius)]; Pope (1967–8) II.790–2 [Ælfric, Suppl. Hom. XXIX, lines 4–32, coll. as W]

art. 29: Skeat (1881–1900) I.472–86 [base MS for Ælfric, *Lives of Saints*, no. XXII (St Apollinaris)]

art. 30: Skeat (1881–1900) I.488–540 [base MS for anonymous Life of the Seven Sleepers of Ephesus (Skeat no. XXIII)]; Magennis (1994) 33–57 [base MS for anonymous Life of the Seven Sleepers of Ephesus]

art. 31: Skeat (1881–1900) II.2–52 [base MS for anonymous Life of St Mary of Egypt (Skeat no. XXIIIB)]; Magennis (2002) 58–120 [base MS for anonymous Life of St Mary of Egypt]

art. 32: Skeat (1881–1900) II.54–8 [base MS for Ælfric, *Lives of Saints*, no. XXIV, lines 1–80 (SS. Abdon and Sennes)]

art. 33: Skeat (1881–1900) II.58–66 [base MS for Ælfric, *Lives of Saints*, no. XXIV, lines 81–191 (*Item alia*: Letter of Christ to Abgar)]

art. 34: Skeat (1881–1900) II.66–80 [base MS for Ælfric, *Lives of Saints*, no. XXV, lines 1–204 (Maccabees)]

art. 35: Skeat (1881–1900) II.80–120 [base MS for Ælfric, *Lives of Saints*, no. XXV, lines 205–811 (*Item*: 1 Macc. ii.1–70)]

art. 36: Skeat (1881–1900) II.120–4 [base MS for Ælfric, *Lives of Saints*, no. XXV, lines 812–62 (The three orders of society: *oratores, laboratores, bellatores*)]

art. 37: Skeat (1881–1900) II.124–42 [base MS for Ælfric, *Lives of Saints*, no. XXVI (St Oswald, king and martyr)]; Needham (1976) 27–42 [base MS for 'Life of St Oswald']

art. 38: Skeat (1881–1900) II.144–58 [base MS for Ælfric, *Lives of Saints*, no. XXVII (Exaltation of the Holy Cross)]; Robb (1975) [base MS for Homily on the Exaltation of the Holy Cross]

art. 39: Skeat (1881–1900) II.158–68 [base MS for Ælfric, *Lives of Saints*, no. XXVIII (St Maurice)]

art. 40: Skeat (1881–1900) II.168–90 [base MS for Ælfric, *Lives of Saints*, no. XXIX (St Dionysius)] art. 41: Skeat (1881–1900) II.190–218 [base MS for anonymous 'Life of St Eustace']

art. 42: Skeat (1881–1900) II.218–312 [base MS for Ælfric, *Lives of Saints*, no. XXXI (St Martin)]

Latin note and rhythmical prayer to St Martin (6pp + 6pp) [SK 11194]: Skeat (1881–1900) II.312; Grosjean (1937) 347

art. 43: Skeat (1881–1900) II.314–34 [base MS for Ælfric, *Lives of Saints*, no. XXXII (St Edmund, king and marytr)]; Needham (1976) 43–59 [base MS for 'Life of St Edmund']

art. 44: Skeat (1881–1900) II.334–54 [base MS for anonymous 'Life of St Euphrosyne' (Skeat no. XXXIII)]

art. 45: Skeat (1881–1900) II.356–76 [base MS for Ælfric, *Lives of Saints*, no. XXXIV (St Caecilia)]; Upchurch (2007) 72–84 [base MS for Ælfric, *Lives of Saints*, no. XXXIV (St Caecilia)]

art. 46: Skeat (1881–1900) II.378–98 [base MS for Ælfric, *Lives of Saints*, no. XXXV (SS. Chrysanthus and Daria)]; Upchurch (2007) 86–98 [base MS for Ælfric, *Lives of Saints*, no. XXXV (SS. Chrysanthus and Daria)]

art. 47: Skeat (1881–1900) II.398–424 [base MS for Ælfric, *Lives of Saints*, no. XXXVI (St Thomas the Apostle)]

art. 48: MacLean (1883–4) [base MS for Ælfric, *Interrogationes Sigewulfi*]; Stoneman (1983) [base MS for Ælfric, *Interrogationes Sigewulfi*]

art. 49: Pope (1967–8) II.677–712 [Ælfric, Suppl. Hom. no. XXI (*De falsis diis*), coll. as W]

LANG: Needham (1958) 160–4 [notes on alterations made throughout the MS by a thirteenth–century scribe]; Torkar (1971); Korhammer (1976) 164–5; Gretsch (2003b) 45–67; Upchurch (2007) 26–9

ST: J. Hill (1996) 243; Scragg (1998) 77, 82 n. 9; Rosser (2000) 136, 140 [St Martin]; Biggs et al. (2001) 22–486 *passim*; Lapidge (2003a) 582–5; J. Hill (2006b); Acker (2004) 124 n. 10, 129; Kiernan (2006) 85–9; Wilcox (2006a) 238–41, 252, 256; Bussières (2007) [on Scribe C]; Kleist (2007b) 475–6; Upchurch (2007) 266–7 and n. 5; Alcamesi (2010) 192–3, 200–2

340. London, British Library, Cotton Nero A. i, fols. 3–57

s. xi$^{3/4}$

Contents: Laws*: *I, II Cnut*; *II* and *III Eadgar*; *Alfred* and *Ine*, Capitula and Introduction; *Romscot*; '*Judex*' (from Alcuin, *De uirtutibus et uitiis*, ch. xx)

MS: Liebermann (1903–16) I.xxv; K. Sisam (1953a) 279; Bethurum (1957) 6; N.R. Ker (1957) no. 163; Loyn (1971); Gneuss (1977) 209–11; Torkar (1981) 168–85; P. Wormald (1999) 138 n. 82; 165 [table 4.1], 230 n. 268, 224–8; Tite (2004) 9; Hartzell (2006) no. 137; Hough (2006) 114, 123 n. 29; Rumble (2006a) viii; Scragg (2012a) nos. 504–5; P. Wormald (2012) 534 [no. 11]

FACS: Loyn (1971) [complete facsimile]

ED: Liebermann (1903–16) I.278–306, even pages, left-hand column [base MS (= G) for *I Cn.*], 308–70, even pages, left-hand column [base MS (= G) for *II Cn.*], 194–204, even pages, left-hand column [base MS (= G) for *II Eg. and III Eg.*], 16–26, even pages, right-hand column [Capitula to *Alfred and Ine*], 474–6, left-hand column [base MS (= G) for *Romscot*], 26–44, even pages, right-hand column [base MS (= G) for *Alfred and Ine*]; Torkar (1981) 249–55 [base MS (= G) for art. 6 (*Judex*)]

ST: McIntosh (1948); Whitelock (1948) 435–6, 442, 444–5; Torkar (1981); Hough (2006) 121, 132

341. London, British Library, Cotton Nero A. i, fols. 70–177

1003×1023, Worcester or York

Contents: (a version of Wulfstan's 'Handbook'): Wulfstan, *Institutes of Polity**, four Homilies*; Laws*: *I Æthelstan, I Eadmund, III Eadgar, V Æthelred, VIII Æthelred*; *Grið**; texts related to ecclesiastical institutes(*); Wulfstan's Canon Law Collection ('*Excerptiones Pseudo-Egberti*', recension B); Abbo of Saint-Germain-des-Prés, *Serm.* x and xiii (both abbreviated)

MS: Liebermann (1903–16) I.xxv–xxvi; K. Sisam (1953a) 279; Bethurum (1957) 6; N.R. Ker (1957) no. 164; Jost (1959) 10–12; N.R. Ker (1971) 321–4; Loyn (1971); Fowler (1972) xxii–xxvi; Whitelock (1976) 1; Rella (1977) 93, 122; A.G. Watson (1979) I, no. 538; Torkar (1981) 168–85; Backhouse et al. (1984b) no. 159; M.P. Brown (1991) 23; Dumville (1992a) 124; Dumville (1993g) 55, 149 n. 48; Raw (1994) 271; Parkes (1997b) 139 n. 110; C.A. Jones (1998a) 238 nn. 23–4; O'Brien O'Keeffe (1998b) 216, 217 n. 29; P. Wormald (1999) 7 n. 20, 164 [table 4.1], 198–203, 208 n. 178, 212 n. 199, 213–14 [table 4.4], 216 and n. 211, 217–18, 220, 223 n. 240, 292 [table 5.1], 309 n. 206, 458 n. 154; Sauer (2000); Wilcox (2000) 92; Cowen (2004) 397; Dance (2004) 30 n. 4, 31 n. 6; T.N. Hall (2004a) 95, 97, 99, 113; J. Hill (2004) 321; Hollis (2004) 449 n. 18, 456 n. 58; C.A. Jones (2004) 330 n. 23, 331, 351–2; G. Mann (2004) 265 n. 94, 268 n. 100; Meaney (2004) 479 n. 69, 480, 483; A.

Orchard (2004) 66 n. 15, 71; Tite (2004) 9; Wilcox (2004b) 376–7, 379 n. 15, 382–6, 388–91, 393; Ambrose (2005) 114–15; Roberts (2005) 76–7 [no. 16]; Hough (2006) 114; Rumble (2006a) viii; Treharne (2007b) 24; Graham (2009) 187; R. Gameson (2012a) 43 n. 119; R. Gameson (2012b) 110 and n. 61; A. Orchard (2012) 697 [no. 7]; Scragg (2012a) nos. 307, 506–12; P. Wormald (2012) 534 [no. 7]

FACS: Loyn (1971) [complete facsimile]; Cassidy—Ringler (1971) 256 [fol. 110r]; A.G. Watson (1979) II, pls. 28 (a)–(d) [fols. 72r, 103v, 110r, 165v]; Backhouse et al. (1984b) no. 159 [fol. 110r]; M.P. Brown (1991) pl. 21 [fol. 112r (detail)]; Roberts (2005) pl. 16 [fol. 110r]; M.P. Brown (2007a) pl. 96 [fol. 112r]

ED [the order of the following items is that of the manuscript, listed according to the numbering of individual articles in N.R. Ker (1957) 212–14; only the most recent editions are cited]:

art. 1: Jost (1959) 40–50, 52–4, 55–8, 78–80 [either base MS (= G_1) or collated as G_1 for *I Institutes of Polity*, chs. 1–15 (*Be cynge*), 23–30 (*Be cynedom*), 31–9 (*Be cynestole*), 85–93 (*Be eorlum*); then Jost (1959) 84–6 [base MS (= G_2) for *II Institutes of Polity* chs. 102–4 (*Be sacerdan*, first redaction)]; then 109–14 [coll. as G_1 for *I Institutes of Polity* chs. 68–77 (*Be gehadedum munecum*); 122 [coll. as G_1 for *I Institutes of Polity* chs. 78–80 (*Be abbodum*)]; 123–4 [coll. as G_1 for *I Institutes of Polity* chs. 81–3 (*Be munecum*)]; 128 [coll. as G_1 for *I Institutes of Polity* ch. 84 (*Be minecenan*)]; 129 [coll. as G_1 for *I Institutes of Polity* chs. 85–6 (*Be preostum and be nunnan*)]; 130 [coll. as G_1 for *I Institutes of Polity* chs. 87–8 (*Be læwedum mannum*)]; 136 [coll. as G_1 for *I Institutes of Polity* chs. 93–4 (*Be wudewan*)]; 138 [coll. as G_1 for *I Institutes of Polity* chs. 98–9 (*Be circan*)]; 154 [coll. as G_1 for *I Institutes of Polity* chs. 117–18 (*Be eallum cristenum mannum*)]

art. 2: Napier (1883/1967) 65–76 [Hom. X (*Be cristendome*) coll. as I]; Bethurum (1957) 200–10 [Hom. Xc (*Be cristendome*) coll. as I]; A. Orchard (2004) 72, 73–5, 77, 78–80, 83–4, 86–7, 88, 89–90 [parts of Napier Hom. X ptd as I]

art. 3: Napier (1883/1967) 130–4 [Hom. XXVIII (*Be godcundre warnunge*) coll. as I]; Bethurum (1957) 251–4 [base MS (= I) for Hom. XIX (*Be godcundre warnunge*)]

art. 4: Liebermann (1903–16) I.146–8, central column [base MS (= G) for *I As.*]

art. 5: Liebermann (1903–16) I.184 [base MS (= G) for *I Em.*]

art. 6: Liebermann (1903–16) I. 200–4, left-hand column [base MS (= G) for *III Eg.*]

art. 7: Liebermann (1903–16) I.236–46, even pages, left-hand column [base MS (= G) for *V Atr.*]

art. 8: Liebermann (1903–16) I.470–3, left-hand column [base MS (= G) for *Grið*]

art. 9: Liebermann (1903–16) I.263–4 [base MS (= G) for *VIII Atr.*, 1–5]

art. 10: Liebermann (1903–16) I.473 [base MS (= G) for *Nor. grið*]

art. 11: Jost (1959) 59 [*I Institutes of Polity*, chs. 35–7 (*De episcopis*), coll. as G_1]

art. 12: Jost (1959) 67 [*I Institutes of Polity*, chs. 41–2 (*Item. De episcopis*), coll. as G_1]

art. 13: Jost (1959) 210 [Appendix to *Institutes of Polity*, ch. VIII (*Incipit de synodo*) coll. as G_1]

art. 14: Jost (1959) 262–7 [base MS (= G) for 'Exhortation to Bishops']

art. 15: Jost (1959) 84–6 [base MS (=G_2) for *II Institutes of Polity*, chs. 102–4 (*Be sacerdan*)]

art. 16: Jost (1959) 122 [*II Institutes of Polity*, chs. 170–2 (*Be abbodum*) coll. as G_2]

art. 17: Jost (1959) 123–7 [*II Institutes of Polity*, chs. 173–84 (*Be munecum*) coll. as G_2]

art. 18: Jost (1959) 81–6 [*II Institutes of Polity*, chs. 94–104 (*Be gerefan*) coll. as G_2]

art. 19: Jost (1959) 62–6 [*II Institutes of Polity*, chs. 41–57 (*Be þeodwitan*) coll. as G_2]

art. 20: Napier (1883/1967) 156–67 [Hom. XXXIII coll. as I]; Bethurum (1957) 267–75 [Hom. XX coll. as I]; Whitelock (1976) [Wulfstan, *Sermo Lupi*, coll. as I]

art. 21: Napier (1883/1967) 167–9 [Hom. XXXIV coll. as I]; Bethurum (1957) 276–7 [Hom. XXI coll. as I]

art. 22: Liebermann (1903–16) I.236–46, even pages, right-hand column [base MS (= G2) for *V Atr.*]

art. 23: Jost (1959) 39 [*II Institutes of Polity*, chs. 1-3 (*Be hefenlicum cyninge*) coll. as G_3]

art. 24: Jost (1959) 41–5 [base MS (=G_3) for *II Institutes of Polity*, chs. 4–8 (*Be eorðlicum cyninge*)]

art. 25: illegible

art. 26: cf. Jost (1950) 64

art. 27: cf. Napier (1883/1967) 190–1 [Hom. XLI] and Jost (1950) 65 art. 28: cf. Jost (1950) 71

art. 29: cf. Bateson (1895) 717

art. 30: Cross—Brown (1993c) [Abbo of Saint-Germain, *Sermo de reconciliatione post penitentiam* (= the Latin source of Wulfstan, *Hom.* XXXII, ed. Napier), coll. as N]; Cross—Hamer (1999) 66–113 [Wulfstan's Canon Law Collection, Recension A, coll. as Y], 114–72 [base text (= Y) for Wulfstan's Canon Law Collection, Recension B]

LANG: Dance (2004) 34 n. 25; A. Orchard (2004) 69 n. 24, 70 n. 28; Wilcox (2004b) 395 n. 54

ST: Bateson (1895) 712–31; Bethurum (1942); Whitelock (1942) 49; Whitelock (1943) 125; McIntosh (1948); Jost (1959); Whitelock (1965) 219–20; Whitelock (1970) 75, 85 n.; Aronstam (1974); Hohler (1975) 223–4; Whitelock (1976) 1, 3 n. 6, 6, 20, 22, 28–9, 35, 37–45; Cross (1990) 99–100 [missing folios]; Cross—Hamer (1996a); R. Gameson (1996a) 214, 239; Cross (1997) 5 [Recension B of Wulfstan's Handbook]; P. Wormald (2000); P. Wormald (2004) 10 [MS relationship]; Hough (2006) 121, 132 [numerals]

342. London, British Library, Cotton Nero A. ii, fols. 3–13 (with London, British Library, Cotton Galba A. xiv [no. **333**]?)

s. xi$^{2/4}$, Winchester?

Contents: liturgical calendar; *computistica*; poem on King Æthelstan [SK 2143]; two prayers (one to God the Father, one to St Dunstan); Latin poem for St Æthelberht (inc. 'Inclite martir ouans')

MS: N.R. Ker (1957) no. 157; N.R. Ker (1964) 202; Muir (1988) ix–xvi; *ASMMF* I (1994) 15–19 [no. 203; Doane]; Hartzell (2006) no. 135; Chardonnens (2007b) 512, 550; Rushforth (2008a) 36–8 [no. 16]; Rushforth (2012) 209 and n. 77

FACS: *ASMMF* I (1994) no. 203

ED: Stubbs (1874) 440 [prayer to St Dunstan]; F. Wormald (1934) 29–41 [liturgical calendar (no. 3)]; Lapidge (1981a) 83–93, 98 [repr. Lapidge (1993a) 71–81, 86] [poem on King Æthelstan]; Muir (1988) 1–23 [complete contents of MS, numbered 1–8]; Rushforth (2008a) no. 16 [liturgical calendar]; Winterbottom—Lapidge (2012) cxxxvii [prayer to St Dunstan]

ST: Stubbs (1874) lv–lvi; Gasquet—Bishop (1908) 165–76; W.H. Stevenson (1911); J.A. Robinson (1923) 67–8; A.G. Watson (1963) 212 n. 2 [repr. A.G. Watson (2004) no. III]; Kotzor (1981) I.302*–311*;

Lapidge (1981a) 83–93 [repr. Lapidge (1993a) 71–81]; Heslop (1995) 57 n.; Conner (1993) 151; Borst (2001) I.94–5

342. 2. London, British Library, Cotton Nero A. vii, fols. 1–39, 41–112

s. xi/xii, England or Normandy, (prov. prob. Rochester)

Contents: Lanfranc, *Epistolae*; memorandum on the primacy of archbishops of Canterbury; Councils of Winchester (1072) and London (1074×1075); Anselm, *Epistolae* (incomplete)

MS: Clover–Gibson (1979) 15–16; Southern (1990) 398–9, 458–64 [full lists of contents]; R. Gameson (1999a) nos. 389, 391

ED: Clover–Gibson (1979) [*Epistolae* of Lanfranc coll. as N]; Whitelock et al. (1981a) II.591–604 [Council of Winchester (1072) and Memorandum on the primacy of Canterbury coll. as N], 604–5 [base MS for Profession of obedience to Canterbury made by Archbishop Thomas of York], 607–16 [Council of London (1074×1075), coll. as N]

ST: Z.N. Brooke (1931) 59 [Council of London]; C.N.L. Brooke (1967) [Council of London]; R. Sharpe et al. (1996) 489, 507; R. Gameson (1998) 236 n. 25

342. 3. London, British Library, Cotton Nero A. vii, fol. 40

s. xi/xii

Contents: epitaph for Lanfranc; recipe for making red and blue dye (f)

MS: R. Gameson (1999a) no. 390; R. Gameson (2012a) 73 and n. 250

ST: A.G. Watson (1986) 138 [repr. A.G. Watson (2004) no. IV]

342. 6. London, British Library, Cotton Nero C. v, fols. 1–161

s. xi ex. (after 1086), Continent, with additions s. xi ex. in England, prov. Hereford Cathedral

Contents: Marianus Scottus, *Chronicon* [*BCLL* 728]

MS: A.G. Watson (1979) I, no. 540; R. Gameson (1999a) no. 394; Gullick (2001) 104–5; Webber (2012) 222 and n. 57

FACS: A.G. Watson (1979) II, pl. 59 (a)–(b) [fols. 76v, 147r]

ED: Waitz (1844) 495–564 [Marianus Scottus, *Chronicon*, coll. as 'Codex 2'; bk. III only]

ST: Manitius (1911–31) II.388–94; Kenney (1929) no. 443; *BCLL* (1985) no. 728

342. 8. London, British Library, Cotton Nero C. ix, fols. 19–21
(with London, Lambeth Palace Library, 430, flyleaves)

s. xi/xii (prob. in or after 1093), Canterbury CC

Contents: necrology (f; Aug.–Dec.)

MS: N.R. Ker (1964) 36; Gerchow (1988) 269–75 [no. 22]; R. Gameson (1999a) no. 395

ED: Gerchow (1988) 340–2

ST: Boutemy (1935); R. Fleming (1993) 124–6; Keynes (1996a) 60 n. 91

343. London, British Library, Cotton Nero D. iv (the 'Lindisfarne Gospels')

687×689, Lindisfarne, prov. Chester-le-Street s. ix ex., Durham s. x ex., OE gloss s. $x^{3/4}$, prob. before 970

Contents: gospels° (687×689); OE gloss, Latin verses and note, colophon*, s. $x^{3/4}$

MS: Skeat (1871) iii, xi, xxii; J. Wordsworth et al. (1889–1954) I.xiv; *CLA* II (1935) no. 187; Mynors (1939) no. 5; Bischoff (1952) 93; McGurk (1956) 252–3, 257, 260 [repr. McGurk (1998) no. I]; N.R. Ker (1957) no. 165; McGurk (1961a) no. 22; McGurk (1961b) 7, 11 [repr. McGurk (1998) no. V]; McGurk (1962) 29 [repr. McGurk (1998) no. VII]; Bischoff (1962) 328, 332; N.R. Ker (1964) 73, 119; Gamber (1968–88) no. 405; T.J. Brown (1972) 220–35 [repr. T.J. Brown (1993a) 99–113]; Pächt (1973) no. 187; A.G. Watson (1979) I, no. 544; Backhouse (1981); T.J. Brown (1982a) 108 [repr. T.J. Brown (1993a) 208]; Dodwell (1982) 10, 51, 55; G. Henderson (1982) 5, 6, 8, 23, 61–2 n. 86; Bischoff (1986) 33, 119, 123, 262; M.P. Brown (1986) 133; M.P. Brown (1989a) 152–3, 158–9; P.L. Heyworth (1989) 15, 126, 204–5; M.P. Brown (1990) 50–1; M.P. Brown (1991) 64–5; Webster–Backhouse (1991) no. 80; Dumville (1992a) 98; Vaciago (1993) 15 [no. 61]; Blockley (1994); R. Gameson (1994b) 28, 30, 31–2, 35, 37–9, 42, 47–8, 50, 52; McGurk (1994b) 20–1 [repr. McGurk (1998) no. XII]; Netzer (1994) 1, 13, 28, 31, 35–41, 47–50, 52–3, 66, 71, 77–8, 86, 90, 93, 97–100, 110, 115, 208 n. 2, 218 n. 17, 219 nn. 3, 12, 16, 221 n. 12, 222 nn. 27, 31, 35–6, 223 nn. 40–1, 225 n. 45, 227 n. 78, 229 n. 130, 230 n. 157, 236 n. 33, 237 n. 65, 242 n. 4; *ASMMF* III (1995) 1–11 [no. 206; Doane]; J.J. John (1995) 117; McNamara (1995) 89–90; Webster–Brown (1997) 232–3, 235, 238 [nos. 83, 95, 111]; Werner (1997a) 24; Dumville (1999) 45, 62, 64–5,

76–81, 94, 98, 115; Michelli (1999) 355, 357; Netzer (1999) 319–20; Verey (1999) 327; Crowley (2000) 132; Lapidge (2000a) 22; M.P. Brown (2001c) 56 n. 26; R. Gameson (2001d) 10–12 [no. 14]; Stanley (2001) 242–3; M.P. Brown (2002); M.P. Brown (2003a); M.P. Brown (2003b) 131–4; M.P. Brown (2003c); Nees (2003) 333–4; K.L. Brown (2004a) 5; Gullick (2004) 32; Karkov (2004) 60, 69–70; Tite (2004) 9, 15 n. 41; Beall (2005) 191; Dumville (2005) 309; Karkov (2006a) 50, 56; Roberts (2005) 18 [no. 1], 34–7 [no. 5]; Roberts (2006); Keefer (2007b) 87–8; Piper (2007) 87; Barker-Benfield (2008) III.1663; Graham (2009) 163–5; Wieland (2009) 117; M.P. Brown (2011a); M.P. Brown (2012) 132–3, 134, 137, 138–9, 144, 150, 155; R. Gameson (2012a) 17, 18, 25, 37 and n. 89, 42 n. 117, 53 n. 183, 61 and n. 211, 67, 75 and n. 261, 80, 81, 84; R. Gameson (2012b) 107, 114; Gullick (2012) 294 and n. 1; Marsden (2012) 418 and n. 56; Pfaff (2012) 449; Scragg (2012a) no. 316

DEC: Köhler (1930–60) I.76–7, 326–8, 332–4 and III.34; McGurk (1955a) 192–5 [repr. McGurk (1998) no. III]; McGurk (1955b) 106 [repr. McGurk (1998) no. IV]; McGurk (1961a) 11–12 [repr. McGurk (1998) no. VI]; Bischoff (1963b) 288, 296; Dodwell (1971b) 3, 106, 107, 108; Alexander (1975a) 146–7; Nordenfalk (1977) 60–75; Alexander (1978a) no. 9; Alexander (1978b) no. 1; G. Henderson (1982) 12–14, 29, 48–9 n. 21, 53–5 n. 46; D.M. Wilson (1984) 36–40; Ohlgren (1986) no. 9; G. Henderson (1987) 99–122; Backhouse (1989) 165–74; Gilbert (1990) 153–60; R. Gameson (1991) 85 n. 129; McGurk (1993) 243, 246–51 [repr. McGurk (1998) no. XI]; R. Gameson (1994b) 33 n. 42, 34 n. 43, 35 n. 50, 37–9, 47–8, 52; McGurk (1994b) 12 n. 32, 15 n. 46, 18 [repr. McGurk (1998) no. XII]; Deshman (1995) 244; R. Gameson (1999b) 335; Michelli (1999) 345–7, 357; Farr (2003) 117; Nees (2003) 347; K.L. Brown (2004a) 5; Karkov (2004) 60; Pochat (2005) 147; Karkov (2006a) 49, 56; Nees (2006) 91; M.P. Brown (2007a) 89, 105, 108; M.P. Brown (2007c); Keefer (2007b) 107–8; Nees (2007); O'Loughlin (2007) 152; Inglis (2008) 24; Karkov (2009) 206–9, 218–21, 222, 223; M.P. Brown (2011b) 31–2, 35–7, 36, 40, 42; Farr (2011b) 224–5, 226; Nees (2011) 14–16, 21–2, 23, 25, 27; Netzer (2011) 3, 4–5, 11–12; O'Reilly (2011) 197–8; Pulliam (2011) 59, 72–3, 77; Tilghman (2011) 92–4, 106–7; Werner (2011) 307–10; N. Edwards (2012) 245; Netzer (2012) 230, 233–5

FACS: Kendrick et al. (1956–60) [complete facsimile]; M.P. Brown (2002) [complete facsimile]; Dodwell (1982) 40 [fol. 26v]; D.M. Wilson (1984) pls. 30 [fol. 94r], 38 [fol. 25v]; G. Henderson (1987) pls. 137–9 [fols. 2v, 3r, 5v], 140 [fol. 17v], 142 [fol. 11r], 144–8 [fols. 18v, 25v, 26v, 27r, 29r,

93v], 152 [fol. 95r], 155–7 [fols. 131r, 137v, 138v, 139r], 159–61 [fols. 210v, 211r, 259r]; M.P. Brown (1990) 51 [fol. 8r]; M.P. Brown (1991) pls. 51, 55, 65 [fols. 5v, 94r, 94v]; Webster–Backhouse (1991) 112–13 [fols. 3v, 210v]; T.J. Brown (1993a) ill. 28 [fol. 90r]; Netzer (1994) pls. 52, 81–2 [fols. 3v, 137v, 209v]; *ASMMF* III (1995) no. 206; Deshman (1995) fig. 102 [fol. 25v]; M.P. Brown (1996) figs. 31–2 [fols. 25v, 27r]; Backhouse (1997) pl. 1 [fol. 211r]; Nees (2003) figs. 1 (a)–(d) [fol. 259r], 8 [fol. 137v]; M.P. Brown (2003a) 15, 18–21, 23, 25–7, 28, 33, 42 [fols. 2v, 3r, 5r, 8r, 10v, 25v, 26v, 27r, 29r, 93v, 94v, 95r, 137v, 138v, 139v, 209v, 210v, 211r, 259r]; M.P. Brown (2003b) fig. 1 [fol. 8r]; M.P. Brown (2003c) pls. 1, 3–8, 9 (a)–(b), 10–25 [fols. 2v, 3r, 5v, 8r, 10v, 12r, 25r, 25v, 26r, 26v, 27r, 29r, 90r, 91r, 93v, 94r, 94v, 95r, 137r, 137v, 138v, 139r, 209v, 210v, 211r], figs. 45 (a), 53–6, 63–4 [fols. 1r, 137r, 199r, 205v, 253r, 259r, 259v]; K.L. Brown (2004a) pls. 1 [fols. 93v, 95r, 137v, 138v (all details)], 2 [fol. 139r]; Karkov (2004) fig. 6 [fol. 25v]; Roberts (2005) colour pl. 1 [fol. 259r], pl. 5 [fol. 259r], p. 17 [fol. 211r]; M.P. Brown (2007a) pls. 26–30, 80 [fols. 10v, 208r, 26v, 27r, 29r, 259r]; Nees (2007) 45 [fol. 94v]; Inglis (2008) 25 [fol. 29r]; Owen-Crocker (2009) figs. 6.3 [fol. 255r], 7.1 [fol. 29r], 7.11 [fol. 25v], 7.12 [fol. 27r]; R. Gameson (2012) pls. 4.1 [fols. 138v–139r], 4.2 [fol. 259r], 8.1 [fol. 95r]

ED: Skeat (1871, 1874, 1878, 1887) [base MS for Latin text and OE gloss to gospels]; J. Wordsworth et al. (1889–1954) [Latin gospels coll. as Y]; Hurst (1955) ix–xvi [*Capitula euangeliorum* coll. as N]; Boyd (1975) [Aldred's marginalia]; B. Fischer (1988–91) [gospel excerpts coll. as Ny]; Nees (2003) 340–1 [materials added by Aldred]

LANG: Skeat (1871) xxix–xxxii; A. Campbell (1959); Kendrick et al. (1959–60) II, *passim* [indexes of Latin and OE words]; Karl Brunner (1965); Wenisch (1979); Greenfield–Robinson (1980) 333–6 [bibliography]; Hogg (1992); Bullough (1998a) 109; R. Gameson (1999b) 347; Crowley (2000) 133–7

ST: Glunz (1933) 32; Frere (1934) 136; Kunze (1947) 47–9; Kendrick et al. (1956–60) vol. I, *passim*; T.J. Brown (1959) 250 [repr. T.J. Brown (1993a) 245]; T.J. Brown (1959–63) 364 [repr. T.J. Brown (1993a) 20]; McGurk (1963) 172 [repr. McGurk (1998) no. VIII] [on Cassiodoran group]; Morrell (1965) 156–74; T.J. Brown (1972) 221–35, 240–1, 243–5 [repr. T.J. Brown (1993a) 99–113, 117–18, 120–2]; Klauser (1972) xxxii [no. 12]; T.J. Brown (1974) 129–30, 132 [repr. T.J. Brown (1993a) 126–7, 130]; Boyd (1975); T.J. Brown (1975) 270 [repr. T.J. Brown (1993a) 160]; Piper (1978) 214 n. 4, 236–7, 237 n. 71; F.C. Robinson (1980) 24;

Backhouse (1981); T.J. Brown (1982a) 108–9, 111–12 [repr. T.J. Brown (1993a) 207–9, 211–12]; G. Henderson (1982) 10, 35–6 [Greek inscription]; T.J. Brown (1984) 323 [repr. T.J. Brown (1993a) 235]; Horsley–Waterhouse (1984) 217 [Greek 'nomen sacrum']; Lapidge (1994a) 106 [colophon]; *CPL* (1995) no. 1977; B.M. Cox (1995); McGurk (1995a) 256, 259 [repr. McGurk (1998) no. XIII]; McNamara (1995) 100; M.P. Brown (1996) 65, 71–4, 82, 84, 88–9, 94, 96, 103, 115–17, 124–5, 152, 167; Lenker (1997) 102–6, 113, 135–46, 387–9; Marsden (1999) 290; Netzer (1999) 321; Verey (1999) 328, 332; M.P. Brown (2000); R. Gameson (2001b); M.P. Brown (2002) vol. I; M.P. Brown (2003a); M.P. Brown (2003c); Nees (2003); K.L. Brown (2004a) 5–7, 7–10; Beall (2005) 191, 193–4, 197; C. Bishop (2007b) 81; M.P. Brown (2007a) 105; M.P. Brown (2011a); Farr (2011a) 91 and n., 99 n. 49

344. London, British Library, Cotton Nero E. i, vol. I, and vol. II, fols. 1–155

s. xi$^{3/4}$; whole MS Worcester [for vol. II, fols. 166–80 and companion volume, see no. **36**; vol. II, fols. 156–65, are additions of s. xii]

Contents: vol. I, fols. 55–208 and vol. II, fols. 1–155: Office legendary (January–September); Office and mass for St Nicholas; additions (vol. I, fols. 3–54): Byrhtferth, *Vita S. Oswaldi* [*BHL* 6374] (including three acrostic poems by Abbo of Fleury [SK 15822, 10987, 7744]), *Vita S. Ecgwini* [*BHL* 2432]; Lantfred, *Translatio et miracula S. Swithuni* [*BHL* 7944–6]; hymn by Wulfstan of Winchester [SK 1443]

MS: Levison (1919–20) 545–6, 601–2; N.R. Ker (1939–40) 82–3; F. Wormald (1945) 135 [repr. F. Wormald (1984) 75]; Colgrave (1956) 31–2; N.R. Ker (1957) no. 29; N.R. Ker (1960) 49, 53; N.R. Ker (1964) 207; T.A.M. Bishop (1971) 20 n. 1; Zettel (1979); Gneuss (1985) 125 [no. N.1]; Hartzell (1989) 77, 84; Dumville (1992a) 139; Dumville (1993g) 48 n. 210, 68; Gameson (1996a) 219–21, 239; Jackson–Lapidge (1996) [full description of contents]; Love (1996) xviii–xxiii, clxxiv–clxxv; R. Gameson (1999a) no. 397; P. Wormald (1999) 182–5; Pulsiano (2002a) 64; Lapidge (2003a) 239; W. Schipper (2003) 161; Lapidge (2004b) 445; R. Gameson (2005a) 93, 101–4; Corona (2006) 140–1; Biggs (2007a) 25 [T.N. Hall], 43, 45–50, 53–4; T.N. Hall (2007) 247–50; Upchurch (2007) xii, 29, 110–11; Barker-Benfield (2008) III.1665; Lapidge (2009) xciii–xcix

FACS: Ker (1960) pl. 26 [vol. II, fol. 115v]; R. Gameson (1996a) pl. 8 [vol. I, fol. 55v]

ED: Jane Stevenson (1996b) 51–98 [Paulus, *Vita S. Mariae Aegyptiacae*, coll. as N]; Magennis (2002) 139–208 [base MS for Paulus, *Vita S. Mariae Aegyptiacae*]; Pulsiano (2002a) 68–102 [base MS (= N) for *Passio S. Pantaleonis*, together with no. 754. 6]; Lapidge (2003a) 252–332 [Lantfred, *Translatio S. Swithuni*, coll. as N], 783–7 [hymn by Wulfstan coll. as N]; Upchurch (2007) 114–70 [base MS (= N) for *Passio SS. Iuliani et Basilissae*]; Lapidge (2009), 2–203 [base MS (= N) for Byrhtferth, *Vita S. Oswaldi*, including (pp. 92, 166–8) three acrostic poems by Abbo of Fleury: SK 11013, 15822, 10987], 206–303 [base MS (= N) for Byrhtferth, *Vita S. Ecgwini*]

ST: Hohler (1967) [Office of St Nicholas]; Römer (1972b) 169; Lapidge (1979b) [repr. Lapidge (1993a) 293–315]; Kotzor (1981) I.227*, 274*, 277–8*; Zettel (1982); Gwara (1992) [poems by Abbo of Fleury]; Lapidge (1993b) 140–4; Love (1996) xviii–xxiii; Whatley (1996) 19–20; Lapidge – Love (2001) 279–80; Biggs et al. (2001) 11–15 [poems by Abbo of Fleury; Lendinara], 22–486 *passim*; Hartzell (2006) no. 139 [Office of St Nicholas]

344. 5. London, British Library, Cotton Nero E. i, vol. II, fols. 181–4 (with London, British Library, Add. 46204) [part of no. **293** since s. xi?]

s. xi ex., Worcester

Contents: cartulary (f)

MS: N.R. Ker (1948) 67–9 [repr. N.R. Ker (1985) 49–51]; G.R.C. Davis (1958) no. 1069; Sawyer (1968) 49, 52; *Cat. Add. B.M 1946–1950* (1979) 16; Scharer (1982) 287–309; Backhouse et al. (1984b) no. 87(c); Sims-Williams (1990) 182 and n.; Dumville (1992a) 120; Dumville (1993g) 56 and n. 246; R. Gameson (1999a) no. 354; P. Wormald (1999) 184; R. Gameson (2005a) 96, 101–4; Tinti (2009); Hanna – Turville-Petre (2010) 123; Scragg (2012a) no. 367

345. London, British Library, Cotton Nero E. i, vol. II, fols. 185–6

s. x/xi; s. xi^1 or xi med. or xi^2, all prov. Worcester?

Contents: Laws: *IV Eadgar** (s. x/xi); Office lessons (f)

MS: Liebermann (1903–16) I.xxv; N.R. Ker (1957) no. 166; Dumville (1992a) 127 and n. 234; Dumville (1993g) 56 and n. 246; P. Wormald (1999) 164, 182–5; Hough (2006) 115, 122, 136; Rumble (2006a) viii; Scragg (2012a) no. 514; P. Wormald (2012) 533 [no. 3]

ED: Liebermann (1903–16) I.206–14, even pages, left-hand column [base MS (= F) for *IV Eg.*]

ST: R. Gameson (1996a) 239; Hough (2006) 122–3, 136

346. London, British Library, Cotton Otho A. i (with Oxford, Bodleian Library, Arch. Selden B. 26)

s. viii^2, Mercia or Canterbury?

Contents: decrees of the Council of Clofesho 747 (f); Boniface, *Epist.* lxxviii (to Archbishop Cuthbert) (f); charter [Sawyer (1968) no. 92 for A.D. 749] (f); Gregory, *Regula pastoralis* [*CPL* 1712], abridged [extracts from bks. II–III] (f)

MS: T.S. Smith (1696) 66; *CLA* II (1935) nos. 188*, 229*; N.R. Ker (1939–40) 79–80; Sawyer (1968) no. 92; A.G. Watson (1978) 289, 300 and n. 86, 310 n. 103 [repr. A.G. Watson (2004) no. VII]; Clement (1984a) 41; P.L. Heyworth (1989) 64; Keynes (1996b); Lapidge et al. (1999) 12 [Keynes]; Schreiber (2003) 7 [and nn.], 23 and n. 6; Rumble (2006b) 6; D. Ganz (2012) 188 n. 3

DEC: Pächt—Alexander (1973) 1 [no. 3]

FACS: Keynes (1996b) figs. 2–3 [Arch. Selden B. 26, fol. 34r–v], 4–5 [Otho A. i, fol. 7r], 6 [facsimile by Wanley from Otho A. i]

ED: Haddan—Stubbs (1869–71) III.362–76 [Council of Clofesho 747; base MS, from editions of Spelman, Wilkins and Johnson]; Tangl (1916) 161–71 [Boniface, *Epist.* lxxviii]; BCS no. 178 [edition of charter (Sawyer no. 92) based on Spelman and Wilkins]

ST: N.P. Brooks (1971) 76 n. 1; A.G. Watson (1978) 299 [repr. A.G. Watson (2004) no. VII]; Scharer (1982) 188–95, 293, *et passim* [Sawyer no. 92]; Cubitt (1995) 266–7; Keynes (1996b)

347. London, British Library, Cotton Otho A. vi, fols. 1–129

s. x med., SE England

Contents: Boethius (Alfred), *De consolatione Philosophiae**

MS: Sedgefield (1899) xi–xiii; Krapp (1932b) xxxvi–xli; K. Sisam (1953a) 294–5; N.R. Ker (1957) no. 167; Robinson—Stanley (1991) 20–1; Dumville (1994a) 147 and n. 84; Godden (1994a); Kiernan (1994a) 51–2; Kiernan (1998b); Obst—Schleburg (1998) vii; Szarmach (2001) 256 n. 2, 258; Bredehoft (2004) 148–9, 152–4, 169; S. Irvine (2005); Godden—Irvine (2009) I.18–24

FACS: A.H. Smith (1938) pls. vi–viii [both of fol. 20r]; Robinson–Stanley (1991) pls. 5.6.11–5.32.2 [all OE verse on fols. 1–129]; Obst–Schleburg (1998) xiii [fol. 75r]; S. Irvine (2005) pls. V–VI [fols. 15r, 14r]; Godden–Irvine (2009) II, pl. 3 [fol. 108r]

ED: Sedgefield (1899) [base MS (= C) for OE Boethius]; Krapp (1932b) 153–203 [metres of Boethius]; B. Griffiths (1994) [metres of Boethius]; Obst–Schleburg (1998) [base MS (= C) for verse translation of metres of Boethius]; Godden–Irvine (2009) I.383–541 [base MS for OE Boethius, partly reconstructed]

LANG: Sedgefield (1899) xxxv–xxxvi, 208–325 [glossary]; Godden–Irvine (2009) I.152–206, II.524–631 [glossary]

ST: Greenfield–Robinson (1980) 247–8, 314–16 [bibliography]; Kiernan (1994a) 42, 51–2 [use of ultraviolet photography]; Kiernan (1998b); Prescott (1998) 268 [note on recovery of MS]; Godden–Irvine (2009)

348. London, British Library, Cotton Otho A. viii (with London, British Library, Cotton Otho B. x, fol. 66)

s. xi$^{1/4}$; s. xi$^{4/4}$, Canterbury StA?

Contents: Goscelin, *Vita et translatio S. Mildrethae* [*BHL* 5960–1] (s. xi$^{4/4}$) (f); Bili, Life of St Machutus* [*BHL* 5116a] (s. xi$^{1/4}$) (incomplete, damaged)

MS: T.S. Smith (1696) 66–7; N.R. Ker (1957) no. 168; Rollason (1982) 20, 107; Yerkes (1982b) 28 [fols. 1–6]; Yerkes (1983b) 30 [fols. 7–34]; Yerkes (1984a) xxvii–xxxii, xlii; Yerkes (1986b); Rollason (1987) 150; Scragg (1996) 220–1; Prescott (1998) 276–7; R. Gameson (1999a) no. 398; Crowley (2000) 143–5; Barker-Benfield (2008) III.1748; Scragg (2012a) no. 515

FACS: Yerkes (1982b) p. 29 [fol. 1r]; Yerkes (1983b) 31 [fol. 20r]

ED: Rollason (1982) 108–43 [Goscelin, *Vita S. Mildrethae*, coll. as G]; Yerkes (1984a) [base MS for OE Life of St Machutus]

LANG: Crowley (2000) 143–5

ST: Scragg (1979) 263; Yerkes (1983a); Yerkes (1987) 89–93; Scragg (1996) 220–1; Whatley (1997) 198–207; Biggs et al. (2001) 308–10, 347–50

349. London, British Library, Cotton Otho A. x (with London, British Library, Cotton Otho A. xii, fols. 1–7)

s. xi in.

Contents: Æthelweard, *Chronicon* (f)

276   Anglo-Saxon Manuscripts

MS: T.S. Smith (1696) 67; E.E. Barker (1951); N.R. Ker (1957) no. 170; A. Campbell (1962) ix–xii; Prescott (1997) 421, 430; Prescott (1998) 257, 262, 270–3; P. Wormald (1999) 138 n. 82, 258–9; Barker-Benfield (2008) III.1829; Wieland (2009) 142

ED: E.E. Barker (1951) 56–62; A. Campbell (1962) [text from this MS coll. and ptd in italic type]

LANG: A. Campbell (1962) xlv–lx

ST: Gneuss (1976a) 318 [repr. Gneuss (1996a) no. IX]; Keynes (2006) nos. B 56, G 225–8

London, British Library, Cotton Otho A. xii, fols. 1–7: see no. **349**

350. London, British Library, Cotton Otho A. xii, fols. 8–12, 14–16, 18–19

s. xi$^{3/4}$ or xi^2

Contents: Osbern, *Vita et translatio S. Ælphegi* [BHL 2518–19] (f)

MS: T.S. Smith (1696) 67; N.R. Ker (1957) no. 171; Gneuss (1976a) [repr. Gneuss (1996a) no. IX]; Gneuss (1976b) [repr. Gneuss (1996b) no. IX]; R.I. Page (1993a) 7; Rumble (1994c) 290; Prescott (1997) 392 and n. 16, 430; Prescott (1998) 258–80 and nn.; R. Gameson (1999a) no. 399; P. Wormald (1999) 186 n. 100; Barker-Benfield (2008) III.1684, 1829

ST: Prescott (1998); Biggs et al. (2001) 45–6

NOTE: the first three items of this MS, as seen and described by T.S. Smith (1696) 67, were: (1) Asser, *Vita Ælfredi*; (2) two OE charms; (3) the OE poem 'The Battle of Maldon'. All three were destroyed in 1731. The surviving remnant of the MS, containing Osbern, *Vita et translatio S. Ælphegi*, constituted arts. 4–5 in Smith's catalogue. Arts. 1–5 originally consisted of 86 folios, of which 10 survive.

351. London, British Library, Cotton Otho A. xiii, pt. i (fols. 1–93 [originally fols. 1–150])

s. xi^1 or xi in.

Contents: fragments from a collection of saints' *passiones* and visions: *Passio S. Eustachii* [BHL 2760], *Passio S. Marci euangelistae* [BHL 5276]; *Passio S. Cassiani* [BHL 1626, expanded]; *Passio S. Cornelii* [BHL 1958]; *Passio S. Ferreoli* [BHL 2912], *Passio S. Saturnini* [BHL 7495–6]; *Passio S. Theclae* [BHL 8020d]; *Passio SS. Faustae, Euilasii et Eusebii* [BHL 2833]; *Vita S. Fursei* [BHL 3210]; *Visio Baronti* [CPL 1313; BHL 997]; *Visio Rothearii*; Heito, *Visio Wettini*

MS: T.S. Smith (1696) 67–8; Levison (1919–20) 602; N.R. Ker (1957) no. 173; Dumville (1992a) 140 and n. 320; Prescott (1998) 277; Gneuss (2003b) 298; Swan (2007b) 33 n. 12

ST: Biggs et al. (2001) 205, 130, 152, 217, 412, 446, 209–10, 219, 101 [T.N. Hall] respectively

352. London, British Library, Cotton Otho A. xviii, fol. 131

s. xi^1

Contents: Ælfric, Homily on St Laurence* (f)

MS: *Committee of Parliament Report* (1732) 468–8 [no. 7]; Pope (1931); N.R. Ker (1957) no. 174; Clemoes (1997) 59–60 [MS. f^h]; Scragg (2012a) no. 516

ED: Clemoes (1997) 419–21 [Ælfric, Hom. I. xxix, lines 47–84, coll. as f^h]

353. London, British Library, Cotton Otho B. ii (with London, British Library, Cotton Otho B. x, fols. 61, 63, 64)

s. x^2 or x/xi, SE England, possibly London

Contents: Gregory (Alfred), *Regula pastoralis** (incomplete)

MS: K. Sisam (1953a) 145; N.R. Ker (1957) no. 175; Carlson (1975–8) I.15–21, 64–5; Horgan (1986) 116–19; R.I. Page (1993a) 102–3; Prescott (1998) 276; Schreiber (2003) 61; Karkov (2004) 101; Scragg (2012a) nos. 517–21

DEC: E. Temple (1976) no. 46; Brownrigg (1978) 257; Ohlgren (1986) no. 151

FACS: Carlson (1975–8) I.199 [fol. 10r], 200 [fol. 28r]

ED: Carlson (1975–8) [base MS for OE *Regula pastoralis*]; Schreiber (2003) [OE *Regula pastoralis* coll. as O]

LANG: Carlson (1975–8) I.37–63; Schreiber (2003) 83–162

ST: Horgan (1973); Horgan (1986) 114–19; R. Gameson (1998) 242 n. 45; Waite (2000) 24–7, 199–226

354. London, British Library, Cotton Otho B. ix

s. ix^2 or ix$^{4/4}$, Brittany, prov. English royal court s. x^1, Chester-le-Street prob. 934, Durham s. x ex.

Contents: hymn or prayer (s. x, added in England); gospels (f) (s. ix² or ix⁴ᐟ⁴); inscription* and manumissions* (s. x or xi, all lost)

MS: *Committee of Parliament Report* (1732) 471; Mynors (1939) no. 15; N.R. Ker (1957) no. 176; Rella (1977) 50; Piper (1978) 214 n. 4; Rella (1980) 111; Backhouse et al. (1984b) no. 5; Deuffic (1985) 301; Keynes (1985a) 170–9; McGurk (1986b) 45 n. 4, 55 n. 62 [repr. McGurk (1998) no. XIV]; Dumville (1987) 175 and n. 162 [on fol. iv]; A.G. Watson (1987a) 30; Dumville (1992a) 106, 114, 121; Lapidge (1994b) 113; Bischoff (1998—) II, no. 2422; Prescott (1998) 257; Karkov (2004) 57–8, 69–70; Graham (2009) 194; R. Gameson (2012d) 349 and n. 17; D. Ganz (2012) 190 n. 14; Marsden (2012) 422 and nn. 71–2

DEC: Coatsworth (1989) 300 and n. 78; R. Gameson (1995b) 58, 198 n. 33; Karkov (2004) 4, 56 n. 13, 57, 86, 158, 175; R. Gameson (2012c) 275 and n. 82

FACS: Keynes (1985a) pl. VIII [fol. iv]; Nees (2003) fig. 4 [fol. 7r]

ST: J.A. Robinson (1923) 52–3; Rollason (1989) 413–14, 420–1; C.D. Wright (1993) 268 and n. 193; Bonner (1989b) 390; Kiernan (1994a) 38–9

355. London, British Library, Cotton Otho B. x (except the fols. of nos. **356** sqq. listed below) (with Oxford, Bodleian Library, Rawlinson Q. e. 20 [S.C. 15606])

s. xi¹

Contents: Ælfric, *Hexameron**; Lives of Saints* and Homilies* (most by Ælfric; incomplete, damaged)

MS: *Committee of Parliament Report* (1732) 471–2; Skeat (1881–1900) II.xv–xvii; Crawford (1922) 5–6; R. Derolez (1954) 16–18; N.R. Ker (1957) no. 177; Collins—Clemoes (1974) 322; Godden (1979) lvii–lviii; Scragg (1979) 263; R.M. Thomson (1982b) 16; P.L. Heyworth (1989) 15; Clayton (1994) 41 n. 2, 58–61, 94–5; Scragg (1996) 221; Clemoes (1997) 60–1; Prescott (1998) 227, 276; Withers (1999) 112–18; Kiernan (2002); Magennis (2002) 15–16; Pulsiano (2002b) 167; Lapidge (2003a) 580; Acker (2004) 129; Corona (2006) 130–2; Upchurch (2007) xii, 52; Withers (2007) 62, 229–31, 261–3; Marsden (2008) lvi–lix; Scragg (2012a) nos. 522–5

DEC: Withers (2007) 233

ED [the order of the following items is that of the manuscript, listed according to the numbering of individual articles in N.R. Ker (1957) 225–7; only the most recent editions are cited]:

art. 1: Clemoes (1997) 183–6, 187–8 [parts of Ælfric, CH I, Hom. I (*De initio creaturae*), coll. as f¹]

art. 2: Crawford (1921) 61–5 [part of Ælfric, *Exameron*, coll. as E]

art. 3: Skeat (1881–1900) I.50–90 [parts of Ælfric, *Lives of Saints*, no. III (St Basil), coll. as O]; Corona (2006) 152–88 [parts of Ælfric, 'Life of St Basil' (Skeat, no. III), coll. as O]

art. 4: lost

art. 5: Skeat (1881–1900) I.90–114 [parts of Ælfric, *Lives of Saints*, no. IV (SS. Julian and Basilissa), lines 29–91, 219–333, coll. as O]

art. 6: Skeat (1881–1900) I.116–46 [parts of Ælfric, *Lives of Saints*, no. V (St Sebastian), lines 261–85, 469–74, coll. as O]

art. 7: Skeat (1881–1900) I.170–94 [parts of Ælfric, *Lives of Saints*, no. VII, lines 1–100, 187–234 (St Agnes), coll. as O]

art. 8: Skeat (1881–1900) I.186–94 [parts of Ælfric, *Lives of Saints*, no. VII, lines 296–429 (*Alia sententia quam scripsit Terrentianus*: Passio of SS. John and Paul), coll. as O (lines 353–412 only)]

art. 9: Skeat (1881–1900) I.24–50 [parts of Ælfric, *Lives of Saints*, no. II (St Eugenia), lines 117–260, 394–428, coll. as O]

art. 10: Skeat (1881–1900) II.334–54 [parts of anonymous 'Life of St Euphrosyne', lines 1–9, 64–108, 154–99, 241–72, 331–4, coll. as O]

art. 11: as Rypins (1924) 68–76 [parts of anonymous 'Life of St Christopher', not collated]

art. 12: Skeat (1881–1900) II.2–52 [parts of anonymous 'Life of St Mary of Egypt' (Skeat no. XXIIIB), lines 11–91, 318–401, 484–528, coll. as O]

art. 13: Skeat (1881–1900) I.488–540 [parts of anonymous 'Seven Sleepers of Ephesus', lines 17–54, 470–647, 733–818, coll. as O]; Magennis (1994) 58–61 ['Seven Sleepers of Ephesus' coll. as O]

art. 14: lost

art. 15: lost

art. 16: probably all lost

art. 17: lost

art. 18: Napier (1883/1967) 299–306 [Hom. LVIII, not collated]

art. 19: Crawford (1922) 171–204 [parts of Ælfric's translation of OE Genesis, coll. as O]; Marsden (2008) 70–85 [parts of Ælfric's translation of OE Genesis, coll. as O]

art. 20: Skeat (1881–1900) I.440–70 [parts of Ælfric, *Lives of Saints*, no. XXI (St Swithun), not collated]; Needham (1976) 60–81 [Ælfric, 'Life of St Swithun', coll. as O]; Lapidge (2003a) 590–608 [Ælfric, 'Life of St Swithun', coll. as O] art. 21: Skeat (1881–1900) II.314–34 [part of Ælfric, *Lives of Saints*, no. XXXII (St Edmund, king and martyr), lines 1–192, coll. as O]; Needham (1976) 43–59 [Ælfric, 'Life of St Edmund, king and martyr', coll. as O]

art. 22: lost

art. 23: Skeat (1881–1900) I.432–40 [Ælfric, *Lives of Saints*, no. XX (St Æthelthryth), lines 61–122, coll. as O]

art. 24: lost

LANG: Fowler (1972) xxii–xxiv; Magennis (1994) 13–19; Magennis (2002) 35–43

ST: Lee (1991); J. Hill (1996) 243; Withers (1999) 128–9

356. London, British Library, Cotton Otho B. x, fols. 29–30

s. xi med., (prov. Worcester)

Contents: homilies* (f)

MS: Assmann (1889/1964) xxvii–xxviii [Clemoes]; N.R. Ker (1957) no. 178; N.R. Ker (1964) 207; A.F. Cameron (1974) 221; Scragg (1979) 263; Franzen (1991) 53–4; Laing (1993) 79; R. Gameson (2005a) 93; Scragg (2012a) no. 526

ED: Assmann (1889/1964) 114–15 [Ælfric's Summary of the Book of Judith, lines 394–445, coll. as O]

London, British Library, Cotton Otho B. x, fol. 51: see **no. 358**

London, British Library, Cotton Otho B. x, fols. 55, 58, 62: see **no. 357**

London, British Library, Cotton Otho B. x, fols. 61, 63, 64: see **no. 353**

London, British Library, Cotton Otho B. x, fol. 66: see **no. 348**

357. London, British Library, Cotton Otho B. xi (with London, British Library, Cotton Otho B. x, fols. 55, 58, 62 + London, British Library, Add. 34652, fol. 2)

s. x med. and xi^1; all parts Winchester, (prov. Southwick, Augustinian canons) [other texts lost]

Contents: Bede, *Historia ecclesiastica** (f) (s. x med.); Bede's autobiographical note [*HE* V. xxiii. 2] (s. xi^1); West Saxon royal genealogy*, *Anglo-Saxon Chronicle* G* (f), Laws*: *Æthelstan II* (f), *Alfred and Ine* (f) (all s. xi^1)

MS: Wanley (1705) 219; *Committee of Parliament Report* (1732) 472; C. Plummer (1892–9) I.xiii, II.xxviii; Liebermann (1903–16) I.xxxvi;

K. Sisam (1953a) 45, 49, 59, 61–2; N.R. Ker (1957) no. 180; N.R. Ker (1964) 181, 200; Grant (1974); Buckalew (1978) 161; A. Lutz (1981) xxvii–l; Torkar (1981) 39–41, 149–59; P.L. Heyworth (1989) 255, 257; Dumville (1992b) 57, 64–5, 101 n. 217, 125, 128–9; Dumville (1994a) 147–9; P. Wormald (1996); Prescott (1998) 258, 276, 278; P. Wormald (1999) 164, 172–81 and n. 292 et passim; Bredehoft (2001) 222; Prescott (2004) 46, 60; Rowley (2004) 13–15, 20–1; Hough (2006) 114, 129–31; Grimmer (2007) 103 n. 5; Graham (2009) 200; Rowley (2011) 20–1; D. Ganz (2012) 189 and n. 12; Scragg (2012a) nos. 527–9; P. Wormald (2012) 533 [no. 2]

FACS: A. Lutz (1981) pls. I [BL, Add. 34652, fol. 2r (detail)], II–III [Otho B. xi, fol. 45r]; Bredehoft (2001) pl. IV [BL, Add. 34652, fol. 2v]; Rowley (2011) pl. 2 [Otho B. xi, fol. 28r]

ED: T. Miller (1890–8) [OE Bede coll. as C]; J.M. Schipper (1897–9) [remaining parts of OE Bede coll. as C: see Miller I.xvi]; Liebermann (1903–16) [Laws; remaining parts pr. as Ot: see Ker, arts. 5–6]; A. Lutz (1981) [base MS. for *Anglo-Saxon Chronicle* G, supplemented from transcript by Nowell and edition by Wheloc]; Bately (1986) 1–50 [variant readings from *Anglo-Saxon Chronicle* G]; Dumville (1986) 21–5 [West Saxon genealogy coll. as Q]

LANG: A. Lutz (1981) cli–cxciii [*Anglo-Saxon Chronicle* G]

ST: Parkes (1976b) 163–71 [repr. Parkes (1991) 160–8]; Torkar (1976); A. Lutz (1977); Meaney (1984) 246–50; Dumville (1986) 5–6; Hollis–Wright (1992) 230–2; O'Brien O'Keeffe (1994) 234, 241; Grant (1996); Waite (2000) 42–5, 321–53; Bredehoft (2001) 6, 27–8; Rowley (2011); Keynes (2012) 542, 552 et passim

358. London, British Library, Cotton Otho C. i, vol. I (with London, British Library, Cotton Otho B. x, fol. 51)

s. xi¹ and xi med., prov. Malmesbury?

Contents: gospels* (incomplete) (s. xi¹), bull of Pope Sergius* (s. xi med.)

MS: Skeat (1871) viii–x; Bright (1904–6) I.xviii–xix; N.R. Ker (1957) no. 181; N.R. Ker (1964) 128; Morrell (1965) 184–5; Grünberg (1967) 11–12; R.M. Thomson (1982b) 16; Dumville (1992a) 121; Liuzza (1994–2000) I.xxiii–xxv; *ASMMF* III (1995) 12–15 [no. 218; Liuzza]; Lenker (1997) 16–17; Prescott (1998) 276; Lenker (1999) 141; Scragg (2012a) nos. 530–2

FACS: *ASMMF* III (1995) no. 218

ED: Skeat (1871) [OE gospels of Mark, Luke and John coll. as C]; Bright (1904–6) [OE gospels of Mark, Luke and John coll. as C]; H. Edwards (1986) 16–17 [Bull of Pope Sergius]; Liuzza (1994–2000) I (OE gospels of Mark, Luke and John coll. as C]; Rauer (2006) 271–4 [Bull of Pope Sergius]

LANG: Liuzza (1994–2000) II.121–54

ST: K. Sisam (1953a) 199–200; Metzger (1977) 449; Blockley (1994) 81; Liuzza (1994–2000) vol. II; Lenker (1997) 10–59; Collier (2000) 195, 199; Rauer (2006)

359. London, British Library, Cotton Otho C. i, vol. II

s. xi in. and (from fol. 62 [*Dialogi**]) s. xi med., prob. Worcester, (prov. whole MS Worcester)

Contents: Gregory (Werferth), *Dialogi** (incomplete); three lives from *Verba seniorum** [*CPG* 5570; *BHL* 6527] (= *Vitas patrum*, bk. V), V.37 and 38; Jerome, *Vita S. Malchi* [*CPL* 619; *BHL* 5190]); Letter of Boniface to Eadburg+* (*Epist.* x); Sermon ('Evil tongues')*; three homilies* by Ælfric (s. xi in., SW England?); from fol. 62 [s. xi med.]: Gregory, *Dialogi** [*CPL* 1713], bk. III)

MS: Assmann (1889/1964) xxiv–xxxv [Clemoes]; K. Sisam (1953a) 199–224; N.R. Ker (1957) no. 182; N.R. Ker (1964) 207; Pope (1967–8) I.85–7; A.F. Cameron (1974) 221; McIntyre (1978); Scragg (1979) 258; Laing (1993) 79; *ASMMF* VI (1998) 1–5 [no. 219; Franzen]; Prescott (1998) 276; R. Gameson (2005a) 93, 101–4; Johnson–Rudolf (2010) 5–10; R. Gameson (2012b) 107 and n. 48; Scragg (2012a) nos. 533–8

DEC: Morrell (1965) 184–5

FACS: Yerkes (1984b) 33 [fol. 115r]; Leinbaugh (1986) 109 [fol. 149r]; Robinson–Stanley (1991) pl. 7 [fol. 1r]; *ASMMF* VI (1998) no. 219; Johnson–Rudolf (2010) figs. 4–6 [fol. 113r; fol. 123r (two details)]

ED: Assmann (1889/1964) 195–9 [base MS for OE versions of *Vitas patrum*]; Hecht (1900–7) [OE *Dialogi* coll. as O]; K. Sisam (1953a) 212–24 [base MS for OE Letter of Boniface to Eadburg]; Pope (1967–8) II.641–60 [Ælfric, Suppl. Hom. no. XX (*De populo Israhel*) coll. as X^d]; Yerkes (1979) [list of vocabulary and spelling variants in OE *Dialogi* coll. as O]; Stoneman (1983) [base MS for Ælfric, *De creatore et creatura* (arts. 5–6)]; Tristram (1985) 194–206 [base MS for homily *De sex etatibus mundi* (art. 6)]; Leinbaugh (1986) 108 [base MS for

Ælfric, *De creatore et creatura* (f) (art. 5)]; McDougall—McDougall (1997) [base MS for 'Evil tongues' (art. 4)]

LANG: K. Sisam (1953a) 207–11 [Letter of Boniface to Eadburg]; Yerkes (1979); McDougall—McDougall (1997) 228

ST: Yerkes (1977b) 130–4; Yerkes (1977c); Yerkes (1978b); Yerkes (1984b); Langefeld (1986); Yerkes (1986a); Reinsma (1987) 71–2; Liuzza (1988) 77–80; Franzen (1991) 64–5; P. Jackson (1992) 127–8; R. Gameson (1996a) 214, 218–19, 239; J. Hill (1996) 244; Scragg (1996) 223; Godden (1997) 40–1; Waite (2000) 46–8, 354–68

London, British Library, Cotton Otho C. v: see no. **63**

360. London, British Library, Cotton Otho E. i

s. x/xi, prob. Canterbury StA, prov. Canterbury CC?

Contents: glossary⁺*

MS: *Committee of Parliament Report* (1732) 484; N.R. Ker (1957) no. 184; T.A.M. Bishop (1959–63b) 418, 422; Pheifer (1974) xxxi n. 4; O'Brien O'Keeffe (1985) 65; Wieland (2009) 146; Giliberto (2011) 125 and n. 25; Scragg (2012a) no. 539

FACS: T.A.M. Bishop (1959–63b) pl. XIII (b) [fol. 8r]

ED: Meritt (1961) 445–6 [dry point glosses]; Voss (1996) [base MS for glossary]

ST: Gretsch (1999a) 368; Voss (2005) 301

361. London, British Library, Cotton Otho E. xiii

s. ix/x or x in., Brittany, (prov. Canterbury StA)

Contents: *Liber ex lege Moysi* [CPL 1793; BCLL 611]; *Collectio canonum Hibernensis* (recension A) [CPL 1794; BCLL 612]; St Patrick, *Epistola ad episcopos* [CPL 1103; BCLL 364]; *Canones Wallici* [CPL 1880; BCLL 995]; *Canones Adamnani* [CPL 1792; BCLL 609]; Supplement from *Collectio canonum Hibernensis* (recension B) [BCLL 613]; Legend of the Seven Sleepers [BHL 2316?]

MS: T.S. Smith (1696) 79; Wasserschleben (1885) xxxii–xxxiii; Kenney (1929) nos. 80, 82, 83; Bieler (1963) 14, 21–4; N.R. Ker (1964) 43; Deuffic (1985) 301 [no. 42]; Dumville (1992b) 182 n. 68; Dumville (1994d) 207; Bischoff (1998–) II, no. 2423; Ambrose (2005) 110–11; C.D. Wright (2006) 201, 213–14; Barker-Benfield (2008) I.54, 91 n. c, 755; II.1535, III.1727–8, 1792; Meeder (2009) 182–5

ED: Haddan—Stubbs (1869–71) II.111–14 [*Canones Adamnani* coll. as C]; Bieler (1963) 136–49 [*Canones Wallici* (A) coll. as O], 176–81 [*Canones Adamnani* coll. as O]; Meeder (2009) 191–218 [*Liber ex lege Moysi* coll. as O]

LANG: Bieler (1963) 27–47 [Latinity]

ST: Bradshaw (1893); McNeill—Gamer (1938) 445; Frantzen (1985); Kottje (1987) [*Liber ex lege Moysi*]; Kéry (1999) 73; C.D. Wright (2006) 205; Meeder (2009) [*Liber ex lege Moysi*]; McKee (2012b) 340 and n. 5

362. London, British Library, Cotton Tiberius A. ii (with London, British Library, Cotton Claudius A. iii, fols. 2–7 and 9* + Faustina B. vi, vol. i, fols. 95 and 98–100)

s. ix/x or x in., Lobbes, prov. England (royal court) before 939, prov. Canterbury CC s. x^1

Contents: gospels, gospel list; dedication poem praising King Æthelstan [SK 14294] and prose dedication (929×939); records$^{(*)}$ (s. xi^1—xii in.): (in Claudius A. iii) Sawyer (1968) no. 914 [Latin and OE], Sawyer (1968) no. 1090 = Harmer (1952) no. 35; Sawyer (1968) nos. 1229, 1389, 1222, 1047 (all s. xi^1—xi^2); spurious letter by Pope Boniface IV [N.R. Ker (1957) pp. 472–3] and two letters by Pope Sergius (*c*. 1070); (in Tiberius A. ii, fols. 13v–14r, originally blank leaf) Sawyer (1968) no. 398 (s. xi ex. or xii in.) [spurious; see N.P. Brooks (1984) 220]; (in Faustina B. vi) papal letters (s. xii in. [R. Gameson (1999a) no. 386])

MS: Thompson—Warner (1881–4) 35–7; Glunz (1933) 55, 70, 116, 123–4; N.R. Ker (1957) no. 185; N.R. Ker (1960) 20 and n.; N.R. Ker (1964) 35; Sawyer (1968) no. 398; A.G. Watson (1969) 31 [repr. A.G. Watson (2004) no. IX]; Rella (1977) 50; Rella (1980) 111; Lapidge (1981a) 93–7 [repr. Lapidge (1993a) 81–5]; Backhouse et al. (1984b) no. 3; Keynes (1985a) 147–53; McGurk (1986b) 45 n. 4 [repr. McGurk (1998) no. XIV]; Dumville (1987) 175 and n. 160; Lapidge (1991c) 968 [repr. Lapidge (1993a) 18]; Dumville (1992a) 121; Dumville (1992b) 181 and n. 61; Conner (1993) 18, 57, 65, 73; Dumville (1993g) 92; Lenker (1997) 438–42; Bischoff (1998–) II, no. 2424; R. Gameson (1999a) no. 386; Gretsch (1999a) 337; P. Wormald (1999) 190–5; Rushforth (2001) 138 n. 8, 142; Heslop (2004) 305 n. 41; Karkov (2004) 54; R. Gameson (2012d) 349 and n. 17, 361 and n. 66; D. Ganz (2012) 190 n. 14; Gullick (2012) 305 and n. 64; Marsden (2012) 422 and n. 71; Rushforth (2012) 198 n. 3; Scragg (2012a) nos. 445–9

DEC: F. Wormald (1952) 22–3; Schramm—Mütherich (1981) 140, 275; R. Gameson (1995b) 179, 265 n. 197; O'Reilly (2011) 202–3; R. Gameson (2012c) 261 and n. 34

FACS: F. Wormald (1952) pl. 40 (a) [fol. 24v]; Keynes (1985a) pls. II–IV [fols. 24r, 15v, 15r]; Conner (1993) 73 [fol. 15v]; Puhle (2001) II.121–2 [fols. 24r, 24v]

ED: BCS 660 [Sawyer (1968) no. 398 from this MS]; Lapidge (1981a) 95–6 [repr. Lapidge (1993a) 83–4][dedication poem (SK 14294)]; B. Fischer (1988–91) [gospel excerpts coll. as Zv]

ST: Vezin (1968) 285 and n.; D.H. Turner (1971) v and n. 3; M.P. Richards (1988) 66; Noel (1995) 138 and n. 47; Karkov (2004) 61, 83

363. London, British Library, Cotton Tiberius A. iii, fols. 2–173

s. xi med., Canterbury CC

Contents: *Regula S. Benedicti*° [*CPL* 1852]; Ambrosius Autpertus (pseudo-Fulgentius), *Admonitio*°; *Memoriale qualiter*, chs. x–xix°; 'De festiuitatibus anni' (Ansegisus, *Capitularium Collectio* II. 33); *Capitulare monasticum*; *Regularis concordia*°; *Somniale Danielis*°; prognostics° (including two dream *lunaria*); prognostics⁽*⁾; notes on Adam*, Noah and Old Testament figures*, on the Ages of the World, on Friday fasts*, on the Age of the Virgin*; prayers⁽*⁾; Handbook for a confessor*; Office for All Saints (Vespers, Lauds); Ælfric, *Colloquium*°; Ælfric, *De temporibus anni** (part); encyclopedic notes* on the dimensions of Noah's Ark, of St Peter's in Rome, of the Temple of Solomon; the names of the thieves hanged with Christ; Life of St Margaret*; Ælfric, *Catholic Homilies* II, Hom. XIV*; Sunday Letter*; the Devil's account of the next world*; homiletic pieces*; examination of a bishop (extract from a pontifical); *Monasterialia indicia* (treatise on monastic sign language)*; lapidary*; excerpt from Isidore, *Synonyma* [*CPL* 1203] (chs. 88–96)*; *Regula S. Benedicti*, ch. iv⁺*; Alcuin, *De uirtutibus et uitiis*, chs. xiv and xxvi*; charm*; Ælfric, Pastoral Letter III*; Office of the Virgin (including litany)

MS: Dewick (1902) xiii–xiv; Förster (1908); Spindler (1934) 1–2; N.R. Ker (1957) no. 186; Morgand (1963) 182–3; Semmler (1963) 506; N.R. Ker (1964) 35; Fowler (1965) 2; L.T. Martin (1981) 39–41; Backhouse et al. (1984) no. 28 [D.H. Turner]; P.L. Heyworth (1989) 256; Lapidge (1991a) 71; Dumville (1992a) 137; Scragg (1992) xxxi–xxxii; Kornexl (1993) cxvii–cxlii [and for descriptions of the MS earlier than Förster

(1908), see pp. cxxi–cxxii]; Vaciago (1993) 15–16 [no. 62]; Mordek (1995) 223–5, 416; R. Gameson (1995a) 111–12 nn. 55–6; Gneuss (1997); Liuzza (2001) 216–18; Bredehoft (2004) 155; Karkov (2004) 84; N.M. Thompson (2004) 60; Wilcox (2004b) 392; Roberts (2005) 91–5 [no. 20]; Biggs (2007a) 15; Chardonnens (2007a) 337; Chardonnens (2007b) 53–7, 512–18, 550–1; Frantzen (2007a) 40–1; M. Heyworth (2007) 218; N.M. Thompson (2007) 117–18; Barker-Benfield (2008) III.1705, 1707, 1829; Scragg (2008a); M. Blake (2009) 9–10; Graham (2009) 166; Scragg (2009b) 78; Wieland (2009) 138, 140; J. Hill (2011) 249 and n. 2; Liuzza (2011) 3–8; Raw (2012) 461 and n. 10, 466; Scragg (2012a) nos. 540–5

DEC: F. Wormald (1935); F. Wormald (1952) 68 [no. 31] *et passim*; Dodwell (1954) 3–5, 37, 120; E. Temple (1976) no. 100; Lawrence (1982) 105; Ohlgren (1986) no. 205; Raw (1990) 216; R. Gameson (1991) 74 n. 79 *et passim*; Kornexl (1993) cxxxviii–cxli; Deshman (1995) 117, 180, 203, 208–9; R. Gameson (1995a) 116 n. 70, 122 n. 96; R. Gameson (1995b) 23, 26, 81 n. 61, 102, 114, 193 n. 4, 196 n. 21, 207; Withers (1997); Gretsch (1999a) 239, 299–300; Karkov (2004) 4, 11, 125, 175; Biggs (2008) 182; R. Gameson (2012c) 276 and n. 87, 291

FACS: Dewick (1902) [fols. 107v–115v]; F. Wormald (1952) pl. 23 [fol. 2v]; Dodwell (1954) pls. 2 (b), 3 (a) [fols. 2v, 117v]; E. Temple (1976) ills. 313–14 [fols. 2v, 117v]; Garmonsway (1978) frontispiece [fol. 60v (detail)]; Sauer (1980a) pl. after p. 16 [fol. 53v]; R. Gameson (1991) fig. 13 [fol. 2v]; Kornexl (1993) pl. I [fol. 20r]; Clayton–Magennis (1994) 111 [fol. 77r]; Deshman (1995) figs. 137–8 [fols. 117v, 2v]; Szarmach (1999) 169–71 [fols. 102r, 102v, 103r]; Karkov (2004) figs. 13, 14 [fols. 2v, 117v]; Roberts (2005) p. 91 [fol. 117v], pl. 20 [fol. 60v], p. 95 [fol. 2v]; Szarmach (2005) pls. 4–6 [fols. 50v, 51r, 51v]; M.P. Brown (2007a) pl. 85 [fol. 2v]; Owen-Crocker (2009) fig. 3.8 [fol. 3r]; Lendinara et al. (2011) pl. IV [fol. 121v]

ED [the order of the following items is that of the manuscript, listed according to the numbering of individual articles in N.R. Ker (1957) 225–7; only the most recent editions are cited (for editions from 1957 to 1996 – listed by Ker article no. – see also Gneuss (1997) 44–6)]:

art. 1: Logemann (1888) [base MS for *Regula S. Benedicti* in Latin and OE]; Hanslik (1977) [*Regula S. Benedicti* coll. as i]; M.C. De Bonis (2011) 296–7 [chs. lxxi–lxxiii]

art. 2: Sauer (1984) 423 [base MS for Latin and OE versions of pseudo-Fulgentius, *Admonitio*]

art. 3: Morgand (1963) 229–61 [*Memoriale qualiter*, chs. x–xix, coll. as H]
art. 4: Cross (1992b) ['De festiuitatibus anni' (= Ansegisus, *Capitularium collectio*, II.33); for the text of Ansegisus, see G. Schmitz (1996) 555–6 (this MS not collated)]
art. 5: Semmler (1963) 515–36 [*Capitulare monasticum* coll. as G5]
art. 6: Kornexl (1993) 1–147 [base MS for *Regularis concordia* and OE gloss]
art. 7(a): L.T. Martin (1981) 95–168 [*Somniale Danielis* coll. as T]; Liuzza (2011) 80–122 [base MS (= T) for *Somniale Danielis*]
art. 7(b): Liuzza (2011) 124–46 [base MS (= T) for general *lunarium*]
art. 7(c): Liuzza (2011) 148–52 [base MS (= T) for dream *lunarium*]
art. 7(d): Liuzza (2011) 154–6 [base MS (= T) for yearly weather forecast for the kalends of January]
art. 7(e): Liuzza (2011) 158–62 [base MS (= T) for birth *lunarium*]
art. 7(f): Liuzza (2011) 164–8 [base MS (= T) for medical *lunarium*]
art. 7(g): Liuzza (2011) 170–2 [base MS (= T) for prognostic brontology]
art. 7(h): Liuzza (2011) 174–6 [base MS (= T) for OE dream *lunarium*]
art. 7(i): Liuzza (2011) 178–88 [base MS (= T) for OE alphabetical dreambook]
art. 7(j): Liuzza (2011) 190–2 [base MS (= T) for OE agenda *lunarium*]
art. 7(k): Liuzza (2011) 194 [base MS (= T) for OE medical *lunarium*]
art. 7(l): Liuzza (2011) 196 [base MS (= T) for OE prognostic brontology]
art. 7(m): Liuzza (2011) 198 [base MS (= T) for OE general prognostic for weekdays of the new moon]
art. 7(n): Liuzza (2011) 200 [base MS (= T) for OE note on the growth of the fetus]
art. 7(o): Liuzza (2011) 202–4 [base MS (= T) for OE birth *lunarium*]
art. 7(p): Liuzza (2011) 206 [base MS (= T) for OE yearly forecast for the kalends of January]
art. 7(q): Liuzza (2011) 208–10 [base MS (= T) for OE alphabetical dreambook]
art. 7(r): Liuzza (2011) 212 [base MS (= T) for OE omens in pregnancy]
art. 8(a): [note on Adam, Noah and other OT figures]
art. 8(b): Tristram (1985) 301 [base MS for the Six Ages of the World]
art. 8(c): Napier (1889) 3 [base MS for note on fasting]
art. 8(d): Günzel (1993) 64–5 [base MS for note on the Age of the Virgin]
art. 8(e): Napier (1889) 3 [base MS for penitential note on sins]
art. 9(a): Pulsiano–McGowan (1994) 206–8 [base MS for confessional prayer]

art. 9(b): Förster (1908) 46; Förster (1942a) 8–11 [base MS for confessional prayer]
art. 9(c): unprinted Latin prayer (inc. 'Domine Iesu Criste tibi flecto genua mea')
art. 9(d): Pulsiano—McGowan (1994) 209–10 [base MS for confessional prayer]
art. 9(e): Pulsiano—McGowan (1994) 210–12 [base MS for confessional prayer]
art. 9(f): Pulsiano—McGowan (1994) 212–16 [base MS for confessional prayer]
art. 9(g): Szarmach (2005) 168–74 [base MS for excerpts from King Alfred's OE translation of Augustine, *Soliloquia*]
arts. 9(h): Sauer (1980a) 21–3 [base MS for confessional prayer]
art. 9(i): Sauer (1980a) 23–7 [base MS for confessional prayer]
art. 9(j): Fowler (1965) 16 [base MS for *ordo confessionis*]
art. 9(k): Fowler (1965) 17–19 [instructions for confession coll. as N]
art. 9(l): Fowler (1965) 19–20 [instructions for confession coll. as N]
art. 10(a): Lapidge—Winterbottom (1991b) lxxv–lxxvii [base MS for Office for All Saints]
art. 10(b): unprinted Latin prayer (inc. 'Te adoro Deum patrem')
art. 10(c): [Latin and OE Adoration of the Cross]
art. 10(d): Pulsiano (1991a) [Latin and OE charm invoking the Cross]
art. 10(e): [Latin explanation of the four reasons why the Cross is adored; as Günzel (1993) 126–7]
art. 10(f): [Latin prayer addressed to the Cross; as Günzel (1993) 126–7]
art. 10(g): [another Latin prayer addressed to the Cross; as Günzel (1993) 126–7]
art. 11: W.H. Stevenson (1929) 75–99 [base MS for Ælfric, *Colloquium*]; Garmonsway (1978) [base MS for Ælfric, *Colloquium*]
art. 12: Liuzza (2011) 214–18 [base MS for prognostics: bloodletting *lunarium*, prognostic for weekdays]
art. 13: Henel (1942a) [Ælfric, *De temporibus anni*, coll. as A]; M. Blake (2009) [Ælfric, *De temporibus anni*, coll. as A]
art. 14: Dekker (2007) 291–2 nn. 46, 49 [base MS for notes on the dimensions of Noah's Ark, of St Peter's in Rome, of the Temple of Solomon]
art. 15: Clayton—Magennis (1994) 112–47 [base MS for OE Life of St Margaret]
art. 16: Godden (1979) 381–90 [base MS (= X^e) for a redaction of Ælfric, CH II, Hom. XIV (Palm Sunday)]

art. 17: D. Haines (2010) 146–74 [base MS for an OE version of the Sunday Letter (Letter F)]
art. 18: F.C. Robinson (1972) 365–8 [base MS for the Devil's Account of the Next World]; Scragg (1992) 169–83 [part of Vercelli Hom. IX coll. as M]
art. 19(a): Napier (1883/1967) 108–10 [Wulfstan, Hom. XIX, coll. as K]; Bethurum (1957) 225–32 [Wulfstan, Hom. XIII, coll. as K]
art. 19(b): Napier (1883/1967) 110–11, 112–15, 119–21 [Wulfstan, Hom. XX, XXII, XXIV (first para.), coll. as K]
art. 19(c): Napier (1883/1967) 121–2 [Wulfstan, Hom. XXIV (second para.), coll. as K]
art. 19(d): Napier (1883/1967) 122 [Wulfstan, Hom. XXIV (third para.), coll. as K]
art. 19(e): Napier (1883/1967) 172–5 [base MS (= K) for Wulfstan, Hom. XXXVI]
art. 19(f): Napier (1883/1967) 116–18 [Wulfstan, Hom. XXIII, coll. as K]
art. 19(g): Napier (1883/1967) 128–30 [Wulfstan, Hom. XXVII, coll. as K]
art. 19(h): Napier (1883/1967) 274–5 [Wulfstan, Hom. LI, coll. as K]
art. 19(i): Napier (1883/1967) 122–4 [Wulfstan, Hom. XXV, coll. as K]
art. 19(j): Napier (1883/1967) 125–7 [Wulfstan, Hom. XXVI, coll. as K]; Bethurum (1957) 166–8 [Wulfstan, Hom. VIIa, coll. as K]
art. 19(k): Jost (1959) 85–96 [*To mæssepreostum* coll. as N]
art. 19(l): Jost (1959) 96–102 [another tract *To mæssepreostum* coll. as N]
art. 20: Michael Richter (1973) 118–20 [base MS for *Ordo uel examinatio in ordinatione episcopi*]
art. 21(a): Fowler (1965) 19–20 [repeated from art. 9(l), above]
art. 21(b): Fowler (1965) 26 [last para. of confessor's handbook, ch. iv]
art. 21(c): Fowler (1965) 26–7 [*Be dædbetan* i–iii coll. as N]
art. 21(d): Fowler (1965) 27–8 [*Be dædbetan* iv–ix coll. as N]
art. 21(e): Fowler (1965) 28–9 [*Be dædbetan* x–xii coll. as N]
art. 21(f): Fowler (1965) 29–31 [*Be dædbotum* xiii–xvii coll. as N]
art. 21(g): Fowler (1965) 31–2 [*Be dædbetan* xviii–xix coll. as N]
art. 21(h): Spindler (1934) 170 [coll. as N]
art. 21(i): Spindler (1934) 173 [coll. as N]
art. 21(j): Spindler (1934) 174 [coll. as N]
art. 22: Banham (1991) [base MS for *Monasteriales* (sic) *indicia*]
art. 23: Kitson (1978) 31–3 [base MS for OE lapidary]; Giliberto (2007a) 260–1 [base MS for OE lapidary]
art. 24: Szarmach (1999) 177–81 [OE epitome (called 'Warna') of Isidore, *Synonyma* II.88–96]

art. 25: D'Aronco (1983) 121–8 [base MS (= i) for OE and Latin versions of *Regula S. Benedicti*, ch. iv]
art. 26: Szarmach (1992) 34–9 [base MS for OE version of Alcuin, *De uirtutibus et uitiis*, ch. xiv]
art. 27: Szarmach (1992) 40–2 [base MS for OE version of Alcuin, *De uirtutibus et uitiis*, ch. xxvi]
art. 28: Cockayne (1864–6) III.286 [base MS for charm against theft of livestock]
art. 29: Fehr (1914/1966) 146–221 [Ælfric, Pastoral Letter III, coll. as N]
art. 30: Dewick (1902) cols. 19–48 [base MS for Office of the Virgin]; Lapidge (1991a) 174–7 [litany from the Office of the Virgin]; Milfull (1996) [hymns (nos. 65–6, 90–3, 89, 97) from the Office of the Virgin coll. as T]
LANG: Herbst (1975); D'Aronco (1983) 110–18; Hofstetter (1987) 117–23, 236, 254, 331, 347, 425, 438–9, 442–5; Kornexl (1993) cxcvii–ccxi; Clayton—Magennis (1994) 97–103; Pulsiano—McGowan (1994) 194–8; Gneuss (1997) 37–42; Crowley (2000) 131, 143, 145–8; G.D. De Bonis (2011); Liuzza (2011) 253–77 [glossary]
ST: Hallander (1968); Gretsch (1973) 32–5 *et passim*; F.C. Robinson (1973) 444–5; Gretsch (1974); Hohler (1975) 220 n. 10; Korhammer (1976) 156, 160; Korhammer (1980) 36, 54; Kotzor (1981) I.237*–239*; Sherlock (1989); Clayton (1990) 70–7; Hollis—Wright (1992) 186, 200–2, 257, 259, 270; Clayton—Magennis (1994) 84–92; Gwara (1997d) 239 n. 3; Graham (1998a) 25, 33–4, 54 n. 7, 60 n. 58, 68 n. 149; C.A. Jones (1998a) 233; Treharne (1998) 237–8; Gretsch (1999a) 247; P. Wormald (1999) 136 n. 71, 186 n. 100, 226 n. 253, 345 n. 380, 382 n. 535; Dodwell (2000) 146; J. Hill (2001) 118, 120–5; Liuzza (2001) 216–18 [bibliography]; Szarmach (2002) 300; Karkov (2004) 5, 93–9; Szarmach (2005) 153–63; Lucas (2006) 405, 411, 431; M.C. De Bonis (2007); Dekker (2007) 291–2, 309, 311 n. 121; Di Sciacca (2007b) 116–22; Giliberto (2007a); Giliberto (2007b) 282 n. 122; M. Heyworth (2007) 218–22 [on the 'Late Old English Handbook for the Use of a Confessor']; J. Hill (2007b) 292–4; Swan (2007a) 407; N.M. Thompson (2007) 117–19; Toswell (2007) 212 n. 8; Di Sciacca (2008) 68, 70–1, 109–10, 169–73; Scragg (2008a); Scragg (2008b) 370; Chardonnens (2010) 246–50; Di Sciacca (2010) 339–41; G.D. De Bonis (2011); M.C. De Bonis (2011); Giliberto (2011) 126; Liuzza (2011) 1–77 [prognostics]; Gwara (2012) 527

London, British Library, Cotton Tiberius A. iii, fols. 174–7: see no. **332**
London, British Library, Cotton Tiberius A. iii, fol. 178: see no. **364**

363. 2. London, British Library, Cotton Tiberius A. iii, fol. 179

s. x ex.

Contents: *horologium**; Mass prayer

MS: N.R. Ker (1957) no. 187; Scragg (2012a) no. 546

ED: Cockayne (1864–6) III.218 [*horologium*]

364. London, British Library, Cotton Tiberius A. vi, fols. 1–35 (with London, British Library, Cotton Tiberius A. iii, fol. 178)

s. $x^{3/4}$, prob. 977×979, prob. Abingdon, prov. Canterbury (prob. CC) s. xi^2

Contents: *Anglo-Saxon Chronicle* B*; genealogy of West-Saxon kings*; note on finding a piece of the Cross (s. xi/xii); list of archbishops of Canterbury and popes (s. xi/xii)

MS: C. Plummer (1892–9) I.x–xi; Dickins (1952) 6; N.R. Ker (1957) nos. 188, 409; A.G. Watson (1979) I, no. 549; S. Taylor (1983) xi–xxvii; Dumville (1986) 8–9; A.G. Watson (1986) 137, 149 [repr. A.G. Watson (2004) no. IV]; P.L. Heyworth (1989) 255, 256; Robinson—Stanley (1991) 22–3; Dumville (1993g) 26 n. 84; Laing (1993) 80; Conner (1996) xvi–xvii; Bredehoft (2001) 222; Bredehoft (2004) 156 n. 42, 157, 159–60, 167, 169; C. Bishop (2007b) 103, 106–7; Barker-Benfield (2008) I.95, III.1792; D. Ganz (2012) 190 and n. 13; Scragg (2012a) no. 546a

FACS: Robinson—Stanley (1991) pls. 14.1.3.1–3 [fols. 31r–32r], 14.2.3 [fol. 32v], 14.3.3.1–2 [fol. 33r–v], 14.3.3.2–3 [fols. 33v–34r]; Bredehoft (2001) pl. VI [fol. 12r]

ED: C. Plummer (1892–9) [*Anglo-Saxon Chronicle* (art. 1) coll. as B]; Dickins (1952) 3–5 [base text for genealogy (art. 2)]; S. Taylor (1983) [base MS for *Anglo-Saxon Chronicle* B]; Dumville (1986) 21–5 [genealogy (art. 2)], 28–30 [continuation of the regnal list]; Conner (1996) [*Anglo-Saxon Chronicle* B (art. 1) coll. as B]

LANG: S. Taylor (1983) lxiii–cvi

ST: Rosier (1960b); A.F. Cameron (1973) no. C.10; Torkar (1981) 49–50, 56 n. 4, 67–8, 161; Hart (1982); Graham (1998a) 34, 59 n. 52; Bredehoft (2001) 4; Keynes (2012) 542, 552 *et passim*

365. London, British Library, Cotton Tiberius A. vii, fols. 165–6

s. $ix^{3/4}$, W France; OE gloss added s. xi^1

Contents: Prosper, *Epigrammata ex sententiis S. Augustini*° [*CPL* 526] (f) and *Versus ad coniugem*° [*CPL* 531; SK 458] (f)

MS: N.R. Ker (1957) no. 189; Rella (1977) 165; Rella (1980) 111; Lapidge (1982a) 105, 133 n. 48 [repr. Lapidge (1996b) 467 and n. 48]; Bischoff (1998—) II, no. 2425; Lapidge (2006) 169, 327, 328; R. Gameson (2012d) 352 and n. 28; Scragg (2012a) no. 547

FACS: Toth (1984) pl. 7 [fol. 165v]

ED: Wright—Wülker (1884) I.248–57; Toth (1984) 23–32

LANG: Jordan (1906) 39; Toth (1984) 14–20; Hofstetter (1987) 445

ST: Toth (1984)

366. London, British Library, Cotton Tiberius A. xiii ('Hemming's Cartulary')

c. 1016 and *c.* 1096, Worcester

Contents: two cartularies (*c.* 1016 and *c.* 1096); homily* (s. xi[1]); biographical eulogy of Bishop Wulfstan II[+*] (s. xi ex.)

MS: N.R. Ker (1948); N.R. Ker (1957) no. 190; G.R.C. Davis (1958) no. 1068; N.R. Ker (1960) 20; Sawyer (1968) 52–3; N.R. Ker (1971) 324–6 [repr. N.R. Ker (1985) 18–20]; Scragg (1979) 260; A.G. Watson (1979) I, nos. 550–1; D.H. Turner et al. (1980) 107; Backhouse et al. (1984b) no. 171; Dumville (1993g) 66–8; Laing (1993) 80; R. Gameson (1999a) no. 402; Biggs et al. (2001) 458; M.P. Brown (2001b) 284; Gneuss (2003b) 298; J. Barrow (2004) 149 n. 37, 151; Baxter (2004) 162, 164 n. 9, 165–7, 171–3, 176, 191–205; Dance (2004) 31 n. 6; G. Mann (2004) 239–40 and n. 8; A. Orchard (2004) 66 n. 15; R. Gameson (2005a) 96, 101–4; Foys (2006) 279–80; Treharne (2007b) 17; M.P. Brown (2012) 146 n. 125; A. Orchard (2012) 697 [no. 8]; Scragg (2012a) nos. 172, 307, 548–58

FACS: Cross—Morrish Tunberg (1993b) pls. V–VII [fols. 20v, 28r, 116r]; Baxter (2004) 168–70 [fols. 48r, 100r, 70r], 174 [fol. 83r]; Withers (2007) 81 [fol. 2v]

ED: Hearne (1723); Thorpe (1865) 445–7, repr. *PL* CL, cols. 1489–90 [eulogy of Bishop Wulfstan II (OE and Latin)]; Napier (1883/1967) 1–5 [Hom. I coll. as L]; Baxter (2004) 161 [fol. 101v]; Tinti (2009) 492–6 [*Enucleatio libelli* in second cartulary]; and the editions of charters recorded in Sawyer (1968)

LANG: Fowler (1972) xxi

ST: Scharer (1982) 281–4; J. Barrow (1996) 86–7, 89; Bullough (1996) 3–4; R. Gameson (1996a) 214, 215 n., 239; Mason (1996a) 209–11; Harmsen (2000) 253, 310; Biggs et al. (2001) 485–6; Tinti (2002); Baxter (2004); Tinti (2009); Tinti (2010)

367. London, British Library, Cotton Tiberius A. xiv

s. viii med., Monkwearmouth-Jarrow

Contents: Bede, *Historia ecclesiastica* [*CPL* 1375]

MS: C. Plummer (1896) I.xci–xciii; Arngart (1952) 18 n. 1; Lowe (1960) no. XXXVIII (d); Mynors—Colgrave (1969) xlvi–xlvii; *CLA* Supplement (1971) no. 1703; Lowe (1972b) II.441–9; Rella (1977) 69; Parkes (1982) 12, 27 n. 35, 30 n. 81 [repr. Parkes (1991a) 100 n. 35, 108–9, 116 n. 81]; O'Brien O'Keeffe (1987) 142–3; Webster—Backhouse (1991) no. 92; Parkes (1992) 27–8, 125 nn. 69, 77, 129 n. 17; T.J. Brown (1993b) 199; Saenger (1997) 50; M.P. Brown (2003a) 270 n. 136; Dumville (2007f) 55, 66–7, 73, 93; Lapidge (2008–10) I.lxxxv–lxxxvi; M.P. Brown (2012) 158 n. 173; R. Gameson (2012a) 25 n. 45

FACS: Lowe (1960) pl. XXXVIII (d) [fol. 46v]; Parkes (1982) 14 [fol. 26v (detail)] [repr. Parkes (1991a) pl. 20]; Webster—Backhouse (1991) 128 [fol. 84r]; M.P. Brown (2003a) 256 [fol. 26v]; R. Gameson (2012) pl. 4.4 [fol. 26v]

ED: C. Plummer (1896) [Bede, *Historia ecclesiastica*, coll. as B]; Lapidge (2008–10) [Bede, *Historia ecclesiastica*, coll. as B]

ST: Lapidge (2008b)

368. London, British Library, Cotton Tiberius A. xv, fols. 1–173

s. xi in., prob. Canterbury CC

Contents: Alcuin, a selection of his letters; a collection of letters and poems mainly to tenth-century archbishops of Canterbury [including SK 1384, 4087, 7503, 9863, 10852, 11705, 13764, 15719, 17394]

MS: T.S. Smith (1696) 21; *Committee of Parliament Report* (1732) 451; Stubbs (1874) liii–liv; Dümmler (1895) 9–11; Hohler (1975) 74; C. Brett (1991) 50–5, 57–8, 65–70; Dumville (1993g) 107–8 and n. 125; Lapidge (2003a) 220, 241–2 and nn.; Bullough (2004) 81–101 *et passim*; G. Mann (2004) 252, 255; Vanderputten (2006) 219, 221, 225, 227–32, 235–6; Winterbottom—Lapidge (2012) 151–3

ED: Haddan—Stubbs (1869–71) III.685–6 [letter of Ecgred]; Stubbs (1874) 354–404 [archiepiscopal correspondence]; Dümmler (1895) [Alcuin Letters coll. as A1]; Chase (1975) [twenty–four letters of Alcuin coll. as A_1]; C. Brett (1991) 57–8 [letter of Breton pilgrim to K. Æthelstan]; Lapidge (2003a) 220–1 [poem of .L. to Dunstan], 252–4 [letter of Lantfred]; Vanderputten (2006) 237–44 [letters from Wido, Fulrad, Odbert coll. as A]; Winterbottom—Lapidge (2012) 153–61 [base MS for two letters by B.]

ST: Levison (1946) 297–300; Whitelock (1979) nos. 214, 230–1; Chase (1975) 10; Lapidge (1975a) 82, 88–9 [repr. Lapidge (1993a) 120, 126–7]; R.M. Thomson (1982b) 2 n. 8, 7; *BCLL* (1985) no. 902; R.M. Thomson (1987) 129–30, 133, 141, 154–8; Lapidge (1988c) 96–8 [repr. Lapidge (1993a) 190–2]; *CSLMA* II (1999) 171–355 [Alcuin letters]; Bullough (2004); Carley—Petitmengin (2004) 204–8; G. Mann (2004) 242 n. 12, 250, 252, 254 n. 50, 257 n. 65, 266–7; Vanderputten (2006) 219, 234; R. McKitterick (2012) 328

368. 2. London, British Library, Cotton Tiberius A. xv, fol. 174

s. x

Contents: conclusion of gospel of John (XXI.17) [s. x], charter of 1063×1066 [added s. xii]

MS: C. Brett (1991) 51; Dumville (1992a) 121 and n. 185a, 146 n. 366; Dumville (1993f) 96, 98 [no. 13]; R. Gameson (2012d) 365 and n. 89

369. London, British Library, Cotton Tiberius A. xv, fols. 175–80

s. vii/viii, prob. S England, (prov. Malmesbury?)

Contents: Iunillus Africanus, *Instituta regularia diuinae legis* [*CPL* 872] (f)

MS: Thompson—Warner (1881–4) 54–5; *CLA* II (1935) no. 189; Siegmund (1949) 108; R.M. Thomson (1982b) 8–10; R.M. Thomson (1987) 76–98; A.G. Watson (1987a) 48; Bischoff—Lapidge (1994) 248–9; R. Sharpe et al. (1996) 265; Lapidge (2006) 34 and nn.

370. London, British Library, Cotton Tiberius B. i, fols. 3–111

s. xi[1], prov. prob. Abingdon

Contents: Orosius, *Historiae aduersum paganos* [*CPL* 571] in OE translation*

MS: N.R. Ker (1957) no. 191 [art. 1]; Bately (1980) xxv; P.L. Heyworth (1989) 46, 255, 256; *ASMMF* X (2003) 1–6 [no. 227; O'Brien O'Keeffe]; Bately (2006) 40; Treharne (2007b) 19 n. 16; Scragg (2012a) nos. 559–70

DEC: E. Temple (1976) no. 30 (xviii); Ohlgren (1986) no. 135

FACS: *ASMMF* X (2003) no. 227; E. Temple (1976) ill. 116 [fol. 7v]

ED: Bately (1980) [OE Orosius coll. as C]

ST: Buckalew (1978) 159–64; Waite (2000) 38–42, 281–320

370. 2. London, British Library, Cotton Tiberius B. i, fols. 112–64

s. xi med., Abingdon

Contents: OE Metrical Calendar** (mistakenly called *Menologium*); *Maxims II***; *Anglo-Saxon Chronicle* C*

MS: C. Plummer (1892–9) I.xi; N.R. Ker (1957) no. 191 [arts. 2–4]; A.G. Watson (1979) I, no. 552; Backhouse et al. (1984) no. 147; P.L. Heyworth (1989) 46, 255, 256; Robinson—Stanley (1991) 22–4; Dumville (1992a) 130–1 and n. 260; Laing (1993) 80; O'Brien O'Keeffe (1998a); O'Brien O'Keeffe (2001) xx–xxxviii; *ASMMF* X (2003) 1–6 [no. 227; O'Brien O'Keeffe]; Bredehoft (2004) 156 n. 42, 157–60, 163–5, 167–9; Guimon (2006) 137–40, 143, 145; Scragg (2012a) nos. 559–70

DEC: R. Gameson (1991) 71 n. 68; R. Gameson (2012c) 287 and n. 133

FACS: A.G. Watson (1979) II, pls. 39 (a)–(b) [fols. 118v, 158v]; Backhouse et al. (1984) 145 [fol. 151r]; Robinson—Stanley (1991) pls. 14.1.4.1–2 [fol. 141r], 14.2.4 [fol. 142r], 14.3.4.1–2 [fols. 142v–143r], 14.5.1 [fol. 156r], 14.6.1 [fol. 160v], 16.1–6 [fols. 112r–114v], 17.1–2 [fol. 115r]; M.P. Brown (1991) pl. 44 [fol. 140v]; Conner (1996) frontispiece [fol. 143v]; O'Brien O'Keeffe (1998a) pl. 13 [fol. 164r]; O'Brien O'Keeffe (2001) pls. 1–4 [fols. 143r, 143v, 144r, 157v]; Bredehoft (2001) pl. VII [fol. 140r]; *ASMMF* X (2003) no. 227; Owen-Crocker (2009) fig. 2.12 [fol. 141r]

ED: C. Plummer (1892–9) [*Anglo-Saxon Chronicle* coll. as C]; Dobbie (1942) 49–55 [Metrical Calendar], 55–7 [*Maxims II*]; Conner (1996) [so-called 'Abingdon Chronicle' for years 956–1066 coll. as C]; O'Brien O'Keeffe (2001) [base MS for Metrical Calendar, *Maxims II* and *Anglo-Saxon Chronicle* C (arts. 2–4)]

LANG: O'Brien O'Keeffe (2001) xciii–cxii

ST: Bollard (1973); Buckalew (1978) 159–64; F.C. Robinson (1980) 26–9; Lapidge (1991d) 249–50 [OE Metrical Calendar]; Graham (1998a) 34; O'Brien O'Keeffe (1998a); Bredehoft (2001); Keynes (2012) 542, 552 *et passim*

371. London, British Library, Cotton Tiberius B. ii, fols. 2–85

s. xi/xii (prov. Bury St Edmunds)

Contents: Abbo of Fleury, *Passio S. Eadmundi* [*BHL* 2392]; Hermannus Archidiaconus (?), *Miracula S. Eadmundi* [*BHL* 2395] (long version, incomplete)

MS: Arnold (1890–6) I.lxv; N.R. Ker (1957) p. 210; N.R. Ker (1964) 20; Rouse (1966) 484 and n. 33; R.M. Thomson (1972) 626 and n. 49; A.G. Watson (1979) I, no. 553; R. Gameson (1999a) no. 403; R. Gameson (2012a) 61 n. 208, 91 n. 335

FACS: Gransden (1995a) pls. III–IV [fols. 2r, 3r (detail)]

ED: Liebermann (1879) 203–81 [Hermann, *Miracula S. Eadmundi*]; Arnold (1890–6) I.3–25 [Abbo, *Passio S. Eadmundi*], I.26–92 [Hermann, *Miracula S. Eadmundi*]; Winterbottom (1972) 67–87 [base MS for Abbo, *Passio S. Eadmundi*]

ST: Hervey (1907); Winterbottom (1972) 12–13; Gransden (1974) 175; R.M. Thomson (1984) 190 and n. 15; Gransden (1995a) 65–6; Gransden (1995b) 2–6; Biggs et al. (2001) 2–4 [Lendinara]; R. Sharpe (2001) 178

372. London, British Library, Cotton Tiberius B. iv, fols. 3–9, 19–86

s. xi med., xi^2, W Midlands (Worcester?), (prov. Worcester, previously Canterbury CC?)

Contents: *Anglo-Saxon Chronicle* D*

MS: C. Plummer (1892–9) I.xi–xii; N.R. Ker (1957) no. 192; N.R. Ker (1964) 207; A.G. Watson (1979) I, no. 555; Whitelock (1979) 114–15; Robinson–Stanley (1991) 22–3; Dumville (1993g) 114 n. 18; Laing (1993) 81; Conner (1996) xvii; Cubbin (1996) ix–xvi; Bredehoft (2004) 156 n. 42, 157, 160–3, 165, 167; R. Gameson (2005a) 93; Roberts (2005) 96–8 [no. 21]; Guimon (2006) 137–8, 141–5; C. Bishop (2007b) 100; Treharne (2007b) 17; Graham (2009) 191; Scragg (2012a) nos. 571–580d

DEC: Withers (2011) 265–6

FACS: Robinson—Stanley (1991) pls. 14.1.5.1–3 [fols. 49r–50r], 14.2.5.1–2 [fol. 50r–v], 14.4.1 [fol. 53r], 14.5.2 [fol. 70r], 14.6.2.1–2 [fols. 78v–79r]; Cubbin (1996) frontispiece [fol. 49v]; Bredehoft (2001) pl. VIII [fol. 53r]; Roberts (2005) pl. 21 [fol. 68r]; Owen-Crocker (2009) fig. 6.16 [fol. 20r]

ED: C. Plummer (1892–9) [*Anglo-Saxon Chronicle* coll. as D]; Classen—Harmer (1926) [base MS for *Anglo-Saxon Chronicle* D]; Conner (1996) [*Anglo-Saxon Chronicle* coll. as D]; Cubbin (1996) [base MS for *Anglo-Saxon Chronicle* D]; Bredehoft (2004) 161 [fol. 53r], 162–3 [fol. 53v], 166 [fol. 81r]

LANG: Cubbin (1996) lxxxiv–cliii; Dance (2004) 53 n. 75

ST: R. Gameson (1996a) 239; O'Brien O'Keeffe (1998a) 150; Bredehoft (2004) 164, 168–9; Keynes (2012) 542, 552 *et passim*

London, British Library, Cotton Tiberius B. iv, fol. 87: see no. **521**

373. London, British Library, Cotton Tiberius B. v, fols. 2-73, 77-85

s. xi$^{2/4}$, Canterbury CC? Winchester?, (prov. Battle)

Contents: computus material ('Leofric-Tiberius Computus'); metrical calendar ('of Hampson'); Bede, *De temporibus* ch. xiv; lists of: popes, the seventy-two disciples of Christ (erased), Roman emperors, high priests of Jerusalem, bishops of Jerusalem, Alexandria and Antioch, nineteen lists of bishops of Anglo-Saxon dioceses; royal genealogies of Anglo-Saxon kingdoms$^{(*)}$ in sixteen lists; list of the abbots of Glastonbury; Archbishop Sigeric's journey to Rome; Ælfric, *De temporibus anni**; astronomical texts; Cicero, *Aratea* with scholia by Hyginus; excerpts from: Pliny (*Naturalis historia*), Macrobius (*Comm. in Somnium Scipionis*), Martianus Capella (*De nuptiis Philologiae et Mercurii* VI.595–8, VIII.860); map of the world; Priscian, *Periegesis*; *Vita, Miracula, et Translatio S. Nicolai* (in verse: SK 7869); 'Marvels of the East' (*Mirabilia orientis*)$^{+*}$; *Jamnes and Mambres*$^{+*}$

MS: Buescu (1941) 58–60; N.R. Ker (1957) no. 193; Leonardi (1960) 70–1; N.R. Ker (1964) 8, 200; Soubiran (1972) 111–13; Dumville (1976) 26–8; C.W. Jones (1977) 246–7; A.G. Watson (1979) I, no. 556; Munk Olsen (1982—) I.332–3; Rollason (1982) 43; Backhouse et al. (1984b) no. 164; Lapidge (1984) 344, 353 [repr. Lapidge (1993a) 361, 370]; McGurk (1986a) 80, 84–9; P.L. Heyworth (1989) 230; Biggs et al. (1990) 27–9 [T.N. Hall]; Hollis (1992) 117, 120–1; Baker—Lapidge (1995) xlv–xlviii; Webster—Brown (1997) 248 [no. 157]; R. Gameson (1999a) no. 396;

Gretsch (2000) 110, 112, 117; *ASMMF* IX (2001) 65–79 [no. 229; Grade]; Liuzza (2001) 206 n. 108; Simek (2002) 53; Karkov (2004) 66 n. 70, 68; G. Mann (2004) 255; Meaney (2004) 496; Biggs (2007a) 10–11 [T.N. Hall]; Foys (2007) 113–17, 121–6, 140–1, 149–54; Pulsiano (2007) 123; Withers (2007) 37, 280, 286–7, 289; Barker-Benfield (2008) II.1188; M. Blake (2009) 11–12; Wieland (2009) 152, 154, 155; Scragg (2012a) no. 581

DEC: Dodwell (1950) 18 n. 4; Rice (1952) 224–5; Köhler — Mütherich (1971–99) IV.77; E. Temple (1976) no. 87; F. Wormald (1984) 42, 118, 126, 143, 182 n. 14; D.M. Wilson (1984) 187; Ohlgren (1986) no. 192; R. Gameson (1991) 75 n. 82; R. Gameson (1995b) 11, 14, 36, 160, 168, 177 *et passim*; E.R. Anderson (1997) 252–3; Niles (1998) 194 n. 84; Wieland (1998) 16 n. 20; Dodwell (2000) 152–3; Simek (2002) 57; Semple (2003) 241–3; S. Page (2004) 18, 64; Foys (2007) 114–17, 121, 128, 130, 147–9, 151; Keefer (2007b) 99; Withers (2007) 64, 67, 272; Karkov (2009) 242–4

FACS: McGurk et al. (1983) [complete facsimile]; Swarzenski (1954) pl. 61 [fols. 81v, 89v]; E. Temple (1976) ills. 273–6 [fols. 5r, 6v, 85v, 34r]; D.M. Wilson (1984) pls. 236–7 [fols. 5r, 8v]; F. Wormald (1984) ill. 37 [fol. 87v]; M.P. Brown (1991) pl. 31 [fol. 81r]; *ASMMF* IX (2001) no. 229; S. Page (2004) frontispiece [fol. 87v]; Foys (2007) 112 [fol. 56v], 122, 125, 136, 139, 152 [fol. 29r]; Withers (2007) 39 [fol. 82r], 69 [fol. 8r], 70 [fol. 3r], 71 [fol. 6v], 290 [fol. 4v], 291 [fol. 5r]; Owen-Crocker (2009) figs. 5.7 [fol. 34r], 7.31 [fol. 82r]

ED: Stubbs (1874) 391–5 [Archbishop Sigeric's journey]; Buescu (1941) [Cicero, *Aratea*, coll. as C]; Henel (1942a) [Ælfric, *De temporibus anni*, coll. as B]; R.I. Page (1966) 12–17 [lists of bishops]; Soubiran (1972) [Cicero, *Aratea*, coll. as C]; Gibson (1977) [*Wonders of the East*]; McGurk (1986a) ['Metrical Calendar of Hampson' coll. as T]; Ortenberg (1990b) 199–200 [Archbishop Sigeric's journey to Rome]; Viré (1992) [scholia to Cicero, *Aratea*, coll. as C_2]; A. Orchard (1995) 175–202 [*Wonders of the East*], 202 [*Jamnes and Mambres*]; M. Blake (2009) 76–103 [Ælfric, *De temporibus anni*, coll. as B]

ST: M.R. James (1901) [*Jamnes and Mambres*]; Förster (1902) [*Jamnes and Mambres*]; J.A. Robinson (1918) 14–16; C.W. Jones (1939) 120; Magoun (1940) [Archbishop Sigeric's journey]; Saxl — Meier (1953) I.119–28 [*Aratea*]; Bodden (1979) 265; Munk Olsen (1982–) I.332–3 [*Aratea*]; Biggs et al. (1990) 27–9 [*Jamnes and Mambres*; T.N. Hall]; Ortenberg (1990b) [Archbishop Sigeric's journey]; Dumville (1992a)

20–38 ['Metrical Calendar of Hampson']; Ortenberg (1992) 327; Baker—Lapidge (1995) xlv–xlviii [Leofric–Tiberius computus]; Biggs—Hall (1996) 70–4 [*Jamnes and Mambres*]; Borst (2001) I.168–9 [metrical calendar]; M. Blake (2009) 19–68

London, British Library, Cotton Tiberius B. v, fols. 74 and 76: see no. 21

374. London, British Library, Cotton Tiberius B. v, fol. 75

s. viii, prob. Northumbria, prov. Exeter by s. x^1

Contents: gospels (f); records* (s. x^1, x med., xi^1)

MS: *CLA* II (1935) no. 190; N.R. Ker (1957) no. 194; McGurk (1961a) no. 24; N.R. Ker (1964) 82; E.A. Lowe (1964) no. 66; Drage (1978) 362–3; Conner (1993) 5, 14, 20, 25, 29, 50, 165–8, 190; Dumville (1994a) 134–5; R. Gameson (1994b) 40, 43, 48; R. Gameson (1996b) 152; Scragg (2012a) no. 582

FACS: Rose-Troup (1931) pl. 2 [recto]; Conner (1993) 168–70 [recto and verso]

ED: records: KCD no. 1353 [art. a]; Thorpe (1865) [arts. a–c]; Conner (1993) 168–70 [arts. a–c]

ST: Conner (2008) 258–9

375. London, British Library, Cotton Tiberius B. xi (with Kassel, Gesamthochschulbibliothek 4° MS. theol. 131)

890×897, Winchester?

Contents: Gregory (Alfred) *Regula pastoralis** (incomplete [Tiberius MS almost completely destroyed])

MS: Lehmann (1933) 33–5 [Kassel leaf]; N.R. Ker (1957) no. 195; P.L. Heyworth (1971); Horgan (1973); Carlson (1975) 12; A.G. Watson (1979) I, no. 558; Horgan (1986) 111–14, 124; Morrish (1988) 532; P.L. Heyworth (1989) 77, 78; Robinson—Stanley (1991) 21; Prescott (1998) 268, 273; Collier (2000) 202; W. Schipper (2003) 159; Schreiber (2003) 51–2, 64; D. Ganz (2012) 188 n. 4

FACS: N.R. Ker (1956) [complete facsimile]; Robinson—Stanley (1991) pl. 6.1.5 [Tiberius p. 4]

ED: Flasdieck (1938) 208–11 [Kassel leaf]; Carlson (1975) [OE Pastoral Care coll. as C]; Carlson (1978) [OE Pastoral Care coll. as C]; Schreiber (2003) [parts of OE Pastoral Care coll. as Tib/K]

LANG: Horgan (1981); P.P. O'Neill (1997) 153 n. 60; Gretsch (1999a) 319; Gretsch (2000) 98–102, 105; Gretsch (2001) 172; Schreiber (2003) 83–110; Dance (2004) 35–6 and n. 29

ST: Flasdieck (1942); K. Sisam (1953a) 140–7; P.L. Heyworth (1971); Dumville (1987) 163; Prescott (1987) 419–21; R. Gameson (1998) 242 n. 45; Schreiber (2003) 65–79

376. London, British Library, Cotton Tiberius C. i, fols. 43–203

s. xi¹ or xi med., Germany; additions made in England 1070×1100; prov. whole MS Sherborne s. xi², then (prob. from c. 1075) Salisbury

Contents: pontifical (*Pontificale Romano-Germanicum*) [s. xi¹ or xi med., Germany]; pontifical services, three homilies*, prayers*, four homilies; Council of Winchester (1070); penitential articles issued after the Battle of Hastings; litany [added England 1070×1100]

MS: N.R. Ker (1949–50) 182 [repr. N.R. Ker (1985) 207]; N.R. Ker (1957) no. 197; N.R. Ker (1959) 262–70; N.R. Ker (1964) 171; Brückmann (1973) 436; N.R. Ker (1976b) 25, 36, 41, 45, 49 [repr. N.R. Ker (1985) 145, 157, 163, 169, 173]; Lapidge (1983) 17, 21 n. 52 [repr. Lapidge (1993a) 459, 463 n. 52]; Lapidge (1991a) 71–2; Dumville (1992a) 69, 91, 124, 134; Webber (1992) 143–4, 145 n. 17, 159 *et passim*; R. Gameson (1999a) no. 405; *ASMMF* VIII (2000) 30–45 [no. 231; Wilcox]; Crowley (2000) 125; Hamilton (2001) 135 and n. 164, 219; T.N. Hall (2005) 180–3; Schröcker (2005) 343–4, 345–8; Hartzell (2006) no. 140; O'Brien O'Keeffe (2006) 262, 267–8; R. Gameson (2012d) 363 and n. 76; Pfaff (2012) 459 and n. 36; Rushforth (2012) 209 n. 76; Scragg (2012a) nos. 583–5

DEC: Köhler—Mütherich (1971–99) IV.77, 79; Schröcker (2005) 347

FACS: N.R. Ker (1960) pl. 1 (a) [fol. 202r]; N.R. Ker (1985) pl. 20 (b) [fol. 112v]; *ASMMF* VIII (2000) no. 231

ED: N.R. Ker (1959) 272–9 [three OE homilies: address at the dedication of a church (fols. 109v–111r), address to an individual at the beginning of Lent (fols. 200r–202r), address to the congregation at the beginning of Lent (fols. 161v–162v)]; Whitelock et al. (1981a) II.574–6 [Council of Winchester coll. as B], 581–4 [penitential articles issued after the Battle of Hastings, coll. as B]; Tristram (1985) 302 [Age of the World, Ages of Man (fol. 150r)]; Lapidge (1991a) 178–80 [litany]; T.N. Hall (2005) 183–92 [Palm Sunday homily from this MS]; O'Brien O'Keeffe (2006) 259 [oblation formula on fol. 93r–v]

ST: Munk Olsen (1982–) I.333 [on fols. 2–42]; Baker–Lapidge (1995) lvi [on fols. 2–42]; R. Gameson (1999a) no. 404 [on fols. 2–42]; C.A. Jones (2005a) 114; Schröcker (2005) 344; Pfaff (2009) 351; R. McKitterick (2012) 330 and n. 109

377. London, British Library, Cotton Tiberius C. ii

s. ix$^{2/4}$, S. England, prob. Canterbury (StA?)

Contents: Bede, *Historia ecclesiastica* (with interlinear OE glosses, s. x) [*CPL* 1375]; glossaries^{+*}

MS: Thompson–Warner (1881–4) 78–9; Sweet (1885) 179; C. Plummer (1896) I.xciii–xcviii; *CLA* II (1935) no. 191; Kuhn (1948) 613–14; N.R. Ker (1957) no. 198; K. Sisam (1956); Kuhn (1957); K. Sisam (1957); A. Campbell (1959) 8; McGurk (1962) 28, 31 [repr. McGurk (1998) no. VII]; D.H. Wright (1964) 116; Colgrave–Mynors (1969) xlii; A.G. Watson (1978) 46 and n. 1; T.J. Brown (1980) 13; Lapidge (1981b) 120–1 [repr. Lapidge (1993a) 340–1]; Bischoff (1983b) 293; Morrish (1988) 528–9; P.L. Heyworth (1989) 224, 230, 238; Webster–Backhouse (1991) no. 170 and p. 195 [M.P. Brown]; O'Brien O'Keeffe (1994) 227–8; M.P. Brown (1996) 169–78; Webster–Brown (1997) 217–18, 238–9 [nos. 31, 112]; R. Gameson (1999c) 363; M.P. Brown (2001b); Rowley (2004) 19; Hartzell (2006) no. 141; M.P. Brown (2007a) 91; Dumville (2007f) 58, 73; Barker-Benfield (2008) I.607, III.1810; J.A. Haines (2008) 225; Lapidge (2008–10) I.lxxxvii; Graham (2009) 179; M.P. Brown (2012) 138 and n. 75, 158 n. 173, 165 and n. 223

DEC: Kendrick (1938) 153, 168, 199; Kuhn (1948) 613–14; D.H. Wright (1964) 116; Koehler (1972) 188; Alexander (1978a) no. 33; D.M. Wilson (1984) 94–6; Ohlgren (1986) no. 33; O'Brien O'Keeffe (1987) 143; M.P. Brown (2001c) 51; M.P. Brown (2011b) 37, 41; N. Edwards (2012) 246 n. 14

FACS: Kendrick (1938) pl. LXIX (2) [fol. 5v]; Alexander (1978a) ills. 134, 165 [fols. 60v (detail), 5v (detail)]; D.M. Wilson (1984) pl. 111 [fol. 5v]; M.P. Brown (1986) pl. IV(b) [fol. 94r]; Morrish (1988) pl. 7 [fol. 34v]; T.J. Brown (1993a) ill. 59 [fol. 60v]; M.P. Brown (1996) fig. 17 [fol. 5v]; M.P. Brown (2003a) 7 [fol. 5v]; M.P. Brown (2003c) fig. 51 [fol. 5v]; Lucas (2006) fig. 12.14 [fol. 75r]; J.A. Haines (2008) 226 [fol. 18r]

ED: Sweet (1885) 180–2 [Latin–OE glossaries]; C. Plummer (1896) [Bede, *Historia ecclesiastica*, coll. as C]; Meritt (1945) no. 4 [OE glosses]; Colgrave—Mynors (1969) [Bede, *Historia ecclesiastica*, coll. as c]; Lapidge (2008–10) [Bede, *Historia ecclesiastica*, coll. as C]

LANG: Sweet (1885) 179; Bülbring (1902) 9; Luick (1914–21) 33; Kuhn (1948) 613–19; Vleeskruyer (1953) 52; A. Campbell (1955) 55; A. Campbell (1959) 8

ST: D.H. Wright (1964) 116–17; O'Brien O'Keeffe (1985) 71–2; M.P. Brown (1986) 153–4; O'Brien O'Keeffe (1987) 143; Toon (1991) 85–7; M.P. Brown (1994); O'Brien O'Keeffe (1994) 229–31, 237, 246; M.P. Brown (1996) 17, 20, 22–3, 42, 62, 71, 118, 124–5, 127–8, 135, 169, 171–5, 177–8; R. Gameson (1999b) 363; Lucas (2006) 398–9, 405, 411, 414, 417–18, 431; Lapidge (2008b); Lapidge (2008–10) I.xciv–cxv; Westgard (2010) 210, 214, 217–18

378. London, British Library, Cotton Tiberius C. vi (the 'Tiberius Psalter')

s. xi$^{3/4}$, prob. mid 1060s, Winchester OM?

Contents: computus material ('Winchester Computus' [fragmentary]); picture cycle; notes on the psalter, *Alleluia* and *Gloria*; prayers; *Ordo confessionis* with litany; homily^{+*}; Psalterium Gallicanum° (now incomplete; ends at Ps. CXIIIB. 11) with psalter collects

MS: F. Wormald (1952) 50–3, 68–9 [no. 32]; N.R. Ker (1957) no. 199; F. Wormald (1957b) 31 [repr. F. Wormald (1984) 146]; Sisam—Sisam (1959) 4–5; F. Wormald (1962) [repr. F. Wormald (1984) 130–7]; Morrell (1965) 107–10; T.A.M. Bishop (1971) no. 27; Voigts (1976) 46–7, 58–9; Rella (1977) 57; Backhouse et al. (1984b) no. 66 [D.H. Turner]; Gneuss (1985) 115 [no. H.10]; Lapidge (1991a) 72; Dumville (1993g) 18, 136, 140; R.I. Page (1993a) 102–3; *ASMMF* II (1994) 38–42 [no. 233; Pulsiano]; Keynes (1996a) 115 n. 46; Webster—Brown (1997) 227 [no. 68]; Gneuss (1998) 273, 277; Pulsiano (1998b) 85, 96, 112–13 n. 41; R. Gameson (1999a) no. 406; Gretsch (1999a) 90; Gretsch (2000) 86; Liuzza (2001) 186 n. 29; Pulsiano (2001a) xxiii and nn.; Chardonnens (2007b) 519, 551; Shepard (2007) 254 n. 54; Wieland (2009) 116; R. Gameson (2012a) 70 n. 240, 91 n. 333; Scragg (2012a) no. 586

DEC: F. Wormald (1945) 126 [repr. F. Wormald (1984) 64]; Rice (1952) 219–20; F. Wormald (1952) 68–9 [no. 32]; Dodwell (1954) 5, 18, 23; F. Wormald (1957b) 31–2 [repr. F. Wormald (1984) 146–7]; Steger (1961) 191–3; F. Wormald (1962) [repr. F. Wormald (1984) 130–7]; Alexander

(1970a) 93, 120, 152; Dodwell (1971b) 94; Raw (1976) 138; E. Temple (1976) no. 98; Voigts (1976) 46–7; Deshman (1977) 166–71; C. Page (1977) 305; Brownrigg (1978) 262 and n. 3; G. Henderson (1982) 61 n. 86; D.M. Wilson (1984) 185–7; F. Wormald (1984) 120–2; Ohlgren (1986) no. 203; Voigts (1986) 296 and n. 21; Openshaw (1989); Openshaw (1990); Raw (1990) 216–17; R. Gameson (1991) 65 *et passim*; Heslop (1992a); Openshaw (1993); R. Gameson (1995b) 17, 29–30, 35, 45, 50, 91–6, 137–8, 147–8, 165–6, 171–2, 175–6, 186–9, 190–1, 207–8 *et passim*; M.P. Brown (1996) 114; Deshman (1997) 111–12, 115, 116 n. 34, 133, 136 n. 119; Wieland (1998) 16 n. 16; Brantley (1999) 56 n. 44; Dodwell (2000) 109–11, 140–1, 147–8; Kidd (2000) 45; Shepard (2007) 215; Karkov (2009) 233–5; O'Reilly (2011) 208–9; R. Gameson (2012c) 269 and n. 57, 272 and n. 71, 289 n. 138

FACS: F. Wormald (1952) pls. 30–2 [fols. 13r, 15v, 16r]; F. Wormald (1957b) fig. 11 [fol. 30v]; T.A.M. Bishop (1971) pl. XXIII (c) [fol. 19v]; Voigts (1976) figs. 3–5 [fols. 5v, 71v, 114r]; C. Page (1977) pls. 7–8 [fol. 17r–v]; Dodwell (1982) 28, 173, 184 [fols. 5v, 10v, 71v]; Backhouse et al. (1984b) pl. xx [fol. 14r]; D.M. Wilson (1984) pl. 233 [fol. 13r]; F. Wormald (1984) ills. 124–54 [facsimiles of all the miniatures: fols. 6v, 7v–19r, 30v, 71v, 72r, 114v, 126v]; M.P. Brown (1991) pls. 32, 76 [fols. 6v, 14r]; R. Gameson (1991) figs. 1, 7 [fols. 30v, 60r]; Heslop (1992a) fig. 1 [fol. 6r]; *ASMMF* II (1994) no. 233; R. Gameson (1995b) pls. 13 (b) [fol. 14r], 17 (b) [fol. 16r], 31 [fol. 72r]; Backhouse (1997) pl. 16 [fol. 14r]; Dodwell (2000) pls. XXXV (b), LIII (b) [fols. 11v (detail), 12r (detail)]; Chardonnens (2007b) pl. 5 [fol. 6v]; Shepard (2007) fig. 84 [fol. 6v]; Owen-Crocker (2009) figs. 7.24–5 [fols. 6v, 14r]

ED: Napier (1883/1967) 56–60 [Hom. VIII coll. as O]; Wilmart—Brou (1949) [base MS for psalter collects]; A.P. Campbell (1974) [base MS for Psalterium Gallicanum and OE gloss (fols. 31r–129v)]; Lapidge (1991a) 181 [litany]; Pulsiano (2001a) [Psalms I–L (Latin and OE gloss) coll. as H]; Chardonnens (2007b) 205 ['Sphere of Apuleius']

LANG: A.F. Cameron (1974) 221; Hofstetter (1987) 486–9 [no. 228]; McDougall—McDougall (1997) 221 n. 54; Crowley (2000) 138

ST: Wildhagen (1920); Sisam—Sisam (1959) 59–60; Bierbaumer (1977a); Berghaus (1979) 127–8; Pulsiano (1991c) 81–8; Burnett (1992) 167 [onomastic text]; Baker—Lapidge (1995) xlviii–lii ['Winchester Computus']; Pulsiano (1998b) 86–7; Gretsch (1999a) 26–7, 39, 90, 101, 268, 312–13

378. 5. London, British Library, Cotton Tiberius D. iv

s. xi/xii, N France (or England?), prov. prob. Winchester OM

Contents: forty-two Latin Lives of saints (including a 'Martinellus')

MS: T.S. Smith (1696) 27–8 [full list of contents]; Planta (1802) 39; Levison (1919–20) 601; Lapidge—Winterbottom (1991b) clxxvii–clxxix; Love (1996) lxxviii–lxxix; Treharne (1997) 174–7; R. Gameson (1999a) no. 407; Lapidge (2003a) 612–13, 615–16, 641–2, 644, 747; Lapidge (2004b) 443

ED: Stubbs (1874) 69–161 [Osbern, *Vita S. Dunstani*, coll. as K]; Lapidge—Winterbottom (1991b) 2–68 [Wulfstan, *Vita S. Æthelwoldi*, coll. as T]; Love (1996) 2–46 [*Vita S. Birini* coll. as T]; Treharne (1997) 178–97 [base MS for *Vita S. Nicholai*, supplemented by readings from no. **344**], 198–206 [base MS for *Vita S. Aegidii*]; Lapidge (2003a) 630–8, 648–96 [*Vita* and *Miracula S. Swithuni* coll. as T]

London, British Library, Cotton Tiberius D. iv, fols. 158–66: see no. **759**

379. London, British Library, Cotton Titus A. iv

s. xi med., Winchester? Canterbury StA?

Contents: *Regula S. Benedicti*[+*] [*CPL* 1852]; *Capitulare monasticum*; *Memoriale qualiter*; 'De festiuitatibus anni' (Ansegisus, *Capitularium collectio* II. 33)

MS: Schröer (1885–8/1964) xxiii; Bateson (1894b) 692, 695; N.R. Ker (1957) no. 200; Morgand (1963) 183; Semmler (1963) 506; T.A.M. Bishop (1971) 18; Gretsch (1973) 35–7; Hanslik (1977) lxi; Rella (1977) 57; T. Hunt (1991) I.27–8; Dumville (1993g) 8 n., 11 n., 13 n., 23; Mordek (1995) 225–6; Menzer (2004) 96–7 n. 4; Roberts (2005) 88–90 [no. 19]; N.M. Thompson (2007) 117–18; Barker-Benfield (2008) III.1705, 1707, 1829; Wieland (2009) 138; *ASMMF* XIX (2010) 65–70 [no. 235; Doane]; Scragg (2012a) nos. 587–9

FACS: Roberts (2005) pl. 19 [fol. 32r]; *ASMMF* XIX (2010) no. 235

ED: Schröer (1885–8/1964) [*Regula S. Benedicti* (OE) coll. as T]; Schröer (1888/1978) [*Regula S. Benedicti* (Latin) coll. as T]; Morgand (1963) 229–61 [*Memoriale qualiter* coll. as I]; Semmler (1963) 515–35 [*Capitulare monasticum* coll. as G6]; Gretsch (1973) 68–87 [*Regula S. Benedicti*, chs. v, xxvii–xxx and lviii, coll as j]; Hanslik (1977) [*Regula S. Benedicti* coll. as j]

ST: Gretsch (1974) 125–51; P. Wormald (1988b) 31 n. 74; Lapidge–Winterbottom (1991b) lvii and n. 79; Cross (1992b); Gretsch (1992); T. Graham (1998a) 25, 55 n. 9, 60 n. 58; Gretsch (1999a) 116, 214, 226–7, 247; Gretsch (2003a) 118–20 *et passim*; Jayatilaka (2003) 150–1; Tite (2003) 190

379. 3. London, British Library, Cotton Titus C. xv, fol. 1

s. vi/vii, Rome? in England from s. vi/vii?

Contents: Gregory, *Homiliae .xl. in Euangelia* [CPL 1711] (f)

MS: *CLA* II (1935) no. 192; Bischoff (1990) 182 n. 10; Babcock (2000); Gneuss (2003b) 299; Lapidge (2006) 25, 94 n. 13, 305

FACS: Babcock (2000) pl. 51 [recto]

379. 5. London, British Library, Cotton Titus D. xvi, fols. 2–35

s. xi/xii, St Albans

Contents: Prudentius, *Psychomachia* [CPL 1441]; poem on St Laurence (inc. 'Reddimus aeternas indulgentissime doctor' [not in SK, SK Suppl. or WIC])

MS: R.M. Thomson (1982a) I.91–2; R. Gameson (1999a) no. 411; Lapidge (2006) 330

DEC: C.M. Kauffmann (1975) no. 30; R.M. Thomson (1982a) I.91–2

FACS: R.M. Thomson (1982a) II, pls. 26–30 [fols. 1v, 2v, 5v, 16r, 28v]

380. London, British Library, Cotton Titus D. xxvi + xxvii

1023×1031, Winchester NM

Contents: *lunaria*; prognostics; liturgical calendar with necrology; computus material ('Winchester Computus'); Ælfric, *De temporibus anni**; alphabet with OE sentences*; The Passion according to St John (Euangelium Iohannis XVIII–XIX); devotions to the Holy Cross; Offices of the Trinity, the Holy Cross, the Virgin; private prayers; directions for private devotions*; note in cryptography; notes on the names of the Seven Sleepers, on the age of the Virgin*, the Ages of the World, the length of Christ's body, on the rainbow; *Somniale Danielis*; medical recipe*; rules of confraternity*; collectar; litany; Euangelium Iohannis I.1–14

MS: Birch (1892) 251–83; Dobbie (1942) lxxxiii–lxxxv; Henel (1942a) xix–xxi; N.R. Ker (1957) no. 202; D.H. Turner (1960) 360 n. 2; N.R.

Ker (1964) 103; T.A.M. Bishop (1971) xx, 23 [no. 26]; A.G. Watson (1979) I, no. 561; D.H. Turner et al. (1980) 105; Dodwell (1982) 58; Backhouse et al. (1984b) no. 61; Lapidge (1991a) 72–3; Robinson–Stanley (1991) 26; Corrêa (1992) 112–23; Dumville (1992a) 69, 91, 110, 131; Raw (1992) 286, 292; Dumville (1993g) 136; Günzel (1993) 1–6, 6–11, 16–30; M.P. Brown (1996) 140; Keynes (1996a) 111–23; P.P. O'Neill (1997) 162; P. Wormald (1999) 186 n. 100, 187 nn. 101–2, 210 n. 189; M.P. Brown (2001c) 59; R. Gameson (2001d) 4–5, 45; Liuzza (2001) 196, 198–9, 210; Karkov (2004) 60, 121, 127; Keynes (2004) 155; Karkov (2006a) 57; Karkov (2006b) 96, 108, 110–14; Rumble (2006b) 4; Biggs (2007a) 15; Chardonnens (2007b) 519–23, 551–2; Treharne (2007b) 26 n. 39; Rushforth (2008a) 34–5; M. Blake (2009) 14; Wieland (2009) 137; Liuzza (2011) 13–14; R. Gameson (2012a) 50 and n. 156; Raw (2012) 460 and n. 2, 465–6; Scragg (2012a) nos. 222, 590–6

DEC: Rice (1952) 217; F. Wormald (1952) 33–4, 59, 65, 69 [no. 33], 76, 79; Dodwell (1954) 23; E. Temple (1976) no. 77; F. Wormald (1984) 120; Ohlgren (1986) no. 182; Higgitt (1989) 282; Raw (1990) 217; R. Gameson (1991) 68 n. 41; Günzel (1993) 12–15; Deshman (1995) 36, 92, 106–7, 133, 157; Deshman (1997) 110 n. 4; Dodwell (2000) 148 n. 184; R. Gameson (1992a) 208, 212, 216; O'Reilly (1992) 174–5, 178–84; Raw (1992); R. Gameson (1995b) 18, 25, 67–8, 77, 90, 97, 172, 187; Karkov (2004) 60, 129; Karkov (2006b) 97–8, 100, 102–3; Rumble (2006b) 17 and n. 34; M.P. Brown (2007a) 114; Keefer (2007b) 99; Karkov (2009) 229–30; O'Reilly (2011) 211–14, 216; R. Gameson (2012c) 268 and n. 52, 269 and n. 57, 280 and n. 104

FACS: F. Wormald (1952) pls. 16 (a)–(b) [D. xxvii fol. 75v; D. xxvi fol. 19v]; T.A.M. Bishop (1971) pls. 23 (a)–(b) [D. xxvi fols. 67v, 68r]; E. Temple (1976) ills. 243 [D. xxvi fol. 19v], 245–6 [D. xxvii fols. 75v, 65v]; Dodwell (1982) 59 [D. xxvi fol. 19v]; M.P. Brown (1991) pl. 23 [D. xxvii fol. 75v]; Robinson–Stanley (1991) pls. 29.1–3 [D. xxvii fols. 55v–56v]; Raw (1992) pls. 43, 45 [D. xxvii fols. 64v, 75v]; R. Gameson (1992a) pls. 35–6 [D. xxvii fols. 65v, 75v]; Günzel (1993) pls. facing p. 4, between 4–5 [D. xxvii fols. 65v, 75v; D. xxvi fol. 19v]; Deshman (1995) figs. 27, 87 [D. xxvii fol. 75v, D. xxvi fol. 19v]; R. Gameson (1995b) pl. 17 (a) [D. xxvii fol. 65r]; Keynes (1996a) pls. X–XX [D. xxvii fols. 2r–21v]; Backhouse (1997) pl. 15 [D. xxvii fol. 75v]; Noel (2000) pl. 6 [Titus D. xxvii fol. 75v]; Karkov (2006b) figs. 1 [D. xxvii fol. 65v], 2 [D. xxvii fol. 75v], 3 [D. xxvi fol. 19v]; Owen-Crocker (2009) fig. 7.22 [D. xxvii fol. 65v]

ED: Birch (1892) 251–68, 269–93 [base text for D. xxvi (arts. a, b, c, d), D. xxvii (arts. 3, f, i, k etc.)]; F. Wormald (1934) 113–25 [liturgical calendar (no. 9)]; Henel (1942a) [Ælfric, *De temporibus anni*, coll. as D]; Lapidge (1991a) 182–6 [litany]; Günzel (1993) 89–197 [base text for 'Ælfwine's Prayerbook', omitting Ælfric, *De temporibus anni* and gospel of St John]; Chardonnens (2007b) 520–3 [list of edited prognostics]; Rushforth (2008a) no. 14 [liturgical calendar]; M. Blake (2009) 76–103 [Ælfric, *De temporibus anni*, coll. as D]

ST: C.W. Jones (1939) 121; Gjerløw (1961) 23, 140; Gneuss (1968) 112–13; F.C. Robinson (1973) 450 n. 25; Raw (1976) 135–7; Stroud (1979) 230; Kotzor (1981) I.302*–311*; Cross (1982) 79–81; Clayton (1984) 225; Gerchow (1988) 233–44, 332–5; Muir (1988) xxxii; Heslop (1990) 153–4; Hollis (1992) 234, 238; Baker—Lapidge (1995) xlviii–li ['Winchester Computus']; Pfaff (1995a) 45–8, 50–1 [Corrêa]; Corrêa (1996) 296 n. 45; Thacker (1996) 266 n.; Pulsiano (1998b) 88, 99–104; Borst (2001) I.93–4; Knowles et al. rev. C.N.L. Brooke (2001) 81; Liuzza (2001) 219–21; N. Orchard (2002) I.185, 191, 193, 218; R. Gameson (2004a); N. Orchard (2005) clxxviii; Chardonnens (2010) 246–50; Liuzza (2011) 1–77

381. London, British Library, Cotton Vespasian A. i (the 'Vespasian Psalter')

s. viii$^{2/4}$, prob. Canterbury StA, with later additions: s. ix, prob. ix med. (OE gloss), s. xi^1 (*Te Deum*°, *Quicumque uult*°, prayers), Canterbury (CC?), (prov. whole MS Canterbury StA)

Contents: introductory texts to the psalms (including SK 10728, 12730); interpretations of *Alleluia*, *Gloria* and Hebrew letters (in Ps. CXVIII); Psalterium Romanum°; excerpts from Cassiodorus, *Expositio psalmorum* [*CPL* 900]; canticles°; three hymns° [SK 15627, 3544, 14234] from the Old Hymnal; *Te Deum*°, *Quicumque uult*° (Athanasian Creed), prayers [added s. xi^1]

MS: Thompson—Warner (1881–4) 8; Wildhagen (1913) 435–41; *CLA* II (1935) no. 193; Kuhn (1943); Weber (1953) xiii; Gneuss (1957); N.R. Ker (1957) no. 203; T.A.M. Bishop (1959–63a) 94; Lowe (1960) 21 [nos. XXVI–XXVII]; N.R. Ker (1964) 43; Bischoff (1966–81) II.252, 333; D.H. Wright (1967) 15–80; Gamber (1968–88) no. 1612; T.A.M. Bishop (1971) 22 [no. 25]; A.G. Watson (1979) I.11; G. Henderson (1982) 14–15, 43–5; Voigts (1988) 84; M.P. Brown (1989a) 155; P.L. Heyworth (1989) 15; Toon (1991) 91; Webster—Backhouse (1991) no. 153 [M.P. Brown]; Dumville (1992a) 1, 99–100, 124; Dumville (1992b) 77–8 and n. 98; Lapidge (1992a) 101 [repr. Lapidge (1993a) 389]; Parkes (1992) 235; Dumville (1993g) 122 n. 57, 130, 139; *ASMMF* II (1994) 43–9 [no. 238; Pulsiano]; Pulsiano (1996); Deshman (1997) 116; Webster—Brown (1997) 226, 241, 243 [nos. 66, 121, 131]; Parkes (1997b) 101 and n. 5; Gneuss (1998) 276; Pulsiano (1998b) 85, 105 n. 1; Gwara (1998) 145 n. 28; Gretsch (1999a) 278, 430; Marsden (1999) 293; Dodwell (2000) 122 n. 96; M.P. Brown (2001c) 48; Rushforth (2001) 139 n. 15; K.L. Brown (2004b) 181–2; M.P. Brown (2004) 291; Gullick (2004) 33 and n. 54; Tite (2004) 15 n. 44; Roberts (2005) 22–6; Emms (2006) 19, 24; Hartzell (2006) no. 142; Karkov (2006a) 44; Hines (2007) 73; Shepard (2007) 201, 243 n. 130; Barker-Benfield (2008) I.93, 442, 454, II.1371, III.1652–3, 1656, 1659, 1689, 1738, 1779, 1780, 1792–3, 1810, 1822; Graham (2009) 160; Wieland (2009) 135; M.P. Brown (2012) 124, 126, 131, 137, 147; R. Gameson (2012a) 17, 28 n. 59, 37 and nn. 88–9, 40 n. 105, 42, 53 n. 183, 56 and n. 191, 80 and n. 283, 81, 84; Marsden (2012) 414 and n. 31; Pfaff (2012) 451; Raw (2012) 461 and n. 8; Scragg (2012a) no. 597; Toswell (2012) 470–1

DEC: Kendrick (1938) 159–62; McGurk (1961a) 14 [repr. McGurk (1998) no. VI]; McGurk (1962) 31 [repr. McGurk (1998) no. VII]; Köhler— Mütherich (1971–99) V.56, VI/i.48, VII.109, 110; Seebass (1974); T.J. Brown (1975) 270 [repr. T.J. Brown (1993a) 160]; Alexander (1978a) no. 29; Alexander (1978b) 8; Brownrigg (1978) 257, 258 and n. 1; G. Henderson (1982) 29, 62 n. 91; Lawrence (1982) 102; D.M. Wilson (1984) 91; Ohlgren (1986) no. 29; G. Henderson (1987) 93; Raw (1990) 217–18; T.J. Brown (1993a) 273 n. 95; R. Gameson (1994b) 29 n. 18, 36, 45 n. 98; McGurk (1994b) 17–18 [repr. McGurk (1998) no. XII]; Netzer (1994) 1, 71, 98, 208 n. 5, 229 n. 129, 240 n. 38; R. Gameson (1995b) 40, 172 n. 103, 187, 197, 226, 233; Noel (1995) 143–4 and n. 84; R. Gameson (1999c) 330–6; Farr (2003) 127; K.L. Brown (2004b) 182; M.P. Brown (2007c); Karkov (2009) 216, 231; M.P. Brown (2011b) 31–2, 34, 42; Farr (2011b) 220, 221–4; Nees (2011) 4, 15, 25; Netzer (2012) 228 and n. 22, 237, 238–9

FACS: D.H. Wright (1967) [complete facsimile]; Kuhn (1943) pl. I [fol. 117v]; Kuhn (1948) pls. I (b) [fol. 53r], II (b) [fol. 43r]; Lowe (1960) pls. XXVI–XXVII [fols. 53r, 141r, 9v]; D.M. Wilson (1984) pl. 112 [fol. 30v]; G. Henderson (1987) 93 [fol. 69v]; Parkes (1992) pl. 43 [fol. 21v]; *ASMMF* II (1994) no. 238; Netzer (1994) pl. 84 [fol. 30v]; Backhouse (1997) pl. 2 [fol. 30v]; R. Gameson (1999b) frontispiece [fols. 30v, 31r (details)], 332 [fol. 21v], 333 [fol. 64v]; K.L. Brown (2004b) p. 1 [fol. 30v]; Roberts (2005) pls. 2 (a) [fol. 93v], 2 (b) [fol. 141v], p. 25 [fol. 30v]; M.P. Brown (2007a) pl. 38 [fols. 30v, 31r]; A. Griffiths (2007) pls. 1–2 [fol. 6r–v]; Pulsiano (2007) 132 [fol. 61r]; Shepard (2007) fig. 76 [fol. 53r (detail)]; Owen-Crocker (2009) figs. 6.1 [fol. 55v], 7.8 [fol. 53r]; R. Gameson (2012) pl. 4.3 [fols. 30v–31r]

ED: Sweet (1885) 188–420 [base text, Latin and OE gloss, for psalter, canticles and hymns]; Weber (1953) [psalter coll. as A]; Kuhn (1965) [base text, Latin and OE gloss, for complete MS]; Milfull (1996) [hymns 2, 15, 31, coll. as A]; Pulsiano (2001a) [Pss. I–L, Latin and OE gloss, coll. as A]

LANG: Sweet (1885) 185–7; Kuhn (1943); Gneuss (1955); I.L. Gordon (1960) 29; A. Campbell in D.H. Wright (1967) 85–90; Bierbaumer (1977a); Wenisch (1979) 65; Bately (1980) 41; Kristensson (1981) 373; Kuhn (1985); Mertens-Fonck (1987); Hofstetter (1987) 456–7; Kitson (1990) 214; Scragg (1994a) 328; Wiesenekker (1994); Treharne (1998) 239; Gretsch (1999a) 318 n.; Crowley (2000) 126; Gretsch (2001) 171; K.L. Brown (2004b) 182; C. Bishop (2007b) 82

ST: Mearns (1914) 51–2, 79, 94; Kuhn (1943); Kuhn (1948); K. Sisam (1953a) 4; K. Sisam (1956); Kuhn (1957); K. Sisam (1957); Sisam—Sisam (1959) 47–52; Gneuss (1968) 16, 17–19, 33–8, 122, 198, 209, 211 n. 11 *et passim*; Lambert (1969–72) nos. 346, 347, 424, 801; G. Watson (1969–77) [bibliography]; Köhler—Mütherich (1971–99) VI/i. 48 and n. 29; Berghaus (1979); Greenfield—Robinson (1980) nos. 189, 5938–54 [bibliography]; Kuhn (1985); Gerritsen (1989a); Toon (1991) 91; M.P. Brown (1996) 17, 20, 22–3, 71–3 *et passim*; Discenza (1997) 94; Budny (1999) 243, 251–2; Marchesin (1998); R. Gameson (1999c) 332; Gretsch (1999a) 26–7, 33–41, 42–88, 97, 106–7, 182–225, 278, 316–17, 318 n. 177; Gretsch (2000); Pulsiano (2000) 167; Gneuss (2003b) 297; K.L. Brown (2004b) 182; R. Gameson (2004b); A. Griffiths (2007)

382. London, British Library, Cotton Vespasian A. viii, fols. 1–33 (the 'New Minster Charter')

966, Winchester OM, prov. Winchester NM

Contents: Latin distich (inc. 'Sic celso residet': SK Suppl. 15252a); New Minster foundation charter

MS: N.R. Ker (1964) 103; Sawyer (1968) no. 745; T.A.M. Bishop (1971) xxi; A.G. Watson (1979) I, no. 562; Backhouse et al. (1984b) no. 26;

Dumville (1993g) 2, 53, 143, 145; S. Miller (2001) 95–111 [no. 23]; Rumble (2002) 65–73; Karkov (2004) 103; Tite (2004) 11 n. 26; R. Gameson (2012a) 39 and n. 98, 59, 65, 90 n. 330; Rushforth (2012) 200 and n. 15

DEC: Rice (1952) 184; F. Wormald (1963) 23–6 [repr. F. Wormald (1984) 108–10]; E. Temple (1976) no. 16; D.M. Wilson (1984) 174; F. Wormald (1984) 115–16; Ohlgren (1986) no. 94; Deshman (1988) 221–2; Raw (1990) 218; Dumville (1993g) 140; R. Gameson (1995b) 6–7, 8–9, 19, 22, 25, 61, 94–5, 120, 130, 136, 155, 200–2 *et passim*; Karkov (2004) 4, 5, 7, 11, 60, 84, 97, 106, 114, 118, 133, 134, 138, 159, 168, 175; McGurk–Rosenthal (2006) 193; Scott (2007) 23, 25; Inglis (2008) 56; Karkov (2008); Karkov (2009) 214, 237–8; Rosenthal (2011) 238–41; Withers (2011) 264; R. Gameson (2012c) 252–3 and n. 12, 275–6 and n. 85

FACS: *NPS* I, pls. 46–7 [fols. 2v, 11v]; E. Temple (1976) pl. 84 [fol. 2v]; J. Campbell et al. (1991a) pl. 164 [fol. 2v]; Dodwell (1982) 52–3 [fol. 2v]; Backhouse et al. (1984b) pl. 26 [fol. 2v]; D.M. Wilson (1984) pl. 261 [fol. 2v]; F. Wormald (1984) ills. 96–8 [fols. 3v, 4r, 2v]; M.P. Brown (1991) pl. 14 [fol. 2v]; R. Gameson (1991) fig. 15 [fol. 4r]; R. Gameson (1995b) pls. 2 (a)–(b) [fols. 2v, 3r]; Keynes (1996a) pls. I–IV [fols. 2v, 3r, 3v, 4r]; Backhouse (1997) pl. 8 [fol. 2v]; S. Miller (2001) frontispiece [fol. 2v] and pls. I–VIII [fols. 29v, 30r, 30v, 31r, 31v, 32r, 32v, 33r]; Rumble (2002) frontispiece [fol. 2v] and pl. I [fol. 19v]; Karkov (2004) figs. 7–11 [fols. 2v, 3r, 3v, 4r, 30r]; M.P. Brown (2007a) pl. 84 [fol. 2v]; Scott (2007) 22 [fol. 2v]; Inglis (2008) 56 [fol. 6r]; Owen-Crocker (2009) fig. 7.27 [fol. 2v]; R. Gameson (2012) pl. 10.3 [fol. 2v]

ED: BCS no. 1190 [foundation charter coll. as A]; Whitelock et al. (1981a) I.119–33 [no. 31; base text for foundation charter]; S. Miller (2001) no. 23 [foundation charter coll. as A]; Rumble (2002) 70 [distich], 74–97 [foundation charter]

LANG: Lapidge (1975a) 89 and n. 1 [repr. Lapidge (1993a) 127 and n. 1]

ST: T.A.M. Bishop (1954–8b) 333; Finberg (1964) no. 100; E. John (1966) 271–5; Sawyer (1968) no. 746 [fols. 34–43]; Lapidge (1988c) 95–6 [repr. Lapidge (1993a) 189–90]; Lapidge–Winterbottom (1991b) lxxxix–xc; Keynes (1996a) 26–8; Teviotdale (1996) 101 [Latin distich]; Gretsch (1999a) 309–10; Rumble (2002) 65–97; Karkov (2004) 85–93

383. London, British Library, Cotton Vespasian A. xiv, fols. 114–79 ('Letter-book of Archbishop Wulfstan')

1003×1023, Worcester or York

Contents: Alcuin, selected *Epistolae*; various letters, mainly by popes, and to tenth-century Anglo-Saxon bishops; poem addressed to Archbishop Wulfstan [SK 13280]; decrees of the Councils of Chelsea (816) and Hertford (672 = Bede, *Historia ecclesiastica* IV.5); Atto of Vercelli, *De rapinis ecclesiasticarum rerum* [excerpt from *De pressuris ecclesiasticis*]; Archbishop Oda of Canterbury, *Constitutiones* (942×946); *De actiua uita et contemplatiua*

MS: Stubbs (1874) liv–lv; Dümmler (1895) 9–11; Levison (1946) 247; Bethurum (1957) 7–8; N.R. Ker (1957) no. 204; N.R. Ker (1971) 326–7 [repr. N.R. Ker (1985) 20–1]; Whitelock (1976) 28–33; Rella (1977) 71; A.G. Watson (1979) I, no. 564; P.L. Heyworth (1989) 198, 289; C. Brett (1991) 55–6, 65–70; Webster—Backhouse (1991) no. 159 [M.P. Brown]; C.A. Jones (1999) 128 n. 100; P. Wormald (1999) 188 n. 108, 451 n. 125, 462 n. 176; Baxter (2004) 161 n. 1; Bullough (2004) 97–101 *et passim*; Dance (2004) 31 n. 6; J. Hill (2004) 313 n. 11, 321; G. Mann (2004); A. Orchard (2004) 66 n. 15; Vanderputten (2006) 219, 221, 225, 227–32, 235–6; R. Gameson (2012b) 110 n. 61, 111 n. 66; A. Orchard (2012) 697 [no. 9]; Scragg (2012a) no. 597.5

FACS: Loyn (1971) pls. at end [fols. 148v, 171v, 173v]; Cross—Morrish Tunberg (1993b) pls. I–IV [fols. 148v, 149r, 153r, 173v]; G. Mann (2004) figs. 9.1–3 [fols. 171v, 173v, 177v]

ED: Haddan—Stubbs (1869–71) III.579–85 [Council of Chelsea]; Stubbs (1874) 354 [poem addressed to Archbishop Wulfstan], 369–70, 380–1, 383–9, 404–5 [various letters]; Dümmler (1895) 18–481 [Alcuin, *Epistolae*, coll. as A2]; BCS no. 896 [poem addressed to Archbishop Wulfstan]; Bethurum (1957) 374–7 [letters relating to Archbishop Wulfstan], 377–8 [poem addressed to Archbishop Wulfstan]; N.R. Ker (1971) 326–7 [poem addressed to Archbishop Wulfstan]; Chase (1975) [base MS (= A₂) for Alcuin, *Epistolae*]; Whitelock et al. (1981a) I.67–74 [base MS for Oda, *Constitutiones*], 441–7 [Letter from the bishops of Britain to the pope]; Cross (1993d) 243–4 [Atto of Vercelli]; G. Mann (2004) 269 [*De actiua uita et contemplatiua*]; Vanderputten (2006) 237–44 [Letters from Wido, Fulrad and Odbert to Canterbury, coll. as B]

ST: Whitelock (1937) 463–4 [repr. Whitelock (1981b), no. VIII]; Bethurum (1942) 929; Whitelock (1942) 30–2, 43 n. 5 [repr. Whitelock (1981b) no. XI]; Levison (1946) 246–8; Bethurum (1949); Cubitt (1995) 308–9 [Council of Chelsea]; R. Gameson (1996a) 213 n., 239; Bullough

(1998b) 24 and n. 71; *CSLMA* II (1999) 172, 178–80, 184, 193, 201, 212–15, 229, 233, 239, 241, 247, 298, 310, 321, 329, 338, 348; Sauer (2000) 341, 372; Bullough (2004); Vanderputten (2006) 219, 234

384. London, British Library, Cotton Vespasian B. vi, fols. 1–103

s. ix$^{2/4}$, Saint-Denis, prov. England by s. xi in.

Contents: Bede, *De temporum ratione* [*CPL* 2320]; lists of Carolingian rulers and Byzantine emperors; tide table; *horologium*

MS: Thompson–Warner (1881–4) II.68, 79; C.W. Jones (1939) 121; C.W. Jones (1943) 146; Laistner–King (1943) 149; N.R. Ker (1957) no. 205; Rella (1977) 25, 77–8, 165; A.G. Watson (1979) I, no. 567; Rella (1980) 112; Santosuosso (1989); Budny (1992) 138; Bischoff (1998–) II, no. 2426; Karkov (2004) 66 nn. 70 and 72, 67 n. 79; Keynes (2004) 151; Hartzell (2006) no. 143; Scragg (2012a) no. 598

FACS: *NPS* I, pls. 166–7 [fols. 39v, 68r]; A.G. Watson (1979) II, pls. 9 (a)–(c) [fols. 24v, 26r, 89r]; Santosuosso (1989) pl. 20 (a) [fol. 26r]; Budny (1992) pl. 8 (g) [fol. 29v (detail)]

ED: Napier (1900) no. 31 [OE glosses to Bede]; C.W. Jones (1943) [Bede, *De temporum ratione*, coll. as L; repr. C.W. Jones (1977) 264–460]

ST: Ziolkowski (2007) 145 and n. 124; R. McKitterick (2012) 328

385. London, British Library, Cotton Vespasian B. vi, fols. 104–9

805×814, Mercia

Contents: 'Metrical Calendar of York' (incomplete); tables of Greek and Roman numerals; chronological note on the death of King Æthelbald of Mercia; Ages of the World; encyclopedic notes: dimensions of Solomon's Temple at Jerusalem, of the Tabernacle, of St Peter's basilica in Rome, of Noah's Ark; numbers of books of the Bible, number of languages of the world, number of bones, veins and teeth in a human body, dimensions of the world, number of verses in the Book of Psalms; excerpts from Eucherius, *Instructiones* [*CPL* 489]: *De mensibus* (on the Hebrew names of the months), *De ponderibus*, *De mensuris*; two additional notes on measurements; verses on the days of the week; the Ages of Man; list of popes from Peter to Leo III, with addenda; names of the seventy-two disciples of Christ; fifteen Anglo-Saxon episcopal lists; Anglian collection of royal genealogies

MS: K. Sisam (1953a) 4–6; K. Sisam (1953b) 289; Dumville (1976) 24–5; A.G. Watson (1979) I, no. 568; Lapidge (1984) 328 [repr. Lapidge (1993a) 345]; Morrish (1988) 517, 522, 537; Webster—Backhouse (1991) no. 29 [Prescott]; M.P. Brown (1996) 170–2; Lapidge (1996c) 430; Webster—Brown (1997) 224 [no. 55]; Karkov (2004) 66 nn. 69 and 72, 67 n. 79; Keynes (2004) 151; Dumville (2005) 310; Keynes (2005b); Dekker (2007) 301–5; M.P. Brown (2012) 164

FACS: Thompson—Warner (1881–4) II, pl. 24 [fol. 104r]; *NPS* I, pl. 165 [fols. 104r, 107r]; A.G. Watson (1979) II, pl. 4 [fol. 106r]

ED: Sweet (1885) 167–71 [Anglian royal genealogies]; M.R. James (1910) [disciples of Christ]; M.R. James (1912) I.428–38 [lists of disciples of Christ, of Anglo-Saxon bishops and kings, coll. with those in no. 56]; Wilmart (1934) 65–8 [Metrical Calendar of York]; R.I. Page (1966) 3–7 [lists of Anglo-Saxon bishops]; Dumville (1976) 30–1 [Anglian royal genealogies]; Tristram (1985) 300–1 [Ages of the World]; Dekker (2007) 283 [encyclopaedic notes, coll. in footnotes]; Dekker (2010) 170–3 [base MS for Eucherius, excerpts from *Instructiones*, bk. II]

ST: K. Sisam (1953b) [Anglo-Saxon genealogies]; Stenton (1959) [Anglian royal genealogies]; Dumville (1976) [Anglian royal genealogies]; Dumville (1977) 90; Lapidge (1984) 327–32 [repr. Lapidge (1993a) 344–9] [Metrical Calendar of York]; Tristram (1985) 83; *BCLL* (1985) no. 1229; Dolbeau (1992) [Seventy disciples]; Bullough (2003b) 348 [Metrical Calendar of York]; Bullough (2004) 106 n. 264, 208–9 and n. 237, 241–2 and n. 336; Keynes (2005b); Dekker (2007) 256–8, 291, 293, 301–6, 309–10; Dekker (2010) 156–8; Gneuss (2012) 291

386. London, British Library, Cotton Vespasian B. x, fols. 31–124

s. x/xi, prob. Worcester, (prov. ibid.)

Contents: Aethicus Ister, *Cosmographia* [*CPL* 2348]

MS: Wuttke (1853) xxiv; N.R. Ker (1957) no. 206; N.R. Ker (1964) 207; T.A.M. Bishop (1966) xvii; T.A.M. Bishop (1971) xiv; Rella (1977) 83–4; Galloway (1989); Dumville (1993g) 55; Prinz (1993) 63–4; R. Gameson (1996a) 210; Barker-Benfield (2008) II.1104; R. Gameson (2012a) 51 and n. 171; Scragg (2012a) no. 599

DEC: R. Gameson (2012c) 287 and n. 132

FACS: R. Gameson (1996a) pl. 5 [fol. 62v]

ED: Wuttke (1853) 87–8 [OE glosses]

ST: Lambert (1969–72) no. 621; *BCLL* (1985) no. 647; R. Gameson (1996a) 200 nn. 17–18, 210, 214, 239

387. London, British Library, Cotton Vespasian B. xx

s. xi/xii, Canterbury StA

Contents: *Bulla plumbea* [spurious privilege by Bishop Augustine of Canterbury (Sawyer (1968) no. 1244)]; Goscelin, *Vitae* and *Miracula S. Augustini* [of Canterbury] (*Historia minor* and *maior* [*BHL* 777–80]): Goscelin, *Translatio S. Augustini* [*BHL* 781], *Vita S. Letardi* [*BHL* 4892], *Vita S. Mildrethae* [*BHL* 5960] and *Translatio S. Mildrethae* [*BHL* 5961], *uitae* of the early archbishops of Canterbury (Laurentius [*BHL* 4741], Mellitus [*BHL* 5896], Iustus [*BHL* 4601], Honorius [not in *BHL*], Deusdedit [*BHL* 2153], Theodore [*BHL* 8083]) and of Abbot Hadrian [*BHL* 3740]; Gregory and Augustine, *Libellus responsionum*; Goscelin (?), *Libellus contra usurpatores S. Mildrethae* [*BHL* 5962]; royal privileges [Sawyer (1968) nos. 1248, 3 and 4: all spurious)] and papal privileges [listed Levison (1946) 181–2: all dubious] for St Augustine's Abbey

MS: N.R. Ker (1960) 27, 29, 30; N.R. Ker (1964) 43; Sawyer (1968) nos. 3, 4, 1244, 1248; Lawrence (1977); Alexander (1978c) 102 n. 39; Rollason (1982) 20, 105; Rollason (1987) 146–8; A.G. Watson (1987b) 289 [repr. A.G. Watson (2004) no. VIII]; R. Gameson (1995a) 114 n. 64, 144; R. Gameson (1999a) no. 414; T.N. Hall (2004b) 97 n. 17; Barker-Benfield (2008) I.lxx and n. 42, 64, II.972, 1445, 1446, 1480, III.1745, 1746, 1749–50, 1793

DEC: F. Wormald (1945) 110 and n. 4 [repr. F. Wormald (1984) 50 and n. 11]; Rice (1952) 197; Dodwell (1954) 28, 123; Alexander (1978c) 102 n. 39; R. Gameson (1995a) 124 n. 102

FACS: *NPS* I, pl. 85 [fol. 166r]; N.R. Ker (1960) pl. 11 [fols. 174v–175r]; R. Gameson (1995a) pl. 11 [fol. 277r]; F. Gameson (1999) pl. 15.1 [fol. 277r]

ED: Colker (1977) 69–96 [*Libellus contra usurpatores*]; Rollason (1982) 108–43 [base MS for *Vita S. Mildrethae*]; Rollason (1987) 139–210 [base MS for *Translatio S. Mildrethae*]

ST: Hardy (1862–71) I, *passim*; Levison (1946) 181–2, 198–200 and 200 n. 1; Gransden (1974) 64–5, 107 n. 8, 110 n. 30; Yerkes (1983a) 129–30; F. Barlow (1992) 133–49; Bischoff–Lapidge (1994) 82 n. 2, 140 n. 24; F. Gameson (1999); R. Sharpe (2001) 152–3

388. London, British Library, Cotton Vespasian D. ii

s. xi/xii, Normandy, in England by 1100?

Contents: penitential texts, incl. *De paenitentia quaedam* and *Canones paenitentiales secundum Hieronymum et Fulbertum* [*CPL* 1896]; Adso of Montier-en-Der, *De Antichristo*; Latin homilies (including two by Wulfstan); Lanfranc, *Collectio Lanfranci* [*Concilia, Decreta pontificum*]; *Narrationes quaedam* [excerpts from Rufinus, *Historia monachorum* (*CPG* 5620) and the *Verba seniorum* (*CPG* 5570; *BHL* 6527)]; *Miracula S. Nicolai et aliorum*; *Ritualia quaedam* (liturgical directions)

MS: Planta (1802) 474; Wasserschleben (1851) 90, 623–4; Napier (1883/1967) 347–8; Bethurum (1957) 7, 281; A.G. Watson (1969) 55 [repr. A.G. Watson (2004) no. IX]; Whitelock (1976) 29 n. 1; Cross (1992) 66 n. 18, 73; R. Gameson (1999a) no. 416; T.N. Hall (2004a) 94, 97; Wieland (2009) 127

ED: Bethurum (1957) 113–15 [Wulfstan, Hom. Ia (*De Antichristo*), coll. as V]

ST: Schulz-Flügel (1990) 95 [Rufinus excerpts]; Cross (1992) [Wulfstan, Latin sermon *De ieiunio quattuor temporum*]; Biggs et al. (2001) 453–5 [Theophilus, *Historia*; Clayton]; T.N. Hall (2004a) 94–5 [Wulfstan Hom. Ia], 97–9 [Wulfstan, Latin sermon *De ieiunio quattuor temporum*]

389. London, British Library, Cotton Vespasian D. vi, fols. 2–77

s. x med. (or x²), prob. Canterbury StA, (prov. ibid.)

Contents: *Prouerbia Salomonis*°; glosses on *Prouerbia Salomonis*; Alcuin, *De uirtutibus et uitiis*°; *Verba seniorum* [*CPG* 5570; *BHL* 6527] (= *Vitas patrum*, bk. V) XVIII. 9 (Life of St Macarius); Kentish Hymn**; note on the Ages of the World*; Kentish Psalm**; *Disticha Catonis* (incomplete); texts from Mass of the Virgin; verse antiphon for St Augustine of Canterbury; Dialogue before the Cross (s. xi/xii); Latin terms of relationship°

MS: Dobbie (1942) lxxviii–lxxxiii; Boas (1952) lxi; T.A.M. Bishop (1954–8b) 327–8; N.R. Ker (1957) no. 207; R.S. Cox (1972) 3; Rella (1977) 96 n. 20; Rella (1980) 111, 131 n. 129; Szarmach (1981b) 137; Torkar (1981) 22–3; Lapidge (1982a) 103 and n. 29 [repr. Lapidge (1996b) 461 and n. 29]; Munk Olsen (1982–) I.70; Carley (1986) 115; Szarmach (1986a) 32; P.L. Heyworth (1989) 13; Keefer (1990b) 70–1;

Robinson—Stanley (1991) 25; P. Jackson (1992) 123–4; Kornexl (1993) xcvi; Dumville (1994a) 140–1, 150 n. 100; Gretsch (1999a) 82; *ASMMF* IV (1996) 14–18 [no. 243; Pulsiano]; Crowley (2000) 141; Szarmach (2002); Kalbhen (2003) 14–31; Hartzell (2006) no. 145; Hines (2007) 72–3; Barker-Benfield (2008) I.lxi n. 28, 417, 424, 425, II.1402

DEC: Kalbhen (2003) 25–6

FACS: Szarmach (1986a) 33 [fol. 62v]; Robinson—Stanley (1991) pls. 21.1–3 [fols. 68v–69v], 22.1–8 [fols. 70r–73v]; *ASMMF* IV (1996) no. 243; Kalbhen (2003) figs. 1–2 [fols. 5v, 20v]

ED: Zupitza (1877) [arts. a, b, f]; Wright—Wülker (1884) I.55–88 [OE glosses to Prouerbia Salomonis and to Alcuin, *De uirtutibus et uitiis*]; Sweet (1887/1978) 172–98 [OE glosses to Prouerbia Salomonis and Alcuin, *De uirtutibus et uitiis*]; Dobbie (1942) 87–94 [Kentish Hymn; Kentish Psalm]; Boas (1952) [*Disticha Catonis* coll. as O]; Kalbhen (2003) 117–61 [OE glosses to Prouerbia Salomonis and to Alcuin, *De uirtutibus et uitiis*; *Ages of the World*]

LANG: A. Campbell (1959) 8; Rosier (1960a) 36; Karl Brunner (1965) 10; Hofstetter (1979) 172–5; Wenisch (1979) 89, 328, 350; Hofstetter (1987) 503; Hofstetter (1988) 503; Crowley (2000) 145; Kalbhen (2003) 163–239; C. Bishop (2007b) 82

ST: I.F. Williams (1905); Taxweiler (1906); Wallach (1955) 181–95; Schüling (1961–3) 322; Calder (1976) 230–1; Brownrigg (1978) 239 n. 2; Cross (1982) 81; Tristram (1985) 31, 44, 85; Liuzza (1988) 75; P. Jackson (1992) 123–7 [Macarius]; Gneuss (1993) 98; Marsden (1994a) 105, 119, 124; Marsden (1995) 48, 308–14, 362; *CSLMA* II (1999) 155; Kalbhen (2003)

390. London, British Library, Cotton Vespasian D. vi, fols. 78–125

s. xi$^{4/4}$ (s. xi ex. or later?), Northumbria?, (prov. Yorkshire)

Contents: Stephen of Ripon, *Vita S. Wilfridi* [*CPL* 2151; *BHL* 8889]

MS: Levison (1913) 183; Colgrave (1927) xiii–xiv; P.L. Heyworth (1989) 13; Webster—Backhouse (1991) no. 95; Dumville (1992) 106 and n. 59; *ASMMF* IV (1996) 14–18 [no. 243; Pulsiano]; R. Gameson (1999a) no. 417; Pulsiano (2007) 123; Wieland (2009) 116; R. Gameson (2012b) 107 and n. 49

ED: Levison (1913) 193–263 [Stephen, *Vita S. Wilfridi*, coll. as 'Codex 1']; Colgrave (1927) 2–148 [Stephen, *Vita S. Wilfridi*, coll. as C]

FACS: *ASMMF* IV (1996) no. 243

ST: Lapidge et al. (1999) 428–9 [Lapidge]; R. Sharpe (2001) 633–4; Kalbhen (2003) 85–8; Keynes (2006) B 140

391. London, British Library, Cotton Vespasian D. xii

s. xi med., Canterbury CC

Contents: introductory note (from Isidore *De ecclesiasticis officiis* I.vi and *Etymologiae* VI.xix.17); poem [SK Suppl. 7969a]; hymnal with supplement (s. xi^2–xii/xiii); *Expositio hymnorum*°; Monastic canticles; Monastic canticles (with rearranged word-order)°

MS: Mearns (1913) xi; Mearns (1914) 83; N.R. Ker (1957) no. 208; Gneuss (1968) 98–101; Korhammer (1973) 180–1; Hofstetter (1987) 110; Dumville (1992a) 20 n. 30; Springer (1995) 146; *ASMMF* IV (1996) 19–36 [no. 243; Pulsiano]; Milfull (1996) 52–5; Gretsch (1999a) 377; Hartzell (2006) no. 146; Graham (2009) 165; Wieland (2009) 135; Scragg (2012a) nos. 493, 600

DEC: R. Gameson (1991) 74 n. 78

FACS: Gneuss (1968) pls. 3–4 [fols. 44v, 102v]; Korhammer (1976) 252 [fol. 129v]; *ASMMF* IV (1996) no. 243; Roberts (2005) 99 [fol. 11r]

ED: *AH* LI (1908) xvii, xliv, 21–219 [hymns coll. with various sigla, from transcription by H.M. Bannister]; Hurst–Fraipont (1955) 419–23 [Bede's Ascension Hymn coll. as L^d]; Gneuss (1968) 265–413 [*Expositio hymnorum* and OE gloss respectively coll. as Vl and V; base text for some metrical hymns (see p. 259)]; Korhammer (1976) 254–351 [Monastic canticles coll. as Vm; base MS for Monastic canticles in rearranged form and their OE gloss]; Milfull (1996) [hymns coll. as Vm; *Expositio hymnorum* coll. as Vp]

LANG: Gneuss (1968) 157–93; Korhammer (1976) 151–237; Hofstetter (1987) 101–13; Crowley (2000) 143

ST: Gneuss (1968); Korhammer (1973) 180–1; F.C. Robinson (1973) 462, 472; Korhammer (1976); Korhammer (1980) 42–3; Horsley–Waterhouse (1984) 220; Milfull (1996)

392. London, British Library, Cotton Vespasian D. xiv, fols. 170–224

s. ix$^{1/4}$, N or NE France [Isidore, creeds, hymns], prov. England s. x in. (before 912); additions England s. x^1 (whole MS prov. Canterbury CC?)

Contents: Isidore, *Synonyma de lamentatione animae peccatricis* [*CPL* 1203]; four creeds (attrib. to Ambrose, Gregory the Martyr, Gregory the Great, Jerome *Epist. supp.* xvi [*Libellus fidei: CPL* 633 (p. 220) = *CPL* 731]); hymns [SK 12515 (f), 10768]; additions [s. x¹]: excerpts from Boethius, *De consolatione Philosophiae*: i. metr. 1 and 2, iii. metr. 8, iv. metr. 7; note on dating the *annus praesens*

MS: Thompson—Warner (1884) II.51–2; Förster (1901); Förster (1920); N.R. Ker (1957) no. 210; Bischoff (1965) 238 n. 40 [repr. Bischoff (1966–81) III.13 n. 40]; Bischoff (1968a) 309; Handley (1974); A.G. Watson (1979) I, no. 570; Schmetterer (1981) 3–5; Dumville (1987) 172; Dumville (1992b) 95–6 and nn.; Bischoff (1998—) II, no. 2427; *ASMMF* VIII (2000) 53–64 [no. 245; Wilcox]; Lionarons (2004b) 75 n. 26; N.M. Thompson (2004) 61, 63; Lapidge (2006) 170, 293, 312; Biggs (2007a) 30 [Biggs, Morey], 46, 76, 84 [Biggs, T.N. Hall]; Swan (2007b) 33 n. 12; Di Sciacca (2008) 69–71, 110–11; Elfassi (2009) xxxix and nn.; Wieland (2009) 149; Godden (2011) 70 and n. 11

FACS: Thompson—Warner (1881–4) II, pl. 49 [fol. 219v]; A.G. Watson (1979) II, pl. 14 [fol. 186v]; Dumville (1992b) pl. VIII [fol. 223v]; *ASMMF* VIII (2000) no. 245

ED: Meritt (1961) no. 17 [OE scratched glosses]; R.I. Page (1981) 106, 111–13 [OE scratched glosses]; Elfassi (2009) [Isidore, *Synonyma*, coll. as O]

LANG: Förster (1901)

ST: Förster (1925b) II.8 [creeds]; Bankert et al. (1997) 66 [creeds]; Gneuss (2000) 241–2 and n. 58 [hymns]; Acker (2004) 128 n. 26; Di Sciacca (2008) [Isidore, *Synonyma*, in Anglo-Saxon England]

393. London, British Library, Cotton Vespasian D. xv, fols. 68-101

s. x med.

Contents: confessional prayer and related texts; *Canones Cottoniani* [a version of the *Iudicia Theodori* (*CPL* 1885)]

MS: Planta (1802); Holthausen (1889) 172–3; N.R. Ker (1957) no. 211; Frantzen (1983a) 39 n. 87; Frantzen (1985) 26; Dumville (1992a) 130, 134; Tite (1994) 5; C.A. Jones (2004) 330

ED: Holthausen (1889) 172–3 [OE rubric]; Finsterwalder (1929) 62–74, 271–84 [*Canones Cottoniani*]

ST: Thorpe (1840) [folio ed.] xi, 281, 285, 296, 298–9, 302, 304, 307; Wasserschleben (1851) 181–2; Frantzen (1983a) 27–30; Frantzen (1983b) 132 n. 36, 171 and n. 58; *CPL* (1995) no. 1885; Charles-Edwards (1995); R. McKitterick (2012) 328

394. London, British Library, Cotton Vespasian, D. xv, fols. 102–21

s. x/xi, W. England (Worcester?)

Contents: excerpts from Amalarius, *Liber officialis* (*Retractatio prima*); exegesis and rhyming version of *Pater noster*; duties of a priest

MS: N.R. Ker (1957) lvii; T.A.M. Bishop (1964–8a) 258; Dumville (1993g) 55 n. 242, 149 n. 49; Dumville (1994b) 213–14; T. Graham (1995a) 6 and n. 13

ED: T. Graham (1995a) 14 [Amalarius, *Liber officialis* III.1, on church bells, from fol. 102r–v]

ST: Dumville (1992a) 136 and n. 301; *CSLMA* I (1994) 133 [Amalarius]; C.A. Jones (1998c) 682 and nn. 104, 105; C.A. Jones (2001) 28, 122 and n. 248, 124, 175

395. London, British Library, Cotton Vespasian D. xx, fols. 2–86

s. x med.

Contents: manual of confessional and penitential texts

MS: K. Sisam (1953a) 192 n. 2; A.G. Watson (1969) 40 [repr. A.G. Watson (2004) no. IX]; Frantzen (1983a) 39 and nn.; Frantzen (1983b) 132 and n. 35, 170 and n. 56; Dumville (1992a) 130 and n. 256, 132; Dumville (1994a) 135 n. 13

395. 5. London, British Library, Cotton Vespasian D. xx, fols. 87–93

s. x^1 (*c.* 910 × *c.* 930); addition s. xi^2

Contents: confessional prayer*; charm against toothache [addition s. xi^2]

MS: Planta (1802) 478; N.R. Ker (1957) no. 212; Frantzen (1983a) 39 and nn., 46; Frantzen (1983b) 170 n. 60; Dumville (1994a) 135 and n. 13

ED: Logeman (1889) 97–100 [OE confessional prayer]; Storms (1948) 289–90 [no. 52] [charm]

ST: Logemann (1889) 101–2; Förster (1942a) 27–36; Fowler (1965) 13–14; Frantzen (1983b) 171 n. 60

396. London, British Library, Cotton Vitellius A. vi

s. x med., prob. Canterbury StA

Contents: Gildas, *De excidio Britanniae* [*CPL* 1319; *BCLL* 27] (incomplete)

MS: T.S. Smith (1696) 81; Mommsen (1892–8) III.13–14; M.R. James (1903) lxx n. 1, 293; N.R. Ker (1964) 43; Gransden (1974) 2 n. 4; Winterbottom (1978) 12; Dumville (1993g) 97 n. 74; Dumville (1994a) 140 n. 38; Webster—Brown (1997) 214 [no. 10]; Barker-Benfield (2008) I.91 n. a, II.922; Larpi (2008) 176; Wieland (2009) 143; Larpi (2012) 22–4

FACS: M.P. Brown (1991) pl. 3 [fol. 16v]; M.P. Brown (2007a) pl. 2 [fol. 16v]

ED: Mommsen (1892–8) III.25–85 [Gildas, *De excidio*, coll. as C]

ST: Kenney (1929) no. 23; Gneuss (1968) 115; Winterbottom (1978); *BCLL* (1985) no. 27; Lapidge et al. (1999) 204 [Lapidge]; Larpi (2008); Larpi (2012)

397. London, British Library, Cotton Vitellius A. vii, fols. 1–112

prob. Ramsey after 1030, and Exeter, 1046×1072

Contents: pontifical (including litanies and second English Coronation *ordo*) (now incomplete), with abbreviated versions of two sermons by Abbo of Saint-Germain-des-Prés (nos. x, xiii)

MS: T.S. Smith (1696) 81; Liebermann (1903–16) I.xlii; N.R. Ker (1957) no. 213; N.R. Ker (1964) 154; T.A.M. Bishop (1971) 24 n. 1; Brückmann (1973) 437; Drage (1978) 364–5; A.G. Watson (1979) I, no. 573; Gneuss (1985) 132 [no. R.10]; A.G. Watson (1987a) 36, 57; Lapidge (1991a) 73–4; Dumville (1992a) 69, 79, 88–91, 94; Lapidge (1992a) 114 n. 71 [repr. Lapidge (1993a) 402 n. 71]; Dumville (1993g) 63–5 and nn. 273–81; Lapidge (1996a) 72 and n. 28; Lapidge (1998) 39 n. 12; P. Wormald (1999) 448 n. 118; Treharne (2003) 161; Hartzell (2006) no. 147; O'Brien O'Keeffe (2006) 262 n. 67, 268; Clayton (2008) 100–4; Wieland (2009) 124; Scragg (2012a) no. 601

ED: Liebermann (1903–16) I.412–13 [OE forms of exorcism]; Lapidge (1991a) 187-92 [litanies]; Cross—Brown (1993c) 85–91 [sermons of Abbo coll. as V]; Clayton (2008) 148–9 [*Promissio regis* coll. as J, from now lost part of MS copied in MS Junius 60]

ST: Liebermann (1903–16) I.214 n. 1; Hohler (1975) 224 n. 56, 226 n. 74; Korhammer (1976) 240; Drage (1978); Cowdrey (1981) 56; Conner (1993) 6; R. Gameson (1996b) 145; Thacker (1996) 252 n.; Prescott (1998) 271, 277; Biggs et al. (2001) 21–2 [Cross, A. Brown]; N. Orchard (2002) I.140–1; C.A. Jones (2005a) 114; N. Orchard (2005) ciii n. 180, cxxix *et passim*

398. London, British Library, Cotton Vitellius A. xii, fols. 4–77

s. xi ex., Salisbury

Contents: Egbert, *Dialogus ecclesiasticae institutionis*; Abbo of Fleury, *De differentia circuli et sphaerae* (table: 'De cursu septem planetarum', and pt ii); Hrabanus Maurus, *De computo*; eight short poems, mainly computistical [SK 7632, 6489, 12559, 3727, 12524, 1716, 8931, 12491] and nine short prose texts (as in no. **258**): on the Seven Wonders of the World; on the two Poles of the World; on Egyptian days (*Dies Aegyptiaci*); on the *libri catholici* to be read in the course of the year; on the pronunciation of the letters; Greek and Hebrew alphabets, with interpretations; list of numbers with their corresponding Greek names; on concurrents; on the Six Ages of Man; Isidore, *De natura rerum* [*CPL* 1188] with Isidorian world diagram; Abbo of Fleury, *De duplici signorum ortu uel occasu*; three runic alphabets; liturgical calendar; a second calendar (fols. 72v–77v, added s. xi^2, continental?)

MS: Planta (1802) 379–80; N.R. Ker (1949–50) 153–6 [repr. N.R. Ker (1985) 177–8 and n.]; R. Derolez (1954) 222–37; N.R. Ker (1976b) 24, 25, 30, 38–9 [repr. N.R. Ker (1985) 144, 145, 150, 159–60]; Stevens (1979) 194; A.G. Watson (1987a) 60; Dumville (1992a) 64–5; Webber (1992) 12, 14, 23, 41, 63, 69, 74, 144–5, 159; R. Gameson (1999a) nos. 419 and 420; Chardonnens (2007b) 524–5, 552; Rushforth (2008a) 53–4

ED: Haddan—Stubbs (1869–71) III.403–13 [Egbert, *Dialogus*, repr. from the edition of Sir James Ware (1664), itself based solely on this MS]; F. Wormald (1934) 85–97 [liturgical calendar (no. 7)]; R. Derolez (1954) 222–37 [runic alphabets]; Stevens (1979) [Hrabanus *De computo* coll. as V]; R.B. Thomson (1985) 120–33 [Abbo, *De differentia circuli et sphaerae*, coll. as G]; Rushforth (2008a) no. 26 [first liturgical calendar]

ST: Van de Vyver (1935) 140–1 [Abbo of Fleury]; Boutemy (1937) [poems]; McNeill—Gamer (1938) 239 [*Dialogus Egberti*]; N.R. Ker (1962–92) IV.813–14 [relationship to no. **258**]; Kotzor (1981)

I.302*–311* [liturgical calendar]; Munk Olsen (1982—) I.336 [SK 12524]; Carley (1986) 112, 117; Conner (1993) 83; Baker—Lapidge (1995) xliv [Abbo of Fleury]; Biggs et al. (2001) 8–9 [Abbo of Fleury; Lendinara]; Borst (2001) I.290–1 [liturgical calendar]; Liuzza (2001) 213, 221 [prognostics]; R. Sharpe (2001) 2–3 [Abbo of Fleury]; N. Orchard (2002) I.54 and n. 102, 176 [liturgical calendar]; Chardonnens (2007a) 338 [prognostics]; Teresi (2007c) 343, 351, 365 [world map]

399. London, British Library, Cotton Vitellius A. xv, fols. 94–209 (the 'Beowulf Manuscript' or 'Nowell Codex')

s. x/xi

Contents: Homily on St Christopher*; 'Marvels of the East' (*Mirabilia orientis*)*; *Letter of Alexander to Aristotle**; *Beowulf***; *Judith*** (incomplete)

MS: Kölbing (1876); Davidson (1890); Förster (1919); Rypins (1921); Hulbert (1928); Hoops (1928–9); Prokosch (1929); Klaeber (1950) xcv–cii; Dobbie (1953) ix–xx; K. Sisam (1953a) 63 n. 1, 65–96; N.R. Ker (1957) no. 216; Taylor—Salus (1968); Korhammer (1976) 165; Scragg (1979) 264; Boyle (1981); Kiernan (1981) 279–89; Fulk (1982); Backhouse et al. (1984b) no. 155 [Backhouse]; Clement (1984b); Kiernan (1984); Conner (1985); Dumville (1988); Gerritsen (1988); P.L. Heyworth (1989) 15, 239; Gerritsen (1991a); Gerritsen (1991b); Kiernan (1991); Robinson—Stanley (1991) 25; Webster—Backhouse (1991) 20–1 [no. 4]; Conner (1994) 315; Kiernan (1994b); Tite (1994) 13–14; Scragg (1996) 222 [St Christopher]; Prescott (1997) 402–3 nn. 93–8; Webster—Brown (1997) 242 [no. 127]; Herren (1998) 102; Lapidge et al. (1999) 62–3 [Scragg]; Lapidge (2000a) 7–9; Pulsiano (2002b) 167; Simek (2002) 53–4; W. Schipper (2003) 161; Meaney (2004) 496; Biggs (2007a) 30 [Biggs, Morey]; Biggs (2007b) 52; C. Bishop (2007b) 78–80, 86–7; Tristram (2007) 203 n. 59; Fulk et al. (2008) xxv–xxxv; A. Orchard (2008) 12–56; Treharne (2009b) 104–6; R. Gameson (2012b) 98; Scragg (2012a) nos. 602–3

DEC: E. Temple (1976) no. 52 [*Wonders of the East*]; Ohlgren (1986) 157; R. Gameson (1995b) 11, 36, 160, 193 n. 2, 224; Wieland (1998) 3; Karkov (2009) 242–3 [cited erroneously as Cotton Vespasian A. xv]; R. Gameson (2012c) 287 and n. 134

FACS [note that we do not list the almost innumerable facsimiles of single folios of the *Beowulf* manuscript]: Malone (1963) [facsimile of entire MS]; Zupitza (1882/1959) [complete facsimile of *Beowulf*]; Malone (1951) [Thorkelin transcripts]; Robinson–Stanley (1991) pls. 20.1–12 [*Judith*]; Kiernan (1999) [digitally enhanced electronic facsimile of entire MS]

ED: [editions of *Beowulf* published before 1972 are listed Greenfield–Robinson (1980) nos. 1632–56; only the most important recent editions (1950–2008) are listed here; for others, see the bibliographies listed under ST, below]; Rypins (1924) [base MS for *Life of St Christopher, Wonders of the East, Letter of Alexander*]; Klaeber (1950) [base MS for *Beowulf*]; Dobbie (1953) [base MS for *Beowulf*; *Judith*]; A. Orchard (1995) 183–203 [*Wonders of the East* coll. as V], 224–53 [base MS for *Letter of Alexander*]; Griffith (1997) [*Judith*]; Pulsiano (2002b) 171–9 [base MS for *Life of St Christopher*]; Fulk et al. (2008) [*Beowulf*]; Fulk (2010) [base MS for all contents]

LANG: C. Bishop (2007b) 84–5

ST: Wülker (1885) 245–307 [bibliography]; Rypins (1919–20); A.H. Smith (1938); Malone (1941–2); Malone (1949a); Malone (1949b); K. Sisam (1953a) 61–4, 65–96; Nist (1959); Leake (1962) [ME glosses]; Stevick (1968); Fry (1969) [bibliography to 1967]; A.F. Cameron (1974) 221, 225; Greenfield–Robinson (1980) 19–20, 125–97 [bibliography]; Short (1980) [selective bibliography for 1705–1949, exhaustive bibliography for 1950–78]; B. Kelly (1982) and (1983) [review of editions of *Beowulf*]; Kiernan (1986); Gerritsen (1989b); Gunderson (1980); Lucas (1990); Hollis–Wright (1992) 117–21; Hasenfratz (1993) [bibliography]; Kiernan (1994a) 39, 42, 48–51; Biggs (1996) 73; Kiernan (1998a); Lapidge (2000a); McFadden (2001) [*Letter of Alexander*]; Biggs (2007b) [fol. 179]; C. Bishop (2007b) 85–90; J.R. Hall (2012); Scragg (2012b) 556–7

400. London, British Library, Cotton Vitellius A. xviii

s. xi^2, prov. SW England (Wells?)

Contents: computus tables; liturgical calendar; prayers; sacramentary; benedictional; penitential texts; selection of pontifical services

MS: A.G. Watson (1979) I, no. 575; Dumville (1992a) 25, 53–5, 57 n. 108, 61, 65, 67, 90–1 and n. 151, 110; Pfaff et al. (1995) 19–21, 97; Keynes (1997b) 251–3; R. Gameson (1999a) no. 421; N. Orchard (2002) I.94–5 *et passim*; Rushforth (2002) 112; Chardonnens (2007b) 525, 552; Rushforth (2008a) 50–1; Pfaff (2009) 124–6; Pfaff (2012) 457 and n. 26

FACS: A.G. Watson (1979) II, pl. 48 [fol. 100r]

ED: Warren (1883) 303–7 [mass–sets for English saints]; F. Wormald (1934) 99–111 [liturgical calendar (no. 8)]; Gerchow (1988) 231–2, 332 [obits in calendar]; Corrêa (1993) 252 [mass-sets for SS. Patrick, Brigit and Aidan]; Clayton—Magennis (1994) 79 [mass for St Margaret]; Rushforth (2008a) no. 25 [liturgical calendar]

ST: Legg (1891–7) 1444–1628 [cross–refs. to mass-texts in Vitellius A. xviii]; Gasquet—Bishop (1908) 61 n., 73 n., 146, 158–64; J.A. Robinson (1927) 166–71; Henel (1934); Hohler (1975) 70–1, 76–7; Stroud (1979) 231–2; Kotzor (1981) I.302*–311*; Prescott (1987) 133 [Winchester source for benedictional]; Lapidge—Winterbottom (1991b) cxxiii–cxxiv; Corrêa (1993) 245–51; Borst (2001) I.292; C.A. Jones (2005a) 114; N. Orchard (2005) cxxxvii, cxlviii

401. London, British Library, Cotton Vitellius A. xix

s. $x^{2/4}$ or x med., prob. Canterbury StA, prov. prob. ibid. s. x/xi

Contents: Bede, *Vita S. Cudbercti* (prose) [*CPL* 1379; *BHL* 2019], *Vita S. Cudbercti* (verse) [*CPL* 1380; *BHL* 2020]; excerpts from Bede, *Historia ecclesiastica* (IV. xxix–xxx); four Latin poems (SK Suppl. 3716a [*De quattuor clauibus sapientiae*]; SK 15347 [from Iuvencus, *Euang.* I.589–603]; SK Suppl. 7239a; and *De sacro baptismate* [inc. 'Fons sacer est fidei'], not in SK or SK Suppl.); five *Alleluia* verses; note on the Ages of Man (s. x^2)

MS: Jaager (1935) 30; Colgrave (1940) 27, 46; Laistner—King (1943) 88; N.R. Ker (1957) no. 217; T.A.M. Bishop (1959–63a) 93; Sims-Williams (1982) 22; Webster—Backhouse (1991) 129–30 [no. 93; Backhouse]; Dumville (1992a) 105; Lapidge (1992b) 106 n. 63 [repr. Lapidge (1993a) 96 n. 63]; Dumville (1994a) 137, 139; Lapidge (1995c) 130–1, 143 n. 39; Bullough (1998a) 120, 122; *ASMMF* X (2003) 7–12 [no. 252; O'Brien O'Keeffe]; Hartzell (2006) no. 148; Barker-Benfield (2008) I.519, 604, II.1381, III.1696, 1810, 1814; Graham (2009) 173–4; Rankin (2012) 489 and n. 29; Scragg (2012a) no. 604; Tinti (2012) 26–9

DEC: E. Temple (1976) no. 19(ii); Ohlgren (1986) no. 98

FACS: E. Temple (1976) ill. 63 [fol. 9r (detail)]; Bell (2001) 46 [fol. 88r]; *ASMMF* X (2003) no. 252; Owen-Crocker (2009) fig. 6.7 [fol. 32r]; Tinti (2012) figs. 1 [fol. 28v (detail)], 2 [fol. 30v], 3 [fol. 32v (detail)]

ED: Jaager (1935) [Bede, metrical *Vita S. Cudbercti*, coll. as V]; Colgrave (1940) [Bede, prose *Vita S. Cudbercti*, coll. as V]; Meritt (1945) 15 [OE glosses to both Bede's Lives of St Cuthbert]; Sheerin (1977) 178–80 [four Latin poems]; Hartzell (2006) no. 148 [Alleluia verses]

ST: Colgrave (1940) 27, 46; F.C. Robinson (1973) 444 n. 4 [syntactical glosses]; Sheerin (1975a); Sheerin (1977); Korhammer (1980) 28 [syntactical glosses]; Rollason (1989) 419; Sims-Williams (1990) 332–7; Lapidge (1995c) 143–4; Sole (1998) 133; Ziolkowski (2007) 47 n. 25

402. London, British Library, Cotton Vitellius C. iii, fols. 11–85

s. xi^1 or xi med., Canterbury CC?

Contents: Enlarged *Herbarius** (Antonius Musa, *De herba uettonica*; pseudo-Apuleius, *Herbarius*; herbs from pseudo-Dioscorides, *Liber medicinae ex herbis femininis* and *Curae herbarum*); *Medicina de quadrupedibus** (*De taxone liber*; treatise on mulberry tree; Sextus Placitus, *Liber medicinae ex animalibus*); medical recipes$^{(*)}$ (s. xi med. — xi/xii)

MS: M.R. James (1903) xxvi, 509; N.R. Ker (1957) no. 219; N.R. Ker (1964) 36; De Vriend (1972) xi–xviii; Backhouse et al. (1984b) no. 162 [D.H. Turner]; De Vriend (1984) xi–xx; *ASMMF* I (1994) 20–5 [no. 253; Doane]; D'Aronco–Cameron (1998) 14–25; Pulsiano (1998b) 109 n. 23; W. Schipper (2003) 157–8; Roberts (2005) 74–5 [no. 15]; Scragg (2012a) nos. 605–11

DEC: E. Temple (1976) no. 63; Grape–Albers (1977); Ohlgren (1986) no. 168; R. Gameson (1991) 68 *et passim*; R. Gameson (1995b) 14, 17, 121, 159–60, 173, 177, 192 n. 1, 212; D'Aronco–Cameron (1998) 26–43; Wieland (1998) 16 n. 19; S. Page (2004) 22; R. Gameson (2012c) 280 and nn. 105–6, 287 and n. 134

FACS: D'Aronco–Cameron (1998) [complete facsimile]; E. Temple (1976) ills. 186–8 [fols. 56v, 11v, 19r]; De Vriend (1984) frontispiece [fol. 74r]; R. Gameson (1991) fig. 3 [fol. 11v]; *ASMMF* I (1994) no. 253; M. Collins (2000) figs. 49–50 [fols. 30r, 11v], pl. XVII [fol. 19r]; Roberts (2005) pl. 15 [fol. 27r]; M.P. Brown (2007a) pl. 111 [fol. 32v]; R. Gameson (2012) pl. 10.12 [fol. 11v]

ED: Cockayne (1864–6) I.374–8 [Latin and OE medical recipes]; De Vriend (1972) [base MS for *Medicina de quadrupedibus*]; De Vriend (1984) [base MS (= V) for all texts]

LANG: Bierbaumer (1975–9) pt. II [1976]; De Vriend (1984) lxviii–lxxiv

ST: De Vriend (1972); Voigts (1976); Voigts (1977); Brownrigg (1978); Voigts (1978); Greenfield–Robinson (1980) 370–2; Hofstetter (1983);

De Vriend (1984); Hollis—Wright (1992) 234, 238, 311–24, 329–40; M.L. Cameron (1993); D'Aronco—Cameron (1998); D'Aronco (1999); M. Collins (2000) 192–6 *et passim*; Van Arsdall (2002); D'Aronco (2007); D'Aronco (2011) 238 and n. 37

402. 5. London, British Library, Cotton Vitellius C. iii, fols. 86–138

s. ix$^{3/4}$, N France, prov. England before 1100?

Contents: Macrobius, *Saturnalia* (bks. I–II only)

MS: L.D. Reynolds (1983) 235 [P.K. Marshall]; *ASMMF* I (1994) 20–5 [no. 253; Doane]; Bischoff (1998–) II, no. 2428; R. Gameson (2002d) 185–6

FACS: *ASMMF* I (1994) no. 253

ST: Lapidge (2006) 170, 320

403. London, British Library, Cotton Vitellius C. v

s. x/xi, and additions s. xi^1, SW England, (prov. Tavistock?)

Contents: Ælfric, *Catholic Homilies* (First Series, considerably expanded)*

MS: W.M. Temple (1952); K. Sisam (1953a) 184; N.R. Ker (1957) no. 220; N.R. Ker (1964) 188; Pope (1967–8) I.26–32; Collins—Clemoes (1974) 319–20; N.R. Ker (1976a) 123; Godden (1979) lxv–lxvi; Scragg (1979) 261; Dumville (1988) 58; Conner (1993) 36; Clemoes (1997) 18–21; Wilcox (2002) 289–90, 299; Butcher (2003) 13; Acker (2004) 128; *ASMMF* XVII (2008) 21–36 [no. 254; Wilcox]; R. Gameson (2012a) 49 and n. 153, 67 n. 232, 72 n. 246; Scragg (2012a) nos. 612–16

FACS: Pope (1967–8) I, frontispiece [fol. 17v], facing p. 230 [fol. 236v]; Butcher (2003) 14 [fol. 175r]; *ASMMF* XVII (2008) no. 254

ED [the order of the following items is that of the manuscript, listed according to the numbering of individual articles in N.R. Ker (1957) pp. 286–90; only the most recent editions are cited]:

art. 1: Pope (1967–8) I.463–72 [base MS (= H) for Ælfric, Suppl. Hom. XIa (*De sancta trinitate*)]

art. 2: Clemoes (1997) 178–89 [Ælfric, CH I, Hom. I (*De initio creaturae*), coll. as H]

art. 3: Clemoes (1997) 190–7 [Ælfric, CH I, Hom. II (Christmas), coll. as H] art. 4: Pope (1967–8) I.196–216 [base MS (= H) for Ælfric, Suppl. Hom. I (Christmas)]

art. 5: Clemoes (1997) 198–205 [Ælfric, CH I, Hom. III (St Stephen), coll. as H]

art. 6: Clemoes (1997) 206–16 [Ælfric, CH I, Hom. IV (Assumption of St John the Evangelist), coll. as H]

art. 7: as Crawford (1922) 61–8 [part of Ælfric, Letter to Sigeweard on the Old and New Testament, lines 1017–1153, not collated]

art. 8: Clemoes (1997) 217–23 [Ælfric, CH I, Hom. V (Holy Innocents), coll. as H]

art. 9: Clemoes (1997) 224–31 [Ælfric, CH I, Hom. VI (Circumcision of the Lord), coll. as H]

art. 10: Clemoes (1997) 232–40 [Ælfric, CH I, Hom. VII (Epiphany), coll. as H]

art. 11: Clemoes (1997) 241–8 [Ælfric, CH I, Hom. VIII (Third Sunday after Epiphany), coll. as H]

art. 12: Clemoes (1997) 249–57 [Ælfric, CH I, Hom. IX (Purification of B.V.M.), coll. as H]

art. 13: Clemoes (1997) 258–65 [Ælfric, CH I, Hom. X (Quinquagesima Sunday), coll. as H]

art. 14: Clemoes (1997) 266–74 [Ælfric, CH I, Hom. XI (First Sunday in Lent), coll. as H]

art. 15: Godden (1979) 66–71 [Ælfric, CH II, Hom. VIII (Second Sunday in Lent), coll. as H]

art. 16: Pope (1967–8) I.264–80 [Ælfric, Suppl. Hom. IV (Third Sunday in Lent), coll. as H]

art. 17: Clemoes (1997) 275–80 [Ælfric, CH I, Hom. XII (Sunday in Mid–Lent), coll. as H]

art. 18: Clemoes (1997) 281–9 [Ælfric, CH I, Hom. XIII (Annunciation of B.V.M.), coll. as H]

art. 19: Clemoes (1997) 290–8 [Ælfric, CH I, Hom. XIV (Palm Sunday), coll. as H]

art. 20: Clemoes (1997) 299–306 [Ælfric, CH I, Hom. XV (Easter Sunday), coll. as H]

art. 21: Clemoes (1997) 307–12 [Ælfric, CH I, Hom. XVI (First Sunday after Easter), coll. as H]

art. 22: Clemoes (1997) 313–16 [Ælfric, CH I, Hom. XVII (Second Sunday after Easter), coll. as H]

art. 23: Clemoes (1997) 317–24 [Ælfric, CH I, Hom. XVIII (*In Letania maiore*), coll. as H] art. 24: Clemoes (1997) 325–34 [Ælfric, CH I, Hom. XIX (*Feria .III. De dominica oratione*), coll. as H]

art. 25: Clemoes (1997) 335–44 [Ælfric, CH I, Hom. XX (*Feria .IIII. De fide catholica*), coll. as H]

art. 26: Clemoes (1997) 345–53 [Ælfric, CH I, Hom. XXI (Ascension Day), coll. as H]

art. 27: Clemoes (1997) 354–64 [Ælfric, CH I, Hom. XXII (Pentecost), coll. as H]

art. 28: Clemoes (1997) 365–70 [Ælfric, CH I, Hom. XXIII (Second Sunday after Pentecost), coll. as H]

art. 29: Clemoes (1997) 371–8 [Ælfric, CH I, Hom. XXIV (Third Sunday after Pentecost), coll. as H]

art. 30: Godden (1979) 213–20 [Ælfric, CH II, Hom. XXIII (Third Sunday after Pentecost), coll. as H]

art. 31: Pope (1967–8) II.497–507 [Ælfric, Suppl. Hom. XIII (Fifth Sunday after Pentecost), coll. as H]

art. 32: Pope (1967–8) II.515–25 [Ælfric, Suppl. Hom. XIV (Sixth Sunday after Pentecost), coll. as H]

art. 33: Pope (1967–8) II.531–41 [Ælfric, Suppl. Hom. XV (Seventh Sunday after Pentecost), coll. as H]

art. 34: Godden (1979) 230–4 [Ælfric, CH II, Hom. XXV (Eighth Sunday after Pentecost), coll. as H]

art. 35: Godden (1979) 235–40 [Ælfric, CH II, Hom. XXVI (Ninth Sunday after Pentecost), coll. as H]

art. 36: Pope (1967–8) II.547–59 [Ælfric, Suppl. Hom. XVI (Tenth Sunday after Pentecost), coll. as H]

art. 37: Clemoes (1997) 379–87 [Ælfric, CH I, Hom. XXV (St John the Baptist), coll. as H]

arts. 38–9: Clemoes (1997) 388–99 [Ælfric, CH I, Hom. XXVI (SS. Peter and Paul), coll. as H]

arts. 40–1: Clemoes (1997) 400–9 [Ælfric, CH I, Hom. XXVII (St Paul), coll. as H]

art. 42: Clemoes (1997) 410–17 [Ælfric, CH I, Hom. XXVIII (Eleventh Sunday after Pentecost), coll. as H]

art. 43: Clemoes (1997) 418–28 [Ælfric, CH I, Hom. XXIX (St Laurence), coll. as H]

art. 44: Pope (1967–8) II.762–9 [Ælfric, Suppl. Hom. XXVI (Theodosius and Ambrose), coll. as H]

art. 45: Pope (1967–8) II.567–80 [base MS (= H) for Ælfric, Suppl. Hom. XVII (Thirteenth Sunday after Pentecost)]; Butcher (2003) 15–21 [base MS for Ælfric, Hom. for Thirteenth Sunday after Pentecost]

art. 46: Pope (1967–8) II.775–9 [base MS (= H) for Ælfric, Suppl. Hom. XXVII (Visions of Departing Souls)]
art. 47: Clemoes (1997) 429–38 [Ælfric, CH I, Hom. XXX (Assumption of B.V.M.), coll. as H]
art. 48: Godden (1979) 255–9 [Ælfric, CH II, Hom. XXIX (Assumption of B.V.M.), coll. as H]
art. 49: Assmann (1889/1964) 13–23 [base MS (= V) for Ælfric, Letter to Sigefyrth]
art. 50: Clemoes (1997) 439–50 [Ælfric, CH I, Hom. XXXI (St Bartholomew), coll. as H]
art. 51: Clemoes (1997) 451–8 [Ælfric, CH I, Hom. XXXII (Decollation of St John the Baptist), coll. as H]
art. 52: Clemoes (1997) 459–64 [Ælfric, CH I, Hom. XXXIII (Seventeenth Sunday after Pentecost), coll. as H]
arts. 53–4: Clemoes (1997) 465–75 [Ælfric, CH I, Hom. XXXIV (Dedication of the Church of St Michael), coll. as H]
art. 55: Clemoes (1997) 476–85 [Ælfric, CH I, Hom. XXXV (Twenty-first Sunday after Pentecost), coll. as H]
arts. 56–7: Clemoes (1997) 486–96 [Ælfric, CH I, Hom. XXXVI (All Saints), coll. as H]
art. 58: Clemoes (1997) 497–506 [Ælfric, CH I, Hom. XXXVII (St Clement), coll. as H]
arts. 59–60: Clemoes (1997) 507–19 [Ælfric, CH I, Hom. XXXVIII (St Andrew), coll. as H]
art. 61: Clemoes (1997) 520–3 [Ælfric, CH I, Hom. XXXIX (First Sunday in Advent), coll. as H]
art. 62: Clemoes (1997) 524–30 [Ælfric, CH I, Hom. XL (Second Sunday in Advent), coll. as H]
art. 63: Pope (1967–8) I.230–42 [base MS (= H) for Ælfric, Suppl. Hom. II (Friday in the First Week of Lent)]
art. 64: Pope (1967–8) I.248–56 [base MS (= H) for Ælfric, Suppl. Hom. III (Friday in the Second Week of Lent)]
art. 65: Pope (1967–8) I.288–300 [Ælfric, Suppl. Hom. V (Friday in the Third Week of Lent), coll. as H]
art. 66: Pope (1967–8) I.311–29 [Ælfric, Suppl. Hom. VI (Friday in the Fourth Week of Lent), coll. as H]
LANG: W.M. Temple (1952); K. Sisam (1953a) 184; Harlow (1959); Clemoes (1994a) 351; Scragg (1994a) 333
ST: W.M. Temple (1952); Clemoes (1959b); A.F. Cameron (1974) 224; Prescott (1998) 268; Scragg (1998) 77 [comparison with no. **50**];

S. Irvine (2000) 46; Butcher (2003); Kleist (2007b) 451 *et passim*; Kleist (2007c) 496; Teresi (2007a) 294 n. 19, 302 n. 42

404. London, British Library, Cotton Vitellius C. viii, fols. 22-5

s. xi¹, WiNM?

Contents: Instruction for prayer⁺*; *Dies Aegyptiaci**; Ælfric, *De temporibus anni** (f); computus notes*

MS: Planta (1802) 424; N.R. Ker (1957) no. 221; Godden (1983); Liuzza (2001) 185, 221–2; *ASMMF* XII (2004) 84–95 [no. 255; Wright—Hollis]; Chardonnens (2007b) 525, 552; M. Blake (2009) 19; Scragg (2012a) nos. 617–18

FACS: *ASMMF* XII (2004) no. 255

ED: Förster (1929) 271–7 [OE *Dies Aegyptiaci*]; N.R. Ker (1957) 292 [Instruction for prayer]; Chardonnens (2007b) 342 [OE *Dies Aegyptiaci*]; M. Blake (2009) 82–96 [part of Ælfric, *De temporibus anni*, coll. as J]

ST: Henel (1934) 40–2, 51–4 [computus notes; this MS not collated]; Hollis—Wright (1992) 260

London, British Library, Cotton Vitellius C. viii, fols. 85–90: see no. **173**

405. London, British Library, Cotton Vitellius C. xii, fols. 114-56

s. xi ex., or s. xii in.? Canterbury StA

Contents: Usuard of Saint-Germain-des-Prés, *Martyrologium*, with obits; confraternity notes

MS: M.R. James (1903) 502, 531; N.R. Ker (1960) 30; N.R. Ker (1964) 43; A.G. Watson (1979) I, no. 577; R. Gameson (1999a) no. 422; Barker-Benfield (2008) I.liv, lvii, lviii, 91 n. c, 407, 408, 460, 461–2, 463, 478, II.940–1, 1397, 1445, 1561, III.1619–22, 1743, 1793, 1795, 1837, 1856–8, 1861

DEC: F. Wormald (1944) 10 [repr. F. Wormald (1984) 161]; F. Wormald (1945) 128 [repr. F. Wormald (1984) 177 and n. 70]; F. Wormald (1952) 55, 61; Boase (1953) 39–40, 87; Dodwell (1954) 27, 62, 123; Rickert (1954) 66; C.M. Kauffmann (1975) no. 18; R. Gameson (1995a) 101–2, 114 n., 144

FACS: F. Wormald (1952) pl. 37 [fol. 139r (detail)]; Boase (1953) pl. 30 (b) [fol. 139r (detail)]; Dodwell (1954) pls. 16 (b) [fol. 121r], 35 (a) [fol. 127r], 35 (b) [fol. 134r (detail)]; Rickert (1954) pl. 46 (c) [fol. 139r];

N.R. Ker (1960) pl. 10 (a) [fol. 134r]; C.M. Kauffmann (1975) pl. 33 [fol. 139r]; A.G. Watson (1979) II, pl. 58 [fol. 120r]; D.H. Turner et al. (1980) pl. 27 [fol. 127r]; R. Gameson (1995a) pl. 8 (a) [fol. 134r (detail)]

ST: Searle (1902); Quentin (1908) 676; D.H. Turner et al. (1980) 105; Heslop (1995) 67 n.; Keynes (1996a) 60 and n. 92 [obits]

406. London, British Library, Cotton Vitellius D. xvii, fols. 4–92

s. xi med.

Contents: Ælfric, originally forty-five items from *Catholic Homilies** and Lives of Saints* (many now lost or fragmentary); anonymous *Passio S. Pantaleonis**

MS: T.S. Smith (1696) 94; Wanley (1705) 206; Pope (1931); N.R. Ker (1957) no. 222; Godden (1979) lviii–lix; Scragg (1979) 264; Scragg (1996) 222; Clemoes (1997) 61–3; Pulsiano (2002a) 63–4; Corona (2006) 132–3; Upchurch (2007) xii, 53; *ASMMF* XIX (2010) 71–90 [no. 256; Doane]; R. Gameson (2012a) 67 n. 232; Scragg (2012a) nos. 619–21a

FACS: *ASMMF* XIX (2010) no. 256

ED [the order of the following items is that of the manuscript, listed according to the numbering of individual articles in N.R. Ker (1957) 293–7; only the most recent editions are cited]:

art. 1: Clemoes (1997) 391–9 [Ælfric, CH I, Hom. XXVI (SS. Peter and Paul), coll as f^k]

art. 2: Godden (1979) 241–7 [Ælfric, CH II, Hom. XXVII (St James), coll. as f^k]

art. 3: lost

arts. 4–5: Godden (1979) 169–73 [Ælfric, CH II, Hom. XVII (SS. Philip and James), coll. as f^k]

art. 6: Clemoes (1997) 439–50 [Ælfric, CH I, Hom. XXXI (St Bartholomew), coll. as f^k]

art. 7: Godden (1979) 280–7 [Ælfric, CH II, Hom. XXXIII (SS. Simon and Jude), coll. as f^k]

art. 8: Skeat (1881–1900) I.320–6 [Ælfric, *Lives of Saints*, no. XV (St Mark), lines 1–103, coll. as V]

art. 9: Skeat (1881–1900) I.326–36 [Ælfric, *Lives of Saints*, no. XV (the Four Evangelists), lines 104–226, coll. as V]

art. 10: Godden (1979) 12–18 [Ælfric, CH II, Hom. II (St Stephen), coll. as f^k]

art. 11: Clemoes (1997) 198–205 [Ælfric, CH I, Hom. III (St Stephen), coll. as f^k]
art. 12: Clemoes (1997) 217–23 [Ælfric, CH I, Hom. V (Holy Innocents), coll. as f^k]
art. 13: Skeat (1881–1900) I.116–46 [Ælfric, *Lives of Saints*, no. V (St Sebastian), coll. as V]
art. 14: Pulsiano (2002a) 69–103 [base MS for anonymous Passio of St Pantaleon]
art. 15: Godden (1979) 272–9 [Ælfric, CH II, Hom. XXXII (St Matthew), coll. as f^k]
art. 16: Godden (1979) 92–109 [Ælfric, CH II, Hom. XI (St Benedict), coll. as f^k]
art. 17: Godden (1979) 288–98 [Ælfric, CH II, Hom. XXXIV (St Martin), coll. as f^k]
art. 18: Godden (1979) 72–80 [Ælfric, CH II, Hom. IX (St Gregory), coll. as f^k]
art. 19: Clemoes (1997) 465–75 [Ælfric, CH I, Hom. XXXIV (Dedication of the Church of St Michael), coll. as f^k]
art. 20: Godden (1979) 174–6 [Ælfric, CH II, Hom. XVIII, lines 1–61 (Discovery of the Holy Cross), coll. as f^k]
art. 21: Godden (1979) 176–9 [Ælfric, CH II, Hom. XVIII, lines 62–156 (SS. Alexander, Eventius and Theodolus), coll. as f^k]
art. 22: Clemoes (1997) 507–19 [Ælfric, CH I, Hom. XXXVIII (St Andrew), coll. as f^k]
art. 23: Clemoes (1997) 418–28 [Ælfric, CH I, Hom. XXIX (St Laurence), coll. as f^k]
art. 24: Clemoes (1997) 496–506 [Ælfric, CH I, Hom. XXXVII (St Clement), coll. as f^k]
art. 25: Skeat (1881–1900) II.356–76 [Ælfric, *Lives of Saints*, no. XXXIV (St Caecilia), coll. as V]
art. 26: Skeat (1881–1900) I.472–86 [Ælfric, *Lives of Saints*, no. XXII (St Apollinaris), coll. as V]
art. 27: lost
art. 28: lost
art. 29: Skeat (1881–1900) II.190–218 [anonymous 'Life of St Eustace' (Skeat, no. XXX) coll. as V]
art. 30: lost
art. 31: Skeat (1881–1900) II.124–42 [Ælfric, *Lives of Saints*, no. XXVI (St Oswald, king and martyr), coll. as V]; Needham (1976) 27–42 [Ælfric, 'Life of St Oswald, king and martyr', coll. as V]

art. 32: lost
art. 33: lost
art. 34: lost
art. 35: Clemoes (1997) 429–38 [Ælfric, CH I, Hom. XXX (Assumption of B.V.M.), coll. as f^k]
art. 36: lost
art. 37: Skeat (1881–1900) II.144–58 [Ælfric, *Lives of Saints*, no. XXVII (Exaltation of the Holy Cross), coll. as V]
art. 38: Assmann (1889/1964) 49–64 [part of Ælfric, Hom. for the Common of a Confessor, mentioned but not collated]
art. 39: Godden (1979) 304–9 [Ælfric, CH II, Hom. XXXVI (Feast for Several Apostles), coll. as f^k]
art. 40: Godden (1979) 318–26 [Ælfric, CH II, Hom. XXXVIII (Feast for a Confessor), coll. as f^k]
art. 41: Godden (1979) 335–45 [Ælfric, CH II, Hom. XL (The Dedication of a Church), coll. as f^k]
art. 42: Skeat (1881–1900) II.314–34 [Ælfric, *Lives of Saints*, no. XXXII (St Edmund, king and martyr), coll. as V]; Needham (1976) 43–59 [Ælfric, 'Life of St Edmund, king and martyr' coll. as V]
art. 43: Skeat (1881–1900) I.50–90 [Ælfric, *Lives of Saints*, no. III (St Basil), coll. as V]; Corona (2006) 152–88 [Ælfric, 'Life of St Basil', coll. as V]
art. 44: Clemoes (1997) 400–9 [Ælfric, CH I, Hom. XXVII (St Paul), coll. as f^k]
art. 45: Skeat (1881–1900) II.66–124 [Ælfric, *Lives of Saints*, no. XXV (Maccabees), coll. as V]
arts. 46–54: all lost
ST: Collins—Clemoes (1974) 322; Söderlind (1995); J. Hill (1996) 243; Prescott (1997) 406, 437; Prescott (1998) 268; Proud (2000) 121, 126, 128; Kleist (2007b) 475–6, 487; Kleist (2007c) 501–2

406. 5. London, British Library, Cotton Vitellius E. xii, fols. 116–60

s. xi^1, Germany, prob. Cologne, prov. York s. xi^2 [fols. 116–52]; s. xi^2 (after 1068), Exeter [fols. 153–60]; prov. whole MS Exeter

Contents: pontifical (*Pontificale Romano-Germanicum*) [fols. 116–52]; additions to the pontifical: benedictions; hymn [SK 5629]; parts of Office of the Dead with sermon; *Laudes regiae* [fols. 153–60]

MS: Brückmann (1973) 437–8; Lapidge (1981–5) 20–3; Lapidge (1983) [repr. Lapidge (1993a) 453–67]; Rankin (1984) 112; Dumville (1992a)

69, 73–4, 90–1, 94 n. 172; Nelson–Pfaff (1995) 89, 96; R. Gameson (1996b) 146, 149; R. Gameson (1999a) no. 423; Hartzell (2006) no. 149; Wieland (2009) 124; R. Gameson (2012d) 363 and n. 76

FACS: Lapidge (1983) figs. 1 [fol. 117v], 2 [fol. 154r] [repr. Lapidge (1993a) figs. VI–VII]

ED: *AH* LI.87 [base MS for processional hymn: SK 5629]; Cowdrey (1981) 70 [amended Lapidge (1983) 15; repr. Lapidge (1993a) 457] [*Laudes regiae*]

ST: Kantorowicz (1946) 171 and n. 62; C.A. Jones (2005a) 114; R. McKitterick (2012) 330 and n. 109

407. London, British Library, Cotton Vitellius E. xviii

s. xi med. or xi$^{3/4}$, Winchester NM, (prov. Winchester OM)

Contents: liturgical calendar; computus material (*) ('Winchester Computus', fragmentary); prognostics* (including *lunaria*); charms*; two veterinary recipes*; prayers; explanations of cryptogrammatic writing⁺*; Psalterium Gallicanum° with 'argumenta'; Ps. CLI; canticles° (incomplete)

MS: Gasquet–Bishop (1908) 38–9, 41–2, 48–50 *et passim*; Mearns (1914) 96; Wildhagen (1920); N.R. Ker (1957) no. 224; N.R. Ker (1964) 103, 200; T.A.M. Bishop (1971) no. 26; F.C. Robinson (1973) 455 n. 40; Rella (1980) no. 57; Morgan (1981) 431; Dumville (1992a) 22, 25, 50, 52, 57, 110, 125, 129; Hollis–Wright (1992) 234, 238; Bullough (1998a) 221 n. 54; Gneuss (1998) 273, 276; P. Wormald (1999) 186–7 nn. 100–1; *ASMMF* II (1994) 50–6 [no. 258; Pulsiano]; Dodwell (2000) 110 n. 38; Liuzza (2001) 205 n. 106, 222–3; Pulsiano (2001a) xxiii; Biggs (2007a) 16; Chardonnens (2007b) 37–8, 525–8, 552; Rushforth (2008a) 48–9; Liuzza (2011) 14–15; Scragg (2012a) nos. 622–5

DEC: R. Gameson (1991) 81 *et passim*; R. Gameson (1995b) 219 nn. 158 and 159, 220 n. 164; R. Gameson (2012c) 269 and n. 57

FACS: Rosier (1962) pls. I–II [fols. 36v, 128v]; R. Gameson (1991) fig. 18 [fol. 18r]; *ASMMF* II (1994) no. 258; Pulsiano (1998b) pls. 11–12 [fol. 16r-v]; Owen-Crocker (2009) fig. 5.1 [fol. 18r]

ED: Förster (1905) 392–3 [riddle]; Wildhagen (1921) 77–94 [liturgical calendar]; Förster (1929) 262–4 [base MS for *De diebus malis* (art. d)], 266–9 [base MS for entries on blood–letting days (arts. g, i)]; F. Wormald (1934) 156–67 [liturgical calendar (no. 12)]; Storms (1948)

287, 309–11 [charms]; Rosier (1962) [base MS for psalter and canticles]; Gerchow (1988) 231–2, 332 [obits in calendar]; Pulsiano (1991b) [psalter introductions coll. as V]; Pulsiano (1991c) [base MS (= G) for various psalms and gloss]; Pulsiano (1998b); Pulsiano (2001a) [Pss. I–L (Latin and OE gloss) coll. as G]; Liuzza (2005) 44 [base MS for Sphere of Pythagoras]; Chardonnens (2007b) *passim* [prognostics; see 526–8]; Rushforth (2008a) no. 23 [liturgical calendar]

LANG: Bierbaumer (1977a); Hofstetter (1987) 79–81

ST: Lindelöf (1904); Heinzel (1926); K. Sisam (1953a) 55–6, 127; Sisam—Sisam (1959) 48, 58–72; E. Temple (1976) 64, 117; Kotzor (1981) I.302*–311*; Clayton (1984) 225–6 [Marian feasts]; Hollis—Wright (1992) 238, 260; Pulsiano (1993); Pulsiano (1994); Baker—Lapidge (1995) xlviii–lii ['Winchester Computus']; Pfaff (1995a) 64 [Pulsiano]; Corrêa (1996) 292 n. 25, 293 n. 31, 294 n. 39; Keynes (1996a) 67–8, 115 n. 45; Prescott (1998) 268; Pulsiano (1998b); Pulsiano (1998c); Borst (2001) I.289–90; R. Gameson (2001) 47 [no. 35] *et passim*; P.P. O'Neill (2001) 28–30; Keynes (2004) 155–6; Chardonnens (2010) 246–50; Liuzza (2011) 1–77 [prognostics]

408. London, British Library, Egerton 267, fol. 37

s. x ex., prob. Abingdon

Contents: Boethius, *De consolatione Philosophiae* [CPL 878] (f) [I, pr. iv], with gloss

MS: T.A.M. Bishop (1971) xii n. 2, 13 [no. 15]; Bolton (1977a) 58; Troncarelli (1987) no. 77; Gibson et al. (1995–2001) I.131 [no. 107]; Wittig (2007) 189; Wieland (2009) 149

ST: Lapidge (2006) 293; Godden (2011) 92

409. London, British Library, Egerton 874

s. ix$^{3/4}$, NE France; additions: s. xi^2; England, (prov. all Canterbury StA).

Contents: Caesarius of Arles, *Expositio in Apocalypsin* [CPL 1016]; additions: two Easter hymns [SK 2153, 16087], part of rhymed Office of St Augustine of Canterbury, chant for Gregory the Great, prayers

MS: *Cat. Add. B.M. 1836-40* (1843) 21; Bonner (1957–9); N.R. Ker (1964) 44; Römer (1972b) 170; Bischoff (1998–) II, no. 2436; Hartzell (2006) no. 150; Lapidge (2006) 170, 294; R. Gameson (2012d) 346 n. 9, 350 n. 22

ST: Gneuss (1968) 78

410. London, British Library, Egerton 1046

s. viii, Northumbria

Contents: Old Testament (part): Prouerbia Salomonis (incomplete), Ecclesiastes, Canticum canticorum, Sapientia, Ecclesiasticus (incomplete)

MS: *Cat. Add. B.M. 1841–5* (1850) 103; *CLA* II (1935) nos. 194a, 194b; Quentin et al. (1926–94) XI, p. ix; Marsden (1995) 262–71; Dumville (1999) 116 n. 9; M.P. Brown (2003a) 187, 258; Wieland (2009) 116; M.P. Brown (2012) 151, 165 n. 220; Marsden (2012) 420 and n. 68

FACS: Thompson—Warner (1881–4) II, pl. 26 [fol. 22v]; Marsden (1995) pl. VI [fols. 14v, 17r]

ST: Marsden (1995) 272–306

410. 5. London, British Library, Egerton 3278

s. xi in.

Contents: Bede, *Historia ecclesiastica* (f) [bk. V. xix–xx]

MS: Colgrave—Mynors (1969) xlvii; *Cat. Add. B.M. 1936–45* (1970) 381–2

411. London, British Library, Egerton 3314, fols. 9-72 (with London, British Library, Cotton Caligula A. xv, fols. 120–53)

s. xi ex. (in and after 1073) [Calig. 120–41, Eg. 9–44, Calig. 142–3]; s. xi/xii [Calig. 144–53]; s. xi/xii [Eg. 45–72]; all parts Canterbury CC (and StA?)

Contents: Calig. 120–41, Eg. 9–44, Calig. 142–3: computus materials⁽*⁾ ['Canterbury Computus']; prognostics* (including *lunaria*); charms⁽*⁾; liturgical calendar; Annals of Christ Church, Canterbury⁺* (with later additions, Calig. 136–9); notes* on Friday fasts, the Ages of the World, the Age of the Virgin, on Christ, Adam and Noah; pseudo-Damasus and pseudo-Jerome, Colloquy on celebrating Mass* [cf. *CPL* 633b]; Hermannus Contractus, *Computus*, chs. i–xxv; list of the archbishops of Canterbury (add. s. xi/xii); extracts from Ælfric, *De temporibus anni**, chs. vi–viii. Calig. 144–53: Ælfric, *De temporibus anni**, chs. iv–xi. 4. Eg. 45–72: computus materials

MS: Planta (1802) 45–6; Thompson–Warner (1881–4) 66 [Caligula A. xv]; M.R. James (1903) 49, 508, 516; Förster (1908); Singer (1917); Förster (1925–6) 74–6; N.R. Ker (1957) no. 139 [Caligula A. xv, fols. 120–53]; N.R. Ker (1960) 26–7; N.R. Ker (1964) 35–6; Willetts (1966); *Cat. Add. B.M. 1936–45* (1970) 400–3; C.W. Jones (1975) xiii; N.R. Ker (1976a) 124; A.G. Watson (1979) I, no. 517; C.W. Jones (1980) 670; Backhouse et al. (1984b) no. 65; A.G. Watson (1987a) 124; A.G. Watson (1987b) 286 [repr. A.G. Watson (2004) no. VIII]; Laing (1993) 70; Webber (1995) 158; R. Gameson (1999a) no. 370; Pettit (1999) 43; P. Wormald (1999) 186 n. 100, 187 n. 102; Liuzza (2001) 205, 208 n. 114, 215–16; Schiltz (2004) 121, 132; Chardonnens (2007b) 36–7, 509–12, 550; Barker-Benfield (2008) I.511, II.1122, III.1828; Rushforth (2008a) 52–3; M. Blake (2009) 14–15; Liuzza (2011) 9–12; Scragg (2012a) nos. 418–29; Webber (2012) 213 and n. 7, 215 n. 15

DEC: Rice (1952) 205; F. Wormald (1952) 67 [no. 27]; Dodwell (1954) 21, 47, 120; Heimann (1966) 40 n. 9; Dodwell–Clemoes (1974) 58; E. Temple (1976) no. 106; Ohlgren (1986) no. 211; R. Gameson (1990) 40; R. Gameson (1995a) 116 and n. 69; Kidd (2000) 44–5

FACS: F. Wormald (1952) pls. 34 (a)–(b) [Calig. fols. 122v, 123r (details)]; Dodwell (1954) pls. 12 (a)–(b) [Calig. fols. 123r, 122v]; N.R. Ker (1960) pl. 8 (a) [Calig. fol. 136r]; Dodwell–Clemoes (1974) pl. V (d) [Calig. fol. 122v]; E. Temple (1976) ills. 317–18 [Calig. fols. 122v, 123r]; Backhouse et al. (1984b) pl. 65 [Calig. fol. 123r]; Schiltz (2004) 122 [Calig. fols. 123v–124r]; Chardonnens (2007a) pl. 2 [Calig. fol. 125v]

ED: Cockayne (1864–6) III.295 [OE charms]; Napier (1889) 3, 6–7 [notes on annual fasts, on the Six Ages of the World, on the Virgin, Christ and Noah, on the proper times for celebrating mass]; Förster (1929) 260 [base MS for art. i], 252–4 [base MS for art. e], 266–9 [base MS for art. h]; Henel (1934) 42–55 [computus rules]; Henel (1942a) [Ælfric, *De temporibus anni*, coll. as E and F]; Storms (1948) nos. 34, 68, 69 [OE charms]; C.W. Jones (1980) 685–9 [*De ratione embolismorum* coll. as C]; Baker–Lapidge (1995) 429–30 [base MS for notes on epacts]; P.S. Baker (2000) 129–34 [base MS for Easter tables]; Liuzza (2001) 203–4 [art. h]; Rushforth (2008a) no. 26 [liturgical calendar]; Chardonnens (2007b) 234 [art. i], 370 [art. h], 430 [art. q], 450 [art. p], 462–3 [art. a], 487 [art. c], and Latin prognostics (pp. 197–9, 289, 373, 379, 380–1, 384, and 462–3); M. Blake (2009) [Ælfric, *De temporibus anni*, coll. as E and F]

ST: Singer (1917); C.W. Jones (1939) 120; Tristram (1985) 32 *et passim*; Hollis—Wright (1992) 152–3, 159, 261; Günzel (1993) 23 n. 21, 63–5; Baker—Lapidge (1995) xl; Pulsiano (1998b) 87–9, 96, 108 n. 19, 109 n. 22, 112–13 n. 41; Chardonnens (2007a) 337; Liuzza (2011) 1–77 [prognostics]

411. 6. London, British Library, Harley 12, fols. 1–140

s. xi ex., prov. Durham?, (prov. Winchester?)

Contents: Iohannes Diaconus, *Vita S. Gregorii* [*BHL* 3641]

MS: A.G. Watson (1963) 208, 213 [repr. A.G. Watson (2004), no. III]; C.E. Wright (1972) 122, 131; Chaplais (1987); Gullick (1987) 102 n. 6; R. Gameson (1999a) no. 426; P.R. Robinson (2003) I, no. 127; Hartzell (2006) no. 151

FACS: A.G. Watson (1963) 210 [fol. 1r] [repr. A.G. Watson (2004) no. III]

411. 7. London, British Library, Harley 12, fols. 141–3

s. xi ex. or xi/xii, prob. England

Contents: *Vita S. Katherinae* in twelve lessons with responsories

MS: R. Gameson (1999a) no. 427; Hartzell (2006) no. 151

412. London, British Library, Harley 55, fols. 1–4

s. xi^1, prob. York, or Worcester?, (prov. Worcester)

Contents: medical recipes*; laws*: *Eadgar II, III*; record*

MS: Liebermann (1903–16) I.xviii; N.R. Ker (1948) 71 [repr. N.R. Ker (1985) 55]; N.R. Ker (1957) no. 225; N.R. Ker (1964) 207; Sawyer (1968) no. 1453 [with refs.]; N.R. Ker (1971) 327 [repr. N.R. Ker (1985) 21]; C.E. Wright (1972) 372; A.F. Cameron (1974) 221; Whitelock (1976) 29; A.G. Watson (1979) I, no. 629; Meaney (1984) 240; A.G. Watson (1984) 29; Dumville (1992a) 126, 127; Hollis—Wright (1992) 230, 232–3; M.L. Cameron (1993) 32; Laing (1993) 87; R.I. Page (1993a) 48; P. Wormald (1999) 164 table 4.1, 185–90, 253–4, 314 n. 228; W. Schipper (2003) 157; Baxter (2004) 162, 176–9, 182–4, 186–90 [Oswald memorandum]; Dance (2004) 31 n. 6; A. Orchard (2004) 66 n. 15; Hartzell (2006) no. 152; Hough (2006) 115; Rumble (2006a) viii; A. Orchard (2012) 697 [no. 10]; Scragg (2012a) nos. 307, 626–9; P. Wormald (2012) 534 [no. 4]

FACS: Loyn (1971) [fols. 3v, 4r, 4v]; A.G. Watson (1979) II, pl. 21 [fol. 3v]; Baxter (2004) fig. 7.5 [fol. 4v]

ED: Cockayne (1864–6) II.280 [medical recipes]; Liebermann (1903–16) I.194–8 [*Eg. II* coll. as A], 200–6 [*Eg. III* coll. as A]; A.J. Robertson (1939) 110–13 [no. 54] [record]

ST: K. Sisam (1953a) 111; Bullough (1996) 17 n. 59; R. Gameson (1996a) 197, 233, 239; Hough (2006) 121, 133

413. London, British Library, Harley 76

s. xi¹, prob. Canterbury CC, prov. s. xi ex. Bury St Edmunds

Contents: gospels, gospel list; documents (s. xi ex.)

MS: Nares et al. (1808–12) I.20; T.A.M. Bishop (1954–8a) 185; N.R. Ker (1960) 20 n. 1; N.R. Ker (1964) 20; T.A.M. Bishop (1971) xiii; R.M. Thomson (1972) 625 and n. 46; C.E. Wright (1972) 372; Backhouse et al. (1984b) no. 58; Dumville (1993g) 33–4 n. 117, 40 n. 165, 78 n. 360, 106 n. 116, 120 n. 52; Lenker (1997) 453; McGurk (2012) 439 and n. 11, 446 [no. 10]

DEC: Kendrick (1949) 103; Rice (1952) 207; E. Temple (1976) no. 75; Brownrigg (1978) 262–3; D.M. Wilson (1984) 176; Ohlgren (1986) no. 180; Raw (1990) 218–19; R. Gameson (1995b) 100, 120, 206; Heslop (2007) 69; R. Gameson (2012c) 272 and n. 70

FACS: T.A.M. Bishop (1954–8a) pl. X (b) [fol. 137r]; E. Temple (1976) ills. 221, 230, 231 [fols. 45r, 8v, 10r]; D.M. Wilson (1984) pl. 263 [fol. 8v]; Ohlgren (1992) pls. 10.1–10.15 [fols. 6r–12v, 45r]; Backhouse (1997) pl. 13 [fol. 9v]; Heslop (2007) fig. 3 (b) [fol. 9v (detail)]

ST: Glunz (1933) 140; Frere (1934) 163; Sawyer (1968) no. 980; Klauser (1972) l; Heslop (1990) 153, 175, 182; Lenker (1997) 442–8; Keefer (2007b) 99

414. London, British Library, Harley 107

s. xi med., SE England

Contents: Ælfric, *Grammar*⁺* and *Glossary*⁺*; dialogue on declensions; glossary of names of birds and fishes⁺*

MS: N.R. Ker (1957) no. 227; C.E. Wright (1972) 373; Buckalew (1982) 25, 28; *ASMMF* XV (2007) 21–4 [no. 261; Doane]; Wieland (2009) 144; Scragg (2012a) nos. 630–2

FACS: *ASMMF* XV (2007) no. 261

ED: Zupitza (1880/2001) [Ælfric, *Grammar* and *Glossary*, coll. as H]; Zupitza (1889) 239

LANG: Korhammer (1976) 163–4, 165 n. 14, 166; Gneuss (1997) 48

ST: A.G. Watson (1966) 58, 304; Hetherington (1975); Buckalew (1978); Bursill-Hall (1981) 336 [dialogue on declensions]; Buckalew (1982) 47 n. 15

415. London, British Library, Harley 110

s. x ex., Canterbury CC

Contents: Prosper, *Epigrammata ex sententiis S. Augustini* [*CPL* 526] and *Versus ad coniugem* [*CPL* 531; SK 458]; Isidore, *Synonyma de lamentatione animae peccatricis* [*CPL* 1203]; all glossed

MS: T.A.M. Bishop (1959–63a) 421–2; N.R. Ker (1957) no. 228; T.A.M. Bishop (1971) xxvi; C.E. Wright (1972) 373; Hetherington (1975) 80 n. 11; Lapidge (1982a) 105 and n. 45 [repr. Lapidge (1996b) 466 and n. 45]; R.I. Page (1982) 150–1; Di Sciacca (2007b) 97 and n. 17, 111–13; Di Sciacca (2008) 68–71; Di Sciacca (2011) 301–2 and nn. 13–14; R. Gameson (2012a) 29 n. 66; Scragg (2012a) nos. 633–4

DEC: F. Wormald (1945) 134 [repr. F. Wormald (1984) 73]; E. Temple (1976) no. 19 (vii); Ohlgren (1986) no. 103

FACS: E. Temple (1976) ill. 69 [fol. 3r (detail)]; Di Sciacca (2007b) pl. 2 (p. 124) [fol. 26v]; Lendinara et al. (2011) pls. VII–VIII [fol. 3r (two details)]

ED: Meritt (1945) nos. 21 [glosses to Isidore], 23 [glosses to Prosper]; Lapidge (1982a) 107 [text and glosses to Prosper, *Epigr.* ii, on fol. 3v] [repr. Lapidge (1996b) 469]

ST: Hetherington (1975) 80 n. 11; Toth (1984); Gretsch (1999a) 216–18; Lapidge (2006) 312, 327, 328; Di Sciacca (2007b) 105–17, 122; Di Sciacca (2008) 110–11, 168–9 *et passim*; Di Sciacca (2011) 302–26 [Latin glosses], 326–30 [OE glosses]

416. London, British Library, Harley 110, fols. 1 and 56

s. xi med., Winchester OM?

Contents: gradual (f)

MS: Hartzell (2006) no. 153; Rankin (2012) 500

FACS: Hiley (1993) pl. 4 [fol. 56r]

417. London, British Library, Harley 208

s. ix¹, Saint-Denis, prov. England s. x/xi, (prov. York)

Contents: Alcuin, a selection of ninety-one of his *Epistolae* and three poems (*Carm.* xlviii, xlv, xl); Dungal, *Epp.* ii–viii; Letter from Charlemagne to Michael Palaeologus; additions (s. x/xi): alphabet; OE verse fragment**; incomplete *Pater noster*

MS: Dümmler (1881) 166; Thompson—Warner (1881–4) II.86; Dümmler (1895) 5–6; N.R. Ker (1957) no. 229; Whitelock (1965) 218–19; C.E. Wright (1972) 374; Whitelock (1976) 32 n. 2; Rella (1980) 98 n. 41, 165; Vezin (1982); Atsma—Vezin (1988) IV.232 n. 118; P.L. Heyworth (1989) 230; Blockley (1994); Bischoff (1998—) II, no. 2438; Bullough (1998b) 24–5 n. 74; Gerchow (1999) 535 [no. 393]; P. Wormald (1999) 185 n. 95; Gneuss (2003b) 299; Bullough (2004) 75–9 *et passim*; Scragg (2012a) no. 635

FACS: Gerchow (1999) 536 [fols. 7v–8r]

ED: Dümmler (1881) 259–61 [Alcuin, *Carm.* xlvi–xlviii, coll as H]; Dümmler (1895) 18–481 [Alcuin, *Epp.*, coll. as H], 578–83 [base MS for Dungal, *Epistolae* ii–viii]; N.R. Ker (1957) p. 304 (OE verse fragment)

ST: Manitius (1911–31) I.374 [Dungal]; Kenney (1929) no. 346 [Dungal]; F.C. Robinson (1973) 449 [alphabet]; *BCLL* (1985) no. 657 [Dungal]; C. Brett (1991) 56; Webster—Backhouse (1991) no. 129 [Backhouse]; Blockley (1994) 81 [OE verse fragment]; *CSLMA* I (1994) 313–25 [Dungal, *Epp.*]; *CSLMA* II (1999) 56–8 [Alcuin, *Carm.*], 171–335 [Alcuin, *Epp.*]; Bullough (2004); Lapidge (2006) 170; R. McKitterick (2012) 327

418. London, British Library, Harley 213

s. ix³/³, France, (prov. Winchester OM, by s. xvi York)

Contents: Alcuin, *Expositio in Ecclesiasten* with prologue by Alcuin; Alcuin, *Carm.* lxxvi [SK 8421]; pseudo-Alcuin, 'Vox ecclesie' [anon. comm. on the Canticum canticorum]; two homilies: Augustine, *De disciplina Christiana* [*CPL* 310], and an anonymous Homily (consisting of extracts from Gregory, *Homiliae .xl. in Euangelia* [*CPL* 1711] no. xxxix)

MS: Wanley et al. (1759–63) I.68; Nares et al. (1808–12) I.68; Stegmüller no. 9621; N.R. Ker (1964) 200; C.E. Wright (1972) 356, 366, 375; Bischoff (1998—) II, no. 2439; T.N. Hall (2001) 135 n. 81; Guglielmetti

(2004) 189; D'Imperio—Guglielmetti (2005) 29; D'Imperio (2008) 23–6; Guglielmetti (2008a) 46–7; Guglielmetti (2008b) 178; Wieland (2009) 125; D. Ganz (2010); R. Gameson (2012d) 350 and n. 19

ED: Dümmler (1881) 297 [SK 8421]; Guglielmetti (2004) 201–32 ['Vox ecclesie' coll. as Lo]

ST: *CSLMA* II (1999) 370; Guglielmetti (2004) 183–97 ['Vox ecclesie']; D'Imperio—Guglielmetti (2005) 27–40 [*Expositio in Ecclesiasten*]; Lapidge (2006) 170; Guglielmetti (2008a) ['Vox ecclesie']

418. 3. London, British Library, Harley 271, fols. 1* and 45*

s. xi^2 or xi ex.

Contents: missal (f)

MS: A.G. Watson (1969) 58 [repr. A.G. Watson (2004) no. IX]; N. Orchard (1994); Lenker (1997) 492; R. Gameson (1999a) no. 429

FACS: N. Orchard (1994) pl. VIII [fol. 1*v]

ED: N. Orchard (1994) 286–8

418. 6. London, British Library, Harley 491, fols. 1–2

s. xi^1 or xi med., Continent or Durham, prov. Durham

Contents: mass lectionary (f; probably reject leaves)

MS: Mynors (1939) 60 [no. 84]; N.R. Ker (1964) 73; Van Houts (1982) 201–2; A.G. Watson (1987a) 30; Van Houts (1992–5) I.xcviii; Gullick (1994) 104; Gullick (1998a) 27; Gullick (1998b) 119; R. Gameson (1999a) no. 430; Gneuss (2003b) 299–300; Harrison (2004) 71–2

418. 8. London, British Library, Harley 521, fol. 2

s. x/xi, Canterbury StA

Contents: Bede, *De schematibus et tropis* [CPL 1567] (f)

MS: Knappe (1996) 242–3; Gneuss (2003b) 300; Berkhout (2006)

FACS: www.u.arizona.edu/~ctb/mss/harley521.jpg

ED: Berkhout (2006)

419. London, British Library, Harley 526, fols. 1–27

s. ix ex., NE France, prov. England by s. x med.

Contents: Bede, *Vita S. Cudbercti* (verse) [CPL 1380; BHL 2020]

MS: Jaager (1935) 30; Laistner—King (1943) 88; N.R. Ker (1957) no. 230; C.E. Wright (1972) 381; Rella (1977) 166; Rella (1980) 112; Lapidge (1995c) 130, 156; Gullick (1998a) 16, 28; Gretsch (1999a) 357–8; *ASMMF* X (2003) 13–18 [no. 264b; O'Brien O'Keeffe]; R. Gameson (2012d) 350 and n. 21; Scragg (2012a) nos. 636–7

FACS: *ASMMF* X (2003) no. 264b

ED: Jaager (1935) [Bede, *Vita metrica S. Cudbercti*, coll. as H¹]; Meritt (1945) no. 11 [OE glosses]

ST: A.G. Watson (1966) 128 [no. A.246]; F. Barlow (1992) lxxviii–lxxxi [on fols. 38–57]; Lapidge (2006) 170; Lapidge (2008a) 112–20

421. London, British Library, Harley 585

s. xi/xi and xi¹

Contents: enlarged *Herbarius**, part (pseudo-Apuleius, *Herbarius*; herbs from pseudo-Dioscorides, *Liber medicinae ex herbis femininis* and *Curae herbarum*); *Medicina de quadrupedibus** (*De taxone liber*; treatise on mulberry tree; part of Sextus Placitus, *Liber medicinae ex animalibus*); *Lacnunga** (medical recipes, prayers, charms; some in Latin and Irish), including *Lorica* of Laidcenn mac Baith° [*CPL* 1323; *BCLL* 294; SK 15745] and *Dies Aegyptiaci**

MS: Storms (1948) 16–24; Grattan—Singer (1952) 207–9; Beccaria (1956) 249–50 [no. 75]; N.R. Ker (1957) no. 231; De Vriend (1972) xxiii–xxvii; C.E. Wright (1972) 88, 119, 382; A.F. Cameron (1974) 222 and n. 27; P.R. Robinson (1978) 234–5 [repr. P.R. Robinson (1994) 30]; Backhouse et al. (1984b) no. 163 [Backhouse]; De Vriend (1984) xxiii–xxviii; Herren (1987) 3–8, 14; Robinson—Stanley (1991) 24–5; M.L. Cameron (1993) 59; Laing (1993) 89; Pulsiano (1998b) 109 n. 23; *ASMMF* I (1994) 26–36 [no. 265; Doane]; Liuzza (2001) 185, 206; Pettit (2001); Bredehoft (2004) 149–50, 152–5, 169; Menzer (2004) 96 n. 4; Shaw (2006) 98–105; Chardonnens (2007b) 41, 528, 552; R. Gameson (2012a) 18; R. Gameson (2012b) 115 and n. 88; Scragg (2012a) nos. 638–41; Toswell (2012) 469 and n. 7

DEC: F. Wormald (1945) 134, 135 [repr. F. Wormald (1984) 72, 75]; R. Gameson (1995b) 89 n. 104, 230 n. 231

FACS: Grattan—Singer (1952) after p. 94 [fol. 130r]; De Vriend (1972) pl. III [fol. 106v]; De Vriend (1984) pl. III [fol. 66v]; G.H. Brown (1987) fig. 1 [fols. 182v–183r]; T. Hunt (1991) I.47 [fol. 193v]; Robinson—Stanley (1991) pls. 19.5.1–8 [fols. 160r–163v], 19.6.1–2 [fol. 167r],

197.1–3 [fols. 175r–176r], 19.8.1–2 [fols. 180v–181r], 19.9.1–2 [fol. 185r]; *ASMMF* I (1994) no. 265; Doane (1994) figs. 1–3 [fols. 175r, 175v, 176r]

ED: Förster (1929) 271–3 [base MS (= H) for *Dies Aegyptiaci*]; Dobbie (1942) 119–24 [base MS for OE metrical charms]; Storms (1948) 140–2 [OE charms]; Grattan–Singer (1952) 26–205 [base MS for *Lacnunga*]; De Vriend (1972) [*Medicina de quadrupedibus* coll. as H]; De Vriend (1984) 1–233 [*Herbarium* coll. as H], 234–52 [*Medicina de quadrupedibus* coll. as H]; Herren (1987) 76–89 [Laidcenn, *Lorica*, coll. as H]; Doane (1994) 134–45 [charm]; Pettit (2001) vol. I [*Lacnunga*]; Chardonnens (2007b) 342 [*Dies Aegyptiaci*]

LANG: De Vriend (1984) lxviii–lxxiv

ST: Storms (1948) 140–51; Grattan–Singer (1952) 206–11; Meaney (1984) 245, 255–64; De Vriend (1984) 275–85 [textual notes], 286–338 [commentary]; G.H. Brown (1987) 45–52; Hollis–Wright (1992) 219–22, 272–86, 311–24; Pettit (2001) vol. II; Liuzza (2001) 222–3 [bibliography]; Shaw (2006) [charms; *Against a Dwarf*]; Bezzo (2007) 437 n. 14; Chardonnens (2010) 248; C. Lee (2011) 148

422. London, British Library, Harley 603 (the 'Harley Psalter')

s. x/xi or xi^1, Canterbury CC

Contents: Psalterium Romanum [but Ps. C–CV.25 are Gallicanum], incomplete (ends in Ps. CXLIII.11)

MS: T.A.M. Bishop (1959–63a) 94 and n.; T.A.M. Bishop (1959–63b) 420; N.R. Ker (1964) 44; C.E. Wright (1972) 95; Backhouse (1984a); Backhouse et al. (1984b) no. 59; A.G. Watson (1987a) 11 n. 2, 12; Heslop (1990) 154 n. 9, 175; R. Gameson (1992a) 188, 200; Heslop (1992b) 41–2; Dumville (1993g) 122 n. 57, 140; M.P. Brown (1991) 74; Noel (1995); Pulsiano (2001a) xxviii; W. Schipper (2003) 153; R.M. Butler (2004) 204 n. 129; Karkov (2006a) 44; Shepard (2007) 247 n. 105; Withers (2007) 72–6, 78, 83–4, 272; Barker-Benfield (2008) I.92 n. 67, III.1830; Wieland (2009) 116; R. Gameson (2012a) 28, 40 n. 105, 60 n. 203, 61 n. 213, 75; R. Gameson (2012b) 115 and n. 87; R. Gameson (2012d) 351 and n. 25; Rushforth (2012) 204 and n. 49; Toswell (2012) 471, 473

DEC: Rice (1952) 202–3; F. Wormald (1952) 69–70 [no. 34] *et passim*; Dodwell (1954) 1–3 *et passim*; Köhler–Mütherich (1971–99) VI/i.85; C.M. Kauffmann (1975) no. 67 [twelfth-century additions]; E. Temple (1976) no. 64; Brownrigg (1978) 246 n. 2; Duffey (1978); Stanley (1979)

107–8 [fol. 64r]; Hasler (1981); Lawrence (1982) 102, 105; Rabel (1982); Backhouse (1984a); F. Wormald (1984) 117; Ohlgren (1986) no. 169; R. Gameson (1990); Raw (1990) 219; Alexander (1992) 73–4; R. Gameson (1992a) 203–6; R. Gameson (1993); Ohlgren (1993); R. Gameson (1995a) 105, 115 n., 116; R. Gameson (1995b) 12–13, 14, 16–17, 18, 50–3, 59, 64, 67, 69, 103, 112, 139, 163–4, 173, 176–8 *et passim*; Noel (1995) *passim*; Semple (2003); Keefer (2007b) 99; Withers (2007) 74, 76, 84, 287, 369 n. 89; Schichler (2008); Karkov (2009) 205–6, 213; R. Gameson (2010) 121–2; C. Lee (2011) 161–2; R. Gameson (2012c) 263–6, 283–4, 289 n. 138

FACS: F. Wormald (1952) pls. 10 (b) [fol. 4r], 11 (a) [fol. 51v], 12 (a) [fol. 51v], 12 (b) [fol. 21r], 25 (a) [fol. 17v], 25 (b) [fol. 60v] (all details); Dodwell (1954) pls. 1 (a)–(c) [fols. 17r, 70v, 32r]; D.H. Wright (1967) pl. V (o) [fol. 38v]; E. Temple (1976) ills. 200–7 [fols. 2r, 12r, 13v, 15r, 51v, 54v, 66v], 210 [fol. 1r]; Backhouse (1984a), 100–9 [fols. 8r, 25r, 13v, 54v, 65v, 62v, 28r, 2r (detail)]; Backhouse et al. (1984b) pl. XIX [fol. 51v (detail)]; D.M. Wilson (1984) pl. 230 [fol. 15r]; Alexander (1992) fig. 121 [fol. 2r]; R. Gameson (1992a) pls. VII–XIV [fols. 4r, 7r, 14v, 25r, 26r, 55v, 59v, 64v]; Ohlgren (1992) pls. 2.1–2.102 [fols. 1r–73v]; Ohlgren (1993) 36 [fol. 65r]; R. Gameson (1995b) pls. 3 [fol. 7v], 12 [fol 70r], 16 [fol. 71r]; Noel (1995) ills. 1 [fol. 2r], 3 [fol. 65v (detail)], 4 [fol. 51r (detail)], 5 [fol. 32r (detail)], 7 [fol. 22v], 8 [fol. 22v (detail)], 9 [fol. 26r (detail)], 11 [fol. 26r], 13 [fol. 22v (detail)], 14 [fol. 3v (detail)], 16 [fol. 3v], 17 [fol. 8r (detail)], 19 [fol. 8r], 21 [fol. 4v (detail)], 23 [fol. 7v], 25 [fol. 1v (detail)], 26 [fol. 57r (detail)], 28 [fol. 57r], 30 [fol. 54r], 32 [fol. 50r], 33 [fol. 59r (detail)], 35 [fol. 59r], 37 [fol. 70r (detail)], 39 [fol. 67r (detail)], 41 [fol. 72r (detail)], 42 [fol. 70v], 43 [fols. 52v–53r], 44 [fol. 65v (detail)], 45 [fol. 49v (detail)], 46 [fol. 49v], 48 [fol. 28r], 49 [fol. 17r], 50 [fols. 17v–18r], 53 [fol. 51v], 55 [fol. 29r], 57 [fol. 16v], 59 [fol. 12r], 61 [fol. 14v (detail)], 63 [fol. 15v], 66 [fol. 64r], 69 [fol. 4r (detail)], 71 [fol. 59v], 75 [fol. 51v (detail)], 78 [fol. 33r], 83 [fol. 1r]; Backhouse (1997) pl. 12 [fol. 57v]; R. Gameson (2000b) pl. 8 [fol. 2r]; Semple (2003) pls. VI–X [fols. 68v, 73r, 71v, 72r, 67r]; M.P. Brown (2007a) pls. 124–5 [fols. 54v, 55r]; Withers (2007) 73 [fol. 26r], 78 [fol. 28r]; Owen–Crocker (2009) fig. 1.3 [fol. 66v]; R. Gameson (2012) pl. 10.6 [fol. 71r]

ED: Pulsiano (2001a) [Pss. I–L coll. as v]

ST: Sisam—Sisam (1959) 48 n. 1; Köhler—Mütherich (1971–99) VI/i. 85; R. Gameson (2004b); Withers (2007) 72–3, 83–4

423. London, British Library, Harley 647

s. ix²/⁴ (c. 830), Lotharingia, prov. Fleury?, prov. England (Ramsey?) s. x/xi, (prov. Canterbury StA)

Contents: prayer; astronomical compilation, including: *De nominibus stellarum* (add. England s. x/xi); Cicero, *Aratea*, with scholia excerpted from Hyginus, *Astronomica*; excerpts from Macrobius (*Comm. in Somnium Scipionis*), Martianus Capella (*De nuptiis Philologiae et Mercurii*), Pliny (*Naturalis historia*)

MS: Thompson–Warner (1881–4) 69–71; Van de Vyver (1935) 142–3; C.W. Jones (1939) 122; Saxl–Meier (1953) 149–51; T.A.M. Bishop (1954–8b) 326; Leonardi (1960) 72–3 [no. 97]; N.R. Ker (1964) 44; C.E. Wright (1972) 58, 384; Dumville (1976) 27–8; Munk Olsen (1982–) I.333–4; P.L. Heyworth (1989) 230; Mostert (1989) no. BF 377; Bischoff (1990) 60, 209; Bischoff (1998–) no. 2440; W. Schipper (2007b) 40; Barker-Benfield (2008) II.1180–1, 1244, 1381, III.1852, 1918; Wieland (2009) 154

DEC: Dodwell (1971b) 22–3; Köhler–Mütherich (1971–99) IV.73, 74, 77–8, 101–7; F. Wormald (1984) 42; R. Gameson (1995b) 14, 192 n. 1; Noel (1995) 175–7, 205; E. Morrison (2007) 49

FACS: Thompson–Warner (1881–4) pl. 61 [fols. 11v–12r]; Köhler–Mütherich (1971–99) *Tafeln* IV, pls. 62 [fols. 19r, 2v], 63 [fols. 3r, 3v], 64 [fol. 4r], 65 [fols. 4v, 5r], 66 [fols. 5v, 6r], 67 [fols. 6r (detail), 7r], 68 [fols. 7v, 8r], 69 [fols. 8v, 9r], 70 [fols. 9v, 10r], 71 [fols. 10v, 11r], 72 [fols. 11v, 12r], 73 [fols. 12v, 13r, 13v], 74 [fol. 21v]; McGurk et al. (1983) pls. X–XVII [fols. 2v–13v (details)]; F. Wormald (1984) ill. 34 [fol. 10v (detail)]; E. Morrison (2007) 49 [fol. 8v (detail)]

ED: Buescu (1941) [Cicero, *Aratea*, coll. as H]; Soubiran (1972) [Cicero, *Aratea*, coll. as H]; Viré (1992) [scholia to Cicero, *Aratea*, coll. as H]

ST: Vogels (1884); G. Kauffmann (1888); Dodwell (1954) 61; McGurk et al. (1983) 67–78; L.D. Reynolds (1983) 22–4 [M.D. Reeve]; Lapidge (2006) 170, 297, 308, 320, 325; Mostert (2010) 202–3

423. 3. London, British Library, Harley 648, fol. 207

s. xi, England

Contents: missal (f)

MS: Hartzell (2006) no. 155; Gneuss (2012) 292

423. 9. London, British Library, Harley 652, fols. 1*–4*

s. ix med., prob. N France, (prov. Canterbury StA)

Contents: Alan of Farfa, *Homiliarium* (f)

MS: Cross—Hall (1996d) 53–7 and nn.; Bischoff (1998—) II, no. 2441; T.N. Hall (2004b) 86, 100

ST: Lapidge (2006) 170; Valtorta (2006) 10

424. London, British Library, Harley 652

s. xi/xii, Canterbury StA

Contents: Paulus Diaconus, *Homiliarium* (Easter Saturday to Fourth Sunday after Epiphany); Goscelin (all abridged and in lessons): Translation of St Mildred [*BHL* 5961], *uitae* of Abbot Hadrian [*BHL* 3740] and five early archbishops of Canterbury (Laurentius [*BHL* 4741], Iustus [*BHL* 4601], Honorius [not in *BHL*], Deusdedit [*BHL* 2153], Theodore [*BHL* 8083])

MS: T.A.M. Bishop (1955) 2; T.A.M. Bishop (1959–63a) 95; N.R. Ker (1960) 23 and n. 1, 29, 30; N.R. Ker (1964) 44; Römer (1972b) 172; C.E. Wright (1972) xxx, 384; Rollason (1982) 65; Clayton (1985) 219; M.P. Richards (1988) 104–9 [full description of contents]; R. Gameson (1995a) 102 n. 28, 106 n. 40, 122 n. 95, 144; Heslop (1995) 67 n. 37; Cross—Hall (1996d) 49–52 and nn. [Goscelin's *uitae*]; R. Gameson (1999a) no. 438; T.N. Hall (2004b) 86, 90 and n. 8, 91–5, 98, 100–5; T.N. Hall (2007) 234 n. 20, 241, 242 nn. 51–2, 245, 263; J. Hill (2007a) 93–4; Barker-Benfield (2008) I.lv, lxxxix, 64, 94, 530, 767, II.925, III.1794–5, 1923–4; R. Gameson (2012d) 346 n. 7

DEC: Dodwell (1954) 122; Lawrence (1982) 102; Petzold (1990) 22; R. Gameson (1995a) 126 n. 115, 128 n. 126, 129 n. 129

ST: Rollason (1986); R. Sharpe (2001) 152–3; R. McKitterick (2012) 327

424. 5. London, British Library, Harley 683, fol. 1

s. xi, England?

Contents: Office book [Office for St Martin] (f)

MS: T. Hunt (1991) I.179

425. London, British Library, Harley 863, fols. 8–125

1046×1072, Exeter

348 Anglo-Saxon Manuscripts

Contents: Psalterium Gallicanum, with invitatories and antiphons for Matins and Lauds on ordinary Sundays and ferias; canticles including *Quicumque uult*°; litany; prayers; Offices of a 'sample week' (incomplete); Office of the Dead (incomplete)

MS: Wanley et al. (1759–63) I.462–3; Nares et al. (1808–12) I.462–3; Dewick—Frere (1914–21) I.434, 445–54 [full description of contents]; Mearns (1914) 63; T.A.M. Bishop (1954–8a) 193, 195; N.R. Ker (1957) no. 232; N.R. Ker (1964) 83; C.E. Wright (1972) xv, xxii, 316, 387; Drage (1978) 366–8; A.G. Watson (1979) I, no. 638; Backhouse et al. (1984b) no. 160; Lapidge (1986a) 272; Muir (1988) xxix–xxx; Lapidge (1991a) 74; Dumville (1992a) 90; Dumville (1993g) 63; Lapidge (1994b) 136; R. Gameson (1996b) 145 n. 39; *ASMMF* IV (1996) 37–43 [no. 266; Pulsiano]; Muir (1998) 15; Pulsiano (1998b) 105 n. 1; Pulsiano (2001a) xxix; Treharne (2003) 161; Hartzell (2006) no. 156; Chardonnens (2007b) 528–9, 552; Treharne (2007b) 17; R. Gameson (2012a) 46; Pfaff (2012) 453 and n. 10; Rankin (2012) 503 and n. 100; Scragg (2012a) no. 642

DEC: R. Gameson (1995b) 42 n. 158, 220 n. 164

FACS: Dewick—Frere (1914–21) I, pls. XIII [fol. 108v], XIV [fol. 109r], XV [fol. 109v], XVI [fol. 110r], XVII [fol. 110v], XVIII [fol. 111r]; A.G. Watson (1979) II, pl. 43 [fol. 104r]; *ASMMF* IV (1996) no. 266; Pulsiano (2007) 128 [fol. 54r]

ED: Dewick—Frere (1914–21) I.434–54 [base text for litany and prayers], II.611–13 [base text for invitatories and antiphons in psalter]; Holthausen (1942–3) [*Quicumque uult* with OE gloss]; Muir (1988) 47, 52 [prayers coll. as Q]; Lapidge (1991a) 193–202 [litany]; Pulsiano (2001a) [Pss. I–L coll. as ξ]

ST: E. Bishop (1918) 406–7; Levison (1927) 55–8; Korhammer (1976) 240; Bestul (1977) 168–9; Rankin (1984) 102; R. Gameson (1992c) 130 n. 67; Conner (1993) 6, 201; Corrêa (1996) 288 n. 5, 294 n. 39; Pfaff (1999b) 80–2; Karkov (2001a) 117 n. 10; Pfaff (2009) 134–6

426. London, British Library, Harley 865

s. xi ex., (prov. St Albans)

Contents: Ambrose, *De mysteriis* [*CPL* 155], *De sacramentis* [*CPL* 154]; Eusebius Gallicanus, *Sermo* xvii [*CPL* 966]; Jerome, *Aduersus Iouinianum* [*CPL* 610]; pseudo-Augustine, *Hypomnesticon* [*CPL* 381]

MS: Wanley et al. (1759–63) I.463; Nares et al. (1808–12) I.463; N.R. Ker (1964) 166; Römer (1972b) 172; C.E. Wright (1972) xv, 387; R.M.

Thomson (1982a) I.92–3; Bankert et al. (1997) 15, 46–8; R. Gameson (1999a) no. 439; Lapidge (2006) 277, 278, 313; Barker-Benfield (2008) I.539, 550

DEC: F. Wormald (1945) 135 [repr. F. Wormald (1984) 75]

ST: Lambert (1969–72) no. 252

427. London, British Library, Harley 1117

s. x/xi, prob. Canterbury CC

Contents: verses on the Translation of St Edward, king and martyr (inc. 'Omnibus est recolenda dies qua maximus Anglum'; not in SK or SK Suppl.); Bede, *Vita S. Cudbercti* (prose) [*CPL* 1379; *BHL* 2019]; excerpts from Bede, *Historia ecclesiastica* (IV. xxix–xxx [on St Cuthbert]; Office of St Cuthbert; Bede, *Vita S. Cudbercti* (verse) [*CPL* 1380; *BHL* 2020]; poem on Abbot Wigbeorht [inc. 'Iusserat ecclesiae Wigbeorhtus scribere nabla hoc'; not in SK or SK Suppl.]; Offices of St Benedict and St Guthlac

MS: Jaager (1935) 29; Colgrave (1940) xi, 28; Laistner–King (1943) 88; Hohler–Hughes (1956) 161; N.R. Ker (1957) no. 234; T.A.M. Bishop (1959–63b) 415–23; C.E. Wright (1972) 51, 391; F.C. Robinson (1973) 444 n. 4, 459–61; Korhammer (1980) 55; D.H. Turner et al. (1980) 105; O'Brien O'Keeffe (1985) 65; Dumville (1992a) 109 nn. 80–2; Dumville (1993g) 108 n. 133, 109 and n. 140; Lapidge (1995c) 130, 142–3 and n. 36; R. Gameson (1996b) 169 n. 160; Sole (1998); Hartzell (2006) no. 157; *ASMMF* X (2003) 19–24 [no. 268; O'Brien O'Keeffe]; Barker-Benfield (2008) I.604, III.1818; Lapidge (2008a) 114; R. Gameson (2012a) 67 n. 232; Rankin (2012) 490, 504; Scragg (2012a) no. 643

DEC: E. Temple (1976) no. 30(vii); Ohlgren (1986) no. 124; R. Gameson (1992a) 193, 198

FACS: T.A.M. Bishop (1959–63b) pls. XIII (c), XV [fols. 19r, 45r]; E. Temple (1976) ills. 108–9 [fol. 45r (two details)]; R. Gameson (1992a) pl. 21 [fol. 4r]; *ASMMF* X (2003) no. 268

ED: Birch (1881) 66–9 [Office of St Guthlac]; Jaager (1935) 56–133 [Bede, *Vita S. Cudbercti* (verse) coll. as H]; Colgrave (1940) 142–307 [Bede, *Vita S. Cudbercti* (prose) coll. as H]; Meritt (1945) no. 7 [OE glosses]; Hohler–Hughes (1956) 163–91 [Office for St Cuthbert coll. as X]; Fell (1971) 17 [verses on the Translation of St Edward]; Lapidge (1992d) 175 [repr. Lapidge (1996b) 75] [poem on Abbot Wigbeorht]; Sole (1998) 140–3 [rhymed Office of St Cuthbert]

ST: Rankin (1987) 142 [no. 7]; Rollason (1989) 418–19; Andrew Hughes (1993) 257; Rankin (1996) 307 and n. 87, 347 and nn.; Biggs et al. (2001) 187; Hiley (2002); Hiley (2003) 173; Lapidge (2008a) 112–20 [MS transmission of Bede, *Vita S. Cudbercti* (verse)]

428. London, British Library, Harley 2110, fols. 4* and 5*

s. xi¹, (prov. Castle Acre, Norfolk, Cluniac priory?)

Contents: Ælfric, *Catholic Homilies** (f: from CH I, Homilies III-IV)

MS: C.E. Wright (1938); N.R. Ker (1957) no. 235; C.E. Wright (1972) xv, 404; Clemoes (1997) 63; *ASMMF* VIII (2000) 65–8 [no. 269; Wilcox]; R. Gameson (2012a) 29 n. 66; Scragg (2012a) no. 644

FACS: *ASMMF* VIII (2000) no. 269

ED: Clemoes (1997) 204–5 [Ælfric, CH I, Hom. III (f), coll. as f¹], 206–7 [Ælfric, CH I, Hom. IV (f), coll. as f¹]

428. 4. London, British Library, Harley 2506

s. x/xi, Fleury, prov. England s. xi¹

Contents: verse prologue to Hyginus [SK 7896]; Hyginus, *Astronomica*; verse epilogue to Hyginus [SK Suppl. 16255a]; pseudo-Priscian, *Carmen de sideribus* [SK 151]; Abbo of Fleury, *De differentia circuli et sphaerae*; a collection of texts dealing with astronomy: prayer; *De sole et luna*; *De nominibus stellarum*; Cicero, *Aratea* with *Scholia Bernensia*; excerpts from Pliny (*Naturalis historia*), Macrobius (*Comm. in Somnium Scipionis*); *Praeceptum canonis Ptolemaei* [Latin version, incomplete]; Martianus Capella, *De nuptiis Philologiae et Mercurii*, bk. VIII [incomplete]; Remigius of Auxerre, Commentary on Martianus Capella, bk. VIII [incomplete]

MS: Saxl–Meier (1953) 157–60 [full list of contents]; Leonardi (1959) 467 n. 128; Leonardi (1960) 73–5 [no. 98]; Gremont–Donnat (1967) I.775, 776 n. 186, 777 n. 195; T.A.M. Bishop (1971) xii n. 2, 18, 20; Soubiran (1972) 110–11; Munk Olsen (1982–) I.333; Le Boeuffle (1983) l–li; McGurk et al. (1983) 67–78; Reeve (1983b) 22–4; Reeve (1983d) 187–8; Backhouse et al. (1984b) no. 43; Mostert (1989) no. BF 380; Lapidge (1992a) 111–12 [repr. Lapidge (1993a) 399–400]; Viré (1992) xv, xxxvi–xl; Lapidge–Baker (1997) 8–9 and nn.; Webster–Brown (1997) 247 [no. 153]; Ebersperger (1999) 190; Lapidge (2006) 51–2; Wieland (2009) 154; R. Gameson (2012b) 101 and n. 30

DEC: Homburger (1912) 5; Niver (1939) II.681 n. 66; F. Wormald (1952) 70–1 [no. 35]; Alexander (1970b) 14; Köhler—Mütherich (1971–99) IV.77; E. Temple (1976) no. 42; F. Wormald (1984) 83, 118, 155; Ohlgren (1986) no. 147; R. Gameson (1995b) 192 n. 1, 193 n. 6; R. Gameson (2010) 100–5; R. Gameson (2012c) 281 and n. 109

FACS: F. Wormald (1952) pls. 13 (a)–(b) [fols. 38r, 41r]; E. Temple (1976) ill. 143 [fol. 38v (detail)]; McGurk (1983) pls. X [fols. 36r, 36v], XI [fol. 37v], XII [fols. 38r, 38v, 39r], XIII [fols. 39v, 40r, 40v], XIV [fols. 41r, 41v], XV [fols. 42r, 42v], XVI [fols. 43r, 43v, 44r, 44v], XVII [fol. 44v] (all details); F. Wormald (1984) ill. 121 [fol. 40v (detail)]; Noel (1995) ills. 79 [fols. 42v–43r], 80 [fol. 41r]; Backhouse (1997) pl. 11 [fol. 42r (detail)]; R. Gameson (2010) fig. 8 [fol. 37r]

ED: Vogels (1884) [three texts preceding Cicero, *Aratea*]; Buescu (1941) [Cicero, *Aratea*, coll. as B]; Soubiran (1972) [Cicero, *Aratea*, coll. as B]; Dell'Era (1979) 282–96 [*Scholia Bernensia*]; Le Boeuffle (1983) [Hyginus, *Astronomica*, coll. as U]; R.B. Thomson (1985) 120–33 [Abbo, *De differentia circuli et sphaerae*, coll. as J]; Viré (1992) [Hyginus, *Astronomica*, coll. as L]; Lapidge—Baker (1997) 24–7 [base MS for verse prologue and epilogue to Hyginus]; Pingree (1997) [*Preceptum canonis Ptolemaei*]

ST: Van de Vyver (1935) 141, 143; C.E. Lutz (1962) I.52; G.R. Evans (1979); McGurk et al. (1983) 67–78; Noel (1995) 174–83; Biggs et al. (2001) 8–9, 14–15 [Lendinara]; Lapidge (2006) 51, 297, 308, 320, 321, 325; Mostert (2010) 202–3; Lapidge (2012a) 688

428. 5. London, British Library, Harley 2729

s. xi ex. (1090s), Durham

Contents: Frontinus, *Strategemata*; Eutropius, *Breuiarium historiae Romanae*

MS: Nares et al. (1808–12) I.709; Munk Olsen (1982—) I.392; Gullick (1998a) 31; R. Gameson (1999a) no. 444

ST: L.D. Reynolds (1983) 160 [Eutropius], 172 [Frontinus]; Lapidge (2006) 302, 303

428. 9. London, British Library, Harley 2892, fols. 1–16

s. xi$^{1/4}$ or xi$^{2/4}$

Contents: pontifical (f): *ordo* for the Blessing of Oils (f)

MS: Woolley (1917) xi–xiii; Pfaff (1999a) 8 n. 13; Hartzell (2006) no. 158

ED: Woolley (1917) xi–xii [collation with no. **429**]

ST: Nelson—Pfaff (1995) 92; Gneuss (2003b) 300

429. London, British Library, Harley 2892, fols. 17–214 (the 'Canterbury Benedictional')

s. xi$^{2/4}$, Canterbury CC (or Winchester, for use at Canterbury?)

Contents: benedictional

MS: C.E. Wright (1972) 418; Brückmann (1973) 440; A.G. Watson (1979) I, no. 709; C.A. Jones (2004) 345 nn. 82, 83; C.A. Jones (2005a) 122–6; C.A. Jones (2005b) 239–41, 253–6, 261–2, 279–83; Hartzell (2006) no. 158; Gullick—Rankin (2009) 279–80

DEC: R. Gameson (1995b) 60 n. 243, 216, 231 n. 233

FACS: Woolley (1917), pls. I–III [fols. 50r, 71v, 126r]; A.G. Watson (1979) II, pl. 34 [fol. 34r]

ED: Woolley (1917) 3–136 [base MS for benedictional]; Moeller (1971–9) [benedictional coll. as 'CANT']; C.A. Jones (2005b) 309–11

ST: Gasquet—Bishop (1908) 76–119 *et passim*; Gneuss (1968) 245; Vezin (1968) 285 n. 13, 288; Prescott (1987) 132–3, 148–55 [full list of benedictions]; Muir (1988) xxxi, 112; Davril (1995) 27; Corrêa (1997) 99–100; Rasmussen (1998) 224–9, 231–54; N. Orchard (2002) I.87, 94, 167, 170–1, 175, 183, 198, 203–4, 223, 226; N. Orchard (2005) cx *et passim*; Pfaff (2009) 92–3, 143

430. London, British Library, Harley 2904 (the 'Ramsey Psalter')

s. x$^{3/3}$ or x ex., Winchester? (for Ramsey?), or Ramsey?

Contents: *Dicta S. Augustini* (inc. 'Quod canticum psalmorum animas decorat' [= Remigius of Auxerre, *In Psalmos praeambula*: PL 131, col. 142]); *Oratio ante psalterium*; Psalterium Gallicanum; Ps. CLI; *Oratio post psalterium*; canticles; litany

MS: Nares et al. (1808–12) I.719; Niver (1939); N.R. Ker (1964) 154; T.A.M. Bishop (1971) 14; C.E. Wright (1972) 280, 418; Rella (1977) 57; Backhouse et al. (1984b) no. 41; Lapidge (1986a) 272; Lapidge (1991a) 74–5; Dumville (1992a) 75–6; Lapidge (1992a) 110–15 [repr. Lapidge (1993a) 398–403]; Dumville (1993g) 59–63 and nn., 65 n. 279, 145 n. 23;

R. Gameson (1995a) 123 n. 101; Pulsiano (2001a) xxix; Biggs (2007a) 16; Karkov (2007a) 145; Barker-Benfield (2008) III.1830; R. Gameson (2012a) 75 and n. 259, 90; R. Gameson (2012b) 101 n. 31, 114

DEC: Homburger (1912) 5; F. Wormald (1944) 129–30 [repr. F. Wormald (1984) 154–5]; F. Wormald (1945) 109–10 [repr. F. Wormald (1984) 48–9]; Rice (1952) 162, 208–10, 217; F. Wormald (1952) 71 [no. 36]; Dodwell (1954) 10; Rickert (1954) 33–5, 54, 58, 64, 200, 223 n. 51; F. Wormald (1957b) 32 [repr. F. Wormald (1984) 147]; Alexander (1970a) 59, 60–3, 67, 70–3, 91; E. Temple (1976) no. 41; Alexander (1978b) no. 15; Brownrigg (1978) 246 n. 2, 247 n. 3; F. Wormald (1984) 117–18; Ohlgren (1986) no. 146; Raw (1990) 219–20; R. Gameson (1992a) 207; R. Gameson (1995b) 24–5, 62 n. 258, 65, 69, 99 n. 159, 100, 122, 127–8, 193–4, 215 n. 144, 219–20; R. Gameson (1996a) 200–4; Karkov (2006b) 102; Karkov (2007a) 145; R. Gameson (2010) 108–10; O'Reilly (2011) 210–12; R. Gameson (2012c) 281 and n. 109, 289 n. 139

FACS: Rice (1952) pls. 73 (a), 74 (a) [fols. 4r (detail), 3v]; F. Wormald (1952) frontispiece, pls. 8–9 [fol. 3v (two details)]; E. Temple (1976) ills. 140–2 [fols. 125r (detail), 4r (detail), 3v]; Backhouse et al. (1984b) pl. IX [fol. 4r]; D.M. Wilson (1984) pl. 221 [fol. 3r]; F. Wormald (1984) ills. 77, 117 [fols. 4r, 3v]; M.P. Brown (1991) pl. 75 [fol. 3v]; R. Gameson (1991) fig. 17 [fol. 4r]; R. Gameson (1992a) pl. V [fol. 3v]; R. Gameson (1996a) pl. 2 [fol. 4r]; M.P. Brown (2007a) pls. 88–90 [fols. 3v, 4r, 125r]; R. Gameson (2010) figs. 9–10 [fols. 3v, 4r]

ED: Lapidge (1991a) 203–9 [litany]; Corrêa (1996) 319 [*Oratio post psalterium*]; Pulsiano (2001a) [Pss. I–L coll. as o]

ST: De Bruyne (1920) 83 [*Oratio ante psalterium*]; Stegmüller (1950) I.448 [*Oratio ante psalterium*]; Sisam—Sisam (1959) 5, 75 n. 2; Gremont—Donnat (1967) 775 n. 184, 776, 777 nn. 191–5; Corrêa (1996) 292–9; Thacker (1996) 253 n. 64; Lapidge (2006) 51 n. 93, 74 with n. 36; Lapidge (2012a) 688

431. London, British Library, Harley 2961 (the 'Leofric Collectar')

s. xi$^{3/4}$, Exeter

Contents: collectar; hymnal; sequences

MS: Warren (1883) xxviii–xxix; Mearns (1913) xi *et passim* [no. E.a]; T.A.M. Bishop (1954–8a) 193–7; N.R. Ker (1957) no. 236; N.R. Ker (1964) 83; Gamber (1968–88) no. 1530; Gneuss (1968) 108–9; C.E. Wright (1972) xxii, 419; Drage (1978) 369–70; A.G. Watson (1979) I, no. 718; Gneuss (1985) 113 [no. G.4]; Dumville (1992a) 90; Lapidge

(1994b) 136; Corrêa (1995) 51–2; Springer (1995) 147; Milfull (1996) 47–9; Treharne (2003) 161; Hartzell (2006) 159; Pfaff (2012) 453 and n. 9; Rankin (2012) 503 and n. 99; Raw (2012) 460

FACS: Dewick – Frere (1914–21) I, pls. I–XII [fols. 2r, 2v, 10r, 10v, 11r, 16r, 31v, 77r, 107r, 218r, 226r, 251r]; A.G. Watson (1979) II, pl. 44 [fol. 36r]; Rankin (1984) pls. XI (a)–(b) [fols. 29r, 29v]

ED: Dewick – Frere (1914–21) I.2–430 [base MS for collectar, hymnal, sequences]; *AH* LI (1908) [hymns collated; various sigla]; Milfull (1996) 109–446 [hymnal coll. as H]

ST: Förster (1933a) 25 n. 78; Gneuss (1968) 239–40; Hohler (1975) 70; Rankin (1984) 102, 109, 111–12; Corrêa (1992) 123–6; Conner (1993) 6, 13 n. 38; Davril (1995) 28; R. Gameson (1996b) 145; Milfull (1996) 13–15; Pfaff (2009) 132–6

432. London, British Library, Harley 2965 (the 'Book of Nunnaminster')

s. viii/ix or ix¹, Mercia or S England?, prov. Winchester Nun

Contents: prayerbook: gospel extracts; prayers; *Lorica* of Laidcenn mac Baith [*CPL* 1323; *BCLL* 294; SK 15745]; two charms; record* (s. ix/x); forms of confession and absolution, prayer (s. x¹)

MS: Thompson – Warner (1881–4) II.61–2; Birch (1889); Kenney (1929) no. 577; *CLA* II (1935) no. 199; K. Sisam (1953a) 269; N.R. Ker (1957) no. 237; Gjerløw (1961) 23, 134; McGurk (1961b) 12 [repr. McGurk (1998) no. V]; N.R. Ker (1964) 202; Sawyer (1968) 55 and no. 1560; C.E. Wright (1972) xxii, 419; Parkes (1976b) 158 n. 3 [repr. Parkes (1991) 155 n. 3]; Alexander (1978a) no. 41; T.J. Brown (1982a) 110 [repr. T.J. Brown (1993a) 210]; Parkes (1983) 131–3 [repr. Parkes (1991) 173–8]; M.P. Brown (1986) 135; M.P. Brown (1986) 135; Dumville (1987) 159, 170 n. 117, 171 n. 129; Herren (1987) 4; Morrish (1988) 518–22, 525–6; Muir (1988) xxxii, 12–19; R. McKitterick (1989a) 316; Webster – Backhouse (1991) no. 164; Dumville (1992a) 96, 101–2, 125; Dumville (1992b) 83–6, 95; *ASMMF* I (1994) 37–43 [no. 271; Doane]; Raw (1997) 145–53; Webster – Brown (1997) 248 [no. 154]; Crowley (2000) 123, 144; Lapidge (2000a) 14–15; M.P. Brown (2001b); M.P. Brown (2012) 158; R. Gameson (2012a) 43 n. 119; Raw (2012) 460 and n. 1, 461 and n. 13, 462–4

DEC: Deshman (1974) 193; Alexander (1978a) no. 41; Ohlgren (1986) no. 41; Raw (1990) 220; M.P. Brown (2001c) 51–8; M.P. Brown (2011b) 37; N. Edwards (2012) 246 n. 14

FACS: Thompson—Warner (1881–4) II, pl. 22 [fol. 16v]; Alexander (1978a) ills. 135, 137–9 [fols. 4v, 11r, 37r, 16v]; Parkes (1983) pls. III (a)–(b) [fols. 41r, 40v (details)] [repr. Parkes (1991) pls. 30 (a)–(b)]; Dumville (1992b) pl. II [fol. 40v (detail)]; T.J. Brown (1993a) ill. 56 [fol. 11r (detail)]; *ASMMF* I (1994) no. 271; M.P. Brown (1996) figs. 10–13 [fols. 16v, 36v–37r, 4v, 40v]; Lapidge (2000a) 15 [fol. 11r (detail)]; M.P. Brown (2001b) fig. 19.1 [fol. 16v]; M.P. Brown (2007a) pls. 48–9 [fols. 16v, 40v]

ED: BCS (1885–99) no. 630 [record]; Birch (1889) 32–3 [record], 39–97 [base MS for prayerbook]; Herren (1987) 76–89 [*Lorica* of Laidcenn coll. as N]

ST: E. Bishop (1918) 192–7; Wilmart (1932) 210–13; Finberg (1964) no. 177 [record]; K. Hughes (1970); *BCLL* (1985) no. 1280; Herren (1987) 3–18 [*Lorica*]; Biggs. et al. (1990) 138–9 [Bestul]; Sims-Williams (1990) 275–327; M.P. Brown (1996) 117–18, 137–42, 154, 168–9, 171–2, 178–9 *et passim*; M.P. Brown (2001c)

432. 5. London, British Library, Harley 3017

s. ix$^{3/4}$, France; prov. Nevers s. x, prov. England s. xi?

Contents: a collection of computistic, scientific and prognostic texts, including *Somniale Danielis*; Sphere of Pythagoras; *lunaria*; Greek alphabets; runic alphabet; excerpts from Bede, *De temporum ratione* [*CPL* 2320], chs. xix, xxxv, xlviii, l, li, lvi

MS: C.W. Jones (1939) 122; C.W. Jones (1943) 152; R. Derolez (1954) 212–17; C.W. Jones (1977) 247; L.T. Martin (1979); Baker—Lapidge (1995) xlii; Bischoff (1998—) II, no. 2466; Liuzza (2001) 223–4; Liuzza (2005) 30, 38; Chardonnens (2007b) 502 and n. 7; Liuzza (2011) 22

FACS: Liuzza (2005) pl. 2 [fol. 58r]

ED: Liuzza (2005) 40–2 [Sphere of Pythagoras coll. as F]

ST: Gneuss (2003b) 300; Liuzza (2005); Chardonnens (2007b) 502 and n. 7; Chardonnens (2010) 236–43; Liuzza (2011) 1–77

433. London, British Library, Harley 3020, fols. 1–34

s. x/xi, Glastonbury or Canterbury StA?, (prov. Glastonbury)

Contents: Bede, *Homiliae in Euangelia* I. 13 [on Benedict Biscop]; Bede, *Historia abbatum* [*CPL* 1378]; anonymous *Vita S. Ceolfridi* [*CPL* 1377; *BHL* 1726]

MS: Nares et al. (1808–12) I.725–6; C. Plummer (1896) I.cxxxiii, cxl; Laistner—King (1943) 112; N.R. Ker (1960) 49; C.E. Wright (1972) 255, 420; Webster—Backhouse (1991) no. 94; Dumville (1992a) 110 n. 92; Carley (1994) 268–76, 279–81; Biggs et al. (2001) 107–8; Hartzell (2006) no. 161; Lapidge (2008a) 75; Wieland (2009) 125

ED: C. Plummer (1896) I.364–87 [Bede, *Historia abbatum*, coll. as H$_1$], 388–404 [anon. *Vita S. Ceolfridi* coll. as H]

ST: Biggs et al. (2001) 107–8, 133–4; Lapidge (2008a) 74–7 [MS transmission]

433. 1. London, British Library, Harley 3020, fol. 35

s. xi in.

Contents: troper (f)

MS: Carley (1994) 273 and n. 45; Hartzell (2006) no. 161

433. 2. London, British Library, Harley 3020, fols. 36–94

s. x/xi, Canterbury CC, (prov. Glastonbury)

Contents: eight *passiones martyrum*: Pope Callistus I [*BHL* 1523], Pope Stephen I [*BHL* 7845], SS. Abdon and Sennen [*BHL* 6], St Felicity and her seven children [*BHL* 2853], SS. Simplicius, Faustinus and Beatrix [*BHL* 7790], Pope Felix II [*BHL* 2857], St Agapitus [*BHL* 125], Pope Cornelius [*BHL* 1958]; sequence (f) [SK 10021] and responsory (s. xi^1)

MS: Nares et al. (1808–12) I.725–6; T.A.M. Bishop (1959–63b) 421, 423; N.R. Ker (1960) 49; Dumville (1992a) 110 n. 92; Carley (1994) 276–7, 281; Biggs et al. (2001) 108; R.M. Butler (2004) 200; Hartzell (2006) no. 162; T.N. Hall (2007) 257–9; Barker-Benfield (2008) III.1664–5; R. Gameson (2012a) 67 n. 232

ST: Biggs et al. (2001) 127, 434–5, 39–40, 210–11, 427–8, 212, 53, 152 respectively

433. 3. London, British Library, Harley 3020, fols. 95–132

s. x/xi, Winchester?, (prov. Glastonbury)

Contents: riddle; *Passio S. Iulianae* [*BHL* 4522–3]; Eutychianos, *Theophili Actus*, trans. Paulus Diaconus of Naples [*BHL* 8121]

MS: Nares et al. (1808–12) I.725–6; N.R. Ker (1960) 49; Dumville (1992a) 110 n. 92; Carley (1994) 277–9, 281; Biggs et al. (2001) 276–8, 453–5 [M. Clayton]; Lapidge (2006) 341, 342

ED: Meersseman (1963) [*Theophili Actus*]

434. London, British Library, Harley 3080

s. xi ex. or xi/xii, W England

Contents: Augustine, *Confessiones* [*CPL* 251], with *Retractatio* [*CPL* 250] II. vi

MS: N.R. Ker (1960) 8 n. 2; Römer (1972b) 180; C.E. Wright (1972) xxvi, 422; Rella (1977) 80; Webber (1992) 72, 73; R. Gameson (1999a) no. 447; Lapidge (2006) 282, 290

434. 5. London, British Library, Harley 3097

s. xi/xii, (prov. Peterborough)

Contents: Jerome, *Comm. in Danielem* [*CPL* 588]; saints' *uitae*: of St Nicholas (by John the Deacon of Naples) [*BHL* 6104–8], of St Botuulf (by Folcard) [*BHL* 1428], of SS. Tancred, Torhtred and Tova; *Translatio sanctorum* at Thorney; of Guthlac (by Felix; incomplete) [*BHL* 3723; *CPL* 2150]; pseudo-Ambrose, *De dignitate sacerdotali* ('De obseruantia episcoporum') [*CPL* 171a]; Ambrose, *De mysteriis* [*CPL* 155], *De sacramentis* [*CPL* 154], *De utilitate et laude sancti ieiunii* [*CPL* 137]; excerpts from Otloh of St Emmeram, *Vita* and *Miracula S. Nicholai* [*BHL* 6126–7]

MS: Nares et al. (1808–12) I.735; Colgrave (1956) 30–1; N.R. Ker (1964) 151; R. Gameson (1999a) no. 448; Friis-Jensen—Willoughby (2001) 9, 57; Lapidge (2006) 56, 145, 277, 278, 313, 339; Wieland (2009) 130

ED: Birch (1892) 284–6, 286–90 [Lives of SS. Tancred, Torhtred and Tova]; Colgrave (1956) 60–170 [Felix, *Vita S. Guthlaci*, coll. as H]

ST: C. Clark (1979) [SS. Tancred, Torhtred and Tova]; F. Barlow (1992) lii–lvii [Folcard]; Biggs et al. (2001) 119–20, 244–6, 356–60; Lapidge—Love (2001) 234–6 [Folcard]

435. London, British Library, Harley 3271

s. xi[1], Winchester NM?

Contents: grammatical notes[(*)]; *Tribal Hidage**; note characterizing the nations (*De proprietatibus gentium*); Ælfric, *Grammar*[+*]; notes on the thirty silver coins of Judas (*De triginta argenteis*)* and on the dimensions of Noah's Ark*; prognostics (including *lunaria*)[(*)]; computistical and medical notes*; note on Solomon's Gold*; Latin parsing grammar ('Beatus quid est'); part of Office for Invention of St Stephen; Latin names of ordinal and cardinal numbers; Abbo of Saint-Germain-des-Prés, *Bella*

Parisiacae urbis, bk. III, prose version with word-for-word translation into OE°; the same bk. III in Latin verse, with interlinear Latin gloss; *Missa pro sacerdote*; glossary material; Ælfric, Homily (*Sermo de septiformi spiritu*)* [Napier (1883/1967) no. VIII] and excerpts from Letter to Sigeweard*; the Ages of the World (*De initio creaturae*)*; sequence incipit [SK 14655, by Notker]

MS: Beccaria (1956) no. 76; N.R. Ker (1957) no. 239; C.E. Wright (1972) 425; Lapidge (1975a) 75 [repr. Lapidge (1993a) 113]; A.G. Watson (1979) I, no. 743; Kotzor (1981) I.3*; Lapidge—Winterbottom (1991b) lxxxvi–lxxxvii; Webster—Backhouse (1991) no. 26; Lendinara (1996) 623, 638 n. 50; Liuzza (2001) 198 n. 88, 224–5; Hartzell (2006) no. 163; *ASMMF* XV (2007) 25–34 [no. 273; Doane]; Chardonnens (2007b) 38–9, 529–31, 552; Chardonnens (2007c); Scragg (2009b) 63; Wieland (2009) 143; Anlezark (2010) 137–9; Lendinara (2011a) 489 and nn. 51–2, 490–1; R. Gameson (2012a) 45–6; Scragg (2012a) nos. 645–56

FACS: Brownbill (1925) pl. before p. 497 [fol. 6v]; Hodgkin (1935) II, pl. 53 [fol. 6v]; A.G. Watson (1979) II, pl. 37 [fols. 128v–129r]; Dumville (1989) 226 [fol. 6v]; Bayless (1993) 84 [fol. 99r]; *ASMMF* XV (2007) no. 273

ED: Zupitza (1880/2001) [Ælfric, *Grammar*, coll. as h]; BCS no. 297 [*Tribal Hidage*]; Napier (1889) 8 [the thirty silver coins]; Mommsen (1892–8) II.389–90 [base MS for *De proprietatibus gentium*]; Winterfeld (1899) 116–21 [Abbo bk. III coll. as A]; W.H. Stevenson (1929) 103–12 [Abbo bk. III in prose, with OE gloss, coll. as H]; Henel (1934) 40, 48–9, 59, 67 [computistical notes]; Henel (1935) 332, 336–7, 339–41, 347 [prognostics and *computistica*]; Stoneman (1983) [*Interrogationes Sigewulfi* coll. as X^n]; Bayless (1993) 85–110 [base MS for Latin grammar ('Beatus quid est')]; Chardonnens (2007b) 284–6 [Dog Days], 344, 372, 376–7, 377–9 [*Dies Aegyptiaci*], 442 [*lunarium* for blood-letting], 473–5 [Regimen]; Dekker (2007) 293 n. 54 [*De Arca Noe*]; Anlezark (2010) 143–4 [*De Arca Noe*], 144–5 [the thirty silver coins], 146–50 [excerpts from Ælfric, Letter to Sigeweard]

LANG: Crowley (2000) 143

ST: Brownbill (1925) [*Tribal Hidage*]; Loyn (1962) 45–6, 306–9 [*Tribal Hidage*]; Bursill–Hall (1981) 118 [no. 149.138]; Tristram (1985) 31, 44, 47; Lendinara (1986) [Abbo of Saint–Germain]; Dumville (1989) 225–30, 286–7; Bayless (1993) 67–82 [Latin grammar ('Beatus quid est')]; Pulsiano (1998b) 88–9, 108 n. 19, 109 n. 20, 110 n. 24; D.W. Porter (2002) 36; Gneuss (2003b) 300; Keynes (2006) B 500 [*Tribal Hidage*];

Chardonnens (2007a) 322–4 and nn., 329, 339; Chardonnens (2007c); Dekker (2007) 292–3, 308, 311 n. 121; Lendinara (2007b) 183, 189–90; Rauer (2007) 127, 134, 137, 146; Alcamesi (2010) 195–6; Anlezark (2010); Chardonnens (2010) 249; Lendinara (2010) 117–18; Lendinara (2011a) 487 and n. 42 [Abbo]; Liuzza (2011) 1–77 [prognostics]

436. London, British Library, Harley 3376 (with Oxford, Bodleian Library, Lat. misc. a. 3, fol. 49 and Lawrence, University of Kansas, Spencer Research Library, Pryce P2A: 1)

s. x/xi, W England (Worcester?), (prov. prob. Worcester)

Contents: glossary+*

MS: N.R. Ker (1957) no. 240; T.A.M. Bishop (1964–8c) 258; R.L. Collins (1976) no. 5; N.R. Ker (1976a) 124; Franzen (1991) 11, 73–4, 81, 109, 118 n. 41, 136, 138; Dumville (1992a) 136; Lapidge (1992b) 103 [repr. Lapidge (1993a) 93]; Dumville (1993g) 55 n. 242, 149 n. 49; Laing (1993) 96; Gneuss (1994b) 67, 74–8 [repr. Gneuss (1996b), no. IV]; Firchow (2001) 250–3 [description of Pryce P2A]; *ASMMF* VII (2002) 49–53 [no. 274; Doane: Harley 3376], 34–6 [no. 155; Doane: Lawrence leaf], 70–1 [no. 392; Doane: Oxford leaf]; Wieland (2009) 146; R. Gameson (2012a) 17 and n. 14; Scragg (2012a) no. 657

FACS: Firchow (2001) pls. 1, 3 [Lawrence leaf, fol. r and v]; *ASMMF* VII (2002) nos. 155, 274, 392

ED: Wright—Wülker (1884) I.192–247 [only Latin lemmata having OE glosses; corrections by E. Sievers (1891) 319–21, Boll (1904) *passim*, and Napier (1906) 356–7]; Napier (1900) no. 60 [Lawrence leaf]; Oliphant (1966) [unreliable; see reviews by Schabram (1968) and R. Derolez (1970a)]; Firchow (2001) 255, 257 [Lawrence leaf]

LANG: Bülbring (1901) 12; Boll (1904); Luick (1914–21) 31; J.J. Campbell (1955) 71–4; Schabram (1968) 495–500; R. Derolez (1970a); Hofstetter (1987) 523–4; Schabram (1988) 29–34; Herren (1992) 371–9; Laing (1993) 96; Gretsch (1999a) 80–1, 203; Firchow (2001)

ST: N.R. Ker (1957) 312 [literature on sources]; A.F. Cameron (1974) 221; Pheifer (1974) xxxv–xxxvi; Stemmler (1977); Herren (1987) 19–20, 23; Lendinara (1990b); A.K. Brown (1992) 106; Cooke (1993); Springer (1995) 147–8; Cooke (1997a); Cooke (1997b); Stoneman (1997) 115; Firchow (2001); Giliberto (2011) 127 and n. 37

London, British Library, Harley 3405, fol. 4: see no. 277

438. London, British Library, Harley 3826

s. x/xi, prob. Abingdon

Contents: Alcuin, *De orthographia* [redaction I, incomplete]; Bede, *De orthographia* [*CPL* 1566]; Abbo of Saint-Germain-des-Prés, *Bella Parisiacae urbis*, bk. III, glossed; Martianus Capella, *De nuptiis Philologiae et Mercurii*, bk. IV; glossaries, including Greek–Latin list of grammatical and metrical terms, and glosses to Iuvenalis, *Satirae* IV–VIII

MS: Laistner–King (1943) ix, 137; N.R. Ker (1957) no. 241; Leonardi (1960) 78–9; T.A.M. Bishop (1971) 13; C.E. Wright (1972) 435; C.W. Jones (1975) 3–5; Lapidge (1975a) 75 and n. 5, 88 n. 1 [repr. Lapidge (1993a) 113 and n. 5, 126 n. 1]; Gneuss (1994b) [repr. Gneuss (1996b) no. IV]; Jeudy (1996) 254, 272; Lendinara (1996) 632–6, 638 n. 50; Bruni (1997) xxxiv; *ASMMF* XV (2007) 35–40 [no. 276; Doane]; Wieland (2009) 143, 145, 150; Lendinara (2010) 118–20; R. Gameson (2012a) 49; Scragg (2012a) no. 658

FACS: *ASMMF* XV (2007) no. 276

ED: Von Winterfeld (1899) IV/i.112–21 [Abbo, *Bella Parisiacae urbis* bk. III, coll. as H]; C.W. Jones (1975) 2–57 [Bede, *De orthographia*, coll. as H]; Gneuss (1994b) 74–86 [repr. Gneuss (1996b) no. IV] [base MS for Greek–Latin list of grammatical and metrical terms]; Lendinara (1996) 642–55 [base MS for glosses to Iuvenalis, *Satirae*]; Bruni (1997) [Alcuin, *De orthographia*, coll. as H]; Lendinara (1999b) 316–20 [base MS for glosses to Iuvenalis, *Satirae*]

ST: Dionisotti (1982) 130–1, 138; Lendinara (1986) 83 n. 57; Bodden (1988) 218 n. 7, 221 n. 13, 230 n. 49; Lendinara (1996) 632–6; Bruni (1997) xliv–xlvi [relation to no. **69**]; Saenger (1997) 334 n. 19; *CSLMA* II (1999) 143; Lendinara (1999b); D.W. Porter (1999b) 172; D.W. Porter (2002) 36–7 and n. 132; Lapidge (2006) 321; Lendinara (2011a) 487 and n. 42; R. McKitterick (2012) 328

439. London, British Library, Harley 3859

s. xi/xii or xii in., England or France?

Contents: Vegetius, *Epitome rei militaris*; computistical notes; Macrobius, *Saturnalia*; (pseudo?-)Sallust and pseudo-Cicero, *Inuectiuae*; 'Nennius', *Historia Brittonum* ['Harleian Recension']; *Annales Cambriae*; Augustine, *De haeresibus* [*CPL* 314] (f); Solinus, *Collectanea*; *cantus auium*; Aethicus Ister, *Cosmographia* [*CPL* 2348]; Vitruvius, *De architectura*

MS: Wuttke (1853) cxxvi; Krinsky (1967) 52; C.E. Wright (1972) 242, 436; L.D. Reynolds (1983) 151 n. 8; Dumville et al. (1993) 222; Prinz (1993) 64; Webster—Brown (1997) 214–15 [no. 11]; R. Gameson (1999a) no. 450

FACS: M.P. Brown (1991) pl. 4 [fol. 187r]; M.P. Brown (2007a) pl. 3 [fol. 187r]

ED: Faral (1929) III.5–29 (odd pages), 30–44 [*Historia Brittonum* coll. as H]; J. Morris (1980) 95–91 [base MS for *Annales Cambriae*, with variants from other MSS]

ST: Manitius (1911–31) I.241; Kenney (1929) 154; Lambert (1969–72) no. 621; Römer (1972b) 182 [Augustine, *De haeresibus*]; Dumville (1972–4); Dumville (1975); L.D. Reynolds (1983a) 350–1 [*Inuectiuae*], 443 [Vitruvius]; *BCLL* (1985) nos. 127 [*Historia Brittonum*], 135 [*Annales Cambriae*], 647 [Aethicus Ister]; Bodden (1988) 231; Lapidge (2006) 286, 320, 333, 335, 337

439. 3. London, British Library, Harley 3908, fols. 1–100

s. xi/xii or xii in., Canterbury StA

Contents: Goscelin of Canterbury, *Vita S. Mildrethae* [BHL 5960]; Lessons [eight from Goscelin's *Vita S. Mildrethae*, four from Gregory, *Homiliae .xl. in Euangelia* I. xii (abbreviated)] for Nocturns; Mass and Office for St Mildred; sequence (inc. 'Christe salus hominum, angelorum gloria'; not in SK, SK Suppl. or WIC); Goscelin of Canterbury, *Translatio S. Mildrethae* [BHL 5961–4]

MS: Hardy (1862–71) I.376–81; N.R. Ker (1960) 30; N.R. Ker (1964) 44; Rollason (1982) 106; Rollason (1986) 149–50; R. Sharpe (1990) 510–13; Andrew Hughes (1993) 268–70; R. Gameson (1999a) no. 452; Gneuss (2003b) 300; Hartzell (2006) no. 164; T.N. Hall (2007) 259

FACS: R. Sharpe (1991) 94 [fol. 48r]

ED: Rollason (1982) 108–43 [Goscelin, *Vita S. Mildrethae*, partly coll. as C]; Rollason (1986) 154–210 [Goscelin, *Translatio S. Mildrethae*, coll. as C]; Hartzell (2006) 306 [base MS for rhymed Office]

ST: R. Sharpe (1991); N. Orchard (1995b) 91 and n. 24; Biggs et al. (2001) 347–50; T.N. Hall (2001) 125, 128 and n. 54

439. 6. London, British Library, Harley 5228, fol. 140

s. ix, prob. Wales, (prov. Worcester)

Contents: Gregory, *Regula pastoralis* I. x–xi [*CPL* 1712] (f)
MS: N.R. Ker (1964) 207; Schreiber (2002) 25 and n. 17
ST: Lapidge (2006) 306

439. 9. London, British Library, Harley 5431, fol. 1

s. x/xi, prob. Canterbury, StA
Contents: music book (f)
MS: Hartzell (2006) no. 166

440. London, British Library, Harley 5431, fols. 4–126

s. x/xi or x² or x$^{4/4}$, prob. Canterbury StA, (prov. ibid.)
Contents: computus materials; *Regula S. Benedicti* [*CPL* 1852]; *Capitulare monasticum*; *Memoriale qualiter*; 'De festiuitatibus anni' (Ansegisus, *Capitularium collectio* II. 33, erased)
MS: M.R. James (1903) 246, 517; T.A.M. Bishop (1954–8b) 329; Morgand (1963) 182; Semmler (1963) 506; N.R. Ker (1964) 44; T.A.M. Bishop (1964–8d) 396 n. 2; T.A.M. Bishop (1971) 18; C.E. Wright (1972) 95, 239, 457; Gretsch (1973) 25–7; Pächt—Alexander (1973) no. 37; Hanslik (1977) lxviii; Rella (1977) 56, 77; D.H. Turner et al. (1980) 104; Backhouse et al. (1984b) no. 27 [D.H. Turner]; Ramsay—Sparks (1988) 24; P. Wormald (1988b) 31 n. 74; Lapidge—Winterbottom (1991b) lvii n. 79; Dumville (1993g) 98 n. 78; Mordek (1995) 231–2; N.M. Thompson (2007) 117–18; Barker-Benfield (2008) I.lxxxii n. 71, 198, 246, 315, 316, 413, 641, 653–4, 664–5, 668–9, 718, II.1489, 1610, III.1701, 1705, 1706–8, 1723, 1796, 1814, 1829, 1837; Wieland (2009) 152; R. Gameson (2012a) 29 n. 66, 49 n. 148
DEC: F. Wormald (1945) 120, 134 [repr. F. Wormald (1984) 59 and n. 38, 72–3]; Kendrick (1949) 31 n., 36 n.; Rice (1952) 206; E. Temple (1976) no. 38; Brownrigg (1978) 260; Ohlgren (1986) no. 143; R. Gameson (1995b) 122 n. 27
FACS: *NPS* II, pl. 63 [fols. 7r, 75r, 118v]; Kendrick (1949) pl. XXXI (4) [fol. 68v (detail)]; E. Temple (1976) ills. 115, 120, 126, 127 [fols. 38v, 54v, 101r, 16v (all details)]; Backhouse et al. (1984b) 48 [fols. 6v–7r]; Ramsay—Sparks (1988) 23 [fols. 6v–7r]; M.P. Brown (1991) pl. 70 [fols. 6v–7r]; M.P. Brown (2007a) pl. 78 [fols. 6v–7r]
ED: Morgand (1963) 229–61 [*Memoriale qualiter* coll. as C]; Semmler (1963) 515–35 [*Capitulare monasticum* coll. as G3]; Gretsch (1973)

68–87 [*Regula S. Benedicti*, chs. v, xxvii–xxx, lviii, coll. as h]; Hanslik (1977) [*Regula S. Benedicti* coll as h]

ST: N.R. Ker (1957) p. 263; Meyvaert (1963) 100–1; Morgand (1963) 204–20; Semmler (1963) 512–13; Gretsch (1973) *passim*; Gretsch (1974); Rella (1977) 162; Sauer (1984) 419–21; Cross (1992b); Graham (1998a) 23 n. 9; 25 and nn. 18, 19; 35 and n. 58; Gretsch (1999a) 247; Gretsch (2003a) 116–17, 119

440. 5. London, British Library, Harley 5915, fol. 2

s. xi med.

Contents: Augustine, *In Iohannis epistulam ad Parthos* [*CPL* 279], tractatus V (f)

ST: Lapidge (2006) 289

441. London, British Library, Harley 5915, fols. 8 and 9 (with Bloomington, Indiana University, Lilly Library, Add. 1000)

s. xi^1

Contents: Ælfric, *Grammar*$^{+*}$ (f)

MS: Zupitza (1880/2001) vii–viii; N.R. Ker (1957) nos. 242, 384; R.L. Collins (1964); C.E. Wright (1972) xvi, 463; R.L. Collins (1976) 43–4; N.R. Ker (1976a) 125; Gatch (1985) 109; Stoneman (1997) 103–4, 119; *ASMMF* XVI (2008) 1–3 [no. 14; Doane], 69–70 [no. 277; Lucas]; Scragg (2012a) no. 659

FACS: R.L. Collins (1976) pl. 4 [recto of Lilly MS]; *ASMMF* XVI (2008) nos. 14, 277

ED: Zupitza (1880/2001) 201–3 [Bloomington fragment (only) of Ælfric, *Grammar*, coll. as S]

441. 1. London, British Library, Harley 5915, fol. 10 (with Weinheim, Sammlung E. Fischer, s.n. [lost; Ernst Fischer gave his collections, including fragments, to the Universitätsbibliothek, Heidelberg, but this fragment has never been found, and may be in a private collection])

s. viii med., prob. Northumbria [York?]

Contents: Iustinus, *Epitome* of Pompeius Trogus, *Historiae Philippicae* (f)

MS: Brandt (1910); *CLA* IX (1959) no. 1370; T.J. Brown (1975) 286 [repr. T.J. Brown (1993a) 170]; Godman (1982) 125 n.; Munk Olsen (1982–) I.539; L.D. Reynolds (1983) 197–9; Crick (1987) 187–96;

Reynolds—Wilson (1991) 91; Bischoff et al. (1992b) 303; Lapidge (1994b) 109; Lapidge (2006) 41, 130 n. 7; Wieland (2009) 143; Garrison (2012) 649–70 and n. 99

FACS: *CLA* IX (1959) no. 1370 [Weinheim fragment]; Crick (1987) pl. VIII [Harley leaf, verso]

ED: Crick (1987) 195–6 [Iustinus text from Harley leaf]

ST: Lapidge (2006) 130, 318

441. 3. London, British Library, Harley 5915, fol. 12

s. xi ex. (1080s), Canterbury CC

Contents: Augustine, *Contra mendacium* [*CPL* 304] (f), *De cura pro mortuis gerenda* [*CPL* 307] (f)

MS: Gullick (1998c) 175–8, 188–9; R. Gameson (1999a) no. 457

FACS: Gullick (1998c) 176 [fol. 12r (detail)], 177 [fol. 12r]

ST: Lapidge (2006), 283, 284

442. London, British Library, Harley 5915, fol. 13 (with Cambridge, Magdalene College, Pepys 2981 (16))

s. xi in.

Contents: Ælfric, *Catholic Homilies** (f; from CH I, Homilies XX and XXVIII)

MS: N.R. Ker (1957) no. 243; Dumville (1988) 59–61; McKitterick—Whalley (1989) 9; Clemoes (1997) 63–4; Graham (1998a) 57 n. 27; *ASMMF* XVI (2008) 15–16 [no. 66; Lucas], 69–70 [no. 277a; Lucas]; R. Gameson (2012a) 67 n. 232; Scragg (2012a) no. 660

FACS: *ASMMF* XVI (2008) nos. 66, 277a

ED: Clemoes (1997) 339–40 [Ælfric, CH I, Hom. XX (*Feria .IIII. De fide catholica*), coll. as f^m], 413 [Ælfric, CH I, Hom. XXVIII (St Andrew), coll. as f^m]

London, British Library, Harley 5977 no. 59: see no. **524**

442. 3. London, British Library, Harley 5977, no. 62

s. x/xi or xi in.

Contents: gospels (f; Luke VI.23–8)

MS: Gwara (1994c); R. Gameson (1999a) no. 458

442. 4. London, British Library, Harley 5977, no. 64

s. x/xi or xi, Continent? In England before 1100?

Contents: excerpt from Bede, *De arte metrica* [*CPL* 1565] (f)

MS: Gwara (1994c)

443. London, British Library, Harley 7653

s. viii/ix or ix in., Mercia (Worcester?)

Contents: prayerbook (fragmentary: eight prayers, including SK 7891, and litany)

MS: Birch (1889) 114–19 *et passim*; Warren (1895) 87–97; J.A. Robinson (1923) 68; Kenney (1929) 268–9, 718–19 [no. 575]; *CLA* II (1935) no. 104; N.R. Ker (1957) no. 245; Lapidge (1986a) 272; Morrish (1988) 526, 537; Biggs et al. (1990) 139 [Bestul]; Sims-Williams (1990) 256, 275–327; Lapidge (1991a) 75; Webster–Backhouse (1991) no. 162 [M.P. Brown]; Dumville (1992a) 96, 101–2; *ASMMF* I (1994) 49–51 [no. 279; Doane]; M.P. Brown (1996) 153–4 *et passim*; Raw (1997) 145 n. 1; Crowley (2000) 123 n. 2, 144; M.P. Brown (2001b) 282; M.P. Brown (2001c) 51–8; K.L. Brown–R.J.H. Clark (2004b) 181–2; Biggs (2007a) 8; M.P. Brown (2007a) 53; R. Gameson (2012a) 82 n. 297; Raw (2012) 460 and n. 1, 461 and n. 11, 462–4; Scragg (2012a) no. 661

FACS: Webster–Backhouse (1991) 209 [fols. 2v–3r]; *ASMMF* I (1994) no. 279; M.P. Brown (1996) fig. 8 [fols. 2v–3r]; K.L. Brown–R.J.H. Clark (2004b) pl. 1 [fol. 6v]

ED: Warren (1895) 83–97; *AH* LI (1908) 295–6 [metrical prayer (SK 7891) coll. as A]; Lapidge (1991a) 210–11 [litany]

ST: Lambert (1969–72) no. 950 (I); *BCLL* (1985) nos. 1279, 1288; M.P. Brown (1996) 141–2, 151–4, 168–9, 171–2 *et passim*; *CSLMA* II (1999) 480; Pratt (2001) 47 n. 47; K.L. Brown–R.J.H. Clark (2004b) 182–3; Krüger (2007) 75, 345–6

444. London, British Library, Royal 1. A. xviii

s. ix/x or x in., Brittany, prov. England (royal court?), prob. Canterbury StA by 924×939, (prov. ibid.)

Contents: gospels (for use in the Mass)

MS: Thompson–Warner (1881–4) II.37; Warner–Gilson (1921) I.7; Kenney (1929) 656 [no. 504]; N.R. Ker (1964) 44; Rella (1977) 50;

Wormald—Alexander (1977) 10, 13 n. 1; A.G. Watson (1979) I, no. 853;
Rella (1980) 112; Deuffic (1985) 302 [no. 48]; Keynes (1985a) 165–70;
Dumville (1987) 175 and n. 161; B. Fischer (1988–91) I.18*; O'Reilly
(1994) 222–5; Lenker (1997) 115–17, 418, 458–61; Parkes (1997b) 103
and n. 25; Bischoff (1998–) II, no. 2491; Lemoine (2005) 184; Barker-
Benfield (2008) I.lv and n. 17, cii n. 103, III.1654 n. 42, 1696, 1734,
1796; R. Gameson (2012d) 349 and n. 17; D. Ganz (2012) 190 n. 14;
Marsden (2012) 422 and n. 71

DEC: Cohen—Teviotdale (1999)

FACS: Wormald—Alexander (1977) pl. XXXIV (d) [fol. 162r]; A.G.
Watson (1979) II, pl. 17 [fol. 66r]; Keynes (1985a) pl. VII [fol. 3v]

ED: B. Fischer (1988–91) [gospel excerpts coll. as Bc]

ST: Berger (1893) 46–50, 386; J.A. Robinson (1923) 61; Glunz (1933) 63,
90, 111, 112, 119; Frere (1934) 224; Klauser (1972) xxxv [no. 7];
McGurk (1996) [repr. McGurk (1998) no. X]; Lenker (1997) 115–17,
418, 458–61; Cohen—Teviotdale (1999) 69–70 and n. 38; Lapidge
(2006) 170

445. London, British Library, Royal 1. B. vii

s. viii[1], prob. Northumbria, prov. S England (royal court?) s. x[1]

Contents: gospels; manumission* (c. 925)

MS: Wanley (1705) 181; Thompson—Warner (1881–4) II.19–20; J.
Wordsworth et al. (1889–1954) I.xxvi; M.R. James (1903) 532;
Warner—Gilson (1921) I.10–11; *CLA* II (1935) no. 213; Bischoff
(1952) 93; Kendrick et al. (1956–60) II.33, 43–6 *et passim* [T.J. Brown];
McGurk (1956) 258, 265 [repr. McGurk (1998) no. I]; N.R. Ker (1957)
no. 246; McGurk (1961a) no. 28; McGurk (1961b) 12 [repr. McGurk
(1998) no. V]; Gamber (1968–88) no. 406; Keynes (1985a) 185–9;
Dumville (1987) 171 n. 130; Webster—Backhouse (1991) no. 84;
Dumville (1992a) 104, 113, 121; Dumville (1992b) 93–4, 94 n. 192, 157
n. 103; Dumville (1994a) 158; Netzer (1994) 8, 58, 60, 213 n. 62, 218
n. 16, 221 n. 8; O'Sullivan (1994) 81; Lenker (1997) 389; Webster—
Brown (1997) 245–6 [no. 143]; Dumville (1999) 96–7; M.P. Brown
(2001c) 55; *ASMMF* VII (2002) 54–7 [no. 281; Doane]; K.L. Brown
(2004a) 10; Beall (2005) 197; Hartzell (2006) no. 167; M.P. Brown
(2007a) 52, 55, 87; Barker-Benfield (2008) III.1830; M.P. Brown (2012)
135, 151; R. Gameson (2012a) 28 n. 59, 42 n. 117, 56 and n. 191;
Marsden (2012) 419 and n. 61

DEC: Alexander (1978a) no. 20; Ohlgren (1986) no. 20; R. Gameson (1994b); Tilghman (2011) 98; R. Gameson (2012c) 289 n. 141; Netzer (2012) 225–6 and n. 3, 233

FACS: Alexander (1978a) ills. 70–3 [fols. 15v, 15r, 10v, 84r]; Keynes (1985a) pl. XI [fol. 15v]; M.P. Brown (1991) pls. 45, 53 [fols. 15v, 10v]; R. Gameson (1994b) 25–7 [fols. 55r, 14v, 4v (detail)]; *ASMMF* VII (2002) no. 281; M.P. Brown (2003a) 20 [fol. 10v]; M.P. Brown (2003c) fig. 25 [fol. 15v]; K.L. Brown (2004a) pl. 2 [fols. 9r, 12r]; M.P. Brown (2007a) pls. 34–5 [fols. 10v, 15v]

ED: Harmer (1914) no. 19 [manumission]; Hurst—Fraipont (1955) ix–xvi [*Capitula Euangeliorum* coll. as N; see also *CPL* no. 1977]; B. Fischer (1988–91) [gospel excerpts coll. as Nr]

ST: Morin (1891); Berger (1893) 39, 43, 355, 386; Morin (1893a) 426–35; J.A. Robinson (1923) 66–7; Glunz (1930); Glunz (1933) 31; Frere (1934) 136; Kunze (1947) 48; McGurk (1955a) 192–3 [repr. McGurk (1998) no. III]; Klauser (1972) xxxii; Whitelock (1979) 383, 607 n. 140; Verey et al. (1980) 68–75; Horsley—Waterhouse (1984) 215 n. 31; Conner (1993) 56, 63–5, 66, 68, 70, 72, 75; McGurk (1993) 248–51 [repr. McGurk (1998) no. XI]; McGurk (1994b) 22 [repr. McGurk (1998) no. XII]; M.P. Brown (1996) 130–1 [parallels with no. **28**]; Lenker (1997) 102–6, 389–91 *et passim*; Werner (1997a) 24 n. 6; K.L. Brown—R.J.H. Clark (2004a) 10; Beall (2005) 193–4, 197; Farr (2011a) 99 n. 49, 134; Karkov (2011) 134

446. London, British Library, Royal 1. D. iii

s. xi med., prov. Rochester s. xi ex.

Contents: gospels; *Exultet* [*CPL* 162] (added s. xi ex.)

MS: Warner—Gilson (1921) I.16; N.R. Ker (1964) 161; M.P. Richards (1988) 45, 65 and n. 13; Heslop (1990) 152 n. 3; R. Sharpe et al. (1996) 531; Cohen—Teviotdale (1999) 67 and n. 2, 70 and n. 38; Hartzell (2006) no. 169; R. Gameson (2012a) 44; McGurk (2012) 446 [no. 12]

ST: Berger (1893) 43; Glunz (1933) 63, 112

447. London, British Library, Royal 1. D. ix

s. xi in., Canterbury CC (or Peterborough?), prov. s xi (prob. by 1018) Canterbury CC

Contents: gospels, gospel list; records* (not after 1020): notice of confraternity, writ [Sawyer (1968) no. 985]

MS: J. Wordsworth et al. (1889–1954) I.xxvi; M.R. James (1903) xxv, 515; Warner–Gilson (1921) I.17–18; T.A.M. Bishop (1954–8a) 186; N.R. Ker (1957) no. 247; N.R. Ker (1964) 36; T.A.M. Bishop (1967a) 39, 41; Sawyer (1968) 56 and no. 985; T.A.M. Bishop (1971) xv, 23–4; Backhouse et al. (1984b) no. 52 [D.H. Turner]; McGurk (1986b) 43, 44, 46, 48, 51–4, 56–63 [repr. McGurk (1998) no. XIV]; M.P. Richards (1988) 66–7; Dumville (1992a) 121; Dumville (1993g) 86 n. 4, 113 n. 12, 116–20 and nn., 122 and n. 58, 139–40 and n. 117; McGurk–Rosenthal (1995b) 258–62 [repr. McGurk (1998) no. XV]; Lenker (1997) 451–2; Rushforth (2001) 138 n. 8, 139 n. 12, 142; *ASMMF* VII (2002) 58–61 [no. 282; Doane]; Heslop (2004) 298 n. 27, 305 n. 41; McGurk–Rosenthal (2006) 194 n. 46; Crick (2012) 184 n. 44; R. Gameson (2012a) 44, 73; Gullick (2012) 306 and n. 76; Marsden (2012) 423 and n. 78, 424 and n. 86; McGurk (2012) 446 [no. 13]; Scragg (2012a) nos. 445, 670

DEC: F. Wormald (1945) 132 [repr. F. Wormald (1984) 70]; Rice (1952) 195; E. Temple (1976) no. 70; Brownrigg (1978) 246 n. 2, 249, 264–5; Ohlgren (1986) no. 175; Raw (1990) 220; R. Gameson (1995b) 6 n. 3, 206–7, 215 n. 144, 217 n. 152, 228, 230, 233; McGurk–Rosenthal (1995b) 286 [repr. McGurk (1998) no. XV]; Dodwell (2000) 122 n. 96; McGurk–Rosenthal (2006) 196; R. Gameson (2012c) 283 and n. 118

FACS: Chaplais (1968) pl. II [fol. 44v]; E. Temple (1976) ill. 222 [fol. 111r]; *ASMMF* VII (2002) no. 282

ED: J. Wordsworth et al. (1889-1954) vol. I [Latin gospels coll. as A]; Harmer (1952) no. 26 [writ]; N.R. Ker (1957) 317 [notice of confraternity]

ST: Glunz (1930) 169; Glunz (1933) 140–8 [biblical text]; Frere (1934) 160–3; Harmer (1952) 168–71, 446–8 [writ]; Chaplais (1966) 172 [repr. Ranger (1973) 59]; Klauser (1972) li *et passim*; Heslop (1990) 154, 168 n. 49, 181; Dumville (1992a) 121; Lenker (1997) 442–50, 478; R. Gameson (2004b)

448. London, British Library, Royal 1. E. vi (with Canterbury, Cathedral Library, Add. 16 and Oxford, Bodleian Library, Lat. bib. b. 2(P))

s. ix^1 or ix$^{2/4}$ or ix med., S England, (prov. Canterbury StA)

Contents: Bible (part): gospels (incomplete), Actus Apostolorum (f)

MS: Thompson–Warner (1881–4) II.21; J. Wordsworth et al. (1889–1954) I.xxvi–xxvii; M.R. James (1903) lxv, 516; Warner–Gilson (1921)

I.20; *CLA* II (1935) nos. *214, *244, 262; McGurk (1962) [repr. McGurk (1998) no. VII]; N.R. Ker (1964) 44; *CLA* Supplement (1971) p. 5; Budny (1984); M.P. Brown (1986); B. Fischer (1988–91) I.16*; Morrish (1988) 529, 537; M.P. Brown (1990) 52; Webster—Backhouse (1991) no. 171 [M.P. Brown]; T.J. Brown (1993a) 210, 273 n. 95; Marsden (1995) 42–5, 304, 380 n., 445; M.P. Brown (1996) 93–5, 171–8 *et passim*; Webster—Brown (1997) 240 [no. 118]; Budny (1999) 237–48, 255–60, 264–8, 270–3; R. Gameson (1999c) 363; Marsden (1999) 289, 295–6; M.P. Brown (2003c) 67–8 *et passim*; K.L. Brown—R.J.H. Clark (2004b) 181, 183; Gullick (2004) 33; Emms (2006) 26; Barker-Benfield (2008) I.lxi, lxxxix, xcv, 373, 443, 516, 606, III.1656, 1658, 1730, 1733, 1747, 1801, 1822, 1838; R. Gameson (2008) 56–62; M.P. Brown (2012) 139 and n. 79, 145 n. 113, 156 and n. 166, 159, 160, 163, 165; R. Gameson (2012a) 38 and n. 92, 43 n. 123, 53, 87 n. 311, 90 n. 329; Marsden (2012) 414 and n. 34

DEC: Kendrick (1938) 162; F. Wormald (1945) 112 n. 1 [repr. F. Wormald (1984) 174 n. 15]; Rickert (1955) 19–20, 219 n. 52; Köhler—Mütherich (1971–99) VII.31 n. 31; E. Temple (1976) no. 55; Alexander (1978a) no. 32; Budny (1984); D.M. Wilson (1984) 94–6; F. Wormald (1984) 20, 22, 25; Ohlgren (1986) nos. 32, 160; Raw (1990) 220–1; R. Gameson (1995b) 92, 100 n. 167, 103, 180, 197, 209; K.L. Brown—R.J.H. Clark (2004b) 183–4; McGurk—Rosenthal (2006) 189 n. 21, 196; Karkov (2009) 224; M.P. Brown (2011b) 40, 41–2; Netzer (2012) 240 and n. 86

FACS: Warner—Gilson (1921) IV, pl. 14 [fol. 20v]; E. Temple (1976) ill. 172 [fol. 30v]; Budny (1984) fifty-five pls. from this MS; D.M. Wilson (1984) pls. 103 [fol. 4r (detail)], 114 [fol. 43r]; F. Wormald (1984) ill. 25 [fol. 43r (detail)]; M.P. Brown (1990) 53 [fol. 28v]; T.J. Brown (1993a) ill. 57 [fol. 14r (detail)]; Backhouse (1997) pl. 4 [fol. 5r]; R. Gameson (1999b) pl. VI [fol. 44r], figs. 11.3–5 [fols. 4r, 43r, 28v]; M.P. Brown (2003c) fig. 32 [fol. 34r]; K.L. Brown (2004b) pl. 2 [fols. 4r, 30v, 43r]; McGurk—Rosenthal (2006) fig. 19 [fol. 46r]; M.P. Brown (2007a) pls. 52, 53, 117 [fols. 4r, 43r, 30v]; Withers (2007) 82 [fol. 30v]

ED: B. Fischer (1988–91) [gospels coll. as Er]

ST: Berger (1893) 35, 355, 386–7; Glunz (1933) 29; McGurk (1961a) 13, 16 [repr. McGurk (1998) no. VI]; McGurk (1961b) 12 [repr. McGurk (1998) no. V]; Budny (1984); McGurk (1993) 245 n. 10, 254 n. 35 [repr. McGurk (1998) no. XI]; McGurk (1994b) 2–3 and nn. [repr. McGurk (1998) no. XII]; Withers (2007) 78

449. London, British Library, Royal 1. E. vii + viii

s. x/xi, prov. Canterbury CC

Contents: Bible (pandect)

MS: M.R. James (1903) lxiv, 52; Warner—Gilson (1921) I.20–1; T.A.M. Bishop (1959–63a) 94; N.R. Ker (1964) 36; Dumville (1991–5) 47–8; Dumville (1993g) 109–10, 146 and n. 32; Marsden (1994a); R. Gameson (1995a) 104 n. 31, 111 n., 142; Marsden (1995) 321–78 *et passim*; Webber (1995) 155–6; Parkes (1997b) 111 and n. 62; Pulsiano (2001a) xxix; Biggs (2007a) 58; Shepard (2007) 80 and n. 69, 270; Wieland (2009) 115; R. Gameson (2012a) 20, 33; Marsden (2012) 425 and n. 89; Toswell (2012) 473

DEC: F. Wormald (1952) 71 [no. 37]; Heimann (1966) 53 n. 78; E. Temple (1976) no. 102; Ohlgren (1986) no. 207; Raw (1990) 35, 221; R. Gameson (1995b) 187, 188 n. 175

FACS: E. Temple (1976) ill. 319 [1. E. vii, fol. 1v]; Marsden (1995) pl. VII [1. E. vii, fol. 113r]; Parkes (1997b) pl. 10 [1. E. vii, fol. 4r]

ED: Pulsiano (2001a) [Pss. I–L coll. as π]

ST: Korhammer (1976) 365; N.P. Brooks (1984) 268; M.P. Richards (1988) 63–5, 75–6, 81–3; Biggs et al. (1990) 59 [C.D. Wright]; Marsden (1995) 321–78 *et passim*; Lenker (1997) 101 and n. 30

450. London, British Library, Royal 2. A. xx

s. viii² or ix^{1/4}, Mercia (Worcester?), OE glosses and note, s. x¹; thirty-three prayers added s. x med. in margins, Worcester

Contents:

s. viii² or ix^{1/4}: prayerbook: gospel extracts; Pater noster°; Creed°; apocryphal letter of Christ to Abgar; three canticles°; two charms

s. x med.: thirty-three prayers, mainly collects for Mass and Office (including collects and SK 708, 9504); excerpts from Augustine, *Soliloquia* [*CPL* 252] I.1; litany; two creeds (including SK 9568); note on moonrise*; exorcism; two hymns [SK 33 (by Sedulius), 588]

MS: Thompson—Warner (1884) II.60; Kuypers (1902) 200; Mearns (1914) 3; Warner—Gilson (1921) I.33–6; Kenney (1929) 719–20 [no. 576]; *CLA* II (1935) no. *215; N.R. Ker (1957) no. 248; N.R. Ker (1964) 207; Gamber (1968–88) nos. 170, 215; Gneuss (1968) 103–4, 117, 122, 157; T.J. Brown (1980) 13; Morrish (1988) 518–22, 537; Muir (1988) xxx; Biggs et al. (1990) 138 [Bestul]; M.P. Brown (1990) 54 [no. 18]; Sims-Williams (1990) 280–1; M.P. Brown (1991) 40 [no. 39]; Lapidge (1991a) 75; Webster—Backhouse (1991) no. 163 [M.P. Brown]; Dumville (1992a) 70, 101–2; Lapidge (1992b) 102 [repr. Lapidge (1993a) 92]; Dumville (1993g) 76–7, 114 n. 14; *ASMMF* I (1994) 53–8 [no. 283; Doane]; Dumville (1994a) 150 and nn. 98–9; Springer (1995) 148–9; Webster—Brown (1997) 246 [no. 144]; Muir (1998) 12–19; Gretsch (2000) 109; Lapidge (2000a) 15–16; M.P. Brown (2001b); K.L. Brown—R.J.H. Clark (2004b) 181, 183; Crowley (2006) 223–36; Biggs (2007a) 13, 57; M.P. Brown (2012) 158; R. Gameson (2012a) 43 n. 119, 82 n. 297, 86 n. 309; Raw (2012) 460 and n. 1, 461 and n. 12, 462–4

DEC: Alexander (1978a) no. 35; Ohlgren (1986) no. 35; Raw (1990) 221; M.P. Brown (2001c) 51–8; K.L. Brown (2004b) 183; M.P. Brown (2007a) 104; M.P. Brown (2011b) 37

FACS: Thompson—Warner (1881–4) II, pl. 21 [fol. 14v]; L.W. Daly (1982) 97 [fol. 49v]; Morrish (1988) pls. 5–6 [fols. 26r, 39v]; M.P. Brown (1990) 55 [fol. 17r]; M.P. Brown (1991) pl. 39 [fol. 17r]; Dumville (1993g) pl. I [fol. 14v]; *ASMMF* I (1994) no. 283; M.P. Brown (1996) fig. 9 [fols. 16v–17r]; Lapidge (2000a) 16 [fol. 17r]; Crowley (2006) pls. 1–8 [fols. 14v, 14r, 32v, 15r, 40v, 16r, 26v, 38v]; K.L. Brown (2004b) pl. 1 [fols. 4v, 17r]; M.P. Brown (2007a) pl. 47 [fols. 16v–17r]; Owen-Crocker (2009) fig. 2.5 [fol. 17r]

ED: Zupitza (1889) [OE glosses, titles to prayers]; Kuypers (1902) 201–25 [base MS for prayerbook]; *AH* LI (1908) 294–5 [hymn (SK 708 = Warner—Gilson (1921) item 18) coll. as A]; W. Meyer (1917) [hymns]; Hurst—Fraipont (1955) 445–6, 449 [hymns coll. as R]; Muir (1988) [Warner—Gilson (1921) items 18, 22, and 67 coll. as R]; Lapidge (1991a) 212–13 [base MS for litany = Warner—Gilson (1921) item 20)]; Corrêa (1996) 311–18 [thirty-three Latin prayers copied in margins of MS]; Crowley (2006) 256–91 [thirty-five Latin prayers copied in margins of MS]

LANG: K. Sisam (1953a) 120; Korhammer (1976) 165; Hofstetter (1987) 507; Crowley (2000); Crowley (2006) 236–41

ST: Birch (1889) 101–13; Warren (1895) 89–102; E. Bishop (1918) 139–51, 192–7; Siegmund (1949) 40 n. 2; Godel (1963) 297–308; Römer (1972b) 185; Gjerløw (1980) I.24–5 [on Ker art. c]; L.W. Daly (1982) 95–7 [Greek palindrome]; Sims-Williams (1982) 23; *BCLL* (1985) no. 1278; Lapidge (1986a) 272–3; Biggs et al. (1990) 138 [Bestul]; Sims-Williams (1990) 274–327, 445; M.P. Brown (1993) 151–4, 157–8, 168–9, 171–2, 175–6 *et passim*; *CPL* (1995) no. 2018; Corrêa (1996) 288–92; R.

Gameson (1996a) 230, 240; Crowley (1997); Raw (1997) 145–53; *CSLMA* II (1999) 106, 480; Pettit (1999) 45; Crowley (2000); M.P. Brown (2001c); Szarmach (2005) 159–60; Crowley (2006); Krüger (2007) 71–2, 346; Cain (2009)

451. London, British Library, Royal 2. B. v (the 'Royal Psalter')

s. x med., prov. Winchester, prov. Canterbury CC s. xi; with additions s. x ex.–xi^1, xi in., xi med. or xi^2

Contents: Psalterium Romanum° with commentary; canticles°: s. x med., prov. Winchester, prov. Canterbury CC s. xi. Additions: encyclopedic notes (as in nos. **56** and **90**): on Christ's Incarnation, the Ages of the World (followed here by Bede, *De temporibus*, ch. xvi), the Ages of Man, the numbers of bones, veins and teeth in humans, the Dimensions of the World, the Temple of Solomon, the Tabernacle, St Peter's in Rome, Noah's Ark, the numbers of books in the Old and New Testament, the number of verses in the Psalms, units for measuring distances; thunder prognostics; prayers*; note on Friday fasts*: s. x ex. – xi^1; prayer: s. xi in., Winchester; Office of the Virgin: s. xi med. or xi^2, Winchester Nun? proverbs^{+*}, prayer*: s. xi med.

MS: Dewick (1902) x–xii; Warner–Gilson (1921) I.40–1; N.R. Ker (1957) no. 249; N.R. Ker (1964) 104; Parkes (1976b) 162, 163 n. 4 [repr. Parkes (1991) 159, 160 n. 4]; C.W. Jones (1980) 247; Parkes (1983) 137 n. 50; Hartzell (1989) 86; Dumville (1991–5) 48; Robinson–Stanley (1991) 26; Dumville (1992a) 102 n. 35, 125 n. 221; Dumville (1992b) 63 n. 28; Conner (1993) 63, 65, 70–1, 73, 75–6; Dumville (1993g) 14 and n. 23; *ASMMF* II (1994) 57–64 [no. 284; Pulsiano]; Blockley (1994); Dumville (1994a) 147, 149–50; McDougall–McDougall (1997) 211 n. 8, 221 n. 54; Gneuss (1998) 276; Pulsiano (1998b) 85, 105 n. 1; Gretsch (1999a) 264–8, 430–1; Crowley (2000) 132; Gretsch (2000) 86; Liuzza (2001) 225; Chardonnens (2007b) 46–7, 531–2, 553; P.A. Stokes (2007) [on fol. 198]; Scragg (2008d); Rushforth (2011) 40–2; R. Gameson (2012a) 39 and n. 95; D. Ganz (2012) 193 and n. 32; Raw (2012) 466; Scragg (2012a) nos. 672–82; Toswell (2012) 471, 475

FACS: Dewick (1902) pls. 1–11 [fols. 1r–6r]; Warner–Gilson (1921) IV, pl. 22 {fol. 8r]; Robinson–Stanley (1991) pl. 32.1 [fol. 6r]; *ASMMF* II (1994) no. 284

ED: Logeman (1889) [prayers: Ker arts. c, d, e, f, i; confession and prayers: Ker art. g]; Dewick (1902) cols. 1–18 [base MS for Office of the Virgin]; Roeder (1904) xii–xiii [proverbs], 1–302 [psalter and canticles, in Latin with OE gloss]; Dobbie (1942) 109 [proverbs: Ker art. b]; Sisam—Sisam (1959) [psalter coll. as D]; Hallander (1968) [two confessional prayers: Ker arts. d, e]; Davey (1979) [psalter and commentary]; Arngart (1981) 299 [base MS for proverbs 37 and 39]; Tristram (1985) 301 [Ages of the World]; Chardonnens (2007b) 265 [thunder prognostics]; Dekker (2007) 281–4 [encyclopedic notes]

LANG: Reichenbächer (1934); Gneuss (1972) 79; Bierbaumer (1977a); Hofstetter (1987) 462–4; Gretsch (1999a) 42–131, 135–225; Crowley (2000) 126; Scragg (2008d) 387–92

ST: Wülker (1879); Dewick (1902) 50–4; Wildhagen (1913) 448–53; E. Bishop (1918) 390; Tolhurst (1942) 124; K. Sisam (1953a) 4; Sisam—Sisam (1959) 52–6; Barré (1963); Morrell (1965) 89–92; Gneuss (1968) 112; Bierbaumer (1977a); Pulsiano (1985a); Tristram (1985) 83; P.P. O'Neill (1986) 292–4; Davey (1987); Clayton (1990) 70–7; Keefer (1990a); Ortenberg (1990a); Hollis—Wright (1992) 35; Gretsch (1999a) 261–331 *et passim*; S. Irvine (2000) 43; Dance (2004) 47–8 n. 65; Chardonnens (2007b) 46–7; Dekker (2007); P.A. Stokes (2007) [fol. 198v]; Chardonnens (2010) 247

452. London, British Library, Royal 2. C. iii

s. xi/xii, (prov. Rochester)

Contents: Paulus Diaconus, *Homiliarium* (Septuagesima to Sabbatum Sanctum, Sanctorale, Commune SS.)

MS: Warner—Gilson (1921) I.51; N.R. Ker (1964) 161; Smetana (1978) 87; Clayton (1985) 220; M.P. Richards (1988) 20, 95–103, 108–10, 118 [full list of contents]; R. Sharpe et al. (1996) 490, 504; R. Gameson (1999a) no. 460; J. Hill (2007a) 94

ST: Lambert (1969–72) nos. 217a, 713

453. London, British Library, Royal 2. E. xiii + 2. E. xiv

s. x ex.

Contents: pseudo-Jerome, *Breuiarium in Psalmos* [*CPL* 629; *BCLL* 343] (Pss. I–C only)

MS: Warner—Gilson (1921) I.65; Rushforth (2011) 61–3

ST: Lambert (1969-72) no. 427; Biggs et al. (1990) 98–9 [C.D. Wright]

453. 2. London, British Library, Royal 3. B. i

s. xi/xii, (prov. Rochester)

Contents: Isidore, *Mysticorum expositiones sacramentorum seu Quaestiones in Vetus Testamentum* [*CPL* 1195]; Jerome, *Comm. in epistulas Pauli (ad Titum, ad Philemonem)* [*CPL* 591]

MS: Warner – Gilson (1921) I.70; N.R. Ker (1964) 161; M.P. Richards (1988) 18; R. Sharpe et al. (1996) 476–7, 507; R. Gameson (1999a) no. 461; Barker-Benfield (2008) I.504

ST: Lambert (1969–72) no. 219

453. 4. London, British Library, Royal 3. B. xvi

England, s. xi/xii, (prov. Bath)

Contents: Jerome, *Comm. in Hieremiam* [*CPL* 586]

MS: Warner – Gilson (1921) I.74; N.R. Ker (1964) 7 and n. 8; R. Gameson (1999a) no. 462

ST: Lambert (1969–72) no. 211

453. 6. London, British Library, Royal 3. C. iv

s. xi/xii, (prov. Rochester)

Contents: Iob; Gregory, *Moralia in Iob* [*CPL* 1708], bks. I–XVI [companion vol. to no. **469. 3**]

MS: Warner – Gilson (1921) I.74–5; N.R. Ker (1964) 161; M.P. Richards (1988) 29; R. Sharpe et al. (1996) 482, 501; R. Gameson (1999a) no. 463

FACS: R. Gameson (1999a) pl. 18 [fol. 14r]

453. 8. London, British Library, Royal 3. C. x

s. xi/xii, (prov. Rochester)

Contents: Euangelium Iohannis; Augustine, *Tractatus in Euangelium Ioannis* [*CPL* 278]

MS: Warner – Gilson (1921) I.76; N.R. Ker (1964) 161; M.P. Richards (1988) 33; R. Sharpe et al. (1996) 499; R. Gameson (1999a) no. 464

454. London, British Library, Royal 4. A. xiv, fols. 1* and 2*

s. ix ex., Continent (France? Italy s. ix/x?). In England (Worcester?) from s. ix/x?, (prov. Worcester)

Contents: missal (f)

MS: Hartzell (1989) 85–6; Dumville (1992a) 67, 96; *ASMMF* IV (1996) 49 [no. 285; Pulsiano]; Hartzell (1996) 308–15; Bischoff (1998—) II, no. 2492; Wieland (2009) 123; R. Gameson (2012d) 348 and n. 14

FACS: *ASMMF* IV (1996) no. 285; Hartzell (1996) pl. following p. 319 [fol. 1*v]

ED: Hartzell (1996) 315–18

455. London, British Library, Royal 4. A. xiv, fols. 1–106

s. x med., Winchester?, (prov. Worcester)

Contents: Jerome, *Tractatus .lix. in Psalmos* [*CPL* 592] (with interpolations from pseudo-Jerome, *Breuiarium in Psalmos* [*CPL* 629; *BCLL* 343]); excerpts from Origen, *Hom. in Numeros*, trans. Rufinus [*CPG* 1418]; charm** (add. s. xii med.)

MS: Warner–Gilson (1921) I.81–2; Atkins–Ker (1944) 32 [no. 5*]; Colgrave (1956) 26; N.R. Ker (1957) no. 250; N.R. Ker (1964) 104, 207; Parkes (1976b) 163 n. 4 [repr. Parkes (1991) 160 n. 4]; Rella (1977) 161; Parkes (1983) 137 n. 50; Hartzell (1989) 86–7; Dumville (1991–5) 48; Robinson–Stanley (1991) 25; Conner (1993) 57, 63, 67, 70, 73, 75; Dumville (1993g) 14 n. 33; Laing (1993) 100; Dumville (1994a) 148 and n. 87; *ASMMF* IV (1996) 47–50 [no. 285; Pulsiano]; Crick (1997) 70, 74–5; McDougall–McDougall (1997) 210; Gretsch (1999a) 264–7; Swan (2007b) 40; Rushforth (2011) 63–5; R. Gameson (2012a) 59 n. 196; D. Ganz (2012) 193 and n. 32

FACS: Warner–Gilson (1921) IV, pl. 34 [fol. 36r]; Robinson–Stanley (1991) pl. 19.11 [fol. 106v]; *ASMMF* IV (1996) no. 285; R. Gameson (2012) pl. 7a.1 [folio not specified]

ED: Morin (1897a/1958) [base MS (= I) for Jerome, *Tractatus .lix. in Psalmos*]; Dobbie (1942) 128 [OE metrical charm]

ST: Lambert (1969–72) nos. 220, 407; Davey (1987); Biggs et al. (1990) 98–9 [C.D. Wright]; Bammel (1991) 9; R. Gameson (1996a) 232 n. 118, 240; M.P. Brown (2001b) 282

456. London, British Library, Royal 4. A. xiv, fols. 107–8

s. viii/ix or ix in. or ix^1, S England (Winchester?) or Mercia, (prov. Worcester)

Contents: Felix, *Vita S. Guthlaci* [*CPL* 2150; *BHL* 3723] (f)

MS: Warner—Gilson (1921) I.82; *CLA* II (1935) no. 216; Colgrave (1956) 26; N.R. Ker (1957) no. 251; Crick (1987) 187 and n. 38; Webster—Backhouse (1991) no. 172; Dumville (1991–5) 48; Dumville (1992a) 108 n. 75; *ASMMF* IV (1996) 47–50 [no. 285; Pulsiano]; Crick (1997) 70; Biggs et al. (2001) 244–6; W. Schipper (2007b) 34; Wieland (2009) 130; M.P. Brown (2012) 165

FACS: *CLA* II (1935) no. 216 [fol. 107v]; *ASMMF* IV (1996) no. 285; Roberts (2005) p. 21 [fol. 107v]; M.P. Brown (2007a) pl. 55 [fol. 108r]

ED: Colgrave (1956) 60-9 [Felix, *Vita S. Guthlaci*, coll. as R]

456. 2. London, British Library, Royal 5. A. xii, fols. iii–vi

s. xi med. or xi^2, Worcester

Contents: missal (f)

MS: Warner—Gilson (1921) I.99; Hartzell (1989) 47–89; Lenker (1997) 487 and nn.; R. Gameson (2005a) 93, 101–4; Hartzell (2006) no. 173; Rankin (2012) 501 and n. 86

FACS: Hartzell (1989) pls. III [fol. iii r], IV [fol. vi v]

ED: Hartzell (1989) 91–7; Hartzell (2006) 317 [incipits]

ST: Lenker (1997) 118–19, 177, 190

456. 4. London, British Library, Royal 5. B. ii

s. xi/xii, (prov. Bath)

Contents: Augustine, *De pastoribus* [= *Sermo* xlvi], *De ouibus* [= *Sermo* xlvii], *De baptismo contra Donatistas* [CPL 332], *De peccatorum meritis et remissione et de baptismo paruulorum* [CPL 342], *De unico baptismo contra Petilianum* [CPL 336], *De spiritu et littera* [CPL 343]

MS: Warner—Gilson (1921) I.101; N.R. Ker (1964) 7 and n. 8; R. Gameson (1999a) no. 475; Webber (2012) 222 and n. 58

ST: Römer (1972b) 188–9

456. 6. London, British Library, Royal 5. B. vi

s. xi/xii, (prov. Rochester)

Contents: Augustine, *In Iohannis Epistulam ad Parthos tractatus .x.* [CPL 279]; Quodvultdeus [pseudo-Augustine], *Sermo* iv (*Contra Arianos, Iudaeos et paganos*) [CPL 404]; two books of the Bible: Apocalypsis Iohannis, Canticum canticorum

MS: Warner—Gilson (1921) I.102; N.R. Ker (1960) 42 n. 2; N.R. Ker (1964) 162; Römer (1972b) 189; M.P. Richards (1988) 23; R. Sharpe et al. (1996) 471, 493, 500; R. Gameson (1999a) no. 478

456. 8. London, British Library, Royal 5. B. xiv

s. xi/xii or xii[1], Gloucester?, (prov. Bath)

Contents: Augustine, *Confessiones* [*CPL* 251], with *Retractatio* [*CPL* 250] II. vi

MS: Warner—Gilson (1921) I.104; N.R. Ker (1964) 7 and n. 8; Römer (1972b) 190; Webber (1996) 33 and n. 23; R. Gameson (1999a) no. 483

457. London, British Library, Royal 5. B. xv, fols. 57–64

s. xi ex., Canterbury StA

Contents: John Chrysostom, *De muliere Cananaea*, in Latin translation [*CPG* 4529]; Goscelin, *Miracula S. Letardi* [*BHL* 4892; arranged in lessons]

MS: M.R. James (1903) 517; Warner—Gilson (1921) I.104–5; T.A.M. Bishop (1955) 2; N.R. Ker (1964) 44; R. Gameson (1995a) 102 n. 28, 144; R. Gameson (1999a) no. 486

DEC: Lawrence (1982) 102, 104

457. 4. London, British Library, Royal 5. D. i + 5. D. ii

s. xi/xii, (prov. Rochester)

Contents: Augustine, *Enarrationes in psalmos* [*CPL* 283] (Pss. LI–C, CI–CL)

MS: Warner—Gilson (1921) I.110; N.R. Ker (1960) 42 n. 2; N.R. Ker (1964) 162; Römer (1972b) 193–4; M.P. Richards (1988) 23; R. Sharpe et al. (1996) 471, 499; R. Gameson (1999a) nos. 489, 490

457. 6. London, British Library, Royal 5. E. vii, fol. i

s. xi[1]

Contents: gradual (f)

MS: Warner—Gilson (1921) I.114; Hartzell (2006) no. 174; Rankin (2012) 500, 501

ED: Hartzell (2006) 318 [incipits]

457. 8. London, British Library, Royal 5. E. x

s. xi/xii, (prov. Rochester)

Contents: Iulianus Pomerius, *De uita contemplatiua* [*CPL* 998]

MS: Warner—Gilson (1921) I.115; N.R. Ker (1960) 162; M.P. Richards (1988) 29; R. Sharpe et al. (1996) 483, 508; R. Gameson (1999a) no. 499

458. London, British Library, Royal 5. E. xi

s. x/xi, OE glosses s. xi in., xi med.; all Canterbury CC

Contents: Aldhelm, *De uirginitate* (prose)° [*CPL* 1332]

MS: Ehwald (1919) 223; Warner—Gilson (1921) I.115; N.R. Ker (1957) no. 252; T.A.M. Bishop (1959–63b) 419–21; Rella (1977) 70; Korhammer (1980) 26–7; *ASMMF* IV (1996) 51–4 [no. 281; Pulsiano]; Gwara (1996a) 93; Gwara (1996b) 101–5; Gwara (1998) 140 n. 7; Gretsch (1999a) 136 n. 9, 143; Gwara (2001a) I.170*–177* *et passim*; R. Gameson (2012a) 23 n. 37, 46–7 and n. 146, 68 and n. 238; Lapidge (2012b) 27; Rushforth (2012) 206 n. 57; Scragg (2012a) nos. 683–98

DEC: E. Temple (1976) no. 19(ix); Ohlgren (1986) no. 105; R. Gameson (1992a) 197 n. 44; R. Gameson (1995b) 221–2; Pulsiano (2007) 130

FACS: *ASMMF* IV (1996) no. 286; R. Gameson (2000b) pl. 5 [fol. 9r]; Pulsiano (2007) 132 [fol. 82r]

ED: Napier (1900) nos. 8, 88 [OE glosses]; Ehwald (1919) [Aldhelm, prose *De uirginitate*, coll. as R⁴]; Meritt (1945) no. 2 [OE scratched glosses]; Gwara (1996b) [scratched glosses]; Gwara (2001a) [Aldhelm, prose *De uirginitate* and gloss, all coll. as R4]

ST: F.C. Robinson (1994) 151; R. Gameson (1996a) 220 n. 85; Gwara (1996a) 108; Gwara (1997a) 567 *et passim*; Gretsch (1999a) 138, 143, 145; Lapidge (2012b) 26–31

459. London, British Library, Royal 5. E. xiii

s. ix ex., N France or Brittany, prov. England by s. x med., (prov. Worcester)

Contents: pseudo-Jerome, *Liber 'Canon in Hebreica'* [*CPL* 795]; Cyprian, *Ad Quirinum Testimonia* [*CPL* 39]; excerpts from *Collectio canonum Hibernensis* [*CPL* 1794]; (pseudo-) Bede-Egbert *Poenitentiale* ('additiuum' version); penitential texts; excerpt from Book of Enoch (ch. cvi, abbrev. in Latin); *De uindictis magnis magnorum peccatorum*; Gospel of Nicodemus (incomplete)

MS: Thompson—Warner (1881–4) 55; Warner—Gilson (1921) I.116; N.R. Ker (1964) 208; Rella (1977) 166; Rella (1980) 112; Frantzen (1983a) 37–8 and n. 37; Frantzen (1983b) 108 and n. 49, 130 and nn. 26–7; Haggenmüller (1991) 71; Dumville (1993g) 48; C.D. Wright (1993) 270 n. 204; Cross—Hall (1996d) 48–9; Bischoff (1998—) II, no. 2493; Ambrose (2005) 113; Ambrose (2006); C.D. Wright (2006) 214; Biggs (2007a) 9–10, 29–30 [Biggs, Morey], 73–4 [C.D. Wright]

ED: M.R. James (1893) 146–50 [Book of Enoch]; Petitmengin (1993) [*De uindictis magnis magnorum peccatorum*]; Cross (1996b) 138–246 [Gospel of Nicodemus coll. as R]

ST: Siegmund (1949) 36 [Gospel of Nicodemus], 43 [Book of Enoch]; Lambert (1969–72) no. 403 ['*Canon in Hebreica*']; R.E. Reynolds (1972) 132 [*Collectio canonum Hibernensis*]; Dumville (1973) 331 and n. 204 [Book of Enoch]; H.C. Kim (1973); Frantzen (1983b) 69–77, 107–10 [(pseudo-)Bede–Egbert *Poenitentiale*]; Frantzen (1985) 28 [(pseudo-)Bede–Egbert *Poenitentiale*]; Biggs et al. (1990) 25–7 [Book of Enoch; T.N. Hall], 69-70 ['*Canon in Hebreica*'; C.D. Wright]; Sims-Williams (1990) 260 n. 66 [Book of Enoch]; Haggenmüller (1991) 225 *et passim* [(pseudo-)Bede–Egbert *Poenitentiale*]; *CPPM* II, no. 2406 ['*Canon in Hebreica*']; Kéry (1999) 75, 78 [*Collectio canonum Hibernensis*]; Lapidge (2006) 170, 299; Biggs (2007a) 9–10 [Book of Enoch]

460. London, British Library, Royal 5. E. xvi

s. xi ex., Salisbury

Contents: pseudo-Augustine, *De unitate S. Trinitatis* [*CPL* 378] (incomplete); excerpts in dialogue form from Isidore, *De differentiis rerum* siue *Differentiae theologicae uel spiritales* [*CPL* 1202] and *Etymologiae* [*CPL* 1186]; Isidore, *De fide catholica contra Iudaeos* [*CPL* 1198]

MS: Warner—Gilson (1921) I.117–18; N.R. Ker (1949–50) 154 n. 1, 158 n. 7, 168, 174 [repr. N.R. Ker (1985) 176 n. 1, 180 n. 7, 190, 196]; N.R. Ker (1964) 171; N.R. Ker (1976b) 25, 30, 49 [repr. N.R. Ker (1985) 145, 150, 171]; Bodden (1988) 218; Webber (1992) 13, 19 n. 53, 20–1, 145; R. Gameson (1999a) no. 500

461. London, British Library, Royal 5. E. xix

s. xi ex., Salisbury

Contents: Isidore, *Synonyma de lamentatione animae peccatricis* [*CPL* 1203]; two homilies; twelve homilies from the *Homiliarium* of Saint-Père in Chartres; Alcuin, *Compendium in Canticum canticorum*; anonymous commentary on the Canticum canticorum

MS: Warner—Gilson (1921) I.118; N.R. Ker (1949–50) 154 n. 1, 158 n. 7, 159, 168 [repr. N.R. Ker (1985) 176 n. 1, 180 n. 7, 181, 190]; N.R. Ker (1964) 171; N.R. Ker (1976b) 25, 26 n. 1, 37, 42, 45, 49 [repr. N.R. Ker (1985) 145, 146 n. 1, 157, 162, 165, 169]; Cross (1987) 1, 19–41; Webster—Backhouse (1991) no. 130; Webber (1992) 12–15, 145; R. Gameson (1999a) nos. 501–3; Bullough (2004) 11 n. 18; Guglielmetti (2004) 33; Di Sciacca (2007b) 98, 100; Di Sciacca (2008) 68, 70, 110

ED: Guglielmetti (2004) 117–80 [Alcuin, *Compendium in Canticum canticorum*, coll. as L]

ST: Barré (1962) 18–24 [homilies]; Lambert (1969–72) no. 454 [anon. commentary on Canticum canticorum]; *CSLMA* II (1999) 117 [Alcuin, *Compendium*]; Di Sciacca (2008) 169, 176 [Isidore, *Synonyma*]

462. London, British Library, Royal 5. F. iii

s. ix ex. or ix/x, Mercia (Worcester?), (prov. Worcester)

Contents: Aldhelm, *De uirginitate* (prose) [*CPL* 1332]

MS: Napier (1900) xvi; Ehwald (1919) 218; Warner—Gilson (1921) I.120; N.R. Ker (1957) no. 253; N.R. Ker (1964) 208; Rella (1977) 59 n. 2, 70; Dumville (1987) 158 n. 54; Morrish (1988) 535 and n. 76, 537; M.P. Brown (1990) 60; Lapidge (1991c) 960 n. 23 [repr. Lapidge (1993a) 10 n. 23]; Webster—Backhouse (1991) no. 237; *ASMMF* IV (1996) 55–7 [no. 287; Pulsiano]; M.P. Brown (1996) 180; Gwara (2001a) I.101*–106* *et passim*; M.P. Brown (2012) 166; R. Gameson (2012a) 59 n. 195; Lapidge (2012b) 27; Scragg (2012a) nos. 699–703

DEC: F. Wormald (1945) 113–14 and n. 21, 118 [repr. F. Wormald (1984) 52–3, 57, 174 n. 21]; Rice (1952) 177; E. Temple (1976) no. 2; Ohlgren (1986) no. 80; R. Gameson (1995b) 221 nn. 169 and 173, 222; M.P. Brown (1996) 177–8; Wieland (1998) 15 n. 10; Keefer (2007b) 97; Pulsiano (2007) 120

FACS: F. Wormald (1984) ill. 50 [fol. 2v (detail)]; M.P. Brown (1990) 61 [fol. 2v]; *ASMMF* IV (1996) no. 287; M.P. Brown (2007a) pl. 68 [fol. 2v]; Pulsiano (2007) 132 [fol. 32v]

ED: Napier (1900) no. 9 [OE glosses]; Ehwald (1919) [Latin text of Aldhelm, prose *De uirginitate*, coll. as R¹]; Gwara (2001a) vol. II [Latin text of Aldhelm, prose *De uirginitate*, with Latin and OE glosses, all coll. as R1]

ST: Franzen (1991) 76, 136; Gwara (1994b) 109; R. Gameson (1996a) 195–6, 240; Gwara (1997a) 565 *et passim*; Gretsch (1999a) 144; Lapidge (2012b) 26–31

463. London, British Library, Royal 5. F. xiii

s. xi ex., prov. Salisbury

Contents: Ambrose, *Epistulae* [CPL 160], *De obitu Theodosii* [CPL 159]; pseudo-Ambrose, *De SS. Protasio et Geruasio* [= Epist. ii: CPL 2195; BHL 3514]; Ambrose, *De Nabuthae* [CPL 138]

MS: Warner–Gilson (1921) I.124; N.R. Ker (1960) 8 n. 2; Faller–Zelzer (1968–94) IV.348; N.R. Ker (1976b) 44 n. 2 [repr. N.R. Ker (1985) 167 n. 2]; Rella (1977) 160; A.G. Watson (1987a) 61; Webber (1992) 15, 23; Bankert et al. (1997) 14, 30, 50–1; R. Gameson (1999a) no. 507

ED: Faller–Zelzer (1968–94) [Ambrose, *Epistulae*, coll. as L]

463. 5. London, British Library, Royal 5. F. xviii, fols. 29–32

s. xi ex., Salisbury

Contents: pseudo-Methodius, *Apocalypsis uel Reuelationes* in Latin translation [CPG 1830]

MS: Warner–Gilson (1921) I.126 [art. 2]; Siegmund (1949) 174; A.G. Watson (1987a) 61; Webber (1992) 13, 20, 22, 24 n. 84, 145–6 and n. 20, 153 n. 55, 159; R. Gameson (1999a) no. 508; Biggs (2007a) 19–20 [Twomey]

ST: Twomey (2007)

464. London, British Library, Royal 6. A. vi

s. x ex., Canterbury CC

Contents: Aldhelm, *Epistola ad Heahfridum* [CPL 1334], *De uirginitate* (prose)° [CPL 1332]; colophon [SK 16451 and 13375]

MS: Napier (1900) xv; Ehwald (1919) 222; Warner–Gilson (1921) I.129; N.R. Ker (1957) no. 254; T.A.M. Bishop (1959–63b) 415–21; T.A.M. Bishop (1971) no. 9; Pächt–Alexander (1973) no. 37; Goossens (1974) 19; Rella (1977) 70; Korhammer (1980) 27; Gwara (1996a) 90–2 *et passim*; Gretsch (1999a) 143; Gwara (2001a) I.177*–180*; Lapidge (2012b) 27, 37; Scragg (2012a) nos. 704–5

DEC: E. Temple (1976) no. 30 (xi); Ohlgren (1986) no. 128; R. Gameson (1995b) 221 nn. 169 and 172, 222 n. 181; Wieland (1998) 15 n. 10

ED: Napier (1900) nos. 7, 13 [OE glosses to both *Epistola ad Heahfridum* and prose *De uirginitate*]; Ehwald (1919) 228–323 [Aldhelm, prose *De uirginitate*, coll. as R³], 488–94 [Latin text of *Epistola ad Heahfridum* coll. as R]; Gwara (1996a) 112–21 [*Epistola ad Heahfridum* and glosses coll as R3]; Gwara (2001a) vol. II [Aldhelm, prose *De uirginitate* with Latin and OE glosses, coll. as R3]

ST: Lapidge—Herren (1979a) 143–6; Gwara (1994a) 268–9; Gwara (1996a) 104–12; Gwara (1997a) 568 *et passim*; Gretsch (1999a) 170; R. Gameson (2001d) 41–2; Pulsiano (2007) 123; Lapidge (2012b) 26–31, 35–7

464. 9. London, British Library, Royal 6. A. vii, fols. 1 and 162 (flyleaves)

s. xi/xii, Worcester

Contents: responsory; prefatory letter to Gregory, *Homiliae in Hiezechielem* [*CPL* 1710]; two Anglo-Saxon alphabets

MS: Warner—Gilson (1921) I.129; Rankin (1996) 327; R. Gameson (2005a) 96; Hartzell (2006) no. 175

465. London, British Library, Royal 6. A. vii

s. xi in., Worcester

Contents: Iohannes Diaconus, *Vita S. Gregorii* [*BHL* 3641]

MS: Warner—Gilson (1921) I.129; N.R. Ker (1964) 208; T.A.M. Bishop (1971) 20 n. 1; Rella (1977) 84; R. Gameson (2012a) 51–2

DEC: F. Wormald (1945) 134 [repr. F. Wormald (1984) 73]; E. Temple (1976) no. 60; Ohlgren (1986) no. 164

FACS: E. Temple (1976) ill. 257 [fol. 2r (detail)]

ST: Biggs et al. (2001) 243–4

466. London, British Library, Royal 6. B. vii

s. xi ex., (prov. Exeter)

Contents: Aldhelm, *De uirginitate* (prose)° [*CPL* 1332]; list of relics (s. xi/xii)

MS: Napier (1900) xiv; Ehwald (1919) 223; Warner—Gilson (1921) I.136; T.A.M. Bishop (1954–8a) 199; N.R. Ker (1957) no. 255; Drage (1978) 371–3; Conner (1993) 6; R. Gameson (1996b) 155 and n. 85; Martin Richter (1996) xxxvii–xlvi; Gwara (1998) 168; R. Gameson (1999a) no. 516; Gretsch (1999a) 143; Gwara (2001a) I.113*–117*; Lapidge (2012b) 28; Scragg (2012a) no. 706

DEC: R. Gameson (1995b) 221, 222 n. 180

FACS: Warner–Gilson (1921) IV, pl. 46 (a) [fol. 4r]; Goossens (1992) pl. 3 [fols. 13v, 35v, 5r (details)]

ED: Napier (1900) no. 3 [OE glosses]; Ehwald (1919) 228–323 [Aldhelm, prose *De uirginitate*, coll. as R⁵]; Conner (1993) 190–8 [list of Exeter relics, coll. as R]; Martin Richter (1996) [OE glosses]; Gwara (2001a) vol. II [Aldhelm, prose *De uirginitate*, coll. as R5]

LANG: Hofstetter (1987) 454

ST: Förster (1943) 40–59; R. Derolez (1959) 131; Keynes (1985a) 143–6; Goossens (1992); Conner (1993) 26, 171, 173; Gwara (1997a) 566–7 *et passim*; Gwara (1998) 144–6 *et passim*; Lendinara (2001a) 191; Lapidge (2012b) 26–31

467. London, British Library, Royal 6. B. viii, fols. 1–57

s. xi¹–med. [fols. 1–38], s. xi² [fols. 39–57], Canterbury StA

Contents: Isidore, *De fide catholica contra Iudaeos* [*CPL* 1198], bk. I; Alcuin, *Epistolae* ccxxxiv and cxl, *De fide sanctae et indiuiduae Trinitatis, De animae ratione*

MS: Dümmler (1895) 13; Warner–Gilson (1921) I.136–7; R. Gameson (1999a) no. 517

DEC: F. Wormald (1945) 126 [repr. F. Wormald (1984) 64]; E. Temple (1976) no. 54; Ohlgren (1986) no. 159; R. Gameson (1995b) 231

FACS: F. Wormald (1984) pl. 67 [fol. 1v (detail)]; E. Temple (1976) ill. 164 [fol. 1v (detail)]

ED: Dümmler (1895) 222 [Alcuin, *Ep.* cxl, coll. as K], 379–80 [Alcuin, *Ep.* ccxxxiv, coll. as K]

ST: *CSLMA* II (1999) 122, 136, 258, 310; R. Sharpe (2001) 38; Bullough (2004) 80 n. 192, 123

468. London, British Library, Royal 6. B. xii, fol. 38

s. xi²

Contents: pontifical (f)

MS: Warner–Gilson (1921) I.141; Brückmann (1973) 442; R. Gameson (1999a) no. 518; Hartzell (2006) no. 176

469. London, British Library, Royal 6. C. i

s. xi², Canterbury StA, (prov. ibid.)

Contents: Isidore, *Etymologiae* [*CPL* 1186]

MS: M.R. James (1903) 517; Warner—Gilson (1921) I.143; T.A.M. Bishop (1959–63a) 94 n. 2; N.R. Ker (1964) 44; R. Gameson (1995a) 102 n. 28, 144; R. Gameson (1999a) no. 521; Barker-Benfield (2008) I.cii n. 104, 528

DEC: Lawrence (1982) 102, 103; R. Gameson (1995b) 10 n. 22

FACS: Foys (2007) 116 [fol. 108v]

469. 3. London, British Library, Royal 6. C. vi

s. xi/xii, (prov. Rochester) [companion vol. to no. **453. 6**]

Contents: Gregory, *Moralia in Iob* [*CPL* 1708], bks. XVII–XXXV; Lanfranc's notes on the *Moralia*

MS: Warner—Gilson (1921) I.145; N.R. Ker (1964) 162; M.P. Richards (1988) 29; Gibson (1993a) xiii, 442; R. Sharpe et al. (1996) 482, 501; R. Gameson (1999a) no. 525

469. 5. London, British Library, Royal 6. C. x

s. xi/xii, (prov. Rochester)

Contents: Gregory, *Symbolum fidei* [*CPL* 1714 (p. 558)], *Registrum epistularum* [*CPL* 1714]

MS: Warner—Gilson (1921) I.146; N.R. Ker (1964) 162; M.P. Richards (1988) 29; R. Sharpe et al. (1996) 482, 494, 501; R. Gameson (1999a) no. 527

470. London, British Library, Royal 7. C. iv

s. xi¹, Canterbury CC?, (prov. ibid.); OE gloss s. xi med.

Contents: Defensor of Ligugé, *Liber scintillarum°* [*CPL* 1302]; *Pauca de uitiis et peccatis°* [extracts from Ecclesiasticus and Isidore, *Sententiae* (*CPL* 1199)]

MS: Warner—Gilson (1921) I.177; N.R. Ker (1957) no. 256 and p. lxix; T.A.M. Bishop (1959–63a) 94; T.A.M. Bishop (1959–63b) 415; N.R. Ker (1964) 37; R. Derolez (1970b); Rella (1977) 96 n. 9, 110 and nn.; Dumville (1993g) 108–10, 124 n. 67, 146 n. 32 *ASMMF* V (1997) 48–51 [no. 290; Doane]; Lapidge (1998) 37–8; Scragg (2012a) nos. 707–8

DEC: R. Gameson (1995b) 61 n. 253

FACS: Warner–Gilson (1921) IV, pl. 51 [fol. 70v]; *ASMMF* V (1997) no. 290

ED: Rhodes (1889) [Latin text and OE gloss of *Liber scintillarum* and 'Pauca de uitiis et peccatis'] [highly inaccurate]; Getty (1969) [Latin text and OE gloss of *Liber scintillarum* and 'Pauca de uitiis et peccatis']; Verdonck (1974) [OE gloss to *Liber scintillarum* and 'Pauca de uitiis et peccatis']; Cornelius (1995) [OE gloss to 'Pauca de uitiis et peccatis']

LANG: Hofstetter (1987) 433–6

ST: Rochais (1957b) 216; Greenfield–Robinson (1980) 369; Pulsiano (1984); Laing (1993) 101; Cornelius (1995) 40–1; Marsden (1995) 314–20; Bremmer (2008); Healey (2011) 9–10 *et passim*

[471. London, British Library, Royal 7. C. xii, fols. 2 and 3: see now no. **63**]

472. London, British Library, Royal 7. C. xii, fols. 4–218

s. x ex. (prob. 990), SW England, prob. Cerne

Contents: Ælfric, *Catholic Homilies* (First Series)*

MS: Warner–Gilson (1921) I.180–1; K. Sisam (1953a) 171–5; N.R. Ker (1957) no. 257; Eliason–Clemoes (1965) 28–35 [partially repr. M.P. Richards (1994) 345–64]; A.G. Watson (1979) I, no. 877; Backhouse et al. (1984b) no. 158; Dumville (1988) 58; Conner (1993) 58, 62, 71–2, 74, 76; Clemoes (1994a) 345–61; Clemoes (1997) 65–6; Budny (1999) 253; Swan (2000b) 62; W. Schipper (2003) 159; Acker (2004) 128; Roberts (2005) 64–7 [no. 12]; Teresi (2007a) 309; *ASMMF* XVII (2008) 37–51 [no. 29a; Wilcox]; Graham (2009) 166; Scragg (2009b) 61, 70, 81–2; Crick (2012) 181; R. Gameson (2012b) 115 and n. 83; Scragg (2012a) nos. 709–24

FACS: Eliason–Clemoes (1965) [complete facsimile]; Warner–Gilson (1921) IV, pl. 52 [fol. 91r]; M.P. Brown (1991) pl. 20 [fol. 105r]; Roberts (2005) pl. 12 [fol. 105r], p. 67 [fol. 64r]; M.P. Brown (2007a) pl. 97 [fol. 105r]; *ASMMF* XVII (2008) no. 29a; Owen-Crocker (2009) fig. 3.1 [fol. 64r]

ED: Clemoes (1997) 178–530 [base MS (= A) for Ælfric's First Series of *Catholic Homilies* (omitting Ælfric's prefaces)]

LANG: Clemoes (1952); Harlow (1959); Faulkner (1968); Eble (1970); Skulicz (1970); Clemoes (1994a) 362–4; Scragg (2006)

ST: Horsley—Waterhouse (1984) 222; Godden (2000); Scragg (2012b) 558 and n. 18

473. London, British Library, Royal 7. D. xxiv, fols. 82–168

s. x¹ S England (Wessex? Glastonbury?)

Contents: Aldhelm, *De uirginitate* (prose), with gloss (s. x$^{2/3}$–med.), *Epistola ad Heahfridum*

MS: Napier (1900) xv; Ehwald (1919) 222; Warner—Gilson (1921) I.192; N.R. Ker (1957) no. 259; T.A.M. Bishop (1964–8b) 247; Parkes (1976) 163 n. 4 [repr. Parkes (1991) 160 n. 4]; Rella (1977) 70; Parkes (1983) 137 n. 50; Dumville (1987) 174; Webster—Backhouse (1991) no. 59; R. Gameson (1992a) 199; Conner (1993) 55, 63–4; Dumville (1994a) 136 n. 18; Gwara (1996a) 97–8 *et passim*; Gwara (2001a) I.122*–147*; Lapidge (2012b) 27, 37

DEC: F. Wormald (1945) 115 [repr. F. Wormald (1984) 54]; Rice (1952) 178; F. Wormald (1952) 71–2 [no. 38]; E. Temple (1976) no. 4; Brownrigg (1978) 251; Ohlgren (1986) no. 88; Kiff-Hooper (1991); R. Gameson (1995b) 23, 221 nn. 169 and 171, 222

FACS: Warner—Gilson (1921) IV, pl. 54 (a) [fol. 124r]; E. Temple (1976) ills. 11–14 [fols. 138r, 147v, 104v, 86r (all details)]; M.P. Brown (1991) pl. 22 [fols. 85v–86r]; R. Gameson (2012) pl. 7a.2 [folio not specified]

ED: Napier (1900) no. 5 [OE glosses]; Ehwald (1919) 228–323 [Aldhelm, prose *De uirginitate*, coll. as R²], 488–94 [Aldhelm, *Epistola ad Heahfridum*, coll. as D]; Gwara (1996a) 112–22 [Aldhelm, *Epist. ad Heahfridum* and gloss, coll. as R2]; Gwara (2001a) vol. II [Aldhelm, prose *De uirginitate* with Latin and OE glosses, coll. as R2]

ST: Lapidge (2012b) 26–31, 35–7

474. London, British Library, Royal 8. B. xi

s. x², prob. Worcester

Contents: Paschasius Radbertus, *De corpore et sanguine Domini*; unidentified extract

MS: Warner—Gilson (1921) I.223; Paulus (1969) xiii–xiv; T.A.M. Bishop (1971) no. 18; Rella (1977) 162; Dumville (1993g) 54 and n. 238; Hartzell (2006) no. 178; R. Gameson (2012a) 29 n. 66, 40 n. 103; R. Gameson (2012b) 107

FACS: Warner—Gilson (1921) IV, pl. 57 (a) [fol. 4r]

ED: Paulus (1969) [Paschasius, *De corpore et sanguine Domini*, coll. as O]
ST: R. McKitterick (2012) 328

474. 5. London, British Library, Royal 8. B. xiv, fols. 118–44

s. xi¹, France (Saint-Josse, Brittany?); s. xi², England; both parts in England (Winchester?) by s. xi ex.

Contents: (all texts are for feasts of St Judoc): Isembard of Fleury, *Vita II S. Iudoci* [*BHL* 4505], *Inuentio S. Iudoci* [incomplete; *BHL* 4506–8], homily on St Iudoc [*BHL* 4509], *Miracula S. Iudoci* [*BHL* 4510]; anon. homily adapted from *BHL* 4509; Lupus of Ferrières, *Sermo* [*BHL* 4510d]; Masses for the Invention and Translation, two hymns [SK 11580, 1319], prayer: all s. xi¹; metrical *Vita S. Iudoci* [*BHL* 4512; SK 16714]: s. xi²

MS: Hardy (1862–71) I.266–8; Warner–Gilson (1921) I.224–5; Levison (1948) 559–61; Lapidge (1989–90) 255–6; Lapidge (1991c) 988 and n. 115 [repr. Lapidge (1993a) 38 and n. 115]; Keynes (1996a) 29 n. 131; Lapidge (2000b) 264–5; Biggs et al. (2001) 275–6; Hartzell (2006) no. 180

ED: Henshaw (1946) [SK 1319 and 11580]; Levison (1948) 561–4 [base MS for Lupus of Ferrières, *Sermo*]; Lapidge (2000b) 272–96 [base MS for metrical *Vita S. Iudoci*]

ST: Levison (1948) 557–66; Lapidge (2000b); Biggs et al. (2001) 275–6

474. 6. London, British Library, Royal 8. B. xiv, fols. 154–6

s. xi ex., Salisbury

Contents: anonymous commentary on the Canticum canticorum (f)

MS: Warner–Gilson (1921) I.224–5; Webber (1992) 13, 146; R. Gameson (1999a) no. 534; T.N. Hall (2007) 259–60

ST: T.N. Hall (2007) 262

475. London, British Library, Royal 8. C. iii

s. x ex., Canterbury StA

Contents: pseudo-Jerome, *Epist. supp.* xxiii [*CPL* 633] (*De diuersis generibus musicorum*, a treatise of Carolingian date); exposition of the Mass (inc. 'Primum in ordine'); Theodulf of Orléans, *De ordine baptismi*; commentary on words of baptismal office; confession of faith (partly from Gennadius, *Liber siue diffinitio ecclesiasticorum dogmatum* [*CPL* 958]); explanation of terms connected with baptism; Alcuin, *De sacramento baptismatis* [= *Epist.* cxxxiv]; exposition of the Mass (inc. 'Dominus uobiscum'); Augustine, *De magistro* [*CPL* 259]

MS: Warner–Gilson (1921) I.229; T.A.M Bishop (1954–8b) 335–6; N.R. Ker (1960) 8 n. 2; Weigel (1961) xv; Daur (1970) 144–5; Rella (1977) 158; Lendinara (1990a) 134; T.N. Hall (2004b) 97 n. 18; C.A. Jones (2004) 329 n. 21; Biggs (2007a) 78 [C.D. Wright]; Barker-Benfield (2008) III.1831

FACS: Warner–Gilson (1921) IV, pls. 57 (b)–(e) [fols. 4r, 35r, 61r, 90r (all details)]; T.A.M. Bishop (1954–8b) pl. XIV (a) [fol. 6r]

ED: Weigel (1961) 3–55 [Augustine, *De magistro*, coll. as T]; Green– Daur (1970) 151–203 [Augustine, *De magistro*, coll. as T]

ST: Lambert (1969–72) no. 323; Römer (1972b) 200; Bullough (1977) 49–50 [repr. Bullough (1991) 19]; Sauer (1978) 5; Dumville (1992a) 135 and n. 190; Dumville (1993g) 151 n. 62; C.D. Wright (1993) 219; C.A. Jones (1998c) 672–3 and nn. 57, 61; *CSLMA* II (1999) 252–3, 527; Nason (2004); R. McKitterick (2012) 329

476. London, British Library, Royal 8. C. vii, fols. 1 and 2

s. xi in.

Contents: Ælfric, Lives of Saints* (f)

MS: Warner–Gilson (1921) I.234–6; N.R. Ker (1957) no. 260; Dumville (1988) 60–1; J. Hill (1996) 243; Wilcox (2006a) 239, 256; Kleist (2007b) 488; Kleist (2007c) 500; Scragg (2012a) no. 725

ED: Herzfeld (1891) [parts of Ælfric, *Lives of Saints*, nos. VII (St Agnes) and VIII (St Agatha), coll. with Skeat (1881–1900)]

477. London, British Library, Royal 8. F. xiv, fols. 3 and 4

s. xi in., prob. Continent, (prov. Bury St Edmunds)

Contents: Vergil, *Aeneid* (f), with scholia

MS: Warner–Gilson (1921) I.270–2; R.M. Thomson (1972) 622–3 and nn. 23, 29; Munk Olsen (1982–) II.733; Williams–Pattie (1982) 137–8

478. London, British Library, Royal 12. C. xxiii

s. x^2 or x/xi, Canterbury CC.

Contents: Iulianus Toletanus, *Prognosticum futuri saeculi* [*CPL* 1258], with glosses; *Enigmata* of Aldhelm, Symposius, Eusebius, Tatwine (all with glosses and scholia); pseudo-Smaragdus, *Opus monitorium*; pseudo-Smaragdus, monitory poems [SK 7810, 10988]; *Versus cuiusdam Scotti de alphabeto* [SK 12594]

MS: Ehwald (1919) 51–2; Warner—Gilson (1921) II.35–6; N.R. Ker (1957) no. 263; T.A.M. Bishop (1959–63b) 421; Hillgarth (1976) xxviii; O'Brien O'Keeffe (1985b) 64–7; Carley (1986) 111, 116–17; Carley (1987) 201–4; A.G. Watson (1987a) 38 and n. 3; Stork (1990) 6–10, 20, 26; Webster—Backhouse (1991) no. 60; Dumville (1993g) 93 n. 45; Biggs (2007a) 29 [C.D. Wright]; Wieland (2009) 150; R. Gameson (2012a) 67 n. 232; Lapidge (2012b) 23; Scragg (2012a) nos. 726–7

DEC: F. Wormald (1945) 135 [repr. F. Wormald (1984) 74]; E. Temple (1976) no. 30 (iii); Brownrigg (1978) 256; Ohlgren (1986) no. 120; R. Gameson (1992a) 196; R. Gameson (1995b) 223

FACS: E. Temple (1976) ill. 113 [fol. 6v (detail)]; R.I. Page (1982) pl. IV [fol. 100v]; Stork (1990) frontispiece [fol. 83r]; M.P. Brown (1991) pl. 34 [fol. 84r]; R. Gameson (1992a) pls. VI, 22 [fols. 1v, 6v]; M.P. Brown (2007a) pl. 72 [fol. 84r]

ED: Strecker (1896) IV/iii.918–24 [monitory poem: *Versus quos Smaragdus…misit* (SK 7810) coll. as L], 924–7 [monitory poem: *Versus… ad Ludouicum Pium* (SK 10988) coll. as L]; Napier (1900) nos. 26 [OE glosses to Aldhelm, *Enigmata*], 42 [OE glosses to Iulianus, *Prognosticum*]; W. Meyer (1907) 55–70 [base MS for pseudo-Smaragdus, *Opus monitorium*]; Ehwald (1919) 75–81, 97–149 [Aldhelm, *Prol.* and *Enigmata*, coll. as B¹]; Glorie (1968) I.165–208 [Tatwine, *Enigmata*, coll. as L], 209–71 [Eusebius, *Enigmata*, coll. as L], 359–540 [Aldhelm, *Prol.* and *Enigmata*, coll. as L], II.611–723 [Symposius, *Enigmata*, coll. as L], 725–41 [*Versus cuiusdam Scotti* coll. as L]; Stork (1990) 83–236 [base MS for Aldhelm, *Prol.* and *Enigmata*, with Latin and OE glosses]; Bergamin (2005) [Symposius, *Enigmata*, coll. as h]

ST: Manitius (1911–31) I.467–8; N.R. Ker (1949–50) 178 [repr. N.R. Ker (1985) 203]; Rädle (1974) 28–39; R.I. Page (1982) 148, 151–4, 160–1, 163–4; Stork (1990); Lapidge (2012b) 23–6

478. 5. London, British Library, Royal 12. D. iv

s. xi/xii, Canterbury CC

Contents: computistical calendar (without saints' feasts); computus tables; Helperic, *De computo*; Bede, *De temporum ratione* [CPL 2320], *Epistola ad Wicthedum de paschae celebratione* [CPL 2321]

MS: M.R. James (1903) 507; Warner—Gilson (1921) II.38; N.R. Ker (1964) 37; R. Gameson (1995a) 102 n. 27, 121 n. 88; R. Gameson (1999a) no. 544

ST: C.W. Jones (1943) 153, 170 [repr. C.W. Jones (1980) 247, 634]; McGurk (1974); Borst (2001) I.xxii; *CSLMA* III (2010) 421–9 [Helperic]

479. London, British Library, Royal 12. D. xvii ('Bald's Leechbook')

s. x med., Winchester?

Contents: medical handbook ('Bald's Leechbook')*

MS: Warner—Gilson (1921) II.48; Storms (1948) 12–16; Wright—Quirk (1955) 11–30; Beccaria (1956) no. 82; N.R. Ker (1957) no. 264; N.R. Ker (1964) 200; Parkes (1976b) 163 [repr. Parkes (1991) 160]; Bately (1986) xxxiv–xxxv; Robinson—Stanley (1991) 25; Dumville (1992b) 64–5, 136; Conner (1993) 78–80; *ASMMF* I (1994) 60–4 [no. 298; Doane]; Dumville (1994a) 148–9; Liuzza (2001) 186, 206; Bredehoft (2004) 149–51, 169; Hartzell (2006) no. 184; Bezzo (2007) 436–7 and nn. 8–11; C. Bishop (2007b) 108; Chardonnens (2007b) 40–1, 532, 553; D'Aronco (2007) 35 n. 3; R. Gameson (2012a) 39 and n. 95, 59 n. 196, 65 and n. 225; D. Ganz (2012) 189 and n. 12, 193 and n. 33

FACS: Wright—Quirk (1955) [complete facsimile]; Voigts (1979) 13 [fol. 30v]; M.P. Brown (1991) pl. 30 [fol. 52v]; Robinson—Stanley (1991) pls. 19.10.1–2 [fol. 125r]; *ASMMF* I (1994) no. 298; M.P. Brown (2007a) pl. 110 [fol. 52v]

ED: Cockayne (1864–6) vol. II; Leonhardi (1905) 1–112; Olds (1984) [Leechbook III]; Muir (1988) xxix, 150 [Muir no. 70 coll. as L]; Deegan (1991); Bredehoft (2004) 150–1 [fol. 125v]

LANG: Wright—Quirk (1955) 32 [Quirk]

ST: Voigts (1959); A.F. Cameron (1974) 223; Bierbaumer (1975–9) I.vii–x; Meaney (1975); Torkar (1976); Voigts (1979); Greenfield—Robinson (1980) 370–3; M.L. Cameron (1983); M.L. Cameron (1984); Meaney (1984); Meaney (1985) 34; Adams—Deegan (1992); Hankins (1992); Hollis—Wright (1992) 211–18; M.L. Cameron (1993) 35–45 *et passim*; Hollis—Wright (1994) 230–3; M.L. Cameron (1996); P. Wormald (1999) 178 nn. 61–4; Bredehoft (2004) 150; Nokes (2004); N. Orchard (2005) clxxxii; Chardonnens (2010) 247

London, British Library, Royal 12. F. xiv, fols. 1–2, 135: see no. **666**

480. London, British Library, Royal 12. G. xii, fols. 2–9 (with Oxford, All Souls College 38, fols. I–VI and i–vi [flyleaves])

s. xi med.

Contents: Ælfric, *Grammar*[+*] (f)

MS: Zupitza (1880/2001) iv; Warner–Gilson (1921) II.73; N.R. Ker (1957) no. 265; A.G. Watson (1997) 75–6; W. Schipper (2003) 157; *ASMMF* XV (2007) 41–5 [Royal], 51–4 [All Souls] [nos. 299, 335; Doane]; R. Gameson (2012a) 23, 24 and n. 39, 26; Scragg (2012a) nos. 728–9

FACS: Warner–Gilson (1921) IV, pls. 76 (a)–(b) [fols. 2r, 7r]; *ASMMF* XV (2007) nos. 299, 335

ED: Zupitza (1880/2001) [Ælfric, *Grammar*, coll. as A (Royal) and r (All Souls)]

ST: A.G. Watson (1986) 151 [repr. A.G. Watson (2004) no. IV]

481. London, British Library, Royal 13. A. i

s. xi ex.

Contents: pseudo-Callisthenes, *Historia Alexandri* [*Epitome Iulii Valerii*]; *Epistola Alexandri ad Aristotelem*; *Epitaphium Alexandri* [WIC 14648]; Alexander and Dindymus, five letters; *Recapitulatio de Alexandro*

MS: Warner–Gilson (1921) II.74; Boer (1973) xiv; R. Gameson (1999a) no. 547

DEC: Rice (1952) 207; F. Wormald (1952) 72 [no. 39]

ED: Boer (1973) 1–60 [*Epistola Alexandri ad Aristotelem* coll. as Reg.]; A. Orchard (1995) 204–23 [base MS for *Epistola Alexandri ad Aristotelem*]

ST: Cary (1956) 70; Ross (1963) 9, 86 n. 40; B. Hill (1975) 99, 101 [*Epitaphium Alexandri*]

482. London, British Library, Royal 13. A. x, fols. 63–103

s. x^2 or x/xi

Contents: Bili of Alet, *Vita S. Machuti* [*BHL* 5116a; *BCLL* 825]; poem [not listed in SK; inc. 'Vitales qui cupis doctorum capere fructus']; hymn for St Machutus [SK 1663; *BCLL* 896]; homily for the feast of St Machutus

MS: Warner—Gilson (1921) II.79–80; Yerkes (1984a) xxxiii; Dumville (1993g) 145 n. 26; T.N. Hall (2007) 260–1; Wieland (2009) 130

ED: *AH* XLIII (1903) 222–4 [SK 1663]; Brown—Yerkes (1981) [homily for St Machutus]; Yerkes (1984a) xiv–xv, 2–100 [Bili, *Vita S. Machuti*, coll. as L]

ST: Hardy (1862–71) I.138 [no. 398]; Kenney (1929) no. 205; *BCLL* (1985) nos. 825, 896; Poulin (1990); Biggs et al. (2001) 307–10; *CALMA* II.409 [Lapidge]

483. London, British Library, Royal 13. A. xi

s. xi/xii or xii in., Normandy or NW France rather than England?, not in England by 1100?

Contents: Helperic, *De computo*; *Dies Aegyptiaci*; Bede, *De natura rerum* [*CPL* 1343], *De temporibus* [*CPL* 2318]; Sphere of Pythagoras; Bede, *De temporum ratione* [*CPL* 2320]; treatises and excerpts on astronomical and computistical subjects (including SK 2501); Abbo of Fleury, *De figuratione signorum* [abbrev. from Hyginus], *De differentia circuli et sphaerae*; Dungal, Letter to Charlemagne on eclipses [*Epist.* i]; *Versus Dionisii de annis Domini* [SK 814]; Epiphanius (?), *De mensuris et ponderibus* (in Latin translation) [*CPG* 3746]; Bede, *Epistola ad Wicthedum de paschae celebratione* [*CPL* 2321]; verses on the Seven Liberal Arts [not listed in SK; inc. 'Presedeo cunctis baiulans hoc nobile sceptrum']

MS: Warner—Gilson (1921) II.80–1; C.W. Jones (1943) 153, 165, 171; Laistner—King (1943) 139, 141; C.W. Jones (1975) 177; C.W. Jones (1977) 247; C.W. Jones (1980) 634; Webster—Backhouse (1991) no. 61; R. Gameson (1999a) no. 548; Chardonnens (2007b) 547

FACS: Webster—Backhouse (1991) 77 [fols. 33v–34r]

ED: Dümmler (1895) 570–8 [Dungal, *Epist.* i; this MS not used]; C.W. Jones (1975) 189–234 [Bede, *De natura rerum*, coll. as E]; R.B. Thomson (1985) 113–33 [Abbo, *De differentia circuli et sphaerae*, coll. as L]; Liuzza (2005) 40–2 [Sphere of Pythagoras coll. as R]

ST: Van de Vyver (1935) 140–50 [Abbo, *De figuratione signorum*, *De differentia circuli et sphaerae*]; McGurk (1974) 2–4 [Helperic]; SK 814 [*Versus Dionisii de annis Domini*]; *BCLL* no. 657 [Dungal, *Epist.* i]; Bischoff—Lapidge (1994) 212–13 [Epiphanius, *De mensuris et ponderibus*]; Baker—Lapidge (1995) xliv [Abbo, *De differentia circuli et sphaerae*]; Knappe (1996) 134 n. 1, 196–7 and nn. [verses on the Seven Liberal Arts]; Knappe (1998) 15 n. 44 [verses on the Seven Liberal Arts]; R. Sharpe (2001) 3 [Abbo]; Liuzza (2005) 34, 40–4 [Sphere of Pythagoras]; *CSLMA* III (2010) 421–9 [Helperic]

484. London, British Library, Royal 13. A. xv

s. x med., prob. Worcester

Contents: Felix, *Vita S. Guthlaci* [CPL 2150; BHL 3723]

MS: Warner–Gilson (1921) II.84; Colgrave (1956) 28–30; N.R. Ker (1957) no. 266; T.A.M. Bishop (1971) xiv n. 1, 16; Rella (1977) 84; Dumville (1993g) 5 n. 16, 53–4 and n. 238, 76 n. 349; R. Gameson (1996a) 198 n. 15, 243; Hartzell (2006) no. 187; Wieland (2009) 130; D. Ganz (2012) 191 n. 18; Scragg (2012a) no. 730

FACS: Warner–Gilson (1921) IV, pls. 77 (a)–(c) [fols. 6v, 24r, 38r]

ED: Birch (1881) 1–64 [base MS for Felix, *Vita S. Guthlaci*, omitting Prologue and list of chapters]; Napier (1900) no. 36 [OE glosses]; Meritt (1945) no. 16 [OE scratched glosses]; Colgrave (1956) 52–4 [OE glosses], 72–170 [Felix, *Vita S. Guthlaci*, coll. as A, scribal alterations coll. as A$_2$]

ST: F.C. Robinson (1973) 445 n. 5; Carley (1986) 112, 114; Biggs et al. (2001) 245

485. London, British Library, Royal 13. A. xxii

s. xi^2, Mont Saint-Michel, prov. Canterbury StA?, (prov. Canterbury StA)

Contents: Paulus Diaconus, *Historia Langobardorum* [CPL 1179]; excerpts from Freculf of Lisieux, *Historiae* (I.ii.17); poem on the abbey of Saint-Bertin [SK 3639]

MS: Warner–Gilson (1921) II.87–8; N.R. Ker (1964) 45; R. Gameson (1999a) no. 549; Pani (2000) 408; Barker-Benfield (2008) I.lx, cii n. 103, 448, II.924, 940, 946, III.1795

DEC: Dodwell (1954) 55 n. 5; F. Wormald (1952) 72 [no. 40]; Alexander (1970a) 40, 227

ED: Waitz (1878) [Paulus Diaconus, *Historia Langobardorum*, coll. as D*3]

ST: Waitz (1876) 545–6; Chiesa (2000); Chiesa–Stella (2005) 491–5

486. London, British Library, Royal 13. A. xxiii

s. xi², Mont Saint-Michel, prov. Canterbury StA, (prov. ibid.)

Contents: Ado of Vienne, *Chronicon*; lists of Roman emperors, dukes of Normandy, Frankish kings

MS: Warner–Gilson (1921) II.88; N.R. Ker (1964) 45; R. Gameson (1999a) no. 550; Barker-Benfield (2008) I.lx, lxxix, cii n. 103, 448, II.924, 925–6, 940

DEC: Dodwell (1954) 122; Alexander (1970a) 227; R. Gameson (1995a) 110 and n. 54

FACS: Alexander (1970a) pl. 16 (c) [fol. 1v (detail)]

ST: *CSLMA* I (1994) 31–2 [Ado]; *CALMA* I.46 [Ado]

487. London, British Library, Royal 13. C. v

s. x/xi or xi¹, Worcester?, (prov. Gloucester)

Contents: Bede, *Historia ecclesiastica* [*CPL* 1375]

MS: C. Plummer (1896) I.cxiv; Warner–Gilson (1921) II.103; Laistner–King (1943) 98; N.R. Ker (1964) 92; Colgrave–Mynors (1969) li–lii; T.A.M. Bishop (1971) 20 n. 1; Rella (1977) 69, 84; Hartzell (1989) 86; Dumville (1993g) 55–6 n. 245

487. 5. London, British Library, Royal 14. C. viii

s. xi ex.

Contents: Iosephus, *De bello Iudaico*, trans. Hegesippus

MS: Warner–Gilson (1921) II.136; R. Gameson (1999a) no. 555

488. London, British Library, Royal 15. A. v, fols. 30–85

s. xi ex. or xi/xii

Contents: Arator, *Historia apostolica* [*CPL* 1504]; note on recitations of *Historia apostolica* at Rome A.D. 544; poem in praise of Arator's work [SK 17136]; pseudo-Columbanus (pseudo-Alcuin), *Praecepta uiuendi* [SK 5960]

MS: Warner–Gilson (1921) II.142–3; McKinlay (1942) 63; Lapidge (1982a) 117 and 139 n. 106 [repr. Lapidge (1996b) 485 and n. 106]; R. Gameson (1999a) no. 556; Orbán (2006) I.41–2; Wieland (2006)

ED: Orbán (1998–9) and (2000) [base MS for the commentary which here accompanies the text of Arator on fols. 86–147]; Orbán (2006) [Arator, *Historia apostolica*, coll. as Lr]

ST: McKinlay (1960—); *BCLL* (1985) no. 655 [pseudo-Columbanus]; Wieland (1985) 154–5 and n. 171; *CPPM* II, no. 3216b [*Praecepta uiuendi*]; Orbán (1998–9)

489. London, British Library, Royal 15. A. xvi

s. ix$^{4/4}$ or ix/x, N France or England?, with additions made s. x med. or x$^{3/4}$, England; both parts Canterbury StA by s. x^2, (prov. ibid.)

Contents: Iuvencus, *Euangelia* [*CPL* 1385]; Aldhelm, *Enigmata* [*CPL* 1335]; excerpt from Bede, *De arte metrica* [*CPL* 1565], ch. xxv; *Scholica Graecarum glossarum* (addition s. x med. or x$^{3/4}$)

MS: E.M. Thompson (1881–4) II.74; Huemer (1891) xxvi–xxvii, xxxix; M.R. James (1903) 342; Ehwald (1919) 50; Warner–Gilson (1921) II.146; T.A.M. Bishop (1954–8b) 329; N.R. Ker (1957) no. 267; N.R. Ker (1964) 45; T.A.M. Bishop (1966) xx; Jones–Kendall (1975) 67 [Kendall]; Rella (1977) 165; Rella (1980) 112; Lapidge (1982a) 108 and n. 62, 109 [repr. Lapidge (1996b) 471 and n. 62, 473]; O'Brien O'Keeffe (1985b) 66–8, 70 n. 35; Bodden (1988) 219 n. 10; Alturo (1996) 103–4; Lendinara (1996) 618 n. 9, 619; Parkes (1997b) 102 and n. 6; Bischoff (1998—) II, no. 2495; Barker-Benfield (2008) I.cii n. 103, 406, 413, II.938, 1378, III.1710; R. Gameson (2012a) 63 and n. 223, 64–5 and n. 224; R. Gameson (2012d) 350 and n. 21; Lapidge (2012b) 22; Scragg (2012a) nos. 731–2

DEC: F. Wormald (1952) 44–5, 72 [no. 41]; E. Temple (1976) no. 85; Brownrigg (1978) 256–7; Ohlgren (1986) no. 190; R. Gameson (1995b) 18

FACS: Warner–Gilson (1921) IV, pl. 88 [fol. 13r]; F. Wormald (1952) pl. 25 (a) [fol. 84r]

ED: Huemer (1891) [Iuvencus, *Euangelia*, coll. as R]; Ehwald (1919) 97–149 [Aldhelm, *Enigmata*, coll. as B]; Laistner (1923) [*Scholica Graecarum glossarum* coll. as R]

ST: Schanz et al. (1914–20) IV/i.112; Lapidge (1982a) 108, 134 n. 62 [repr. Lapidge (1996b) 290 n. 62]; Lendinara (1993); Lapidge (1996c) 420 n. 49; Crick (2011) 7 n. 22; Lapidge (2012b) 23–6; R. McKitterick (2012) 330 and n. 106

490. London, British Library, Royal 15. A. xxxiii

s. ix/x or x in., Rheims, prov. England s. x^2, (prov. Worcester)

Contents: Remigius of Auxerre, Commentary on Martianus Capella (s. ix/x or x in., Rheims); additions on fols. 1–3, 240r (s. x and xi): liturgical fragments, Tironian fragment; list of animal names (s. x^2); medical recipe; note on musical terms; computistical note (by Dunchad?) (s. x^1); zodiacal diagram (s. x)

MS: Warner—Gilson (1921) II.152; Kenney (1929) nos. 377 (i) and (ii); C.E. Lutz (1962) I.55–6; N.R. Ker (1964) 208; Keynes—Lapidge (1983) 214 n.; Dumville (1993g) 48; Bischoff (1998—) II, no. 2496; Hartzell (2006) no. 188; Wieland (2009) 151

FACS: C.E. Lutz (1962) I, frontispiece [fol. 25r]

ED: C.E. Lutz (1962) [base MS for Remigius, Commentary on Martianus Capella]

ST: Esposito (1910); Manitius (1911–31) I.502, 525–6; Esposito (1913b); Laistner (1925); Leonardi (1959) 463 n. 109; Kristeller et al. (1960—) II.373; Glauche (1970) 48; Contreni (1978) 83 n. 17, 113–14; *BCLL* (1985) nos. 720, 1182; Bodden (1988) 219; R. McKitterick (2012) 328

491. London, British Library, Royal 15. B. xix, fols. 1–35

s. x^2 or x ex., Canterbury CC

Contents: Sedulius, *Carmen paschale* [*CPL* 1447], hymn [*CPL* 1449; SK 1904]; two poems on Sedulius [SK 14842, 14841]

MS: Huemer (1885) 309 n.; Warner—Gilson (1921) II.159–60; C.W. Jones (1943) 147; N.R. Ker (1957) no. 268; T.A.M. Bishop (1959–63b) 421–3; F.C. Robinson (1973) 457–9, 461; Korhammer (1980) 58; Lapidge (1982a) 113, 136 n. 80 [repr. Lapidge (1996b) 479 and n. 80]; R.I. Page (1982) 159–60; Williams—Pattie (1982) 140; Springer (1995) 65; Lendinara (2007a) 83; Scragg (2012a) no. 733

DEC: F. Wormald (1945) 134 [repr. F. Wormald (1984) 73]; E. Temple (1976) no. 19 (iii); Ohlgren (1986) no. 99

FACS: Warner—Gilson (1921) IV, pl. 90 (a) [fol. 29v]

ED: Huemer (1885) 307–10 [two poems on Sedulius coll. as R; but note that Huemer does not collate the *Carmen paschale* and hymn in this MS]; Meritt (1945) no. 29 [OE glosses]

492. London, British Library, Royal 15. B. xix, fols. 36–78

s. ix$^{4/4}$, Rheims area, prov. England s. x? or not in England before s. xii or xiii

Contents: Latin devotional poem (f; s. x); Bede, *De temporum ratione* [*CPL* 2320]

MS: Warner–Gilson (1921) II.160; Sanford (1924) 212; C.W. Jones (1977) 247; Rella (1977) 166; Rella (1980) 113; Williams–Pattie (1982) 141; Keynes–Lapidge (1983) 214 n.; Bischoff (1998–) II, no. 2497; Biggs (2007a) 17–18; Lendinara (2007a) 83

FACS: Warner–Gilson (1921) IV, pl. 90(b) [fol. 50r]

ED: C.W. Jones (1943) 175–291 [Bede, *De temporum ratione*, coll. as R]; C.W. Jones (1977) 263–460 [Bede, *De temporum ratione*, coll. as R]

493. London, British Library, Royal 15. B. xix, fols. 79–199

s. x, Rheims; in England not before s. xii or xiii?

Contents: an extensive collection of Latin verse and short prose texts, including individual poems of Ausonius, Martial, etc., as well as: Symposius, *Aenigmata* [*CPL* 1518] (incomplete); Bede, *Versus de die iudicii* [*CPL* 1370]; *Liber monstrorum* [*CPL* 1124]; Persius, *Satirae* and anon. scholia by 'Cornutus'; Sibylline prophecies

MS: Thompson–Warner (1881–4) II.68; Warner–Gilson (1921) II.160–3; Carey (1938) 58; Williams–Pattie (1982) 141; Webber (1992) 165–6 [on fols. 200–5]; Lendinara (1996) 640; Codoñer (2003); Bergamin (2005) cxiv; Alcamesi (2007b) 162–4; Lendinara (2007b) 197; Lapidge (2008a) 132

FACS: Warner–Gilson (1921) IV, pl. 90 (c) [fol. 126v]

ED: Hurst–Fraipont (1955) [Bede, *Versus de die iudicii*, coll. as α]; Clausen (1956) 37–9 [*Vita Persi* coll. as l]; R.P.H. Green (1991) 80, 97, 100, 103 [six poems of Ausonius coll. as b]; A. Orchard (1995) 254–316 [*Liber monstrorum* coll. as Y]; Bergamin (2005) [Symposius, *Aenigmata*, nos. XL–C, coll. as w$_a$]

ST: Kristeller et al. (1960–) III.215, 217 ['Cornutus' scholia on Persius]; Lambert (1969–72) nos. 0, 990 [Jerome, *Epist.* lii]; Glauche (1970) 53–4 [extracts on satire (by Remigius?)], 65 [*Vita Persi*]; Munk Olsen (1982–) I.336 [Cicero, *Aratea*]; Lapidge (1989) 446 n. 13 [*Voces animantium*]; Knappe (1996) 172–6 ['Diffinitio philosophiae']; Bankert et al. (1997) 62 [SK 11282]; Lendinara (2001b) [Bede, *Versus de die iudicii*]; Pulsiano (2001b) [glosses to Persius]; Lendinara (2003) [*Versus*

Sibyllae]; Alcamesi (2007b) 165–9 [*Versus Sibyllae*]; Chardonnens (2007a) 355 n. 42 [SK 7597]; Lendinara (2007b) 184, 197 [Bede, *Versus de die iudicii*]; Lapidge (2008a) 131–7 [Bede, *Versus de die iudicii*]. Further bibliography on many of the poetic items in this MS may be found in SK under the following numbers: 379; 798; 1226; 1390; 1461; 2423; 2515 [Paulinus of Nola]; 3612 [Ausonius]; 3727; 3736; 4408; 6489; 7221; 8093 [from Ovid, *Amores*]; 8207 [Bede, *Versus de die iudicii*]; 8353 [from Ovid, *Ars amatoria*]; 8495 [*Versus Sibyllae*]; 9914; 10176; 10279; 10363; 10516; 11282 [Ambrose?]; 11864 [Ausonius]; 12164; 12481 [Ausonius]; 12524 [Cicero, *Aratea*]; 12559 [Ausonius]; 12589 [Ausonius]; 12738 [from Martial]; 12755; 13142; 14414; 15031; 15358; 15698; 16600; 16663 [from Ovid, *Ars amatoria*]; 16845

494. London, British Library, Royal 15. B. xxii

s. xi$^{3/4}$ or xi^2

Contents: Ælfric, *Grammar*$^{+*}$

MS: Zupitza (1880/2001) vii; Warner—Gilson (1921) II.164; N.R. Ker (1957) no. 268; R.I. Page (1993a) 10; R. Gameson (1999a) no. 562; *ASMMF* XV (2007) 47–9 [no. 303; Doane]; R. Gameson (2012a) 51 n. 169, 70 and n. 241; Scragg (2012a) no. 734

FACS: Warner—Gilson (1921) IV, pl. 91 [fol. 69r]; *ASMMF* XV (2007) no. 303

ED: Somner (1659) pt. 2, 1–52 [base MS for Ælfric, *Grammar*]; Zupitza (1880/2001) [Ælfric, *Grammar*, coll. as R]

ST: Zupitza (1880/2001) iii–xvi; Buckalew (1978) 164 n. 2; D.W. Porter (2002)

496. London, British Library, Royal 15. C. vii

s. x/xi with additions s. xi^2; Winchester OM

Contents: Lantfred of Winchester, *Translatio et miracula S. Swithuni* [*BHL* 7944–6]; Wulfstan of Winchester, Hymn for St Swithun [SK 1443] and *Narratio metrica de S. Swithuni* [*BHL* 7947] (all s. x/xi); two poems on St Swithun (added s. xi^2)

MS: Warner—Gilson (1921) II.166–7; N.R. Ker (1957) no. 270; A.G. Watson (1963) 209 [repr. A.G. Watson (2004) no. III]; N.R. Ker (1964) 200; Lapidge (1994a) 132–4; Lapidge (2003a) 239–40, 793; Lapidge (2004b) 441, 445; R. Gameson (2012a) 49 and n. 151; Scragg (2012a) no. 735

FACS: Lapidge (2003a) pls. II–IV [fols. 2r, 6r, 52r]

ED: Lapidge (2003a) 252–332 [Lantfred, *Translatio*, coll. as R], 373–550 [base MS. for Wulfstan, *Narratio*], 782, 795 [base MS for two poems on St Swithun], 784–6 [base MS for Hymn for St Swithun (SK 1443)]

ST: Lapidge–Winterbottom (1991b) xx–xxii, xxviii *et passim*; Biggs et al. (2001) 436–8; Lapidge (2003a); Lapidge (2004b) 441–2 [MS relationship]

497. London, British Library, Royal 15. C. x

s. x^2, Canterbury StA?, (prov. Rochester)

Contents: *Vita Statii*; Statius, *Thebais*

MS: Warner–Gilson (1921) II.168; N.R. Ker (1964) 163; T.A.M. Bishop (1971) xxii, xxv, 4, 18; Munk Olsen (1982–) II.542–3; Dumville (1993g) 54–5 n. 240, 56–7 n. 250, 76 n. 345; Barker-Benfield (2008) I.331, III.1831; R. Gameson (2012a) 72 n. 245

ED: Klotz–Klinnert (1902/1973) [Statius, *Thebais*, coll. as r]

ST: M.P. Richards (1988) 2, 39; R. Sharpe et al. (1996) 520

497. 2. London, British Library, Royal 15. C. xi, fols. 113–94

s. xi/xii, Salisbury

Contents: Plautus, *Comoediae* (*Amphitruo, Asinaria, Aulularia, Captiui, Curculio, Casina, Cistellaria, Epidicus*); verse colophon [SK 4783]; Isidore, *Etymologiae* [*CPL* 1186], excerpt from I. xxi

MS: Warner–Gilson (1921) II.168; Tarrant (1983) 304; R.M. Thomson (1986b); A.G. Watson (1987a) 61; Webber (1992) 13, 20–3, 24 n. 84, 41, 63–4, 86, 146, 159; Bertini (1996) 295 n. 23; R. Gameson (1999a) no. 565

ED: Lindsay (1904–5) [Plautus, *Comoediae*, coll. as J]; Webber (1992) 146 n. 22 [verse colophon]

ST: Tarrant (1983) 304–5; Lapidge (2006) 67–8, 311, 325

498. London, British Library, Royal 17. C. xvii, fols. 2, 3 and 163–6

s. x ex. or xi^1

Contents: breviary (f)

MS: Wieland (2009) 134; Rankin (2012) 486–7, 503

498. 0. London, British Library, Sloane 280, fols. 1 and 286

prob. s. x

Contents: *Homiliarium* of Angers (f)

MS: Rudolf (2011) 169–74

FACS: Rudolf (2011) pls. II–III [fols. 1v, 286r]

ST: Étaix (1994); Conti (2007) 372–402; Rudolf (2011); Gneuss (2012)

498. 1. London, British Library, Sloane 475

s. xi ex. or xi/xii, English or Anglo-Norman scribe

Contents: fols. 1–124: medical texts; Remigius Favius (?), *De ponderibus et mensuris* [SK 12104]; pseudo-Hippocrates, Letter; *De cibis*; prognostics

fols. 125–231: Sphere of Pythagoras; Isidore, *Etymologiae* [CPL 1186], bk. IV.v; Galen, *Epistola de febribus* (in Latin translation); medical recipes; medical glosses; treatise on urines; gynaecological recipes; *Somniale Danielis* (f); *lunarium*; *Dies Aegyptiaci*; prognostics

MS: Thorndike (1923–58) I.723–6; Beccaria (1956) no. 78; M.L. Cameron (1983) 144; R. Gameson (1999a) nos. 566, 567; Liuzza (2001) 225–7; Biggs (2007a) 15; Chardonnens (2007b) 42–3, 532–4, 553; Banham (2011) 343; Liuzza (2011) 16–19

ED: Liuzza (2005) 44–5 [Sphere of Pythagoras]; Chardonnens (2007b) 211, 246, 380, 499 [prognostics], 328–9 [*Somniale Danielis*], 417–21 [*lunarium*]; Maion (2007) 507–11 [medical recipes]

ST: L.T. Martin (1981) 38–9 [*Somniale Danielis*]; Maion (2007) 504; Chardonnens (2010) 246; Liuzza (2011) 1–77 [prognostics]; D'Aronco (2011) 245 and n. 69

London, British Library, Sloane 1044, fol. 2: see no. **21**

London, British Library, Sloane 1044, fol. 6: see no. **648**

498. 2. London, British Library, Sloane 1044, fol. 16

s. xi

Contents: sacramentary (f)

498. 3. London, British Library, Sloane 1044, fol. 21

s. xi^2 or xi ex.

Contents: missal (f)
MS: R. Gameson (1999a) no. 568

498. 4. London, British Library, Sloane 1086, fol. 45

s. xi^2

Contents: Hrabanus Maurus, *Homiliarium* (f)
MS: R. Gameson (1999a) no. 575

498. 5. London, British Library, Sloane 1086, fol. 109

s. xi^2

Contents: Bible (f., from Numeri)
MS: Marsden (1995) 41, 44, 379, 390–3, 439; Marsden (2012) 426 and n. 92
FACS: Marsden (1995) pl. IX (verso)

498. 6. London, British Library, Sloane 1086, fol. 112

s. x/xi or xi in.

Contents: sacramentary (f)

London, British Library, Sloane 1086, fol. 119: see no. **124**

498. 7. London, British Library, Sloane 1122, fols. 9-34

s. xi ex., England (with continental and English scribes)
Contents: anonymous commentary on the Canticum canticorum
MS: Gneuss (2003b) 300 [information from M. Gullick]

498. 8. London, British Library, Sloane 1619, fol. 2

s. x or xi, England?
Contents: computus material (f)

498. 8. 1. London, British Library, Sloane 1621

s. xi med., Bury St Edmunds?, prov. Bury St Edmunds
Contents: medical prayers, *antidota*, recipes; *De urinis* (incomplete)
MS: Rushforth (2002) 58–9; Gneuss (2003b) 300 [information from M. Gullick]; Banham (2011) 343, 348–52

498. 9. London, British Library, Sloane 2839

s. xi/xii, England

Contents: medical texts, including a treatise on cauterization; *Epistola per hereseos*; 'Petrocellus' (*Practica Petrocelli*); prognostic texts

MS: Thorndike (1923–58) I.723; Beccaria (1956) no. 81; M.L. Cameron (1983) 143–4 and n. 24; R. Gameson (1999a) no. 578; Chardonnens (2007b) 547; Glaze (2007) 476 and n. 27, 478, 485–9; Maion (2007) 498–506; Banham (2011) 343; D'Aronco (2011) 233–4

DEC: C.M. Kauffmann (1975) no. 12; P.M. Jones (1998) 78–9

ST: Sudhoff (1914) 81; Bonser (1963) 203; Talbot (1965); T. Hunt (1990) 64–5

499. London, British Library, Stowe 2

s. xi med. or xi$^{3/4}$, SW England, prob. Winchester NM

Contents: Psalterium Gallicanum°, with psalter collects; canticles°

MS: Wildhagen (1920); N.R. Ker (1957) no. 271; D.H. Turner (1962) xi; T.A.M. Bishop (1971) xv n. 2; Kimmens (1979) xiii–xix; *ASMMF* II (1994) 65–8 [no. 306; Pulsiano]; Gneuss (1998) 273, 276; Gretsch (1999a) 268; P. Wormald (1999) 209 n. 185; Gretsch (2000) 86; Pulsiano (2001a) xxii–xxiii; R. Gameson (2012a) 70 n. 240, 86 n. 310; Scragg (2012a) nos. 267, 736; Toswell (2012) 472

DEC: F. Wormald (1962) 1, 6 [repr. F. Wormald (1984) 123, 128]; E. Temple (1976) no. 99; Ohlgren (1986) no. 204; R. Gameson (1991) 67; R. Gameson (1995b) 40, 122, 220 n. 164; R. Gameson (2012c) 269 and n. 57

FACS: E. Temple (1976) ill. 296 [fol. 1r]; Kimmens (1979) 2 [fol. 168r]; *ASMMF* II (1994) no. 306

ED: Wilmart—Brou (1949) 112–73 [psalter collects (Hispana Series) coll. as S]; Rosier (1964b) [canticles etc. with OE gloss]; Kimmens (1979) [base MS (= F) for Psalms and canticles, with OE gloss]; Pulsiano (2001a) [Pss. I-L, Latin and OE, coll. as F]

LANG: Bierbaumer (1977a); Kimmens (1979) xxvii–xxx; Schabram (1981); Hofstetter (1987) 67–9

ST: Mearns (1914) 65; Sisam—Sisam (1959) 66–74; Hombergen (1983) [almost useless]; Hofstetter (1987) 69–78; McDougall—McDougall (1997) 221 n. 54; Gretsch (1999a) 26–7, 39, 64, 93, 138

500. London, British Library, Stowe 944, fols. 6–61

A.D. 1031 and additions, Winchester NM

Contents: account of the history of New Minster, Winchester; *Liber uitae* of New Minster; will of King Alfred*; tracts on: the Six Ages of the World*, royal Kentish saints*, 'Resting-places of English saints'*; West Saxon regnal list*; gospel lectionary (incomplete); benedictions; lists of relics; pseudo-Damasus and pseudo-Jerome, Colloquy on celebrating Mass⁺*; *Gloria*, *Pater noster*, creeds; encyclopedic note on the languages of the world

MS: Birch (1892); T.A.M. Bishop (1954–8a) 191; N.R. Ker (1957) no. 274; N.R. Ker (1964) 104; T.A.M. Bishop (1971) 23; A.G. Watson (1979) I, no. 948; D.H. Turner et al. (1980) 107 n. 66; Backhouse et al. (1984b) no. 62; Gneuss (1985) 141 [no. Y.4]; Gerchow (1988) 155–85; Dumville (1992a) 125; Dumville (1993g) 136 and n. 105, 140; Laing (1993) 107; Keynes (1996a) 124–32; Pulsiano (1998b) 99; Gretsch (1999a) 329; P. Wormald (1999) 170 n. 33, 171 n. 36, 209 n. 188; Gretsch (2000) 117–18; M.P. Brown (2001c) 59; Karkov (2004) 146, 154, 164; Keynes (2004) 156–61; Hartzell (2006) no. 195; Karkov (2006b) 96–7; Rushforth (2007) 20; Withers (2007) 59; Scragg (2012a) nos. 222, 737–44; Webber (2012) 221 and n. 50

DEC: Rice (1952) 203, 217–18; F. Wormald (1952) 72–3 [no. 42]; E. Temple (1976) no. 78; D.M. Wilson (1984) 184–5; F. Wormald (1984) 89, 107, 110, 116, 120; Ohlgren (1986) no. 183; Raw (1990) 221; R. Gameson (1991) 77; Gerchow (1992) 222–30; Deshman (1995) 74–5, 88, 106, 148, 156; R. Gameson (1995b) 22, 25, 73–4, 82–3, 97, 130–1, 139–40, 156, 162, 187–8 *et passim*; Dodwell (2000) 148 n. 184; Townend (2001) 168; Karkov (2004) 4, 5, 7, 10, 60, 118, 121–45, 155, 159, 163, 168, 174–5; Keynes (2004) 157–8; Karkov (2006b) 97; Scott (2007) 23, 25, 28–9; Karkov (2009) 236–7; Pulliam (2011) 71; R. Gameson (2012c) 269 and n. 57, 276 and n. 87, 279, 282

FACS: Keynes (1996a) [complete facsimile]; F. Wormald (1952) pl. 15 [fol. 6r (detail)]; E. Temple (1976) ills. 244, 247–8 [fols. 6r, 6v–7r]; Dodwell (1982) 106 [fols. 6v, 7r], 177 [fol. 6r]; D.M. Wilson (1984) pls. 231–2 [fols. 6r, 7r]; F. Wormald (1984) ill. 114 [fol. 6r]; M.P. Brown (1991) pl. 15 [fol. 6r]; Webster–Backhouse (1991) 265 [fols. 30v–31r]; Deshman (1995) figs. 69, 97 [fols. 6r, 7r]; R. Gameson (1995b) pls. 7 (a)–(b) [fols. 6v, 7r]; Karkov (2004) figs. 17–19 [fols. 6r, 6v, 7r]; M.P. Brown (2007a) pls. 126–7 [fols. 6r, 7r]; Rushforth (2007) 20 [fol. 29r];

Scott (2007) 23 [fol. 6r]; Withers (2007) 57 [fol. 6r]; Owen–Crocker (2009) fig. 7.26 [fol. 6r]

ED: Birch (1892) [entire MS]; Dumville (1986) 7–8, 26–30 [base MS for West Saxon regnal list]; Gerchow (1988) 320–6 [*Liber uitae*]

ST: Sawyer (1968) no. 1507 [will of King Alfred]; Rollason (1982) 28 [royal saints of Kent]; Webster—Backhouse (1991) no. 240; Gerchow (1992) [Cnut's *memoria*]; Laing (1993); Lenker (1997) 116, 466 [gospel lectionary]; Keynes (2004) 160 [on altar]; Conde-Silvestre (2006) 49

London, British Library, Stowe 1061, fol. 125: see no. **307. 2**

501. London, British Library, Loan 11 (the 'Kidderminster Gospels')

c. 1020, Canterbury CC or Peterborough?, (prov. Windsor, St George's Chapel) [owner: Langley Marish Parish Church, Buckinghamshire]

Contents: gospels, gospel list (f)

MS: N.R. Ker (1957) lvii; N.R. Ker (1962–92) III.15–17; N.R. Ker (1964) 203; T.A.M. Bishop (1967a) 39; T.A.M. Bishop (1971) xv, 21; Backhouse et al. (1984b) no. 51 [D.H. Turner]; Dumville (1993g) 116, 139–40; McGurk (2012) 446 [no. 11]

DEC: F. Wormald (1945) 132 [repr. F. Wormald (1984) 70]; E. Temple (1976) no. 71; Ohlgren (1986) no. 176; R. Gameson (1995b) 217 n. 152, 218; R. Gameson (2012c) 283 and n. 118

FACS: A.J.C. (1932), pls. XXXVIII–XXXIX [folios not specified]; E. Temple (1976) ill. 223 [folio not specified]; Backhouse et al. (1984b) 70 [fol. 84r]

ST: Glunz (1933) 140–8; McGurk (1986b) 46–7, 51–2, 54–5 [repr. McGurk (1998) no. XIV]; Heslop (1990) 174 n. 64, 181; Lenker (1997) 442–50, 452 *et passim*

501. 2. London, British Library, Loan 74 (the 'Stonyhurst' or 'Cuthbert Gospel')

s. vii/viii, Monkwearmouth-Jarrow, prov. Lindisfarne, prov. Chester-le-Street, prov. Durham [former owner: The English Province of the Society of Jesus at Stonyhurst College, Whalley, Lancashire. Formerly listed as no. 756]

Contents: Euangelium Iohannis (exc.)

MS: Baldwin Brown (1903–37) VI/i.1–10; *CLA* II (1935) no. 260; Mynors (1939) no. 2; Mynors–Powell (1956); Lowe (1960) no. VII; McGurk (1961a) no. 37; R. Powell (1962) 4; T.J. Brown (1969b); Webster–Backhouse (1991) no. 86; Webster–Brown (1997) 234–5 [no. 93]; Werner (2011); M.P. Brown (2012) 126, 144–5; R. Gameson (2012b) 117; Gullick (2012) 295–8; Marsden (2012) 417–18 and n. 55

DEC: Netzer (2012) 232 and n. 46; Werner (2011) *passim*

FACS: T.J. Brown (1969b) [complete facsimile]; Mynors–Powell (1956) pl. XXIII [binding]; Lowe (1960) pls. VII (a) [fols. Iv–1r], VII (b) [fols. 26v–27r], VII (c) [back cover], VII (d) [front cover]; D.M. Wilson (1984) pl. 20 [binding]; Nixon–Foot (1992) pl. 1 [binding]; T.J. Brown (1993a) ill. 22 [fols. 28v–29r]; M.P. Brown (2007a) pls. 19–20 [binding; fol. 47r]

ED: J. Wordsworth et al. (1889–1954) [gospel excerpts coll. as S]; B. Fischer (1988–91) [gospel excerpts coll. as Ns]

ST: McGurk (1956) 252, 264 [repr. McGurk (1998) no. I]; McGurk (1961a) 13 [repr. McGurk (1998) no. VI]; McGurk (1961b) 12–13 [repr. McGurk (1998) no. V]; Piper (1978) 236; A.G. Watson (1978) 294; G. Henderson (1987) 35–6; Nixon–Foot (1992) 1–2 [binding]; T.J. Brown (1993a) 127, 134, 197–8, 207, 235; McGurk (1994b) 8, 21 [repr. McGurk (1998) no. XII]; Marsden (1995) 31, 80 n. 23; McGurk–Rosenthal (1995) 278; Lenker (1997) 412 *et passim*; Farr (2011a) 97

NOTE: the manuscript was sold to the British Library in April 2012, at which time it was renamed the 'Cuthbert Gospel'.

501. 3. London, British Library, Loan 81

s. vii/viii, Monkwearmouth-Jarrow; prob. from the same book as no. 293 [owner: The National Trust, Kingston Lacy, Dorset]

Contents: Bible (f; from Ecclesiasticus)

MS: Parkes (1982) 3 and n. 7 [repr. Parkes (1991) 95 and n. 7]; Bischoff–Brown (1985) 351–2; A.G. Watson (1987a) 40 and n. 1; Sims-Williams (1990) 182 and nn.; Webster–Backhouse (1991) no. 87 (b); Dumville (1992a) 99–100 and nn., 104, 117; Marsden (1995) xiv, 40, 43–4, 55, 90–3, 123–9; M.P. Brown (1996) 166; Budny (1997) I.614; Marsden (1998) 79–85; Budny (1999) 249 and n. 32; M.P. Brown (2000) 6 and n. 27; Beall (2005) 188; M.P. Brown (2012) 142 n. 93

FACS: *The Guardian* 2 Oct. 1982 [detail]

ST: Mason (1996a) 210; Beall (2005) 191

502. London, College of Arms, Arundel 22, fols. 84–5

s. x$^{4/4}$, Winchester OM?

Contents: gospel lectionary (f)

MS: F. Wormald (1969) [repr. F. Wormald (1984) 101–4]; T.A.M. Bishop (1971) 10; Backhouse et al. (1984b) no. 38; F. Wormald (1984) 89; Avril−Stirnemann (1987) no. 22; Dumville (1993g) 145; Prescott (2001 [2002]) 24; D. Ganz (2008) 17; Wieland (2009) 122

DEC: E. Temple (1976) no. 26; F. Wormald (1984) 106 and n. 6, 114, 183 n. 5; Ohlgren (1986) no. 114; R. Gameson (1995b) 122 n. 31, 198 n. 31, 202–3; R. Gameson (2012c) 258 and nn. 23 and 25

FACS: E. Temple (1976) colour pl. p. 21 [fol. 84r]; Backhouse et al. (1984b) colour pl. VII [fol. 84r]; F. Wormald (1984) frontispiece [fol. 84r], ills. 94–5 [fols. 84r, 85v]

ST: Lenker (1997) 115–17, 123, 425 n. 39, 473 and n. 44

503. London, College of Arms, Arundel 30, fols. 5–10 and 208

s. x$^{2/4}$, (prov. Bury St Edmunds)

Contents: [palimpsest, lower script] Vergil, *Aeneid* (f)

MS: Schenkl no. 4513; N.R. Ker (1962–92) I.12; R.M. Thomson (1972) 623 and n. 29; Munk Olsen (1982−) II.733; L.D. Reynolds (1983) xxxii n. 128; Holtz (1986) 146; Dumville (1994a) 144; Baswell (1995) 286–7; Wieland (2009) 148

504. 3. London, Collection of S.J. Keynes Esq., s.n. (a single leaf; with two further leaves in Cambridge, MA, Harvard University, Houghton Library Typ 612 and Tokyo, T. Takamiya, MS 89 [a leaf in a collection consisting of 29 single leaves])

[three leaves, *olim* Phillipps 29721, were sold by Sotheby's, 21 November 1972, lot 532]

s. x^{1}or x med.

Contents: benedictional (f)

MS: *Catalogue of Manuscripts in the Houghton Library* II.115; Dumville (1992a) 76 and n. 52, 84–5, 147 n. 370; Dumville (1994a) 147 and n. 82; Dumville (1994c); Stoneman (1997) 126; Graham−Watson (1998) 37 n. 52

FACS: Sotheby's sale catalogue for 21 Nov. 1972, pl. 3; R. Gameson (2012) pls. 7a.3 (a)–(b) [Harvard, Houghton Library, Typ 612, recto and verso]

504. 4. London, Collection of S.J. Keynes Esq. s.n.

s. xi med., England

Contents: missal (f)

MS: Stoneman (1997) 129; Hartzell (2006) no. 200; Gneuss (2012) 292

FACS: Sotheby's sale catalogue for 23 April 1983, lot 5

504. 8. London, Lambeth Palace Library, 62

s. xi/xii, Préaux, (prov. Canterbury CC)

Contents: Richard of Préaux, *Comm. in Genesim*, pt. i [companion vol. to no. **162. 6**]

MS: M.R. James (1932) 100; R. Gameson (1999a) no. 582; Carley (2002) 58–9; Ganz—Roberts (2007) 50–1

505. London, Lambeth Palace Library, 96, fols. 2–112

s. xi ex.

Contents: Gregory, *Homiliae in Hiezechielem* [CPL 1710]

MS: Schenkl no. 4528; M.R. James (1932) 158–9; R. Gameson (1999a) no. 585; Ganz—Roberts (2007) 69–70

506. London, Lambeth Palace Library, 149, fols. 1–139

s. x^2, prov. s. xi in. SW England, prov. Exeter

Contents: Bede, *Expositio Apocalypseos* [CPL 1363]; Augustine, *De adulterinis coniugiis* [CPL 302]

MS: Schenkl no. 4547; M.R. James (1932) 237–9; R. Flower (1933) 85–90; Bains (1936) 70; N.R. Ker (1957) no. 275; N.R. Ker (1964) 83; Rella (1977) 88, 158; Drage (1978) 374–6; Dumville (1992a) 83; Conner (1993) 6, 33–7, 210–14 *et passim*; Conner (1994) 304, 310; Dumville (1994d) 210; R. Gameson (1996b) 162, 170–2; Gryson (2001) 50–1; R.M. Butler (2004) 178, 181–3, 185–8, 190–5, 204, 214–15; N.M. Thompson (2004) 60; C. Bishop (2007b) 98; Ganz—Roberts (2007)

36–8; Wieland (2009) 131, 133, 156; R. Gameson (2012a) 59 n. 199; Scragg (2012a) no. 766

FACS: Flower (1933) 86 [fol. 41r]; Conner (1993) pls. VIII–IX [fols. 66r, 138v]; R. Gameson (1996b) pls. V–VI [fols. 59r, 138v]; R.M. Butler (2004) 182 [fol. 183r]; Ganz–Roberts (2007) 37 and back cover [fols. 138r, 138v]; Owen-Crocker (2009) fig. 5.2 [fol. 10r]

ED: Gryson (2001) [Bede, *Expositio Apocalypseos*, coll. as L]

ST: Flower (1933) 85–90; Förster (1933a) 29 and n. 109; Bains (1936) 70; Laistner–King (1943) 28; Römer (1972b) 208–9; N.R. Ker (1976b) 30, 35 [repr. N.R. Ker (1985) 150, 156]; J. Hill (1986); J. Hill (1988); Keynes (1994b) 68–9 and nn.; Lapidge (1994b) 138; R.M. Butler (2004); C. Bishop (2007b) 98–9

507. London, Lambeth Palace Library, 173, fols. 1–156

s. xi/xii, (prov. Lanthony secunda, Gloucs., Augustinian canons?)

Contents: Iosephus, *De bello Iudaico*, trans. Hegesippus

MS: Schenkl no. 4552; M.R. James (1932) 272; Siegmund (1949) 106; R. Gameson (1999a) no. 588; Ganz–Roberts (2007) 48–50

508. London, Lambeth Palace Library, 173, fols. 157–221

s. xi/xii, (prov. Lanthony secunda, Gloucs., Augustinian canons?)

Contents: Ephraem Syrus, *Vita S. Abrahae* [*BHL* 12a, 12b]; James the Deacon, *Vita S. Pelagiae* [*BHL* 6609]; *Vita S. Fursei* [*BHL* 3209]; *Visio Fulradi*; *Visio Baronti* [*CPL* 1313; *BHL* 997]; Heito of Reichenau, *Visio Wettini*; Bede, three otherworld visions (from *Historia ecclesiastica* V.xii-xiv); *Vita S. Eufrasiae* [*BHL* 2718]

MS: Schenkl no. 4552; Levison (1919–20) 609; M.R. James (1932) 272–4; Laistner–King (1943) 107; Siegmund (1949) 106; N.R. Ker (1957) no. 276; Dumville (1992a) 140; R. Gameson (1999a) no. 589; Ganz–Roberts (2007) 48–50; Scragg (2012a) no. 767

FACS: R. Gameson (1999a) pl. 21 [fol. 71v]

ST: Biggs et al. (2001) 40–2 [Ephraem Syrus, *Vita S. Abrahae*], 201 [*Visio Baronti*], 222 [*Vita S. Fursei*], 382–3 [James the Deacon, *Vita S. Pelagiae*]

508. 5. London, Lambeth Palace Library, 173, fols. 223–32

s. xi ex., (prov. Lanthony secunda, Gloucs., Augustinian canons?)

Contents: pseudo-Bede, Homily for All Saints' Day

MS: Schenkl no. 4552; M.R. James (1932) 274; R. Gameson (1999a) no. 590; Ganz—Roberts (2007) 48–50

ST: Cross (1977); M.P. Richards (1988) 100; *CPPM* I, nos. 4046, 6074

509. London, Lambeth Palace Library, 200, fols. 66–113

s. x^2, Canterbury StA, prov. Barking? (prov. Waltham Abbey, Essex, Augustinian canons)

Contents: Aldhelm, *De uirginitate* (prose) [*CPL* 1332]

MS: Schenkl no. 4558; Ehwald (1919) 216–17; M.R. James (1932) 315–17; T.A.M. Bishop (1954–8b) 331; Backhouse et al. (1984b) no. 30; Gwara (2001) I.101*–108*; Ganz—Roberts (2007) 38–41; Barker-Benfield (2008) II.1104, 1373, 1377, III.1815; Lapidge (2012b) 27

DEC: F. Wormald (1945) 134 [repr. F. Wormald (1984) 73–4, 174 n. 38]; Kendrick (1949) 36–7, 39; F. Wormald (1952) 73 [no. 43]; Dodwell (1971b) 221 n. 45; E. Temple (1976) no. 39; Brownrigg (1978) 246 n. 2; Ohlgren (1986) no. 144; R. Gameson (1995b) 23, 86, 166, 193 n. 3, 221 nn. 169 and 171, 222; R. Gameson (2012c) 252 n. 11

FACS: Kendrick (1949) pls. XXXII–XXXIII [fols. 17v (detail), 69r (detail)]; E. Temple (1976) ills. 131–3 [fols. 80v, 68v, 69r]; Ganz—Roberts (2007) 39–40 [fols. 80v, 68v]; R. Gameson (2012) pl. 10.2 [fol. 68r]

ED: Ehwald (1919) 228–323 [Aldhelm, prose *De uirginitate*, coll. as L]; Gwara (2001) vol. II [Aldhelm, prose *De uirginitate* with accompanying Latin glosses, coll. as L]

ST: Vezin (1968) 287; Whitelock (1975) 30 and n. 6; Gwara (1997a) 565, 597–601; Lapidge (2012b) 26–31

510. London, Lambeth Palace Library, 204

s. xi^1, Canterbury CC?, (prov. Ely)

Contents: Gregory, *Dialogi* [*CPL* 1713]; Ephraem Syrus, *De compunctione cordis* (in Latin translation); Rota poem [SK 11297]

MS: Schenkl no. 4562; M.R. James (1932) 325–7; N.R. Ker (1957) no. 277; N.R. Ker (1964) 78; T.A.M. Bishop (1971) xvi n. 2; Rella (1977) 159; Yerkes (1979) xviii; Ganz—Roberts (2007) 41–3; R. Gameson (2012a) 16 and n. 12; Scragg (2012a) nos. 768–71

DEC: F. Wormald (1945) 134 [repr. F. Wormald (1984) 74]; Kendrick (1949) 36 n. 2; E. Temple (1976) no. 19(x); Ohlgren (1986) no. 106; R. Gameson (1995b) 223

FACS: Ganz—Roberts (2007) 42 [fol. 130r]

LANG: McDougall—McDougall (1997) 214

ST: Siegmund (1949) 69; Yerkes (1976a); Bestul (1981b) 13–14 and n. 50

511. London, Lambeth Palace Library, 218, fols. 131–208

s. x^1 (c. 910 × c. 930), or s. ix ex.?, (prov. Bury St Edmunds)

Contents: Alcuin, *Epistolae* (selection)

MS: Dümmler (1895) 8; M.R. James (1932) 350–2; F. Wormald (1957a) 161–2; R.M. Thomson (1972) 622–3; R. Gameson (1992c) 119, 150 n. 160; R. Gameson (1992d) 202 n. 28; Dumville (1993g) 78 n. 360; D. Ganz (1993) 169–77; Dumville (1994a) 135 and n. 14; Bullough (2004) 68–9 and n.; Ganz—Roberts (2007) 33–6; D. Ganz (2012) 192 and n. 24

FACS: Ganz—Roberts (2007) 35 [fol. 174r]

ED: Dümmler (1895) [Alcuin, *Epistolae*, coll. as L]

ST: *CSLMA* II (1999) 171–355

512. London, Lambeth Palace Library, 237, fols. 146–208

s. $ix^{2/4}$, Arras, prov. England (Glastonbury?) by s. x in.

Contents: Augustine, *Enchiridion* [*CPL* 295]; Sextus (Pythagoraeus), *Sententiae*, trans. Rufinus [*CPG* 1115] (incomplete)

MS: Schenkl no. 4568; M.R. James (1932) 383–4; N.R. Ker (1957) no. 278; H. Chadwick (1959) 4; T.A.M. Bishop (1964–8d) 399; T.A.M. Bishop (1971) 2; Rella (1977) 75, 166; Rella (1980) 113; Bischoff (1998—) II, no. 2501; R. Gameson (2002d) 184; Ganz—Roberts (2007) 30–3; R. Gameson (2012d) 350 and nn. 21–2; Scragg (2012a) no. 772

FACS: T.A.M. Bishop (1964–8d) pl. XXIX (d) [fol. 150r (detail)]; Budny (1992) pl. 8 (e) [fol. 146r (detail)]; R. Gameson (2002d) fig. 2 [fol. 150r]; Ganz—Roberts (2007) 32 [fol. 150r]; R. Gameson (2012) pl. 14.1 [fol. 150r]

ED: H. Chadwick (1959) 9–63 [Rufinus' translation of Sextus, *Sententiae*, coll. as L]

ST: H. Chadwick (1959) 97–181; M. Evans (1969); Römer (1972b) 210–11; R.M. Thomson (1982b) 6–7; Carley (1987) 199 n. 10; Lapidge (2006) 171, 289, 332

513. London, Lambeth Palace Library, 325

s. ix^2 or ix$^{3/4}$, N. France? (Corbie?), (prov. Durham)

Contents: Ennodius, *Dictiones* [*CPL* 1489], *Epistulae* [*CPL* 1487], *Carmina* [*CPL* 1490]

MS: Schenkl no. 4571; Hartel (1882) iv–v; F. Vogel (1885) xxxviii–xxxix; M.R. James (1932) 426–7; Mynors (1939) no. 17; N.R. Ker (1964) 74; Bischoff (1998—) II, no. 2502; R. Gameson (2002d) 186; Gneuss (2003b) 301; Hartzell (2006) no. 197; Ganz—Roberts (2007) 26; Scragg (2012a) no. 773

FACS: Ganz—Roberts (2007) 27 [fol. 131r]

ED: Hartel (1882) [writings of Ennodius coll. as L]; F. Vogel (1885) [writings of Ennodius coll. as L]

ST: Raine (1838) 31; Rouse—Rouse (1976) 82–3; Piper (1978) 226 n. 33; Piper (1998b) 316 n. 80; Lapidge (2006) 171, 301

514. London, Lambeth Palace Library, 362, fols. 1–12

s. xi^2 (or xi^1?), Bury St Edmunds?, (prov. Canterbury StA?)

Contents: Abbo of Fleury, *Passio S. Eadmundi* [*BHL* 2392]; hymns for St Edmund [SK 8785, 8793]; mass for St Edmund

MS: Arnold (1890–6) I.lxiv; M.R. James (1932) 489–91; N.R. Ker (1964) 21, 47; Gneuss (1968) 114; R.M. Thomson (1972) 625 n. 39; Gransden (1995a) 63–4; Milfull (1996) 64; Ganz—Roberts (2007) 43; R. Gameson (2012b) 110 and n. 62

FACS: Gransden (1995a) pl. I [fol. 8v (detail)]; Ganz—Roberts (2007) 44 [fol. 7v]

ED: Winterbottom (1972) 90-3 [Abbo, *Passio S. Eadmundi*, coll. as 'Lambeth 362']; Milfull (1996) 458–61 [two hymns for St Edmund]

ST: Hervey (1907) 6–59; Bloor (1933); Winterbottom (1972) 8–9; Lapidge (1994b) 123; Gransden (1995a); Gransden (1998b) 229; Biggs et al. (2001) 2–4 [Lendinara]

515. London, Lambeth Palace Library, 377

s. ix¹ or ix²/⁴, Tours, prov. England by s. x med., (prov. Lanthony secunda, Gloucs., Augustinian canons)

Contents: Isidore, *Sententiae* [*CPL* 1199]

MS: Schenkl no. 4592; M.R. James (1932) 519–20; N.R. Ker (1957) no. 279; N.R. Ker (1964) 111 and n. 6; Rella (1977) 166 n. 24; Rella (1980) 113; Bischoff (1998–) II, no. 2503; Cazier (1998) lxx; Lapidge (2006) 171, 312; Ganz–Roberts (2007) 30; R. Gameson (2012d) 350 and n. 21

FACS: Ganz–Roberts (2007) 31 [fol. 39v]

ED: Meritt (1945) no. 20 [OE glosses]; Cazier (1998) [Isidore, *Sententiae*, coll. as Z]

516. London, Lambeth Palace Library, 414, fols. 1–80

s. ix in or ix¹, Saint-Amand, (prov. Canterbury StA); in England by 1100?

Contents: excerpts from Ambrose, Augustine, Cassian, Eucherius, Jerome, etc.; Severus (?), *De septem gradibus ecclesiae*; Victorinus of Pettau, *De fabrica mundi*; On the Seven Wonders of the World and the Seven Wonders of Divine Origin

MS: Schenkl no. 4600; M.R. James (1932) 570–6; N.R. Ker (1964) 45; R.E. Reynolds (1978) 39; Bischoff (1980) 106; Bankert et al. (1997) 32–3; Bischoff (1998–) II, no. 2504; R. Gameson (2002d) 186; Gneuss (2003b) 301; T.N. Hall (2004b) 97 n. 18; Ganz–Roberts (2007) 28; Barker-Benfield (2008) I.58, 59, 60, III.1752, 1772, 1887, 1909; Wieland (2009) 141

ED: Morin (1897b) 100 [*De septem gradibus ecclesiae*]; R.E. Reynolds (1978) 39 [*De septem gradibus ecclesiae*]

ST: Zangemeister (1876) 539; Lambert (1969–72) no. 680 [Jerome, *Epist.* cviii]; Römer (1972b) 212; R.E. Reynolds (1978) 39–41 [*De septem gradibus ecclesiae*]; Obrist (2002) 336; Dekker (2010) 152

517. London, Lambeth Palace Library, 427, fols. 1–202

s. xi¹, SW England (Winchester?), (prov. Lanthony secunda, Gloucs., Augustinian canons)

Content: Psalter prefaces; two *lunaria*; Psalterium Gallicanum°; Ps. CLI; canticles°; form of confession°; prayer°; verse prayer**; litany (later addition)

MS: Schenkl no. 4605; Lindelöf (1909–14) vol. II; Mearns (1914) 63, 79; M.R. James (1932) 588–90; N.R. Ker (1957) no. 280; N.R. Ker (1964) 111; P.P. O'Neill (1991); Robinson–Stanley (1991) 26; P.P. O'Neill (1992); Conner (1993) 241; Pulsiano (1995) 65–6; Gneuss (1998) 277; Pulsiano (1998b) 105 n. 1; Gretsch (2000) 86; Pulsiano (2001a) xxiii–xxiv; Chardonnens (2007b) 48, 534–5, 553; Ganz–Roberts (2007) 45, 48; Rushforth (2011) 42–3; Scragg (2012a) nos. 774–7; Toswell (2012) 471, 477–8

DEC: R. Gameson (1995b) 219 n. 159, 220 n. 164

FACS: Lindelöf (1909–14) I, pl. I [fol. 157v]; Robinson–Stanley (1991) pl. 31.1 [fol. 183v]; Ganz–Roberts (2007) 46 [fol. 17r]; R. Gameson (2012) pl. 21.2 [fol. 181r]

ED: Lindelöf (1909–14) [psalter and canticles with OE gloss]; Förster (1914) 328–9 [prayer; confession]; Dobbie (1942) 94–6 [verse prayer coll. as L]; Lapidge (1991a) 214–18 [litany]; Pulsiano (2001a) [Pss. I–L, Latin and OE gloss, coll. as I]; Chardonnens (2007b) 445, 457 [two *lunaria*]

LANG: Lindelöf (1909–14) I.47–102, and 261–322 [glossary]; Hofstetter (1987) 84–8; Gretsch (1999a) 42–88, 185–225

ST: Sisam–Sisam (1959) 72–4; A.F. Cameron (1974) 220; Stracke (1974); Korhammer (1976) 238–41; Korhammer (1980) 38–9, 54; Rollason (1982) 29–30; Lapidge (1991a) 75–6; P.P. O'Neill (1991); Pulsiano (1991c); P.P. O'Neill (1992); Conner (1993) 241; P.P. O'Neill (1993); Corrêa (1996) 294 n. 39; Pulsiano (1997); T. Graham (1998a) 68 n. 150; Gretsch (1999a) 19, 26–7, 40 *et passim*

518. London, Lambeth Palace Library, 427, fols. 210–11

s. xi², Exeter?, (prov. Lanthony secunda, Gloucs., Augustinian canons)

Contents: Lives of St Mildred* (f) and Kentish royal saints* (f)

MS: N.R. Ker (1957) no. 281; Swanton (1975) 16–17; Korhammer (1976) 241; Rollason (1982) 29–31; R. Gameson (1999a) no. 595; Biggs (2007a) 16; Treharne (2007b) 17; Scragg (2012a) no. 778

ED: Förster (1914) 332–3; Swanton (1975) 24–6 [St Mildred], 26–7 [Kentish royal saints]

LANG: Crowley (2000) 126, 130, 139–40, 142–3, 146–8

ST: Swanton (1975) 15–24; Scragg (1979) 264; Scragg (1996) 222–3; Hollis (1998a) 42–3 and n. 8; Hollis (1998b); Biggs et al. (2001) 347–50, 422–3; Love (2004) xxx–xxxii, lxxxiv, cv–cvi, *et passim*

London, Lambeth Palace Library, 430, flyleaves: see no. **342. 8**

519. London, Lambeth Palace Library, 431, fols. 145–60

s. xi med.–xi$^{3/4}$, Normandy (prov. Lanthony secunda, Gloucs., Augustinian canons)

Contents: Ambrosius Autpertus, *De conflictu uitiorum et uirtutum*

MS: M.R. James (1932) 595–9; N.R. Ker (1964) 111 and n. 9; Bill (1972) 15 [N.R. Ker]; A.G. Watson (1987a) 43; R. Gameson (1999a) no. 596; Ganz–Roberts (2007) 70

ST: Römer (1972b) 212

520. London, Lambeth Palace Library, 489

s. xi$^{3/4}$, Exeter [one vol. with no. 322? Companion vol. to no. 109, pp. 3–98 and 209–24?]

Contents: eight homilies* (six by Ælfric)

MS: M.R. James (1932) 678–81; T.A.M. Bishop (1954–8a) 198; N.R. Ker (1957) no. 283; N.R. Ker (1964) 82 n. 3, 83; Pope (1967–8) I.33–4; R.M. Wilson (1968) 115–16; Drage (1978) 377–8; P.R. Robinson (1978) 238 [repr. P.R. Robinson (1994) 35]; Godden (1979) xlii; Scragg (1979) 255–6; Scragg (1992) xxxiii–xxxiv; Conner (1993) 4, 6, 39, 42, 92; Clemoes (1997) 21–4; *ASMMF* VIII (2000) 79–82 [no. 318; Wilcox]; P.R. Robinson (2003) I, no. 87; Treharne (2003) 161, 166; Millett (2007) 44–5, 48, 50–6, 61; Ganz–Roberts (2007) 60–2; Swan (2007a); Treharne (2007b) 17, 20, 24; Scragg (2012a) nos. 454–63

FACS: *ASMMF* VIII (2000) no. 318; P.R. Robinson (2003) II, pls. 2–3 [fols. 18r, 31r]; Ganz–Roberts (2007) 61 [fol. 25r]

ED [the order of the following items is that of the manuscript, listed according to the numbering of individual articles in N.R. Ker (1957) 344–5; only the most recent editions are cited]:

art. 1: Clemoes (1997) 190–7 [Ælfric, CH I, Hom. II (Christmas), coll. as J]

art. 2: Clemoes (1997) 299–306 [Ælfric, CH I, Hom. XV (Easter), coll. as J] art. 3: Clemoes (1997) 486–96 [Ælfric, CH I, Hom. XXXVI (All Saints), coll. as J]

art. 4: Napier (1883/1967) 291–9 [base MS (= Z) for Hom. LVII (*Sermo ad populum dominicis diebus*)]

art. 5: Clemoes (1997) 325–34 [Ælfric, CH I, Hom. XIX (*Feria .III. De dominica oratione*), with alterations, coll. as J: see Ker (1957) 344]

art. 6: Godden (1979) 335–7, 344–5 [part of Ælfric, CH II, Hom. XL (Dedication of a Church) and materials from other homilies, coll. as J: see Ker (1957) 345]

art. 7: Brotanek (1913) 15–27 [another homily for the Dedication of a Church, coll. without siglum]

art. 8: Ebersperger (1999) 237–62 [Ælfric, Hom. for the Dedication of a Church, coll. as L]

LANG: J. Hall (1920) II.407–13; Ogura (2003)

ST: Napier (1883/1967) 361–2 [Ostheeren]; R.M. Wilson (1968) 116; Lees (1985) 130 and n. 7; J. Hill (1996) 244; Treharne (1998) 242; Ebersperger (1999) 224 and nn.; Millett (2007); Treharne (2007a) 262–4; Scragg (2012b) 559

520. 2. London, Lambeth Palace Library, 1229, fols. 7 and 8

s. x, Ireland (prov. Lanthony secunda, Gloucs., Augustinian canons)

Contents: Commentary on the Euangelium Matthaei [*BCLL* 347] (f)

MS: Bill (1972) 58 [N.R. Ker]; Ganz–Roberts (2007) 22

FACS: Bieler–Carney (1972) pls. I–IV [fols. 7r, 7v, 8r, 8v]; Ganz–Roberts (2007) 23 [fol. 8r]

ED: Bieler–Carney (1972)

ST: Biggs et al. (1990) 104 [C.D. Wright]

520. 3. London, Lambeth Palace Library, 1230, flyleaf (bifolium)

s. xi, Wales?

Contents: passional (f)

MS: Bill (1972) 61 [N.R. Ker]

520. 4. London, Lambeth Palace Library, 1231, flyleaves (one bifolium + one leaf)

s. ix^2, France; Brittany?

Contents: *Collectio canonum Hibernensis* [*CPL* 1794] (f)

MS: Bill (1972) 61 [N.R. Ker]; Ganz—Roberts (2007) 28
FACS: Ganz—Roberts (2007) 29 [fol. 1v]

520. 5. London, Lambeth Palace Library, 1233 (part of one bifolium)

s. x med.

Contents: Alcuin, *De fide sanctae et indiuiduae Trinitatis* (f)
MS: Bill (1972) 62–3 [N.R. Ker]; Ganz—Roberts (2007) 22, 33
FACS: Ganz—Roberts (2007) 34

521. London, Lambeth Palace Library, 1370 (with London, BL, Cotton Tiberius B. iv, fol. 87) (the 'MacDurnan Gospels')

s. ix², Ireland (prob. Armagh), prov. Canterbury CC by 924×939

Contents: gospels; records* and writs* (s. xi¹)

MS: M.R. James (1932) 843–5; Bieler (1949) 276; McGurk (1956) 250–1, 254, 257–8, 261, 269 [repr. McGurk (1998) no. I]; N.R. Ker (1957) no. 284; G.R.C. Davis (1958) no. 177; N.R. Ker (1964) 37; Sawyer (1968) 58 and nos. 987, 988, 1564; T.J. Brown (1972) 222 [repr. T.J. Brown (1993a) 99, 273 n. 95]; Rella (1977) 50; Dumville (1983b) 53; Keynes (1985a) 153–9; McGurk (1987) 165–8, 173 [repr. McGurk (1998) no. II]; McNamara (1987–8); B. Fischer (1988–91) I.17*; McNamara (1990) 102–11; Dumville (1992a) 121 n. 190; R.I. Page (1993a) 51; C.D. Wright (1993) 268 and nn.; Parkes (1997b) 139 n. 108; P.R. Robinson (2003) I, no. 97; Heslop (2004) 305 n. 41; Ganz—Roberts (2007) 26–8; M.P. Brown (2010); M.P. Brown (2012) 135; R. Gameson (2012d) 349 and n. 17; Marsden (2012) 422 and n. 73; Scragg (2012a) nos. 779–82

DEC: Henry (1967) 102–5; Alexander (1978a) no. 70; Ohlgren (1986) no. 70; R. Gameson (1992a) 140–2

FACS: Alexander (1978a) ills. 321-8 [fols. 2r, 5r, 117r, 172r, 1v, 4v, 115v, 170v], 354 [fol. 70v]; Keynes (1985a) pl. V [fol. 3v]; G. Henderson (1987) 47 [fol. 1v]; P.R. Robinson (2003) II, pl. 1 [fol. 11r]; Ganz—Roberts (2007) 25 [fol. 114r]; N.P. Brooks (2008) 30 [fol. 114r]; M.P. Brown (2010) 30–1 [fols. 4v–5r, 3v–4r, 72r]; Roberts—Webster (2011) pl. I [fol. 1v]

ED: Fischer (1988–91) [gospels coll. as Hy]

ST: J.A. Robinson (1923) 55–9; Kenney (1929) no. 475; *BCLL* (1985) no. 528; Karkov (2004) 54; N.P. Brooks (2008); Farr (2011a) *passim*; McKee (2012b) 342 and n. 13

521. 2. London, Private Collector, s.n.

s. viii^2, prob. Northumbria

Contents: fragments from Augustine, *Sermo* cclxvA and pseudo-Augustine, *Sermo* clxix

MS: *Sotheby's Western Manuscripts and Miniatures, London, 19 June 2001*, no. 3; A.S.G. Edwards (2002) 234; Gneuss (2003b) 301

London, Private Collector, s.n.: see no. **524**

521. 3. 1. London, Collection of R.A. Linenthal Esq., s.n. [formerly no. 774. 1]

s. xi^1

Contents: Gregory of Tours, *De uirtutibus S. Martini* [*CPL* 1024; cf. *BHL* 5618d] (f)

MS: Stoneman (1997) 128

521. 3. 2. London, Collection of R.A. Linenthal Esq., s.n.

s. x ex., Canterbury CC

Contents: versary (f)

MS: Hartzell (2006) no. 199; Hornby (2010)

521. 4 and 521. 5. London, The National Record Office (formerly the Public Record Office), E 31/1 and E 31/2

1086–7

Contents: Little Domesday Book and Great Domesday Book

MS: Rumble (1985); Gullick (1987); Rumble (1987); R. Gameson (1999a) nos. 598–9; P.R. Robinson (2003) I, nos. 126–7; C.P. Lewis (2007) 132–4 nn. 5–14; Gullick (2012) 304 and n. 59; Webber (2012) 220

FACS:

E 31/1: Williams—Martin (2000) [complete facsimile]; Rumble (1985) pl. 3.3 [fols. 228v–229r]; Gullick (1987) figs. 17 (a)–(d) [fols. 19v, 109r,

338v, 387r, 450r (all details)]; P.R. Robinson (2003) II, pls. 4–6 [fols. 18v, 105r, 118v, 240r, 410r (all details)]

E 31/2: Erskine (1986) [complete facsimile]; Rumble (1985) pls. 3.1, 3.2 [fols. 87v, 299r], 3.4 [fol. 87v (detail)]; Gullick (1987) figs. 8 (a)–(e), 11 (b)–(d), 12–14 [fols. 299r, 87v, 252r, 44v, 63v, 191v, 83v, 332v, 250r, 39v (all details)], 9 [fol. 64v]; P.R. Robinson (2003) II, pl. 7 [fol. 304v (detail)]

ST: Keynes (2006) R230–R305 [bibliography]

521. 7. London, The National Archive, PRO SP 46/125, fol. 302

s. x in.

Contents: Bede, *De temporum ratione* [CPL 2320] (f)

MS: Roper (1983); Dumville (1987) 170–1 and nn. 117, 131; Parkes (1991a) 173 n. 8, 185 n.

FACS: Roper (1983) pl. I [fol. 302r]; Parkes (1991a) pl. 28 [fol. 302r]

522. London, Society of Antiquaries, 154*

s. x^2 (or earlier, if continental), England or Brittany?, prov. England by s. x ex., (prov. Winchester OM)

Contents: sacramentary (f); lists of gospel and epistle pericopes (f); two gospel pericopes

MS: N.R. Ker (1962–92) I.307–8; N.R. Ker (1964) 200; F. Wormald (1976); Lapidge—Winterbottom (1991b) lxiii–lxv; Dumville (1991–5) 48–9; Willetts (2000) 72–3; D. Ganz (2004) 500; Hartzell (2006) no. 202; Rankin (2012) 489 and n. 27, 491

FACS: F. Wormald (1976) pl. XI [fol. 24v]

ST: Pfaff (1995b) 26–8; Lenker (1997) 118, 487–8; P.R. Robinson (2003) I, no. 152; Pfaff (2009) 93

523. London, Wellcome Library for the History and Understanding of Medicine, 46

s. x/xi, with addition, s. xi

Contents: five medical recipes* (f); Latin poem [CPL 641; SK 12730] added s. xi (f)

MS: N.R. Ker (1957) p. lxiv and no. 98; N.R. Ker (1962–92) I.393–401; Moorat (1962–73) I.29–30; N.R. Ker (1976a) 124; *ASMMF* IX (2001) 82–3 [no. 320; Doane]; Scragg (2012a) nos. 784–6

FACS: *ASMMF* IX (2001) no. 320

ST: Hollis—Wright (1992) 234–6

523. 5. London, Westminster Abbey Library, 17

s. xi/xii or xii in., England or Continent, (prov. Lincoln, Franciscan convent)

Contents: tract on the virtues; Arator, *Historia apostolica* [*CPL* 1504] (incomplete)

MS: Schenkl III/i (1894) 51; Robinson—James (1909) 74–5; McKinlay (1942) no. 74; N.R. Ker (1964) 118

ST: Bloomfield et al. (1979) nos. 1048, 3011

524. London, Westminster Abbey Library, 36, nos. 17–19 [with London, BL, Add. 62104; London, BL, Harley 5977, no. 59; Lincoln, Cathedral Library, V.5.11 (ptd book), flyleaves; Oxford, BodL, Lat. liturg. e. 38, fols. 7, 8, 13 and 14; and (possibly) London, BL, Add. 79528 + London, Private Collector, s.n.]

s. xi med., Exeter

Contents: missal (f)

MS: N.R. Ker (1954) 28 [no. 285a]; Rella (1977) 81; Rankin (1984) 102, 112; A.G. Watson (1987a) 36 and n. 1; R. Gameson (1996b) 145 and n. 36; Stoneman (1997) 128–9; Gneuss (2003b) 301; Hartzell (2006) no. 203; Wieland (2009) 123; Rankin (2012) 501 and n. 89

FACS: *Sotheby's Western Manuscripts and Miniatures, 8 December 1981, lot 8* [BL, Add. 62104]; Rankin (1984) pl. IX (a) [Oxford, BodL, Lat. liturg. e. 38, fol. 7v (detail)]; De Hamel (1986) pl. 210 [BL, Add. 62104]

ED: Gwara (1994c) 230 [Harley 5977, no. 59]

ST: Hohler (1975) 75 and n. 66

524. 2. London, Westminster Abbey Muniments, 67209

s. xi^1

Contents: homily* (f)

MS: R.I. Page (1996); Wilcox (2008) 428–9; Scragg (2012a) no. 787

FACS: R.I. Page (1996) pls. IX (a)–(b) [recto and verso]

ED: R.I. Page (1996) 205–7

524. 4. Longleat House (Wiltshire), Marquess of Bath, NMR 10589 (flyleaves)

s. vii/viii, Ireland, prov. Glastonbury

Contents: Isidore, *Etymologiae* [*CPL* 1186] (f)

MS: *CLA* Supplement (1971) no. 1873; Bischoff et al. (1992b) 293; Carley—Dooley (1991)

FACS: Bischoff et al. (1992b) pl. III(b) [backleaf, recto (detail)]

Maidstone, Kent County Archives Office, PRC 49/1 a and b: see no. **211**
Maidstone, Kent County Archives Office, PRC 49/2: see no. **212. 4. 1**

524. 8. Manchester, John Rylands University Library, 109

s. xi ex. or xi/xii, Canterbury CC? (prov. Rochester?)

Contents: Epistulae Pauli, with gloss by Lanfranc

MS: M.R. James (1921) I.193–4; R. Gameson (1999a) no. 604

ST: Gibson (1971) [repr. Gibson (1993a) no. XII]

525. Manchester, John Rylands University Library, Misc. fragm. 11

s. x

Contents: pontifical (f)

MS: Gneuss (1985) 132; Dumville (1992a) 69

525. 5. Nottingham University Library, MI A8, fols. a–d (two bifolia)

s. xi/xii, England

Contents: missal (f)

MS: Hartzell (2006) no. 209

Oxford, Bodleian Library, Arch. Selden, B. 26 (3340), fol. 34: see no. **346**

526. Oxford, Bodleian Library, Ashmole 328 (S.C. 6882 and 7420)

s. xi med., Canterbury CC?

Contents: Byrhtferth, *Enchiridion*⁺*; homiletic piece [*Ammonitio amici*]*; *Alleluia* verse [prayer to St Dunstan] (s. xi²)

MS: W.H. Black (1845) cols. 218–19; Madan et al. (1895–1953) II/ii.1117, 1135; N.R. Ker (1935); N.R. Ker (1957) no. 288; Lapidge (1980a) 22; Lapidge (1981b) 110 n. 35 [repr. Lapidge (1993a) 330 n. 35];

Baker—Lapidge (1995) cxv–cxxi; Hartzell (2006) no. 239; Scragg (2012a) nos. 803–4

DEC: Pächt—Alexander (1973) no. 49; R. Gameson (1991) 75 n. 82

FACS: Crawford (1929) 16 pls. facing pp. 8, 232 [pp. 7, 9, 85, 91, 94, 117, 146, 152, 163, 168–9, 189, 204, 215, 221, 224–5, 240]; Lapidge (1980a) fig. 12 [p. 168]; Baker—Lapidge (1995) frontispiece [p. 168]

ED: F. Kluge (1885b) [base MS for excerpts from Byrhtferth, *Enchiridion*]; Crawford (1929) [base MS for Byrhtferth, *Enchiridion*]; Baker—Lapidge (1995) 2–240 [base MS for Byrhtferth, *Enchiridion*], 242–8 [base MS for homiletic piece]; Hartzell (2006) no. 239 [*Alleluia* verse]

LANG: P.S. Baker (1980); Hofstetter (1987) 412–15; Baker—Lapidge (1995) xcv–cxv, 430–77 [glossary]

ST: Crawford (1929); Henel (1942b); Jost (1950) 240–3; Hart (1972); Scragg (1979) 261–2 [homiletic piece]; P.S. Baker (1980); P.S. Baker (1981); R. Berry (1982); Hollis—Wright (1992) 149–84; Baker—Lapidge (1995); Knappe (1996) 270–312 *et passim*; Lapidge (2009) xv–xliv

527. Oxford, Bodleian Library, Ashmole 1431 (S.C. 7523)

s. xi/xii, Canterbury StA

Contents: enlarged *Herbarius* (Antonius Musa, *De herba uettonica*; pseudo-Apuleius, *Herbarius*; pseudo-Dioscorides, *Liber medicinae ex herbis femininis*)

MS: W.H. Black (1845) cols. 1165–6; Madan et al. (1895–1953) II/ii.1137; M.R. James (1903) 346, 520; Gunther (1925) xvii, xxvi; N.R. Ker (1957) no. 289; N.R. Ker (1960) 30; R. Gameson (1999a) no. 622; M. Collins (2000) 196 and nn., 228 n. 111; *ASMMF* IX (2001) 84–8 [no. 341; Doane]; Barker-Benfield (2008) I.5 n. 4, 6, II.1204, III.1747, 1801, 1820

DEC: Dodwell (1954) 26, 122; MacKinney (1965) 160; Pächt—Alexander (1973) no. 50; C.M. Kauffmann (1975) no. 10; Ohlgren (1986) no. 221; R. Gameson (1995a) 125 and n. 111, 126 n. 112, 144; R. Gameson (1995b) 14; R. Gameson (2012c) 284 and n. 120

FACS: Gunther (1925) pl. 2 [fols. 31r, 34r (details)]; Pächt—Alexander (1973) pl. VI [fol. 31r (detail)]; C.M. Kauffmann (1975) ills. 22–5 [fols. 31r, 34r, 19r, 20r]; De Hamel (1986) pl. 95 [fol. 20r]; *ASMMF* IX (2001) no. 341

ED: Gough (1974) 273–80 [OE glosses (faulty edition)]; Bierbaumer (1977b) 115–19 [corrects the work of Gough]

ST: Gunther (1925); Howald — Sigerist (1927); Grape-Albers (1977); Riddle (1980) 131; M.L. Cameron (1983) 137, 140; Hofstetter (1983) 359; Yerkes (1983a) 130; Hollis — Wright (1992) 317–24; D'Aronco (2011) 239 and n. 39

528. Oxford, Bodleian Library, Auctarium D. infra 2. 9 (S.C. 2638), fols. 1–110

s. x^2, Canterbury StA, (prov. Exeter)

Contents: Cassian, *De institutis coenobiorum* [*CPL* 513]; Latin poem [SK 10046] (by Alcuin?)

MS: Petschenig (1888/2004) xvii–xviii; Schenkl no. 792; Madan et al. (1895–1953) II/i.464; T.A.M. Bishop (1954–8b) 327–9; N.R. Ker (1964) 83; T.A.M. Bishop (1971) xxv, 5 [no. 7]; Rella (1977) 85, 162; Drage (1978) 383–5; P.R. Robinson (1978) 233 [repr. P.R. Robinson (1994) 28]; Gneuss (2003b) 301; Wieland (2009) 141; Rushforth (2012) 206 n. 57

FACS: T.A.M. Bishop (1954–8b) pl. XIII [fols. 102r, 41r (details)]; T.A.M. Bishop (1966) pl. C [fol. 84r]; T.A.M. Bishop (1971) pl. V [fol. 67r]

ST: O'Brien O'Keeffe (1985) 67; Carley (1986) 113; *CSLMA* II (1999) 83 [Alcuin poem]; Lake (2003) 41 n. 56

528. 1. Oxford, Bodleian Library, Auctarium D. infra 2. 9 (S.C. 2638), fols. 111–47

s. xi^2, England?

Contents: Apocalypsis Iohannis, with scholia

MS: Madan et al. (1895-1953) II/i.464–5

529. Oxford, Bodleian Library, Auctarium D. 2. 14 (S.C. 2698)

s. vi ex. or vii in., Italy, prov. England (Lichfield?) s. viii ex., prov. Bury St Edmunds s. xi?

Contents: gospels

MS: J. Wordsworth et al. (1889–1954) I.xiii; Madan et al. (1895–1953) II/i.500–2; Nicholson (1913) xvii–xix; *CLA* II (1935) no. 230; Lowe

(1960) 19; McGurk (1961a) no. 32; T.J. Brown (1980) 9, 13; B. Fischer (1988–91) I.14*; P.L. Heyworth (1989) 69, 144; Dumville (1992a) 102–3, 121, 126; O'Sullivan (1994) 81; R. Gameson (1994b) 44 n. 88; Lapidge (1996c) 428, 441; R. Gameson (1999c) 322–3; Marsden (1999); *ASMMF* VII (2000) 62–6 [no. 339; Doane]; Emms (2006) 20; Hartzell (2006) no. 242; Barker-Benfield (2008) III.1656, 1734–5, 1833; Wieland (2009) 118; R. Gameson (2012a) 53

DEC: Netzer (2012) 226 and n. 5, 236

FACS: Nicholson (1913) pls. I–III [fols. 79r, 149v, 149r]; Lowe (1960) pl. IV [fol. 149v]; R. Gameson (1999c) pl. 13.5 [fol. 80r]; Marsden (1999) pls. 12.3–5 [fols. 7r, 20v, 31r]; *ASMMF* VII (2000) no. 339

ED: J. Wordsworth et al. (1889–1954) [gospels coll. as O]; B. Fischer (1988–91) [gospel excerpts coll. as Jo]

ST: J. Chapman (1908) 191–202; Glunz (1930) 89–114; Glunz (1933) 304–5; T.J. Brown (1972) 223 [repr. T.J. Brown (1993a) 100]; Klauser (1972) 21, 32; *CPL* (1995) no. 1980; Lenker (1997) 102–6, 406–11 *et passim*; Tite (1997a) 263; Dumville (1999) 95; R. Gameson (1999c) 322–3, 348, 354; Verey (1999) 330; D. Ganz (2001b); R. McKitterick (2012) 315

529. 1. Oxford, Bodleian Library, Auctarium D. 2. 14 (S.C. 2698), fol. 173

s. xi^2 or xi ex., prob. Bury St Edmunds

Contents: booklist*; service 'Ad introitum portae'

MS: Madan et al. (1895–1953) II/i.500; A.J. Robertson (1939) 500; N.R. Ker (1957) no. 290; Lapidge (1994b) 146–9; *ASMMF* VII (2000) 62–6 [no. 339; Doane]; Emms (2006) 20; Barker-Benfield (2008) I.lii–liii and n. 10, III.1735; Scragg (2012a) nos. 805–7

FACS: *ASMMF* VII (2000) no. 339

ED: A.J. Robertson (1939) 250, 501 [booklist]; Lapidge (1994b) 146–9 [booklist]

ST: *CLA* II (1935) no. 230 [on the flyleaf (fol. 173)]; Dumville (1992a) 102–3, 121 n. 191; Conner (1993) 6, 15

530. Oxford, Bodleian Library, Auctarium D. 2. 16 (S.C. 2719)

s. x^1, Landévennec (Brittany), prov. N France or Flanders, prov. England s. xi med., prov. Exeter s. xi^2, with additions s. xi$^{3/4}$

Contents: gospels, gospel list (s. x¹); inventory of Leofric's donations to Exeter*, donation inscription*, list of relics* (additions, s. xi³/⁴)

MS: Madan et al. (1895–1953) II/i.511–12; Nicholson (1913) liii–lvi; Van Dijk (1952) no. 7; N.R. Ker (1957) no. 291; N.R. Ker (1964) 83; Drage (1978) 279–82; *BCLL* (1985) no. 965; Deuffic (1985) no. 65; McGurk (1986b) 45, 52 [repr. McGurk (1998) no. XIV]; McGurk (1987) 165 [repr. McGurk (1998) no. II]; B. Fischer (1988–91) I.18*; R.M. Butler (2004) 174 n. 4; J. Hill (2005a) 85–6; Lemoine (2005) 185, 187–8; Hartzell (2006) no. 243; Scragg (2012a) nos. 808–11

DEC: Schilling (1948); Alexander (1966) 9–10, 13; Pächt—Alexander (1966) nos. 427, 433; Zarnecki et al. (1984) no. 8; R. Gameson (1991) 90 n. 150; Alexander (1992) 77–82; R. Gameson (1995b) 258 n. 155; R. Gameson (1996b) 183 and n. 206; Lemoine (2005) 185; Rushforth (2007) 44

FACS: Nicholson (1913) pl. XXVI [fol. 29r]; Schilling (1948) pls. 7–8 [fols. 72v, 146r]; Alexander (1966) pl. 11 [fol. 146r]; Pächt—Alexander (1966) pl. XXXV [fol. 71v]; Alexander (1992) figs. 123, 126 [fols. 71v, 72v]; Rushforth (2007) 45 [fol. 72v]

ED: Förster (1933a) 11 n. 3 [Leofric's donation inscription coll. as L], 18–30 [inventory of Leofric's donation coll. as B]; A.J. Robertson (1939) 226–30 [base MS for Leofric's donation]; Förster (1943) 63–80 [base MS for list of relics]; Lapidge (1985b) 64–9 [repr. Lapidge (1994b) 134–9] [base MS for list of books in Leofric's donation]; B. Fischer (1988–91) [gospel excerpts coll. as Bm]; Conner (1993) 171–86 [base MS for list of relics]

ST: Nicholson (1913) liii–lvi; Förster (1933a) 10; Glunz (1933) 54, 68; Frere (1934) 198; Förster (1943) 24–5 and n. 2; E. Temple (1976) 78; Sauer (1978) 36; Hartzell (1981) 89 and n. 6; Dumville (1992a) 41, 90, 114, 116, 121; Conner (1993) 6, 11 *et passim*; McGurk (1993) 244 [repr. McGurk (1998) no. XI]; R. Gameson (1996b) 148, 183; Lenker (1997) 430–6 *et passim*; Ebersperger (1999) 149–51; J. Hill (2005a) 85; Lemoine (2005) 187–8, 190

531. Oxford, Bodleian Library, Auctarium D. 2. 19 (S.C. 3946) (the 'Rushworth' or 'MacRegol' Gospels)

s. viii ex. or ix in., Ireland; s. x² N or W England [addition of OE gloss]

Contents: gospels°; poem on the Evangelists [SK 9446; by Iuvencus?]; colophons

MS: J. Wordsworth et al. (1889–1954) I.xiii; Madan et al. (1895–1953) II/ii.792–3; Kenney (1929) no. 472; *CLA* II (1935) no. 231; Bischoff (1952) 11; N.R. Ker (1957) no. 292; McGurk (1961a) no. 33; T.J. Brown (1972) 221 [repr. T.J. Brown (1993a) 98–9]; T. O'Neill (1984) 12–13, 65–6; A.G. Watson (1984) I, no. 43; McGurk (1987) 165, 169, 172–3 [repr. McGurk (1998) no. II]; B. Fischer (1988–91) I.16*; M.P. Brown (1989a) 155; P.L. Heyworth (1989) 53, 69, 126, 191, 197; Dumville (1992a) 112; Blockley (1994); *ASMMF* III (1995) 20–5 [no. 338; Doane]; J.J. John (1995) 118; McGurk (1995a) 259 [repr. McGurk (1998) no. XIII]; McNamara (1995) 105; Breeze (1996a); Netzer (1999) 317; Stanley (2001) 242–3; Graham (2009) 163; Wieland (2009) 117; M.P. Brown (2012) 135, 151; R. Gameson (2012a) 28 n. 59, 67; Scragg (2012a) nos. 812–13

DEC: Köhler (1930–60) I.76; McGurk (1955b) 106 [repr. McGurk (1998) no. IV]; McGurk (1956) 248 [repr. McGurk (1998) no. I]; McGurk (1962) 22 [repr. McGurk (1998) no. VII]; Pächt—Alexander (1973) no. 1269; Alexander (1978a) no. 54; Ohlgren (1986) no. 54; McGurk (1987) 176 [repr. McGurk (1998) no. II]; M.P. Brown (1996) 98; Tilghman (2011) 93, 95–6, 98–9

FACS: Pächt—Alexander (1973) pls. CXIV–CXVI [fols. 1r, 51v, 51r, 127r]; Alexander (1978a) ills. 262–4, 266–9 [fols. 51v, 84v, 126v, 1r, 52r, 85r, 127r]; T. O'Neill (1984) 12 [fol. 169r]; McGurk (1987) pl. 2 [fol. 128v] [repr. McGurk (1998) no. II]; T.J. Brown (1993a) ills. 68–9 [fols. 1v, 2v]; *ASMMF* III (1995) no. 338; Nees (2003) fig. 5 [fol. 169v]; Roberts—Webster (2011) pl. V [fol. 169v]

ED: Skeat (1871–87) [OE gloss; in Appendices, all Latin readings differing from those in no. **343**]; Skeat (1878) 188 [poem on Evangelists]; J. Wordsworth et al. (1889–1954) [Latin gospels coll. as R]; B. Fischer (1988–91) [Latin text of gospel excerpts coll. as Hr]; R. Gameson (2001d) 39–40 [colophons]

LANG: Lindelöf (1901b); Menner (1934); Kuhn (1945); A. Campbell (1959); Karl Brunner (1965); Morrell (1965) 181–2; Greenfield—Robinson (1980) nos. 5849–59; Hofstetter (1987) 482–5; Hogg (1992); Scragg (1994a) 328, 333; *ASMMF* III (1995) 24; Crowley (2000) 130, 133–7, 146–8; C. Bishop (2007b) 82

ST: Cook (1898) 1v; Glunz (1930) 78–86; Förster (1941) 474 n.; McGurk (1956) 254, 263 [repr. McGurk (1998) no. I]; McGurk (1961a) 11 [repr. McGurk (1998) no. VI]; Morrell (1965) 175–82; Greenfield—Robinson (1980) nos. 5849–59; *BCLL* (1985) no. 527; McGurk (1986b) 45 [repr. McGurk (1998) no. XIV]; Ó Cróinín (1989) 197–8; McGurk (1994b)

14, 18 [repr. McGurk (1998) no. XII]; *CPL* (1995) no. 1385 [poem]; McGurk (1995a) 256 [repr. McGurk (1998) no. XIII]; McNamara (1995) 71, 76, 78–9, 81 *et passim*; *CSLMA* II (1999) 471–2 [poem]; Breeze (1996a); M.P. Brown (1996) 131; Coates (1997); Tite (1997b); R. Gameson (2001d) 39–40 [colophon of MacRegol]; Nees (2003) 365–6 [colophon of MacRegol]; Farr (2011a) 91, 93; Karkov (2011) 134; McKee (2012b) 343 and n. 18

532. Oxford, Bodleian Library, Auctarium D. 5. 3 (S.C. 27688)

s. ix/x, prob. Brittany, prov. England s. x

Contents: gospels (incomplete)

MS: Madan et al. (1895–1953) V.336; N.R. Ker (1957) no. 293; Hartzell (1981); Deuffic (1985) no. 66; McGurk (1986b) 45 [repr. McGurk (1998) no. XIV]; McGurk (1987) 165–6 [repr. McGurk (1998) no. II]; B. Fischer (1988–91) I.18*; Dumville (1992a) 111, 115; Bischoff (1998—) II, no. 3770; *ASMMF* VII (2000) 62–9 [no. 342; Doane]

DEC: Pächt—Alexander (1966) no. 424

FACS: Pächt—Alexander (1966) pl. XXXV [fol. 44r]; *ASMMF* VII (2000) no. 342

ED: Meritt (1945) nos. 60–2 [OE glosses]; B. Fischer (1988–91) [gospel excerpts coll. as Bf]; *ASMMF* VII (2000) 69 [OE glosses, supplement]

533. Oxford, Bodleian Library, Auctarium F. 1. 15 (S.C. 2455), fols. 1–77

s. x², Canterbury StA, prov. Canterbury CC s. x/xi, prov. Exeter s. xi²

Contents: *Vita III Boethii*; *accessus* to *De consolatione Philosophiae*; Lupus of Ferriéres, *De metris Boethii*; Boethius, *De consolatione Philosophiae* [*CPL* 878], with commentary by Remigius; donation inscription⁺* (s. xi³ᐟ⁴)

MS: Schenkl no. 806; Madan et al. (1895–1953) II/i.373; Nicholson (1913) lx–lxii; Weinberger (1934) xviii; T.A.M. Bishop (1954–8b) 324, 329; N.R. Ker (1957) no. 294; T.A.M. Bishop (1959–63b) 413, 415, 418, 421–2; N.R. Ker (1964) 83; T.A.M. Bishop (1971) 7 [no. 9]; R.W. Hunt (1975) no. 118; Bolton (1977a) 52–3; Rella (1977) 85; Drage (1978) 386–8; Parkes (1992) 293; Gibson et al. (1995–2001) I.178–9; Hartzell (2006) no. 245; Barker-Benfield (2008) I.lviii, II.1006, III.1815, 1816; Godden—Irvine (2009) I.xlvi [cited as O]; Wittig (2010) 251 *et passim*;

R. Gameson (2012a) 29 and n. 64; Gullick (2012) 298 and n. 24; Rankin (2012) 505; Scragg (2012a) nos. 106, 814

DEC: Rice (1952) 178; Pächt—Alexander (1973) no. 37; E. Temple (1976) no. 37; Brownrigg (1978) 260–1; F. Wormald (1984) 49–50, 62; Ohlgren (1986) no. 142; R. Gameson (1992a) 191; R. Gameson (1995b) 244 n. 60; R. Gameson (2012c) 261 and n. 33

FACS: Nicholson (1913) pls. XXXII–XXXIII [fols. 5r, 35v]; Rice (1952) pls. 44 (a)–(b) [fols. 5r, 16r (details)]; T.A.M. Bishop (1971) pl. VII [fol. 71r]; E. Temple (1976) ill. 114 [fol. 5r (detail)]; C. Page (1981) 309 [fol. 64v (detail)]; F. Wormald (1984) ill. 68 [fol. 48v]; D.M. Rogers (1991) pl. 25 [fol. 29r]; R. Gameson (1992a) pls. 42 (b), 43 (a) [fols. 5r, 48v]; Parkes (1992) pl. 72 [fol. 18r]

ED: Förster (1933a) 11 n. 3 [donation inscription coll. as B^1]

ST: Pollard (1975) 144–5; Pollard (1976) 55; Bolton (1977a); Bodden (1979) 259, 269; C. Page (1981); Parkes (1992) 293; Conner (1993) 6–7, 13; Lapidge (1994b) 135, 137–8; R. Gameson (1996b) 149; Gwara (1996a) 92–3; Wittig (2007) 191; Ziolkowski (2007) 249–50; Godden (2011) 92; Jayatilaka (2011) 117

534. Oxford, Bodleian Library, Auctarium F. 1. 15 (S.C. 2455), fols. 78–93

s. x^2, Canterbury StA, prov. Canterbury CC by s. x ex.?, prov. Exeter s. xi^2

Contents: donation inscription^{+*} (s. xi$^{3/4}$); Persius, *Satirae*, with gloss

MS: Schenkl no. 806; Madan et al. (1895–1953) II/i.373–4; T.A.M. Bishop (1954–8b) 324, 326, 331, 335; Clausen (1956) 40; N.R. Ker (1957) no. 294; N.R. Ker (1964) 83; R.W. Hunt et al. (1975) no. 118; Drage (1978) 389–90; Clarkson (1996) 164–9; Barker-Benfield (2008) I.lviii, II.1381, 1391–2, III.1815, 1816; Scragg (2012a) no. 815

DEC: Pächt—Alexander (1973) no. 37; E. Temple (1976) no. 37; R. Gameson (1995b) 244 n. 60

ED: Förster (1933a) 11 n. 3 [donation inscription coll. as B^2]

ST: Glauche (1970) 54 n. 91; Pollard (1975) 144–5; Pollard (1976) 55; Kristeller et al. (1960—) III.218 [Persius]; T. Hunt (1991) I.61; Conner (1993) 7; Lapidge (1994b) 135, 139; R. Gameson (1996b) 148; Pulsiano (2001b)

535. Oxford, Bodleian Library, Auctarium F. 2. 14 (S.C. 2657)

s. xi^2, Sherborne?, (prov. Sherborne)

Contents: Wulfstan of Winchester, *Narratio metrica de S. Swithuno*; *titulus* on a bridge built by St Swithun; poem on St Swithun's miracle of the unbroken eggs; glossary^{+*} (s. xii in.); Prudentius, *Dittochaeon* [*CPL* 1444]; Theodulus, *Ecloga* [SK 442]; Avianus, *Fabulae*; Persius, *Satirae*; Phocas, *Ars de nomine et uerbo*; *Ilias latina* [SK 8372]; pseudo-Ovid, *De nuce* [SK 10797]; Serlo of Bayeux, *Contra monachos* [WIC 15005]; two Latin poems [WIC 14029, 2123]; Statius, *Achilleis*; Lactantius, *De aue Phoenice* [*CPL* 90; SK 4500]

MS: Schenkl no. 823; Madan et al. (1895–1953) II/i.475–6; Osternacher (1902) 15; Osternacher (1916) 368; N.R. Ker (1957) no. 295 and pp. 335–6; N.R. Ker (1960) 22 and n.; N.R. Ker (1964) 179; Jeudy (1974a) 123–4; R.W. Hunt et al. (1975) 66–7 [no. 120]; P.R. Robinson (1978) 235 [repr. P.R. Robinson (1994) 30]; R.P.H. Green (1980) 115; Lapidge (1980a) 21; Munk Olsen (1982 –) I.417–18; L.D. Reynolds (1983) 192, 285; T. Hunt (1991) I.77–8; Casaretto (1997) cxviii; R. Gameson (1999a) no. 623; Gretsch (1999a) 379–80; Lapidge (2003a) 70, 336 n. 4, 364, 614; Lapidge (2004b) 441; Wieland (2009) 145; Scragg (2012a) nos. 816–19

DEC: Pächt – Alexander (1973) no. 60; R. Gameson (1991) 74 n. 78

FACS: R. Ellis (1903) pl. 12 [fol. 106r]; R.W. Hunt et al. (1975) pl. XX (a) [fol. 11r]; Lapidge (2003a) pl. V [fol. 1v]

ED: Napier (1900) nos. 18B, 45, 52 [glossary; OE glosses to Wulfstan, *Narratio*, and to Phocas]; Osternacher (1902) [*Ecloga Theoduli* coll. as ι]; Lenz (1956) 127–56 [pseudo-Ovid, *De nuce*, coll. as O$_1$]; Guaglianone (1958) [Avianus, *Fabulae*, coll. as O]; Casaceli (1974) [Phocas, *Ars de nomine*, coll. as I]; R.P.H. Green (1980) 26–35 [base MS (= O) for *Ecloga Theoduli*]; Lapidge (2003a) 372–550 [Wulfstan, *Narratio*, coll. as B], 782 [*titulus* on a bridge coll. as B], 795 [poem on the miracle of the unbroken eggs coll. as B]

ST: R.N. Quirk (1957) 31, 33; R. Derolez (1959) 132; Glauche (1970) 99 n. 86; F.C. Robinson (1973) 453, 457 and n. 46, 459; Sheerin (1975a); Korhammer (1980) 39–40, 57; L.D. Reynolds (1983) 20, 31 n. 19 [Avianus], 192 [*Ilias latina*], 285 [pseudo-Ovid, *De nuce*]; T. Hunt (1991) I.77–8; Lapidge – Winterbottom (1991b) xxi n. 31; Casaretto (1997) [*Ecloga Theoduli*]; R. Gameson (1998) 243 n. 50; Gretsch (1999a) 379–80, 420; Lendinara (2001a) 191; Pulsiano (2001b); Lapidge (2004b) 441–2 [Wulfstan]

536. Oxford, Bodleian Library, Auctarium F. 2. 20 (S.C. 2186)

s. xi ex., prov. Exeter?

Contents: Isidore, *De natura rerum* [*CPL* 1188]; Cicero, *Somnium Scipionis*; Macrobius, *Comm. in Somnium Scipionis*; Sibylline prophecies [SK 8495 (incomplete)]

MS: Schenkl no. 829; Madan et al. (1895–1953) II/i.250; R.W. Hunt et al. (1975) no. 121; R. Gameson (1999a) nos. 624, 625; R. Gameson (2012a) 50 and n. 159

DEC: Pächt–Alexander (1973) no. 62

ST: Saxl–Meier (1953) 291; L.D. Reynolds (1983) 230 [P.K. Marshall]; Teresi (2007b) 133 and n. 6; Alcamesi (2007b); Teresi (2007c) 343, 351, 366

537. Oxford, Bodleian Library, Auctarium F. 3. 6 (S.C. 2666)

s. xi[1], prov. Exeter

Contents: verses on the *passio* of St Romanus [SK 5925]; account of Prudentius; Prudentius, *Praefatio operum* [*CPL* 1437], *Cathemerinon* [*CPL* 1438], *Apotheosis* [*CPL* 1439], *Hamartigenia* [*CPL* 1440], 'Passio S. Romani' from *Peristephanon* X [*CPL* 1443]; *Psychomachia* [*CPL* 1441]; *Contra Symmachum* [*CPL* 1442]; *Dittochaeon* [*CPL* 1444]; *Epilogus* [*CPL* 1445], all with glosses (some OE); two charms*; donation inscription+* (s. xi[3/4])

MS: Schenkl no. 844; Madan et al. (1895–1953) II/i.480–1; Nicholson (1913) lx; N.R. Ker (1957) no. 296; N.R. Ker (1964) 83; M.P. Cunningham (1966) xix; Drage (1978) 391–4; A.G. Watson (1984) I, no. 56; Wieland (1997a) 170; Hartzell (2006) no. 248; Petruccione (2008) 234 n. 15; Wieland (2009) 148; R. Gameson (2012b) 111 n. 64; Rankin (2012) 505; Scragg (2012a) nos. 335, 820–5

FACS: Nicholson (1913) pl. XXXI [fols. 5v–6r]; F. Barlow et al. (1972) pl. VI [fol. iii v]; A.G. Watson (1984) II, pls. 29 (a)–(b) [fols. 93r, 163v]

DEC: Wieland (1998) 4–6, 11–12, 17 nn. 26–7, 19 n. 46; Karkov (2001a) 115 n. 3, 116

ED: Napier (1890) [OE charms]; Napier (1900) no. 46 [OE glosses]; Nicholson (1913) lxi [donation inscription, base MS]; Förster (1933a) 11 [donation inscription coll. as P]; Storms (1948) nos. 77–8 [two charms]; M.P. Cunningham (1966) [Prudentius, *carmina*, coll. as Ox]

ST: Wieland (1985) 168, 171; Wieland (1987); R.I. Page (1992a); Conner (1993) 7, 13; Lapidge (1994b) 138; R. Gameson (1996b) 150 and n. 58;

Wieland (2001) 181–3; Ziolkowski (2007) 263; Petruccione (2008) 248–51

538. Oxford, Bodleian Library, Auctarium F. 4. 32 (S.C. 2176) ('St Dunstan's Classbook')

fols. 1-9: drawing of Christ, with distich by Dunstan [SK 4088], s. x; added: verses by Eugenius of Toledo [SK 13222, lines 1–2], s. x; Eutyches, *Ars de uerbo* (incomplete): s. ix$^{2/4}$ or ix med., Brittany, prov. Wales s. x

fols. 10–18: see no. **538. 5**

fols. 19-36 (the 'Liber Commonei'): 'alphabet of Nemnivus'; computistical material and notes on weights and measures, including extracts from the *Calculus* of Victorius of Aquitaine; Greek alphabet; *De questione apostoli* (commentary on Coloss. II. 14–15); extracts (called *Testimonia*) from Prophetae minores in Greek and Latin; lessons and canticles for the Easter Vigil in Greek and Latin: s. ix^1, Wales

fols. 37–47: Ovid, *Ars amatoria*, bk. I: s. ix/x, Wales

All parts prov. Glastonbury, s. x^2; fols. 1–9 with glosses in Latin and Breton, fols. 19–47 with glosses in Latin and Welsh

MS [descriptions may include no. **538. 5**]: Stubbs (1874) cx–cxi; Bradshaw (1889) 283, 455–8, 483–7; Schenkl no. 869; Madan et al. (1895–1953) II/i.243–5; Lindsay (1912a) no. 2; Mearns (1914) 25; B. Fischer (1952) 144–5; K.H. Jackson (1953) 47, 63; N.R. Ker (1957) no. 297; R.W. Hunt (1961) v–xvii; T.A.M. Bishop (1964–8d) 400; N.R. Ker (1964) 91; R.W. Hunt (1966) no. 35; T.A.M. Bishop (1971) xx, 1, 3; F.C. Robinson (1973) 464, 467 and n. 81; Rella (1977) 73–4; A.G. Watson (1978) 293–4, 310; Bodden (1979); Korhammer (1980) 56; Lapidge (1980a) 20; Backhouse et al. (1984b) no. 31; A.G. Watson (1984) I, no. 59 [fols. 19–36]; Carley (1986) 111, 114; Lapidge (1986c) 93–4; Voigts (1988) 91; P.L. Heyworth (1989) 190, 208, 209, 210; Budny (1992); Parkes (1992) 127 n. 75; Dumville (1993g) 50–1; Lapidge (1994a) 129–31; Parkes (1997b) 103 and n. 24; Bischoff (1998–) II, no. 3774 [fols. 1–9]; Huws (2000) 7; Heslop (2004) 281–2; Rushforth (2007) 32; Shepard (2007) 254 n. 28; Treharne (2007b) 19 n. 16; *ASMMF* XVI (2008) 79–91 [no. 346; Wilcox]; Barker-Benfield (2008) III.1680; Wieland (2009) 148; Charles-Edwards (2012) 400–2 and nn. 64–5; R. Gameson (2012a) 43 n. 122; McKee (2012a) 167 and n. 2, 168–9 and n. 6; Rushforth (2012) 201 and n. 23, 202; Scragg (2012a) nos. 827–8

DEC: F. Wormald (1952) 74 [no. 46]; Dodwell (1954) 54; Pächt—Alexander (1973) nos. 4 [fols. 37–47], 10 [fols. 19–36], 24 [fols. 1–9]; E. Temple (1976) no. 11; Deshman (1977) 148–52; Alexander (1978a) no. 71; F. Wormald (1984) 52, 71, 117; Ohlgren (1986) nos. 71 [fols. 37–47], 89 [fols. 1–9]; R. Gameson (1992a) 211; Deshman (1995) 224–5, 248; R. Gameson (1995b) 26–7, 53, 79–80, 83, 88, 97, 172, 193 n. 3; Raw (1999) 24, 149, 232–3; Tilghman (2011) 98, 100; N. Edwards (2012) 246 and n. 11; R. Gameson (2012c) 251 and n. 8, 263, 282 and n. 112

FACS: R.W. Hunt (1961) [complete facsimile]; *ASMMF* XVI (2008) no. 346; and see also the following:

fols. 1–9: *NPS* I, pl. 81 [fol. 8r]; T.A.M. Bishop (1964–8d) pl. XXXIX (e) [fol. 1v]; Ramsay et al. (1992) pl. I.5 [fols. 1v, 2r (details)]; and the following facsimiles of **fol. 1r:** Hickes (1703–5) I/i.144 [engraving by Michael Burghers]; F. Wormald (1952) pl. 1; Pächt—Alexander (1973) pl. II.24; E. Temple (1976) ill. 41; Deshman (1977) pl. III (a); Backhouse et al. (1984b) 53; D.M. Wilson (1984) pl. 224; D.M. Rogers (1991) pl. 23; Ramsay et al. (1992) pl. I.4 (details); M. Irvine (1994) pl. 20; Lockett (2002) pl. IV (a) (details)

fols. 19–36: Lindsay (1912a) pl. III [fol. 22r]; R.W. Hunt (1966) pl. XIII [fol. 28v]; T.A.M. Bishop (1971) pl. I [fol. 36r (detail)]; D.M. Rogers (1991) pl. 22 [folio not specified]; Ramsay et al. (1992) pl. I.6–7 [fols. 20r, 27r, 36r (details)]; Rushforth (2007) 32 [fol. 22v]

fols. 37–47: Lindsay (1912a) pl. XI [fol. 40r]; Pächt—Alexander (1973) pl. I.17 [fol. 37r (detail)]; Alexander (1978a) ill. 333 [fol. 37r]; F. Wormald (1984) ill. 47 [fol. 37r (detail)]; Ramsay et al. (1992) pl. I.7 [fol. 47r (detail)]; M. Irvine (1994) pl. 21 [fol. 37r]; Huws (2000) pl. 2 [fol. 37v]; Owen-Crocker (2009) fig. 2.10 [fol. 47r]; R. Gameson (2012) pl. 9.2 [fol. 37r (detail)]

ED: Haddan—Stubbs (1869–71) I.195–7 [Prophetae Minores]; B. Fischer (1952) 145–54 [repr. B. Fischer (1986) 23–40] [lessons for the Easter Vigil]; E.J. Kenney (1961) [Ovid, *Ars amatoria*, coll. as O]; Breen (1992) 124–5, 131–40 [*De questione apostoli*; *Testimonia* from Prophetae minores]; Lapidge (1975a) 108 [repr. Lapidge (1993a) 146] [Dunstan distich]; Lapidge (1980b) 106 [repr. Lapidge (1993a) 156][distich by Eugenius]; Winterbottom—Lapidge (2012) 163 [Dunstan distich]

ST: Lindsay (1912a) 7–10 [fols. 19–36]; H. Schneider (1938) 68–70 [lessons and canticles for Easter vigil]; Siegmund (1949); R. Derolez (1954) 157–9, 340, 343 [alphabet of 'Nemnivus']; Jeudy (1974b) 430 [Eutyches];

R.W. Hunt et al. (1975) no. 117; Gneuss (1978); Lapidge (1980b) [repr. Lapidge (1993a) 151–6]; L.D. Reynolds (1983) xx n. 39, xxx–xxxi and n. 119, 261 and n. 12; *BCLL* (1985) nos. 83 [computus texts], 88 [*De questione apostoli*], 118–19 [lections]; Deuffic (1985) no. 68 [fols. 1–9]; Hexter (1986) 15–41 [fols. 37–47]; Berschin (1988) 20; Bodden (1988) 219, 228–9; Biggs et al. (1990) 108 [*De questione apostoli*; C.D. Wright]; Breen (1992); Budny (1992) 110–14; Dumville (1992a) 118–19 [fols. 19–36]; Dumville (1992b) 71–6 [fols. 37–47]; C.D. Wright (1993) 92; M. Irvine (1994) 407–11; R. Sharpe et al. (1996) 206; R. Gameson (1998) 244 n. 51; McKinley (1998) 56 [fols. 37–47]; Gretsch (1999a) 300 n. 113, 373; Lapidge (2006) 171; Keefer (2007b) 98–9; Charles–Edwards (2012) 390 and n. 7; McKee (2012b) 340 and n. 5, 341 and n. 9

538. 5. Oxford, Bodleian Library, Auctarium F. 4. 32 (S.C. 2176), fols. 10–18

s. xi$^{3/4}$ or xi^2

Contents: homily (for *Inuentio S. Crucis*)*

MS: Madan et al. (1895–1953) II/i.243; N.R. Ker (1957) no. 297; P.R. Robinson (1978) 231, 234 [repr. P.R. Robinson (1994) 26, 30]; Bodden (1987) 5–11; R. Gameson (1999a) no. 627; Swan (1998); Swan (2000b) 64; R.M. Butler (2004) 198; *ASMMF* XVI (2008) 82–3, 85–6 [no. 346; Wilcox]; Scragg (2012a) nos. 829–30

FACS: R.W. Hunt (1961) [complete facsimile]; *NPS* I, pl. 82 [fol. 12r]; Bodden (1987) 6 [fol. 11r]; *ASMMF* XVI (2008) no. 346

ED: Morris (1871) 3–17; Robb (1975); Bodden (1987) 61–103 [base MS for OE homily]

LANG: Bodden (1987) 12–23, 113–26 [glossary]

ST: Robb (1975); Scragg (1979) 257; Bodden (1987); Scragg (1996) 216; *ASMMF* XVI (2008) 82–3 [Wilcox]

539. Oxford, Bodleian Library, Barlow 4 (S.C. 6416)

s. ix$^{3/3}$, prob. NE France, prov. England by s. xi^2, (prov. Worcester)

Contents: homily on the genealogy of Christ (add. s. xi^2); Smaragdus of Saint-Mihiel, *Expositio libri comitis* (s. ix$^{3/3}$)

MS: Schenkl no. 243; Madan (1895–1953) II/ii.1044–5; N.R. Ker (1964) 208; Rädle (1974) 121; J. Hill (1992) 214, 234–5 and nn.; Dumville

(1993g) 49; Bischoff (1998—) II, no. 3782; R. Gameson (1999a) no. 628; R.M. Thomson (2001) xxii, 58; R. Gameson (2005a) 93, 101–4; Lapidge (2006) 171; T.N. Hall (2007) 234–6; R. Gameson (2012d) 368 and n. 103

DEC: Pächt—Alexander (1973) no. 40

ST: Lenker (1997) 493; Gneuss (2003b) 301; R. McKitterick (2012) 329 and n. 103

540. Oxford, Bodleian Library, Barlow 25 (S.C. 6463)

s. x, England?

Contents: Iuvencus, *Euangelia* [*CPL* 1385]

MS: Schenkl no. 248; Madan et al. (1895–1953) II/ii.1057; Lapidge (1982a) 134 n. 64 [repr. Lapidge (1996b) 472 n. 64]; R.M. Thomson (1982b) 4 n. 14; Lapidge (2006) 319

541. Oxford, Bodleian Library, Barlow 35 (S.C. 6467)

s. x, Continent, prov. England by s. xi in.

Contents: calendarial rules; prognostics; Alcuin, *Interrogationes Sigewulfi in Genesin*; *Scholica Graecarum glossarum*; Greek-Latin Glossary; charm (s. xi in.); pseudo-Cicero, *Synonyma*; glossaries+* extracted from Ælfric's *Grammar* and *Glossary* (s. xi in.)

MS: Schenkl no. 250; Madan et al. (1895–1953) II/ii.1058; N.R. Ker (1957) no. 298; Rella (1977) 166; Rella (1980) 113; Munk Olsen (1982—) I.345; Hartzell (2006) 249; *ASMMF* XV (2007) 75–81 [no. 347; Doane]; Chardonnens (2007b) 548; Wieland (2009) 131, 133; Scragg (2012a) nos. 831–4

DEC: Pächt—Alexander (1973) no. 30

FACS: *ASMMF* XV (2007) no. 347

ED: Liebermann (1894) [Latin—OE glossaries]

ST: Zupitza (1880/2001) ix–x [glossaries]; Laistner (1923) [*Scholica Graecarum glossarum*]; Laistner (1924) 184 [*Scholica Graecarum glossarum*]; Kenney (1929) no. 401 [*Scholica Graecarum glossarum*]; Lapidge (1977a) 449 and n. 9; Buckalew (1978) 154–5 [glossaries]; *BCLL* (1985) no. 1241 [*Scholica Graecarum glossarum*]; Pettit (1999) 33–40, 42–4 [OE charm]; *CSLMA* II (1999) 486 [Alcuin]; Chardonnens (2010) 235–6

542. Oxford, Bodleian Library, Bodley 49 (S.C. 1946)

s. x med., (prov. Winchester OM)

Contents: Aldhelm, *Carmen de uirginitate* [CPL 1333]

MS: Schenkl no. 442; Madan et al. (1895–1953) II/i.127; Ehwald (1919) 344–6; N.R. Ker (1957) no. 299; N.R. Ker (1964) 201; Rella (1977) 70, 161; Dumville (1994a) 137 n. 24; R. Gameson (2012a) 39 and n. 96; D. Ganz (2012) 193 and n. 34; Lapidge (2012b) 32

DEC: Pächt—Alexander (1973) no. 23; E. Temple (1976) no. 19 (i); Ohlgren (1986) no. 97; R. Gameson (1995b) 221 n. 168; Wieland (1998) 15 n. 10

FACS: E. Temple (1976) ill. 62 [fol. 67v (detail)]

ED: Napier (1900) nos. 15, 20 [OE glosses]; Ehwald (1919) 350–471 [Aldhelm, *Carmen de uirginitate*, coll. as W]

ST: A.G. Watson (1978) 310 [repr. A.G. Watson (2004) no. VII]; Gretsch (1999a) 141 n. 21; Lapidge (2012b) 31–5

543. Oxford, Bodleian Library, Bodley 92 (S.C. 1901)

s. xi/xii, prob. Normandy (or England?), (prov. Exeter)

Contents: Ambrose, *De officiis ministrorum* [CPL 144]

MS: Schenkl no. 458; Madan et al. (1895–1953) II/i.108; N.R. Ker (1960) 24 n. 3; N.R. Ker (1964) 83; Conner (1993) 7; R. Gameson (1996b) 155 and n. 86; Bankert et al. (1997) 15, 35; R. Gameson (1999a) no. 630

DEC: Pächt—Alexander (1966) no. 462

544. Oxford, Bodleian Library, Bodley 94 (S.C. 1904)

s. xi/xii, (England or) prob. Normandy, (prov. Exeter)

Contents: Ambrose, *De Isaac et anima* [CPL 128], *De bono mortis* [CPL 129], *De fuga saeculi* [CPL 133], *De Iacob et uita beata* [CPL 130], *De paradiso* [CPL 124], *De obitu Valentiniani* [CPL 158], *Epistula ad Vercellensem ecclesiam* [extra collectionem xiv (lxiii)]; Jerome, *Aduersus Iouinianum* [CPL 610]; Augustine, *Epistulae* ccl, liv, ccix [CPL 262]; Augustine, *Sermones* ccclv, ccclvi [CPL 284]

MS: Schenkl no. 460; Madan et al. (1895–1953) II/i.109; N.R. Ker (1960) 24 n. 3; N.R. Ker (1964) 83; Faller—Zelzer (1968–94) IV.349; Conner (1993) 7; R. Gameson (1996b) 155 and n. 87; Bankert et al. (1997) 15, 22, 26, 27, 29, 51; R. Gameson (1999a) no. 631

DEC: Pächt—Alexander (1966) no. 460

ST: Lambert (1969–72) no. 252; Römer (1972b) 227

545. Oxford, Bodleian Library, Bodley 97 (S.C. 1928)

s. xi in., (prov. Canterbury CC)

Contents: Aldhelm, *De uirginitate* (prose) [*CPL* 1332]

MS: Schenkl no. 462; Madan et al. (1895–1953) II/i.121–2; M.R. James (1903) 21, 506; Ehwald (1919) 221; N.R. Ker (1957) no. 300; N.R. Ker (1964) 38, 45; Clarkson (1996) 177–80; Gwara (2001) I.180*–184*; Barker-Benfield (2008) I.lxxvii–lxxviii, 80, 93, II.1279, 1373, 1376, III.1800–1; Lapidge (2012b) 27; Scragg (2012a) nos. 835–6

DEC: Pächt—Alexander (1973) no. 39; R. Gameson (1995b) 221 n. 167

ED: Napier (1900) no. 6 [OE glosses]; Ehwald (1919) 226–323 [Aldhelm, prose *De uirginitate*, coll. as C²]; Gwara (2001) vol. II [Aldhelm, prose *De uirginitate*, with OE and Latin glosses, coll. as C2]

ST: Pollard (1975) 148–9; Pollard (1976) 55; Raw (1994) 266; Gwara (1997a) 568; Gwara (1998) 140 n. 7; Gretsch (1999a) 144; Gwara (2001) I.140*–147*, 253*–267*, 273*–274*; Lapidge (2012b) 26–31

546. Oxford, Bodleian Library, Bodley 109 (S.C. 1962), fols. 1–60

s. x/xi and xi¹, Canterbury StA

Contents: Bede, *Vita S. Cudbercti* (prose) [*CPL* 1379; *BHL* 2019] (incomplete) and *Vita S. Cudbercti* (verse) [*CPL* 1380; *BHL* 2020]

MS: Schenkl no. 465; Madan et al. (1895–1953) II/i.134–5; Jaager (1935) 30; Colgrave (1940) xi, 23; Laistner—King (1943) 88; N.R. Ker (1957) no. 301; Lapidge (1995c) 130, 143; Barker-Benfield (2008) I.604, III.1816; Lapidge (2008a) 114; Scragg (2012a) no. 837

ED: Jaager (1935) [Bede, *Vita metrica S. Cudbercti*, coll. as O²]; Colgrave (1940) [Bede, prose *Vita S. Cudbercti*, coll. as O²]

ST: F.C. Robinson (1973) 461, 464 n. 62; Korhammer (1980) 56; R. Gameson (1999a) no. 632 [on fols. 60v–78r, add. s. xii¹]

547. Oxford, Bodleian Library, Bodley 120 (S.C. 27643), fols. i–iv

s. xi ex.

Contents: sacramentary (f)

MS: Madan et al. (1895–1953) V.318; Van Dijk (1957–60) V.4; R. Gameson (1999a) no. 633

548. Oxford, Bodleian Library, Bodley 126 (S.C. 1990)

s. xi/xii, prob. Winchester OM

Contents: Iulianus Pomerius, *De uita contemplatiua* [*CPL* 998]

MS: Madan et al. (1895–1953) II/i.148; A.G. Watson (1987b) 291 [repr. A.G. Watson (2004) no. VIII]; R. Gameson (1995a) 102 n. 28; R. Gameson (1999a) no. 634; Hartzell (2006) no. 252; Barker-Benfield (2008) III.1833; Webber (2012) 222 n. 61

DEC: Pächt–Alexander (1973) no. 52; R. Gameson (1995a) 124 n. 103, 129 n. 130, 144

FACS: Pächt–Alexander (1973) pl. VI (51) [fol. 1v (detail)]

548. 1. Oxford, Bodleian Library, Bodley 126 (S.C. 1990), fols. ii–iii, 60–1

s. xi med. or xi^2, Winchester OM?

Contents: antiphons and responsories; Office of St Katherine; responsories for the Office of the Dead

MS: Madan et al. (1895–1953) II/i.148–9; R. Gameson (1999a) no. 635; Hartzell (2006) no. 252

549. Oxford, Bodleian Library, Bodley 130 (S.C. 27609)

s. xi ex., prob. Bury St Edmunds, (prov. ibid.)

Contents: enlarged *Herbarius* (Antonius Musa, *De herba uettonica*; pseudo-Apuleius, *Herbarius*; pseudo-Dioscorides, *Liber medicinae ex herbis femininis*); *Curae ex hominibus*; *Medicina de quadrupedibus* (*De taxone liber*; Sextus Placitus, *Liber medicinae ex animalibus*)

MS: Madan et al. (1895–1953) V.302–3; Beccaria (1956) no. 86; N.R. Ker (1957) no. 302; N.R. Ker (1964) 21; De Vriend (1972) xxxv–xxxvi, xlv–liii; R.M. Thomson (1972) 625 and n. 39, 626 and nn. 51–2; R.W. Hunt et al. (1975) no. 122; Hollis–Wright (1992) 325–6, 332–3, 371; *ASMMF* VI (1998) 6–9 [no. 351; Franzen]; R. Gameson (1999a) no. 636; M. Collins (2000) 196–9; Scragg (2012a) no. 838

DEC: Pächt (1950) 29 n. 2; McKinney (1965) 160; Alexander (1970b) 13–14; Gransden (1972) 51; Pächt–Alexander (1973) no. 53; C.M.

Kauffmann (1975) no. 11; Ohlgren (1986) no. 222; R. Gameson (1991) 68; R. Gameson (1995b) 14–15

FACS: Gunther (1925) [complete facsimile]; Alexander (1970b) pls. 35, 36 (a)–(b) [fols. 26r, 91v (detail), 89r (detail)]; Gransden (1972) figs. 9–10 [fols. 26r, 37r]; C.M. Kauffmann (1975) ills. 26–9 [fols. 76r, 93r, 10v, 36v]; Blunt–Raphael (1994) 36 [fol. 58v]; *ASMMF* VI (1998) no. 351; M. Collins (2000) pl. XVIII and fig. 51 [fols. 45r, 26r]

ED: N.R. Ker (1957) 357 [OE plant names]; De Vriend (1972) [selected passages from *Medicina de quadrupedibus*]

ST: Howald–Sigerist (1927) xi; Singer (1927) 39–43; Grattan–Singer (1952) 26; Rouse (1966) 489 n. 52; Riddle (1980) 131; Blunt–Raphael (1994) 37; D'Aronco (2007) 51 n. 67; Lendinara (2007a) 92 n. 135; D'Aronco (2011) 238–9 and nn. 38–9

550. Oxford, Bodleian Library, Bodley 135 (S.C. 1899)

s. xi/xii, (England or) prob. Normandy, (prov. Exeter)

Contents: Augustine, *Contra Faustum Manichaeum* [*CPL* 321]

MS: Madan et al. (1895–1953) II/i.106; N.R. Ker (1960) 24 and n. 3; N.R. Ker (1964) 83; R. Gameson (1996b) 155 and n. 88; R. Gameson (1999a) no. 638

DEC: Pächt–Alexander (1966) no. 456

ST: Römer (1972b) 229

550. 5. Oxford, Bodleian Library, Bodley 137 (S.C. 1903)

s. xi ex., England, prob. Exeter (or Normandy?), (prov. Exeter)

Contents: Ambrose, *De apologia prophetae Dauid* [*CPL* 135], *De Ioseph patriarcha* [*CPL* 131], *De patriarchis* [*CPL* 132], *De paenitentia* [*CPL* 156], *De excessu fratris* [*CPL* 157], *Epistulae* lxiv–lxviii [lxxiv, lxxv, lxviii, lxxx] [*CPL* 160]

MS: Schenkl no. 480; Madan et al. (1895–1953) II/i.109; N.R. Ker (1964) 83; R. Gameson (1996b) 155 and n. 89; R. Gameson (1999a) no. 639; Bankert et al. (1997) 16

ST: Anlezark (2006) 63 n. 6

551. Oxford, Bodleian Library, Bodley 145 (S.C. 1915)

s. xi^2

Contents: Augustine, *Epistulae* [*CPL* 262] cc, ccvii; *De nuptiis et concupiscentia* [*CPL* 350]; *Contra Iulianum* [*CPL* 351]

MS: Schenkl no. 483; Madan et al. (1895–1953) II/i.114; N.R. Ker (1960) xiii–xiv, 12–13; Römer (1972b) 230; Rella (1977) 26; A.G. Watson (1987b) 269, 281 [repr. A.G. Watson (2004) no. VIII]; R. Gameson (1999a) no. 640

FACS: N.R. Ker (1960) pls. 28 (b)–(c) [fols. 104v, 105r (details)]

ST: N.R. Ker (1960) 54–7; Webber (1992) 47

552. Oxford, Bodleian Library, Bodley 147 (S.C. 1918)

s. xi ex., England, prob. Exeter (or Normandy?), (prov. Exeter)

Contents: Eusebius Vercellensis, *De Trinitate* [*CPL* 105]; Vigilius of Thapsus, *Contra Arianos, Sabellianos, Photinianos Dialogus* [*CPL* 807]; Potamius of Lisbon, *Epistula ad Athanasium* [*CPL* 542]; *Epistula Athanasii ad Luciferum* [*CPL* 117]; pseudo-Vigilius of Thapsus, *Solutiones obiectionum Arianorum* [*CPL* 812]; two creeds attributed to Jerome: *De fide catholica apud Bethleem* [*CPL* 554] and *Epist. supp.* [*CPL* 633] xvii (*Explanatio fidei ad Cyrillum*)

MS: Schenkl no. 484; Madan et al. (1895–1953) II/i.116; N.R. Ker (1960) 24 and n. 1; R. Gameson (1996b) 155 and n. 90; R. Gameson (1999a) no. 641

DEC: Dodwell (1954) 115–18; Pächt—Alexander (1966) no. 446

FACS: Boase (1951) pl. 3 [fol. 23v (detail)]

ST: Lambert (1969–72) nos. 315, 317, 511, 512

553. Oxford, Bodleian Library, Bodley 148 (S.C. 1920)

s. xi/xii, England or Normandy, (prov. Exeter)

Contents: Augustine, *De consensu Euangelistarum* [*CPL* 273], with *Retractatio* II. xvi [*CPL* 250]

MS: Schenkl no. 485; Madan et al. (1895–1953) II/i.117; N.R. Ker (1960) 24 and n. 1; R. Gameson (1996b) 155 and n. 91; R. Gameson (1999a) no. 642

DEC: Pächt—Alexander (1966) no. 461

FACS: Gullick (1990) fig. 20 [fol. 104r]

ST: Römer (1972b) 230; Mostert (1989) no. BF 917; Gullick (1990) 83 n. 75

554. Oxford, Bodleian Library, Bodley 155 (S.C. 1974)

s. x/xi or xi in., prov. Barking

Contents: gospels, gospel list; record* (added s. xi/xii, Barking)

MS: Madan et al. (1895–1953) II/i.142; Van Dijk (1952) no. 6; N.R. Ker (1957) no. 303; Van Dijk (1957–60) I.22; N.R. Ker (1964) 6; Backhouse et al. (1984b) no. 35 [D.H. Turner]; A.G. Watson (1987b) 291 [repr. A.G. Watson (2004) no. VIII]; R. Gameson (2012a) 18 n. 20, 68 and n. 239; R. Gameson (2012b) 99 and n. 18, 115 n. 86; D. Ganz (2012) 194 and n. 41; McGurk (2012) 438 and n. 6, 447 [no. 18]; Scragg (2012a) no. 839

DEC: Rice (1952) 218; F. Wormald (1952) 75 [no. 47]; Pächt–Alexander (1973) no. 41; E. Temple (1976) no. 59; Ohlgren (1986) no. 164; Heslop (1990) 153–4; R. Gameson (1995b) 193 n. 4, 194, 217

FACS: Rice (1952) pl. 70 (b) [fol. 93v]; F. Wormald (1952) pls. 5 (b), 7 [fols. 146v, 93v]; Pächt–Alexander (1973) pl. IV [fol. 93v]; E. Temple (1976) ills. 177–8 [fols. 93v, 146v]; Backhouse et al. (1984b) 58 [fol. 93v]

ST: Glunz (1933) 68; McGurk (1986b) 44 [repr. McGurk (1998) no. XIV]; Lenker (1997) 430–7

555. Oxford, Bodleian Library, Bodley 163 (S.C. 2016), fols. 1–227, 250–1

s. xi in., (prov. Peterborough); s. xi med. (glossary); s. xi ex. (Caesarius, Sermo ccxvi); s. xi/xii or xii in. (booklist)

Contents: Bede, *Historia ecclesiastica* [*CPL* 1375]; Ædiluulf, *De abbatibus* [SK 15778]; excerpts from Jerome (*Comm. in Esaiam* V. 14, 22–3) and Orosius (*Historiae* II. 6, 7–10); *De situ Babylonis*; charm; glossary+* (s. xi med.); Caesarius, *Sermo* ccxvi (f; s. xi ex.); booklist (s. xi/xii or xii in.)

MS: Schenkl no. 495; Madan et al. (1895–1953) II/i.164–5; C. Plummer (1896) I.cxviii–cxix; T.A.M. Bishop (1949–53) 441; N.R. Ker (1957) no. 304; N.R. Ker (1964) 151; Colgrave–Mynors (1969) li; T.A.M. Bishop (1967a) 41; T.A.M. Bishop (1971) 21; Rella (1977) 69; O'Brien O'Keeffe (1990) 30–7; Dumville (1993g) 118–19 and nn., 139; Lendinara (1996) 621–2; Friis-Jensen–Willoughby (2001) 8–9, 77; *ASMMF* X (2003) 30–7 [no. 353; O'Brien O'Keeffe]; Biggs (2007a) 20 [Twomey]; Wieland (2009) 142; Scragg (2012a) nos. 840–2

DEC: Pächt–Alexander (1973) no. 71; Brownrigg (1978) 264 and n. 6

FACS: Whitelock (1954) 14, pl. 1 [fol. 1r]; Friis-Jensen—Willoughby (2001) pl. 2 [fol. 251r]; *ASMMF* X (2003) no. 353

ED: C. Plummer (1896) [Bede, *Historia ecclesiastica*, coll. as O$_2$]; Napier (1900) no. 29 [OE glosses to Bede, *Historia ecclesiastica*]; Dobbie (1937) 38 [Caedmon's Hymn, coll. as Bd]; Storms (1948) 302 [no. 71] [OE charm]; A. Campbell (1967b) [Ædiluulf, *De abbatibus*, coll. as O]; Lapidge (1985b) 76–82 [repr. Lapidge (1994b) 149–57] [booklist]; Lendinara (1988–9) 506–11 [repr. Lendinara (1999a) 347–55] [glossary]; Friis-Jensen—Willoughby (2001) 6–15 [booklist]; Lapidge (2006) 143–7 [booklist]

ST: Hardy (1862–71) nos. 783, 1072; Grierson (1941) 109 n. 3; Lambert (1969–72) no. 990; Dumville (1975) 106 n. [text on fols. 228–49 (s. xii)]; *BCLL* (1985) no. 131 [text on fols. 228–49 (s. xii)]; Lendinara (1988–9) [repr. Lendinara (1999a) 329–55]; R.H.C. Davis (1989) 112–13; Whatley (1996) 20; R. Gameson (1999a) no. 646

555. 5. Oxford, Bodleian Library, Bodley 180 (S.C. 2079)

s. xi/xii

Contents: Boethius (Alfred?), *De consolatione Philosophiae** (OE prose version); prayer*

MS: Madan et al. (1895–1953) II/i.200–1; Sedgefield (1899) xiii–xv; N.R. Ker (1957) no. 305; R. Gameson (1999a) no. 647; Godden—Irvine (2009) I.9–18

FACS: Godden—Irvine (2009) I, frontispiece [fol. 27v]

ED: Sedgefield (1899) 7–149 [OE Boethius coll. as B], 149 [base MS for OE prayer]; Godden—Irvine (2009) II.239–382 [base MS for OE Boethius]

LANG: Sedgefield (1899) 207–325 [glossary (items from this MS marked with asterisk)]; Godden—Irvine (2009) I.152–206, II.520–631 [glossary]

ST: Sedgefield (1899); Waite (2000) 227–58; Godden—Irvine (2009) I.xv–xxxix, 44–72, 140–6; Gneuss (2012) 293

556. Oxford, Bodleian Library, Bodley 193 (S.C. 2100)

s. xi/xii, England or Normandy, (prov. Exeter)

Contents: Gregory (?), *Symbolum fidei* [cf. *CPL* 1714 (p. 558)]; Gregory, *Registrum epistularum* [*CPL* 1714], with supplement

MS: Schenkl no. 503; Madan et al. (1895–1953) II/i.212; N.R. Ker (1960) 24 and n.; Conner (1993) 7; R. Gameson (1996b) 156 and n. 92; R. Gameson (1999a) no. 648

DEC: Pächt—Alexander (1973) no. 67; Alexander (1978c) 101

FACS: Pächt—Alexander (1973) pl. VI [fol. 2r (detail)]

557. Oxford, Bodleian Library, Bodley 218 (S.C. 2054)

s. ix^1, Tours, prov. England by s. x

Contents: Bede, *In Lucae euangelium expositio* [*CPL* 1356]; liturgical fragments from masses (s. x^2)

MS: Schenkl no. 519; Madan et al. (1895–1953) II/i.186; Rand (1929) I, no. 66; Laistner—King (1943) 47; Van Dijk (1957–60) I.210; Rella (1977) 167; Rella (1980) 113; Dumville (1993g) 141 n. 1; Bischoff (1998—) II, no. 3783; Hartzell (2006) no. 254; Lapidge (2006) 171

DEC: Pächt—Alexander (1973) no. 32

FACS: Rand (1929) II, pls. LXXIX [fols. 69r, 114v], LXXX [fol. 166r]

ED: Hurst (1960) 5–425 [Bede, *In Lucae euangelium expositio*, coll. as J]

558. Oxford, Bodleian Library, Bodley 223 (S.C. 2106)

s. xi^2, (prov. Worcester, prov. Windsor, St George's Chapel, before s. xvi?)

Contents: Gregory, *Homiliae in Hiezechielem* [*CPL* 1710]

MS: Schenkl no. 520; Madan et al. (1895–1953) II/i.214–15; N.R. Ker (1960) 8, 22; N.R. Ker (1964) 203, 208; Rella (1977) no. 20; R. Gameson (1999a) no. 650; R. Gameson (2005a) 95, 101–4

559. Oxford, Bodleian Library, Bodley 229 (S.C. 2120)

s. x/xi or xi^1 or xi med., France, prov. Exeter

Contents: Augustine, *Sermones .lxiv. de uerbis Domini*; pseudo-Augustine, *Sermo .i. de uerbis apostoli*; Caesarius of Arles, *Sermones* cliv, clxxiv

MS: Schenkl no. 522; Madan et al. (1895–1953) II/i.219; N.R. Ker (1960) 8 n. 2; Römer (1972b) 234; Pollard (1975) 152; Rella (1977) 87–8, 159; Drage (1978) 395–6; Clarkson (1996) 181–4; R. Gameson (1996b) 151 n. 63; R. Gameson (2012d) 368 and n. 100; Gullick (2012) 299 n. 29

DEC: Pächt—Alexander (1973) no. 46

560. Oxford, Bodleian Library, Bodley 237 (S.C. 1939)

s. xi/xii, (prov. Exeter)

Contents: Florus of Lyon, *Comm. in Epistolas Pauli*

MS: Schenkl no. 526; Madan et al. (1895–1953) II/i.125; N.R. Ker (1960) 24 and n. 3; Römer (1972b) 234; Conner (1993) 8; R. Gameson (1996b) 156; R. Gameson (1999a) no. 651

DEC: Pächt—Alexander (1973) no. 83

561. Oxford, Bodleian Library, Bodley 239 (S.C. 2244)

s. xi/xii or xii in., Normandy? (prov. Exeter)

Contents: Isidore, *Etymologiae* [CPL 1186]

MS: Schenkl no. 528; Madan et al. (1895–1953) II/i.276; N.R. Ker (1960) 24 and n. 3; R. Gameson (1996b) 156 and n. 94; R. Gameson (1999a) no. 652

DEC: Pächt—Alexander (1966) no. 465

ST: Knappe (1996) 132–3

563. Oxford, Bodleian Library, Bodley 301 (S.C. 2739)

s. xi/xii, prob. Normandy, (prov. Exeter)

Contents: Augustine, *Tractatus in Euangelium Ioannis* [CPL 278]

MS: Schenkl no. 550; Madan et al. (1895–1953) II/i.522; Mynors (1939) 34 n. 1; Pächt (1950b) 99; T.A.M. Bishop (1954–8a) 198; N.R. Ker (1960) 24 and n. 3; Pächt—Alexander (1966) 35; N.R. Ker (1968) 84; Römer (1972b) 236; R. Gameson (1996b) 156 and n. 99; R. Gameson (1999a) no. 658

DEC: F. Wormald (1944) 135 [repr. F. Wormald (1984) 183 n. 17]; Boase (1953) 29; Dodwell (1954) 117 and n. 3, 118; Pächt—Alexander (1966) no. 444; Rollason (1998) pl. 46 [caption]

FACS: Dodwell (1954) pl. 72 (a) [fol. 4r]; Pächt—Alexander (1966) pl. XXXVI [fol. 4r (detail)]

564. Oxford, Bodleian Library, Bodley 310 (S.C. 2121)

s. ix^2 or ix$^{3/4}$, perh. E France, prov. England before 1100 possible

Contents: Gregory, *Moralia in Iob* [CPL 1708], bks. XI–XVI

MS: Schenkl no. 554; Madan et al. (1895–1953) II/i.219–20; N.R. Ker (1972b) 77 n. 4; Rella (1977) 167; Biggs (1994); Bischoff (1998 —) II, no. 3784; Lapidge (2006) 171, 306

ST: R. McKitterick (2012) 330 and n. 108

565. Oxford, Bodleian Library, Bodley 311 (S.C. 2122)

s. x², N or NW France, in England by s. x/xi, prov. Exeter by s. xi²?

Contents: *Iudicia Theodori* G ('Canones Gregorii') [cf. *CPL* 1885]; Gregory and Augustine, *Libellus responsionum*; *Poenitentiale Cummeani* [*CPL* 1882]; *Poenitentiale Remense*; excerpts from *Poenitentiale Theodori* [*CPL* 1885]; *Poenitentiale Oxoniense* I [*CPL* 1893b]; pseudo-Jerome, *Epist. supp.* xii [*CPL* 764 (excerpt)]; *Poenitentiale Oxoniense* II [*CPL* 1893g]

MS: Schenkl no. 555; Madan et al. (1895–1953) II/i.220; N.R. Ker (1957) no. 307; Bieler (1963) 13; N.R. Ker (1964) 84; T.A.M. Bishop (1971) xxv, 18; Pollard (1975) 146–7; Rella (1977) 156; Drage (1978) 397–9; Rella (1980) 113–14; Conner (1993) 8, 15, 17, 20; Dumville (1993g) 55 and n. 241; Kottje et al. (1994) xxxviii–xxxix; Clarkson (1996) 169–74; Gameson (1996b) 152 and n. 72; Budny (1997) I.460; R. Gameson (2012a) 29 n. 66; Scragg (2012a) nos. 843–4

ED: Bieler (1963) 108–34 [*Poenitentiale Cummeani* coll. as E]; Asbach (1975) 10–46 [*Poenitentiale Remense* coll. as O]; Kottje et al. (1994) 3–55 and 89-93 [base MS (= O_2) for *Poenitentiale Oxoniense* I], 181–205 [*Poenitentiale Oxoniense* II coll. as O_2]

ST: Lambert (1969–72) no. 312; Römer (1972b) 236; Frantzen (1983a) 37; Frantzen (1983b) 130 and nn. 24–5, 169 n. 52; Frantzen (1985) 23–4, 26, 30–1; Charles-Edwards (1995)

566. Oxford, Bodleian Library, Bodley 314 (S.C. 2129)

s. xi/xii, prob. Exeter, (prov. ibid.)

Contents: Gregory, *Homiliae .xl. in Euangelia* [*CPL* 1711]

MS: Schenkl no. 557; Madan et al. (1895–1953) II/i.224; N.R. Ker (1960) 24, 44, 46 n. 3; N.R. Ker (1964) 84; R.M. Thomson (1986a) 37; Conner (1993) 8; R. Gameson (1996b) 152 and n. 71, 156 and n. 100; R. Gameson (1999a) no. 659; Keefer (2007b) 105

FACS: N.R. Ker (1960) pls. 2–3 [fols. 25v, 26r]

567. Oxford, Bodleian Library, Bodley 314 (S.C. 2129), fols. ii, iii, 98, 99

s. x^1 or x^2, Brittany, (prov. Exeter)

Contents: sacramentary (f)

MS: Madan et al. (1895–1953) II/i.224; Van Dijk (1957–60) V.18; Gamber (1968–88) no. 622; R. Gameson (1996b) 152; Hartzell (2006) no. 256

ED: Gamber (1962a) 101

567. 5. Oxford, Bodleian Library, Bodley 317 (S.C. 2708)

s. xi/xii, Préaux, (prov. Canterbury)

Contents: Florus of Lyon, *Comm. in Epistolas Pauli* (Ad Corinthios II — Ad Hebraeos)

Companion vol. to no. **165. 5**

MS: Schenkl no. 558; Madan et al. (1895–1953) II/i.506; N.R. Ker (1960) 41 n. 6; N.R. Ker (1964) 38; Römer (1972b) 237; R. Gameson (1999a) no. 660

568. Oxford, Bodleian Library, Bodley 319 (S.C. 2226)

s. x^2, prob. SW England, (prov. Exeter)

Contents: Isidore, *De fide catholica contra Iudaeos* [CPL 1198], II. xxvii with OE gloss

MS: Schenkl no. 559; Madan et al. (1895–1953) II/i.268; N.R. Ker (1957) no. 308; N.R. Ker (1960) 8 and n. 4; N.R. Ker (1964) 84; Pollard (1975) 147–8; N.R. Ker (1976b) 30 [repr. N.R. Ker (1985) 150]; Rella (1977); Drage (1978) 400–1; Conner (1993) 6, 8, 19–20 *et passim*; Clarkson (1996) 174–7; R. Gameson (1996b) 163 and n. 130, 164–79; R.M. Butler (2004) 178, 184, 204–5; C. Bishop (2007b) 98; R. Gameson (2012a) 59 n. 199; Gullick (2012) 300 and n. 38; Scragg (2012a) no. 845

DEC: Pächt—Alexander (1973) no. 27

FACS: Muir (1991b) pls. 5–6 [fols. 26r, 40r]; Conner (1993) pls. X–XI [fols. 27r, 74r]

ED: Napier (1900) no. 40 [OE gloss]

ST: Webber (1992) 68; C. Bishop (2007b) 98–9

569. Oxford, Bodleian Library, Bodley 340 + 342 (S.C. 2404–5)

s. xi in., Canterbury or Rochester; additions of s. xi^1 and xi med., SE England, prob. Rochester, (prov. whole MS, Rochester from s. xi med. or earlier)

Contents: Ælfric, *Catholic Homilies* [both series in the order of the Church year]; eleven anonymous homilies, including five versions of Vercelli Homilies (s. xi in. —s. xi med., Canterbury or Rochester); additions (prob. made at Rochester): account of St Paulinus of York (s. xi med.); Latin prayer and verse, Latin poem [WIC 3311], note in Latin and Old Flemish (s. xi²), hymn for St Mary Magdalene [*AH* XII.174] (s. xi)

MS: Madan et al. (1895–1953) II/i.351–2; N.R. Ker (1933); K. Sisam (1953a) 148–98; N.R. Ker (1957) no. 309; N.R. Ker (1964) 163; Pope (1967–8) I.20; A.F. Cameron (1974) 222–4; P.R. Robinson (1978) 236 [repr. P.R. Robinson (1994) 32]; Godden (1979) xxv–xxviii; Scragg (1979) 237–40; A.G. Watson (1987b) 263, 275–6 n. 12, 294 [repr. A.G. Watson (2004) no. VIII]; R. Sharpe et al. (1996) 490, 511; Clemoes (1997) 7–10; Dronke (2005b) 400–1; *ASMMF* XVII (2008) 53–69 [no. 358; Wilcox]; Scragg (2009b) 68–9, 81; Crick (2012) 181; R. Gameson (2012a) 24 and n. 38, 67 n. 232; Scragg (2012a) nos. 846–51

DEC: Pächt—Alexander (1973) no. 42; E. Temple (1976) no. 30 (xvii); Brownrigg (1978) 260 n. 3; Ohlgren (1986) no. 134; R. Gameson (2012c) 287 and n. 133; Scragg (1996) 212

FACS: D.M. Rogers (1991) pl. 24 [Bodley 340, fol. 169v]; Scragg (1992) pl. IV [Bodley 340, fol. 1r]; *ASMMF* XVII (2008) no. 358; Owen-Crocker (2009) figs. 3.2 [Bodley 340, fol. 1r], 3.3 [Bodley 342, fol. 1r]

ED [the order of the following items is that of the manuscripts, listed according to the numbering of individual articles in N.R. Ker (1957) 361–7; only the most recent editions are cited]:

(Bodley 340)

art. 1: Förster (1932) 107–31 [Vercelli Hom. V (Christmas) coll. as O]; Scragg (1992) 111–21 [Vercelli Hom. V (Christmas) coll. as E]

art. 2: Clemoes (1997) 198–205 [Ælfric, CH I, Hom. III (St Stephen), coll. as D]

art. 3: Clemoes (1997) 206–16 [Ælfric, CH I, Hom. IV (Assumption of St John the Evangelist), coll. as D]

art. 4: Clemoes (1997) 217–23 [Ælfric, CH I, Hom. V (Holy Innocents), coll. as D]

art. 5: Clemoes (1997) 224–31 [Ælfric, CH I, Hom. VI (Circumcision of the Lord), coll. as D]

art. 6: Clemoes (1997) 232–40 [Ælfric, CH I, Hom. VII (Epiphany), coll. as D] art. 7: Förster (1932) 149–59 [Vercelli Hom. VIII (First Sunday after Epiphany) coll. as O]; Scragg (1992) 143–8 [Vercelli Hom. VIII (First Sunday after Epiphany) coll. as E]

art. 8: Förster (1913) 100–16 [Vercelli Hom. IX (Second Sunday after Epiphany) coll. as B]; Szarmach (1981a) 4–7 [Vercelli Hom. IX (Second Sunday after Epiphany) coll. as E]; Scragg (1992) 158–84 [Vercelli Hom. IX (Second Sunday after Epiphany) coll. as E]

art. 9: Clemoes (1997) 241–8 [Ælfric, CH I, Hom. VIII (Third Sunday after Epiphany), coll. as D]

art. 10: Clemoes (1997) 249–57 [Ælfric, CH I, Hom. IX (Purification of B.V.M.), coll. as D]

art. 11: Godden (1979) 72–80 [Ælfric, CH II, Hom. IX (St Gregory), coll. as D]

art. 12: Godden (1979) 81–91 [Ælfric, CH II, Hom. X (St Cuthbert), coll. as D]

art. 13: Godden (1979) 92–109 [Ælfric, CH II, Hom. XI (St Benedict), coll. as D]

art. 14: Clemoes (1997) 281–9 [Ælfric, CH I, Hom. XIII (Annunciation of B.V.M.), coll. as D]

art. 15: Godden (1979) 41–51 [Ælfric, CH II, Hom. V (Septuagesima Sunday), coll. as D]

art. 16: Godden (1979) 52–9 [Ælfric, CH II, Hom. VI (Sexagesima Sunday), coll. as D]

art. 17: Clemoes (1997) 258–65 [Ælfric, CH I, Hom. X (Quinquagesima Sunday), coll. as D]

art. 18: Godden (1979) 60–6 [Ælfric, CH II, Hom. VII (First Sunday in Lent), coll. as D]

art. 19: Förster (1932) 53–71 [Vercelli Hom. III (Second Sunday in Lent) coll. as O]; Scragg (1992) 73–83 [Vercelli Hom. III (Second Sunday in Lent) coll. as E]

art. 20: Assmann (1889/1964) 138–43 [Homily for the Third Sunday in Lent (Hom. XI) coll. as N]

art. 21: as Belfour (1909) 50–9 [Hom. no. VI (Fourth Sunday in Lent), not collated, and specified in Belfour for the Second Sunday in Lent]

art. 22: Assmann (1889/1964) 144–50 [Homily for the Fifth Sunday in Lent (Hom. XII) coll. as N]

art. 23: Ryan (1955) 1–43 [base MS for Homily for Palm Sunday]; Schaefer (1972) 18–33 [Homily for Palm Sunday coll. as C]

art. 24: Assmann (1889/1964) 151–63 [Homily *De cena Domini* (Hom. XIII) coll. as N] art. 25: Förster (1932) 1–43 [Vercelli Hom. I (Good Friday) coll. as O]; Scragg (1992) 7–43 [base MS (= E) for Vercelli Hom. I (Good Friday)]

art. 26: Ryan (1955) 44–100 [base MS for Homily for Holy Saturday]; Schaefer (1972) 83–114 [Homily for Holy Saturday coll. as C]; R. Evans (1981) [base MS for Homily for Holy Saturday]

art. 27: Clemoes (1997) 299–306 [Ælfric, CH I, Hom. XV (Easter Sunday), coll. as D]

art. 28: Clemoes (1997) 307–12 [Ælfric, CH I, Hom. XVI (First Sunday after Easter), coll. as D]

art. 29: Clemoes (1997) 313–16 [Ælfric, CH I, Hom. XVII (Second Sunday after Easter), coll. as D]

art. 30: Godden (1979) 169–73 [Ælfric, CH II, Hom. XVII (SS. Philip and James, apostles), coll. as D]

arts. 31–2: Godden (1979) 174–9 [Ælfric, CH II, Hom. XVIII (Discovery of the Holy Cross), coll. as D]

(Bodley 342)

art. 33: Clemoes (1997) 178–89 [Ælfric, CH I, Hom. I (*De initio creaturae*), coll. as D]

art. 34: Clemoes (1997) 317–24 [Ælfric, CH I, Hom. XVIII (*In Letania maiore*), coll. as D]

art. 35: Godden (1979) 180–9 [Ælfric, CH II, Hom. XIX (*Feria .II. in Letania maiore*), coll. as D]

art. 36: Clemoes (1997) 325–34 [Ælfric, CH I, Hom. XIX (*Feria .III. De dominica oratione*), coll. as D]

art. 37: Godden (1979) 190–8 [Ælfric, CH II, Hom. XX (*Feria .III. in Letania maiore*), coll. as D]

arts. 38–9: Godden (1979) 199–205 [Ælfric, CH II, Hom. XXI (*Alia uisio* from Bede, *HE* V.xii), coll. as D]

art. 40: Clemoes (1997) 335–44 [Ælfric, CH I, Hom. XX (*Feria .IIII. De fide catholica*), coll. as D]

art. 41: Godden (1979) 206–12 [Ælfric, CH II, Hom. XXII (*Feria .IIII. in Letania maiore*), coll. as D]

art. 42: Clemoes (1997) 345–53 [Ælfric, CH I, Hom. XXI (Ascension Day), coll. as D]

art. 43: Clemoes (1997) 354–64 [Ælfric, CH I, Hom. XXII (Pentecost), coll. as D]

art. 44: Clemoes (1997) 365–70 [Ælfric, CH I, Hom. XXIII (Second Sunday after Pentecost), coll. as D] arts. 45–6: Godden (1979) 213–20 [Ælfric, CH II, Hom. XXIII (Third Sunday after Pentecost), coll. as D; and see Pope (1967–8) I.20]

art. 47: Clemoes (1997) 371–8 [Ælfric, CH I, Hom. XXIV (Fourth Sunday after Pentecost), coll. as D]

art. 48: Clemoes (1997) 379–87 [Ælfric, CH I, Hom. XXV (St John the Baptist), coll. as D]

arts. 49–50: Godden (1979) 221–9 [Ælfric, CH II, Hom. XXIV (St Peter), coll. as D]

arts. 51–2: Clemoes (1997) 388–99 [Ælfric, CH I, Hom. XXVI (SS. Peter and Paul), coll. as D]

art. 53: Clemoes (1997) 400–9 [Ælfric, CH I, Hom. XXVII (St Paul), coll. as D]

art. 54: Godden (1979) 230–4 [Ælfric, CH II, Hom. XXV (Eighth Sunday after Pentecost), coll. as D]

art. 55: Godden (1979) 235–40 [Ælfric, CH II, Hom. XXVI (Ninth Sunday after Pentecost), coll. as D]

art. 56: Clemoes (1997) 410–17 [Ælfric, CH I, Hom. XXVIII (Eleventh Sunday after Pentecost), coll. as D]

art. 57: Godden (1979) 241–7 [Ælfric, CH II, Hom. XXVII (St James the Apostle), coll. as D]

art. 58: Godden (1979) 249–54 [Ælfric, CH II, Hom. XXVIII (Twelfth Sunday after Pentecost), coll. as D]

arts. 59–60: Godden (1979) 268–71 [Ælfric, CH II, Hom. XXXI (Sixteenth Sunday after Pentecost), coll. as D]

art. 61: Clemoes (1997) 459–64 [Ælfric, CH I, Hom. XXXIII (Seventeenth Sunday after Pentecost), coll. as D]

art. 62: Clemoes (1997) 476–85 [Ælfric, CH I, Hom. XXXV (Twenty-first Sunday after Pentecost), coll. as D]

art. 63: Godden (1979) 297–8 [Ælfric, CH II, appendix to Hom. XXXIV (St Martin), coll. as D]

art. 64: Godden (1979) 299–303 [Ælfric, CH II, Hom. XXXV (Feast of an Apostle), coll. as D]

art. 65: Godden (1979) 304–9 [Ælfric, CH II, Hom. XXXVI (Feast of Several Apostles), coll. as D]

art. 66: Godden (1979) 310–17 [Ælfric, CH II, Hom. XXXVII (Feast of Holy Martyrs), coll. as D]

art. 67: Godden (1979) 318–26 [Ælfric, CH II, Hom. XXXVIII (Feast of a Confessor), coll. as D]

art. 68: Godden (1979) 327–34 [Ælfric, CH II, Hom. XXXIX (Feast of Holy Virgins), coll. as D] art. 69: Godden (1979) 335–45 [Ælfric, CH II, Hom. XL (Dedication of a Church), coll. as D]

arts. 70–1: Clemoes (1997) 486–96 [Ælfric, CH I, Hom. XXXVI (All Saints), coll. as D]

art. 72: Clemoes (1997) 497–506 [Ælfric, CH I, Hom. XXXVII (St Clement), coll. as D]

art. 73: Clemoes (1997) 520–3 [Ælfric, CH I, Hom. XXXIX (First Sunday in Advent), coll. as D]

art. 74: Clemoes (1997) 524–30 [Ælfric, CH I, Hom. XL (Second Sunday in Advent), coll. as D]

art. 75: Sisam (1953a) 151–2 [base MS for account of St Paulinus of Rochester]

art. 76: Godden (1979) 64–6 [Ælfric, CH II, conclusion to Hom. VII (First Sunday in Lent), coll. as D]

art. 77: Godden (1979) 41–51 [Ælfric, CH II, Hom. V (Septuagesima Sunday), coll. as D (incomplete)]

arts. 78–9: Clemoes (1997) 507–19 [Ælfric, CH I, Hom. XXXVIII (St Andrew), coll. as D]

(additions)

K. Sisam (1953a) 196 [Latin prayer, verse, poem, Latin and Old Flemish note]; Milfull (1996) 471–2 [hymn for St Mary Magdalene]; Dronke (2005b) 400 [Latin prayer, verse, poem, Latin and Old Flemish note]

ST: K. Sisam (1953a) 148–98; Gneuss (1968) 116; Van Loey (1970) 253–4 [Old Flemish on fol. 169v of Bodley 340]; M.P. Richards (1979) 14–17; Wieland (1985) 167; M.P. Richards (1988) 87–9; C.D. Wright (1993) 273–5; Milfull (1996) 65–6; M.P. Richards (2006) 292; Scragg (2012b) 558 and nn. 20–1

569. 4. Oxford, Bodleian Library, Bodley 356 (S.C. 2716), offset of pastedown

s. xi, prob. Bury St Edmunds

Contents: missal (f)

MS: Madan et al. (1895–1953) II/i.510; Van Dijk (1957–60) V.156; Rushforth–Orchard (2005)

FACS: Rushforth–Orchard (2005) fig. 1

570. Oxford, Bodleian Library, Bodley 381 (S.C. 2202)

s. x, England or English scribe on Continent?, prov. Canterbury StA

Contents: Iohannes Diaconus, *Vita S. Gregorii* [*BHL* 3641]

MS: Schenkl no. 570; Madan et al. (1895–1953) II/i.256; T.A.M. Bishop (1949–53) 438; N.R. Ker (1957) no. 311; N.R. Ker (1964) 46; A.G. Watson (1978) 310 [repr. A.G. Watson (2004) no. VII]; Budny (1985) 167–79; Dumville (1994d) 207; Lapidge (1994b) 156; Scragg (2012a) no. 852

ST: R. McKitterick (2012) 328

570. 1. Oxford, Bodleian Library, Bodley 381 (S.C. 2202), fols. i and ii

s. ix$^{3/4}$, prob. NE France (Corbie?), (prov. Canterbury StA)

Contents: gospel list (part)

MS: Madan et al. (1895–1953) II/i.256; Van Dijk (1957–60) V.21; Budny (1985) 170–2; Lenker (1997) 428–9 *et passim*; Bischoff (1998—) II, no. 3785; Lapidge (2006) 171

571. Oxford, Bodleian Library, Bodley 385 (S.C. 2210)

s. xi/xii, Continent (Low Countries or NE France), (prov. Canterbury CC)

Contents: Jerome, *Comm. in Danielem* [*CPL* 588]; Bede, *De tabernaculo* [*CPL* 1345]; pseudo-Augustine and pseudo-Orosius, *Dialogus quaestionum .lxv.* [*CPL* 373a]

MS: Schenkl no. 574; Madan et al. (1895–1953) II/i.260; Laistner—King (1943) 92; R. Gameson (1995a) 142; R. Gameson (1999a) no. 666

DEC: Dodwell (1954) 120; Pächt—Alexander (1973) no. 57

ST: Lambert (1969–72) no. 215; Römer (1972b) 238

572. Oxford, Bodleian Library, Bodley 386 (S.C. 2211), fols. i and 174

s. x ex or x/xi

Contents: missal (f)

MS: Madan et al. (1895–1953) II/i.260–1; Van Dijk (1957-60) V.163; *Le Graduel Romain* II (1957) 90; Hartzell (2006) no. 258; Wieland (2009) 123

573. Oxford, Bodleian Library, Bodley 391 (S.C. 2222)

s. xi ex., Canterbury StA

Contents: Isidore, *De ortu et obitu patrum* [*CPL* 1191], *Allegoriae quaedam S. Scripturae* [*CPL* 1190]; Jerome, *De uiris inlustribus* [*CPL* 616]; *Decretum Gelasianum de libris recipiendis et non recipiendis* [*CPL* 1676]; Gennadius, *De uiris inlustribus* [*CPL* 957]; Isidore, *De uiris illustribus* [*CPL* 1206]; Augustine, *Retractationes* [*CPL* 250]; Cassiodorus, *Institutiones* [*CPL* 906], bk. I; Isidore, *In libros ueteris ac noui Testamenti prooemia* [*CPL* 1192]

MS: Schenkl no. 577; Madan et al. (1895–1953) II/i.265–6; T.A.M. Bishop (1955) 2; N.R. Ker (1960) 11, 22 and n. 1, 30; N.R. Ker (1964) 46; A.G. Watson (1972–6) 215 [repr. A.G. Watson (2004), no. XIV]; Rella (1977) 23; R. Gameson (1995a) 98 n. 13, 102 n. 28, 106 n. 40, 144; R. Gameson (1999a) no. 668; T.N. Hall (2004b) 97 n. 18

DEC: Dodwell (1954) 122; Pächt–Alexander (1973) no. 51; Alexander (1978c) 102–3; R. Gameson (1995a) 124 n. 103, 132

FACS: Pächt–Alexander (1973) pl. VI [fol. 2r (detail)]

ST: Mynors (1937) xliii, xlvii–xlix; Lambert (1969–72) no. 260; Römer (1972b) 239

574. Oxford, Bodleian Library, Bodley 392 (S.C. 2223)

s. xi ex., Salisbury

Contents: thirty-one homilies by Eusebius Gallicanus [*CPL* 966] and Caesarius of Arles [*CPL* 1008]; Patrick of Dublin, *De tribus habitaculis animae* [*BCLL* 309]

MS: Schenkl no. 578; Madan et al. (1895–1953) II/i.266; Esposito (1932) 264; N.R. Ker (1949–50) 154 n. 1, 158 n. 1, 162 n. 5 [repr. N.R. Ker (1985) 176 n. 1, 180 n. 1, 184 n. 5]; Gwynn (1955) 28–9; N.R. Ker (1964) 171; N.R. Ker (1976b) 25–6, 29, 48 [repr. N.R. Ker (1985) 145 n., 146, 149, 172]; A.G. Watson (1987b) 294 [repr. A.G. Watson (2004) no. VIII]; Webber (1992) 12, 13, 20, 136–7, 146; R. Gameson (1999a) no. 669; R. Gameson (2012a) 52 n. 175

ED: Gwynn (1955) 106–24 [Patrick, *De tribus habitaculis animae*, coll. as A]

ST: Lambert (1969–72) nos. 324, 338; Römer (1972b) 239; *BCLL* (1985) no. 309

575. Oxford, Bodleian Library, Bodley 394 (S.C. 2225), fols. 1–84

s. x², prob. France (or England?), (prov. Exeter)

Contents: Isidore, *De fide catholica contra Iudaeos* [*CPL* 1198]

MS: Schenkl no. 580; Madan et al. (1895–1953) II.i.267–8; A.J. Robertson (1939) 479; N.R. Ker (1964) 84; Drage (1978) 402–3; Conner (1993) 8, 14, 20, 34, 81, 83; Dumville (1994b) 210; Lapidge (1994b) 139; R. Gameson (1996b) 150 and n. 59, 169–70

576. Oxford, Bodleian Library, Bodley 426 (S.C. 2327), fols. 1–118

838×847, Wessex (Winchester or Sherborne?), (prov. Canterbury StA)

Contents: Philippus presbyter, *Comm. in librum Iob* [*CPL* 643]

MS: Madan et al. (1895–1953) II.i.312; M.R. James (1903) 204, 516; *CLA* II (1935) no. 234; N.R. Ker (1964) 46; Chaplais (1965) 57–8 [repr. Ranger (1973) 38 and n. 84]; Sawyer (1968) nos. 298, 1438; De la Mare—Barker-Benfield (1980) 13 [T.J. Brown]; Morrish (1982) 91; N.P. Brooks (1984) 323–5; A.G. Watson (1984) I, no. 88; M.P. Brown (1986) 120 n. 5; A.G. Watson (1987b) 263, 269, 282, 287 [repr. A.G. Watson (2004) no. VIII]; Morrish (1988) 513, 522–4 and n. 45; Conner (1993) 68 and n. 75; M.P. Brown (1996) 171–2; Crick (1997) 65–74; Barker-Benfield (2008) I.lxi n. 28, lxxxix, 222–3, 424, III.1690, 1777, 1810; D. Ganz (2012) 189 and n. 8; M.P. Brown (2012) 164–5

DEC: Pächt—Alexander (1973) no. 6; Alexander (1978a) no. 40; Ohlgren (1986) no. 40

FACS: *CLA* II (1935) no. 234 [fol. 2v (detail)]; Pächt—Alexander (1973) pl. I [fol. 1r (detail)]; Alexander (1978a) ill. 136 [fol. 1v (detail)]; A.G. Watson (1984) II, pl. 7 [fol. 61v]; Morrish (1988) pl. 4 [fol. 61v]; Drogin (1989) pls. 30, 95 [fol. 76r (details)]; M.P. Brown (1996) fig. 21 [fol. 2v (detail)]; Crick (1997) pl. V [fol. 67r]

ST: Lambert (1969–72) no. 413

577. Oxford, Bodleian Library, Bodley 441 (S.C. 2382)

s. xi¹ or xi^{1/4}, SE England?

Contents: gospels*

MS: Skeat (1871) vii–viii; Madan et al. (1895–1953) II/i.340; Bright (1904–6) xvi–xviii [John]; N.R. Ker (1957) no. 312; Morrell (1965) 184; Liuzza (1994–2000) I.xx–xxiii; *ASMMF* III (1995) 26–9 [no. 361;

Liuzza]; Budny (1997) I.578; Lenker (1997) 15–16; Parkes (1997b) 124 and n. 104; Barker-Benfield (2008) III.1735–6, 1833; Graham (2009) 187; R. Gameson (2012a) 45 n. 136; Scragg (2012a) nos. 853–4

FACS: *ASMMF* III (1995) no. 361; Parkes (1997b) pl. 17 [fol. 60r]

ED: Skeat (1871–87) [gospels coll. as B]; Liuzza (1994–2000) [gospels coll. as B]; for other editions, see Liuzza I.xiii–xvi

LANG: Liuzza (1994–2000) II.100–54, 237–369 [glossary]

ST: Grünberg (1967); Greenfield—Robinson (1980) 337–9; Liuzza (1988) 75–80; Liuzza (1994–2000); Lenker (1997)

578. Oxford, Bodleian Library, Bodley 444 (S.C. 2385), fols. 1–27

s. xi ex., Salisbury

Contents: Isidore, *Allegoriae quaedam S. Scripturae* [CPL 1190], *In libros ueteris ac noui Testamenti prooemia* [CPL 1192], *De ortu et obitu patrum* [CPL 1191]

MS: Schenkl no. 596; Madan et al. (1895–1953) II/i.341–2; N.R. Ker (1949–50) 154 n. 1, 158 n. 3 [repr. N.R. Ker (1985) 176 n. 1, 180 n. 3]; N.R. Ker (1976b) 25–6 [repr. N.R. Ker (1985) 145–6]; Webber (1992) 12, 13, 36, 132 n. 71, 146; R. Gameson (1999a) no. 670; R. Gameson (2012a) 68 and n. 238

580. Oxford, Bodleian Library, Bodley 479 (S.C. 2013)

s. xi/xii or xii^1, England or France, (prov. Exeter)

Contents: Bede, *De tabernaculo* [CPL 1345]

MS: Schenkl no. 607; Madan et al. (1895–1953) II/i.162; Laistner—King (1943) 72; N.R. Ker (1960) 24 and n. 3; N.R. Ker (1964) 84; Conner (1993) 9; R. Gameson (1996b) 157 and n. 101; R. Gameson (1999a) no. 673

581. Oxford, Bodleian Library, Bodley 516 (S.C. 2570)

s. ix^2, N Italy or, more prob., NE France, prov. Brittany or Wales by s. x, prov. England by s. xi^1, (prov. Salisbury)

Contents: Augustine, *Epist.* cxlvii ('De uidendo Deo'); Ambrose, *Epistula ad Vercellensem ecclesiam* [extra collectionem xiv (lxiii)]; Halitgar of Cambrai, *Poenitentiale*; Cassiodorus, *De anima* [CPL 897]; excerpts from Augustine and John Chrysostom

MS: Schenkl no. 614; Goldbacher (1895–1923) V.xxxix; Madan et al. (1895–1953) II/i.430–1; N.R. Ker (1964) 171; Faller–Zelzer (1968–94) IV.349; Rella (1977) 73 and n. 47, 167; Rella (1980) 114; Webber (1992) 77–9; Bischoff (1998–) II, no. 3786; Wieland (2009) 133; R. Gameson (2012d) 351 and n. 27

ED: Goldbacher (1895–1923) III.274–331 [Augustine, *Epist.* cxlvii ('De uidendo Deo') coll. as O]; Faller–Zelzer (1968–94) III.235–95 [Ambrose, *Epistula ad Vercellensem ecclesiam*, coll. as N]

ST: N.R. Ker (1949–50) 157 n. 4, 162 n. 5 [repr. N.R. Ker (1985) 179 n. 4, 184 n. 5]; Siegmund (1949) 99; Römer (1972b) 240; Kottje (1980); Frantzen (1983b) 131; Bankert et al. (1997) 13, 51; *CSLMA* III (2010) 362–6 [Halitgar of Cambrai]; R. McKitterick (2012) 328

581. 1. Oxford, Bodleian Library, Bodley 517 (S.C. 2580)

s. xi/xii, Normandy, or a Norman scribe in England

Contents: William of Jumièges, *Gesta Normannorum ducum* (original redaction; incomplete)

MS: Madan et al. (1895–1953) II/i.435–6; Van Houts (1992–5) I.c–ci; R. Gameson (1999a) no. 674

DEC: Pächt–Alexander (1966) no. 455

ED: Van Houts (1992–5) [William of Jumièges, *Gesta Normannorum Ducum*, coll. as C4]

582. Oxford, Bodleian Library, Bodley 535 (S.C. 2254), fols. 1–38

s. xi$^{3/3}$, Winchester OM? (prov. ibid.)

Contents: Hilduin of Saint-Denis, *Passio S. Dionysii* (verse) [SK Suppl. 12194a]

MS: Schenkl no. 621; Madan et al. (1895–1953) II/i.280–1; N.R. Ker (1960) 23 n. 4; N.R. Ker (1964) 201; Lapidge (1987) 68; M.P. Richards (1988) 70; R. Gameson (1999a) no. 675; Lapidge (2012c) 335

FACS: N.R. Ker (1960) pl. 1(b) [fol. 1r]

ST: Yerkes (1984a) xxxiii–xxxiv; *BCLL* (1985) no. 825 [bibliography]; Lapidge (1987); Biggs et al. (2001) 173–4; *CSLMA* III (2010) 543–4; Lapidge (2012c) 334–7

583. Oxford, Bodleian Library, Bodley 572 (S.C. 2026), fols. 1–50

s. x in or x med., Cornwall [fols. 1–25]; s. x, Cornwall, with additions of s. x/xi and xi med. [fols. 26–40]; s. x, prob. Wales, with additions of s. x/xi and xi/xii [fols. 41–50]; prov. all parts Wales, s. x ex. England (Glastonbury?), s. xi prob. Winchester NM, s. xi ex. Canterbury StA

Contents: [fols. 1–25]: Mass of St Germanus; *Expositio missae* (inc. 'Dominus uobiscum'); Biblical book of Tobias; [fols. 26–40]: Augustine, *Epist.* cxxx ('De orando Deo'); Caesarius of Arles, *Sermo* clxxix; antiphons (s. xi/xii); benedictions (s. x ex.); cryptograms* (s. xi med.), paschal table (s. x/xi); [fols. 41–50]: *De raris fabulis* (scholastic *colloquium* or Latin conversation manual); chants for a burial office (s. x/xi); other chants, sequence (s. xi/xii)

MS: Schenkl no. 630; Madan et al. (1895–1953) II/i.170–3; M.R. James (1903) 204; Lindsay (1912a) 26–32 [no. i]; Nicholson (1913) xxiv–xxviii; N.R. Ker (1957) no. 313; Van Dijk (1957–60) I.201; N.R. Ker (1960) 29 n. 3, 30; Rella (1977) 73; A.G. Watson (1984) I, no. 102; P.L. Heyworth (1989) 191; Dumville (1992a) 116, 130 and n. 257, 135; Dumville (1993g) 97 n. 74, 142 n. 8; Hartzell (2006) no. 259; Gwara (2007) 3; McKee (2012a) 170; Rushforth (2012) 202 and n. 37; Scragg (2012a) no. 855

DEC: Pächt—Alexander (1973) no. 28; M.P. Brown (2011b) 34

FACS: Lindsay (1912a) pls. XIV–XV [fols. 14r, 36r]; Nicholson (1913) pls. XV–XVI [fols. 40v, 49v]; N.R. Ker (1960) pl. 10 (b) [fol. 39v (detail)]; A.G. Watson (1984) II, pl. 17 [fol. 32r]

ED: Haddan—Stubbs (1869–71) I.696–7 [Mass of St Germanus]; W.H. Stevenson (1929) 1–11 [*De raris fabulis*]; Gwara (2002) 123–37 [*De raris fabulis*]

LANG: Lapidge (2010b) 412–18 [*De raris fabulis*]

ST: Nicholson (1913) xxiv–xxviii; K.H. Jackson (1953) 55–6, 255–6, 279; R. Derolez (1954) 165, 168; Römer (1972b) 241; *BCLL* (1985) nos. 85 [*De raris fabulis*], 122 [Mass of St Germanus]; Lapidge (1986c); Marsden (1994b); Marsden (1995) 179–81 *et passim*; Keynes (1996a) 67 n. 12, 114 n. 43; Gwara—Porter (1997c) 19–20; C.A. Jones (1998c) 672; Gwara (2002); Gwara (2007) 5–7; Lapidge (2010b); Charles-Edwards (2012) 390 and n. 7, 402–4; McKee (2012b) 341 and n. 10

583. 3. Oxford, Bodleian Library, Bodley 572 (S.C. 2026), fols. 51-107

s. ix[1], prob. NE France; in England before 1100?

Contents: [penitential collection]: *Poenitentiale Cummeani* [*CPL* 1882] (incomplete); Decrees of the Council of Orange (A.D. 441) [*CPL* 1779b] and other canons; Hormisdas (?), *Epistola per uniuersas prouincias*; pseudo-Jerome, *Inquisitio de poenitentia* [*CPL* 1896]; injunctions concerning penitence; Gregory and Augustine of Canterbury, *Libellus responsionum* (Interrogatio IX et responsio); prologue to *Poenitentiale Egberti* [*CPL* 1887]; Pirmin of Reichenau, *Scarapsus* (*Dicta Pirminii*)

MS: Schenkl no. 630; Madan et al. (1895–1953) II/i.173; Esposito (1929) 248; Mordek (1975) 98–9 n. 3, 416–17; Rella (1977) 126, 156, 167; P.L. Heyworth (1989) 191; Bischoff (1998–) II, no. 3787

ED: Hauswald (2010) [Pirmin, *Scarapsus*]

ST: Lambert (1969–72), no. 611; Römer (1972b) 241; Frantzen (1983a) 34 n. 60; Frantzen (1985) 23–4, 29; Hagenmüller (1991) 86–7, 123; Kéry (1999) 51, 76

584. Oxford, Bodleian Library, Bodley 577 (S.C. 27645)

s. x/xi, Canterbury CC

Contents: Aldhelm, *Carmen de uirginitate* [*CPL* 1333]

MS: Schenkl no. 632; Madan et al. (1895–1953) V.319; Ehwald (1919) 345; N.R. Ker (1957) no. 314; T.A.M. Bishop (1959–63b) 420–1; Rella (1977) 70; R. Gameson (2012a) 68 and n. 238; Lapidge (2012b) 32; Scragg (2012a) no. 858

DEC: F. Wormald (1952) 75 [no. 48]; Pächt–Alexander (1973) no. 33; E. Temple (1976) no. 57; Brownrigg (1978) 246 n. 2; Ohlgren (1986) no. 162; R. Gameson (1995b) 23, 221 nn. 168, 170 and 172

FACS: Pächt–Alexander (1973) pl. III [fol. ii v]; E. Temple (1976) ills. 179–80 [fol. ii r and v]

ED: Napier (1900) nos. 14, 19 [OE glosses]; Ehwald (1919) 350–471 [Aldhelm, *Carmen de uirginitate*, coll. as O]

ST: Lapidge (2012b) 31–5

585. Oxford, Bodleian Library, Bodley 579 (S.C. 2675) (the 'Leofric Missal')

s. ix/x, prob. Canterbury CC (or Arras, Saint-Vaast?), with liturgical additions s. $x^{2/4}$–$x^{4/4}$, prob. Canterbury CC; and additions s. xi med., Exeter; prov. whole MS from s. xi med., or earlier, Exeter

Contents: sacramentary with episcopal benedictions and cues for Mass chants, litanies, pontifical services, coronation *ordo* ('First Anglo-Saxon *Ordo*'), manual services [s. ix/x]; various liturgical additions [s. x$^{2/4}$–x$^{4/4}$]: liturgical calendar, computus ('Leofric-Tiberius Computus'), *lunaria*; list of relics, masses and other liturgical additions, incipits of gospel and epistle pericopes and of some chants [s. xi med.]; records* and donation inscription^{+*} [s. xi in.–xi ex.]

MS: Warren (1883) xxvi–lxv; Frere (1894–1932) 79 [no. 221]; Madan et al. (1895–1953) II/i.487–9; Nicholson (1913) lvi–lx; T.A.M. Bishop (1954–8a) 193, 196; *Le Graduel romain* II (1957) 87; N.R. Ker (1957) no. 315; Van Dijk (1957–60) I.10; D.H. Turner (1962) vi–vii; N.R. Ker (1964) 84; Gamber (1968–88) no. 950; T.A.M. Bishop (1971) xxiii, 2, 24; Brückmann (1973) 446–8; Hohler (1975) 61, 69–70, 75, 78–80; Rella (1977) 86–7; Drage (1978) 71–144; Higgitt (1979); D.H. Turner et al. (1980) no. 32; A.G. Watson (1984) I, no. 103; Dumville (1987) 176; Gerchow (1988) 253–7; P.L. Heyworth (1989) 196; Dumville (1991) 50; Lapidge (1991a) 76–7; Dumville (1992a) 39–65, 82; Dumville (1993g) 94–6, 99, 102–3, 143–4; Conner (1993) 9, 24–7, 188–91; Dumville (1994a) 144 and n. 62, 148; Lapidge (1994b) 136; Nelson–Pfaff (1995) 93–4; Pfaff (1995a) 100–9 [Keefer]; Pfaff (1995b) 11–14; Bischoff (1998–) II, no. 3788; N. Orchard (2002) I.1–234; R.M. Butler (2004) 173 n. 2, 211; C.A. Jones (2004) 340 n. 62, 341 nn. 65–7, 344 n. 78, 345 n. 82; C.A. Jones (2005a) 110; N. Orchard (2005) xcviii, 445 *et passim*; Hartzell (2006) no. 260 [pp. 400–27]; O'Brien O'Keeffe (2006) 268; Biggs (2007a) 29 [C.D. Wright]; Chardonnens (2007b) 535–6, 553; Shepard (2007) 254 n. 53; Pfaff (2009) 72–7, 136–8, 352–3; Wieland (2009) 121, 123–4, 138; R. Gameson (2012a) 39 and n. 94, 64 and n. 224, 76 and n. 268; R. Gameson (2012d) 348; Pfaff (2012) 452–3 and n. 8; Rankin (2012) 485 and n. 14, 490; Raw (2012) 460; Scragg (2012a) nos. 859–71

DEC: F. Wormald (1945) 132 [repr. F. Wormald (1984) 70]; Rice (1952) 191–2; F. Wormald (1952) 75–6 [no. 49] *et passim*; Pächt–Alexander (1973) nos. 20, 25; Alexander (1975a) 149 and n. 4; E. Temple (1976) no. 17; Deshman (1977); Ohlgren (1986) no. 95; Raw (1990) 233; R. Gameson (1995b) 33 n. 120, 60, 192 n. 1, 197, 198 n. 33, 200 n. 54, 204; Broderick (2011) 283

FACS: Warren (1883) frontispiece [fol. 8v]; Nicholson (1913) pls. XXVIII–XXIX [fols. 111v–112r, 53r, 59v–60r]; T.A.M. Bishop (1971) pl. I (2) [fol. 40v]; Pächt—Alexander (1973) pls. II–III [fols. 154v (detail), 49v]; E. Temple (1976) ills. 53 [fol. 154v (detail)], 54–6 [fols. 49r, 49v, 50r]; Deshman (1977) pls. I (a)–(b), II, V, VI, VIII (b) [fols. 61v, 154v (detail), 49v, 49r, 50v, 50r]; Rankin (1984) pls. IX (b)–(c), X [fols. 22r, 31v (detail), 139v]; A.G. Watson (1984) II, pl. 16 [fol. 55r]; Liuzza (2005) pl. 1 [fol. 50r]

ED: Warren (1883); Legg (1891–7) 1442–1626 [incipits of liturgical forms coll. as Leo]; F. Wormald (1934) 43–55 [liturgical calendar (no. 4)]; Moeller (1971–9) [benedictions coll. as LEOFRIC]; Gerchow (1988) 338 [obits in calendar]; Lapidge (1991a) 225–30 [litanies]; Conner (1993) 192–8 [list of relics], 221–5 [base MS for record of moving the see of Devon to Exeter]; N. Orchard (2002) vol. II [entire MS]; Liuzza (2005) 39–40 [base MS for Sphere of Apuleius]; Chardonnens (2007b) 201, 445 [prognostics]; Rushforth (2008a) no. 7 [liturgical calendar]

ST: Nicholson (1913) lvi–lviii; Gamber (1958) 148; Sawyer (1968) no. 1452; F. Wormald (1971a); Chaplais (1981b); Kotzor (1981) I.302*–311*; Munk Olsen (1982–) I.33; Rankin (1984) 103–12; Prescott (1987) 121; Bullough (1991) 19 and n. 66; Baker—Lapidge (1995) xlv–xlviii; R. Gameson (1996b) 144, 150, 161 n. 126, 169 n. 160; Lenker (1997) 481–6 *et passim*; Sole (1998) 133–4; Borst (2001) I.165–6; Krüger (2007) 261–2, 356; Corrêa (2008) 172 n. 19, 176–7, 185–6; Nelson (2008); Rushforth (2008a) 25–6; Chardonnens (2010) 246–9; Hamilton (2010); Scharer (2011) 42

586. Oxford, Bodleian Library, Bodley 596 (S.C. 2376), fols. 175–214

s. xi ex., Durham, (prov. Canterbury StA)

Contents: Bede, *Vita S. Cudbercti* (prose) [*CPL* 1379; *BHL* 2019] (incomplete), *Vita S. Cudbercti* (verse) [*CPL* 1380; *BHL* 2020] (part); *Historia de S. Cuthberto* [addition of s. xi/xii; incomplete]; Letald of Micy, *Vita S. Iuliani* [*BHL* 4544]; chants for the Office of St Julian

MS: Hardy (1862–71) I.754; Schenkl no. 635; Madan et al. (1895–1953) II/i.335–7; M.R. James (1903) 238, 517; Jaager (1935) 31; Colgrave (1940) 24–5; Laistner—King (1943) 88; Van Dijk (1952) no. 63; Dodwell (1954) 122; Gullick (1994) 97–101; R. Gameson (1995a) 144; Lapidge (1995c) 130; Gullick (1998a) 15, 24; R. Gameson (1999a) no. 680; South (2002) 15–17; Hartzell (2006) no. 261; Barker-Benfield (2008) I.lix, 63, III.1682, 1746, 1747, 1827

DEC: Lawrence (1982) 104

FACS: Gullick (1994) pl. 3 (a) [fol. 175v (detail)]

ED: Jaager (1935) 66–77 [Bede, *Vita metrica S. Cudbercti*, lines 119–252, coll. as O⁴]; Colgrave (1940) 142–306 [Bede, prose *Vita S. Cudbercti*, coll. as O⁴]; South (2002) 48–70 [*Historia de S. Cuthberto* in conflated text, with variants coll. as O]

587. Oxford, Bodleian Library, Bodley 691 (S.C. 2740)

s. xi/xii, England or Normandy, (prov. Exeter)

Contents: Augustine, *De ciuitate Dei* [*CPL* 313] with *Retractatio* II. xliii

MS: Schenkl no. 654; Madan et al. (1895–1953) II/i.522–3; N.R. Ker (1960) 24 and n. 3; N.R. Ker (1964) 84; Römer (1972b) 243; De la Mare (1983) 81, 83–4; Conner (1993) 9, 10; R. Gameson (1996b) 157 and n. 102; R. Gameson (1999a) no. 681; R. Gameson (2001c) 135

DEC: F. Wormald (1945) 135 [repr. F. Wormald (1984) 183 n. 17]; Pächt–Alexander (1966) no. 449

FACS: Pächt–Alexander (1966) pl. XXXVII [fol. 84v (detail)]

589. Oxford, Bodleian Library, Bodley 707 (S.C. 2608)

s. xi ex., prob. Normandy (or England), (prov. Exeter)

Contents: Gregory, *Homiliae in Hiezechielem* [*CPL* 1710]

MS: Schenkl no. 662; Madan et al. (1895–1953) II/i.449; Förster (1933a) 29 n. 106a; N.R. Ker (1960) 24 and n. 3; N.R. Ker (1964) 85; Conner (1993) 9; R. Gameson (1996b) 157 and n. 103; R. Gameson (1999a) no. 683

DEC: Pächt–Alexander (1966) no. 445

590. Oxford, Bodleian Library, Bodley 708 (S.C. 2609)

s. x ex., Canterbury CC, prov. Exeter

Contents: Gregory, *Regula pastoralis* [*CPL* 1712]; donation inscription⁺* [add. s. xi^{3/4}]

MS: Schenkl no. 663; Madan et al. (1895–1953) II/i.449–50; Nicholson (1913) lx; Förster (1933a) 28 and n. 98; N.R. Ker (1957) no. 316; N.R. Ker (1960) 8 n. 2; N.R. Ker (1964) 85; T.A.M. Bishop (1971) xxv, 8; Rella (1977) 85–6, 88, 159; Drage (1978) 405–6; Conner (1993) 9, 13; Dumville (1993g) 103, 107 n. 125; Lapidge (1994b) 137; R. Gameson (1996b) 150 and n. 61; Budny (1998) I.509; Schreiber (2003) 24 and n. 10; Hartzell (2006) no. 262; Scragg (2012a) no. 872

DEC: Pächt—Alexander (1973) no. 35; E. Temple (1976) no. 19 (xi); Ohlgren (1986) no. 107; R. Gameson (1995b) 244 n. 60

FACS: Nicholson (1913) pl. XXX [fol. 110r]; Pächt—Alexander (1973) pl. III [fol. 1r (detail)]; E. Temple (1976) ill. 73 [fol. 1r (detail)]

ST: R. Gameson (1998) 242 n. 45; Schreiber (2003) 23–37

591. Oxford, Bodleian Library, Bodley 717 (S.C. 2631)

s. xi ex., Normandy, prob. Jumièges, (prov. Exeter)

Contents: Jerome, *Comm. in Esaiam* [*CPL* 584]

MS: Schenkl no. 667; Madan et al. (1895–1953) II/i.459; T.A.M. Bishop (1954–8a) 198; N.R. Ker (1960) 24 and n. 3; N.R. Ker (1964) 85; Gullick (1990) 75, 80 n. 51; Conner (1993) 9; R. Gameson (1995a) 107 n. 41, 131 n. 138; R. Gameson (1996b) 157 and n. 104; R. Gameson (1999a) no. 684; Gullick (2005a) 76 n. 35; R. Gameson (2012a) 61 n. 210

DEC: F. Wormald (1945) 135 [repr. F. Wormald (1984) 183 n. 17]; Pächt (1950b); Boase (1953) 29–30, 41, 209; Dodwell (1954) 117; Rickert (1954) 70; Zarnecki et al. (1984) no. 5; R. Gameson (1995b) 232 n. 237

FACS: Boase (1953) pl. 5 (a) [fol. 6v]; Rickert (1954) pl. 56 (a) [fol. vi (verso)]; Pächt—Alexander (1966) pl. XXXVI [fol. 287v]; Alexander (1978c) pl. 19 [fol. 287v (detail)]; De Hamel (1986) pl. 81 [fol. 64r]

ST: Lambert (1969–72) no. 207

592. Oxford, Bodleian Library, Bodley 718 (S.C. 2632)

s. x^2 or x ex., S England (Canterbury CC? Exeter? Sherborne?), prov. Exeter s. xi^2

Contents: a list of chs. i–xx to *Poenitentiale Egberti* [*CPL* 1887], Prologue; First Capitulary of Gerbald of Liège; *Poenitentiale Egberti*, chs. i–xviii; two orders of confession, one with litany; *Quadripartitus* [collection of patristic excerpts and canons], bks. II–IV; excerpts from councils [add. s. xi^2, xi ex.]; prayer [s. xi/xii]; Letter of Pope Leo IX to Edward the Confessor [s. $xi^{3/4}$]

MS: Haddan—Stubbs (1869–71) III.414; Madan et al. (1895–1953) II/i.459–61; N.R. Ker (1957) 437; Van Dijk (1957–60) III.66; N.R. Ker (1964) 85; Rella (1977) 88; Drage (1978) 407–10; Kerff (1982) 20–4; Frantzen (1983b) 131 and n. 34, 169–70 and nn. 54–5, 172; Hagenmüller (1991) 87–8; Lapidge (1991a) 77; Conner (1993) 37–9 *et passim*; J. Hill (2004) 321; G. Mann (2004) 261 n. 78; Frantzen (2007)

43; R. Gameson (2012a) 67 n. 232; D. Ganz (2012) 194 and n. 39; A. Orchard (2012) 697 [no. 12]; Rushforth (2012) 203 and n. 42

DEC: F. Wormald (1945) 135 [repr. F. Wormald (1984) 74]; Kendrick (1949) 17–18, 131; Rice (1952) 178; Pächt—Alexander (1973) no. 36; E. Temple (1976) no. 30 (xiv); Brownrigg (1978) 246 n. 2; Ohlgren (1986) no. 131; R. Gameson (1995b) 112 n. 41, 223; R. Gameson (2012c) 262 n. 38

FACS: Kendrick (1949) pl. XIX (2) [fol. 28v (detail)]; Alexander (1970b) pl. 12 (a) [fol. 24r (detail)]; Pächt—Alexander (1973) pl. III [fols. 1r, 28v (details)]; E. Temple (1976) ill. 111 [fol. 1r (detail)]; Ramsay et al. (1992) pl. 23 [fol. 24v]; Conner (1993) pl. XIV [fol. 28v]; R. Gameson (1996b) pl. VII [fol. 1r]; R. Gameson (2000b) pl. 3 [fol. 1r]; R. Gameson (2012) pl. 10.5 [folio not specified]

ED: Haddan—Stubbs (1869–71) III.416–31 [*Poenitentiale Egberti* coll. as B]; Lapidge (1991a) 231–2 [litany]

ST: Bateson (1894b); Bethurum (1942) 919; Fowler (1972) liv–lviii; Hohler (1975) 223 n. 47; Mordek (1975) 172 n. 356; Kerff (1982) *passim*; Frantzen (1983a) 38–9; Brommer (1984) 10; Frantzen (1985) 29, 37; Hagenmüller (1991) *passim*; Dumville (1992a) 82 and n. 88, 85 n. 111, 90 n. 144, 133 and n. 274; R. Gameson (1996b) 163, 168–9, 176–8; Cross—Hamer (1999) 33, 35, 56, 66, 90–1, 96, 106; Kéry (1999) 167–9; Sauer (2000) 341, 372–3; R. McKitterick (2012) 328

593. Oxford, Bodleian Library, Bodley 739 (S.C. 2736)

s. xi/xii, England, prob. Exeter (Normandy?), (prov. Exeter)

Contents: Ambrose, *De fide* [*CPL* 150]; Gratianus Augustus, *Epistula ad Ambrosium* [cf. *CPL* 160]; Ambrose, *De Spiritu Sancto* [*CPL* 151], *De incarnationis dominicae sacramento* [*CPL* 152]

MS: Schenkl no. 681; Madan et al. (1895–1953) II/i.521; N.R. Ker (1960) 24 and n. 3; N.R. Ker (1964) 85; Conner (1993) 9; R. Gameson (1996b) 157 and n. 105; Bankert et al. (1997) 15, 41, 43, 44; R. Gameson (1999a) no. 686

DEC: Pächt—Alexander (1966) no. 448

594. Oxford, Bodleian Library, Bodley 756 (S.C. 2526)

s. xi ex., Salisbury

Contents: Ambrosiaster, *Comm. in .xiii. Epistulas Paulinas* [*CPL* 184]

MS: Schenkl no. 689; Madan et al. (1895–1953) II/i.410; N.R. Ker (1949–50) 154 n., 157 and n., 182 [repr. N.R. Ker (1985) 176 n., 179 and n., 207]; N.R. Ker (1960) 23 and n. 1; N.R. Ker (1964) 171; N.R. Ker (1976b) 25, 26 n., 29, 42, 45, 49, 53 [repr. N.R. Ker (1985) 145, 146 n., 149, 162, 165, 169, 173]; Webber (1992) 12–15, 20, 90 n. 42, 132 n. 71, 134, 147; R. Gameson (1995a) 106 n. 40; Bankert et al. (1997) 69–70; R. Gameson (1999a) no. 688; R. Gameson (2012a) 52 n. 175

FACS: N.R. Ker (1985) pls. 23 (b), 24 [fols. 1r, 72r (details)]

594. 5. Oxford, Bodleian Library, Bodley 762 (S.C. 2536), fols. 149–226

s. xi ex., (prov. Ely?)

Contents: Gratianus Augustus, *Epistula ad Ambrosium* [cf. *CPL* 160]; Ambrose, *De fide* [*CPL* 150], *De Spiritu Sancto* [*CPL* 151]

MS: Schenkl no. 692; Madan et al. (1895–1953) II/i.415–16; N.R. Ker (1964) 78; R. Gameson (1999a) no. 689

595. Oxford, Bodleian Library, Bodley 765 (S.C. 2544), fols. 1–9

s. xi ex., Salisbury

Contents: Augustine, *Sermones* [*CPL* 284], cccli, cccxciii

MS: Schenkl no. 693; Madan et al. (1895–1953) II/i.420; N.R. Ker (1949–50) 154 n. 1, 157 n. 4, 162 n. 5, 175 [repr. N.R. Ker (1985) 176 n. 1, 179 n. 4, 184 n. 5, 197 and 207 (add. note by A.G. Watson)]; Römer (1972b) 244; N.R. Ker (1976b) 25, 29 [repr. N.R. Ker (1985) 145, 149]; Webber (1992) 13, 14, 147

595. 5. Oxford, Bodleian Library, Bodley 765 (S.C. 2544), fols. 10–77

s. xi ex., Salisbury

Contents: Augustine, *De mendacio* [*CPL* 303], *Contra mendacium* [*CPL* 304], *De cura pro mortuis gerenda* [*CPL* 307]; Cyprian, *De dominica oratione* [*CPL* 43]; Ambrose, *Epistola ad Vercellensem ecclesiam* [extra collectionem xiv (lxiii)]

MS: Schenkl no. 693; Madan et al. (1895–1953) II/i.420; N.R. Ker (1949–50) 154 n. 1, 157 n. 4, 162 n. 5, 175 [repr. N.R. Ker (1985) 176 n. 1, 179 n. 4, 184 n. 5, 197 and 207 (add. note by A.G. Watson)]; Faller–Zelzer (1968–94) IV.349; Römer (1972b) 244; N.R. Ker (1976b) 25, 29, 42, 49 [repr. N.R. Ker (1985) 145, 149, 162, 169]; Webber (1992) 12–15, 37 n. 20, 39, 52 n. 31, 132 n. 71, 147; Bankert et al. (1997) 14, 51

FACS: N.R. Ker (1985) pls. 21 (b)–(c) [fols. 18r, 51r (details)], 24 [fol. 18r (detail)]

596. Oxford, Bodleian Library, Bodley 768 (S.C. 2550)

s. xi ex., Salisbury

Contents: Ambrose, *De uirginibus* [*CPL* 145], *De uiduis* [*CPL* 146], *De uirginitate* [*CPL* 147], *Exhortatio uirginitatis* [*CPL* 149]; Nicetas of Remesiana (?), *De lapsu uirginis consecratae* [*CPL* 651]; Ambrose, *De mysteriis* [*CPL* 155], *De sacramentis* [*CPL* 154]

MS: Schenkl no. 494; Madan et al. (1895–1953) II/i.423; N.R. Ker (1949–50) 154 n. 1, 157 and n. 4 [repr. N.R. Ker (1985) 176 n. 1, 179 and n. 4]; N.R. Ker (1976b) 25, 49 [repr. N.R. Ker (1985) 145, 169]; Webber (1992) 12, 15, 21, 51, 58, 132 n. 71, 147; Bankert et al. (1997) 15, 36, 38–40, 46, 48, 65; R. Gameson (1999a) no. 692

DEC: Pächt–Alexander (1973) no. 65; N.R. Ker (1976b) 28, 29 n. [repr. N.R. Ker (1985) 148, 149 n. 2]

ST: Lambert (1969–72) no. 320

597. Oxford, Bodleian Library, Bodley 775 (S.C. 2558)

s. xi med., with additions s. xi$^{3/4}$–xii in., Winchester OM

Contents: troper [*cantatorium*] (including litany), gradual

MS: Frere (1894–1932) no. 200; Frere (1894b) xxvii n. 3; Madan et al. (1895–1953) II/i.425–7; Nicholson (1913) xxix–liii; Van Dijk (1952) no. 20; *Le Graduel Romain* II (1957) 87; Van Dijk (1957–60) I.108; R. Powell (1962) 5; Husmann (1964); N.R. Ker (1964) 201; Holschneider (1968) 24–7; T.A.M. Bishop (1971) xi n. 1, 23; Pollard (1975) 154; Pollard (1976) 55; Planchart (1977) I.34–43; Backhouse et al. (1984b) no. 161; Lapidge (1991a) 78; Dumville (1993g) 136; Teviotdale (1995b) 43–4; Clarkson (1996) 189–93; Lapidge (2004b) 446–7; Hartzell (2006) no. 263; Rankin (2007) 9; Wieland (2009) 122; Gullick (2012) 300 and n. 34, 301 n. 42; Pfaff (2012) 455 and n. 18; Rankin (2012) 499–500

DEC: Pächt–Alexander (1973) no. 48; R. Gameson (1995b) 32 n. 117; R. Gameson (2012c) 288 n. 137

FACS: Frere (1894b) pls. 1–3 [fols. 122r, 122v, 123r]; *NPS* II, pl. 111 [fol. 18v]; Nicholson (1913) pls. XVII–XXV [fols. 18v–19r, 86v–87r, 128v–129r, 176v–177r, 177v–178r, 4v–5r, 159v, 139v–140r, 143v–144r]; Huglo (1987) pl. XIV [fol. 125r]

ED: W.G. Henderson (1874) Appendix [base MS for kyries, sequences]; Frere (1894b) 1–98 [tropes coll. as E]; Lapidge (1991a) 233–4 [litany]; Lapidge—Winterbottom (1991b) cxxvi–cxxx [sequences]; Lapidge (2003a) 90–4, 96–101 [tropes and sequences for feasts of St Swithun]; Hartzell (2006) no. 263 [rubrics and incipits] [NOTE: many tropes and sequences from this MS are ptd or collated at various points in four volumes of *AH*: XXXVII, XL, XLVIII, XLIX]

ST: K. Young (1933) I.xxi, 182–3, 254, 587; Handschin (1936); Holschneider (1968); Planchart (1977); Keynes (1978) 253 n. 89; Lapidge—Winterbottom (1991b) xxx–xxxv, lxxxiii–lxxxiv, clv; Hiley (1995); Lapidge (2003a) 90–4, 96–101, 390 n.; Rankin (2003) 191–202; Huglo (2005) 34–6; Rankin (2005b); Rankin (2007) 55–6 *et passim*

598. Oxford, Bodleian Library, Bodley 783 (S.C. 2610)

s. xi ex. Normandy, (prov. Exeter)

Contents: Gregory, *Regula pastoralis* [*CPL* 1712]

MS: Schenkl no. 698; Madan et al. (1895–1953) II/i.450; N.R. Ker (1960) 24 and n. 3; N.R. Ker (1964) 85; Clement (1984a) 42; Gullick (1990) 75; Conner (1993) 9; R. Gameson (1996b) 157 and n. 106; R. Gameson (1998) 242 n. 45; R. Gameson (1999a) no. 693; R. Gameson (2001c) 136; Schreiber (2003) 24 and n. 15

DEC: Dodwell (1954) 117 n. 3; Pächt—Alexander (1966) no. 442

599. Oxford, Bodleian Library, Bodley 792 (S.C. 2640)

s. xi/xii, England or Normandy, (prov. Exeter)

Contents: Iulianus Toletanus, *Prognosticum futuri saeculi* [*CPL* 1258]; Ambrose, *De uirginibus* [*CPL* 145], *De uiduis* [*CPL* 146], *De uirginitate* [*CPL* 147], *Exhortatio uirginitatis* [*CPL* 149]; Nicetas of Remesiana (?), *De lapsu uirginis consecratae* [*CPL* 651]

MS: Schenkl no. 700; Madan et al. (1895–1953) II/i.465; N.R. Ker (1960) 24 and n. 3; N.R. Ker (1964) 85; Hillgarth (1976) xxx; Conner (1993) 10; R. Gameson (1996b) 157 and n. 107; Bankert et al. (1997) 15, 36, 38–40, 65; R. Gameson (1999a) no. 694

DEC: Pächt—Alexander (1966) no. 469

ST: Lambert (1969–72) no. 320

600. Oxford, Bodleian Library, Bodley 804 (S.C. 2663)

s. xi/xii or xii in., (prov. Exeter)

Contents: Augustine, *Contra mendacium* [CPL 304], *De natura et origine animae* [CPL 345], bks. I–III

MS: Schenkl no. 706; Madan et al. (1895–1953) II/i.479; N.R. Ker (1960) 24 and n. 3; N.R. Ker (1964) 85; Römer (1972b) 244; Conner (1993) 10; R. Gameson (1996b) 157; R. Gameson (1999a) no. 696

601. Oxford, Bodleian Library, Bodley 808 (S.C. 2667)

s. xi/xii, England or Normandy, (prov. Exeter)

Contents: Jerome, *Liber quaestionum hebraicarum in Genesim* [CPL 580]; pseudo-Jerome, *Decem temptationes populi Israel, Hebraicae quaestiones in libros Regum, Hebraicae quaestiones in Paralipomena, Expositio in Canticum Deborae, Expositio in Lamentationes Hieremiae* [CPL 630], *Epist. supp.* [CPL 633] xxiii (*De diuersis generibus musicorum*, a treatise of Carolingian date)]; Eusebius, *Onomasticon*, trans. Jerome as *De situ et nominibus locorum* [CPG 3466]; Jerome, *Liber interpretationis hebraicorum nominum* [CPL 581]; Bede, *Nomina regionum atque locorum de Actibus Apostolorum* [CPL 1359]

MS: Schenkl no. 707a; Madan et al. (1895–1953) II/i.481–2; N.R. Ker (1960) 24 and n. 3; N.R. Ker (1964) 85; Conner (1993) 10; R. Gameson (1996b) 158; R. Gameson (1999a) no. 697

DEC: Pächt–Alexander (1966) no. 459

ST: Lambert (1969–72) nos. 0 (+add.), 200–2, 409, 411, 412, 460

601. 5. Oxford, Bodleian Library, Bodley 810 (S.C. 2677)

s. xi ex., prob. Normandy, (prov. Exeter)

Contents: *Canones Apostolorum*; Lanfranc, *Collectio Lanfranci* [Concilia only]

Companion vol. to no. **258. 3**

MS: Schenkl no. 709; Madan et al. (1895–1953) II/i.489–90; Z.N. Brooke (1931) 231–4; N.R. Ker (1960) 24 and n. 3; N.R. Ker (1964) 85; S. Williams (1971) 82; De La Mare (1983) 86; R. Gameson (1996b) 158 and n. 110; R. Gameson (1999a) no. 698; Kéry (1999) 240–1; Gullick (2001) 110–11

DEC: Pächt–Alexander (1966) no. 467

466   Anglo-Saxon Manuscripts

602. Oxford, Bodleian Library, Bodley 813 (S.C. 2681)

s. xi ex. or xi/xii, England, prob. Exeter (or Normandy?), (prov. Exeter)

Contents: Augustine, *In Ioannis epistulam ad Parthos tractatus .x.* [CPL 279]

MS: Schenkl no. 712; Madan et al. (1895–1953) II/i.491; N.R. Ker (1960) 24 and n. 3; N.R. Ker (1964) 85; Römer (1972b) 244; Conner (1993) 10; R. Gameson (1996b) 158 and n. 111; R. Gameson (1999a) no. 699

DEC: Pächt—Alexander (1966) no. 446

603. Oxford, Bodleian Library, Bodley 815 (S.C. 2759)

s. xi ex., (prov. Exeter)

Contents: Augustine, *Confessiones* [CPL 251] with *Retractationes* [CPL 250] II. vi

MS: Schenkl no. 713; Madan et al. (1895–1953) II/i.530; N.R. Ker (1960) 23 n. 2; N.R. Ker (1964) 85; Römer (1972b) 245; Conner (1993) 10; R. Gameson (1996b) 158 and n. 112; R. Gameson (1999a) no. 700; R. Gameson (2012a) 16 and n. 12

604. Oxford, Bodleian Library, Bodley 819 (S.C. 2699)

s. viii ex. or ix in. (or s. viii[1]?), Northumbria, prob. Monkwearmouth-Jarrow, prov. Chester-le-Street, prov. Durham

Contents: Bede, *Comm. in Parabolas Salomonis* (*In Prouerbia Salomonis*) [CPL 1351] (incomplete, with additions s. x^2)

MS: Schenkl no. 715; Madan et al. (1895–1953) II/i.502; CLA II (1935) no. 235; Mynors (1939) 21; Laistner—King (1943) 58; Lowe (1958) 185, 187; N.R. Ker (1960) 74; Lowe (1960) 9, 24; Piper (1978) 214 n. 4; De La Mare—Barker-Benfield (1980) 9, 11, 14 [T.J. Brown]; Parkes (1982) 14, 16, 21 [repr. Parkes (1991) 106, 108, 113]; Parkes (1987) 28–31 [repr. Parkes (1991) 14–17]; A.G. Watson (1987b) 263, 296 [repr. A.G. Watson (2004) no. VIII]; Morrish (1988) 513; Parkes (1992) 27–8, 30, 181; Gullick (1998a) 16, 27; Roberts (2006) 31, 34 n. 36; Dumville (2007f) 93; Keefer (2007b) 94; M.P. Brown (2012) 159; R. Gameson (2012a) 37, 42 n. 117, 51, 52

DEC: Pächt—Alexander (1973) no. 8

FACS: Kendrick et al. (1956–60) I, pl. 60 [fols. 11r, 25v]; Schapiro (1958) pl. 22 (a) [fol. 79v]; Lowe (1960) pl. XXXVIII (e) [fol. 79v]; De La

Mare—Barker-Benfield (1980) fig. 2 [fol. 11r]; Bonner et al. (1989a) pl. 33 [fol. 29r]; Parkes (1991) pl. 19 [fol. 16r (detail)]; Parkes (1992) pl. 11 [fol. 16r]

ED: Hurst—Hudson (1983a) 21–163 [Bede, *Comm. in Parabolas Salomonis*, coll. as O]

ST: Kendrick et al. (1956–60) II.32-3 [T.J. Brown]; T.J. Brown (1969a) 23; Boyd (1975) 5 and n. 12; Bonner (1989b) 392

605. Oxford, Bodleian Library, Bodley 827 (S.C. 2718)

s. xi ex., Canterbury CC

Contents: Gratianus Augustus, *Epistula ad Ambrosium* [cf. *CPL* 160 = the preface to Ambrose's *De Spiritu Sancto*]; Ambrose, *De fide* [*CPL* 150], *De Spiritu Sancto* [*CPL* 151], *De incarnationis dominicae sacramento* [*CPL* 152]

MS: Schenkl no. 719; Madan et al. (1895–1953) II/i.511; N.R. Ker (1960) 14–15; N.R. Ker (1964) 38; Pollard (1975) 155; Webber (1995) 158; Clarkson (1996) 195–8; Bankert et al. (1997) 41–6; R. Gameson (1999a) no. 704; Gullick (2012) 303 and n. 50; Webber (2012) 215 n. 15

DEC: Dodwell (1954) 120; Pächt—Alexander (1973) no. 63; R. Gameson (1995a) 108, 121 n. 93

FACS: Pächt—Alexander (1973) pl. VII [fol. i v (detail)]; R. Gameson (1999a) pl. 14 [fol. i v]

ST: Webber (1992) 53; Wegmann—Bankert (1993) 31

606. Oxford, Bodleian Library, Bodley 835 (S.C. 2545)

s. xi ex., Salisbury

Contents: Ambrose, *De Ioseph patriarcha* [*CPL* 131], *De patriarchis* [*CPL* 132], *De paenitentia* [*CPL* 156], *De excessu fratris* [*CPL* 157]

MS: Schenkl no. 723; Madan et al. (1895–1953) II/i.421; N.R. Ker (1949–50) 154 n. 1, 157 and n. 4 [repr. N.R. Ker (1985) 176 n. 1, 179 and n. 4]; N.R. Ker (1964) 171 and nn.; N.R. Ker (1976b) 25, 45 [repr. N.R. Ker (1985) 145, 165]; Webber (1992) 12, 13, 15, 36 n. 19, 58, 132 n. 71, 147; Bankert et al. (1997) 28–9, 48–50; R. Gameson (1999a) no. 705; Gullick (2012) 303 and n. 56

ST: Anlezark (2006) 63 n. 6

607. Oxford, Bodleian Library, Bodley 849 (S.C. 2602)

A.D. 818, W France (Loire region?), prov. SW England s. x, Exeter s. xi

Contents: Bede, *Super Epistulas catholicas expositio* [*CPL* 1362]

MS: Schenkl no. 731; Madan et al. (1895–1953) II/i.447; Förster (1933a) 29 and n. 110; N.R. Ker (1960) 7; N.R. Ker (1964) 85; Rella (1977) 88, 167; Drage (1978) 411–12; Rella (1980) 114; A.G. Watson (1984) I, no. 116; P.L. Heyworth (1989) 65, 126; Conner (1993) 10, 17, 20; Dumville (1994d) 211; Lapidge (1994b) 138; R. Gameson (1996b) 150 and n. 62; Bischoff (1998—) II, no. 3789; Lapidge (2006) 140, 172

DEC: Pächt—Alexander (1966) no. 413

FACS: Pächt—Alexander (1966) pl. XXXIV [fol. 44v (detail)]; A.G. Watson (1984) II, pl. 4 [fol. 86r]

ED: Hurst—Laistner (1983b) 179–342 [Bede, *Super Epistulas catholicas*, coll. as O]

608. Oxford, Bodleian Library, Bodley 865 (S.C. 2737), fols. 89–96

s. xi^1, (prov. Exeter)

Contents: Colloquy on the Latin language ('Colloquia Hisperica')

MS: Madan et al. (1895–1953) II/i.521; N.R. Ker (1957) no. 318; N.R. Ker (1964) 85; Winterbottom (1968); Drage (1978) 413; Sauer (1978) 38–9; P.L. Heyworth (1989) 423; Conner (1993) 10; Gwara (1996c) 21–2

ED: W.H. Stevenson (1929) 12–20 [no. II]; Gwara (1996c) 100–10

ST: *BCLL* (1985) no. 1243 [bibliography]

608. 1. Oxford, Bodleian Library, Bodley 865 (S.C. 2737), fols. 97–112

s. xi^1, (prov. Exeter)

Contents: Theodulf of Orléans, *Capitula* (chs. xxv–xlvi)$^{+*}$

MS: Madan et al. (1895–1953) II/i.521–2; N.R. Ker (1957) no. 318; N.R. Ker (1964) 85; Drage (1978) 414–15; Sauer (1978) 38–45; Conner (1993) 10; Scragg (2012a) nos. 873–5

FACS: Napier (1916) pl. opp. p. 112 [fol. 107r]; N.R. Ker (1957) pl. III [fol. 107v]; Sauer (1978) 517–19 [fols. 105r, 102v, 103r]

ED: Napier (1916) 102–18; Sauer (1978) 339–403

LANG: Sauer (1978) 175–276

ST: Fowler (1972) xxxvi; Sauer (1978); Brommer (1984)

608. 5. Oxford, Bodleian Library, Broxbourne 90.28

[formerly no. 688 in the Collection of Mr A. Ehrman, Clobb Close, Beaulieu, Hants.]

s. xi

Contents: Passion story* (f)

MS: N.R. Ker (1957) no. 112; N.R. Ker (1976a) 124; Liuzza (1998) 16 n. 11; Scragg (2012a) no. 876

[NOTE: although the fragment was reported as missing by both N.R. Ker (1976a) and Liuzza (1998), its presence in the Bodleian Library was confirmed in a letter from B.C. Barker-Benfield to HG dated 27 Oct. 1997]

609. Oxford, Bodleian Library, Digby 39 (S.C. 1640), fols. 50–6

s. xi^2, (prov. Abingdon)

Contents: excerpt from Bede, *Historia ecclesiastica* III. vii [on St Birinus] and homily and mass prayers for feasts of St Birinus

MS: Hardy (1862–71) I/i.238; Macray (1883) 35–6; Madan et al. (1895–1953) II/i.71; Laistner–King (1943) 106; Van Dijk (1957–60) I.200b; N.R. Ker (1964) 3; A.G. Watson (1978) 284 n. 26, 311 [repr. A.G. Watson (2004) no. VII]; Townsend (1989) 132, 135–6; Love (1996) lxxiv–lxxvi; R. Gameson (1999a) nos. 708–11; T.N. Hall (2007) 261–2; Wieland (2009) 142

ED: Warren (1883) 307 [mass prayers]; Love (1996) 119–22 [homily]

ST: Biggs et al. (2001) 114–15

610. Oxford, Bodleian Library, Digby 53 (S.C. 1654), fol. 69

s. xi/xii, England or France?

Contents: antiphoner (f)

MS: Macray (1883) 54; Madan et al. (1895–1953) II/i.71; Van Dijk (1957–60) VI.53; A.G. Watson (1978) 311 [repr. A.G. Watson (2004) no. VII]; R. Gameson (1999a) no. 712; Hartzell (2006) no. 264

611. Oxford, Bodleian Library, Digby 63 (S.C. 1664)

s. ix² (844 or 867×892), Northumbria, prov. Winchester OM by s. x

Contents: computus material ('Canterbury Computus'); liturgical calendar; episcopal letters and writings 'de ratione paschali', including Dionysius Exiguus, *Epistula de ratione paschae* [CPL 2286] and excerpts from Bede, *De natura rerum* [CPL 1343]

MS: Macray (1883) 64–6; Madan et al. (1895–1953) II/i.71–2 [E.W.B. Nicholson]; Lindsay (1915) 470; Laistner–King (1943) 142; Levison (1946) 6 n. 4; N.R. Ker (1957) no. 319; Van Dijk (1957–60) III.127; N.R. Ker (1964) 201; Jones–Kendall (1975) 178; A.G. Watson (1978) 314 [repr. A.G. Watson (2004) no. VII]; Morrish (1982) 102, 132–3; Dumville (1983a); A.G. Watson (1984) I, no. 419; Morrish (1986) 92–3, 99; Morrish (1988) 531 and n. 60, 534–5; P.L. Heyworth (1989) 65; Dumville (1992a) 25–7 and n. 55, 37 and n. 94, 61, 129 n. 247; Dumville (1992b) 106 n. 238; Stevens (1992) 134 and nn.; Baker–Lapidge (1995) xl; R. Gameson (2001c) 3–4, 21, 25, 36; Dumville (2005) 308–9; Chardonnens (2007b) 536, 553; Rushforth (2008a) 21–2; Wieland (2009) 152

DEC: Pächt–Alexander (1973) no. 16

FACS: Bond–Thompson (1873–83) II, pl. 168 [folio not specified]; Krusch (1926) pls. 1–2 [fols. 9r (detail), 71r (detail)]; Pächt–Alexander (1973) pl. II [fol. 51v (detail)]; A.G. Watson (1984) II, pl. 12 [fol. 26r]; R. Gameson (2001c) pl. 4 [fol. 71r]

ED: F. Wormald (1934) 1–13 [liturgical calendar (no. 1)]; Gerchow (1988) 330 [obits in calendar]; Chardonnens (2007b) 388 [*dies Aegyptiaci* in calendar]; Rushforth (2008a) no. 4 [liturgical calendar]

ST: H.A. Wilson (1896) xxxi–xxxii; Gasquet–Bishop (1908) 151–2, 158–61 *et passim*; Krusch (1926); C.W. Jones (1939) 127; C.W. Jones (1943) 112 *et passim*; Siegmund (1949) 64; C.W. Jones (1977) 248; Stroud (1979) 230–5; C.W. Jones (1980) 680 [*De natiuitate lunae*]; Kotzor (1981) I.302*–311* [no. 1]; *BCLL* (1985) no. 318 [bibliography]; Günzel (1993) 198–200; Baker–Lapidge (1995) xl–xlii ['Canterbury Computus']; Borst (2001) I.40, 92, 161–2, 258; Liuzza (2001) 227; Chardonnens (2007b) 536, 553 *et passim*; Pfaff (2009) 71–2; Chardonnens (2010) 248

612. Oxford, Bodleian Library, Digby 81 (S.C. 1682), fols. 133–40

s. x/xi (988×1006), (prov. Durham)

Contents: Paschal tables; Wandalbert of Prüm, *Horologium* [SK 14026, 8933]; poems related to the calendar [including SK 853, 8931, 1716]

MS: Macray (1883) 87–8; Madan et al. (1895–1953) II/i.72 [E.W.B. Nicholson]; C.W. Jones (1939) 127; Mynors (1939) no. 24; N.R. Ker (1964) 74; A.G. Watson (1984) I, no. 421; Baker–Lapidge (1995) xlvii–xlviii

FACS: A.G. Watson (1984) II, pl. 18 [fol. 138v]

613. Oxford, Bodleian Library, Digby 146 (S.C. 1747), fols. 1–100

s. x ex., prob. Abingdon, (prov. ibid.)

Contents: Aldhelm, *De uirginitate* (prose)° [most OE glosses s. xi med.] [*CPL* 1332]; *Epistola ad Heahfridum*° [*CPL* 1334]

MS: Macray (1883) 143–4; Madan et al. (1895–1953) II/i.74; Napier (1900) xiii; Ehwald (1919) 218–19; N.R. Ker (1957) no. 320; N.R. Ker (1964) 3; Rella (1977) 70; A.G. Watson (1978) 284 n. 26, 311 [repr. A.G. Watson (2004) no. VII]; De La Mare–Barker-Benfield (1980) 20–1 [Lapidge]; Gwara (1994b) 135–7; Gwara (1996a) 98–9; Gwara (1998) 141–3; Gwara (2001a) I.147–56 *et passim*; Meaney (2004) 496; Graham (2009) 168–9; Lapidge (2012b) 27, 37; Scragg (2012a) nos. 877–9

DEC: F. Wormald (1945) 122–3 [repr. F. Wormald (1984) 61]; Kendrick (1949) 36 n. 2; Pächt–Alexander (1973) no. 26; E. Temple (1976) no. 19 (xi); Ohlgren (1986) no. 102; R. Gameson (1995b) 221 n. 169

FACS: F. Wormald (1945) pl. VI (a) [fol. 7r (detail)]; Kendrick (1949) pl. XXXII (1) [fol. 7r (detail)]; Pächt–Alexander (1973) pl. II [fol. 7r (detail)]; E. Temple (1976) ill. 7 [fol. 74 (detail)]; F. Wormald (1984) ill. 66 [fol. 7r (detail)]

ED: Napier (1900) 1–138, 180 [OE glosses to Aldhelm, prose *De uirginitate* and *Epistola ad Heahfridum*]; Ehwald (1919) 228–323 [Aldhelm, prose *De uirginitate*, coll. as O], 486–94 [Aldhelm, *Epistola ad Heahfridum*, coll. as A]; Goossens (1974) [OE glosses to Aldhelm, prose *De uirginitate*, coll. as OEG 1 + number in Napier (1900)]; Gwara (1996a) 112–21 [Aldhelm, *Epistola ad Heahfridum*, coll. as O]; Gwara (2001a) vol. II [Latin text of Aldhelm, prose *De uirginitate*, with Latin and OE glosses, coll. as O]

LANG: Napier (1900) xxvii–xxxi; Goossens (1974) 13–139 *passim*; Hofstetter (1987) 140–1; Hofstetter (1988) 154; Meaney (2004) 496, 498

ST: R. Derolez (1955); R. Derolez (1959) 134; R. Derolez (1960); Fell (1971) xix–xx; P.S. Baker (1980) 28; Korhammer (1980) 36–7; Bodden

(1988) 218, 223, 233–46; Goossens (1992); Gwara (1994a) 268; Gwara (1994b); Gwara (1997a); Gwara (1997b); Gwara (1998); Gretsch (1999a) 132–84, 361 n. 110, 363, 366, 377, 379; Lapidge (2012b) 26–31, 35–7

613. 9. Oxford, Bodleian Library, Digby 174 (S.C. 1775), fol. iii

s. ix, possibly in England before 1100

Contents: Boethius, *De consolatione Philosophiae* [*CPL* 878], with gloss (f); Lupus of Ferrières, *De metris Boetii* (f)

MS: Macray (1883) 186; Madan et al. (1895–1953) II/i.75; N.R. Ker (1964) 46; Gibson et al. (1995–2001) no. 179; Godden (2011) 92

614. Oxford, Bodleian Library, Digby 175 (S.C. 1776)

s. xi/xii, Durham

Contents: Bede, *Vita S. Cudbercti* (prose) [*CPL* 1379; *BHL* 2019] (incomplete) and *Historia ecclesiastica* [*CPL* 1375] IV. xxix–xxx; miracle story from *Capitula de miraculis et translationibus S. Cuthberti* (incomplete); Bede, *Vita S. Cudbercti* (verse) [*CPL* 1380; *BHL* 2020]; *Vita S. Oswaldi* (incomplete; from Bede, *Historia ecclesiastica* III), *Vita S. Aidani* (incomplete; from Bede, *Historia ecclesiastica* III)

MS: Hardy (1862–71) I.299–300; Macray (1883) 187; Madan et al. (1895–1953) II/i.75; Jaager (1935) 30; Colgrave (1940) 22; Laistner—King (1943) 88, 90, 105, 106; A.G. Watson (1978) 311 [repr. A.G. Watson (2004) no. VII]; Gullick (1994) 97–8; Lapidge (1995c) 130, 158 and n. 74; Gullick (1998a) 15, 24; R. Gameson (1999a) no. 714; South (2002) 90 n. 57

DEC: Pächt—Alexander (1973) no. 59

FACS: Gullick (1994) pls. 2 (a)–(b) [fols. 9r, 24r (details)]

ED: Jaager (1935) [Bede, *Vita metrica S. Cudbercti*, coll. as O^1]; Colgrave (1940) 142-306 [Bede, prose *Vita S. Cudbercti*, coll. as O_1]

ST: Biggs et al. (2001) 60–2, 366–8

Oxford, Bodleian Library, Donation f. 458: now Oxford, Bodleian Library, Arch. A. f. 131 [printed book]: see below, no. **857**

615. Oxford, Bodleian Library, Douce 125 (S.C. 21699)

s. x ex. or x/xi, (prov. Winchester OM)

Contents: pseudo-Boethius, *De geometria* [*CPL* 895] bk. I; Euclid in Latin translation, bks. I–IV; *Altercatio duorum geometricorum*

MS: Madan et al. (1895–1953) IV.529 [E.W.B. Nicholson]; N.R. Ker (1964) 201; Folkerts (1970) 175; Bodden (1988) 231; Folkerts (1989) 21; Wieland (2009) 155

DEC: Pächt—Alexander (1973) no. 31

FACS: Pächt—Alexander (1973) pl. III [fol. 23r]

ST: Thorndike—Kibre (1963) 870 [*Altercatio duorum geometricorum*]; Folkerts (1970); Pingree (1981); Folkerts (1982)

616. Oxford, Bodleian Library, Douce 140 (S.C. 21714)

s. vii/viii (before 719), S. England, prov. Glastonbury s. x?

Contents: Primasius of Hadrumentum, *Comm. in Apocalypsin* [*CPL* 873]

MS: Madan et al. (1895–1953) IV.535 [with addenda by E.W.B. Nicholson, IV.717–19 and V.xviii]; Lindsay (1910) 11; Lindsay (1915) 470; *CLA* II (1935) no. 237; T.A.M. Bishop (1964–8d); T.A.M. Bishop (1971) 2; Parkes (1976a) 162–75 [repr. Parkes (1991) 122–35]; Parkes (1976b) 160 n. 3 [repr. Parkes (1991) 157 n. 3]; Rella (1977) 75, 94; De La Mare—Barker-Benfield (1980) 9, 12 [T.J. Brown]; T.J. Brown (1982a) 112 [repr. T.J. Brown (1993a) 213]; A.G. Watson (1984) I, no. 461; Webster—Backhouse (1991) no. 124 [Backhouse]; Budny (1992) 137; Parkes (1992) 125 nn. 61, 72; Lapidge (1994a) 109, 130; Hoffmann (2001); Hussey (2008) 159; M.P. Brown (2012) 157; R. Gameson (2012a) 28 n. 59, 42 n. 117

FACS: Lindsay (1910) pl. IV [fol. 100v]; *CLA* II (1935) no. 237 [fol. 59v (detail)]; T.A.M. Bishop (1964–8d) pl. XXIX (b) [fol. 4v (detail)]; De La Mare—Barker-Benfield (1980) fig. 6 [fol. 77v (part)]; A.G. Watson (1984) II, pls. 2 (a)–(e) [fols. 4r, 40r, 79v, 101v, 115v]; Drogin (1989) pls. 22, 30 [fol. 59v (both details)]; M.P. Brown (1991) pl. 19 [fol. 59v]; Parkes (1991) pls. 24.11–12 [fols. 100v, 7v (details)]; Budny (1992) pl. 8 (a) [fol. 4v (detail)]; M.P. Brown (2007a) pl. 18 [fol. 1r]

ST: Traube (1907) 33, 107; A.C. Clark (1918a) 104–23; Stansbury (1999) 386

617. Oxford, Bodleian Library, Douce 296 (S.C. 21870) (the 'Crowland Psalter')

s. xi$^{2/4}$, prob. Crowland

Contents: liturgical calendar; *computistica*; Psalterium Gallicanum; canticles; litany; prayers; Office of the Trinity

MS: Madan et al. (1895–1953) IV.584 [with addenda by H.M. Bannister and E.W.B. Nicholson]; Van Dijk (1957–60) II.7; N.R. Ker (1964) 56, 79; Backhouse et al. (1984b) no. 68 [D.H. Turner]; A.G. Watson (1984) I, no. 471; Lapidge (1991a) 78; Dumville (1993g) 60 n. 265, 62 nn. 268 and 269, 64 n. 277, 136 n. 6; Pulsiano (2001) xxix; Chardonnens (2007b) 536–7, 553; Rushforth (2007) 78; Rushforth (2008a) 39–40; Rushforth (2008b); Wieland (2009) 116; R. Gameson (2012a) 50 and n. 163, 75, 80 n. 286, 86, 91 n. 331; Rushforth (2012) 209 and n. 75; Scragg (2012a) no. 880

DEC: Rice (1952) 200, 210; Rickert (1954) 52, 226 n. 16; Alexander (1970a) 121 n. 3, 148 n. 3, 150, 169 n. 3; Pächt—Alexander (1973) no. 43; E. Temple (1976) no. 79; F. Wormald (1984) 108, 120, 126; Ohlgren (1986) no. 184; R. Gameson (1995b) 31, 176, 196 n. 21, 204 n. 70, 205 n. 81, 228–9, 230; Rushforth (2007) 35, 49

FACS: Rice (1952) pl. 75 (a) [fol. 40r]; Rickert (1954) pl. 42 [fol. 40r]; Pächt—Alexander (1973) pl. V [fols. 9r, 40r]; E. Temple (1976) ills. 259–60 [fol. 40r–v]; A.G. Watson (1984) II, pl. 21 [fol. 86r]; D.M. Wilson (1984) pl. 222 [fol. 40r]; Rushforth (2007) 19 [fol. 2v], 34 [fol. 9r], 48 [fol. 40r], 78 [fol. 129v]; Rushforth (2008b) pls. I–II [fols. 118r, 130v]

ED: F. Wormald (1934) 253–65 [liturgical calendar (no. 20)]; Gerchow (1988) 331 [obit notes in calendar]; Lapidge (1991a) 235–9 [litany]; Milfull (1996) 109–11 [hymn (SK 10920) in the Office of the Trinity, coll. as O]; Raw (1999) 192–200 [Office of the Trinity]; Pulsiano (2001a) [Pss. I–L coll. as ρ]; Rushforth (2008a) no. 17 [liturgical calendar]

ST: Gasquet—Bishop (1908) 34 n. 1 *et passim*; Sisam—Sisam (1959) 6 n. 2, 48; Gneuss (1968) 113; Gjerløw (1980) I.177–8; Kotzor (1981) I.303*–311*; Keynes (1985b); Gerchow (1988) 228–30; Milfull (1996) 63; Raw (1999); Borst (2001) I.292; N. Orchard (2002) I.141 n. 26; Rushforth (2008b)

618. Oxford, Bodleian Library, e Mus. 6 (S.C. 3567)

s. xi ex. or xii in., Bury St Edmunds, (prov. ibid.)

Contents: Augustine, *Tractatus in Euangelium Ioannis* [*CPL* 278]; Possidius, *Vita S. Augustini* [*CPL* 358; *BHL* 785] (incomplete)

MS: Schenkl no. 300; Madan et al. (1895–1953) II/ii.683–4; T.A.M. Bishop (1949–53) 434; N.R. Ker (1964) 21; Römer (1972b) 247; R.M. Thomson

(1972) 625 n. 39, 627 and n. 57; R. Sharpe et al. (1996) 79; R. Gameson (1999a) no. 717; Biggs et al. (2001) 95–7; Lapidge (2006) 291

619. Oxford, Bodleian Library, e Mus. 7 (S.C. 3568)

s. xi ex. or xii in., Bury St Edmunds?, (prov. ibid.) [companion vol. to no. 620]

Contents: Augustine, *Enarrationes in Psalmos* [*CPL* 283] (Pss. CI–CL)

MS: Schenkl no. 301; Madan et al. (1895–1953) II/ii.684; N.R. Ker (1964) 21; Römer (1972b) 247; R.M. Thomson (1972) 625 n. 39, 627 and n. 57; R. Sharpe et al. (1996) 78; R. Gameson (1999a) no. 718; Lapidge (2006) 288

620. Oxford, Bodleian Library, e Mus. 8 (S.C. 3569)

s. xi ex. or xii in., Bury St Edmunds?, (prov. ibid.) [cf. above, no. 619]

Contents: Augustine, *Enarrationes in Psalmos* [*CPL* 283] (Pss. L–C)

MS: Schenkl no. 302; Madan et al. (1895–1953) II/ii.684; N.R. Ker (1964) 21; Römer (1972b) 247; R.M. Thomson (1972) 625 n. 39, 627 and n. 57; R. Sharpe et al. (1996) 78; R. Gameson (1999a) no. 719; Lapidge (2006) 288

620. 3. Oxford, Bodleian Library, e Mus. 26 (S.C. 3571)

s. xi/xii, (prov. Bury St Edmunds)

Contents: Jerome, *Comm. in Prophetas minores* [*CPL* 589]; *Vita S. Macarii Romani* [*BHL* 5104] (added)

MS: Schenkl no. 305; Madan et al. (1895–1953) II/ii.685; N.R. Ker (1964) 21; Lambert (1969–72) no. 216; N.R. Ker (1979) 203 n. 2 [repr. N.R. Ker (1985) 75 n. 2]; R. Sharpe et al. (1996) 80; R. Gameson (1999a) no. 720

620. 6. Oxford, Bodleian Library, e Mus. 66 (S.C. 3655), offsets of pastedowns

s. vi or vii, prob. N. Italy (or France?), (prov. Canterbury StA)

Contents: Arator, *Historia apostolica* [*CPL* 1504] (f)

MS: Madan et al. (1895–1953) II/ii.721; *CLA* Supplement (1971) no. 1740; McKinlay (1942) 64; N.R. Ker et al. (1944) [repr. Lowe (1972b) I.345–7]; McKinlay (1951) xi; De La Mare—Barker-Benfield (1980) 9, 11–12 [T.J. Brown]; R. Gameson (1999a) no. 721; R.

Gameson (1999c) 323–4; Lapidge (2006) 281; Barker-Benfield (2008) I.lx–lxi, II.1376; Wieland (2009) 149

FACS: N.R. Ker et al. (1944) [two plates]; Lowe (1972b) pls. 59–60; Owen-Crocker (2009) fig. 1.5 [inside front cover board]

ED: McKinlay (1951) [Arator, *Historia apostolica* I.32–63, 85–122, 647–81, 684–724, coll. as B]

621. Oxford, Bodleian Library, Eng. bib. c. 2 (S.C. 31345)

s. xi^1

Contents: gospels* (f; from John)

MS: Napier (1891); Madan et al. (1895–1953) VI.36; Bright (1904–6) [John] xx–xxi and xxix–xxxix; N.R. Ker (1957) no. 322; Liuzza (1994–2000) I.xxxvi–xxxvii; *ASMMF* III (1995) 30–1 [no. 374; Liuzza]; Lenker (1997) 21, 25–7, 41–2; R. Gameson (2012a) 23–4; R. Gameson (2012b) 115 and n. 84; Scragg (2012a) no. 881

FACS: *ASMMF* III (1995) no. 374

ED: Napier (1891); Liuzza (1994–2000) I.160–2, 169–72 [OE Gospel of John coll. as L]

LANG: Liuzza (1994–2000) II.171–2

ST: Greenfield—Robinson (1980) 337–9; Liuzza (1994–2000); Lenker (1997)

622. Oxford, Bodleian Library, Eng. hist. e. 49 (S.C. 30481)

s. xi^1

Contents: Orosius, *Historiae aduersum paganos* [*CPL* 571] in OE translation* (f)

MS: Madan et al. (1895–1953) V.816; N.R. Ker (1957) no. 323; Bately (1980) xxvi, xxxiv–xxxv; Carley (1986) 117; Scragg (2012a) no. 889

ED: Bately (1980) 57–9, 66–7 [OE Orosius coll. as B]

LANG: Bately (1980) liii–liv

ST: Bately (1980); Greenfield—Robinson (1980) 321–8; Waite (2000) 38–41, 281–320

Oxford, Bodleian Library, Eng. th. c. 74: see no. **146**

Oxford, Bodleian Library, Fell 1, 3 and 4 (formerly nos. **623–5**) were returned to Salisbury Cathedral Library in 1985: see now nos. **754. 5** and **754. 6** (the former entry no. **624** has been deleted)

626. Oxford, Bodleian Library, Hatton 20 (S.C. 4113)

890×897, S England (Winchester?), prov. Worcester s. ix ex.

Contents: Gregory (Alfred), *Regula pastoralis** [*CPL* 1712]; colophon (s. x)

MS: Madan et al. (1895–1953) II/ii.845–6; N.R. Ker (1941–9) 28 n. 2 [repr. N.R. Ker (1985) 131 n. 2]; Dobbie (1942) cxii–cxiii; N.R. Ker (1948) 73 [repr. N.R. Ker (1985) 55]; N.R. Ker (1956) 17–26; N.R. Ker (1957) no. 324; N.R. Ker (1971) 327–8 [repr. N.R. Ker (1985) 21–2]; A.F. Cameron (1974) 221, 228 n. 21; Parkes (1976b) 158 n. 1, 160 [repr. Parkes (1991) 155 n. 1, 157]; Backhouse et al. (1984b) no. 1; A.G. Watson (1984) I, no. 517; N.R. Ker (1985) 69 n., 131 n. 3; Keynes (1985a) 159 n. 85; Dumville (1987) 162–3, 171 and n. 132, 167; Morrish (1988) 532–3; P.L. Heyworth (1989) 77, 78; Franzen (1991) *passim* [see Index, p. 226]; Webster—Backhouse (1991) no. 235; Conner (1993) 55–6 *et passim*; Laing (1993) 132; *ASMMF* VI (1998) 10–14 [no. 377; Franzen]; W. Schipper (2003) 159, 162; Schreiber (2003) 53–5, 75–8; Dance (2004) 31 n. 6; G. Mann (2004) 245 n. 23; A. Orchard (2004) 66 n. 25; Roberts (2005) 42–4; Roberts (2006) 34 n. 36; Graham (2009) 191; Scragg (2009b) 78, 81–2; Crick (2012) 178; R. Gameson (2012a) 15, 43 n. 123, 53, 62 n. 217, 77; D. Ganz (2012) 188 n. 4; A. Orchard (2012) 697 [no. 13]; Scragg (2012a) no. 307

DEC: Kendrick (1938) 215; F. Wormald (1945) 113 [repr. F. Wormald (1984) 52]; Rice (1952) 176; Pächt—Alexander (1973) no. 18; E. Temple (1976) no. 1; Ohlgren (1986) no. 79; Keefer (2007b) 97; R. Gameson (2012c) 249 and n. 2, 274 and n. 77, 287 and n. 133

FACS: N.R. Ker (1956) [complete facsimile]; Rice (1952) pl. 42 (a) [fol. 2v (detail)]; Denholm-Young (1954) pl. 4 [fol. 60r (detail)]; Pächt—Alexander (1973) pl. I [fol. 34v (detail)]; E. Temple (1976) ills. 2–4 [fols. 6v, 93v, 11v (all details)]; Backhouse et al. (1984b) p. 21 [fol. 34v]; A.G. Watson (1984) II, pl. 13 [fol. 46v]; F. Wormald (1984) ills. 45–6 [fols. 93v, 6v (details)]; Robinson—Stanley (1991) 6.1.4 and 6.2.2.1–2 [fols. 2v, 98r–v]; Webster—Backhouse (1991) p. 260 [fol. 2v]; *ASMMF* VI (1998) no. 377; Roberts (2005) pl. 6 [fol. 6r]

ED: Sweet (1871) [complete text]; Dobbie (1942) 110–12 [base MS for Verse preface and Verse epilogue]; Carlson (1975–8) [vocabulary variants coll. as H]; Schreiber (2003) [coll. as H (partial ed.)]; Dance (2004) 37, 39–40 [fol. 1r–v]

LANG: A. Campbell (1959) ['CP']; Karl Brunner (1965) ['Cura Past.']; Horgan (1982); Hofstetter (1987) 305–6; Hogg (1992) ['CP', 'CP(H)'];

Waite (2000) 170–89; Schreiber (2003) 83–135; Dance (2004) 34–5 n. 25, 35–43

ST: K. Sisam (1953a) 140–7; Horgan (1973); S. Kim (1973); Greenfield–Robinson (1980) 250–1, 316–17; Horgan (1986) 110–14; R.I. Page (1992b) 42–3; Waite (2000) 23–7, 199–226

627. Oxford, Bodleian Library, Hatton 23 (S.C. 4115)

s. xi^2, prob. Worcester, (prov. Great Malvern, cell of Westminster)

Contents: Cassian, *Conlationes* [CPL 512], chs. i–x; Bede, *In librum beati patris Tobiae allegorica expositio* [CPL 1350]

MS: Schenkl no. 334; Madan et al. (1895–1953) II/ii.847; N.R. Ker (1941–9) 28–9 [repr. N.R. Ker (1985) 131 n. 1, 132]; Laistner–King (1943) 81; N.R. Ker (1960) 22 n. 1, 20 n. 4; Pollard (1962) 1 n. 2; N.R. Ker (1964) 209; T.A.M. Bishop (1971) 20 n. 1; Pollard (1975) 152–3; Rella (1977) 96 n. 8; Clarkson (1996) 184–9; R. Gameson (1999a) no. 725; R. Gameson (2005a) 95, 101–4; R. Gameson (2012a) 51 n. 169, 60, 72 n. 248, 76 and n. 266; Gullick (2012) 301 and n. 44, 303 and n. 55

DEC: Pächt–Alexander (1973) no. 55; R. Gameson (2012c) 274 n. 75

FACS: Pollard (1962) pls. I–II [binding (spine)]; Pächt–Alexander (1973) pl. VI [fol. 18v (detail)]; R. Gameson (1999a) pl. 3 [fol. 3v]

ED: Hurst–Hudson (1983a) 1–19 [Bede, *In librum beati patris Tobiae*, coll. as O]

ST: Lake (2003) 41 n. 56

628. Oxford, Bodleian Library, Hatton 30 (S.C. 4076)

940×956, Glastonbury, prov. Worcester, s. x^2

Contents: Caesarius, *Expositio in Apocalypsim* [CPL 1016]

MS: Schenkl no. 337; Frere (1894–1932) no. 425; Madan et al. (1895–1953) II/ii.831; R.W. Hunt (1961) xv; N.R. Ker (1964) 91, 209; T.A.M. Bishop (1971) 20 n. 1; Römer (1972a) 84; Römer (1972b) 265–6; Pollard (1975) 157; Rella (1977) 161; Rella (1980) 110; A.G. Watson (1984) I, no. 519; Hartzell (1989) 87; Budny (1992) 138 [errors rectified in Dumville (1994a)]; R. Gameson (1992d) 206 n. 87; Conner (1993) 57, 63, 70–2, 75; Dumville (1993g) 3 n. 12; Dumville (1994a) 148 and n. 90, 149; Keynes (1994b) 86–7; Clarkson (1996) 202–3; R.M. Butler (2004) 204–7; Barker-Benfield (2008) I.518–19; R. Gameson (2012a) 39 and n. 99, 59 nn. 196, 198; R. Gameson (2012d) 350 n. 22; D. Ganz (2012) 190 n. 13, 193 and n. 31

FACS: A.G. Watson (1984) II, pl. 14 [fol. 46r (detail)]; Budny (1992) pl. 8(b) [fol. 46r (detail)]

Oxford, Bodleian Library, Hatton 30 (S.C. 4076), offsets from pastedowns: see no. **636**

629. Oxford, Bodleian Library, Hatton 42 (S.C. 4117)

s. ix$^{1/3}$, Brittany [fols. 1–142]; s. ix^1, N France? [fols. 142–88]; s. ix med., France [fols. 189–204]; whole MS s. x in. England, prov. Glastonbury?, prov. Canterbury CC s. xi/xi, prov. Worcester by s. xi in.

Contents: fols. 1–142: *Collectio canonum Hibernensis* (recension B) [*CPL* 1794; *BCLL* 613]; *Canones Wallici* [*CPL* 1880; *BCLL* 995]; *Canones Adamnani* [*CPL* 1792; *BCLL* 609]; incipits of Mass texts (added s. xi at Worcester); Gaius, *Institutiones* bk. I; tables of affinity of kinship; notes on weights and measures

fols. 142–88: *Collectio canonum Dionysio–Hadriana*

fols. 189–204: Ansegisus, *Capitularium collectio*, bk. I

MS: Schenkl no. 339; Stubbs (1874) cxii–cxiii; Wasserschleben (1885) xxxiii–xxxiv; Madan et al. (1895–1953) II/ii.848–9; N.R. Ker (1941–9) 28 and n. 1 [repr. N.R. Ker (1985) 131 and n. 1]; N.R. Ker (1948) 73 and n. 3 [repr. N.R. Ker (1985) 55 and n. 3]; T.A.M. Bishop (1959–63b) 415, 421, 423; Bieler (1963) 13; N.R. Ker (1964) 209; T.A.M. Bishop (1971) xxvi; N.R. Ker (1971) 315, 316, 318 n. 4, 328–30 [repr. N.R. Ker (1985) 9, 10, 12 n. 4, 22–4]; Pollard (1975) 143–4; Whitelock (1976) 30–1; Rella (1977) 72–3, 96 n. 9, 127–8, 149–50 nn. 116–19, 156, 168; Lucas (1979a); Rella (1980) 114–15; Deuffic (1985) 307–8; A.G. Watson (1987b) 287 [repr. A.G. Watson (2004) no. VIII]; Budny (1992) 124; Lapidge (1992b) 100 n. 24 [repr. Lapidge (1993a) 90 n. 24]; Barker-Benfield (1993); Dumville (1993e); Dumville (1993g) 3 n. 12, 49; Mordek (1995) 404–6; Clarkson (1996) 163–4; G. Schmitz (1996) 110–13, 229–30; Bischoff (1998–) II, no. 3798; Sauer (2000) 392–3 n. 80; Dance (2004) 31 n. 6, 43 n. 52; Godden (2004) 372; A. Orchard (2004) 66 n. 15; Ambrose (2005) 111–13; Hartzell (2006) no. 266; Lapidge (2006) 172, 303; C.D. Wright (2006) 195, 213; N.M. Thompson (2007) 117–18; *ASMMF* XVI (2008) 93–106 [no. 379; Lucas]; R. Gameson (2012d) 348 and n. 14; A. Orchard (2012) 697 [no. 14]; Scragg (2012a) no. 890

DEC: Pächt—Alexander (1966) nos. 417, 419, 420; Pächt—Alexander (1973) no. 29

FACS: Pächt—Alexander (1966) pl. XXXIV [fol. 142v]; *ASMMF* XVI (2008) no. 379

ED: Wasserschleben (1885) 1–243 [*Collectio canonum Hibernensis* coll. as MS. 8]; Bieler (1963) 136–48, 176–80 [*Canones Wallici* and *Canones Adamnani* coll. as H]; G. Schmitz (1996) 111–12 [Ansegis, *Capitularium collectio* bk. I, coll. as O]

ST: *Collectio canonum Hibernensis*: Wasserschleben (1885); Kenney (1929) 247–50; *BCLL* (1985) no. 613; Cross—Hamer (1999) 33–4; Kéry (1999) 73–4;

Canones Wallici: Wasserschleben (1851) 124; Haddan—Stubbs (1869–71) I.127–37; McNeill—Gamer (1938) 57, 67–8, 373; Bieler (1963) 136–49; *BCLL* (1985) no. 995; Cross—Hamer (1999) 37, 139;

Canones Adamnani: Wasserschleben (1851) 120–3; Haddan—Stubbs (1869–71) II.111–14; Kenney (1929) 245; McNeill—Gamer (1938) 57, 131; Bieler (1963) 176–80; *BCLL* (1985) no. 609;

Collectio canonum Dionysio–Hadriana: Z.N. Brooke (1931) 50 and n. 2; Kéry (1999) 13–20; Cross—Hamer (1999) 23, 36, 154, 158–9;

Ansegisus, *Capitularium collectio*: P. Wormald (1978) 71–3; Cross (1992b); Mordek (1995) 404–6; Cross—Hamer (1999) 23, 36, 154, 158–9; Kéry (1999) 94; C.D. Wright (2006) 207–11 [app. crit.]; Lapidge (2012a) 690–1; McKee (2012b) 340 and n. 5; R. McKitterick (2012) 327

630. Oxford, Bodleian Library, Hatton 43 (S.C. 4106)

s. x/xi [fols. 9–177], s. xi med. [fols. 1–8], Winchester ambit? Glastonbury?, prov. Canterbury CC (at least by s. xii in.)

Contents: Bede, *Historia ecclesiastica* [*CPL* 1375]

MS: Schenkl no. 340; Madan et al. (1895–1953) II/ii.842–3; C. Plummer (1896) I.cxiii; Dobbie (1942) xcvi; Laistner—King (1943) 99; N.R. Ker (1957) no. 326; N.R. Ker (1964) 91; Colgrave—Mynors (1969) xlii–xliii; Rella (1977) 69, 84; Lapidge (2008–10) I.xcii–xciii; Scragg (2012a) no. 891

ED: Dobbie (1942) 106 [Caedmon's Hymn coll. as H]; Lapidge (2008–10) [Bede, *Historia ecclesiastica*, coll. as O; the later corrector and scribe of fols. 1–8 coll. as O^2]

ST: Lapidge (2008b)

631. Oxford, Bodleian Library, Hatton 48 (S.C. 4118)

s. vii ex. or viii in. or viii¹, or viii med., S England or Mercia (Worcester? possibly Bath?), prov. Worcester

Contents: *Regula S. Benedicti* [*CPL* 1852]

MS: Madan et al. (1895–1953) II/ii.849–50; Nicholson (1913) xix–xx; Lowe (1929); *CLA* II (1935) no. 240; N.R. Ker (1941–9) [repr. N.R. Ker (1985) 131–3]; N.R. Ker (1957) no. 327; Lowe (1960) 20; D.H. Wright (1961a) 449–50; N.R. Ker (1964) 209; Farmer (1968); Engelbert (1969); Gretsch (1973) 20–2; Pollard (1975) 140–2; Hanslik (1977) xxxviii–xxxix; P.L. Heyworth (1989) 69; Parkes (1992) 125 n. 61; T.J. Brown (1993a) 134, 196; Clarkson (1996) 160–3; *ASMMF* VI (1998) 15–18 [no. 381; Franzen]; R. Gameson (1999c) 360; Barker-Benfield (2008) III.1834; Wieland (2009) 138; M.P. Brown (2012) 146 and n. 121; R. Gameson (2012a) 25, 42 n. 117, 51; Gullick (2012) 301 and n. 44, 303 and n. 56

DEC: Pächt—Alexander (1973) no. 1

FACS: Farmer (1968) [complete facsimile]; Nicholson (1913) pl. IV [fol. 44v]; Lowe (1929) pls. I–V [fols. 1r, 24v, 33r, 44v, 42v, 49v]; Lowe (1960) pl. XX [fol. 24v]; Engelbert (1969) pl. after p. 408 [fol. 72r]; Pächt—Alexander (1973) pl. I [fol. 7v (detail)]; *ASMMF* VI (1998) no. 381; Owen-Crocker (2009) fig. 2.1 [fols. 24v–25r]

ED: Wölfflin (1895) [base text ('pro fundamento ponatur') or variants, coll. as O]; Hanslik (1977) [unreliable; this MS. coll. as O; corrections and variants by original scribe coll. as O°; corrections by later scribes coll. as O², O³, O⁴]

ST: Traube (1910); Meyvaert (1963) 95–100; Bischoff (1966–81) II.333, 337; Gretsch (1973); Gretsch (1974); Parkes (1976a) 166–7 n. 18 [repr. Parkes (1991) 126–7 n. 18]; Sims-Williams (1976) 4–5; P. Wormald (1976) 160–1 n. 39; Lapidge (1986b) 62–4 [repr. Lapidge (1996b) 158–60]; Hartzell (1989) 88 n. 116; Hunter Blair (1990) 200–1; Sims-Williams (1990) 201–5, 208–9; Rankin (1996) 325–6 and fig. 18; Hartzell (2006) no. 267 [art. a]

Oxford, Bodleian Library, Hatton 48 (S.C. 4118), fol. 77: see no. **653**

632. Oxford, Bodleian Library, Hatton 76 (S.C. 4125), fols. 1–67

s. xi¹, Worcester?, (prov. ibid.)

Contents: Gregory (Werferth), *Dialogi**, bks. I–II (revised version; incomplete); pseudo-Basil (trans. Ælfric), *Admonitio** (incomplete)

MS: Madan et al. (1895–1953) II/ii.853–4; Hecht (1900–7) I.ix–x; N.R. Ker (1957) no. 328; N.R. Ker (1964) 209; P.L. Heyworth (1989) 205; Franzen (1991) 65–9 et passim; Laing (1993) 133; ASMMF VI (1998) 19–25 [no. 382; Franzen]; Menzer (2004) 96 n. 4; Scragg (2012a) nos. 892–4

FACS: ASMMF VI (1998) no. 382

ED: H.W. Norman (1849) [Admonitio]; Hecht (1900–7) I.1–174, right-hand column [Werferth]; Yerkes (1976b) [corrections to Norman and Hecht]

LANG: Hecht (1900-7) II.134–70; Yerkes (1979); Yerkes (1982a) 9, 11, 85 n. 3; O'Brien O'Keeffe (1985) 72; Hofstetter (1987) 146–9

ST: Hecht (1900–7) vol. II; A.F. Cameron (1974) 221; Yerkes (1977b) 130–5; Yerkes (1977–80); McIntyre (1978); P.S. Baker (1980) 25–6; Greenfield—Robinson (1980) 318–19; Langefeld (1986) 200–4; Reinsma (1987) 153–4 [Admonitio]; CPL (1995) no. 1155a [Admonitio]; Godden (1997) 42–4; Waite (2000) 46–8, 354–68

633. Oxford, Bodleian Library, Hatton 76 (S.C. 4125), fols. 68–139

s. xi med., Worcester? (prov. ibid.)

Contents: Enlarged *Herbarius** (Antonius Musa, *De herba uettonica*; pseudo-Apuleius, *Herbarius*; herbs from pseudo-Dioscorides, *Liber medicinae ex herbis femininis* and *Curae herbarum*); *Medicina de quadrupedibus** (*De taxone liber*; treatise on mulberry tree; Sextus Placitus, *Liber medicinae ex animalibus*); two apocryphal letters from Evax to Tiberius; and a Latin version of the lapidary of Damigeron (add. s. xi/xii)

MS: Madan et al. (1895–1953) II/ii.854; Beccaria (1956) no. 85; N.R. Ker (1957) no. 328; N.R. Ker (1964) 209; De Vriend (1972) xviii–xxiii; De Vriend (1984) xx–xxiii; P.L. Heyworth (1989) 205; Franzen (1991) 65–9 et passim; Laing (1993) 133; ASMMF VI (1998) 19–25 [no. 382; Franzen]; R. Gameson (1999a) no. 726; W. Schipper (2003) 157; Dance (2004) 41; R. Gameson (2005a) 93, 101–4; Scragg (2012a) nos. 895–6

FACS: De Vriend (1972) pl. II [fol. 125v]; De Vriend (1984) pl. II [fol. 74r]; ASMMF VI (1998) no. 382; D'Aronco (1998) pl. IX [fols. 74r, 84v, 124v]

ED: J. Evans (1922) 195–213 [base MS for apocryphal letters and lapidary]; De Vriend (1972) 2–61 [*Medicina de quadrupedibus* coll. as B]; De Vriend (1984) [*Herbarius* and *Medicina de quadrupedibus* coll. as B]

LANG: De Vriend (1984) lxviii–lxxiv; Dance (2004) 41

ST: Thorndike—Kibre (1963) col. 844 [lapidary]; De Vriend (1972); Kitson (1978) 13, 58 [lapidary]; Hofstetter (1983); De Vriend (1984) xxxviii–xliv *et passim*; Hollis—Wright (1992) 311–24, 329–40; M.L. Cameron (1993) 59–64; D'Aronco (1998) 22; M. Collins (2000) 233 n. 193; D'Aronco (2011) 238 and n. 37

635. Oxford, Bodleian Library, Hatton 93 (S.C. 4081)

s. ix^1 or ix$^{1/4}$, Mercia (Lichfield?), (prov. Worcester)

Contents: exposition of the Mass ('Primum in ordine')

MS: Schenkl no. 348; Madan et al. (1895–1953) II/ii.832–3; *CLA* II (1935) no. 241; N.R. Ker (1941–9) 28 and n. 1 [repr. N.R. Ker (1985) 131 and n. 1]; N.R. Ker (1957) no. 329; N.R. Ker (1964) 209; Rella (1977) 59 n. 2; De La Mare—Barker-Benfield (1980) 9, 13 [T.J. Brown]; M.P. Brown (1986) 127; Morrish (1988) 513–14, 522, 524; Webster—Backhouse (1991) no. 166 [M.P. Brown]; Dumville (1992a) 101 and n. 28, 125, 135 and n. 289; T.J. Brown (1993a) 216; Dumville (1993g) 151 n. 62; M.P. Brown (1996) 41–2 *et passim*; C.A. Jones (1998c) 673; C.A. Jones (2004) 330; M.P. Brown (2012) 163; R. Gameson (2012a) 52, 82 n. 297

DEC: Pächt—Alexander (1973) no. 7; M.P. Brown (1986) 135 and n. 67

FACS: Pächt—Alexander (1973) pl. I [fol. 2r (detail)]; Webster—Backhouse (1991) 213 [fol. 2r]; M.P. Brown (1996) figs. 14–15 [fols. 2r, 34r]

ST: *DACL* V (1922) 1014–27 [1020–1]; Wilmart (1936b); Gamber (1968–88) I.349; Sauer (1978) 6; Morrish (1988) 513–14; Dumville (1992a) 116 n. 148; *CSLMA* II (1999) 379–80; C.A. Jones (1998c) 669–74

636. Oxford, Bodleian Library, Hatton 93 (S.C. 4081), fol. 42 (with Oxford, Bodleian Library, Hatton 30, offsets from pastedowns)

s. xi^1 or xi med., (prov. Worcester)

Contents: sacramentary (f)

MS: Warren (1888); Madan et al. (1895–1953) II/ii.832; *CLA* II (1935) no. 241 [stated erroneously to be from a collectar]; N.R. Ker (1957) no. 330; Van Dijk (1957-60) V.6; T.A.M. Bishop (1971) 20 n. 1; Dumville (1992a) 67; R. Gameson (2005a) 93; Hartzell (2006) no. 268; Scragg (2012a) no. 897

484 Anglo-Saxon Manuscripts

637–638. Oxford, Bodleian Library, Hatton 113 (S.C. 5210) + 114 (S.C. 5134)

s. xi² (1064×1083), Worcester

Contents: Hatton 113: Letter to Bishop Wulfstan II; prayers; liturgical calendar with necrology; computus tables; treatise On the Seven Ages of the World⁺*; homilies* (most by Wulfstan or attrib., five by Ælfric); Hatton 114: homilies* (most by Ælfric)

MS: Madan et al. (1895–1953) II/ii.967–8, 983; Atkins (1928); N.R. Ker (1939–40) 83 n. 1; Bethurum (1957) 4–5; N.R. Ker (1957) no. 331; N.R. Ker (1960) 23 n. 1; Pope (1967–8) I.70–7; N.R. Ker (1968) 209; T.A.M. Bishop (1971) 20 n. 1; F.C. Robinson (1973) 450; Pollard (1975) 157; Godden (1979) li–liv; Scragg (1979) 253–5; A.G. Watson (1984) I, no. 520; P.L. Heyworth (1989) 45, 205; Franzen (1991) 30–8 *et passim*; Scragg (1992) xxxii; Laing (1993) 134; Clarkson (1996) 204–6; Lendinara (1996) 637; Clemoes (1997) 41–5; *ASMMF* VI (1998) 26–43 [nos. 384a, 384b; Franzen]; R. Gameson (1999a) nos. 727, 728; W. Schipper (2003) 160; Acker (2004) 121 n. 1, 124 n. 9; J. Barrow (2004) 156; Cowen (2004) 397 n. 2; Godden (2004) 369; T.N. Hall (2004a) 94–5; Lionarons (2004b) 74, 75 n. 26, 80–1, 89; Lionarons (2004c) 424; A. Orchard (2004) 71, 72 n. 42, 73 n. 46, 75 n. 53, 77 n. 56, 81 n. 65, 89 n. 79, 90–1 n. 85; N.M. Thompson (2004) 60, 62 n. 83; Wilcox (2004b) 376–7, 382–91, 393, 395; R. Gameson (2005a) 95, 101–4; Foys (2006) 280; Chardonnens (2007b) 537, 553; Swan (2007b) 36, 40; Treharne (2007a) 262–3; Treharne (2007b) 14 n. 2, 17, 19–21, 23, 25, 26 n. 40; Rushforth (2008a) 46–8; Scragg (2009b) 75; Johnson–Rudolf (2010) 1–3; Crick (2012) 182 and n. 36; R. Gameson (2012a) 18, 43 n. 125, 51 n. 170, 70 and n. 241; Gullick (2012) 300 and n. 34; Scragg (2012a) nos. 87, 172, 898–919

FACS: Atkins (1928) pls. XXXVI–XXXVII [fol. iv v, fol. v r]; A.G. Watson (1984) II, pls. 25 (a) [Hatton 113, fol. viii r], 25 (b) [Hatton 114, fol. 201r]; N.R. Ker (1985) pl. 2 [Hatton 113, fol. 78v]; Franzen (1991) pls. 1 [Hatton 113, fol. 60r], 2 [Hatton 113, fol. 68r], 3 [Hatton 114, fol. 51v], 7 [Hatton 113, fol. 4r (detail)]; *ASMMF* VI (1998) nos. 384a, 384b; R. Gameson (2005a) fig. 1 [fol. 4r]; Johnson–Rudolf (2010) figs. 1–2 [Hatton 114, fols. 27v, 113r (both details)]

ED [the order of the following items is that of the manuscripts, listed according to the numbering of individual articles in N.R. Ker (1957) 391–8; only the most recent editions are cited]:

(Hatton 113)

art. 79: Darlington (1928) 189 [letter to Bishop Wulfstan II]

art. 80: Darlington (1928) 190 [prayers]

art. 81: Dewick—Frere (1921) II.589–601 [liturgical calendar]; F. Wormald (1934) 197–209 [liturgical calendar (no. 16)]; Gerchow (1988) 261–2, 338–9 [obits]; Rushforth (2008a) no. 22 [liturgical calendar]

art. 1: Napier (1883/1967) 1–5 [base MS for Wulfstan, Hom. I (*De initio creature*)]

art. 2: Napier (1883/1967) 311–13 [base MS for Wulfstan, Hom. LXII (*De aetatibus mundi*)]

art. 3: Bethurum (1957) 142–56 [Wulfstan, Hom. VI (*Sermones Lupi episcopi*), coll. as E]

arts. 4–5: Bethurum (1957) 157–65 [Wulfstan, Hom. VII (*De fide catholica*), coll. as E]

art. 6: Bethurum (1957) 175–84 [Wulfstan, Hom. VIIIc (*Sermo de baptismate*), coll. as E]

art. 7: Bethurum (1957) 211–20 [Wulfstan, Hom. XI (*De uisione Isaie prophete*), coll. as E]

art. 8: Bethurum (1957) 185–91 [Wulfstan, Hom. IX (*De septiformi spiritu*), coll. as E]

art. 9: Bethurum (1957) 113–18 [Wulfstan, Hom. Ia–b (*De Antichristo*), coll. as E]

art. 10: Bethurum (1957) 194–210 [Wulfstan, Hom. Xb–c (*De cristianitate*), coll. as E]

art. 11: Bethurum (1957) 134–41 [Wulfstan, Hom. V (*Secundum Marcum*), coll. as E]

art. 12: Bethurum (1957) 119–22 [Wulfstan, Hom. II (*Secundum Matheum*), coll. as E]

art. 13: Bethurum (1957) 123–7 [Wulfstan, Hom. III (*Secundum Lucam*), coll. as E]

art. 14: Bethurum (1957) 128–33 [Wulfstan, Hom. IV (*De temporibus Antichristi*), coll. as E]; Lionarons (2004b) 89–93 [base MS for Wulfstan, *De temporibus Antichristi*]

art. 15: Bethurum (1957) 232–5 [Wulfstan, Hom. XIV (*Sermo in .XL.*), coll. as E]

art. 16: Bethurum (1957) 221–4 [Wulfstan, Hom. XII (*De falsis deis*), coll. as E]

arts. 17–21: Bethurum (1957) 225–32 [Wulfstan, Hom. XIII (*Sermo ad populum*), coll. as E], followed by Napier (1883/1967) 119–24 [base MS for Hom. XXIV–XXV]

art. 22: Napier (1883/1967) 134–43 [base MS for Wulfstan, Hom. XXIX (*Her is halwendlic lar*)]
art. 23: Napier (1883/1967) 143–52 [base MS for Wulfstan, Hom. XXX (*Be rihtan cristendome*)]; Scragg (1992) 396–403 [base MS for Wulfstan, *Be rihtan cristendome*]
art. 24: Napier (1883/1967) 152–3 [base MS for Wulfstan, Hom. XXXI]
art. 25: Bethurum (1957) 236–8 [Wulfstan, Hom. XV (*Sermo de cena Domini*), coll. as E]
art. 26: Napier (1883/1967) 177 n. 1 followed by Bethurum (1957) 242–5 [Wulfstan, Hom. XVII (*Lectio secundum Lucam*), coll. as E (part)]
art. 27: Bethurum (1957) 267–75 [Wulfstan, Hom. XX (*Sermo Lupi ad Anglos*), coll. as E]; Whitelock (1976) 47–67 [*Sermo Lupi ad Anglos* coll. as E]
art. 28: Bethurum (1957) 276–7 [Wulfstan, Hom. XXI (*Her is gyt rihtlic warnung*), coll. as E]
art. 29: Napier (1883/1967) 169–72 [base MS for Wulfstan, Hom. XXXV (*Be mistlican gelimpan*)]
art. 30: Bethurum (1957) 242–3 [Wulfstan, Hom. XVII (*Lectio secundum Lucam*), coll. as E (part)]
art. 31: Clemoes (1997) 325–34 [Ælfric, CH I, Hom. XIX (*Feria .III. De dominica oratione*), coll. as T]
art. 32: Pope (1967–8) I.415–47 [Ælfric, Suppl. Hom. XI (*Sermo ad populum in octavis Pentecosten*), coll. as T]
art. 33: Godden (1979) 3–11 [Ælfric, CH II, Hom. I (Christmas), coll. as T]
art. 34: Clemoes (1997) 198–205 [Ælfric, CH I, Hom. III (St Stephen), coll. as T]
art. 35: Clemoes (1997) 206–16 [Ælfric, CH I, Hom. IV (Assumption of St John the Evangelist), coll. as T]
art. 36: Clemoes (1997) 217–23 [Ælfric, CH I, Hom. V (Holy Innocents), coll. as T (the last five lines are in Hatton 114)]

(Hatton 114)

art. 82: Napier (1883/1967) 182–90 [Wulfstan, Hom. XL (*In die iudicii*), coll. as F]; Scragg (1992) 53–65, odd pages [Vercelli Hom. II coll. as O]; Ogawa (2010) 183–6 [base MS]
art. 83: Godden (1979) 127–36 [Ælfric, CH II, Hom. XIII (Fifth Sunday in Lent), coll. as T (extract)]

art. 84: Pope (1967–8) II.737–46 [Ælfric, Suppl. Hom. XXIII (SS. Alexander, Eventius and Theodolus), coll. as T]

art. 37: Clemoes (1997) 224–31 [Ælfric, CH I, Hom. VI (Circumcision of the Lord), coll. as T]

art. 38: Clemoes (1997) 232–40 [Ælfric, CH I, Hom. VII (Epiphany), coll. as T]

art. 39: Clemoes (1997) 249–57 [Ælfric, CH I, Hom. IX (Purification of B.V.M.), coll. as T]

art. 40: Clemoes (1997) 281–9 [Ælfric, CH I, Hom. XIII (Annunciation of B.V.M.), coll. as T]

art. 41: Clemoes (1997) 258–65 [Ælfric, CH I, Hom. X (Quinquagesima Sunday), coll. as T]

art. 42: Clemoes (1997) 266–74 [Ælfric, CH I, Hom. XI (First Sunday in Lent), coll. as T]

art. 43: Napier (1883/1967) 282–9 [base MS for Wulfstan (?), Hom. LV]

art. 44: Luiselli Fadda (1977) 43–53 [base MS for Hom. III (Second Sunday in Lent)]

art. 45: Pope (1967–8) I.264–80 [Ælfric, Suppl. Hom. IV (Third Sunday in Lent), coll. as T]

art. 46: Clemoes (1997) 275–80 [Ælfric, CH I, Hom. XII (Sunday in Mid–Lent), coll. as T]

art. 47: as Skeat (1881–1900) no. XIII (*De oratione Moysi* in Mid–Lent), not collated

art. 48: Godden (1979) 137–49 [Ælfric, CH II, Hom. XIV (Palm Sunday), coll. as T]

art. 49: Clemoes (1997) 290–8 [Ælfric, CH I, Hom. XIV (Palm Sunday), coll. as T]

art. 50: Clemoes (1997) 299–306 [Ælfric, CH I, Hom. XV (Easter), coll. as T]

art. 51: Clemoes (1997) 307–12, 533–5 [Ælfric, CH I, Hom. XVI (First Sunday after Easter), with Appendix B.2, coll. as T]

art. 52: Tristram (1970) 430–8; Bazire–Cross (1982) 109–13 [base MS for Hom. 8 (*De Letania maiore*)]

art. 53: Bazire–Cross (1982) 121–3 [base MS for Hom. 9 (Rogationtide)]

art. 54: Luiselli Fadda (1977) 105–21 [base MS for Hom. V (*De letania maiore secunda die*)]; Bazire–Cross (1982) 131–5 [base MS for Hom. 10 (Rogationtide)]

art. 55: Luiselli Fadda (1977) 125–37 [base MS for Hom. VI (*Feria .III. de letania maiore*)]; Bazire–Cross (1982) 140–3 [base MS for Hom. 11 (*Feria .III. de Letania maiore*)] art. 56: Napier (1883/1967) 191–205 [Wulfstan, Hom. XLII (*De temporibus Antichristi*), coll. as F]

art. 57: Clemoes (1997) 345–53 [Ælfric, CH I, Hom. XXI (Ascension Day), coll. as T]

art. 58: Clemoes (1997) 354–64 [Ælfric, CH I, Hom. XXII (Pentecost), coll. as T]

art. 59: Godden (1979) 72–80 [Ælfric, CH II, Hom. IX (St Gregory), coll. as T]

arts. 60–1: Godden (1979) 169–73 [Ælfric, CH II, Hom. XVII (SS. Philip and James, apostles), coll. as T]

arts. 62–3: Godden (1979) 174–9 [Ælfric, CH II, Hom. XVIII (Discovery of the Holy Cross), coll. as T]

art. 64: Clemoes (1997) 379–87 [Ælfric, CH I, Hom. XXV (St John the Baptist), coll. as T]

arts. 65–6: Clemoes (1997) 388–99 [Ælfric, CH I, Hom. XXVI (SS. Peter and Paul), coll. as T]

art. 67: Clemoes (1997) 400–9 [Ælfric, CH I, Hom. XXVII (St Paul), coll. as T]

art. 68: Clemoes (1997) 429–38 [Ælfric, CH I, Hom. XXX (Assumption of B.V.M.), coll. as T]

art. 69: Clemoes (1997) 439–50 [Ælfric, CH I, Hom. XXXI (St Bartholomew), coll. as T]

art. 70: as Raith (1933/1964) 3.15, not collated

art. 71: as Raith (1933/1964) 3.16, not collated

art. 72: Assmann (1889/1964) 117–37, left-hand column [base MS (= J) for Homily on Nativity of B.V.M. (= Hom. X)]

art. 73: Clemoes (1997) 465–75 [Ælfric, CH I, Hom. XXXIV (Dedication of the Church of St Michael), coll. as T]

arts. 74–5: Clemoes (1997) 486–96 [Ælfric, CH I, Hom. XXXVI (All Saints), coll. as T]

art. 76: Assmann (1889/1964) 49–64 [Ælfric, Homily for a Confessor (= Hom. IV), coll. as J^1]

art. 77: Ebersperger (1999) 235–62 [*Sermo de dedicatione ecclesie* coll. as H]

art. 78: Wenisch (1993) [base MS for homily on the dedication of a church]

arts. 79–81: see above, beginning of Hatton 113

arts. 82–4: see above, beginning of Hatton 114

art. 85: Förster (1942–3) 168

LANG: Wenisch (1993) 5–9; Dance (2004) 35 n. 26, 57 n. 87; A. Orchard (2004) 69 n. 24, 70 n. 28, 86 n. 72

ST: N.R. Ker (1949) 29 [repr. N.R. Ker (1985) 27]; Van Dijk (1957–60) III.108; A.F. Cameron (1974) 221–3; Gerchow (1988) 258–65; Baker–Lapidge (1995) xlviii, lii; Scragg (1996) 216; Borst (2001) I.292; N. Orchard (2002) I.176–7; Treharne (2007a) 262–4; Lapidge (2009) lxxxvi, xcvi [liturgical calendar]

639. Oxford, Bodleian Library, Hatton 115 (S.C. 5135), fols. 1–147 (with Lawrence, Kansas, Kenneth Spencer Research Library, Pryce MS C2: 2)

s. xi$^{3/4}$ or xi^2, (prov. Worcester)

Contents: Ælfric, *Hexameron**; homilies* and sermon notes* (most by Ælfric); Ælfric, Homily on Book of Judges*, *De duodecim abusiuis saeculi**, (version of Alcuin's) *Interrogationes Sigewulfi in Genesin**; prognostics*

MS: Madan et al. (1895–1953) II/ii.968–9; N.R. Ker (1957) no. 332; Colgrave–Hyde (1962); N.R. Ker (1964) 209; Pope (1967–8) I.53–9; R.L. Collins (1976) 50–1; N.R. Ker (1976a) 124–5; P.R. Robinson (1978) 231, 235 [repr. P.R. Robinson (1994) 25, 31]; Godden (1979) lxvi–lxviii; Scragg (1979) 247–8, 262; Franzen (1991) 38–44 *et passim*; Scragg (1992) xxxi, xxxvi; Laing (1993) 134; Clemoes (1997) 33–6; Stoneman (1997) 117; *ASMMF* VI (1998) 44–54 [no. 385; Franzen]; R. Gameson (1999a) no. 729; *ASMMF* VII (2000) 31–3 [no. 154; Doane]; Godden (2004) 366, 368; W. Schipper (2003) 160; R. Gameson (2005a) 94, 101–4; Chardonnens (2007b) 50–1, 537–41, 553; Clayton (2007) 32–8; Swan (2007b) 35–7, 39; Scragg (2009b) 76–7; Liuzza (2011) 19–20; Scragg (2012a) nos. 920–4

FACS: Pope (1967–8) II, pl. opp. p. 728 [fol. 63r]; R.L. Collins (1976) pl. 7 [Kansas leaf]; Franzen (1991) pls. 8–9 [fols. 5r, 15v]; Scragg (1992) pl. V [fol. 140r]; *ASMMF* VI (1998) no. 385; *ASMMF* VII (2000) no. 154

ED [the following items are listed according to the numbering of individual articles in N.R. Ker (1957) 399–402; only the most recent editions are cited.]:

art. 1: Crawford (1921) 33–74 [base MS for Ælfric, *Hexameron*]

art. 2: Clemoes (1997) 325–34 [Ælfric, CH I, Hom. XIX (*Feria .III. De dominica oratione*), coll. as P]

art. 3: Clemoes (1997) 335–44 [Ælfric, CH I, Hom. XX (*Feria .IIII. De fide catholica*), coll. as P]

art. 4: Pope (1967–8) II.590–609 [Ælfric, Suppl. Hom. XVIII (*Sermo de die iudicii*), coll. as P] art. 5: as Skeat (1881–1900) no. XVII (*De auguriis*), MS not collated

art. 6: Pope (1967–8) II.622–35 [base MS for Ælfric, Suppl. Hom. XIX (*De doctrina apostolica*)]

art. 7: Pope (1967–8) II.752 [base MS for Ælfric, Suppl. Hom. XXIV (*Se þe gelome swerað*); Godden (1979) 180–9 [Ælfric, CH II, Hom. XIX (*Feria .II. in Letania maiore*), coll. as P]

art. 8: Godden (1979) 190–8 [Ælfric, CH II, Hom. XX (*Feria .III. in Letania maiore*), coll. as P]

arts. 9–10: Godden (1979) 199–205 [Ælfric, CH II, Hom. XXI (*Alia uisio*: Bede, *HE* V.xii), coll. as P]

art. 11: as Skeat (1881–1900) II.120–4 (no. XXV, lines 812–62: *Qui sunt oratores, laboratores, bellatores*), not collated

art. 12: Pope (1967–8) I.325 [Ælfric, Suppl. Hom. VI (*Feria .VI. in quarta ebdomada Quadragesimae*), lines 284–91, coll. as P]

art. 13: as Thorpe (1844–6) II.608, not collated

art. 14: as Napier (1888) 154–5 [*De infantibus non baptizandis*], not collated

art. 15: Clayton (2002) 280–2 [base MS for Ælfric, *Letter to Brother Edward*]

art. 16: Napier (1883/1967) 50–60 [Wulfstan, Hom. VII (*De septiformi spiritu*), lines 10–25 (p. 50), and VIII, coll. as R]

art. 17: Pope (1967–8) II.728–32 [base MS for Ælfric, Suppl. Hom. XXII (*Wyrdwriteras us secgað*)]

art. 18: Scragg (2000) [base MS for OE Exhortation]

art. 19: as Napier (1883/1967) 190 [Wulfstan, Hom. XLI (*Verba Ezechiel*), lines 20–3], not collated

art. 20: as Skeat (1881–1900) I.424–30 (no. XIX, lines 155–258: *Acitofel et Absalon*), not collated

art. 21: Godden (1979) 299–303 [Ælfric, CH II, Hom. XXXV (Feast of an Apostle), coll. as P]

art. 22: Godden (1979) 304–9 [Ælfric, CH II, Hom. XXXVI (Feast of Several Apostles), coll. as P]

art. 23: Godden (1979) 310–17 [Ælfric, CH II, Hom. XXXVII (Holy Martyrs), coll. as P]

art. 24: Godden (1979) 318–26 [Ælfric, CH II, Hom. XXXVIII (Feast of a Confessor) in Hatton 115, with Colgrave—Hyde (1962), coll. as P]

art. 25: Pope (1967–8) II.784 [base MS for Ælfric, Suppl. Hom. XXVIII ('Paulus scripsit ad Thesalonicenses'); Godden (1979) 327–34 [Ælfric, CH II, Hom. XXXIX (Holy Virgins), coll. as P]

art. 26: Godden (1979) 335–45 [Ælfric, CH II, Hom. XL (Dedication of a Church), coll. as P] art. 27: Assmann (1889/1964) 1–12 [base MS (= S¹) for Ælfric's Letter to Wulfgeat]; Pope (1967–8) I.463–72 [Ælfric, Suppl. Hom. XIa (*De sancta trinitate*), partly coll. as P]

art. 28: Clemoes (1997) 184 [Ælfric, CH I, Hom. I (*De initio creaturae*), lines 174–6, coll. as P]

art. 29: Pope (1967–8) II.641–60 [base MS for Ælfric, Suppl. Hom. XX (*De populo Israhel*)]

art. 30: Marsden (2008) 190–200 [Ælfric, Homily on Judges, coll. as H]

art. 31: as Morris (1867–8) 299–304 (*De duodecim abusiuis saeculi*), not collated

art. 32: MacLean (1884) [Ælfric's OE version of Alcuin, *Interrogationes Sigewulfi in Genesin*]

art. 33: as Skeat (1881–1900) I.384–412 (no. XVIII: *Sermo excerptus de libro Regum*), not collated

art. 34: Luiselli Fadda (1977) 191–211 [base MS for Hom. X ('On Penitence')]; Scragg (1992) 159–83, odd pages [base MS (= L) for Vercelli Hom. IX]

art. 35: Chardonnens (2007b) 238–9, 261, 301–4, 424–5, 431–2, 452, 485, 490, 496 [base MS for prognostics]

ST: A.F. Cameron (1974) 222; Treharne (1998) 235–6; Liuzza (2001) 227–9 *et passim*; Acker (2004) 129 n. 30; Alcamesi (2010) 193–4, 200–2; Liuzza (2011) 1–77 [prognostics]

640. Oxford, Bodleian Library, Junius 11 (S.C. 5123) (the 'Caedmon Manuscript' or 'Junius Manuscript')

s. x² and xi¹, both parts S England (Canterbury CC?)

Contents: OE poetry: *Genesis*** (A and B); *Exodus***; *Daniel*** (incomplete) [all s. x²]; *Christ and Satan*** [s. xi¹]

MS: Madan et al. (1895–1953) II/ii.965; Gollancz (1927) xiii–cxix; N.R. Ker (1957) no. 334; N.R. Ker (1964) 38; Lucas (1980); R.M. Thomson (1982b) 16–18; Backhouse et al. (1984b) no. 154; Raw (1984) [repr. M.P. Richards (1994) 251–75]; Parkes (1992) 151 nn. 95, 96; Lockett (2002); A. Orchard (2004) 69 n. 26; Roberts (2005) 68–71 [no. 13]; Biggs (2007a) 9; C. Bishop (2007b) 90–4; Karkov (2007b) 57; Withers (2007) 60, 131, 314 n. 32; Treharne (2009b) 106–8; R. Gameson (2012a) 59 n. 194; Gullick (2012) 294 n. 3; Scragg (2012a) nos. 925–929.5; and see also the studies listed under DEC and ED, below.

DEC: F. Wormald (1945) 120, 134 [repr. F. Wormald (1984) 59, 73]; F. Wormald (1952) 76 [no. 50] *et passim*; F. Wormald (1957b) 31 [repr. F. Wormald (1984) 146]; Dodwell (1971b) 94, 186; Ohlgren (1972a); Ohlgren (1972b); Ohlgren (1972c); Gatch (1975); G. Henderson (1975); Raw (1976); E. Temple (1976) no. 58; Brownrigg (1978) 255, 260 n. 3; Broderick (1983); F. Wormald (1984) 119, 132, 146; Ohlgren (1986) no. 163; Raw (1990) 234; Ohlgren (1992) 10 and nn., 88–99; R. Gameson (1995b) 9, 10 n. 22, 17, 37–8, 39, 43–5, 69, 110, 112, 140–1, 181–2, 194, 205, 224 *et passim*; Finnegan (1998); Karkov (2001b); Lockett (2002); Karkov (2004) 153; Biggs (2007a) 9; C. Bishop (2007b) 90–4; Karkov (2007b) 58–71; Withers (2007) 35, 37, 40, 60, 132, 204, 214, 218, 318 n. 66; Karkov (2009) 246–9; Withers (2011) 252–4, 255–6, 257, 264; R. Gameson (2012c) 284 and n. 120, 287

FACS: Gollancz (1927) [complete facsimile]; Muir (2004) [complete digitized facsimile on CD–ROM]; F. Wormald (1952) pl. 18 [p. 6 (detail)]; Pächt–Alexander (1973) pl. IV [pp. 11, 44, 78 (details)]; E. Temple (1976) ills. 189–96 [pp. 61, 11, 41, 57, 58, 74 (detail), 84, 87]; Backhouse et al. (1984b) 151 [p. 66]; D.M. Wilson (1984) pls. 226–8 [pp. 41, 68, 84]; F. Wormald (1984) pls. 60, 122, 175 [pp. 22, 6, 68 (details)]; Ohlgren (1992) pls. 16.1–51 [pp. 1–3, 6, 7, 9–13, 16, 17, 20, 24, 28, 31, 34, 36, 44–7, 53, 54, 56–63, 66, 68, 70, 73, 74, 76–8, 81, 82, 84, 87, 88, 96]; Lockett (2002) pls. I (a)–(c), II(c), III (a)–(b) [pp. 21, 67, 71, 8 (details), 41, 61]; Roberts (2005) pl. 13 [p. 14], p. 71 [p. 61]; M.P. Brown (2007a) pl. 100 [p. 11]; Karkov (2007b) 72 [p. 3], 73–5 [pp. 9–11], 76 [p. 16], 77 [p. 20], 78 [p. 24], 79 [p. 28], 80 [p. 31], 81 [p. 41], 82–4 [pp. 45–7]; Withers (2007) 38 [p. 41], 205 [p. 51], 206 [p. 53], 207 [p. 54], 208 [p. 56], 209 [p. 57], 210 [p. 58], 211 [p. 59], 212 [p. 62], 213 [p. 63]; Owen-Crocker (2009) figs. 7.33–4 [pp. 16, 47]

ED [note that early editions and partial editions are not recorded]: **complete manuscript**: Wülker (1881–98) vol. II; Krapp (1931); Muir (2004); **Genesis A**: Holthausen (1914); Doane (1978); **Genesis B**: Klaeber (1931); Timmer (1954); Doane (1991); Behagel–Taeger (1996); **Exodus**: Blackburn (1907); Irving (1953/1970); Lucas (1977/1994); Tolkien (1981); **Daniel**: Blackburn (1907); Farrell (1974); **Christ and Satan**: Clubb (1925); Finnegan (1977)

LANG: Menner (1951); C. Bishop (2007b) 91

ST: Gollancz (1927) xiii–cxix; Caie (1979); Lucas (1979b); Greenfield–Robinson (1980) 21–2, 210–11, 222–5, 228–33; Sauer (1980b); J.R. Hall (1986); Stévanovitch (1992); Conde-Silvestre (2006) 49; C. Bishop

(2007b) 77, 92; Withers (2007) 58, 60; Ziolkowski (2007) 207 and nn.; Scragg (2012b) 555–6

640. 1. Oxford, Bodleian Library, Junius 11 (S.C. 5123), offset from pastedown

s. xi

Contents: gospel harmony (f)

MS: Madan et al. (1895–1953) II/ii.965; N.R. Ker (1957) no. 334; Rumble (2006b) 7 n. 36

641. Oxford, Bodleian Library, Junius 27 (S.C. 5139)

s. x^1 (920s?) Winchester?, (prov. Continent by s. xii^2?)

Contents: liturgical calendar (partly metrical); Psalterium Romanum° (incomplete)

MS: Madan et al. (1895–1953) II/ii.971–2; Lindelöf (1901c); Wildhagen (1913) 444–6; Van Dijk (1952) no. 42; N.R. Ker (1957) no. 335; Van Dijk (1957–60) II.5b; N.R. Ker (1964) 201; T.A.M. Bishop (1964–8b) 247; Parkes (1976) 157–64 [repr. Parkes (1991) 154–61]; Parkes (1983) 130, 134–6 [repr. Parkes (1991) 172, 179–81]; Lapidge (1984) 344–5 [repr. Lapidge (1993a) 361–2]; Dumville (1987) 171 and n. 133; Dumville (1992a) 1–38, 50, 65, 140; Dumville (1992b) 72–8, 92–9; Conner (1993) 55 *et passim*; Dumville (1994a) 143 and n. 51; Pfaff (1995a) 62 [Pulsiano]; Pulsiano (2001) xxi and nn.; Rushforth (2008a) 22–3 [no. 5]; R. Gameson (2012a) 39 and n. 96, 77 n. 273; D. Ganz (2012) 189 and n. 11

DEC: F. Wormald (1945) 117–18, 120–1, 122 [repr. F. Wormald (1984) 55–7, 58, 60–1]; Alexander (1970a) 70 n. 1, 72, 129, 161, 193; F. Wormald (1971b) 305, 307, 310 [repr. F. Wormald (1984) 76, 78, 80]; Pächt–Alexander (1973) no. 21; E. Temple (1976) no. 7; Alexander (1978b); Ohlgren (1986) no. 85; Raw (1990) 23, 234; R. Gameson (1992a) 190–1; R. Gameson (1995b) 200, 219, 220 n. 164, 228–30, 233, 254; Farr (2011b) 222; R. Gameson (2012c) 250 and nn. 4 and 6

FACS: *NPS* II, pl. 62 [fols. 52v, 118r, 105r (all details) and 135v]; E. Temple (1976) pl. 1 [fol. 135v], ills. 20–4, 26 [fols. 20r, 27v, 136r, 148v, 71v, 188r (all details)]; D.M. Wilson (1984) pls. 212–15 [fols. 135v, 118r, 148v]; F. Wormald (1984) ills. 56, 57, 81, 82, 83 [fols. 20r, 121v, 118r, 115v, 155v (details)]; Parkes (1991) pl. 27 [fol. 77v]

ED: Brenner (1908) [psalms and OE gloss]; McGurk (1986a) 90–111 [metrical entries in liturgical calendar, coll. as Jun.]; Gerchow (1988) 330 [obits in calendar]; Dumville (1992a) 3–14 [liturgical calendar]; Pulsiano (2001a) [Pss. I–L and OE gloss, coll. as B]; Rushforth (2008a) no. 5 [liturgical calendar]

LANG: Brenner (1908) xv–xxxiii; Sisam — Sisam (1959) 71 n. 2; Gretsch (2000)

ST: Lindelöf (1904); E. Bishop (1918) 254; Heinzel (1926); Hennig (1953); Saxl — Meier (1953) I.220; Sisam — Sisam (1959) 48, 55–6, 63–6; D.H. Wright (1967) 46–8, 77, 84–5 [A. Campbell]; Bierbaumer (1977a); Berghaus (1979); McGurk (1986a); Gerchow (1988) 220; Dumville (1992a) 1–38, 50, 65; Dumville (1992b) 104–6; Wiesenecker (1994); Pulsiano (1996); Gretsch (2000); Gretsch (2001); C. Bishop (2007b) 118

642. Oxford, Bodleian Library, Junius 85 + 86 (S.C. 5196–7)

s. xi med., SE England

Contents: homilies*; charms(*); *Visio S. Pauli**

MS: Madan et al. (1895–1953) II/ii.982–3; N.R. Ker (1957) no. 336; A.F. Cameron (1974) 223; Healey (1978) 3–18; P.R. Robinson (1978) 238 [repr. P.R. Robinson (1994) 34–5]; Godden (1979) lix–lxi; Scragg (1979) 235–6; Scragg (1992) xxvi; Chadbon (1993); Ogawa (1994); Scragg (1996) 211; Biggs (2007a) 80, 82 [C.D. Wright]; Pulsiano (2007) 124; Toswell (2007) 212; *ASMMF* XVII (2008) 113–28 [no. 390; Wilcox]; Barker-Benfield (2008) I.404; R. Gameson (2012a) 18, 43 n. 120; Scragg (2012a) nos. 930–930b

DEC: Pächt — Alexander (1973) no. 47

FACS: *ASMMF* XVII (2008) no. 390

ED [the order of the following items is that of the manuscripts, listed according to Ker's numbering of individual articles (see N.R. Ker (1957) pp. 410–11); only the most recent editions are cited]:

art. 1: Szarmach (1977a) [base MS]; Scragg (1992) 213, lines 271–5 [Vercelli Hom. X (part) coll. as C]

art. 2: Luiselli Fadda (1977) 163–73 [base MS for Hom. VIII ('Dialogue of the Soul and Body')]

art. 3: Storms (1948) [base MS for charms, nos. 45, 49, 41]

art. 4: Healey (1978) 62–73 [base MS for OE version of *Visio S. Pauli*]

art. 5: Godden (1979) 60–1, 63–6 [Ælfric, CH II, Hom. VII (First Sunday in Lent), coll. as f^p]

art. 6: Luiselli Fadda (1977) 7–31 [base MS for Hom. I (for Lent)]
art. 7: as Morris (1880) no. IV, not collated [see Cameron (1973) no. B.3.2.14]
art. 8: Szarmach (1981a) 57–62 [Vercelli Hom. XVIII coll. as C]; Scragg (1992) 291–308 [Vercelli Hom. XVIII coll. as C]
ST: Willard (1935a); Willard (1935b); Willard (1949b); Healey (1978); C.D. Wright (1993) 108, 215–18, 244–5, 259, 264–5; Wilcox (2009)

643. Oxford, Bodleian Library, Junius 86 (S.C. 5197), endleaf

prob. s. x^1 or xi med. [leaf lost by 1937]

Contents: Boethius (Alfred), *De consolatione Philosophiae** (f)

MS: Napier (1887); Madan et al. (1895–1953) II/ii.983; Sedgefield (1899) xv–xvi; N.R. Ker (1957) no. 337; Kiernan (2005); Biggs (2007a) 80, 82 [C.D. Wright]; *ASMMF* XVII (2008) 114–15 [no. 390; Wilcox]; Wilcox (2008) 434 and nn. 55, 56; Godden–Irvine (2009) I.34–41; D. Ganz (2012) 188 n. 4

FACS: *ASMMF* XVII (2008) no. 390

644. Oxford, Bodleian Library, Junius 121 (S.C. 5232)

s. xi$^{3/4}$ and additions s. xi^2 and xi ex., Worcester

Contents: (a version of Wulfstan's 'Handbook'): excerpts from canons and penitentials; Council of Winchester (1070); penitential articles issued after the Battle of Hastings; Council of Winchester (1076); Wulfstan, *Institutes of Polity**, 'Canons of Edgar'*, (trans.) *Institutio canonicorum* I.145*; *De ecclesiasticis gradibus**; 'Benedictine Office'* including excerpts from Hrabanus Maurus, *De clericorum institutione* and OE verse paraphrases of *Pater noster***, *Gloria***, Apostles' Creed** and passages from the Psalms; Handbook for a confessor*; penitential* (*Confessionale pseudo-Egberti*); penitential* (*Poenitentiale pseudo-Egberti*); Ælfric, Pastoral Letters I* and III*; homilies* (most by Wulfstan and Ælfric) [companion vol. to nos. **637–638**]

MS: Assmann (1889/1964) xii [Clemoes]; Madan et al. (1895–1953) II/ii.989–90; Liebermann (1903–16) I.xlii; Fehr (1914) xx–xxii; Raith (1933) xiii–xvii; Spindler (1934) 1–2; Dobbie (1942) lxxiv–lxxviii; Bethurum (1957) 5; N.R. Ker (1957) no. 338; Ure (1957) 3–9; Jost (1959) 12–15; Fowler (1965) 2; Pope (1967–8) I.70–7; Fowler (1972) xiii–xiv; McIntyre (1978); Godden (1979) li–liv; P.L. Heyworth (1989)

45; Franzen (1991) 54–8 *et passim*; Clemoes (1997) 41–5; *ASMMF* VI (1998) 55–67 [no. 391; Franzen]; W. Schipper (2003) 160; Godden (2004) 369; J. Hill (2004) 321; C.A. Jones (2004) 332 n. 33, 333 n. 37, 352; Meaney (2004) 472 n. 34, 477, 483; A. Orchard (2004) 71; Wilcox (2004b) 387 n. 30; Ambrose (2005) 114–15; R. Gameson (2005a) 95, 101–4; Scragg (2005) 197–201; Hartzell (2006) no. 269; Biggs (2007a) 31 [Biggs, Morey]; Frantzen (2007) 40–1, 42 n. 10, 53–6, 61–7; M. Heyworth (2007) 218; Karkov (2007b) 60; Treharne (2007b) 17, 19, 21, 23, 27; Graham (2009) 191; Scragg (2009b) 67, 81; Crick (2012) 184 n. 46; R. Gameson (2012a) 51 n. 170; R. Gameson (2012b) 99 n. 21; A. Orchard (2012) 697 [no. 15]; Raw (2012) 460; Scragg (2012a) nos. 87, 172, 898, 902, 908, 916, 931–7

FACS: Fowler (1972) pl. facing p. lxii [fol. 28r (detail)]; Robinson—Stanley (1991) no. 28.1–21 [fols. 43v–53v]; *ASMMF* VI (1998) no. 391

ED [entries are listed in manuscript order, and using the numbering of N.R. Ker (1957) 412-16; only the most recent editions are cited]:

(fol. 1r): Hartzell (2006) no. 269a

art. 36: see N.R. Ker (1957) 416

art. 37: Whitelock et al. (1981a) II.575–6 [canons of Council of Winchester (1070) coll. as C]

art. 38: Whitelock et al. (1981a) II.583–4 [penitential articles issued after the Battle of Hastings coll. as C]

art. 39: Whitelock et al. (1981a) II.619–20 [base MS for canons of Council of Winchester (1076)]

arts. 1–4, 6–7, 13–14: Jost (1959) 39–59, 62–116, 118–30, 132–8, 140–64 (even pages) [base MS (= X) for Wulfstan, *II Institutes of Polity*, chs. i–xxii]

art. 5: Fowler (1972) 3–19, odd pages [base MS (= X) for Wulfstan, *Canons of Edgar*]

art. 8: Jost (1959) 217–22 [base MS (= X) for Wulfstan, *II Institutes of Polity*, ch. xxiii (*Be gehadedum mannum*)]; Whitelock et al. (1981a) I.423–7 [base MS]

arts. 9–10: Jost (1959) 223–47 [base MS (= X) for Wulfstan, *II Institutes of Polity*, ch. xxiv (*De ecclesiasticis gradibus*)]

art. 11: Dobbie (1942) 74–86 [OE verse]; Ure (1957) 81–102 [base MS for OE 'Benedictine Office']

art. 12: Bethurum (1957) 192–3 [base MS for Wulfstan, Hom. Xa (*De regula canonicorum*)]; Jost (1959) 248–55 [base MS (= X) for Wulfstan, *II Institutes of Polity*, ch. xxxiv (*De regula canonicorum*)]

art. 15: Bethurum (1957) 251–4 [Wulfstan, Hom. XIX (*Be godcundre warnunge*), coll. as G]
art. 16: Spindler (1934) 170–94 [base MS (= X) for *Confessionale pseudo-Egberti*]
art. 17: Luiselli Fadda (1977) 35–9 [base MS for Hom. II (for Lent)]
art. 18: Napier (1883/1967) 125–7 [base MS for Wulfstan, Hom. XXVI (*To eallum folce*)]
arts. 19–21 [and art. 2 (from. fol. 23/14)]: Fowler (1965) 19–20, 26–8 [*Be dædbetan* coll. as X]
art. 22: Spindler (1934) 172 (*n–x*) [part of *Confessionale pseudo-Egberti*]
art. 23: Raith (1933/1964) 1–53 [*Poenitentiale pseudo-Egberti* coll. as X]
art. 24: Spindler (1934) 174 [part of *Confessionale pseudo-Egberti*]
art. 25: Raith (1933/1964) 25–6 [part of *Poenitentiale pseudo-Egberti* repeated from art. 23]
art. 26: Fehr (1914/1966) 1–32 [Ælfric, Pastoral Letter I*, coll. as X]; Whitelock et al. (1981a) I.196–226 [Ælfric, Pastoral Letter I*, coll. as X]
art. 27: Fehr (1914/1966) 146–220 [base MS (one of four) for Ælfric, Pastoral Letter III]
art. 28: Assmann (1889/1964) 4–12 [Hom. I (Ælfric's Letter to Wulfgeat) coll. as J]
art. 29: Pope (1967–8) I.378–89 [Ælfric, Suppl. Hom. IX (First Sunday after Ascension Day), coll. as T]
art. 30: Bethurum (1957) 116–18 [Wulfstan, Hom. Ib (*De Antichristo*), coll. as G]
art. 31: Clemoes (1997) 520–3 [Ælfric, CH I, Hom. XXXIX (First Sunday in Advent), coll. as T]
art. 32: Clemoes (1997) 524–30 [Ælfric, CH I, Hom. XL (Second Sunday in Advent), coll. as T]
art. 33: Luiselli Fadda (1972) 998–1010 [base MS for Homily on the Harrowing of Hell]
art. 34: Clemoes (1997) 173–7 [Ælfric, *Praefatio* to CH I, coll. as T]
(fol. 155v) Hartzell (2006) no. 269b; see Anselm Hughes (1958–60) no. 2292
art. 35: Godden (1979) 255–9 [Ælfric, CH II, Hom. XXIX (Assumption of B.V.M.), coll. as T]
arts. 36–9: see above (beginning of Junius 121)

LANG: G.K. Anderson (1941)

ST: Bethurum (1942); Sauer (1978) 59–62; Frantzen (1983a) 40–4; Frantzen (1983b) 133–9; Frantzen (1985) 39–40; Houghton (1994); Sauer (2000); Scragg (2012b) 569

498 Anglo-Saxon Manuscripts

645. 5. Oxford, Bodleian Library, Lat. bib. b. 1 (S.C. 30550), fols. 73–4

s. xi^1

Contents: gospels (or Bible?) (f)

MS: Madan et al. (1895–1953) V.832; T.A.M. Bishop (1967a) 39; Dumville (1993g) 139, 140 n. 119

DEC: R. Gameson (2012c) 283 and n. 118

Oxford, Bodleian Library, Lat. bib. b. 2 (P) (S.C. 2202*): see no. **448**

646. Oxford, Bodleian Library, Lat. bib. c. 8 (P) (S.C. 2570) (with Salisbury, Cathedral Library, 117, fols. 163–4, and Tokyo, Collection of Professor Toshiyuki Takamiya, MS 21)

s. ix^1, Mercia or S England (prov. Salisbury)

Contents: Bible (f; text from Numeri, Deuteronomium)

MS: E.M. Thompson (1880) 23; Schenkl no. 3709; Madan et al. (1895–1953) II/i.430–1; *CLA* II (1935) no. 259; D.H. Wright (1964) 117 [Bischoff]; Morrish (1982) 86–125; Morrish (1988) 527, 538; M.P. Brown (1989b) 41; Sims-Williams (1990) 274–5 and n. 11; Webber (1992) 77, 79 and n. 139; Marsden (1995) 41, 43, 236, 240–9; M.P. Brown (2012) 164 n. 213; Marsden (2012) 415 and n. 36

FACS: Marsden (1995) pls. III–IV [Oxford leaf, verso; Salisbury 117, fol. 164r]

Oxford, Bodleian Library, Lat. bib. d. 1 (P) (S.C. 31089) [formerly listed as no. 647]: see no. **770**

647. 5. Oxford, Bodleian Library, Lat. bib. d. 10

s. xi ex., prob. Normandy, (prov. Exeter)

Contents: gospels (Luke and John only)

MS: De La Mare (1983); A.G. Watson (1987a) 36 and n. 2; Gullick (1990) 74–5; Conner (1993) 10–11; R. Gameson (1996b) 158 and n. 113; R. Gameson (1999a) no. 734; Rushforth (2004–) 120–1 and n. 42

FACS: De La Mare (1983) pls. on pp. 82–4 [fols. 34r, 50r, 34v]

648. Oxford, Bodleian Library, Lat. class. c. 2, fol. 18 (with Cambridge, Corpus Christi College EP-0-6 (ptd bk.), binding fragment; Deene Park Library, Kettering, Northamptonshire, L. 2. 21; London, BL, Sloane 1044, fol. 6; and Oxford, All Souls College 330, nos. 54 and 55)

s. ix$^{2/3}$, W France, prov. England by s. x ex

Contents: Vergil, *Aeneid* (f), *Georgica* (f)

MS: Munk Olsen (1982–) II.752 [no. B.162]; L.D. Reynolds (1983) xxxii n. 128; Baswell (1995) 286–7; R. Gameson (1996a) 209 and n. 45; A.G. Watson (1997) 229; Bischoff (1998–) II, no. 3763; Gneuss (2003b) 301–2; D. Ganz (2004) 501; R. Gameson (2012d) 351 and n. 26

649. Oxford, Bodleian Library, Lat. liturg. d. 3 (S.C. 31378), fols. 4-5

s. xi^1, Canterbury CC

Contents: missal (f)

MS: Madan et al. (1895–1953) VI.45 (+ corrigenda); Van Dijk (1957–60) V.114; *Le Graduel Romain* (1957) II.90; Rankin (2004); Rushforth (2007) 26; R. Gameson (2012a) 40 n. 105; Rankin (2012) 501 and n. 90

FACS: Rankin (2004) figs. 1–4 [fols. 5v, 4r, 4v, 5r]; Rushforth (2007) 26 [fol. 4r]; R. Gameson (2012) pl. 7b.4 [fol. 4r]

ED: Rankin (2004) 244–52

650. Oxford, Bodleian Library, Lat. liturg. d. 16, fol. 9

s. xi^2, Canterbury StA?

Contents: sacramentary (f)

MS: Madan et al. (1895–1953) II/i.266 [no. 2222 (a leaf removed from Bodley 391)]; Van Dijk (1957–60) V.265; R. Gameson (1999a) no. 735

Oxford, Bodleian Library, Lat. liturg. e. 38, fols. 7–8, 13–14: see no. **524**

651. Oxford, Bodleian Library, Lat. liturg. f. 5 (S.C. 29744) ('St Margaret's Gospels')

s. xi$^{2/4}$ or xi$^{3/4}$, England or Scotland?, prov. Scotland s. xi^2, prov. Durham s. xi ex.

Contents: gospel lectionary (selection for private devotion); hexameter poem (s. xi ex. or xi/xii) [*BCLL* 1023]

MS: Madan et al. (1895–1953) V.683–4; Craster (1925); McRoberts (1953) no. 5; Van Dijk (1957–60) I.70b; N.R. Ker (1964) 74; Backhouse et al. (1984b) no. 69; A.G. Watson (1984) I, no. 549; A.G. Watson (1987a) 31; Dumville (1991–5) 50–1; R. Gameson (1997); Lenker (1997) 462–3; Hartzell (2006) no. 277; Rushforth (2007) 12, 25, 27, 33, 51–2, 55, 67, 72–3, 75, 85–6, 99, 103–5; Teviotdale (2010) 87–99; R. Gameson (2012a) 22 and n. 34, 29 n. 65, 45, 70 n. 240, 80 n. 296, 90

DEC: Pächt—Alexander (1973) no. 44; E. Temple (1976) no. 91; Dodwell (1982) 52–3; F. Wormald (1984) 120; Ohlgren (1986) no. 196; R. Gameson (1995b) 91, 98, 100, 155 n. 18, 194–5, 214, 217–18, 252; Karkov (2007c) 57; Rushforth (2007) 28, 39, 41, 43–4, 64, 68, 70; R. Gameson (2012c) 271 and n. 62, 278 and n. 94; McGurk (2012) 440 and n. 21

FACS: Forbes-Leith (1896) [complete facsimile]; Pächt—Alexander (1973) pl. V [fol. 13v]; E. Temple (1976) ills. 277–80 [fols. 3v, 13r, 21r, 30v]; M.P. Brown (2007a) pl. 128 [fol. 21v]; Rushforth (2007) 8–9 [fols. 30v–31r], 12 [fol. 2r], 28 [fol. 21v], 33 [fol. 32v], 36–7 [fols. 13v–14r], 38 [fol. 3v], 40 [fol. 30v], 65 [fol. 13v], 68–9 [fols. 21v–22r], 70–1 [fols. 3v–4r], 73 [fol. 6v]; R. Gameson (2012) pl. 10.10 [fols. 13v–14r]

ED: R. Gameson (1997) 165–6 [the hexameter poem *BCLL* 1023]; Howlett (1999) 117–18 [the hexameter poem *BCLL* 1023]

ST: Dowden (1893–4); Piper (1978) 286 n. 67; *BCLL* (1985) nos. 1023, 1033 [bibliography]; SK Suppl. 2250a; Keynes (2006) R 420–7 [bibliography]

Oxford, Bodleian Library, Lat. misc. a. 3, fol. 49: see no. **436**

651. 5. Oxford, Bodleian Library, Lat. theol. b. 2 (S.C. 30588) fol. 2

s. xi ex. or xi/xii, prob. Canterbury StA

Contents: Augustine, *De Trinitate* [*CPL* 329] (f)

MS: Madan et al. (1895–1953) V.842 [from S.C. 30479 (note by E.W.B. Nicholson)]; N.R. Ker (1960) 29 and n. 4; Barker-Benfield (2008) I.lx, 448, 504, II.924, 926

Oxford, Bodleian Library, Lat. theol. c. 3 [S.C. 31382], fols. 1, 1* and 2: see no. **3**

652. Oxford, Bodleian Library, Lat. theol. c. 4 (S.C. 1926*)

s. x^2, Worcester?

Contents: Sedulius, *Carmen paschale* [*CPL* 1447], with glosses from Remigius (f)

MS: Madan et al. (1895–1953) II/i.121; N.R. Ker (1957) no. 340; T.A.M. Bishop (1971) 19; Rella (1977) 118–19, 162; Rella (1980) 110; Lapidge (1982a) 114 and n. 82, 116 [repr. Lapidge (1996b) 479 and n. 82, 482–3]; Wieland (1985) 155 n. 9, 164–5, 167, 171; Dumville (1993g) 54 and n. 239, 76 n. 349; A. Orchard (1994) 164; Springer (1995) 164;

R. Gameson (1996a) 243; Lapidge (2006) 331; Petruccione (2008) 234 n. 15; Scragg (2012a) no. 938

FACS: T.A.M. Bishop (1971) pl. XIX [fol. 3v]

ST: R. McKitterick (2012) 329

652. 3. Oxford, Bodleian Library, Lat. theol. c. 10, fols. 100–101a

s. xi/xii or xii in.

Contents: Augustine, *Tractatus in Euangelium Ioannis* [*CPL* 278] (f)

MS: R. Gameson (1999a) no. 742

Oxford, Bodleian Library, Lat. theol. d. 24 (S.C. 30591), fols. 1 and 2: see no. **857**

653. Oxford, Bodleian Library, Lat. theol. d. 33 (with Oxford, Bodleian Library, Hatton 48, fol. 77, and Oxford, St John's College, Ss. 7. 2 (pastedown))

s. xi ex., Worcester, (prov. ibid.).

Contents: Augustine, *Enchiridion* [*CPL* 295] (f)

MS: *CLA* II (1935) no. 240; N.R. Ker (1960) 8; Farmer (1968) 21; T.A.M. Bishop (1971) 20; Römer (1972b) 2, 252, 266; Rella (1977) 85, 160; *ASMMF* VI (1998) 15–18 [no. 381; Franzen]; R. Gameson (1999a) no. 745; R. Gameson (2005a) 96, 101–4; Lapidge (2006) 289

DEC: Pächt—Alexander (1973) no. 56

FACS: Morison (1972) pl. 120 on p. 195 [fol. 3v (detail)]; Pächt—Alexander (1973) pl. VII [fol. 1r (detail)]; *ASMMF* VI (1998) no. 381 [Hatton 48, fol. 77]

653. 2. Oxford, Bodleian Library, Lat. theol. d. 34

s. xi/xii, Durham?

Contents: Tertullian, *Apologeticum* [*CPL* 3]; pseudo-Ambrose, *Libellus de dignitate sacerdotali* [*CPL* 171a]; excerpts from Ambrose, *Expositio de Psalmo CXVIII* [*CPL* 141]

MS: R. Gameson (1999a) no. 746; Lapidge (2006) 280, 334, 339

654. Oxford, Bodleian Library, Laud gr. 35 (S.C. 1119)

s. vi or vii, Italy (prob. Sardinia), prov. Northumbria s. viii, prov. S Germany (Abbey of Hornbach) s. viii ex.

Contents: Actus Apostolorum (in Latin and Greek); cypher alphabet (s. ix?); creed, pagan oracle, Invocations to the Virgin, Edict of Flavius Pancratius of Sardinia (all in Greek)

MS: Coxe (1858–85/1973) 518; J. Wordsworth et al. (1889–1954) III/i.ix; Madan et al. (1895–1953) II/i.48; C. Plummer (1896) I.liv and n. 4; Craster (1917–19); Ropes (1923); Ropes (1926) lxxxiv–lxxxviii; Lowe (1928); A.C. Clark (1933) 234–46; *CLA* II (1935) no. 251; Laistner (1935) 257; Laistner (1939) xxxix–xl; Bischoff—Hofmann (1952) 90–1; Bischoff (1966–81) II.323; R.W. Hunt et al. (1966) no. 34; Mango (1973) 688–90; Rella (1977) 13, 31, 37, 40; Knaus (1979) 978; Barbour (1981) 96 [no. 22]; Lapidge (1986b) 51 [repr. Lapidge (1996b) 147]; Berschin (1988) 306 n. 47; Cavallo (1988) 476–8; P.L. Heyworth (1989) 55, 70, 141, 210, 226, 426; Krämer (1989–90) I.368; Gibson (1993b) 22–3 [no. 2]; Bischoff—Lapidge (1994) 170 and nn. 155–6, 241 n. 161; Dumville (1995b) 106; Lapidge (1996c) 411 and n. 11, 443; Radiciotti (1996) 124; Bischoff (1998–) II, no. 3812a; Emms (2006) 20; Lapidge (2006) 26 n. 111, 28 n. 119, 149; Marsden (2012) 415 and n. 40

FACS: Lowe (1928) [repr. Lowe (1972)] pls. 27–30 [fols. 260r, 1r (detail), 2v (detail), 11r (detail), 224v (detail), 226v]; N. Wilson (1972–3) pls. 4, 10 [fols. 219r, 227r]; Barbour (1981) pl. 22 [fol. 70v]

ED: Hearne (1715) [base MS for Greek and Latin texts of Actus Apostolorum]; Tischendorf (1870) 1–226 [base MS for Greek and Latin texts of Actus Apostolorum]; Westcott—Hort (1881) II.92–101 [Greek text of Actus Apostolorum coll. as E_2]; Nestle et al. (1993) [Greek text of Actus Apostolorum coll. as E]

ST: Brock (1995) 53; Harmsen (2000) 234–5, 307 and n. 4; Love (2012) 623 and n. 86

655. Oxford, Bodleian Library, Laud lat. 81 (S.C. 768)

s. xi^2, N England? Glastonbury?

Contents: Psalterium Gallicanum; canticles; litany; prayers

MS: Coxe (1858–85/1973) 36; Frere (1894–1932) no. 455; Madan et al. (1895–1953) II/i.33; Van Dijk (1957–60) II.10; Sisam—Sisam (1959) 75 n. 2; Cowdrey (1981) 55; Lapidge (1991a) 78–9; Toswell (1995–6) 13–15; R. Gameson (1999a) no. 748; Pulsiano (2001a) xxix; R. Gameson (2012a) 22 and nn. 30, 35, 24 and n. 41; Toswell (2012) 471

DEC: Pächt—Alexander (1973) no. 61; R. Gameson (1991) 71; R. Gameson (1995a) 127 and n. 120

FACS: R. Gameson (1991) fig. 5 [fol. 3r]; Rushforth (2007) 76 [fols. 46r–47v]

ED: Lapidge (1991a) 240–3 [litany]; Pulsiano (2001a) [Pss. I–L coll. as σ]

656. Oxford, Bodleian Library, Laud misc. 482 (S.C. 1054)

s. xi med. or xi², Worcester, (prov. ibid.)

Contents: penitential* (*Poenitentiale pseudo-Egberti*); Canons I–XI of the Synod of Rome (721)*; *Old English Canons of Theodore**; note on Ember Days*; penitential* ('Confessionale pseudo-Egberti'); Handbook for a confessor*; manual offices for the sick and dying⁽*⁾ (including litany)

MS: Coxe (1858–85/1973) 348–9; Madan et al. (1895–1953) I.45 [E.W.B. Nicholson]; Raith (1933/1964) xvii–xviii; Spindler (1934) 1–4; N.R. Ker (1957) no. 343; Van Dijk (1957–60) III.59; N.R. Ker (1964) 209; Fowler (1972) xxiii; Del Lungo Camiciotti (1990); Franzen (1991) 29 n. 1, 58–9, 74, 79–80, 82; Lapidge (1991a) 79; Dumville (1992a) 131, 133; Laing (1993) 138; R. Gameson (1996a) 241; *ASMMF* VI (1998) 68–72 [no. 398; Franzen]; R. Gameson (2005a) 96, 101–4; V. Thompson (2005) 108; Frantzen (2007) 40–1, 42 n. 10, 51, 53–6, 61–7; M. Heyworth (2007) 218; Treharne (2007b) 17; Fulk–Jurasinski (2012) xiii–xvi; R. Gameson (2012a) 29 n. 66, 33; Scragg (2012a) nos. 939–40

FACS: *ASMMF* VI (1998) no. 398; Fulk–Jurasinski (2012) frontispiece [fol. 22r]

ED: Fehr (1921) 46–64 [manual offices coll. as L (Ker art. 18)]; Raith (1933/1964) 1–69 [base MS (= Y) for 'Poenitentiale pseudo-Egberti' (Ker art. 1)], 71–3 [base MS for Canons of Synod of Rome (Ker art. 4)]; Henel (1934) 61 [base MS for note on Ember Days (Ker art. 6)]; Spindler (1934) 170–94 [*Confessionale pseudo-Egberti* coll. as Y] (Ker arts. 2, 3, 7, 10, 11); Fowler (1965) 19–20, 26–34 [Handbook for a confessor coll. as Y (Ker arts. 8, 12–16)]; Del Lungo Camiciotti (1990) 181–2 [base MS for Directions for a confessor (Ker art. 17)]; Lapidge (1991a) 244–6 [litany from manual offices]; Sauer (1993) 44 [base MS for Directions for a confessor (Ker art. 17)]; Fulk–Jurasinski (2012) 3–14, 17–18 [base MS (= Y) for OE 'Canons of Theodore' = Ker arts. 5 and 7]

LANG: Fulk–Jurasinski (2012) xxviii–xxxv

ST: Raith (1933/1964); P.S. Baker (1980) 23 n. 11; Frantzen (1983a) 40–5; Frantzen (1983b) 133–4; Frantzen (1985) 39–40; Gneuss (1985) 134–5 [repr. Gneuss (1996) no. V]; Sauer (1993); Gittos (2005b) 74–82; Hamilton (2005) 87–9; N. Orchard (2005) cli, clxxix; V. Thompson (2005); Chardonnens (2007b) 130 n. 164; M. Heyworth (2007); Fulk–Jurasinski (2012) xxxvi–lx

657. Oxford, Bodleian Library, Laud misc. 509 (S.C. 942) (with London, BL, Cotton Vespasian D. xxi, fols. 18–40)

s. xi$^{3/4}$ or xi^2

Contents: Hexateuch* (part trans. Ælfric); Ælfric, Homily on Book of Judges*, Letter to Wulfgeat*, *Libellus* to Sigeweard *De Veteri et Nouo Testamento**; OE Life of St Guthlac*; Anglo-Saxon alphabet and first words of *Pater noster* (add. s. xi or xii)

MS: Coxe (1858–85/1973) 368; Madan et al. (1895–1953) II/i.39 [E.W.B. Nicholson]; Crawford (1922) 3–4, 440–1; N.R. Ker (1957) no. 344; Pope (1967–8) I.85; Carley (1997b) 219–20 and nn.; Tite (1997a) 265–6; R. Gameson (1999a) no. 755; *ASMMF* VII (2002) 44–8 [no. 248; Doane], 72–8 [no. 399; Doane]; Godden (2004) 358; Marsden (2005); Treharne (2007b) 19 n. 16; Withers (2007) 8, 62, 131, 156, 229; Marsden (2008) xxxiv–xlv; Graham (2009) 194–5, 197–200; Marsden (2012) 429 and n. 105; Scragg (2012a) nos. 941–943b

DEC: Withers (2007) 124, 187, 264, 327–8 n. 42; Withers (2011) 251, 263

FACS: Graham (2000d) figs. 28–9 [fols. 24r, 58v]; *ASMMF* VII, nos. 248, 399; Owen-Crocker (2009) fig. 6.18 [fol. 24r]

ED: Assmann (1889/1964) 1–12 [Letter to Wulfgeat coll. as L]; Gonser (1909) [base MS for OE Life of St Guthlac]; Crawford (1922) 15–75 [base MS for *Libellus*], 76–8 [base MS for Genesis], 78–400 [Genesis–Joshua coll. as L], 401–13 [base MS for Judges]; Scragg (1992) 383–92 [excerpt from Life of St Guthlac (Vercelli Hom. no. XXIII) coll. as Z]; Marsden (2008) 1–200 [base MS for Genesis–Joshua, Judges; occasional variants coll. as L], 201–30 [base MS for *Libellus*]

ST: Assmann (1889/1964) xi–xvi, 243–6; Roberts (1970) 202–3; A.F. Cameron (1974) 222–3; Dodwell–Clemoes (1974) 42; Roberts (1986); Franzen (1991) 109; Marsden (1994c); Marsden (1995) 402–41; Barnhouse–Withers (2000); Graham (2000d); Marsden (2000); Tite (2004) 9, 11; Marsden (2005); Marsden (2008) ix–clxxix

658. Oxford, Bodleian Library, Laud misc. 546 (S.C. 1380)

s. xi ex. (before 1096), Normandy, prov. Durham, (prov. Finchale)

Contents: Iulianus Toletanus, *Prognosticum futuri saeculi* [*CPL* 1258]

MS: Coxe (1858–85/1973) 395; Madan et al. (1895–1953) I.28; N.R. Ker (1960) 23 n. 5; N.R. Ker (1964) 74, 87; Pollard (1975) 154–5; Piper (1978) 242; A.G. Watson (1987a) 32; Clarkson (1996) 193–5; R. Gameson (1999a) no. 756; Lapidge (2006) 318

DEC: Pächt—Alexander (1973) no. 58

FACS: Piper (1978) pl. 78 [fol. 1r (detail)]

659. Oxford, Bodleian Library, Marshall 19 (S.C. 5265)

s. ix^1, E France? (Soissons?), prov. Malmesbury s. x^2 or x ex., (prov. Canterbury StA or CC)

Contents: Jerome, *Liber interpretationis hebraicorum nominum* [*CPL* 581]

MS: Schenkl no. 392; Madan et al. (1895–1953) II/ii.996; N.R. Ker (1964) 46, 128; Lambert (1969–72) no. 201; R.M. Thomson (1978) 120–1; R.M. Thomson (1982b) 7, 16; Bischoff (1998—) II, no. 3870; Lapidge (2006) 314; Barker-Benfield (2008) I.xcv, xcvi and nn. 94–5, 5 n. b, 52, 492, III.1759, 1771, 1804; Gullick (2012) 307 and n. 84

Oxford, Bodleian Library, Rawlinson B. 484 (S.C. 11831), fol. 85: see no. **334**

660. Oxford, Bodleian Library, Rawlinson C. 570 (S.C. 12415)

s. x^2, Canterbury StA

Contents: Arator, *Historia apostolica* [*CPL* 1504] (incomplete)

MS: Macray (1862–1900) 308; M.R. James (1903) 364; McKinlay (1942) no. 76; McKinlay (1951) xvi; T.A.M. Bishop (1954–8b) 329; T.A.M. Bishop (1959–63b) 413, 418; N.R. Ker (1964) 46; T.A.M. Bishop (1966) v, viii, xx; Lapidge (1982a) 116, 138 n. 102 [repr. Lapidge (1996b) 485 and n. 102]; Lapidge (2006) 281; Barker-Benfield (2008) I.lxi n. 29, II.1109, 1181

DEC: F. Wormald (1945) 124, 145 [repr. F. Wormald (1984) 62, 74]; Alexander (1970b) 63 n. 1; Pächt—Alexander (1973) no. 38; E. Temple (1976) no. 30 (iv); Ohlgren (1986) no. 121

FACS: F. Wormald (1945) pl. VI (c) [repr. F. Wormald (1984) pl. 69 [fol. 2r (detail)]; T.A.M. Bishop (1966) App. pl. D [fol. 44r];

Pächt—Alexander (1973) pl. IV [fol. 2r (detail)]; E. Temple (1976) ills. 100, 106 [fols. 44v (detail), 2r (detail)]

ST: McKinlay (1943) 95

661. Oxford, Bodleian Library, Rawlinson C. 697 (S.C. 12541)

s. ix$^{3/4}$, NE France, prov. England by s. x med. (Glastonbury?), (prov. Bury St Edmunds)

Contents: Aldhelm, *Enigmata* [CPL 1335]; *Versus cuiusdam Scotti de alphabeto* [SK 12594]; Aldhelm, *Carmen de uirginitate* [CPL 1333] with glosses; Prudentius, *Psychomachia* [CPL 1441] (*Praefatio operum* [CPL 1437] add. s. x, England); acrostic poem [SK 989], add. s. x med., England

MS: Macray (1862–1900) 351–2; Ehwald (1919) 52, 343–4; N.R. Ker (1957) no. 349; T.A.M. Bishop (1964–8d) 399; N.R. Ker (1964) 22; T.A.M. Bishop (1971) 2; R.M. Thomson (1972) 622; Rella (1977) 70–1, 75, 168; Lapidge (1980a) 19–20; Rella (1980) 115; Lapidge (1981a) 72 [repr. Lapidge (1993a) 60]; O'Brien O'Keeffe (1985) 67–8; Dumville (1987) 175 and n. 163; Dumville (1994a) 137 n. 23; Bischoff (1998–) II, no. 3871; R.M. Butler (2004) 198; Lapidge (2006) 172, 330; Barker-Benfield (2008) II.1373, 1374, 1394, III.1855; Wieland (2009) 150; R. Gameson (2012d) 350 and nn. 21–2; Lapidge (2012b) 23, 32; Scragg (2012a) nos. 944–5

FACS: T.A.M. Bishop (1964–8d) pl. XXIX (c) [fol. 36v (detail)]; De La Mare—Barker-Benfield (1980) figs. 10–11 [fols. 17r, 78v (detail)]; Keynes (1985a) pl. I [fol. 78v]

ED: Ehwald (1919) 97–149 [Aldhelm, *Enigmata*, coll. as E], 350–471 [Aldhelm, *Carmen de uirginitate*, coll. as E]; Glorie (1968) 729–40 [*Versus cuiusdam Scotti de alphabeto* coll. as O]; Lapidge (1981a) 72–81 [repr. Lapidge (1993a) 60–71] [acrostic poem]

ST: J.A. Robinson (1923) 69 and n. 2; Keynes—Lapidge (1983) 214 n. 26; O'Brien O'Keeffe—Journet (1983); Keynes (1985a) 144 and n. 13; O'Brien O'Keeffe (1985); Wieland (1987) 215 *et passim*; Stork (1990) 12, 20–2; Gwara (2001) I.135*–140*; Lapidge (2012b) 22–6, 31–5

662. Oxford, Bodleian Library, Rawlinson C. 723 (S.C. 12567)

s. xi ex., Salisbury

Contents: Jerome, *Comm. in Ezechielem* [CPL 587]

MS: Macray (1862–1900) 365; N.R. Ker (1949–50) 182 [repr. N.R. Ker (1985) 207]; Lambert (1969–72) no. 213; N.R. Ker (1976) 25, 40 [repr. N.R. Ker (1985) 145, 162, 169]; Webber (1992) 12, 13, 36 n. 19, 38, 132 n. 71, 147; R. Gameson (1999a) no. 758; Lapidge (2006) 314

663. Oxford, Bodleian Library, Rawlinson D. 894, fols. 62 and 63

s. x ex. or x/xi

Contents: antiphoner (f)

MS: Frere (1894–1932) I.141 [no. 426 (b)]; Van Dijk (1957–60) VI.50; Hartzell (2006) no. 286

664. Oxford, Bodleian Library, Rawlinson G. 57 (S.C. 14788) + G. 111 (S.C. 14836]

s. xi ex. or xi/xii

Contents: *Disticha Catonis* (incomplete) with OE glosses and Latin glosses partly from commentary by Remigius; three Latin poems (Ovid, *Amores* III.viii.3–4 [SK 8093], *Ars amatoria* II.279–80 [SK 8353], and WIC 14116); *Ilias latina* [SK 8372], with OE and Latin gloss; two Latin poems [SK 3433 and WIC 5305]; *Cato nouus*; Avianus, *Fabulae*, with fable SK 14414 interpolated; 'Aesopus' (Hexametrical *Romulus*)

MS: Schenkl nos. 29, 55; Madan et al. (1895–1953) III.353, 362; Sanford (1924) 226; N.R. Ker (1957) no. 350; Glauche (1970) 99 n. 86; R.W. Hunt (1975) no. 119; Lapidge (1982a) 103 and nn. 32, 34 [repr. Lapidge (1996b) 462 and nn. 32, 34]; Munk Olsen (1982—) I.73, 418; R.I. Page (1982) 146, 149; Laing (1993) 141; R. Gameson (1999a) no. 759; Lapidge—Mann (2002) 4–5; Lapidge (2006) 129 n. 2, 292, 323, 339; Alcamesi (2007a) 153–4, 163–6; Scragg (2012a) nos. 946–8

ED: Hervieux (1883–9) II.653–713 [Hexametrical *Romulus* (very inaccurately edited)]; Napier (1900) no. 28 [OE glosses to Avianus]; Förster—Napier (1906) 24 [OE glosses to *Disticha Catonis* and *Ilias latina*]; Duff—Duff (1934) 680–734 [Avianus coll. as Rawl.]; Guaglianone (1958) [Avianus coll. as R]; Gaide (1980) [Avianus coll. as R]; Scaffai (1982) [*Ilias latina* coll. as O]; Alcamesi (2007a) 171–8 [Remigian glosses to *Disticha Catonis*]

ST: Manitius (1911–31) III.713–14 [*Cato nouus* in this MS]; R.S. Cox (1972) 3 n. 8; L.D. Reynolds (1983) xxxv, 31 n. 19, 192; T. Hunt (1991) I.67; Lapidge—Mann (2002); Alcamesi (2007a); Gwara (2012) 515

664. 5. Oxford, Bodleian Library, Rawlinson G. 167 (S.C. 14890)

s. viii/ix, Ireland?

Contents: gospels (only Luke and John, both incomplete)

MS: Madan et al. (1895–1953) III.372; Kenney (1929) 648; *CLA* II (1935) no. 256; McGurk (1961a) no. 35; T.J. Brown (1972) 232 [repr. T.J. Brown (1993a) 109–10]; T.J. Brown (1982) 109 [repr. T.J. Brown (1993a) 209]; McGurk (1987) 169 [repr. McGurk (1998) no. II]; B. Fischer (1988–91) I.16*; M.P. Brown (1989a) 160; Bruce-Mitford (1989) 185; M.P. Brown (2003c) 197 n. 100, 257; M.P. Brown (2012) 135, 151; R. Gameson (2012a) 19 n. 25, 41 n. 108, 53 n. 182

DEC: Pächt–Alexander (1973) no. 1268; Alexander (1978a) no. 43; Ohlgren (1986) no. 43; M.P. Brown (2003c) 238, 350, 380; Tilghman (2011) 93, 94

FACS: Pächt–Alexander (1973) pls. CXII–CXIII [fols. 160v, 1r]; Alexander (1978a) ill. 196 [fol. 1r]; T.J. Brown (1993a) ill. 67 [fol. 83v (detail)]; M.P. Brown (2003c) fig. 105 [fol. 1r]

ED: B. Fischer (1988–91) [gospel excerpts coll. as Ho]

ST: *BCLL* (1985) no. 519

Oxford, Bodleian Library, Rawlinson Q. e. 20 (S.C. 15606): see no. **355**

665. Oxford, Bodleian Library, Selden supra 30 (S.C. 3418)

s. viii[1], SE England, prov. Minster in Thanet?, (prov. Canterbury StA)

Contents: Actus Apostolorum; prayers (s. viii or ix[1])

MS: J. Wordsworth et al. (1889–1954) III/ii, pp. vii, xiv; Madan et al. (1895–1953) II/i.626; M.R. James (1903) 210, 516; Nicholson (1913) xx–xxi; *CLA* II (1935) no. 257; Lowe (1960) 21; N.R. Ker (1964) 47; Bischoff (1966–81) I.92, II.392; D.H. Wright (1967) 57 and n. 1; De La Mare–Barker-Benfield (1980) 9, 11, 13–14 [T.J. Brown]; P.R. Robinson (1997b) 83 and nn.; R. Gameson (1999c) 327–30; Hartzell (2006) no. 289; Barker-Benfield (2008) I.lxi n. 28, III.1653, 1730, 1731; R. Gameson (2012a) 28 n. 59, 37 n. 88, 42 n. 117, 45 and n. 138, 53, 62 n. 218; Marsden (2012) 414 and n. 30

DEC: Pächt–Alexander (1973) no. 2; Netzer (2012) 237 and n. 78

FACS: *NPS* II, pl. 56 [pp. 30, 90]; Nicholson (1913) pl. V [p. 102]; Lowe (1960) pl. XXV (a)–(b) [pp. 54, 91]; D.H. Wright (1967) pl. V (l) [p. 39 (detail)]; R. Gameson (1999c) pls. 13.9, 13.10, 13.12 [pp. 1, 41, 102]

Oxford, Bodleian Library, Selden supra 36 (S.C. 3424) fols. 73 and 74: see no. **666**

666. Oxford, Bodleian Library, Selden supra 36* (S.C. 3424*) (with London, British Library, Royal 12. F. xiv, fols. 1–2, 135, and Oxford, Bodleian Library, Selden supra 36, fols. 73–4]

s. xi^1 (xi ex.?), Winchester?

Contents: antiphoner (f)

MS: Madan et al. (1895–1953) II/i.629; Nicholson (1913) xxxi n. 3; Van Dijk (1957–60) VI.51–2; R. Gameson (1999a) no. 546; Hartzell (2006) no. 185; Wieland (2009) 135; Rankin (2012) 502 and nn. 94, 95

FACS: Nicholson (1913) pls. XLV–XLVI [Selden supra 36*, fols. 1r, 1v]

667. Oxford, Bodleian Library, Tanner 3 (S.C. 9823)

s. xi in. or xi$^{2/4}$, (prov. Worcester)

Contents: Gregory, *Dialogi* [*CPL* 1713]; booklist (s. xi ex. or xii in.)

MS: Hackman (1860) 3; N.R. Ker (1960) 8 n. 2; N.R. Ker (1964) 209; T.A.M. Bishop (1971) 20 n. 1; Rella (1977) 160; Yerkes (1979) xviii–xix; Lapidge (2006) 140, 304

DEC: Alexander (1970b) 11; Pächt—Alexander (1973) no. 45; E. Temple (1976) no. 89; Ohlgren (1986) no. 194; R. Gameson (1995b) 205 n. 83, 207

FACS: Alexander (1970b) 11 [fol. 1v]; Pächt—Alexander (1973) pl. V [fol. 1v]; E. Temple (1976) ill. 298 [fol. 1v]

ED: Lapidge (1994b) 139–45 [booklist]; Lapidge (2006) 140–3 [booklist]

ST: H.M. Bannister (1917)

668. Oxford, Bodleian Library, Tanner 10 (S.C. 9830)

s. x in. or xi^1, (prov. Thorney) [fols. 105–14 supplied s. x^2]

Contents: Bede, *Historia ecclesiastica** (incomplete)

MS: Hackman (1860) 11; N.R. Ker (1957) no. 351; N.R. Ker (1964) 189; A.F. Cameron (1974) 222–4; Parkes (1976b) 155, 157–8, 161–3, 165 [repr. Parkes (1991) 149, 154–5, 158–60, 162]; Dumville (1987) 168–9; Bately (1992) 13–26, 33–6; R. Gameson (1992c); Dumville (1994a) 133–5; Bredehoft (2004) 144, 169; Rowley (2004) 13–15, 20, 30–1; Roberts (2005) 56–8 [no. 10]; Rowley (2011) 16–20; D. Ganz (2012)

188 n. 4; R. Gameson (2012a) 59 n. 195, 62 n. 216, 77; R. Gameson (2012b) 110 and n. 62

DEC: Alexander (1970b) 6–7; F. Wormald (1971b) 305, 307, 312 [repr. F. Wormald (1984) 76–8, 82–3]; Pächt—Alexander (1973) no. 22; E. Temple (1976) no. 9; Brownrigg (1978) 251, 261 n.; D.M. Wilson (1984) 157; F. Wormald (1984) 122, 183 n. 14; Ohlgren (1986) no. 87; Bately (1992) 27–32; R. Gameson (1992c); R. Gameson (1995b) 229–30, 231, 254; R. Gameson (2012c) 282 and n. 114, 287 and n. 133

FACS: Bately (1992) [complete facsimile]; Alexander (1970b) pls. 3 (a), 4 (a)–(c) [fols. 115v, 68r, 93r, 38r (all details)]; Pächt—Alexander (1973) pl. II (fol. 54r (detail)); E. Temple (1976) ills. 34–7, 39, 40 [fols. 131r, 43r, 54r, 115r, 42v, 79r (all details)]; D.M. Wilson (1984) pls. 195–6 [fols. 43r, 54r (details)]; F. Wormald (1984) pl. 62 [fol. 93r (detail)]; Roberts (2005) pl. 10 [fol. 54r]; Rowley (2011) pls. 1, 7 [fols. 68r, 1v]

ED: T. Miller (1890–8) [base MS for OE Bede, as far as extant]; J.M. Schipper (1897–9) [OE Bede coll. as T]

LANG: Schabram (1965) 45–8; Hofstetter (1987) 316–18

ST: Whitelock (1962) [repr. Whitelock (1980) no. VIII; repr. Stanley (1990) 227–60]; Whitelock (1974) 277–8; Greenfield—Robinson (1980) 319–21 [bibliography]; Bately (1992); Waite (2000) 42–5, 321–53; Rowley (2004) 21–2; Rowley (2009); Rowley (2011)

Oxford, Bodleian Library, Arch. A. f. 131: see no. **857**

668. 5. Oxford, Bodleian Library, G. 1. 7 Med. + G. 1. 9 Med. (binding fragments)

s. xi in.

Contents: Gregory, *Moralia in Iob* [CPL 1708] (f)

MS: Lapidge (2006) 306

668. 7. Oxford, All Souls College 11, fol. 104

s. xi

Contents: gradual (f)

MS: A.G. Watson (1997) 25; Gneuss (2012) 293

Oxford, All Souls College 38, fols. I–VI and i–vi: see no. **480**
Oxford, All Souls College 330, nos. 54 and 55: see no. **648**

668. 9. Oxford, All Souls College SR. 79. g. 8 (printed book)

s. xi

Contents: missal (f)

MS: R.W. Hunt (1971) 103; A.G. Watson (1997) 259; Hartzell (2006) no. 294

669. Oxford, All Souls College, SR. 80. g. 8 (pastedowns from printed book) (with Eton College 220 no. 1 and Oxford, Merton College, 2. f. 10 (printed book), pastedowns)

s. xi ex.

Contents: Origen, *Hom. in Leuiticum*, trans. Rufinus [*CPG* 1416] (f); Gaudentius of Brescia, *Tractatus .xxi.* [*CPL* 215] (f)

MS: N.R. Ker (1954) nos. 1209, 1220, 1688; N.R. Ker (1962–92) II.789 and n. 2; A.G. Watson (1997) 254–5; Wieland (2009) 122

669. 4. Oxford, Balliol College 306, fols. 5–41

s. x, France?, (prov. England)

Contents: Boethius, *De institutione arithmetica* [*CPL* 879]

MS: Coxe (1852) I/ii.100; Mynors (1963) 324–5; Gibson et al. (1995–2001) I.220–1

ST: Biggs et al. (1990) 75–6 [Wittig]

669. 6. Oxford, Brasenose College 18

s. xi? England?

Contents: *Vita Terentii*; Terence, *Comoediae* (*Andria, Eunuchus, Heautontimorumenos, Adelphi, Hecyra, Phormio*)

MS: Coxe (1852) II/iii.6; L.D. Reynolds (1983) xxxvii n. 191; Gneuss (2003b) 302; Lapidge (2006) 334

670. Oxford, Brasenose College, Latham M. 6. 15

s. xi^1

Contents: Ælfric, Homily (f: from *Catholic Homilies* I, Hom. I)

MS: N.R. Ker (1957) no. 352; Clemoes (1997) 64; *ASMMF* XVI (2008) 107–9 [no. 409; Wilcox]; Scragg (2012a) no. 949

FACS: *ASMMF* XVI (2008) no. 409

ED: Clemoes (1997) 181–2 [Ælfric, CH I, Hom. I (*De initio creaturae*), lines 68–102, coll. as f^q]; Wilcox in *ASMMF* XVI, 108–9 [base MS]

670. 5. Oxford, Christ Church 378, no. 24

s. xi

Contents: unidentified fragment

671. Oxford, Corpus Christi College 74

s. xi²

Contents: *Vitae III-V Boethii*; Atticus of Constantinople (?), *Epistola formata*; Lupus of Ferrières, *De metris Boethii*; Boethius, *De consolatione Philosophiae* [*CPL* 878], with glosses from commentary by Remigius

MS: Coxe (1852) II/iv.27; Weinberger (1934) xviii; Bolton (1977a) 58; Wittig (1983) 187–98; Troncarelli (1987) no. 88; Gibson et al. (1995–2001) I.223–4; Lapidge (1998) 32–3, 41 n. 42; Lapidge (2006) 293; Wittig (2007) 191; Wittig (2010) 251; Godden (2011) 92; R.M. Thomson (2011) 39–40

672. Oxford, Corpus Christi College 197

s. x⁴/⁴, Worcester?, prov. Bury St Edmunds by s. xi med.

Contents: *Regula S. Benedicti*⁺* [*CPL* 1852]; documents relating to Bury St Edmunds, most in OE (s. xi med., s. xi²—xii¹)

MS: Coxe (1852) II/iv.79; N.R. Ker (1957) no. 353; N.R. Ker (1960) 51 n. 3; N.R. Ker (1964) 22; T.A.M. Bishop (1971) xxii; R.M. Thomson (1972) 618, 622 and nn.; Gretsch (1973) 24–5; Hanslik (1977) lx–lxi; Rella (1977) 56; A.G. Watson (1984) I, no. 776; Hartzell (1989) 86; Dumville (1992a) 125; Conner (1993) 58, 62, 76; Dumville (1993g) 19–35, 75–8 *et passim*; Jayatilaka (2003) 151–4, 182–6; Lapidge (2006) 293; Wieland (2009) 138, 156; R.M. Thomson (2011) 98; R. Gameson (2012a) 40 and n. 104, 62 and n. 218; Rushforth (2012) 200 and n. 15; Scragg (2012a) nos. 950–8

FACS: N.R. Ker (1957) pl. II [fol. 89v (lines 4–14)]; A.G. Watson (1984) II, pl. 15 [fol. 51r]; Owen-Crocker (2009) fig. 5.5 [fol. 28v]

ED: Schröer (1885–8/1964) [*Regula S. Benedicti* (Old English) coll. as O]; Schröer (1888/1978) [*Regula S. Benedicti* (Latin) coll. as O]; A.J. Robertson (1939) no. 104 [documents relating to Bury St Edmunds];

Gretsch (1973) [base MS for *Regula S. Benedicti* (Latin), chs. v, xxvii–xxx, lviii]; Hanslik (1977) [*Regula S. Benedicti* (Latin) coll. as x]; Lapidge (1994b) 123–4 [books listed in the documents]

ST: Hervey (1907); Meyvaert (1963) 101–2; Gretsch (1973); Gretsch (1974)

672. 5. Oxford, Corpus Christi College 255A, fols. 1–3

s. x/xi, Winchester OM?

Contents: Paulus Diaconus, *Homiliarium* (f; reject leaves?), containing: dedicatory verses by Paulus Diaconus [SK 15837], *Epistola generalis* by Charlemagne (MGH, Capit. reg. Franc. I.80–1), table of contents, first pericope (f)

MS: Coxe (1952) II/iv.105; Smetana (1978) 87, 96 n. 60; Gneuss (2003b) 302; R.M. Thomson (2011) 133–4

FACS: see: http://image.ox.ac.uk/images/corpus/ms255a/1v.jpg [fol. 1v, here wrongly dated s. ix]

673. Oxford, Corpus Christi College 279B

s. xi in.

Contents: Bede, *Historia ecclesiastica** (incomplete)

MS: Coxe (1852) II/iv.118; Dobbie (1942) xcvi; N.R. Ker (1957) no. 354; Bredehoft (2004) 145–7, 151; Rowley (2004) 13–15, 20, 26; Rowley (2011) 21–3; R.M. Thomson (2011) 141; Scragg (2012a) nos. 959–63

FACS: Robinson—Stanley (1991) no. 2.9 [fol. 112v (detail)]; Rowley (2011) pl. 3 [fol. 31v]

ED: T. Miller (1890–8) [OE Bede coll. as O]; J.M. Schipper (1897–9) [OE Bede coll. as O]; Dobbie (1942) 106 [Caedmon's Hymn from OE Bede coll. as O]

ST: Whitelock (1962); Colgrave—Mynors (1969) p. l [on pt. i of the MS]; Grant (1974) 113 n. 3; Greenfield—Robinson (1980) 319–21 [bibliography]; Waite (2000) 42–6, 321–53; Rowley (2011)

673. 3. Oxford, Corpus Christi College 489 no. 1

s. xi ex. or xi/xii

Contents: Mass prayers (f)

MS: R.M. Thomson (2011) 170

673. 6. Oxford, Exeter College 4

s. xi/xii or xii in., Canterbury?

Contents: Priscian, *Institutiones grammaticae* [*CPL* 1546] (bks. I–XVI)

MS: Coxe (1852) I/iv.2; Gibson (1972) 117; Passalacqua (1978) 208–9 [no. 467]; Alexander—Temple (1985) 4 [no. 8]; R. Gameson (1999a) no. 771; A.G. Watson (2000) 7–8

FACS: Alexander—Temple (1985) pl. I (8) [fol. 34v]; A.G. Watson (2000) pl. I (a)–(b) [fols. 24v, 48v]

674. Oxford, Jesus College 37

s. xi ex. or xi/xii, (prov. Priory of St Guthlac, Hereford)

Contents: Iohannes Diaconus, *Vita S. Gregorii* [*BHL* 3641]; four medical recipes

MS: Coxe (1852) II/vii.14; Hardy (1862–71) I.204–5; N.R. Ker (1936) 47–8; N.R. Ker (1955) 14, 19, 21 [repr. N.R. Ker (1985) 484, 489, 491]; N.R. Ker (1964) 99; R. Gameson (1999a) no. 774

DEC: Alexander—Temple (1985) no. 7

FACS: Alexander—Temple (1985) pl. I [fol. 1r (detail)]

675. Oxford, Jesus College 51, fol. 1

s. xi^2, (prov. Evesham?)

Contents: antiphoner (f)

MS: Coxe (1852) II/vii.19; Van Dijk (1957–60) VI.36; N.R. Ker (1964) 81; R. Gameson (1999a) no. 778; Hartzell (2006) no. 301

676. Oxford, Keble College 22

s. xi ex., Salisbury

Contents: excerpts on the Eucharist; Epistulae Pauli, with gloss

MS: N.R. Ker (1976b) 24 *et passim* [repr. N.R. Ker (1985) 144 *et passim*]; Parkes (1978b) 135–40; Parkes (1979) 67–70; A.G. Watson (1987a) 61; Parkes (1992) 74, 130 n. 36, 139 n. 99, 142 nn. 47 and 51; Webber (1992) 87–8, 147–8, 200–1 *et passim*; R. Gameson (2012a) 34 n. 79

FACS: N.R. Ker (1976b) pl. V [fol. 6r]; Parkes (1978b) pl. opp. p. 140 [fol. 58r]; N.R. Ker (1985) pl. 22 [fol. 6r]; Webber (1992) pl. 15 [fol. 6r]

ST: Webber (1992) 88–101; Bankert et al. (1997) 69–70

677. Oxford, Lincoln College 92, fols. 165 and 166

s. viii in., Northumbria, prob. Lindisfarne

Contents: gospels (f; Luke VIII.13–50)

MS: Coxe (1852) I/viii.45; *CLA* II (1935) no. 258; Kendrick et al. (1959–60) II/i.89–106 *passim*; McGurk (1961a) no. 36; De La Mare—Barker-Benfield (1980) 9–11 [T.J. Brown]; Verey et al. (1980) 43 and n. 25, 47–8 [T.J. Brown]; B. Fischer (1988–91) I.16*; M.P. Brown (1989a) 160; Netzer (1989) 204 and n. 9; M.P. Brown (2003c) 257 and n. 140; M.P. Brown (2012) 151 and n. 149

FACS: Kendrick et al. (1959–60) pl. 15 (b) [fol. 164v]; De La Mare—Barker-Benfield (1980) fig. 5 [fol. 165r]

ED: B. Fischer (1988–91) [gospel fragment coll. as Ex]

677. 3. Oxford, Magdalen College, lat. 267, fols. 60–1 (with Oslo and London, The Schøyen Collection, 79)

s. xi/xii or xii in., England or Continent

Contents: Gregory, *Moralia in Iob* [*CPL* 1708] (f)

MS: Quaritch Catalogue 1088 (1988) item 17; J. Griffiths (1995) 38; R. Gameson (1999a) no. 789; Lapidge (2006) 306

677. 6. Oxford, Merton College 309, fols. 114–201

s. ix/x, France? in England before 1100?

Contents: Commentary on the *Benedicite*; Cicero, *Topica* (f); two texts derived from Boethius, *De differentiis topicis* [*CPL* 889]: *Communis speculatio de rhetoricae et logicae cognatione* and *Locorum rhetoricorum distinctio*; Boethius, *In Topica Ciceronis* [*CPL* 888]

MS: Coxe (1852) I/iii.122–3; Powicke (1931) nos. 101, 360; Bursill-Hall (1981) 197.10; Munk Olsen (1982–) I.250; Gibson et al. (1995–2001) I.234–6; Lapidge (2006) 172, 293; R.M. Thomson (2009) 238–9

678. Oxford, Merton College, E. 3. 12 (with York, Minster Library, 7. N. 10 (printed book))

s. x/xi

Contents: Boethius, *De consolatione Philosophiae*, with gloss from commentary by Remigius (f)

MS: N.R. Ker (1954/2004) 179 and n. 2; Lapidge (2006) 293; Wittig (2007) 191; R.M. Thomson (2009) 258; Godden (2011) 92

Oxford, Merton College, 2 f. 10 (printed book): see no. **669**

680. Oxford, Oriel College 3

s. x ex., Canterbury CC

Contents: Prudentius, *Praefatio operum* [*CPL* 1437], *Cathemerinon* [*CPL* 1438], *Peristephanon* [*CPL* 1443]; epigrams for the basilica of St Agnes by Constantina [SK 2659] and Damasus [SK 4939]; Prudentius, *Dittochaeon* [*CPL* 1444], *Contra Symmachum* [*CPL* 1442]

MS: Coxe (1852) I/v.1–2; Bergman (1926) xli–xlii; Lavarenne (1943–51) I.xxix; N.R. Ker (1957) no. 358; T.A.M. Bishop (1959–63b) 415–16, 421; Lapidge (2006) 299, 329, 330; R. Gameson (2012a) 61 n. 214; Scragg (2012a) no. 964

DEC: Alexander (1970b) no. 14c; E. Temple (1976) no. 19 (viii); Alexander–Temple (1985) no. 3

FACS: Alexander (1970b) pl. 14 (c) [fol. 6r (detail)]; E. Temple (1976) ills. 71–2 [fols. 70r, 6r (details)]; Alexander–Temple (1985) pl. I [fol. 70r (detail)]

ED: Napier (1900) no. 48 [OE glosses on Prudentius, *Cathemerinon*]; Bergman (1926) [Prudentius, *carmina*, coll. as O]; Lavarenne (1943–51) [Prudentius, *carmina*, coll. as O]

681. Oxford, Oriel College 34, fols. 57–153

s. x, Continent; prov. England prob. s. xi^2, with additions s. xi/xii or xii in.

Contents: Bede, *Super Epistulas catholicas expositio* [*CPL* 1362] (prologue add. s. xi/xii or xii in.)

MS: Coxe (1852) I/v.12; Laistner–King (1943) 35; N.R. Ker (1957) no. 359; Rella (1977) 168; Rella (1980) 115; Scragg (2012a) no. 965

681. 5. Oxford, Queen's College 202

s. xi/xii, England

Contents: Horace, poetic works, with commentary and glosses: *Carmina, Ars poetica, Epodon liber, Carmen saeculare, Sermones, Epistulae*

MS: Coxe (1852) I/vi.44; R.W. Hunt (1975) 59–60; Munk Olsen (1982–) I.475

FACS: R.W. Hunt (1975) pl. XVIII (b) [fol. 5v (detail)]

ED: Klingner (1950) [coll. occasionally as Oxon.]

ST: Klingner (1950) xxi; L.D. Reynolds (1983) 184 n. 11 [R.J. Tarrant]; Gneuss (2003b) 302

682. Oxford, Queen's College 320

s. x med., Canterbury?

Contents: poem on *adynata* [SK 14935]; poem by Braulio or by the Visigothic king Chintila [*CPL* 1534, SK 3763]; Isidore, *Etymologiae* [*CPL* 1186], bks. I–X

MS: Coxe (1852) I/vi.76; Nettleship (1885) 359–63; Lindsay (1911) I.viii, xvi; Gneuss (2003) 302; Barker-Benfield (2008) III.1836; R. Gameson (2012a) 23 and n. 36; D. Ganz (2012) 194 and n. 36

DEC: Brownrigg (1978) 259 n. 6; R. Gameson (1995a) 104; R. Gameson (1995b) 10 n. 22; R. Gameson (1995b) 148; R. Gameson (1996b) 168 and n. 155

ED: Lindsay (1911) [Isidore, *Etymologiae*, occasionally coll. as Reg.]; Howlett (1997) [poem on *adynata*]

ST: Reydellet (1966) 400 *et passim*; Knappe (1996) 133 nn. 3–4; Gneuss (2003b) 302

684. Oxford, St John's College, 28

s. x med. and x$^{3/4}$ (or x/xi), prob. Canterbury StA, (prov. Abingdon s. xii?, prov. prob. Southwick, Augustinian canons, by s. xvi)

Contents:

fols. 1–4, 7, 78–81 (s. x med.): pseudo-Linus, *Martyrium SS. Petri et Pauli* [*BHL* 6655, 6570];

fols. 5–6, 8–77 (s. x$^{3/4}$ or x/xi): Gregory, *Regula pastoralis* [*CPL* 1712] with unidentified preface

MS: Coxe (1852) II/vi.9–10; N.R. Ker (1957) no. 361; T.A.M. Bishop (1966) xix–xx; T.A.M. Bishop (1971) 3, 8; Rella (1977) 158; Backhouse et al. (1984b) no. 32 [D.H. Turner]; Clement (1984a) 42; Hanna (2002) 45–7; Biggs (2007a) 50–1; Barker-Benfield (2008) I.578, III.1682, 1816; D. Ganz (2012) 193 and n. 35; Scragg (2012a) no. 966

DEC: F. Wormald (1952) 77 [no. 51] *et passim*; Alexander (1970b) nos. 7, 8; Raw (1976) 137; E. Temple (1976) no. 13; Deshman (1977) 153–4;

Brownrigg (1978) 260 n. 1; Alexander—Temple (1985) nos. 2, 4; Ohlgren (1986) no. 91; R. Gameson (1995b) 193 n. 3; Hanna (2002) 46–7; R. Gameson (2012c) 252 and n. 11

FACS: F. Wormald (1952) pl. 2 [fol. 2r]; Alexander (1970b) pls. 7, 8 [fol. 2r, 81v]; T.A.M. Bishop (1971) pl. 5 [fol. 6v]; E. Temple (1976) ills. 42–3 [fols. 2r, 81v]; D.M. Wilson (1984) pl. 225 [fol. 2r]; Hanna (2002) pl. III [fol. 2r]

ED: Napier (1900) no. 39 [OE glosses]

ST: Clement (1984a); Clement (1985b); Schreiber (2003) 23–37

685. Oxford, St John's College, 89

s. xi/xii, Canterbury CC

Contents: Bede, *Expositio Apocalypseos* [*CPL* 1363]; Caesarius of Arles, *Expositio in Apocalypsim* [*CPL* 1016]

MS: Coxe (1852) II/vi.25; Laistner—King (1943) 29; N.R. Ker (1964) 39; R. Gameson (1995a) 121 n. 88, 142; R. Gameson (1999a) no. 796; Gryson (2001) 62–3; Hanna (2002) 121

686. Oxford, St John's College, 154

s. xi in., (prov. Durham).

Contents: Ælfric, *Grammar*[+*], *Glossary*[+*]; four Latin colloquies (two by Ælfric Bata; Ælfric's *Colloquium* expanded by Bata; redacted version of *De raris fabulis*); Abbo of Saint-Germain-des-Prés, *Bella Parisiacae urbis*, bk. III° (prose version, part, s. xi ex.)

MS: Coxe (1852) II/vi.47; Zupitza (1888/2001) vi–vii; Napier (1900) xxii; W.H. Stevenson (1929) viii–ix; Mynors (1939) no. 20; N.R. Ker (1957) no. 362; N.R. Ker (1964) 75; A.G. Watson (1987a) 32; Gwara (1996c) 20–1; Gwara (1997b); Gwara (1997c) 57–60; Hanna (2002) 221–3; *ASMMF* XV (2007) 83–9 [no. 420; Doane]; Wieland (2009) 144; Lendinara (2011a) 489 and n. 50, 490–1; R. Gameson (2012a) 51 and n. 171; Scragg (2012a) nos. 967–74

FACS: Piper (1978) pl. 60 [fol. 1r (detail)]; *ASMMF* XV (2007) no. 420

ED [entries are listed in manuscript order, and using the numbering of N.R. Ker (1957) 436–7]:

art. 1 (Ælfric, *Grammar and Glossary*): Zupitza (1888/2001) [base MS coll. as O]; Gillingham (1981) [base MS for Ælfric, *Glossary* (only)] art. 2 (first colloquy by Ælfric Bata): W.H. Stevenson (1929) 27–66; Gwara (1991) 39–91; Gwara (1997c) 80–177; Napier (1900) no. 56 [OE glosses 1–72]

art. 3 (second colloquy by Ælfric Bata): W.H. Stevenson (1929) 67–74; Gwara (1991) 92–9; Gwara (1997c) 178–97; Napier (1900) no. 56 [OE glosses 73–338]

art. 4(a) (Ælfric, *Colloquium*, rev. by Ælfric Bata): W.H. Stevenson (1929) 75–101; Garmonsway (1978) 18–49 [Ælfric, *Colloquium*, coll. as J]; Napier (1900) no. 56 [OE glosses 339–435]

art. 4(b) (colloquy by Ælfric Bata): W.H. Stevenson (1929) 21–6; Gwara (1991) 29–38

art. 5 (Abbo, *Bella Parisiacae urbis*, bk. III): W.H. Stevenson (1929) 103–8 [base MS coll. as J]

ST: F.C. Robinson (1973) 455 n. 40; Lapidge (1975a) 98 and n. 4 [repr. Lapidge (1993a) 136 and n. 4]; Buckalew (1978); Garmonsway (1978); Lendinara (1983); Lendinara (1986) 85–6; D.W. Porter (1996b); D.W. Porter (1997)

688. Oxford, St John's College 194

s. ix ex. or x in., prob. Brittany, prov. England s. x med., (prov. Canterbury CC)

Contents: gospels; parts of two poems: SK 1012 (two lines in alphabet of Aethicus Ister) and SK 10046 (two lines of Alcuin in Greek and ornamental script); colophon; three prayers (*Ad pueros tondendos* or *Ad capillaturam*: add. England, s. x)

MS: Coxe (1852) II/vi.66; M.R. James (1903) 527 [App. D]; N.R. Ker (1964) 39; Alexander (1975b) 173; Laing (1993) 150; Bischoff (1998–) II, no. 3876; Hanna (2002) 280–1

DEC: F. Wormald (1952) 77 [no. 52]; Alexander (1970b) 7; E. Temple (1976) no. 12; Brownrigg (1978) 256 n. 2; Alexander–Temple (1985) no. 1; R. Gameson (1995b) 179

FACS: F. Wormald (1952) pl. 40 (b) [fol. 1v]; Alexander (1970b) pl. 5 [fol. 1v]; Alexander (1975b) pl. V (a) [fol. 1v]; E. Temple (1976) ill. 47 [fol. 1v]

ED: B. Fischer (1988–91) [gospel excerpts coll. as Eo]

ST: Glunz (1933) 68; Bischoff (1966–81) III.129; B. Fischer (1988–91) I.16*

Oxford, St John's College, Ss. 7. 2 (ptd bk.), pastedown: see no. **653**

689. Oxford, Trinity College 4

s. x/xi?, Angers or Tours, prov. Canterbury StA prob. s. xi ex.

Contents: excerpts from Gregory of Tours, *De uirtutibus S. Martini* [*CPL* 1024; cf. *BHL* 5618d]; Augustine, *De gratia et libero arbitrio* [*CPL* 352], *De agone Christiano* [*CPL* 296]; Gregory of Nazianzus, *Liber apologeticus*, trans. Rufinus (= *Oratio* ii) [*CPG* 3010]; Marbod of Rennes, *Passio S. Mauricii sociorumque eius* [*BHL* 5752]

MS: Coxe (1852) II/v.2; N.R. Ker (1964) 47; Römer (1972b) 309; R. Gameson (1995a) 109–10 and n. 52; T.N. Hall (2004b) 97 n. 18

ED: Green–Daur (1970) [Augustine, *De gratia et libero arbitrio*, coll. as C]

ST: Siegmund (1949) 84; Kristeller et al. (1960–) II.131b; Webber (1992) 54 and n. 38; Whatley (1996) 20; Biggs et al. (2001) 338

690. Oxford, Trinity College 28

s. xi (after 1066), Durham? (prov. Winchester OM)

Contents: Bede, *De tabernaculo* [*CPL* 1345]; pseudo-Augustine / pseudo-Jerome, *De essentia diuinitatis* [= Jerome, *Epist. supp.* xiv: see *CPL* 633]; Isidore, *Etymologiae* XVI. xxv-xxvi (*De ponderibus et mensuris*); Caesarius, *Sermo* c ('De decem plagis et praeceptis') [*CPL* 1008] (add. s. xi/xii)

MS: Coxe (1852) II/v.12; Laistner–King (1943) 73; N.R. Ker (1964) 201; Chaplais (1987) 73–4; R. Gameson (1999a) no. 799; P.R. Robinson (2003) I.62; R. Gameson (2012a) 46 n. 144

ST: Lambert (1969–72) no. 314; Römer (1972b) 309; N.R. Ker (1976b) 30 [repr. N.R. Ker (1985) 150]; Webber (1992) 74 and n. 122

691. Oxford, Trinity College 39

s. xi ex., Normandy, (prov. Lanthony secunda, Gloucs., Augustinian canons)

Contents: Gregory, *Moralia in Iob* [*CPL* 1708], bks. I–X

MS: Coxe (1852) II/v.16; N.R. Ker (1964) 111 n. 6, 112; N.R. Ker (1972b) 78; N.R. Ker (1976b) 27 [repr. N.R. Ker (1985) 147 n. 1]; Gameson–Coates (1988) 35–49; R. Gameson (1999a) no. 800; N.R. Ker (2002) 24; R. Gameson (2012b) 109 n. 57

FACS: R. Gameson (1999a) pl. 20 [fol. 2r]

692. Oxford, Trinity College 54

s. x med. or x$^{3/4}$

Contents: Augustine, *Enarrationes in psalmos* [*CPL* 283] (pss. L–LXXII only)

MS: Coxe (1852) II/v.21; N.R. Ker (1960) 8 and n. 4; Römer (1972b) 309; Rella (1977) 158; R. Gameson (1992d) 205 n. 68; Dumville (1994a) 150 n. 100; Rushforth (2011) 65–6; R. Gameson (2012a) 23 and n. 36, 59 n. 197

692. 5. Oxford, Trinity College 60

s. xi ex. or xii in.

Contents: pseudo-Clement, *Recognitiones*, trans. Rufinus [*CPG* 1015 (5)]

MS: Coxe (1852) II/v.26; Siegmund (1949) 60; Rehm—Paschke (1965) lxxiv–lxxvi; R. Gameson (1999a) no. 801; Biggs (2007a) 44

ED: Rehm-Paschke (1965) [*Recognitiones* coll. as Θ^x]

693. Oxford, University College 104

s. xi ex., (prov. Battle)

Contents: Iulianus Toletanus, *Prognosticum futuri saeculi* [*CPL* 1258]

MS: Coxe (1852) I/i.31; N.R. Ker (1964) 31; R. Gameson (1999a) no. 803; R. Gameson (2012a) 27 and n. 56

FACS: R. Gameson (1999a) pl. 4 [fols. 27v–28r]

694. Oxford, Wadham College A. 18. 3 [formerly 2 (A. 10. 22)]

s. xi ex.

Contents: gospels

MS: Coxe (1852) II/viii.1; R. Gameson (1999a) no. 806

DEC: Rice (1952) 200, 209; F. Wormald (1952) 78 [no. 53]; Alexander (1970b) 12–13; C.M. Kauffmann (1975) no. 5; Alexander—Temple (1985) no. 6; R. Gameson (2012c) 285 and n. 126

FACS: Rice (1952) pls. 64 (o), 73 (b) [fols. 104v, 3r (detail)]; F. Wormald (1952) pl. 38 [fol. 12v]; Alexander (1970b) pls. 31–4 [fols. 12v, 13r, 104v; details of fols. 3r, 67r]; C.M. Kauffmann (1975) ills. 17–18 [fols. 12v, 104v]

694. 5. Peterborough, Cathedral Library, H. 3. 40 (endleaf from a printed book)

s. ix$^{3/4}$, France, prov. Peterborough? (early in England?)

Contents: Freculf of Lisieux, *Historiae* (f)

MS: Carley (1986–8) 346 [no. 15]; Gneuss (2003b) 302

Redlynch, Major J.R. Abbey [formerly no. 695]: see now no. **212. 2**

696. Ripon, Cathedral Library, MS. frag. 2

s. xi [binding strips detached from XIII.c.39 (ptd bk.); now on deposit at Leeds University Library]

Contents: hymnal (f)

MS: N.R. Ker (1957) no. 372; Gneuss (1968) 103; Milfull (1996) 55–6; *ASMMF* XIV (2007) 131–4 [no. 440; Pulsiano, Doane]; Barker-Benfield (2008) I.551; Wieland (2009) 135; Scragg (2012a) no. 1001

FACS: *ASMMF* XIV (2007) no. 440

ED: N.R. Ker (1957) no. 372 [OE gloss]; Milfull (1996) 55–6 [Latin hymn fragments coll. as Ri]

697. Salisbury, Cathedral Library, 6

s. xi ex., Salisbury

Contents: Augustine, *Confessiones* [*CPL* 251] with *Retractatio* II. vi

MS: E.M. Thompson (1880) 3; Schenkl no. 3605; N.R. Ker (1949–50) 154 n. 1, 170 [repr. N.R. Ker (1985) 176 n. 1, 192]; Römer (1972b) 315; N.R. Ker (1976b) 25, 45 [repr. N.R. Ker (1985) 145, 169]; Webber (1992) 12, 13, 36 n. 19, 37 n. 20, 73, 148; R. Gameson (1999a) no. 823

FACS: R. Gameson (1999a) pl. 10 [fol. 20r]

699. Salisbury, Cathedral Library, 9, fols. 1-60

s. xi ex., Salisbury

Contents: Cyprian, *De dominica oratione* [*CPL* 43], *De bono patientiae* [*CPL* 48], *De opere et eleemosynis* [*CPL* 47], *De mortalitate* [*CPL* 44], *De catholicae ecclesiae unitate* [*CPL* 41]; Gregory of Nazianzus, *De Hieremiae prophetae dictis*, trans. Rufinus (= *Oratio* xvii) [*CPG* 3010]; Caesarius of Arles, *Epistola* ii [*CPL* 1010]; Sisebutus Toletanus (?),

Lamentum poenitentiae [*CPL* 1533]; exegetical dialogues and notes; pseudo-Jerome, *Epist. supp.* xvi [*Libellus fidei*: *CPL* 633 (p. 220) = *CPL* 731]

MS: E.M. Thompson (1880) 4–5; Schenkl no. 3608; N.R. Ker (1949–50) 154 n. 1, 168 [repr. N.R. Ker (1985) 176 n. 1, 190]; N.R. Ker (1964) 172; N.R. Ker (1976b) 25, 29, 47 [repr. N.R. Ker (1985) 145, 149, 171]; Webber (1992) 13, 20, 23–4, 36 n. 19, 59, 148–9, 160–2; R. Gameson (1999a) no. 825; Biggs (2007a) 73–4 [C.D. Wright]; Barker-Benfield (2008) I.521–2, 597

ST: Kristeller et al. (1960–) II.132b [Gregory of Nazianzus, *Oratio* XVII]; Lambert (1969–72) nos. 316, 317; Römer (1972b) 315

700. Salisbury, Cathedral Library, 10

s. xi ex., Salisbury

Contents: Cassian, *Conlationes* [*CPL* 512], chs. i–x, xiv–xv, xxiv, xi

MS: E.M. Thompson (1880) 5; Schenkl no. 3609; N.R. Ker (1949–50) 154 nn. 1 and 4, 171 [repr. N.R. Ker (1985) 176 nn. 1 and 4, 193]; N.R. Ker (1976b) 25, 29 and n. 4, 37, 39, 42, 45 [repr. N.R. Ker (1985) 145, 149 and n. 4, 158, 161, 165, 169]; Webber (1992) 12–14, 17, 20, 84 n. 16, 149, 198; R. Gameson (1999a) no. 826; R. Gameson (2012b) 109 n. 57

FACS: Webber (1992) pl. 5 [fol. 22r]

ST: Lake (2003) 41 n. 56

700. 1. Salisbury, Cathedral Library, 10, flyleaf 1

s. xi in., Continent, (prov. Salisbury)

Contents: Remigius, Commentary on Martianus Capella (f)

MS: E.M. Thompson (1880) 5; Schenkl no. 3609; Webber (1992) 41, 84–5

700. 2. Salisbury, Cathedral Library, 10, flyleaf 2

s. xi in., Continent, (prov. Salisbury)

Contents: *Liber glossarum* (f)

MS: Schenkl no. 3609; Webber (1992) 84–5

701. 5. Salisbury, Cathedral Library, 12, fols. 1–56

s. xi ex., Salisbury

Contents: Smaragdus of Saint-Mihiel, *Diadema monachorum*

MS: E.M. Thompson (1880) 5; Schenkl no. 3611; N.R. Ker (1949–50) 154 n. 1, 162, 166, 173 [repr. N.R. Ker (1985) 176 n. 1, 184, 188, 195]; N.R. Ker (1964) 172; Rädle (1974) 70 n. 178; N.R. Ker (1976b) 25, 28 n. 1, 48 [repr. N.R. Ker (1985) 145, 148 n. 1, 172]; Webber (1992) 13, 20, 22, 24 n. 85, 40, 61, 66, 68, 80, 114 n. 5, 115 n. 8, 149, 162 and nn.; R. Gameson (1999a) no. 828

702. Salisbury, Cathedral Library, 24

s. xi ex., Salisbury

Contents: Jerome, *Comm. in Hieremiam* [CPL 586]

MS: E.M. Thompson (1880) 7; Schenkl no. 3622; N.R. Ker (1949–50) 154 n. 1, 170 [repr. N.R. Ker (1985) 176 n. 1, 192]; N.R. Ker (1964) 172; N.R. Ker (1976b) 25, 40 [repr. N.R. Ker (1985) 145, 162]; Webber (1992) 13, 14, 36 n. 19, 38, 58, 133 n. 71, 149; R. Gameson (1999a) no. 829; Lapidge (2006) 314

ST: Lambert (1969–72) no. 211

703. Salisbury, Cathedral Library, 25

s. xi ex., Salisbury

Contents: Jerome, *Comm. in Esaiam* [CPL 584]; sequence *Aue praeclara maris stella* [AH L.313]

MS: E.M. Thompson (1880) 7; Schenkl no. 3623; N.R. Ker (1949–50) 176 n. 1, 170 [repr. N.R. Ker (1985) 176 n. 1, 192]; N.R. Ker (1964) 172; N.R. Ker (1976b) 25, 28 n. 2, 29 n. 5, 39 and n. 4, 45 [repr. N.R. Ker (1985) 145, 148 n. 2, 149 n. 5, 161 and n. 4, 169]; Webber (1992) 12, 14, 15, 17, 20, 23, 36 n. 19, 38, 58, 133 n. 71, 149; R. Gameson (1999a) no. 830

ST: Lambert (1969–72) no. 207

704. Salisbury, Cathedral Library, 33

s. xi ex., Salisbury [fols. 1–66 are replacement leaves, s. xii^2]

Contents: Gregory, *Moralia in Iob* [CPL 1708]

MS: E.M. Thompson (1880) 8; Schenkl no. 3631; N.R. Ker (1949–50) 170 [repr. N.R. Ker (1985) 192]; N.R. Ker (1964); N.R. Ker (1976b) 25, 26 n. 2, 29 and n. 4, 31, 37, 40 [repr. N.R. Ker (1985) 145, 146 n. 2, 149 and n. 4, 151, 158, 162]; Webber (1992) 13–15, 17, 19, 20, 38, 59, 149–50 and n. 43; R. Gameson (1999a) no. 831; Lapidge (2006) 306

706. Salisbury, Cathedral Library, 37

s. xi ex., Salisbury

Contents: Bede, *In Lucae euangelium expositio* [*CPL* 1356]

MS: E.M. Thompson (1880) 9; Schenkl no. 3635; N.R. Ker (1949–50) 154 nn., 168 [repr. N.R. Ker (1985) 176 nn., 190]; N.R. Ker (1964); N.R. Ker (1976b) 25, 28 n. 2, 46 [repr. N.R. Ker (1985) 145, 148 n. 2, 170]; Webber (1992) 12, 15, 20, 38, 133 n. 71, 150; R. Gameson (1999a) no. 833

706. 5. Salisbury, Cathedral Library, 37, fols. 1–4, 165–6

s. xi, England, prov. Salisbury

Contents: Ambrosiaster, *Quaestiones .cxxvii. Veteris et Noui Testamenti* [*CPL* 185] (f)

MS: E.M. Thompson (1880) 9; Schenkl no. 3635; N.R. Ker (1949–50) 155 n. 1 [repr. N.R. Ker (1985) 177 n. 1]; N.R. Ker (1976b) 32 and n. 2 [repr. N.R. Ker (1985) 152 and n. 2]; Webber (1992) 60 and n. 56, 76; Lapidge (2006) 280

707. Salisbury, Cathedral Library, 38

s. x ex., Canterbury (CC or StA?)

Contents: Aldhelm, *Epistola ad Heahfridum* [*CPL* 1334] (incomplete), *De uirginitate* (prose)° [*CPL* 1332]

MS: E.M. Thompson (1880) 9; Schenkl no. 3636; Ehwald (1919) 221–2, 487; N.R. Ker (1949–50) 167 [repr. N.R. Ker (1985) 189]; T.A.M. Bishop (1954–8b) 330, 333; N.R. Ker (1957) no. 378; T.A.M. Bishop (1959–63b) 412–13, 417–18; N.R. Ker (1964) 173; T.A.M. Bishop (1971) xxvi; Rella (1977) 70; Webber (1992) 77–8 and nn.; Dumville (1993g) 149 n. 46; Gwara (1997a) 567; Gwara (2001) I.163*–170*; Barker-Benfield (2008) II.1373, III.1818; Lapidge (2012b) 28, 37; Scragg (2012a) nos. 1007–9

DEC: F. Wormald (1945) 134 [repr. F. Wormald (1984) 74]; Kendrick (1949) 36 n. 2; E. Temple (1976) no. 19 (v); Brownrigg (1978) 260; Ohlgren (1986) no. 101; R. Gameson (1992a) 193–4 and nn.; R. Gameson (1995b) 221 nn. 169 and 172, 222, 225

FACS: E. Temple (1976) ills. 65-8 [fols. 46v, 19v, 7v, 37v (all details)]; R. Gameson (1992a) pl. 41 (b) [fol. 46v (detail)]

ED: Logeman (1891) 27–41 [OE glosses]; Napier (1893) [corrections and additions to Logeman (1891)]; Ehwald (1919) 226–323 [Aldhelm, prose *De uirginitate*, coll. as S], 488–94 [Aldhelm, *Epistola ad Heahfridum*, coll. as S]; Gwara (1996a) 112–15 [Aldhelm, *Epistola ad Heahfridum*, coll. as S]; Gwara (2001) vol. II [Aldhelm, prose *De uirginitate*, with Latin and OE glosses, coll. as S]

ST: Napier (1900) xxiii–xxvi; Lendinara (1990a) 134 n. 8; Gwara (1994a) 269; Gwara (1996a) 94–6; Gwara (1997a) *passim*; Gwara (2001) vol. I, *passim*; Lapidge (2012b) 26–31, 35–7

710. Salisbury, Cathedral Library, 63

s. xi ex., Salisbury

Contents: Augustine, *De agone Christiano* [*CPL* 296] with *Retractatio* [*CPL* 250] II. iii; *De disciplina Christiana* [*CPL* 310]; Caesarius of Arles, *Sermo* ccvi [cf. *CPL* 1008]; Theodulf of Orléans, *De processione Spiritus Sancti*; Augustine, *De utilitate credendi* [*CPL* 316], *De gratia Noui Testamenti* [= *Epist.* cxl], *De natura boni* [*CPL* 323] with *Retractatio* II. ix; Quodvultdeus, *Sermo* x (*Aduersus quinque haereses*) [*CPL* 410]

MS: E.M. Thompson (1880) 14–15; Schenkl no. 3656; N.R. Ker (1949–50) 154 n. 1, 171 [repr. N.R. Ker (1985) 176 n. 1, 193]; N.R. Ker (1964) 173; N.R. Ker (1976b) 25 *et passim* [repr. N.R. Ker (1985) 145 *et passim*]; Webber (1992) 12–14, 36 n. 19, 37 n. 20, 54, 150; R. Gameson (1999a) no. 841; Lapidge (2006) 283, 284, 286, 288, 289, 290, 295, 331; R. Gameson (2012b) 109 n. 57

ST: Römer (1972b) 316

711. Salisbury, Cathedral Library, 67

s. xi ex., Salisbury

Contents: Augustine, *Tractatus in Euangelium Ioannis* [*CPL* 278]

MS: E.M. Thompson (1880) 16; Schenkl no. 3660; N.R. Ker (1949–50) 154 nn., 168 [repr. N.R. Ker (1985) 176 nn., 190]; N.R. Ker (1964) 173; N.R. Ker (1976b) 25, 26 n. 2, 31, 40, 46 [repr. N.R. Ker (1985) 145, 146 n. 2, 151, 162, 170]; Webber (1992) 150 and n. 44 *et passim*; R. Gameson (1999a) no. 844; Lapidge (2006) 291

ST: Römer (1972b) 316

712. Salisbury, Cathedral Library, 78

s. xi ex., Salisbury

Contents: *Collectio Lanfranci* [*Concilia, Decreta pontificum*]

MS: E.M. Thompson (1880) 17; Schenkl no. 3670; N.R. Ker (1949–50) 154 n. 1, 168 [repr. N.R. Ker (1985) 176 n. 1, 190]; N.R. Ker (1964) 174; N.R. Ker (1976b) 25, 28 n. 4, 29 n. 2, 30, 44 n. 2, 46 [repr. N.R. Ker (1985) 145, 148 n. 4, 149 n. 2, 150, 167 n. 2, 170]; Webber (1992) 150 *et passim*; R. Gameson (1999a) no. 845

FACS: Webber (1992) pl. 3 [fol. 128r (detail)]

ST: Z.N. Brooke (1931) 231–5; S. Williams (1971) 80; Kéry (1999) 116, 240; Gullick (2001) 110

713. Salisbury, Cathedral Library, 88

s. xi ex., Salisbury

Contents: Jerome, *De uiris inlustribus* [*CPL* 616]; *Decretum Gelasianum de libris recipiendis et non recipiendis* [*CPL* 1676]; Gennadius, *De uiris inlustribus* [*CPL* 957]; Isidore, *De uiris illustribus* [*CPL* 1206]; Augustine, *Retractationes* [*CPL* 250]; Cassiodorus, *Institutiones* [*CPL* 906], bk. I; Isidore, *In libros ueteris et noui Testamenti prooemia* [*CPL* 1192], *De ecclesiasticis officiis* [*CPL* 1207] I.xi–xii, *De ortu et obitu patrum* [*CPL* 1191], *Allegoriae quaedam S. Scripturae* [*CPL* 1190]; grammatical note

MS: E.M. Thompson (1880) 18; Schenkl no. 3680; N.R. Ker (1949–50) 154 nn., 171 [repr. N.R. Ker (1985) 176 nn., 193]; N.R. Ker (1964) 174; N.R. Ker (1976b) 25, 30, 40–1, 46 [repr. N.R. Ker (1985) 145, 150, 162–3, 170]; Rella (1977) 23; Webber (1992) 150–1 *et passim*; Lapidge (2006) 290, 296, 303, 309, 310, 311, 312, 315, 338

ST: Mynors (1937) xv–xvi, xliv; Lambert (1969–72) no. 260; Römer (1972b) 317; Bursill-Hall (1981) 231 [no. 248.1]

714. Salisbury Cathedral, 89

s. xi med., Fécamp, prov. Salisbury

Contents: Gregory of Nazianzus, *Orationes*, trans. Rufinus [*CPG* 3010]; *Laudes regiae* and chants (all add. s. xi ex.)

MS: E.M. Thompson (1880) 18–19; Schenkl no. 3681; N.R. Ker (1949–50) 165 n. 3, 168 [repr. N.R. Ker (1985) 187 n. 3, 190]; N.R. Ker (1964)

174; Webber (1992) 77, 79–80; R. Gameson (1999a) no. 847; Hartzell (2006) no. 324; Lapidge (2006) 307; Gullick—Rankin (2009) 285

ST: C. Wordsworth (1924) [music of the chants]; Siegmund (1949) 85; Cowdrey (1981)

714. 8. Salisbury, Cathedral Library, 94

s. xi ex., written in England?

Contents: Gregory (?), *Symbolum fidei* [*CPL* 1714 (p. 558)]; Gregory, *Registrum epistularum* [*CPL* 1714]

MS: E.M. Thompson (1880) 19; Schenkl no. 3686; N.R. Ker (1949–50) 172, 174 [repr. N.R. Ker (1985) 194, 196]; N.R. Ker (1964) 174; Gneuss (2012) 293–4

715. Salisbury, Cathedral Library, 96

s. x, England?

Contents: Gregory, *Dialogi* [*CPL* 1713] (incomplete)

MS: E.M. Thompson (1880) 19; Schenkl no. 3688; N.R. Ker (1949–50) 168 [repr. N.R. Ker (1985) 190]; N.R. Ker (1960) 49; N.R. Ker (1964) 174; Yerkes (1979) xvii n. 5, xviii; Dumville (1992b) 182 n. 68; Webber (1992) 77, 79; Lapidge (2006) 304

716. Salisbury, Cathedral Library, 101

s. ix ex., W France, prov. Canterbury CC s. x, prov. Salisbury

Contents: Isidore, *Mysticorum expositiones sacramentorum seu Quaestiones in Vetus Testamentum* [*CPL* 1195]; Adalbert of Metz, *Speculum Gregorii* [epitome of the *Moralia*]; Augustine, *In Ioannis epistulam ad Parthos tractatus .x.* [*CPL* 279]

MS: E.M. Thompson (1880) 21; Schenkl no. 3693; N.R. Ker (1949–50) 168 [repr. N.R. Ker (1985) 190]; N.R. Ker (1964) 174; Webber (1992) 23, 76 and nn., 164; Bischoff (1998—) III, no. 5413; Lapidge (2006) 172–3, 290, 312; R. Gameson (2012a) 40 and n. 102; R. Gameson (2012d) 351 and n. 24

ST: Römer (1972b) 318; R. McKitterick (2012) 327

717. Salisbury, Cathedral Library, 106

s. xi ex., Salisbury

Contents: Augustine, *De doctrina Christiana* [*CPL* 263], *De quantitate animae* [*CPL* 257], *Sermo* xxxvii [*CPPM* I, no. 474]; pseudo-Augustine, Easter sermon (part) [*CPPM* I, no. 1363]; Augustine, *De octo Dulcitii quaestionibus* [*CPL* 291], *De libero arbitrio* [*CPL* 260], *De natura boni* [*CPL* 323], *De uera religione* [*CPL* 264], *De disciplina Christiana* [*CPL* 310]

MS: E.M. Thompson (1880) 21; Schenkl no. 3698; N.R. Ker (1949–50) 154 nn., 170, 172, 182 [repr. N.R. Ker (1985) 176 nn., 192, 194, 207]; N.R. Ker (1964) 174; N.R. Ker (1976b) 25 [repr. N.R. Ker (1985) 145 *et passim*]; Webber (1992) 151, 154 n. 60 *et passim*; R. Gameson (1999a) no. 848; Lapidge (2006) 284, 285, 286, 287, 288, 291

ST: Römer (1972b) 318

Salisbury, Cathedral Library, 109, fols. 1–8: see no. **728**
Salisbury, Cathedral Library, 114, fols. 2–5: see no. **728**

720. Salisbury, Cathedral Library, 114, fols. 6–122

s. xi ex., Salisbury

Contents: Augustine, *De Genesi ad litteram* [*CPL* 266]

MS: E.M. Thompson (1880) 22; Schenkl no. 3706; N.R. Ker (1949–50) 155 n. 1, 173 [repr. N.R. Ker (1985) 177 n. 1, 195]; N.R. Ker (1964) 174 and n. 1; N.R. Ker (1976b) 25, 32 and n. 1, 37, 43 [repr. N.R. Ker (1985) 145, 152 and n 1, 158, 166]; A.G. Watson (1987a) 61; Webber (1992) 13, 15, 36 n. 19, 37 n. 20, 38, 151; R. Gameson (1999a) no. 854; Lapidge (2006) 182

ST: Römer (1972b) 318

722. Salisbury, Cathedral Library, 117, fols. 1–162

s. x, Continent?, (prov. Salisbury), in England before 1100?

Contents: Augustine, *De perfectione iustitiae hominis* [*CPL* 347], *De natura et gratia* [*CPL* 344], *Epistulae* ccxiv, ccxv [*CPL* 262], *De gratia et libero arbitrio* [*CPL* 352], *De correptione et gratia* [*CPL* 353], *Epistulae* ccxxv, ccxxvi [*CPL* 262], *De praedestinatione sanctorum* [*CPL* 354], *De dono perseuerantiae* [*CPL* 355]

MS: E.M. Thompson (1880) 23; Schenkl no. 3709; N.R. Ker (1949–50) 168, 175 [repr. N.R. Ker (1985) 190, 197]; N.R. Ker (1964) 175; N.R. Ker (1976b) 33 [repr. N.R. Ker (1985) 153]; Webber (1992) 77, 79;

Lapidge (2006) 284, 285, 286, 287, 289; Barker-Benfield (2008) I.538–9; M.P. Brown (2012) 163, 164

ST: Römer (1972b) 318-19

Salisbury, Cathedral Library, 117, fols. 163–4: see no. **646**

724. Salisbury, Cathedral Library, 119

s. xi ex., Salisbury

Contents: Freculf of Lisieux, *Historiae, pars prior*

MS: E.M. Thompson (1880) 23; Schenkl no. 3711; N.R. Ker (1949–50) 154 n. 1, 168 [repr. N.R. Ker (1985) 176 n. 1, 190]; N.R. Ker (1964) 175; N.R. Ker (1976b) 25, 31–2, 43, 46 [repr. N.R. Ker (1985) 145, 151–2, 166, 170]; Webber (1992) 12, 13, 16 n. 46, 151; R. Gameson (1999a) no. 858; M.I. Allen (2002) I.112*–116*

ED: M.I. Allen (2002) II.17–432 [*pars prior* coll. as S]

ST: *CSLMA* III (2010) 37–42 [Freculf]

725. Salisbury, Cathedral Library, 120

s. xi ex., Salisbury

Contents: Freculf of Lisieux, *Historiae, pars posterior*

MS: E.M. Thompson (1880) 23; Schenkl no. 2712; N.R. Ker (1949–50) 154 n. 1, 168 [repr. N.R. Ker (1985) 176 n. 1, 190]; N.R. Ker (1964) 175; N.R. Ker (1976b) 25, 28 n., 31–2 [repr. N.R. Ker (1985) 145, 148 n., 151–2]; Webber (1992) 13, 14, 151; R. Gameson (1999a) no. 859; M.I. Allen (2002) I.119*–120*

ED: M.I. Allen (2002) II.435–724 [*pars posterior* coll. as I]

ST: *CSLMA* III (2010) 37–42 [Freculf]

728. Salisbury, Cathedral Library, 128, fols. 1-4 (with Salisbury, Cathedral Library, 109, fols. 1–8, and Salisbury, Cathedral Library, 114, fols. 2–5)

s. xi ex., Salisbury

Contents: Augustine, *De Genesi ad litteram* [*CPL* 266] (f)

MS: E.M. Thompson (1880) 22, 24–5; Schenkl no. 3720 [+ 'Nachtrag' III.1 (1894) 76]; N.R. Ker (1949–50) 155 n. 1 [repr. N.R. Ker (1985) 177 n. 1]; N.R. Ker (1976b) 25, 32 n. 1, 43 [repr. N.R. Ker (1985) 145,

152 n. 1, 166]; Webber (1992) 151; R. Gameson (1999a) no. 849; Lapidge (2006) 285

ST: Römer (1972b) 318 [lists only MS 114, fols. 2–5]

729. Salisbury, Cathedral Library, 128, fols. 5–116

s. xi ex., Salisbury

Contents: Augustine, *De adulterinis coniugiis* [CPL 302], *De natura et origine animae* [CPL 345]; pseudo-Augustine, *Sermo Ariani cuiusdam* [CPL 701], *Contra sermonem Arianorum* (from Syagrius, *Regulae definitionum*) [CPL 702]; Augustine, *Contra aduersarium legis et prophetarum* [CPL 326]

MS: E.M. Thompson (1880) 24–5; Schenkl no. 3720; N.R. Ker (1949–50) [repr. N.R. Ker (1985) 176 nn., 193]; N.R. Ker (1964) 175; N.R. Ker (1976b) 25, 29, 30 and n. 4, 37–8, 39, 43, 46 [repr. N.R. Ker (1985) 145, 149, 150 and n. 4, 158–9, 161, 166, 170]; Webber (1992) 151 *et passim*; R. Gameson (1999a) no. 862; Lapidge (2006) 282, 283

ST: Römer (1972b) 319; Webber (1992) 68; Gullick (1998c) 188–9

730. Salisbury, Cathedral Library, 129

s. xi ex., Salisbury

Contents: Ambrosiaster, *Quaestiones .cxxvii. Veteris et Noui Testamenti* [CPL 185]

MS: E.M. Thompson (1880) 25; Schenkl no. 3721; N.R. Ker (1949–50) 154 n. 4, 171 [repr. N.R. Ker (1985) 176 n. 4, 193]; N.R. Ker (1964) 175; N.R. Ker (1976b) 25, 32 and n. 2, 46 [repr. N.R. Ker (1985) 145, 152 and n. 2, 170]; Webber (1992) 12, 13, 43, 60, 76 and n. 127, 133 n. 71, 152; R. Gameson (1999a) no. 863; Lapidge (2006) 280

ST: Römer (1972b) 319; Bankert et al. (1997) 70–1

733. Salisbury, Cathedral Library, 132

s. xi^2, (prov. Salisbury)

Contents: Gregory, *Homiliae .xl. in Euangelia* [CPL 1711], *Oratio de mortalitate* [CPL 1714 (p. 557)]

MS: E.M. Thompson (1880) 25; Schenkl no. 3724; N.R. Ker (1949–50) 154 n. 1, 179 [repr. N.R. Ker (1985) 176 n. 1, 204]; N.R. Ker (1964) 175; A.G. Watson (1987a) 61; Webber (1992) 15; R. Gameson (1999a) no. 866; Lapidge (2006) 305

ST: T.N. Hall (2001) 118–20 [*Oratio de mortalitate*]

734. Salisbury, Cathedral Library, 133

s. ix$^{1/4}$, Tours, (prov. Salisbury)

Contents: Alcuin, *Expositio in Ecclesiasten* (incomplete)

MS: E.M. Thompson (1880) 25; Schenkl no. 3725; Lowe (1938) [repr. Lowe (1972) I.342–4]; N.R. Ker (1949–50) 170 [repr. N.R. Ker (1985) 192]; N.R. Ker (1964) 175; Dumville (1992a) 148 and n. 380; Dumville (1992b) 182 and n. 68; Webber (1992) 77, 79 and n. 143; Bischoff (1998—) III, no. 5414; Lapidge (2006) 173; D'Imperio (2008) 23; D. Ganz (2010)

FACS: Lowe (1972) I, pl. 58 [fol. 31v]

ST: *CSLMA* II (1999) 370; D'Imperio (2008) 21–32

735. Salisbury, Cathedral Library, 134

s. x ex., England, (prov. Salisbury)

Contents: Remigius, Commentary on Sedulius, *Carmen paschale* [*CPL* 1447]

MS: E.M. Thompson (1880) 25; Schenkl no. 3726; N.R. Ker (1949–50) 167 n. 1, 171 [repr. N.R. Ker (1985) 189 n. 1, 193]; Lapidge (1982a) 114 and n. 88 [repr. Lapidge (1996b) 480–1 and n. 88]; Jeudy (1991) 497; Webber (1992) 77, 79 and n. 140, 84 and n. 15; Lapidge (1994b) 143; Springer (1995) 182; Lapidge (2006) 142; Wieland (2009) 151

736. Salisbury, Cathedral Library, 135

s. xi ex., Salisbury

Contents: *Summa de diuinis officiis*; Isidore, *Mysticorum expositiones sacramentorum seu Quaestiones in Vetus Testamentum* [*CPL* 1195] (incomplete)

MS: E.M. Thompson (1880) 25; Schenkl no. 3727; N.R. Ker (1949–50) 154 nn., 173, 178 [repr. N.R. Ker (1985) 176 nn., 195, 203]; N.R. Ker (1964) 175; N.R. Ker (1976b) 25, 28 n. 2, 37, 46 [repr. N.R. Ker (1985) 145, 148 n. 2, 158, 170]; Webber (1992) 12, 13, 152; R. Gameson (1999a) nos. 867, 868; Lapidge (2006) 312

ST: N.R. Ker (1962–92) II.835; N.R. Ker (1976b) 34 n. 1 [repr. N.R. Ker (1985) 154 n. 1]; R.E. Reynolds (1977) 123–4; Webber (1992) 152 and n. 51; *CSLMA* II (1999) 133–4; C.A. Jones (2010) 64–5 [*Summa de diuinis officiis*]

738. Salisbury, Cathedral Library, 138

s. xi ex., Salisbury

Contents: Augustine, *Epistulae* cc, ccvii [*CPL* 262], *De nuptiis et concupiscentia* [*CPL* 350], *Contra Iulianum* [*CPL* 351]

MS: E.M. Thompson (1880) 26; Schenkl no. 3730; N.R. Ker (1949–50) 154 n. 1, 168, 173 [repr. N.R. Ker (1985) 176 n. 1, 190, 195]; N.R. Ker (1964) 175; N.R. Ker (1976b) 25, 26 n. 2, 28 n. 2, 30, 32, 37–8, 40, 43 [repr. N.R. Ker (1985) 145, 146 n. 2, 148 n. 2, 150, 152, 158–9, 162, 166]; A.G. Watson (1987a) 61; Webber (1992) 12–15, 20, 24 n. 86, 37 n. 20, 47, 152; R. Gameson (1999a) no. 871; Lapidge (2006) 282, 286, 289

ST: N.R. Ker (1960) 13, 54–7; Lambert (1969–72) no. 216 [flyleaves]; Römer (1972b) 319; Rella (1977) 26

739. Salisbury, Cathedral Library, 140

s. xi ex., Salisbury

Contents: Ambrose, *De fide* [*CPL* 150], *De Spiritu Sancto* [*CPL* 151], *De incarnationis dominicae sacramento* [*CPL* 152]

MS: E.M. Thompson (1880) 26; Schenkl no. 3732; N.R. Ker (1949–50) 154 nn., 172 [repr. N.R. Ker (1985) 176 nn., 194]; N.R. Ker (1964) 175; N.R. Ker (1976b) 25, 29, 38, 46 [repr. N.R. Ker (1985) 145, 149, 159, 170]; Webber (1992) 12–14, 36 n. 19, 39 n. 30, 133 n. 71, 152; R. Gameson (1999a) no. 873; Lapidge (2006) 277, 279

ST: Webber (1992) 53–4 and n. 33; Bankert et al. (1997) 41–4

739. 5. Salisbury, Cathedral Library, 140, fols. 1–2

s. xi ex., Salisbury

Contents: Berengaudus, *Comm. in Apocalypsin* (f)

MS: E.M. Thompson (1880) 26; Schenkl no. 3732; N.R. Ker (1949–50) 182 [repr. N.R. Ker (1985) 207]; N.R. Ker (1976b) 25, 28 n. 2, 43 [repr. N.R. Ker (1985) 145, 148 n. 2, 166]; Webber (1992) 12, 15, 152 n. 52, 153 n. 54; R. Gameson (1999a) no. 874

740. Salisbury, Cathedral Library, 150, fols. 1–151

s. x^2 (prob. 969×987), SW England (Shaftesbury?), OE gloss s. xi/xii, exc. gloss to *Quicumque uult* (s. x^2)

Contents: liturgical calendar; computus material; Psalterium Gallicanum°; Ps. CLI; canticles° (including *Quicumque uult°*); litany (addition of s. xi/xii)

MS: E.M. Thompson (1880) 29; Gasquet—Bishop (1908) 149–50 *et passim*; N.R. Ker (1949–50) 168 [repr. N.R. Ker (1985) 190]; N.R. Ker (1957) no. 379; Sisam—Sisam (1959) 1–7; N.R. Ker (1964) 175; T.A.M. Bishop (1971) 3; Stroud (1979); Backhouse et al. (1984b) no. 29 [D.H. Turner]; A.G. Watson (1987a) 62; Lapidge (1991a) 83–4; Webber (1992) 78 n. 133; Dumville (1993g) 153 n. 71, 156 n. 97; Laing (1993) 152; Pfaff et al. (1995a) 61–84 [Pulsiano]; R. Gameson (1996b) 166 and n. 147; R. Gameson (1999a) no. 875; Pulsiano (2001a) xxiv; Biggs (2007a) 16; Chardonnens (2007b) 544, 554; Rushforth (2007) 63; Rushforth (2008a) 24–5; Wieland (2009) 152; R. Gameson (2012b) 99 and n. 18; D. Ganz (2012) 194 and n. 37; Scragg (2012a) nos. 1010–11

DEC: F. Wormald (1945) 121, 124, 134 [repr. F. Wormald (1984) 59–60 and n. 46, 63, 73]; Rice (1952) 212–13; F. Wormald (1952) 80 [no. 58]; F. Wormald (1971b) 312–13 [repr. F. Wormald (1984) 83]; Raw (1976) 138; E. Temple (1976) no. 18; Ohlgren (1986) no. 96; R. Gameson (1995b) 89 n. 104, 122 n. 27, 200, 219, 229–30; R. Gameson (2012c) 282

FACS: Rice (1952) pl. 78 [fol. 122r]; Sisam—Sisam (1959) at end [fol. 110v]; E. Temple (1976) ills. 57–61 [fols. 122r, 60v (detail), 64v (detail), 3r, 5r]; Backhouse et al. (1984b) 50 [fol. 122r]; F. Wormald (1984) ill. 59 [fol. 54v]; Rushforth (2007) 63 [fol. 60v]

ED: F. Wormald (1934) 15–27 [liturgical calendar (no. 2)]; Sisam—Sisam (1959) 77–308 [Psalms and canticles, Latin and OE gloss]; Lapidge (1991a) 283–7 [litany]; Pulsiano (2001a) [Pss. I–L, Latin text and OE gloss, both coll. as K]; Rushforth (2008a) no. 6 [liturgical calendar]

LANG: Sisam—Sisam (1959) 13–14, 21–39; Hofstetter (1987) 470–3

ST: Lindelöf (1904); Wildhagen (1920); Wildhagen (1921); Henel (1934); Sisam—Sisam (1959) 1–52; F.C. Robinson (1973) 444–5; Bierbaumer (1977a); Kotzor (1981) I.302*–311*; Gerchow (1988) 225, 331; Conner (1993) 53, 58, 62; Günzel (1993) 198–200, 204; Gretsch (1999b) 174–5; Keynes (1999b) 47–8; Borst (2001) I.164–5; N. Orchard (2002) I.54 *et passim*

741. Salisbury, Cathedral Library, 154

s. xi ex., Salisbury

Contents: Amalarius, *Liber officialis* ('Retractatio prima', extensively revised and augmented), with interpolated exposition of the Mass ('Dominus uobiscum')

MS: E.M. Thompson (1880) 30; Schenkl no. 3746; N.R. Ker (1949–50) 154 nn., 173 [repr. N.R. Ker (1985) 176 nn., 195]; N.R. Ker (1964) 175; N.R. Ker (1976b) 25, 29, 30, 34 n. 1, 38, 43 [repr. N.R. Ker (1985) 145, 149, 150, 154 n. 1, 159, 166]; Webber (1992) 12, 13, 133 n., 152–3 and n. 53, 197; R. Gameson (1999a) no. 876; C.A. Jones (2001) 15–17, 268–77

FACS: Webber (1992) pl. 2 [p. 153 (detail)]

ED: C.A. Jones (2001) 181–228 [interpolated passages in Amalarius]

ST: N.R. Ker (1976b) 46–7 [repr. N.R. Ker (1985) 170–1]; Webber (1992) 71 and nn.; C.A. Jones (1998c) 672–3, 677–80, 686–9; C.A. Jones (2001); C.A. Jones (2010) 42–7

742. Salisbury, Cathedral Library, 157, fols. 5–170

s. xi ex., England?, (prov. Normandy s. xiii in.)

Contents: Gregory, *Regula pastoralis* [CPL 1712]; chants for the Office of Mary Magdalene; Augustine, *Enchiridion* [CPL 295], *Ep.* cxxx (*De orando Deo*) [CPL 262]; pseudo-Augustine and pseudo-Orosius, *Dialogus quaestionum .lxv.* [CPL 373a]; pseudo-Gregory, *De iuramentis episcoporum*; chants for the Office for the consecration of a church; Isidore, *Allegoriae quaedam S. Scripturae* [CPL 1190], *In libros ueteris et noui Testamenti prooemia* [CPL 1192], *De ortu et obitu patrum* [CPL 1191]

MS: E.M. Thompson (1880) 30–1; Schenkl no. 3749; N.R. Ker (1949–50) 154 n. 1, 155 n. 1, 165 n. 3, 168, 177 [repr. N.R. Ker (1985) 176 n. 1, 177 n. 1, 187 n. 3, 190, 199]; N.R. Ker (1964) 175; N.R. Ker (1976b) 24 n. 4 [repr. N.R. Ker (1985) 144 n. 4]; Rella (1977) 160; Clement (1984a) 42; Webber (1992) 77 n. 133; Schreiber (2003) 24 and n. 14, 32; Hartzell (2006) no. 329; Lapidge (2006) 289, 306, 309, 310, 312

ST: Römer (1972b) 319

743. Salisbury, Cathedral Library, 158, fols. 1–8

s. xi med., France, prov. Salisbury by s. xi ex.

Contents: Helperic, *De computo*

MS: E.M. Thompson (1880) 31; Schenkl no. 3750; N.R. Ker (1949–50) 154 n. 4, 168 [repr. N.R. Ker (1985) 176 n. 4, 190]; N.R. Ker (1964) 175; Webber (1992) 41 and n. 34, 76–7, 133

ST: *CSLMA* III (2010) 421–9 [Helperic]

744. Salisbury, Cathedral Library, 158, fols. 9–83

s. ix² or ix/x, France, prov. Salisbury by s. xi ex.

Contents: computus tables; Bede, *De temporum ratione* [*CPL* 2320]

MS: E.M. Thompson (1880) 31; Schenkl no. 3750; C.W. Jones (1939) 133; C.W. Jones (1943) 156–7; Laistner–King (1943) 150; R.W. Hunt (1947) 63 and n. 2; N.R. Ker (1949–50) 154 n. 4, 190 [repr. N.R. Ker (1985) 176 n. 4, 190]; N.R. Ker (1964) 175; C.W. Jones (1977) 253; Rella (1977) 24; Webber (1992) 41 n. 34, 73–4, 76–7, 133; Bischoff (1998–) III, no. 5415; Lapidge (2006) 173

745. Salisbury, Cathedral Library, 159

s. xi ex., prov. Salisbury

Contents: Origen, *Hom. in Exodum*, trans. Rufinus [*CPG* 1414], *Hom. in Leuiticum*, trans. Rufinus [*CPG* 1416]

MS: E.M. Thompson (1880) 31; Schenkl no. 3751; N.R. Ker (1949–50) 154 nn., 172 [repr. N.R. Ker (1985) 176 nn., 194]; N.R. Ker (1964) 175; N.R. Ker (1976b) 25, 47 [repr. N.R. Ker (1985) 145, 171]; Webber (1992) 12, 21, 36 n. 19, 38, 133 n. 71; R. Gameson (1999a) no. 880; Lapidge (2006) 322

747. 5. Salisbury, Cathedral Library, 162, fols. 1–2, 29–30

s. xi ex., Salisbury

Contents: Berengaudus, *Comm. in Apocalypsin* (f)

MS: E.M. Thompson (1880) 31; Schenkl no. 3754; N.R. Ker (1949–50) 155 n. 1 [repr. N.R. Ker (1985) 177 n. 1]; Webber (1992) 15, 38, 153; R. Gameson (1999a) no. 802

748. Salisbury, Cathedral Library, 164, fols. 64–129

s. xi ex. or xi/xii

Contents: Ivo of Chartres, *Sermones* (incomplete)

MS: E.M. Thompson (1880) 32; Schenkl no. 3756; N.R. Ker (1949–50) 154 n. 1, 173 [repr. N.R. Ker (1985) 176 n. 1, 195]; N.R. Ker (1964) 176; N.R. Ker (1976b) 25, 33 [repr. N.R. Ker (1985) 145, 153]

749. Salisbury, Cathedral Library, 165, fols. 1–87

s. xi ex., Salisbury

Contents: Vigilius of Thapsus (?), *Contra Felicianum Arianum* [*CPL* 808]; pseudo-Methodius, *Apocalypsis uel Reuelationes* in Latin translation [*CPG* 1830]; Bede, *De tabernaculo* [*CPL* 1345]; extract from Isidore, *Etymologiae* [*CPL* 1186] XVI.xxv–xxvi

MS: E.M. Thompson (1880) 32; Schenkl no. 3757; Laistner–King (1943) 73; N.R. Ker (1949–50) 154 nn., 168 [repr. N.R. Ker (1985) 176 nn., 190]; N.R. Ker (1964) 176; N.R. Ker (1976b) 25, 28 n. 2, 30, 43, 44 and n. 1, 47 [repr. N.R. Ker (1985) 145, 148 n. 2, 150, 166, 167 and n. 1, 171]; Webber (1992) 8 n. 3, 12–15, 23, 24 n. 86, 26, 74 n. 121, 133 n. 71, 153–4, 197; R. Gameson (1999a) nos. 885–7; Biggs (2007a) 19–20

FACS: Webber (1992) pl. 1(a) [fol. 23r (detail)]

ST: Sackur (1898) 1–59; Römer (1972b) 319; Prinz (1985) [pseudo-Methodius]; Kortekaas (1988) [pseudo-Methodius]; Laureys–Verhelst (1988) [pseudo-Methodius]; Twomey (2007) [pseudo-Methodius]

749. 5. Salisbury, Cathedral Library, 165, fols. 122–78

s. xi ex., Salisbury

Contents: Alcuin, *De fide sanctae et indiuiduae Trinitatis, De Trinitate ad Fredegisum quaestiones .xxviii., De animae ratione*; Gennadius, *Liber siue diffinitio ecclesiasticorum dogmatum* (second recension) [*CPL* 958a]; *Decretum Gelasianum de libris recipiendis et non recipiendis* [*CPL* 1676]; pseudo-Jerome, *De duodecim scriptoribus*; two Eucharistic miracle stories

MS: E.M. Thompson (1880) 32; Schenkl no. 3757; N.R. Ker (1949–50) 154 nn., 168 [repr. N.R. Ker (1985) 176 nn., 190]; N.R. Ker (1964) 176; N.R. Ker (1976b) 25, 44 n. 1 [repr. N.R. Ker (1985) 145, 167 n. 1]; Webber (1992) 8n., 153–4, 197; R. Gameson (1999a) no. 890; Lapidge (2006) 304, 338

FACS: Webber (1992) pl. 1 (b) [fol. 135r (detail)]

ST: Lambert (1969–72) no. 357; Römer (1972b) 319; Bullough (1998b) 14 and n. 39; *CSLMA* II (1999) 121–5 [*De animae ratione*], 134–9 [*De fide*], 151–5 [*De Trinitate ad Fredegisum*]

750. Salisbury, Cathedral Library, 168

s. xi ex., Salisbury

Contents: Augustine, *De diuersis quaestionibus .lxxxiii.* [*CPL* 289]; *De duodecim abusiuis saeculi* [*CPL* 1106; *BCLL* 339]; Bede, *Versus de die iudicii* [*CPL* 1370]

MS: E.M. Thompson (1880) 33; Schenkl no. 3760; N.R. Ker (1949–50) 154 n. 1, 168 [repr. N.R. Ker (1985) 176 n. 1, 190]; N.R. Ker (1964) 176; N.R. Ker (1976b) 25, 28 n. 4, 32, 44, 48 [repr. N.R. Ker (1985) 145, 148 n. 4, 152, 167, 172]; Webber (1992) 12–15, 21, 36 n. 19, 37 n. 20, 198; R. Gameson (1999a) no. 891; Lapidge (2006) 285, 338; Lendinara (2007b) 206–7; Lapidge (2008a) 132; R. Gameson (2012b) 109 n. 57

FACS: Webber (1992) pl. 4 [fol. 14r]

ST: Römer (1972b) 319–20; *BCLL* (1985) no. 339; Lendinara (2007b) 177, 181 [Bede, *Versus de die iudicii*]; Lapidge (2008a) 131–7 [Bede, *Versus de die iudicii*]

750. 5. Salisbury, Cathedral Library, 169, fols. 1–77

s. xi ex., Salisbury

Contents: Augustine, *Sermones* cccli [*De utilitate agendae paenitentiae*] [*CPL* 284], cccxciii [*De paenitentibus*] [*CPL* 285]; pseudo-Augustine and pseudo-Orosius, *Dialogus quaestionum .lxv.* [*CPL* 373a]; Vigilius of Thapsus (?), *Contra Felicianum Arianum* [*CPL* 808]; Augustine, *De disciplina Christiana* [*CPL* 310]; pseudo-Augustine, *Sermo* xxxvii [*CPPM* I, no. 474]; pseudo-Augustine, *Sermo in die Paschae* [*CPPM* I, no. 1363]; Augustine, *De octo Dulcitii quaestionibus* [*CPL* 291], *Ep.* cxxx (*De orando Deo*) [*CPL* 262]

MS: E.M. Thompson (1880) 33; Schenkl no. 3761; N.R. Ker (1949–50) 154 n. 1, 170 [repr. N.R. Ker (1985) 176 n. 1, 192]; N.R. Ker (1964) 176; N.R. Ker (1976b) 25, 29, 32, 48 [repr. N.R. Ker (1985) 145, 149, 152, 172]; Webber (1992) 154, 168 *et passim*; R. Gameson (1999a) no. 892; Lapidge (2006) 284, 287, 289, 291

ST: Römer (1972b) 320

751. Salisbury, Cathedral Library, 172

s. x², prob. Canterbury

Contents: Augustine, *Enchiridion* [*CPL* 295] (incomplete)

MS: E.M. Thompson (1880) 34; Schenkl no. 3764; N.R. Ker (1949–50) 170 [repr. N.R. Ker (1985) 192]; N.R. Ker (1957) no. 380; T.A.M. Bishop (1959–63b) 412–13; N.R. Ker (1964) 176; T.A.M. Bishop (1971) xxvi; Rella (1977) 159; Webber (1992) 77–8 and n. 135; Lapidge (2006) 289; Barker-Benfield (2008) I.527, III.1818; Scragg (2012a) no. 1012

ST: Römer (1972b) 320

752. Salisbury, Cathedral Library, 173

s x ex., Continent, prov. England, (prov. prob. Salisbury)

Contents: Augustine, *Soliloquia* [*CPL* 252]; Isidore, *Synonyma de lamentatione animae peccatricis* [*CPL* 1203]

MS: E.M. Thompson (1880) 34; Schenkl no. 3765; N.R. Ker (1949–50) 168 [repr. N.R. Ker (1985) 190]; N.R. Ker (1957) no. 381; N.R. Ker (1964) 176; Rella (1977) 168; Rella (1980) 115; Webber (1992) 77, 79 and n. 142; T.N. Hall (2004b) 88, 91–2, 100–5; Hartzell (2006) no. 330; Lapidge (2006) 291, 313; Di Sciacca (2007b) 97; Di Sciacca (2008) 68 and n. 392, 70 and n. 409; Scragg (2012a) nos. 1013–15

ST: Römer (1972b) 320; Di Sciacca (2007b); Di Sciacca (2008) 110, 228 n. 23, 258 n. 160 *et passim*

753. Salisbury, Cathedral Library, 179

s. xi ex., Salisbury

Contents: Paulus Diaconus, *Homiliarium* [Easter to All Saints, Commune SS.]

MS: E.M. Thompson (1880) 35; Schenkl no. 3771; N.R. Ker (1949–50) 154 n. 1, 168 [repr. N.R. Ker (1985) 176 n. 1, 190]; N.R. Ker (1964) 176; N.R. Ker (1976b) 25, 26 n. 2, 27, 28 n. 4, 32, 44 and n. 2 [repr. N.R. Ker (1985) 145, 146 n. 2, 147, 148 n. 4, 152, 167 and n. 2]; Clayton (1985) 220; Gneuss (1985) 124 [no. M.7]; Webber (1992) 12–15, 154, 161 n. 31; R. Gameson (1999a) no. 893; Hartzell (2006) no. 331; Biggs (2007a) 25–6 [Clayton]; T.N. Hall (2007) 243–4; J. Hill (2007a) 94; T.N. Hall (2008a) 33, 55–9; R. Gameson (2012b) 109 n. 57

ST: Römer (1972b) 320; T.N. Hall (2007) 243–4; T.N. Hall (2008a)

754. Salisbury, Cathedral Library, 180

s. ix/x, N France or Brittany, prov. England s. x^1, (prov. Salisbury)

Contents: Psalterium Gallicanum and Hebraicum; Ps. CLI; canticles; litany; prayers

MS: E.M. Thompson (1880) 35; Schenkl no. 3772; N.R. Ker (1949–50) 171 [repr. N.R. Ker (1985) 193]; N.R. Ker (1964) 176; Deuffic (1985) 318; Lapidge (1986a) 276; Lapidge (1991a) 84; Webber (1992) 77, 79; Lapidge (1992b) 100 n. 24 [repr. Lapidge (1993a) 90 n. 24]; Pulsiano (2001a) xxx; Biggs (2007a) 16–17; Wieland (2009) 117; Toswell (2012) 473

ED: Dewick—Frere (1914–21) II.626–33 [litany]; Lapidge (1991a) 288–95 [litany]; Pulsiano (2001a) [Pss. I–L, coll. as χ]

ST: D.H. Wright (1967) 48 [psalter prefaces]; Lambert (1969–72) no. 158; *BCLL* (1985) no. 976; Gneuss (2003b) 303

754. 5. Salisbury, Cathedral Library, 221 [formerly Oxford, Bodleian Library, Fell 4 (returned to Salisbury, August 1985)]

[companion volume to nos. **754. 5** and **215** (?)]

s. xi ex., Salisbury

Contents: Office legendary (January–June)

MS: Schenkl nos. 908, 909; Madan et al. (1895–1953) II/ii.1212 [no. 8689]; N.R. Ker (1949–50) 154 nn., 160, 173, 176–7 [repr. N.R. Ker (1985) 176 nn., 182, 195, 201–2]; Van Dijk (1957–60) II/ii.173; N.R. Ker (1962–92) IV.257–62; N.R. Ker (1964) 172; N.R. Ker (1976b) 25, 26 n. 2, 27, 29 and n. 1, 36–7, 42, 45 [repr. N.R. Ker (1985) 145, 146 n. 2, 147, 149 a nd n. 1, 157–8, 165, 169]; A.G. Watson (1987a) 133; Webber (1992) 12–15, 20, 21, 24, 40 and nn., 70, 154–6 and n. 62 [complete list of contents], 169; R. Gameson (1999a) no. 896; Lapidge (2006) 340, 341; Biggs (2007a) 46–8, 53–4; T.N. Hall (2007) 250; Upchurch (2007) xii, 111

ED: Arnold (1890-6) I.3–25 [base MS for Abbo, *Passio S. Eadmundi*]; Jane Stevenson (1996b) 51–98 [Paulus, *Vita S. Mariae Aegyptiacae*, coll. as S]

ST: Levison (1919–20) 545, 632–3; N.R. Ker (1960) 53; Zettel (1979); Zettel (1982); *BCLL* (1985) no. 1315 [cf. *CSLMA* II (1999) 497–8]; Jackson—Lapidge (1996) 145 n. 16; Love (1996) xviii–xxiii; Whatley (1996) 19, 21, 29 n. 78; Biggs et al. (2001) *passim*; Proud (2002); T.N. Hall (2007) 250

754. 6. Salisbury, Cathedral Library, 222 [formerly Oxford, Bodleian Library, Fell 1 (returned to Salisbury, August 1985)]

s. xi ex., Salisbury

Contents: Office legendary (July–December; now incomplete, ending at 9 Oct.)

MS: Schenkl nos. 908, 909; Madan et al. (1895–1953) II/ii.1212 [no. 8688]; N.R. Ker (1948–55) 173 and n. 1 [repr. N.R. Ker (1985) 127 and n. 1]; N.R. Ker (1949–50) 154 nn., 160, 173, 176–7 [repr. N.R. Ker (1985) 176 nn., 182, 195, 201–2]; Van Dijk (1957–60) II/ii.173; N.R. Ker (1962–92) IV.257–62; N.R. Ker (1964) 172; N.R. Ker (1976b) 25, 26 n. 2, 27, 36, 45 [repr. N.R. Ker (1985) 145, 146 n. 2, 147, 157, 169]; A.G. Watson (1987a) 133; A.G. Watson (1987b) 287 [repr. A.G. Watson (2004) no. VIII]; Webber (1992) 12–15, 18–20, 40 and nn., 70, 154 n., 156–7 [complete list of contents], 169, 170; R. Gameson (1999a) no. 897; Lapidge (2006) 340, 341; Biggs (2007a) 45–6; Barker-Benfield (2008) III.1665

ST: Levison (1919–20) 545, 631–2: N.R. Ker (1960) 53; Zettel (1979); Zettel (1982); Jackson—Lapidge (1996); Love (1996) xviii–xxiii; Magennis (1996) 329 n. 6; Whatley (1996) 19, 21, 29 n. 78; Biggs et al. (2001) *passim*; Proud (2002); Biggs (2007a) 42–3, 45, 49–50, 53, 55–6; T.N. Hall (2007) 250, 262

754. 8. Salisbury, Cathedral Library, Portfolio 4/1

s. xi in., Canterbury CC?, Peterborough?

Contents: gospels (f)

MS: T.A.M. Bishop (1967a) 39; N.R. Ker (2002) 14; Gneuss (2012) 294

755. Shrewsbury, Shropshire Record Office, 1052/1

s. viii^2, prob. Northumbria

Contents: Jerome, *Comm. in Euangelium Matthaei* [*CPL* 590] (f)

MS: N.R. Ker (1962a) [repr. N.R. Ker (1985) 113–20]; *CLA* Supplement (1971) no. 1760; Sims-Williams (1990) 183 and n. 33; Dumville (1992a) 105; Lapidge (2006) 314

FACS: *CLA* Supplement (1971) no. 1760 [fol. 2r]; N.R. Ker (1985) pl. 16 [fol. 2v]

ED: N.R. Ker (1962a) 11–14 [repr. N.R. Ker (1985) 117–20]; Hurst—Adriaen (1969) [this fragment coll. as S]

ST: Lambert (1969–72) no. 217

755. 5. Shrewsbury, Shrewsbury School, XXI

s. xi/xii, Normandy, (prov. Durham)

Contents: Gregory, *Regula pastoralis* [*CPL* 1712]

MS: N.R. Ker (1962–92) IV.308–10; A.G. Watson (1987a) 33; R. Gameson (1999a) no. 901; Lawrence–Mathers (2003) 266; Schreiber (2003) 24–5 and n. 16; Lapidge (2006) 307

Stonyhurst College, Lancashire, Society of Jesus [formerly no. 756]: see now no. **501. 2**

Stonyhurst College, Lancashire, Society of Jesus, 5. 50 [formerly no. 756. 5]: see now no. **302. 5**

756. 8. Taunton, Somerset County Record Office DD/SAS C/1193/77

s. xi med.

Contents: *Homiliarium* of Angers⁺* (f)

MS: Gneuss (2003b) 303; Gretsch (2004) 147–9; Gneuss (2005a); Gneuss (2008a) 420

FACS: Gretsch (2004) pls. III–IV [pp. 1, 6]

ED: Gretsch (2004) 151–8

ST: Gretsch (2004); Conti (2007) 374 n. 50

757. Ushaw (Co. Durham), St Cuthbert's College, 44

s. viii med., Northumbria

Contents: Office lectionary (f)

MS: Doyle (1992); Pfaff (2012) 451 and n. 3

FACS: Doyle (1992) pls. I–IV [first recto and verso, second recto and verso]

ED: Doyle (1992) 26–7

757. 1. Ushaw (co. Durham), St Cuthbert's College, XX. K. 3. 7

s. xi

Contents: Ælfric, *Grammar*⁺* (f)

[no printed notice; information from A.I. Doyle]

758. Wells, Cathdral Library, 7

s. xi med.

Contents: *Regula S. Benedicti*+* [*CPL* 1852] (f)

MS: Schröer (1885–8) xxv–xxvi; N.R. Ker (1957) no. 395; N.R. Ker (1962–92) IV.563–4; Gretsch (1973) 42–3; Rella (1977) 57; Jayatilaka (2003) 157–8, 182–6; Lapidge (2006) 293; Wieland (2009) 138–9; Scragg (2012a) nos. 1037–8

ED: Schröer (1885–8/1964) 78–90, 94–122, 221–2 [base MS for OE text]; Schröer (1888/1978) 102–36 [Latin text of *Regula S. Benedicti* coll. as W]

ST: Schröer (1885–8) xxxvii–xxxviii; Gretsch (1973) 288–303; Gretsch (1974)

759. Winchester, Cathedral Library, 1 (with London, British Library, Cotton Tiberius D. iv, vol. II, fols. 158-66)

s. x/xi or xi in., (prov. Winchester)

Contents: Bede, *Historia ecclesiastica* [*CPL* 1375]; colophon; Ædiluulf, *De abbatibus* [SK and Suppl. 15778]; excerpts from Jerome and Orosius entitled *De situ Babylonis*

MS: Schenkl no. 3806; C. Plummer (1896) I.cix–cxiii [erroneously described as MS 3]; Potter (1935); N.R. Ker (1957) no. 396; N.R. Ker (1962–92) IV.578–9; A. Campbell (1967b) ix–x; Colgrave–Mynors (1969) l–li; Lapidge (1972) 95 n. 2 [repr. Lapidge (1993a) 235 n. 2]; Rella (1977) 69; Dumville (1993g) 119 and nn.; R. Gameson (2012a) 59 n. 194; Scragg (2012a) no. 1039

FACS: Robinson–Stanley (1991) no. 2.21 [fol. 81r (detail)]

ED: C. Plummer (1896) [Bede, *Historia ecclesiastica*, coll. as W]; Dobbie (1942) 105–6 [Cædmon's Hymn coll. as W]; A. Campbell (1967b) [Ædiluulf, *De abbatibus*, coll. as L]; R. Gameson (2001d) 42 [colophon]

ST: T.A.M. Bishop (1971) 21; Lapidge (1990) [repr. Lapidge (1996b) 381–98]; Lapidge–Winterbottom (1991b) clxxvii–clxxix; Love (1996) lxxix; Lapidge et al. (1999) 6; Westgard (2010)

759. 1. Winchester, Cathedral Library, 2

s. xi/xii, prob. Winchester OM

Contents: Augustine, *Tractatus in Euangelium Ioannis* [*CPL* 278]; Possidius, *Vita S. Augustini* [*BHL* 785; *CPL* 358]

MS: Schenkl no. 3798; N.R. Ker (1962–92) IV.579–80; R. Gameson (1999a) no. 913; Lawrence–Mathers (2003) 272; Gullick (2005a) 32, 75 n. 16

ST: Römer (1972b) 323

759. 3. Winchester, Cathedral Library, 25 [formerly Brockenhurst (Hants.), Parish Church, Parish Register s.n.]

s. ix$^{2/4}$, NE France

Contents: Socrates, Sozomen and Theodoretus, *Historia tripartita*, trans. Cassiodorus [*CPG* 7502] (f)

MS: Bischoff (1998–) I, no. 691; R. McKitterick (2004) 280–1 n. 57

759. 4. Winchester, Winchester College, 5

s. xi/xii, prob. Winchester OM

Contents: Paschasius Radbertus, *Comm. in Lamentationes Hieremiae*

MS: N.R. Ker (1962–92) IV.606; R. Gameson (1999a) no. 914; Gullick (2005a) 32, 75 n. 16

759. 5. Winchester, Winchester College, 40A

s. viii^2, France?

Contents: Basil, *Homiliae super psalmos*, trans. Rufinus [*CPG* 2836] (f)

MS: *CLA* II (1935) no. 261; N.R. Ker (1962–92) IV.628; Lapidge (2006) 292; Rushforth (2011) 59

FACS: *CLA* II (1935) no. 261 [fol. 3v (detail)]

760. Windsor Castle, St George's Chapel, 5

s. xi/xii, (prov. s. xii Canterbury CC)

Contents: Gregory, *Homiliae in Hiezechielem* [*CPL* 1710]; Bede, *Comm. in Parabolas Salomonis* (*In Prouerbia Salomonis*) [*CPL* 1351]

MS: M.R. James (1903) 32, 507; M.R. James (1933) 76; Laistner–King (1943) 60; Dodwell (1954) 17; N.R. Ker (1964) 39; R. Gameson (1999a) no. 915; Lapidge (2006) 305

760. 3. Windsor Castle, Royal Library, Jackson Collection 16

s. ix med. or ix$^{2/4}$, prob. Saint-Amand

Contents: Augustine, *De ciuitate Dei* [*CPL* 313] (f)

MS: Stratford (1981) 82; Stratford (2000) 129–30; Gneuss (2003) 303; Lapidge (2006) 173, 284

FACS: Stratford (1981) pl. 4 [verso]; Stratford (2000) fig. 19 [recto (detail)]

761. Worcester, Cathedral Library, F. 48

s. xi ex., prov. Worcester [fols. 1–48]; s. xi^1, Continent? [fols. 49–104]; and xi med., prob. Worcester [fols. 105–64]; all parts prob. Worcester, prov. Worcester

Contents: fols. 1–48 (s. xi ex., prov. Worcester): Jerome, *Vita S. Pauli primi eremitae* [*CPL* 617; *BHL* 6596]; Athanasius, *Vita S. Antonii*, trans. Evagrius [*CPG* 2101; *BHL* 609]; Jerome, *Vita S. Hilarionis* [*CPL* 618; *BHL* 3879]

fols. 49–104 (s. xi^1, Continent?): *Historia monachorum*, trans. Rufinus [*CPG* 5620; *CPL* 198*p*; *BHL* 6524]

fols. 105–64 (s. xi med.): *Verba seniorum* [*CPG* 5570; *BHL* 6527] (171 excerpts)

fol. 164v (text added s. xii^1): *Vita Thais* [*BHL* 8012] (incomplete)

MS: Schenkl no. 4302; Floyer–Hamilton (1906) 22–3; N.R. Ker (1964) 210; T.A.M. Bishop (1971) 17 [cited erroneously as 'F. 148']; N.R. Ker (1949) 30 [repr. N.R. Ker (1985) 29]; McIntyre (1978) 17–18 *et passim*; Schulz–Flügel (1990) 135–6; Dumville (1992a) 140 n. 324; P. Jackson (1992) 122–5; Dumville (1993g) 73–5 and n. 133; R. Gameson (1996a) 210–12, 218 n. 74, 242; R. Gameson (1999a) no. 919; Biggs et al. (2001) 86; R.M. Thomson (2001) 29–30; Gneuss (2003b) 303; R. Gameson (2005a) 96; Lapidge (2006) 281, 316, 337, 339; Wieland (2009) 143

FACS: R. Gameson (1991) fig. 10 [fol. 153r]; R. Gameson (1996a) pls. 6, 9 [fols. 153r, 6r]

ED: Schulz-Flügel (1990) [*Historia monachorum* coll. as W]

ST: Lambert (1969–72) nos. 261, 262; P. Jackson (1992); Biggs et al. (2001) 86, 252, 378–81, 442–4

761. 5. Worcester, Cathedral Library, F. 72, fols. 1 and 2

s. x (decoration added later?), England

Contents: gospels (f: Canon table)
MS: Floyer—Hamilton (1906) 35; R.M. Thomson (2001) 46
FACS: R.M. Thomson (2001) frontispiece [fols. 1v–2r]

762. Worcester, Cathedral Library, F. 91

s. x$^{3/4}$, prob. Worcester, (prov. ibid.)

Contents: Smaragdus of Saint-Mihiel, *Expositio libri comitis*

MS: Schenkl no. 4319; Floyer—Hamilton (1906) 46; N.R. Ker (1964) 211; T.A.M. Bishop (1971) 16; N.R. Ker (1971) 318 n. 4 [repr. N.R. Ker (1985) 12 n. 4]; Rädle (1974) 124 and n. 91; Rella (1977) 162; McIntyre (1978) 209; J. Hill (1991a); J. Hill (1992) 214, 235–7; Dumville (1993g) 49, 54–5; R. Gameson (1996a) 198–200 and n. 15, 242; R.M. Thomson (2001) 58; R. Gameson (2012a) 40 and n. 103

FACS: T.A.M. Bishop (1971) pl. XVI [fol. 96r]; R. Gameson (1996a) pl. 1 [fol. 214r]

ST: Rädle (1974); Hartzell (1989) 85; J. Hill (1992); R. McKitterick (2012) 329

763. Worcester, Cathedral Library, F. 92

[companion vol. to nos. **763. 1** and **763. 2**]

s. xi/xii or xii in., prov. Worcester

Contents: Paulus Diaconus, *Homiliarium* (Advent to Easter)

MS: Schenkl no. 4320; Floyer—Hamilton (1906) 46–7; N.R. Ker (1964) 211; Rella (1977) 117; Clayton (1985) 220; R. Gameson (1999a) no. 921; R.M. Thomson (2001) 58–62; Rittmueller (2002) 333 and n. 2; T.N. Hall (2004b) 88; R. Gameson (2005a) 98; T.N. Hall (2007) 244; J. Hill (2007a) 86, 92; T.N. Hall (2008a) 33 and n. 10

FACS: R. Gameson (2005a) fig. 6 [fol. 36r]

ST: Lambert (1969–72) nos. 218, 990 n. 72; *CPPM* I, no. 4708; T.N. Hall (2007) 244, 249 n. 67, 259

763. 1. Worcester, Cathedral Library, F. 93

s. xi/xii or xii in.

Contents: Paulus Diaconus, *Homiliarium* (Easter to Advent), conflated with the *Homiliarium* of Alan of Farfa (for the same period) [cf. no. **763**]

MS: Schenkl no. 4321; Floyer—Hamilton (1906) 47; N.R. Ker (1964) 211; Clayton (1985) 220; R. Gameson (1999a) no. 922; R.M. Thomson (2001) 62–5; Rittmueller (2002) 333 n. 2; T.N. Hall (2004b) 88, 93, 94 n. 12, 98, 100–5; R. Gameson (2005a) 98; T.N. Hall (2007) 244; J. Hill (2007a) 75, 86–7, 92; Barker-Benfield (2008) III.1838; T.N. Hall (2008a) 33 and n. 10

ST: Römer (1972b) 325–6; *CPPM* I, nos. 1225, 1253, 1689, 1691, 2001, 4758

763. 2. Worcester, Cathedral Library, F. 94

s. xi/xii or xii in.

Contents: Paulus Diaconus, *Homiliarium* (Sanctorale: 3 May to 30 Nov., and Commune SS.) [cf. no. **763**]

MS: Schenkl no. 4322; Floyer—Hamilton (1906) 47; N.R. Ker (1964) 211; Clayton (1985) 220; Whatley (1996) 21; R. Gameson (1999a) no. 923; R.M. Thomson (2001) 65–8; Rittmueller (2002) 333 n. 2; T.N. Hall (2004b) 88; Rittmueller (2004) 119*–121*, 183*–191*; R. Gameson (2005a) 98; T.N. Hall (2007) 244–5; J. Hill (2007a) 91, 92; T.N. Hall (2008a) 33 and n. 10

FACS: R. Gameson (2005a) fig. 7 [fol. 105v]

ED: Rittmueller (2004) 193–9 [Paulus, Hom. lxxxvi, coll. as Wo]

ST: Biggs et al. (1990) 157 [Cross]; *CPPM* I, nos. 174, 5020; Rittmueller (2002) 331, 333–6, 343–54; T.N. Hall (2007) 237 n. 30, 245, 253 n. 88, 255, 257 n. 101; T.N. Hall (2008a) 55–9

764. Worcester, Cathedral Library, F. 173

s. xi med., Winchester OM, prov. Worcester

Contents: missal (part, including litany)

MS: Warren (1885); Delisle (1886) 272; Frere (1894–1932) II, no. 614; Floyer—Hamilton (1906) 98–100; N.R. Ker (1957) no. 397; N.R. Ker (1964) 201; T.A.M. Bishop (1971) xv; Hohler (1975) 73, 224 n. 55; Cowdrey (1981) 56–7; Hartzell (1989) 47 n. 4, 84–9; Lapidge (1991a) 85; Dumville (1992a) 68; Pfaff (1995b) 25–6; R. Gameson (1996a) 243; C.A. Jones (1998b) 86–7 n. 64; R.M. Thomson (2001) 116; Hartzell (2006) no. 362; Keefer (2007b) 105; Swan (2007b) 39; Wieland (2009) 123; Pfaff (2012) 455 and n. 17; Rankin (2012) 488–9, 501; Scragg (2012a) no. 1042

FACS: R. Gameson (2012) pl. 22.2 [fol. 6v]

ED: C.H. Turner (1915–16) 66–8 [prayers for the dying and burial of the dead]; Lapidge (1991a) 300–1 [litany]

764. 1. Worcester, Cathedral Library, F. 173, fol. 1

s. x²

Contents: Psalterium Gallicanum (f) with gloss

MS: Warren (1885) 395; Floyer–Hamilton (1906) 100; Pfaff (1995a) 69 [Pulsiano]; Pulsiano (2001a) xxx; R.M. Thomson (2001) 116; Rushforth (2011) 50–5

FACS: Lendinara et al. (2011) pl. II [fol. 1r]

ED: Pulsiano (2001a) [psalm fragment collated as ω]

765. Worcester, Cathedral Library, Q. 5

s. x ex., Canterbury CC, (prov. Worcester)

Contents: Bede, *De arte metrica* [*CPL* 1565]; inscription [SK 1479]; Bede, *De schematibus et tropis* [*CPL* 1567]; Priscian, *Institutio de nomine, pronomine et uerbo* [*CPL* 1550]; parsing grammar 'Anima quae pars'; grammatical notes; explanations of technical terms and Greek words; two glossarial poems on Greek medical terminology [SK 13822 and 3618; 11969]; Israel the Grammarian, *De arte metrica* [SK 14392]; verses by Alcuin (from *Carm.* lxxx) [SK 11084]; *Pauca de philosophiae partibus*; table of metrical feet; charm⁽*⁾ (added s. xi med.)

MS: Schenkl no. 4341; Floyer–Hamilton (1906) 105–8; Laistner–King (1943) 135; N.R. Ker (1957) no. 399; T.A.M. Bishop (1959–63b) 414, 421–2; N.R. Ker (1964) 213; Jeudy (1972) 143; Kendall (1975) 60, 72; Pollard (1975) 158–9; McIntyre (1978) 209; Lapidge (1992b) 109 [repr. Lapidge (1993a) 99]; M. Irvine (1994) 404; R. Gameson (1996a) 233 and n. 121; R.M. Thomson (2001) 120–1; Lapidge (2006) 326; R. Gameson (2012b) 117 n. 90; Gullick (2012) 299 and n. 26, 300 and nn. 34 and 37, 308 and n. 94; Scragg (2012a) nos. 1043–4

FACS: M. Wood (2010) fig. 21 [fol. 71v]

ED: Napier (1890) 324 [OE charm]; Napier (1900) no. 30 [two OE glosses to Bede, *De arte metrica*]; Floyer–Hamilton (1906) 105 [inscription SK 1479]; Strecker (1937–9) 500–2 [Israel, *De arte metrica*, coll. as W]; Storms (1948) 276 [OE charm, ptd from copy in BL, Harley 464, including ending lost in Worcester MS]; D. Chapman (2002) [parsing grammar]

ST: Lapidge (1975a) 84, 104 [repr. Lapidge (1993a) 122, 142] [on SK 11969]; Passalacqua (1978) 378 [Priscian, *Institutio*]; Bursill-Hall (1981) 287–8 [Priscian; *grammatica*]; Lapidge (1992b) [repr. Lapidge (1993a) 87–104]; Bayless (1993) 72–4 [parsing grammar]; Knappe (1996) 132 n. 1, 201–3, 242 n. 4 [*Pauca de philosophiae partibus*]; Law (1997) 143, 202, 274 [parsing grammar]; K.-D. Fischer (1998) 13–17 [SK 13822]; *CSLMA* II (1999) 94–5 [Alcuin, *Carm.* lxxx]; D. Chapman (2002) [parsing grammar]; SK Suppl. 14392 [Israel, *De arte metrica*]; M. Wood (2010) 145, 147–9, 152 [Israel the Grammarian]; D'Aronco (2011) 234 and n. 24

765. 1. Worcester, Cathedral Library, Q. 5, fol. 80

s. x in.

Contents: Bible (reject leaf; Isaias LXI.10–11)

MS: R.M. Thomson (2001) 120

766. Worcester, Cathedral Library, Q. 8, fols. 164–71 [with Worcester, Cathedral Library, Add. 7, fols. 1–6]

s. ix/x, France? s. x/xi or xi in. England? (prov. Worcester)

Contents: Statius, *Thebais*, glossed (f)

MS: Schenkl no. 4345; Floyer–Hamilton (1906) 11; N.R. Ker (1962–92) IV.679; T.A.M. Bishop (1971) xviii, xxv, 18; Rella (1977) 88, 163; McIntyre (1978) 209; Dumville (1993g) 54–5 and n. 240; Budny (1997) I.460; R.M. Thomson (2001) 123; Lapidge (2006) 140, 173, 333

FACS: T.A.M. Bishop (1971) pl. XVIII [fol. 167r]

ED: Klotz–Klinnert (1902/1973) [Statius, *Thebais*, coll. as W]

ST: R.D. Williams (1947); R.D. Williams (1948); L.D. Reynolds (1983) xxxii n.

767. Worcester, Cathedral Library, Q. 21

s. x ex., N France or Lotharingia, prov. Worcester by s. xi ex.

Contents: Gregory, *Homiliae .xl. in Euangelia* [*CPL* 1711]

MS: Schenkl no. 4347; Floyer–Hamilton (1906) 119–20; N.R. Ker (1960) 53; N.R. Ker (1964) 213; McIntyre (1978) 42 *et passim*; Dumville (1993g) 49 and n. 216; R. Gameson (1996a) 196 and n. 6, 233; R.M. Thomson (2001) 132; R. Gameson (2012d) 368 and n. 100; Gullick (2012) 299 and n. 25

768. Worcester, Cathedral Library, Q. 28

s. ix^2, France, prov. s. xi (or x^2?) England (Canterbury?), (prov. Worcester)

Contents: Eusebius, *Historia ecclesiastica*, trans. Rufinus [*CPG* 3495]

MS: Schenkl no. 4350; Floyer–Hamilton (1906) 123; H.M. Bannister (1917) 391; Siegmund (1949) 79; N.R. Ker (1964) 213; Dumville (1993g) 49; R. Gameson (1996a) 196 and n., 233; R.M. Thomson (2001) 135; R. Gameson (2012a) 62 n. 216

ST: R. McKitterick (2012) 329

769. Worcester, Cathedral Library, Q. 78 B

s. x in., N France, (prov. Worcester)

Contents: Office lectionary (f)

MS: Floyer–Hamilton (1906) 149; Hartzell (1989) 85; Dumville (1993g) 49; R.M. Thomson (2001) 174

770. Worcester, Cathedral Library, Add. 1 (with Oxford, Bodleian Library, Lat. bib. d. 1 (P) [S.C. 31089])

s. viii ex. or ix in., perh. Canterbury (StA), or Worcester

Contents: gospels (f)

MS: Schenkl no. 4321; Madan et al. (1895–1953) VI.16; Floyer–Hamilton (1906) 47; C.H. Turner (1916) v–ix; *CLA* II (1935) nos. 245 [Oxford MS], 262 [Add. 1]; McGurk (1961a) nos. 34, 38; N.R. Ker (1962–92) IV.678; Bischoff (1966–81) II.336, 338; R. Gameson (1996a) 230 and n. 108; R.M. Thomson (2001) xx and nn., 62; M.P. Brown (2012) 163

FACS: C.H. Turner (1916) pls. 1–6 [Worcester Add. 1, complete]; R.M. Thomson (2001) pl. 10 [folio not specified]

ST: Glunz (1933) 18; Sims-Williams (1990) 181 and n. 25, 210, 280 and n. 32

770. 5. Worcester, Cathedral Library, Add. 2

s. vii, prob. Spain, prov. prob. Worcester s. viii

Contents: Jerome, *Comm. in Euangelium Matthaei* [*CPL* 590] (f)

MS: Schenkl no. 4296; Floyer–Hamilton (1906) 14–15; C.H. Turner (1916) x–xviii; CLA II (1935) no. 263; N.R. Ker (1962a) [repr. N.R.

Ker (1985) 114 and nn.]; N.R. Ker (1962–92) IV.678; Hurst—Adriaen (1969) vi; Bestul (1981b) 9–10 n. 33; Sims-Williams (1990) 183 and n. 33; R.M. Thomson (2001) xx, 20

FACS: C.H. Turner (1916) pls. 7–14 [complete facsimile]; R.M. Thomson (2001) pl. 11 [folio not specified]

ED: Hurst—Adriaen (1969) [Jerome, *Comm. in Euangelium Matthaei*, coll. as W]

771. Worcester, Cathedral Library, Add. 3

s. viii

Contents: Gregory, *Regula pastoralis* [CPL 1712] (f)

MS: C.H. Turner (1916) xviii–xxiv; *CLA* II (1935) no. 264; Atkins—Ker (1944) 70; N.R. Ker (1962–92) IV.679; T.J. Brown (1982) 108 [repr. T.J. Brown (1993a) 209]; Clement (1984a) 42; M.P. Brown (1989) 160–1; Sims-Williams (1990) 136 n. 98; R.M. Thomson (2001) xx n. 13, xlvi and n. 265, 110; Schreiber (2003) 23 and n. 2, 27 n. 24; Gullick (2012) 296 n. 12

FACS: C.H. Turner (1916) pls. 15–26 [complete facsimile]; R.M. Thomson (2001) pl. 12 [fol. 1v]

772. Worcester, Cathedral Library, Add. 4

s. viii

Contents: Paterius, *Liber testimoniorum ueteris testamenti quem Paterius ex opusculis S. Gregorii excerpi curauit* [CPL 1718] (f; on Gen. XXIV–XXVI, XXXV–XXXVI))

MS: Floyer—Hamilton (1906) 164; C.H. Turner (1916) xxiv–xxvii; *CLA* II (1935) no. 265; Lowe (1960) 23 [no. XXXVI]; N.R. Ker (1962–92) IV.679; Bischoff (1966–81) II.333; Sims-Williams (1990) 183 and n. 33; R.M. Thomson (2001) xx, 116; M.P. Brown (2012) 146 and n. 121; Martello (2012) 29, 121, 128

FACS: C.H. Turner (1916) pls. 27–30 [complete facsimile]; Lowe (1960) pl. XXXVI [fol. 1v]; R.M. Thomson (2001) pl. 13 [fol. 1v]

773. Worcester, Cathedral Library, Add. 5

s. viii^2

Contents: Isidore, *Sententiae* [CPL 1199] (f)

MS: *CLA* Supplement (1971) no. 1777; N.R. Ker (1962–92) IV.679; R.M. Thomson (2001) xx and n. 14, 150

Worcester, Cathedral Library, Add. 7, fols. 1–6: see no. **766**

773. 5. Wormsley, nr. Stokenchurch (Bucks.), The Wormsley Library (Collection of the late Sir John Paul Getty), s.n.

s. vii (s. vii[1] or vii med.), Northumbria or Ireland (or Continent?), prov. England s. vii or later

Contents: Eusebius, *Historia ecclesiastica*, trans. Rufinus [*CPG* 3495] (f)

MS: *CLA*, Add. no. 1864; Bischoff—Brown (1985) 348–9; Sotheby sale catalogue *Western Manuscripts and Miniatures* (25 June 1985), lot 50; Breen (1987); Bischoff et al. (1992b) 307; Bammel (1993); Stoneman (1997) 130–1; Dumville (1999) 22–3, 25, 29 and nn.; Lapidge (2006) 302; Fletcher (2007) 2–3 [no. 1]

FACS: Sotheby sale catalogue *Western Manuscripts and Miniatures* (25 June 1985) lot 50, 2 colour plates [complete facsimile]; Bischoff— Brown (1985) pl. XVIII (b) [fols. 1r, 2v]; Breen (1987) pls. 13 [fols. 2r + 9v], 14 [fols. 2v + 9r]; Fletcher (2007) p. 3 [fols. 9v + 2r]

773. 6. York, Minster Library, XVI. Q. 1

s. xi ex. (prov. York)

Contents: Gregory, *Moralia in Iob* [*CPL* 1708], bks. I–X [companion vol. to no. **773. 7**]

MS: N.R. Ker (1962–92) IV.772–3; R. Gameson (1999a) no. 926; Lapidge (2006) 306; R. Gameson (2012a) 26 n. 47

773. 7. York, Minster Library, XVI. Q. 2

s. xi ex. (prov. York)

Contents: Gregory, *Moralia in Iob* [*CPL* 1708], bks. XI–XXII [companion vol. to no. **773. 6**]

MS: N.R. Ker (1962–92) IV.773–4; R. Gameson (1999a) no. 927; Lapidge (2006) 306; R. Gameson (2012a) 50 and n. 160

774. York, Minster Library, Add. 1, fols. 10–161

s. x ex.–xi in., prob. Canterbury CC, prov. York (by 1020–3)

Contents: gospels; additions: records (surveys of archiepiscopal land), three short sermons or tracts*, writ or letter of King Cnut* (all s. xi^1); inventory of liturgical books and church goods* (s. xi med.); prayers* (s. xi^1); list of sureties (s. xi^2)

MS: T.A.M. Bishop (1954–8a) 186; N.R. Ker (1957) no. 402; N.R. Ker (1962–92) IV.784–6; N.R. Ker (1964) 216; Whitelock (1965) 216–17 [repr. Whitelock (1981b) no. XV]; T.A.M. Bishop (1971) xvi, 22; N.R. Ker (1971) 330–1 [repr. N.R. Ker (1985) 24–6]; N.R. Ker (1976a) 125; Backhouse et al. (1984b) no. 54; N. Barker et al. (1986); McGurk (1986b) [repr. McGurk (1998) no. XIV]; Heslop (1990) 166–70, 175, 182; Dumville (1991–5) 53–4; R. Gameson (1992a) 200–3 and n. 57, 205, 212–14; Dumville (1993g) 106 n. 116, 108 n. 129, 123, 140; Dance (2004) 31 n. 6; R. Gameson (2004b); Heslop (2004) 279, 286, 304–5; C.A. Jones (2004) 334; Lionarons (2004c) 416 n. 18; G. Mann (2004) 265 nn. 93, 94; Meaney (2004) 481–2; Norton (2004) 214–15, 234; A. Orchard (2004) 66 n. 15; *ASMMF* XIV (2007) 135–49 [no. 494; Doane]; R. Gameson (2012a) 40 n. 105; R. Gameson (2012b) 100 and n. 25, 108 and n. 51, 117 n. 90; Marsden (2012) 423 and n. 77, 425 and n. 87; McGurk (2012) 439, 440, 447 [no. 21]; A. Orchard (2012) 697 [no. 18]; Scragg (2012a) nos. 307, 1045–52; P. Wormald (2012) 534 [no. 6]

DEC: F. Wormald (1944) 129–30 [repr. F. Wormald (1984) 155]; F. Wormald (1952) 41, 75; F. Wormald (1971b) 310 [repr. F. Wormald (1984) 81]; F. Wormald (1973) 240 [repr. and trans. in F. Wormald (1984) 117]; E. Temple (1976) no. 61; Brownrigg (1978) 265–6; Dodwell (1982) 103; Ohlgren (1986) no. 166; R. Gameson (1995b) 91, 98, 116, 178 n. 135, 194, 217–18, 238 n. 18, 239; Heslop (2004) 279, 284, 287, 292, 298, 300–1, 303; R. Gameson (2012c) 282 and n. 116

FACS: N. Barker et al. (1986) [complete facsimile]; *NPS* II, pls. 163–5 [folios not specified]; E. Temple (1976) ills. 181–4 [fols. 22v, 23r, 60v, 85v]; F. Wormald (1984) ill. 111 [fol. 22v]; R. Gameson (1992a) pl. 45 [fol. 61r]; Heslop (2004) 288 [fol. 23v], 289 [fol. 24r], 290 [fol. 23r], 291 [fol. 61r], 293 [fol. 85r], 294 [fol. 60r], 296 [fol. 10r], 299 [fol. 22v], 302 [fol. 114v]; Norton (2004) 216 [fol. 160v], 217 [fol. 161r]; Townend (2004) figs. 7.6, 7.7, 8.2, 8.3, 10.2–10.9 [fols. 156v, 157r, 160r, 161r, 23v, 24r, 23r, 61r, 85r, 60r, 10r, 22v]; *ASMMF* XIV (2007) no. 494

ED: Napier (1883/1967) nos. 59–61 [short sermons or tracts]; Liebermann (1903–16) I.273–5, III.186–9 [writ or letter of King Cnut]; W.H. Stevenson (1912) 10 [prayers], 12 [list of sureties], 15–19 [records]; A.J. Robertson (1939) 164–8 [records], 248 [inventory of liturgical books and ecclesiastical furniture]; Whitelock et al. (1981a) I.435–41 [writ or letter of King Cnut]; Lapidge (1994b) 122–3 [inventory of liturgical books]; Meaney (2004) 482 [fol. 159r]

ST: Napier (1883/1967) 363–5 [Ostheeren]; W.H. Stevenson (1912); Glunz (1933) 134–5; Whitelock (1948) 452 [repr. Whitelock (1981b) no. XII]; N. Barker et al. (1986); McGurk (1986b) [repr. McGurk (1998) no. XIV]; Keynes (1986a); M.P. Brown (1989c); Pfaff (1992a); Lenker (1997) 448 n. 111; Norton (2004) 211–18

774. 1: see now no. **521. 3. 1**

II

Libraries outside the British Isles
(nos. 774. 3–947)

774. 3. Alençon, Bibliothèque municipale, 14, fols. 91–114

s. xi¹, Winchester, prov. Saint-Évroult

Contents: benedictional; two masses *de amico*; *Iudicium Dei*

MS: *Cat. gén. Dép.* (Octavo) II.488–91 [Omont]; Liebermann (1903–16) I.xix, 401; Delisle (1910); Chibnall (1969–80) I.64 n. 1, 201 n. 1, 202; Alexander (1970a) 238 n. 1; Dumville (1992a) 95 n. 174; R. Gameson (2012d) 365 and n. 88

FACS: R. Gameson (2012) pl. 14.3–4 [fols. 114v, 115r]

ED: Liebermann (1903–16) I.417-18 [*Iudicium Dei* coll. as Al]

ST: Hardy (1862–71) I.237, 464, II.515, 582; Delisle (1910) 22–3; Gneuss (1968) 118, 246–8; Lapidge—Winterbottom (1991b) xxiii, clxxx–clxxxi *et passim*; *CSLMA* II (1999) 508; Lapidge (2003a) 365, 783–4

774. 6. Amiens, Bibliothèque municipale, 377, flyleaves

s. x, England?

Contents: sacramentary (f)

MS: *Cat. gén. Dép.* (Octavo) XIX.179 [Coyecque]; Bischoff (1998—) I, p. 14

775. Antwerp, Plantin-Moretus Museum, M. 16. 2 (47) (with London, British Library, Add. 32246)

s. xi in. and xi¹, prob. Abingdon (or Continent?), with additions at Abingdon, s. xi¹

Contents: *Excerptiones de Prisciano* (prob. Abingdon, s. xi in.); additions (made at Abingdon s. xi in. and xi¹): four glossaries (an architectural glossary; an end-page miscellaneous glossary; an alphabetical glossary [partly Latin—Old English]; and a class glossary [Latin—Old English]); Remigius, Commentary on Donatus, *Ars minor*; Ælfric, *Colloquium* [incomplete, revised by Ælfric Bata]; Latin poems (on the virgins Æthelthryth, Ælfgifu and Eadgyth (Edith); on SS. Edward, Eustace and Kenelm [SK 656a]; in commemoration of Archbishop Ælfric [SK Suppl. 12418a]; a Latin verse riddle; a Latin verse letter from Herbert to Abbot Wulfgar of Abingdon [SK Suppl. 15838a]); an anonymous letter to 'Ælf')

MS: *Cat. Add. B.M. 1882–7* (1889) 96; Förster (1917); Denucé (1927) 45–6; N.R. Ker (1957) no. 2; N.R. Ker (1964) 2; T.A.M. Bishop (1971) xii n. 2, xxiv; Pheifer (1974) xxxvii–xxxviii; Garmonsway (1978) 3; D.W. Porter (1999b); D.W. Porter (2002) 3–4, 397; *ASMMF* XIII (2006) 1–10 [no. 4; Bremmer, Dekker]; Lapidge (2006) 62, 293; Wieland (2009) 144; Gneuss (2012) 294; Scragg (2012a) nos. 1, 1a, 2–4

FACS: *ASMMF* XIII (2006) no. 4; Lendinara et al. (2011) pl. III [Add. 32246, fol. 2v]

ED: Dümmler (1884) 351–3 [Latin verse letter from Herbert to Abbot Wulfgar]; Förster (1917) 154–5 [poems SK 656a, 12418a, verse riddle, letter to 'Ælf']; W.H. Stevenson (1929) 75–96 [Ælfric, *Colloquium*, coll. as R_1 and R_2]; Meritt (1945) no. 22 [eight OE glosses to *Excerptiones de Prisciano*]; Kindschi (1955) [alphabetical and class glossaries]; D.W. Porter (2002) [*Excerptiones de Prisciano* coll. as B]; J. Hill (2005b) 339–46 [base MS for Ælfric, *Colloquium*]; D.W. Porter (2011a) [base MS for all four glossaries]; D.W. Porter (2012) 239–45 [base MS for verse letter from Herbert to Wulfgar], 246–7 [anonymous letter to 'Ælf']

LANG: Luick (1914–21) § 703.1; Lapidge (1975a) 99 [repr. Lapidge (1993a) 137]; Hofstetter (1987) 515–17; Dietz (1990)

ST: F. Kluge (1885a) 448–9; Förster (1917); Ladd (1960); Buckalew (1978) 164 n. 2; Lapidge (1988b) 260 [repr. Lapidge (1993a) 218]; A.K. Brown (1992) 105–6; D.W. Porter (1996a); D.W. Porter (1996b); Budny (1997) I.446, 506; Gwara—Porter (1997) 4–7, 44–8, 60–8; Lazzari (1998–9); Lazzari (2003); Schreiber (2003) 109 n. 75; Lazzari (2004); J. Hill (2005b); Lendinara (2010) 124–32; D.W. Porter (2010); D'Aronco (2011) 247 and n. 81; Giliberto (2011) 126 and n. 29; Godden (2011) 92; Healey (2011) 8; Jayatilaka (2011) 117; Lazzari (2011); D.W. Porter (2011b); Rusche (2011) 402–14; D.W. Porter (2012)

776. Antwerp, Plantin-Moretus Museum, M. 16. 8 (190)

s. x/xi, Abingdon

Contents: Boethius, *De consolatione Philosophiae* [*CPL* 878], with commentary by Remigius

MS: Denucé (1927) 147–8; Weinberger (1934) xiv; N.R. Ker (1957) no. 3; N.R. Ker (1964) 2; T.A.M. Bishop (1971) xii n. 2, 13, 18; Bolton (1977a) 39, 41, 55–7; Bieler (1984) xiv; Gibson et al. (1995–2001) II.108–9; Bischoff (1998—) I, p. 24; *ASMMF* XIII (2006) 11–16 [no. 5; Bremmer, Dekker]; Godden—Irvine (2009) I.xlv; R. Gameson (2012a) 45 n. 133; Scragg (2012a) no. 2

FACS: *ASMMF* XIII (2006) no. 5

ED: Weinberger (1934) [Boethius coll. as Antv]; Bolton (1977a) 60–78 [mythological glosses to Boethius coll. as K]; Troncarelli (1981) 156 [text of glosses incompletely preserved in no. 908 supplied from this MS]; Bieler (1984) [Boethius coll. as A]; Moreschini (2000) [Boethius coll. as A]

ST: Wittig (1983) 187, 189–98; Troncarelli (1987) 151; Wittig (2007) 187; Wittig (2010) 249; Godden (2011) 92

776. 2. Antwerp, Plantin-Moretus Museum, M. 16. 15 (194)

s. xi^1, prob. xi$^{2/4}$, Canterbury? or Flanders, written with English and Flemish collaboration? (prov. Bruges, Collégiale de Notre Dame, s. xii in.)

Contents: gospels

MS: Denucé (1927) 152–3; Bischoff (1967) 24 [no. 14]; Derolez—Victor (1997) no. 8; Lenker (1997) 5 n. 7, 114; R. Gameson (2002d) 174 and n. 43; R. Gameson (2012b) 102 and n. 34

777. Arendal, Aust-Agder Arkivet (with Rygnestad, Archives of Ketil Rygnestad, no. 95 and Archives of Knut Rygnestad, no. 99)

s. xi$^{1/3}$, or earlier?

Contents: antiphoner (f)

MS: Gjerløw (1979) 21–3; Rankin (2012) 491 and n. 38

FACS: Gjerløw (1979) pl. 1 [Archives of Ketil Rygnestad, no. 95, verso]

778. Arras, Bibliothèque municipale [Médiathèque], 346 (867)

s. x/xi or xi in., prob. Abingdon, supplemented s. xi med., prob. Exeter, prov. Bath, prov. Saint-Vaast, Arras

Contents: Ambrose, *Exameron* [*CPL* 123]

MS: *Cat. gén. Dép.* (Quarto) IV.345 [Quicherat]; Schenkl (1897) xl–xli; Rella (1977) 163; Bankert et al. (1997) 18–19; R. Gameson (2002d) 177 and n. 59, 186; Lapidge (2006) 138, 279

779. Arras, Bibliothèque municipale [Médiathèque], 764 (739), fols. 1–93

s. ix ex., NE France, prov. England s. x, prov. Bath, prov. Saint-Vaast, Arras

Contents: Hrabanus Maurus, *Comm. in Iudith, Comm. in Hester*

MS: *Cat. gén. Dép.* (Quarto) IV.295 [Quicherat]; Grierson (1940a) 112–13; N.R. Ker (1957) no. 4; Rella (1977) 164; Bischoff (1998—) I, no. 102; R. Gameson (2002d) 166, 181; Lapidge (2006) 139, 167; *ASMMF* XVIII (2012) 23–31 [no. 6; Lucas]; R. Gameson (2012d) 345 and n. 4, 349

FACS: *ASMMF* XVIII (2012) no. 6 [complete facsimile]

ED: N.R. Ker (1957) no. 4 [OE scribbles]

ST: R. McKitterick (2012) 328, 330 and n. 111

780. Arras, Bibliothèque municipale [Médiathèque], 764 (739), fols. 134–81

s. ix/x, Winchester?, prov. Bath by s. xi, prov. Saint-Vaast, Arras

Contents: Isidore, *Allegoriae quaedam S. Scripturae* [CPL 1190], *In libros ueteris et noui Testamenti prooemia* [CPL 1192], *De ortu et obitu patrum* [CPL 1191]

MS: *Cat. gén. Dép.* (Quarto) IV.295 [Quicherat]; Grierson (1940a) 113; *CLA* VI (1953) no. 714; N.R. Ker (1957) no. 5; Bischoff (1966–81) I.183; R. Gameson (2002d) 186; Lapidge (2006) 309, 310, 312; *ASMMF* XVIII (2012) 23–31 [no. 6; Lucas]

FACS: *ASMMF* XVIII (2012) no. 6 [complete facsimile]

ED: N.R. Ker (1957) no. 5 [OE glosses]; Meritt (1961) no. XV [OE glosses]

781. Arras, Bibliothèque municipale [Médiathèque], 1029 (812)

s. x/xi, Canterbury, StA, prov. Bath, prov. Saint-Vaast, Arras

Contents: anonymous *Vita S. Cuthberti* [BHL 2019] (incomplete); Felix, *Vita S. Guthlaci* [BHL 3723; CPL 2150] (incomplete); B., *Vita S. Dunstani* [BHL 2342] (incomplete); anonymous *Vita S. Philiberti* [BHL 6805]

MS: *Cat. gén. Dép.* (Quarto) IV.322 [Quicherat]; Stubbs (1874) xxvii, xxxviii–xxxix; Levison (1919–20) 575 and n. 2; Colgrave (1940) 17–18; Colgrave (1956) 34–5; Van der Straeten (1971) 52–3; Dumville (1993g) 147 n. 39; McKee (1997) 161–7; R. Gameson (2002d) 177 and n. 58, 187; Lapidge (2006) 138; Wieland (2009) 130; Winterbottom—Lapidge (2012) lxxix–lxxxi; R. Gameson (2012d) 355 n. 42, 364 n. 82

ED: Stubbs (1874) 3–52 [base MS for B., *Vita S. Dunstani*]; Krusch–Levison (1910) 583–604 [*Vita S. Philiberti* coll. as B1*b*]; Colgrave (1940) [anonymous *Vita S. Cuthberti* coll. as A]; Colgrave (1956) [Felix, *Vita S. Guthlaci*, coll. as V]; Winterbottom–Lapidge (2012) 2–108 [B., *Vita S. Dunstani*, coll. as A]

ST: Grierson (1940a); Grierson (1940b); Sims-Williams (1990) 206–7; Lapidge (1992e) [repr. Lapidge (1993a) 293–315]; Winterbottom (2000); Biggs et al. (2001) 60, 157–9, 179–81, 244–6, 386–7

[*Note*: the following manuscripts were among the books given by Sæwold, former abbot of Bath, to the church of Saint–Vaast, Arras (cf. Lapidge (1985b) 58–64 [repr. Lapidge (1994b) 125–30]), but there is no proof that they were ever in England: Arras, BM 435 (326), fols. 65–122; 644 (572); 732 (684); 899 (590); 1068 (276); 1079 (235) fols. 28–80. See also below, no. **808. 2.**]

782. Avranches, Bibliothèque municipale, 29

s. x/xi, S England, prov. Mont Saint-Michel

Contents: fifty-five homilies on the Epistulae Pauli; two prayers to the Virgin (s. xi); a 'Martinellus': Sulpicius Severus, *Vita S. Martini* [*CPL* 475; *BHL* 5610] (f); excerpts from Gregory of Tours, *Historia Francorum* [*CPL* 1023] and *De uirtutibus S. Martini* [*CPL* 1024; cf. *BHL* 5618d]; Sulpicius Severus, *Epistula* III [*CPL* 476]

MS: Ravaisson (1841) 115–16; *Cat. gén. Dép.* (Quarto) IV.443–4 [Delisle]; Alexander (1970a) 3 n. 4; Lapidge (2006) 307, 333; Wieland (2009) 125, 143

ED: Ravaisson (1841) 324–31 [base MS for Homilies iv, xiv, xxiii]; Barré (1963) 199–200 [base MS for prayers to the Virgin]

ST: Lambert (1969–72) no. 700; *CPPM* I, nos. 3925, 3934, 3950

Avranches, Bibliothèque municipale, 48, fols. i and ii + 66, fols. i and ii + 71, fols. A and B: see no. **842**

783. Avranches, Bibliothèque municipale, 81

s. xi², England or NW France?, prov. Mont Saint-Michel

Contents: Augustine, *In Ioannis epistulam ad Parthos tractatus .x.* [*CPL* 279]; pseudo-Eusebius Gallicanus, *Sermo* xii [*CPL* 966]; Alcuin, *De uirtutibus et uitiis*; Augustine (and pseudo-Augustine), *Serm.* lxviii, lxxiv, lxxix, lxxxv

MS: *Cat. gén. Dép.* (Quarto) IV.464–5 [Delisle]; Alexander (1970a) 238 and n. 5; Szarmach (1981b) 135; Jeudy—Riou (1989) 212–14; R. Gameson (1999a) no. 6; Lapidge (2006) 289, 290; R. Gameson (2012a) 51 n. 169; R. Gameson (2012d) 365 and n. 86

ST: Lambert (1969–72) no. 324; *CPPM* I, no. 4749a; *CSLMA* II (1999) 154

784. Avranches, Bibliothèque municipale, 236

s. x/xi, prov. Mont Saint-Michel by s. xi ex.

Contents: Boethius, *De institutione musica* [CPL 880]; excerpts from Bede, *De arte metrica* [CPL 1565] and *De temporum ratione* [CPL 2320]; conversation phrases in Latin and Greek

MS: *Cat. gén. Dép.* (Quarto) IV.547 [Delisle]; *Cat. gén. Dép.* (Octavo) X.115 [Omont]; Samaran—Marichal (1959–85) VII.451; Bischoff (1966–81) II.239; Vezin (1968) 286; Alexander (1970a) 3 n. 4, 13 and n. 9; Kendall (1975) 65; C.W. Jones (1977) 243; Bischoff (1984b) 248; Bower (1988) 211; Lapidge (2006) 294; Wieland (2009) 155

ST: A. White (1981) 197; Biggs et al. (1990) 76–7 [Wittig]

784. 5. Bamberg, Staatsbibliothek, Msc. Ph. 1 (HJ. IV. 6)

s. x, Brittany (or England?), (prov. Bamberg Cathedral)

Contents: Alcuin, *Carm.* lxxvii.1 [SK 9484] and *De dialectica*; anonymous poem [SK 11332]; Porphyrius, *Isagoge*, trans. Boethius; pseudo-Apuleius, *Peri hermeneias*; Isidore, *Etymologiae* [CPL 1186] II. xxix–xxxi; anonymous treatise *De diuisione philosophiae*

MS: Leitschuh—Fischer (1887–1912) I/ii.393–4; Strecker (1914–23) 1128; Thomas (1908) xxv; Minio-Paluello (1961) 105 [no. 2088]; Bischoff (1966–81) I.273–4, II.257, 267; Minio-Paluello—Dod (1966) xvii; Klibansky—Regen (1993) 140; Bischoff (1998—) I, p. 54; Lapidge (2006) 311

ED: Dümmler (1881) 298 [Alcuin, *Carm.* lxxvii. 1]; Thomas (1908) 176–94 [pseudo-Apuleius, *Peri hermeneias*, coll. as B]

ST: *CSLMA* II (1999) 131; *CALMA* II.431

785. Basel, Universitätsbibliothek, F. III. 15b, fols. 1–19

s. viii^1, prob. Northumbria, prov. Fulda

Contents: pseudo-Isidore, *De ordine creaturarum* [CPL 1189; BCLL 342]

MS: *CLA* VII (1956) no. 844; Díaz y Díaz (1972) 48–9; Gorman (1997) 179 n. 5; Lapidge (2006) 157, 340

ED: Díaz y Díaz (1972) 82–204 [*Liber de ordine creaturarum* coll. as B]

ST: C.D. Wright (1993) 26–7, 250 n. 129

786. Basel, Universitätsbibliothek, F. III. 15f

s. viii[1] or viii med., England, prov. Fulda

Contents: Isidore, *De natura rerum* [*CPL* 1188]

MS: *CLA* VII (1956) no. 848; Fontaine (1960) 163; Bischoff (1966–81) I.183, 185–6; Rella (1977) 18 and n. 66; Parkes (1992) 125 n. 64; Lapidge (2006) 157, 310

ED: Fontaine (1960) 165–337 [Isidore, *De natura rerum*, coll. as A]

787. Basel, Universitätsbibliothek, F. III. 15l

s. viii[1], England, prov. Fulda

Contents: Isidore, *De differentiis rerum* siue *Differentiae theologicae uel spiritales* [*CPL* 1202]; Gennadius, *Liber siue diffinitio ecclesiasticorum dogmatum* [*CPL* 958]

MS: *CLA* VII (1956) no. 849; Bischoff (1966–81) I.183 and n. 74; Rella (1977) 19; Sanz—Adeleida (2006) 130*–131*; Lapidge (2006) 157, 304, 309

788. Basel, Universitätsbibliothek, N. 1. 2, no. 1

s. viii, England

Contents: Psalterium Romanum (f)

MS: *CLA* VII (1956) no. 850; Lowe (1960) no. XXXII; Pulsiano (2001a) xxvii

789. Bergen, Universitetsbiblioteket, 1549. 5

s. xi/xii

Contents: missal (f)

MS: Gjerløw (1970) 83–5, 115; Lenker (1997) 489; R. Gameson (1999a) no. 8

FACS: Gjerløw (1970) pl. 3 [fol. 1v]

790. Berlin, Staatsbibliothek zu Berlin, Preussischer Kulturbesitz, Hamilton 553 (the 'Salaberga Psalter')

s. viii¹, Northumbria, prob. Lindisfarne, (prov. nunnery of Saint-Jean, Laon, c. 1120)

Contents: Creed; Psalterium Romanum; canticles (incomplete)

MS: Wildhagen (1913) 427–31; H. Schneider (1938) xi, 76; Weber (1953) xiii; *CLA* VIII (1959), no. 1048; Boese (1966) 270–1; Gamber (1968–88) no. 1613; M.P. Brown (1989a) 160 and n. 49; Parkes (1992) 125 n. 64; Pulsiano (2001a) xxvii; M.P. Brown (2012) 124; Pfaff (2012) 451

DEC: Alexander (1978a) no. 14; Ohlgren (1986) no. 14; Ó Cróinín (1995); Netzer (2012) 28 and n. 24

FACS: *NPS* II, pls. 33 [fol. 27r], 34 (a)–(c) [fols. 2r, 58v, 1r (details)], 35 (a)–(d) [fols. 24r, 48r, 41r, 58v (details)]; Alexander (1978a) ills. 62–5 [fols. 13r, 48r, 2r, 27r]; Ó Cróinín (1994) [complete MS; colour microfiches]

ED: Weber (1953) [Psalterium Romanum coll. as H]; Pulsiano (2001a) [Pss. I–L coll. as β]

ST: Stern (1901); Kenney p. 658; H. Schneider (1938) 75–81

790. 5. Berlin, Staatsbibliothek zu Berlin, Preussischer Kulturbesitz, Lat. fol. 601, fols. 1-67

s. x/xi or xi in.

Contents: Boethius, *De institutione arithmetica* [*CPL* 879]; Latin poem [SK 10046: Alcuin (?), *Carm.* lxv.4]

MS: Quaritch, *Catalogue* 375 (August 1887) no. 38521; Krinsky (1967) 48; Folkerts (1981) 66 [no. 18]; Munk Olsen (1982—) II.829; Guillaumin (1995) lxvi [no. 8]; Gneuss (2003b) 304; Lapidge (2006) 294

791. Berlin, Staatsbibliothek zu Berlin, Preussischer Kulturbesitz, Lat. fol. 877 (with Hauzenstein near Regensburg, Gräflich Walderdorffsche Bibliothek, s.n. [see *Scriptorium* 62 (2008) 73*], and Regensburg, Bischöfliche Zentralbibliothek, Cim 1)

s. viii med., Northumbria, prov. Regensburg s. viii

Contents: liturgical calendar (f), sacramentary (f)

MS: *CLA* VIII (1959) no. 1052; Gamber (1968–88) no. 412; Brandis et al. (1975) 15 [no. 12]; Gamber (1975a) [repr. Gamber (1978) 68–100]; Gamber (1975b) 53–69; Bischoff—Brown (1985) 357; Sotheby's

Western and Oriental Manuscripts, Sale L 072411 [4 Dec. 2007], lot. 44, pp. 60–5; Edwards (2008) 255; Rushforth (2008a) 20; Wieland (2009) 120; Gneuss (2012) 294

FACS: Gamber (1975b) [all fragments]

ED: Siffrin (1930) [Berlin fragment]; Siffrin (1933) [Hauzenstein fragment]; Gamber (1975b) 54–64 [all fragments]

ST: Levison (1946) 146 and n. 5; Bischoff (1974) 172–3, 183–4; Ineichen–Eder (1977) 100–1; Kotzor (1981) I.261*–262*; Bischoff—Lapidge (1994) 164–5 and nn.; Borst (2001) I.xxii; Gretsch (2006) 160 and nn.; Bremmer (2007) 39

791. 3. Berlin, Staatsbibliothek zu Berlin, Preussischer Kulturbesitz, Theol. lat. fol. 355, binding fragments [and other fragments in Berlin, Bonn and Düsseldorf? cf. Barker-Benfield (1991) 54 and n. 48, and Bischoff (1998—) I, no. 458]

s. viii², S England, or Werden, prov. Werden

Contents: saints' Lives (f)

MS: Rose (1893–1905) 307; *CLA* VIII (1959) no. 1068; Barker-Benfield (1991) 49 n. 25, 54 n. 48; Bischoff (1998—) I, nos. 457, 458; Gerchow (1999) 56 [no. 9]; Zechiel-Eckes (2003) 31; Bremmer (2007) 39 and n. 60; Garrison (2012) 646 n. 75

791. 6. Berlin, Staatsbibliothek zu Berlin, Preussischer Kulturbesitz, Fragm. 34

s. viii², prob. England, prov. Werden

Contents: Wigbod [pseudo-Bede], *Quaestionum super Genesin dialogus* (f)

MS: *CLA* VIII (1959) no. 1045; Winter (1986) 11; Barker-Benfield (1991) 53 n. 47; Gerchow (1999) 56 [no. 8]

ST: *CPPM* II, no. 2049

791. 9. Berlin, Staatsbibliothek zu Berlin, Preussischer Kulturbesitz, Grimm 132, 1 (with Budapest, National Széchény Library, Cod. lat. 442, fols. 1–2; Budapest, University Library, Fragm. lat. 1; Munich, Stadtarchiv, Historischer Verein Oberbayern, Hs. 733/16)

s. viii², Fulda?

Contents: Bede, *Vita S. Cudbercti* (verse) [*CPL* 1380; *BHL* 2020] (f)

MS: Lehmann (1938) 4–6; Bartoniek (1940) 397 [no. 442]; Hornung (1960); *CLA* XI (1966) no. 1589; Brandis et al. (1975) 16 [no. 13]; Mezey (1983) 29; R. McKitterick (1986–90) 310–11 and n. 101; Fingernagel (1991) 120–1 [no. 109]; Breslau (1997) 86; Bischoff (1998–) I, no. 347; Gneuss–Lapidge (2003); Lapidge (2006); Lapidge (2008a) 113

FACS: Lehmann (1938) pl. I [Budapest Cod. Lat. 441, fol. 2v]; Brandis et al. (1975) 25 [Berlin Grimm 132,1, fol. 1r]; Mezey (1983) pl. I [Budapest, University Library, Fragm. lat. 1, recto]; Gneuss–Lapidge (2003) pl. I [Munich 733/16, fol. 2v]

ST: Lapidge (1995c); Gneuss–Lapidge (2003); Lapidge (2008a) 112–20

792. Berlin, Staatsbibliothek zu Berlin, Preussischer Kulturbesitz, Grimm 132, 2 + 139, 2

s. viii med., England or Germany?

Contents: Augustine, *Enarrationes in Psalmos* [*CPL* 283] (f); biblical and Leiden-family glosses (f)

MS: *CLA* Supplement (1971) no. 1675; N.R. Ker (1976a) 126 [no. 413]; Lapidge (1986b) 68 [repr. Lapidge (1996b) 164]; Bischoff–Lapidge (1994) 533, 541–3; Aris–Schrimpf (1996) 249–52; Vaciago (1996) 136; Breslau (1997) 86–90; Dietz (2001) 151–5; Lapidge (2006) 288

FACS: Aris–Schrimpf (1996) pls. I–X [complete facsimile]

ED: Bischoff–Lapidge (1994) 543–5 [biblical glosses from Grimm 132, 2]; Aris–Schrimpf (1996) [complete edition of glosses]; Dietz (2001) 156–61 [Grimm 139, 2 complete; OE glosses from Grimm 132, 2]

LANG: Dietz (2001) 163–8

ST: Lapidge (1986b) [repr. Lapidge (1996b) 141–68]; Pheifer (1987) 23–5 and nn.; Bischoff et al. (1988a) 51 n. 10 [Pheifer]; Bischoff–Lapidge (1994) 287, 291–2

793. Berlin, Staatsbibliothek zu Berlin, Preussischer Kulturbesitz, Grimm 139, 1

s. viii[1], Northumbria

Contents: Pelagius, *Expositiones .xiii. Epistularum Pauli* [*CPL* 728] [*ad Philippenses*] (f)

MS: *CLA* Supplement (1971) no. 1676; Breslau (1997) 90; Lapidge (2006) 324

Berlin, Staatsbibliothek zu Berlin, Preussischer Kulturbesitz, Grimm 139, 2: see no. **792**

794. Bern, Burgerbibliothek, 671

s. ix^1, SW England, Cornwall, or Wales; later prov. Great Bedwyn, Wiltshire, s. x^1, prov. France by s. xi/xii

Contents: gospels (s. ix^1); additions: two acrostic poems addressed (by John the Old Saxon?) to King Alfred [SK 302, 4458] (s. x in.); two records* and two manumissions* (s. x^1 or x med.)

MS: Hagen (1875) 498–9; Lindsay (1912a) 10–16 [no. 3]; McGurk (1956) 250 [repr. McGurk (1998) no. I]; N.R. Ker (1957) no. 6; N.R. Ker (1964) 219; Parkes (1976b) 157 n. 1 [repr. Parkes (1991) 154 n. 1]; Lapidge (1981a) 81 n. 100 [repr. Lapidge (1993a) 69 n. 100]; Parkes (1983) 137 n. 51 [repr. Parkes (1991) 182 n. 51]; Dumville (1987) 170 and n. 121; McGurk (1987) 165 n. 2, 174–5 [repr. McGurk (1998) no. II]; Morrish (1988) 529–31; Dumville (1992b) 79–82, 94, 110 n. 260; Conner (1993) 56, 63, 67, 69–70, 73; Dumville (1993f) 98 [no. 3]; Dumville (1993g) 111 and n. 103, 117 and n. 157, 120, 122; Lapidge (2006) 50 n. 89; *ASMMF* XX (2012) 21–6 [no. 12; McGowan]; Marsden (2012) 412 and n. 19; McKee (2012a) 170

DEC: Homburger (1962) 31

FACS: Lindsay (1912a) pl. V [fol. 74v]; Dumville (1992b) pl. I [fol. 76v]; *ASMMF* XX (2012) no. 12 [complete facsimile]

ED: Meritt (1934) [records and manumissions]; Förster (1941) 791–4 [records], 794–5 [manumissions]; Lapidge (1981a) 82 [repr. Lapidge (1993a) 70] [acrostic poems; for earlier editions see Lapidge (1981a) n. 101]; B. Fischer (1988–91) [gospel excerpts coll. as Hb]

ST: Meritt (1934); Pelteret (1995) xiv, 141 n.; M.P. Brown (1996) 131; Gretsch (1999a) 343–4; R. Sharpe (2001) 288

794. 5. Bern, Burgerbibliothek, 680

s. x ex.

Contents: Augustine, *Enchiridion* [*CPL* 295]

MS: Hagen (1875) 500; Lapidge (2006) 288

795. Bern, Burgerbibliothek, C. 219 (4) (with Leiden, Universiteitsbibliotheek, Voss. lat. Q. 2, fol. 60)

s. ix ex., Wales, or SW England? (prov. Fleury?)

Contents: pseudo-Augustine, *Categoriae decem ex Aristotele decerptae* [*CPL* 362] with glosses; Porphyrius, *Isagoge*, trans. Boethius (f); 'Leiden *Lorica*' [SK 3507]

MS: Hagen (1875) 270–1; Traube (1907) 257–8; Lindsay (1912a) 22–6 [no. 7]; Lindsay (1915) 447 *et passim*; De Meyier (1975) 12; Korhammer (1980) 30; Marenbon (1981) 177–8; Herren (1987) 14–18; Mostert (1989) nos. BF 119, 326

DEC: Homburger (1962) 163–4; N. Edwards (2012) 246 and n. 13

ED: Marenbon (1981) 173–206 [glosses to *Categoriae decem* coll. as B]; Herren (1987) 90–3 [base MS for 'Leiden *Lorica*']; Dronke (1988) 67–9 [base MS for 'Leiden *Lorica*']

ST: Minio-Paluello (1971) *passim* [*Categoriae decem*]; Marenbon (1981) 12–29, 116–38 *et passim* [*Categoriae decem*]; *BCLL* (1985) no. 1239; Dronke (1988) ['Leiden *Lorica*']

796. Besançon, Bibliothèque municipale, 14

s. x ex. (*c.* 980–90), or xi in.?, Winchester NM?, (prov. Abbey of Saint-Claude, Jura, by s. xii ex.)

Contents: gospels

MS: *Cat. gén. Dép.* (Octavo) XXXII. 13–14 [Castan]; T.A.M. Bishop (1971) 10; McGurk (1986b) 43, 46, 54–63 [repr. McGurk (1998) no. XIV]; Heslop (1990) 153, 170–2, 182, 188–91; Dumville (1993g) 145 n. 23; Lenker (1997) 5 n. 7, 114, 425 n. 39; R. Gameson (2012a) 45 and nn. 136–7; R. Gameson (2012b) 108 and n. 51; R. Gameson (2012d) 361 and n. 64; McGurk (2012) 446 [no. 1]

DEC: Homburger (1912) 21 n. 3, 60, 65, 67; Rice (1952) 194; E. Temple (1976) no. 76; Ohlgren (1986) no. 181; Heslop (1990) 171–2; R. Gameson (1995b) 217–18; R. Gameson (2012c) 284 and n. 124

FACS: Homburger (1912) pl. X [fols. 14r, 58v]; E. Temple (1976) ill. 242 [fol. 58v]; Heslop (1990) pls. I (a)–(b) [fols. 18v, 19r (details)], IV (a)–(b) [fols. 10r, 58v (details)]

Bloomington, Indiana University, Lilly Library, Add. 1000: see no. **441**

Bloomington, Indiana University, Lilly Library, Poole 40: see no. **146**

796. 3. Bloomington, Indiana University, Lilly Library, Poole 41

s. x^2 or x ex.

Contents: missal (f)

MS: Faye–Bond (1962) 181 [no. 41]; Stoneman (1997) 118–19; Wieland (2009)

796. 6. Bloomington, Indiana University, Lilly Library, Poole 43

s. xi/xii

Contents: Anso of Lobbes, *Vita S. Ermini* [*BHL* 2614] (f)

MS: Faye–Bond (1962) 181; Stonemann (1997) 119; R. Gameson (1999a) no. 10; Biggs et al. (2001) 193

798. Boulogne-sur-Mer, Bibliothèque municipale, 10

s. x^1 or x med., S England?, (prov. Saint-Vaast, Arras)

Contents: gospels

MS: *Cat. gén. Dép.* (Quarto) IV.577–8 [Michelant]; McGurk (1986b) 43, 45–6, 53 [repr. McGurk (1998) no. XIV]; Dumville (1987) 175 and n. 164; McGurk (1993) 254–5 [repr. McGurk (1998) no. XI]; R. Gameson (2002d) 187; R. Gameson (2009); R. Gameson (2012a) 43 n. 124; R. Gameson (2012b) 115 and n. 85; R. Gameson (2012d) 353 and n. 35, 355 and n. 41; D. Ganz (2012) 192 and n. 27; Marsden (2012) 423 and n. 76; McGurk (2012) 437 and n. 3, 446 [no. 2]

DEC: F. Wormald (1945) 120 and n. 41 [repr. F. Wormald (1984) 59 and n. 41]; Rice (1952) 206; E. Temple (1976) no. 10; Brownrigg (1978) 251; Ohlgren (1986) no. 88; R. Gameson (1995b) 218; Karkov (2006a) 58; R. Gameson (2012c) 250 and n. 4, 283 and n. 117

FACS: E. Temple (1976) ill. 38 [fol. 8r (detail)]; R. Gameson (2012) pl. 10.1 [fol. 8r]

799. Boulogne-sur-Mer, Bibliothèque municipale, 32 (37)

prob. Italy s. vi^1, prov. prob. England s. viii, (prov. Saint-Bertin)

Contents: Ambrose, *De apologia prophetae Dauid* [*CPL* 135], *De Ioseph patriarcha* [*CPL* 131], *De patriarchis* [*CPL* 132], *De paenitentia* [*CPL* 156], *De excessu fratris* [*CPL* 157], *Epistulae* [*CPL* 160] lxiv–lxviii [lxxiv, lxxv, lxxviii, lxxx, lxxxvi]

MS: *Cat. gén. Dép.* (Quarto) IV.592–3 [Michelant]; *CLA* VI (1953) no. 735; N.R. Ker (1957) lxiii; Faller−Zelzer (1968–94) IV.346; Bankert et al. (1997) 13, 28–30, 49; R. Gameson (1999c) 323; Lapidge (2006) 276–9; Wieland (2009) 131, 133; *ASMMF* XVIII (2012) 33–40 [no. 16; Lucas]

FACS: *ASMMF* XVIII (2012) no. 16 [complete facsimile]

ED: Schenkl (1897) 73–122 [*De Ioseph* coll. as B], 125–60 [*De patriarchis* coll. as B], 299–355 [*De apologia prophetae Dauid* coll. as B]; Faller (1955) 117–206 [*De paenitentia* coll. as B], 207–325 [*De excessu fratris* coll. as B]; Meritt (1957) 66 [OE gloss]; Faller−Zelzer (1968–94) [*Epistulae* lxiv–lxviii coll. as B_1]

ST: Anlezark (2006) 63 n. 6; R. McKitterick (2012) 315 and n. 18

799. 5. Boulogne-sur-Mer, Bibliothèque municipale, 58 (63 and 64)

s. viii^1 or viii^2, prob. England, (prov. Saint-Bertin)

Contents: Augustine, *Epistulae* [*CPL* 262] clxxxvii and liv (?)

MS: *Cat. gén. Dép.* (Quarto) IV.610–11 [Michelant]; *CLA* VI (1953) no. 737; T.J. Brown (1984) 319 [repr. T.J. Brown (1993a) 231]; Sims-Williams (1990) 203–4; T.J. Brown (1993b) 187; Lapidge (2006) 157, 289

800. Boulogne-sur-Mer, Bibliothèque municipale, 63 (70), fols. 1–34

s. xi$^{2//3}$, England, (prov. Saint-Bertin)

Contents: excerpts from Iulianus Toletanus, *Prognosticum futuri saeculi* [*CPL* 1258]; Ælfric, Pastoral Letter 2a; anonymous sermon *In natale Domini* (by Ælfric?); Gregory, *Regula pastoralis* [*CPL* 1712] I. ix; excerpts from works of Isidore and Jerome; *De ecclesiasticis gradibus*; *Decretum Gelasianum de libris recipiendis et non recipiendis* [*CPL* 1676]; Caesarius, *Sermo* li; *Decalogus Moysi* with exposition; pseudo-Eusebius Gallicanus, *Sermo* xii [*CPL* 966]

MS: *Cat. gén. Dép.* (Quarto) IV.613 [Michelant]; Assmann (1889/1964) xxviii–xxix [Clemoes]; Fehr (1914/1966) x–xiv, cxxvii [Clemoes]; Raynes (1957); Clemoes (1960); Hillgarth (1976) xxxiv; Gatch (1977) 131–3; Rella (1977) 107; Lapidge−Winterbottom (1991b) cxlvii–cxlviii; R. Gameson (2002d) 187; Godden (2004) 371; J. Hill (2004) 323; Lapidge (2006); R. Gameson (2012d) 350 and n. 21

ED: Fehr (1914/1966) 190–203 [base MS for *Decalogus Moysi*], 222–7 [base MS for Ælfric, Pastoral Letter 2a], 256–8 [base MS for *De ecclesiasticis gradibus*]; Gatch (1977) 134–46 [base MS for excerpts from Iulianus, *Prognosticum*]; Leinbaugh (1980) [base MS for anonymous sermon *In natale Domini*]; Whitelock et al. (1981a) I.242–55 [base MS for Ælfric, Pastoral Letter 2a]

ST: Grierson (1941) 109 and nn.; Gatch (1966); Lambert (1969–72) no. 324; Gatch (1977) *passim*; Godden (1985) 278–85, 298; *CPPM* I, nos. 1224, 4629, 4749a; *CPPM* II, no. 3003/43; Cross (1996b) 102 n. 40 [pseudo-Eusebius Gallicanus, *Sermo* xii]; C.A. Jones (1998d) 9–16, 41–51; R. Sharpe (2001) 25; Godden (2012) 680 and n. 4

801. Boulogne-sur-Mer, Bibliothèque municipale, 63 (70), fols. 35–86

s. x, France, prov. S England by s. x med., (prov. Saint-Bertin)

Contents: Caesarius, *Expositio in Apocalypsim* [*CPL* 1016]; Augustine, *Epistulae* [*CPL* 262] clxvi, ccv; pseudo-Augustine, *De symbolo*

MS: *Cat. gén. Dép.* (Quarto) IV.613 [Michelant]; Fehr (1914/1966) xiii–xiv; Raynes (1957) 65, 72–3; Rella (1977) 107, 144 n. 16b, 164 n. 2; Rella (1980) 110; Lapidge (2006) 289, 294

802. Boulogne-sur-Mer, Bibliothèque municipale, 74 (82)

s. viii^1, S England or Mercia (Bath?), (prov. Saint-Bertin by s. xii in.)

Contents: Ap(p)onius, *Expositio in Canticum canticorum* [*CPL* 194] (abridged [as *Expositio breuis* II]); Letter by Burginda

MS: *Cat. gén. Dép.* (Quarto) IV.620 [Michelant]; *CLA* VI (1953) no. 738; Bischoff (1966–81) II.324; T.J. Brown (1975) 263 [repr. T.J. Brown (1993a) 156]; Sims-Williams (1979); De Vregille — Neyrand (1986) xxvii–xxviii; Sims-Williams (1990) 199–221; R. Gameson (2002d) 189; Lapidge (2006) 281; R. Gameson (2012a) 51, 53 n. 182

ED: Sims-Williams (1979) 6, 10 [Letter by Burginda]; De Vregille — Neyrand (1986) 391–463 [base MS for *Expositio Breuis* II]; Sims-Williams (1990) 213 [Letter by Burginda]

803. Boulogne-sur-Mer, Bibliothèque municipale, 82

s. x^1, S England (prov. Saint-Bertin)

Contents: Amalarius, *Liber officialis* ('Retractatio prima')

MS: *Cat. gén. Dép.* (Quarto) IV.624 [Michelant]; Hanssens (1933) 231–2; Hanssens (1948–50) I.129; Parkes (1983) 137 n. 50 [repr. Parkes (1991)

182 n. 50]; Dumville (1987) 170 and n. 122, 175 and n. 165, 176 n. 172; Dumville (1992a) 135; Webber (1992) 71 and n. 111; Dumville (1993d) 8–9; Dumville (1994b) 209; C.A. Jones (2001) 27–32; R. Gameson (2002d) 187; R. Gameson (2012d) 353 and n. 35, 354 and n. 38; D. Ganz (2012) 192 and n. 26

DEC: F. Wormald (1945) 120, 133 [repr. F. Wormald (1984) 59, 72]; Rice (1952) 206; E. Temple (1976) no. 29; Brownrigg (1978) 259 n. 4; Ohlgren (1986) no. 117; R. Gameson (1995b) 3 n. 10, 11 n. 25, 122 n. 27, 230

FACS: E. Temple (1976) ills. 101–2 [fols. 7r, 65r (details)]; F. Wormald (1984) ills. 52, 53 [fols. 1v, 2r (details)]; W. Schipper (2007a) figs. 1 (a) [fol. 45r (detail)], 1 (b) [fol. 114r (detail)]

ED: Hanssens (1948–50) II.59–60, 65–6, 77–81, 89–92, 261–5, 271–5, 277–302, 374–8, 468–73, 486, 509–13, 560–2 [*Liber officialis* ('Retractatio prima') coll. as B]

ST: Lambert (1969–72) nos. 348, 349; Dumville (1993d); *CSLMA* I (1994) 131–5

804. Boulogne-sur-Mer, Bibliothèque municipale, 106 (127), fols. 1–92, 119–71

s. x/xi, Flanders, prov. Bath?, (prov. Saint-Bertin)

Contents: *Vita S. Walarici* [BHL 8762]; *Vita S. Philiberti* [BHL 6805]; *Vita S. Aichardi* [BHL 181]; *Vita S. Bauonis* [BHL 1049] (f); Felix, *Vita S. Guthlaci* [BHL 3723; CPL 2150]; seven homilies (pseudo-Eusebius Gallicanus?)

MS: *Cat. gén. Dép.* (Quarto) IV.637–8 [Michelant]; Krusch–Levison (1910) 561, 575–6; Wilmart (1922–9a) 180; Colgrave (1956) 35–9; Van der Straeten (1971) 129, 137; Sims-Williams (1990) 206–8; Dumville (1992a) 140; R. Gameson (2002d) 187–8; Wieland (2009) 125, 130; R. Gameson (2012a) 60 n. 202

ED: Krusch–Levison (1910) 583–604 [*Vita S. Philiberti* coll. as B1a]; Colgrave (1956) 60–170 [Felix, *Vita S. Guthlaci*, coll. as B]

ST: Lambert (1969–72) nos. 324, 338; *CPPM* I, no. 4749a; Biggs et al. (2001) 60, 244, 386–7, 475–6

804. 5. Boulogne-sur-Mer, Bibliothèque municipale, 106 (127), binding strip

s. viii/ix, prob. England (prov. Saint-Bertin)

Contents: Gregory, *Homiliae .xl. in Euangelia* [CPL 1711] (f)

MS: Colgrave (1956) 36; *CLA* Supplement (1971) no. 1678; Sims-Williams (1990) 206–8; R. Gameson (2002d) 189; Lapidge (2006) 305; Wieland (2009) 126

805. Boulogne-sur-Mer, Bibliothèque municipale, 189

s. x/xi, Canterbury CC; s. xi in. and xi[1] (addition of OE glosses)

Contents: Sibylline prophecies [SK 8495]; verses excerpted from Optatianus Porphyrius, *Carm.* xxv [SK 1005]; prefatory letter to Fredegaud/Frithegod, *Breuiloquium Vitae Wilfridi* [*BHL* 8891]; collection of drinking verses [SK 4819]; Prudentius, *Praefatio operum*° [*CPL* 1437], *Cathemerinon*° [*CPL* 1438], *Peristephanon*° [*CPL* 1443], *Contra Symmachum*° [*CPL* 1442], *Epilogus*° [*CPL* 1445]

MS: *Cat. gén. Dép.* (Quarto) IV.688 [Michelant]; N.R. Ker (1957) no. 7; T.A.M. Bishop (1959–63b) 415, 420 n. 1, 421; Meritt (1959) ix–x; F.C. Robinson (1973) 443–4, 459; Korhammer (1980) 57; Lapidge (1988a) 57, 62–3 and n. 66 [repr. Lapidge (1993a) 173, 178 and n. 66]; Vaciago (1993) 3 [no. 5]; Gwara (1996a) 92; Biggs et al. (2001) 481–2; Karkov (2001a) 115 n. 3; R. Gameson (2002d) 188; Lapidge (2004a) 144; Lapidge (2006) 321, 329, 330; Alcamesi (2007) 171–3; Graham (2009) 171; *ASMMF* XVIII (2012) 41–55 [no. 17; Lucas]; R. Gameson (2012a) 72 n. 247; R. Gameson (2012d) 355 n. 42; Scragg (2012a) nos. 5–8

DEC: E. Temple (1976) no. 30 (xv); Ohlgren (1986) no. 132

FACS: Meritt (1959) 2 [fol. 4r], 32 [fol. 74r], 62 [fol. 102r], 88 [fol. 120r], 102 [fol. 142r]; *ASMMF* XVIII (2012) no. 17 [complete facsimile]

ED: Holder (1878) 385–6 [poem excerpted from Porphyrius Optatianus, *Carm.* xxv], 386–7 [prefatory letter to Frithegod, *Breuiloquium Vitae Wilfridi*]; Meritt (1959) [OE interlinear glosses to works of Prudentius]

Braunschweig, Stadtbibliothek, Fragm. 70: see no. **856**

805. 5. Brussels, Bibliothèque royale, 444–52 (1103)

s. xi/xii, Canterbury StA

Contents: Augustine, *De perfectione iustitiae hominis* [*CPL* 347], *De natura et gratia* [*CPL* 344], *De gratia et libero arbitrio* [*CPL* 352], *De correptione et gratia* [*CPL* 353]; Prosper, *Pro Augustino responsiones ad capitula obiectionum Gallorum calumniantium* [*CPL* 520]; Hilarius Gallus, *Epistula ad Augustinum de querela Gallorum* [*CPPM* II, no. 1024]; Augustine, *De praedestinatione sanctorum* [*CPL* 354], *De dono perseuerantiae* [*CPL* 355]; pseudo-Augustine, *Hypomnesticon* [*CPL* 381]; Jerome, *Aduersus Iouinianum* [*CPL* 610]

MS: Van den Gheyn et al. (1901–48) II.136–7 [no. 1103]; M.R. James (1903) no. 373; Lambert (1969–72) no. 252; A.G. Watson (1987a) 12; R. Gameson (1999a) no. 11; T.N. Hall (2004b) 97 n. 18; Lapidge (2006) 284–7, 313, 328; Barker-Benfield (2008) I.lix, 74 n. 40, 516, 539, 550, III.1818–19; R. Gameson (2012a) 19 n. 24, 23, 72 n. 244

806. Brussels, Bibliothèque royale, 1650 (1520)

s. xi in., Abingdon; Latin and OE glosses, s. xi[1]

Contents: Aldhelm, *De uirginitate* (prose) [*CPL* 1332], with interlinear and marginal Latin and OE glosses

MS: Van den Gheyn et al. (1901–48) II.410 [no. 1520]; Ehwald (1919) 215–16; N.R. Ker (1957) no. 8; N.R. Ker (1964) 2; F.C. Robinson (1973) 445, 459; Goossens (1975) 5–8; Korhammer (1980) 28; R. Derolez (1992a) 11 n. 2; Gwara (1998) 143–4; Gwara (2001) I.94*–101* *et passim*; *ASMMF* XIII (2006) 17–21 [no. 18; Bremmer, Dekker]; Graham (2009) 168–9; Lapidge (2012b) 27; Scragg (2012a) nos. 2, 3, 9, 10

DEC: R. Gameson (1995b) 221 n. 167

FACS: Van Langenhove (1941) [complete facsimile]; R. Derolez (1992) pl. I [fol. 1v]; *ASMMF* XIII (2006) no. 18; Owen-Crocker (2009) fig. 6.4 [fol. 25r]

ED: Ehwald (1919) 226–323 [Aldhelm, prose *De uirginitate*, coll. as B]; R. Derolez (1956) [glosses in margins]; Goossens (1974) 147–489 [Latin and OE glosses to Aldhelm]; Gwara (2001) vol. II [Aldhelm, prose *De uirginitate* with Latin and OE glosses, coll. as B]

LANG: R. Derolez (1960); Goossens (1974) 53–139 *passim*; Hofstetter (1987) 129–39; Hofstetter (1988) 154; Lendinara (1992) *passim*

ST: Mustanoja (1950); R. Derolez (1959) 130–1; Goossens (1974); P.S. Baker (1980) 28–9; R. Derolez (1986); Goossens (1992); Gwara (1994a); Gwara (1994b) 136–7; Gwara (1996–7); Gwara (1997a); Gwara (1998); Gretsch (1999a) 132–84 *et passim*; Lapidge (2012b) 26–31

807. Brussels, Bibliothèque royale, 1828–30 (185), fols. 36–109

s. xi in., prov. s. xi/xii abbey of Anchin (near Douai)

Contents: *Hermeneumata pseudo-Dositheana* [Version B]; a collection of glossaries, including five Latin—Old English class lists, grammatical and etymological notes, a prayer, a medical recipe, a list of Roman numerals with their names; Jerome, *Liber interpretationis hebraicorum nominum* [*CPL* 581]; Remigius of Auxerre, *Comm. in Martianum Capellam*, bk. IV (incomplete)

MS: Van den Gheyn et al. (1901–48) I.86–7 [no. 185]; N.R. Ker (1957) no. 9; T.A.M. Bishop (1971) xii n. 2; Pheifer (1974) xxxvi–xxxvii; Dionisotti (1984–5); Dionisotti (1988) 27; A.K. Brown (1992) 108–9; Brugnoli—Buonocore (2002) xiii; R. Gameson (2002d) 188; *ASMMF* XIII (2006) 23–31 [no. 19; Bremmer, Dekker]; R. Gameson (2012a) 31 n. 70; R. Gameson (2012d) 355 and n. 42; Scragg (2012a) nos. 11–15

FACS: *ASMMF* XIII (2006) no. 19

ED: Wright—Wülker (1884) 284–303 [Latin—OE glossaries]; Meritt (1945) nos. 67, 68 [OE glosses from Latin glossaries]; Brugnoli—Buonocore (2002) 1–119 [*Hermeneumata pseudo-Dositheana* coll. as HFB]

ST: Bischoff (1966–81) II.261, 266; Lendinara (1992) 217, 220, 228–9; Rusche (2011) 402–14

808. Brussels, Bibliothèque royale, 8558–63 (2498)

fols. 1-79: s. x¹, S England or Mercia; fols. 80–131: s. x med.; fols. 132–53: s. xi¹

Contents: fols. 1-79: Chrodegang, *Regula canonicorum* (enlarged version; incomplete); Augustine, *Soliloquia* [*CPL* 252]; Caesarius, *Sermo* clxxix; fols. 80–131: *Poenitentiale pseudo-Theodori* (incomplete); fols. 132–53: Handbook for a confessor*; *Poenitentiale pseudo-Egberti* in OE, bk. IV*; *Old English Canons of Theodore**

MS: Van den Gheyn et al. (1901–48) IV.10 [no. 2498]; Raith (1933/1964) ix–x; Spindler (1934) 1–4; N.R. Ker (1957) no. 10; Fowler (1965) 1–2; T.A.M. Bishop (1971) 24; Fowler (1972) xv–xvi; Whitelock (1976) 7 n. 1; Rella (1977) 107, 158; Dumville (1987) 175–8; Dumville (1993g) 51–2, 142; Langefeld (2003) 42–4 and nn. 66–75; J. Hill (2004) 321; Meaney (2004) 483 n. 86; Bertram (2005) 175; *ASMMF* XIII (2006) 43–9 [no. 20; Bremmer, Dekker]; Lapidge (2006) 291, 295; Frantzen (2007) 40–1, 51, 63; M. Heyworth (2007) 218–19; Van Rhijn (2009) xlvi–l, liv–lv; Wieland (2009) 141; Fulk—Jurasinski (2012) xvi–xix; R. Gameson (2012a) 44–5 and n. 132; D. Ganz (2012) 191 n. 18; A. Orchard (2012) 696 [no. 1]; Scragg (2012a) nos. 16–17

FACS: *ASMMF* XIII (2006) no. 20; Fulk—Jurasinski (2012) pl. 1 [fol. 153r]

ED: Wasserschleben (1851) 566–622 [records, additions, etc. to text of *Poenitentiale pseudo-Theodori* in CCCC 190 (above, no. **59**) in the Brussels MS]; Raith (1933/1964) 46–69 [*Poenitentiale pseudo-Egberti*, bk. IV, coll. as Bx], 71 [canons from synod of 721, coll. as Bx]; Spindler (1934) 174 [two passages (fols. 145v–146r) of *Confessionale pseudo-Egberti* coll. as Bx]; Meritt (1945) no. 14 [OE glosses to Chrodegang, *Regula canonicorum*]; Fowler (1965) 16–26 [Handbook for a confessor coll. as Bx]; Fowler (1972) 21 [base MS for passage on priests' duties (added s. xii on fol. 140r)]; Langefeld (2003) 162–342 [Chrodegang, *Regula canonicorum* (enlarged version), coll. as B]; Van Rhijn (2009) [*Poenitentiale pseudo-Theodori* coll. as Br]; Fulk—Jurasinski (2012) 3–14, 17–18 [*OE Canons of Theodore* (Texts A, C) coll. as Bx]

LANG: Raith (1933/64) 84–5; Fowler (1972) xvi; Fulk—Jurasinski (2012) xxviii–xxxv

ST: Thorpe (1840) xi; Wasserschleben (1851) 87, 566 n. 1; Frantzen (1983a) 40, 44–5; Frantzen (1983b) 133, 138; Frantzen (1985) 37, 40; Langefeld (1986) 197; Sauer (2000) 340, 372 and n. 75; Fulk—Jurasinski (2012) xxxvi–lx

808. 0. Brussels, Bibliothèque royale, 8654–8672

s. ix$^{1/3}$, prob. NE France (Channel coast?), prov. s. x England? (prov. Saint-Bertin)

Contents: collection of patristic comments on the gospels; collection of creeds; Pelagius, *Libellus fidei ad Innocentium papam* [*CPL* 731]; Gennadius, *Liber siue diffinitio ecclesiasticorum dogmatum* [*CPL* 958]; Bede, *Historia ecclesiastica* [*CPL* 1375] V. xv–xvii; *Admonitio generalis* (of 789), *Duplex capitulare missorum*, and *Capitula incerti anni* [Mordek (1995) nos. 22, 23, 86]; excerpts mainly from *Collectio canonum uetus Gallica* [*CPL* 1784a]; hymn for the coronation of a king [SK 7997]; excerpts from biblical commentaries; Isidore, *Etymologiae* [*CPL* 1186] VII.i-v; pseudo-Bede, *De sex dierum generatione*; Wigbod (pseudo-Bede), *Quaestionum super Genesin dialogus*; Isidore, *De ortu et obitu patrum* [*CPL* 1191]; *Exorcismus* and *Benedictio aquae*; excerpts from writings about computus; excerpts from *ordines* for the Office

MS: Van den Gheyn et al. (1901–48) II.274–5; N.R. Ker (1957) Appendix no. 6; *CLA* X (1963) no. 1542; Bischoff (1966–81) I.248; Mordek (1975) 274–6; Bullough (1983) 47 n. 109; Mordek (1995) 85–90; Bischoff (1998–) I, no. 724; Kéry (1999) 52, 75; D. Ganz (2004) 500; *ASMMF* XIII (2006) 51–61 [no. 21; Bremmer, Dekker]; Gneuss (2008b) 140; Gneuss (2012) 295

FACS: Mordek (1975) pl. IV (a) [fol. 130r (detail)]; *ASMMF* XIII (2006) no. 21

ST: *CSLMA* II (1999) 10

808. 1. Brussels, Bibliothèque royale, 8794–99 (1403), fols. 1–17

s. xi/xii, Rochester

Contents: Ernulf of Beauvais and Rochester, *De incestis coniugibus*; decretals

MS: Van den Gheyn et al. (1901–48) II.329; R. Gameson (1999a) no. 12; R. Sharpe (2001) 113

808. 2. Brussels, Bibliothèque royale, 9850–52 (1221), fols. 4–139, 144–76

s. vii/viii, Soissons, prov. Corbie, s. viii ex.? [fols. 140–3 (Caesarius, *Sermo* xxiii): s. viii ex., Corbie area]. Whole MS prov. Bath?, prov. Saint-Vaast, Arras, by s. xi²

[cf. note after no. **781**]

Contents: *Verba seniorum* [*CPG* 5570; *BHL* 6527] I–XV. 39 (=*Vitas patrum*, bk. V)]; Caesarius, *Sermones* [*CPL* 1008] (seven *sermones* only); *Decretum Gelasianum de libris recipiendis et non recipiendis* [*CPL* 1676]; anonymous commentary on the gospels; psalter (f): s. ix/x, (prov. Saint-Vaast, Arras, s. xii–xiii?)

MS: Delisle (1884); Van den Gheyn et al. (1901–48) II.224–6; Grierson (1940a) 107–8; *CLA* X (1963) nos. 1547a, 1547b; Batlle (1972) 17; P. Jackson (1992) 123 and n. 21; Lapidge (1994b) 128; Bischoff (1998–) I, no. 737; Lapidge (2006) 138, 295, 337–8; Wieland (2009) 131

808. 3. Brussels, Bibliothèque royale, II. 436

s. viii, England (prov. prob. convent of Münsterbilsen, diocese of Liège)

Contents: gospels (f; Lc XI.10–29)

MS: *CLA* X (1963) no. 1549; B. Fischer (1988–91) I.16*

ED: B. Fischer (1988–91) [gospel fragment coll. as Eu]

808. 4. 1. Brussels, Biblothèque royale, II. 1766, fol. 2

s. viii/ix or ix in. (Insular script)

Contents: unidentified theological text (Gregory, *Moralia in Iob*?) (f)

808. 4. 2. Brussels, Bibliothèque royale, II. 7538

s. viii in., prob. England

Contents: anonymous *Regula monialium* [*CPL* 1861] (f)

MS: Masai (1948); Bischoff (1962) 615 [repr. Bischoff (1966–81) II.339]; *CLA* X (1963) no. 1555; Milde (1986) 150

FACS: Masai (1948) pls. 26–7 [recto and verso]

ED: De Bruyne (1923) 128; Masai (1948)

Bückeburg, Niedersächsisches Staatsarchiv, Depot 3/1: see no. **856**

Budapest, National Széchényi Library, Cod. Lat. 442, fols. 1–2: see no. **791. 9**

Budapest, University Library, Fragm. lat. 1: see no. **791. 9**

808. 5. Cambrai, Bibliothèque municipale, 470 (441)

s. viii^1 or viii med., prob. English

Contents: Philippus presbyter, *Comm. in librum Iob* [*CPL* 643]

MS: *Cat. gén. Dép.* (Octavo) XVII.174 [Molinier]; Lindsay (1915) 449; Lowe (1924) 40 [no. 16]; *CLA* VI (1953) no. 740; Bischoff (1966–81) II.339; Parkes (1976a) 166 n. 18 [repr. Parkes (1991) 126 n. 18]; R. McKitterick (1989b) 400 and n. 36; Bischoff (1990) 77 n. 174, 199 n. 85; T.J. Brown (1993b) 185; Dumville (1995b) 101 and n. 23; Lapidge (2006) 157, 325

DEC: E.H. Zimmermann (1916) 145, 307–8

FACS: Chatelain (1901–2) pls. XCIII–XCIV [folios not specified]; *NPS* II, pl. 31 [fols. 50r, 23v (detail)]

Cambridge, Mass., Harvard University, Houghton Library, Typ 612: see no. **504. 3**

808. 6. Chalons-en-Champagne, Archives de la Marne, Fragm. I. 7

s. x^1

Contents: Psalterium Romanum (f)

MS: Hourlier-Gandilhon (1956) 62

808. 7. Chicago, Newberry Library, fragm. 15

s. x$^{2/4}$

Contents: Alcuin, *Epist.* cxlix, clv, cxxxvi (f)

MS: Masi (1972) 103; D. Ganz (1993); Bullough (2004) 69 and n. 165

FACS: D. Ganz (1993) pls. VI (a)–(b) [*Epist.* cxlix], VII (a)–(b) [*Epist.* clv, cxxxvi]

ST: *CSLMA* II (1999) 255, 265, 268

808. 9. Christchurch, New Zealand, private collection, s.n.

s. x/xi, Canterbury, prob. CC

Contents: Prudentius, *Contra Symmachum* [*CPL* 1442], with gloss (f)

MS: Maggs, *Catalogue* 973 (London, 1976) 44 [no. 151]; Manion et al. (1989) 138–9 [no. 165]; Stoneman (1997) 127; Lapidge (2006) 329

Città del Vaticano: see under [Rome], Città del Vaticano

809. Coburg, Landesbibliothek, 1

s. ix$^{2/3}$, Metz, prov. England (royal court) *c.* 923×936?, prov. Gandersheim by s. xi in.

Contents: gospel list, gospels

MS: Drögereit (1949) 46–7 and nn.; Hubay (1962a) 9–16; Hubay (1962b); Bullough (1975) 34, 213 n. 45 [repr. Bullough (1991) 287, 295 n. 48]; Keynes (1985a) 189–93; Dumville (1987) 171 and n. 126; B. Fischer (1988–91) I.25*; Dumville (1992b) 94 and n. 193; Dumville (1994a) 158 and n. 138; Lenker (1997) 415–16 *et passim*; Bischoff (1998–) I, no. 930; Lapidge (2006) 169

DEC: Köhler (1930–60) III.106, 163–7; E. Temple (1976) 12; Schramm–Mütherich (1981) 139–40 [no. 63]

FACS: Köhler (1930-60) III, pls. 92 [fols. 10v, 11r], 93 [fols. 11v, 12r, 12v, 13r], 94 [fols. 13v, 14r, 14v, 15r], 95 [fols. 15v, 1v, 18r], 96 [fols. 22r, 58r, 131v, 132r]; Hubay (1962a) pls. 1–2 [fols. 132r, 168r (detail)]; Keynes (1985a) pl. XII [fol. 168r (detail)]

ED: B. Fischer (1988–91) [gospels coll. as Zc]

809. 8. Columbia, University of Missouri Library, Fragmenta manuscripta, F. M. 1

s. x med. or x^2, Brittany?, prov. England by s. x ex.

Contents: Office lectionary (f)

MS: Gatch (1986–90); De Hamel (1987) 203 [no. 69]; Voigts (1988); Dumville (1991–5) 43–4; Marsden (1995) 47; Stoneman (1997) 104–5, 123

FACS: Voigts (1988) pls. VII [recto], VIII [verso]

809. 9. Columbia, University of Missouri Library, Fragmenta manuscripta, F. M. 2

s. ix, prob. Wales, prov. Winchester by s. x in.

Contents: extracts from Bede, *De orthographia* [*CPL* 1566], Priscian, *Institutio de nomine, pronomine et uerbo* [*CPL* 1550] and *Institutiones grammaticae* [*CPL* 1546], and from Audax, *De Scauri et Palladii libris excerpta per interrogationem et responsionem* [Keil, *GL* VII.320–62 (grammatical note attributed to Jerome)]

MS: Gatch (1986–90); Webb (1985) *passim*; Voigts (1988) 83; Parkes (1997a) 1 n. 1; Lapidge (2006) 282, 326; Wieland (2009) 145

810. Columbia, University of Missouri Library, Fragmenta manuscripta, F.M. 3

s. x/xi

Contents: sacramentary (f)

MS: Gatch (1986–90); Stoneman (1997) 105, 123

811. Columbia, University of Missouri Library, Fragmenta manuscripta, F.M. 4

s. x^2

Contents: excerpts from Prophetae minores (f)

MS: Gatch (1986–90); Marsden (1995) 41, 44, 46, 253, 323, 379–86; Stoneman (1997) 105, 123–4; Marsden (2012) 426 and n. 92

FACS: Marsden (1995) pl. VIII [verso]

811. 5. Copenhagen, Kongelige Bibliotek, Acc. 1996 / 12

prob. s. xi^1 [prob. from the same MS as nos. **816. 6** and **830**]

Contents: Ælfric, Homilies* (f; from enlarged First Series of *Catholic Homilies*)

MS: Fausbøll (1995); Clemoes (1997) 59; Abram (2007) 427 and n. 7; Kleist (2007c) 496; Gneuss (2008a) 412–13 and nn.; Scragg (2012a) nos. 299–306

812. Copenhagen, Kongelige Bibliotek, G.K.S. 10 (2°)

s. x ex. or xi in.?, Winchester NM? or Peterborough?, prov. s. xi Peterborough or Canterbury, (prov.: had left England by s. xii ex.?)

Contents: gospels

MS: Jørgensen (1926) 9–10; T.A.M. Bishop (1954–8b) 333; T.A.M. Bishop (1967a); T.A.M. Bishop (1971) xv, xxii, 11; Backhouse et al. (1984b) no. 48 [D.H. Turner]; McGurk (1986b) 43 *et passim* [repr. McGurk (1998) no. XIV]; Heslop (1990) 191–5 *et passim*; Dumville (1991–5) 44; Dumville (1993f) 98 [no. 9]; Dumville (1993g) 75 n. 342, 116, 139 n. 5; Hartzell (2006) no. 74; R. Gameson (2012a) 50 and n. 157, 59 n. 194, 61, 92; R. Gameson (2012b) 108 n. 51; McGurk (2012) 446 [no. 5]

DEC: E. Temple (1976) no. 47; Brownrigg (1978) 255, 265; Ohlgren (1986) no. 152; G. Henderson (1987) 120; R. Gameson (1995b) 196 n. 21, 198, 204 n. 71, 208; Farr (2003) 117–19; R. Gameson (2012) 283 and n. 118, 284 and n. 124

FACS: T.A.M. Bishop (1967a) fig. 1 [fol. 18v (detail)]; T.A.M. Bishop (1971) pls. XI (a)–(b) [fols. 9r, 16r (details)]; E. Temple (1976) ills. 151–4 [fols. 2v, 18r, 82v, 17v]; Backhouse et al. (1984b) colour pl. XII [fol. 17v]; G. Henderson (1987) pl. 175 [fol. 17v]; Farr (2003) fig. 1 [fol. 17v]

ST: Glunz (1933) 133, 135

813. Copenhagen, Kongelige Bibliotek, G.K.S. 1588 (4°)

s. xi$^{4/4}$, Bury St Edmunds, prov. s. xi ex. Saint-Denis?

Contents: Abbo of Fleury, *Passio S. Eadmundi* [BHL 2392]; Office of St Edmund (incomplete)

MS: Jørgensen (1926) 189; R.M. Thomson (1984); Gransden (1995a) 64–5; Andrew Hughes (1993) 260–1; R. Gameson (1999a) no. 199; Hartzell (2006) no. 75; Rankin (2012) 504 and n. 106

FACS: Gransden (1995a) pl. II [fol. 20r]

ED: Winterbottom (1972) 91–2 [variant readings from Abbo, *Passio S. Eadmundi*, coll. as C]; Hartzell (2006) no. 75 [Office of St Edmund]

ST: Gransden (1995a); Biggs et al. (2001) 2–4 [Lendinara]

814. Copenhagen, Kongelige Bibliotek, G.K.S. 1595 (4°)

c. 1002–1023, Worcester (and York?), prov. Denmark (Roskilde) s. xi?

Contents (a version of Wulfstan's 'Handbook'): Amalarius (?), *Eclogae de ordine Romano*; hymn [SK and SK Suppl. 1863]; *Institutio canonicorum* [extracts from the record of the Council of Aachen in 816, with excerpts from works of Isidore and Jerome, and *De ecclesiasticis gradibus*]; anonymous sermon [by someone connected with Wulfstan] *De ieiunio quattuor temporum*; Abbo of Saint-Germain-des-Prés, *Sermones* xiii, vii–x, vi, xi, xii; eight formulary letters about penitence, four by Wulfstan, three by Pope John XVIII and one by Pope Gregory V; Caesarius of Arles, *Sermo* xxxiii (adapted); five sermons by or connected with Wulfstan; Wulfstan, Homily Ia; four more sermons (unidentified); pseudo-Augustine, *Sermo* ccli; sermon on baptism (excerpted from works of Augustine on baptism); ancient continental sermon on vices and the Last Judgement (adapted); excerpts from Scripture [Bethurum, Homily XI, lines 1-87]; exhortation* by Wulfstan; Ælfric, Pastoral Letters 2 and 3; Wulfstan, Homily VIIIa; a passage on chrism; 'De officio missae' (excerpts from Hrabanus Maurus, Theodulf, Isidore and others); various extracts (partly repeating those from the Council of Aachen in 816, listed above)

MS: Fehr (1914/1966) cxxi–cxxii, cxxv–cxxxix [Clemoes]; Jørgensen (1926) 43–6; Bethurum (1942); Whitelock (1942) 47–8 [repr. Whitelock (1981b) no. XI]; Bethurum (1957) 3; N.R. Ker (1957) no. 99; N.R. Ker (1960) 49; Whitelock (1965) 220 [repr. Whitelock (1981b) no. XV]; T.A.M. Bishop (1971) 20 n. 1; N.R. Ker (1971) 319–21 [repr. N.R. Ker (1985) 13–15]; Fowler (1972) lv–lviii; Whitelock (1976) 28; Rella (1977) 84, 107, 122, 136; U. Önnerfors (1985) 25–7; P.L. Heyworth (1989) 45; Dumville (1992a) 135 and n. 297; Cross—Morrish Tunberg (1993b); R.I. Page (1993b) 15–18; Gerritsen (1998); C.A. Jones (1998b) 77–80; C.A. Jones (1998d) 14–16; Sauer (2000); Dance (2004) 31; Godden (2004) 358 n. 21, 359 n. 25, 371; T.N. Hall (2004a) 94–100; J. Hill (2004) 321; C.A. Jones (2004) 327–9, 351–2; G. Mann (2004) 239–40 n. 8, 265 n. 94; A. Orchard (2004) 66 n. 15, 67–70; Hartzell (2006) no. 76; Lapidge (2006) 295; Wieland (2009) 127; R. Gameson (2012a) 27, 49 and n. 152, 58 n. 192; R. Gameson (2012b) 103 and n. 36, 110 and n. 61, 111 n. 66; R. Gameson (2012d) 360 n. 59; Gullick (2012) 295 n. 7; A. Orchard (2012) 696 [no. 4]; Scragg (2012a) no. 307

FACS: Cross—Morrish Tunberg (1993b) [complete facsimile]; N.R. Ker (1971) pl. VII [fol. 66v]; N.R. Ker (1985) 25 [fol. 66v]

ED: Jost (1950) 268–9 [Exhortation* by Wulfstan]; Bethurum (1957) 113–15 [Wulfstan, *Hom.* Ia, coll. as Cop], 169–71 [Wulfstan, *Hom.*

VIIIa, coll. as Cop], 211–14 [Wulfstan, *Hom.* XI, coll. as Cop], 374–6 [Letters about penitence, 1–3, 7, 8, coll. as Cop]; Aronstam (1975) 79–82 [base MS (= C) for letters about penitence]; U. Önnerfors (1985) 63–202 [Abbo of Saint–Germain–des–Prés, *Sermones*, coll. as C]; Dance (2004) 31 [text on fol. 66v], T.N. Hall (2004a) 115–34 [nine sermons by or connected with Wulfstan], 136–7 [fols. 60v–62r]; A. Orchard (2004) 68 [fol. 66v]

LANG: Dance (2004) 31; A. Orchard (2004) 90

ST: Jost (1950) 268–70; Cross—Hamer (1999) 17–18, 27–8, 31, 38, 40, 60, 72, 141–2, 148

815. Copenhagen, Kongelige Bibliotek, G.K.S. 2034 (4°)

s. x/xi, OE glosses s. xi^1, (prov. Paris, Saint-Victor)

Contents: Bede, *Vita S. Cudbercti* (verse) [*CPL* 1380; *BHL* 2020]; pseudo-Columbanus (pseudo-Alcuin), *Praecepta uiuendi* [SK 5960]; colophon

MS: Jørgensen (1926) 41–2; Jaager (1935) 28–9; N.R. Ker (1957) no. 100; F.C. Robinson (1973) 453, 459, 461, 464 n. 62; Korhammer (1980); Dumville (1993f) 98 [no. 10]; Lapidge (1995c) 130, 146–7; R. Gameson (2002a) 42 [no. 22], 23 and n. 93; Lapidge (2008a) 114; Scragg (2012a) nos. 308–9

FACS: R. Gameson (2002a) pl. 5 [fol. 22v]

ED: Jaager (1935) [Bede, *Vita metrica S. Cudbercti*, coll. as K]; Meritt (1945) no. 9 [OE glosses to Bede, *Vita metrica S. Cudbercti*]; Gameson (2002a) 42 [colophon]

ST: Smit (1971) 233–5 [*Praecepta uiuendi*]; Lapidge (1977b) 871–4; *CPPM* II, no. 3216b [*Praecepta uiuendi*]; *CSLMA* II (1999) 75–7; Lapidge (2008a) 112–20

816. Copenhagen, Kongelige Bibliotek, N.K.S. 167b (4°)

s. x/xi

Contents: *Waldere*** (f)

MS: Dobbie (1942) xix–xx; F. Norman (1949) 1–5; N.R. Ker (1957) no. 101; Zettersten (1979) 7–11; R. Gameson (2012b) 98; Scragg (2012a) no. 310

FACS: Zettersten (1979) 14–18 [complete facsimile]

584 Anglo-Saxon Manuscripts

ED: Dobbie (1942) 4; F. Norman (1949) 35–43; Zettersten (1979) 15–21; J. Hill (1983) 23–5, 30–2; Mitchell—Robinson (1998) 208–11; Fulk et al. (2008) 337–9

LANG: F. Norman (1949) 5–7; Zettersten (1979) 11–12

ST: Greenfield—Robinson (1980) 274–7; see also the bibliographies in Dobbie (1942), F. Norman (1949), and Zettersten (1979)

Copenhagen, Rigsarkivet, Middelalderlige Håndskriftfragmenter, 3084 and 3085: see no. **872**

816. 3. Copenhagen, Rigsarkivet, Middelalderlige Håndskriftfragmenter, 3185 and 3186

s. xi

Contents: missal (f)

MS: Hartzell (2006) no. 77

Copenhagen, Rigsarkivet, Middelalderlige Håndskriftfragmenter, 4593: see no. **871**

816. 6. Copenhagen, Rigsarkivet, Aftagne Pergamentfragmenter, 637–64, 669–71, 674–98

s. xi^1

Contents: Ælfric, *Catholic Homilies** (f; from I.xxvi and xxxv–xxxvii) [fifty-six binding strips, prob. from the same MS as nos. **811. 5** and **830**]

MS: Fausbøll (1986) 9–19, 33–8; Clemoes (1997) 58–9; Abram (2007) 427 and n. 7; Kleist (2007c) 496; Scragg (2012a) nos. 299–306

FACS: Fausbøll (1986) [complete facsimile]

ED: Fausbøll (1986) 43–89; Clemoes (1997) [fragments coll. as f^e]

LANG: Fausbøll (1986) 19–27

ST: N.R. Ker (1957) no. 118; Fausbøll (1995)

Damme, Musée van Maerlant [formerly no. 817]: see now no. **848. 8**

818. Darmstadt, Hessische Landes- und Hochschulbibliothek, 4262

s. viii^1, Monkwearmouth-Jarrow

Contents: Bede, *De temporum ratione* [*CPL* 2320] (f)

MS: Bischoff—Brown (1985) 325–6 [= *CLA* no. 1822]; Staub (1986) 1–7; Bischoff (1990) 199 n. 86; Saenger (1997) 334 n. 21; Wallis (1999) lxxxvi and n. 234

FACS: Bischoff—Brown (1985) pl. IV (b) [recto]; Staub (1986) pls. 1–2 [recto and verso]

ED: Staub (1986) 4 and 6

818. 3. Düsseldorf, Universitäts- und Landesbibliothek, A 19 (with Fragm. K 16: Z 1/1, and Tokyo, Collection of Toshiyuki Takamiya MS 45)

s. viii/ix, Werden or England

Contents: Old Testament: Heptateuch (f)

MS: *CLA* Supplement (1971) no. 1685; R. McKitterick (1986–90) 297 and n. 37; Crick (1987) 184 and n. 18; Parkes *apud* Bischoff et al. (1988a) 21 n. 103; M.P. Brown (1989b); Krämer (1989–90) I.827; Barker-Benfield (1991); Bischoff—Brown (1992) 307; Marsden (1995) 42–3; Stoneman (1997) 131; Bischoff (1998—) I, no. 1061; Gerchow (1999) 56 [no. 14] and nn. 42 and 43, 375–6 [no. 84]

FACS: M.P. Brown (1989b) pls. I–II [Takamiya leaf, recto and verso]

818. 5. Düsseldorf, Universitäts- und Landesbibliothek, Fragm. K1: B210 (with San Marino, California, Henry E. Huntington Library RB 99513 (PR 1188F))

s. viii^2 or viii ex., prob. England, or Werden?

Contents: Isidore, *De ortu et obitu patrum* [*CPL* 1191] (f); *Allegoriae quaedam S. Scripturae* [*CPL* 1190] (f)

MS: *CLA* VIII (1959) no. 1184; Bischoff—Brown (1985) 358; Parkes *apud* Bischoff et al. (1988a) 21 n. 103; Krämer (1989–90) I.827; Stoneman (1997) 130; Gerchow (1999) 56 [no. 7], 373 [no. 78]; Zechiel-Eckes (2003) 23; Lapidge (2006) 309, 310

818. 6. Düsseldorf, Universitäts- und Landesbibliothek, Fragm. K1: B212 (with Werden, Pfarrarchiv Fragm. 1 and New York, Columbia University Library, Plimpton 54)

s. viii, Ireland, prov. England?, prov. Werden

Contents: Laidcenn, *Ecloga de Moralibus in Iob* [*CPL* 1716; *BCLL* 293] (f; xvii.1–174)

MS: Drögereit (1951) 6–7; *CLA* (1959) VIII, no. 1185, and XI (1966) p. 22; Adriaen (1969) vi; Krämer (1989–90) I.827; Barker-Benfield (1991) 53 and n. 41; Gerchow (1999) 55 [no. 1], 372 [no. 74]; Zechiel-Eckes (2003) 24–6; Bremmer (2007) 25 n. 21; Castaldi (2011) 400

ED: Adriaen (1969) 207–12 [Laidcenn, *Ecloga*, coll. as A]

ST: *BCLL* (1985) no. 293; Castaldi (2011) 400–1

818. 7. Düsseldorf, Universitäts- und Landesbibliothek, Fragm. K1: B213 (?with Bonn, Universitätsbibliothek, 366, fols. 34 and 41, palimpsest, lower script)

s. viii/ix, S England or Anglo-Saxon centre in Germany (Werden?)

Contents: Gregory, *Dialogi* [*CPL* 1713] (f)

MS: *CLA* VIII (1959) nos. 1186 [and 1070]; Bischoff (1998–) I, nos. 1068 [and 653]; Gerchow (1999) 56 and n. 44 [no. 15], 381–2 [no. 100]; Zechiel-Eckes (2003) 26; Lapidge (2006) 159; Bremmer (2007) 42, 25 n. 22

819. Düsseldorf, Universitäts- und Landesbibliothek, Fragm. K1: B215, K2: C118, K15:009, K19: Z 8/8, M.Th.u.Sch. 29a (4) (pastedowns)

s. viii med., prob. Northumbria

Contents: John Chrysostom, *De reparatione lapsi* (in Latin translation of Anianus of Celeda?) [*CPG* 4305] (f), *De compunctione cordis* (in Latin translation of Anianus of Celeda) [*CPG* 4308–9] (f); *Passio S. Iusti pueri* [*BHL* 4590] (f); *Pastor Hermas* [*CPG* 1052] (f)

MS: *CLA* VIII (1959) no. 1187; Kotzor (1981) I.271*; Bischoff–Brown (1985) 364; Vezzoni (1987) [K2: C118]; Barker-Benfield (1991) 53 and n. 43; Vezzoni (1994) 42–3 [K2: C118]; Gerchow (1999) 56 [nos. 4 and 18], 372 [no. 76]; Zechiel-Eckes (2002) *passim*; Zechiel-Eckes (2003) 27–8, 30–1, 47, 60, 65–6; Lapidge (2006) 316–17, 341; Biggs (2007a) 65–6 [C.D. Wright]; Bremmer (2007) 41 and n. 62; Love (2007) 74; Garrison (2012) 645 n. 70

FACS: Zechiel-Eckes (2002) pl. following p. 202 [K19: Z 8/8, fol. 2r]; Zechiel-Eckes (2003) pls. 23 [K19: Z 8/8, fol. 2v], 25 [M.Th.u.Sch. 29a (4), back pastedown]

ED: Vezzoni (1987) [transcription of fragments of *Pastor Hermas* in K2: C118]; Vezzoni (1994) 104–16 [K2: C118 (*Pastor Hermas*) coll. as D]

ST: Coens (1951) [*Passio S. Iusti pueri*]; Biggs et al. (2001) 282–3; Love (2007) [John Chrysostom]

820. Düsseldorf, Nordrhein-Westfälisches Hauptstaatsarchiv Z 11/1 (with Düsseldorf, Universitäts- und Landesbibliothek M O41)

s. viii², prob. Northumbria

Contents: Orosius, *Historiae aduersum paganos* [*CPL* 571] (f)

MS: *CLA* Supplement (1971) no. 1687; Oediger (1972) 430; Bischoff – Brown (1985) 366; Parkes *apud* Bischoff et al. (1988a) 22 n. 118; Krämer (1989–90) II.828; Barker-Benfield (1991) 53 and n. 44; Zechiel-Eckes (2002) 203 n. 31; Zechiel-Eckes (2003) 65; Gerchow (1999) 56, 373 [no. 77]; Bullough (2004) 267–8 and n. 46; Lapidge (2006) 323; Wieland (2009) 142; Garrison (2012) 646 n. 72; Jayatilaka (2012) 675 and n. 17

821. Düsseldorf, Universitäts- und Landesbibliothek, Fragm. K15: O17 + K19: Z8/7b (with Gerleve, Stiftsbibliothek, s.n.)

s. viii², prob. Northumbria

Contents: Isidore, *Etymologiae* [*CPL* 1186] (f)

MS: *CLA* VIII (1959) no. 1189 [wtih *CLA* Supplement (1971) p. 6]; Bischoff (1966–81) I.183 and n. 76; Parkes *apud* Bischoff et al. (1988a) 22 n. 118; Barker-Benfield (1991) 53 and n. 45; Gerchow (1999) 56 [no. 6], 374 [no. 79]; Zechiel-Eckes (2003) 48, 59; Lapidge (2006) 311; Garrison (2012) 645 n. 71

822. Düsseldorf, Universitäts- und Landesbibliothek, Fragm. K16: Z 3/1

s. viii¹, Northumbria

Contents: Cassiodorus, *Expositio psalmorum* [*CPL* 900] (breviate version) (f)

MS: *CLA* Supplement (1971) no. 1786; Parkes *apud* Bischoff et al. (1988a) 22 n. 118; *CPPM* II, no. 2121; Knappe (1996) 217–18; Gerchow (1999) 56 [no. 3], 378–9 [no. 91]; Bullough (2004) 256–7 and nn.; Lapidge (2006) 296; Wieland (2009) 131; Rushforth (2011) 59–60; Garrison (2012) 645 n. 69

FACS: Gerchow (1999) 378 [recto]

ST: Halporn (1981); Bailey (1983); Bailey – Handley (1983)

823. El Escorial, Real Biblioteca de San Lorenzo de El Escorial, e. II. 1

s. x/xi or xi in., Continent or England, prov. Horton Abbey, Dorset, s. xi²

Contents: Boethius, *De consolatione Philosophiae* [*CPL* 878], with abbreviated version of commentary by Remigius

MS: Antolin (1910–23) II.33–4; N.R. Ker (1957) no. 115; N.R. Ker (1964) 103; T.A.M. Bishop (1971) 18; Bolton (1977a) 57–8; O'Donovan (1988) lxi; Dumville (1993g) 54 n. 240, 55; Budny (1997) I.460; Lapidge (2006) 56 n. 20, 293; Wittig (2007) 189; Ziolkowski (2007) 250; Godden–Irvine (2009) I.xlv; Wittig (2010) 250; R. Gameson (2012a) 29 n. 66; Rankin (2012) 505 n. 111; Scragg (2012a) no. 332

ST: Godden (2011) 92; Jayatilaka (2011) 98, 117

824. Épinal, Bibliothèque municipale, 72 (7), fols. 94–107

s. vii ex. or vii/viii

Contents: glossary⁺* (the 'Épinal-Erfurt Glossary')

MS: *Cat. gén. Dép.* (Quarto) III.429 [Michelant]; *CLA* VI (1953) no. 760; N.R. Ker (1957) no. 114; Pheifer (1974) xxi–xxv; T.J. Brown (1982) I.109 and n. 12 [repr. T.J. Brown (1993a) 210 and n. 12]; Bischoff et al. (1988a) 13–17; A.K. Brown (1992) 106–7 and nn.; Lapidge (2007) 35; Sauer (2008) 439; Wieland (2009) 145, 146; Lapidge (2010a) 130–1; *ASMMF* XVIII (2012) 67–83 [no. 128; Lucas]; Crick (2012) 177 n. 16

FACS: Sweet (1883) [complete facsimile]; Schlutter (1912) [complete facsimile]; Bischoff et al. (1988a) [complete facsimile]; T.J. Brown (1993a) ill. 58 [fol. 96v]; *ASMMF* XVIII (2012) no. 128 [complete facsimile]

ED: Sweet (1885) 36–106 [Latin–Old English entries only]; Sweet (1887/1978) 2–100 [Latin–Old English entries only]; Goetz (1888–1923) V.337–401 [complete glossary]; A.K. Brown (1969) [complete glossary]; Pheifer (1974) 3–58 [Latin–Old English glossary entries only]

LANG: H.M. Chadwick (1899) 188–249; A. Campbell (1959) ['Ep.']; Karl Brunner (1965) ['Ep.']; Pheifer (1974) lvii–xci; Hogg (1992) ['EpGl']

ST: Lindsay (1921b); Pheifer (1974) xl–xli; Pheifer (1987); Bischoff et al. (1988a); Pheifer (1992) 191–205; Pheifer (1994) *passim*; Pheifer (1995) 329–33; Lapidge (2007) 34–48; Sauer (2007); Sauer (2008); Lapidge (2010a) *passim*; Giliberto (2011) 127–8 and n. 40; Rusche (2011) 402–14; R. McKitterick (2012) 325

824. 3. Esztergom, Archiepiscopal Library, s.n.

s. viii², prob. England, possibly Anglo-Saxon centre on the Continent

Contents: Gregory, *Homiliae in Hiezechielem* [CPL 1710] (f)

MS: *CLA* XI (1966) no. 1591; Lapidge (2006) 164

824. 5. Évreux, Bibliothèque municipale, 43

s. x, England?, (prov. Lyre, Normandy)

Contents: Proba, preface to *Cento Vergilianus* [SK 14383]; Sedulius, Letter to Macedonius and *Carmen paschale* [CPL 1447] with glosses, *Hymni* [CPL 1449]

MS: *Cat. gén. Dép.* (Octavo) II.426–7 [Omont]; Nortier (1966) 124, 140; Springer (1995) 49; Bischoff (1998–) I, p. 254; Lapidge (2006) 327, 331; R. Gameson (2012a) 67 n. 232

825. Florence, Biblioteca Medicea Laurenziana, Amiatino 1 (the 'Codex Amiatinus')

s. vii ex. or viii in. (before 716), Monkwearmouth-Jarrow, prov. Continent s. viii, prov. abbey of Monte Amiato, Italy (by s. ix or x?)

Contents: complete Bible (pandect) with metrical *tituli* [SK and SK Suppl. 2431, 2820]

MS: J. Wordsworth et al. (1889–1954) I.xl; P. Wagner (1912) 66–7; *CLA* III (1938) no. 299; Lowe (1960) 8–13; D.H. Wright (1961a); Bruce-Mitford (1967); Gamber (1968–88) no. 404b; Parkes (1982) 3–6 and n. 4, 20–1 and n. 81 [repr. Parkes (1991) 94–5 and n. 4, 116–17 and n. 81]; Webster–Backhouse (1991) no. 88; Parkes (1992) 179; Marsden (1995) 76–201; Lenker (1997) 392–3; Webster–Brown (1997) 235 [no. 94]; Marsden (1998); Martín Sánchez (2000) 130–2; Magrini (2001); Alidori et al. (2003) 3–58; Chazelle (2003); W. Schipper (2003) 153; Meyvaert (2005); Lapidge (2006) 29, 61; Biggs (2007a) 16; Wieland (2009) 115; Marsden (2011); M.P. Brown (2012) 125–6, 131, 142 and n. 93; R. Gameson (2012a) 37, 46 and n. 140, 51, 53, 82 n. 294, 90 n. 327; R. Gameson (2012b) 108 and n. 54, 114; Gullick (2012) 308 and n. 88; Marsden (2012) 406–7, 412, 416–17

DEC: Köhler (1930–60) III.15, 31, 74; Bruce-Mitford (1967); Alexander (1978a) no. 7; Weitzmann (1977) 24, 126; Ohlgren (1986) no. 7; Merten (1987); Marsden (1995) 102–5, 119–22; G. Henderson (1987); R. Gameson (1995b) 28, 188; Michelli (1999); Chazelle (2003);

Chazelle (2006); Karkov (2009) 209–10; Nees (2011) 14, 15, 16, 22–4, 27; Netzer (2012) 232

FACS: Ricci (2000) [complete facsimile on CD-ROM]; Lowe (1960) pls. VIII–IX [fols. 1v, 989r, 938v, 401r]; D.H. Wright (1961a) pls. I [fol. Iv], II [fols. 195r, 255r, 221r (details)], III [fol. 218r], V (d)–(e) [fols. 276v, 979v (details)]; Bruce-Mitford (1967) pls. I [fol. Iv], II [fol. Vr], IV (1) [fol. 802r (detail)], IV (2) [fol. Vr (detail)], VI [fol. IVv], VII [fol. IIIr (detail)], IX [fol. VIIr], X [fol. 8r], XI [fols. VIr and Ir (details)], XII [fol. VIv], XIII [fol. 796v], XVI [fol. 799r], XX [fol. 86v]; D.M. Wilson (1984) pl. 39 [fol. Vr]; Parkes (1992) pl. 10 [fol. 349v]; Marsden (1995) pl. I [fol. 485r]; Meyvaert (2005) fig. 8 [fol. VIIIr (detail)]; M.P. Brown (2007a) pls. 22–3 [fols. Vr, IIv–IIIr]; Marsden (2011) figs. 11.1–4 [fols. 239r, 438r, 224v, 996v]

ED: Tischendorf (1850) [base MS for complete New Testament]; J. Wordsworth et al. (1889–1954) [base MS for gospels; the remainder of the New Testament coll. as A]; Wordsworth–White (1911) [New Testament coll. as A]; De Sainte-Marie (1954) [Psalterium Hebraicum coll. as A]; B. Fischer (1988–91) [gospel excerpts coll. as Na]; Weber–Gryson et al. (1994) [complete Bible coll. as A]; Martín Sánchez (2000) [*Versus Isidori* coll. as Am]

ST: B. Fischer (1962) [repr. B. Fischer (1985) 9–34]; Klauser (1972) xxxi; Corsano (1987); Hunter Blair (1990) 222–5; R. Gameson (1992b); McGurk (1994b) [repr. McGurk (1998) no. XII]; Netzer (1994) *passim*; Meyvaert (1996); Lenker (1997) *passim*; Marsden (1998); Dumville (1999) 48, 67–9, 81; Farr (1999) 336–44; *CSLMA* II (1999) 87 [Ezra inscription]; M.P. Brown (2003a) *passim*; Gorman (2003); Meyvaert (2005); Meyvaert (2006); Ziolkowski (2007) 190 n. 54; Ferrari (2011) 237

827. Florence, Biblioteca Medicea Laurenziana, Plut. xvii. 20

s. xi$^{2/4}$, Canterbury CC?, prov. Continent s. xi

Contents: gospel lectionary

MS: T.A.M. Bishop (1971) xvi, 22; Heslop (1990) 173–4, 182; Pfaff (1992a) 269; Dumville (1993g) 117–20, 139; Lenker (1997) 467–71; R. Gameson (2004b); Wieland (2009) 122; Teviotdale (2010) 87–99; R. Gameson (2012a) 40 n. 105; R. Gameson (2012d) 363 and n. 79

DEC: F. Wormald (1952) 64–5 [no. 21]; E. Temple (1976) no. 69; Dodwell (1982) 81; Ohlgren (1986) no. 174; Raw (1990) 206; R. Gameson (1992a) 190, 207, 212 n. 108; R. Gameson (2012c) 282 and n. 116

FACS: E. Temple (1976) ill. 232 [fol. 1r]; Dodwell (1982) pl. 15 [fol. 1r]; Dumville (1993g) pl. XII [folio not specified]

ST: Klauser (1972) xcvii [no. 107]; Lenker (1997) *passim*

827. 1. Florence, Biblioteca Medicea Laurenziana, Plut. xlv. 15

s. viii^2 or viii/ix, Northumbria (York?) or Tours?

Contents: Tiberius Claudius Donatus, *Interpretationes Vergilianae*, bks. I-V

MS: *CLA* III (1938) no. 279a; Lowe (1960) no. XXXIX (b); Hunter Blair (1976) 251–2; T.J. Brown (1982) 115 [repr. T.J. Brown (1993a) 216]; L.D. Reynolds (1983) 157–8 [R.H. Rouse]; Bischoff (1998—) I, no. 1227

827. 2. Freiburg im Breisgau, Universitätsbibliothek, 702

s. viii^1, Northumbria or Continent (Echternach?)

Contents: gospels (f)

MS: Dold (1935); *CLA* VIII (1959) no. 1195; Lowe (1960) 20; McGurk (1961a) no. 67 and p. 14; D.H. Wright (1961a) 448; Hagenmaier (1980) 200–1; McGurk (1987) 171 [repr. McGurk (1998) no. II]; Netzer (1989) 207–12; Netzer (1994) *passim*; Autenrieth (1995) 179

DEC: Alexander (1978a) no. 25; M.P. Brown (2003a) 316

FACS: Dold (1935) pls. I [fol. 1r], II [fols. 1v, 2r, 2v (details)]; Lowe (1960) pl. XVI [fol. 1r]; Alexander (1978a) ills. 117–18 [fols. 1r, 1v]; Netzer (1989) [fol. 2v]

827. 5. Fulda, Hessische Hochschul- und Landesbibliothek, Aa. 21

s. xi (1051×1064) and Continent 1065×1071, prov. Bavaria *c.* 1071, prov. Weingarten s. xi ex.

Contents: gospels (with omissions)

MS: T.A.M. Bishop (1971) xvi n. 3; Köllner—Jakobi-Mirwald (1976–93) I.51–4 [no. 22]; E. Temple (1976) 110, 112; McGurk (1986b) 44, 46–7, 51–3, 55 [repr. McGurk (1998) no. XIV]; Hausmann (1992); McGurk—Rosenthal (1995b) 289–93 *et passim* [repr. McGurk (1998) no. XV]; McGurk—Rosenthal (2006) 185 and n. 1; R. Gameson (2012d) 362 and n. 74; McGurk (2012) 446 [no. 6]

DEC: R. Gameson (1995b) 54 n. 217; Rosenthal—McGurk (2006); R. Gameson (2012c) 271 and n. 66

FACS: Köllner—Jakobi-Mirwald (1976–93) II, pls. 177 [fol. 2v], 178 [fol. 3r], 179 [fol. 3v], 180 [fol. 4r], 181 [fol. 35v], 182 [fol. 36r], 183 [fol. 51v], 184 [fol. 52v], 185 [fol. 71v], 186 [fol. 72r], 187 [fol. 4v], 188 [fol. 5r], 189 [fol. 34r], 190 [fol. 50r], 191 [fol. 70r], 192 [fol. 82v], 193 [fol. 64r], 194 [fol. 88r], 195 [fol. 88v], 196 [fol. 89v]

827. 6. Fulda, Hessische Hochschul- und Landesbibliothek, Bonifatianus 1 (the 'Codex Fuldensis')

s. vi^1 (before 546 or 547), S Italy, prov. England s. vii and/or viii^1, prov. Germany

Contents: Victor of Capua, *Praefatio* to Tatian's *Diatessaron* [*CPL* 953a]; Canon tables; Tatian, *Diatessaron* [*CPG* 1106] in Latin translation, revised by Victor of Capua; list of Epistle pericopes [*CPL* 1976]; Epistulae Pauli; burial places of the Apostles [*BHL* 651]; Actus Apostolorum; Epistulae catholicae (with glosses on the Epistula Iacobi, s. viii); Apocalypsis Iohannis; Damasus, epigram on St Paul [*SK* 7486]

MS: J. Wordsworth et al. (1889–1954) I.xii; Lindsay (1910) 10; Lindsay (1915) 457; McGurk (1955a) [repr. McGurk (1998) no. III]; *CLA* VIII (1959) no. 1196; R. Powell (1962) 4; Köllner—Jakobi-Mirwald (1976–93) I.15–18 [no. 1]; Parkes (1976a) [repr. Parkes (1991) 121–42]; T.J. Brown (1982) 112 [repr. T.J. Brown (1993a) 213]; B. Fischer (1988–91) I.14*; Hausmann (1992) 3–7; Lapidge (1994a) 108–15; McGurk (1994b) 8, 19 n. 59 [repr. McGurk (1998) no. XII]; M.P. Brown (2003c) 154, 166–7, 171–2, 176, 179–81, 206, 266, 388 n. 66; Aris (2004) 101–4; Lapidge (2006) 40 and n. 52, 77 n. 50; Hussey (2008) 159; Gullick (2012) 299 and n. 19

DEC: Köllner—Jakobi-Mirwald (1976–93) I.15 [no. 1]

FACS: Ranke (1860) 2 pls. [illustrating glosses to Epistula Iacobi]; E.M. Thompson (1912) pl. 91 [folio not specified]; Köllner—Jakobi-Mirwald (1976–93) II, pls. 1–3 [fols. 5v–6r, 179v–180r, 436v], 921–2 [front and rear bindings]; Parkes (1991) pls. 23 [fols. 436r, 436v, 435v, 438r (all details)], 24 [fols. 435v, 436v, 436r (all details)]; M.P. Brown (2003c) fig. 66 [fols. 5v–6r]; Aris (2004) pp. 101 [fols. 13v, 14r, 450r (detail)], 102 [fols. 5v, 6r], 103 [fols. 435v, 436r], 104 [fols. 434v, 435r, 4v, 5r]

ED: Ranke (1860) 19–29 [glosses to Epistula Iacobi]; Ranke (1868) 1–3 [*Praefatio* by Victor], 5–20 [Canon tables], 21–165 [Tatian, *Diatessaron*, in Latin translation], 165–8 [list of Epistle pericopes], 180–331 [Epistulae Pauli], 332 [burial places of the Apostles], 332–98 [Actus Apostolorum], 399–432 [Epistulae catholicae], 432–62 [Apocalypsis Iohannis], 463–4 [Damasus, poem on St Paul]; J. Wordsworth et al. (1889–1954) [gospels coll. as F]; Ferrua (1942) 82–3 [poem of Damasus]; B. Fischer (1988–91) [gospels coll. as F]; Weber—Gryson (1994) [gospels coll. as F]; Aris—Broszinski (1996) [glosses to Epistula Iacobi]

ST: Ehrismann (1932) 287–8 [Tatian]; R. Derolez (1954) 402; Klauser (1972) xxxi [Epistle list]; *CPL* (1995) no. 1635 [Damasus]; U.B. Schmid (2005) 13–26, 30–44, 48–51, 59–94, 154–65, 223–8 *et passim* [Tatian]; Hussey (2008) 159–60 [glosses]

827. 7. Fulda, Hessische Hochschul- und Landesbibliothek, Bonifatianus 3 (the 'Cadmug Gospels')

s. viii^1 or viii^2, Ireland, prov. S England?, prov. Germany (s. ix ex. Fulda)

Contents: gospels (with some omissions); verses (introducing Mark, Luke and John) from a poem attributed to Iuvencus [SK 9446]; colophon of the scribe Cadmug [*Colophons* 2424]; note on the return of the manuscript to Abbot Huoggi of Fulda (891×899) (s. ix/x)

MS: Lindsay (1910) 4–12; E.H. Zimmermann (1916) 250; McGurk (1956) 250, 252–3 [repr. McGurk (1998) no. I]; *CLA* VIII (1959) no. 1198; McGurk (1961a) no. 68; R. Powell (1962) 4; T.J. Brown (1969b) 13, 45–56; T.J. Brown (1972) 242, 245 [repr. T.J. Brown (1993a) 118, 273 n. 95]; Pollard (1975) 157–8; T.J. Brown (1984) 326 [repr. T.J. Brown (1993a) 239]; Köllner—Jakobi-Mirwald (1976–93) I.21–3 [no. 3]; Spilling (1982) 883–7; McGurk (1987) 165–8 and nn., 173 [repr. McGurk (1998) no. XII]; B. Fischer (1988–91) I.16*; Hausmann (1992) 11–13; T.J. Brown (1993b) 184; Bischoff (1998—) I, no. 1311a [note on return]; Stiegemann—Wemhoff (1999) II.473–5 [A. Schmid and K. Bierbrauer]; Aris (2004) 100; Lapidge (2006) 77 n. 50; R. Gameson (2012a) 22 n. 32

DEC: E.H. Zimmermann (1916) 31, 106, 108, 250; Köllner—Jakobi-Mirwald (1976–93) I.21 [no. 3]; Köhler—Mütherich (1971–99) VII.74; Alexander (1978a) no. 49; Schramm—Mütherich (1981) 138 [no. 59]; Ohlgren (1986) no. 43; Stiegemann—Wemhoff (1999) II.473–5

FACS: Lindsay (1910) pl. III [fol. 54v]; E.H. Zimmermann (1916) *Tafelband* III, pl. 205 (c) [fol. 33v]; Baesecke (1933) pl. 2 [fol. 18v]; Köllner—Jakobi-Mirwald (1976–93) II, pls. 17–20 [fols. 1v–2r, 19v–20r, 33v–34r, 51v–52r]; Alexander (1978a) ill. 228 [fol. 33v]; Hausmann (1992) pl. 2 [fols. 51v–52r]; Stiegemann—Wemhoff (1999) II.474 [fols. 19v–20r]; Aris (2004) 98 [binding], 99 [fols. 65v, 51v, 52r], 100 [fols. 18v, 33r]

ED: B. Fischer (1988–91) [gospels coll. as Hf]

828. Geneva (Cologny-Genève), Bibliotheca Bodmeriana, 2

s. xi^2

Contents: Ælfric, *Catholic Homilies* II.v* (fragment of rewritten version)

MS: N.R. Ker (1957) no. 285; N.R. Ker (1962b); N.R. Ker (1976a) 124; Godden (1979) 348–9; R. Gameson (1999a) no. 300; *ASMMF* XX (2012) 27–8 [no. 112; McGowan]; Scragg (2012a) no. 345

FACS: *ASMMF* XX (2012) no. 112 [complete facsimile]

ED: N.R. Ker (1962b)

829. Geneva (Cologny-Genève), Bibliotheca Bodmeriana, 175 [sold to a private collector in America in 2005]

s. x^2 or xi in., Canterbury?

Contents: Lupus of Ferrières, *De metris Boethii*; Boethius, *De consolatione Philosophiae* [*CPL* 878], with commentary by Remigius; Donatus, *Ars maior* bk. I (excerpt); Latin poems: SK 638; 13123; hymn *Deus piissimum nostra uox canora*, glossed, with two proverbs

MS: Courcelle (1967) 405; Bolton (1977a) 57, 61; Troncarelli (1981) 34, 112, 255–6; Pellegrin (1982) 411–15; De Hamel (1987) 201–2; Bodden (1988) 227 n. 40; Gibson et al. (1995–2001) II.185–6; *Sotheby's Sale L 05240 (5 July 2005)* lot 80; Lapidge (2006) 293, 300; Wittig (2007) 189; Godden—Irvine (2009) I.xlv; Wieland (2009) 144; Wittig (2010) 232 n. 26, 250 *et passim*; Gneuss (2012) 295; Rankin (2012) 505 and n. 109

DEC: F. Wormald (1945) 135 [repr. F. Wormald (1984) 74]; Brownrigg (1978) 259 n. 6

FACS: Pellegrin (1982) pl. 27 [fol. 2r]

ED: Bolton (1977a) 60–78 [mythological glosses to Boethius coll. as K]

ST: Godden (2011) 92; Jayatilaka (2011) 117

829. 2. Gerleve, Westphalia, Abteibibliothek, s.n.

s. viii¹, prob. England, prov. Werden

Contents: Jerome, *Comm. in Epistulas Pauli* [*ad Galatas*] [*CPL* 591]

MS: Bischoff—Brown (1985) 327–8 [= *CLA* Add. no. 1826]; Gerchow (1999) 56 [no. 10]; Lapidge (2006) 314

FACS: Bischoff—Brown (1985) pl. V(c) [recto (detail)]

Gerleve, Westphalia, Abteibibliothek, s.n.: see no. **821**

Göteborg, Friherre August Vilhelm Stiernstedts Samling, no. 3: see no. **936. 1**

Göteborg, Friherre August Vilhelm Stiernstedts Samling, no. 4: see no. **936**

829. 5. Gotha, Forschungs- und Landesbibliothek, Mbr. I. 18

s. viii, Northumbria or Continent (Echternach?), prov. Murbach

Contents: gospels

MS: Nordenfalk (1932); *CLA* VIII (1959) no. 1205; McGurk (1961a) no. 69; B. Fischer (1988–91) I.20*; Hopf (1994) 27; Netzer (1994) 8, 11, 16, 38, 213 nn. 61 and 63, 218 n. 25; McNamara (1995) 91; Bischoff (1998—) II, no. 1417a; R. McKitterick (2000); M.P. Brown (2003a) 168–71

DEC: Alexander (1978a) no. 27; Netzer (2012) 233 and n. 50

FACS: M.P. Brown (2003a) figs. 27, 69 [fols. 126r, 118v]

ED: B. Fischer (1988–91) [gospels coll. as Gu]

829. 6. Gotha, Forschungs- und Landesbibliothek, Mbr. I. 75, fols. 1–22

s. viii ex., S England or possibly Anglo-Saxon centre on the Continent

Contents: Sedulius, *Carmen paschale* [*CPL* 1447] (incomplete); biographical notice of Sedulius; Alcuin (?), three rhythmical poems [SK 684, 301, 1068]

MS: *CLA* VIII (1959) no. 1206; R. McKitterick (1986–90) 295 and n. 26; Hopf (1994) 55–6; Springer (1995) 55; Lapidge (2006) 160 [no. 49]

ED: Huemer (1885) [Sedulius, *Carmen paschale*, coll. as Γ]; Strecker (1914–23) 904–10 [three rhythmical poems]; W. Meyer (1916) [three rhythmical poems]

ST: *CSLMA* II (1999) 104–6

829. 8. Grand Haven, Michigan, The Scriptorium, VK 861

s. x/xi, Canterbury CC?, prov. N France s. xi (doubtful) [a flyleaf]

Contents: three verse riddles [the third of which is listed SK and SK Suppl. 3618]; Eugenius of Toledo (?), *Heptametron de primordio mundi* [SK 12551]; encyclopedic note on the languages of the world; note on loan of books (s. xi/xii)

MS: Quaritch, *Catalogue* 1036 [*Bookhands of the Middle Ages, pt. 1*] (1984) lot 124; Sauer (1989) 61 and n. 1; *Sotheby's Sale LN 7736 (2 Dec. 1997)* lot 13; Stoneman (1997) 129

FACS: Quaritch, *Catalogue* 1036, front cover and pl.; *Sotheby's Sale LN 7736*, p. 17

Haarlem, Stadsbibliotheek, 188 F 53: see no. 141

830. The Hague, Koninklijke Bibliotheek, 133. D. 22 (21)

s. xi^1 [probably from the same manuscript as nos. **811. 5** and **816. 6**]

Contents: Ælfric, *Catholic Homilies* (f; from I.xxvii–xxix)

MS: N.R. Ker (1957) no. 118; Fausbøll (1986) 9; Clemoes (1997) 56–7; Abram (2007) 427 n. 7; Kleist (2007c) 496; Scragg (2012a) nos. 299–306

830. 5. Hamburg, Staats- und Universitätsbibliothek, cod. theol. 2029 8°, flyleaf

s. viii, prob. England [lost or destroyed?]

Contents: gospels (f)

MS: *CLA* VIII (1959) no. 1213

831. Hannover, Kestner-Museum, W.M. XXIa, 36

c. 1020, Canterbury CC, prov. Germany by s. xi (Hersfeld?, later prov. Lüneburg, abbey of St Michael)

Contents: gospels, gospel list; verse colophon

MS: Stuttmann (1937) 39–47; T.A.M. Bishop (1971) xv, 22; Backhouse et al. (1984b) no. 56; Hoffmann (1986) I.188–9; Heslop (1990) 175–6, 182; Dumville (1993g) 18, 120–4, 127–30, 139–40; Webber (1995) 146 and n. 8; Lenker (1997) 454–6; Härtel (1999) 12–15; R. Gameson (2001d) 45 [no. 29]; R. Gameson (2002b); Heslop (2004) 286, 298; Henke (2005) 65–6; R. Gameson (2008) 49 n. 12, 146; R. Gameson (2012a) 40

n. 105, 45 n. 136; R. Gameson (2012d) 362 and n. 72, 369 and n. 106; Marsden (2012) 423 and n. 78; McGurk (2012) 446 [no. 7]

DEC: Rice (1952) 194; Alexander (1975a) 148 and n. 8; E. Temple (1976) no. 67; Ohlgren (1986) no. 172; Raw (1990) 208; R. Gameson (1992a) 189–90; O'Reilly (1992) 178–9, 207, 211–12, 214–16; R. Gameson (1995b) 83–4, 100, 180, 196 *et passim*; Farr (2003) 125–6; Heslop (2004) 292; Henke (2005) 65–6; Heslop (2007) 69; Karkov (2007c) 56; Karkov (2009) 221–2; R. Gameson (2010) 121; O'Reilly (2011) 208–9; R. Gameson (2012c) 267 and n. 51, 272 and n. 70, 282 and n. 116

FACS: T.A.M. Bishop (1971) pl. XXII [fol. 183v]; E. Temple (1976) ills. 224–8 [fols. 9v, 10r, 65v, 147r, 12r, 14r]; R. Gameson (1992a) pls. 38, 47–50 [fols. 147v, 9v, 104, 11r, 14v]; Ohlgren (1992) pls. 8.1–8.21 [fols. 9v–16r, 17v, 65v, 66r, 96v, 97v, 147v, 148r]; Dumville (1993g) pl. XIII [fol. 18r]; Härtel (1999) pl. IV [fol. 183v]; R. Gameson (2000b) pls. 10–11 [fols. 17v, 18r]; R. Gameson (2002a) pls. V–VII [fols. 183v, 146r, 148r]; Farr (2003) fig. 5 [fol. 147v]; Henke (2005) 65 [fols. 65v–66r], 66 [fols. 13v–14r, 183v–184r]; Karkov (2006a) pl. 8 [fol. 183v]; Owen-Crocker (2009) figs. 2.11 [fol. 183v], 7.13–18 [fols. 9v, 10r, 17v, 65v, 96v, 147v]; R. Gameson (2012) pl. 10.7 [fol. 147v]

ST: McGurk (1986b) 43–4, 46–9, 52, 54 [repr. McGurk (1998) no. XIV]; Pfaff (1992a); Lapidge (1994a) 104 n. 4; McGurk–Rosenthal (1995b) 258 and n. 30 [repr. McGurk (1998) no. XV]; Heslop (2004) 306–7

831. 2. Hannover, Kestner-Museum, Culemann I. 71/72 (393/394) (with New Haven, Yale University, Beinecke Library, 441)

s. viii/ix, England or Germany

Contents: Bede, *In Lucae euangelium expositio* [CPL 1356] (f; = CCSL 120, 149–51)

MS: *CLA* II (1935) no. 220; Mallon et al. (1939) no. 72; Laistner–King (1943) 46; Hurst (1960) vi; McGurk (1961b) 12 [no. 33] [repr. McGurk (1998) no. V]; Faye–Bond (1962) 24; Marston (1965); *CLA* Supplement (1971) pp. 10, 47 and no. **220; Shailor (1984–2004) II.380 [the Beinecke leaf]; Bischoff–Brown (1985) 363; Stoneman (1997) 120; Bischoff (1998–) I, no. 1499; Härtel (1999) 103

FACS: Mallon et al. (1939) pl. XLVIII (no. 72) [recto of the Beinecke leaf; the same facsimile as in *CLA* II (1935) no. 220]; *CLA* Supplement no. **220 [Hannover fol. 72r]

Hauzenstein near Regensburg, Gräflich Walderdorffsche Bibliothek: see no. **791**

831. 4. Herrnstein near Siegburg, Bibliothek der Grafen Nesselrode [formerly at Herten], **192, fols. 1–20**

s. ix² or ix/x, prob. S England (or NW Germany?) [destroyed]

Contents: Antonius Musa, *De herba uettonica*; pseudo-Apuleius, *Herbarius*; *De taxone liber*; Sextus Placitus, *Liber medicinae ex animalibus*

MS: Steinmeyer—Sievers (1879–1922) IV.468; Sudhoff (1917); Howald—Sigerist (1927) x–xi; Singer (1927) 39–41; Beccaria (1956) 209–13 [no. 55]; Talbot (1967) 20–1; M.L. Cameron (1983) 149 and n. 47; Hollis—Wright (1992) 321; Kristeller (1993) 475; Bischoff (1998—) I, no. 1524; D'Aronco (1998) 32 n. 44; M. Collins (2000) 228 n. 111, 234 n. 208; Wieland (2009) 155

DEC: C.M. Kauffmann (1975) 58; Grape-Albers (1977) 4

FACS: Sudhoff (1917) fig. 14 [fol. 15r]

Jönköping, Per Brahe gymnasiet, fragm. 5 and 6: see no. **936**

Karlsruhe, Badische Landesbibliothek, Aug. perg. 116 (binding): see no. **831. 7**

831. 6. Karlsruhe, Badische Landesbibliothek, Aug. perg. 221, fols. 54–107

s. viii med., prob. Northumbria (York?)

Contents: Gregory, *Homiliae in Hiezechielem* [CPL 1710]; Fastidius (?), *Admonitio* [CPL 763]

MS: *CLA* VIII (1959) no. 1095; Bischoff (1998—) I, no. 1712; Lapidge (2006) 158, 305; Wieland (2009) 126

ST: Morin (1934); *BCLL* (1985) no. 1250; *CPPM* I, nos. 157, 707, 1425

831. 7. Karlsruhe, Badische Landesbibliothek, Fragm. Aug. 122 (with Aug. perg. 116 (binding) and Zürich, Staatsarchiv A.G. 19, Nr. XIII, fols. 26–7)

s. viii ex., prob. Northumbria

Contents: Priscian, *Institutio de nomine, pronomine et uerbo* [CPL 1550] (f)

MS: *CLA* VII (1956) no. 1009 and VIII (1959) p. 30; Jeudy (1972) 104–5, 143; Passalacqua (1978) 109 [no. 245]; L.D. Reynolds (1983) xxi and n. 46; Passalacqua (1992) xv; Lapidge (2006) 158–9, 326; Garrison (2012) 647 n. 82

ED: Passalacqua (1992) 34–41 [part of Priscian, *Institutio de nomine, pronomine et uerbo*, coll. as P]

831. 8. Karlsruhe, Badische Landesbibliothek, Fragm. Aug. 212

s. x^2 or x/xi, England (or France?)

Contents: Priscian, *Periegesis* [*CPL* 1554; SK 10028] (f)

MS: Lapidge (2006) 327

832. Kassel, Gesamthochschulbibliothek 2° MS.theol. 21

s. viii, Northumbria, prov. Fulda s. ix?

Contents: Jerome, *Comm. in Ecclesiasten* [*CPL* 583]; Ambrose, *De apologia prophetae Dauid* [*CPL* 135]; Jerome, *Altercatio Luciferiani et Orthodoxi* [*CPL* 608] (incomplete), *Epistula* lvii [*CPL* 620]

MS: Hilberg (1910–18) I.503; Lindsay (1915) 451; Baesecke (1933) 20–1, 87–8, 90, 98–9, 110; Christ (1933) 30, 277–8; *CLA* VIII (1959) no. 1134; Bischoff (1966–81) II.287; Crick (1987) 187; Wiedemann (1994) 26–7; Canellis (2000) 2* and n. 5; Lapidge (2006) 159, 276, 313, 315; Wieland (2009) 131

FACS: Baesecke (1933) pl. 14 [fol. 44r]

ED: Canellis (2000) [Jerome, *Altercatio Luciferiani et Orthodoxi*, coll. as K]

ST: Lambert (1969–72) nos. 0, 205, 250; Godman (1982) 122 [note on line 1541]; Bankert et al. (1997) 30

833. Kassel, Gesamthochschulbibliothek 2° MS.theol. 32

s. viii, S England, prov. Germany, prob. Fulda, s. viii/ix

Contents: Gregory, *Regula pastoralis* [*CPL* 1712]

MS: Baesecke (1933) 20–1, 88; *CLA* VIII (1959) no. 1138; Clement (1984a) 40; Wiedemann (1994) 39; Bischoff (1998–) I, no. 1808a; Schreiber (2003) 23 and n. 5, 27, 30; Lapidge (2006) 159, 306

DEC: Alexander (1978a) 65

FACS: Baesecke (1933) pl. 15 [fol. 23r]

834. Kassel, Gesamthochschulbibliothek 2° MS.theol. 65

s. vi, Italy, prov. England s. viii, prov. Fulda s. viii?, (prov. ibid.)

Contents: Iosephus, *De bello Iudaico*, trans. Hegesippus

MS: Lowe (1924) 41 [no. 19]; Lehmann (1925) 15; Ussani—Mras (1932–60) II.xv–xvi; Siegmund (1949) 106 and n. 3; N.R. Ker (1957) no. 121; Blatt (1958) 98; *CLA* VIII (1959) no. 1139; Meritt (1961) no. XIV; Hofmann (1963) 50–2; Vaciago (1993) 12 [no. 48]; Wiedemann (1994) 96; Lapidge (2006) 40, 317; Wieland (2009) 143

ED: Ussani—Mras (1932–60) I.20–417 [Iosephus, *De bello Iudaico*, trans. Hegesippus, coll. as C]

ST: Schanz et al. (1914–20) I.109–11

Kassel, Gesamthochschulbibliothek 2° MS.theol. 265: see no. **849**

834. 5. Kassel, Gesamthochschulbibliothek 2° MS.theol. 267 [formerly Anhang 18]

s. viii², probably England, possibly an Anglo-Saxon centre on the Continent

Contents: Cassian, *Conlationes* [*CPL* 512]

MS: *CLA* VIII (1959) no. 1143; Wiedemann (1994) 272; Lake (2003) 29 n. 8; Lapidge (2006) 159; Bremmer (2007a) 44 and n. 65

835. Kassel, Gesamthochschulbibliothek 4° MS.theol. 2

s. viii², Southumbria (Kent?), prov. Fulda prob. s. ix

Contents: Bede, *Historia ecclesiastica* [*CPL* 1375], bks. IV and V

MS: *CLA* VIII (1959) no. 1140; Colgrave—Mynors (1969) xlii; Van Els (1972) 3–39 [with bibliography of earlier notices, p. 3 n. 1]; O'Brien O'Keeffe (1987) 143; Dumville (2007f) 57–8, 78, 98 and n. 172; Lapidge (2008–10) I.lxxxvii–lxxxix; R. Gameson (2012a) 25 n. 45; Gullick (2012) 296 n. 12, 307 and n. 83

FACS: Van Els (1972) pls. (unnumbered) on pp. 267–72 [fols. 21r, and 5v, 15r, 24r, 31r (all details)]

ED: Lapidge (2008–10) II.158–484 [Bede, *Historia ecclesiastica*, bks. IV and V, coll. as K]

LANG: Van Els (1972) 59–235, 238–41

ST: Van Els (1972) xxvii–xxx, 40–58, 235–8; Lapidge (2008b)

Kassel, Gesamthochschulbibliothek 4° MS.theol. 131: see no. **375**

836. Köln (Cologne), Dombibliothek, 213

s. viii in., Northumbria, prov. Köln by s. viii ex.

Contents: canon collection (*Collectio Sanblasiana*)

MS: Maassen (1870) 504–12; L.W. Jones (1929) 57; N.R. Ker (1957) no. 98; *CLA* VIII (1959) no. 1163 and Supplement (1971) p. 62; Hofmann (1963) 42; Bischoff (1966–81) III.75; T.J. Brown (1982) 111 [repr. T.J. Brown (1993a) 212]; R. McKitterick (1985) 111–15; Lapidge (1986b) 66 and nn. [repr. Lapidge (1996b) 162 and nn.]; Webster—Backhouse (1991) nos. 126, 127; Bischoff—Lapidge (1994) 153–4 and nn. 89–90; Plotzek (1998) 110–16 [no. 18]; Kéry (1999) 30; *ASMMF* IX (2001) 37–52 [no. 149; Doane]; Bullough (2004) 231 and n. 309, 232, 350; M.P. Brown (2012) 135; R. Gameson (2012a) 51 n. 168

DEC: Alexander (1978a) no. 13; Ohlgren (1986) no. 13; G. Henderson (1987) 88–90, 96; M.P. Brown (2003a) 238; Farr (2011b) 225

FACS: G. Henderson (1987) pls. 128–9 [fols. 4v, 36v (details)]; Bischoff (1990) pl. 7 [fol. 19v]; T.J. Brown (1993a) ill. 38 [fol. 2v (detail)]; Plotzek (1998) 111 [fol. 1r], 112 [fols. 2v, 4v], 113 [fols. 11r, 36r]; *ASMMF* IX (2001) no. 149

ST: Lambert (1969–72) no. 628; Lapidge (1986b) 64–6 [repr. Lapidge (1996b) 160–2]; M. Brett (1995) 122–5

836. 5. Köln (Cologne), Historisches Archiv der Stadt, GB Kasten B, nos. 24, 123, 124 [from the same MS as no. 856. 3?]

s. viii med., prob. Northumbria

Contents: Sacramentarium Gelasianum (f)

MS: H.M. Bannister (1910–11b); Frank (1954) 83–8; Gamber (1958) 63; *CLA* VIII (1959) no. 1165; Stiegemann—Wemhoff (1999) I.487 [Freise]; Spiegel (2007) 9–10

FACS: Stiegemann—Wemhoff (1999) II, pl. on p. 487 [one bifolium (unspecified)]

ST: *CPL* (1995) no. 1918h

Lawrence, University of Kansas, Kenneth Spencer Research Library, Pryce C2: 1: see no. **117**

Lawrence, University of Kansas, Kenneth Spencer Research Library, Pryce C2: 2: see no. **639**

Lawrence, University of Kansas, Kenneth Spencer Research Library, Pryce P2A: 1: see no. **436**

837. Le Havre, Bibliothèque municipale, 330

s. xi$^{3/4}$ or xi^2 (or xi^1?), Winchester NM, (prov. Saint-Wandrille before s. xviii?)

Contents: missal (incomplete)

MS: *Cat. gén. Dép.* (Octavo) II.331–2 [Baillard]; Leroquais (1924) I.190–2; *Le Graduel romain* (1957) II.54; D.H. Turner (1962) v–xiii; N.R. Ker (1964) 200; Gamber (1968–88) no. 1489; T.A.M. Bishop (1971) xv; Dumville (1992a) 67; Dumville (1993f) 89, 98 [no. 11]; Lenker (1997) 478–81 *et passim*; R. Gameson (1999a) no. 326; Hartzell (2006) no. 102; Pfaff (2009) 110–11; Wieland (2009) 123; R. Gameson (2012a) 47–8 and n. 147; R. Gameson (2012d) 365 and n. 88; Pfaff (2012) 455 and n. 20; Rankin (2012) 501

FACS: D.H. Turner (1962) frontispiece [fol. 62r]

ED: D.H. Turner (1962)

ST: D.H. Turner (1962) xiii–xxvii; N. Orchard (1995c) 4 and n. 13; N. Orchard (2002) I.170–2, 175, 197, 202, 233

838. Leiden, Universiteitsbibliotheek, Voss. Lat. F. 4, fols. 4–33

s. viii$^{1/3}$, Northumbria

Contents: Pliny, *Naturalis historia*, bks. II–VI (incomplete)

MS: *CLA* X (1963) no. 1578; Mayhoff (1967) vi; De Meyier (1973) 7–8; T.J. Brown (1975) 275 [repr. T.J. Brown (1993a) 163]; T.J. Brown (1982a) 109 [repr. T.J. Brown (1993a) 210]; Munk Olsen (1982–) II.248; L.D. Reynolds (1983) xxi, 309–11, 315; Reynolds–Wilson (1991) 91; Bischoff (1998–) II, no. 2183; Lapidge (2006) 130, 325; Reeve (2007) 141 n. 82; Garrison (2012) 650 and nn. 104–5; Reeve (2012) 246

DEC: Alexander (1978a) no. 18; Ohlgren (1986) no. 18

FACS: Reynolds–Wilson (1991) pl. XII [fol. 20v]; T.J. Brown (1993a) ills. 54 (a)–(b) [fols. 30r, 20v (details)]

ED: Mayhoff (1967) 128–522 [Pliny, *Naturalis historia*, coll. as A]

ST: Reeve (2007); Reeve (2012)

Leiden, Universiteitsbibliotheek, Voss. Lat. Q. 2, fol. 60: see no. **795**

839. Leiden, Universiteitsbibliotheek, Scaliger 69

s. x^2, Canterbury, StA, prov. Glastonbury?

Contents: Aethicus Ister, *Cosmographia* [*CPL* 2348]

MS: Wuttke (1853) cxxvi; T.A.M. Bishop (1959–63b) 412; N.R. Ker (1964) 42; T.A.M. Bishop (1966) xvii; Rella (1977) 83; Galloway (1989); Dumville (1993f) 98 [no. 12]; Prinz (1993) 60; Herren (2011) ciii; R. Gameson (2012a) 29 n. 66; Rushforth (2012) 204 and n. 45

DEC: E. Temple (1976) no. 30 (v); Ohlgren (1986) no. 122; R. Gameson (2012c) 287 and n. 132

FACS: T.A.M. Bishop (1966) [complete facsimile]

ED: Prinz (1993) [Aethicus Ister, *Cosmographia*, coll. as S]; Herren (2011) [Aethicus Ister, *Cosmographia*, coll. as S]

ST: Lambert (1969–72) no. 621; *BCLL* (1985) no. 647; Jayatilaka (2011) 114 and n. 64

840. Leipzig, Universitätsbibliothek, Rep. I. 58a + II. 35a

s. viii^1, Northumbria?

Contents: gospels (f)

MS: *CLA* VIII (1959) no. 1229 and Supplement (1971) p. 11; B. Fischer (1988–91) I.16*

DEC: Micheli (1939) 47; Alexander (1978a) no. 15; Ohlgren (1986) no. 15

FACS: Micheli (1939) pl. 11 [Rep. I. 58a]

ED: B. Fischer (1988–91) [gospel fragment in Rep. II. 35a coll. as El]

840. 5. St Petersburg, Russian National Library, F. v. I. 3, fols. 1–38

s. viii^2, prob. Northumbria, (prov. Corbie)

Contents: Iob, with interlinear gloss drawn from Philippus presbyter, *Comm. in librum Iob* [*CPL* 643] and from Gregory, *Moralia in Iob* [*CPL* 1708]

MS: Staerk (1910) I.34–5; Lindsay (1915) 16 *et passim*; Lowe (1960) 23; *CLA* XI (1966) no. 1599; Bernadskaya et al. (1983) no. 17; D. Ganz (1990) 129–30; Dobiaš-Roždestvenskaya–Bakhtine (1991) 32–6; Kilpiö–Kahlas-Tarkka (2001) 35–7

FACS: Staerk (1910) II, pl. XXVIII [fol. 38r]; Kilpiö–Kahlas-Tarkka (2001) pl. 9 [fol. 9r]

840. 6. St Petersburg, Russian National Library, F. v. I. 3, fols. 39–108

s. viii², prob. Northumbria, (prov. Corbie)

Contents: Jerome, *Comm. in Esaiam* [*CPL* 584] (abbreviated; incomplete)

MS: Staerk (1910) I.34–5; Bischoff (1966–81) II.333; *CLA* XI (1966) no. 1600; Bernadskaya et al. (1983) no. 18; Dobiaš-Roždestvenskaya–Bakhtine (1991) 32–6; *CPPM* II, no. 2336a; Kilpiö–Kahlas-Tarkka (2001) 36–7

ST: Lambert (1969–72) nos. 207, 414

841. St Petersburg, Russian National Library, F. v. I. 8

s. viii ex. or ix in., Northumbria? S England (Kent)?, (prov. Saint-Maur-les-Fossés)

Contents: gospels

MS: Staerk (1910) I.25–6; McGurk (1961a) no. 126; *CLA* XI (1966) no. 1605; T.J. Brown (1972) 234–5 [repr. T.J. Brown (1993a) 112]; Bernadskaya et al. (1983) no. 23; B. Fischer (1988–91) I.16*; Dobiaš-Roždestvenskaya–Bakhtine (1991) no. 26; Parkes (1992) 125 n. 64; Dumville (1993f) 99 [no. 48]; R. Gameson (1994b) 28, 32–3, 35; Kockelkorn (2000); Kilpiö–Kahlas-Tarkka (2001) 41–4; M.P. Brown (2003a) 55 *et passim*; Wieland (2009) 117; M.P. Brown (2012) 135, 151

DEC: E.H. Zimmermann (1916) 35, 143–4, 304–5; Micheli (1939) 28–30 *et passim*; Alexander (1978a) no. 39; Bierbrauer (1979) 70 n. 244; D.M. Wilson (1984) 88; M.P. Brown (1986) 134–6; Ohlgren (1986) no. 39; M.P. Brown (1989a) 155, 161; R. Gameson (1995b) 40, 220; Bruno (2001); Netzer (2012) 233 and n. 50

FACS: E.H. Zimmermann (1916) *Tafelband* IV, pls. 321–6 [fols. 12r, 12v, 13v and 16r, 18r, 177r and 1r, 78r and 119r], 329 (a) [fol. 108r]; D.M. Wilson (1984) pl. 110 [fol. 18r]; Kilpiö–Kahlas-Tarkka (2001) pls. 11–12 [fols. 1r, 13r]; M.P. Brown (2003a) figs. 26 [fol. 18r], 68 [fol. 16r]

ED: B. Fischer (1988-91) [gospels coll. as Ec]

ST: McGurk (1993) 248–51 [repr. McGurk (1998) no. XI]; Lenker (1997) 106 n. 39, 140–1

842. St Petersburg, Russian National Library, O. v. I. 1, fols. 1 and 2
(with Avranches, Bibliothèque municipale, 48 fols. i and ii, 66 fols. i and ii, and 71, fols. A and B)

s. viii¹, Northumbria, (prov. Mont Saint-Michel)

Contents: gospels (f)

MS: *Cat. gén. Dép.* (Quarto) IV.452 [Delisle]; Staerk (1910) I.27–8; *CLA* VI (1953) no. 730; Lowe (1960) 22; McGurk (1961a) no. 49 and p. 13; Bernadskaya et al. (1983) no. 3; B. Fischer (1988–91) I.16* ['Ek'; not collated]; Dobiaš-Roždestvenskaya—Bakhtine (1991) no. 25; Dumville (1993f) 99 [no. 49]; McGurk (1994b) 5, 12 [repr. McGurk (1998) no. XII]; R. Gameson (1999c) 347–9; Kilpiö—Kahlas-Tarkka (2001) 31–2; Marsden (2012) 414 and n. 33

FACS: Staerk (1910) I, pl. VII [fol. 1v], II, pl. XXV [fol. 1r]; Lowe (1960) pls. XXIX (a) [Avranches 66, fol. i v], XXIX (b) [St Petersburg, fol. 2r]; R. Gameson (1999c) pl. 13.24 [Avranches, flyleaf]

842. 5. St Petersburg, Russian National Library, O. v. I. 45

[returned to Poland before 1928, but lost or destroyed (in Kraków or Warsaw)]

s. xi/xii, England

Contents: psalter (incomplete); canticles; colophon*

MS: R. Gameson (1999a) after no. 820 [the reference to the manuscript in Warsaw is mistaken]; Gneuss (2008a) 418–19 [with edition of colophon]

843. St Petersburg, Russian National Library, O. v. XIV. 1

s. x med., prob. Canterbury CC, (prov. Corbie)

Contents: Fredegaud/Frithegod of Canterbury and Brioude, *Breuiloquium Vitae Wilfridi* [*BHL* 8891; SK 8137] (incomplete; lines 1–1218 only)

[originally formed one volume with St Petersburg, Russian National Library, O. v. XVI. 1 and Paris, BNF, lat. 14088, fols. 99–119]

MS: Staerk (1918) I.222; Bernadskaya et al. (1983) no. 82; Lapidge (1988a) 53–61 [repr. Lapidge (1993a) 169–77, with supplementary note, p. 481]; Dumville (1993g) 92–4, 142; Lapidge (1994a) 126; Kilpiö—Kahlas-Tarkka (2001) 37–8; Lapidge (2004a) 135, 137; R. Gameson (2012b) 100 n. 24

FACS: Staerk (1910) II, pl. LXX [fol. 107r]; Lapidge (1988a) pls. III–IV [fols. 99v, 117r] [repr. Lapidge (1993a) pls. III–IV]; Kilpiö—Kahlas-Tarkka (2001) pl. 18 [fols. 8v, 9r]

ED: A. Campbell (1950) [Fredegaud/Frithegod, *Breuiloquium* lines 1–1218, coll. as L]

LANG: Lapidge (1975a) 78–81 [repr. Lapidge (1993a) 116–19]

ST: Manitius (1911–31) II.501; Lapidge (1988a) [repr. Lapidge (1993a) 157–81]; Biggs et al. (2001) 481–2; Lapidge (2004a)

844. St Petersburg, Russian National Library, O. v. XVI. 1, fols. 1–16

s. x in. or x^1, England; with additions made s. xi (on Continent?); (prov. Corbie)

Contents: Priscian, *Institutio de nomine, pronomine et uerbo* [*CPL* 1550]; *Passio SS. Dionysii, Rustici et Eleutherii* [f; *BHL* 2171]; maxim*; on Gregory the Great (f): all s. x in. or x^1; additions (s. xi): hymn (inc. 'Iubilemus Deo nostro / fratres dilectissimi / uoto uoci consonante'); two prayers; three sequences [WIC 20298, SK 9879 and 17050]

MS: N.R. Ker (1976a) 127; Bernadskaya et al. (1983) no. 83; Jeudy (1984) 147–8; Dumville (1987) 175, 177; Lapidge (1988a) 55 [repr. Lapidge (1993a) 171]; Hollis–Wright (1992) 36; Passalacqua (1992) xvi; Blockley (1994) 83; Kilpiö–Kahlas-Tarkka (2001) 56–7; Lapidge (2006) 326, 341

ED: N.R. Ker (1976a) 127 [OE maxim]

ST: Biggs et al. (2001) 171–2

845. St Petersburg, Russian National Library, Q. v. I. 15

s. viii^2, SW England, prov. Corbie s. viii

Contents: Isidore, *In libros ueteris et noui Testamenti prooemia* [*CPL* 1192], *De ortu et obitu patrum* [*CPL* 1191]; Jerome, *Epist.* liii [*CPL* 620]; Isidore, *De ecclesiasticis officiis* [*CPL* 1207]; solutions to Aldhelm's *Enigmata*; Isidore, *De differentiis rerum* siue *Differentiae theologicae uel spiritales* [*CPL* 1202], bk. II; *Quicumque uult*; Boniface (?), acrostic poem [SK 8331]; Isidore, *Synonyma de lamentatione animae peccatricis* [*CPL* 1203] bks. I–II. 33 [part of *Synonyma* continued at Corbie]; poems on the zodiac and the winds [SK 1037, 13113; added at Corbie, s. ix]; Aldhelm, *Enigmata* [*CPL* 1335]

MS: Staerk (1910) I.225–8; Lindsay (1915) *passim*; Ehwald (1919) 43–4; Dobiaš-Roždestvenskaya (1934) 37, 132–4; Bischoff (1966–81) I.183–6; *CLA* XI (1966) no. 1618; Parkes (1976a) 162–5, 167, 170–2 [repr. Parkes (1991) 122–5, 127, 129, 131–5]; Spilling (1978) 49 and n. 5; Bernadskaya et al. (1983) no. 29; R. McKitterick (1986–90) 304; R. McKitterick (1989b) 413; D. Ganz (1990) 20, 42, 70, 130; Dobiaš-Roždestvenskaya–Bakhtine (1991) 63–8 [no. 28]; Lapidge (1994a) 110–15; Crick (1997) 69

n. 31; Bischoff (1998—) II, no. 2317g; Kilpiö—Kahlas-Tarkka (2001) 39–40; Gneuss (2003b) 304; Andrés Sanz (2006) 129*–130*; Lapidge (2006) 40, 309, 310, 312, 313, 315; Di Sciacca (2008) 69–74 *et passim*; Hussey (2008) 151–2, 158–60; Elfassi (2009) xxxvii and nn.; Wieland (2009) 150; Lapidge (2012b) 21

FACS: Burn (1909), pls. XVIII-XIX [fols. 63r, 63v]; Staerk (1910) II, pl. LXXIII [fol. 2r]; Dobiaš-Roždestvenskaya (1934) pls. 1, 49; Parkes (1991) pl. 24 [fol. 63r (detail)]; Lapidge (1994a) pl. I [fol. 63r]; Kilpiö—Kahlas-Tarkka (2001) pl. 10 [fol. 21v]

ED: Ehwald (1919) 97–149 [Aldhelm, *Enigmata*, coll. as A]; Lawson (1989) [Isidore, *De ecclesiasticis officiis*, coll. as C]; Lapidge (1994a) 111–12 [acrostic poem]; Elfassi (2009) [Isidore, *Synonyma*, coll as L]; Andrés Sanz (2006) [Isidore, *Differentiae*, bk. II, coll. as C]

ST: Lambert (1969–72) no. 53; Lapidge (2012b) 19–26 [transmission of Aldhelm, *Enigmata*]

846. St Petersburg, Russian National Library, Q. v. I. 18 (the 'Leningrad Bede')

s. viii^2, Monkwearmouth-Jarrow

Contents: Bede, *Historia ecclesiastica* [*CPL* 1375]

MS: Staerk (1910) I.52-3; Dobiache-Rojdestvensky (1928); O.S. Anderson (1941); N.R. Ker (1957) no. 122; Lowe (1958) [repr. Lowe (1972b) II.441–9]; Lowe (1960) 23; Meyvaert (1961); D.H. Wright (1961b); Bévenot (1962); *CLA* XI (1966) no. 1621; Okasha (1968); Colgrave—Mynors (1969) xliv; T.J. Brown (1972) 235, 241, 243 [repr. T.J. Brown (1993a) 113, 118, 120]; T.J. Brown (1975) 261, 286 [repr. T.J. Brown (1993a) 155, 170–1]; P.R. Robinson (1978) 233 [repr. (1994) 27–8]; T.J. Brown (1982) 115, 118 [repr. T.J. Brown (1993a) 216, 220]; Parkes (1982) 5–12 [repr. Parkes (1991) 97–106]; Bernadskaya et al. (1983) no. 31; Crick (1987) 187–8; O'Brien O'Keeffe (1987); Parkes (1992) 27, 69; T.J. Brown (1993b) 199–200; Lapidge (1994a) 116–19; O'Brien O'Keeffe (1994); Kilpiö—Kahlas-Tarkka (2001) 29–31; W. Schipper (2003) 153–6; Lapidge et al. (2005) I.56–7; Roberts (2005) 18; Dumville (2007f) 79–84 *et passim*; Lapidge (2008–10) I.lxxxix–xc; G.H. Brown (2009); M.P. Brown (2012) 133 and n. 50, 158 n. 173; R. Gameson (2012a) 25, 51

DEC: Schapiro (1958); Alexander (1978a) no. 19; Ohlgren (1986) no. 19; Higgitt (1989) 274–5; M.P. Brown (2003a) 76, 234; Karkov (2009) 216; Rosenthal (2011) 223

FACS: Arngart (1952) [complete facsimile]; Staerk (1910) I, pl. XIV [fol. 123v], II, pl. I [fol. 26v]; E.H. Zimmermann (1916) *Tafelband* IV, pl. 332 (a) [fol. 26v]; Lowe (1960) pl. XXXVIII (a) [fol. 23v (detail)]; Alexander (1978a) ills. 83–4 [fols. 3r, 26v (details)]; Parkes (1982) pls. 1, 3 [fols. 107r, 37v (details)]; D.M. Wilson (1984) pls. 54–5 [fols. 3v, 26v (details)]; Bonner et al. (1989a) pl. 21 [fol. 26v (detail)]; Parkes (1991) pls. 16, 18 [fols. 107r, 37v (details)]; Robinson−Stanley (1991) pl. 2.3 [fol. 107r]; Lapidge (1994a) pl. II [fol. 86v]; Voronova−Sterligov (1996) 282 [fol. 3v], 283 [fol. 26v]; Kilpiö−Kahlas-Tarkka (2001) pls. 7–8 [fols. 26v, 107r]; W. Schipper (2003) fig. 1 [fol. 107r]; Roberts (2005) pl. 1 [fol. 107r]; Dumville (2007f) 68 [fol. 159r]

ED: Colgrave−Mynors (1969) [base MS ('m-text') for Bede, *Historia ecclesiastica*]; Lapidge et al. (2005) [Bede, *Historia ecclesiastica*, coll. as L]; Lapidge (2008–10) [Bede, *Historia ecclesiastica*, coll. as L]

ST: P.Z. Thompson (1984) 495; Crépin in Lapidge et al. (2005) I.7–90; Lapidge (2008a) 78–112; Lapidge (2008b); Lapidge (2008–10) I.xv–clxxii, cxxv–cxxxvii [bibliography]; R. McKitterick (2012) 333

847. St Petersburg, Russian National Library, Q. v. XIV. 1

s. viii[1], Northumbria (Lindisfarne?), (prov. Corbie)

Contents: flyleaf with pen trials (school verse) [s. viii], Paulinus of Nola, *Carmina natalitia* [*CPL* 203], nos. xv, xvi, xviii, xxviii, xxvii, xvii

MS: Hartel (1894) xxix–xxx; Staerk (1910) I.222–3; *CLA* XI (1966) no. 1622; T.J. Brown (1982) 111–12 [repr. T.J. Brown (1993a) 212]; Bernadskaya et al. (1983) no. 36; O'Brien O'Keeffe (1987) 144; Brown−Mackay (1988) 16–20; M.P. Brown (1989a) 162; D. Ganz (1990) 41, 130; Parkes (1992) 28; Bischoff (1998−) II, no. 2333a; Kilpiö−Kahlas-Tarkka (2001) 45–6; Lapidge (2006) 37 and nn., 324; M.P. Brown (2012) 159

DEC: De Mérindol (1976) II.1082–5; Alexander (1978a) no. 42; Ohlgren (1986) no. 42

FACS: Staerk (1910) II, pl. 71 [fol. 2r]; Alexander (1978a) ill. 179 [fol. 1r]; T.J. Brown (1993a) ills. 52 (a)–(b) [fols. 8v, 1r (details)]; Kilpiö−Kahlas-Tarkka (2001) pls. 13–14 [fols. 1r, 2r]; Story (2003) 262 [fol. 1r]

ED: Hartel (1894) 51–118, 262–305 [Paulinus, *Carmina*, coll. as G]

ST: Bischoff (1966–81) I.78; Mackay (1976) 77 and nn. 3–4; Lapidge (2006) 135, 146, 183, 221–2, 231, 242; Love (2012) 614 and n. 42

847. 5. Leuven, Katholieke Universiteit, Centrale Bibliotheek, s.n.

s. x med.

Contents: Psalterium Gallicanum (f; Pss. XXIV. 8–11, XXV. 1–2)

[NOTE: no printed notice; according to N.R. Ker (letter to HG dated 26 May 1980) the script is Anglo-Saxon Square minuscule of mid-tenth-century date]

848. Louvain-la-Neuve, Centre Général de Documentation, Université Catholique de Louvain, Fragmenta H. Omont 3

recto: eleven medical recipes* (f): s. ix ex. or x in.

verso: pen trials (?): writing in continental Half uncial, s. vii/viii, unidentified text; line from an antiphon; beginning of an OE prayer, s. xi in.; part of an alphabet, s. xii

MS: N.R. Ker (1976a) 128; Schaumann–Cameron (1977); M.L. Cameron (1983) 168–70; Meaney (1984) 243–5; Dumville (1987) 156 n. 46; Dumville (1995b) 106 and n. 46; Hollis–Wright (1992) 233–4; *ASMMF* XIII (2006) 114–15 [no. 322; Bremmer, Dekker]; Bezzo (2007) 435–7, 441–2

FACS: Schaumann–Cameron (1977) after p. 296 [recto and verso]; *ASMMF* XIII (2006) no. 322

ED: Schaumann–Cameron (1977) 291–3, 297; Pollington (2000) 74–6

Lund, Universitetsbiblioteket, Fragm. membr. lat. 1: see no. **936**

848. 4. Luzern (Lucerne), Staatsarchiv, Fragm. PA 1034/21007

s. viii^2, Northumbria

Contents: Isidore, *Sententiae* [*CPL* 1199] (f)

MS: Bischoff et al. (1992b) 294 [= *CLA* no. 1874]; Lapidge (2006) 312; Di Sciacca (2008) 215 n. 212

848. 6. Maaseik, Église Sainte-Catherine, Trésor, s.n., fols. 1–6

s. viii^1, Northumbria or Echternach, prov. abbey of Aldeneik

Contents: gospels (f: canon tables)

MS: E.H. Zimmermann (1916) 66, 128, 142–3, 303–4; McGurk (1961a) no. 44; *CLA* X (1963) no. 1559; Netzer (1989) 207–12; McGurk (1993)

254 [repr. McGurk (1998) no. XI]; A. Derolez (1994); McNamara (1995) 91; M.P. Brown (2003a) 180

DEC: T.J. Brown (1972) 235, 246 [repr. T.J. Brown (1993a) 112–13, 273 n. 95]; Alexander (1978a) no. 22; Bonner et al. (1989a) 282, 298; M.P. Brown (2003a) 301

FACS: E.H. Zimmermann (1916) *Tafelband* IV, pls. 318 [fols. 0r and 2r], 319 [fols. 3r and 1r], 320 (a)–(g) [canon tables (details); folios not specified]; Alexander (1978a) ills. 87 [fol. 1r], 88–9 [fols. 3r–v], 90–1 [fols. 5r, 5v], 92–3 [fols. 2r, 2v], 94–5 [fols. 4r, 4v], 96–7 [fols. 6r, 6v]; Bonner et al. (1989a) pl. 30 [fol. 3v]

ST: Coppens et al. (1994)

848. 7. Maaseik, Église Sainte-Catherine, Trésor, s.n., fols. 7–100, 100a–132

s. viii[1], Northumbria or Echternach, prov. abbey of Aldeneik

Contents: gospels; incomplete set of canon tables (s. ix)

MS: McGurk (1961a) no. 44; McGurk (1961b) 7 [repr. McGurk (1998) no. V]; McGurk (1963) 170 [repr. McGurk (1998) no. VIII]; *CLA* X (1963) no. 1558; B. Fischer (1988–91) I.20*; Netzer (1989) 207–12; A. Derolez (1994); McNamara (1995) 91

DEC: Alexander (1978a) no. 22; D.M. Wilson (1984) 131; Ohlgren (1986) no. 22; Netzer (2012) 236

FACS: Alexander (1978a) ills. 98–9 [fols. 7r, 7v], 100–1 [fols. 8r, 8v], 102–3 [fols. 9r, 9v], 104–5 [fols. 10r, 10v], 106–7 [fols. 11r, 11v]; D.M. Wilson (1984) pl. 155 [fol. 1r]

ED: B. Fischer (1988–91) [gospels coll. as Gm]

ST: Netzer (1987); Coppens et al. (1994)

848. 8. Malibu, now Los Angeles, California, J. Paul Getty Museum, 9

[formerly listed as no. 817]

s. x/xi or xi in., Canterbury?

Contents: gospels (f)

MS: Boutemy (1966); Dumville (1993f) 98 [no. 14]; Dumville (1993g) 58 n. 259; Lenker (1997) 116–17, 463–4; Stoneman (1997) 129–30; Cohen–Teviotdale (1999)

DEC: Alexander (1975a) 150–3; E. Temple (1976) no. 53; Ohlgren (1986) no. 158; Higgitt (1989) 283; Raw (1990) 225; R. Gameson (1995b) 35 n. 130; Cohen–Teviotdale (1999); McGurk (2012) 440 and n. 21

FACS: Boutemy (1966) pls. 7 (b), 8–10 [folios not specified]; Alexander (1975a) pls. IV (d) [fol. 2v], VIII [fol. 1v]; E. Temple (1976) ills. 173–6 [fols. ii r, iv r, i r, ii v]; Cohen−Teviotdale (1999) pls. 16–19 [fols. 1r, 1v, 2r, 2v, 8v]

849. Marburg, Hessisches Staatsarchiv, Hr 2, 17 [with Kassel, Gesamthochschulbibliothek 2° Ms. theol. 265]

s. viii ex., England

Contents: Jerome, *Comm. in Danielem* [CPL 588] (f)

MS: *CLA* VIII (1959) no. 1145; Auerbach (1977); Bischoff−Brown (1985) 357–8; Wiedemann (1994) 271; Lapidge (2006) 313

849. 3. Marburg, Hessisches Staatsarchiv, Hr 2, 18 [formerly Oberkaufungen, Archiv des Ritterschaftlichen Stifts Kaufungen, s.n.]

s. viii med., S England

Contents: Boniface, *Ars grammatica* [CPL 1564b] (f)

MS: Eckhardt (1969) 280–5; *CLA* Supplement (1971) no. 1803; Parkes (1976a) 162, 164–5 [repr. Parkes (1991) 122, 124–5, 142 n.]; Gebauer− Löfstedt (1980) vi; Parkes (1982) 30 n. 79 [repr. Parkes (1991) 46 n. 79]; Bischoff (1990) 93; Lapidge (2006) 40

FACS: Eckhardt (1969) pl. 99 [fols. 6v, 3r]

ED: Eckhardt (1969) 286–97 [complete transcription]; Gebauer−Löfstedt (1980) 58–9, 69–71 [parts of Boniface, *Ars grammatica*, coll. as K]

ST: Law (1982) 77–80 *et passim*; Law (1997) 106–7, 169–97

849. 6. Marburg, Hessisches Staatsarchiv, 319 Pfarrei Spangenberg Hr Nr. 1

[formerly listed as no. 935]

s. viii[1], SW England, prov. s. viii prob. Fulda

Contents: Servius, *Comm. in Aeneida* [= 'Servius auctus'] (f)

MS: *CLA* Supplement (1971) no. 1806; T.J. Brown (1976) 287 [repr. T.J. Brown (1993a) 171]; N.R. Ker (1976a) 130 [no. 421]; Parkes (1976a) 162, 164–5 [repr. Parkes (1991) 122, 124–5]; T.J. Brown (1982a) 112 [repr. T.J. Brown (1993a) 213]; Parkes (1982) 30 n. 79 [repr. Parkes (1991) 116 n. 79]; L.D. Reynolds (1983) 385 and n. 3 [Marshall]; R.M. Thomson (1987) 106; Sims-Williams (1990) 235 and n. 79; Marshall

(2000); *ASMMF* IX (2001) 94–6 [no. 467; Doane]; Gneuss (2003b) 304; Lapidge (2006) 40, 130, 332

FACS: Marshall (2000) pls. I–II [fols. 1r, 1v]; *ASMMF* IX (2001) no. 467

ED: Marshall (2000) 196–207

ST: Parkes (1997a) 11 and n. 51

850. Miskolc, Lévay József Library, s.n.

s. viii, S England

Contents: Aldhelm, *Enigmata* (f) and *Epistola ad Acircium* (f)

MS: Mady (1965); *CLA* Supplement (1971) no. 1792; O'Brien O'Keeffe (1985) 66; Bischoff et al. (1992b) 307; Wieland (2009) 150; Lapidge (2012b) 19–20

851. Montecassino, Archivio della Badia, BB. 437

s. xi med. (*c.* 1065?) England, prov. Bavaria *c.* 1071, prov. Italy *c.* 1089

Contents: gospels

MS: Inguanez (1915–41) III.46; T.A.M. Bishop (1971) xvi and n. 3; McGurk (1986b) 44, 46–7, 51–4 [repr. McGurk (1998) no. XIV]; McGurk–Rosenthal (1995) 293–6 *et passim* [repr. McGurk (1998) no. XV]; McGurk–Rosenthal (2006) 185 and n. 1; Stiegmann–Wemhoff (2006) II.302–3; V. Brown (2007) 104, 111, 121; R. Gameson (2012d) 363 and n. 78; McGurk (2012) 439, 447 [no. 14]

DEC: E. Temple (1976) no. 95; F. Wormald (1984b) 120; Ohlgren (1986) no. 200; Ohlgren (1992) 8, 72–3; R. Gameson (1995b) 59, 100 n. 164, 178 n. 135, 194, 195 n. 14, 197, 208 n. 106, 209 n. 118, 252–3; Rosenthal–McGurk (2006); R. Gameson (2012c) 272 and n. 68

FACS: E. Temple (1976) ills. 287–8 [pp. 126, 127]; R. Gameson (1991) figs. 4, 8 [fols. 102v, 3r]; Ohlgren (1992) pls. 13.1–13.8 [pp. 2, 3, 102, 103, 126, 127, 166, 167]

ST: Gneuss (2003b) 304; R. Gameson (2012c) 271–2 and nn.

Mortain, Collégiale Saint-Évroult, s.n.: see no. **930**

851. 6. München (Munich), Bayerische Staatsbibliothek, clm 14096, fols. 1–99

s. viii/ix, Wales or Cornwall or Brittany, (prov. Regensburg, St Emmeram)

Contents: Isidore, *In libros ueteris et noui Testamenti prooemia* [*CPL* 1192], *De ortu et obitu patrum* [*CPL* 1191], *Allegoriae quaedam S. Scripturae* [*CPL* 1190]; *Testimonia diuinae Scripturae* [*CPL* 385: *florilegium* from the Bible and the Fathers; by Eligius of Noyon?]

MS: Halm et al. (1868–81) IV/ii.128; Bischoff (1966–81) I.186–7, II.119, III.40; Bischoff (1974) I.229; Rella (1977) 20; Bischoff (1980) II.119; Bischoff (1984b) 106; Lehner (1987) 44–8; Bischoff (1998 —) II, no. 3131; C.D. Wright (2006) 195, 197–9

ED: Lehner (1987) 53–127 [base MS for *Testimonia diuinae Scripturae*]

ST: Biggs et al. (1990) 115 [C.D. Wright]; C.D. Wright (1993) 66 and n. 90

852. München (Munich), Bayerische Staatsbibliothek, clm 29336 (1

[formerly clm 29031b]

s. x ex. or xi in., (prov. Germany s. xv)

Contents: Prudentius, *Psychomachia* [*CPL* 1441] with glosses (f)

MS: N.R. Ker (1957) no. 286; Wieland (1987) 216, 221–2, 225; Biggs et al. (1990) 153–4 [Wieland]; Dumville (1993f) 98 [no. 15]; Hauke (1994) 315; Sauer (2005) 38 [Ebersperger]; Scragg (2012a) no. 798

DEC: Stettiner (1895) 20; F. Wormald (1952) 73 [no. 44]; E. Temple (1976) no. 50; Ohlgren (1986) no. 155; Wieland (1997a) 170–1, 178–9

FACS: Stettiner (1905) pls. 47–8 [recto and verso]; E. Temple (1976) ill. 165 [verso]; Sauer (2005) pl. 3 [verso]

853. München (Munich), Bayerische Staatsbibliothek, clm 29270 (9

[formerly clm 29155d]

s. viii in., Northumbria?

Contents: gospels (f)

MS: *CLA* IX (1959) no. 1335; Hauke (1994) 91; Sauer (2005) 36 [Ebersperger]

FACS: Sauer (2005) pl. 2 [recto]

854. München (Munich), Bayerische Staatsbibliothek, clm 29270 (2

[formerly clm 29155e]

s. vii ex.

Contents: gospels (f)

MS: *CLA* IX (1959) no. 1336; Lowe (1960) 20; D.H. Wright (1967) 56–7; B. Fischer (1988–91) I.32*; Hauke (1994) 88; Sauer (2005) 34 [Ebersperger]

FACS: Lowe (1960) pl. XIX [verso]; Sauer (2005) pl. 1 [verso]

ED: B. Fischer (1988–91) [gospel fragment coll. as Yo]

855. 5. München (Munich), Hauptstaatsarchiv, Raritäten-Selekt 108

s. viii^2, Northumbria or Continent?, prov. Tegernsee or Ilmmünster s. ix [lost]

Contents: liturgical calendar [*CPL* 2036] (f)

MS: Bauerreiss (1933); F. Wormald (1934) v and n. 4; Levison (1946) 146–7 n. 5; *CLA* IX (1959) no. 1236; Grosjean (1961); Gamber (1968–88) no. 413; Bischoff (1974) 167; Gamber (1975b) 49–52; C.W. Jones (1980) 565; Gerchow (1988) 213–15, 329; N. Orchard (2002) I.53; Gretsch (2006); Rushforth (2008a) 20–1; Wieland (2009) 156

ED: Bauerreiss (1933) 178–9; Grosjean (1961) 322; Gamber (1975b) 50–2; Rushforth (2008a) no. 3

ST: Borst (2001) I.xxii

München (Munich), Stadtarchiv, Historischer Verein Oberbayern Hs. 733/16: see no. **791. 9**

856. Münster in Westfalen, Staatsarchiv, MSC I. 243, fols. 1–2, 11–12
(with Bückeburg, Niedersächsisches Staatsarchiv, Depot 3/1)

s.viii$^{2/4}$, Northumbria, prov. Fulda

Contents: Bede, *De temporum ratione* [*CPL* 2320] (f); Dionysius Exiguus, *Cyclus paschalis magnus* [*CPL* 2284], with Northumbrian annals

MS: *CLA* IX (1959) no. 1233 and Supplement (1971) p. 4; Lowe (1960) 20; Petersohn (1966a); Petersohn (1966b); C.W. Jones (1977) no. 37; Parkes (1982) 4 and n. 15 [repr. Parkes (1991) 96 and n. 15]; Bischoff et al. (1992b) 303; Wallis (1997) lxxxvi; Gerchow (1999) 56 [no. 24]; Story (2005) 61–6 *et passim*

FACS: Lowe (1960) pls. XVIII (a)–(c) [Münster, fols. 1v, 1r, 12v]; Petersohn (1966b) pls. XVII (a) [Bückeburg Depot 3/1, recto], XVII (b) [Münster fol. 12v], XVII (c) [Münster fol. 1v], XVIII (a) [Bückeburg Depot 3/1, verso]; Story (2005) pl. I (a) [Münster, fol. 12v]

ST: Drögereit (1951) 26–7 [fols. 3–10]; *CLA* IX (1959) no. 1234 [on fols. 3–10]; Barker-Benfield (1991) 57–8 and n. 70; Bischoff (1998—) II, no. 3546a

856. 1. Münster in Westfalen, Universitäts- und Landesbibliothek, Fragmentenkapsel 1, no. 2

s. viii^2

Contents: Gregory, *Dialogi* [CPL 1713] (f)

MS: Bischoff—Brown (1985) 339 [= *CLA* no. 1847]; Lapidge (2006) 304

FACS: Bischoff—Brown (1985) pl. XII (c) [fol. 4r]

856. 2. Münster in Westfalen, Universitäts- und Landesbibliothek, Fragmentenkapsel 1, no. 3

s. viii^2, Northumbria, prov. Werden

Contents: Bede, *Historia ecclesiastica* [CPL 1375] (f; bk. IV.viii–ix)

MS: Bischoff—Brown (1985) 340 [= *CLA* no. 1848]; Bischoff (1990) 19 n. 73; Freise (1993) 35–40; Gerchow (1999) 56 [no. 11], 372 [no. 75]; Stiegemann—Wemhoff (1999) II.489–90 [Freise]; Lapidge (2006) 166; Dumville (2007f) 57, 98 and n. 172; Story (2009) 178 n. 43; Wieland (2009) 142; Westgard (2010) 223; Garrison (2012) 646 n. 74

FACS: Bischoff—Brown (1985) pl. XIII (a) [verso (detail)]; Gerchow (1999) pl. 373 [recto]; Stiegemann—Wemhoff (1999) pl. I on p. 489 [recto]

ED: Dumville (2007f) 101–4 [base MS for Bede, *Historia ecclesiastica*, IV.viii–ix]

856. 3. Münster in Westfalen, Universitäts- und Landesbibliothek, Fragmentensammlung IV. 8 [from the same MS as no. 836. 5?]

s. viii^1, Northumbria (prov. Werden)

Contents: sacramentary [Gelasianum mixtum] (f)

MS: Gamber (1968–88) suppl. p. 50 [no. 235]; Bischoff et al. (1992b) 298 [= *CLA* no. 1880]; Gerchow (1999) 55 [no. 2], 375 [no. 82]; Stiegemann—Wemhoff (1999) II.485–7 [Freise]; Wieland (2009) 120; Garrison (2012) 645 n. 69

FACS: Bischoff et al. (1992b) pl. V (b) [fol. 2r (detail)]; Gerchow (1999) pl. on p. 375 [fols. 1v, 2r]; Stiegemann—Wemhoff (1999) II, pls. on p. 486 [fols. 1v, 2r]

New Haven, Yale University, Beinecke Library, 320: see no. **157**

857. New Haven, Yale University, Beinecke Library, 401 + 401A (with Cambridge, University Library, Add. 3330 + London, British Library, Add. 50483K and 71687 + Oslo and London, the Schøyen Collection, 197 + Oxford, Bodleian Library, Arch. A. f. 131 (ptd bk.) and Lat. theol. d. 24, fols. 1 and 2 (S.C. 30591) + Philadelphia, Free Library, John Frederic Lewis Collection, ET 121)

s. ix in. (or viii ex.?), OE glosses added s. x^2

Contents: Aldhelm, *De uirginitate*° (prose) [*CPL* 1332] (f)

MS: Madan et al. (1895–1953) V.843 [S.C. 30591]; Ehwald (1919) 214; Lowe (1927) 191–2; N.R. Ker (1957) no. 12; Morston (1970); R.L. Collins (1976) 29–31; N.R. Ker (1976a) 122; Rella (1977) 59 n. 2, 69–70; Cahn—Marrow (1978) 178–9 [no. 3; F.C. Robinson]; Euw—Plotzek (1979–85) III.66–9; Shailor (1984–2004) II.280–4; Clemoes (1985) no. 37; Morrish (1988) 527 and n. 50, 537; Gwara (1994b) 112–18, 121–5; Rusche (1994) 195–203; J. Griffiths (1995) 39–40; Stoneman (1997) 101, 111, 118, 124, 132; *Cat. Add. B.M., 1956–1965* (2000) I.317; Gwara (2001) I.85*–94* *et passim*; Gneuss (2008a) 421; Ringrose (2009) 90–1; Wieland (2009) 150; Lapidge (2012b) 28; Scragg (2012a) nos. 225–6

FACS: R.L. Collins (1976) pls. 1–2 [New Haven 401, fol. 7r; Philadelphia leaf, recto]; *Sotheby's The History of Script: Sixty Important Manuscript Leaves from the Schøyen Collection, London 10 July 2012* (London, 2012) lot 26 [facsimile of one page of the Schøyen Collection, 197]

ED: Napier (1900) nos. 11 [OE glosses from New Haven 401], 12 [OE glosses from Cambridge UL leaves]; Ehwald (1919) 226–323 [Aldhelm, prose *De uirginitate*, from New Haven 401 and Cambridge UL, coll. as P]; Meritt (1952) [OE glosses from Schøyen leaves]; Meritt (1961) 441 [scratched glosses in New Haven 401]; R.L. Collins (1976) 323 [OE glosses from Philadelphia leaves]; Rusche (1994) 204–13 [scratched glosses in New Haven 401]; Gwara (2001) vol. II [Aldhelm, *De uirginitate*, Latin text with OE glosses from all fragments listed above, coll. as A]

LANG: Napier (1900) xxxii; Rusche (1994) 198 n. 18

ST: <http://www.schoyencollection.com/natregscr.html>; *Sotheby's The History of Script: Sixty Important Manuscript Leaves from the Schøyen Collection, London 10 July 2012* (London, 2012) lot 26; Lapidge (2012b) 26–31

[NOTE: the Schøyen leaf (no. 197) was sold as lot 26 at Sotheby's sale (10 July 2012) to an unknown buyer]

New Haven, Yale University, Beinecke Library, 401A: see no. **857**

New Haven, Yale University, Beinecke Library, 441: see no. **831. 2**

858. New Haven, Yale University, Beinecke Library, 516

s. viii[1], Monkwearmouth-Jarrow

Contents: Gregory, *Moralia in Iob* [*CPL* 1708] (f)

MS: C.E. Lutz (1973) [repr. C.E. Lutz (1975) 20–3]; Cahn–Marrow (1978) 177 [no. 1; F.C. Robinson]; Parkes (1982) 4 and n. 10 [repr. Parkes (1991) 95 and n. 10]; Bischoff–Brown (1985) 340–1 [= *CLA* no. 1849]; Stoneman (1997) 125–6

FACS: C.E. Lutz (1975) frontispiece [verso]; Bischoff–Brown (1985) pl. XIII (b) [verso (detail)]

ST: Love (2012) 613–14 and n. 39

859. New Haven, Yale University, Beinecke Library, 578

s. x/xi or xi[1], SE England?, (prov. prob. SW England, Tewkesbury?)

Contents: gospels* (f)

MS: N.R. Ker (1957) no. 1 and p. lxiv; R.L. Collins (1976) 36–7; N.R. Ker (1976a) 121; Cahn–Marrow (1978) 182 [no. 7; F.C. Robinson]; Liuzza (1988); Liuzza (1994–2000) I.xli–xlii; Budny (1997) I.578; Lenker (1997) 19–21 *et passim*; Stoneman (1997) 126–7; Scragg (2012a) nos. 799, 799.1

FACS: R.L. Collins (1976) pl. 3 [verso (detail)]

ED: Liuzza (1994–2000) I.64–5 [OE gospels coll. as Y]

LANG: Liuzza (1994–2000) II.173; Lenker (1997) 20–1

ST: Abel (1962) 372–90; Lenker (1997) 195–9, 203–5, 246–50, 286–90

New Haven, Yale University, Beinecke Library, Osborn fa 26: see no. **146**

860. New York, Pierpont Morgan Library, M 708

s. xi med. (*c.* 1065?), England, prov. Bavaria *c.* 1071, prov. Weingarten s. xi ex.

Contents: gospels

MS: Lehmann (1918) 399; Harrsen (1930); De Ricci—Wilson (1935–40) II.1485; Bond—Faye (1962) 354; N.R. Ker (1964) 189 [rejected]; T.A.M. Bishop (1971) xvi–xvii and n. 3; McGurk (1986b) 44, 46–7, 53, 54 [repr. McGurk (1998) no. XIV]; Krämer (1989–90) II.807; Lapidge (1994b) 97; McGurk—Rosenthal (1995) 296–9 *et passim* [repr. McGurk (1998) no. XV]; Stoneman (1997) 112–13; R. Gameson (2012a) 33, 80 and n. 286; R. Gameson (2012d) 362 and n. 74; Gullick (2012) 295 n. 7, 307 and n. 77; McGurk (2012) 447 [no. 15]

DEC: E. Temple (1976) no. 94 [with references to further literature (since 1835) and to numerous plates]; F. Wormald (1984b) 120–1; Ohlgren (1986) no. 199; Raw (1990) 320; O'Reilly (1992) 169 n. 13; R. Gameson (1995b) 16, 21, 59, 70 n. 10, 100, 103 n. 184, 128, 155 n. 18, 179–80, 194–5; Rosenthal—McGurk (2006); Karkov (2007c) 57; R. Gameson (2012c) 271 and n. 64, 272 and n. 69

FACS: E. Temple (1976) ill. 286 [fol. 2v]; R. Gameson (1991) fig. 14 [fol. 43r]; Ohlgren (1992) pls. 12.1–9 [binding and fols. 2v, 3r, 26v, 27r, 42v, 43r, 66v, 67r]; R. Gameson (1995b) pl. 4 [jewelled front cover]; McGurk—Rosenthal (1995) [repr. McGurk (1998)] pls. V–VI [fols. 46v, 9r]; McGurk—Rosenthal (2006) figs. 3 [fol. 2v], 4 [fol. 3r], 6 [fol. 26v], 8 [fol. 42v], 10 [fol. 66v]

ST: McGurk—Rosenthal (2006) 185–99

861. New York, Pierpont Morgan Library, M 709

s. xi med. (*c.* 1065?), England, prov. Bavaria *c.* 1071, prov. Weingarten s. xi ex.

Contents: gospels

MS: Lehmann (1918) 399; Harrsen (1930); De Ricci—Wilson (1935–40) II.1485–6; Bond—Faye (1962) 354; T.A.M. Bishop (1971) xvi–xvii and n. 3; McGurk (1986b) 44, 46–7, 51–3, 55, 56–63 [repr. McGurk (1998) no. XIV]; M.P. Richards (1988) 66–7; Krämer (1989–90) II.807; Lapidge (1994b) 97; McGurk—Rosenthal (1995) 299–303 *et passim* [repr. McGurk (1998) no. XV]; Stoneman (1997) 112–13; R. Gameson (2012a) 32, 80 and n. 286; R. Gameson (2012d) 362 and n. 74; Gullick (2012) 307 and n. 77; McGurk (2012) 447 [no. 16]

DEC: F. Wormald (1944) 130–1, 132 [repr. F. Wormald (1984) 156–7, 162–4, 166]; F. Wormald (1962) 7 [repr. F. Wormald (1984) 133]; E. Temple (1976) nos. 93–4; D.M. Wilson (1984) 174; F. Wormald (1984b) 120–1; Ohlgren (1986) no. 198; Raw (1990) 231; O'Reilly (1992) 170–4,

182–4; Raw (1992) 297–300; R. Gameson (1995b) 21, 25–6, 59, 100, 103 n. 184, 129, 157, 172, 190, 195–6, 207–9, 217–18, 230, 251–2; Karkov (2006b) 102; Rosenthal (2007) 21–5, 28–9; Rushforth (2007) 80; Scott (2007) 28–9; Karkov (2009) 249–50; O'Reilly (2011) 214–18; Pulliam (2011) 71, 75; R. Gameson (2012c) 271 and nn. 64–5, 272 and n. 68, 290 and n. 144

FACS: F. Wormald (1944) pl. 2 [fol. 1v]; E. Temple (1976) ills. 285, 289 [fols. 2v, 1v]; D.M. Wilson (1984) pl. 262 [fol. 48v]; F. Wormald (1984) ill. 184 [fol. 1v]; R. Gameson (1991) fig. 21 [fol. 1v]; Ohlgren (1992) pls. 11.1–10 [binding and fols. 1v, 2v, 3r, 48v, 49r, 77v, 78r, 122v, 123r]; Ramsay et al. (1992) pls. 31–2 [fols. 2v, 1v]; Raw (1992) pl. 46 [fol. 1v]; McGurk – Rosenthal (1995) [repr. McGurk (1998) no. XV] pls. III–IV [fols. 42v, 49r]; McGurk – Rosenthal (2006) figs. 1 [fol. 2v], 2 [fol. 3r], 5 [fol. 48v], 7 [fol. 77v], 9 [fol. 122v]; McGowan (2007) 205–7; Rosenthal (2007) 33 [fol. 1v]; Rushforth (2007) 50 [front board], 80 [fol. 1v]; Scott (2007) 28 [fol. 1v (detail)]; Withers (2007) 150 [fol. 122v]; Owen-Crocker (2009) fig. 7.35 [fol. 1v]; R. Gameson (2012) pls. 10.9 [fol. 1v], 18.2 [fol. 2v], 18.5 [fol. 11v]

ST: McGurk – Rosenthal (2006) 186–99; Rosenthal (2007) 23–4, 30–1

862. New York, Pierpont Morgan Library, M 776 (the 'Blickling Psalter')

s. viii med., prov. S England?, OE and Latin glosses s. ix (Wessex) and x^2, (prov. Lincoln)

Contents: Psalterium Romanum (incomplete), with glosses in OE and Latin

MS: Morris (1874–80/1967) II.251–2 [E. Brock]; Wildhagen (1913) 432–5; De Ricci – Wilson (1935–40) II.1502, 2320; Weber (1953) xiii; N.R. Ker (1957) no. 287; Salmon (1959) 49 *et passim*; *CLA* XI (1966) no. 1661; D.H. Wright (1967) 61 n. 3, 63–4, 68; R.L. Collins (1976) no. 10; Gamber (1968–88) no. 1613; T.J. Brown (1974) 259 [repr. T.J. Brown (1993a) 153]; T.J. Brown (1982) 108 [repr. T.J. Brown (1993a) 209]; T.J. Brown (1993b) 197; Crick (1997) 68–75; Stoneman (1997) 113–14; R. Gameson (1999c) 359–60; Pulsiano (2001a) xxv–xxvi; Hartzell (2006) no. 206; Biggs (2007a) 16; Pulsiano (2007) 120; Rushforth (2011) 42; M.P. Brown (2012) 124, 134; Pfaff (2012) 451; Scragg (2012a) no. 801; Toswell (2012) 472, 476–7

DEC: Alexander (1978a) no. 31; Ohlgren (1986) no. 31; Netzer (2012) 228 and n. 23

FACS: *NPS* I, pls. 231–2 [folios not specified]; E.H. Zimmermann (1916) *Tafelband* III, pl. 251 [fol. 27r]; R.L. Collins (1976) pl. 11 [fol. 40r]; T.J. Brown (1993a) ill. 40 [fol. 27r (detail)]; Crick (1997) pls. VII–VIII [fols. 6r (detail), 64v]; Pulsiano (2007) 128 [fol. 60v], 129 [fols. 40v, 41r, 51r, 78v], 130 [fol. 40r]; R. Gameson (2012) pl. 21.1 [fol. 51v]

ED: E. Brock in Morris (1874–80/1967) 251–63 [all OE glosses]; Sweet (1885) 122–3 [OE glosses of s. ix]; Weber (1953) [Latin psalms coll. as N]; Pulsiano (1982) [all Latin and OE glosses]; Pulsiano (2001a) xxxvii–xxxviii [OE glosses of s. ix], 1–739 [Pss. I–L coll as M; OE glosses coll. as M* and M²]

ST: R.L. Collins (1963); Pulsiano (1982); Pulsiano (1983); Pulsiano (1985a)

863. New York, Pierpont Morgan Library, M 826

s. viii ex., Northumbria, prov. Bath? and (s. xi²) Saint-Vaast, Arras?

Contents: Bede, *Historia ecclesiastica* [*CPL* 1375] (f; bk. IV.xxix–xxx)

MS: Lowe (1926); Grierson (1940a) 110 n. 22; Bond—Faye (1962) 361–2; *CLA* XI (1966) no. 1662; Colgrave—Mynors (1969) xlv–xlvi; Lapidge (1994b) 129; Stoneman (1997) 114–15; Dumville (2007f) 57, 78–9; Wieland (2009) 142 [erroneously cited as Yale University, Beinecke Library, M 826]; R. Gameson (2012a) 25 n. 45

ED: Dumville (2007f) 105–8 [base MS for Bede, *Historia ecclesiastica*, IV.xxix–xxx]

863. 5. New York, Pierpont Morgan Library, M 827 (the 'Anhalt Morgan Gospels')

s. x², NE France, prov. England s. x/xi or xi¹? (prov. Nienburg, Germany, s. xii)

Contents: gospels

MS: Swarzenski (1949); Bond—Faye (1962) 362; Krämer (1989–90) II.605; Stoneman (1997) 115; R. Gameson (2012b) 101 n. 31

DEC: F. Wormald (1962) 7 [repr. F. Wormald (1984) 129]; Dodwell (1971b) 82, 83; E. Temple (1976) no. 45; F. Wormald (1984b) 118; Ohlgren (1986) no. 150; Raw (1990) 231; McGurk—Rosenthal (2006) 195; R. Gameson (2010) 110, 114–15; R. Gameson (2012c) 281 and n. 109

FACS: Swarzenski (1949) figs. 1 [binding], 4–7 [folios not specified], 12 [folio not specified], 13 [fol. 67r], 14 [folio not specified], 15 [fol. 1v], 16 [folio not specified], 17 [fols. 18v–19r], 18–23 [folios not specified]; E. Temple (1976) ill. 146 [fol. 98v]; R. Gameson (2010) figs. 11–13 [fols. 17v, 19r, 66v]

864. New York, Pierpont Morgan Library, M 869 (the 'Arenberg Gospels')

s. x ex., prob. Canterbury CC, (prov. Köln, St Severin, by s. xii, or s. xi?)

Contents: gospels

MS: T.A.M. Bishop (1954–8b) 333; Bond—Faye (1962) 366; Voelkle (1974) no. 6; Deshman (1976) 392; Backhouse et al. (1984b) no. 47; McGurk (1986b) 43, 45, 48, 50, 56–63 [repr. McGurk (1998) no. XIV]; Krämer (1989–90) II.452; Dumville (1993f) 98 [no. 16]; Dumville (1993g) 106–7 and nn. 117 and 118, 124 n. 67; Stoneman (1997) 115–16; R. Gameson (2012a) 49 n. 148, 60, 73, 75; R. Gameson (2012d) 362 and n. 73; Marsden (2012) 423 and n. 77; McGurk (2012) 439, 447 [no. 17]

DEC: F. Wormald (1952) 80 [no. 59]; Rosenthal (1974); E. Temple (1976) no. 56; Brownrigg (1978) 246 n. 2, 252–3, 265; F. Wormald (1984b) 119; Rosenthal (1985); Ohlgren (1986) no. 161; Heslop (1990) 153 and n. 7, 165, 169–70 and n. 53, 170 and n. 55, 182; Raw (1990) 84–5, 111–28; R. Gameson (1992a) 190, 200–3 and n. 56, 208–9, 211, 213 n. 109, 214, 216; Ohlgren (1992) 4–5, 56–9; O'Reilly (1992) 169–70, 179; Rosenthal (1992) 162 n. 90; McGurk (1993) 255 and n. 37 [repr. McGurk (1998) no. XI]; R. Gameson (1995b) 17–18, 45, 50, 71, 73, 98, 100, 127, 178, 180, 182, 194; Karkov (2006a) 56; McGurk—Rosenthal (2006) 192 n. 36; Rosenthal (2011) 229, 230, 232–3, 234–8, 241, 245, 246; R. Gameson (2012c) 262 and n. 35, 263 and n. 40, 290 and n. 144, 291

FACS: E. Temple (1976) ills. 167–71 [fols. 11v, 13v, 17v, 83v, 9v]; Backhouse et al. (1984b) colour pl. XI [fol. 126v]; F. Wormald (1984) ill. 115 [fol. 11v]; Ohlgren (1992) pls. 6.1–17 [fols. 9v–13v, 17v, 18r, 57v, 58r, 83v, 84r, 126v, 127r]; Ramsay et al. (1992) pls. 30, 46 [fols. 126v, 83v]; R. Gameson (1995b) pl. 19 [fol. 57v]; R. Gameson (2000b) pls. 6–7 [fols. 17v, 18r]; R. Gameson (2012) pl. 18.1 [fol. 51v]

ST: Heslop (2004) 305–6; Farr (2011a) 95 n. 38

865. New York, Pierpont Morgan Library, M 926, fols. 1–41

s. xi/xii, Continent, (prov. St Albans), in England by 1100?

Contents: Leontius of Cyprus, *Vita S. Iohannis Eleemosynarii*, trans. Anastasius Bibliothecarius [*BHL* 4388]

MS: Hartzell (1975) 20–1, 46 n. 112; R.M. Thomson (1982a) I.115–16; Stoneman (1997) 121–2; R. Gameson (1999a) no. 608

ST: Biggs et al. (2001) 269–70

865. 1. New York, Pierpont Morgan Library, M 926, fols. 42–52

s. xi$^{3/4}$, St Albans

Contents: three hymns to St Alban: 'Ecclesiae prosapies' [*AH* XI.67–8], 'Sollempnis dies remeat' [unptd], and 'Ecce uotiua recoluntur festa' [*AH* XI.68–9]); rhymed Office and mass of St Alban

MS: Hartzell (1975) 21, 23–38; R.M. Thomson (1982a) I.115–16; Andrew Hughes (1993) 252–3; R. Gameson (1999a) no. 609; Hartzell (2006) no. 207(a)

FACS: Hartzell (1975) pls. I–II [fols. 42v, 44r]

ED: Hartzell (1975) 49–57 [hymns; rhymed Office]

865. 2. New York, Pierpont Morgan Library, M 926, fols. 53–68

s. xi$^{3/4}$, (prov. St Albans)

Contents: hymn to St Dunstan [SK 7449]; Adelard, *Lectiones in depositione S. Dunstani* [*BHL* 2343]

MS: Hartzell (1975) 21, 42–4; R.M. Thomson (1982a) I.115–16; R. Gameson (1999a) no. 610; Winterbottom–Lapidge (2012) cxxxiii–cxxxiv

ED: Hartzell (1975) 57 [hymn to St Dunstan]; Winterbottom–Lapidge (2012) 111–45 [Adelard, *Lectiones*, coll. as P]

ST: Biggs et al. (2001) 181–2

865. 3. New York, Pierpont Morgan Library, M 926, fols. 70–3

s. xi/xii, (prov. St Albans)

Contents: anonymous *Vita S. Alexii* [*BHL* 286]

MS; Hartzell (1975) 22, 44–7; R.M. Thomson (1982a) I.115–16; R. Gameson (1999a) no. 611; T.N. Hall (2007) 261

865. 4. New York, Pierpont Morgan Library, M 926, fols. 74–8

s. xi$^{3/4}$, (prov. St Albans)

Contents: rhymed Office of St Birinus (incomplete); Odo of Cluny, Sermon for the feast of St Benedict; fragment of an unidentified sermon (excerpted from Augustine, *De ordine* [*CPL* 255])

MS: Hartzell (1975) 22, 38–42; R.M. Thomson (1982a) I.115–16; Andrew Hughes (1993) 254–5; Love (1996) lxiv–lxvi; R. Gameson (1999a) 22; Hartzell (2006) no. 207(b)–(c)

ED: Hartzell (1975) 58–9 [base MS for rhymed Office of St Birinus]

ST: Biggs et al. (2001) 67–9

865. 5. New York, Pierpont Morgan Library, G 30

s. vii ex., prob. Northumbria

Contents: Gregory, *Moralia in Iob* [*CPL* 1708] (f)

MS: Bond–Faye (1962) 396; *CLA* XI (1966) no. 1664; Bischoff (1966–81) II.339; J. Plummer (1968) no. 4; Adriaen (1979–85) I.xxiii; Milde (1986) 149 [no. 1]; Ryskamp (1989) 69 [G.T. Clark]; Stoneman (1997) 116

FACS: Milde (1986) 163–4 [recto and verso]

866. New York, Pierpont Morgan Library, G 63

s. xi^2

Contents: Hexateuch* (f: from Exodus)

MS: Crawford (1922/1969) 456–7 [N.R. Ker]; J. Plummer (1968) no. 11; R.L. Collins (1976) no. 11; N.R. Ker (1976a) 128; Stoneman (1997) 120; R. Gameson (1999a) no. 605; Marsden (2008) lxi–lxiii; Scragg (2012a) no. 800

FACS: Crawford (1922/1969) 461 [fol. 3v (detail)]; R.L. Collins (1976) pl. 12 [fol. 1r]

ED: N.R. Ker in Crawford (1922/1969) 458–60 [text of OE Exodus from the two complete leaves]; Marsden (2008) [text of OE Exodus coll. as P]

866. 5. New York, Public Library, 115 (the 'Harkness Gospels')

s. ix$^{3/3}$, Landévennec (Brittany), prov. SW England s. x med., (prov. s. xviii Italy)

Contents: gospels, gospel list

MS: Morey (1929); Morey et al. (1931); De Ricci—Wilson (1935–40) II.1333; Hartzell (1981); Deuffic (1985) 303 [no. 53]; McGurk (1986b) 45 n. 3, 48 and n. 27 [repr. McGurk (1998) no. XIV]; McGurk (1987) 165 n. 2, 189 n. 54 [repr. McGurk (1998) no. II]; B. Fischer (1988–91) I.18*; Dumville (1993f) 98 [no. 17]; McGurk (1993) 254 [repr. McGurk (1998) no. XI]; Lenker (1997) 430–5, 437 *et passim*; Bischoff (1998—) II, no. 3625; Sole (1998) 135–6; Cohen—Teviotdale (1999) 70; Lemoine (2005) 183, 187–8; Hartzell (2006) no. 208; Rankin (2012) 489 and n. 30

FACS: Morey (1929) pls. 1–10 [folios not specified]; Morey et al. (1931) pls. 1–5, 7, 11–16, 22–52; Hartzell (1981) pls. on pp. 87–8, 91, 94–5 [fols. 13v, 48r, 76r, 46v, 47v, 108v]; Cohen—Teviotdale (1999) pl. 24 [fol. 21v]

ED: B. Fischer (1988–91) [gospels coll. as Bl]

ST: *BCLL* (1985) no. 962 [bibliography]; Lemoine (2005) 186–8, 190

867. Orléans, Médiathèque, 127 (105)

s. $x^{3/4}$, Winchcombe? or s. $x^{4/4}$, Ramsey?, prov. Fleury s. xi in.

Contents: sacramentary (including litany)

MS: Delisle (1886) 211–18; *Cat. gén. Dép.* (Octavo) XII.51 [Cuissard]; Fehr (1921) 30; Gougaud (1923) 24–5; J.A. Robinson (1923) 97–8 n. 2; Leroquais (1924) I.89–91; Samaran—Marichal (1959–84) VII.219; Gremont—Donnat (1967); T.A.M. Bishop (1971) 12; Hohler (1975) 61, 65–6 and n. 23; C.E. Lutz (1977) 41; Vezin (1977) 109–10; Hartzell (1989) 80 and n. 87; Mostert (1989) no. BF 538; Lapidge (1991a) 76; Lapidge (1992a) 103–6, 115 [repr. Lapidge (1993a) 391–4, 417]; Dumville (1993g) 58 n. 259, 60 n. 265; Davril (1995) 1–26; Corrêa (1996) 296–9, 308–10; Saenger (1997) 208 and n. 38; R. Gameson (1996a) 204–5 and n. 33; J. Barrow (2004) 154; Keats-Rohan (2004) 174; C.A. Jones (2005a) 110; N. Orchard (2005) lxi–lxii, lxx–xcii; Stevinson—Stevinson (2008); R. Gameson (2012a) 66 and n. 227, 87 n. 311, 88 n. 320; R. Gameson (2012d) 358 and n. 52; Pfaff (2012) 454

DEC: E. Temple (1976) no. 31; Ohlgren (1986) no. 136; R. Gameson (1995b) 33 n. 120; Roger—Bosc (2008) 406, 417–18, 420, 422, 426

FACS: E. Temple (1976) ill. 139 [p. 8 (detail)]; Davril (1995) pls. I–IV [pp. 7, 8, 177, 178]; Bosc-Lauby —Notter (2004) p. 145 [p. 8]; Roger—Bosc (2008) 435 [p. 8 (detail)]

ED: Legg (1891-7) III.1447–1628 [mass prayers coll. as Whc]; Lapidge (1991a) 219–24 [litany]; Davril (1995) [complete MS]

ST: Lapidge (2012a) 692

868. Orléans, Médiathèque, 342 (290), pp. 1–68

[palimpsest, lower script]

s. viii

Contents: unidentified text

MS: *CLA* VI (1953) no. 820; Lowe (1964) no. 108; Mostert (1989) no. BF 859; Biggs et al. (2001) 357

869. Orléans, Médiathèque, 342 (290)

s. x/xi, England or Fleury?, (prov. Fleury)

Contents: six Lives of saints: *Vita S. Nicholai* [*BHL* 6104-8], *Vita S. Alexii* [*BHL* 286], *Vita S. Athanasii* [*BHL* 730], *Inuentio S. Crucis* [*BHL* 4171], *Miraculum S. Anastasii Persae* [*BHL* 412], *Passio S. Theclae* [*BHL* 8024g]; six sermons [including *CPL* 404, 920, 844 no. 4, 245]; pseudo-Jerome, *Epistulae supposititiae* [*CPL* 633] xlviii–xlix

MS: *Cat. gén. Dép.* (Octavo) XII.186–7 [Cuissard]; Van der Straeten (1982) 72; Mostert (1989) nos. BF 858–61; Dumville (1993f) 98 [no. 18]; R. Gameson (1995a) 100 n. 21; Whatley (1996) 20; Biggs et al. (2001) 67, 90–1, 263, 356–7, 360, 447; Di Sciacca (2010) 319, 321 n. 73; R. Gameson (2012a) 19 n. 27

ST: Lambert (1969–72) nos. 348–9 [pseudo-Jerome]

870. Oslo, Riksarkivet, Lat. fragm. 201 (with Oslo, Nasjonalbiblioteket, Lat. fragm. 9)

s. $x^{1/4}$

Contents: mass lectionary (f)

MS: Gjerløw (1957) 109–17; Gjerløw (1979) 265–6; Dumville (1991–5) 49; Dumville (1994a) 134 and n. 9; Lenker (1997) 115, 131, 457–8

DEC: R. Gameson (1995b) 243 n. 55

FACS: Gjerløw (1957) figs. 1–3 [Nasjonalbiblioteket, Lat. fragm. 9, verso; Riksarkivet, Lat. fragm. 201, recto and verso]; Gjerløw (1979) pl. 2 [Nasjonalbiblioteket, Lat. fragm. 9, verso]

ED: Gjerløw (1957) 112–13

870. 2. Oslo, Riksarkivet, Lat. fragm. 202, 1–2

s. xi¹, England? Scandinavia?
Contents: missal (f)
MS: Gjerløw (1974) 77–81; Hartzell (2006) no. 230
FACS: Gjerløw (1974) pl. 2 [fol. 1v]

870. 3. Oslo, Riksarkivet, Lat. fragm. 203, 1–5 and 205, 3–4, and 210, 4

s. xi/xii, England? Scandinavia?
Contents: missal (f)
MS: Hartzell (2006) no. 231; Gullick—Rankin (2009) 285

871. Oslo, Riksarkivet, Lat. fragm. 204a, 1–4 and 9–10 (with Copenhagen, Rigsarkivet, M. H. 4593)

s. xi med., England? Scandinavia?
Contents: missal (f)
MS: Gjerløw (1974) 81–2, 124; Dumville (1992a) 68; Lenker (1997) 489–90 et passim; Hartzell (2006) no. 232
DEC: R. Gameson (1995b) 243 n. 55
FACS: Gjerløw (1974) pl. 3 [fols. 3r, 3v (details)]

Oslo, Riksarkivet, Lat. fragm. 204b, 5–6 and 205, 1–2: see no. **936**

871. 5. Oslo, Riksarkivet, Lat. fragm. 206, 1 and 209, 1-4, and 239, 6-7

s. x/xi, England? Scandinavia?
Contents: missal (f)
MS: Dumville (1992a) 68; Hartzell (2006) no. 229; Corrêa (2008); Rankin (2012) 501 n. 84

872. Oslo, Riksarkivet, Lat. fragm. 207, 1-4, and 208, 1-8 and 210, 1-3 (with Copenhagen, Rigsarkivet, M.H. 3084 and 3085)

s. x/xi, possibly Winchester?
Contents: missal (f)
MS: Gjerløw (1961) 29–67; T.A.M. Bishop (1971) xxii n. 1; Gjerløw (1980) I.16; Dumville (1992a) 68, 81; Lenker (1997) 490–1 et passim; Hartzell (2006) no. 228; Rankin (2007) 22; Wieland (2009) 123; Rankin (2012) 501 n. 84

DEC: R. Gameson (1995b) 243 n. 55

FACS: Gjerløw (1961) pp. 52–3 [Lat. fragm. 207, 1–2 recto; Lat. fragm. 208, 7 recto]

ED: Gjerløw (1961) 54–67

Oslo, Riksarkivet, Lat. fragm. 208: see no. **872**
Oslo, Riksarkivet, Lat. fragm. 209, 1–4: see no. **871. 5**
Oslo, Riksarkivet, Lat. fragm. 210: see no. **872**

872. 5. Oslo, Riksarkivet, Lat. fragm. 211, 1–2

s. xi, England? Scandinavia?

Contents: mass lectionary (f)

MS: Gjerløw (1957) 117–22; Dumville (1991–5) 49; Lenker (1997) 115, 177, 190, 458

FACS: Gjerløw (1957) figs. 4–5 [Lat. fragm. 211, 1–2 recto]

ED: Gjerløw (1957) 119–20

872. 8. Oslo, Riksarkivet, Lat. fragm. 214, 2–3

s. xi^2

Contents: gradual (f)

MS: Hartzell (2006) no. 222

873. Oslo, Riksarkivet, Lat. fragm. 223, 1–2

s. xi ex., England? Scandinavia?

Contents: antiphoner (f)

MS: Gjerløw (1979) 24–5; R. Gameson (1999a) no. 614; Hartzell (2006) no. 214

873. 3. Oslo, Riksarkivet, Lat. fragm. 224, 1–4

s. xi^2

Contents: antiphoner (f)

MS: Gjerløw (1979) 25–6; Hartzell (2006) no. 213

873. 5. Oslo, Riksarkivet, Lat. fragm. 225, 1 and 2

s. xi/xii, England, or uncertain origin?

Contents: antiphoner (f)

MS: Gjerløw (1979) 26–7; R. Gameson (1999a) no. 615; Hartzell (2006) no. 212

FACS: Gjerløw (1979) pl. 5 [verso]

874. Oslo, Riksarkivet, Lat. fragm. 226, 1 and 2

s. xi$^{2/4}$

Contents: antiphoner (f)

MS: Gjerløw (1979) 23–4; R. Gameson (1999a) no. 616; Hartzell (2006) no. 211

DEC: R. Gameson (1995b) 243 n. 55

FACS: Gjerløw (1979) pl. 4 [recto]

874. 3. Oslo, Riksarkivet, Lat. fragm. 226, 3–9, and Box (45), XXXV, s.n., 1

s. xi, England? Scandinavia?

Contents: gradual (f)

MS: Hartzell (2006) no. 221; Gullick—Rankin (2009) 285

874. 6. Oslo, Riksarkivet, Lat. fragm. 227, 1–23

s. xi^1

Contents: missal (f)

MS: Gjerløw (1979) 219 n. 1; Dumville (1992a) 68; Rankin (2012) 501 n. 84

875. Oslo, Riksarkivet, Lat. fragm. 228, 1–21, and 4A 13611

s. xi med. or xi$^{3/4}$, Winchester, NM?

Contents: missal (f)

MS: Gjerløw (1974) 75–7, 123–4; Dumville (1992a) 68; Lenker (1997) 491 *et passim*; R. Gameson (1999a) no. 617; Hartzell (2006) no. 234; Rankin (2007) 22 and n. 10; Rankin (2012) 501 n. 84

DEC: R. Gameson (1995b) 243 n. 55

FACS: Gjerløw (1974) pl. 1 [fol. 7v]

875. 1. 1. Oslo, Riksarkivet, Lat. fragm. 230, 1

s. xi, England? Scandinavia?

Contents: missal (f)

MS: Gjerløw (1970) 76–9

FACS: Gjerløw (1970) pl. 1 [verso]

ED: Gjerløw (1970) 77–8

Oslo, Riksarkivet, Lat. fragm. 239, 6–7: see no. **871. 5**

875. 1. 2. Oslo, Riksarkivet, Lat. fragm. 274, 1

s. xi^1

Contents: missal (f)

875. 1. 3. Oslo, Riksarkivet, Dipl. perg. 1589

s. xi med.

Contents: antiphoner (f)

Oslo, Nasjonalbiblioteket, Lat. fragm. 9: see no. **870**

875. 4. Oslo and London, The Schøyen Collection, MS 76

s. xi/xii, England or Continent

Contents: Bede, *De tabernaculo* [CPL 1345]

MS: *Quaritch Catalogue 1088* (1988) no. 4; J. Griffiths (1995) 38; R. Gameson (1999a) no. 619; http://www.schoyencollection.com/carolingian.html

FACS: http://www.schoyencollection.com/carolingian.html

Oslo and London, The Schøyen Collection, MS 79: see no. **677. 3**
Oslo and London, The Schøyen Collection, MS 197: see no. **857**

875. 5. Oslo and London, The Schøyen Collection, MS 674

s. xi med., Exeter?

Contents: missal (f; incl. Mass for Friday before Palm Sunday)

MS: *Sotheby's Sale (19 June 1990)*, lot 10; Lenker (1997) 315 [no. 100]; Stoneman (1997) 133; *Sotheby's The History of Script: Sixty Important Manuscript Leaves from the Schøyen Collection. London 10 July 2012* (London, 2012) lot 39

FACS: *Sotheby's Sale (19 June 1990),* lot 10 [prob. verso of fragment]; Sotheby's *The History of Script: Sixty Important Manuscript Leaves from the Schøyen Collection. London 10 July 2012* (London, 2012) lot 39 [facsimile of one side of leaf fragment]

[NOTE: this fragment was sold as lot 39 at Sotheby's sale (10 July 2012) to Mr Gifford Combs of California]

875. 6. Oslo and London, The Schøyen Collection, MS 1542

s. xi^1

Contents: missal (f)

MS: *Sotheby's Sale (17 December 1991)* lot 4; Stoneman (1997) 133; http://www.schoyencollection.com/carolingian.html

FACS: http://www.schoyencollection.com/carolingian.html

875. 7. Oslo and London, The Schøyen Collection, MS 2366

s. xi med.

Contents: Augustine, *Enchiridion* [*CPL* 295] (f)

MS: http://www.schoyencollection.com/carolingian.html; Sotheby's *The History of Script: Sixty Important Manuscript Leaves from the Schøyen Collection. London 10 July 2012* (London, 2012) lot 40

FACS: http://www.schoyencollection.com/carolingian.html; Sotheby's *The History of Script* (2012) [facsimile of part of one page]; Sotheby's *The History of Script: Sixty Important Manuscript Leaves from the Schøyen Collection. London 10 July 2012* (London, 2012) lot 40

[NOTE: this fragment was sold as lot 40 at Sotheby's sale (10 July 2012) to Mr Gifford Combs of California]

875. 8. Östersund, Landsarkivet, Oviken LI: 1

s. xi^2, England (prov. Norway?)

Contents: missal (f)

MS: Gneuss (2012) 296 [information from M. Gullick]

875. 9. Paris, Bibliothèque de l'Arsenal, 236

s. xi/xii, English and continental scribes

Contents: Ambrose, *De uirginibus* [*CPL* 145], *De uiduis* [*CPL* 146], *De mysteriis* [*CPL* 155], *De sacramentis* [*CPL* 154]; Nicetas of Remesiana

(?), *De lapsu uirginis consecratae* [*CPL* 651], *Epistula ad uirginem lapsam* [*CPL* 652]

MS: H. Martin (1885–96) I.146; R. Gameson (1999a) no. 808; Gneuss (2012) 302 [information from M. Gullick]

Paris, Bibliothèque de l'Arsenal, 903, fols. 1–52: see no. **903**
Paris, Bibliothèque de l'Arsenal, 933: see under no. **902. 9**

876. Paris, Bibliothèque nationale de France, anglais 67

s. xi^1

Contents: Ælfric, *Grammar*$^{+*}$ (f)

MS: Delisle (1868–81) II.318; P. Meyer (1873) 598; Zupitza (1880/2001) xii; Förster (1927) 131; Dubois (1943) 370–2; N.R. Ker (1957) no. 363; Ebersperger (1999) 18–20; *ASMMF* XV (2007) 91–2 [no. 421; Doane]; Scragg (2012a) no. 978

FACS: Dubois (1943) pl. 4 [fol. 1r]; *ASMMF* XV (2007) no. 421

ED: Zupitza (1880/2001) 193–202 [Ælfric, *Grammar*, coll. as P]; Dubois (1943) 370–1 [prints text on fol. 1r]; Ebersperger (1999) 19 [corrections to Zupitza's collation]

876. 5. Paris, Bibliothèque nationale de France, français 2452, fols. 75–84

s. ix^1, Wales or SW England

Contents: Psalterium Hebraicum (f)

MS: *Catalogue des manuscrits français* (1868–95) I.420; Delisle (1876) I.81; B. Fischer (1971) 110; McNamara (1973) 202, 231–2, 263; Ebersperger (1999) 20–2

DEC: Avril—Stirnemann (1987) no. 12

FACS: Avril—Stirnemann (1987) pl. III (12) [fol. 84v]

877. Paris, Bibliothèque nationale de France, lat. 272

s. x^2 or x ex. or x/xi, Winchester? (prov. prob. Normandy — Fécamp, s xi or later)

Contents: gospel list, gospels

MS: Lauer et al. (1939—) I.100; Vezin (1968) 287, 290–1; T.A.M. Bishop (1971) 10; McGurk (1986b) 43, 46–8, 53–5 [repr. McGurk (1998) no. XIV]; Heslop (1990) 152 n. 3, 173 and n. 62, 182; Dumville (1993f) 99 [no. 20]; Dumville (1993g) 145; Lenker (1997) 425–8 *et passim*; Ebersperger (1999) 23–7; R. Gameson (2003) 154–5; R. Gameson

(2012a) 45 n. 136, 70 n. 240; R. Gameson (2012d) 358 and n. 53; McGurk (2012) 447 [no. 19]

DEC: Alexander (1970a) 235, 237; Avril—Stirnemann (1987) no. 22; R. Gameson (2012c) 258 n. 24

FACS: R. Gameson (2012) pl. 18.4 [fol. 96r]

ST: Frere (1934) 135–6; Klauser (1972) lx, no. 286

878. Paris, Bibliothèque nationale de France, lat. 281 + 298 (the 'Codex Bigotianus')

s. viii ex., S England, perhaps Canterbury (or Mercia?), (prov. Fécamp s. xi or later)

Contents: gospels

MS: Delisle (1868–81) II.364, III.214–15, IV.vii; J. Wordsworth et al. (1889–1954) xi; Kenney (1929) 653–4; Lauer et al. (1939—) I.103, 107; Mallon et al. (1939) no. 45; *CLA* V (1950) no. 526; Lowe (1960) xxx–xxxi; McGurk (1961a) no. 58; Nortier (1966) 6, 19, 26; M.P. Brown (1986) 126; B. Fischer (1988–91) I.16*; Bischoff (1990) 59–60; Webster—Backhouse (1991) no. 155 [M.P. Brown]; Dumville (1993f) 89 and n. 32, 99 [no. 21]; R. Gameson (1994b) 28; McGurk (1994b) 6 [repr. McGurk (1998) no. XII]; Ebersperger (1999) 27–32; R. Gameson (1999c) 349–55; M.P. Brown (2003a) 196 n. 59; M.P. Brown (2012) 134, 146 and n. 121; R. Gameson (2012a) 28 n. 59, 37 n. 88, 52, 53 n. 183; Marsden (2012) 414 and n. 33

DEC: Brøndsted (1924) 99–100, 108–9, 111–13, 123–4; Micheli (1939) 50–1, 193; Alexander (1978a) no. 34; Ohlgren (1986) no. 34; Avril—Stirnemann (1987) no. 7; M.P. Brown (2003a) 234 and n. 84

FACS: Delisle (1868–81) IV, pls. X (1), X (2) [lat. 281, fols. 5r, 114r]; Micheli (1939) pl. 73 [lat. 281, fol. 137r]; Lowe (1960) pls. XXX (a) [lat. 281, fol. 5r], XXX (b) [lat. 281, fol. 4v], XXXI [lat. 281, fol. 137r]; Alexander (1978a) ills. 166–8 [lat. 281, fol. 137r (detail), lat. 281, fol. 86r (detail), lat. 298, fol. 2r (detail)]; Webster—Backhouse (1991) 201 [lat. 281, fol. 137r (detail)]; R. Gameson (1999c) pls. 13.25 [lat. 281, fol. 4v], 13.26 [fol. 136r], 13.27 [fol. 137r]

ED: J. Wordsworth et al. (1889–1954) [gospels coll. as B]; B. Fischer (1988–91) [gospels coll. as Eb]

ST: B. Fischer (1952) [repr. B. Fischer (1986)]

879. Paris, Bibliothèque nationale de France, lat. 943

s. x³/⁴ [after 959], prob. Canterbury CC, with additions s. x/xi—xi¹, Sherborne; prov. whole MS Sherborne by s. x/xi, France s. xi²

Contents: Letter (spurious?) from Pope John XII to Dunstan; pontifical (including litanies and second English Coronation *ordo*); benedictional; prologue to *Poenitentiale Egberti* [*CPL* 1887]; First Capitulary of Gerbald of Liège; forms of absolution. Additions (s. x/xi—xi¹): list of bishops of Sherborne; letter to Bishop Wulfsige III of Sherborne; two homilies for the Dedication of a church* (one by Ælfric); rules of confraternity* and formula-letter announcing the death of a monk; part of Mass of the Dead; two penitential letters; writ by Bishop Æthelric of Sherborne*

MS: Delisle (1868–81) I.320, III.268–70; Liebermann (1903–16) I.xxxvii; Brotanek (1913) 33–49; Wildhagen (1913) 456–7; Förster (1927) 116; Leroquais (1937) II.6–10; Lauer et al. (1939—) I.335–6; N.R. Ker (1957) no. 364; Samaran—Marichal et al. (1959–84) II.43 [d'Alverny]; T.A.M. Bishop (1964–8b) 246 n. 1; N.R. Ker (1964) 179; Vezin (1965) 86; Vezin (1968) 287; T.A.M. Bishop (1971) xxii; Korhammer (1973) 174; Rella (1977) 106–7; Backhouse et al. (1984b) no. 34; Prescott (1987) 126–8; Haggenmüller (1991) 87, 152, 289; Lapidge (1991a) 79–80; Dumville (1992a) 69, 72, 82–5, 90–4, 125; Rosenthal (1992); Scragg (1992) xxxiv, 330 and n. 3; Conner (1993) 19–20 *et passim*; Dumville (1993f) 89, 92, 95–6, 99 [no. 22]; Dumville (1993g) 100, 148; Dumville (1994c) 293–4; Nelson—Pfaff (1995) 89–90; R. Gameson (1996b) 163, 173–5; Rasmussen (1998) 258–317; Ebersperger (1999) 32–44; C.A. Jones (2004) 341 n. 67, 343 n. 73, 344 nn. 77–80; C.A. Jones (2005a) 111, 128; C.A. Jones (2005b) 234; Keynes (2005a) 62–3 and nn. 64–72; N. Orchard (2005) xcviii–xcix, cxxix, 444 *et passim*; Stockdale (2005) 169; Hartzell (2006) no. 310; O'Brien O'Keeffe (2006) 268–9; Pulsiano (2007) 124–5; Wieland (2009) 124; Winterbottom—Lapidge (2012) xxxviii and n. 121, xl, lx, clviii n. 560, 84 n. 247, 139 n. 92; R. Gameson (2012a) 40, 67 n. 232; R. Gameson (2012b) 114; D. Ganz (2012) 190 n. 13, 194 and nn. 38–9; Pfaff (2012) 458 and n. 32; Rankin (2012) 490; Rushforth (2012) 203 and n. 42; Scragg (2012a) nos. 979–83

DEC: F. Wormald (1945) 135 [repr. F. Wormald (1984) 74]; Rice (1952) 162, 197, 209, 212–13; F. Wormald (1952) 78 [no. 54]; Dodwell (1954) 8; E. Temple (1976) no. 35; Brownrigg (1978) 246 n. 2, 252; Rosenthal (1981); F. Wormald (1984) 107; F. Wormald (1984b) 117; Ohlgren

(1986) no. 140; Avril—Stirnemann (1987) no. 16; Raw (1990) 92, 111–28, 235; R. Gameson (1992a) 189 n. 9 *et passim*; R. Gameson (1995a) 140 n. 171; R. Gameson (1995b) 22–3, 127, 153, 156–7, 194, 223 n. 183; C.A. Jones (2005a) 111; R. Gameson (2012c) 262 and n. 37, 280

FACS: *NPS* I, pls. 111–12 [fols. 10r, 156r]; Rice (1952) pls. 42 (d) [fol. 10r], 64 (b) [fol. 4v]; F. Wormald (1952) pls. 4 (a), 4 (b), 5 (a) [fols. 5v, 6r, 6v]; Dodwell (1954) pl. 5 (a) [fol. 4v]; E. Temple (1976) ills. 134–8 [fols. 4r, 5v, 6r, 6v, 10r]; D.M. Wilson (1984) pl. 234 [fol. 4v]; F. Wormald (1984) ill. 113 [fol. 5v]; Huglo (1987) pl. XVI [fol. 10v]; Ramsay et al. (1992) pls. IV, 1–3 [fols. 4v, 5v, 6r, 6v]; Eales—Sharpe (1995) pl. 6 (b) [fol. 6v]; Rasmussen (1998) pls. 9–10 [fols. 10r, 108r]; Keynes (2005a) figs. 5–6 [fols. 1v, 2r]

ED: Stubbs (1874) cxiii [list of bishops of Sherborne], 406–8 [letter to Bishop Wulfsige], 408–9 [two penitential letters]; Liebermann (1903–16) I.401–9 [*Iudicium Dei* coll. as Ps]; Brotanek (1913) 15–27 [base MS for anon. Homily for the Dedication of a church], 27–8 [rules of confraternity], 38 [list of bishops of Sherborne]; Harmer (1952) no. 63 [writ by Æthelric]; Moeller (1971–9) [benedictions coll. as *Paris 943*]; Whitelock et al. (1981a) I.88–92 [letter from Pope John XII to Dunstan], 226–8 [letter to Bishop Wulfsige], 230–1 [first penitential letter]; Brommer (1984) 16–21 [Gerbald, First Capitulary, coll. as P$_3$]; H. Zimmermann (1984–5) I.271–4 [letter from Pope John XII to Dunstan]; O'Donovan (1988) no. 13 [writ by Æthelric]; Lapidge (1991a) 247–9 [litanies for Dedication of a church]; Conn (1993) [pontifical and benedictional]; Ebersperger (1999) 237–62 [base MS for Ælfric, Homily for Dedication of a church]; Rumble (2002) 233–7 [Letter from Pope John XII]

LANG: Schabram (1965) 99–100; Wenisch (1979) 22, 45, 327; Hofstetter (1987) 219

ST: H.A. Wilson (1903); Woolley (1917) 139–65; D.H. Turner (1971) xvi–xxxix; Scragg (1979) 256; Frantzen (1983b) 131; N.P. Brooks (1984) 244, 248, 267, 274, 281, 378 n. 153; Vollrath (1985) 338–46; Prescott (1987) 141–7; Gardner (1988) 65–7; Sole (1998) 134–5; Cross—Hamer (1999) 35; N. Orchard (2002) I.108 n. 252, 238; Heslop (2004) 282 n. 5; C.D. Wright (2009) 182–4 [Letter from Pope John XII]; Hamilton (2010) 426

880. Paris, Bibliothèque nationale de France, lat. 987

s. x$^{2/3}$, Winchester OM [fols. 1–84]; s. xi$^{2/4}$ or xi$^{3/4}$, Canterbury CC [fols. 85–111]; (prov. France before late s. xvi?)

Contents: benedictional; Sanctorale et Commune sanctorum added on fols. 85–111

MS: Delisle (1886) 215–17; Warner–Wilson (1910) xi, xxiv, lviii; Lauer et al. (1939–) I.351–2; Gjerløw (1961) 35, 46; N.R. Ker (1964) 39, 154, 201, 390; Vezin (1968) 287–90; T.A.M. Bishop (1971) 10; D.H. Turner (1971) xvi–xx; Rella (1977) 57, 79; Vezin (1977) 111; Backhouse et al. (1984b) no. 39 [D.H. Turner]; Prescott (1987) 120–3, 129–30, 133; Mostert (1989) nos. BF1012, BF1013; Heslop (1990) 153, 170–1, 173, 182; Dumville (1992a) 28, 69, 80, 84–5, 90, 92–3; Dumville (1993f) 89, 99 [no. 23]; Dumville (1993g) 53, 139, 145; Nelson–Pfaff (1995) 90–1; Corrêa (1999) 99; Ebersperger (1999) 44–51; R. Gameson (2012a) 39 and n. 98, 59, 65, 88 n. 320; R. Gameson (2012d) 357 n. 51

DEC: Rice (1952) 194; Dodwell (1954) 21–2, 121; F. Wormald (1959) 9–10 [repr. F. Wormald (1984) 87–9]; F. Wormald (1969) 44 [repr. F. Wormald (1984) 102]; Alexander (1970a) 238 n. 6; E. Temple (1976) no. 25; F. Wormald (1984) 87, 89; D.M. Wilson (1984) 169; Ohlgren (1986) no. 113; Avril–Stirnemann (1987) nos. 17, 24, 29, 188; R. Gameson (1995b) 182, 195, 198 n. 36, 201 n. 55, 202–3, 205 n. 86, 212; R. Gameson (2012c) 258–9 and nn. 23 and 27

FACS: *NPS* I, pls. 83–4 [folios not specified]; Dodwell (1954) pl. 12 (c) [fol. 111r]; E. Temple (1976) ills. 92–3 [fols. 41r, 43r]; Backhouse et al. (1984b) p. 61 [fol. 41r]; Dumville (1993g) pl. XIV [fol. 89r]; Bosc-Lauby–Notter (2004) p. 146 [fol. 84r]; Owen-Crocker (2009) fig. 2.9 [fol. 7r]

ED: Moeller (1971–9) [benedictional coll. as *Paris 987*]

ST: Woolley (1917) xix–xxv, 139–65; Corrêa (1997) 99–109

881. Paris, Bibliothèque nationale de France, lat. 1751

s. xi^2 or xi ex., Canterbury StA?

Contents: Ambrose, *De uirginibus* [CPL 145], *De uiduis* [CPL 146], *De uirginitate* [CPL 147], *Exhortatio uirginitatis* [CPL 149]; Nicetas of Remesiana (?), *De lapsu uirginis consecratae* [CPL 651]; Ambrose, *De mysteriis* [CPL 155], *De sacramentis* [CPL 154]; pseudo-Jerome, *Epistula supp.* [CPL 633] xxxviii ('Homilia de corpore et sanguine Christi')

MS: Lauer et al. (1939–) II.156; Quynn (1939); Cazzaniga (1948) vii; Cazzaniga (1954) vii; Faller (1955) xiv; Vezin (1968) 286, 295–6; Rella (1977) 160; Webber (1992) 51 nn. 25–6; Ebersperger (1999) 52–5; R. Gameson (1999a) no. 809; Lapidge (2006) 278, 279, 280

ED: Faller (1933) [Ambrose, *De uirginibus*, partly coll. as P]; Cazzaniga (1948) [Ambrose, *De uirginibus*, coll. as *Paris*]; Cazzaniga (1954) [Ambrose, *De uirginitate*, coll. as b]

ST: Lambert (1969–72) nos. 320, 338; Bankert et al. (1997) 14, 36–40, 46–8, 65

881. 7. Paris, Bibliothèque nationale de France, lat. 2621, fols. 84–92

s. xi/xii, England or Normandy

Contents: Hermannus Archidiaconus (?), *Miracula S. Eadmundi* [BHL 2395]

MS: Liebermann (1879) 230; Lauer et al. (1939–) II.550; Gransden (1995b) 6–7

ED: Martène—Durand (1724–33) VI.821–34 [base MS for excerpts from Hermannus, *Miracula S. Eadmundi*]

882. Paris, Bibliothèque nationale de France, lat. 2825, fols. 57–81

s. ix/x, NE France, prov. England by s. x med.

Contents: Bede, *Vita S. Cudbercti* (verse) [*CPL* 1380; *BHL* 2020], with Latin and OE glosses (s. x); grammatical notes; encyclopedic notes (cf. nos. **56, 90** and **451**): on the Ages of the World, the Ages of Man, the numbers of bones, veins and teeth in the human body, Dimensions of the world, the Temple of Solomon, Noah's Ark, the numbers of books in the Old and New Testament, the number of verses in the psalms, units for measuring distances

MS: Jaager (1935) 26–7; Lauer et al. (1939–) III.118–20; N.R. Ker (1957) no. 365; Vezin (1968) 286; F.C. Robinson (1973) 453, 459, 461, 464 n. 62; Korhammer (1980) 58; Dumville (1993f) 88, 99 [no. 24]; Lapidge (1995c) 130–1, 136–7, 156–7; Ebersperger (1999) 55–8; Karkov (2004) 66 n. 70; Lapidge (2006) 172; Dekker (2007) 279 n. 1, 305–9; Graham (2009) 171; Scragg (2012a) no. 984

DEC: Avril—Stirnemann (1987) no. 23

ED: Jaager (1935) [Bede, *Vita metrica S. Cudbercti*, coll. as P]; Jaager (1936) [OE glosses to Bede, *Vita metrica S. Cudbercti*]; Meritt (1945) no. 10 [OE glosses to Bede, *Vita metrica S. Cudbercti*]; Dekker (2007) 281–4 nn. [notes on the Ages of the world, etc.]

ST: Whatley (1996) 20; Alcamesi (2010) 195 n. 113; Chardonnens (2010) 234; Dekker (2010) 164 n. 82

883. Paris, Bibliothèque nationale de France, lat. 4210

s. x/xi, ?England, ?NE France, prov. Fécamp

Contents: Smaragdus of Saint-Mihiel, *Expositio in Regulam S. Benedicti*

MS: Nortier (1966) 237; T.A.M. Bishop (1971) 2; Spannagel—Engelbert (1974) xviii, li–liii; Rella (1977) 76, 161; Branch (1979) 163, 172; Dumville (1993f) 89, 99 [no. 25]; Dumville (1993g) 8 n. 4; Ebersperger (1999) 198; R. Gameson (2003) 159; Wieland (2009) 140

ED: Spannagel—Engelbert (1974) [Smaragdus, *Expositio*, coll. as P¹]

ST: R.M. Butler (2004) 202

884. Paris, Bibliothèque nationale de France, lat. 4839

s. x/xi, England

Contents: Priscian, *Periegesis* [*CPL* 1554; SK 10028]; Nemesianus, *Cynegetica* [SK 17029]; Q. Serenus Sammonicus, *Liber medicinalis* [SK 11975]

MS: Delisle (1868–81) I.361–4; Baehrens (1879–83) III.106, 175; Van de Woestijne (1937) 20–1; Van de Woestijne (1953) 25–7; Volpilhac (1975) 89–90; Passalacqua (1978) 384; Munk Olsen (1982–) II.107–8, 480; L.D. Reynolds (1983) xxxii and nn. 132, 133, 246 and n. 2, 384; Deuffic (1985) 309 [no. 78]; Ebersperger (1999) 198–9; Lapidge (2006) 321, 327, 332; Wieland (2009) 156

ED: Baehrens (1879–83) III.107–58 [Sammonicus, *Liber medicinalis*, coll. as d], 190–202 [Nemesianus, *Cynegetica*, coll. as B]; Van de Woestijne (1937) [Nemesianus, *Cynegetica*, coll. as B]; Van de Woestijne (1953) [Priscian, *Periegesis*, coll. as R]; Volpilhac (1975) [Nemesianus, *Cynegetica*, coll. as B]

ST: Manitius (1911–31) I.347 [Nemesianus]

885. Paris, Bibliothèque nationale de France, lat. 4871, fols. 161–8

s. viii/ix, Northumbria?

Contents: Isidore, *Etymologiae* [*CPL* 1186] (f)

MS: Delisle (1868–81) I.457–8, 519; II.440; Omont (1930); *CLA* V (1950) no. 559; Ebersperger (1999) 59–61

885. 3. Paris, Bibliothèque nationale de France, lat. 5362, fols. 1–84

s. xi ex., England (or Normandy?), (prov. Fécamp)

Contents: Bede, *Vita S. Cudbercti* (prose) [*CPL* 1379; *BHL* 2019]; excerpts from Bede, *Historia ecclesiastica* [concerning Lives of SS. Cuthbert, Oswald, Birinus, and Æthelthryth]; excerpt from the *Historia de S. Cuthberto* [ch. xxxiii]; Abbo of Fleury, *Passio S. Eadmundi* [*BHL* 2392]; epitome of Lantfred, *Translatio et miracula S. Swithuni* [*BHL* 7948]; Ælfric, *Vita S. Æthelwoldi* [*BHL* 2646]

MS: Hardy (1862–71) I.526; Delisle (1877) 48; *Catalogus codicum hagiographicorum ... Bibliotheca Nationali Parisiensi* (1889–93) II.354–66; Colgrave (1940) 35; Lapidge—Winterbottom (1991b) cxlvii–cxlix, clxxx, 70; R. Sharpe (2001) 25; Lapidge (2003a) 555–7; J. Hill (2004) 323 n. 45; Kleist (2009) 381–2 and n. 40; Wieland (2009) 128, 142

FACS: Lapidge (2003a) pl. VI [fol. 70v]

ED: *Catalogus codicum hagiographicorum ... Bibliotheca Nationali Parisiensi* (1889–93) II.356 [*Historia de S. Cuthberto*, ch. xxxiii, from this MS]; Colgrave (1940) 142–306 [Bede, *Vita S. Cudbercti* (prose), coll. as P$_1$]; Lapidge—Winterbottom (1991b) 71–80 [Ælfric, *Vita S. Æthelwoldi*, from this MS]; Lapidge (2003a) 564–72 [epitome of Lantfred, *Translatio et miracula S. Swithuni*, from this MS]

ST: Winterbottom (1972) 10; Love (1996) lxx–lxxi; Corrêa (1997) 80 n. 10; Biggs et al. (2001) 2 [Lendinara], 367, 438; South (2002) 117

885. 5. Paris, Bibliothèque nationale de France, lat. 5574, fols. 1–39

s. ix/x or x$^{1/4}$, (prov. France, s. xii)

Contents: *Passio S. Christophori* [*BHL* 1769]; *Inuentio S. Crucis* [*BHL* 4169 (incomplete)]; *Exaltatio S. Crucis* [partly as *BHL* 4178]; *Passio S. Margaretae* [*BHL* 5303], *Passio S. Iulianae* [*BHL* 4522 (incomplete)]

MS: *Catalogus codicum hagiographicorum ... Bibliotheca Nationali Parisiensi* (1889–93) II.482–3; Dumville (1991–5) 49; Dumville (1992a) 140; Clayton—Magennis (1994) 8, 41, 95–6; Dumville (1994a) 134; Ebersperger (1999) 61–5; Biggs (2002) 328–30; D. Ganz (2004) 501 and n. 8; Lapidge (2006) 341

DEC: Avril—Stirnemann (1987) no. 12 *bis*

FACS: Avril—Stirnemann (1987) pl. III [fol. 18r]

ED: Clayton—Magennis (1994) 192–223 [*Passio S. Margaretae* from this MS, with lacuna supplied from no. **930. 5**]

ST: Geith (1965) 57; Biggs et al. (2001) 138–9, 259, 262, 264–5 [Biggs, Whatley], 276–8, 318–19 [Magennis]

885. 6. Paris, Bibliothèque nationale de France, lat. 5575, fols. 1–41

s. x^2

Contents: *Passio et inuentio S. Quintini* [BHL 7005–7]; *Inuentio altera S. Quintini* [BHL 7014]; *Miracula S. Quintini* [BHL 7017–18]

MS: *Catalogus codicum hagiographicorum ... Bibliotheca Nationali Parisiensi* (1889–93) II.483–5; Ebersperger (1999) 65–6; Biggs et al. (2001) 399–401; Lapidge (2006) 341

886. Paris, Bibliothèque nationale de France, lat. 6401

s. x/xi, England or Fleury?, prov. Fleury s. xi

Contents: Radulf of Liège and Ragimbold of Cologne, Letters on geometry (s. xi); Boethius, *De consolatione Philosophiae* [CPL 878], *De institutione arithmetica* [CPL 879]; *Oratio animae poenitentis* [incomplete]; *Epitaphium Gauzlini* (s. xi) [SK 12423]

MS: Delisle (1868–81) II.364; Weinberger (1934) xviii; E.J. Daly (1950) 216; Courcelle (1967) 91; Vezin (1977) 110 and n. 5; Troncarelli (1981) 4, 37, 46, 56; A. White (1981) 174 and n. 67; Backhouse et al. (1984b) no. 44; Mostert (1989) no. BF 1083; Biggs et al. (1990) 75–6 [Wittig]; Dumville (1993g) 58, 140; Guillaumin (1995) lxxviii; Ebersperger (1999) 190–1; Oosthout—Schilling (1999) ix; Hartzell (2006) no. 311; Lapidge (2006) 293, 294; Wieland (2009) 155; R. Gameson (2012d) 357 and n. 49

DEC: F. Wormald (1971b) 311–13 [repr. F. Wormald (1984) 82–3]; Raw (1976) 138 and n. 2, 143; E. Temple (1976) no. 32; Deshman (1977) 160–1; Brownrigg (1978) 256, 258 n. 2; F. Wormald (1984) 116–17; Ohlgren (1986) no. 137; Avril—Stirnemann (1987) no. 19; Raw (1990) 175 n. 79, 235–6; R. Gameson (1995b) 197, 205 n. 84, 228 n. 214; Cohen—Teviotdale (1999) 65 n. 11

FACS: F. Wormald (1971b) pls. III (d), V (c), VI [fols. 5v, 159r (details), 158v]; E. Temple (1976) ills. 94–5 [fols. 158v, 159r (detail)]; Deshman (1977) pl. V (d) [fol. 5v (detail)]; Troncarelli (1981) pl. opp. p. 19 [fol. 5v]; Backhouse et al. (1984b) p. 64 [fol. 158v]; F. Wormald (1984) ills. 84, 109 [fols. 159r (detail), 158v]; Avril—Stirnemann (1987) colour pl. B [fol. 158v]; Bosc-Lauby—Notter (2004) p. 201 [fols. 5v, 158v]

ED: Tannery—Clerval (1901) [base MS for Radulf of Liège and Ragimbold of Cologne, Letters on geometry]; Bautier—Labory (1969) 188 [Epitaphium Gauzlini from this MS]

ST: Tannery—Clerval (1901) 491–3; Manitius (1911–31) II.778–81; Bodden (1986) 58–9; Bodden (1988) 227 and n. 40; Saenger (1997) 197 and n. 31

887. Paris, Bibliothèque nationale de France, lat. 6401A

s. x ex. or x/xi, Canterbury CC, prov. France (Saint-Vaast, Arras?) s. xi (or later?)

Contents: Boethius, *De consolatione Philosophiae* [CPL 878], with glosses and commentary by Remigius [redaction BN]

MS: Delisle (1868–81) II.354; Weinberger (1932) xviii–xix; Courcelle (1939) 123; E.J. Daly (1950) 216; T.A.M. Bishop (1959–63b) 416, 421–2; Courcelle (1967) 406; Vezin (1968) 286 and n. 14; T.A.M. Bishop (1971) xxv; Bolton (1977a) 40, 52; Rella (1977) 77, 163; Troncarelli (1981) 4, 5, 36, 46, 56; Wittig (1983) 188; Dumville (1993f) 92, 96 [no. 26]; Dumville (1993g) 93 n. 49, 132 n. 91; Ebersperger (1999) 67–71; R. Gameson (2002d) 188; Lapidge (2006) 293; Wittig (2007) 191; Godden—Irvine (2009) I.xlvi; Wittig (2010) 251; R. Gameson (2012d) 355 and n. 40

DEC: F. Wormald (1963); E. Temple (1976) no. 30 (viii); Brownrigg (1978) 253, 261 n. 2; Ohlgren (1986) no. 125; Avril—Stirnemann (1987) no. 21; R. Gameson (1992a) 191 n. 22, 195 and n. 36, 198–9; R. Gameson (1995b) 225 n. 195; R. Gameson (2012c) 261 and n. 33

FACS: F. Wormald (1963) pls. 1, 2, 5 [fols. 1r, 57v, 79r (details)]; E. Temple (1976) ill. 119 [fol. 57v (detail)]; F. Wormald (1984) ill. 70 [fol. 57v (detail)]; Avril—Stirnemann (1987) pl. V (21) [fol. 15r]; R. Gameson (1992a) pl. 42 (b) [fol. 57v (detail)]; Dumville (1993g) pl. XI [fol. 10v (detail)]

ED: Bolton (1977a) 60–78 [mythological glosses to Boethius coll. as BN]

ST: Minnis (1981) 356–9; N.P. Brooks (1984) 268; Bodden (1986) 57–9; Bodden (1988) 222, 227; M. Irvine (1994) 389–90; Godden (2011) 92; Jayatilaka (2011) 117

888. Paris, Bibliothèque nationale de France, lat. 7299, fols. 3–12, 12 bis–71

fols. 3–12: s. x ex., prob. Ramsey [liturgical calendar and computus material]

fols. 12bis–71: s. x, Fleury, prov. temporarily Ramsey [Helperic, *De computo* and computus texts; Macrobius, *Comm. in Somnium Scipionis*] both parts prov. Fleury s. xi

Contents: liturgical calendar; computus materials [incl. SK 10525, 11148, 14982] (s. x ex.) [fols. 3–12]; Helperic, *De computo* and computus texts; Macrobius, *Comm. in Somnium Scipionis* [fols. 12bis–71]

MS: Delisle (1868–81) II.365; M.-T. Vernet (1960) 21–3; McGurk (1974) 1, 3, 4 n. 5; Barker-Benfield (1976) 150, 152–5; Vezin (1977) 110–11 and n. 7; Lapidge (1984) 356 n. 117 [repr. Lapidge (1993a) 373 n. 117]; Lapidge (1986a) 266; Lapidge (1988b) 259 n. 30 [repr. Lapidge (1993a) 217 n. 30]; Mostert (1989) no. BF 1099; Lapidge (1992a) 107–8, 116, 129 [repr. Lapidge (1993a) 395–6, 404, 417]; Dumville (1993g) 59; Günzel (1993) 198–9; Ebersperger (1999) 71–6, 189; Lapidge (2006) 51; Rushforth (2008a) 27; R. Gameson (2012d) 356 and n. 48; Gneuss (2012) 302

ED: Rushforth (2008a) no. 8 [liturgical calendar]

ST: SK Suppl. 10525, 11148; Lapidge (2012a) 687–8

889. Paris, Bibliothèque nationale de France, lat. 7585

s. ix$^{2/4}$ or ix^2, NE France, in England (prob. Canterbury StA) by s. x^2

Contents: Isidore, *Etymologiae* [*CPL* 1186] with glosses (s. ix$^{2/4}$ or ix^2 France, and x^2 England); passages on the Trinity: excerpt from pseudo-Augustine, *Serm.* ccxlv, the creed *Quicumque uult*, and excerpts from Isidore, *Etymologiae* bk. VII (all s. x^2, England); excerpt from Ælfric, *De falsis diis** (s. xi^1)

MS: Förster (1927) 130–1; Dubois (1943) 362–6; N.R. Ker (1957) no. 366; Díaz y Díaz (1959) 41–3; Pope (1967–8) I.87–8, II.676; Vezin (1968) 286 and n. 14; T.A.M. Bishop (1971) xxx, 4; Rella (1977) 99 n. 72, 168; Rella (1980) 115; Dumville (1993f) 92, 99 [no. 27]; Dumville (1993g) 102; Bischoff (1998—) III, no. 4486; Ebersperger (1999) 76–83; Lapidge (2006) 172, 311; Rumble (2006b) 10 n. 58; Scragg (2012a) nos. 985–6

DEC: E. Temple (1976) no. 30 (ii); Ohlgren (1986) no. 119; Avril—Stirnemann (1987) no. 15; R. Gameson (1992a) 194–5

FACS: T.A.M. Bishop (1971) pls. IV (a)–(b) [fols. 44r, 76v (details)]; E. Temple (1976) ill. 104 [fol. 164r (detail)]; Avril—Stirnemann (1987) pl. IV (15) [fol. 210r]

ED: Meritt (1961) 448 [OE glosses to Isidore, *Etymologiae*]; Pope (1967–8) II.682–5 [excerpts from Ælfric, *De falsis diis*, coll. as X^k]

889. 5. Paris, Bibliothèque nationale de France, lat. 8085, fols. 2–82

s. ix$^{2/3}$ or ix med., France, prob. Loire region, prov. England prob. by s. x/xi

Contents: Prudentius, *Cathemerinon* [*CPL* 1438], *Peristephanon* [*CPL* 1443], *Apotheosis* [*CPL* 1439], *Hamartigenia* [*CPL* 1440], *Psychomachia* [*CPL* 1441], *Contra Symmachum* [*CPL* 1442], *Dittochaeon* [*CPL* 1444]

MS: M.P. Cunningham (1966) xvi; Bischoff (1998–) III, no. 4525; Ebersperger (1999) 200; Lapidge (2006) 172, 328, 329, 330, 331; Wieland (2009) 148; R. Gameson (2012d) 345 and nn. 5–6

DEC: Stettiner (1895) 38–42; Woodruff (1930) 10, 23–30; Degenhart (1950) 142, 151; *Les manuscrits à peintures* (1954) no. 100

FACS: Stettiner (1895) pls. 75, 77, 79, 80, 83, 84, 86, 88, 90, 92, 94, 96, 98, 100, 103, 108 [folios not specified]; Woodruff (1930) ills. 26, 52, 63–4, 67, 74, 103, 124 [folios not specified]; Degenhart (1950) pls. 92–4, 102; Stiegemann–Wemhoff (1999) III ['Beiträge'], pl. 3 [fol. 61v]

ED: M.P. Cunningham (1966) [Prudentius, *carmina*, coll. as F]

ST: Schanz et al. (1914–20) IV/i.258

890. Paris, Bibliothèque nationale de France, lat. 8092

s. xi$^{2/4}$, England, prov. France (s. xi^2?)

Contents: Sedulius, Letter I to Macedonius, *Carmen paschale* [*CPL* 1447] with glosses (some in OE), *Hymni* [*CPL* 1449; SK 1904, 33]; poems in honour of Sedulius [SK 14842, 14841]; two Latin poems [SK 15583, SK Suppl. 16506a]; pseudo-Columbanus (pseudo-Alcuin), *Praecepta uiuendi* [SK 5960]; Bede, *Versus de die iudicii* [*CPL* 1370] with glosses; Latin poem [SK Suppl. 1418a]; Arator, *Historia apostolica* [*CPL* 1504] with glosses (incomplete)

MS: McKinlay (1942) 14–15; Laistner–King (1943) 128; McKinlay (1951) xii; Whitbread (1967) 163; Vezin (1968) 294–5 and n. 43; Lapidge (1982a) 114, 117, 120–1, 136–8 [repr. Lapidge (1996b) 480, 485, 489–90, 516]; Lapidge (1982b); P.P. O'Neill (1989); M. Irvine (1994) 400; Springer (1995) 7, 28, 78–9; Ebersperger (1999) 83–8; Lapidge (2006) 281, 331, 332; Lendinara (2007b) 177, 180, 182, 184, 204 and n. 121; Wieland (2009) 151; R. Gameson (2012b) 98 and n. 15; Scragg (2012a) no. 987

DEC: Pulsiano (2007) 120

FACS: McKinlay (1942) pl. IV [fol. 50r (detail)]; Vezin (1968) pl. facing p. 292 [fol. 36v]; Pulsiano (2007) 132 [fol. 84r]

ED: McKinlay (1951) [Arator, *Historia apostolica*, coll. as Γ]; Lapidge (1982b) 3–4 [Latin poems SK 14483, SK Suppl. 16506a, 1418a], 9–17 [OE glosses to Sedulius], P.P. O'Neill (1989) [further OE glosses to Sedulius]

ST: *CPPM* II, no. 3216b [*Praecepta uiuendi*]; *CSLMA* II (1999) 76; Lendinara (2007b)

890. 5. Paris, Bibliothèque nationale de France, lat. 8431, fols. 21–48

948×958, Canterbury CC, prov. France (s. x^2?)

Contents: Fredegaud/Frithegod of Canterbury and Brioude, prefatory *Epistola*, *Breuiloquium Vitae Wilfridi* [SK 8137], with commentary

MS: A. Campbell (1950) vii–x; Lapidge (1988a) 55–61, 64 [repr. Lapidge (1993a) 171–7]; Dumville (1993g) 93; Ebersperger (1999) 88–92; Lapidge (2004a) 135–7, 145

FACS: Lapidge (1988a) pl. V [fol. 35r]; Lapidge (1993a) 167 [fol. 35r]

ED: A. Campbell (1950) 1–62 [Fredegaud/Frithegod, prefatory *Epistola* and *Breuiloquium*, coll. as P]

ST: Lapidge (1988a) [repr. Lapidge (1993a) 157–81, with add. notes on p. 481]; Biggs et al. (2001) 481–2; Lapidge (2004a)

891. Paris, Bibliothèque nationale de France, lat. 8824

s. xi med., Canterbury? (prov. France by s. xiv)

Contents: Psalms I-L: Psalterium Romanum and OE prose translation (prob. by King Alfred), both preceded by *argumenta* and Latin 'Christian' *tituli*; Psalms LI–CL: Psalterium Romanum and OE metrical version, both preceded by Latin 'Christian' *tituli*; canticles; litany; eight prayers; colophon

MS: Delisle (1868–81) I.57–8, 65, 420, III.170–3; Wildhagen (1913) 466–72; Förster (1927) 129–30; Krapp (1932b) vii–xxvi; Lauer et al. (1939–) VIII.4–5; Leroquais (1940–1) II.76–8; N.R. Ker (1957) no. 367; Colgrave (1958) 11–20; Samaran—Marichal (1959–85) III.727; Sisam—Sisam (1959) 8, 11, 48, 60 n. 1, 75; Vezin (1968) 286, 291–2; Lapidge (1991a) 43–4, 80; Toswell (1991); Dumville (1992a) 53, 57, 132; Dumville (1993f) 88, 90, 99 [no. 28]; Dumville (1993g) 12, 60–1, 64;

Toswell (1996); Ebersperger (1999) 92–103; Emms (1999); P.P. O'Neill (2001) 1–22; W. Schipper (2003) 157; R. Gameson (2012a) 22 n. 30, 24 n. 41, 29 n. 66, 30–1; Marsden (2012) 429 and n. 103; Scragg (2012a) no. 988; Toswell (2012) 471

DEC: F. Wormald (1952) 78–9 [no. 55]; F. Wormald (1962) 3 [repr. F. Wormald (1984) 125, 172 n. 23]; Köhler—Mütherich (1971–99) VI/i.85; E. Temple (1976) no. 83; Ohlgren (1986) no. 188; Avril—Stirnemann (1987) no. 25; Ohlgren (1992) 3–4, 50–2; R. Gameson (1995b) 17, 31 n. 114, 49, 62 n. 257, 112, 220; R. Gameson (2012c) 278 and n. 97, 284 and n. 124

FACS: Colgrave (1958) [complete facsimile]; *NPS* II, pls. 123–4 [fols. 2r, 2v, 3r, 5r, 6r (details)]; E. Temple (1976) ills. 208–9 [fol. 3v (details)]; Avril—Stirnemann (1987) pl. VI (25) [fol. 1r (detail)]; Ohlgren (1992) pls. 4.1–11 [fols. 1r, 1v, 2r, 2v, 3r, 3v, 4r, 5r, 6r (all details)]; Owen-Crocker (2009) fig. 1.1 [fols. 1v–2r]

ED: Krapp (1932b) 3–150 [base MS for OE metrical psalms LI–CL]; Lapidge (1991a) 250–3 [litany]; R. Gameson (2001d) 46 [colophon]; P.P. O'Neill (2001) 100–63 [base MS for OE prose psalms I–L and *argumenta*]; Pulsiano (2001a) [Latin Pss. I–L coll. as ς]

LANG: Schabram (1965) 48–51, 124–6; Wenisch (1979) 68, 89, 327–8; Bately (1982); Hofstetter (1987) 296–7, 536–9; Ebersperger (1999) 97; P.P. O'Neill (2001) 55–71; C. Bishop (2007b) 77

ST: Krapp (1932b); Bromwich (1950); Colgrave (1958); P.P. O'Neill (1981); P.P. O'Neill (2001)

892. Paris, Bibliothèque nationale de France, lat. 9377, fol. 3

s. viii[1], Northumbria?, prov. France (s. viii?)

Contents: Epistulae Pauli [ad Corinthios II] (f)

MS: *CLA* VI (1953) p. xvii; *CLA* Supplement (1971) no. 1746; R. McKitterick (1989b) 416 and n. 125; McGurk (1994b) 10 [repr. McGurk (1998) no. XII]; Ebersperger (1999) 103–5; Marsden (2012) 420 and n. 69

893. Paris, Bibliothèque nationale de France, lat. 9389 (the 'Echternach Gospels')

s. vii/viii, Northumbria, prob. Lindisfarne (Ireland? Echternach?), prov. Echternach

Contents: gospels; explanations of Hebrew names in lists following each gospel [the same lists occur in nos. **63, 213, 214, 220, 907**]; colophon

MS: Delisle (1868–81) III.231, IV.viii; Kenney (1929) no. 460; *CLA* V (1950) no. 578; Kendrick et al. (1959–60) II, *passim*; Samaran—Marichal (1959–85) III.728; McGurk (1961a) no. 59; Bischoff (1966–81) II.323, 328, 332; T.J. Brown (1972) 222, 225 *et passim* [repr. T.J. Brown (1993a) 100, 103 *et passim*]; Ó Cróinín (1982); Ó Cróinín (1984); B. Fischer (1988–91) I.20*; R. McKitterick (1989b) 423–7; Netzer (1989); Bischoff (1990) 9, 91, 200–1; McNamara (1990) *passim*; Webster—Backhouse (1991) no. 82; Netzer (1994) *passim*; McNamara (1995) 75 *et passim*; Dumville (1999) 93–8; Ebersperger (1999) 105–14; Verey (1999) 327, 329–30, 333–4; M.P. Brown (2000) 20; M.P. Brown (2003a) *passim*; M.P. Brown (2004) 291; Gullick (2004) 32 and n. 50; Nees (2006) 91 n. 41; Keefer (2007b) 87; Wieland (2009) 117; M.P. Brown (2012) 136, 149, 159; R. Gameson (2012a) 19 and n. 23, 80, 84; R. Gameson (2012b) 114; Marsden (2012) 418–19 and n. 60

DEC: E.H. Zimmermann (1916) 122–7 *et passim*; Köhler (1930–60) I.326–8, 331, 333; Werckmeister (1967) 7–97; Koehler (1972) *passim*; Nordenfalk (1977) *passim*; Alexander (1978a) no. 11; Ohlgren (1986) no. 11; Avril—Stirnemann (1987) no. 7; G. Henderson (1987) 57–99; Nees (2011) 14, 15; Netzer (2011) 3; Pulliam (2011) 70; Werner (2011) 293; N. Edwards (2012) 245; Netzer (2012) 230

FACS: E.H. Zimmermann (1916) *Tafelband* IV, pls. 255 (a) [fol. 18v], 255 (b) [fol. 176v], 256 (a) [fol. 75v], 256 (b) [fol. 115v], 257 [fol. 177r], 258 (a)–(c) [fols. 20r, 19r, 116r]; Kendrick et al. (1959–60) I, pls. 3 [fol. 1r], 5 [fol. 111v], 7 [fols. 20r, 177r], 9 [fol. 18v], 12 [fols. 10r–75v *passim* (details)], 13 [fols. 110v–175r *passim* (details)], 14 [fols. 116r, 222v], 19 (d) [fol. 18v], 26 (e)–(h) [folios unspecified (details)], 33 (d) [fol. 11v], 50 (c) [fol. 177r (detail)]; Alexander (1978a) ills. 48 [fol. 177r], 51–6 [fols. 19r, 20r, 116r, 18v, 115v, 75v], 59 [fol. 176v]; G. Henderson (1987) pls. 97–102 [fols. 116r, 76r, 1r, 20r, 19r, 18v], 105 [fol. 75v], 108 [fol. 176v], 110 [fol. 115v]; Bonner et al. (1989a) pls. 16, 18 [fols. 19r, 1v, 116r (details)]; M.P. Brown (2003a) pls. 29 [fol. 177r], 30 [fols. 18v, 20r, 19r, 75v]; M.P. Brown (2007a) pl. 13 [fol. 75v]

ED: J. Wordsworth et al. (1889–1954) [gospels coll. as EP]; B. Fischer (1988–91) [gospels coll. as Ge]; McGurk (1994a) [repr. McGurk (1998) no. IX] [explanations of Hebrew names coll. as Ge]; R. Gameson (2001d) 33–4 [colophon]

ST: Szerwiniack (1994) 193–4

893. 5. Paris, Bibliothèque nationale de France, lat. 9488, fols. 3–4

s. viii, prob. Northumbria (or Echternach?)

Contents: sacramentary ('Gelasianum mixtum') (f)

MS: H.M. Bannister (1908) 398–406; Gamber (1958) 63; *CLA* V (1950) no. 581; Gamber (1968–88) no. 803; Huglo (1990) 145; Mayr–Harting (1991) 180 and n. 33; Ferrari (1994) 12; Netzer (1994) 7, 10, 38–9, 113, 115, 212 n. 38; *CPL* (1995) no. 1905*l*; Pfaff (1995a) 9; Hen (1997) 55–6, 62; Ebersperger (1999) 171–2; Ferrari (1999) 125 n. 14; Stiegemann–Wemhoff (1999) II.485; Pfaff (2009) 42–3

DEC: Avril–Stirnemann (1987) no. 6

FACS: Avril–Stirnemann (1987) pl. II (6) [fol. 4r (detail)]

ED: H.M. Bannister (1908) 402–6; Moeller (1992–2004) [coll. as *Paris²*]

893. 8. Paris, Bibliothèque nationale de France, lat. 9555, fol. 1

[palimpsest, lower script] s. viii, prob. England (or Echternach?)

Contents: unidentified patristic fragment

MS: Degering (1921) 74 [no. 28]; *CLA* Supplement (1971) no. 1747; Lowe (1972) II.506; Schroeder (1977) 362; R. McKitterick (1989b) 428; Ebersperger (1999) 183

894. Paris, Bibliothèque nationale de France, lat. 9561

s. viii^1 or viii med., S England, (prov. Saint-Bertin by s. xiv or xv)

Contents: pseudo-Isidore, *De ordine creaturarum* [*CPL* 1189; *BCLL* 342]; colophon; Gregory, *Regula pastoralis* [*CPL* 1712] (with *c.* 100 OE scratched glosses, s. x); a second colophon

MS: Lindsay (1915) 473; Wilmart (1922–9b); *CLA* V (1950) no. 590; N.R. Ker (1957) no. 369 and p. lxiv; Samaran–Marichal et al. (1959–84) III.729; Lowe (1960) 23; Bischoff (1966–81) II.332–3; Díaz y Díaz (1972) 47-8; Lowe (1972) I.287; Clement (1984a) 39; R. McKitterick (1989b) 419 n. 148; Iudic et al. (1991) I.91 n. 6, 109–10, 112; Dumville (1993f) 90, 99 [no. 29]; Ebersperger (1999) 115–18; R. Gameson (1999c) 360–1; Lapidge (2006) 306, 340; R. Gameson (2012b) 112 n. 68

DEC: Avril–Stirnemann (1987) no. 5

FACS: Lowe (1960) no. XXXV [fol. 18r]; Avril–Stirnemann (1987) pl. I (5) [fol. 37v]; R. Gameson (1999c) pl. 13.30 [fol. 50r]; R. Gameson (2001c) pl. 3 (a) [fol. 81v]

ED: Meritt (1957) 65–6 [90 OE glosses to Gregory, *Regula pastoralis*]; Díaz y Díaz (1972) 82–205 [*De ordine creaturarum* coll. as P]; S. Morrison (1987) [10 further OE glosses to *Regula pastoralis*]; Judic et al. (1992) [Gregory, *Regula pastoralis*, coll. as B]; R. Gameson (2001d) no. 5 [second colophon]

LANG: Wenisch (1979) 43, 112, 114, 327; Hofstetter (1987) 508

ST: Díaz y Díaz (1953); Schreiber (2003) 23–33

895. Paris, Bibliothèque nationale de France, lat. 10062, fols. 162–3

s. xi in., Canterbury CC, (prov. Saint-Évroult)

Contents: liturgical calendar (f)

MS: Delisle (1868–81) II.405; T.A.M. Bishop (1959–63b) 415, 420–1; Samaran–Marichal et al. (1959–84) III.151; N.R. Ker (1964) 39; Nortier (1966) 103, 106–7, 109, 119; Vezin (1968) 295 and n. 47; N.P. Brooks (1984) 269; Dumville (1993f) 88–9, 92, 96, 99 [no. 30]; Dumville (1993g) 109 and n. 130, 115 n. 23, 124 n. 67; Heslop (1995) 69, 79; Ebersperger (1999) 118–28; N. Orchard (2002) I.171–2; R. Gameson (2003) 155; Rushforth (2008a) 29–30; R. Gameson (2012d) 365 and n. 88

ED: Ebersperger (1999) 123–7 [liturgical calendar]; Rushforth (2008a) no. 10 [liturgical calendar]

896. Paris, Bibliothèque nationale de France, lat. 10575 (the 'Egbert Pontifical')

s. med or x^2 or x/xi, prov. Évreux s. xi

Contents: prologue to *Poenitentiale Egberti* [*CPL* 1887]; First Capitulary of Gerbald of Liège; pontifical (including litanies and First English Coronation *ordo*); benedictional; charter boundaries, partly erased [Sawyer (1968) no. 1602]; pontifical texts (added at Évreux, s. xi)

MS: Delisle (1868–81) II.285; Liebermann (1903–16) I.xxxvii; Cabrol (1920–1); Förster (1927) 113–16; Leroquais (1940–1) I.xxv, II.160–4; N.R. Ker (1957) no. 370; Gamber (1968–88) no. 1570; Prescott (1987) 128–9, 141–7; Banting (1989) ix–xxxvii; Dumville (1991–5) 51; Lapidge (1991a) 80–1; Dumville (1992a) 69, 85–6, 125; Dumville (1993f) 89, 95, 99 [no. 31]; Dumville (1994a) 150 n. 100; R. Gameson (1996b) 166–7 and n. 146; Ebersperger (1999) 128–35; R. Gameson (2003) 155; C.A. Jones (2004) 327–8, 337, 339, 340 nn. 62–3, 341 nn. 65–6, 343, 344 nn. 77–80, 345 n. 82, 346 n. 85, 351–2; C.A. Jones (2005a) 115, 117–18, 120;

N. Orchard (2005) c, 444 *et passim*; Hartzell (2006) no. 312; O'Brien O'Keeffe (2006) 269; Wieland (2009) 124; R. Gameson (2012a) 50; D. Ganz (2012) 194; Rankin (2012) 491 and n. 39, 494–5; Scragg (2012a) nos. 989–91

DEC: Alexander (1970a) 237; Avril–Stirnemann (1987) no. 13; Pulsiano (2007) 120

FACS: Avril–Stirnemann (1987) pl. III (13) [fol. 92v (detail)]; Huglo (1987) [fols. 53v, 41v]; Banting (1989) pl. 1 [fol. 10v]; Pulsiano (2007) 132 [fol. 1r]

ED: Martène (1763) I.92, 275; II.31–6, 188–9, 199, 214–15, 246–50, 285, 294 [excerpts, including most of the pontifical and part of the benedictional]; Greenwell (1853) [pontifical and benedictional]; Liebermann (1903–16) I.217 [*Promissio regis* from Coronation *ordo*, coll. as P]; N.R. Ker (1957) no. 370c [charter bounds from Sawyer no. 1602]; Moeller (1971–9) [fourteen benedictions and collects, all coll. as *Egbert*]; Banting (1989) 3–153 [complete MS]; Lapidge (1991a) 254–8 [two litanies for Dedication of a church]

ST: Schramm (1934) 152–68, 209–20; Gjerløw (1961) 20, 22, 41; D.H. Turner (1971) xvi–xxviii, xxxvi; Hohler (1975) 72, 223–4 [*Poenitentiale Egberti* and Gerbald]; Frantzen (1983a) 52–3; Frantzen (1985) 29 [*Poenitentiale Egberti*]; Nelson (1986b) [Coronation *ordo*]; Haggenmüller (1991) 95–6, 152, 289 [*Poenitentiale Egberti*]; Conner (1993) 43 and nn.; Rasmussen (1998) 189–94 *et passim*; Cross–Hamer (1999) 35 [Gerbald, Capitulary]; N. Orchard (2002) I.68, 84, 91, 99–100, 104, 151; Keynes (2006) nos. B 470–6 and M 65–74 [coronation *ordines*]; Clayton (2008) 108; Karkov (2011) 42–3

897. Paris, Bibliothèque nationale de France, lat. 10837, fols. 34–41 and 44

s. viii in., England? Echternach? prov. Echternach

Contents: liturgical calendar; Easter tables

MS: Delisle (1868–81) II.361–2, III.229–30; H.M. Bannister (1908) 406–11; Gasquet–Bishop (1908) 146 and n. 2; H.A. Wilson (1918) ix–xxiii; Kenney (1929) no. 69; Levison (1946) 65 and n. 1 *et passim*; *CLA* V (1950) no. 606a; Samaran–Marichal et al. (1959–84) II.639–40; Bischoff (1966–81) I.92; Gamber (1968–88) no. 414; Rella (1977) 13; Schroeder (1979) 380–3; Ó Cróinín (1984); M.P. Brown (1986) 124;

Gerchow (1988) 199–212, 328–9; R. McKitterick (1989b) 423, 426–7; Netzer (1989) 206; Ó Cróinín (1989) 192, 195–6; Webster–Backhouse (1991) no. 123; Bischoff–Lapidge (1994) 162–6; Lapidge (1994a) 105 n. 10; Netzer (1994) *passim*; *CPL* (1995) no. 2037; Hohler (1995) 227–8, 230; Hen (1997) 52, 54 and nn.; Ebersperger (1999) 185–6; Rushforth (2008a) 18–19; Wieland (2009)

DEC: Alexander (1978a) 52; Avril–Stirnemann (1987) no. 3; Nees (2011) 21

FACS: *NPS* I, pl. 183 (a)–(b) [fols. 8r, 42v]; H.A. Wilson (1918) pls. I–XII [fols. 34v–40r]; Avril–Stirnemann (1987) pl. I (3) [fols. 34v, 37r]

ED: H.A. Wilson (1918) [liturgical calendar]; Rushforth (2008a) no. 1 [liturgical calendar]

ST: Borst (2001) I.xxii, xlii

898. Paris, Bibliothèque nationale de France, lat. 10861

s. ix$^{1/4}$ or ix^{1}, S England (Canterbury CC?), or an English scribe abroad, prov. France s. x or xi (prov. Beauvais s. xii or xiii)

Contents: nineteen *passiones sanctorum* [*BHL* 6815, 4057, 1495, 7543, 8631, 2038–9, 1970, 3514, 3236, 2895, 2578, 1836, 7539, 2708, 156, 108, 134, 4522, 2696 respectively]; five *dicta* or riddles, two ascribed to Alcuin and Gregory the Great (add. s. x or xi)

MS: Delisle (1868–81) II.293, 339; *Catalogus codicum hagiographicorum … Bibliotheca Nationali Parisiensi* (1889–93) II.605–6; Philippart (1977) 30, 34–5, 38–9, 40–2, 87; Cross (1982) 53; M.P. Brown (1986); Morrish (1986) 94–5; Morrish (1988) 528–9, 538; Biggs et al. (1990) 61 [C.D. Wright]; Dumville (1992a) 140; Dumville (1993f) 89, 99 [no. 32]; M.P. Brown (1996) 42–3 *et passim*; Love (1996) xiv–xv; Whatley (1996) 15, 20, 29 n. 79; Ebersperger (1999) 135–41; R. Gameson (1999c) 363; Lapidge (2003b) 151–5, 169 n. 33; Biggs (2007a) 45–6, 53–4; M.P. Brown (2007a) 78; M.P. Brown (2012) 165; R. Gameson (2012a) 38 and n. 92

DEC: Alexander (1978a) no. 67; M.P. Brown (1986) 135–7; Ohlgren (1986) no. 67; Avril–Stirnemann (1987) no. 11

FACS: M.P. Brown (1986) pls. I, IV (a) [fols. 2r, 75v]; M.P. Brown (1996) pl. 16 [fol. 2r]; M.P. Brown (2007a) pl. 56 [fol. 2r]

ED: Lapidge (2003b) 156–65 [base MS for *Passio S. Iulianae* (*BHL* 4522)]

ST: Biggs et al. (2001) 51, 55 *et passim*

898. 5. Paris, Bibliothèque nationale de France, lat. 13089, fols. 49–76

s. viii med. or viii², Northumbria (Monkwearmouth-Jarrow?)

Contents: Gregory, *Regula pastoralis* [*CPL* 1712], III.9–29

MS: Delisle (1868–81) II.411; *CLA* V (1950) no. 651; Clement (1984a) 39; Mews (1997); Ebersperger (1999) 141–3; Schreiber (2003) 23, 32–3 and n. 45; Lapidge (2006) 156, 306

899. Paris, Bibliothèque nationale de France, lat. 14380, fols. 1–65

s. x ex., Canterbury CC, (prov. Paris, Saint-Victor, Augustinian canons)

Contents: Boethius, *De consolatione Philosophiae* [*CPL* 878], with *accessus* and commentary by Remigius

MS: Weinberger (1934) xix; Courcelle (1939) 123, 130; Courcelle (1967) 406, 410; Vezin (1968) 286 n. 14; T.A.M. Bishop (1971) xiii, xxvi; Bolton (1977a) 54, 59; Rella (1977) 77, 163; Troncarelli (1981) 4, 5, 36, 46, 56; Wittig (1983) 188; Bodden (1984) 268; N.P. Brooks (1984) 268; Bodden (1988) 227 n. 40; Dumville (1993f) 99 [no. 33]; Ebersperger (1999) 144–6; Lapidge (2006) 293; Wittig (2007) 192; Godden—Irvine (2009) xlvi; Wittig (2010) 251; Rankin (2012) 505 n. 111; R. Gameson (2012d) 346

FACS: Troncarelli (1981) pl. 12 [fol. 10v]

ST: Godden (2011) 92; Jayatilaka (2011) 117

900. Paris, Bibliothèque nationale de France, lat. 14782

s. xi² or xi ex., Exeter, (prov. Paris, Saint-Victor)

Contents: gospels

MS: Alexander (1966); De la Mare (1982–5); McGurk (1986b) 45 n. 4 [repr. McGurk (1998) no. XIV]; A.G. Watson (1987a) 36; Conner (1993) 11; Dumville (1993f) 92, 99 [no. 34]; McGurk (1993) 244 [repr. McGurk (1998) no. XI]; R. Gameson (1996b) 158 and n. 114, 160; Ebersperger (1999) 147–52; R. Gameson (1999a) no. 813; R. Gameson (2012a) 45 nn. 136–7, 50 and n. 158, 91 n. 332, 92

DEC: C.M. Kauffmann (1975) no. 2; Ohlgren (1986) no. 213; Avril—Stirnemann (1987) no. 26; Alexander (1992) 77–82; R. Gameson (1995b) 196, 205 n. 82, 209 nn. 105 and 107, 230, 258 n. 155; R. Gameson (2012c) 273 and n. 73, 286 and n. 129

FACS: Alexander (1966) pls. 6, 7, 8, 12, 15, 16, 18, 20 [fols. 16v, 52v, 108v, 74v, 132r, 75r, 9r, 10v, 11r (all details)]; C.M. Kauffmann (1975) ills. 3–6 [fols. 16v, 52v, 74v, 108v]; Avril—Stirnemann (1987) pls. C [fols. 52v–53r], VI (26) [fol. 9r]

900. 5. Paris, Bibliothèque nationale de France, lat. 17177, fols. 5–12
(with Rome, Biblioteca Apostolica Vaticana, lat. 340, flyleaf)

s. viii^1 or viii/ix, S England or Mercia, or continental centre with Anglo-Saxon connections (prov. Corbie)

Contents: Theodore of Mopsuestia, *Comm. in Epistulas Pauli minores* in Latin translation [*CPG* 3845] (f)

MS: *CLA* I (1934) no. 4; Laistner (1947) 22; Siegmund (1949) 132; *CLA* V (1950) p. 42 [no. **4]; Farmer (1968) 13 and n. 6; Sims-Williams (1979) 3, 17 and nn. 17, 19; D. Ganz (1990) 128; Sims-Williams (1990) 202 and n. 116; Bischoff—Lapidge (1994) 248 n. 23; Bischoff (1998—) III, no. 4989; Lapidge (2006) 156

901. Paris, Bibliothèque nationale de France, lat. 17814

s. x ex., prob. Canterbury CC

Contents: Boethius, *De consolatione Philosophiae* [*CPL* 878], with *accessus* and commentary by Remigius

MS: Weinberger (1934) xx; Courcelle (1939) 122; Courcelle (1967) 405; Vezin (1968) 286 n. 14; T.A.M. Bishop (1971) xiii n. 2, xxvi; Bolton (1977a) 39, 48, 54; Rella (1977) 77, 163; Troncarelli (1981) 4, 5, 36, 46, 56; Wittig (1983) 188; Bodden (1988) 227 n. 40; Dumville (1993f) 99 [no. 35]; Ebersperger (1999) 152–6; Godden (2005) 336, 339; Lapidge (2006) 293; Wittig (2007) 192; Godden—Irvine (2009) I.xlvi; Wittig (2010) 252; R. Gameson (2012a) 61 and n. 213, 67 n. 232

DEC: F. Wormald (1971b) 310 n. 1 [repr. F. Wormald (1984) 80–1 and n. 20]; E. Temple (1976) no. 30 (xii); Ohlgren (1986) no. 129; Avril—Stirnemann (1987) no. 30

FACS: E. Temple (1976) ill. 110 [fol. 46r (detail)]; Avril—Stirnemann (1987) pl. IV (30) [fols. 78r, 106r (details)]

ED: Bolton (1977a) 60–78 [mythological glosses to Boethius coll. as R]

ST: Godden (2011) 92; Jayatilaka (2011) 117

902. Paris, Bibliothèque nationale de France, nouv. acq. lat. 586, fols. 16–131

s. x^2 or xi^1 (prov. France by s. xii)

Contents: *Excerptiones de Prisciano* [fols. 1–15 supplied s. xii] with scholia; excerpt from Bede, *De temporum ratione* [*CPL* 2320], ch. iv; glossary of tree names

MS: N.R. Ker (1957) no. 371; Vezin (1968) 286, 292–3; Ebersperger (1999) 156–9; D.W. Porter (1999a) 89–90; D.W. Porter (2002) 3, 6–9; Wieland (2009) 144, 154; R. Gameson (2012a) 17 and n. 14, 51 n. 169; Scragg (2012a) no. 992

DEC: Avril—Stirnemann (1987) no. 14

FACS: Vezin (1968) pl. opp. p. 285 [fol. 61r]

ED: N.R. Ker (1957) no. 371 [OE glosses to *Excerptiones de Prisciano*]; D.W. Porter (1999a) 103 [Old French scratched glosses to *Excerptiones de Prisciano*]; D.W. Porter (2002) 44–324 [base MS for *Excerptiones de Prisciano*], 361–78 [scholia to *Excerptiones de Prisciano* coll. as P], 395–6 [glossary of tree names]

ST: M. Irvine (1994) 539 n. 29; D.W. Porter (1999a); D.W. Porter (2002) 1–39; Gneuss (2005b)

902. 9. Paris, Bibliothèque Sainte-Geneviève, 2409 (with Paris, Bibliothèque de L'Arsenal 933, fols. 128–334)

s. x/xi Canterbury, prob. StA

Contents: Flodoard of Rheims, *De triumphis Christi* [with gloss in MS Arsenal, fols. 166–334]

MS: Muzurelle (1969) 109–12; Jacobsen (1978) 88 n. 2; Lapidge (1982a) 108, 134–5 n. 65 [repr. Lapidge (1996b) 472 n. 65]; Ebersperger (2003); C.A. Jones (2007) 48 n. 163

FACS: Ebersperger (2003) pls. 1–3 [Sainte-Geneviève 2409, fols. 20v, 15r, and Arsenal 933, fol. 185r (all details)]

ED: PL 135, 491–886 [base MS (= G) for Flodoard, *De triumphis Christi*]

ST: Manitius (1911–31) II.165; C.A. Jones (2007); *CSLMA* III (2010) 15–17

903. Paris, Bibliothèque Sainte-Geneviève 2410 (with Paris, Bibliothèque de l'Arsenal 903, fols. 1–52)

s. x ex. – xi in., Canterbury, prob. StA

Contents: Iuvencus, *Euangelia* [*CPL* 1385]; commentary on the gospel of Matthew (incomplete; related to *BCLL* 341); Greek litany and *Sanctus*;

Eugenius of Toledo (?), *Heptametron de primordio mundi* [SK 12551]; Israel the Grammarian, *De arte metrica* [SK 14392]; *Rubisca* [BCLL 314; SK 11608]; metrical versions of *Pater noster* and creed [SK 10905; 15347 (from Iuvencus, *Euangelia* I.589–603)]; Greek numbers in Latin letters; poem *De quattuor clauibus sapientiae* [SK Suppl. 3716a]; two distichs from Ovid (*Amores* iii.8.3–4 [SK 8093] and *Ars amatoria* ii.279–80 [SK 8353]); verses by Alcuin (from *Carm*. lxxx. 1 [SK 11084]); Sedulius, Letter I to Macedonius, *Carmen paschale* [CPL 1447] (glossed), *Hymnus* I [CPL 1449; SK 33]; poems on Sedulius [SK 14842, 14841]; excerpt from Aldhelm, *Epistola ad Acircium* [CPL 1335]; Odo of Cluny, *Occupatio* (bks. I and II are glossed)

MS: Lapidge (1982a) 108 and n. 65, 114 and n. 85, 116 n. 93 [repr. Lapidge (1996b) 472 and n. 65, 480 and n. 85, 483 n. 93]; N.P. Brooks (1984) 268; Herren (1987) 18–21; Lapidge (1992b) 105–8 [repr. Lapidge (1993a) 95–8]; Dumville (1993f) 99 [no. 36]; Springer (1995) 7, 10, 23, 91–2; Lapidge (1996c) 419 n. 45; Ebersperger (1999) 160–7; Ebersperger (2003) 177–83; Lapidge (2006) 129 n. 2, 319, 323, 331, 332; C.A. Jones (2007) 10 n. 35, 48 n. 163; Gneuss (2008a) 416; Wieland (2009) 133, 148; Lapidge (2012b) 20; Scragg (2012a) no. 992.5

DEC: E. Temple (1976) no. 30 (xvi); Ohlgren (1986) no. 133; Ebersperger (1999) 166-7

FACS: E. Temple (1976) ill. 122 [Sainte-Geneviève 2410, fol. 126r (detail)]

ED: Swoboda (1900) [base MS for Odo, *Occupatio*]; Strecker et al. (1937–9) 501–2 [Israel, *De arte metrica*, coll. as G]; Herren (1987) 94–102 [*Rubisca*, variants and glosses coll. as P]

ST: Manitius (1911–31) II.27; Bischoff (1966–81) II.263; *BCLL* (1985) nos. 314, 723; Sims-Williams (1990) 334; Lapidge (1991a) 14–15; Bayless—Lapidge (1998) 209; *CSLMA* II (1999) 94–5

Philadelphia, Free Library, John Frederic Lewis Collection, ET 121: see no. **857**

904. Prague, Národni Knihovna České Republiky, Roudnice MS. VI. Fe. 50 (now kept in the Lobkowica Collections, Nelahozeves)

s. viii¹, Northumbria

Contents: gospels (f)

MS: *CLA* X (1963) no. 1567; Lenker (1997) 134 n. 3

905. Princeton, N.J., Princeton University Library, W.H. Scheide Collection, 71

s. x/xi

Contents: Homilies* (the 'Blickling Homilies', including homilies for the following saints: Andrew, John the Baptist, Martin, Michael, Mildred, Peter and Paul)

MS: N.R. Ker (1957) no. 382; Willard (1960); R.L. Collins (1976); J.V. Fleming (1976); Scragg (1985); Scragg (1992) xxv–xxvi; Conner (1993) 59, 62 *et passim*; Stoneman (1997) 99–100, 114; R.J. Kelly (2003) xxix–xlv, 196–8; Rumble (2006b) 4 n. 18; N.M. Thompson (2007) 97–8, 101–3; Toswell (2007) 215, 219, 220–5; *ASMMF* XVII (2008) 129–42 [no. 439; Wilcox]; Scragg (2012a) nos. 993–9

DEC: Rosenthal (2011) 234; Withers (2011) 262–5

FACS: Willard (1960) [complete facsimile]; R.J. Kelly (2003) pl. facing p. 1 [fol. 127r]; *ASMMF* XVII (2008) no. 439; Princeton University Library, Original Collections [on-line colour facsimile]

ED: Morris (1874–80) [base MS for 'Blickling Homilies']; Dawson (1969) [base MS for 'Blickling Homilies']; Scragg (1992) 196–8 [Blickling Homily IX coll. as B], 291–307 [Blickling Homily XVII coll. as B]; R.J. Kelly (2003) [base MS for 'Blickling Homilies']

LANG: A.K. Hardy (1899); Menner (1949); Wenisch (1979); Hofstetter (1987) 168–70; Toswell (2007) 218

ST: Willard (1936); Willard (1949a); Willard (1949b); Greenfield–Robinson (1980) 357–8; Swan (2006)

Regensburg, Bischöfliche Zentralbibliothek, Cim. 1: see no. **791**

906. Rheims, Bibliothèque municipale, 9

s. xi med., prov. 1062×1065 Saint-Remi, Rheims

Contents: gospels

MS: *Cat. gén. Dép.* (Octavo) XXXVIII.14–15 [Loriquet]; Boutemy (1948) 125–6; Hinkle (1970); De Lemps–Laslier (1978) no. 16; McGurk (1986b) 44, 46–7 [repr. McGurk (1998) no. XIV]; Dumville (1993g) 6 n. 20, 128 n. 85; Cohen–Teviotdale (1999) 70 n. 38; R. Gameson (2012a) 43 and n. 127, 70 n. 240; R. Gameson (2012d) 360 and n. 63; Marsden (2012) 424 and n. 80; McGurk (2012) 447 [no. 20]

DEC: E. Temple (1976) no. 105; Ohlgren (1986) no. 210; Raw (1990) 58, 241; R. Gameson (1995b) 41, 208 nn. 106 and 107, 218, 263; Karkov (2009) 217–18; R. Gameson (2012c) 271 and n. 63

FACS: Hinkle (1970) 23, fig. 1 [fol. 134v]; E. Temple (1976) ill. 299 [fol. 88r]; De Lemps–Laslier (1978) two pls. [fols. not specified]; R. Gameson (1991) fig. 20 [fol. 60r]; Owen-Crocker (2009) fig. 7.10 [fol. 23r]

906. 5. Rheims, Bibliothèque municipale, 1097

s. x^2 and xi/xii, (prov. France s. xii)

Contents: Priscian, *Partitiones .xii. uersuum Aeneidos principalium* [*CPL* 1551] (s. x^2); Anglo-Saxon regnal list (s. xi/xii)

MS: *Cat. gén. Dép.* (Octavo) XXXIX.290–1 [Demaison]; Glück (1967) 63; Jeudy (1971) 124 n.; De Lemps–Laslier (1978) no. 15; Passalacqua (1978) no. 572; Gneuss (1988) 201–3 [repr. Gneuss (1996a) no. VII]; Lapidge (2006) 66

FACS: De Lemps–Laslier (1978) two pls. [fols. not specified]; Gneuss (1988) pl. 8 [fol. 82r]

ED: Glück (1967) 10*–12* [glosses by Remigius to first two folios of Priscian, *Partitiones*]; Gneuss (1988) 203–9 [regnal list]

ST: Lapidge (2006) 327

907. [Rome], Città del Vaticano, Biblioteca Apostolica Vaticana, Barberini lat. 570 (the 'Barberini Gospels')

s. viii^2 or viii ex., Mercia or Northumbria? S England?

Contents: gospels; explanations of Hebrew names in lists following Matthew and John; colophon

MS: *CLA* I (1934) no. 63; McGurk (1961a) no. 137; T.J. Brown (1972) 234 [repr. T.J. Brown (1993a) 112]; M.P. Brown (1986) 134 n. 64; B. Fischer (1988–91) I.16*; Webster–Backhouse (1991) no. 160; Dumville (1993f) 99 [no. 37]; McGurk (1994b) 21 [repr. McGurk (1998) no. XII]; M.P. Brown (1996) 120–5, 167–78 *et passim*; R. Gameson (1999c) 361–2; Stiegemann–Wemhoff (1999) II.446–7 [Bierbrauer, Schmidt]; C. Porter (2002) 61–2; M.P. Brown (2003a) 242, 265, 347 *et passim*; M.P. Brown (2007b) 90–3, 96–8, 100, 115; M.P. Brown (2012) 138 and n. 73, 143, 151, 154–5; R. Gameson (2012a) 37 and n. 89, 42 n. 117, 53 n. 183, 67, 88, 89 and n. 323; R. Gameson (2012b) 111 n. 67; Gullick (2012) 308 and n. 93

DEC: E.H. Zimmermann (1916) 25, 34, 128, 140–2, 300–2; F. Wormald (1945) 112, 114, 118–19 [repr. F. Wormald (1984) 50, 52–3, 56–7]; Henry (1965) 60–4 *et passim*; F. Wormald (1971b) 305, 307–8 [repr. F. Wormald (1984) 76–9]; Henry (1974) 163 *et passim*; Alexander (1978a) no. 36; D.M. Wilson (1984) 157; Ohlgren (1986) no. 36; G. Henderson (1987) 132, 137, 165; G. Henderson (2001); Nees (2006) 90; M.P. Brown (2007b) 89–91, 93, 97, 101–2, 104–11, 113–15; M.P. Brown (2011b) 40; Rosenthal (2011) 226; Netzer (2011) 3; N. Edwards (2012) 246 n. 14; Netzer (2012) 230

FACS: *NPS* II, pls. 58 [fol. 41r], 59 [fol. 125r], 60 (a)–(d) [fols. 1r, 11v, 18r, 51r]; E.H. Zimmermann (1916) *Tafelband* IV, pls. 313 [fols. 11v, 50v], 314 [fols. 79v, 124v], 315 [fols. 80r, 18r], 316 [fols. 125r, 51r], 317 [fols. 1r, 12r]; Alexander (1978a) ills. 169–78 [fols. 12r, 18r, 80r, 125r, 1r, 50v, 51r, 79v, 124v, 11v]; D.M. Wilson (1984) pl. 194 [fol. 7r (detail)]; F. Wormald (1984) ills. 44, 49 [fols. 125r, 12r (detail)]; G. Henderson (1987) pl. 198 [fol. 1r]; Webster—Backhouse (1991) 206–7 [fols. 124v, 125r]; M.P Brown (1996) pls. 36–40 [fols. 1r, 124v, 125r, 51r, 51v]; Stiegemann—Wemhoff (1999) II.447–9 [fols. 1r, 79v, 80r], III ('Beiträge') frontispiece [fol. 80r (detail)]; M.P. Brown (2003a) figs. 99 (a), 106, 132 [fols. 80r, 51r, 1r]; M.P. Brown (2007a) pls. 44–5 [fols. 11v, 51r]; M.P. Brown (2007b) 92 [fol. 125r], 94 [fol. 11v], 103 [fol. 18r], 105 [fol. 7r], 112 [fol. 51r]; Minnis—Roberts (2007) pls. 1–2 [fols. 1r, 80r]

ED: B. Fischer (1988–91) [gospel excerpts coll. as Ev]; McGurk (1994a) [repr. McGurk (1998) no. IX] [explanations of Hebrew names]; R. Gameson (2001d) 35 [no. 7] [colophon]

ST: Szerwiniack (1994) 193–4; M.P. Brown (2007b)

[Rome], Città del Vaticano, Biblioteca Apostolica Vaticana, Vat. lat. 304, flyleaf: see no. **900. 5**

907. 5. [Rome], Città del Vaticano, Biblioteca Apostolica Vaticana, Vat. lat. 3228

s. x^2, England?

Contents: Cicero, *Orationes Philippicae*

MS: L.D. Reynolds (1983) 75 and n. 122 [M.D. Reeve, R.H. Rouse]

ED: A.C. Clark (1918b) [Cicero, *Orationes Philippicae*, coll. as s]; Fedeli (1982) [Cicero, *Orationes Philippicae*, coll. as s]

ST: Lapidge (2006) 297

908. [Rome], Città del Vaticano, Biblioteca Apostolica Vaticana, Vat. lat. 3363

s. ix¹, Loire region (Orléans? Fleury?), prov. Wales or Cornwall or SW England s. ix ex., prov. England (Glastonbury?) by s. x med.

Contents: Boethius, *De consolatione Philosophiae* [*CPL* 878], with commentary (s. ix ex.) and annotations (s. x med.); glossary to Prudentius, *Psychomachia*

MS: Weinberger (1934) xxi; Courcelle (1939) 45–6, 121; Courcelle (1967) 121, 269–70, 405–6; Troncarelli (1973) 371–2, 377–8; Bolton (1977a) 35–7, 40; Rella (1977) 47–8 and nn., 76–7, 163, 168; Rella (1980) 115–16 [no. 34]; Parkes (1981) [repr. Parkes (1991) 259–62]; Troncarelli (1981) 137–51; Wittig (1983) 161 n. 20, 170 n. 37, 172 n. 41, 189–98; Dumville (1987) 176–7 and nn. 171, 176; Voigts (1988) 91 and n. 36; Mostert (1989) no. BF 1313; Budny (1992) 138; Parkes (1992) 291; Dumville (1993g) 3 n. 9, 51, 97; Parkes (1997a) 1 n. 2; Bischoff (1998 —) III, no. 6877; Godden (2005); Hartzell (2006) no. 313; Wittig (2007) 193; Godden–Irvine (2009) I.xlvi; Wieland (2009) 149; Papahagi (2010) 24–7 and nn.; Wittig (2010) 252; D. Ganz (2012) 188 n. 3; Rankin (2012) 505 n. 111; R. Gameson (2012d) 347 and n. 11

FACS: Troncarelli (1981) pls. XI [fol. 9r], XIII–XVI [fols. 144v, 4r, 2v, 3r]; Parkes (1991) pls. 51–2 [fols. iii, x]; Parkes (1992) pl. 71 [fol. xi]; Ramsay et al. (1992) pl. 8 (d) [fol. iii (detail)]; Papahagi (2010) p. 167 [fol. 46r (detail)], pl. X [fol. 46r]

ED: Weinberger (1934) [Boethius, *De consolatione Philosophiae*, coll. as V]; Troncarelli (1981) 153–96 [commentary to Boethius, *De consolatione Philosophiae*]; Bieler (1984) [Boethius, *De consolatione Philosophiae*, coll. as V]; Parkes (1997a) 21–2 [base MS for *De consolatione Philosophiae* iii met. 12, lines 14–44]; Moreschini (2000) [Boethius, *De consolatione Philosophiae*, coll. as V]

ST: Bolton (1977b); Troncarelli (1981) 144–51; *BCLL* (1985) no. 1240; Godden (2005); Sims-Williams (2005); Godden (2011) 70, 71 n. 15, 76–80, 92; Jayatilaka (2011) 98, 117; Jayatilaka (2012) 673 and nn. 12–13

909. [Rome], Città del Vaticano, Biblioteca Apostolica Vaticana, Pal. lat. 68, fols. 1–46

s. viii, Northumbria, prov. Lorsch or Mainz by s. ix?

Contents: exegetical catena on the Psalms (Pss. XXXIX–CLI only); colophon

MS: Stevenson—De Rossi (1886) 12; Lindsay (1910) 67–70; Kenney (1929) no. 465; *CLA* I (1934) no. 78; Bischoff (1954b) no. 6A [repr. Bischoff (1966–81) I.238]; N.R. Ker (1957) no. 388; K. Hughes (1971) 59; McNamara (1973) 218–19, 281–4; McNamara (1979); Bischoff (1989a) 86 n. 98, 116–17; Biggs et al. (1990) 96 [C.D. Wright]; Bischoff (1990) 199 n. 83; T.J. Brown (1993a) 159, 239; Biggs (2007a) 24 [T.N. Hall]; Rushforth (2011) 57–8; R. Gameson (2012a) 37, 42 n. 117, 53 n. 182; R. Gameson (2012b) 112 n. 68

FACS: Lindsay (1910) pl. XII [fol. 46r (detail)]; R. Gameson (2001c) pl. 3 (b) [fol. 46r]

ED: Napier (1900) no. 78 [OE glosses]; Kenney (1929) 637 [lists editions by W. Stokes of Old Irish glosses]; McNamara (1986) [catena on the Psalms]; R. Gameson (2001d) 35 [no. 6] [colophon]

ST: *BCLL* (1985) no. 1261 [bibliography]; P.P. O'Neill (2002)

910. [Rome], Città del Vaticano, Biblioteca Apostolica Vaticana, Pal. lat. 235, fols. 4-29

s. viii in., Northumbria (Lindisfarne? Monkwearmouth-Jarrow?), prov. s. viii Germany (Lorsch? Fulda?)

Contents: Paulinus of Nola, *Carmina natalitia* [*CPL* 203] xv, xvi, xviii, xxviii, xxvii, xvii

MS: Stevenson—De Rossi (1886) 57–8; Hartel (1894) xxx–xxxi; *CLA* I (1934) no. 87; T.J. Brown (1982a) 111, 113, 114 [repr. T.J. Brown (1993a) 212, 214–15]; T.J. Brown (1984) 314, 320 [repr. T.J. Brown (1993a) 224, 232]; O'Brien-O'Keeffe (1987) 144; Brown—Mackay (1988); Bischoff (1989a) 86 n. 98, 120–1; Webster—Backhouse (1991) no. 85 [M.P. Brown]; M.P. Brown (1989a) 162; T.J. Brown (1993b) 191, 200; M.P. Brown (2003a) 262, 402; Häse (2002) 298–300; Story (2003) 263–5; Lapidge (2006) 37 n. 32, 324; Biggs (2007a) 15, 75; Dumville (2007f) 74; M.P. Brown (2012) 159

FACS: Brown—Mackay (1988) [complete facsimile]; M.P. Brown (1989a) pl. 6 [fol. 4r]; T.J. Brown (1993a) ill. 51 [fol. 8r (detail)]; M.P. Brown (2003a) fig. 108 [fol. 8r]

ED: Hartel (1894) [Paulinus, *carmina*, coll. as R]

ST: Mackay (1976); *BCLL* (1985) no. 713; Love (2012) 614

911. [Rome], Città del Vaticano, Biblioteca Apostolica Vaticana, Pal. lat. 259

s. viii/ix, England? or Anglo-Saxon centre on the Continent?

Contents: Gregory, *Homiliae in Hiezechielem* [*CPL* 1710] II. 2 (incomplete)—II. 10

MS: Stevenson—De Rossi (1886) 67; *CLA* I (1934) no. 90; Bischoff—Hofmann (1952) 8, 73; Bischoff (1966–81) I.78; Crick (1987) 186; Bischoff (1990) 94 n. 90; Bischoff (1998—) III, no. 6510a; T.N. Hall (2001) 131 and n. 62; Lapidge (2006) 79, 155, 305; Wieland (2009) 126; R. Gameson (2012a) 42, 51, 53 n. 182

911. 5. [Rome], Città del Vaticano, Biblioteca Apostolica Vaticana, Pal. lat. 554, fols. 5–13

s. viii/ix, England or Continent (Lorsch?), prov. s. ix¹ Lorsch

Contents: *Poenitentiale Egberti* [*CPL* 1887], Prologue and chs. i–xiii; *Edictio Bonifatii*

MS: H.J. Schmitz (1883) 566, 573; Stevenson—De Rossi (1886) 177; *CLA* I (1934) no. 95; McNeill—Gamer (1938) 55 n. 14, 67, 435–6, 449; Frantzen (1983a) 26, 30 n. 37; Frantzen (1983b) 70 n. 36, 72–3 and nn. 47–8; Bischoff (1989a) 57–8, 86 n. 98, 92 n. 42, 124–5; Haggenmüller (1991) 108–9, 149 *et passim*; Bischoff (1998—) III, no. 6538; Lapidge (2006) 155

ED: H.J. Schmitz (1898) 660–73 [*Poenitentiale Egberti* coll. as α]

912. [Rome], Città del Vaticano, Biblioteca Apostolica Vaticana, Reg. lat. 12

s. xi$^{2/4}$, prob. Canterbury CC, prov. Bury St Edmunds, (prov. Jouarre s. xii)

Contents: liturgical calendar; computus material; Psalterium Gallicanum; Ps. CLI; canticles; litany; prayers (*orationes post psalterium*)

MS: Ehrensberger (1897) 34–6; Wilmart (1930) 198–200; Wilmart (1937–45) I.30–5; N.R. Ker (1964) 22; Salmon (1968–72) I.23 [no. 40]; R.M. Thomson (1972) 622–3 and n. 25, 643 n. 167; Lapidge (1991a) 84–5; Dumville (1993f) 99 [no. 38]; Dumville (1993g) 33–4 and nn., 37, 41–3, 47–8, 60–2, 64 n. 277, 78 n. 360; Noel (1995) 150–69 *et passim*; Pulsiano

(2001a) xxx; Rushforth (2002); Rushforth—Orchard (2005) 568 and nn.; Biggs (2007a) 16–17; Chardonnens (2007b) 544, 554; Rushforth (2008a) 40–1; R. Gameson (2012b) 95 and n. 3; Rushforth (2012) 209 and n. 75; Toswell (2012) 471

DEC: F. Wormald (1945) 109 n. 9, 125, 132 [repr. F. Wormald (1984) 64, 71, 173 n. 9]; F. Wormald (1952) 47–9, 79 [no. 56]; Dodwell (1954) 10, 27, 74, 79; R.M. Harris (1960); F. Wormald (1962) 1, 7, 8, 13 [repr. F. Wormald (1984) 123, 129, 131, 135]; Heimann (1966); Dodwell (1971b) 80, 220 n. 36; F. Wormald (1971b) 312 and n. 2 [repr. F. Wormald (1984) 83 and n. 26]; Raw (1976) 137–8 and nn.; E. Temple (1976) no. 84; Brownrigg (1978) 248 n. 2, 250 n. 1; D.M. Wilson (1984) 190; F. Wormald (1984) 106; F. Wormald (1984b) 120; Ohlgren (1986) no. 189; Raw (1990) 249–50; R. Gameson (1992a) 205, 211–13; R. Gameson (1995b) 17, 38–40, 42, 49–50, 53, 65–7, 84, 100–2, 108, 114–15, 119–21, 139, 162, 164 *et passim*; Keefer (2007b) 99; Pulsiano (2007) 119; Karkov (2009) 235; R. Gameson (2012c) 269 and n. 58, 284 and n. 124, 289 n. 138

FACS: *NPS* II, pls. 166–8 [fols. 35r, 65v, 73v, 109v (all details)]; F. Wormald (1952) pls. 26–8 [fols. 66v, 72r, 90v, 74r, 37v, 108r (all details)]; Dodwell (1954) pl. 59 (c) [fol. 92r]; M.W. Evans (1969) pl. 21 [fol. 87v]; E. Temple (1976) ills. 262–4 [fols. 62r, 36r, 73v]; D.M. Wilson (1984) pl. 238 [fol. 90v (detail)]; R. Gameson (1991) fig. 16 [fol. 88v]; Ohlgren (1992) pls. 3.1–49 [fols. 21r, 21v, 22r, 22v, 24r, 25r, 27v, 28r, 29r, 30r, 35r, 36r, 37v, 40r, 54r, 62r, 62v, 63v, 66v, 68v, 69v, 70v, 71v, 72r, 73v, 74r, 78v, 80r, 81r, 83v, 87v, 88r, 88v, 90v, 92r, 93r, 95r, 98r, 103r, 107v, 108r, 109r, 109v, 117r, 118r, 120v, 168v, 169r]; Ramsay et al. (1992) pls. 15–16 [fols. 73v, 103r]; R. Gameson (1995b) pls. 15 (a)–(b) [fols. 78v, 35r]; Noel (1995) ills. 65 [fol. 36r], 70 [fol. 25r], 72 [fol. 120v], 73 [fol. 109r], 74 [fol. 107v], 76 [fol. 68v]

ED: Wilmart (1930) [prayers]; F. Wormald (1934) 239–51 [liturgical calendar (no. 19)]; Lapidge (1991a) 296–9 [litany]; Corrêa (1996) 319–20 [*Orationes post psalterium*]; Pulsiano (2001a) [Pss. I–L coll. as *v*]; Chardonnens (2007b) 289, 391 [prognostics in liturgical calendar]; Rushforth (2008a) no. 18 [liturgical calendar]

ST: Gasquet—Bishop (1908) 60 n. 1, 147 n. 1; Wilmart (1930); Kotzor (1981) I.303*–311*; Thacker (1992) 242 n. 142; Keynes (1994b) 56 n. 65; Gransden (1995b) 36–9; Borst (2001) I.292; Rushforth (2005); Chardonnens (2007a) 320 n. 8; Pfaff (2009) 195–6

912. 5. [Rome], Città del Vaticano, Biblioteca Apostolica Vaticana, Reg. lat. 40, fols. i, ii

s. xi ex., Canterbury?

Contents: psalter (f) and prayer [*Oratio Gregorii papae*] (f)

MS: Wilmart (1930) 209; Wilmart (1937–45) I.95–6

913. [Rome], Città del Vaticano, Biblioteca Apostolica Vaticana, Reg. lat. 204

s. xi in., Canterbury StA (CC?), (prov. Bonneval by s. xiv)

Contents: Office of St Cuthbert (f); Bede, *Vita S. Cudbercti* (verse) [*CPL* 1380; *BHL* 2020], with glosses; note on the Six Ages of Man

MS: H.M. Bannister (1913) no. 291; Jaager (1935) 29, 33; Wilmart (1937–45) I.482–3; N.R. Ker (1957) no. 389; T.A.M. Bishop (1959–63b) 413, 417; T.A.M. Bishop (1966) xx; Sims-Williams (1990) 337; Dumville (1992a) 109 n. 81; Dumville (1993f) 99 [no. 39]; Lapidge (1995c) 130, 143 and n. 37; Sole (1998) 124–8; Hartzell (2006) no. 314; Rankin (2012) 490–1; Scragg (2012a) no. 1025

FACS: H.M. Bannister (1913) pl. 62 (a) [fol. 1r]

ED: Napier (1900) no. 32 [OE glosses to Bede, *Vita metrica S. Cudbercti*]; Jaager (1935) [Bede, *Vita metrica S. Cudbercti*, coll. as R]; Hohler–Hughes (1956) 161, 185–6 [Office fragment coll. as Y]; Sole (1998) 143–4 [Office fragment coll. as Y]

914. [Rome], Città del Vaticano, Biblioteca Apostolica Vaticana, Reg. lat. 338, fols. 64–126

s. x^2 or x/xi, N France or Germany?, prov. England s. xi^1?

Contents: 'Metrical Calendar of York' (incomplete); Amalarius (?), *Eclogae de ordine Romano*; Caesarius, *Sermo* x ('De decem plagis et praeceptis') [*CPL* 1008]; *horologium*; seven alphabets [two Hebrew, one Greek, one 'Chaldaean', one 'Egyptian', one runic, one of obscure origin]; two pontifical *ordines* [*Ad clericum faciendum*; *Confirmatio*]; benedictional; *Benedictio nuptiarum*; pseudo-Jerome, *Breuiarium in Psalmos* [*CPL* 629; *BCLL* 343]; hymnal (incomplete); additions (s. xi^1): charm against fever*; note on blood-letting*; prayer *Pro iter agentibus*

MS: Ehrensberger (1897) 564–6; H.M. Bannister (1913) I.11, 75; Wilmart (1937–45) II.258–63; R. Derolez (1954) 237–48 *et passim*; N.R. Ker

(1957) no. 390; D.H. Turner (1960) 362; Gneuss (1968) 44 and n. 13; Salmon (1968–72) I.51 [no. 98]; Moeller (1971–9) III.101; Lapidge (1984) 335–6 and nn. [repr. Lapidge (1993a) 352–3 and nn.]; Dumville (1992a) 69, 86, 136–7; Dumville (1993f) 99 [no. 40]; Corrêa (1996) 303–5 and n. 75; Lapidge (2006) 295; Wieland (2009) 125, 135; Rushforth (2011) 59; Scragg (2012a) nos. 1026–7

FACS: H.M. Bannister (1913) pl. 4 (a) [fol. 114r]

ED: W. Stokes (1891) 144 [charm against fever*; note on blood–letting*]; *AH* LI (1908) [hymns coll. under various sigla]; Hanssens (1948–50) III.229–65 [Amalarius, *Eclogae de ordine Romano*, coll. as R2]; R. Derolez (1954) 242–7 [runic alphabet]; N.R. Ker (1957) no. 390 [charm against fever*; note on blood-letting*]

ST: Biggs et al. (1990) 98–9 [C.D. Wright]; Mordek (1995) 822–3 [on fols. 1–63]; Rasmussen (1998) 413–14; C.A. Jones (2004) 328

915. [Rome], Città del Vaticano, Biblioteca Apostolica Vaticana, Reg. lat. 489, fols. 61-124

s. xi^1 or earlier, Canterbury CC

Contents: a 'Martinellus': Sulpicius Severus, *Vita S. Martini* [*CPL* 475; *BHL* 5610], *Epistulae* [*CPL* 476], *Dialogi* [*CPL* 477]; Gregory of Tours, extracts from *Historia Francorum* [*CPL* 1023], *De uirtutibus S. Martini* [*CPL* 1024; cf. *BHL* 5618d], and *Vita S. Bricii* [BHL 1452, from *Historia Francorum* II. 1]

MS: Wilmart (1937–45) II.682–5; T.A.M. Bishop (1971) xvi n. 2, xxv–xxvi; Dumville (1993g) 9 n. 4, 98 n. 79, 99; Lapidge (2006) 307, 333, 334; Wieland (2009) 143; R. Gameson (2012a) 72 n. 247

916. [Rome], Città del Vaticano, Biblioteca Apostolica Vaticana, Reg. lat. 497, fol. 71

s. xi, (prov. Trier, s. xii?)

Contents: Orosius, *Historiae aduersum paganos* [*CPL* 571] in OE translation* (f); poem (inc. 'Treberis urbs multis bellorum compta triumphis') added s. xii

MS: Ehrensberger (1897) 100–1; Wilmart (1937–45) II.713; N.R. Ker (1957) no. 391; Bately (1964); Bately (1980) xxvi, xxxv; Luiselli Fadda (1980) 7–22; Szarmach (1981c); R. Gameson (2012d) 362 and n. 71; Scragg (2012a) no. 1028

FACS: Szarmach (1981c) 35 [fol. 71v]

ED: Bately (1964) [base MS for fragment of OE Orosius]; Bately (1980) 109 [OE Orosius coll. as V]; Luiselli Fadda (1980) 10 [poem added on fol. 71v]

LANG: Bately (1980) liv

917. [Rome], Città del Vaticano, Biblioteca Apostolica Vaticana, Reg. lat. 946, fols. 72–6

s. xi^1, (prov. Normandy, prob. Avranches, in or before s. xii)

Contents: legal decree (X Æthelred*), prob. from a service-book

MS: Liebermann (1903–16) I.xlii, 269 n.; N.R. Ker (1957) no. 392; Dumville (1993f) 99 [no. 41]; R. Gameson (2003) 158–9; R. Gameson (2012d) 365 n. 89; Scragg (2012a) nos. 1029–30; P. Wormald (2012) 535 [no. 16]

ED: Liebermann (1903–16) I.269–70 (left-hand column) [base MS (= Vr) for X Atr]

ST: Whitelock (1976) 24 [repr. Whitelock (1981b) no. XIV]

918. [Rome], Città del Vaticano, Biblioteca Apostolica Vaticana, Reg. lat. 1283, fol. 114

s. x^2 and xi^1

Contents: grammatical note; excerpts from Augustine (s. x^2); excerpts from Ælfric, *De temporibus anni** [chs. iv. 31–3 and i. 19–21] (s. xi^1)

MS: Henel (1942a) xxix; N.R. Ker (1957) no. 393; T.A.M. Bishop (1971) xii–xiii n. 2; Mostert (1989) sub no. BF 1488; M. Blake (2009) 18; Scragg (2012a) no. 1031

ED: Steinmeyer (1880) 192 [Ælfric, *De temporibus anni*; see corrections by N.R. Ker (1957) no. 393]; Henel (1942a) [Ælfric, *De temporibus anni*, coll. as H]; M. Blake (2009) 99–100 [variants to Ælfric, *De temporibus anni*, recorded as H]

919. [Rome], Città del Vaticano, Biblioteca Apostolica Vaticana, Reg. lat. 1671

s. x^2 or x/xi or xi$^{1/4}$, Worcester

Contents: Vergil, *Bucolica*, *Georgica* and *Aeneid*, all with glosses (s. xi) derived partly from Servius, and (*Georgica*, *Aeneid*) with *argumenta* by pseudo-Ovid; excerpts from pseudo-Vergil, *Culex*, and Ovid, *Metamorphoses* (xiii. 100); five Latin poems [SK 12542, 10279 and 16845 (pseudo-Vergil), 7221, 638]

MS: T.A.M. Bishop (1964–8b) 249 n. 1; T.A.M. Bishop (1971) xviii, 17; Pellegrin et al. (1975–91) II/i.352–4; Hunter Blair (1976) 252 and nn.; Rella (1977) 84, 162; Munk Olsen (1982–) II.782; Lapidge (1982a) 101 and nn. 16, 18 [repr. Lapidge (1996b) 458–9 and nn. 16, 18; 516]; Dumville (1993f) 99 [no. 42]; Dumville (1993g) 69–75; Baswell (1995) 287; Bullough (1996) 20 n. 7; R. Gameson (1996a) 205–10 and nn.; Lapidge (2006) 323, 336; Wieland (2009) 148; R. Gameson (2012a) 29 and n. 61, 67 n. 232, 72 n. 245

DEC: E. Temple (1976) no. 30 (ix); Ohlgren (1986) no. 126; R. Gameson (1996a) 208-9

FACS: T.A.M. Bishop (1971) pl. XVII [fol. 90r]; Dumville (1993g) pls. VI–VII [fols. 2r, 216v (details)]; R. Gameson (1996a) pls. 3–4 [fols. 1r, 90r]

ST: L.D. Reynolds (1983) xxxii n., 128; Baswell (1995) 287, 324 n. 59, 326 n. 76; Ziolkowski (2007) 45 n. 16, 274, 286

919. 2. Rouen, Bibliothèque municipale, 24 (A. 41)

s. x, England?; prov. Saint-Évroul

Contents: *psalterium duplex* (Gallicanum and Hebraicum), glossed

MS: *Cat. gén. Dép.* (Octavo) I.7 [Omont]; Kenney no. 489; Nortier (1957) 223; Chibnall (1969–80) II.42 n. 1

919. 3. Rouen, Bibliothèque municipale, 26 (A. 292)

s. ix^1 or ix med., N France; additions made in England, s. x; whole MS prov. England s. x? prov. Jumièges s. xi?

Contents: Old Testament books (Prouerbia Salomonis, Ecclesiastes, Canticum canticorum); commentary on the Canticum canticorum (excerpted from Alcuin's commentary on the same text); Alcuin, *Carm.* lxxviii [SK 7355]; proverbs; poem [WIC 4803]; Sapientia (OT book); Augustine, *Enchiridion* [*CPL* 295]; Isidore, *Etymologiae* [*CPL* 1186] XI. i–ii; tract on the Office; tract on the temperaments; Gregory and Augustine of Canterbury, *Libellus responsionum* [Responsio IX]; exposition of the Mass (inc. 'Primum in ordine'); computistical, astronomical and other scientific treatises, including excerpt from

Isidore, *De natura rerum* [*CPL* 1188] and a tract on the winds; *Ordo Romanus* XIII A; Mass prayers; Office antiphons and responsories. Later additions to MS: drawing on fol. 48 (added in England, s. x?); verses from Hrabanus Maurus, *De laudibus S. Crucis* (s. x^2); and poem [WIC 4803, added s. xi/xii]

MS: *Cat. gén. Dép.* (Octavo) I.8–10 [Omont]; Hesbert (1954b); Corbin (1955) 914; Cordoliani (1955); Samaran—Marichal et al. (1959–85) VII.261; Gamber (1968–88) no. 1305; Avril (1975b) no. 5; Hartzell (1980); Raw (1990) 243–4; *CPL* (1995) no. 1934a; Bischoff (1998—) III, no. 5367; R. Gameson (2003) 138 and nn., 156 [no. 14]; Hartzell (2006) no. 315; Lapidge (2006) 172, 289, 311; W. Schipper (2009) 284–5 and nn.; Wieland (2009) 131, 133, 134, 151; R. Gameson (2012a) 63 and n. 223; R. Gameson (2012d) 365 and n. 87

DEC: Dodwell (1954) 8–9; Hartzell (1982); Ohlgren (1986) no. 226; Raw (1990) 83 n. 58, 111–12, 119, 124, 243–4

FACS: Dodwell (1954) pl. 5 (b) [fol. 48r]; Hartzell (1982) 84 [fol. 48r]; Raw (1990) pl. V (b) [fol. 48r]

ST: *CPPM* II, no. 2371b [comm. on Canticum canticorum]; *CSLMA* II (1999) 24, 117, 379; R. Gameson (2012d) 344 and n. 2

919. 6. Rouen, Bibliothèque municipale, 32 (A. 21)

s. xi ex., Abingdon (prov. Jumièges s. xii)

Contents: colophon; gospels (incomplete)

MS: *Cat. gén. Dép.* (Octavo) I.12 [Omont]; Hesbert (1955b) 902; Nortier-Marchand (1955) 602–3; Ortenberg (1992) 273; R. Gameson (1999a) no. 818; R. Gameson (2003) 159; Hartzell (2006) no. 316; R. Gameson (2012d) 365 and n. 90; Webber (2012) 220 and n. 46

DEC: R. Gameson (2012c) 273 and n. 74

FACS: R. Gameson (2003) pl. 11 [fol. 64r (detail)]

920. Rouen, Bibliothèque municipale, 231 (A. 44)

s. xi ex., prob. Canterbury StA (prov. Jumièges)

Contents: Psalterium Gallicanum (incomplete); canticles; litany; prayers; hymnal; Monastic canticles

MS: *Cat. gén. Dép.* (Octavo) I.45–6 [Omont]; Leroquais (1940–1) II.194–7; Nortier–Marchand (1955) 602; Samaran—Marichal et al.

(1959–85) VII.273; Nortier (1966) 146 n. 29, 165; Gneuss (1968) 82 n. 18; Avril (1975b) no. 85; A.G. Watson (1987a) 13; Lapidge (1991a) 81; Dumville (1993f) 99 [no. 44]; R. Gameson (1995a) 126–7, 129 n. 130, 144; Heslop (1995) 64, 84–5; Springer (1995) 181; Saenger (1997) 210 and n. 56; R. Gameson (1999a) no. 819; Pulsiano (2001a) xxx; Toswell (2012) 474 and n. 35

FACS: R. Gameson (1995a) pls. 10 (a)–(b) [fols. 149r, 198r]

ED: Gjerløw (1961) 132–7 [prayers]; Lapidge (1991a) 265–9 [litany]; Pulsiano (2001a) [Pss. IX.8—L, coll. as ψ]

ST: Mearns (1913) xv *et passim*; Gjerløw (1961) 20, 22 *et passim*; Korhammer (1976) xvi, 9, 25, 52–3, 119–21, 147

921. Rouen, Bibliothèque municipale, 274 (Y. 6) (the 'Sacramentary of Robert of Jumièges')

1014×1023, prov. (and origin?) Canterbury CC, prov. Jumièges s xi med.

Contents: liturgical calendar; computus material; sacramentary (including litany)

MS: *Cat. gén. Dép.* (Octavo) I.53 [Omont]; Warren (1883) 275–93; H.A. Wilson (1896) xix–lxx; Fehr (1921) 27–8; Leroquais (1924) I.99; Atkins (1928); Tolhurst (1933); Förster (1943) 39; Hesbert (1955c) 722, 729–31, 733; Hohler (1955); Nortier–Marchand (1955) 602; Tolhurst (1955); N.R. Ker (1957) no. 377; N.R. Ker (1964) 104; T.A.M. Bishop (1967a) 39–41; T.A.M. Bishop (1971) xv; Hohler (1975) 74 and nn.; Grant (1979) 33–40; Backhouse et al. (1984b) no. 50 [D.H. Turner]; Gerchow (1988) 224, 331; Heslop (1990) 155, 182; Dumville (1991–5) 52; Lapidge (1991a) 82; Dumville (1992a) 25–6, 37–8 *et passim*; Lapidge (1992a) 105–6 and nn. [repr. Lapidge (1993a) 393–4 and nn.]; Dumville (1993g) 116–18 and nn., 139; N. Orchard (1995c) 4 n. 12; Pfaff (1995) 15–19; Saenger (1997) 210 and nn.; N. Orchard (2002) I.61 *et passim*; R. Gameson (2003) 133, 157–8; C.A. Jones (2004) 345 n. 82; Hartzell (2006) no. 317; O'Brien O'Keeffe (2006) 269; Chardonnens (2007b) 544, 554; Rushforth (2008a) 31–2; Wieland (2009) 121; *ASMMF* XVIII (2012) 117–25 [no. 445; Lucas]; R. Gameson (2012a) 34 n. 78, 43 and n. 126, 49–50, 70 n. 240, 80 n. 284; R. Gameson (2012d) 358 and n. 53; Pfaff (2012) 457 and n. 25; Raw (2012) 460; Scragg (2012a) no. 1002; Winterbottom—Lapidge (2012) cxxxix–cxli

DEC: Alexander (1970a) 114 *et passim*; Dodwell (1971b) 86, 221 n. 74; Alexander (1975a) 149–50; E. Temple (1976) no. 72 [with extensive bibliography]; D.M. Wilson (1984) 174; Ohlgren (1986) no. 177; Raw (1990) 244–5 *et passim*; R. Gameson (1995b) 16, 30, 32–5, 59, 110, 114, 116, 148, 159, 163, 166, 177, 189, 196, 206, 210 *et passim*; McGurk–Rosenthal (2006) 196 n. 55; Rushforth (2007) 44, 46; Karkov (2009) 224; Withers (2011) 260, 262; R. Gameson (2012c) 270 and n. 59, 283 and n. 118

FACS: H.A. Wilson (1896) pls. I–XV [fols. 32v, 33r, 36v, 37r, 71r, 71v, 72r, 72v, 81v, 84v, 132v, 164v, 158v, 207r, 228r]; Leroquais (1924) IV, pls. XX–XXIII [fols. 71v, 72r, 81v, 158v]; Rice (1952) pls. 53–5 [fols. 37r, 71v, 72r, 84v, 81v, 72v]; E. Temple (1976) ills. 237–40 [fols. 36v, 72r, 81v, 164r]; Backhouse et al. (1984b) pl. XIV [fol. 32v]; D.M. Wilson (1984) pl. 265 [fol. 72r]; Raw (1990) pl. XV [fol. 71v]; R. Gameson (2003) pls. 3, 15 [fols. 25v, 114r]; Rushforth (2007) 46 [fol. 72r]; *ASMMF* XVIII (2012) no. 445 [complete facsimile]

ED: H.A. Wilson (1896) [complete MS]; Muir (1988) xxix *et passim* [five prayers coll. as J]; Lapidge (1991a) 270–2 [litany from service for Visitation of the Sick and Dying]; Rushforth (2008a) no. 12 [liturgical calendar]; Winterbottom–Lapidge (2012) cxl [mass-set for St Dunstan]

ST: Gasquet–Bishop (1908) 160–1 *et passim*; Henel (1934); Dubois (1955); Bullough (1977) 50 n. 61b; Kotzor (1981) I.302*–311*; Baker–Lapidge (1995) xlviii; Heslop (1995) 56, 59 n., 79; Borst (2001) I.166–7; N. Orchard (2005) lxii *et passim*; Pfaff (2009) 88–91

922. Rouen, Bibliothèque municipale, 368 (A. 27) (the 'Lanalet Pontifical')

s. xi in. or xi¹, SW England (St Germans?), prov. Crediton by 1027×1046 (or Wells before 1014?), (prov. Jumièges)

Contents: pontifical (including litanies) and benedictional, including Prologue to *Poenitentiale Egberti* [*CPL* 1887], Gerbald of Liège, First Capitulary, and First English Coronation *ordo*

MS: *Cat. gén. Dép.* (Octavo) I.69–70 [Omont]; Liebermann (1903–16) I.xxxviii; Leroquais (1937) II.287; Doble (1937); Stéphan (1955); N.R. Ker (1957) no. 374; Gamber (1968–88) no. 1565; D.H. Turner (1971) xxxiii–xxxix; Prescott (1987) 128 and nn., 141–7; Dumville (1991) 51–2; Haggenmüller (1991) 98; Lapidge (1991a) 82–3; Dumville (1992a) 69, 86–7, 91–2 and nn., 117 and nn.; Conner (1993) 43–4; Dumville (1993f) 99 [no. 43]; Dumville (1993g) 60–1, 145 n. 23; Nelson–Pfaff (1995) 93; Saenger (1997) 201 and n. 57; N. Orchard (2002) I.76; R. Gameson (2003)

155–6; C.A. Jones (2004) 343 n. 73, 344 nn. 78–80; C.A. Jones (2005a) 113, 232; N. Orchard (2005) ciii, clxxxiii–cxci; Hartzell (2006) no. 318; O'Brien O'Keeffe (2006) 269–70; *ASMMF* XVIII (2012) 85–96 [no. 442; Lucas]; Rankin (2012) 491–2 and n. 40; Scragg (2012a) nos. 1003–5

DEC: F. Wormald (1952) 79–80 [no. 57]; E. Temple (1976) no. 90; Ohlgren (1986) no. 195; Raw (1990) 127 and n. 97, 243; R. Gameson (1995b) 35 n. 128, 184

FACS: Doble (1937) pl. I [fol. 2r]; Leroquais (1937) pls. I–II [fols. 1v, 2v]; Rice (1952) pl. 70 (a) [fol. 2v]; E. Temple (1976) ill. 256 [fol. 1v]; Dumville (1993g) pl. V [fol. 183v (detail)]; *ASMMF* XVIII (2012) no. 442 [complete facsimile]

ED: Doble (1937) [complete MS]; Moeller (1971–9) [benedictions coll. as LAN]; Lapidge (1991a) 273–9 [three litanies: two from Dedication of a Church, one from Visitation of the Sick and Dying]

ST: Fehr (1921) 28–30; Hesbert (1955b) 902, 906; Rella (1977) 107; *BCLL* (1985) no. 1285; Nelson (1986b); Rasmussen (1998) 173–87, 189–95, 211–16, 218–24; Cross—Hamer (1999) 35; Pfaff (1999a) 6, 12–14, 16; Pfaff (2009) 74 n. 34

923. Rouen, Bibliothèque municipale, 369 (Y. 7) (the 'Benedictional of Archbishop Robert')

s. x$^{4/4}$ (s. xi$^{2/4}$?) Winchester NM (for Selsey?), (prov. Rouen cathedral from s. xii^1)

Contents: benedictional; pontifical (including litanies and Second English Coronation *ordo*)

MS: *Cat. gén. Dép.* (Octavo) I.70 [Omont]; Liebermann (1903–16) I.xxxix; H.A. Wilson (1903); Leroquais (1937) II.300–5; Samaran—Marichal et al. (1959–85) VII.578; D.H. Turner (1971) xvi–xxviii *et passim*; Backhouse et al. (1984b) no. 40 [D.H. Turner]; Prescott (1987) 124–6, 141–7; Dumville (1991) 53; Lapidge (1991a) 83; Dumville (1992a) 69, 87–9 and nn., 91 and n. 160; Dumville (1993f) 99 [no. 46]; Dumville (1993g) 65 n. 281; Nelson—Pfaff (1995) 94; N. Orchard (2002) I.70–1, 265 *et passim*; R. Gameson (2003) 158; C.A. Jones (2004) 340 nn. 62–3, 341 n. 64, 344 nn. 77–80; C.A. Jones (2005a) 113, 232; N. Orchard (2005) c–ci, cxxix–cxxxvi, clxviii; Hartzell (2006) no. 319; O'Brien O'Keeffe (2006) 270; Biggs (2007a) 34 [Clayton]; R. Gameson (2012a) 41 n. 107, 60 n. 202, 90 n. 330; R. Gameson (2012b) 109 and n. 50; R. Gameson (2012d) 358 and n. 53; Rushforth (2012) 205 and n. 51

DEC: F. Wormald (1945) 131–2 [repr. F. Wormald (1984) 70, 173 n. 9]; F. Wormald (1959) 9, 15 [repr. F. Wormald (1984) 87, 96]; Alexander (1970a) 132, 152, 169, 237; Dodwell (1971b) 86, 145, 221 n. 74; E. Temple (1976) no. 24; D.M. Wilson (1984) 169; F. Wormald (1984b) 116; Ohlgren (1986) no. 112; Raw (1990) 94, 133, 152, 156, 245; R. Gameson (1995b) 30–2, 47–8, 143–4, 148, 158, 187, 196, 205, 209; Karkov (2009) 224; R. Gameson (2012c) 258–9 and nn. 23, 28–9 and 31

FACS: H.A. Wilson (1903) pls. I–VI [fols. 29v, 30r, 67v, 95r, 187v, 191v]; Leroquais (1937) pls. III–VI [fols. 21v, 22r, 29v, 54v]; E. Temple (1976) ills. 87, 89 [fols. 54r, 21v]; Backhouse et al. (1984b) pl. VIII [fol. 21v]; F. Wormald (1984) ill. 108 [fol. 54v]; Huglo (1987) pl. XV [fol. 97r]; R. Gameson (1995b) pl. 11 (b) [fol. 54v]

ED: H.A. Wilson (1903) [complete MS]; Lapidge (1991a) 280-2 [two litanies from Dedication of a Church]

ST: Rella (1977) 57, 107; O'Brien O'Keeffe (1982); Conner (1993); Rasmussen (1998) 173–85, 187–210, 217–29, 265–70, 274–80, 286–306; Pfaff (1999a)

924. Rouen, Bibliothèque municipale, 506 (A. 337)

s. x ex., prob. Canterbury CC, prov. Jumièges by s. xi² or xii

Contents: Gregory, *Dialogi* [*CPL* 1713] (part)

MS: *Cat. gén. Dép.* (Octavo) I.111 [Omont]; T.A.M. Bishop (1971) xxvi; Avril (1975b) no. 6; Yerkes (1976a); Rella (1977) 159; Yerkes (1979) xvii–xviii; R. Gameson (2003) 138–40 and nn., 156; Lapidge (2006) 304; R. Gameson (2012d) 365 and n. 86

DEC: Alexander (1970a) 141, 236 n. 4; Brownrigg (1978) 259 n. 6, 260 n. 3; Ohlgren (1986) no. 227; R. Gameson (1992a) 191 n. 21, 193 n. 30, 200 n. 54, 207 n. 84; R. Gameson (1995b) 228

FACS: R. Gameson (2003) fig. 6 [fol. 55r], pl. 2 [fol. 51r]

925. Rouen, Bibliothèque municipale, 1382 (U. 109), fols. 173–98

s. xi¹ or xi med., (prov. Jumièges s. xii)

Contents: (a version of Wulfstan's 'Handbook'): *Ordo Romanus* XIII A; *Institutio beati Amalarii* (excerpts from *Liber officialis*); sermon *De ieiunio quattuor temporum*; *De ecclesiastica consuetudine* (including excerpts from Amalarius, *Liber officialis* and the *Regularis concordia*); Wulfstan's 'Canon Law Collection' ('Excerptiones pseudo-Egberti', recension A); excerpts from the *Admonitio generalis* (789) and from the *Institutio canonicorum* (of the Aachen Council of 816); prologue to the *Poenitentiale Egberti* [*CPL* 1887]; First Capitulary of Gerbald of Liège

MS: *Cat. gén. Dép.* (Octavo) I.354–6 [Omont]; Aronstam (1974); Haggenmüller (1991) 98; Cross (1992); Mordek (1995) 643–4; Springer (1995) 181–2; Cross—Hamer (1997); C.A. Jones (1998a) 235 and n. 8, 237–9; Cross—Hamer (1999) *passim*; Sauer (2000) 342, 373 and n. 76 *et passim*; R. Gameson (2003) 157; T.N. Hall (2004a) 97; J. Hill (2004) 321; C.A. Jones (2004) 330 n. 22, 347, 351–2; A. Orchard (2004) 66 n. 15; Ambrose (2005) 114; Wieland (2009) 140; A. Orchard (2012) 697 [no. 17]

ED: C.A. Jones (1998a) 257–71 [two texts from Wulfstan's 'Handbook' coll. as R]; Cross—Hamer (1999) 66–113 [Wulfstan's 'Canon Law Collection' (recension A), coll. as R (complete MS section)]

ST: Fehr (1914/1966) xcvii–cx

925. 5. Rouen, Bibliothèque municipale, 1384 (U. 26), fols. 1–4

s. x$^{4/4}$, England or Jumièges (English scribes)?, prov. Jumièges s. xi^2

Contents: pseudo-Alcuin, *Vita prima S. Iudoci* [*BHL* 4504]

MS: *Cat. gén. Dép.* (Octavo) I. 358–60 [Omont]; Le Bourdellès (1993) 910–15; Lapidge (2000b) 260 and n. 16; Biggs et al. (2001) 274–5; R. Gameson (2003) 156; Upchurch (2007) xii, 110

ED: Le Bourdellès (1993) 916–28 [*Vita prima S. Iudoci* coll. as R]; Upchurch (2007) 114–71 [*Vita prima S. Iudoci* coll. as R]

ST: *BCLL* (1985) no. 1315; Le Bourdellès (1995); *CSLMA* II (1999) 497–8; Lapidge (2000b) 259–64

926. Rouen, Bibliothèque municipale, 1385 (U. 107), fols. 20–7

s. x/xi, Winchester or Worcester?, (prov. Jumièges)

Contents: *Memoriale qualiter* (incomplete); 'Acta praeliminaria' of Council of Aachen (816); Office from Holy Thursday to Holy Saturday

MS: *Cat. gén. Dép.* (Octavo) I.360–2 [Omont]; Delisle (1903); Hesbert (1954a) 38–40; Morgand (1955); Morgand (1963) 191–2; Semmler (1963) 434; T.A.M. Bishop (1971) xxv, 18; Gretsch (1973) 27; Lapidge—Winterbottom (1991b) lvii and nn.; Dumville (1993f) 99 [no. 45]; Dumville (1993g) 8 n. 4, 55; Mordek (1995) 642–3; R. Gameson (2003)

157; Gretsch (2003) 118; Lapidge (2003a) 238 n. 134; Wieland (2009) 140; *ASMMF* XVIII (2012) 107–16 [no. 444; Lucas]; Scragg (2012a) no. 1006

FACS: *ASMMF* XVIII (2012) no. 444 [complete facsimile]

ED: Morgand (1963) 229–61 [*Memoriale qualiter* coll. as G]; Semmler (1963) 435–6 [base MS for 'Acta praeliminaria' of Council of Aachen]

927. Rouen, Bibliothèque municipale, 1385 (U. 107), fols. 28–85

s. x ex., Winchester OM, (prov. Jumièges)

Contents: Wulfstan of Winchester, Hymn to St Swithun [SK 1530]; Lantfred, *Translatio et miracula S. Swithuni* [*BHL* 7944–6]; Wulfstan of Winchester, Hymns to SS. Birinus [SK 474], Swithun [SK 1443 (Rouen redaction)], Æthelwold [SK 591]; Latin metrical version of *Hymnus trium puerorum*, preceded by a Prohemium [SK 11045: 'O sator omniparens, es qui per secula clemens']

MS: *Cat. gén. Dép.* (Octavo) I.360–2 [Omont]; Delisle (1903); N.R. Ker (1957) no. 376; Lapidge—Winterbottom (1991b) xxviii–xxix and nn., lvii and nn.; R. Gameson (2003) 157; Lapidge (2003a) 238–9, 787, 790; Hartzell (2006) no. 320; *ASMMF* XVIII (2012) 107–16 [no. 444; Lucas]; R. Gameson (2012a) 66 n. 229; R. Gameson (2012d) 365 and n. 86; Scragg (2012a) no. 1006

FACS: Lapidge (2003a) pl. I [fol. 82v]; *ASMMF* XVIII (2012) no. 444 [complete facsimile]

ED: *AH* XLVIII (1905) 9–18 [four hymns from this MS]; Lapidge (2003a) 252–333 [Lantfred, *Translatio et miracula S. Swithuni*, coll. as J], 787–91 [base MS for Wulfstan, two hymns to St Swithun: SK 1443 (Rouen redaction) and SK 1530]

ST: Lapidge—Winterbottom (1991b) xiii–xxxix, ci–cxii; Biggs et al. (2001) 436–8; Lapidge (2003a)

Rygnestad (Norway), Archives of Ketil Rygnestad, no. 95, and of Knut Rygnestad, no. 99 [private archives]: see no. **777**

928. St Gallen, Stadtbibliothek, Vadianische Sammlung, 337

995×1004, Canterbury StA, prov. Fleury s. x/xi, ?prov. La Réole s. xi in.

Contents: Wulfric, abbot of St Augustine's, Canterbury, letter to Abbo of Fleury; B., *Vita S. Dunstani* [*BHL* 2342]

MS: Scherrer (1864) 94–5; Stubbs (1874) xxvii–xxviii; Mostert (1989) no. BF 1292; Dumville (1993g) 84 n. 388, 147 n. 39; McKee (1997) 127–9; Biggs et al. (2001) 179–82; R. Sharpe (2001) 66, 824; R. Gameson (2012a) 40, 50 and n. 161, 60, 65; R. Gameson (2012d) 357 and n. 50; Winterbottom – Lapidge (2012) lxxxi–lxxxii, lxxxiv–lxxxvii

FACS: Bosc-Lauby – Notter (2004) p. 144 [fol. 1r]

ED: Winterbottom – Lapidge (2012) 2–108 [base MS (= C) for B., *Vita S. Dunstani*], 162 [base MS for Wulfric, letter to Abbo]

ST: Stubbs (1874); Lapidge (1992e) [repr. Lapidge (1993a) 293–315]; Winterbottom (2000); Lapidge (2012a) 693 and n. 34; Winterbottom – Lapidge (2012)

929. St Gallen, Stiftsbibliothek, 1394, pp. 95–8

s. viii in., Northumbria, or Ireland?

Contents: sacramentary (f)

MS: Scherrer (1875) 459; Warren (1881) 179; Kenney (1929) no. 557 (ii); *CLA* VII (1956) no. 979; Gamber (1958) 33; Gamber (1968–88) no. 115; T.J. Brown (1982) 109 [repr. T.J. Brown (1993a) 209]; Pfaff (1995) 9; Mersiowsky (2007) 81 n. 54, 92

FACS: T.J. Brown (1993a) ill. 65 [p. 98 (detail)]

ED: Forbes (1864) xlviii [entire fragment]; Warren (1881) 179–80 [base MS for litany from fragment]; MacCarthy (1886) 233–7 [entire fragment]

ST: *BCLL* (1985) no. 797; *CPL* (1995) no. 1927

930. Mortain, Collégiale Saint-Évroult, s.n. (formerly Saint-Lô, Archives de la Manche, 1)

s. xi$^{3/4}$ or xi^2, (prov. Saint-Évroult, prob. s. xi ex.)

Contents: gospels

MS: *Cat. gén. Dép.* (Octavo) X.267 [Boulay]; Dumville (1993f) 99 [no. 47]; R. Gameson (1999a) no. 820; R. Gameson (2003) 136–7, 154, 158; Biggs (2007a) 29–31 [Biggs, Morey], 31–2 [T.N. Hall]; R. Gameson (2012a) 70 n. 240; R. Gameson (2012d) 365 and n. 89; Gneuss (2012) 296–7

DEC: Dodwell (1954) 14–15; Alexander (1970a) 238; Ohlgren (1986) no. 225; R. Gameson (1995b) 208 n. 105

FACS: Dodwell (1954) pls. 6 (b) [fol. 42v], 6 (d) [fol. 5r]; E. Temple (1976) ill. 25 [fol. 5r]; R. Gameson (2003) fig. 5 [fol. 80r]

930. 5. Saint-Omer, Bibliothèque municipale, 202

s. ix², NE France, prov. England (Exeter?) by s. xi med., (prov. Saint-Bertin)

Contents: Gospel of Nicodemus; *Passio S. Margaretae* [*BHL* 5303]; *Vindicta Saluatoris*; thirty-five Homilies from Paulus Diaconus, *Homiliarium*

MS: *Cat. gén. Dép.* (Quarto) III.107 [Michelant]; Izydorczyk (1993) 167–8 [no. 334]; Clayton—Magennis (1994) 8 and n. 3, 192; Cross—Crick (1996e); Bischoff (1998—) III, no. 5403; Lapidge (2006) 172, 341; Biggs (2007a) 30 [Biggs, Morey]; Wieland (2009) 126

FACS: Cross (1996b) pls. I–IV [fols. 2r, 86r, 103r, 117v]

ED: Clayton—Magennis (1994) 204, 214, 216 [gaps in text of Paris MS of *Passio S. Margaretae* supplied from this MS]; Cross (1996b) 138–246 [base MS for Gospel of Nicodemus], 248–92 [base MS for *Vindicta Saluatoris*]

ST: H.C. Kim (1973); Cross (1996b); Biggs et al. (2001) 318–20 [Magennis]; Thornbury (2011) 300–4

931. Saint-Omer, Bibliothèque municipale, 257, fols. 1–7

s. viii¹, Northumbria

Contents: gospels (f)

MS: *Cat. gén. Dép.* (Quarto) III.130 [Michelant]; *CLA* VI (1953) no. 826; McGurk (1961a) no. 65; T.J. Brown (1982) 109 [repr. T.J. Brown (1993a) 210]; R. Gameson (2012a) 53 n. 183

932. Saint-Omer, Bibliothèque municipale, 279, fols. 1–2

s. viii, England? (prov. Saint-Bertin)

Contents: Isidore, *De differentiis uerborum* [*CPL* 1187] (f: II. 36–7, 39–40)

MS: *Cat. gén. Dép.* (Quarto) III. 140 [Michelant]; Lindsay (1915) 486; *CLA* VI (1953) no. 827; Andrés Sanz (2006) 152*; Lapidge (2006) 309

933. St Paul in Carinthia, Stiftsbibliothek, 2¹ (25. 2. 16)

s. viii¹, prov. *c.* 800 Murbach

Contents: Pompeius, *Comm. artis Donati* [extracts]; poem [SK 3536; add. s. viii^{2/3}]; *Anonymi ad Cuimnanum Expossitio Latinitatis* [*CPL* 1561c]; Sergius, *Explanationes in Donatum*, bk. II

MS: *CLA* X (1963) nos. 1451, 1452, 1453; Schindel (1975) 242–5; Law (1982) 17 n. 28, 87–90 *et passim*; Bischoff—Löfstedt (1992a) vii–ix [Bischoff]; Bischoff (1998—) III, no. 5933c; Lapidge (2006) 326, 332; Wieland (2009) 144

ED: Schindel (1975) 258–79 [base MS for Sergius, *Explanationes in Donatum*, bk. II]; Bischoff—Löfstedt (1992a) ix [poem SK 3536], 1–160 [base MS (= L) for *Anonymi ad Cuimnanum Expossitio*]; M. Irvine (1994) 297–8 [excerpt from *Anonymi ad Cuimnanum Expossitio*]

LANG: Bischoff—Löfstedt (1992a) xxiv–xxxviii [Löfstedt]

ST: Bischoff (1966–81) I.97, 273–88; Holtz (1971); Holtz (1977) 524; Holtz (1981) 267–71, 284–94, 311–12, 476–8; *BCLL* (1985) no. 331; M. Irvine (1986) 17–24; M. Irvine (1994) 280–7, 297–8 *et passim*; Knappe (1996) 232–3 and nn.; Law (1997) 34 *et passim*

933. 5. St Paul in Carinthia, Stiftsbibliothek, 979 (29. 4. 9), fol. 4

s. viii/ix

Contents: sacramentary (f)

MS: *CLA* X (1963) no. 1459; Gamber (1968–88) no. 237; Gamber (1969) 332–9; Gamber (1970); Gamber (1975b) 77–8

ED: Gamber (1969) 332–9; Gamber (1975b) 78–9

St Petersburg, Russian National Library: see above, nos. **840. 5–847**

934. San Marino (California), Henry E. Huntington Library, HM 62

s. xi^2, Canterbury CC?, prov. Rochester

Contents: Bible

MS: De Ricci—Wilson (1935–40) I.48; N.R. Ker (1964) 164; McGurk (1986b) 54 n. 60 [repr. McGurk (1998a) no. XIV]; M.P. Richards (1988) 26, 62–84; Dutschke (1989) I.124–30; Marsden (1994a) 103 n. 14; R. Gameson (1995a) 104 n. 31; Marsden (1995a) 42 n. 211, 324 n. 17; R. Sharpe et al. (1996) 477, 494, 503; Stonemann (1997) 101–2, 112; R. Gameson (1999a) nos. 899–900; Marsden (2012) 426 and n. 93

ST: Glunz (1933)

San Marino (California), Henry E. Huntington Library, RB 99513 (PR 1188F): see no. **818. 5**

Sondershausen, Schlossmuseum, Lat. liturg. IX. 1: see no. **141**

Spangenberg, Pfarrbibliothek: see no. 849. 3

[Stockholm, Riksarkivet: the shelfmarks of the fragments in Stockholm are those now assigned in the catalogue 'Medeltida Pergament Omslag', completed in 2004, and available to readers on a database at the Riksarkivet.]

936. Stockholm, Riksarkivet, Fr. 25906, 25908-11, 25913-20 (with Göteborg, Universitetsbiblioteket, Friherre August Vilhelm Stiernstedts Samling no. 4 (Fr. 25922) + Jönköping, Per Brahe gymniasiet, Fragm. 5-6 [Fr. 25907, 25905] + Växjö, Smålands Museum, Fragm. L 1505/15 [Fr. 25912] + Lund, Universitetsbiblioteket, Fragm. membr. lat. 1 + Oslo, Riksarkivet, Lat. fragm. 204, 5–6 and 205, 1–2)

s. xi^1, England? Scandinavia?

Contents: missal (f)

MS: T. Schmid (1944); T. Schmid (1963) 187; Lapidge—Winterbottom (1991b) lxvii and n. 111; Dumville (1992a) 68, 88 and nn.; Brunius (2000) 159; Lapidge (2003a) 58, 78–9 and n. 15; Gullick (2005a) 32 and n. 11, 69 and n. 91; Hartzell (2006) no. 340; Rankin (2007) 22 and n. 11; Gullick—Rankin (2009) 285; Toy (2009) 170; R. Gameson (2012d) 360 and n. 61

DEC: R. Gameson (1995b) 243 n. 55

936. 1. Stockholm, Riksarkivet, Fr. 26449–26451 (with Göteborg, Universitetsbiblioteket, Friherre August Vilhelm Stierstedts Samling no. 3 (Fr. 25921))

s. xi$^{2/4}$

Contents: missal (f)

MS: Gullick (2005a) 32, 68 and n. 87, 74 n. 10; Hartzell (2006) no. 342; R. Gameson (2012d) 360 and n. 61; Rankin (2012) 501 n. 84

FACS: Abukhanfusa (2004) pl. 18 [Fr. 26449, fol. 1r]; Gullick (2005a) pl. 1 [Fr. 26449, fol. 1r]

936. 2. Stockholm, Riksarkivet, Fr. 194 and 195

s. xi ex.; written in Normandy, probably came to Scandinavia via England

Contents: Augustine, conclusion of *Serm.* clvi and beginning of *Serm.* ccxciv [i.e. extracts from the Augustinian collection *Sermones .lxiv. de uerbis Domini*] (f)

MS: R. Gameson (1999a) no. 904; Gullick (2005a) 57–8, 69, 76 nn. 35–8; Lapidge (2006) 291

FACS: Gullick (2005a) pl. 19 [Fr. 194]

936. 4. Stockholm, Riksarkivet, Fr. 2070 and 2071

s. xi, England? Scandinavia?

Contents: missal (f)

MS: Gullick (2005a) 32, 68, 74 n. 11; Björkvall (2002) 160; Hartzell (2005) 83–90, 97 n. 1; Toy (2005) 103; Hartzell (2006) no. 346; Gullick–Rankin (2009) 285; Toy (2009) 17, 109; R. Gameson (2012d) 360 and n. 61

FACS: Björkvall (2002) 167 [fol. 3v]; Abukhanfusa (2004) pl. 19 [Fr. 2070, fols. 3v and 4r]; Hartzell (2005) pl. 48 [Fr. 2070 fols. 3v and 4r]

936. 5. Stockholm, Riksarkivet, Fr. 2427

s. xi $^{2/4}$

Contents: missal (f)

MS: Gullick (2005a) 32, 68; Hartzell (2006) no. 354; R. Gameson (2012d) 360 and n. 61; Rankin (2012) 501 n. 84

936. 6. 1. Stockholm, Riksarkivet, Fr. 2497

s. xi, England? Scandinavia?

Contents: missal (f)

MS: Gullick (2005a) 32, 68; Hartzell (2006) no. 3; Gullick–Rankin (2009) 285

936. 6. 2. Stockholm, Riksarkivet, Fr. 2688

s. xi/xii, Winchester?

Contents: missal (f)

MS: Gullick (2005a) 32, 56, 68, 75 n. 16; Hartzell (2005) 92–7 and nn.

FACS: Gullick (2005a) pl. 2; Hartzell (2005) pl. 50

936. 7. Stockholm, Riksarkivet, Fr. 11511

s. xi^2

Contents: missal or manual (f)

MS: there is no printed notice, but a description is available in the Databas över Medeltida Pergamentsamslag of the Riksarkivet in Stockholm

936. 8. Stockholm, Riksarkivet, NoFr. 3

s. xi ex.

Contents: missal (f)

936. 9. Stockholm, Kungliga Biblioteket, A. 128

s. xi$^{3/4}$

Contents: gradual (f)

MS: P. Wagner (1925) 205–8; R. Gameson (1999a) no. 903; Hartzell (2005) 90–2; Hartzell (2006) no. 335

FACS: P. Wagner (1925) pl. on p. 209 [fol. 1r]; Hartzell (2005) pl. 49 [fol. 1r]

ST: P. Wagner (1925)

937. Stockholm, Kungliga Biblioteket, A. 135 (the 'Codex Aureus')

s. viii med., Kent (Minster-in-Thanet or Canterbury?), prov. Canterbury CC

Contents: gospels; donation inscription* (added s. ix med.)

MS: N.R. Ker (1957) no. 385; Lowe (1960) 22; McGurk (1961a) no. 111; N.R. Ker (1964) 39; *CLA* XI (1966) no. 1642; D.H. Wright (1967) 57–8, 79; T.J. Brown (1972) 234, 239 [repr. T.J. Brown (1993a) 112, 117, 273 n. 95]; T.J. Brown (1974) 133 [repr. T.J. Brown (1993a) 134]; T.J. Brown (1975) 270 [repr. T.J. Brown (1993a) 160]; N.P. Brooks (1984) 151, 201–2; B. Fischer (1988–91) I.16*; Webster—Backhouse (1991) no. 154; T.J. Brown (1993b) 195, 198; Dumville (1993f) 99 [no. 50]; Webster—Brown (1997) 232 [no. 81]; R. Gameson (1999c) 336–46; R. Gameson (2001c); Eberlein (2003) 388; Gerchow (2004) 52 n. 20; Gullick (2004) 33; Roberts (2005) 28–30; Emms (2006) 24; Wieland (2009) 117; M.P. Brown (2012) 139, 147–8; Crick (2012) 178 n. 17; R. Gameson (2012a) 18, 25, 37 and n. 88, 38 and n. 91, 42, 51, 53, 67, 73, 76, 77 and n. 271, 87 n. 311, 88, 89, 90; R. Gameson (2012b) 113 and n. 75, 114; Gullick (2012) 308 and n. 89; Marsden (2012) 414 and n. 32; Pfaff (2012) 449

DEC: E.H. Zimmermann (1916) 128, 131–5, 139, 286–9; Köhler (1930–60) I.76–8, 326–8, 331–4; Nordenfalk (1951); F. Wormald (1954) 10–11 [rev. and repr. F. Wormald (1984c) 20–2]; D.H. Wright (1967) 63, 68; Koehler (1972) 16, 22, 24, 78–88, 104, 112–13, 184; Nordenfalk (1977) 17, 96–106; Alexander (1978a) no. 30; Dodwell (1982) 9, 55, 100, 158; D.M. Wilson (1984) 91, 94; De Hamel (1986) 20–1; Ohlgren (1986) no. 30; R. Gameson (1995b) 197; M.P. Brown (1996) 92–3 *et passim*; M.P. Brown (2003a) 234, 277, 289, 316, 335, 380; Karkov (2009) 210–11; M.P. Brown (2011b) 34; Nees (2011) 14, 15; Netzer (2011) 3; Netzer (2012) 237, 239–40

FACS: R. Gameson (2001c) and (2002a) [complete facsimile]; F. Wormald (1954) pl. XV [fols. 9v, 150v]; D.H. Wright (1967) pl. V (p) [fol. 1r (detail)]; Nordenfalk (1977) pls. 33–8 [fols. 16r, 5r, 6v, 9v, 150r, 11v]; Alexander (1978a) ills. 147 [fol. 150v], 152–9 [fols. 11r, 9v, 5r, 6v, 151r, 97r, 16r, 161r]; D.M. Wilson (1984) pls. 101–2 [fols. 8v, 9v], 114 [fol. 11r]; Webster—Backhouse (1991) 199 [fols. 150r, 11r], 200 [fol. 9v]; T.J. Brown (1993a) ill. 43 [fol. 161r]; R. Gameson (1999c) pl. 13.15 [fol. 9v], 13.16 [fol. 22r], 13.17 [fol. 63r], 13.18 [fol. 150v], 13.21 [fol. 6r]; Roberts (2005) pl. 3 [fol. 11r]; M.P. Brown (2007a) pls. 40–2 [fols. 9v, 11r, 16r]; Owen-Crocker (2009) figs. 7.2 [fol. 150v], 7.3 [fol. 16r], 7.4 [fol. 11r]; R. Gameson (2012) pls. 8.2–3 [fols. 9v, 11r]

ED: J. Wordsworth et al. (1889–1954) [gospels coll. as aur]; Harmer (1914) 12–13 [donation inscription]; B. Fischer (1988–91) [gospel excerpts coll. as Ea]

LANG: A. Campbell (1959) 8 and n. 2

ST: Kuhn (1948) 592–8; K. Sisam (1956) 7–8, 115–16; Kuhn (1957) 364–6; K. Sisam (1957); Whitelock (1979) 539–40; Breeze (1996b); Campos Villanova (1996); Keynes (1996a) 55 and n. 49; Lenker (1997) 134 n. 3

937. 1. Stockholm, Kungliga Biblioteket, Isl. perg. 8°, no. 8 (pastedowns)

s. xi med.

Contents: missal (sacramentary?) (f)

MS: Gjerløw (1980) I.9–17; Hartzell (2006) no. 336; Rankin (2012) 501 n. 84

FACS: Gjerløw (1980) II, pls. 1–3 [fols. 1v, 2r, 2v]

ED: Gjerløw (1980) I.10–14

937. 3. Stuttgart, Württembergische Landesbibliothek, Theol. et philos. Q. 628

s. vii/viii, England (Northumbria) or Continent?

Contents: Gregory, *Dialogi* [CPL 1713]

MS: *CLA* IX (1959) no. 1356; Bischoff (1966–81) II.339; Bischoff (1998–) III, no. 6062a; Lapidge (2006) 304

937. 5. Tokyo, Collection of Professor Toshiyuki Takamiya, 55

s. xi/xii, Canterbury CC [from a companion volume to nos. **170-1**]

Contents: Augustine, *Enarrationes in Psalmos* [CPL 283] (f)

MS: A.G. Watson (1987a) 11; Takamiya (1989); R. Gameson (1995a) 132 n. 143; Gullick (1998c) 175, 181; R. Gameson (1999a) no. 905; Lapidge (2006) 288; Takamiya (2010) 431

Tokyo, Collection of Professor Toshiyuki Takamiya, 89 (formerly in the leaf collection in Takamiya 45): see no. **504. 3**

Tokyo, Collection of Professor Toshiyuki Takamiya, 90 (formerly in the leaf collection in Takamiya 45): see no. **818. 3**

938. Urbana (Illinois), University of Illinois Library, 128

s. x med., prob. Worcester, (prov. Malmesbury)

Contents: sylloge of Latin inscriptions (Bishop Milred's Collection: sixteen poems and inscriptions [SK 2799, 3476, 4455, 5374, 5868, 6618, 6873, 7122, 7704, 8406, 9405, 9993, 13209, 15514, 15611, 17321]) (f)

MS: Wallach (1975); Lapidge (1975b) [repr. Lapidge (1996b) 357–79, with addenda at pp. 510–12]; Schaller (1977) [rev. and repr. Schaller (1995) 184–96, 423–4]; Sheerin (1977); Sims-Williams (1982) [repr. Sims-Williams (1995) no. IX]; R.M. Thomson (1982b) 14 and nn. 78–9; Sims-Williams (1983) [repr. Sims-Williams (1995) no. X]; Dumville (1987) 149 and n. 6; A.G. Watson (1987a) 48; Sims-Williams (1990) 339–59; Dumville (1994a) 148 and n. 91, 149 and n. 95; Stoneman (1997) 117; Carley–Petitmengin (2004) 209

FACS: H.P. Kraus, *Catalogue 88: Fifty Mediaeval and Renaissance Manuscripts* (New York, 1958) 8–10, 124 [three pages]; Wallach (1975) [fol. 2v]

939. Utrecht, Universiteitsbibliotheek, 32 (Script. eccl. 484), fols. 1–91 (the 'Utrecht Psalter')

s. ix¹ (c. 816 × c. 840), Hautvillers or Rheims, prov. Canterbury CC by s. x ex. or xi in.

Contents: Psalterium Gallicanum; canticles

MS: Birch (1876); N.R. Ker (1964) 39; Engelbregt (1965); Köhler—Mütherich (1971–99) VI/i. 38–9, 85–7; Van der Horst—Engelbregt (1982–4); Keynes—Lapidge (1983) 214; N.P. Brooks (1984) 262–4; F. Wormald (1984a); Dumville (1993g) 105–6 and n. 116, 140; Chazelle (1997); Prescott (1997) 431 and n. 334; Tite (1997a) 271–2; Bischoff (1998—) III, no. 6322; Gullick (2004) 32 and n. 49; Tite (2004) 9, 11 n. 26; Lapidge (2006) 49 n. 87, 173; Shepard (2007) 247 n. 105; Withers (2007) 72–4; Wieland (2009) 117; M.P. Brown (2012) 141, 147 and n. 128; R. Gameson (2012a) 90 n. 327; R. Gameson (2012d) 351 and n. 25, 352, 369 and n. 106; Rushforth (2012) 204 and n. 49; Toswell (2012) 473, 480

DEC: De Wald (1933); D. Panofsky (1943); Rice (1952) 201–3; F. Wormald (1952) 29–35, 69–70; Dodwell (1954) 27 *et passim*; F. Wormald (1957b) 31, 32 [repr. F. Wormald (1984) 146, 147]; Tselos (1959); Dodwell (1971b) 22, 30–3, 41, 115; Köhler—Mütherich (1971–99) IV.29, VI/i.14, 35–9, 51, 85–135, VII.108, 110; Raw (1976) 143, 146; E. Temple (1976) no. 64; Deshman (1977) 156–8; Dufrenne (1978); Raw (1990) 249 *et passim*; G. Henderson (1994) 263–5, 266, 268, 270–3; R. Gameson (1995b) 10, 12–13, 14, 16–19, 35, 38, 48–53, 59, 64–5, 66–7, 171 *et passim*; Van der Horst et al. (1996); Dodwell (2000) 117–20, 150–1; Noel (2000); Koslin (2006) 422; McGurk—Rosenthal (2006) 192 n. 36; McIlwain Nishimura (2006) 163; Shepard (2007) 132, 149, 249 n. 18; Withers (2007) 162–3; Schichler (2008); Karkov (2009) 206, 231; O'Reilly (2011) 202, 212, 213; Rosenthal (2011) 235–6; Withers (2011) 247, 257, 260–1; R. Gameson (2012c) 261 and n. 34, 263; Netzer (2012) 232 and n. 46

FACS: De Wald (1933) [complete facsimile]; Van der Horst—Engelbregt (1982–4) [complete facsimile]; Rice (1952) pl. 65 (a) [folio not specified]; F. Wormald (1952) pl. 10 (a) [folio not specified]; Köhler—Mütherich (1971–99) *Tafelband* VI, pls. 21 [fol. 1v], 22 [fols. 2r, 2v (details)], 23 [fols. 3r, 3v, 4r (details)], 24 [fols. 4v, 5r, 6r (details)], 25 [fols. 6v, 7r (details)], 26 [fols. 7v, 8r (details)], 27 [fols. 8v, 9r, 10v (details)], 28 [fols. 11r, 11v, 12r (details)], 29 [fols. 13r, 13v, 14r (details)], 30 [fols. 14v, 15r, 15v (details)], 31 [fols. 16r, 16v, 17r (details)],

32 [fols. 18r, 18v, 19r (details)], 33 [fols. 19v, 20v, 21r (details)], 34 [fols. 22r, 22v (details)], 35 [fols. 23r, 24r, 24v (details)], 36 [fol. 25r], 37 [fols. 26r, 26v, 27r (details)], 38 [fols. 27v, 28r, 28v (details)], 39 [fols. 29r, 30r (details)], 40 [fol. 30v], 41 [fols. 31r, 31v, 32r (details)], 42 [fols. 32v, 33r, 34r (details)], 43 [fol. 34v], 44 [fols. 35r, 35v, 36r (details)], 45 [fols. 36v, 37r, 37v (details)], 46 [fols. 38v, 39v, 40r (details)], 47 [fols. 40v, 41v, 42r (details)], 48 [fols. 43r, 43v, 44r (details)], 49 [fols. 45r, 46v (details)], 50 [fols. 47r, 48r (details)], 51 [fol. 48v], 52 [fols. 49r, 49v (details)], 53 [fols. 50r, 50v (details)], 54 [fols. 51r, 51v (details)], 55 [fols. 53r, 53v (details)], 56 [fols. 54r, 54v (details)], 57 [fols. 55r, 55v, 56r (details)], 58 [fols. 56v, 57r (details)], 59 [fol. 57v], 60 [fols. 58r, 59r, 59v (details)]; 61 [fols. 60v, 61v, 62v (details)]; 62 [fols. 64v, 65r, 65v (details)], 64 [fol. 66r], 65 [fol. 67r], 66 [fol. 67v], 67 [fols. 68v, 71v (details)], 68 [fol. 72r], 69 [fol. 72v], 70 [fol. 73r], 71 [fol. 73v], 72 [fols. 74r, 74v (details)], 73 [fols. 75r, 75v (details)], 74 [fols. 76r, 77r (details)], 75 [fols. 77v, 78r, 78v (details)], 76 [fols. 79r, 79v (details)], 77 [fols. 80r, 80v, 81v (details)], 78 [fols. 81v, 82r, 82v (details)], 79 [fol. 83r], 80 [fols. 83v, 84r, 84v (details)], 81 [fols. 85r, 85v, 86r (details)], 82 [fols. 87v, 88r, 88v (details)], 83 [fols. 89r, 89v (details)], 84 [fol. 90r], 85 [fols. 90v, 91v (details)]; D.M. Wilson (1984) pl. 229 [fol. 15r]; F. Wormald (1984) pls. 32–3 [fols. 13r, 66r], 35–7 [fols. 32v, 67r, 58r (details)]; Noel (1995) ills. 2 [fol. 2r], 6 [fol. 22v], 12 [fol. 22v (detail)], 15 [fol. 3v], 18 [fol. 8r], 20 [fol. 4v (detail)], 22 [fol. 7v], 24 [fol. 1v (detail)], 27 [fol. 65r], 29 [fol. 62v], 31 [fol. 58r], 34 [fol. 67r], 36 [fol. 77r (detail)], 38 [fol. 74r (detail)], 40 [fol. 79r (detail)], 47 [fol. 28r], 51 [fol. 18r], 52 [fol. 59v], 54 [fol. 30v], 56 [fol. 16v], 58 [fol. 12r], 60 [fol. 14v], 62 [fol. 15v], 67 [fol. 71v], 68 [fol. 4r], 77 [fol. 34v]; Chazelle (1997) pls. 1, 2, 3, 5, 7, 8, 11, 13, 14, 16 [fols. 90v, 88r, 65v, 29r, 67r, 1r, 28v, 57r, 14r (all details)]; Noel (2000) pls. 3–5 [fols. 85v, 64r, 12r]; Withers (2007) 163 [fol. 45r]

ED: Quentin et al. (1926–94) vol. X [Psalms coll. as U]; Pulsiano (2001a) [Pss. I–L coll. as ψ]

ST: Dufrenne (1964); Dodwell (1990); R. McKitterick (1990a) 310–12; Gibson et al. (1992); Noel (1995) *passim*

940. Utrecht, Universiteitsbibliotheek, 32 (Script. eccl. 484), fols. 94–105

s. viii in., Monkwearmouth-Jarrow

Contents: gospels (f)

MS: Lowe (1952) [repr. Lowe (1972) II.385–8]; Lowe (1960) 19; McGurk (1961a) no. 81; D.H. Wright (1961a) 443–4, 455; *CLA* X (1963) no. 1587; Bischoff (1966–81) II.257, 323, 330; B. Fischer (1988–91) I.15*; McGurk (1994b) 5 and n. 15 [repr. McGurk (1998) no. XII]; Gullick (2004) 32 and n. 49; Tite (2004) 9, 11 n. 26; Emms (2006) 23–5 and n. 29; M.P. Brown (2012) 134 n. 53, 143 n. 102; R. Gameson (2012a) 37 and n. 86; R. Gameson (2012b) 114

DEC: Alexander (1978a) no. 8; Ohlgren (1986) no. 8

FACS: Van der Horst—Engelbregt (1982–4) [complete facsimile]; Lowe (1960) pls. XI [fol. 101v], XII (a)–(d) [fols. 102r, 95v, 96r, 99v (all details)]; D.H. Wright (1961a) pls. IV [fols. 105r, 94r, 95v (all details)], V (a) [fol. 97v (detail)]

ED: J. Wordsworth et al. (1889–1954) [gospels coll. as U]; B. Fischer (1988–91) [gospel excerpts coll. as Nu]

940. 5. Valenciennes, Bibliothèque municipale, 195 (187)

s. ix in., S. England?, prov. s. ix/x Saint-Amand

Contents: Alcuin, *De fide sanctae et indiuiduae Trinitatis* (with dedicatory preface, *Ep.* cclvii), *De Trinitate ad Fredegisum quaestiones .xxviii.* (with dedicatory preface, *Ep.* cclxxxix), *De animae ratione* (with dedicatory preface, *Ep.* cccix, and including poems SK 13293, 16078, 9692)

MS: *Cat. gén. Dép.* (Octavo) XXV.273–4; Bischoff (1998–) III, no. 6366a

ST: *CSLMA* II (1999) 123, 137, 152

Vatican City: see under [Rome], Città del Vaticano

Växjö, Smålands Museet, Fragm. L 1505/15: see no. **936**

941. Vercelli, Biblioteca Capitolare, CXVII (the 'Vercelli Book')

s. x², SE England (Canterbury StA? Rochester?)

Contents: Homilies*, including part of the OE Life of St Guthlac; OE poetry: *Andreas***; Cynewulf, *Fates of the Apostles***; *Soul and Body I***; *Homiletic Verse Fragment***; *Dream of the Rood***; Cynewulf, *Elene***

MS: Förster (1913a) 21–32, 35–86; Förster (1913b) 7–70; Krapp (1932a) xi–xxxv; K. Sisam (1953a) 109–18; N.R. Ker (1957) no. 394; Scragg (1971); C. Sisam (1976); Szarmach (1977b); Szarmach (1979); M.

Martin (1978); Scragg (1979) 225–33, 267–77; Szarmach (1981a) xix–xxi; Scragg (1992) xxiii–xxv, lxxiv–lxxix; Scragg (1994a); Scragg (1996) 209–10; W. Schipper (2003) 161; C. Bishop (2007b) 94–7; Toswell (2007) 218; Treharne (2007a) 253–5, 257–61, 264; Zacher (2007) 175–7; Treharne (2009b) 101–4; R. Gameson (2012d) 363 and n. 77; Gullick (2012) 294 n. 3; Scragg (2009b) 62, 80–1; Scragg (2012a) nos. 1032–5

DEC: F. Wormald (1945) 120 n. 1, 134 [repr. F. Wormald (1984) 58–9, 73]; E. Temple (1976) no. 28; Brownrigg (1978) 240 nn. 5 and 6, 243 n. 3; Ohlgren (1986) no. 116; R. Gameson (1995b) 88, 94; Werner (2011) 292

FACS: Förster (1913b) [complete facsimile]; C. Sisam (1976) [complete facsimile]; Wülker (1894) [poetry only]; E. Temple (1976) ills. 97–9 [fols. 112r, 49r, 49v (all details)]; Scragg (1992) pl. I [fol. 80v]; Owen-Crocker (2009) fig. 4.3 [fol. 104v]

ED (poetry) [the following items are listed according to Ker's numbering of individual entries (see N.R. Ker (1957) 461–3); only the most recent editions are listed]:

art. 6. *Andreas*: Krapp (1932a) 1–51; K.R. Brooks (1961) 1–55

art. 7. Cynewulf, *Fates of the Apostles*: Krapp (1932a) 51–4; K.R. Brooks (1961) 56–60

art. 21. *Soul and Body*: Krapp (1932a) 54–9

art. 22. *Homiletic Verse Fragment*: Krapp (1932a) 59–60

art. 23. *Dream of the Rood*: Krapp (1932a) 61–5; Dickins–Ross (1954); Cassidy–Ringler (1971) 309–17; Swanton (1987); Pope (2001) 9–15; Mitchell–Robinson (2007) 270–5

art. 28. Cynewulf, *Elene*: Krapp (1932a) 66–102; Gradon (1977)

ED (prose) [the following items are listed according to Ker's numbering of individual entries (see N.R. Ker (1957) 461–3); only the most recent editions are listed]:

art. 1. *Vercelli Homily* I (Friday before Easter): Förster (1932) 1–43; Scragg (1992) 6–43

art. 2. *Vercelli Homily* II (eschatological homily; no occasion specified): Förster (1913a) 87–95; Förster (1932) 44–53; Scragg (1992) 52–65

art. 3. *Vercelli Homily* III (Second Sunday in Lent): Förster (1932) 53–71; Scragg (1992) 73–83 art. 4. *Vercelli Homily* IV (eschatological homily; no occasion specified): Förster (1932) 72–107; Scragg (1992) 90–104

art. 5. *Vercelli Homily* V (for 'Midwinter' [i.e. Christmas Day]): Förster (1932) 107–31; Scragg (1992) 111–21

art. 8. *Vercelli Homily* VI (Christmas Day): Förster (1913a) 96–100; Förster (1932) 131–7; Scragg (1992) 128–31

art. 9. *Vercelli Homily* VII (exhortation to toil and temperance; no occasion specified): Förster (1932) 137–49; Scragg (1992) 134–7

art. 10. *Vercelli Homily* VIII (eschatological homily; no occasion specified): Förster (1932) 149–59; Scragg (1992) 143–8

art. 11. *Vercelli Homily* IX (eschatological homily; no occasion specified): Förster (1913a) 100–16; Szarmach (1981a) 4–7; Scragg (1992) 158–84; C.D. Wright (1993) 276–90

art. 12. *Vercelli Homily* X (eschatological homily; no occasion specified): Szarmach (1981a) 11–16; Scragg (1992) 196–213

art. 13. *Vercelli Homily* XI (homily for the first Rogation Day): Willard (1949a); Szarmach (1981a) 19–21; Scragg (1992) 221–5

art. 14. *Vercelli Homily* XII (homily for the second Rogation Day): Szarmach (1981a) 23–4; Scragg (1992) 228–30

art. 15. *Vercelli Homily* XIII (homily for the third Rogation Day): Szarmach (1981a) 27–8; Scragg (1992) 234–6

art. 16. *Vercelli Homily* XIV (homily for any occasion): Szarmach (1981a) 29–32; Scragg (1992) 239–46

art. 17. *Vercelli Homily* XV (another eschatological homily *de die iudicii*): Förster (1913a) 116–28; Szarmach (1981a) 35–8; Scragg (1992) 253–61

art. 18. *Vercelli Homily* XVI (homily for Epiphany): Szarmach (1981a) 43–6; Scragg (1992) 267–74

art. 19. *Vercelli Homily* XVII (homily for the Purification of the Virgin): Szarmach (1981a) 51–3; Scragg (1992) 281–6

art. 20. *Vercelli Homily* XVIII (homily for St Martin): Szarmach (1981a) 57–62; Scragg (1992) 291–308 [with gaps supplied from nos. **642** and **905**]

art. 24. *Vercelli Homily* XIX (homily for Rogationtide?): Luiselli Fadda (1977) 71–99 [no. IV, coll. as V]; Szarmach (1981a) 69–72; Bazire–Cross (1982) 16–23 [no. 1, coll. as V]; Scragg (1992) 315–26

art. 25. *Vercelli Homily* XX (homily for Rogationtide?): Szarmach (1981a) 77–80; Bazire–Cross (1982) 31–8 [no. 2, coll. as V]; Scragg (1992) 332–43 art. 26. *Vercelli Homily* XXI (homily for Rogationtide?): Szarmach (1981a) 83–8; Scragg (1992) 351–62

art. 27. *Vercelli Homily* XXII (homily on spiritual contemplation): Förster (1913a) 137–48; Szarmach (1981a) 91–4; Scragg (1992) 368–78

art. 29. *Vercelli Homily* XXIII (excerpt from the Life of St Guthlac): Gonser (1909); Szarmach (1981a) 97–9; Scragg (1992) 383–92

[and note two unpublished editions of *Vercelli Homilies*: Willard (1925), *Vercelli Homilies* I, IV, V, VII, VIII, XI, XII; and Peterson (1951), *Vercelli Homilies* XII, XIV, XVI–XXI]

LANG: Förster (1913a) 32–5, 148–79; K.R. Brooks (1961) xxxi–xxxix; Scragg (1970); C. Sisam (1976) 32–6; Gradon (1977) 9–15; Hofstetter (1987) 172–82; Scragg (1992) xliii–lxxiv; C. Bishop (2007b) 95; Scragg (2009a)

ST: Erickson (1972); Pollard (1975) 158; Greenfield–Robinson (1980) 22; Fell (1981); Whitbread (1983); Roberts (1986); C.D. Wright (1993) 215–91; Biggs et al. (2001) 246; Treharne (2007a) 260–4; Zacher (2007); Di Sciacca (2008) 77–104; Scragg (2008b); Remley (2009) [comprehensive bibliography of studies on the Vercelli MS and its contents]; Zacher (2009); Zacher–Orchard (2009); Scragg (2012b) 554–5

941. 5. Vienna, Österreichische Nationalbibliothek, series nova 3644

s. viii, England, presumably N England, or possibly an Anglo-Saxon centre on the Continent

Contents: Eusebius, *Historia ecclesiastica*, trans. Rufinus [*CPG* 3495] (f)

MS: Unterkircher (1954–5) 237, 251–5; *CLA* X (1963) no. 1515; Mazal–Unterkircher (1963–75) III.233

FACS: Unterkircher (1954–5) pl. IV [recto]

942. Warsaw, Biblioteka Narodowa, I. 3311 [formerly St Petersburg, Imperial Library, O. v. I. 10]

s. x/xi

Contents: two collections of gospel pericopes (both incomplete)

MS: Staerk (1910) I.235; E. Temple (1976) no. 92; Lenker (1997) 471–3 *et passim*; R. Gameson (1999a) no. 912 [erroneously listed with contents and shelfmark of no. **842. 5**]; Mews (2002) 112 [no. 69]

DEC: F. Wormald (1952) 65 [no. 23]; E. Temple (1976) no. 92; Brownrigg (1978) 255–6; Heslop (2004) 307 n. 47; Keefer (2007b) 97

FACS: Staerk (1910) II, pl. LXXVII [fol. 83v]; E. Temple (1976) pls. 281–4 [fols. 83v, 69r, 15r, 55r], ills. 51–5, 59 [fols. 28r, 84r, 2r, 1r, 11r, 13r]

[943]: see now no. **842. 5.**

943. 2. Washington, DC, Folger Shakespeare Library, ptd bk (binding)

s. xi

Contents: unidentified text* (f)

MS: Clement (1989); Stoneman (1997) 132; Scragg (2012a) no. 1036

FACS: Clement (1989)

943. 4. Weimar, Landesbibliothek, Fol. 414a

s. viii^2, prob. England

Contents: Isidore, *De natura rerum* [*CPL* 1188] (f)

MS: *CLA* IX (1959) no. 1369; Bischoff (1966–81) I.185 and n. 91; Lapidge (2006) 310

Weinheim, olim Sammlung E. Fischer, s.n.: lost? see no. **176**

Weinheim, olim Sammlung E. Fischer, s.n.: lost? see no. **441. 1**

943. 6. Wrisbergholzen (near Alfeld/Leine), Archiv der Grafen von Goertz-Wrisberg, Hs. 3

s. ix$^{1/3}$, England or Anglo-Saxon centre in Germany

Contents: Jerome, *Tractatus .lix. in Psalmos* [*CPL* 592] (f)

MS: Drögereit (1953) [repr. Drögereit (1978) I.147–60]; Bischoff (1998 –) I, no. 1501; Lapidge (2006) 316; Rushforth (2011) 58

FACS: Drögereit (1953) pl. opp. p. 10

ED: Drögereit (1953) 12–15 [repr. Drögereit (1978) I.157–60] [complete fragment]

943. 8. Wrocław (Breslau), Biblioteka Uniwersytecka, Akc. 1955/2 and 1969/430

s. viii^1 or viii med., Northumbria

Contents: Gregory, *Dialogi* [*CPL* 1713] (f)

MS: Bischoff (1966–81) II.339; *CLA* XI (1966) no. 1595; *CLA* Supplement (1971) p. 31; Yerkes (1975); Yerkes (1977d); Yerkes (1979) xix; Milde (1986); Mews (1997) 306; Lapidge (2006) 304

FACS: Milde (1986) pls. on pp. 153–65 [complete MS]

944. Würzburg, Universitätsbibliothek, M. p. th. q. 2

s. v, Italy, prov. England s. vii, Worcester diocese *c.* 700, prov. Würzburg s. viii

Contents: Jerome, *Comm. in Ecclesiasten* [*CPL* 583]; *ex-libris* of Cuthswith*

MS: Bischoff—Hofmann (1952) 88–9 *et passim*; N.R. Ker (1957) no. 401; *CLA* IX (1959) nos. 1430a, 1430b; Lowe (1960) 17–18; Bischoff (1966–81) I.78, II.323, 329, 333, 338; Lowe (1972) I.243 *et passim*; T.J. Brown (1975) 259 [repr. T.J. Brown (1993a) 154]; Sims-Williams (1976); Rella (1977) 31–2; Knaus (1979) 949, 975, 985; Thurn (1984) 86–7; Thurn (1988) 46–7; Bischoff (1990) 200 and nn. 87, 89; Sims-Williams (1990) 190–6; Parkes (1991) 12; Parkes (1997b) 101 and n. 3; Thurn et al. (2005) 12; Emms (2006) 20; Lapidge (2006) 56 n. 21, 163, 314; Cain (2009) 187–9; M.P. Brown (2012) 146 and n. 120; Crick (2012) 177 and n. 15

FACS: Chroust (1899–1906) I pt. 5, pls. 2 [fols. 4v, 5r], 3 [fols. 63v, 64r]; Bischoff (1952) pl. 13 [fol. 1r]; Lowe (1960) pls. I (a) [fol. 12v], I (b) [fol. 1r]; Lambert (1969–72) Ia, frontispiece [fol. 3v]; Thurn (1988) pl. 4 [fol. 1r]; Owen-Crocker (2009) fig. 1.6 [fol. 1r]

ED: Adriaen (1959) [base MS (= W) for Jerome, *Comm. in Ecclesiasten*]; Thurn (1989) [corrections to Adriaen's collations]

ST: Hofmann (1952); Bischoff (1966–81) I.78; Lambert (1969–72) no. 205

944. 3. Würzburg, Universitätsbibliothek, M. p. th. q. 24

s. viii^2, England (or Anglo-Saxon centre in Germany?), prov. Würzburg

Contents: Isidore, *Mysticorum expositiones sacramentorum seu Quaestiones in Vetus Testamentum* [*CPL* 1195] (incomplete)

MS: Bischoff—Hofmann (1952) 6, 97 *et passim*; *CLA* IX (1959) no. 1433; Díaz y Díaz (1959) no. 121; Spilling (1978) 50; Knaus (1979) 975, 983; Thurn (1984) 100; Krämer (1989–90) II.856; Lapidge (2006) 163, 312

944. 5. Würzburg, Universitätsbibliothek, M. p. th. f. 43

s. viii med., England (or Anglo-Saxon centre on the Continent?) [both parts, which were bound together at an early date]

Contents: fols. 1–17, 41–53: Augustine, *Enarrationes in psalmos* [*CPL* 283], Pss. LXXXIV, LXXXV, CXIX, XC; fols. 18–40: Gregory, *Homiliae in Hiezechielem* [*CPL* 1710] I. 8 and 9

MS: Lowe (1928) 9 [repr. Lowe (1972) I.244]; Bischoff–Hofmann (1952) 9, 96–7, 144, 147; *CLA* IX (1959) nos. 1410 and 1411; Spilling (1978) 50; Thurn (1984) 31–2; Thurn (1988) 49; Lapidge (2006) 162, 288, 305; Wieland (2009) 126, 131

944. 8. Würzburg, Universitätsbibliothek, M. p. th. f. 62

s. viii med., England or Anglo-Saxon scribe in Italy (Rome), prov. Würzburg s. viii

Contents: liturgical calendar of Rome; epistle list; gospel list

MS: Frere (1934) 74; Bischoff–Hofmann (1952) 96 *et passim*; *CLA* IX (1959) no. 1417; Gamber (1968–88) nos. 1000, 1001; Thurn (1968); Klauser (1972) 3–4; Spilling (1978) 50 and n. 15; Knaus (1979) 950–1, 975; Thurn (1984) 45–6; Thurn (1988) 45–6; *CPL* (1995) nos. 1982, 1985; Lenker (1997) 413–14 *et passim*

FACS: Thurn (1968) [complete facsimile]; Thurn (1988) p. 2 [fol. 2v]

ED: Morin (1910) 47–72 [epistle list]; Morin (1911) 297–317 [gospel list]; Klauser (1972) 13–46 [gospel list coll. as W]

ST: Beissel (1907) 145–59; Gamber (1958) 86 n. 6; Thurn (1968) 18–22; Rusch (1970); Chavasse (1981); C. Vogel (1986) 339–40; Martimort (1992) 31–2

945. Würzburg, Universitätsbibliothek, M. p. th. f. 68 ('Burghardsevangeliar')

s. vi, Italy with additions s. vii/viii, prob. Northumbria, and s. viii, Continent (Luxeuil?); prov. entire MS Würzburg

Contents: gospels; with later additions: prologues and chapter–lists on fols. 10–21 and pericope notes in the gospel margins (s. vii/viii); canon tables on fols. 1r–9v (s. viii)

MS: Frere (1934) 221–4; Bischoff–Hofmann (1952) 93–4 *et passim*; *CLA* IX (1959) nos. 1423a, 1423b; T.J. Brown in Kendrick et al. (1959–60) II.34–5; Lowe (1960) 17–18; McGurk (1961) no. 80 and pp. 8 n. 3, 13;

D.H. Wright (1961a) 446–8, 455–6; B. Fischer (1965) 198–9; Bischoff (1966–81) II.323, 329–30, 338; Gamber (1968–88) no. 407; Klauser (1972) xxxv [no. 37], xxxvi [no. 11]; Knaus (1979) 975; Parkes (1982) 4 and n. 11, 21 n. 87 [repr. Parkes (1991) 95 and n. 11, 118 n. 87]; Thurn (1984) 54–6; B. Fischer (1988–91) I.14*; Thurn (1988) 45; Sims-Williams (1990) 290 and n. 74; Parkes (1991) 12–14; *CPL* (1995) no. 1979; Parkes (1997b) 101 and n. 4; Lenker (1997) 394–6 *et passim*; Bischoff (1998—) III, no. 7500a; Dumville (1999) 70 and n. 64, 96 n. 175; Meyvaert (2005) 1132; Wieland (2009) 118; M.P. Brown (2012) 144 n. 105

DEC: E.H. Zimmermann (1916) 146, 177 *et passim*; Netzer (2012) 232 and n. 46

FACS: Chroust (1899–1906) I pt. 6, pl. 2 [fols. 95r, 138r]; E.H. Zimmermann (1916) *Tafelband* I, pls. 1 (a) [fol. 92r], 71 [fols. 3r, 2v, 6v], 72 [fols. 2r, 4r]; Lowe (1960) pls. III–IV [fols. 144r, 149v]; D.H. Wright (1961a) pls. VI (a)–(e) [details from fols. 11v, 13r, 16r, and fols. 6v, 7r, 7v, 8r]

ED: Morin (1893b) [pericope notes]; B. Fischer (1988–91) [gospel excerpts coll. as Jw]

ST: Beissel (1907) 119–27, 171–6, 181–92; Morin (1911); Kunze (1947) 49–50; McGurk (1955a) 192–3 [repr. McGurk (1998) no. III]; Gamber (1962b); C. Vogel (1986) 337; Martimort (1992) 24; McGurk (1993) 248–51 [repr. McGurk (1998) no. XI]; Bischoff—Lapidge (1994) 155–60

946. Würzburg, Universitätsbibliothek, M. p. th. f. 79

s. viii[1], S England or Mercia, prov. Germany, Rhine-Main area (Mainz?) s. viii ex., then Würzburg

Contents: Isidore, *Synonyma de lamentatione animae peccatricis* [*CPL* 1203] (incomplete)

MS: Bischoff—Hofmann (1952) 6–9, 95–6 *et passim*; N.R. Ker (1957) no. 400; *CLA* IX (1959) no. 1426; Lowe (1960) 22; Bischoff (1966–81) I.183, II.333; Rella (1977) 19; Knaus (1979) 950, 975; Thurn (1984) 66; R. McKitterick (1986–90) 291; Thurn (1988) 49–50; Krämer (1989–90) II.855; Sims-Williams (1990) 202–3; T.J. Brown (1993b) 196; Bischoff (1998—) III, no. 7506a; Bergmann—Stricker (2005) IV.1880–2; Hussey (2005) 88–93; Lapidge (2006) 162–3, 313; Di Sciacca (2008) 69–72, 162 *et passim*; Hussey (2008) 151–8; Elfassi (2009) xliii–xliv

FACS: Baesecke (1933) pl. 37 [fol. 26r]; Lowe (1960) pl. XXXIII [fol. 1r]; Thurn (1988) pl. 10 [fol. 1v]

ED: Elfassi (2009) [Isidore, *Synonyma*, coll. as W]
LANG: Hussey (2008) 157
ST: Baesecke (1933) 22, 88, 108; Hofmann (1963) 29, 32, 47, 57–65; Bergmann (1973) no. 994; Moulin-Fankhänel (2001) 364; Hussey (2008)

946. 5. Würzburg, Universitätsbibliothek, M. p. th. f. 149a

s. viii^2, Mercia? or Anglo-Saxon centre on the Continent; prov. Würzburg

Contents: Gregory, *Moralia in Iob* [CPL 1708], bks. XXXII–XXXV

MS: Bischoff—Hofmann (1952) 67–8, 98 *et passim*; *CLA* IX (1959) no. 1427; Lowe (1960) 25; N.R. Ker (1972b) 81 n. 20; Knaus (1979) 975; Thurn (1984) 75–6; McKitterick (1986–90) 296 and n. 33; Thurn (1988) 50; Krämer (1989–90) II.856; Bischoff (1998—) III, no. 7515a; Lapidge (2006) 163, 306

FACS: Lowe (1960) pl. XL (a) [fol. 46r]; Thurn (1988) pl. 11 [fol. 15r]

ST: Hofmann (1963) 67–8; Moulin-Fankhänel (2001) 364; Bergmann et al. (2005) no. 997

947. Zürich, Zentralbibliothek, Z. XIV. 30, no. 11

s. viii med.

Contents: Eucherius, *Formulae spiritalis intelligentiae* [CPL 488] (f)

MS: *CLA* Supplement (1971) no. 1778; Lapidge (2006) 301; Dekker (2010) 152, 168

ST: Dekker (2010) 152

III

Untraced

For lost or untraced manuscripts or fragments, see nos. **30. 3, 176, 441. 1, 643, 830. 5, 831. 4, 842. 5, 855. 5,** and Ker (1957) nos. 403—12.

Bibliography

[A.J.C.] (1932), 'The Kederminster Gospels', *British Museum Quarterly* 6: 93 [and pls.].

Abel, A.H. (1962), 'Ælfric and the West-Saxon Gospels' (unpubl. PhD dissertation, University of Pennsylvania, PA).

Abram, C. (2007), 'Anglo-Saxon Homilies in their Scandinavian Context', in Kleist (2007a), 425–44.

Abukhanfusa, K. (2004), *Mutilated Books. Wondrous Leaves from Swedish Bibliographical History* (Stockholm).

Acker, P. (2004), 'Three Tables of Contents, One Old English Homiliary, in Cambridge, Corpus Christi College, MS 178', in Lionarons (2004a), 121–37.

Adams, J.N. and M. Deegan (1992), 'Bald's Leechbook and the *Physica Plinii*', *ASE* 21: 87–114.

Adriaen, M., ed. (1958), *Magni Aurelii Cassiodori Expositio psalmorum*, 2 vols., CCSL 97–8 (Turnhout).

– ed. (1959), 'S. Hieronymi Presbyteri Commentarius in Ecclesiasten', in CCSL 72 (Turnhout), 246–361.

– ed. (1969), *Egloga quam scripsit Lathcen Filius Baith de Moralibus Iob quas Gregorius fecit*, CCSL 145 (Turnhout).

– ed. (1979–85), *S. Gregorii Magni Moralia in Iob*, 3 vols., CCSL 143, 143A, 143B (Turnhout).

Aird, W.M. (1994), 'An Absent Friend: The Career of Bishop William of St Calais', in Rollason et al. (1994), 283–97.

Alcamesi, F. (2007a), 'Remigius's Commentary to the *Disticha Catonis* in Anglo-Saxon Manuscripts', in Lendinara et al. (2007), 143–85.

– (2007b), 'The *Sibylline Acrostic* in Anglo-Saxon Manuscripts: The Augustinian Translation and the Other Versions', in Bremmer–Dekker (2007), 147–73.

– (2010), 'Ælfric's *Quaestiones Sigewulfi in Genesin*: an Educational Dialogue', in Bremmer–Dekker (2010), 175–202.

- (2011), 'The Old English Entries in the First Corpus Glossary (CCCC 144, ff. 1r–3v)', in Lendinara et al. (2011) 508–40.
Alcoy i Pedrós, R. (2005), 'Les illustrations recyclées du *psautier anglo-catalan* de Paris: du douzième siècle anglais à l'italianisme pictural de Ferrer Bassa', in Dekeyzer–Van der Stock (2005a), 81–92.
Alexander, J.J.G. (1966), 'A Little-Known Gospel Book of the later Eleventh Century from Exeter', *Burlington Magazine* 108: 6–16.
- (1970a), *Norman Illumination at Mont St Michel 966–1100* (Oxford).
- (1970b), *Anglo-Saxon Illumination in Oxford Libraries* (Oxford).
- (1975a), 'Some Aesthetic Principles in the Use of Colour in Anglo-Saxon Art', *ASE* 4: 145–54.
- (1975b), 'The Benedictional of St Æthelwold and Anglo-Saxon Illumination of the Reform Period', in Parsons (1975), 169–83, 241–5.
- and M.T. Gibson, eds. (1976), *Medieval Learning and Literature: Essays Presented to Richard William Hunt* (Oxford).
- (1978a), *A Survey of Manuscripts Illuminated in the British Isles*, I: *Insular Manuscripts: 6th to the 9th Century* (London).
- (1978b), *Initialen aus grossen Handschriften* (Munich).
- (1978c), 'Scribes as Artists: The Arabesque Initial in Twelfth-Century English Manuscripts', in Parkes–Watson (1978), 87–116.
- and E. Temple (1985), *Illuminated Manuscripts in Oxford College Libraries, the University Archives and the Taylorian Institution* (Oxford).
- (1992), *Medieval Illuminators and their Methods of Work* (New Haven, CT).
Alidori, L. et al., eds. (2003), *Bibbie miniate della Biblioteca Medicea Laurenziana di Firenze* (Florence).
Allen, M.I., ed. (2002), *Frechulfi Lexoviensis Episcopi Opera Omnia*, 2 vols., CCCM 169–169A.
Allen, T.P. (1968), 'A Critical Edition of the Old English Gospel of Nicodemus' (unpubl. PhD dissertation, Rice University, TX).
Alton, E.H. and P. Meyer, eds. (1951), *Evangeliorum Quattuor Codex Cenannensis*, 3 vols. (Olten and Lausanne).
Alturo, J. (1996), 'I glossari latini altomedievali della Catalogna con alcune notizie sui settimani', in Hamesse (1996), 101–20.
Álvarez-López, F.J. (2007a), 'Changing Scripts: A Case Study of the Use of Different Scripts in the Bilingual Text of Cambridge, Corpus Christi College, 178, Part B', *Quaestio Insularis* 8: 19–35.
- (2007b), 'DCL, B. IV. 24: A Palaeographical and Codicological Study of a Durham's *Cantor's Book*', in Moskowich-Spiegel–Crespo-García (2007), 209–26.
Ambrose, S. (2005), 'The *Collectio Canonum Hibernensis* and the Literature of the Anglo-Saxon Benedictine Reform', *Viator* 36: 107–18.

- (2006), 'The Codicology and Palaeography of London, BL, Royal 5. E. xiii and its Abridgement of the *Collectio Canonum Hibernensis*', *Codices Manuscripti* 54–5: 1–26.
Amos, A.C. (1980), *Linguistic Means of Determining the Dates of Old English Literary Texts* (Cambridge, MA).
Anderson, E.R. (1997), 'The Seasons of the Year in Old English', *ASE* 26: 231–63.
Anderson, G.K. (1941), 'Notes on the Language of Ælfric's English Pastoral Letters in Corpus Christi College 190 and Bodleian Junius 121', *JEGP* 40: 5–13.
Anderson, O.S. (1941), *Old English Material in the Leningrad MS. of Bede's Ecclesiastical History* (Lund).
Andrés Sanz, M.A., ed. (2006), *Isidori Hispalensis episcopi Liber Differentiarum (II)*, CCSL 111A (Turnhout).
Andrieu, M., ed. (1931–61), *Les 'Ordines Romani' du haut moyen âge*, 5 vols. (Louvain).
Ångstrøm, M. (1937), *Studies in Old English MSS: With Special Reference to the Delabialisation of y to i* (Uppsala).
Anlezark, D. (2006), 'Reading "The Story of Joseph" in MS Cambridge, Corpus Christi College 201', in Magennis–Wilcox (2006), 61–94.
- ed. (2009), *The Old English Dialogues of Solomon and Saturn*, AST 7 (Cambridge).
- (2010), 'Understanding Numbers in London, British Library, Harley 3271', *ASE* 38: 137–55.
Antolin, G. (1910–23), *Catálogo de los Códices Latinos de la Real Biblioteca del Escorial*, 5 vols. (Madrid).
Antropoff, R. von (1965), *Die Entwicklung der Kenelm-Legende* (Bonn).
Aris, M.-A. and G. Schrimpf (1996), 'Aus fuldischen Handschriften. Die Fragmente 132.2 und 139.2 im Nachlass der Brüder Grimm', *Archiv für mittelrheinische Kirchengeschichte* 48: 241–83.
- and H. Broszinski, eds. (1996), *Die Glossen zum Jakobusbrief aus dem Victor-Codex (Bonifatianus 1 in der Hessischen Landesbibliothek zu Fulda)* (Fulda).
- (2004), '"Der Trost der Bücher". Bonifatius und seine Bibliothek', in *Bonifatius. Vom angelsächsischen Missionar zum Apostel der Deutschen*, ed. M. Imhof and K. Stasch (Petersberg, 2004), 95–110.
Arngart, O.S. (1943–4), 'The Calendar of St Willibrord: A Little Used Source of Old English Personal Names', *SN* 16: 128–34.
- ed. (1952), *The Leningrad Bede: an 8th Century Manuscript of the Venerable Bede's 'Historia Ecclesiastica Gentis Anglorum' in the Public Library, Leningrad*, EEMF 2 (Copenhagen).
- (1956), 'The Durham Proverbs: An Eleventh-Century Collection of Anglo-Saxon Proverbs Edited from Durham Cathedral M.S. B. III. 32', *Lunds Universitets Årsskrift* 52.2: 1–24.

- (1973), 'On the Dating of Early Bede Manuscripts', *SN* 45: 47–52.
- (1977), 'Further Notes on the Durham Proverbs', *ES* 58: 101–4.
- (1981), 'The Durham Proverbs', *Speculum* 56: 288–300.

Arnold, T., ed. (1890–6), *Memorials of St Edmund's Abbey*, 3 vols., RS 96 (London).

Arnott, R., ed. (2002), *The Archaeology of Medicine: Papers given at a Session of the Annual Conference of the Theoretical Archaeology Group held at the University of Birmingham on 20 December 1998*, BAR, Internat. Ser. 1046 (Oxford)

Aronstam, R.A. (1974), 'The Latin Canonical Tradition in Late Anglo-Saxon England: The Excerptiones Egberti' (unpubl. PhD dissertation, Columbia University, NY).

- (1975), 'Penitential Pilgrimages to Rome in the Early Middle Ages', *Archivum Historiae Pontificiae* 13: 65–83.

Asbach, F.B. (1975), 'Das *Poenitentiale Remense* und der sogennante *Excarpsus Cummeani*. Überlieferung, Quellen und Entwicklung zweier kontinentaler Bussbücher aus der 1. Hälfte des 8. Jahrhunderts' (Dr phil dissertation, University of Regensburg).

Assmann, B., ed. (1889/1964), *Angelsächsische Homilien und Heiligenleben*, Bibliothek der angelsächsischen Prosa 3 [repr. with supplementary introduction by P. Clemoes, Darmstadt, 1964] (Kassel).

Atkins, I. (1928), 'An Investigation of Two Anglo-Saxon Calendars (Missal of Jumièges and St Wulfstan's Homiliary)', *Archaeologia* 78: 219–54.

- and N.R. Ker (1944), *Catalogus Librorum Manuscriptorum Bibliothecae Wigorniensis made in 1622–1623 by Patrick Young, Librarian to King James I* (Cambridge).

Atsma, H. and J. Vezin (1988), 'Le dossier suspect des possessions de Saint-Denis en Angleterre révisité (VIIIᵉ–IXᵉ siècle)', in Setz (1988–90) IV. 221–36.

Atwood, E.B. and A.A. Hill, eds. (1969), *Studies in Language, Literature and Culture of the Middle Ages and Later: In Honour of Rudolph Willard* (Austin, TX).

Auerbach, I. (1977), 'Ein Fragment des Daniel-Kommentars von Hieronymus im Staatsarchiv Marburg', *Archiv für Diplomatik* 23: 55–103.

Autenrieth, J., and F. Brunhölzl, eds. (1971), *Festschrift Bernhard Bischoff zu seinem 65. Geburtstag, dargebracht von Freunden, Kollegen und Schülern* (Stuttgart).

- (1995), 'Bücher im Übergang von der Spätantike zum Mittelalter', *Scriptorium* 49: 169–89.

Avril, F. and J. Hoffeld, eds. (1975a), *The Year 1200: a Symposium / Metropolitan Museum of Art* (New York).

- (1975b), *Bibliothèque municipale de Rouen. Manuscrits normands XI–XII siècles: février-mars 1975*, Musée des Beaux-Arts (Rouen) [exhibition catalogue].
- and P.D. Stirnemann (1987), *Manuscrits enluminés d'origine insulaire, VIIe–XXe siècle* (Paris).

Aylmer, G. and J. Tiller, eds. (2000), *Hereford Cathedral: a History* (London).

Babcock, R.G. (2000), 'A Papyrus Codex of Gregory the Great's *Forty Homilies on the Gospels* (London, Cotton Titus C. xv)', *Scriptorium* 54: 280–9.

Backhouse, J. (1981), *The Lindisfarne Gospels* (Oxford).
- (1984a), 'The Making of the Harley Psalter', *BLJ* 10: 97–113.
- et al., eds. (1984b), *The Golden Age of Anglo-Saxon Art, 966–1066* (London).
- (1989), 'Birds, Beasts and Initials in Lindisfarne's Gospel Books', in Bonner et al. (1989a), 165–74.
- (1997), *The Illuminated Page* (London).

Baehrens, E., ed. (1879–83), *Poetae Latini Minores*, 5 vols. (Leipzig).

Baesecke, G. (1933), *Der Vocabularius Sti. Galli in der angelsächsischen Mission* (Halle).

Bailey, R.N. (1978), *The Durham Cassiodorus*, The Jarrow Lecture (Jarrow).
- and R. Handley (1983), 'Early English Manuscripts of Cassiodorus' *Expositio Psalmorum*', *Classical Philology* 78: 51–5.
- (1983), 'Bede's Text of Cassiodorus' Commentary on the Psalms', *JTS* n.s. 34: 189–93.

Bains, D. (1936), *A Supplement to Notae Latinae (Abbreviations in Latin MSS of 850 to 1050 A. D.)*, with a Foreword by W.M. Lindsay (Cambridge).

Baker, M. (1978), 'Medieval Illustrations of Bede's *Life of St Cuthbert*', *JWCI* n.s. 41: 16–49 [with an appendix by D.H. Farmer].

Baker, P.S. (1980), 'The Old English Canon of Byrhtferth of Ramsey', *Speculum* 55: 22–37.
- (1981), 'Byrhtferth's *Enchiridion* and the Computus in Oxford, St John's College 17', *ASE* 10: 123–42.
- and M. Lapidge, eds. (1995), *Byrhtferth's Enchiridion*, EETS s.s. 15 (Oxford).
- and N. Howe, eds. (1998), *Words and Works: Studies in Medieval English Language and Literature in Honour of Fred C. Robinson* (Toronto).
- ed. (2000), *The Anglo-Saxon Chronicle: a Collaborative Edition, vol. VIII: MS F: A Semi-diplomatic Edition with Introduction and Indices* (Cambridge).

Baldwin Brown, G. (1903–37), *The Arts in Early England*, 6 vols. (London).

Bammel, C.H. (1991), 'Insular Manuscripts of Origen in the Carolingian Empire', in Jondorf–Dumville (1991), 5–16.
- (1993), 'Das neue Rufinfragment in irischer Schrift und die Überlieferung der Rufin'schen Übersetzung der Kirchengeschichte Eusebs', in *Philologia Sacra*.

Biblische und patristische Studien für Hermann J. Frede und Walter Thiele zu ihrem siebzigsten Geburtstag, ed. R. Gryson, 2 vols. (Freiburg, 1993), 483–513.

Bammesberger, A. (2001), 'Sprachgeschichtliche Probleme der frühen altenglischen Glossen: sechs Einzelbeispiele', in Bergmann (2001), 137–46.

Banham, D., ed. (1991), *Monasteriales* [sic] *Indicia: The Anglo-Saxon Monastic Sign Language* (Pinner).

– (2002), 'Investigating the Anglo-Saxon *materia medica*: Archaeobotany, Manuscript Art, Latin and Old English', in Arnott (2002), 95–9.

– (2011), 'England Joins the Medical Mainstream: New Texts in Eleventh-Century Manuscripts', in Sauer et al. (2011), 341–52.

Bankert, D.A. et al. (1997), *Ambrose in Anglo-Saxon England with pseudo-Ambrose and Ambrosiaster*, OEN Subsidia 25 (Kalamazoo).

Banks, R.A. (1965), 'Some Anglo-Saxon Prayers from British Museum MS Cotton Galba A. xiv', *N&Q* 210: 207–13.

– (1967-8), 'A Study of the Old English Versions of the Lord's Prayer, the Creeds, the Gloria, and Some Prayers Found in the British Museum MS. Cotton Galba A. xiv, together with a New Examination of the Place of Liturgy in the Literature of Anglo-Saxon Magic and Medicine' (unpubl. PhD dissertation, University of London).

Bannister, A.T. (1927), *A Descriptive Catalogue of the Manuscripts in the Hereford Cathedral Library* (Hereford).

Bannister, H.M. (1908), 'Liturgical Fragments', *JTS* 9: 398–427.

– (1910–11a), 'Irish Psalters', *JTS* 12: 278–82.

– (1910–11b), 'Fragments of an Anglo-Saxon Sacramentary', *JTS* 12: 451–5.

– ed. (1913), *Monumenti vaticani di Paleografia musicale latina*, Codices e Vaticanis selecti phototypice expressi 12 (Leipzig).

– (1917), 'Bishop Roger of Worcester and the Church of Keynsham, with a List of Vestments and Books possibly belonging to Worcester', *EHR* 32: 387–93.

Banting, H.M.J., ed. (1989), *Two Anglo-Saxon Pontificals. The Egbert and Sidney Sussex Pontificals*, HBS 104 (London).

Barbour, R. (1981), *Manuscripts of the Greek Bible. An Introduction to Greek Palaeography* (Oxford).

Barker, E.E. (1951), 'The Cottonian Fragments of Æthelweard's Chronicle', *Bulletin of the Institute of Historical Research* 24: 46–62.

– (1977), 'Two Lost Documents of King Æthelstan', *ASE* 6: 137–43.

Barker, K., D.A. Hinton and A. Hunt, eds. (2005), *St Wulfsige and Sherborne. Essays to Celebrate the Millennium of the Benedictine Abbey, 998–1998* (Oxford).

Barker, N. et al., eds. (1986), *The York Gospels: a Facsimile*. With introductory essays by J.J.G. Alexander, P. McGurk, S. Keynes and B. Barr (London).

Barker-Benfield, B.C. (1976), 'A Ninth-Century Manuscript from Fleury: *Cato de senectute cum Macrobio*', in Alexander—Gibson (1976), 145–65.
- (1991), 'The Werden "Heptateuch"', *ASE* 20: 43–64.
- (1993), 'Not St Dunstan's Book', *N&Q* 238: 431–3.
- ed. (2008), *St Augustine's Abbey, Canterbury*, Corpus of British Medieval Library Catalogues 13, 3 vols. (London, 2008).

Barlow, C.W., ed. (1950), *Martini Bracarensis Opera Omnia* (New Haven, CT).

Barlow, F. et al. (1972), *Leofric of Exeter* (Exeter).
- ed. (1992), *The Life of King Edward who rests at Westminster*, 2nd ed. (Oxford).

Barney, S., ed. (1991), *Annotation and its Texts* (New York).

Barnhouse, R.A. (1994), 'Text and Image in the Illustrated Old English Hexateuch' (unpubl. PhD dissertation, University of North Carolina).
- and B.C. Withers, eds. (2000), *The Old English Hexateuch. Aspects and Approaches* (Kalamazoo, MI).

Barré, H. (1962), *Les homéliaires carolingiens de l'école d'Auxerre: Authenticité, inventaire, tablaux comparatifs, initia*, Studi e testi 225 (Vatican City).
- (1963), *Prières anciennes de l'Occident à la mère du Sauveur, des origines à S. Anselme* (Paris).

Barrow, G. (2004), 'Scots in the Durham *Liber Vitae*', in Rollason (2004a), 109–16.

Barrow, J. (1996), 'The Community of Worcester, 961–c. 1100', in Brooks—Cubitt (1996), 84–99.
- (2004), 'Wulfstan and Worcester: Bishop and Clergy in the Early Eleventh Century', in Townend (2004), 141–60.
- and N.P. Brooks, eds. (2005), *St Wulfstan and his World* (Aldershot).
- and A. Wareham, eds. (2008), *Myth, Rulership, Church and Charters: Essays in Honour of Nicholas Brooks* (Aldershot).

Bartoniek, E. (1940), *Codices Manu Scripti Latini*, I. *Codices Latini Medii Aevi*, Catalogi Bibliothecae Musaei Nationalis Hungarici 12 (Budapest).

Bassett, S., ed. (1989), *The Origins of Anglo-Saxon Kingdoms* (London).

Baswell, C. (1995), *Virgil in Medieval England. Figuring the 'Aeneid' from the Twelfth Century to Chaucer*, Cambridge Studies in Medieval Literature 24 (Cambridge).

Bately, J.[M.], and D.J. Ross (1961), 'A Checklist of Manuscripts of Orosius, *Historiarum adversum paganos libri septem*', *Scriptorium* 15: 329–34.
- (1964), 'Notes and News. The Vatican Fragment of the Old English Orosius', *ES* 45: 224–30.
- ed. (1980), *The Old English Orosius*, EETS s.s. 6 (London).
- (1982), 'Lexical Evidence for the Authorship of the Prose Psalms in the Paris Psalter', *ASE* 10: 69–95.

- ed. (1986), *The Anglo-Saxon Chronicle: a Collaborative Edition*, vol. III: MS A: *a Semi-diplomatic Edition with Introduction and Indices* (Cambridge).
- ed. (1992), *The Tanner Bede: The Old English Version of Bede's Historia Ecclesiastica, Oxford Bodleian Library Tanner 10 together with the Medieval Binding Leaves, Oxford Bodleian Library Tanner 10* and the Domitian Extracts, London British Library Cotton Domitian A.IX fol. 11*, EEMF 24 (Copenhagen).
- (1993), *Anonymous Old English Homilies. A Preliminary Bibliography of Source Studies* (Binghamton, NY).
- (2006), 'The Language of Ohthere's Report to King Alfred: Some Problems and Some Puzzles for Historians and Linguists', in Keynes—Smyth (2006), 39–53.

Bateson, M. (1894a), 'The Supposed Latin Penitential of Egbert and the Missing Work of Halitgar of Cambrai', *EHR* 9: 320–6.
- (1894b), 'Rules for Monks and Secular Canons after the Revival under King Edgar', *EHR* 9: 690–708.
- (1895), 'A Worcester Cathedral Book of Ecclesiastical Collections Made c. 1000 A.D.', *EHR* 10: 712–31.

Batlle, C.M. (1972), *Die Adhortationes Sanctorum Patrum (Verba Seniorum) im lateinischen Mittelalter*, Beiträge zur Geschichte des alten Mönchtums und des Benediktinerordens 31 (Münster i. W.).

Battiscombe, C.F., ed. (1956), *The Relics of St Cuthbert* (Oxford).

Bauerreiss, R. (1933), 'Ein angelsächsisches Kalenderfragment des bayrischen Hauptstaatsarchivs in München', *Studien und Mitteilungen zur Geschichte des Benediktinerordens und seiner Zweige* 51: 177–82.

Baumstark, A. (1927), 'Ein altgelasianisches Sakramentarbruchstück insularer Herkunft', *Jahrbuch für Liturgiewissenschaft* 7: 130–6.

Bautier, R.-H. and G. Labory, eds. (1969), *André de Fleury: Vie de Gauzlin, abbé de Fleury*, Sources d'histoire médiévale 2 (Paris).

Baxter, S., C. Karkov, J.L. Nelson and D. Pelteret, eds. (2009), *Early Medieval Studies in Memory of Patrick Wormald* (Farnham).
- (2004), 'Archbishop Wulfstan and the Administration of God's Property', in Townend (2004), 161–207.

Bayless, M. (1993), '*Beatus quid est* and the Study of Grammar in Late Anglo-Saxon England', *Historiographia Linguistica* 20: 67–110.
- and M. Lapidge, eds. (1998), *Collectanea Pseudo-Bedae*, Scriptores Latini Hiberniae 14 (Dublin).

Bazire, J. and J.E. Cross, eds. (1982), *Eleven Old English Rogationtide Homilies*, Toronto OE Series 7 (Toronto).

Beadle, R., ed. (1995), *New Science out of Old Books: Studies in Manuscripts and Early Printed Books in Honour of A.I. Doyle* (Aldershot).
Beall, B.A. (2005), 'Entry Point to the *Scriptorium* Bede Knew at Wearmouth and Jarrow: The Canon Tables of the *Codex Amiatinus*', in Lebecq et al. (2005), 187–97.
Beccaria, A. (1956), *I codici di medicina del periodo presalernitano* (Rome).
Becker, W. (1976), 'The Latin Manuscript Sources of the Old English Translation of the Sermon *Remedia Peccatorum*', *MÆ* 45: 145–52.
Beeson, C. (1913), *Isidor-Studien* (Munich).
Behaghel, O., ed. (1996), *Heliand und Genesis*, 10th ed. rev. by B. Taeger (Tübingen).
Behrends, F., ed. (1976), *The Letters and Poems of Fulbert of Chartres* (Oxford).
Beissel, S. (1907), *Entstehung der Perikopen des römischen Messbuches* (Freiburg im Breisgau).
Belfour, A.O., ed. (1909), *Twelfth-Century Homilies in MS. Bodley 343*, EETS o.s. 137 (Oxford).
Belkin, J. and J. Meier (1975), *Bibliographie zu Otfrid von Weissenburg und zur altsächsischen Bibeldichtung (Heliand und Genesis)* (Berlin).
Bell, N. (2001), *Music in Medieval Manuscripts* (London).
[Benedictines of Stanbrook] (1897), *Gregorian Music: An Outline of Musical Palaeography Illustrated by Facsimiles of Ancient Manuscripts* (London).
Benedikz, B.S. (1986), *Lichfield Cathedral Library: A Catalogue of the Cathedral Library Manuscripts*, 3rd ed. (Birmingham).
Bennett, A., 'Devotional Literacy of a Noblewoman in a Book of Hours of *ca.* 1300 in Cambrai', in Dekeyzer–Van der Stock (2005a), 149–58.
Bergamin, M., ed. (2005), *Aenigmata Symposii. La fondazione dell'enigmistica come genere poetico*, Per Verba 22 (Florence).
Berger, S. (1893), *Histoire de la Vulgate pendant les premiers siècles du moyen âge* (Paris).
Berghaus, F. (1979), *Die Verwandtschaftsverhältnisse der altenglischen Interlinearversionen des Psalters und der Cantica*, Palaestra 272 (Göttingen).
Bergman, J. ed. (1926), *Aurelii Prudentii Clementis Carmina*, CSEL 61 (Vienna).
Bergmann, R. (1973), *Verzeichnis der althochdeutschen und altsächsischen Glossenhandschriften. Mit Bibliographie der Glosseneditionen, der Handschriftenbeschreibungen und der Dialektbestimmungen* (Berlin).
– (1996), 'Latin-Old High German Glosses and Glossaries: A Catalogue of Manuscripts', in Hamesse (1996), 547–614.
– et al., eds. (2001), *Mittelalterliche volkssprachige Glossen*, Germanistische Bibliothek 13 (Heidelberg).

- ed. (2003), *Volkssprachig-lateinische Mischtexte*, Germanistische Bibliothek 17 (Heidelberg).
- and S. Stricker (2005), *Katalog der althochdeutschen und altsächsischen Glossenhandschriften*, 6 vols. (Berlin).

Berkhout, C.T. and M.McC. Gatch, eds. (1982), *Anglo-Saxon Scholarship: The First Three Centuries* (Boston, MA).
- (2006), 'An Early Insular Fragment of Bede's *De schematibus et tropis*', *N&Q* 251: 10–12.

Bernadskaya, E.V., T.P. Voronova and S.O. Vialova (1983), *Latinskiye rukopisi V–XII vekov Gosudarstvennoy Publichnoy Biblioteki im. M.E. Saltykova-Schedrina* [Latin Manuscripts of the V–XII Centuries of the Saltykov-Schedrin Library] (Leningrad).

Berry, M. (1988), 'What the Saxon Monks Sang: Music in Winchester in the late Tenth Century', in Yorke (1988), 149–60.

Berry, R. (1982), '"Ealle þing [*recte* þing] wundorlice gesceapen": The Structure of the *Computus* in Byrhtferth's Manual', *Revue de l'Université d'Ottawa* 52: 130–41.

Berschin, W. (1988), *Greek Letters and the Latin Middle Ages*, trans. J.C. Frakes, with revisions and additions by the author (Washington) [German original: *Griechisch-lateinisches Mittelalter. Von Hieronymus zu Nikolaus von Kues* (Bern, 1980)]
- (2000), 'Diptychonformat', *Philobiblon* 44: 231–40.

Bertini, F. (1996), 'Osberno di Gloucester', in Hamesse (1996), 283–97.

Bertram, J., ed. (2005), *The Chrodegang Rules: The Rules for the Common Life of the Secular Clergy from the Eighth and Ninth Centuries. Critical Texts with Translations and Commentary* (Aldershot).

Best, R.I. (1926–8), 'An Early Monastic Grant in the Book of Durrow', *Ériu* 10: 135–42.

Bestul, T.H. (1977), 'A Note on the Contents of the Anselm Manuscript, Bodleian Library, Laud Misc. 508', *Manuscripta* 21: 167–70.
- (1979), 'The Book of Cerne and the English Devotional Tradition', *Manuscripta* 23: 3–4.
- (1981a), 'British Library MS Arundel 60 and the Anselmian Apocrypha', *Scriptorium* 35: 271–5.
- (1981b), 'Ephraim the Syrian and Old English Poetry', *Anglia* 99: 1–24.
- (1984), 'The Collection of Private Prayers in the *Portiforium* of Wulfstan of Worcester and the *Orationes sive Meditationes* of Anselm of Canterbury: A Study in the Anglo-Norman Devotional Tradition', in Foreville (1984), 355–64.
- (1986), 'Continental Sources of Anglo-Saxon Devotional Writing', in Szarmach (1986c), 103–26.

- (1990), 'Liturgy', in Biggs (1990), 135–40.
Bethell, D.L. (1969), 'English Black Monks and Episcopal Elections in the 1120s', *EHR* 84: 671–98.
Bethurum, D. (1942), 'Archbishop Wulfstan's Commonplace Book', *PMLA* 57: 916–29.
- (1949), 'A Letter of Protest from the English Bishops to the Pope', in Kirby–Woolf (1949), 97–104.
- ed. (1957), *The Homilies of Wulfstan* (Oxford).
Bévenot, M. (1961), *The Tradition of Manuscripts: A Study in the Transmission of St Cyprian's Treatises* (Oxford).
- (1962), 'Towards Dating the Leningrad Bede', *Scriptorium* 16: 365–9.
- (1980), 'The Oldest Surviving Manuscript of St Cyprian now in the British Library', *JTS* n.s. 31: 368–77.
Bezzo, L. (2007), 'Parallel Remedies: Old English *Paralisin þæt is lyftadl*', in Lendinara et al. (2007) 435–45.
Bicchieri, M. (2001), 'Non-Destructive Analysis of the *Bibbia Amiatina* by XRF, PIXE-α and Raman', *Quinio* 3: 169–79.
Biddle, M., ed. (1976a), *Winchester in the Early Middle Ages: An Edition and Discussion of the Winton Domesday*, Winchester Studies 1 (Oxford).
- (1976b), 'The Corrections in the Winton Domesday', in Biddle (1976a), 522–6.
Bieler, L. (1949), 'Insular Palaeography: Present State and Problems', *Scriptorium* 3: 267–94.
- ed. (1963), *The Irish Penitentials*, Scriptores Latini Hiberniae 5 (Dublin).
- and J. Carney, eds. (1972), 'The Lambeth Commentary', *Ériu* 23: 1–55.
- ed. (1984), *Boethius: Consolatio Philosophiae*, CCSL 94 (Turnhout).
Bierbaumer, P. (1975–9), *Der botanische Wortschatz des Altenglischen*, 3 vols. (Frankfurt a. M.).
- (1977a), 'On the Interrelationships of the Old English Psalter-Glosses', *Arbeiten aus Anglistik und Amerikanistik* 2: 123–48.
- (1977b), 'Zu J. V. Goughs Ausgabe einiger altenglischer Glossen', *Anglia* 95: 115–21.
Bierbrauer, K. (1979), *Die Ornamentik frühkarolingischer Handschriften aus Bayern*, Bayerische Akademie der Wissenschaften, phil.-hist. Klasse, Abhandlungen N.F. 84 (Munich).
Biggs, F.M. et al., eds. (1990), *Sources of Anglo-Saxon Literary Culture: a Trial Version* (Binghamton, NY).
- (1994), 'Part III of the *Moralia* in MS. Bodley 310: A New College Manuscript', *BLR* 15: 13–19.
- (1996), 'Ælfric as Historian: His Use of Alcuin's *Laudationes* and Sulpicius's *Dialogues* in his Two Lives of Martin', in Szarmach (1996), 289–315.

- and T.N. Hall (1996), 'Traditions Concerning Jamnes and Mambres in Anglo-Saxon England', *ASE* 25: 69–89.
- et al., eds. (2001), *Sources of Anglo-Saxon Literary Culture*, I. *Abbo of Fleury, Abbo of Saint-Germain-des-Prés, and Acta Sanctorum*, Sources of Anglo-Saxon Literary Culture 1 (Kalamazoo, MI) [note that citations from this volume are by E.G. Whatley unless otherwise specified].
- (2002), 'Comments on the Codicology of Two Paris Manuscripts (BN lat. 13408 and 5574)', in T.N. Hall (2002), 326–30.
- (2007a), *Sources of Anglo-Saxon Literary Culture. The Apocrypha*, Instrumenta Anglistica Mediaevalia 1 (Kalamazoo, MI).
- (2007b), 'Folio 179 of the *Beowulf* Manuscript', in C.D. Wright et al. (2007), 52–9.
- (2008), 'A Picture of Paul in a Parker Manuscript', in Blanton–Scheck (2008) 169–89.
Bill, E.G.W. (1972), *A Catalogue of Manuscripts in Lambeth Palace Library, MSS 1222–1860* (with a supplement to M. R. James' *Descriptive Catalogue of the Manuscripts in the Library of Lambeth Palace* by N.R. Ker) (Oxford).
Binski, P. and W. Noel, eds. (2001), *New Offerings, Ancient Treasures: Studies in Medieval Art for George Henderson* (Stroud).
- and S. Panayotova, eds. (2005), *The Cambridge Illuminations. Ten Centuries of Book Production in the Medieval West* (London).
- (2006), 'John the Smith's Grave', in L'Engle–Guest (2006), 387–93.
- and P. Zutshi (2011), *Western Illuminated Manuscripts: A Catalogue of the Collection in Cambridge University Library* (Cambridge).
Birch, W. de G. (1876), *The History, Art and Palaeography of the Manuscript styled the Utrecht Psalter* (London).
- (1881), *Memorials of Saint Guthlac of Crowland* (Wisbech).
- ed. (1889), *An Ancient Manuscript of the Eighth or Ninth Century: formerly belonging to St. Mary's Abbey, or Nunnaminster, Winchester*, Hampshire Record Society 2 (London).
- (1892), *Liber Vitae: Register and Martyrology of New Minster and Hyde Abbey*, Hampshire Record Society 5 (London and Winchester).
Bischoff, B. (1951), 'Ars Sacra', *Scriptorium* 5: 306–8.
- and J. Hofmann (1952), *Libri Sancti Kyliani. Die Würzburger Schreibschule und die Dombibliothek im VIII. und IX. Jahrhundert*, Quellen und Forschungen zur Geschichte des Bistums und Hochstifts Würzburg 6 (Würzburg).
- (1954a), *Übersicht über die nichtdiplomatischen Geheimschriften des Mittelalters* (Graz).
- (1954b), 'Wendepunkte in der Geschichte der lateinischen Exegese im Frühmittelalter', *Sacris Erudiri* 6: 191–281 [repr. Bischoff (1966–81) I.205–73].

- (1957), 'Paläographie', in Stammler (1957), 379–451.
- (1962), Review of E.A. Lowe, *English Uncial*, in *Gnomon* 34: 605–15 [repr. Bischoff (1966–81) II.328–39].
- and D. Nörr (1963), *Eine unbekannte Konstitution Kaiser Julians (c. Iuliani de postulando)*, Bayerische Akademie der Wissenschaften, phil.-hist. Klasse, Abhandlungen, N. F. 58 (Munich).
- (1965), 'Panorama der Handschriftenüberlieferung aus der Zeit Karls des Grossen', in *Karl der Grosse. Lebenswerk und Nachleben*, II. *Das geistige Leben*, ed. B. Bischoff (Düsseldorf, 1965), 233–54 [repr. Bischoff (1966–81) III.5–38].
- (1966–81), *Mittelalterliche Studien. Ausgewählte Aufsätze zur Schriftkunde und Literaturgeschichte*, 3 vols. (Stuttgart).
- ed. (1967) [with members of the Zentralinstitut für Kunstgeschichte], *Mittelalterliche Schatzverzeichnisse 1: Von der Zeit Karls des Grossen bis zur Mitte des 13. Jahrhunderts*, Veröffentlichungen des Zentralinstituts für Kunstgeschichte in München 4 (Munich).
- (1968a), 'Frühkarolingische Handschriften und ihre Heimat', *Scriptorium* 22: 306–14.
- (1968b), 'Die Handschrift. Paläographische Untersuchungen', in [Württembergische Landesbibliothek Stuttgart], *Der Stuttgarter Bilderpsalter, Bibl. Fol. 23, Württembergische Landesbibliothek Stuttgart 2: Untersuchungen* (Stuttgart), 15–30.
- (1974), *Die südostdeutschen Schreibschulen und Bibliotheken in der Karolingerzeit*, I: *Die bayerischen Diözesen*, 3rd rev. ed. (Wiesbaden).
- (1976a), Review of *Chartae Latinae Antiquiores 3–5* ed. A. Bruckner and R. Marichal, *HZ* 223: 689–96.
- (1976b), 'Die Hofbibliothek unter Ludwig dem Frommen', in Alexander–Gibson (1976), 3–22 [repr. Bischoff (1966–81) III.170–86].
- (1980), *Die südostdeutschen Schreibschulen und Bibliotheken der Karolingerzeit*, II: *Die vorwiegend österreichischen Diözesen* (Wiesbaden).
- (1981), 'Die ältesten Handschriften der *Regula Benedicti* in Bayern', *Studien und Mitteilungen zur Geschichte des Benediktinerordens* 92: 7–16.
- (1983a), 'Manoscritti nonantulani dispersi dell'epoca carolingia', *La Bibliofilia* 85: 99–124.
- (1983b), Review of *A Survey of Manuscripts Illuminated in the British Isles. vol. I: Insular Manuscripts: 6th to the 9th Century*, ed. J.J.G. Alexander, *MLJ* 18: 292–3.
- (1984a), 'Italienische Handschriften des 9. bis 11. Jahrhunderts in frühmittelalterlichen Bibliotheken ausserhalb Italiens', in Questa–Raffaelli (1984), 169–94.

– (1984b), *Anecdota novissima. Texte des vierten bis sechzehnten Jahrhunderts*, Quellen und Untersuchungen zur lateinischen Philologie des Mittelalters 7 (Stuttgart).
– and V. Brown (1985), 'Addenda to *Codices Latini Antiquiores* (I)', *MS* 47: 317–66.
– (1986), *Paläographie des römischen Altertums und des abendländischen Mittelalters*, 2nd ed. (Berlin).
– et al., eds. (1988a), *The Épinal, Erfurt, Werden, and Corpus Glossaries: Épinal, Bibliothèque Municipale 72 (2), Erfurt, Wissenschaftliche Bibliothek Amplonianus 2° 42, Düsseldorf Universitätsbibliothek Fragm. K 19, Munich Bayerische Staatsbibliothek Cgm. 187 III, Cambridge Corpus Christi College 144*, EEMF 22 (Copenhagen).
– (1988b), Review of Francis Wormald, *Collected Writings I: Studies in Medieval Art from the Sixth to the Twelfth Centuries*, ed. J.J.G. Alexander, T.J. Brown, and J. Gibbs, *Peritia* 6/7: 321–2.
– (1989a), *Die Abtei Lorsch im Spiegel ihrer Handschriften*, 2nd ed. (Lorsch).
– et al. (1989b), *Aratea. Kommentar zum Aratus des Germanicus. Ms. Voss. Lat. Q. 79, Bibliotheek der Rijksuniversiteit Leiden* (Luzern).
– (1990), *Latin Palaeography: Antiquity and the Middle Ages*, trans. D. Ó Cróinín and D. Ganz (Cambridge).
– (1991), 'Die Schrift des Quedlinburger Evangeliars', in Mütherich–Dachs (1991), 29–34.
– and B. Löfstedt, eds. (1992a), *Anonymus ad Cuimnanum Expossitio Latinitatis*, CCSL 133D (Turnhout).
– et al. (1992b), 'Addenda to *Codices Latini Antiquiores* (II)', *MS* 54: 286–307.
– and M. Lapidge (1994), *Biblical Commentaries from the Canterbury School of Theodore and Hadrian*, CSASE 10 (Cambridge).
– (1998–), *Katalog der festländischen Handschriften des 9. Jahrhunderts (mit Ausnahme der wisigotischen)*, ed. B. Ebersperger (Wiesbaden).
Bishop, C., ed. (2007a), *Text and Transmission in Medieval Europe* (Cambridge).
– (2007b), 'The "Lost" Literature of England: Text and Transmission in Tenth-Century Wessex', in Bishop (2007a), 76–126.
Bishop, E. (1918), *Liturgica Historica: Papers on the Liturgy and Religious Life of the Western Church* (Oxford).
Bishop, T.A.M. (1949–53), 'Notes on Cambridge Manuscripts, Part I', *TCBS* 1: 432–41.
– (1954), 'A Fragment in Northumbrian Uncial', *Scriptorium* 8: 111–13.
– (1954–8a), 'Notes on Cambridge Manuscripts, Parts II and III', *TCBS* 2: 185–99.
– (1954–8b), 'Notes on Cambridge Manuscripts, Part IV: MSS connected with St Augustine's Canterbury', *TCBS* 2: 323–36.

- (1955), 'Canterbury Scribe's Work', *The Durham Philobiblon* 2.1: 1–3.
- (1959–63a), 'Notes on Cambridge Manuscripts, Part V: MSS connected with St Augustine's Canterbury, continued', *TCBS* 3: 93–5.
- (1959–63b), 'Notes on Cambridge Manuscripts, Part VI', *TCBS* 3: 412–23.
- (1964–8a), 'Notes on Cambridge Manuscripts, Part VII: Pelagius in Trinity College, B.10.5', *TCBS* 4: 70–7.
- (1964–8b), 'An Early Example of the Square Minuscule', *TCBS* 4: 246–52.
- (1964–8c), 'The Corpus Martianus Capella', *TCBS* 4: 257–75.
- (1964–8d), 'An Early Example of Insular-Caroline', *TCBS* 4: 396–400.
- ed. (1966), *Aethici Istrici Cosmographia Vergilio Salisburgensi Rectius Adscripta: Codex Leidensis Scaligeranus 69* (Amsterdam) [facsimile].
- (1967a), 'The Copenhagen Gospel Book', *Nordisk Tidskrift för Bok- och Biblioteksvåsen* 54: 33–41.
- (1967b), 'Lincoln Cathedral 182', *Lincolnshire History and Archaeology* 2: 73–6.
- (1971) *English Caroline Minuscule* (Oxford).
- (1990), 'The Scribes of the Corbie *a-b*', in Godman–Collins (1990), 523–36.

Bjorklund, N.B. (2004), 'Parker's Purposes Behind the Manuscripts: Matthew Parker in the Context of his Early Career and Sixteenth-Century Church Reform', in Lionarons (2004a), 217–41.

Björkvall, G. (2002), 'The Remnants of Medieval Book Culture in Sweden: A Current Cataloguing Project of Fragments at the National Archives in Stockholm', in Perani–Ruini (2002), 157–68.

Black, W.H. (1845), *A Descriptive, Analytical and Critical Catalogue of the Manuscripts Bequeathed unto the University of Oxford by Elias Ashmole Esq.* (Oxford).

Blackburn, F.A., ed. (1907), *Exodus and Daniel: Two Old English Poems preserved in MS. Junius 11* (Boston).

Blake, E.O., ed. (1962), *Liber Eliensis*, Camden Third Series 92 (London).

Blake, M., ed. (2009), *Ælfric's De Temporibus Anni*, AST 6 (Cambridge).

Blake, N.F., ed. (1990), *The Phoenix*, rev. ed. (Exeter).

Blanton, V. and H. Scheck, eds. (2008), *Intertexts: Studies in Anglo-Saxon Culture presented to Paul E. Szarmach*, MRTS 334 (Tempe, AZ).

Blatt, F., ed. (1958), *The Latin Josephus, Introduction and Text; The Antiquities, Books I–V*, Acta Jutlandica 30 (Copenhagen).

Bleskina, O. et al. (2001), 'Descriptions of the NLR Manuscripts', in Kilpiö–Kahlas-Tarkka (2001), 25–92.

Bliss, A.J. (1971), 'Some Unnoticed Lines of OE Verse', *N&Q* 216: 404.
- and A.J. Frantzen (1976), 'The Integrity of *Resignation*', *RES* n.s. 27: 385–402.

Blockley, M. (1994), 'Further Addenda and Corrigenda to N. Ker's *Catalogue*', rev. ed. in Richards (1994), 79–86. [orig. publ. *N&Q* 227: 1–3].

Blomfield, J. (1939), 'The Source of the Cleopatra Glosses' (unpubl. PhD dissertation, University of Oxford, 1939).
Bloomfield, M.W. et al. (1979), *Incipits of Latin Works on the Virtues and Vices, 1100–1500 A. D.*, Mediaeval Academy of America Publications 88 (Cambridge, MA).
Bloor, W.A. (1933), 'The Proper of the Mass for the Feast of St Edmund', *The Douai Magazine* 7 no. 4: 226–8.
Blume, C., ed. (1908), *Der Cursus S. Benedicti Nursini und die liturgischen Hymnen des 6. – 9. Jahrhunderts in ihrer Beziehung zu den Sonntags- und Ferialhymnen unseres Breviers: eine hymnologisch-liturgische Studie auf Grund handschriftlichen Quellenmaterials*, Hymnologische Beiträge 3 (Leipzig).
Blunt, W. and S. Raphael (1994), *The Illustrated Herbal*, 2nd ed. (London).
Boas, M., ed. (1952), *Disticha Catonis* (Amsterdam).
Boase, T.S.R. (1951), *English Romanesque Illumination*, Bodleian Picture Book 1 (Oxford).
– (1953), *English Art: 1100–1216* (Oxford).
Bock, N. et al., eds. (2002), *Art, cérémonial et liturgie au moyen âge* (Rome).
Bodarwé, K. (2000), 'Schriftlichkeit und Bildung im ottonischen Essen', in *Herrschaft, Bildung und Gebet: Gründung und Anfänge des Frauenstifts Essen*, ed. G. Berghaus, T. Schilp and M. Schlagheck (Essen, 2000), 101–17.
Bodden, M.C. (1979), 'Detailed Description of Oxford Bodleian Manuscript Auctarium F. 4.32, along with a Close Study of its Second Gathering: An 11th-century Old English Homily on the Finding of the True Cross' (unpubl. PhD dissertation, University of Toronto).
– (1986), 'The Preservation and Transmission of Greek in Early England', in Szarmach (1986c), 53–63.
– ed. (1987), *The Old English 'Finding of the True Cross'* (Cambridge).
– (1988), 'Evidence for Knowledge of Greek in Anglo-Saxon England', *ASE* 17: 217–46.
Boer, W.W., ed. (1973), *Epistola Alexandri ad Aristotelem*, Beiträge zur klassischen Philologie 50 (Meisenheim am Glan).
Boese, H. (1966), *Die lateinischen Handschriften der Sammlung Hamilton zu Berlin* (Wiesbaden).
Boffey, J. and A.S.G. Edwards (2005), *A New Index of Middle English Verse* (London).
Bohara, A.M. (1985), 'More than Words Can Reckon: The Rhetoric of Afterlife Descriptions in Anglo-Saxon Poetry and Prose' (unpubl. PhD dissertation, University of Pennsylvania, PA).
Böhmer, H., ed. (1921), *Texte und Forschungen zur englischen Kulturgeschichte. Festgabe für Felix Liebermann zum 20. Juli 1921* (Halle).

Boll, P. (1904), *Die Sprache der altenglischen Glossen im MS. Harley 3376*, Bonner Beiträge zur Anglistik 15 (Bonn).
Bollard, J.K. (1973), 'The Cotton Maxims', *Neophilologus* 57: 179–87.
Bolton, D.K. (1977a), 'The Study of the Consolation of Philosophy in Anglo-Saxon England', *AHDLMA* 44: 33–78.
– (1977b), 'Remigian Commentaries on the *Consolation of Philosophy* and their Sources', *Traditio* 33: 381–94.
Bond, E.A. and E.M. Thompson (1873–83), *The Palaeographical Society: Facsimiles of Manuscripts and Inscriptions. First Series*, 3 vols. (London).
Bonner, G. (1957–9), 'A Misidentified Manuscript', *British Museum Quarterly* 21: 12–13.
– ed. (1976), *Famulus Christi: Essays in Commemoration of the Thirteenth Centenary of the Birth of the Venerable Bede* (London).
– D. Rollason and C. Stancliffe, eds. (1989a), *St Cuthbert, his Cult and his Community to AD 1200* (Woodbridge).
– (1989b), 'St Cuthbert at Chester-le-Street', in Bonner et al. (1989a), 387–95.
Bonser, W. (1963), *The Medical Background of Anglo-Saxon England* (London).
Boone, G.M., ed. (1995), *Essays in Medieval Music in Honor of David G. Hughes* (Cambridge).
Borg, A. and A. Martindale, eds. (1981), *The Vanishing Past. Studies of Medieval Art, Liturgy and Metrology presented to Christopher Hohler*, BAR Internat. Ser. 111 (Oxford).
Borland, C.R. (1916), *A Descriptive Catalogue of the Western Manuscripts in Edinburgh University Library* (Edinburgh).
Bornstein, G. and T. Tinkle, eds. (1998), *The Iconic Page in Manuscript, Print, and Digital Culture* (Ann Arbor, MI).
Borst, A. (2001), *Der karolingische Reichskalender und seine Überlieferung bis ins 12. Jahrhundert*, 3 vols., MGH, Libri memoriales 2 (Hannover).
Bosc-Lauby, A. and A. Notter, eds. (2004), *Lumières de l'an mil en Orléannais: autour du Millénaire d'Abbon de Fleury* (Turnhout).
Bosworth J. and G. Waring, eds. (1865), *The Gothic and Anglo-Saxon Gospels in Parallel Columns with the Versions of Wycliffe and Tyndale by Joseph Bosworth Assisted by George Waring* (London).
Bouet, P. and M. Dosdat, eds. (2005), *Manuscrits et enluminures dans le monde normand (X^e – XVe siècles)*, 2nd ed. (Caen).
Bourque, E. (1949–52), *Étude sur les sacramentaires romains*, 2 vols. (Quebec and Vatican City).
Boutemy, A. (1935), 'Two Obituaries of Christ Church, Canterbury', *EHR* 50: 292–9.

- (1937), 'Notice sur le recueil poétique du ms. Cotton Vitellius A. xii du British Museum', *Latomus* 1: 278–323.
- (1938), 'Le recueil poétique du manuscrit Additional 24199 du British Museum', *Latomus* 2: 30–52.
- (1948), 'Notes de voyages sur quelques manuscrits de l'ancien archdiocèse de Reims', *Scriptorium* 2: 123–9.
- (1966), 'Les feuillets de Damme', *Scriptorium* 20: 60–5.
- (1994–5), 'Le type de l'évangeliste et la lettre ornée dans les évangiles rémois du IXe siècle', *Bulletin de la Société Nationale des Antiquaires de France*, 25–8.

Bower, C.M. (1988), 'Boethius' *De institutione musica*: A Handlist of Manuscripts', *Scriptorium* 42: 205–51.

Boyd, W.J.P. (1975), *Aldred's Marginalia: Explanatory Comments in the Lindisfarne Gospels*, Exeter Medieval Texts and Studies 4 (Exeter).

Boyle, L.E. (1981), 'The Nowell Codex and the Poem of Beowulf', in Chase (1981), 23–32.

Boynton, S. (1999), 'Eleventh Century Continental Hymnaries Containing Latin Glosses', *Scriptorium* 53: 200–51.

Bradley, D.R. (1984), 'Iam dulcis amica uenito', *MLJ* 19: 104–15.
- (1985), 'Carmina Cantabrigiensia 23: Vestiunt silve tenera ramorum', *MÆ* 54: 259–65.

Bradshaw, H. (1889), *The Collected Papers of Henry Bradshaw* (Cambridge).
- (1893), *The Early Collection of Canons known as the Hibernensis: Two Unfinished Papers* (Cambridge).

Bräm, A. (2002), 'Bilder der Liturgie in liturgischen Handschriften bis in ottonische Zeit', in Bock (2002), 141–68.

Branch, B. (1979), 'Inventories of the Library of Fécamp from the 11th and 12th Centuries', *Manuscripta* 23: 159–72.

Brandis, T. et al. (1975), *Zimelien. Abendländische Handschriften des Mittelalters aus den Sammlungen der Stiftung Preussischer Kulturbesitz* (Wiesbaden).

Brandt, S. (1910), 'Über ein Fragment einer Handschrift des Justinus aus der Sammlung E. Fischer in Weinheim', *Neue Heidelberger Jahrbücher* 16: 109–14.

Brantley, J. (1999), 'The Iconography of the Utrecht Psalter and the Old English Descent into Hell', *ASE* 28: 43–63.

Brasington, B.C. and K.G. Cushing, eds. (2008), *Bishops, Texts and the Use of Canon Law around 1100. Essays in Honour of Martin Brett* (Aldershot).

Brechter, S. (1938), 'Versus Simplicii Casinensis abbatis', *RB* 50: 89–135.

Bredehoft, T.A. (2001), *Textual Histories: Readings in the Anglo-Saxon Chronicle* (Toronto).
- (2004), 'The Boundaries between Verse and Prose in Old English Literature', in Lionarons (2004a), 139–72.

- (2006), 'Filling the Margins of CCCC 41: Textual Space and a Developing Archive', *RES* n.s. 57: 721–32.
Breen, A. (1987), 'A New Irish Fragment of the "Continuatio" to Rufinus-Eusebius, *Historia ecclesiastica*', *Scriptorium* 41: 185–204.
- (1992), 'The Liturgical Materials in MS Oxford, Bodleian Library, Auct. F. 4. 32', *Archiv für Liturgiewissenschaft* 34: 121–53.
Breeze, A. (1996a), 'The Provenance of the Rushworth Mercian Gloss', *N&Q* 241: 394–5.
- (1996b), 'The Stockholm Golden Gospels in Seventeenth-Century Spain', *N&Q* 241: 395–7.
Bremmer, R.H., ed. (1998), *Franciscus Junius and His Circle* (Amsterdam).
- et al., eds. (2001), *Rome and the North: The Early Reception of Gregory the Great in Germanic Europe*, Mediaevalia Groningana 4 (Paris).
- (2007), 'The Anglo-Saxon Continental Mission and the Transfer of Encyclopaedic Knowledge', in Bremmer–Dekker (2007), 19–50.
- and K. Dekker, eds. (2007), *Foundations of Learning: The Transfer of Knowledge in the Early Middle Ages* (Leuven).
- (2008), 'The Reception of Defensor's *Liber Scintillarum* in Anglo-Saxon England', in Lendinara (2008), 75–89.
- and K. Dekker, eds. (2010), *Practice in Learning: The Transfer of Encyclopaedic Knowledge in the Early Middle Ages* (Leuven).
Breslau, R. (1997), *Der Nachlass der Brüder Grimm: Katalog*, 2 vols. (Wiesbaden).
Bressie, R., 'Libraries of the British Isles in the Anglo-Saxon Period', in J.W. Thompson (1957), 102–25.
Brett, C. (1991), 'A Breton Pilgrim in England in the Reign of King Æthelstan', in Jondorf–Dumville (1991), 43–70.
Brett, M. (1992), 'The *Collectio Lanfranci* and its Competitors', in *Intellectual Life in the Middle Ages: Essays presented to Margaret Gibson*, eds. L. Smith and B. Ward (1992), 157–74.
- (1995), 'Theodore and the Latin Canon Law', in Lapidge (1995a), 120–40.
Breul, K. (1915), *The Cambridge Songs: A Goliard's Song Book of the XIth Century Edited from the Unique Manuscript in the University Library* (Cambridge).
Briggs, E. (2004), 'Nothing but Names: the Original Core of the Durham *Liber Vitae*', in Rollason et al. (2004), 63–85.
Bright, J.W., ed. (1904–6), *The Gospels in West-Saxon*, 4 vols. (London).
British Library Catalogue of Illuminated Manuscripts (2004–) [on-line catalogue].
Brock, S. (1995), 'The Syriac Background', in Lapidge (1995a), 30–53.

Broderick, H.R. (1983), 'Observations on the Method of Illustration in MS Junius 11 and the Relationship of the Drawings to the Text', *Scriptorium* 37: 161–77.
- (2011), 'The Veil of Moses as Exegetical Image in the Illustrated Old English Hexateuch (London, BL, Cotton Ms. Claudius B. iv)', in Hourihane (2011), 271–86.

Brommer, P., ed. (1984), MGH, *Capitula episcoporum* I (Hannover).

Bromwich, J. (1950), 'Who was the Translator of the Prose Portion of the Paris Psalter', in C. Fox and B. Dickins, eds., *The Early Cultures of North-West Europe: H.M. Chadwick Memorial Studies* (Cambridge, 1950), 289–303.

Brøndsted, J. (1924), *Early English Ornament. The Sources, Development and Relation to Foreign Styles of Pre-Norman Ornamental Art in England* (Copenhagen).

Brooke, C.N.L. (1967), 'Archbishop Lanfranc, the English Bishops and the Council of London of 1075', *Studia Gratiani* 12 [= *Collectanea Stephan Kuttner* 2], 40–59.

Brooke, Z.N. (1931), *The English Church and the Papacy from the Conquest to the Reign of John* (Cambridge [repr. 1952]).

Brooks, K.R., ed. (1961), *Andreas and the Fates of the Apostles* (Oxford).

Brooks, N.P. (1971), 'The Development of Military Obligations in Eighth- and Ninth-Century England', in Clemoes—Hughes (1971), 69–84.
- ed. (1982), *Latin and the Vernacular Languages in Early Medieval Britain* (Leicester).
- (1984), *The Early History of the Church of Canterbury: Christ Church from 597 to 1066* (Leicester).
- and C. Cubitt, eds. (1996), *St Oswald of Worcester: Life and Influence* (London).
- (2008), 'An Early Boundary of the Dioceses of Canterbury and Rochester', in *A Commodity of Good Names: Essays in Honour of Margaret Gelling*, eds. O.J. Padel and D.N. Parsons (Donington, 2008), 28–43.

Brotanek, R. (1913), *Texte und Untersuchungen zur altenglischen Literatur und Kirchengeschichte* (Halle).

Brown, A.K., ed. (1969), 'The Epinal Glossary. Edition with Critical Commentary', 2 vols. (unpubl. PhD dissertation, Stanford University, CA).
- (1992), 'Toward Unifying the Corpus of Old English Glossaries', in Derolez (1992), 97–114.

Brown, D. (1982), *The Lichfield Gospels* (London).

Brown, G.H. (1987), 'Solving the "Solve" Riddle in B.L. MS Harley 585', *Viator* 18: 45–52.

- (2009), 'The St Petersburg Bede: Sankt-Peterburg, Publichnaja Biblioteka, MS. lat. Q. V. I. 18', in *Anglo-Saxons and the North. Essays reflecting the Theme of the 10th Meeting of the International Society of Anglo-Saxonists in Helsinki, August 2001*, ed. M. Kilpiö, L. Kahlas-Tarkka, J. Roberts and O. Timofeeva (Tempe, AZ, 2009), 121–9.
- and L.E. Voigts, eds. (2010), *The Study of Medieval Manuscripts of England: Festschrift in Honor of Richard W. Pfaff*, MRTS 384 (Tempe, AZ, 2010).

Brown, L.E.G. (1904), 'Two Pages of an Anglo-Saxon Service Book', *Transactions of the Bristol and Gloucestershire Archaeological Society* 27: 207–8.

Brown, K.L. and R.J.H. Clark (2004a), 'The Lindisfarne Gospels and two other 8th century Anglo-Saxon/Insular Manuscripts: Pigment Identification by Raman Microscopy', *Journal of Raman Spectroscopy* 35: 4–12.
- and R.J.H. Clark (2004b), 'Analysis of Key Anglo-Saxon Manuscripts (8–11th centuries) in the British Library: Pigment Identification by Raman Microscopy', *Journal of Raman Spectroscopy* 35: 181–9.

Brown, M.P. (1986), 'Paris, B. N., lat. 10861 and the Scriptorium of Christ Church, Canterbury', *ASE* 15: 119–37.
- (1989a), 'The Lindisfarne Scriptorium from the Late Seventh to the Early Ninth Century', in Bonner et al. (1989a), 151–64.
- (1989b), 'A New Fragment of a Ninth-Century English Bible', *ASE* 18: 33–43.
- (1989c), Review of N. Barker (1986), *The Book Collector* 38: 551–5.
- (1990), *A Guide to Western Historical Scripts from Antiquity to 1600* (London).
- (1991), *Anglo-Saxon Manuscripts* (London).
- (1993), 'Cambridge University Library, Manuscript Ll. I. 10. The Book of Cerne' (unpubl. PhD dissertation, University of London).
- (1994), 'Echoes: The Book of Kells and Southern English Manuscript Production', in O'Mahony (1994), 333–43.
- (1996), *The Book of Cerne. Prayer, Patronage and Power in Ninth-Century England* (London).
- (1997), '*Explicit*: The Book of Cerne and the Culmination of the Insular Tradition', *OEN* 30.3: A 34.
- (2000), *In the Beginning was the Word: Books and Faith in the Age of Bede*, Jarrow Lecture (Jarrow on Tyne).
- and C.A. Farr, eds. (2001a), *Mercia: An Anglo-Saxon Kingdom in Europe* (London).
- (2001b), 'Mercian Manuscripts? The Tiberius Group and Its Historical Context', in Brown—Farr (2001a), 278–91.
- (2001c), 'Female Book-Ownership and Production in Anglo-Saxon England: The Evidence of the Ninth-Century Prayerbooks', in Kay—Sylvester (2001), 45–67.

- (2002), *Das Buch von Lindisfarne: Cotton MS Nero D. iv der British Library London*, 3 vols. (Lucerne) [facsimile].
- (2003a), *Painted Labyrinth: The World of the Lindisfarne Gospels* (London).
- (2003b), 'House Style in the Scriptorium: Scribal Reality and Scholarly Myth', in Karkov—Brown (2003), 131–50.
- (2003c), *The Lindisfarne Gospels. Society, Spirituality and the Scribe* (London) [includes CD-ROM].
- (2004), 'Fifty Years of Insular Palaeography, 1953–2003: An Outline of Some Landmarks and Issues', *Archiv für Diplomatik* 50: 277–325.
- (2007a), *Manuscripts from the Anglo-Saxon Age* (London).
- (2007b), 'The Barberini Gospels: Context and Intertextual Relationship', in Minnis—Roberts (2007), 89–116.
- (2007c), 'An Early Outbreak of "Influenza"? Aspects of Influence, Medieval and Modern', in Lowden—Bovey (2007), 1–10.
- (2007d), 'The Lichfield Angel and the Manuscript Context: Lichfield as a Centre of Insular Art', *Journal of the British Archaeological Association* 160: 8–19.
- (2008), 'The Lichfield/Llandeilo Gospels Reinterpreted', in Kennedy—Meecham-Jones (2008), 57–70.
- (2010), 'The MacDurnan Gospels', in *Lambeth Palace Library. Treasures from the Collections of the Archbishops of Canterbury*, eds. R. Palmer and M.P. Brown (London, 2010), 28–31.
- (2011a), *The Lindisfarne Gospels and the Early Medieval World* (London).
- (2011b), 'Southumbrian Book Culture: The Interface between Insular and Anglo-Saxon', in Hourihane (2011), 31–42.
- (2012), 'Writing in the Insular World', in R. Gameson (2012), 121–66.

Brown, P.R. and C.R. Crampton, eds. (1986), *Modes of Interpretation in Old English Literature. Essays in Honour of Stanley B. Greenfield* (Toronto).

Brown, R. and D. Yerkes (1981), 'A Sermon on the Birthday of St Machutus', *AB* 99: 160–4.

Brown, T.J. (1959), 'The St Ninian's Isle Silver Hoard: the Inscriptions', *Antiquity* 33: 250–5 [repr. T.J. Brown (1993a), 245–51].
- (1959-63), 'Latin Palaeography since Traube: Inaugural Address in the Chair of Palaeography, London', *TCBS* 3: 361–81 [repr. T.J. Brown (1993a), 17–37, 263–8].
- ed. (1969a), *The Durham Ritual: A Southern English Collectar of the Tenth Century with Northumbrian Additions. Durham Cathedral Library A.IV.19*, EEMF 16 (Copenhagen).
- ed. (1969b), *The Stonyhurst Gospel of St John*, Roxburghe Club (Oxford) [facsimile].

- (1972), 'Northumbria and the Book of Kells', *ASE* 1: 219–46 [repr. T.J. Brown (1993a), 97–124, 270–6].
- (1974), 'The Distribution and Significance of Membrane Prepared in the Insular Manner', in Glénisson (1974), 127–35 [repr. T.J. Brown (1993a), 125–39, 276].
- (1975), 'An Historical Introduction to the Use of Classical Latin Authors in the British Isles from the 5th to the 11th Century', *Settimane* 22: 237–99 [repr. T.J. Brown (1993a), 144–77, 276–84].
- (1976), 'The Manuscript and the Handwriting', in Biddle (1976a), 520–2.
- (1980), 'Late Antique and early Anglo-Saxon Books', in De La Mare—Barker-Benfield (1980), 9–14.
- (1982), 'The Irish Element in the Insular System of Scripts to circa AD 850', in Löwe (1982) 101–19 [repr. T.J. Brown (1993a), 201–20, 284–7].
- (1984), 'The Oldest Irish Manuscripts and their Late Antique Background', in Ní Chatháin—Richter (1984), 311–27 [repr. T.J. Brown (1993a), 221–41, 287].
- and T.W. Mackay (1988), *Codex Vaticanus Palatinus latinus 235. An Early Insular Manuscript of Paulinus of Nola*, Armarium codicum insignium 4 (Turnhout) [facsimile].
- (1989), 'Palaeography: An Overview', in Loyn (1989) 57–9, 162–4, 217–19 [repr. T.J. Brown (1993a), 51–9, 268].
- (1993a), *A Palaeographer's View. The Selected Writings of Julian Brown*, ed. J. Bately et al. (London).
- (1993b), 'Tradition, Imitation and Invention in Insular Handwriting of the Seventh and Eighth Centuries', unpubl. Chambers Memorial Lecture, London 1978–79, in T.J. Brown (1993a), 179–200, 284.

Brown, V. (2007), 'Palimpsested Texts in Beneventan Script: A Handlist with some Identifications', in Declerq (2007), 99–145.

Brownbill, J. (1925), 'The Tribal Hidage', *EHR* 40: 497–503.

Browne, A.C. (1988), 'Bishop William of St. Carilef's Book Donations to Durham Cathedral Priory', *Scriptorium* 42: 140–55.

Brownrigg, L.L. (1978), 'Manuscripts containing English Decoration 871–1066, Catalogued and Illustrated: A Review', *ASE* 7: 239–66.
- ed. (1990), *Medieval Book Production: Assessing the Evidence* (Los Altos Hills, CA).
- and M.M. Smith, eds. (2000), *Interpreting and Collecting Fragments of Medieval Books* (Los Altos Hills, CA, and London).

Bruce-Mitford, R. (1967), *The Art of the Codex Amiatinus*, Jarrow Lecture (1967) [also publ. in *Journal of the British Archaeological Association*, 3rd ser. 32 (1969) 1–25].

- (1989), 'The Durham-Echternach Calligrapher', in Bonner et al. (1989a), 175–88.
- Brückmann, J. (1973), 'Latin Manuscript Pontificals and Benedictionals in England and Wales', *Traditio* 29: 391–458.
- Brugnoli, G. and M. Buonocore, eds. (2002), *Hermeneumata Vaticana (Cod. Vat. Lat. 6925)*, Studi e Testi 410 (Rome).
- Brühl, C. (1892), *Die Flexion des Verbums in Ælfrics Heptateuch und Buch Hiob* (Dr. phil. dissertation, University of Marburg).
- Brunhölzl, F. (1975), *Geschichte der lateinischen Literatur des Mittelalters*, I: *Von Cassiodor bis zum Ausklang der karolingischen Erneuerung* (Munich).
- Bruni, S., ed. (1997), *Alcuino. De Orthographia* (Florence).
- Brunius, J. (2000), 'Medieval Manuscript Fragments in Sweden: A Catalogue Project', in Brownrigg—Smith (2000), 157–66.
- ed. (2005), *Medieval Book Fragments in Sweden. An International Seminar in Stockholm, 13–16 November 2003* (Stockholm).
- Brunner, I.A., ed. (1965), 'The Anglo-Saxon Translation of the Distichs of Cato', (unpubl. PhD dissertation, Columbia University, NY).
- Brunner, Karl (1960–2), *Die Englische Sprache. Ihre geschichtliche Entwicklung*, 2 vols., 2nd rev. ed. (Tübingen).
- (1965), *Altenglische Grammatik: Nach der angelsächsischen Grammatik von Eduard Sievers*, 3rd rev. ed. (Tübingen).
- Brunner, K. and G. Jaritz, eds. (2003), *Text als Realie. Internationaler Kongress, Krems an der Donau, 3. bis 6. Oktober 2000* (Vienna).
- Bruno, V.A. (2001), 'The St Petersburg Gospels and the Sources of Southumbrian Art', in Redknap (2001), 179–90.
- Buchholz, R. (1890), *Die Fragmente der 'Rede der Seele an den Leichnam' in zwei Handschriften zu Worcester und Oxford*, Erlanger Beiträge zur Englischen Philologie 6 (Erlangen).
- Buckalew, R.E. (1978), 'Leland's Transcript of Ælfric's Glossary', *ASE* 7: 149–64.
- (1982), 'Nowell, Lambarde, and Leland: The Significance of Laurence Nowell's Transcript of Ælfric's Grammar and Glossary', in Berkhout—Gatch (1982), 19–50.
- Budny, M. (1984), 'British Library Manuscript Royal 1 E.vi: The Anatomy of an Anglo-Saxon Bible Fragment' (unpubl. PhD dissertation, University of London).
- (1991) '*Canterbury at Corpus*: An Exhibition of Manuscripts from St Augustine's Abbey, Canterbury, to Mark the Enthronement of the 103rd Archbishop in April 1991, Selected, with Texts and Photographs by M. Budny', The Parker Library, Corpus Christi College Cambridge (Cambridge).
- (1992), '"St Dunstan's Classbook" and its Frontispiece: Dunstan's Portrait and Autograph', in Ramsay et al. (1992), 103–43.

- (1993), 'Worcester Manuscripts at Corpus Christi College, Cambridge: a Report on Recent Research', *OEN* 26.3: 22–36.
- and T. Graham (1993), 'Dunstan as Hagiographical Subject or Osbern as Author? The Scribal Portrait in an Early Copy of Osbern's *Vita Sancti Dunstani*', *Gesta* 32: 83–96.
- (1997), *Insular, Anglo-Saxon and Early Anglo-Norman Manuscript Art at Corpus Christi College, Cambridge: an Illustrated Catalogue*, 2 vols. (Kalamazoo, MI).
- (1999), 'The Biblia Gregoriana', in R. Gameson (1999b), 237–85.

Buescu, V., ed. (1941), *Cicéron. Les Aratea* (Paris; repr. Hildesheim, 1966).

Bülbring, K.D. (1902), *Altenglisches Elementarbuch, Teil 1* (Heidelberg).

Bullough, D.A. (1972), 'The Educational Tradition in England from Alfred to Ælfric: Teaching *utriusque linguae*', *Settimane* 19: 453–94 [repr. in Bullough, *Carolingian Renewal: Sources and Heritage* (Manchester, 1991), 297–334].
- (1975), 'The Continental Background of the Reform', in Parsons (1975), 20–36, 210–14.
- (1977), 'Roman Books and Carolingian *Renovatio*', *Studies in Church History* 14: 23–50.
- (1983), 'Alcuin and the Kingdom of Heaven: Liturgy, Theology, and the Carolingian Age', in *Carolingian Essays*, ed. U.-R. Blumenthal (Washington, DC), 1–69.
- (1991), *Carolingian Renewal: Sources and Heritage* (Manchester).
- (1996), 'St Oswald: Monk, Bishop and Archbishop', in Brooks—Cubitt (1996), 1–22.
- (1998a), 'A Neglected Early-Ninth-Century Manuscript of the Lindisfarne *Vita S. Cuthberti*', *ASE* 27: 105–37.
- (1998b), 'Alcuin's Cultural Influence: The Evidence of the Manuscripts', in Houwen—MacDonald (1998), 1–26.
- (2003a), 'Charlemagne's Court Library Revisited', *Early Medieval Europe* 12: 339–63.
- (2003b), 'York, Bede's Calendar and a pre-Bedan English Martyrology', *AB* 121: 329–55.
- (2004), *Alcuin: Achievement and Reputation (being Part of the Ford Lectures delivered in Oxford in Hilary Term 1980)*, Education and Society in the Middle Ages and Renaissance 16 (Leiden).

Bunte, B., ed. (1875), *Hygini Astronomica ex codicibus a se primum collatis: Accedunt prolegomena, commentarius, excerpta ex codicibus, index, epimetron* (Leipzig).

Burchfield, R. (1953), 'A Source of Scribal Error in Early Middle English Manuscripts' *MÆ* 22: 10–17.

Burlin, R.B. and E.B. Irving, eds. (1974), *Old English Studies in Honour of John C. Pope* (Toronto, and Buffalo, NY).

Burn, A.E., ed. (1909), *Facsimiles of the Creeds from Early Manuscripts*, HBS 36 (London).

Burnell, S. and E. James (1999), 'The Archaeology of Conversion on the Continent in the Sixth and Seventh Centuries: Some Observations and Comparisons with Anglo-Saxon England', in R. Gameson (1999b), 83–107.

Burnett, C. (1992), 'The Prognostications of the Eadwine Psalter', in M. Gibson (1992), 165–7.

Bursill-Hall, G.L. (1981), *A Census of Medieval Latin Grammatical Manuscripts*, Grammatica Speculativa 4 (Stuttgart).

Burton, P. (2000), *The Old Latin Gospels: A Study of Their Texts and Language* (Oxford).

Busch, W., ed. (1978), *Kunst als Bedeutungsträger. Gedenkschrift für Günter Bandmann* (Berlin).

Bussières, M. (2007), 'The Controversy about Scribe C in British Library, Cotton MSS, Julius E. vii', *LSE* 38: 53–72.

Butcher, C.A. (2003), 'Recovering Unique Ælfrician Texts Using the Fiber Optic Light Cord: Pope XVII in London, BL Cotton Vitellius C. v', *OEN* 36.3: 13–22.

Butler, R.M. (2004), 'Glastonbury and the Early History of the Exeter Book', in Lionarons (2004a), 173–216.

Buzwell, G. (2005), *Saints in Medieval Manuscripts* (London).

Bzdyl, D.G. (1977), 'The Sources of Ælfric's Prayers in Cambridge University Library MS Gg.3.28', *N&Q* 222: 98–102.

Cahn, W. and J. Marrow (1978), 'Medieval and Renaissance Manuscripts at Yale: A Selection', *Yale University Library Gazette* 52: 173–284.

Caie, G.D. (1979), *Bibliography of Junius XI MS with an Appendix on Caedmon's Hymn*, Anglica et Americana 6 (Copenhagen).

– ed. (2000), *The Old English Poem 'Judgement Day II'*, AST 2 (Cambridge).

Cain, C. (2009), 'Sacred Words, Anglo-Saxon Piety, and the Origins of the *Epistola Salvatoris* in London, British Library, Royal 2. A. XX', *JEGP* 108: 168–89.

Calder, D.G. and M.J.B. Allen, eds. (1976), *Sources and Analogues of Old English Poetry, I: The Major Latin Texts in Translation* (Cambridge).

Caldini Montanari, R. (2002), *Tradizione medievale ed edizione critica del 'Somnium Scipionis'* (Florence).

Caldwell, J. (1998), 'Winchester Troper', *Die Musik in Geschichte und Gegenwart. Allgemeine Enzyklopädie der Musik. Sachteil*, 2nd ed. (Kassel) IX, 2047–8.

Callison, T. C. (1973), 'An Edition of Previously Unpublished Anglo-Saxon Homilies in MSS CCCC 302 and Cotton Faustina A. ix' (unpubl. PhD dissertation, University of Wisconsin).
Cameron, A.F. (1973), 'A List of Old English Texts', in Frank—Cameron (1973), 25–306.
– (1974), 'Middle English in Old English Manuscripts', in Rowland (1974), 218–29.
Cameron, M.L. (1983), 'The Sources of Medical Knowledge in Anglo-Saxon England', *ASE* 11: 135–55.
– (1984), 'Bald's Leechbook: Its Sources and their Use in its Compilation', *ASE* 12: 153–82.
– (1993), *Anglo-Saxon Medicine*, CSASE 7 (Cambridge).
– (1996), 'Bald's *Leechbook* and Cultural Interactions in Anglo-Saxon England', *ASE* 19: 5–12.
Camille, M. (1987), 'Labouring for the Lord: The Ploughman and the Social Order in the Luttrell Psalter', *Art History* 10: 423–54.
Campbell, A., ed. (1950), *Frithegodi Monachi Breviloquium Vitae Beati Wilfredi et Wulfstani Cantoris Narratio Metrica De Sancto Swithuno* (Zurich).
– ed. (1953), *The Tollemache Orosius: British Museum Additional Manuscript 47967*, EEMF 3 (Copenhagen).
– (1955), Review of *The Life of St. Chad: An Old English Homily edited with Introduction, Notes, Illustrative Texts and Glossary*, by R. Vleeskruyer, *MÆ* 24: 52–6.
– (1959), *Old English Grammar* (Oxford).
– ed. (1962), *The Chronicle of Æthelweard* (London).
– (1967a), 'The Glosses', in D.H. Wright (1967), 81–92.
– ed. (1967b), *Æthelwulf De Abbatibus* (Oxford).
– and S. Keynes, eds. (1998), *Encomium Emmae Reginae* (Cambridge).
Campbell, A.P., ed. (1974), *The Tiberius Psalter: Edited from British Museum MS Cotton Tiberius C. vi* (Ottawa).
Campbell, J.J. (1955), 'The Harley Glossary and "Saxon Patois"', *PQ* 34: 71–4.
– ed. (1959), *The Advent Lyrics of the Exeter Book* (Princeton).
– (1963), 'Prayers from MS Arundel 155', *Anglia* 81: 82–117.
Campbell, J. (1978), 'England, France, Flanders and Germany: Some Comparisons and Corrections', in D. Hill (1978), 255–70.
– E. John and P. Wormald, eds. (1991a), *The Anglo-Saxons* (London).
– (1991b), 'The First Christian Kings', in Campbell et al. (1991a), 45–69.
Campos Villanova, X. (1996), 'The Busy Ups and Downs of an Anglo-Saxon *Codex Aureus* in the Spain of the Habsburgs', *SELIM* 6: 42–8.
Canellis, A., ed. (2000), *S. Hieronymi Presbyteri Opera* III. 4: *Altercatio Luciferiani et Orthodoxi*, CCSL 79 B (Turnhout).

Carey, F.M. (1938), 'The Scriptorium of Reims during the Archbishopric of Hincmar (845–882 A.D.)', in *Classical and Mediaeval Studies in Honor of Edward Kennard Rand, presented upon the Completion of his Fortieth Year of Teaching*, ed. L.W. Jones (New York), 41–60.

Carley, J.P. (1986), 'John Leland and the Contents of English Pre-Dissolution Libraries: Glastonbury Abbey', *Scriptorium* 40: 107–20.

– (1986-8), 'John Leland and the Contents of English Pre-Dissolution Libraries: Lincolnshire', *TCBS* 9: 330–57.

– (1987), 'Two Pre-Conquest Manuscripts from Glastonbury Abbey', *ASE* 16: 197–212.

– and A. Dooley (1991), 'An Early Irish Fragment of Isidore of Seville's *Etymologiae*', in L. Abrams and J.P. Carley, eds., *The Archaeology and History of Glastonbury Abbey: Essays in Honour of the Ninetieth Birthday of C.A. Ralegh Radford* (Woodbridge, 1991), 135–61.

– (1994), 'More Pre-Conquest Manuscripts from Glastonbury Abbey', *ASE* 23: 265–81.

– and C.G.C. Tite, eds. (1997a), *Books and Collectors 1200–1700: Essays presented to Andrew Watson* (London).

– (1997b), 'The Royal Library as a Source for Sir Robert Cotton's Collection: A Preliminary List of Acquisitions', in C.J. Wright (1997), 208–29 [repr. from *BLJ* 18 (1992) 52–73].

– (2002), '"A great gatherer of books": Archbishop Bancroft's Library at Lambeth (1610) and its Sources', *Lambeth Palace Library Annual Review* 2001 (n.d. [2002]), 51–64.

– and P. Petitmengin (2004), 'Pre-Conquest Manuscripts from Malmesbury Abbey and John Leland's Letter to Beatus Rhenanus concerning a Lost Copy of Tertullian's Works', *ASE* 33: 195–223.

Carlson, I., ed. (1975), *The Pastoral Care: Edited from British Museum Ms. Cotton Otho B.ii, Part I: Ff.1-25va/4*, Stockholm Studies in English. Acta Universitatis Stockholmiensis 34 (Stockholm).

– ed. (1978), *The Pastoral Care: Edited from British Museum MS Cotton Otho B.ii, Part II: Ff. 25va/4-end*, completed by L.-G. Hallander et al., Stockholm Studies in English. Acta Universitatis Stockholmiensis 48 (Stockholm).

Caro, G. (1898), 'Die Varianten der Durhamer HS. und des Tiberius-Fragments der ae. Prosa-Version der Benediktinerregel und ihr Verhältnis zu den übrigen HSS.', *EStn* 24: 161–76.

Caron, W.J.H. (1963), 'Het Taalspel van de *Probatio Pennae*', *Tijdschrift voor Nederlandse Taal- en Letterkunde* 79: 253–70.

Cary, G. (1956), *The Medieval Alexander* (Cambridge).

Casaceli, F., ed. (1974), *Foca: Ars de nomine et verbo* (Naples).

Casaretto, F.M., ed. (1997), *Teodulo: Ecloga. Il canto della verità e della menzogna* (Florence).
Cassidy, B. and R. Muir Wright, eds. (2000), *Studies in the Illustration of the Psalter* (Stamford).
Cassidy, F.G. and R. Ringler, eds. (1971), *Bright's Old English Grammar and Reader*, 3rd ed. (New York).
Castaldi, L. (2010), 'La trasmissione e rielaborazione dell'esegesi patristica nella letteratura ibernica delle origini', *Settimane* 57: 393–428.
Catalogue des manuscrits français. Ancien fonds, ed. Bibliothèque Nationale, Départment des manuscrits, 5 vols. (Paris, 1868–1902).
Catalogue of Manuscripts in the Houghton Library, Harvard University, 8 vols. (Alexandria, VA, 1986–7).
Catalogue of the Stowe Manuscripts in the British Museum, 2 vols. (London, 1895–6).
Catalogus codicum hagiographicorum latinorum antiquiorum saeculo XVI qui asservantur in Bibliotheca Nationali Parisiensi, ed. Bollandists, Subsidia Hagiographica 2, 4 vols. (Brussels, 1889–93).
Cavadini, J.C., ed. (1996), *Gregory the Great: A Symposium* (Notre Dame).
Cavallo, G. (1988), 'Le tipologie della cultura nel reflesso delle testimonianze scritte', *Settimane* 34: 467–516.
Cazier, P., ed. (1998), *Isidorus Hispalensis: Sententiae*, CCSL 111 (Turnhout).
Cazzaniga, E., ed. (1948), *S. Ambrosii Mediolanensis episcopi De Virginibus libri tres* (Turin).
– ed. (1954), *S. Ambrosii Mediolanensis episcopi De Virginitate liber unus* (Turin).
Chadbon, J.N. (1993), 'Oxford, Bodleian Library, MSS Junius 85 and 86: An Edition of a Witness to the Old English Homiletic Tradition' (unpubl. PhD dissertation, University of Leeds).
Chadwick, H., ed. (1959), *The Sentences of Sextus. A Contribution to the History of Early Christian Ethics* (Cambridge).
Chadwick, H.M. (1899), 'Studies in Old English', *Transactions of the Cambridge Philological Society* 4: 85–265.
Chamberlin, J., ed. (1982), *The Rule of St Benedict: The Abingdon Copy*, Toronto Medieval Latin Texts 13 (Toronto).
Chambers, R.W., ed. (1912), *Widsith: A Study in Old English Heroic Legend* (Cambridge).
– et al., eds. (1933), *The Exeter Book of Old English Poetry* (London) [facsimile].
Chaplais, P. (1965), 'The Origin and Authenticity of the Royal Anglo-Saxon Diploma', *Journal of the Society of Archivists* 3.2: 48–61 [repr. in Ranger (1973) 28–42].

- (1966), 'The Anglo-Saxon Chancery: From the Diploma to the Writ', *Journal of the Society of Archivists* 3.4: 160–76 [repr. in Ranger (1973) 43–62].
- (1968), 'Some Early Anglo-Saxon Diplomas on Single Sheets: Originals or Copies?', *Journal of the Society of Archivists* 3.7: 315–36 [repr. in Ranger (1973) 63–87].
- (1978), 'The Letter from Bishop Wealdhere of London to Archbishop Brihtwold of Canterbury: The Earliest Original "Letter Close" Extant in the West', in Parkes–Watson (1978) 3–21 [repr. with Addendum in Chaplais (1981a) no. XIV].
- ed. (1981a), *Essays in Medieval Diplomacy and Administration* (London).
- (1981b), 'The Authenticity of the Royal Anglo-Saxon Diplomas of Exeter', in Chaplais (1981a), no. XV [orig. publ. *Bull. of the Inst. of Hist. Research* 39, 1–34].
- (1987), 'William of Saint-Calais and the Domesday Survey', in Holt (1987), 65–77.

Chapman, D. (2002), '*Anima quae pars*: A Tenth-Century Parsing Grammar', *JMLat* 12: 181–204.

Chapman, J. (1908), *Notes on the Early History of the Vulgate Gospels* (Oxford).

Chardonnens, L.S. (2007a), 'Context, Language, Date and Origin of Anglo-Saxon Prognostics', in Bremmer–Dekker (2007), 317–40.
- ed. (2007b), *Anglo-Saxon Prognostics, 900–1100: Study and Texts* (Leiden).
- (2007c), 'London, British Library, Harley 3271: The Composition and Structure of an Eleventh-Century Anglo-Saxon Miscellany', in Lendinara et al. (2007), 3–34.
- (2010), 'Appropriating Prognostics in late Anglo-Saxon England: A Preliminary Source Study', in Bremmer–Dekker (2010), 203–55.

Charles-Edwards, G., and H. McKee (2008), 'Lost Voices from Anglo-Saxon Lichfield', *ASE* 37: 79–89.

Charles-Edwards, T. (1995), 'The Penitential of Theodore and the *Iudicia Theodori*', in Lapidge (1995a), 141–74.
- (2012), 'The Use of the Book in Wales, c. 400–1100', in R. Gameson (2012), 389–405.

Chase, C., ed. (1975), *Two Alcuin Letter-Books*, Toronto Medieval Latin Texts 5 (Toronto).
- ed. (1981), *The Dating of Beowulf*, Toronto OE Series 6 (Toronto).

Chatelain, E. (1901–2), *Uncialis scriptura codicum Latinorum nouis exemplis illustrata* (Paris).

Chavasse, A. (1981), 'L'Épistolier romain du codex de Wurtzbourg', *RB* 91: 280–331.

Chazelle, C. (1997), 'Archbishops Ebo and Hincmar of Reims and the Utrecht Psalter', *Speculum* 72: 1054–77.

- (2003), 'Ceolfrid's Gift to St Peter: The First Quire of the Codex Amiatinus and the Evidence of its Roman Destination', *EME* 12: 129–58.
- (2006), 'Christ and the Vision of God: The Biblical Diagrams of the Codex Amiatinus', in *The Mind's Eye: Art and Theological Argument in the Middle Ages*, ed. J.F. Hamburger and A.-M. Bouché (Princeton, NJ, 2006), 84–111.
- and F. Lifshitz, eds. (2007), *Paradigms and Methods in Early Medieval Studies* (Basingstoke).

Chedzey, J. (2003), 'Manuscript Production in Medieval Winchester', *Reading Medieval Studies* 29: 1–18.

Chibnall, M., ed. (1969–80), *The Ecclesiastical History of Orderic Vitalis*, 6 vols. (Oxford).

Chiesa, P. and L. Pinelli, eds. (1994), *Gli autografi medievali. Problemi paleografici e filologici* (Spoleto).
- (2000), 'Caratteristiche della trasmissione dell' "Historia Langobardorum"', in *Paolo Diacono e il Friuli altomedievale* (Spoleto, 2000), 45–66.
- (2001), 'Varianti d'autore nell'alto medioevo: fra filologia e critica letteraria', *Filologia mediolatina* 8: 1–23.
- and L. Castaldi, eds. (2004), *La trasmissione dei testi latini del medioevo: Te.Tra* I (Florence).
- and L. Castaldi, eds. (2005), *La trasmissione dei testi latini del medioevo: Te.Tra* II (Florence).
- and F. Stella (2005), 'Paulus Diaconus', in Chiesa–Castaldi (2005), 482–506.
- and L. Castaldi, eds. (2008), *La trasmissione dei testi latini del medioevo: Te.Tra* III (Florence).
- and L. Castaldi, eds. (2012), *La trasmissione dei testi latini del medioevo: Te.Tra* IV (Florence).

Christ, K. (1933), *Die Bibliothek des Klosters Fulda im 16. Jahrhundert: Die Handschriften-Verzeichnisse*, Beihefte zum Zentralblatt für Bibliothekswesen 64 (Leipzig).

Chroust, A. (1899–1906), *Monumenta palaeographica: Denkmäler der Schreibkunst des Mittelalters, Series I*, 3 vols. in 24 parts [Lieferungen] (Munich and Leipzig).

Cichoń, K. (2002), 'Tablice kanonów: symbolika dekoracji architektonicznej', *Acta Universitatis Lodziensis, Folia Historica* 74: 87–108.

Cilluffe, G. (1981), *Il Salomone e Saturno in prosa del MS CCCC 422*, Quaderni di filologia germanica 2 (Palermo).

Clark, A.C. (1918a), *The Descent of Manuscripts* (Oxford).
- ed. (1918b), *M. Tulli Ciceronis Orationes* (Oxford).
- ed. (1933), *The Acts of the Apostles* (Oxford).

Clark, C., ed. (1970), *The Peterborough Chronicle, 1070–1154*, 2nd ed. (Oxford).

- (1979), 'Note on a *Life* of Three Thorney Saints', *Proceedings of the Cambridge Antiquarian Society* 69: 45–52.
- (1984), 'British Library Additional MS 40,000 ff. 1v–12r', *ANS* 7: 50–65 [with a codicological appendix by E.M.C. van Houts, 'The Genesis of British Library Additional MS 40,000 ff. 1–12', ibid. 66–8].
- (1987), 'A Witness to Post-Conquest English Cultural Patterns: The *Liber Vitae* of Thorney Abbey', in Simon-Vandenbergen (1987), 73–85.

Clark, J.G., ed. (2007), *The Culture of Medieval English Monasticism*, Studies in the History of Medieval Religion 30 (Woodbridge).

Clarkson, C. (1996), 'Further Studies in Anglo-Saxon and Norman Bookbinding: Board Attachment Methods Re-examined', in *Roger Powell. The Compleat Binder*, ed. J.L. Sharpe, Bibliologia 14 (Turnhout, 1996), 154–214.

Classen, E. and F.E. Harmer, eds. (1926), *An Anglo-Saxon Chronicle from British Museum, Cotton MS., Tiberius B. IV* (Manchester).

Classen, P. (1980), 'Anonymus, normannischer', *LMA* I. 673–4.

Clausen, W.V., ed. (1959), *A. Persi Flacci et D. Iuni Iuvenalis Saturae* (Oxford).

Clayton, M. (1984), 'Feasts of the Virgin in the Liturgy of the Anglo-Saxon Church', *ASE* 13: 209–33.
- (1985), 'Homiliaries and Preaching in Anglo-Saxon England', *Peritia* 4: 207–42.
- (1986), '*Assumptio Mariae*: An Eleventh-Century Latin Poem from Abingdon', *AB* 104: 419–26.
- (1990), *The Cult of the Virgin Mary in Anglo-Saxon England*, CSASE 2 (Cambridge).
- and H. Magennis, eds. (1994), *The Old English Lives of St Margaret*, CSASE 9 (Cambridge).
- (2002), 'An Edition of Ælfric's *Letter to Brother Edward*', in Treharne–Rosser (2002), 263–83.
- (2005), 'Ælfric's *De auguriis* and Cambridge, Corpus Christi College 178', in O'Brien O'Keeffe–Orchard (2005) II, 376–94.
- (2007), 'Letter to Brother Edward', *OEN* 40.3: 31–46.
- (2008), 'The Old English *Promissio regis*', *ASE* 37: 91–150.

Clement, R.W. (1984a), 'A Handlist of Manuscripts containing Gregory's *Regula Pastoralis*', *Manuscripta* 28: 33–44.
- (1984b), 'Codicological Considerations in the *Beowulf* Manuscript', *Proceedings of the Illinois Medieval Association* 1: 13–27.
- (1985a), 'King Alfred and the Latin Manuscripts of Gregory's *Regula Pastoralis*', *Journal of the Rocky Mountain Medieval and Renaissance Association* 6: 1–13.
- (1985b), 'Two Contemporary Gregorian Editions of Pope Gregory the Great's *Regula pastoralis* in Troyes MS 504', *Scriptorium* 39: 89–97.

- (1986), 'The Production of the *Pastoral Care*: King Alfred and his Helpers', in Szarmach (1986b), 129–52.
- (1989), 'An Anglo-Saxon Fragment at the Folger Shakespeare Library', *OEN* 22.2: 56–7.

Clemoes, P. (1952), *Liturgical Influence on Punctuation in Late Old English and Early Middle English Manuscripts*, Department of Anglo-Saxon Occasional Papers 1 (Cambridge).
- ed. (1959a), *The Anglo-Saxons: Studies in Some Aspects of their History and Culture Presented to Bruce Dickins* (London).
- (1959b), 'The Chronology of Ælfric's Works', in Clemoes (1959a), 212–47.
- (1960), 'The Old English Benedictine Office, Corpus Christi College, Cambridge, MS 190, and the Relations between Ælfric and Wulfstan: A Reconsideration', *Anglia* 78: 265–83.
- and K. Hughes, eds. (1971), *England before the Conquest: Studies in Primary Sources Presented to Dorothy Whitelock* (Cambridge).
- (1974), 'The Composition of the Old English Text', in Dodwell–Clemoes (1974), 42–53.
- (1980), *The Chronology of Ælfric's Works*, OEN Subsidia 5 (Binghampton, NY, 1980) [repr. of Clemoes (1959b)].
- (1985), *Manuscripts from Anglo-Saxon England. An Exhibition in the University Library Cambridge to Mark the Conference of the International Society of Anglo-Saxonists, August 1985* [privately printed].
- (1994a), 'History of the Manuscript' and 'Punctuation', rev. ed. in Richards (1994), 345–64 [orig. publ. in Eliason (1965), 28–35 and 24–5].
- (1994b), 'The Production of an Illustrated Version', in Richards (1994), 365–73 [orig. publ. in Dodwell–Clemoes (1974), 54–8].
- ed. (1997), *Ælfric's Catholic Homilies. The First Series. Text*, EETS s.s. 17 (Oxford).

Clover, H. and M. Gibson, eds. (1979), *The Letters of Lanfranc, Archbishop of Canterbury* (Oxford).

Clubb, M.D., ed. (1925), *Christ and Satan: An Old English Poem* (New Haven, CT).

Coates, R. (1997), 'The Scriptorium of the Mercian Rushworth Gloss: A Bilingual Perspective', *N&Q* 242: 453–8.

Coatsworth, E. (1989), 'The Pectoral Cross and Portable Altar from the Tomb of St Cuthbert', in Bonner et al. (1989a), 287–301.
- (2006), 'Inscriptions on Textiles Associated with Anglo-Saxon England', in Rumble (2006a), 71–95.

Cochiarelli, J.J. (1986), 'The Old English Version of the Enlarged Rule of St Chrodegang' (unpubl. PhD dissertation, Fordham University, NY).

Cochrane, L.E. (2007), '"The Wine in the Vines and the Foliage in the Roots": Representations of David in the Durham Cassiodorus', *Studies in Iconography* 28: 23–50.

Cockayne, T.O., ed. (1864–6), *Leechdoms, Wortcunning, and Starcraft of Early England*, 3 vols., RS 35 (London).

Codoñer, C. (1996), 'Isidore de Séville: Différences et Vocabulaires', in Hamesse (1996), 57–77.

– (2003), 'Un manoscrito escolar del siglo IX: Royal 15. B. XIX', *International Journal on Manuscripts and Text Transmission* 1: 229–45.

Coens, M. (1956), 'Aux origines de la céphalophorie. Un fragment retrouvé d'une ancienne passion de S. Just', *AB* 74: 86–114.

Cohen, A.S. and E.C. Teviotdale (1999), 'The Getty Anglo-Saxon Leaves and New Testament Illustration around the Year 1000', *Scriptorium* 53: 63–81.

Colgrave, B., ed. (1927), *The Life of Bishop Wilfrid* (Cambridge).

– ed. (1940), *Two Lives of Saint Cuthbert* (Cambridge).

– ed. (1956), *Felix's Life of Saint Guthlac* (Cambridge).

– ed. (1958), *The Paris Psalter: MS Bibliothèque Nationale Fonds Latin 8824*, EEMF 8 (Copenhagen).

– and A. Hyde (1962), 'Two Recently Discovered Leaves from Old English Manuscripts', *Speculum* 37: 60–78.

– and R.A.B. Mynors, eds. (1969), *Bede's Ecclesiastical History of the English People* (Oxford).

Colker, M.L. (1965), 'Texts of Jocelyn of Canterbury which Relate to the History of Barking Abbey', *Studia monastica* 7: 383–460.

– (1977), 'A Hagiographic Polemic', *MS* 34: 60–108.

– (1991), *Trinity College Library Dublin: Descriptive Catalogue of the Medieval and Renaissance Latin Manuscripts*, 2 vols. (Aldershot).

Collier, W. (2000), 'The Tremulous Hand and Gregory's *Pastoral Care*', in Swan–Treharne (2000a), 195–208.

Collins, M. (2000), *Medieval Herbals. The Illustrative Tradition* (London).

– and S. Raphael (2003), *A Medieval Herbal. A Facsimile of British Library Egerton MS 747* (London).

Collins, R.L. (1960), 'An Ælfric Manuscript Fragment', *Times Literary Supplement* (2 Sept. 1960): 561.

– (1963), 'A Re-examination of the Old English Glosses in the Blickling Psalter', *Anglia* 81: 124–8.

– (1964), 'Two Fragments of Ælfric's Grammar: The Kinship of Ker 384 and Ker 242', *AnM* 5: 5–12.

– and P. Clemoes (1974), 'The Common Origin of Ælfric Fragments at New Haven, Oxford, Cambridge, and Bloomington', in Burlin–Irving (1974), 285–326.

- (1976), *Anglo-Saxon Vernacular Manuscripts in America* (New York).
Committee of Parliament Report on the Cottonian Library (1732): see under *Report*
Conde-Silvestre, J.C. and M. Salvador (2006), 'Old English Studies in Spain: Past, Present and ... Future?', *OEN* 40.1: 38–58.
Condello, E. and G. de Gregorio, eds. (1995), *Scribi e colofoni. Le sottoscrizioni di copisti dalle origini all'avvento della stampa* (Spoleto).
Conn, M.A. (1993), 'The Dunstan and Brodie (Anderson) Pontificals: An Edition and Study' (unpubl. PhD dissertation, Univ. of Notre Dame).
Conner, P.W. (1985), 'The Section Numbers in the *Beowulf* Manuscript', *ANQ* 24: 33–8.
- (1993), *Anglo-Saxon Exeter: A Tenth-Century Cultural History*, Studies in Anglo-Saxon History 4 (Woodbridge).
- (1994), 'The Structure of the Exeter Book Codex (Exeter, Cathedral Library MS 3501)', in Richards (1994), 301–16 [orig. publ. *Scriptorium* 40: 233–42].
- ed. (1996), *The Anglo-Saxon Chronicle: A Collaborative Edition, X: The Abingdon Chronicle: A.D. 956–1066 (MS. C, with reference to BDE)* (Cambridge).
- (2008), 'Parish Guilds and the Production of Old English Literature in the Public Sphere', in Blanton—Scheck (2008), 255–71.
Conrad-O'Briain, H., A.M. D'Arcy, and V.J. Scattergood, eds. (1999), *Text and Gloss: Studies in Insular Learning and Literature presented to Joseph Donovan Pheifer* (Dublin).
Conso, D., ed. (1994), *Mélanges François Kerlouégan*, Annales littéraires de l'Université de Besançon 515 (Paris).
Constantinescu, R. (1974), 'Alcuin et les *Libelli precum* de l'époque carolingienne', *Revue d'histoire de la spiritualité* 50: 17–56.
Conti, A. (2007), 'The Circulation of the Old English Homily in the Twelfth Century: New Evidence from Oxford, Bodleian Library, MS Bodley 343', in Kleist (2007a), 365–402.
Contreni, J.J. (1975), 'Martin Scottus (819–875) and the *Scholica Graecarum glossarum*', *Manuscripta* 19: 70.
- (1978), *The Cathedral School of Laon from 850 to 930: Its Manuscripts and Masters*, Münchener Beiträge zur Mediävistik und Renaissance-Forschung 29 (Munich).
Conservation. An Exhibition of Problems and Materials. The Parker Library, Corpus Christi College, Cambridge (Cambridge, 1985–6).
Cook, A.S. (1898), *Biblical Quotations in Old English Prose Writers* (London).
Cooke, J. (1993), 'The Harley Manuscript 3376: A Study in Anglo-Saxon Glossography' (unpubl. PhD dissertation, Cambridge Univ.).
- (1997a), 'Worcester Books and Scholars and the Making of the Harley Glossary (British Library MS Harley 3376)', *Anglia* 115: 441–68.

- (1997b), 'Problems of Method in Early English Lexicography: The Case of the Harley Glossary', *NM* 98: 241–51.
Coppens, C., A. Derolez, and H. Heymans, eds. (1994), *Codex Eyckensis: An Insular Gospel Book from the Abbey of Aldeneik* (Maaseik).
Corbin, S. (1955), 'Valeur et sens de la notation alphabétique à Jumièges et en Normandie', in *Jumièges* (1955) II, 913–24.
Cordoliani, A. (1955), 'Le plus ancien manuscrit de comput ecclésiastique du fonds de Jumièges', in *Jumièges* (1955) II, 691–702.
Cornelius, R., ed. (1995), 'Die altenglische Interlinearversion zu *De vitiis et peccatis* in der Hs. British Library Royal 7. C. iv' (Dr Phil dissertation, University of Göttingen; published Frankfurt a. M.).
Corona, G. (2002), 'Saint Basil in Anglo-Saxon England', *N&Q* 247: 316–20.
- (2006), *Ælfric's Life of Saint Basil the Great: Background and Context*, AST 5 (Cambridge).
Corrêa, A., ed. (1992), *The Durham Collectar*, HBS 107 (Woodbridge).
- (1993), 'A Mass for St Patrick in an Anglo-Saxon Sacramentary', in Dumville—Abrams (1993a), 245–52.
- (1995), 'Daily Office Books: Collectars and Breviaries', in Pfaff (1995a), 45–60.
- (1996), 'The Liturgical Manuscripts of Oswald's Houses', in Brooks—Cubitt (1996), 285–324.
- (1997), 'St Austroberta of Pavilly in the Anglo-Saxon Liturgy', *AB* 115: 77–112.
- (2008), 'A Mass for St Birinus in an Anglo-Saxon Missal from the Scandinavian Mission-Field', in Barrow—Wareham (2008), 167–88.
Corsano, K. (1987), 'The First Quire of the Codex Amiatinus and the *Institutiones* of Cassiodorus', *Speculum* 41: 3–34.
Courcelle, P. (1939), 'Étude critique sur les commentaires de la Consolation de Boèce', *AHDMLA* 12: 50–140.
- (1967), *La Consolation de Philosophie dans la tradition littéraire. Antecédents et posterité de Boèce* (Paris).
Cowdrey, H.E.J. (1981), 'The Anglo-Norman *Laudes regiae*', *Viator* 12: 37–78.
- (2003), *Lanfranc: Scholar, Monk and Archbishop* (Oxford).
Cowen, A. (2004), '*Byrstas* and *bysmeras*: The Wounds of Sin in the *Sermo Lupi ad Anglos*', in Townend (2004), 397–412.
Cox, B.M. (1995), 'The Book as Relic: The Lindisfarne Gospels and the Politics of Sainthood' (unpubl. PhD dissertation, Stanford University, CA).
Cox, H.L. and V.F. Vanacker, eds. (1986), *Wortes Anst, Verbi Gratia: Donum Natalicium Gilbert A. R. de Smet* (Leuven).
Cox, R.S., ed. (1965), 'The Old English Dicts of Cato and Others' (unpubl. PhD dissertation, Indiana Univ.).
- ed. (1972), 'The Old English Dicts of Cato', *Anglia* 90: 1–42.

Coxe, H.O. (1852), *Catalogus codicum manuscriptorum qui in collegis aulisque Oxoniensibus hodie adservantur* (Oxford).
- (1858–85/1973), *Catalogi codicum manuscriptorum Bibliothecae Bodleianae* [Quarto Catalogues] II. *Laudian Manuscripts*, repr. with corrections and additions, and an historical introduction by R.W. Hunt (Oxford, 1973).
Cramp, R. (1989), 'The Artistic Influence of Lindisfarne within Northumbria', in Bonner et al. (1989a), 213–28.
Craster, H.H.E. (1917–19), 'The Laudian Acts', *The Bodleian Quarterly Record* 2: 288–90.
- (1925), 'St Margaret's Gospel-Book', *The Bodleian Quarterly Record* 4: 202–3.
Crawford, S.J., ed. (1921/1968), *Exameron Anglice or The Old English Hexameron*, Bibliothek der angelsächsischen Prosa 10 (Hamburg, 1921; repr. Darmrstadt, 1968).
- ed. (1922/1969), *The Old English Version of the Heptateuch, Ælfric's Treatise on the Old and New Testament and his Preface to Genesis edited from all existing MSS and Fragments, with the Text of Two Additional Manuscripts transcribed by N.R. Ker* (1969), EETS o.s. 160 (London).
- (1923), 'The Late Old English Notes of MS (British Museum) Cotton Claudius B. iv', *Anglia* 47: 124–35.
- (1928), 'The Worcester Marks and Glosses of the Old English Manuscripts in the Bodleian, together with the Worcester Version of the Nicene Creed', *Anglia* 52: 1–25.
Crick, J. (1987), 'An Anglo-Saxon Fragment of Justinus's *Epitome*', *ASE* 16: 181–96.
- (1997), 'The Case for a West Saxon Minuscule', *ASE* 26: 63–78.
- (2011), 'Script and Sense of the Past in Anglo-Saxon England', in Roberts—Webster (2011), 1–29.
- (2012), 'English Vernacular Script', in R. Gameson (2012), 174–86.
Crivellucci, A., ed. (1914), *Pauli Diaconi Historia Romana* (Rome).
Cross, J.E. (1977), '"Legimus in ecclesiasticis historiis" — A Sermon for All Saints, and its Use in Old English Prose', *Traditio* 33: 105–21.
- (1982), 'Saints' Lives in Old English: Latin Manuscripts and Vernacular Accounts: The *Old English Martyrology*', *Peritia* 1: 38–62.
- and T.D. Hill, eds. (1982), *The Prose Solomon and Saturn and Adrian and Ritheus, edited from the British Library Manuscripts with Commentary*, McMaster Old English Studies and Texts 1 (Toronto).
- (1987), *Cambridge Pembroke College MS 25: A Carolingian Sermonary used by Anglo-Saxon Preachers*, KCLMS 1 (London).
- and A. Brown (1989), 'Literary Impetus for Wulfstan's *Sermo Lupi*', *LSE* 20: 271–91.

- (1990), 'Missing Folios in Cotton MS Nero A. i', *BLJ* 16: 99–100.
- (1991), 'Wulfstan's *De Antichristo* in a Twelfth-Century Worcester Manuscript', *ASE* 20: 203–20.
- (1992a), 'A Newly Identified Manuscript of Wulfstan's "Commonplace Book", Rouen, Bibliothèque Municipale, MS 1382 (U. 109), fols. 173r–198v', *JMLat* 2: 63–83.
- (1992b), '*De festiuitatibus anni* and Ansegisus *Capitularum* [sic] *Collectio* (827) in Anglo-Saxon Manuscripts', *Liverpool Classical Monthly* 17. 8: 119–20
- and T.N. Hall (1993a), 'The Fragments of Homiliaries in Canterbury Cathedral Library MS Add. 127/1 and in Kent, County Archives Office, Maidstone, MS PRC 49/2', *Scriptorium* 47: 186–92.
- and J. Morrish Tunberg, eds. (1993b), *The Copenhagen Wulfstan Collection, Copenhagen Kongelige Bibliotek, Gl. Kgl. Sam. 1595*, EEMF 25 (Copenhagen).
- and A. Brown (1993c), 'Wulfstan and Abbo of Saint-Germain des Prés', *Mediaevalia* 15: 71–91.
- (1993d), 'Atto of Vercelli, *De pressuris ecclesiasticis*, Archbishop Wulfstan, and Wulfstan's "Commonplace Book"', *Traditio* 48: 237–46.
- and A. Hamer (1996a), 'Source-Identification and Manuscript Recovery: The British Library Wulfstan MS Cotton Nero A. i', *Scriptorium* 50: 132–6.
- ed. (1996b), *Two Old English Apocrypha and their Manuscript Source: The Gospel of Nicodemus and the Avenging of the Saviour*, CSASE 19 (Cambridge) [ch. 2 is by J.E. Cross and J.C. Crick].
- (1996c), 'Saint-Omer 202 as the Manuscript Source for the Old English Texts', in Cross (1996b), 82–104.
- and T.N. Hall (1996d), 'Fragments of Alanus of Farfa's Roman Homiliary and Abridgments of Saints' Lives by Goscelin in London, British Library, Harley 652', in *Bright is the Ring of Words. Festschrift für Horst Weinstock zum 65. Geburtstag*, ed. C. Pollner, H. Rohlfing and F.-R. Hausmann (Bonn, 1996), 49–61.
- and J. Crick (1996e), 'The Manuscript: Saint-Omer, Bibliothèque municipale, 202', in Cross (1996b), 10–35.
- and A. Hamer (1997), 'Ælfric's *Letters* and the *Excerptiones Ecgberhti*', in Roberts—Nelson (1997), 5–13.
- and A. Hamer, eds. (1999), *Wulfstan's Canon Law Collection*, AST 1 (Cambridge).

Crowley, J. (1997), 'Greek Interlinear Glosses from the Beginnings of the Monastic Reform in Worcester: British Library, Royal 2.A.xx', *Sacris Erudiri* 37: 133–9.
- (2000), 'Anglicized Word Order in the Old English Continuous Interlinear Glosses in London, British Library, Royal 2.A.xx', *ASE* 29: 123–52.

- (2006), 'Latin Prayers added into the Margins of the Prayerbook British Library, Royal 2. A. xx at the Beginnings of the Monastic Reform in Worcester', *Sacris Erudiri* 45: 223–303.
- Cubbin, G.P., ed. (1996), *The Anglo-Saxon Chronicle: A Collaborative Edition, vol. VI: MS D: A Semi-Diplomatic Edition with Introduction and Indices* (Cambridge).
- Cubitt, C. (1995), *Anglo-Saxon Church Councils, c. 650–c. 850* (London).
- Cucina, C. (2008), *Il 'Seafarer'. La 'navigatio' cristiana di un poeta anglosassone* (Rome).
- Cunningham, I.C. (1973), 'Latin Classical Manuscripts in the National Library of Scotland', *Scriptorium* 27: 64–90.
- Cunningham, M.P., ed. (1966), *Aurelii Prudentii Clementis Carmina*, CCSL 126 (Turnhout).
- Curtius, E.R. (1948), *Europäische Literatur und lateinisches Mittelalter* (Bern).
- Cyrus, V.J., ed. (1968), 'The Tollemach Orosius: Text with Spacing Notation Edited for Computer Analysis' (unpublished PhD dissertation, Univ. of Washington).
- Daly, E.J. (1950), 'An Early Ninth Century Manuscript of Boethius', *Scriptorium* 4: 205–19.
- Daly, L.W. (1982), 'A Greek Palindrome in Eighth-Century England', *American Journal of Philology* 103: 95–7.
- Dance, R. (2004), 'Sound, Fury, and Signifiers; or Wulfstan's Language', in Townend (2004), 29–61.
- Darlington, R.R., ed. (1928), *The Vita Wulfstani of William of Malmesbury*, Camden Society 3rd ser. 40 (London).
- D'Aronco, M.A. (1983), 'Il IV capitolo della *Regula Sancti Benedicti* del ms. Londra, B.M., Cotton Tiberius A. iii', in *feor and neah. Scritti di filologia germanica in memoria di Augusto Scaffidi Abbate*, ed. P. Lendinara and L. Melazzo (Palermo, 1983), 105–28.
- ed. (1988–9), *Studi sulla cultura germanica dei secoli IV–XII in onore di Giulia Mazzuoli Porru* [= *Romanobarbarica* 10] (Rome).
- and M.L. Cameron, eds. (1998), *The Old English Illustrated Pharmacopoeia: British Library Cotton Vitellius C.III*, EEMF 27 (Copenhagen).
- (1999), 'Herbals', in Lapidge et al. (1999), 233–4.
- (2007), 'The Transmission of Medical Knowledge in Anglo-Saxon England: The Voices of Manuscripts', in Lendinara et al. (2007) 35–58.
- (2011), 'Anglo-Saxon Medical and Botanical Texts, Glosses and Glossaries after the Norman Conquest: Continuations and Beginnings, an Overview', in Lendinara et al. (2011), 229–48.
- Davey, W.J. (1979), 'An Edition of the *Regius Psalter* and its Latin Commentary' (unpubl. PhD dissertation, Ottawa Univ.).

- (1987), 'The Commentary of the Regius Psalter: Its Main Source and Influence on the Old English Gloss', *MS* 49: 335–51.
Davidson, C. (1890), 'Differences between the Scribes of *Beowulf*', *MLN* 5: 43–5 [with reply by C.F. McClumpha, *MLN* 5: 123; rejoinder by C. Davidson, *MLN* 5: 189–90].
Davis, G.R.C. (1958), *Medieval Cartularies of Great Britain: A Short Catalogue* (London).
Davis, N. and C. L. Wrenn (1962), *English and Medieval Studies presented to J. R. R. Tolkien on the Occasion of his Seventieth Birthday* (London).
- (1969), 'Another Fragment of Richard Coeur de Lyon', *N&Q* 16: 447–52.
Davis, R.H.C. (1989), 'Bede after Bede', in Harper-Bill (1989), 103–16.
Davril, A., ed. (1995), *The Winchcombe Sacramentary (Orléans, Bibliothèque Municipale 127 [105])*, HBS 109 (Woodbridge).
Dawson, R. MacG. (1969), 'An Edition of the Blickling Homilies' (unpubl. DPhil dissertation, Oxford Univ.).
De Bonis, G.D. (2011), 'Glossing the Adjectives in the Interlinear Gloss to the *Regularis concordia* in London, British Library, Cotton Tiberius A. iii', in Lendinara et al. (2011), 443–73.
De Bonis, M.C. (2007), 'Learning Latin through the *Regula Sancti Benedicti*: The Interlinear Glosses in London, British Library, Cotton Tiberius A. iii', in Lendinara et al. (2007), 187–216.
- (2011), 'The Interlinear Glosses to the *Regula S. Benedicti* in London, British Library, Cotton Tiberius A. iii: A Specimen of a New Edition', in Lendinara et al. (2011), 269–97.
DeBrún, P. and M. Herbert (1986), *Catalogue of Irish Manuscripts in Cambridge Libraries* (Cambridge).
De Bruyne, D. (1923), 'Un feuillet oncial d'une règle de moniales', *RB* 35: 126–8.
Declerq, G. (2007), *Early Medieval Palimpsests*, Bibliologia 26 (Turnhout).
Deegan, M. (1991), 'A Critical Edition of MS B.L. Royal 12.D.xvii: Bald's "Leechbook"' (unpubl. PhD dissertation, Manchester Univ.).
Degenhart, B. (1950), 'Autonome Zeichnungen bei mittelalterlichen Künstlern', *Münchener Jahrbücher der Bildenden Kunst*, 3rd ser. 1: 93–158.
Degering, H. (1921), 'Handschriften aus Echternach und Orval in Paris', in *Aufsätze Fritz Milkau gewidmet*, ed. G. Leyh (Leipzig, 1921), 48–85.
De Hamel, C. (1986), *A History of Illuminated Manuscripts* (Oxford).
- (1987), 'Medieval and Renaissance Manuscripts from the Library of Sir Sydney Cockerell (1867–1962)', *BLJ* 13: 187–210.
- (2004), 'Phillipps Fragments in Tokyo', in Matsuda (2004), 19–44.
Dekeyzer, B. and J. Van der Stock, eds. (2005a), *Manuscripts in Transition: Recycling Manuscripts, Text and Images. Proceedings of the International*

Congress held in Brussels (5–9 November 2002), Corpus of Illuminated Manuscripts 15 (Paris).
- (2005b), 'From Word to Image: The Illustrations of "Religious" Manuscripts throughout the Middle Ages', in Dekeyzer—Van der Stock (2005a), 7–22.

Dekker, K. (2007), 'Anglo-Saxon Encyclopaedic Notes: Tradition and Function', in Bremmer—Dekker (2007), 279–315.
- (2010), 'Eucherius of Lyons in Anglo-Saxon England: The Continental Connections', in Bremmer—Dekker (2010), 147–73.

De La Mare, A.C. and B.C. Barker-Benfield, eds. (1980), *Manuscripts at Oxford: An Exhibition in Memory of Richard William Hunt (1908–1979), Keeper of Western Manuscripts at the Bodleian Library Oxford, 1945–1975, on Themes Selected and Described by some of his Friends* (Oxford).
- (1982–5), 'A Probable Addition to the Bodleian's Holdings of Exeter Cathedral Manuscripts', *BLR* 11: 79–88.

De Lemps, M. and R. Laslier (1978), *Trésors de la Bibliothèque Municipale de Reims* (Reims).

Delen, K.M. et al. (2002), 'The *Paenitentiale Cantabrigiense*: A Witness of the Carolingian Contribution to the Tenth-Century Reforms in England', *Sacris Erudiri* 41: 341–73.

Delisle, L. (1868–81), *Le cabinet des manuscrits de la Bibliothèque Nationale*, 3 vols. (Paris).
- (1876), *Inventaire général et méthodique des manuscrits français de la Bibliothèque Nationale* (Paris).
- (1877), *Bibliotheca Bigotiana Manuscripta* (Paris).
- (1884), 'Notice d'un manuscrit mérovingien de la Bibliothèque royale de Belgique, no. 9850–9852', *Notices et extraits des manuscrits de la Bibliothèque Nationale* 31: 33–47.
- (1886), 'Mémoire sur d'anciens sacramentaires', *Mémoires de l'Académie des inscriptions et belles-lettres* 32: 57–423.
- (1903), 'Vers et écriture d'Ordéric Vital', *Journal des Savants* n.s. 1: 429–35.
- (1910), 'Notes sur les manuscrits autographes d'Orderic Vital', in *Matériaux pour l'édition de Guillaume de Jumièges*, ed. J. Lair (Paris, 1910), 1–46.

Del Lungo Camiciotti, G. (1990), 'Un brano confessionale in inglese antico, Laud misc. 482, ff. 46r–47r', *Aevum* 64: 175–82.

Dell'Era, A. (1979), 'Una rielaborazione dell'Arato latino', *SM* 3rd ser. 20: 269–301.

De Mérindol, C. (1976), *La production des livres peints à l'abbaye de Corbie au XIIe siècle. Étude historique et archéologique*, 3 vols. (Paris).

De Meyier, K.A. (1973), *Codices Vossiani Latini, Pars I: Codices in Folio*, Bibliotheca Universitatis Leydensis Codices manuscripti 13 (Leiden).

- (1975), *Codices Vossiani Latini, Pars II: Codices in Quarto*, Bibliotheca Universitatis Leydensis Codices manuscripti 14 (Leiden).
Denholm-Young, N. (1964), *Handwriting in England and Wales*, 2nd ed. (Cardiff).
Dennery, É., ed. (1968), *Humanisme actif. Mélanges d'art et de littérature offerts à Julien Cain*, 2 vols. (Paris).
Dennison, L., ed. (2001), *The Legacy of M.R. James. Papers from the 1995 Cambridge Symposium* (Donington).
Denucé, J. (1927), *Musaeum Plantin-Moretus: Catalogue des manuscrits* (Antwerp).
Derolez, A. (1994), 'The Manuscript and its History', in Coppens et al. (1994), 17–34.
- and B. Victor, eds. (1997), *Corpus Catalogorum Belgii: The Medieval Booklists of the Southern Low Countries*, 1. *Provincie West-Vlaanderen*, 2nd ed. (Brussels).
Derolez, R. (1954), *Runica manuscripta* (Bruges).
- (1955), 'De Oudengelse Aldhelmglossen in HS. 1650 van de Koninklijke Bibliotheek te Brussel', *Handelingen IX der Zuidnederlandse Maatschappij voor Taal- en Letterkunde en Geschiedenis*: 37–50.
- (1956), 'Aldhelmus Glossatus 2: Zu den Brüsseler Aldhelmglossen', *Anglia* 74: 153–80.
- (1959), 'Aldhelmus Glossatus 3', *ES* 40: 129–34.
- (1960), 'Aldhelmus Glossatus 4: Some *Hapax Legomena* among the Old English Aldhelm Glosses', *Studia Germanica Gandensia* 2: 81–95.
- (1970a), Review of *The Harley Latin-Old English Glossary* by R. T. Oliphant, *ES* 51: 149–51.
- (1970b), 'Some Notes on the *Liber scintillarum* and its Old English Gloss', in *Philological Essays. Studies in Old and Middle English Literature in Honour of Herbert Dean Meritt*, ed. J.L. Rosier (The Hague, 1970), 142–51.
- (1972), 'A New Psalter Fragment with O.E. Glosses', *ES* 53: 401–8.
- (1986), 'Aldhelm im Schulzimmer: einige Bemerkungen zu einer Brüsseler Aldhelmhandschrift', in Cox–Vanacker (1986), 117–27.
- ed. (1992), *Anglo-Saxon Glossography: Papers read at the International Conference (1. International Colloquium on Anglo-Saxon Glossography) held in the Koninklijke Academie voor Wetenschappen, Letteren en Schone Kunsten van België, Brussels, 8 and 9 September 1986* (Brussels).
- (1992a), 'Anglo-Saxon Glossography: A Brief Introduction', in Derolez (1992), 9–43.
De Sainte-Marie, H., ed. (1954), *Sancti Hieronymi Psalterium iuxta Hebraeos*, Collectanea Biblica Latina 11 (Rome).

Deshman, R. (1974), 'Anglo-Saxon Art after Alfred', *Art Bulletin* 56: 176–200.
- (1976), '*Christus rex et magi reges*: Kingship and Christology in Ottonian and Anglo-Saxon Art', *FMS* 10: 367–405.
- (1977), 'The Leofric Missal and Tenth-Century English Art', *ASE* 6: 145–73.
- (1988), '*Benedictus Monarcha et Monachus*. Early Medieval Ruler Theology and the Anglo-Saxon Reform', *FMS* 22: 204–40.
- (1995), *The Benedictional of Æthelwold*, Studies in Manuscript Illumination 9 (Princeton, NJ).
- (1997), 'The Galba Psalter: Pictures, Texts and Context in an Early Medieval Prayerbook', *ASE* 26: 109–38.

Deuffic, J.-L. (1986), 'La production manuscrite des scriptoria bretons (VIIIe–XIe siècles)', in *Landévennec et le monachisme breton dans le haut moyen âge* (Bannalec), 289–321.

De Vregille, B. and L. Neyrand, eds. (1986), *Apponii in Canticum Canticorum Expositio*, CCSL 19 (Turnhout).

De Vriend, H.J., ed. (1972), *The Old English Medicina de Quadrupedibus* (Tilburg).
- ed. (1984), *The Old English Herbarium and Medicina de Quadrupedibus*, EETS o.s. 286 (London).

De Wald, E.T. (1933), *The Illustrations of the Utrecht Psalter* (Princeton, NJ).

Dewick, E.S. (1902), *Facsimiles of Horae de beata Maria virgine from English MSS of the Eleventh Century*, HBS 21 (London).
- and W.H. Frere, eds. (1914–21), *The Leofric Collectar compared with the Collectar of St Wulfstan*, 2 vols., HBS 45, 56 (London).

Díaz y Díaz, M.C. (1953), 'Isidoriana I. Sobre el *Liber de ordine creaturarum*', *Sacris erudiri* 5: 147–66.
- (1959), *Index scriptorum latinorum medii aevi hispanorum* (Madrid).
- ed. (1961), *Isidoriana. Estudios sobre San Isidoro de Sevilla en el XIV centenario de su nacimiento* (Léon).
- ed. (1972), *Liber de ordine creaturarum: un anónimo irlandés del siglo VII* (Santiago de Compostela).

Dickins, B. (1952), *The Genealogical Preface to the Anglo-Saxon Chronicle*, Department of Anglo-Saxon Occasional Papers 2 (Cambridge).
- and A.S.C. Ross, eds. (1954), *The Dream of the Rood*, rev. ed. (London).

Dietrich, F. (1854a), *Indices lectionum et publicarum et privatarum quae in Academia Marburgensi per semestre hibernum inde a d. XXIII m. Oct. MDCCCLIV usque ad d. XV m. Martii a. MDCCCLV habendae proponuntur* (Marburg).
- (1854b), 'Anglosaxonica', in Dietrich (1854a) [without pagination].

Dietz, K. (1968), 'Die Ae. Psalterglossen der Hs. Cambridge, Pembroke College 312', *Anglia* 86: 273–9.

- (1990), 'Die südaltenglische Sonorisierung anlautender Spiranten', *Anglia* 108: 292–313.
- (2001), 'Die frühaltenglischen Glossen der Handschrift, Staatsbibliothek zu Berlin – Preussischer Kulturbesitz, Grimm-Nachlass 132,2 + 139,2', in Bergmann (2001), 147–70.

D'Imperio, F.S. and R. Guglielmetti (2005), 'Alcuinus Eboracensis ep.', in Chiesa—Castaldi (2005), 22–70.
- (2008), 'Le fonti nella "recensio" dei commentari biblici carolingi: Alcuino lettore di Girolamo', *Filologia mediolatina* 15: 18–43.

Dionisotti, A.C. (1982), 'On Bede, Grammars and Greek', *RB* 92: 111–41.
- (1984–5), 'From Stephanus to Du Cange', *Revue d'histoire des textes* 14–15: 305–12.
- (1988), 'Greek Grammars and Dictionaries in Carolingian Europe', in Herren (1988), 1–56.
- (1996), 'On the Nature and Transmission of Latin Glossaries', in Hamesse (1996), 205–52.

Di Sciacca, C. (2007a), 'An Unpublished *ubi sunt* Piece in Wulfstan's "Commonplace Book": Cambridge, Corpus Christi College 190, pp. 94–96', in Lendinara et al. (2007), 217–50.
- (2007b), 'The Manuscript Tradition, Presentation, and Glossing of Isidore's *Synonyma* in Anglo-Saxon England: The Case of CCCC 448, Harley 110, and Cotton Tiberius A. iii', in Bremmer—Dekker (2007), 95–124.
- (2008), *Finding the Right Words: Isidore's Synonyma in Anglo-Saxon England* (Toronto).
- (2010), 'Teaching the Devil's Tricks: Anchorites' *Exempla* in Anglo-Saxon England', in Bremmer—Dekker (2010), 311–45.
- (2011), 'Glossing in late Anglo-Saxon England: A Sample Study of the Glosses in Cambridge, Corpus Christi College 448 and London, British Library, Harley 110', in Lendinara et al. (2011), 299–336.

Doane, A.N., ed. (1978), *Genesis A* (Madison, WI).
- ed. (1991), *The Saxon Genesis: An Edition of the West Saxon Genesis B and the Old Saxon Vatican Genesis* (Madison, WI).
- (1994), 'Editing Old English Oral/Written Texts: Problems of Method (with an Illustrative Edition of Charm 4, *Wið færsticce*)', in Scragg—Szarmach (1994b), 125–45.
- and K. Wolf, eds. (2006), *Beatus Vir. Studies in Early English and Norse Manuscripts in Memory of Phillip Pulsiano* (Tempe, AZ).
- and W.P. Stoneman (2011), *Purloined Letters: Twelfth-Century Reception of the Anglo-Saxon Illustrated Hexateuch (British Library, Cotton Claudius B. iv)* (Tempe, AZ).

Dobbie, E. van Kirk, ed. (1942), *The Anglo-Saxon Minor Poems*, The Anglo-Saxon Poetic Records 6 (London).
- ed. (1953), *Beowulf and Judith*, The Anglo-Saxon Poetic Records 4 (London).

Dobiaš-Roždestvenskaya [Dobiache-Rojdestvensky], O.A. (1928), 'Un manuscrit de Bède à Leningrad', *Speculum* 3: 304–10.
- (1934), *Histoire de l'atelier graphique de Corbie de 651 à 830, reflétée dans les manuscrits de Leningrad* (Leningrad).
- and W.W. Bakhtine (1991), *Les anciens manuscrits latins de la Bibliothèque publique Saltykov-Ščedrin de Leningrad, VIIIe–début IXe siècle*, trans. X. Grichina (Paris).

Doble, G.H., ed. (1937), *Pontificale Lanalatense*, HBS 74 (London).

Dobszay, L., ed. (1998), *Cantus Planus. Papers Read at the 7th Meeting. Sopron, Hungary, 1995* (Budapest).

Dodwell, C.R. (1954), *The Canterbury School of Illumination, 1066–1200* (Cambridge).
- (1971a), 'L'originalité iconographique de plusieurs illustrations Anglo-Saxonnes de l'ancien testament', *Cahiers de civilisation médiévale* 14: 319–28.
- (1971b), *Painting in Europe: 800–1200* (Harmondsworth).
- and P. Clemoes, eds. (1974), *The Old English Illustrated Hexateuch: British Museum, Cotton Claudius B. iv*, EEMF 18 (Copenhagen).
- (1982), *Anglo-Saxon Art: A New Perspective*, Manchester Studies in the History of Art 3 (Manchester).
- (1990), 'The Final Copy of the Utrecht Psalter and its Relationship with the Utrecht and Eadwine Psalters (Paris, B. N. Lat. 8846, ca. 1170–1190)', *Scriptorium* 44: 21–53.
- (2000), *Anglo-Saxon Gestures and the Roman Stage*, CSASE 28 (Cambridge).

Dolbeau, F. (1988), 'Du nouveau sur un sermonnaire de Cambridge', *Scriptorium* 42: 131–9.
- (1992), 'Listes latines d'apôtres et de disciples, traduites du grec', *Apocrypha* 3: 259–79.

Dold, A. (1935), 'Eine kostbare Handschriftenreliquie', *Zentralblatt für Bibliothekswesen* 52: 125–35.

Dooley, A. (2007), 'Re-Drawing the Bounds: Marginal Illustrations and Interpretative Strategies in the Book of Kells', in Keefer—Bremmer (2007a), 9–24.

Dornier, A., ed. (1977), *Mercian Studies* (Leicester).

Douglas, D.C., ed. (1944), *The Domesday Monachorum of Christ Church, Canterbury* (London).

Dowden, J. (1893–4), 'Notes on the MS. Liturg. f. 5 ('Queen Margaret's Gospel-book') in the Bodleian Library', *Proceedings of the Society of Antiquaries of Scotland* 28: 244–53.

Doyle, A.I. (1988), 'The Printed Books of the Last Monks of Durham', *The Library*, 6th ser., 10: 203–19.
- (1992), 'A Fragment of an Eighth Century Northumbrian Office Book', in Korhammer (1992), 11–27.

Drage, E.M. (1978), 'Bishop Leofric and the Exeter Cathedral Chapter, 1050–1072: A Reassessment of the Manuscript Evidence' (unpubl. PhD dissertation, Oxford Univ.).

Drögereit, R. (1949), 'Sachsen und Angelsachsen', *Niedersächsisches Jahrbuch für Landesgeschichte* 21: 1–62.
- (1950), *Werden und der Heliand: Studien zur Kulturgeschichte der Abtei Werden und der Herkunft des Heliand* (Essen).
- (1951), 'Die Heimat des Heliand', *Jahrbuch der Gesellschaft für niedersächsische Kirchengeschichte* 49: 1–18.

Drogin, M. (1989), *Medieval Calligraphy. Its History and Technique*, rev. ed. (New York).

Dronke, P. (1981), 'Arbor caritatis', in *Medieval Studies for J.A.W. Bennett*, ed. P.L. Heyworth (Oxford, 1981), 207–53.
- M. Lapidge and P. Stotz (1982), 'Die unveröffentlichten Gedichte der Cambridger Liederhandschrift (CUL Gg. 5. 35)', *MLJ* 17: 54–95.
- (1988), 'Towards the Interpretation of the Leiden Love-Spell', *CMCS* 16: 61–75.
- (2005a), 'Arbor eterna: A Ninth-Century Welsh Latin Sequence', in *Britannia Latina. Latin in the Culture of Great Britain from the Middle Ages to the Twentieth Century*, ed. C. Burnett and N. Mann (London and Turin, 2005), 14–26.
- (2005b), 'Latin and Vernacular Love-Lyrics: Rochester and St Augustine's, Canterbury', *RB* 115: 400–10.

Dubois, M.M. (1943), *Ælfric. Sermonnaire, docteur et grammarien* (Paris).
- (1955), 'Les rubriques en vieil anglais du missel de Robert de Jumièges', in *Jumièges* (1955) I, 305–8.

Duchesne, L. (1890), 'La vie de Saint-Malo: étude critique', *Revue celtique* 11: 1–22.

Duckett, E.S. (1951), *Alcuin, Friend of Charlemagne* (New York).

Duff, J.W. and A.M. Duff, eds. (1934), *Minor Latin Poets*, The Loeb Classical Library 284 (London and Cambridge, MA).

Duffey, J.E. (1978), 'The Inventive Group of Illustrations in the Harley Psalter (British Museum MS. Harley 603)' (unpubl. PhD dissertation, University of California at Berkeley).

Dufour, A. and G. Labory, eds. (2008), *Abbon, un abbé de l'an mil*, Bibliothèque d'histoire culturelle du moyen âge 6 (Turnhout).

Dufrenne, S. (1964), 'Les copies anglaises du Psautier d'Utrecht', *Scriptorium* 18: 185–99.

- (1978), *Les illustrations du Psautier d'Utrecht: Sources et apport carolingien* (Paris).
Dümmler, E., ed. (1881), MGH, PLAC 1 (Berlin).
- (1884), 'Lateinische Gedichte des neunten bis elften Jahrhunderts', *Neues Archiv der Gesellschaft für deutsche Geschichtskunde* 10: 331–57.
- ed. (1895), MGH, Epist. IV [= Epistolae Karolini Aevi II] (Berlin).
Dumville, D.N. (1972), 'Liturgical Drama and Panegyric Responsory from the Eighth Century? A Re-Examination of the Origin and Contents of the Ninth-Century Section of the Book of Cerne', *JTS* n.s. 23: 374–406.
- (1972–4), 'Some Aspects of the Chronology of the *Historia Brittonum*', *Bulletin of the Board of Celtic Studies* 25: 439–45.
- (1973), 'Biblical Apocrypha and the Early Irish: A Preliminary Investigation', *PRIA* 73C: 299–338.
- (1975), 'The *Liber Floridus* of Lambert of Saint-Omer and the *Historia Brittonum*', *BBCS* 26: 103–22.
- (1976), 'The Anglian Collection of Royal Genealogies and Regnal Lists', *ASE* 5: 23–50.
- (1977), 'Kingship, Genealogies and Regnal Lists', in *Early Medieval Kingship. Six Lectures delivered in the University of Leeds, 1977*, ed. P.H. Sawyer and I.N. Wood (Leeds, 1977), 72–104.
- (1983a), 'Motes and Beams: Two Insular Computistical Manuscripts', *Peritia* 2: 248–56.
- (1983b), 'Some Aspects of Annalistic Writing at Canterbury in the Eleventh and early Twelfth Centuries', *Peritia* 2: 23–57.
- and M. Lapidge, eds. (1984), *The Anglo-Saxon Chronicle: A Collaborative Edition, vol. 17. The Annals of St Neots with Vita Prima Sancti Neoti* (Cambridge).
- (1986), 'The West Saxon Genealogical Regnal List: Manuscripts and Texts', *Anglia* 104: 1–32.
- (1987), 'English Square Minuscule Script: The Background and Earliest Phases', *ASE* 16: 147–79.
- (1988), '*Beowulf* Come Lately. Some Notes on the Palaeography of the Nowell Codex', *ASNSL* 225: 49–63 [repr. Dumville (1993c), no. VII].
- (1989), 'The Tribal Hidage: An Introduction to its Texts and their History', in Bassett (1989), 225–30, 286–7.
- (1991–5), 'On the Dating of Some Late Anglo-Saxon Liturgical Manuscripts', *TCBS* 10: 40–57.
- (1992a), *Liturgy and the Ecclesiastical History of Late Anglo-Saxon England: Four Studies* (Woodbridge).
- (1992b), *Wessex and England from Alfred to Edgar: Six Essays on Political, Cultural, and Ecclesiastical Revival*, Studies in Anglo-Saxon History 3 (Woodbridge).

- et al., eds. (1993a), *St Patrick, A.D. 493–1993* (Woodbridge).
- (1993b), 'St Patrick in an Anglo-Saxon Martyrology', in Dumville et al. (1993a), 243–4.
- (1993c), *Britons and Anglo-Saxons in the Early Middle Ages* (Aldershot).
- (1993d), 'The English Element in Tenth-Century Breton Book-Production', in Dumville (1993c), no. XIV.
- (1993e), 'Wulfric cild', *N&Q* 238: 5–9.
- (1993f), 'Anglo-Saxon Books: Treasure in Norman Hands?', *ANS* 16: 83–99.
- (1993g), *English Caroline Script and Monastic History: Studies in Benedictinism, A.D. 950–1030*, Studies in Anglo-Saxon History 6 (Woodbridge).
- (1993h), 'St Patrick at his "First Synod"', in Dumville et al. (1993a), 175–8.
- (1994a), 'English Square Minuscule Script: The Mid-Century Phases', *ASE* 23: 133–64.
- (1994b), 'Breton and English Manuscripts of Amalarius's *Liber Officialis*', in Conso (1994), 205–14.
- (1994c), 'John Bale, Owner of St Dunstan's Benedictional', in *N&Q* 239: 291–5.
- (1994d), 'English Libraries before 1066: Use and Abuse of the Manuscript Evidence', in Richards (1994), 169–219 [rev. version of article originally ptd in M.W. Herren, ed., *Insular Latin Studies* (Toronto, 1981), 153–78].
- ed. (1995a), *The Anglo-Saxon Chronicle. A Collaborative Edition*, I. *Facsimile of MS. F: The Domitian Bilingual* (Cambridge).
- (1995b), 'The Importation of Mediterranean Manuscripts into Theodore's England', in Lapidge (1995a) 96–119.
- (1997), *Three Men in a Boat: Scribe, Language and Culture in the Church of Viking-Age Europe* (Cambridge).
- (1999), *A Palaeographer's Review: the Insular System of Scripts in the Early Middle Ages* (Osaka).
- (2005), 'English Script in the Second Half of the Ninth Century', in O'Brien O'Keeffe–Orchard (2005) I, 305–25.
- (2007a), *Celtic Essays, 2001–2007*, vol. I (Aberdeen).
- (2007b), *Celtic Essays, 2001–2007*, vol. II (Aberdeen).
- (2007c), *The Palaeography of the 'Book of Deer'*, I. *The Original Manuscript and the Liturgical Additions*, Aberdeen Studies in Palaeography and Codicology 1 (Aberdeen).
- (2007d), 'The Corpus of Gaelic Manuscripts of the Eleventh and Twelfth Centuries' in Dumville (2007b), 83–91.
- (2007e), *Anglo-Saxon Essays, 2001–2007*, Studies on Anglo-Saxon Culture 1 (Aberdeen).
- (2007f), 'The Two Earliest Manuscripts of Bede's *Ecclesiastical History*?', *Anglo-Saxon* [Aberdeen] 1: 55–108.

Duncan, E. (2004), *The Southampton Psalter. A Palaeographical and Codicological Exploration* (Cambridge).
Dunning, T.P. and A.J. Bliss, eds. (1969), *The Wanderer* (London).
Dutschke, C.W. (1989), *Guide to Medieval and Renaissance Manuscripts in the Huntington Library*, 2 vols. (San Marino, CA).
Eales, R. and R. Sharpe, eds. (1995), *Canterbury and the Norman Conquest: Churches, Saints and Scholars, 1066–1109* (London).
Earle, J., ed. (1861), *Gloucester Fragments*, 2 parts (London).
Eberlein, J.K. (2003), 'Der Wert illustrierter Bücher im Mittelalter', in Brunner—Jaritz (2003), 387–94.
Ebersperger, B. (1999), *Die angelsächsischen Handschriften in den Pariser Bibliotheken, mit einer Edition von Ælfrics Kirchweihhomilie aus der Handschrift Paris, BN, lat. 943* (Heidelberg).
  – (2003), 'BSG MS 2409 + Arsenal, MS 933, ff. 128–334: an Anglo-Saxon Manuscript from Canterbury?', in Kornexl—Lenker (2003), 177–93.
Eble, C.C. (1970), 'Noun Inflection in Royal 7 C. XII, Ælfric's First Series of Catholic Homilies' (unpubl. PhD dissertation, University of North Carolina at Chapel Hill, NC).
Les Échanges culturels au moyen âge: XXXIIe Congrès de la SHMES (Université du Littoral Côte d'Opale, juin 2001), Séries histoire ancienne et médiévale 70 (Paris, 2002).
Eckhardt, W.A. (1969), 'Das Kaufunger Fragment der Bonifatius-Grammatik', *Scriptorium* 23: 280–97.
Edwards, A.S.G. and J. Griffiths (2000), 'The Tollemache Collection of Medieval Manuscripts', *The Book Collector* 49: 349–64.
  – (2002), 'Manuscripts at Auction: January 2001 to December 2001', *English Manuscript Studies 1100–1700* 10: 231–6.
  – (2004), 'The Bradfer-Lawrence Collection of Medieval Western Manuscripts', *Book Collector* 53: 64–9.
  – (2008), 'Manuscripts at Auction: January 2006 to December 2007', *English Manuscript Studies 1100–1700* 14: 251–8.
Edwards, H. (1986), 'Two Documents from Aldhelm's Malmesbury', *Bulletin of the Institute of Historical Research* 69: 1–19.
Edwards, N. (2012), 'The Decoration of the earliest Welsh Manuscripts', in R. Gameson (2012), 244–8.
Ehrensberger, H. (1897), *Libri liturgici Bibliothecae Apostolicae Vaticanae Manu Scripti* (Freiburg im Breisgau).
Ehrisman, G. (1932), *Geschichte der deutschen Literatur bis zum Ausgang des Mittelalters. Erster Teil: Die althochdeutsche Literatur* (Munich).
Ehwald, R., ed. (1919), *Aldhelmi Opera*, MGH, AA 15 (Berlin).

Eizenhöfer, L. (1970), 'Zu dem angelsächsischen Sakramentarfragment von St Paul in Kärnten (Stiftsbibl. Cod. 979 fol. 4)', *RB* 80: 291–3.
Elbern, V.H. (1955), 'Die Dreifaltigkeitsminiatur im Book of Durrow', *Wallraf-Richartz Jahrbuch* 17: 7–42.
Elfassi, J., ed. (2009), *Isidori Hispalensis Episcopi Synonyma*, CCSL 111B (Turnhout).
Eliason, N. and P. Clemoes, eds. (1965), *Ælfric's First Series of Catholic Homilies, British Museum Royal 7 C.XII, fols. 4–218*, EEMF 13 (Copenhagen).
Ellis, M. (1998), 'A Missing Bifolium and other Textual Problems in CCCC MS 12 of the Old English Pastoral Care', *Anglia* 116: 498–507.
Ellis, P.B. and R. Ellsworth (1994), *The Book of Deer* (London).
Ellis, R. (1903), *Specimens of Latin Palaeography from Manuscripts in the Bodleian Library* (Oxford).
– ed. (1907), *Appendix Vergiliana sive Carmina minora Vergilio adtributa* (Oxford).
Elstob, E., ed. (1709), *An English Saxon Homily of the Birth-Day of St Gregory* (London).
Emms, R. (1999a), 'The Early History of Saint Augustine's Abbey', in R. Gameson (1999b), 410–29.
– (1999b), 'The Scribe of the Paris Psalter', *ASE* 28: 179–83.
– (2006), 'Books and Writing in Seventh-Century Kent', in Rumble (2006a), 18–27.
Engelbert, P. (1969), 'Paläographische Bemerkungen zur Faksimileausgabe der ältesten Handschrift der *Regula Benedicti* (Oxford, Bodl. Libr. Hatton 48)', *RB* 79: 399–413.
Engelbregt, J.H.A. (1965), *Het Utrechts Psalterium* (Utrecht).
Erickson, J.L. (1972), 'The Readings of Folios 77 and 86 of the Vercelli Codex', *Manuscripta* 16: 14–23.
Erskine, R.W.H., ed. (1986), *Great Domesday*, 6 boxes (London) [facsimile].
– ed. (1987), *Domesday Book Studies* (London).
Escudier, D., 'La notation musicale de Saint-Vaast d'Arras: Étude d'une particularité graphique', in Huglo (1987), 107–20.
Esposito, M. (1910), 'Note on a Ninth-Century Commentary on Martianus Capella', *Zeitschrift für celtische Philologie* 7: 499–507.
– (1910–11), 'Analecta Varia, Part II', *Hermathena* 16: 86–90.
– (1913a), 'La vie de sainte Vulfhilde par Goscelin de Cantorbéry', *AB* 32: 10–26.
– (1913b), 'Irish Commentaries on Martianus Capella', *Zeitschrift für celtische Philologie* 9: 159–63.
– (1929), 'Notes on Latin Learning and Literature in Mediaeval Ireland, I', *Hermathena* 20: 225–60 [repr. in Esposito (1988) no. IV].

- (1932), 'Notes on Latin Learning and Literature in Mediaeval Ireland, II', *Hermathena* 22: 253–71 [repr. in Esposito (1988) no. V].
- (1988), *Latin Learning in Mediaeval Ireland*, ed. M. Lapidge (Aldershot).

Étaix, R. (1994), 'L'homiliaire carolingien d'Angers', *RB* 104: 148–90.
- (1996), 'Repertoire des manuscrits des homélies sur l'Evangile de saint Grégoire le Grand', *Sacris Erudiri* 36: 107–45.
- ed. (1999), *Gregorius Magnus: Homiliae in Evangelia*, CCSL 141 (Turnhout).

Euw, A. von, and J.M. Plotzek (1979–85), *Die Handschriften der Sammlung Ludwig*, 4 vols. (Cologne).

Evans, G.R. (1979), 'Schools and Scholars: The Study of the Abacus in English Schools *c.* 980–*c.* 1150', *EHR* 94: 71–89.

Evans, J. (1922), *Magical Jewels of the Middle Ages and the Renaissance particularly in England* (Oxford).
- and M. S. Serjeantson, eds. (1933), *English Mediaeval Lapidaries*, EETS o.s. 190 (Oxford).

Evans, M., ed. (1969), *Augustinus: Enchiridion ad Laurentium de fide et spe et caritate*, CCSL 46: 49–114.

Evans, M.W. (1969), *Medieval Drawings* (New York).

Evans, R. (1981), 'An Anonymous Old English Homily for Holy Saturday', *LSE* n.s. 12: 129–53.

Eward, S.M. (1972), *A Catalogue of Gloucester Cathedral Library* (Gloucester).

Faller, O., ed. (1933), *Sancti Ambrosii De virginibus*, Florilegium Patristicum 31 (Bonn).
- ed. (1955), *Sancti Ambrosii Opera: Pars Septima*, CSEL 73 (Vienna).
- and M. Zelzer, eds. (1968–94), *Sancti Ambrosii Opera. Pars Decima: Epistulae et Acta*, 4 vols., CSEL 82 (Vienna).

Faraci, D., ed. (1990), *Il Bestiario medioinglese (MS. Arundel 292 della British Library)* (Rome).

Faral, E., ed. (1929), *La légende arthurienne*, 3 vols. (Paris).

Faris, M.J., ed. (1976), *The Bishop's Synod ('The First Synod of St Patrick'). A Symposium with Text, Translation and Commentary* (Liverpool).

Farmer, D.H., ed. (1968), *The Rule of St Benedict: Oxford, Bodleian Library, Hatton 48*, EEMF 15 (Copenhagen).

Farr, C.A. (1997), *The Book of Kells, its Function and Audience* (London).
- (1999), 'The Shape of Learning at Wearmouth-Jarrow: the Diagram Pages in the *Codex Amiatinus*', in Hawkes—Mills (1999), 336–44.
- (2003), 'Style in Late Anglo-Saxon England: Questions of Learning and Intention', in Karkov—Brown (2003), 115–30.
- (2007), '*Bis per chorum hinc et inde*: The "Virgin and Child with Angels" in the Book of Kells', in Minnis—Roberts (2007), 117–34.

- (2011a), 'Irish Pocket Gospels in Anglo-Saxon England', in Roberts—Webster (2011), 87–100.
- (2011b), '*Vox Ecclesiae*: Performance and Insular Manuscript Art', in Hourihane (2011), 219–28.

Farrell, R.T., ed. (1974), *Daniel and Azarias* (London).

Faulkner, D.R. (1968), 'The Phonology of British Museum Manuscript Royal 7 C.xii, folios 25v–45v and 91–218' (unpubl. PhD dissertation, University of North Carolina at Chapel Hill, NC).

Fausbøll, E. (1986), *Fifty-Six Ælfric Fragments. The Newly-Found Copenhagen Fragments of Ælfric's 'Catholic Homilies'. With Facsimiles*, Publications of the Department of English, University of Copenhagen 14 (Copenhagen).

- (1995), 'More Ælfric Fragments', *ES* 76: 302–6.

Faye, C.U. and W.H. Bond (1962), *Supplement to the Census of Medieval and Renaissance Manuscripts in the United States and Canada* (New York).

Fedeli, P., ed. (1982), *M. Tulli Ciceronis Scripta quae manserunt omnia, 28: In M. Antonium Orationes Philippicae XIV* (Leipzig).

Fehr, B., ed. (1914/1966), *Die Hirtenbriefe Ælfrics in altenglischer und lateinischer Fassung*, Bibliothek der angelsächsischen Prosa 9 [repr. with supplementary introduction by P. Clemoes, Darmstadt, 1966] (Hamburg).

- (1921), 'Altenglische Ritualtexte für Krankenbesuch, heilige Ölung und Begräbnis', in Förster—Wildhagen (1921a), 20–67.

Fell, C.E., ed. (1971), *Edward King and Martyr* (Leeds).

- (1981), 'Richard Cleasby's Notes on the Vercelli Codex', *LSE* 12: 13–42.

Fellows-Jensen, G. and P. Springborg, eds. (2005), *Care and Conservation of Manuscripts 8. Proceedings of the Eighth International Seminar held at the University of Copenhagen, 16th–17th October 2003* (Copenhagen).

Fenlon, I., ed. (1982), *Cambridge Music Manuscripts* (Cambridge).

Fernquist, C.H. (1937), *Study on the Old English Version of the Anglo-Saxon Chronicle in Cott. Domitian A. viii*, Studier i Modern Språkvetenskap 13: 39–103.

Ferrabino, A., ed. (1957), *Atti del X Congresso internazionale di scienze storiche, Roma 4–11 settembre 1955* (Rome).

Ferrari, M.C. (1994), *Sancti Willibrordi venerantes memoriam. Echternacher Schreiber und Schriftsteller von den Angelsachsen bis Iohann Bertels* (Luxembourg).

- (1999), 'Schulfragmente. Text und Glosse im mittelalterlichen Echternach', in *Die Abtei Echternach 698-1998*, ed. M.C. Ferrari, J. Schroeder and H. Trauffler (Luxembourg, 1999), 123–64.

- (2011), '*Manu hominibus praedicare*. Cassiodors Vivarium im Zeitalter des Übergangs', in *Bibliotheken im Altertum*, ed. E. Blumenthal and W. Schmitz,

Wolfenbütteler Schriften zur Geschichte des Buchwesens 45 (Wiesbaden, 2011), 223–49.
Ferrua, A., ed. (1942), *Epigrammata Damasiana*, Sussidi allo studio delle antichità cristiane 2 (Rome).
Finberg, H.P.R. (1961), *The Early Charters of the West Midlands* (Leicester).
– (1964), *The Early Charters of Wessex* (Leicester).
Fingernagel, A. (1991), *Die illuminierten lateinischen Handschriften deutscher Provenienz der Staatsbibliothek Preussischer Kulturbesitz Berlin, 8.–12. Jahrhundert*, 2 vols. (Wiesbaden).
Finlayson, C.P., ed. (1962), *Celtic Psalter: Edinburgh University Library MS. 56*, Umbrae Codicum Occidentalium 7 (Amsterdam).
Finnegan, R.E., ed. (1977), *Christ and Satan: A Critical Edition* (Waterloo, Ontario).
– (1998), 'The Man in "Nowhere": A Previously Undiscovered Drawing in Bodleian MS Junius 11', *ES* 79: 23–32.
Finsterwalder, P.W. (1929), *Untersuchungen zu den Bussbüchern des 7., 8. und 9. Jahrhunderts. 1: Die Canones Theodori Cantuariensis und ihre Überlieferungsformen* (Weimar).
Firchow, E.S. (2001), 'Harley 3376 und das Glossarfragment Pryce MS P 2 A:1 in der Spencer Bibliothek der Kansas Universität in Lawrence, Kansas: Das Beispiel eines lateinischen Glossars mit nennenswerten altenglischen Elementen', in Bergmann (2001), 243–60.
Fischer, B. (1952), 'Die Lesungen der römischen Ostervigil unter Gregor dem Grossen', in *Colligere Fragmenta. Festschrift Alban Dold zu 70. Geburtstag*, ed. B. Fischer and V. Fiala (Beuron, 1952), 144–59 [repr. Fischer, *Beiträge zur Geschichte der lateinischen Bibeltexte* (Freiburg im Breisgau, 1986), 18–50].
– (1962), 'Codex Amiatinus und Cassiodor', *Biblische Zeitschrift* n.s. 6: 57–79 [repr. in Fischer, *Lateinische Bibelhandschriften im frühen Mittelalter*, Vetus latina: Aus der Geschichte der lateinischen Bibel 11 (Freiburg im Br., 1985), 19–34].
– (1965), 'Bibeltext und Bibelreform unter Karl dem Grossen', in *Karl der Grosse*, II. *Das geistige Leben*, ed. B. Bischoff (Düsseldorf), 156–216.
– (1971), 'Bedae de titulis psalmorum liber', in Autenrieth–Brunhölzl (1971), 90–110.
– (1988–91), *Die lateinischen Evangelien bis zum 10. Jahrhundert*, 4 vols., Vetus Latina: Aus der Geschichte der lateinischen Bibel 13, 15, 17, 18 (Freiburg im Breisgau).
Fischer, K.-D. (1998), 'Beiträge zu den pseudo-soranischen *Quaestiones medicinales*', in *Text and Tradition: Studies in Ancient Medicine and its Transmission presented to Jutta Kolesch*, ed. K.-D. Fischer, D. Nickel and P. Potter (Leiden, 1998), 1–54.

Fisiak, J., ed. (1988), *Historical Dialectology: Regional and Social* (Berlin).
Flasdieck, H.M. (1938), 'Das Kasseler Bruchstück der *Cura pastoralis*', *Anglia* 62: 193–233.
- (1942), 'Weiteres zum Kasseler Bruchstück der *Cura pastoralis*', *Anglia* 66: 56–8.
Fleming, J.V. (1976), 'The Old English Manuscripts in the Scheide Library', *Princeton University Library Chronicle* 37: 126–38.
Fleming, R. (1993), 'Christchurch's Sisters and Brothers: An Edition and Discussion of Canterbury Obituary Lists', in *The Culture of Christendom. Essays in Medieval History in Commemoration of D.L.T. Bethell*, ed. M.A. Meyer (London, 1993), 115–53.
Fletcher, H.G., ed. (2007), *The Wormsley Library. A Personal Selection by Sir Paul Getty KBE*, 2nd ed. (London and New York).
Flower, R. (1933), 'The Script of the Exeter Book', in Chambers (1933), 83–92.
- and H. Smith, eds. (1941), *The Parker Chronicle and Laws: A Facsimile*, EETS o.s. 208 (London).
Floyer, J.K. and S.G. Hamilton (1906), *Catalogue of Manuscripts preserved in the Chapter Library of Worcester Cathedral* (Worcester).
Folkerts, M., ed. (1970), *'Boethius' Geometrie II. Ein mathematisches Lehrbuch des Mittelalters* (Wiesbaden).
- (1981), 'Mittelalterliche mathematische Handschriften in westlichen Sprachen in der Berliner Staatsbibliothek. Ein vorläufiges Verzeichnis', in *Mathematical Perspectives. Essays on Mathematics and its Historical Development*, ed. J.W. Dauben (New York, 1981), 53–94.
- (1982), 'Die Altercatio in der Geometrie I des pseudo-Boethius: Ein Beitrag zur Geometrie im mittelalterlichen Quadrivium', in *Fachprosa-Studien. Beiträge zur mittelalterlichen Wissenschafts- und Geistesgeschichte* (Berlin, 1982).
- (1989), *Euclid in Medieval Europe* (Winnipeg).
- and R. Lorch, eds. (2000a), *'Sic itur ad astra'. Studien zur Geschichte der Mathematik und Naturwissenschaften* (Wiesbaden).
- (2000b), 'Frühe westliche Benennungen der indisch-arabischen Ziffern und ihr Vorkommen', in Folkerts–Lorch (2000a), 216–33.
Fontaine, J., ed. (1960), *Isidore de Séville. Traité de la nature* (Bordeaux).
- et al., eds. (1992), *Ambroise de Milan: Hymnes* (Paris).
Forbes, A.P., ed. (1864), *Liber Ecclesie Beati Terrenani de Arbuthnott* (Burntisland).
Forde, H. (1986), *Domesday Preserved* (London).
Foreville, R., ed. (1984), *Les Mutations socio-culturelles au tournant des XIe–XIIe siècles: Etudes anselmiennes (IVe session)*, Spicilegium Beccense 2 (Paris).
Forsey, G.F. (1928), 'Byrhtferth's Preface', *Speculum* 3: 505–22.

Forshall, J. (1834–40), *Catalogue of Manuscripts in the British Museum*. New Series (London) [catalogue of Arundel and Burney MSS].
Förster, M. (1901), 'Two Notes on Old English Dialogue Literature: (a) A Fragment of an Old English Elucidarium, (b) Middle English Echoes', in W.P. Ker (1901), 86–106.
- (1902), 'Das lateinisch-ae. Fragment der Apocryphe von Jamnes und Mambres', *ASNSL* 108: 15–28.
- (1905), 'Ein altenglisches Prosa-Rätsel', *ASNSL* 115: 392–3.
- and A.S. Napier (1906), 'Englische Cato- und Ilias-Glossen des 12. Jahrhunderts', *ASNSL* 117: 17–28.
- (1907–8), 'Adams Erschaffung und Namengebung. Ein lateinisches Fragment des sogenannten slawischen Henoch', *Archiv für Religionswissenschaften* 11: 477–529.
- (1908), 'Beiträge zur mittelalterlichen Volkskunde III', *ASNSL* 121: 30–46.
- (1913a), 'Der Vercelli-Codex CXVII nebst Abdruck einiger altenglischer Homilien der Handschrift', in Holthausen−Spies (1913), 20–179.
- ed. (1913b), *Il codice Vercellese con omelie e poesie in lingua anglosassone* (Rome) [facsimile].
- (1914), 'Die ae. Beigaben des Lambeth-Psalters', *ASNSL* 132: 328–35.
- (1917), 'Die altenglische Glossenhandschrift Plantinus 32 (Antwerpen) und Additional 32246 (London)', *Anglia* 41: 94–161.
- (1919), *Die Beowulf-Handschrift*, Berichte über die Verhandlungen der sächsischen Akademie der Wissenschaften zu Leipzig, phil.-hist. Klasse 71 (Leipzig).
- (1920), 'Der Inhalt der altenglischen Handschrift Vespasianus D. xiv', *EStn* 54: 46–68.
- and K. Wildhagen, eds. (1921a), *Texte und Forschungen zur englischen Kulturgeschichte. Festgabe für Felix Liebermann zum 20. Juli 1921* (Halle).
- (1921b), 'Keltisches Wortgut im Englischen: Eine sprachliche Untersuchung', in Förster−Wildhagen (1921a), 119–242.
- (1925a), 'Die Weltzeitalter bei den Angelsachsen', in Sievers (1925), 183–203.
- (1925b), 'Die spätaltenglische Übersetzung der pseudo-Anselmschen Marienpredigt', in *Anglica. Untersuchungen zur englischen Philologie, Alois Brandl zum siebzigsten Geburtstag überreicht*, 2 vols., Palaestra 147–8 (Leipzig, 1925), 8–69.
- (1927), 'Die altenglischen Texte der Pariser Nationalbibliothek', *EStn* 62: 113–31.
- (1929), 'Die altenglischen Verzeichnisse von Glücks- und Unglückstagen', in Malone (1929), 258–77.
- (1930), 'Die Freilassungsurkunden des Bodmin-Evangeliars', in *A Grammatical Miscellany offered to Otto Jespersen on his Seventieth Birthday*, ed. N. Bøgholm, A. Brusendorff and C.A. Bodelsen (Copenhagen), 77–99.

- (1932), *Die Vercelli-Homilien: 1.-8. Homilie*, Bibliothek der angelsächsischen Prosa 12 (Hamburg).
- (1933a), 'The Donations of Leofric to Exeter', in Chambers (1933), 10–32.
- (1933b), 'The Preliminary Matter of the Exeter Book', in Chambers (1933), 44–54.
- (1933c), 'Lokalisierung und Datierung der altenglischen Version der Chrodegang-Regel', *Sitzungsberichte der Bayerischen Akademie der Wissenschaften, phil.-hist. Abt.*, Schlussheft 7–8 (Munich, 1933).
- (1941), *Der Flussname Themse und seine Sippe. Studien zur Anglisierung keltischer Eigennamen und zur Lautchronologie des Altbritischen*, Sitzungsberichte der Bayerischen Akademie der Wissenschaften, phil.-hist. Abteilung 1 (Munich).
- (1942a), 'Zur Liturgik der angelsächsischen Kirche', *Anglia* 66: 1–51.
- (1942b), 'Zu den ae. Texten aus MS Arundel 155', *Anglia* 66: 52–5.
- (1942–3), 'Die altenglischen Bekenntnisformeln', *EStn* 75: 159–69.
- (1943), *Zur Geschichte des Reliquienkultus in Altengland*, Sitzungsberichte der Bayerischen Akademie der Wissenschaften, phil.-hist. Abteilung, Heft 8 (Munich).

Forsyth, K., ed. (2008), *Studies on the Book of Deer* (Dublin).

La Fortuna di Virgilio. Convegno internazionale sulla fortuna di Virgilio, Napoli 24–26 ottobre 1983 (Naples, 1986).

Fowler, R.G. (1963), '"Archbishop Wulfstan's Commonplace Book" and the Canons of Edgar', *MÆ* 32: 1–10.
- (1965), 'A Late Old English Handbook for the Use of a Confessor', *Anglia* 83: 1–34.
- ed. (1972), *Wulfstan's Canons of Edgar*, EETS o.s. 266 (London).

Fox, M. (2012), 'Ælfric's *Interrogationes Sigewulfi*', in *Old English Literature and the Old Testament*, ed. M. Fox and M. Sharma (Toronto, 2012), 25–63.

Fox, P., ed. (1990), *The Book of Kells. MS 58, Trinity College Library Dublin*, 2 vols. (Lucerne) [facsimile and commentary].

Foys, M.K. (2006), 'An Unfinished *mappa mundi* from Late Eleventh-Century Worcester', *ASE* 35: 271–84.
- (2007), *Virtually Anglo-Saxon. Old Media, New Media, and Early Medieval Studies in the Late Age of Print* (Gainesville, FL).

Frank, H. (1954), 'Die Briefe des hl. Bonifatius und das von ihm benutzte Sakramentar', in *Sankt Bonifatius. Gedenkgabe zum zwölfhundertsten Todestag* (Fulda), 58–88.

Frank, R., and A. Cameron, eds. (1973), *A Plan for the Dictionary of Old English*, Toronto OE Series 2 (Toronto).
- (1998), 'When Lexicography Met the Exeter Book', in Baker—Howe (1998), 207–21.

Frantzen, A.J. (1983a), 'The Tradition of Penitentials in Anglo-Saxon England', *ASE* 11: 23–56.
- (1983b), *The Literature of Penance in Anglo-Saxon England* (New Brunswick, NJ).
- (1985), revised ed. of C. Vogel, *Les 'Libri Paenitentiales'* (I, III.ii), Typologie des sources du moyen âge occidental 27 (Turnhout) [separately printed].
- (2007), 'Sin and Sense: Editing and Translating Anglo-Saxon Handbooks of Penance', in Healey—Kiernan (2007), 40–71.

Franzen, C.R. (1991), *The Tremulous Hand of Worcester: A Study of Old English in the Thirteenth Century* (Oxford).
- (2001a), 'On the Attribution of Copied Glosses in CCCC MS 41 to the Tremulous Hand of Worcester', *N&Q* 246: 373–4.
- (2001b), 'The Cerne "Trembling" Hand and the Tremulous Hand of Worcester', *N&Q* 246: 374–5.

Frede, H.J. (1961), *Pelagius, der irische Paulustext, Sedulius Scottus*, Vetus Latina 3 (Freiburg im Breisgau).
- (1964), *Altlateinische Paulus-Handschriften*, Vetus Latina 4 (Freiburg im Breisgau).

Freise, E. (1993), 'Vom vorchristlichen Mimigernaford zu "honestum monasterium" Liudgers', in *Geschichte der Stadt Münster* I, ed. F.-J. Jakobi (Münster, 1993), 1–51.

Frere, W.H. (1894–1932), *Bibliotheca Musico-Liturgica: A Descriptive Handlist of the Musical and Latin-Liturgical MSS of the Middle Ages Preserved in the Libraries of Great Britain and Ireland*, 2 vols. (London).
- ed. (1894b), *The Winchester Troper from Mss of the Xth and XIth Centuries with other Documents illustrating the History of Tropes in England and France*, HBS 8 (London).
- (1923), *Pars antiphonarii. A Reproduction in Facsimile of a Manuscript of the Eleventh Century in the Chapter Library of Durham (MS. B. III. 11)* (London).
- (1934), *Studies in Early Roman Liturgy, II: The Roman Gospel-Lectionary* (Oxford).

Friend, A.M. (1939), 'The Canon Tables of the Book of Kells', in *Studies in Memory of Arthur Kingsley Porter*, ed. W.R.W. Koehler, 2 vols. (Cambridge, MA) II, 611–41.

Friis-Jensen, K. and J.M.W. Willoughby, eds. (2001), *Peterborough Abbey*, Corpus of British Medieval Library Catalogues 8 (London).

Fry, D.K. (1969), *Beowulf and the Fight at Finnsburh: A Bibliography* (Charlottesville, VA).

Fryde, E.B. et al., eds. (1986), *Handbook of British Chronology*, 3rd ed. (London).

Fuchs, R. (2005), 'Old Restorations and Repairs in Manuscripts', in Fellows-Jensen—Springborg (2005), 224–41.

Fulk, R.D. (1982), 'Dating of Beowulf to the Viking Age', *PQ* 61: 341–59.
- R.E. Bjork and J.D. Niles, eds. (2008), *Klaeber's Beowulf*, 4th ed. (Toronto).
- ed. (2010), *The Beowulf Manuscript: Complete Texts and The Fight at Finnsburg* (Cambridge, MA, and London).
- and S. Jurasinski, eds. (2012), *The Old English Canons of Theodore*, EETS ss 25 (Oxford).

Gaide, F., ed. (1980), *Avianus: Fables* (Paris).

Gaiffier, B. de (1985), 'Le martyrologe en vieil anglais du IXe siècle', *AB* 103: 163–6.

Galbraith, V.H. (1974), *Domesday Book. Its Place in Administrative History* (Oxford).

Gallagher, S. et al. (2003), *Western Plainchant in the First Millennium* (Aldershot).

Gallée, J.H. (1993), *Altsächsische Grammatik*, 3rd ed. mit Berichtigungen und Literaturnachträgen von Heinrich Tiefenbach (Tübingen).

Galloway, A. (1989), 'On the Medieval and Post-Medieval Collation of St Dunstan's *Aethicus*', *Scriptorium* 43: 106–11.

Gamber, K. (1958), *Sakramentartypen: Versuch einer Gruppierung der Handschriften und Fragmente bis zur Jahrtausendwende* (Beuron).
- (1962a), *Das Sakramentar von Jena* (Beuron).
- (1962b), 'Die kampanische Lektionsordnung', *Sacris Erudiri* 13: 326–52.
- (1968–88), *Codices Liturgici Latini Antiquiores*, 3 vols. (Fribourg).
- (1969), 'Das altkampanische Sakramentar. Neue Fragmente in angelsächsischer Überlieferung', *RB* 79: 329–42 [and cf. Eizenhöfer (1970)].
- (1975a), 'Das Regensburger Fragment eines Bonifatius-Sakramentars. Ein neuer Zeuge des vorgregorianischen Messkanons', *RB* 85 (1975) 266–302.
- (1975b), *Das Bonifatius-Sakramentar und weitere frühe Liturgiebücher aus Regensburg* (Regensburg).
- (1978), *Sakramentarstudien und andere Arbeiten zur frühen Liturgiegeschichte* (Regensburg).

Gameson, F. (1999), 'Goscelin's Life of Augustine of Canterbury', in R. Gameson (1999b), 391–410.

Gameson, R. and A. Coates (1988), *The Old Library, Trinity College, Oxford* (Oxford).
- (1990), 'The Anglo-Saxon Artists of the Harley 603 Psalter', *Journal of the British Archaeological Association* 143: 29–48.
- (1991), 'English Manuscript Art in the Mid-Eleventh Century: The Decorative Tradition', *AntJ* 71: 64–122.
- (1992a), 'Manuscript Art at Christ Church Canterbury, in the Generation after St Dunstan', in Ramsay (1992), 187–221.
- (1992b), 'The Cost of the Codex Amiatinus', *N&Q* 237: 2–9.

- (1992c), 'The Decoration of the Tanner Bede', *ASE* 21: 115–59.
- (1992d), 'The Fabric of the Tanner Bede', *BLR* 14: 176–206.
- (1993), 'The Romanesque Artist of the Harley 603 Psalter', *English Manuscript Studies 1100–1700*, 4: 24–61.
- ed. (1994a), *The Early Medieval Bible. Its Production, Decoration and Use* (Cambridge).
- (1994b), 'The Royal 1.B.vii Gospels and English Book Production in the Seventh and Eighth Centuries', in R. Gameson (1994a), 24–52.
- (1995a), 'English Manuscript Art in the Late Eleventh Century: Canterbury and its Context', in Eales—Sharpe (1995), 95–144.
- (1995b), *The Role of Art in the late Anglo-Saxon Church* (Oxford).
- (1996a), 'Book Production and Decoration at Worcester in the Tenth and Eleventh Centuries', in Brooks—Cubitt (1996), 194–243.
- (1996b), 'The Origin of the Exeter Book of Old English Poetry', *ASE* 25: 135–85.
- (1997), 'The Gospels of Margaret of Scotland and the Liturgy of an Eleventh-Century Queen', in *Women and the Book: Assessing the Visual Evidence*, ed. L. Smith and J.H.M. Taylor (London, 1997), 149–71.
- (1998), 'English Book Collections in the Late Eleventh and Early Twelfth Century: Symeon's Durham and its Context', in Rollason (1998), 230–53.
- (1999a), *The Manuscripts of Early Norman England (c. 1066–1130)* (Oxford).
- ed. (1999b), *St Augustine and the Conversion of England* (Stroud).
- (1999c), 'The Earliest Books of Christian Kent', in R. Gameson (1999b), 313–74.
- (2000a), 'The Hereford Gospels', in Aylmer—Tiller (2000), 536–43.
- (2000b), 'Books, Culture and the Church in Canterbury around the Millennium', in *Vikings, Monks and the Millennium: Canterbury in about 1000 A.D.*, ed. R. Eales and R. Gameson (Canterbury), 15–39.
- and H. Leyser, eds. (2001a), *Belief and Culture in the Middle Ages: Studies presented to Henry Mayr-Harting* (Oxford).
- (2001b), 'Why Did Eadfrith Write the Lindisfarne Gospels?', in Gameson—Leyser (2001a), 45–58.
- ed. (2001c), *The Codex Aureus: An Eighth-Century Gospel Book. Stockholm, Kungliga Bibliotek, A.135, part I*, EEMF 28 (Copenhagen).
- (2001d), *The Scribe Speaks? Colophons in Early English Manuscripts*, H.M. Chadwick Memorial Lectures 12 (Cambridge).
- ed. (2002a), *The Codex Aureus: An Eighth-Century Gospel Book. Stockholm, Kungliga Bibliotek, A.135, part II*, EEMF 29 (Copenhagen).
- (2002b), 'The Colophon of the Eadwig Gospels', *ASE* 31: 201–22.
- (2002c), 'The Insular Gospel Book at Hereford Cathedral', *Scriptorium* 56: 48–79.

- (2002d), 'L'Angleterre et le Flandre aux Xe et XIe siècles: le témoignage des manuscrits', in *Société des historiens médiévistes de l'enseignement supérieur public* (2002), 165–206.
- (2003), 'La Normandie et l'Angleterre au XIe siècle: le témoignage des manuscrits', in *La Normandie et l'Angleterre au moyen âge*, ed. P. Bouet and V. Gazeau (Caen, 2003), 129–59.
- (2004a), 'Aelsinus', in *ODNB* I.393.
- (2004b), 'Eadwig [Eadui] Basan (fl. c. 1020)', in *ODNB* XVII.542–3.
- (2005a), 'St Wulfstan, the Library of Worcester and the Spirituality of the Medieval Book', in Barrow—Brooks (2005), 59–104.
- (2005b), 'A Scribe's Confession and the Making of the Anchin Hrabanus (Douai, Bibliothéque Municipale, MS. 340)', in Dekeyzer—Van der Stock (2005a), 65–79.
- ed. (2007), *Treasures of Durham University Library* (London).
- (2008), *The Earliest Books of Canterbury Cathedral. Manuscripts and Fragments* (London).
- (2009), 'The Last Chi-Rho in the West: From Insular to Anglo-Saxon in the Boulogne 10 Gospels', in *Form and Order in the Anglo-Saxon World*, ed. H. Hamerow and L. Webster (Oxford, 2009), 89–107.
- (2010), 'An Itinerant English Master around the Millennium', in Rollason et al. (2010), 87–134.
- ed. (2012), *The History of the Book in Britain*, I. c. 400–1100 (Cambridge).
- (2012a), 'The Material Fabric of Early British Books', in R. Gameson (2012), 13–93.
- (2012b), 'Anglo-Saxon Scribes and Scriptoria', in R. Gameson (2012), 94–120.
- (2012c), 'Book Decoration in England, c. 871–c. 1100', in R. Gameson (2012), 249–93.
- (2012d), 'The Circulation of Books between England and the Continent, c. 871–c. 1100', in R. Gameson (2012), 344–72.

Gansweidt, B. (1995), Review of *Through a Gloss Darkly. Aldhelm's Riddles*, by N.P. Stork, *MLJ* 29: 136–7.

Ganz, D. (1990), *Corbie in the Carolingian Renaissance*, Beihefte der Francia 20 (Sigmaringen).
- (1993), 'An Anglo-Saxon Fragment of Alcuin's Letters in the Newberry Library, Chicago', *ASE* 22: 167–77.
- (2001a), 'Carolingian Manuscripts with Substantial Glosses in Tironian Notes', in Bergmann (2001), 101–8.
- (2001b), 'The Annotations in Oxford, Bodleian Library, Auct. D. II. 14', in Gameson—Leyser (2001a), 35–44.
- (2002), 'Roman Manuscripts in Francia and Anglo-Saxon England', *Settimane* 49: 607–49.

- (2004), Review of H. Gneuss, *Handlist of Anglo-Saxon Manuscripts*, *Anglia* 122: 498–502.
- and J. Roberts, with R. Palmer, eds. (2007), *Lambeth Palace Library and its Anglo-Saxon Manuscripts. Exhibition mounted for the Biennial Conference of the International Society of Anglo-Saxonists, 3rd August 2007* (London).
- (2008), 'Three Scribes in Search of a Centre', in Kresten–Lackner (2008), 13–17.
- (2010), 'Handschriften der Werke Alkuins aus dem 9. Jahrhundert', in *Alkuin von York und die geistige Grundlegung Europas. Akten der Tagung vom 30. September bis zum 2. Oktober 2004 in der Stiftsbibliothek St Gallen*, ed. E. Tremp and K. Schmuki (St Gallen, 2010), 185–94.
- (2012), 'Square Minuscule', in R. Gameson (2012), 188–96.

Ganz, P., ed. (1986), *The Role of the Book in Medieval Culture*, 2 vols. (Turnhout).

Garmonsway, G.N., ed. (1978), *Ælfric's Colloquy*, rev. ed. (Exeter).

Garrison, M. (2012), 'The Library of Alcuin's York', in R. Gameson (2012), 633–64.

Garrod, H.W. (1904), 'The S. John's College (Cambridge) MS of *The Thebaid*', *The Classical Review* 18: 38–42.
- ed. (1906), *P. Papini Stati Thebais et Achilleis* (Oxford).

Gasparri, F. (1966), 'Le scriptorium de Corbie à la fin du VIIIe siècle et le problème de l'écriture *a-b*', *Scriptorium* 20: 265–72.

Gasquet, F.A. and E. Bishop (1908), *The Bosworth Psalter* (London).

Gatch, M.McC. (1966), 'MS Boulogne-sur-Mer 63 and Ælfric's First Series of *Catholic Homilies*', *JEGP* 65: 482–90.
- (1975), 'Noah's Raven in Genesis A and the Illustrated Old English Hexateuch', *Gesta* 14/2: 3–15.
- (1977), *Preaching and Theology in Anglo-Saxon England: Ælfric and Wulfstan* (Toronto).
- (1985), 'John Bagford as a Collector and Disseminator of Manuscript Fragments', *The Library* 6th ser. 7: 95–114.
- (1986–90), 'Fragmenta Manuscripta and Varia at Missouri and Cambridge', *TCBS* 9: 434–75.
- (1992), 'Piety and Liturgy in the Old English *Vision of Leofric*', in Korhammer (1992), 159–79.

Gatti, E.A. (2007), 'Building the Body of the Church: A Bishop's Blessing in the Benedictional of Engilmar of Parenzo', in Ott–Trumbore Jones (2007), 92–121.

Gebauer, G.J. and B. Löfstedt, eds. (1980), *Bonifatii (Vynfreth) Ars grammatica, accedit Ars metrica*, CCSL 133B (Turnhout).

Geddes, J. (1998), 'The Art of the Book of Deer', *Proceedings of the Society of Antiquaries of Scotland* 128: 537–49.

Geith, K.-E. (1965), *Priester Arnolts Legende von der Heiligen Juliana. Untersuchungen zur lateinischen Juliana-Legende und zum Text des deutschen Gedichtes* (Freiburg).

George, J.-A. (2001), '*Hwalas ðec herigað*: Creation, Closure and the *Hapax Legomena* of the OE *Daniel*', in Kay—Sylvester (2001), 105–16.

Gerchow, J. (1988), *Die Gedenküberlieferung der Angelsachsen. Mit einem Katalog der* libri vitae *und Nekrologien*, Arbeiten zur Frühmittelalterforschung 20 (Berlin).

– (1992), 'Prayers for King Cnut', in Hicks (1992), 219–39.

– ed. (1999), *Das Jahrtausend der Mönche: Kloster Welt Werden, 799–1803* (Essen) [exhibition catalogue].

– (2004), 'The Origins of the Durham *Liber Vitae*', in Rollason et al. (2004), 45–61.

Gerritsen, J. (1988), 'British Library MS Cotton Vitellius A.xv: A Supplementary Description', *ES* 69: 293–302.

– (1989a), 'Correction and Erasure in the *Vespasian Psalter* Gloss', *ES* 70: 477–83.

– (1989b), 'Have with You to Lexington! The *Beowulf* Manuscript and *Beowulf*', in Lachlan Mackenzie (1989), 15–34.

– (1991a), 'A Reply to Dr Kiernan's "Footnote"', *ES* 72: 497–500.

– (1991b), 'The Thorkelin Transcripts of *Beowulf*: a Codicological Description, with Notes on their Genesis and History', *The Library* 6th ser. 13: 1–22.

– (1998), 'The Copenhagen Wulfstan Manuscript: A Codicological Study', *ES* 79: 501–11.

Le Geste et les gestes au moyen âge, Sénéfiance 41 (Aix-en-Provence, 1998).

Getty, S.S., ed. (1969), 'An Edition, with Commentary, of the Latin/Anglo-Saxon Liber Scintillarum' (unpubl. PhD dissertation, Univ. of Pennsylvania).

Gibb, P.A. (1977), 'Wonders of the East: a Critical Edition and Commentary' (unpubl. PhD dissertation, Duke University, NC).

Gibson, M.[T.] (1971), 'Lanfranc's Commentary on the Pauline Epistles', *JTS* n.s. 22: 86–112 [repr. Gibson (1993a) no. XII].

– (1972), 'Priscian, *Institutiones Grammaticae*: a Handlist of Manuscripts', *Scriptorium* 26: 105–24.

– (1978), *Lanfranc of Bec* (Oxford).

– ed. (1981), *Boethius: His Life, Thought and Influence* (Oxford).

– (1982), 'Latin Commentaries on Logic before 1200', *Bulletin de philosophie médiévale* 24: 54–64.

– M. Lapidge and C. Page (1983), 'Neumed Boethian *metra* from Canterbury: A Newly Recovered Leaf of Cambridge, University Library, Gg. 5. 35 (the "Cambridge Songs" Manuscript)', *ASE* 12: 141–52.

– ed. (1992), *The Eadwine Psalter – Text, Image, and Monastic Culture in Twelfth-Century Canterbury*, Publications of the Modern Humanities Research Association 14 (London).

- (1993a), *'Artes' and Bible in the Medieval West* (Aldershot).
- (1993b), *The Bible in the Latin West* (Notre Dame, IN).
- L. Smith and M. Passalacqua, eds. (1995–2001), *Codices Boethiani: a Conspectus of Manuscripts of the Works of Boethius*, 3 vols. (London).

Gieschen, L. (1887), *Die charakteristischen Unterschiede der einzelnen Schreiber im Hatton MS der Cura Pastoralis* (Dr Phil Diss. Greifswald).

Gilbert, J.E.P. (1990), 'The Lindisfarne Gospels – How Many Artists?', *DUJ* 82: 153–60.

Giles, P.M. (1972–6a), 'A Handlist of the Bradfer-Lawrence Manuscripts Deposited on Loan at the Fitzwilliam Museum', *TCBS* 6: 86–99.
- (1972–6b), 'A Handlist of the Additional Manuscripts in the Fitzwilliam Museum, part VI', *TCBS* 6: 243–51.

Giliberto, C. (2007a), 'Stone Lore in Miscellany Manuscripts: The Old English Lapidary', in Bremmer–Dekker (2007), 253–78.
- (2007b), 'An Unpublished *De lapidibus* in its Manuscript Tradition, with Particular Regard to the Anglo-Saxon Area', in Lendinara et al. (2007), 251–83.
- (2011), 'Precious Stones in Anglo-Saxon Glosses', in Lendinara et al. (2011), 119–51.

Gillingham, R.G. (1981), 'An Edition of Abbot Ælfric's Old English-Latin Glossary with Commentary' (unpubl. PhD dissertation, Ohio State University).

Gittos, H., and M. Bradford Bedingfield, eds. (2005a), *The Liturgy of the Late Anglo-Saxon Church*, HBS Subsidia 5 (London).
- (2005b), 'Is There Any Evidence for the Liturgy of Parish Churches in Late Anglo-Saxon England? The Red Book of Darley and the Status of Old English', in Tinti (2005), 63–82.

Gjerløw, L. (1957), 'Fragments of a Lectionary in Anglo-Saxon Script found in Oslo', *Nordisk Tidskrift för Bok- och Biblioteksväsen* 44: 109–22.
- (1961), *Adoratio crucis: the Regularis Concordia and the Decreta Lanfranci; Manuscript Studies in the Early Medieval Church of Norway* (Oslo).
- (1970), 'Missaler brukt in Bjørgvin bispedømme fra misjonstiden til Nidarosordinariet', in *Bjørgvin bispestol. Byen og bispedømmet*, ed. P. Juvkam (Bergen, 1970), 73–115.
- (1974), 'Missaler brukt i Oslo bispedømme fra misjonstiden til Nidarosordinariet', in *Oslo bispedømme 900 år. Historiske Studier*, ed. F. Birkeli, A.O. Johnsen and E. Molland (Oslo, 1974), 73–129.
- ed. (1979), *Antiphonarium Nidrosiensis Ecclesiae*, Libri Liturgici Provinciae Nidrosiensis Medii Aevi 3 (Oslo).
- (1980), *Liturgica Islandica*, 2 vols., Bibliotheca Arnamagnæana 35–6 (Copenhagen).

Glauche, G. (1970), *Schullektüre im Mittelalter: Entstehung und Wandlungen des Lektürekanons bis 1200 nach den Quellen dargestellt*, Münchener Beiträge zur Mediävistik und Renaissance-Forschung 5 (Munich).

Glaze, F.E. (2007), 'Master-Student Medical Dialogues: The Evidence of London, British Library, Sloane 2839', in Lendinara et al. (2007), 467–94.

Glénisson, J., ed. (1974), *La paléographie hébraïque médiévale* (Paris).

Glorie, F., ed. (1968), *Variae Collectiones Aenigmatum Merovingicae Aetatis*, 2 vols., CCSL 133–133A (Turnhout).

Glück, M. (1967), *Priscians Partitiones und ihre Stellung in der spätantiken Schule*, Spudasmata 12 (Hildesheim).

Glunz, H.H. (1930), *Britannien und Bibeltext. Der Vulgatatext der Evangelien in seinem Verhältnis zur irisch-angelsächsischen Kultur des Frühmittelalters*, Kölner Anglistische Arbeiten 12 (Leipzig).

– (1933), *History of the Vulgate in England from Alcuin to Roger Bacon: Being an Inquiry into the Text of some English Manuscripts of the Vulgate Gospels* (Cambridge).

Gneuss, H. (1957), 'Zur Geschichte des MS Vespasian A.I', *Anglia* 75: 125–33 [repr. Gneuss (1996a), no. VII].

– (1968), *Hymnar und Hymnen im englischen Mittelalter. Studien zur Überlieferung, Glossierung und Übersetzung lateinischer Hymnen in England*, Buchreihe der Anglia 12 (Tübingen).

– (1971), Review of J.D.A. Ogilvy, *Books known to the English: 597–1066*, in *Anglia* 89: 129–34.

– (1972), 'The Origin of Standard Old English and Æthelwold's School at Winchester', *ASE* 1: 63–83 [repr. Gneuss (1996b), no. I].

– (1976a), 'Die Handschrift Cotton Otho A. XII', *Anglia* 94: 289–318 [repr. Gneuss (1996a), no. IX].

– (1976b), 'Die *Battle of Maldon* als historisches und literarisches Zeugnis', in Bayrische Akademie der Wissenschaften, phil.-hist. Klasse, Sitzungsberichte, Jahrgang 1976, Heft 5 (Munich), 3–68 [repr. Gneuss (1996b), no. IX].

– (1977), Review of *The Durham Ritual*, ed. T.J. Brown, *Anglia* 95: 207–13.

– (1978), 'Dunstan und Hrabanus Maurus: Zur Hs. Bodleian Auctarium F.4.32', *Anglia* 96: 136–48 [repr. Gneuss (1996a), no. VIII].

– (1985), 'Liturgical Books in Anglo-Saxon England and their Old English Terminology', in Lapidge–Gneuss (1985a), 91–141 [repr. Gneuss (1996a), no. V].

– (1988), 'Eine angelsächsische Königsliste', in Krämer–Bernhard (1988), 201–9 [repr. Gneuss (1996a) no. VII].

– (1990), 'The Study of Language in Anglo-Saxon England', *BJRL* 72: 3–32 [repr. with 'Postscript' (pp. 102–5) in Scragg (2003) 75–102].

- (1992), '*Anglicae Linguae Interpretatio*: Language Contact, Lexical Borrowing and Glossing in Anglo-Saxon England', *PBA* 82: 107–48.
- (1993), 'Der älteste Katalog der angelsächsischen Handschriften und seine Nachfolger', in Grinda—Wetzel (1993), 91–106 [repr. Gneuss (1996a), no. X].
- (1994), 'A Grammarian's Greek-Latin Glossary in Anglo-Saxon England', in Godden et al. (1994b), 60–86 [repr. Gneuss (1996b), no. IV].
- (1996a), *Books and Libraries in Early England* (Aldershot).
- (1996b), *Language and History in Early England* (Aldershot).
- (1997), 'Origin and Provenance of Anglo-Saxon Manuscripts: The Case of Cotton Tiberius A. iii', in Robinson—Zim (1997a), 13–48.
- (1998), 'A Newly-Found Fragment of an Anglo-Saxon Psalter', *ASE* 27: 273–87.
- (2000), 'Zur Geschichte des Hymnars', *MLJ* 35,2: 227–47.
- (2000–3), 'Humfrey Wanley Borrows Books in Cambridge', *TCBS* 12: 145–60.
- and M. Lapidge (2003a), 'The Earliest Manuscript of Bede's Metrical *Vita S. Cudbercti*', *ASE* 32: 43–54.
- (2003b), 'Addenda and Corrigenda to the *Handlist of Anglo-Saxon Manuscripts*', *ASE* 32: 293–305.
- (2005a), 'The Homiliary of the Taunton Fragments', *N&Q* 250: 440–2.
- (2005b), 'The First Edition of the Source of Ælfric's *Grammar*', *Anglia* 123: 246–59.
- (2008a), 'More Old English from Manuscripts', in Blanton—Scheck (2008), 411–21.
- (2008b), Review of *ASMMF* vols. IX–XIII, *Anglia* 126: 134–41.
- (2012), 'Second Addenda and Corrigenda to the *Handlist of Anglo-Saxon Manuscripts*', *ASE* 40: 287–300.

Godden, M., ed. (1979), *Ælfric's Catholic Homilies: The Second Series, Text*, EETS s.s. 5 (London).
- (1983), 'Ælfric's *De temporibus anni*', in McGurk et al. (1983), 59–64.
- (1994a), 'Editing Old English and the Problem of Alfred's *Boethius*', in Scragg—Szarmach (1994b), 163–76.
- D. Gray and T. Hoad, eds. (1994b), *From Anglo-Saxon to Early Middle English. Studies presented to E.G. Stanley* (Oxford).
- (1996), 'Experiments in Genre: The Saints' Lives in Ælfric's *Catholic Homilies*', in Szarmach (1996), 261–87.
- (1997), 'Wærferth and King Alfred: The Fate of the Old English *Dialogues*', in Roberts—Nelson (1997), 35–51.
- (2000), *Ælfric's Catholic Homilies: Introduction, Commentary and Glossary*, EETS s.s.18 (London).
- (2004), 'The Relations of Wulfstan and Ælfric: Reassessment', in Townend (2004), 353–74.

- (2005), 'Alfred, Asser and Boethius', in O'Brien O'Keeffe—Orchard (2005) I, 326–48.
- and S. Irvine, eds. (2009), *The Old English Boethius. An Edition of the Old English Version of Boethius's De Consolatione Philosophiae*, 2 vols. (Oxford).
- (2011), 'Glosses to the *Consolation of Philosophy* in late Anglo-Saxon England: Their Origins and their Uses', in Lendinara et al. (2011), 67–92.
- (2012), 'Ælfric's Library', in R. Gameson (2012), 679–84.

Godel, W. (1963), 'Irisches Beten im frühen Mittelalter', *Zeitschrift für katholische Theologie* 85: 261–321, 390–439.

Goetz, G., ed. (1888–1923), *Corpus Glossariorum Latinorum*, 7 vols. (Leipzig).

Godman, P., ed. (1982), *Alcuin: The Bishops, Kings and Saints of York* (Oxford).

Goldbacher, A., ed. (1895–1923), *Augustinus: Epistulae*, 4 vols. in 5, CSEL 34, 44, 57, 58 (Vienna).

Gollancz, I., ed. (1927), *The Cædmon Manuscript of Anglo-Saxon Biblical Poetry. Junius XI in the Bodleian Library* (Oxford).

Gonser, P. (1909), *Das angelsächsische Prosa-Leben des hl. Guthlac*, Anglistische Forschungen 27 (Heidelberg).

Goodyear, F.R.D., ed. (1965), *Incerti auctoris Aetna* (Cambridge).

Goolden, P., ed. (1958), *The Old English Apollonius of Tyre*, Oxford English Monographs 6 (London).

Goossens, L., ed. (1974), *The Old English Glosses of MS Brussels, Royal Library, 1650 (Aldhelm's De Laudibus Virginitatis)*, Verhandelingen van de Koninklijke Academie voor Wetenschappen, Letteren en Schone Kunsten van België, Klasse der Letteren 74 (Brussels).
- (1992), 'Latin and Old English Aldhelm Glosses: A Direct Link in the Abingdon Group', in Derolez (1992), 139–49.

Gordon, I.L., ed. (1997), *The Seafarer*, rev. ed. with bibliography by M. Clayton (Exeter).

Gorman, M. (1997), 'A Critique of Bischoff's Theory of Irish Exegesis. The Commentary on Genesis in Munich Clm. 6302 (Wendepunkte 2)', *JMLat* 7: 178–233.
- (2003), 'The Codex Amiatinus: A Guide to the Legends and Bibliography', *SM* 44: 863–910.

Gougaud, L. (1923), 'Les relations de l'abbaye de Fleury-sur-Loire avec la Bretagne armoricaine et les îles Britanniques (Xe et XIe siècles)', *Mémoires de la Société d'histoire et d'archéologie de Bretagne* 4: 3–30.

Gough, J.V. (1974) , 'Some Old English Glosses', *Anglia* 92: 273–90.

Govern, D.S. (1983), 'Unnoticed Punctuation in the Exeter Book', *MÆ* 52: 90–9.

Gradon, P.O.E., ed. (1977), *Cynewulf's Elene*, rev. ed. (Exeter).

Le Graduel Romain: Édition critique par les Moines de Solesmes, II: *Les Sources* (Paris, 1957).

Graham, T. (1993), 'The Old English Liturgical Directions in Corpus Christi College, Cambridge, MS 422', *Anglia* 111: 439–46.
- (1991–5a), 'A Parkerian Transcript of the List of Bishop Leofric's Procurements for Exeter Cathedral: Matthew Parker, the Exeter Book, and Cambridge University Library MS Ii. 2. 11', *TCBS* 10: 421–55.
- (1991–5b), 'Matthew Parker and the Conservation of Manuscripts: The Case of CUL MS Ii. 2. 4', *TCBS* 10: 630–41.
- (1994), 'Robert Talbot's "Old Saxonice Bede"', *Cambridge Bibliographical Society Newsletter* (Summer 1994): 6–7.
- (1995), 'The Old English Prefatory Texts in the Corpus Canterbury Pontifical', *Anglia* 113: 1–15.
- (1996), 'A Runic Entry in an Anglo-Saxon Manuscript from Abingdon and the Scandinavian Career of Abbot Rodulf (1051–2)', *Nottingham Medieval Studies* 40: 16–24.
- (1997a), 'Abraham Wheelock's Use of CCCC MS 41 (Old English Bede) and the Borrowing of Manuscripts from the Library of Corpus Christi College', *Cambridge Bibliographical Society Newsletter* (Summer 1997): 10–16.
- (1997b), 'Early Modern Study of the Old English Hexateuch: Robert Talbot and William L'Isle', *OEN* 30.3: A–39.
- (1998a), 'Cambridge, Corpus Christi College 57 and its Anglo-Saxon Users', in Pulsiano–Treharne (1998a), 21–70.
- and A.G. Watson (1998b), *The Recovery of the Past in Early Elizabethan England. Documents by John Bale and John Joscelyn from the Circle of Matthew Parker* (Cambridge, 1998).
- (2000a), 'The Corpus Sedulius: An Anglo-Saxon Classbook', *OEN* 33.3: A–10.
- ed. (2000b), *The Recovery of Old English. Anglo-Saxon Studies in the Sixteenth and Seventeenth Centuries* (Kalamazoo, MI).
- (2000c), 'John Joscelyn, Pioneer of Old English Lexicography', in Graham (2000b), 83–140.
- (2000d), 'Early Modern Users of Claudius B. iv: Robert Talbot and William L'Isle', in Barnhouse–Withers (2000), 271–316.
- (2009), 'Glosses and Notes in Anglo-Saxon Manuscripts', in Owen-Crocker (2009), 159–203.

Gransden, A. (1972), 'Realistic Observation in Twelfth-Century England', *Speculum* 47: 29–51.
- (1974), *Historical Writing in England, I: c. 550 to c. 1307* (London).
- (1995a), 'Abbo of Fleury's *Passio Sancti Eadmundi*', *RB* 105: 20–78.
- (1995b), 'The Composition and Authorship of the *De miraculis Sancti Eadmundi* Attributed to "Hermann the Archdeacon"', *JMLat* 5: 1–52.
- ed. (1998a), *Bury St Edmunds. Medieval Art, Architecture, Archaeology and Economy*, The British Archaeological Association Transactions 20 (London).

- (1998b), 'Some Manuscripts in Cambridge from Bury St Edmunds Abbey: Exhibition Catalogue', in Gransden (1998a), 228–85.
Grant, R.J.S. (1974), 'Laurence Nowell's Transcript of BM Cotton Otho B. xi', *ASE* 3: 111–24.
- ed. (1979), *Cambridge Corpus Christi College 41: The Loricas and the Missal* (Amsterdam).
- ed. (1982), *Three Homilies from Cambridge, Corpus Christi College 41. The Assumption, St Michael and the Passion* (Ottawa).
- (1989), *The B-Text of the Old English Bede: A Linguistic Commentary* (Amsterdam).
- (1996), *Laurence Nowell, William Lambarde and the Laws of the Anglo-Saxons* (Amsterdam).
Grape-Albers, H. (1977), *Spätantike Bilder aus der Welt des Arztes. Medizinische Bilderhandschriften der Spätantike und ihre mittelalterliche Überlieferung* (Wiesbaden).
Grattan, J.H.G. and C. Singer (1952), *Anglo-Saxon Magic and Medicine. Illustrated specially from the Semi-Pagan Text 'Lacnunga'* (London).
Green, J.R. (1907), *A Short History of the English People*, I (London).
Green, R.P.H., ed. (1980), *Seven Versions of Pastoral* (Reading).
- ed. (1991), *The Works of Ausonius* (Oxford).
Green, W.M. and K.-D. Daur, eds. (1970), *Augustinus: Contra academicos, De beata vita, De ordine, De magistro, De libero arbitrio*, CCSL 29 (Turnhout).
Greenfield, S.B. and F. C. Robinson (1980), *A Bibliography of Publications on Old English Literature to the End of 1972* (Toronto).
Greenwell, W., ed. (1853), *The Pontifical of Egbert, Archbishop of York, A.D. 732–766*, Surtees Society 27 (Durham).
Gremont, D. and L. Donnat (1967), 'Fleury, le Mont Saint-Michel et l'Angleterre à la fin du Xe et au début du XIe siècle. A propos du manuscrit d'Orléans 127 (105)', in *Millénaire monastique du Mont Saint-Michel*, ed. J. Laporte, 5 vols. (Paris) I, 751–93.
Gretsch, M. (1973), *Die Regula Sancti Benedicti in England und ihre altenglische Übersetzung*, TUEPh 2 (Munich).
- (1974), 'Æthelwold's Translation of the *Regula Sancti Benedicti* and its Latin Exemplar', *ASE* 3: 125–51.
- (1999a), *The Intellectual Foundations of the English Benedictine Reform*, CSASE 25 (Cambridge).
- (1999b), 'Elizabeth Elstob: A Scholar's Fight for Anglo-Saxon Studies', *Anglia* 117: 163–200, 481–524.
- (2000), 'The Junius Psalter Gloss: Its Historical and Cultural Context', *ASE* 29: 85–122.

- (2001), 'Die sprachliche und kulturelle Bedeutung der altenglischen Glossierung des Junius-Psalters', in Bergmann (2001), 171–4.
- (2003a), 'Cambridge, Corpus Christi College 57: A Witness to the Early Stages of the Benedictine Reform in England?', *ASE* 32: 111–45.
- (2003b), 'In Search of Standard Old English', in Kornexl–Lenker (2003), 33–67.
- (2004), 'The Taunton Fragment: A New Text from Anglo-Saxon England', *ASE* 33: 145–93.
- and H. Gneuss (2005), 'Anglo-Saxon Glosses to a Theodorean Poem?', in O'Brien O'Keeffe–Orchard (2005) I, 9–46.
- (2006), 'Æthelthryth of Ely in a Lost Calendar from Munich', *ASE* 35: 159–77.

Grierson, P. (1940a), 'Les livres de l'Abbé Seiwold de Bath', *RB* 52: 96–116.
- (1940b), 'La bibliothèque de Saint-Vaast d'Arras', *RB* 52: 117–40.
- (1940c), 'Grimbald of St Bertin's', *EHR* 55: 529–61.
- (1941), 'The Relations Between England and Flanders before the Norman Conquest', *TRHS* 4th ser. 23: 71–112.

Griffith, M., ed. (1997), *Judith* (Exeter).
Griffiths, A. (2007), 'The Canterbury Psalter's Alphabet Glosses: Eclectic but Incompetent?', in Bremmer–Dekker (2007), 213–51.
Griffiths, B., ed. (1994), *Alfred's Metres of Boethius*, rev. ed. (Pinner).
Griffiths, J. (1995), 'Manuscripts in the Schøyen Collection copied or owned in the British Isles before 1700', *English Manuscript Studies 1100–1700* 5: 36–42.
Grimmer, M. (2007), 'Britons in Early Wessex: The Evidence of the Law Code of Ine', in Higham (2007), 102–14.
Grinda, K.R. and C.-D. Wetzel, eds. (1993), *Anglo-Saxonica: Beiträge zur Vor- und Frühgeschichte der englischen Sprache und zur altenglischen Literatur. Festschrift für Hans Schabram zum 65. Geburtstag* (Munich).
Grosjean, P. (1937), 'Gloria postuma S. Martini Turonensis apud Scottos et Britannos', *AB* 55: 300–48.
- (1943), 'Notes d'hagiographie celtique [nos. 1–4]', *AB* 61: 91–107.
- (1961), 'Un fragment d'obituaire anglo-saxon du VIIIe siècle conservé à Munich', *AB* 79: 320–45.

Gruber, K.W. (1904), *Die Hauptquellen des Corpus-, Epinaler und Erfurter Glossares* (Erlangen).
Grünberg, M. (1967), *The West-Saxon Gospels: A Study of the Gospel of St Matthew with Text of the Four Gospels* (Amsterdam).
Gryson, R., ed. (2001), *Bedae presbyteri Expositio Apocalypseos*, CCSL 121A (Turnhout).
Guaglianone, A., ed. (1958), *Aviani Fabulae* (Turin).
Guenther Discenza, N. (1997), 'Power, Skill, and Virtue in the Old English *Boethius*', *ASE* 26: 81–108.

- (2000), 'Alfred the Great: A Bibliography with Special Reference to Literature', in Szarmach (2000), 463–502.
Guglielmetti, R.E., ed. (2004), *Alcuino: Commento al Cantico dei cantici, con i commenti anonimi 'Vox ecclesie' e 'Vox antique ecclesie'* (Florence).
- (2008a), 'Il commento "Vox ecclesie" al Cantico dei cantici: Il contributo delle fonti al riconoscimento della versione originale', *Filologia mediolatina* 15: 45–65.
- (2008b), 'Tradizione manoscritta e fortuna del commento al Cantico di Giusto d'Urgell', in *Il Cantico dei cantici nel medioevo*, ed. R.E. Guglielmetti (Florence, 2008), 155–87.
Guillaumin, J.-Y., ed. (1995), *Boèce: Institution arithmétique* (Paris).
Guimon, T.V. (2006), 'The Writing of Annals in Eleventh-Century England: Palaeography and Textual History', in Rumble (2006a), 137–45.
Gullath, B. (2003), 'Deutsche Philologie / Literaturwissenschaft', in *Lebendiges Büchererbe. Säkularisation, Mediatisierung und die Bayerische Staatsbibliothek*, ed. C. Jahn and D. Kudorfer (Munich, 2003), 142–55.
Gullick, M. (1987), 'The Great and Little Domesday Manuscripts', in Erskine (1987), 93–112.
- (1990), 'The Scribe of the Carilef Bible: A New Look at some Late-Eleventh-Century Durham Cathedral Manuscripts', in Brownrigg (1990), 61–83.
- D. Marner and A. Piper (1993), *Anglo-Norman Durham 1093–1193: A Catalogue for an Exhibition of Manuscripts in the Treasury, Durham Cathedral* (Durham).
- (1994), 'The Durham Cantor's Book (Durham, Dean and Chapter Library, MS B. IV. 24)', in Rollason et al. (1994), 93–109.
- (1996–9a), 'The Origin and Date of Cambridge, Corpus Christi College MS 163', *TCBS* 11: 89–91.
- (1996–9b), 'The Origin and Importance of Cambridge, Trinity College R. 5. 27', *TCBS* 11: 239–62.
- (1998a), 'The Hand of Symeon of Durham: Further Observations on the Durham Martyrology Scribe', in Rollason (1998), 14–31.
- (1998b), 'The Two Earliest Manuscripts of the *Libellus de exordio*', in Rollason (1998), 106–19.
- (1998c), 'The Scribal Work of Eadmer of Canterbury to 1109', *Archaeologia Cantiana* 118: 173–90.
- (1998d), 'Professional Scribes in Eleventh- and Twelfth-Century England', *English Manuscript Studies 1100–1700* 7: 1–24.
- (2000), 'A Scribe at Work: Fragments as Witnesses to Changes in Style', in Brownrigg—Smith (2000), 205–10.
- (2001), 'The English-Owned Manuscripts of the *Collectio Lanfranci*', in Dennison (2001), 99–117.

- and R.W. Pfaff (2001), 'The Dublin Pontifical (TCD 98 [B. 3. 6]): St Anselm's?', *Scriptorium* 55: 284–94 [and pls. 58–60].
- (2004), 'The Make-Up of the *Liber Vitae*: The Codicology of the Manuscript', in Rollason et al. (2004a), 17–42.
- (2005a), 'Preliminary Observations on Romanesque Manuscript Fragments of English, Norman and Swedish Origin in the Riksarkivet (Stockholm)', in Brunius (2005), 31–82.
- (2005b), 'Manuscrits et copistes normands en Angleterre (XIe–XIIe siècles)', in Bouet—Dosdat (2005), 83–99.
- (2008), 'Lanfranc and the Oldest Manuscript of the *Collectio Lanfranci*', in Brasington—Cushing (2008), 79–89.
- and S. Rankin (2009), Review of Hartzell (2006), *Early Music History* 28: 262–85.
- (2010), 'A Christ Church Scribe of the Eleventh Century', in *The Medieval Book. Glosses from Friends and Colleagues of Christopher de Hamel*, ed. J.H. Marrow, R.A. Linenthal and W. Noel (Houston, TX, 2010), 2–10.
- (2012), 'Bookbindings', in R. Gameson (2012), 294–309.

Gunderson, L.L. (1980), *Alexander's Epistle to Aristotle about India* (Meisenheim am Glan).

Gunther, R.T., ed. (1925), *The Herbal of Apuleius Barbarus: From the Early 12th-Century Manuscript formerly in the Abbey of Bury St Edmunds* (Oxford).

Günzel, B., ed. (1993), *Ælfwine's Prayerbook*, HBS 108 (London).

Guy, J.A. (1972–6), 'A Lost Manuscript of Solinus: Five Fragments from Bury St Edmunds in the Library of Clare College, Cambridge', *TCBS* 6: 65–6.

Gwara, S. (1992), 'Three Acrostic Poems by Abbo of Fleury', *JMLat* 2: 203–35.
- (1993), 'Literary Culture in Late Anglo-Saxon England and the Old English and Latin Glosses to Aldhelm's *Prosa de Virginitate*' (unpubl. PhD dissertation, Toronto Univ.).
- (1994a), 'Unpublished Old English Inked Glosses from Manuscripts of Aldhelm's *Prosa de Virginitate*', *NM* 95: 267–71.
- (1994b), 'Manuscripts of Aldhelm's *Prosa de virginitate* and the Rise of Hermeneutic Literacy in Tenth-Century England', *SM* 35: 101–59.
- (1994c), 'Newly Identified Eleventh-Century Fragments in a Bagford Album, now London, British Library, MS Harley 5977', *Manuscripta* 38: 228–36.
- (1996–7), 'Canterbury Affiliations', *Romanobarbarica* 14: 359–74.
- (1996a), 'A Record of Anglo-Saxon Pedagogy: Aldhelm's *Epistola ad Heahfridum* and its Gloss', *JMLat* 6: 84–134.
- (1996b), 'Drypoint Glossing in a Twelfth-Century Manuscript of Aldhelm's Prose Treatise on Virginity', *Traditio* 51: 99–145.
- ed. (1996c), *Latin Colloquies from Pre-Conquest Britain*, Toronto Medieval Latin Texts 22 (Toronto).

- (1997a), 'Glosses to Aldhelm's *Prosa de virginitate* and Glossaries from the Anglo-Saxon Golden Age, ca. 670–800', *SM* 38: 561–645.
- (1997b), 'Further Old-English Scratched Glosses and Merographs from Corpus Christi College, Cambridge MS 326 (Aldhelm's *Prosa de Virginitate*)', *ES* 78: 201–36.
- ed. (1997c), *Anglo-Saxon Conversations: The Colloquies of Ælfric Bata*, with an introduction by D. W. Porter (Woodbridge).
- (1997d), 'Ælfric Bata's Manuscripts', *Revue d'histoire des textes* 27: 239–55.
- (1998), 'The Transmission of the "Digby" Corpus of Bilingual Glosses to Aldhelm's *Prosa de virginitate*', *ASE* 27: 139–68.
- ed. (2001), *Aldhelmi Malmesbiriensis Prosa de virginitate*, 2 vols., CCSL 124–124A (Turnhout).
- (2002), 'The *Hermeneumata pseudodositheana*, Latin Oral Fluency, and the Social Function of the Cambro-Latin Dialogues called *De raris fabulis*', in *Latin Grammar and Rhetoric, from Classical Theory to Medieval Practice*, ed. C.D. Lanham (London and New York, 2002), 109–38.
- (2007), 'A Possible Arthurian Epitome in a Tenth-Century Manuscript from Cornwall', *Arthuriana* 17.2: 3–9.
- (2012), 'Anglo-Saxon Schoolbooks', in R. Gameson (2012), 507–24.

Gwynn, A. (1954), 'Some Notes on the History of the Book of Kells', *Irish Historical Studies* 9: 131–61.
- ed. (1955), *The Writings of Bishop Patrick, 1074–1084*, Scriptores Latini Hiberniae 1 (Dublin).

Hackman, A. (1860), *Catalogi codicum manuscriptorum Bibliothecae Bodleianae, IV. Codices viri admodum reverendi Thomae Tanner complectens* (Oxford).

Haddan, A.W. and W. Stubbs, eds. (1869–71), *Councils and Ecclesiastical Documents Relating to Great Britain and Ireland*, 3 vols. (Oxford).

Hadgraft, N. and K. Swift, eds. (1994), *Conservation and Preservation in Small Libraries* (Cambridge).

Hagen, H. (1875), *Catalogus codicum Bernensium (Bibliotheca Bongarsiana)* (Bern).

Hagenmaier, W. (1980), *Die lateinischen mittelalterlichen Handschriften der Universitätsbibliothek Freiburg im Breisgau (ab Hs. 231)*, Kataloge der Universitätsbibliothek Freiburg i. B., 1: Die Handschriften der Universitätsbibliothek, Teil 3 (Wiesbaden).

Haggenmüller, R. (1991), *Die Überlieferung der Beda und Egbert zugeschriebenen Bussbücher*, Europäische Hochschulschriften: Reihe 3, Geschichte und ihre Hilfswissenschaften 461 (Frankfurt am Main).

Haines, D. (2010), *Sunday Observance and The Sunday Letter in Anglo-Saxon England*, AST 8 (Cambridge).

Haines, J.A. (2008), 'A Musical Fragment from Anglo-Saxon England', *Early Music* 36: 219–29.

Hale, W.C. (1978), 'An Edition and Codicological Study of Corpus Christi College Cambridge MS 214' (unpubl. PhD dissertation, University of Pennsylvania).

Hall, J., ed. (1920), *Selections from Early Middle English 1130–1250*, 2 vols. (Oxford).

Hall, J.R. (1975), 'Some Liturgical Notes on Ælfric's Letter to the Monks of Eynsham', *Downside Review* 93: 297–303.

– (1986), 'On the Bibliographic Unity of the Bodleian MS Junius 11', *ANQ* 24: 104–7.

– (2012), 'Supplementary Evidence and the Manuscript Text of *Beowulf*: A Survey of Sources', in *English Past and Present. Selected Papers from the IAUPE Malta Conference in 2010*, ed. W. Viereck (Frankfurt am Main, 2012), 9–24.

Hall, T.N. and M.W. Twomey (1990), 'Old Testament Apocrypha', in Biggs et al. (1990), 23–34.

– (1996), 'The *Euangelium Nichodemi* and *Vindicta Salvatoris* in Anglo-Saxon England', in Cross (1996b), 36–81.

– (2001), 'The Early English Manuscripts of Gregory the Great's *Homilies on the Gospel* and *Homilies on Ezechiel*: A Preliminary Survey', in Bremmer (2001), 115–36.

– T.D. Hill and C.D. Wright, eds. (2002), *Via Crucis: Essays on Early Medieval Sources and Ideas in Memory of J.E. Cross*, Medieval European Studies 1 (Morgantown, VA).

– (2002), 'The Earliest Anglo-Latin Text of the *Trinubium Annae* (*BHL* 505zl)', in Hall et al. (2002), 104–37.

– (2004a), 'Wulfstan's Latin Sermons', in Townend (2004), 93–139.

– (2004b), 'The Bibliography of Anglo-Saxon Sermon Manuscripts', in Wilcox (2004a), 85–105.

– (2005), 'A Palm Sunday Sermon from Eleventh-Century Salisbury', in O'Brien O'Keeffe—Orchard (2005) II, 180–96.

– (2006), 'Latin Sermons and Lay Preaching: Four Latin Sermons from Post-Reform Canterbury', in Magennis—Wilcox (2006), 132–70.

– (2007), 'Latin Sermons for Saints in Early English Homiliaries and Legendaries', in Kleist (2007a), 227–63.

– and D. Scragg, eds. (2008), *Anglo-Saxon Books and their Readers. Essays in Celebration of Helmut Gneuss's 'Handlist of Anglo-Saxon Manuscripts'* (Kalamazoo, MI).

– (2008a), 'The Development of the Common of Saints in the Early English Versions of Paul the Deacon's Homiliary', in Hall—Scragg (2008), 31–67.

Hallam, E. and D. Bates, eds. (2001), *Domesday Book* (Stroud).

Hallander, L.-G. (1968), 'Two Old English Confessional Prayers', *Stockholm Studies in Modern Philology* n.s. 3: 87–110.

Halm, K. et al. (1868-81), *Catalogus Codicum Latinorum Bibliothecae Regiae Monacensis*, 7 vols. (Munich).
Halporn, J.W. (1974), 'A New Fragment of Durham Cathedral Library MS. B. II. 30', *Classical Philology* 69: 124–5.
- (1981), 'The Manuscripts of Cassiodorus' *Expositio psalmorum*', *Traditio* 37: 388–96.
- (1985), 'Further on Early English Manuscripts of Cassiodorus's *Expositio Psalmorum*', *Classical Philology* 80: 46–50.
- (1987), 'The Modern Editions of Cassiodorus' Psalm Commentary', *Texte und Untersuchungen der altchristlichen Literatur* 133: 239–47.
Hamesse, J., ed. (1996), *Les manuscrits des lexiques et glossaires de l'antiquité tardive à la fin du moyen âge* (Louvain-la-Neuve).
Hamilton, S. (2001), *The Practice of Penance, 900–1050* (Woodbridge).
- (2005), 'Remedies for "Great Transgressions": Penance and Excommunication in late Anglo-Saxon England', in Tinti (2005), 83–105.
- (2010), 'The Early Pontificals: The Anglo-Saxon Evidence reconsidered from Continental Perspective', in Rollason et al. (2010), 411–28.
Handley, R. (1974), 'British Museum MS Cotton Vespasian D. xiv', *N&Q* 219: 243–50.
Handschin, J. (1936), 'The Two Winchester Tropers', *JTS* 37: 34–45, 156–72.
Haney, K. (2002), *The St. Albans Psalter. An Anglo-Norman Song of Faith*, Studies in the Humanities 60 (New York).
Hankins, F.R. (1992), 'Bald's "Leechbook" Reconsidered' (unpubl. PhD dissertation, University of North Carolina).
Hanley, T. (1979), 'Selected Rogationtide Homilies' (unpubl. PhD dissertation, University of Ottawa).
Hanna, R. (2002), *A Descriptive Catalogue of the Western Medieval Manuscripts of St John's College, Oxford, using Material Collected by the late Jeremy Griffiths* (Oxford).
- and T. Turville-Petre, eds. (2010), *The Wollaton Manuscripts. Texts, Owners and Readers* (York).
Hanslik, R., ed. (1977), *Benedicti Regula*, 2nd ed., CSEL 75 (Vienna).
Hanssens, J.M. (1933–5), 'Le texte du "Liber officialis" d'Amalaire', *Ephemerides Liturgicae* 47 (1933), 48 (1934), 49 (1935) [nine individual articles].
- ed. (1948–50), *Amalarii episcopi Opera liturgica omnia*, 3 vols., Studi e testi 138–40 (Vatican City).
Harbison, P. (2011), 'An Irish Stroke of European Genius: Irish High Crosses and the Emperor Charles the Bald', in Hourihane (2011), 133–48.
Hardwick, C. (1854), 'A Litany used by Members of the English Church in the Tenth Century', *Journal of Classical and Sacred Philology* 1: 266–70.

– and H.R. Luard (1856–67), *A Catalogue of the Manuscripts preserved in the Library of the University of Cambridge*, 5 vols. and index (Cambridge).
Hardy, A.K. (1899), *Die Sprache der Blickling Homilies* (diss. Leipzig).
Hardy, T.D. (1862–71), *Descriptive Catalogue of Materials relating to the History of Great Britain and Ireland*, 3 vols. in 4, RS 26 (London).
Harlow, C.G. (1959), 'Punctuation in some Manuscripts of Ælfric', *RES* n.s. 10: 1–19.
Harmer, F.E., ed. (1914), *Select English Historical Documents of the Ninth and Tenth Centuries* (Cambridge).
– ed. (1952), *Anglo-Saxon Writs* (Manchester).
Harmsen, T. (2000), *Antiquarianism in the Augustan Age: Thomas Hearne 1678–1735* (Oxford).
Harper-Bill, C. et al., eds. (1989), *Studies in Medieval History presented to R. Allen Brown* (Woodbridge).
Harris, R.L., ed. (1992), *A Chorus of Grammars: The Correspondence of George Hickes and his Collaborators on the Thesaurus Linguarum Septentrionalium*, Publications of the Dictionary of Old English 4 (Toronto).
Harris, R.M. (1960), 'The Marginal Drawings of the Bury St Edmunds Psalter (Rome, Vatican Library, MS Reg. lat. 12)' (unpublished PhD dissertation, Princeton University).
Harrison, J. (2004), 'The Mortuary Roll of Turgot of Durham (d. 1115)', *Scriptorium* 58: 67–83.
Harrsen, M. (1930), 'The Countess Judith of Flanders and the Library of Weingarten Abbey', *Papers of the Bibliographical Society of America* 24: 1–13.
Hart, C. (1966), *The Early Charters of Eastern England* (Leicester).
– (1972), 'Byrhtferth and his Manual', *MÆ* 41: 95–109.
– (1982), 'The B Text of the *Anglo-Saxon Chronicle*', *Journal of Medieval History* 8: 241–99.
Härtel, H. (1999), *Handschriften des Kestner-Museums zu Hannover* (Wiesbaden).
Hartel, W., ed. (1882), *Magni Felicis Ennodii Opera Omnia*, CSEL 6 (Vienna).
– ed. (1894), *Sancti Pontii Meropii Paulini Nolani Carmina*, CSEL 30 (Vienna; 2nd ed. rev. M. Kamptner, Vienna, 1999).
Hartung, A.E., ed. (1972), *A Manual of the Writings in Middle English 1050–1500, based upon A Manual of Writings in Middle English: 1050–1400 by J. E. Wells*, III. *Dialogues, Debates and Catechisms; Thomas Hoccleve, Malory and Caxton* (New Haven, CT).
Hartzell, K.D. (1975), 'A St Albans Miscellany in New York', *MLJ* 10: 20–61.
– (1980), 'An English Antiphoner of the Ninth Century', *RB* 90: 234–48.
– (1981), 'The Early Provenance of the Harkness Gospels', *Bulletin of Research in the Humanities* 84: 85–97.

- (1982), 'Some New English Drawings of the Tenth Century', in *The Early Middle Ages*, ed. W.H. Snyder, Acta 6 (Binghamton, NY, 1982), 83–93.
- (1989), 'An Eleventh-Century English Missal Fragment in the British Library', *ASE* 18: 45–97.
- (1996), 'An Early Missal Fragment in the British Library', *RB* 106: 308–18.
- (2005), 'Some Early English Liturgical Fragments in Sweden', in Brunius (2005), 83–98.
- (2006), *Catalogue of Manuscripts Written or Owned in England up to 1200 Containing Music* (Woodbridge)

Harvey, A. (1991), 'The Cambridge Juvencus Glosses – Evidence of Hiberno-Welsh Interaction?' in Sture Ureland—Broderick (1991), 181–98.

Häse, A. (2002), *Mittellateinische Bücherverzeichnisse aus Kloster Lorsch: Einleitung, Edition und Kommentar*, Beiträge zum Buch- und Bibliothekswesen 42 (Wiesbaden).

Hasenfratz, R.J. (1993), *Beowulf Scholarship. An Annotated Bibliography 1979–1990* (New York).

Hasler, R. (1981), 'Zu zwei Darstellungen aus der ältesten Kopie des Utrecht-Psalters (British Library, Codex Harleianus 603)', *Zeitschrift für Kunstgeschichte* 44: 317–39.

Haug, A., C. März and L. Welker, eds. (2004), *Der lateinische Hymnus im Mittelalter. Überlieferung—Ästhetik—Ausstrahlung*, Monumenta Monodica Medii Aevi, Subsidia 4 (Kassel).

Hauke, H. (1994), *Katalog der lateinischen Fragmente der Bayerischen Staatsbibliothek München*, I: *Clm 29202-29311*, Catalogus codicum manuscriptorum Bibliothecae Monacensis 4.12/1 (Wiesbaden).

Hausmann, R. (1992), *Die theologischen Handschriften der Hessischen Landesbibliothek Fulda bis zum Jahr 1600. Codices Bonifatiani 1-3, Aa 1-145a*, Die Handschriften der Hessischen Landesbibliothek Fulda, I (Wiesbaden).

Hauswald, E., ed. (2010), *Pirmin: Scarapsus*, MGH Quellen zur Geistesgeschichte des Mittelalters 25 (Hannover).

Hawkes, J. and S. Mills, eds. (1999), *Northumbria's Golden Age* (Stroud).

Healey, A. di Paolo, ed. (1978), *The Old English Vision of St Paul*, Speculum Anniversary Monographs 2 (Cambridge, MA).
- and K. Kiernan, eds. (2007), *Making Sense: Constructing Meaning in Early English*, Publications of the Dictionary of Old English 7 (Toronto).
- (2011), 'Late Anglo-Saxon Glossography: The Lexicographic View', in Lendinara *et al.* (2011), 1–18.

Hearne, T., ed. (1715), *Acta apostolorum Graeco-Latine, litteris majusculis e codice Laudiano* (Oxford).
- ed. (1723), *Hemingi Chartularium Ecclesiae Wigorniensis*, 2 vols. (Oxford).

Hecht, H., ed. (1900–7), *Bischof Wærferths von Worcester Übersetzung der Dialoge Gregors des Grossen*, 2 vols. (Hamburg).
Heimann, A. (1966), 'Three Illustrations from the Bury St Edmund's Psalter and their Prototypes', *JWCI* 29: 39–59.
– (1975), 'The Last Copy of the Utrecht Psalter', in Avril–Hoffeld (1975), 313–38.
– (1978), 'Moses-Darstellungen', in Busch (1978), 1–17.
Heinzel, O. (1926), *Kritische Entstehungsgeschichte des ags. Interlinear-Psalters*, Palaestra 151 (Leipzig).
Hellwig, H. (1888), *Untersuchungen über die Namen des nordhumbrischen Liber Vitae*, I (Berlin).
Hempl, G. (1903–4), 'Hickes's Additions to the Runic Poem', *MP* 1: 134–41.
Hen, Y. (1997), 'The Liturgy of St Willibrord', *ASE* 26: 41–62.
– (2007), 'Liturgical Palimpsests from the Early Middle Ages', in Declerq (2007), 37–54.
Henderson, G. (1975), 'The Programme of the Illuminations in Bodleian MS Junius XI', in Robertson–Henderson (1975), 113–45.
– (1982), *Losses and Lacunae in Early Insular Art*, University of York Monograph Series 3 (York).
– (1987), *From Durrow to Kells. The Insular Gospel-Books 650–800* (London).
– (1994), 'Emulation and Invention in Carolingian Art', in R. McKitterick (1994), 248–3.
– (2001), 'The Barberini Gospels (Rome, Vatican, Biblioteca Apostolica Barberini Lat. 570) as a Paradigm of Insular Art', in Redknap (2001), 157–68.
Henderson, I. (2008), 'Understanding the Figurative Style and Decorative Programme of the Book of Deer', in Forsyth (2008), 32–66.
Henderson, W.G., ed. (1874), *Missale ad usum insignis ecclesiae Eboracensis*, Surtees Society 59–60 (London).
Henel, H. (1934), *Studien zum altenglischen Computus*, Beiträge zur englischen Philologie 26 (Leipzig).
– (1935), 'Altenglischer Mönchsaberglaube', *EStn* 69: 329–49.
– ed. (1942a), *Ælfric's De temporibus anni*, EETS o.s. 213 (London).
– (1942b), 'Notes on Byrhtferth's *Manual*', *JEGP* 41: 427–43.
Henke, T. (2005), *Fromme Bilderwelten: mittelalterliche Textilien und Handschriften im Kestner-Museum* (Hannover).
Henkel, N. (1988), *Deutsche Übersetzungen lateinischer Schultexte. Ihre Verbreitung und Funktion im Mittelalter und in der frühen Neuzeit*, Münchener Texte und Untersuchungen zur deutschen Literatur des Mittelalters 90 (Munich and Zurich).
Hennig, J. (1954), 'Studies in the Literary Tradition of the *Martyrologium Poeticum*', *Proceedings of the Royal Irish Academy* 56 C: 197–226 [repr. in

Hennig, *Medieval Ireland, Saints and Martyrologies. Selected Studies*, ed. M. Richter (Northampton, 1989), no. VI].

Henry, F. (1960), 'Remarks on the Decoration of Three Irish Psalters', *PRIA* 61 C: 23–40.

− (1963), 'The Lindisfarne Gospels', *Antiquity* 37: 100–10.

− (1965), *Irish Art in the Early Christian Period (to A.D. 800)* (London).

− (1967), *Irish Art during the Viking Invasions, 800–1020 A.D.* (London).

− (1974), *The Book of Kells* (London).

Henshaw, M. (1946), 'Two Hymns for St Jodocus', *Speculum* 21: 325–6.

Herbert, J.A. (1911), *Illuminated Manuscripts* (London).

Herbst, L., ed. (1975), *Die altenglische Margaretenlegende in der Hs. Cotton Tiberius A.iii* (Dr Phil dissertation, University of Göttingen).

Herren, M.W., ed. (1987), *The Hisperica Famina*, II: *Related Poems*, Studies and Texts 85 (Toronto).

− ed. (1988), *The Sacred Nectar of the Greeks: The Study of Greek in the West in the Early Middle Ages*, KCLMS 2 (London).

− (1992), 'Hiberno-Latin Lexical Sources of Harley 3376: A Latin-Old English Glossary', in Korhammer (1992), 371–9.

− ed. (1993), *Iohannis Scotti Eriugenae Carmina*, Scriptores Latini Hiberniae 12 (Dublin).

− (1998), 'The Transmission and Reception of Graeco-Roman Mythology in Anglo-Saxon England, 670–800', *ASE* 27: 87–103.

− et al., eds. (2002), *Latin Culture in the Eleventh Century: Proceedings of the Third International Conference on Medieval Latin Studies, Cambridge, September 9–12, 1998*, 2 vols., Publications of the Journal of Medieval Latin 5 (Turnhout).

− ed. (2011), *The Cosmography of Aethicus Ister. Edition, Translation and Commentary*, Publications of the Journal of Medieval Latin 8 (Turnhout).

Hervey, F. (1907), *Corolla Sancti Eadmundi: The Garland of Saint Edmund, King and Martyr* (London).

− ed. (1929), *The History of King Eadmund the Martyr and the Early Years of his Abbey* (London).

Hervieux, L., ed. (1883–9), *Les fabulistes latins*, 5 vols. (Paris).

Herzfeld, G. (1891), 'Bruchstücke von Ælfric's Lives of Saints', *EStn* 16: 151–2

Hesbert, R.-J. (1954a), 'Un curieux antiphonaire palimpseste de l'Office: Rouen, A. 292 (IXe s.)', *RB* 64: 28–45.

− (1954b), *Les manuscrits musicaux de Jumièges*, Monumenta musicae sacrae 2 (Mâcon).

− (1955a), 'Les manuscrits liturgiques de Jumièges', in *Jumièges* (1955) II, 855–72.

− (1955b), 'Les manuscrits musicaux de Jumièges', in *Jumièges* (1955) II, 901–12.

- (1955c), 'Les manuscrits enluminés de l'ancien fonds de Jumièges', in *Jumièges* (1955) II, 721–36.
- (1963–79), *Corpus Antiphonalium Officii*, 6 vols., Rerum Ecclesiasticarum Documenta, Ser. maior 7–12 (Rome).

Heslop, T.A. (1990), 'The Production of *de luxe* Manuscripts and the Patronage of King Cnut and Queen Emma', *ASE* 19: 151–95.
- (1992a), 'A Dated "Late Anglo-Saxon" Illuminated Psalter', *AntJ* 72: 171–4.
- (1992b), 'Decoration and Illustration', in M. Gibson (1992), 25–61.
- (1992c), 'Twelfth-Century Forgeries as Evidence for Earlier Seals: The Case of St Dunstan', in Ramsay et al. (1992), 299–310.
- (1995), 'The Canterbury Calendars and the Norman Conquest', in Eales– Sharpe (1995), 53–86.
- (2004), 'Art and the Man: Archbishop Wulfstan and the York Gospelbook', in Townend (2004), 279–308.
- (2007), 'Manuscript Illumination at Worcester c. 1055–1065: The Origins of the Pembroke Lectionary and the Caligula Troper', in Panayotova (2007), 65–71.

Hessels, J.H., ed. (1890), *An Eighth-Century Latin–Anglo-Saxon Glossary preserved in the Library of Corpus Christi College, Cambridge (MS No. 144)* (Cambridge).

Hetherington, M.S. (1975), 'Sir Simonds D'Ewes and Method in Old English Lexicography', *Texas Studies in Literature and Language* 17: 75–92.

Hexter, R.J. (1986), *Ovid and Medieval Schooling. Studies in Medieval School Commentaries on Ovid's 'Ars amatoria'* (Munich).

Heyworth, M. (2007), 'The "Late Old English Handbook for the Use of a Confessor": Authorship and Connections', *N&Q* 252: 218–21.

Heyworth, P.L. (1971), 'Alfred's *Pastoral Care*: MS Cotton Tiberius B. xi', *N&Q* 216: 3–4.
- ed. (1989), *Letters of Humfrey Wanley, Palaeographer, Anglo-Saxonist, Librarian, 1672–1726* (Oxford).

Hickes, G., ed. (1689), 'Catalogus Veterum Librorum Septentrionalium', *Institutiones Grammaticae Anglo-Saxonicae et Moeso-Gothicae* (Oxford).
- (1703–5), *Linguarum vett. Septentrionalium Thesaurus: Grammatico-Criticus et Archaeologicus*, 2 vols. (Oxford).

Hicks, C., ed. (1992), *England in the Eleventh Century: Proceedings of the 1990 Harlaxton Symposium* (Stamford).

Higgitt, J. (1979), 'Glastonbury, Dunstan, Monasticism and Manuscripts', *Art History* 2: 275–90.
- (1989), 'The Iconography of St Peter in Anglo-Saxon England, and St Cuthbert's Coffin', in Bonner et al. (1989a), 267–85.

Higgs, J.W.Y. (1965), *English Rural Life in the Middle Ages*, Bodleian Picture Book 14 (Oxford).
Higham, N., ed. (2007), *Britons in Anglo-Saxon England*, Publications of the Manchester Centre for Anglo-Saxon Studies 7 (Woodbridge).
Hilberg, I., ed. (1910–18), *Sancti Eusebii Hieronymi Epistulae*, 3 vols., CSEL 54–6 (Vienna).
Hiley, D. (1986), 'Thurstan of Caen and Plainchant at Glastonbury: Musical Reflections on the Norman Conquest', *PBA* 72: 57–90.
- (1993), *Western Plainchant* (Oxford).
- (1995), 'The Repertory of Sequences at Winchester', in Boone (1995), 153–93.
- (1998), 'The English Benedictine Version of the *Historia Sancti Gregorii* and the Date of the "Winchester Troper"', in Dobszay (1998), 287–303.
- (2002), *Chants in Honour of St Cuthbert of Lindisfarne*, Plainsong and Medieval Music Society, Occasional Series 4 (London).
- (2003), 'Style and Structure in Early Offices of the Sanctorale', in Gallagher et al. (2003), 157–79.
Hilka, A. and O. Schumann, eds. (1930–70), *Carmina Burana*, 2 vols. (Heidelberg).
Hill, B. (1975), '*Epitaphia Alexandri* in English Medieval Manuscripts', *LSE* 8: 96–104.
Hill, D., ed. (1978), *Ethelred the Unready: Papers from the Millenary Conference*, BAR Brit. Ser. 59 (Oxford).
- (1981), *An Atlas of Anglo-Saxon England* (Oxford).
- and A.R. Rumble, eds. (1996), *The Defence of Wessex: The Burghal Hidage and Anglo-Saxon Fortifications* (Manchester).
Hill, J., ed. (1983), *Old English Minor Heroic Poems* (Durham).
- (1986), 'The Exeter Book and Lambeth Palace Library MS 149: A Reconsideration', *ANQ* 24: 112–16.
- (1988), 'The Exeter Book and Lambeth Palace Library MS 149: The Monasterium of Sancta Maria', *ANQ* n. s. 1: 4–9.
- (1991a), 'Missing Leaves from Worcester Cathedral Library Manuscript F. 91', *N&Q* 236: 1–2.
- (1991b), 'The *Regularis Concordia* and its Latin and Old English Reflexes', *RB* 101: 199–315.
- (1992), 'Ælfric and Smaragdus', *ASE* 21: 203–37.
- (1996), 'The Dissemination of Ælfric's Lives of Saints: A Preliminary Survey', in Szarmach (1996), 235–59.
- (1997), 'The Preservation and Transmission of Ælfric's Saints' Lives: Reader-Reception and Reader-Response in the Early Middle Ages', in Szarmach–Rosenthal (1997), 405–30.

- (2001), 'Lexical Choices for Holy Week: Studies in Old English Ecclesiastical Vocabulary', in Kay—Sylvester (2001), 117–27.
- (2004), 'Archbishop Wulfstan: Reformer?', in Townend (2004), 309–24.
- (2005a), 'Leofric of Exeter and the Practical Politics of Book Collecting', in Kelly—Thompson (2005), 77–98.
- (2005b), 'Ælfric's *Colloquy*: The Antwerp-London Version', in O'Brien O'Keeffe—Orchard (2005) II, 331–48.
- (2006a), 'Making Women Visible: An Adaptation of the *Regularis Concordia* in Cambridge, Corpus Christi College MS. 201', in Karkov—Howe (2006), 153–67.
- (2006b), 'Identifying "Texts" in Cotton Julius E. vii: Medieval and Modern Perspectives', in Doane—Wolf (2006), 27–40.
- (2007a), 'Ælfric's Manuscript of Paul the Deacon's Homiliary: A Provisional Analysis', in Kleist (2007a), 67–92.
- (2007b), 'Ælfric's Grammatical Triad', in Lendinara et al. (2007), 285–307.
- (2011), 'The *Regularis concordia* Glossed and Translated', in Lendinara et al. (2011), 249–67.

Hillaby, J. (1987), 'Early Christian and pre-Conquest Leominster', *Transactions of the Woolhope Naturalists' Field Club* 45: 557–685.

Hillgarth, J.N. (1957), 'El *prognosticum futuri saeculi* de san Julián de Toledo', *Analecta Sacra Tarraconensia* 30: 5–61.

- ed. (1976), *Iulianus Toletanus: Opera*, CCSL 115 (Turnhout).

Hines, J. (2007), 'The Writing of English in Kent: Contexts and Influences from the Sixth to the Ninth Century', *NOWELE: North-Western European Language Evolution* 50–1: 63–92.

Hinkle, W.M. (1970), 'The Gift of an Anglo-Saxon Gospel Book to the Abbey of Saint-Remi, Reims', *Journal of the British Archaeological Association* 3rd ser. 33: 21–35.

Hodgkin, R. H. (1935), *A History of the Anglo-Saxons*, 2 vols. (Oxford).

Hoffmann, H. (1986), *Buchkunst und Königtum im ottonischen und frühsalischen Reich*, MGH, Schriften 30, 2 vols. (Stuttgart).

- (2001), 'Autographa des früheren Mittelalters', *DAEM* 57: 1–62.

Hofmann, J. (1952), 'Das "ex-libris" der Äbtissin Cuthsuuitha', in *Heiliges Franken: Festchronik zum Jahr der Frankenapostel 1952*, ed. T. Krämer (Würzburg, 1952), 5–6.

- (1963), 'Altenglische und althochdeutsche Glossen aus Würzburg und im weiteren angelsächsischen Missionsgebiet', *BGDSL* (Halle) 85: 27–131.

Hofstetter, W. (1979), 'Der Erstbeleg von altenglisch *Pryte/Pryde*', *Anglia* 97: 172–5.

- (1983), 'Zur lateinischen Quelle des altenglischen pseudo-Dioskurides', *Anglia* 101: 315–60.
- (1987), *Winchester und der spätaltenglische Sprachgebrauch: Untersuchungen zur geographischen und zeitlichen Verbreitung altenglischer Synonyme*, TUEPh 14 (Munich).
- (1988), 'Winchester and the Standardization of Old English Vocabulary', *ASE* 17: 139–62.

Hogg, R.M. (1992), *A Grammar of Old English*, I. *Phonology* (Oxford).

Hohler, C.E. (1955), 'Les Saints insulaires dans le missel de l'Archevêque Robert', in *Jumièges* (1955) I, 293–303.
- and A. Hughes (1956), 'The Durham Services in Honour of St Cuthbert', in Battiscombe (1956), 155–91.
- (1967), 'The Proper Office of St Nicholas and Related Matters', *MÆ* 36: 40–8.
- (1972), 'The Red Book of Darley', *Nordisk Kollokvium for Latinsk Liturgiforskning* 2: 39–47.
- (1975), 'Some Service Books of the Later Saxon Church', in Parsons (1975), 60–83, 217–27.
- (1980), Review of R.J.S. Grant, *Cambridge, Corpus Christi College 41: The Loricas and the Missal*, in *MÆ* 49: 275–8.
- (1995), 'Theodore and the Liturgy', in Lapidge (1995a), 222–35.

Holder, A. (1878), 'Die Boulonesor angelsächsischen Glossen zu Prudentius', *Germania* 23: 385–403.

Hollis, S. and M. Wright (1992), *Old English Prose of Secular Learning*, Annotated Bibliographies of Old and Middle English Literature 4 (Cambridge).
- and M. Wright (1994), 'The Remedies in British Library, MS Cotton Galba A. xiv, fols. 139 and 136^r', *N&Q* 239: 146–7.
- (1998a), 'The Minster-in-Thanet Foundation Story', *ASE* 27: 41–64.
- (1998b), 'The Old English "Ritual of the Admission of Mildrith" (London, Lambeth Palace, 427, fol. 210)', *JEGP* 97: 311–21.
- (2004), '"The Protection of God and the King": Wulfstan's Legislation on Widows', in Townend (2004), 443–60.

Holschneider, A. (1968), *Die Organa von Winchester. Studien zum ältesten Repertoire polyphoner Musik* (Hildesheim).

Holt, J.C., ed. (1987), *Domesday Studies. Papers read at the Novocentenary Conference of the Royal Historical Society and the Institute of British Geographers, Winchester, 1986* (Woodbridge).

Holthausen, F. (1889), 'Anglo-Saxonica', *Anglia* 11: 171–4.
- (1900), *Altsächsisches Elementarbuch* (Heidelberg).
- and H. Spies, eds. (1913), *Festschrift für Lorenz Morsbach*, Studien zur Englischen Philologie 50 (Halle).

– ed. (1914), *Die ältere Genesis* (Heidelberg).
– (1941), 'Altenglische Interlinearversionen lateinischer Gebete und Beichten', *Anglia* 65: 230–54.
– (1942–3), 'Eine altenglische Interlinearversion des athanasianischen Glaubensbekenntnisses', *EStn* 75: 6–8.

Holtz, L. (1971), 'Tradition et diffusion de l'oeuvre grammaticale de Pompée, commentateur de Donat', *Revue de philologie, litérature et d'histoire ancienne* 45: 48–83.
– (1977), 'A l'école de Donat, de saint Augustin à Bède', *Latomus* 36: 522–38.
– (1981), *Donat et la tradition de l'enseignement grammatical: Etude sur l'Ars Donati et sa diffusion (IVe–IXe siècle) et édition critique* (Paris).
– (1986), 'Les manuscrits carolingiens de Virgile (Xe et XIe siècles)', in *La Fortuna di Virgilio* (1986), 125–49.

Homberben, J. (1983), 'Some Remarks on the Spelman Psalter', *Amsterdamer Beiträge zur älteren Germanistik* 19: 105–37.

Homburger, O.S. (1912), *Die Anfänge der Malschule von Winchester im X. Jahrhundert*, Studien über christliche Denkmäler 13 (Leipzig).
– (1962), *Die illustrierten Handschriften der Burgerbibliothek Bern: Die vorkarolingischen und karolingischen Handschriften* (Bern).

Honegger, T., ed. (2004), *Riddles, Knights and Cross-dressing Saints. Essays on Medieval English Language and Literature*, Sammlung / Collections / Variations 5 (Bern).

Hoops, J. (1928–9), 'Die Foliierung der *Beowulf*-Handschrift. Fr. Klaeber zum 65. Geburtstag', *EStn* 63: 1–11.

Hopf, C. (1994), *Die abendländischen Handschriften der Forschungs- und Landesbibliothek Gotha. Bestandsverzeichnis*, I. *Grossformatige Pergamenthandschriften* (Gotha).

Hopkin-James, L.J., ed. (1934), *The Celtic Gospels: Their Story and their Text* (Oxford).

Horgan, D.M. (1973), 'The Relationship between the Old English Manuscripts of King Alfred's Translation of Gregory's *Pastoral Care*', *Anglia* 91: 153–69.
– (1981), 'The Lexical and Syntactic Variants Shared by Two of the Later Manuscripts of King Alfred's Translation of Gregory's *Cura pastoralis*', *ASE* 9: 213–21.
– (1982), 'The Distribution of West Saxon Dialect Criteria in the Extant Manuscripts of the *Pastoral Care*', *SN* 54: 217–35.
– (1986), 'The Old English Pastoral Care: The Scribal Contribution', in Szarmach (1986b), 108–27.

Hörmann, W. and J. Hemmerle, eds. (1960), *Bayerns Kirche im Mittelalter. Handschriften und Urkunden aus Bayrischem Staatsbesitz* (Munich).

Hornby, E. (2010), 'Interaction between Brittany and Christ Church, Canterbury in the Tenth Century: The Linenthal Leaf', in *Essays in the History of English Music in Honour of John Caldwell: Sources, Style, Performance, Historiography*, ed. E. Hornby and D. Maw (Woodbridge, 2010), 47–65.

Hornung, H. (1960), 'Ein Fragment der metrischen St. Cuthbert Vita im Nachlass der Brüder Grimm', *Scriptorium* 14: 344–6.

Horsley, G.H.R. and E.R. Waterhouse (1984), 'The Greek 'Nomen Sacrum' XP in Some Latin and Old English Manuscripts', *Scriptorium* 38: 211–30.

Hough, C. (2001), 'Palaeographical Evidence for the Compilation of *Textus Roffensis*', *Scriptorium* 55: 57–79.

– (2006), 'Numbers in Manuscripts of Anglo-Saxon Law', in Rumble (2006a), 114–36.

Houghton, J.W. (1994), 'The Old English Benedictine Office and its Audience', *ABR* 45: 431–45.

Houlier, J. and R. Gandilhon (1956), 'Inventaire sommaire de fragments de manuscrits et d'imprimés conservés aux Archives de la Marne (sous-série 3 J)', *Mémoires de la Société d'agriculture, commerce, sciences et arts du Départment de la Marne*, 2nd ser. 30: 57–130.

Hourihane, C., ed. (2011), *Insular & Anglo-Saxon Art and Thought in the early Medieval Period*, The Index of Christian Art Occasional Papers 13 (Princeton, NJ).

Houwen, L.A.J.R. and A.A. MacDonald, eds. (1998), *Alcuin of York. Scholar at the Carolingian Court. Proceedings of the Third Germania Latina Conference held at the University of Groningen, May 1995* (Groningen).

Howald, E. and H. Sigerist, eds. (1927), *Antonii Musae de Herba Vettonica Liber, Pseudoapulei Herbarius, etc.*, Corpus Medicorum Latinorum 4 (Stuttgart).

Howlett, D.R. (1997), 'Miscouplings in Couplets', *Bulletin du Cange: Archivum Latinitatis Medii Aevi* 55: 271–6.

– (1999), '*Medius* as "Middle" and "Mean"', *Peritia* 13: 93–126.

– (2007), 'Two Cambro-Latin Sequences from the Welsh Church', *Bulletin du Cange: Archivum Latinitatis Medii Aevi* 65: 236–45.

Hubay, I. (1962a), *Die Handschriften der Landesbibliothek Coburg* (Coburg).

– (1962b), 'Zur Lebensgeschichte des Gandersheimer Evangeliars', *Jahrbuch der Coburger Landesstiftung* (1962), 3–8.

Huber-Rebenich and C. Hirschler, eds. (2004), *Bestandskatalog zur Sammlung Handschriften- und Inkunabelfragmente des Schlossmuseums Sondershausen* (Sondershausen).

Huemer, J., ed. (1885), *Sedulii Opera Omnia*, CSEL 10 (Vienna).

– ed. (1891), *Gai Vetti Aquilini Iuvenci Evangeliorum libri quattuor*, CSEL 24 (Vienna).

Hughes, Andrew (1993), 'British Rhymed Offices: A Catalogue and Commentary', in Rankin—Hiley (1993), 239–84.
Hughes, Anselm, ed. (1958–60), *The Portiforium of Saint Wulstan*, 2 vols., HBS 89–90 (London).
- ed. (1963), *The Bec Missal*, HBS 94 (London).
- (1972), *The Music of Aldwyn's House at Jarrow and the Early Twelfth-Century Music at Durham Priory*, Jarrow Lecture 1972.
Hughes, H.D. (1925), *A History of Durham Cathedral Library* (Durham).
Hughes, K. (1970), 'Some Aspects of Irish Influence on Early English Private Prayer', *Studia Celtica* 5: 48–61.
- (1971), 'Evidence for Contacts between the Churches of the Irish and the English from the Synod of Whitby to the Viking Age', in Clemoes—Hughes (1971), 49–67.
- (1980), *Celtic Britain in the Early Middle Ages: Studies in Scottish and Welsh Sources*, ed. D.N. Dumville (Woodbridge).
Huglo, M. (1971), *Les tonaires: inventaire, analyse, comparison* (Paris).
- ed. (1987), *Musicologie médiévale: Notations et séquences* (Paris).
- (1990), 'Les Fragments d'Echternach (Paris, Bibliotheque Nationale, MS Lat. 9488)', in Kiesel—Schroeder (1990), 144–9.
- (2005), *Les anciens répertoires de plain-chant* (Aldershot).
Huisman, G.C. (1984), 'Notes on the Manuscript Tradition of Dudo of Saint-Quentin's *Gesta Normannorum*', *ANS* 6: 107–21.
Hulbert, J.A. (1928), 'The Accuracy of the B-Scribe of *Beowulf*', *PMLA* 43: 1196–9.
Hulme, W.H., ed. (1903–4), 'The Old English Gospel of Nicodemus', *MP* 1: 579–614.
Hunt, R.W. (1947), Review of C.W. Jones (1943), *MÆ* 16: 62–4.
- et al., eds. (1948), *Studies in Medieval History presented to Frederick Maurice Powicke* (Oxford).
- ed. (1961), *Saint Dunstan's Classbook from Glastonbury: Codex Biblioth. Bodleianae Oxon. Auct. F. 4. 32*, Umbrae Codicum Occidentalium 4 (Amsterdam).
- ed. (1966), *Greek Manuscripts in the Bodleian Library. An Exhibition held in Connection with the XIIIth International Congress of Byzantine Studies* (Oxford).
- (1971), 'Pastedowns from All Souls Books', in H.H.E. Craster, *The History of All Souls College Library*, ed. E.F. Jacob (London, 1971), 102–11.
- (1975), *The Survival of Ancient Literature* (Oxford).
- (1979), 'Manuscript Evidence for Knowledge of the Poems of Venantius Fortunatus in Late Anglo-Saxon England', *ASE* 8: 279–95.
Hunt, T. (1990), *Popular Medicine in Thirteenth-Century England* (Cambridge).

– (1991), *Teaching and Learning Latin in Thirteenth-Century England*, 3 vols. (Cambridge).
Hunter Blair, P., ed. (1959), *The Moore Bede: An 8th Century Manuscript of the Venerable Bede's 'Historia Ecclesiastica Gentis Anglorum'*, Cambridge University Library MS Kk. 5. 16, EEMF 9 (Copenhagen).
– (1976), 'From Bede to Alcuin', in Bonner (1976), 239–60.
– (1990), *The World of Bede*, 2nd ed. with Preface and Bibliography by M. Lapidge (Cambridge).
Hurst, D. and J. Fraipont, eds. (1955), *Bedae Venerabilis Opera homiletica, Opera rhythmica*, CCSL 122 (Turnout).
– ed. (1960), *Bedae Venerabilis In Lucae Evangelium expositio, In Marci Evangelium expositio*, CCSL 120 (Turnhout).
– ed. (1962), *Bedae Venerabilis In primam partem Samuhelis libri IIII, In Regum librum XXX Quaestiones*, CCSL 119 (Turnhout).
– ed. (1969), *Bedae Venerabilis De Tabernaculo, De Templo Salomonis, In Ezram et Neemiam*, CCSL 119A (Turnhout).
– and M. Adriaen, eds. (1969), *Hieronymus: Commentariorum in Matheum Libri IV*, CCSL 77 (Turnhout).
– and J.E. Hudson, eds. (1983a), *Bedae Venerabilis In Tobiam, In Proverbia Salomonis, In Cantica Canticorum, In Canticum Habacuc*, CCSL 119B (Turnhout).
– and M.L.W. Laistner, eds. (1983b), *Bedae Venerabilis Expositio Actuum Apostolorum, Retractatio in Actus Apostolorum, Nomina regionum atque locorum de Actibus Apostolorum, In Epistolas VII Catholicas*, CCSL 121 (Turnhout).
Husmann, H. (1964), *Tropen- und Sequenzenhandschriften*, Répertoire international des sources musicales, ser. B, 5 (Munich).
Hussey, M.T. (2005), 'Ascetics and Aesthetics: The Anglo-Saxon Manuscripts of Isidore of Seville's *Synonyma*' (unpublished PhD dissertation, University of Wisconsin-Madison).
– (2008), '*Transmarinis litteris*: Southumbria and the Transmission of Isidore's *Synonyma*', *JEGP* 107: 141–68.
Huws, D. (2000), *Medieval Welsh Manuscripts* (Cardiff).
Ineichen-Eder, C.E., ed. (1977), *Bistümer Passau und Regensburg*, MBKDS IV/i (Munich).
Inglis, E. (2008), *Faces of Power and Piety* (Los Angeles).
Inguanez, D.M. (1915–41), *Codicum Casinensium Manuscriptorum Catalogus*, 3 vols. (Montecassino).
Insley, J. (2004), 'The Scandinavian Personal Names in the later Part of the Durham *Liber Vitae*', in Rollason et al. (2004a), 87–96.

Irvine, M. (1986) 'Bede the Grammarian and the Scope of Grammatical Studies in Eighth-Century Northumbria', *ASE* 15: 15–44.
- (1994), *The Making of Textual Culture: 'Grammatica' and Literary Theory, 350–1100*, Cambridge Studies in Medieval Literature 19 (Cambridge).

Irvine, S. (1990), 'Bones of Contention: The Context of Ælfric's Homily on St Vincent', *ASE* 19: 117–32.
- ed. (1993), *Old English Homilies from MS Bodley 343*, EETS o.s. 302 (Oxford).
- (2000), 'The Compilation and Use of Manuscripts containing Old English in the Twelfth Century', in Swan–Treharne (2000a), 41–61.
- ed. (2004), *The Anglo Saxon Chronicle. A Collaborative Edition*, VII: *MS. E* (Cambridge).
- (2005), 'Fragments of Boethius: The Reconstruction of the Cotton Manuscript of the Alfredian Text', *ASE* 34: 169–81.

Irving, E.B., ed. (1953/1970), *The Old English Exodus*, with 'Errata' and 'Supplement to the Bibliography' (Hamden, CT).

Izydorczyk, Z. (1993), *Manuscripts of the Evangelium Nicodemi: A Census* (Toronto).

Jaager, W., ed. (1935), *Bedas metrische Vita Sancti Cuthberti*, Palaestra 198 (Leipzig).
- (1936), 'Angelsächsische Glossen zur Vita Cuthberti', *BGDSL* 60: 380–3.

Jackson, B.D. (1975), *Augustine: De Dialectica, trans. with Introduction and Notes, from the Text newly edited by Jan Pinborg* (Dordrecht and Boston).

Jackson, K.H. (1953), *Language and History in Early Britain* (Edinburgh).
- (1972), *The Gaelic Notes in the Book of Deer* (Cambridge).

Jackson, P. (1992), 'The *Vitas Patrum* in Eleventh-Century Worcester', in Hicks (1992), 119–34.
- and M. Lapidge (1996), 'The Contents of the Cotton-Corpus Legendary', in Szarmach (1996), 131–46.

Jacobsen, P.C. (1978), *Flodoard von Reims. Sein Leben und seine Dichtung 'De triumphis Christi'*, Mittellateinische Studien und Texte 10 (Leiden).

Jacobsson, R. (1993), 'Unica in the Cotton Caligula Troper', in Rankin–Hiley (1993), 11–45.

James, M.R. (1893), *Apocrypha Anecdota* [First Series] (Cambridge).
- (1895), *A Descriptive Catalogue of the Manuscripts in the Library of Jesus College, Cambridge* (Cambridge).
- (1897), *A Descriptive Catalogue of the Manuscripts in the Library of Sidney Sussex College, Cambridge* (Cambridge).
- (1899), *A Descriptive Catalogue of the Manuscripts in the Library of Peterhouse* (Cambridge).
- (1900–4), *The Western Manuscripts in the Library of Trinity College, Cambridge: A Descriptive Catalogue*, 4 vols. (Cambridge).

- (1901), 'A Fragment of the "Penitence of Jannes and Jambres"', *JTS* 2: 572–7.
- (1903), *The Ancient Libraries of Canterbury and Dover: The Catalogues of the Libraries of Christ Church Priory and St Augustine's Abbey at Canterbury and of St Martin's Priory at Dover* (Cambridge).
- (1905a), *A Descriptive Catalogue of the Western Manuscripts in the Library of Clare College, Cambridge* (Cambridge).
- (1905b), *A Descriptive Catalogue of the Manuscripts in the Library of Pembroke College, Cambridge* (Cambridge).
- (1907), *A Descriptive Catalogue of the Manuscripts in the Library of Trinity Hall, Cambridge* (Cambridge).
- (1907–8), *A Descriptive Catalogue of the Manuscripts in the Library of Gonville and Caius College, Cambridge*, 2 vols. (Cambridge).
- (1910), 'An Ancient List of the Seventy Disciples', *JTS* 11: 459–62.
- (1912), *A Descriptive Catalogue of the Manuscripts in the Library of Corpus Christi College, Cambridge*, 2 vols. (Cambridge).
- (1913), *A Descriptive Catalogue of the Manuscripts in the Library of St John's College, Cambridge* (Cambridge).
- (1921), *A Descriptive Catalogue of the Latin Manuscripts in the John Rylands Library at Manchester*, 2 vols. (Manchester).
- (1923), *Bibliotheca Pepysiana, III. Mediaeval Manuscripts* (London).
- and C. Jenkins (1930–2), *A Descriptive Catalogue of the Manuscripts in the Library of Lambeth Palace* (Cambridge), with supplemental vols. by E.G.W. Bill: *A Catalogue of Manuscripts in Lambeth Palace Library, MSS 1222-1860* (Oxford, 1972); *MSS 1907-2340* (Oxford, 1976); *MSS 2341-2750* (Oxford, 1983).
- (1932), *A Catalogue of the Medieval Manuscript in the University Library, Aberdeen* (Cambridge).
- (1933), 'The Manuscripts of St. George's Chapel, Windsor', *The Library*, 4th ser. 13: 55–76.
- (1935), 'The Manuscripts of Bede', in A.H. Thompson (1935), 230–6.
James, P. (1996), 'The Lichfield Gospels: The Question of Provenance', *Parergon* 13.2: 51–61.
Jan, L. and K. Mayhoff, eds. (1892–1909), *Plinii naturalis historiae libri XXXVII* (Leipzig).
Jayatilaka, R. (1996), 'The *Regula Sancti Benedicti* in Late Anglo-Saxon England: The Manuscripts and their Readers' (unpubl. PhD dissertation, University of Oxford).
- (2003), 'The Old English Benedictine Rule: Writing for Women and Men', *ASE* 32: 147–87.
- (2011), '*Descriptio Terrae*: Geographical Glosses on Boethius's *Consolation of Philosophy*', in Lendinara et al. (2011), 93–117.

- (2012), 'King Alfred and his Circle', in R. Gameson (2012), 670–8.
Jeffery, C.D. (1980), 'The Latin Texts Underlying the Old English *Gregory's Dialogues* and *Pastoral Care*', *N&Q* 225: 483–8.
Jenkins, D. and M.E. Owen (1983), 'The Welsh Marginalia in the Lichfield Gospels, Part I', *CMCS* 5: 37–66.
- and M.E. Owen (1984), 'The Welsh Marginalia in the Lichfield Gospels, Part II: The Surrexit Memorandum', *CMCS* 7: 91–120.
Jenner, H. (1923), 'The Bodmin Gospels', *Journal of the Royal Institution of Cornwall* 21/2: 113–45.
- (1924), 'The Manumissions in the Bodmin Gospels', *Journal of the Royal Institution of Cornwall* 21/3: 235–60.
Jeudy, C. (1971), 'La tradition manuscrite des *Partitiones* de Priscien et la version longue du commentaire de Remi d'Auxerre', *Revue d'histoire des textes* 1: 123–43.
- (1972), 'L'*Institutio de nomine, pronomine et verbo* de Priscien: Manuscrits et commentaires médiévaux', *Revue d'histoire des textes* 2: 73–144.
- (1974a), 'L'*Ars de nomine et verbo* de Phocas: Manuscrits et commentaires médiévaux', *Viator* 5: 61–156.
- (1974b), 'Les manuscrits de l'*Ars de verbo* d'Eutychès et le commentaire de Remi d'Auxerre', in *Études de la civilisation médiévale (IXe–XIIe siècles). Mélanges offerts à Edmond-René Labande* (Poitiers, 1974), 421–36.
- (1984), 'Nouveau complément à un catalogue récent des manuscrits de Priscien', *Scriptorium* 38: 140–50.
- and Y.-F. Riou (1989–), *Les manuscrits classiques latins des Bibliothèques publiques de France* (Paris).
- (1991), 'Remigii Autissiodorensis Opera (Clavis)', in *L'école carolingienne d'Auxerre. De Murethach à Remi, 830–908*, ed. D. Iogna-Prat, C. Jeudy and G. Lobrichon (Paris, 1991), 457–500.
- (1996), 'Glossaires juvénaliens du Haut Moyen Âge', in Hamesse (1996), 253–82.
John, E. (1966), *Orbis Britanniae and Other Studies* (Leicester).
John, J.J. (1995), 'The Named (and Namable) Scribes in *Codices Latini Antiquiores*', in Condello – de Gregorio (1995), 107–21.
Johnson, D.F. (1997), 'Winchester Revisited: Æthelwold, Lucifer, and the Date and Provenance of MS Junius 11', *OEN* 30.3: A50–A51.
- and W. Rudolf (2010), 'More Notes by Coleman', *MÆ* 79: 1–13.
Jolly, K.L. (2007), 'On the Margins of Orthodoxy: Devotional Formulas and Protective Prayers in Cambridge, Corpus Christi College MS 41', in Keefer – Bremmer (2007a), 135–83.
- (2012), *The Community of St Cuthbert in the late Tenth Century: The Chester-le-Street Additions to Durham, Cathedral Library, A. IV. 19* (Columbus, OH).

Jondorf, G. and D.N. Dumville, eds. (1991), *France and the British Isles in the Middle Ages and Renaissance. Essays by Members of Girton College, Cambridge, in Memory of Ruth Morgan* (Woodbridge).
Jones, C.A. (1998a), 'Two Composite Texts from Archbishop Wulfstan's "Commonplace Book": The *De ecclesiastica consuetudine* and the *Institutio beati Amalarii de ecclesiasticis officiis*', *ASE* 27: 233–71.
- ed. (1998b), *Ælfric's Letter to the Monks of Eynsham*, CSASE 24 (Cambridge).
- (1998c), 'The Book of the Liturgy in Anglo-Saxon England', *Speculum* 73: 659–702.
- (1998d), '*Meatim sed et rustica*: Ælfric of Eynsham as a Medieval Latin Author', *JMLat* 8: 1–57.
- (1999), 'A Liturgical Miscellany in Cambridge, Corpus Christi College 190', *Traditio* 54: 103–40.
- ed. (2001), *A Lost Work by Amalarius of Metz: Interpolations in Salisbury, Cathedral Library, MS 154*, HBS Subsidia 2 (London).
- (2004), 'Wulfstan's Liturgical Interests', in Townend (2004), 325–52.
- (2005a), 'The Chrism Mass in later Anglo-Saxon England', in Gittos–Bedingfield (2005a), 105–42.
- (2005b), 'The Origins of the "Sarum" Chrism Mass at Eleventh-century Christ Church, Canterbury', *MS* 67: 219–316.
- (2007), 'Monastic Identity and Sodomitic Danger in the *Occupatio* by Odo of Cluny', *Speculum* 82: 1–53.
- (2010), 'A Lost Treatise of Amalarius: New Evidence from the Twelfth Century', in *The Study of Medieval Manuscripts of England: Festschrift in Honor of Richard W. Pfaff*, ed. G.H. Brown and L.E. Voigts (Tempe, AZ, and Turnhout, 2010), 41–67.
Jones, C.W. (1939), *Bedae Pseudepigrapha: Scientific Writings falsely attributed to Bede* (Ithaca, NY).
- ed. (1943), *Bedae Opera de temporibus* (Cambridge, MA).
- and C.B. Kendall, eds. (1975), *Bedae Venerabilis De orthographia, De arte metrica et schematibus et tropis, De natura rerum*, CCSL 123A (Turnhout).
- (1976), 'Bede's Place in Medieval Schools', in Bonner (1976), 261–85.
- ed. (1977), *Bedae Venerabilis De temporum ratione liber*, CCSL 123B (Turnhout).
- ed. (1980), *Bedae Venerabilis Magnus circulus seu Tabula paschalis, Kalendarium sive martyrologium, De temporibus liber, Epistolae (ad Pleguinam, ad Helmwaldum, ad Wicthedum)*, CCSL 123C (Turnhout).
Jones, L.W. (1929), 'Cologne MS. 106: A Book of Hildebald', *Speculum* 4: 27–61.
Jones, P.M. (1998), *Medieval Medicine in Illuminated Manuscripts* (London).

Jordan, R. (1906), *Eigentümlichkeiten des anglischen Wortschatzes: Eine wortgeographische Untersuchung mit etymologischen Anmerkungen*, Anglistische Forschungen 17 (Heidelberg).

Jørgensen, E. (1926), *Catalogus Codicum Latinorum Medii Aevi Bibliothecae Regiae Hafniensis* (Copenhagen).

- (1933), 'Bidrag til ældre nordisk Kirke- og Literaturhistorie', *Nordisk Tidskrift för Bok- och Biblioteksväsen* 20: 186–8.

Jost, K. (1913), 'Zu den Handschriften der *Cura Pastoralis*', *Anglia* 37: 63–8.

- (1950), *Wulfstanstudien*, Schweizer Anglistische Arbeiten / Swiss Studies in English 23 (Bern).
- ed. (1959), *Die 'Institutes of Polity, Civil and Ecclesiastical'. Ein Werk Erzbischof Wulfstans von York*, Schweizer Anglistische Arbeiten / Swiss Studies in English 47 (Bern).

Judge, C.B. (1934), 'Anglo-Saxonica in Hereford Cathedral Library', *Harvard Studies and Notes in Philology and Literature* 16: 89–96.

Judic, B., F. Rommel and C. Morel, eds. (1992), *Grégoire le Grand: Règle pastorale*, 2 vols., SChr 381–2 (Paris).

Jumièges. Congrès scientifique du XIIIe centenaire, 2 vols. (Rouen, 1955).

Junius, F. (2000), *Caedmonis monachi Paraphrasis Geneseos ac praecipuarum Sacrae paginae Historiarum, abhinc annos MLXX*, ed. P.J. Lucas, Early Studies in Germanic Philology 3 (Amsterdam).

Kalbhen, U. (2003), *Kentische Glossen und kentischer Dialekt im Altenglischen*, TUEPh 28 (Frankfurt am Main).

Kantorowicz, E.H. (1946), *Laudes regiae* (Berkeley, CA).

Karkov, C.E. (2001a), 'Broken Bodies and Singing Tongues: Gender and Voice in the Cambridge, Corpus Christi College 23 *Psychomachia*', *ASE* 30: 115–36.

- (2001b), *Text and Picture in Anglo-Saxon England. Narrative Strategies in the Junius 11 Manuscript*, CSASE 31 (Cambridge).
- and G.H. Brown, eds. (2003), *Anglo-Saxon Styles* (Albany, NY).
- (2004), *The Ruler Portraits of Anglo-Saxon England* (Woodbridge).
- and N. Howe, eds. (2006), *Conversion and Colonization in Anglo-Saxon England*, MRTS 318 (Tempe, AZ).
- (2006a), 'Writing and Having Written: Word and Image in the Eadwig Gospels', in Rumble (2006a), 44–61.
- (2006b), 'Text as Image in Ælfwine's Prayerbook', in Magennis—Wilcox (2006), 95–114.
- (2007a), 'Text and Image in the Red Book of Darley', in Minnis—Roberts (2007), 135–48.

- (2007b), 'Margins and Marginalization: Representations of Eve in Oxford, Bodleian Library, MS Junius 11', in Keefer—Bremmer (2007a), 57–84.
- (2007c), 'Evangelist Portraits and Book Production in Late Anglo-Saxon England', in Panayotova (2007), 55–9.
- (2008), 'The Frontispiece to the New Minster Charter and the King's Two Bodies', in Scragg (2008c), 224–41.
- (2009), 'Manuscript Art', in Owen-Crocker (2009), 205–51.
- (2011), 'Tracing the Anglo-Saxons in the Epistles of Paul: The Case of Würzburg, Universitätsbibliothek, M. p. th. f. 69', in Roberts—Webster (2011), 133–44.

Kauffmann, C.M. (1975), *A Survey of Manuscripts in the British Isles*, III: *Romanesque Manuscripts, 1066–1190* (London).
- (2003), *Biblical Imagery in Medieval England, 700–1550* (London).

Kauffmann, G. (1888), *De Hygini memoria scholiis in Ciceronis Aratum Harleianis servata* (Berlin).

Kay, C.J. and L.M. Sylvester, eds. (2001), *Lexis and Texts in Early English* (Amsterdam).

Keats-Rohan, K.S.B. (2004), 'Testimonies of the Living Dead: The Martyrology-Necrology and Necrology in the Chapter Book of Mont Saint-Michel (Avranches, Bibliothèque municipale, MS 214)', in Rollason (2004a), 165–89.

Keefer, S.L. (1990a), 'The *ex-libris* of the Regius Psalter', *ANQ* 3: 155–9.
- and D.R. Burrows (1990b), 'Hebrew and the *Hebraicum* in late Anglo-Saxon England', *ASE* 19: 67–80.
- (1996), 'Margin as Archive: The Liturgical Marginalia of a Manuscript of the Old English Bede', *Traditio* 51: 147–77.
- (1997), 'Another Pre-Conquest Inscription in Durham Cathedral Library MS A. II. 17', *Durham Archaeological Journal* 13: 65.
- (1998), 'Looking at the Glosses in London, British Library Additional 57337 (The Anderson Pontifical)', *Anglia* 116: 215–22.
- and R. H. Bremmer, eds. (2007a), *Signs on the Edge. Space, Text and Margin in Medieval Manuscripts* (Paris).
- (2007b), 'Use of Manuscript Space for Design, Text and Image in Liturgical Books owned by the Community of St Cuthbert', in Keefer—Bremmer (2007a), 85–115.

Kelly, B. (1982), 'The Formative Stages of *Beowulf* Textual Scholarship: Part I', *ASE* 11: 247–74.
- (1983), 'The Formative Stages of *Beowulf* Textual Scholarship: Part II', *ASE* 12: 239–75.

Kelly, R.J., ed. (2003), *The Blickling Homilies* (London).

Kelly, S. and J.J. Thompson, eds. (2005), *Imagining the Book*, Medieval Texts and Cultures of Northern Europe 7 (Turnhout).

Kelly, S.E., ed. (1995), *Charters of St Augustine's Abbey, Canterbury, and Minster-in-Thanet*, Anglo-Saxon Charters 4 (Oxford).
- ed. (1998), *Charters of Selsey*, Anglo-Saxon Charters 6 (Oxford).
Kendall, C.B., ed. (1975), '[Bedae] De arte metrica et De schematibus et tropis', in Jones—Kendall (1975), 59–171.
- trans. (1991), *Beda: Libri II De Arte Metrica et de Schematibus et Tropis: The Art of Poetry and Rhetoric*, Bibliotheca Germanica, Ser. nova, 2 (Saarbrücken).
- and P.S. Wells, eds. (1992), *Voyage to the Other World. The Legacy of Sutton Hoo*, Medieval Studies at Minnesota 5 (Minneapolis, MN).
Kendrick, T.D. (1938), *Anglo-Saxon Art to AD 900* (London).
- (1949), *Late Saxon and Viking Art* (London).
- et al., eds. (1956–60), *Evangeliorum Quattuor Codex Lindisfarnensis*, 2 vols. (Olten and Lausanne).
Kennedy, E.D. (1989), *A Manual of the Writings in Middle English*, VIII. *Chronicles and Other Historical Writing* (New Haven, CT).
Kennedy, R. and S. Meecham-Jones, eds. (2008), *Authority and Subjugation in Writing of Medieval Wales* (New York).
Kenney, E.J., ed. (1961), *P. Ovidi Nasonis Amores, Medicamina faciei femineae, Ars amatoria, Remedia amoris* (Oxford).
Kenyon, F.G. (1900), *Facsimiles of Biblical Manuscripts in the British Museum* (London).
Ker, N.R. (1932), 'The Scribes of the Trinity Homilies', *MÆ* 1: 138–40.
- (1933), 'A Study of the Additions and Alterations in MSS Bodley 340 and 342' (unpubl. PhD dissertation, Oxford Univ.).
- (1935), 'Two Notes on MS. Ashmole 328 (*Byrhtferth's Manual*)', *MÆ* 4: 16–19.
- (1936), 'The Medieval Pressmarks of St. Guthlac's Priory (Hereford) and Roche Abbey, Yorks.', *MÆ* 5: 47–8.
- (1937), 'The Date of the "Tremulous" Worcester Hand', *LSE* 6: 28–9 [repr. N.R. Ker (1985), 67–9].
- (1939–40), 'Membra Disiecta, Second Series', *British Museum Quarterly* 14: 79–86.
- (1941–9), 'The Provenance of the Oldest Manuscript of the Rule of St. Benedict', *BLR* 2: 28–9 [repr. N.R. Ker (1985) 131–3].
- (1942–3), 'The Migration of Manuscripts from the English Medieval Libraries', *The Library*, 4th ser. 23: 1–11 [repr. N.R. Ker (1985) 459–70].
- (1943), 'Aldred the Scribe', *Essays and Studies* 28: 7–12 [repr. N.R. Ker (1985) 3–8].
- E.A. Lowe and A.P. McKinlay (1944), 'A New Fragment of Arator in the Bodleian', *Speculum* 19: 351–9 [repr. Lowe (1972b) I.345–7].
- (1948), 'Hemming's Cartulary: A Description of the Two Worcester Cartularies in Cotton Tiberius A. xiii', in R.W. Hunt (1948), 49–75 [repr. N.R. Ker (1985) 31–59].

- (1948–55), 'A Palimpsest in the National Library of Scotland [Advocates MSS 18. 6. 12, 18. 7. 7, 18. 7. 8]: Early Fragments of Augustine *De Trinitate*, the *Passio S. Laurentii*, and other Texts', *Edinburgh Bibliographical Society Transactions* 3: 169–78 [repr. N.R. Ker (1985) 121–30].
- (1949), 'Old English Notes Signed "Coleman"', *MÆ* 18: 29–31 [repr. N.R. Ker (1985), 27–30].
- (1949–50), 'Salisbury Cathedral Manuscripts and Patrick Young's Catalogue', *Wiltshire Archaeological and Natural History Magazine* 53: 153–83 [repr. N.R. Ker (1985), 175–208].
- (1949–53), 'Medieval Manuscripts from Norwich Cathedral Priory', *TCBS* 1: 11–21 [repr. N.R. Ker (1985) 243–72].
- (1954), *Fragments of Medieval Manuscripts used as Pastedowns in Oxford Bindings, with a Survey of Oxford Binding, c. 1515–1620*, Oxford Bibliographical Society Publications n.s. 5 (Oxford; repr. with addenda, 2004).
- (1955), 'Sir John Prise', *The Library* 5th ser. 10: 1–24 [repr. N.R. Ker (1985) 471–96].
- ed. (1956), *The Pastoral Care: King Alfred's Translation of St Gregory's Regula Pastoralis. MS Hatton 20 in the Bodleian Library at Oxford, MS Cotton Tiberius B.XI in the British Museum, MS Anhang 19 in the Landesbibliothek at Kassel*, EEMF 6 (Copenhagen).
- (1957), *Catalogue of Manuscripts containing Anglo-Saxon* (Oxford).
- (1959), 'Three Old English Texts in a Salisbury Pontifical, Cotton Tiberius C. i', in Clemoes (1959a) 262–79.
- (1960), *English Manuscripts in the Century after the Norman Conquest* (Oxford).
- (1962a), 'Fragments of Jerome's Commentary on St. Matthew', *Medievalia et Humanistica* 14: 7–14 [repr. N.R. Ker (1985), 113–20].
- (1962b), 'The Bodmer Fragment of Ælfric's Homily for Septuagesima Sunday', in Davis–Wrenn (1962), 77–83.
- (1962–92), *Medieval Manuscripts in British Libraries*, 4 vols. [vol. IV ed. with A.J. Piper] (Oxford) [and see N.R. Ker (2002)].
- (1964), *Medieval Libraries of Great Britain: A List of Surviving Books*, 2nd ed. (London).
- (1971), 'The Handwriting of Archbishop Wulfstan', in Clemoes–Hughes (1971), 315–31 [repr. N.R. Ker (1985) 9–26].
- (1972a), 'A Catalogue of the Medieval Literary Manuscripts', in Eward (1972), 1–6.
- (1972b), 'The English Manuscripts of the *Moralia* of Gregory the Great', in *Kunsthistorische Forschungen Otto Pächt zu seinem 70. Geburtstag*, ed. A. Rosenauer and G. Weber (Salzburg), 77–89.

- (1976a), 'A Supplement to *Catalogue of Manuscripts Containing Anglo-Saxon*', *ASE* 5: 121–31.
- (1976b), 'The Beginnings of Salisbury Cathedral Library', in Alexander— Gibson (1976), 23–49 [repr. N.R. Ker (1985) 143–73].
- (1979), 'Copying and Exemplar: Two Manuscripts of Jerome on Habakkuk', in *Miscellanea Codicologica F. Masai Dicata*, ed. P. Cockshaw, M. Garand and P. Jodogne (Ghent, 1979), 203–10 [repr. N.R. Ker (1985) 75–86].
- (1985), *Books, Collectors and Libraries: Studies in the Medieval Heritage*, ed. A.G. Watson (London).
- (2002), *Medieval Manuscripts in British Libraries*, V. *Indexes and Addenda*, ed. A. Watson and I. Cunningham (Oxford) [and see N.R. Ker (1962–92)].

Ker, W.P. et al., eds. (1901), *An English Miscellany Presented to Dr. Furnivall in Honour of his Seventy-Fifth Birthday* (New York).

Kerff, F. (1982), *Der Quadripartitus. Ein Handbuch der karolingischen Kirchenreform: Überlieferung, Quellen und Rezeption* (Sigmaringen).

Kéry, L. (1999), *Canonical Collections of the Early Middle Ages (ca. 400–1140). A Bibliographical Guide to the Manuscripts and Literature* (Washington, DC).

Keynes, S.D. (1978), 'The Declining Reputation of King Æthelred the Unready', in D. Hill (1978), 227–54.
- (1980), *The Diplomas of King Æthelred 'the Unready' 978–1016: A Study in their Use as Historical Evidence* (Cambridge).
- and M. Lapidge, trans. (1983), *Alfred the Great: Asser's 'Life of King Alfred' and other Contemporary Sources* (Harmondsworth).
- (1985a), 'King Æthelstan's Books', in Lapidge—Gneuss (1985a), 143–201.
- (1985b), 'The Crowland Psalter and the Sons of King Edmund Ironside', *BLR* 11: 359–70.
- (1986a), 'The Additions in Old English', in Barker et al. (1986), 81–99.
- (1986b), 'Episcopal Succession in Anglo-Saxon England', in Fryde et al. (1986), 209–24.
- ed. (1991), *Facsimiles of Anglo-Saxon Charters*, Anglo-Saxon Charters, Supplementary Volume 1 (Oxford).
- (1992), *Anglo-Saxon Manuscripts and other Items of Related Interest in the Library of Trinity College, Cambridge*, OEN Subsidia 18 (Binghamton, NY).
- (1994a), *The Councils of Clofesho*, Univ. of Leicester Vaughan Paper 38 (Leicester).
- (1994b), 'Cnut's Earls', in Rumble (1994b), 43–88.
- ed. (1996a), *The Liber Vitae of the New Minster and Hyde Abbey Winchester: British Library Stowe 944, together with Leaves from British Library Cotton Vespasian A.VIII and British Library Cotton Titus D.XXVII*, EEMF 26 (Copenhagen).

- (1996b), 'The Reconstruction of a Burnt Cottonian Manuscript: The Case of Cotton MS. Otho A. i', *BLJ* 22: 113–60.
- (1997a), 'Anglo-Saxon Entries in the *Liber Vitae* of Brescia', in Roberts—Nelson (1997), 99–119.
- (1997b), 'Giso, Bishop of Wells (1061–88)', *Anglo-Norman Studies* 19: 203–71.
- (1999a), 'Episcopal Lists', in Lapidge et al. (1999), 172–4.
- (1999b), 'King Alfred the Great and Shaftesbury Abbey', in *Studies in the Early History of Shaftesbury Abbey*, ed. L. Keen (Dorchester, 1999), 17–72.
- (2000), 'Diocese and Cathedral before 1056', in Aylmer—Tiller (2000), 3–20.
- (2003), 'Ely Abbey 672–1109', in Meadows—Ramsay (2003), 3–58.
- (2004), 'The *Liber Vitae* of the New Minster, Winchester', in Rollason et al. (2004), 149–63.
- (2005a), 'Wulfsige, Monk of Glastonbury, Abbot of Westminster (c.990–3), and Bishop of Sherborne (c.993–1002)', in Barker et al. (2005), 53–94.
- (2005b), 'Between Bede and the *Chronicle*: London, BL, Cotton Vespasian B. vi, fols. 104–9', in O'Brien O'Keeffe—Orchard (2005) I, 47–67.
- (2006), *Anglo-Saxon England. A Bibliographical Handbook for Students of Anglo-Saxon History*, 7th ed. (Cambridge).
- and A. Smyth, eds. (2006), *Anglo-Saxons: Studies Presented to Cyril Roy Hart* (Dublin).
- (2007), 'An Abbot, an Archbishop, and the Viking Raids of 1006–7 and 1009–12', *ASE* 36: 151–220.
- (2012), 'Manuscripts of the *Anglo-Saxon Chronicle*', in R. Gameson (2012), 537–52.

Kidd, P. (2000), 'A Re-Examination of the Date of an Eleventh-Century Psalter from Winchester (British Library, MS Arundel 60)', in Cassidy—Muir Wright (2000), 42–53.

Kiernan, K.S. (1981), 'The Eleventh-Century Origin of *Beowulf* and the *Beowulf* Manuscript', in Chase (1981), 9–22.
- (1984), 'The State of the *Beowulf* Manuscript, 1882–1983', *ASE* 13: 23–42.
- (1986), 'Madden, Thorkelin, and MS Vitellius/Vespasian A.xv', *The Library* 6th ser. 8: 127–32.
- (1990), 'Old English Manuscripts: The Scribal Deconstruction of "Early Northumbrian"', *ANQ* 3: 48–55.
- (1991), 'A Long Footnote for J. Gerritsen's "Supplementary" Description of BL Cotton MS Vitellius A.xv', *ES* 72: 489–96.
- (1994a), 'Old Manuscripts / New Technologies', in Richards (1994), 37–54.
- (1994b), 'The Eleventh-Century Origin of *Beowulf* and the *Beowulf* Manuscript', in Richards (1994), 277–300 [orig. publ. in Chase (1981), 9–21].
- (1996), *Beowulf and the Beowulf Manuscript*, rev. ed. (Ann Arbor, MI).

- (1998a), 'The Conybeare-Madden Collation of Thorkelin's *Beowulf*', in Pulsiano—Treharne (1998a), 117–36.
- (1998b), 'Alfred the Great's Burnt *Boethius*', in Bornstein—Tinkle (1998), 7–32.
- ed. (1999), *Electronic Beowulf* (London); 3rd ed. (London and Chicago, 2011) [2 CD-ROM].
- et al. (2002), 'The Reappearance of St. Basil the Great in British Library MS Otho B. x', *The Computer and the Humanities* 36: 7–26.
- (2005), 'The Source of the Napier Fragment of Alfred's Boethius', *Digital Medievalist* 1.1 (Spring 2005).
- (2006), 'Odd Couples in Ælfric's *Julian and Basilissa* in British Library, Cotton MS. Otho B. x', in Doane—Wolf (2006), 85–106.

Kiesel, G. and J. Schroeder, eds. (1990), *Willibrord: Apostel der Niederlande, Gründer der Abtei Echternach*, 2nd ed. (Luxembourg).

Kiff-Hooper, J. (1991), 'Class-Books or Works of Art? Some Observations on the Tenth-Century Manuscripts of Aldhelm's *De laude virginitatis*', in *Church and Chronicle in the Middle Ages*, ed. I. Wood and G. Load (London), 15–20.

Kilpiö, M. and L. Kahlas-Tarkka, eds. (2001), *Ex Insula Lux: Manuscripts and Hagiographical Material Connected with Medieval England* (Helsinki).

Kim, H.C., ed. (1973), *The Gospel of Nicodemus. Gesta Salvatoris*, Toronto Medieval Latin Texts 2 (Toronto).

Kim, S. (1973), 'A Collation of the Old English MS Hatton 20 of King Alfred's *Pastoral Care*', *NM* 74: 425–42.

Kimmens, A.C., ed. (1979), *The Stowe Psalter*, Toronto OE Series 1 (Toronto).

Kindschi, L. (1955), 'The Latin-Old English Glossaries in Plantin-Moretus MS 32 and British Museum Additional 32246' (unpubl. PhD dissertation, Stanford University, CA).

Kirby, T.A. and H.B. Woolf, eds. (1949), *Philologica: The Malone Anniversary Studies* (Baltimore).

Kiss, A. et al., eds. (2002), *The Iconography of the Fantastic. Eastern and Western Traditions of European Iconography 2*, Papers in English and American Studies X/ Studia Poetica 11 (Szeged).

Kitson, P. (1978), 'Lapidary Traditions in Anglo-Saxon England: Part I, the Background; the Old English Lapidary', *ASE* 7: 9–60.
- (1983), 'Lapidary Traditions in Anglo-Saxon England: Part II, Bede's *Explanatio Apocalypsis* and Related Works', *ASE* 12: 73–123.
- (1990), 'On Old English Nouns of more than one Gender', *ES* 71: 185–221.

Kittlick, W. (1998), *Die Glossen der Hs. British Library, Cotton Cleopatra A.III: Phonologie, Morphologie, Wortgeographie* (Frankfurt am Main).

Kitzinger, E. (2002), *Studies in Late Antique, Byzantine and Medieval Western Art*, 2 vols. (London).

Klaeber, F., ed. (1931), *The Later Genesis and other Old English and Old Saxon Texts relating to the Fall of Man*, 2nd ed. with supplement (Heidelberg).
- ed. (1950), *Beowulf and the Fight at Finnsburg*, 3rd ed. with 1st and 2nd supplements (Boston, MA).
- ed. (2008): see under Fulk, R.D. et al.

Klauser, T. (1972), *Das römische Capitulare Evangeliorum. Texte und Untersuchungen zu seiner ältesten Geschichte*, I: *Typen*, 2nd ed., Liturgiewissenschaftliche Quellen und Forschungen 28 (Münster).

Kleist, A.J., ed. (2007a), *The Old English Homily. Precedent, Practice and Appropriation* (Turnhout).
- (2007b), 'Anglo-Saxon Homiliaries in Tudor and Stuart England', in Kleist (2007a), 445–92.
- (2007c), 'Appendix: Anglo-Saxon Homiliaries as Designated by Ker', in Kleist (2007a), 493–506.
- (2009), 'Assembling Ælfric: Reconstructing the Rationale behind Eleventh- and Twelfth-Century Compilations', in Magennis–Swan (2009), 369–98.

Klibansky, R. and F. Regen (1993), *Die Handschriften der philosophischen Werke des Apuleius. Ein Beitrag zur Überlieferungsgeschichte* (Göttingen).

Klinck, A.L. (1992), *The Old English Elegies. A Critical Edition and Genre Study* (Montreal).

Klingner, F., ed. (1950), *Q. Horati Flacci Opera*, 2nd ed. (Leipzig).

Klotz, A., rev. T.C. Klinnert, eds. (1902/1973), *P. Papini Stati Thebais* (Leipzig).

Kluge, F. (1885a), 'Angelsächsische Glossen', *Anglia* 8: 448–52.
- (1885b), 'Angelsächsische Excerpte aus Byrhtferths Handboc oder Enchiridion', *Anglia* 8: 298–337.
- (1885c), 'Zu altenglischen Dichtungen, 2. Nochmals der *Seefahrer*; 3. Zum *Phönix*', *EStn* 8: 472–9.
- (1897), *Angelsächsisches Lesebuch*, 2nd ed. (Halle).
- (1901), 'Geschichte der englischen Sprache', in Paul (1891–1905), vol. I, 2nd rev. ed. (1901), 926–1151.

Knappe, G. (1996), *Traditionen der klassischen Rhetorik im angelsächsischen England*, Anglistische Forschungen 236 (Heidelberg).
- (1998), 'Classical Rhetoric in Anglo-Saxon England', *ASE* 27: 5–29.
- ed. (2005), *Englische Sprachwissenschaft und Mediävistik: Standpunkte – Perspektiven – Neue Wege*, University of Bamberg Studies in English Linguistics 48 (Frankfurt am Main).

Knaus, H. (1979), *Das Bistum Würzburg*, MBKDS IV/ii (Munich), 869–1020.

Knowles, D., ed. (1951), *The Monastic Constitutions of Lanfranc* (Edinburgh).
- (1963), *The Monastic Order in England: A History of its Development from the Times of St Dunstan to the Fourth Lateran Council, 940–1216*, 2nd ed. (Cambridge).

– et al., eds. (2001), *The Heads of Religious Houses, England and Wales, 940–1216*, 2nd ed. (Cambridge).
– ed., rev. C.N.L. Brooke (2002), *The Monastic Constitutions of Lanfranc* (Oxford).
Kockelkorn, R. (2000), *Evangeliorum quattuor codex Petropolitanus (Lat. F. v. I N 8): Das hiberno-sächsische Evangeliar in der Russischen Nationalbibliothek von Sankt Petersburg* (Luxembourg).
Köhler, W., ed. (1930–60), *Die karolingischen Miniaturen*, Denkmäler der Deutschen Kunst I–III, 3 vols. of *Text* and *Tafeln* (Berlin).
– (1952), 'An Illustrated Evangelistary of the Ada School and its Model', *JWCI* 15: 48–66.
– and F. Mütherich, eds. (1971–99), *Die karolingischen Miniaturen*, Denkmäler der Deutschen Kunst IV–VII, 4 vols. in 6 of *Text* and *Tafeln* (Berlin).
– (1972), *Buchmalerei des frühen Mittelalters. Fragmente und Entwürfe aus dem Nachlass*, ed. E. Kitzinger and F. Mütherich (Munich).
Kölbing, E. (1876), 'Zur Béowulf-Handschrift', *ASNSL* 56: 91–118.
Köllner, H. and C. Jakobi-Mirwald (1976–93), *Die illuminierten Handschriften der Hessischen Landesbibliothek Fulda* (Stuttgart).
Kooper, E., ed. (2002), *The Medieval Chronicle*, II: *Proceedings of the 2nd International Conference on the Medieval Chronicle, Driebergen/Utrecht, 16–21 July 1999* (Amsterdam).
Korhammer, M. (1973), 'The Origin of the Bosworth Psalter', *ASE* 2: 173–87.
– ed. (1976), *Die monastischen Cantica im Mittelalter und ihre altenglischen Interlinearversionen: Studien und Textausgabe*, TUEPh 6 (Munich).
– (1980), 'Mittelalterliche Konstruktionshilfen und altenglische Wortstellung', *Scriptorium* 34: 18–58.
– ed. (1992), *Words, Texts and Manuscripts: Studies in Anglo-Saxon Culture presented to Helmut Gneuss on the Occasion of his Sixty-Fifth Birthday* (Cambridge).
Kornexl, L., ed. (1993), *Die Regularis Concordia und ihre altenglische Interlinearversion*, TUEPh 17 (Munich).
– and U. Lenker, eds. (2003), *Bookmarks from the Past. Studies in Early English Language and Literature in Honour of Helmut Gneuss*, TUEPh 30 (Frankfurt am Main).
Kortekaas, G.A.A. (1988), 'The Transmission of the Text of Pseudo-Methodius in cod. Paris. lat. 13348', *Revue d'histoire des textes* 18: 63–79.
Koslin, D. (2006), 'Under the Influence: Copying the 'Revelaciones' of St. Birgitta of Sweden', in L'Engle–Guest (2006), 415–27.
Kottje, R. (1980), *Die Bussbücher Halitgars von Cambrai und des Hrabanus Maurus* (Berlin).
– (1987), 'Der *Liber ex lege Moysis*', in *Irland und die Christenheit*, ed. P. Ní Chatháin and M. Richter (Stuttgart, 1987), 59–69.

- L. Körntgen and U. Spengler-Reffgen, eds. (1994), *Paenitentialia Minora Franciae et Italiae saeculi VIII–IX*, CCSL 156 (Turnhout).
Kotzor, G. (1974), 'St Patrick in the Old English Martyrology: On a Lost Leaf of MS CCCC 196', *N&Q* 219: 86–7.
- ed. (1981), *Das altenglische Martyrologium*, Bayerische Akademie der Wissenschaften, phil.-hist. Klasse, Abhandlungen, N.F., vol. 88, pts. 1–2 (Munich).
Krämer, S. and M. Bernhard, eds. (1988), *Scire Litteras: Forschungen zum mittelalterlichen Geistesleben*, Bayerische Akademie der Wissenschaften, phil.-hist. Klasse, Abhandlungen, N.F., vol. 99 (Munich).
- (1989–90), *Handschriftenerbe des deutschen Mittelalters*, 3 vols., MBKDS Ergänzungsband 1 (Munich).
Krapp, G.P., ed. (1931), *The Junius Manuscript*, ASPR 1 (New York).
- ed. (1932a), *The Vercelli Book*, ASPR 2 (New York).
- ed. (1932b), *The Paris Psalter and the Meters of Boethius*, ASPR 5 (New York).
- and E.V.K. Dobbie, eds. (1936), *The Exeter Book*, ASPR 3 (New York).
Kresten, O. and F. Lackner, eds. (2008), *Régionalisme et internationalisme: Problèmes de paléographie et de codicologie du moyen âge. Actes du XVe Colloque du Comité international de paléographie latine (Vienne, 13–17 Septembre 2005)*, Veröffentlichungen der Kommission für Schrift- und Buchwesen des Mittelalters IV/v (Vienna).
Krinsky, C.H. (1967), 'Seventy-Eight Vitruvius Manuscripts', *JWCI* 30: 36–70.
Kristeller, P.O., F.E. Cranz, et al., eds. (1960–), *Catalogus Translationum et Commentariorum: Medieval and Renaissance Latin Translations and Commentaries* (Washington; in progress).
- (1993), *Latin Manuscript Books before 1600: A List of the Printed Catalogues and Unpublished Inventories of Extant Collections*, 4th ed. rev. S. Krämer, MGH Hilfsmittel 13 (Munich), with *Ergänzungsband 2006* by S. Krämer and B.C. Arensmann, MGH Hilfsmittel 23 (Hannover, 2007).
Kristensson, G. (1981), 'The Origins of "Ancrene Wisse"', *SN* 53: 371–6.
Krohn, F., ed. (1912), *Vitruvii De architectura libri decem* (Leipzig).
Kruckenberg, L. (1997), 'The Sequence from 1050 to 1150: A Study of a Genre in Change' (unpubl. PhD dissertation, University of Iowa).
Krüger, A. (2007), *Litanei-Handschriften der Karolingerzeit*, MGH Hilfsmittel 24 (Hannover).
Krusch, B. and W. Levison, eds. (1910), *Passiones vitaeque sanctorum aevi Merovingici et antiquiorum aliquot*, MGH, SS rer. Meroving. 5 (Hannover).
- and W. Levison, eds. (1913), *Passiones vitaeque sanctorum aevi Merovingici et antiquiorum aliquot*, MGH, SS rer. Meroving. 6 (Hannover).
- and W. Levison, eds. (1919–20), *Passiones vitaeque sanctorum aevi Merovingici et antiquiorum aliquot*, MGH, SS rer. Meroving. 7 (Hannover).

Kuhn, S. M. (1939), 'The Dialect of the Corpus Glossary', *PMLA* 54: 1–19.
- (1943), 'The *Vespasian Psalter* and the Old English Charter Hands', *Speculum* 18: 458–83.
- (1945), 'E and Æ in Farman's Mercian Glosses', *PMLA* 60: 631–69.
- (1948), 'From Canterbury to Lichfield', *Speculum* 23: 591–629.
- (1957), 'Some Early Mercian Manuscripts', *RES* n.s. 8: 355–74.
- ed. (1965), *The Vespasian Psalter* (Ann Arbor, MI).
- (1985), 'On the Originality of the *Vespasian Psalter* Gloss', *ES* 66: 1–6.

Kunze, G. (1947), *Die gottesdienstliche Schriftlesung. Teil I: Stand und Aufgaben der Perikopenforschung* (Göttingen).

Kuypers, A.B., ed. (1902), *The Prayer Book of Aedelwald the Bishop, Commonly Called the Book of Cerne* (Cambridge).

Lachlan Mackenzie, J., ed. (1989), *In Other Words: Transcultural Studies in Philology, Translation and Lexicography Presented to Hans Heinrich Meier on the Occasion of his Sixty-fifth Birthday* (Dordrecht).

Ladd, C.A. (1960), 'The "Rubens" Manuscript and Archbishop Ælfric's Vocabulary', *RES* n.s. 11: 353–64.

Laing, M. (1993), *Catalogue of Sources for a Linguistic Atlas of Early Medieval English* (Cambridge).
- and A. McIntosh (1995), 'Cambridge Trinity College, MS 335: Its Texts and their Transmission', in Beadle (1995), 14–52.

Laistner, M.L.W., ed. (1923), 'Notes on Greek from the Lectures of a Ninth-Century Monastic Teacher', *BJRL* 7: 421–56.
- (1924), 'The Revival of Greek in Western Europe in the Carolingian Age', *History* n.s. 9: 177–87.
- (1925), 'Martianus and his Commentators', *BJRL* 9: 130.
- (1935), 'The Library of the Venerable Bede', in A.H. Thompson (1935), 237–66.
- ed. (1939), *Bedae Venerabilis Expositio Actuum Apostolorum et Retractatio*, Mediaeval Academy of America Publications 35 (Cambridge, MA) [repr. CCSL 121 (1983) 1–163].
- and H.H. King (1943), *A Handlist of Bede Manuscripts* (Ithaca, NY).
- (1947), 'Antiochene Exegesis in Western Europe during the Middle Ages', *Harvard Theological Review* 40: 19–31.

Lake, S. (2003), 'Knowledge of the Writings of John Cassian in early Anglo-Saxon England', *ASE* 32: 27–41.

Lambert, B., ed. (1969–72), *Bibliotheca Hieronymiana Manuscripta. La tradition manuscrite des oeuvres de Saint Jérôme*. Instrumenta Patristica 4, 7 vols. (Steenbrugge).

Lang, C., ed. (1885), *Flavi Vegeti Renati Epitoma Rei Militaris*, 2nd ed. (Leipzig).

Langefeld, B. (1986), 'A Third Old English Translation of Part of Gregory's *Dialogues*, this Time Embedded in the Rule of Chrodegang', *ASE* 15: 197–204.
- ed. (2003), *The Old English Version of the Enlarged Rule of Chrodegang; Edited together with the Latin Text and an English Translation*, TUEPh 26 (Frankfurt am Main).

Lapidge, M. (1972), 'Three Latin Poems from Æthelwold's School at Winchester', *ASE* 1: 85–137 [repr. Lapidge (1993a), 225–77].
- (1975a), 'The Hermeneutic Style in Tenth-Century Anglo-Latin Literature', *ASE* 4: 67–111 [repr. Lapidge (1993a), 105–49].
- (1975b), 'Some Remnants of Bede's Lost *Liber epigrammatum*', *EHR* 90: 798–820 [repr. Lapidge (1996b), 357–79].
- (1977a), 'L'influence stylistique de la poésie de Jean Scot', in Roques (1977), 441–52.
- (1977b), 'The Authorship of the Adonic Verses *Ad Fidolium* attributed to Columbanus', *SM* 3rd ser. 18: 815–80.
- and M. Herren, trans. (1979a), *Aldhelm: The Prose Works* (Cambridge).
- (1979b), 'Byrhtferth and the *Vita S. Ecgwini*', *MS* 41: 331–53 [repr. Lapidge (1993a), 293–315].
- (1980a), 'The Revival of Latin Learning in Late Anglo-Saxon England', in De La Mare—Barker-Benfield (1980), 18–22.
- (1980b), 'St Dunstan's Latin Poetry', *Anglia* 98: 101–6 [repr. Lapidge (1993a), 151–6].
- (1981a), 'Some Latin Poems as Evidence for the Reign of Æthelstan', *ASE* 9: 61–98 [repr. Lapidge (1993a), 49–86].
- (1981b), 'Byrhtferth of Ramsey and the Early Sections of the *Historia Regum* attributed to Symeon of Durham', *ASE* 10: 97–122 [repr. Lapidge (1993a), 317–42].
- (1981–5), 'The Origin of CCCC 163', *TCBS* 8: 18–28.
- (1982a), 'The Study of Latin Texts in Late Anglo-Saxon England: The Evidence of Latin Glosses', in N.P. Brooks (1982) 99–140 [repr. Lapidge (1996b) 455–98].
- (1982b), 'Some Old English Sedulius Glosses from BN lat. 8092', *Anglia* 100: 1–17.
- (1983), 'Ealdred of York and MS Cotton Vitellius E.xii', *Yorkshire Archaeological Journal* 55: 11–25 [repr. Lapidge (1993a), 453–67].
- (1984), 'A Tenth-Century Metrical Calendar from Ramsey', *RB* 94: 326–69 [repr. Lapidge (1993a), 343–86].
- and D. Dumville, eds. (1984), *Gildas: New Approaches* (Woodbridge).
- and H. Gneuss, eds. (1985a), *Learning and Literature in Anglo-Saxon England. Studies presented to Peter Clemoes on the Occasion of his Sixty-Fifth Birthday* (Cambridge).

- (1985b), 'Surviving Booklists from Anglo-Saxon England', in Lapidge—Gneuss (1985a), 33–89 [repr. Lapidge (1994b)].
- (1986a), 'Litanies of the Saints in Anglo-Saxon Manuscripts: A Preliminary List', *Scriptorium* 40: 264–77.
- (1986b), 'The School of Theodore and Hadrian', *ASE* 15: 45–72 [repr. Lapidge (1996b) 141–68].
- (1986c), 'Latin Learning in Dark Age Wales: Some Prolegomena', in *Proceedings of the Seventh International Congress of Celtic Studies*, ed. D.E. Evans, J.G. Griffith and E.M. Jope (Oxford), 91–107.
- (1987), 'The Lost *Passio metrica S. Dionysii* by Hilduin of Saint-Denis', *MLJ* 22: 56–79.
- (1988a), 'A Frankish Scholar in Tenth-Century England: Frithegod of Canterbury / Fredegaud of Brioude', *ASE* 17: 45–65 [repr. Lapidge (1993a), 157–81].
- (1988b), 'Æthelwold and the *Vita S. Eustachii*', in Krämer—Bernhard (1988), 255–65 [repr. Lapidge (1993a), 213–23].
- (1988c), 'Æthelwold as Scholar and Teacher', in Yorke (1988) 89–117 [repr. Lapidge (1993a) 183–211].
- (1988–9), 'An Isidorian Epitome from Early Anglo-Saxon England', *Romanobarbarica* 10: 443–83 [repr. Lapidge (1996b), 183–223]
- (1989–90), 'Tenth-Century Anglo-Latin Verse Hagiography', *MLJ* 24–25: 249–60.
- (1990), 'Aediluulf and the School of York', in Lehner (1990), 161–78 [repr. Lapidge (1996b), 381–98].
- ed. (1991a), *Anglo-Saxon Litanies of the Saints*, HBS 106 (London).
- and M. Winterbottom, eds. (1991b), *Wulfstan of Winchester: The Life of St Æthelwold* (Oxford, 1991).
- (1991c), 'Schools, Learning and Literature in Tenth-Century England', *Settimane* 38: 951–98 [repr. Lapidge (1993a) 1–48].
- (1991d), 'The Saintly Life in Anglo-Saxon England', in *The Cambridge Companion to Old English Literature*, ed. M. Godden and M. Lapidge (Cambridge, 1991), 243–63.
- (1992a), 'Abbot Germanus, Winchcombe, Ramsey and the Cambridge Psalter', in Korhammer (1992), 99–130 [repr. Lapidge (1993a) 387–417].
- (1992b), 'Israel the Grammarian in Anglo-Saxon England', in Westra (1992), 97–114 [repr. Lapidge (1993a) 87–104].
- (1992c), 'Old English Glossography: The Latin Context', in Derolez (1992), 45–57 [repr. Lapidge (1996b), 169–81].
- (1992d), 'Artistic and Literary Patronage in Anglo-Saxon England', *Settimane* 39: 137–91 [repr. Lapidge (1996b) 37–91].

- (1992e), 'B. and the *Vita S. Dunstani*', in Ramsay et al. (1992), 247–59 [repr. Lapidge (1993a) 293–315].
- (1993a), *Anglo-Latin Literature 900–1066* (London).
- (1993b), 'The Edition, Emendation and Reconstruction of Anglo-Saxon Texts', in *The Politics of Editing Medieval Texts*, ed. R. Frank (New York, 1993), 131–57.
- (1994a), 'Autographs of Insular Latin Authors of the Early Middle Ages', in Chiesa—Pinelli (1994), 103–36.
- (1994b), 'Surviving Booklists from Anglo-Saxon England', rev. ed. in Richards (1994), 87–169 [orig. publ. in Lapidge—Gneuss (1985a) 33–89].
- ed. (1995a), *Archbishop Theodore: Commemorative Studies on his Life and Influence*, CSASE 11 (Cambridge).
- (1995b), 'Theodore and Anglo-Latin Octosyllabic Verse', in Lapidge (1995a), 260–80 [repr. Lapidge (1996b) 225–45].
- (1995c), 'Prolegomena to an Edition of Bede's Metrical *Vita Sancti Cuthberti*', *Filologia Mediolatina* 2: 127–63.
- (1996a), 'Byrhtferth and Oswald', in Brooks—Cubitt (1996), 64–83.
- (1996b), *Anglo-Latin Literature 600–899* (London).
- (1996c), 'Latin Learning in Ninth-Century England', in Lapidge (1996b), 409–54.
- and P.S. Baker (1997), 'More Acrostic Verse by Abbo of Fleury', *JMLat* 7: 1–27.
- (1998), 'Byrhtferth at Work', in Baker—Howe (1998), 25–44.
- J. Blair, S. Keynes and D. Scragg, eds. (1999), *The Blackwell Encyclopaedia of Anglo-Saxon England* (Oxford).
- (2000a), 'The Archetype of *Beowulf*', *ASE* 29: 5–41.
- (2000b), 'A Metrical *Vita S. Iudoci* from Tenth-Century Winchester', *JMLat* 10: 255–306.
- and R.C. Love (2001), 'The Latin Hagiography of England and Wales (600–1550)', in G. Philippart (2001), 203–325.
- and J. Mann (2002), 'Reconstructing the Anglo-Latin Aesop: The Literary Tradition of the *Hexametrical Romulus*', in Herren et al. (2002) I, 1–33.
- (2003a), *The Cult of St Swithun*, Winchester Studies 4.ii (Oxford).
- (2003b), 'Cynewulf and the *Passio S. Iulianae*', in *Unlocking the Wordhord. Anglo-Saxon Studies in Memory of Edward B. Irving*, ed. M.C. Amodio and K. O'Brien O'Keeffe (Toronto, 2003), 147–71.
- (2004a), 'Frithegodus Cantuariensis diac.', in Chiesa—Castaldi (2004), 134–45.
- (2004b), 'Wulfstanus Wintoniensis Mon.', in Chiesa—Castaldi (2004), 439–47.
- (2005a), 'Acca of Hexham and the Origin of the *Old English Martyrology*', *AB* 123: 29–78.
- A. Crépin, P. Monat and P. Robin, eds. (2005b), *Bède le Vénérable, Histoire ecclésiastique du peuple anglais*, 3 vols., SChr 489–91 (Paris).

- (2006), *The Anglo-Saxon Library* (Oxford).
- (2007), 'The Career of Aldhelm', *ASE* 36: 15–69.
- (2008a), 'Beda Venerabilis', in Chiesa–Castaldi (2008), 44–137.
- (2008b), 'The Latin Exemplar of the Old English *Bede*', in Lendinara (2008), 235–46.
- ed. (2008–10), *Beda: Storia degli Inglesi*, 2 vols. (Milan).
- ed. (2009), *Byrhtferth of Ramsey: The Lives of St Oswald and St Ecgwine* (Oxford).
- (2010a), 'Aldhelm and the "Épinal-Erfurt Glossary"', in *Aldhelm and Sherborne: Essays to Celebrate the Founding of the Bishopric*, ed. K. Barker and N. Brooks (Oxford, 2010), 129–63.
- (2010b), 'Colloquial Latin in the Insular Latin Scholastic *colloquia*', in *Colloquial and Literary Latin*, ed. E. Dickey and A. Chahoud (Cambridge), 406–18.
- (2012a), 'The Library of Byrhtferth', in R. Gameson (2012), 685–91.
- (2012b), 'Aldhelmus Malmesberiensis Abb. et Scireburnensis ep.', in Chiesa–Castaldi (2012), 14–38.
- (2012c), 'Hilduinus Sancti Dionysii Parisiensis Abb.', in Chiesa–Castaldi (2012), 315–48.

Larpi, L. (2008), 'Gildas Sapiens', in Chiesa–Castaldi (2008), 175–86.
- (2012), *Prolegomena to a New Edition of Gildas Sapiens 'De excidio Britanniae'* (Florence).

Lauer, P. et al. (1939–), *Bibliothèque Nationale. Catalogue géneral des manuscrits latins* (Paris [in progress]).

Laurent, C. and H. Davis, eds. (1994), *Irlande et Bretagne, vingt siècles d'histoire; actes du colloque de Rennes, 29–31 mars 1993* (Rennes).

Laureys, M. and D. Verhelst (1988), 'Pseudo-Methodius, Revelationes: Textgeschichte und kritische Edition. Ein Leuven-Groninger Forschungsprojekt', in *The Use and Abuse of Eschatology in the Middle Ages*, ed. W. Verbeke, D. Verhelst and A. Welkenhuysen, Mediaevalia Lovaniensia, Studia 15 (Leuven, 1988), 112–36.

Lavarenne, M., ed. (1943–51), *Prudence*, 4 vols. (Paris).

Law, V. (1982), *The Insular Latin Grammarians* (Woodbridge).
- (1997), *Grammar and Grammarians in the Early Middle Ages* (London).

Lawrence, A. (1977), 'The Canterbury Manuscripts of 1060–90' (unpublished MA thesis, University of London).
- (1982), 'Manuscripts of Early Anglo-Norman Canterbury', in *Medieval Art and Architecture of Canterbury before 1220*, British Archaeological Conference Transactions 5: 101–11.
- (1994), 'The Artistic Influence of Durham Manuscripts', in Rollason et al. (1994), 451–69.

Lawrence-Mathers, A. (2003), *Manuscripts in Northumbria in the Eleventh and Twelfth Centuries* (Woodbridge).

Lawson, C.M., ed. (1989), *S. Isidori Episcopi Hispalensis De ecclesiasticis officiis*, CCSL 113 (Turnhout).

Lazzari, L. (1998–9), 'Il lessico medico anglosassone: descrizione e classificazione delle glosse sul f. 4 del MS London, B.L. Ad. 32246', *Quaderni della Sezione di glottologia e linguistica* [U. of Chieti] 10–11: 159–93.

– (2003), 'Il glossario latino-inglese antico nel manoscritto di Anversa e Londra ed il "Glossario" di Ælfric: dipendenza diretta o derivazione comune?', *Linguistica e filologia* 16: 159–90.

– (2004), 'I *portenta* dalle *Etymologiae* di Isidoro al glossario latino-inglese antico di Anversa e Londra', in *Fabelwesen, mostri e portenti nell'immaginario occidentale: Medioevo germanico e altro* (Alessandria, 2004), 199–236.

– (2011), 'Learning Tools and Learned Lexicographers: The Antwerp-London and the Junius 71 Latin – Old English Glossaries', in Lendinara et al. (2011), 179–207.

Leake, J.A. (1962), 'Middle English Glosses in the *Beowulf*-Codex', *MLQ* 23: 229–32.

Lebecq, S., M. Perrin and O. Szerwiniack, eds. (2005), *Bède le Vénérable entre tradition et postérité / The Venerable Bede. Tradition and Posterity*, Histoire de l'Europe du nord-Ouest 34 (Lille).

Le Boeuffle, A., ed. (1983), *Hygin, L'Astronomie* (Paris).

Le Bourdellès, H. (1993), 'Vie de S. Josse avec commentaire historique et spirituel', *SM* 3rd ser. 34: 861–958.

– (1995), 'Les Bretons à Montreuil-sur-Mer vers 920. Leur création culturelle', *Bulletin de la Société nationale des antiquaires de France* (1995), 44–52.

Lee, C. (2011), 'Body Talks: Disease and Disability in Anglo-Saxon England', in Roberts—Webster (2011), 145–64.

Lee, S.D. (1991), 'Two Fragments from Cotton MS Otho B. x', *BLJ* 17: 83–7.

– (2000), 'Oxford, Bodleian Library, MS Laud Misc. 381: William L'Isle, Ælfric, and the *Ancrene Wisse*', in Graham (2000b), 207–42.

Lees, C.A. (1983), 'The "Sunday Letter" and the "Sunday Lists"', *ASE* 14: 129–51.

– ed. (1986), 'Theme and Echo in an Anonymous Old English Homily for Easter', *Traditio* 42: 115–42.

– ed. (1988), 'The Blickling Palm Sunday Homily and its Revised Version', *LSE* 19: 1–30.

Lega-Weekes, E. (1916–17), 'An Ancient Liturgical MS Discovered in Exeter Cathedral Library', *Devon and Cornwall Notes and Queries* 9: 33–5.

Legg, J.W., ed. (1891–7), *Missale ad usum Ecclesie Westmonasteriensis*, 3 vols., HBS 1, 5, and 12 (London).

– ed. (1900), *Three Coronation Orders*, HBS 19 (London).
Lehmann, P. (1917), 'Cassiodorstudien [Teil 4]', *Philologus* 74: 351–83.
– (1918), *Die Bistümer Konstanz und Chur*, MBKDS 1 (Munich).
– (1925), *Fuldaer Studien*, Sitzungsberichte der Bayerischen Akademie der Wissenschaften, phil.-hist. Klasse, Jahrgang 1925, Abteilung 3 (Munich).
– (1933), *Mitteilungen aus Handschriften* IV, Sitzungsberichte der Bayerischen Akademie der Wissenschaften, phil.-hist. Klasse, Jahrgang 1933, Abteilung 9 (Munich).
– (1938), *Mitteilungen aus Handschriften* V, Sitzungsberichte der Bayerischen Akademie der Wissenschaften, phil.-hist. Klasse, Jahrgang 1938, Abteilung 4 (Munich).
Lehner, A., ed. (1987), *Florilegia: Florilegium Frisingensis (Clm 6433), Testimonia divinae scripturae (et patrum)*, CCSL 108D (Turnhout).
– and W. Berschin, eds. (1990), *Lateinische Kultur im VIII. Jahrhundert. Traube-Gedenkschrift* (St. Ottilien).
Leinbaugh, T. (1980), 'The Liturgical Homilies in Ælfric's *Lives of Saints*' (unpubl. PhD dissertation, Harvard Univ.).
– (1986), 'A Damaged Passage in Ælfric's *De Creatore et Creatura*: Methods of Recovery', *Anglia* 104: 104–14.
Leitschuh, F. and H. Fischer (1887–1912), *Katalog der Handschriften der Königlichen Bibliothek zu Bamberg*, 3 vols. (Leipzig).
Lemoine, L. and B. Merdrignac, eds. (2004a), *Corona Monastica. Mélanges offerts au père Marc Simon*, Britannica Monastica 8 (Rennes).
– (2004b): 'Autour du scriptorium de Landévennec', in Lemoine – Merdrignac (2004a), 183–96.
Lendinara, P. (1983), 'Il Colloquio di Ælfric e il colloquio di Ælfric Bata', in *feor and neah. Scritti di filologia germanica in memoria di Augusto Scaffidi Abbate*, ed. P. Lendinara and L. Melazzo (Palermo, 1983), 173–249.
– (1986), 'The Third Book of the *Bella Parisiacae Urbis* by Abbo of Saint-Germain-des-Prés and its Old English Gloss', *ASE* 15: 73–91.
– (1988–9), 'Il glossario del MS Oxford, Bodleian Library, Bodley 163', in D'Aronco (1988-89), 485–516.
– (1990), 'The Abbo Glossary in London, British Library, Cotton Domitian i', *ASE* 19: 133–49.
– (1992), 'Glosses and Glossaries: The Glossator's Choice', in Derolez (1992), 207–43.
– (1993), 'An Old English Gloss to the *Scholica Graecarum Glossarum*', *ANQ* n.s. 6: 175–80.
– (1996), 'L'attività glossatoria del periodo anglosassone', in Hamesse (1996), 615–55.
– (1999a), *Anglo-Saxon Glosses and Glossaries* (Aldershot).

- (1999b), 'Glossarial Activity in the Anglo-Saxon Period (with an Edition of the Glossary to Juvenal, *Satires* IV–VIII in London, British Library, Harley 3826)', in Lendinara (1999a), 289–328 [English translation of Lendinara (1996)]
- (2001a), 'The Glossaries in London, BL, Cotton Cleopatra A.iii', in Bergmann (2001), 189–216.
- (2001b), 'Alcuino e il *De die iudicii*', *Pan* 18–19: 303–24.
- (2003), 'The *Versus Sibyllae de die iudicii* in Anglo-Saxon England', in Powell–Scragg (2003), 85–101.
- (2005), 'Contextualized Lexicography', in O'Brien O'Keeffe–Orchard (2005) II, 108–31.
- L. Lazzari and M.A. d'Aronco, eds. (2007), *Form and Content of Instruction in Anglo-Saxon England in the Light of Contemporary Manuscript Evidence* (Turnhout).
- (2007a), 'Instructional Manuscripts in England: The Tenth- and Eleventh-Century Codices and the early Norman Ones', in Lendinara et al. (2007), 59–113.
- (2007b), 'The *Versus de die iudicii*: Its Circulation and Use as a School Text in late Anglo-Saxon England', in Bremmer–Dekker (2007), 175–212.
- ed. (2008), *... un tuo serto di fiori in man recando. Scritti in onore di Maria Amalia D'Aronco* II (Udine).
- (2010), 'A Storehouse of Learned Vocabulary: The Abbo Glossaries in Anglo-Saxon England', in Bremmer–Dekker (2010), 101–32.
- L. Lazzari and C. Di Sciacca, eds. (2011), *Rethinking and Recontextualizing Glosses. New Perspectives in the Study of Late Anglo-Saxon Glossography* (Porto).
- (2011a), 'Glossing Abbo in Latin and the Vernacular', in Lendinara et al. (2011), 475–508.

L'Engle, S. and G.B. Guest, eds. (2006), *Tributes to Jonathan J.G. Alexander: The Making and Meaning of Illuminated Medieval & Renaissance Manuscripts, Art & Architecture* (Turnhout).

Lenker, U. (1997), *Die westsächsische Evangelienversion und die Perikopenordnungen im angelsächsischen England*, TUEPh 20 (Munich).
- (1999), 'The *West Saxon Gospels* and the Gospel Lectionary in Anglo-Saxon England: Manuscript Evidence and Liturgical Practice', *ASE* 28: 141–78.

Lenz, F.W., ed. (1956), *P. Ovidii Nasonis Halieutica, Fragmenta, Nux*, 2nd ed. (Turin).

Leonardi, C. (1959), 'I codici di Marziano Capella (I)', *Aevum* 33: 443–89.
- (1960), 'I codici di Marziano Capella (II)', *Aevum* 34: 1–99, 411–542.

Leonhardi, G. (1905), *Kleinere angelsächsische Denkmäler*, Bibliothek der angelsächsischen Prosa 6 (Hamburg).

Leroquais, V. (1924), *Les sacramentaires et les missels manuscrits des bibliothèques publiques de France*, 4 vols. (Paris).
- (1937), *Les pontificaux manuscrits des bibliothèques publiques de France*, 3 vols. (Paris).
- (1940–1), *Les psautiers manuscrits latins des bibliothèques publiques de France*, 3 vols. (Mâcon).

Les manuscrits à peintures en France du VIIe au XIIe siècle, 2nd ed. (Paris, 1943) [exhibition catalogue].

Leslie, R.F., ed. (1985), *The Wanderer*, 2nd ed. (Exeter).
- ed. (1988), *Three Old English Elegies*, rev. ed. (Exeter).

Lester, G.A. (1973), 'A Possible Early Occurrence of Moses with Horns in the Benedictional of St Æthelwold', *Scriptorium* 27: 30–3.

Levison, W., ed. (1913), 'Vita Wilfridi I episcopi Eboracensis', in Krusch–Levison (1913), 193–263.
- (1919–20), 'Conspectus codicum hagiographicorum', in Krusch–Levison (1919–20), 529–706.
- (1927), 'Das Werden der Ursula-Legende', *Bonner Jahrbücher* 132: 1–164.
- (1946), *England and the Continent in the Eighth Century* (Oxford).
- (1948), *Aus rheinischer und fränkischer Frühzeit. Ausgewählte Aufsätze von Wilhelm Levison* (Düsseldorf).

Lewis, C.P. (2007), 'Welsh Territories and Welsh Identities in Late Anglo-Saxon England', in Higham (2007), 130–43.

Lewis, S. (1980), 'Sacred Calligraphy: The Chi-Rho Page in the Book of Kells', *Traditio* 36: 139–59.

Liebermann, F. (1879), *Ungedruckte anglo-normannische Geschichtsquellen* (Strassburg).
- (1894), 'Aus Ælfrics Grammatik und Glossar', *ASNSL* 92: 413–15.
- (1889), *Die Heiligen Englands* (Hannover).
- (1900), 'Matrosenstellung aus Landgütern der Kirche London, um 1000', *ASNSL* 104: 17–24.
- (1901), 'Lanfranc and the Anti-Pope', *EHR* 16: 328–32.
- ed. (1903–16), *Die Gesetze der Angelsachsen*, 3 vols. (Halle).

Lindelöf, U. (1890), *Die Sprache des Rituals von Durham: Ein Beitrag zur altenglischen Grammatik* (Helsingfors).
- (1901a), 'Wörterbuch zur Interlinearglosse des *Rituale Ecclesiae Dunelmensis*', *Bonner Beiträge zur Anglistik* 9: 105–220.
- (1901b), 'Die südnorthumbrische Mundart des 10. Jahrhunderts: Die Sprache der sog. Glosse Rushworth²', *Bonner Beiträge zur Anglistik* 10 (Bonn).
- (1901c), *Die Handschrift Junius 27 der Bodleiana Bibliotheca*, Mémoires de la Société neophilologique à Helsingfors 3 (Helsingfors [Helsinki]).

- (1904), *Studien zu altenglischen Psalterglossen*, Bonner Beiträge zur Anglistik 13 (Bonn).
- ed. (1909), 'Die altenglischen Glossen im Bosworth-Psalter (Brit. Mus. MS. Addit. 37517)', *Mémoires de la Société néophilologique de Helsingfors* 5: 139–231.
- ed. (1909–14), *Der Lambeth-Psalter*, 2 vols., Acta Societatis Scientiarum Fennicae 35.1 and 43.3 (Helsingfors [Helsinki]).
- ed. (1927), *Rituale Ecclesiae Dunelmensis. The Durham Collectar*, Publications of the Surtees Society 140 (Durham).

Lindsay, W.M., ed. (1904–5), *T. Macci Plauti Comoediae*, 2 vols. (Oxford).
- (1910), *Early Irish Minuscule Script*, St Andrews University Publications 6 (Oxford).
- ed. (1911), *Isidori Hispalensis Episcopi Etymologiarum sive Originum libri XX* (Oxford).
- (1912a), *Early Welsh Script*, St. Andrews University Publications 10 (Oxford).
- (1912b), 'The Abbreviation Symbols of *ergo, igitur*', *Zentralblatt für Bibliothekswesen* 29.2: 56–64.
- (1915), *Notae Latinae: An Account of Abbreviations in Latin Manuscripts of the Early Minuscule Period (c. 700–850)* (Cambridge).
- (1917), 'The St Gall Glossary', *American Journal of Philology* 38: 349–69.
- ed. (1921a), *The Corpus Glossary* (Cambridge).
- (1921b), *The Corpus, Épinal, Erfurt and Leyden Glossaries*, Publications of the Philological Society 8 (Oxford).

Lionarons, J.T., ed. (2004a), *Old English Literature in its Manuscript Context* (Morgantown, WV).
- (2004b), 'Textual Appropriation and Scribal (Re)Performance in a Composite Homily: The Case for a New Edition of Wulfstan's *De Temporibus Antichristi*', in Lionarons (2004a), 67–94.
- (2004c), 'Napier Homily L: Wulfstan's Eschatology at the Close of his Career', in Townend (2004), 413–28.

Liuzza, R.M. (1988), 'The Yale Fragments of the West Saxon Gospels', *ASE* 17: 67–82.
- ed. (1994–2000), *The Old English Version of the Gospels*, 2 vols., EETS o.s. 304, 314 (Oxford).
- (1998), 'Who Read the Gospels in Old English?', in Baker–Howe (1998), 3–24.
- (2000), 'Scribal Habit: The Evidence of the Old English Gospels', in Swan–Treharne (2000a), 143–65.
- (2001), 'Anglo-Saxon Prognostics in Context: A Survey and Handlist of Manuscripts', *ASE* 30: 181–230.

- (2005), 'The Sphere of Life and Death: Time, Medicine, and the Visual Imagination', in O'Brien O'Keeffe—Orchard (2005) II, 28–52.
- ed. (2011), *Anglo-Saxon Prognostics. An Edition and Translation of Texts from London, British Library, MS Cotton Tiberius A. iii*, AST 8 (Cambridge).

Lockett, L. (2002), 'An Integrated Re-Examination of the Dating of Oxford, Bodleian Library, Junius 11', *ASE* 31: 141–73.

Löfstedt, B. (1981), 'Miscellanea grammatica', *Rivista di cultura classica e medioevale* 23: 159–64.

Logeman, H., ed. (1888), *The Rule of S. Benet: Latin and Anglo-Saxon Interlinear Version*, EETS o.s. 90 (London).
- (1889), 'Anglo-Saxonica Minora', *Anglia* 11: 97–120.
- (1890), 'Junius's Transcript of Old English Texts', *Academy* 38 [no. 960]: 274.
- (1891), 'New Aldhelm Glosses', *Anglia* 13: 26–41.

Love, R.C., ed. (1996), *Three Eleventh-Century Anglo-Latin Saints' Lives* (Oxford).
- ed. (2004), *Goscelin of Saint-Bertin: The Hagiography of the Female Saints of Ely* (Oxford).
- (2005), 'Frithegod of Canterbury's Maundy Thursday Hymn', *ASE* 34: 219–36.
- (2007), 'Bede and John Chrysostom', *JMLat* 17: 72–86.
- (2012), 'The Library of the Venerable Bede', in R. Gameson (2012), 606–32.

Lowden, J. and A. Bovey, eds. (2007), *Under The Influence: The Concept of Influence and the Study of Illuminated Manuscripts* (Turnhout).

Lowe, E.A. (1924), 'A Hand-List of Half-Uncial Manuscripts', in *Miscellanea Francesco Ehrle. Scritti di storia e paleografia … in occasione dell'ottantesimo natalizio dell' e.mo Cardinale Francesco Ehrle*, 6 vols., Studi e testi 37–42 (Rome) IV, 34–61.
- (1926), 'A New Manuscript Fragment of Bede's *Ecclesiastical History*', *EHR* 41: 244–6.
- (1927), 'Membra disiecta', *RB* 34: 191–2.
- (1928), 'An Eighth-Century List of Books in a Bodleian Manuscript from Würzburg and its Probable Relation to the Laudian Acts', *Speculum* 3: 3–15 [repr. Lowe (1972) I, 239–50].
- (1929), *Regula S. Benedicti. Specimina selecta e codice antiquissimo Oxoniensi* (Oxford).
- (1938), 'A Manuscript of Alcuin in the Script of Tours', in *Classical and Mediaeval Studies in Honor of Edward Kennard Rand*, ed. L.W. Jones (New York, 1938), 191–3 [repr. in Lowe (1972) I, 342–4].
- (1952), 'The Uncial Gospel Leaves attached to the Utrecht Psalter', *Art Bulletin* 34: 357–8 [repr. Lowe (1972) II, 385–8].

- (1958a), 'A Key to Bede's Scriptorium: Some Observations on the Leningrad Manuscript of the *Historia ecclesiastica gentis Anglorum*', *Scriptorium* 12: 182–90 [repr. Lowe (1972) II, 441–9].
- (1958b), 'An Autograph of the Venerable Bede?', *RB* 68: 200–2.
- (1960), *English Uncial* (Oxford).
- (1964), 'Codices rescripti: A List of the Oldest Palimpsests with Stray Observations on their Origin', *Mélanges Eugène Tisserant* V pt. ii, Studi e Testi 235 (Vatican City), 67–113.
- (1972), *Palaeographical Papers*, ed. L. Bieler, 2 vols. (Oxford).

Löwe, H., ed. (1982), *Die Iren und Europa im früheren Mittelalter* (Stuttgart).

Loyn, H.R. (1962), *Anglo-Saxon England and the Norman Conquest* (London; 2nd ed., London, 1991).
- ed. (1971), *A Wulfstan Manuscript, Containing Institutes, Laws and Homilies: British Museum, Cotton Nero A.i*, EEMF 17 (Copenhagen).

Lübke, H. (1890), 'Über verwandtschaftliche Beziehungen einiger altenglischer Glossare', *ASNSL* 44: 383–410.

Lucas, P.J. (1972), 'On the Blank Daniel-Cycle in MS Junius 11', *JWCI* 42: 207–13.
- ed. (1977), *Exodus* (Exeter; rev. ed. 1994).
- (1979a), 'MS. Hatton 42: Another Manuscript containing Old English', *N&Q* 224: 8.
- (1979b), 'On the Incomplete Ending of *Daniel* and the Addition of *Christ and Satan* to MS Junius 11', *Anglia* 97: 46–59.
- (1980), 'MS Junius 11 and Malmesbury', *Scriptorium* 34: 197–220, 35: 3–22.
- (1990), 'The Place of Judith in the Beowulf-Manuscript', *RES* n.s. 41: 463–78.
- (1995), 'The *Metrical Epilogue* to the Alfredian *Pastoral Care*: A Postscript from Junius', *ASE* 24: 43–50.
- (2006), 'Abraham Wheelock and the Presentation of Anglo-Saxon: From Manuscript to Print', in Doane–Wolf (2006), 383–439.

Luce, A.A., G.O. Simms, P. Meyer and L. Bieler, eds. (1960), *Evangeliorum quattuor Codex Durmachensis*, 2 vols. (Olten and Lausanne).

Luick, K. (1914–21), *Historische Grammatik der englischen Sprache*, I (Stuttgart).

Luiselli Fadda, A. M. (1972), '*De descensu Christi ad inferos*: una inedita omelia anglosassone', *SM* 13: 989–1011.
- ed. (1977), *Nuove omelie anglosassoni della rinascenza benedettina* (Florence).
- (1980), 'Il frammento Vaticano Reg. Lat. 497, f. 71, Dell' Orosio anglosassone', in *Filologia Germanica* 23: 7–22.

Lutz, A. (1977), 'Zur Rekonstruktion der Version G der Angelsächsischen Chronik', *Anglia* 95: 1–19.
- ed. (1981), *Die Version G der Angelsächsischen Chronik: Rekonstruktion und Edition*, TUEPh 11 (Munich).

- (1982), 'Das Studium der angelsächsischen Chronik im 16. Jahrhundert: Nowell und Joscelyn', *Anglia* 100: 301–56.
- (2000), 'The Study of the Anglo-Saxon Chronicle in the Seventeenth Century and the Establishment of Old English Studies in the Universities', in Graham (2000b), 1–82.

Lutz, C.E., ed. (1962), *Remigii Autissiodorensis Commentum in Martianum Capellam*, 2 vols. (Leiden).
- (1971), 'Martianus Capella', in Kristeller et al. (1960–) II, 367–81.
- (1973), 'A Manuscript Fragment from Bede's Monastery', *Yale University Library Gazette* 48: 135–8.
- (1975), *Essays on Manuscripts and Rare Books* (Hamden, CT).
- (1977), *Schoolmasters of the Tenth Century* (Hamden, CT).

Maassen, F. (1870), *Geschichte der Quellen und der Literatur des canonischen Rechts im Abendlande*, I. *Die Rechtssammlungen bis zur Mitte des 9. Jahrhunderts* (Graz).

MacCarthy, B. (1886), 'On the Stowe Missal', *Transactions of the Royal Irish Academy* 27: 135–268.

MacGregor Dawson, R. (1969), 'An Edition of Blickling Homilies' (unpubl. PhD dissertation, Oxford Univ.).

Mackay, T.W. (1976), 'Bede's Hagiographical Method: His Knowledge and Use of Paulinus of Nola', in Bonner (1976), 77–92.

MacKinney, L. (1965), *Medical Illustrations in Medieval Manuscripts* (Berkeley, CA).

MacLean, G.E. (1883–4), 'Ælfric's Anglo-Saxon Version of *Alcuini Interrogationes Sigewulfi in Genesin*', *Anglia* 6: 425–73, 7: 1–59.

MacLean, D. (1999), 'Northumbrian Vine-Scroll Ornament and the *Book of Kells*', in Hawkes–Mills (1999), 178–90.

Macray, G.D. (1862–1900), *Catalogi codicum manuscriptorum Bibliothecae Bodleianae*, V: *Viri munificentissimi Ricardi Rawlinson codicum classes A–D ... complectens* (Oxford).
- (1883), *Catalogi codicum manuscriptorum Bibliothecae Bodleianae*, IX: *Codices a Kenelm Digby anno 1634 donatos complectens* (London).

Madan, F. et al. (1895–1953), *A Summary Catalogue of Western Manuscripts in the Bodleian Library at Oxford*, 7 vols. in 8 (Oxford).

Mady, Z. (1965), 'An VIIIth Century Aldhelm Fragment in Hungary', *Acta Antiqua Academiae Scientiarum Hungaricae* 13: 441–53.

Magennis, H., ed. (1994), *The Anonymous Old English Legend of the Seven Sleepers* (Durham).
- (1996), 'Ælfric and the Legend of the Seven Sleepers', in Szarmach (1996), 317–31.
- ed. (2002), *The Old English Life of St Mary of Egypt: An Edition of the Old English Text with Modern English Parallel-Text Translation* (Exeter).

- and J. Wilcox, eds. (2006), *The Power of Words. Anglo-Saxon Studies presented to Donald G. Scragg on his Seventieth Birthday* (Morgantown, WV).
- and M. Swan, eds. (2009), *A Companion to Ælfric* (Leiden).

Magoun, F.P. (1940), 'An English Pilgrim-Diary of the Year 990', *MS* 2: 231–52.
- (1949), 'King Alfred's Letter on Educational Policy according to the Cambridge Manuscripts', *MS* 11: 113–22.

Magrini, S. (2001), '"Per difetto del legatore ...": Storia delle rilegature della Bibbia Amiatina in Laurenziana', *Quinio* 3: 137–67.

Maion, D. (2007), 'The Fortune of the so-called *Practica Petrocelli Salernitani* in England: New Evidence and Some Considerations', in Lendinara et al. (2007), 495–512.

Makothakat, J.M. (1972), 'The Bosworth Psalter: A Critical Edition' (unpubl. PhD dissertation, University of Ottawa).

Mallon, J. et al. (1939), *L'écriture latine* (Paris).

Malmberg, L., ed. (1982), *Resignation*, rev. ed. (Durham).

Malone, K., ed. (1929), *Studies in Philology: A Miscellany in Honor of Frederick Klaeber* (Minneapolis, MN).
- (1941–2), 'Thorkelin's Transcripts of *Beowulf*', *SN* 14: 25–30.
- (1949), 'Readings from the Thorkelin Transcripts of *Beowulf*', *PMLA* 64: 1190–218.
- ed. (1951), *Beowulf. The Thorkelin Transcripts of Beowulf in Facsimile*, EEMF 1 (Copenhagen).
- ed. (1962), *Widsith*, 2nd ed. (Copenhagen).
- ed. (1963), *The Nowell Codex: British Museum Cotton Vitellius A.xv, Second MS*, EEMF 12 (Copenhagen).
- ed. (1977), *Deor*, rev. ed. (Exeter).

Mango, C. (1973), 'La culture grecque et l'Occident au VIIIe siècle', *Settimane* 20: 683–721.

Manion, M.M., V.F. Vines and C. De Hamel (1989), *Medieval and Renaissance Manuscripts in New Zealand Collections* (Melbourne).
- and B.J. Muir, eds. (1991), *Medieval Texts and Images from the Middle Ages* (Sydney).
- and B.J. Muir, eds. (1998), *The Art of the Book. Its Place in Medieval Worship* (Exeter).

Manitius, M. (1911–31), *Geschichte der lateinischen Literatur des Mittelalters*, 3 vols. (Munich).

Mann, G. (2004), 'The Development of Wulfstan's Alcuin Manuscript', in Townend (2004), 235–78.

Mann, V.B. (1974–5), 'Architectural Conventions on the Bayeux Tapestry', *Marsyas* 17: 59–65.

Marchesin, I. (1998), 'Le corps musical dans les miniatures psalmiques carolingiennes et romanes', in *Centre universitaire d'études et de recherches médiévales* (1998), 401–27.
Marenbon, J. (1981), *From the Circle of Alcuin to the School of Auxerre. Logic, Theology and Philosophy in the Early Middle Ages* (Cambridge).
Markey, D. (1992), 'The Anglo-Norman Version', in M. Gibson (1992), 139–56.
Marner, D. (2002), 'The Sword of the Spirit. The Word of God and the Book of Deer', *Society for Medieval Archaeology* 46: 1–28.
Marsden, R. (1991), 'Ælfric as Translator: The Old English Prose Genesis', *Anglia* 109: 319–58.
- (1994a), 'The Old Testament in Late Anglo-Saxon England: Preliminary Observations on the Textual Evidence', in R. Gameson (1994a), 101–24.
- (1994b), 'The Survival of Ceolfrith's Tobit in a Tenth-Century Insular Manuscript', *JTS* n.s. 45: 1–23.
- (1994c), 'Old Latin Interventions in the Old English *Heptateuch*', *ASE* 23: 229–64.
- (1995), *The Text of the Old Testament in Anglo-Saxon England*, CSASE 15 (Cambridge).
- (1998), '*Manus Bedae*: Bede's Contribution to Ceolfrith's Bibles', *ASE* 27: 65–85.
- (1999), 'The Gospels of St Augustine', in R. Gameson (1999b), 285–313.
- (2000), 'Translation by Committee? The "Anonymous" Text of the Old English Hexateuch', in Barnhouse – Withers (2000), 41–89.
- (2005), 'Latin in the Ascendant: The Interlinear Gloss of Oxford, Bodleian Library, Laud Misc. 509', in O'Brien O'Keeffe – Orchard (2005) II, 132–52.
- ed. (2008), *The Old English Heptateuch and Ælfric's Libellus de Veteri Testamento et Novo*, I. *Introduction and Text*, EETS o.s. 330 (Oxford).
- (2011), 'Amiatinus in Italy: The Afterlife of an Anglo-Saxon Book', in Sauer et al. (2011), 217–43.
- (2012), 'The Biblical Manuscripts of Anglo-Saxon England', in R. Gameson (2012), 406–35.
Marshall, P.K. (2000), 'The Spangenberg Bifolium of Servius: The Manuscript and the Text', *Rivista di filologia* 128: 190–209.
Marston, T.E. (1965), 'A Collection of Early Manuscript Leaves', *Yale University Library Gazette* 40: 9.
Martello, F. (2012), *All'ombra di Gregorio Magno: il notaio Paterio e il 'Liber testimoniorum'* (Rome).
Martène, E. and U. Durand, eds. (1724–33), *Veterum scriptorum et monumentorum amplissima collectio*, 9 vols. (Paris).
- ed. (1763), *De antiquis ecclesiae ritibus*, 2nd ed., 4 vols. (Antwerp).

Martimort, A.G. (1992), *Les lectures liturgiques et leurs livres*, Typologie des sources du moyen âge occidental 64 (Turnhout).

Martin, H. (1885–96), *Catalogue des manuscrits de la Bibliothèque de l'Arsenal*, 7 vols. (Paris).

Martin, L.T. (1979), 'The Earliest Versions of the Latin *Somniale Danielis*', *Manuscripta* 23: 131–41.

– ed. (1981), *Somniale Danielis. An Edition of a Medieval Latin Dream Interpretation Handbook* (Frankfurt am Main).

Martin, M. (1978), 'A Note on Marginalia in "The Vercelli Book"', *N&Q* 223: 485–6.

Martín Sánchez, J.M., ed. (2000), *Isidori Hispalensis Versus*, CCSL 113A (Turnhout).

Masai, F. (1948), 'Fragment en onciale d'une règle monastique inconnue démarquant celle de S. Benoît', *Scriptorium* 2: 215–20.

Masi, M. (1972), 'Newberry MSS Fragments, s. vii–xv', *MS* 34: 99–112.

Mason, E. (1996a), *St Wulfstan of Worcester, c. 1008–1095* (Oxford).

– (1996b), 'St Oswald and St Wulfstan', in Brooks—Cubitt (1996), 269–84.

Matsuda, T. et al., eds. (2004), *The Medieval Book and a Modern Collector. Essays in Honour of Toshiyuki Takamiya* (Cambridge).

Mayhoff, K., ed. (1967), *C. Plinii Secundi Naturalis Historiae Libri XXXVII (post Ludovici Iani obitum recognovit)*, I. *Libri I–VI* (Stuttgart).

Mayor, J.E.B. and Lumby, J.R., eds. (1881), *Venerabilis Bedae Historiae ecclesiasticae gentis Anglorum libri III–IV*, rev. ed. (Cambridge).

Mayr-Harting, H. (1991), *The Coming of Christianity to Anglo-Saxon England*, 3rd ed. (London).

Mazal, O. and F. Unterkircher (1963–75), *Katalog der abendländischen Handschriften der Österreichischen Nationalbibliothek, 'Series Nova'*, 4 vols. (Vienna).

McBain, A. (1994–5), 'The Book of Deer', *Transactions of the Gaelic Society of Inverness* 11: 137–66.

McCulloh, J., ed. (1979), *Hrabanus Maurus: Martyrologium*, CCCM 44 (Turnhout).

McDougall, D. and I. McDougall (1997), '"Evil Tongues": A Previously Unedited Old English Sermon', *ASE* 26: 209–29.

McFadden, B. (2001), 'The Social Context of Narrative Disruption in *The Letter of Alexander to Aristotle*', *ASE* 30: 91–114.

McGovern, D.S. (1983), 'Unnoticed Punctuation in the Exeter Book', *MÆ* 52: 90–9.

McGowan, J.P. (2007), 'On the "Red" Blickling Psalter Glosses', *N&Q* 252: 205–7.

McGurk, P. (1955a), 'The Canon Tables in the Book of Lindisfarne and in the Codex Fuldensis of St. Victor of Capua', *JTS* n.s. 6: 192–8 [repr. McGurk (1998) no. III].
- (1955b), 'Two Notes on the Book of Kells and its Relation to Other Insular Gospel Books', *Scriptorium* 9: 105–7 [repr. McGurk (1998) no. IV].
- (1956), 'The Irish Pocket Gospel Book', *Sacris Erudiri* 8: 249–69 [repr. McGurk (1998) no. I].
- (1961a), *Latin Gospel Books from AD 400 to AD 800* (Paris) [Introduction repr. McGurk (1998) no.VI].
- (1961b), 'Citation Marks in early Latin Manuscripts', *Scriptorium* 15: 3–13 [repr. McGurk (1998) no. V].
- (1962), 'An Anglo-Saxon Bible Fragment of the Late Eighth Century, Royal 1.E VI', *JWCI* 25: 18–34 [repr. McGurk (1998) no. VII].
- (1963), 'The Ghent Livinus Gospels and the Scriptorium of St. Amand', *Sacris Erudiri* 14: 164–205 [repr. McGurk (1998) no. VIII].
- (1973), '*Germanici Caesaris Aratea cum Scholiis*: A New Illustrated Witness from Wales', *NLWJ* 18: 197–216.
- (1974), '*Computus Helperici*: Its Transmission in England in the Eleventh and Twelfth Centuries', *MÆ* 43: 1–5.
- et al., eds. (1983), *An Eleventh-Century Anglo-Saxon Illustrated Miscellany: British Library, Cotton Tiberius B.v, pt. 1, together with Leaves from British Library, Cotton Nero D.ii*, EEMF 21 (Copenhagen).
- (1986a), 'The Metrical Calendar of Hampson: A New Edition', *AB* 104: 79–125.
- (1986b), 'Text from *The York Gospels*', in Barker et al. (1986), 43–65 [repr. McGurk (1998) no. XIV].
- (1987), 'The Gospel Book in Celtic Lands before A.D. 850: Contents and Arrangement', in Ní Chatháin—Richter (1987), 165–89 [repr. McGurk (1998) no. II].
- (1993), 'The Disposition of Numbers in Latin Eusebian Canon Tables' in *Philologica sacra. Biblische und patristische Studien für Hermann J. Frede und Walter Thiele zu ihrem siebzigsten Geburtstag*, ed. R. Gryson, Aus der Geschichte der lateinischen Bibel 24 (Freiburg im Breisgau), 242–58 [repr. McGurk (1998) no. XI].
- (1994a), 'An Edition of the Abbreviated and Selective Set of Hebrew Names Found in the Book of Kells', in O'Mahoney (1994), 102–32 [repr. McGurk (1998) no. IX].
- (1994b), 'The Oldest Manuscripts of the Latin Bible', in R. Gameson (1994a), 1–23 [repr. McGurk (1998) no. XII].
- (1995a), 'Theodore's Bible: The Gospels', in Lapidge (1995a), 255–9 [repr. McGurk (1998) no. XIII].

- and J. Rosenthal (1995b), 'The Anglo-Saxon Gospelbooks of Judith, Countess of Flanders: Their Text, Make-Up and Function', *ASE* 24: 251–308 [repr. McGurk (1998) no. XV].
- (1996), 'Des recueils d'interprétations de noms hébreux', *Scriptorium* 50: 117–22 [repr. McGurk (1998) no. X].
- (1998), *Gospel Books and Early Latin Manuscripts* (Aldershot).
- (2001), 'The Canon Tables of the Book of Kells', in Binski—Noel (2001), 40–60.
- and J. Rosenthal (2006), 'Author, Symbol and Word: The Inspired Evangelists in Judith of Flanders's Anglo-Saxon Gospel Books', in L'Engle—Guest (2006), 185–202.
- (2012), 'Anglo-Saxon Gospel-books, c. 900–1066', in R. Gameson (2012), 436–48.

McHugh, G. (1983), 'Corpus Christi College Cambridge 279. A Partial Edition and Study' (unpubl. MA dissertation, University College, Dublin).

McIlwain Nishimura, M. (2006), 'The Grey Gospels: A Frankish Curiosity in Cape Town', in L'Engle—Guest (2006), 159–70.

McIntosh, A. (1948), 'Wulfstan's Prose', *PBA* 34: 109–42.

McIntyre, E. (1978), 'Early Twelfth-Century Worcester Cathedral Priory, with Special Reference to the Manuscripts Written there' (unpubl. PhD dissertation, Oxford Univ.).

McKee, H. (1997), 'St Augustine's Abbey, Canterbury: Book-Production in the Tenth and Eleventh Centuries' (unpubl. PhD dissertation, Cambridge Univ.).
- (2000a), 'Scribes and Glosses from Dark Age Wales: The Cambridge Juvencus Manuscript', *CMCS* 39: 1–22.
- ed. (2000b), *The Cambridge Juvencus Manuscript Glossed in Latin, Old Welsh and Old Irish: Text and Commentary* (Aberystwyth).
- ed. (2000c), *Juvencus: Codex Cantabrigiensis – A Ninth-Century Manuscript Glossed in Welsh, Irish and Latin* (Aberystwyth) [facsimile edition].
- (2012a), 'Script in Wales, Scotland and Cornwall', in R. Gameson (2012), 167–73.
- (2012b), 'The Circulation of Books between England and the Celtic Realms', in R. Gameson (2012), 338–43.

McKinlay, A.P. (1942), *Arator: The Codices* (Cambridge, MA).
- (1943), 'Studies in Arator II: the Classification of the Manuscripts of Arator', *Harvard Studies in Classical Philology* 54: 93–115.
- ed. (1951), *Aratoris subdiaconi De actibus apostolorum*, CSEL 72 (Vienna).
- (1960–), 'Arator', in Kristeller et al. (1960–) I, 241–7.

McKinley, K.L. (1998), 'Manuscripts of Ovid in England, 1100–1500', *English Manuscript Studies 1100–1700* 7: 41–85.

McKitterick, D.J. (1986), *Cambridge University Library, A History: The Eighteenth and Nineteenth Centuries* (Cambridge).
McKitterick, R. (1977), *The Frankish Church and the Carolingian Reforms, 789–895*, Royal Historical Society Studies in History 2 (London).
- (1985), 'Knowledge of Canon Law in the Frankish Kingdoms before 789: The Manuscript Evidence', *JTS* n.s. 36: 97–117.
- (1986–90), 'Anglo-Saxon Missionaries in Germany: Reflections on the Manuscript Evidence', *TCBS* 9: 291–329.
- (1989a), *The Carolingians and the Written Word* (Cambridge).
- (1989b), 'The Diffusion of Insular Culture in Neustria between 650 and 850: The Implications of the Manuscript Evidence', in *La Neustrie. Les payes au nord de la Loire de 650 à 850. Colloque historique international*, ed. H. Atsma (Sigmaringen, 1989), 395–431.
- and J.I. Whalley (1989), *Catalogue of the Pepys Library at Magdalene College, Cambridge, IV. Music, Maps and Calligraphy* (Cambridge).
- ed. (1990), *The Uses of Literacy in Early Medieval Europe* (Cambridge).
- (1990a), 'Text and Image in the Carolingian World', in McKitterick (1990), 297–318.
- and R. Beadle (1992), *Catalogue of the Pepys Library at Magdalene College, Cambridge, V. Manuscripts, Part i: Medieval* (Cambridge).
- ed. (1994a), *Carolingian Culture: Emulation and Innovation* (Cambridge).
- (1994b), 'Script and Book Production', in McKitterick (1994a), 221–47.
- (2000), 'Le scriptorium d'Echternach aux huitième et neuvième siècles', in *L'Évangelisation des régions entre Meuse et Moselle et la fondation de l'abbaye d'Echternach (Ve-IXe siècle)*, ed. M. Polfer (Luxembourg, 2000), 501–22.
- (2004), *History and Memory in the Carolingian World* (Cambridge).
- (2005), 'The Coming of Christianity: Pagans and Missionaries', in Binski—Panayotova (2005), 39–74.
- (2012), 'Exchanges between the British Isles and the Continent, *c.* 450–*c.*900', in R. Gameson (2012), 313–37.
McLachlan, L. (1929), 'St Wulfstan's Prayerbook', *JTS* 30: 174–7.
McNamara, M. (1973), 'Psalter Text and Psalter Study in the Early Irish Church (A.D. 600–1200)', *PRIA* 73C: 201–98.
- (1975), *The Apocrypha in the Irish Church* (Dublin).
- (1979), 'Ireland and Northumbria as Illustrated by a Vatican Manuscript', *Thought* 54: 274–90.
- (1986), *Glossa in Psalmos: The Hiberno-Latin Gloss on the Psalms of Codex Palatinus 68 (Psalms 39:11–151:17)*, Studi e Testi 310 (Vatican City).
- (1987–8), 'The Echternach and MacDurnan Gospels: Some Common Readings and their Significance', *Peritia* 6–7: 217–22.

- (1990), *Studies on Texts of Early Irish Latin Gospels (AD 600–1200)*, Instrumenta Patristica 20 (Steenbrugge).
- (1995), 'The Celtic-Irish Mixed Gospel Text: Some Recent Contributions and Centennial Reflections', *Filologia Mediolatina* 2: 69–108.
- (2002), 'Irish Homilies A.D. 600–1100', in T.N. Hall et al. (2002), 235–84.

McNeill, J.T. and H.M. Gamer (1938), *Medieval Handbooks of Penance. A Translation of the Principal 'Libri poenitentiales' and Selections from Related Documents* (New York).

McRoberts, D. (1953), *Catalogue of Scottish Medieval Liturgical Books and Fragments* (Glasgow).

Meadows, P. and N. Ramsay, eds. (2003), *A History of Ely Cathedral* (Woodbridge).

Meaney, A.L. (1975), 'King Alfred and his Secretariat', *Parergon* 11: 16–24.
- (1984), 'Variant Versions of Old English Medical Remedies and the Compilation of Bald's Leechbook', *ASE* 13: 235–68.
- (1985), 'London, BL Add. MS 43703', *OEN* 19.1: 34–5.
- (2004), '*And we forbeodað eornostlice ælcne hæðenscipe*: Wulfstan and Late Anglo-Saxon and Norse "Heathenism"', in Townend (2004), 461–500.

Mearns, J. (1913), *Early Latin Hymnaries: An Index of Hymns and Hymnaries before 1100, with an Appendix from Later Sources* (Cambridge).
- (1914), *The Canticles of the Christian Church, Eastern and Western, in Early and Medieval Times* (Cambridge).

Meeder, S. (2004–7), 'Defining Doctrine in the Carolingian Period: The Contents and Context of Cambridge, Pembroke College, MS 108', *TCBS* 13: 133–51.
- (2009), 'The *Liber ex lege Moysi*: Notes and Text', *JMLat* 19: 173–218.

Meehan, B. (1986), *Treasures of the Library: Trinity College Dublin* (Dublin).
- (1994a), *The Book of Kells* (London).
- (1994b), 'Durham Twelfth-Century Manuscripts in Cistercian Houses', in Rollason et al. (1994), 439–49.
- (1996), *The Book of Durrow: A Medieval Masterpiece at Trinity College, Dublin* (Dublin).
- (1998a), 'The Book of Kells and the Corbie Psalter', in *A Miracle of Learning: Studies in Manuscripts and Irish Learning. Essays in Honour of William O'Sullivan*, ed. T.C. Barnard, D. Ó Cróinín and K. Simms (Aldershot), 29–39.
- (1998b), 'Notes on the Preliminary Texts and Continuations to Symeon of Durham's *Libellus de exordio*', in Rollason (1998), 128–39.
- (2000), 'The Book of Kells and the Corbie Psalter (with a Note on Harley 2788)', in Cassidy—Muir Wright (2000), 12–23.

Meersseman, G.G. (1963), *Kritische Glossen op de Griekse Theophilus-Legende (7 eeuw) en haar latijnse Vertaling (9 eeuw)* (Brussels).

Mellinkoff, R. (1970), *The Horned Moses in Medieval Art and Thought*, California Studies in the History of Art 14 (Berkeley, CA).
- (1973), 'The Round, Cap-Shaped Hats Depicted on Jews in BM Cotton Claudius B. iv' *ASE* 2: 155–65.
- (1986), 'Serpent Imagery in the Illustrated Old English Hexateuch', in Brown–Crampton (1986), 51–64.

Menner, R.J. (1934), 'Farman Vindicatus: The Linguistic Value of *Rushworth I*', *Anglia* 58: 1–27.
- ed. (1941), *The Poetical Dialogues of Solomon and Saturn* (New York).
- (1949), 'The Anglian Vocabulary of the Blickling Homilies', in Kirby–Woolf (1949), 56–64.
- (1951), 'The Date and Dialect of Genesis A, 852–2936', *Anglia* 70: 285–94.

Menzer, M. (2004), 'Multilingual Glosses, Bilingual Text: English, French and Latin in Three Manuscripts of Ælfric's Grammar', in Lionarons (2004a), 95–119.

Meritt, H.D. (1934), 'Old English Entries in a Manuscript at Bern', *JEGP* 33: 343–51.
- (1945), *Old English Glosses (A Collection)* (London and New York).
- (1952), 'Old English Aldhelm Glosses', *MLN* 67: 553–4.
- (1957), 'Old English Glosses to Gregory, Ambrose and Prudentius', *JEGP* 56: 65–8.
- ed. (1959), *The Old English Prudentius Glosses at Boulogne-sur-Mer*, Stanford Studies in Language and Literature 16 (Stanford, CA).
- (1961), 'Old English Glosses, Mostly Dry Point', *JEGP* 60: 441–50.

Mersiowsky, M. (2007), 'Preserved by Destruction. Carolingian Original Letters and Clm 6333', in Declerq (2007), 73–98.

Merten, J. (1987), 'Die Esra-Miniatur des Codex Amiatinus: zu Autorenbild und Schreibgerät', *Trierer Zeitschrift* 50: 301–19.

Mertens-Fonck, P. (1987), 'Spelling Variation in the *Vespasian Psalter* Gloss', in Simon-Vandenbergen (1987), 351–61.

Metzenthin, E.C. (1922), 'Die Heimat der Adressaten des Heliand', *JEGP* 21: 191–228.

Metzger, B.M. (1977), *The Early Versions of the New Testament: Their Origin, Transmission and Limitations* (Oxford).

Mews, C. (2002), 'Manuscripts in Polish Libraries Copied before 1200 and the Expansion of Latin Christendom in the Eleventh and Twelfth Centuries', *Scriptorium* 56: 80–118.

Meyer, C., M. Huglo and N.C. Phillips (1992), *The Theory of Music, IV. Manuscripts from the Carolingian Era up to c. 1500 in Great Britain and the United States of America. Descriptive Catalogue*, Répertoire international des sources musicales B. III. 4 (Munich).

- (2003), *The Theory of Music*, VI. *Manuscripts from the Carolingian Era up to c. 1500. Addenda, Corrigenda. Descriptive Catalogue*, Répertoire international des sources musicales B. III. 6 (Munich).
Meyer, P. (1873), untitled article in *The Academy* (8 Nov. 1873), 59.
Meyer, W. (1907), 'Smaragds Mahnbüchlein für einen Karolinger', *Nachrichten von der königlichen Gesellschaft der Wissenschaften zu Göttingen*, phil.-hist. Klasse (1907), 39–70.
- (1916), 'Drei Gothaer Rhythmen aus dem Kreise des Alkuins', *Nachrichten von der königlichen Gesellschaft der Wissenschaften zu Göttingen*, phil.-hist. Klasse (1916), 645–82.
- (1917), 'Poetische Nachlese aus dem sogenannten Book of Cerne in Cambridge und aus dem Londoner Codex Regius 2.A.XX', *Nachrichten von der königlichen Gesellschaft der Wissenschaften zu Göttingen*, phil.-hist. Klasse (1917), 597–625.
Meyvaert, P. (1961), 'The Bede "Signature" in the Leningrad Colophon', *RB* 71: 274–86.
- (1963), 'Towards a History of the Textual Transmission of the *Regula S. Benedicti*', *Scriptorium* 17: 83–110.
- (1989), 'The Book of Kells and Iona', *Art Bulletin* 71: 6–19.
- (1996), 'Bede, Cassiodorus and the Codex Amiatinus', *Speculum* 71: 827–83.
- (2005), 'The Date of Bede's *In Ezram* and his Image of Ezra in the Codex Amiatinus', *Speculum* 80: 1087–1133.
- (2006), 'Dissension in Bede's Community shown by a Quire of Codex Amiatinus', *RB* 116: 295–308.
Mezey, L. (1983), *Fragmenta Codicum in Bibliothecis Hungariae*, I. 1. *Fragmenta Latina Codicum in Bibliotheca Universitatis Budapestinensis* (Wiesbaden).
Micheli, G.L. (1939), *L'enluminure du haut moyen âge et les influences irlandaises* (Brussels).
Michelli, P. (1999), 'What's in the Cupboard? Ezra and Matthew Reconsidered', in Hawkes—Mills (1999), 345–58.
Milani, C. (1984), 'Note sul *Corpus Glossary*', *Quaderni di lingue e letterature* 9: 185–319.
Milde, W. (1986), 'Paläographische Bemerkungen zu den Breslauer Unzialfragmenten der Dialoge Gregors des Grossen', in *Probleme der Bearbeitung mittelalterlicher Handschriften*, ed. H. Härtel, W. Milde, J. Piroźyński and M. Zwiercan, Wolfenbütteler Forschungen 30 (Wiesbaden, 1986), 145–65.
Milfull, I.B., ed. (1996), *The Hymns of the Anglo-Saxon Church: A Study and Edition of the 'Durham Hymnal'*, CSASE 17 (Cambridge).
- (2004), 'Spuren kontinentaler Einflüsse in spätangelsächsischen Hymnaren', in Haug et al. (2004), 173–98.

Millar, E.G. (1926), *English Illuminated Manuscripts from the Xth to the XIIIth Century* (Paris).
Miller, S., ed. (2001), *Charters of the New Minster, Winchester*, Anglo-Saxon Charters 9 (Oxford).
Miller, T., ed. (1890–8), *The Old English Version of Bede's Ecclesiastical History of the English People*, 2 vols. in 4 parts, EETS o.s. 95–6, 110–11 (London).
Millett, B. (2007), 'The Pastoral Context of the Trinity and Lambeth Homilies', in Scase (2007), 43–64.
Minio-Paluello, L., ed. (1961), *Aristoteles Latinus: Codices. Supplementa Altera* (Bruges).
– and B.G. Dod, eds. (1966), *Porphyrii Isagoge. Translatio Boethii et Anonimi fragmentum vulgo vocatum 'Liber sex principiorum', accedunt Isagoges fragmenta M. Victorino interprete et specimina translationum recentiorum Categoriarum*, Aristoteles Latinus I.6–7 (Bruges and Paris).
– (1971), 'Nuovi impulsi allo studio della logica: la seconda fase della riscoperta di Aristotele e di Boezio', *Settimane* 19: 743–66.
Minnis, A. (1981), 'Aspects of the Medieval French and English Traditions of the *De consolatione Philosophiae*', in Gibson (1981), 312–61.
– and J. Roberts, eds. (2007), *Text, Image, Interpretation. Studies in Anglo-Saxon Literature and its Insular Context in Honour of Éamonn Ó Carragáin*, Studies in the Middle Ages 18 (Turnhout).
Mirto, I.M. (2007), 'Of the Choice and Use of the Word *beatus* in the *Beatus quid est*: Notes by a Non-Philologist', in Lendinara et al. (2007), 349–61.
Mitchell, B. and F.C. Robinson, eds. (1998), *Beowulf. An Edition with Relevant Shorter Texts* (Oxford).
– and F.C. Robinson, eds. (2007), *A Guide to Old English*, 7th ed. (Oxford).
Mittler, F., ed. (1986), *Bibliotheca Palatina. Katalog zur Ausstellung vom 8. Juli bis 2. November 1986, Heiliggeistkirche Heidelberg*, 2 vols. (Heidelberg).
Moeller, E.E., ed. (1971–9), *Corpus benedictionum pontificalium*, 4 vols., CCSL 162–162C (Turnhout).
– et al., eds. (1992–2004), *Corpus orationum*, 14 vols., CCSL 160–160M (Turnhout).
Mohlberg, L.C., ed. (1960), *Liber sacramentorum Romanae aecclesiae ordinis anni circuli (Sacramentarium Gelasianum)* (Rome).
Mommsen, T., ed. (1892–8), *Chronica minora*, 3 vols., MGH, AA 9, 11, 13 (Berlin).
Moorat, S.A.J. (1962–73), *Catalogue of Western Manuscripts on Medicine and Science in the Wellcome Historical Medical Library*, 2 vols. (London).
Moore, J.S. (2004), 'Anglo-Norman Names recorded in the Durham *Liber Vitae*', in Rollason et al. (2004), 97–107.

Mordek, H. (1975), *Kirchenrecht und Reform im Frankenreich. Die 'Collectio Vetus Gallica', die älteste systematische Kanonessammlung des fränkischen Gallien* (Berlin and New York).
- (1995), *Bibliotheca capitularium regum Francorum manuscripta. Überlieferung und Traditionszusammenhang der fränkischen Herrschererlasse*, MGH, Hilfsmittel 15 (Munich).

Moreschini, C., ed. (2000), *Boethius: De consolatione Philosophiae, Opuscula theologica* (Munich).

Morey, C.R. (1929), 'The Landevennec Gospels. A Breton Illuminated Manuscript of the Ninth Century', *Bulletin of the New York Public Library* 33: 643–53 [and 10 pls.].
- E.K. Rand and C.H. Kraeling (1931), *The Gospel Book of Landevennec (The Harkness Gospels) in the New York Public Library* (Cambridge, MA).

Morgan, N. (1981), 'Notes on the Post-Conquest Calendar, Litany and Martyrology of the Cathedral Priory of Winchester with a Consideration of Winchester Diocese Calendars of the Pre-Sarum Period', in Borg—Martindale (1981), 133–71.
- (1982), *A Survey of Manuscripts Illuminated in the British Isles*, IV: *Early Gothic Manuscripts*, 2 vols. (London).
- and S. Panayotova (2009), *A Catalogue of Western Book Illumination in the Fitzwilliam Museum and the Cambridge Colleges*, 2 vols. (London and Turnhout).

Morgand, C.L. (1955), 'Le Memoriale Monachorum', in *Jumièges* (1955) II, 765–74.

Morgand, D.C., ed. (1963), 'Memoriale qualiter', CCM I, 177–261.

Morin, G. (1891), 'La liturgie de Naples au temps de Saint Grégoire d'après deux évangeliaires du septième siècle', *RB* 8: 481–93, 529–37.
- (1893a), *Monumenta ecclesiasticae antiquitatis*, Anecdota Maredsolana 1 (Maredsous).
- (1893b), 'Les notes liturgiques de l'Évangeliaire de Burchard', *RB* 10: 113–26.
- ed. (1897a/1958), *Sancti Hieronymi presbyteri Tractatus siue Homiliae in psalmos*, Anecdota Maredsolana 3.ii (Oxford; repr. CCSL 78 [Turnhout, 1958]).
- (1897b), 'Notes d'ancienne littérature chrétienne: Le "Responsum sancti Severi" sur les sept dégres de la hiérarchie ecclésiastique', *RB* 14: 100–1.
- (1910), 'Le plus ancien *comes* ou lectionnaire de l'église romane', *RB* 27: 41–74.
- (1911), 'Liturgie et basiliques de Rome au milieu du VIIe siècle d'après les listes d'évangiles de Würzburg', *RB* 28: 296–330.
- (1934), 'Fastidius ad Fatalem', *RB* 46: 3–17.
- ed. (1953), *Caesarii Arelatensis Opera*, 2 vols., CCSL 103–4 (Turnhout).

Morison, S. (1972), *Politics and Script. The Lyell Lectures 1957*, ed. and completed by N. Barker (Oxford).

Morrell, M.C. (1965), *A Manual of Old English Biblical Materials* (Knoxville, TN).
Morris, J., ed. (1980), *Nennius: British History and the Welsh Annals* (London).
Morris, R., ed. (1867–8), *Old English Homilies and Homiletic Treatises of the Twelfth and Thirteenth Centuries*, 2 vols., EETS o.s. 29, 34 (London).
– ed. (1871), *Legends of the Holy Rood*, EETS o.s. 46 (London).
– ed. (1872), *Old English Homilies of the Twelfth Century: With Three Thirteenth-Century Hymns*, EETS o.s. 53 (London).
– ed. (1874–80), *The Blickling Homilies*, EETS o.s. 58, 63 and 73 (London; 3 vols. repr. as 1, 1966).
– ed. (1887), *Specimens of Early English. Introduction, Notes and Glossarial Index. Part I: From 'Old English Homilies' to 'King Horn' A. D. 1150–A. D. 1300*, 2nd ed. (Oxford).
Morrish, J. (1982), 'An Examination of Literacy and Learning in the Ninth Century' (unpubl. PhD dissertation, Oxford Univ.).
– (1986), 'King Alfred's Letter as a Source on Learning in England in the Ninth Century', in Szarmach (1986b), 87–107.
– (1988), 'Dated and Datable Manuscripts Copied in England during the Ninth Century: A Preliminary List', *MS* 50: 512–38.
Morrison, E. (2007), *Beasts: Factual and Fantastic* (Los Angeles).
Morrison, S. (1987), 'On Some Noticed and Unnoticed Old English Scratched Glosses', *ES* 68: 209–13.
Morston, T. (1970), 'The Earliest Manuscript of St Aldhelm's *De laude virginitatis*', *Yale University Library Gazette* 44: 204–6.
Mortensen, L.B. (1999–2000), 'The Diffusion of Roman Histories in the Middle Ages. A List of Orosius, Eutropius, Paulus Diaconus and Landolfus Sagax Manuscripts', *Filologia Mediolatina* 6–7: 101–200.
Moskowich-Spiegel, I. and B. Crespo-García, eds. (2007), *Bells Chiming from the Past. Cultural and Linguistic Studies on Early English*, Costerus New Series 174 (Amsterdam and New York).
Mostert, M. (1989), *The Library of Fleury* (Hilversum).
– (2010), 'Relations between Fleury and England', in Rollason et al. (2010), 185–208.
Moulin-Fankhänel, C. (2001), 'Glossieren an einem Ort. Zur althochdeutschen Glossenüberlieferung der ehemaligen Dombibliothek Würzburg', in Bergmann et al. (2001), 353–79.
Muir, B.J., ed. (1981), 'An Edition of British Library Manuscripts Cotton Galba A.xiv and Cotton Nero A.ii (ff. 3r–13v)' (unpubl. PhD dissertation, University of Toronto).
– ed. (1988), *A Pre-Conquest English Prayer-Book: BL MSS Cotton Galba A.xiv and Nero A.ii (ff. 3–13)*, HBS 103 (London).

- (1989), 'A Preliminary Report on a New Edition of the Exeter Book', *Scriptorium* 43: 273–88.
- (1991a), 'Editing the Exeter Book: A Progress Report', in Manion–Muir (1991), 149–76.
- (1991b), 'Watching the Exeter Book Scribe Copy Old English and Latin Texts', *Manuscripta* 35: 3–22.
- (1998), 'The Early Insular Prayer Book Tradition and the Development of the Book of Hours', in Manion–Muir (1998), 9–19.
- ed. (2000), *The Exeter Anthology of Old English Poetry. An Edition of Exeter, Dean and Chapter, MS 3501*, 2nd ed., 2 vols. (Exeter).
- ed. (2004), *A Digital Facsimile of Oxford, Bodleian Library, MS. Junius 11*, Bodleian Digital Texts 1 (Oxford) [CD-ROM].
- ed. (2006), *The Exeter DVD. The Exeter Anthology of Old English Poetry* (Exeter) [CD-ROM].

Müller, R. (1901), *Untersuchungen über die Namen des nordhumbrischen Liber Vitae*, Palaestra 9 (Berlin).

Munk Olsen, B. (1979), 'Les classiques latins dans les florilèges médiévaux antérieurs au XIIIe siècle (I)', *Revue d'histoire des textes* 9: 47–121.
- (1980), 'Les classiques latins dans les florilèges médiévaux antérieurs au XIIIe siècle (II)', *Revue d'histoire des textes* 10: 115–64.
- (1982–), *L'Étude des auteurs classiques latins aux XIe et XIIe siècles*, 4 vols. in 5 pts. (Paris [in progress]).

Murray, J.A.H. (1900), *The Evolution of English Lexicography*, The Romanes Lecture 1900 (Oxford).

Mustanoja, T.F. (1950), 'Notes on Some Old English Glosses in Aldhelm's *De Laudibus Virginitatis*', *NM* 51: 49–61.

Mütherich, F. and K. Dachs, eds. (1991), *Das Samuhel-Evangeliar aus dem Quedlinburger Dom*, Bayerische Staatsbibliothek: Ausstellungskataloge 53 (Munich).

Mutzenbecher, A., ed. (1984), *Augustinus: Retractationum Libri II*, CCSL 57 (Turnhout).

Muzerelle, D. (1969), 'Flodoard, *De triumphis Christi apud Italiam*: Etude des sources, édition des livres I–IV et XII', École Nationale des Chartes, Positions des thèses (Paris).

Mynors, R.A.B., ed. (1937), *Cassiodori Senatoris Institutiones* (Oxford).
- (1939), *Durham Cathedral Manuscripts to the End of the Twelfth Century* (Oxford).
- and R. Powell (1956), 'The Stonyhurst Gospels', in Battiscombe (1956), 356–74.
- (1963), *Catalogue of the Manuscripts of Balliol College* (Oxford).

- and R.M. Thomson (1993), *Catalogue of the Manuscripts of Hereford Cathedral Library* (Cambridge).
Napier, A.S., ed. (1883/1967), *Wulfstan. Sammlung der ihm zugeschriebenen Homilien nebst Untersuchungen über ihre Echtheit*, mit einem bibliographischen Anhang von K. Ostheeren, 2nd ed. (Dublin und Zürich, 1967).
- (1887), 'Bruchstück einer altenglischen Boethiushandschrift', *ZfdA* 31: 52–4.
- (1888), 'Ein altenglisches Leben des Heiligen Chad', *Anglia* 10: 131–56.
- (1889), 'Altenglische Kleinigkeiten', *Anglia* 11: 1–10.
- (1890), 'Altenglische Miscellen', *ASNSL* 84: 323–7.
- (1891), 'Bruchstücke einer altenglischen Evangelienhandschrift', *ASNSL* 87: 255–61.
- (1893), 'Collation der altenglischen Aldhelmglossen des Codex 38 der Kathedralbibliothek zu Salisbury', *Anglia* 15: 204–9.
- (1894), *History of the Holy Rood-Tree: A Twelfth Century Version of the Cross-Legend, with Notes on the Orthography of the Ormulum (with a Facsimile) and a Middle English Compassio Mariae*, EETS o.s. 103 (London).
- ed. (1900), *Old English Glosses: Chiefly Unpublished*, Anecdota Oxoniensia 4 (Oxford).
- (1900–7), 'An Old English Vision of Leofric, Earl of Mercia', *Transactions of the Philological Society*: 180–8.
- (1901), 'Contributions to Old English Literature: I. An Old English Homily on the Observance of Sunday', *An English Miscellany: Presented to Dr Furnivall in Honour of his Seventy-Fifth Birthday* (Oxford), 355–62.
- (1903), 'The Rule of Chrodegang in Old English', *MLN* 18: 241.
- (1906), *Contributions to Old English Lexicography* (Hertford).
- ed. (1916), *The Old English Version of the Enlarged Rule of Chrodegang together with the Latin Original. An Old English Version of the Capitula of Theodulf together with the Latin Original. An Interlinear Old English Rendering of the Epitome of Benedict of Aniane*, EETS o.s. 150 (1916).
Nares, R. et al. (1808–12), *A Catalogue of the Harleian Manuscripts in the British Museum*, 4 vols. (London).
Nason, C.M. (2004), 'The Mass Commentary *Dominus vobiscum*, its Textual Transmission and the Question of Authorship', *RB* 114: 75–91.
Needham, G.I. (1958), 'Additions and Alterations in Cotton MS Julius E. vii', *RES* n.s. 9: 160–4.
- ed. (1976), *Ælfric: Lives of Three English Saints*, rev. ed. (Exeter).
Nees, L. (2003), 'Reading Aldred's Colophon for the Lindisfarne Gospels', *Speculum* 78: 333–77.
- (2006), 'The Jonathan Gospels (Biblioteca Apostolica Vaticana, Cod. Pal.lat. 46)', in L'Engle–Guest (2006), 85–98.

- (2007), 'Ethnic and Primitive Paradigms in the Study of Early Medieval Art', in Chazelle—Lifshitz (2007), 41–60.
- (2011), 'Recent Trends in Dating Works of Insular Art', in Hourihane (2011), 14–30.

Nelson, J.L. (1986a), *Politics and Ritual in Early Medieval Europe* (London).
- (1986b), 'The Earliest Surviving Royal *Ordo*: Some Liturgical and Historical Aspects', in Nelson (1986a), 341–60 [orig publ. in Tierney—Linehan (1980), 29–48].
- and R.W. Pfaff (1995), 'Pontificals and Benedictionals', in Pfaff (1995a), 87–98.
- (2008), 'The First Use of the Second Anglo-Saxon Ordo', in Barrow—Wareham (2008), 117–26.

Nestle, E., K Aland and B. Aland, eds. (1993), *Novum Testamentum Graece et Latine* 27th ed. (Stuttgart).

Nettleship, H. (1885), 'Four Oxford Manuscripts of the *Origines* of Isidore', in his *Lectures and Essays on Subjects connected with Latin Literature and Scholarship* (Oxford), 359–63.

Netzer, N. (1987), 'The Trier Gospels (Trier Domschatz MS 61): Text, Construction, Script and Illustration' (unpubl. PhD dissertation, Harvard Univ.).
- (1989), 'Willibrord's Scriptorium at Echternach and its Relationship to Ireland and Lindisfarne', in Bonner et al. (1989a), 203–12.
- (1994), *Cultural Interplay in the Eighth Century. The Trier Gospels and the Making of a Scriptorium at Echternach*, Cambridge Studies in Palaeography and Codicology 3 (Cambridge).
- (1999), 'The *Book of Durrow*: the Northumbrian Connection', in Hawkes—Mills (1999), 315–26.
- (2011), 'New Finds Versus the Beginning of the Narrative in Insular Gospel Books', in Hourihane (2011), 3–13.
- (2012), 'The Design and Decoration of Insular Gospel-Books and other Liturgical Manuscripts, c. 600–c. 900', in R. Gameson (2012), 225–43.

Neuman de Vegvar, C. (1992), 'A Paean for a Queen: The Frontispiece to the *Encomium Emmae Reginae*', *OEN* 26.1: 57–8.

Neville, J. (2002), 'Making Their Own Sweet Time: The Scribes of *Anglo-Saxon Chronicle A*', in Kooper (2002), 166–77.

Ní Chatháin, P. and M. Richter, eds. (1984), *Irland und Europa* (Stuttgart).
- and M. Richter, eds. (1987a), *Ireland and Christendom: The Bible and the Missions* (Stuttgart).
- (1987b), 'Notes on the Würzburg Glosses', in Ní Chatháin—Richter (1987a), 190–9.
- and M. Richter, eds. (2002), *Ireland and Europe in the Early Middle Ages: Texts and Transmission* (Stuttgart).

Nicholson, E.W.B. (1913), *Introduction to the Study of Some of the Oldest Latin Musical Manuscripts in the Bodleian Library*, Early Bodleian Music 3 (Oxford).

Niles, J.D., ed. (1980), *Old English Literature in Context: Ten Essays* (Cambridge).

– (1998), 'Exeter Book Riddle 74 and the Play of the Text', *ASE* 27: 169–207.

Nineham, R. (1964–8), 'K. Pellens' Edition of the Tracts of the Norman Anonymous', *TCBS* 4: 302–9.

Nist, J.A. (1959), *The Structure and Texture of Beowulf* (Sao Paolo).

Niver, C. (1939), 'The Psalter in British Museum, Harley 2904', in *Medieval Studies in Memory of Kingsley Porter*, ed. W.R.W. Koehler, 2 vols. (Cambridge, MA) II, 667–87.

Nixon, H.M. (1976), ' The Binding of the Winton Domesday', in Biddle (1976a), 526–40.

– and M.M. Foot (1992), *The History of Decorated Bookbinding in England* (Oxford).

Noel, W. (1993), 'The Making of BL Harley MSS 2506 and 603' (unpubl. PhD dissertation, Cambridge Univ.).

– (1995), *The Harley Psalter*, Cambridge Studies in Palaeography and Codicology 4 (Cambridge).

Nokes, R.S. (2004), 'The Several Compilers of Bald's Leechbook', *ASE* 33: 51–76.

Nordenfalk, C. (1932), 'On the Age of the Earliest Echternach Manuscripts', *Acta Archaeologica* 3: 57–62.

– (1947), 'Before the Book of Durrow', *Acta Archaeologica* 18: 141–74.

– (1951), 'A Note on the Stockholm *Codex Aureus*', *Nordisk Tidskrift för Bok- och Biblioteksväsen* 38: 145–55.

– (1977), *Celtic and Anglo-Saxon Painting: Book Illustration in the British Isles 600–800* (New York).

– (1978), Review of *An Early Breton Gospel Book. A Ninth Century Manuscript from the Collection of H.L. Bradfer-Lawrence (1887–1965)*, by F. Wormald, ed. by J.J.G. Alexander (printed for the members of The Roxburghe Club, Cambridge, 1977), *Burlington Magazine* 120: 243–4.

– (2000), 'Medieval Charades and the Visual Syntax of the Utrecht Psalter', in Cassidy – Muir Wright (2000), 34–41.

Norman, F., ed. (1949), *Waldere* (London).

Norman, H.W. (1849), *The Anglo-Saxon Version of the Hexameron of St Basil, or Be Godes Six Daga Weorcum: And the Saxon Remains of St Basil's Admonitio ad Filium Spiritualem*, 2nd ed. (London).

Nortier, G. (1957), 'Les bibliothèques médiévales des abbayes bénédictines de Normandie', *Revue Mabillon* 47: 219–44.

- (1966), *Les bibliothèques médiévales des abbayes bénédictines de Normandie* (Caen).
Nortier-Marchand, G. (1955), 'La bibliothèque de Jumièges au moyen âge', in *Jumièges* (1955) II, 599–614.
Norton, C. (1998), 'History, Wisdom and Illumination', in Rollason (1998), 61–105.
- (2004), 'York Minster in the Time of Wulfstan', in Townend (2004), 207–34.
Oates, J.C.T. (1982), 'Notes on the Later History of the Oldest Manuscript of Welsh Poetry: The Cambridge Juvencus', *CMCS* 3: 81–7.
- (1986), *Cambridge University Library: A History from the Beginnings to the Copyright Act of Queen Anne* (Cambridge).
O'Brien O'Keeffe, K. (1982), 'Six Hexameral Blessings: A Curiosity in the Benedictional of Archbishop Robert', *Medievalia et Humanistica* n.s. 11: 99–109.
- and A.R.P Journet (1983), 'Numerical Taxonomy and the Analysis of Manuscript Relationships', *Manuscripta* 27: 131–45.
- (1985), 'The Text of Aldhelm's *Enigma* no. c in Oxford, Bodleian Library, Rawlinson C. 697 and Exeter Riddle 40', *ASE* 14: 61–73.
- (1987), 'Graphic Cues for Presentation of Verse in the Earliest English Manuscripts of the *Historia Ecclesiastica*', *Manuscripta* 31: 139–46.
- (1990), *Visible Song. Transitional Literacy in Old English Verse*, CSASE 4 (Cambridge).
- (1994), 'Orality and the Developing Text of Caedmon's Hymn', in Richards (1994), 221–50 [orig. publ. *Speculum* 62 (1987), 1–20].
- (1998a), 'Reading the C-Text: The After-Lives of London, British Library, Cotton Tiberius B. i', in Pulsiano—Treharne (1998a), 137–60.
- (1998b), 'Body and Law in Late Anglo-Saxon England', *ASE* 27: 209–32.
- ed. (2001), *The Anglo-Saxon Chronicle: A Collaborative Edition*, V: *MS C* (Cambridge).
- and A. Orchard, eds. (2005), *Latin Learning and English Lore. Studies in Anglo-Saxon Literature for Michael Lapidge*, 2 vols. (Toronto).
- (2006), 'Goscelin and the Consecration of Eve', *ASE* 35: 251–70.
O'Brien, S.M. (1985), 'An Edition of Seven Homilies from Lambeth Palace Library MS 487' (unpubl. PhD dissertation, Oxford Univ.).
Obrist, B. (2000), 'The Astronomical Sundial in St Willibrord's Calendar and its Early Medieval Context', *AHDLMA* 67: 71–118.
- (2002), 'Les manuscrits du *De cursu stellarum* de Grégoire de Tours et le manuscrit Laon, Bibliothèque municipale 422', *Scriptorium* 56: 335–45.
Obst, W. and F. Schleburg, eds. (1998), *Lieder aus König Alfreds Trostbuch: Die Stabreimverse der altenglischen Boethius-Übertragung* (Heidelberg).

Ó Carragáin, É. (2001), 'Cynewulf's Epilogue to *Elene* and the Tastes of the Vercelli Compiler: A Paradigm of Meditative Reading', in Kay—Sylvester (2001), 187–201.
Ó Cróinín, D. (1982), 'Pride and Prejudice', *Peritia* 1: 352–62.
- (1984), 'Rath Melsigi, Willibrord and the Earliest Echternach Manuscripts', *Peritia* 3: 17–49.
- (1989), 'Is the Augsburg Gospel Codex a Northumbrian Manuscript?', in Bonner et al. (1989a), 189–202.
- ed. (1994), *Psalterium Salabergae. Staatsbibliothek zu Berlin – Preussischer Kulturbesitz – MS. Hamilton 553*, Codices Illuminati Medii Aevi 30 (Munich) [facsimile].
- (1995), 'The Salaberga Psalter', in *From the Isles of the North. Early Medieval Art in Ireland and Britain. Proceedings of the Third International Conference on Insular Art held at the Ulster Museum, Belfast, 7–11 April 1994*, ed. C. Bourke (Belfast, 1995), 127–35.
- (2001), 'The Earliest Old Irish Glosses', in Bergmann (2001), 7–32.
O'Donnell, D.P. (2001), 'Junius's Knowledge of the Old English Poem *Durham*', *ASE* 30: 231–45.
- (2002), 'The Accuracy of the *St Petersburg Bede*', *N&Q* 247: 4–6.
O'Donovan, M.A., ed. (1988), *Charters of Sherborne*, Anglo-Saxon Charters 3 (Oxford).
Oediger, F.W. (1972), *Das Hauptstaatsarchiv Düsseldorf und seine Bestände*, 5. *Archive des nichtstaatlichen Bereichs: Handschriften* (Siegburg).
Oess, G., ed. (1910), *Der altenglische Arundel-Psalter. Eine Interlinearversion in der Handschrift Arundel 60 des Britischen Museums*, Anglistische Forschungen 30 (Heidelberg).
Ogawa, H. (1994), 'The Retoucher in MSS Junius 85 and 86', *N&Q* 239: 6–10.
- (2010), *Language and Style in Old English Composite Homilies*, MRTS 36 (Tempe, AZ).
Ogura, M. et al., eds. (2003), *A Concordance to Select Homilies in MS Lambeth Palace 487 and MS Trinity College Cambridge B. 14. 52* (Tokyo).
Ohlgren, T.H. (1972a), 'Five New Drawings in the MS Junius 11: Their Iconography and Thematic Significance', *Speculum* 47: 227–33.
- (1972b), 'The Illustrations of the *Caedmonian Genesis*', *Medievalia et Humanistica* 3: 199–212.
- (1972c), 'Visual Language in the Old English *Caedmonian Genesis*', *Visible Language* 6: 253–76.
- (1975), 'Some New Light on the Old English *Caedmonian Genesis*', *Studies in Iconography* 1: 38–73.
- (1986), *Insular and Anglo-Saxon Illuminated Manuscripts: An Iconographic Catalogue c. AD 625 to 1100* (New York).

- (1991), *Anglo-Saxon Art: Texts and Contexts*, OEN Subsidia 17.
- (1992), *Anglo-Saxon Textual Illustration. Photographs of Sixteen Manuscripts with Descriptions and Index* (Kalamazoo, MI).
- (1993), 'Martial Iconography in the Harley Psalter: Dubbing or Drubbing?', *OEN* 26.3: 36–8.

Okasha, E. (1968), 'The Leningrad Bede', *Scriptorium* 22: 35–7.
- (2006), 'Script-Mixing in Anglo-Saxon Inscriptions', in Rumble (2006a), 62–70.

Oldfather, W.A. (1943), *Studies in the Text Tradition of St. Jerome's Vitae Patrum* (Urbana, IL).

Olds, B.M. (1984), 'The Anglo-Saxon Leechbook III: A Critical Edition and Translation' (unpubl. PhD dissertation, University of Denver, CO).

Oliphant, R.T., ed. (1966), *The Harley Latin–Old English Glossary edited from British Museum MS Harley 3376* (The Hague).

O'Loughlin, T. (1999), 'The Eusebian Apparatus in Some Vulgate Gospel Books', *Peritia* 13: 1–92.
- (2007), 'Division Systems for the Gospels: The Case of the Stowe St John (Dublin, RIA, D. II. 3)', *Scriptorium* 61: 150–64.
- (2009), 'The Biblical Text of the Book of Deer (C.U.L. Ii. 6. 32): Evidence for the Remains of a Division System from its Manuscript Ancestry', *Scriptorium* 63: 30–57.

Olson, L. (1989), *Early Monasteries in Cornwall*, Studies in Celtic History 11 (Woodbridge).

O'Mahony, F., ed. (1994), *The Book of Kells. Proceedings of a Conference at Trinity College Dublin, 6–9 September 1992* (Aldershot).

O'Meara, J.J. and B. Naumann, eds. (1976), *Latin Script and Letters A.D. 400–900. Festschrift presented to Ludwig Bieler on the Occasion of his 70th Birthday* (Leiden).

Omont, H. (1930), 'Fragment d'un manuscrit anglo-saxon des Étymologies d'Isidore de Seville', *Bibliothèque de l'École des Chartes* 91: 405.

O'Neill, P.P. (1981), 'The Old English Introductions to the Prose Psalms of the Paris Psalter: Sources, Structure and Composition', *Studies in Philology* 78: 20–38.
- (1986), 'A Lost Old-English Charter Rubric: The Evidence from the Regius Psalter', *N&Q* 231: 292–4.
- (1989), 'Further Old English Glosses on Sedulius in BN lat. 8092', *Anglia* 107: 415.
- (1991), 'Latin Learning at Winchester in the Early Eleventh Century: The Evidence of the Lambeth Psalter', *ASE* 20: 143–66.
- (1992), 'Syntactical Glosses in the Lambeth Psalter and the Reading of Old English Interlinear Translation as Sentences', *Scriptorium* 46: 250–6.

- (1993), 'Further Old English Glosses and Corrections in the Lambeth Psalter', *Anglia* 111: 82–93.
- (1997), 'On the Date, Provenance and Relationship of the "Solomon and Saturn" Dialogues', *ASE* 26: 139–68.
- ed. (2001), *King Alfred's Old English Prose Translation of the First Fifty Psalms* (Cambridge, MA).
- (2002), 'Irish Transmission of Late Antique Learning: The Case of Theodore of Mopsuestia's Commentary on the Psalms', in Ní Chatháin—Richter (2002), 68–77.
- ed. (2012), *Psalterium Suthantoniense*, CCCM 240 (Turnhout).

O'Neill, T. (1984), *The Irish Hand: Scribes and their Manuscripts from the Earliest Times to the Seventeenth Century, with an Exemplar of Irish Scripts* (Mountrath).

Önnerfors, U., ed. (1985), *Abbo von Saint-Germain-des-Prés: 22 Predigten. Kritische Ausgabe und Kommentar*, Lateinische Sprache und Literatur des Mittelalters 16 (Frankfurt am Main).

Oosthout, H. and J. Schilling, eds. (1999), *Anicii Manlii Severini Boethii De Arithmetica*, CCSL 94A (Turnhout).

Openshaw, K.M.J. (1989), 'The Battle Between Christ and Satan in the Tiberius Psalter', *JWCI* 52: 14–33.
- (1990), 'Images, Texts and Contexts: the Iconography of the Tiberius Psalter, London, British Library, Cotton MS Tiberius C. vi' (unpubl. PhD dissertation, University of Toronto).
- (1993), 'Weapons in the Daily Battle: Images of the Conquest of Evil in the Early Medieval Psalter', *The Art Bulletin* 75: 17–38.

Orbán, A.P. (1998–9) and (2000), 'Ein anonymer Aratorkommentar in Hs. London, Royal MS. 15. A. V', *Sacris Erudiri* 38: 317–51, and 40: 131–239.
- ed. (2006), *Aratoris subdiaconi Historia apostolica*, 2 vols., CCSL 130–130A (Turnhout).

Orchard, A. (1994), *The Poetic Art of Aldhelm*, CSASE 8 (Cambridge).
- (1995), *Pride and Prodigies. Studies in the Monsters of the Beowulf-Manuscript* (Cambridge).
- (2003), *A Critical Companion to Beowulf* (Cambridge).
- (2004), 'Re-editing Wulfstan: Where's the Point?', in Townend (2004), 63–91.
- (2007), 'Wulfstan as Reader, Writer, and Rewriter', in Kleist (2007a), 311–41.
- (2012), 'The Library of Wulfstan of York', in R. Gameson (2012), 694–700.

Orchard, N. (1994), 'An Eleventh-Century Anglo-Saxon Missal Fragment', *ASE* 23: 283–9.
- (1995a), 'A Note on the Masses for St Cuthbert', *RB* 105: 79–98.

- (1995b), 'The Bosworth Psalter and St Augustine's Missal', in Eales—Sharpe (1995), 87–94.
- (1995c), 'An Anglo-Saxon Mass for St. Willibrord and its Later Liturgical Uses', *ASE* 24: 1–10.
- ed. (2002), *The Leofric Missal*, 2 vols., HBS 113–14 (London).
- ed. (2005), *The Sacramentary of Ratoldus (Paris, Bibliothèque nationale de France, lat. 12052)*, HBS 116 (London).

O'Reilly, J. (1992), 'St John as a Figure of the Contemplative Life: Text and Image in the Art of the Anglo-Saxon Benedictine Reform', in Ramsay et al. (1992), 165–87.
- (1994), 'The Book of Kells and Two Breton Gospel Books', in Laurent—Davis (1994), 217–34.
- (2011), 'St John the Evangelist: Between Two Worlds', in Hourihane (2011), 189–218.

Ortenberg, V. (1990a), 'An Unknown Late Anglo-Saxon Text about Old St Peter's in Rome', *AntJ* 70: 115–17.
- (1990b), 'Archbishop Sigeric's Journey to Rome in 990', *ASE* 19: 197–246.
- (1992), *The English Church and the Continent in the Tenth and Eleventh Centuries: Cultural, Spiritual and Artistic Exchanges* (Oxford).

Orton, P. (2001), 'To be a Pilgrim: The Old English *Seafarer* and its Irish Affinities', in Kay—Sylvester (2001), 213–23.

Oshitari, K. et al., eds. (1988), *Philologica Anglica: Essays Presented to Prof. Y. Terasawa on the Occasion of his 60th Birthday* (Tokyo).

Osternacher, J., ed. (1902), *Theoduli ecloga* (Irfahr).
- (1916), 'Die Ueberlieferung der Ecloga Theoduli', *Neues Archiv der Gesellschaft für ältere deutsche Geschichtskunde* 40: 331–76.

O'Sullivan, W. (1958–9), 'The Donor of the Book of Kells', *Irish Historical Studies* 11: 5–7.
- (1994), 'The Lindisfarne Scriptorium: For and Against', *Peritia* 8: 80–94.

Ott, J.S. and A. Trumbore Jones, eds. (2007), *The Bishop Reformed* (Aldershot).

Owen-Crocker, G.R., ed. (2009), *Working with Anglo-Saxon Manuscripts* (Exeter).

Pächt, O. (1950a), 'Early Italian Nature Studies and the Early Calendar Landscape', *JWCI* 13: 13–47.
- (1950b), 'Hugo Pictor', *BLR* 3: 96–103.
- et al. (1960), *The St Albans Psalter (Albani Psalter)*, Studies of the Warburg and Courtauld Institutes 25 (London).
- and J.J.G. Alexander (1966), *Illuminated Manuscripts in the Bodleian Library Oxford*, I. *German, Dutch, Flemish, French and Spanish Schools* (Oxford).
- and J.J.G. Alexander (1973), *Illuminated Manuscripts in the Bodleian Library Oxford*, III: *British, Irish and Icelandic Schools. With Addenda to vols. I and II* (Oxford).

Page, C. (1977), 'Biblical Instruments in Medieval Manuscript Illustration', *Early Music* 5: 299–309.
- (1981), 'The Boethian Metrum "Bella bis quinis": A New Song from Saxon Canterbury', in M. Gibson (1981), 306–11.

Page, R.I. (1965a), 'Anglo-Saxon Episcopal Lists, Parts I and II', *Nottingham Medieval Studies* 9: 71–95.
- (1965b), 'A Note on the Text of Manuscript Cambridge, Corpus Christi College 422', *MÆ* 34: 36–9.
- (1966), 'Anglo-Saxon Episcopal Lists, Part III', *Nottingham Medieval Studies* 10: 2–24.
- (1972–6), 'Anglo-Saxon Texts in Early Modern Transcripts', *TCBS* 6: 69–85.
- (1973), *An Introduction to English Runes* (London; 2nd rev. ed., Woodbridge, 1999).
- (1974), 'The Lost Leaf of MS. CCCC 196', *N&Q* 219: 472–3.
- (1975), 'More Aldhelm Glosses from Corpus Christi College Cambridge 326', *ES* 56: 481–90.
- (1978), 'Old English Liturgical Rubrics in Corpus Christi College, Cambridge, MS 422', *Anglia* 96: 148–58.
- (1979), 'More Old English Scratched Glosses', *Anglia* 97: 27–45.
- (1981), 'New Work on Old English Scratched Glosses', in Tilling (1981), 105–15.
- (1981–5), 'Matthew Parker's Copy of *Prosper his Meditation with his Wife*', *TCBS* 8: 342–9.
- (1982), 'The Study of Latin Texts in Late Anglo-Saxon England [2]: The Evidence of English Glosses', in Brooks (1982), 141–65.
- (1989), 'Roman and Runic on St Cuthbert's Coffin', in Bonner et al. (1989a), 257–65.
- (1992a), 'On the Feasibility of a Corpus of Anglo-Saxon Glosses: The View from the Library', in Derolez (1992), 77–97.
- (1992b), 'The Sixeenth-Century Reception of Alfred the Great's Letter to his Bishops', *Anglia* 110: 36–64.
- (1993a), *Matthew Parker and his Books: Sandars Lectures in Bibliography Delivered on 14, 16, 18 May 1990 at the University of Cambridge* (Kalamazoo, MI).
- (1993b), 'Runes in Two Anglo-Saxon Manuscripts', *Nytt om Runer* 8: 15–19.
- et al. (1995), 'Two Fragments of an Old English Manuscript in the Library of Cambridge, Corpus Christi College', *Speculum* 70: 502–29.
- (1996), 'An Old English Fragment from Westminster Abbey', *ASE* 25: 201–7.
- (1998), 'Two Runic Notes', *ASE* 27: 289–94.
- (2001), 'Recent Work on Old English Glosses: The Case of Boethius', in Bergmann (2001), 217–42.

Page, S. (2004), *Magic in Medieval Manuscripts* (Toronto).
Palmer, R., First Earl of Selborne (1892), *Ancient Facts and Fictions Concerning Churches and Tithes*, 2nd ed. (London).
Panayotova, S., ed. (2007), *The Cambridge Illuminations: The Conference Papers* (London and Turnhout).
Pani, L. (2000), 'Aspetti della tradizione manoscritta dell' "Historia Langobardorum"', in *Paolo Diacono. Uno scrittore fra tradizione longobarda e rinnovamento carolingio*, ed. P. Chiesa (Udine, 2000), 367–412.
Panofsky, D. (1943), 'The Textual Basis of the Utrecht Psalter Illustrations', *Art Bulletin* 25: 50–8.
Papahagi, A. (2010), *Boethiana mediaevalia. A Collection of Studies on the Early Medieval Fortune of Boethius' Consolation of Philosophy* (Bucharest).
Parkes, M.B. (1976a), 'The Handwriting of St Boniface: A Reassessment of the Problems', *BDGSL* 98: 161–79 [repr. Parkes (1991), 121–42].
- (1976b), 'The Palaeography of the Parker Manuscript of the Chronicle, Laws and Sedulius, and Historiography at Winchester in the Late Ninth and Tenth Centuries', *ASE* 5: 149–71 [repr. Parkes (1991), 143–69].
- and A.G. Watson, eds. (1978a), *Medieval Scribes, Manuscripts and Libraries. Essays Presented to N.R. Ker* (London).
- (1978b), 'Punctuation, or Pause and Effect', in *Medieval Eloquence. Studies in the Theory and Practice of Medieval Rhetoric*, ed. J.J. Murphy (Berkeley, CA, 1978), 127–40.
- (1979), *The Medieval Manuscripts of Keble College, Oxford: A Descriptive Catalogue* (London).
- (1981), 'A Note on MS Vatican, Bibl. Apost., lat. 3363', in M. Gibson (1981), 425–7 [repr. Parkes (1991), 260–2].
- (1982), 'The Scriptorium of Wearmouth-Jarrow', *Jarrow Lecture* (1982) [repr. Parkes (1991), 93–120].
- (1983), 'A Fragment of an Early-Tenth-Century Anglo-Saxon Manuscript and its Significance', *ASE* 12: 129–40 [repr. Parkes (1991), 171–85].
- (1987), 'The Contribution of Insular Scribes of the Seventh and Eighth Centuries to the "Grammar of Legibility"', in *Grafia e interpunzione del latino nel medioevo*, ed. A. Maierù (Rome), 15–29 [repr. Parkes (1991) 1–18].
- (1991), *Scribes, Scripts and Readers. Studies in the Communication, Presentation and Dissemination of Medieval Texts* (London).
- (1992), *Pause and Effect: An Introduction to the History of Punctuation in the West* (Aldershot).
- (1997a), '*Rædan, areccan, smeagan*: How the Anglo-Saxons Read', *ASE* 26: 1–22.
- (1997b), 'Archaizing Hands in English Manuscripts', in Carley – Tite (1997), 101–41.

Parsons, D., ed. (1975), *Tenth-Century Studies: Essays in Commemoration of the Millennium of the Council of Winchester and Regularis Concordia* (London).
Passalacqua, M. (1978), *I codici di Prisciano*, Sussidi Eruditi 29 (Rome).
— ed. (1992), *Prisciani Caesariensis Institutio de nomine et pronomine et uerbo*, Testi grammaticali latini 2 (Urbino).
Paul, H., ed. (1891–3), *Grundriss der germanischen Philologie*, 2 vols. in 3 (Strassburg; 2nd ed., 3 vols., Strassburg, 1900–9).
Paulus, B., ed. (1969), *Paschasius Radbertus: De corpore et sanguine Domini, Epistola ad Fredugardum*, CCCM 16 (Turnhout).
Pellegrin, E., ed. (1975–91), *Les manuscrits classiques latins de la Bibliothèque Vaticane: Catalogue*, 3 vols. (Paris).
— (1982), *Manuscrits latins de la Bodmeriana* (Cologny-Genève).
Pellens, K. (1964–8), 'The Tracts of the Norman Anonymous: C.C.C.C. M.S. 415', *TCBS* 4: 155–65.
— ed. (1966), *Die Texte des Normannischen Anonymus. Unter Konsultation der Teilausgaben von H. Böhmer, H. Scherrinsky und G. H. Williams neu aus der Handschrift 415 des Corpus Christi College, Cambridge*, Veröffentlichungen des Instituts für Europäische Geschichte Mainz 42: Abteilung für abendländische Religionsgeschichte (Wiesbaden).
— (1973), *Das Kirchengedenken des Normannischen Anonymus*, Veröffentlichungen des Instituts für Europäische Geschichte Mainz 69 (Wiesbaden, 1973).
— (1977), *Der Codex 415 des Corpus Christi College Cambridge: Facsimile-Ausgabe der Text-Überlieferung des Normannischen Anonymus*, Veröffentlichungen des Instituts für Europäische Geschichte Mainz 82 (Wiesbaden, 1977).
Pelteret, D.A.E. (1990), *Catalogue of English Post-Conquest Vernacular Documents* (Woodbridge).
— (1995), *Slavery in Early Medieval England: From the Reign of Alfred until the Twelfth Century* (Woodbridge).
— ed. (2000), *Anglo-Saxon History: Basic Readings* (New York).
Perani, M. and C. Ruini, eds. (2002), *'Fragmenta ne pereant'. Recupero e studio dei frammenti di manoscritti medievali e rinascimentali riutilizzati in legature* (Ravenna).
Perry, B.E., ed. (1965), *Babrius and Phaedrus*, The Loeb Classical Library 436 (London).
Petersohn, J. (1966a), 'Die Bückeburger Fragmente von Bedas *De temporum ratione*', *DAEM* 22: 587–97.
— (1966b), 'Neue Bedafragmente in Northumbrischer Unziale saec. VIII', *Scriptorium* 20: 215–47.

Peterson, W. (1951), 'The Unpublished Homilies of the Old English Vercelli Book' (unpubl. PhD dissertation, University of New York).
Petitmengin, P. (1993), 'La compilation "De uindictis magnis magnorum peccatorum": Exemples d'anthropophagie tirés des sièges de Jérusalem et de Samarie', in *Philologia Sacra. Biblische und patristische Studien für Hermann J. Frede und Walter Thiele zu ihrem siebzigsten Geburtstag*, ed. R. Gryson, 2 vols. (Freiburg), 622–38.
Petrucci, A. (1971), 'L'onciale romana', *SM* 3rd ser. 12: 75–134.
Pertuccione, J.F. (2008), 'The *Q:*, *Quaere Hoc*, and *Ad Quid* Glosses: Observations on their Purpose and Distribution', *Scriptorium* 62: 231–51.
Petschenig, M., ed. (1888/2004), *Iohannis Cassiani de Institutis Coenobiorum*, CSEL 17 (Vienna 1888; 2nd ed. with Supplement by G. Krenz, 2004).
Pettit, E. (1999), 'Anglo-Saxon Charms in Oxford, Bodleian Library MS Barlow 35', *Nottingham Medieval Studies* 43: 33–46.
– ed. (2001), *Anglo-Saxon Remedies, Charms and Prayers from British Library MS Harley 585: The Lacnunga*, 2 vols. (Lewiston, NY).
Petzold, A. (1990), 'Colour Notes in English Romanesque Manuscripts', *BLJ* 16: 16–25.
Pfaff, R.W. (1992a), 'Eadui Basan: *Scriptorum Princeps?*', in Hicks (1992), 267–83.
– (1992b), 'The *Tituli*, Collects, Canticles, and Creeds', in M. Gibson (1992), 88–107.
– (1994), 'N.R. Ker and the Study of English Medieval Manuscripts', in Richards (1994), 55–78.
– ed. (1995a), *The Liturgical Books of Anglo-Saxon England*, OEN Subsidia 23 (Kalamazoo, MI).
– (1995b), 'Massbooks: Sacramentaries and Missals' in Pfaff (1995a), 7–34.
– (1999a), 'The Anglo-Saxon Bishop and his Book', *BJRL* 81: 3–24.
– (1999b), 'The "Sample Week" in the Medieval Latin Divine Office', in Swanson (1999), 78–88.
– (2001), 'M.R. James and the Liturgical Manuscripts of Cambridge', in Dennison (2001), 174–93.
– (2009), *The Liturgy in Medieval England. A History* (Cambridge).
– (2012), 'Liturgical Books', in R. Gameson (2012), 449–59.
Pheifer, J.D., ed. (1974), *Old English Glosses in the Épinal-Erfurt Glossary* (Oxford).
– (1987), 'Early Anglo-Saxon Glossaries and the School of Canterbury', *ASE* 16: 17–44.
– (1992), 'The Relationship of the Second Erfurt Glossary to the Épinal-Erfurt and Corpus Glossaries', in Derolez (1992), 189–205.
– (1994), 'How not to edit Glossaries', in Scragg–Szarmach (1994b), 263–309.

- (1995), 'The Canterbury Bible Glosses: Facts and Problems', in Lapidge (1995a), 281–333.
Philippart, G. (1977), *Les légendiers latins et autres manuscrits hagiographiques* (Turnhout).
- ed. (2001), *Hagiographies* III (Turnhout).
Pickwoad, N. (1994), 'The Conservation of Cambridge, Corpus Christi College MS. 197B', in Hadgraft—Swift (1994), 114–22.
Pingree, D. (1981), 'Boethius' Geometry and Astronomy', in Gibson (1981), 155–61.
- ed. (1997), *Preceptum canonis Ptolemaei* (Louvain).
Piper, A.J. (1978), 'The Libraries of the Monks of Durham', in Parkes—Watson (1978), 213–49.
- (1994), 'The Durham Cantor's Book (Durham, Dean and Chapter Library, MS B. IV. 24)', in Rollason (1994), 79–92.
- (1998a), 'The Early Lists and Obits of the Durham Monks', in Rollason (1998), 161–200.
- (1998b), 'The Historical Interests of the Monks of Durham', in Rollason (1998), 301–32.
- (2004), 'The Names of the Durham Monks', in Rollason (2004a), 117–25.
- (2007), 'The Monks of Durham and the Study of Scripture', in J.G. Clark (2007), 86–103.
Planchart, A.E. (1977), *The Repertory of Tropes at Winchester*, 2 vols. (Princeton, NJ).
Planta, J. (1802), *A Catalogue of the Manuscripts in the Cottonian Library, Deposited in the British Museum* (London; repr. New York, 1974).
Plotzek, J.M. (1998), *Glaube und Wissen im Mittelalter* [Ausstellung, Erzbischöfliches Diözesanmuseum Köln, 7. August bis 15. November 1998] (Munich).
Plummer, C., ed. (1892–9), *Two of the Saxon Chronicles Parallel with Supplementary Extracts from the Others*, 2 vols. (Oxford).
- ed. (1896), *Venerabilis Baedae Opera Historica*, 2 vols. (Oxford).
Plummer, J. (1968), *The Glazier Collection of Illuminated Manuscripts* (New York).
Pochat, G. (2005), 'Virtuelle Raumvorstellung und frühmittelalterliche Ikonik', in Vavra (2005), 135–48.
Polara, G. (1971), *Ricerche sulla tradizione manoscritta di Publilio Optaziano Porfirio* (Salerno).
- ed. (1973), *Publilii Optatiani Porfyrii Carmina*, 2 vols. (Torino).
Pollard, G. (1962), 'The Construction of English Twelfth-Century Bookbindings', *The Library*, 5th ser. 17: 1–22.

- (1975), 'Some Anglo-Saxon Bookbindings', *Book Collector* 24: 130–59.
- (1976), 'Describing Medieval Bookbindings', in Alexander—Gibson (1976), 50–65.

Pollington, S. (2000), *Leechcraft: Early English Charms, Plant Lore and Healing* (Hockwold-cum-Wilton).

Pope, J.C. (1931), 'The Manuscripts of Ælfric's Catholic Homilies' (unpubl. PhD dissertation, Yale University).
- ed. (1967–8), *Homilies of Ælfric*, 2 vols., EETS o.s. 259–60 (Oxford).
- (1969), 'The Lacuna in the Text of Cynewulf's Ascension (Christ II, 556b)', in Atwood—Hill (1969), 210–19.
- (1974), 'An Unsuspected Lacuna in the Exeter Book', *Speculum* 49: 615–22.
- (1978), 'Palaeography and Poetry: Some Solved and Some Unsolved Problems of the Exeter Book', in Parkes—Watson (1978), 25–68.
- (1981), 'The Text of a Damaged Passage in the Exeter Book: Advent (Christ I) 18–32', *ASE* 9: 137–56.
- ed. (2001), *Eight Old English Poems*, 3rd ed. rev. R.D. Fulk (Indianapolis).

Poppe, E. and B. Ross, eds. (1996), *The Legend of Mary of Egypt* (Blackrock).

Porter, C. (2002), 'The Identification of Purple in Manuscripts', *Dyes in History and Archaeology* 21: 59–64.

Porter, D.W. (1996a), 'A Double Solution to the Latin Riddle in MS. Antwerp, Plantin-Moretus Museum M. 16. 2', *ANQ* 9.1: 3–9.
- (1996b), 'Ælfric's *Colloquy* and Ælfric Bata', *Neophilologus* 80: 639–60.
- (1997), 'Anglo-Saxon Colloquies: Ælfric, Ælfric Bata and *De raris fabulis retractata*', *Neophilologus* 81: 467–80.
- (1999a), 'The Earliest Texts with English and French', *ASE* 28: 87–110.
- (1999b), 'On the Antwerp-London Glossaries', *JEGP* 98: 170–92.
- ed. (2002), *Excerptiones de Prisciano: The Source for Ælfric's Latin-Old English Grammar*, AST 4 (Cambridge).
- (2010), 'The Antwerp-London Glossary and Ælfric's Glossary', *N&Q* 255: 305–10.
- ed. (2011a), *The Antwerp-London Glossaries. The Latin and Latin-Old English Vocabularies from Antwerp, Museum Plantin-Moretus 16. 2 – London, British Library Add. 32246*, I: *Texts and Indexes* (Toronto).
- (2011b), 'The Antwerp-London Glossaries and the First English School Text', in Lendinara et al. (2011), 153–77.
- (2012), 'The Anglo-Latin Elegy of Herbert and Wulfgar', *ASE* 40: 225–47.

Potter, S. (1935), 'The Winchester Bede', *Wessex* 3.2: 39–49.

Poulin, J.-C. (1990), 'Les dossiers de S. Magloire de Dol et de S. Malo d'Alet (province de Bretagne)', *Francia* 17: 159–209.

Powell, K. and D. Scragg, eds. (2003), *Apocryphal Texts and Traditions in Anglo-Saxon England* (Cambridge).
– (2008), 'Viking Invasions and Marginal Annotations in Cambridge, Corpus Christi College 162', *ASE* 37: 151–71.
Powell, R. (1956), 'The Book of Kells. The Book of Durrow. Comments on the Vellum, the Make-up, and Other Aspects', *Scriptorium* 10: 3–21.
– (1962), 'The Construction of English Twelfth-Century Bindings', *The Library* 5th ser. 17: 1–22.
– (1965), 'The Lichfield St. Chad's Gospels: Repair and Rebinding, 1961–2', *The Library* 5th ser. 20: 259–76.
Powicke, F.M. (1931), *The Medieval Books of Merton College* (Oxford).
Pratt, D. (2001), 'The Illnesses of King Alfred the Great', *ASE* 30: 39–90.
Prescott, A. (1987), 'The Structure of English Pre-Conquest Benedictionals', *BLJ* 13: 118–59.
– (1988), 'The Text of the Benedictional of St. Æthelwold', in Yorke (1988), 119–47.
– (1997), '"Their Present Miserable State of Cremation": The Restoration of the Cotton Library', in C.J. Wright (1997), 391–454.
– (1998), 'The Ghost of Asser', in Pulsiano—Treharne (1998a), 255–93.
– ed. (2001), *The Benedictional of Saint Æthelwold, a Masterpiece of Anglo-Saxon Art: A Facsimile*, 2 vols. (London).
– (2004), 'Robin Flower and Laurence Nowell', in Wilcox (2004a), 41–61.
Priebsch, R. (1925), *The Heliand Manuscript Cotton Caligula A .vii in the British Museum: A Study* (Oxford).
Prinz, O. (1985), 'Eine frühe abendländische Aktualisierung der lateinischen Übersetzung des Pseudo-Methodius', *DAEM* 41: 1–23.
– ed. (1993), *Die Kosmographie des Aethicus*, MGH, Hilfsmittel 14 (Munich).
Prokosch, E. (1929), 'Two Types of Scribal Errors in the *Beowulf* MS', in Malone (1929), 196–207.
Proud, J. (2000), 'Old English Prose Saints' Lives in the Twelfth Century: The Evidence of the Extant Manuscripts', in Swan—Treharne (2000a), 117–31.
– (2002), 'The Cotton-Corpus Legendary into the Twelfth-Century: Notes on Salisbury Cathedral Library MSS 221 and 222', in Treharne—Rosser (2002), 341–52.
Puhle, M., ed. (2001), *Otto der Grosse. Magdeburg und Europa*, 2 vols. [exhibition catalogue] (Mainz).
Pulliam, H. (2011), 'Looking to Byzantium: Light, Color, and Cloth in Insular Art', in Hourihane (2011), 59–78.
Pulsiano, P. (1982), 'Materials for an Edition of the Blickling Psalter' (unpubl. PhD dissertation, State University of New York at Stony Brook).

- (1983), 'A New Look at the Anglo-Saxon Glosses in the Blickling Psalter', *Manuscripta* 27: 32–7.
- (1984), 'A New Anglo-Saxon Gloss in the *Liber scintillarum*', *N&Q* 229: 152–3.
- (1985a), 'The Latin and Old English Glosses in the Blickling and Regius Psalters', *Traditio* 41: 79–115.
- (1985b), 'Hortatory Purpose in the OE *Visio Leofrici*', *MÆ* 54: 109–16.
- (1991a), 'British Library, Cotton Tiberius A.iii, fol. 59rv: An Unrecorded Charm in the Form of an Address to the Cross', *ANQ* n.s. 4: 3–5.
- (1991b), 'The Old English Introductions in the *Vitellius Psalter*', *SN* 63: 13–35.
- (1991c), 'Old English Glossed Psalters: Editions Versus Manuscripts', *Manuscripta* 35: 75–95.
- (1993), 'New Old English Glosses in the Vitellius Psalter', *ANQ* n.s. 6: 180–2.
- (1994), 'New Old English Glosses in the Vitellius Psalter (II)', *ANQ* n.s. 7: 3–6.
- and J. McGowan (1994), 'Four Unedited Prayers in London, British Library, Cotton Tiberius A. iii', *MS* 56: 189–216.
- (1995), 'Psalters', in Pfaff (1995a), 61–85.
- (1996), 'The Originality of the Old English Gloss of the *Vespasian Psalter* and its Relation to the Gloss of the *Junius Psalter*', *ASE* 25: 37–62.
- (1997), 'A Middle English Gloss in the Lambeth Psalter', *ANQ* n.s. 10: 2–9.
- and E. Treharne, eds. (1998a), *Anglo-Saxon Manuscripts and their Heritage* (Aldershot).
- (1998b), 'The Prefatory Matter of London, British Library, Cotton Vitellius E. xviii', in Pulsiano–Treharne (1998a), 85–116.
- (1998c), 'Abbot Ælfwine and the Date of the Vitellius Psalter', *ANQ* n.s. 11.2: 3–12.
- (2000), 'The Old English Gloss of the *Eadwine Psalter*', in Swan–Treharne (2000a), 166–94.
- ed. (2001a), *Old English Glossed Psalters: Psalms 1–50* (Toronto).
- (2001b), 'Persius's *Satires* in Anglo-Saxon England', *JMLat* 11: 142–55.
- ed. (2002a), 'The Old English *Life of St Pantaleon*', in Hall–Hill (2002), 61–103.
- ed. (2002b), 'The Passion of St Christopher', in Treharne–Rosser (2002), 167–99.
- (2007), 'Jaunts, Jottings and Jetsam in Anglo-Saxon Manuscripts', in Keefer–Bremmer (2007a), 119–33.

Quadri, R. (1966), *I Collectanea di Eirico di Auxerre* (Fribourg).

Quentin, H. (1908), *Les martyrologes historiques du moyen âge. Étude sur la formation du martyrologe romain* (Paris).
– et al., eds. (1926–94), *Biblia Sacra iuxta latinam uulgatam uersionem ad codicum fidem, cura et studio monachorum Abbatiae pontificiae Sancti Hieronymi in Urbe O.S.B. edita*, 18 vols. (Rome).
Questa, C. and R. Raffaelli, eds. (1984), *Atti del Convegno internazionale — il libro e il testo, Urbino 20–23 settembre 1982* (Urbino).
Quiggin, E.C. (1911), 'A Fragment of an Old Welsh Computus', *Zeitschrift für keltische Philologie* 8: 407–10.
Quinn, J.J. (1956), 'The Minor Latin-Old English Glossaries in MS Cotton Cleopatra A. iii' (unpubl. PhD dissertation, Stanford Univ.).
– (1961), 'Ghost Words, Obscure Lemmata, and Doubtful Glosses in a Latin-Old English Glossary', *PQ* 40: 313–18.
– (1966), 'Some Puzzling Lemmata and Glosses in MS Cotton Cleopatra A. iii', *PQ* 45: 434–7.
Quirk, R.N. (1957), 'Winchester Cathedral in the Tenth Century', *Archaeological Journal* 114: 28–68.
Quynn, D.M. (1939), 'The Provenance of MS. Lat. 1751 of the Bibliothèque Nationale', *Speculum* 14: 490–1.
Rabel, C. (1982), 'Autour d'une copie anglo-saxonne du Psautier d'Utrecht', *Bulletin monumental* 140: 347–8.
Radiciotti, P. (1996), 'Aspetti di storia della scrittura greco-latina in relazione ai glossari tra l'Antichità ed il Medioevo', in Hamesse (1996), 121–6.
Rädle, F. (1974), *Studien zu Smaragd von Saint-Mihiel*, Medium Aevum: Philologische Studien 29 (Munich).
Raine, J., ed. (1838), *Catalogi Veteres Librorum Ecclesiae Cathedralis Dunelm.*, Surtees Society 7 (London).
Raine, J., ed. (1879–94), *The Historians of the Church of York and its Archbishops*, 3 vols., RS 71 (London).
Raios, D.K. (1983), *Recherches sur le Carmen de ponderibus et mensuris* (Ioannina).
Raith, J., ed. (1933/1964), *Die altenglische Version des Halitgar'schen Bussbuches (sog. Poenitentiale Pseudo-Ecgberti)*, Bibliothek der angelsächsischen Prosa 13 (Hamburg; repr. with a new preface, Darmstadt, 1964).
Rambaran-Olm, M.R. (2007), 'Two Remarks Concerning Folio 121 of the Exeter Book', *N&Q* 252: 207–8.
Ramsay, N. and M. Sparks (1988), *The Image of St Dunstan* (Canterbury).
– et al., eds. (1992), *St Dunstan, his Life, Times and Cult* (Woodbridge).
Ramsay, R.L. (1912), 'Theodore of Mopsuestia and St Columban on the Psalms', *Zeitschrift für celtische Philologie* 8: 452–97.

Rand, E.K. (1929), *Studies in the Script of Tours*, I. *A Survey of the Manuscripts of Tours*, 2 vols. (Cambridge, MA).
Ranger, F., ed. (1973), *Prisca Munimenta. Studies in Archival and Administrative History presented to Dr A.E.J. Hollaender* (London).
Ranke, E., ed. (1860), *Specimen Codicis Novi Testamenti Fuldensis* (Marburg).
– ed. (1868), *Codex Fuldensis. Novum Testamentum latine ex manuscripto Victoris Capuani* (Marburg).
Rankin, S. (1984), 'From Memory to Record: Musical Notations in Manuscripts from Exeter', *ASE* 13: 97–112.
– (1985), 'The Liturgical Background of the Old English Advent Lyrics: A Reappraisal', in Lapidge–Gneuss (1985), 317–40.
– (1987), 'Neumatic Notations in Anglo-Saxon England', in Huglo (1987), 129–40.
– and D. Hiley, eds. (1993), *Music in the Medieval English Liturgy* (Oxford).
– (1996), 'Some Reflections on Liturgical Music at Late Anglo-Saxon Worcester', in Brooks–Cubitt (1996), 325–48.
– (2003), 'St Swithun in Medieval Liturgical Music', in Lapidge (2003), 191–213.
– (2004), 'An Early Eleventh-Century Missal Fragment copied by Eadwig Basan: Bodleian Library, MS. Lat. liturg. d. 3, fols. 4–5', *BLR* 18: 220–52.
– (2005a), 'Music at Wulfstan's Cathedral', in Barrow–Brooks (2005), 219–29.
– (2005b), 'Making the Liturgy: Winchester Scribes and their Books', in Gittos–Bedingfield (2005a), 29–52.
– ed. (2007), *The Winchester Troper: Facsimile, Edition and Introduction*, Early English Church Music 50 (London).
– (2012), 'Music Books', in R. Gameson (2012), 482–506.
Rasmussen, N.K. (1998), *Les pontificaux du haut moyen âge. Genèse du livre de l'évêque*, ed. M. Haverals, Spicilegium sacrum Lovaniense, Études et documents 49 (Louvain).
Rauer, C. (2003), 'The Sources of the *Old English Martyrology*', *ASE* 32: 89–109.
– (2006), 'Pope Sergius I's Privilege for Malmesbury', in *LSE* 37: 261–81.
– (2007), 'Usage of the Old English Martyrology', in Bremmer–Dekker (2007), 125–46.
Ravaisson, F. (1841), *Rapports au Ministre de l'instruction publique sur les bibliothèques des Départements de l'Ouest, suivis de pièces inédites* (Paris).
Raw, B.C. (1961), 'A Latin-English Word-List in MS Arundel 60', *EGS* 7: 37–42.
– (1976), 'The Probable Derivation of Most of the Illustrations in Junius 11 from an Illustrated Old Saxon Genesis', *ASE* 5: 133–48.
– (1984), 'The Construction of Oxford, Bodleian Library, Junius 11', *ASE* 13: 187–207 [repr. in Richards (1994), 251–75].
– (1990), *Anglo-Saxon Crucifixion Iconography and the Art of the Monastic Revival*, CSASE 1 (Cambridge).

- (1992), 'What do We Mean by the Source of a Picture?', in Hicks (1992), 285–300.
- (1997), 'Alfredian Piety: The Book of Nunnaminster', in Roberts–Nelson (1997), 145–53.
- (1999), 'The Office of the Trinity in the Crowland Psalter (Oxford, Bodleian Library, Douce 296)', ASE 28: 185–200.
- (2012), 'Anglo-Saxon Prayerbooks', in R. Gameson (2012), 460–7.

Raynes, E.M. (1957), 'MS Boulogne-sur-Mer 63 and Ælfric', MÆ 26: 65–73.

Redknap, M., ed. (2001), *Pattern and Purpose in Insular Art. Proceedings of the Fourth International Conference on Insular Art held at the National Museum & Gallery, Cardiff, 3–6 September 1998* (Oxford).

Reeve, M.D. (1983a), 'Agrimensores', in L.D. Reynolds (1983), 1–6.
- (1983b), 'Aratea', in L.D. Reynolds (1983), 18–24.
- (1983c), 'Avianus', in L.D. Reynolds (1983), 29–32.
- (1983d), 'Hyginus', in L.D. Reynolds (1983) 187–90.
- (2000), 'The Transmission of Vegetius's *Epitoma rei militaris*', *Aevum* 74: 242–354.
- (2007), 'The Editing of Pliny's Natural History', *Revue d'histoire des textes* n.s. 2: 107–79.
- (2012), 'Excerpts from Pliny's Natural History', in *Ways of Approaching Knowledge in Late Antiquity and the Early Middle Ages: Schools and Scholarship*, ed. P.F. Farmhouse and D. Paniagua (Nordhausen), 245–63.

Rehm, B. and F. Paschke (1965), *Die Pseudoklementinen*, II. *Rekognitionen in Rufins Übersetzung*, Die griechischen christlichen Schriftsteller der ersten drei Jahrhunderte 51 (Berlin).

Reichenbächer, E. (1934), *Glossar zum altenglischen Regius-Psalter* (Diss. Jena, Teildruck).

Reinsma, L.M. (1987), *Ælfric: An Annotated Bibliography* (New York).

Rella, F.A. (1977), 'Some Aspects of the Indirect Transmission of Christian Latin Sources for Anglo-Saxon Prose from the Reign of Alfred to the Norman Conquest' (unpubl. BLitt thesis, Oxford Univ.).
- (1980), 'Continental Manuscripts Acquired for English Centers in the Tenth and Early Eleventh Centuries: A Preliminary Checklist', *Anglia* 98: 107–16.

Remley, P.G. (2009), 'The Vercelli Book and its Texts: A Guide to Scholarship', in Zacher–Orchard (2009), 318–415.

Report from the Committee [of the House of Commons] appointed to view the Cottonian Library... (London, 1732) [repr. in Thomas Smith, *Catalogue of the Manuscripts in the Cottonian Library*, ed. C.G.C. Tite (Cambridge, 1984) *ad finem*].

Reydellet, M. (1966), 'La diffusion des *Origines* d'Isidore de Seville au haut moyen âge', *Ecole française de Rome: Mélanges d'archéologie et d'histoire* 78: 383–437.

Reynolds, L.D., ed. (1983), *Texts and Transmission: A Survey of the Latin Classics* (Oxford).
- (1983a), 'Appendix Sallustiana', in L.D. Reynolds (1983), 349–52.
- ed. (1991), *C. Sallusti Crispi Catilina, Iugurtha, Historiarum fragmenta selecta, Appendix Sallustiana* (Oxford).
- and N.G. Wilson (1991), *Scribes and Scholars. A Guide to the Transmission of Greek and Latin Literature*, 3rd ed. (Oxford).

Reynolds, R.E. (1972), 'The *De Officiis VII Graduum*: Its Origins and Early Medieval Development', *MS* 34: 113–51.
- (1977), 'Marginalia in a Tenth-Century Text on Ecclesiastical Offices', in *Law, Church and Society. Essays in Honor of Stephan Kuttner*, ed. K. Pennington and R. Somerville (Philadelphia, 1977), 115–29.
- (1978), *The Ordinals of Christ from their Origins to the Twelfth Century* (Berlin and New York).

Rhodes, E.W., ed. (1889), *Defensor's Liber Scintillarum*, EETS o.s. 93 (London).

Ricci, L.G.G., ed. (2000), *La Bibbia Amiatina / The Codex Amiatinus. Riproduzione integrale su CD-ROM del manoscritto / Complete Reproduction on CD-ROM of the Manuscript Firenze, Biblioteca Medicea Laurenziana, Amiatino 1* (Florence).

Rice, D.T. (1952), *English Art: 871–1100*, The Oxford History of English Art 2 (Oxford).

Richards, M. (1973), 'The Lichfield Gospels', *NLWJ* 18: 135–46.

Richards, M.P. (1973), 'On the Date and Provenance of MS Cotton Vespasian D.xiv ff. 4–169', *Manuscripta* 17: 31–5.
- (1979), 'Innovations in Ælfrician Homiletic Manuscripts at Rochester', *AnM* 19: 13–26.
- (1986), 'The Manuscript Contexts of the Old English Laws: Tradition and Innovation', in Szarmach (1986b), 171–92.
- (1988), *Texts and their Traditions in the Medieval Library of Rochester Cathedral Priory*, Transactions of the American Philosophical Society 78.3 (Philadelphia, PA).
- ed. (1994), *Anglo-Saxon Manuscripts: Basic Readings*, Basic Readings in Anglo-Saxon England 2 (New York).
- (2000), 'Fragmentary Versions of Genesis in Old English Prose: Context and Function', in Barnhouse—Withers (2000), 145–63.
- (2006), 'The Rochester Cathedral Library: A Review of Scholarship 1987–2005, including Annotations to the 1996 Edition of the Catalogues in *CBMLC*, vol. 4', *LSE* 37: 283–320.

Richter, Martin, ed. (1996), *Die altenglischen Glossen zu Aldhelms 'De laudibus virginitatis' in der Handschrift BL, Royal 6 B.vii*, TUEPh 19 (Munich).

Richter, Michael (1973), *Canterbury Professions*, Canterbury and York Society 67 (Torquay).
Rickert, M. (1954), *Painting in Britain: The Middle Ages*, 2nd ed. (Baltimore).
Riddle, J.M. (1980), 'Dioscorides', in Kristeller et al. (1960—) IV (1980), 1–143.
Ridyard, S. (1988), *The Royal Saints of Anglo-Saxon England* (Cambridge).
Rigg, A.G. and G.R. Wieland (1975), 'A Canterbury Classbook of the mid-eleventh Century (the 'Cambridge Songs' Manuscript)', *ASE* 4: 113–30.
Ringrose, J. (2009), *Summary Catalogue of the Additional Medieval Manuscripts in Cambridge University Library acquired before 1940* (Woodbridge).
Rittmueller, J. (2002), 'Links between a Twelfth-Century Worcester (F. 94) Homily and the Eighth-Century Hiberno-Latin Commentary *Liber questionum in evangeliis*', in T.N. Hall et al. (2002), 331–54.
– ed. (2004), *Liber questionum in euangeliis*, CCSL 108F (Turnhout).
Robb, A.P. (1975), 'The History of the Holy Rood-Tree: Four Anglo-Saxon Homilies' (unpubl. PhD dissertation, University of Illinois at Urbana-Champaign, IL).
Roberts, J. (1970), 'An Inventory of Early Guthlac Materials', *MS* 32: 193–233.
– ed. (1979), *The Guthlac Poems of the Exeter Book* (Oxford).
– (1986), 'The Old English Prose Translation of Felix's *Vita Sancti Guthlaci*', in Szarmach (1986b), 363–79.
– and J. Nelson, eds. (1997), *Alfred the Wise: Studies in Honour of Janet Bately on the Occasion of her Sixty-Fifth Birthday* (Cambridge).
– and J. Nelson, eds. (2000), *Essays on Anglo-Saxon and Related Themes in Memory of Lynne Grundy*, KCLMS 17 (London).
– (2005), *Guide to Scripts Used in English Writings up to 1500* (London).
– (2006), 'Aldred Signs Off from Glossing the Lindisfarne Gospels', in Rumble (2006a), 28–43.
– and L. Webster, eds. (2011), *Anglo-Saxon Traces*, MRTS 405 (Tempe, AZ).
Robertson, A.J., ed. (1939), *Anglo-Saxon Charters* (Cambridge; rev. ed., 1956).
Robertson, G. and G. Henderson, eds. (1975), *Studies in Memory of David Talbot Rice* (Edinburgh).
Robertson, S.F.H. (1905), 'On a Fragment of an Anglo-Saxon Benedictional in Exeter Cathedral Library', *Transactions of the St Paul's Ecclesiological Society* 5: 221–9.
Robinson, F.C. (1967), 'Old English Research in Progress: 1966–67', *NM* 68: 193–208.
– (1972), 'The Devil's Account of the Next World: An Anecdote from Old English Homiletic Literature', *NM* 73: 362–71.
– (1973), 'Syntactical Glosses in Latin Manuscripts of Anglo-Saxon Provenance', *Speculum* 48: 443–75.

- (1980), 'Old English Literature in its Most Immediate Context', in Niles (1980), 11–29.
- (1989), '"The Rewards of Piety": Two Old English Poems in Their Manuscript Context', in *Hermeneutics and Medieval Culture*, ed. P.J. Gallacher and H. Damico (Albany, NY, 1989), 193–200.
- and E.G. Stanley, eds. (1991), *Old English Verse Texts from Many Sources: A Comprehensive Collection*, EEMF 23 (Copenhagen).
- (1994), *The Editing of Old English* (Oxford).

Robinson, J.A. and M.R. James (1909), *The Manuscripts of Westminster Abbey* (Cambridge).
- (1918), *The Saxon Bishops of Wells: A Historical Study in the Tenth Century* (London).
- (1923), *The Times of St Dunstan* (Oxford).
- (1927), 'Medieval Calendars of Somerset', in *Muchelney Memoranda from a Breviary of the Abbey in the Possession of J. Meade Faulkner*, ed. B. Schofield, Somerset Record Society 42 (1927), 143–87.

Robinson, P.R. (1978), 'Self-Contained Units in Composite Manuscripts of the Anglo-Saxon Period', *ASE* 7: 231–8 [repr. in Richards (1994), 25–35].
- (1988), *Catalogue of Dated and Datable Manuscripts c. 737–1600 in Cambridge Libraries*, 2 vols. (Cambridge).
- (1989), 'Hereford Gospels', *LMA* IV, 2151–2.
- and R. Zim, eds. (1997a), *Of the Making of Books. Medieval Manuscripts, their Scribes and Readers. Essays presented to M.B. Parkes* (Aldershot).
- (1997b), 'A Twelfth-Century *Scriptrix* from Nunnaminster', in Robinson—Zim (1997a), 73–93.
- (2003), *Catalogue of Dated and Datable Manuscripts c. 888–1600 in London Libraries*, 2 vols. (London).

Rochais, H. (1950), 'Bibliographie. Les manuscrits du *Liber scintillarum*', *Scriptorium* 4: 294–309.
- (1953), 'Contribution à l'histoire des florilèges ascétiques du haut moyen âge latin: Le *Liber Scintillarum*', *RB* 63: 246–91.
- (1957), 'Defensoriana: Archéologie du "Liber scintillarum"', *Sacris Erudiri* 9: 199–264.

Roesdahl, E., J. Graham-Campbell, P. Connor and K. Pearson, eds. (1981), *The Vikings in England* (York).

Roger, P. and A. Bosc (2008), 'Étude sur les couleurs employées dans des manuscrits datés du VIIIe au XII siècle provenant de l'Abbaye de Fleury', in Dufour—Labory (2008), 415–36.

Rogers, D.M. (1991), *The Bodleian Library and its Treasures 1320–1700* (Henley-on-Thames).

Rogers, H. (1981), 'The Oldest West-Saxon Text?', *RES* n.s. 32: 257–66.
Rohr, G.W. (1912), *Die Sprache der altenglischen Prosabearbeitungen der Benediktinerregel* (Dr.phil. dissertation, Bonn).
Rollason, D.W. (1982), *The Mildrith Legend: A Study in Early Medieval Hagiography in England* (Leicester).
– (1986), 'Goscelin of Canterbury's Account of the Translation and Miracles of St Mildreth (BHL 5961/4): An Edition with Notes', *MS* 48: 139–210.
– (1989), 'St Cuthbert and Wessex: The Evidence of CCCC MS 183', in Bonner et al. (1989a), 413–24.
– et al., eds. (1994), *Anglo-Norman Durham: 1093–1193* (Woodbridge).
– ed. (1998), *Symeon of Durham, Historian of Durham and the North* (Stamford).
– ed. (2000), *Symeon of Durham, Libellus de exordio atque procursu istius hoc est Dunelmensis ecclesiae* (Oxford).
– A.J. Piper, M. Harvey and L. Rollason, eds. (2004a), *The Durham Liber Vitae and its Context* (Woodbridge).
– (2004b), 'The Late Medieval Non-Monastic Entries in the Durham *Liber Vitae*', in Rollason (2004a) 127–39.
– and L. Rollason, eds. (2007), *The Durham Liber Vitae. British Library MS. Cotton Domitian A. VII. Edition and Digital Facsimile with Introduction, Codicological, Prosopographical and Linguistic Commentary and Indexes*, 3 vols. (London) [with CD-ROM].
– C. Leyser and H. Williams, eds. (2010), *England and the Continent in the Tenth Century. Studies in Honour of Wilhelm Levison (1876–1947)* (Turnhout).
Römer, F. (1972a), *Die handschriftliche Überlieferung der Werke des heiligen Augustinus*, II/1: *Grossbritannien und Irland: Werkverzeichnis*, Österreichische Akademie der Wissenschaften, phil.-hist. Klasse, Sitzungsberichte 276 (Vienna).
– (1972b), *Die handschriftliche Überlieferung der Werke des heiligen Augustinus*, II/2: *Grossbritannien und Irland: Verzeichnis nach Bibliotheken*, Österreichische Akademie der Wissenschaften, phil.-hist. Klasse, Sitzungsberichte 281 (Vienna).
Ronalds, C. and M. Clunies Ross (2001), '*Thureth*: A Neglected Old English Poem and its History in Anglo-Saxon Scholarship', *N&Q* 48: 358–70.
Roper, M. (1983), 'A Fragment of Bede's *De temporum ratione* in the Public Record Office', *ASE* 12: 125–8.
Ropes, J.H. (1923), 'The Greek Text of Codex Laudianus', *Harvard Theological Review* 16: 175–86.
– (1926), *The Text of Acts* (London, 1926).

Roques, R., ed. (1977), *Jean Scot Érigène et l'histoire de la philosophie*, Colloques Internationaux du Centre National de la Recherche Scientifique 561 (Paris).
Rose, V. (1893–1905), *Verzeichniss der lateinischen Handschriften 1–2.3. Handschriftenverzeichnisse der Königlichen Bibliothek zu Berlin* 12–13.3 (Berlin).
- ed. (1899), *Vitruvii De architectura libri decem* (Leipzig).
Rose-Troup, F. (1931), 'The Ancient Monastery of St Mary and St Peter at Exeter', *Transactions of the Devonshire Association* 63: 179–220.
Rosenthal, J. (1974), 'The Historiated Canon Tables of the Arenberg Gospels' (unpubl. PhD dissertation, Columbia University, NY).
- (1981), 'Three Drawings in an Anglo-Saxon Pontifical: Anthropomorphic Trinity or Threefold Christ?', *The Art Bulletin* 63: 547–62.
- (1985), 'The Unique Architectural Settings of the Arenberg Evangelists', in *Studien zur mittelalterlichen Kunst, 800–1250. Festschrift für Florentine Mütherich zum 70. Geburtstag*, ed. K. Bierbrauer, P.K. Klein and W. Sauerländer (Munich, 1985), 145–56.
- (1992), 'The Pontifical of St Dunstan', in Ramsay et al. (1992), 143–63.
- and P. McGurk (2006), 'Author, Symbol and Word: The Inspired Evangelists in Judith of Flanders's Anglo-Saxon Gospel Books', in L'Engle—Guest (2006), 185-202.
- (2007), 'An Unprecedented Image of Love and Devotion: The Crucifixion in Judith of Flanders's Gospel Book', in Smith—Krinsky (2007), 21–36.
- (2011), 'The Image in the Arenberg Gospels of Christ Beginning to be "What He Was Not"', in Hourihane (2011), 229–46.
Rosier, J.L. (1960a), 'The Sources of John Joscelyn's Old-English–Latin Dictionary', *Anglia* 78: 28–39.
- (1960b), 'Old English Glosses to an Epistle of Boniface', *JEGP* 59: 710–13.
- ed. (1962), *The Vitellius Psalter. Ed. from Brit. Museum MS Cotton Vitellius E. XVIII*, Cornell Studies in English 42 (Ithaca, NY).
- (1964a), 'Contributions to Old English Lexicography: Some Boethius Glosses', *ASNSL* 200: 197–8.
- ed. (1964b), 'The Stowe Canticles', *Anglia* 82: 397–432.
Ross, D.J.A. (1963), *Alexander Historiatus. A Guide to Medieval Illustrated Alexander Literature* (London).
Rosser, S. (2000), 'Old English Prose Saints' Lives in the Twelfth Century: The *Life of Martin* in Bodley 343', in Swan—Treharne (2000a), 132–42.
Rouse, R.H. (1966), 'Bostonus Buriensis and the Author of the *Catalogus Scriptorum Ecclesiae*', *Speculum* 41: 471–99.
- and M.A. Rouse (1976), 'The *Florilegium Angelicum*: Its Origin, Content and Influence', in Alexander—Gibson (1976), 66–114.

Rowland, B., ed. (1974), *Chaucer and Middle English Studies in Honour of Rossell Hope Robbins* (London).

Rowley, S.M. (2004), 'Nostalgia and the Rhetoric of Lack: The Missing Exemplar for Corpus Christi College, Cambridge, Manuscript 41', in Lionarons (2004a), 11–36.

– (2009), 'The Fourteenth-Century Glosses and Annotations in Oxford, Bodleian Library, MS Tanner 10', *Manuscripta* 53: 49–86.

– (2011), *The Old English Version of Bede's Historia Ecclesiastica* (Cambridge).

Rud, T. (1825), *Codicum Manuscriptorum Ecclesiae Cathedralis Dunelmensis Catalogus Classicus*, ed. with an appendix by J. Raine (Durham).

Rudolf, W. (2011), 'The Homiliary of Angers in Tenth-Century England', *ASE* 39: 163–92.

Ruffel, P. and J. Soubiran (1960), 'Recherches sur la tradition manuscrite de Vitruve', *Pallas* 9.2: 113–44.

Ruh, K. et al., eds. (1978–), *Die deutsche Literatur des Mittelalters: Verfasserlexikon*, 2nd ed. (Berlin).

Rule, M., ed. (1896), *The Missal of St. Augustine's Abbey Canterbury with Excerpts from the Antiphonary and Lectionary of the Same Monastery* (Cambridge).

Rumble, A.R. (1985), 'The Palaeography of the Domesday Manuscripts', in *Domesday Book: A Reassessment*, ed. P.H. Sawyer (London), 28–49.

– (1987), 'The Domesday Manuscripts: Scribes and Scriptoria', in Holt (1987), 79–99.

– (1994a), 'Using Anglo-Saxon Manuscripts', in Richards (1994), 3–24.

– ed. (1994b), *The Reign of Cnut: King of England, Denmark and Norway* (London).

– (1994c), 'Textual Appendix: Translatio Sancti Ælfegi Cantuariensis Archiepiscopi et Martiris (BHL 2519): Osbern's Account of the Translation of St Ælfheah's Relics from London to Canterbury, 8–11 June 1023' [with a translation by R. Morris and A.R. Rumble], in Rumble (1994b), 283–315.

– ed. (2002), *The Anglo-Saxon Minsters of Winchester*, III: *Property and Piety in Early Medieval Winchester. Documents relating to the Topography of the Anglo-Saxon and Norman City and its Minsters*, Winchester Studies 4.iii (Oxford).

– ed. (2006a), *Writing and Texts in Anglo-Saxon England* (Cambridge).

– (2006b), 'The Study of Anglo-Saxon Manuscripts, Collections and Scribes: in the Footsteps of Wanley and Ker', in Rumble (2006a), 1–17.

Rusch, W.G. (1970), 'A Possible Explanation of the Calendar in the Würzburg Lectionary', *JTS* n.s. 21: 105–11.

Rusche, P.G. (1994), 'Dry-Point Glosses to Aldhelm's *De laudibus virginitatis* in Beinecke 401', *ASE* 23: 195–213.

- (1996), 'The Cleopatra Glossaries: An Edition with Commentary on the Glosses and their Sources' (unpubl. PhD dissertation, Yale Univ.).
- (2002), 'St Augustine's Abbey and the Tradition of Penance in early Tenth-Century England', *Anglia* 120: 159–83.
- (2011), 'The Translation of Plant Names in the *Old English Herbarium* and the Durham Glossary', in Lendinara et al. (2011), 395–414.

Rushforth, R. (2001), 'The Prodigal Fragment: Cambridge, Gonville and Caius College 734/782a', *ASE* 30: 137–44.
- (2002), 'The Eleventh- and Early Twelfth-Century Manuscripts of Bury St Edmunds Abbey' (unpubl. PhD dissertation, Cambridge Univ.).
- (2004–7), 'The Barrow Knight, the Bristol Bibliographer and a lost Old English Prayer', *TCBS* 13: 112–31.
- and N. Orchard (2005), 'A Lost Eleventh-Century Missal from Bury St Edmunds Abbey', *BLR* 18: 565–76.
- (2007), *St Margaret's Gospel-Book. The Favourite Book of an Eleventh-Century Queen of Scots* (Oxford).
- ed. (2008a), *Saints in English Kalendars before A.D. 1100*, HBS 117 (London).
- (2008b), 'The Crowland Psalter and Gundrada de Warenne', *BLR* 21: 156–68.
- (2008–), 'The Script and Text of the Achadeus Psalter Gloss: Re-using Continental Materials in Eleventh-Century England', *TCBS* 14: 89–112.
- (2009), 'Two Fragmentary Anglo-Saxon Manuscripts at St John's College, Cambridge', *Scriptorium* 63: 73–8.
- (2011), 'Annotated Psalters and Psalm Study in Late Anglo-Saxon England: The Manuscript Evidence', in Lendinara et al. (2011), 39–66.
- (2012), 'English Caroline Minuscule', in R. Gameson (2012), 197–210.

Russel, J.C. (1947), 'The Tribal Hidage', *Traditio* 5: 193–209.
Ryan, M., ed. (1987), *Ireland and Insular Art, A.D. 500–1200* (Dublin).
Ryan, W.M. (1955), 'Four Unpublished Old English Homilies' (unpubl. PhD dissertation, University of Texas at Austin).
Rydén, T. (2001), *Det anglosaxiska Köpenhamnsevangeliariet: det Kongelige Bibliotek Gl. Kongl. Saml. 10 2°*, Skrifter utgivna av Vetenskapssocieteten i Lund 91 (Lund).
Rypins, S.I. (1921), 'A Contribution to the Study of the *Beowulf* Codex', *PMLA* 36: 167–85.
- ed. (1924), *Three Old English Texts in MS Cotton Vitellius A.xv*, EETS o.s. 161 (London).
- (1932), 'The *Beowulf* Codex', *Colophon* 10: 9–12 [orig. publ. *MP* 17: 541–7].

Ryskamp, C., ed. (1989), *Twenty-First Report to the Fellows of the Pierpont Morgan Library* (New York).
Sackur, E. (1898), *Sibyllinische Texte und Forschungen. Pseudo-Methodius, Adso und die Tiburtinische Sibylle* (Halle).

Saenger, P. (1997), *Space Between Words: The Origins of Silent Reading* (Stanford, CA).
Salmon, P. (1959), *Les 'Tituli Psalmorum' des manuscrits latins*, Collectanea Biblica Latina 12 (Rome).
- (1968–72), *Les Manuscrits liturgiques latins de la Bibliothèque Vaticane*, 5 vols., Studi e Testi 251, 253, 260, 267, 270 (Vatican City).
- (1976) 'Livrets de prières de l'époque carolingienne', *RB* 86: 218–34.
Samaran, C., R. Marichal, et al., eds. (1959–85), *Catalogue des manuscrits en écriture latine portant des indications de date, de lieu ou de copiste*, 7 vols. (Paris).
Sanford, E.M. (1924), 'The Use of Classical Latin Authors in the *Libri Manuales*', *Transactions and Proceedings of the American Philological Association* 55: 190–248.
Sansterre, J.-M. (2006), '*Omnes qui coram hac imagine genua flexerint*: La vénération d'images de saints et de la Vièrge d'après les textes écrits en Angleterre du milieu du XIe aux premières décennies du XIIIe siècle', *Cahiers de civilisation médiévale* 49: 257–94.
Santini, C., ed. (1979), *Eutropii Breviarium ab urbe condita* (Leipzig).
Santosuosso, I.C. (1989), 'Music in Bede's *De temporum ratione*: An 11th-Century Addition to MS London, British Library, Cotton Vespasian B. vi', *Scriptorium* 43: 255–9.
Sato, S. (1997a), *Back to the Manuscripts. Papers from the Symposium 'The Integrated Approach to Manuscript Studies: A New Horizon' held at the Eighth General Meeting of the Japan Society for Medieval English Studies, Tokyo, December 1992* (Tokyo).
- (1997b) 'Back to the Manuscripts: Some Problems in the Physical Description of the Parker Chronicle', in Sato (1997a), 69–104.
Sauer, H., ed. (1978), *Theodulfi Capitula in England*, TUEPh 8 (Munich).
- ed. (1980a), 'Zwei spätaltenglische Beichtermahnungen aus HS Cotton Tiberius A.iii', *Anglia* 98: 1–33.
- (1980b), Review of '*Exodus*', ed. P.J. Lucas, *BGDSL* 102: 139–43.
- (1983), 'Die 72 Völker und Sprachen der Welt: Ein mittelalterlicher Topos in der englischen Literatur', *Anglia* 101: 29–48.
- (1984), 'Die Ermahnung des Pseudo-Fulgentius zur Benediktregel und ihre altenglische Glossierung', *Anglia* 102: 419–25.
- (1989), 'Die 72 Völker und Sprachen der Welt: Einige Ergänzungen', *Anglia* 107: 61–4.
- ed. (1993), 'Altenglische Beichtermahnungen aus den Handschriften CCCC 320 und Laud. Misc. 482. Edition und Kommentar', in Grinda—Wetzel (1993), 21–51.
- (1996), 'Theodulf', in *LMA* VIII, 647–8.
- (2000), 'The Transmission and Structure of Archbishop Wulfstan's "Commonplace Book"', in Szarmach (2000), 339–93 [orig. publ. in German, *DAEM* 36, 341–84].

- et al. (2005), *Angelsächsisches Erbe in München – Anglo-Saxon Heritage in Munich. Anglo-Saxon Manuscripts, Scribes and Authors from the Collections of the Bavarian State Library in Munich* (Frankfurt a. M.).
- (2007), 'Old English Words for People in the Épinal-Erfurt Glossary', in *Beowulf and Beyond*, ed. H. Sauer and R. Bauer (Frankfurt, 2007), 119–81.
- (2008), 'Language and Culture: How Anglo-Saxon Glossators adapted Latin Words and their World', *JMLat* 18: 437–68.
- J. Story and G. Waxenberger, eds. (2011), *Anglo-Saxon England and the Continent*, MRTS 394 (Tempe, AZ).

Savage, H.E. (1915), 'The Story of St. Chad's Gospels', *Transactions of the Birmingham Archaeological Society*, 41: 5–21.

Sawyer, P.H., ed. (1957), *Textus Roffensis: Rochester Cathedral Library Manuscript A. 3. 5*, Pt. I, EEMF 7 (Copenhagen).
- ed. (1962), *Textus Roffensis: Rochester Cathedral Library Manuscript A. 3. 5*, Pt. II, EEMF 11 (Copenhagen).
- (1968), *Anglo-Saxon Charters: An Annotated List and Bibliography* (London).

Saxl, F. and H. Meier (1953), *Catalogue of Astrological and Mythological Manuscripts of the Latin Middle Ages*, III. *Manuscripts in English Libraries*, ed. H. Bober (London).

Scaffai, M., ed. (1982), *Baebii Italici Ilias Latina* (Bologna).

Scase, W., ed. (2007), *Essays in Manuscript Geography: Vernacular Manuscripts of the English West Midlands from the Conquest to the Sixteenth Century*, Medieval Texts and Cultures of Northern Europe 10 (Turnhout).

Schabram, H. (1965), *Superbia. Studien zum altenglischen Wortschatz, Teil I: Die dialektale und zeitliche Verbreitung des Wortguts* (Munich).
- (1968), Review of *The Harley Latin-Old English Glossary*, ed. from the British Museum MS Harley 3376 by R. T. Oliphant, *Anglia* 86: 495–500.
- (1981), Review of *The Stowe Psalter*, ed. A.C. Kimmens, *Anglia* 99: 492–6.
- (1988), 'The Latin and Old English Glosses to "electrum" in the Harley Glossary', in Oshitari (1988), 29–34.

Schaefer, K.G. (1972), *An Edition of Five Old English Homilies for Palm Sunday, Holy Saturday and Easter Sunday* (New York).

Schaller, D. (1977), 'Bemerkungen zur Inschriften-Sylloge von Urbana', *MLJ* 12: 9–21.
- (1995), *Studien zur lateinischen Dichtung des Frühmittelalters* (Stuttgart).

Schanz, M., C. Hosius and G. Krüger (1914–20), *Geschichte der römischen Literatur bis zum Gesetzgebungswerk des Kaisers Justinian*, IV: *Die römische Literatur von Constantin bis zum Gesetzgebungswerk Justinians*, 2 vols. (Munich).

Schapiro, M. (1958), 'The Decoration of the Leningrad Manuscript of Bede', *Scriptorium* 12: 191–207.

Scharer, A. (1982), *Die angelsächsische Königsurkunde im 7. und 8. Jahrhundert* (Vienna).
- (1999), 'The Gregorian Tradition in Early England', in R. Gameson (1999b), 187–202.
- (2011), 'Objects of Royal Representation in England and on the Continent', in Roberts—Webster (2011), 31–45.

Schaumann, B. and A. Cameron (1977), 'A Newly-Found Leaf of Old English from Louvain', *Anglia* 95: 289–312.

Schenkl, C., ed. (1897), *Sancti Ambrosii Opera: Pars Altera*, CSEL 32.ii (Vienna).

Scherrer, G. (1864), *Verzeichniss der Manuscripte und Incunabeln der Vadianischen Bibliothek in St Gallen* (St Gallen).
- (1875), *Verzeichniss der Handschriften der Stiftsbibliothek von St Gallen* (Halle).

Schichler, R.L. (2008), 'Ending on a Giant Theme: The Utrecht and Harley Psalters, and the Pointed-Helmet Coinage of Cnut', in Blanton—Scheck (2008), 241–54.

Schieffer, R. (1971), 'Zur lateinischen Überlieferung von Kaiser Justinians ΟΜΟΛΟΓΙΑ ΤΗΣ ΟΡΘΗΣ ΠΙΣΤΕΩΣ (*Edictus de recta fide*)', *Kleronomia* 3: 285–301.
- (1972), 'Nochmals zur Überlieferung von Justinians ΟΜΟΛΟΓΙΑ ΤΗΣ ΟΡΘΗΣ ΠΙΣΤΕΩΣ', *Kleronomia* 4: 267–84.

Schilling, R. (1948), 'Two Unknown Flemish Miniatures of the Eleventh Century', *Burlington Magazine* 90: 312–17.

Schiltz, G. (2004), 'Der Canterburyspruch oder "Wie finden dänische Runen und englische Komputistik zusammen?". Ein Beitrag zur historischen Textlinguistik', in Honegger (2004), 115–38.

Schindel, U. (1975), *Die lateinischen Figurenlehren des 5.–7. Jahrhunderts und Donats Vergilkommentar (mit zwei Editionen)*, Abhandlungen der Akademie der Wissenschaften in Göttingen, phil.-hist. Klasse, Dritte Folge, Nr. 91 (Göttingen).

Schipper, J.M., ed. (1897–9), *König Alfreds Übersetzung von Bedas Kirchengeschichte*, Bibliothek der angelsächsischen Prosa 4 (Leipzig).

Schipper, W. (1981), 'Ælfric's *De Auguriis*: A Critical Edition with Introduction and Commentary' (unpubl. PhD dissertation, Queens University, Ontario).
- (1981–5), 'A Composite Old English Homiliary from Ely: Cambridge, University Library MS Ii. 1. 33', *TCBS* 8: 285–98.
- (1987), 'A Worksheet of the Worcester "Tremulous" Glossator', *Anglia* 105: 28–49.
- (1994), 'Dry-Point Compilation Notes in the Benedictional of St Æthelwold', *BLJ* 20: 17–34.
- (2003), 'Style and Layout of Anglo-Saxon Manuscripts', in Karkov—Brown (2003), 151–68.

- (2004), 'Digitizing (Nearly) Unreadable Fragments of Cyprian's "Epistolary"', in *The Book Unbound: Editing and Reading Medieval Manuscripts and Texts*, ed. S. Echard and S. Partridge (Toronto, 2004), 159–68.
- (2007a), 'The Origin of the Trinity College Rabanus (B. 16. 3)', in Panayotova (2007), 45–53.
- (2007b), 'Textual Varieties in Manuscript Margins', in Keefer—Bremmer (2007a), 25–54.
- (2009), 'Hrabanus Maurus in Anglo-Saxon England: *In honorem sanctae crucis*', in Baxter et al. (2009), 283–98.

Schlutter, O.B. (1908), 'Gildas, *Libellus Querulus de Excidio Britannorum* as a Source of Glosses in the Cottoniensis (Cleopatra A. III = WW. 338–473) and in the Corpus Glossary', *American Journal of Philology* 29: 432–48.
- (1909), 'Randglossen aus dem Brüsseler Cod. no. 8558-63', *Anglia* 32: 508–14.
- ed. (1912), *Das Epinaler und Erfurter Glossar. Teil I: Faksimile und Transliteration des Epinaler Glossars: Text*, Bibliothek der angelsächsischen Prosa 8 (Hamburg).

Schmetterer, V. (1981), *Drei altenglische religiöse Texte aus der Handschrift Cotton Vespasianus D. xiv*, Dissertationen der Universität Wien 150 (Vienna).

Schmid, H., ed. (1981), *Musica et scolica enchiriadis una cum aliquibus tractatulis adjunctis* (Munich).

Schmid, T. (1944), 'Smärre Liturgiska Bidrag, VIII: Om Sankt Swithunusmässen i Sverige', *Nordisk Tidskrift för Bok- och Biblioteksväsen* 31: 25–34.
- (1963), 'Problemata', *Fornvännen* 58: 174–90.

Schmid, U.B. (2005), *'Unum ex quatuor'. Eine Geschichte der lateinischen Tatianüberlieferung*, Aus der Geschichte der lateinischen Bibel 37 (Beuron).

Schmitt, L.E., ed. (1970), *Kurzer Grundriss der germanischen Philologie bis 1500*, I (Berlin).

Schmitz, G., ed. (1996), *Die Kapitulariensammlung des Ansegis (Collectio capitularium Ansegisi)*, MGH, Capitularia regum Francorum 1 (Hannover).

Schmitz, H.J. (1883), *Die Bussbücher und die Bussdisziplin der Kirche* (Mainz).
- (1898), *Die Bussbücher und das kanonische Bussverfahren* (Düsseldorf).

Schneider, H. (1938), *Die altlateinischen biblischen Cantica* (Beuron).

Schneider, J. (2003), 'Latein und Althochdeutsch in der Cambridger Liedersammlung: *De Heinrico, Clericus et nonna*', in Bergmann (2003), 297–314.

Schøyen Collection: see 'The Schøyen Collection'

Schramm, P.E. (1934), 'Die Krönung bei den Westfranken und Angelsachsen von 878 bis um 1000', *Zeitschrift der Savigny-Stiftung für Rechtsgeschichte* 54 [*Kanonistische Abteilung* 23]: 117–242 [repr. and rev. in Schramm, *Kaiser, Könige und Päpste. Gesammelte Aufsätze zur Geschichte des Mittelalters*, 5 vols. (Stuttgart, 1968–71), II/ii.140–248].

– and F. Mütherich (1981), *Denkmale der deutschen Könige und Kaiser*, I. *Ein Beitrag zur Herrschergeschichte von Karl dem Grossen bis Friedrich II, 768–1250*, 2nd ed. (Munich).

Schreiber, C. (2003), *King Alfred's Old English Translation of Pope Gregory The Great's* Regula Pastoralis *and its Cultural Context: A Study and Partial Edition According to All Surviving Manuscripts, Based on Cambridge, Corpus Christi College 12*, TUEPh 25 (Frankfurt am Main).

Schröcker, A. (2005), 'MS Cotton Tiberius C. i and the Question of (Public) Penance in late Anglo-Saxon England', in Knappe (2005), 337–50.

Schroeder, J. (1977), *Bibliothek und Schule der Abtei Echternach um die Jahrtausendwende*, Publications de la section historique de l'Institut Grand-Ducal de Luxembourg 91 (Luxembourg, 1977), 201–378.

– (1979), 'Zu den Beziehungen zwischen Echternach und England/Irland im Frühmittelalter', *Hémecht* 31: 363–89.

Schröer, A., ed. (1885–8/1964), *Die angelsächsischen Prosabearbeitungen der Benediktinerregel*, Bibliothek der angelsächsischen Prosa 2 (Kassel) [2nd ed., with appendix by H. Gneuss (Darmstadt, 1964)].

– ed. (1888/1978), *Die Winteney-Version der Regula S. Benedicti* (Halle) [repr. with appendix by M. Gretsch (Tübingen, 1978)].

Schuler, S. (1999), *Vitruv im Mittelalter: Die Rezeption von 'De architectura' von der Antike bis in die frühe Neuzeit*, Pictura et Poesis 12 (Cologne).

Schüling, H. (1961–3), 'Die Handbibliothek des Bonifatius', *Archiv für Geschichte des Buchwesens* 4: 285–348.

Schullian, D.M. (1935), 'The Excerpts of Heiric *Ex libris Valerii Maximi Memorabilium Dictorum vel Factorum*', *Memoirs of the American Academy in Rome* 12: 155–84.

– (1981), 'A Revised List of Manuscripts of Valerius Maximus', in *Miscellanea Augusto Campana*, Medioevo e umanesimo 44–5 (Padua), 695–728.

Schulz-Flügel, E., ed. (1990), *Historia monachorum sive De vita sanctorum patrum: Tyrannius Rufinus*, Patristische Texte und Studien 34 (Berlin).

Schwab, U., ed. (1967), *Waldere. Testo e commento* (Messina).

– (1988), *Einige Beziehungen zwischen altsächsischer und angelsächsischer Dichtung* (Spoleto).

Scott, M. (2009), *Medieval Dress and Fashion* (London).

Scragg, D.G. (1969–70), 'The Language of the Vercelli Homilies' (unpubl. PhD dissertation, Manchester Univ.).

– (1971), 'Accent Marks in the Old English Vercelli Book', *NM* 72: 699–710.

– (1979), 'The Corpus of Vernacular Homilies and Prose Saints' Lives before Ælfric', *ASE* 8: 223–77.

- (1985), 'The Homilies of the Blickling Manuscript', in Lapidge—Gneuss (1985a), 299–316.
- ed. (1992), *The Vercelli Homilies and Related Texts*, EETS o.s. 300 (Oxford).
- (1994a), 'The Compilation of the Vercelli Book', in Richards (1994), 317–43 [rev. from *ASE* 2 (1973), 189–207].
- and P.E. Szarmach, eds. (1994b), *The Editing of Old English. Papers from the 1990 Manchester Conference* (Cambridge).
- (1996), 'The Corpus of Anonymous Lives and their Manuscript Context', in Szarmach (1996), 209–34.
- (1998), 'Cambridge, Corpus Christi College 162', in Pulsiano—Treharne (1998a), 71–84.
- (2000), 'An Unpublished Vernacular Exhortation from Post-Conquest England and its Manuscript Context', in Roberts—Nelson (2000), 511–24.
- ed. (2003), *Textual and Material Culture in Anglo-Saxon England. Thomas Northcote Toller and the Toller Memorial Lectures* (Cambridge).
- (2005), 'A Late Old English Harrowing of Hell Homily from Worcester and Blickling Homily VII', in O'Brien O'Keeffe—Orchard (2005) II, 197–211.
- (2006), 'Ælfric's Scribes', *LSE* 37: 179–89.
- (2008a), 'Cotton Tiberius A. iii Scribe 3 and Canterbury Libraries', in Hall—Scragg (2008), 22–30.
- (2008b), 'The Vercelli Homilies and Kent', in Blanton—Scheck (2008), 369–80.
- ed. (2008c), *Edgar, King of the English 959–975: New Interpretations*, Publications of the Manchester Centre for Anglo-Saxon Studies 8 (Woodbridge).
- (2008d), 'London, British Library, Royal 2. B. V, Christ Church, Canterbury, and the English Language in the Eleventh Century', in Lendinara (2008), 381–93.
- (2009a), 'Studies in the Language of Copyists of the Vercelli Homilies', in Zacher—Orchard (2009), 41–61.
- (2009b), 'Manuscript Sources of Old English Prose', in Owen-Crocker (2009), 61–87.
- (2012a), *A Conspectus of Scribal Hands writing English, 960–1100* (Cambridge).
- (2012b), 'Old English Homiliaries and Poetic Manuscripts', in R. Gameson (2012), 553–61.

Scrase, D. (2005), *Treasures of the Fitzwilliam Museum* (London).

Scrivener, F.H.A. (1887), *Codex S. Ceaddae Latinus. Evangelia SS. Matthaei, Marci Lucae ad cap. III. 9 complectens, circa septimum vel octavum saeculum scriptus, in ecclesia cathedrali Lichfieldiensi servatus* (Cambridge).

Searle, W.G. (1902), 'Lists of the Deans, Priors and Monks of Christ Church, Canterbury', *Cambridge Antiquarian Society Publications, Octavo Series* 34: 153–95.

Sedgefield, W.J. (1899), *King Alfred's Old English Versions of Boethius 'De Consolatione Philosophiae'* (Oxford).
Seebass, T. (1974), *Musikdarstellungen und Psalterillustration im frühen Mittelalter*, 2 vols. (Tübingen).
Selig K.L. and R. Somerville, eds. (1987), *Florilegium Columbianum: Essays in Honor of Paul Oskar Kristeller* (New York).
Semmler, J., ed. (1963), 'Synodi I. Aquisgranensis acta praeliminaria (816)' and 'Regula Sancti Benedicti abbatis Anianensis sive Collectio capitularis', CCM I, 433-6, 501–35.
Semple, S. (2003), 'Illustrations of Damnation in Anglo-Saxon Manuscripts', *ASE* 32: 231–45.
Setz, W., ed. (1988–90), *Fälschungen im Mittelalter, Internationaler Kongress der Monumenta Germaniae Historica, München 16.–19. September 1986*, 5 vols. (Hannover).
Shailor, B.A. et al. (1984–2004), *Catalogue of Medieval and Renaissance Manuscripts in the Beinecke Rare Book and Manuscript Library, Yale University*, 4 vols. (Binghamton, NY).
Shannon, A. (1964), *A Descriptive Syntax of the Parker Manuscript of the Anglo-Saxon Chronicle from 734 to 891* (The Hague).
Sharpe, K. (1997), 'Introduction: Rewriting Sir Robert Cotton', in C.J. Wright (1997), 1–39.
Sharpe, R. (1984), 'Gildas as a Father of the Church', in Lapidge–Dumvillle (1984), 193–205.
– (1990), 'Goscelin's St Augustine and St Mildreth: Hagiography and Liturgy in Context', *JTS* n.s. 41: 502–16.
– (1991), 'Words and Music by Goscelin of Canterbury', *Early Music* 19: 94–7.
– et al., eds. (1996), *English Benedictine Libraries. The Shorter Catalogues*, Corpus of British Medieval Library Catalogues 4 (London).
– (1998), 'Symeon, Hildebert, and the Errors of Origen', in Rollason (1998), 282–300.
– (2001), *A Handlist of the Latin Writers of Great Britain and Ireland before 1540*, 2nd ed. (Turnhout).
– and T. Webber (2009), 'Four Early Booklets of Anselm's Works from Salisbury Cathedral: MS Cambridge, Trinity College, B. 1. 37', *Scriptorium* 63: 58–71.
Shaw, P. (2006), 'The Manuscript Texts of *Against a Dwarf*', in Rumble (2006a), 96–113.
Sheerin, D.J. (1975a), 'John Leland at Work: Bodl. MS Auct. F. 2.14 and British Library. MS Cotton Vitellius A. xix', *Manuscripta* 19: 83 [abstract of unpublished paper].

- (1975b), 'Some Observations on the Date of Lanfranc's *Decreta*', *Studia Monastica* 17: 13–28.
- (1977), 'John Leland and Milred of Worcester', *Manuscripta* 21: 172–80.

Shepard, D.M. (2007), *Introducing the Lambeth Bible: A Study of Texts and Imagery* (Turnhout).

Sheppard, J. M. (2005), 'The Census of Western Medieval Bookbinding Structures to 1500 in British Libraries, Stage 1: Cambridge. A Final Report – and a Glimpse at some "Treasures"', in Fellows-Jensen–Springborg (2005), 175–89.

Sherlock, D. (1989), 'Anglo-Saxon Monastic Sign Language at Christ Church, Canterbury', *Archaeologia Cantiana* 107: 1–27.

Shippey, T.A., ed. (1976), *Poems of Wisdom and Learning in Old English* (Cambridge).

Short, D.D. (1980), *Beowulf Scholarship: An Annotated Bibliography* (New York).

Shrader, C.R. (1979), 'A Handlist of Extant Manuscripts Containing the *De re militari* of Flavius Vegetius Renatus', *Scriptorium* 33: 280–305.

Siegmund, A. (1949), *Die Überlieferung der griechischen christlichen Literatur in der lateinischen Kirche bis zum 12. Jahrhundert* (Munich-Pasing).

Sievers, E., ed. (1878/1935), *Heliand* (Halle) [2nd ed., 'vermehrt um das Prager Fragment des Heliand und die vaticanischen Fragmente von Heliand und Genesis' (Halle, 1935)].
- (1891), 'Zu den angelsächsischen Glossen', *Anglia* 13: 309–32.
- et al., eds. (1925), *Neusprachliche Studien. Festgabe Karl Luick zu seinem sechzigsten Geburtstage* (Marburg).

Siffrin, P. (1930), 'Zwei Blätter eines Sakramentars in irischer Schrift des 8. Jh. aus Regensburg', *Jahrbuch für Liturgiewissenschaft* 10: 1–39.
- (1933), 'Das Walderdorffer Kalenderfragment saec. VIII und die Berliner Blätter eines Sakramentars aus Regensburg', *Ephemerides Liturgicae* 47: 201–24.

Silagi, G., ed. (1982), *Paläographie 1981. Colloquium des Comité international de paléographie, München, 15.–18. September 1981* (Munich).

Simek, R. (2002), 'The Earthrim-dwellers' Favourite Abode: Crosscurrents Between Literary and Iconographic Traditions on Monstrous Races in Medieval European Manuscripts', in Kiss et al. (2002), 49–60.

Simmons, F.T., ed. (1879), *The Lay Folks Mass Book or the Manner of Hearing Mass with Rubrics and Devotions for the People*, EETS o.s. 71 (London).

Simon-Vandenbergen, A.M., ed. (1987), *Studies in Honour of René Derolez* (Ghent).

Simpson, H. (1994), 'Ireland, Tours and Brittany: The Case of Cambridge, Corpus Christi College, MS. 279', in Laurent–Davis (1994), 108–23.

Sims-Williams, P. (1976), 'Cuthswith, Seventh-Century Abbess of Inkberrow, near Worcester, and the Würzburg Manuscript of Jerome on Ecclesiastes', *ASE* 5: 1–21.
- (1979), 'An Unpublished Seventh- or Eighth-Century Anglo-Latin Letter in Boulogne-sur-Mer MS 74 (82)', *MÆ* 48: 1–22.
- (1982), 'Milred of Worcester's Collection of Latin Epigrams and its Continental Counterparts', *ASE* 10: 21–38.
- (1983), 'William of Malmesbury and *La silloge epigrafica di Cambridge*', *Archivum Historiae Pontificiae* 21: 9–33.
- (1990), *Religion and Literature in Western England, 600–800*, CSASE 3 (Cambridge).
- (1995), *Britain and Early Christian Europe* (Aldershot).
- (2005), 'A New Brittonic Gloss on Boethius: *ud rocashaas*', *CMCS* 50: 77–86.

Singer, C. (1917), 'A Review of the Medical Literature of the Dark Ages, with a New Text of About 1100', *Proceedings of the Royal Society of Medicine* 10: 107–60.
- (1927), 'The Herbal in Antiquity', *Journal of Hellenic Studies* 47: 1–52.

Sisam, C. (1951), 'The Scribal Tradition of the Lambeth Homilies', *RES* n.s. 2: 105–13.
- (1953), 'An Early Fragment of the Old English *Martyrology*', *RES* n.s. 4: 209–20.
- and K. Sisam, eds. (1959), *The Salisbury Psalter*, EETS o.s. 242 (London).
- ed. (1976), *The Vercelli Book: A Late Tenth-Century Manuscript containing Prose and Verse, Vercelli Biblioteca Capitolare CXVII*, EEMF 19 (Copenhagen).

Sisam, K. (1944), Review of *The Poetical Dialogues of Solomon and Saturn*, ed. R.J. Menner, *MÆ* 13: 28–36.
- (1953a), *Studies in the History of Old English Literature* (Oxford).
- (1953b), 'Anglo-Saxon Royal Genealogies', *PBA* 39: 287–348.
- (1956), 'Canterbury, Lichfield, and the *Vespasian Psalter*', *RES* n.s. 7: 1–10, 113–31.
- (1957), 'Mr. Sisam writes' in Kuhn (1957), 370–-.

Skeat, W.W. (1871), *The Gospel According to Saint Mark in Anglo-Saxon and Northumbrian Versions* (Cambridge).
- (1874), *The Gospel According to Saint Luke in Anglo-Saxon and Northumbrian Versions* (Cambridge).
- (1878), *The Gospel According to Saint John in Anglo-Saxon and Northumbrian Versions* (Cambridge).
- ed. (1881–1900), *Ælfric's Lives of Saints*, EETS o.s. 76, 82, 94, 114 (Oxford) [repr. in 2 vols., 1967].
- (1887), *The Gospel According to Saint Matthew in Anglo-Saxon, Northumbrian and Old Mercian Versions* (Cambridge).
- (1902), Report on 'An Anglo-Saxon Fragment found in the Binding of a Book in the Library of Queens' College, Cambridge', *Athenaeum* (20 Dec.): 831–2.

Skulicz, M.V. (1970), 'A Descriptive Syntax of Aelfric's First Series of Catholic Homilies, MS Royal 7 C XII' (unpubl. PhD dissertation, University of North Carolina at Chapel Hill, NC).

Smetana, C.L. (1978), 'Paul the Deacon's Patristic Anthology', in Szarmach—Huppé (1978), 75–97.

Smit, J.W. (1971), *Studies on the Language and Style of Columba the Younger (Columbanus)* (Amsterdam).

Smith, A.B., ed. (1985), *The Anonymous Parts of the Old English Hexateuch: A Latin-Old English / Old English-Latin Glossary* (Cambridge).

Smith, A.H., ed. (1935), *The Parker Chronicle, 832–900* (London).

– (1938), 'The Photography of MSS', *London Medieval Studies* 1: 179–207.

Smith, K.A. and C.H. Krinsky, eds. (2007), *Studies in Illuminated Manuscripts. Tributes to Lucy Freeman Sandler* (Turnhout).

Smith, L. (2001), *Masters of the Sacred Page: Manuscripts of Theology in the Latin West to 1274*, The Medieval Book 2 (Notre Dame, IN).

Smith, T.S. (1696), *Catalogus Librorum Manuscriptorum Bibliothecae Cottonianae: cui praemittuntur Roberti Cottoni Vita et Bibliothecae Cottonianae Historia et Synopsis* (Oxford), repr. as *Catalogue of the Manuscripts in the Cottonian Library (Catalogus Librorum Manuscriptorum Bibliothecae Cottonianae)*, repr. from Sir Robert Harley's copy, together with documents relating to the fire of 1731, by C.G.C. Tite (Cambridge, 1984).

Smyth, M.W. (1905), 'The Numbers in the Manuscript of the OE *Judith*', *MLN* 20: 197–9.

Söderlind, J. (1995), 'The Old English Homiliary British Library Cotton Vitellius D. xvii', *SN* 67: 3–10.

Solari, R. (1974), 'Studi sulle glosse di Lindisfarne al Vangelo di San Luca (rivisione dell' edizione dello Skeat)', *Rendiconti dell'Istituto lombardo, classe di lettere e scienze morali e storiche* 108: 551–74.

Sole, L.M. (1998), 'Some Anglo-Saxon Cuthbert Liturgica: The Manuscript Evidence', *RB* 108: 104–44.

Somner, W. (1659), *Dictionarium Saxonico-Latino-Anglicum* (London) [repr. as English Linguistics 1500–1800, no. 247 (Menston, 1970)].

Sotheby's Sale Catalogue (London, 1972) [for 21 Nov. 1972].

Sotheby's The History of Script. Sixty Important Manuscript Leaves from the Schøyen Collection (London, 2012) [for 10 July 2012].

Soubiran, J., ed. (1972), *Cicéron, Aratea, Fragments poétiques* (Paris).

South, T.J., ed. (2002), *Historia de Sancto Cuthberto: A History of Saint Cuthbert and a Record of His Patrimony*, AST 3 (Cambridge).

Southern, R.W. (1963), *Saint Anselm and His Biographer: A Study of Monastic Life and Thought, 1059–c.1130* (Cambridge).

– (1990), *Saint Anselm. A Portrait in a Landscape* (Cambridge).
Spannagel, A., and P. Engelbert, eds. (1974), *Smaragdi Abbatis Expositio in Regulam S. Benedicti*, CCM 8 (Siegburg).
Sparks, H.D.F. (1954), 'A Celtic Text of the Latin Apocalypse preserved in Two Durham Manuscripts of Bede's Commentary on the Apocalypse', *JTS* n.s. 5: 227–31.
Spencer, H.L. (1982), 'Vernacular and Latin Versions of a Sermon for Lent: "A Lost Penitential Homily Found"', *MS* 44: 271–305.
Spiegel, F. (2007), 'The *tabernacula* of Gregory the Great and the Conversion of the Anglo-Saxons', *ASE* 36: 1–13.
Spilling, H. (1978), 'Angelsächsische Schrift in Fulda', in *Von der Klosterbibliothek zur Landesbibliothek. Beiträge zum zweihundertjährigen Bestehen der Hessischen Landesbibliothek Fulda*, ed. A. Brall (Stuttgart, 1978), 47–98.
– (1982), 'Irische Handschriftenüberlieferung in Fulda, Mainz und Würzburg', in Löwe (1982), 867–902.
Spindler, R., ed. (1934), *Das altenglische Bussbuch (sog. Confessionale Pseudo-Egberti). Ein Beitrag zu den kirchlichen Gesetzen der Angelsachsen* (Leipzig).
Springer, C.P.E. (1995), *The Manuscripts of Sedulius: A Provisional Handlist* (Philadelphia, PA).
Sprockel, C. (1965), *The Language of the Parker Chronicle*, I. *Phonology and Accidence* (The Hague).
Squires, A. (1971), 'Collation of the Anglo-Saxon Gloss to the Durham Ritual', *N&Q* 216: 362–6.
– (1973), 'Some Curious Abbreviations in the Durham Ritual', *N&Q* 218: 403–9.
Staerk, A. (1910), *Les manuscrits latins du Ve au XIIIe siècle conservés à la Bibliothèque Impériale de Saint-Pétersbourg*, 2 vols. (St Petersburg).
Stammler, W., ed. (1957), *Deutsche Philologie im Aufriss*, 2nd ed. (Berlin).
Stanley, E.G. (1979), '*Geweorþa*: "Once Held in High Esteem"', in *J.R.R. Tolkien, Scholar and Storyteller. Essays in Memoriam*, ed. M. Salu and R.T. Farrell (Ithaca, NY), 99–119.
– ed. (1990), *British Academy Papers on Anglo-Saxon England* (Oxford).
– (1994), *In the Foreground: Beowulf* (Cambridge).
– (1998), 'The Sources of Junius's Learning as Revealed in the Junius Manuscripts in the Bodleian Library', in Bremmer (1998), 159–77.
– (2001), 'Linguistic Self-Awareness at Various Times in the History of English from Old English Onwards', in Kay—Sylvester (2001), 237–53.
Stansbury, M. (1999), 'Source-Marks in Bede's Biblical Commentaries', in Hawkes—Mills (1999), 383–9.
Staub, K.H. (1983), 'Ein Beda-Fragment des 8. Jahrhunderts in der hessischen Landes- und Hochschulbibliothek Darmstadt', *Bibliothek und Wissenschaft* 17: 1–7.

Steffens, F. (1909), *Lateinische Paläographie: 125 Tafeln in Lichtdruck mit gegenüberstehender Transkription*, 2nd enlarged ed., 3 vols. (Trier).
Steger, H. (1961), *David rex et propheta: König David als vorbildliche Verkörperung des Herrschers und Dichters im Mittelalter, nach Bilddarstellungen des achten bis zwölften Jahrhunderts*, Erlanger Beiträge zur Sprach- und Kunstwissenschaft 6 (Nürnberg).
Stein, W.A. (1980), 'The Lichfield Gospels' (unpubl. PhD dissertation, University of California at Berkeley, CA).
Steiner, R. (2007), 'Lenten Antiphons *in evangelio*', in *Studies in Medieval Chant and Liturgy in Honour of David Hiley*, ed. T. Bailey and L. Dobszay (Budapest and Ottawa, 2007), 385–412.
Steinmeyer, E. and E. Sievers, eds. (1879–1922), *Die althochdeutschen Glossen*, 5 vols. (Berlin).
– (1880), 'Angelsächsisches aus Rom', *ZfdA* 24: 191–3.
Stemmler, T. (1977), 'Über die Schwierigkeit, englische Lyrik des Mittelalters zu edieren', *Mannheimer Berichte aus Forschung und Lehre an der Universität Mannheim* 15: 409–13.
Stenton, F.M. (1955), *The Latin Charters of the Anglo-Saxon Period* (Oxford).
– (1959), 'The East Anglian Kings of the Seventh Century', in Clemoes (1959a), 43–52.
Stéphan, J. (1955), 'Tavistock et Jumièges: nouvel examen du "Pontificale Lanalatense"', in *Jumièges* (1955) I, 309–16.
Stern, L.C. (1901), Review of J.A. Bruun, *An Enquiry in the Art of the Illuminated Manuscripts of the Middle Ages, I. Celtic Illuminated Manuscripts* (Stockholm, 1897), in *Zeitschrift für celtische Philologie* 3: 444–6.
Stettiner, R. (1895), *Die illustrierten Prudentiushandschriften* (Berlin).
– (1905), *Die illustrierten Prudentiushandschriften: Tafelband* (Berlin).
Stévanovitch, C., ed. (1992), *La Genèse du manuscrit Junius XI de la Bodléienne*, 2 vols. (Paris).
Stevens, W., ed. (1979), *Rabani Mogontiacensis episcopi de computo*, CCCM 44 (Turnhout), 163–321.
– (1992), 'Sidereal Time in Anglo-Saxon England', in Kendall – Wells (1992), 125–52.
Stevenson, H. and G.B. De Rossi (1886), *Bibliothecae Apostolicae Vaticanae Codices Manuscripti Recensiti iubente Leone XIII Pont. Max.: Codices Palatini Latini* (Rome).
Stevenson, Jane (1996a), 'The Holy Sinner: The Life of Mary of Egypt', in Poppe – Ross (1996), 19–50.
– ed. (1996b), '*Vita Sanctae Mariae Egiptiace*', in Poppe – Ross (1996), 51–98.
Stevenson, Joseph, ed. (1841), *Liber Vitae Ecclesiae Dunelmensis*, Publ. of the Surtees Society 13 (Durham).

- (1851), *The Latin Hymns of the Anglo-Saxon Church, with Interlinear Anglo-Saxon Gloss; Derived Chiefly from Manuscripts of the Eleventh Century, Preserved in the Library of the Dean and Chapter of Durham*, Publ. of the Surtees Society 23 (Durham).
Stevenson, W.H. (1912), 'Yorkshire Surveys and other Eleventh-Century Documents in the York Gospels', *EHR* 27: 1–25.
- ed. (1929), *Early Scholastic Colloquies*, with introduction by W.M. Lindsay, Anecdota Oxoniensia 4 (Oxford).
Stevick, R.D. (1968), *Suprasegmentals, Meter, and the Manuscript of 'Beowulf'*, Janua Linguarum, Series Practica 71 (The Hague).
Stevinson, J. and J. Stevinson (2008), *Winchcombe Abbey's Thousand Year Old Book: The Winchcombe Sacramentary c. 970 A.D.* (Winchcombe).
Stewart, H.F. (1917), 'A Commentary by Remigius of Auxerre on the *De consolatione Philosophiae* of Boethius', *JTS* 17: 22–42.
Stiegemann, C. and M. Wemhoff, eds. (1999), *799. Kunst und Kultur der Karolingerzeit. Karl der Grosse und Papst Leo III. in Paderborn*, 3 vols. [exhibition catalogue] (Mainz).
- and M. Wemhoff, eds. (2006), *Canossa 1077. Erschütterung der Welt. Geschichte, Kunst und Kultur am Aufgang der Romanik*, 2 vols. (Munich).
Stilwell, R.S. (1947), 'A Glossary for the Vercelli Prose Homilies' (unpubl. PhD dissertation, University of Texas at Austin, TX).
Stirnemann, P. (1992), 'Paris, BN, MS lat. 8846 and the Eadwine Psalter', in M. Gibson (1992), 186–92.
Stockdale, R. (2005), 'Benedictine Books, Writers and Libraries, some Surviving Manuscripts from Sherborne and South-West England', in Barker et al. (2005), 164–76.
Stokes, P.A. (2007), 'The Regius Psalter, Folio 198v: A Reexamination', *N&Q* 254: 208–11.
Stokes, W. (1860), 'Cambrica', *Transactions of the Philological Society*: 204–49.
- (1872), *Old-Welsh Glosses on Martianus Capella* (Simla).
- (1873), 'The Old-Welsh Glosses on Martianus Capella, with Some Notes on the Juvencus Glosses', *Beiträge zur vergleichenden Sprachforschung* 7: 385–416.
- (1891), 'Glosses from Turin and Rome', *Beiträge zur Kunde der indogermanischen Sprachen* 17: 144–5.
- and J. Strachan, eds. (1901–3), *Thesaurus Palaeohibernicus*, 2 vols. (Cambridge).
Stoneman, W.P. (1983), 'A Critical Edition of Ælfric's Translation of Alcuin's *Interrogationes Sigwulfi presbiteri* and of the Related Texts' (unpubl. PhD dissertation, University of Toronto).
- (1987), 'Another Old English Note Signed "Coleman"', *MÆ* 56: 78–82.

- (1997), 'Writ in Ancient Character and of no Further Use: Anglo-Saxon Manuscripts in American Collections', in Szarmach—Rosenthal (1997), 99–138.
Stoppacci, P., ed. (2012–), *Cassiodoro, Expositio Psalmorum. Tradizione manoscritta, fortuna, edizione critica* (Florence).
Stork, N.P. (1990), *Through a Gloss Darkly: Aldhelm's Riddles in the British Library MS Royal 12 C. XXIII*, Studies and Texts 98 (Toronto).
- (1992), 'Revising Napier: New Light on some Old English Glosses', in Derolez (1992), 153–65.
Storms, G., ed. (1948), *Anglo-Saxon Magic* (The Hague).
Story, J.E. (1993), 'The Archaeology of Early Medieval Manuscripts: Durham Cathedral Library MS A. II. 16: An Eighth-Century Northumbrian Gospel Book', *Durham Archaeological Journal* 9: 19–26.
- (1998), 'Symeon as Annalist', in Rollason (1998), 202–13.
- (2003), *Carolingian Connections: Anglo-Saxon England and Carolingian Francia, c. 750–870* (Aldershot).
- (2005), 'The Frankish Annals of Lindisfarne and Kent', *ASE* 34: 59–108.
- (2009), 'After Bede: Continuing the *Ecclesiastical History*', in *Early Medieval Studies in Memory of Patrick Wormald*, ed. S. Baxter et al. (Farnham, 2009), 165–84.
Stotz, P. (1972), *Ardua spes mundi: Studien zu lateinischen Gedichten aus Sankt Gallen*, Geist und Werk der Zeiten 32 (Bern).
Stracke, J.R. (1974), 'Eight Lambeth Psalter-Glosses', *PQ* 53: 121–8.
Stratford, J. (1981), *Catalogue of the Jackson Collection of Fragments in the Royal Library, Windsor Castle* (London).
- (2000), 'Manuscript Fragments at Windsor Castle and the Entente Cordiale', in Brownrigg—Smith (2000), 114–37.
Strecker, K., ed. (1914–23), MGH, PLAC 4/ii–iii (Berlin).
- ed. (1926), *Die Cambridger Lieder*, MGH, Scriptores rerum Germanicarum in usum scholarum 40 (Berlin).
- et al., eds. (1937–9), MGH, PLAC 5 (Berlin).
Strongman, S. (1977–80), 'John Parker's Manuscripts: An Edition of the Lists in Lambeth Palace MS 737', *TCBS* 7: 1–27
Stroud, D.I. (1979), 'The Provenance of the Salisbury Psalter', *The Library*, 6th ser. 1: 225–35.
Stryker, W.G. (1951), 'The Latin-Old English Glossary in MS Cotton Cleopatra A III' (unpubl. PhD dissertation, Stanford Univ.).
Stuart, J., ed. (1869), *The Book of Deer* (Edinburgh).
Stubbs, W., ed. (1874), *Memorials of St Dunstan*, RS 63 (London).
Sture Ureland, P. and G. Broderick, eds. (1991), *Language Contact in the British Isles. Proceedings of the Eighth International Symposium on Language Contact in Europe, Douglas, Isle of Man, 1988* (Tübingen).

Stuttmann, F. (1937), *Der Reliquienschatz der Goldenen Tafel des St Michaelisklosters in Lüneburg* (Berlin).
Sudhoff, K. (1914), *Beiträge zur Geschichte der Chirurgie im Mittelalter*, I (Leipzig).
- (1917), 'Codex medicus Hertensis (Nr. 192)', *Archiv für Geschichte der Medizin* 10: 265–313.
Swan, M. (1998), 'Memorialised Readings: Manuscript Evidence for Old English Homily Composition', in Pulsiano–Treharne (1998a), 205–18.
- and E.M. Treharne, eds. (2000a), *Rewriting Old English in the Twelfth Century*, CSASE 30 (Cambridge)
- (2000b), 'Ælfric's Catholic Homilies in the Twelfth Century', in Swan–Treharne (2000a), 62–82.
- (2006), 'Cambridge, Corpus Christi College 198 and the Blickling Manuscript', *LSE* 37: 89–100.
- (2007a), 'Preaching Past the Conquest: Lambeth Palace 489 and Cotton Vespasian A. xxii', in Kleist (2007a), 403–23.
- (2007b), 'Mobile Libraries: Old English Manuscript Production in Worcester and the West Midlands, 1090–1215', in Scase (2007), 29–42.
Swanson, R.N., ed. (1999), *Continuity and Change in Christian Worship*, Studies in Church History 35 (Woodbridge).
- (2004), 'Books of Brotherhood: Registering Fraternity and Confraternity in Late Medieval England', in Rollason (2004a), 233–46.
Swanton, M. (1975), 'A Fragmentary Life of St Mildred and other Kentish Royal Saints', *Archaeologia Cantiana* 91: 15–27.
- ed. (1987), *The Dream of the Rood*, rev. ed. (Exeter).
Swarzenski, H. (1949), 'The Anhalt-Morgan Gospels', *Art Bulletin* 31: 77–83.
- (1954), *Monuments of Romanesque Art: The Art of Church Treasures in North-Western Europe* (Chicago).
Sweet, H., ed. (1871), *King Alfred's West-Saxon Version of Gregory's Pastoral Care*, 2 vols., EETS o.s. 45, 50 (London).
- ed. (1883), *The Épinal Glossary: Latin and Old-English of the Eighth Century*, EETS o.s. 79 B (London).
- ed. (1885), *The Oldest English Texts*, EETS o.s. 83 (London).
- (1887/1978), *A Second Anglo-Saxon Reader*, 2nd ed., rev. by T. F. Hoad (Oxford).
Swoboda, A., ed. (1900), *Odonis abbatis Cluniacensis Occupatio* (Leipzig).
Symons, T., ed. (1953), *Regularis Concordia Anglicae Nationis Monachorum Sanctimonialiumque; The Monastic Agreement of the Monks and Nuns of the English Nation* (London).
- and S. Spath, eds. (1984), 'Regularis Concordia Anglicae Nationis', CCM VII/3, 61–147.
Szarmach, P.E. (1977a), 'MS Junius 85 f. 2r and Napier 49', *ELN* 14: 241–6.

- (1977b), 'The Scribe of the Old English Vercelli Book', *Manuscripta* 21: 24.
- and B.F. Huppé, eds. (1978), *The Old English Homily and its Backgrounds* (Albany, NY).
- (1979), 'The Scribe of the Vercelli Book', *SN* 51: 179–88.
- ed. (1981a), *Vercelli Homilies ix–xxiii*, Toronto OE Series 5 (Toronto).
- (1981b), 'A Preliminary Handlist of Manuscripts Containing Alcuin's *Liber de Virtutibus et Vitiis*', *Manuscripta* 25: 131–40.
- (1981c), 'Vatican Library, MS. Reg. Lat. 497 fol. 71v', *OEN* 15: 34–5.
- (1986a), 'British Library, Cotton Vespasian D. vi, fol. 62v', *OEN* 20: 32–3.
- ed. (1986b), *Studies in Earlier Old English Prose: Sixteen Original Contributions* (Albany, NY).
- ed. (1986c), *Sources of Anglo-Saxon Culture* (Kalamazoo, MI).
- (1992), 'Cotton Tiberius A. iii, Arts. 26 and 27', in Korhammer (1992), 29–42.
- ed. (1996), *Holy Men and Holy Women: Old English Prose Saints' Lives and their Contexts* (Albany, NY).
- and J.T. Rosenthal, eds. (1997), *The Preservation and Transmission of Anglo-Saxon Culture – Selected Papers from the 1991 Meeting of the International Society of Anglo-Saxonists* (Kalamazoo, MI).
- (1999), 'A Return to Cotton Tiberius A. iii, art. 24, and Isidore's *Synonyma*', in Conrad-O'Briain et al. (1999), 166–81.
- ed. (2000), *Old English Prose: Basic Readings*, Basic Readings in Anglo-Saxon England 5 (New York).
- (2001), 'The *Timaeus* in Old English', in Kay—Sylvester (2001), 255–67.
- (2002), 'Pembroke College 25, arts. 93-95', in Hall—Hill (2002), 295–325.
- (2005), 'Alfred's *Soliloquies* in London, BL, Cotton Tiberius A. iii (art. 9g, fols. 50v–51v)', in O'Brien O'Keeffe—Orchard (2005) II, 153–79.
- (2006), 'Vercelli Homily XIV and the Homiliary of Paul the Deacon', *LSE* 37: 75–87.

Szerwiniack, O. (1994), 'Des recueils d'interprétations de noms Hébreux chez les Irlandais et le Wisigoth Théodulf', *Scriptorium* 48: 187–258.

Taeger, B. (1979), (1981a), (1982), (1984), 'Das Straubinger Heliand-Fragment. Philologische Untersuchungen', *BGDSL* 101: 181–228; 103: 402–24; 104: 10–43; 106: 364–89.
- (1981b), 'Heliand', in Ruh et al. (1978—) III, 958–79.

Takamiya, T. (1989), 'Fragments of *Augustinus super psalmos*, possibly copied by Eadmer', *Reports of the Institute of Linguistic and Cultural Studies, Keio University* 21: 175–89.
- (2010), 'A Handlist of Western Medieval Manuscripts in the Takamiya Collection', in *The Medieval Book. Glosses from Friends and Colleagues of Christopher De Hamel*, ed. J.H. Marrow, R. Linenthal and W. Noel ('t Goy-Houten), 421–40.

Talbot, C.H. (1965), 'Some Notes on Anglo-Saxon Medicine', *Medical History* 9: 156–68.
- (1967), *Medicine in Medieval England* (London).
Tangl, M., ed. (1916), *Die Briefe des heiligen Bonifatius und Lullus*, MGH, Epistolae selectae 1 (Berlin).
Tannery, P. and J.-A. Clerval (1901), 'Une correspondence d'écolatres du XIe siècle', *Notices et extraits des manuscrits de la Bibliothèque nationale et autres bibliothèques* 36.2: 487–543.
Tarrant, R.J. (1983), 'Plautus', in L.D. Reynolds (1983), 302–7.
Taxweiler, R. (1906), *Angelsächsische Urkundenbücher von kentischem Lokalcharakter* (Berlin).
Taylor, P.B. and P.H. Salus (1968), 'The Compilation of Cotton Vitellius A. xv', *NM* 69: 199–204.
Taylor, S., ed. (1983), *The Anglo-Saxon Chronicle: A Collaborative Edition*, 4: *MS B* (Cambridge).
Temple, E. (1976), *A Survey of Manuscripts Illuminated in the British Isles*, II: *Anglo-Saxon Manuscripts 900–1066* (London).
Temple, W.M. (1952), 'An Edition of the Old English Homilies contained in B. M. MS Cotton Vitellius C. v' (unpubl. PhD dissertation, University of Edinburgh).
Teresi, L. (2000), 'Mnemonic Transmission of Old English Texts in the post-Conquest Period', in Swan—Treharne (2000a), 98–116.
- (2002), '*Be Heofonwarum 7 be Helwarum*: A Complete Edition', in Treharne—Rosser (2002), 211–44.
- (2007a), 'Ælfric's or Not? The Making of a *Temporale* Collection in late Anglo-Saxon England', in Kleist (2007a), 284–310.
- (2007b), 'The Drawing on the Margin of Cambridge, Corpus Christi College 206, f. 38r: An Intertextual Exemplification to Clarify the Text?', in Lendinara et al. (2007), 131–40.
- (2007c), 'Anglo-Saxon and Early Anglo-Norman *Mappaemundi*', in Bremmer—Dekker (2007), 341–67 [and pls. 1–10].
- (2011), 'Making Sense of Apparent Chaos: Recontextualising the so-called "Note on the Names of the Winds"', in Lendinara et al. (2011), 415–42.
Teviotdale, E.C. (1991), 'The Cotton Troper (London, British Library, Cotton MS Caligula A. xiv, ff. 1–36): A Study of an Illustrated English Troper of the Eleventh Century' (unpubl. PhD dissertation, University of North Carolina at Chapel Hill, NC).
- (1992a), 'The Making of the Cotton Troper', in Hicks (1992), 301–16.
- (1992b), 'Some Thoughts on the Place of Origin of the Cotton Troper' in *Cantus Planus. Papers read at the Fourth Meeting of the Cantus Planus*

Study Group of the International Musicological Society, Pécs, Hungary, 3–8 September 1990, ed. L. Dobszay (Budapest, 1992), 407–12.
- (1995a), 'The "Hereford Troper" and Hereford', in *Medieval Art, Architecture and Archaeology at Hereford*, ed. D. Whitehead (Leeds, 1995), 75–81.
- (1995b), 'Tropers', in Pfaff (1995a), 39–44.
- (1996), 'Latin Verse Inscriptions in Anglo-Saxon Art', *Gesta* 35: 99–110.
- (1998), 'An Episode in the Medieval Afterlife of the Caligula Troper', in Pulsiano–Treharne (1998a), 219–26.
- (2010), 'Pembroke College 302: Abbreviated Gospel Book or Gospel Lectionary?', in Brown–Voigts (2010), 69–99.

Thacker, A. (1988), 'Æthelwold and Abingdon', in Yorke (1988), 43–64.
- (1992), 'Cults at Canterbury: Relics and Reform under Dunstan and his Successors', in Ramsay et al. (1992), 221–45.
- (1996), 'Saint-Making and Relic Collecting by Oswald and his Communities', in Brooks–Cubitt (1996), 244–68.
- (1999), 'In Gregory's Shadow? The Pre-Conquest Cult of St Augustine', in R. Gameson (1999b), 374–91.

'The Schøyen Collection': http://www.nb.no/baser/schoyen/4/4.4/ [and note that numerical references to individual manuscripts in the collection are to be understood as supplementary to the web address given here].

Thiel, M. (1969), *Grundlagen und Gestalt der Hebräischkenntnisse des frühen Mittelalters* (Spoleto).

Thomas, P., ed. (1908), *Apuleius III. De philosophia libri* (Leipzig).

Thompson, A.H., ed. (1923), *Liber Vitae Ecclesiae Dunelmensis*, Publications of the Surtees Society 136 (Durham) [facsimile].
- and U. Lindelöf, eds. (1927), *Rituale Ecclesiae Dunelmensis*, Surtees Society 140 (Durham).
- ed. (1935), *Bede: His Life, Times, and Writings. Essays in Commemoration of the Twelfth Centenary of his Death* (Oxford).

Thompson, E.M. (1880), 'Catalogue of Manuscripts in the Cathedral Library of Salisbury', in [anon.], *Catalogue of the Library of the Cathedral Church of Salisbury* (London), 3–44.
- and G.F. Warner (1881–4), *Catalogue of Ancient Manuscripts in the British Museum, Part II: Latin* (London).
- (1895), *English Illuminated Manuscripts* (London).
- (1912), *An Introduction to Greek and Latin Palaeography* (Oxford).

Thompson, J.W. (1957), *The Medieval Library*, 2nd ed. with supplement by B. Boyer (New York).

Thompson, N.M. (2004), 'Anglo-Saxon Orthodoxy', in Lionarons (2004a), 37–66.

- (2007), 'The Carolingian *De festivitatibus* and the Blickling Book', in Kleist (2007a), 97–119.
Thompson, P.Z. (1984), 'Biography of a Library: The Western European Manuscript Collection of Peter P. Dubrovskii in Leningrad', *The Journal of Library History* 19: 477–503.
Thompson, V. (2005), 'The Pastoral Contract in late Anglo-Saxon England: Priest and Parishioner in Oxford, Bodleian Library, MS Laud Miscellaneous 482', in Tinti (2005), 106–20.
Thomson, R. (2000), 'Newly Discovered Fragments of Music at Worcester Cathedral: A Preliminary Account', in Brownrigg—Smith (2000), 89–97.
Thomson, R.B. (1985), 'Two Astronomical Tractates of Abbo of Fleury', in *The Light of Nature. Essays in the History and Philosophy of Science presented to A.C. Crombie*, ed. J.D. North and J.J. Roche (Dordrecht), 114–33.
Thomson, R.L. (1981), 'Ælfric's Latin Vocabulary', *LSE* 12: 155–61.
Thomson, R.M. (1972), 'The Library of Bury St Edmunds Abbey in the Eleventh and Twelfth Centuries', *Speculum* 47: 617–45.
- (1975), 'The Reading of William of Malmesbury', *RB* 85: 362–94.
- (1978), 'The "scriptorium" of William of Malmesbury', in Parkes—Watson (1978), 117–45.
- (1982a), *Manuscripts from St. Albans Abbey, 1066–1235*, 2 vols. (Woodbridge).
- (1982b), 'Identifiable Books from the Pre-Conquest Library of Malmesbury Abbey', *ASE* 10: 1–19.
- (1984), 'The Music for the Office of St Edmund King and Martyr', *Music and Letters* 65: 189–93.
- (1986a), 'The Norman Conquest and English Libraries', in P. Ganz (1986) I, 27–40.
- (1986b), 'British Library Royal 15. C. XI: a Manuscript of Plautus' Plays from Salisbury Cathedral (c. 1100)', *Scriptorium* 40: 82–7.
- (1987), *William of Malmesbury* (Woodbridge) [rev. ed. 2003].
- (1989), *Catalogue of the Manuscripts of Lincoln Cathedral Chapter Library* (Woodbridge).
- (2001), *A Descriptive Catalogue of the Medieval Manuscripts in Worcester Cathedral Library* (Woodbridge).
- (2009), *A Descriptive Catalogue of the Medieval Manuscripts of Merton College, Oxford, with a Description of the Greek Manuscripts by N.G. Wilson* (Cambridge).
- (2011), *A Descriptive Catalogue of the Medieval Manuscripts of Corpus Christi College, Oxford* (Cambridge).
Thorn, F. and C. Thorn (2001), 'The Writing of Great Domesday Book', in Hallam—Bates (2001), 37–72.

Thornbury, E.V. (2011), 'Building with the Rubble of the Past: The Translator of the Old English *Gospel of Nicodemus* and his Flawed Source', in Roberts— Webster (2011), 297–318.
Thorndike, L. (1923–58), *A History of Magic and Experimental Science during the First Thirteen Centuries of our Era*, 8 vols. (New York).
– and P. Kibre (1963), *A Catalogue of Incipits of Mediaeval Scientific Writings in Latin*, rev. ed. (Cambridge, MA).
Thorpe, B. (1840), *Ancient Laws and Institutes of England* (London).
– (1842), *Ða Halgan Godspel on Englisc: The Anglo-Saxon Version of the Holy Gospels* (London).
– ed. (1844–6), *The Homilies of the Anglo-Saxon Church. The First Part, containing the Sermones Catholici, or Homilies of Ælfric*, 2 vols. (London).
– (1865), *Diplomatarium Anglicum Ævi Saxonici* (London).
Thulin, C. (1911), *Zur Überlieferungsgeschichte des Corpus agrimensorum. Exzerpten-Handschriften und Kompendien* (Göteborg).
Thurn, H., ed. (1968), *Comes Romanus Wirziburgensis. Faksimileausgabe des Codex M. p. th. f. 62 der Universitätsbibliothek Würzburg* (Graz).
– (1984), *Die Handschriften der Universitätsbibliothek Würzburg, III. 1: Die Pergamenthandschriften der ehemaligen Dombibliothek* (Wiesbaden).
– (1988), [descriptions of MSS in] *Die Bibliothek des Würzburger Domstifts: 742–1803* [exhibition catalogue] (Würzburg).
– (1989), 'Zum Text des Hieronymus-Kommentars zum Kohelet', *Biblische Zeitschrift* 33: 234–44.
– K. Morvay, H.-G. Schmidt and P.G. Schmidt, *Die datierten Handschriften der Universitätsbibliothek Würzburg*, Datierte Handschriften in Bibliotheken der Bundesrepublik Deutschland 5 (Stuttgart).
Tibbetts, S. (2003), '*Praescriptiones*, Student Scribes and the Carolingian Scriptorium', in *La collaboration dans la production de l'écrit médiéval, Actes du XIIIe colloque du Comité international de paléographie latine (Weingarten, 22–25 septembre 2000)*, ed. H. Spilling (Paris, 2003), 25–38.
Tierney, B. and P. Linehan, eds. (1980), *Authority and Power: Studies in Medieval Law and Government presented to Walter Ullmann* (Cambridge).
Tilghman, B.C. (2011), 'Writing in Tongues: Mixed Scripts and Style in Insular Art', in Hourihane (2011), 93–108.
Tilling, P.M., ed. (1981), *Studies in English Language and Early Literature in Honour of Paul Christopherson* (Ulster).
Timmer, B., ed. (1948), *The Later Genesis* (Oxford).
Tinti, F. (2002), 'From Episcopal Conception to Monastic Compilation: Hemming's Cartulary in Context', *EME* 11: 233–61.

- ed. (2005), *Pastoral Care in late Anglo-Saxon England*, Anglo-Saxon Studies 6 (Cambridge).
- (2009), '*Si litterali memorie commendaretur*: Memory and Cartularies in Eleventh-Century Worcester', in Baxter et al. (2009), 475–97.
- (2010), *Sustaining Belief. The Church of Worcester from c. 870 to c. 1100* (Farnham).
- (2012), 'Personal Names in the Composition and Transmission of Bede's Prose *Vita S. Cuthberti*', *ASE* 40: 15–42.

Tischendorf, C., ed. (1850), *Novum Testamentum latine interprete Hieronymo ex celeberrimo codice Amiatino omnium et antiquissimo et praestantissimo* (Leipzig).
- ed. (1870), *Monumenta Sacra Inedita: Codex Actuum Laudianus* (Leipzig).

Tite, C.G.C. (1980), 'The Early Catalogues of the Cottonian Library', *BLJ* 6: 144–57.
- ed. (1984), *Catalogue of the Manuscripts in the Cottonian Library, 1696. Reprinted from Sir Robert Harley's Copy. Together with Documents relating to the Fire of 1731* (Cambridge).
- (1994), *The Manuscript Library of Sir Robert Cotton* (London).
- (1997a), '"Lost or Stolen or Strayed": A Survey of Manuscripts Formerly in the Cotton Library', in C.J. Wright (1997), 262–306 [repr. from *BLJ* 18 (1992) 107–47].
- (1997b), 'Sir Robert Cotton, Sir Thomas Tempest and an Anglo-Saxon Gospel Book: A Cottonian Paper in the Harleian Library', in Carley–Tite (1997), 429–39.
- (2003), *The Early Records of Sir Robert Cotton's Library: Formation, Cataloguing, Use* (London).
- (2004), 'The Durham *Liber Vitae* and Sir Robert Cotton', in Rollason et al. (2004), 3–15.

Todd, H.J., ed. (1812), *A Catalogue of the Archiepiscopal Manuscripts in the Library at Lambeth Palace, with an Account of the Archiepiscopal Registers and other Records there Preserved* (London, 1812; repr. London, 1965, Oxford, 1972).

Tolhurst, J.B.L. (1933), 'An Examination of Two Anglo-Saxon Manuscripts of the Winchester School: The Missal of Robert of Jumièges and the Benedictional of St. Æthelwold', *Archaeologia* 83: 27–44.
- (1942), *Introduction to the English Monastic Breviaries: Monastic Breviary of Hyde Abbey, Winchester* VI, HBS 80 (London).
- (1955), 'Le Missel de Robert de Jumièges, sacramentaire d'Ely', in *Jumièges* (1955) I, 287–93.

Tolkien, J.R.R. [ed.] (1981), *The Old English Exodus*, ed. J. Turville-Petre (Oxford).

Toneatto, L. (1994), *Codices artis mensoriae: i manoscritti degli antichi opuscoli latini d'agrimensura (V-XIX sec.)*, 3 vols. (Spoleto).

Toon, T.E. (1991), 'Dry-Point Annotations in Early English Manuscripts', in Barney (1991), 74–93.

Torkar, R. (1971), 'Zu den Vorlagen der ae. Handschrift Cotton Julius E. vii.', *NM* 72: 711–15.

– (1976), 'Zu den altenglischen Medizinaltexten in Otho B. xi und Royal 12 D. XVII, mit einer Edition der Unica (Ker, No. 180 art. 11a-d)', *Anglia* 94: 319–38.

– ed. (1981), *Eine altenglische Übersetzung von Alcuin's 'De Virtutibus et Vitiis', Kap. 20 (Liebermanns Judex): Untersuchungen und Textausgabe mit Anhang: die Gesetze II und V Æthelstan nach Otho B.xi und Add. 43703*, TUEPh 7 (Munich).

– (1986), 'Cotton Vitellius A. xv (part I) and the *Legend of St Thomas*', *ES* 67: 290–303.

Toswell, M.J. (1991), 'Studies in the *Paris Psalter*, Metrical Version' (unpubl. PhD dissertation, Oxford Univ.).

– (1995-6), 'The Late Anglo-Saxon Psalter: Ancestor of the Book of Hours?', *Florilegium* 14: 1–24.

– (1996), 'The Format of Bibliothèque Nationale MS lat. 8824: The Paris Psalter', *N&Q* 241: 130–3.

– (2007), 'The Codicology of Anglo-Saxon Homiletic Manuscripts, especially the Blickling Homilies', in Kleist (2007a), 209–26.

– (2012), 'Psalters', in R. Gameson (2012), 468–81.

Toth, K. (1984), 'Altenglische Interlinearglossen zu Prospers *Epigrammata* und *Versus ad coniugem*', *Anglia* 102: 1–36.

Townend, M. (2001), 'Contextualizing the *Knútsdrápur*: Skaldic Praise-Poetry at the Court of Cnut', *ASE* 30: 145–79.

– ed. (2004), *Wulfstan, Archbishop of York*, The Proceedings of the Second Alcuin Conference (Turnhout).

Townsend, D. (1989), 'An Eleventh-Century Life of Birinus of Wessex', *AB* 107: 129–59.

Toy, J. (2005), 'The Fragments Reveal New Evidence of the Cult of English Saints in Sweden', in Brunius (2005), 99–108.

– (2009), *English Saints in the Medieval Liturgies of Scandinavian Churches*, HBS Subsidia 6 (London).

Traherne, J.B. (1973), 'Amalarius *Be Becnum*: A Fragment of the *Liber Officialis* in Old English', *Anglia* 91: 475–8.

Traill, H.D. and J.S. Mann (1901), *Social England: A Record of the Progress of the People in Religion, Laws, Learning, Arts, Industry, Commerce, Science, Literature and Manners, from the Earliest to the Present Day*, I (London).
Traube, L., ed. (1886–96), MGH, PLAC 3 (Berlin).
- (1907), *Nomina sacra* (Munich).
- (1909–20), *Vorlesungen und Abhandlungen*, ed. F. Boll, 3 vols. (Munich).
- (1910), *Textgeschichte der Regula S. Benedicti*, ed. H. Plenkers, Abhandlungen der königlich bayerischen Akademie der Wissenschaften, phil.-hist. Klasse 25, 2nd ed. (Munich).
Traxel, O.M. (2004), *Language Change, Writing and Textual Interference in Post-Conquest Old English Manuscripts. The Evidence of Cambridge, University Library, Ii. 1. 33*, TUEPh 32 (Frankfurt am Main).
Treharne, E.M. (1992), 'Corpus Christi College, Cambridge, 303 and the Lives of Saints Margaret, Giles and Nicholas' (unpubl. PhD dissertation, Manchester Univ.).
- ed. (1997), *The OE Life of St Nicholas with the OE Life of St Giles* (Leeds).
- (1998), 'The Dates and Origins of Three Twelfth-Century Old English Manuscripts', in Pulsiano–Treharne (1998a), 227–54.
- (2000a), 'Introduction', in Swan–Treharne (2000a), 1–10.
- (2000b), 'The Production and Script of Manuscripts containing English Religious Texts in the first half of the Twelfth Century', in Swan–Treharne (2000a), 11–40.
- and S. Rosser, eds. (2002), *Early Medieval English Texts and Interpretations: Studies presented to Donald G. Scragg*, MRTS 252 (Tempe, AZ).
- (2003), 'Producing a Library in Late Anglo-Saxon England: Exeter, 1050–1072', *RES* n.s. 54: 155–72.
- (2007a), 'The Form and Function of the Vercelli Book', in Minnis–Roberts (2007), 253–66.
- (2007b), 'Bishops and their Texts in the Later Eleventh Century: Worcester and Exeter', in Scase (2007), 13–28.
- (2009a), 'The Bishop's Book: Leofric's Homiliary and Eleventh-Century Exeter', in Baxter et al. (2009), 521–37.
- (2009b), 'Manuscript Sources of Old English Poetry', in Owen-Crocker (2009), 89–111.
Tristram, H.L.C. (1970), *Vier altenglische Predigten aus der heterodoxen Tradition, mit Kommentar, Übersetzung und Glossar sowie drei weiteren Texten im Anhang* (Diss. Freiburg im Breisgau).
- (1985), *Sex aetates mundi: die Weltzeitalter bei den Angelsachsen und den Iren. Untersuchungen und Texte*, Anglistische Forschungen 165 (Heidelberg).
- (2007), 'Why don't the English speak Welsh?', in Higham (2007), 192–214.

Troncarelli, F. (1973), 'Per una ricerca sui commenti altomedievali al *De consolatione* di Boezio', in *Miscellanea in memoria di Giorgio Cencetti* (Turin, 1973), 363–80.
- (1981), *Tradizioni perdute: la 'Consolatio philosophiae' nell'alto medioevo* (Padua).
- (1987), *Boethiana aetas. Modelli grafici et fortuna manoscritta della 'De consolatione Philosophiae'* (Alessandria).

Tselos, D. (1959), 'English Manuscript Illustration and the Utrecht Psalter', *Art Bulletin* 41: 137–49.
- (1960), *The Sources of the Utrecht Psalter Miniatures*, 2nd ed. (Minneapolis, MN).

Tupper, F. (1895), 'Anglo-Saxon Dæg-Mæl', *PMLA* 10: 111–241.
- (1904-5), 'Riddles of the Bede Tradition', *MP* 2: 561–72.

Turner, A.J. and B.J. Muir, eds. (2006), *Eadmer of Canterbury: Lives and Miracles of Saints Oda, Dunstan and Oswald* (Oxford).

Turner, C.H. (1909), 'Iter Dunelmense: Durham Bible MSS, with the Text of a Leaf lately in the Possession of Canon Greenwell of Durham, now in the British Museum', *JTS* 10: 529–44.
- (1915–16), 'The Churches at Winchester in the Early Eleventh Century', *JTS* 17: 65–8.
- (1916), *Early Worcester MSS. Fragments of Four Books and a Charter of the Eighth Century Belonging to Worcester Cathedral* (Oxford).
- (1917–18), 'The Earliest List of Durham MSS', *JTS* 19: 121–32.
- (1931), *The Oldest Manuscript of the Vulgate Gospels* (Oxford).

Turner, D.H. (1960), 'The Prayer-Book of Archbishop Arnulph II of Milan', *RB* 70: 360–92.
- ed. (1962), *The Missal of the New Minster, Winchester*, HBS 93 (London).
- , ed. (1971), *The Claudius Pontificals from Cotton MS Claudius A.III in the British Museum*, HBS 97 (London).
- et al. (1980), *The Benedictines in Britain* (London) [exhibition catalogue].

Twomey, M.W. (2007), 'The *Revelations* of pseudo-Methodius and Scriptural Study at Salisbury in the Eleventh Century', in Biggs—Hall (2007), 370–86.

Unterkircher, F. (1954–5), 'Drei Fragmente mit irischer und angelsächsischer Schrift in der ÖNB', *Libri* 5: 237–55.

Upchurch, R.K. (2007a), 'Homiletic Contexts for Ælfric's Hagiography: The Legend of Saints Cecilia and Valerian', in Kleist (2007a), 265–84.
- (2007b), *Ælfric's Lives of the Virgin Spouses* (Exeter).

Ure, J.M., ed. (1957), *The Benedictine Office. An Old English Text* (Edinburgh).

Ussani, V. and K. Mras, eds. (1932–60), *Hegesippi qui dicitur Historiae libri V*, 2 vols., CSEL 66 (Vienna).

Utley, F.L. (1972), 'Dialogues, Debates, and Catechisms', in Hartung (1972), 669–745, 829–902.

Vaciago, P. (1993), 'Old English Glosses to Latin Texts: a Bibliographical Handlist', *Medioevo e Rinascimento* 7: 1–67.
- (1996), 'Towards a Corpus of Carolingian Biblical Glossaries: A Research in Progress Report', in Hamesse (1996), 127–44.
Valtorta, B. (2006), *Clavis Scriptorum Latinorum Medii Aevi: Auctores Italiae (700–1000)* (Florence).
Van Arsdall, A. (2002), *Medieval Herbal Remedies. The Old English Herbarium and Anglo-Saxon Medicine* (London).
Van de Vyver, A. (1935), 'Les œuvres inédites d'Abbon de Fleury', *RB* 47: 125–69.
Van de Woestijne, P., ed. (1937), *Cynegétiques de Némésien: édition critique* (Antwerp).
- ed. (1953), *Périégèse de Priscien: édition critique* (Bruges, 1953).
Van den Gheyn, J. et al. (1901–48), *Catalogue des manuscrits de la Bibliothèque royale de Belgique*, 13 vols. (Brussels).
Van der Horst, K. and J.H.A. Engelbregt, eds. (1984), *Utrecht Psalter: Vollständige Faksimile-Ausgabe der Handschrift 32 aus den Besitz der Bibliotheek der Rijksuniversiteit te Utrecht*, 2 vols. (Graz).
- (1990), *Illuminated and Decorated Medieval Manuscripts in the University Library, Utrecht: an Illustrated Catalogue* (Cambridge).
- W. Noel and W.C.M. Wüstefeld, eds. (1996), *The Utrecht Psalter: Picturing the Psalms of David* (London).
Vanderputten, S. (2006), 'Canterbury and Flanders in the Late Tenth Century', *ASE* 35: 219–44.
Van der Straeten, J. (1971), *Les manuscrits hagiographiques d'Arras et de Boulogne-sur-Mer*, Subsidia Hagiographica 50 (Brussels).
- (1981), *Les manuscrits hagiographiques d'Orléans, Tours et Angers*, Subsidia Hagiographica 64 (Brussels).
Van Dijk, S.J.P. (1952), *Latin Liturgical Manuscripts and Printed Books. Guide to an Exhibition held during 1952* (Oxford).
- (1957–60), 'Handlist of the Latin Liturgical Manuscripts in the Bodleian Library Oxford', 6 vols. [typescript deposited in the Bodleian Library] (Oxford).
- and J. Hazelden Walker (1960), *The Origins of the Modern Roman Liturgy: The Liturgy of the Papal Court and the Franciscan Order in the Thirteenth Century* (London).
Van Els, T.J.M. (1972), *The Kassel Manuscript of Bede's 'Historia Ecclesiastica Gentis Anglorum' and its Old English Material* (Assen).
Van Houts, E.M.C. (1982), *Gesta Normannorum Ducum. Een studie over de handschriften, de tekst, het geschiedwerk en het genre* (Groningen).

- ed. (1992–5), *The Gesta Normannorum Ducum of William of Jumièges, Orderic Vitalis and Robert of Torigni*, 2 vols. (Oxford).
Van Langenhove, G. (1941), *Aldhelm's De laudibus virginitatis with Latin and Old English Glosses. Manuscript 1650 of the Royal Library in Brussels. With an Introductory Chapter*, Rijksuniversiteit Gent: Werken uitgegeven door de Faculteit van de Wijsbegeerte en Letteren. Extra serie: Facsimiles 2 (Bruges).
Van Loey, A. (1970), 'Altniederländisch und Mittelniederländisch', in Schmitt (1970), 253–87.
Van Rhijn, C., ed. (2009), *Paenitentialia Franciae, Italiae et Hispaniae saeculi VIII-XI*, III. *Paenitentiale Pseudo-Theodori*, CCSL 156B (Turnhout).
Vaughan, R. and J. Fines (1959–63), 'A Handlist of Manuscripts in the Library of Corpus Christi College, not described by M.R. James', *TCBS* 3: 113–23.
Vavra, E. (2005), *Virtuelle Räume: Raumwahrnehmung und Raumvorstellung im Mittelalter. Akten des 10. Symposiums des Mediävistenverbandes, Krems, 24.–26. März 2003* (Berlin).
Verdonck, J., ed. (1974), 'The Old English Glosses of MS. London B.M. Royal 7. C. iv (Defensor's *Liber scintillarum* with an Appendix *De vitiis et peccatis*)' (unpubl. PhD dissertation, University of Ghent).
Verey, C.D. (1969), 'A Collation of the Gospel Texts contained in Durham Cathedral MSS. A. II. 10, A. II. 16 and A. II. 17' (unpubl. MA dissertation, Durham Univ.).
- et al., eds. (1980), *The Durham Gospels: Together with Fragments of a Gospel Book in Uncial. Durham, Cathedral Library, MS A.II.17*, EEMF 20 (Copenhagen).
- (1989), 'The Gospel Texts at Lindisfarne at the Time of St Cuthbert', in Bonner et al. (1989a), 143–50.
- (1999), 'Lindisfarne or Rath Maelsigi? The Evidence of the Text', in Hawkes—Mills (1999), 327–35.
Vernet, A. (1948), 'Notice et Extraits d'un Manuscrit d'Édimbourg. Adv. MSS. 18. 6. 12, 18. 7. 8, 18. 7. 7', *Bibliothèque de l'École des Chartes* 107: 33–51.
Vernet, M.-T. (1960), 'Notes de Dom André Wilmart sur quelques manuscrits latins anciens de la Bibliothèque Nationale de Paris (fin)', *Bulletin d'information de l'Institut de recherche et d'histoire des textes* 8: 7–46.
Vezin, J. (1965), 'Les manuscrits datés de l'ancien fonds latin de la Bibliothèque Nationale de Paris', *Scriptorium* 19: 83–9.
- (1968), 'Manuscrits des dixième et onzième siècles copiés en Angleterre en minuscule caroline et conservés à la Bibliothèque Nationale de Paris', in Dennery (1968) II, 283–96.
- (1973), 'La répartition du travail dans les "scriptoria" carolingiens', *Journal des savants*: 212–27.

- (1977), 'Leofnoth. Un scribe anglais à Saint-Benoît-sur-Loire', *Codices Manuscripti* 3: 109–20.
- (1981), 'Les manuscrits copiés à Saint-Denis en France pendant l'époque carolingienne', *Paris et Ile-de-France: Mémoires publiés par la fédération des sociétés historiques et archéologiques de Paris et de l'Ile-de-France* 32: 273–87.
- (1982), 'Observations sur l'origine des manuscrits légués par Dungal à Bobbio', in Silagi (1982), 125–44.
- (1986), 'Les relations entre Saint-Denis et d'autres scriptoria', in P. Ganz (1986) I, 17–39.

Vezzoni, A. (1987), 'Un testimone testuale inedito della versione Palatina del Pastore di Erma', *Studi classici ed orientali* 37: 241–65.
- ed. (1994), *Il Pastore di Erma: Versione Palatina* (Florence).

Vickrey, J.F., ed. (1960), *Genesis B: A New Analysis and Edition* (Ann Arbor, MI).

Viré, G., ed. (1992), *Hyginus de Astronomia* (Stuttgart and Leipzig).

Vitz, E.B. (2006), 'Liturgical Versus Biblical Citation in Medieval Vernacular Literature', in L'Engle—Guest (2006), 443–50.

Vleeskruyer, R., ed. (1953), *The Life of St Chad: An Old English Homily* (Amsterdam).

Voelkle, W. (1974), *Mediaeval and Renaissance Manuscripts: Major Acquisitions of the Pierpont Morgan Library, 1924–1974* (New York).

Vogel, C. and R. Elze, eds. (1963–72), *Le Pontifical romano-germanique du dixième siècle*, 3 vols., Studi e testi 226–7, 269 (Vatican City).
- (1986), *Medieval Liturgy. An Introduction to the Sources*, trans. and rev. W. Storey and N. Rasmussen (Washington, DC).

Vogel, F., ed. (1885), *Magni Felicis Ennodi Opera*, MGH, AA 7 (Berlin).

Vogels, J. (1884), 'Scholia in Ciceronis Aratea aliaque ad astronomiam pertinentia e cod. Mus. Brit. Harl. 647, pars I', *Wissenschaftliche Beilage zum Programm des Gymnasiums zu Crefeld* (1884), 9–13.

Voigts, L.E. (1959), 'Anglo-Saxon Plant Remedies', *Isis* 70: 250–68.
- (1976), 'A New Look at a Manuscript Containing the Old English Translation of the *Herbarium Apulei*', *Manuscripta* 20: 40–60.
- (1977), 'One Anglo-Saxon View of the Classical Gods', *Studies in Iconography* 3: 3–16.
- (1978), 'British Library, Cotton Vitellius C. iii, f. 82', *OEN* 12.1: 12–13.
- (1979), 'British Library, Royal 12 D.XVII, f. 30v', *OEN* 13.1: 12–13.
- (1986), 'The Latin Verse and Middle English Prose Texts on the Sphere of Life and Death in Harley 3719', *Chaucer Review* 21: 291–305.
- (1988), 'A Fragment of an Anglo-Saxon Liturgical Manuscript at the University of Missouri', *ASE* 17: 83–92.

Vollrath, H. (1985), *Die Synoden Englands bis 1066* (Paderborn).

Volpilhac, P., ed. (1975), *Oeuvres de Némésien* (Paris).
Voronova, T. and A. Sterligov, eds. (1996), *Western Illuminated Manuscripts in the St Petersburg Public Library* (Bournemouth and St Petersburg).
Voss, M. (1988a), 'Old English Glossaries and Dialectology', in Fisiak (1988), 601–8.
– (1988b), 'Strykers Edition des alphabetischen Cleopatraglossars: Corrigenda und Addenda', *Arbeiten aus Anglistik und Amerikanistik* 13: 123–38.
– (1989), 'Quinns Edition der kleineren Cleopatraglossare: Corrigenda und Addenda', *Arbeiten aus Anglistik und Amerikanistik* 14: 127–39.
– (1996), 'Altenglische Glossen aus MS British Library, Cotton Otho E. i', *Arbeiten aus Anglistik und Amerikanistik* 21: 179–203.
– (2005), Review of D.W. Porter (2002) in *Speculum* 80: 300–2.
Wagner, M. (1945), *Rufinus the Translator* (Washington, DC).
Wagner, P. (1912), *Neumenkunde: Paläographie des gregorianischen Gesangs*, 2nd rev. ed. (Fribourg).
– (1925), 'Eine musikalische Reliquie des Kgl. Bibliothek in Stockholm', *Nordisk Tidskrift för Bok- och Biblioteksväsen* 12: 205–22.
Waite, G. (2000), *Old English Prose Translations of King Alfred's Reign*, Annotated Bibliographies of Old and Middle English Literature 6 (Cambridge).
Waitz, G., ed. (1844), 'Mariani Scoti Chronicon', MGH, SS 5 (1844), 481–564.
– (1876), 'Über die handschriftliche Überlieferung und die Sprache der Historia Langobardorum des Paulus', *Neues Archiv der Gesellschaft für ältere deutsche Geschichtskunde* 1: 535–66.
– ed. (1878), *Scriptores rerum Langobardicarum et Italicarum saec. VI–IX*, MGH, Scriptores rerum Langobardicarum et Italicarum (Berlin).
Wallace-Hadrill, J.M. (1950), 'The Franks and the English in the Ninth Century: Some Common Historical Interests', *History* 35: 202–18.
Wallach, L. (1955), 'Alcuin on Virtues and Vices: A Manual for a Carolingan Soldier', *Harvard Theological Review* 48: 175–95.
– (1975), 'The Urbana Anglo-Saxon Sylloge of Latin Inscriptions', in *Poetry and Poetics from Ancient Greece to the Renaissance: Studies in Honor of James Hutton*, ed. G.M. Kirkwood (Ithaca, NY, 1975), 134–51.
Wallis, F. (1999), *Bede: The Reckoning of Time*, Translated Texts for Historians 29 (Liverpool).
Wanley, H. (1705), *Librorum Veterum Septentrionalium, qui in Angliae Bibliothecis extant...Catalogus Historico-Criticus* (Oxford).
– (1759–63), *A Catalogue of the Harleian Collection of Manuscripts...Preserved in the British Museum*, 2 vols. (London).
Ward, A.W. and A.R. Waller, eds. (1907), *The Cambridge History of English Literature*, I: *From the Beginnings to the Cycles of Romance* (Cambridge).

Warner, G.F. and J.P. Gilson (1921), *Catalogue of Western Manuscripts in the Old Royal and King's Collections*, 4 vols. (London).
- and H.A. Wilson, eds. (1910), *The Benedictional of St. Æthelwold*, Roxburghe Club 156 (Oxford).

Warren, F.E. (1881), *The Liturgy and Ritual of the Celtic Church* (Oxford).
- ed. (1883), *The Leofric Missal* (Oxford).
- (1885), 'An Anglo-Saxon Missal at Worcester', *The Academy* (12 December 1885), 394–5.
- (1888), 'Hatton MS. 93', *The Academy* (13 Oct. 1888), 242.
- ed. (1895), *The Antiphonary of Bangor. An Early Irish Manuscript in the Ambrosian Library of Milan, Part II*, HBS 10 (London).

Wasserschleben, F.W.H. (1851), *Die Bussordnungen der abendländischen Kirche* (Halle).
- (1885), *Die irische Kanonensammlung*, 2nd ed. (Leipzig).

Watson, A.G. (1963), 'A Sixtenth-Century Collector: Thomas Dackomb, 1496–c.1572', *The Library* 5th ser. 18: 204–17 [repr. A.G. Watson (2004) no. III].
- (1965), 'Christopher and William Carye, Collectors of Monastic Manuscripts, and "John Carye"', *The Library* 5th ser. 20: 135–42.
- (1966), *The Library of Sir Simonds D'Ewes* (London).
- (1969), *The Manuscripts of Henry Savile of Banke* (London) [repr. A.G. Watson (2004) no. IX].
- (1972–6), 'A St Augustine's Abbey, Canterbury, Manuscript Reconstructed: Harley 625; Digby 178, fols. 1–14, 88–115; Cotton Tiberius B. ix, fols. 1–4, 225–35', *TCBS* 6: 211–17 [repr. A.G. Watson (2004) no. XIV].
- (1978), 'Thomas Allen of Oxford and his Manuscripts', in Parkes—Watson (1978), 279–314 [repr. A.G. Watson (2004) no. VII].
- (1979), *Catalogue of Dated and Datable Manuscripts c. 700–1600 in the Department of Manuscripts, The British Library* (London).
- (1981), 'An Early Thirteenth-Century Low Countries Booklist', *BLJ* 7: 39–46 [repr. A.G. Watson (2004) no. XI].
- (1984), *Catalogue of Dated and Datable Manuscripts c. 435–1600 in Oxford Libraries*, 2 vols. (Oxford).
- (1986), 'John Twyne of Canterbury (d. 1581) as a Collector of Medieval Manuscripts: A Preliminary Investigation', *The Library* 6th ser. 8: 133–51 [repr. A.G. Watson (2004) no. IV]
- (1987a), *Medieval Libraries of Great Britain: A List of Surviving Books; Supplement to the Second Edition* (London).
- (1987b), 'The Manuscript Collection of Sir Walter Cope (d. 1614)', *BLR* 12: 262–97 [repr. A.G. Watson (2004) no. VIII].

- (1997), *A Descriptive Catalogue of the Medieval Manuscripts of All Souls College* (Oxford).
- (2000), *A Descriptive Catalogue of the Medieval Manuscripts of Exeter College, Oxford* (Oxford).
- (2004), *Medieval Manuscripts in Post-Medieval England* (Aldershot).

Watson, G., ed. (1969–77), *The New Cambridge Bibliography of English Literature*, 5 vols. (Cambridge).

Webb, N.H. (1985), 'Early Medieval Welsh Book-Production' (unpubl. PhD dissertation, London Univ.).

Webber, T. (1989), 'Salisbury and Exon Domesday: Some Observations Concerning the Origin of Exeter Cathedral MS 3500', *English Manuscript Studies* 1: 1–18.
- (1992), *Scribes and Scholars at Salisbury Cathedral ca. 1075–1125* (Oxford).
- (1995), 'Script and Manuscript Production at Christ Church Canterbury after the Norman Conquest', in Eales—Sharpe (1995): 145–58.
- (1996), 'The Diffusion of Augustine's Confessions in England during the Eleventh and Twelfth Centuries', in *The Cloister and the World: Essays in Medieval History in Honour of Barbara Harvey*, ed. J. Blair and B. Golding (Oxford), 29–45.
- (1997), 'The Patristic Content of English Book Collections in the Eleventh Century: Towards a Continental Perspective', in Robinson—Zim (1997), 191–205.
- (1998), 'The Provision of Books for Bury St Edmunds Abbey in the Eleventh and Twelfth Centuries', in Gransden (1998a), 186–93.
- and A.G. Watson, eds. (1998), *The Libraries of the Augustinian Canons*, Corpus of British Medieval Library Catalogues 6 (London).
- (2006), 'The Books of Leicester Abbey', in *Leicester Abbey. Medieval History, Archaeology and Manuscript Studies*, ed. J. Story, J. Bourne and R. Buckley (Leicester, 2006), 127–46.
- (2012), 'The Norman Conquest and Handwriting in England to 1100', in R. Gameson (2012), 211–24.

Weber, R., ed. (1953), *Le Psautier romain et les autres anciens psautiers latins*, Collectanea Biblica Latina 10 (Rome).
- R. Gryson et al., eds. (1994), *Biblia sacra iuxta vulgatam versionem*, 4th ed. (Stuttgart).

Webster, L. and J. Backhouse, eds. (1991), *The Making of England: Anglo-Saxon Art and Culture AD 600–900* (London).
- and M.P. Brown, eds. (1997), *The Transformation of the Roman World* (London).

Wegmann, J. and D. Bankert (1993), 'Ambrose in the Sources of Anglo-Saxon Literary Culture', *OEN* 27.1: 30–4.

Weigel, G., ed. (1961), *Augustinus: De magistro liber unus*, CSEL 77 (Vienna).
Weinberger, W., ed. (1934), *Anicii Manlii Severini Boethii Philosophiae consolationis libri quinque*, CSEL 67 (Vienna).
Weitzmann, K. (1977), *Late Antique and Early Christian Book Illumination* (New York).
Welch, M. (1983), *Early Anglo-Saxon Sussex*, BAR British Series 112 (Oxford).
Wellek, R. (1941), *The Rise of English Literary History* (Chapel Hill, NC).
Wellhausen, A., ed. (2003), *Die lateinische Übersetzung der Historia Lausiaca des Palladius*, Patristische Texte und Studien 51 (Berlin).
Wells, D.M., ed. (1969), *A Critical Edition of the Old English Genesis A with a Translation* (Ann Arbor, MI).
Wenisch, F. (1979), *Spezifisch anglisches Wortgut in den nordhumbrischen Interlinearglossierungen des Lukasevangeliums*, Anglistische Forschungen 132 (Heidelberg).
– (1992), '*Nu bidde we eow for Godes lufon*: a Hitherto Unpublished Old English Homiletic Text in CCCC 162', in Korhammer (1992), 43–52.
– (1993), 'The Anonymous Old English Homily for the Dedication of a Church in MS Hatton 114: An Annotated Edition', in Grinda – Wetzel (1993), 1–19.
Werlich, E. (1964), *Der westgermanische Skop: Der Aufbau seiner Dichtung und sein Vortrag* (Dr Phil Diss. Münster).
Werner, M. (1969), 'The Four Evangelist Symbols Page in the Book of Durrow', *Gesta* 8: 3–17.
– (1972), 'The *Madonna and Child* Miniature in the Book of Kells', *The Art Bulletin* 54: 1–23, 129–39.
– (1990), 'The Cross-Carpet Page in the Book of Durrow: The Cult of the True Cross, Adomnan, and Iona', *The Art Bulletin* 72: 174–223.
– (1997a), 'The Book of Durrow and the Question of Programme', *ASE* 26: 23–39.
– (1997b), 'Three Works on the Book of Kells', *Peritia* 11: 250–326.
– (2011), 'The Binding of the Stonyhurst Gospel of St John and St John', in Hourihane (2011), 287–314.
Westcott, B.F. and F.J.A. Hort, eds. (1881), *The New Testament in the Original Greek*, 2 vols. (Cambridge).
Westgard, J.A. (2010), 'The Wilfridian Annals in Winchester, Cathedral Library, MS 1, and Durham, Cathedral Library, MS B. II. 35', in Brown – Voigts (2010), 209–23.
Westlake, J.S. (1907), 'From Alfred to the Conquest', in Ward – Waller (1907), 108–48.
Westra, H.J., ed. (1992), *From Athens to Chartres: Neoplatonism and Medieval Thought. Studies in Honour of Edouard Jeauneau* (Leiden).

Westwood, J.O. (1843–5), 'Anglo-Saxon Books of Moses, & c.', *Palaeographia Sacra Pictoria: Being a Series of Illustrations of the Ancient Versions of the Bible, copied from Illuminated Manuscripts, Executed between the Fourth and Sixteenth Centuries* (London).
- (1868), *Fac-similes of the Miniatures and Ornaments of Anglo-Saxon and Irish Manuscripts* (London).

Whatley, E.G. (1996), 'An Introduction to the Study of Old English Prose Hagiography: Sources and Resources', in Szarmach (1996), 3–34.
- (1997), 'Lost in Translation: Omission of Episodes in some Old English Prose', *ASE* 26: 187–208.

Wheeler, H. (1977), 'Aspects of Mercian Art: The Book of Cerne', in Dornier (1977), 235–44.

Whitbread, L. (1959), 'MS C.C.C.C. 201: A Note on its Character and Provenance', *PQ* 38: 106–12.
- (1968), 'After Bede: The Influence and Dissemination of his Doomsday Verses', *ASNSL* 204: 250–66.
- (1983), 'A Scribal Jotting from Medieval English', *N&Q* 228: 198–9.

White, A. (1981), 'Boethius in the Medieval Quadrivium', in Gibson (1981), 162–205.

White, C.L. (1898), *Ælfric: A New Study of his Life and Writings*, Yale Studies in English 2 (New Haven, CT; 2nd ed. with supplementary bibliography by M.R. Godden, Hamden, CT, 1974).

Whitelock, D. (1937), 'A Note on the Career of Wulfstan the Homilist', *EHR* 52: 460–6 [repr. in Whitelock (1981b) no. VIII].
- (1940), 'Scandinavian Personal Names in the *Liber Vitae* of Thorney Abbey', *Saga-Book of the Viking Society for Northern Research* 12: 127–53 [repr. Whitelock (1981b), no. XVII].
- (1942), 'Archbishop Wulfstan, Homilist and Statesman', *TRHS* 4th ser. 24: 42–60 [repr. Whitelock (1981b), no. XI].
- (1943), 'Two Notes on Ælfric and Wulfstan', *MLR* 38: 122–6 [repr. Whitelock (1981b), no. X].
- (1948), 'Wulfstan and the Laws of Cnut', *EHR* 63: 433–52 [repr. Whitelock (1981b), no. XII].
- ed. (1954), *The Peterborough Chronicle: The Bodleian Manuscript Laud Misc. 636*, EEMF 4 (Copenhagen).
- (1962), 'The Old English Bede', *PBA* 48: 57–90 [repr. Whitelock (1980) no. VIII, and also in Stanley (1990) 227–60].
- (1965), 'Wulfstan at York', in Bessinger—Creed (1965), 214–31 [repr. Whitelock (1981b), no. XV].
- (1969), 'Fact and Fiction in the Legend of St Edmund', *Proceedings of the Suffolk Institute of Archaeology* 31: 217–33.

- (1970), 'Wulfstan's Authorship of Cnut's Laws', *EHR* 85: 72–85 [repr. Whitelock (1981b), no. XIII].
- (1974), 'The List of Chapter-Headings in the Old English Bede', in Burlin—Irving (1974), 263–84.
- (1975), 'Some Anglo-Saxon Bishops of London', *The Chambers Memorial Lecture, delivered 4 May 1974* (London, 1975), 3–34 [repr. Whitelock (1981b), no. II].
- (1976), *Wulfstan: Sermo Lupi ad Anglos*, Exeter Medieval English Texts, 3rd ed., repr. with additional bibliography (Exeter).
- ed. and trans. (1979), *English Historical Documents, I: c. 500–1042*, 2nd ed. (London).
- (1980), *From Bede to Alfred* (London).
- M. Brett and C.N.L. Brooke, eds. (1981a), *Councils & Synods with other Documents relating to the English Church, 871–1204*, 2 vols. (Oxford).
- (1981b), *History, Law, and Literature in 10th–11th Century England* (London).
Wiedemann, K. (1994), *Die Handschriften der Gesamthochschulbibliothek und Murhardsche Bibliothek der Stadt Kassel, I. 1. Manuscripta theologica. Die Handschriften in Folio* (Wiesbaden).
Wieland, G.R. (1982), *The Canterbury Hymnal: Edited from British Library MS Additional 37517*, Toronto Medieval Latin Texts 12 (Toronto).
- (1983), *The Latin Glosses on Arator and Prudentius in Cambridge University Library, MS Gg. 5. 35* (Toronto).
- (1985), 'The Glossed Manuscript: Classbook or Library Book?', *ASE* 14: 153–73.
- (1987), 'The Anglo-Saxon Manuscripts of Prudentius's *Psychomachia*', *ASE* 16: 213–31.
- (1997a), 'The Origin and Development of the Anglo-Saxon *Psychomachia* Illustrations', *ASE* 26: 169–86.
- (1997b), 'The Prudentius Manuscript CCCC 223', *Manuscripta* 38: 211–27.
- (1998), 'Gloss and Illustration: Two Means to the Same End?', in Pulsiano—Treharne (1998a), 1–20.
- (2001), 'The Relationship of Latin to Old English Glosses in the *Psychomachia* of Cotton Cleopatra C. viii', in Bergmann (2001), 175–88.
- (2006a), 'British Library MS Royal 15. A. v: One Manuscript or Three?', in Doane—Wolf (2006), 3–25.
- et al., eds. (2006), *Insignis Sophiae Arcator: Essays in Honour of Michael W. Herren on his 65th Birthday* (Turnhout).
- (2009), 'A Survey of Latin Manuscripts', in Owen-Crocker (2009), 113–57.
Wiesenekker, E. (1994), 'The Vespasian and Junius Psalters Compared: Glossing or Translation?', *Amsterdamer Beiträge zur älteren Germanistik* 40: 21–39.

Wilcox, J. (1988), 'The Compilation of Old English Homilies in MSS. Cambridge, Corpus Christi College, 419–421' (unpubl. PhD dissertation, Cambridge Univ.).
- (2000), 'Wulfstan and the Twelfth Century', in Swan—Treharne (2000a), 83–97.
- (2002), 'The Transmission of Ælfric's *Letter to Sigefryth* and the Mutilation of London, British Library, Cotton Vespasian D. XIV', in Treharne—Rosser (2002), 285–300.
- (2004a), *Old English Scholarship and Bibliography. Essays in Honor of Carl T. Berkhout*, OEN Subsidia 32 (Kalamazoo).
- (2004b), 'Wulfstan's *Sermo Lupi ad Anglos* as Political Performance: 16 February 1014 and Beyond', in Townend (2004), 375–96.
- (2006a), 'The Audience of Ælfric's *Lives of Saints* and the Face of Cotton Caligula A. xiv, fols. 93–130', in Doane—Wolf (2006), 229–63.
- (2006b), 'Rewriting Ælfric: An Alternative Ending of a Rogationtide Homily', *LSE* 37: 229–39.
- (2008), 'New Old English Texts: The Expanding Corpus of Old English', in Blanton—Scheck (2008), 423–36.
- (2009), 'The Use of Ælfric's Homilies: MSS Oxford, Bodleian Library, Junius 85 and 86 in the Field', in Magennis—Swan (2009), 345–68.

Wildhagen, K., ed. (1910), *Der Cambridger Psalter. Zum ersten Male herausgegeben mit besonderer Berücksichtigung des lateinischen Textes*, Bibliothek der angelsächsischen Prosa 7 (Hamburg).
- (1913), 'Studien zum Psalterium Romanum in England und zu seinen Glossierungen (in geschichtlicher Entwicklung)', in Holthausen—Spies (1913), 419–72.
- (1920), 'Das Psalterium Gallicanum in England und seine altenglischen Glossierungen', *EStn* 54: 35–45.
- (1921), 'Das Kalendarium der Handschrift Vitellius E. xviii', in Böhmer (1921), 68–118.

Wilkes, J. (1905), *Lautlehre zu Ælfrics Heptateuch und Buch Hiob* (Dr. phil. dissertation, Universität Bonn).

Willard, R. (1925), 'The Vercelli Homilies: An Edition of Homilies I, IV, V, VII, VIII, XI and XII' (unpubl. PhD dissertation, Yale Univ.)
- (1935a), 'The Address of the Soul to the Body', *PMLA* 50: 957–83.
- ed. (1935b), *Two Apocrypha in Old English Homilies*, Beiträge zur Englischen Philologie 30 (Leipzig).
- (1936), 'On Blickling Homily XIII: The Assumption of the Virgin', *RES* 12: 1–17.
- (1949a), 'Vercelli Homily XI and its Sources', *Speculum* 24: 76–87.

- (1949b), 'The Blickling-Junius Tithing Homily and Caesarius of Arles', in Kirby—Woolf (1949), 65–78.
- (1950), 'The Punctuation and Capitalization of Ælfric's Homily for the First Sunday in Lent', *Texas Studies in English* 29: 1–32.
- ed. (1960), *The Blickling Homilies: The John H. Scheide Library, Titusville, Pennsylvania*, EEMF 10 (Copenhagen).

Willetts, P.J. (1966), 'A Reconstructed Astronomical Manuscript from Christ Church Library Canterbury', *British Museum Quarterly* 30: 22–30.
- (2000), *Catalogue of Manuscripts in the Society of Antiquaries of London* (Woodbridge).

Williams, A. and G.H. Martin, eds. (2000), *Little Domesday Book*, 6 vols. (London) [facsimile].

Williams, I. (1926–7), 'The Computus Fragment', *BBCS* 3: 245–72.

Williams, I.F. (1905), *A Grammatical Investigation of the Old Kentish Glosses* (Bonn).

Williams, R.D. (1947), 'The Worcester Fragments of Statius' *Thebaid*', *Classical Review* 61: 88–90.
- (1948), 'Two Manuscripts of Statius' *Thebaid*', *Classical Quarterly* 42: 105–12.
- and T.S. Pattie (1982), *Virgil. His Poetry through the Ages* (London).

Williams, S. (1971), *Codices Pseudo-Isidoriani: A Palaeographico-Historical Study*, Monumenta Iuris Canonici: Series C: Subsidia 3 (New York).

Williamson, C., ed. (1977), *The Old English Riddles of the Exeter Book* (Chapel Hill, NC).

Williman, D. (1996–9), 'Some Additional Provenances of Cambridge Latin Manuscripts', *TCBS* 11: 427–48.

Wilmart, A. (1922), 'Le recueil latin des apophtegmes', *RB* 34: 185–98.
- (1922–9a), 'Les livres de l'abbé Odbert', *Bulletin historique de la Société des antiquaires de la Morinie* 14: 169–88.
- (1922–9b), 'Un ancien manuscrit de Saint-Bertin en lettres onciales', *Bulletin historique de la Société des antiquaires de la Morinie* 14: 353–60.
- (1930), 'The Prayers of the Bury Psalter', *Downside Review* 48: 198–216.
- (1932), *Auteurs spirituels et textes dévots du moyen âge latin: études d'histoire littéraire* (Paris).
- (1934), 'Un témoin anglo-saxon du calendrier métrique d'York', *RB* 46: 41–69.
- (1936a), 'Le Manuel de prières de Saint Jean Gualbert', *RB* 48: 258–97.
- (1936b), 'Un traité sur la Messe copié en Angleterre vers l'an 800', *Ephemerides liturgicae* 50: 133–9.
- (1937–45), *Codices Bibliothecae Apostolicae Vaticanae manuscripti recensiti iussu Pii XI Pontificis Maximi: Codices Reginenses Latini*, 2 vols. (Rome).

– and L. Brou, eds. (1949), *The Psalter Collects*, HBS 83 (London).
Wilson, D.M. (1984), *Anglo-Saxon Art from the Seventh Century to the Norman Conquest* (London).
– (2001), 'Lindisfarne Gospels', *Reallexikon der germanischen Altertumskunde*, 2nd ed. XVIII, 466–8.
Wilson, H.A., ed. (1896), *The Missal of Robert of Jumièges*, HBS 11 (London).
– ed. (1903), *The Benedictional of Archbishop Robert*, HBS 24 (London).
– ed. (1910), *The Pontifical of Magdalen College, with an Appendix of Extracts from other English MSS of the Twelfth Century*, HBS 39 (London).
– ed. (1918), *The Calendar of St Willibrord. From MS. Paris. lat. 10837. A Facsimile with Transcription, Introduction and Notes*, HBS 55 (London).
Wilson, N. (1972–3), *Medieval Greek Bookhands. Examples Selected from Greek Manuscripts in Oxford Libraries*, 2 vols., Mediaeval Academy of America Publications 81 (Cambridge, MA).
Wilson, R.M. (1968), *Early Middle English Literature*, 3rd rev. ed. (London).
Winter, U. (1986), 'Die Fragmentensammlung der Deutschen Staatsbibliothek. Katalog der Fragmente des 4.–10. Jahrhunderts', *Studien zum Buch- und Bibliothekswesen* 4: 7–24.
Winterbottom, M. (1968), 'On the *Hisperica Famina*', *Celtica* 8: 126–39.
– ed. (1972), *Three Lives of English Saints* (Toronto).
– (2000), 'The Earliest Life of St Dunstan', *Scripta Classica Israelica* 19: 163–79.
– and M. Lapidge, eds. (2012), *The Early Lives of St Dunstan* (Oxford).
Winterfeld, P. von, ed. (1899), MGH, PLAC 4/i (Berlin).
Withers, B.C. (1994), 'Present Patterns, Past Tense: Text and Illustration in London, British Library, Cotton MS. Claudius B. iv' (unpubl. PhD dissertation, University of Chicago).
– (1997), 'Interaction of Word and Image in Anglo-Saxon Art, II: Scrolls and Codex in the Frontispiece to the *Regularis Concordia*', *OEN* 31.1: 36–40.
– (1999), 'Unfulfilled Promise: The Rubrics of the Old English Prose Genesis', *ASE* 28: 111–39.
– (2001), 'Interaction of Word and Image in Anglo-Saxon Art, IV: Literal Illustration and Spiritual Vision in the Bury Psalter', *OEN* 33.1: 35–8.
– (2007), *The Illustrated Old English Hexateuch, Cotton MS. Claudius B. iv* (London) [with CD-ROM].
Wittig, J.S. (1983), 'King Alfred's *Boethius* and its Latin Sources: A Reconsideration', *ASE* 11: 157–98.
– (2007), 'The Remigian Glosses on Boethius's *Consolatio Philosophiae* in Context', in Wright et al. (2007), 168–200.
– (2010), 'The Old English Boethius, the Latin Commentaries, and Bede', in Brown–Voigts (2010), 225–52.

- (2011), 'Satan's Mandorla: Translation, Transformation, and Interpretation in Late Anglo-Saxon England', in Hourihane (2011), 247–70.
Wohlfahrt, T. (1885), *Die Syntax des Verbums in Ælfrics Übersetzung des Heptateuch und des Buches Hiob* (Dr. phil. diss., Universität Leipzig).
Wölfflin, E., ed. (1895), *Benedicti Regula Monachorum* (Leipzig).
Wood, I. (1995), 'The Most Holy Abbot Ceolfrid', Jarrow Lecture 1995 (Jarrow).
Wood, M. (2010), 'A Carolingian Scholar in the Court of King Æthelstan', in Rollason et al. (2010), 135–62.
Woodruff, H. (1930), *The Illustrated Manuscripts of Prudentius* (Cambridge, MA).
Wooldridge, H.E. (1897), *Early English Harmony from the 10th to the 15th Century*, I (London).
Woolf, R., ed. (1993), *Cynewulf's Juliana*, rev. ed. (Exeter).
Woolley, R.M., ed. (1917), *The Canterbury Benedictional*, HBS 51 (London).
- (1927), *Catalogue of the Manuscripts of Lincoln Cathedral Chapter Library* (London).
Wordsworth, C. (1885), *The Pontifical Offices of David de Bernham* (Edinburgh).
- (1924), 'The Library and the Use of Sarum', in J.M.J. Fletcher, *Notes on the Cathedral Church of St Mary the Blessed Virgin of Salisbury*, with preface by the Bishop of Salisbury [G.H. Bourne] (Salisbury, 1924), 106–37.
Wordsworth, J. et al., eds. (1889–1954), *Novum Testamentum Latine*, 4 vols. (Oxford).
- and H.J. White, eds. (1911), *Novum Testamentum Latine. Editio Minor* (Oxford).
Wormald, F., ed. (1934), *English Kalendars before A.D. 1100*, HBS 72 (London).
- (1935), 'Two Anglo-Saxon Miniatures Compared', *The British Museum Quarterly* 9: 113–15.
- (1944), 'The Survival of Anglo-Saxon Illumination after the Norman Conquest', *PBA* 30: 127–45 [repr. F. Wormald (1984), 153–68].
- (1945), 'Decorated Initials in English Manuscripts from A.D. 900 to 1100', *Archaeologia* 91: 107–35 [repr. F. Wormald (1984), 47–75].
- (1946), 'The English Saints in the Litany in Arundel MS 60', *AB* 64: 72–86.
- (1952), *English Drawings of the Tenth and Eleventh Centuries* (London).
- (1954), *The Miniatures in the Gospels of St Augustine* (Cambridge).
- (1957a), 'The Insular Script in the Late Tenth-Century English-Latin Manuscripts', in Ferrabino (1957), 160–5.
- (1957b), 'The Bayeux Tapestry: Style and Design', in *The Bayeux Tapestry*, ed. F. Stenton (London, 1957), 25–36 [repr. F. Wormald (1984), 138–52].
- (1959), *The Benedictional of St Ethelwold* (London).
- (1962), 'An Eleventh-Century Psalter with Pictures, British Museum, Cotton MS Tiberius C. vi', *The Walpole Society* 38: 1–13 [repr. F. Wormald (1984), 123–37].

- (1969), 'A Fragment of a Tenth-Century English Gospel Lectionary', in *Calligraphy and Palaeography. Essays presented to Alfred Fairbank*, ed. A.S. Osley (London), 43–6 [repr. F. Wormald (1984), 101–4].
- (1971a), 'The Liturgical Calendar of Glastonbury Abbey', in Autenrieth (1971), 325–45.
- (1971b), 'The "Winchester School" before St Æthelwold', in Clemoes—Hughes (1971), 305–15 [repr. F. Wormald (1984), 76–84].
- (1976), 'Fragments of a Tenth-Century Sacramentary from the Binding of the Winton Domesday' in Biddle (1976a), 541–9.
- and J.J.G. Alexander (1977), *An Early Breton Gospel Book. A Ninth Century Manuscript from the Collection of H. L. Bradfer-Lawrence (1887–1965)*, Roxburghe Club (Cambridge).
- and P.M. Giles (1982), *A Descriptive Catalogue of the Additional Illuminated Manuscripts in the Fitzwilliam Museum acquired between 1895 and 1979*, 2 vols. (Cambridge).
- (1984), *Collected Writings*, I: *Studies in Medieval Art from the Sixth to the Twelfth Centuries*, ed. J.J.G. Alexander, T.J. Brown and J. Gibbs (London).
- (1984a) 'The Utrecht Psalter', in F. Wormald (1984), 36–46 [orig. publ. for the Members of the Utrecht Institute of Art History (Utrecht, 1953)].
- (1984b), 'Anglo-Saxon Painting', in F. Wormald (1984), 111–22 [orig. publ. in French: 'L'Angleterre', in Grodecki et al., *Le siècle de l'an mil* (Paris, 1973), 227–54].
- (1984c), 'The Miniatures in the Gospels of St. Augustine, Corpus Christi College, Cambridge, MS 286', in F. Wormald (1984), 13–35 [expanded version of F. Wormald (1954)].

Wormald, P. (1976), 'Bede and Benedict Biscop', in Bonner (1976), 141–69.
- (1978), 'Æthelred the Lawmaker', in D. Hill (1978), 47–80.
- (1988a), 'A Handlist of Anglo-Saxon Lawsuits', *ASE* 17: 247–81.
- (1988b), 'Æthelwold and his Continental Counterparts: Contact, Comparison, Contrast', in Yorke (1988), 13–42.
- (1996), 'BL Cotton MS. Otho B. xi: A Supplementary Note', in Hill—Rumble (1996), 59–68.
- (1999), *The Making of English Law: King Alfred to the Twelfth Century* (Oxford).
- (2000), 'Archbishop Wulfstan and the Holiness of Society', in Pelteret (2000), 191–224.
- (2004), 'Archbishop Wulfstan: Eleventh-Century State-Builder', in Townend (2004), 9–28.
- (2012), 'Law Books', in R. Gameson (2012), 525–36.

Woudhuysen, P., et al. (1982), *Treasures of the Fitzwilliam Museum* (Cambridge).

Wright, C.D. (1990), 'Hiberno-Latin and Irish-Influenced Biblical Commentaries, Florilegia, and Homily Collections', in Biggs (1990), 87–123.
- (1993), *The Irish Tradition in Old English Literature*, CSASE 6 (Cambridge).
- (2002), 'The Old English "Macarius" Soul-and-Body Homily, Vercelli Homily IV, and Ephraem the Syrian's *De paenitentia*', in *Via Crucis: Studies in Medieval Sources and Ideas in Memory of J.E. Cross*, ed. T.D. Hill, T.N. Hall and C.D. Wright (Morgantown, WV, 2002), 210–34.
- (2006), 'The *Prouerbia Grecorum*, the Norman Anonymous, and the Early Medieval Ideology of Kingship: Some New Manuscript Evidence', in Wieland et al. (2006), 193–215.
- (2007), 'Old English Homilies and Latin Sources', in Kleist (2007a), 15–66.
- F.M. Biggs and T.N. Hall, eds. (2007), *Source of Wisdom: Old English and Early Medieval Latin Studies in Honour of Thomas D. Hill* (Toronto).
- (2008), 'Why the Left Hand is Longer (or Shorter) than the Right: Some Irish Analogues for an Etiological Legend in the Homiliary of St. Père de Chartres', in Blanton–Scheck (2008), 161–8.
- (2009), 'Vercelli Homily XV and *The Apocalypse of Thomas*', in Zacher–Orchard (2009), 150–84.

Wright, C.E. (1936), 'A Postscript to "Late Old English Rune-Names"', *MÆ* 5: 149–51.
- (1937), 'Robert Talbot and Domitian A. ix', *MÆ* 6: 170–1.
- (1938), 'Two Ælfric Fragments', *MÆ* 7: 50–5.
- (1949–53), 'The Dispersal of the Monastic Libraries and the Beginnings of Anglo-Saxon Studies', *TCBS* 1: 208–37.
- and R. Quirk, eds. (1955), *Bald's Leechbook: British Museum Royal MS 12 D. XVII*, EEMF 5 (Copenhagen).
- (1972), *Fontes Harleiani: A Study of the Sources of the Harleian Collection of Manuscripts Preserved in the Department of Manuscripts in the British Museum* (London).

Wright, C.J., ed. (1997), *Sir Robert Cotton as Collector: Essays on an Early Stuart Courtier and his Legacy* (London).

Wright, D.F. (1972), 'The Manuscripts of St Augustine's *Tractatus in Evangelium Iohannis*: A Preliminary Survey and Check-List', *Recherches augustiniennes* 8: 55–143.

Wright, D.H. (1961a), 'Some Notes on English Uncial', *Traditio* 17: 441–56.
- (1961b), 'The Date of the Leningrad Bede', *RB* 71: 265–73.
- (1964), Review of P. Hunter Blair, *The Moore Bede* [EEMF 9], in *Anglia* 82: 110–17.
- ed. (1967), *The Vespasian Psalter: British Museum, Cotton Vespasian A.I*, EEMF 14 (Copenhagen) [with a contribution by A. Campbell].

Wright, T. and R.P. Wülker, eds. (1884), *Anglo-Saxon and Old English Vocabularies*, 2nd ed., 2 vols. (London).
Wülker, R.P. (1879), 'Aus englischen Bibliotheken', *Anglia* 2: 354–94.
- ed. (1881-98), *Bibliothek der angelsächsischen Poesie*, 3 vols. (Kassel).
- (1882), 'Über das Vercellibuch', *Anglia* 5: 451–65.
- (1885), *Grundriss zur Geschichte der angelsächsischen Litteratur. Mit einer Übersicht der angelsächsischen Sprachwissenschaft* (Leipzig).
- (1894), *Codex Vercellensis. Die angelsächsische Handschrift zu Vercelli in getreuer Nachbildung* (Leipzig) [facsimile].
Wuttke, H. (1853), *Die Kosmographie des Istriers Aithicos im lateinischen Auszuge des Hieronymus* (Leipzig).
Wynn, J.B. (1962), 'An Edition of the Anglo-Saxon Corpus Glosses' (unpubl. PhD dissertation, Oxford Univ.).
Yerkes, D. (1975), 'Two Early Manuscripts of Gregory's Dialogues', *Manuscripta* 19: 171–3.
- (1976a), 'The Place of Composition of the Opening of Napier Homily I', *Neophilologus* 60: 452–4.
- (1976b), 'A New Collation of MS. Hatton 76, part A', *Anglia* 94: 163–5.
- (1977a), 'A New Collation of the Cambridge Manuscript of the Old English Translation of Gregory's Dialogues', *Mediaevalia* 3: 165–72.
- (1977b), 'The Text of the Canterbury Fragment of Werferth's Translation of Gregory's Dialogues and its Relation to the other Manuscripts', *ASE* 6: 121–42.
- (1977c), 'An Elementary Way to Illuminate Details of Textual History', *Manuscripta* 21: 38–41.
- (1977d), 'An Unnoticed Omission in the Modern Critical Editions of Gregory's "Dialogues"', *RB* 87: 178–9.
- (1977–80), 'The Medieval Provenance of CCCC 322', *TCBS* 7: 245–7.
- (1978), 'A Neglected Transcript of the Cotton Manuscript of Wærferth's Old English Translation of Gregory's *Dialogues*', *NM* 79: 21–2.
- (1979), *Two Versions of Werferth's Translation of Gregory's Dialogues: An Old English Thesaurus*, Toronto OE Series 4 (Toronto).
- (1982a), *Syntax and Style in Old English: A Comparison of the Two Versions of Werferth's Translation of Gregory's Dialogues*, MRTS 5 (Binghampton, NY).
- (1982b), 'British Library, Cotton Otho A. viii, fols. 1–6', *OEN* 16.1: 28–9.
- (1983a), 'Earliest Fragments of Goscelin's Writings on St Mildred', *RB* 93: 128–31.
- (1983b), 'British Library, Cotton Otho A. viii, fols. 7–34', *OEN* 17.1: 30–1.
- ed. (1984a), *The Old English Life of Machutus*, Toronto OE Series 9 (Toronto).

- (1984b), 'British Library, Cotton Otho C. i., vol. II, fol. 115r', *OEN* 18.1: 32–3.
- (1986a), 'The Translation of Gregory's Dialogues and its Revision: Textual History, Provenance, Authorship', in Szarmach (1986b), 335–43.
- (1986b), 'The Provenance of the Unique Copy of the Old English Translation of Bili, *Vita Sancti Machuti*', *Manuscripta* 30: 108–11.
- (1987), 'The Foliation of the Old English Life of Machutus', in Selig– Somerville (1987), 89–93.

Yorke, B., ed. (1988), *Bishop Æthelwold: His Career and Influence* (Woodbridge).

Young, J. and H. Aitken (1908), *A Catalogue of the Manuscripts in the Library of the Hunterian Museum in the University of Glasgow* (Glasgow).

Young, K. (1933), *The Drama of the Medieval Church*, 2 vols. (Oxford).

Youngs, S.G. (1995), 'A New Edition of "Instructions for Christians": C.U.L. MS Ii.1.33' (unpubl. PhD dissertation, University of Wisconsin at Madison, WI).

Zacher, S. (2007), 'Re-Reading the Style and Rhetoric of the Vercelli Homilies', in Kleist (2007a), 173–207.

- (2009), *Preaching the Converted: The Style and Rhetoric of the Vercelli Book Homilies* (Toronto).
- and A. Orchard, eds. (2009), *New Readings in the Vercelli Book* (Toronto).

Zangemeister, K. (1876), 'Bericht über die im Auftrag der Kirchenväter-Commission unternommene Durchforschung der Bibliotheken Englands', Sitzungsberichte der kaiserlichen Akademie der Wissenschaften in Wien, phil.-hist. Klasse 84: 485–584.

Zarnecki, G. et al., eds. (1984), *English Romanesque Art 1066–1200*, Arts Council Exhibition Catalogue (London).

Zechiel-Eckes, K. (2002), 'Vom *armarium* in York in den Düsseldorfer Tresor. Zur Rekonstruktion einer Liudger-Handschrift aus dem mittleren 8. Jahrhundert', *DAEM* 58: 193–203.

- (2003), *Katalog der frühmittelalterlichen Fragmente der Universitäts- und Landesbibliothek Düsseldorf. Vom beginnenden achten bis zum ausgehenden neunten Jahrhundert* (Wiesbaden).

Zettel, P.H. (1979), 'Ælfric's Hagiographic Sources and the Latin Legendary preserved in B.L. MS. Cotton Nero E. i + CCCC MS. 9 and Other Manuscripts' (unpubl. PhD dissertation, Oxford Univ.).

- (1982), 'Saints' Lives in Old English: Latin Manuscripts and Vernacular Accounts: Ælfric', *Peritia* 1: 17–37.

Zettersten, A., ed. (1979), *Waldere* (Manchester).

Zimmermann, E.H. (1916), *Vorkarolingische Miniaturen*, 1 vol. of text and 4 vols. of plates [*Tafeln*] (Berlin).

Zimmermann, H., ed. (1984–5), *Papsturkunden 896–1046*, 2 vols., Österreichische Akademie der Wissenschaften, phil.-hist. Klasse, Denkschriften 174, 177 (Vienna).

Ziolkowski, J.M., ed. (1994), *The Cambridge Songs (Carmina Cantabrigiensia)* (New York; repr. as MRTS 192 (Tempe, AZ, 1998)).

– (2000), 'Nota Bene: Why the Classics Were Neumed in the Middle Ages', *JMLat* 10: 74–114.

– (2007), *Nota Bene. Reading Classics and Writing Melodies in the Early Middle Ages*, Publications of the Journal of Medieval Latin 7 (Turnhout).

Zironi, A. (2011), 'Marginal Alphabets in the Carolingian Age: Philological and Codicological Considerations', in Lendinara et al. (2011), 353–70.

Zupitza, J. (1876), 'Englisches aus Prudentiushandschriften', *ZfdA* 20: 36–45.

– (1877), 'Kentische Glossen des neunten Jahrhunderts', *ZfdA* 21: 1–59.

– (1878), 'Lateinisch-englische Sprüche', *Anglia* 1: 285–6.

– ed. (1880/2001), *Ælfrics Grammatik und Glossar: Text und Varianten*, 3rd ed., with a new introduction by H. Gneuss (Hildesheim).

– ed. (1882/1959), *Beowulf. Reproduced in Facsimile from the Unique Manuscript*, 2nd ed. containing a new reproduction of the manuscript, with an introductory note by N. Davis, EETS o.s. 245 (London, 1959).

– (1886), 'Drei alte Excerpta aus Ælfreds Beda', *ZfdA* 30: 185–6.

– (1889), 'Altenglische Glossen', *ZfdA* 33: 237–42.

Index of authors and texts

All references are to the serial numbers of the preceding *Bibliographical Handlist*.

The following symbols and abbreviations have been used:

- *   text in Old English prose
- **   text in Old English alliterative verse
- (*) text partly in Old English
- +*   text in Latin and Old English prose, or Latin–Old English glossary
- °   Latin text with continuous Old English gloss, or with substantial sections or a fairly large number of words, glossed in Old English
- e   excerpts or parts of a text
- f   incomplete text or fragment
- (?) authorship doubtful

Where appropriate, references to *BCLL*, *BHL*, *CPG*, *CPL*, *CPPM*, SK, SK Suppl. and WIC have been added in order to facilitate identification.

Aachen, Council of (816): *see under* capitularies and related texts
Abbo of Fleury
    acrostic poems [SK 7744, 10987, 15822]: 344
    De differentia circuli et sphaerae: 186, 398, 428.4, 483
    De duplici signorum ortu uel occasu: 186, 398
    De figuratione signorum (based on Hyginus): 186, 483
    Passio S. Eadmundi [*BHL* 2392]: 293.5f, 371, 514, 813, 885.3
    Letter to, by Wulfric of St Augustine's: *see* Wulfric

888   Index of authors and texts

Abbo of Saint-Germain-des-Prés
    Bella Parisiacae urbis, bk. III: 12, 93, 252, 435, 438; prose version of bk. III: 435º, 686eº; glossary to: 326
    Sermones: 59e, 73e, 341e, 397e, 814e
Abgar, king, letter of Christ to: *see* apocrypha, biblical
absolution, forms of: *see* confession and absolution
Acta Lanfranci: *see under* Lanfranc
Ad clericum faciendum: *see* pontifical services and prayers
Adalbert of Metz, *Speculum Gregorii*: 168, 716
Adam, encyclopedic note on: 93, 223, 300*, 363*, 411*
Adelard of Ghent, *Lectiones in depositione S. Dunstani* [BHL 2343]: 865.2
Adelphus adelphe (Hisperic poem) [SK 251; BCLL 897]: 12
Admonitio episcoporum: 59
Admonitio generalis (of 789): *see under* capitularies and related texts
Ado of Vienne, *Chronicon*: 486
Adrevald of Fleury
    Historia translationis S. Benedicti [BHL 1117]: 153
    Miracula S. Benedicti [BHL 1123]: 153
Adso of Montier-en-Der, *De Antichristo*: 59, 388
Advent Lyrics**: *see* Christ I**
Æediluulf, poet, *De abbatibus* [SK 15778]: 555, 759
Ælfric, archbishop, commemorative verses for [SK Suppl. 12418a]: 775
Ælfric Bata, *Colloquia*: 686, 775f
Ælfric of Eynsham
    Admonitio (translation of work by pseudo-Basil)*: 632f
    *Catholic Homilies**: 11, 58, 59.5e, 352f, 363e, 403, 406, 428f, 442f, 472, 569, 670f, 811.5f, 816.6f, 828f, 830f
    Colloquium: 363º, 686, 775
    creeds*: 11 [Apostles' Creed; Niceno-Constantinopolitan Creed], 322 [Apostles' Creed]
    *De duodecim abusiuis saeculi**: 54, 639
    *De falsis diis**: 339f, 889e
    *De infantibus non baptizandis**: 54
    *De paenitentia**: 11
    *De temporibus anni**: 11, 363e, 373, 380, 404f, 411e, 918e
    Glossary+*: 13, 115, 331, 336, 414, 541e, 686
    Grammar+*: 13, 115, 182, 244, 331, 336, 414, 435, 441f, 480f, 494, 541e, 686, 757.1f, 876f
    *Hexameron**: 54, 58f, 86f, 355, 639
    Hexateuch (part trans. by Ælfric)*: 65.5e, 276f, 315, 657, 866f

Homilies* and Sermons*: 18, 50, 54, 59.5, 64, 86, 109, 122f, 146f, 177, 262f,
  355, 359, 363, 435, 520, 637–638, 639, 644, 879; Sermon in Latin (?): 800
Homily on Book of Judges*: 639, 657
Interrogationes Sigewulfi in Genesin (version of work by Alcuin)*: 54, 339,
  435e (*and see* Noah's Ark), 639
Letter to Brother Edward: 54*
Letter to the Monks of Eynsham: 73
Letter to Sigeweard *De Veteri et Nouo Testamento**: 435e, 657
Letter to Wulfgeat*: 657
Lives of Saints*: 146f, 262f, 310e, 339, 355, 406, 476f
Pastoral Letters (Latin): 59, 73, 800, 814
Pastoral Letters (OE)*: 11f, 59.5, 65.5, 363, 644
*Pater noster**: 11, 322
Prayers: 11*
Vita S. Æthelwoldi [BHL 2646]: 885.3
'Aesopus' (Hexametrical *Romulus*): 664
Æthelbald, king of Mercia, note on death of: 385
Æthelstan, king, poems on: 220, 342, 362
Æthelweard, ealdorman, *Chronicon*: 349f
Æthelwold, bishop of Winchester: *see under* Benedict of Nursia; *Regularis
  concordia*
Æthelwulf: *see* Ædiluulf
Aethicus Ister, *Cosmographia* [CPL 2348]: 386, 439, 839; pseudo-Aethicus: *see*
  Iulius Honorius
affinity of kinship, tables of: 629; *see also* 389
Ages of Man, encyclopedic note on: 56, 90, 385, 398, 401, 451, 882, 913
Ages of the World, encyclopedic note on: 55*, 56, 65.5+*, 90, 304+*, 363, 380, 385,
  389*, 411*, 435*, 451, 500*, 637–638**, 882
Agroecius, *Ars de orthographia* [CPL 1545]: 69.5
Alan of Farfa, *Homiliarium*: 423.9f, 763.1e
Alcuin
  Carmina: 67e, 417e, 418e, 765e, 784.5e, 829.6 (?), 903e, 919.3e, 940.5e
  Compendium in Canticum canticorum: 461, 919.3e
  De animae ratione: 467, 749.5, 940.5
  De dialectica: 67, 784.5
  De fide sanctae et indiuiduae Trinitatis: 34.1f, 467, 520.5f, 749.5, 940.5
  De orthographia: 69f, 438f
  De sacramento baptismatis [*Epist*. cxxxiv]: 475
  De Trinitate ad Fredegisum quaestiones .xxviii.: 749.5, 940.5
  De uirtutibus et uitiis: 340e* ['Iudex'], 363e*, 389°, 783

Epistolae: 59e, 73e, 368, 383, 417, 467e, 511, 808.7f, 940.5e
Expositio in Ecclesiasten: 418, 734f
Expositio in Euangelium Iohannis: 152.7f
Interrogationes Sigewulfi in Genesin: 541
see also under Ælfric of Eynsham
pseudo-Alcuin
    Comm. in Canticum canticorum ('Vox ecclesie'): 418
    Liber quaestionum in euangeliis [*CPL* 1168, *BCLL* 1267]: 268f
    monitory poems [SK 7810, 10988]: 12, 478
    Vita prima S. Iudoci [*BHL* 4504]: 925.5
    and see also pseudo-Columbanus; pseudo-Smaragdus
Aldhelm
    Carmen de uirginitate [*CPL* 1333]: 12, 82, 542, 584, 661
    De uirginitate (prose) [*CPL* 1332]: 93°, 458°, 462, 464°, 466°, 473, 509, 545, 613°, 707°, 806°, 857f°
    Enigmata [*CPL* 1335]: 12, 478, 489, 661, 845, 850f
    Epistola ad Acircium [*CPL* 1335]: 850f, 903e
    Epistola ad Heahfridum [*CPL* 1334]: 329, 464, 473, 613°, 707f
Aldhelm**: 93
Alexander the Great, texts relating to
    pseudo-Callisthenes, *Historia Alexandri* [*Epitome Iulii Valerii*]: 481
    Epistola Alexandri ad Aristotelem (Latin): 481; *Letter of Alexander to Aristotle* (OE)*: 399
    Epitaphium Alexandri [WIC 14648]: 481
    Letters of Alexander and Dindymus: 481
    Recapitulatio de Alexandro: 481
Alfred, king of Wessex
    OE version of Augustine, *Soliloquia**: 363e
    OE version of Boethius, *De consolatione Philosophiae**: 347, 555.5, 643f
    OE translation of Gregory, *Regula pastoralis**: 14, 37, 180, 353f, 375f, 626
    OE translation of Psalms I–L*: 891
    two poems addressed to King Alfred [SK 302, 4458]: 794
    will* of: 500
    see also laws of the Anglo-Saxon kings
Alleluia, texts concerned with: 91*, 378, 381, 401, 526
alphabets and letters
    Anglo-Saxon: 70, 417f, 464.9, 657
    Greek: 12, 123, 230, 254, 258, 272, 281.3, 329.5, 398, 432.5, 538, 914
    Hebrew: 98, 230, 258, 306.5, 329.5, 381, 398, 914
    runic: 258, 330, 398, 432.5, 914

alphabet of Aethicus Ister: 688
alphabet in cyphers: 654
'alphabet of Nemnivus': 538
alphabet with Old English sentences: 380*
interpretations of alphabets: 223, 230, 254, 281.3, 306.5, 380*, 914
Versus cuiusdam Scotti de alphabeto [SK 12594]: 12, 478, 661
Altercatio duorum geometricorum: 615
Amalarius of Metz
    Liber officialis: 40e*, 59e, 61, 73e, 174, 174e, 394e, 741, 803, 925e
    Eclogae de ordine Romano (?): 73, 814, 914
    Institutio beati Amalarii (excerpts from *Liber officialis*): 59, 925
pseudo-Amalarius, *Regula canonicorum*: *see under* capitularies (*Institutio canonicorum*)
Ambrose
    De Abraham patriarcha [CPL 127]: 227e
    De apologia prophetae Dauid [CPL 135]: 246.8, 550.5, 799, 832
    De bono mortis [CPL 129]: 227, 544
    De excessu fratris [CPL 157]: 227, 550.5, 606, 799
    De fide [CPL 150]: 146.5, 593, 594.5, 605, 739
    De fuga saeculi [CPL 133]: 544
    De Iacob et uita beata [CPL 130]: 544
    De incarnationis dominicae sacramento [CPL 152]: 146.5, 593, 605, 739
    De Ioseph patriarcha [CPL 131]: 227, 550.5, 606, 799
    De Isaac et anima [CPL 128]: 544
    De mysteriis [CPL 155]: 246.8, 426, 434.5, 596, 881
    De Nabuthae [CPL 138]: 162.1, 227, 463
    De obitu Theodosii [CPL 159]: 162.1, 463
    De obitu Valentiniani [CPL 158]: 227, 544
    De officiis ministrorum [CPL 144]: 543
    De paenitentia [CPL 156]: 20.1, 227, 550.5, 606, 799
    De paradiso [CPL 124]: 227f, 544
    De patriarchis [CPL 132]: 227, 550.5, 606, 799
    De sacramentis [CPL 154]: 426, 434.5, 596, 881
    De Spiritu Sancto [CPL 151]: 146.5, 246.8e, 593, 594.5, 605, 739
    De uiduis [CPL 146]: 175.5, 596, 599, 881
    De uirginibus [CPL 145]: 175.5, 596, 599, 881
    De uirginitate [CPL 147]: 175.5, 596, 599, 881
    De utilitate et laude sancti ieiunii [CPL 137]: 434.5
    Epistulae [CPL 160]: 162.1, 463, 550.5e, 799e
    Epistula ad Vercellensem ecclesiam [extra collectionem xiv (lxiii)]: 544, 581, 595.5

Exameron [*CPL* 123]: 20, 61.5, 194, 778
Exhortatio uirginitatis [*CPL* 149]: 175.5, 596, 599, 881
Expositio de Psalmo CXVIII [*CPL* 141]: 175.1f, 653.2e
Expositio euangelii secundum Lucam [*CPL* 143]: 162
excerpts from Ambrosian works: 516e
pseudo-Ambrose
    De dignitate sacerdotali [*CPL* 171a]: 434.5, 653.2
    De SS. Protasio et Geruasio [= *Epist.* ii] [*BHL* 3514]: 162.1, 463
    Fides S. Ambrosii: 392
Ambrosiaster
    Comm. in .xiii. Epistulas Paulinas [*CPL* 184]: 594
    Quaestiones .cxxvii. Veteris et Noui Testamenti [*CPL* 185]: 706.5, 730
Ambrosius Autpertus
    Admonitio (excerpt from *De conflictu uitiorum et uirtutum*) [pseudo-Fulgentius]: 41, 363°
    De conflictu uitiorum et uirtutum: 519
    Sermo de cupiditate: 112
Andreas**: 941
Anglo-Saxon Chronicle*
    A-version (the 'Parker Chronicle'): 52
    B-version: 364
    C-version: 370.2
    D-version: 372
    F-version: 328
    G-version: 357f
animal names, list of: 490; *and see also* Voces animantium
Annales Cambriae: 439
annals of Christ Church, Canterbury⁺*: 411
annals (Latin), miscellaneous: 26
annals, Northumbrian: 856
Anonymus ad Cuimnanum, Expossitio Latinitatis [*CPL* 1561c]: 933
Ansegisus of Fontenelle: *see under* capitularies and related texts
Anselm of Canterbury
    Cur Deus magis assumpserit: 157.7
    Epistolae: 157.7, 342.2f
    Monologion: 157.7f
    Proslogion: 157.7
    Repetitio (of *Proslogion*): 157.7
Anso of Lobbes, *Vita S. Ermini* [*BHL* 2614]: 796.6f
antiphons: 155, 174, 389, 425, 548.1, 583, 848f, 919.3

antiphoners (Office antiphoners): 216.3f, 242.5, 277f, 307.2f, 610f, 663f, 666f, 675f, 777f, 873f, 873.3f, 873.5f, 874, 875.1.3f
Antonius Musa, *De herba uettonica*: 402*, 527, 549, 633*, 831.4
Apocalypse of Thomas: *see* apocrypha, biblical
apocrypha, biblical:
    Abgar, king, letter of Christ to: 333, 450
    Apocalypse of Thomas*: 39
    Book of Enoch: 459e
    Gospel of Nicodemus: 459f, 930.5; in OE translation: 15*, 39*
    Letters from Evax to Tiberius: 633
*Apollonius of Tyre**: 65.5
Ap(p)onius, *Expositio in Canticum canticorum* [*CPL* 194]: 802
Apostles, burial places of: 223
Apostles' Creed: *see* creeds, and Note on p. 937
apophthegms: *see* maxims
pseudo-Apuleius
    Herbarius: 402*, 421*, 527, 549, 633*, 831.4
    Peri hermeneias: 67f, 784.5
Arator
    Historia apostolica [*CPL* 1504]: 12, 175, 280f, 488, 523.5f, 620.6f, 660f, 890f
    poems on Arator [SK 17136, 177]: 12, 488
Aratus of Soli, *Phainomena*: 186e; *and see under* Cicero, *Aratea*; Germanicus, *Aratea*
Aristotle
    Categoriae, in Latin translation by Boethius: 200.5
    De interpretatione, in Latin translation by Boethius [*CPL* 883]: 269.1f
arithmetic: *see under* Boethius; Martianus Capella
astronomy, texts and illustrations: 1.5, 186, 230, 373, 398, 423, 428.4, 450*, 483, 490, 919.3; *see also* Abbo of Fleury; Aratus of Soli; *De nominibus stellarum*; Hyginus; Martianus Capella; pseudo-Priscian, *Carmen de sideribus*; Ptolemy; stars
Athanasius
    Epistula ad Luciferum [*CPL* 117]: 552
    Libellus (?): 11.8
    Vita S. Antonii, trans. Evagrius [*CPG* 2101; *BHL* 609]: 761
    and see Quicumque uult (Athanasian Creed)
Atticus of Constantinople (?), *Epistula formata*: 254, 272, 671
Atto of Vercelli
    De pressuris ecclesiasticis: 383e
    Ecclesia sponsa: 59e
Audax, *De Scauri et Palladii libris excerpta*: 809.9e

894   Index of authors and texts

Augustine of Canterbury: *see under* Gregory the Great
Augustine of Hippo
   Ad inquisitiones Ianuarii [= *Epist.* liv, lv]: 20.1
   Confessiones [CPL 251]: 163, 434, 456.8, 603, 697
   Contra aduersarium legis et prophetarum [CPL 326]: 164, 729
   Contra Faustum Manichaeum [CPL 321]: 550
   Contra Iulianum [CPL 351]: 283, 551, 738
   Contra mendacium [CPL 304]: 164, 441.3f, 595.5, 600
   De adulterinis coniugiis [CPL 302]: 164, 506, 729
   De agone Christiano [CPL 296]: 689, 710
   De baptismo contra Donatistas [CPL 332]: 456.4
   De ciuitate Dei [CPL 313]: 53e, 236, 587, 760.3f; *see also under* Lanfranc
   De consensu Euangelistarum [CPL 273]: 320f, 553
   De correptione et gratia [CPL 353]: 722, 805.5
   De cura pro mortuis gerenda [CPL 307]: 164, 441.3f, 595.5
   De decem chordis [= *Sermo* ix]: 227
   De dialectica (?): 67
   De disciplina Christiana [CPL 310]: 418, 710, 717, 750.5
   De diuersis quaestionibus .lxxxiii. [CPL 289]: 158, 750
   De doctrina Christiana [CPL 263]: 717
   De dono perseuerantiae [CPL 355]: 722, 805.5
   De excidio urbis Romae [CPL 312]: 20.1
   De fide et symbolo [CPL 293]: 20.1
   De Genesi ad litteram [CPL 266]: 222.8f, 271, 720, 728f
   De Genesi contra Manichaeos [CPL 265]: 271
   De gratia et libero arbitrio [CPL 352]: 689, 722, 805.5
   De gratia Noui Testamenti [= *Epist.* cxl]: 710
   De haeresibus [CPL 314]: 163, 439f
   De libero arbitrio [CPL 260]: 717
   De magistro [CPL 259]: 475
   De mendacio [CPL 303]: 164, 595.5
   De natura boni [CPL 323]: 710, 717
   De natura et gratia [CPL 344]: 722, 805.5
   De natura et origine animae [CPL 345]: 164, 600, 729
   De nuptiis et concupiscentia [CPL 350]: 283, 551, 738
   De octo Dulcitii quaestionibus [CPL 291]: 246.8, 266.5, 717, 750.5
   De orando Deo [= *Epist.* cxxx]: 583, 742, 750.5
   De ordine [CPL 255]: 865.4f
   De ouibus [= *Sermo* xlvii]: 456.4
   De paenitentibus [= *Sermo* cccxciii] (?): 246.8, 750.5

De pastoribus [= *Sermo* xlvi]: 456.4
De peccatorum meritis et remissione et de baptismo paruulorum [*CPL* 342]: 456.4
De perfectione iustitiae hominis [*CPL* 347]: 722, 805.5
De praedestinatione sanctorum [*CPL* 354]: 722, 805.5
De quantitate animae [*CPL* 257]: 717
De sacramentis altaris [= *Sermo* lii] [*CPL* 284 (p. 111)]: 251.5
De spiritu et littera [*CPL* 343]: 456.4
De Trinitate [*CPL* 329]: 30.7f, 67e, 163.5, 255f, 651.5f
De uera religione [*CPL* 264]: 164, 717
De uidendo Deo [= *Epist.* cxlvii]: 581
De unico baptismo contra Petilianum [*CPL* 336]: 456.4
De utilitate agendae paenitentiae [= *Sermo* cccli] [*CPL* 284 (p. 121)] (?): 20.1, 246.8, 750.5
De utilitate credendi [*CPL* 316]: 20.1, 710
Enarrationes in Psalmos [*CPL* 283]: 170, 171, 188.8e, 212.5f, 231, 232, 281.3e, 457.4, 619, 620, 692e, 792f, 937.5f, 944.5e
Enchiridion [*CPL* 295]: 132, 188, 512, 653f, 742, 751f, 794.5, 875.7f, 919.3
Epistulae [*CPL* 262]: 20.1e, 163.5e, 167, 235, 266.5e, 544e, 551e, 581e, 583e, 722e, 738e, 750.5e, 799.5e, 801e
In Ioannis epistulam ad Parthos tractatus .x. [*CPL* 279]: 168, 440.5f, 456.6, 602, 716, 783
Oratio in librum de Trinitate [*CPL* 328] (?): 137
Quaestiones Euangeliorum [*CPL* 275]: 27e
Retractationes [*CPL* 250]: 20.1e, 163e, 163.5e, 236e, 263, 271e, 434e, 456.8e, 553e, 573, 587e, 603e, 697e, 710e, 713
Sermones [*CPL* 284]: 20.1e, 204, 215e, 227e, 243.5f, 246.8, 251.5, 266.5e, 456.4e, 521.2f, 544e, 559, 595e, 717, 750.5, 783e, 936.2f
Sermones .lxiv. de uerbis Domini: 559, 936.2f
Soliloquia [*CPL* 252]: 450e, 752, 808; *see also under* Alfred (OE version of Augustine, *Soliloquia*)
Tractatus in Euangelium Ioannis [*CPL* 278]: 165, 233, 234, 453.8, 563, 618, 652.3f, 711, 759.1
excerpts from Augustine's writings: 281.3, 516, 581, 918
see also Florus of Lyon; Possidius; Prosper of Aquitaine
pseudo-Augustine
Categoriae decem ex Aristotele decerptae [*CPL* 362]: 67, 200.5f, 795
Contra sermonem Arianorum (from Syagrius, *Regulae definitionum* [*CPL* 560]) [*CPL* 702]: 164, 729
De Antichristo quomodo et ubi nasci debeat: 330.5

De essentia diuinitatis [CPL 633 (pseudo-Jerome, *Epist. supp.* xiv)]: 246.8, 690
De symbolo: 801
De unitate S. Trinitatis [CPL 378]: 188.8, 460f
Dicta S. Augustini: *see under* Remigius of Auxerre
Expositio de secreto gloriosae incarnationis Domini nostri Iesu Christi [CPPM II, no. 195]: 180e
Hypomnesticon [CPL 381]: 246.8e, 426, 805.5
Sermones: 20.1, 175.5, 180e, 204, 215, 246.8, 521.2f, 559, 717e, 750.5, 783, 814, 889e
Sermo Ariani cuiusdam [CPL 701]: 164, 729
Sermo contra Arianos, Iudaeos et paganos: *see under* Quodvultdeus
Sermo de fide [= *Sermo* ccclxxxix]: 20.1
Sermo .i. de uerbis apostoli: 559
pseudo-Augustine and pseudo-Orosius, *Dialogus quaestionum .lxv.* [CPL 373a]: 266.5, 271, 571, 742, 750.5
Aurelianus, Caelius: *see* medicine, *Liber Aurelii*
Ausonius
Eclogae: 1.5e, 258e, 493e
Ephemeris [SK 11338]: 27e
Epigrammata: 493e
Technopaegnion: 27e
Avianus, *Fabulae*: 252, 535, 664
Azarias**: 257

B. (?Byrhthelm)
Letters to archbishops of Canterbury: 368, 383
Vita S. Dunstani [BHL 2342]: 323, 781f, 928
badger: *see De taxone liber*
Balbus, *Ad Celsum expositio et ratio omnium mensurarum*: 185
'Bald's Leechbook'*: 479
baptismal office, commentary on: 475
Basil, *Homiliae super psalmos*, trans. Rufinus [CPG 2836]: 759.5f
Bede
Aenigmata [SK 11204]: 12
Comm. in Parabolas Salomonis (*In Prouerbia Salomonis*) [CPL 1351]: 604f, 760
De arte metrica [CPL 1565]: 442.4f, 489e, 765, 784e
De natura rerum [CPL 1343]: 326e, 483, 611e
De orthographia [CPL 1566]: 69, 438, 809.9e
De schematibus et tropis [CPL 1567]: 418.8f, 765

Index of authors and texts   897

De tabernaculo [*CPL* 1345]: 571, 580, 690, 749, 875.4
De templo Salomonis [*CPL* 1348]: 133
De temporibus [*CPL* 2318]: 373e, 451e, 483
De temporum ratione [*CPL* 2320]: 85, 384, 432.5e, 478.5, 483, 492, 521.7f, 744, 784e, 818f, 856f, 902e
Epistola ad Wicthedum de paschae celebratione [*CPL* 2321]: 85, 478.5, 483
Expositio Apocalypseos [*CPL* 1363]: 1, 225, 506, 685
Historia abbatum [*CPL* 1378]: 433
Historia ecclesiastica [*CPL* 1375]: 25, 56e, 75f, 181, 238, 293.5, 312.1e, 367, 377, 401e, 410.5f, 427e, 487, 508e, 555, 609e, 614e, 630, 759, 808.0e, 835e, 846, 856.2f, 863f, 885.3e; saints' Lives excerpted from the *Historia ecclesiastica*: Æthelthryth: 885.3; Aidan: 614; Birinus: 609, 885.3; Cuthbert: 885.3; Furseus: 351; Oswald king and martyr: 614, 885.3; *Historia ecclesiastica* in OE ('Old English Bede')*: 22, 39, 330e, 357f, 668f, 673f
Homiliae in Euangelia [*CPL* 1367]: 274, 433e; *and see also* Paulus Diaconus, *Homiliarium*
In libros Regum quaestiones .xxx. [*CPL* 1347]: 133
In librum beati patris Tobiae allegorica expositio [*CPL* 1350]: 627
In Lucae euangelium expositio [*CPL* 1356]: 134, 557, 706, 831.2f
Nomina regionum atque locorum de Actibus Apostolorum [*CPL* 1359]: 601
Super Canticum Abacuc allegorica expositio [*CPL* 1354]: 133
Super Epistulas catholicas expositio [*CPL* 1362]: 11.5, 607, 681
Versus de die iudicii [*CPL* 1370]: 12, 190f, 280e, 326, 493, 750, 890; *and see also Judgement Day II***
Vita S. Cudbercti (prose) [*CPL* 1379; *BHL* 2019]: 56, 312.1, 401, 427, 546f, 586f, 614f, 885.3
Vita S. Cudbercti (verse) [*CPL* 1380; *BHL* 2020]: 56, 401, 419, 427, 546, 586e, 614, 791.9f, 815, 882, 913

pseudo-Bede
    De quindecim signis ante diem iudicii: 330.5
    De sex dierum generatione: 808.0
    Homily for All Saints' Day: 508.5
    Quaestionum super Genesin dialogus (Wigbod): 791.6f, 808.0
Benedicite, commentary on: 677.6
Benedict of Aniane: *see Memoriale qualiter*
Benedict of Nursia
    Regula S. Benedicti [*CPL* 1852]: 29, 41, 55, 101f, 189, 248, 363º, 363e, 379, 440, 631, 672, 758f; *and see also* Adrevald of Fleury; Simplicius; Smaragdus

'Benedictine Rule in OE' (trans. Æthelwold)*: 55, 248, 262ef, 363e, 379, 672, 758f
'Benedictine Office'+*: 65.5, 644
benedictionals: 46, 202f(?), 214.3, 259f, 286f, 301, 302f, 314f, 400, 429, 504.3f, 585, 774.3, 879, 880, 896, 914, 922, 923; inscription for a benedictional: 314*
benedictions (not included in benedictionals): 4, 51, 59, 70, 104, 111, 223, 406.5, 500, 583, 808.0, 914
Beowulf**: 399
Berengar of Tours, *Conuersio Berengarii* (from Gregory VII, *Registrum* VI.17a): 17, 179
Berengaudus, *Comm. in Apocalypsin*: 155.5, 739.5f, 747.5f
Bernold of Constance, *Micrologus de ecclesiasticis obseruationibus*: 73
Bible
    complete (or presumably originally complete) Bibles: 121f, 126f, 217, 245f, 249f, 265.5e, 270, 289f, 410e, 448e, 449, 498.5f, 501.3f, 645.5f, 646f, 765.1f, 825, 934; *and see also* florilegia
    Old Testament (books in incomplete Bibles or copied individually):
        Genesis: 173e
        Leuiticus: 249f
        Numeri: 498.5f, 646f
        Deuteronomium: 646f
        Hexateuch: *see* Ælfric of Eynsham
        Heptateuch: 818.3f
        Samuhel: 265.5
        Regum: 265.5, 293f
        Ezras: 305.5
        Tobias: 583
        Iob: 305.5, 453.6, 840.5
        Psalmi: *see* Psalter manuscripts
        Prouerbia Salomonis: 389º, 410f, 919.3
        Ecclesiastes: 410, 919.3
        Canticum canticorum: 212.2, 289f, 410, 456.6, 919.3
        Sapientia: 289f, 410, 919.3
        Ecclesiasticus: 293f, 410f, 470e, 501.3f
        Isaias: 265.5
        Hieremias: 265.5
        Hiezechiel: 6e, 265.5
        Danihel: 126f, 265.5
        Prophetae minores: 121f, 173e, 265.5, 538e [Greek and Latin], 811ef
        Macchabeorum: 245f

New Testament: 827.6
    gospels: *see* gospelbooks; gospel harmony; gospel lectionaries; Mass lectionaries
    Euangelium Iohannis: 380e
    Actus Apostolorum: 448f, 654 [Greek and Latin], 665, 827.6
    Epistulae Pauli: 173, 212.2, 524.8, 676, 827.6, 892f
    Epistulae catholicae: 827.6
    Apocalypsis Iohannis: 212.2, 456.6, 528.1, 827.6

biblica uaria
    biblical commentaries, exegesis and glosses, anonymous or not identified: 699, 792, 808.0e, 808.2; *and see also* commentaries by named authors
    Decalogus Moysi, with exposition: 800
    Psalmi: 451, 909
    Canticum canticorum: 461, 474.6f, 498.7, 919.3 [from Alcuin]
    encyclopedic notes on books of the Bible and the number of Psalms: 56, 90, 385, 451, 882
    gospels: 808.0, 808.2
    Euangelium Matthaei: 520.2f, 903
    Epistulae Pauli: 782; *Epistula ad Colossenses*: 538e
    biblical names, their etymologies and interpretations: 63, 213, 214, 220f, 230, 281.3f, 893, 907; *see also* Eusebius of Caesarea; Jerome

Bibliotheca magnifica de sapientia [SK 9505]: 12
Bili of Alet, *Vita S. Machuti* [BHL 5116a]: 348f*, 482
birds: *see cantus auium*
bishops, Anglo-Saxon, lists of
    archbishops of Canterbury: 364, 411
    bishops of Sherborne: 879
    bishops of Winchester: 304
    bishops of several dioceses: 44, 52, 56, 373, 385
bishops, of Alexandria, Antioch, Jerusalem (including high priests): 373
Blickling Homilies*: 905
blood-letting, note on*: 914
Boethius
    De consolatione Philosophiae [CPL 878]: 12, 12e, 23, 68°, 193, 392e, 408f, 613.9f, 671, 678f, 776, 823, 829, 886, 887, 908; with *accessus*: 533, 899, 901; *see also under* Alfred (OE version of Boethius); Lupus of Ferrières; Remigius of Auxerre
    De differentiis topicis [CPL 889]: 677.6e
    De institutione arithmetica [CPL 879]: 97, 669.4, 790.5, 886
    De institutione musica [CPL 880]: 72e, 784

In categorias Aristotelis [*CPL* 882]: 269.1f
In Topica Ciceronis [*CPL* 888]: 677.6
Latin translation of Aristotle, *Categoriae*: 200.5f
Latin translation of Aristotle, *De interpretatione* [*CPL* 883]: 269.1f
Latin translation of Porphyrius, *Isagoge*: 67
second commentary on the *Isagoge* [*CPL* 881]: 67
theological tractates (*Quomodo Trinitas* [*CPL* 890], *Utrum Pater et Filius* [*CPL* 891], *Quomodo substantiae* [*CPL* 892], *Contra Eutychen et Nestorium* [*CPL* 894]): 67
Vitae Boethii: 533 [*Vita III*], 671 [*Vitae III–V*]
pseudo-Boethius, *De geometria*, bk. I [*CPL* 895]: 185, 615
Boniface
acrostic poem [SK 8331] (?): 845
Aenigmata [*CPL* 1564a]: 1.5, 12
Ars grammatica [*CPL* 1564b]: 849.3f
Epistolae: 346f; OE Letter to Eadburg: 359+*
booklists: 100*, 217, 326*, 529.1*, 555, 667, 774, 829.8
Breton glosses: 81, 538
breviaries and *portiforia*: 104, 241.5f, 301.5f, 498f
Burchard of Worms, *Decretum*: 317
Burginda, Letter of: 802
burial Office: 583e
burial places of the Apostles [*BHL* 651]: 827.6
Byrhtferth of Ramsey
Enchiridion+*: 26e, 526
Vita S. Ecgwini [*BHL* 2432]: 344
Vita S. Oswaldi [*BHL* 6374]: 344
Byzantine emperors, list of: 384

Caesarius of Arles
Epistola ii [*CPL* 1010]: 699
Expositio in Apocalypsim [*CPL* 1016]: 409, 628, 685, 801
Sermones [*CPL* 1008]: 215e, 555ef, 559e, 574e, 583e, 690e, 710e, 800e, 808e, 808.2e, 814e, 914e
calendars
liturgical: 26, 30.5f, 36, 104, 111, 186, 248, 291, 304, 306, 342, 380, 398, 400, 407, 411, 478.5, 585, 611, 617, 637–638, 641, 740, 791f, 855.5f, 888, 895f, 897, 912, 921, 944.8 [calendar of Rome]
metrical: 334, 337, 373, 641e; 'Metrical Calendar of York': 385f, 914f; OE Metrical Calendar (mistakenly called *Menologium*)**: 370.2
pseudo-Callisthenes: *see* Alexander the Great

Index of authors and texts   901

'Cambridge Songs': 12
canon law collections, papal decretals and church councils
    Canones Adamnani [*CPL* 1792; *BCLL* 609]: 361, 629
    Canones Apostolorum: 272, 601.5
    Canones Wallici [*CPL* 1880; *BCLL* 995]: 361, 629
    Collectio canonum Dionysio-Hadriana: 629
    Collectio canonum Hibernensis [*CPL* 1794; *BCLL* 612–13]: 59e, 81e, 361, 459e, 520.4f, 629
    Collectio canonum uetus Gallica [*CPL* 1784a]: 808.0e
    Collectio Lanfranci: 43, 144, 179, 258.3e, 265, 272e, 388, 601.5 (Concilia only), 712
    Collectio Sanblasiana: 836
    'Excerpts from the Fathers' [*BCLL* 610]: 81
    Liber ex lege Moysi [*CPL* 1793; *BCLL* 611]: 81, 361
    Quadripartitus: 592
    Sinodus episcoporum ('First Synod of St. Patrick') [*CPL* 1102]: 81
    various texts and excerpts: 59, 73, 81, 179, 388, 583.3, 592, 644, 808.1
    see also councils and synods; papal decretals; papal letters; penitential literature; Atticus of Constantinople; *and also* Ælfric of Eynsham, Pastoral Letters; Burchard of Worms; *Decretum Gelasianum de libris recipiendis et non recipiendis*; Egbert, *Dialogus ecclesiasticae institutionis*; Lanfranc; Patrick, *Epistola ad episcopos*; Wulfstan the Homilist, Canon Law Collection
cantatorium (troper): 116, 597
Canterbury, St Augustine's, privileges for: 387
Canterbury, archbishops, Memorandum on their primacy: 342.2; letters and poems to tenth-century archbishops of Canterbury: 368, 383
canticles (for the daily Offices): 4°, 77, 104, 106, 148, 150f, 212.7f, 291°, 304°, 306, 333e, 334, 381°, 407f°, 425, 430, 450e°, 451°, 499°, 517°, 538 [Greek and Latin], 617, 655, 740°, 754, 790f, 842.5, 891, 912, 920, 939; *see also* Monastic canticles and the Note on p. 937
cantus auium: 439
Caper, *De orthographia*: 69.5
Capitula de miraculis et translationibus S. Cuthberti: 614ef
capitularies and related texts
    Acta praeliminaria of the Council of Aachen (816): 926
    Admonitio generalis (789): 73e, 808.0, 925e
    Ansegisus, *Capitularium collectio*: 73e, 629e; *and see* 'De festiuitatibus anni'
    Capitula incerti anni: 808.0
    Capitulare monasticum (818/819?): 29, 41, 363, 379, 440
    'De festiuitatibus anni' (Ansegisus, *Capitularium collectio* II.33 = Council of Mainz [813] canon XXXVI): 41, 363, 379, 440

Duplex capitulare missorum: 808.0
Gerbald of Liège, First Capitulary: 73, 592, 879, 896, 922, 925
Institutio canonicorum (Aachen Council of 816): 73e, 644e* [trans. Wulfstan], 814e, 925e
excerpts from capitularies: 73e, 925e
Carmen de ponderibus: *see* Remigius Favius
Carmen de sideribus: *see* pseudo-Priscian
Carolingian rulers, lists of: 384
cartularies: 344.5f, 366
Cassian (Iohannes Cassianus)
Conlationes [CPL 512]: 173e, 627e, 700e, 834.5
De institutis coenobiorum [CPL 513]: 152ef, 528
excerpts from the writings of Cassian: 516
Cassiodorus
De anima [CPL 897]: 581
De computo paschali (?): 311
De orthographia [CPL 907]: 69.5
Expositio psalmorum [CPL 900]: 77e, 154f, 212.4.2f, 237 (breviate version), 381e, 822f (breviate version)
Historia tripartita: *see* Socrates, Sozomen and Theodoretus
Institutiones [CPL 906], bk. I: 263, 573, 713; bk. II: 185e
'Cato'
Cato nouus: 252f, 664
Disticha Catonis: 12, 190f, 389f, 664f°; (in OE) 182*; *see also* Remigius of Auxerre
Monosticha Catonis [SK 16936]: 120e
'Celtic capitella': 333
pseudo-Censorinus, *De geometria*: 185e
chants: *see under* Office
Charlemagne
Epistola generalis (preface to Paulus Diaconus, *Homiliarium*): 672.5
Letter to Michael Palaeologus: 417
charms (Latin): 39, 395.5, 411, 421, 432, 450, 541, 555, 642, 765
charms (OE)*: 39, 59, 102, 308, 333, 363, 407, 411, 421 [*Lacnunga*], 537, 642, 765, 914
charters (excluding all single-sheet documents): 212.8, 346f, 368.2, 382, 896; *see also* records
chrism mass *ordo*: 73; chrism service: 59, 814
Christ I (*Advent Lyrics*)**: 257
*Christ II***: *see under* Cynewulf

Christ III**: 257
Christ and Satan**: 640
Christ's body, encyclopedic note on length of: 380
Christ's Incarnation, encyclopedic note on: 56, 90, 451
Chrodegang of Metz, *Regula canonicorum* (enlarged version): 60, 206f, 288f, 808f; OE version of: 59.5e*, 60*, 206f*, 288f*
Chrysostomus: *see* John Chrysostom
Cicero
    Aratea: 186f, 373, 423, 428.4, 493f
    In Catilinam: 254
    Orationes Philippicae: 907.5
    Somnium Scipionis (from *De re publica*): 1.5, 536; *see also* Macrobius
    Topica: 677.6f; *see also* Boethius
pseudo-Cicero
    Synonyma: 541
    (and pseudo-Sallust), *Inuectiuae*: 1.5, 254, 439
pseudo-Clement, *Recognitiones*, trans. Rufinus [*CPG* 1015 (5)]: 692.5
collectars: 104, 212.3f, 223°, 380, 431
collects for Mass and Office: 118, 118.5f, 450
colloquies and conversational phrases: 583, 608, 686, 784; *see also* Ælfric Bata; Ælfric of Eynsham
colophons: 93, 232, 343*, 464, 531, 626, 688, 759, 815, 827.7, 831, 842.5*, 891, 894, 907, 909, 919.6
pseudo-Columbanus (pseudo-Alcuin), *Praecepta uiuendi* [SK 5960]: 12, 120, 324f, 488, 815, 890
Communis speculatio de rhetoricae et logicae cognatione: 677.6
computus
    computus materials in prose and verse, and computistical tables: 26, 30.5f [Welsh], 36, 70, 85, 104, 111(*), 186, 230, 258, 282, 304, 306, 311, 321.5, 326f, 333, 334, 337, 342, 363.2, 392, 398, 400, 404*, 407(*), 411(*), 432.5, 435, 439, 440, 478.5, 483, 490, 498.8f, 526, 538, 541, 583, 585, 611, 612, 617, 637–638, 740, 744, 808.0, 888, 897, 912, 919.3, 921
    'Canterbury Computus': 411, 611
    'Leofric-Tiberius Computus': 373, 585
    'Winchester Computus': 186, 304, 378f, 380, 407f
    see also Ælfric of Eynsham; Bede; Byrhtferth of Ramsey; Dionysius Exiguus; Helperic of Auxerre; Hermannus Contractus; Hrabanus Maurus
concilia: *see* councils and synods; Lanfranc, *Collectio Lanfranci*
confession and absolution, forms of

texts and excerpts: 59.5, 65.5, 90, 378, 393, 395, 395.5*, 432, 517°, 592, 879
    see also Handbook for a Confessor; penitential literature
confraternity agreements
    confraternity books: 295, 327, 500
    confraternity conventions and notes: 44*, 248, 380*, 405, 447, 879*
    formula-letters announcing the death of a monk or cleric: 41, 332, 879
Constantina, epigram for the basilica of St. Agnes [SK 2659]: 38, 680
consuetudinaries: *see* Lanfranc, *Constitutions*; *Memoriale qualiter*; *Regularis concordia*
Conuersio Berengarii: see Berengar of Tours
'Cornutus', Commentary on Persius, *Satirae*: 195, 493
coronation oath*: 322
coronation orders (for English coronations): 40, 46, 214.3, 302, 313, 585, 879, 896, 922, 923
cosmography: *see under* geography
councils and synods
    Africa (Carthage) (A.D. 424–5) [*CPL* 1765g]: 5f
    Orange (A.D. 441) [*CPL* 1779b]: 583.3
    Constantinople (A.D. 680): 316
    Rome (A.D. 721): 656e*
    Aachen (A.D. 816): *see* capitularies, *Institutio canonicorum*
    excerpts from councils: 592
    and see also canon law collections
councils and synods in England
    Chelsea (816): 383
    Clofesho (747): 346f
    Clofesho (803): 307.8
    Hertford (672) [from Bede, *Historia ecclesiastica* IV.v]: 383
    London (1074×1075): 153.5, 342.2
    Winchester (1070): 59, 376, 644
    Winchester (1072): 342.2
    Winchester (1076): 644
    Windsor (1070); 59
Creation: *see* Seven Days of Creation
creeds: 306, 334 [Greek], 392, 450°, 475, 500, 552, 644**, 654 [Greek], 808.0, 903;
    prose exposition of: 284; *see also* Ælfric of Eynsham; Apostles' Creed; *Quicumque uult* (Athanasian Creed); *symbolum* 'Clemens Trinitas' and the Note on p. 937
Cross, Holy
    dialogue before the Cross: 389
    Exaltatio S. Crucis: 885.5

Inuentio S. Crucis: 200, 869, 885.5f; (in OE): 117f*, 538.5*
  note on finding a piece of the Holy Cross: 364
cryptograms and cryptogrammatic writing: 178*, 380, 407+*, 583*, 654, 688
Curae ex hominibus: 549
Cynewulf
  Christ II**: 257
  Elene**: 941
  Fates of the Apostles**: 941
  Juliana**: 257
Cyprian
  Ad Quirinum Testimonia [*CPL* 39]: 311e, 459
  De bono patientiae [*CPL* 48]: 699
  De catholicae ecclesiae unitate [*CPL* 41]: 699
  De dominica oratione [*CPL* 43]: 595.5, 699
  De mortalitate [*CPL* 44]: 699
  De opere et eleemosynis [*CPL* 47]: 699
  Epistulae [*CPL* 50]: 297f
Cyprianus Gallus, *Pentateuchos* [*CPL* 1423]: 159

Damasus
  epigram for the basilica of St. Agnes [SK 4939]: 38, 680
  epigram on St. Paul [SK 7486]: 53, 827.6
pseudo-Damasus and pseudo-Jerome, Colloquy on celebrating Mass: 411*, 500+*
Damigeron, Lapidary (in Latin translation): 633
Daniel**: 640f
De actiua uita et contemplatiua: 383
De antiphonis: 73
De cibis: 498.1
De diuisione philosophiae: 784.5
De duodecim abusiuis saeculi [*CPL* 1106; *BCLL* 339]: 750
De ebrietate: 93
De ecclesiastica consuetudine (including excerpts from Amalarius, *Liber officialis*, and *Regularis concordia*): 59, 925
De ecclesiasticis gradibus: 59, 59.5*, 65.5*, 73, 223º, 644*, 800, 814; *see also* Severus
De ieiunio quattuor temporum: 814, 925
De initio creaturae*: *see* Ages of the World
De natiuitate S. Mariae: 17
De nominibus stellarum: 423, 428.4
De ordine missae: 73

De proprietatibus gentium: 435
De quattuor clauibus sapientiae [SK Suppl. 3716a]: 401, 903
De questione apostoli: 538
De raris fabulis (scholastic *colloquia*): 583, 686
De situ Babylonis (excerpts from Jerome and Orosius): 555, 759
De sole et luna: 428.4
De taxone liber: 402*, 421*, 549, 633*, 831.4
De tribulationibus: 59
De triginta argenteis (the thirty silver coins of Judas), note* on: 435
De uindictis magnorum peccatorum: 459
Decalogus Moysi, commentary on: *see biblica uaria*
Decreta pontificum: *see* canon law collections, papal decretals and church councils; Lanfranc, *Collectio Lanfranci*
Decretum Gelasianum de libris recipiendis et non recipiendis [CPL 1676]: 263, 573, 713, 749.5, 800, 808.2
Defensor of Ligugé, *Liber scintillarum* [CPL 1302]: 34.1, 59e, 470º
Deor**: 257
Devil's account of the next world*: 363
dialectic: *see* Alcuin; Augustine of Hippo; Martianus Capella
Didymus of Alexandria, *De Spiritu Sancto*, trans. Jerome [CPG 2544]: 266.5
Dies Aegyptiaci: 174, 186, 398, 404*, 421*, 483, 498.1 [*see also* the versions printed *in* Chardonnens (2007) 341–92]; *and see also* prognostics
'Diffinitio philosophiae': 493
Dionysius Exiguus
    Cyclus paschalis magnus [CPL 2284]: 26, 856
    Epistula de ratione paschae [CPL 2286]: 329.5f, 611
Dionysius Periegetes: *see* Priscian
pseudo-Dioscorides
    Liber medicinae ex herbis femininis: 402e*, 421e*, 527, 549, 633e*
    Curae herbarum: 402e*, 421e*, 633e*
Disciples of Christ, list of: 56, 373, 385
Disticha Catonis: *see under* 'Cato'
documents: *see* charters; manumissions; records
Domesday Inquest and related texts
    Great Domesday Book: 521.4–5
    Little Domesday Book: 521.4–5
    Exon Domesday: 256
    Domesday monachorum: 205.5
donation inscriptions: 15, 39+*, 174+*, 530*, 533+*, 534+*, 537+*, 585+*, 590+*, 937*; *and see also* Leofric of Exeter

Donatus, Aelius, *Ars maior*: 321, 829e; *see also Anonymus ad Cuimnanum*;
    'Einsiedeln Commentary'; Pompeius; Remigius of Auxerre; Sergius
Donatus, Tiberius Claudius, *Interpretationes Vergilianae*: 827.1e
Dream of the Rood**: 941
dreambooks: *see Somniale Danielis*
Dudo of Saint-Quentin, *Historia Normannorum*: 80f
'Dunchad' (Martin of Laon?)
    Commentary on Martianus Capella: 48, 96
    computistical note (?): 490
Dungal, *Epistolae*: 417e, 483e
Dunstan
    Carmina: 175e, 188, 538
    Letter to Dunstan: 879
    see also under Adelard of Ghent; 'B.'; Eadmer of Canterbury; Osbern of
        Canterbury
dyes, recipe for making: 342.3f

Eadmer of Canterbury, *Vita S. Dunstani* [BHL 2346]: 94e
ecclesiastical institutes[(*)]: 341
ecclesiastical vessels, list of*: 56
'Eddius Stephanus': *see* Stephen of Ripon
Edward, king and martyr, verses on: 427
Edward the Confessor, Letter to: 592
Egbert, archbishop of York
    Dialogus ecclesiasticae institutionis: 398
    works attributed to: *see* penitential literature; Wulfstan the Homilist
'Einsiedeln Commentary' on the *artes* of Donatus: 152.9f
Eligius of Noyon (?), *Testimonia diuinae Scripturae* [CPL 385]: 851.6
Ember Days, note on*: 656
Encomium Emmae reginae: 287
Ennodius
    Carmina [CPL 1490]: 513
    Dictiones [CPL 1489]: 513
    Epistulae [CPL 1487]: 513
Enoch, Book of: *see* apocrypha, biblical
Epaphroditus and Vitruvius Rufus, *Excerpta geometrica*: 185
Ephraem Syrus
    De compunctione cordis (in Latin translation): 510
    Sermones (in Latin translation): 2.8
    Vita S. Abrahae [BHL 12a, 12b]: 508

Epiphanius (?), *De mensuris et ponderibus* (in Latin translation) [*CPG* 3746]: 483
episcopal lists: *see* bishops, Anglo-Saxon
Epistola per hereseos: 498.9
Epitaphium Helpis (wife of Boethius) [SK 6193]: 193
Epitaphium Vitalis: *see under* Vitalis
Epitome Iulii Valerii: *see under* Alexander the Great
Ernulf of Beauvais and Rochester, *De incestis coniugibus*: 808.1
Eucharist: excerpts concerning: 676; miracle stories concerning: 749.5
Eucherius of Lyon
    Formulae spiritalis intelligentiae [*CPL* 488]: 516e, 947f
    Instructiones [*CPL* 489]: 385e
    excerpts from the writings of Eucherius: 516
Euclid in Latin translation: 185e, 615e
Eugenius of Toledo
    Carmina [SK 13222 = *Carm.* iv]: 538e
    Heptametron de primordio mundi [SK 12551] (?): 12, 829.8, 903
Eusebius of Caesarea
    Historia ecclesiastica, trans. Rufinus [*CPG* 3495]: 57, 61e, 137e, 768, 773.5f, 941.5f
    Onomasticon, trans. Jerome as *De situ et nominibus locorum Hebraicorum* [*CPG* 3466]: 230, 601
Eusebius (= Hwætberht of Monkwearmouth-Jarrow?), *Aenigmata* [*CPL* 1342]: 12, 478
Eusebius Gallicanus, *Sermones* [*CPL* 966]: 426e, 574e
pseudo-Eusebius Gallicanus, *Sermones* [*CPL* 966]: 783e, 800e
Eusebius Vercellensis, *De Trinitate* [*CPL* 105]: 552
Eutropius, *Breuiarium historiae Romanae*: 428.5; with additions and continuation by Paulus Diaconus (*Historia Romana*) [*CPL* 1181]: 79, 199
Eutyches, *Ars de uerbo*: 538f
Eutychianos, *Theophili Actus*, trans. Paulus Diaconus of Naples [*BHL* 8121]: 433.3
Evagrius: *see under* Athanasius
Evangelists, poem on [SK 9446]: 531
Excerptiones de Prisciano: 775, 902
excommunication, forms of: 46, 59.5, 73, 111, 376
Exhortation to Christian Living**: 65
exhortations, religious*: 28, 90
Exodus**: 640
exorcisms: 104, 111, 223, 450, 808.0; *see also* pontificals
Expositio hymnorum: 337º, 391º

expositions of the Mass
    'De officio missae': 73, 814
    'Dominus uobiscum': 475, 583, 741
    'Expositio officii sacrae missae': 59
    'Primum in ordine': 475, 635, 919.3
    see also liturgy: directions and expositions
Exultet [CPL 162]: 446

farming memoranda: 302.2
Fastidius (?), Admonitio [CPL 763]: 831.6
pseudo-Faustus of Riez: see Odo of Glanfeuil
Felix, Vita S. Guthlaci [BHL 3723; CPL 2150]: 88, 103, 434.5f, 456f, 484, 781f, 804; OE Life of St Guthlac*: 657, 941e
Ferrandus of Carthage, Ep. vii (Ad Reginum comitem) [CPL 848]: 112
Flavius Pancratius of Sardinia, Edict [in Greek]: 654
Flemish: see Old Flemish
Flodoard of Rheims, De triumphis Christi: 902.9
florilegia: 851.6; see also Heiric of Auxerre, Collectanea
Florus of Lyon, Comm. in Epistolas Pauli: 165.5, 560, 567.5
Folcard of Saint-Bertin, Vita S. Botuulfi [BHL 1428]: 434.5
formula letters: see confraternity agreements
formulas and directions for the use of confessors*: 90
Frankish kings, lists of: 70, 384, 486
Freculf of Lisieux, Historiae: 74, 485e, 694.5f, 724, 725
Fredegaud/Frithegod of Canterbury and Brioude
    Breuiloquium Vitae Wilfridi: 312, 805e, 843f, 890.5
    'Ciues celestis patrie' (lapidary poem) [SK 2326]: 12
    drinking verses (carmina potatoria) [SK 4819] (?): 805
Friday fasts, note on*: 363, 411, 451
Frontinus
    'De agrorum qualitate': 185e
    Strategemata: 428.5
Fulbert of Chartres
    Carmina: 230
    Epistolae: 230, 281.3
    Sermones: 175.5e, 230e, 281.3e
    tractatus: 230
Fulgentius of Ruspe
    Epist. viii (Ad Donatum) [CPL 817]: 246.8
    De fide ad Petrum [CPL 826]: 246.8

Fulk of Rheims, Letter to King Alfred: 290

Gaius, *Institutiones*, bk. I: 629
Galen
    Ad Glauconem de medendi methodo: 145
    Epistola de febribus: 498.1
    Liber tertius: 145, 184
    De podagra (?): 145
Gaudentius of Brescia, *Tractatus .xxi.* [*CPL* 215]: 215e, 669f
Gauzlin of Fleury
    Epitaphium Gauzlini [SK 12423]: 886
    Letter to King Robert II of France: 230
Gelasius I, pope: *see Decretum Gelasianum de libris recipiendis et non recipiendis*
genealogies of kings: *see* royal genealogies
Genesis (A and B)**: 640
Gennadius
    De uiris inlustribus [*CPL* 957]: 263, 573, 713; on Prudentius (*De uiribus inlustribus*, ch. xiii): 38, 70, 246
    Liber siue diffinitio ecclesiasticorum dogmatum [*CPL* 958]: 246.8, 475e, 787, 808.0; second recension [*CPL* 958a]: 749.5
geography and cosmography: *see* Aethicus Ister; Isidore, *Etymologiae*; Iulius Honorius; map of the world; Orosius (*Historiae*, bk. I); Priscian, *Periegesis*; Sigeric
geometry
    texts and collections: 185, 230, 615
    see also Altercatio duorum geometricorum; pseudo-Boethius; pseudo-Censorinus; Epaphroditus; Euclid; Radulf of Liège; Vitruvius Rufus; *and see further* weights and measures
Gerbald of Liège: *see under* capitularies and related texts
Germanicus, *Aratea*: 1.5
Gesta Ludouici imperatoris [SK 3866]: 252f
Gildas, *De excidio Britanniae* [*CPL* 1319; *BCLL* 27]: 396f
Glastonbury, list of abbots: 373
Gloria: 306, 500; notes and interpretations of: 378, 381; and see the Note on p. 937
Gloria**: 65.5, 644
glossaries and collections of glosses
    Latin and (wholly or partly) OE: 45, 56, 319, 326, 360, 377, 414, 436, 535, 541, 555, 775, 807, 824; *and see also under* Ælfric of Eynsham
    Latin-Latin: 93, 96, 98, 329.5f, 389, 435, 438, 775, 792f, 807, 902, 908; *and see also Liber glossarum*

Greek-Latin: 438, 541
  see also glossarial poems; *Hermeneumata pseudo-Dositheana*; *Scholica Graecarum glossarum*
glossarial poems on Greek medical terminology: 12, 765
Godeman of Winchester, prefatory poem to the 'Benedictional of St Æthelwold' [SK 12366]: 301
Goscelin of Canterbury
  Libellus contra usurpatores S. Mildrethae [BHL 5962] (?): 387
  Vita S. Æthelburgae [BHL 2630b]: 216
  Vita et miracula S. Augustini [BHL 777–80]: 387; *Translatio S. Augustini* [BHL 781]: 387
  Vita S. Deusdedit archiepiscopi [BHL 2153]: 387, 424
  Vita S. Hadriani abbatis [BHL 3740]: 387, 424
  Vita S. Honorii archiepiscopi [not in BHL]: 387, 424
  Vita S. Iusti archiepiscopi [BHL 4601]: 387, 424
  Vita breuior S. Kenelmi (?): 100e
  Vita S. Laurentii archiepiscopi [BHL 4741]: 387, 424
  Vita et miracula S. Letardi [BHL 4892]: 387; *Miracula S. Letardi*: 457
  Vita S. Melliti archiepiscopi [BHL 5896]: 387
  Vita et translatio S. Mildrethae [BHL 5960–1]: 348f, 387, 424, 439.3
  Vita S. Theodori archiepiscopi [BHL 8083]: 387, 424
  Vita S. Wulfhildae [BHL 8736b]: 216
gospelbooks: 19e, 21e, 28e, 63f, 83, 119f, 124f, 138, 149, 172, 213, 214, 218f, 219, 220f, 221f, 266f, 269f, 275f, 279, 281.5f, 290, 295, 299, 302.3f, 316.1f, 343°, 354f, 362, 368.2f, 374f, 413, 432e, 442.3f, 444, 445, 446, 447, 448f, 450e, 501, 521, 529, 530, 531°, 532e, 554, 645.5f, 647.5e, 677f, 688, 694, 754.8f, 761.5f, 770f, 774, 776.2, 794, 796, 798, 808.3f, 809, 812, 827.2f, 827.5, 827.7, 829.5, 830.5f, 831, 840f, 841, 842f, 848.6f, 848.7, 848.8f, 851, 853f, 854f, 859f*, 860, 861, 863.5, 864, 866.5, 877, 878, 893, 900, 904f, 906, 907, 919.6f, 930, 931f, 937, 940f, 945
gospels not in complete gospelbooks
  Luke: 21, 221f, 647.5, 664.5f
  John: 21, 165, 368.2f, 380e, 453.8, 501.2e, 647.5, 664.5f
gospel harmony: 640.1f, 827.6 [Tatian, *Diatessaron*]
gospel lectionaries: 118, 118.5f, 139, 248, 292f, 316.1f, 500f, 502f, 651, 827, 942f; see also Mass lectionaries
gospel lists and pericope notes: 106, 119, 149, 172, 220, 279, 290, 295, 362, 413, 447, 501f, 522f, 530, 554, 570.1e, 585, 809, 831, 866.5, 877, 942f, 945
gospel and epistle lists: 522f, 827.6, 944.8
gospels in OE ('West Saxon Gospels')*: 15, 44, 358f, 577, 621f, 859f; see also Passion story*

Gospel of Nicodemus: *see under* apocrypha, biblical
graduals: 30.8f, 132.3f, 216.4f, 251, 416f, 457.6f, 597, 668.7f, 872.8f, 874.3f, 936.9f;
see also sequences; tropers
grammar, anonymous texts and notes
    dialogue on declensions: 331, 414
    glossary of grammatical terms (Greek and Latin): 438
    grammatical notes: 7, 93, 182+*, 236, 435(*), 713, 765, 807, 882, 918
    grammatical treatises: 263e, 321 ('Iustus quae pars'), 336, 435 ('Beatus quid est'), 765 ('Anima quae pars')
    see also under Ælfric of Eynsham; Agroecius; Alcuin; *Anonymus ad Cuimnanum*; Audax; Bede; Boniface; Caper; Cassiodorus; Donatus; Eutyches; *Excerptiones de Prisciano*; Isidore; Martianus Capella; Phocas; Pompeius; Priscian; Sergius
Gratianus Augustus (Roman emperor), *Epistula ad Ambrosium* [cf. *CPL* 160 = the preface to Ambrose's *De Spiritu Sancto*]: 146.5, 593, 594.5, 605
Greek: *see* alphabets; creeds; glossaries; *Sanctus*; and nos. 12, 538, 654, 784, 903
Gregory of Nazianzus
    Orationes, trans. Rufinus [*CPG* 3010]: 714; *Oratio* ii (*Liber apologeticus*): 689; *Oratio* xvii (*De Hieremiae prophetae dictis*): 699
Gregory the Great
    Dialogi [*CPL* 1713]: 34, 208f, 510, 667, 715f, 818.7f, 856.1f, 924e, 937.3, 943.8f; OE translation of the *Dialogi* by Werferth*: 92, 207f, 359f, 632f
    Homiliae .xl. in Euangelia [*CPL* 1711]: 42e, 242, 255f, 379.3f, 418e, 439.3e, 566, 733, 767, 804.5f
    Homiliae in Hiezechielem [*CPL* 1710]: 6, 147, 247, 464.9e, 505, 558, 589, 760, 824.3f, 831.6, 911f, 944.5f
    Moralia in Iob [*CPL* 1708]: 166e, 188.8e, 241e, 453.6, 469.3, 564e, 668.5f, 677.3f, 691e, 704, 773.6e, 773.7e, 840.5e, 858f, 865.5f, 946.5e; *and see also* Adalbert of Metz; Laidcenn; Lanfranc
    Oratio de mortalitate [*CPL* 1714 (p. 557)]: 733
    Registrum epistularum [*CPL* 1714]: 17, 70f, 240, 272e, 469.5, 556, 714.8
    Regula pastoralis [*CPL* 1712]: 99, 261, 346f (abridged), 439.6f, 590, 598, 684, 742, 755.5, 771f, 800e, 833, 875.9, 894, 898.5e; *see also* Alfred (OE trans. of *Regula pastoralis*)
    Symbolum fidei [cf. *CPL* 1714 (p. 558)] (?): 17, 240, 392(?), 469.5, 556, 714.8
    see also Iohannes Diaconus; Paterius; *and* no. 844
Gregory and Augustine of Canterbury, *Libellus responsionum*: 90, 387, 565, 583.3e, 919.3e; *and see also* Bede, *Historia ecclesiastica* (I.xxvii)
pseudo-Gregory, *De iuramentis episcoporum*: 266.5, 742
Gregory VII, pope, *Registrum*: *see* Berengar of Tours, *Conuersio*

Gregory of Tours
  De uirtutibus S. Martini [CPL 1024; cf. BHL 5618d]: 264e, 521.3.1f, 689e, 782e, 915e
  Historia Francorum [CPL 1023]: 264e, 782e, 915e
  Miraculorum libri [CPL 1024]: 198.5e
  Vita S. Bricii [BHL 1452, from *Historia Francorum* II.1]: 264, 915
Guido of Arezzo, *Micrologus*: 230e
Guitmund of Aversa, *Confessio de S. Trinitate*: 264
Guthlac (A and B)**: 257

Haimo of Auxerre
  Expositio in Canticum canticorum: 155.5f
  Homiliarium: 212.4.1, 242
  see also Remigius of Auxerre
Halitgar of Cambrai: *see under* penitential literature
Handbook for a confessor*: 30f, 65.5, 73, 363, 644, 656, 808
Harrowing of Hell (liturgical drama?): 28
Hebrew: *see* alphabets; Eusebius of Caesarea; Jerome
Hegesippus: *see* Iosephus
Heiric of Auxerre, *Collectanea*: 281.3
Heito of Reichenau, *Visio Wettini*: 508
Heliand (poem in Old Saxon): 308
Helperic of Auxerre, *De computo*: 186, 321.5, 478.5, 483, 743, 888
Heraclides: *see* Palladius
Herbarius, enlarged version: 402*, 421e*, 527, 549, 633*; *see also* pseudo-Apuleius
Herbert, verse letter to Abbot Wulfgar [SK Suppl. 15383a]: 775
Hereford, diocesan bounds*: 139
Hermannus Archidiaconus (?), *Miracula S. Eadmundi* [BHL 2395]: 371, 881.7
Hermannus Contractus, *Computus*: 411e
Hermeneumata pseudo-Dositheana: 807
Hexateuch*: *see* Ælfric of Eynsham
Hibernicus Exul, *Carm.* viii [SK 13757]: 120
Hieronymus: *see* Jerome
Hilarius of Arles, *Sermo in depositione S. Honorati* [BHL 3975]: 312.1
Hilarius Gallus, *Epistula ad Augustinum de querela Gallorum* [CPPM II, no. 1024]: 805.5
Hilduin of Saint-Denis, *Passio S. Dionysii* (verse) [SK Suppl. 12194a]: 582
pseudo-Hippocrates, Letter: 498.1
Hisperic poems: *see Adelphus adelphe*; Laidcenn, *Lorica*; *Lorica* of Leiden; *Rubisca*

Historia Brittonum: 439
Historia de S. Cuthberto: 586f, 885.3e
Historia monachorum, trans. Rufinus [*CPG* 5620; *CPL* 198*p*; *BHL* 6524]: 388e, 761
Homiletic Verse Fragment**: 257 [Exeter Book version], 941 [Vercelli Book version]
Homiliaries, Latin: *see* Alan of Farfa; Paulus Diaconus of Montecassino; Haimo of Auxerre; *Homiliarium* of Angers; *Homiliarium* of Saint-Père (Chartres); Hrabanus Maurus; Smaragdus, *Expositio libri comitis*
Homiliaries, Old English: *see* Ælfric of Eynsham; homilies and sermons in OE
Homiliarium of Angers: 498.0f, 756.8f+*
Homiliarium of Saint-Père (Chartres): 131, 210f, 461e
homilies and sermons in Latin, anonymous or not identified: 51, 118, 120f, 175.5, 189, 208.8f, 241.3f, 242, 376, 378, 388, 406.5, 418, 461, 539, 574, 609, 782, 800, 804, 814, 865.4, 869, 925
homilies and sermons in Old English, anonymous*: 18, 39, 44, 50, 59.5, 64, 65.5, 66, 108, 109, 117f, 294, 322, 356f, 359, 366, 376, 378, 520, 524.2f, 526, 538.5, 539, 569, 637–638, 642, 644, 774, 879, 905, 941; *and see also* Ælfric of Eynsham; Wulfstan the Homilist
Horace
    Ars poetica: 179.5, 681.5
    Carmen saeculare: 179.5, 681.5
    Carmina: 12e, 179.5, 681.5
    Epistulae: 252e, 681.5
    Epodon liber: 179.5, 681.5
    Sermones: 179.5, 681.5
Hormisdas, pope (?), *Epistula per uniuersas prouincias*: 583.3
horologium: 363.2*, 384, 914
Hrabanus Maurus
    Comm. in Epistulas Pauli: 140e
    Comm. in Hester: 779
    Comm. in Iudith: 779
    Comm. in Matthaeum: 243
    De computo: 258, 398
    De clericorum institutione, II.1–10: 59, 65.5e*, 73 [II.1–7], 131, 644e*
    De laudibus S. Crucis: 12, 178, 919.3e
    Homiliarium: 498.4f
    excerpts from the writings of Hrabanus Maurus: 814
Hucbald of Saint-Amand
    De harmonica institutione: 12
    Ecloga de caluis [SK 1949]: 12, 196

Hugo of Langres, Commentary on the Psalms: 306.5
human body, encyclopedic note on number of bones, veins and teeth: 56, 90, 385, 451, 882
Husband's Message**: 257
Hwætberht: *see* Eusebius
Hyginus, *Astronomica*: 1.5, 186, 373e, 423e, 428.4, 483e
Hyginus Gromaticus, *De limitibus*: 185
hymnals: 104, 244°, 291, 306, 381°e, 391, 431, 696f, 914f, 920; *see also Expositio hymnorum, Indicium regulae*
hymns (Office hymns not included in hymnals): 7, 12, 28, 51, 56, 59, 155.5e, 196, 306.5e, 333, 354 (?), 392, 406.5, 409, 450, 474.5, 482, 514, 569, 808.0, 814, 829, 844, 865.1, 865.2
Hymnus trium puerorum (Latin verse): 927

Ilias latina [SK 8372]: 535, 664°
Immaculate Conception, note on: *see under* Virgin Mary, Immaculate Conception, Latin Homily on
Indicium regulae [on use of hymns]: 29
Institutio canonicorum: *see under* capitularies and related texts
Instruction for Prayer⁺*: 404
Inuolutio sphaerae (extract from Aratus, *Phainomena*, in Latin): 186
Iohannes Diaconus
    Carmen de Gregorio Magno [SK 5725] (?): 321
    Vita S. Gregorii [BHL 3641]: 411.6, 465, 570, 674
    Vita S. Nicholai [BHL 6104–5]: 267, 434.5
Iohannes Scottus Eriugena, *Carmina*: 70e
Iosephus (in Latin)
    Antiquitates Iudaicae: 225.5
    De bello Iudaico, trans. Hegesippus: 225.5, 487.5, 507, 834
Irish charms: 421
Irish glosses: 7, 81, 148
Isembard of Fleury
    Inuentio S. Iudoci [BHL 4506–8]: 474.5
    Miracula S. Iudoci [BHL 4510]: 474.5
    Vita II S. Iudoci [BHL 4505]: 474.5
Isidore of Seville
    Allegoriae quaedam S. Scripturae [CPL 1190]: 263, 573, 578, 713, 742, 780, 818.5f, 851.6
    De differentiis rerum siue *Differentiae theologicae uel spiritales* [CPL 1202]: 460e, 787, 845e
    De differentiis uerborum [CPL 1187]: 188.8e, 932f

De ecclesiasticis officiis [*CPL* 1207]: 263e, 391e, 713e, 845
De fide catholica contra Iudaeos [*CPL* 1198]: 188.8, 460, 467e, 568e°, 575
De natura rerum [*CPL* 1188]: 85e, 258, 326, 398, 536, 786, 919.3e, 943.4f
De ortu et obitu patrum [*CPL* 1191]: 263, 573, 578, 713, 742, 780, 808.0, 818.5f, 845, 851.6
De uiris illustribus [*CPL* 1206]: 573, 713
Etymologiae [*CPL* 1186]: 154.5f, 173e, 176e, 185e, 188.8e, 311e, 391e, 460e, 469, 497.2e, 498.1e, 524.4f, 561, 682e, 690e, 749e, 784.5e, 808.0e, 821f, 885f, 889, 919.3e
In libros ueteris et noui Testamenti prooemia [*CPL* 1192]: 263, 573, 578, 713, 742, 780, 845, 851.6
Mysticorum expositiones sacramentorum seu Quaestiones in Vetus Testamentum [*CPL* 1195]: 168, 453.2, 716, 736f, 944.3f
Sententiae [*CPL* 1199]: 470e, 515, 773f, 848.4f
Synonyma de lamentatione animae peccatricis [*CPL* 1203]: 114, 363e*, 392, 415, 461, 752, 845e, 946f
Versus in bibliotheca [*CPL* 1212; SK 15860]: 87e
excerpts from the writings of Isidore: 800, 814
pseudo-Isidore, *De ordine creaturarum* [*CPL* 1189; *BCLL* 342]: 785, 894
Israel the Grammarian, *De arte metrica* [SK 14392]: 765, 903
Iulianus Pomerius, *De uita contemplatiua* [*CPL* 998]: 457.8, 548
Iulianus Toletanus (Julian of Toledo), *Prognosticum futuri saeculi* [*CPL* 1258]: 34.1, 105, 478, 599, 658, 693, 800e
Iulius Frontinus: *see* Frontinus
Iulius Honorius, *Cosmographia*: 196.5f
Iulius Valerius: *see under* Alexander the Great
Iunillus Africanus, *Instituta regularia diuinae legis* [*CPL* 872]: 369f
Iustinianus Augustus, *Edictum de fide* [*CPG* 6885]: 137
Iustinus, *Epitome* of Pompeius Trogus, *Historiae Philippicae*: 32e, 441.1f
Iuuenalis, *Satirae*: 180e, 195, 196; glosses to Iuuenalis, *Satirae*: 195, 196, 438
Iuuencus
    Euangelia [*CPL* 1385]: 7, 12, 87, 489, 540, 903
    verses on the Gospels [SK 9446]: 827.7
Ivo of Chartres, *Sermones*: 748f

James the Deacon, *Vita S. Pelagiae* [*BHL* 6609]: 508
Jamnes and Mambres⁺*: 373
Jerome
    Aduersus Heluidium [*CPL* 609]: 229
    Aduersus Iouinianum [*CPL* 610]: 426, 544, 805.5

Altercatio Luciferani et Orthodoxi [CPL 608]: 832f
Comm. in Danielem [CPL 588]: 161, 434.5, 571, 849f
Comm. in Ecclesiasten [CPL 583]: 832, 944
Comm. in Esaiam [CPL 584]: 128e, 169.5e, 555e, 591, 703, 840.6f
Comm. in Ezechielem [CPL 587]: 662
Comm. in Hieremiam [CPL 586]: 453.4, 702
Comm. in Prophetas minores [CPL 589]: 11.8, 161, 228, 620.3
Comm. in Euangelium Matthaei [CPL 590]: 155.6, 755f, 770.5f
Comm. in Epistulas Pauli [CPL 591]: 453.2e, 829.2e
Contra Vigilantium [CPL 611]: 229
De uiris inlustribus [CPL 616]: 263, 311, 573, 713
Epistulae [CPL 620]: 2.5, 173e, 179.4f, 229, 230e, 264e, 832e, 845e
Liber interpretationis hebraicorum nominum [CPL 581]: 230, 601, 659, 807
Liber quaestionum hebraicarum in Genesin [CPL 580]: 230, 601
Notae diuinae legis necessariae (?): 230
Tractatus .lix. in Psalmos [CPL 592]: 136, 455, 943.6f
Vita S. Hilarionis [CPL 618; BHL 3879]: 761
Vita S. Malchi [CPL 619; BHL 5190]: 359
Vita S. Pauli primi eremitae [CPL 617; BHL 6596]: 103, 311, 761
excerpts from the works of Jerome: 61, 173, 281.3, 516, 800, 814
see also Didymus; Eusebius of Caesarea; Origen; Victorinus of Pettau

pseudo-Jerome

Breuiarium in Psalmos [CPL 629; BCLL 343]: 453e, 455e, 914
Comm. in Apocalypsin [CPL 1221] (pseudo-Victorinus): 1
De diuersis generibus musicorum [Epist. supp. xxiii]: 475, 601
De duodecim scriptoribus: 749.5
De essentia diuinitatis [Epist. supp. xiv] [CPL 633]: 246.8, 690
De fide catholica apud Bethleem [CPL 554]: 552
De quindecim signis ante diem iudicii: 330.5
De sex ciuitatibus ad quas homicida fugit: 230
De sphaera caeli: 230
Decem temptationes populi Israel: 230, 601
Epistulae supposititiae [CPL 633]: 2.5, 137 [*Epist. supp.* xvi (*CPL* p. 220 = *CPL* 731)], 229, 230 [*Epist. supp.* xxiii (*CPL* p. 221), xliv–xlv (*CPL* p. 222)], 246.8 [*Epist. supp.* xiv (*CPL*, p. 220)], 312.1 [*Epist. supp.* xlviii–xlix (*CPL*, p. 222)], 392 [*Epist. supp.* xvi (*CPL* p. 220 = *CPL* 731)], 475 [*Epist. supp.* xxiii (*CPL* p. 221)], 552 [*Epist. supp.* xvii (*CPL* p. 220)], 565e [*Epist. supp.* xii (*CPL* p. 220)], 601 [*Epist. supp.* xxiii (*CPL* p. 221)], 690 [*Epist. supp.* xiv (*CPL*, p. 220)], 699 [*Epist. supp.* xvi (*CPL* p. 220 = *CPL* 731)], 869 [*Epist. supp.* xlviii–xlix (*CPL* p. 222)], 881 [*Epist. supp.* xxxviii (*CPL* p. 222)]

    Explanatio fidei ad Cyrillum [*Epist. supp.* xvii] [*CPL* 633]: 552
    Expositio in Canticum canticorum [cf. *CPL* 194a]: 156
    Expositio in Canticum Deborae: 230, 601
    Expositio in Lamentationes Hieremiae [*CPL* 630]: 230, 601
    Hebraicae quaestiones in libros Regum: 230, 601
    Hebraicae quaestiones in Paralipomena: 230, 601
    Inquisitio de paenitentia [*CPL* 1896]: 583.3
    Interpretatio alphabeti Hebraeorum (and explanation of Greek alphabet) [*CPL* 623a]: 230
    Libellus fidei [*Epist. supp.* xvi]: 137, 392, 699
    Liber 'Canon in Hebreica' [*CPL* 795]: 459
    Liber de ortu B. Mariae et infantia Saluatoris [*BHL* 5334–7; *CPPM* II, no. 899] [*Epist. supp.* xlviii–xlix]: 312.1, 869
    Super aedificium Prudentii: 230
    and see also pseudo-Damasus
Jerusalem
    bishops of: 373
    high priests of: 373
    site of: 56, 90
John Chrysostom (in Latin translation)
    De compunctione cordis, trans. Anianus of Celeda [*CPG* 4308–9]: 819f
    De muliere Cananaea [*CPG* 4529]: 457
    De reparatione lapsi, trans. Anianus of Celeda [*CPG* 4305]: 819f
    excerpts from the writings of John Chrysostom: 581e
Judas Iscariot: *see De triginta argenteis*
Judgement Day I**: 257
Judgement Day II**: 65
Judith**: 399f
Juliana**: *see under* Cynewulf

Kentish Hymn**: 389
Kentish Psalm**: 389
Kentish Royal Legend: *see* royal genealogies, royal Kentish saints
kings, on their titles (in six languages): 223
kings of Anglo-Saxon England: *see* royal genealogies
Kyriale: 251

Lactantius, *De aue Phoenice* [*CPL* 90; SK 4500]: 12, 535
Laidcenn mac Baith
    Egloga de Moralibus in Iob [*CPL* 1716; *BCLL* 293]: 135, 818.6f

Lorica [CPL 1323; BCLL 294; SK 15745]: 28°, 421°, 432
Lanfranc of Bec and Canterbury
  Acta Lanfranci: 52
  Collectio Lanfranci [Concilia, Decreta pontificum]: 43, 144, 179, 258.3e, 265, 272e, 388, 601.5e, 712
  Constitutiones: 248, 268.2
  Epistolae: 43e, 342.2
  gloss on Epistulae Pauli: 212.2, 524.8
  notes on Augustine, De ciuitate Dei: 236
  notes on Gregory the Great, Moralia in Iob: 469.3
  notes on the Latin translation of Plato, Timaeus: 236
  Lanfranc's epitaph: 342.3
  see also canon law collections; papal letters
languages of the world, encyclopedic note on: 114, 500, 829.8
Lantfred of Winchester, Translatio et miracula S. Swithuni [BHL 7944–6]: 344, 496, 885.3 [Epitome] [BHL 7948], 927
lapidary*: 363; see also Damigeron; Fredegaud/Frithegod ('Ciues celestis patrie')
Laudes regiae: 251, 406.5, 714
laws of the Anglo-Saxon kings and related texts*: 52, 59.5, 65.5, 73, 102, 307f, 314, 340, 341, 345, 357f, 412, 917
lectionary: 277.3f; see also gospel lectionaries; Mass lectionaries; Office lectionaries; legendaries
legendaries (passionals) for the Office: 36, 205.8f, 344, 520.3f, 754.5, 754.6; see also under Ælfric of Eynsham, Lives of saints; Saints' Lives
Leofric of Exeter, inventory of his donations*: 15, 530; see also donation inscriptions
Leontius of Cyprus, Vita S. Iohannis Eleemosynarii, trans. Anastasius Bibliothecarius [BHL 4388]: 267, 312.1, 865
Letald of Micy, Vita S. Iuliani [BHL 4544]: 586
letters, anonymous (Latin): 136
letters, collections of, mainly to archbishops of Canterbury: 368; to Anglo-Saxon bishops: 383
Libellus de mensuris, de ponderibus, de mensuris in liquidis: 185
Liber Commonei: 538
Liber ex lege Moysi: see canon law collections
Liber glossarum: 700.2f
Liber monstrorum [CPL 1124]: 493
Liber pontificalis [CPL 1568]: 230e
liberal arts and sciences, treatises and poems on: 12, 337, 483, 765, 784.5; see also under arithmetic; astronomy; dialectic; geometry; grammar; music; rhetoric

libri catholici (to be read in the course of a year): 398
libri uitae: *see* confraternity books (*under* confraternity agreements)
pseudo-Linus, *Martyrium SS. Petri et Pauli* [*BHL* 6655, 6570]: 684
litanies: 4, 77, 104, 106, 111, 291, 304, 306, 333, 334 [Greek], 376, 378, 380, 425, 430, 450, 585, 592, 617, 655, 754, 891, 903 [Greek], 912, 920
liturgical books: *see* antiphoners, benedictionals, breviaries, calendars (liturgical), *cantatorium*, collectars, gospelbooks, gospel lectionaries, graduals, homiliaries, hymnals, *Kyriale*, legendaries, manual services, martyrology, Mass lectionaries, missals, Office lectionaries, pontificals, prayerbooks, psalter collects, psalter manuscripts, sacramentaries, service books, tonaries, tropers, versaries
liturgy: directions and expositions relating to Mass and Office, and to other services and private devotions: 29, 59, 59.5, 73, 248, 281.3, 380*, 411+*, 500+*, 736, 814, 919.3; *see also* 'Benedictine Office'*; consuetudinaries; expositions of the Mass; *Ordines Romani*; and commentaries by known authors, especially Ælfric of Eynsham, Amalarius of Metz, Bernold of Constance, Hrabanus Maurus
Locorum rhetoricorum distinctio: 677.6
Lord's Prayer: *see Pater noster*
Lorica of Leiden [SK 3507]: 795
lunaria: 104, 111+*, 304, 363, 380, 407, 411, 432.5, 435, 498.1, 517, 585
Lupus of Ferrières
    De metris Boethii: 193, 533, 613.9f, 671, 829
    sermon on St Iudoc [*BHL* 4510d]: 474.5

macaronic poems [Latin and Old High German]: 12
Macrobius
    Comm. in Somnium Scipionis: 1.5f, 373e, 423e, 428.4e, 536, 888
    Saturnalia: 402.5e, 439
manual services: 111, 656
manumissions*: 44, 354, 445, 794
map of the world: 326, 373
Marbod of Rennes
    Passio S. Mauricii sociorumque eius [*BHL* 5752]: 689
    Carmen [WIC 14284]: 252
Marianus Scottus, *Chronicon* [*BCLL* 728]: 342.6
Martial, *Epigram*. I.xix: 195; xiv.73: 493
Martianus Capella, *De nuptiis Philologiae et Mercurii*: 48, 95, 373e, 423e; bk. IV: 67, 438; bk. VIII: 186, 428.4f; *see also* Remigius of Auxerre
Martin of Laon: *see* 'Dunchad'
'Martinellus': 264, 296, 378.5, 782, 915

Martin of Braga, *Formula honestae uitae* [*CPL* 1080]: 112
Martyrologium: *see* Usuard of Saint-Germain-des-Prés
Martyrology, OE*: 39f, 62, 282f, 298f, 338f
'Marvels of the East' (*Mirabilia orientis*): 373⁺*; 399*
Mass texts (not in missals or sacramentaries)
    Mass chants: 106, 433.2, 526, 585
    Mass collects: 333
    Mass lectionaries: 120.6f, 224f, 418.6f, 870f, 872.5f; *see also* gospel lectionaries; gospel lists and pericope notes; gospel and epistle lists
    Masses and Mass prayers: 104, 111, 223, 291, 306, 363.2, 435, 557f, 585, 629, 673.3f, 774.3, 919.3
    Masses: Of the Dead: 879e; Of the Holy Trinity: 291; Of the Virgin: 389e
    Masses for saints (not in missals): Alban: 865.1; Birinus: 609; Cuthbert: 56, 155; Dunstan: 94; Edmund: 514; Germanus: 583; Iudoc: 474.5; Mildred: 439.3; Nicholas: 344
    see also missals; sacramentaries; graduals; tropers; *and also* expositions of the Mass
mathematics: *see* arithmetic; geometry
Maxims I**: 257
Maxims II**: 370.2
maxims, proverbs, sentences and apophthegms: 93, 182*, 244⁺*, 331⁺*, 451⁺*, 844*, 898, 903, 919.3
measures: *see* weights and measures
Medicina de quadrupedibus: 402*, 421*, 549, 633*
medicine
    medical texts: 12, 145, 222.3, 498.1, 498.8.1, 498.9
    medical handbook (Bald's Leechbook)*: 479
    medical recipes (Latin): 12, 70, 98, 490, 498.1, 674, 807; *see also* veterinary recipes
    medical recipes (OE)*: 39, 326, 333, 380, 402, 412, 421 [*Lacnunga*], 435, 523f, 848f
    Liber Aurelii de acutis passionibus: 145
    Liber Esculapii de chronicis passionibus: 145
    'Petrocellus' (*Practica Petrocelli*): 12e, 498.9
    poems on Greek medical terminology [SK 3618, 11969, 13822]: 12, 765
    tract on the temperaments: 919.3
    treatise on cauterization: 498.9
    treatises on urines: 498.1, 498.8.1f
    see also Galen; pseudo-Hippocrates; Serenus Sammonicus; Soranus; *and* charms; human body; and the collections of medical texts in nos. 402, 421, 527, 549, 633, 831.4

Memoriale qualiter (by Benedict of Aniane?): 29, 41, 363°e, 379, 440, 926f
Menologium: *see under* calendars, metrical
pseudo-Methodius, *Apocalypsis uel Reuelationes* in Latin translation [*CPG* 1830]: 463.5, 749
metre: *see* versification
metrical calendar: *see under* calendar
metrical inscription**: 314
metrology: *see* weights and measures
Milo of Saint-Amand, *Carmen de sobrietate* [SK 12570]: 12
Milred of Worcester: *see under* sylloge
missals: 30.7.2f, 120.3f, 121.5f, 127.6f, 143.5f, 212f, 258.8f, 268.4f, 299.5f, 302.5f, 418.3f, 423.3f, 454f, 456.2f, 498.3f, 504.4f, 524f, 525.5f, 569.4f, 572f, 649f, 668.9f, 764e, 789f, 796.3f, 816.3f, 837f, 870.2f, 870.3f, 871f, 871.5f, 872f, 874.6f, 875f, 875.1.1f, 875.1.2f, 875.5f, 875.6f, 875.8f, 936f, 936.1f, 936.4f, 936.5f, 936.6.1f, 936.6.2f, 936.7f, 936.8f, 937.1f; *and see also* sacramentaries
Modoin of Autun, *Ecloga* (for Charlemagne) [SK 1825]: 280
Monasterialia indicia (treatise on monastic sign language)*: 363
Monastic canticles: 104, 244°, 291, 306, 337°, 391°, 920
months, Macedonian names of: 136
moonrise, note on: 450*
mulberry tree, treatise on medicinal use of*: 402, 421, 633
Multis modis dimittitur peccatum: 266.5
Muses, verses on [SK 2425], and list of: 95
music
    Commemoratio breuis de tonis: 72
    Musica Enchiriadis: 72
    musical terms, note on: 490
    Scholica Enchiriadis de musica: 72
    excerpts: 230, 439.9f
    see also Boethius; Guido of Arezzo; Hucbald of Saint-Amand; Martianus Capella
musical notation, found in numerous manuscripts, has not been recorded in the *Bibliographical Handlist*; see instead Hartzell (2006)

nations, characterization of (*De proprietatibus gentium*): 435
necrologies and obits: 26, 41, 248, 342.8f, 380, 405, 637–638
Nemesianus, *Cynegetica* [SK 17029]: 884
'Nennius': *see Historia Brittonum*
New Minster, Winchester: *see* Winchester, New Minster
Nicetas of Remesiana (?), *De lapsu uirginis consecratae* [*CPL* 651]: 175.5, 596, 599, 881

Nicodemus: *see* apocrypha, Gospel of Nicodemus
Noah, Adam and other Old Testament figures, notes on*: 300, 363, 411
Noah's Ark, dimensions of: 56, 90, 363*, 385, 435e* [from Ælfric, *Interrogationes Sigewulfi*], 451, 882
'Norman Anonymous', tracts of: 107
Normandy, list of dukes of: 486; *see also* William of Jumièges
notae iuris, list of: 223
Notitia Galliarum [*CPL* 2342]: 317
numerals, Greek and Roman, tables and lists of: 385, 398, 435, 807, 903

obits: *see* necrologies
Oda, archbishop of Canterbury, *Constitutiones*: 383
Odilo of Cluny, *Sermones*: 175.5e
Odo of Cluny
    Occupatio: 903
    Sermon for the feast of St Benedict: 153, 865.4
Odo of Glanfeuil (pseudo-Faustus), *Vita S. Mauri* [*BHL* 5772]: 264
Office, monastic
    Offices and Office texts: 104, 111, 223, 424.5f, 425f, 808.0; *see also* breviaries; collectars
    Office chants and responsories: 39, 77, 104, 190, 264, 323, 409, 433.2, 464.9, 548.1, 583, 714, 742, 919.3; *see also* antiphoners; hymnals; hymns; versaries
    Office lectionaries and Office lessons: 268.6f, 345f, 457, 757f, 769f, 809.8f
    tract on the Office: 919.3
    see also homiliaries; legendaries
Office of All Saints: 363
Office of the Dead: 51e, 111, 291e, 306, 406.5e, 425e, 548.1e
Office of the Holy Cross: 380
Offices from Holy Thursday to Holy Saturday: 926
Office of the Trinity: 380, 617
Office of the Virgin: 175.5e, 363, 380, 451
Offices of individual saints: Æthelthryth: 190f; Alban: 865.1; Augustine of Canterbury: 153e, 389e, 409e; Benedict: 427; Birinus: 865.4f; Cuthbert: 56, 427, 913f; Edmund: 813f; Guthlac: 64e, 427; Hadrian: 153e; Julian: 586e; Katherine: 411.7, 548.1; Machutus: 482e; Martin: 424.5f; Mary Magdalene: 742; Mellitus: 74; Mildred: 439.3; Nicholas: 155e, 344; Stephen (Invention of): 435e
Old Flemish, note in: 569
Old High German, macaronic poems in: *see* macaronic poems
Old Saxon, poem in: *see Heliand*

Old Testament figures: *see* Noah
Optatianus Porphyrius, *Carmina*: xv [SK 605]: 246e; xxv [SK 1005]: 805e
oracle, pagan [in Greek]: 654
Oratio animae poenitentis: 886f
oratio ante psalterium: 430
oratio post psalterium: 430
ordeals: 104; *and see* pontificals
Ordines Romani: XIII A: 59, 919.3, 925; XXXII: 61
ordines (individual): for Easter Vigil*: 59.5; for Whitsun vigil*: 59.5
Origen, *Homiliae* in Latin translation:
> *Hom. in Genesin*, trans. Rufinus [*CPG* 1411]: 239; *Hom. in Exodum*, trans. Rufinus [*CPG* 1414]: 239, 745; *Hom. in Leuiticum*, trans. Rufinus [*CPG* 1416]: 239, 669f, 745; *Hom. in Numeros*, trans. Rufinus [*CPG* 1418]: 455; *Hom. in Iesu Naue*, trans. Rufinus [*CPG* 1420]: 239; *Hom. in Iudices*, trans. Rufinus [*CPG* 1421]: 239; *Hom. in I Regum*, trans. Rufinus [*CPG* 1423]: 239; *Hom. in Canticum canticorum*, trans. Jerome [*CPG* 1432]: 229, 239; *Hom. in Isaiam*, trans. Jerome [*CPG* 1437]: 239; *Hom. in Hieremiam*, trans. Jerome [*CPG* 1438]: 239; *Hom. in Ezechielem*, trans. Jerome [*CPG* 1441]: 239

Orosius, *Historiae aduersum paganos* [*CPL* 571]: 32, 196.5, 259.5f, 281.3e, 555e, 820f; *Historiae aduersum paganos* in OE translation*: 300, 370, 622f, 916f
pseudo-Orosius: *see under* pseudo-Augustine
Osbern of Canterbury
> *Vita et translatio S. Ælphegi* [*BHL* 2518–19]: 350f
> *Vita S. Dunstani* [*BHL* 2344–5]: 94, 303, 378.5

Oswald of Ramsey, Latin poem 'On composing verse': 12
Ovid
> *Amores*: 493e, 664e, 903e
> *Ars amatoria*: 493e, 538e, 903e
> *Metamorphoses*: 919e

pseudo-Ovid
> *Argumenta* to Vergil, *Georgics* and *Aeneid*: 648, 919
> *De nuce* [SK 10797]: 535

Palladius of Helenopolis, *Historia Lausiaca*, trans. in Latin as *Paradisus* by 'Heraclides' [*CPG* 6036; *BHL* 6532, 6534]: 251.5, 267
papal decretals: *see* canon law collections, papal decretals and church councils;
> Lanfranc, *Collectio Lanfranci (Decreta pontificum)*

papal letters: 179, 317, 362, 383, 592, 879; *see also* Sergius I
Paris Psalter**: 891

Paschasius Radbertus
  Comm. in Lamentationes Hieremiae: 759.4
  De assumptione B.M.V. [cf. *CPL* 633]: 2.8, 175.5, 264
  De corpore et sanguine Domini: 251.5, 474
Passion story*: 608.5f; *see also* 380 (Euangelium Iohannis XVIII–XIX)
passionals: *see* legendaries
Pastor Hermas [*CPG* 1052]: 819f
Pater noster: 65.5**, 306, 334 [Greek], 394 [rhyming version], 417f, 450°, 500, 644**, 657f, 903 [metrical version]; prose exposition of: 284; *see also under* Ælfric of Eynsham *and* gospels in OE (OE prose versions of the *Pater noster*), and see the Note on p. 937
Paterius, *Liber testimoniorum ueteris testamenti quem Paterius ex opusculis S. Gregorii excerpi curauit* [*CPL* 1718] (excerpts from works of Gregory the Great): 772f
Patrick, St., *Epistola ad episcopos* [*CPL* 1103; *BCLL* 364]: 361
Patrick, bishop of Dublin, *De tribus habitaculis animae* [*BCLL* 309]: 574
Pauca de philosophiae partibus: 765
Pauca de uitiis et peccatis: 470°
Paulinus of Milan, *Vita S. Ambrosii* [*CPL* 169; *BHL* 377]: 312.1
Paulinus of Nola, *Carmina natalitia* [*CPL* 203]: 847e, 910e; *Carm.* xxv: 493
Paulus Diaconus of Montecassino
  Historia Langobardorum [*CPL* 1179]: 485
  Historia Romana (incorporating Eutropius, *Breuiarium*) [*CPL* 1181]: 79, 199; *and see* Eutropius
  Homiliarium: 16, 24, 129, 130, 209f, 212.6f, 222, 226, 249.3f, 273, 424, 452, 672.5f, 753, 763, 763.1, 763.2, 930.5e
Paulus Diaconus of Naples, *Vita S. Mariae Aegyptiacae* [*BHL* 5415]: 312.1; *and see* Eutychianos
Pelagius
  Expositiones .xiii. Epistularum Pauli [*CPL* 728]: 173e, 793f
  Libellus fidei ad Innocentium papam (= pseudo-Jerome, *Libellus fidei* [*CPL* 633 (p. 220) = *CPL* 731]): 137, 392, 699, 808.0
penitential literature
  (pseudo-) Bede-Egbert, *Poenitentiale*: 459
  Canones Cottoniani [a version of *Iudicia Theodori* (*CPL* 1885)]: 393
  Canones Gregorii: *see below, Iudicia Theodori* G
  Canones poenitentiales secundum Hieronymum et Fulbertum [*CPL* 1896]: 388
  Confessionale pseudo-Egberti (*Scriftboc*)*: 59.5, 90f, 644, 656
  De poenitentia quaedam: 388
  Dialogus ecclesiasticae institutionis (*Egberti*): *see* Egbert

926   Index of authors and texts

    Halitgar of Cambrai, *Poenitentiale*: 581; *see also* 137e (pseudo-Prosper)
    Iudicia Theodori G (*Canones Gregorii*) [*CPL* 1885]: 565
    Old English Canons of Theodore*: 59.5, 656, 808
    penitential articles issued after the Battle of Hastings: 59, 376, 644
    Poenitentiale Cummeani [*CPL* 1882]: 565, 583.3f
    Poenitentiale Egberti [*CPL* 1887]: 73e, 911.5e; Prologue only: 583.3, 592e,
        879, 896, 911.5e, 922, 925
    Poenitentiale pseudo-Egberti*: 59.5, 644, 656, 808e
    Poenitentiale Oxoniense I [*CPL* 1893b]: 565
    Poenitentiale Oxoniense II [*CPL* 1893g]: 565
    Poenitentiale Remense: 565
    Poenitentiale Sangermanense: 90
    Poenitentiale Theodori: 73e, 90f, 565e, 656e*, 808e*
    Poenitentiale pseudo-Theodori: 59, 808f
    various penitential texts and excerpts: 59.5, 73, 388, 393, 395, 400, 459, 565,
        583.3, 644, 656, 808, 814, 879
    see also Ælfric of Eynsham; confession and absolution; Handbook for a
        confessor; Hormisdas; Wulfstan the Homilist, Canon law collection
Persius, *Satirae*: 195, 252, 493, 534, 535; *Vita Persi*: 493; *and see also* 'Cornutus'
Peter Damian
    De quindecim signis diem iudicii praecedentibus [*CPPM* II, no. 411]: 74
    Hymn: 337
'Petrocellus' (*Practica Petrocelli*): *see under* medicine
Philippus presbyter, *Comm. in librum Iob* [*CPL* 643]: 576, 808.5, 840.5e (gloss)
Philosophia: *see* liberal arts and sciences
Phocas, *Ars de nomine et uerbo*: 535
Phoenix**: 257; *and see also* Lactantius
Phoenix story*: 64
Physiologus (Latin prose): 114e, 155.6e
Physiologus** (*Panther***, *Whale***, *Partridge***): 257
Pirmin of Reichenau, *Scarapsus* (*Dicta Pirminii*): 583.3
Plato, *Timaeus*: *see* Lanfranc
Plautus, *Comoediae*: 497.2
Pliny the Elder, *Naturalis historia*: 373e, 423e, 428.4e, 838f
poems (shorter Latin poems, mainly anonymous): 7, 12, 23, 27, 28, 48, 88, 93, 95,
    114, 188, 196, 231, 252, 258, 282, 337, 342, 343, 368, 382, 383, 391, 401, 482,
    483, 485, 492, 493, 496, 510, 523, 528, 531, 535, 537, 538, 569, 612, 651, 661,
    664, 682, 688, 765, 775, 784.5, 790.5, 794, 805, 825, 829, 829.8, 845, 890, 916,
    919, 919.3, 933, 938; *and see also* 'Cambridge Songs'
poems in OE**: 257 [shorter poems from the 'Exeter Book'], 417

Poles of the World, note on: 398
Pompeius, *Comm. artis Donati*: 933e
Pompeius Trogus: *see* Iustinus
Pontificale Romano-Germanicum: 51, 73e, 376, 406.5
pontificals: 40, 46, 51, 143f, 157f, 214.3, 286f, 302, 313f, 314f, 376, 397f, 406.5, 428.9f, 468f, 525f, 585, 879, 896, 922, 923, 936.7f; *and see* coronation orders; *Pontificale Romano-Germanicum*
pontifical services and prayers: 29, 70, 155, 223, 363, 376, 400, 585, 688, 742, 914
popes, lists of: 43, 44, 52, 56, 364, 373, 385
Porphyrius, *Isagoge*, trans. Boethius: 67, 784.5, 795f
Porphyrius Optatianus: *see* Optatianus Porphyrius
portiforia: *see* breviaries
Possidius, *Vita S. Augustini* [*CPL* 358; *BHL* 785]: 618f, 759.1
Potamius of Lisbon, *Epistula ad Athanasium* [*CPL* 542]: 552
prayerbooks: 28, 333, 432, 443f, 450
prayers (liturgical and private prayers): 4, 12 [Greek], 28, 30.3*, 39, 77, 104+*, 106, 108*, 111, 148, 186, 223, 291, 302.4f, 304, 306°, 333$^{(*)}$, 334, 342, 354, 363$^{(*)}$, 376*, 378, 380, 381, 395.5, 400, 407, 409, 421, 423, 425, 428.4, 432, 443, 450, 451*, 474.5, 517°, 517*, 555.5*, 569, 592, 617, 637–638, 655, 665, 673.3f, 688, 754, 774*, 782, 807, 844, 848f*, 891, 912, 912.5f, 914, 920
Primasius of Hadrumentum, *Comm. in Apocalypsin* [*CPL* 873]: 616
Priscian
  De accentibus [*CPL* 1552] (?): 13.5f, 123f, 192f
  Institutio de nomine, pronomine et uerbo [*CPL* 1550]: 326 [glosses], 765, 809.9e, 831.7f, 844; *and see also* Remigius of Auxerre
  Institutiones grammaticae [*CPL* 1546]: 13.5f, 30.4f, 123, 127.3f, 192, 211f, 673.6e, 809.9e
  Partitiones .xii. uersuum Aeneidos principalium [*CPL* 1551]: 906.5
  Periegesis [*CPL* 1554; *SK* 10028]: 373, 831.8f, 884
  see also Excerptiones de Prisciano
pseudo-Priscian, *Carmen de sideribus* [*SK* 151]: 280, 428.4
Proba, *Cento Vergilianus* [*SK* 14383]: 824.5e
prognostics: 104*, 111*, 363°, 363$^{(*)}$, 380, 407*, 411*, 432.5, 435$^{(*)}$, 451, 498.1, 498.9, 541, 639*; *see also Dies Aegyptiaci*; *lunaria*; *Somniale Danielis*
proses: *see* sequences
Prosper of Aquitaine
  De gratia Dei et libero arbitrio [*CPL* 523]: 246.8
  Epigrammata ex sententiis S. Augustini [*CPL* 526]: 12, 114, 190, 365f°, 415
  Pro Augustino responsiones ad capitula obiectionum Gallorum calumniantium [*CPL* 520]: 246.8, 805.5

Pro Augustino responsiones ad capitula obiectionum Vincentianarum [*CPL* 521]: 157.7, 246.8
Pro Augustino responsiones ad excerpta Genuensium [*CPL* 522]: 246.8
Sententiae ex operibus S. Augustini [*CPL* 525]: 114e
Versus ad coniugem [*CPL* 531; SK 458]: 12, 114, 190, 365f°, 415
pseudo-Prosper, *De fide, de spe et de caritate*: 137
proverbs: *see* maxims
Prudentius
    Apotheosis [*CPL* 1439]: 70, 246, 537, 889.5
    Cathemerinon [*CPL* 1438]: 70, 246, 537, 680, 805°, 889.5
    Contra Symmachum [*CPL* 1442]: 38f, 70, 246, 537, 680, 808.9f, 889.5
    Dittochaeon [*CPL* 1444]: 12, 70, 114, 120e, 190f, 246, 535, 537, 680, 889.5
    Epilogus [*CPL* 1445]: 70, 246, 537, 805°
    Hamartigenia [*CPL* 1440]: 12e, 70, 120e, 246, 537, 889.5
    Peristephanon [*CPL* 1443]: 38, 70, 114e, 246, 537e, 680, 805°, 889.5
    Praefatio operum [*CPL* 1437]: 246, 537, 661, 680, 805°
    Psychomachia [*CPL* 1441]: 12, 38, 70, 191, 246, 285, 324, 379.5, 537, 661, 852f, 889.5; glossary to *Psychomachia*: 908; OE titles for illustrations to *Psychomachia*: 38*
    account of Prudentius: 537; *see also* Gennadius
psalter collects: 77, 333, 334, 378, 499
psalter manuscripts
    breviate psalter: 28
    Psalterium Gallicanum: 77, 104, 106, 141f°, 148, 250f, 270, 304°, 334, 378°, 407°, 422f, 425, 430, 499°, 517°, 617, 655, 740°, 754, 764.1f, 842.5f(?), 847.5f, 912, 912.5f, 919.2, 920f, 939
    Psalterium Hebraicum: 255.5, 754, 876.5f; 919.2
    Psalterium Romanum: 4°, 9f, 125f, 212.8f, 291°, 306, 381°, 422f, 451°, 641f°, 788f, 790, 808.6f, 862f, 891
    Psalmus CLI (follows the Psalter in): 77, 104, 304, 334, 407, 430, 517, 740, 754, 912 [all Psalterium Gallicanum], and 291 [Psalterium Romanum]
    exegetical catena on the Psalms: 909
    see also Alfred; Kentish Psalm; Paris Psalter
Ptolemy (Claudius Ptolemaeus), *Praeceptum canonis Ptolemaei*: 428.4f
Pythagoras: *see* Sphere of Pythagoras

Quadripartitus: 592e
Quicumque uult (Athanasian Creed): 150, 333, 381°, 425°, 740°, 845, 889; and see Note on p. 937

Quodvultdeus of Carthage
    Sermo iv (Contra Arianos, Iudaeos et paganos) [CPL 404]: 456.6
    Sermo x (Aduersus quinque haereses) [CPL 410]: 710

Radulf of Liège and Ragimbold of Cologne, Letters on geometry: 886
Ragimbold of Cologne: see Radulf of Liège
rainbow, note on: 380
Ratpert of St Gallen, processional hymn [SK 1013]: 333
records: 15+*, 21*, 56*, 83*, 102*, 134*, 135*, 139*, 266*, 269*, 278, 279(*), 302.2, 307.6, 327*, 362(*), 374*, 412*, 413, 432*, 447*, 521*, 554*, 585*, 672+*, 774*, 794*; see also charters; donation inscriptions; manumissions
Regula S. Benedicti: see Benedict of Nursia
Regula monialium [CPL 1861]: 808.4.2f
Regularis concordia: 59e, 332, 363°, 925e; selected chapters of Regularis concordia in OE translation: 65f*, 332e*
relics, lists of: 44*, 466, 500, 530*, 585
Remigius of Auxerre, commentaries and glosses derived from his commentaries, on:
    Boethius, De consolatione Philosophiae: 12, 23, 193, 533, 671, 678, 776, 823, 829, 887, 899, 901
    Disticha Catonis: 120e, 664e
    Donatus, Ars minor: 775
    In Psalmos praeambula (= Dicta S. Augustini): 430
    Martianus Capella, De nuptiis Philologiae et Mercurii: 127f, 428.4e, 490, 700.1f, 807f
    Priscian, Institutio de nomine, pronomine et uerbo: 326
    Sedulius, Carmen paschale and Hymns: 12e, 120, 652f, 735
        Apocalypsis Iohannis (abbreviated) (Haimo of Auxerre?): 217
Remigius Favius (?), Carmen de ponderibus et mensuris [SK 12104]: 27, 185f, 498.1
'Resting-places of English saints'*: 65.5, 500
rhetoric: 677.6; and see Bede, De schematibus et tropis; Cassiodorus, Expositio psalmorum; Cicero, De inuentione; Locorum rhetoricorum distinctio; Martianus Capella
Richard of Préaux, Comm. in Genesim: 162.6, 504.8
riddles: 12, 252, 257**, 433.3, 775, 829.8, 898; see also Aldhelm; Boniface; Eusebius; Symposius; Tatwine
Riming Poem**: 257
Robert II, king of France, Letters: 230

Roman (and Byzantine) emperors, lists of: 43, 79, 332, 373, 384, 486
Roman imperial dignitaries, note on: 223
Rome, St. Peter's, dimensions of: 56, 90, 363*, 385, 451
Romulus, Hexametrical: *see* 'Aesopus'
royal genealogies and regnal lists of Anglo-Saxon kings
    all kingdoms: 56, 373, 906.5
    Anglian kings: 385
    East Saxon kings: 282
    West Saxon kings*: 52, 102f, 282, 357, 364, 500
    royal Kentish saints*: 500
Rubisca (Hisperic poem) [*BCLL* 314; SK 11608]: 12, 903
Rufinus of Aquileia
    De benedictionibus patriarcharum [*CPL* 195]: 239e
    Latin translation of *Historia monachorum* [*CPG* 5620]: 388e, 761
    see also Basil; pseudo-Clement; Eusebius of Caesarea; Origen; Sextus
        (Pythagoraeus)
Ruin**: 257

sacramentaries: 39e, 76, 132.4f, 202f?, 255f, 263.5f, 268.4f, 292f, 400, 498.2f,
    498.6f, 522f, 547f, 567f, 585, 636f, 650f, 774.6f, 791f, 810f, 836.5f, 856.3f, 867,
    893.5f, 921, 929f, 933.5f, 937.1f (?)
Saint-Bertin, poem on the abbey of [SK 3639]: 485
St. Peter's in Rome: *see* Rome, St. Peter's
Saints' Lives, anonymous, in Latin (including *uitae*, *miracula*, *translationes*, and
    also poems on saints):
    Abdon and Sennen: 433.2; Ælfgifu: 775; Æthelthryth: 190, 775; Æthelwold:
    927; Agapitus: 433.2; Aichardus: 804; Alexius: 865.3, 869; Anastasius: 869;
    Athanasius: 869; Bartholomaeus: 136f; Basil: 260f; Bavo: 804f; Birinus: 308.2f,
    609, 927; Pope Callistus: 433.2; Cassian: 351; Ceolfrid: 433; Christopher: 885.5;
    Pope Cornelius: 351, 433.2; Cuthbert: 781f; Dionysius, Rusticus and
    Eleutherius: 844f; Eadgyth: 775; Edward, king and martyr: 427, 775; Eufrasia:
    508; Eustace: 775; Fausta, Euilasius and Eusebius: 351; Felicity: 433.2; Pope
    Felix II: 433.2; Ferreolus: 351; Furseus: 351, 508; Geruasius and Protasius:
    312.1; Iudoc: 474.5; Iustus puer: 819f; Juliana: 433.3, 885.5; Katherina: 411.7;
    Kenelm: 775; Laurentius: 255, 379.5; Macarius Romanus: 620.3; Margareta:
    885.5, 930.5; Mark the Evangelist: 351; Martial: 312.1; Mauritius: 99f; Mellitus:
    74; Nazarius: 312.1; Neot: 293.5; Nicholas: 373, 388, 434.5, 869; Philibert: 781,
    804; Quintinus: 885.6; Romanus: 537; Saturninus: 351; Seven Sleepers: 361,
    380; Simplicius, Faustinus and Beatrix: 433.2; Pope Stephen: 433.2; Swithun:

496; Tancred, Torhtred and Tova: 434.5; Thais: 761f; Thecla: 351, 869; Theophilus: 433.3; Walaric: 804; *and see also* the contents of collections of Saints' Lives: 36, 215, 312.1, 344, 351, 378.5, 388, 433.2, 434.5, 508, 791.3f, 869, 898; *and see also* Saints' Lives by known authors

Saints' Lives and homilies for saints' days, anonymous, in OE*: Andrew: 64, 905; Augustine of Canterbury (deposition of): 50; Christopher: 355, 399; Euphrosyne: 339; Eustace: 339; Guthlac: 657, 941e; John the Baptist: 905; Kentish royal saints: 65.5, 500, 518f; Machutus: 348f; Margareta: 363; Martin: 905, 941; Mary of Egypt: 262f, 339, 355; Michael: 39, 905; Mildred: 310, 518f, 905; Pantaleon: 406; Paulinus of York: 569; Peter and Paul: 905; Seven Sleepers: 339, 355; Veronica: *see Vindicta Saluatoris*; *and see also*: Ælfric, *Catholic Homilies*, Homilies, Lives of Saints; *Andreas**; Cynewulf, *Elene***, *Juliana***

Sallust, *Bellum Iugurthinum*: 88.5f

pseudo-Sallust and pseudo-Cicero, *Inuectiuae*: 1.5, 439

Sancte sator [SK 14640]: 12

Sanctus [Greek]: 334, 903

Scholica Graecarum glossarum: 489, 541

Scriftboc: *see* penitential literature, *Confessionale pseudo-Egberti*

*Seafarer***: 257

pseudo-Sebastian of Montecassino, *Vita S. Hieronymi* [CPL 622; BHL 3870]: 312.1

Sedulius
    Carmen paschale [CPL 1447]: 12, 53°, 253°, 491, 652f, 824.5, 829.6f, 890, 903
    Hymni [CPL 1449]: 12, 53°, 253, 491, 824.5, 890, 903; *see also* hymnals
    Letters to Macedonius: 53, 253, 824.5, 890, 903
    poems and notes on Sedulius [SK 15784, 14842, 14841, 12954]: 12, 253, 491, 829.6, 890, 903
    see also Remigius of Auxerre

sentences: *see* maxims

sequences (not in graduals or tropers): 7, 56, 94, 100, 131, 155.5, 251, 431, 433.2f, 435e, 439.3, 583, 703, 844

Serenus Sammonicus, Quintus, *Liber medicinalis* [SK 11975]: 884

Sergius, *Explanationes in Donatum*: 933e

Sergius I, bull of: 358*

Serlo of Bayeux, *Contra monachos* [WIC 15005]: 535

Sermo Ariani cuiusdam: *see under* pseudo-Augustine

sermons: *see* homilies and sermons, anonymous

service books, not identified, and Liturgica not in service books: 136.5f, 255f, 333, 529.1, 538, 557, 848?

Servius, *Comm. in Aeneida*: 849.6f ['Servius auctus'], 919e
Seven Ages of the World: *see* Ages of the World
Seven Days of Creation: 56, 90
Seven Sleepers, note on the names of: 380
Seven Wonders of Divine Origin: 516
Seven Wonders of the World: 114, 398, 516
Seventy Disciples of Christ: 56
Severus (?), *De septem gradibus ecclesiae*: 516
Sextus Placitus, *Liber medicinae ex animalibus*: 402*, 421e*, 549, 633*, 831.4
Sextus (Pythagoraeus), *Sententiae*, trans. Rufinus [*CPG* 1115]: 512f
Sibylline prophecies [SK 8495]: 53, 114, 493, 536f, 805
Sigeric, archbishop of Canterbury, account of journey to Rome: 373
sign language, monastic, treatise on (*Monasterialia indicia*)*: 363
Simplicius of Montecassino (?), poem on *Regula S. Benedicti* [SK 13285]: 189
sins, list of: 189
Sisebutus Toletanus, (?) *Lamentum poenitentiae* [*CPL* 1533]: 699
Smaragdus of Saint-Mihiel
    Diadema monachorum: 8, 31, 41f, 701.5
    Expositio in Regulam S. Benedicti: 3, 883
    Expositio libri comitis: 539, 762
pseudo-Smaragdus (pseudo-Alcuin)
    monitory poems [SK 7810, 10988]: 12, 478
    Opus monitorium: 478
Socrates, Sozomen and Theodoretus, *Historia tripartita*, trans. Cassiodorus [*CPG* 7502]: 759.3f
Solinus, *Collectanea*: 35f, 439
*Solomon and Saturn**: 110
*Solomon and Saturn***: 39f, 110
Solomon's Gold, note on*: 435
Somniale Danielis, versions of: 363°, 363f*, 380, 432.5, 498.1f
pseudo-Soranus, *Quaestiones medicinales*: 12e
*Soul and Body I***: 941 [Vercelli Book version]
*Soul and Body II***: 257 [Exeter Book version]
Sphere of Pythagoras: 432.5, 483, 498.1
stars, anonymous tract on: 186
Statius
    Achilleis: 535
    Thebais: 12e, 151, 497, 766f
    Vita Statii: 497
Stephen of Ripon, *Vita S. Wilfridi* [*CPL* 2151; *BHL* 8889]: 390

Index of authors and texts 933

stones and metals, excerpts on: 230e
Suetonius, *Vitae Caesarum*: 281.3e
Sulpicius Severus
    Dialogi [CPL 477]: 264, 296, 915
    Epistulae [CPL 476]: 264 [*Epistulae* I, III], 296, 782 [*Epistula* III], 915
    Vita S. Martini [CPL 475; BHL 5610]: 264, 296, 782f, 915
pseudo-Sulpicius Severus, *Tituli metrici de S. Martino* [CPL 478; SK 17053]: 296
Summa de diuinis officiis: 736
Summons to Prayer**: 65
Sunday Letter*: 363
Syagrius, *Regulae definitionum contra haereticos prolatae* [CPL 560]: 164e
sylloge of Latin inscriptions
    Bishop Milred's Collection: 938
Symbolum 'Clemens trinitas' (the 'Confessio S. Martini') [CPL 1748a]: 296
Symposius, *Aenigmata* [CPL 1518]: 12, 252f, 478f, 493f

Tabernacle [as in Exodus XXV–XXXI, XXXV–XL], Dimensions of: 56, 90, 385, 451
Tatian, *Diatessaron* [CPG 1106], in Latin translation revised by Victor of Capua: 827.6
Tatwine, *Aenigmata* [CPL 1564]: 12, 478
Te Deum: 381°; *and see* Note on p. 937
temperaments, tract on: 919.3
Temple of Solomon, Dimensions of: 56, 90, 363*, 385, 451, 882
Terence
    Comoediae: 669.6
    Vita Terentii: 669.6
'Terrentius': *see* grammar, anonymous texts
Tertullian, *Apologeticum* [CPL 3]: 653.2
Testimonia diuinae scripturae [CPL 385]: 851.6
Theodore, archbishop of Canterbury, poem [SK 16100]: 90
Theodore of Mopsuestia, *Comm. in Epistulas Pauli minores* in Latin translation [CPG 3845]: 900.5f
Theodulf of Orléans
    Capitula: 66, 66*, 73e, 608.1e+*
    De ordine baptismi: 475
    De processione Spiritus Sancti: 710
    excerpts from the writings of Theodulf: 814
Theodulus, *Ecloga* [SK 442]: 535
pseudo-Theophilus, Sergius and Hyginus: *see* Saints' Lives in Latin, Macarius Romanus

thieves hanged with Christ, names of: 363*
thirty silver coins of Judas, note on: see *De triginta argenteis*
Tiberius Claudius Donatus: see Donatus, Tiberius Claudius
tide tables: 384
Tironian notes, note on: 490
tonaries: 185.1
Tours, note on the basilica at: 296
*Tribal Hidage**: 435
Trinity, passages on: 889
Trinubium Annae: 147
tropers: 116, 309, 433.1f, 597

Usuard of Saint-Germain-des-Prés, *Martyrologium*: 41, 66f, 248, 405

Valerius Maximus, *Facta et dicta memorabilia*: 281.3e
Vegetius, *Epitome rei militaris*: 325.1, 439
Venantius Fortunatus
    Carmina [CPL 1033]: 120e, 142f, 262.5f, 284
    Epistula ad Pascentium: 312.1
    Vita S. Hilarii [CPL 1038; BHL 3883]: 312.1
Verba seniorum [CPG 5570; BHL 6527] (= *Vitas patrum*, bk. V): 281e, 359e*,
    388e, 389e, 761e, 808.2e
Vercelli Homilies*: 941
Vergil
    Aeneid: 12e, 477f, 503f, 648f, 919; *see also* pseudo-Ovid; Servius
    Bucolica: 919
    Georgica: 258e, 648f, 919; *see also* pseudo-Ovid
pseudo-Vergil
    Aetna: 27
    Culex: 27, 919e
    various poems [incl. SK 10279, 16845]: 12, 114, 253, 919
versaries: 521.3.2f
versification (Latin metrics)
    glossary of metrical terms: 438
    table of metrical feet: 765
    see also Aldhelm, *Epistola ad Acircium*; Bede, *De arte metrica*; Israel the
        Grammarian; Lupus of Ferrières
Versus cuiusdam Scotti de alphabeto [SK 12594]: 12
Versus sibyllae: *see* Sibylline prophecies
veterinary recipes: 407*

Victor of Capua, *Praefatio* [CPL 953a] to Tatian, *Diatessaron*: 827.6
Victor of Vita, *Historia persecutionis Africanae prouinciae* [CPL 798]: 200, 251.5
Victorinus of Pettau
    De fabrica mundi: 516
    Comm. in Apocalypsin [CPL 1221] (?): 1
Victorius of Aquitaine, *Calculus*: 538e
Vigilius of Thapsus
    Contra Arianos, Sabellianos, Photinianos dialogus [CPL 807]: 137e, 552
    Contra Felicianum Arianum [CPL 808] (?): 266.5, 268.2, 749, 750.5
pseudo-Vigilius of Thapsus
    Disputatio fidei inter Arium et Athanasium [CPPM II, no. 1692]: 137
    Solutiones obiectionum Arianorum [CPL 812]: 552
Vindicta Saluatoris: 15*, 62*, 930.5
Virgin Mary
    Age of the Virgin, note on: 363*, 380*, 411*
    Homilies*: 39, 64, 638, 905, 941
    Immaculate Conception, Latin homily on: 180e
    Invocation to [Greek]: 654
    Life of the Virgin, lections on: 175.5
    poem on the Assumption of the Virgin: 23
    see also Mass texts; Office of the Virgin
virtues and vices, treatises on: 470º, 523.5; *see also Pauca de uitiis et peccatis*; sins
Visio Baronti [CPL 1313; BHL 997]: 351, 508
Visio Fulradi: 508
Visio S. Pauli*: 642
Visio Rothearii: 351
Visio Wettini: *see* Heito of Reichenau
Vision of Leofric*: 100
Vitalis, epitaph of [SK 13567]: 325
Vitas patrum: *see Historia monachorum*; Jerome, *Vita S. Hilarionis, Vita S. Malchi, Vita S. Pauli primi eremitae*; Leontius of Cyprus; Palladius; Saints' Lives in Latin (Macarius Romanus, Thais); *Verba seniorum*
Vitruvius, *De architectura*: 325, 439
Vitruvius Rufus, *Excerpta geometrica*: 185
Voces animantium: 188, 493

Waldere**: 816f
Wandalbert of Prüm, *Horologium* [SK 14026, 8933]: 612
Wanderer**: 257
Wealdhere, bishop of London, Letter of: 307.4

weights and measures: 56, 90, 230, 385, 451, 538, 629, 882; *see also* Epiphanius; Remigius Favius; *and see* notes on: Noah's Ark; Tabernacle; World, Dimensions of
Welsh glosses: 7, 48, 538
Welsh verses and texts: 7, 30.5f, 269, 538
Werferth (Wærferth): *see under* Gregory the Great
West Saxon Gospels: *see* gospels in Old English
Widsith**: 257
Wife's Lament**: 257
Wigbeorht, abbot, poem on: 427
Wigbod (pseudo-Bede), *Quaestionum super Genesin dialogus*: 791.6f, 808.0
William of Jumièges, *Gesta Normannorum ducum*: 581.1f
Willian of Saint-Carilef, *Epistola*: 248
Winchester, New Minster
    History of: 500
    Refoundation charter: 382
winds, texts on their names and nature: 23+*, 85, 223, 919.3
Wonders: *see* 'Marvels of the East' (*Mirabilia orientis*); Seven Wonders of Divine Origin; Seven Wonders of the World
World, Dimensions of, note on: 56, 90, 385, 451, 882; *and see* Ages of the World; Poles of the World
writs*: 447, 521, 774, 879
Wulf and Eadwacer**: 257
Wulfgar, abbot of Abingdon, poem addressed to: 775
Wulfric, abbot of St Augustine's, Canterbury, letter to Abbo of Fleury: 928
Wulfsige III, bishop of Sherborne, letter to: 879; *see also* Ælfric of Eynsham, Pastoral Letters
Wulfstan the Homilist, bishop of Worcester and archbishop of York
    Canon Law Collection (*Excerptiones pseudo-Egberti*): 59, 73, 341, 925
    'Canons of Edgar'*: 30f, 65.5, 644
    exhortation*: 814
    'Handbook': 59, 73, 341, 644, 814, 925
    Institutes of Polity*: 30f, 65.5, 341, 644
    Institutio canonicorum (of Aachen Council of 816): 644e* [translated by Wulfstan]; *see also* capitularies and related texts
    Letter-Book: 383
    Letters: 814
    Sermons and homilies in Latin: 59, 73, 388, 814
    Sermons and homilies in OE*: 65.5, 108, 341, 637–638, 644, 774
    poem addressed to Wulfstan [SK 13280]: 383
    see also laws of the Anglo-Saxon kings

Wulfstan II, bishop of Worcester: eulogy of: 366⁺*; Letter to: 637–638
Wulfstan *Cantor*, precentor of Winchester
   Narratio metrica de S. Swithuno [*BHL* 7947]: 496, 535
   poems and hymns: 12, 344, 496, 927
   Vita S. Æthelwoldi [*BHL* 2647]: 308.2f

unidentified prose texts: 7 (unspecified), 136 (letter), 208.8f (homily), 214.6f (unspecified), 222.3 (medical text), 241.3f (sermon), 255f (unspecified), 461 (anon. commentary on Canticum canticorum); 474e (unspecified text), 474.6f (anon. commentary on Canticum canticorum), 498.7 (anon. commentary on Canticum canticorum), 670.5f (unspecified), 684 (anon. preface to Gregory, *Regula pastoralis*), 808.4.1f (theological text), 814 (sermons), 848 (unspecified), 865.4f (sermon), 868 (unspecified), 893.8f (patristic text), 943.2f* (unspecified)
unidentified verse texts (poems not listed in SK, SK Supp. or WIC): 196 (unspecified), 230 (verse compositions on etymology, science and music), 231 (poem on William of Saint-Carilef), 252 (epigrams, riddles), 282 (computistical verses), 342 (poem on St Æthelberht), 342. 3 (epitaph for Lanfranc), 354 (hymn), 379.5 (poem on St. Laurence), 389 (verse antiphon), 401 (poem on baptism), 427 (two poems: on the Translation of Edward king and martyr, on Abbot Wigbeorht), 439.3 (sequence), 482 (unspecified poem), 483 (poem on the Seven Liberal Arts), 492f (devotional poem), 612 (poems on the calendar), 775 (verses on English saints, riddle), 829 (hymn), 829.8 (riddles), 844 (hymn), 865.1 (hymn), 916 (poem on the city of Trier), 927 (hymn)

Note: All or most of the texts of Apostles' Creed (*Credo in Deum patrem omnipotentem*), Athanasian Creed (*Quicumque vult*), *Gloria*, *Pater noster*, and *Te Deum* occur at the end of the collection of the canticles for the Office in the following psalter MSS: 4, 77, 104, 106, 291, 304, 306, 334, 407, 425, 430, 451, 499, 517, 617, 655, 740, 754, 891, 912, 920, 939.
   These texts are not individually listed in the 'Contents' sections of the manuscripts.

Toronto Anglo-Saxon Series

General Editor: Andy Orchard
Editorial Board
Roberta Frank
Thomas N. Hall
Antonette diPaolo Healey
Michael Lapidge
Katherine O'Brien O'Keeffe

1 *Preaching the Converted: The Style and Rhetoric of the Vercelli Book Homilies*, Samantha Zacher

2 *Say What I Am Called: The Old English Riddles of the Exeter Book and the Anglo-Latin Riddle Tradition*, Dieter Bitterli

3 *The Aesthetics of Nostalgia: Historical Representation in Anglo-Saxon Verse*, Renée Trilling

4 *New Readings in the Vercelli Book*, edited by Samantha Zacher and Andy Orchard

5 *Authors, Audiences, and Old English Verse*, Thomas A. Bredehoft

6 *On Aesthetics in* Beowulf *and Other Old English Poems*, edited by John M. Hill

7 *Old English Metre: An Introduction*, Jun Terasawa

8 *Anglo-Saxon Psychologies in the Vernacular and Latin Traditions*, Leslie Lockett

9 *The Body Legal in Barbarian Law*, Lisi Oliver

10 *Old English Literature and the Old Testament*, edited by Michael Fox and Manish Sharma

11 *Stealing Obedience: Narratives of Agency and Identity in Later Anglo-Saxon England*, Katherine O'Brien O'Keeffe

12 *Traditional Subjectivities: The Old English Poetics of Mentality*, Britt Mize

13 *Land and Book: Literature and Land Tenure in Anglo-Saxon England,* Scott T. Smith

14 *Writing Women Saints in Anglo-Saxon England,* edited by Paul E. Szarmach

15 *Anglo-Saxon Manuscripts: A Bibliographical Handlist of Manuscripts and Manuscript Fragments Written or Owned in England up to 1100,* Helmut Gneuss and Michael Lapidge